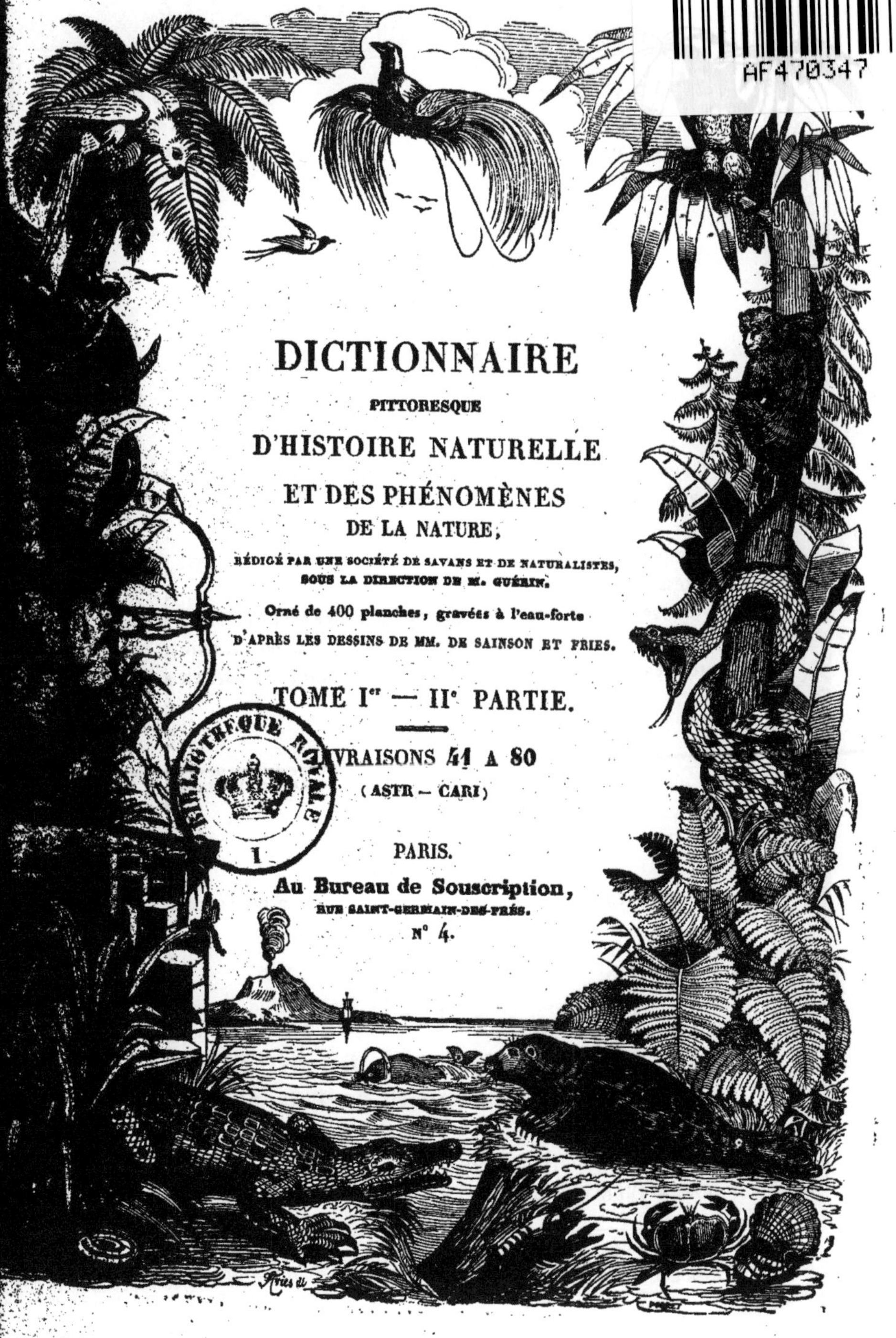

DICTIONNAIRE

PITTORESQUE

D'HISTOIRE NATURELLE

ET DES PHÉNOMÈNES
DE LA NATURE,

RÉDIGÉ PAR UNE SOCIÉTÉ DE SAVANS ET DE NATURALISTES,
SOUS LA DIRECTION DE M. GUÉRIN.

Orné de 400 planches, gravées à l'eau-forte

D'APRÈS LES DESSINS DE MM. DE SAINSON ET FRIES.

TOME I⁰ʳ — IIᵉ PARTIE.

LIVRAISONS 41 A 80

(ASTR — CARI)

PARIS.

Au Bureau de Souscription,

RUE SAINT-GERMAIN-DES-PRÉS.

Nº 4.

A 2 SOUS ET DEMI
la livra'son,
PLANCHE NOIRE,
séparée du texte.

A 6 SOUS
la livraison,
PLANCHE COLORIÉE,
séparée du texte

TOME 1er, 2me PARTIE.

Cet ouvrage se composera d'environ 400 livraisons que nous diviserons par série de 40.

On ne souscrit pas pour moins d'une série à la fois ou 40 livraisons, formant un demi-volume.

A chaque demi-volume, composé comme celui-ci de 40 livraisons, il sera remis aux Souscripteurs une couverture qui leur donnera la facilité de faire cartonner ou brocher chaque partie séparément.

On remplacera toutes les livraisons gâtées ou perdues, au prix de souscription fixé ci-dessus.

On trouvera au bureau des exemplaires des demi-volumes terminés : brochés, au prix de 5 fr. 25 c. en noir, et 12 fr. 25 c. en couleur;

Cartonnés à l'anglaise, au prix de 7 fr. en noir, et 14 fr. en couleur.

IL PARAIT DEUX LIVRAISONS CHAQUE SEMAINE.

ON SOUSCRIT :

CHEZ TOUS LES LIBRAIRES DE PARIS ET DES DÉPARTEMENS,
ET CHEZ TOUS LES DIRECTEURS DE POSTE.

A PARIS,

AU BUREAU PRINCIPAL DE SOUSCRIPTION,
Rue Saint-Germain-des-Prés, n° 4.

OCTOBRE 1834.

PARIS. — IMPRIMERIE DE COSSON, RUE SAINT-GERMAIN-DES-PRÉS, N° 9.

DICTIONNAIRE

PITTORESQUE

D'HISTOIRE NATURELLE

ET

DES PHÉNOMÈNES DE LA NATURE.

TOME DEUXIÈME.

PARIS. — IMPRIMERIE DE COSSON,
Rue Saint-Germain des-Prés, n° 9.

DICTIONNAIRE

PITTORESQUE

D'HISTOIRE NATURELLE

ET

DES PHÉNOMÈNES DE LA NATURE,

CONTENANT

L'HISTOIRE DES ANIMAUX, DES VÉGÉTAUX, DES MINÉRAUX,
DES MÉTÉORES, DES PRINCIPAUX PHÉNOMÈNES PHYSIQUES ET DES CURIOSITÉS NATURELLES,
AVEC DES DÉTAILS SUR L'EMPLOI DES PRODUCTIONS DES TROIS RÈGNES
DANS LES USAGES DE LA VIE, LES ARTS ET MÉTIERS ET LES MANUFACTURES.

RÉDIGÉ PAR UNE SOCIÉTÉ DE NATURALISTES,

SOUS LA DIRECTION DE M. F.-E. GUÉRIN,

MEMBRE DE LA SOCIÉTÉ D'HISTOIRE NATURELLE DE PARIS ET DE DIVERSES AUTRES SOCIÉTÉS SAVANTES NATIONALES ET ÉTRANGÈRES,
AUTEUR DE L'ICONOGRAPHIE DU RÈGNE ANIMAL DE CUVIER ET DU MAGASIN DE ZOOLOGIE,
L'UN DES AUTEURS DU DICTIONNAIRE CLASSIQUE D'HISTOIRE NATURELLE, DE L'ENCYCLOPÉDIE MÉTHODIQUE,
DU VOYAGE AUTOUR DU MONDE PAR LE CAPITAINE DUPERREY,
DE L'EXPÉDITION SCIENTIFIQUE DE MORÉE, DU VOYAGE AUX INDES ORIENTALES PAR M. BÉLANGER, ETC., ETC.

AVEC PLANCHES GRAVÉES SUR ACIER SUR LES DESSINS DE MM. DE SAINSON ET FRIES.

TOME DEUXIÈME.

PARIS,

AU BUREAU DE SOUSCRIPTION,
Rue Saint-Germain-des-Prés, n° 4.

1835.

DICTIONNAIRE

PITTORESQUE

D'HISTOIRE NATURELLE

ET

DES PHÉNOMÈNES DE LA NATURE.

C.

CARI

CARINAIRE, *Carinaria.* (MOLL.) Genre établi par Lamarck pour une précieuse coquille pélagienne, apportée au Muséum d'histoire naturelle de Paris par l'expédition de Dantrecasteaux, et dont voici les caractères :

Coquille non symétrique, extrêmement mince, fragile, vitrée, enroulée obliquement sur sa droite; à spire très-petite et terminant le sommet; à ouverture extrêmement grande, oblongue ou ovale; divisée en deux parties presque égales par une carène longitudinale mince et très-saillante.

Nous avons été des premiers à observer l'animal de la Carinaire à l'état de vie, tant sur l'espèce de la Méditerranée que sur une nouvelle que nous avons rencontrée dans les mers de Madagascar. D'après notre propre étude et celles qui en ont été faites par M. Bory de St-Vincent, Péron et Lesueur, nous pouvons définitivement, comme nous l'avons fait dans notre Manuel, assigner pour caractères génériques à ces animaux, d'être gélatineux, transparens, à manteau épais et toujours couvert d'aspérités; d'être terminés en pointe postérieurement et arrondis en avant à la base de la trompe; d'avoir cette trompe verticale, terminée par la bouche, qui est triangulaire et contient un appareil propre à la mastication, composé de trois lames garnies chacune de rangées de crochets; d'avoir deux tentacules coniques, allongés et recourbés en avant, portant les yeux à leur base, en dehors et sur de petits tubercules arrondis; une ou plusieurs nageoires, dont la principale est constamment ventrale; un nucleus placé dans une cavité au dos de l'animal, correspondant plus ou moins verticalement avec la nageoire ventrale, et protégé par une pièce testacée; enfin de porter la terminaison du canal intestinal et des organes de la génération dans un tubercule au côté droit.

Les Carinaires n'ont point, à ce qu'il paraît, été connus par les anciens; mais Rondelet, célèbre naturaliste de la renaissance, en a décrit et figuré le premier l'animal (pag. 126) sous le nom de *Holoturium secunda specie* : cette figure, que l'on serait peut-être tenté de rapporter au genre Firole, nous représente sans aucun doute un animal

CARI

de Carinaire privé de sa coquille, comme on en rencontre si souvent dans les hautes mers, et les caractères sur lesquels nous nous fondons dans ce rapprochement sont : la présence à la surface du corps d'une grande quantité de petites aspérités, comme on en voit dans tous les animaux de Carinaires connus jusqu'à ce jour, et jamais dans les Firoles; puis les vestiges des branchies, suffisamment indiqués sur la partie antérieure du nucléus; et enfin la position de ce même nucléus. La figure de Rondelet présente bien le mollusque dans la position ordinaire aux Gastéropodes, c'est-à-dire le ventre en bas, mais dans une position renversée pour l'animal de la Carinaire. Du reste, il a parfaitement indiqué la disposition et la direction du canal alimentaire. Il ne faut qu'avoir vu quelques uns de ces mollusques à l'état de vie pour bien reconnaître l'analogie que nous signalons ici comme un point assez important de l'histoire de la malacologie, puisqu'il fait remonter à une époque reculée la découverte d'un animal que l'on a été si long-temps sans retrouver, et qui même encore aujourd'hui n'a pas laissé pénétrer dans tous les mystères de son organisation.

Linné, considérant la forme générale de la Carinaire, et lui trouvant de l'analogie avec certains Cabochons, en fit une Patelle; Gmelin, Dargenville et Favane, tenant plus particulièrement compte de la nature fragile, mince et transparente de cette coquille, y virent une espèce d'Argonaute; mais Lamarck, Schweigger et Ocken, à qui ces caractères parurent trop vagues, en formèrent un genre à part, en attendant la connaissance de l'animal qu'ils ne soupçonnaient pas si bien indiqué dans Rondelet. Enfin deux naturalistes, justement célèbres par leurs voyages et les belles découvertes qu'ils en obtinrent, Péron, et plus tard M. Bory de St-Vincent, donnèrent bientôt chacun une description de l'animal, et dès lors la Carinaire révéla un nouvel ordre de mollusques et en devint le type.

Son organisation intérieure devint bientôt le sujet de plusieurs travaux importans. M. Cuvier le premier la décrivit en traitant de la ptérotrachée, qui n'était qu'un mollusque de Carinaire mutilé; puis plusieurs autres naturalistes, et entre autres Poli, Delle Chiaie, Quoy et Gaimard, s'en occupèrent plus ou moins complétement ; nous-mêmes nous ajoutâmes quelques lumières à celles que l'on connaissait déjà, en sorte que ce genre est aujourd'hui sinon complétement connu, du moins assez pour qu'il n'y ait plus à discuter sur la place qu'il doit prendre dans la série des mollusques : mais il n'en a pas été ainsi dès les commencemens, car si les conchyliologistes ont différé long-temps dans la manière de classer la Carinaire, les zoologistes ensuite n'ont pas moins varié d'opinion sur la place que son animal devait occuper, tout en admettant généralement qu'il était dans le cas de former le type d'un ordre distinct. Ainsi M. de Lamarck fit pour la Carinaire et un autre genre voisin (la Firole), l'ordre des Hétéropodes, mais, par une fausse application de quelques uns des caractères, il jugea à propos de le placer à l'extrémité de la série des mollusques, après les Céphalopodes, en faisant le passage aux poissons avec lesquels il lui reconnaissait une certaine analogie. Cuvier, ayant découvert, par son investigation anatomique sur la ptérotrachée, que la nageoire ventrale n'était autre chose que le pied, mais disposé d'une manière particulière, tellement comprimé qu'il prend son extension dans le sens opposé, et devient propre à la natation, la plaça avec les Scutibranches, dans la première édition de son Règne animal.

M. de Férussac, en publiant les tableaux systématiques où il adopte en général la classification de M. Cuvier, admit comme lui les Carinaires dans les Scutibranches, et en fit une simple famille.

M. de Blainville, dans son Manuel de Malacologie, admit les Carinaires dans un ordre à part sous le nom de Nucléobranches, par lequel il remplaça celui d'Hétéropodes, et y réunit, mais dans une famille à part, l'Atlante, dont il ne possédait alors qu'une fausse description qui ne lui permettait pas de saisir ses rapports avec les Carinaires, la Spiratelle, qui n'est autre chose qu'un Ptéropode (le genre Limacine), et l'Argonaute, qui d'après une foule d'observations plus ou moins convaincantes a été reconnu pour être un Céphalopode. Après tout, on voit que M. Cuvier avait fait faire un pas dans la connaissance de ces animaux, en démontrant le premier que c'étaient des Gastéropodes.

Lorsque nous fîmes notre Manuel de l'histoire naturelle des mollusques et de leurs coquilles, nous profitâmes de ces premiers travaux, et nous nous appuyâmes encore, pour le classement de la Carinaire et de l'ordre auquel elle sert de type, de nos propres observations sur la nature vivante. Nous avions aussi reconnu que la nageoire ventrale des Carinaires n'est autre chose qu'une modification extraordinaire du pied de l'animal gastéropode, et nous y avions même découvert un vestige de sa forme et une suite des fonctions qui lui appartiennent. C'est cette ventouse, cette sorte de duplicature de la nageoire que l'on voit à son bord postérieur ; elle existe dans toutes les espèces de Ca-

rinaires, de Firoles, et même d'Atlantes que nous connaissons ; c'est un organe essentiel aux Nucléobranches, et par conséquent un des principaux caractères de cet ordre. Ce pied, ou plutôt ce vestige de pied, est, il est vrai, très-borné, court, étroit et incapable de servir à la reptation ; mais il est propre à fixer le mollusque à un corps flottant, en épanouissant sur lui sa surface et faisant aussitôt le vide par le jeu de ses muscles.

D'après cette considération et la certitude que nous acquîmes bientôt que la Carinaire devait occuper par son organisation un des premiers rangs parmi les mollusques, d'après la certitude que ce mollusque appartient cependant à la classe des Gastéropodes, mais qu'il offre sous quelques rapports de l'analogie avec les Ptéropodes, nous l'avons réuni aux Firoles et aux Atlantes, dans une division d'ordre sous la dénomination de Nucléobranche empruntée à M. de Blainville, à la tête des Gastéropodes, faisant le passage à la classe qui précède. Dans la dernière édition du Règne animal, M. Cuvier a en partie suivi notre manière de voir ; comme nous, il retire les Carinaires et genres voisins des Scutibranches pour en faire un ordre à part ; il en rapproche les Atlantes, mais il conserve la dénomination d'Hétéropodes et les place entre les Tectibranches et les Pectinibranches, rompant par là leurs rapports avec les Ptéropodes. Ce savant pense que les sexes sont séparés chez les Carinaires ; nous les croyons au contraire réunis, nous fondant sur ce que les Atlantes nous ont paru à la dissection les avoir ainsi.

Nous avons fréquemment rencontré des Carinaires en mer ; mais assez généralement leurs animaux étaient plus ou moins mutilés, et jouissaient toutefois d'une vie très-active. La partie où cette mutilation se montre ordinairement est le nucléus qui renferme les organes les plus essentiels à la vie, le cœur et les branchies. Nous en avons rencontré un individu qui en était entièrement privé, et qui cependant vécut encore assez long-temps. Nous ajouterons que M. Gaudichaud nous a communiqué des dessins faits par lui sur des fragmens de ces mollusques, moindres que ceux que nous avons eu nous-mêmes l'occasion d'observer, et jouissant encore de la vie. La trompe des Carinaires est aussi quelquefois mutilée, et nous en avons vu qui en étaient entièrement privées.

C'est sans doute à cet état de mutilation des Carinaires et des Firoles qu'il faut attribuer la persévérance avec laquelle quelques savans ont refusé d'admettre deux genres d'animaux très-distincts parmi eux ; car rien ne ressemble plus à une Firole qu'un animal de Carinaire privé de sa coquille ou de son nucléus. Aujourd'hui il est bien démontré que ce sont des genres différens, mais chez lesquels la plus grande différence consiste dans la présence ou l'absence de la coquille. La considération du nucléus peut plus que toute autre chose, dans un cas d'incertitude, servir à les faire distinguer ; chez les Firoles, ce nucléus, qui est placé tantôt au milieu de la partie dorsale du mollusque et tantôt à son extrémité postérieure, est toujours plus enfoncé, plus caché dans l'épaisseur de l'animal, et ne flotte point au dehors, comme on le voit dans l'animal de la Carinaire; il est donc moins exposé dans la Firole que dans la Carinaire, et c'est ce qui fait, sans doute, que nous n'avons jamais rencontré de Firoles mutilées dans cette partie. Quelques autres caractères peuvent encore servir à faire reconnaître les Carinaires et les Firoles; par exemple, les animaux des Carinaires sont toujours couverts d'aspérités, et nous n'en avons pas aperçu dans les espèces de Firoles que nous avons observées, ou dans celles que l'on a décrites; elles paraissent remplacées dans ce dernier genre par de nombreuses taches. Nous signalerons encore, comme caractère distinctif, la position du peigne branchial qui est placé en avant du nucléus dans les Carinaires, et en arrière dans les Firoles.

La cause de ces mutilations dans les Carinaires ne nous est pas connue; cependant nous sommes tentés de l'expliquer par la voracité de certains animaux marins et surtout des Céphalopodes. Quant à ce prolongement d'existence observé dans des fragmens de ces animaux, nous ne saurions croire qu'il soit de bien longue durée, et nous pensons qu'on doit en attribuer la cause à la disposition de leur système nerveux qui se compose de deux ganglions principaux situés dans des parties opposées, l'un céphalique, l'autre abdominal, en sorte que l'un de ces centres de sensibilité existant dans un fragment, celui-ci conserve pendant un peu de temps une apparence de vie.

Les animaux des Carinaires, et cela peut s'appliquer à tous les Nucléobranches, sont des mollusques pélagiens que l'on ne rencontre dans le voisinage des terres que lorsque les courans ou les tempêtes les y ont jetés; toujours sage dans ses vues, toujours industrieuse pour appliquer aux besoins et aux localités les organes qui leur sont nécessaires, la nature a donné à ces mollusques les moyens de se diriger au milieu des mers dont elle a voulu qu'ils fussent les paisibles habitans. Le pied leur devenant inutile, puisqu'ils ne devaient pas ramper, il a été converti en nageoire, et ces animaux se sont dirigés dans tous les sens à la surface de la haute mer, au dessus des abîmes dont il ne leur est pas donné d'atteindre les profondeurs. Mais pouvait-elle les priver de la faculté de se fixer, qu'elle a accordée à presque tous les êtres, et généralement aux mollusques? Pour parvenir à ce but, elle a ménagé sur le bord de ce pied, devenu nageoire, et vers la partie supérieure, cette ventouse, reste de l'organisation primitive, et c'est par ce moyen, comme nous l'avons déjà dit, qu'ils se saisissent des fucus et autres corps flottans, et s'abandonnent avec eux à l'impétuosité des vagues.

Quant à la position que conserve ce mollusque dans sa progression, elle est telle que M. Cuvier l'avait jugée lorsqu'il décrivait la ptérotrachée, c'est-à-dire qu'elle est renversée; il en est de même chez les Firoles et chez les Atlantes, et au surplus chez tous les mollusques pélagiens qui n'ont pas la disposition aplatie des Glaucus de Forster et des Briarées de MM. Quoy et Gaimard, et il est facile d'en concevoir les motifs; c'est à la surface de la mer que tous ces animaux viennent chercher leur nourriture; s'ils pouvaient ramper à l'air libre sur cette surface mobile, il serait naturel qu'ils se tinssent le dos en haut et le ventre en bas; de cette manière leur bouche serait à portée de saisir leur proie: mais au contraire ils vivent dans l'eau même, ils se tiennent au dessous de sa surface; il faut donc que leur corps soit renversé, afin que leur bouche puisse l'explorer.

On ne connaît encore que quatre espèces de Carinaires bien déterminées, d'autres ne sont connues que par des fragmens de leur animal ou simplement de leur coquille. Nous les divisons en deux sections. *Première section* : espèces subsymétriques, coniques, à bord continu, le sommet ne rentrant point dans l'ouverture. Carinaire vitrée, C. fragile, C. de la Méditerranée. *Deuxième section* : espèces non symétriques, aplatis, à bord non continu, le sommet rentrant dans l'ouverture. C. déprimée; cette dernière, que nous avons découverte dans les mers de Madagascar, est décrite dans le Bulletin universel des sciences. Nous avons représenté la Carinaire vitrée dans notre Atlas, p. 76, fig. 2. (B.)

CARLINE, *Carlina*. (BOT. PHAN.) Genre de la famille des Synanthérées, tribu des Cynarocéphales, J., et de la Syngénésie polygamie égale, L. Caractères génériques : involucre composé de deux sortes de folioles; les extérieures épineuses et découpées, de forme et de couleur analogues à celles des feuilles; les intérieures beaucoup plus longues, luisantes, blanches ou colorées, le plus souvent lancéolées, aiguës, ressemblant aux folioles qui forment les rayons des Elychrysum et des autres corymbifères : fleurs hermaphrodites, paillettes membraneuses sur le réceptacle; akènes couronnés d'une aigrette plumeuse, et hérissés de poils roux formant une sorte d'aigrette extérieure.

Ce genre comprend environ quinze espèces indigènes des pays montueux de l'Europe, de l'Afrique septentrionale et de la Russie d'Asie. Ce sont des plantes vivaces, herbacées, pour la plupart à très-courte tige et à feuilles pinnatifides et épineuses. Dans les montagnes de l'Europe méridionale croît une Carline à tige, *C. subacaulis* (*Voy.* notre Atlas, pl. 76, fig. 5), remarquable par les énormes dimensions de ses fleurs. Les paysans en mangent le réceptacle en guise d'artichaut.

Après le désastre de Roncevaux, où périrent les Preux de Charlemagne, un ange, pour consoler ce prince, lui donna la Carline comme un remède à tous maux. Que sont devenues ses vertus merveilleuses? (C. É.)

CARMIN. (CHIM.) Le Carmin est une substance solide, pulvérulente, d'une beau rouge, que l'on obtient en faisant bouillir de la cochenille dans de l'eau légèrement alcaline, et versant dans la liqueur un soluté de sulfate d'alumine. On fait encore du Carmin en ajoutant de l'alun dans un décocté de cochenille, préparé avec de l'eau de pluie filtrée dans un vase d'étain.

Le Carmin est la plus belle couleur rouge employée par les peintres. Son prix est très-élevé; le meilleur se dissout en presque totalité dans l'ammoniaque; le résidu d'alumine qu'il laisse doit être extrêmement faible. (F. F.)

CARNASSIERS, *Carnivora*. (MAM.) Ce mot, dont on se sert pour qualifier en général tous les animaux qui se nourrissent de proie, a été employé par les mammalogistes pour indiquer un ordre très-intéressant des animaux dont ils s'occupent.

Les Carnassiers, suivant cette dernière acception, forment une réunion considérable et variée de mammifères quadrupèdes onguiculés, ayant comme l'homme et les quadrumanes trois sortes de dents, mais n'ayant de pouce opposable à aucune de leurs extrémités, ou bien, si l'on veut y comprendre les marsupiaux, n'ayant jamais de pouce opposable à leurs pieds de devant.

Ces animaux vivent, plus ou moins exclusivement, de matières animales. Les mâchelières sont surtout plus tranchantes chez ceux de la première de ces catégories. Quelques uns, qui les ont en tout ou en partie tuberculeuses, recherchent plus ou moins les matières végétales, et ceux qui, comme les taupes, les ont hérissées de pointes coniques, se nourrissent principalement d'insectes. L'articulation de la mâchoire inférieure, dirigée en travers, et serrée comme un gond, ne lui permet aucun mouvement horizontal.

C'est parmi ces animaux que l'on range les Chauve-souris, les Chiens, les Phoques, les Chats et les Blaireaux; nous en retirerons, à l'exemple de plusieurs auteurs, les Marsupiaux ou Didelphes qui semblent destinés à former un ordre distinct, peut-être même une sous-classe.

On partage les Carnassiers en cinq familles, qui sont:

I. Les CHEIROPTÈRES ou Chauve-souris, caractérisés par un repli de la peau qui commence aux côtés du cou et s'étend entre les quatre membres. Nous nous occuperons ailleurs de cette famille, dans laquelle on admet deux tribus, l'une pour les Cheiroptères proprement dits ou *Chauve-souris*, la seconde pour les *Galéopithèques*.

II. Les INSECTIVORES n'ont point de membranes entre les membres, et leurs dents molaires sont hérissées de points coniques. Ils se nourrissent d'insectes et sont pour la plupart nocturnes. M. Cuvier les partage en deux tribus, la première comprenant les genres qui ont de longues incisives en avant, suivies d'autres incisives et de canines toutes moins hautes que les molaires; la seconde étant réservée à ceux qui ont de grandes canines écartées, entre lesquelles sont de petites incisives; exemple, les taupes.

M. de Blainville fait deux familles de celle des Insectivores de Cuvier:

† La première, celle des *Oryctères* ou *Talpiens*, est caractérisée par la disposition anormale de ses membres antérieurs, disposés pour fouir. Elle renferme les genres: *Talpa-sore*, *Chrysochlore*, *Condylure*, *Taupe* et *Scalope*.

†† La seconde, celle des *Insectivores* proprement dits, est caractérisée par des molaires épineuses comme la précédente, mais elle n'a point les membres modifiés; on y place les genres *Tenrec*, *Hérisson*, *Musaraigne*, *Desman* et *Tupaya* ou *Cladobate*.

III. Les PLANTIGRADES, réunis par Cuvier dans une seule famille, avec les Digitigrades et les Amphibies sous le nom de *Carnivores*, constituent, pour M. de Blainville, une famille distincte caractérisée par des pieds à cinq doigts, appuyant la plante comme ceux de l'homme.

La famille des Plantigrades se compose de genres presque tous omnivores, qui sont les suivans: *Ours*, *Bali-saur*, *Raton*, *Panda*, *Benturong*, *Paradoxure*, *Coati*, *Kinkajou*, *Blaireau*, *Glouton*, et *Ratel*.

IV. Vient maintenant la famille des DIGITIGRADES, qui sont de véritables animaux Carnivores, marchant sur l'extrémité des doigts, et non sur la plante entière comme les précédens.

Genres: *Marte*, *Mouffette*, *Mydaus*, *Loutre*, *Chien*, *Gymnure*, *Civette*, *Mangouste*, *Suricate*, *Mangue*, *Hyène*, *Protèle*, *Chat*.

V. La cinquième et dernière famille est celle des AMPHIBIES, auxquels on est naturellement conduit par le genre Loutre que quelques auteurs ont même voulu y faire entrer.

Les Carnassiers amphibies ont les pieds très-courts, modifiés pour la natation, et ne permettant à l'animal placé à terre que de ramper même difficilement. Ces animaux ont le corps allongé, le bassin étroit et le poil ras et serré contre la peau; ils passent leur vie dans l'eau.

Les genres *Calocéphale*, *Sténorhynque*, *Pelage*, *Stemmapode*, *Macrorhin*, *Arctocéphale*, *Platyrhinque*, *Kalychœrus*, *Phoque* et *Otarie*, forment une première tribu; la deuxième renferme le seul genre *Morse*, nettement caractérisé par ses canines supérieures qui sortent de la bouche et forment d'énormes défenses. (GERV.)

CARNASSIERS, *Carnivora*. (INS.) Première famille des Coléoptères pentamères, établie par Cuvier. Son principal caractère consiste à avoir la bouche munie de six palpes, dont deux à chaque mâchoire; celles-ci se terminent toujours en pointe aiguë, et sont garnies intérieurement de cils raides; la languette est enchâssée dans une échancrure du menton: les pieds antérieurs sont toujours montés sur une grande rotule, avec les tarses assez souvent dilatés dans les mâles; les pieds postérieurs sont armés d'un fort trochanter.

Ces insectes sont chasseurs et coureurs; aussi quelques uns manquent-ils d'ailes sous leurs élytres; ils vivent de proie vivante: leurs larves ont les mêmes mœurs que l'animal parfait; elles sont très-agiles; leur corps est cylindrique, composé de douze anneaux dont le premier écailleux, portant, ainsi que les deux suivans, une paire de pattes recourbées en avant; la bouche est armée de deux fortes mandibules, de mâchoires, de palpes; l'organe de la vision consiste en de petits yeux lisses, au nombre de six de chaque côté de la tête.

Les Carnassiers se divisent en *terrestres*, où toutes les pattes sont propres à la course, et en *aquatiques*, où les pieds postérieurs se compriment pour servir de rames; la première division se sépare en deux tribus, les Cicindelètes et les Carabiques; la seconde, beaucoup moins nombreuse, ne forme qu'une tribu sous le nom d'Hydrocanthares. (A. P.)

CARNIVORE. (physiol.) Qui se nourrit de chair. Cuvier a réduit le nombre des Carnivores à la troisième famille de l'ordre des Carnassiers : mais on applique ordinairement ce nom à tous les animaux qui font de la chair leur nourriture ordinaire. Le peu de longueur de l'intestin, le volume relativement plus considérable du foie et des glandes accessoires, sont des conditions organiques qu'on rencontre chez les Carnivores, qui présentent aussi comme attributs, ou plutôt comme moyens de meurtre et de déchirement, soit des dents pointues ou tranchantes, parmi les vertébrés, soit des becs crochus parmi les oiseaux. (P. G.)

CAROCOLLE, *Carocolla*. (moll.) Coquilles terrestres confondues pendant long-temps parmi les hélices, avec lesquelles elles ont les plus grands rapports, et séparées d'elles par Lamarck dans son Histoire des An. S. V. (vol. 6, 2ᵉ p., pag. 94). Ce genre est ainsi caractérisé: coquille orbiculaire, plus ou moins convexe ou conoïde en dessus, et à pourtour anguleux et tranchant. Ouverture plus large que longue, contiguë à l'axe de la coquille ; bord droits, subanguleux, souvent denté en dessous. Les espèces caractérisées par Lamarck ne s'élevaient qu'à dix-huit; aujourd'hui elles sont plus nombreuses et, dans celles qui ont été nouvellement découvertes, quelques unes sont d'une rare beauté. Nous citerons comme exemple la Carocolle éoline, *C. eolina*, que nous avons récemment décrite et figurée dans le Magasin de Zoologie de M. Guérin, cl. 5, pl. 30, et qui fait partie de la collection de madame Dupont. Cette coquille précieuse présente, en outre des caractères ci-dessus décrits, trois plis en forme de lames à l'intérieur de son bord droit, et deux autres plis au côté gauche, se continuant sur toute la superficie du dernier tour. Sa couleur générale est jaune surmonté de rouge, sur laquelle est placée une espèce d'épiderme velouté. Les plus grandes espèces sont les Carocolles Disque, Labyrinthe, Scabre, et Lèvre blanche. Cette dernière est représentée dans notre Atlas, pl. 77, fig. 1. Elle est de grande taille, ornée sur son dernier tour d'une zone fauve, avec le bord droit blanc; l'animal, semblable à celui des hélices, est jaune, avec trois lignes bleues sur le dos.
(Ducl.)

CARONCULE. (anat.) Mot dérivé de *caro*, chair, petite éminence charnue. La *Caroncule lacrymale* est un petit renflement rougeâtre, formé par un repli de la conjonctive; chez le cheval elle est garnie de poils, et prend quelquefois un développement qui l'a fait confondre avec l'affection connue sous le nom d'*Onglée*. Les débris de la membrane hymen déchirée forment de petits tubercules qui ont reçu le nom de *Caroncules myrtiformes*. (P. G.)

CAROTIDE. (anat.) *Voy.* Circulation.

CAROTTE, *Daucus*. (bot. phan.) Tournefort a créé ce genre, Linné l'a inscrit dans sa Pentandrie digynie, et Jussieu dans sa grande famille des Ombellifères. On lui connaît une quinzaine d'espèces, habitant presque toutes le bassin de la Méditerranée, et particulièrement les côtes de Barbarie; elles sont aromatiques, et quelques unes d'entre elles contiennent le principe odorant en telle quantité qu'on l'extrait par incision, sous forme de gomme-résine, dans la Carotte résineuse, *D. gummifer*, en particulier.

La plus utile, celle dont la culture se perd dans la nuit des temps, celle qui est également nourrissante et pour l'homme et pour les animaux domestiques, la Carotte commune, *D. carotta*, offre, dans l'état de nature, une racine et un feuillage peu volumineux, et n'est alors recommandable que par les propriétés médicinales de ses semences, qui servent aux liquoristes. Depuis qu'elle est transportée dans le jardin potager, sa racine est devenue plus forte, alimentaire, succulente, d'une saveur douce plus ou moins parfumée et a fourni des variétés remarquables en dimensions, en couleurs, et par leur hâtiveté. On en compte cinq à six; la blanche, la jaune et la rouge sont préférables pour les grandes cultures, leur produit étant plus considérable. La blanche est la moins difficile sur la nature du sol; elle résiste mieux au froid et réussit même dans les terrains humides; elle est moins aromatique et se rapproche beaucoup du type sauvage. La jaune est hâtive, pivote moins, convient mieux aux terres peu profondes. La rouge est la meilleure des trois; elle est ramassée, fort tendre et d'une saveur très-agréable. Depuis 1765 que Billing, en Angleterre, et 1766 que Guerwer, en Suisse, ont cultivé la Carotte comme plante fourragère, cette destination a considérablement accru le domaine de l'agriculture. Tous les animaux la mangent avec plaisir et sensualité; elle rétablit les chevaux fatigués beaucoup plus vite et mieux que l'avoine; nulle nourriture n'engraisse plus sûrement les bêtes à grosses cornes. Il faut bien se garder d'en couper la fane quand la racine est à demi-grosseur; cette pratique, sottement adoptée par quelques cultivateurs, suspend la végétation, durcit la racine et la rend presque entièrement inutile. Les vaches laitières qui mangent cette ombellifère donnent une quantité remarquable de lait de haute qualité.

Cultivée dans les jachères, la Carotte améliore le sol qu'elle remue à la profondeur de vingt-sept et trente centimètres. Sa récolte est toujours certaine. Les plus beaux champs de Carottes que je connaisse se voient dans l'arrondissement de Château-Salins, département de la Meurthe : la présence du sel gemme qui s'y trouve par bancs d'une grande étendue, d'une immense profondeur, est cause de cet état florissant. La racine en reçoit des qualités précieuses.

Dans les petites cultures, on compte plusieurs sous-variétés que l'on sème en mars et en avril, ou au mois de septembre. Les plus estimées sont la grosse rouge et la violette ou noire, dont la saveur est très-prononcée; la petite jaune hâtive, la petite rouge également précoce, qui sont sucrées. J'en ai mangé une excellente qualité dans nos départemens de l'ouest, sous le nom bizarre de *Queue de Rat*. La rouge-jaune n'est point originaire de la Hollande, comme on le croit communément; la culture l'a créée en France, aux environs de Lille. La Carotte dite *Picarde* est préférable à toute autre pour la nourriture des bestiaux.

On a voulu extraire du sucre de la Carotte, mais la tentative a été sans résultat; la partie sucrée que l'on obtient ne cristallise point, elle donne seulement un sirop, dont on retire une eau-de-vie très-potable. On confit la Carotte au sucre et au vinaigre; coupée par rouelles, à demi cuite dans l'eau, puis séchée et réduite en poudre, elle m'a fourni dans mes voyages un très-bon aliment; j'en ai gardé pendant six ans sans qu'elle s'altérât aucunement. On emploie la Carotte dans les bouillons apéritifs. A cause de sa couleur jaune, quelques personnes la recommandent dans les jaunisses: c'est une sottise égale à celle qui veut que le jus de la betterave rouge arrête les hémorrhagies. La Carotte est très-saine, d'une digestion facile, elle convient à tous les estomacs; je puis attester ses bienfaits dans les affections des voies urinaires, surtout contre l'accumulation des graviers dans la vessie; elle est aussi très-bonne pour retarder les progrès de l'horrible maladie cancéreuse. (T. D. B.)

CAROUBE, CARROUGE ET GARROBE (BOT. PHAN.) Noms de la silique ou plutôt de la gousse du Caroubier; elle est longue de vingt-un centimètres et large de trois, obtuse, aplatie, pendante, épaisse en ses bords, lisse, pulpeuse en dedans, assez coriace en dehors, de couleur marron; elle ne s'ouvre pas d'elle-même; on la cueille vers le lever de la canicule, c'est-à-dire à la mi-août. Elle est plus ou moins arquée, c'est de cette forme que lui vient le nom de *Keronia*, gousse cornue, qu'elle portait chez les Grecs. Sa pulpe est ordinairement rougeâtre, charnue, moelleuse, creusée d'espace en espace en petites loges transversales, renfermant chacune une semence ou fève elliptique, comprimée, noire, dure et luisante : c'est le fruit dont l'enfant prodigue souhaitait de se rassasier. Autant ce fruit est désagréable au goût lorsqu'il est vert, autant il est d'une saveur gracieuse quand il a atteint sa parfaite maturité; on le mange alors jusqu'à l'écorce. Pendant mon séjour décennal en Italie, j'en ai beaucoup mangé, toujours avec un nouveau plaisir; je lui trouvais le goût suave de l'excellente châtaigne des montagnes de Lucca et de la Garfagnana.

Les anciens faisaient grand cas de cette silique; maintenant, si elle ne paraît plus que furtivement sur les tables somptueuses, elle fait toujours les délices du pauvre et de ses enfans; c'est, avec la pomme de terre, une ressource abondante et agréable dans les temps de pénurie. Il est faux que le Caroube donne la diarrhée et cause des tranchées; cette nourriture, prise même à l'excès, ne détermine aucun accident grave. Les Syriens et les premiers peuples de l'Italie en obtenaient un vin délicat, très-recherché; nous n'en faisons point de vin, mais nous en retirons une excellente eau-de-vie, qui conserve, il est vrai, quelque chose de l'odeur du fruit, et n'en est pas moins agréable au goût. Les liqueurs préparées avec cette eau-de-vie ne le cèdent en rien aux plus fines. Les Turcs font un usage journalier du Caroub dans leurs sorbets. Le suc extrait de sa pulpe sert à confire, dans diverses localités méditerranéennes, les abricots, les prunes, les myrobolans, les tamarins et autres fruits; les Arabes l'estiment autant que le miel le plus exquis.

Tous les animaux mangent avidement la silique du Caroubier; c'est une substance qui leur donne de l'embonpoint : aussi dans l'Italie méridionale, en Espagne, particulièrement dans le pays de Valence, l'emploie-t-on comme la nourriture la plus prompte, la plus économique, et poussant le mieux à la graisse.

On fait entrer le Caroube dans les préparations pharmaceutiques. Son mucilage contient les mêmes principes et jouit des mêmes propriétés médicinales que la CASSE (v. ce mot); seulement il est un peu moins laxatif, et n'a point son goût nauséabond.

Une propriété particulière à la semence contenue dans cette silique, c'est de prendre à la cuisson une couleur sanguine très-prononcée: aussi ai-je plus d'un motif de croire qu'elle était la fève funéraire des anciens, celle que le flamine ne pouvait toucher, ni nommer, parce qu'elle ressemble à de la chair crue; c'est la fève noire que l'on jetait aux lémures et aux larves, c'est la fève funéraire dont les disciples de Pythagore réprouvaient l'usage comestible. Cette opinion, que m'avait fait naître la vue des tombeaux grecs, et surtout romains, où je remarquais la figure de la silique, est confirmée par le témoignage d'Aristoxène de Tarente, qui nous apprend que les pythagoriciens mangeaient de toutes les fèves ou légumineuses, à l'exception de celle du Caroubier; cette opinion est aussi corroborée par une pierre gravée, d'une haute antiquité, où la silique est réunie à un squelette et à d'autres emblèmes de la mort, par diverses lampes et des vases qui servaient d'ornemens aux chambres sépulcrales.

Cette fève, dont le poids est d'une égalité fort remarquable, quand elle a reçu son entier développement, paraît avoir servi d'étalon, avec le LUPIN (voy. ce mot), aux poids employés chez les Grecs, et seulement comme un supplément à ceux calculés des Asiatiques et des anciens Romains.

Mise en terre, cette fève lève en peu de semaines, mais il faut qu'elle soit fraîche et confiée à un sol bien exposé; elle m'a donné de jeunes plants qui ont succombé à la rigueur du froid sous la zone météorique de Paris. (T. D. B.)

CAROUBIER, *Ceratonia siliqua*. (BOT. PHAN.) Une seule espèce constitue ce genre de la Dioécie hexandrie et de la famille des Légumineuses. C'est un grand arbre toujours vert, montant à la hauteur de huit à dix mètres, dont la cime, étalée comme celle du pommier, est garnie d'un grand nombre de branches tortueuses, irrégulières, souvent pendantes. Son aspect est très-analogue à celui des Pistachiers et de certaines Térébinthacées; il s'éloigne un peu des Légumineuses par la structure de sa fleur, et s'en rapproche par l'organisation de son fruit: il est représenté dans notre Atlas, pl. 77, fig. 2. Le tronc, extrêmement raboteux, est terminé par une racine pivotante, longue et rameuse. Les feuilles de ce bel arbre sont ailées, très-entières, coriaces, luisantes, d'un vert bleuâtre en dessus et de couleur cendrée en dessous; elles conviennent, à cause du principe astringent qu'elles renferment, à la préparation des cuirs en guise de tan. Les fleurs qui l'ornent sont d'un pourpre foncé avant leur entier épanouissement; elles deviennent ensuite d'un beau rose, et comme leur disposition en petites grappes sur la partie nue des rameaux les rend fort agréables à voir, elles semblent payer celui qui les contemple par l'odeur qu'elles répandent. La fleur est entièrement dépourvue de corolle; les étamines, au nombre de cinq, rarement six ou sept, sont saillantes, placées devant les lanières du calice, lequel est divisé en cinq parties inégales. L'ovaire avorte souvent; lorsqu'il est fécondé, un disque charnu staminifère l'entoure, et il lui succède une gousse ou silique, appelée Caroube (*voy.* ci-dessus).

Le bois est très-dur, presque inaltérable, et propre aux mêmes usages que celui du Chêne vert, *Quercus ilex*; on l'emploie surtout dans les boiseries et les ouvrages de marqueterie; il fait aussi un très-bon feu.

On a dit, et l'on répète dans tous les livres écrits loin des yeux de la nature et des faits historiquement établis, que le Caroubier est originaire de l'Inde ou de la Haute-Égypte; c'est à tort, car on ne l'y trouve pas, ou, s'il y est, il s'y cultive. Il est indigène à presque toutes les contrées qui bordent la Méditerranée. Il abonde en Syrie, dans l'île de Rhodes, sur les côtes de la Palestine, dans toute l'Italie, en Sardaigne, en Corse, dans nos départemens du sud-est, et en Espagne. Cet arbre figure très-bien dans nos bosquets d'hiver. Il vient très-bien sur les plus mauvais terrains; il aime surtout les rochers voisins de la mer, des fleuves, des masses d'eau, quand ils sont exposés au soleil. On le multiplie de marcottes. Un préjugé le fait abattre impitoyablement dans quelques cantons du midi; on l'accuse de nuire aux herbages et à toutes les plantes herbacées qui croissent près de lui; l'erreur est grossière; les pâturages de l'Andalousie, les plaines de l'Apulie, si riches en céréales, sont complantés de Caroubiers, et là personne ne se plaint de sa prétendue influence maligne. (T. D. B.)

CAROUGE, *Xanthornus*. (OIS.) Ce genre, assez semblable à celui des Troupiales, duquel il a été démembré, ne renferme qu'un petit nombre d'espèces, toutes américaines, à l'exception d'une seule nouvellement décrite. Les Carouges vivent par paires ou par petites troupes dans les prairies; ils sont entomophages et carnivores; leur ponte est de quatre ou cinq œufs, elle se répète plusieurs fois dans l'année.

Les caractères par lesquels ces oiseaux diffèrent des Troupiales sont peu importans; aussi quelques auteurs ont-ils cru ne pas devoir les en séparer. Les principales espèces sont :

Le **C. CHRYSOCÉPHALE**, *Oriolus chrysocephalus*, Linn., Gm., *Pendulinus chrysocephalus* de Vieill., Gal., pl. 36. Cet oiseau est noir, avec la tête, la nuque, le croupion et les couvertures inférieures de la queue, ainsi que l'épaule, d'un jaune éclatant; la femelle a la tête noire, avec une tache jaune plus petite et ne couvrant que la nuque, les couvertures inférieures de la queue sont noires. Cette espèce habite l'Amérique méridionale; on la trouve dans les Antilles.

C. SOLITAIRE. Cette espèce construit un nid assez remarquable; elle le suspend à l'extrémité des branches les plus flexibles, et ne fait entrer dans sa composition qu'une espèce de filasse; elle lui donne la forme d'une nacelle un peu profonde et le fixe à deux rameaux par des oreilles. Quoique bien fragile en apparence, ce berceau, jouet des vents, est cependant d'une texture assez forte pour résister à leur impétuosité.

C. BANANA, *Oriolus banana*, Lath., Enl., 87. Le nid de cette espèce n'est pas moins singulier; c'est un tissu de fibres de feuilles enlacées les unes dans les autres, et dont la forme est celle d'un quart de sphère. Le nid est fixé sous une feuille de Bananier qui lui sert d'abri et sert à le compléter. Le Banana vit à la Martinique.

C. ROUNOIR, *Icterus rufisator*, Less., Zool., *Coq.*, pl. XXII, 1. Cette espèce habite les îles antarctiques de la Nouvelle-Zélande, où M. Lesson l'a observée; sa longueur totale est de près de huit pouces. Elle a le bec noir ainsi que les tarses; son plumage également noir est mêlé d'une teinte fuligineuse. Le manteau et les couvertures alaires sont d'un rouge cannelle vif, qui colore aussi le croupion; les rémiges et les rectrices sont d'un beau brun uniforme. Cet oiseau est le seul de son genre qui ait été observé autre part qu'en Amérique.

C. GASQUET, *Xanthornus gasquet*, de MM. Quoy et Gaimard, Zool. *Uranie*, pl. 24, est une espèce qui habite les rivières de Rio de la Plata, les prairies et les marais, où elle se tient par petites troupes. Sa tête est d'un brun tirant sur le noirâtre, tandis que son dos, ses ailes et sa queue sont d'un brun plus clair : un jaune élégant colore le dessous du pli de l'aile, le ventre, et tranche sur le croupion avec une large bande de couleur brune. Longueur totale, huit pouces neuf lignes. C'est le *Leistes Suchii*, Vigors, Zool. Journ., II, p. 182.

C. AUX AILES JAUNES; *Oriolus chrysopterus*, Vigors. Cet oiseau est noir, avec les épaules et le croupion jaunes. Sa tête est surmontée d'une huppe. Longueur, six pouces et demi. Il habite le Brésil.

On place également dans ce genre le Troupiale à tête orangée, *Icterus xanthocephalus*, Ch. Bonaparte (*Journ. of the acad., of nat., hist., of Philad.*, t. vi, p. 222, le même que l'*Oriolus icterocephalus* de Say (*Major Long's exped.*). Cette espèce est noire, avec la tête et le cou de couleur orangée; une tache blanche est dessinée sur les yeux. Longueur, dix pouces six lignes. Elle habite les régions occidentales de l'Amérique septentrionale et les côtes de l'Amérique du sud.

Enfin le Carouge jamacaïg, que nous avons représenté dans notre Atlas, pl. 77, f. 3, est d'un beau jaune orangé, avec la gorge, les ailes et la queue noires. Il se trouve dans l'Amérique.

(Gerv.)

CARPE. (anat.) Partie intermédiaire entre l'avant-bras et la main et qu'on nomme vulgairement *poignet*. Le Carpe est formé par deux rangées de petits os courts, unis intimement entre eux, de telle sorte que cette partie jouit dans son ensemble de quelque mobilité, tandis que chacun des os se déplace à peine, disposition qui donne à leurs articulations une très-grande solidité. La première rangée de ces os se compose du *scaphoïde*, du *semi-lunaire*, du *pyramidal* et du *pisiforme*; le *trapèze*, le *trapézoïde*, le *grand os* et l'os *crochu* forment la seconde rangée. Les huit os sont disposés de manière à protéger les vaisseaux et les nerfs qui vont de l'avant-bras à la main; ils forment avec les ligamens un canal que ces organes traversent, et qui peut supporter, sans s'aplatir, la plus forte pression. (P. G.)

CARPE, *Cyprinus*. (poiss.) Ce genre, si l'on considère le nombre d'espèces qu'il fournit, est certainement un des plus intéressans de la famille des Cyprinoïdes. Les caractères du genre dont il est question sont : une longue dorsale, ayant, ainsi que l'anale, une épine plus ou moins forte pour deuxième rayon; la bouche petite, garnie de barbillons et dépourvue de dents; corps couvert d'écailles assez grandes. L'espèce suivante est la plus commune, et peut être considérée comme type de ce genre.

La Carpe vulgaire (*Cyprinus carpio*, L.), Bloch., 16. Ce poisson, que l'on transporte dans tous les marchés, que l'on voit sur toutes les tables, que tout le monde connaît, recherche, distingue, apprécie dans les plus petites nuances de sa saveur, est cependant si peu connu du vulgaire, qu'il n'a d'idée nette ni de ses formes ni de ses habitudes qui inspirent un grand intérêt au naturaliste. La Carpe est un poisson à corps aplati, un peu comprimé, à mâchoires dépourvues de dents et d'aspérités, mais bordées de lèvres épaisses, que ce poisson porte en avant pour sucer ses alimens; ses dents pharyngiennes sont plates et striées à la couronne : ses yeux enfin sont d'une grandeur médiocre. Sa couleur est d'un vert olivâtre, jaunâtre en dessous, mais ses couleurs peuvent varier suivant les eaux dans lesquelles elle

séjourne. La Carpe se nourrit du frai d'autres poissons, d'insectes et de quantité de substances animales et végétales qu'elle rencontre en suçant la vase, ce qui a fait croire qu'elle se nourrissait de vase. Tout le monde a vu des Carpes se jeter avec avidité sur les morceaux de pain qu'on jette dans les endroits où il y en a. Les pêcheurs aux haims en prennent tant avec des appâts de différentes espèces, qu'il n'est pas permis de douter que la Carpe cherche à se nourrir d'autre chose que de la vase. Les Carpes fraient en mai, et même en avril quand le printemps est chaud. Elles cherchent alors les places couvertes de verdure pour y déposer ou leur laite ou leurs œufs. On dit que deux ou trois mâles suivent chaque femelle pour féconder sa ponte, et dans ce temps où les facultés de ces mâles sont plus exaltées, leurs forces ranimées et leurs besoins plus pressans, on les voit souvent indiquer par des taches et même par des tubercules, les modifications profondes et les sensations intérieures qu'ils éprouvent. A cette même époque les Carpes qui habitent dans les fleuves ou dans les rivières s'empressent de quitter leurs asiles pour remonter vers les eaux les plus tranquilles : si dans cette sorte de voyage annuel elles rencontrent une barrière, elles s'efforcent de la franchir. Elles peuvent, pour la surmonter, s'élever à une hauteur de deux mètres, et elles s'élèvent dans l'air par un mécanisme semblable à celui que l'on observe dans le Saumon. Elles montent à la surface de la rivière, se placent sur le côté, se plient vers le haut, rapprochent leur tête et l'extrémité de leur queue, forment un cercle, débandent tout d'un coup le ressort que ce cercle compose, s'étendent avec la rapidité de l'éclair, frappent l'eau vivement, et rejaillissent en un clin d'œil. Duhamel, dans son Traité des pêches sur les poissons, rapporte le fait suivant : «Je l'ai éprouvé à mes dépens, dit-il ; car le long d'une rivière qui traversait un fond de tourbe et de vase, je fis charger cette terre vaseuse avec de la terre franche pour former une allée de six à sept toises de longueur, s'élevant d'environ deux pieds au dessus de la surface de l'eau. Au-delà de cette allée, dont les bords étaient garnis d'arbres qui formaient chaussée, je fis creuser parallèlement à la rivière un canal pour former un vivier dans lequel je mis de belles Carpes : elles s'y comportèrent très-bien pendant quatre ou cinq ans, de sorte que, quand on se promenait le long du canal, elles semblaient à portée de ceux qui y étaient, dans l'espérance qu'on leur jetterait du pain : tout d'un coup elles disparurent, et l'on s'aperçut qu'elles s'étaient frayé un chemin dans la terre franche et dans la terre marécageuse, pour gagner la rivière; ce qui n'est pas douteux, puisqu'un pêcheur prit dans la rivière, d'un seul coup de filet, sept grosses Carpes que je reconnus pour être des miennes, parce que, pour les distinguer, je leur avais coupé la moitié de la caudale. » C'est un fait que Duhamel a cru devoir rapporter pour que ceux qui voudraient former un vivier auprès d'une rivière, prissent des précautions convenables pour

ne point

ne point craindre un pareil accident. Ces Cyprins peuvent d'autant plus montrer des développemens très-remarquables, qu'ils sont favorisés par une des principales causes de tout accroissement, qui est le temps. On sait qu'ils deviennent très-vieux, et nous n'avons pas besoin de rappeler que Buffon a parlé de Carpes de cent cinquante ans, vivant dans les fossés de Pontchartrain, et que dans les étangs de la Lusace on a nourri des individus de la même espèce très-âgés. Les Carpes se multiplient avec une facilité si grande, que les possesseurs d'étangs sont souvent embarrassés pour restreindre une reproduction qui ne peut accroître le nombre des individus qu'en diminuant la part d'aliment qui peut appartenir à chacun de ces poissons, et par conséquent en rapetissant leurs dimensions, en dénaturant leurs qualités, en altérant particulièrement la saveur de leur chair. Lorsque, malgré ces efforts, l'espèce s'est soustraite à l'influence des soins de l'homme, et qu'il n'a pu imprimer à des individus des caractères transmissibles à plusieurs générations, il peut agir sur des individus isolés, les améliorer par plusieurs moyens, et les rendre plus propres à satisfaire ses goûts; il nous suffira d'indiquer parmi ces moyens, plus ou moins analogues, l'opération imaginée par un pêcheur anglais, et exécutée presque toujours avec succès. On leur enlève, comme on fait aux brochets, les ovaires ou la laite, on rapproche les bords de la plaie, on coud ces bords avec soin, et la blessure est bientôt guérie. Les jeunes Carpes habitent ordinairement pendant deux ans dans les étangs formés pour leur accroissement, et on les transporte ensuite dans un étang établi pour les engraisser, d'où, au bout de trois ans, on peut les retirer déjà grandes, grasses et agréables au goût. Elles s'y sont nourries, au moins le plus souvent, d'insectes, de vers, de débris de plantes altérées, de racines pourries, de jeunes végétaux aquatiques. On peut être obligé, après quelques années, de laisser à sec pendant dix ou douze mois l'étang destiné à l'engrais des Carpes; on profite de cet intervalle pour y diminuer, si cela est nécessaire, la quantité des joncs et des roseaux, et y semer d'autres végétaux qui servent d'aliment aux Carpes qu'on introduit dans l'étang renouvelé. Si la surface de l'étang se gèle, il faut en faire sortir un peu d'eau, afin qu'il se forme au dessous de la glace un vide dans lequel puisse se rendre l'air, qui dès lors ne séjourne plus dans le fluide habité par les Carpes. Il suffit quelquefois de faire dans la glace des trous plus ou moins grands et plus ou moins nombreux, et de prendre des précautions pour que les Carpes ne puissent pas s'élancer par ces ouvertures au dessus de la croûte glacée de l'étang, où le froid les ferait bientôt périr. Mais on assure que, lorsque le tonnerre est tombé dans l'étang, on ne peut en sauver le plus souvent les Carpes qu'en renouvelant presque en entier l'eau qui les renferme, et que l'action de la foudre peut avoir imprégnée d'exhalaisons malfaisantes. Au reste, il est presque toujours assez facile d'empêcher, pendant l'hiver, les Carpes

de s'échapper par les trous que l'on peut avoir faits dans la glace. En effet, il arrive le plus souvent que lorsque l'étang commence à se geler, les Carpes cherchent les endroits les plus profonds, et par conséquent les plus garantis du froid, fouillent avec leur museau et leurs nageoires dans la terre grasse, y font des trous en forme de bassins, s'y rassemblent, s'y entassent, s'y pressent, s'y engourdissent et y passent l'hiver dans une torpeur assez grande pour n'avoir pas besoin de nourriture. On a même observé assez fréquemment et avec assez d'attention cette torpeur des Carpes, pour savoir que, pendant leur long sommeil et leur long jeûne, ces Cyprins ne perdent guère que le douzième de leur poids. Les Carpes élevées dans les étangs ne sont pas celles dont la chair est la plus agréable au goût; on leur trouve une odeur de vase qu'on leur fait aisément perdre en les tenant seulement une huitaine de jours dans de l'eau vive pour les dégorger. Il y a des cuisiniers qui prétendent, mais peut-être à tort, que si au sortir de l'eau on fait avaler du vinaigre aux Carpes qui ont été pêchées dans la vase, et qu'on les laisse étendues sur une table, il sort comme une espèce de transpiration, une vase très-fine qu'il faut enlever en grattant de temps en temps les écailles avec un couteau, et que, quand elles sont mortes, leur chair n'a aucun goût de vase. On préfère celles qui vivent dans un lac, encore plus celles qui séjournent dans une rivière, et surtout celles qui habitent un étang ou un lac traversé par les eaux fraîches et rapides d'un grand ruisseau, d'une rivière ou d'un fleuve. Tous les fleuves et toutes les rivières ne communiquent pas d'ailleurs les mêmes qualités à la chair des Carpes. Il est des rivières dont les eaux donnent à ceux de ces Cyprins qu'elles nourrissent une saveur bien supérieure à celle des autres Carpes. Dans les fleuves, les rivières et les grands lacs, on pêche les Carpes avec la ligne : on emploie, pour les prendre dans les étangs, des collets, des louves et des nasses, dans lesquels on met un appât. On peut aussi se servir de l'hameçon pour la pêche des Carpes; mais ces Cyprins sont très-souvent plus difficiles à prendre qu'on ne le croirait : ils se méfient des différentes substances avec lesquelles on cherche à les attirer. D'ailleurs, lorsqu'ils voient les filets s'approcher d'eux, ils savent enfoncer leur tête dans la vase et les laisser passer par dessus leur corps, ou s'élancer au-delà de ces instrumens par une impulsion qui les élève à deux mètres ou environ au dessus de la surface de l'eau. Aussi les pêcheurs ont-ils quelquefois la précaution d'employer deux trubles dont la position est telle, que, lorsque les Carpes sautent pour échapper à l'un, elles tombent dans l'autre. Dès le temps de Belon on faisait avec les œufs de Carpes du caviar qui était acheté avec d'autant plus d'empressement par les Juifs des contrées asiatiques et européennes, que leurs lois religieuses leur défendaient de se nourrir de caviar fait avec des œufs d'Esturgeons.

On trouve parmi les Carpes, comme dans les autres espèces de poissons, des monstruosités plus ou moins bizarres; mais ces poissons ont dans leur tête, et particulièrement dans leur museau, une difformité qui a souvent frappé les naturalistes, et qui a toujours étonné le vulgaire à cause des rapports qu'elle lui a paru avoir avec la tête d'un Dauphin. Mais, indépendamment de ces monstruosités, cette espèce est fréquemment modifiée, suivant plusieurs naturalistes, par son mélange avec d'autres espèces du genre des Cyprins, et particulièrement avec des Carassins et des Gibiles. Il résulte de ce mélange des individus plus gros que les Gibiles ou des Carassins, mais moins gros que des Carpes, et qui ne pèsent guère qu'un ou deux kilogrammes. Gesner, Aldrovande, Schwenckfeld, Scheneveld et Klein, ont parlé de ces métis, auxquels les pêcheurs ont donné différens noms; on les reconnaît à leurs écailles qui sont plus petites, plus attachées à la peau que celles des Carpes, et montrent des stries longitudinales; leur tête est plus grosse, plus courte, et dénuée de barbillons. Mais Bloch croit qu'on n'observe ces dernières différences que lorsque les œufs de la Carpe ont été fécondés par des Carassins ou par des Gibiles, parce que les métis ont toujours la tête et la caudale du mâle.

On en élève une race à grandes écailles, dont certains individus ont la peau nue par place, ou même entièrement, et que l'on nomme REINE DES CARPES, CARPE A MIROIR, CARPE A CUIR (*Cyprinus rex Cypranorum*, Bloch., 17). Dans certains pays on élève ces poissons dans les étangs, où ils parviennent à une grosseur très-considérable, et où leur chair acquiert une saveur que l'on a préférée au goût de celle de la Carpe. Telle est encore une espèce importée chez nous, et qui s'y est fort multipliée à cause de l'éclat et de la variété de ses couleurs, qui fait l'ornement de nos bassins. La DORADE DE LA CHINE (*Cyprinus auratus*, Linné), Bloch., 93, qui a les épines dorsales et anales dentelées comme la Carpe. D'abord noirâtre, elle prend par degré ce beau rouge doré qui la caractérise; mais il y en a d'argentées et de variées de ces trois nuances. Il y en a aussi des individus sans dorsale, d'autres à dorsale très-petite, d'autres dont la caudale est très-grande, d'autres dont les yeux sont énormément gonflés; c'est aussi à ce groupe qu'appartient le plus petit de nos Cyprins d'Europe, dit la BOUVIÈRE OU PÉTEUSE (*Cyprinus amarus*, Bloch., Guérin, Iconog. du règne anim., pl. 46, fig. 1). Longue d'un pouce, verdâtre dessus, d'un bel aurore dessous; en avril, dans le temps du frai, elle a une ligne d'un bleu d'acier de chaque côté de la queue; le deuxième rayon dorsal forme une épine assez raide. (ALPH. G.)

CARPHOLITHE. (MIN.) Ce nom, qui signifie *pierre de paille*, a été donné avec raison à une substance fibreuse, brillante et de couleur jaune, se présentant en petits faisceaux radiés à la surface de certaines roches granitiques dont elle tapisse les fentes. La Carpholithe ne s'est pas encore présentée autrement qu'à l'état fibreux; on ne la connaît pas cristallisée.

Composée de 56 parties de silice, de 26 à 27 d'alumine, de 19 de protoxide de manganèse, de 2 de protoxide de fer, de 10 à 11 d'eau, de 1 à 2 d'acide fluorique et d'une très-petite quantité de chaux, la Carpholithe entre nécessairement dans la division des silicates alumineux.

Ses caractères chimiques sont de donner de l'eau par la calcination, de se fondre difficilement au chalumeau en un verre brun opaque, et de présenter des indices de manganèse par le carbonate de soude. (J. H.)

CARPOBOLE, *Carpobolus*. (BOTAN. CRYPT.) Genre de Lycoperdiacées créé, en 1729, par Micheli. Son nom lui vient de la propriété qu'il a de lancer ses semences avec bruit. Le savant professeur de Florence compare ce bruit à celui que produit une chiquenaude, ce qui vraiment est extraordinaire dans une plante aussi petite. Ce genre est composé de deux seules espèces que l'on verra figurées en notre Atlas, pl. 77; la fig. 5, est celle du CARPOBOLE ÉTOILÉ, *C. stellatus*, que Linné a décrit sous le nom de *Lycoperdon stellatus*, et Tode sous celui de *Sphærobolus stellatus*, la fig. 4 est celle du CARPOBOLE PORTE-CERCLE, *C. cyclophorus*. L'un et l'autre sont de grandeur naturelle et représentés à différens âges et grossis.

Desmazières est le premier botaniste qui, en 1825, ait fait connaître le Carpobole porte-cercle. Cette espèce croît sur les chaumes des graminées pendant l'automne; elle jouit d'une propriété hygrométrique assez remarquable; elle resserre très-sensiblement les divisions de sa première enveloppe quand l'air est sec; elle les étend au contraire lorsqu'il est chargé d'humidité. Sa forme est une petite boule de trois à quatre millimètres de diamètre. La première enveloppe, de couleur fauve, est épaisse, charnue, légèrement velue au dehors quand on l'observe à la loupe, arrondie à sa base et fendue au sommet en six, quelquefois en sept et huit divisions dentiformes. Elle renferme une membrane ou volva fort mince, blanche, sphérique, marquée horizontalement, et dans son milieu, d'un grand cercle rouge-orangé très-vif. Cette membrane se rompt pour donner issue, au moment de l'entier développement, à une petite vésicule ronde, brune, qui renferme les semences, et qu'elle projette au loin avec bruit. Une fois le fruit lancé, la plante perd sa forme et s'affaisse.

Le Carpobole étoilé croît sur les étocs, les charpentes à demi pourries, et sur la sciure de bois humide, dans laquelle il s'enfonce. Il est plus grand que l'espèce porte-cercle; sa forme est plus allongée, ses divisions plus larges et plus courtes; il n'a point de ceinture rouge. (T. D. B.)

CARPOLITHES. (BOT. FOSS.) Cette dénomination grecque, traduisible par *fruits pétrifiés*, désigne en effet les graines ou fruits qui se trouvent à l'état fossile dans les diverses couches de notre globe. Le nombre des genres et espèces de *Carpolithes* est considérable; jamais étude ne fut plus curieuse sans doute; mais, ne pouvant nous arrêter aux conjectures ou aux hypothèses, bornons-nous à deux ou trois faits constatés.

Les fruits fossiles appartiennent en général à des végétaux que la terre ne produit plus; si quelques uns se rapportent à des genres connus, ce n'est jamais aux espèces actuelles.

Les terrains tertiaires et les terrains houillers ont fourni des graines très-reconnaissables de chara; des fruits de palmiers, de cocos, de pins et de sapins, d'érables, de charmes, de bouleaux, et beaucoup de noix d'espèces diverses.

Les fruits et graines de genres inconnus, en nombre beaucoup plus grand, ont été surtout rencontrés dans les lignites de l'argile plastique, dans ceux de la Misnie et d'autres parties de l'Allemagne et de l'Angleterre; on n'en trouve point dans la craie, ni dans les calcaires du Jura et des Alpes. Quant à leur dénomination, on conçoit l'extrême difficulté d'un semblable travail. Vénus se serait cruellement vengée de Psyché en lui faisant trier un mélange de cinq ou six cents espèces des graines les plus vulgaires; que dire de graines de formes insolites, produites par des végétaux qui vivaient il y a plusieurs dizaines de siècles? *Voy.* l'art. VÉGÉTAUX FOSSILES. (L.)

CARRARE. *V.* MARBRE.

CARRIÈRE. (GÉOL. et TECHNOL.) C'est dans les Carrières que le géologiste, avide de science, trouve le plus de facilité pour étudier la disposition des différentes couches et des différens terrains qui composent notre globe. Les Carrières sont des lieux d'exploitation qui fournissent aux entrepreneurs la plupart des matériaux propres à la construction, tels que le grès, le marbre, la pierre à plâtre, le sable, etc. Ces lieux prennent différens noms d'après les matières qu'ils renferment. Ainsi on les appelle *marbrières*, *ardoisières*, *plâtrières*, etc., selon qu'on en retire du marbre, des ardoises, du plâtre, ou autres produits naturels.

Quant au mode d'exploitation, il est subordonné aux localités et à la disposition des substances qu'on recherche. Tantôt ce sont des Carrières à *ciel ouvert*, quand l'objet de l'exploitation n'est pas à une grande profondeur. D'autres fois, ce sont des galeries creusées dans le flanc d'une colline; souvent aussi, et surtout aux environs de Paris, à Mont-Rouge, à Charenton, elles sont ouvertes à fleur de terre : on y descend par des puits, à l'orifice desquels est disposé un *treuil* pour enlever les pierres et les amener à la surface.

Lorsque la pierre offre peu de résistance, le *pic*, grand marteau de fer pointu à son extrémité, et les coins que l'on enfonce dans le bloc, suffisent pour le séparer de la masse. Quand au contraire ces moyens ne sont pas suffisans, on fait sauter le quartier par l'explosion d'une mine. La manière d'obtenir les meules de moulins est la plus curieuse; on trace dans la pierre un cercle, et l'on y enfonce, de distance en distance, des pieux en bois de sapin très-sec; on verse ensuite de l'eau sur chaque pieu qui, augmentant considérablement de volume par l'imbibition de l'eau, fait rompre la pierre suivant le cercle que l'on y a tracé.

Les Carrières les plus considérables sont creusées dans le calcaire grossier et dans la craie : on peut s'en faire une idée par celles de Mont-Rouge, dont une partie a formé les catacombes de Paris. Les ardoisières, les marbrières et ne peuvent en rien être comparées à ces immenses souterrains, creusés dans la craie, tels qu'on en voit aux environs de Maëstricht, ou à ceux qui sillonnent une partie de la Champagne, et dans lesquels les habitans d'Épernay se sont pratiqué des caves remarquables par leur étendue et leur beauté. (J. H.)

CARTE GÉOGRAPHIQUE BRUNE ET FAUVE. (INS.) Noms sous lesquels les amateurs connaissent deux espèces de Papillons du genre Vanesse; ce sont les *Vanessa levana* et *prorsa* de Linné. *Voy.* VANESSE. (GUÉR.)

CARTHAME, *Carthamus.* (BOT. PHAN.) Sur une vingtaine d'espèces que renferme ce genre de la Syngénésie polygamie égale et de la famille des Synanthérées, section des Carduacées, une seule est l'objet d'une culture qui devrait être plus importante; les autres ne seraient point déplacées dans les jardins d'agrément pour leurs fleurs et leur port. Parlons d'abord du CARTHAME OFFICINAL, *C. tinctorius*; nous dirons ensuite un mot de quelques espèces bonnes à connaître.

Désigné dans le commerce sous le nom de *Safran bâtard* et *Safranon* à cause d'une similitude de sa fleur avec celle du safran, le Carthame officinal est une plante annuelle, que l'on voit représentée dans notre Atlas, pl. 78, fig. 1, originaire de l'Afrique, peut-être même des îles Canaries, cultivée en grand dans quelques parties de l'Europe et dans le Levant. Elle demande une terre un peu légère, substantielle. Sous le climat de l'Égypte et dans l'île de Ténériffe, surtout dans la belle situation de Tacoronte, elle jouit d'un avantage particulier, essentiel à l'abondance de la récolte, c'est d'être exempte de pluie et d'orage durant le mois de mai, époque de la floraison.

Une tige de trente-deux centimètres de haut, droite, cylindrique, dure et lisse, couverte de feuilles simples, entières, alternes, bordées de quelques dents épineuses, vertes et lancéolées, aiguës, et terminées par des fleurs assez grosses, d'un jaune orangé, donne au Carthame officinal un aspect agréable. Sous le rapport de l'utilité, ses fleurs et ses graines sont recherchées. Les premières contiennent deux substances colorantes très-distinctes : l'une jaune, très-soluble dans l'eau, altère les principes de l'autre, qui est rouge, insoluble dans l'eau, dans l'alcool, et qu'on obtient seulement par la voie des alcalis. En Europe l'opération se fait à froid; en Égypte, d'où nous tirons la plus grande quantité du Carthame qu'emploient nos teinturiers, elle a lieu dans un bain chauffé entre trente et cinquante degrés. La couleur est peu solide, mais elle se nuance à l'infini de la manière la plus heureuse et la plus éclatante, depuis le rose carné jusqu'au rouge ponceau, et depuis le violet jusqu'au lilas le plus agréable. Le Carthame entre aussi dans le rouge auquel les dames ont recours, quand, par suite d'une coquetterie mal entendue, de maladies, de langueur ou de passions satisfaites avec trop de complaisance, elles veulent simuler la fraîcheur de la jeunesse, tromper les yeux mal exercés, et

« Réparer du temps l'irréparable injure. »

Ce très-beau rouge tendre n'a pas les inconvéniens des sophistications qu'elles vont demander à de prétendus chimistes, à des marchandes à la toilette. On prépare encore avec les étamines une espèce de laque à l'usage des peintres, et qu'ils appellent *rouge végétal* ou *vermillon d'Espagne*.

Quant aux graines, qui sont grosses, nombreuses et noires, on en exprime une huile douce d'excellente qualité. On mange leur amande, mais il faut le faire avec circonspection, car elles sont pour l'homme violemment purgatives; la volaille et surtout les perroquets en sont très-friands: c'est de là que les graines du Carthame sont vulgairement dites *graines de perroquet*.

Les anciens connaissaient la double propriété du Carthame officinal, comme plante tinctoriale et oléagineuse. Théophraste en a parlé sous le nom de Safran épineux, *Knékos*. En Espagne et en Angleterre, on mêle ce végétal dans les potages et autres alimens, pour leur donner une couleur agréable; les Juifs l'aiment beaucoup, et en jettent dans presque tous leurs mets.

On trouve dans quelques jardins le CARTHAME A FEUILLES DE SAULE, *C. salicifolius*, petit arbuste d'un bel aspect, à fleurs blanches, à épines soyeuses, que l'on a tiré de l'île de Madère; le CARTHAME NAIN, *C. mitissimus*, aux feuilles longues étalées sur la terre, soutenant une grosse fleur bleue; le CARTHAME GRILLÉ, *C. cancellatus*, qui porte des fleurs d'un bleu pourpré, dont le calice est armé d'un réseau à mailles très-rapprochées, où les mouches sont parfois retenues captives. (T. D. B.)

CARTILAGES. (ANAT.) Parties solides du corps des animaux, de couleur blanche, laiteuse, opaline, qui encroûtent les extrémités osseuses destinées à se mouvoir les unes sur les autres, ou qui entrent dans la composition de certains organes comme le larynx, la trachée artère; plusieurs disparaissent avec l'âge et se convertissent en véritables os. Chez quelques poissons, tels que les raies, tout le squelette est formé de substance cartilagineuse, et demeure constamment dans cet état; tandis que chez l'homme et chez d'autres animaux, s'il en est ainsi dans les premiers temps de la vie, cette substance s'encroûte bientôt de sels calcaires qui les font passer à l'état *d'os*. En faisant macérer pendant quelque temps les *os* dans l'acide hydrochlorique, les sels calcaires se dissolvent et le Cartilage reste isolé: cette expérience prouve que la substance cartilagineuse forme la base du système osseux. (P. G.)

CARTILAGINEUX. (POISS.) Les animaux qui forment, dans la classe des Poissons, une série ou une grande division, désignée sous le nom de Cartilagineux dits chondroptérygiens, relativement à l'ensemble de leur organisation, diffèrent tellement des autres pour le squelette, qu'il est nécessaire d'en faire l'abrégé. Les pièces qui composent le squelette, dans les poissons Cartilagineux, c'est-à-dire dans les raies, les squals et les lamproies, ne prennent point le tissu fibreux qui caractérise les os dans les poissons connus sous le nom d'*osseux*. Leur intérieur demeure toujours cartilagineux, et leur surface extérieure se durcit par de petits grains calcaires qui s'y accumulent, et qui lui donnent cette apparence pointillée qui les distingue des autres poissons. C'est probablement ce qui fait que le crâne de ces poissons n'est pas divisé par des sutures, et ne se compose que d'une seule enveloppe, modelée et d'ailleurs percée à peu près comme un crâne de poisson ordinaire, en sorte que l'on y distingue les mêmes régions et les mêmes trous, mais non des os qui peuvent être séparés. Leur face est très-simplifiée, leur mâchoire inférieure n'a également qu'un os de chaque côté, articulaire, lequel porte des dents, et il ne reste des autres qu'un seul vestige, ainsi caché sous la peau de la lèvre. L'appareil operculaire, dans cette division des poissons cartilagineux, manque, mais l'appareil hyoïdien et branchial a de grands rapports avec celui que l'on observe dans les poissons osseux. Le bassin est d'une seule pièce transverse qui ne s'articule pas à l'épine, et porte de chaque côté une lame ou tige à laquelle adhèrent les rayons de la ventrale. Il y a des parties de l'épine où plusieurs des vertèbres sont soudées ensemble, ou du moins l'espace où elles doivent être n'est occupé que par un tube d'une seule pièce, percé de chaque côté de plusieurs trous pour autant de paires de nerfs. Les ammonites n'ont pas même de squelette cartilagineux. Toutes les parties de leur charpente demeure toujours à l'état membraneux, et sous ce rapport ils ressemblent à des vers plutôt qu'à des animaux vertébrés. (ALPH. G.)

CARTONNIÈRES. (INS.) On donne ce nom à des espèces de Polistes qui font un nid semblable à une boîte de carton. *V.* POLISTE. (GUÉR.)

CARVI, *Carum*. (BOT. PHAN.) Quoique certains botanistes veulent supprimer ce genre de la Pentandrie digynie et de la famille des Ombellifères pour le réunir aux SÉSELIS (*voy.* ce mot), nous le conservons, appuyé d'abord sur l'autorité de Tournefort, de Linné, de Jussieu, mais encore parce qu'il a des caractères tranchés, qui l'éloignent de ce genre. S'il a, comme lui, le calice entier, les pétales cordés et infléchis, le même port et les mêmes feuilles, il en diffère par sa collerette générale à une ou deux folioles linéaires, par son fruit ovale-oblong, strié, à trois côtes dorsales et obtuses, par sa tige moins rigide dans l'ensemble de ses parties.

C'est dans les prés montueux, tant des pays froids que des contrées méridionales de l'Europe, que se trouve la seule espèce connue de ce genre. Le CARVI DES PRÉS, *C. carvi*, est une plante herbacée, bisannuelle, indigène, quoique l'on dise qu'elle nous soit venue de la Carie. La tige, de soixante-cinq centimètres de haut, lisse et rameuse, est garnie de feuilles deux fois ailées, à découpures linéaires, pointues ; les fleurs sont d'un blanc jaunâtres, petites, disposées en ombelle lâche ; épanouies au milieu du printemps, elles donnent naissance à des semences verdâtres, oblongues-ovales, odorantes, qui fournissent une huile essentielle ; elles ont les mêmes propriétés que celles de l'anis, et entrent dans la composition de plusieurs sortes de liqueurs. Elles font partie des quatre semences chaudes et sont très-fréquemment employées en médecine. Dans le nord on les fait entrer dans la pâte du biscuit de mer ; les marins, qui les aiment beaucoup, prennent soin de les mêler à tous leurs mets. En Amérique, il s'en fait une grande consommation ; toutes les cuisines en sont pourvues.

On cultivait autrefois le Carvi dans tous nos jardins légumiers pour sa racine fusiforme, aromatique, que l'on enlevait dès les premiers froids, que l'on mangeait frite et dans les potages ; aujourd'hui, on en rencontre à peine quelques pieds conservés pour la graine. Les vaches et les moutons mangent la fane avec plaisir.   (T. D. B.)

CARYBDÉE, *Carybdea.* (ZOOPH. ACAL.) Genre de médusaire établi par Péron pour les espèces dont le corps est orbiculaire, subconique et garni dans sa circonférence de lobes foliacés, subtentaculaire ou creusé en dessous par une grande excavation stomacale à ouverture aussi grande qu'elle. On n'en connaît encore que deux espèces : la CARYBDÉE PÉRIPHYLLE, qui est de couleur brune ; et la CARYBDÉE BICOLORE, de couleur ferrugineuse, avec les folioles ponctuées de rouge. Quant à la Carybdée marsupiale, elle doit être rangée dans le genre ÉGUORÉE. (*V.* ce mot.)   (R.)

CARYOPHYLLAIRES, *Caryophyllariæ.* (ZOOPH. POLYP.) Ordre de Polypier lamellifère, institué par Lamouroux pour les Polypiers pierreux et non flexibles, qui ont des cellules étoilées et terminales, cylindriques, turbinées ou épatées, parallèles ou non parallèles, simples ou rameuses, isolées ou en groupes, jamais à parois communes. D'après ces caractères, les Caryophyllaires se composent des genres *Caryophyllie, Turbinolopse, Turbinalie, Cyclalite,* et *Fongée.*

Lamarck décrit quelques uns de ces genres comme étant libres ; mais cette opinion, combattue avec tous les avantages possibles par Lamouroux dans le Dictionnaire classique d'histoire naturelle, paraît aujourd'hui abandonnée. (R.)

CARYOPHYLLÉES, *Caryophyllcæ.* (BOT. PHAN.) Famille de plantes à embryon dicotylédoné, à corolle polypétale, à étamines hypogynes. Elle a été composée par Jussieu, qui, prenant pour type l'œillet, a groupé un certain nombre de végétaux qui ont de commun les caractères suivans : une tige cylindrique, souvent noueuse et comme articulée, des feuilles opposées, réunies par leur base, et quelquefois munies de stipules (on les trouve aussi verticillées) ; un calice tantôt tubuleux et à quatre ou cinq divisions persistantes, tantôt formé de sépales étalés et caducs ; une corolle de cinq pétales égaux, ordinairement onguiculés à leur base, étalés ou dressés selon la disposition du calice ; des étamines en nombre égal ou double de celui des pétales, insérées à un disque particulier qui supporte l'ovaire ; celui-ci renferme d'une à cinq loges, et porte de deux à cinq styles. Le fruit est une capsule (le seul genre *Cucubalus* produit une baie) à une, deux, trois ou cinq loges polyspermes ; elle s'ouvre, soit par des valves, soit par des dents terminales, qui, d'abord rapprochées, s'éloignent lorsque les graines sont mûres, et leur donnent passage.

Les Caryophyllées sont rarement ligneuses ; leurs fleurs, axillaires ou terminales, sont en général blanches ou rougeâtres.

Les botanistes qui, depuis Jussieu, ont examiné les divers genres de cette famille, en ont éloigné plusieurs qui différaient du groupe par quelques caractères ; telles étaient les plantes composant aujourd'hui la famille des *Paronichiées* et celle des *Linariées.* Voici les principaux genres de la famille des Caryophyllées, divisés en deux sections selon la disposition du calice :

Dianthées (calice tubuleux) : *Agrostemma, Cucubalus, Dianthus, Gypsophila, Githago, Lychnis, Saponaria, Silene,* etc.

Alsinées (calice étalé) : *Alsine, Arenaria, Buffonia, Cerastium, Holosteum, Mollugo, Pharnaceum, Mœrhingia, Sagina, Spergula, Stellaria,* etc.
     (L.)

CARYOPHYLLIE et CARYOPHYLLITE, *Caryophyllia.* (ZOOPH. POLYP.) Genre établi par Lamarck pour des animaux subcylindriques actiniformes, pourvus d'une couronne simple ou double de tentacules courts, épais et perforés, saillant à la surface d'étoiles ou de loges cylindro-coniques, garnies de lames rayonnantes, complètes en dedans, striées en dehors et formant un polypier solide conique, fixe par la base, simple ou à peine agrégé.

Tous les zoologistes ont adopté ce genre, dont les espèces sont assez nombreuses. M. Goldfuss seul ne l'a pas admis, ayant réuni les Caryophyllies aux Oculines sous le nom générique de Lithodendron. Spallanzani a publié en 1786 une description de la Caryophyllie, et y a ajouté des particularités tellement extraordinaires qu'il est de toute impossibilité d'y ajouter foi. Il dit entre autres choses que l'animal ne meurt pas, quand même on le plongerait dans une eau acidulée, et que si on ne renouvelle pas l'eau dans laquelle on le conserve, il peut abandonner sa loge pour aller se promener aux alentours.

Les caractères que nous avons donnés à ce genre sont ceux que M. de Blainville a adoptés lui-même pour toutes les espèces qu'il croit devoir y rapporter. Il les divise en deux sections, les *espèces simples* et les *espèces fasciculées* : on compte 6 à 7 espèces dans les premières, et de ce nombre est la CAR. GOBELET que nous avons figurée dans notre Atlas, pl. 78, fig. 2 a ; dans les secondes il y en a à peu près autant, et nous avons représenté comme exemple la C. EN GERBE. Nous avons également figuré l'animal d'après MM. Quoy et Gaimard. Voy. notre planche 78, figure 2 et 2 b.

On connaît un assez grand nombre de Caryophyllies à l'état fossile; on les divise de la même manière, celles qui forment la seconde section sont les plus nombreuses. Il en existe de vivantes dans les mers d'Europe.   (R.)

CASCADES. (géogr. phys.) Quoique ce nom ne s'applique, à proprement parler, qu'à des chutes d'eau peu importantes, nous comprendrons sous cette dénomination toutes les chutes de fleuves ou de rivières.

Les véritables *Cascades* sont formées par des ruisseaux qui descendent des montagnes; celle de Gavarnie, dans les Pyrénées, est une des plus belles que l'on connaisse. Elle tombe de la hauteur de 1,266 pieds. Les *ports* ou *cols* que l'on remarque dans les mêmes montagnes, et dans d'autres encore, paraissent être les traces d'anciennes Cascades qui ont cessé de couler.

Les fleuves, les rivières qui rencontrent dans leur course une pente abrupte, forment des Cataractes, des Chutes, des Sauts. Les *Cataractes* du Nil ont été long temps célèbres, bien que la plus haute n'ait pas plus de cinq pieds. Que sont ces petites Cascades, quand on les compare aux chutes du *Lulea*, en Suède; de la *Nettina*, en Dalmatie; du *Serio* et de la *Tosa*, en Italie; de la *Reuss* et du *Rhin*; et pour finir par un nom national, à celle de l'*Ardèche*, en France? La première passe pour avoir 600 pieds de hauteur; la seconde, 150; la troisième, 500; la quatrième, 400; la cinquième, 100; la sixième, 75; et la septième, 100.

Dans l'Amérique septentrionale, la cataracte de *James-River* est fort haute, mais elle est bien inférieure à celle de la rivière de *Montmorency*, qui a 242 pieds de hauteur, et à celle du *Niagara*, formée par les eaux du lac *Érie*. Celle-ci a une lieue de long et tombe de 144 pieds dans un gouffre qu'elle s'est creusé et qui n'en a pas moins de 60 de profondeur. Nous n'essaierons pas d'en faire une froide description. Tout le monde connaît celle de M. de Châteaubriand, qui, au dire des voyageurs, est aussi remarquable par l'exactitude que par la richesse du style. C'est la plus large masse d'eau que l'on connaisse.

Le bruit qu'elle cause s'entend de quinze à vingt lieues, et les vapeurs qui s'en élèvent se voient de vingt-cinq lieues de distance.

La figure que nous offrons de cette célèbre chute d'eau, bien qu'elle soit exacte, n'en donne qu'une idée incomplète, parce qu'elle ne la représente que dans la moitié de sa largeur; son développement est trop considérable pour pouvoir être figuré dans une vue en perspective. Cependant elle suffira pour les observations que nous avons à faire.

Le Niagara est une rivière de 13 à 14 lieues de cours, formée par les eaux du lac Érie qui vont se jeter dans le lac Ontario. A quelque distance de ce dernier lac le sol est plat, et formé en grande partie d'alluvions. C'est au dessus de cette plaine que s'élève le plateau qui se prolonge jusqu'au lac Érie. L'espace compris entre la chute et le lac Ontario a dû jadis être occupé par ce plateau: de telle sorte que c'est dans ce lac, ou très-près de ses bords, que devaient tomber originairement les eaux du Niagara. L'action destructive des eaux a reculé la Cascade de 3 à 4 lieues, et tout porte à croire que dans la suite des siècles elle continuera à se reculer de tout l'espace qui la sépare du lac Érie. Quand cette marche, qui a déjà été observée de mémoire d'homme, sera accomplie, il n'y aura plus qu'une gorge ou un ravin entre les deux lacs.

La nature des roches sur lesquelles coule le Niagara rend parfaitement compte et de sa marche passée et de sa marche future. L'espèce de muraille du haut de laquelle tombent les eaux, et qui forme une rampe sur le côté droit de la figure, c'est-à-dire au dessus des deux Indiens, est composée de couches calcaires horizontales, reposant sur des couches de schiste; l'eau, humectant sans cesse cette dernière roche, en fait tomber des débris de manière à former un talus; dès que le schiste s'est écroulé, le calcaire n'ayant plus de support cède bientôt et tombe dans l'abîme. Cet effet tout naturel se renouvelant sans cesse, ne permet pas de supposer, comme on l'a fait, que l'écroulement du plateau puisse avoir lieu d'une manière soudaine, et produise conséquemment une terrible inondation. Ce qui ajoute une nouvelle preuve à ce que nous venons de dire de la destruction successive du plateau d'où tombe le Niagara, c'est la présence des masses de roches, que l'on voit maintenant au dessous de la Cascade, et dont quelques unes sont représentées sur le premier plan de la figure.

L'élévation du terrain ou l'affaissement des roches diminuent insensiblement les cataractes, qui forment alors ce qu'on appelle des *Rapides*, sortes de Cascades qui se trouvent au milieu de certaines rivières et entravent la navigation.

                    (J. H.)

CASÉUM. (chim.) Le Caséum, ou matière caséeuse, existe en grande partie en dissolution dans le lait. On l'obtient en mêlant du lait écrémé avec de l'acide sulfurique étendu: celui-ci se combine avec le Caséum et le précipite sous la forme d'un caillot blanc. On lave le caillot à grande eau et à plusieurs reprises pour le débarrasser du petit-lait qu'il contient, puis on le fait digérer avec de l'eau et du carbonate de chaux. L'acide sulfurique s'empare de la chaux; la matière caséeuse, mise à nu, se dissout dans l'eau; on filtre pour séparer le dépôt calcaire et le beurre qui surnage; enfin on évapore et on fait sécher le liquide filtré.

Le Caséum est d'un blanc jaunâtre, insipide, inodore, soluble dans les acides, l'alcool et les solutés alcalins, plus pesant que l'eau, sans action sur les couleurs bleues végétales, décomposable, par le feu, en carbonate d'ammoniaque, etc., et en charbon volumineux, difficile à incinérer, et très-riche en sous-phosphate de chaux. Placé sur une claie d'osier, à l'état de caillé et sous l'influence du contact de l'air, il se solidifie peu à peu, s'altère et se transforme en une sorte de fromage.

Ainsi que la fibrine et l'albumine, la matière caséeuse peut exister sous l'état de coagulation et sous celui de non-coagulation. Coagulée, séchée et mêlée à une plus ou moins grande quantité de beurre, elle constitue le FROMAGE. (*Voy.* ce mot, où nous traiterons très-succinctement de l'*acide caséique* et de l'*acide caséeux*.) (F. F.)

CASOAR, *Casuarius*. (OIS.) Brisson a réuni sous ce nom deux espèces d'oiseaux de l'ordre des Échassiers et de la famille des Brévipennes, Cuvier. Ces oiseaux, assez voisins des Autruches, en diffèrent par leurs ailes beaucoup plus courtes et totalement inutiles à la course; leurs pieds ont trois doigts, tous garnis d'ongles et dirigés en avant; leurs plumes ont des barbes si peu garnies de barbules que de loin elles ressemblent à du poil ou à des crins tombans.

Vieillot a proposé pour chacune des espèces dont se compose le groupe des Casoars un genre distinct; le premier, auquel il réserve le nom de CASOAR, *Casuarius*, nous occupera d'abord.

Genre CASOAR. Ce genre a pour caractères : le bec droit, à dos caréné, arrondi et fléchi à la pointe; tête casquée, cou nu et garni de deux fanons; pieds robustes, charnus jusqu'aux doigts; ongle du doigt interne du double plus grand que les autres; pennes alaires remplacées par cinq baguettes sans barbe.

La seule espèce comprise dans ce genre est le CASOAR ÉMEU OU CASQUÉ, *Casuarius emeu*, représenté dans notre Atlas, pl. 78, fig. 5. Cet oiseau habite la partie la plus orientale de l'Asie méridionale, les îles Moluques, celles de Java et de Sumatra, et surtout les profondes forêts de l'île Céram; mais il n'est commun nulle part. Quoiqu'il existe en domesticité à Amboine, il n'en est pas originaire; on l'y a mené des îles situées plus à l'est.

Le Casoar est stupide et glouton, sa nourriture ordinaire consiste en fruits, en herbes et en petits animaux; on en a vu un vivant à la Ménagerie de Paris, qui consommait par jour trois livres et demie de pain, six ou sept pommes et une botte de carottes. Il buvait quatre pintes d'eau en été, et un peu plus en hiver.

Le Casoar est, après l'Autruche, un des oiseaux les plus volumineux; son corps massif est couvert de plumes lâches noirâtres, assez analogues à des poils; sa tête est surmontée d'un casque osseux, brun par devant et jaune dans tout le reste; ce casque a trois pouces de haut, un pouce de diamètre à sa base et trois lignes à son sommet; il est produit par un renflement des os du crâne et recouvert par des couches concentriques d'une substance cornée. Le reste de la tête n'offre, sur une peau d'un bleu céleste, que quelques poils noirs, principalement autour de l'orifice auditif,

qui est très-grand. La peau colorée qui se continue jusqu'au milieu du cou, y présente des sillons et des tubercules semblables à ceux du dindon; sur le devant du cou il existe de chaque côté une caroncule mince, de couleur rouge, qui s'élargit vers le bas. Les plumes de la partie inférieure du cou sont les plus courtes; elles vont en s'allongeant sur le reste du corps jusqu'au croupion, où elles sont tombantes et remplacent la queue.

Les ailes sont extrêmement courtes; leurs pennes, ou plutôt les rudimens qui les représentent, sont au nombre de cinq, gros, à peu près ronds et dénués de barbes. Ces espèces de tuyaux sont creux dans toute leur longueur et contiennent une sorte de moelle semblable à celle des plumes naissantes; ils représentent cinq piquans dont l'animal se sert en effet pour se défendre; celui du milieu, qui est le plus grand, peut avoir un pied de longueur. Le bec, les pieds et les ongles sont de couleur noire. Hauteur, cinq pieds environ.

Le cri ordinaire de cet animal est *hou hou* prononcé faiblement et comme de la gorge; dans les momens de colère, il est remplacé par un bourdonnement assez analogue au bruit d'une voiture ou du tonnerre entendus de loin.

Le mâle est d'un caractère plus farouche que la femelle, mais c'est principalement au temps des amours qu'il est le plus furieux. La femelle pond trois ou quatre œufs d'un blanc gris avec une foule de petits points verdâtres; elle les place dans le sable, et ne les couve que pendant un mois, et la nuit seulement. Les jeunes diffèrent des adultes en ce qu'ils ont la tête non encore revêtue d'un casque, et que leur plumage est d'un roux clair mêlé de gris.

Quoique plus difforme et proportionnellement plus lourd que l'Autruche, le Casoar court très-vite, et se défend des animaux qui l'attaquent en les frappant de ses pieds. Le premier individu qu'on ait vu en Europe y a été apporté par les Hollandais qui, en 1597, l'avaient reçu pour présent du roi de Cidaio dans l'île de Java. Depuis ce temps on en a possédé plusieurs autres vivans.

Genre ÉMOU, en latin *Dromaius*. Ce deuxième genre a pour caractères les suivans : bec droit, à bords très-déprimés, un peu caréné en dessus, arrondi à sa pointe, et plus court que celui du Casoar à casque; tête simple, sans casque et emplumée; jambes charnues jusqu'au talon; ongles presque égaux, un peu obtus; rémiges et rectrices nulles, point de baguettes à leur place.

L'espèce type du genre Émou est l'ÉMOU NOIR, *Drom. ater*, Vieill., *Casuarius novæ Hollandiæ* de Latham. M. Lesson l'a nommé *Émou parembany*. Le premier de ces noms, qui est celui du genre, n'est qu'une modification du mot *emeu* qui sert quelquefois pour désigner le Casoar à casque; le second est celui que l'oiseau porte à la Nouvelle-Galles du sud.

L'Émou a été figuré par Péron à la pl. 56 de l'atlas du Voyage aux terres Australes; lorsqu'il est parvenu à son état parfait, il est plus grand que le Casoar ; il n'a guère moins de six pieds de haut : ce qui le distingue nettement de celui-ci, c'est que sa tête n'est point chargée d'un casque osseux et que son cou est emplumé ainsi que le dessus de sa tête ; seulement les plumes de cette dernière partie sont plus rares, principalement sur les joues et la gorge, où elles laissent voir la couleur purpurine de la peau. Les plumes du corps sont soyeuses et recourbées à leur extrémité ; elles ont une teinte blanchâtre aux parties supérieures : le bec est noir et les pieds bruns, avec des dentelures saillantes le long de leur face postérieure. Les jeunes ont la tête entièrement emplumée ; ils sont couverts de plumes grises, blanches et brunes ; ils quittent leur nid, courent et mangent seuls, dit-on, dès leur naissance. Les œufs sont d'un beau vert et de la grosseur de ceux du Casoar.

Les Emous habitent la Nouvelle-Hollande ; on les a souvent observés dans les environs de Port-Jackson. Ils se nourrissent de fruits mous, de fleurs et de plantes de toutes sortes ; leur chair est moins mauvaise que celle du Casoar, elle approche assez pour le goût de celle du bœuf. On dit qu'ils sont polygames.

Emou-kivi-kivi, *Drom. Novæ-Zelandiæ.* M. Lesson (Manuel, t. 11, p. 210) donne ce nom à une nouvelle espèce d'Emou très-commune dans les forêts de la Nouvelle-Zélande. Voici la courte description qu'il en donne : « Cet Emou est de moitié plus petit que le précédent ; son plumage est grisâtre, suivant ce que me dirent les naturels, car je n'ai jamais vu qu'une peau à moitié détruite et informe. » Les habitans de la Nouvelle-Zélande estiment la chair de cet oiseau et le chassent avec des chiens ; ils le nomment *Kiri-kivi.* (Genv.)

CASPIENNE (Mer). (géogr. phys.) Cette mer, située entre 36 degrés 40 minutes et 47 degrés 20 minutes de latitude septentrionale, et entre 44 degrés et 54 de longitude orientale, a 70 lieues de largeur moyenne sur une longueur de 270. Dans sa superficie, de 16,850 lieues carrées, on comprend le lac Amer, appelé par les Turcomans *Kouli-Deria,* auquel elle communique par le détroit de *Karaboughar* (Taureau noir), dont la longueur est incertaine. Ce lac est réputé fort dangereux, l'eau en est malfaisante ; les animaux, le poisson même s'en éloignent.

Profonde de 2,700 pieds dans certains endroits, la mer Caspienne est si basse le long des côtes, que les navires sont presque toujours forcés d'aborder loin du rivage ; un grand nombre de fleuves, parmi lesquels nous citerons le Volga, le Terek, l'Aksaï, l'Oural et le Kour, y portent leurs eaux ; il est maintenant reconnu que la communication souterraine que l'on prétendait exister entre la mer Caspienne et la mer Noire est une fable dénuée de fondement. Parmi les îles qui bordent les côtes, on remarque celles de *Ouga*, de *Popova*, et de *Thetchen*, à l'embouchure du Volga. Le détroit d'Alpheron est formé par la presqu'île du même nom et trois autres îles, *Sviatoï* (la sainte),

Lebejei (les Cygnes) et *Jyloï* (l'habitée). A peu de distance du cap Touk-Karagan s'étend la grande île de *Koutal*, qui a 7 lieues de longueur sur 1 de largeur.

L'opinion qui veut que le lac Aral ait été autrefois uni à la mer Caspienne se trouve appuyée par une foule de témoignages. Strabon et Eratosthène parlent tous deux du fleuve Oxus, aujourd'hui *Amou-Deria,* qui se jette, disent-ils, dans la mer Caspienne. Outre qu'il n'est pas probable que les deux géographes aient confondu cette mer avec l'Aral, le capitaine Mouraviev a suivi dans l'espace qui les sépare le lit de l'Amou-Deria jusqu'à la mer Caspienne, ce qui confirmerait encore cette opinion. D'ailleurs le desséchement continuel de l'Aral est attesté par des faits physiques importans et par les traditions des Kirghiz qui en habitent les rivages. Ainsi des vieillards de cette nation assurent avoir vu les eaux de ce lac dans des endroits situés à plusieurs lieues de la limite actuelle, et le mont *Sari-Bou'ack,* aujourd'hui à 12 lieues de l'Aral, est couvert de coquilles et d'ossemens de poissons qui prouvent que les eaux y ont long-temps séjourné.

De plus, un des caractères les plus remarquables du bassin de la mer Caspienne, c'est son extrême dépression ; ainsi Astrakan se trouve à 300 pieds au dessous du niveau de l'Océan. Cette sorte d'entonnoir que les géographes nomment improprement plateau de l'Asie centrale, serait due, selon M. de Humboldt, au même soulèvement qui a formé le Caucase, l'Hindou-Kho et le plateau de la Perse qui entourent ce bassin ; on remarque aussi entre les monts Oural et l'Altaï une région d'anciens lacs qu'on prétend être les restes du grand *lac Amer.* De tous ces faits on peut donc induire sans trop de témérité que cette contrée, qui a subi de vastes changemens par le desséchement et les mouvemens du sol, formait autrefois une mer dont la superficie était trois ou quatre fois plus étendue que la Caspienne actuelle. (*Voy.* Aral.) (J. H.)

CASQUE, *Cassis.* (moll.) Coquilles univalves marines confondues par Linné, et long-temps après par tous les naturalistes, avec les Buccins, dont elles diffèrent tant par la forme longitudinale de leur bouche, qui est toujours étroite et dentée sur le bord gauche, que par un canal terminant leur base et brusquement replié sur le dos de la coquille. Lamarck, dont la pénétration ne saurait être trop louée, fut le premier à distinguer ces caractères, qui lui parurent suffisans pour former un genre adopté depuis généralement. La coquille des Casques est fortement bombée dans presque toutes les espèces ; sa spire est courte et aiguë, sa columelle est plissée ou ridée transversalement, et quelquefois chargée de petits tubercules. Le bord droit est orné d'un bourrelet dont l'épaisseur et la largeur n'ont pas de limites. La taille de ces coquilles est très-variée ; certaines espèces ne dépassent jamais un pouce de longueur, d'autres atteignent jusqu'à un pied et peut-être plus. Parmi ces géans nous citerons les Casques de **Madagascar**

Madagascar et tricoté; ce dernier est connu dans le commerce sous le nom vulgaire de Fer à repasser, il est employé, ainsi que le Casque rouge, par les Italiens, pour la fabrication de ces camées connus sous le nom de *camées-coquilles*, avec lesquels on fait les plus jolies parures que les reines même ne dédaignent pas de porter.

L'animal qui donne naissance à ces coquilles a été long-temps inconnu. M. de Blainville le signale, dans son Traité de Malacologie (page 410), comme étant le même que celui des *Buccins*. C'est encore, de ce professeur, une erreur que nous ne pouvons passer sous silence; et si nous n'analysons pas ici les organes qui distinguent ces deux genres, c'est pour ne pas dépasser les limites qui nous sont tracées dans cet ouvrage et pour ne pas empiéter sur les droits de MM. Quoy et Gaimard, qui en ont donné deux très-bonnes figures dans les planches de leur Voyage autour du monde sur *l'Astrolabe*. L'une d'elles, celle du Casque bézoard, espèce décrite par Lamarck, a été reproduite dans notre Atlas, pl. 79, fig. 1. L'animal est d'un blanc sale, et avec une bordure jaune-orangée autour du pied. Vingt-cinq espèces ont été décrites par Lamarck dans son Histoire des An. sans vertèbres, pag. 218. Nous supprimons de ce nombre le Casque plume qui n'est que le jeune âge du C. rouge, et le Casque hérisson, simple variété du C. baudrier. Mais nous y ajoutons huit espèces nouvelles, dont trois fort rares ont été décrites par nous sous les noms de C. d'ÉPAMINONDAS, GERMANICUS, et TRAJAN. Elles font partie de notre collection.   (DUCL.)

CASQUE. (INS.) Quelques entomologistes ont traduit par ce mot le nom de *galea*, que Fabricius donnait à une partie de la bouche des ORTHOPTÈRES. (*V.* ce mot.)   (GUÉR.)

CASQUE, *Galea*. (BOT. PHAN.) On désigne ainsi la lèvre supérieure des corolles bilabiées, lorsqu'elle est voûtée et concave, comme on en voit un exemple dans la Sauge, l'Ortie jaune, etc. L'Aconit et l'Orchis ont aussi une partie de leur fleur disposée en Casque.   (L.)

CASSAVE. (BOT. PHAN.) Sorte de pain ou de gâteau préparé avec la râpure fraîche des racines du *Jatropha manihot* (arbrisseau qui croît naturellement dans l'Amérique du Sud, et qui appartient à la famille des Euphorbiacées de Jussieu), que l'on étend sur des disques de fer, et que l'on fait cuire à une forte chaleur, afin d'en chasser tout le principe vénéneux.   (F. F.)

CASSE, *Cassia*. (BOT. PHAN.) Un grand nombre d'espèces, ayant en général peu d'agrément, dont quelques unes sont cultivées par simple curiosité, quatre ou cinq comme ornement, et deux seules pour leurs propriétés, constituent ce genre de la famille des Légumineuses et de la Décandrie monogynie. La jouissance des premières ne répond pas aux soins qu'elles coûtent; les secondes sont de pleine terre, elles intéressent par leur beau feuillage et par les grappes fleuries qui les décorent; l'utilité des troisièmes, comme plantes médicinales, justifie pleinement l'attention qu'on leur accorde. Botaniquement prises, les Casses offrent dans la forme de leurs gousses, dans le nombre des valves, dans leur nature sèche ou pulpeuse, des variations si grandes qu'on les croirait étrangères les unes aux autres sans la fleur qui les rapproche. Le calice a cinq divisions très-profondes, colorées et caduques; la corolle est pentapétale, les pétales inférieurs plus grands; dix étamines distinctes, dont trois inférieures plus longues sont munies d'anthères arquées; les quatre latérales ont les anthères courtes, et les trois supérieures sont petites et à anthères stériles. L'ovaire est pédiculé. Toutes les Casses sont des plantes dormantes, c'est-à-dire qu'elles resserrent leurs feuilles le soir, et qu'elles les étalent chaque matin aux premiers rayons du soleil. (*Voy.* PLANTES DORMANTES).

Deux mémoires ont jeté le plus grand jour sur ce genre, à l'égard duquel les botanistes ont émis des opinions très-opposées : l'un est botanique, on le doit au docteur Colladon de Genève; l'autre est purement médical, son auteur est le docteur Nectoux. J'y renvoie avec plaisir.

Les deux espèces d'usage en médecine sont la CASSE PURGATIVE, *C. fistula*, que l'on verra figurée dans notre Atlas, pl. 79, fig. 2, et la CASSE d'ITALIE, *C. senna*, dont les effets sont beaucoup plus puissans; elle purge bien, mais elle est sujette à occasioner des tranchées; elle est de plus nauséabonde, ce qui force, pour en corriger le goût, d'ajouter à son infusion ou décoction quelques graines de coriandre. La première porte vulgairement le nom de *canéficier* que rien ne justifie puisqu'elle purge doucement, sans causer d'irritation, et celui de *Casse en bâton*, à cause de ses gousses noirâtres, cylindriques, longues d'un mètre et quelquefois plus. La seconde devrait s'appeler de préférence *Séné d'Égypte*, puisqu'elle est originaire de ce pays, et qu'elle n'est que cultivée dans la célèbre péninsule.

Parmi celles que l'on admet dans les jardins d'ornement, la plus éclatante est la CASSE CRETELLE, *C. chamæcrista*. Cette plante annuelle, originaire de la Jamaïque, des Barbades et de la Virginie, se soutient en France en pleine terre, même sous la zone de Paris, mais, en cette dernière situation, elle ne porte presque jamais de fruits. Ses tiges herbacées s'élèvent au plus à un mètre; elles donnent des fleurs en juillet, grandes, d'un beau jaune et marquées de deux petites taches pourprées. Je place à côté d'elle 1° la CASSE DU MARYLAND, *C. marylandica*, qui monte un peu plus haut, fournit des tiges nombreuses d'un vert jaunâtre, chargées de grappes jaunes, courtes, aux aisselles des branches, et au sommet des épis clairs de même couleur, ce qui produit un effet des plus remarquables, durant sa floraison automnale; 2° la CASSE A FEUILLES EN FAUX, *C. falcata*, joli arbrisseau de l'Amérique, aux feuilles d'un vert foncé, courbées en faucille, de même que les siliques qui succèdent à des fleurs nombreuses, rangées en bouquets d'un très-beau jaune, et dont la tige monte jusqu'à trois et quatre mètres; et la Casse a gousses ailées, *C. alata*, qui se distingue par ses larges feuilles, mais qui dure peu.

Le mot *Casse* est appliqué à plusieurs végétaux étrangers au genre dont je viens de parler. Citons-en quelques uns.

Casse. Quelques personnes estiment que ce nom donné au Chêne roure, *Quercus robur*, est d'origine gauloise, parce qu'il est conservé dans les dialectes gascons. Je ne sais jusqu'à quel point cette singulière assertion est fondée.

Casse aromatique. On donne improprement ce nom à une espèce de Cannelier, quoiqu'elle appartienne à une tout autre famille que les Casses proprement dites, dont l'écorce n'est nullement odorante, et dont le fruit n'a aucun rapport avec celui des Laurinées.

Casse-lunette. Nom vulgaire du bluet ou barbeau des champs, *Centaurea cyanus*.

Casse-pierre. On donne indistinctement ce nom vulgaire au Bacille des bords de la mer, *Crithmum maritimum*; à la Pariétaire commune, *Parietaria officinalis*; à diverses saxifrages, particulièrement à celles des botanistes, *Saxifraga petræa*, etc., parce que ces plantes se plaisent sur les rochers.

Casse-pot. Quand on brûle le bois du Cestreau à feuilles de laurier, *Cestrum laurifolium*, il éclate et brise tous les vases qu'on expose devant le feu qu'il entretient : de là le nom vulgaire qu'on lui donne dans la Guiane, et surtout au Pérou.

(T. D. B.)

CASSE-NOIX, *Nucifraga*. (ois.) Ce genre appartient à la famille des Corvidés ou Corbeaux; on peut le caractériser ainsi qu'il suit : Bec en cône long, effilé à sa pointe, à bords tranchans, et garni de plumes sétacées à sa base; mandibule supérieure plus longue que l'inférieure; narines rondes, ouvertes et cachées par des poils dirigés en avant; tarses plus longs que le doigt du milieu; ailes acuminées, à quatrième rémige la plus longue.

Ce genre est composé d'une seule espèce européenne, qui semble former par ses habitudes le passage du genre Corbeau à celui des Pies; son bec d'ailleurs a beaucoup de rapport avec celui de certains de ces derniers. Le Casse-noix se tient sur les arbres, frappe leur écorce et la perce pour prendre les insectes et les larves qui y font leur demeure; il recherche aussi les fruits, les noyaux, quelquefois les charognes et surtout les noisettes, ce qui lui a valu son nom.

Cet oiseau, appelé en latin *Nucifraga caryocatactes*, est représenté à la planche 79, fig. 5 de notre Atlas. Il a le corps entier d'un gris fuligineux, sans tache sur le sommet de la tête et flammé de blanc au centre de chaque plume; ses rectrices sont terminées par une teinte blanche; son bec et ses pieds sont de couleur livide; iris brun. Sa femelle est d'un brun nuancé de roussâtre. L'espèce ne mue qu'une fois chaque année; on en voit des variétés accidentelles d'un blanc pur ou barré de jaunâtre, avec des taches plus foncées; les ailes et la queue sont quelquefois de couleur blanche.

Le Casse-noix se trouve dans toute l'Europe; il préfère les montagnes couvertes de bois, et se livre à des migrations; il passe régulièrement dans certaines contrées, dans d'autres il reste plusieurs années sans se montrer. Il niche à terre, dans les trous des arbres, et pond cinq ou six œufs, d'un gris fauve, avec des taches rares d'un gris brun clair. (Gerv.)

CASSE-NOYAUX ou CASSE-ROGNON. (ois.) Nom vulgaire du Gros-Bec. *Voyez* ce mot.

(Guér.)

CASSICAN, *Barita*. (ois.) Buffon a donné ce nom à un oiseau qui a quelques rapports avec les Cassiques par la forme de son corps et l'échancrure de son front, et avec les Toucans par la conformation du bec. Gmelin et Latham ont rangé le Cassican parmi les Rolliers, sous le nom de *Coracias varia*; Cuvier en a fait le type d'un petit genre nouveau, et l'a placé à la suite des Pies-grièches en lui donnant pour caractères : un bec grand, conique, droit et rond à sa base, entamant les plumes du front par une échancrure circulaire; sa poitrine est crochue, échancrée latéralement; narines petites, linéaires, non entourées d'un espace membraneux; ailes médiocres ou longues, ayant leur quatre premières rémiges étagées, et la sixième ou la cinquième la plus longue.

Ces oiseaux forment le passage des Corbeaux aux Pies-grièches; ils sont omnivores comme les premiers, et ont la voix criarde et les habitudes bruyantes des autres. Certaines espèces ont le brillant plumage des oiseaux de Paradis; d'autres au contraire ont les teintes sombres des corbeaux et des pies : il est probable qu'on les divisera en plusieurs groupes correspondant à leur distribution géographique.

Les unes viennent de la Nouvelle-Guinée, les autres de la Nouvelle-Hollande et des îles environnantes. Nous n'indiquerons que les principales :

Cassican varié, ou proprement dit, le *Coracias varia* de Gmelin, qui est l'espèce type du genre, a été nommé par Vieillot *Cracticus varius*, pl. enl. 628. Cet oiseau, qui paraît être de la Nouvelle-Guinée, d'où il a été envoyé à Buffon par Sonnerat, a le cou, la tête, le haut de la poitrine et le dos noirs; le croupion, les couvertures supérieures de la queue et le dessous du corps blancs, les couvertures supérieures des ailes blanches avec des taches noires; son bec est bleuâtre, ses pieds sont noirs. Près de cette espèce on doit ranger le *Barita strepera*, Cuvier, Icon. du Règne animal, pl. 6, fig. 5. Cet oiseau est tout noir avec un miroir aux ailes, la base et l'extrémité de la queue blanches. Il vient aussi de la Nouvelle-Hollande, et est représenté dans notre Atlas, pl. 79, fig. 4.

Cassican calybé, *Cracticus chalybeus*, Vieillot. Cet oiseau, décrit par Le Vaillant dans ses Oiseaux de Paradis, p. 64, et figuré à la pl. 23 du même ouvrage, habite la Nouvelle-Guinée, où il paraît commun.

CASSICAN RÉVEILLEUR, le grand Calybé ou Calybé bruyant de Le Vaillant, *Ois. de Paradis*, p. 67 et pl. 24. Cette espèce est de la taille d'une Corneille; elle est commune dans l'île de Norfolk. Son nom vient de l'habitude qu'elle a de s'agiter beaucoup, et de pousser pendant la nuit des cris assez forts.

CASSICAN DE QUOY, *Baryta Quoyi*, Less. Atl. de Latr. *Coquille*, pl. XIV. Cet oiseau a été trouvé à la Nouvelle-Guinée; il a treize pouces de longueur totale; son bec, long de deux pouces, est robuste et de couleur blanchâtre, passant au bleu noir vers le milieu, l'extrémité des mandibules d'un noir vif; le plumage est partout d'un beau noir lustré. Cet oiseau a les habitudes bruyantes de ses congénères; il s'agite sans cesse sur les branches où il se tient perché. (GERV.)

CASSIDAIRE, *Cassidaria*. (MOLL.) On désigne sous ce nom quelques espèces de coquilles univalves qui ont les plus grands rapports avec les Casques, mais qui en ont été séparées par Lamarck, parce qu'effectivement il y a des différences dans les caractères.

La coquille des Cassidaires est facile à reconnaître par le canal plus ou moins court qui termine inférieurement son ouverture et n'est jamais replié sur le dos, c'est-à-dire n'offre qu'une légère courbure ascendante. Le mollusque des Cassidaires est un trachélipode, appartenant à la famille des Purpurifères de Lamarck; le nombre des espèces qui constituent ce genre est fort minime; on n'en connaît encore qu'une dizaine, tant vivantes que fossiles, dont la plus grande porte le nom de Thyrrénienne, et peut atteindre quatre pouces de longueur. Elle est légèrement sillonnée transversalement, fort légère, d'un beau blanc, et habite la Méditerranée. Chemnitz en donne deux assez bonnes figures à sa planche 153, n°ˢ 1461 et 1462. (DUGL.)

CASSIDAIRES, *Cassidariæ*. Tribu de Coléoptères de la famille des Cycliques. Les insectes qui forment cette tribu ont les antennes très-rapprochées à leur insertion à la partie supérieure de la tête, droites, quelquefois un peu renflées graduellement vers le bout; la bouche est inférieure et enfoncée; les palpes sont courts, presque filiformes; les yeux entiers; les pattes courtes, contractiles, avec les tarses déprimés. Les genres dont se compose cette tribu sont peu nombreux; on ne connaît les larves que des cassides. (*V.* HISPE et CASSIDE.) (A. P.)

CASSIDE, *Cassida*. Genre de Coléoptères, de la section des Tétramères, famille des Cycliques, tribu des Cassidaires, qui se distingue des genres de la même tribu par les caractères suivans : corps orbiculaire, méplat en dessous, bombé en dessus; le corselet demi-circulaire cache la tête, ou l'encadre dans une échancrure antérieure; les élytres débordent le corps. Les mandibules sont munies de quatre dents; les mâchoires ont le lobe extérieur aussi long que l'intérieur. Linné a créé ce genre, un des mieux tranchés de l'ordre des Coléoptères; depuis lui, on en a démembré le genre

Imatidie, qui comprend les espèces où la tête, au lieu d'être recouverte par le corselet, est seulement emboîtée dans une échancrure.

Les métamorphoses d'une espèce (la C. verte) de ces insectes ont été étudiées avec soin par Réaumur, et méritent d'être rapportées.

La larve a le corps très-plat, mou, et de couleur variable, depuis le vert clair jusqu'au noir; sa tête, très-petite, est cachée sous le premier segment qui forme une espèce de corselet; chaque côté du corps est armé d'un rang d'épines branchues; l'extrémité du corps, où est l'anus, est tronquée et relevée en haut; il est en outre armé à droite et à gauche, un peu avant l'extrémité, de deux appendices mobiles, sétacés, égalant presque la longueur du corps, et que l'insecte peut à volonté relever au-dessus du corps; pour se garantir du soleil, qui aurait bientôt tué cette larve, elle use d'un moyen assez singulier; c'est de se faire un parasol avec ses excrémens, et voici comment elle s'y prend. Les premières parcelles qui sortent de l'anus sont par celui-ci déposées sur les deux appendices dont nous avons parlé, et qui se trouvent couchés sur le dessus du corps; là poussées par d'autres, elles avancent toujours du côté de la tête, s'y durcissent, et acquièrent assez d'homogénéité pour tenir entre elles, sans être soutenues autrement que par celles qui viennent ensuite; cet abri ne touche nullement au corps de l'insecte, qui peut le rapprocher plus ou moins de son corps en faisant varier les deux supports de la position horizontale à la position verticale; quand dans l'intervalle arrive une mue, l'insecte dégage d'abord son corps, et la vieille peau, par les ondulations du corps, se trouve chassée vers son extrémité, et de là remonte vers la tête, le long des deux appendices, qu'il faut tirer de la vieille dépouille, et ce doit être le plus difficile; cette opération doit naturellement entraîner la destruction de la couverture, mais en quelques heures l'insecte a réparé sa perte. Quand vient le changement en nymphe, ces appendices, qui ont rendu tant de services à l'insecte, disparaissent; le corselet s'agrandit beaucoup et offre en devant une forme demi-circulaire; les épines latérales acquièrent un développement singulier, de branchues qu'elles étaient elles deviennent foliacées; toute cette nymphe est verte; au bout d'une quinzaine de jours l'insecte parfait en sort.

Les Annales du Muséum offrent la description d'une autre larve, que nous passons sous silence, parce qu'on ne sait à quelle espèce la rapporter positivement; mais nous allons extraire la description de la forme singulière qu'elle fait prendre à ses excrémens pour former son manteau : « Représentez-vous un assemblage d'un grand nombre de corps déliés, semblables à de petits brins de fil un peu noueux, ou comme articulés, d'un brun jaunâtre, arqués et disposés presque horizontalement sur deux faisceaux, dont chacun est composé de filets qui ont leur courbure dans le même sens; faites que ces faisceaux se réunissent par les extrémités de leurs arcs, et forment ainsi des ovales concentriques ; supposez que les ovales les plus internes soient plus petits, plus nombreux et plus ramassés ; élevez un peu plus que les autres cette partie; que tout ressemble à un petit nid renversé, et dont le centre est ouvert ; vous aurez une idée du manteau qui couvre notre larve, et qui la dérobe aux regards de l'observateur. »

Le nombre des espèces connues de ce genre est très-considérable, et formerait à lui seul un volume dont les planches offriraient la représentation des couleurs les plus variées et des formes les plus bizarres ; mais toutes ces subdivisions si extraordinaires sont exotiques, et nous nous bornons à parler de quelques unes des espèces les plus faciles à reconnaître parmi celles de notre pays ; car, quoique plusieurs possèdent des couleurs métalliques brillantes, elles disparaissent avec la vie de l'animal.

C. VERTE, *C. viridis*, Lin., Rœsel, ins., 2, scar. 5, tab. 6. Verte en dessus ; tête, dessous du corps et première moitié des fémurs noirs ; antennes, seconde partie des fémurs, reste des pattes fauves; les angles du corselet joignent les angles des élytres, celles-ci sont ponctuées, et les points de ces dernières forment quelquefois des stries. Commune sur les artichauds.

C. THORACIQUE, *C. thoracica*, Panz., Faun. ins. Germ., fasc. 58, tab. 24, ne diffère de la précédente que par les pattes entièrement jaunâtres, et l'extrémité des antennes noire. D'Europe.

C. PANACHÉE; *C. varia*, Degeer. Longue de 2 à 5 lignes, verdâtre étant jeune, rougeâtre plus âgée, avec les élytres parsemées de points noirs; tout le corps en dessous est noir. Paris.

(A. P.)

CASSIDULE , *Cassidulus*. (ZOOPH. ÉCHIN.) Genre établi par Lamarck, dans ses Radiaires échinides, pour des animaux que nous devons aujourd'hui caractériser de la manière suivante : corps irrégulier, elliptique, ovale ou subcordiforme, à bouche centrale, symétrique, à supports osseux adhérens dans la cavité du test, à ambulacres bornés, muni de quatre pores génitaux, ayant l'anus au dessus du bord, les aires sub-égales.

Nous prenons une partie de ces caractères dans le beau travail que M. Charles Des Moulins fait sur les Echinides en général, et qui, selon le désir des naturalistes qui savent apprécier le talent de ce zoologiste paraîtra bientôt.

Lamarck décrit quatre espèces de ce genre; mais, d'après les observations de M. Charles Des Moulins, l'une d'elles, le *Cassidulus Caribæorum*, est une nucléolite. (B.)

CASSIE. (BOT. PHAN.) C'est le nom du *Mimosa farnesiana* en Provence, où cet arbre fleurit en pleine terre. (GUÉR.)

CASSIOPÉE , *Cassiopea*. (ZOOPH. ACAL.) Genre établi par Péron pour des médusaires qui ont plusieurs bouches au disque inférieur de l'ombelle ; celle-ci sans pédoncule, mais garnie de bras en dessous et de tentacules au pourtour. On ne connaît encore que quatre à cinq espèces de ce genre, sur lequel M. Delle Chiaie, anatomiste na-

politain, a jeté un si grand intérêt en décrivant le *Cassiopea borbonica* des mers d'Italie. L'espèce type du genre est la *Cassiopæa frondosa* (*Medusa frondosa*, Pallas), représentée dans notre Atlas, pl. 80, fig. 1. Elle est entièrement transparente et bleuâtre; on la rencontre dans les mers du Nord. (R.)

CASSIQUE , *Cassicus*. (OIS.) Les espèces de ce genre appartiennent à l'Amérique; elles ont pour caractères communs un bec en cône allongé, droit ou légèrement arqué, pointu, à mandibule supérieure sans arête, avec une place nue, arrondie, qui s'étend sur le crâne.

Les Cassiques se nourrissent de baies, de graines et d'insectes; la plupart se rassemblent en troupes nombreuses. Ils suspendent leur nid à l'extrémité des plus petites branches sur des arbres élevés, et le composent de brins d'herbes entrelacés avec des filamens longs et très-déliés, qui proviennent des végétaux, et notamment d'une espèce de Tillande, le *Tillandica usneoides* de Linné. Les Cassiques ont un cri désagréable et peu sonore, qui ressemble assez à celui des troupiales; ils vivent d'insectes et de graines, et leurs troupes nombreuses font de grands ravages dans les champs cultivés; leur chair a une odeur musquée qui la rend désagréable.

CASSIQUE HUPPÉ, *Oriolus cristatus* de Gmelin, est une espèce de ce genre longue environ de dix-huit pouces. On la trouve dans les bois à Cayenne et dans la Guiane ; les créoles lui donnent le nom de *cul-jaune des palétuviers*.

CASSIQUE YAPOU, *Cassicus persicus*, est une autre espèce très-commune à Cayenne et dans plusieurs autres contrées de l'Amérique méridionale. Elle vit par troupes auprès des eaux, dans les lieux découverts ; sa nourriture consiste en insectes et en fruits. Le nom d'Yapou ou d'Yacou qu'on a donné à ces oiseaux exprime leur cri; on les tient en captivité à cause de la facilité avec laquelle ils apprennent à parler.

CASSIQUE JUPUPA, *Cassicus hæmorrhous*, L. Cet oiseau, le même que le Cassique rouge de Buffon, Enl. 482, ressemble assez au précédent pour que quelques auteurs aient cru ne pas devoir l'en distinguer.

CASSIQUE NOIR, *Cassicus niger*. Le Troupiale noir de Buffon, Enl. 534, se trouve à Saint-Domingue, à la Jamaïque et à la Guiane; il se tient ordinairement dans la campagne et fond par troupes sur les champs de riz.

CASSIQUE A TÊTE BLANCHE , *C. Leucocephalus* de Daudin, est regardé par Mauduit comme une variété du précédent.

CASSIQUE MÉLANICTÈRE, *C. melanicterus*, Ch. Bonaparte, Journ. Acad., Philad. IV, p. 38, doit être placé dans ce genre; il est généralement noir, avec la huppe, le croupion, les couvertures des ailes et la queue jaunes. Longueur, sept pouces et demi. Habite Mexico.

MM. Quoy et Gaimard ont décrit, dans la partie zoologique du voyage de l'*Uranie*, deux autres espèces de ce genre. (GERV.)

CASSITÉRITE. (MIN.) Ce nom, qui dérive d'un mot grec qui signifie *Étain*, se donne, dans la nomenclature de M. Beudant, à l'oxide de ce métal. Ce minéral, ornement des collections par sa couleur, son éclat et sa cristallisation, se compose de 91 à 99 pour cent d'oxide d'étain ; de quelques parties d'oxide de fer, et quelquefois de manganèse et de silice. Nous renvoyons sa description à l'article ÉTAIN.   (J. H.)

CASSUMUNAR, *Cassamunar*. (BOT. PHAN.) Nouveau genre créé, en 1853, par Colla, avec une plante que Roxburgh, savant botaniste voyageur, a le premier fait connaître. Il appartient à la Monandrie monogynie, et se place naturellement dans la famille des Amomées, entre les genres Gingembre et Amome. En voici les caractères : spathe double, l'extérieure infère herbacée, la supérieure pétaloïde ; le limbe de la corolle tripartite, l'autre bifide ; filament allongé ; anthère nue ; stigmate tronqué. On n'en connaît encore qu'une seule espèce, le *Nassumunar Roxburghii*, dont nous donnons le portrait, pl. 82, f. 1, de notre Atlas, d'après un beau dessin de madame Billotti, de Turin. Cette espèce a fleuri en août 1829 dans les serres du jardin botanique de Rivoli (*v.* JARDIN BOTANIQUE) ; elle est originaire de l'Inde. Sa racine tubéreuse est grise en dehors, jaunâtre en dedans, d'un goût un peu âcre, amer et aromatique ; son odeur est agréable ; sa tige droite, herbacée, avec des feuilles glabres, lancéolées, et des fleurs bleuâtres. On lui attribue des propriétés médicinales qui ne sont pas encore parfaitement constatées.   (T. D. B.)

CASTAGNEUX. (OIS.) Espèce du genre GRÈBE. (*V.* ce mot.)   (GUÉR.)

CASTAGNOLE, *Brama*. (POISS.) Genre établi par Bloch et Schneider aux dépens des Spares de Linné, et adopté par Cuvier (Règne anim., t. II, p. 194), qui le place dans la famille des Squamipennes, parmi les Acanthoptérygiens ; il rentre aussi dans les Léiopomes de Duméril ; les Castagnoles tiennent à cette famille par les écailles qui couvrent leurs nageoires verticales, lesquelles n'ont qu'un petit nombre de rayons épineux, cachés dans leurs bords antérieurs, mais elles ont des dents en cardes aux mâchoires et aux palatins ; le profil élevé, le museau très-court. le front descendant verticalement ; une dorsale et une anale basses, mais commençant en pointe saillante. Le genre Castagnole a pour type la CASTAGNOLE PROPREMENT DITE, *Crama Raü*, Schneid., pl. 99, *Sparus Raü*, Bloch, 273, Brème dentelée, Encycl. Ce poisson a la mâchoire supérieure garnie de deux rangées de dents minces, égales ; un rang de dents semblables paraît à la mâchoire supérieure. Le corps est plus haut dans sa partie antérieure que dans sa partie postérieure ; les écailles sont molles et lisses ; en général, la forme de la Castagnole est facile à distinguer de celle des autres poissons. La couleur est celle de l'acier bruni. Cette espèce, originaire de la Méditerranée, s'égare quelquefois dans l'Océan ; sa nourriture consiste en petits poissons et en frai ; sa chair est blanche et molle ; ce-

pendant elle est bonne à manger lorsque le poisson a pris tout son développement et qu'il a vécu dans des endroits pierreux. On le prend pendant l'été avec des filets ou des lignes ; et l'on profite souvent, pour le pêcher, des temps d'orage et de tempête, pendant lesquels il se réfugie près des rivages et sur les bas-fonds. Nous avons représenté cette espèce dans notre Atlas, planche 80, figure 2.   (ALPH. G.)

CASTALIE, *Castalia*. (MOLL.) Lamarck a donné ce nom à un genre de coquilles bivalves, de la classe des Acéphales, formé aux dépens du genre Mulette, *Unio*, et n'en différant que par la coquille, qui est un peu en cœur, striée en rayons, avec les dents et les lames de la charnière sillonnées en travers de leur longueur, ce qui leur donne quelques rapports avec celles des Trigonies. Ces coquilles se trouvent dans les fleuves de l'intérieur de l'Amérique méridionale, et elles sont très-rares et très-recherchées des amateurs ; aussi leur prix est-il fort élevé, car elles valent encore de 80 et 100 fr. la pièce. On n'en connaissait qu'une espèce, brune en dehors, nacrée en dedans, la CASTALIE AMBIGUE, *C. ambigua*, Lamarck, représentée dans notre Atlas, pl. 80, fig. 3. Mais M. d'Orbigny, qui vient de faire un voyage de sept ans dans l'intérieur de l'Amérique méridionale, en a découvert d'autres individus qui semblent constituer des espèces nouvelles. On pourra bientôt en voir des descriptions accompagnées de bonnes figures, dans le grand ouvrage qu'il va publier avec les immenses matériaux recueillis pendant son voyage.   (GUÉR.)

CASTELA, *Castela*. (BOT. PHAN.) Il méritait bien l'auteur du Poème des plantes, Louis René Castel, de Vire, avec lequel j'ai été très-lié, qui est mort à Reims, le 15 juin 1832, de voir son nom donné à un genre de plantes de la Polygamie monoécie, et de la famille des Rhamnées. Ce genre, créé par Turpin en 1806, est composé de deux espèces, originaires de l'Amérique méridionale : la première, le *Castela depressa*, se trouve dans l'île de Haïti, entre Montchrist et Saint-Yague ; la seconde, le *Castela erecta*, provient de la petite île Antigoa, l'un des meilleurs ports des Antilles.

Le CASTELA COUCHÉ est un arbrisseau se divisant, dès la base, en plusieurs rameaux flexibles, longs d'un mètre, subdivisés en un grand nombre de petites branches terminées en pointes épineuses, garnies de feuilles alternes, oblongues, d'un vert luisant en dessus, et en dessous d'un blanc argenté, semblable à celui de l'écorce ; fleurs purpurines, réunies deux à quatre dans les aisselles des feuilles, auxquelles succèdent quatre, rarement cinq drupes ovales, de la grosseur d'un pois ordinaire, disposés en étoiles autour d'un réceptacle commun, et d'un beau rouge de feu. Son utilité n'est point connue.

Le CASTELA DROIT s'élève à un mètre et demi, son écorce est brune, ses feuilles lancéolées ; les fleurs, s'épanouissant en juin et juillet, naissent de même par petits groupes axillaires. Nous avons représenté le premier dans notre Atlas, pl. 80, fig. 4. La beauté de ces deux arbrisseaux peint bien les gracieuses idées répandues dans le Poëme des plantes, le charme que l'on goûtait dans la société de son auteur; comme les épines de ses rameaux, qui défendent de les toucher sans précaution, représentent bien l'irritabilité du poète.

On croit que plus tard ce genre formera une famille particulière entre les Ochnacées et les Simaroubées: c'est du moins l'opinion d'un botaniste qui se complaît à couper toutes les familles établies, et à les multiplier à l'infini.

(T. D. B.)

CASTNIE, *Castnia*. Genre de Lépidoptères, de la famille des Crépusculaires; il fait partie de cette division que Latreille a nommée *Hesperisphinges*, exprimant, comme on le voit, qu'elle fait la liaison entre les Hesperies et les Crépusculaires proprement dits. Fabricius, qui avait établi ce genre, l'avait uni avec les Lépidoptères diurnes. Les antennes sont simples, épaissies près de l'extrémité, qui se termine en pointe tournée en crochet, sans houppe de poils à l'extrémité; la trompe est toujours distincte, et les palpes de trois articles bien apparens. Ce qui distingue principalement ce genre de ceux qui en sont voisins dans la même coupe, ce sont les antennes épaissies vers leur milieu, et les palpes courts, larges et cylindriques. On ne connaît encore que peu d'espèces, toutes propres à l'Amérique.

C. ICARUS, *C. icarus*, Godard, représentée dans notre Atlas, p. 81, f. 1. Envergure de 3 à 4 pouces; on en trouve cependant quelquefois des individus plus petits; le dessus des premières ailes est brun, parsemé de taches grisâtres et chatoyant en violet sous différens aspects; les secondes ailes sont rouges avec la base, deux bandes et le bord terminal noirs; en dessous les premières ailes ont la base rouge, avec quelques traces des bandes noires. Il se trouve à Surinam.

(A. P.)

CASTOR, *Castor*. (MAM.) Ce genre appartient à l'ordre des Rongeurs; il ne comprend qu'une seule espèce, vulgairement connue sous les noms de *Bièvre* ou Castor.

Il est, comme nous l'avons dit, de l'ordre des Rongeurs, et prend place parmi ceux qui ont des clavicules bien distinctes; ses caractères sont : la queue aplatie horizontalement, couverte d'écailles, et de forme ovale; doigts au nombre de cinq partout, les antérieurs plus courts que ceux de derrière qui sont réunis par une membrane; les dents au nombre de vingt, savoir ⅖ incisives, et ⁴⁄₄ molaires; celles-ci sont à couronne plate; elles semblent formées par un ruban osseux replié sur lui-même, de telle sorte qu'on voit une échancrure au bord interne, et trois à l'externe dans les supérieures, et *vice versa* dans les inférieures.

Les Castors sont originaires de toutes les contrées froides et tempérées de notre hémisphère; on les trouve dans l'Amérique septentrionale, au Canada, dans les États-Unis, au Labrador, et sur le banc de Terre-Neuve, ainsi que dans l'Asie et tout le nord de l'Europe jusqu'au Rhône : quoique partout ils ne présentent pas les mêmes habitudes, et que souvent ils diffèrent aussi par la coloration, on a tout lieu de penser qu'ils appartiennent à une même espèce.

Ce sont d'assez grands animaux, dont la vie est aquatique, et qui se nourrissent de matières organiques végétales, telles que les feuilles, les racines et les écorces d'arbres; aussi ont-ils les dents incisives très-vigoureuses. Ces dents, comme celles de tous les Rongeurs, repoussent à mesure qu'elles s'usent, de sorte que leurs dimensions sont toujours à peu près les mêmes.

L'anus et l'orifice des organes génito-urinaires viennent aboutir dans une cavité commune; de chaque côté sont deux paires de poches glanduleuses; la paire supérieure reçoit des glandes placées auprès d'elles, une humeur graisseuse et fortement odorante, à laquelle on donne le nom de *Castoreum*. Elles sont garnies d'un grand nombre de plis ou lames saillantes, et viennent aboutir au prépuce par un conduit plus ou moins allongé. Ces poches, séparées de l'animal et remplies de leur humeur, sont connues dans le commerce de la droguerie sous le nom de *Castoreum*; pendant long-temps on a pensé que c'étaient les testicules, et quelques auteurs ont écrit que l'animal se les arrachait lui-même lorsqu'on le poursuivait, espérant sauver sa vie en se mutilant ainsi.

Le Castor a reçu de Linné le nom latin de *Castor fiber*; il surpasse le blaireau par la taille; sa longueur totale est de trois pieds environ, sur lesquels la queue en compte un; il a près d'un pied de haut; ses formes sont lourdes et ramassées; son pelage est bien fourni, et généralement d'un roux marron, plus foncé aux parties supérieures : mais on trouve souvent des individus qui offrent d'autres teintes; quelques uns sont gris et même blancs (l'espèce du *Castor albus*, Briss. règ. anim., repose sur un individu de cette variété), d'autres bruns ou noirs. Nous avons représenté le *Castor fiber* dans notre Atlas, pl. 81, fig. 2.

Ces animaux sont fouisseurs et très-bons nageurs; ils sont de tous les mammifères ceux qui mettent le plus d'industrie à la fabrication de leur demeure : mais tous n'ont pas la même adresse, et ce n'est guère que dans certaines parties de l'Amérique du nord et au banc de Terre-Neuve, qu'ils déploient toutes les ressources de leur art.

C'est ordinairement vers le commencement du mois d'août, quelquefois plutôt en juillet et en juin, qu'ils se mettent à construire leurs habitations; ils font choix d'une rivière ou d'un lac, et commencent par creuser sous l'eau, au pied de la berge, un trou qu'ils poussent un peu en pente jusqu'à la surface du sol; de la terre qui sort de ce trou, ils forment une petite butte dans laquelle ils mêlent quantité de petits morceaux de bois et même de pierres; ils donnent à cette butte la forme d'un dôme, ayant ordinairement quatre pieds de haut, et quelquefois jusqu'à six et sept au dessus du sol. (*V*.pl. 81, fig. 2). La base est généralement ovale; son grand diamètre est de dix ou douze pieds, le petit de huit ou de neuf. A mesure qu'ils élèvent cette sorte de cabane, ils creusent au dessous pour former le logement qui doit les recevoir avec leur famille, et qu'ils ont soin de tenir au dessus du niveau des grosses eaux. A la partie antérieure, ils pratiquent une descente en pente douce, aboutissant à l'eau : ce boyau a été nommé l'*angle* par les chasseurs; c'est en le traversant que l'animal entre dans sa demeure.

A une petite distance de l'angle se trouve le magasin pour les provisions; c'est là que le Castor entasse les racines de nénuphar, les branchages et les écorces qui doivent le nourrir pendant la mauvaise saison; on a vu de ces magasins qui contenaient presqu'une charrette de provisions.

La cabane n'a pas d'issue du côté de la terre; aussi l'accès est-il interdit à toute espèce d'ennemi; les Loutres cependant s'y introduisent quelquefois, mais en y arrivant par l'eau; l'absence d'ouvertures exposées à l'air empêche aussi le grand froid de pénétrer et de nuire à l'animal.

Certains Castors construisent tous les ans une nouvelle demeure; d'autres se contentent de réparer la leur, et après qu'ils l'ont habitée plusieurs années de suite, ils en font une autre dans le voisinage.

Lorsqu'ils ont besoin de quelque charpente, ils vont chercher des arbres, et prennent de préférence ceux qui sont à proximité des lieux qu'ils ont choisis; ce n'est qu'à défaut de plus petits, qu'ils abattent les gros; mais à la quantité de ceux qu'on a trouvés renversés par eux, on voit qu'ils en viennent à bout facilement; si l'arbre qu'il s'agit d'emporter n'est pas plus gros qu'une canne, ils le coupent d'un seul coup de dents, et aussi net qu'avec une serpette; mais, lorsque le tronc est très-fort, ils rongent tout à l'entour, et finissent par le faire tomber, puis ils en détachent toutes les branches, qu'ils coupent en morceaux susceptibles d'être chargés sur les épaules, ou traînés avec les dents, et poussent ensuite le tronc jusqu'à la rivière pour le conduire à flot jusqu'à sa destination.

Ces animaux travaillent pendant toute la belle saison à la réparation ou à la construction de leurs habitations, et s'occupent à ramasser les provisions qu'ils déposent avec ordre dans leurs magasins, les gardant intactes jusqu'à ce que le froid soit survenu.

C'est au mois de mai qu'ils s'accouplent; la femelle met bas vers la fin de juillet; elle fait ordinairement deux petits (un de chaque sexe), quelquefois, mais rarement, trois ou même quatre. Les jeunes continuent à vivre avec leurs parens jusqu'à l'âge de deux ou trois ans: c'est alors seulement qu'ils peuvent s'appareiller; ils construisent une cabane et commencent à avoir des petits; leurs premières portées n'en donnent le plus souvent qu'un seul.

Tous les Castors, comme nous l'avons déjà dit,

ne bâtissent point de huttes, ne font point de digues, n'élèvent point de ponts; ceux qu'on trouve en France n'ont pas cette industrie; ceux de Laponie et de Russie se bornent à creuser deux terriers, l'un au dessus de l'eau, l'autre au dessous, et de les réunir par une galerie. Dans certaines parties de l'Amérique, à la Louisiane, ils ne construisent point non plus, quoique vivant par familles dans de vastes solitudes où le chasseur n'a jamais pénétré.

Ces diverses particularités sont très-dignes de remarque; elles sont une preuve de plus à l'appui de cette opinion qui admet la perfectibilité de l'instinct (qui devient alors de l'intelligence) non seulement chez les individus isolés d'une espèce animale, mais chez des réunions formées par cette espèce. L'objection que l'on a souvent faite, de la différence d'espèces entre le Castor d'Amérique et celui d'Europe, n'est point valable, car on voit aussi en Amérique des Castors qui ne bâtissent pas; de sorte que, si l'on regarde ceux de ce continent comme provenant d'un type originel différent de ceux d'Europe, parce qu'ils exercent une industrie inconnue à ces derniers, et qu'ils ont une autre patrie, on est obligé de les séparer aussi de ceux de la Louisiane, qui sont dans le cas des seconds. Parmi les Castors de l'ancien continent, les uns vivent en société, tels sont ceux du Nord, d'autres vivent solitaires : on les nomme *Castors terriers*. On trouve souvent aussi en Amérique et au banc de Terre-Neuve, dans les endroits où les Castors s'adonnent à la construction des huttes, quelques individus isolés : les *ermites*, comme les nomme le chasseur, ne sont point aussi paresseux qu'on le pense vulgairement; ils construisent au contraire des habitations d'autant plus remarquables qu'eux seuls y ont travaillé. Cartwright, qui a donné sur ces animaux tant d'intéressantes observations, pense que les *ermites* sont des individus veufs, qui attendent dans la solitude que le sort leur présente un autre malheureux de sexe différent, avec lequel ils puissent s'unir de nouveau.

Lorsque les Castors plongent, leur queue, tombant sur l'eau de tout son poids, produit un bruit remarquable; elle ne leur sert point, comme on le croit assez généralement, de truelle pour disposer les matériaux du travail, mais pendant la natation elle accélère de beaucoup leur vitesse. Quand ils s'asseoient, ils la posent au dessous de leur corps et se tiennent dessus à la manière des singes; ils se servent de leurs membres antérieurs pour porter leur nourriture à la bouche. Lorsqu'ils marchent, ils n'appuient pas la plante entière des pieds de derrière, mais seulement des doigts de devant. Leur voix, pendant des momens d'inquiétude, est d'abord un petit bruit sourd qui change ensuite en un éclat assez semblable à un aboiement; elle est douce lorsqu'ils éprouvent un sentiment agréable, ou qu'ils en expriment quelques désirs.

Dans les contrées où les Castors sont en grand nombre, on les chasse pour obtenir leur fourrure qui est fort recherchée dans le commerce; leur chair est mangeable, et même assez bonne, surtout lorsqu'ils se sont nourris de bouleau. Le pelage se compose de deux sortes de poils : les uns soyeux, longs et brillans, donnent leur couleur à l'animal ; les autres, gris, plus courts, touffus, d'une finesse extrême et d'un éclat argenté, le garantissent contre le froid. On distingue plusieurs qualités de ces pelleteries : les unes, provenant des Castors tués en hiver, sont les plus précieuses, on les destine aux fourreurs ; les autres, celles de la seconde qualité, ont déjà servi aux sauvages ; celles de la troisième, qui viennent des animaux tués en été, sont moins estimées, parce que les Castors sont alors dans la mue ; ces deux dernières sont employées à la fabrication des chapeaux; aujourd'hui on les recherche moins en France pour cet usage, parce que les tissus de soie, qui se vendent à un prix inférieur, sont d'une plus grande défaite.

On voit souvent des Castors dans les ménageries, et il est facile de les apprivoiser ; on les accoutume même à vivre de substances animales. M. Geoffroy, Ann. Mus., t. XII, et M. F. Cuvier, Dict. sc. nat., art. *Castor*, et Histoire des mammifères, ont donné des détails sur quelques uns de ces animaux retenus en domesticité.

CASTOR TROGONTHÉRIUM, *Castor trogontherium.* M. Fischer de Moscou a donné ce nom à une espèce qui n'existe qu'à l'état fossile, et dont on connaît seulement quelques têtes. Cette espèce, si tant est qu'elle en soit une, présente avec les Castors vivans une frappante analogie ; elle ne diffère que pour les dimensions qui sont plus grandes. On l'a trouvée sur les bords de la mer d'Azoff.

(GERV.)

CASTOR DE MER. (MAM.) On donne quelquefois ce nom à une espèce de LOUTRE, *Lutra marina.* Aldrovande l'a donné au HARLE. (*Voy.* ce mot.)

(GERV.)

CASTORÉUM. (ZOOL.) Le Castoréum est une substance animale particulière, très-composée, sécrétée par les glandes préputiales du *Castor fiber* de Linné, quadrupède mammifère, de la classe des Rongeurs, que l'on rencontre sur les bords des rivières et des lacs des parties désertes et septentrionales de l'Europe et de l'Amérique. Ces glandes sont situées dans une cavité commune, sorte de cloaque qui renferme les organes génitaux et l'anus.

Tout le monde connaît la rare intelligence du Castor et l'imperméabilité des tissus que l'on prépare avec son poil. Il est assez rare de rencontrer maintenant des peuplades de Castors ; la cupidité de l'homme les a forcés de vivre isolés.

Le Castoréum nous arrive du Canada, de Sibérie ou de Moscovie, par Dantzick, renfermé dans des poches qui ont servi de réservoir aux glandes qui l'ont sécrété.

Les poches renfermant le Castoréum sont pyriformes, plus ou moins volumineuses, grisâtres, sillonnées, aplaties sur elles-mêmes, réunies deux à deux en forme de besace au moyen de leur canal excréteur, desséchées, cloisonnées, membraneuses à l'intérieur; entre ces membranes se trouve logé le Castoréum qui, fluide sur l'animal, se présente dans le commerce à l'état solide, plus ou moins friable (celui du Canada est plus friable que celui de Sibérie), se ramollissant à la chaleur des doigts; d'une couleur fauve plus ou moins brunâtre; d'une odeur pénétrante, vive et désagréable (faible dans le Castoréum du Canada); d'une saveur âcre, amère (Canada) et nauséeuse (Sibérie); peu soluble dans l'eau, davantage dans l'alcool et l'éther.

Le prix très-élevé du Castoréum a fortement stimulé la coupable industrie des falsificateurs. Aussi que ne rencontre-t-on pas dans cette substance? du sable de vieilles résines, des grains de plomb, etc., s'y trouvent tour à tour. La chose importante, celle à laquelle on doit surtout s'attacher dans l'achat du Castoréum, c'est l'intégrité des poches qui le renferment. Une odeur faible, une sécheresse et une légèreté très-grandes seront encore des indices de sophistication. Quant à celui que l'on fabrique en Angleterre avec le scrotum du bouc, ou la vésicule biliaire de divers animaux, il faudrait n'avoir jamais vu de Castoréum pour se laisser tromper aussi grossièrement.

Le Castoréum est employé comme antispasmodique dans le traitement de l'hystérie et de l'hypochondrie, de l'aménorrhée et de beaucoup d'autres affections nerveuses; on le donne également comme stimulant dans les fièvres lentes malignes. En pharmacie, on en prépare des teintures éthérées et alcooliques; mais les parfumeurs sont ceux qui en font la plus grande consommation.

(F. F.)

CASUARINE ou FILAO, *Casuarina.* (BOT. PHAN.) Genre de végétaux arborescens, et qui fait partie des Myricées et de la Diœcie monandrie. Il comprend plus d'une douzaine d'espèces, toutes à rameaux allongés, grêles, cannelés, dressés ou pendans, grisâtres, offrant, de distance en distance, de petites gaînes qui tiennent lieu de feuilles ; à fleurs dioïques, dont les mâles, en chatons grêles et écailleux, n'ont qu'une étamine, et sont dépourvus de corolle, et dont les femelles, réunies en neuf globules sphériques ou ovales, ont un calice bivalve, un style, deux stigmates, et des graines ailées. De ces espèces, dont nous venons de donner les caractères génériques, trois sont cultivées dans nos jardins ; ce sont :

1° La Casuarine à feuille de prêle, ou Filao de l'Inde, *Casuarina equisetifolia,* figurée dans notre Atlas, pl. 81, fig. 3. Elle s'élève à trente pieds, et se couronne d'une cime large et rameuse. On la trouve dans l'Inde, à Madagascar et dans l'île de France. Cet arbre peut être cultivé en pleine terre dans le midi de la France ; il serait très-utile pour les constructions navales.

2° La Casuarine tuberculeuse. *C. torosula,* originaire de la Nouvelle-Hollande.

3° La Casuarine à laquelle Ventenat donne l'épithète

pithète spécifique de *Dystila*, et qui croit au cap de Diémen, 44° de latitude sud.

Le bois des Casuarines est très-dur et très-compacte. Les sauvages en font des armes et des ustensiles de ménage : il est agréablement veiné de rouge. Le nom de ce genre de plantes vient du *Casoar*, parce que ses rameaux ressemblent aux plumes de cet oiseau.

Ce genre est le type de la famille que M. de Mirbel appelle *Casuarinées*, et à laquelle M. Richard avait déjà donné le nom de Myricées (*v*. ce mot). (C. É.)

CATACLYSME. (géol.) On désigne ainsi, dans le langage scientifique, ces immenses inondations que les peuples appellent *Déluges*. Une foule de faits physiques, sans parler des traditions de la Genèse, qu'on retrouve encore dans l'histoire de presque toutes les nations, attestent que plusieurs contrées de la terre ont été ravagées par un et même par plusieurs Cataclysmes. C'est à ces inondations violentes que l'on attribue la formation de ces amas de cailloux roulés qui constituent un terrain que les géologistes anglais ont désigné sous le nom de *Diluvium*, par allusion au *Déluge* de Moïse. Parmi ces faits, l'un des plus importans est l'existence des blocs *erratiques*, énormes cailloux roulés que l'on retrouve en très-grand nombre dans le nord de l'Europe, et dont l'origine, long-temps discutée parmi les savans, est aujourd'hui attribuée à une masse d'eau considérable qui les aurait détachés de montagnes assez éloignées, comme l'attestent les angles arrondis de ces blocs.

Les blocs erratiques que l'on trouve sur les côtes orientales de l'Angleterre, dans l'Écosse et dans les îles Shetland, appartiennent par leur formation aux montagnes de la Norwége ; ils auraient donc été déplacés par un courant d'une rapidité effrayante qui les aurait portés aux lieux où ils sont encore. Outre ces rochers, le Cataclysme qui les entraîna a laissé dans le sol d'autres traces à l'aide desquelles on peut suivre presque pas à pas le cours et la direction qu'il a suivis.

D'abord, en Suède, près de Stroemstadt et de Hogdal, on remarque des plateaux de Gneiss et de Granite dont la forme mamelonnée est évidemment produite par le passage des eaux. M. Al. Brongniart a reconnu, en outre, que ces mamelons étaient traversés par de nombreux sillons disposés parallèlement et toujours dans la direction du N. N. E. au S. S. O. Il attribue ces sillons au frottement violent de corps très-durs.

Ces amas de débris de montagnes, comme les ont appelés presque tous les voyageurs qui les ont visités, sont composés en grande partie de sable et de gravier auxquels se mêlent des blocs de deux ou trois pouces de diamètre. On peut, avec M. Al. Brongniart, les comparer à ces petites collines de sable qui se trouvent dans les rivières aux endroits où le courant a été modifié par exemple, aux piles des ponts ou à la pointe des îles.

Aussi on peut affirmer que les montagnes de la Suède ont été démantelées par une cause violente qui a déterminé ces courans qui ont suivi une marche uniforme, jusque sur les côtes de la Grande-Bretagne, d'une part, et de l'autre jusque dans les plaines du Mecklenbourg, du Danemark, de la Prusse et de la Poméranie. C'est là qu'il faut étudier les blocs erratiques qui ont traversé le sud de la Suède.

Un autre exemple de la force des Cataclysmes qui ont parcouru cette partie du globe, c'est la présence d'autres blocs erratiques que l'on trouve au N. E. de Varsovie, entre la Dwina et le Niémen, et qui viennent des montagnes de la Finlande, d'où ils ont été emportés par des courans parallèles, analogues à ceux qui ont traversé la Suède. Un de ces blocs sert de piédestal à la statue de Pierre-le-Grand à St-Pétersbourg. (J. H.)

CATALPA, *Catalpa*. (bot. phan.) Genre de la Didynamie angiospermie, et de la famille des Bignoniacées, séparé par Jussieu du genre Bignonia, avec lequel il offre quelques caractères particuliers, principalement ceux d'avoir deux étamines fertiles et la cloison opposée aux valves du fruit. On lui connaît deux espèces, dont une seule passe maintenant l'hiver en pleine terre dans toute l'Europe tempérée : c'est le CATALPA en arbre, *C. arborea*. Cet arbre, haut de cinq à six mètres, dont la tige droite se ramifie vers la moitié de sa hauteur, et forme une tête ouverte, très-étendue, a été trouvé au Japon par Thunberg, figuré pour la première fois par Kæmpfer, et découvert, en 1726, par Catesby dans les forêts les plus éloignées de la Caroline : c'est d'après un dessin fait pour moi, au pied des Apalaches, sur un individu sauvage, qu'est exécuté le portrait donné dans notre Atlas, pl. 82, fig. 2.

Superbe au mois de juillet, époque de sa floraison, le Catalpa a les feuilles très-grandes, très-légères, d'un beau vert satiné, sur lesquelles se détachent agréablement ses fleurs blanches, marquetées de points pourpres et de raies tracées en jaune dans l'intérieur, assez semblables par leur port en gros bouquets terminaux, et par leur couleur, à celles du Marronier d'Inde. Dans ce temps, comme en toute autre saison, cet arbre est très-agréable, et produit un fort bel effet parmi nos arbres d'ornement. On le multiplie de boutures et de graines, les premières prises sur les rameaux de l'année précédente, les secondes de l'année même de la production. Il fait de très-grands progrès dans sa jeunesse, et prend en trois ou quatre ans toute son élévation, quand il n'est pas surpris par les premières gelées. Il pousse vigoureusement dans les bonnes terres franches et argileuses.

Dans son pays le Catalpa donne des légumes fort longs et cylindriques, remplis de semences plates, ailées et couchées l'une sur l'autre comme des écailles de poisson. Le miel que les abeilles vont recueillir dans ses fleurs est d'une âcreté révoltante, tandis que l'odeur que la fleur exhale est fort agréable. Le bois a les veines largement prononcées, mais il est poreux, son grain n'est point fin, ni son poli lustré ; lorsqu'il est fraîchement coupé, sa couleur tire sur le vert ; séché, elle passe au brun-clair. Le Catalpa est parfaitement acclimaté en France, puisque sa graine est féconde, et qu'il a partout résisté aux hivers si rigoureux de 1789, 1820 et 1830.   (T. D. B.)

CATARACTE. *V.* Cascade.

CATARRHININS, *Catarrhini.* (mam.) M. Geoffroy (Ann. du Mus., t. xix) a proposé de réunir sous ce nom, comme formant un premier groupe dans la famille des Singes, les genres appartenant à l'ancien continent. Ils ont pour caractères communs: des narines ouvertes au dessous du nez et séparées par une cloison étroite; cinq dents molaires de chaque côté et à chaque mâchoire; l'axe de vision parallèle au plan des os maxillaires; toujours des callosités et souvent des abajoues.

† Les uns sont dépourvus de queue.

Genres: *Troglodyte, Orang, Gibbon.*

†† Les autres ont une queue plus ou moins longue, mais jamais prenante.

Genres: *Semnopithèque, Nasique, Colobe, Guenon, Macaque, Cynocéphale.*

Les singes du nouveau continent ont, par opposition, reçu le nom de Platyrrhinins (*voy.* ce mot); nous n'avons pas à nous en occuper ici.

(Gerv.)

CATASTOME, *Catastomus.* (poiss.) Les Catastomes, ainsi que les Labéons et les Ables, ont de grands rapports avec les Cyprins proprement dits, dans la famille desquels ils ont été compris par Cuvier et plusieurs autres naturalistes; ce genre, établi par Lesueur, puis adopté par Cuvier, se distingue des Labéons par ses lèvres épaisses, pendantes et frangées ou crénelées; la dorsale de ces poissons est courte comme celle des Ables; elle répond au dessus des ventrales. Parmi ces Catastomes, une des espèces les plus connues, et le type du genre, est le Cyprin Catastome, *Cyprinus Catastomus*, Lesueur, observé dans les eaux douces de l'Amérique septentrionale; il est couvert de grandes écailles ovales, sa tête est presque carrée et plus étroite que le corps. La couleur générale de ce poisson est argentée. Lesueur a décrit, dans le Journal de l'Académie des sciences naturelles de Philadelphie, dix-sept espèces de ce genre, et il en a représenté neuf.

(Alph. G.)

CATENIPORE, *Catenipora.* (zooph. polyp.) Genre fondé par Lamarck pour des polypiers fossiles qui ne diffèrent des tubipores que par des caractères de peu d'importance. *V.* Tubipore.

(Guér.)

CATHARTE, *Cathartes.* (ois.) Ce genre, établi par Illiger pour diverses espèces de Vautours, telles que le *Vultur percnopterus* ou Percnoptère d'Egypte, le *Vult. papa* ou Roi des Vautours, et l'Urubu, a subi plusieurs modifications importantes que nous devons signaler; ainsi le Percnoptère est aujourd'hui le type d'un petit genre distinct; il en est de même du *V. papa*, et le genre Catharte proprement dit ne comprend plus que l'Urubu et quelques espèces plus récemment décrites; cependant, comme les différences qui caractérisent ces divers groupes sont assez importantes, nous allons les étudier tous trois en commençant par celui des vrais Cathartes.

Genre CATHARTE.

Les espèces qu'il comprend ont pour caractères communs: la tête nue ainsi que le haut du cou, le bec grêle, allongé, droit jusqu'au-delà de son milieu et convexe en dessus; les narines longitudinales, linéaires; la troisième rémige plus longue que les autres; les ongles courts et obtus.

Ces oiseaux ne se trouvent qu'en Amérique; ils diffèrent des autres Vautours, en ce qu'ils sont moins forts, moins robustes, et qu'ils vivent, exclusivement à toute autre nourriture, de charognes et d'immondices; ils sont si familiers qu'ils viennent jusque dans les villes pour ramasser les ordures qu'on y a jetées.

Urubu, *Vultur auratus*, Wilson, Ornith. am., ix, pl. 75, est un oiseau de la taille d'une petite oie; sa tête est nue ainsi que le haut de son cou, et recouverte d'une peau d'un violet très-foncé, sur laquelle on voit quelque peu de duvet très-court; il n'y a point de caroncules, non plus que de plis à la peau. Le plumage est d'un noir uniforme.

L'Urubu, que les premiers Espagnols du Pérou nommèrent Gallinaze, à cause de son analogie avec la Poule, est très-commun dans toute l'Amérique chaude et tempérée. C'est certainement le plus familier de tous les Vautours; enhardi par la sécurité qu'il y trouve, il vient par grandes troupes dans des lieux habités et jusque dans les villes, pour chercher et disputer aux chiens, aux canards et autres animaux domestiques, les débris qui leur sont jetés. Quoique la chair de l'Urubu soit mauvaise et puante, il a cependant fallu dans certaines colonies des défenses sévères pour empêcher les nègres de le tuer, car il rend aux hommes de ces contrées brûlantes un véritable service, en débarrassant les rues de toutes les immondices qui sont une cause permanente de maladies.

Catharte aura, *Cathartes aura.* Cette espèce, que l'on a quelquefois confondue avec la précédente, est très-répandue au Brésil, au Paraguay, aux îles Malouines, au Chili et au Pérou; elle vit, comme l'Urubu, de charognes, mais paraît moins auprès des lieux habités.

Catharte vautourin, *Cath. vulturinus*, Temm., col. 31, *Vult. californianus* de Latham. Cet oiseau a le cou entièrement nu; son bec est jaunâtre et son plumage brun. Il habite la Californie et n'est que très-peu connu.

Genre SARCORHAMPHE.

En latin *Sarcorhamphus.* Ce nom a été donné par M. Duméril à des espèces confondues par Illiger avec ses Cathartes, et qui ont le bec gros, assez semblable à celui des Vautours proprement dits, droit et robuste; la mandibule supérieure dilatée sur ses bords et crochue vers le bout; les narines sont allongées, ouvertes et situées vers l'origine de la cire qui est garnie autour du bec à sa base de *caroncules charnues, très-épaisses et diversement découpées, surmontant le front et la tête.*

Les doigts sont forts, ainsi que les tarses, épais et garnis d'ongles obtus; le pouce est plus court que les autres doigts.

On ne connaît dans ce genre que deux espèces du Nouveau-monde.

Roi des Vautours, *Vult. papa*, Enl. 428. Cet oiseau est sans contredit le plus beau de tous les Vautours par les caroncules diversement colorées qui ornent sa tête et son cou, et la douceur des teintes de son plumage. Sa taille est celle d'une oie; dans le premier âge il est noirâtre, puis varié de noir et de fauve, et enfin à la quatrième année il a toutes les parties supérieures du corps d'un roux clair teinté de carné, et d'un luisant agréable et comme glacé; toutes les parties inférieures sont d'un blanc pur, quelquefois nuancé de roux; la poitrine est blanche, les rémiges sont d'un noir foncé. Les crêtes charnues de la tête et du cou sont peintes des couleurs les plus vives; la caroncule est tombante et denticulée comme une crête de coq.

Cette espèce, dont on voyait il y a peu d'années deux beaux individus mâles vivans, à la Ménagerie de Paris, habite une grande partie de l'Amérique méridionale, entre les deux tropiques. On la trouve à la Guiane, au Brésil, au Paraguay, ainsi qu'au Mexique et au Pérou; mais elle n'est nulle part bien commune. Sa nourriture consiste en charognes, et en petits reptiles qu'elle cherche dans les pays déserts.

Le Vautour a queue blanche, le Vieillot, *Vultur sacra* de Bartram, est encore mal connu; il est probable qu'il doit former une espèce distincte.

Condor ou grand Vautour des Indes, *Vultur gryphus*, de Linné. Cet oiseau, depuis long-temps célèbre par les récits merveilleux dont on avait chargé son histoire, est aujourd'hui assez bien connu pour qu'il soit permis de rectifier la fautive description qu'en a donnée Buffon. Nous l'avons représenté dans notre Atlas, pl. 84, fig. 1.

On doit à M. de Humboldt, qui a observé les Condors dans la chaîne même des Andes où ils se tiennent, tout ce que l'on sait sur leur histoire. Ce savant voyageur en a fait le sujet d'un long Mémoire, et en a donné dans ses Mélanges de Zoologie deux belles figures. M. Temminck leur a aussi consacré plusieurs pages et trois belles planches de son Recueil.

Les Condors, dont on a tant exagéré la taille, la force et la voracité, prennent rang parmi les plus grands oiseaux; ils sont en effet supérieurs à tous ceux de leur continent; mais l'ancien monde peut leur opposer, même parmi les oiseaux rapaces, certaines espèces qui les surpassent (tels sont l'Oricou et l'Arrian), et beaucoup d'autres qui les égalent. Ils habitent l'Amérique méridionale, et se tiennent dans la grande chaîne des Andes, à la hauteur des neiges perpétuelles : leur nourriture consiste principalement en charognes qu'ils préfèrent aux animaux vivans; cependant ils mangent aussi de ces derniers, et lorsque la faim les presse, ils se jettent sur les troupeaux de moutons, de lamas et même de bœufs; mais ils n'attaquent jamais l'homme. Lorsqu'ils ont fait une grosse proie, ou rencontré les débris de quelque animal, ils sont obligés de les dévorer dans le lieu même où ils les ont trouvés, car leurs pattes ne sont point assez fortes pour leur permettre de les emporter.

Le mâle de cette espèce a sur la tête une crête cartilagineuse qui occupe le frontal et une partie du bec; cette crête est garnie de petites papilles mamelonnées dont la couleur varie, suivant certaines circonstances, du rouge violet au violet presque noir; elle est assez élevée, plus longue que haute et libre vers ses deux extrémités; à son milieu est un espace destiné à l'ouverture des narines. L'arrière de la tête et le cou, une caroncule placée au dessous de la gorge, ainsi que le sabot, sont nus, mamelonnés et de la couleur de la tête; un collier incomplet, formé par un duvet d'un beau blanc neigeux, entoure le derrière et les côtés du cou à sa partie inférieure. Tout le plumage du corps, ainsi que la queue et une partie des ailes, sont noirs; les pennes secondaires et les couvertures alaires sont d'un beau blanc. La femelle diffère du mâle adulte par l'absence de crête coronale et d'appendices charnus aux côtés du cou; elle a seulement un petit fanon pendant à la hauteur du jabot; les ailes ont du gris blanchâtre au lieu de blanc pur.

Les jeunes manquent de tout vestige de crête; leur cou est couvert d'un petit duvet, et leurs ailes sont brunes, ainsi que tout le corps, sans trace de blanc.

Les Condors vivent par troupes nombreuses; ils se plaisent à une hauteur de deux milles toises et plus; ce n'est que pour butiner qu'ils descendent dans la plaine. Leur vol est puissant et majestueux. Voici quelles dimensions M. de Humboldt leur donne :

Longueur totale. . .	3 pieds	2 pouces.
Envergure.	8 —	9 pouces.
Tarses.	» —	10 pouces.
Ongle du pouce. . .	» —	1 pouce.
Bec.	» —	2 pouces 9 lig.

Ils pondent sur les rochers, et ne font jamais de nid; la femelle dépose ses œufs, qui sont au nombre de deux, dans quelque cavité naturelle.

Les habitans de certaines contrées chassent les Condors plutôt par amusement que pour tirer quelque fruit de leurs dépouilles. C'est pour eux une bonne aubaine qu'un de ces animaux pris vivant; pour y réussir, ils abandonnent dans la campagne, au lieu que les Condors fréquentent, le cadavre d'une vache ou d'un cheval; ces oiseaux ne sont pas long-temps à venir et se mettent à manger avec une telle voracité que, lorsqu'ils sont repus, ils peuvent à peine voler; avec quelque habitude il est alors facile de les prendre. D'autres fois les chasseurs mêlent à la chair qu'ils livrent aux Condors, des plantes vénéneuses ou quelques substances nuisibles qui les font tomber dans un état de stupeur. On voit aujourd'hui, et depuis six ou sept ans, dans la Ménagerie du Muséum de Paris un beau Condor vivant.

Genre Percnoptère.

Le dernier genre dont nous ayons à parler maintenant, est celui des Percnoptères (*G) paëtos* Bechstein, et *Neophron* Savigny). Ces oiseaux, compris par Illiger et M. Temminck dans le genre Catharte, ont la tête nue en devant ; le cou plumeux et le bec assez grêle ; leurs narines sont longitudinales ; la troisième rémige de leurs ailes est la plus longue.

Le nom de *Percnoptère*, c'est-à-dire ailes noires, était donné par les anciens à une espèce d'Égypte qui sert de type à ce genre de l'ancien monde.

Le Percnoptère d'Égypte, *Vultur percnopterus, leucocephalus et fuscus* de Gmelin, a été représenté par Buffon dans ses planches enluminées aux n°s 427 et 419. Il est parlé de lui dans les auteurs sous les divers noms de Vautour blanc ou de Norwége, Ourigourap, Rachamach ou Poule de Pharaon, Catharte, Alimoche, etc.

La peau nue de la tête et du devant du cou est d'un jaune clair ; tout le plumage est blanc, varié plus ou moins de brun et de roussâtre, avec les grandes pennes alaires noires ; les plumes de l'occiput sont longues et très-effilées, celles de la queue blanchâtres et étagées ; la cire est de couleur orangée, l'iris jaune ainsi que les tarses. Longueur totale, deux pieds un ou 2 pouces. Les jeunes, dans la première année, ont les parties nues de la tête de couleur livide, et couvertes d'un duvet gris assez rare ; la cire et les pieds sont d'un gris cendré ; tout le plumage est brun, varié de taches d'un brun jaunâtre. Le Vautour de Malte de Buffon est un Percnoptère encore jeune.

Cet oiseau se nourrit de charognes, de voiries et de toutes sortes de cadavres ; rarement il attaque les oiseaux et les petits mammifères. On l'a observé en Suisse, aux environs de Genève, en Espagne, où il est assez abondant, et particulièrement en Turquie et dans l'Archipel ; mais nulle part il n'est aussi commun et aussi généralement répandu qu'en Afrique. Il suit par grandes troupes les caravanes dans le désert, pour dévorer tout ce qu'elles abandonnent. Les anciens Égyptiens le respectaient à cause des services qu'il rend au pays, en le débarrassant des cadavres et des charognes : ils l'ont souvent représenté dans leurs monumens. Encore aujourd'hui on ne lui fait aucun mal ; il y a même de dévots musulmans qui lèguent de quoi en entretenir un certain nombre.

Le Percnoptère niche dans les crevasses des rochers et dans les cavernes ; il choisit ordinairement les lieux inaccessibles et taillés en pente verticale. Quoique cet oiseau ne soit réellement pas un Corbeau, il est certain qu'il en a cependant toutes les allures et tous les mouvemens. Il marche exactement comme lui, et vit aussi de tout ce qu'il peut trouver.

On ne rencontre pas une seule horde de sauvages où il n'y ait une couple de ces oiseaux qui y soient fixés ; ils sont, pour ainsi dire, de l'endroit. Leur caractère est peu farouche, les sauvages ne leur font jamais aucun mal ; au contraire, ils les voient avec plaisir, parce qu'ils purgent leurs environs de toutes les ordures qui s'y trouvent. Ils se laissent approcher très-facilement par le chasseur.

C'est dans le genre Percnoptère que l'on doit placer le Catharte moine, *Cath. monachus*, Temm., pl. 223, qui est d'un quart moins grand que le précédent. Cet oiseau a la queue carrée, le sommet de la tête, les joues et le devant du cou nus et de couleur rouge ; l'occiput et le cou en arrière et inférieurement garnis d'un duvet serré, lisse et d'un brun sombre ; cette couleur est celle de tout le corps. Les tarses sont un peu emplumés au dessous du genou. Le Catharte moine paraît habiter la côte septentrionale d'Afrique. (Gerv.).

CATILLE, *Catillus*. (moll.) M. Brongniart a établi sous ce nom un genre de l'ordre des Acéphales, composé de deux espèces fossiles, et ayant, comme les Crénatules et les Inocérames, des fossettes pour le ligament, et de plus un sillon conique creusé dans un bourrelet qui se reploie à angle droit, pour former un des bords de la coquille ; les valves sont à peu près égales et de texture fibreuse ; ces mollusques doivent avoir eu un byssus. Les deux espèces décrites par M. Brongniart se trouvent dans les terrains de craie des environs de Rouen. M. Michelin en a fait connaître une espèce nouvelle sous le nom de *Catillus pyriformis*, dans notre Magasin de Zoologie, 1833, cl. v, pl. 32. Elle vient de Gérodot, près Lusigny, et se trouve dans le grès vert.   (Guér.)

CAUCASE. (géog. phys.) Cette chaîne de montagnes, qui s'étend du sud-est au nord-ouest, depuis la mer Caspienne jusqu'à la mer Noire, doit être considérée comme formant la limite de l'Europe et de l'Asie, entre le 44° et le 45° parallèle. Elle est composée de plusieurs chaînons qui constituent un système important, si l'on y rattache les monts Taurus et les monts Elvend. Sa longueur en ligne directe est d'environ 212 lieues : mais, en suivant les sinuosités du faîte, elle est d'environ 290 lieues. Son nom paraît venir de deux anciens mots persans, *Koh-Kaf*, qui signifient *Montagnes blanches*, et qu'on retrouve dans celui de *Kov-Kas* que lui donnent les Arméniens. Ses deux plus hautes cimes sont le *Mquinvari* ou *Karbek*, élevé de 4,677 mètres, et l'*Elbrouz*, qui en a 5,009.

On y remarque plusieurs passages ou défilés qui portaient chez les anciens les noms de *Portes Caucasiennes, Albaniennes, Caspiennes* et *Ibériennes*. On reconnaît les Portes Caucasiennes, dans le vallon étroit qui conduit de Mozdok à Tiflis, et qui exige quatre journées de marche pour être parcouru dans sa longueur ; les Portes Albaniennes paraissent être un passage qui s'étend le long de la frontière du Daghestan ; le nom de Portes Caspiennes appartient à un défilé, près de Téhéran ; enfin, celui de Portes Ibériennes convient au défilé de Schaourapo, passage où, du temps de Strabon, on franchissait des abîmes et des précipices, mais que les Persans, dans le quatrième siècle, ont rendu praticable aux armées.

On compte treize bassins formés par les rameaux

du Caucase : sept appartiennent au versant septentrional ou européen, et six au versant méridional ou asiatique. Nous ne citerons que les plus importans, en commençant par ceux qui appartiennent à l'Europe. On remarque d'abord à l'est le bassin du *Kouban*, fleuve qui prend sa source près du mont Elbrouz, et qui se jette dans la mer Noire après un cours d'environ 130 lieues. A l'ouest, un autre bassin est celui du *Terek*, qui après un cours de 110 lieues se rend dans la mer Caspienne. Ces deux bassins déterminent la division du Caucase en deux parties : l'occidentale et l'orientale.

Le versant méridional offre deux autres grands bassins : à l'ouest, celui du *Rioni*, dont les eaux se déchargent dans la mer Noire, et qui a environ 50 lieues de longueur ; à l'est, celui de l'*Alazan*, rivière qui après un cours de plus de 40 lieues va se jeter dans le *Kour*, grand fleuve qui appartient bien au système du Caucase, mais qui prend sa source dans une chaîne dont le mont Ararat fait partie.

Constitution géologique. Sous le rapport géognostique, la chaîne du Caucase se divise dans toute sa longueur en plusieurs bandes presque parallèles : celle du centre, qui constitue ses plus hauts sommets, est granitique ; on y voit alterner, avec le granite, des gneiss, des amphibolites et des porphyres. Les deux bandes les plus voisines de celle-ci sont composées de schistes argileux, souvent interrompus par des porphyres, et coupés de veines de quartz. Aux bandes schisteuses succèdent, sur les deux versans, des bandes calcaires qui forment une série de petites montagnes moins hautes sur le versant septentrional que sur le versant opposé. Au nord, la roche qui les constitue est ordinairement d'un blanc jaunâtre et d'un grain fin et serré ; on y trouve des veines minérales et métalliques, mais rarement des sources salées. Au sud, le calcaire est plus grenu et plus mélangé de parties métallifères. Du côté du nord, la base des montagnes calcaires et schisteuses est couverte de vastes dunes de sable et de grès, qui se perdent peu à peu dans l'aride plaine appelée *Steppe de Kouma*. Ces grès renferment des empreintes ou des moules de coquilles. Quelquefois, entre ces sortes de dunes ou promontoires, s'étendent jusqu'au massif de la chaîne, des plaines argileuses, qui au nord se prolongent jusqu'au Don et au Volga, et au sud jusque vers les monts *Tchil-dir*, qui appartiennent à la chaîne que les Européens appellent l'*Anti-Taurus*. L'argile de ces plaines est sablonneuse, et paraît devoir son origine à des alluvions.

Végétation. Tous les climats de l'Europe et de l'Asie se retrouvent dans la chaîne du Caucase, et conséquemment les végétaux de ces deux parties du monde. Sa crête, presque toujours couverte de neiges et de glaces, est dépourvue de végétation ; mais les montagnes schisteuses, moins élevées, bien qu'elles supportent des glaciers, ont leurs cimes tapissées de mousses touffues, mêlées du *vaccinium myrtylus*, de *vitis idea*, de *pyrola secunda*, et leurs flancs parsemés de pins, de bouleaux et de genévriers qui deviennent d'autant plus rares qu'on s'élève davantage. Vers la moitié de la hauteur on trouve plusieurs plantes alpines, et dans quelques endroits d'assez bons pâturages. Les promontoires de sable et de grès, dont nous avons parlé, forment de petits plateaux ordinairement couronnés de chênes et de hêtres. Au midi, de belles vallées et des plaines se couvrent de la plupart des plantes qui caractérisent la riche végétation de l'Asie. Les botanistes ont remarqué que partout où les dernières pentes du Caucase se dirigent vers le couchant, le levant ou le midi, elles se couvrent de cèdres, de cyprès et de saviniers. L'amandier, le pêcher, le figuier, croissent en abondance dans les chaudes vallées abritées par les rochers. Le cognassier, l'abricotier sauvage, la vigne, le poirier à feuilles de saule, abondent dans les halliers, au milieu des buissons et sur la lisière des forêts. Le dattier et le jujubier, indigènes dans cette contrée, en attestent la douce température. Les marais sont ornés de très-belles plantes, telles que le *rhododendron ponticum* et l'*azalea pontica*. L'olivier cultivé et l'olivier sauvage, le platane oriental, le laurier mâle et femelle embellissent les rivages de la mer Caspienne. Les hautes vallées sont parfumées par le seringa, le jasmin, le lilas et la rose circassienne.

Animaux. On voit, par ce que nous venons de dire, que les régions du Caucase sont au nombre des plus intéressantes parties du globe pour l'histoire naturelle. Les insectes y sont rares, à l'exception de quelques espèces de mouches ; dans les montagnes, on ne trouve ni cousins ni moucherons, mais dans les prairies, les taons sont très-communs. Dans ces mêmes prairies on ne rencontre, parmi les amphibies et les reptiles, que la grenouille et le lézard commun. Au centre des glaces éternelles et des rochers stériles habitent les ours, les loups, les chacals, le *chaus*, animal du genre *Felis*, le bouquetin du Caucase (*capra caucasica*), qui aime les sommets escarpés des montagnes schisteuses ; le chamois, qui se tient au contraire sur les montagnes calcaires inférieures ; l'aurochs, qui stationne à l'entrée de ces montagnes ; le lièvre, le putois, l'hermine, le rat et le hérisson qui habitent la région moyenne. On rencontre très-peu d'oiseaux dans les hautes montagnes, à l'exception du geai et du verdier qui sautent entre les rochers solitaires ; mais on y trouve quelques oiseaux de proie et de passage. Les nombreuses rivières qui descendent des montagnes nourrissent principalement le barbeau, la truite et le saumon.

(J. H.)

CAUDALE. (zool.) Nageoire qui termine la queue de presque tous les poissons ; à l'exception d'une variété monstrueuse du Cyprin doré de la Chine, on la trouve verticale chez tous. Quelquefois unie à la dorsale, elle varie aussi par sa forme qui est entière, fourchue en croissant ou même trilobée. La Caudale des cétacés est horizontale ; on ne la rencontre chez le plus grand nombre des Batraciens que dans le premier état de l'animal.

(P. G.)

CAULERPE , *Caulerpa*. (bot. crypt.) *Hydrophytes*. Toutes les espèces du genre Caulerpe, ordre des Ulvacées, ont une tige cylindrique, horizontale, rampante, rameuse et souvent stolonifère; leur fructification est inconnue; on n'aperçoit dans leur organisation ni fibres ni réseau, et leur épiderme, leur tissu cellulaire sont à cellules si petites qu'on n'a pu encore en déterminer la forme.

Parmi le très-grand nombre de Caulerpes citées par les auteurs, nous ne donnerons une idée générale que des deux suivantes :

La CAULERPE PROLIFÈRE , *Caulerpa prolifera* de Lamarck, qui croît dans toute la Méditerranée , est remarquable par la grandeur et le nombre de ses feuilles, qui sont planes, lancéolées, terminées à leur base en un pédoncule court et cylindrique , obtuses à leur sommet , rarement rameuses, souvent prolifères, offrant ordinairement çà et là ou des points opaques ou granuleux, ou quelques taches d'un fauve brillant et doré.

La CAULERPE PELTÉE , *Cauler papeltata*, de Lamarck , habite les côtes occidentales de l'Afrique; elle offre d'abord des tiges rampantes , sur lesquelles s'en élèvent d'autres qui sont droites, cylindriques et un peu rameuses , couvertes de feuilles nombreuses , et assez analogues à celles de la capucine quant à la forme seulement , car elles sont considérablement plus petites.   (F. F.)

CAULINAIRE. (bot.) Cette expression s'emploie pour désigner toutes les parties de la plante qui naissent de la tige. Les racines de la Vanille, des Orobranches , du Guy , des Vacquois , etc., les capsules de certains Lycopodes sont caulinaires. On confond parfois les feuilles caulinaires avec les feuilles radicales , malgré leur grande différence; les premières sont insérées médiatement ou immédiatement sur la tige, comme dans le Cacaotier, le Bugle, le Tabac, et autres; les secondes, au contraire, partent immédiatement du collet de la racine , comme dans la Primevère , la Valériane , les Scabieuses , etc.   (T. D. B.)

CAURALE, *Helias*. (ois.) M. Vieillot a nommé ainsi un petit genre de la famille des Hérons , auquel Illiger avait donné le nom d'*Eurypyga*. Caractères : bec un peu épais, long , droit , dur et renflé à sa pointe; sillon nasal très-profond , occupant les deux tiers de la longueur de la mandibule supérieure; narines basales , linéaires , longues; pieds longs, grêles, à tarses plus longs que le doigt du milieu, qui réunit par une membrane l'interne à l'externe; pouces au niveau des autres doigts ; ailes amples; les deux premières rémiges plus courtes que la troisième qui est la plus longue, et composée de pennes égales entre elles.

Linné confondait les Caurales avec les autres Hérons, et Latham les a placés parmi les Bécasses.

Ce genre ne comprend qu'une seule espèce, qui est de l'Amérique méridionale, et principalement de la Guiane, où elle est connue sous les noms d'*Oiseau du soleil*, et *Petit Paon des roses* : c'est l'*Ardea Helias* de Linné, figuré à la planche en-

luminée 782 , sous le nom de *Caural*. Ce charmant oiseau est de la taille d'une perdrix ; son cou long et mince, sa queue large et étalée, et ses jambes peu élevées , lui donnent un air tout différent de celui des autres Echassiers ; son plumage , nuancé, par bandes et par lignes , de brun , de fauve , de roux , de gris et de noir , rappelle les couleurs des plus belles phalènes.

Il est représenté à la planche 82, fig. 5, de notre Atlas.   (GERV.)

CAUX (Pays de). (géogr. phys.) Le pays de Caux , qui appartenait à l'ancienne province de Normandie , compose aujourd'hui la plus grande partie du département de la Seine-Inférieure. Il comprenait en effet tout le pays situé entre la Seine, l'Andelle, la Bresle et la mer, depuis Tréport jusqu'au Havre. Cette province se divisait naturellement en deux parties bien distinguées, séparées par le pays de Bray et la rivière de la Béthune ; elles prenaient le nom de *Grand* et de *Petit gaux*.

Le *Grand gaux*, qui comprend le plateau situé entre l'Andelle, le pays de Bray, la Béthune, la mer de Dieppe au Havre, et la rive droite de la Seine depuis son embouchure jusqu'au confluent de l'Andelle et au dessus du Pont-de-l'Arche, peut se diviser lui-même en deux parties, si l'on prend pour ligne de partage l'espèce de relèvement qui marque la séparation des rivières allant se jeter d'un côté dans la Seine, et de l'autre à la mer. Les premières, celles qui se réunissent à la Seine, sont la Lézarde, la rivière de Lillebonne, le Rançon, l'Austreberte, la rivière de Bapaume, l'eau de Robec et l'Aubette. Les secondes, qui se perdent à la mer, sont la Scye, le Dun, la Durdent et la rivière de Ganzeville. Beaucoup de vallons secs se font en outre remarquer sur ce versant, et il paraît que la rivière qui traversait autrefois Etretat, s'est frayé une voie souterraine, et que ce sont ses eaux qui reparaissent à marée basse, entre les rochers qui forment le pied des belles falaises qui entourent ce village. On a remarqué en outre que les puits creusés dans le vallon d'Etretat, qui se dessèchent à marée basse, se remplissent d'eau douce pendant la haute mer; circonstance qu'on ne peut attribuer qu'au refoulement de ces eaux douces par celles de la mer.

Le pays de Caux proprement dit, qui comprend toute la partie centrale du plateau , est renommé par sa fertilité, et l'angle occidental formé presque entièrement par l'arrondissement du Havre , est la partie la mieux cultivée du département, surtout dans les cantons de Goderville, de Saint-Romain , de Colbosc, où la terre végétale est d'une profondeur et d'une fertilité remarquables. En approchant de la mer , le sol devient plut léger, et passe à un état très-ferrugineux vers Fécamp, Ourville et Valmont. Le sol du pays de Caux est en général composé d'une terre argileuse froide , mais qu'on réchauffe par le marnage, sorte d'amendement qui y exerce un effet assez puissant. On rencontre l'argile plastique dans la partie supérieure de quelques vallées, qui toutes appartiennent au système crayeux : elle s'y rencontre à un demi-mètre de profondeur, ce qui rend raison de l'humidité du sol et du peu de durée des arbres, dont les racines ne vont que jusqu'à cette argile qu'elles ne peuvent pénétrer, tandis que la végétation des arbres plantés dans les endroits où la terre a été échauffée, est d'une vigueur remarquable et a beaucoup plus de durée.

C'est en partie à cette cause et à la double nécessité d'abriter les bâtimens et les arbres fruitiers, qui seraient exposés, en rase campagne, à l'impétuosité des vents, que paraissent dues la forme et les dispositions singulières d'une partie des fermes de ce pays, et que nous croyons devoir signaler ici. On y nomme *vergers*, *herbages*, *masures*, *cours*, une partie de terre ordinairement carrée et généralement d'un dixième des terres labourables de la ferme, sur laquelle on laisse pousser l'herbe, et où sont établis les bâtimens d'exploitation. Ces vergers ou herbages sont entourés de remparts en terre, appelés *fossés*, qui ont habituellement une hauteur de deux mètres, avec une largeur de quatre à la base et deux au sommet ; on plante sur ces remparts, soit une haie, soit deux rangées d'arbres de haute futaie.

Tout le monde connaît la fraîcheur et la beauté remarquables du sang des femmes de ce pays, et il n'est personne qui n'ait vu ou entendu parler de ces belles Cauchoises au costume à la fois original et élégant, si recherchées pour être nourrices, qu'elles sont presque devenues un objet de luxe autant que de mode.

Le *Petit Caux*, formé du plateau situé au nord-est du pays de Bray, est compris presque entièrement entre les vallées de la Bresle et de la Béthune ; il est coupé dans son centre par deux vallées principales, celles de l'Yères, qui descend à la mer au dessous d'Oriel, et celle de l'Eaulne, qui se joint à la Béthune au dessus de Dieppe.

Suivant M. Passy, le sol de ce plateau, comme celui du Grand Caux, est composé de la partie supérieure et moyenne de la craie visible dans les falaises et dans les vallées ; le terrain superficiel offre les argiles, les sables et les silex épars ou accumulés, qui sont généralement répandus à la surface de la craie et du sol, lorsque des couches compactes ne les recouvrent pas. Quoique le sol du Petit Caux soit moins fertile que celui du Grand Caux, la culture y est cependant la même. Le bas des vallées est occupé par de bons pâturages ; tandis que le haut des plateaux allongés qui les séparent se compose d'un terrain froid, argileux, mais malgré cela encore productif. Lorsque la craie s'y montre à nu, la culture s'appauvrit, et les parties du sol les plus rebelles à la charrue sont couvertes de forêts.

Les vallées de cette province présentent une disposition bien remarquable, qui a frappé depuis long-temps tous les observateurs ; ce sont les lignes de terrasses ou marches qui règnent le long du flanc des collines qui circonscrivent ces vallées et les vallons qui y aboutissent. On a cherché à expliquer de beaucoup de manières leur origine, mais on n'en a pas encore donné d'explication bien satisfaisante. Ces terrasses ont un à deux mètres de hauteur, et leur plan horizontal ou oblique est d'une largeur variable ; elles s'amincissent à leur extrémité et se croisent parfois entre elles. Dans quelques endroits, et principalement dans le vallon sec de Bracquemont, elles sont si multipliées qu'elles ressemblent à des constructions d'hommes, et figurent de vastes amphithéâtres à gradins. Ces terrasses si remarquables et si multipliées entre les villes d'Eu et de Dieppe, et dans les vallées qui partagent le plateau du Petit Caux, se retrouvent encore sur d'autres points du département de la Seine-Inférieure, et dans les vallées de l'Oise et de l'Eure qui appartiennent à d'autres formations ; mais leur forme y est en général moins régulière.

Nous pensons, nous, qu'elles sont dues à des émersions successives et en masse de notre continent, soit par des relèvemens, soit par suite de la retraite des eaux ; elles nous paraissent indiquer des lignes d'anciens rivages, semblables à ceux qui existent à différentes hauteurs dans tout le pourtour de la Grèce, et comme il paraît en exister également en Italie, en Sicile et sur tout le littoral de la Méditerranée. Une circonstance qui vient surtout appuyer l'hypothèse que ces terrasses sont dues à l'action de la mer, c'est qu'elles se dessinent encore aujourd'hui sur tout leur littoral, et que les marées forment, en accumulant les galets, à l'embouchure des vallées ou à la base des falaises, des levées à peu près semblables. *Voy.* VALLÉE A PLUSIEURS ÉTAGES.　　　(TH. V.)

CAVERNES. (GÉOL.) On nomme ainsi de grandes cavités souterraines naturelles, que l'on remarque dans certaines montagnes ; elles prennent le nom de grottes, lorsqu'elles sont d'une médiocre étendue.

L'origine des Cavernes a donné lieu à différentes théories : quelques savans attribuent ces vastes cavités à l'action des torrens souterrains ; d'autres prétendent que des sources chargées d'acide carbonique sont parvenues à dissoudre les roches calcaires ; d'autres enfin leur ont donné pour causes les fréquens soulèvemens de la surface du globe qui en remuant les roches calcaires ont dérangé leur position horizontale, et ont formé ces cavités qui se sont agrandies par l'action des eaux.

Les Cavernes creusées dans les roches calcaires sont ordinairement tapissées de stalactites qui présentent les formes les plus variées ; on les voit descendre en longs festons, en guirlandes, et former des colonnades élégantes ; quelquefois même imiter des figures humaines ; mais ce n'est pas sous ce rapport qu'elles présentent le plus d'intérêt aux géologistes. La plupart renferment des dépôts d'ossemens fossiles que les eaux diluviennes y ont apportés. On leur donne alors le nom de *Cavernes à ossemens*, quoiqu'au premier abord elles ne diffèrent en rien de celles qui n'en contiennent pas.

Une couche de cailloux roulés et d'argile rougeâtre forme le sol de ces Cavernes ; on ne trouve dans quelques unes de celles-ci des débris d'animaux que lorsque sur cette couche s'est formée une croûte de stalagmites, et, si cette croûte manque, les ossemens manquent également : de là on a été induit à penser que dans les Cavernes dépourvues de ces stalagmites, les ossemens se sont détruits, et que, dans le cas contraire, elle les a préservés de la décomposition. En effet sur ces stalagmites se trouve ordinairement un dépôt d'argile moins rouge que la précédente et quelquefois noirâtre, contenant des débris de corps organisés et de végétaux. Cette terre semble être tout-à-fait analogue à celle qui se forme à la surface du globe, sous le nom de *terre végétale*.

Les Cavernes les plus remarquables en France, celles d'*Echenoz* et de *Fouvent* dans le département de la Haute-Saône, celle d'*Osselles* dans celui du Doubs, celles de *Poudres* et de *Sourignargues* dans celui du Gard, celle de *Bise* dans celui de l'Aude, et celle de *Lunel-Viel* dans celui de l'Hérault en Angleterre, celles de *Banwell* en Allemagne, celles de *Bauman* et de *Gailenreuth*, et tant d'autres que nous pourrions citer et qui sont célèbres, soit par leur étendue, soit par la quantité d'ossemens fossiles qu'on y a trouvés, sont creusées dans la roche calcaire. Cependant la commission scientifique envoyée en Morée en a fait connaître une qui est d'autant plus curieuse qu'elle est creusée dans des roches appartenant au terrain primitif. Nous en devons la description à l'un de nos collaborateurs, M. T. Virlet, chargé de la partie géologique dans la savante expédition que nous rappelons.

Cette caverne, dont nous avons représenté la coupe, pl. 84, fig. 2, située près du village de Sillaca dans l'île de Thermia, est entièrement creusée au milieu de couches presque verticales de schistes argileux, de stéaschistes et de micaschistes très-tenaces et souvent très-durs. Son entrée est à 400 ou 450 mètres au dessus du niveau de la mer. Les habitans de l'île prétendent qu'elle a plus d'une lieue de longueur : ce qui probablement est exagéré. Elle se compose, ainsi que l'indique la figure qu'en a donnée M. T. Virlet et que nous reproduisons, d'une suite de cavités plus ou moins larges et plus ou moins hautes, souvent même d'une très-grande élévation, communiquant entre elles par des passages rétrécis et quelquefois fort étroits. « Les parois en sont rarement planes ou parallèles, comme pourraient l'être celles d'une caverne résultant de quelque fente ou d'un filon qui, ayant disparu, aurait laissé sa place vide. Au contraire, le long de ces parois règnent d'autres excavations sans issues, ressemblant assez à des fissures élargies ou corrodées par l'action d'un liquide en mouvement, comme cela a souvent lieu sur les rivages de la mer, dans des fissures verticales, continuellement battues par les vagues. Ces excavations latérales, en général fort étroites et ordinairement creusées entre les strates du terrain, ne sauraient être prises pour d'anciennes galeries d'exploitation, comme la présence des nombreux filons de fer qui traversent la roche pourrait

d'abord le faire penser; car, bien que souvent fort profondes, elles ne permettaient pas toujours à un homme de pouvoir y pénétrer. »

Cette caverne offre plusieurs embranchemens dirigés en différens sens : « on y observe souvent des pointes de la roche schisteuse qui s'élèvent du milieu du sol et s'y présentent comme de ces témoins que réservent les terrassiers dans leurs travaux. Ces pointes ressemblent encore assez bien à certains écueils, à ces saillies de rochers que l'on remarque parfois au milieu du lit des torrens. Enfin, les parois offrent partout ces formes arrondies qu'on observe aussi dans la plupart des grottes calcaires. » Les filons de fer qui font saillie, ainsi que quelques filons de quartz; le dépôt limoneux et argileux bleuâtre qui forme le sol sur lequel on marche, semblent attester que cette immense cavité souterraine a été balayée par un courant.

Si l'on admet que l'action des feux souterrains a contribué à la formation des cavernes, on pourra considérer avec M. Virlet que celle de Sillaka et le canal qui sert encore aujourd'hui de conduit aux eaux thermales de Thermia, ne sont que des cheminées ou fissures par lesquelles s'échappèrent les gaz intérieurs, à une époque où l'action volcanique qui avait produit ces fissures n'était pas encore assez puissante pour produire le relèvement des couches qu'elle avait commencé à fracturer, et que ce n'est qu'après ce relèvement que les fentes, auparavant verticales ou fortement inclinées, s'étant rapprochées de l'horizontalité, ont pu donner passage aux eaux de la surface, et contribuer à compléter la formation de la caverne de Sillaka.   (J. H.)

CAVIAR. (poiss.) Mets préparé, dans plusieurs parties de l'Orient, avec des œufs d'esturgeon qu'on y recueille en très-grande abondance. Ce mets est recherché et se sert sur les meilleures tables.

CAVITÉ. (anat.) Espace vide, circonscrit en totalité ou en partie; on dit la *cavité cranienne* pour le crâne, *thoracique* pour la poitrine, etc.

CAVITÉ. (bot.) On appelle ainsi chacun des creux ou des loges qu'on rencontre dans l'intérieur d'une capsule et qui sont séparées par un plus ou moins grand nombre de cloisons.   (P.G.)

CAVOLINE. (moll.) *Voy.* Eolide.

CÉANOTHE, *Ceanothus*. (bot. phan.) Ce nom, qui désignait chez les anciens plusieurs espèces de plantes (entr'autres le *Serratula arvensis*), a été attribué par Linné à un genre d'arbustes de la famille des Rhamnées, dont voici les caractères généraux : feuilles alternes, entières, pétiolées, munies de deux stipules caduques; fleurs petites, en grappes terminales ou axillaires; calice monosépale, turbiné à la base, à cinq divisions; corolle de cinq pétales longuement onguiculés, creusés en cuiller; cinq étamines opposés aux pétales, et insérées, ainsi que ces derniers, autour d'un disque glanduleux à cinq angles; ovaire à trois loges, surmonté d'un style trifide et à trois stigmates; capsule globuleuse, formée de trois coques monospermes, se séparant à la maturité.

On cultive dans nos jardins plusieurs espèces de *Céanothes*, parmi lesquelles nous citerons les suivantes :

Le **Céanothe de l'Amérique septentrionale**, *Ceanothus americana*, arbuste élégant, connu sous le nom de *Thé de Jersey*. Ses tiges s'élèvent à quelques pieds, et portent à leur sommet des grappes de fleurs blanches. Ses feuilles sont ovales, finement dentées, et un peu pubescentes.

Le **Céanothe d'Afrique**, *C. africana*, est une espèce plus vigoureuse, s'élevant à dix ou douze pieds. Elle demande une culture d'orangerie, tandis que la précédente peut passer l'hiver en pleine terre.

Le *Ceanothus discolor*, originaire de la Nouvelle-Hollande, se distingue par ses feuilles d'un vert clair en dessus, blanches et tomenteuses en dessous.

Labillardière a donné une figure de deux autres espèces de *Ceanothus*; elles paraissent distinctes du genre, et en formeront peut-être un nouveau quand on les connaîtra mieux.   (L.)

CEBRION, *Cebrio*. (INS.) Genre de Coléoptères de la famille des Serricornes, section des Malacodermes, tribu des Cébrionites, établ par Olivier, et ayant pour caractères : mandibules arquées, aiguës; labre court; antennes de 11 articles, longues dans les mâles, très-courtes dans les femelles; articles des tarses entiers sans pelotes, tous les fémurs presque identiques entre eux. Ces insectes portent en général la tête inclinée; les antennes dans les mâles ont tous leurs articles presque égaux, comprimés, formant un peu la scie, et atteignant la moitié de la longueur du corps; dans la femelle elles ne sont guère plus longues que la tête; le premier article est beaucoup plus long que les autres, et à partir du quatrième elles forment une massue oblongue et presque perfoliée. Elles sont insérées près des mandibules en avant des yeux, qui sont globuleux; les mandibules se courbent brusquement en forme de crochet; les palpes sont filiformes, avec le dernier article un peu ovoïde; le corselet est transversal, avec ses angles terminés en épines; les ailes sont en partie avortées dans les femelles. On ne connaît pas les larves de ces insectes; on présume qu'elles habitent la terre, dont les insectes parfaits sortent quelquefois en grande quantité après les orages; la femelle, à ce qu'il paraît, n'en sort presque jamais; mais la nature, qui pourvoit à tout, lui a donné un abdomen dont l'extrémité est susceptible d'un grand allongement; elle fait sortir de terre cette partie, et les mâles savent très-bien la découvrir à la surface du sol : aussi, quand on les voit en grand nombre rassemblés dans un endroit, on peut présumer qu'il y a une femelle et la chercher sûrement; elles sont assez rares. On doit ces observations à M. Guérin, qui les a faites il y a déjà bien des années quand il habitait Toulon; mais il n'a pas été assez heureux pour compléter l'histoire de ces insectes.

C. GÉANT, *C. gigas*, Fab., Oliv., col. 3o *bis*, 1, *a b c*, Taupin, 1, *a b c*. (Voy. notre Atlas, pl. 85, fig. 1 et 2.) Long de 7 à 8 lignes; tête, antennes et corselet noirs, reste du corps fauve, avec les tibias et les tarses plus foncés. C'est l'espèce la plus commune; elle vient du midi de la France; quelques autres espèces venant d'Espagne et de quelques contrées plus méridionales, n'en sont peut-être que des variétés.   (A. P.)

CÉBRIONITES, *Cebrionites*. (INS.) Tribu de Coléoptères établie par Latreille, faisant partie de la section des Malacodermes, de la famille des Serricornes; le caractère le plus marquant de cette tribu consiste dans les mandibules arquées, avancées, terminées en une simple pointe; la forme du corps varie un peu dans les différens genres; mais en général elle est oblongue, un peu convexe, avec la tête inclinée; le corselet est presque toujours transversal, plus large postérieurement; les antennes allongées, dans les mâles au moins. On ne connaît pas leurs larves, et dans un genre seulement on a quelques observations de mœurs.

         (A. P.)

CÉCIDOMYE, *Cecidomya*. (INS.) Genre de Diptères, établi par Meigen, dans la famille des Némocères, et démembré du genre Tipule de Linné. Caractères : antennes simplement grenues, de 12 articles dans les femelles, et d'environ 24 dans les mâles, simplement poilues; ailes couchées sur le corps, n'ayant que trois nervures. Ces insectes ont le port de très-petites Tipules; l'abdomen des femelles, corné à son extrémité, est terminé comme en espèce de dard; elles s'en servent pour percer les boutons à feuilles ou à fleurs et y introduire des œufs; leur blessure fait gonfler le bouton, et ses larves y trouvent l'abri et la nourriture. On en connaît plusieurs espèces, toutes très-petites et propres à l'Europe.

C. GRANDE, *C. grandis*, Meig. Elle est d'un noir cendré, avec les pieds bruns.   (A. P.)

CÉCILIE, *Cæcilia*. (REPT.) Théodore de Gaza paraît être le premier qui ait employé le nom de *Cæcilia* pour désigner les *serpens aveugles* d'Aristotélès, espèces de reptiles que les commentateurs ont cru retrouver dans l'*Anguis fragilis*, dans le *Seps d'Italie*, etc., qui pourtant ne sont pas aveugles. Linnæus l'appliqua à son tour à des serpens dont Aristotélès et ses successeurs n'ont pu avoir d'idée, mais qui du moins offrent cette disposition, que leurs yeux cachés par la peau les font paraître aveugles au premier coup d'œil. Quelque arbitraire que soit cette application du mot *Cæcilia* de Linnæus, elle a prévalu, et aujourd'hui elle est unanimement adoptée. Les Cécilies sont des reptiles à corps allongé, cylindrique, dépourvus de pieds, revêtus d'une peau molle couverte d'un mucus gélatineux analogue à celui des tégumens des Batraciens, garnie de petites écailles minces, disposées en rangées transversales, logées comme celles des poissons dans l'épaisseur même du derme. Leur tête est petite, déprimée, le museau arrondi, obtus, la bouche petite, la mâchoire non extensible, l'os maxillaire étant sans pédicule mobile, et l'os tympanique enchâssé solidement dans les os du crâne; les dents simples, petites, égales, coniques, légèrement recourbées en arrière, disposées sur les maxillaires et les os du palais sur deux lignes courbes concentriques; la langue large, molle, ovalaire, mince, adhérente par sa partie moyenne, et son sommet libre seulement sur ses bords; aux côtés de la lèvre supérieure, des papilles cutanées plus ou moins allongées en manière de petits tentacules ou de barbillons rétractiles; les narines petites, placées à l'extrémité du museau, simples, libres, arrondies, ouvertes dans la bouche en arrière des os du palais; les yeux petits, à peu près ou totalement cachés sous la peau; au-devant d'eux une petite ouverture arrondie, communiquant dans une cavité ampullaire logée dans l'orbite au-dessous de l'œil, tapissée par une membrane muqueuse, lisse, que l'on a comparée au larmier des Cerfs et des Antilopes; point de conduit auditif externe apparent; leur oreille composée d'un seul osselet discoïdal, appliqué sur la fenêtre ovale comme chez les Salamandres; le tronc grêle, de grosseur égale partout, se continuant d'une manière insensible avec la tête, garni sur les côtés de rides annulaires plus ou moins nombreuses et plus ou moins arrêtées, comme chez les Salamandres et les Sirènes, réunies sur le milieu de l'abdomen en une sorte de raphé, les unes entourant tout le corps, d'autres n'en marquant que la moitié. L'on a cherché à déterminer les espèces de Cécilies d'après le nombre de ces rides circulaires ou semi-circulaires, mais leur nombre est trop variable chez les individus de la même espèce pour fournir un caractère assez absolu. La queue est très-courte, peu marquée, terminée par un cône obtus; l'anus arrondi, plissé concentriquement et presque terminal; leur poumon est double, mais l'un des sacs est aussi petit que chez les serpens; sur les côtés du cou l'on trouve dans le jeune âge des trous analogues à ceux des Amphiumes, qui donnent à penser que dans une première époque ces animaux peuvent avoir des branchies, ce que vient encore appuyer la disposition de l'hyoïde qui se compose de trois paires d'arceaux comme celui des Batraciens dans leur jeune âge, et l'oreillette du cœur, qui n'est qu'incomplétement divisée. Le crâne s'articule avec la première vertèbre par deux condyles comme celui des Batraciens, avec lequel il a d'ailleurs beaucoup de conformité; les vertèbres s'unissent entre elles par des surfaces en cône creux comme celles des Sirènes et des poissons; leurs côtes sont courtes et grêles; leur canal intestinal se rapproche beaucoup pour la disposition de celui des Batraciens. On trouve des matières végétales, de l'humus et du sable dans leur intérieur; leur foie est, comme celui des Batraciens, divisé en plusieurs feuillets; l'on ne connait pas la disposition de leurs organes reproducteurs, ni leur mode de génération. On n'a rien de bien certain sur leur genre de vie; on dit que, comme les Amphisbènes, elles font des trous assez profonds en terre, dans les endroits bas et humides, et n'en sortent guère que lorsque la pluie les en chasse. Quelques auteurs pensent qu'elles vivent dans l'eau comme les Tritons. Une organisation qui offre des points de contact si nombreux

avec des animaux si différens les uns des autres, a dû jeter dans quelque perplexité les classificateurs systématiques; aussi les uns ont-ils rangé les Cécilies avec les Amphisbènes parmi les Saurophidiens, d'autres en ont fait une famille à part qu'ils ont placée à la suite des serpens, et que quelques uns ont désignée sous le nom de Pseudophidiens; d'autres les ont rapportées aux Batraciens sous la désignation de Batraciens apodes; d'autres enfin les ont rapprochées des Amphisbènes et des Sirènes ou Batraciens ichtyoïdes dérotrèmes sous le nom de *Gymnophidia*. L'observation du genre de vie, du mode de reproduction et du développement de ces animaux peut seule dissiper les doutes sur leurs rapports naturels.

L'on connaît plusieurs espèces de Cécilies, telles que :

La Cécilie lombricoïde (*C. lumbricoïdes*, *C. gracilis*), entièrement aveugle, à corps grêle, cylindrique, très-long, à plis latéraux peu marqués; noirâtre, longue d'un à deux pieds, de la grosseur d'une plume d'oie. De l'Amérique méridionale.

D'autres Cécilies à corps également cylindrique ont été réunies en un groupe à part, à cause de la présence des yeux et de l'existence du larmier, qui a fait donner à ce groupe le nom particulier de *Syphonops*, savoir :

La Cécilie annelée, *C. annulata*, d'un vert olivâtre, chaque sillon des flancs marqué d'une couleur pâle et blanchâtre, longue d'un pied à un pied et demi, de la grosseur du doigt. Elle habite le Brésil.

La Cécilie tentaculée (*C. tentaculata*, *C. al biventris*?), de couleur noirâtre, le ventre marbré de blanc; sa longueur est de près de deux pieds et de huit à neuf lignes de diamètre. On la rencontre à Surinam et dans l'Amérique méridionale.

La Cécilie a anneaux interrompus (*C. interrupta*, Cuv.) se distingue de la Cécilie annelée par ses anneaux blancs qui ne se réunissent pas en dessous; du reste, elle a les mêmes proportions et la même patrie.

La Cécilie a museau pointu (*C. rostrata*, Cuv.) Cette Cécilie n'est pas marquée de blanc dans le sillon de ses anneaux; son museau est plus aigu que dans les espèces précédentes; elle n'en diffère pas sous le rapport des proportions; comme elles, elle est de l'Amérique méridionale.

Cécilie a deux bandes (*C. bivittata*, Cuv.) Egalement d'Amérique, de couleur brunâtre, marquée sur chaque flanc d'une ligne fauve, longue de moins d'un pied, de la grosseur d'une plume de paon (figurée dans l'Iconographie de Guérin pl. 25, fig. 2, et dans notre Atlas, pl. 85, fig. 3

Il est enfin des Cécilies à corps plus comprimé à queue plus pointue, à tentacules assez prononcés, et à œil petit, mais marqué. On leur a donné cause de leur forme, le nom particulier d'Ichthyophis; d'autres auteurs, à cause de la disposition des tentacules, leur ont donné le nom d'Epicrium du mot grec *épicrion*, antenne.

Ici se rapporte la Cécilie glutineuse, *C. glut*

nosa hypocyana Epicrium (Vanhasselt),noire olivâtre en dessus,grisebleuâtre en dessous , avec une rangée de taches jaunâtres , souvent confondues en ligne continue le long des flancs. Cette Cécilie se trouve à Ceylan et à Java; les Javanais lui donnent le nom d'*Oclar doeël*. Les plis des flancs sont bien plus serrés et moins enfoncés que dans les autres Cécilies.

Les Cécilies sont des animaux tout-à-fait inoffensifs, qui ne méritent pas du tout la mauvaise réputation qu'on leur a faite.   (T. C.)

CÉCROPIE, *Cecropia.* (BOT. PHAN.) Arbre de la famille des Urticées, Diœcie diandrie, indigène aux Antilles, où ses tiges creuses, divisées intérieurement par des cloisons transversales, placées de distance en distance, lui ont fait donner le nom de *Bois trompette*.

Ce genre a pour caractères distinctifs : fleurs en épis amentiformes; les mâles à calice turbiné, anguleux, tronqué au sommet, et percé de deux trous qui donnent passage aux deux étamines; les femelles à calice bidenté au sommet, un style persistant, deux étamines stériles, un ovaire uniloculaire et monosperme. Le fruit est un akène ovoïde, allongé, lisse, enveloppé par le calice.

On connaît trois espèces de Bois trompette ou Cécropie, confondues par Linné en une seule, mais distinguées et séparées par Willdenow. La plus commune est la CÉCROPIE PELTÉE, *C. peltata*, arbre de trente pieds et plus, à tronc cylindrique et fistuleux; feuilles grandes, cordiformes, peltées (c'est-à-dire où le pétiole est inséré, non au bord, mais au milieu de la feuille), à sept ou neuf lobes très-obtus et acuminés; la face supérieure est d'un vert foncé; un duvet blanc et cotonneux recouvre l'inférieure. Les fleurs sont très-petites; les chatons mâles, réunis par quatre à huit au sommet d'un pédoncule commun, sont enveloppés d'une spathe monophylle, qui tombe avant l'épanouissement. Cette espèce, abondante aux Antilles et sur le continent de l'Amérique méridionale, a été figurée par Jacquin et par Lamarck; c'est le *Yaruma Oviedi* de Soane, et le *Corlotapalus ramis excavatis* de Brown.

Les deux autres Cécropies sont indigènes au Brésil; l'une, *Cecropia palmata*, se distingue par ses feuilles digitées, vertes en dessus, tomenteuses en dessous; Marcgraaf l'a décrite sous le nom d'*Ambæyba*; l'autre, *C. concolor*, est remarquable en ce que ses feuilles sont également vertes sur les deux faces.   (L.)

CÉCROPS, *Cecrops.* (CRUST.) Genre de l'ordre des Branchiopodes, fondé par Leach (Encycl. brit., suppl. 1), et adopté par Latreille, qui le place, dans son Cours d'entomologie , dans la famille des Caligides, et dans la deuxième tribu des Hyménopodes. Ses caractères génériques sont : test coriace, séparé en deux, la portion antérieure en forme de cœur, profondément échancrée en arrière; antennes à deux articles; abdomen aussi large que le test; deux articles à la paire des pattes antérieures, qui sont armées d'un ongle fort et recourbé; trois articles à la seconde paire, plus minces, et dont le dernier est bifide; troisième paire plus forte, n'ayant qu'un seul article et un ongle très-fort; les quatrième et cinquième paires bifides; les hanches et les cuisses des sixième et septième paires très-dilatées, lamelliformes et réunies en paires; bec inséré derrière les pattes antérieures, ayant de chaque côté de sa base un appendice ovale. Ce genre, remarquable par son organisation, se distingue très-aisément des Limules, des Caliges et des Argules, avec lesquels cependant il a quelque analogie. On n'en connaît jusqu'à présent qu'une seule espèce qui est le CÉCROPS DE LATREILLE, *Cecrops Latreillii*, figuré par Desmarest, Considér. génér. sur les Crustacés, pl. 5o, fig. 2. D'après Latreille, cette espèce vivrait sur les branchies du Turbot.

(H. L.)

CÉDONULLI, *Cedonulli.* (MOLL.) Coquille univalve appartenant au genre Cône, qui a toujours été considérée comme l'une des plus précieuses de toutes celles qui ornent les cabinets des conchyliologistes. Cette espèce, que Lamarck a fort bien décrite dans le 7me vol. de ses Animaux sans vertèbres, varie à l'infini, et ne se trouve que fort rarement à l'état bien frais; d'où l'on peut conclure qu'elle habite à de grandes profondeurs dans la mer. Dans cet état de belle conservation, elle a un prix assez considérable, qui est rarement moindre de trois cents francs. Lamarck en possédait un exemplaire qui fait aujourd'hui partie de la collection de M. le duc de Rivoli, et que l'on va voir par curiosité; cette intéressante coquille offre sur le milieu de son dernier tour deux fascies transverses, composées de taches irrégulières d'un blanc légèrement bleuâtre, circonscrites de brun; le fond est parsemé de petits points rangés en lignes assez symétriques; mais en outre on remarque quatre cordonnets perlés et fortement exprimés, dont l'un se trouve placé au dessus des deux fascies, et les trois autres au dessous. La base et la spire sont élégamment panachées de blanc. Cette espèce, qui n'atteint que deux pouces ordinairement, habite les mers de l'Amérique méridionale et des Antilles. De tous les ouvrages connus, l'Encyclopédie est celui qui a donné le plus de figures des variétés sans nombre de l'espèce que nous décrivons. Nous ne terminerons pas cet article sans dire un mot du hasard qui favorise certains individus. Un marchand de la capitale a acheté moyennant trente sous, il y a peu d'années, en face du portail de l'église Saint-Roch, un très-bel individu du cône Cédonulli, qu'il a revendu 3oo francs au bout de quelques jours. Le même marchand trouva peu de temps après sur une des places de Londres trois autres coquilles de cette espèce, qui ne lui coûtèrent que quelques schelings , et dont il se défit, sur l'heure même, avec un bénéfice tel, qu'il fut défrayé de toutes les dépenses de son voyage.

(DUCL.)

CÉDRAT et CÉDRATIER. (BOT. PHAN.) Le premier nom indique le fruit, le second celui de l'arbre qui le porte. Le Cédratier est un genre du groupe des Citronniers ; nous en parlerons en traitant du Citronnier et des Hespéridées. (*Voy.* ces deux mots), (T. D. B.)

CÈDRE, *Cedrus*. (bot. phan.) Nom équivalant dans toutes les langues orientales au mot puissance, et le plus anciennement connu d'un arbre célèbre par son élévation, la grosseur qu'il acquiert, le nombre des années qu'il compte, et par l'indestructibilité de son bois recherché pour les constructions nautiques, pour les temples et les autres grands édifices. Autrefois il croissait spontanément sur les hautes montagnes du Liban, de l'Amanus et du Taurus; la main de l'homme est parvenue à l'y détruire avec la fin du dix-huitième siècle de l'ère vulgaire, et peut-être aujourd'hui regarderait-on comme un phénomène de rencontrer un seul individu aux lieux où l'antiquité nous dit qu'il en existait d'immenses forêts. On ne le trouve point sur les monts Ourals, uni dans les environs de la mer Caspienne, ainsi que l'ont écrit Pallas et ceux qui l'ont servilement copié; mais il est de nos jours tellement répandu, tellement prospère en Europe, qu'on le croirait originaire du sol et des climats divers qu'il y a adoptés.

Son introduction en France est d'une date fort reculée; j'en connais deux tiges plantées, en 1469, par Ebérard de Wurtemberg, dans la cour du vieux château de Montbeillard, où je les ai vues plus de trois siècles après, en 1792, entourées par d'antiques tilleuls ; elles avaient alors acquis une hauteur considérable, et rien, m'écrit-on, rien n'annonce encore, en 1834, qu'elles doivent dépérir de long-temps. Ce n'est que depuis 1727, époque à laquelle Bernard de Jussieu rapporta celui que l'on admire au labyrinthe du Jardin des Plantes de Paris, que le Cèdre du Liban s'est répandu dans presque tous nos départemens, et que ses graines commencèrent à lever sans soins autour des arbres qui les ont produites. Chez nous, il est moins remarquable par sa stature gigantesque, sa forme pyramidale et son port majestueux, que par la grosseur de son tronc et la grande étendue de ses branches très-ouvertes, très-nombreuses, dont les plus basses s'éloignent horizontalement à plus de dix mètres, et se courbent vers la terre ; en se couchant les unes sur les autres, elles offrent des étages de verdure que le vent ondule à chaque instant. Les rameaux suivent la même direction. Les feuilles qui les décorent sont petites, courtes, éparses, raides et piquantes, d'un vert sombre, réunies en faisceaux divergens ; elles persistent lorsque celles des autres arbres sont tombées. Le berceau que forment les branches et les rameaux est impénétrable à la pluie et au soleil; il s'élargit à proportion que le Cèdre monte, de manière que sa circonférence est presque toujours à peu près égale à la hauteur de l'arbre, particulièrement lorsqu'il se trouve dans un lieu très-ouvert et qu'il est isolé. L'on a avancé une grande erreur quand on a dit que la flèche est constamment inclinée vers le nord; ce cas est infiniment rare et purement accidentel.

Les deux sexes sont séparés sur le même individu. Les chatons mâles sont ovoïdes, allongés ; les chatons femelles sont constamment presque cylindriques, et placés au sommet des jeunes rameaux. Le cône qui leur succède, de la grosseur d'une forte orange, a la forme d'un œuf dont la partie supérieure, aplatie ou déprimée, regarde le ciel; il demeure deux ans fixé aux branches. Alors seulement les graines sont arrivées à leur maturité complète, et quittent les espèces de plicatures dans lesquelles elles sont contenues et tellement pressées que la moitié avorte. Ces semences, assez grosses, à odeur très-balsamique, veulent être confiées aussitôt à la terre, si l'on désire les voir produire.

Le Cèdre, que l'on voit figuré dans notre Atlas, pl. 85, fig. 4, se plaît dans les terres légères, sablonneuses et pierreuses, au sommet, sur le flanc des montagnes, comme dans les plaines, pourvu que celles-ci ne soient point sujettes aux inondations, et qu'elles ne retiennent point l'eau durant l'hiver. Les gelées lui nuisent, surtout quand il est jeune; mais, une fois parvenu à sa vingt-cinquième année, il brave les froids les plus rigoureux; il supporta, sans en souffrir aucunement, les hivers mémorables de 1789, 1820 et 1830. Sa croissance est très-lente pendant les premières années, mais elle devient ensuite assez rapide ; je l'estime être de quatorze et quinze millimètres par année.

Son bois est résineux, blanchâtre tant qu'il est plein de force, rougeâtre quand il entre dans l'âge de la caducité; de plus il est réellement incorruptible ; en brûlant, il dégage une odeur agréable : on le distingue assez difficilement de celui du pin sylvestre quand il est à son moyen âge ; le grain en est lâche. Il jouissait autrefois d'une très-haute réputation. Le fameux temple de Jérusalem était en bois de Cèdre, ainsi que le palais des rois persans à Persépolis, qui périt dans l'incendie commandé par Alexandre au milieu d'une débauche. Les architectes modernes ne professent point la même estime pour ce bois, sans doute parce qu'ils le connaissent mal, ou qu'on le leur livre trop jeune, et qu'alors il est sujet à se fendre par l'effet de sa dessiccation. Une substance résineuse, fort peu différente en apparence de celle du mélèze, découle de son écorce : elle jouit des mêmes propriétés que celle du sapin.

De même que tous les arbres résineux, le Cèdre ne repousse pas de ses racines une fois que l'on a porté sur lui la hache. Du reste sa multiplication par voie de semis et sa culture sont extrêmement faciles. On a conseillé les boutures; elles réussissent si rarement que ce moyen est sans valeur.

Le Cèdre du Liban appartient à la Monoécie monadelphie, et à la famille des Conifères. Les très-grands rapports qu'il présente avec le Mélèze, *Larix*, déterminèrent Tournefort et Linné à le réunir à ce genre; d'autres botanistes l'ont successivement promené du genre *Pinus* au genre *Abies*: ce qu'il y a de certain, c'est qu'il doit former un genre particulier entre le premier et le second.

On a abusé du mot *Cèdre* pour l'appliquer à

des végétaux qui sont étrangers à l'arbre que nous venons de décrire. Voici les principales de ces fausses dénominations qu'il serait à désirer de voir se perdre pour toujours. Elles entraînent à de graves erreurs la tourbe des demi savans, et par suite ceux qui les écoutent.

CÈDRE-ACAJOU, nom vulgaire de l'Acajou à meubles ou Mahogon d'Amérique, *Swietenia Mahogoni*, ainsi que de l'Acajou à planches, ou Cèdrel odorant, *Cedrela odorata*.

CÈDRE BLANC. Les habitans du Canada donnent ce nom vulgaire au Cyprès à feuilles de Thuya, *Cupressus thuyoides*.

CÈDRE DE BUSACO, le même que le Cyprès glauque, *Cupressus pendula* de L'Héritier.

CÈDRE D'ENCENS. On appelle ainsi le Genévrier de l'Europe méridionale, *Juniperus thurifera*, L.

CÈDRE D'ESPAGNE. Dans quelques catalogues on désigne encore sous ce nom le Genévrier à encens.

CÈDRE DE GOA. Le même arbre que le Cèdre de Busaco.

CÈDRE DE LA CAROLINE. Variété du Genévrier de Virginie, *Juniperus virginiana*.

CÈDRE DE LA JAMAÏQUE. Nom improprement donné à un arbre de la famille des Malvacées, le Guazume à feuilles d'Orme, *Guazuma ulmifolia* de Lamarck.

CÈDRE DE LA SIBÉRIE. Dans ses voyages, Pallas donne ce nom au *Pinus cembra*. Quoique Gmelin et Patrin aient, depuis long-temps, détruit l'erreur accréditée par les traducteurs du naturaliste russe, on la retrouve encore dans les auteurs modernes. Il n'y a point de Cèdres proprement dits dans les forêts de la Sibérie, ni dans aucune partie de la vaste contrée appelée Russie.

CÈDRE DES BERMUDES. Le Genévrier particulier aux îles de l'Amérique septentrionale découvertes en 1527 par Juan Bermudez, *Juniperus bermudiana*, L.

CÈDRE LYCIEN. Variété du Genévrier de la Phénicie, *Juniperus phœnicea*, dont on a fait à tort une espèce.

CÈDRE ROUGE. On appelle ainsi tantôt le Genévrier de la Virginie, *Juniperus virginiana*, tantôt la grande espèce d'Iciquier, *Iciquia altissima*.
(T. D. B.)

CÉDRÈLE, *Cedrela*. (BOT. PHAN.) Ce genre, ainsi appelé parce qu'il a la qualité du Cèdre, ou parce qu'il lui ressemble, appartient à la famille des Méliacées ou à celle des Cédrélées de Brown. Il est ainsi caractérisé : calice persistant, à 5 dents; corolle infundibuliforme, pentapétale; cinq étamines; un style; un stigmate; capsule ligneuse à cinq valves, à cinq loges; graines membraneuses, imbriquées; réceptacle ligneux. La seule espèce de ce genre qui doive nous intéresser est le *Cedrela odorata*, vulgairement appelé *Acajou à planches* (voyez ACAJOU,). Son tronc acquiert des dimensions telles qu'on en construit des canots tout d'une pièce, de 40 pieds de longueur sur cinq de largeur. Le bois en est ordinairement rouge. Il y en a aussi de marbré, de jaune, de couleur de chair. Il se polit aisément, et de-

vient très-luisant. Il pourrit difficilement dans l'eau, et est inattaquable aux vers. On en fait des meubles qui communiquent leur odeur suave au linge qu'on y renferme. Il est originaire de l'Amérique méridionale.
(C. É.)

CÉDRÉLÉES. (BOT. PHAN.) Genre des Méliacées, que R. Brown a érigé en famille, à cause de la structure du fruit et des semences ailées qu'offre le type, connu sous le nom vulgaire d'Acajou à planches, et que les botanistes appellent CEDRÈLE. (*V.* ce mot.)
(C. É.)

CEDRIA. (CHIM.) Liqueur que les anciens Egyptiens préparaient pour l'embaumement de leurs momies de seconde classe; elle avait la propriété de dissoudre les viscères; on l'introduisait dans le ventre, et lorsqu'elle avait produit l'effet voulu, on la laissait s'écouler; on couvrait ensuite le corps de natrum, et après soixante-dix jours on le remettait aux parens.
(T. D. B.)

CÉLASTRE, *Celastrus*. (BOT. PHAN.) On connaît plus de quarante espèces de Célastres, qui toutes sont arbustes ou arbrisseaux appartenant à la Pentandrie monogynie et à la famille des Rhamnées. Quelques unes méritent d'être remarquées pour leurs fleurs ou pour leurs fruits. On les trouve également dans l'un et dans l'autre hémisphère. Le pays qui en fournit le plus est le cap de Bonne-Espérance, ensuite le Chili, puis le Pérou. Le CÉLASTRE DE VIRGINIE, *C. bullatus*, arbuste buissonneux aux fleurs blanches, disposées en épis terminaux, et le CÉLASTRE DU CANADA, *C. scandens*, appelé *Bourreau des arbres*, parce qu'il s'enroule autour d'eux, les presse si fortement qu'il les fait périr, sont de pleine terre et viennent partout, excepté dans les terrains crayeux; ils produisent un fort bel effet quand ils se décorent de leurs fruits d'un très-beau rouge. Mais ils perdront de leur crédit du moment que l'on parviendra à compléter la naturalisation dans nos cultures du CÉLASTRE PANICULÉ de l'Éthiopie, *C. pyracanthus*, qui forme un buisson lâche presque sans épines, à feuilles toujours vertes, lancéolées, à peine dentées, ayant ses jeunes rameaux rougeâtres, ses corymbes de fleurs blanches, nombreux, axillaires et terminaux, auxquelles succèdent des fruits d'un rouge éclatant, assez gros. Déjà cette jolie espèce supporte dans le nord de la France les premiers degrés de congélation. Il en est de même du petit Cerisier des Hottentots, *C. lucidus*, dont les rameaux cylindriques sont constamment garnis de feuilles ovales, fermes, luisantes, armées en leur sommet d'un aiguillon crochu. Il porte des fleurs blanches qui demeurent épanouies depuis le printemps jusqu'en automne, et de petits fruits rouges assez semblables à des cerises, d'où lui est venu le nom qu'il porte. Les Arabes possèdent une espèce, *C. esculentus*, dont ils mangent les baies quoiqu'elles aient un goût âcre; ils préparent encore avec une boisson enivrante, ainsi qu'une liqueur distillée très-alcoolique.

Le genre *Celastrus* a de grandes affinités avec le genre *Evonymus* ou Fusain et le genre *Cassine*; il diffère seulement du premier par le stigmate qu'il a profondément trilobé, et par sa capsule à trois et quelquefois deux loges; il s'éloigne du second par son fruit capsulaire et ses graines dures et rouges qui sont munies d'un arille rouge et charnu. (T. D. B.)

CÉLASTRINÉES. (BOT. PHAN.) Robert Brown ayant remarqué parmi les Rhamnées une légère différence dans l'estivation, qui est pour les unes imbriquée, et pour les autres valvaire, ainsi que dans l'ovaire qui se trouve chez les premières toujours libre, tandis qu'il est chez les secondes plus ou moins adhérent avec le calice, s'est cru suffisamment autorisé à en former deux coupes distinctes : 1° la famille des Célastrinées comprenant les genres *Cassine*, *Celastrus*, *Evonymus*, *Polycardia*, *Staphylea*, etc.; 2° et la famille des Rhamnées proprement dites. Les caractères sur lesquels le botaniste anglais fonde ce changement ne sont pas aussi constans qu'il l'estime, puisque l'ovaire du genre *Rhamnus*, qu'il conserve en son entier, est tout-à-fait libre dans les espèces *catharticus*, *frangula*, *infectorius*, *minutiflorus*, etc., quand il est habituellement adhérent au calice dans les autres. La coupe proposée n'est donc point heureuse, et doit être mise au néant.

(T. D. B.)

CÉLERI, *Apium dulce*, T. (AGR.) Les Italiens ont été les premiers à tirer des lieux humides et marécageux l'ACHE, *Apium graveolens* (voy. ce mot), et à la transformer en plante potagère. La culture lui a fait perdre sa saveur désagréable, son odeur forte; et, en introduisant dans son tissu une séve surabondante, elle nous a procuré plusieurs sous-variétés, que l'on peut réduire à quatre, savoir: 1° le *Céleri long* ou tendre, que d'autres appellent grand Céleri, dont la couleur est d'un vert clair; il est très-sujet à la rouille; un brouillard, auquel succède un soleil ardent, suffit pour l'endommager; 2° le *Céleri court*, au vert foncé, à la racine dure, qui est hâtif et peu sensible à la gelée; 3° le *Céleri branchu*, tirant son nom de sa forme, peu élevé, d'une couleur foncée, ayant des tiges nombreuses, doux, parfumé et d'une odeur forte; 4° le *Céleri-rave*: ses feuilles sont couchées sur terre horizontalement et circulairement; sa racine est semblable à celle d'un navet; il est très-délicat, très-parfumé, surtout après qu'il a été cuit. On mange la base des pétioles et des jeunes tiges; on confit les sommités fleuries; la racine et les graines sont employées en médecine, la première comme apéritive, les secondes comme semences chaudes. Les bestiaux en mangent les issues avec avidité. Le Céleri cultivé est une plante saine, agréable, alimentaire; le Céleri sauvage, au contraire, est plus que suspect pour l'homme, il a souvent causé de graves dangers; les chevaux n'y touchent point; les chèvres, les moutons et quelquefois les vaches le mangent sans inconvénient. (T. D. B.)

CELLAIRE. (POLYP.) Genre qui sert de type à l'ordre des Cellariées dans la division des Polypiers flexibles celluliféres. Les Cellaires, suivant Lamouroux, sont des polypiers phytoïdes, articulés, cartilagineux, cylindriques, rameux, à cellules éparses sur leurs surfaces.

Les espèces les plus disparates semblent avoir été réunies dans le genre Cellaire, qu'on a formé de tous les polypiers qui ne pouvaient se classer dans les Flustres et les Sertulaires. Comme chez ces dernières, les cellules sont disposées de manière à former des tiges branchues, mais elles n'ont pas de tube de communication dans l'axe. Leur substance est d'ailleurs plus calcaire, ce qui les rend plus fragiles et moins flexibles. Leur couleur, au sortir de la mer, varie; il y en a d'un rouge vif et foncé, d'autres d'un jaune plus ou moins brillant; leur plus grande hauteur est d'environ un décimètre. Les principales espèces sont la CELLAIRE SALICOR, toujours dichotome, avec des articulations cylindriques ou fusiformes, couvertes de cellules rhomboïdales (*voy.* Atlas, pl. 86, fig. 1); la CELLAIRE VELUE, remarquable par les poils longs et nombreux dont elle est couverte depuis la base jusqu'aux extrémités; elle est originaire de la mer des Indes; la CELLAIRE OVALE, dont les articulations pyriformes se composent de dix cellules: ce polypier vivant est d'un vert brillant, le polype est rougeâtre; on trouve sur les côtes des îles Kouriles; et enfin la CELLAIRE CIERGE, filiforme. Cuvier a nommé SALICORNIAIRES ces polypes à cellules. (P. G.)

CELLARIÉES. (POLYP.) Elles forment le troisième ordre des polypiers celluliféres dans la division des Flexibles. Voici les caractères qui leur sont assignés par Lamouroux: polypiers phytoïdes, presque toujours articulés, à rameaux planes, comprimés ou cylindriques, à cellules communiquant souvent entre elles par leur extrémité inférieure, ayant leur ouverture en général sur une seule face; à bord rarement nu, ordinairement avec un ou plusieurs appendices sétacés sur le côté externe; point de tige distincte. Les Cellariées varient beaucoup dans leur forme; leurs couleurs ne sont pas moins variables; desséchées, elles sont d'un blanc jaunâtre; quelques unes sont d'un blanc éclatant, d'un brun foncé; d'autres vertes, rouges, jaunes. On les trouve isolées ou groupées ensemble dans toutes les mers, et d'autant plus nombreuses qu'on se rapproche davantage des régions équatoriales. M. Lamouroux a divisé l'ordre des Cellariées en plusieurs genres dont les espèces peuvent encore se multiplier par de nouvelles observations; ainsi il distingue les *Crisies*, dont les cellules sur deux rangs, ordinairement alternes, s'ouvrent sur la même face; les *Acamarchis*, disposées de même, mais avec une vésicule à chaque ouverture; les *Loricules*, dont chaque articulation se compose de deux cellules adossées, avec des orifices opposés vers le haut qui est élargi; les *Eucratées*, où chaque articulation n'a qu'une seule cellule à ouverture oblique.

(P. G.)

CELLÉPORE. (POLYP.) Genre qui sert de type à l'ordre des Celléporées dans la division des polypiers flexibles celluliféres, et offrant pour caractères principaux: un amas de petites cellules ou vésicules calcaires, serrées les unes contre les autres, et percées chacune d'un petit trou ; polype isolé.

Les Cellépores sont peu remarquables par leurs formes et leurs couleurs ; souvent, à cause de leur petitesse et de leur aspect demi-transparent, on les confond avec de simples dépôts calcaires, et ils contiennent si peu de matière animale que les acides les dissolvent presqu'en entier. On les trouve ordinairement en plaques plus ou moins étendues sur toutes les productions marines solides ou végétales. L'étude des Cellépores n'est pas encore assez approfondie pour qu'il soit permis de les classer d'une manière rigoureuse ; cependant on en connaît plusieurs espèces, distinguées jusqu'ici par des nuances peu tranchées ; telles sont : la CELLÉPORE LABIÉE, dont les cellules forment de petites roses ou des verticilles sur quelques sertulariées de l'Australasie ; la CELLÉPORE MÉGASTOME, dont les cellules ovoïdes ont l'ouverture presque centrale et très-grande, cette espèce se trouve sur les corps fossiles de la craie des environs de Paris ; la CELLÉPORE SPONGITE ; dont les cellules sont aériales, un peu ventrues, à ouverture orbiculaire ; elle est d'un blanc jaunâtre, et sa grandeur varie de quatre à vingt centimètres : on la trouve dans la Méditerranée, en Amérique, dans la mer des Indes ; la CELLÉPORE TRANSPARENTE : elle forme de petites croûtes blanches, brillantes, sur les floridées des mers d'Europe, ainsi que sur des productions marines ; on ne peut bien l'observer qu'avec une forte loupe ; les cellules en sont ovales, allongées, à ouverture simple, un peu oblique et régulière. Enfin il existe encore plusieurs espèces non décrites, et dont le nombre doit s'augmenter sans doute par de nouvelles observations.

(P. G.)

CELLÉPORÉES. Ce que nous avons dit à l'article CELLÉPORE, genre qui forme le type de cet ordre, nous dispense d'entrer dans les détails d'une nouvelle description ; les caractères que nous avons assignés au genre sont précisément ceux qui distinguent cet ordre ; ajoutons seulement, avec Lamouroux, que ces petits zoophytes ont une substance beaucoup plus solide que les autres polypiers de la même division ; qu'il en est même qu'on pourrait regarder comme entièrement pierreux, à cause de leur dureté dans l'eau, où ils sont plus flexibles que dans l'air ; que, desséchés, ils sont raides et fragiles ; que les Celléporées, en général microscopiques, n'offrent point dans leur couleur de nuances variées et brillantes, et qu'enfin on les rencontre dans toutes les mers, où elles adhèrent aux rochers, aux plantes, aux crustacés, aux mollusques testacés. Jusqu'ici on n'en donne que deux genres : la *Cellépore* que nous avons indiquée, et la *Tubilipore*. (P. G.)

CELLULAIRE. (ANAT.) *Voy.* TISSU.

CELLULES. (ANAT.) Nous nous contentons de définir ce mot, réservant pour l'article Tissu tout ce qui concerne l'organisation des Cellules, leur analogie dans le règne animal et le règne végétal, leurs propriétés, etc. ; les faits curieux qui se présentent, sous ces divers rapports, ont été surtout examinés d'une manière toute neuve par M. Raspail, auquel nous devrons les emprunter. Dans le sens le plus général, le mot Cellule désigne une petite loge ou cavité, soit qu'on veuille indiquer celles qui, par leur ensemble, et en se modifiant de diverses façons, forment pour ainsi dire la trame de tous les tissus ; soit qu'il s'agisse de certaines excavations plus prononcées et qu'on rencontre dans les organes comme les os, les corps caverneux, les divers sinus, les poumons.

CELLULES. (POLYP.) On appelle ainsi les parties creuses qui servent d'habitation aux polypes. La Cellule est liée aux polypes comme le mollusque testacé à sa coquille, et n'en renferme jamais qu'un seul ; mais comme elle varie considérablement, et qu'il est utile de l'étudier dans chaque division, dans chaque ordre, nous renvoyons ce qui a rapport à cette étude au mot POLYPE et aux articles qui en dépendent.

CELLULES. (BOT.) Les botanistes donnent également à ce mot plusieurs applications différentes : tantôt il sert à désigner les petits vides dont la généralité compose l'ensemble du tissu cellulaire ; tantôt on donne ce nom à de petites chambres, séparées les unes des autres, dans une capsule, par autant de cloisons, ou aux loges dans lesquelles sont renfermées les graines ou semences. La moelle des plantes est constamment formée de Cellules, plus abondantes dans les herbacées que dans le tissu des arbres, et plus aussi dans les jeunes pousses de ceux-ci que dans leur ancien bois.

(P. G.)

CÉLOCASIE. (BOT. PHAN.) *Voy.* COLOCASIE.

CÉLONITE, *Celonites.* (INS.) Genre d'Hyménoptères de la famille des Diploptères, tribu des Masarides, établi par Latreille, et ayant pour caractères : premier et deuxième articles des antennes plus courts que le troisième, le huitième et suivans formant une massue courte dont les articles sont peu distincts ; les ailes n'ont que deux cellules cubitales complètes ; le seul insecte connu de ce genre a l'abdomen plat en dessous, et ses anneaux sont prolongés en forme de dents sur les côtés ; le dernier segment est armé d'épines dans les mâles ; cette conformation, qui se rapproche des Chrysis d'une part, et des Anthidies de l'autre, jointe à la faculté qu'il a de se mettre en boule quand on le saisit, me fait penser que cette espèce doit vivre en parasite. Cet insecte a été décrit par Fabricius sous le nom de CÉLONITE APIFORME, *C. apiformis.* Jurine l'a figuré dans la nouvelle Méthode de classer les Hyménoptères, pl. 10, genre 17 ; il est long de quatre à cinq lignes, noir, avec les antennes, excepté les deux premiers anneaux, fauves ; la tête, le corselet et l'abdomen sont chargés de taches et de bandes jaunes. On le trouve, mais peu communément, dans nos départemens méridionaux, où il se tient attaché aux plantes, avec les ailes pendantes des deux côtés du corps.

(A. P.)

CELSIE, *Celsia.* (BOT. PHAN.) Genre de la Didynamie angiospermie qui lie la famille des Scrophulariées avec celle des Solanées, à laquelle il appartient plus particulièrement ; il est consacré à la mémoire du botaniste suédois, Olaüs Celsius, qui fut, après Stobé, l'un des plus ardens protecteurs de Linné. Ses espèces sont peu nombreuses, toutes plantes herbacées et d'ornement, originaires des contrées orientales, des îles de l'Archipel grec, de l'Égypte, et des côtes de la Barbarie. Elles ont beaucoup de rapports avec les MOLÈNES (*v.* ce mot), mais elles leur sont inférieures en aspect.

La CELSIE DU LEVANT, *C. orientalis*, plante annuelle de quarante centimètres de haut, est de pleine terre quoique fort délicate ; ses petites fleurs, d'un jaune pâle, s'épanouissent en juillet et août. La CELSIE A LONGS PÉDONCULES, *C. arcturus*, originaire de l'île de Candie, et la CELSIE DE CRÈTE, *C. cretica*, sont d'orangerie, ainsi que la fort jolie espèce rapportée des bords rians de l'Euphrate, en 1798, par Bruguières et Olivier, par eux appelée CELSIE LANCÉOLÉE, *C. lanceolata*. Cette dernière a les fleurs en roue, à tube court, divisé en cinq parties arrondies, inégales, d'un beau jaune jonquille, avec tache pourpre à sa base, et couvertes de poils de la même couleur : elles se montrent en mai et juin. On la multiplie de boutures et de l'éclat de ses racines vivaces et fibreuses ; elle veut une terre légère et substantielle.

L'Héritier a détaché plusieurs Celsies pour former son genre HÉMITOMUS. (*Voy.* ce mot.)

(T. D. B.)

CÉLYPHE, *Celiphus*. (INS.) Genre des Diptères, de la famille des Athéricères, établi par Dalman dans ses *Analecta entomologica*, et auquel il donne pour caractères : bouche sans trompe ; chaperon presque perpendiculaire, nu, largement échancré à son extrémité ; corps ovo-hémisphérique ; écusson très-grand, couvrant tout l'abdomen et les ailes. Cet insecte singulier présente au premier abord l'apparence d'une Scutellaire ; son écusson présente le même développement que dans ce genre d'Hémiptères ; il est de la forme d'un ovoïde large, renversée, beaucoup plus large que le corselet bombé ; les ailes le dépassent un peu. Sans ce développement extraordinaire, l'insecte, vu de profil, aurait un peu du port des Myodoques. Cet insecte est encore unique dans son espèce et très-rare dans les collections ; il porte le nom de C. COUVERT, *C. obtectus*, Dalm. Nous l'avons représenté dans notre Atlas, pl. 86, fig. 2 ; long de trois lignes ; tête, corselet, abdomen et pattes fauves ; écusson bleu violet, rugueux sur les côtés. De Java. (A. P.)

CÉMENT. (CHIM.) Agent de la Cémentation ; matière de nature particulière à l'aide de laquelle on cémente un corps métallique. (F. F.)

CÉMENTATION. (CHIM.) Sorte de stratification qui, aidée d'une forte chaleur, a pour but de faire agir le cément sur une substance métallique simple ou alliée. La Cémentation a pour objet de déterminer quelques combinaisons ou décompositions. Déjà nous avons vu que le fer, soumis à la Cémentation au moyen du charbon, est transformé en ACIER. (*Voyez* ce mot.) (F. F.)

CENDRES. (GÉOL.) *V.* VOLCANS.

CÉNOMYCES. (BOT. CRYPT.) *Lichens.* Dans le genre Cénomyce, qui en comprend trois autres : les *Cladonia, Scyphophorus* et *Hellopodium* de De Candolle, la fronde est tantôt composée de folioles étalées, tantôt nulle ; de cette fronde s'élèvent des tiges simples ou rameuses, cylindriques, fistuleuses, terminées ou par des rameaux divisés en une sorte de panicule, ou par une partie évasée en entonnoir, et portant sur son bord des apothécies arrondies en tête, sans rebord et de couleur brune ou rouge.

On compte jusqu'à cinquante espèces de Cénomyces ; presque toutes croissent sur la terre ou sur les bois pourris, ont une couleur jaune verdâtre, et varient beaucoup dans leur forme.

Le genre *Scyphophorus* renferme les espèces dont la tige presque simple se termine en forme d'entonnoir. Les espèces les plus communes de ce genre sont : 1° le *Scyphophorus pixidatus* que l'on trouve sur tous les vieux murs couverts de mousse, au pied des arbres, et qui paraît jouir des propriétés médicinales du lichen d'Islande ; 2° le *Scyphophorus coccineus* ou *coccifera*, qui croît dans les bruyères, et qui se distingue souvent par la belle couleur rouge de ses tubercules fructifères.

Le genre *Hellopodium* n'a presque pas de fronde ; sa tige est divisée près du sommet en rameaux courts, portant des apothécies globuleuses.

Enfin le genre *Cladonia*, différent des deux précédens, a pour caractères : une tige très-rameuse, divisée en un grand nombre de petits rameaux supportant les apothécies. Parmi les espèces de ce genre, nous ne citerons que la *Cenomyce rangiferina*, comme étant la plus remarquable et la plus commune, surtout dans les bruyères du nord de l'Europe. En Laponie, cette Cénomyce remplace le lichen, fait la nourriture d'hiver des Rennes ; et chez nous, les Cerfs la mangent également, surtout pendant les grands froids.

(F. F.)

CENTAURÉE, *Centaurea*, Lin. (BOT. PHAN.) Genre très-nombreux en espèces, d'une famille très-nombreuse en genres. Cette famille est celle des *Carduacées*. Dans le système de Linné, les Centaurées se rangent dans la Syngénésie polygamie frustranée. Leurs caractères communs sont : un réceptacle garni de soies nombreuses ; une aigrette simple ou rameuse ; les fleurons de la circonférence neutres, et souvent beaucoup plus développés que ceux du centre, infundibuliformes et irréguliers

La grande variété des involucres, et d'autres différences observées dans les organes floraux, avaient déjà porté Tournefort et Vaillant à former divers groupes parmi les plantes qui sont le sujet de cet article. Linné n'en avait tenu compte que pour établir plusieurs sections dans son genre *Centaurea*. Jussieu, dans ces diverses sections, a vu autant de genres distincts. Avec plus de raison, sans doute, Monch et De Candolle ont mis à part, l'un le *C. galactites* ; l'autre, le *C. conifera*, pour en créer deux nouveaux genres, sous

les noms

les noms de *Galactites* et de *Laurea*. Ce dernier, séduit par un caractère qu'il croyait particulier aux *Centaurées*, mais qui s'étend à d'autres plantes du même ordre, a établi une nouvelle famille (*les Centauriées*) aux dépens des *Carduacées*. Henri Cassini a, de son côté, formé plusieurs groupes parmi les *Centaurées*. On a déchiré, tourmenté ce genre de toutes les façons;

> Et adhuc sub judice lis est.

Qui jugera en dernier ressort? Pour décider en sûreté de conscience, il faudrait, ce me semble, déterminer avec précision la somme des différences qui doivent donner lieu à la séparation des genres. Mais la nature, en jetant, d'une main prodigue, les végétaux sur notre globe, ne s'est nullement occupée de les différencier de manière à les rendre susceptibles d'entrer, sans effort, dans nos divisions méthodiques; elle n'a point songé, la cruelle, aux tribulations qu'elle ferait éprouver aux botanistes! Au reste, considérons les choses de sang-froid, et demandons-nous s'il y a beaucoup d'inconvéniens à tolérer la divergence d'opinions en matière de classification. L'essentiel, n'est-ce pas de bien étudier son objet, d'en reconnaître tous les caractères, toutes les propriétés? Après cela, étiquetez la case où vous le placez, *genre* ou *section*, qu'importe? Voici les sections établies par Linné, et conservées, avec quelques modifications, par De Candolle.

1° Écailles de l'involucre entières, foliacées, non épineuses.

Ici vient se ranger la *Centaurea crupina*, que l'on trouve en Languedoc et en Provence.

2° Écailles de l'involucre scarieuses, non ciliées, ni épineuses.

A cette section se rapporte la *C. amara*, commune dans nos provinces méridionales.

3° Écailles de l'involucre ciliées, non épineuses.

Ici se groupent les *C. jacea*, commune dans toute la France; *nigra*, trouvée par Ramond dans les Pyrénées; *uniflora*, croissant dans le Dauphiné, la Provence, le Languedoc; *pectinata*, dans les environs de Montpellier, de Narbonne; *pullata*, dans la Provence méridionale, etc., etc.

4° Écailles de l'involucre terminées par plusieurs épines digitées.

Sous ce titre se rangent les *C. aspera*, qu'on trouve de Narbonne à Nice; *seridis*, à Aix, à Montpellier, à Vienne; *sonchifolia*, en Provence.

5° Écailles de l'involucre terminées par une épine qui se ramifie latéralement vers sa base.

Dans cette section on place les *C. calaitrapa* (*v.* CALCITRAPE, tom. 1, p. 580), *Calcitrapoïdes* des environs de la Drôme, de Gap, de Lyon; *myacantha*, qu'on trouve au-delà de Vincennes; *benedicta*, aux environs d'Aix, de Montélimart; *lanata*, ou *Chardon-bénit des Parisiens*, qui passe pour fébrifuge et sudorifique; etc, etc.

6° Écailles de l'involucre terminées par une épine simple.

C'est ici qu'on doit placer la *C. salmantica*, commune en Provence, aux environs de Montpellier et de Sorèze.

Si l'on voulait maintenir la *C. galactites* parmi les Centaurées, il faudrait former une septième section qui serait caractérisée par une aigrette plumeuse, et un port qui se rapproche de celui des *Cirses*.

Parmi les Centaurées, on remarque des plantes dont le feuillage, les fleurs et le port sont fort élégans, quelquefois même magnifiques. Par exemple, la CENTAURÉE D'AMÉRIQUE, *C. americana*. (*V.* l'Almanach du Bon Jardinier.)

Ce sont des beautés, les unes douces et traitables, comme la CENTAURÉE DE SALAMANQUE, *C. salmantica*; les autres cruelles et farouches, telles que la *C. galactites*, figurée dans notre Atlas, fig. 3. pl. 86. Sa fleur d'un pourpre tendre vous séduit; vous avancez la main pour la saisir; mais vous la retirez soudain ensanglantée, car elle est armée d'une infinité de dards dont il est presque impossible d'éviter l'atteinte. Son calice en est tout hérissé; ses feuilles alternes, sinueuses et rapprochées, se mettent en garde contre vous, et vous présentent de toutes parts leurs pointes acérées.

Dans l'impossibilité où nous sommes de décrire les diverses espèces de Centaurées, même indigènes, nous renvoyons nos lecteurs, pour celles-ci, à la Flore française de De Candolle; et, pour les exotiques, aux Flores étrangères.

(C. L.)

CENTRARCHUS. (POISS.) Sous-genre établi par Cuvier aux dépens du genre Pomotis du même auteur. (*V.* POMOTIS.) (ALPH. G.)

CENTRISQUE, *Centriscus*. (POISS.) Ce nom dérive du grec bouclier, et signifie tranchant. Le nom de Centrisque, de particulier qu'il était primitivement, est devenu commun, et sert non seulement à désigner le Centrisque vulgaire, mais encore le groupe dont cet animal peut être considéré comme le type. Le genre Centrisque proprement dit, l'un des plus naturels de la classe des poissons, est remarquable par sa dorsale antérieure, située fort en arrière. Sa première épine, longue et forte, est supportée par un appareil qui tient à l'épaule et à la tête, et couvert de petites écailles, et de plus de quelques plaques larges et dentelées sur l'appareil dont nous venons de parler. Le *Centriscus scolopax*, Linné, Bloch, 123, fig. 1, *Silurus cornutus* de Forskal, *Macroramphose* de Lacépède (*voy.* notre Atlas, planche 86, figure 4), est une espèce connue dans la Méditerranée; on la voit quelquefois dans les marchés de Rome et des autres villes d'Italie: sa couleur est argentée; la longueur considérable de son museau, et sa forme tubuleuse, l'ont fait comparer à une foule d'objets différens, tantôt à une bécasse, tantôt à l'éléphant, tantôt à un soufflet. Ainsi à Rome on la nomme *Soffietta*; à Gênes, *Trombetta*; en Angleterre, *Trumpet*. Gesner avait pensé que c'est ce même poisson que Pline appelle *Serra*. Sa chair au reste est délicate et estimée.

Dans les AMPHISILES, Klein, le dos est cuirassé de larges plaques écailleuses, dont l'épine antérieure de la première dorsale a l'air d'être une continuation. Les uns ont même d'autres pièces écailleuses sur les flancs, et l'épine en question placée tellement en arrière, qu'elle repousse vers le bas la queue, la seconde dorsale et l'anale. Tel est le *Centriscus scutatus*, Linné, Bl. 123, fig. 2, représenté dans notre Atlas, pl. 86, fig. 5. D'autres tiennent le milieu entre cette disposition et celle des Centrisques ordinaires. Leur cuirasse ne couvre que la moitié du dos (*Centriscus velitaris*, Pall., Spic., VIII, IV, 8). Les uns et les autres viennent de la mer des Indes. (ALPH. G.)

CENTROLOPHE, *Centrolophus*. (POISS.) Lacépède a établi sous ce nom un genre voisin des Coryphènes. Nous en parlerons en traitant du genre Coryphène.   (ALPH. G.)

CENTRONOTE, *Centronotus*. (POISS.) Ce grand genre, que l'on place parmi les Scombéroïdes, constitue un petit groupe très-naturel, caractérisé par des épines libres au devant de la première nageoire du dos, et deux également libres au devant de la nageoire de l'anus, et de plus par une saillie sur chaque côté de la queue. Il se subdivise comme il suit :

Les PILOTES (*Naucrates*, Rafin.) joignent à ces épines libres du dos, un corps en fuseau, une carène aux côtes de la queue, comme les Thons, et deux épines libres au devant de l'anale.

L'espèce la plus généralement connue, ou le Faufre de nos matelots provençaux (*Gasterosteus ductor*, Linné; *Scomber ductor*, Bloch, 358), est bleue, avec de larges bandes verticales d'un bleu plus foncé. Son nom de Pilote vient de ce qu'elle suit les vaisseaux pour s'emparer de tout ce qui tombe; et, comme le Requin a aussi cette habitude, quelques voyageurs ont dit qu'elle sert de guide au Requin; sa taille n'est guère que d'un pied.

Le Pilote des Indes (*Naucrates indicus*, Cuvier) a en avant de la dorsale cinq épines libres, sans compter celles qui se cachent dans son bord, et le nombre des rayons mous est de vingt-neuf; en avant de son anale sont deux petites épines, et elle a dix-sept rayons mous outre l'épine de son bord antérieur; son corps est plus épais, son museau plus bombé, et son œil plus grand que dans l'espèce commune; mais les stries de son opercule sont les mêmes. Le fond de sa couleur paraît d'un beau bleu clair, et les bandes d'un bleu noirâtre. Nous l'avons représenté pl. 86, fig. 6.

Les ELACATES, qui ont la forme générale des Pilotes, et leurs épines libres du dos; mais leur tête est aplatie horizontalement, et ils n'ont ni carènes à la queue, ni épines libres au devant de l'anale. (*Elacates americana*, Cuv.; *Centronotus spinosus*, Mitch., Trans., Novcb., I, III, 9.)

Les LICHES (*Lichia*, Cuv.) ont avec les épines libres du dos, et deux autres libres au devant de l'anale, le corps comprimé, et la queue sans carènes latérales. En avant des épines du dos il en est une couchée et dirigée en avant. La Méditerranée en nourrit trois espèces déjà bien caractérisées par Rondelet, et toutes très-bonnes comme aliment.

La Liche propre ou Vadigo (*Scomber amia*, Lin., Rondel. 254), à ligne latérale fortement courbée en S; grande espèce qui atteint à plus de quatre pieds de long et pèse jusqu'à cent livres.

Le Derbio, Rondel. 252 (*Scomber glaucus*, Liv.), à ligne latérale à peu près droite; l'anale et la deuxième dorsale marquées d'une tache noire en avant; les dents en velours. Sa chair est grasse, ferme et de bon goût.

La Liche sinueuse, Rondel. 255 (*Lichia sinuosa*, Cuv.). Le bleu du dos est distingué de l'argenté du ventre par une ligne en zig-zag; les dents sont en crochets sur une seule rangée.

Les TRACHINOTES (*Trachinotus*, Lacép.) sont des Liches à corps élevé, à profil tombant plus verticalement, à dorsale et anale aiguisées en pointes plus allongées. Ce genre se compose d'un assez grand nombre d'espèces. La plus répandue est le Trachinote glauque (*Trachinotus glaucus*), originaire de la Méditerranée, où elle était très-connue du temps de Pline, et même de celui d'Aristote, qui avait entendu dire que ce poisson se tenait caché dans les profondeurs de la mer pendant les plus grandes chaleurs de l'été. La couleur générale de ce poisson est indiquée par le nom qu'il porte; elle est en effet d'un beau bleu clair mêlé d'une teinte verdâtre; quelquefois cependant elle paraît d'un bleu foncé. La partie inférieure de l'animal est blanche. On voit souvent une tache noire à l'origine de la seconde nageoire dorsale, ou celle de l'anale, et quatre autres taches noires, dont les deux premières sont les plus grandes, et placées ordinairement sur la ligne latérale. Sa chair est blanche, grasse, et de bon goût.   (ALPH. G.)

CENTROPOME, *Centropomus*. (POISS.) Grand et bon poisson connu dans toute l'Amérique chaude sous le nom de Brochet de mer (*Centropomus undecimalis*, Cuv.; *Cicena undecimalis*, Bloch, 305; *Phyrine orvet*, Lacép.), qui a en effet le museau déprimé comme notre vrai Brochet; mais ses dents sont toutes en velours, et tous les autres caractères sont ceux des Percoïdes à deux dorsales. Il est argenté, teint de verdâtre, et à ligne latérale noire.   (ALPH. G.)

CENTROPRISTE, *Centropristis*. (POISS.) Ce poisson, qui appartient au grand genre *Perca*, tel qu'il a été déterminé par Artédi et Linné, a tous les caractères des *Serrans*, excepté qu'il manque de canines, et que toutes ses dents sont en velours; leur opercule est épineux, et leur préopercule dentelé. Les États-Unis en ont un qui devient assez grand, et dont la caudale dans sa jeunesse est trilobée; c'est leur Perche noire (*Centropristis nigricans*, Cuv.; *Coryphæna nigrescens*, Bloch). Les dents qui garnissent ses mâchoires sont très-petites et égales; la nageoire dorsale présente un grand nombre de taches ou plutôt des raies inégales, irrégulières et placées entre les rayons.   (ALPH. G.)

CENTROPYX. (REPT.) Spix a donné ce nom à un genre de Sauriens, voisin des Améiva, et qui ne se distingue des individus de cette famille que par la présence d'un collier cutané analogue à celui des Lézards, et par la disposition des écailles de l'abdomen, qui sont toutes carénées. Spix, croyant que les petits ergots cornés qui s'observent sur les côtés de l'anus chez l'individu qu'il a rapporté du Brésil étaient une particularité toute spéciale, avait donné à son genre un nom qui rappelle cette circonstance (le mot Centropyx est en effet formé des deux mots grecs *Kentron*, épine, et *Pux*, croupion); mais, comme l'un de nos collaborateurs, G. Bibron, l'a observé, ces épines se rencontrent aussi sur plusieurs membres de la famille des Améivas, et ce nom devient dès lors défectueux. Les Centropyx se distinguent d'ailleurs des pseudo-améivas par les écailles dorsales qui sont granulées comme chez les Améivas. Le type de ce genre est le Centropyx a éperon, *C. calcaratus* de Spix; de la grosseur de notre lézard; vert, piqueté d'un vert bleuâtre sur le dos, ocellé de noir sur les flancs, jaunâtre sur les parties inférieures; l'anus dans cette espèce est pourvu de crochets cornés, longs de deux à trois lignes, légèrement courbés, que l'on croit un insigne du sexe mâle. Cette espèce est du Brésil; sa taille est environ d'un pied, la queue en forme à peu près les deux tiers.

L'on rapporte encore ici le Centropyx intermédiaire, *C. intermedius*, *Tejus*, de Schlegel. Verdâtre, avec trois lignes jaunâtres sur le dos. Cette espèce vient de Surinam.   (T. C.)

CENTROTE, *Centrotus*. (ins.) Genre d'Hémiptères, famille des Cicadaires, dont les caractères consistent à avoir l'écusson au moins visible en partie, quel que soit le prolongement du prothorax. Dans les formes si variées qu'offrent une partie des Cicadelles membracides, les Centrotes affectent en général d'avoir les côtés du prothorax dilatés en forme de corne, et sa partie postérieure terminée en une longue épine atteignant souvent jusqu'à la fin de l'abdomen. Leur tête est perpendiculaire en forme de triangle, on y remarque un chaperon distinct et deux ocelles écartés placés sur la ligne même des yeux. Ces insectes sautent avec facilité. Ce genre est assez nombreux, mais en exotiques; deux espèces seulement sont d'Europe, ce sont les:

C. petit diable, *C. cornuta*, Linné. Nous l'avons figuré dans notre Atlas, pl. 86, fig. 7. Long de 4 lignes, noir, pointillé; élytres et ailes, tibias et tarses fauves; le corselet, dilaté, offre sur le côté deux cornes méplates, courtes, aiguës, et à son extrémité postérieure il se prolonge en une lame tranchante en dessus, ondulée, qui n'atteint pas l'extrémité du corps; l'écusson est bi-épineux à son extrémité. Commun dans les bois.

C. demi-diable, *C. genistæ*, Linn., de moitié plus petit que le précédent; le corselet n'offre point de dilatations latérales, et le prolongement postérieur est droit au lieu d'être ondulé. Commun sur les genêts. Panzer l'a figuré dans sa Faune d'Allemagne, L. 19. *Voyez* notre Atlas, pl. 86, fig. 7.   (A. P.)

CÉNURE, *Cænurus*. (zooph. intest.) Genre de vers entozoaires, de l'ordre des Vésiculaires, à corps allongé, presque cylindrique, ridé, terminé par une vésicule commune à plusieurs vers semblables, tête garnie de quatre suçoirs et d'une trompe armée de crochets; plusieurs individus semblent se rattacher à une vessie commune, ou mieux cette vessie kysteuse contient plusieurs vers groupés, adhérens à la poche. On n'a décrit jusqu'ici qu'une seule espèce. Cet animal se rencontre dans le cerveau des moutons et des bœufs affectés de tournis. Dans un travail projeté entre M. Berger, savant médecin vétérinaire, et moi, nous voulions démontrer qu'il existait plusieurs espèces dans ce genre d'Hydatide, et que leur origine, sur laquelle on avait créé tant d'hypothèses, devait être considérée comme le résultat d'une génération spontanée.   (P. G.)

CÉPHALOIDES ou **CAPITÉES**, *Capitatæ*. (bot. phan.) Linné, qui, dans ses *Fragmenta naturalia*, donna la première idée d'une méthode où les plantes étaient disposées par familles, nommait ainsi la famille que Jussieu et Ventenat désignent sous le nom de Cynarocéphales. (*Voy.* ce mot.)   (C. É.)

CÉPHALIQUE. (anat.) Qui appartient à la tête : le nom d'*artère Céphalique* a remplacé dans la nomenclature de Chaussier celui d'*artère carotide*; celui de *veine Céphalique* a également été donné par ce savant à la *veine jugulaire interne*. Les anciens nommaient aussi *veine Céphalique* la radiale cutanée qui parcourt le bras et l'avant-bras, parce qu'ils pensaient que la saignée de ce vaisseau était d'une grande efficacité dans les maux de tête.   (P. G.)

CÉPHALACANTHE, *Cephalacanthus*. (poiss.) Nom imposé par Lacépède à un petit poisson osseux, thoracique, assez semblable par les formes aux Dactyloptères, et particulièrement par la tête; mais dont il diffère par l'absence totale des nageoires surnuméraires, ou des ailes. On n'en connaît qu'un très-petit individu originaire de la Guiane (*Gasterosteus spinarella*, Lin., Mus., Ad., Fréd. pl. xxxii, fig. 5). Le nom générique de cet animal désigne la forme particulière de sa tête. Ce Céphalacanthe n'atteint qu'une très-petite dimension; sa tête, plus large que le corps, est striée sur toute sa surface, et garnie par derrière de quatre grands aiguillons. La Spinarelle a été placée d'abord dans les Gastérostes et les Centronotes, mais elle en diffère par trop de traits pour qu'on ne l'en ait pas séparée. L'absence d'aiguillons isolés au devant de la nageoire dorsale aurait suffi pour l'en séparer, mais elle a été inscrite dans un genre particulier qui précède immédiatement celui des Dactyloptères avec lesquels il a beaucoup de rapports. *Voyez* notre Atlas, pl. 87, fig. 1.   (Alph. G.)

CÉPHALÉMYIES, *Cephalemyia*. (ins.) Genre de Diptères, établi par Latreille, à l'article OEstre du Nouveau Dictionnaire d'Histoire naturelle. *V.* OEstre.   (A. P.)

CÉPHALÉS. (moll.) Quelques naturalistes modernes emploient ce mot pour désigner les Mollusques munis d'une tête, le mot *Acéphalés* exprimant ceux qui en sont privés. (DUCL.)

CÉPHALOPODES. (MOLL.) Classe considérable d'animaux que Linné confondait dans son genre *Sepia*, et qui en a été retirée pour la première fois par Cuvier, sur la considération des tentacules dont beaucoup d'espèces sont munies autour de la tête, et par l'usage qu'en font la plupart pour marcher. Lamarck, dans la seconde édition de ses Animaux sans vertèbres, vol. VII, pag. 580, adoptant cette dénomination, fit de ces animaux son quatrième ordre de Mollusques, qu'il divisa en trois grandes coupes de la manière suivante :

1° *Céphalopodes testacés polythalames* (immergés), dont la coquille est multiloculaire, subintérieure;

2° *Céphalopodes testacés monothalames* (navigateurs), avec la coquille uniloculaire tout-à-fait extérieure ;

3° *Céphalopodes non testacés* (sépiaires), qui n'ont point de coquille, soit intérieure, soit extérieure.

Cet illustre professeur pense que les Céphalopodes peuvent être encore considérés comme des Mollusques, puisqu'ils ont, comme ces derniers, le corps mollasse et inarticulé; un manteau distinct; une tête libre et un mode de système nerveux à peu près semblable; mais il reconnaît que de tous les Mollusques ce sont ceux-ci qui sont le plus avancés en complications d'organes. Cependant, dit-il, ces animaux, extrêmement nombreux et diversifiés, ont une conformation si singulière qu'elle ne paraît nullement devoir conduire à celle qui est propre aux poissons : idée émise depuis par Latreille dans un mémoire fort long, mais qui n'a pas reçu la sanction des naturalistes. Il est donc probable, continue Lamarck, que les Céphalopodes ne sont pas encore les Mollusques qui avoisinent le plus les animaux vertébrés, et conséquemment qu'ils ne sont pas les derniers de la classe.

Le corps des Céphalopodes est épais et charnu, et contenu inférieurement dans un sac musculeux, formé par le manteau de l'animal. Ce manteau, fermé postérieurement, n'est ouvert que dans sa partie supérieure, de laquelle sort la tête ainsi qu'une partie du corps. La tête est libre, saillante hors du sac, et couronnée par des bras tentaculaires, dont le nombre et la grandeur varient selon les genres. Elle offre, sur les côtés, deux gros yeux sessiles, immobiles et sans paupières. Ces yeux sont très-compliqués dans leurs humeurs, leurs membranes, leurs vaisseaux, etc., etc. La bouche est terminale, verticale et armée de deux fortes mandibules cornées, qui sont crochues et ressemblent assez à un bec de perroquet. Enfin l'organe de l'ouïe, quoique sans conduit externe, comme dans les poissons, se distingue dans ces Mollusques. Pour la circulation de leur fluide, les Céphalopodes ont trois cœurs, mais peut-être pourrait-on dire qu'ils n'en ont qu'un, et qu'en outre ils ont deux oreillettes séparées et latérales. En effet, le principal tronc des veines qui rapporte le sang se divise, comme on le sait, en deux branches, qui portent ce fluide dans les oreillettes latérales ; celles-ci le chassent dans les branchies, d'où il est rapporté dans le vrai cœur qui est au milieu, et cet organe le renvoie dans tout le corps par les artères. Ces animaux vivent tous dans la mer, où les uns nagent vaguement, se fixant de temps à autre aux corps marins, et les autres ne font que se traîner, à l'aide de leurs bras, au fond des eaux ou sur leur bord. La plupart de ces derniers se retirent dans les excavations des rochers. Tous sont carnassiers et se nourrissent de crabes et autres animaux marins dont la mer pullule. La position de leurs bras favorise singulièrement le besoin qu'ils ont d'amener leur proie jusqu'à leur bouche, où deux mandibules très-fortes, et dont nous avons donné plus haut la description, suffisent pour briser les corps dont ils se sont emparés.

Un travail des plus remarquables a été fait dans ces derniers temps, sur cette classe d'animaux, par M. Alcide d'Orbigny, voyageur intrépide qui vient de parcourir avec fruit une partie de l'Amérique. Ce naturaliste a fait connaître un grand nombre de ces Mollusques, qui jusqu'ici étaient complétement ignorés. La plupart, il est vrai, sont microscopiques; mais l'auteur a donné les moyens de les étudier facilement en les modelant en plâtre, et en les représentant cinquante fois plus gros qu'ils ne le sont effectivement. Il est impossible de se faire une juste idée des formes bizarres, et tout à la fois jolies, qui caractérisent ces espèces; on ne saurait trop appeler sur elles l'attention des naturalistes. Ce travail ayant introduit dans cette grande série des genres nouveaux, ainsi qu'une classification méthodique, nous allons l'analyser le plus succinctement possible. Le premier ordre, appelé *Cryptodibranches* par M. de Blainville, est composé de deux familles, les *Octopodes* et les *Décapodes*. La première comprend les genres *Argonaute*, *Bellérophe*, *Poulpe*, *Eledon* et *Calmaret*. La seconde, un peu plus nombreuse, a six genres, savoir : *Cranchie*, *Sépiole*, *Onychoteuthe*, *Calmar*, *Sépioteuthe* et *Seiche*. Le deuxième ordre, les *Siphonifères*, créé par M. d'Orbigny, donne quatre familles : les *Spirulées*, les *Nautilacées*, les *Ammonées*, et les *Péristellées*. La première a pour genres, dans sa première coupe, les *Spirules*, et dans la seconde coupe, les genres *Nautile*, *Lituite* et *Orthocératite*. La seconde famille présente les *Baculites*, les *Hamites*, les *Scaphites*, les *Ammonées*, et les *Turrilites*. La troisième, les *Ichthyosarcolites*, et les *Belemnites*. Le troisième ordre, le plus riche, également créé par le même auteur, se compose de cinq familles : les *Stichostègues*, les *Enallostègues*, les *Hélicostègues*, les *Agathistègues*, et enfin les *Entomostègues*. On trouve dans la première famille les genres *Nodosaire*, *Linguline*, *Frondiculaire*, *Rimuline*, *Vaginuline*, *Marginuline*, *Planulaire* et *Pavonine*. Dans la seconde, les genres *Bigénérine Textulaire*, *Vulvuline*, *Dimorphine*, *Polymorphine*, *Virguline*, et *Sphéroïdine*. Dans la troisième (première coupe), les genres *Clavuline*, *Uvigérine*, *Bulimine*, *Valvuline*, *Rosaline*, *Rotalie*, *Calcarine*, *Globigérine*, *Giroïdine*, *Troncatuline*,

Planuline, *Planorbuline*, *Operculine* et *Soldanie*; et dans la seconde coupe, les genres *Cassiduline*, *Anomaline*, *Vertébraline*, *Polystomelle*, *Dendritine*, *Pénérople*, *Spiroline*, *Robuline*, *Cristellaire*, *Nonionine*, *Nummuline* et *Sidéroline*. Dans la quatrième famille, les genres *Biloculine*, *Spiroloculine*, *Triloculine*, *Articuline*, *Quinquéloculine* et *Adélosine*. Enfin, dans la cinquième et dernière famille, les genres *Amphistégine*, *Hétérostégine*, *Orbiculine*, *Alvéoline* et *Fabulaire*. *V.* ces mots.

(Duclos.)

CÉPHALOPTÈRE, *Cephalopterus*. (ois.) Ce genre appartient à la famille des Corvidés ou Corbeaux (genre *Corvus* de Linné); il a été établi par M. Geoffroy, pour une espèce nouvelle rapportée du Musée de Lisbonne. Cette espèce vit dans le Haut-Pérou, et non pas au Brésil, comme on le pensait; son nom fait allusion au grand nombre de pennes ou plumes développées qui forment sur sa tête une huppe très-élevée, et sur son jabot une sorte de fanon. Outre ces caractères, cet oiseau est aussi remarquable par son bec fort, légèrement arqué et aussi long que celui des corbeaux, mais plus renflé sur les côtés, moins large à sa base et plus haut.

Le Céphaloptère orné, *Cephalopterus ornatus*, Geoff. (Ann. Mus., xiii, pl. 15), seule espèce dont se compose le genre, est très-rare encore aujourd'hui dans les collections; il est tout entier d'un beau bleu-noir uniforme, avec la tête et la base du cou en avant, ornées d'un panache formant une sorte de parasol, composé de plumes étroites, très-longues, droites sur la tête et terminées par un épi de barbes noires qui se renverse en devant. Les côtés du cou sont nus; la queue est longue et légèrement arrondie. Cet oiseau est représenté dans l'Iconographie de M. Guérin, et dans notre Atlas, pl. 87, fig. 2.   (Gerv.)

CÉPHALOTE, *Cephalotes*. (mam.) Ce genre appartient à la famille des Chéiroptères; il est voisin de celui des Roussettes, dont il se distingue par ses dents, au nombre de vingt-huit seulement, sa membrane interfémorale échancrée, et celle des flancs qui naît de la ligne médiane du dos.

Il a été établi par M. Geoffroy, pour renfermer deux espèces : l'une est le *Vespertilio cephalotes*, décrit par Pallas, Céphalote de Pallas, *Cephalotes Pallasii*, Geoff., qui vit aux îles Moluques; et l'autre, la Céphalote de Péron, *Cephalotes Peronii*, G.; espèce nouvelle, rapportée de Timor, par Péron.   (Gerv.)

CÉPHALOTES, *Cephalotes*. (ins.) Genre de Coléoptères, de la section des Pentamères, famille des Carnassiers, tribu des Carabiques, et de la division appelée Simplicimanes, où les deux tarses antérieurs sont seuls dilatés dans les mâles; ce genre, établi par Bonelli, offre pour caractères : mandibules avancées, dépassant beaucoup le chaperon, la droite fortement unidentée en dedans; labre entier; antennes à articles courts, atteignant au plus la moitié de la longueur du corps, le premier article à peu près de la longueur du troisième. Ce genre est peu nombreux; les insectes qui le composent ont le corps allongé, un peu cylindrique; leur tête forte et leur corselet en cœur leur donnent quelques rapports de ressemblance avec les Scarites, dont sous d'autres rapports ils s'éloignent beaucoup.

C. vulgaire, *C. vulgaris*, Bonelli, (v. notre Atlas p. 87, f. 3). Long de neuf à dix lignes, entièrement noir; la tête et le corselet sont lisses, couverts de stries transversales ondulées; le vertex offre en outre des points épars; les élytres sont glabres, avec des rangées longitudinales de très-petits points et des stries transverses, pareilles à celles du corselet, mais plus écartées et moins profondes. Commun en France.   (A. P.)

CÉPHÉE. (zooph. acal.) Cuvier réserve ce nom pour l'une des sections du genre Méduse; Péron et Lesueur en avaient fait un genre de l'ordre des Acalèphes. Ces animaux présentent un corps transparent, orbiculaire, ayant en dessous un pédoncule et des bras, mais sans tentacules au pourtour de l'ombrelle; le disque inférieur est garni de quatre bouches et quelquefois plus. Le pédoncule est épais, et par ses divisions forme les bras, qui sont au nombre de huit, parfois très-composés, parfois bilobés seulement. On rencontre les Céphées dans les mers chaudes et tempérées; leur couleur et leur forme sont variables. Parmi les espèces on distingue la Céphée cyclophore; son ombrelle est tuberculeuse, d'un brun roussâtre, marquée de huit rayons pâles, à rebord festonné. Elle habite la mer Rouge.

La Céphée polychrome, à ombrelle orbiculaire un peu bombée, échancrée sur le rebord. Elle a huit bras arborescens, entremêlés de villosités. On la trouve sur les côtes de Naples. La Céphée rhizostome, ordinairement appelée *Gelée de mer*, dont l'ombrelle ne présente ni croix ni étoile; elle se rencontre sur les côtes de France et d'Angleterre. Enfin, nous avons représenté dans notre Atlas, planche 87, figure 4, la Céphée de Dubreuil, décrite par M. Reynaud; elle vient de la mer des Indes, et est d'un bleu pâle, avec une couronne rougeâtre sur le disque et des taches noires dans les bras.   (P. G.)

CÉPHÉNÉMYIE, *Cephenemyia*. (ins.) Genre de Diptères établi par Latreille aux dépens de celui d'Œstre. *V.* ce mot.   (A. P.)

CEPHUS, *Cephus*. (ins.) Genre d'Hyménoptères, de la famille des Porte-Scie, tribu des Tenthredines, établi par Latreille, et ayant pour caractères : antennes insérées au milieu du front, simples, plus grosses vers le bout; labre peu apparent; mandibules courtes: palpes maxillaires de six articles, dont le quatrième aussi grand que les trois premiers, le cinquième le plus petit de tous; la tarière saillante au-delà de l'abdomen. M. Klug a, dans sa Monographie des *Sirex*, rapproché ces insectes des *Urocères*, sous le nom d'*Astates*; je crois qu'il a eu raison, et je me fonde moins sur la disposition de la tarière que sur l'observation des mœurs du *C. pygmeus* que l'on sait habiter dans l'intérieur des tiges du blé, tandis que les larves des véritables Tenthredines vivent à découvert. Ces insectes sont de petite taille ; les antennes, de la longueur de presque la moitié du corps, sont d'une vingtaine d'articles ; la tête est globuleuse, portée sur un cou ; les ailes ont deux cellules radiales et quatre cubitales ; l'abdomen est comprimé sur les côtés. M. Klug en a décrit et figuré neuf espèces, qui toutes appartiennent à l'Europe. Nous nous contenterons de citer le C. A PIEDS ÉPINEUX, *C. spinipes*, Panz. Klug, Mon. des Sirex, pag. 51, pl. 6, fig. 4 à 6, que nous avons figuré dans notre Atlas, pl. 87, fig. 5. Long de quatre à cinq lignes, noir, avec les mandibules, les palpes, excepté l'extrémité, les quatre tibias et tarses antérieurs, et deux ou trois bandes sur l'abdomen, jaunes. Commun dans les champs, sur les fleurs, dans toute l'Europe. (A. P.)

CERA DE PALMA. (BOT. ET CHIM.) Corps combustible produit par un palmier des plus hautes régions des Cordillères, appelé CÉROXYLE (*voy.* ce mot). La Cera de Palma appartient essentiellement à la classe des résines, et donne un tiers de cire pure. On l'obtient de l'exsudation annuelle de cette monocotylédonée arborescente. On la met à bouillir dans de l'eau, et lorsque la substance est à peu près refroidie, on la retire à demi figée ; on la réunit en masse, à laquelle on donne une forme assez semblable à celle de nos pains de craie de Meudon, mais d'un volume plus fort et plus compacte. Je viens de dire qu'elle a une très-grande analogie avec les résines : en effet, la solubilité dans l'eau d'une certaine portion de sa matière extractive amère, la solubilité plus appréciable dans l'alcool froid de sa résine soluble, enfin la dissolubilité complète dans l'alcool bouillant et dans l'éther de sa partie insoluble dans l'alcool à froid (la sous-résine), l'assimilent entièrement aux résines, quoiqu'il lui manque l'huile volatile qui leur est inhérente. Par le refroidissement la matière cristalline prend la consistance d'une gelée, sous forme de cristallisation byssoïde. L'aspect de la Cera de Palma est d'un jaune blanchâtre ; elle est d'une légèreté remarquable, poreuse, friable, peu consistante, d'une odeur presque nulle à la température ordinaire, mais qui devient plus sensible par la chaleur, et surtout par l'approche d'un corps en combustion : alors elle répand une odeur résineuse, faible, agréable. Sa saveur amère n'est appréciable que lorsqu'on la met à dissoudre dans l'alcool. La Cera de Palma sert dans l'économie domestique ; on en fait des bougies qui donnent une belle lumière et peu de fumée. (T. D. B.)

CÉRAISTE, *Cerastium*, (BOT. PHAN. et AGR.) Une vingtaine d'espèces herbacées, presque toutes d'Europe, la plupart vivaces, composent ce genre de plantes de la Décandrie pentagynie et de la famille des Caryophyllées. Les botanistes les divisent en deux groupes ; l'un a les pétales égaux au calice ou plus courts que lui ; dans l'autre, ils sont plus longs. Le cultivateur les considère toutes avec intérêt, parce qu'elles sont avidement recherchées par les bestiaux dans les pâturages où elles abondent. Les jardiniers et les horticoles les aiment à cause de la multitude, de l'éclatante blancheur de leurs fleurs, et du contraste remarquable qu'elles produisent dans les gazons : elles s'y montrent au premier printemps. Tournefort appelait ce genre Myosotis ; c'est Linné qui lui a donné le nom de Céraiste, que l'on a unanimement adopté.

Le CÉRAISTE DES CHAMPS, *C. arvense*, est annuel, très-commun dans les terres en friche, sur le bord des chemins, à peine haut de seize centimètres, et fleurit en juin et juillet. Le CÉRAISTE ARGENTIN, *C. tomentosum* est depuis long-temps en possession de revêtir avec avantage quelques places dans les jardins d'ornement ; étalé sur la terre, il la revêt de ses tiges faibles et traînantes, couvertes d'un duvet blanc, de feuilles étroites, très-blanches, et de jolies fleurs, petites, très-nombreuses, d'un blanc de neige, bien ouvertes et sans odeur. Cette espèce est très-rustique, elle réussit dans tous les sols, excepté ceux qui sont trop humides ou trop ombragés, et peut être placée sur des terrains remplis de pierrailles, sur les rochers, les décombres, dans le voisinage des grottes où elle produit un effet très-agréable ; ses fleurs s'épanouissent en mai et en juin ; elles sont portées sur des pédoncules rameux, se redressent en partie jusqu'à treize et même seize centimètres. Les racines, qui poussent à chaque nœud des tiges, et qui se multiplient extrêmement, tracent beaucoup et désespèrent souvent l'horticulteur. Ni la gelée, ni les grandes chaleurs ne font de mal à ce Céraiste, que l'on croit originaire de l'Italie ; mais il souffre des hivers longs et pluvieux.

On a fait une STELLAIRE (*v.* ce mot) du CÉRAISTE AQUATIQUE , *C. aquaticum* de quelques auteurs, lequel croît dans les marais, sur le bord des rivières, et dont la tige vivace s'élève, quand elle est soutenue, jusqu'à un mètre. (T. D. B.)

CERAMBYX. (INS.) Genre de Coléoptères. (*V.* CALLICHROME et CAPRICORNE.) (A. P.)

CÉRAMBYCINS. (INS.) Coupe ou tribu de Coléoptères, de la famille des Longicornes. Les insectes qui la composent peuvent se reconnaître à leur labre très-apparent, leurs mandibules peu différentes dans les deux sexes, leurs yeux toujours échancrés pour recevoir la base des antennes qui sont ordinairement longues ; les cuisses sont toujours en forme de massues et comme portées sur un pédoncule. Ils vivent comme les autres Longicornes, et sont souvent de couleur brillante. (A. P.)

CÉRAMIAIRES. (BOT. CRYPT.) Les Céramiaires ont pour caractères essentiels des filamens articulés qui produisent, à l'extérieur, des capsules ou gemmes parfaitement distincts. Ce genre de végétaux comprend une foule d'individus aquatiques, très-déliés, d'un port élégant, d'une couleur agréable, soit brunâtre, soit rouge, soit purpurine, soit verte.

Les espèces de Céramiaires sont très-nombreuses ; on les a divisées en genres dont la quantité augmentera certainement encore : voici jusqu'alors celles qui sont le mieux connues.

† *Céramiaires homogénéocarpes*, produisant de

véritables capsules homogènes, monocarpes ou polycarpes.

, α. Capsules nues; filamens cylindriques, composés d'articulations non sensiblement renflées.

A. Filamens simples. 1° Les *Desmarestelles*, qui ont été comparées par quelques algologues aux oscillatoires, mais qui en diffèrent par leur immobilité, leur fructification, etc.

B. Filamens rameux. * Parcourus par des filamens entrecroisés de matière colorante.

2° Les *Hutchinsies*, dont les capsules, légèrement pédonculées, en forme d'ampoule, s'ouvrent à leur extrémité pour laisser échapper les semences.

3° *Gratelupelles*, qui ont des capsules parfaitement sessiles et groupées vers l'extrémité des rameaux.

4° Les *Brongniartelles*, à germes ovoïdes, opaques, et qui, dans la maturité, donnent aux rameaux fructifères l'aspect des gousses de certaines légumineuses articulées.

** Entre-nœuds où se trouvent plusieurs macules colorantes, longitudinales et parallèles.

5° Les *Deliselles*, à capsules ovoïdes, subpédicellées et comme annelées.

6° Les *Dicarpelles*, à fructification ambiguë, et à capsules ampullaires à l'extérieur.

7° Les *Callithamnies*, à capsules ovales, polyspermes, sessiles et axillaires.

*** Matière colorante, groupée en macules arrondies au milieu de l'entre-nœud.

8° Les *Ectocarpes*, à capsules subsessiles, solitaires, non revêtues d'une enveloppe transparente qui les fasse paraître annelées comme dans les Deliselles.

9° Les *Capsicarpelles* : capsules pédiculées, solitaires, oblongues, acuminées, semblables au fruit du piment long.

10° Les *Audouinelles* : filamens cylindriques, sans renflement aux articulations, gemmes extérieures, nues, ovales, oblongues, opaques et stipitées. Les espèces les plus remarquables de ce genre sont les *Audouinella funiformis*, *Chalybœa* et *Miniata*.

11° Les *Céramies* : capsules solitaires, comme annelées, avec matière colorante dans l'intérieur de l'article.

β. Capsules nues, filamens moins cylindriques.

12° Les *Bulbochœtes* : calyptre cilifère disposé à côté du point d'insertion des articles.

γ. Capsules involucrées; filamens noueux composés d'articulations renflées.

13° Les *Borynes*. *Voy.* ce mot.

†† *Céramiaires glomérocarpes.* Fructification composée de glomérules pressés, nus et extérieurs.

14° Les *Botrytelles*. Genre placé ici provisoirement, et qui se rapproche beaucoup plus, par les organes reproducteurs, des *Batrachospermes* et des *Chaodinées*.

Les Céramiaires se trouvent dans la mer, les fontaines et les eaux courantes.   (F. F.)

CÉRAMIE. (BOT. CRYPT.) *Ceramiaires.* M. Bory de Saint-Vincent caractérise ainsi le genre Céramie : filamens cylindriques, non renflés à leurs entre-nœuds, articulés par sections, qui sont marquées intérieurement d'une seule macule de matière colorante, disposée de manière à faire croire à l'existence d'un tube intérieur. *Fructification :* capsules externes, solitaires, nues, opaques, comme enveloppées d'un anneau translucide.

Ainsi que les borynes, les Céramies sont des plantes très-petites et très-élégantes; leur couleur varie du pourpre au violet; elles ont la forme d'arbustes, croissent dans l'Océan et sont très-recherchées des criptogamistes.

Les espèces marines les plus connues sont les *Ceramium arbuscula*, *coccinea*, *fruticulosum*, *corymbosum*, *roseum*, *corallinum*, *repens*, *confervoïdes*, etc. Nous avons représenté dans notre Atlas, pl. 88, fig. 1 et 2, les *C. scoparium* et *casuarinæ*, de De Candole. Ces deux espèces sont vertes et se trouvent sur nos côtes.

Comme espèce terrestre nous signalerons le *Ceramium aureum* qui se rencontre sur les rochers des régions tempérées et même froides, où il forme de petits coussinets qui ressemblent à des fragmens de velours, couleur d'orange à l'état frais, et couleur cendrée ou verdâtre après la dessiccation.   (F. F.)

CÉRAMIE, *Ceramius.* (INS.) Genre d'Hyménoptères de la famille des Diploptères, tribu des Guêpiaires : ce genre avait été aussi reconnu par M. Klug, et il l'avait indiqué sous le nom de Gnathe, mais dans son ouvrage intitulé *Entomologische monographien*, il a adopté le nom de M. Latreille. Ce genre par plusieurs de ses caractères est tout-à-fait anomal. Dans cette famille, en effet, le caractère distinctif, qui est d'avoir les ailes doublées dans le repos, manque dans ce genre; en outre les cellules cubitales, qui dans les autres genres sont au nombre de trois, ne sont ici qu'au nombre de deux; en outre, les palpes labiaux sont plus longs que les maxillaires. On ne connaît rien des mœurs de ces insectes, dont deux espèces sont propres à l'Europe méridionale, et deux au cap de Bonne-Espérance; toutes quatre ont été décrites par M. Klug dans l'ouvrage précédemment cité.

C. DE FONSCOLOMBE, *C. Fonscolombii*, Lat. Long de 7 lignes, noir, avec des points sur la tête et le corselet, et des bandes sinuées de chaque côté de l'abdomen. Cette espèce a été pour la première fois trouvée aux environ d'Aix en Provence par M. de Fonscolombe, à qui M. Latreille l'a dédié. (A. P.)

CÉRAPTÈRE, *Cerapterus.* (INS.) Genre de Coléoptères de la famille des Xylophages, établi par Swederus sur un insecte démembré du genre Paussus de Linné; il a comme eux la lèvre grande, les palpes très-visibles, mais d'inégale longueur : les élytres sont longues, et les tarses courts; mais les antennes sont de dix articles, dont le second et suivans jusqu'au neuvième inclusivement sont perfoliés; le dixième est demi-globuleux. On ne connaît qu'un insecte de ce genre, C'est le C. A LARGES PATTES, *C. latipes*, Swed., figuré par Donovan dans ses Gen. illust. of Entom., tab. 5. Il est entièrement brun, avec l'extrémité des élytres tachée de fauve; de la Nouvelle-Hollande.

Nous l'avons représenté pl. 88, fig. 2 de notre Atlas. (A. P.)

CÉRASTE, *Coluber cerastes*, Linn. (REPT.) C'est le nom d'une espèce du genre des Vipères, qui se fait remarquer par une petite corne pointue qu'elle porte sur chaque sourcil; elle est grisâtre et se tient cachée dans le sable en Égypte, en Libye, etc. Les anciens en ont souvent parlé. *V.* VIPÈRE. (GUÉR.)

CÉRATINE, *Ceratina*. (INS.). Genre d'Hyménoptères de la famille des Mellifères, section des Apiaires, établi par Latreille, qui lui donne pour caractères: labre plus long que large, paraglosses courtes en forme d'écailles pointues au bout; palpes maxillaires de six articles; trois cellules cubitales complètes aux ailes: de tous les genres d'Apiaires celui-ci paraît se rapprocher le plus des Xylocopes, surtout par leurs palpes maxillaires qui sont au nombre de six: leurs mœurs les en rapprochent aussi, mais ils en diffèrent beaucoup par la forme. Les antennes sont insérées au milieu de la face, coudées après les trois premiers articles, le reste formant une massue cylindrique; les jambes n'offrent aucune dilatation à leur extrémité et sont légèrement velues; l'abdomen est entièrement lisse. Ce sont de petits insectes à couleurs bronzées ou noires, et n'offrant seulement que quelques taches blanchâtres à la partie antérieure de la tête, soit dans les deux sexes, soit quelquefois dans un seul. On en connaît peu d'espèces.

C. CALLEUSE, *C. callosa*, Fabr.; figurée dans notre Atlas, pl. 88, fig. 3. Longue de 3 à 4 lignes, bronze vert ou bleu très-obscur; corps lisse, brillant, et cependant finement pointillé; ailes légèrement enfumées. Rare aux environs de Paris. Spinola, dans un mémoire inséré dans les Annales du Muséum d'Histoire naturelle, a consigné le résultat de ses observations sur ces insectes; il mérite d'être connu. La femelle, profitant des branches d'églantier rompues par accident, creuse un trou à la place de la moelle jusqu'à la profondeur de près d'un pied; elle commence à rassembler au fond une certaine quantité de pollen et un peu de miel, et y laisse un œuf; elle fait alors une séparation au dessus avec la moelle même de l'arbre, et recommence de pouce en pouce jusqu'à l'ouverture; ce nid contient quelquefois une douzaine de cellules; les larves sont entièrement semblables à celles des abeilles; elles ne rendent aucun excrément; aussi, quand l'insecte est arrivé à son entier développement, et qu'il a percé la cloison qui le retenait prisonnier, son premier soin est de se vider de la masse d'excrémens que contenait son abdomen. Une autre particularité remarquable de ces insectes, c'est que ce n'est pas avec les brosses de leur abdomen, ni avec leurs pattes, qu'ils grattent le pol'en qu'ils destinent à leurs petits, mais avec leur tête, et les fossettes où sont insérées leurs antennes servent à le contenir; je crois cependant que cette observation mérite d'être renouvelée. (A. P.)

CÉRATITE, *Ceratites*. (MOLL.) Dénomination donnée par M. De Haan à quelques espèces d'AMMONITES. *Voy.* ce mot. (DUCL.)

CÉRATOPHRIS. (REPT.) Genre établi par Boïé aux dépens des Grenouilles, et composé d'espèces à large tête, à peau grenue en tout ou en partie, et dont chaque paupière a une proéminence membraneuse en forme de corne. *Voy.* GRENOUILLE. (GUÉR.)

CÉRATOPOGON, *Ceratopogon*. (INS.) Genre de Diptères, de la famille des Némocères, établi par Meignen, et aux quels on assigne pour caractères: antennes de treize articles au moins, simplement grenues ou à peine velues; les mâles seuls ayant un bouquet de poils à la base. Ces insectes, quoique très-nombreux, avaient été jusqu'à présent peu ou point étudiés dans leurs métamorphoses, et leurs petitesses, avait pu beaucoup contribuer à l'oubli ou on les laissait. On avait dit vaguement qu'ils vivaient dans des galles végétales, M. Macquart, dans son ouvrage sur les Diptères du nord de la France, ou il en a décrit un assez grand nombre d'espèces, paraissait pencher a présumer la larve aquatique; mais M. Guérin ayant élevé cette larve, qui a été le sujet d'un excellent mémoire, nous sommes maintenant bien instruits.

Ces larves ont été trouvées réunies en société sous les écorces humides de différens arbres, elles sont un peu plus larges à leur partie antérieure avec la tête armée de deux petites mandibules et de soies raides, qui sont peut-être des antennes ou des palpes, leur dernier segment est susceptible de s'allonger et sert à pousser le corps en avant quand ces insectes veulent changer de place; mais ce que ces larves offrent de plus remarquable, ce sont deux poils sur chaque anneau du corps, terminés par une petite perle argentée, dont jusqu'à présent on ignore absolument l'utilité. Dans la transformation en nymphe, celle-ci reste engagée en partie dans la peau de la larve, et en sort comme insecte parfait au bout de très-peu de temps. M. Guérin a décrit deux de ces espèces qu'il regarde comme nouvelles. La première est le C. GENOUILLÈRE, *C. geniculatus*, Guérin. Il est long au plus de quatre millimètres, noir, avec le dessous de l'abdomen, le bord des anneaux en dessus, une tache aux extrémités des fémurs et des tibias, les tarses et les balanciers jaunes, les ailes sont enfumées à la côte antérieure, avec la base et une tache carrée près du milieu de la côte jaunâtres. Trouvé dans la forêt de Saint-Germain.

La seconde espèce, qu'il nomme *Flavifrons*, diffère par les nervures des ailes et n'a peut-être pas de genre. (A. P.)

CÉRATOPTERIS. (BOT. CRYPT.) *Fougères.* Genre caractérisé ainsi: capsules globuleuses, sessiles, entourées à moitié par un anneau élastique, plat, large, demi-circulaire, s'ouvrant par une fente transversale; capsules insérées sur un seul rang sous le bord replié de la fronde.

Dans les plantes de ce genre, la fronde est molle, presque transparente, à nervures réticulées, plusieurs fois pinnatifide, lobée, surtout dans les frondes stériles. Dans les frondes fertiles, les pinnules sont divisées à peu près comme les bois du cerf, les lobes sont linéaires ou sétacés, les bords

s'étendent

s'étendent jusqu'à la nervure moyenne ; les capsules globuleuses, sessiles, espacées, s'ouvrent latéralement et sont entourées d'un anneau élastique, large, plat et strié ; les graines sont globuleuses, très-peu nombreuses et faciles à distinguer, mais à la loupe seulement, car elles sont très-petites.

La capsule des Cératopteris paraît formée de deux membranes : une extérieure, jaune et solide ; l'autre intérieure, très-mince et blanche.

Les trois espèces de Cératopteris connues croissent dans l'eau et les lieux marécageux, et se rencontrent dans les régions équatoriales.

La première espèce, *Ceratopteris thalictroïdes*, a jusqu'à un pied de hauteur : sa fronde est pinnée, à segmens peu profonds, surtout dans la plante stérile ; on la trouve dans les eaux stagnantes et dans les rivières de l'Inde, de Ceylan, de Java, etc. Dans ce pays, les feuilles de cette Cératopteris sont préparées et mangées comme nous le faisons des épinards.

La seconde espèce, *Ceratopteris Gaudichaudii*, n'a pas plus de cinq à six pouces de haut ; ses frondes sont réunies en touffes, bipinnatifides, à lobes linéaires, étroits et longs dans les plantes fertiles : Gaudichaud l'a trouvée dans les lieux marécageux des îles Mariannes.

Enfin, la troisième espèce, *Ceraropteris Richardii*, s'élève à deux ou trois pieds. Sa tige est profondément striée, nue dans sa moitié inférieure ; ses frondes sont quadri-divisées, pinnatifides ; elle habite les lieux humides de la Guiane, où elle a été rencontrée par L.-C. Richard.   (F. F.)

CÉRAUNIAS ou CÉRAUNITE. (min.) Sous ces noms, qui dérivent du mot grec *Keraunos* (foudre), les anciens désignaient différentes substances que l'on croyait être tombées avec la foudre : telle est entre autre la *Pyrite martiale globuleuse*, ou le sulfure de fer radié, que l'on trouve en petites masses sphériques dans la craie ; telles sont encore les *Bélemnites*, et les haches en Jade, ou en diverses autres roches dures. Ces noms ne sont plus en usage ; cependant quelques minéralogistes ont conservé la dénomination de *Céraunite*, à la Néphrite (*voy.* ce mot), ou au Jade néphritique, substance verdâtre, compacte et d'un éclat gras, que l'on ne tire que de la Chine, d'où il nous vient taillé de diverses manières.   (J. H.)

CERBÈRE. (rept.) Nom d'une espèce du genre Couleuvre. *V.* ce mot.   (Guér.)

CERBÈRE, *Cerbera*. (bot. phan.) Genre placé par Jussieu dans la famille des Apocynées, et par Linné dans la Pentandrie monogynie. Caractères : calice ouvert, à cinq divisions profondes ; corolle infundibuliforme, dont le tube, plus long que le calice, est resserré à son orifice, et présente cinq angles et cinq dents ; et dont le limbe est très-grand, oblique, et divisé en cinq parties qui figurent une étoile ; anthères conniventes, opposées aux dents de la corolle ; un seul style supportant un stigmate bilobé ; fruit drupacé, très-gros, marqué d'un sillon et de deux points latéraux, et renfermant une noix osseuse à quatre valves,

et à deux loges, dont chacune contient une graine.

L'espèce la plus remarquable de ce genre est le *Cerbera ahercai*, L. C'est un arbre du Brésil, dont les noix servent de parure aux Américains méridionaux. *V.* Lamarck, Cavanilles, Forster, Wildenow, Kunth, Rumph, etc.   (C. É.)

CERCAIRE. (zooph. inf.) Ce genre forme le second de la famille des Cercariées. On reconnaît ces infusoires à leur corps très-petit, transparent, diversiforme, muni d'une queue particulière très-simple. M. Bory Saint-Vincent s'est appliqué à prouver que les Cercaires devaient être distinguées des animalcules du sperme, en ce que ces derniers avaient le corps membraneux et très-comprimé, qu'ils étaient aplatis comme un battoir ou une raquette, tandis que les Cercaires ont au contraire le corps rond ou cylindrique et qu'ils sont épais comme des petites massues. Les Cercaires vivent dans les eaux douces et dans les infusions. Parmi les espèces qu'on connaît, on distingue la *Cercaria cometa*, Comète, qu'on rencontre dans les infusions d'orge, où elle s'agite comme un balancier de pendule, dont elle a la forme ; la *Cercaria opaca*, qui ressemble à une grosse épingle dont la queue n'aurait pas plus de trois fois la longueur de la tête ; la *Cercaria lacryma*, Larme, ainsi nommée parce qu'elle présente la forme d'une larme funéraire : on la rencontre dans les infusions d'avoine ; la *C. caryophyllata*, qui prend son nom de sa ressemblance imparfaite avec un clou de girofle ; le Têtard, *C. ceyrimes*, qu'on a quelquefois trouvé dans les infusions animales, et enfin plusieurs autres dont le nombre augmentera sans doute encore.

    (P. G.)

CERCARIÉES. (zooph. inf.) Famille établie par M. Bory-Saint-Vincent dans le second ordre de la classe des Infusoires, et à laquelle il assigne pour caractère commun un corps globuleux ou discoïde, parfaitement distinct d'une queue inarticulée, simple et postérieure. Des observations microscopiques, répétées avec un soin extrême, ont mis ce savant naturaliste à même de remarquer dans les Cercariées une tête ou corps qui se présente toujours en avant, va, vient, s'agite, s'avance en tâtonnant, quitte et reprend, comme par réflexion, la direction qu'elle suivait d'abord ; puis une autre partie, la queue, qui par ses mouvemens de fluctuation et de balancement détermine l'impulsion qu'elle imprime à la tête. Suivant M. Bory-Saint-Vincent on pourrait déjà soupçonner dans les espèces du dernier genre de cette famille un orifice buccal et des points ocelliformes. C'est dans cette famille que l'on a rangé les animalcules spermatiques qu'on trouve dans la liqueur séminale des mâles et jamais dans celle de la femelle. Ces animalcules ont donné lieu à de longues discussions et ont été l'objet d'étranges illusions. MM. Prevost et Dumas ont récemment encore décrit leur organisation ; ils avaient cru apercevoir les yeux de certaines espèces, et s'étaient appliqués à décrire leur marche à travers l'ovule préféré, pour s'y loger à jamais. M. Raspail a réfuté en peu de mots l'opinion de ces savans, et prouvé qu'ils avaient été trompés par certains effets de lumière ; il pense, lui, que les animalcules spermatiques doivent être rapprochés du genre Cercaire, et que la seule différence est dans la dimension gigantesque des Cercaires (1/3 de millimètre) et dans celle des animalcules spermatiques qui ont à peine $\frac{1}{120}$ de millimètre. Cette différence nous paraît assez considérable pour motiver la séparation faite par M. Bory-Saint-Vincent, que nous suivons encore dans la division qu'il a adoptée. Six genres, selon lui, composent cette famille, savoir : 1. Tripos à corps non contractile, plat, antérieurement tronqué, aminci postérieurement et terminé en queue droite ; un appendice recourbé en arrière de chaque côté du corps ; 2. Cercaire, corps non contractile, cylindrique, obtus antérieurement, aminci postérieurement, terminé en queue flexueuse ; 3. Zoosperme, corps non contractile, ovoïde, très-comprimé, avec une queue sétiforme. Ce genre se compose d'animaux spermatiques ; 4. Vinguline, corps très-plat, obrond, aminci tout à coup, et terminé par une queue en virgule ; 5. Turbinile, corps subpyriforme, obtus aux deux extrémités, queue droite, sétiforme, implantée, plus courte que le corps ; 6. Hestrionnille, corps ovale, oblong, contractile, aminci antérieurement, queue implantée ; rudiment d'organe buccal.   (P. G.)

CERCÉRIS, *Cerceris*. (ins.) Genre d'Hyménoptères de la famille des Fouisseurs, division des Crabronites, établi par Latreille sur un démembrement des Philanthes de Fabricius, dont il diffère par les antennes plus rapprochées, beaucoup plus longues que la tête, les mandibules dentées et la seconde cellule cubitale des ailes, pétiolée. Ces insectes ont la tête épaisse comme les Crabrons, les antennes grossissant insensiblement, les yeux sans échancrure ; le chaperon a une disposition à se relever en l'air, dans quelques espèces même il fait presque un angle droit avec la tête ; tous les anneaux de l'abdomen sont séparés entre eux par des étranglemens. Le premier est beaucoup plus étroit que les autres, infundibuliforme ; tous sont fortement pointillés en dessus, la plaque anale est toujours bicarénée. Les femelles font des trous dans le sable pour placer leurs œufs et elles approvisionnent leurs petits de coléoptères de l'ordre des Charançonites, souvent assez gros. Toutes les espèces connues sont noires, bariolées de jaune.

C. à oreilles, *C. aurita*, Lat., figuré dans notre Atlas, pl. 88, fig. 6, la plus grande espèce de notre pays. Long de six lignes, noir ; trois taches entre les yeux ; base des antennes, deux taches derrière les yeux, deux sur le prothorax, les écailles des ailes, une bande transverse sur l'écusson, deux taches latérales au dessous, deux sur le premier segment de l'abdomen, et une bande échancrée à la partie postérieure des autres segmens, excepté l'anal, jaunes ; les pattes sont d'un jaune clair, avec leur attache et les genoux noirs ou roux.   (A. P.)

CERCOCÈBE. (mam.) M. Isidore Geoffroy-St-Hilaire considère les Cercocèbes comme formant dans le genre des *Macaques* une simple section. Les espèces qu'il y groupe sont peu nombreuses ; elles ont pour caractère commun une longue queue ; ce sont, comme le dit ce naturaliste, des *Macaques à longue queue* : nous en parlerons en traitant de ces derniers.   (Genv.)

CERCOPE, *Cercopis*. (ins.) Genre d'Hémiptères de la section des Homoptères, famille des Cicadaires. Ce genre a été établi par Fabricius, et depuis lui subdivisé par plusieurs auteurs, comme Germar, Lepelletier, Serville et d'autres ; les genres qui en ont été démembrés sont ceux d'Aphrophore, de Ptyèle, qui offrent des caractères faciles à saisir ; mais M. Latreille ne les ayant pas admis dans le règne animal, nous les réunissons ici au genre primitif qui offre pour caractères : antennes placées entre les yeux, de trois articles, dont le dernier conique, terminé par une soie inarticulée, deux ocelles sur le dessus de la tête. Ces insectes ont à la première vue le plus grand rapport avec les Cigales ; leur tête est horizontale, les yeux latéraux et saillans ; le rostre est très-bombé, étroit transversalement ; les antennes sont insérées entre les yeux sous un petit avancement de la tête ; le corselet est en losange ; les élytres diffèrent beaucoup de celles des Cigales par la forme et la consistance ; elles sont arrondies, allongées, presque aussi larges partout et de consistance coriacée ; les tibias postérieurs offrent une ou deux épines, le développement de la tarière est naturellement restreint au dernier anneau. D'après ce qui précède, je crois que c'est à tort que M. Latreille, dans ses différens essais de méthode, les a toujours éloignés des Cigales, et a séparé toute la section à laquelle ils appartiennent par celle des Fulgorelles, qui doivent à mon avis être rejetés après, comme se rapprochant davantage, par plusieurs caractères, des Psylles et des Pucerons ; de cette façon les Cigales et les Cicadelles formeraient une section naturelle, où la forme et la position des antennes, des ocelles, du rostre et de la tarière sont identiques, et malgré cela ne dérangeraient rien à la subdivision en Muettes et en Chanteuses déjà existante, mais qu'il faudrait restreindre en en écartant les Fulgorelles.

Ce genre d'insectes est nombreux, surtout en exotiques ; notre pays en offre aussi quelques espèces, qui vivent dans leur premier état sur les plantes dont elles font extravaser la séve autour d'elles sous la forme d'une écume blanche, qui garantit l'insecte du contact de l'air et l'abrite des rayons du soleil.

C. sanglante, *C. sanguinolenta*, Fab. Longue de 3 à 4 lignes, noire ; abdomen, une tache à la base de chaque élytre, un point rond au milieu et une seconde bande sinuée transverse près de l'extrémité, les genoux rouges : se trouve à Paris. On en trouve, mais plus rarement, une autre espèce appelée *Vulnerata* par Illiger, où l'abdomen et les pattes sont entièrement noirs, et les taches des élytres beaucoup plus larges.

C. écumeuse, *C. Spumaria*, Linn., représentée dans notre Atlas, pl. 88, f. 7. Longue de quatre lignes, d'un gris jaunâtre, avec deux taches triangulaires transparentes à la côte de chaque élytre. Cette espèce, type du genre Aphrophore, est la plus commune de nos environs.

Le *C. dianthi*, Fab. Stoll., pl. XIX, fig. 105, est long de 3 lignes; il est d'un gris noirâtre ou rougeâtre, avec la tête et la première moitié du corselet blancs, et deux taches triangulaires transparentes à la côte de chaque élytre. Commune aux environs de Paris. Cet insecte fait partie du genre Ptyèle.   (A. P.)

CERCOPITHÈQUE. (MAM.) Ce mot est la traduction du nom latin *Cercopithecus*, par lequel on désigne le genre Guenon; il est inusité. (GERV.)

CERCOSAURE. (REPT.) Nom formé des mots grecs *cercos*, queue, et *sauros*, lézard, qui a été donné par Wagler à un genre de Sauriens connu seulement par ce qu'en a dit cet auteur. Le Cercosaure appartient, à ce qu'il paraît, à la famille des Lézards *cyclolépides* ou à écailles disposées en verticilles et rectangulaires, carrées, oblongues, comprimées, carénées sur le dos et la queue, lisses aux parties inférieures, avec une double rangée de lamelles sous le cou; les dents sont nombreuses, égales, droites, serrées; les antérieures simples, coniques, les suivantes plus ou moins distinctement bi-ou-trilobées; il n'existe pas de dents palatines. Wagler ne dit pas s'il existe un pli enfoncé sur les flancs, des pores aux cuisses, un tympan ou conduit auditif visible; il ne donne aucun renseignement sur la disposition de la langue, et il dit seulement que la queue est très-longue et arrondie.

On n'a signalé encore qu'une espèce de Cercosaure, le CERCOSAURE OCELLÉ, *C. ocellata*, *Leptus ocellatus*, brun noirâtre sur la tête et le dos, avec quatre lignes longitudinales blanches, dont les deux externes commencent derrière l'œil, passent au dessus du tympan et s'étendent ainsi que les deux autres jusque sur la racine de la queue; les plaques labiales sont ponctuées de noir; les flancs sont verdâtres, parsemés de huit à neuf taches noires marquées d'un point blanc dans leur centre; le dessous du corps est jaunâtre, et la queue nuagée en dessous de brun et de blanc: l'on croit que ce Lézard vient d'Asie.   (T. C.)

CÉRÉALES. (AGR. et BOT. PHAN.) Base fondamentale de la nourriture de l'homme. Les plantes que l'on désigne sous le nom de Céréales, et que la brillante mythologie présente comme le produit des dons de Cérès, se limitent, à proprement dire, au froment, au seigle, à l'orge, à l'avoine; cependant on y réunit encore, par une extension trop large, l'ALPISTE, la FÉTUQUE FLOTTANTE, le MAÏS, le MILLET, le RIZ, le SARRAZIN, le SORGHO et la ZAZANIE (*v.* chacun de ces mots, où, de même qu'au mot BLÉ, je combats et détruis les erreurs accréditées). Les principes immédiats les plus abondans de toutes ces plantes sont la fécule et la matière végéto-animale. On en fait du pain, des préparations alimentaires, des liqueurs fermentées; on les donne aux bestiaux comme fourrage vert et sec; leur paille couvre le toit du pauvre, sert de litière, puis d'engrais; elle est encore employée à la fabrication des chapeaux, des chaises, des nattes et de quelques jolis petits meubles de femme. Les Céréales alimentent en France un commerce de deux milliards, lequel s'exerce, année commune, sur plus de 150 millions d'hectolitres, tant pour les semailles que pour la consommation.

On a voulu faire honneur aux Egyptiens de la création des Céréales, ou du moins de leur première culture; d'autres, aux laboureurs de la Sicile, de la Perse, de l'Inde, etc.; ce qu'il y a de plus positif, c'est que l'époque de ce fait mémorable est perdue pour jamais. Il est possible que les prétentions de ces divers peuples soient fondées, et qu'elles se rapportent à une seule espèce; mais comme le voile épais qui recouvre l'histoire première de l'humaine civilisation est surchargé de ruines moins anciennes, muettes à nos recherches, contentons-nous de jouir du bienfait sans remonter à son origine, qui ne sera jamais révélée avec certitude.

Les Céréales peuvent se conserver sans aucune altération apparente pendant une série plus ou moins longue de siècles, renfermées, soit dans des vases hermétiquement fermés, comme ceux découverts dans quelques hypogées de la Haute-Egypte, soit dans des chambres souterraines, comme à Herculanum, à Gergovia, l'ancienne capitale des Arverniens, etc.; mais elles perdent leur puissance germinative. Elles sont, il est vrai, susceptibles d'un premier développement, ainsi que me l'ont prouvé des grains de blé provenant de Thèbes aux cent portes ou temples; mais à peine eurent-ils pris un certain volume, une sorte de fraîcheur, qu'ils se décomposèrent et se putréfièrent. Sans aucun doute le grand nombre de siècles écoulés fut cause de ce trompeur résultat, puisque Home a fait germer des grains de seigle récoltés depuis 140 ans, et qu'il les a vus parcourir toutes les phases de la vie végétale; puisque Réaumur a obtenu de beaux épis de grains de froment découverts à Metz dans un magasin oublié depuis un grand nombre d'années, etc. (*Voyez*, au mot GERMINATION), une suite curieuse que j'y donne d'observations du même genre.)

Des économistes ont successivement vanté les Céréales de la Sicile, de l'Afrique, des plaines voisines de la mer Noire et de diverses contrées de l'Amérique, au détriment de celles cultivées en France. Ils ont prétendu que la farine des Céréales des États-Unis contenait trois dixièmes de gluten, tandis que les plus estimées parmi les nôtres n'en présentaient que deux dixièmes. Cette assertion m'ayant paru singulière, j'ai voulu la constater du moins à mes yeux; j'ai pour cet effet établi, dans une expérience répétée quatre années de suite, 1820 à 1824, en des circonstances différentes, et avec des grains recueillis durant des récoltes heureuses et misérables, une comparaison critique entre les Céréales vantées et celles déprisées: aussi je puis dire avec assurance que les meilleures Céréales de la France m'ont constamment rapporté le quintuple de la semence, c'est-à-dire de cinq à sept pour un, quand celles des

États-Unis variaient de quatre à six pour un, et les autres de trois, quatre et six pour un. Les Céréales françaises, de première qualité, pèsent de 74 à 75 kilogrammes l'hectolitre, tandis que, approximativement, les autres n'ont pas dépassé le chiffre 72 et 73. Nos Céréales, quand elles sont cultivées avec soin, quand on en renouvelle la semence à des époques convenables, donnent peu de son, et par conséquent beaucoup de fleur de farine. Comme celles de la Sicile, des côtes de l'Afrique et des rives de l'Euxin, elles sont glacées, je veux dire qu'elles ont de la transparence ; le pain qu'elles fournissent est très-savoureux, il a un goût de noisette qui ajoute à ses qualités appétissantes et à sa bonté.

J'ai fait voir aussi, lors de la grande discussion sur les Céréales, en 1821, que, la consommation de la France entière étant par jour de 421,000 hectolitres de blé, il n'y avait qu'un seul moyen de l'entretenir, c'était la liberté la plus absolue du commerce intérieur des grains. J'ai démontré dans le même temps que les millions de francs jetés à l'étranger, de 1816 à 1820, par le ministère Villèle, n'avaient donné que dix-sept journées et demie de consommation, en d'autres termes, qu'ils n'avaient rien ajouté à nos propres ressources, et qu'ils n'avaient été qu'un prétexte à des fortunes scandaleuses ; j'ai demandé la suppression totale du droit d'importer en France des Céréales de l'étranger sous quelque titre que ce soit, et qu'il y eût une défense légale d'exportation (pour ne rien laisser à la décision éventuelle du gouvernement), du moment que le prix des grains ne serait pas également partout, dans notre patrie, au dessous du prix de 16 francs l'hectolitre. (*Voyez* tom. IX, pag. 217 et 361 de ma *Bibliothèque physico-économique.*) Comme on exploite aujourd'hui mon travail, sans me citer aucunement, je suis bien aise de consigner ici ce peu de mots sur ce que m'ont appris de longues études sur les Céréales.   (T. D. B.)

CÉRÉBRAL. (ANAT.) *Masse* ou *substance cérébrale.* (Voy. CERVEAU, CERVELET, ENCÉPHALE, AXE CÉRÉBRO-SPINAL.) Les vaisseaux et les nerfs qui appartiennent au cerveau sont en général désignés sous le nom de vaisseaux et de nerfs cérébraux.   (P. G.)

CÉRÉBRO-SPINAL. (ANAT.) *V.* ENCÉPHALE.
                                 (M. S. A.)

CÉRÉOPSE, *Cereopsis.* (OIS.) Petit genre de la famille des Canards ou Lamellirostres ; voisin de celui des Oies , mais qui s'en distingue, ainsi que de tous ceux de la même famille, par les caractères suivans : bec très-court, fort, obtus, presque aussi élevé à sa base que long, couvert d'une cire qui s'étend presque jusqu'à la pointe ; narines grandes, percées dans le milieu du bec ; tarses plus longs que le doigt du milieu ; ailes amples, à première penne un peu plus longue que les suivantes.

Le genre Céréopse ne comprend qu'une seule espèce, le CÉRÉOPSE CENDRÉ, *Cereopsis Novæ Hollandiæ*, Lath., Temm., pl. col. 206. La tête est d'un blanc pur, et tout le reste du plumage d'un cendré foncé, ondé sur le dos de cendré roussâtre, et marqué aux couvertures alaires de taches brunes ; les rémiges sont noires. Longueur, deux pieds et demi. Les jeunes n'ont point de blanc sur la tête, non plus que de taches sur les ailes.

On trouve cet oiseau à la baie de l'Espérance et sur une partie des côtes de la Nouvelle-Hollande.   (GERV.)

CERF, *Cervus.* (MAM.) Le genre des Cerfs fait partie de l'ordre des Mammifères ruminans ; il compose à lui seul la deuxième famille de cet ordre , laquelle est caractérisée par des protubérances frontales dermigères , c'est-à-dire recouvertes de peau comme celles des girafes, mais qui sont caduques ; on leur donne le nom de *bois.*

Les nombreuses espèces de Cerfs existent répandues dans les deux continens ; quelques unes sont même propres à l'un et l'autre, tels sont l'Elan et le Renne ; elles vivent par grandes troupes ou par petites familles composées seulement de quelques individus ; les unes recherchent les forêts et les contrées élevées, d'autres préfèrent les plaines ou les savanes noyées et marécageuses. Ce sont de tous les ruminans les plus élégans et aussi les plus agiles : leurs jambes sont minces et élevées sans cependant être grêles, leur corps est svelte et gracieusement arrondi ; leur cou est délié, et leur tête surmontée par des bois dont les formes variées ajoutent encore à leur beauté.

Les Cerfs ont pour caractères : trente-deux dents, huit incisives à la mâchoire inférieure , et six molaires partout ; quelques espèces ont, dans le sexe mâle principalement, deux canines à la mâchoire supérieure, ce qui porte alors à trente-quatre le nombre total des dents ; des larmiers et un mufle dans la plupart des espèces ; les oreilles médiocres et pointues ; la queue très-courte et quatre mamelles inguinales. Les bois, qui font le caractère principal du genre, n'existent ordinairement que chez les mâles (toutes les femelles, excepté celle du Renne, en sont privées) : ils varient normalement suivant l'âge de l'animal, et accidentellement suivant les circonstances où la domesticité et la maladie l'ont placé.

Ces bois tombent tous les ans vers l'époque du rut, et sont remplacés par d'autres ordinairement plus forts qui commencent à paraître peu de temps après ; il n'existe point, comme l'avait supposé Buffon, de liaison entre leur chute et leur reproduction, et les phases correspondantes de la végétation, mais une relation plus vraie a parfaitement été constatée entre les périodes de leur révolution et celle de l'activité des organes générateurs : en effet on voit les bois cesser de se nourrir et tomber quelque temps après que le rut a frappé les individus mâles d'un grand accablement, et l'on sait que la castration qui l'empêche permet au contraire la persistance de ces bois. Chez les femelles l'afflux perpétuel du sang vers les organes générateurs, soit pour le rut, la gestation ou l'allaitement, est un obstacle au flux vers la tête de l'excès des fluides nourriciers ; et ce qui le prouve, c'est la production de bois souvent observée chez des femelles infécondes : leur existence normale chez le Renne femelle ne dément pas, comme on le pourrait croire, les effets attribués à la durée de la fluxion utérine, puisque les bois des femelles sont plus petits que ceux des mâles lorsqu'elles sont fécondes, et qu'ils les égalent lorsqu'elles sont infécondes.

Les bois étudiés dans le cours de leur développement sont remarquables par la constance des lois auxquelles ils sont soumis, et il est pour ainsi dire merveilleux de considérer quelle invariable ressemblance ils offrent chez les individus de même âge. Lorsque des circonstances extraordinaires les font varier, on observe que leurs parties inférieures sont toujours les dernières à s'altérer ; les modifications qu'ils offrent alors consistent dans l'augmentation et la diminution de leur volume ou de quelques unes de leurs parties secondaires, qui même peuvent être réduites à zéro. Leur direction est aussi susceptible de changer, ainsi que leur consistance.

On nomme *refait* le bois nouvellement reproduit ; il est alors couvert d'une peau velue comme celle du reste de la tête, qui se détruit ensuite et tombe par morceaux lorsque ses vaisseaux nourriciers s'oblitèrent.

Les Cerfs n'ont pour la plupart qu'une seule sorte de poil, dur, cassant, et qui paraît tenir fort peu (les Rennes ont seuls un duvet qui est surtout abondant en hiver) ; leur couleur est généralement brune, mais susceptible de varier sous la moindre influence : le *mélanisme*, coloration en noir, et l'*albinisme*, coloration en blanc, sont très-communs chez eux et présentent cette particularité de se produire indifféremment sous tous les climats ; c'est ainsi que l'on voit des Cerfs blancs non-seulement dans le Nord et dans les régions tempérées, mais aussi sous l'équateur, comme M. de Humboldt l'a constaté.

Le nombre des espèces de ce genre étant assez considérable, on a dû chercher un moyen de le partager en plusieurs petits groupes, afin de faciliter leur distinction ; quelques auteurs les ont simplement rangées dans trois sections d'après leur patrie, plaçant dans la première celles qui sont propres aux deux continens, dans la seconde celles qui sont particulières à l'ancien, et dans la troisième celles qu'on ne trouve que dans le nouveau ; mais cette distinction est loin d'être satisfaisante : par exemple un individu d'origine inconnue étant donné à déterminer, elle deviendra tout-à-fait inutile ; c'est ce qui a engagé M. de Blainville à rechercher, pour la distribution de ces animaux, des caractères ou notes inscrites, pour ainsi dire, sur l'animal, et qui ne peuvent être enlevées que par sa mutilation ; en combinant ceux tirés de l'existence des larmiers, des canines, et surtout de la forme des bois, il est arrivé à établir huit sections qui sont les suivantes :

1° Bois petits et longuement pédiculés ; les *Cervules*.

2° Bois simples en daguets ; les *Daguets*.

3° Bois longs à andouiller médian, point de basilaire ; les *Chevreuils*.

4° Bois longs à andouiller basilaire, sans médian ; les *Axis*.

5° Bois longs à andouillers basilaire et médian ; les *Cerfs*.

6° Bois longs à andouillers basilaire et médian, empaumures tout aplaties ; les *Rennes*.

7° Bois longs à andouillers basilaire et médian, empaumures supérieures seules aplaties ; les *Daims*.

8° Bois courts sans andouillers basilaire ni médian, terminés par une forte empaumure digitée et palmée ; les *Elans*.

Quoique reposant sur des caractères qui n'existent bien marqués que chez les individus mâles et à une époque de leur vie, cette distinction est cependant fort commode ; aussi a-t-elle été suivie par plusieurs personnes : c'est d'après elle que nous nous guiderons.

§ 1. *Bois sessiles plus ou moins subdivisés sans andouillers basilaire ni médian, terminés par une vaste empaumure digitée à son bord externe seulement.* Les ÉLANS.

Les espèces de ce sous-genre sont au nombre de cinq seulement ; encore trois n'existent-elles qu'à l'état fossile.

ELAN, *Cervus alces*, L. Cette espèce, à laquelle les Germains donnaient le nom d'*Elk*, racine du mot *Elan*, et que les Anglo-Américains du nord appellent *Moose Deer*, est propre au nord des deux continens. Elle est la plus grande de son genre ; sa taille égale celle du cheval et la surpasse quelquefois ; les bois, ceux du mâle (la femelle en est privée), pèsent souvent plus de cinquante livres.

L'Élan est doué d'une force très-considérable ; son cou est très court, sa tête forte et allongée, sa lèvre supérieure épaisse et plus longue que celle de l'autre cerf, ce qui a fait dire aux anciens qu'il broute l'herbe en rétrogradant ; la queue est très-courte ; le poil, brun-fauve sur le dos, et la croupe est moins foncé en dessous ; chez quelques individus il varie accidentellement et se rembrunit jusqu'à devenir entièrement noir. L'Elan est représenté dans notre Atlas, pl. 89, fig. 1.

Cet animal est le *Machalis* de Pline ; il habite tout le nord et vit par petites troupes composées d'une vieille femelle, de deux femelles adultes, de deux jeunes femelles et de deux jeunes mâles. Au temps du rut, qui commence vers la fin du mois d'août, les troupes sont composées de quinze et même vingt individus ; les vieux mâles rassemblent les femelles, et les jeunes, qui n'entrent pas en chaleur, s'écartent pour ce temps seulement. Les femelles commencent à mettre bas à la mi-mai ; elles font ordinairement deux, trois petits ; ceux-ci ne sont pas tachés, leur couleur est un brun rougeâtre. Ces animaux ne vivent guère que dix-huit ou vingt ans ; ils recherchent les forêts et les contrées marécageuses ; en Amérique et en Asie ils sont plus communs qu'en Europe, où ils disparaisssent à mesure que les terres deviennent plus habitées. Ils ont pour principal ennemi l'ours, qui les attaque lorsqu'ils marchent isolés , et les blesse le plus souvent au cou et à la tête; le loup, lorsqu'il est seul, ne les attaque guère.

La chair des Elans passe pour agréable et nourrissante; les Indiens prétendent qu'elle les soutient plus long-temps que celle de tout autre animal. Leur peau est excellente pour la buffleterie , et leur bois sert aux mêmes usages que celui du Cerf.

Cerf couronné, *C. coronatus.* Cette espèce, qui se rapproche de la précédente, a été établie par M. Geoffroy; ses bois sont noirâtres, formés d'une simple empaumure, disposés en lames minces , très-unies et un peu concaves; leur face externe est divisée en cinq ou six dentelures profondes sans nervures.

On ignore la patrie de ce Cerf; ses bois , que seuls on connaît, sont déposés dans les galeries du Muséum de Paris.

Cerf géant, *C. giganteus.* Espèce plus grande que le Cerf commun, qui n'est connue qu'à l'état fossile. M. Goldfuss, qui l'a décrite, la caractérise par un andouiller placé immédiatement au dessus de la couronne et dirigé en avant.

Cerf irlandais, *C. euryceros.* M. Hibbert a décrit sous ce nom un Elan fossile qu'il pense être l'*Euryceros* d'Oppien; cet animal, dont la race ne serait perdue que depuis un petit nombre de siècles, aurait vécu dans les marais; il serait le *Segle* des anciens Bretons et l'un des *Cerri palmati* de Julius Capitolinus. On l'a trouvé dans un terrain marneux de Bullaugh.

Cerf d'Amérique, *C. americanus*, Harlan, Faune améric., p. 245, est encore un Elan fossile figuré par le docteur Wistar à la pl. 10, f. 4, du premier volume des Trans. de la Soc. philos. américaine, et décrit à la p. 375 du même volume. Ses débris ont été trouvés dans une mollasse près des chutes de l'Ohio, mêlés à des os de *Mastodonte.*

§ 2. *Bois sessiles plus ou moins divisés, pourvus d'andouillers basilaire et médian; andouillers aplatis. Les femelles portent des bois qui ne diffèrent de ceux des mâles que par leur moindre étendue; les narines ne sont pas percées dans un mufle.* Les Rennes.

Renne, *C. tarandus*, L,. représenté dans notre Atlas, pl. 89, fig. 2. Cette espèce est particulière au nord des deux continens; elle est facile à caractériser. Les bois existent dans les deux sexes, et sont plus petits chez les femelles que chez les mâles; ils présentent à leurs extrémités de larges empaumures; le bois de droite, ordinairement plus développé que le gauche, envoie en avant une branche qui longe le front à la hauteur de deux pouces, et se termine au dessus du nez par une large dilatation en forme de palette. Les femelles stériles perdent leurs bois de même que les mâles dans le courant d'octobre; lorsqu'elles ont conçu elles les gardent jusqu'au mois de mai,

époque à laquelle elles mettent bas; cinq mois leur suffisent pour les refaire entièrement ; les mâles, qui les ont plus considérables, en emploient ordinairement huit.

La tête du Renne se rapproche assez de celle du Bœuf; elle est très-élargie ; ses narines ne sont point percées dans un mufle, mais dans un museau couvert de poils; les pieds de cet animal sont aplatis et les doigts recouverts par de grosses touffes de poils; la jambe est moins grêle que celle du Cerf commun, mais elle ne répond point à l'épaisseur du pied.

Les poils sont serrés, plus longs en hiver et mêlés d'un duvet laineux qui paraît moins abondant pendant la saison chaude; ils sont grossiers et très-développés aux pieds et sous la gorge. Leur couleur, d'un brun-fauve dans l'été, devient blanche pendant le temps des froids.

Ces animaux vivent par troupes nombreuses, ils sont doux et faciles à apprivoiser; c'est surtout en Amérique qu'ils abondent : quelques voyageurs qui les ont observés à Terre-Neuve, disent qu'ils sont si multipliés dans les parties occidentales de l'île, que par momens le pays paraît en être couvert. Pendant l'hiver ils émigrent vers la côte occidentale, et ne reviennent dans les prairies de l'autre extrémité qu'au commencement du printemps. Les Américains leur ont donné le nom de *Caribous.*

Dans le nord de l'Europe, et principalement en Laponie, on élève depuis long-temps ces animaux en domesticité; les habitans de ces contrées les tiennent par grands troupeaux qu'ils mènent successivement paître dans les plaines et sur les montagnes. Il n'est point de Lapon si pauvre qu'il ne possède quelques paires de Rennes; les riches propriétaires en ont même des troupeaux de cinq cents et quelquefois de mille. On châtre les mâles, et on n'en laisse qu'un entier pour cinq ou six femelles, et encore dans certaines contrées lâche-t-on ces dernières dans les bois d'où elles reviennent après s'être fait couvrir par quelque individu sauvage : les petits qui proviennent de ces unions sont plus robustes et plus estimés. Le Renne est presque l'unique ressource des peuples du Nord; vivant comme après sa mort, il leur est de la plus grande utilité, soit qu'ils l'emploient comme bête de somme ou de trait, soit qu'ils le tuent pour profiter de ses dépouilles. C'est principalement en hiver qu'on fait cette cruelle opération, lorsque le froid a glacé les étangs et fait fuir le gibier. Tout est employé dans ces animaux, tout jusqu'à leurs excrémens que l'on fait sécher pour en fabriquer des mottes à brûler; leur chair est agréable et d'une digestion facile, leur lait procure de très-bons fromages et un cérum que l'on prend en boisson ; leur pelage est très-recherché comme fourrure.

Ces animaux, inconnus à Aristote, paraissent avoir été indiqués par César (*De Bello gallico.* liv. iv); on les a souvent désignés par les mots de *Rangier* ou *Rangifer*, du nom de *Renthier*, qui est celui que leur donnent les Allemands et les Suébois. Ils ont été peu connus des peuples méridionaux, qui ont eu rarement l'occasion de les observer; mais le nombre de ceux que M. Le François a rapportés en France il y a deux ans promet à la science des notions plus précises sur les particularités de leurs mœurs et de leur organisation: plusieurs des individus donnés par ce voyageur existent encore aujourd'hui à la Ménagerie du Muséum de Paris.

Cerf d'Étampes, *C. Guettardi*. Cette espèce, décrite par M. Cuvier, n'a été trouvée qu'à l'état fossile; ses débris sont répandus au milieu du sable dans la vallée d'Étampes; ses bois, assez semblables à ceux du Renne, sont plus petits, plus minces et presque filiformes.

La taille du Cerf d'Étampes est celle du chevreuil ordinaire.

§ 3. *Andouillers supérieurs seul comprimés; point de bois chez les femelles. Les* Daims.

Daim, *Dama*. L. La taille du Daim est intermédiaire entre celle du Cerf et celle du Chevreuil; son pelage en été est brun-fauve en dessus et tacheté de blanc, en hiver il est généralement brun; sa queue est longue, noire en dessus et blanche en dessous. Les bois sont divergens et dentelés profondément sur leurs deux bords supérieurs aplatis. La femelle, que l'on a nommée *Daine*, ne diffère du mâle que parce qu'elle manque de bois; son faon est fauve et tacheté de blanc. Deux variétés de cette espèce sont assez communes, l'une blanche et l'autre noire; celle-ci est le *Cervus mauricus* de M. Fréd. Cuv. (Nouv. Bullet. de la soc. Philom, 1816, et Hist. des Mamm., fascicule 12); elle habite la Suède et la Norwége : il n'est point encore certain qu'elle appartienne véritablement à l'espèce du Daim.

Le Daim, moins commun que le Cerf ordinaire, est répandu dans presque toute l'Europe, surtout en Angleterre; on le trouve aussi en Perse et en Chine : c'est le *Platyceros* de Pline, et non pas son *Doma*, qui est un Antilope; M. Fréd. Cuvier le regarde comme le *Prox* d'Aristote et l'*Euryceros* d'Oppien.

Le Daim est retenu comme ornement dans les parcs, où il est aussi destiné à la chasse; sa chair est estimée.

C'est à côté de lui que l'on doit placer, mais comme formant une espèce distincte, le Cerf d'Irlande, *C. hibernus*, G. Cuvier. Cette espèce fossile a été rencontrée dans plusieurs contrées de l'Europe et notamment dans les tourbières d'Irlande; ses bois sont très-grands et garnis sur leurs bords d'andouillers moins nombreux que ceux de l'Élan; leur envergure entre les extrémités des deux branches est de neuf à douze pieds.

On doit aussi rapprocher du Daim le *Cerf d'Abbeville*, appelé aussi Daim d'Abbeville, *Cerv. somonensis*, qui n'est connu que par les débris de ses bois, trouvés dans les bois de la vallée de la Somme, tout près d'Abbeville. Ces bois sont analogues à ceux du Daim, mais plus grands d'un tiers; ils naissent immédiatement des frontaux et ne sont pas portés par un pédoncule.

§ 4. *Bois sessiles à andouillers basilaire et médian, tous coniques.*

Les espèces de ce sous-genre peuvent recevoir le nom de Cerfs proprement dits; nous les étudierons en commençant par l'espèce de notre pays, le Cerf commun, *Cervus elaphus*, L. représenté dans notre Atlas, planche 89, figure 5. Cette espèce, qui est sans contredit l'une des plus belles et des plus intéressantes de nos contrée, est de la taille du Cheval; son pelage est brun-fauve en été, avec une ligne noirâtre et une rangée de petites taches fauves le long de l'épine; en hiver elle est d'un brun-gris uniforme; la croupe et la queue sont en tout temps d'un fauve pâle. Les jeunes sujets, que l'on nomme *Faons*, ainsi que les petits de toutes les autres espèces du genre, sont d'un fauve tacheté de blanc; les femelles n'ont point de bois, non plus que de dents canines. Les bois sont fort longs à croître; ils tombent, comme on sait, tous les ans, et prennent à chaque refaite des dimensions plus considérables, jusqu'à ce que, l'animal étant arrivé à sa vieillesse, ils tombent et se reproduisent encore, mais avec moins de force. Vers leur sixième mois, les petits mâles présentent déjà sur la tête deux petites bosses ou tubercules, qui indiquent la place où les bois s'éleveront. Ces éminences ont reçu le nom de *Hères*; à un an elles se sont fort allongées; quoique simples, elles ont déjà deux ou trois décimètres de longueur. L'animal perd à cette époque la peau qui les recouvrait, et ces petits bois eux-mêmes ne tardent pas à tomber après qu'ils sont restés quelque temps à nu; on les désigne alors par le nom de *Daguets*. Quand le Cerf est arrivé à sa troisième année, il perd ses daguets, et le *bois* qui les a remplacés présente ordinairement trois ramifications qu'on nomme *Andouillers*. Pendant chacune des années suivantes, jusqu'à la septième, le bois subit sa chute périodique et reparaît régulièrement avec un andouiller de plus; de sorte que tous les vieux Cerfs ont le bois composé de sept ramifications provenant d'une tige commune, nommée *Merrain*. C'est dans le temps du rut, qui a lieu chez nous pendant le mois de septembre, que le bois se dépouille; l'animal jette alors un cri particulier qu'on appelle le *raier* ou bramer; les mâles et les femelles, qui ne restent point ensemble, comme le font les chevreuils, se recherchent avec ardeur; les premiers se livrent entre eux des combats à outrance; ils ne restent avec une femelle que peu de jours, après lesquels ils s'en séparent et vont en chercher d'autres, auprès desquelles ils demeurent encore moins; pendant le temps de cette fureur amoureuse, ils mangent peu et ne dorment pas du tout; nuit et jour, ils sont sur pied et ne font que marcher, courir, combattre et jouir; aussi sortent-ils de là si défaits, si fatigués, si maigres, qu'il leur faut du temps pour se remettre et reprendre des forces. Les femelles ne portent que huit mois, après lesquels elles donnent le jour à un seul petit, très-rarement à deux; elles mettent bas au mois de mai ou au commencement de juin; toutes ne sont pas fécondes; quelques unes, appelées *Bréhaignes*, ne portent jamais; elles sont plus fortes et plus ardentes en amour que les premières; on prétend qu'il s'en trouve qui ont un bois comme les Cerfs, ce qui se conçoit facilement. Le jeune Cerf porte pendant six mois le nom de *Faon*; il ne quitte point sa mère pendant les premiers temps, quoiqu'il prenne un assez prompt accroissement.

Les Cerfs vivent par troupes plus ou moins nombreuses; on les trouve dans presque toute l'Europe, et aussi dans une partie de l'Asie; leur chasse, qui passe, comme on sait, pour le plus noble des exercices, est devenue l'objet d'un art qui a sa théorie, et une terminologie étendue où les choses les plus connues s'expriment par des termes bizarres ou détournés de leur acception ordinaire. Cette chasse demande des connaissances qu'on ne peut acquérir que par l'expérience; elle suppose un appareil royal, des hommes, des chevaux et des chiens qui doivent y concourir par leurs mouvemens et leur intelligence; le veneur ou conducteur de la troupe doit savoir reconnaître par l'odeur les fumées et les pas de la bête, quel est son âge, son sexe, et même son prix; il doit savoir si le Cerf qu'il a détourné est un Daguet, un *jeune Cerf*, un *Cerf de dix cors jeunement* ou un *vieux Cerf*.

On ne peut réduire les Cerfs en troupeaux comme on le fait pour les Rennes; mais, en les prenant jeunes, on parvient à les apprivoiser, ainsi que plusieurs autres espèces du même genre; on les voit même quelquefois donner des preuves d'attachement. La chair de ces animaux est très-estimée, et leur bois est employé dans les arts, ainsi qu'en thérapeutique, à des usages assez nombreux : on en fait des manches de coutelas, de serpette, des pommes de canne, des pipes, etc...; râclé et réduit en fragmens minces, on en obtient, au moyen de l'eau bouillante, une gélatine très-saine et très-nourrissante : c'est ce qu'on nomme *gelée de corne de Cerf*. Indépendamment de cette gélatine, la corne de Cerf fournit encore plusieurs autres préparations, mais dont on fait peu usage. Calcinée (privée par conséquent de toute matière organique) et porphyrisée, on en forme des trochisques, qui ne sont composés que de sels calcaires; par le moyen de la distillation on obtient plusieurs produits, savoir : un sous-carbonate d'ammoniaque huileux, connu sous le nom d'*esprit volatil de corne de Cerf*, l'huile volatile de corne de Cerf, et un sous-carbonate d'ammoniaque concret, nommé *sel volatil de corne de Cerf*. On trouve aussi indiqué, dans les anciennes Matières médicales, l'os du cœur, la verge, le sang, la moelle et le suif, tous depuis long-temps considérés comme superflus et inusités.

On distingue deux variétés principales de l'espèce du Cerf : celle de Corse (*Cervus corsianus* de Gmelin), qui est beaucoup plus petite et a le corps plus trapu que le Cerf ordinaire ; la seconde est le CERF DES ARDENNES (*Cervus germanicus* de Brisson), qu'on a long-temps considéré comme l'*Hippélaphe* d'Aristote; elle est plus grande et a le pelage plus foncé; les poils de son cou sont plus

longs, ainsi que ceux des épaules. Quant aux Cerfs blancs et aux Cerfs noirs, ils ne constituent point des variétés proprement dites : les blancs, qui sont de tous les âges sont des individus frappés d'albinisme; les noirs sont le plus souvent des individus âgés.

CERF WAPITI, *C. Wapiti*, Mitchill, nommé *Elk* par les Américains. Cet animal est un peu plus petit que le précédent; sa queue est très-courte, son pelage fauve-brunâtre, excepté la région des fesses et la queue, qui sont teintes de jaunâtre; les bois sont rameux, très-grands et sans empaumure.

Les Wapitis sont monogames et vivent par familles dans les vallées du Canada et du Haut-Missouri; les Indiens savent les apprivoiser et s'en servent pour tirer leurs traîneaux. On en a eu de vivans dans les ménageries de Paris et de Londres.

CERF CANADIEN, *C. canadensis*, *Red-deer* de Warden, se distingue du Wapiti par des caractères peu importans; son pelage est fauve sans tache jaune aux fesses; sa queue est plus longue, et ses bois branchus, sans empaumure terminale, ont six andouillers isolés, recourbés à leur extrémité.

Le Red-deer est commun dans l'ouest et le sud des États-Unis.

CERF A GRANDES OREILLES, *C. macrotis* de M. Say, Expédition du major Long, t. 2, p. 88, est un Cerf dont le pelage, brun rougeâtre sur le corps, est d'un cendré brunâtre sur les flancs; sa queue n'a que quatre pouces, ses oreilles en ont sept et demi; il habite le Nord des États-Unis.

CERF DE WALLICH, *C. Wallichii*. Cette espèce, dédiée par M. F. Cuvier au directeur du Jardin des Plantes de la compagnie des Indes à Calcutta, a été envoyée du Népaul par Duvaucel; son pelage est d'un gris jaunâtre, plus pâle sur les joues, le museau, le tour des yeux et le ventre, et qui se change en blanc sur la queue; les bois s'écartent à droite et à gauche, et se renversent en arrière après les premiers andouillers, pour remonter ensuite verticalement.

§ 5. *Bois sessiles, ramifiés, avec un seul andouiller basilaire, sans médian; le supérieur ordinairement simple. Les AXIS.*

On peut les subdiviser en deux petites sections, l'une comprenant les espèces dont le corps est taché, l'autre celles qui l'ont d'une teinte plus ou moins uniforme, mais sans taches.

I. Espèces tachetées.

CERF AXIS, *C. axis*, L., le CERF DU GANGE de Buffon. Ce Cerf vit dans l'Indostan et particulièrement au Bengale; quoique son nom se trouve dans les auteurs anciens et dans Pline en particulier, la brièveté de la description qui l'accompagne ne permet pas de décider si c'est véritablement de lui qu'ils ont voulu parler.

Les formes de l'Axis sont celles du Daim; son pelage est en tout temps d'un fauve assez vif, moucheté de blanc sur les flancs et le dos; le menton, la gorge, le ventre, ainsi que la face interne des membres sont blancs. La queue, longue de dix pouces, est blanche en dessus, fauve en dessous, et marquée sur ses côtés d'une ligne noire.

On

On ne sait rien sur les mœurs de l'Axis sauvage; les individus nombreux que l'on voit depuis quelques années dans les ménageries, où ils se reproduisent, se font remarquer par leur légèreté et l'enjouement de leur caractère; les femelles demandent le mâle dès qu'elles n'allaitent plus; mais, pour leur laisser le temps de soigner leurs petits, on ne leur permet son approche qu'en automne: elles portent neuf mois et mettent alors bas dans la belle saison. Leurs faons sont dépourvus de livrée et présentent en naissant les taches et les couleurs des adultes. Ces animaux vivent entre eux en assez bonne intelligence; cependant, au temps du rut, les mâles maltraitent les femelles, et les tuent même quelquefois.

CERF COCHON, *Cervus porcinus*, L. Cette espèce, décrite par Buffon sous le nom français qui lui a été conservé, a le corps plus trapu et les jambes plus courtes que l'Axis; le dessus de son corps est fauve, tacheté de blanc, et le dessous d'un gris fauve; ses bois sont grêles, ses yeux noirs ainsi que son museau. Les fesses sont blanches, la queue fauve en dessus et blanche en dessous.

Cet animal habite l'Inde.

II. Espèces sans taches.

CERF HIPPÉLAPHE, *C. hippelaphus*, G. Cuv., Oss. foss., IV, p. 40. Cette espèce est le *Cerf d'eau* ou *Mesangan banjoe* des Malais de Java; elle a d'abord été prise par Cuvier pour l'Hippélaphe d'Aristote, qui a pensé depuis que cet animal était plutôt une autre espèce qu'il a nommée pour cela le CERF D'ARISTOTE; *voy.* ci-après. L'Hippélaphe est à peu près de la taille de notre Cerf; son poil est plus raide et plus dur, et dès la jeunesse celui du dessus du cou, des joues et de la gorge, plus long et plus hérissé, lui forme une sorte de barbe ou de crinière qu'il relève comme le sanglier; son pelage est gris, brun en hiver. Il habite le Bengale ainsi qu'une partie de l'Archipel indien, et recherche les lieux humides.

CERF DES MARIANNES, *C. mariannus*, dont on doit la découverte à MM. Quoy et Gaimard, est de la taille du Chevreuil; son pelage est entièrement gris brun; sa queue est courte, son bois a deux andouillers, à une seule pointe terminale dirigée bien en avant et l'autre en dedans; le faon est d'un fauve uniforme et sans tache: le nom de cette espèce est celui des îles dans lesquelles on l'a trouvée.

MM. Quoy et Gaimard ont aussi décrit une autre espèce très-voisine de la précédente; ils ont figuré le mâle à la pl. 24 de leur Atlas (Mam. du Voy. de *l'Astrolabe*), sous le nom de CERF DES MOLUQUES, *C. moluccensis*. Ce Cerf, comme son nom l'indique, habite les îles Moluques, où il a reçu des habitans le nom de Roussa; ses formes sont courtes et trapues et sa tête grosse; son pelage est brun, avec le ventre et l'intérieur des membres fauves; il se distingue surtout du Cerf des Mariannes par ses bois, qui sont parallèles entre eux, munis d'un gros tubercule en dedans du premier andouiller, longs de deux ou trois pieds, et qui peuvent rester plusieurs années sans tomber. Les

faons ont le pelage d'un gris fauve sans taches, la tête effilée et le museau pointu; nous en avons vu un, rapporté de Manille par M. Eydoux; sa mère avait, dit-on, la tête surmontée d'un bois.

CERF NOIR, *C. niger*. Cette espèce a été décrite pour la première fois par M. de Blainville, d'après un dessin envoyé de l'Inde; sa taille et ses formes sont celles du Cerf commun; son pelage est d'un brun presque noir en dessus, plus clair en dessous, tandis que les parties internes et supérieures des membres sont blanches; les bois trèssimples n'ont qu'un andouiller conique à la base d'un merrain allongé.

Cet animal pourrait n'être qu'une variété du Cerf de Péron ou de l'Hippélaphe.

CERF D'ARISTOTE, *C. Aristotelis*, mieux appelé l'Hippélaphe d'Aristote, puisqu'il est sans doute l'*Hippélaphe* de cet auteur (liv. 2, ch. 5 de l'Hist. des animaux). Cet animal, plus grand que l'Hippélaphe de Cuvier, *C. hippelaphus*, se rapproche assez du Cerf des Mariannes. Il habite le Bengale, où on le nomme *Cat-orinn*: on le trouve au Sylhet, dans le Népaul et vers l'Indus.

CERF DE DUVAUCEL, *C. Duvaucelii*, espèce fondée par G. Cuvier sur des bois envoyés des Indes par Duvaucel. Ces bois ont de grands rapports avec ceux du vieux Cerf âgé, mais ils en diffèrent par une courbure qui est tout autre et une distribution différente des andouillers. L'animal est inconnu ainsi que ses mœurs.

CERF LE LESCHENAULT, *C. Leschenaultii*. Cet autre a été également décrit par Cuvier sur un bois envoyé de la côte de Coromandel par M. Leschenault, et qui diffère de tous les précédens.

CERF DE PÉRON, *Cervus Peronii*, a été rapporté de Timor par Péron et décrit par Cuvier; il a des canines à la mâchoire supérieure. Il est peu connu.

§ 6. *Bois sessiles, ramifiés, avec un andouiller médian, sans andouiller basilaire.* Les CHEVREUILS.

Toutes les espèces de ce sous-genre ont une ligne blanche, bordée de noir, qui coupe obliquement le bout de leur museau.

I. Espèces de l'ancien continent.

CHEVREUIL, *C. capreolus*, L., représenté dans notre Atlas, pl. 89, fig. 5. Cet animal est plus petit que le Cerf et le Daim, dont il offre à peu près les formes générales; son pelage est fauve ou gris brun; ses fesses sont blanches; quelques individus sont d'un roux très-vif, d'autres sont noirâtres. Les bois, assez petits, sont rameux et rugueux, ayant deux andouillers dirigés l'un en avant, l'autre en arrière.

Le Chevreuil n'a ni canines ni larmiers; la femelle, que l'on nomme *Chevrette*, est de la même forme que le mâle, duquel elle ne diffère que par l'absence de bois. Au lieu de se mettre en hordes, comme les Daims et les Cerfs, ces animaux vivent par famille, le père, la mère et les petits allant toujours ensemble, sans jamais s'associer avec des étrangers, « Ils sont, dit Buffon, aussi constans dans leurs amours que le Cerf l'est peu; comme la Chevrette produit ordinairement deux faons, l'un mâle et l'autre femelle, ces jeunes animaux, élevés, nourris ensemble, prennent une si forte affection l'un pour l'autre, qu'ils ne se quittent jamais...; et c'est attachement encore plutôt qu'amour. Quoiqu'ils soient toujours ensemble, ils ne ressentent les ardeurs du rut qu'une seule fois par an, et ce temps ne dure que quinze jours; c'est à la fin d'octobre qu'il commence, et il finit avant le quinze de novembre. Ils ne sont point alors chargés, comme le Cerf, d'une venaison surabondante; ils n'ont point d'odeur forte, point de fureur, rien en un mot qui les altère et qui change leur état; seulement ils ne souffrent pas que leurs faons restent avec eux pendant ce temps; le père les chasse, comme pour les obliger à céder leur place à d'autres qui vont venir, et à former eux-mêmes une nouvelle famille; cependant, après que le rut est fini, les faons reviennent auprès de leur mère, et ils y demeurent encore quelque temps, après quoi ils la quittent pour toujours, et vont eux deux s'établir à quelque distance des lieux où ils ont pris naissance. » Le Chevreuil est deux ou trois ans à croître, mais il peut engendrer dès l'âge d'un an; sa femelle ne porte que cinq mois; on estime plus sa chair que celle du Cerf : il est répandu par toute l'Europe tempérée; on le trouve aussi dans une partie de l'Asie.

Cerf ahu ou Chevreuil de Tartarie, *C. pygargus* de Pallas, est une espèce de l'Asie, de la Tartarie russe principalement; un peu plus grand que le Daim, il a les bois plus hérissés à leur base que ceux de notre Chevreuil, les poils plus longs et la queue réduite à un simple tubercule.

II. Espèces du nouveau continent; elles sont un peu plus nombreuses.

Cerf de Virginie, *C. virginianus*, figuré à la pl. 42, Mam. de l'Iconographie du Règne animal; on le nomme aussi Cerf de la Louisiane; c'est le *Daim* des Anglo-Américains. Il est un peu moins grand que notre Daim, duquel il diffère d'ailleurs beaucoup pour les bois; son corps est svelte, coloré en été de fauve clair, et en hiver de gris roussâtre, avec le dessous de la gorge et de la queue blanc en tout temps; son bois est médiocre, très-fortement recourbé en avant et armé de trois ou quatre andouillers. Ce Cerf a des larmiers et manque de canines : il est commun dans toute l'Amérique du Nord, et ne s'arrête au sud que vers la Guiane.

Grand Cerf rouge, *C, paludosus* Desm., le *Guazou-poucou* de d'Azzara, qui paraît avoir des bois plus droits que ceux du précédent, a le museau très-gros; les parties supérieures et les côtés du corps sont d'un rouge bai; le dessous de la tête et de la poitrine est blanc, et les paupières noires, entourées de blanc; ses bois sont assez grands et terminés par une fourche ayant quelquefois cinq dagues.

Le Guazou-poucou, dont le nom signifie *grand Cerf*, vit au Paraguay; il est le plus grand de cette contrée; sa chair est bonne, mais cependant on la mange rarement; c'est plutôt pour sa peau, qui sert à la buffleterie ou à la maroquinerie, qu'on lui donne la chasse; cette chasse, à laquelle un grand nombre de personnes se livrent, n'a communément d'autre résultat que de faire courir, et d'être la cause de la mort de quelques cavaliers excédés de fatigue, de tuer des chevaux et de détruire de petits Cerfs, parce que le plus fréquemment on n'atteint pas les vieux. » (D'Azzara; *Hist. nat. des quadrup. du Paraguay*.)

Cerf du Mexique, *C. mexicanus*, dont Buffon a parlé sous le nom de *Chevreuil d'Amérique*, n'est connu que par ses bois, qui sont médiocrement longs, gros et rugueux, écaillés, ayant plusieurs andouillers, dont l'antérieur est fort conique et non arqué.

On lui donne pour patrie le Mexique et la Guiane.

Cerf guazouti, *C. campestris*, Fréd. Cuv. Cette espèce, primitivement décrite par d'Azzara, habite dans l'Amérique méridionale depuis le Paraguay jusqu'aux pampas de Buenos-Ayres; elle se tient dans les plaines et non dans les bois comme le Guazoupita dont nous allons parler; elle est très-légère à la course et fort difficile à prendre; sa chair, dans le jeune âge seulement, est bonne à manger; celle des adultes porte une odeur désagréable; son pelage est ras et serré, d'un bai rougeâtre en dessus, d'un beau blanc en dessous et sur les fesses; les bois sont médiocres, assez minces, plus ou moins rugueux, à merrains à peu près droits, à andouillers antérieurs horizontaux, puis courbes et verticaux; les postérieurs sont obliques et au nombre de deux.

§ 7. *Bois sessiles, simples et en forme de dagues.* Les Daguets.

Cerf guazoupita, *C. rufus*, F. Cuv., dont le nom signifie *Cerf roux*, a en effet le pelage d'un roux vif doré; le dessus de la tête et des jarrets est d'un brun obscur tirant sur le roux; le dessous du corps est blanc; queue assez longue; la femelle seule manque de canines; ses petits ont une livrée en naissant.

Il vit par troupes dans les forêts de l'Amérique méridionale; on l'a principalement observé au Paraguay.

Cerf guazoubira, *C. nemorivagus*. Ce Cerf, l'un de ceux que d'Azzara nous a fait connaître, est aussi de l'Amérique; il habite les bois marécageux, et vit solitaire au Paraguay et dans la Guiane. Il a le pelage d'un brun grisâtre en dessus et d'un blanc teint de fauve en dessous; ses fesses et le dessus de sa queue sont fauves. Les larmiers sont très-petits, et il n'existe point de canines.

§ 8. *Bois portés sur un long pédicule osseux et dépendant des os du front.* Les Cervules.

Cerf montjak, dont le nom s'écrit aussi *Muntjac*, est le *Cervus muntjak* de Blainville et le *Chevreuil des Indes* de Buffon, ainsi que le *Kijang* de Raffles; il a la tête pointue, les yeux grands et munis de larmiers, les oreilles assez larges et la queue courte; son poil est ras, luisant, d'un marron roux, brillant en dessus, son ventre blanc ainsi que le devant de ses cuisses. Ce Cerf, plus petit que notre chevreuil d'Europe, vit par petites troupes dans l'Inde et les grandes îles voisines; le mâle seul a des bois et des canines.

Cerf musc, *C. moschatus.* Cette espèce, décrite par M. de Blainville, est connue d'après un crâne observé à Londres par ce naturaliste et provenant de Sumatra; ses bois sont très-courts, sans andouillers et sans meules à leur base; leur pédoncule est très-long; le mâle a deux canines à la mâchoire supérieure.

Cerf a petits bois, *C. subcornutus.* C'est aussi à M. de Blainville que l'on doit la description de cette espèce; il l'a faite d'après un crâne qui présentait un bois très-petit, à meule assez bien formée; les pédoncules étaient médiocrement allongés et la était armée d'un petit andouiller, à pointe brusquement recourbée en arrière; le mâle manque e canines. (Gerv.)

CERFEUIL, *Chærophyllum.* (agr. et bot. phan.) Pentandrie digynie, famille des Ombellifères. Ce genre, appelé *Scandix* par Linné, a été démembré par Lamarck, et caractérisé ainsi qu'il suit : calice entier; pétales ouverts, échancrés, inégaux; fruits oblongs, lisses ou striés, glabres ou hérissés de poils courts; feuilles très-découpées, ombelles dépourvues de collerette générale; plantes herbacées. Le Cerfeuil cultivé, *C. sativum*, est une plante potagère, annuelle, qui vient spontanément dans les contrées méridionales de la France et de l'Europe. Ses feuilles, assez semblables à celles du persil, ont une saveur et une odeur légèrement aromatiques, agréables au goût et à l'estomac. Elles contiennent une huile très-volatile; aussi ne faut-il point les faire bouillir long-temps lorsqu'on les met dans le bouillon. Le Cerfeuil est très-fréquemment employé dans les cuisines; sa culture est très-facile; les bestiaux et surtout les lapins le mangent avec avidité.

En Italie, sur les Alpes, dans les montagnes de la Suisse, on trouve le Cerfeuil musqué, *C. odoratum*, qui est cinq ou six fois plus grand que l'espèce commune, d'un vert plus foncé, exhalant une odeur aromatique très-prononcée; il trace beaucoup; ses racines et ses semences ont le parfum et le goût de l'anis. Ces dernières vertes et hachées, se mangent dans la salade, ainsi que les jeunes feuilles que l'on fait quelquefois entrer dans les potages. Les Kamtschadales s'en nourrissent habituellement et en préparent une liqueur. On appelle encore cette espèce *Cerfeuil d'Espagne.* (T. d. B.)

CERF-VOLANT. (ins.) On désigne vulgairement ainsi en France le plus gros des Coléoptères qui s'y trouvent, le *Lucanus cervus*, Linné. Quoiqu'il doive en être question au mot Lucane, auquel nous renvoyons, nous en avons donné une figure sous son nom vulgaire, dans notre Atlas, pl. 90, fig. 1. (Guér.)

CÉRINE. (chim.) La Cérine est une des deux cires particulières (l'autre s'appelle *Myricine*), que John a obtenues en traitant la cire des abeilles par l'alcool bouillant. Cette substance est soluble dans l'éther froid et dans l'éther chaud, dans l'alcool bouillant, l'essence de térébenthine chaude, etc.; elle est noircie par l'acide sulfurique, peu attaquable par l'acide nitrique, décomposée, à chaud, par la potasse, etc., etc. La Cérine est encore sans usage. (F. F.)

CERISE. (bot. phan.) Fruit du Cerisier.

CERISIER, *Cerasus.* (bot. phan.) Espèce du genre *Prunus*, selon Linné, et genre lui-même, selon Jussieu, appartenait à la famille des Rosacées (tribu des Amygdalées) de Jussieu, et à l'Icosandrie monogynie de Linné. Il est à peu près généralement reconnu que cet arbre est indigène en Europe, et que Lucullus n'en apporta de Cérasonte qu'une variété déjà perfectionnée en Asie. Suivant M. C. Tollard, on trouve, dans nos forêts, les trois types de toutes les variétés cultivées dans nos vergers. Les caractères de ce genre sont : un calice caduc, monosépale, à cinq divisions allongées, qui retombent sur lui-même; une corolle à cinq pétales, dont la lame onduleuse est du blanc le plus pur; un long pistil autour duquel se rangent une foule d'étamines d'inégale hauteur, et dont la base est un ovaire luisant, qui, fécondé par la petite pluie d'or tombée des anthères, sera bientôt un fruit noir ou vermeil, aussi agréable à la vue que la fleur à laquelle il succède. La Cerise est un drupe charnu, arrondi, glabre, légèrement sillonné d'un côté, et dont le noyau, ovale et lisse, est marqué latéralement d'un angle un peu saillant. Les feuilles du Cerisier, qui ne commencent à se développer que lorsque les fleurs sont déjà épanouies, sont ovales, lancéolées, penninerves et finement dentées sur les bords.

Cet arbre, dans l'état sauvage, acquiert les dimensions de ceux qui peuplent nos forêts, parmi lesquels même on le trouve assez souvent. Sa tige alors s'élance fièrement pour atteindre à leur cime; on dirait qu'animé d'une noble émulation, il ne veut pas rester au dessous de ses confrères. Son écorce est comme couverte d'une légère couche de cendre, au travers de laquelle se révèle un épiderme rougeâtre, qui s'enlève aisément, et sur lequel on peut aussi bien écrire que sur du parchemin. Dans la partie septentrionale du département des Hautes-Pyrénées, qui s'étend en plaine, on suit à peu près, à l'égard de la vigne, l'usage de l'Italie; on la marie à un arbre; mais ce n'est pas l'ormeau qu'on lui choisit pour époux, c'est le Cerisier : aussi, par une belle matinée de printemps, transportez-vous sur l'un des coteaux qui bordent cette belle plaine au levant et au couchant, et dites si vous avez vu un spectacle qui surpasse en magnificence celui qui s'offre devant vous : c'est un océan de fleurs que, par dessus la douce verdure des pampres, fait mollement onduler une légère brise, et qui, se combinant avec la rosée, reflète les rayons du soleil d'une manière éblouissante. Plus tard, la décoration change; et lorsque, sous l'influence de cet astre bienfaisant, les fruits se sont colorés, c'est une étendue immense de girandoles de jais et de rubis, qui se balancent au dessus d'un sol tout couvert de légumineuses ou de céréales de tout genre; car, dans ce beau pays, la plupart des terres sont à la fois champ, vigne et verger; on pourrait ajouter *taillis*; car les Cerisiers qui soutiennent la vigne sont émondés tous les ans, tous les ans aussi on arrache les vieux, et ces deux opérations procurent beaucoup d'excellent bois de chauffage. On réserve la plus grosse souche pour la nuit de Noël : la veille de cette fête, à peine le soleil a-t-il disparu sous l'horizon, que cette souche est placée au fond du foyer avec une sorte de solennité. Le chef de la famille y met le feu, et sur-le-champ la flamme s'élève en pétillant, claire, brillante, pure, comme la lumière que vint apporter au monde le divin enfant qui naquit dans cette nuit mémorable. Aïeul, aïeule, père, mère, enfans, sont rangés en cercle dans la cheminée aux larges flancs, chantant à l'unisson de vieux *Noëls*, composés dans l'idiome naïf du pays. Bientôt le son de la cloche lointaine se fait entendre : tous se lèvent avec empressement, à l'exception du grand-père ou de la grand'mère infirme, dont on prend congé en l'embrassant, et qui garde le coin du feu, priant le bon Jésus pour ses bons petits-fils, et préparant le réveillon qui doit les régaler au retour. Cependant, vers l'église, bâtie sur le point culminant d'une colline, s'acheminent nos pèlerins, toujours chantant, à la lueur d'une torche formée d'écorces de Cerisier, roulées en spirale à l'extrémité d'une longue perche. Cette torche est pour eux ce que fut l'étoile pour les mages. Dans ces heureuses contrées, le Cerisier le dispute au noyer, à l'acajou même, pour la menuiserie et la marqueterie. Il a, dans sa couleur, quelque chose de gai qu'offrent rarement les bois que le luxe fait venir de si loin à grands frais. Aussi est-il le bois favori dont la nouvelle mariée fait confectionner l'armoire où sera déposée sa parure de noces, pour n'en plus sortir qu'aux fêtes les plus solennelles.

Ne pensez pas qu'il se borne humblement à orner la modeste chaumière; il pénètre dans les villes : les luthiers en font usage; et voyez-vous ce que balance légèrement la main d'une élégante citadine? c'est sa seconde écorce sous la forme d'un joli cabas.

On célèbre, à Hambourg, *la fête des Cerises*. Des chœurs d'enfans parcourent les rues, tenant en main des rameaux verts, chargés de Cerises. Voici l'origine de cette fête : en 1432, les Hussites marchaient contre la ville de Hambourg, dans l'intention de la détruire de fond en comble. Un citoyen, nommé Wolf, proposa d'envoyer aux ennemis une députation d'enfans de sept à quatorze ans, enveloppés dans des draps mortuaires. Le spectacle de ces êtres innocens qui, commençant la vie, venaient à lui couverts des insignes de la mort, surprit et toucha le chef des Hussites, Procope Nasus. Il embrassa ces jeunes supplians, les régala avec des Cerises, leur promit d'épargner la ville, et tint parole.

On sait qu'avec des Cerises on fait des confitures, du ratafia, une sorte de vin, du kirschen-wasser, du rossolis, etc.

Il serait trop long d'énumérer les espèces ou variétés du Cerisier. Nous renvoyons nos lecteurs aux ouvrages qui traitent spécialement des arbres fruitiers. (C. É.)

CÉRITHE, *Cerithium*. (MOLL.) Coquilles univalves marines, mais dont quelques espèces vivent à l'embouchure des fleuves, que Bruguière a séparées des *Strombes* de Linné, et dont il a fait un genre adopté depuis par Lamarck et tous les conchyliologistes. Le mot Cérithe a été emprunté par Bruguière à une des espèces ainsi nommées par Adanson. Ces coquilles sont turriculées; l'ouverture est oblongue, oblique, terminée à sa base par un canal court, tronqué ou recourbé, mais jamais échancré; une gouttière à l'extrémité supérieure du bord droit, un opercule petit, orbiculaire et corné; les tours de spire en fort grand nombre, presque toujours chargés d'une multitude de tubercules plus ou moins gros. Quelques espèces pourtant sont complétement lisses. L'animal est très-allongé, le manteau prolongé en canal à son côté gauche, le pied court, ovale, avec un sillon marginal antérieur, la tête terminée par un mufle proboscidiforme, déprimé; tentacules très-distans, annelés, renflés dans la moitié inférieure de leur longueur, et portant les yeux au sommet de ce renflement; bouche terminale en fente verticale, sans dent labiale, et avec une langue fort petite; une seule branchie longue et étroite. Les espèces vivantes qui constituent ce genre sont tellement nombreuses qu'il serait fort difficile d'en donner le chiffre; il en est de même des fossiles que l'on trouve dans presque tous les pays, surtout aux environs de Paris. Elles sont en général de moyenne taille, mais il en est une qui est véritablement le géant de l'espèce, et qui est figurée dans l'ouvrage de M. Deshayes, sous la dénomination de *Giganteum*; elle peut avoir de quinze à seize pouces de long.

Nous avons donné dans notre Atlas, planche 90, deux figures de Cérithes, empruntées au beau travail de MM. Quoy et Gaimard, inséré dans le Voyage autour du Monde de la corvette l'*Astrolabe*. La figure 2 offre la CÉRITHE RAYÉE, *Cerithium lineatum*, Lam.; elle a des plis épineux et des bandelettes serrées d'un brun rouge; son animal est entièrement jaunâtre, avec des lunules blanches sur le cou. Son mufle est obliquement strié de jaunâtre de chaque côté; ses tentacules sont courts. Elle habite Tonga-Tabou et divers autres lieux. La figure 5 représente la CÉRITHE SILLONNÉE, *C. sulcatum*, Lam. Cette espèce, qui est toute brune, a un animal jaunâtre, à pied large, arrondi, verdâtre, tacheté de noir. Le mufle est allongé et d'un noir de velours. Les tentacules sont gros, très-longs, légèrement verdâtres. Le siphon respiratoire déborde le canal et s'étale en dessus sous la forme d'une petite palette jaune laciniée. Cette espèce vient d'Amboine. (DUCL.)

CÉRIUM. (CHIM et MIN.) Métal dont la découverte est due aux chimistes suédois Berzelius et Hizinger. Son nom lui vient de la planète de Cérès, à laquelle il a été dédié. A l'état de pureté, il est rangé par les chimistes dans la quatrième classe, c'est-à-dire parmi les métaux qui absorbent l'oxigène aux plus hautes températures, et qui, suivant M. Thénard, ne décomposent pas l'eau. Dans cet état, il est cassant et infusible, ce qui le rend jusqu'à présent inutile dans les arts.

Dans la nature, jamais on le trouve pur : il est ordinairement combiné avec l'oxigène, la silice et le phtore ou fluor, et quelquefois avec l'acide carbonique.

Le Cérium oxidé, toujours uni à la silice, forme dans la minéralogie chimique deux espèces distinctes. L'une est le *Cerium oxidé siliceux noir*; on lui a réservé le nom de *Cérine* : c'est une substance compacte, d'un noir brunâtre, qui raie le verre, et qui n'a point encore été trouvée cristallisée; cependant deux substances qui en sont très-voisines, l'*Allanite* et l'*Orthite*, cristallisent. L'autre espèce est le *Cerium oxidé silicifère rouge*, dont le nouveau nom spécifique est *Cérérite*. Elle est aussi compacte que la précédente, beaucoup plus pesante et d'une couleur rosâtre ou violâtre, tirant un peu sur le brunâtre. On ne la connaît point cristallisée.

Combiné avec le fluor, le Cérium constitue deux ou trois espèces minérales. La première, appelée *Flucérine*, est une substance jaunâtre ou rougeâtre, à texture cristalline, mais ne cristallisant pas; la seconde, nommée *Basicérine*, parce qu'elle renferme un excès de base, c'est-à-dire parce que le Cérium y est en plus grande quantité que dans toutes les autres (et en effet, on y trouve 66 à 67 pour cent de métal), est jaune et d'une texture cristalline; la troisième, dont la place n'est point encore suffisamment fixée dans la méthode, est l'*Yttrocérite* ainsi appelée de ce qu'elle contient 15, 20, et même plus de 30 pour cent du métal nommé *Yttrium*, est une substance grisâtre ou violâtre, à texture cristalline ou compacte.

Enfin, le Cérium combiné avec l'acide carbonique a reçu le nom de *Carbocérine*, espèce qui se présente ordinairement en petits cristaux blancs à la surface de la Cérérite.

Ces différentes combinaisons du Cérium n'ont été trouvées jusqu'à présent qu'en Suède, dans des roches granitiques, principalement dans celles que l'on appelle Pegmatites. (J. H.)

CERNIER, *Polyprion*. (poiss.) Ce poisson a en général la forme d'un Serran; on aperçoit non seulement des dentelures au préopercule et des épines à l'opercule, mais il y a, sur ce dernier os, une crête bifurquée et très-âpre, et les os de la tête ont beaucoup d'aspérités. La Méditerranée en possède une espèce qui atteint à de grandes dimensions, c'est le *Polyprion cernium*, Val. (Mém. du Mus., t. xi, pl. 265). Ce poisson, dans l'état adulte, est d'un gris-brun uniforme; dans sa jeunesse; il est marbré de grandes et larges taches noirâtres sur un fond gris ; toutes les dentelures sont plus fortes, surtout celles de l'épine des ventrales ; la caudale est toujours bordée de blanc.

(Alph. G.)

CÉROCOME, *Cerocoma*. (ins.) Genre de Coléoptères de la section des Hétéromères, famille des Trachélides, tribu des Cantharidies, établi par Geoffroy, ayant pour caractères : antennes de neuf articles, dont le dernier très-grand, beaucoup plus épais que les précédens; celles des mâles, ainsi que leurs palpes maxillaires, affectent quelquefois des formes très-singulières; corps déprimé. Schœffer a étudié avec beaucoup de soin l'espèce qui porte son nom, et son travail, accompagné de figures très-détaillées, se trouve dans ses Mémoires détachés d'Histoire naturelle, t. 2, pag. 219 et suivantes; les métamorphoses de ces insectes sont inconnues. On trouve l'animal à son état parfait sur les fleurs.

C. de Schœffer, *C. Schafferi*, Linn., figuré dans notre Atlas, pl. 90, fig. 4. Long de 5 à 6 lignes, d'un beau vert d'émeraude; les antennes, les palpes, les pattes et l'abdomen fauve pâle; l'extrémité de ce dernier est noire. De Paris. (A. P.)

CÉROPHYTE, *Cerophytum*. (ins.) Genre de Coléoptères, de la section des Pentamères, famille des Serricornes, tribu des Elaterides, créé par Latreille, qui lui donne pour caractères : dernier article des palpes beaucoup plus grand que les précédens, presque en forme de hache; les quatre premiers articles des tarses courts et le pénultième bifide; antennes des mâles branchues intérieurement, à partir du troisième article.

C. Elatéroïde, *C. Elateroides*, représenté dans notre Atlas, pl. 90, f. 5. Ovale déprimé, de couleur noire, strié. Cet insecte est très-rare aux environs de Paris. (A. P.)

CEROPLATE, *Ceroplatus*. (ins.) Genre de Diptères, de la famille des Némocères, ayant pour caractères : palpes très-courts, coniques, relevés, presque soudés à leur extrémité; antennes fusiformes comprimées. Réaumur a observé les métamorphoses de cet insecte; la larve est vermiforme, habite la partie inférieure des agarics du chêne, la dévore et la couvre d'une humeur visqueuse; la nymphe, allongée, épineuse à son extrémité, a cela de remarquable que ses antennes, contrairement à l'usage des autres Tipules, sont couchées sur son dos; toute son enveloppe est formée d'une humeur visqueuse.

C. tipulaire. *C. tipuloides*, Bosc. Long de six à sept lignes, fauve jaunâtre, avec une tache et un point noir sur chaque élytre. De Paris. (*Voy.* Atlas, pl. 90, fig. 7.) (A. P.)

CÉROXYLE, *Ceroxylum andicola*. (bot. phan.) Sur les cimes les plus hautes de la chaîne des Andes du Pérou, et les plus voisines des neiges éternelles, croît le plus grand des Palmiers connus, celui auquel sa singulière propriété de donner de la cire a fait donner le nom qu'il porte. Sa tête, perdue dans les nues, monte à plus de cinquante mètres; quelquefois même elle arrive à soixante, et brave la puissance des autans; ses feuilles ailées ont de six à huit mètres de long, ce qui dénonce une force de végétation extraordinaire, surtout sous l'influence d'une température aussi basse que celle des lieux où se plaît exclusivement ce superbe, cet utile palmier. Au moyen d'une ratissoire, les habitans des Cordilières, et en particulier ceux de Quindiù, recueillent avec soin la cire qui s'échappe des anneaux résultant de la chute des palmes, et qui forme le long du stype une couche de cinq à dix millimètres d'épaisseur. Cette substance est par eux appelée Cera de palma (*v.* ce mot), et leur sert à fabriquer des bougies et des sortes de pains ou galettes qu'ils livrent au commerce. Le fruit du Céroxyle est un drupe violet, sucré, faisant les délices des polatouches, des écureuils, des oiseaux. Il est situé au sommet de la haute colonne et occupe le centre de cette rosette que forment les feuilles qui la terminent. Le Céroxyle appartient à la Polygamie monoécie. (T. d. B.)

CÉROXYLINE. La même substance que celle plus connue sous le nom de Cera de palma. (*V.* ce mot.) (T. d. B.)

CÉRUMEN. (physiol.) Matière jaune et amère, fournie par un grand nombre de petits follicules sébacés, qui garnissent les parois du conduit auriculaire externe ; visqueuse, d'une couleur orangée, d'une odeur légèrement aromatique ; elle forme, délayée dans l'eau, une émulsion facilement putrescible. On lui assigne pour usage de lubréfier la peau qui tapisse le conduit auditif, d'entretenir la souplesse de cette partie et d'empêcher les insectes de s'y introduire ; peut-être aussi de diminuer l'intensité du son. En sortant des follicules qui le sécrètent, le Cérumen est liquide ; il se durcit à l'air. Cette sécrétion est plus abondante dans l'enfance ; dans la vieillesse il est susceptible de se durcir et de produire ainsi la surdité. Lorsque cette cause est reconnue, il est facile d'y remédier. Les chimistes qui ont analysé le Cérumen ont trouvé qu'il était composé de mucus albumineux, d'une matière grasse semblable à celle que fournit la bile, d'un principe colorant, de soude et de phosphate de chaux. (P. G.)

CÉRUSE. (min.) Nom que, dans sa nomenclature minéralogique, M. Beudant a assigné au carbonate de plomb, dont la cristallisation dérive du prisme rhomboïdal. (*V.* Plomb.) (J. H.)

CERVEAU et CERVELET. (anat.) (*V.* Excéphale.)

CESTE. (zooph. acal.) Genre placé par Cuvier dans les Acalèphes libres, et auquel il assigne les caractères suivans : très-long ruban gélatineux, garni sur l'un de ses bords d'un double rang de cils ; on en trouve aussi sur l'inférieur, mais moins nombreux. C'est sur ce bord inférieur, qu'on rencontre la bouche, large ouverture qui se rend à un estomac percé à travers la largeur du ruban, et se rendant à un anus très-petit ; de l'extrémité voisine de l'anus partent des vaisseaux ; aux côtés de la bouche s'ouvrent deux sacs qu'on regarde comme deux ovaires. On n'en connaît qu'une seule espèce : le *Ceste de Vénus,* représenté dans notre Atlas, pl. 91, fig. 1, qu'on rencontre dans la Méditerranée ; sa longueur est de plus de cinq pieds, sa hauteur de deux pouces. Les pêcheurs les appellent *Sabres de mer.* (P. G)

CESTRACION. (poiss.) Genre démembré des Squales et formé par Schneider. (*Voy.* Squale.) (Alph. G.)

CESTREAU, *Cestrum.* (bot. phan.) Indigènes aux parties chaudes de l'Amérique, les trente et quelques espèces qui constituent ce genre de la Pentandrie monogynie, et de la famille des Solanées, ne sont bien connues que depuis les deux premières années du 19ᵉ siècle. Ces arbrisseaux, à feuilles toujours vertes et d'un joli aspect, figurent très-bien dans les jardins paysagers ; mais la majeure partie exhale une odeur nauséabonde fort désagréable et dénotant des qualités très-suspectes. Il en est quelques unes qui font exception, et de ce nombre sont : 1° Le Cestreau diurne, *C. diurnum,* de la Havane, dont les fleurs blanches assez petites, huit à dix ensemble en une sorte de faisceau ombelliforme, répandent durant le jour un parfum très-suave. Cet arbrisseau de trois mètres de haut a les rameaux droits, pubescens, la tige grisâtre, et les feuilles alternes, très-entières et douces au toucher. 2° Le Cestreau a baies noires, *C. parqui,* que l'on verra figuré dans notre Atlas, pl. 91, fig. 2, croît naturellement sur les montagnes du Chili ; il a été apporté en Europe, en 1787, et est cultivé en pleine terre. C'est surtout la nuit que ses fleurs d'un jaune un peu verdâtre, assez semblables à celles du jasmin, embaument l'air, et qu'elles se montrent radieuses à l'extrémité des rameaux et dans les aisselles des feuilles supérieures, disposées en une belle panicule : le jour leur odeur est fétide. Haut de deux mètres, cet arbuste, au feuillage d'un vert gai, supporte le froid de nos hivers, et quand la tige succombe à une température trop rigoureuse, les racines repoussent au printemps des jets qui, la même année, acquièrent l'élévation des précédens, et donnent parfois des fleurs plus grandes, plus abondantes, dont la grappe a jusqu'à trente-deux centimètres de long : elles sont alors parfaitement inodores dès que le soleil paraît à l'horizon.

Le Cestreau a grandes fleurs, *C. macrophyllum,* fournit de superbes touffes de deux mètres et demi de haut, garnies de feuilles larges, luisantes, portées sur des pédoncules violets, et de fleurs d'un blanc de lait au moment de leur épanouissement, qui passent bientôt à un jaune soufre ; elles sont ramassées en petits bouquets aux aisselles des feuilles. Il provient de Porto-Ricco et compte à peine quinze années dans nos cultures. Il se place au pied des fabriques, des rochers et autres endroits abrités, qu'il embellit pendant l'été. (T. d. B.)

CÉTACÉ. (mamm.) Aristotelès avait donné le nom de *cetos* à certains animaux aquatiques, vivipares, mammifères, pourvus de dents, etc., que l'on a cru être les Dauphins des naturalistes modernes. L'on a étendu le nom de Cétacé à tous les animaux qui se rapprochent des Dauphins par leur organisation et leurs habitudes, c'est-à-dire à tous ces animaux aquatiques qui, avec une organisation intérieure analogue à celle des autres mammifères, avec une respiration aérienne et une éducation mammellaire, ont la forme extérieure et les habitudes des poissons. Comme chez les poissons, la forme générale du corps des Cétacés peut se formuler par l'adossement de deux conoïdes par leur base. L'antérieur plus obtus comprend la tête, qui à elle seule constitue au moins le cinquième et quelquefois le quart et même le tiers de la longueur totale de l'animal. Comme chez les poissons, la bouche est transversale, la face réduite à rien par le développement du front et des os supérieurs du crâne ; la tête se continue avec le tronc d'une manière insensible à l'extérieur, sans étranglement cervical ou cou mobile, et à l'intérieur par des vertèbres aplaties immobiles, et souvent soudées entre elles ; le tronc est dépourvu de pieds postérieurs et mun seulement en avant de nageoires, dans lesquelles on retrouve toutes les parties osseuses qui composent les membres antérieurs des mammifères, mais réunies en palette indivise et articulées entre elles d'une manière peu mobile et incapable de mouvement indépendant ; le tronc se continue à son tour, comme chez les poissons, d'une manière insensible à l'extérieur, avec une queue conique volumineuse, que l'on ne distingue à l'intérieur que par un bassin plus ou moins vestiglaire suspendu dans les chairs ; des os en V nombreux viennent augmenter la force de cet organe en multipliant les points d'appui des muscles robustes destinés à mouvoir cet organe, qui paraît presque seul chargé de la locomotion de ces animaux. La queue des Cétacés est terminée en arrière par une nageoire horizontale, mobile de haut en bas, et susceptible seulement d'une légère rotation sur elle-même, en vertu de laquelle elle se porte un peu obliquement à droite et à gauche, sans pourtant pouvoir effectuer un quart de conversion sur elle-même. L'on rencontre chez quelques espèces un repli de la peau qui, par sa forme comprimée et sa position sur la région rachidienne, rappelle volontiers la nageoire dorsale des poissons ; mais cette saillie n'est soutenue par aucune pièce osseuse, aucun muscle ne sert à la mouvoir, et elle paraît reproduire en petit ici la bosse dorsale des Zébus et des Chameaux, dont les rapports harmoniques nous sont entiè rement inconnus. La forme générale du corps des Cétacés et la disposition particulière de leurs organes locomoteurs les obligent à rester constamment dans l'eau, et c'est erreur d'observation ou confusion lorsqu'on a dit que ces animaux venaient à terre paître l'herbe des rivages ; néanmoins ils ne peuvent pas rester au sein des ondes sans venir à la surface du liquide respirer l'air atmosphérique, qui seul peut servir à leur hématose ; mais leur respiration peut se suspendre ou se prolonger pendant un temps assez long, en comparaison de ce que l'on observe sous ce rapport chez les autres mammifères ; l'on voit en effet les Cétacés rester des demi-heures entières plongées sous l'eau sans que leurs facultés et leurs fonctions paraissent le moindrement affectées. Ce phénomène a dû exciter la curiosité des physiologistes, et l'on a plusieurs fois tenté de l'expliquer. L'on crut d'abord que l'amplitude du poumon des Cétacés pouvait rendre raison suffisante de cette particularité, mais on renonça bientôt à cette théorie, et l'on voulut que le trou de Botal persistât chez les

Cétacés pendant toute la durée de la vie. L'anatomie de ces animaux a fait justice de cette erreur. Dans les derniers temp,s M. Breschet, ayant remarqué sur les côtés de la colonne vertébrale des Cétacés un lacis vasculaire veineux très-développé et sans analogue chez les autres mammifères, a été porté à présumer que chez les Cétacés le sang trouvait dans ce réseau veineux un réservoir où il était retenu au besoin lorsque l'animal plongeait quelque temps sous l'eau, et où il restait en stagnation jusqu'à ce qu'un acte respiratoire pût rendre à ce sang désoxigéné la liberté de circuler à travers les cavités du cœur et le tissu du poumon. Du reste les principaux organes de la respiration et de la circulation n'offrent pas de modifications profondes et de particularités bien importantes dant leur rapprochement avec ceux des autres mammifères. Le système nerveux est en général assez développé chez les Cétacés ; la portion encéphalique surtout paraît avoir une proportion relative assez considérable, et ce qu'il y a d'assez singulier, c'est que son volume en hauteur dépasse beaucoup ses deux autres dimensions, en opposition avec ce que l'on voit à cet égard chez les autres animaux. Néanmoins l'intelligence des Cétacés, que l'on a souvent vantée d'une manière exagérée, paraît assez bornée, et dans aucun acte de leur vie l'on n'aperçoit les indices d'un instinct un peu étendu, soit pour la défense des individus eux-mêmes, soit pour la protection des petits. L'on a bien dit que, lorsque ces animaux marchaient en troupes, ils se choisissaient un chef qui guidait et dirigeait la marche, avertissait du danger, indiquait les parages à choisir ou à éviter ; mais cette erreur, perpétuée depuis les Grecs et les Romains, paraît avoir été détruite par des observations plus exactes ; cette tendresse des Cétacés, qui s'étendait jusqu'à s'attacher à l'espèce humaine et jusqu'au désespoir mortel à l'idée de la perte d'un ami, ces larmes du chagrin, ce ravissement aux accords harmonieux d'une lyre, dont les anciens ont si gracieusement bercé nos ancêtres, sont de véritables fables, et se réduisent à un attachement peu fécond en ressources pour leurs petits et à des jeux folâtres entre eux, jeux dont on admire quelquefois la grâce, parce qu'ils n'ont pas cette rudesse et cette brusquerie que l'on croit devoir attendre de mouvemens parfois si rapides et si violens. D'ailleurs les organes des sens des Cétacés sont peu disposés pour une analyse exacte des corps extérieurs et pour donner à ces animaux des idées bien précises de leurs caractères physiques ou chimiques : le système tégumentaire, partout uniformément épais, dur et sans souplesse, même sur les nageoires et les lèvres, bien qu'il soit toujours nu et privé de poils ou d'écailles, ne peut pas leur fournir des élémens positifs sur la dimension ou la température ; les yeux sont petits, très-écartés l'un de l'autre, rejetés en arrière et en bas sur les côtés de la tête ; pourvus d'une sclérotique osseuse, susceptibles de mouvemens peu étendus, ils sont condamnés à agir isolément, si ce n'est à une distance très-considérable, étant toujours submergés, ces organes sont peu propres à rendre la vue perçante ; les oreilles, ouvertes à l'extérieur par un orifice très-petit, sans conque ni appareil collectif des sons, suspendues sur les côtés de la tête, indépendantes pour ainsi dire du reste du crâne, auquel elles ne tiennent que par des ligamens, ne paraissent pas avoir dans leur composition cette complication qui, presque toujours, indique la perfection de la fonction, et malgré leur isolement dans des tissus mous et peu conducteurs des sons, elles ne semblent pas avoir cette délicatesse que l'on observe chez les animaux mammifères terrestres ; leurs narines sont placées à la base de la tête : dépourvues en partie de ces anfractuosités que l'on rencontre chez les autres animaux, privées des paires de nerfs qui, si elles ne président pas à l'odorat, contribuent puissamment du moins à la perfection de ce sens, parcourues à chaque instant par les flots de liquide que l'animal engloutit avec sa proie, elles font présumer que si l'odorat existe chez ces animaux, il doit être fort obtus ; la bouche et les parties qui la composent ne peuvent pas non plus concourir par leur disposition à donner au goût une bien grande finesse ; la langue molle, spongieuse, encombrée de graisse, est adhérente par toute sa face inférieure au plancher de la bouche ; le palais est quelquefois garni de lames cornées dures et épaisses, et les dents, uniformes, simples, coniques, courtes et droites, sont uniquement destinées à retenir la proie comme chez les reptiles, sans la diviser pour en faciliter l'analyse : aussi les Cétacés, comme les reptiles, avalent-ils leur proie sans la mâcher. L'arrière-bouche offre ici un appareil particulier, au moyen duquel l'eau engloutie avec la proie dans l'énorme gueule des Cétacés, est rejetée avec force par les narines, dont l'ouverture extérieure a reçu, à cause de cette circonstance, le nom d'*évent* ; la sortie brusque, forte et bruyante de cette eau qui s'élève quelquefois à quinze ou vingt pieds au dessus du niveau de la mer, a mérité aux Cétacés le nom particulier de *Souffleurs*. Les Cétacés peuvent, à ce qu'il paraît, produire une sorte de mugissement assez fort pour être entendu à certaine distance ; mais ce n'est guère que dans le danger qu'on les entend donner ce bruit inarticulé, et ordinairement ils sont muets même dans leurs ébats. Le canal intestinal offre chez les Cétacés des particularités sans analogie dans les autres classes d'animaux, excepté les Lamantins et les Dugongs auxquels on les a réunis systématiquement, mais dont ils diffèrent sous beaucoup d'autres rapports ; leur estomac est multiloculaire et présente quatre et parfois cinq ou sept poches ou renflemens successifs ; ils n'ont pas de cœcum ni de gros intestin ; leur rate est aussi formée de plusieurs lobes ; ils se nourrissent de substances animales, et la Baleine proprement dite, qui d'ailleurs forme un groupe à part dans cette classe, se distingue encore par sa manière de vivre ; mais si elle se nourrit, comme on le dit, de fucus, ce n'est peut-être que pour engloutir avec ces végétaux les myriades de mollusques qui y adhèrent, et les poissons qui s'abritent sous les frondes de ces plantes marines.

Les Cétacés n'offrent pas, sous le rapport de leur réproduction, de particularités majeures, Les organes de la génération des Cétacés consistent, pour le mâle, en deux testicules globuleux placés au dedans de la cavité abdominale, derrière les muscles qui complètent sa paroi inférieure et qui closent l'anus circulaire, au devant duquel saille la verge, dilatée seulement au temps du rut et terminée par un gland déprimé que perce obliquement le canal urinaire et spermatique. Chez la femelle, on trouve au devant de l'anus une vulve longitudinale sans autre appareil de protection que les bords affrontés de son orifice, et de chaque côté une mamelle qui ne se prononce sensiblement que pendant l'époque de la lactation. La lactation des petits de ces animaux se fait d'une manière toute spéciale ; le défaut de lèvres molles, extensibles, la disposition fixe de la langue, la présence des dents rendaient la supposition d'une succion proprement dite peu vraisemblable ; aussi, comme M. Geoffroy St-Hilaire l'a démontré dans les derniers temps, la nature pourvoit-elle chez ces animaux à l'accomplissement de la lactation par un mécanisme particulier. Une glande placée sous la couche des muscles abdominaux superficiels sécrète le liquide, qui est versé directement dans un réservoir qui, par un conduit étroit et long, vient s'ouvrir à l'extérieur par un seul orifice pratiqué au centre d'un mamelon, qui après la gestation se développe de manière à pouvoir s'introduire jusque dans l'arrière-bouche du petit, Au moyen de la contraction des muscles qui recouvrent le réservoir lactifère, le liquide nourricier est lancé comme par un coup de piston dans l'œsophage du petit, qui le reçoit d'une manière passive, et qui ne fait par l'appréhension de la tétine de sa mère que solliciter la contraction des muscles éjaculateurs ; aussi la lactation des Cétacés ne s'exécute-t-elle pas d'une manière continue et prolongée, comme chez les autres mammifères, mais d'une manière instantanée, et par saccade, le petit revenant, à intervalles plus ou moins rapprochés ou éloignés, chercher la quantité de liquide qu'il a laissé s'accumuler dans le sac mamellaire.

Les Cétacés parviennent en général à une taille assez grande, et c'est parmi eux que l'on trouve ces animaux gigantesques qui nous témoignent de l'énorme dimension de ces habitans des mondes antérieurs que l'on serait tenté de regarder comme des êtres fabuleux, et de l'existence desquels on doute involontairement encore en voyant leurs restes fossiles plus ou moins complets. Les Cétacés habitent les mers profondes ; quelques uns remontent les grands fleuves de tous les parages, mais les océans tempérés trop fréquentés par la navigation les forcent à se réfugier vers les pôles ; néanmoins on les voit se diriger, pour l'accouplement et la reproduction, vers les mers des Tropiques. L'on a douté de ces sortes d'émigrations, et l'on a pensé que ces animaux

n'abandonnaient

n'abandonnaient guère les parages où ils étaient nés ; mais l'on a retrouvé à des distances très-considérables des Baleines qui avaient été chassées dans les mers du Nord, et qui avaient emporté avec elles les preuves irrécusables du fait, le harpon manqué qu'on leur avait lancé. Ces animaux en général habitent les bas-fonds, où la température de l'océan est égale et uniforme à une certaine profondeur ; il n'en est pas de même dans les anses où, suivant M. de Humboldt, elle est plus froide de deux à quatre degrés. La surface du liquide éprouve aussi plus ou moins la conséquence de l'abaissement de température de l'atmosphère, et les Cétacés sont obligés de se tenir près de cette surface par la nécessité où ils sont de revenir respirer l'oxygène atmosphérique ; il n'est donc pas étonnant qu'à l'approche des froids les Cétacés abandonnent momentanément les contrées boréales pour des climats moins âpres, et c'est peut être à ce passage que nous devons ces échouemens plus nombreux sur nos côtes au moment de l'équinoxe d'automne que dans les autres temps de l'année, bien que les tempêtes qui les occasionent ordinairement soient, dans d'autres saisons, quelquefois tout aussi violentes qu'à cette époque. La plupart des Cétacés habitent ordinairement les mers, mais l'on en trouve quelques uns dans les grands fleuves ; on en a signalé dans le Gange. De Humboldt et, après lui, M. Dorbigny en ont vu dans les grands fleuves de l'Amérique, et il y a quelques années qu'un animal de cette famille remonta la Seine à la suite d'un bateau de sel, et finit par se faire prendre dans l'intérieur même de Paris. Les Cétacés vivent, à ce qu'il paraît, en sociétés plus ou moins nombreuses, ou plutôt en troupes, chaque membre ne travaillant point en commun, mais isolément pour son compte ; c'est cette circonstance qui fait qu'on en voit quelquefois un certain nombre échouer à la fois et dans la même nuit sur la même plage ; néanmoins il n'est pas rare d'en voir isolés, et il est à présumer qu'ils ne se réunissent qu'à l'époque de la reproduction. La durée de la vie des Cétacés est inconnue.

De tout temps les Cétacés ont excité l'attention, non-seulement par la singularité de leur organisation et de leurs habitudes ; mais encore par le parti que l'on retire de leur exploitation, et surtout de celle du tissu cellulaire graisseux, lardacé, qui double leurs tégumens, et qui leur a fait donner chez nous à certaine époque le nom de *gras-pois* ; quelques auteurs font dériver ce mot du latin *crassus piscis, gras poisson* ; mais, en lisant les écrivains du seizième siècle, on serait tenté de croire que ce mot a une tout autre étymologie, et qu'il vient de l'usage qu'en faisait le peuple. L'observation suivante, en même temps qu'elle donnera au lecteur une idée de ce qu'était alors l'état de l'exploitation côtière des Cétacés en France, servira à confirmer ce soupçon que le vieux mot *gras-pois* vient peut-être de ce que le *gras* des Cétacés, que l'on confondait alors sous le nom de Baleine, servait à l'assaisonnement des

pois dont nos pauvres vilains formaient leur principale nourriture pendant les temps d'abstinence ; et ce qui ajoute encore quelque soutien à cette opinion, c'est que dans les vieilles chartes françaises le *gras-pois* se trouve aussi désigné par le mot *pour-pois.*

« Contre ledit village (Biarris), il y a, dit Ambroise Paré, une montagnette sur laquelle dès long-temps a esté édifiée une tour tout exprès pour y faire le guet, tant le iour que la nuict, pour descouvrir les Baleines qui passent en ce lieu, et de là on les apperçoit venir, tant par le grand bruit qu'elles font, que pour l'eau qu'elles sortent par un conduit qu'elles ont au milieu du front ; et l'appercevant venir, ceux qui sont au guet sonnent une cloche au son de laquelle, promptement, tous ceux du village accourent équippez de tout ce qui est nécessaire pour l'attraper. Ils ont plusieurs vaisseaux et nacelles, dont en d'aucuns il y a des hommes, seulement, constituez pour pescher ceux qui pourraient tomber en la mer, les autres dediez pour combattre, et en chacun il y a dix hommes forts et puissans pour bien ramer, et plusieurs autres dedans avec dards barbelez qui sont marquez de leur marque pour les recongnoistre, attachez à des cordes et de toutes leurs forces les iettent sus la Baleine, et lorsqu'ils apperçoivent qu'elle est blessée, qui se cognoist pour le sang qui en sort, ils lâchent les cordes de leurs dards et la suivent à la fin de la lasser et prendre plus facilement, et ainsi l'attirent au bord dont ils se resiouissent et font gode chere et la partissent entre eux, chacun ayant sa portion selon le deuoir qu'il aura fait, ce qui se cognoist par la quantité des dards qu'ils auront iettés et se seront trouez, lesquels demeurent dedans et les cognoissent à leur marque ; or les femelles sont plus faciles à prendre que les masles, pour ce qu'elles sont soigneuses de sauuer leurs pelicts et s'amusent seulement à les cacher, et non à s'eschapper. La chair n'est rien estimée ; mais la langue, pour ce qu'elle est molle et délicieuse, ils la salent semblablement le lard, lequel ils distribuent en beaucoup de provinces, qu'on mange en caresme avec des *pois* : ils gardaient la graisse pour brusler et frotter leurs batteaux, laquelle estant fondue ne se congéle iamais. Des lames qui sortent de la bouche on en fait des vertugales, busques pour les femmes et manches de cousteau et plusieurs autres choses, et quant aux os ceux du pays en font des clostures aux jardins, et des vertèbres des marches et selles pour se seoir en leurs maisons. »

Aux Cétacés se rapportent les Cachalots ou Physetères, et à leur suite les Baleines avec les subdivisions Baleinoptères, Rorqual ; près d'eux se range le genre Ziphius, sorte de Cétacé fossile ; ce sont les Cétacés de ce groupe que l'on désigne sous le nom de Cétacés macrocéphales. Dans une autre tribu, à laquelle par opposition on donne le nom de Cétacés microcéphales, on place les Dauphins avec les subdivisions Delphinorrhynques, Delphinaptère, Anodon, Hétérodon, Uranodon, Épiodon, Hyperoodon, Diodon, Susa, Platanista,

Oxyptères, les Marsouins et les Narwals, *Ceratodon*, *Monodon*, de quelques auteurs, qui se distinguent nettement des précédens par le développement d'une des dents intermaxillaires selon les uns, maxillaires-canines selon les autres. A leur suite vient enfin l'Ananarck ou Ancylodon. (Voir pour plus de détails ces différens mots.) (T. C.)

CÉTERACH. (BOT. CRYPT.) Genre de Fougères dont le nom se voit inscrit en gros caractères chez tous les pharmaciens, sans doute pour étonner les yeux ou l'oreille des pratiques ; car le *Cétérach* est par lui-même peu employé ; ses propriétés sont pectorales, comme celles des capillaires, mais à un degré faible.

Cette plante (*Ceterach officinarum*) se trouve dans toute l'Europe méridionale, et jusqu'aux environs de Paris ; chacun a vu sur les murs des touffes de petites feuilles d'un vert foncé, épaisses, coriaces, à nervures à peine visibles ; hautes de quatre à cinq pouces, pinnatifides, à lobes alternes, arrondis au sommet, et parfois un peu dentés, elles sont recouvertes en dessous d'écailles scarieuses, blanches ou roussâtres. Entre ces écailles se trouvent des groupes de capsules linéaires, placées transversalement. Ce dernier caractère est le seul qui distingue le *Ceterach* des *Grammitis*, qui ont leurs capsules en groupes obliques ou épars. Aussi a-t-on souvent confondu ces deux Fougères. Linné rangeait le Cétérach avec les ASPLENIUM (*voy*. ce mot).

Dans les iles d'Afrique, et surtout aux Canaries, on trouve une espèce de *Ceterach* plus vigoureuse, à écailles rousses et brillantes ; M. Bory de St-Vincent l'a décrite sous le nom d'*Asplenium latifolium*.

Le *Ceterach* des Alpes a des caractères très-distincts, qui ont déterminé R. Brown à en faire un nouveau genre. (*Voy*. WOODSIA.) (L.)

CÉTHOSIE, *Cethosia*. (INS.) Genre de Lépidoptères de la famille des Diurnes, ayant pour caractères : cellule des ailes inférieures ouverte, palpes inférieurs peu comprimés, écartés, terminés par un article grêle ; ailes oblongues ; crochets des tarses simples, massue des antennes oblongue. On connaît peu les mœurs de ces papillons, qui sont tous exotiques ; on sait seulement que leurs chenilles sont munies de tubercules épineux.

C. DIDON, *C. dido*, Fab. Large de trois à quatre pouces, noire avec trois taches principales aux ailes supérieures, dont une triangulaire oblongue à la base, et d'autres plus petites au sommet, une large tache transverse sur le disque des ailes inférieures, et six autres rondes près du bord externe, vert d'eau. Cette espèce est commune au Brésil.

Nous avons fait représenter, pl. 91, fig. 5, la *Cethosia pherusa* de Fabricius. Cette espèce a les ailes oblongues, légèrement dentées, d'un brun noirâtre ; les supérieures avec trois bandes longitudinales, les inférieures avec deux transverses, fauves. Ces dernières ailes ont en outre une rangée de pointes fauves sur le bord postérieur. Ce papillon est commun à Surinam. (A. P.)

CÉTINE. (CHIM.) Sous ce nom, donné par M. Chevreul pour rappeler celui des Cétacés, et sous ceux de *Blanc de Baleine* parce qu'on trouve de la Cétine dans l'huile de Baleine, d'*Adipocire*, parce que Fourcroy comparait cette même substance au gras des cadavres, de *Sperma ceti*, parce qu'on croyait que c'était la liqueur prolifique des Cétacés, on emploie une substance que l'on trouve en dissolution ou en suspension dans une huile grasse qui entoure le cerveau, ou qui lubréfie la moelle épinière du *Physeter macrocephalus* de Linné, mammifère à sang rouge et à sang chaud, qui a quelquefois 90 pieds de longueur, 45 à 50 de circonférence, et dont la tête a environ le tiers de sa longueur totale. (*Voy*. CACHALOT.)

La Cétine se présente en masse plus ou moins volumineuse, d'un beau blanc, d'un aspect nacré, formée par une infinité de petites écailles brillantes, douce et onctueuse au toucher ; légèrement odorante (à moins qu'elle ne soit ancienne et rance) ; fusible à 44° centigrades ; soluble dans l'alcool : quelques gouttes de ce liquide suffisent pour la pulvériser ; insoluble dans l'eau, soluble dans les huiles fixes et volatiles ; saponifiable par les alcalis ; inaltérable par l'acide nitrique qui décompose partiellement les huiles fixes ; jaunissant à l'air, mais très-lentement.

On obtient la Cétine en exposant à l'air l'huile grasse qui lui sert de véhicule ; par le refroidissement la Cétine se dépose ; on décante le liquide surnageant, on exprime la masse pour la débarrasser de toute l'huile qu'elle contient encore ; on la fait liquéfier à une douce chaleur, et on l'abandonne à elle-même : elle se solidifie sous forme cristalline. Dans les arts, on en fait de toutes pièces, en décomposant le gras des cadavres par un acide, l'acide nitrique par exemple.

Aujourd'hui la Cétine est à peu près abandonnée comme médicament interne ; on la donnait comme émolliente. Dans les arts, on en prépare des bougies diaphanes, diversement colorées, qui sont très-usitées. Elle entre encore dans quelques cosmétiques mous, comme la *Pommade à la Sultane*, et quelquefois aussi dans le cérat, pour le rendre plus blanc et plus léger. (F. F.)

CÉTOINE, *Cetonia*. (INS.) Genre de Coléoptères de la section des Pentamères, famille des Lamellicornes, établi par Fabricius et que Latreille a pris pour type d'une division de ses Scarabées, sous le nom de Mélitophiles ; car en effet ces insectes se trouvent habituellement sur les fleurs. Tel qu'il était alors, ce genre avait pour caractères : mandibules nulles, mâchoires membraneuses garnies de faisceaux de poils ; bientôt cependant ces auteurs reconnurent que ces caractères devenaient insuffisans ; plusieurs genres nouveaux furent créés, soit par eux, comme les genres *Trichius* par Fab., et *Platygenia* de Macleay, Cremartocheilles, etc., etc., par différens auteurs ; enfin moi-même, embrassant dans une seule monographie tout ce grand genre qui contient plus de 450 espèces, j'ai été obligé d'en créer plusieurs autres ; pour ne pas répéter à plusieurs articles ce qui peut être dit ici plus commodément, je vais donner une idée succincte de ce travail : le groupe entier, sous le nom de MÉLITOPHILES, a pour caractères : chaperon toujours avancé recouvrant le labre, mandibules rudimentaires ; corps déprimé, ovalaire, antennes de dix articles, dont les trois derniers formant une massue feuilletée ; plaque anale découverte. Cette grande coupe est séparée en deux sections, et en cela je me suis conformé aux idées déjà adoptées plutôt qu'à une méthode rationnelle ; cette première section forme les TRICHIDES, où l'on ne voit aucune pièce remarquable, dite pièce axillaire, entre les angles du corselet et des élytres, tandis qu'elle existe dans l'autre coupe. Celle-ci se subdivise en deux, les CÉTONIDES, où le corselet ne recouvre jamais l'écusson ; enfin les GYMNÉTIDES, où le corselet est toujours assez prolongé pour recouvrir presque en totalité l'écusson. Partant alors du principe que j'aurais dû appliquer à tous les Mélitophiles, j'ai placé en tête de chaque division les espèces chez qui, contrairement à l'opinion reçue, les mâchoires remplaçant les mandibules, deviennent plus ou moins cornées. Ainsi, pour la première division, nous avons les genres suivans :

Genre OSMODERMA, de Lepelletier et Serville, qui a pour caractères : lobe terminal des mâchoires triangulaire corné ; partie interne à son extrémité supérieure fortement élevée en un crochet corné ; tarses toujours plus courts que les tibias.

O. ERMITE, *O. eremita*, Linné. Long d'un pouce, d'un violet foncé métallique, thorax inégal, écusson ayant une impression longitudinale. Des environs de Paris. Sur le vieux bois.

Genre VALGUS de Scriba. Caractères : palpes maxillaires très-grands, lobe terminal des mâchoires non corné ; tibias antérieurs très-grands, premier article de tarses postérieurs le plus grand.

V. HÉMIPTÈRE, *V. emipterus*, Fab. Long de 3 lignes, noir, thorax velu, avec deux stries rugueuses longitudinales, des bandes irrégulières sur les élytres, celles-ci sont très-courtes ; l'abdomen des femelles est terminé par une tarière dentée sur les côtés, qui n'est qu'un prolongement de la plaque anale ; cette espèce se développe dans le vieux bois, surtout quand il se maintient humide. Elle est très-commune partout.

Genre TRICHIUS de Fabricius. Caractères : lèvre plus haute que large, se rétrécissant antérieurement, fortement échancrée ; tarses postérieurs beaucoup plus longs que les tibias.

T. FASCIÉ, *T. fasciatus*, Fab. Long de 6 lignes, noir, mais couvert de duvet serré jaune, trois bandes noires courtes sur les élytres. Aux environs de Paris.

Genre AGENIUS, Lepel., Serv. Caractères : palpes beaucoup plus longs que les mâchoires ; lèvre plus large que haute, demi-circulaire ; palpes insérés à son sommet, beaucoup plus longs qu'elle.

A. A LIMBE, *A. limbatus*, Oliv. Long de cinq lignes, noir, avec les côtés du corselet rouges ; élytres jaunes bordées de noir, avec un point de même couleur au milieu. Du cap de Bonne-Espérance.

Genre STRIPSIPHER, Percheron et Gory. Caractères : chaperon fendu ; palpes maxillaires et labiaux ayant tous leurs articles visibles ; lèvre fortement échancrée ; élytres striées ; tibias antérieurs tridentés.

S. A SIX TACHES, *S. sexmaculatus*, Sch. Long de 7 lignes, noir, avec six gros points jaunes sur les élytres. Du Sénégal.

Genre GNORIMUS, Lepellet. et Serv. Caractères : lèvre cordiforme, tronquée inférieurement, plaque anale très-large, bombée ; jambes antérieures bidentées ; tarses guère plus longs que les tibias.

G. NOBLE, *G. nobilis*. Longue de 8 lignes, élytres rugueuses d'un vert doré, maculées de blanc à leur partie postérieure ; cette espèce, commune dans notre pays, a, au premier aspect, l'apparence d'une Cétoine dorée.

Genre INCA, Lepellet. et Serv. Caractères : partie squameuse des mâchoires égalant à peine les parties membraneuses ; lèvre inférieure très-large, profondément échancrée en gouttière ; fémurs antérieurs épineux à leur jonction avec les tibias. Toutes les espèces de ce genre ont la tête cornue dans les mâles, et sont d'une grande taille.

I. BARBICORNU, *I. barbicornis*, Macleay. Long de 18 lignes, chaperon tronqué relevé en deux cornes munies intérieurement de poils serrés, jaunâtres, d'un vert obscur, comme arrosé d'atomes jaunâtres. Du Brésil.

Genre PLATYGENIA, Macleay. Caractères : corps très-déprimé ; mâchoire carrée, guère plus haute que large, à lobe terminal, transversal, presque nul ; très-velu.

P. DU ZAIRE. *P. zairica*, Macleay. Longue de 14 lignes, corps très-déprimé, noir luisant, avec les élytres striées ; le genre ne repose encore que sur cette seule espèce, mais elle est trop tranchée pour qu'on puisse la rapprocher d'aucune autre. Cette espèce vient du Sénégal et contrées voisines.

Les genres de la première division de la seconde section sont :

Genre CREMASTOCHEILUS de Knoch. Caractères : lobe terminal des mâchoires unguiculé, corné ; partie supérieure interne bi-épineuse, cornée ; lèvre couvrant entièrement la partie inférieure de la tête ; premier article des antennes triangulaire, très-grand. Tous les insectes composant ce genre sont exotiques.

C. DU CHATAIGNIER, *C. castaneæ*, Knoch. Long de 4 lignes, noir, ponctué, velu ; quatre petits tubercules aux quatre angles du corselet ; tarses antérieurs bidentés extérieurement. De l'Amérique du nord.

Genre DIPLOGNATHA, Percheron, Gory. Caractères : sternum court, épais, triangulaire ; mâchoires à lobe terminal, bifide, corné ; palpes labiaux très-courts ; corselet presque arrondi.

D. JAIS, *D. gagatis*, Fab. Long de 11 lignes, d'un brun noir très brillant ; chaperon coupé carrément, relevé antérieurement ; sternum obtus. Du Sénégal.

Genre Gnathocera, Kirby. Caractères : sternum avancé, aigu ; mâchoires à lobe terminal corné, tranchant, bifide, garni de poils supérieurement ; la partie interne terminée en ongle corné à sa partie supérieure.

G. de Macleay, *G. Macleaii*, Kirby. D'un vert doré très-brillant, avec le disque du corselet et deux larges bandes sur les élytres noirs. Des îles Philippines.

Genre Amphistoros, Percheron et Gory. Caractères : sternum aigu avancé ; tête cunéiforme ; mâchoires terminées par un onglet corné ; palpes grêles ; lèvre deux fois plus haute que large.

A. élevé, *A. elata*, Fab. Long de 7 lignes, chaperon rétréci bi-épineux, tête et écusson noirs ; deux bandes sur la tête, trois sur le corselet, une sur l'écusson, et d'autres sur les segmens inférieurs du corps, jaune soyeux. Du Sénégal.

Genre Macroma, Kirby. Caractères : mâchoires entièrement cornées ; lobe terminal en forme de faux ; lèvre fortement échancrée à gouttière ; élytres fortement rétrécies postérieurement.

M. a écusson, *M. scutellaris*, Fab. Long de 8 lignes, noir, avec le bord du corselet, une ligne enfoncée au milieu et l'écusson blanchâtres. Du Sénégal.

Genre Goliath, De Lamarck. Caractères : mâchoires presque aussi larges que longues ; lobe terminal grêle ; lèvre aussi large que longue, fortement échancrée en gouttière ; palpes atteignant à peine son extrémité antérieure. Ce genre renferme les géants des Mélitophiles.

G. cacique, *G. cacicus*, Oliv. Corps long de 3 pouces et demi, noir ; chaperon avancé trifide ; tête jaune ; thorax jaunâtre, marqué de six lignes noires ; élytres blanchâtres avec le bord et une tache à la partie humorale noirs. De l'Amérique méridionale. On ne connaît cette espèce que dans une seule collection, celle du Muséum d'histoire naturelle de Paris.

Genre Schyzorhina, Kirby. Caractères : sternum aigu, avancé ; chaperon bilobé, mâchoire allongée ; lobe terminal velu supérieurement ; lèvre trapézoïdale, fortement refendue ; fossettes latérales très-grandes.

S. de l'Australasie, *S. Australasiæ*, Donov. Long de 9 lignes, noir ; bord du corselet et deux petites lignes jaunes ; élytres ferrugineuses, avec une ligne les bordant postérieurement et une autre sinuée représentant une lyre, toutes jaunes. De la Nouvelle-Hollande.

Genre Cétoine, *Cetonia* de Fabricius. Caractères : lobe terminal des mâchoires membraneux, velu ; élytres fortement sinuées. Ce genre, malgré tout ce qui en a été retiré pour former les genres que nous venons de décrire et quelques uns des suivans, contient encore plus de deux cents espèces, et devra être de nouveau examiné.

C. dorée, *C. aurata*, Linn. Longue de 8 lignes, d'un vert doré ; élytres avec des atomes transverses blanchâtres. Nous avons figuré dans notre Atlas, pl. 91, fig. 4, la Cétoine fastueuse qui en est très-voisine.

Genre Dicheros, Percheron et Gory. Caractères : sternum très-avancé ; parties latérales de la tête fortement avancées en deux cornes proéminentes, droites ; écailles mandibulaires fusiformes ; palpes courts, menton carré.

D. plagiatus, Klug. Long de 10 lignes, noir brillant, avec le disque des élytres rouge obscur.

Genre Ichestoma, Percheron et Gory. Caractères : mâchoires membraneuses ; lèvre pyramidale ; palpes attachés à l'extrémité, très allongés,

I. hétéroclyte, *Heteroclyta*, Lat. Chaperon relevé, noir, avec les bandes des élytres enfumées. Du cap de Bonne-Espérance.

Deuxième subdivision de la seconde section.

Genre Tetragonos, Percheron et Gory. Caractères : chaperon carré ; mâchoires à lobe terminal bidenté ; antennes beaucoup plus longues que la tête ; corselet recouvrant presque tout l'écusson.

T. chinoise, *T. chinensis*. Long de 19 lignes ; vert bronzé ; chaperon échancré, presque épineux ; élytres épineuses à leur extrémité. Des Indes orientales.

Genre Lomaptère, Percheron et Gory. Caractères : chaperon très-profondément refendu ; sternum avancé, aigu ; élytres fortement rebordées sur les côtés ; plaque anale carénée dans son milieu.

L. Latreille, *L. Latreille*, Percheron. Longue de 14 lignes, corps déprimé, chaperon arrondi échancré ; entièrement d'un vert de mer.

Genre Macronota, Hoffmansegg. Caractères : élytres plus larges que le corselet ; celui-ci lobé, recouvrant en grande partie l'écusson.

M. royal, *M. regia*, Fab. Long de 5 à 6 lignes ; noir ; thorax et élytres, avec des sillons remplis d'un duvet blanchâtre. Des Indes orientales.

Genre Gymnetis, Macleay fils. Caractères : corselet recouvrant l'écusson ; mâchoire à lobe terminal membraneux, soyeux ; pièces axillaires très-apparentes.

G. brillant, *G. nitida*, Fab. D'un vert jaunâtre brillant en dessous, glabre en dessus ; tête ayant sur le vertex une corne retombant en avant ; sternum proéminent. De l'Amérique boréale.

Tous les insectes composant les genres dont nous venons de tracer le tableau ont à peu près les mêmes mœurs ; leurs larves vivent en terre ou dans les arbres pourris, et il est probable que les larves qui ont ces habitudes sont celles des espèces où l'on trouve des mâchoires cornées ; ces mêmes espèces se tiennent moins sur les fleurs que les autres ; on les trouve plus souvent sur les plaies des arbres. Après plusieurs années passées dans ce premier état, elles se forment une espèce de coque avec de la terre ou les détritus, qui les entourent, et y subissent leurs métamorphoses.　　(A. P.)

CÉTRAIRE, *Cetraria*. (bot. crypt.) *Lichens.* A peu près semblable au genre *Borrera* d'Acharius, le genre Cétraire présente une fronde membraneuse, cartilagineuse, très-rameuse, laciniée, généralement lisse ; les apothécies sont en forme de scutelles ; le disque est distinct et terminé par un rebord formé aux dépens de la fronde même.

On connaît douze espèces de Cétraires. La plupart croissent sur les arbres ou sur la terre des pays froids ou des montagnes très-élevées. Parmi ces espèces, la plus intéressante est la *Cetraria islandica*, Ach., Lichen ou mousse d'Islande, que l'on emploie comme médicament, qui fait la base de la nourriture de quelques peuples du Nord, et que l'on trouve abondemment en Islande, en Laponie, dans tous les lieux élevés de l'Europe, dans les montagnes de l'Ecosse, des Alpes, etc.

La fronde du Lichen d'Islande est foliacée, sèche et coriace, serrée, montante, divisée en lanières rameuses irrégulières, un peu velues, d'un rouge foncé à leur base, d'un gris jaunâtre, blanchâtre ou brunâtre supérieurement; son odeur est fade, particulière; sa saveur est amère, mucilagineuse et nullement astringente.

Le Lichen d'Islande jouit de propriétés médicales différentes, selon qu'il est privé ou non de son principe amer. Dans son état naturel, il agit à la manière des toniques; il convient dans les maladies chroniques de la poitrine, les diarrhées non inflammatoires, certaines atonies et toutes les fois enfin qu'il est nécessaire de relever les forces par un aliment abondant et facile à digérer. Dépouillé de son principe amer par le procédé que nous indiquerons dans un instant, il agit, en raison de la grande quantité de fécule et de gélatine qu'il contient, à la manière des gommes et des autres mucilagineux; c'est ainsi qu'on l'emploie fréquemment dans les catarrhes pulmonaires et les diarrhées aiguës.

Parmi les moyens proposés pour priver le lichen de son principe amer, nous ne citerons que celui qui a été indiqué par Berzelius. Ce moyen mis en usage en Islande, où la Cétraire sert d'aliment, consiste à faire macérer, pendant vingt-quatre heures, seize parties de Lichen pulvérisé, dans troi cents quatre-vingts parties d'eau contenant en dissolution une partie de sous-carbonate de soude; à décanter, à faire macérer de nouveau dans un semblable soluté alcalin, à laver à grande eau, et à faire sécher.

D'après Berzelius, le Lichen d'Islande paraît composé de bitartrate de potasse, de tartrate de chaux, de phosphate de chaux, de cire verte, de gomme, de fécule, de matière résineuse, etc.

Avec le Lichen d'Islande, on prépare dans les pharmacies des tisanes, des sirops, des pâtes, des gelées, des tablettes, etc., qui sont autant de formes sous lesquelles les médecins administrent cette substance. (F. F.)

CÉVADILLE. (bot. phan.) Nom d'un fruit qui nous vient d'Amérique et qui est composé d'une capsule à trois loges, mince, sèche, s'ouvrant par le haut, d'une couleur rouge pâle, bisperme; les semences sont noirâtres, allongées, pointues, anguleuses, un peu recourbées, plus âcres et plus amères que la capsule.

La Cévadille jouit de propriétés sternutatoires, purgatives et corrosives; elle excite la salivation, et n'est employée qu'à l'extérieur, en poudre, pour détruire les poux qui vivent sur la tête des enfans.

La Cévadille paraît provenir d'une espèce de *Veratrum* appelé par Retz *Veratrum sabadilla*, de la famille des Colchicacées.

Analysée par MM. Pelletier et Caventou, la Cévadille a donné de la cire, une matière grasse, de la gomme, du ligneux, un acide particulier, une matière colorante jaune, etc. (F. F.)

CÉVENNES. (géogr. phys.) Les montagnes de France que l'on appelle ainsi tirent leur nom du nom latin, *Mons cebenna*, que les anciens leur donnaient. Par les montagnes de Corbières, elles se tient au sud avec les Pyrénées, et par les montagnes du Charolais, au nord, avec la Côte-d'Or et le plateau de Langres. Ainsi, elles occupent une étendue de 90 lieues en ligne directe, et de 140 avec les sinuosités qu'elles forment. On peut les diviser en deux parties, dont le nœud serait le mont de la Lozère : les Cévennes méridionales, qui se prolongent jusqu'à cette montagne; et les Cévennes septentrionales, qui partent de cette montagne jusqu'à la Côte-d'Or. Leurs différentes parties portent les noms de montagnes *Noires*, montagnes de *Lespinouse*, montagnes de l'*Orb*, *Garrigues*, montagnes du *Gévaudan*, du *Vivarais*, du *Lyonnais*, du *Beaujolais* et du *Charolais*. De leurs flancs s'échappent plusieurs rivières, dont les principales sont : sur le versant occidental, l'*Agout*, le *Tarn*, l'*Allier* et la *Loire* : et sur le versant opposé, l'*Hérault*, le *Gardon*, la *Cèze*, l'*Ardèche* et la *Grone*.

Leur hauteur moyenne est de 800 à 1,500 mètres, ainsi qu'on peut le voir par le tableau suivant des principales cimes. Mais on peut dire que dans sa première partie méridionale, la chaîne s'élève à 800 ou 1,200 mètres, et que, si l'on considère les groupes du Mont-Dor et du Cantal comme des dépendances des Cévennes, c'est au milieu d'eux que se trouvent les points les plus élevés. (Voy. *Mont-Dor*, article dans lequel nous donnerons quelques détails sur le *Cantal*.)

Cévennes méridionales.

	mètres.
Pic du Faux Moulinier.	622
Pic d'Arfous.. . , ...	850
Pic de Montant..	1040
Mont de la Lozère.	1490
Montagne de la Tanargue. . . .	840

Cévennes septentrionales.

Gerbier des Joncs.	1562
Mont Mézenc.	1774
Mont Pilat.	1072
Montagne de Tarare.	1450
Montagne de Haute-Joux. . . .	994
Montagne de Gerbizon. . . .	1049
Montagne de Folletin.	1568
Montagne de Tartas.	1545
Montagne de Devez.	1425
Pic de la Durance.	1215
Pic de Montocelle..	1652

Quelques uns de ces principaux sommets méritent une mention particulière Le mont de la Lozère donne naissance à la rivière du Lot. Sa base est granitique ; sa cime est couverte de vastes pâturages, et ses flancs sont garnis de belles forêts.

Le mont Gerbier des Joncs est intéressant, parce que c'est de sa base que sortent les sources de la Loire. Avant l'année 1821, sa hauteur était de 1,710 mètres ; mais à cette époque, un tremblement de terre la fit écrouler en partie, et cet événement y provoqua la formation d'un lac naturel.

Le Mézenc, que l'on écrit aussi Mézen et Mézin, est remarquable, comme la plus haute cime des Cévennes. Considéré sous un point de vue général, sa forme est conique, terminée par un plateau, et son rayon est de 10 lieues. M. Cordier, qui a étudié cette montagne, y a reconnu deux séries de matières volcaniques ; sa base, qui repose sur un massif de granite, est formée de laves anciennes feldspathiques, telles que des trachytes, des phonolithes et des dolomites ; au dessus se trouvent des basaltes en colonnes prismatiques, remarquables par leur régularité, et des coulées de laves modernes, acompagnées de leurs scories. Ainsi, l'on pourrait partager le Mézenc en trois époques de formation, granitique, feldspathique, basaltique et lavique.

Le mont Pilat tire son nom du mot latin *Pileatus (coiffé)*, parce que les nuages qui s'amoncellent sur sa cime lui font une sorte de chapeau. Loin de former un pic isolé, il est composé de plusieurs sommets, séparés par des vallons. A son sommet s'étend une plaine couverte de prairies, arrosées par divers filets d'eau ; cette plaine est dominée par trois pointes presque entièrement nues. Au dessous s'élèvent des bois composés de sapins, de chênes, de sycomores, de hêtres, de tilleuls, de charmes, de merisiers, d'alisiers et de châtaigniers. Dans les lieux bas et humides, les principaux arbres sont : le frêne, le peuplier, l'aune, le saule et le bouleau. La roche dominante qui forme les cimes du Pilat est une espèce de schiste micacé grès ; on y remarque aussi des roches quartzeuses, et dans les parties inférieures, tout paraît être granitique. C'est sur sa base que repose la formation de grès rouge et de houille, si puissante à Saint-Étienne. On y retrouve les dépôts ferrugineux qui appartiennent à cette formation : aussi les sources ferrugineuses y sont-elles fréquentes.

Ainsi que nous l'avons dit dans le Dictionnaire de Géographie physique de l'Encyclopédie méthodique, le noyau des Cévennes est généralement de granite ; mais ce granite diffère de celui des Alpes et des Pyrénées, en ce qu'il n'est pas en petits grains, mais parsemé de grands cristaux de feldspath, qui lui donnent l'aspect porphyroïde. Dans plusieurs localités, il passe insensiblement au gneiss et au micaschiste, et renferme des filons métalliques, et dans d'autres, il se décompose et se réduit en gravier. Sur ces roches reposent des grès, des poudingues, et de l'argile schisteuse, appartenant au terrain houiller. Sur le versant oriental s'élèvent des montagnes formées de calcaire coquillier ancien, appelé *Muschelkalk* par les Allemands, et du calcaire bleu, nommé *Lias* par les Anglais. A ce calcaire s'adossent différentes espèces de marnes, au delà desquelles sont les dépôts de transport des vallées du Rhône et de la Garonne, couverts de coquilles d'huîtres et d'autres fossiles. Sur le versant occidental s'étendent çà et là des coulées volcaniques.   (J. H.) §

CEYLAN (île de). (GÉOG. PHYS.) Cette île, qui autrefois portait le nom de *Tropobane*, est située dans le Tropique du Cancer et s'étend du 6° au 10° degré de latitude Nord, et du 77° au 80° degré de longitude. Elle n'est séparée du cap Comorin sur le continent que par un détroit de quinze lieues. Ce petit bras de mer, qui porte le nom de passe de Manar, est tellement rempli de bas-fonds qu'il est impraticable pour les vaisseaux ; il y a même certains endroits où l'on ne trouve que quatre à cinq pieds d'eau. Toutes ces observations nous conduisent naturellement à affirmer que l'île de Ceylan fit autrefois partie du continent, et qu'elle en fut détachée par quelques secousses souterraines et une irruption violente de la mer, qui vint former le détroit de Manar. Son périmètre est de trois cents lieues, et sa surface peut être évaluée à sept cents lieues carrées. Les naturels ont donné à cette île le nom de *Lakka*.

L'île de Ceylan renferme quelques montagnes parmi lesquelles les naturels se font une gloire de posséder le Pic-Adam ; cette montagne, dont on a beaucoup exagéré la hauteur et qui ne s'élève réellement qu'à mille toises au dessus du niveau de la mer, a une grande réputation religieuse dans le pays et pour les Bouddhistes et pour les Brahmistes. Sur le sommet du Pic on trouve l'empreinte d'un énorme pied que les Bouddhistes prétendent être le Sri-pada ou empreinte du pied de Bouddha : cette empreinte, qui a quelque ressemblance avec la forme d'un pied gigantesque, est entourée d'un petit mur, et enrichie de pierres précieuses. Les musulmans du pays affirment que lorsqu'Adam sortit du Paradis terrestre, chassé par la vengeance divine, il vint se placer sur le Pic dont nous parlons, et y resta sur un seul pied, jusqu'à ce que Dieu lui eût pardonné sa faute.

C'est sur le Pic-Adam que se trouve la source des principales rivières qui arrosent l'île de Ceylan : le *Machavilla*, le *Kalay*, le *Kalou* et le *Walleway* en descendent : la rapidité de leur cours les empêche d'être navigables ; elles ne sont donc d'aucune utilité pour le commerce.

La surface de l'île est couverte de forêts épaisses qui entourent le royaume de Kandy, situé au centre de l'île. Ces forêts sont habitées par un grand nombre d'animaux sauvages, et surtout par des éléphans, qui sont très-estimés et ont la réputation d'être les plus intelligens de tous les éléphans ; ce sont eux qu'on dresse à être les exécuteurs des hautes-œuvres dans l'île ; et ils ont un talent tout particulier pour reconnaître à de certains indices le criminel condamné à la mort pure et simple, ou bien celui qui doit être torturé avant de mourir.

C'est sur les côtes de l'île de Ceylan, dans le détroit de Manar, que se trouvent les bancs d'huîtres à perles fines ; cette pêche, qui autrefois était d'un immense produit, a beaucoup perdu de sa valeur ; les bancs aujourd'hui sont tellement épuisés qu'on n'y peut revenir que tous les cinq ans. Les pêcheurs, qui sont ordinairement des noirs, ont de grands dangers à courir ; d'abord l'asphyxie qui les menace à chaque instant ; et ensuite les requins, qui, connaissant l'époque exacte de la pêche, viennent y chercher une proie facile et abondante.

L'île de Ceylan est riche en minéraux de toute espèce ; on y trouve le fer, le manganèse, des granites, du quartz, du mica, etc. Les lits des rivières roulent des pierres précieuses ; les saphirs bleus et verts, les rubis, les topazes, les améthystes et les cornalines s'y trouvent en grand nombre ; on y rencontre aussi le cristal de roche en grande quantité.

Depuis 1814 l'île est tout entière au pouvoir des Anglais ; mais il s'en faut qu'ils en soient paisibles possesseurs. Au reste, elle n'appartient pas à la compagnie des Indes, mais bien au roi d'Angleterre lui-même. (C. J.)

CHABASIE. (MIN.) Parmi les *Silicates alumineux*, la Chabasie est l'une des plus jolies espèces minérales. Sa couleur est blanche, son poli est éclatant, sa dureté est médiocre puisqu'elle se laisse rayer par une pointe d'acier. Sa cristallisation primitive est le rhomboïde obtus d'où dérivent deux ou trois formes secondaires. C'est un composé de 48 à 50 pour 100 de silice ; de 8 à 19 d'alumine ; de 8 à 10 de chaux ; d'un peu de potasse, et de 20 à 22 pour cent d'eau.

La Chabasie se trouve dans des basaltes et dans d'autres roches d'origine ignée. (J. H.)

CHABOISSEAU. (POISS.) Nom vulgaire donné sur nos côtes à plusieurs poissons du genre CHABOT. (ALPH. G.)

CHABOT, *Cottus*. (POISS.) Genre de poissons acanthoptérygiens, fondé par Linné, adopté par Cuvier et par tous les naturalistes, et comprenant des poissons qui ont la tête large, déprimée, cuirassée et diversement armée d'épines ou de tubercules ; deux nageoires dorsales ; des dents au devant du vomer, mais non aux palatins ; six rayons aux branchies, et trois ou quatre seulement aux ventrales. Les rayons inférieurs de leur pectorale, comme dans les Vives, ne sont point branchus ; leurs appendices cœcaux sont peu nombreux, et ils manquent de vessie natatoire.

Les espèces d'eau douce ont la tête presque lisse, et seulement une épine au préopercule. Leur première dorsale est très-basse. Nous citerons parmi ces espèces le CHABOT DE RIVIÈRE, *Cottus gobio*, Linn. (Bloch., 59, 1-2.) C'est un petit poisson de quatre ou cinq pouces, noirâtre.

On trouve ce Cotte dans la Seine et dans d'autres rivières. Il parvient jusqu'à la longueur de quatre ou cinq pouces. Il se tient souvent caché parmi les pierres ou dans une espèce de petit terrier, et lorsqu'il sort de cet asile ou de cette embuscade, c'est avec une très-grande rapidité qu'il nage, soit pour atteindre la proie qu'il préfère, soit pour échapper à ses nombreux ennemis. Il aime à se nourrir de très-jeunes poissons ainsi que de vers et d'insectes aquatiques, et lorsque cet aliment lui manque, il se jette sur les œufs de diverses espèces d'animaux qui habitent dans les eaux. Il est très-vorace, mais succombe fréquemment sous la dent des Perches, des Saumons et surtout des Brochets. La bonté et la salubrité de sa chair, qui devient rouge par la cuisson, comme celle du Saumon et de plusieurs autres poissons délicats ou agréables au goût, lui donnent aussi l'homme pour ennemi. Ce poisson est cependant dédaigné de plusieurs personnes. Dès le temps d'Aristote, on savait que, pour le prendre avec plus de facilité, il fallait frapper sur les pierres qui lui servaient d'abri, qu'à l'instant il sortait de sa retraite, et que souvent il venait, tout étourdi par le coup, se livrer à la main ou au filet du pêcheur. Le plus souvent ce dernier emploie la nasse pour être plus sûr d'empêcher le Chabot de s'échapper. Il faut saisir ce Cotte avec précaution lorsqu'on veut le retenir avec la main. Sa peau très-visqueuse lui donne en effet la facilité de glisser rapidement entre les doigts. Cependant malgré tous les piéges qu'on lui tend, et le grand nombre d'ennemis qui le poursuivent, on le trouve fréquemment dans plusieurs rivières. Cette espèce est très-féconde. La femelle, plus grosse que le mâle, ainsi que celle de tant d'autres poissons, paraît comme gonflée dans le temps où ses œufs sont près d'être pondus. Ces protubérances, formées par les ovaires qui se tuméfient pour ainsi dire à cette époque, en se remplissant d'un très-grand nombre d'œufs, sont assez élevées et assez arrondies pour qu'on les ait comparées à des mamelles ; de célèbres naturalistes ont écrit que la femelle du Chabot avait non seulement un rapport de forme, mais encore un rapport d'habitudes avec les animaux à mamelles, qu'elle couvait ses œufs, et qu'elle perdait plutôt la vie que de les abandonner. On a pu observer des Chabots femelles et même des mâles se retirer, se presser, se cacher dans le même endroit où des œufs de leur espèce avaient été pondus, les couvrir dans cette attitude, et conserver leur position malgré un grand nombre d'efforts pour la leur faire quitter. Mais ces manœuvres n'ont point été des soins attentifs pour les embryons qu'ils avaient pu produire ; elles se réduisent à des signes de crainte, à des précautions pour leur sûreté ; et peut-être même ces individus auxquels on a cru devoir attribuer une tendresse constante et courageuse, n'ont-ils été surpris que prêts à dévorer ces mêmes œufs qu'ils paraissaient vouloir réchauffer, garantir et défendre. Au reste, les Chabots ont la tête large et déprimée, cuirassée et diversement armée d'épines ou de tubercules, et deux nageoires dorsales. Les espèces marines sont plus épineuses : quand on les irrite, elles renflent encore leur tête. Nos mers en nourrissent deux nommées Chaboisseaux et Scorpions de mer : l'une est remarquable par ses armes, par sa force et par son agilité, c'est le *Cottus scorpius*, Linné, Bl.,

40 ; il se trouve sur les bords de la Méditerranée. Il poursuit avec une grande rapidité, et par conséquent avec un grand avantage, la proie qui fuit devant lui à la surface de la mer. Ce poisson nage avec une vitesse étonnante ; très-vorace, hardi, audacieux même, il attaque avec promptitude des Blennies, des Clupées ; il les combat avec acharnement, les frappe vivement avec les piquans de sa tête, les aiguillons de ses nageoires, les tubercules aigus répandus sur son corps, et en triomphe le plus souvent avec d'autant plus de facilité, qu'il joint une assez grande taille à l'impétuosité de ses mouvemens, au nombre de ses dards et à la supériorité de sa hardiesse. Ce Cotte peut parvenir à une longueur de huit à dix pouces ; sa chair, peu agréable au goût et à l'odorat, n'est pas recherchée par les pêcheurs ; ce ne sont que les habitans peu délicats qui en font quelquefois leur nourriture, et tout au plus tire-t-on parti de son foie pour en faire de l'huile, dans les endroits, par exemple, où il est très-répandu ; si d'ailleurs ce poisson est jeté par quelque accident sur la grève, et que le retour des vagues, le reflux de la marée, où ses propres efforts ne le ramènent pas promptement au milieu du fluide nécessaire à son existence, il peut résister assez long-temps au défaut de l'eau ; la nature et la conformation de ses membranes branchiales lui donnent la faculté de clore presque entièrement les orifices de ses organes respiratoires, d'en interdire le contact à l'air de l'atmosphère, et de garantir ainsi ses organes essentiels et délicats de l'influence trop active, trop desséchante, et par conséquent trop dangereuse de ce même fluide atmosphérique. C'est pendant l'été que les Cottes-Scorpions commencent à s'approcher des rivages de la mer ; mais ordinairement l'hiver est déjà avancé lorsqu'ils pondent leurs œufs, dort la couleur est rougeâtre. La tête de ce Scorpion est garnie de tubercules et d'aiguillons ; les yeux sont grands, rapprochés l'un de l'autre, et placés sur le sommet de la tête. Les mâchoires sont garnies, comme le palais, de dents aiguës ; la ligne latérale droite, formée communément d'une suite de petits corps écailleux, faciles à distinguer malgré la peau qui les recouvre, et placés le plus souvent au dessous d'une seconde ligne produite par les points de petites arêtes. Tout le corps est parsemé de petites verrues en quelque sorte épineuses, et beaucoup moins sensibles dans les femelles que dans les mâles. Sa couleur est ordinairement brune. La seconde espèce, qui vit dans la Méditerranée (*Cottus bubalis*, Euphrasen., Nouv. mém. de Stockh., VII, 95), a quatre épines, dont la première est très-longue. La mer Baltique en a une troisième espèce, distinguée par quatre tubérosités osseuses et cariées sur le crâne (*Cottus quadricornis*, Bloch, 108). Il y en a de bien plus grands en Amérique, et dans le nord de la mer Pacifique. Cette dernière mer produit une espèce petite, mais que ses formes singulières doivent faire remarquer, c'est le Chaboisseau a cornes de cerf, *Synanceia cervus*, Tilesius, Mém. de l'ac. de Pétersb., III, 1811,

pl. 278, où la première épine du préopercule, presque aussi longue que la tête, a à son bord interne six ou huit piquans recourbés vers sa base. (Alph. G.)

CHACAL. (mam.) Cet animal, représenté à la planche 92, fig. 1, de notre Atlas, est le *Canis aureus* de Linné ; on le trouve aux Indes, dans l'Asie mineure, en Afrique, depuis la Guinée jusque sur la côte de Barbarie, et en Europe dans la Grèce.

C'est un quadrupède du genre des Chiens. (*V.* ce mot.) Il paraît former le passage de l'espèce du Loup, dont il a le poil et les formes générales, à celle du Renard, avec lequels a taille et son système de coloration lui donnent quelque ressemblance. Son museau est pointu et de couleur grisâtre ; son corps gris, jaunâtre foncé en dessus, se rapproche en dessous du blanchâtre, et ses jambes sont d'un fauve clair. La queue du Chacal se rembrunit à son extrémité, et ne descend que jusqu'au talon ; elle est peu fournie et présente, pour le distinguer du Renard, un fort bon caractère.

Les Chacals sont voraces ; ils chassent par troupes, comme les Chiens sauvages, et ne vivent que de petite proie ou de cadavres abandonnés par les Lions. Suivant M. Tilésius, qui pense, ainsi que M. F. Cuvier, que l'on comprend sous la même dénomination plusieurs espèces différentes, les Chacals du mont Caucase seraient la souche de notre Chien domestique, ainsi que Pallas et Guldenstædt l'avaient pensé. Les Chacals de l'Inde diffèrent de ceux que l'on trouve en Asie mineure et sur la côte de Barbarie. M. Fréd. Cuvier a figuré dans son Histoire des Mammifères, et décrit comme formant une espèce à part, le Chacal du Sénégal qui a les jambes plus élevées que les autres, la queue plus longue et le museau plus effilé ; il l'a nommé *Canis anthus*.

Nous avons vu à Paris un jeune Chacal de la variété algérienne ; cet animal était fort doux, ne cherchait point à faire de mal ; il jouait même volontiers avec les enfans, mais ne pouvait supporter la présence d'un Chien. Son maître le nourrissait avec des panses et des intestins de ruminans, ou bien avec de la chair un peu avancée, et dépensait chaque jour quatre ou cinq sous à cet effet. Cet intéressant animal lui donnait des marques non équivoques d'attachement, et le suivait par les rues, attaché avec une simple laisse ; il ne portait aucune odeur désagréable.

L'individu que nous avons fait représenter dans notre Atlas, pl. 93, f. 1, provient de la Morée et constitue une variété très-remarquable dans l'espèce. Tout son corps est couvert de poils gris, à l'exception de la tête, du cou et des pattes qui sont fauves.   (Gerv.)

CHAFOIN. (mam.) C'est le nom du furet ou de la fouine dans le midi de la France. (Guér.)

CHAINES DE MONTAGNES. (*Voyez* Montagnes.)

CHAIR. (anat.) Ce mot, qui sert ordinairement à désigner l'ensemble des parties molles des animaux, est plus spécialement employé pour désigner la masse musculaire ; nous renvoyons donc à l'article l'article Muscle tout ce qui, sous le rapport anatomique, physiologique ou chimique, pourrait trouver place dans celui-ci. (P. G.)

CHALAZE. (zool.) Les anatomistes nomment ainsi les deux ligamens ou plutôt les deux cordons blanchâtres qui, fixés d'une part à la membrane externe de l'œuf et de l'autre à la tunique propre du jaune, suspendent celui-ci et le maintiennent en place. (P. G.)

CHALAZE. (bot.) Lorsqu'on examine avec attention la surface externe de certaines espèces de semences, on aperçoit une petite proéminence, légèrement colorée, quelquefois spongieuse, d'autres fois calleuse. Ce tubercule, qui prend son origine à l'extrémité des vaisseaux ombilicaux, a reçu le nom de Chalaze. Il est rare que le Chalaze soit placé vers l'ombilic extérieur de la graine; souvent il lui est diamétralement opposé, mais il communique avec lui au moyen d'un vaisseau particulier. (P. G.)

CHALCAS, *Chalcas.* (bot. phan.) Genre de la famille des Hespéridées, J., et de la Décandrie Monogynie, L., établi par certains naturalistes pour une plante des Indes orientales, décrite et figurée par Rumph, sous le de nom *Camuneng* ou *Camunium*; c'est le *Chalcas paniculata* de Linné, dont l'organisation offre tant d'analogie avec celle du *Murraya*, qu'on a proposé de les réunir en une seule espèce. Sonnerat lui donne le nom de *Marsana buxifolia.* Voyez Rumph, Herb. amb., 5, p. 29, fig. 18; pour les caractères, *voyez* Murraya.

Trois autres arbrisseaux de l'Inde sont remarquables par leurs usages et l'élégance de leur port. L'un d'eux, le *C. javanense*, passe chez les Macassars pour avoir des propriétés médicinales. Son bois est si agréablement veiné de jaune, de blanc et de rouge, qu'il est réservé pour la confection des palanquins royaux. Bonne nature, ainsi, toujours et partout, quelques uns vous arrachent ce que vous offrez à tous ! (C. É.)

CHALCIDE, *Chalcis.* (rept.) Ce nom signifiait *l'airain* chez les Grecs. Il paraît qu'au temps d'Aristotélès on l'appliquait à une sorte de reptile, que l'on appelait aussi *Zygnis*, et qui était semblable au Lézard pour la forme et au *Serpent aveugle* pour la disposition de la coloration, c'est-à-dire sans doute qu'il était de la couleur de l'airain, et Plinius ajoute en effet qu'il avait des lignes couleur d'airain sur le dos; ces caractères se reproduisant assez bien chez un Saurien tridactyle d'Italie, la plupart des auteurs de la renaissance le regardèrent comme le *Chalcis* d'Aristotélès. Ray entre autres le décrivit sous ce nom, et dit même, en considérant la brièveté de ses pieds et la distance qui les sépare, que c'était plutôt un Serpent à pieds qu'un Lézard. Ces idées se perpétuèrent long-temps, à cette légère diversité d'opinion près, que les uns le crurent ovipare, d'autres vivipare, les uns fort venimeux, sur la parole du maître de Stagyris, d'autres fort innocent. Mais quelques auteurs, sans trop peser les motifs d'une pareille détermination, transportèrent sur la fin du dernier siècle le nom de Chalcis à des

Sauriens sans analogie avec le Tridactyle d'Italie, et bien certainement ignorés des Grecs et d'Aristotélès. Dans ces derniers temps l'on s'est efforcé de redresser cette erreur; mais, ces idées nouvelles n'étant pas universellement répandues, nous décrirons ici, ne fût ce que provisoirement, sous le nom de Chalcis, les Sauriens qui ont été décrits comme tels par Daudin et Cuvier. Les Chalcis, ou Chalcides de ces auteurs, sont des Sauriens à corps allongé, cylindrique, plus ou moins grêle, muni de quatre pieds souvent rudimentaires, si petits, si distans l'un de l'autre, qu'ils peuvent à peine soulever le corps et servir à la progression, ce qui a fait ranger ces animaux dans les Sauriens *urobènes* ou Lézards qui marchent au moyen de leur queue; ces pieds sont très-courts et pourvus d'un nombre variable de doigts. La tête est pyramidale, quadrangulaire, revêtue de plaques polygones; le tronc et la queue sont garnis en dessus et en dessous d'écailles quadrangulaires presque égales, disposées en lignes transversales circulaires, ou en anneaux, en verticilles sur le tronc et la queue; la bouche est petite, non dilatable; les dents petites, égales, simples, coniques, droites, insérées aux mâchoires seulement; la langue est mince, plate, entière, ou à peine incisée à sa pointe, légèrement protractile peut-être, et écailleuse à sa surface; les Chalcides ont d'ailleurs l'organisation extérieure et intérieure ainsi que les mœurs et les habitudes des Lézards et des Scinques; comme eux ils se reproduisent par de petits œufs pisiformes qu'ils abandonnent dans le sable; comme eux aussi ils sont tout-à-fait innocens.

Quelques espèces de Chalcis ont le tympan apparent, et parmi elles il en est une à cinq doigts à tous les pieds; elle ne diffère guère des Gerrhosaures que par ses écailles dorsales, finement striées; elles sont du reste, comme chez les Gerrhosaures, légèrement inclinées, avec une série impaire rachidienne. L'on retrouve aussi chez cette espèce un pli latéral enfoncé ou suture, et des pores fémoraux; sa longueur est d'environ neuf pouces, la queue en forme les deux tiers; sa grosseur est à peu près celle du doigt annulaire; les parties supérieures du corps paraissent être d'un vert bronze uniforme; les parties inférieures sont blanches; les plaques labiales sont marquetées de noir et de blanc. Cette espèce se trouve au Bengale et dans plusieurs points des Indes orientales; les auteurs modernes s'accordent assez volontiers à la rapporter au *Lacerta seps* de Linnæus.

Une autre espèce de Chalcide, à tympan apparent, a été décrite sous le nom de Lézard ou de Chalcide tétradactyle, parce qu'elle a quatre doigts à chaque pied; ces doigts sont inégaux aux pieds antérieurs; le quatrième est le plus court, puis le premier, le deuxième et le troisième; aux pieds de derrière, c'est le premier qui est le moins développé, puis le quatrième, le deuxième et le troisième. Les écailles sont carrées et à côtés égaux, lisses; quelques auteurs disent qu'elles sont légèrement carénées, du reste inclinées, avec une série rachidienne impaire; un pli latéral ou su-

Tome II.

ture, et des pores aux cuisses s'observent encore ici ; cette espèce est d'un vert-brunâtre uniforme en dessus, blanchâtre en dessous ; sa longueur est d'environ un pied, sa queue grêle en forme près des deux tiers ; sa grosseur est celle d'une plume de paon. Merrem l'indique sous le nom de *Tetradactylus chalcidicus*; Fitzinger en forme son genre Saurophis.

Parmi les Chalcides à tympan caché sous la peau et non apparent à l'extérieur, on a signalé une espèce à cinq doigts à tous les pieds et munie d'un pli latéral ou suture. Cette espèce, qui provient d'Amérique, a reçu le nom de Chalcide de Daudin.

Une autre espèce décrite par Spix, sous le nom d'Hétérodactyle imbriqué, à cause de la disposition de ses doigts, au nombre de quatre aux pieds de devant, de cinq aux pieds de derrière, et de celle de ses écailles, n'a point de pli latéral ou suture, et n'appartient par conséquent plus à la famille que Wiegmann a établie sous le nom de Ptygopleures, mais il possède aussi des pores aux cuisses. L'Hétérodactyle a des écailles hexagonales, allongées, droites, carénées-équilatérales sur le dos, lisses sur le ventre ; il est en dessus de couleur bronzée, avec une ligne pâle de chaque côté du dos ; il est long d'un pied ; la queue forme à peu près la moitié de cette longueur totale, sa grosseur est celle du doigt auriculaire. Il vit au Brésil. Wagler donne à l'Hétérodactyle le nom de *Chirocolus*, qui peut signifier main incomplète, ne trouvant pas que le nom donné par Spix, et qui veut dire doigts différens, indique d'une manière assez précise la particularité du nombre des doigts de ce Chalcide.

Fitzinger a donné sous le nom de Brachypus (pieds courts) de Cuvier, une espèce qui a quatre doigts à chaque pied. Ces doigts sont très-courts, égaux, à un seul article, finement unguiculés ; les écailles sont subhexagonales, carénées, juxta-posées et non imbriquées ; derrière les pieds antérieurs on trouve un léger sillon, vestige du pli latéral des espèces précédentes ; il est vert bronzé en dessus, avec une petite ligne jaunâtre de chaque côté du dos ; sa grosseur est celle d'une plume d'oie ; sa longueur est de trois à quatre pouces ; la queue forme environ les deux tiers de cette dimension.

Cuvier a indiqué une espèce à cinq doigts aux pieds antérieurs et trois seulement aux pieds postérieurs, provenant de la Guiane. On a encore décrit, d'après Lacépède, sous le nom de *Chalcide jaunâtre* (*Chalcides flavescens*), une espèce à trois doigts à chaque pied ; Schneider lui a donné le nom de *Chamæsaura cophias*; Daudin, celui de *Chalcide tridactyle*; Merrem en fait le type de son genre *Chalcis* sous le nom de *C. cophias*; tandis que Fitzinger donne le nom de *Cophias* au genre qu'il forme d'après elle ; enfin Daudin a décrit encore sous le nom de *Chalcide monodactyle* une espèce à un seul doigt à chaque pied, Merrem en a fait un genre particulier sous le nom de *Colobus de Daudin*; Wagler pense que ces deux

dernières espèces n'en sont peut-être qu'une, et que la dernière ne diffère de l'autre que parce que les doigts ont pu être tronqués par accident. Cuvier et Gray pensent même qu'elles sont la même espèce que la première mal observée ; ce sont des questions qui ne paraissent pas complétement résolues. A ces espèces il en faut joindre encore quelques unes qui ont le pied antérieur à deux articles terminé par trois petites écailles, tandis que le pied postérieur n'est composé que d'une écaille allongée, conique, subulée, entourée à sa base de petites écailles granulées. Ces espèces sont dépourvues de pli latéral et de pores fémoraux ; l'une d'elles a les écailles hexagonales, allongées, lisses, plus étroites dessus le corps qu'en dessous ; elle est verdâtre en dessus, avec des lignes longitudinales d'une couleur bronzée plus foncée ; le dessous est blanchâtre. M. Dorbigny en a envoyé un individu recueilli à Santa-Cruz : l'autre a des écailles carrées, lisses, tellement pressées les unes contre les autres que les anneaux qu'elles forment paraissent d'une seule pièce, elles sont un peu plus larges en dessous qu'en dessus ; cette espèce paraît d'un vert brunâtre uniforme en dessus, blanchâtre en dessous. L'une et l'autre de ces espèces sont à peu près de la grosseur d'un tuyau de plume d'oie ; leur longueur est de cinq à six pouces ; la queue en prend plus de la moitié.

CHALCIDITES, *Chalcidiæ*. (ins.) Tribu d'Hyménoptères de la famille des Pupivores, établie par Spinola, et ayant pour caractères : antennes de onze à douze articles, coudées, avec la partie au-delà du coude en massue allongée ; palpes très-courts ; ailes n'ayant pas de cellule radiale, mais seulement une cellule cubitale ouverte.

Les insectes qui composent cette tribu sont souvent ornés de couleurs métalliques très-brillantes, et ont presque tous la faculté de sauter ; leur taille est quelquefois si petite qu'ils placent leurs larves jusque dans les œufs des insectes, car leurs mœurs ont beaucoup de rapport avec celles des Ichneumons. (A. P.)

CHALCIS, *Chalcis*. (ins.) Genre d'Hyménoptères de la famille des Pupivores, tribu des Chalcidites, établi par Fabricius, et qui depuis a été subdivisé en une vingtaine de genres, mais que nous ne conserverons pas tous ; ainsi nous réunirons, pour le moment, aux *Chalcis* propres des auteurs, ceux qui, comme les *Dirrhines*, les *Palmons* de Dalman, et les *Chirocères* de Latreille, ont l'abdomen distinctement pétiolé ; cependant le dernier genre que nous venons de citer a cela de remarquable que les antennes sont en éventail. Tous offrent les caractères communs suivans : Abdomen ovoïde, conique, pointu à son extrémité, pédiculé ; tarière droite ; cuisses postérieures très-grandes ; tibias arqués ; la tête est fort inclinée ; les antennes sont coudées environ au tiers de leur longueur ; le pédicule de l'abdomen est en forme d'un nœud presque ovoïde ; l'abdomen est très-petit, comprimé ; les hanches sont très-allongées ; les cuisses postérieures dentées en dessous.

C. A PIEDS EN MASSE , *C. claripes* , Fab., figuré dans notre Atlas, pl. 92, fig. 4. Long de trois à quatre lignes, entièrement noir, chagriné sur la tête et le corselet, luisant sur l'abdomen ; fémurs postérieurs fauves ; tous les tarses jaunâtres. Il se trouve communément dans les endroits aquatiques. (A. P.)

CHALEF , *Elæagnus.* (BOT. PHAN.) Genre et type de la famille des Elæagnées, dont la principale espèce est un arbre connu vulgairement sous le nom d'*Olivier de Bohême* ; on le cultive dans nos jardins, où son feuillage argenté se détache élégamment sur le vert plus ou moins sombre des autres arbres. Il s'élève à quinze ou vingt pieds. Ses fleurs jaunâtres, et d'une odeur agréable, sont réunies trois à trois à l'aisselle des feuilles supérieures : celle du milieu domine un peu , et c'est la seule fertile ; les deux autres restent stériles, par l'avortement de l'ovaire. Le fruit, à peine charnu, est recouvert de petites écailles sèches et comme micacées.

Le Chalef que nous venons de décrire est, ainsi que son nom, originaire des contrées du Levant, où il se trouve très-communément ; on y mange son fruit. Les autres espèces , au nombre de douze, offrent peu d'intérêt. Voici toutefois les caractères généraux qui servent à les classer : Fleurs hermaphrodites ; une seule enveloppe florale ou calice, non adhérent à l'ovaire , tubuleux inférieurement , évasé au sommet, et divisé en quatre ou cinq parties ; autant d'étamines attachées et presque sessiles sur le calice ; un style court , portant un stigmate glanduleux d'un seul côté ; fruit formé par le tube du calice qui s'épaissit et devient un peu charnu ; noyau ovoïde, parfois strié ; graine revêtue d'un périsperme très-mince.

Les Chalefs sont en général des arbres ou arbrisseaux à feuilles simples. Celles-ci sont souvent recouvertes, ainsi que les jeunes tiges , par les écailles sèches et blanchâtres, qui donnent à ce genre un aspect particulier et le font reconnaître.

CHALEFS (famille des). (BOT. PHAN.) *Voyez* ELÆAGNÉES. (L.)

CHALEUR. (PHYS.) *V.* CALORIQUE. (F. F.)

CHALEUR ANIMALE. (PHYSIOL.) Le corps des animaux vivants dégage constamment une certaine quantité de calorique, et par conséquent produit une quantité de chaleur que l'on désigne par le mot de *Chaleur animale.* Cette faculté est commune à tous, mais tous ne la possèdent pas également, et les différences qu'ils présentent à cet égard sont aussi variées qu'elles sont facilement appréciables. Les expériences les plus simples suffisent pour les constater : si l'on place , en effet , un poisson et un lapin à peu près de même volume dans deux calorimètres, et qu'on les entoure de glace, la quantité de ce corps fondu dans un certain espace de temps donnera la mesure de la quantité de chaleur développée par ces deux animaux. Après deux ou trois heures , par exemple , on trouvera plus d'une livre d'eau liquide dans l'instrument qui renfermait le lapin, tandis qu'autour du poisson le poids de la glace fondue sera à peine appréciable. Cette différence dans la faculté de produire de la chaleur entraîne naturellement l'idée d'une différence analogue dans la température des divers animaux : on a distingué par le nom d'animaux à *sang chaud* ceux dont la température se conserve à peu près la même au milieu des variations atmosphériques, et l'on donne celui d'animaux à *sang froid* à ceux qui ne produisent pas assez de chaleur pour avoir une température indépendante de ces variations. Dans la première catégorie se rangent les oiseaux et les mammifères ; tous les autres animaux appartiennent à la dernière.

En prenant l'homme pour terme de comparaison , on verra qu'il n'est pas celui des animaux à sang chaud qui a le plus de chaleur : les oiseaux tiennent à cet égard le premier rang. Les expériences comparatives tentées sur le chat et le chien d'une part , sur les chevaux, les brebis, les vaches d'autre part , tendraient à prouver que la température moyenne des carnivores diffère peu de celle des herbivores, quoiqu'il y en ait parmi ceux-ci qui en aient une supérieure.

Les deux classes d'animaux à sang froid s'éloignent non seulement beaucoup de la température des animaux à sang chaud, mais entre elles-mêmes elles présentent une différence considérable : les reptiles développent une bien plus grande quantité de chaleur que les poissons, s'il faut en juger par le petit nombre d'expériences qu'on possède sur ce sujet.

Les savans ne s'accordent point encore sur la véritable source de la Chaleur animale ; de brillantes hypothèses, étayées de lois plus ou moins exactes de la chimie ou de la physique, sont encore aujourd'hui ce que la science offre de plus satisfaisant. Tantôt on la fait résulter du choc, du frottement, des liquides , du mouvement mécanique des organes, et , par des calculs, au moins contestables, on a prétendu que son intensité était toujours en raison de la force impulsive du cœur, de la résistance des angles ou des courbures des vaisseaux. Quelques auteurs ont , avec Bichat, pensé que le chyle alimentaire, en passant de l'état de fluide à l'état solide, abandonne le calorique nécessaire à la Chaleur animale ; d'autres enfin , et c'est le plus grand nombre , lui donnent pour principale cause l'acte respiratoire, pendant lequel l'oxygène de l'air se combine dans les poumons au carbone du sang pour former de l'acide carbonique ; ils se fondent sur ce fait que les parties les plus éloignées du centre de la circulation sont aussi celles qui se refroidissent le plus facilement, et sont généralement plus froides que les autres. Mais il s'en faut de beaucoup que les expériences thermométriques soient d'accord avec cette assertion. Dans un travail spécial sur ce point intéressant de la physiologie, nous avons démontré que les mains présentaient souvent une température plus élevée que les aisselles, que les joues marquaient souvent aussi un demi-degré de plus que la poitrine, etc. Il n'est donc pas encore permis de fixer les véritables causes productrices de la Chaleur animale, et il est plus sage, dans l'état actuel de nos connaissances, de ne point lui assigner une cause unique. Les physiologistes qui ont traité le plus récemment ce sujet ont plutôt franchi la question qu'ils ne l'ont abordée; pour eux la cause de la caloricité paraît être l'action que le sang artériel exerce sur les tissus sous l'influence du système nerveux. En effet, disent-ils, on a prouvé par l'expérience qu'en détruisant le cerveau ou la moelle épinière d'un chien, ou en paralysant l'action de ces organes par des poisons énergiques, tout en entretenant, par des moyens artificiels, le mécanisme à l'aide duquel l'air se renouvelle dans les poumons, le corps se refroidissait rapidement. D'un autre côté, pour démontrer que l'action du sang artériel était indispensable à la production de ce phénomène, on a expérimenté que la suspension de la circulation de ce liquide dans une partie entraînait toujours le refroidissement de cette partie, et que d'ailleurs les animaux dont le sang était le plus chargé de particules solides étaient aussi ceux qui produisaient le plus de chaleur.

Quelles que soient, au reste, les causes qui la produisent, il nous paraît, si ce n'est plus curieux, du moins plus important, d'étudier les variations qu'elle présente non seulement, ainsi que nous l'avons dit, dans les différentes classes d'animaux, mais encore dans les mêmes espèces en raison des conditions diverses dans lesquelles les individus se trouvent placés. C'est une donnée, vulgairement acceptée, que l'enfance produit plus de chaleur que les âges qui la suivent; mais elle ne saurait s'appliquer aux premiers jours de l'existence; la température s'abaisse alors très-facilement, et les enfans, dans les premiers jours de la vie, sont si peu capables de résister à l'influence du froid qu'il en meurt un plus grand nombre pendant l'hiver que dans toute autre saison. Les jeunes animaux à sang chaud qui naissent les yeux ouverts, et qui peuvent aussitôt après leur naissance courir et chercher leur nourriture, produisent aussi en naissant une plus grande quantité de chaleur, et sont par conséquent plus capables de résister à l'action du froid: il n'en est pas de même de ceux des mammifères qui naissent les yeux fermés, ou des oiseaux privés de plumes au sortir de l'œuf. Si des chiens ou des chats nouveau-nés sont, pendant un certain temps, éloignés de leur mère et exposés à l'air, ils se refroidissent; ce refroidissement peut déterminer la mort. Un peu plus tard la production de chaleur devient plus considérable; nous avons trouvé, en répétant l'expérience, une différence d'un demi-degré en plus chez un enfant que chez un adulte. J. Davy avait rencontré le même résultat en expérimentant sur un agneau et sur une brebis. En comparant la température de deux jeunes gens à celle d'une demoiselle de même âge, celle des deux premiers mesurée à la main était de 29° et demi, et la dernière présentait un peu moins de 29°.

Quant au tempérament, de deux jeunes gens du même âge, l'un éminemment sanguin, et l'autre ayant tous les caractères d'un tempérament bilieux, ce dernier a constamment fait monter le thermomètre d'un degré de plus. Répétée dans des circonstances diverses, les résultats ont à peu près été les mêmes.

La température atmosphérique, celle des milieux dans lesquels les animaux peuvent se trouver, exerce aussi des changemens dans celle de l'économie animale qu'il est intéressant de noter. Sans doute la plupart des mammifères et des oiseaux développent assez de chaleur pour conserver la même température en été et en hiver, pour résister, dans certaines limites, à l'action d'une chaleur intense ou d'un froid très-vif. Il en est quelques uns qui ne peuvent élever leur température que de 12 ou 15 degrés, lorsque celle de l'atmosphère est à zéro et au dessous; aussi pendant l'hiver restent-ils plongés dans une sorte de torpeur qui dure jusqu'à la belle saison, parce que le refroidissement qu'ils subissent ralentit chez eux le mouvement vital. Ces animaux hibernans semblent être les intermédiaires entre les animaux à sang chaud et ceux à sang froid.

Fordyce, Delaroche et Berger ont cherché à déterminer l'élévation de température qui survenait après un séjour plus ou moins prolongé dans l'air sec et chaud des étuves, et s'ils n'ont pas toujours obtenu des résultats identiques, il faut peut-être l'attribuer à leurs dispositions individuelles; l'augmentation de la chaleur a toujours, du reste, été manifeste, et a varié entre 1° et 4°. Il paraît encore constant que l'air chaud et humide tend à élever plus rapidement et davantage la température ordinaire du corps. Ce qui nous paraît hors de doute, c'est que la température du corps s'élève bien moins rapidement sous l'influence d'une forte chaleur, qu'elle ne s'abaisse vite lorsqu'il est soumis à l'action du froid. Si quelque partie du corps seulement est placée dans les conditions d'accroissement de chaleur ou de refroidissement, le reste de l'économie subit des variations analogues. Il serait trop long de reproduire ici les expériences nombreuses que nous avons répétées sous ce rapport. Mais aucune d'elles ne nous a démontré qu'à l'instant où la chaleur se rétablit, et où cette sensation est vivement éprouvée par le sujet qui s'est soumis à un refroidissement, la température dépassât le point de départ; nous nous sommes convaincus, au contraire, que l'équilibre ne se rétablissait qu'après un temps assez long. Tout le monde connaît au reste le fait suivant: Si l'on plonge une main dans l'eau très-froide, tandis que l'air est à une température agréable, quelque temps après avoir retiré la main de l'eau et après l'avoir essuyée, on ressent une chaleur beaucoup plus vive qu'à l'autre main; cependant si on les applique l'une contre l'autre, on s'aperçoit que cette sensation est trompeuse, car la main qui paraît plus chaude refroidit l'autre par le contact. Cette illusion paraît dépendre de la vitesse avec laquelle la température tend à se rétablir dans la main qui a été refroidie.

Si, comme nous l'avons dit plus haut, l'homme et les animaux subissent, toutes circonstances particulières à part, plus facilement des abaissemens que des élévations de température, ils ne peuvent supporter les dernières au-delà d'un petit nombre de degrés sans perdre la vie: suivant *Linnings*, des hommes ont péri, au milieu des rues de Charles-Town, lorsque le thermomètre marquait à l'ombre 29° ½, ce qui donne environ une chaleur de 40° ¼ au soleil.

L'exercice, on le sait, augmente momentanément la production de chaleur, et l'accélération des mouvemens respiratoires est suivie du même effet. Pendant le sommeil, cette faculté parait être, au contraire, moins puissante que dans la veille; aussi les hommes exposés à l'influence d'un froid rigoureux, et qui s'endorment imprudemment, succombent-ils plus facilement que ceux qui résistent au sommeil. Brisés par la fatigue, accablés de privations de toute espèce, les malheureux soldats qui, dans la campagne de Russie, cédaient à l'irrésistible besoin du sommeil, ne se relevaient plus de leur couche glacée.

L'évaporation qui se fait par l'appareil de la respiration à la surface du corps, lorsqu'il est soumis à une température élevée, est une des causes qui détruisent les effets qui peuvent en résulter. Pour se transformer en vapeur, l'eau enlève du calorique à tout ce qui l'environne, et par conséquent refroidit le corps à mesure que la chaleur extérieure l'échauffe. Des chiens, des lapins, des cabiais, des oiseaux, enfermés dans des étuves échauffées à 50°, ont promptement succombé, et tous éprouvaient les symptômes qui chez l'homme accompagnent une chaleur trop considérable, savoir : une accélération plus grande de la respiration, une sueur abondante, une anxiété extrême, quelquefois des mouvemens convulsifs, et un affaiblissement progressif qui se terminait par la mort.

(P. G.)

CHALOUPE CANNELÉE. (MOLL.) Nom vulgaire et marchand donné quelquefois à l'*Argonaute argo.* (*V.* ARGONAUTE.)   (GUÉR.)

CHAMÆROPE, *Chamærops.* (BOT. PHAN.) Ce nom désigne un palmier très-humble de taille, mais qui a pour nous autres, habitans de la plus petite partie du globe, un intérêt tout patriotique : seul de sa famille, il croit en Europe, adoptant, il est vrai, les contrées les plus chaudes, telles que la Sicile, dont il borde les côtes; les environs de Gênes et de Nice, où ses feuilles forment les balais du pays; l'Espagne, où il est parfois aussi commun que certaines herbes dans nos champs. Inutile de dire qu'il est très-abondant en Afrique. Il a réussi dans la Provence; mais, ce qui est plus curieux, le Jardin des Plantes de Paris en possède deux pieds d'une vaste étendue, et d'une végétation assez vigoureuse pour étonner les étrangers qui viennent des contrées méridionales. Le *Chamærope*, représenté dans notre Atlas, pl. 93, fig. 4, fait partie de l'Hexandrie trigynie, L.; c'est, comme nous l'avons dit, un palmier fort peu élevé, souvent même sans tige; ses feuilles, profondément digitées et portées sur un pédoncule épineux, font l'effet d'un large éventail planté en terre, d'où le nom de *Palmier éventail*, donné au *Chamærope*. Ses fleurs doivent être regardées en général comme complètes et hermaphrodites; si certains pieds n'en portent que de mâles, c'est un avortement accidentel, et non un caractère du genre. Elles se composent ainsi : spathe monophylle, de laquelle sort un spadice rameux; calice formé de trois écailles coriaces, dressées, arrondies, mais un peu aiguës au sommet; six étamines, réunies en urcéole par leur base; anthères cordiformes biloculaires; au fond de l'urcéole des étamines sont trois ovaires, portant chacun un style et un stigmate à sillons glanduleux; deux des ovaires avortent ordinairement; celui qui reste, semblable à un segment d'ovoïde, c'est-à-dire plat sur deux faces et convexe sur l'autre, est orbiculaire et uniovulé.

On ne connaît guère les autres espèces de Chamærope; plusieurs sont même douteuses. (L.)

CHAMAGROSTIDE, *Chamagrostis.* (BOT. PHAN.) Genre de la famille des Graminées, caractérisé par ses fleurs en épi, dirigées du même côté; une lépicène uniflore à deux valves oblongues, tronquées; une glume laciniée et soyeuse, en forme de godet; deux stigmates velus; un grain ou caryopse terminé en pointe et non sillonné.

L'unique espèce de ce genre, *Chamagrostis minima*, avait été confondue par Linné avec ses *Agrostis*; mieux déterminée par Adanson, elle reçut de lui le nom de *Mibora*; puis, de Smith, celui de *Knappia*; elle devint ensuite la *Sturmia* de Hope; car chacun, pouvant observer cette petite plante dans tous les lieux sablonneux de l'Europe, s'empressait à l'envi de corriger une inattention du grand législateur. Enfin, M. de Candolle l'a décrite sous la désignation de *Chamagrostis*, qui s'accorde bien avec son humble taille. Si quelque nouveau botaniste désire encore exercer son imagination sur cette jolie petite graminée, nous l'envoyons au bois de Boulogne ou à celui de Romainville, où, dès les premiers jours du printemps, elle couvre la terre de son gazon élégant : il la reconnaîtra à ses touffes serrées, à ses feuilles courtes et filiformes, et aux caractères génériques ci-dessus indiqués. (L.)

CHAMEAU, *Camelus.* (MAM.) Ce genre, ainsi que le comprenait Linné, est formé par la réunion des Lamas et des vrais Chameaux (ces derniers sont les seuls qu'il renferme aujourd'hui) : il compose avec celui des Chevrotains la première famille de l'ordre des Ruminans (famille des Caméliens de Blainville, qui ont pour caractère d'être privés de cornes). Voy. l'art. RUMINANT de ce Dictionnaire, et le mot LAMA ; nous ne traiterons ici que des Chameaux proprement dits.

Ces derniers, quoique étant de véritables ruminans, se rapprochent cependant un peu de certains animaux de l'ordre des Pachydermes; leurs dents sont au nombre de trente-quatre, savoir: douze molaires supérieurement, dix inférieurement, deux canines à chaque mâchoire, six incisives en bas et deux en haut; au lieu de grands sabots aplatis sur un de leurs côtés et qui enveloppent toute la partie inférieure de chaque doigt, en déterminant la figure d'un pied fourchu, les Chameaux n'ont que de simples ongles assez semblables à ceux des Tapirs, adhérant seulement à la dernière phalange, et une sorte de semelle calleuse, commune aux deux doigts qu'elle contribue à réunir inférieurement, et dont elle empêche les mouvemens séparés. Ces animaux ont le cou très-long et courbé en S; leur lèvre supérieure est renflée et fendue; leurs narines ne sont point percées dans un mufle, et leur estomac, au lieu d'être composé de quatre poches comme celui de tous les ruminans, en présente une cinquième, qui est un appendice de la panse, destiné à retenir ou à sécréter une certaine quantité d'eau que l'animal fait monter dans sa bouche, afin d'étancher sa soif lorsqu'elle devient trop gênante. Les mamelles sont ventrales et au nombre de quatre.

La conformation extérieure des Chameaux a quelque chose d'étrange et de rebutant; leur mauvaise grâce, la difficulté de leurs mouvemens, la saillie de leurs lèvres, les *loupes graisseuses* de leur dos et les *callosités* qui garnissent certaines parties de leur corps, leur donnent un aspect repoussant; mais leur extrème sobriété, la docilité de leur caractère et les services qu'ils rendent à l'homme les rendent de la première utilité, et font bientôt oublier leurs prétendues difformités. Ils ont des callosités aux coudes, aux genoux de devant, et sur la poitrine; c'est sur elles qu'ils s'appuient lorsqu'ils se reposent; quelques personnes ont pensé qu'elles étaient occasionées par le frottement auquel ces parties sont exposées et le poids qu'elles supportent; les loupes graisseuses ou bosses sont un des principaux caractères qui distinguent les espèces de Chameaux entre elles, et celles-ci des animaux du genre Lama; elles sont placées sur le dos : dans le Chameau ordinaire ou de Bactriane, elles sont au nombre de deux et ordinairement tombantes; le Dromadaire au contraire n'en a qu'une seule, laquelle est toujours droite.

Le Chameau et le Dromadaire, qui sont deux espèces distinctes et non pas deux variétés comme le pensait Buffon, sont les seuls animaux que l'on comprenne aujourd'hui sous le genre *Camelus*; ils ont avec les Lamas les caractères communs qui suivent : une cinquième poche stomacale, ayant la propriété de sécréter une liqueur transparente assez analogue à l'eau (cette facilité paraît tenir à de grands amas de cellules qui garnissent les côtés de la panse, et dans lesquelles la liqueur se produit continuellement, ou est retenue après que l'animal l'y a fait entrer comme boisson). Ces animaux urinent en arrière, mais ils sont obligés de changer la direction de leur verge pendant l'accouplement, qui se fait avec beaucoup de peine, et pendant lequel la femelle reste couchée. Au temps du rut, il suinte de leur tête une humeur fétide.

Chameau a deux bosses, appelé aussi Chameau turc ou de Bactriane, *Camelus bactrianus*,

L. C'est le *Chameau* de Brisson et de Buffon, et le *Camelus Bactriæ* de Pline, représenté dans notre Atlas, pl. 95, fig. 1. Cet animal paraît être le *Dityles* des Grecs; il se distingue au premier coup d'œil par des bosses graisseuses, qui sont au nombre de deux, l'une sur le garrot et qui tombe ordinairement de côté, l'autre placée plus en arrière, et qui reste le plus souvent droite. Le Chameau est généralement plus grand que le Dromadaire; ses jambes paraissent moins hautes proportionnellement; sa démarche est plus lente, et ses lèvres plus renflées; son corps est couvert de poils laineux, très-touffus et très-longs, parmi lesquels il s'en trouve quelques uns plus longs et plus gros; sa couleur est brun-roussâtre.

Le Chameau existe naturellement dans une grande partie de l'Asie, où il est employé depuis la plus haute antiquité au service domestique et militaire : on a essayé de le transporter en Amérique, mais il n'y a point réussi, faute des soins nécessaires, non plus que dans le midi de l'Europe; mais il s'est parfaitement acclimaté en Afrique, où il existe depuis un assez long temps, que certains auteurs font remonter à l'époque des conquêtes des Arabes; il est généralement plus recherché que le Dromadaire, quoique celui-ci supporte plus facilement la fatigue et la faim.

Dromadaire, *Camelus dromedarius*, L. Cette espèce, appelée aussi Chameau à une bosse ou d'Arabie, est le *Camelus Arabiæ* de Pline; on l'a représentée dans notre Atlas, pl. 95, fig. 2. Quoique moins grande que la précédente, elle est plus vigoureuse et encore plus habituée aux privations; elle a pour caractères : une seule bosse arrondie placée au milieu du dos; son poil est doux, laineux, et médiocrement long sur la plus grande partie du corps, mais il est plus fourni et plus grand sur la bosse, la gorge et les membres; sa couleur est d'un gris roussâtre plus ou moins foncé.

On distingue trois variétés de l'espèce du Dromadaire; la première est celle du *Dromadaire brun* ou du Caucase, qui est plus fort que les autres, dont il se distingue par son corps trapu et sa couleur tout-à-fait semblable à celle du Chameau; il a dessous la gorge une grande barbe, et un large fanon sous le cou. On l'emploie pour le transport des fardeaux le plus pesans; il peut faire dix lieues par jour et porter plus de douze cents livres. La seconde variété est connue d'après un individu provenant d'Egypte; elle est plus grande que les autres; son corps est recouvert de poils uniformément gris et courts. La troisième est celle du *Dromadaire blanc*, qui est en effet de cette couleur dans son jeune âge, mais qui devient ensuite d'un gris roussâtre; sa tête, sa bosse et ses jambes de devant, ainsi que son cou en dessus et en dessous, sont couverts de longs poils.

Le Dromadaire est aujourd'hui répandu dans toute l'Afrique, et dans une grande partie de l'Asie; quelques individus existent même en Morée. Il paraît avoir pris naissance dans l'Arabie; cette contrée est, en effet, celle où on le trouve en plus grand nombre, et à laquelle il est le plus conforme. «L'Arabie, dit Buffon, est le pays du monde où l'eau est le plus rare; le Chameau est le plus sobre de tous les animaux et peut passer plusieurs jours sans boire; le terrain est presque partout sec et sablonneux : le Chameau a les pieds faits pour marcher dans les sables, et ne peut au contraire se soutenir dans les terrains humides et glissans; l'herbe et les pâturages manquent à cette terre, le bœuf y manque aussi, et le Chameau remplace cette bête de somme. »

Les deux espèces du genre *Camelus* sont aujourd'hui acclimatées dans toute l'Afrique; elles le sont aussi dans la partie ouest de l'Asie jusqu'en Chine; elles paraissent originaires de l'Arabie, de la Perse et de la Turquie d'Asie : suivant certains auteurs, elles n'existaient point encore en Afrique avant les premiers siècles de notre ère; on pense aujourd'hui qu'elles sont tout-à-fait réduites en domesticité; cependant Pallas rapporte, sur la foi des Bouchares et des Tartares, qu'il y a des Chameaux sauvages dans les déserts du milieu de l'Arabie; mais il faut remarquer, dit Cuvier, que les Kalmoucks, par principe de religion, donnent la liberté à toutes sortes d'animaux.

En Turquie, en Perse, en Arabie, en Egypte, etc., le transport des marchandises ne se fait que par le moyen de ces animaux. Les commerçans et les voyageurs, pour éviter les insultes et les pirateries des Arabes, se réunissent par troupes nombreuses connues sous le nom de caravanes. Ces troupes sont exclusivement servies par les Chameaux et les Dromadaires, qui y sont en plus grand nombre que les hommes. Lorsqu'une caravane doit se mettre en route, on charge les Chameaux de volailles, d'eau, de légumes, de charbon, etc.; les Dromadaires sont réservés aux voyageurs. Lorsque l'on est préparé, un Arabe, chargé de conduire la troupe, se place en avant; il est suivi par les Chameaux qui portent le bagage, et les Dromadaires ferment la marche; au moment du départ, le conducteur entonne, en guise de chanson, une espèce de râlement des plus singuliers, et aussitôt les animaux se mettent en marche, accélérant le pas ou le ralentissant, selon que le chant est *allegro* ou *largo* : aussi, lorsqu'une caravane veut aller à grandes journées, le conducteur ne cesse-t-il un seul instant sa musique; et, lorsqu'il est fatigué, un autre homme le remplace.

La chair des jeunes Chameaux est aussi bonne que celle du Veau; le lait que les femelles produisent en abondance est également fort estimé, on en fait du beurre et des fromages. La chair des individus adultes se mange aussi; quoique plus dure que celle des jeunes, elle n'est cependant pas désagréable. Le poil de ces animaux est très-employé; on le coupe à certaines époques de l'année, et on en fait des tissus assez variés.

Ces animaux étaient connus des anciens, qui les employaient aux mêmes usages que nous. Aristote et Pline en parlent avec assez de détails, et savent parfaitement distinguer le Chameau du Dromadaire. Cyrus les employa dans la guerre contre Crésus, et ils contribuèrent, à ce qu'on as-

sure, beaucoup à la victoire, en portant la terreur et le désordre dans la cavalerie ennemie. Tite-Live fait mention d'archers montés sur des Chameaux et armés d'épées longues de six pieds, afin de pouvoir atteindre leurs adversaires du haut de leur monture; quelquefois deux archers se plaçaient sur le même animal adossés l'un contre l'autre, afin de faire face à l'attaque et à la défense. Moïse mit le Chameau au nombre des viandes impures, et il en défendit la chair aux Hébreux; mais il n'en était pas de même chez les Perses, qui le servaient sur les meilleures tables. A Rome on connut aussi ces animaux, et sous les empereurs on en vit plusieurs vivans. Héliogabale fit servir leur chair dans plusieurs de ses festins, en même temps que celle des Autruches; il estimait surtout leurs pieds et se réjouissait en pensant qu'il avait inventé un nouveau mets.

CHAMEAU TURC. Ce nom est celui du Chameau à deux bosses ou Chameau proprement dit; on appelle le Dromadaire *Chameau d'Arabie*.

Le CHAMEAU LÉOPARD, et mieux Caméléopard, est la Girafe, que les anciens ont dit ressembler en même temps au Chameau et à la Panthère ou Léopard.

Le CHAMEAU DU PÉROU est le Lama; le CHAMEAU DE RIVIÈRE, de quelques endroits de l'Egypte, est le Pélican; et le CHAMEAU MARIN, une espèce de poisson, du genre Ostracion, l'*Ostracion turritus* de Linné, figuré par Bloch, 156. (GERV.)

CHAMEC ou CHAMEK. (MAM.) Cet animal est un quadrumane du genre ATÈLE (*voy.* ce mot), l'*Ateles subpendactylus*, Geoff. Il habite le Pérou et la Guiane. (GERV.)

CHAMOIS. (MAM.) Cet animal, représenté dans notre Atlas, pl. 95, fig. 5, appartient au genre Antilope, c'est l'*Antilope rupicapra* de Linné; ses cornes sont d'abord droites, puis recourbées subitement en arrière à leur pointe, ce qui l'a fait considérer comme le type d'un sous-genre distinct. *Voy.* l'article ANTILOPE de ce Dictionnaire, tom. I, p. 221.

Le Chamois est le seul animal du genre des Antilopes que possède notre Europe occidentale; il se tient en petites troupes dans la région moyenne des plus hautes montagnes; on le trouve principalement dans les Alpes et les Pyrénées, où il est connu sous le nom d'*Isard*.

La taille du Chamois est celle d'une chèvre; son pelage, assez long et bien fourni, se compose de poils soyeux et de poils laineux; il est brun foncé en hiver et brun fauve en été; sa tête est toujours d'un jaune pâle, avec une bande brune sur le museau et le tour des yeux; une ligne blanche borde ses fesses. On chasse les Chamois pour leur chair, et principalement pour leur peau, qui est employée avec ses poils, comme fourrure, ou sans poils : dans ce dernier cas, elle est travaillée par les mégissiers et les chamoiseurs qui lui font subir plusieurs préparations successives afin de l'assouplir, de lui donner du corps, et même de la colorer. Le commerce de ces peaux était autrefois assez considérable en France, mais il a beaucoup diminué depuis quelques années; cependant on les recherche encore pour faire des gants, des ceintures, des culottes, et même des vestes et des bas. (GERV.)

CHAMOUNY (Vallée de). (GÉOGR. PHYS.) Cette célèbre vallée de la Savoie, qui n'est pour ainsi dire connue que depuis moins d'un siècle, est aujourd'hui visitée par un si grand nombre de curieux, et a acquis une telle célébrité, que le plus chétif dessinateur, que le plus modeste bourgeois qui vont chercher dans les Alpes, l'un des sujets d'études, l'autre l'aliment d'une stérile curiosité, ne croient avoir vu tout ce que ces montagnes renferment de plus intéressant que lorsqu'ils ont foulé le pied du Mont-Blanc, que lorsqu'ils ont fait une promenade dans la longue et étroite vallée de Chamouny.

Elle doit son nom à un village qui doit lui-même son origine à un couvent de Bénédictins, dont la fondation remonte à l'an 1099; mais ce village serait resté pauvre sans la célébrité qui s'est attachée à cette petite localité, depuis que le voyageur anglais Pococke, en 1741, étonné que, située à 18 lieues de Genève, cette vallée fût restée ignorée, en donna une description d'autant plus pompeuse qu'elle ne méritait pas cet oubli, et surtout depuis l'intéressant ouvrage de Saussure sur les Alpes. Les visites d'une foule d'étrangers qui s'y succèdent pendant les quatre seuls mois de l'année où le voyage en soit possible, ont porté le nombre de ses habitans à environ 1700, et y ont réuni toutes les ressources et les commodités qu'une petite ville peut offrir au voyageur.

Le village est situé, selon Ebel, à 2,040 pieds au dessus du lac de Genève, et à 3,174 au dessus du niveau de la mer. La vallée est formée par des montagnes couvertes de neige : au nord ce sont le Brévent et les Aiguilles-Rouges; au sud c'est le groupe du Mont-Blanc. De la base de celui-ci descendent jusque dans cette vallée d'énormes glaciers, tels que ceux des Bossons, de la Tour, des Bois et d'Argentière, ainsi que cette fameuse *mer de glaces*, dont l'étendue est de 2 lieues, et que l'on aperçoit en entier du haut du Montaavert. L'Arve, qui prend sa source au col de Balme à l'extrémité sud-ouest de la vallée, arrose celle-ci et la fertilise, mais souvent y cause de grands ravages par les crues violentes qu'éprouvent ses eaux arrêtées tout à coup par les avalanches.

La vallée de Chamouny présente confondus les diverses saisons et les différens climats : généralement l'hiver le plus rigoureux y dure depuis le mois d'octobre jusqu'à celui de mai; dans cette saison, le sol est couvert de 3 et même de 12 pieds de neige; les douces journées du printemps y sont pour ainsi dire inconnues : on y passe, comme dans les régions polaires, presque subitement de l'hiver à l'été; mais dans cette dernière saison le thermomètre ne monte pas le matin à plus de 9 degrés et à midi à plus de 15 ou 17; très-rarement il atteint 20 degrés; quelquefois même les jours d'été sont si froids qu'on ne peut pas se passer de feu. Les produits de la culture présentent

un singulier aspect : les fruits de l'automne mûrissent à côté des fleurs du printemps, et les céréales croissent près d'énormes amas de neige et de glaces. Les prairies, favorisées par l'humidité du sol et des roches, forment la principale richesse de la vallée de Chamouny.

Cette vallée est creusée au milieu de calcaires appartenant au terrain intermédiaire; mais le calcaire qui forme les sommités près d'Argentière renferme du mica et du feldspath, et présente tantôt les caractères du marbre cipolin, tantôt ceux de la roche appelée *Calciphyre*.   (J. H.)

CHAMPIGNONS, *Fungi*. (BOT. CRYPT.) Les Champignons, considérés d'une manière générale, sont des êtres organisés, de consistance et de durée variables : il y en a de charnus, de subéreux, de pulpeux, de mucilagineux, etc. Leur accroissement, qui est lent ou rapide, est toujours en rapport avec leur consistance. Leur forme varie à l'infini : ils représentent tantôt des masses irrégulières, tantôt des sortes de filamens, de mamelons, de capitules, de rameaux, de digitations, qui offrent à l'œil une organisation curieuse imitant des lames, des pores, des papilles, des veines, des globules, etc.

Les Champignons se distinguent des *Lichens* et des *Algues*, cryptogames avec lesquels ils ont le plus d'analogie, par l'absence de toute espèce de fronde ou de croûte portant les organes de la fructification. Leurs *sporules*, ou organes reproducteurs, organes diversement situés et qui ont servi à établir les genres, sont nichés dans la substance même du Champignon, épars à l'extérieur, libres et fugaces, ou bien entourés d'une matière glaireuse sur laquelle l'eau agit facilement, et sert ainsi d'agent de dissémination.

L'ancien ordre des Champignons, établi par Linné et conservé par les botanistes modernes, est partagé en cinq familles, savoir : Les *Champignons* proprement dits, les *Lycoperdacées*, les *Hypoxilons*, les *Mucédinées* et les *Urédinées*.

Les CHAMPIGNONS, *Fungi*, sont des végétaux charnus ou subéreux, dont les sporules sont renfermées dans de petites capsules membraneuses, qui, par leur réunion, constituent une membrane diversement repliée, laquelle membrane recouvre tout ou une partie seulement de la surface du Champignon.

Les LYCOPERDACÉES, *Lycoperdaceæ*, ont les sporules non renfermées dans des capsules distinctes. Ces sporules sont enveloppées dans un péridium charnu ou membraneux, qui d'abord est fermé de toutes parts, et qui ensuite s'ouvre et laisse échapper les sporules sous forme de poussière.

Dans les HYPOXILONS, *Hypoxila*, les sporules sont contenues dans des capsules propres qui sont renfermées elles-mêmes dans un péridium dur et ligneux, qui s'ouvre plus ou moins régulièrement, et qui donne passage à une gelée mêlée de sporules.

Les MUCÉDINÉES, *Mucedineæ*, ont des sporules nues, portées sur des filamens diversement ramifiés et entrecroisés.

Enfin les URÉDINÉES, *Uredineæ*, ont les sporules

renfermées

renfermées dans des capsules libres, ou éparses à la surface d'une base filamenteuse ou pulvérulente.

Histoire physiologique des Champignons.

L'histoire physiologique des Champignons, dit M. Dutrochet, est un des points les plus obscurs de la physiologie végétale. Presque tout est problématique dans ces plantes, si différentes des végétaux verts par leurs formes, et qui n'ont pas besoin, comme eux, de l'influence de la lumière pour vivre et se développer. La plupart des Champignons se distinguent encore des végétaux verts par l'extrême rapidité de leur développement et par leur peu de durée, phénomène qui cesse de surprendre lorsqu'on partage l'opinion des cryptogamistes qui admettent généralement que ce qu'on appelle communément un *Champignon*, est un *Apothecium* ou le fruit d'une plante habituellement souterraine : MM. Cassini et Turpin partagent principalement cette opinion qu'ils appuient sur diverses observations. Déjà Vaillant avait considéré les cellules tubuleuses de quelques Champignons comme les ovaires d'une plante, et un siècle plus tard, Palissot de Beauvois avait émis l'idée que le *blanc de Champignon*, avec lequel les jardiniers reproduisent sur couches l'agaric comestible, était le byssus souterrain ou la plante rameuse dont cet agaric est le fruit.

Les anciens pensaient que l'origine des Champignons pouvait être divine ; quelques uns disaient qu'ils provenaient de la séve des arbres, d'autres du limon de la terre, etc. Dans le 16ᵉ siècle on prétendit qu'ils étaient le résultat de la putréfaction des corps ; enfin on a été jusqu'à croire qu'ils pouvaient bien être des minéraux, des sortes de polypiers, qu'ils produisaient des œufs, que de ces œufs éclosaient des vers, et que ceux-ci devenaient Champignons. Toutes ces idées sur l'origine des Champignons sont abandonnées aujourd'hui.

Classification des Champignons proprement dits.

On peut diviser les Champignons, dont le nombre s'élève à plus 3,000 espèces, d'après leur forme générale et la disposition de la membrane séminifère ou *hymenium*, en cinq tribus qui sont :

1° Les Funginées, *Fungi pileati*, Champignons à chapeau distinct, hémisphérique, ordinairement pédiculé à son centre, ou demi-circulaire et attaché par un de ses côtés ; à membrane séminifère très-variable dans sa forme, lisse dans quelques genres, et ne couvrant que la face inférieure. Les genres *Boletus*, *Fistulina*, *Amanita*, *Agaricus*, *Merullius*, *Cantharellus*, *Merisma*, etc., appartiennent à la tribu des Funginées.

2° Les Clavariées, *Fungi clavati*, Champignons sans chapeau distinct, en forme de massue, ou irrégulièrement rameux ; membrane séminifère recouvrant presque toute la surface du Champignon, ou ses extrémités seulement.

Dans cette tribu sont les genres : *Clavaria*, *Pistillaria*, *Crinula*, *Typhula*, etc.

3° Les Pezizées, *Fungi cupulati*, Champignons à chapeau plus ou moins distinct, ayant la forme d'une ombrelle ou d'une cupule ; à membrane séminifère ne couvrant que la face supérieure.

Les Pezizées renferment les genres : *Peziza*, *Vespa*, *Leotia*, *Moschella*, *Helvella*, etc.

4° Les Tremellinées, *Fungi tremellini*, Champignons gélatineux et de formes irrégulières, à sporules libres, sortant de dessous la surface du Champignon, tels sont les genres : *Tremella*, *Auricularia*, *Exidia*, *Hymenella*, etc.

5° Les Clathroïdées, *Lytothecii*, Champignons à sporules réunies en une membrane épaisse, gélatineuse, étendue à la surface d'une partie du Champignon, ou renfermées dans son intérieur, et qui comprennent les genres : *Clathrus*, *Laternea*, *Phallus*, *Hymenophallus*, etc.

Organisation des Champignons.

Bien que l'organisation des Champignons présente des différences extrêmement marquées suivant les divers genres, on distingue toujours dans ceux qui sont les plus complets, c'est-à-dire dans ceux qui présentent le plus grand nombre d'organes différens, tels que les Amanites :

1° Une *racine filamenteuse*, mais qui est très-différente de celle des plantes phanérogames.

2° Le ou la *volva* ou *bourse*, sorte de poche ou de sac qui contient tout le Champignon avant son développement complet, qui est d'abord fermée de toutes parts, qui se rompt ensuite et laisse sortir le pédicule et le chapeau.

3° Le *pédicule* ou *stype*, organe qui supporte le chapeau, qui est tantôt central et tantôt latéral, qui est plein ou creux, et qui présente dans quelques genres, vers sa partie supérieure, un renflement, un *anneau* ou *collier*, formé des débris du tégument qui enveloppait le chapeau dans sa jeunesse. Le pédicule manque quelquefois.

4° Le *tégument* ou *voile*, membrane qui, partant du sommet de la base du pédicule, enveloppe le chapeau en totalité ou en partie, supérieurement ou inférieurement.

5° Le *chapeau*, partie plus ou moins élargie, étendue horizontalement, de forme hémisphérique, en ombrelle ou demi-circulaire, portant la membrane séminifère. Le chapeau n'est bien distinct que dans les première et troisième tribu.

6° La *membrane séminifère*, membrane lisse et unie, formée par la réunion d'un très-grand nombre de petites capsules membraneuses, appelées *theca* ou *ascus*, qui recouvre en totalité ou en partie la surface du Champignon dont elle suit irrégulièrement les contours, surtout dans tous les genres des trois dernières tribus. Dans la première tribu, cette membrane se replie sur elle-même et forme des tubes, des lamelles, des veines ou des pointes qui couvrent une partie du chapeau ; dans la cinquième, elle forme une couche épaisse, sèche, un peu charnue avant le développement complet du Champignon ; sa couleur est ordinairement très-tranchée et foncée ; enfin elle est composée de petites vésicules irrégulièrement réunies, qui renferment les sporules, et qui finissent par se changer en une gelée gluante et fétide.

7° Les *capsules*, sortes de petits sacs membraneux, visibles seulement au microscope, cylindriques et contenant les sporules. Tantôt ces petits sacs s'ouvrent pour laisser échapper les sporules et restent fixés sur le Champignon, tantôt au contraire ils se détachent et entraînent avec eux les organes de la fructification. Les capsules séminifères n'existent pas sur tous les Champignons.

8° Les *sporules*, *spores*, *sporidies*, *séminules*, *gongyles*, etc., ou graines qui servent à la reproduction des plantes cryptogames. Les sporules sont de petits corps impalpables, renfermés dans des capsules ou *thecæ*, rangés sur une ou plusieurs séries longitudinales, et variables dans leur nombre.

Telle est la structure la plus exacte des Champignons, et tel est aussi le nombre des organes que l'on a à considérer dans l'étude de ces sortes de végétaux; toutefois, nous devons observer que quelques uns de ces organes, comme le *volva*, le *pédicule* et le *tégument*, manquent dans plusieurs genres, et que, dans d'autres, le chapeau lui-même est réduit à une masse charnue recouverte par la membrane séminifère.

Quant aux organes reproducteurs, organes qui diffèrent entièrement des végétaux phanérogames, et sur lesquels on n'a pas encore d'opinion bien arrêtée, il paraît qu'ils consistent dans des corpuscules placés sur une partie de la surface du Champignon : ces corpuscules, mis dans des circonstances convenables, donnent naissance à un nouveau Champignon.

Développement, durée, habitation des Champignons.

Les Champignons se développent d'autant plus vite qu'ils sont placés dans des lieux sombres et humides, et qu'une chaleur douce vient se joindre à ces deux circonstances : les serres-chaudes réunissent complétement toutes ces conditions.

La durée moyenne de la vie des Champignons est de huit à dix jours; quelques espèces seulement, celles qui sont dures et ligneuses, vivent au-delà de plusieurs années.

Les Champignons croissent dans les lieux sombres et humides, au pied ou sur le tronc des vieux arbres, sur les bois pourris, les débris des végétaux et des animaux, sur le fumier, dans les caves, etc. ; mais parmi les vrais Champignons, très-peu sont parasites. On les rencontre plus fréquemment dans les pays septentrionaux que dans les pays chauds; mais il est probable qu'on peut en trouver sous toutes les latitudes.

Nature chimique des Champignons.

Parmi les principes très-nombreux, tels que l'albumine, le mucus, la gélatine, etc., trouvés par M. Braconnot dans les Champignons, trois leur sont particuliers : la *fungine*, l'*acide bolétique*, et l'*acide fungique*. Nous dirons un mot seulement de la première substance, qui forme la base et la portion nutritive des Champignons.

La fungine est une matière molle, spongieuse, légèrement azotée, insoluble dans l'eau, et analogue, sous quelques rapports, au ligneux ; on la rencontre dans tous les Champignons où elle est toujours identique, non dangereuse, même dans les espèces vénéneuses , et on peut l'obtenir à l'aide de plusieurs lavages.

Genres de Champignons qui renferment les espèces comestibles.

L'ensemble des Champignons offre un grand nombre d'anomalies ; dans le même genre se trouvent des espèces vénéneuses et des espèces comestibles. Mais c'est dans les genres *Amanite*, *Agaric*, *Bolet*, *Polypore*, *Chanterelle*, *Hydne*, *Clavaire*, *Morille*, que se trouvent principalement les espèces les plus généralement servies sur les tables.

Caractères des bons et des mauvais Champignons.

On sait que de tout temps les Champignons ont été recherchés par les gourmands , et malgré les nombreux accidens, les empoisonnemens causés par ce genre d'aliment, il est probable que le nombre d'amateurs n'est pas près de diminuer. Nous avons déjà dit qu'à Paris on ne permettait que la vente du Champignon de couche, *Agaricus campestris* de Linné, et que des inspecteurs étaient chargés de veiller à ce qu'il ne se glisse dans les petits paniers ou *maniveaux* aucune espèce nuisible.

Jusqu'alors on ne connaît pas de caractères absolus propres à faire distinguer un mauvais Champignon d'un bon; nous allons cependant indiquer ceux à l'aide desquels on reconnaît dans l'état actuel de la science les bonnes et les mauvaises espèces.

On sait d'une manière générale qu'une *odeur* nulle, une *saveur* poivrée, piquante, âcre et amère , une *couleur* verte ou intense, une *habitation* dans des lieux humides, de la lactescence, sont les caractères communs à tous les Champignons ; mais on peut considérer comme innocens tous ceux qui ont une *odeur* de roses , d'amandes amères, ou de farine récente ; une *saveur* de noisette , ni fade, ni acerbe, ni astringente; une *organisation* simple ; une *surface* sèche, charnue; une *consistance* ferme, non fibreuse ; une *couleur* franche , rosée , vineuse ou violacée , ne changeant point à l'air. Les champignons de bonne qualité habitent les lieux peu couverts , les friches , les bruyères, et se trouvent sous toutes les latitudes. On doit les choisir non entiers, non complétement développés, ou entiers, sans volva ni collier: ils sont presque toujours entamés par les animaux. On doit également les récolter par un temps sec, après l'évaporation de la rosée, et il vaut mieux les couper, casser le pédicule que l'arracher. Enfin le temps dessèche les bons Champignons, mais ne les altère pas.

Les Champignons réputés dangereux ont une *odeur* herbacée, fade, vireuse, très-prononcée, désagréable, rappelant celle du soufre, de la terre humide, ou de la térébenthine; une *saveur* astringente, styptique, acerbe, ou fade, nauséeuse; une *organisation* composée; une *consistance* molle, aqueuse, grenue, compacte, fibreuse; une *couleur* livide , rouge sanguine (la couleur intérieure change à l'air). Les Champignons vénéneux habitent les lieux couverts, humides, se rencontrent sur des corps en décomposition, mais ne se trouvent pas au 40e ou 50e degré de latitude. Ils sont ordinairement entiers avec le volva et le collier; les animaux les entament rarement, et le temps les corrompt au lieu de les dessécher.

Lorsqu'on veut préparer les Champignons pour les manger, on les monde de leurs feuillets et de leurs tubes : c'est ce que les cuisiniers appellent *foin*; on en retranche aussi quelquefois le pédicule, qui est ordinairement moins délicat; on fait macérer la partie charnue dans de l'eau pure ou mieux dans de l'eau vinaigrée; le vinaigre étant regardé comme le dissolvant du principe vénéneux des Champignons, il est bon d'en mettre un léger excès dans l'eau de macération; bien entendu que cette eau sera jetée avant d'accommoder les champignons.

Empoisonnement par les Champignons. Antidotes et traitement.

L'empoisonnement par les Champignons vénéneux, qui agissent comme les poisons narcotico-âcres, est caractérisé en général par des coliques violentes, des douleurs aiguës dans le ventre, des vomissemens et des déjections alvines, enfin par des convulsions séparées par des intervalles d'assoupissement et de défaillance; et, si on n'apporte de prompts secours, la mort met souvent un terme à toutes ces souffrances.

Les meilleurs moyens à employer, aussitôt qu'on ressent les symptômes dont nous venons de parler, sont les vomitifs et les purgatifs. On commence donc par administrer trois grains d'émétique dans un verre d'eau; un quart d'heure après, on donne en trois fois, et à vingt minutes d'intervalle, un second verre d'eau dans lequel on a fait fondre trois autres grains d'émétique ou bien trois ou quatre grains d'émétine, ou dans lequel enfin on a délayé vingt-quatre grains d'ipécacuanha et dissous une once de sel de Glauber. Après les vomissemens on donne, de demi-heure en demi-heure, un cuillerée à bouche d'une potion laxative; puis on fait prendre un lavement purgatif. On réitère deux ou trois fois le lavement purgatif, si l'évacuation n'a pas eu lieu, et on a recours enfin à un lavement de tabac, si les symptômes d'empoisonnement, au lieu de diminuer, vont sans cesse en augmentant.

Si on a été assez heureux pour faire évacuer le poison, on fait prendre au malade quelques cuillerées d'une potion préparée avec le sirop d'écorce d'orange, l'eau de fleurs d'oranger, l'éther sulfurique ou la liqueur d'Hoffmann. Enfin si tous les symptômes d'une vive inflammation gastro-intestinale se manifestent, il faut renoncer aux vomitifs et aux purgatifs irritans, et se hâter de recourir à une médication entièrement débilitante. (F. F.)

CHAMPSÈS. (REPT.) Mot hellénisé de *Champsai*, nom que les anciens Egyptiens, selon Hérodote, donnaient aux animaux que les Ioniens appelèrent depuis *Crocodeilos*. Les zoologistes modernes, considérant que sous ce dernier nom, dont nous avons fait Crocodile, les Grecs confondaient les Gavials du Gange avec les Crocodiles du Nil, ont restitué à ces derniers le nom primitif de Champsès qu'ils portent encore en Egypte, car le mot *Am-sah* sous lequel on les désigne est évidemment une altération du nom rapporté par Hérodote, et le mot Crocodile est aujourd'hui réservé pour représenter, comme chez les Grecs, le groupe des divers genres de reptiles de cette famille.

Les Champsès se distinguent de leurs congénères par leur museau large, déprimé, oblong, surmonté de narines à orifice simple, sans renflement; par leurs pieds, palmés, dentelés en dehors, et par leurs dents inégales en grandeur et en volume, surmontées en avant et en arrière d'une légère arête; les premières de la mâchoire inférieure sont reçues dans des trous de l'intermaxillaire supérieur, la quatrième se place dans une échancrure du bord de la mâchoire supérieure. L'on a distingué plusieurs espèces de Champsès; ainsi Cuvier, sous le nom de Crocodiles proprement dits, a établi les suivantes :

1° Le CROCODILE VULGAIRE, *C. vulgaris*, représenté dans notre Atlas, pl. 94, a un museau simple, égal, à six écussons sur la nuque, à écailles dorsales carrées, disposées sur six rangées.

C'est à cette espèce, répandue dans le Nil et dans toute l'Afrique, que se rapporte presque tout ce que les anciens ont dit du Crocodile; c'est à cette espèce, par exemple, que les Egyptiens rendaient le culte dû aux dieux. Un Crocodile était entretenu dans leur temple aux frais publics, on attachait des bijoux à ses oreilles, on ornait ses pieds antérieurs de bracelets, on lui donnait du pain et de la chair des victimes, et après l'avoir ainsi choyé pendant sa vie, on le déposait enbaumé après sa mort dans des souterrains consacrés. On n'est pas d'accord sur le motif de la consécration de cet animal; selon quelques auteurs, c'est parce qu'il sauva du trépas le roi Ménès qui était tombé dans l'eau; d'autres disent qu'il fut dévoué à Saturne, ou au moins au dieu qui le représentait dans la théologie égyptienne, parce que le Crocodile, emblème du Nil, inséparable des images de ce fleuve regardé, comme le père de l'Egypte, dévorait les habitans de cette contrée, à peu près comme le Saturne ou le Temps des Grecs dévorait ses enfans; mais comme le culte du Crocodile ne s'étendait pas à toute l'Egypte, mais seulement à quelques villes des environs de Thèbes et du lac Mœris, il est probable que ces honneurs avaient pour motif une cause locale et limitée; aussi Diodore et Cicéron pensent-ils que le Crocodile était adoré à Arsinoé, à Ambos et Comptos, parce que sa férocité protégeait ces villes de la rapacité des habitans de la rive opposée du Nil, auxquels le cours du fleuve n'aurait formé sans cela qu'une barrière impuissante, et qu'il remplissait dans le Nil à peu près les mêmes fonctions que dans les fossés de la ville de Pégu, au rapport de Balbus. Quelques savans ont pensé que le Crocodile sacré, que l'on appelait du nom spécial de Suchis, modification du mot *Ser*, qui signifiait le Temps, dont il était le représentant matériel, appartenait à une espèce particulière, et qu'il avait été choisi à cause de la douceur de cette espèce, tandis que l'on faisait une guerre impitoyable aux autres Crocodiles à cause de leur férocité; on les avait même voués à l'infâme Typhon, soit parce que ce frère cruel d'Osiris se cachait quelquefois sous la forme de ces animaux pour tourmenter les mortels, ou parce que le Crocodile avait enlevé la fille du roi Psammitis le juste. Ainsi le professeur Geoffroy Saint-Hilaire a été conduit, par une étude spéciale des Crocodiles d'Egypte, à distinguer parmi eux cinq espèces différentes, savoir, 1° l'un de grande taille, à écailles nuchales, oblongues, au nombre de quatre, disposées en cercle, et associées deux à deux, à écailles cervicales disposées sur deux rangées, au nombre de six, dont quatre plus grandes et deux plus petites, placées derrière les autres; les dorsales, au nombre de treize, rangées sur six séries, excepté les trois dernières qui sont disposées sur quatre; les pelviennes formées de trois séries de quatre écailles. Cette espèce est celle que l'on trouve vivante aujourd'hui; c'est celle à laquelle le professeur Geoffroy réserve le nom de vulgaire; 2° une autre espèce a le bord supérieur de la tête surmonté de bosselures qui deviennent notables avec l'âge; les écailles nuchales sont au nombre de six, mais plus petites que chez la précédente, et le professeur Geoffroy pense que c'est cette espèce qu'Andanson a signalée, et qu'un arrangement anormal des écailles nuchales et cervicales a fait nommer *C. biscutatus*. M. Geoffroy lui donne le nom de C. MARGINAIRE, *C. marginatus*; 3° une troisième espèce, connue seulement par des restes momifiés, a les écailles nuchales au nombre de deux; les cervicales sur deux rangées, l'une de quatre écailles, l'autre de deux; on compte dix-sept rangées d'écailles dorsales, la première composée de deux écailles; sur la tête des bourrelets, comme chez le *C. rhombifer*; 4° une autre espèce, rencontrée aussi à l'état de momie, a les deux paires d'écailles nuchales séparées, les cervicales sont au nombre de six sur deux rangées; mais ce qui distingue surtout cette espèce, c'est le chanfrein plus élevé et le bourrelet préorbitaire formé de mamelons ovoïdes et disposés circulairement; 5° enfin une espèce de petite taille, à écailles nuchales disposées sur quatre rangées semicirculaires, et jointes deux à deux à droite et à gauche; les cervicales, grandes rassemblées deux à deux sur deux lignes, au nombre de huit; les externes de la première rangée assez descendues pour porter un tiers de leur largeur sur la seconde rangée; à dix-neuf rangées dorsales, à six écailles, dont les moyennes plus petites; une rangée écartée sur les flancs et trois rangées de plus aux caudales que dans le Crocodile vulgaire. C'est cette espèce que le professeur Geoffroy regarde comme le Suchos des anciens, comme l'espèce qui fournissait le Crocodile sacré, espèce douce et innocente en comparaison des

autres; et, considérant que les villes d'Arsinoé et d'Ambos se trouvent assez éloignées du Nil et sur les confins du désert, le professeur Geoffroy présume que les habitans de ces villes tiraient de l'apparition de cette espèce, que sa petitesse et sa légèreté rendaient seule susceptible d'émigration lointaine, et qui devait être plutôt que les autres versée avec les eaux du Nil débordées sur les plaines que ce fleuve inonde annuellement, des inductions précieuses pour le degré et la force de la crue du Nil, d'où dépend leur fortune et leur prospérité, et que la reconnaissance de ce bienfait les avait portés plus encore que la douceur particulière de cette espèce à lui élever des autels et à lui vouer un culte divin. En général, trois motifs obtiennent les adulations des hommes : la crainte de l'offense, l'espoir du profit, et la reconnaissance du bienfait; ce dernier instinct est trop peu marqué dans l'âme pour durer long-temps et fournir l'aliment à un culte prolongé d'âge en âge. Les profits que les Egyptiens retiraient du Crocodile étaient trop minimes pour y attacher de l'importance; les habitans d'Elephantine mangeaient sa chair, mais on n'y touchait pas dans les lieux où il était sacré. Il est donc probable que la peur seule a déifié le Crocodile. Les significations météorologiques que cet animal pouvait fournir, d'autres animaux les donnaient également; comme l'observe le professeur Geoffroy, des coffres diodons paraissent avoir remplacé aujourd'hui le Crocodile sous ce rapport, et l'on est loin d'avoir pour eux les égards que l'on gardait vis-à-vis de leurs prédécesseurs. Il est difficile de supposer de la douceur à une espèce de Crocodile; si dans la captivité ces animaux deviennent moins cruels que dans l'état de liberté, ce que l'on appelle apprivoisés; c'est que la conscience de leur impuissance, la certitude que l'habitude leur donne que ceux qui les approchent ne cherchent pas à leur nuire, et la satisfaction continuelle de leur appétit, finissent par les rendre indifférens pour le carnage sans nécessité; et, comme l'a dit Aristotelès, il n'y aurait peut-être pas d'animaux cruels, si l'on pouvait toujours assouvir leur faim. La preuve tirée de l'embaumement n'est pas péremptoire, puisque, sur les cinq espèces déterminées par le professeur Geoffroy, trois se sont rencontrées embaumées; cet usage n'était peut-être qu'une offrande au dieu dont il était l'animal favori, pour conjurer sa colère et lui ôter la pensée de se manifester beaucoup sous cette forme; peut-être cette offrande n'était-elle de la part des Egyptiens qu'une sorte de dîme tributaire à leurs prêtres, ou bien une de ces parades vaniteuses d'adresse et de courage, ainsi qu'on peut le présumer d'après Léo l'Africain, et par l'usage qui leur faisait suspendre des têtes de Crocodiles aux murailles des villes fortifiées, à peu près comme de nos jours les gardes-chasses attachent au dessus de leurs portes les émouchets et les fouines qui ont été victimes de leur adresse; peut-être aussi doit-on considérer, avec quelques auteurs, ces embaumemens comme de simples actes d'hygiène habilement mis en pratique par des prêtres instruits, qui sentirent parfaitement qu'il n'était pas de raison plus puissante qu'une raison religieuse pour porter un peuple apathique à se débarrasser par un moyen prompt, sûr et économique, comme la résination, d'un animal dont la multiplicité était une calamité, et dont la décomposition putride aurait après sa mort altéré par ses produits fétides la pureté de l'eau du fleuve, ou celle de l'air environnant. Nous renverrons le lecteur pour l'examen des différens points de cette question, que les bornes de cet article nous permettent à peine de soulever, aux mémoires originaux publiés par Cuvier et le professeur Geoffroy. Au reste, le Crocodile jouissait autrefois de vertus médicinales assez vantées, mais le temps a fait justice de ces propriétés, la plupart établies sur des inductions *à priori* que l'expérience n'a pas confirmées. A Rome, les excrémens blanchâtres des Crocodiles d'Egypte tenaient la place du blanc de fard dans la toilette des dames, et servait impuissamment pour blanchir le teint. C'est au sujet de cet usage que Horatius Flaccus dit (Epodon, od. 12):

> . . . . Nec illi
> Jam manet. . . . calorque
> Stercore fucatus crocodili.

Outre cette espèce de Crocodile du Nil qui se retrouve dans plusieurs fleuves d'Afrique et à Madagascar, Cuvier en distingue d'autres, comme:

2° Le Crocodile a deux arêtes, *C. biporcatus*, à museau surmonté de deux crêtes qui, partant de l'angle antérieur de l'orbite, s'avancent vers l'extrémité du museau; à six écailles sur la nuque, à écailles dorsales ovales, plus longues que larges, disposées sur huit séries et dix-sept rangées, avec des pores dans l'intervalle des écailles dorsales, et comme les autres espèces des pores en arrière des écailles abdominales; c'est le *C. porosus* de Schneider; il provient du Gange et des îles de la mer des Indes, des Séchelles, etc. Le Crocodile des marais des Indes, *C. palustris*, ne paraît en différer que par la longueur des dents.

3° Le Crocodile rhombifère ou a losange, *C. rhombifer*, à museau plus convexe et à chanfrein plus bombé, deux arêtes préorbitaires promptement convergentes, six écailles sur la nuque, écailles du dos carrées, disposées sur six rangées; celles des membres larges, fortement carénées.

4° Le Crocodile a casque, *C. galeatus*, établi d'après la relation des missionnaires français à Siam, insérée dans les Mémoires de l'Académie des sciences; muni de deux crêtes triangulaires osseuses, implantées l'une au devant de l'autre; sur le vertex six écailles nuchales, comme le précédent; c'est le *C. siamensis* de Schneider.

5° Le Crocodile a deux plaques, *C. biscutatus*. Les écailles moyennes dorsales sont carrées, plus basses; les externes irrégulièrement dispersées; deux grandes écailles sur la nuque qui lui ont fait donner son nom, précédées de deux plus petites; c'est, selon Cuvier, le Crocodile noir d'Adanson.

6° Le Crocodile a museau effilé, *C. acutus*, de Saint-Domingue et des Antilles, à six plaques sur la nuque, à écailles dorsales disposées sur quatre séries longitudinales, et quinze à seize rangées transversales; les moyennes carrées, peu élevées; les externes saillantes, irrégulièrement disséminées; le museau plus allongé et plus convexe que dans les espèces précédentes.

7° Le Crocodile a nuque cuirassée, *C. cataphractus*. Nuque garnie de quatre bandes osseuses, de deux écailles, formant une sorte de bouclier, suivies de cinq rangées de deux grandes écailles continues avec celles du dos, disposées sur six séries, excepté les premières qui le sont sur quatre; le museau allongé, plus étroit que celui du précédent; les dents en moindre nombre. A ces espèces établies par Cuvier, il faut peut-être ajouter les deux suivantes, proposées par Graves.

8° Le Crocodile intermédiaire, *C. intermedius*, *Crocodile de Journu* de Bory Saint-Vincent, à museau allongé cylindrique, à six écailles nuchales; les écailles disposées sur six séries longitudinales. L'on présume qu'il provient d'Amérique.

9° Le Crocodile planirostre, *C. planirostris*, à museau égal, aplani à sa base, à six écailles nuchales, les dorsales disposées sur six séries. Bory Saint-Vincent lui a donné le nom de *Crocodile de Graves*. Mais ces diverses espèces réclament peut-être une analyse plus sévère; leurs caractères propres ne sont pas toujours bien nettement établis, ils ne sont pas toujours d'une application facile, et jusqu'ici il n'est que trop vrai, ainsi que l'a dit le professeur Geoffroy Saint-Hilaire, que « rien n'est plus fugitif que les formes des Crocodiles ».   (T. C.)

CHAMPSODACTYLE. (rept.) Nom formé des mots grecs *champses*, voy. ci-dessus, et *dactylos* doigt, pour un genre particulier de Reptiles établi récemment dans la famille des Sauriens à écailles arrondies à leur bord libre ou Cyprilépides, par MM. Duméril et Bibron, dont le caractère principal est d'avoir quatre doigts aux pieds antérieurs, et cinq aux pieds postérieurs. Comme les Champsès, les Champsodactyles ont d'ailleurs la tête pyramidale, quadrangulaire, revêtue de plaques polygones; la bouche petite, les dents coniques, simples, nombreuses, égales, droites, très-petites; point de dents au palais; la langue mince, incisée à sa pointe, squameuse, imbriquée à sa surface; l'œil revêtu de paupières inégales, l'inférieure plus grande que la supérieure; le tympan ouvert au dehors; le corps allongé, cylindrique, supporté par quatre pieds courts, terminés par des doigts finement unguiculées; sans pores aux cuisses ni au devant de l'anus; la queue conique, simple, grêle, à écailles imbriquées en dessus et en dessous, comme le reste du corps et les membres. L'on ne connaît jusqu'ici qu'une seule espèce, le Champsodactyle de Lamarre, Piquot, de la grosseur d'une plume de corbeau. Long de six pouces environ, dont deux pouces à peu près pour la queue; brun verdâtre en dessus, blanchâtre en dessous; le côté de chaque écaille marqué de points rembrunis qui, par leur réunion, constituent autour de la queue huit ou dix lignes longitudinales, étroites, nettement imprimées, également espacées entre elles. Le Champsodactyle de Lamarre a été rapporté de l'Inde par ce zélé collecteur. (T. C.)

CHANFREIN. (zool.) On nomme ainsi la marque blanche que plusieurs chevaux portent longitudinalement à la partie antérieure de la tête. Quand cette marque se prolonge jusqu'à l'extrémité de la lèvre inférieure, on dit que l'animal *boit dans son Chanfrein*, et l'on a observé qu'il est plus ombrageux. On a étendu ce nom aux plumes rudes placées à la base du bec de certains oiseaux, et qui se dirigent en avant. (Guér.)

CHANTERELLE. (ois.) Les chasseurs désignent ainsi les femelles d'oiseaux qui servent à attirer les mâles dans les piéges. (Guér.)

CHANTERELLE, *Cantharellus*. (bot. crypt.) *Champignons*. Les Chanterelles ont un chapeau bien distinct, charnu ou membraneux; ce chapeau est porté tantôt sur un pédicule central, tantôt il est inséré sur un pédicule latéral, ou bien enfin il est sessile, comme on peut le voir sur les troncs d'arbres ou de divers autres végétaux. La membrane séminifère du même chapeau présente des veines rayonnantes, dichotomes et quelquefois anastomosées; le pédicule n'offre jamais ni volva ni collier.

Dans les vrais *Merullius*, parmi lesquels Persoon avait placé les Chanterelles, le chapeau est remplacé par une membrane charnue, molle; les veines moins régulières et non rayonnantes sont irrégulièrement anastomosées et simulent des espèces de pores.

Le genre Chanterelle est divisé en trois sections appelées *Mesopus*, *Gomphus* et *Pleuropus* ou *Apus*. La première section renferme les espèces dont le chapeau a la forme d'une ombelle ou d'entonnoir; la seconde ne contient qu'une espèce qui a la forme d'un cône renversé et tronqué au sommet, et dont les côtés sont ouverts par la membrane séminifère: cette espèce unique ressemble à une clavaire. Dans la troisième le chapeau est demi-circulaire et inséré par le côté sur diverses parties de végétaux.

Toutes les espèces de cette première section sont parasites; elles croissent sur les tiges des grandes espèces de mousses: telles sont les *Cantharellus muscigenus*, *bryophillus*, *muscorum*, etc.

La CHANTERELLE COMESTIBLE, *Cantharellus cibarius* de Fries, représentée dans notre Atlas, pl. 95, fig. 1, est une espèce de la première section; c'est un Champignon d'une couleur jaune doré, fort commun dans les bois; sa chair, un peu moins jaune que le pédicule, le dessus et le dessous du chapeau, est très-saine; crue, elle a un goût un peu poivré; elle est recherchée par tous les paysans, quoique un peu indigeste.

Bien qu'il soit très-facile de reconnaître ce Champignon, il ne faut pas le confondre avec la ausse Chanterelle, *Cantharellus nigripes* de Per-

soon, dont le pédicule est plus noir, beaucoup plus long et plus grêle, et le chapeau d'un jaune sale: cette espèce paraît être vénéneuse.

Les autres espèces de Chanterelle qui méritent également d'être signalées, dont la forme est tantôt celle d'une trompette, tantôt celle d'une corne d'abondance, d'une coupe, etc., et dont enfin la couleur varie du jaune au brun ou au noir, ont un pédicule creux, qui se continue avec la partie évasée du chapeau, ou plutôt un chapeau presque sessile en forme de cornet évasé. (F. F.)

CHANTEURS. (ois.) On qualifie de ce nom, qui est une simple épithète tout-à-fait indépendante de la classification, les oiseaux qui se font remarquer par l'étendue de leur voix et la facilité qu'ils ont de lui faire subir des variations plus ou moins nombreuses. Les espèces les plus intéressantes sous ce rapport appartiennent à l'ordre des Passereaux ou à celui des Grimpeurs; une seule parmi les Rapaces est dans leur cas, c'est le FAUCON CHANTEUR de Le Vaillant, *Sparvius musicus*, Vieill., que l'on trouve en Afrique; le Coq est à peu près unique dans l'ordre des Gallinacés, tandis que ceux des Échassiers et des Palmipèdes ne nous offrent véritablement aucun oiseau qui puisse lui être assimilé. Les Cygnes, que les poètes ont dit faire entendre une voix des plus harmonieuses, n'ont qu'un simple cri, fort désagréable encore, et *rauque*, comme l'a dit Virgile:

Dant sonitum rauci per stagna loquacia cycni.

Le chant des oiseaux n'est qu'une modification plus étendue de leur cri; comme ce dernier, il se forme dans une glotte musculaire placée dans la trachée un peu au dessus des bronches, et que l'on appelle le larynx inférieur; c'est certainement un moyen de communication, une sorte de langage par lequel ces animaux expriment leurs besoins et font connaître leurs sensations. « Cette énergique accentuation du discours, a dit l'ingénieux Dupont de Nemours, tient à la surabondance de l'amour. Les oiseaux ne peuvent trouver cette force énorme dans leurs muscles si frêles que par un excès de vie dont les élémens donnent à leur amour une extrême ardeur. En pareil cas il ne suffit pas d'aimer, il faut ajouter à la pensée même par les intonations et le rhythme. C'est ce qui fait nos poètes, et ce qui rend nos oiseaux musiciens. »

On trouve des oiseaux Chanteurs sur tous les points de la terre; mais cependant il est à remarquer qu'ils sont plus nombreux dans les pays tempérés que dans le Nord et sous les Tropiques; mais dans ces dernières contrées ils joignent le plus souvent à l'éclat de leur voix une brillante parure, qui les rend plus intéressans encore. Les saisons, les localités et quelques autres circonstances ont sur le chant de ces animaux une influence que nous ne saurions révoquer en doute; elles l'augmentent, l'altèrent, ou bien même le font cesser tout-à-fait: certaines espèces ne se font entendre qu'à l'époque des amours, d'autres continuent jusqu'après la naissance de leurs petits, et il en est chez lesquels c'est un dire perpétuel. Le Rossignol ne chante qu'au printemps. « Il a trois chansons, celle de l'amour suppliant, d'abord langoureuse, puis mêlée d'accens d'impatience très-vive, qui se termine par des sons filés, respectueux, qui vont au cœur. Dans cette chanson, la femelle fait la partie en interrompant le couplet, par des sons très-doux auxquels succède un *oui* timide et plein d'expression. Elle suit alors, mais....., les deux amans voltigent de branche en branche ; le mâle chante avec éclat. Très-peu de paroles, rapides, coupées, suspendues par des poursuites qu'on prendrait pour de la colère, aimable colère !..... C'est la seconde chanson, à laquelle la femelle répond par des mots plus courts encore, *ami, mon ami*. Enfin on travaille ; c'est une affaire trop grande, on ne chante plus. Le dialogue continue, mais il n'est que parlé, on y distingue à peine le sexe des interlocuteurs. »

« Le Coq, dit le même auteur (Dupont), parle la langue de ses Poules, mais de plus il chante sa vaillance et sa gloire ; le Chardonneret, la Linotte, la Fauvette chantent leurs amours. Le Pinson chante son amour et son amour-propre ; le Serin, son amour et son talent réel ; le mâle de l'Alouette chante une hymne sur les beautés de la nature, déploie toute sa vigueur lorsqu'il fend les airs et s'élève aux yeux de sa femelle qui l'admire ; l'Hirondelle, toute tendresse, chante rarement seule, mais en duo, en trio, en quatuor, en sextuor, en autant de parties qu'il y a de membres dans la famille ; sa gamme n'a que peu d'étendue, et pourtant son petit concert est plein de charmes. »

La plupart de ces oiseaux ont un chant qui leur est propre, et qu'il suffit d'entendre pour le reconnaître, ils le répètent plus ou moins souvent, mais toujours à peu près de même ; il en est au contraire, tels que les Perroquets et certaines espèces des différens genres, qui n'ont pour ainsi dire qu'un chant d'emprunt ; ils le varient fréquemment, disent tantôt celui de cette espèce, tantôt celui de cette autre, et puis ensuite l'oublient pour en apprendre un nouveau ; le *Moqueur* est surtout remarquable sous ce rapport ; cet oiseau, qui habite l'Amérique méridionale, a la singulière habitude d'imiter le chant de presque tous les oiseaux ; aussi les sauvages lui ont-ils donné le nom de *Cencontlatolli*, qui veut dire quatre cents langues, et les savans celui de *Polyglotte*, qui signifie à peu près la même chose. Le Moqueur, qui appartient à la famille des Merles, est le *Turdus polyglottus* de Linné. D'autres espèces n'apprennent que par les soins de l'homme ; elles répètent bien quelques airs, mais seulement après qu'on les leur a joués un certain nombre de fois ; il en est aussi qui parlent, sifflent, et varient de mille autres manières les inflexions de leur voix ; tels sont les Perroquets, les Corbeaux, les Geais, etc.

Vieillot a donné à une famille de ses Sylvains anysodactyles le nom de *Chanteurs* ; parmi les oiseaux qu'il comprend sous cette dénomination, les uns chantent en effet, tels sont les Rossignols, les Fauvettes, les Alouettes, les Brèves et les Merles ; mais il en est d'autres, par exemple les Roitelets, les Troglodytes, les Martins, les Motteux, et quelques autres, qui sont muets ou à peine siffleurs. Le même ornithologiste a donné, sous le titre d'Histoire des plus beaux oiseaux Chanteurs de la zone torride, un beau volume in-folio, orné de nombreuses planches exécutées par M. Prêtre, et dans lequel il a décrit certaines espèces exotiques des genres *Bouvreuil, Fringille, Loxie, Ortolan, Malimbe, Veuve, Bengali* et *Senegali*. (GENV.)

CHANVRE, *Cannabis*. (BOT. PHAN.) Une seule espèce, abondamment cultivée dans toute l'Europe, compose ce genre de la famille des Urticées et de la Dioécie hexandrie. S'il fallait ajouter foi au plus grand nombre des botanistes et des agronomes, le Chanvre serait originaire de la haute Asie ; mais leur assertion n'est qu'un mensonge de copistes serviles. Cette plante, d'après mes recherches, est spontanée aux deux régions quasi-polaires de l'ancien hémisphère ; elle existe également dans le nord de l'Europe et derrière les montagnes Blanches de la Nouvelle-Hollande. Son nom primitif *Kanab* est celte ; je le retrouve dans tous les dialectes de cette langue de la vieille Europe ; celui de *Cans-java*, qu'on lui donne parmi les peuples indiens, tantôt accompagné de l'épithète *Kalengi*, tantôt de celle de *Tsjeru*, l'une et l'autre ayant rapport à l'élévation de la tige, est une preuve incontestable du dire d'Hérodote, qu'ils l'ont reçue des Scythes ou Germains, lesquels appelaient le Chanvre *Hanf*. Tandis que les habitans du Nord, surtout les Scandinaves, employaient ce végétal à la fabrication de leurs toiles pour vêtemens, et même de celles destinées à la voilure de leurs vaisseaux, les peuples de l'Orient le recherchaient uniquement pour se procurer un certain degré d'ivresse que leur refusaient leurs plantes indigènes. On ne le voit adopté que fort tard, sous le premier rapport, chez les nations riveraines de la Méditerranée ; il n'était point connu des anciens Egyptiens ; le livre des juifs, la Michna, en parle comme d'un usage récent, et les Turcs ne l'ont propagé dans les pays qu'ils ont envahis que comme plante enivrante : c'est des feuilles fortement aromatiques du pied mâle, et des fleurs du pied femelle, qu'ils se servirent, sous le nom de *Hachich*, plante par excellence, pour se rendre maîtres de l'imagination ardente et de l'absolu dévouement de ces fanatiques appelés *Assassins* par les Croisés, au lieu de *Hachichin*, qui veut dire mangeurs de l'herbe hachich.

C'en est assez, je crois, sur le nom et la patrie du Chanvre, pour prouver que les livres contiennent à ce sujet de graves erreurs, que l'histoire des plantes est à refaire, et qu'il importe de se tenir en garde contre tous ceux qui marchent en aveugles dans le sillon ouvert, qui préfèrent adopter les traditions les plus ridicules à se livrer à des études critiques, à retrouver les faits historiques.

Le Chanvre est trop généralement connu pour qu'il soit nécessaire de s'étendre beaucoup ici sur sa description, sa culture, ses usages ; il suffira d'en dire quelques mots.

De sa racine fusiforme et peu garnie de fibres, s'élève une tige droite, creuse, obtusément tétragone, rude au toucher, très-rameuse quand elle est isolée, et simple lorsqu'elle est semée très-épais ; elle monte à la hauteur de deux mètres ; ses feuilles digitées, vertes, velues, sont opposées et alternes selon qu'elles occupent le bas ou le haut de la tige ; ses fleurs verdâtres sortent de l'aisselle des feuilles supérieures, et forment de petites grappes, auxquelles succède une coque bivalve, ovoïde, contenant une graine solitaire, blanche, oléagineuse. Comme le caractère dioïque l'indique, les pieds mâles sont séparés des pieds femelles, et par une singularité qui remonte à la plus haute antiquité, c'est à ceux portant l'ovaire que l'on donne vulgairement le nom de mâle, et celui de femelle à ceux qui sont munis d'étamines.

Une terre ombragée, fortement végétale ou fréquemment ameublie et humide, mais point assez pour retenir les eaux, voilà ce que demande le Chanvre. Il faut le semer immédiatement après les dernières gelées, prendre la graine de l'année et la choisir d'un beau gris foncé, bien pleine, bien luisante. Les oiseaux de toute espèce en étant très-friands, il importe de couvrir le semis, de passer dessus le rouleau afin d'unir la surface de la chenevière, et de la garnir d'épouvantails, jusqu'à ce que le Chanvre ait acquis assez de force.

Lorsque la plante a parcouru les diverses phases de sa vie végétante, l'écorce jaunit ; on l'arrache alors brin à brin, on fait des poignées qu'on met sécher au soleil, puis on fait rouir à la rosée ou dans une mare, ou mieux dans une eau courante. On la retire du moment que la partie ligneuse s'enlève facilement ; on lave, on sèche, on teille, c'est-à-dire on sépare la filasse de la chenevotte, on peigne et l'on obtient un fil plus ou moins fin, selon que l'opération a été faite plus soigneusement. La filasse du Chanvre mâle est toujours plus fine et plus longue que celle du Chanvre femelle.

Nos départemens producteurs sont divisés en trois classes distinctes, voici ceux de la première : l'Aisne, l'Aube, la Côte-d'Or, les Côtes-du-Nord, l'Ille-et-Vilaine, l'Isère, la Meurthe, le Lot-et-Garonne, l'Oise, le Puy-de-Dôme, le Bas-Rhin, la Haute-Saône, la Sarthe, la Somme et la Haute-Vienne. Je devais y ajouter le Morbihan, car ce département réunit au plus haut degré les conditions propres à la réussite du Chanvre ; cependant il en fournit une moins grande quantité que ceux de la seconde classe.

On a successivement vanté les Chanvres de Bologne en Italie et ceux du pays de Bade, ainsi qu'une variété qui croît spontanément dans les vallées fertiles du Piémont. On en a distribué de la graine avec apparat, on en a recommandé, encouragé la culture ; on a dit avoir comparé leurs produits avec le Chanvre commun que nous voyons prospérer dans toutes les parties de notre belle France, et l'on n'a pas manqué de donner aux premiers une préférence marquée : c'était d'ailleurs un moyen de fouiller impunément dans le trésor national. Mais, après diverses récoltes suc-

cessives, on est revenu silencieusement à l'espèce connue. Le Chanvre bolonais a été essayé par un grand nombre de cultivateurs des départemens du Rhône, de l'Ain, de l'Isère, de la Loire ; ils se sont d'abord assurés qu'il est tout à la fois et plus productif et d'une qualité supérieure ; plus tard, il leur a été facile de reconnaître que la graine de choix que l'on tire de Vizille, département de l'Isère, et que l'on cultive dans la vallée du Graisivaudan, réunissait les mêmes qualités, quand sa culture et sa préparation se font avec soin.

Le Chanvre du pays de Bade, qui a obtenu la préférence pour les cordages employés au service de la marine, et que l'on disait ne pouvoir être produit sur le sol de nos départemens du Rhin, quoiqu'il n'y eût que le lit du fleuve qui séparât les deux contrées, prospère maintenant chez nous. L'espèce est la même, sa belle qualité dépend de la méthode de la cultiver ; semer clair, choisir un sol un peu humide, mêlé d'argile et de sable, et rouir dans une eau limpide et courante.

Quant au Chanvre du Piémont, dans lequel on a voulu reconnaître le *Cans-java* de l'Inde, le *Cannabis indica* de Rhéede et de Rumph, et qu'on érigea en espèce, sous le nom de *Cannabis gigantea*, à cause de ses tiges arrivant d'ordinaire à la hauteur de deux mètres et demi à trois mètres, n'est rien autre, comme l'a dit Persoon, qu'une variété accidentelle, fort remarquable sans aucun doute, mais qui dégénère sensiblement hors des lieux où elle a été trouvée, et revient bientôt au type de l'espèce unique, de notre Chanvre cultivé, *C. sativa*. Les premiers essais faits sur cette variété dans le département de la Sarthe, et surtout à Saint-Amand, département du Nord, furent encourageans ; ils annonçaient une conquête heureuse, une acquisition dont on tirait déjà vanité ; ce succès s'est soutenu durant la deuxième année, mais à la troisième récolte et aux suivantes le charme s'est brisé, la dégénération a ramené la plante à l'espèce commune.

Ainsi, la beauté, l'excellence des produits du Chanvre dépendent essentiellement 1° d'une culture régulière, et de la connaissance des terres les plus avantageuses pour s'y livrer ; 2° de la macération des tiges, récoltées en temps convenable, dans des eaux courantes et non dans des routoirs ou marais, dont le méphitisme est si nuisible à la santé des hommes et à celle des animaux domestiques.

En diverses circonstances on a prétendu remplacer l'action de l'eau par l'emploi des machines ; le rouissage, disait-on, fixe sur la filasse une matière colorante tellement tenace qu'on ne peut l'en débarrasser qu'à l'aide des alcalis ou d'autres agens chimiques ; avec le brisoir ou broie, ajoutait-on, l'on n'a pas cet inconvénient et l'on sépare la gomme-résine qui fait adhérer entre elles les fibres filamenteuses. Imposture des plus complètes, quoi qu'en puissent dire la foule des journalistes et la coupable complaisance des sociétés savantes. Jamais une machine quelconque ne dispensera le Chanvre du rouissage, et toute toile frabriquée fabriquée avec une filasse obtenue par la simple percussion ne remplira sa destination économique. J'ai vu des cordages, du linge et du papier préparés avec la filasse sortie des machines les plus vantées ; les premiers, quoique parfaitement goudronnés, se sont détériorés en fort peu de temps et ont été mis de suite hors de service ; le linge s'est réduit en charpie dans quelques semaines ; le papier ne répondait à aucun des emplois auxquels on le soumettait, malgré la grande quantité de chlorure répandue sur lui pour lui donner une certaine consistance.

Vulgairement on donne le nom de Chanvre à des plantes qui sont étrangères au genre *Cannabis* : voici les principales :

Chanvre aquatique. C'est le Bident à calice feuillé, *Bidens tripartita*.

Chanvre de Canada, nom de l'Apocin à fleurs herbacées, *Apocinum cannabinum*, dont nous avons parlé plus haut, tom. I, p. 255.

Chanvre de Crète. On désigne ainsi la Cannabine, *Datisca cannabina*, que l'on voit dans les jardins paysagers.

Chanvre de la Nouvelle-Hollande. Expression impropre employée par quelques voyageurs pour indiquer le *Phormium tenax*.

Chanvre des Américains, l'*Agave americana*.

Chanvre du Japon. Un des noms vulgaires de la Corette, *Spiræa japonica*.

Chanvre piquant, l'Ortie à feuilles de Chanvre, *Urtica cannabina*. (T. D. B.)

CHAODINÉES. (bot. crypt.) « Pour peu, dit M. Bory de Saint-Vincent, qu'on ait touché des rochers long-temps mouillés, les pierres polies qui forment le pavé ou le pourtour de certaines fontaines fermées, et la surface de divers corps solides inondés ou exposés à l'humidité, on a dû y reconnaître la présence d'une mucosité particulière, qui ne se manifeste qu'au tact, dont la transparence empêche d'apprécier la forme et la nature, et dans laquelle le microscope n'aide à distinguer aucune organisation. Elle ressemble à une couche d'albumine étendue avec le pinceau. Cet enduit est ce qui rend souvent si glissantes les dalles sur lesquelles coulent les conduits d'eau, et les pierres plates qu'on trouve quelquefois dans les rivières. Cette substance s'exfolie en séchant, et devient à la fin visible par la manière dont elle se colore, soit en vert, soit en une teinte de rouille souvent très-foncée ; on dirait une création provisoire qui se forme encore pour attendre une organisation, et qui en reçoit de différentes selon la nature des corpuscules qui la pénètrent ou qui s'y développent ; on dirait encore l'origine de deux existences bien distinctes, l'une certainement animale, l'autre purement végétale. C'est cette sorte de création rudimentaire dont nous formons le genre Chaos : c'est ce genre qui deviendra le type de la famille naturelle dont nous proposerons l'établissement sous le nom de *Chaodinées*. »

Pensant ensuite qu'on pourrait bien lui reprocher d'avoir rassemblé dans cette famille des genres qui semblent, au premier coup d'œil, devoir

rester éloignés, ce célèbre naturaliste est allé au devant du reproche, en démontrant qu'il suffirait d'examiner avec attention les caractères assignés à chacun de ces genres, pour reconnaître le mérite de la progression méthodique qu'il avait adoptée. Il en a reconnu seize, et les a rangés sous trois ordres différens. Nous le suivrons encore dans cette division, et dans l'exposition des caractères attribués soit aux différens ordres, soit aux genres qui les composent.

Ier ordre. Chaodinées proprement dites. Les plus simples de toutes les existences végétales, consistant en une couche muqueuse que ne limite aucune membrane, et que remplissent, sans ordre, des corpuscules de formes diverses.

1er genre. Chaos. Corpuscules internes, disséminés, isolés, épars dans un mucus amorphe, étendu.

2e genre. Hétérocarpelle. Corpuscules internes, simples ou agrégés, et formant dans l'intérieur du mucus qu'ils colorent des groupes de figures diverses.

5e genre. Héliérelle. Corpuscules internes, cunéiformes, groupés dans l'épaisseur du mucus et figurant des vaisseaux divergens.

IIe ordre. Tremellaires. Déjà dans cet ordre le mucus, en s'étendant en expansions, en s'arrondissant en masses globuleuses, semble prendre une forme plus arrêtée. Des corpuscules semblables entre eux en pénètrent l'étendue, s'y disposent en filamens ; et, lors même qu'ils sont épars, ils semblent déjà tendre vers un ordre sérial, pour arriver par leur emboîtement à la composition de rameaux assez distincts dans les derniers genres de Tremellaires.

4e genre. Palmelle. Mucus en masses arrondies, pénétrées et colorées par des globules homogènes, isolés et tendant à former des glomérules où ces globules sont disposés de quatre en quatre ou en petites courbes.

5e genre. Cluzelle. Mucus et expansions divisées, rameuses, pénétrées de globules qui semblent s'agglomérer et se coordonner dans une disposition sériale.

6e genre. Nostoc. Mucus en masses globuleuses ou sinueuses, dans lesquelles les corpuscules sont disposés en séries comme filamenteuses et articulées.

7e genre. Chætophore. Mucus en globules dans lesquels on distingue des filamens divergens, rameux, dans lesquels la matière colorante est disposée en globules, comme dans un collier de perles.

8e genre. Linckia. Mucus et globules, dans lesquels on reconnaît des filamens simples, divergens, ciliaires, où la matière colorante forme plutôt des taches carrées que des globules.

9e genre. Gaillardotelle. Mucus en globules dans lesquels se développent des filamens simples, divergens, munis d'une sorte de bulbe.

10e genre. Clavatelle. Mucus en globules dans lesquels se développent des filamens divergens, dichotomes, articulés, renflés en massue à leur extrémité par l'effet du développement des gemmes.

11° genre. MÉSOGLOIE. Mucus en masses allongées, rameuses, dans lesquelles se développent des filamens articulés par sections transverses, subdichotomes ou rameux à leur extrémité, et qui produisent des gemmes.

III° ordre. DIPHYSÉS. Mucus formant d'abord des masses globuleuses ou étendues, comme dans les genres précédens, mais s'étendant bientôt, pour ne constituer qu'un enduit, sur des rameaux qui en se développant et en divergeant dans son intérieur, prennent une physionomie conservoïde, très-déliée.

12° genre. BATRACHOSPERME. Rachis filamenteux, investis de ramules cilifères, transparentes, muqueuses, articulées par étranglement ; entre-nœuds sphériques ou ovoïdes.

13° genre. DRAPARNALDIE. Rachis filamenteux, distinctement articulés par sections transverses, rameux, produisant des houppes ou des faisceaux de ramules cilifères, articulés aussi par sections transverses.

14° genre. CLADOSTÈPHE. Rachis filamenteux, articulés par sections transverses autour desquelles se réunissent, en verticilles, des ramules également articulées par sections, qui donnent aux entre-nœuds une forme approchant du carré.

15° genre. THORÉE. Rachis filamenteux, obscurément articulés ; à ramules simples et articulées aussi comme dans le genre précédent.

16° genre. LEMANE. Rachis filamenteux, articulés par sections transverses que ne paraissent pas séparer les dissépimens, et renflés vers les articulations ; intérieurement remplis de séries filamenteuses, composées de globules.   (P. G.)

CHAOS. (BOT. CRYPT.) M. Bory-Saint-Vincent a donné ce nom à cette espèce d'enduit répandu à la surface des corps pénétrés d'humidité ; enduit qui colore en vert, et souvent de la plus belle teinte, les pierres d'où sont sorties des transsudations humides. Des animalcules de la famille des BACILLARIÉES (v. ce mot) y remplacent quelquefois ces corpuscules sphériques, sans mouvement et de couleur verte, que le savant naturaliste que nous venons de citer regarde comme la molécule organique de l'existence végétale.

M. Bory-Saint-Vincent a fait du genre Chaos le type de la famille des Chaodinées. Parmi les espèces qu'il rattache à ce genre, il distingue le *Chaos primordialis*, à globules sphériques et verts ; le *Chaos bituminosa*, dont la couleur brunâtre et noire et la consistance visqueuse rappellent, dit-il, l'idée de l'asphalte sortant des rochers : cette espèce croît sur les parois des entrées de grottes ou de carrières creusées dans la pierre calcaire ; le *Chaos sanguinarius*, qu'on trouve au bas des murs humides, sur la terre et les pavés pénétrés d'humidité, et qui ressemble à des taches de sang éparses sur le sol et à demi caillées.

(P. G.)

CHAPEAU (BOT. CRYPT.) *Champignons.* On désigne ainsi la partie des Champignons qui est étendue horizontalement, et qui supporte la membrane séminifère.

Le Chapeau est très-variable dans sa forme ; il est hémisphérique et pédiculé dans beaucoup d'espèces ; latéral et sémi-circulaire, pédiculé ou sessile dans d'autres, surtout celles qui croissent sur les troncs d'arbres ; enfin il change de nom dans les Pézizes où on le nomme *Cupule.*

(F. F.)

CHAPERON, *Clypeus.* (INS.) Dans les insectes on a, pour la facilité des descriptions, assigné des noms aux différentes parties du corps et naturellement à celles de la tête ; la partie qui est immédiatement au dessus de la bouche, et à laquelle est attachée la lèvre supérieure, a reçu le nom de *Chaperon*, parce que souvent elle couvre ou abrite la face ou plutôt la bouche ; sa partie inférieure suit la forme de cette dernière, mais sa partie supérieure est très-variable ; cependant c'est à tort que les différentes dilatations dont il est susceptible ont été considérées comme propres à servir de caractères de genres ; elles ne peuvent être regardées que comme spécifiques, car le Chaperon n'étant susceptible d'aucun mouvement, son rôle est essentiellement passif dans l'organisation buccale.

(A. P.)

CHAPON. (OIS.) On donne ce nom aux jeunes coqs auxquels on a enlevé les parties essentielles à la génération, afin de donner plus de délicatesse à leur chair. (*Voy.* COQ.)

On nomme CHAPON DE PHARAON ou POULE DE PHARAON le vautour d'Égypte (*Vultur percnopterus*, Linn.). *Voy.* CATHARTE.   (GUÉR.)

CHAPPE. (INS.) Geoffroy a donné ce nom à quelques Lépidoptères qui portent des ailes larges et en toit. *Voy.* PYRALE.   (GUÉR.)

CHARA DES ANCIENS. (BOT. PHAN.) On a beaucoup écrit pour déterminer la plante désignée sous ce nom dans les auteurs romains, et qui est devenue célèbre par l'emploi qu'en firent, comme nourriture, les soldats de César assiégeant ceux de Pompée renfermés dans les murs de Dyrrachium, aujourd'hui Durazzo, en Épire. La ressemblance du Chara avec le Karos de Galien avait fait croire qu'il s'agissait de la carotte ou du cumin des prés ; j'ai démontré le contraire dans un mémoire lu à l'Institut de France en 1814, et imprimé en 1826. C'est aux environs même de l'ancienne Dyrrachium que j'ai retrouvé le Chara, et que je l'ai reconnu être le *Crambe tataria*, qui est encore de nos jours mangé par les peuples situés sur la rive gauche du Danube, par les Hongrois, les Albanais et les Cosaques habitant les plaines sablonneuses du Jaïk.   (T. D. B.)

CHARACÉES. (BOT. CRYPT.) Famille établie par L. C. Richard, et ne renfermant qu'un seul genre, le Chara, dont le caractère le plus important est d'avoir des capsules solitaires, uniloculaires et monospermes, et qui diffère des Marsiléacées, avec lesquelles elle a beaucoup de rapport, par ses capsules non réunies dans des involucres communs, par son port et la structure de ses orga-

-nes remplissant en apparence les fonctions d'étamines. *Voyez* CHARAGNE.   (F. F.)

CHARAGNE, *Chara*. (BOT. CRYPT.) *Characées*. Le genre Chara ou *Lustre d'eau*, établi par Richard. Parmi les cryptogames, il paraît devoir être placé entre les Marsiléacées et les Naïades, et peut être caractérisé ainsi : Capsule uniloculaire, monosperme; péricarpe composé de deux enveloppes, l'externe membraneuse, transparente, très-mince, terminée supérieurement par cinq dents en rosace, l'interne dure, sèche, opaque, formée de cinq valves étroites, contournées en spirale.

Les Charas sont des plantes aquatiques; elles croissent dans les eaux stagnantes; leur odeur est très-fétide; leur hauteur ne dépasse pas la surface de l'eau; leur fructification a lieu sous le liquide qui les submerge; leurs tiges, rameuses, faibles, flottantes, cassantes, hérissées de pointes ou lisses à leur surface, offrent de distance en distance huit à dix rameaux verticillés. Ces rameaux portent sur leur bord supérieur, d'abord de trois à cinq capsules espacées et bractifères, puis des tubercules sessiles, arrondis, rouges ou orangés, dont les usages sont encore peu déterminés. Ces tubercules, que la plupart des auteurs, Vaucher surtout, regardent comme des étamines, sont formés extérieurement d'une membrane réticulée, transparente; intérieurement on aperçoit, au milieu d'un liquide mucilagineux : 1° des filamens blanchâtres, articulés et transparens; 2° d'autres corps cylindriques, assez semblables à des tubes. Dans ces derniers se trouve une matière rougeâtre à laquelle les tubercules doivent leur couleur rouge, et qui disparaît avant la maturation du fruit.

On connaît aujourd'hui vingt et quelques espèces du genre Charagne; ce nombre augmentera de beaucoup, on ne peut en douter, à mesure qu'on étendra l'étude des végétaux.

Le genre Chara paraît répandu sur toutes les parties du globe; son existence semble devoir être antérieure aux dernières révolutions qui ont changé la surface de la terre. En effet, on a trouvé, dans les terrains d'eau douce des environs de Paris et d'Orléans, des fossiles qui représentent parfaitement bien les fruits des Charagnes.

La rudesse des tiges du *Chara vulgaris* et de quelques autres espèces fait qu'on les emploie dans certains pays, et principalement aux environs de Lyon, de Genève, etc., pour frotter et nettoyer les métaux : cet usage leur a fait donner le nom d'*Herbe à récurer*.   (F. F.)

CHARACINS, *Characinus*. (POISS.) Artédi et plusieurs de ses successeurs ont réuni, sous le nom de CHARACINS, tous les salmones qui n'ont pas plus de quatre ou cinq rayons aux ouïes; mais leurs formes, et surtout leurs dents, varient encore assez pour donner lieu à plusieurs subdivisions : cependant ils ont tous les cœcums des salmones, avec la vessie, divisée par un étranglement, des Cyprins. Nous y établissons les sous-genres suivans :

Les CURIMATES, Cuv. Ils ont une grande ressemblance, et toute la forme des Ombres; leur bouche est très-peu fendue; la première dorsale est au dessus des ventrales; quelques uns même ressemblent à certaines Ombres par les dents, qui ne se voient qu'à la loupe. Les Curimates habitent les eaux douces, et particulièrement les rivières de l'Amérique méridionale; leur chair est blanche, feuilletée et très-délicate.

D'autres, au contraire, ont à chaque mâchoire une rangée de dents dirigées obliquement en avant, tranchantes, les extérieures plus longues, comparables, en un mot, à celles des Balistes. Ce sont les ANOSTOMES, *Anostomus*, Cuv. Ces poissons ont une rangée de petites dents en haut et en bas. La mâchoire inférieure est relevée au devant de la supérieure, bombée, en sorte que la petite bouche a l'air d'une fente verticale sur le bout du museau.

Les SERPES, Lacép., *Gasteropelecus*, Bloch, ont la bouche dirigée vers le haut comme les Anostomes; mais leur ventre est comprimé, saillant et tranchant, parce qu'il est soutenu par des côtes qui aboutissent au sternum; leurs ventrales sont très-petites et fort en arrière; leur première dorsale sur l'anale, qui est longue. A leur mâchoire supérieure sont des dents coniques; à leur mâchoire inférieure sont des dents tranchantes et dentelées. *Gasteropelecus sternicla*, Bl. 97, 3.

Dans les PIABUQUES, la tête est petite, et la bouche peu fendue comme celle des Curimates; le corps est comprimé; la carène du ventre tranchante mais non dentelée, et l'anale très-longue. On prend ce poisson avec facilité dans les rivières de l'Amérique méridionale, en attachant à l'hameçon un ver ou un mélange de sang et de farine : la chair est blanche et délicate.

Les SERRA-SALMES, Lacép., ressemblent beaucoup aux Clupes et aux Salmones, parmi lesquels ils sont comptés. Ils ont par exemple, sur la carène de leur ventre, une dentelure analogue à celle que l'on observe sur la partie inférieure des Clupes, et présentent la nageoire dorsale et adipeuse des Salmones; leur nom désigne cette dentelure. Leur maxillaire, sans dents, traverse obliquement sur la commissure. Il y a souvent une épine couchée en avant de la dorsale.

L'espèce la plus généralement connue est le *Serra-salme rhomboïde*, Bl. 385. L'ouverture de sa bouche est grande; la mâchoire inférieure est un peu plus avancée que la supérieure; l'une et l'autre, et surtout celle d'en bas, sont armées de dents larges, fortes et pointues. La langue est lisse, mince et unie; les écailles sont molles et petites. Le Rhomboïde vit dans les rivières de Surinam; il y parvient à une grosseur considérable, et il y est si vorace qu'il poursuit souvent les jeunes oiseaux d'eau, les canards et même les hommes qui se baignent, et avec ses dents tranchantes leur emporte la peau. La chair du Rhomboïde est blanche, délicate, grasse; la couleur générale de ce poisson montre des nuances rougeâtres relevées par des points noirs, les côtés argentins, et les nageoires grises.

Les TÉTRAGONOPTÈRES, *Tetragonopterus*, Artédi,

ont la longue anale et les dents tranchantes et dentelées des Serra-salmes; le maxillaire sans dents traverse obliquement sur la commissure, mais leur bouche est peu fendue, et leur ventre n'est ni caréné ni dentelé.

Cuvier a établi, sous le nom de CHALCEUS, des poissons qui ont la même forme de bouche et les mêmes dents tranchantes et dentelées que les précédens, mais leur corps est oblong, et non caréné ni dentelé; leur maxillaire a de très-petites dents nombreuses.

Les RAIIS, *Myletes*, Cuv., ont les dents en prisme triangulaire court, arrondi aux arêtes, et dont la face antérieure se creuse par la mastication, de sorte que les trois angles deviennent trois pointes saillantes; mais leurs formes varient encore assez. Quelques uns ont la forme élevée; parmi ceux-ci on compte trois espèces d'Amérique, grandes, estimées comme aliment; d'autres ont simplement la forme allongée, tel est le RAII DU NIL, *Cyprinus dentex*, Linné, Mus. Ad. fr. et Linné, XII.

Les HYDROCYNS, *Hydrocyon*, Cuv., ont le bout du museau formé par les intermaxillaires; les maxillaires commencent près ou en avant des yeux; un grand sous-orbitaire leur couvre la joue, mais il y a des dents coniques aux deux mâchoires; les uns ont encore une rangée serrée de petites dents aux maxillaires et aux palatins; la première dorsale répond à l'intervalle des ventrales et de l'anale; d'autres ont une double rangée de dents aux intermaxillaires et à la mâchoire inférieure, une rangée simple aux maxillaires, mais leurs palatins n'en ont pas. La première dorsale est au devant des ventrales. Tels sont les *Salmo falcatus*, Bloch, 385, *Salmo odoe*, idem 586; d'autres encore n'ont qu'une simple rangée aux maxillaires et à la mâchoire inférieure; les dents y sont alternativement très-petites et longues, surtout les deux secondes; d'autres qui passent au travers de deux trous de la mâchoire supérieure, quand la bouche se ferme, *Hydrocyon scombervides*, Cuv., Mém. du Mus., V, pl. XXVII, fig. 1. Une quatrième sorte a le museau très-saillant, pointu, les maxillaires très-courts, garnis, ainsi que la mâchoire inférieure et les intermaxillaires, d'une seule rangée de très-petites dents serrées; tout le corps est garni de fortes écailles, *Hydrocyon lucius*, Cuv., Mém. du Mus., V, pl. XXVI, fig. 3, ou *Xiphostoma Curierii*, Spix, XLII. D'autres enfin n'ont absolument de dents qu'aux intermaxillaires et à la mâchoire inférieure; elles y sont en petit nombre, fortes et pointues. On n'en connaît qu'un du Nil, le Roschal ou chien d'eau, Forsk. 66, ou Characin dentex, Geoffroy, Poiss. d'Eg., pl. 4, fig. 1, et Cuv., Mém. du Mus., V, pl. XXVIII, fig. 1.

Les CITHARINES, *Citharinus*, Cuv., se reconnaissent à leur bouche déprimée, fendue en travers au bout du museau, dont le bord supérieur est formé en entier par les intermaxillaires, et où les maxillaires, petits et sans dents, occupent seulement la commissure; la langue et le palais sont lisses; la nageoire adipeuse est couverte d'é-

cailles, ainsi que la plus grande partie de la caudale; on les trouve dans le Nil.   (ALPH. G.)

CHARANÇON, *Curculio*. (INS.) Genre de Coléoptères de la section des Tétramères, famille des Rhyncophores, section des Charançonites; toute la famille des Porte-becs a éprouvé depuis quelque temps de grandes mutations; long-temps elle était restée dans l'oubli, tant on redoutait les difficultés inhérentes à cette matière; mais tout à coup un beau zèle s'est emparé des entomologistes; chacun a tiraillé de son côté ce pauvre genre Charançon pour avoir son genre à soi; mais ni les travaux de Swederus, Germar, et autres naturalistes connus, ni le travail général sur cette famille du judicieux M. Schœnherr, n'ont, je crois, simplifié la matière, et malgré le talent reconnu de ces auteurs et le respect que je professe pour eux, je ne puis presque m'empêcher de regretter l'oubli où cette famille était abandonnée; car, avec la meilleure volonté du monde, il est impossible de reconnaitre la plupart des genres qu'ils ont établis; la foule des imitateurs, qui veut toujours amplifier sur ceux qui ont créé, a mis le *nec plus ultra* au désordre; maintenant les genres de cette famille s'élèvent à plus de trois cents, dont les trois cinquièmes ne sont établis que sur une seule espèce, et souvent sur un seul sexe. Nous nous garderons bien dans ce moment de suivre toutes les subdivisions de ces auteurs, et nous ferons rentrer dans le genre Charançon proprement dit toutes les espèces ayant le rostre court et les antennes coudées, en y joignant quelques divisions.

1° Menton occupant toute la cavité buccale couvrant les mâchoires, mandibules sans dentelures.

Tarses dépourvus de brosses, pénultième article entier (les genres *Crytops*, *Deracanthus*, etc., de Schœnuh.).

C. PORTE-BAIES, *C. baccifer*, Germar, représenté dans notre Atlas, pl. 95, fig. 2. Long de six à sept lignes, corselet et abdomen formant deux parties globuleuses, presque égales, séparées par un très-fort étranglement; il est noir, avec tout le corps couvert de granulations rondes, régulières, très-serrées.

Tarses garnis de brosses, pénultième article bilobé.

Des ailes :

Ici viennent se placer, outre les Charançons propres, les genres *Entimus*, *Chlorima*, *Polydrosus*, *Leptosomus*, *Leptocerus*, *Phyllobius*, etc., etc., dont nous allons citer quelques uns.

C. IMPÉRIAL. *C. imperialis*, Fab., long de dix à douze lignes, noir avec les stries des élytres couvertes de gros points enfoncés, remplis d'une poussière vert doré très-brillant; les côtés du corselet et les parties inférieures du corps sont couverts de la même poussière. Ce bel insecte est très-commun au Brésil.

C. ÉCLATANT, *C. coruscans*, Lat., long de dix lignes, entièrement du plus beau vert pâle doré métallique; les pattes violettes. Du Pérou.

C. COULEUR DE NEIGE, *C. niveus*, Fab., figuré dans notre Atlas, pl. 95, fig. 3, long de huit à neuf lignes, entièrement d'un blanc jaunâtre, avec les tarses, la tête et une bande longitudinale sur le corselet, fauve pâle. Du Brésil.

C. spécieux, *C. speciosus*, Rudd., Curtis Ent. Britan., représenté dans notre Atlas, pl. 95, fig. 4. Il est long d'environ trois lignes, d'un beau vert à reflets dorés, avec les pattes rougeâtres et dorées. Il se trouve en France et en Angleterre.

Pas d'ailes :

Cette division peut comprendre les genres : *Otiorhynchus, Omyas, Pachyrinchus, Syzygops*, etc., etc.

C. saultus, Escholtz, figuré dans notre Atlas, pl. 95, fig. 5. Long de six à sept lignes, corselet presque cylindrique, abdomen très-bombé, mais se rétrécissant en pointe à son extrémité, entièrement noir lisse, mais presque toutes les parties du corps sont coupées par de petites lignes étroites, soit en long, soit en large, d'un vert très-pâle. Cette espèce est de Chine.

C. cyclope, *C. cyclopus*, Schœnnh., espèce longue d'une ligne, très-remarquable en ce que les deux yeux se joignent par une ligne droite sur le sommet de la tête, et offrent l'apparence d'un seul œil ; sa couleur est un brun jaunâtre.

2° Menton rétréci ne couvrant pas les mâchoires ; mandibules dentées.

Les espèces aptères, à tarses dépourvus de pelotes, sont pour M. Schœnnherr le genre *Myniops*.

Celles dont les tarses ont des pelotes forment le genre *Liparus*.

C. allemand, *C. germanus*, Fab., figuré dans notre Atlas, pl. 95, fig. 6. Long de six lignes, noir, élytres finement rugueuses, deux points de chaque côté du corselet et une bande à son bord postérieur formés de duvet jaunâtre.

Enfin ceux qui ont des ailes ont été disséminés dans plusieurs genres, tels que ceux nommés *Hypera, Hylobius, Cleonus*, etc.

On voit par cette nomenclature combien peu importans peuvent être les caractères qui distinguent environ 150 genres qui subdivisent le genre Charançon tel que nous l'offrons.   (A. P.)

CHARANÇONITES, *Curculionites*. (ins.) Section des Coléoptères, de la famille des Rhynchophores, ayant pour caractères : dessous des tarses muni d'un duvet court formant des pelotes dans presque tous, pénultième article trilobé ; antennes de 11 articles, coudées, terminées en massue. Voir pour les mœurs l'art. Rhynchophores. (A. P.)

CHARBON. (chim.) On donne le nom de *Charbon* au produit solide, noir et fixe, obtenu en décomposant les matières végétales et animales par le feu dans des vaisseaux clos, et dans lequel on trouve deux sortes de matières, l'une *saline*, qui constitue les cendres, et l'autre dite *charbonneuse*. Cette dernière varie dans le Charbon azoté ou *animal*.

Le Charbon non azoté ou *végétal*, c'est-à-dire celui qui est fourni par des substances organiques non azotées, est toujours solide, noir, inodore, insipide, fragile, et plus ou moins poreux ; il est assez dur pour polir les métaux ; il est un peu plus pesant que l'eau, bien qu'il la surnage : cela tient à une certaine quantité d'air retenue dans ses po-

res ; il conduit plus ou moins bien le calorique et l'électricité, absorbe les gaz oxigène et hydrogène, etc.

Le Charbon de bois fait partie de la poudre à canon, de l'encre d'imprimerie, de l'acier, etc. Dans les arts et l'économie domestique, on s'en sert, 1° pour priver les substances végétales et animales qui commencent à se putréfier, de leur odeur et de leur saveur désagréables ; 2° pour rendre potable l'eau chargée de débris d'animaux ; 3° pour décolorer un grand nombre de liquides. En médecine, beaucoup de praticiens l'emploient comme antiputride, sous le nom de *magnésie noire* ; on l'a également administré contre la teigne, dans le pansement des ulcères de mauvais aspect, etc.

Le Charbon animal ressemble assez au précédent ; cependant il a un aspect plus brillant ; quelquefois il est d'un gris noir et brillant comme la mine de plomb, ce qui a déterminé quelques chimistes à lui donner le nom de Charbon métallique.

Le Cock, substance spongieuse, d'un noir ferrugineux, jouissant presque de l'éclat métallique, qui ne brûle pas du tout lorsqu'elle est en petits morceaux, mais qui, lorsqu'elle est amoncelée et en grosses masses, brûle en répandant la plus grande quantité de chaleur qu'on puisse produire, est cette matière charbonneuse que l'on obtient en chauffant fortement le Charbon de terre pour le débarrasser de toutes les parties volatiles et étrangères qu'il contenait. Le Cock est un combustible assez usité aujourd'hui.   (F. F.)

CHARBON. (Bot. crypt.) Nom que les agriculteurs donnent à une maladie qui attaque la graine des céréales, et qui est produite par une espèce de cryptogame parasite que l'on a appelée *Uredo carbo*.

Le Charbon se reconnaît à la ténuité de ses sporidies, à la manière dont ces dernières croissent entre les glumes dans le grain, qu'elles détruisent et transforment en une poussière noire, inodore et très-facile à détacher.   (F. F.)

CHARBONNIER et CHARBONNIÈRE. (zool.) On donne le nom de Charbonnier à une espèce de jeune Chien, au Chardonneret, au Rossignol des murailles, et à une grande Hirondelle de mer. Un reptile du genre Anolis porte aussi le nom de Charbonnier, ainsi qu'un poisson du genre Gade. Enfin on nomme Charbonnière une espèce du genre Mésange.   (Guér.)

CHARDON, *Carduus*. (bot. phan.) On connaît un très-grand nombre d'espèces de ce genre appartenant à la famille des Synanthérées, tribu des Cynarocéphales, et à la Syngénésie égale ; un tiers environ habite la France, ce sont des herbes épineuses, trop abondantes, très-aimées des abeilles ; les autres sont indigènes aux contrées orientales de l'Europe, à l'Asie mineure, à la Syrie, à l'Egypte, à la Barbarie. Très-peu nous viennent du continent américain.

Quelques espèces ajoutent à la variété des parterres, ce sont le Chardon tubéreux, *C. tuberosus* ; le Chardon polyacanthe, *C. Casabonæ* ; le

CHARDON A FEUILLES D'ACANTHE, *C. acantoides*; le CHARDON HÉLÉNIOÏDE, *C. helenioides*; le CHARDON A DEUX ÉPINES, *C. Diacantha*. On pourrait y joindre le CHARDON LANUGINEUX, *C. eriophorus*; quoique l'un des plus communs, il produit un très-bel effet.

Le CHARDON MARIE, *C. marianus*, que l'on appelle aussi *Chardon argenté*, *de Notre-Dame*, *lacté* et *taché*, a long-temps été employé dans la thérapeutique, mais il est bien déchu de sa prétendue utilité. Cette plante, représentée en notre Atlas, pl. 95, fig. 7, que l'on rencontre à chaque pas autour des villages, est remarquable non-seulement par la grandeur, la beauté de ses feuilles, l'éclat de ses fleurs purpurines, souvent larges de quatre centimètres, qui servirent de pronostic aux cultivateurs grecs; mais encore par la singularité de son organisation qui détermina plusieurs botanistes, Vaillant, Gaertner, Mœnch entre autres, à la séparer du genre *Carduus*, tantôt pour en faire un genre particulier sous le nom de *Silybum*, tantôt pour la placer parmi les Carthames. On l'a introduite dans quelques jardins d'ornement, où, dans les fentes des rochers, sur la pente des coteaux, elle montre ses rosettes de feuilles vertes parsemées de veines larges et blanches; mais il faut en approcher avec précaution à cause des blessures que font ses robustes épines. L'agriculteur la coupe lorsqu'elle est à moitié fleurie pour la piler et la donner aux bestiaux, qui la mangent alors avec plaisir, ou pour la brûler, soit pour chauffer le four, soit pour en retirer la potasse.

Infiniment trop multipliés, les Chardons usurpent souvent les meilleures terres, et comme leurs racines pivotantes pénètrent profondément, elles font le désespoir du laboureur. Le CHARDON NAIN, *C. acaulis*, surtout, déshonore les pâturages et les fait déserter par les bestiaux, qui ne peuvent les fréquenter sans courir le risque de se blesser à chaque instant. On ne doit pas espérer le détruire en coupant le pied entre deux terres, les racines qui restent ne tarderaient pas à fournir de nouvelles touffes; c'est par un assolement bien entendu, par une culture de plusieurs années consécutives, que l'on y parviendra.

Beaucoup de plantes armées d'épines ont reçu le nom de Chardons, sans que pour cela elles appartiennent à ce genre. Cette anomalie vulgaire est tellement enracinée qu'il importe de prémunir sans cesse contre elle, et de ramener les végétaux aussi mal désignés à leur place véritable.

CHARDON ACANTHE, c'est le Pédane, *Onopordum acanthium*.

CHARDON A FOULON, la Cardère des bonnetiers, *Dipsacus fullonum*.

CHARDON BÉNIT. Ce nom s'applique dans quelques cantons à une Chausse-trape, employée en médecine, *Calcitrapa benedicta*; aux environs de Paris, au Carthame laineux, *Carthamus lanatus*; aux Antilles, à l'Argémone épineuse, *Argemone mexicana*.

CHARDON BLEU. Nom du Panicaut améthyste, *Eryngium amethystinum*.

CHARDON DES PRÉS, la Quenouille de nos prairies, *Cnicus oleraceus*.

CHARDON DES INDES. Nom impropre du Cactier à côtes droites, *Cactus Celocalus*, qui provient de l'Amérique méridionale et non pas de l'Inde.

CHARDON DORÉ, la Chausse-trape solsticiale, *Calcitrapa solstitialis*.

CHARDON DU BRÉSIL. Nom de l'Ananas cultivé, *Bromelia ananas*, chez quelques horticoles.

CHARDON ÉCHINOPE, la Boulette commune, *Echinops sphærocephalus*.

CHARDON ÉTOILÉ. Nom d'une espèce de Chausse-trape formant un buisson arrondi, la *Calcitrapa stellata*.

CHARDON HÉMORRHOÏDAL, la Sarrète des champs et des vignes, qu'on ne saurait trop détruire, *Serratula arvensis*.

CHARDON LAITEUX, la Centaurée galactite, *Crocodilium galactites*.

CHARDON PRISONNIER, la même plante que Lamarck appelle Carthame à réseau, *Atractylis cancellata*, L.

CHARDON ROLAND ou plutôt ROULANT. C'est l'espèce de Panicaut, *Eryngium campestre*, que le vent arrache aux terrains secs où elle abonde et qu'il roule dans les champs. (T. D. B.)

CHARDON. (POISS.) Synonyme d'une espèce de Raie, *Raia fullonica*.

CHARDON (Petit). (MOLL.) Nom vulgaire d'un rocher.

CHARDON DE MER. (ZOOPH. ECHYN.) Nom des Oursins.

CHARDONNEAU ou CHARDENER, CHARDONNERET et CHARDONNETTE. (OIS.) Noms vulgaires du *Fringilla carduelis*, Linn. (*Voy.* GROSBEC.) Nous avons représenté cette espèce dans notre planche 95, fig. 8. (GUÉR.)

CHARME, *Carpinus*. (BOT. PHAN.) Parmi les arbres qui forment ce genre de la famille des Amentacées et de la Monœcie polyandrie, Linné avait réuni plusieurs espèces que Micheli plaçait dans son genre *Ostrya*; elles ont depuis été détachées du premier et restituées au second. Toutes les espèces du genre Charme sont indigènes à l'hémisphère boréal, à l'exception d'une seule, provenant du Canada; les autres appartiennent à l'Europe.

Tant que le CHARME COMMUN, *C. betulus*, reste forestier, il garde son nom; mais, dès qu'il est élevé en palissade, on l'appelle *Charmille*. Sa hauteur le place au second rang des arbres de nos bois; son tronc, rarement droit et bien arrondi, revêtu d'une écorce unie, blanchâtre, marbrée, surchargée de lichens, porte une tête ordinairement très-grosse, très-touffue, souvent d'une forme peu agréable; mais, comme les branches naissent dans toute sa hauteur, et jouissent d'une grande flexibilité, comme les feuilles sont extrêmement nombreuses, le pépiniériste et le jardinier décorateur le façonnent à leur gré; tantôt ils le réduisent en buissons, en haies, tantôt ils le courbent en dômes, en portiques, en colonnades, etc. Il se reproduit aisément de graine, qui tombe aussitôt après sa maturité. Cet arbre n'est guère propre à former une futaie, surtout s'il est mêlé à des chênes et à des hêtres ; il veut être tenu en taillis, où il réussit très-bien, quand il est un peu isolé et que le sol qui le nourrit a du fond. Dans une terre franche et forte, il pousse avec une grande activité, dure long-temps et acquiert jusqu'à dix sept mètres de hauteur. Le bois de Charme est dur, compacte et blanc ; il prend bien le poli, et est recherché pour faire les manches d'outils, pour les ouvrages du tourneur, du charpentier, du menuisier ; on s'en sert pour vis de pressoir, maillets, roues de moulin, et comme bois de chauffage. Sous ce dernier rapport, il brûle lentement, donne beaucoup de chaleur et fournit une braise ardente.

On possède deux variétés du Charme commun, l'une à feuilles panachées, l'autre à feuilles imitant beaucoup celles de certains chênes : on les multiplie par la greffe.

Il en est de même du CHARME DU LEVANT, *C. orientalis*, arbrisseau un peu sensible à la gelée dans sa jeunesse, dont le port est diffus par le grand nombre de rameaux. Il a l'écorce d'un gris brun, les feuilles petites, ovales, en cœur, dentées et d'un vert sombre. Il lui faut un terrain plus chaud et moins fort, ainsi qu'une situation plus abritée que pour l'espèce commune.

(T. D. B.)

CHARME-HOUBLON, *Ostrya*. (BOT. PHAN.) Genre, comme le précédent, de la famille des Amentacées. On ne lui connaît que deux espèces exotiques, celle d'Italie, *O. vulgaris*, qui donne quelquefois de bonnes graines dans le climat de Paris ; et celle de la Virginie, *O. virginica*, croissant en forêts en cette contrée de l'Amérique centrale, de même que dans la Caroline. Le Charme-Houblon a reçu son nom de ses capsules aplaties imitant le cône du Houblon, *Humulus lupulus*. Les fruits de la première espèce sont surmontés de folliicules ovales et disposés autour d'un axe commun, tandis qu'ils sont plus gros, beaucoup plus longs et distribués par grappes dans la seconde. L'une a les feuilles ovales, pointues, bordées de dents aiguës et inégales, portées sur des pétioles courts, un peu velus ; celles de l'autre sont plus grandes, lancéolées et chargées de poils.   (T. D. B.)

CHARNIÈRE. (MOLL.) *V.* COQUILLE.

CHARPENTIER. (OIS.) On désigne ainsi les oiseaux qui, comme les Pics, percent et entaillent le tronc des arbres.

CHARPENTIÈRE ou MENUISIÈRE. (INS.) Nom vulgaire de plusieurs Hyménoptères qui percent le bois afin d'y déposer leurs œufs. *V.* ABEILLE et XYLOCOPE.   (GUÉR.)

CHARRUAS. (MAM.) Nom d'une nation d'hommes qui habitent l'Amérique méridionale et dont on a vu récemment une famille à Paris. (*V.* HOMME.)   (GUÉR.)

CHARYBDE et SCYLLA. (GÉOGR. PHYS.) Ce fameux courant du détroit de Messine a beaucoup perdu de son antique célébrité : certes, il est encore dangereux à traverser aujourd'hui, mais ce n'est plus ce gouffre effrayant, engloutissant tout ce qui l'approche, et tel que nous l'a dépeint Homère.

Scylla est un rocher situé sur la côte de Calabre ; en face, sur la côte de Sicile, se trouve le cap Pelore, et entre ces deux points est le détroit de Messine ; avant d'entrer dans le détroit, à quelques milles, on entend déjà le mugissement des tournans d'eau, et à mesure que l'on s'approche davantage, le bruit augmente ; enfin lorsque l'on est dans le détroit, on voit les tournans où la mer s'agite violemment, même lorsqu'elle est calme partout ailleurs. Ces gouffres sont peu dangereux tant que la mer est calme ; mais, pour peu que les vagues viennent s'y briser, ils forment une mer terrible. Le gouffre de Charybde est situé près du havre de Messine, et en rend quelquefois l'entrée assez difficile. Aussi, pour l'éviter, les vaisseaux sont-ils obligés de ranger la côte de Calabre, et alors, lorsqu'ils sont arrivés à l'endroit le plus étroit du phare de Messine, le courant les entraîne rapidement vers le rocher de Scylla, où ils courent grand risque d'être jetés : de là est venu le proverbe latin :

Incidit in Scyllam cupiens vitare Charybdim.

Cependant il faut que l'action des eaux ait considérablement modifié les pointes des récifs dont le danger, comme nous venons de le voir, était devenu proverbial chez les anciens ; car aujourd'hui il est assez facile d'éviter et le rocher de Scylla et le gouffre de Charybde ; il est très-rare que de nos jours des vaisseaux viennent se perdre dans ces parages.   (C. J.)

CHASSE. L'industrie humaine a multiplié à l'infini les moyens de dompter, de prendre les animaux de toute espèce : les mammifères, les oiseaux, les reptiles et même les insectes. Ces moyens ont dû varier en raison des besoins, des ressources et de l'intelligence des différens peuples ou même des individus. On a écrit de longs traités sur les diverses chasses, mais il ne peut être de notre sujet de les analyser ici. L'invention de la poudre à canon a laissé tomber en désuétude un grand nombre de procédés qu'il serait au moins inutile de tirer de l'oubli ; il n'est guère important non plus de tracer dans ce Dictionnaire ceux que le désir de vains amusemens a pu suggérer à l'oisiveté de certains hommes. Nous ne confondons pas, dans l'omission volontaire que nous commettons à cet égard, les moyens d'obtenir et de conserver intacts les animaux réservés aux études : ces moyens doivent être examinés ailleurs. (*Voy.* COLLECTION.)   (P. G.)

CHASSELAS. (BOT. PHAN.) Nom d'une variété de raisin très-estimée. *V.* VIGNE.   (GUÉR.)

CHAT, *Felis*. (MAM.) Ce genre a été établi par Linné ; il fait partie de l'ordre des Carnassiers, et doit être placé à côté de celui des Hyènes. Les espèces qu'il comprend sont digitigrades, et offrent toutes un air de famille qui les fait aisément reconnaître ; elles ont d'ailleurs les caractères suivans :

Pieds antérieurs pentadactyles, c'est-à-dire à

cinq doigts, les postérieurs tétradactyles ou à quatre; ces doigts, surtout ceux des pieds antérieurs, sont toujours armés, excepté chez le Guépard, d'ongles relevés dans le repos et couchés obliquement dans les intervalles des doigts, d'où ils peuvent sortir à la volonté de l'animal, qui les meut en contractant les muscles fléchisseurs de ses dernières phalanges. C'est au moyen de ces ongles, que l'on appelle *ongles rétractiles* ou griffes, que l'animal s'accroche à sa proie et aux corps contre lesquels il veut grimper; lorsqu'il les rentre dans leurs gaînes et les cache sous les poils, on dit qu'il fait patte de velours. Les dents ne sont pas moins remarquables; elles sont établies sur le type le plus carnassier que l'on connaisse; leur nombre est de trente, savoir : 12 incisives, six à chaque mâchoire : les quatre intermédiaires tranchantes, disposées en forme de coin et échancrées à leur face interne; les deux latérales plus grandes et pointues; 4 canines, très-grandes, coniques et peu crochues; 14 mâchelières ainsi distribuées : deux fausses molaires en haut et en bas de chaque côté; quatre carnassières (une à chaque partie), les supérieures à trois lobes et un talon mousse en dedans, les inférieures sans talon; et enfin deux très-petites tuberculeuses à la mâchoire supérieure (une de chaque côté), sans rien qui leur corresponde en bas.

La langue des Chats est mince et couverte à sa face supérieure de papilles cornées, dont la pointe est dirigée en arrière; c'est pour cela que ces animaux écorchent lorsqu'ils lèchent; les oreilles sont courtes, en cornet triangulaire et dressé, avec un repli et un petit lobe à la base de leur bord externe. La queue est le plus souvent longue et très-mobile. Elle est tantôt nue et floconneuse à son extrémité, tantôt au contraire couverte dans toute son étendue de poils très-longs, comme chez les Lynx. La verge des mâles est dirigée en arrière et couverte de crochets; les femelles ont le vagin tout-à-fait simple; leurs mamelles sont abdominales et varient pour le nombre.

Tous les animaux du genre *Felis* ont la tête arrondie, le museau court et qui paraît donner peu d'étendue à l'organe de l'odorat, mais les narines s'ouvrent sur les côtés d'un mufle assez élargi; leurs yeux sont diurnes ou nocturnes, c'est-à-dire qu'ils leur permettent de voir tantôt de nuit, tantôt de jour; ils ont leurs pupilles rondes ou verticales.

On compte plus de quarante espèces de Chats répandues dans l'ancien continent et dans le nouveau, sous toutes les latitudes, cependant plus abondantes entre les Tropiques que dans les contrées du Nord. Toutes ont un riche pelage composé de poils courts ou bien au contraire fort longs, et dont la coloration, généralement fauve, est tantôt uniforme, tantôt variée de bandes ou de taches plus ou moins grandes. Ce sont de tous les mammifères ceux qui ont le plus d'appétit pour la chair; aussi aiment-ils à se repaître d'une proie palpitante, et ne mangent-ils la viande morte que lorsqu'ils n'ont pu en trouver d'autre. Leur taille varie, depuis celle du Chat domestique et au dessous, jusqu'à celle du Lion et du Tigre, qui là sont les plus grands de l'ordre des Carnassiers; mais ils offrent tous à peu près les mêmes habitudes. Prudens sans pour cela manquer de courage, ces animaux surprennent plutôt leur proie qu'ils ne l'attaquent; pour l'atteindre, ils se tiennent cachés derrière quelque tas de feuillage, s'élancent dès qu'ils la croient à leur portée; et, comme ils sont très-agiles, ils la manquent rarement; les plus petits la poursuivent même jusque sur les arbres. Ils courent très-vite, cependant les Chiens les surpassent, mais ils sont de tous les animaux ceux qui progressent par bonds avec le plus de célérité.

Ils sont presque tous nuisibles à l'homme par les dégâts qu'ils occasionent dans ses troupeaux; quelques uns sont même assez hardis pour l'attaquer lui-même; cependant avec des soins on parvient à les apprivoiser presque tous, et il en est que l'on tient en domesticité.

Nous les diviserons, avec M. Fréd. Cuvier, en deux sous-genres, le premier comprenant toutes les espèces qui ont les ongles rétractiles, et le second réservé au Guépard, qui seul manque de cette sorte d'armes. Le premier sous-genre sera partagé en deux sections, l'une pour les espèces qui ont les pupilles rondes et qui sont de l'ancien ou du nouveau continent; l'autre pour les espèces telles que le Chat domestique, etc., qui ont au contraire les pupilles verticales. On pourrait aussi, comme quelques personnes ont essayé de le faire, choisir parmi les espèces du genre quelques unes de celles qui sont le plus remarquables (telles que le Lion, le Tigre, le Léopard, le Lynx, etc.), et les considérer comme les types d'autant de sous-genres dans lesquels les autres viendraient se grouper.

§ I. *Espèces dont les ongles sont rétractiles.*

Les espèces de ce sous-genre sont très-nombreuses; aussi a-t-on recours pour les classer à la forme de leurs pupilles et même à leur patrie.

† Espèces dont la pupille est circulaire. Les unes sont de l'ancien monde :

Lion, *Felis leo*, L. Cette espèce, décrite par tous les auteurs, est facilement reconnaissable à la couleur fauve uniforme de son pelage, ras sur le corps et transformé en une épaisse crinière sur le cou; sa queue est longue et terminée par un flocon de poils peu développés; la *Lionne*, qui est la femelle, ne diffère du mâle que parce qu'elle manque de crinière; elle met bas quatre ou cinq petits, qui présentent une livrée plus foncée pendant leur jeune âge.

Le Lion est célèbre depuis la plus haute antiquité par son courage et la magnanimité qu'on lui prête; il est le plus fort et le plus belliqueux de tous les animaux; on le trouve dans toute l'Afrique et dans une grande partie de l'Asie; il paraît même qu'il existait autrefois en Grèce. Selon la localité où il se trouve, cet animal présente quelques différences qui ont servi à établir les variétés suivantes :

1° LION DE BARBARIE,

1° Lion de Barbarie, qui a le pelage brun et une crinière dans le sexe mâle.

2° Lion du Sénégal, dont la crinière est moins épaisse et le pelage plus jaunâtre.

3° Lion de Perse ou d'Arabie; son pelage est de couleur isabelle pâle, et sa crinière épaisse.

4° Lion du Cap, que l'on peut diviser en deux races, l'une jaune et l'autre brune, qui est la plus féroce et la plus redoutée de toutes.

Le *Felis sp lœa* de M. Goldfuss est une espèce fossile, observée dans la caverne de Gailenreuth; elle est voisine du Lion pour la taille, et de la Panthère pour la forme.

Tigre, *Felis tigris*, appelé aussi *Tigre royal*, a été de tout temps célèbre par sa férocité et son ardeur pour le carnage. Son pelage est ras, sans crinière sur les épaules et très-remarquable pour ce qui est de la distribution des couleurs; c'est, sur un fond jaunâtre en dessus et blanc en dessous, une série de lignes irrégulières placées longitudinalement et teintes d'un beau noir. Le Tigre est répandu dans toute l'Asie méridionale, il est après le Lion le plus grand des *Felis*. Sa réputation de férocité tient à ce qu'il a plus souvent que les autres l'occasion d'attaquer l'homme et les animaux domestiques, attendu que, dans des pays très-peuplés, il habite le bord des fleuves; mais il est très-prudent et se retire plutôt que de combattre, lorsqu'il ne soupçonne pas que la victoire sera pour lui. On connaît plusieurs exemples de Tigres apprivoisés. Ainsi nous savons que les Romains en montraient dans leurs spectacles, et même que l'empereur Héliogabale, dans une représentation du Triomphe de Bacchus, parut sur un char traîné par deux de ces animaux. Marc-Paul a vu les empereurs tartares les employer pour la chasse.

Panthère, *Fel. pardus*, L. Cette espèce, sur laquelle Georges Cuvier a donné, dans l'ouvrage intitulé *Ménagerie du Muséum*, une notice fort intéressante, est fauve en dessus et blanche en dessous, avec six ou sept rangées de taches en forme de roses, c'est-à-dire formées par la réunion de cinq ou six taches simples sur chaque flanc. Elle compose avec quelques autres la série des Chats tachés, connus dans le commerce de la pelleterie sous le nom de *Tigres d'Afrique* ou *à taches*.

La Panthère n'attaque que les espèces de Gazelles, les petits quadrupèdes et les oiseaux qu'elle poursuit jusque sur les arbres. Elle est commune en Afrique et principalement sur la côte de Barbarie, d'où les anciens tiraient les nombreux individus qui furent tués dans le Cirque. Les Grecs lui donnaient le nom de *Pardalis* et les Latins celui de *Panthera*.

Léopard, *Felis leopardus*, L. Il est figuré dans l'ouvrage de MM. Fréd. Cuvier et Geoffroy, livraison vingtième. Sa longueur est de cinq pieds cinq pouces, y compris la queue; sa hauteur moyenne, deux pieds un pouce. Le Léopard est semblable à la Panthère, mais il présente neuf ou dix rangées de taches sur les flancs. M. Temminck prétend qu'on ne peut l'en distinguer et le réunit avec elle sous le nom commun de *Léopard*; sa Panthère est une espèce qui ne vit qu'à Java.

La Guinée, le Sénégal, etc., sont les contrées où l'on trouve communément le vrai Léopard.

Serval, *Fel. serval*, L. Il est long de trois pieds un pouce, en comprenant sa queue, et haut d'environ un pied neuf pouces. Sa couleur est fauve, très-claire en dessus, blanche en dessous, avec de petites taches rondes et pleines distribuées irrégulièrement. La queue est annelée dans sa moitié postérieure, son bout est noir.

Les peaux du Serval sont connues dans le commerce sous le nom de *Chat-tigre*. Elles arrivent par centaines du Sénégal et du cap de Bonne-Espérance.

Caracal, *Fel. caracal*. Il est fauve isabelle en dessus, avec les oreilles noires extérieurement et surmontées d'un pinceau de poils. Cet animal, appelé encore *Lynx de Barbarie* ou du *Levant*, est le *Lynx des anciens*, et peut-être aussi le *Lynx africain* dont parle Aldrovande. Son nom est un abrégé du turc *kara* (noir) et *kalach* (oreilles). On trouve le Caracal dans tout le Levant ainsi qu'en Barbarie, au Sénégal et même au Cap.

Lynx de Moscovie, *F. servaria*, Temm. Il est de la taille du Loup. Sa belle et précieuse fourrure est connue dans le commerce sous le nom de *Loup cervier* ou *Lynx moscovite*. Elle est entièrement d'un beau gris argentin, parsemé de taches noires; sa queue est touffue et noire à son extrémité. Elle arrive par petites cargaisons des marchés de Moscou, qui la reçoivent du fond de l'Asie. Les peaux des adultes, lorsqu'elles ont leurs taches d'un beau noir, se paient jusqu'à cent francs, cent vingt et même cent trente. Celles de la qualité moyenne valent pour le moins quatre-vingts francs chacune. La Sibérie paraît être le lieu que cette espèce habite.

Lynx polaire, *F. borealis*, Temm. Les peaux de cette espèce sont d'un gris argentin, avec des ondes et de petites taches fauves ou brunes. Elles sont beaucoup plus répandues que les précédentes. On les désigne sous les noms de Loup cervier du Canada et de Lynx de Sibérie. Leur prix courant est de trente francs. On donne pour patrie à ce Lynx les régions polaires des deux continens.

Lynx, *Felis lynx* des auteurs modernes, n'est point l'animal que les anciens connaissaient sous ce nom (*voy.* le *F. serval*). La longueur de son corps est de 20 pouces, sa queue en mesure sept; sa hauteur moyenne est d'un pied quatre pouces. Le Lynx, qui était autrefois très-répandu par toute l'Europe, est aujourd'hui refoulé dans quelques parties encore boisées et montagneuses de ce continent; on ne le trouve plus guère qu'en Allemagne, en Suisse, en Prusse et en Italie. En France il est très-rare et n'y existe même qu'accidentellement. On soupçonne qu'il se trouve aussi dans le nord de l'Afrique. Le Muséum possède un individu dont la patrie indiquée est celle-ci, mais c'est une indication qui a besoin d'être vérifiée.

Auprès de cette espèce on peut ranger, comme formant une petite section, tous les Chats qui ont des pinceaux de poils aux oreilles. Tels sont le Lynx de Moscovie, le Caracal, le Lynx polaire et encore l'espèce suivante, que M. Temminck a décrite dans ses Monographies de Mammalogie sous le nom de

CHAT PARDE, *Fel. pardina.* La longueur de ce *Felis* est de deux pieds neuf pouces en comprenant la queue qui a sept pouces. Sa taille est celle du Blaireau, mais il est plus élevé sur jambes. Il paraît habiter les contrées les plus chaudes de l'Europe, telles que le Portugal, l'Espagne et peut-être aussi la Sardaigne et la Sicile. On n'a point encore constaté son existence en Barbarie, mais il est probable qu'il s'y trouve. Son pelage est fauve, avec des taches noires plus ou moins foncées en dessus et blanches en dessous. Il est connu dans le commerce sous le nom de *Lynx de Portugal.* C'est une fourrure peu estimée à cause de sa rareté et de la longueur de ses poils. Son prix est de six francs à dix et même quinze.

CHAT DE JAVA, *Felis javanensis* et *sumatrana,* Horsfield, nommé par Temminck le Servalien, *Felis minuta.* Cette espèce, qui fait double emploi, a de longueur dix-sept pouces pour le corps seulement, et de hauteur moyenne huit pouces. Elle est d'un gris jaunâtre, blanchâtre en dessous, variée de taches noires pleines et irrégulières. Cinq bandes pleines garnissent le dessus du cou et deux les côtés des joues. Le bout de la queue est blanc. On trouve ce Chat à Java et à Sumatra. C'est le *Kurwuk* des Javans.

CHAT DU NÉPAUL, *Felis torquata,* Fréd. Cuv., Histoire des Mammifères. Ce Chat est long de vingt-trois pouces, et haut de dix seulement. Il est d'un gris fauve, assez clair en dessus, plus pâle dessous et varié de taches longues transversales sur les parties antérieures, plus petites et isolées sur les postérieures. Sa queue a cinq demi-anneaux en dessus et le bout noir. Le Bengale et le Nepaul.

CHAT A TACHES DE ROUILLE, *Felis rubiginosa.* Cette autre espèce, plus récemment connue, a été rapportée de Pondichéry par M. Bélanger et décrite par M. Isid. Geoffroy dans la partie mammalogique du Voyage aux Indes orientales. Elle se distingue de toutes les espèces congénères par un système de coloration tout-à-fait particulier, et qui lui a mérité son nom. Elle a le pelage gris-roussâtre supérieurement, blanchâtre inférieurement, et marqué de taches de rouille, qui sont sous le ventre d'une teinte plus foncée que partout ailleurs. Sa queue est de la même couleur que le fond de son pelage, et sans taches. Taille du Chat domstique.

A la suite de ces espèces viennent quelques autres appartenant également à l'ancien continent, mais qui sont bien moins connues. Tels sont le FELIS DORÉ et le FELIS LONGIFA de M. Temminck, ainsi que sa PANTHÈRE DE JAVA, qu'il considère comme une espèce distincte de celle d'Afrique, celle-ci étant regardée par lui comme analogue au Léopard. (*Voy.* ci-dessus.) Suivant cet auteur, le CHAT MELAS, *Felis melas* de Péron, ne serait qu'une simple variété de cette Panthère qu'il n'a point encore figurée. M. Lesson regarde au contraire le *uclis Felas* comme une espèce parfaitement établie. « Sa taille est, dit-il, celle de la Panthère (Panthère d'Afrique, ou Léopard de M. Temminck); son pelage est d'un noir très-vif, sur lequel se dessinent des zones de même couleur, mais qui semblent plus lustrées. Ce Chat, nommé *Arimaou* par les Javanais, sert aux combats singuliers du Rampok. » *Voy.* l'article PANTHÈRE de ce Dictionnaire.

Etudions maintenant les espèces à ongles rétractiles et pupilles circulaires qui appartiennent au nouveau continent.

Ces espèces sont assez nombreuses; mais il en est plusieurs qui ont été indiquées trop vaguement pour qu'il soit permis de les caractériser.

JAGUAR, *F. onca,* Linn., dont il existe deux bonnes figures, mâle et femelle, dans l'ouvrage de M. Fréd. Cuvier, Hist. nat. des Mammif., est la grande *Panthère des fourreurs.* Son pelage, fauve en dessus, est blanc en dessous, marqué de taches noires circulaires en forme d'yeux, et rangées sur cinq ou six lignes de chaque côté du corps. Il habite les forêts marécageuses d'une grande partie de l'Amérique méridionale. Le Jaguar noir, *Felis nigra,* Erxleben, est une simple variété de cette espèce, et de laquelle Marcgrave a parlé sous le nom de *Jaguareté.*

COUGUAR, *Felis concolor,* est le *Gouazouara* de d'Azara. On le nomme aussi *Lion des Péruviens* ou *Tigre rouge.* Son pelage est d'un fauve agréable et uniforme, sans aucune tache; ses oreilles sont noires, sa queue noire à son extrémité seulement. Les jeunes ont dans le premier âge une livrée comme les Lionceaux. Le Couguar habite l'Amérique méridionale et une grande partie de l'Amérique septentrionale. On le trouve au Paraguay, au Brésil, à la Guiane et dans les États-Unis. Le FELIS NOIR, *Felis discolor* qui se trouve à Cayenne, n'en est peut-être qu'une variété, affectée de mélanisme.

CHAT JAGUAROUNDI, *Felis Yaguarundi,* Desm., habite le Chili, la Guiane et le Paraguay. Il est de la taille du Chat domestique et se tient dans les bois, où il fait la chasse aux oiseaux. Son pelage est d'un brun noir piqueté de blanc sale, et les poils de sa queue sont plus longs que ceux du corps.

CHATI, *Fel. mitis,* Fréd. Cuv., Mamm., est long de deux pieds onze pouces, et haut de quatorze pouces environ. Son pelage est fauve, marqué de rangées de taches noires sur le dos et sur les flancs, où elles sont plus petites. Oreilles noires, avec une tache blanche sur le milieu de chacune. Ce Chat a pour patrie le Brésil et le Paraguay. Ses mœurs douces lui ont fait donner le nom de *Felis mitis.*

CHAT ÉLÉGANT, *Fel. elegans,* décrit par M. Lesson et figuré dans sa *Centurie zoologique.* Celui-ci a de longueur totale trente pouces six lignes. Son pelage est court, épais, fourni et très-doux, teint de roux vif sur les parties supérieures, avec des taches d'un noir profond, tandis que les inférieures sont blanches et tachées de brun foncé. Il habite le Brésil. (*Voy.* notre Atlas, pl. 96, fig. 1.)

OElot, *Fel. pardalis*, L., décrit par Buffon, au t. XIII, pl. 35 et 36, a de longueur quatre pieds deux pouces. Il est fauve en dessus, blanc en dessous, et varié sur les flancs et la croupe de bandes obliques d'un fauve foncé, bordées de noir, et qui sont au nombre de cinq. C'est le *Maracaya* du prince Maximilien de Neuwied. Il habite l'Amérique méridionale, la Guiane principalement et le Paraguay. Il a été décrit par d'Azara sous le nom de *Chibiguaza*.

OCELOÏDE, *Fel. macroura*, Temm., Monographies. Cette espèce, que l'on doit au prince de Neuwied, est longue de trois pieds sept pouces, et haute d'environ un pied. Son pelage est plus clair que celui de l'espèce précédente, et ses taches des flancs plus allongées et mieux encadrées. Elle habite le Brésil.

COLOCOLLA, *F. colocolla*, a été décrit par M. Fréd. Cuvier dans l'Histoire des Mammifères. Sa taille est celle du Chat domestique. Il est blanc, avec des bandes transversales noires et jaunes, flexueuses. Sa queue est annelée jusqu'à sa pointe de cercles noirs. On le trouve dans les forêts du Chili.

CHAT BAI, *Fel. rufa*, appelé aussi *Lynx d'Amérique* et *Chat servier*, est de la taille du Renard. Son pelage est gris, teint de fauve, avec de petites taches noires très-nombreuses, placées sur le corps et sur les membres; ses oreilles ont de petits pinceaux comme celles du Lynx; en hiver il prend une teinte roussâtre. Cet animal habite l'Amérique septentrionale. M. Temminck croit qu'il faut lui rapporter le *Lynx du Mississipi* et le *Chat à ventre tacheté* de M. Geoffroy. C'est le *Bay-cat* des Anglo-américains.

†† Espèces à ongles rétractiles qui ont les *pupilles verticales*.

En première ligne on doit placer le CHAT SAUVAGE, *Felis catus*, L., représenté dans notre Atlas, pl. 96, fig. 2, qui est d'un tiers environ plus grand que notre Chat domestique. Ses couleurs sont en dessous d'un blanc grisâtre, en dessus d'un gris foncé, nuancé de jaunâtre et varié de bandes plus foncées, disposées longitudinalement sur le dos et transversalement sur les flancs, les épaules et les cuisses; lèvres noires ainsi que la plante des pieds; queue annelée de noir et de gris fauve, avec son extrémité noire. Cet animal vit isolé ou par paires dans les contrées couvertes de bois. On le trouve en Europe et dans une partie de l'Asie. Sa nourriture consiste en oiseaux de toutes sortes et en petits mammifères rongeurs ou carnassiers qu'il guette et poursuit sans cesse, et sur lesquels il tombe ordinairement à l'improviste. Les mâles s'allient avec les femelles de nos Chats domestiques.

C'est de cette espèce que l'on fait généralement descendre les diverses races de nos *Chats domestiques*, parmi lesquelles les plus notables sont :

Le CHAT D'ESPAGNE, *Felis catus hispana*, figuré par Buffon au t. VI de son Histoire des quadrupèdes. Son pelage se compose d'un mélange de taches blanches, rousses et noires; ses lèvres et la plante de ses pieds sont de couleur de chair.

Le CHAT DES CHARTREUX, *F. catus cæruleus*, L., Buff., t. IV, pl. IV, dont les poils sont très-fins et généralement d'un gris d'ardoise uniforme; lèvres et plantes des pieds noires.

Le CHAT D'ANGORA, *F. catus angorensis*, L., Buff., IV, pl. 5, est revêtu de poils longs et soyeux, variant assez pour la couleur.

Les CHATS DOMESTIQUES TIGRÉS, *Fel. catus domesticus*, Atlas, pl. 96, fig. 3, sont les plus communs. Ils paraissent se rapprocher plus qu'aucun autre du type sauvage.

Ces animaux, comme le dit Buffon, ne sont qu'à demi-domestiques; ils font la nuance entre les espèces vraiment domestiques et celles qu'on ne trouve qu'à l'état sauvage. «Le Chat, dit ce grand naturaliste français, n'est qu'un domestique infidèle, qu'on ne garde que par nécessité, pour l'opposer à un autre ennemi domestique encore plus incommode et qu'on ne peut chasser; car nous ne comptons pas les gens qui, ayant du goût pour toutes les bêtes, n'élèvent des Chats que pour s'en amuser; l'un est l'usage, l'autre l'abus; et quoique ces animaux, surtout quand ils sont jeunes, aient de la gentillesse, ils ont en même temps une malice innée, un caractère faux, un naturel pervers, que l'âge augmente encore, et que l'éducation ne fait que masquer.... La forme du corps et le tempérament sont d'accord avec le naturel; le Chat est joli, léger, adroit, propre et voluptueux : il aime ses aises; il cherche les meubles les plus mollets pour s'y reposer et s'y ébattre; il est aussi très-porté à l'amour; et, ce qui est rare dans les animaux, la femelle paraît plus ardente que le mâle; elle l'invite, elle le cherche, elle l'appelle, elle annonce par de hauts cris la fureur de ses désirs, ou plutôt l'excès de ses besoins, et lorsque le mâle la fuit ou la dédaigne, elle le poursuit, le mord, et le force pour ainsi dire à la satisfaire, quoique les approches soient accompagnées d'une vive douleur.» Cette douleur, que les Chattes expriment par des cris si aigus, est produite par les papilles cornées et dirigées en avant, dont l'organe mâle est garni à sa pointe.

Les Chats domestiques ne s'attachent point à l'homme aussi fidèlement que le chien, cependant ils se trouvent aujourd'hui sur presque toute la terre habitée; mais dans quelques endroits ils n'ont été apportés qu'à une époque récente et ils ne paraissent pas avoir existé à la Nouvelle-Hollande avant la découverte de cette vaste contrée par les Hollandais. Dans plusieurs endroits il a quitté les lieux habités pour rentrer dans l'état sauvage.

Suivant M. Temminck le Chat domestique ne viendrait point du *Felis catus*, mais d'une autre espèce qui habite l'Égypte. Voici ce que dit cet auteur (Monographies de mammal): «En cherchant » à remonter à l'origine de la domesticité du Chat, » on se trouve en quelque sorte guidé par la pensée » vers les contrées qui furent témoins des premiers » élans de la civilisation, des connaissances et des

» arts. C'est de l'enceinte des temples consacrés à
» Isis et sous le règne des Pharaons qu'on a vu
» naître les premiers rayons des sciences, depuis
» plus dignement honorées en Grèce et portées de
» proche en proche dans les contrées que nous
» habitons. L'Égypte témoin de cette civilisation
» naissante a sans doute fourni à ces habitans réu-
» nis en société cet animal utile. Plus encore que
» les autres peuples cultivateurs, les Égyptiens
» ont dû apprécier les bonnes qualités du Chat ;
» s'ils en ont eu connaissance, ce que tout porte à
» croire, il est certain qu'une espèce sauvage pro-
» pre à ces contrées a fourni la première race do-
» mestique. »

L'espèce égyptienne qui a offert à M. Temminck
le sujet de ces considérations a été rapportée de
l'Afrique septentrionale par M. Ruppel ; M. Temminck l'a décrite dans ses Monographies sous le nom
de Chat ganté, *Felis maniculata*. Cette espèce
est un peu plus petite que le Chat domestique
(la domesticité influe le plus souvent sur la taille des
animaux en l'augmentant, aussi est-il fort extraordinaire, dit M. Temminck, de voir que le Chat
sauvage d'Europe est plus gros que les races domestiques auxquelles il a donné naissance). Sa queue
est de même dimension, et la teinte de son corps
généralement grise, marquée de fauve en dessus,
blanche en dessous, avec sept ou huit bandes fines
et noires sur l'occiput et une ligne dorsale noire.

S'il faut en croire l'auteur cité, toutes nos
races de Chats domestiques ne reconnaîtraient
point une même origine. C'est ainsi que ceux de
l'Afrique et d'une partie de l'Europe descendraient
de l'espèce égyptienne, tandis que la race du
Chat angora, qui est originaire de la Russie asiatique, serait le produit d'un autre type sauvage inconnu, et qui probablement vit dans les contrées
du nord de l'Asie.

Chat botté, *Felis caligata*, Temm., est un autre *Felis* que l'on trouve dans l'Afrique septentrionale et aussi au Bengale et dans la presqu'île
de l'Inde. Il est un peu moins grand que le suivant, dont il ne diffère peut-être que par la face
externe de ses oreilles qui est d'un roux brillant.

Chaus, *Felis chaus*, a été représenté dans l'Histoire des mammifères de M. Fréd. Cuvier, liv. 56.
Il est long de trois pieds un pouce en comprenant la
queue, et haut de quinze pouces. Sa patrie est l'É-
gypte et les contrées voisines de la mer Caspienne.

Margay appelé aussi Margay, *Fel. tigrina* L.
C'est le *Baracaya* de d'Azara. Son pelage, fauve en
dessus, blanchâtre en dessous, est parsemé de
taches noires allongées, disposées en cinq lignes
longitudinales sur le dos et obliques sur les flancs.
Les épaules sont tachetées de fauve foncé et bordées de brun noir ; queue annelée irrégulièrement.

Le Margay habite l'Amérique méridionale, le
Brésil et la Guiane principalement.

§ II. *Espèces dont les ongles ne sont point rétractiles.*

On n'en connaît encore qu'une seule, elle a les
pupilles circulaires ; c'est le Guépard, *Fel. jubata*,
Linn., dont on voit la figure dans l'ouvrage de
M. Fréd. Cuvier, livraison 59. On connaît vulgairement le Guépard sous les noms de *Tigre chasseur*,
Léopard à crinière, etc.; c'est l'*Youse* des Persans.
Son pelage est fauve, couvert de petites taches
noires, rondes et pleines, disposées avec régularité, et n'ayant point la forme de rose. Il a une
crinière sur la nuque. Longueur du corps, 5 pieds
5 pouces ; de la queue, 2 pieds 2 pouces ; hauteur
moyenne, 2 pieds 2 pouces. Cet animal habite
l'Asie méridionale. On dit qu'il peut être dressé
pour la chasse.

On connaît quelques espèces fossiles appartenant
au genre *Felis*. G. Cuvier dans son grand ouvrage
en cite deux, lesquelles ont été trouvées dans trois
sortes de gisemens : dans les cavernes de Hongrie, d'Allemagne et d'Angleterre, dans les brèches osseuses de Nice et dans les couches meubles qui renferment des débris de grands pachydermes. L'une de ces espèces est le *Fel. spelæa*
(Cuv., Oss. foss., nouv éd., IV, p. 449 et pl. 36),
aujourd'hui fort bien connu, depuis le travail de
M. Goldfuss (Mém. de la Soc. des Curieux de la
nat., t. XI) ; l'autre est le *Felis antiqua*, Cuvier,
ibid. (Gerv.)

CHAT-HUANT. (ois.). Ce nom est vulgairement donné aux espèces du genre Chouette. *Voy.*
ce mot. M. Cuvier l'a employé, après M. Savigny,
pour indiquer un petit genre dans lequel il place
la *Hulotte* ou *Chouette des bois* qui est le *Chat-huant*
de Buffon. C'est un oiseau que l'on trouve par toute
l'Europe dans les grandes forêts, et particulièrement dans celles qui sont très-touffues. Il se nourrit de rats, de taupes, de mulots, de grenouilles,
de petits oiseaux et même aussi de sauterelles et
de scarabées. Il pond dans les nids abandonnés
quatre ou cinq œufs blanchâtres.

On appelle *Chat volant* les espèces du genre
Galéopithèque (v. ce mot), et *Chat genette* la Genette ordinaire. (Gerv.)

CHAT DOMESTIQUE. (écon. rur.) Faire l'é-
loge de cet animal, que les Helvétiens avaient
choisi comme symbole de la liberté, c'est rappeler ce que Pétrarque, J. J. Rousseau et Sonnini de
Manoncourt ont écrit en sa faveur d'une manière
si éloquente et si pressante. Buffon et Rozier
l'ont maltraité. Cependant il faut bien croire que
le Chat ne mérite pas tout ce que l'on en dit de
peu flatteur, puisqu'on le trouve dans tous les
pays, chez les riches comme chez ceux qui sont
loin de connaître l'aisance; qu'il est agréé dans
toutes les maisons, où il vit en bonne intelligence
avec les autres animaux. Le Chat réunit tous les
extrêmes. On le craint pour ce qu'on appelle sa
perfidie, qui n'est, en effet, que le résultat de la
grande irritabilité dont il est doué. On l'aime par
faiblesse, il serait peut-être plus vrai de dire par
besoin. La guerre continuelle qu'il fait pour son
seul et unique intérêt, purge nos habitations d'un
ennemi importun, dont les dégâts multipliés produisent, à la longue, d'énormes pertes. S'il attaque les oiseaux, les jeunes lapins, les levrauts,
combien de rats, de souris, de mulots, de tau-

pes, de serpens, de chauve-souris, etc., deviennent sa proie! Je l'ai vu détruire des quantités considérables de blattes durant mon séjour à Livourne, où les habitations en sont envahies du bas en haut. Il leur fait la chasse avec autant de constance que le chien griffon.

Ce que le Chat ne peut ravir de haute-lutte, il le guette, il l'épie avec une patience inconcevable. Voyez-le tapi au bord d'un trou, ramassé dans le moindre espace possible, les yeux fermés en apparence, et cependant assez ouverts pour distinguer sa proie et en saisir les moindres mouvemens; son oreille est au guet, rien ne lui échappe. Direz-vous qu'il y a là de la férocité? Tient-il sa proie, il s'en joue et s'en amuse pendant quelque temps. Le taxerez-vous pour cela de perfidie? Eh! messieurs les chasseurs, êtes-vous moins inhumains? insultez-vous moins au malheur, ne tendez-vous point des piéges nombreux aux chantres des forêts, à la gazelle timide, au cerf, au daim, etc.? Et vous, misérables qui ne vivez que de calomnie, qui allez troubler la paix des ménages, l'union des familles pour satisfaire au plaisir de dire du mal, êtes-vous moins féroces? Et vous qui faites le métier de dénoncer vos semblables, de les provoquer aux désordres afin de les assommer ou de les tenir dans des cachots infects, êtes-vous moins cruels?... Laissez au Chat son naturel, son penchant à la petite rapine, puisqu'il rend tant de bons services à la maison rurale, et tâchez, comme lui, de tempérer des inclinations vicieuses par des qualités réelles.

Buffon a eu tort de dire que le Chat bien élevé devient seulement souple et flatteur. S'il eût étudié sans prévention cet animal, il se serait assuré que là où il est traité convenablement, il se montre ami fidèle et dévoué, capable de toutes les perfections de la vie sociale. « Oui, disait mon ami »Sonnini, quelque perverses que l'on suppose les »inclinations du Chat, elles se corrigent, elles »acquièrent un caractère aimable de douceur »lorsqu'il est traité avec ménagement, et qu'on »l'a habitué aux soins, aux caresses et à la fami- »liarité.» Je vais donner quelques faits à l'appui.

On cite de nombreux exemples de Chattes qui ont nourri de leur lait des écureuils, des chiens, des lapins, et eurent pour ces animaux beaucoup d'affection; d'autres vécurent dans l'union la plus intime avec des oiseaux. On a vu des Chats mourir de chagrin de la perte de leurs maitres. Dumaniant, l'auteur dramatique, avait donné l'hospitalité à deux Chats malades. Une fois rétablis, ils ne voulurent plus le quitter. Il habitait d'ordinaire la petite ville de Clermont-sur-Oise, et allait passer la belle saison à quelques lieues de là. Lorsque les deux Chats voyaient approcher les instans du départ, ils partaient ensemble et se rendaient deux jours à l'avance à la nouvelle habitation, où ils recevaient leur maitre avec plaisir et joie. Ils en agissaient de même au moment du retour à la ville. Flamand, de Versailles, rentier et vieux garçon, a reçu de son Chat la plus haute preuve de l'attachement. Un soir il rentre chez

lui assez tard, rapportant le montant d'un revenu qu'il touchait chaque année le même jour. A peine eut-il ouvert la porte de sa chambre que l'animal fidèle, qui ne quittait presque jamais cette pièce, se précipite au devant de lui miaulant d'un ton lamentable, se tenant dans ses jambes de manière à embarrasser sa marche, et comme pour l'empêcher de passer outre. Enfin il se lance sur sa poitrine, fixant les yeux vers l'alcôve. Flamand flatte son chat de la voix, de la main; mais celui-ci parait insensible à ces témoignages; puis il s'approche de l'alcôve, alors le Chat saute-à-terre, se tient au bord du lit, son dos s'élève en se courbant, ses oreilles se couchent, son poil se hérisse, sa queue s'agite avec violence, tout son être exhale la fureur. Le maître se baisse, aperçoit un pied, et conservant tout son sang-froid, il se relève en prenant le Chat dans ses bras et en lui disant: Viens, mon Bibi, je t'ai laissé trop long-temps enfermé, tu meurs de faim, pauvre animal, viens, viens prendre ta pâtée. A ces mots, il sort emportant son Chat, ferme la porte à double tour, appelle du secours, et l'on retire de dessous le lit un misérable armé d'un poignard....... Et dites encore que le Chat n'aime point celui qui l'aime!...

(T. D. B.)

CHAT DE MER et **CHAT MARIN.** (MOLL. et POISS.) On donne vulgairement ce nom à l'*Aplysia depilans*, L. (*v.* APLYSIE), et à quelques coquilles hérissées d'épines, telles que le *Murex tribulus*, Linn., et le *Murex crassispina*, Lam. (*roy.* ROCHER). On a aussi donné ce nom à la Chimère arctique (*roy.* CHIMÈRE), parce que ses yeux brillent dans l'obscurité.

Le nom du Chat marin est donné, sur nos côtes, à l'Anarhique-loup, à la Roussette et à un Pinclode. *V.* ANARHIQUE, SQUALE et SILURE.

(GUÉR.)

CHATAIGNE. (BOT. PHAN.) On nomme ainsi le fruit du Châtaignier. On a donné ce nom à divers végétaux et animaux à cause des épines qui les couvrent et qui les font comparer à la Châtaigne ou à son enveloppe. Voici les principaux:

CHATAIGNE DU BRÉSIL. Fruit de la Berthollétie.

CHATAIGNE MARINE ou D'EAU. Le *Trapa natans*. (*V.* MACRE.)

CHATAIGNE DE CHEVAL ou MARRON D'INDE. Le fruit de l'Hippocastane (*roy.* ce mot).

CHATAIGNE DE MALABAR. Le fruit de l'*Artocarpus integrifolius*. *V.* ARTOCARPE et JAQUIER.

CHATAIGNE DE MER. Les Oursins, principalement sur les côtes de Normandie.

CHATAIGNE NOIRE. Nom vulgaire d'un insecte du genre HISPE (*roy.* ce mot). (GUÉR)

CHATAIGNIER, *Castanea.* (BOT. PHAN.) Gærtner a le premier fait sentir l'erreur commise par Linné, quand il confondit le Châtaignier avec les Hêtres, et la nécessité de revenir au genre établi par Tournefort, qui en a fidèlement exprimé les caractères. Les botanistes modernes ont adopté l'avis du célèbre carpologue Wétéravien. L'examen attentif des trois seules espèces connues et de leurs variétés, la disposition des fleurs et la nature de la semence justifient pleinement ce genre nouvellement rendu à la Monœcie polyandrie et à la famille des Amentacées.

« Indigène aux climats tempérés de l'Europe où on le trouve dans presque toutes les forêts, ce grand arbre, représenté dans notre Atlas, pl. 97, fig. 1, vient très-bien sur les sols arides, sur les coteaux sablonneux et frais, sur les terres compactes et granitiques. Il aime à croître en futaies. Isolément il parvient à une grosseur extraordinaire, à une taille gigantesque. Qui n'a pas entendu parler du fameux Châtaignier aux cent chevaux que l'on voit en Sicile depuis des siècles, sur les laves de l'Etna, et qui a dix-sept mètres de circonférence et cinquante-deux de circonférence ? Qui ne connaît point ceux des bords de l'Erdre, département de la Loire-Inférieure, les plus gros que je sache vivant en France, et ceux des environs de Sancerre, département du Cher ? Quel est le Parisien qui n'a point visité les antiques et vénérables Châtaigniers de la Cosle près de Marly, ceux de Montmorency, surtout ceux venus près du village de Boussemont, si souvent frappés par la foudre ? Il est peu de contrées où cet arbre soit répandu avec plus de profusion qu'en Corse, sur les Cévennes, et particulièrement sur les coteaux de nos départemens de la Haute-Vienne et de la Corrèze, où son fruit fait la nourriture presque exclusive des habitans.

Quoiqu'il habite les vallées des hautes montagnes du Jura, des Pyrénées, des Basses-Alpes, qui sont couvertes de neige pendant six mois de l'année, le Châtaignier ne vient pas dans le Nord, et ceux qui croissent dans le climat de Paris ne donnent que des fruits de médiocre qualité. Ses fleurs s'y montrent tardivement. Durant sa jeunesse, il pousse avec beaucoup de lenteur ; mais quand on le coupe à un certain âge, au dessus de vingt ans par exemple, il donne, la première année, des rejets d'une hauteur remarquable. Pendant douze ou quinze années, c'est-à-dire jusqu'au moment où ces rejets portent fruits, cette activité de végétation se soutient ; mais alors elle se ralentit de plus en plus et finit par n'être plus que de quelques millimètres par an. Les pieds venus de semences ne parcourent point aussi rapidement les phases de leur végétation. S'ils ne donnent de fruits qu'à trente ans, combien aussi leur existence est de plus longue durée ! combien sont plus brillantes, plus larges, d'un beau vert clair, les feuilles qui les décorent pendant un bon nombre de printemps ! Ces pieds fournissent de superbes poutres ; mais comme le bois du Châtaignier est loin de réunir la force et la densité de celui du Chêne, qu'il est cassant, on le rejette de tout emploi d'œuvre qui exige de la résistance. Aussi est-ce par erreur que l'on parle encore d'antiques charpentes en Châtaignier, ayant traversé de longs âges en supportant des masses considérables. Toutes ces charpentes proviennent du Chêne blanc, dont l'espèce devient de plus en plus rare, et dont le bois a les plus grands rapports avec celui du Châtaignier. Ce dernier est

seulement d'une teinte un peu moins obscure ; mais la disposition des pores, celle des fibres longitudinales, ainsi que la qualité du grain, sont absolument identiques. Plus riche en carbone qu'en hydrogène, le bois du Châtaignier est le meilleur que l'on puisse employer pour faire un charbon excellent. C'est sous ce point de vue qu'on l'exploite au pied des Pyrénées.

Nous comptons différentes variétés de Châtaigniers qui ne fructifient pas également dans toutes les expositions. Les unes ne prospèrent qu'autant qu'elles sont placées au nord ; les autres s'accommodent plus volontiers des aspects du midi et du couchant ; celles-ci montent très-haut ; celles-là se tiennent dans une taille moyenne ; plusieurs sont hâtives, tandis que quelques autres sont tardives. Il y en a qui produisent de très-gros fruits, riches en principe sucré, d'une saveur et d'un arôme tout particulier. Tels sont surtout les Châtaigniers du Brésil, petit canton dans la commune de Loir, à deux myriamètres de Lyon, et ceux du département du Var. Ces fruits portent à Paris le nom impropre de *Marrons de Lyon.*

En certaines localités on tient le Châtaignier en sauvageon ; en d'autres, on le greffe ; ailleurs on l'élève en pépinière ; plus loin, on ne le veut qu'en forêts. Quelle que soit la position où il se trouve, quel que soit le mode de culture auquel on le soumette, le tissu ligneux s'altère assez promptement, il se ramollit et tombe en poussière. Il se forme alors au cœur même de l'arbre une cavité qui s'agrandit de jour en jour par les progrès de la décomposition. Bientôt le tronc ne présente plus qu'une écorce végétante. Le plus souvent, trop faible pour soutenir le poids des branches et pour résister aux secousses des ouragans, cette masse cède, l'arbre tombe et périt. Si l'on adoptait la coutume des cultivateurs du département de l'Allier, on compterait un plus grand nombre de vieux Châtaigniers. Cette coutume consiste, dès qu'ils apperçoivent que la carie fait des progrès, à excaver le tronc, puis à y brûler de la bruyère et autres broussailles. Ils poussent le feu jusqu'à ce que le bois soit charbonné. La carie n'agit plus alors et l'arbre traverse gaîment de nouvelles années.

Tout Châtaignier qui n'a point été greffé donne des Châtaignes sauvages, peu abondantes, petites et presque point sucrées. Les meilleures sont fournies par les arbres cultivés, lesquels ne rapportent véritablement que de deux années l'une. L'excellent ouvrage de Parmentier sur la cueillette, la préparation et l'emploi de ce fruit, que mangent également le riche et le pauvre, nous exempte d'entrer dans des détails qui seraient trop longs. On gagnera à lire les pages écrites par ce savant, qui fut le bienfaiteur des hommes, et dont toutes les pensées eurent pour but l'amélioration de l'agriculture et celle de toutes les branches de l'économie rurale et domestique.

La seconde espèce de Châtaignier est le CHATAIGNIER DE LA CHINE, *C. sinensis*, que l'on cultive dans quelques jardins botaniques, et que l'on propage dans les îles françaises de Maurice et Mascareigne. C'est un assez grand arbre. Sa Châtaigne est bonne à manger.

Une troisième espèce nous est venue de l'Amérique centrale sous le nom de CHATAIGNIER CHINCAPIN, *C. pumila*, arbrisseau fort rameux, ne s'élevant guère au dessus de cinq mètres dans son pays, et atteignant au plus en pleine terre chez nous, à un mètre et demi, deux mètres. Ses fruits sont petits, pendent en bouquets de cinq à six ensemble; ils sont presque tous solitaires dans leurs coques; à peu près sphériques en septembre, c'est-à-dire à l'instant de leur première maturité, plus tard ils deviennent pyriformes. Leur grosseur est celle de la noisette ordinaire des bois. Cette petitesse est rachetée par l'avantage de la bonté, de l'abondance et par la précocité. Elle devance toujours de plus de trente jours la récolte de la Châtaigne commune, qui, dans les années tardives, ne mûrit qu'en partie et n'est bonne à recueillir qu'à la fin d'octobre. Pour sa petite taille, le Chincapin ou Châtaignier nain peut se placer partout où l'on ne pourrait avoir le gigantesque individu qui produit le prétendu Marron de Lyon. Il redoute plus les grandes chaleurs que les froids les plus rigoureux, et se plaît dans les terrains frais et légèrement humides. On le multiplie de semis et par la greffe. On le connaît depuis 1699.

Dans quelques cantons de France on donne le nom de Châtaignier à une sorte de pommier; à la Guiane, au Pachire des marais, *Carolinea princeps*; les Haïtiens appellent aussi de ce nom le Cupane d'Amérique, qui a l'aspect du Châtaignier, *Cupania americana*; le Quaparier des Savanes, *Bannisteria tomentosa*; et l'Apéiba velu, *Sloanea dentata*. (T. D. B.)

CHATAIRE, *Nepeta*. (BOT. PHAN.) Trente espèces au plus, remarquables par leur odeur, et quelques unes par leur grandeur, constituent ce genre de plantes de la famille des Labiées et de la Didynamie gymnospermie. Leur patrie est restreinte à la Sibérie, à l'Europe méridionale, à la côte de Barbarie et aux dernières limites de l'Asie occidentale. On les trouve dans les terrains humides et sablonneux, sur les rives des torrens qui longent les Alpes et les Pyrénées. On en cultive plusieurs à cause de leurs fleurs carnées ou améthystées du plus bel aspect; d'autres ont joui longtemps de la réputation, aujourd'hui nulle, d'être emménagogues, antihystériques et carminatives. Une seule est très-connue sous le nom d'*Herbe aux chats*, à cause du plaisir qu'ils trouvent à se rouler dessus, à la déchirer pour s'immerger, si l'on peut s'exprimer ainsi, dans l'huile volatile répandue abondamment en toutes ses parties : j'entends parler de la CHATAIRE COMMUNE, *N. cataria*, que l'on rencontre sur le bord des chemins, aux lieux humides, et dont l'odeur pénétrante a quelque chose de fétide qui la fait repousser des jardins.

La CHATAIRE TUBÉREUSE, *N. tuberosa*, originaire d'Espagne, présente dans ses racines, crues ou cuites, un aliment assez agréable. Elle se distingue aussi par ses beaux épis d'un pourpre violet très-prononcé. Sa tige est haute d'un mètre, avec feuilles cordiformes, oblongues, pubescentes. Elle est en fleurs depuis le mois de juin jusqu'à la fin d'août.

L'espèce la plus intéressante est la CHATAIRE RÉTICULÉE, *N. reticulata*, qui se cultive en pleine terre, dans les terrains secs et chauds qui lui rappellent son sol natal, la Barbarie. Cette espèce forme un buisson, montant à plus d'un mètre et demi de haut. Ses tiges sont droites, rougeâtres sur leurs angles arrondis, parsemées de poils blancs, longs et rares, avec des feuilles d'un vert foncé, souvent tachetées de jaune verdâtre, opposées en croix et presque amplexicaules. Elle se couvre, durant tout l'été, de longs épis terminaux, chargés de fleurs d'un violet pâle ou bien d'un bleu purpurin foncé. Pour la multiplier on a recours à ses graines, qui mûrissent sous la température de Paris, quand la plante est bien exposée, et par la séparation de son pied au printemps. Sa culture, ainsi que celle des autres Chataires, ne présente rien de particulier. (T. D. B.)

CHATE-PELEUSE. (INS.) On donne ce nom et celui de *Chate-pelue*, dans nos provinces, au charançon du blé. *V.* CALANDRE. (GUÉR.)

CHATON, *amentum*. (BOT. PHAN.) Les plus grands arbres de nos forêts, ceux dont on admire surtout le superbe feuillage, portent des fleurs sans éclat, humbles, exiguës, accumulées autour d'un axe cylindrique, et le tout, à la rigueur, ressemble un peu à la *queue d'un chat*. Voilà, sauf le respect à la gravité des sciences naturelles, l'origine de l'expression créée par une comparaison rustique, et adoptée par les botanistes. On l'appliquera donc à tout assemblage de fleurs unisexuelles, sessiles ou légèrement pédonculées, autour d'un axe central, qui tombe de lui-même après la maturité. Ce dernier caractère distingue le Chaton de l'épi, dont l'axe est persistant.

Le Saule, le Noyer, le Pin, le Cèdre, etc., ont leurs fleurs disposées en chaton. Nous renvoyons aux articles même pour les variétés de ce mode d'inflorescence.

Tournefort avait créé la famille des *Amentacées* pour les arbres dont les fleurs sont disposées en Chaton. Mais on ne peut tirer du Chaton le caractère exclusif d'une famille. (L.)

CHATOUILLEMENT. (PHYSIOL.) Il est assez difficile de définir le Chatouillement. Cette sensation est toujours le résultat d'un mode particulier d'attouchement qui consiste le plus ordinairement dans l'action rapide, légère, inopinée des doigts ou de tout autre moyen sur certaines parties, et qui doit varier en raison de la susceptibilité de ces parties. Cette sensation est si vive qu'elle détermine dans l'économie un état de spasme, et qu'elle provoque presque toujours un tic convulsif. Dans certaines limites, c'est une sensation de plaisir, mais si elle ne cesse promptement elle devient un véritable supplice. On a vu des enfans tomber dans d'effrayantes convulsions à la suite d'un Chatouillement de quelques instans. Les journaux ont longuement raconté l'histoire d'une femme tuée par ce moyen. Cette histoire a, je crois, été contestée; elle est rationellement possible. Les hypochondres, la paume des mains, la plante des pieds, la lèvre supérieure, les orifices de la bouche, du nez, de l'oreille, etc., sont les régions de la peau et des membranes muqueuses les plus propres à développer la sensation du Chatouillement. Cette disposition reconnait sans doute pour cause l'abondance des nerfs dans la partie et leur épanouissement superficiel en une sorte de tissu spongieux. On a tenté d'employer le Chatouillement comme moyen curatif chez les enfans d'un naturel indolent, d'une constitution lymphatique et menacés de scrophules. Un médecin allemand nous a affirmé l'avoir employé comme moyen perturbateur, dans l'épilepsie. S'il faut l'en croire, à l'aide d'une titillation prolongée sous la plante des pieds, il est parvenu à éloigner les accès ou plutôt à les prévenir. Nous pensons que, dans le plus grand nombre des cas, le Chatouillement serait au contraire capable de déterminer des accès épileptiques chez des sujets disposés à cette maladie.

(P. G.)

CHAULIODES, *Chauliodes*. (ins.) Genre de Névroptères de la famille des Planipennes tribu des Hémérobins, ayant pour caractères, prothorax formant corselet; palpes filiformes; le dernier article presque conique; antennes pectinées. Ce genre a été établi par Latreille, qui soupçonne que les larves doivent être aquatiques; mais je ne partage pas son avis. Je suis plus porté à croire que ce genre, ainsi que celui de *Corydale*, doit avoisiner les Raphidies, et que, par conséquent, leurs larves doivent être terrestres et probablement carnassières. L'organisation du dessous de la tête offre la même disposition que j'ai signalée chez les *Rhaphidies*, dans la Monographie que j'ai donnée de ce genre dans le Magasin de Zoologie de M. Guérin. Ces insectes ont le corps de grandeur moyenne, mais les ailes sont très-grandes par rapport à lui, ovalaires, oblongues. On en connait très-peu d'espèces et aucune de notre pays.

(A. P.)

CHAUME, *Culmus*. (bot. phan.) Expression consacrée pour désigner la tige des Graminées, dont la structure uniforme, et particulière à cette famille, méritait un nom spécial.

Qu'on examine le blé, le seigle, et en général les céréales, on voit un Chaume lisse, cylindrique, intérieurement vide, coupé de distance en distance par des nœuds solides, d'où partent les feuilles. Tels sont les caractères ordinaires et apparens de la tige des Graminées.

Un examen plus approfondi amènera aux observations suivantes:

Le Chaume est solide à sa base, formé au centre de cellules peu allongées, puis de fausses trachées, et enfin vers la circonférence, de cellules extrêmement fines et très-allongées, qui donnent à cette partie plus de force qu'au tissu central. Le vide des entre-nœuds est dû à la destruction des membranes du centre et au refoulement des fibres

vers l'extérieur, ce qui a lieu dans toutes les plantes monocotylédonées. Le maïs, la canne à sucre et quelques autres grandes graminées n'offrent point de vide intérieur.

Les nœuds ou articulations formés par le resserrement du tube et par la convergence des membranes intérieures, sont les parties les plus solides du Chaume. Ils jettent des racines quand la tige est traçante. Très-rapprochés vers la base, ils s'écartent de plus en plus en s'en éloignant, et, à la partie supérieure, gardent une distance à peu près égale. C'est toujours à un nœud que la feuille prend naissance; on ne pourrait guère dire lequel des deux produit le développement de l'autre.

Les nœuds paraissent manquer à quelques graminées; mais c'est qu'ils sont très-rapprochés du collet de la racine, où l'on en trouve toujours au moins un.

Il est prouvé par l'analyse chimique que le Chaume des graminées et surtout les nœuds contiennent beaucoup de silice. On n'a point encore donné d'explication suffisante de ce fait. (L).

CHAUSSÉE DES GÉANS. (géol.) *Voyez* BASALTE.

CHAUSSE-TRAPE. (moll.) On donne ce nom à une espèce de coquille du genre ROCHER. (*Voy.* ce mot.)

CHAUSSE-TRAPE. (bot. phan.) Nom vulgaire d'une espèce de Centaurée qui a servi de type au sous-genre *Calcitrapa* de Jussieu. *V.* CENTAURÉE.

(Guér.)

CHAUVE-SOURIS. (mam.) Ces animaux font partie de l'ordre des Mammifères carnassiers, ils sont les seuls de leur classe qui aient les mains modifiées en manière d'ailes et qui par suite méritent le nom de CHÉIROPTÈRES (χειρ, *main*, πτερον, *ailes*, *mains ailées*). *Voy.* ce mot.

Les Chauve-souris, ou vrais Chéiroptères, sont généralement mal connues des personnes étrangères à la science, auxquelles leur forme tout-à-fait singulière et tant soit peu bizarre, ainsi que les récits absurdes dont on a chargé leur histoire, inspirent une répugnance et souvent même une horreur qui sont tout-à-fait sans fondement. Les naturalistes anciens n'ont guère mieux connu ces êtres que le commun des hommes de notre temps. Ils les ont généralement pris pour des oiseaux qui ne différaient des animaux que l'on connaît sous ce nom, que par leurs *ailes de peau* et la possibilité de *produire des petits vivans*; mais ils n'ont rien su de leur histoire, soit générale, soit particulière. A la renaissance des lettres, aucun auteur ne comprit encore quels rapports existaient entre les Chauve-souris et les quadrupèdes; aussi les ont-ils tous placés parmi les oiseaux. Aldrovande lui-même, qui donna sur ces animaux des détails très-longs et très-curieux, n'a pu éviter une telle faute. Il parle de leurs mœurs, de leur manière de vivre, de leur nourriture, de leur génération et d'une infinité d'autres considérations. Ses descriptions sont même accompagnées de figures assez exactes, mais qui ne donnent aux Chauves-souris que trois doigts et un pouce aux membres antérieurs au

lieu

lieu de quatre. Ce n'est guère que vers le milieu du 18ᵉ siècle, que ces animaux ont réellement été regardés comme des quadrupèdes. Linné, dans la première édition de son *Systema*, les place à la suite des Carnassiers après tous les genres de cet ordre; puis il les en retire et les rapproche des animaux de son premier ordre, qu'il appelle d'abord *Anthropomorphes* et ensuite *Primates*. Il les regarde comme un genre intermédiaire aux *Lemurs* et aux *Bradypus*, les nomme *Vespertilio* et les subdivise en neuf sections, comprenant à elles seules toutes les espèces. Dès-lors une nouvelle impulsion est donnée aux études, mais elle reste, jusqu'à Daubenton et surtout M. Geoffroy, presque sans résultat, et ne donne guère que la connaissance de quelques espèces. Mais le nombre s'en élève bientôt à tel point que le genre *Vespertilio* doit être mis au rang des familles naturelles et comprendre une série assez longue de genres qui sont primitivement établis par M. Geoffroy. Le nombre des espèces est bientôt doublé, triplé même, et déjà en 1820 M. Desmarest, dans son Résumé de Mammalogie, le porte à quatre-vingt-douze. Cependant il ne s'arrête pas là et aujourd'hui on peut dire qu'il y a près de deux cents espèces connues parmi les Chauve-souris. Elles sont réparties dans plus de trente genres bien caractérisés, nombre que l'on peut comparer à ceux des espèces et des genres qui composaient la classe entière des Mammifère, il n'y a pas un demi-siècle. Les auteurs auxquels cette branche de la science mammalogique doit le plus, sont MM. Geoffroy Saint-Hilaire, Fréd. Cuvier, Leach, etc.

Nous devons maintenant donner quelques détails sur la structure et les mœurs de ces intéressans animaux, puis nous passerons à l'étude de leur classification.

Les Chauve-souris sont de véritables mammifères comparables, sous tous les rapports de leur organisation, aux autres animaux de cette classe. Leurs points de ressemblance avec les oiseaux sont plus supposés que réels. Ils consistent seulement dans la possibilité de s'élever dans les airs, au moyen de membres supérieurs changés en ailes, et dans une modification correspondante de l'appareil sternal. Pour ce qui est des organes de respiration, de digestion et même aussi de ceux de sensation, de génération et de protection, les Chauve-souris ne diffèrent en rien des vrais mammifères.

Leurs membres supérieurs fournissent leur caractère le plus saillant et celui qui seul peut les faire reconnaître à la première vue. Ils sont fort étendus, surtout dans la partie correspondante à la main. La main offre des doigts très-allongés dépourvus d'ongles (excepté le pouce qui est libre et fort court) et réunis au moyen d'une membrane fine et non poilue. Cette membrane s'étend aussi entre les membres, elle est un prolongement de la peau des flancs, se compose de deux couches très-minces, l'une supérieure qui fait suite aux tégumens du dos, et l'autre inférieure qui est la continuation de ceux de l'abdomen. Elle s'é-

tend aussi entre les membres postérieurs où elle présente un développement plus ou moins considérable; à cet endroit elle prend le nom de *membrane interfemorale*. Jamais elle ne s'étend jusqu'aux doigts des pieds, qui sont toujours très-courts et tous unguiculés.

Les dents varient, pour le nombre et la forme, selon les différens genres. Elles sont ordinairement de trois sortes, incisives, canines et molaires. Celles-ci présentent deux modifications bien tranchées qui ont servi à établir deux tribus parmi les genres dont se compose la famille. Elles sont mousses ou très-hérissées de pointes coniques et déterminent le régime frugivore ou insectivore de ces animaux.

Les mamelles sont pectorales et au nombre de deux. Quelquefois il y en a quatre. Deux sont alors inguinales, c'est-à-dire situées près des aines. Les mâles ont leur verge libre et pendante; les femelles ont les organes générateurs conformés comme ceux des quadrumanes. Quelques unes sont même, au rapport de MM. Garnot et Lesson, sujettes à un écoulement menstruel. Le nombre des petits est de deux seulement, les parens les soignent avec tendresse et, pendant le vol, ils les portent supendus à leurs mamelles, comme on peut le voir dans une figure donnée par Aldrovande au t. 1 de son Histoire des Oiseaux. Les sens sont assez développés, ceux de l'ouïe principalement et du toucher. C'est à ce dernier qu'il faut rapporter, suivant Cuvier, les faits observés par Spallanzani de Chauve-souris privées d'yeux, qui savaient se conduire parfaitement et même éviter un simple fil placé sur leur route, faits que le célèbre expérimentateur considérait comme étant le résultat d'un sixième sens. La vue chez la plupart des espèces est fort délicate et modifiée pour apercevoir les objets à une faible lumière. Cependant quelques unes des plus grandes chassent pendant le jour, et il n'est pas rare de voir, même dans nos climats, ainsi que nous l'avons observé plusieurs fois, des individus voltigeant en plein jour et sachant parfaitement se diriger, quoiqu'il fasse du soleil. Mais ce sont là des exceptions et l'on peut dire que généralement ces animaux sont nocturnes et craignent la lumière. Pendant le jour ils se cachent et restent accrochés au moyen de leurs pieds de derrière à la voûte de quelque caverne. Ce n'est que le soir au crépuscule, ou le matin, lorsque le soleil n'a point encore paru, que les Chéiroptères se montrent. Ils vont alors à la recherche de leur nourriture qui, le plus souvent, se compose d'insectes, et quelquefois de fruits. On les voit alors voler avec plus ou moins de rapidité, mais toujours d'une manière gauche et pour ainsi dire gênée, en faisant un grand nombre de détours et de crochets, ce qui, soit dit en passant, rend assez difficile de les chasser au fusil. Après qu'ils se sont rassasiés, ils rentrent dans leur demeure qui est tantôt un trou de mur ou de cheminée, tantôt un grenier ou une carrière, etc.

On trouve des Chéiroptères dans les deux cortinens et sous toutes les latitudes. Une espèce a même été observée à la Nouvelle-Hollande, ce qui est très-remarquable en tant que mammifère monodelphe.

Quelques unes, et en général toutes celles de nos climats, sont atteintes pendant l'hiver d'une sorte d'engourdissement, comparable à celui des Marmottes et des Loirs, pendant lequel elles restent enveloppées dans leurs ailes, qui leur tiennent lieu de manteau, et incapables de tout mouvement. Les unes passent ce temps accrochées à la voûte des souterrains, d'autres se blottissent dans quelque trou. Lorsqu'on les trouve dans cet état on peut les remuer, les jeter même en l'air sans qu'elles donnent le moindre signe de vie, et ce n'est qu'après qu'on les a portées dans un lieu échauffé qu'elles recouvrent leurs sens. Ce que l'on fait ici volontairement, les premières chaleurs du printemps le produisent aussi chez les Chauve-souris qui sont restées dans leur demeure. Alors ces animaux, qui ne s'étaient point montrés depuis l'automne, recommencent chaque soir leurs anciennes excursions, lorsque le temps continue à être favorable. Mais il arrive souvent qu'il change tout à coup et que la gelée reprend, alors les Chauve-souris retombent dans leur engourdissement, et restent, ainsi qu'on a pu l'observer cette année, quelques jours encore sans se montrer.

On distingue dans la famille des Chauve-souris deux tribus assez faciles à caractériser. L'une est celle des *Chéiroptères frugivores*, appelées aussi *Roussettes méganyctères*; l'autre comprend les *Chauve-souris proprement dites*, connues également sous le nom d'*Insectivores*.

Première tribu. ROUSSETTES OU CHÉIROPTÈRES FRUGIVORES. Les genres qu'on y comprend ont les dents molaires à couronne plate; aussi vivent-ils presque exclusivement de fruits. Leurs ailes sont généralement moins grandes que celles des Insectivores, proportionnellement à leur corps qui est souvent plus gros. On les partage en cinq genres, qui sont:

Roussette ou *Ptéropus, Pachysome, Macroglosse, Céphalote* et *Hypoderme. Voy.* ces divers mots.

Deuxième tribu. VRAIES CHAUVE-SOURIS OU CHÉIROPTÈRES INSECTIVORES. Les genres de cette seconde tribu sont plus nombreux et renferment beaucoup plus d'espèces; leurs molaires sont toujours hérissées de pointes coniques.

Ces animaux se nourrissent essentiellement d'insectes qu'ils attrapent au vol, quelques uns s'attachent aux mammifères et même à l'homme, pour sucer leur sang. Il en est cependant quelques uns, tels que le Phyllostome à lunette, qui se nourrissent de fruits.

M. Isid. Geoffroy les distribue ainsi:

† Genres à museau non surmonté de feuilles:

1. Queue longue et membrane interfémorale complète: *Vespertilion, Lasyure, Oreillard. Nyctère.* 2. Queue longue et membrane interfémorale incomplète: *Molosse, Nyctinome, Dinope, Myoptère.* 3. Queue courte, membrane interfémorale: *Noctilion, Taphien, Sténoderme.*

†† Genres à feuille nasale:

Feuille rudimentaire: *Rhinopome.*

Feuille développée: 1. Queue longue, membrane interfémorale complète: *Rhinolophe.* 2. Queue courte: *Phyllostome, Vampire, Glossophage* et *Mégaderme.* Ces genres ne sont pas les seuls qu'on a établis, il y en a encore un assez grand nombre, mais qui sont trop peu intéressans pour que nous nous y arrêtions plus long-temps. Nous devrions maintenant, pour donner une idée de ces animaux, étudier quelques espèces; mais il en sera question quand nous traiterons des genres auxquels elles appartiennent, aussi nous contenterons-nous d'indiquer nominativement celles qui se trouvent dans notre pays. Ces espèces sont, d'après M. Desmarest, Faune française: 1° *Rhinolophe unifer* ou *Grand Fer à cheval*; 2° *Bifer* ou *Petit Fer à cheval*; 3° *Vespertilion murin*; 4° *Vespertilion de Bechstein*; 5° *Vespertilion de Daubenton*; 6° *Vespertilion noctule*; 7° *Vespertilion pipistrelle*; 8° *Vespertilion serotine*; 9° *Oreillard vulgaire*; 10° *Oreillard barbastelle*. (GERV.)

CHAUX. (MINÉR.) Cette substance, si utile dans nos constructions et si répandue dans la nature, ne se trouve cependant jamais à l'état de pureté. Son affinité pour les acides fait qu'elle est toujours combinée avec l'un d'eux, tel que l'*acide carbonique*, l'*acide phosphorique*, l'*acide sulfurique*, l'*acide arsénique* et l'*acide borique*, ou avec quelques autres substances, telles que la *silice*, la *magnésie*, le *fluor*, le *chlore*, et quelques métaux, tels que le *fer* et le *manganèse*.

Dans ces différentes combinaisons elle reçoit des noms particuliers. À l'état de *carbonate*, elle est désignée sous ceux de *Chaux carbonatée* ou de CALCAIRE (*voy.* ce mot), ou sous celui d'ARRAGONITE (*voy.* ce mot). Souvent elle contient assez de fer pour être exploitée et pour recevoir les dénominations particulières de *Chaux carbonatée ferrifère*, de *Fer carbonaté* ou de SIDÉROSE (*voy.* ce mot). D'autres fois elle renferme du manganèse: c'est alors la *Chaux carbonatée manganésifère* ou la DIALLAGITE (*voy.* ce mot). Souvent elle est combinée avec la magnésie, et forme alors la *Chaux carbonatée magnésienne* ou *magnésifère*, qui porte aussi les noms de GLOBERTITE et de DOLOMIE (*voy.* ces mots). Unie à l'acide phosphorique c'est la *Chaux phosphatée* ou l'*Apatite*; à l'acide sulfurique, c'est la *Chaux sulfatée*, appelée *Gypse* et *Karsténite*, selon qu'elle est ou n'est pas privée d'eau; à l'acide arsénique, c'est la *Chaux arséniatée* qui, suivant que l'acide est plus ou moins abondant, forme les deux espèces appelées *Pharmacolithe* et *Absénicite*; à l'acide borique, c'est la *Chaux boratée siliceuse* ou la DATHOLITHE (*voy.* ce mot), combinaison qui contient toujours 56 à 57 pour cent de silice.

Très-souvent la Chaux est mêlée, et non combinée à la silice seule, mais comme le mélange est mécanique, elle ne forme pas dans cet état une espèce minérale, mais une roche nommée *Calcaire siliceux*. C'est avec le fluor et le chlore qu'elle se combine pour former les fluorure et chlorure, regardés autrefois comme des *fluates* et des *muriates*, appelés *Chaux fluatée* et *Chaux muriatée* et aujourd'hui FLUORINE (*voy.* ce mot), et *Chlorure de calcium* que l'on aurait peut-être pu nommer *Chlorine.*   (J. H.)

CHAVARIA, *Chauna*. (ois.) C'est le nom d'un genre de la famille des Kamichis, établi par Illiger pour une seule espèce que d'Azara décrivit sous le nom de *Chaïa*. Les caractères au moyen desquels on la différencie des vrais Kamichis sont de peu d'importance, c'est pourquoi MM. Cuvier et Temminck ont cru devoir la laisser avec eux dans un genre unique.

Le Chaïa ou Chavaria n'a point de corne sur le vertex; son occiput est orné d'un cercle de plumes susceptibles de se relever; son plumage est d'un plombé noirâtre avec une tache blanche au fouet de l'aile et une autre sur la base de quelques unes des grandes pennes alaires. C'est un oiseau massif, qui a le cou long et la tête petite; ses ailes sont armées de forts éperons avec lesquels ils se défend.

Il a pour patrie le Paraguay et une grande partie du Brésil; il se tient dans les lieux éloignés des habitations, et recherche pour se nourrir les herbes aquatiques. Dans quelques localités, les Indiens l'élèvent en domesticité et le placent parmi leurs troupes d'oies et de poules, parce que l'on dit qu'il est fort courageux et capable de repousser les oiseaux de rapine.

Voyez, pour la représentation de cet oiseau, la planche 97, figure 2 de notre Atlas. (GERV.)

CHEILINE. (poiss.) Ce poisson montre dans quelles erreurs peut conduire la méthode de classer les êtres par leur apparence générale. D'après sa forme oblongue et plusieurs détails de son organisation, Bloch jugea que ce devait être un Spare. Cependant la Cheiline n'est en réalité qu'un Labre, mais un Labre où la ligne latérale s'interrompt vis-à-vis la fin de la dorsale, pour recommencer un peu plus bas, où les écailles de la fin de sa queue sont grandes et enveloppent un peu la base de la caudale. Les Cheilines sont de beaux poissons de la mer des Indes.   (ALPH. G.)

CHEILODACTYLE, *Cheilodactylus*. (poiss.) C'est l'un des genres les plus reconnaissables de tous les Acanthoptérygiens. Les Cheilodactyles forment l'une des coupes les mieux déterminées du règne animal. Ils appartiennent à la famille des Sciénoïdes de Cuvier et des Dimérèdes de Duméril. Les poissons qui composent ce genre ont le corps allongé, la bouche petite et de nombreux rayons épineux à la nageoire dorsale, et surtout les rayons inférieurs de leurs pectorales simples et prolongés hors de la membrane comme les Cirrhites. On voit combien ces poissons s'éloignent par ces caractères, non-seulement de ces derniers, mais encore de tous les Polynèmes qui offrent la même disposition, par plusieurs des rayons inférieurs de leurs pectorales qui sont libres et forment autant de filamens. Ils en sont bien séparés par l'absence des dentelures du préopercule, par les épines de l'oper-

cule, et notamment parce qu'ils manquent de dents aux vomer et aux palatins.

Ce genre est peu nombreux en espèces. Celle qui lui sert de type se rencontre le plus communément au Cap; c'est le CHEILODACTYLE A BANDES, *Cheilodactylus fasciatus*, Lacép. La nageoire dorsale de ce Cheilodactyle s'étend depuis une portion du dos voisine de la nuque, jusqu'à une très-petite distance de la nageoire de la queue. Le dernier rayon de chaque pectorale, quoique très-allongé au-delà de la membrane, est moins long que le treizième, et lui-même l'est moins que le douzième, et le douzième que le onzième. Sa caudale présente un peu la forme d'une faux, sa tête est petite, sa bouche peu fendue. On voit cinq lignes verticales brunes sur le corps, des taches foncées sous la nageoire du dos et celle de la queue. Nous avons représenté dans notre Atlas, pl. 97, fig. 5, le *Cheilodactylus Antonii* de Cuvier, figuré dans l'Iconographie du règne animal. Ce poisson, qui vient des mers du Chili, est brun avec quatre bandes transversales blanchâtres, à partir du milieu du corps jusqu'à la queue. Ses nageoires sont rougeâtres.   (ALPH. G.)

CHÉILODIPTÈRE, *Cheilodipterus*. (poiss.) genre de l'ordre des Acanthoptérygiens, appartenant, suivant la méthode de Cuvier, à la première famille, celle des Percoïdes, et qui nous présente une partie des caractères qui rendent si remarquables les Apogons et les Pomatomes. Du reste, il s'éloigne de ces derniers par des crochets ou dents longues et pointues qui arment ses mâchoires. Son corps oblong, garni ainsi que les opercules de grandes écailles, a deux dorsales bien séparées l'une de l'autre et même plus séparées que chez l'Apogon. Les Chéilodiptères sont de petits poissons de la mer des Indes, rayés la plupart longitudinalement. Trois espèces distinctes, jusqu'à présent, constituent ce sous-genre. La première est le CHÉILODIPTÈRE A HUIT RAIES. (*Cheilodipterus octovittatus*, Cuv.) Il a de chaque côté de la queue une tache ou bande verticale noire qui se voit dans la plupart des Apogons; sa couleur paraît avoir été blanchâtre, avec huit bandes longitudinales noirâtres qui se rendent depuis la région de l'anale jusqu'à la tache noire de la queue. Il est aussi un peu plus grand que les Apogons connus et son museau un peu moins court. La mâchoire supérieure a trois grandes dents pointues de chaque côté, et il y en a quatre de chaque côté de l'inférieure. Les écailles sont assez lisses et la caudale est échancrée en croissant. L'espèce a été observée par Commerson, sur les côtes de l'île de France, au mois de janvier. Sa chair n'est pas mauvaise. Ce poisson est assez rare, dit-il. En effet, aucun voyageur ne l'a rapporté depuis. Une espèce qui doit ressembler beaucoup à la précédente, et qui cependant est différente, est le *Perca lineata* de Forskal (*Perca arabica*, Cuv. Gmel.; Centropome arabique, Lacép.). Ce poisson a les mêmes dents, les mêmes opercules, les mêmes écailles tombant facilement, les mêmes nombres de rayons; mais le nombre des lignes noirâtres de chaque côté est de quatorze à seize ou dix-sept. Le bord argenté est teint de rose dans plusieurs de leurs intervalles. Elles s'arrêtent au milieu de l'espace qui est entre la dorsale et l'anale, d'une part, et la caudale de l'autre. Sur la base de la caudale est une large bande verticale verte, changeant en vert ou en doré. Au milieu de cette bande est une tache ronde et noire. Le bord antérieur de la première dorsale est noir. Ce poisson a été observé par Forskal dans la mer Rouge. On l'y nomme en arabe Djesauvi. M. Ehremberg l'a aussi entendu appeler Tabah par les Arabes de Lohaia. Enfin la troisième espèce est le CHÉILODIPTÈRE A CINQ RAIES (*Cheilodipterus quinquelineatus*, Cuv. Val.). Les formes sont les mêmes qu'à l'espèce de Commerson, son œil aussi grand, les écailles autant et plus larges, ses canines sont moins saillantes à proportion. Il a en outre cinq raies noires de chaque côté du corps : une impaire le long de la ligne du dos, en avant et en arrière des dorsales ; une qui va du sourcil au bord supérieur de la caudale ; une venant du bout du museau, interrompue par l'œil et finissant au milieu de la base de la caudale ; une venant de dessous l'œil, passant par la base de la pectorale et finissant au bord inférieur de la caudale ; enfin une qui vient de la mâchoire inférieure et finit en arrière de l'anale.

(ALPH. G.)

CHEIROGALE, *Cheirogaleus*. (MAM.) Ce petit genre, appartenant à la famille des Quadrumanes lémuriens, est placé le dernier de tous. Il ne comprend que trois espèces, le Cheirogale grand, le moyen et le petit qui sont de Madagascar.

(GERV.)

CHEIROMYS. (MAM.) Ce mot, que l'on écrit aussi *Chiromys*, a pour synonyme le mot *Daubentonia*. Il sert à indiquer en latin le genre Aye-aye, dont nous avons parlé à la page 349 du premier volume.

(GERV.)

CHEIROPTÈRES. (MAM.) Cette dénomination, que M. Duméril remplace par celle de Chiroptères, signifie proprement *mains changées en ailes*. M. G. Cuvier s'en est servi, d'après Blumenbac, pour indiquer une famille de mammifères carnassiers qui ont un repli de la peau étendu entre les membres et les doigts des extrémités antérieures, mais qui n'ont pas tous pour caractère d'avoir, comme leur nom semblerait l'indiquer, les mains modifiées en manière d'ailes ; c'est même ce qui les a fait répartir en deux grands genres ou tribus, qui sont :

La première, celle des *Galéopithèques*, appelés aussi *Pleuroptères* ou *Chats volans*, qui ont les doigts des mains égaux à ceux des pieds et tous munis d'ongles. Leur membrane est poilue et ne produit l'effet que d'un simple parachute. Ces animaux ne composent qu'un seul genre, celui des GALÉOPITHÈQUES. *Voy.* ce mot.

La deuxième tribu comprend les espèces connues vulgairement sous le nom de *Chauve-souris* et auxquelles il serait peut-être plus convenable de laisser en propre, comme l'ont fait MM. Temminck et de Blainville, le nom de *Chéiroptères*, puisqu'elles ont seules pour caractères d'avoir les doigts des extrémités antérieures tous allongés et privés d'ongles (excepté le pouce qui est libre et très-court) et réunis, ainsi que les espaces latéraux et interfémoraux, par une membrane mince, dénudée, formant de véritables ailes. Les espèces de cette tribu sont fort nombreuses : aussi a-t-on dû les partager en plusieurs genres que nous étudierons au mot CHAUVE-SOURIS.

(GERV.)

CHELA. (POISS.) Ce sous-genre, établi par Buchanan, l'Able est à celui de, ce que le Barbeau est au Cyprin proprement dit. Il se compose de véritables Ables, à dorsale et anale courtes. La dorsale répond sur le commencement de l'anale, et dans plusieurs des espèces, le corps est comprimé comme dans certains Clupes ; tel est le Rasoir (*Cyprinus cultratus*, Linné), Bloch, 37, remarquable encore par sa mâchoire inférieure qui remonte en avant de la supérieure, et par ses grandes pectorales taillées en faux. (ALPH. G.)

CHÉLIDOINE, *Chelidonium*. (BOT. PHAN.) Que dire de ce genre de la famille des Papavéracées et de la Polyandrie monogynie, dont les plantes, toutes vivaces, laissent fluer un suc jaune très-âcre et corrosif lorsqu'on blesse une de leurs parties, exhalent une odeur fétide lorsqu'on les froisse, sont rejetées par les bestiaux, et que le cultivateur trouve à peine bonnes pour augmenter la masse des fumiers lorsqu'elles sont en fleurs ? La médecine s'en sert, il est vrai, mais leur emploi est dangereux, je devrais même ajouter qu'il est inutile, puisqu'on peut les remplacer très-aisément. Il faut en reléguer l'usage à l'art vétérinaire et plaindre ceux qui remettent la guérison de leurs maux à des empiriques recourant aux Chélidoines. Quelques jardiniers les recherchent comme plantes d'ornement, et c'est, selon moi, pousser la complaisance au-delà du terme. Je n'aime pas plus la CHÉLIDOINE COMMUNE, *C. majus*, que l'on trouve partout à l'ombre des vieux murs, dans les lieux humides, avec ses fleurs jaunes disposées en manière d'ombelle terminale, ainsi qu'on peut le voir dans notre Atlas, pl. 98, fig. 1, que la CHÉLIDOINE A FEUILLES DE CHÊNE, *C. laciniatum*, long-temps regardée comme simple variété, malgré les cinq lobes étroits de ses feuilles divisées en lanières aiguës, et malgré ses pétales qui sont découpés, quand ils sont grands et entiers, dans l'espèce commune. (T. D. B.)

CHELMON. (POISS.) Genre formé par Cuvier aux dépens des Chétodons, et qui n'est conservé que comme sous-genre par cet auteur.

(ALPH. G.)

CHÉLODINE. (REPT.) Nom donné récemment à un genre d'Emydes. *Voy.* EMYDE. (T. C.)

CHÉLONÉE, *Chelonia*. (REPT.) On donne ce nom, dérivé du mot grec *chelone*, aux Tortues de mer qu'Aristoteles désignait par les mots *Chelone thalattios*, Tortues marines ; on les a désignées récemment sous le nom de Thalassites. Elles se distinguent des autres Tortues par leur conformation, leur structure et, par suite, par leurs habitudes. Leur carapace est cordiforme, plus évasée et arrondie en avant, terminée en pointe et dentelée en arrière, peu bombée à son centre, trop étroite pour servir d'abri à la tête qui se replie sur le cou de haut en bas, comme chez les Emydes cryptodères, et pour cacher entièrement les pieds aplatis, étalés en nageoires, qui leur ont valu dans les derniers temps le nom de Tortues *oiacopodes* ou *rémipèdes*. Mais leurs pieds se réfléchissent sur les côtés du plastron de manière à être protégés du moins par la carapace, s'ils ne peuvent rentrer dans l'intérieur de la boîte, comme chez la plupart des autres Tortues. Les pieds offrent encore cette singulière disposition que les antérieurs sont plus longs que les postérieurs, ce qui ne se répète pas dans les reptiles et ne se rencontre guère que chez les Chauve-souris, les Bradypes et les Phoques. Les pieds antérieurs sont constamment tournés dans la pronation, de telle sorte que le bord cubital est dirigé en arrière, tandis que les pieds postérieurs sont au contraire infléchis dans une supination habituelle.

Les doigts sont très-allongés, surtout aux pieds antérieurs, très-inégaux, réunis, comme chez les Phoques et les Cétacés, en une seule pièce par la peau; mais leurs élémens se retrouvent à la longueur proportionnelle, près des pièces qui les constituent, en même nombre que chez les autres Tortues. Les deux doigts antérieurs seulement de chacun des pieds sont armés d'ongles en ergot, et souvent l'un d'eux tombe, ce qui a occasioné quelque diversité dans la description des mêmes espèces par plusieurs auteurs. Le plastron, composé d'un nombre variable de pièces, offre souvent entre elles des espaces cartilagineux plus ou moins flexibles. La tête est couverte de plaques en nombre et en disposition variables, selon les espèces. La bouche, fortement comprimée sur les côtés, est bordée par une lame cornée, tranchante, à limbe flexueux, analogue au bec des oiseaux de proie et des perroquets. Les narines, placées sur le dessous du museau, près son extrémité, sont susceptibles d'être fermées complétement par une valvule membraneuse. On a dit qu'elles se prolongeaient en une tubulure cylindrique, mais l'observation ne confirme pas cette proposition. Le tympan est, comme chez toutes les Tortues, caché par la peau. L'œsophage est garni, à sa surface intérieure, de pointes cartilagineuses aiguës, dirigées vers l'estomac, qui rappellent un peu les dents œsophagiennes des Rachyodontes. Les côtes des Chélonées ne sont pas confondues dans toute leur étendue avec les voisines, elles sont en partie distinctes, mais à leur extrémité excentrique libre, existent des pièces osseuses que l'on s'accorde à considérer comme côtes sternales et qui complètent le cadre qui supporte la carapace. Le bassin des Chélonées est mobile sur la colonne vertébrale.

Les Chélonées vivent habituellement en troupes, mais non en société, dans l'eau des différentes mers tropicales, près des côtes garnies d'algues et de fucus, dont elles font leur principale nourri-

ture et sous lesquelles elles trouvent une retraite assez sûre. Elles ne paraissent pas se pratiquer d'autres demeures que leurs ombrages. Elles s'éloignent peu des endroits qu'elles ont choisis pour domicile; néanmoins, vers l'époque de la reproduction, c'est-à-dire à l'époque variable du printemps, pour les différentes latitudes, on les voit en pélerinage dans des points assez distans des côtes. Quelquefois les vents et les tempêtes les chassent vers des parages étrangers à leurs habitudes, et c'est ainsi qu'à diverses époques on en a signalé près du port de Dieppe, à l'embouchure de la Loire etc.. Partout elles sont obligées de venir de temps à autre, à la surface de l'élément liquide, respirer l'air atmosphérique. C'est à la surface de l'eau qu'elles viennent, à ce qu'il paraît, sommeiller immobiles ou se chauffer aux rayons du soleil. Leur pesanteur spécifique est telle que parfois, soit plénitude des sacs pulmonaires, soit dessiccation de la carapace, elles ne peuvent plus plonger qu'avec une certaine difficulté. Mais généralement elles ne viennent à terre que rarement, et n'y séjournent guère que pour y déposer le produit de leur fécondation.

L'accouplement des Chélonées se fait à la mer. Elles se huchent, comme toutes les Tortues, les unes sur les autres. Le mâle se cramponne avec l'ongle dont le bord antérieur des pieds de devant est armé, au bord antérieur de la carapace de la femelle, et reste ainsi pendant une quinzaine de jours. Lacépède a dit que les Chélonées s'accouplaient face à face; mais c'est erreur et le *cavalage* de ces animaux est aujourd'hui démontré. Après un laps de temps qui n'est pas bien connu, les femelles se traînent à terre, et pendant la nuit vont pratiquer dans le sable, à l'aide de leurs pieds et en se tournant sur elles-mêmes, un trou de plusieurs centimètres de profondeur, dans lequel elles déposent leurs œufs, ayant en général l'instinct de choisir pour cela un endroit inaccessible aux plus hautes marées. La ponte se fait d'une manière continue et, l'acte terminé, la Chélonée remplit le trou de sable et abandonne ses œufs à la chaleur des rayons du soleil. Plinius, trop souvent crédule à l'excès, s'est laissé dire, et a répété dans ses Rapsodies, que les Chélonées échauffaient leurs œufs de leurs regards. C'est un conte à mettre avec celui qui donnait aux mâles la prévenance conjugale d'accompagner les femelles à terre, pour les protéger pendant la ponte. Une imagination poétique peut seule avoir expliqué de la sorte, dans le premier cas, la pose stupide d'une Chélonée non loin de ses œufs, et dans le second les poursuites intéressées d'un mâle en chaleur. Une Chélonée peut ainsi faire plusieurs pontes, sans nouvel accouplement. Les Tortues de mer sont les plus fécondes de la famille; elles peuvent pondre, dit-on, de cent à trois cents œufs; mais communément un même trou en renferme de trente à soixante. Ces œufs ont une forme presque sphéroïdale; l'envelope extérieure est molle, flexible à peu près comme un parchemin; leur volume est à peu près celui d'un œuf d'oie. Le temps de l'incubation solaire des œufs de Chélonée n'est pas précisément connu. On l'estime de quinze à quarante jours, selon les climats et la disposition de la saison. L'on a dit à tort que les femelles venaient déterrer leurs œufs à l'époque de la maturité, pour percer la coque qui les entoure et conduire les petits à la mer. Les petits percent cette coque d'eux-mêmes et se rendent à l'eau directement et par un instinct invincible, que l'on a cherché à expliquer par la sensation particulière que leur fait éprouver l'inspiration de l'air plus humide qui vient ordinairement du côté de la mer. La prodigieuse fécondité des Chélonées trouve alors plusieurs obstacles à la multiplication exorbitante des individus, car plusieurs petits sont, dans leur trajet, la proie des oiseaux rapaces, et en arrivant à l'eau, d'autres deviennent victimes de la voracité des poissons.

Les Chélonées, et surtout certaines espèces d'entre elles, parviennent à une taille assez considérable. On en a vu de sept à huit pieds de longueur et du poids de sept à huit cents livres. Plinius Arianus, et d'autres auteurs anciens, répètent, d'après Néarchos, etc., que sur les bords de la mer Rouge et de la mer des Indes, on trouvait des Tortues de mer assez grandes pour que la carapace pût servir de barque ou de toiture à des cabanes, et Dampier rapporte que l'enfant du capitaine Roch, âgé de neuf à dix ans, allait retrouver, monté dans une écaille de Tortue, son père à bord d'un bâtiment en rade. Il faut avouer, si cette histoire n'est pas un conte, qu'il y a autant à admirer ici le courage et le sang-froid du petit pilote, que la grandeur de la carapace. On tire un assez grand parti des Chélonées, et le profit que l'économie domestique et l'industrie tirent des Tortues de mer et de leurs œufs fait qu'elles sont généralement très-recherchées. Comme elles pullulent dans chaque localité à peu près à la même époque, l'on se rend souvent de très-loin vers les îles sablonneuses situées à l'embouchure des grands fleuves et vers les dunes que les Chélonées fréquentent, et on les chasse de plusieurs manières, suivant les différens pays. En mer, il arrive quelquefois qu'un plongeur se jette à l'eau à quelque distance de la Chélonée qui dort à la surface de l'eau, la saisit par les pieds de derrière, et la tient ainsi basculée jusqu'à ce que l'équipage de l'embarcation vienne l'enlever. D'autres fois on laisse flotter un nœud coulant, dans lequel on cherche à prendre la tête ou les pieds de la Chélonée, que l'on tire ensuite à soi ; mais cette manière de prendre les Tortues de mer n'est pas sans danger. C'est ainsi que l'on rapporte qu'un Indien, esclave à la Martinique, étant seul à pêcher, aperçut une Tortue qui dormait sur l'eau ; il s'en approcha et passa doucement un nœud coulant à la patte de l'animal. Celui-ci se réveilla bientôt et s'enfuit en plongeant, entraînant avec lui le canot auquel la ligne était attachée. Le canot chavira et l'Indien perdit la pagaye qui servait à le diriger, son couteau et les ustensiles que le canot contenait. Habile nageur

et chasseur intrépide, il ne se déconcerta pas et parvint à retourner son canot ; mais le même accident se répéta de nouveau neuf ou dix fois, sans que la Tortue, qui se reposait lorsque l'Indien travaillait à remettre son canot à flot, se lassât assez pour se laisser prendre. Elle traîna ce malheureux pendant un jour et deux nuits, sans qu'il pût détacher ou couper la corde de la ligne. La Tortue se lassa enfin et vint échouer, par bonheur, sur un haut fond, où l'Indien, à demi-mort de fatigue et de besoin, acheva de la tuer. Une manière assez singulière de pêcher les Chélonées à la ligne est, dit-on, d'attacher à une corde un poisson du genre *Echéneis*. Celui-ci va se fixer, au moyen des lames écailleuses qu'il a sur la tête, au plastron de la Chélonée, et y adhère d'autant plus que l'on tire la corde à laquelle il est attaché, et l'on parvient, à l'aide de ce moyen, à amener à portée la Tortue, dont on veut s'emparer. D'autres fois, on pêche la Tortue au harpon à pointe simple et droite, ou *varre*. L'on se rend de nuit et dans le plus grand silence vers les parages fréquentés par les Tortues, ce que l'on reconnaît par la quantité de débris de fucus déchirés qui flottent sur l'eau, et, au moment où l'une d'elles arrive à la surface pour respirer, on lui lance avec force le harpon attaché à une ligne. La pointe se fixe dans la carapace et l'on amène ensuite l'animal avec précaution ; mais cette chasse, assez attrayante à cause de l'adresse et de la subtilité qu'elle exige, n'est pas aussi facile et aussi productive que les autres, aussi est-elle moins employée. L'on tend dans certaines localités des filets le long des côtes où les Tortues montent pour pondre leurs œufs. Ces filets à grandes mailles sont maintenus tendus d'une part par des *flots*, d'autre part par des bouées. Lorsqu'à la nuit les Tortues veulent se diriger vers le rivage, elles s'engagent la tête ou les pieds dans les mailles du filet, et lorsqu'on voit la *fole*, c'est ainsi qu'on l'appelle, caler ou baisser, ce qui indique qu'une Tortue est embarrassée, on va dessus et l'on s'en saisit. Souvent l'on attend que les Tortues aillent à terre pour s'en emparer, et lorsqu'elles sont à une certaine distance de la mer, on les bascule avec la main ou au moyen de leviers, et on les laisse ainsi se débattre sur le dos et chercher à se remettre sur leurs pieds, ce qu'elles ne peuvent faire que très-difficilement. On charge d'une pierre les plus agiles et l'on attend, pour venir les reprendre, un moment favorable. On peut les laisser ainsi plusieurs jours et les conserver vivantes, en les arrosant d'eau de mer de temps en temps. La recherche des œufs est assez facile. Comme la Tortue de mer laisse sur le sable une trace profonde à trois sillons inégaux, formés par le poids du corps et l'impression des pieds, il est facile de suivre sa piste jusqu'à l'endroit où elle s'est arrêtée pour déposer ses œufs. L'on dit que, dans quelques pays, l'on est parvenu à dresser des chiens à distinguer, au moyen de l'odorat, les trous où sont renfermés les œufs des Chélonées. Autrefois la chasse des Chélonées était, à ce qu'il paraît, très-productive ; mais son rapport semble diminuer de jour en jour, et les îles de l'Ascension, du Cap-Vert, du Caïman, de Saint-Vincent et de los Galapayos, ne sont plus autant que jadis fréquentées par les spéculateurs.

On distingue plusieurs espèces de Chélonées; ainsi parmi elles il en est dont la carapace est revêtue d'une écaille divisée en compartimens, et chez les unes ces compartimens sont juxta-posés, telles sont.

1° La Caouanne, *T. cephalo*, improprement nommée *T. caretta* par quelques auteurs, décrite aussi sous les noms de *T. nasicorne*, de *T. à buffet* ou *à bahut*. Sa carapace se compose de quinze écailles plus grandes pour le disque; à la rangée moyenne elles ont une forme hexagonale, aux deux rangées latérales elles constituent des pentagones plus ou moins réguliers; les écailles marginales sont carrées, plus ou moins inclinées et à angle postérieur plus ou moins détaché en feston, au nombre de vingt-cinq; les écailles du disque sont relevées en arrière d'une carène plus ou moins saillante; les pieds antérieurs sont plus longs et plus étroits que dans les autres espèces; sa couleur varie, elle est plus ou moins brune ou roussâtre. La Caouanne se trouve sur les côtes de la Méditerranée et sur celles de l'océan qui baigne l'ancien monde; elle se nourrit de petits mollusques et de crustacés d'un volume peu considérable; sa chair est mauvaise et infectée d'une odeur musquée insupportable; mais sa graisse fournit une huile estimée, précisément à cause de l'odeur infecte qu'elle exhale; on l'emploie dans le calfatage parce qu'on la croit propre à éloigner les Tarets; elle s'emploie aussi volontiers dans l'éclairage. Une tortue peut fournir environ trente pintes d'huile, son écaille est mince et peu employée.

2° La Mydas, connue aussi sous les noms de Tortue franche, Tortue verte, Tortue noire. Ce nom de Mydas emprunté à Nyphus, ainsi que l'observe Schneider, paraît avoir été fabriqué avec le mot *emus*, qu'Aristotélès donnait aux tortues d'eau douce et que son compilateur maladroit a altéré et transporté aux tortues de mer. Cette tortue diffère de la précédente par le nombre des écailles du disque qui n'est que de treize; la rangée du milieu est formée de plaques disposées en hexagones réguliers; sa couleur est verdâtre, diversement mélangée de taches fauves plus ou moins marquées et étendues, ce qui a motivé les noms divers qu'on lui a donnés. A cette tortue se rapportent, soit comme espèces voisines ou comme simples variétés: la Chélonée tachetée, *C. maculosa*, Cuvier, à plaques mitoyennes plus longues du double que larges, fauves, marquées de grandes taches noires; la Chélonée lacrymale, *C. lacrymata*, avec les plaques comme la précédente, la dernière relevée en bosse et des flammes noires en larmes sur le fauve; et la Chélonée vergetée, *C. virgata*, à plaques mitoyennes moins relevées, que par inadvertance, sans doute, on a rapportée aux Chélonées à écailles imbriquées. Nous donnons une figure de cette espèce, pl. 96, fig. 2. La Tortue

cépédienne de Daudin et la Tortue ridée de VanErnest ne paraissent être que des variétés d'âge et de coloration. Ici enfin se rapportent aussi les Chélonées récemment décrites, comme espèces à part, sous les noms de Chélonée a sternum bicaréné, *C. bicarinata* et de Fausse Tortue franche, *C. pseudomydas*.

Cette Chélonée se trouve répandue dans toutes les mers des régions voisines des Tropiques, c'est l'espèce la plus multipliée, c'est elle qui atteint à la plus grande taille et au poids le plus considérables, c'est elle aussi dont la chair et les œufs sont le plus estimés; sa chair et sa graisse ont une couleur verte dont la nature n'est pas bien connue, et qui communique à l'urine de ceux qui en font usage une teinte verte d'émeraude; cet aspect et le goût particulier de la viande de tortue de mer dégoûtent assez volontiers les personnes qui en mangent pour la première fois, mais l'on revient facilement de ce premier mouvement de répugnance, et les gourmands en deviennent assez friands: aussi le commerce lucratif dont elle est devenue l'objet a-t-il engagé quelques spéculateurs à en conserver dans des parcs analogues à ceux où chez nous l'on recueille l'huître comestible. Les Chélonées jouissent, dans bien des pays, d'une grande réputation comme moyen médicamenteux dans les cas de phthisie, de scorbut, de gastroentérites chroniques et d'hépatites, ainsi que dans les affections syphilitiques invétérées; ces idées se sont propagées d'autant mieux chez nous, qu'il n'est pas toujours facile de s'en procurer; mais il n'est pas probable que la chair des tortues de mer ait effectivement les vertus prodigieuses qu'on lui prodigue, et qu'elle soit plus efficace en effet que la viande des grenouilles de nos climats que l'on a aussi préconisée en pareils cas. Sans doute le médecin, qui n'ose avouer au malade qui s'éteint qu'il n'a plus rien de rationnel et de puissant à opposer aux progrès rapides du mal qui mine les sources de la vie, trouve dans cet aliment gélatineux, peu substantiel et d'une digestion facile, sinon un moyen de prolonger les jours de son client, du moins un expédient innocent pour entretenir dans la pensée ces lueurs d'espérance qui bercent l'homme souffrant, et le soutiennent au dessus de la tombe comme Ulysse penché sur l'abîme à la branche du figuier. Ce n'est, il faut croire, qu'un de ces palliatifs ingénieux qui mettent habilement la réputation du médecin à couvert, et détournent heureusement une responsabilité que le moribond désespéré et délirant ne manquerait pas de faire peser sur l'impéritie, et non sur l'impuissance de l'homme de l'art. Les œufs se mangent comme ceux de oiseaux de bassecour; l'huile que l'on extrait du jaune est fort employée dans l'économie domestique, on lui accorde aussi quelques propriétés médicinales. La carapace de la Tortue franche sert aux peuplades belliqueuses pour faire des boucliers, les femmes en font des corbeilles, des berceaux et autres ustensiles de ménage; mais l'écaille est mince et peu estimée.

D'autres Chélonées à carapace revêtue d'écaille divisée en compartimens, ont les pièces de leur cuirasse imbriquées et se recouvrant les unes les autres par une petite portion de leur bord postérieur, comme la CHÉLONÉE CARET OU IMBRIQUÉE (*T. imbricata*), décrite aussi sous les noms de *Tuilée* de *Bec-à-faucon*, et représentée dans notre Atlas pl. 96, fig. 3, plus petite que les espèces précédentes, à museau allongé, les lames cornées, des mâchoires à bords inégaux et disposées en scie ; le disque composé de treize plaques, à bords entiers, peu prolongés dans le jeune âge, plus marqués et irréguliers chez les adultes ; les quatre premières rachidiennes hexagonales, la cinquième pentagonale ; les premières et dernières costales quadrilatères, les intermédiaires pentagonales, lisses à leur surface ; le plastron composé de douze plaques ; les plaques qui revêtent le dessus du crâne diffèrent aussi un peu de la disposition qu'elles affectent chez les tortues précédentes. Le Caret est d'une teinte brune plus ou moins foncée, marbrée de taches irrégulières, rougeâtres, jaunâtres, plus ou moins transparentes. Ce sont les plaques du disque de cette tortue qui fournissent la substance si recherchée, connue dans le commerce sous le nom particulier d'Ecaille. Leur souplesse, leur flexibilité naturelle que l'on sait augmenter encore par la chaleur ou la macération, le degré de solidité et de résistance qu'elles offrent leur demi-transparence, les nuances qu'elles présentent et le poli dont elles sont susceptibles, rendent les écailles du Caret un produit très-précieux dans les arts de nécessité et de luxe ; depuis le simple et grossier hameçon que l'habitant des îles de l'Océanie s'en façonne, jusqu'aux magnifiques incrustations que l'artiste français marie de mille manières plus gracieuses et plus délicates les unes que les autres, il est une foule d'objets d'utilité et d'ornement que l'on emprunte aux écailles de cette Chélonée ; les anciens en tiraient déjà un grand parti, et Plinius nous a conservé le nom de celui qui le premier a imaginé d'employer l'écaille de tortue dans l'ameublement ; c'est devoir de le répéter, c'est au Romain Carvilius Pollio que l'on est redevable de cette invention qui fait déverser sans effort du superflu de l'opulence sur tant de familles nécessiteuses. Une tortue fournit quatre, cinq et quelquefois jusqu'à sept ou huit livres d'écailles. La chair du Caret est jaunâtre et n'est pas estimée ; par une sorte de compensation avec la qualité de son écaille, elle jouit, dit-on, de propriétés malfaisantes, elle dévoie avec douleur, provoque le vomissement et détermine quelquefois une sorte d'urticaire ou une éruption furonculaire ; mais les œufs ne participent pas, à ce qu'il paraît, de ces qualités nuisibles.

On distingue quelques espèces de Caret à cause de légères différences dans la disposition des plaques suscraniennes, telles sont le *faux Caret*, *C. pseudocaretta*, et la Chélonée du Japon, incomplétement décrite par Thunberg.

Enfin, il est des Chélonées dont l'écaille de la carapace est composée d'une seule pièce, sa mol-

lesse a fait donner à ces tortues le nom de Tortues à cuir, *Corindo, Dermochelys*, on leur donne aussi celui de Sphargis ; l'espèce la plus connue est la CHÉLONÉE LUTH, *T. coriacea, lyra*, ou Mercuriale, à laquelle quelques auteurs ont également donné les noms de Tortue couverte, de Rat de mer, de Tortue à clin ; elle est représentée pl. 96, f. 4. Cette tortue atteint sept à huit pieds et plus de largeur ; sa carapace allongée, peu convexe, est relevée par cinq carènes continues, réunies en arrière et surmontées de tubercules plus ou moins saillans. La mâchoire est échancrée vers son extrémité ; elle habite la Méditerranée et se retrouve, mais rarement, sur les côtes occidentales de l'ancien continent. C'est ainsi qu'on en a pris une en 1729 vers l'embouchure de la Loire ; on la trouve aussi, dit-on, sur les côtes d'Amérique. Rondelet a pensé que c'était avec la carapace de cette tortue que les Grecs avaient construit la lyre, et, dans cette croyance, il lui a donné le nom qui rappelle cette attribution ; mais Pausanias donne à entendre que les tortues avec lesquelles on faisait des lyres étaient non des Chélonées, mais bien des Tortues terrestres. Ainsi il, dit *Arcadia*, chap. 54 : « On trouve sur le mont Parthenius des tortues très-propres à faire des lyres », et chap. 23 : « Le bois de chênes de Soron, ainsi que toutes les autres forêts de chênes de l'Arcadie est rempli de tortues d'une très-grande taille dont on ferait des lyres aussi grandes que celles qu'on fait avec les tortues des Indes. » Nous releverons en passant une fable rapportée par Pausanias au sujet des Chélonées. Il dit, *Attica* 44, que Sciron précipitait du haut des roches voisines de Molurida tous les étrangers qu'il rencontrait, et une tortue qui se tenait dans les flots au bas de cet endroit les enlevait. « La mer produit en effet, ajoute-t-il, des tortues qui ne diffèrent de celles de terre que par la grandeur et par la forme des pieds, qui sont faits comme ceux des phoques. » L'on a vu que les Chélonées ne se nourrissaient que de fucus ou tout au plus de petits animaux mollusques ou crustacés, l'organisation des tortues de mer et l'examen de leur canal digestif surtout rendent la légende de Pausanias tout-à-fait apocryphe. L'on a décrit comme espèce distincte du Luth une tortue à cuir dont les carènes sont garnies de tubercules plus marqués, sous le nom de Chélonée tuberculeuse, *C. tuberculata* ; une autre est indiquée sous celui de Chélonée atlantique, *C. atlantica*. Il existait dans les mondes précédens des tortues du groupe des Chélonées ou Thalassites, on en a retrouvé des restes dans les couches marines de la montagne Saint-Pierre de Maëstricht et dans quelques autres points des contrées occidentales de l'Europe ; on en a même décrit plusieurs fragmens comme ayant appartenu à des espèces particulières, telles sont entre autres la tortue trouvée dans les ardoises de la montagne de Plattenberg près Glaris, la *Testudo antiqua* de Brown, la *Chelonia radiata* de Fischer, la *Chelonée Duluc* ; mais ces restes sont trop peu complets pour pouvoir asseoir encore des déterminations précises,

tout

tout ce que l'on peut dire jusqu'ici d'après le peu des écailles de la carapace que l'on a, c'est que ces tortues marines se rapprochent plus de la Chélonée caret que des autres espèces.

CHÉLONIENS. (REPT.) Ce nom, dérivé du mot grec *Chelonè* qui s'appliquait aux tortues de terre et de mer, est maintenant employé pour désigner la famille entière des Tortues. La forme hémisphérique de leur corps enveloppé partout d'une cuirasse au dedans de laquelle ces animaux peuvent abriter plus ou moins leur tête et leurs extrémités, et leur mode de reproduction ovipare, avaient déjà frappé les anciens zoologistes, qui avaient nettement caractérisé ces animaux. L'examen plus approfondi de leur organisation n'a fait que confirmer les premiers aperçus, aussi de tout temps ces reptiles ont-ils été assez bien définis, groupés, et, comme tant d'autres, leur classification n'a pas été le sujet de discussions interminables.

Les Chéloniens sont encore définis aujourd'hui des reptiles à corps court, globuleux, revêtus d'une enveloppe plus ou moins solide, formant pour le tronc une sorte de test, d'où leur est venu chez les Latins le nom de *Testudo* et chez les modernes ceux de *Reptilia cataphracta*, *fornicata*, ou à cuirasse plus ou moins immobile ou inflexible, au dedans ou sous laquelle la tête et les extrémités peuvent être rétractées en tout ou en partie, et se reproduisant par des œufs d'où les petits sortent complets, indépendans et respirant l'air atmosphérique, sans être sujets à métamorphose, et n'éprouvant d'autres modifications qu'un accroissement de volume et de poids.

La tête des Tortues est pyramidale, obtuse, à museau plus ou moins mousse, à narines situées sur le côté supérieur, ordinairement fermées par une sorte de valvule membraneuse, légèrement prolongées en trompe tubuleuse dans quelques genres; à bouche transversale, non dilatable, ordinairement dépourvue de lèvres; à mâchoires fortes et robustes, garnies sur leur bord de lames cornées, tranchantes, se croisant mutuellement en ciseaux, quelquefois échancrées ou dentelées, ou munies d'une simple dentelure, sans apparence ou vestige de véritables dents; à langue molle, déprimée, revêtue de papilles nombreuses, vermiculaires, disposées comme les circonvolutions de la partie supérieure des hémisphères cérébraux des animaux compliqués, non extensible et adhérente à la paroi inférieure de la bouche (hédréoglosse), souvent garnie à sa base d'un repli membraneux qui remplit sans doute les fonctions du voile du palais des autres animaux, dont les Tortues sont dépourvues; les yeux munis de deux paupières à peu près égales et d'une membrane clignotante, à pupille circulaire, parfois festonnée à son bord libre; à tympan caché sous la peau. Le crâne est couvert, dans quelques groupes, de plaques polygones à disposition régulière dont l'examen s'emploie utilement dans la distinction des espèces. Le cou, de longueur variable, est enveloppé d'une peau lâche qui se replie sur elle-même en manière de prépuce, et

comme le cou des condors et des vautours. Le tronc hémisphérique, plus ou moins bombé ou déprimé, comprimé latéralement dans quelques genres, est constitué par une cuirasse dont le côté supérieur, plus grand, convexe, à contour ovalaire ou cordiforme, selon les groupes, et plus ou moins solide, porte le nom de carapace. Le côté inférieur, rhomboïdal, plat, plus ou moins étendu, se désigne par le nom de plastron. Ordinairement il est légèrement échancré sur les côtés antérieurement et postérieurement, pour laisser un libre passage aux extrémités qui sortent et rentrent au gré de l'animal. Les extrémités antérieure et postérieure sont aussi légèrement échancrées pour les mouvemens de la tête et de la queue. Quelquefois le plastron des Tortues offre à son centre une dépression ou concavité que l'on croit propre aux mâles et destinée à dissimuler la convexité de la carapace des femelles dans l'accouplement. La cuirasse des Tortues est, dans quelques cas, revêtue d'une couche cornée, molle ou solide, d'une seule pièce; d'autres fois elle est divisée en compartimens polygones, en nombre et en disposition fixes, et propres à servir de caractères pour la détermination des espèces. Celles qui sont au centre de la carapace sont toujours plus grandes que les autres, et à peu près de même taille entre elles. Elles constituent le disque. Celles qui correspondent à la colonne vertébrale se nomment rachidiennes; les latérales, pleuréales ou costales, parce qu'elles répondent aux côtes. Elles sont au nombre variable de quinze ou de treize, selon que les séries latérales sont de cinq ou de quatre plaques. Leur forme varie; souvent hexagonales, les latérales sont quelquefois pentagonales ou quadrilatères. Les plaques du bord se nomment marginales. On les distingue, selon leur position, par les noms de nuchales, cervicales ou collaires, brachiales, pectorales, abdominales, fémorales, caudales. Elles sont au nombre de vingt-quatre ou de vingt-cinq, selon que la nuchale manque ou ne manque pas, selon que la caudale est simple ou double. Leur forme est ordinairement quadrilatère, plus petites en avant, plus grandes en arrière, les dernières inclinées du côté de la queue et sortant du rang par un de leur angles. La surface de ces écailles est quelquefois lisse, le plus souvent elle est chagrinée au centre, sillonnée en carré à sa circonférence. Le nombre des sillons indique d'une manière approximative, dit-on, l'âge de l'individu. Parfois les écailles sont planes, d'autres fois légèrement bombées à leur centre, d'autrefois elles se relèvent en pyramides plus ou moins saillantes. Ces saillies se retrouvent en vestiges, et marquées par l'angle de réunion des sillons ci-dessus, sur les écailles marginales, ainsi que sur les plaques du plastron, toujours planes, mais en nombre variable, douze ou treize au plus selon les genres, disposées symétriquement par paires comme celles de la carapace. On leur donne, comme aux marginales de la carapace, des noms tirés de leur position. Les points par lesquels le plastron s'unit à la carapace prennent le nom d'ailes; les plaques qui les recouvrent s'appellent, selon le lieu qu'elles occupent, axillaires ou inguinales.

Les pieds sont toujours au nombre de quatre, disposés différemment selon les groupes. Dans certaines Tortues, ils sont aplatis en rames et propres seulement, comme les nageoires des Cétacés, à la natation, ce qui a fait désigner ces Tortues sous les noms de Rémipèdes ou Oiacopodes. D'autres ont les pieds cylindriques, terminés par un pied court tantôt aplati, à doigts séparés par des replis de la peau, analogues à ceux que l'on voit aux pieds des oies et des canards. On les désigne sous le nom de Tortues palmipèdes ou stéganopodes, et plus exactement stognopodes. Tantôt enfin ce pied est cylindrique, terminé par des doigts réunis en moignon, ce sont les Tortues à pieds marcheurs, solipèdes ou tylopodes. Les doigts sont ordinairement au nombre de cinq à tous les pieds, mais ils ne sont pas chez tous les Chéloniens marqués à l'extérieur par un nombre égal d'ongles, d'où sont venus les noms donnés à certaines Tortues de Trionyx, Tétraonyx, Pentonyx et Homopodes, ou plus régulièrement homonyx. Les pieds peuvent se retirer, chez un grand nombre de Chéloniens, en dedans de la cuirasse. L'on nomme alors les Tortues Cryptopodes, ou à pieds cachés, rétractiles. Chez d'autres les pieds ne peuvent rentrer tout-à-fait en dedans de la cuirasse, et se replient seulement au dessous d'elle. Ce sont ces Tortues que l'on désigne par le nom de Gymnopodes ou à pieds découverts non rétractiles. Les pieds sont ordinairement couverts d'écailles ovalaires, imbriquées, plus ou moins développées en ergots à leur sommet. La disposition des pieds des Tortues commande pour ainsi dire leurs habitudes et leur mode de progression. Celles à pieds en rame vivent dans la mer d'où elles sortent rarement, leurs pieds étant très-peu disposés pour la marche; ce sont les Chéloniens thalassites ou marins, Eretmo ou Halychelones de quelques auteurs. Celles qui ont des pieds palmés vivent dans les eaux douces, mais au moins peuvent marcher assez bien sur terre. Aristotèle les appelait Emus, d'où l'on a fait le nom d'Emyde. On leur a donné le nom de Phyllopodes ou Chélichelones, et selon qu'elles habitent les fleuves ou les étangs, on les a désignées sous les noms de Fluviales ou Potamites et de Stagnales ou Paludines, Elodites. Enfin les Tortues dont les pieds sont terminés en moignons et qui se portent sur leurs ongles, sont les mieux disposées de la famille pour la marche; mais leurs mouvemens, gênés par des causes qui seront exposées plus loin, sont d'une lenteur passée en proverbe depuis long-temps. Ces Tortues sont condamnées à vivre à terre et s'éloignent peu des endroits qu'elles ont choisis pour patrie. On les nomme Chéloniens terrestres, ou Chersites Podo, ou Chersochelones.

La queue des Chéloniens est ronde, conique, plus ou moins courte; elle dépasse à peine la carapace; dans la plupart des espèces elle n'atteint jamais au-delà de la moitié de la longueur du corps. L'animal la porte droite, traînante. Lorsqu'elle est longue il la reploie sur un des côtés de la carapace. La queue est couverte d'écailles à peu près semblables à celles du corps, communément plus petites. Celle du sommet forme une sorte de dé à coudre, simple ou divisé en deux pièces, quelquefois disposé en sorte d'ergot. Chez quelques Tortues le côté supérieur de la queue est garni d'écailles plus grandes que les autres, marquées d'une forte carène. Chez d'autres on trouve sous la queue des écailles allongées transversalement, disposées à peu près comme les lamelles caudales des couleuvres.

L'ouverture du cloaque est disposée en fente longitudinale, à lèvres renflées, marquées de plis nombreux. Cette cavité offre une sorte de vestibule, lequel conduit à deux poches séparées par une cloison musculo membraneuse, dont la supérieure reçoit l'orifice du rectum et l'inférieure, correspondante au plastron, donne issue aux canaux génitaux et urinaires.

La charpente osseuse des Chéloniens offre plusieurs particularités remarquables. La tête est très-développée en hauteur, et cette dimension l'emporte généralement sur les autres diamètres; mais la plus grande partie des pièces fortes et solides qui la composent sont destinées à la face et surtout aux mâchoires qui offrent chez les Chéloniens une force et une solidité que l'on ne retrouve guère chez les autres reptiles. Les deux côtés de la mandibule ou mâchoire inférieure se soudent intimement de bonne heure, et ne permettent pas de diastase ou de dilatation de la bouche, comme cela s'observe plus ou moins chez d'autres reptiles. La tête des Tortues est articulée avec les vertèbres par un seul condyle divisé en deux, comme chez les Lézards. Celui des Tortues de mer présente trois facettes articulaires; cette articulation n'est guère susceptible de mouvement particulier. Les vertèbres du cou, ordinairement au nombre de huit, sont plus ou moins allongées et susceptibles de mouvemens différens selon les espèces. Les muscles qui les meuvent ont beaucoup d'analogie avec ceux du cou des oiseaux. Tantôt les mouvemens les plus étendus ont lieu de haut en bas, et cette partie de la colonne vertébrale se replie sur elle-même en S, comme chez les Cryptodères; d'autres fois elle s'infléchit latéralement, et les autres mouvemens sont peu étendus, comme chez les Pleurodères (de *déiré* cou, *pleuron* côte, *cruptein* cacher.) Cette disposition du cou se fait remarquer même dans l'œuf, et les fœtus ont déjà le cou réfléchi, comme ils l'auront par la suite. Les vertèbres du dos sont au nombre de huit, confondues et soudées entre elles d'une manière immobile, soudées également avec les côtes et avec des pièces osseuses particulières qui constituent le centre de la carapace. Ces pièces semblent le résultat de la confusion des apophyses transverses des vertèbres dorsales. Au nombre de huit comme ces vertèbres, elles s'épanouissent en plaques polygones, articulées entre elles par des sutures dentelées ou par synarthrose, empiétant sur la vertèbre voisine et sur l'origine des côtes, et concourant avec elles à la formation d'une voûte analogue à celle du crâne sous quelques rapports. Cette carapace osseuse est ordinairement immobile, néanmoins il est des espèces où le bassin étant mobile, les pièces qui y correspondent l'accompagnent dans ses mouvemens. Les vertèbres pelviennes ou sacrées sont ordinairement au nombre de trois, confondues entre elles comme les précédentes, et le plus souvent confondues avec les vertèbres dorsales et avec la carapace. Cependant il est quelques espèces où elles présentent un léger degré de mobilité sur la colonne dorsale. Ce sont ces Tortues auxquelles on a donné le nom de Cynixis (de *cynein*, mouvoir, et *ixus* les lombes). Les vertèbres de la queue sont mobiles entre elles et sur le bassin, comme celles du cou; leur nombre est de vingt, dans la plupart des cas, cependant quelques exceptions s'offrent chez certaines espèces à cet égard; parfois elles sont plus ou moins soudées entre elles.

Les côtes des Chéloniens sont articulées ouplutôt confondues par leur extrémité rachidienne avec le corps de la vertèbre et la plaque rachidienne de la carapace. Leur cou est libre, mais à partir de l'angle et de la facette qui, chez les autres animaux, s'articule avec l'apophyse transverse de la vertèbre, elles s'épanouissent et se confondent entre elles, et les pièces rachidiennes de la carapace se pénétrent mutuellement comme elles par des dentelures réciproques, quelquefois dans toute leur étendue, quelquefois à leurs deux tiers internes seulement. Dans tous les cas, des pièces osseuses étroites, allongées, aplaties, articulées entre elles par un mode analogue à celui des autres pièces de la carapace, viennent encadrer la partie supérieure du bouclier en s'articulant aux extrémités des côtes et au bord des plaques osseuses vertébrales. Les pièces latérales de ce cadre reçoivent les pièces plus ou moins élargies par lesquelles le plastron s'étend sur les côtés et deviennent ainsi le moyen d'union des deux battans de la cuirasse. Leur nombre est de vingt-cinq à vingt-six, comme les plaques écailleuses qui les recouvrent. Elles prennent ordinairement les noms particuliers de ces dernières. On les a regardées comme les analogues des côtes sternales; mais, excepté les latérales, elles n'ont ni leurs rapports ni leurs connexions, et leur nombre et leur disposition détruisent ce rapprochement ingénieux.

Le sternum est composé de neuf ou dix pièces disposées symétriquement par paires. Leur grandeur et leur forme varient selon les espèces; la forme générale de leur ensemble est aussi sujette à varier, rhomboïdale dans quelques Tortues, ellipsoïde dans d'autres, terminée en pointe chez les unes, échancrée en avant et en arrière chez les autres. Les pièces qui forment le sternum constituent dans certains cas un tout osseux. D'autres fois c'est un cadre dont la partie intérieure est seulement complétée par des cartilages au milieu desquels s'avancent des ramifiations osseuses, assez

semblables à des cornes d'élan pour que ces parties, retrouvées à l'état fossile, aient été prises autrefois pour les bois de ces animaux. Dans le plus grand nombre des cas, les pièces du sternum sont immobiles les unes sur les autres, comme chez la plupart des Tortues de terre; mais quelquefois la partie postérieure est susceptible d'un léger mouvement qui permet sans doute à l'abdomen de se distendre lorsqu'il s'amplifie par le développement du produit de la fécondation. Chez quelques unes, la partie antérieure offre, comme la postérieure, une charnière cartilagineuse transversale, qui lui permet un léger mouvement d'élévation et d'abaissement, la partie moyenne restant seule fixe et immobile; tandis que, chez d'autres, il n'y a entre la partie antérieure et la postérieure qu'une charnière sur laquelle elles se meuvent toutes deux.

Le mode d'union du plastron à la carapace varie aussi selon les espèces; tantôt c'est par des pièces osseuses à surfaces assez larges que cette union a lieu, tantôt au contraire elles sont très-étroites, d'autres fois même ce sont de simples fibres cartilagineuses.

Les os de l'épaule et du bassin offrent cette disposition toute spéciale chez les Chéloniens, qu'ils sont situés en dedans des côtes, ce qui ne se retrouve chez aucune autre famille d'animaux.

L'omoplate est attachée par son extrémité vertébrale à la partie interne de la carapace; l'extrémité interne de la clavicule s'insère solidement au plastron. Elle est large et évasée, comme celle des oiseaux, tandis que l'omoplate est grêle et allongée. Une troisième pièce, également allongée et étroite, se porte en bas et en arrière, et représente ici la pièce que l'on a considérée comme l'acromion ou comme l'os coracoïde des oiseaux; son extrémité postérieure est libre, l'antérieure se confond dans la cavité glénoïde avec les deux autres pièces.

L'humérus est court, fortement contourné sur lui-même; les deux os de l'avant-bras sont immobiles l'un sur l'autre, et fixés dans la pronation. Les os du carpe sont en nombre variable selon les espèces, disposés d'une manière toute particulière. Les phalanges sont au nombre de trois pour le premier et le cinquième doigt, et de quatre pour les trois intermédiaires, mais la longueur de la phalange unguéale surtout varie chez les espèces, selon qu'elle se prononce au dehors ou qu'elle reste cachée sous la peau. Le bassin est articulé sur les vertèbres, tantôt d'une manière solide, tantôt flexible et mobile. L'ischion, comme le pubis, est dirigé en avant et forme avec celui du côté opposé une arcade qui laisse entre elle et celle que forment les pubis, deux espaces ovalaires qui représentent les trous sous-pubiens. L'on n'observe pas chez les Chéloniens de vestiges marqués de l'os cloacal. Les cavités cotyloïdes sont très-écartées l'une de l'autre, ce qui fait que les mouvemens du membre postérieur sont gauches et malaisés. Le fémur, comme l'humérus, est court et fortement contourné sur lui-même; les autres parties des membres postérieurs ne diffèrent guère de celles des pieds antérieurs que par les proportions ; il est à remarquer toutefois que les membres pelviens sont fixés et se meuvent dans le sens d'une supination forcée.

Le système nerveux des Chéloniens est en général peu développé à proportion du volume du corps ; le cerveau ne répond pas, il s'en faut, à la grandeur de la tête osseuse, sa composition est à peu près la même que chez la plupart des reptiles, sauf les proportions des diverses parties qui le constituent ; les nerfs offrent chez les Chéloniens quelques particularités de détails pour lesquelles nous sommes obligés de renvoyer le lecteur aux ouvrages spéciaux, nous dirons seulement ici que la disposition du nerf grand sympathique, ainsi que des nerfs spinaux et cérébraux, se rapproche beaucoup de celle des oiseaux.

L'organisation des tégumens des Chéloniens, la disposition de leurs doigts, de leurs lèvres et de leur museau ne sont guère propres à leur fournir des idées exactes sur la forme, la dimension, la consistance et la température des corps ; la langue, il est vrai, est mieux disposée pour leur donner la conscience de leur saveur. Les organes de l'odorat et de l'ouïe sont plus favorablement disposés encore ; mais l'œil, assez bien conformé du reste, est placé peu avantageusement pour une exploration facile, aussi l'intelligence de ces animaux est-elle très-bornée et se réduit-elle à la recherche de la nourriture, au rapprochement stupide des sexes ; au-delà, leur sagacité ne va qu'à creuser un trou au moyen de leur tête et de leurs pieds de devant pour se retirer pendant l'hivernation, et à creuser une fosse pour déposer leurs œufs. Leurs mouvemens sont si lents qu'ils sont devenus le type de la paresse et de la lourdeur ; ils cherchent tout au plus à mordre lorsqu'on les tourmente ou qu'un ennemi les attaque. Heureusement leur cuirasse leur fournit une compensation heureuse à leur idiotisme en leur offrant une retraite sûre dans le danger, et toujours à portée de les recevoir dans l'occasion. On a dit que les Chéloniens quittaient quelquefois leurs carapaces, mais c'est une erreur dont le temps a fait justice, les plaques écailleuses seules se renouvellent comme l'épiderme des lézards et des serpens.

Les Chéloniens avalent leur nourriture sans la mâcher et en la divisant seulement avec leurs mâchoires cornées, ils analysent à peine sa saveur au moyen des papilles de la langue ; quelques espèces, douées de lèvres molles, paraissent pourtant la goûter davantage, et l'on voit chez quelques unes les côtés de la bouche garnis de barbillons courts et membraneux que l'on présume être des organes auxiliaires de gustation. La nourriture des Chéloniens consiste, pour la plupart, en matières végétales molles et herbacées, quelques unes se nourrissent de petits animaux mollusques ou crustacés. L'œsophage est dans quelques espèces hérissé à son intérieur d'épines cartilagineuses destinées à empêcher le retour des matières alimentaires dans la bouche lorsque l'estomac se contracte sur elles ;

le canal intestinal des Chéloniens offre peu de particularités bien saillantes ; l'estomac est peu distinct de l'intestin grêle, et le gros intestin sans bosselure n'en est séparé que par une légère valvule ; il se termine après un trajet assez court dans la chambre postérieure du cloaque. Les crottins des Chéloniens sont globuleux, légèrement atténués à leurs extrémités.

Les Chéloniens peuvent suspendre impunément pendant un temps assez long leur alimentation, annuellement cette fonction se supprime pendant plusieurs mois et pendant toute la durée de l'hivernation.

Le système lymphatique des Chéloniens est très-développé, surtout à la périphérie du corps ; mais ici l'on ne peut supposer que cette particularité ait pour but l'absorption de l'air mêlé à l'eau lorsque l'animal est plongé dans ce liquide, ou de suppléer à la suspension d'action des poumons pendant l'ivernation, puisque les Chéloniens sont presque partout enveloppés de tégumens qui permettent peu une absorption de quelque nature qu'elle puisse être. Au reste, les vaisseaux lymphatiques des parties postérieures et moyennes du corps se réunissent en une citerne abdominale assez vaste qui entoure l'aorte à peu près comme les sinus caverneux de la selle turcique du sphénoïde entourent l'artère carotide, et en deux troncs thoraciques, un droit et un gauche, qui vont s'ouvrir, après avoir reçu près de leur embouchure les lymphatiques des parties antérieures, dans les veines sous-clavières, par un orifice linéaire dont le tendon n'est pas en rapport avec la capacité des vaisseaux qu'il termine. Ces orifices sont chez les Chéloniens les seules communications que l'on ait observées entre les lymphatiques et les veines.

Le cœur des Chéloniens est presque sphéroïdal, plus large que long, formé de deux oreillettes communiquant entre elles par un trou de Botal double, dit-on, dans le jeune âge, simple et persistant dans la suite, et d'un ventricule divisé à l'intérieur en deux parties par une cloison musculeuse soutenue par des colonnes charnues ou faisceaux musculaires attachés à la base du cœur, et disposés de manière à servir de valvule aux deux orifices auriculo-ventriculaires. De ce ventricule commun naissent trois troncs artériels : le premier se bifurque bientôt, et donne une branche qui fournit les carotides communes, etc., et la branche aortique droite que l'on a regardée comme le canal artériel, à cette différence près qu'il ne s'abouche avec l'aorte que dans l'abdomen, et par un canal persistant pendant toute la vie ; le deuxième tronc donne la branche aortique gauche, et le troisième les artères pulmonaires que l'on a regardées à certaine époque comme fournies par l'oreillette droite. Le sang veineux arrive à l'oreillette droite par une veine cave grosse et volumineuse, et la veine pulmonaire s'ouvre par un seul orifice dans l'oreillette gauche. L'on s'accorde à dire que le sang artériel et veineux, malgré la disposition des valvules intérieures des orifices de communication entre les cavités du cœur, éprouve chez les Chéloniens un certain mélange, et qu'il n'est dès lors oxigéné ou plus précisément aéré ou artérialisé qu'en partie lorsqu'il retourne aux extrémités artérielles, mais les recherches de M. Martin Saint-Ange ont montré que ce désordre apparent de la circulation ne se passe pas seulement dans le cœur chez les reptiles, et en particulier chez les tortues ; que chez ces derniers, par exemple, les vaisseaux des reins fournissent un embranchement qui se rend à la partie postérieure du poumon, et partage jusqu'à certain point le rôle des vaisseaux pulmonaires. Les voies de la circulation présentent, selon les espèces, quelques différences de détails qu'il n'est guère possible d'indiquer ici ; c'est à ces diffé·rences surtout qu'ont été dues ces discussions célèbres qui s'élevèrent au sein de notre académie naissante des sciences entre Méry et Duverney, et ces controverses mêlées d'aigreur, dont la proposition de l'unité de composition et la structure des glandes mamellaires des cétacés nous ont à peine retracé la physionomie.

Les Tortues ont un larynx disposé à peu près comme celui de la plupart des reptiles, et une glotte formée de deux lèvres cartilagineuses contiguës par un de leurs côtés. La trachée-artère se divise en deux branches entourées d'anneaux cartilagineux complets, et se prolongeant jusque vers l'extrémité des sacs pulmonaires dans les cellules desquels elles s'ouvrent par des trous latéraux. Le poumon est un sac à deux lobes divisés dans leur intérieur par des cloisons membraneuses qui les partagent en cellules polygones, subdivisées elles-mêmes à plusieurs reprises en cellules ou aréoles de plus en plus petites, et offrant une certaine analogie avec l'aspect de la surface interne d'une portion de l'estomac des ruminans, la caillette. L'air n'arrive dans les poumons des Chéloniens que par l'effet d'une déglutition active bien plus sensible ici que chez les autres reptiles, puisque non-seulement il n'existe pas de diaphragme complet, mais que les parois de la poitrine forment une cavité osseuse plus ou moins immobile et incapable de dilatation ou de resserrement comme chez les autres reptiles. Plusieurs inspirations successives accumulent l'air dans les sacs pulmonaires, et, après un certain séjour, il en est chassé par l'élasticité du tissu pulmonaire qui revient sur lui-même. La respiration des Chéloniens est rare, ce qui est dû à l'ampleur de leurs sacs pulmonaires, et c'est sans doute à cette particularité qu'il faut attribuer la faculté que certaines espèces possèdent d'une manière très-marquée de pouvoir rester plus ou moins long-temps plongées sous l'eau. Les Chéloniens peuvent impunément suspendre leur respiration pendant un temps assez long, et Méry rapporte qu'il a conservé pendant plus de trente jours des Tortues qu'il avait mises dans l'impossibilité absolue de respirer, et ce fait est d'autant plus remarquable, qu'ici, comme chez les Batraciens, on ne peut invoquer l'absorption cutanée pour l'expliquer.

En général les Chéloniens sont muets et ne donnent guère qu'un léger sifflement analogue à celui des couleuvres. Cependant il est quelques espèces qui ont un cri flûté plus marqué. Lafont dit même que la Tortue à cuir que l'on pêcha en 1729 à l'embouchure de la Loire, poussait lorsqu'on lui cassa la tête des hurlemens que l'on aurait pu entendre à un quart de lieue. Aussi Merrem a-t-il donné au groupe dont elle est le type le nom de *Sphargis* (de *Spharagizo*, crier). Néanmoins, il est difficile de concevoir une voix aussi forte chez des animaux où, comme on l'a vu, l'air ne sort du poumon que par la seule élasticité de son tissu.

Les glandes sublinguales et autres salivaires se retrouvent, à quelques modifications près, chez les Chéloniens comme chez les autres reptiles, mais avec cette particularité que le liquide qu'elles fournissent ne jouit en aucune manière de propriétés délétères. Le foie volumineux est divisé en deux lobes entre la racine desquels le cœur se trouve logé. La vésicule du fiel est comme enchâssée dans l'épaisseur de la face concave du lobe droit. La rate, le pancréas existent également avec de légères modifications de forme et de disposition ; il en est de même des reins. La vessie des Chéloniens est susceptible d'une grande dilatation, et se trouve toujours remplie d'une certaine quantité d'urine. Sa cavité est divisée en deux poches latérales, à peu près comme la matrice bicorne de quelques mammifères ; l'on a cru pouvoir expliquer l'abondance de l'urine chez les Chéloniens par l'absence de la perspiration cutanée, impossible à travers des tégumens aussi denses que les leurs ; mais l'on voit que cette fonction, qui ordinairement est en relation inverse avec l'exhalation cutanée, présente la même disposition chez les Batraciens dont la peau nue est constamment le siége d'une évaporation rapide ; il est probable qu'ici, comme chez les Batraciens, l'abondance de la sécrétion de l'urine est en rapport avec un moyen de défense propre à ses animaux ; en effet, comme les Batraciens, les Chéloniens, lorsqu'ils sont tourmentés, projettent leur urine à une certaine distance, cette urine est claire, limpide, à odeur un peu nauséeuse ; à sa suite les Chéloniens, comme les oiseaux, déposent une certaine quantité *de magma* blanc caséeux pour la consistance. Une Tortue de Barbarie, *T. mauritani a*, Mus. Paris, par exemple, donne en une fois deux à trois onces de liquide, et peut-être un gros de substance pultacée. M. Lassaigne, l'un de nos chimistes les plus distingués, a récemment examiné le résidu de l'évaporation de cette excrétion, et a trouvé les résultats suivans :

Résidu. 500	milligrames.
Urée et traces de chlorure.	60
Acide urique.	530
Sels à base de chaux et	
de soude.	110
	500

L'on rencontre aussi chez les Chéloniens des follicules mucipares plus ou moins développés, parfois on en voit sous leurs mâchoires, mais plus communément on en rencontre sous la queue qui se rendent par des canaux courts dans le cloaque, et servent sans doute plus ou moins à la fonction de la génération.

La verge des Chéloniens est simple, longue, cylindrique, renflée à son extrémité qui finit en pointe; un sillon profond règne dans toute l'étendue de son côté supérieur et se termine à son extrémité par un orifice divisé en deux par une papille; il est probable que les bords de ce sillon se rapprochent dans l'acte de l'accouplement et que le sillon forme alors un canal complet; de chaque côté de ce sillon l'on trouve, dans l'épaisseur du tissu des corps caverneux, un canal ouvert dans le péritoine, et qui se termine en *cul-de-sac* près du gland; le clitoris des femelles est long, pyriforme, placé à la partie inférieure du vestibule commun, près de son orifice, sillonné à sa partie supérieure comme la verge du mâle, rentré comme elle hors le temps du rut, dans la portion du cloaque qui reçoit les orifices de la vessie, des uretères et des oviductes; ceux-ci, larges et développés, se terminent par un pavillon peu dilaté, non loin des ovaires; ces derniers sont volumineux, plus ou moins riches en ovules, et ressemblent beaucoup aux mêmes organes chez les oiseaux. L'on doit à M. Martin-Saint-Ange et Isidore Geoffroy-Saint-Hilaire une observation remarquable au sujet des organes génitaux des Chéloniens femelles : les canaux qui, chez les mâles, s'étendent du péritoine dans les corps caverneux où ils se terminent par une extrémité borgne, viennent chez les femelles gagner le côté externe des corps caverneux du clitoris, et s'ouvrir à quelques lignes de la base du gland dans le vestibule du cloaque; cette communication de la cavité du péritoine avec une cavité ouverte à l'extérieur, et cette continuité d'une membrane séreuse avec une muqueuse, ont sans doute quelque but particulier relatif à la fonction de la génération; l'on a aussi pensé que ces canaux servaient à aspirer le liquide qui devait être employé à combattre l'influence d'une température élevée, ou à faciliter l'abaissement de l'animal dans l'eau; mais jusqu'ici c'est en vain que les zoologistes ont cherché à déterminer le genre précis de coopération de ces canaux, et la sagacité des savans est restée en défaut. L'on se borne à rappeler le degré d'analogie qui existe entre eux et les canaux signalés chez les femelles de quelques mammifères par Gærtner, et décrits sous le nom de *vagino-utérins*.

Les mâles des Chéloniens sont en général plus petits que les femelles. Ordinairement solitaires, les sexes se réunissent pour l'accouplement; leur appareillement a lieu au printemps dans les différentes latitudes; ces animaux, ordinairement lents et apathiques en apparence, deviennent à cette époque vifs et agiles, les mâles surtout témoignent une ardeur singulière; ils se livrent entre eux des combats acharnés et cherchent à force de heurtement de la tête à renverser leurs rivaux sur le dos, et à les mettre ainsi dans l'impossibilité de poursuivre leurs femelles, ce qui a pu faire croire à un accouplement par opposition chez les Chéloniens; mais il est certain que les mâles *cavalent*

les femelles et les saillent par derrière ainsi que les anciens naturalistes l'avaient très-bien observé; la fécondation se fait en un seul temps plus ou moins prolongé, et peut, comme chez les oiseaux, fournir pour plusieurs pontes plus ou moins éloignées; après une gestation dont la durée est variable, les femelles donnent des œufs sphéroïdes dont l'enveloppe est quelquefois membraneuse et coriace, tandis que chez d'autres Chéloniens elle reçoit dans la dernière partie de l'oviducte, comme chez les oiseaux, une addition de sels calcaires qui lui donnent une consistance solide. Gmelin, qui a analysé cette écaille des œufs de Chéloniens, a trouvé sur 100 parties :

Carbonate de chaux.	55 4
Phosphate de chaux.	7 3
Magnésie.	une trace
Matière animale soluble dans l'acide muriatique.	10 7
Id. non soluble dans le même acide. . . . . , . . .	26 6

Mais ces œufs diffèrent de ceux des oiseaux en ce que le fœtus est déjà formé lorsque l'œuf se sépare de la mère, aussi ces œufs sont-ils abandonnés à l'incubation solaire dans des trous que la femelle pratique dans le sable ou dans les tas de feuilles sèches; le nombre des œufs varie selon les espèces, leur volume est en général en relation avec celui de l'animal; la durée de l'incubation solaire, qui se termine par une éclosion spontanée, paraît aussi varier selon les espèces, les climats et la température de la saison.

L'accroissement des Tortues paraît assez lent, leur taille est pour ainsi dire limitée dans chaque espèce; la durée de leur vie est assez remarquable pour que les Chéloniens soient devenus pour les Japonais un emblème de longévité. On trouve les Chéloniens répandus dans toutes les régions chaudes; ils ne se dispersent guère au-delà des régions tempérées et on ne les voit pas s'élever à des hauteurs un peu marquées. Comme la plupart des reptiles ils s'engourdissent au moins à l'approche des saisons froides et pluvieuses; comme eux ils supportent assez facilement les pertes de substance et les réparent sans trouble profond de l'économie, on en a vu se mouvoir pendant plusieurs semaines après avoir eu la tête tranchée, et il n'est pas très-rare de voir des membres se reproduire en tout ou en partie chez ces animaux.

L'on observe parfois des monstruosités par excès ou par défaut chez les Chéloniens; mais en général ils sont rares et les exemples les plus remarquables parmi ceux qui sont connus, se bornent à des cas de duplicité de la tête ou des doigts.

La famille des Chéloniens n'offre pas d'animaux malfaisans, beaucoup d'espèces sont pour l'économie domestique et commerciale une ressource précieuse; la médecine emprunte aussi aux Chéloniens quelques secours plus ou moins efficaces, aussi ces reptiles ont-ils été de tout temps recherchés; nulle part l'effroi qui s'attache aux autres reptiles ne s'est étendu jusqu'à eux, et les emblèmes qu'ils ont fournis aux poètes ne comportent pas les idées défavorables empruntées à la plupart des animaux du même ordre.

Les Chéloniens se divisent, d'après la disposition de leurs pieds et leurs habitudes, en Chéloniens marins rémipèdes ou *Chélonées*, en Chéloniens aquatiques palmipèdes ou *Émydes*, et en Chéloniens solipèdes ou terrestres qui sont les *Tortues* proprement dites. *Voyez* ces mots.

(T. C.)

CHÉLONURE. (REPT.) Nom donné dans les temps modernes à un genre d'EMYDE. *Voyez* ce mot. (TH. C.)

CHÉLYDE. (REPT.) Mot dérivé du grec *chelus*, qui était le nom de la Tortue dont la carapace servait à fabriquer la lyre. Le nom de Chélyde a été donné dans les temps modernes à un genre d'EMYDE. *Voy.* ce mot. (TH. C.)

CHÉLYDRE. (REPT.) Nom qu'il ne faut pas confondre avec celui de Chélyde, avec lequel il a beaucoup de consonnance, appliqué par le Scholiaste de Lycophron à un serpent aquatique; donné par Nicander à une tortue d'eau douce, et imposé arbitrairement par Wagler à un genre d'Émyde; la confusion à laquelle ce mot pourrait donner lieu par sa composition et par la diversité de son application, doit le faire rayer du vocabulaire de l'erpétologie. (TH. C.)

CHÊNE, *Quercus.* (BOT. PHAN.) Orgueil de nos grandes forêts, emblème de la grandeur, de la force et de la durée, si le Chêne n'est plus aujourd'hui révéré comme il le fut chez nos aïeux, s'il a perdu le don de rendre des oracles comme aux jours de la brillante mythologie grecque, si ses rameaux étendus en large pavillon ne servent plus de sanctuaire aux cérémonies religieuses, de refuge à l'innocence opprimée, de temple à la justice, ses feuilles tressées en couronnes sont encore pour l'austère républicain, pour le citoyen dévoué à la patrie, pour le philanthrope, le trophée de la vertu, la plus noble des récompenses. C'est le seul hochet d'or demeuré sans tache au milieu de ces autres hochets dont l'intrigue, la bassesse, la trahison font parade, et que demain personne n'osera plus ramasser dans la fange qui les réclame. Le choix fait du Chêne par différens peuples anciens et modernes, comme symbole de la liberté, de l'honneur, de la puissance, et comme expression de la reconnaissance publique, ajoute encore à la masse de ses qualités réelles, et le rendra pour jamais cher à tous les cœurs bien nés. C'est l'arbre par excellence, le plus grand, le plus vivace et le plus utile, le plus commun et le plus nécessaire des arbres indigènes à l'Europe et à l'Amérique du nord; à lui seul, il pourrait presque suppléer tous les autres, et dans beaucoup d'usages il ne pourrait être remplacé par aucun. On est en droit de dire qu'il chérit la France puisqu'il l'a toujours habitée, qu'il y offre plus que partout ailleurs des tiges plusieurs fois séculaires et d'une grosseur extraordinaire, des cimes majestueuses élancées à plus de trente-cinq mètres de hauteur. Naguère

encore abattre les Chênes plantés devant une habitation rurale était, principalement dans nos départemens du nord-ouest et de l'ouest, un signe d'infamie : c'était la punition que le peuple infligeait à l'abus du pouvoir, à la félonie, aux crimes que la loi féodale ne permettait pas de frapper.

Le Chêne appartient à la monoécie polyandrie et à la famille des Amentacées; on le trouve dans l'un et l'autre hémisphère, depuis le 60e degré de latitude nord, pas au-delà, jusqu'aux approches de la zone torride. Il est peu de genres dans le règne végétal où les espèces soient aussi nombreuses, et en même temps qui présentent autant d'intérêt à l'agriculture, aux arts, à toutes les branches de l'industrie. On en compte plus de cent quarante; les unes perdent leurs feuilles avant l'hiver, tandis que les autres les gardent jusqu'au printemps, mais desséchées; il en est chez qui elles sont vertes jusqu'à la pousse des nouvelles; toutes les ont alternes, lobées plus ou moins profondément, quelquefois entières ou simplement dentées, munies à la base de deux stipules très-petites, caduques. Certaines d'entre elles montent à une très-grande élévation, quelques unes forment de simples buissons, d'autres, semblables aux végétaux placés près des pôles, osent à peine se montrer au dessus du sol. Les fleurs paraissent à la fin du printemps; les mâles, disposées en châtons longs et grêles, occupent la partie la plus élevée des jeunes rameaux; les femelles sont groupées à l'aisselle des feuilles supérieures, en petit nombre. Plusieurs n'amènent leurs fruits (que l'on appelle *Glands*) à maturité que la seconde année, et alors ils sont attachés au vieux bois au lieu de sortir de l'aisselle des feuilles.

Sans m'arrêter aux nomenclatures adoptées par les uns, modifiées ou rejetées par les autres, je considérerai les espèces du Chêne d'après leurs caractères apparens et l'usage principal auquel elles peuvent être appliquées; je les diviserai en six classes, savoir : 1° les Chênes proprement dits ou forestiers ; 2° les Chênes à fruits mangeables; 3° les Chênes nains; 4° les Chênes verts; 5° les Chênes liéges; 6° et les Chênes aquatiques.

1. *Chênes proprement dits.* Cette classe est à la fois la plus nombreuse et la plus utile. Parmi celles de ses espèces que nous devons distinguer, je citerai le CHÊNE ROUVRE, *Q. robur*, une des bases de nos forêts, et l'espèce qui produit le plus grand nombre de variétés. Ses feuilles tombent après l'hiver, elles sont ovales, oblongues, d'un vert foncé, souvent velues, surtout dans leur premier âge, découpées latéralement en lobes obtus, à dentelures aiguës, presque régulièrement opposées, et portées sur des pétioles plus larges vers le bout. Les glands, assez gros, courts, solitaires, sont assis sur les branches. Son bois est extrêmement dur, élastique, presque incorruptible, et un des plus pesans. Sa croissance est lente, sa vie se prolonge plusieurs siècles, et sa tige, rarement droite, atteint d'ordinaire vingt, vingt-cinq et trente mètres de haut.

Le CHÊNE PÉDONCULÉ, autrefois plus connu sous

le nom de Chêne blanc, *Q. pedonculata*, surpasse le précédent en taille et en beauté. Quoique l'on ait dit le contraire, son bois est tout aussi dur, pas aussi roux, et tout aussi long-temps incorruptible que celui de l'espèce précédente : il est préféré pour la bâtisse, la construction des navires, la menuiserie; c'est lui qui fournit ces belles charpentes que l'on a cru long-temps provenir de CHATAIGNIERS (*v.* ce mot). Le tronc est droit, revêtu d'une écorce lisse, d'un blanc cendré, quand l'arbre est jeune encore ; elle devient avec le temps brune et crevassée: une cime ample couronne la tige qui arrive souvent à quatorze mètres de hauteur avant de donner naissance à aucune ramification, et atteint en grosseur des dimensions vraiment monstrueuses. Les plus beaux individus que je connaisse existent dans les forêts de Fontainebleau, de Compiègne et de Baugé. Puissent-ils être long-temps encore à l'abri de la hache que l'avarice et le besoin de détruire tiennent sans cesse levée sur nos arbres jusqu'ici respectés par la foudre et les autans ! Feuilles en lyre, profondément découpées, très-glabres, un peu glauques en dessous ; glands oblongs, portés par de longs pédoncules et disposés en grappes : voilà les principaux caractères du Chêne pédonculé. On a tellement accusé ce bel arbre d'attirer les orages, que dans beaucoup de localités, principalement dans le département de la Côte-d'Or, on l'a impitoyablement détruit. Les pays ont été punis de ce sacrilége; ils ont perdu la plus certaine de leurs richesses ; le front des coteaux est mis à nu, les vignes qui couvrent les flancs de ces mêmes coteaux sont chaque année dévastées par la grêle, habituellement ravinées par les pluies, et menacées incessamment de ne plus y trouver qu'un tuf imperméable.

Habitant les landes qui s'étendent depuis l'embouchure de la Garonne jusqu'au pied des Pyrénées, le CHÊNE TAUZIN, *Q. tauza*, a la propriété de pouvoir se multiplier de rejetons; s'il est presque partout petit et rabougri, c'est qu'on le coupe trop tôt et qu'il est sans cesse exposé à la voracité des bestiaux. Ses glands sont petits, nombreux, contenus dans une cupule très-peu tuberculeuse. Quand il est placé dans un bon terrain, le Chêne tauzin devient très-beau, son bois se tourmente moins. Il a les feuilles très-profondément divisées, hérissées en dessus et très-fortement velues en dessous. Comme il est très-flexible, dans sa jeunesse on l'emploie à faire d'excellens cercles pour les cuves et les tonneaux : c'est, sans aucun doute, parce qu'on l'aura coupé jeune et mis en œuvre beaucoup trop tôt, qu'il est appelé, dans le département des Landes, *Chêne de malédiction*. On est persuadé que quiconque met la serpe ou la hache sur son bois, ou bien qui vient à dormir dans une maison où il s'en trouve en la charpente, mourra dans le cours de l'année.

Remarquable par la disposition de ses rameaux qui se rapprochent de la tige, comme le font ceux du Cyprès ou du Peuplier d'Italie, le CHÊNE PYRAMIDAL, *Q. fastigiata*, se trouve isolé à la base des Pyrénées et dans les grandes landes du sud-ouest de la France ou bien planté dans le voisinage des habitations, ce qui légitimerait l'idée qu'il n'y est point indigène. Il est originaire du Portugal, selon Correa. Il figure avec avantage au milieu des plantations de nos jardins paysagers. Son bois est dur, son tronc s'élève perpendiculairement et donne une tige superbe. C'est un bel arbre qu'il convient de multiplier en avenues.

Nommons encore le CHÊNE BOURGOGNE, *Q. haliphlœos*, dont les glands, assez gros, se montrent réunis deux ou trois ensemble, et contenus chacun dans une cupule hérissée de filamens velus fort longs : ils restent deux ans sur l'arbre. Les feuilles sont presque en lyre, couvertes de poils blancs en dessous et comme légèrement poudrées en dessus. Cet arbre grand et beau croît dans les montagnes du Jura et est commun en tous nos départemens de l'est. Dans l'Orient, où il abonde aussi, on le recherche pour la bâtisse et pour la marine. Dans le midi il acquiert de la dureté et y est également fort estimé.

Une sixième espèce, que nous avons, il y a très-peu d'années, tirée des hautes montagnes de l'Amérique du nord, où elle arrive promptement à une hauteur de vingt à vingt-cinq mètres, le CHÊNE QUERCITRON, *Q. tinctoria*, doit plus particulièrement fixer l'attention des propriétaires de bois, à cause du principe existant dans la partie cellulaire de son écorce : il fournit une belle couleur citrine, qui fait la base de plusieurs teintes analogues, et est un article assez considérable d'exportation entre les États-Unis et l'Europe. L'arbre acquiert une grosseur proportionnée à sa taille; son bois rougeâtre et poreux, porte une écorce noire et sa cime est ornée d'un beau feuillage. Il en a été fait un semis de cinquante mille plants en 1818 dans le bois de Boulogne, près Paris, pour y couvrir la honte des dévastations faites par les troupes étrangères lors de l'envahissement de notre patrie en 1814 et 1815, envahissement préparé par le despotisme de Napoléon, consommé par la trahison et cimenté par les plus infâmes concessions. Ces plants ont parfaitement réussi; l'espace qu'ils occupent offre aujourd'hui de superbes individus que l'on commence à propager dans les terrains légers ou graveleux et un peu ombragés. Le Chêne quercitron brave, dans son pays, les hivers les plus rigoureux. Ses glands sont arrondis, un peu déprimés, et à moitié recouverts par leur cupule.

Beaucoup d'autres espèces devraient trouver place ici, mais outre qu'elles n'offrent au cultivateur rien de remarquable, et qu'elles sont inférieures plus ou moins à celles dont il vient d'être parlé, il convient de prendre seulement les sommités pour me renfermer dans de justes limites.

II. *Chênes à fruits mangeables.* Les espèces que je range dans cette seconde classe ont les glands plus gros que ceux des Chênes forestiers, et dépouillés de l'amertume qu'ils manifestent à un si haut degré. Ce sont eux qui, selon une tradition généralement regardée comme fabuleuse,

quoique

quoique très-raisonnable, formèrent la nourriture des hommes avant qu'ils ne fissent usage des céréales : *Ceres frumenta invenit, cam antea glande vescerentur*, selon l'expression du naturaliste romain. Ces glands participent du goût de la châtaigne et de celui de la noisette. Les principales espèces qui les produisent sont les suivantes :

Le Chêne grec, *Q. æsculus*, est de petite taille, croît spontanément en Grèce, en Asie et en Italie, où j'ai mangé de ses glands sans éprouver le genre d'ivresse dont parle Daléchamp et qu'il compare à celle causée par le pain d'ivraie. Il a les feuilles allongées, légèrement velues et blanchâtres en dessous. C'est le véritable *Æsculus* des anciens.

Sur les marchés espagnols, principalement sur ceux de la Vieille-Castille, on vend les glands du Chêne castillan, *Q. hispanica*, que l'on mange également crus ou cuits, quoiqu'ils soient d'une qualité inférieure à la châtaigne, au rapport de divers auteurs. Ce qu'il y a de certain, c'est qu'il s'en fait une consommation considérable à l'époque de leur maturité. L'arbre monte à environ neuf à dix mètres de haut, son bois est dur et ses fruits sont rassemblés au nombre de trois ou quatre sur de courts pédoncules.

On cite aussi le Chêne-faux-yeuse, *Q. pseudo ilex*, qui se plaît sur les collines les plus sèches et les plus arides de la péninsule celtibérique, s'élève médiocrement, porte des feuilles rondes, persistantes, très-velues, petites, à bords épineux dans leur premier âge, absolument entières dans leur vieillesse. Ses glands, que l'on mange crus et cuits, mais que l'on recherche moins que ceux de l'espèce précédente, sont contenus dans une cupule un peu hérissée.

Aucun de ces chênes ne donne des glands d'une bonté égale à ceux du Chêne-bellote, *Q. bellota*; ce sont, comme je l'ai dit tom. i, p. 425, les meilleurs que l'on puisse manger. Ils sont gros et longs, ils font les délices des habitans de l'Atlas et des contrées méditerranéennes, où l'on se plaît à multiplier cet arbre précieux. On les trouve sur la table du riche comme sur celle du pauvre, tantôt crus, tantôt bouillis ou rôtis de la même manière que les marrons. Je m'en suis régalé en Corse. Le lard et les jambons des pourceaux nourris de ces glands rivalisent en qualité avec les jambons de Bayonne et de Mayence; je leur trouve même quelque chose de plus fin, de plus appétissant.

En Amérique, on vante les glands doux et mangeables du Chêne blanc, *Q. alba*, que l'on rencontre en forêts depuis le Canada jusqu'en Floride; du Chêne-chataignier, *Q. prinus*, au tronc parfaitement droit, conservant souvent le même diamètre jusqu'à seize mètres et demi, et élevant sa tête vaste et touffue à vingt-neuf et trente mètres; du Chêne de montagne, *Q. montana*, dont le bois rougeâtre est réservé aux constructions navales : cet arbre fort élevé croît au milieu des rochers les plus escarpés.

III. *Chênes nains*. Plus propres à la décoration qu'à former des bois, les Chênes de cette classe sont de petite taille. Les plus estimés sont : 1° le Chêne pygmée, *Q. humilis*, qui habite les vastes bruyères des environs de Nantes, où je l'ai vu monter à un mètre et même deux mètres, tandis que ceux des autres départemens arrosés par la Loire, la Sarthe, la Dordogne et la Gironde ne s'élèvent pas à plus de trente-deux et quatre vingts centimètres. 2° Le Chêne vélani, *Q. ægylops*, aux cupules hérissées d'écailles, épaisses, très-nombreuses, larges de plus de cinquante-quatre millimètres, que l'on envoie en grande quantité de l'Asie-Mineure en Europe, sous le nom de *Vélanède*, pour l'usage de la teinture et de la tannerie. C'est à tort qu'on l'a indiqué comme se trouvant dans quelques cantons de la France. De la Natolie cet arbre s'est avancé sur les îles de l'Archipel, dans une grande partie du continent grec, mais il n'a pas encore franchi ce pays des grands souvenirs. 3° Le Chêne a la galle, *Q. infectoria*, arbrisseau tortueux sur lequel on recueille ces excroissances ligneuses, ordinairement rondes et couvertes de tubérosités produites par un cynips qu'Olivier nous a fait connaître, et connues dans le commerce sous le nom de *Noix de galle*. Cette espèce de Chêne est répandue sur toute l'Asie mineure, depuis le Bosphore jusqu'en Syrie, et depuis les côtes de l'Archipel grec jusqu'aux frontières de la Perse.

On joint aussi à ces trois Chênes nains le Chêne buissonneux du Portugal, *Q. lusitanica*, qui est fort garni de branches, qui ne perd ses feuilles, d'un beau vert glauque très-prononcé, qu'à la fin de l'hiver, qui fleurit en abondance et produit un bon effet dans les jardins d'ornement, et le Chêne de Gibraltar, *Q. pseudo suber*, dont les glands sont presque entièrement enfermés dans une cupule hérissée de pointes. Il monte à trente et quarante décimètres, a l'écorce fongueuse comme celle du liége, mais beaucoup moins épaisse, d'où lui vient son nom botanique et celui de *Faux liége* qu'il porte chez quelques auteurs. Il est originaire de l'Atlas.

IV. *Chênes verts*, c'est-à-dire ayant leurs feuilles persistantes et vertes toute l'année. Des diverses espèces connues je n'en nommerai que deux méritant, sous tous les rapports, d'intéresser les cultivateurs. La première, le Chêne-yeuse, ou Chêne vert proprement dit, *Q. ilex*, ne vient spontanément que dans les lieux secs et sablonneux. Il vit isolé, rarement en famille avec ceux de son espèce, jamais en forêts. Son bois, très-lourd, un des plus compactes et des plus durs, est fort recherché dans les arts mécaniques. Il croît avec une lenteur désespérante, et, une fois coupé, il ne repousse plus qu'en buisson. D'une culture délicate, je devrais même dire ingrate, il convient essentiellement aux jardins paysagers, où la variation de son feuillage tantôt large ou denté, tantôt étroit ou bien entier, épineux quand il est jeune, inerme plus tard, et sa couleur sombre, produisent de piquans effets. Ses glands, très-âpres et amers le plus ordinairement, parfois assez doux en quelques localités, ne sont pas toujours également longs et gros. Cet arbre tortueux, très-branchu, ne prend un grand accroissement que lorsqu'il compte de nombreuses années. Il paraît originaire du nord de l'Afrique, d'où il s'est répandu dans les contrées méridionales de l'Europe. J'en ai vu d'assez beaux pieds aux environs d'Angers et de Nantes. Ils promettent d'y venir de la même force que sous le ciel de l'Italie, puisqu'ils y ont supporté le froid excessif de 1850.

La seconde espèce, dite CHÊNE AU KERMÈS, *Q. coccifera*, se trouve dans les lieux arides et pierreux de nos départemens méridionaux. Cet arbrisseau, dont le tronc, divisé en un grand nombre de rameaux tortueux et diffus, formant de gros buissons d'un mètre et demi de haut, ne serait pas d'une grande utilité s'il ne nourrissait un insecte appelé kermès, qui fournit une superbe couleur écarlate, la seule en usage dans l'ancien continent, avant que l'autre hémisphère, oublié depuis des siècles, nous fût rendu sous le nom d'Amérique. Cette couleur est même supérieure en beauté à celle de la cochenille, elle est plus intense, plus solide et plus vive; mais la rareté du kermès, auprès de l'abondance de ce dernier insecte, ainsi que la difficulté de la récolte, ne permettent pas de songer à substituer généralement l'un à l'autre. Le Chêne dont je parle a les feuilles très-petites, coriaces, épineuses, à peu près comme celles du houx. Les glands qu'il produit sont ovales, enfoncés à moitié dans une cupule hérissée d'écailles acérées : ils prennent peu d'accroissement la première année, et ce n'est qu'à la seconde année qu'ils parviennent à maturité.

V. *Chênes-liéges*. Quoique le CHÊNE-LIÉGE, *Q. suber*, ressemble infiniment à l'Yeuse, il en diffère assez par son port, et surtout par son écorce épaisse, crevassée, spongieuse, appelée *Liège*, et qui se détache d'elle-même tous les sept à huit ans, lorsqu'une fois il a atteint sa vingtième année, et qu'on ne prend pas le soin de l'enlever. On en connaît plusieurs variétés, jouissant à peu près des mêmes avantages. Cet arbre croît très-lentement, s'élève à dix mètres de haut, grossit peu, donne un bois dur, inférieur à celui des Chênes que j'ai nommés forestiers, et est garni de feuilles persistantes, ovales, oblongues, dentées en scie, d'un vert foncé en dessus, cotonneuses en dessous. Le Chêne-liége aime les côteaux secs, les terres peu profondes; il craint l'humidité, les grands froids, et par conséquent les lieux ombragés. Il ne peut guère se renouveler que de semence; la transplantation l'expose à périr. Il vit en forêts que l'on ne respecte pas assez, aussi nos départemens du midi sont-ils menacés d'être privés de cet arbre précieux. Cependant on en trouve encore de nombreuses tiges dans nos grandes landes, d'où l'on doit tirer les glands que l'on veut semer.

VI. *Chênes aquatiques*. Nous ne possédons en France aucune espèce spontanée appartenant à cette sixième classe des Chênes, il faut les chercher en Amérique. Ils habitent tous dans les parties moyennes et septentrionales des États-Unis. Le CHÊNE BLANC DES MARAIS, *Q. bicolor*, fort bel arbre d'une végétation très-vigoureuse; le CHÊNE AQUATIQUE, *Q. aquatica*, dont la hauteur excède

rarement douze à quatorze mètres, sur un et demi de circonférence; le CHÊNE A ÉPINGLES, *Q. palustris*, ainsi nommé à cause des dents aiguës dont sont armées ses feuilles profondément découpées, lisses et d'un vert agréable; le CHÊNE MARITIME, *Q. maritima*, aux feuilles persistantes, courtes et lancéolées; et le CHÊNE-SAULE, *Q. phellos*, qui vit dans le voisinage de la mer et commence, depuis 1802, à se répandre dans les environs de Bordeaux et de Rochefort. Cet arbre, que l'on voit gagner quinze et vingt mètres d'élévation, porte des feuilles persistantes, tellement pareilles à celles du saule qu'elles trompent l'œil au premier abord; mais en regardant le bois et l'écorce unie, légèrement crevassée, l'illusion cesse aussitôt. Il fructifie dès qu'il est arrivé à un mètre de haut. Son gland est petit, rond et peu abondant.

Généralités. — Près du Chêne tout est vie, tout a du mouvement; une multitude de petites plantes et de jeunes arbrisseaux se réunissent sous son ombrage tutélaire, le lierre l'embrasse de ses festons verdoyans; des troupes d'oiseaux se jouent dans son feuillage, y déposent le secret de leurs amours, pendant que des milliers d'insectes bourdonnent autour de son tronc, de ses rameaux et viennent y chercher un asile, de quoi se sustenter, eux et leur famille. Les uns le couvrent d'excroissances singulières; les autres s'attachent à ses boutons, aux jeunes pousses, aux feuilles, ou bien ils se logent dans ses fruits, son écorce, ses racines. L'écureuil et le polatouche sautillent de branches en branches pour enlever les glands avant leur parfaite maturité. Tandis que le cerf, le daim, le chevreuil dévorent ceux qui jonchent le sol; le mulot, le porc et le sanglier recherchent avec avidité, jusqu'auprès des racines, ceux que la terre recèle, et qui doivent les engraisser avec rapidité. L'homme, à son tour, demande au Chêne son bois de chauffage, les poutres et les planches propres à assurer la solidité et la durée de ses maisons, de ses constructions navales; les pièces nécessaires pour faire une charrue, des herses, des outils et des instrumens. L'écorce, qui est éminemment astringente, surtout quand elle est vieille et enlevée à la séve du printemps, sert à l'usage des tanneries et des autres manufactures où l'on prépare les peaux des animaux, afin de les rendre utiles au-delà de l'époque fixée par la nature pour leur destruction. Le résidu de ce travail, autrement dit la *tannée*, est employé par l'horticulteur à donner aux plantes des pays chauds des couches qui conservent long-temps une chaleur modérée; le cultivateur le ramasse comme un excellent engrais pour ses terres dures et froides. Toutes les autres parties du Chêne possédant une propriété styptique très-prononcée, ont été, à diverses époques, recommandées en médecine; mais on a reconnu que leur usage devait être dirigé par une main exercée. On m'a parlé de l'emploi des glands, dépouillés de leur âpreté par des bains plus ou moins prolongés, pour faire une boisson fermentée, peu coûteuse, que l'on dit très-saine, susceptible même, dans plusieurs cas, de remplacer avantageusement le cidre et la bière ; je ne puis rien attester à ce sujet, ne l'ayant point goûtée. L'on obtient aussi du Chêne une belle couleur noire. La chute annuelle de ses feuilles forme, dans la circonférence qu'elle couvre, un excellent terreau d'un bon mètre d'épaisseur.

De la différence du sol sur lequel le Chêne se trouve, résulte celle de son accroissement et de sa qualité. La terre douce rend son bois très-propre à la fente et à la menuiserie ; dans une terre forte, il acquiert autant de perfection que de solidité ; sur un sol sablonneux, graveleux et profond, il est très-compacte et des plus durs ; dans les régions méridionales, il a une pesanteur spécifique plus considérable que dans les régions du nord. Sur un terrain gras et humide, il perd la force et la solidité requises pour la charpente ; sur la crête des montagnes, dans les terres maigres, sèches et pierreuses, il ne produit que du taillis ou du bois noueux ; les sols légers, mouvans, rouges et noirâtres ne donnent jamais de belles tiges ; dans ceux qui sont ferrugineux, le Chêne est dur, fort, rustique ; dans les plaines et dans le voisinage des grandes rivières, il a peu de nerf, mais sa tige est parfaitement filée : c'est dans une pareille situation que j'ai admiré les gros Chênes de la forêt de Sclaincourt, département de la Meurthe, où des milliers de pieds passaient trente mètres d'élévation.

Le Chêne se plaît avec le hêtre, auquel il laisse la superficie du sol, tandis qu'il s'enfonce très-avant ; pour lui, la qualité du terrain ne peut jamais suppléer à la profondeur. A l'exception des espèces toujours vertes, très-sensibles au froid et qui en sont fortement attaquées lorsqu'il est rigoureux excessif ; à l'exception d'un petit nombre d'espèces à feuilles tombantes, tels que le Chêne grec, le Chêne pygmée, le Chêne buissonneux du Portugal, le Chêne aquatique, le Chêne-saule, cet arbre est très-rustique ; il brave les hivers, quand il a pris de la force, car dans sa jeunesse il perd assez souvent une partie de ses jeunes pousses, si le froid est pénétrant et de durée.

Pour multiplier les espèces, et avoir la certitude de les conserver, il faut choisir les glands que l'on sème parmi les plus gros, les plus lourds, ceux qui sont parvenus à maturité parfaite et tombés d'eux-mêmes. Le semis a lieu dans le printemps, ou bien en automne. On doit éviter d'employer le plantoir, mieux vaut ouvrir de petites fosses à la houe ou des sillons avec la charrue. C'est le seul moyen d'obtenir de superbes arbres.

On a dit à tort que le Chêne ne se multipliait pas de rejetons, il suffit de traverser un taillis pour se convaincre qu'il jouit éminemment de cette faculté. L'on a dit aussi qu'il supportait mal la transplantation et qu'une tige de dix ans, arrachée, ne prospérait que très-difficilement ; l'expérience a prouvé dans divers cantons, et à plusieurs reprises, que des arbres de vingt-huit ans, et même plus âgés, reprenaient aisément quand l'arrachis était fait de manière à ménager le plus possible les racines et que les trous ouverts pour les recevoir

avaient été garnis avec du gazon enlevé dans les parties voisines du lieu même qu'ils occupaient auparavant. La végétation est un peu rallentie pendant les premières années ; mais à mesure que les racines nouvelles s'étendent, les pousses se montrent pleines de vigueur, et bientôt elles surpassent celles des arbres non déplantés.

Enfin, on a dit qu'il importait de diminuer les racines et de couper le pivot du Chêne que l'on transplantait : c'est une vieille routine qu'on ne saurait trop combattre ni trop détruire ; elle a ruiné des bois entiers et déterminé des pertes immenses, non-seulement dans la fortune des particuliers, mais encore dans celle de l'état. (T. D. B.)

CHENEVÉ ou **CHENEVIS**. (BOT. PHAN.). C'est le nom vulgaire de la graine du CHANVRE. (*Voy.* ce mot. (GUÉR.)

CHENILLE. (INS.) Nom des larves de papillons ou Lépidoptères. *V.* LARVES et LÉPIDOPTÈRES.

CHÉNOPODE. *Chenopodium.* (BOT. PHAN.) Ce genre de plantes, connu sous le nom vulgaire d'*Anserine* ou *Patte d'oie*, nom qu'il doit à la disposition de ses feuilles, appartient à la famille des *Chénopodées* de Ventenat, est à celle des *Atriplicées* de Jussieu, et à la Pentandrie digynie de Linné. Il comprend des végétaux herbacés ou sous-frutescens à feuilles alternes, sans gaine ni stipule, tantôt planes, tantôt étroites, cylindriques, subulées, plus ou moins charnues, à fleurs petites, verdâtres, hermaphrodites, ordinairement disposées en grappes ou panicules terminales. Chacune de ces fleurs a un calice monosépale persistant, à cinq divisions très-profondes. Les étamines sont au nombre de cinq, et leurs filets sont opposés aux divisions calicinales. L'ovaire est libre, un peu comprimé, à une seule loge renfermant un seul ovule attaché à la partie supérieure. Du sommet de l'ovaire naissent trois, rarement quatre stigmates sessiles et subulés. Le fruit est un akène globuleux, comprimé, enveloppé par le calice qui ne prend plus d'accroissement après la fécondation. La graine renferme un embryon grêle, recourbé autour d'un endosperme charnu.

Ce genre a de grands rapports avec les genres *Arroche* et *Soude*. Il se distingue du premier par ses fleurs qui sont hermaphrodites et non polygames, par son calice fructifère, à cinq lobes, ne prenant plus d'accroissement après la fécondation, tandis que, dans les *Arroches*, le calice des fleurs fertiles est à deux divisions qui s'accroissent après la maturité du fruit. Les Chénopodes se distinguent des Soudes par la privation de ces appendices scarieux qui naissent et se développent sur le calice, lorsque la fécondation s'est opérée, et qui caractérisent les Soudes. Le nombre des espèces du genre qui nous occupe en ce moment s'est successivement accru, en sorte qu'aujourd'hui on en compte soixante, tandis que la deuxième édition du *Species plantarum* n'en mentionnait que dix-huit. Ces espèces sont disséminées sur presque toutes les contrées du globe. On les a subdivisées en plusieurs groupes, d'après la considération de leurs feuilles. Les plus remarquables sont le CHÉNOPODE SÉTIFÈRE, *Chenopodium setigerum*, dont les Espagnols retirent de la soude par incinération; le CHÉNOPODE BOTHRYS, *Chenopodium bothrys*, dont l'arôme approche beaucoup de celui du Ciste ladanifère, et le CHÉNOPODE AMBROSIOÏDE, *Chenopodium ambrosioides*, dont les feuilles infusées sont diurétiques, sudorifiques et anthelmintiques.   (C. É.)

CHÉNOPODÉES, *Chenopodeæ*. (BOT. PHAN.), Famille connue aussi sous le nom d'*Atripliceæ*, et dont les caractères sont : périgone découpé profondément en plusieurs parties; étamines définies, attachées à la base du calice; ovaire supère; un ou plusieurs styles; une ou plusieurs graines nues ou renfermées dans un péricarpe; fleurs monoïques, polygames ou hermaphrodites L'*Ansérine* dite *Patte-d'oie* est le type de cette famille.   (C. É.)

CHERSITES. (REPT.) L'on a récemment donné ce nom, formé du mot grec *chersos, continent*, aux tortues de terre qu'Aristotéles désignait déjà par les mots *cheloné, chersaios*. (*Voy.* TORTUE.)
     (T. C.)

CHERSYDRE. (REPT.) *Voy.* HYDROPHIDE.

CHÉTODON. (POISS.) (*Voy.* CHOETODON.)

CHEVAL, *Equus*. (MAM.) Le mot Cheval est usité en histoire naturelle, non-seulement pour indiquer l'animal quadrupède que nous connaissons tous, mais aussi un genre de mammifères, lequel comprend non-seulement cet animal, mais aussi tous ceux tels que l'âne, le zèbre, etc., qui lui ressemblent par leur organisation.

Ce genre appartient à l'ordre des Pachydermes, et compose à lui seul la famille des SOLIPÈDES (*voy.* ce mot). Les espèces que l'on y fait entrer ne sont pas fort nombreuses, elles ont toutes quarante-deux dents ainsi réparties : $\frac{6}{6}$ incisives, $\frac{1-1}{1-1}$ canines et $\frac{7-7}{7-7}$ molaires. Les incisives sont comprimées d'avant en arrière; elles ont leur couronne creusée, chez les jeunes sujets, d'une fossette qui disparaît avec l'âge Les canines sont de forme conique, elles ne se montrent que chez les individus adultes et manquent souvent chez les femelles; elles n'existent quelquefois qu'à la mâchoire supérieure. Les molaires sont carrées, elles ont leurs faces interne et externe sillonnées, et leur couronne plane avec de nombreux replis d'émail qui dessinent à peu près quatre croissans divisés deux par deux et en situation inverse dans les dents des deux mâchoires. Une *barre*, c'est-à-dire un espace vide, existe entre les incisives et les molaires, au milieu de laquelle se trouvent implantées les canines lorsqu'elles existent. C'est dans cette barre que l'on place le mors. Les pieds, qui fournissent le principal caractère du genre, ne présentent à l'extérieur qu'un seul doigt, lequel est très-développé et se recouvre inférieurement d'un sabot unique. Sur les côtés de ce doigt sont deux petits osselets allongés, que les vétérinaires appellent les *stylets*. Ces stylets, auxquels on a long-temps fait peu d'attention, doivent être considérés comme autant de doigts rudimentaires. Le nom de *Solipède*, qui ne veut pas dire, comme son étymologie paraît l'indiquer,

animaux à un seul pied, mais bien animaux n'ayant qu'un doigt à chaque pied, a été choisi par les naturalistes pour indiquer cette disposition.

Quoique les Chevaux soient de véritables herbivores, ils ne sont cependant point ruminans, et leur estomac est simple et membraneux. Leur cardia présente une disposition telle que la vomiturition, ainsi que l'a fait observer M. Dupuis d'Alfort, est rendue impossible. Les intestins sont fort longs.

Les organes des sens sont en général assez développés chez les animaux qui nous occupent. La vue est bonne et perçante, elle peut même s'exercer pendant la nuit; les yeux sont à fleur de tête, et les pupilles ont la forme de carrés allongés. Les oreilles sont généralement grandes, mobiles et disposées en sorte de cornets, aussi l'audition est-elle fort délicate. Les narines sont largement ouvertes, on ne peut pas dire qu'elles sont percées dans un mufle, puisque l'espace qui les sépare, quoique nu, ne présente aucun appareil crypteux. Le toucher général est très-développé, la peau jouit d'une grande mobilité, elle peut se contracter sous la moindre influence; quant au tact ou toucher actif, il paraît avoir son siége principal dans la lèvre supérieure.

Les espèces de ce genre sont toutes originaires du grand plateau asiatique et de l'Afrique orientale et méridionale, deux ont été réduites en domesticité, et se trouvent aujourd'hui sur tous les points de la terre. Dans l'état sauvage, les Chevaux vivent par troupes plus ou moins nombreuses, qui sont toujours conduites par un vieux mâle, lequel les dirige dans leurs voyages et leurs combats; les uns recherchent les plaines, d'autres au contraire préfèrent les montagnes; leurs femelles ne mettent ordinairement bas qu'un petit à la fois; elles ont deux mamelles inguinales. Chez les mâles ces mamelles existent aussi, mais elles sont prépuciales, c'est-à-dire placées sur les bords du prépuce; cette position toute particulière a fait long-temps douter de leur existence. Le pénis est très-long et dirigé en avant.

CHEVAL, *Equus caballus*, L. Cet animal, qui rend à l'homme tant de services importans, se trouve aujourd'hui répandu sur toute la terre; mais certaines contrées ne le possèdent que depuis un temps assez court; ainsi l'on sait positivement qu'il n'existait point en Amérique avant que les Espagnols eussent fait la découverte de ce continent, et le petit nombre que l'on en trouve à la Nouvelle-Hollande n'y a été porté que plus tard encore.

Le Cheval est préférable à l'âne sous tous les rapports, sa taille est plus grande ainsi que sa force; son maintien est plus noble, et son caractère plus souple permet de l'employer à un plus grand nombre d'usages; c'est pour cela qu'il est généralement plus soigné, et aussi qu'il a subi des modifications plus profondes.

Il est évident que les nombreuses races du Cheval descendent toutes d'une même espèce, mais qui ne se trouve plus aujourd'hui dans toute sa pureté; car, bien que l'on voie encore dans l'Arabie et la Tartarie quelques bandes de Chevaux sauvages, on sait qu'ils ont été altérés par de nombreux croisemens avec les variétés domestiques. Quant aux auteurs qui parlent de ces animaux comme existant et qui les disent de couleur blanche, il est très-probable qu'ils sont dans l'erreur, et qu'ils ont considéré comme représentant le type primitif des individus affectés d'albinisme; car les animaux sauvages normalement blancs n'existent que sous le cercle polaire.

Il serait bien difficile de dire à quelle époque a eu lieu la domestication du Cheval, cependant on doit penser qu'elle remonte à une époque très-éloignée, mais qu'elle n'a été parfaite que bien long-temps après qu'on l'a eu entreprise. Les races se sont formées peu à peu, et aujourd'hui elles sont très-nombreuses, on pourrait en compter plus de trente-six (voy. l'article d'Economie rurale), toutes différentes entre elles par la nature et la couleur du pelage, ainsi que par la force et la taille, et pouvant même offrir certaines variations moins graves qui les font partager en sous-races.

La taille la plus ordinaire de l'espèce est de quatre pieds et demi à quatre pieds dix pouces de hauteur au garrot, mais quelques races, celle de Frise par exemple, dépassent de beaucoup ces dimensions, d'autres au contraire ne les atteignent pas, ainsi les Chevaux Corses et Camargues n'ont guère que quatre pieds un quart; la race Galloise et surtout les chevaux de l'île d'Ouessant sont ordinairement d'une taille inférieure encore, et il existe en Laponie (Isid. Geoffroy, Variation de la taille, Mém. des savans étrangers à l'Institut, t. III) une race qui n'a que trois pieds environ: c'est à elle qu'appartenaient deux petits chevaux amenés à Paris il y a quelques années, et qui ont excité vivement la curiosité publique. M. Isid. Geoffroy les mesura en 1824, époque à laquelle ils étaient presque tout-à-fait adultes; l'un avait trente-cinq pouces et l'autre trente-trois seulement: c'est à quelques pouces près la taille d'un dogue de forte race.

Les Chevaux sauvages de l'Amérique, ceux de l'Afrique, de l'Asie et de certaines grandes îles, sont tous des Chevaux domestiques qui ont abandonné l'homme pour vivre en liberté. Les premiers sont les mieux connus de tous, ils ont la tête grosse, le poil crépu et les proportions peu agréables. Ils vivent par troupes plus ou moins nombreuses, et sont toujours sous la conduite d'un vieux mâle. Ces Chevaux marrons sont généralement farouches; mais ils ne paraissent pas aussi enclins à débaucher ceux des races domestiques que d'Azara le pensait, et dans certaines parties de la Colombie on laisse ceux-ci presque abandonnés à eux-mêmes sans qu'ils s'éloignent beaucoup; seulement on les rassemble de temps en temps pour les empêcher de devenir tout-à-fait sauvages, leur ôter les larves d'œstres et marquer les poulains avec un fer chaud. Par suite de

cette vie indépendante, un caractère appartenant à l'espèce non réduite, la constance de la couleur, commence à se montrer, ainsi que l'a remarqué le docteur Roulin. Cette couleur, qui est presque la seule que présentent les Chevaux marrons, est le bai-châtain.

Au Brésil, au Paraguay, etc., on chasse ces animaux; on les poursuit avec le *lasso*; c'est une sorte de corde longue de trente ou trente-cinq pieds, et qui se termine par un martinet de deux, trois, quatre ou cinq cordes, au bout desquelles pendent des boules en fer ou en bois. « Un naturel est beau, dit M. Dumont, Voyage pittoresque, tom. 1, p. 41, lorsque, la tête droite et fière, cloué à l'animal qui le porte, il s'élance à la poursuite d'un cheval sauvage, et le harcelle à travers les rocs, les marais et les bois. Quand il arrive à portée, il agite rapidement ses boules qui forment une couronne au dessus de sa tête, et les lance sur sa proie avec une admirable précision. Les boules se croisent en fendant les airs, et s'embarrassent dans leur chute autour des jambes de l'animal qui fuit, ou serrant étroitement sa tête l'arrêtent au milieu de sa course. La force de ce projectile est telle que souvent les jambes de la bête poursuivie en sont fracassées. »

Nous avons figuré, dans l'Atlas le Cheval à la planche 99, figures 1 et 2.

Dziggretai, *Equus hemiones*, Pallas. L'Hémione, c'est-à-dire demi-âne, a été connu des anciens; il habite, par troupes de vingt, trente et quelquefois de cent individus, les plaines découvertes de la Mongolie, où Pallas l'a observé. Il est à peu près de la stature du mulet, auquel il ressemble par ses formes générales. Il a la tête grande, les oreilles grandes et droites, le front plat, étroit en avant, l'encolure grêle, et la croupe effilée; sa queue, nue dans sa moitié supérieure, est terminée par un flocon de crins noirs long de huit à neuf pouces.

La couleur générale de l'Hémione est isabelle; sa crinière est noire, ainsi qu'une ligne s'étendant le long de la colonne vertébrale.

Les Mongols et aussi les Tartares chassent ces animaux pour leur chair et leur cuir, ils tâchent de les prendre par troupes entières qu'ils entourent en exécutant des manœuvres de cavalerie, mais ce procédé réussit rarement à cause de la promptitude avec laquelle les Hémiones disparaissent; aussi vaut-il mieux leur tendre des pièges ou bien les tirer à l'affût; le chasseur se place alors sur quelque mamelon voisin des lagunes ou des parages isolés qu'ils fréquentent.

Ane, *Equus asinus*. L'Ane se reconnaît à ses longues oreilles, à la houppe du bout de sa queue, et à la croix noire qu'il a sur les épaules; son pelage est gris, quelquefois argenté, luisant ou mêlé de taches obscures. Cet animal est aujourd'hui répandu sur toute la terre, mais il ne paraît point avoir quitté les habitations de l'homme pour retourner à la vie sauvage; il est en général fort mal soigné, surtout dans nos contrées septentrionales où il est beaucoup au dessous, pour la taille, de l'*Onagre* qui est son type sauvage; mais dans certaines contrées de l'Asie et de l'Afrique, il est vigoureux et de grande taille, ce qui tient aux soins qu'on lui prodigue.

Les Anes ont tous la tête grosse, moins allongée, plus large, plus épaisse à proportion du corps et plus plate que celle du Cheval; leur museau est renflé, leur lèvre supérieure très-longue, leurs yeux écartés et leur pelage ordinairement gris de souris, mais variant suivant les individus. Les jambes de derrière n'ont point de plaques ou châtaignes comme celles du Cheval.

Les Anes sauvages se trouvent encore aujourd'hui, et en assez grand nombre, dans le pays des Kalmouks, où on les connaît sous le nom de *Koulan* ou *Choulan*; les anciens les appelaient *Onagres*. Leur pelage est d'un beau gris, quelquefois plus ou moins jaunâtre; leurs oreilles sont moins longues et moins hautes que celles des races domestiques. Ils se réunissent en troupes innombrables qui se portent du nord au midi et du midi au nord, suivant les saisons; les Kalmouks les chassent pour leur chair qu'ils emploient comme aliment, et aussi pour leur peau qui est très-dure et très-élastique. Cette peau sert à différens usages, on en fait des cribles, des tambours, ainsi qu'un gros parchemin pour les tablettes de portefeuille, et que l'on enduit d'une couche de plâtre. C'est aussi avec le cuir des Onagres que les Orientaux fabriquent le *sagri*, que nous appelons *chagrin*.

On ne saurait préciser au juste l'époque vers laquelle s'est opérée la domestication de cette espèce, mais on peut présumer qu'elle est postérieure à celle du cheval. Quoi qu'il en soit, les Anes sont aujourd'hui répandus sur presque toute la terre, mais ils sont partout moins communs et aussi moins estimés que les chevaux.

Cet animal est peut-être celui de tous qui, relativement à son volume, peut porter les plus grands poids, et comme il ne coûte presque rien à nourrir, et qu'il ne demande pour ainsi dire aucun soin, il est de la plus grande utilité pour les travaux de la campagne; il a les allures douces et peut aussi servir de monture; dans les endroits où le terrain est léger on le met quelquefois à la charrue.

La voix de l'Ane est fort désagréable, on l'appelle le *braire*, c'est un cri très-long, composé de dissonances alternativement graves et aiguës, qui doivent leur ton rauque à deux cavités particulières du fond du larynx.

C'est vers le mois de mai que la chaleur commence: la gestation qui la suit dure douze mois, et ne produit chaque fois qu'un petit. Dans leur première jeunesse, les animaux qui nous occupent sont appelés *Anons*, ils sont alors fort gais et même assez jolis, ils ont de la gentillesse et beaucoup de légèreté; mais bientôt ils perdent ces aimables qualités, soit par l'âge, soit par les mauvais traitemens, et deviennent indociles et têtus.

L'âge des Anes se reconnaît par des caractères tirés de la disposition dentaire: vers un an ou deux les premières incisives tombent, les autres ne le font que quelque temps après; elles se renouvellent ensuite et s'usent en suivant les mêmes périodes que chez le Cheval.

Voyez pour les races domestiques et de plus longs détails sur leurs usages, l'article d'*économie domestique*. *V.* également cet article pour les produits hybrides du Cheval et de l'Ane.

ZÈBRE, *Equus Zebra*, L. Cet animal est l'Hippo-tigre des anciens, il a le pelage rayé partout fort symétriquement de bandes brunes, plus ou moins noires et disposées sur un fond blanc teint de jaunâtre supérieurement. La hauteur du Zèbre est de quatre pieds environ au garrot, et sa longueur, depuis le bout du museau jusqu'à l'origine de la queue, de six pieds onze pouces ou sept pieds. la tête et les oreilles sont plus longues proportionnellement que chez le Cheval, le cou est plus gros et plus court, et la queue terminée par une touffe de longs poils.

Ces animaux habitent par troupes nombreuses les contrées montagneuses du midi de l'Afrique. On les trouve au cap de Bonne-Espérance, ainsi que dans le Congo, la Guinée et même l'Abyssinie. Leur nourriture consiste en herbes sèches et dures. Ils ont beaucoup de force, et se défendent contre les grandes espèces de Carnassiers, par de vigoureuses ruades. Leur caractère est excessivement défiant et farouche; aussi ne les prend-on qu'avec beaucoup de difficultés; ce n'est qu'en les ayant jeunes qu'on peut espérer les dompter.

L'espèce du Zèbre n'a point été inconnue aux anciens, les Romains l'ont même possédée vivante sous l'empire; ils la nommaient *Hippo-tigre*, c'est-à-dire Cheval-tigre, la comparant au Cheval pour la forme et les mœurs, et au tigre pour la coloration. Xiphillin dit que Caracalla tua un jour un éléphant, un rhinocéros, un tigre et un Hippo-tigre. Les rois de Perse ont aussi recherché cet animal; il paraît même que dans les fêtes mithriaques, ils en faisaient immoler au soleil, et qu'ils en conservaient des dépôts dans quelques îles de la mer Rouge.

La ménagerie du Muséum de Paris a possédé un Zèbre femelle, lequel a produit successivement avec un Ane et avec un Cheval; le mulet qui avait pour père le Cheval n'est connu qu'à l'état de fœtus, il était marqué de raies nombreuses sur la tête; l'autre, celui qui provient du Zèbre et de l'Ane, est encore aujourd'hui vivant. Il est gris, avec des bandes noires transversales bien marquées sur la face externe des membres, et d'autres très-étroites et presque effacées sur la tête et les flancs. Il a sur chacune des épaules une raie noire aussi apparente que celles de l'Ane.

COUAGGA, *Equus quaccha*, Gm. Cette espèce est le *Couagga* de Buffon et le *Quacha* de Pennant; elle est un peu moins grande que le Zèbre, mais ressemble davantage pour la forme au Cheval.

Son poil est brun foncé sur le cou et les épaules,

et d'un brun clair sur le dos, les flancs et la croupe, qui commence à prendre une teinte rougeâtre. Les parties supérieures sont rayées en travers de blanchâtre; les inférieures sont d'un beau blanc, ainsi que les jarrets et la queue qui est terminée par une touffe de poils allongés.

Le Couagga vit par troupes nombreuses dans les environs du cap de Bonne-Espérance. Il doit son nom au timbre de sa voix qui ressemble assez à l'aboiement d'un chien.

ONAGGA ou DAUW, *Equus montanus* de Burchell, appelé aussi *E. Burchelii, E. zebroïdes*, est une espèce africaine à peu près de la taille de l'Ane, mais qui en diffère considérablement par le fini de ses formes. Sa couleur est blanc-jaunâtre, avec des bandes alternativement noires et fauves sur la nuque et le dos. Une ligne noire bordée de blanc règne tout le long de la colonne vertébrale; la queue et les fesses n'ont point de bandes comme dans l'espèce précédente, elles sont parfaitement blanches ainsi que le ventre. La crinière est rayée de bandes noirâtres et blanches; les sabots sont plus serrés et ont leurs bords latéraux plus droits et plus tranchans que ceux du Zèbre.

Cette espèce de Cheval habite le cap de Bonne-Espérance. Elle se tient de préférence dans les plaines.

ANE KHUR, *Equus khur*. C'est une espèce à peine connue et fort douteuse, elle est seulement indiquée par une courte description donnée dans la septième livraison, page 764, de l'Isis de 1823, sous le nom d'Ane sauvage, nommé *Khur* par les Persans. « Son pelage, dit M. Lesson dans son Manuel de mammalogie, p. 548, est d'un gris cendré en dessus, passant au gris sale en dessous. Les formes du corps sont à peu près celles de l'Ane ordinaire, dont il diffère cependant par sa tête qui est plus longue, et par ses membres qui sont plus forts. Son cri ne paraît être qu'un fort grognement. »

L'Ane khur habite, dit-on, les déserts de l'Asie par troupes souvent fort considérables. Pendant l'été, il fréquente les collines; en hiver, au contraire, il descend dans les plaines.

On a retrouvé à l'état fossile quelques débris d'animaux analogues par leur squelette aux espèces du genre *Cheval*, mais il n'est pas possible de dire si ces Chevaux fossiles étaient ou non une des espèces aujourd'hui existantes. Il paraît que l'on a observé dans quelques localités les restes d'un animal qui ressemble aux Chevaux sous tous les rapports, excepté sous celui de la disposition des doigts qui sont, dit-on, au nombre de deux à chaque pied, ce qui n'existe que par une anomalie assez rare chez les espèces domestiques. L'observation de chevaux fossiles à deux doigts rend moins douteuse qu'on ne le pensait l'espèce de l'*Equus bisulcus* décrite par Molina, et qui suivant ce naturaliste habite les hauteurs les plus inaccessibles des Andes; cependant il pourrait bien se faire que cette espèce ne fût autre qu'un Lama mal observé ou même un Tapir. Il va sans dire

que si cependant elle venait à être constatée, on devrait changer le nom de Solipède donné à la famille.

On appelle aussi CHEVAUX-MARINS certaines espèces de Carnassiers amphibies, et aussi les poissons du genre Hippocampe.   (GERV.)

CHEVAL. (ÉCON. RUR.) Je vais parler du Cheval dans ses rapports avec l'agriculture, et pour rendre ce que j'ai à dire moins fatigant à nos lecteurs, je leur donne d'abord le portrait brillant et rapide que Buffon a tracé de cet animal : une belle page de ce grand peintre de la nature est un heureux moyen de les intéresser et de leur plaire.

« La plus noble conquête que l'homme ait jamais faite est celle de ce fier et fougueux animal, qui partage avec lui les fatigues de la guerre et la gloire des combats. Aussi intrépide que son maître, le cheval voit le péril et l'affronte; il se fait au bruit des armes, il l'aime, il le cherche et s'anime de la même ardeur. Il partage aussi ses plaisirs, à la chasse, aux tournois, à la course; il brille, il étincelle; mais docile autant que courageux, il ne se laisse point emporter à son feu, il sait réprimer ses mouvemens; non-seulement il fléchit sous la main de celui qui le guide, mais il semble consulter ses désirs, et obéissant toujours aux impressions qu'il en reçoit, il se précipite, se modère, ou s'arrête, et n'agit que pour y satisfaire : c'est une créature qui renonce à son être pour n'exister que par la volonté d'un autre, qui sait même la prévenir, qui, par la promptitude et la précision de ses mouvemens, l'exprime et l'exécute; qui sent autant qu'on le désire, et ne rend qu'autant qu'on veut, qui, se livrant sans réserve, ne se refuse à rien, sert de toutes ses forces, s'excède et meurt pour mieux obéir.... Voilà le Cheval, dont les talens sont développés, et dont l'art a perfectionné les qualités naturelles. »

Sans doute le Cheval est moins utile à l'agriculture que le Bœuf; il est moins propre aux labours, aux travaux qui demandent un pas lent, une marche toujours égale, une constance imperturbable; d'ailleurs, il faut le dire, il est trop noble, il a trop d'élégance et de fougue, son allure est trop belle, trop délicate, pour enchaîner ainsi son ardeur, ses sensations si vives, son intelligence si grande, pour ternir cette grâce légère qu'il met, lorsqu'il est bien dressé, à exécuter tout ce qu'on lui demande; mais pour la monture, pour le service des routes et du commerce, mais pour la guerre, pour les pompes d'un triomphe, pour les grandes solennités nationales, pour les équipages de luxe, il n'a point son pareil. Considéré sous ces divers points de vue, le Cheval est un animal précieux dans la maison rurale, il est la source d'un produit considérable, son éducation un objet très-essentiel.

Dans tous les âges le Cheval a été recherché; les peuples pasteurs seuls ne le comptaient point au nombre de leurs richesses. Les Celtes, les Scandinaves, les Germains et les Gaulois prenaient plaisir à l'élever pour les usages domestiques et surtout pour les combats ; chaque citoyen en état de servir devait avoir son *destrier* fidèle, et chaque dame son *palefroi*. Pour eux, il était l'emblème de l'indépendance, de la force, de l'honneur, le compagnon obligé des succès guerriers, des entreprises lointaines. Chez les vieux Egyptiens l'éducation du Cheval rendait moins abject celui que l'horrible institution des castes rejetait dans les derniers rangs de la société, et que les prêtres couvraient d'une espèce d'opprobre. Il n'en était pas ainsi dans la Grèce, le Cheval y tenait la première place parmi les animaux domestiques ; on mettait de l'orgueil à se présenter aux jeux d'Olympie, de Némée, de Corinthe, monté sur des chevaux superbes, pleins de feu, de les entendre chantés par Pindare et leur généalogie proclamée par toutes les bouches. On prenait soin de leur vieillesse et souvent on leur accordait les honneurs de la sépulture. L'amour du cheval est, de nos jours encore, porté fort loin par les Arabes : ils vivent avec lui dans le désert, sans cesse ils s'entretiennent de leur kochlan ; il est le sujet de leurs chants magiques, avec lui vous les voyez braver la faim, la privation d'eau, cette mer de flamme qu'on nomme le Simoun, ainsi que

> . . . . Le combat terrible et hasardeux
> Où l'homme et le lion rugissent tous les deux.

Le Cheval est également tout pour les Kosaques, qui sont les Scythes et les Parthes de l'antiquité ; il traîne les chariots dépositaires de leurs familles et de leur butin ; il est toujours associé à leurs redoutables expéditions ; ils boivent le lait des cavales et mangent sa chair dans leurs festins solennels.

Nous possédons en France trois sortes de Chevaux : le Cheval sauvage des Landes du sud-ouest, celui qui vit en liberté dans la Camargue, et le Cheval domestique. Semblable à celui si farouche, si difficile à apprivoiser, qui naît, vit et meurt dans les montagnes de la Calabre, le premier existe dans les vallées des dunes, depuis la pointe du Ferret jusqu'au Verdon, au nord des prairies dites du Bassin, et à l'ouest de la Gironde ; on ignore sa véritable origine ; le nombre en était plus grand il y a soixante ans qu'il ne l'est aujourd'hui ; on lui fait la chasse, et celui que l'on prend on le réduit à l'esclavage. Il court extrêmement vite ; sa conformation annonce de la force ; sa couleur varie du fauve au gris ; sa taille est d'un mètre, trois ou cinq centimètres ; il a les membres larges et plats, les jarrets et les tendons d'une beauté qui ne laisse rien à désirer ; ses pieds sont bien construits, la corne en est de bonne nature.

J'ai parlé suffisamment du Cheval de la Camargue en traitant de cette île ; on me permettra donc d'y renvoyer le lecteur (*v.* tom. 1, p. 596). Quant au Cheval domestique, c'est le Cheval sauvage modifié sous divers rapports, et façonné à tous les besoins, à toutes les exigences de la vie sociale. S'il a perdu de sa vigueur, de sa sobriété, de sa fougue, il a gagné des habitudes nouvelles, des qualités brillantes et solides ; on lui a imprimé de bonnes allures, en profitant de celles qu'il a reçues de la nature ; ainsi son pas marque juste et à des distances convenables quatre temps, dont les deux du milieu plus brefs que le premier et le dernier ; son trot, rendu ferme, prompt, également soutenu, est limité à deux temps ; son galot, renfermé dans trois temps, est ennobli, et tandis que l'animal montre la grande liberté de ses mouvemens, il déploie la force des muscles, la vitesse des jambes, et il donne plus d'énergie, plus de rapidité à la progression de l'élan, en un mot, il est devenu plus doux, plus intrépide, plus léger, plus agréable à manier, plus beau à l'œil, plus régulier et plus solide dans sa marche, plus apte à supporter les fatigues sans s'épuiser.

Outre ces précieuses acquisitions, le Cheval a encore reçu une valeur particulière, je dirai même un genre de beauté propre à l'emploi auquel il peut être appelé, la selle, l'attelage, ou bien à porter des fardeaux. Comme CHEVAL DE SELLE, il doit être d'une taille et d'un volume proportionnés à ceux du cavalier, avoir les jarrets larges de la pointe au pli, bien évidés, parfaitement sains ; les muscles de la jambe et de la cuisse bien fournis, c'est-à-dire bien gigotés, selon l'expression en usage, et les canons antérieurs et postérieurs placés sur deux lignes verticales et parallèles ; la poitrine large, les côtes bien contournées, un garrot sensiblement plus élevé que la croupe, un dos et des reins d'une longueur moyenne, un ventre arrondi, soutenu ; les mouvemens des flancs libres, produits dans des temps égaux (15 à 18 par minute), unis à une encolure courte, tressée en haut, disposée en arc de la nuque au garrot ; une tête courte, sèche, large sur le front, comme dans la race thessalienne, connue sous le nom de *Bucéphale* chez les anciens Grecs ; de bons yeux, une queue abondamment fournie de crins. Joignez à cela la vivacité que l'animal exprime par son hennissement, la vigueur, la souplesse, et vous voyez ce qu'on appelle la *race Limousine*, répandue dans nos départemens de la Haute-Vienne, de la Creuse, de la Corrèze, de la Dordogne, du Cantal et du Puy-de-Dôme ; vous avez notre *Cheval navarrin*, qui peuple en grande partie nos départemens du sud-ouest ; vous retrouvez le Cheval de l'Orne, de la Sarthe, de la Mayenne, d'Indre-et-Loire, du Morbihan, de la Vendée et de la Charente-Inférieure ; celui de l'Isère, de la Drôme, des Hautes-Alpes, de l'Allier, de la Nièvre, de la Haute-Saône, de la Côte-d'Or et de l'Yonne. On mettra près d'eux le Cheval de nos départemens du nord-est quand on les connaîtra mieux, quand on voudra s'occuper d'eux : ils sont nerveux, sobres, infatigables et du meilleur service possible ; seulement ils sont petits, et comme on les a trop négligés, ils n'ont pas de figure ; ils ont résisté aux campagnes désastreuses de 1813, 1814 et 1815 ; partout ils ont dompté les chevaux si vites des Kosaques ; comme ceux de l'ancienne Epire, ils pourraient en peu de temps se montrer constamment

stamment dignes des palmes à la course, et rivaliser de vitesse et de sûreté, dans les terrains les plus difficiles, avec les Chevaux du Kurdistan, les plus estimés de toute la Perse, qui galopent également dans les montées et les descentes les plus rapides.

Le Cheval d'attelage (pl. 99, fig. 2) doit avoir toutes les parties plus amples, mais proportionnément de même que le cheval de selle. N'exigez point de lui l'élégance, les allures brillantes, mais vous pouvez en attendre toutes les qualités solides; vous le trouverez constamment bien étoffé, d'une taille raisonnable et pas trop élevée : c'est ce que demandent l'agriculture, les charrois, l'artillerie. Sous ce triple point de vue, vous puiserez d'excellens sujets dans nos départemens du Nord et du Pas-de-Calais, où le Cheval est, en général, d'une forte taille; dans ceux de la Somme, de l'Aisne, de l'Oise, de Seine-et-Marne, de Seine-et-Oise, de la Manche, du Calvados, surtout au petit pays d'Auge, où ils ont une bonne tournure, quoique leur tête soit un peu forte et les jambes trop chargées. Les Chevaux de la Loire-Inférieure, du Finistère, des Côtes-du-Nord, d'Ille-et-Vilaine, sont surtout recherchés pour la solidité, la constance au travail; ceux du Cher, de l'Indre, de l'Ain, du Jura, du Doubs, du Haut-Rhin, du Bas-Rhin, des Ardennes plus particulièrement, sont fort estimés, mais ils demandent encore à être améliorés.

Le Cheval de somme doit présenter un garrot bien prononcé, le dos court et non ensellé, des membres très-solides. Cette sorte de Chevaux se rencontre partout. Les sujets défectueux peuvent aisément être perfectionnés, le point essentiel est de suivre les indications naturelles d'un appariement bien entendu (v. ce mot, tom. 1, p. 239), c'est de tenter l'amélioration et par l'étalon, qui donne les qualités, et par la mère qui procure la taille. Il faut opérer lentement, bien calculer les localités et savoir profiter des ressources qu'elles offrent. Le Cheval danois, croisé avec nos Chevaux dits *Normands*, dont on prétend qu'ils descendent, n'a point réussi dans nos départemens du nord-ouest. Il a mieux rencontré dans la Haute-Loire, le Puy-de-Dôme, le Cantal, l'Aveyron, parce que le sol y est montagneux, les vallées riches en bons pâturages et les hauteurs assez fertiles. La bonté des Chevaux du Morvant est due à des étalons et cavales venus de l'Espagne et de l'Italie, que les Eduens révoltés enlevèrent aux Romains, lorsqu'ils les chassèrent de leur pays, comme nos Chevaux du midi et d'une partie de l'ouest durent leur perfectionnement à l'invasion des Sarrasins, aux Chevaux qui leur furent enlevés pendant près d'un demi-siècle de combats, et surtout à l'époque de leur défaite, en 759 de l'ère vulgaire.

Il n'y a pas plusieurs espèces de Chevaux. Les différences que l'on remarque ne sont que des variétés dues au climat, à la nourriture, à l'éducation; celles de la couleur du poil et même de la taille ne sont qu'accidentelles. Il n'y a que les différences nées d'une proportion plus régulière dans les diverses parties du corps, et des qualités morales de l'individu, qui constituent véritablement les deux seules races tranchées que l'on puisse avouer : le Cheval arabe (pl. 99, fig. 1), la perfection, le beau idéal du plus noble des animaux, et le Cheval de montagne, dont le type est conservé dans toute sa pureté chez les Kurdes, que l'on retrouve dans toute l'Europe, et principalement en nos départemens du nord-est.

Qu'on ne pense pas que le mot *qualité morale* soit ici tombé par hasard de ma plume. La même cause qui fait battre le cœur de l'homme, agite les animaux, et si leurs organes étaient aussi parfaits que ceux qui nous ont placés à la tête de tous les êtres, souvent ils redresseraient nos torts et nous donneraient l'exemple des plus nobles sentimens et même celui de toutes les vertus. Mes études sur nos animaux domestiques m'ont mis à même de recueillir à ce sujet des faits du plus haut intérêt. J'en citerai quelques uns appartenant au Cheval, qui montrent son affection et son intelligence.

On cite plusieurs Chevaux qui se laissèrent périr de faim après la mort de leur maître. — Le Cheval de l'illustre Kosciusko, s'arrêtait tout à coup en voyant un pauvre tendre la main, et ne se remettait pas en marche, lors même que l'éperon le sollicitait vivement, avant d'avoir vu donner l'aumône. — En 1809, au moment d'une insurrection contre la Bavière, des Tyroliens s'étaient emparés de quinze Chevaux et avaient tué les soldats qui les montaient. Ils placent ces animaux dans les rangs, on marche à l'ennemi, l'on se met en bataille: mais, à peine les Chevaux purent-ils entendre la trompette et reconnaître l'uniforme du régiment auquel ils appartenaient, qu'ils quittent les rangs, prennent le galop, et malgré les efforts de leurs nouveaux cavaliers, ils les amènent prisonniers dans les rangs bavarois, témoignant leur joie par un bruyant hennissement, par un trépignement qui a frappé tous les militaires témoins de cet événement. — En 1821, tout Paris a su l'histoire de ce Cheval confié à un jeune homme, pour aller toucher une forte somme due à un marchand de cuirs, chez lequel il était commis. C'était dans les premiers jours de décembre. Quand la somme lui eut été comptée, au lieu de se rendre de suite chez son patron, il voulut faire boire le Cheval. A cet effet il descendit à l'abreuvoir du Pont-Neuf, et, par un accident funeste, il tomba dans l'eau et se noya. Le Cheval, abandonné à lui-même, retourne à la maison où le jeune homme avait reçu. Par ses hennissemens et le bruit de ses pieds, il attire l'attention. On s'étonne, on s'alarme; un domestique monte le Cheval et lui lâche la bride. Alors l'animal reprend au grand galop le chemin de la rivière, se jette à la nage et s'arrête à l'endroit même où son premier cavalier avait disparu. Une barque, qui les suit de près, commence aussitôt à fouiller. Le jeune homme ne fut retrouvé que le lendemain, mais on retira de l'eau le sac et la somme reçue.

Cheval de course. Avant de mettre fin à ce que j'avais à dire sur le Cheval, je vais parler un instant du Cheval de course et de ce qu'on appelle Cheval

de race. Le coursier anglais est un Cheval de l'O-
rient, perfectionné par des soins, et acclimaté. Il est
devenu plus grand, c'est une conséquence ordinaire
de la marche adoptée par la nature et surtout de
la manière dont l'élève est nourri. Les Anglais ont
donné de préférence à leurs étalons arabes des ju-
mens barbes, tirées du nord de l'Afrique occidentale. Ils ont obtenu de ce mélange une belle espèce,
dont le sang est pur dans les deux souches. Cette
heureuse innovation date de l'an 1603.

Après ce Cheval, ceux qui ont le plus conservé
du sang arabe, ce sont les Chevaux tatares, hongrois, transylvains. Ils sont infatigables, supportent les privations mieux qu'aucune autre espèce,
et méritent d'être placés, en Europe, sur la première ligne, pour la cavalerie légère.

Il n'y a pas de pays où l'on ait fait plus de sacrifices
qu'en France, pour avoir de superbes espèces, et relever celles encore si bonnes qui peuplent tous les
départemens; mais aussi nulle part l'administration n'a fait autant de fautes, n'a montré plus d'in-
souciance, disons plus, d'incapacité. Que l'on se
souvienne du fameux étalon arabe *Godolphin*, qui
fut vendu par elle, comme cheval de réforme, à
un Anglais, pour la misérable somme de 424 fr.
Ce fut cependant ce même animal qui, transporté
chez nos voisins, a fourni le *Baibrun*, le *Masque*,
le *Regulus*, et tant d'autres excellens Chevaux
de course, dont plusieurs ont été payés des prix
fous. Qu'on se rappelle encore cet autre étalon
célèbre, le *Morvic*, que la France avait acheté et
payé soixante mille francs, et que l'on a remis gratis, en 1815, aux Prussiens, qui pesaient
alors sur le sol de notre patrie. Je ne connais de
lui qu'un rejeton, accompli dans toutes ses parties,
c'est le *Phénix*, élevé à Ranville, près de Caen,
département du Calvados. Ce Cheval réunissait
toutes les qualités les plus éminentes. Il a prouvé
que les meilleurs Chevaux existeront en France,
beaucoup mieux qu'en Angleterre. Il suffit que les
propriétaires ruraux le veulent, qu'ils s'associent
pour ce noble genre de spéculation; mais qu'ils
ne s'adressent en aucune manière aux haras privilégiés, ni à l'administration.

La vitesse est relative à l'allure. Un cheval est
vite lorsqu'il est léger, long de corps, fort en haleine; qu'il parcourt dix mètres par seconde, et qu'il
soutient plus long-temps cette course. On trouve
ces qualités dans notre Cheval de selle dit Binet
(*voy.* tom 1, p. 456). Les Chevaux barbes, qui font
la course à Rome, et qui sont d'assez petite taille,
mettent une seconde pour remplir une carrière de
douze mètres. L'*Attila*, vainqueur aux courses du
Champ-de-Mars, à Paris, parcourut, dans le même
espace de temps, douze mètres et six cents millimètres, monté par son cavalier; le Cheval anglais
quatorze mètres et demi; le *Childers*, le plus vite
des chevaux de la Grande-Bretagne dont on ait
mémoire, quatorze mètres huit cent soixante millimètres.

Mais la course est-elle un bon moyen d'améliorer les Chevaux? Ses avantages sont vantés chez les
anciens par les Gaulois et par les Grecs, chez les

modernes par une foule d'écrivains enthousiastes
ou gagés. Le plaisir que j'avais trouvé à voir les
courses en Italie m'avait séduit; mais depuis que
j'ai pu en suivre les effets sur nos Chevaux français,
je suis revenu de mon erreur, et maintenant je
dis, avec la plus intime conviction, qu'il n'y a aucun
rapport d'amélioration positive entre ces spectacles de luxe et les soins paisibles à donner à la création de beaux et bons individus. Je soutiens même
que les courses ne sont qu'un vaste champ où l'on
sacrifie avec pompe, et de gaîté de cœur, toutes
les forces des jeunes Chevaux à l'affreuse manie des jeux de hasard, aux seuls caprices de quelques insensés. Ce sont les courses qui ont perdu
les *Chevaux de demi-sang*, autrefois si beaux, qui
présentaient à l'Angleterre des élémens précieux;
elles décident incessamment à dépasser les limites
imposées par la nature elle-même aux combinaisons industrielles.

CHEVAL DE RACE. Comme les horticulteurs, dont
l'étude habituelle est de créer sans cesse de nouveaux
hybrides, qu'ils décorent, avec certains botanistes, du nom de variétés, et même d'espèces, les
maquignons et marchands de chevaux parlent
toujours de chevaux de race; ils ne recommandent
que ceux-là, ils les vantent jusqu'à satiété. Il n'y
a point de Chevaux de race, si l'on en excepte les
deux que j'ai nommés plus haut; tous les autres
sont des mélanges plus ou moins heureux, des demi-sang, qu'il est fort rare de trouver pur. On
abuse des mots pour faire de l'argent. On ne regarde pas si l'honneur a à rougir du mensonge, il
faut de l'argent et des dupes à tout prix.

II. ANE. —S'il n'a point la fierté, l'ardeur, l'audace, la noble impétuosité du Cheval, l'Ane a d'autres qualités non moins précieuses; s'il ne court
pas aussi vite, aussi long-temps que lui, son extrême patience, son tempérament excellent, sa
persévérance dans le travail, la sûreté de son pied,
sa résignation quand il faut supporter de longues
fatigues et de pénibles privations, devraient lui
mériter plus de soins, plus d'attention qu'on ne
lui en accorde communément. L'Ane est le plus maltraité de tous les animaux domestiques; jeune ou
vieux, il est en butte à la brutalité de tous ceux
qui le rencontrent. Cependant il coûte fort peu
d'achat; son entretien n'est nullement onéreux,
les plantes les plus dures, les plus désagréables et
les plus négligées des autres bestiaux fournissent à
sa subsistance, et la paille, particulièrement celle
que l'on administre hachée ou légèrement broyée,
est pour lui un véritable régal, en même temps
qu'elle lui donne de l'embonpoint. Une petite
quantité d'eau lui suffit; mais il la veut claire et
sans goût. Pourquoi donc voit-on généralement
ce pauvre Ane porter la livrée de la plus affreuse
misère? Pourquoi le voit-on condamné presque
partout à l'état d'abjection le plus ignoble, à l'esclavage le plus barbare? Je le sais, l'injustice, le mépris
des hommes poursuivent, jusque dans les animaux,
ceux qui les servent trop bien, à trop peu de frais et
qui n'aiment point à faire parade de ce qu'ils font.
« La cruauté envers ces êtres animés et bons, qui

»vivent au milieu de nous, et qui n'y vivent que »pour satisfaire à nos besoins , nous procurer des »jouissances et concourir à nos plaisirs , est, se- »lon l'expression de Buffon , une flétrissure pour »les nations civilisées. » Cessez de tourmenter l'Ane , cessez de l'accabler de mauvais traite- mens, et il ne sera ni inflexible ni désobéissant ; il ne montrera plus l'opiniâtreté rustique demeu- rée proverbiale depuis des siècles. L'homme mé- chant et dur force l'animal à l'irritation , à saisir toutes les occasions de se venger, et il ne veut pas qu'il manifeste son mécontentement, et même sa fureur! Egoïste, tu te plains des tyrans qui t'écra- sent , et tu te venges de leur barbarie en frappant celui qui te livre ses forces, qui te dévoue toute son existence, qui te sert sans réserve aucune ! Montre-toi digne du titre d'homme, et tu auras le droit de frapper les tyrans ! Sois digne de la li- berté et elle viendra s'asseoir pour toujours au- près de toi, parce qu'alors tu seras juste.

L'Ane est indigène aux pays chauds, il dégé- nère dans les contrées boréales; commun et établi depuis de longs siècles jusqu'au 52ᵉ degré de lati- tude , il cesse de produire au 60ᵉ. Entre le ving- tième et le quarantième parallèle, il est grand, fort, agile, très-beau, vif et en même temps do- cile; son poil est doux, luisant. Il n'existait point sur le vaste continent américain quand il fut retrouvé dans le XVᵉ siècle. Les individus que l'on y voit, sauvages, dans les parties méridionales, et qu'on y prend dans des pièges, y furent transportés d'Eu- rope par les Espagnols. C'est à Washington que les États-Unis doivent l'introduction des Anes. L'Angleterre ne les possède que depuis le milieu du XVIIᵉ siècle. Ils sont encore tout nouveaux pour la Suède, ainsi que pour quelques autres parties du Nord; mais comme ils ne trouvent plus en ces climats la température qui leur convient , ils y sont trapus, petits, et d'une assez faible con- stitution.

L'Ane a les yeux bons, et même perçans, l'o- dorat très-développé, l'oreille excellente. Il dort moins que le cheval, et ne se couche pour dormir que lorsqu'il est excédé de fatigues. Il jouit d'une bonne constitution et n'est pas, à beaucoup près, sujet à un aussi grand nombre de maladies que le cheval; on peut même assurer qu'il n'en éprouve- rait presque jamais aucune, si on avait pour lui les égards convenables. Chargé sur la croupe, et non pas sur le dos, comme on le fait ordinairement , il porte plus qu'aucun autre animal, eu égard à son volume. La vermine s'attache rarement à sa peau. Quand on le tourmente trop, il se défend du pied et de la dent; il incline la tête, baisse les oreilles, refuse de marcher lorsqu'on le surcharge ou que le harnais le blesse. Il aime à se rouler sur le gazon et dans la poussière. Il conserve sa force jusqu'à l'âge de quatorze à quinze ans; elle diminue en- suite jusqu'au terme de sa vie, que la nature a fixé à vingt-cinq et trente ans, mais que l'excès du travail, les mauvais traitemens abrègent ordinai- rement beaucoup.

Jeune, l'Ane plaît par sa gaîté, sa légèreté, sa gentillesse. Peu d'animaux s'attachent aussi facile- ment et avec autant de sincérité. Il sent son maître de loin, il le distingue de tous les autres hommes et se montre plein de joie quand il s'approche de lui. Il retrouve aussi très-bien les lieux qu'il habite et les chemins qu'il a fréquentés.

On connaît plusieurs variétés d'Anes. En Ara- bie, chez les peuples nomades des déserts sablon- neux de l'Asie intérieure, il est grand de taille, son corps est étoffé, il a du feu. L'on estime à 1750 doubles pas de l'homme le chemin qu'il fait en voyage dans une demi-heure, quand il marche d'un pas égal. Cette race distinguée est très-répan- due en Egypte, où on la voit suivre d'un pied tou- jours ferme des chevaux obligés à une marche forcée. Les Anes d'Arcadie étaient fameux dans l'ancienne Grèce; ceux de l'Italie jouirent long- temps d'une haute réputation : ceux que j'ai vus dans les campagnes pittoresques de Tarente n'ont point dégénéré. Les Anes de Malte sont fort re- cherchés ; ceux d'Espagne sont très-beaux. En France, nous avons la superbe et bonne espèce du Mirebalais, qui est répandue dans les départe- mens des Deux-Sèvres, de la Vienne, des deux Charentes , etc. Son pelage est d'un noir luisant, tantôt frisé, tantôt superbe, avec des taches de feu. Le prix d'un étalon va de deux à huit mille francs. La petite race que j'ai observée en Sardai- gne est remarquable par sa force , sa vivacité et son agilité; elle est très-nombreuse et occupée particulièrement à tourner la meule des moulins à blé.

L'Ane est en état d'engendrer dès sa deuxième année. La femelle est encore plus ardente que le mâle. Elle porte onze, douze et treize mois. Ra- rement elle donne plus d'un petit. Son lait est abondant, très-léger, très-peu fourni de crème, et quand on le présente à des malades, il faut le leur faire boire dans sa chaleur naturelle. L'Anesse vit plus long-temps que son mâle; elle s'accouple avec le cheval, mais elle lui préfère toujours l'Ane quand on lui laisse le choix. Les Juifs écartaient les prémices de l'ânesse, dans les offrandes qu'ils portaient sur les autels, parce qu'ils avaient pris des Egyptiens de l'horreur pour la chair de l'Anon. Cependant l'Ane était très-estimé chez les premiers Juifs; on le trouve nommé parmi les richesses dont les patriarches se glorifiaient. Il servait non-seu- lement au labourage, aux autres travaux de la maison rurale, mais encore de monture pour les hommes et pour les femmes, et lorsque l'on vou- lait, chez eux, faire l'éloge d'une personne sous le rapport de l'activité, de la persévérance, de l'industrie, on la comparait à l'Ane.

N'allez point croire que la chair d'Anon soit mauvaise; elle est au contraire assez tendre et presqu'aussi bonne que celle du veau. L'on en fait de très-bons saucissons. Le chancelier Duprat l'ai- mait beaucoup. On en mangea par mode à son exemple; mais les courtisans cessèrent de l'ad- mettre sur leur table, dès qu'il eut quitté le mi- nistère. Le fumier d'Ane est un excellent engrais pour les terres fortes et humides. Son cuir est très-élastique, c'est le meilleur que l'on puisse employer pour la chaussure qui a besoin de durer. Son poil sert dans l'art du bourrelier et du sellier. En Chine, on prépare avec sa peau une colle fort estimée; en France, nous l'employons à faire des cribles, du parchemin et ce bruyant instrument qui bat la charge et proclame la victoire. Je ne dirai pas que l'Ane a servi de prétexte à plusieurs ouvrages satiriques, alors que la vérité ne pouvait se dire hautement, alors que les cent voix de la presse étaient comprimées par le despotisme; je ne parlerai point non plus de ces cérémonies indécentes célébrées dans l'église catholique, durant tant de siècles, sous le nom de *fêtes de l'Ane*, cela m'entraînerait hors de mon sujet.

III. Mulet. — De l'union de l'Ane avec la Cavale est né le véritable Mulet. On ignore l'époque précise où parut pour la première fois cette production ambiguë de l'humaine industrie, plutôt que de la nature. Toutes les recherches tentées à cet égard ont été pleinement infructueuses. Ce que l'on sait cependant d'une manière positive, c'est que le Mulet est nommé dans les auteurs les plus anciens arrivés jusqu'à nous, et que dans tous les siècles connus, dans tous les pays où le Cheval était dompté, l'on a eu des Mulets. On s'est même particulièrement occupé d'en avoir de beaux et bons élèves. Les premiers livres des Juifs, en en prohibant pour eux la possession, justifient cette double assertion. On faisait anciennement le plus grand cas des Mulets des Hénètes, de ceux de la Ligurie et de la Sabine, qui jouissaient de la réputation d'être infatigables, très-courageux et d'une force surprenante.

Le Mulet a la taille, l'encolure, les belles formes de la Jument. Il reçoit de l'âne la longueur des oreilles, la presque nudité de la queue, la sûreté de la jambe, une santé robuste. Après ceux du Chameau, ses reins sont les plus forts, les plus susceptibles de porter les plus grandes charges. Quand son pelage est noir et sa tête petite; quand il a les jambes un peu grosses et rondes, le corps étroit, le dos uni, la croupe pendante vers la queue, il est parfait. Si vous le destinez au service de la selle, choisissez-le parmi ceux provenant d'une jument espagnole qui soit allongée et légère; son pas en sera plus doux, plus aisé, son trot beaucoup moins fatigant; mais s'il doit être attelé à la charrue ou bien à la voiture, il vaut mieux que sa mère soit flamande. Le Mulet vit plus long-temps que le Cheval et l'Ane. Il atteint d'ordinaire quarante et cinquante ans. On se rappelle celui qui vécut, dans Athènes, jusqu'à quatre-vingts ans, et pour lequel le peuple ordonna qu'il serait nourri aux frais de la république comme un vétéran de Marathon. Mais nous avons fort peu d'exemples d'une aussi grande longévité. Cet animal arrive promptement à toute sa croissance. Il est très-sobre, peu délicat sur le choix de sa nourriture. Il prospère dans toutes les sortes de climats, dans les pays de plaine et dans les régions montueuses; mais il n'aime point l'humidité; les pâturages marécageux lui sont très-

nuisibles, principalement durant son premier âge.

Il est susceptible quelquefois d'engendrer, surtout dans les pays chauds. Il jouit très-peu de cette faculté dans les climats tempérés, il en est absolument privé partout ailleurs : de là l'opinion presque générale que le Mulet n'est point propre à la génération. Sa femelle n'est point stérile non plus; il y a des preuves nombreuses et irrécusables qu'elle peut être fécondée par un cheval, par un Mulet, par un âne, et qu'elle a mis bas au bout d'un an de gestation. Théophraste, qui fut un observateur plein d'exactitude et de véracité, cite les Mules de la Cappadoce pour produire communément toutes les années; Columelle et notre Olivier de Serres, Varron et l'allemand Hartmann en rapportent aussi des exemples.

C'est dans le département des Deux-Sèvres que se trouve la souche des plus beaux, des plus grands et des meilleurs Mulets connus; ceux que l'on rencontre en Espagne et en Italie en sont originaires. Ceux qui sont employés aux passages les plus difficiles des Pyrénées et des Alpes, proviennent de la Vendée et de la Charente. Les Mulets nés dans les départemens du Jura, de l'Aveyron, de l'Isère, sont petits et seulement propres à la culture des terres, à traîner la herse, à transporter les fumiers, etc. Partout ailleurs on ne voit que de la *Mulasse*, dont le commerce obscur devrait ramener les propriétaires à l'élève de la belle espèce.

Le Mulet se ménage au travail, cependant il le soutient long-temps avec une constance remarquable. Il est très-patient, mais il supporte mal les mauvais traitemens; il se venge à coups de pieds et de dents. Il garde rancune.

IV. Bardeau. — Ainsi que je l'ai déjà dit, tom. I. p. 583, le Bardeau est le produit du Cheval et de l'Anesse. Il est beaucoup plus petit que le Mulet et n'a point ses formes élégantes; l'encolure est plus mince, le dos plus tranchant, la croupe plus pointue et plus avalée. Il hennit comme le Cheval, a la tête plus longue, les oreilles plus courtes, les jambes plus fournies et la queue beaucoup moins nue que l'Ane. Il est moins habile à engendrer que le Mulet.   (T. D. B.)

CHEVALIER, *Totanus*. (ois.) On appelle ainsi un genre d'oiseaux échassiers de la famille des Longirostres, lequel se reconnaît à ces caractères : bec un peu grêle, médiocre ou long, presque rond, quelquefois un peu retroussé vers le bout, dont le sillon de la narine ne dépasse pas le milieu, lisse et courbé à la pointe de la partie supérieure; mandibule inférieure un peu recourbée à l'extrémité chez la plupart; doigts antérieurs ou seulement les intérieurs unis à leur base par une membrane assez marquée; pouce ne portant à terre que sur le bout; ailes médiocres, la première rémige la plus longue.

Ces animaux, dont le nom latin vient de *totano*, mot usité en Sicile pour indiquer certains oiseaux aquatiques, fréquentent le bord des fleuves et les prairies inondées. Ils voyagent par petites troupes, et se nourrissent d'insectes, de vers ou de petit mollusques. Leur mue a lieu à deux époques fixes de l'année. Leur plumage d'hiver ne diffère le plus souvent de celui de l'été que par un peu de variation dans la distribution des taches. Les jeunes diffèrent peu des adultes, en plumage d'hiver, et les femelles ne se distinguent des mâles que par leur taille qui est un peu plus forte.

M. Temminck admet dix espèces européennes dans le genre *Totanus*, et il les répartit dans les deux sous-genres suivans :

I. Chevaliers proprement dits.

Ceux-ci ont les mandibules droites avec la pointe de la supérieure courbée sur l'inférieure, leurs doigts médius et externe sont unis. Ils se nourrissent de vers, d'insectes à élytres et de petits mollusques. On les rencontre le long des fleuves, des lacs, etc., ainsi que sur toutes les eaux douces et les prairies humides.

CHEVALIER SEMI-PALMÉ, *Tot. semipalmatus*, Temm., est plutôt de l'Amérique septentrionale, seulement il se montre quelquefois dans le nord de l'Europe. Sa nourriture consiste en coquilles bivalves principalement, et aussi en vers marins et insectes aquatiques.

CHEVALIER ARLEQUIN, *Tot. fuscus*, que l'on trouve en Allemagne et en Russie, existe aussi dans l'Amérique septentrionale et en Asie. Il fréquente le bord des fleuves, des lacs et les marais.

CHEVALIER GAMBETTE, *Tot. calidris*, Bechstein, appelé aussi *Chevalier aux pieds rouges*, est en été brun dessus, avec des taches noires et quelque peu blanches au bord des plumes; blanc en dessous, avec des mouchetures brunes, surtout au cou et à la poitrine; les pieds sont rouges. En hiver, ses mouchetures sont presque effacées et son manteau est d'un gris brun presque uniforme. Cet oiseau, que l'on trouve dans presque toute l'Europe et principalement en France, niche dans les prairies et pond quatre œufs pointus, d'un jaune verdâtre, marqués de taches brunes, qui se réunissent vers le gros bout en une seule masse.

CHEVALIER STAGNILE, *Tot. stagnilis*, se trouve dans le nord de l'Europe ainsi qu'en Asie. Il niche dans les régions du cercle arctique.

CHEVALIER A LONGUE QUEUE, *Tot. bartramia*, est une espèce de l'Amérique septentrionale, que l'on trouve quelquefois, mais accidentellement, dans le nord de l'Europe.

CHEVALIER CUL-BLANC, appelé aussi *Bécasseau*, est le *Tringa ochropus* de Gmelin. Il est commun chez nous sur le bord des eaux douces, et paraît un bon gibier. Sa ponte, qu'il fait dans le sable, se compose de trois, quatre et jusqu'à cinq œufs d'un vert blanchâtre marqué de taches brunes. Cet oiseau est noirâtre, bronzé supérieurement, avec le bord des plumes piqueté de blanchâtre; inférieurement il est blanc, moucheté de gris au devant du cou et aux côtés; queue marquée inférieurement de trois bandes noires, pieds verdâtres.

BÉCASSEAU DES BOIS, *Tringa glareola* de Gm., appelé par M. Temminck *Chevalier sylvain*, diffère du précédent parce qu'il a sept ou huit rayures sur la queue, au lieu de trois, et que les taches pâles de son dos sont plus larges. Il est commun dans quelques provinces de l'Allemagne et dans les parties orientales et méridionales de l'Europe. On le trouve aussi en Asie. En France et en Hollande, il est peu répandu. Sa nourriture consiste en insectes et en vers. Sa ponte se fait dans le Nord.

CHEVALIER PERLÉ, *Tringa macularia*, Gm., est de l'Amérique septentrionale. On ne le trouve qu'accidentellement en Europe.

CHEVALIER GUIGNETTE, *Tringa hypoleucos*, Gm., est le plus petit de nos Chevaliers. Ses parties inférieures sont blanches et sans taches; les supérieures d'un brun olivâtre, à reflets, variées de zig-zags bruns noirâtres. Longueur totale, sept pouces deux ou trois lignes. On trouve la Guignette dans toute l'Europe centrale, sur le bord des eaux douces et dans les prairies. Elle niche dans tout le Nord et aussi dans les contrées tempérées. Sa ponte est de quatre ou cinq œufs d'un jaune blanchâtre, parsemé de taches brunes et cendrées, qui sont plus nombreuses vers le gros bout.

II. Chevaliers à bec retroussé.

Cette seconde section ne comprend encore qu'une espèce qui a les mandibules un peu recourbées en haut, droites et presque égales à la pointe. Son bec est gros et fort, son doigt du milieu réuni à l'extérieur.

C'est le CHEVALIER ABOYEUR, *Tot. glottis* de Bechstein, qui a les couvertures supérieures des ailes rayées de brun et les pieds d'un vert jaunâtre. Sa longueur est de douze pouces et six lignes. Il se tient le long des fleuves et des lacs d'eau douce, sa nourriture consiste en petits poissons et en coquilles bivalves. Il habite l'Europe et l'Asie. En France il n'est pas fort commun.

M. Temminck a nommé Bécassine-Chevalier la troisième section de son genre *Scolopax*. Voy. le 1er volume de ce Dictionnaire, p. 412. (GERV.)

CHEVALIER, *Eques*. (POISS.) Bloch a décrit, sous le nom de Chevaliers, un très-petit nombre de poissons osseux originaires d'Amérique, très-propres à exciter la curiosité des personnes étrangères à l'histoire naturelle, par la forme de leur corps comprimé, allongé, élevé aux épaules, et finissant en pointe vers la queue; par leur première dorsale qui est élevée, et la deuxième longue et écailleuse. Leurs dents sont en velours. Ces poissons, très-voisins, comme on va le voir, des Tambours, *Pogonias* Lacép., s'en éloignent essentiellement par la présence des barbillons qui garnissent le dessous de la mâchoire inférieure; ces barbillons sont très-nombreux. Les espèces qui nous sont connues offrent beaucoup de ressemblance entre elles. Les mieux constatées sont, premièrement : le CHEVALIER A BAUDRIER, *Eques balteatus*, Cuv. Val. ou *Eques americanus*, Bloch, la principale et la plus connue. La hauteur de ce poisson est plus considérable à l'endroit de sa première dorsale; la seconde, bien moins haute, se conserve sur toute sa longueur; ses écailles sont assez grandes. La couleur de ce poisson est gris jaunâtre tirant sur l'argenté, elle est plus pâle et plus argentée sous le ventre; il est orné de trois larges bandes ou rubans d'un brun noir, liserés de blanc. La première est verticale, et va du crâne à l'angle de la bouche; l'œil est sur son milieu. La seconde part de la nuque, passe sur l'épaule devant la pectorale, et, se courbant un peu, va aboutir à la base de la ventrale, sur laquelle elle s'étend. La troisième, qui est la plus large et de beaucoup plus longue, occupe la première dorsale, et suit la longueur du milieu du corps jusqu'au bout de la caudale.

Le CHEVALIER PONCTUÉ, *Eques punctatus*, Bloch. Sa nuque est plus haute à proportion que dans la première espèce. Tout son corps est d'un brun noirâtre très-foncé, et a de chaque côté cinq bandes étroites, grises. La dorsale et l'anale sont semées de taches rondes, grises ou bleuâtres. La première dorsale est noire et liserée de blanc vers le haut; elle est fort pointue; la seconde est aussi plus haute que dans l'espèce précédente; la caudale est arrondie; les pectorales et les ventrales sont grises.

Le CHEVALIER RAYÉ, *Eques lineatus*, Cuv. Val. Sa nuque et surtout sa première dorsale sont moins hautes que dans les deux espèces précédentes; tout son corps et ses nageoires sont d'un brun foncé, et sur chaque règnent six ou sept bandes étroites, grises, entièrement longitudinales.

(ALPH. G.)

CHEVALIER NOIR et CHEVALIER ROUGE. (INS.) Geoffroy a donné ces noms à deux insectes de genre et d'ordre différens. Le premier désigne le Panagée grande croix (r. PANAGÉE), le second appartient au Badiste bi-pustulé. (*V.* BADISTE.) Linné a donné le nom de CHEVALIERS, *Equites*, à une division du genre PAPILLON. (*V.* ce mot.)

(GUÉR.)

CHEVÊCHES. (OIS.) On nomme ainsi quelques espèces d'oiseaux de proie nocturnes. Nous en parlerons à l'article CHOUETTE. (GERV.)

CHEVEUX. (ZOOL.) L'étude des Cheveux, considérée comme faisant partie du système pileux, nous paraît appartenir plus spécialement au mot POIL. Nous y placerons donc tout ce qui a rapport aux généralités de ce sujet. Ici, nous nous contenterons de dire qu'on désigne par le nom de Cheveux les poils qui garnissent la partie supérieure du crâne et la nuque; que les Cheveux naissent plus ou moins bas sur le front, qu'ils manquent aux tempes et autour du pavillon de l'oreille; que leur longueur est plus considérable que celle des autres poils qu'on rencontre sur diverses parties du corps; qu'ils présentent de nombreuses variétés en raison de leur couleur, de leur finesse, de l'âge, du sexe, des tempéramens, des climats, de l'organisation des individus, de leur état de santé, etc. (*V.* POIL.) (P. G.)

CHÈVRE, *Capra*. (MAM.) Ce genre appartient à la famille des Ruminans à cornes, il a les caractères suivans :

Trente-deux dents ainsi réparties : incis. $\frac{0}{8}$, canines $\frac{0-0}{0-0}$ et mol. $\frac{6-6}{6-6}$; cornes dirigées en haut et en arrière, comprimées transversalement, pouvant exister dans les deux sexes et même se doubler dans certaines variétés domestiques; chanfrein droit ou même un peu concave; point de mufle; intervalle des narines nu; oreilles droites et médiocres (longues au contraire et pendantes chez quelques races domestiques); point de larmiers ni de sillons sous-orbitaires; langue douce; corps assez svelte; jambes robustes; point de pores inguinaux, non plus que de brosses aux poignets; mamelles au nombre de deux; queue courte.

Le pelage est composé de poils de deux sortes, les uns très-fins et très-doux, cachés par les autres qui sont plus longs et lisses. Le menton est le plus souvent garni d'une barbe, quelquefois aussi de deux appendices cutanés semblables à des glands et qui pendent au dessous du cou.

À l'état sauvage les Chèvres recherchent les lieux les plus élevés et les plus escarpés; elles se réunissent par troupes nombreuses et marchent comme les chevaux, conduites par un vieux mâle. Ce sont de tous les Ruminans ceux qui font preuve de plus d'intelligence et de vivacité. Elles habitent en Europe, en Asie ainsi qu'en Afrique (1). Leur nourriture consiste en herbes et en bourgeons. Elles font deux petits à chaque portée.

CHÈVRE BOUQUETIN, *Capra ibex*, L. Cette espèce habite les grandes chaînes de montagnes de l'ancien continent, on la trouve sur les Alpes, les Pyrénées, les Apennins, le Tyrol, le Jura, les montagnes de la Sibérie et du Kamtschatka et peut-être sur la chaîne du Liban, l'Ararat, le mont Taurus et quelques montagnes du nord de l'Afrique. Elle forme de petites troupes composées d'un seul mâle et de plusieurs femelles, qui restent unis jusqu'à l'époque où ces dernières mettent bas, c'est-à-dire en avril. Le rut a lieu vers le milieu de l'automne, et la durée de la gestation est de cent soixante jours environ.

Les Bouquetins ont les cornes de couleur noirâtre, dirigées obliquement en arrière et en dehors en décrivant une courbe assez régulière. Leur tête est assez courte, leur museau épais, et leurs yeux, de grandeur médiocre, vifs et étincelans. Ils ont la queue courte, les jambes minces et sèches. Le pelage varie un peu, suivant les saisons; il est généralement d'un gris fauve aux parties supérieures et blanc sale aux inférieures. Une bande noire s'étend tout le long de l'épine du dos, jusqu'au bord de la queue; elle est surtout apparente en hiver. La teinte brune du corps diminue pendant cette saison. Les fesses sont blanches et il y a sur chaque flanc une ligne brune qui sépare la couleur du dessus du corps de celle du dessous. La barbe est d'un brun noir.

Les dimensions (prises sur un Bouquetin mâle, provenant de Suisse) ont offert pour la longueur du bout du museau jusqu'à la base de la queue, 4 pieds 6 pouces; et pour la queue 6 pouces.

(1) Il paraît même qu'une espèce a été observée en Amérique.

La hauteur du train de devant au garrot, 2 pieds, 6 pouces 1 ligne. Elle est égale à la longueur des cornes, mesurée sur la courbure.

Ces animaux, quoique aimant beaucoup la liberté, sont cependant susceptibles d'être apprivoisés, lorsqu'on les prend jeunes. Ils peuvent s'accoupler avec nos Chèvres et produire des individus métis, qui ont ordinairement les couleurs du père et les cornes de la mère. Des individus sauvages se mêlent quelquefois aux Chèvres qu'on fait paître sur les montagnes et les saillissent.

On regarde comme formant une variété, dans l'espèce du Bouquetin, le Bouquetin de Sibérie, *Ibex alpium sibericarum* de Pallas, lequel pourra bien, lorsqu'on le connaîtra davantage, offrir des caractères assez importans pour qu'on doive l'en séparer spécifiquement.

Chèvre de Nubie, *Capra nubiana*. M. Fréd. Cuvier a décrit sous ce nom une espèce du genre Chèvre, laquelle habite la Nubie et l'Arabie, et se distingue par des cornes grêles, longues de deux pieds et demi, comprimées en dedans, arrondies en dehors et présentant douze ou treize nœuds. Cette Chèvre a les formes plus gracieuses que l'*Ibex*, elle est aussi plus légère. Sa couleur est d'un fauve clair mêlé de brun, principalement sur les flancs, les épaules et les membres de devant. La ligne dorsale est noirâtre ainsi que la queue; la barbe tout-à-fait noire.

Bouquetin du Caucase, *Capra caucasia*, est une autre espèce, découverte par M. Guldenstedt, dans les parties septentrionales du Caucase. Les cornes sont triangulaires, ayant leur face antérieure anguleuse avec les côtes ou nœuds saillans.

La taille et les proportions de cet animal sont à peu près celles du Bouquetin. Les parties supérieures de son corps sont d'un brun foncé, les inférieures blanches; la tête est grise et le tour de la bouche noir.

Chèvre sauvage, *Capra ægagrus*. Cette espèce est à peu près de la taille du Bouquetin, dont elle a les proportions. Ses couleurs, d'après Gmelin jeune, sont en dessus d'un gris roussâtre, avec une ligne dorsale et la queue noires; la tête noire en avant et rousse aux côtés; la gorge brune ainsi que la barbe. Les cornes, petites chez les femelles, sont longues, chez les mâles, de deux pieds cinq pouces, recourbées en arrière et peu divergentes; leur bord antérieur est comprimé.

Cet animal, que nous avons représenté dans notre Atlas, pl. 1, fig. 100, est suivant les naturalistes d'aujourd'hui, la source de toutes nos Chèvres domestiques. Il habite principalement le Caucase et le mont Taurus, et il paraît douteux qu'on l'ait jamais trouvé dans nos montagnes d'Europe. Les Bézoards (*voy.* ce mot) qui ont eu autrefois une si grande réputation en médecine, se tiraient vraisemblablement de plusieurs animaux; mais ils paraît que les plus estimés provenaient de l'Ægagre, que tout porte à regarder comme le *Paseng* des Persans.

Chèvres domestiques. Ces animaux se trouvent aujourd'hui sur tous les points de la terre; mais ils présentent dans certaines contrées des différences fort notables, qui les ont fait regarder comme constituant plusieurs variétés distinctes que nous étudierons bientôt. Nous devons d'abord dire quelques mots sur la Chèvre commune, laquelle est mieux connue que toutes les autres et nous intéresse d'une manière plus directe.

Cette espèce se trouve par toute l'Europe, et aussi dans certaines parties de notre globe où les Européens se sont établis. Elle paraît avoir été réduite en domesticité dès les premiers temps de la civilisation et cependant elle a peu perdu de ses facultés. Elle a même conservé partout son caractère vagabond et capricieux. Elle aime à s'écarter dans les solitudes, à grimper sur les lieux escarpés. « Elle a de nature, comme dit Buffon, plus de sentiment et de ressource que la brebis; elle vient à l'homme volontiers; elle se familiarise aisément; elle est sensible aux caresses et capable d'attachement; elle est aussi plus forte, plus légère, plus agile, et moins timide que la brebis. »

Ce n'est qu'avec peine qu'on conduit les Chèvres et qu'on peut les réduire en troupeaux. Un seul homme ne saurait en diriger plus de cinquante. Lorsqu'on les mène avec les moutons, elles se placent toujours en tête du troupeau, et, par goût, le dirigent vers quelque endroit élevé, où elles grimpent avec facilité.

Les mâles sont très-ardens en amour. Ils se battent violemment entre eux, mais ne s'attachent de préférence à aucune femelle. Ils peuvent engendrer à un an et les Chèvres à sept mois, mais les fruits de ces unions précoces sont faibles et défectueux; aussi vaut-il mieux attendre que les uns et les autres soient âgés de dix-huit mois ou deux ans. A quatre ou cinq ans les Boucs sont déjà vieux, ainsi, lorsqu'on veut avoir de ces animaux pour la génération, on doit les prendre jeunes, c'est-à-dire âgés de deux ans environ. Leur taille doit être grande, leur cou court et charnu; leur tête légère, leur poil noir, épais et doux, leur barbe longue et bien garnie. — Les femelles sont ordinairement en chaleur vers les mois de septembre, octobre ou novembre. On ne fait guère de choix parmi elles, et on les fait presque toutes couvrir. Elles portent cinq mois, et mettent bas au commencement du sixième deux petits, quelquefois moins, d'autrefois trois et même quatre. Ce dernier nombre s'observe rarement.

Les petits ou Chevreaux tettent pendant cinq ou six semaines. On ne les conserve pas tous; on en mange quelques uns avant qu'ils aient cessé d'avoir besoin de la mère et on coupe les autres, ou bien on les conserve entiers, si l'on veut en faire des Boucs. Lorsqu'on les a châtrés, on les fait passer avec les vieilles Chèvres que l'on engraisse et les vieux mâles qui ne servent plus. Quoiqu'on les mange le plus souvent lorsqu'ils sont encore jeunes, leur chair n'est jamais aussi bonne que celle du mouton, si ce n'est dans les climats chauds où la chair de celui-ci est fade et de mauvais goût.

L'odeur forte du Bouc ne vient pas de sa chair, mais de sa peau.

Dans les contrées chaudes on n'a pas d'étable pour ces animaux, mais chez nous ils périraient, si on ne les mettait à l'abri des rigueurs de l'hiver. Cependant ils sont moins susceptibles que les moutons et on peut les faire sortir quelques heures pendant les journées froides. La belle saison permet de ne pas leur donner de litière, mais en hiver on ne doit pas les en laisser manquer, car l'humidité leur est fort nuisible.

Les Chèvres sont peu difficiles pour la nourriture et elles sont d'un assez bon rapport; leur fumier est plus chaud que celui des brebis, et leur chair, quoique inférieure à celle de ces dernières, est cependant un fort bon aliment. Leur lait est sain et abondant. Les médecins l'ordonnent souvent aux personnes dont l'estomac est délabré. Ce lait n'est point assez gras pour fournir de bon beurre; mais on en fait, principalement dans le midi de la France, des fromages qui ont fort bon goût. Les Chèvres permettent non-seulement à leurs petits, mais encore à ceux des autres espèces, de venir les téter, et il n'est pas rare, comme on sait, de voir des enfans qui n'ont pris d'autre lait que celui de ces animaux.

Le poil des Chèvres, non filé, est employé par les teinturiers à la fabrication de ce qu'ils nomment *rouge de bourre*. Il sert quelquefois aussi en chapellerie. Après qu'il a été filé on en fait diverses étoffes. La peau qui a conservé sa toison est recherchée, comme fourrure, dans certains pays. Après qu'on la lui a enlevée, elle passe chez les corroyeurs qui la travaillent de diverses manières, soit pour en faire du parchemin, du maroquin, du cuir pour les chaussures, etc. Le suif des Chèvres n'a pas d'autre usage que celui des moutons. Il est aujourd'hui tout-à-fait inusité en médecine.

Le Bouc s'allie avec la Brebis, et aussi avec le Chamois; le produit de la première de ces unions est seul connu, c'est un hybride infécond; le second n'a point été vérifié, il n'est pas sûr qu'il ait jamais eu lieu. Buffon considérait les Chèvres comme appartenant à la même espèce que le Bouquetin et le Chamois, mais tout le monde sait aujourd'hui que celui-ci est un animal tout-à-fait distinct, appartenant même à un genre différent, et que l'autre, quoiqu'étant du même genre, diffère cependant de ces animaux, et aussi de l'Ægagre qui est leur type sauvage, par des caractères bien tranchés.

Nous allons maintenant indiquer les diverses races domestiques que l'on connaît parmi ces animaux, nous les indiquerons les unes après les autres en suivant le travail de M. Desmarest (Mammalogie). Toutes peuvent s'unir entre elles et donner des produits féconds.

A. Chèvre commune, *Cap. Hircus* des nomenclateurs, figurée dans notre Atlas, pl. 100, fig. 2. Cette variété se trouve dans toute l'Europe et aussi dans les contrées lointaines où les Européens se sont établis. Elle paraît même n'avoir subi que de légères modifications. Le mâle

ou Bouc est haut, au train de devant, de deux pieds deux pouces. Il a de longueur, depuis le bout museau jusqu'à l'anus, quatre pieds environ. Les oreilles sont droites et longues de cinq pouces. Les cornes sont très-longues, comprimées et ridées transversalement. Elles ne décrivent pas un arc régulier, mais elles montent d'abord en ligne droite sur le sommet de la tête, et se recourbent ensuite en arrière et de côté. Les femelles, auxquelles on réserve plus particulièrement le nom de Chèvres, ne diffèrent du Bouc que par une taille moins grande, des cornes plus petites, moins comprimées, plus régulièrement arquées en arrière dans leur longueur, ou bien n'existant pas du tout dans quelques individus. Elles ont d'ailleurs le pelage composé de poils de deux sortes, les uns longs, extérieurs, moins durs que les crins du cheval auxquels ils ressemblent, et pendant par mèches. Les autres poils sont plus courts, assez rares et moins fins, ils sont cachés par les premiers. La couleur ordinaire varie du noir au blanc, elle est souvent brune, d'autrefois jaunâtre ou tout-à-fait fauve. Certaines races présentent sous le cou des prolongemens de la peau, ou glands, lesquels se transmettent par voie de génération.

Les cornes varient pour le nombre; le plus souvent il n'y en a que deux, mais cependant il s'en trouve quelquefois davantage, trois par exemple, quatre et même cinq. Il peut arriver aussi qu'elles manquent tout-à-fait.

B. Chèvres sans cornes, *Cap. ægagra acera*, Desm. Le Bouc sans corne de M. Fréd. Cuvier (Mamm. lithog.) appartient à cette variété. Le chanfrein est droit, et la protubérance qui constitue le noyau des cornes dans les autres races, ne se trouve ici qu'en rudiment; les oreilles sont droites, en cornet comme dans les précédentes; le corps est couvert de poils soyeux très-longs.

On trouve ces animaux en Espagne. Il faut remarquer que dans toutes les autres races il existe certains individus de l'un et l'autre sexe qui sont toujours privés de cornes.

C. Chèvres de cachemire, *Capra ægagra lanigera*, Desm. M. Fréd. Cuvier a également figuré, dans son Histoire des mammifères, un Bouc de cette variété, lequel avait de hauteur, au garrot, deux pieds, et de longueur, depuis le bout du museau jusqu'à l'origine de la queue, trois pieds dix pouces. Les cornes droites, très-aplaties, sont tordues en spirale et divergentes, les oreilles larges et pendantes. Le beau poil soyeux, lisse et très-fin de ces animaux, compose en grande partie les tissus de Cachemire. Il paraîtrait qu'on le mêle au poil de chameau. Un individu mâle a été envoyé à la ménagerie du Muséum, par MM. Diard et Duvaucel, il provenait du royaume de Cachemire; c'est lui que M. Cuvier a représenté. On a remarqué que même pendant le rut cet animal ne répandait aucune odeur.

D. Chèvres de Juda, *Capra ægagra reversa*, Gm. C'est le *Bouc de Juda* ou *Juida*, Buff., t. xii, pl. 20 et 21, et Suppl., t. iii, pl. 13.

On trouve ces animaux dans le royaume de Juda.

Juda, en Afrique. Le Bouc offre assez de rapports avec ceux de la variété précédente, mais il est plus petit et moins haut sur jambes; il n'a que deux pieds neuf pouces de longueur totale, et un pied cinq pouces de hauteur. Ses cornes blanchâtres, grandes et très-aplaties, s'écartent de la tête en divergeant et se tordant une fois et demie sur elles-mêmes. Les poils soyeux du corps sont assez longs, et fins, le plus souvent de couleur blanche; les laineux sont extrêmement fins et doux. Une espèce de crinière s'étend depuis le derrière de la tête jusqu'à la queue; elle est formée de poils plus longs que les autres.

E. Chèvres du Thibet, *Cap. ægagra thibetana.* Cette race est originaire du Thibet, d'où elle a passé dans l'Inde. C'est de cette contrée que les Anglais ont tiré les premiers individus qui ont été transportés en Europe. Aujourd'hui on la voit dans plusieurs parties de ce continent, et notamment en France, où elle a été importée en 1818.

Le mâle a de hauteur, au garrot, deux pieds cinq pouces, et de longueur, depuis le bout du nez jusqu'à la base de la queue, trois pieds deux pouces. Les cornes sont aplaties, dirigées latéralement et tordues sur elles-mêmes. Celles des femelles sont minces, annelées en travers et non tordues. Les couleurs sont généralement brunes, avec un peu de fauve à la tête. Les jeunes sujets présentent une ligne dorsale noirâtre.

F. Chèvres d'Angora, *Cap. æg. angorensis,* Gm. On trouve celles-ci dans les environs de la ville d'Angora, en Asie mineure. Leurs longs poils servent de matière première dans la fabrication des étoffes connues sous le nom de camelots. Ils sont ordinairement de couleur blanchâtre, frisés et contournés en tire-boure.

La taille des Chèvres d'Angora ne dépasse pas la moyenne.

G. Chèvre membrine, *Cap. æg. membrina,* Gm., la Chèvre membrine ou du Levant de Buffon. Cette race est peu connue, elle a reçu son nom de celui de la montagne de Mambrée ou Manrée, située dans la partie méridionale de la Palestine, aux environs d'Hébron. On dit qu'elle existe aussi dans toute la Basse-Egypte et aux Indes orientales.

H. Chèvre de la Haute-Egypte, *Cap. thebaïca,* Desm. M. Fréd. Cuvier a donné (Hist. des mamm.) la figure d'un individu mâle qui est de taille moyenne, son chanfrein est excessivement bombé et séparé du front par un enfoncement; la mâchoire inférieure est prolongée de manière à dépasser beaucoup la supérieure; les oreilles très-longues et plates; cornes nulles ou très-petites.

I. Chèvres du Népaul, *Cap. æg. arietina,* Desm. Celles-ci ont été également représentées et décrites dans le bel ouvrage de M. Fréd. Cuvier. On les trouve dans l'Inde, au pied des monts Himalaya.

K. Chèvres naines, *Cap. æg. depressa,* Erxleben. Ce sont les Chèvres naines, ou Chèvres à cornes rabattues de Buffon. La hauteur du mâle, au garrot, est de vingt-deux pouces; de la femelle, dix-huit seulement. Ces animaux sont originaires

de l'Afrique. Ils ont été transportés en Amérique et dans d'autres pays, où ils n'ont subi d'autre altération que celle de la taille, qui est devenue plus petite encore.

L. Chèvres cossus, *Cap. æg. cossus,* constituent une variété indienne décrite, ainsi que les Chèvres imberbes, *Cap. æg. imberbis,* par M. de Blainville dans le Bull. de la Soc. philom., 1818. Elles reposent sur les dessins observés à Londres par ce naturaliste.

Chèvre colombienne, *Cap. columbiana,* de Desmoulins. Cette Chèvre paraît former une espèce distincte, mais elle n'est pas bien connue, et il n'est pas bien certain qu'elle doive rester dans ce genre; c'est le *Rupicapra americana* de M. Blainville, et l'*Antilopa americana* de M. Desmarest. Elle habite quelques parties de l'Amérique septentrionale.

Cette espèce est un peu plus grande que la brebis, à laquelle elle ressemble sous quelques rapports; ses cornes sont de couleur noire, longues de quatre ou cinq pouces seulement, et courbées en arrière; elles ont un pouce de diamètre à leur base. Le corps est couvert de poils longs, soyeux, de couleur jaunâtre, et plus moelleux que ceux de la Chèvre ordinaire.

G. Cuvier a rapproché des Chèvres et placé dans le même genre qu'elles, sous le nom de *Bouquetin à crinière d'Afrique,* un animal de ce continent, considéré par quelques auteurs comme un Antilope, et qui a été représenté par Samuel Daniels dans les *Afric. scenerys,* pl. 24. (Gerv.)

CHÈVRE. (écon. rur.) Cet animal est de tous ceux associés à la maison rurale, celui qui procure à l'homme les secours les plus prompts et les plus certains, les plus précieux et les plus directs. Dans les lieux qui n'offrent à l'œil attristé que le spectacle de la misère, de la stérilité la plus complète, sur les âpres montagnes comme sur les coteaux à peine ombragés par de maigres arbrisseaux, ou tapissés d'une herbe trop courte, trop peu succulente pour servir de nourriture à la vache; dans les landes arides où l'homme obtient à peine, pour prix de longues fatigues et de ses sueurs, ce qui peut aider à sa subsistance, la Chèvre est le seul adoucissement qui lui soit donné sur une terre aussi malheureuse. Dans le lait et les petits de la Chèvre, il a ce qu'il faut pour oublier sa triste position; dans l'attachement que cet animal lui témoigne, il trouve ce que son semblable lui refuse, car la misère est porte close pour les amis, c'est le cordon militaire que la politique place entre deux peuples que tout appelle à vivre en famille. Le sein maternel est-il flétri par la pénurie, le chagrin ou les maladies qui les suivent de près, la Chèvre vient au secours de l'enfant infortuné, et se complait dans cet acte de charité. Pour le remplir dignement, elle enchaîne sa pétulance, elle impose un frein à la rapidité de ses mouvemens. Étonnante bonté! Voyez-la s'approcher avec un joyeux bêlement, elle met son pis à la portée du nourrisson qu'elle adopte; elle éprouve du plaisir à lui porter le premier aliment qu'il réclame, à satisfaire son appétit ; elle revient à lui toujours empressée ; elle accourt au premier cri qu'elle entend, et s'acquitte sans cesse de cette noble tâche, de ce devoir du sentiment, avec complaisance et affection. Quand une fois on a assisté à cette scène touchante, le souvenir ne s'en efface plus, et chaque fois que l'on rencontre une Chèvre on sent battre son cœur, on est prêt à lui rendre hommage. C'est en considération de cette inclination bienfaisante que le docteur Zwierlein, de Stendal, témoignait, en 1819, le désir de voir remplacer par des Chèvres les nourrices mercenaires, ces femmes qui vendent leur lait aux enfans abandonnés, à ceux que leurs mères négligent par pure coquetterie et pour obéir à la mode.

La Chèvre fournit deux fois plus de lait que la brebis ; il n'est point rare, dans les pays chauds plutôt que dans les régions froides, et quand elle est bien nourrie, de la voir en donner jusqu'à trois et quatre litres par jour, quantité que beaucoup de vaches procurent à peine. Son lait est très-blanc, plus maigre que celui de femme, moins épais et plus visqueux que celui de vache, moins séreux et plus dense que celui d'ânesse, et contient plus de parties caséeuses que celui de brebis. Il a une odeur particulière, qui est moins forte chez les Chèvres blanches, les Chèvres sans cornes, et surtout les Chèvres que l'on tient avec soin. Il est légèrement astringent quand l'animal broute les feuilles, les bourgeons du chêne ; il est purgatif, quand il se repaît de Garou (*Daphne alpina*), de Tithymale (*Euphorbia peplis*), de Clématite (*Clematis vitalba*). Ce lait, converti en fromages, assure la richesse des communes du Mont-Dor, de presque tout le département du Cantal, de Sassenage, etc. Les fromages de Chèvre étaient fort estimés chez les vieux Grecs et les anciens Romains ; ceux des environs d'Agrigente jouissaient surtout d'une haute réputation.

Plusieurs agronomes distinguent parmi nos Chèvres domestiques quatre races : une à poils longs, une autre à poils ras, la troisième à poils longs et mi-partie ras, la quatrième à poils ras de couleur constamment fauve, dite *gris de biche*. Ces prétendues races ne sont que des variétés, qu'il serait peut-être bon de réduire aux deux premières, s'il n'est pas constant que la nature du poil soit uniquement due à l'habitude de tenir l'animal en plein air ou bien dans des écuries trop chaudes. J'ai remarqué, et divers propriétaires ruraux ont confirmé cette observation, que notre Chèvre, principalement celle qui habite nos départemens du centre et ceux du midi, se couvre naturellement de fourrures plus longues et plus épaisses aux approches de l'hiver, et même durant cette saison. Le duvet soyeux garnit et protège les poils naissans ; il a atteint toute son étendue aux premiers jours de février ou de mars, et commence dès lors à tomber jusqu'en avril et mai. Le cou, le ventre, et les parties antérieures sont plus spécialement les endroits où il abonde. Sa grosseur, sa texture et sa force ont beaucoup d'a-

nalogie avec le beau duvet de la Chèvre du Kachemyr ; il est susceptible d'être mis en œuvre comme lui, seulement étant plus court, on peut en faire des gilets, des chapeaux légers et l'employer pour la trame des châles. L'animal souffre si on le lui enlève durant les mois de novembre et décembre ; il n'en est pas de même en mars, avril et mai : c'est donc le véritable moment de cette sorte de tonte. On peut la faire en plein champ. On a voulu faire croire que l'existence de ce duvet était le résultat d'une affection morbifique : je ne partage nullement cette opinion. La Chèvre blanche fournit plus de duvet que les noires ; les jeunes en donnent peu, et sa quantité diminue sensiblement à mesure que l'individu vieillit. Il est également faux de dire que plus on peigne la Chèvre, plus la récolte est abondante.

Je rejette aussi le sentiment de ceux qui veulent que l'introduction de la Chèvre en France date seulement du premier siècle de l'ère vulgaire, et que ce soit aux Romains que les Gaulois, nos ancêtres, durent ce présent utile selon les uns, et très-fatal selon les autres. Rien ne justifie cette assertion, du moins à mes yeux. Toutes les autorités que j'ai consultées sont muettes à ce sujet. Il serait peut-être plus sensé, si l'on ne veut point croire que les Celtes la possédaient, d'avancer qu'elle a été apportée par les Phocéens ; les Grecs faisaient le plus grand cas de la Chèvre, tandis que les Romains en avaient peu, et dans leurs baux ils défendaient expressément aux fermiers d'en élever.

Quoique la Chèvre mange presque toutes les plantes vénéneuses que rejettent les autres animaux domestiques, elle n'en est aucunement indisposée. Elle se contente d'une nourriture grossière, et est peu sujette aux maladies. Vivante et après sa mort, elle rend de très-grands services. Cependant on ne peut se dissimuler qu'elle ne soit un véritable fléau pour les jeunes arbres, les jardins, les pépinières, les vignes et les haies vives ; mais doit-on pour cela demander, appeler sans cesse la destruction de cet animal si vif et si bon ? Faut-il enlever au domaine rural, à l'économie domestique, à l'industrie manufacturière, au commerce les nombreux avantages que cet animal leur présente et leur assure ? Et puis le malheur n'est-il donc plus sacré ? N'est-ce pas assez d'exiler le pauvre aux confins de la vie sociale ? poussera-t-on la barbarie jusqu'à lui arracher le seul compagnon utile de son infortune, jusqu'à le dépouiller de l'unique ressource qui lui reste, tandis qu'on laissera vivre, pour les plaisirs du riche insatiable, des troupeaux de cerfs, de daims, de chevreuils, dont la dent n'est pas moins funeste à l'agriculture, dont la présence dans nos bois détruit en peu de jours le présent et l'avenir. Reverrons-nous les affreux assassinats de 1585, 1725, 1733, 1741, et de 1757 ? Ira-t-on encore égorger la Chèvre sous le chaume qu'elle égaie, dans les bras de la famille éplorée dont elle est toute la richesse ? L'exemple des quinze à vingt mille Chèvres répandues dans les douze communes d

Mont-Dor répond d'une manière victorieuse à toutes les objections. Ayez un bon Code rural, et laissez faire.

Bien avant les mémorables événemens de 1789, on a tenté d'améliorer la race indigène de nos Chèvres avec celles de la Natolie. Un troupeau de Chèvres d'Angora fut naturalisé en 1780 dans les montagnes du Léberon, département des Bouches-du-Rhône, par De la Tour d'Aigues. Bourgelat en éleva plusieurs avec succès aux environs de Lyon en 1782. Les individus conduits à la ferme expérimentale de Rambouillet furent les seuls qui périrent (quoique cette espèce ne soit point délicate, ni sur le climat ni sur la qualité des pâturages), parce qu'ils y furent traités plus par ostentation, plus comme objet de curiosité, que comme pouvant être utiles à l'agriculture.

En 1819 nous avons vu débarquer à Marseille, venant des hauteurs de l'Himalaya, du grand plateau de l'Oundès (ou région des laines, appelée vulgairement le Petit Thibet) et de la Tartarie, une superbe colonie de Chèvres, dites du Kachemyr, que les anciens Grecs désignaient sous le nom de *Chèvres de la Cilicie*.

Dans l'année 1824, une autre espèce à poils longs, soyeux, de couleur bai-rouge, a été introduite aux environs de Nantes par notre ami J. B. Thomine; elle est originaire de Mascate, petite ville d'Asie sur la côte orientale de l'Arabie-Heureuse.

Ces nouvelles Chèvres se sont fort bien acclimatées dans le midi et quelques parties de l'ouest. La première ne se trouve plus que chez quelques propriétaires soigneux. Des peuplades de la seconde vivent, se multiplient et trouvent une nourriture convenable sur les montagnes de nos départemens de l'Isère, de l'Ain, de l'Ardèche, du Jura et de la Côte-Dor. La troisième a moins bien réussi depuis l'hiver de 1830.

Si c'est abuser des forces de la vache que de vouloir l'employer à la culture des terres et de l'atteler à la charrue ou bien aux chariots avec le cheval; si c'est chercher à faire perdre au chien ses qualités, ses agrémens, son intelligence et sa touchante sensibilité que de le condamner à charrier des fardeaux, que dire de l'impudeur de ceux qui soumettent la Chèvre au harnais et au joug? Qu'espère-t-on de cette prétendue conquête faite en dépit de la nature? N'est-ce pas le comble de la plus grossière barbarie? Quels avantages peut-on espérer d'animaux qui ne sont point organisés pour des exercices aussi violens? En vain la brutalité les y contraint; on ne gagnera rien autre chose, à confondre ainsi toutes les idées, qu'une prompte dégénération des espèces, que la ruine totale des premiers appuis de la maison rurale.

Finissons par un trait qui prouve l'intelligence de la Chèvre; il nous est fourni par Mutianus, comme témoin oculaire; nous le copions dans Pline (Hist. nat., VIII, 50). Deux Chèvres se rencontrent sur un pont fort étroit; l'espace ne leur permettait pas de se retourner, et la planche était trop longue pour qu'elles pussent rétrograder sans voir où poser le pied. Que faire cependant? Le torrent qui roule au fond du précipice menace de les engloutir au moindre mouvement, à la plus légère déviation. Après s'être entendues dans leur langage chévrier, comme dirait Rabelais, l'une des deux se coucha sur le ventre, tandis que l'autre lui passa sur le corps.

Une scène absolument pareille s'est passée sous mes yeux, en 1795, lorsque je visitais la Suisse. C'était aux environs du lac orageux de Vallenstadt, près de Sargans; les deux Chèvres retournaient chacune à leurs troupeaux qu'elles avaient quittés dans leurs courses vagabondes.

CHÈVRE DE LAINE. Nom de la Chèvre d'Angora, c'est la traduction du mot *Tislik-gueschi*, employé dans plusieurs contrées de l'Orient pour la désigner.

CHÈVRE-MUSE. Chèvre sans cornes. Ce n'est point une variété à part, mais un simple accident de nature, qui ne se propage même pas de la Chèvre à son chevreau.

CHÈVRE-VAQUE. Au Mont-Dor on donne ce nom à la Chèvre stérile; une Chèvre-vaque est un animal sans valeur. (T. D. B.)

Le nom de *Chèvre* a été donné par les voyageurs à plusieurs animaux qui, presque tous, appartiennent au groupe des Antilopes. Ainsi la Chèvre bleue est l'*Ant. leucophœa*, et la Chèvre de passage des Hollandais, l'*Ant. Springbock*, etc.

En ornithologie, on appelle *Chèvre volante*, la Bécassine commune, dont le cri ressemble assez à celui de la Chèvre, et *Tette-Chèvre*, les espèces du genre Engoulevent, parce qu'un préjugé bien singulier a fait dire qu'elles tettaient les Chèvres.

CHEVREAU (MAM.) C'est le petit de la Chèvre.
(GERV.)

CHÈVRE-FEUILLE, *Lonicera* (BOT. PHAN.), du nom d'un botaniste fort ancien. Ce genre se rapporte à la famille des Caprifoliacées, dont il est le type, et à la Pentandrie monogynie. Caractères: corolle monopétale, irrégulière, baie inférieure à la corolle, à deux loges. Les espèces de ce genre sont par quelques botanistes soudivisées en deux groupes: dans l'un viennent se ranger toutes celles dont la tige est volubile; dans l'autre toutes celles dont la tige ne l'est pas.

§ I. Tige volubile.

L. CHÈVRE-FEUILLE, *Lonicera caprifolium*, L. Fleurs verticillées, terminales, sessiles, purpurines, jaunes à l'intérieur, feuilles supérieures connées-perfoliées. (*Voyez* notre Atlas, pl. 99, fig. 3.)

LONICÈRE PÉRICLYMÈNE, *Lonicera*, *periclymenum*, L. Tête de fleurs ovales, imbriquées, terminales; feuilles toutes distinctes à leur base. Fleurs d'un rouge purpurin, mêlé de jaune.

§ II. Tige non volubile.

CHAMÉCERISIER DES PYRÉNÉES, *Lon. pyrenaïca*, L. Petites feuilles d'un vert glauque; fleurs d'un blanc un peu rosé.

CHAMÉCERISIER XYLOSTÉON, *Lon. xylosteum*, L.

Pédoncules biflores; baies réunies, digynes; feuilles ovales-lancéolées.

Les bergers des Pyrénées aiment à sucer le tube du Chèvre-feuille, qui a un goût sucré.

Pour ce qui regarde le genre Camerisier; voy, tom. 1, pag. 605 et 606.

(C. É.)

CHEVRETTE. (crust.) C'est le nom vulgaire de divers petits crustacés que l'on mange sur nos côtes et à Paris, et qui appartiennent aux genres PALÉMON et CRANGON. *V*. ces mots. (GUÉR.)

CHEVROLLE, *Caprella*. (crust.) Ce genre, établi par Latreille, appartient à l'ordre des Isopodes, section des Cistibranches. Ses caractères génériques sont les suivans : quatre antennes dont les supérieures plus longues; leur dernière pièce composée de très-petits articles nombreux ; deux yeux sessiles composés; corps allongé, linéaire ou filiforme, divisé en articles inégaux ; queue très-courte; dix pattes unguiculées, à paires disposées en une série interrompue.

Ces crustacés sont tous marins; ils sont de très-petite taille, et on les trouve communément sur les plantes marines. Quand les Chevrolles marchent sur ces plantes, elles ressemblent un peu à des Chenilles arpenteuses ; elles nagent en courbant et redressant alternativement les extrémités de leur corps. Dans tous les mouvemens leurs antennes sont vibrantes.

On connaît quatre ou cinq espèces de ce genre; elles sont toutes propres à nos mers. La plus commune est la CHEVROLLE LINÉAIRE, *Caprella linearis*, Latreille, figurée grossie dans notre Atlas, p. 101, fig. 1. Elle est longue de cinq à six lignes, d'un blanc jaunâtre rosé, un peu transparente. On la trouve dans les mers du Nord. (GUÉR.)

CHEVROTAIN, *Moschus*. (mamm.) Ce genre appartient à la famille des Ruminans sans cornes. Les espèces qu'il comprend ont toutes trente-quatre dents ($\frac{2}{2}$ incisives, $\frac{2-2}{0-0}$ canines, longues, sortant de la bouche, et $\frac{6-6}{6-6}$ molaires). Leurs pieds sont bisulques; leurs poils courts, durs et cassans; leurs mamelles inguinales et au nombre de deux. Ces animaux sont très-remarquables par leur élégance et leur légèreté. Ils sont herbivores et ressemblent par leurs formes générales aux Antilopes ; mais ils n'ont point de larmiers, non plus que de cornes, ce qui les rapproche des Chameaux avec lesquels ils diffèrent cependant par la formule dentaire, la disposition de leurs doigts, ainsi que l'absence de loupes graisseuses et de callosités. Il paraît qu'on ne les trouve que dans l'Inde, et que ceux que l'on a indiqués en Amérique et en Afrique sont d'un autre groupe.

Parmi les espèces bien authentiques que l'on connaît parmi les Chevrotains, la plus intéressante est certainement celle du PORTE-MUSC, *Moschus moschiferus*.

Cet animal est grand comme un Chevreuil, sa queue est très-courte et son corps couvert d'un poil si gros et si court, qu'on pourrait presque lui donner le nom d'épines; mais ce qui le fait surtout remarquer, c'est une poche située en avant du prépuce du mâle, et qui se remplit de cette substance odorante si recherchée en médecine et en parfumerie, sous le nom de Musc. (*V*. ce mot.)

Le Porte-musc habite le royaume de Boutan et de Turquie, la Chine, la Tartarie chinoise et quelques provinces de la Tartarie moscovite. Il vit solitaire et ne se plaît que sur les montagnes les plus hautes et les rochers escarpés ; quelquefois il descend dans les vallées. C'est un animal très-agile et qu'il est assez difficile de prendre. Le rut commence dans le mois de novembre et se prolonge jusqu'en décembre. Dans quelques endroits on mange les jeunes individus. Cette espèce offre plusieurs variétés ; la plus curieuse est la variété Albine, laquelle ne se trouve que dans certaines localités. C'est au Thibet et au Tunquin qu'existent les meilleurs Porte-musc. Dans le Nord, leur produit est presque sans odeur.

Les autres Chevrotains n'ont point de bourse à musc, ils appartiennent plus exclusivement aux contrées chaudes de l'Asie et aux grandes îles des mers voisines.

CHEVROTAIN MEMINNA, *Mosch. meminna*, Exrl. Cet animal est le *Ch. à peau marquée de taches blanches*, dont parle Buffon, t. XIII, p. 315, et le *Meminna* ou *Ch. de Ceylan* du même auteur, Suppl., t. III, p. 102. Il est long de dix-sept pouces, a les oreilles longues, la queue très-courte et le corps gris olivâtre en dessus, avec des taches rondes et blanches sur les flancs; les parties inférieures sont blanches. On trouve le Meminna dans l'île de Ceylan.

CHEVROTAIN DE JAVA, *Mosch. javanicus*, Pallas. Celui-ci n'est pas plus grand qu'un lapin. Son pelage est brun ferrugineux en dessus, ondé de noir, sans aucune tache sur les flancs, seulement il présente sur la poitrine trois bandes blanches placées en long. Le bout du nez est noir. Ce Chevrotain n'a été trouvé qu'à Java. M. Laurent a reconnu chez lui l'existence d'une pièce osseuse recouvrant les muscles de la région lombo-sacrée et remplaçant leur aponévrose; il la considère comme analogue à l'aponévrose des muscles crotaphytes qui peut aussi comme elle se montrer à l'état osseux; exemple : la Tortue.

CHEVROTAIN NAPU, *Mosch. napu*, F. Cuvier, est long de vingt pouces et haut de treize; sa queue a deux ou trois pouces; elle est blanche en dessous et à la pointe; corps épais, à pelage brun, mélangé irrégulièrement de reflets gris noirâtres ou fauves; sur le poitrail, qui est brun foncé, se dessinent cinq bandes blanches linéaires et convergentes. Le Napu se trouve à Sumatra et à Java. Il a été considéré à tort par M. Raffles comme étant le Chevrotain de Java décrit par Buffon.

CHEVROTAIN KRANCHIL, *Mosch. kranchil*, Raffles, est plus petit que le précédent; il n'a que quinze pouces de long et neuf ou dix de haut. Son pelage est d'un brun rouge foncé, presque noir sur le dos et d'un bai brillant sur les flancs; le ventre et le dedans des membres sont blancs; il y a trois raies sur la poitrine, comme dans le Napu, mais elles n'ont pas la même disposition. Le Kranchil habite

Java ; sa nourriture se compose de fruits et entre autres de ceux du *Gmelinia villosa*. Il est très-rusé, aussi les Javans disent-ils , en parlant d'un voleur habile, qu'il est rusé comme un Kranchil.

CHEVROTAIN PYGMÉE, *Moschus pygmæus*, figuré dans notre Atlas, pl. 101, fig. 2. Ce joli Chevrotain, dont Buffon a parlé dans le t. XII de son Histoire des animaux, est le plus petit de tous les Ruminans ; il n'atteint pas même la taille du lièvre. Il ressemble, par la grâce et la légèreté de ses proportions, à un petit cerf, dont il a aussi les jambes et la queue ; ses yeux sont grands ; son nez aussi avancé que sa lèvre supérieure, ce qui le distingue des chèvres et des gazelles et sa couleur est d'un roux sombre en dessus, plus clair ou fauve sur les côtés, avec les parties inférieures et la face interne des membres d'un blanc plus ou moins pur. Les canines sont longues, aplaties sur les côtés, dirigées obliquement et recourbées en arrière ; elles sortent de la bouche. Les habitudes de ce joli petit animal sont encore peu connues ; on assure qu'il se trouve en Guinée et dans quelques parties de l'Inde ; il est fort doux, assez commun et familier. Ses jambes sont si fines, qu'après les avoir garnies d'or ou d'argent, on s'en sert comme de cure-dents.

Suivant M. Temminck, le Chevrotain pygmée ne serait qu'un jeune âge d'un très-petit Antilope qu'il appelle *Antilope spinigera*, et qu'il dit des côtes de Guinée et de Loango.

Le *Moschus americanus*, établi d'après Séba, n'est qu'un jeune ou une femelle d'un des Cerfs de la Guiane. Il en est de même du *Moschus delicatulus* de Shaw, Schreb., 245, c'est le faon d'un autre Cerf d'Amérique. (GENV.)

CHIASOGNATHE, *Chiasognathus*. (INS.) Genre de Coléoptères de la section des Pentamères, famille des Lamellicornes, tribu des Lucanides, établi par M. Stéphens et ayant pour caractères : premier article des antennes très-long ; labre distinct ; mandibules ayant leur lobe terminal presque sétacé ; palpes de quatre articles dont le premier très-court, le second très-long , et les deux derniers, presque égaux, moyens ; lèvre membraneuse terminée par une languette bifide ; palpes de trois articles augmentant en longueur du premier au dernier. Il serait peut-être possible de rapprocher ce genre de celui de Pholidotus de Macleay, dont il ne paraît pas différer essentiellement.

C. DE GRANT, *C. Grantii*. Long de 18 lignes, sans compter les mandibules qui ont autant de longueur ; entièrement brun, avec des reflets d'un vert doré métallique ; les mandibules sont cambrées en dessus, finement dentées intérieurement, se recourbent à leur extrémité, vers le côté externe, et se terminent par un petit crochet bien marqué ; de leur base partent en dessous deux autres branches presque droites, dentées aussi intérieurement, aiguës, de la moitié en longueur des branches principales. Le premier article des antennes est aussi excessivement long ; le corselet est triangulaire , et ses angles postérieurs contournés en avant sont beaucoup plus larges que les élytres.

On ne connaissait encore que le mâle, représenté dans notre Atlas pl. 100, fig. 3, et qui est fort rare ; mais la femelle vient d'être aussi rapportée de Chiloé par M. le docteur Fontaine, chirurgien de la marine. Elle a les mandibules très-courtes, comme les femelles de Lucanes, et ressemble beaucoup à ces insectes. Elle sera décrite et figurée dans le Voyage de M. d'Orbigny, dont la publication vient d'être ordonnée par le gouvernement. (A. P.)

CHICHE, *Cicer arietinum*. (BOT. PHAN.) Tournefort s'est servi de cette plante que l'on trouve spontanée dans les moissons de l'Espagne, de l'Italie, de tout l'Orient, pour en faire un genre particulier, que tous les botanistes ont adopté et qui fait partie de la Diadelphie décandrie et de la famille des Légumineuses. Le pois Chiche sert comme aliment pour les hommes, dans tous les pays qui bordent la Méditerranée. C'est un usage qui leur a été transmis par les anciens Égyptiens et les Éthiopiens, qui furent leurs pères. Dans le Nord, il n'est généralement employé que comme fourrage, partout où on le cultive. La médecine regarde sa farine comme émolliente et résolutive. Anathème contre les misérables cafetiers qui font rôtir sa graine, la mettent à bouillir et ont l'audace d'en offrir la décoction en place de la liqueur divine qu'on obtient de la fève du caféier. Le pois Chiche est annuel, il porte en juillet des fleurs petites, violettes, quelquefois blanches, qui sont remplacées par une gousse enflée, rhomboïdale, à deux semences. La conformité de la gousse avec la tête du belier, a fait donner à l'unique espèce du genre Chiche, l'épithète de *Arietinum*, c'est du moins ce que nous apprend Pline le naturaliste. (T. D. B.)

CHICORACÉES. (BOT. PHAN.). Tribu de plantes de la vaste famille des Synanthérées, dont tous les genres qu'elle renferme ont des rapports immédiats avec celui de la Chicorée qui en fait partie. Les fleurs qu'elles portent, jaunes pour la plupart, se nomment aussi Composées. On appelle ligulée la forme de leurs corolles, et demi-fleurons les petites fleurs qui en sont pourvues. Les tiges contiennent un suc propre qui est laiteux. On divise les nombreux genres des Chicoracées en deux sections, suivant que le réceptacle est uni ou chargé de paillettes. La première contient : 1° les genres *Arnoseris* de Gærtner, *Lampsana* de Linné, et *Rhagadiolus* de Tournefort, qui n'ont point d'aigrette ; 2° les genres *Drepania* de Jussieu et *Hedypnoïs* de Tournefort, lesquels sont munis d'une aigrette formée d'écailles ou d'arêtes ; 3° des genres *Apargia* de Scopoli, *Chondrilla*, *Crepis*, *Hieracium*, *Hyoseris*, *Lactuca*, *Leontodon*, *Picris*, *Podospermum*, *Prenanthes*, *Sonchus* et *Tragopogon* de Linné, *Helminthia* de Jussieu, *Krigia* de Willdenow, *Picridium* de Desfontaines, *Scorzonera* et *Troximon* de De Candolle, *Taraxacum* de Haller, *Thrincia* de Roth , *Urospermum* de Scopoli, *Virea* d'Adanson, et *Zacintha* de Tournefort, ayant une aigrette formée de poils. La seconde section présente six genres à aigrette plumeuse, l'*Achyrophorus* de Gærtner; l'*Andryala*, le *Geropogon*, l'*Hypochœris*, le *Seriola* de Linné et de Jussieu, ainsi que le *Rothia* de Schreber, plus trois autres genres à aigrette formée d'arêtes ou nulle, le *Catananche*, le *Cichorium* et le *Scolymus* de Linné. (T. D. B.)

CHICORÉE, *Cichorium*. (BOT. PHAN.) Type de la tribu des Chicoracées. Ce genre fait partie de la famille des Synanthérées et de la Syngénésie égale; il ne renferme que cinq espèces, dont deux sont généralement cultivées pour la nourriture de l'homme, pour celle des animaux domestiques et comme plantes médicinales. La première, la CHICORÉE SAUVAGE, *C. intybus*, est une plante vivace qui rend un suc laiteux quand on l'entame. On la trouve communément partout, sur le bord des chemins, dans les champs; elle monte plus ou moins suivant le sol et la culture; d'ordinaire elle a trente-deux centimètres de haut, et arrive parfois à un mètre un quart. Sa racine est grosse, pivotante, fusiforme; on la coupe par petits morceaux que l'on torréfie, et réduits en poudre on les vend comme servant à faire une infusion caféiforme. La tige dure, flexueuse, rameuse, se couvre de longues et larges feuilles qui fournissent un fourrage précoce, sain, très-abondant durant huit mois de l'année, bon pour tous les bestiaux, et surtout convenable aux vaches auxquelles il donne la faculté de sécréter plus de lait. Le cheval est le seul animal qui mange sans avidité ce fourrage en vert et en sec; il s'en nourrit cependant. Quand on cultive cette plante comme prairie, elle fournit quatre coupes dans l'année, on la sème à cet effet en mars, en avril, en septembre et en octobre. Veut-on se servir des feuilles de Chicorée sauvage pour salade verte, on sème plus souvent ses graines, et quand les plantes ont acquis de huit à dix centimètres de haut, on les coupe. La plante est alors appelée par les horticoles *Petite Chicorée*; elle est tendre et légèrement amère. Pour avoir des feuilles étiolées, plus ou moins longues et blanches, autrement pour avoir ce qu'on appelle assez bizarrement à Paris de la *Barbe de capucin*, et ailleurs des *Cheveux de paysan*, on établit dans une cave, ou dans un cellier chaud et entièrement privé de lumière, une ou plusieurs couches de terre légère, sablonneuse, ou de fumier bien consommé, que l'on mouille au besoin, et sur lesquelles on place horizontalement, à plat et la tête en dehors, des racines de Chicorée semée dans l'année et que l'on recouvre ensuite d'une couche de pareille épaisseur de la même terre. La température égale et douce du lieu, l'absence totale des rayons solaires et du jour, déterminent les racines à pousser des feuilles traînantes, allongées, sans couleur; quand elles sont arrivées à une certaine longueur, on enlève les racines, on met en bottes et l'on porte au marché. L'on met aussi des couches de sable dans un tonneau, assis sur l'un de ses fonds, les racines s'y placent en face de plusieurs ouvertures transversales pratiquées dans les douves du tonneau, les feuilles partent du collet, croissent dans une direction horizontale et on les coupe pour l'usage de la table.

La seconde espèce est la CHICORÉE DES JARDINS, plus connue sous le nom d'ENDIVE, *C. indivia*, plante annuelle, que l'on dit nous être venue de l'Inde, et qui, au rapport de Forskael, est originaire de l'Arabie, où on la trouve spontanée et servant de nourriture aux habitans des oasis. On en possède dans nos jardins potagers plusieurs variétés intéressantes : la *Frisée*, dont la graine se conserve bonne pendant huit et neuf ans, on sème toujours la plus ancienne afin d'avoir des sujets plus fusés et de meilleure qualité; l'*Endive de Meaux*, plus forte moins découpée, réussissant en toute saison, pourvu que les années soient un peu sèches, car les pluies abondantes lui sont très-contraires et la font monter très-vite; la *Célestine*, trop hâtive et trop délicate pour résister aux mauvais temps; la *Régente*, d'un blanc parfait : elle flatte le goût par sa douceur et sa tendreté; l'*Endive d'Italie* ou la *fine*, qui réunit toutes les bonnes qualités, hors celle de se conserver aux plus légers froids; et la *Scarolle* ou *Chicorée laitue*, aux feuilles larges, cassantes et plus charnues que celles des Endives proprement dites.

On peut conserver confites l'Endive et ses variétés. Toutes se multiplient de graines que l'on sème depuis les premiers jours de juin jusqu'à la mi-juillet, selon le pays et le climat, en pleine terre, sur couches ou sur des ados. On les transplante sans couper leurs feuilles, comme le pratiquent certains horticoles et quelques maraîchers; on les arrose de temps à autre, et lorsque la reprise est assurée et qu'elles ont cinquante centimètres de diamètre, on les lie avec des joncs, pour faire blanchir les intérieures, ce qui a lieu en peu de jours. J'ai vu enterrer la tête et laisser la racine en l'air, de cette sorte les feuilles blanchissent encore plus vite, mais elles sont très-sujettes à pourrir.

CHICORÉE D'HIVER. Nom vulgaire d'une CRÉPIDE, *Crepis brennis*. *V.* ce mot. (T. D. B.)

CHIEN, *Canis*. (MAM.). Le genre des Chiens comprend non-seulement les Chiens domestiques, mais aussi les Loups, les Renards, et quelques autres espèces moins connues; c'est un groupe fort naturel de carnassiers digitigrades qui a été admis par tous les auteurs; il est surtout caractérisé par des doigts au nombre de cinq aux pieds de devant, et de quatre seulement à ceux de derrière; les ongles ne sont point rétractiles, la langue est douce, et les dents, au nombre de quarante-deux, sont distribuées ainsi qu'il suit : six incisives à chaque mâchoire, quatre canines en tout, et quatorze mâchelières, dont trois fausses molaires en haut, quatre en bas, et deux tuberculeuses à chaque mâchoire, placées en arrière de la première vraie molaire, qui est la seule carnassière.

Les Chiens ont les sens assez développés, leur odorat est très-fin, leur ouïe assez délicate et leur vue susceptible, chez quelques espèces, de s'exercer même pendant la nuit : c'est ce qui a lieu principalement chez les Renards, dont la pupille est verticale. Le pelage est composé de poils soyeux et de poils laineux; il varie du roux au noir et au blanc chez quelques espèces; il est très-moelleux et susceptible de fournir d'excellentes fourrures. M. Desmarest a remarqué, dans les variétés du Chien domestique, et dans quelques espèces sauvages, que lorsqu'il existe du blanc à la queue, c'est toujours à son extrémité qu'il est placé.

Les femelles sauvages éprouvent le besoin du rut en hiver; elles portent trois mois, et quelquefois davantage; chaque portée produit de trois à six petits, lesquels ont les yeux fermés lorsqu'ils viennent au monde, et n'ont pris leur entier développement qu'à l'âge de dix-huit mois ou deux ans. La verge du sexe mâle est fort remarquable sous le rapport de sa conformation qui fait que l'accouplement se trouve prolongé, même après que l'acte générateur est accompli. Cet organe offre à son centre un os plus ou moins long, cannelé, dont la cavité contient l'urètre. Autour de cet os se trouvent trois parties caverneuses ou érectiles distinctes : l'une appartient au corps de la verge; la seconde forme le gland et l'urètre en avant, elle peut acquérir une dimension considérable durant l'érection; la troisième est ce que l'on nomme le nœud de la verge, elle se gonfle pendant le coït, de manière à ce que son diamètre dépasse de trois fois celui de l'organe, et s'oppose à la sortie de la verge.

Tous les Chiens boivent en lapant; ils sont loin d'avoir l'appétit carnivore des chats, il en est même qui peuvent se nourrir également de viandes et de substances végétales. Les petites espèces paraissent plus carnassières que les grandes, elles sont aussi plus rusées et plus courageuses; les autres trouvant moins à satisfaire leur faim, sont souvent obligées de se rabattre sur les fruits et les racines, et lorsqu'elles mangent de la chair, ce n'est guère que celle de quelque charogne: il est rare qu'elles attaquent une proie vivante, et lorsqu'elles le font, c'est après s'être réunies en troupes.

Le genre *Canis* comprend un assez grand nombre d'espèces qui sont répandues aussi bien dans l'ancien monde que dans le nouveau, on en a même trouvé dans quelques parties de l'Australasie, mais on s'accorde aujourd'hui à considérer ces derniers comme de simples variétés du Chien domestique, et non comme des espèces distinctes.

Une espèce qui diffère des autres par son système digital semblable à celui des hyènes, c'est-à-dire à quatre doigts devant et derrière. On peut établir pour elle un petit sous-genre. Un second sous-genre comprend les Chiens qui ont cinq doigts aux pieds de devant.

Ier Sous-genre. — *Chiens à pieds de hyènes.*

Ils n'ont, comme nous l'avons dit, que quatre doigts à tous les pieds. On n'en connaît qu'une seule espèce, c'est le Chien peint, *Can. pictus*, Desm., *Hyæna picta* de Temminck, qui habite le midi de l'Afrique. Cet animal, de la taille du Loup commun, a le pelage varié de taches de différentes couleurs : celles-ci sont disposées par plaques noires, brunes, rousses et blanches. La queue est touffue et blanche à sa pointe, elle descend jusqu'aux talons.

Les Chiens peints vivent par troupes nombreuses, ils se nourrissent de proie qu'ils prennent à la chasse.

IIe Sous-genre. —*Chiens à pieds antérieurs pentadactyles et pieds postérieurs tétradactyles.*

Nous les partageons, avec M. Fréd. Cuvier, en deux sections, suivant qu'ils ont les pupilles rondes ou verticales : ce sont les Chiens proprement dits et les Renards.

† Chiens proprement dits.

Ils ont la pupille arrondie et sont généralement diurnes. Leur queue n'est point touffue comme celle des Renards. C'est à cette section qu'appartient le Chien domestique.

Chien domestique, *Can. familiaris*, L. Cette espèce a pour caractères : *la queue recourbée en arc et se redressant plus ou moins; tantôt infléchie à droite, tantôt infléchie à gauche* (cette dernière direction, que Linné avait cru se trouver chez tous les Chiens, et dont il s'était servi pour caractériser l'espèce, *caudâ sinistrorsùm recurvatâ*, existe bien dans un grand nombre de ces animaux, mais, comme il est facile de s'en assurer, elle est loin d'être générale); *le museau plus ou moins allongé ou raccourci; le pelage très-varié* pour la nature du poil et pour les teintes, à cela près que toutes les fois que la queue offre une couleur quelconque et du blanc, ce *blanc est terminal.*

Ces animaux entièrement voués à notre espèce, et dont le type sauvage ne paraît plus exister aujourd'hui, ont été trouvés avec l'homme dans tous les lieux où celui-ci a pénétré; mais le climat, la manière de vivre et une foule d'autres circonstances les ont fait varier à l'infini, de telle sorte qu'on en compte aujourd'hui plus de cinquante races ou sous-races distinctes, diférant entre elles sous les divers rapports de la taille, du pelage et aussi de l'intelligence et des mœurs.

Taille examinée chez les diverses races. C'est surtout sous ce point de vue qu'il existe entre les Chiens de nombreuses différences. La taille ordinaire est de deux pieds et demi environ de longueur, non compris la queue; c'est le milieu entre celle du Loup et du Chacal; mais elle peut aller beaucoup au dessus, s'élever, par exemple, comme dans le grand Chien de montagne, à quatre pieds un pouce, et descendre au contraire à un pied deux pouces dans le petit Danois, et même à onze pouces quatre lignes, comme on le voit chez les plus petits Epagneuls. Il est à remarquer qu'il existe souvent, entre des Chiens de races très-voisines, des différences fort considérables, comme entre le grand et le petit Lévrier, le grand et le petit Danois. « Ce fait, dit M. Isidore Geoffroy » (Mém. sur les variations de la taille), est la plus » forte preuve que l'on puisse donner pour établir, » sans entrer dans la question encore irrésolue et » peut-être insoluble de l'unité spécifique des di-

» verses races de Chiens, que leurs variations de
» taille prises dans leurs limites extrêmes, sont, au
» moins en partie, de véritables anomalies non seu-
» lement par rapport à l'ordre normal actuel, mais
» par rapport au type spécifique primitif. En effet,
» que tous les Chiens domestiques descendent uni-
» quement du Loup, du Chacal, du Renard ou de tout
» autre *Canis*, ou qu'ils soient des races bâtardes
» nées du croisement de deux ou de plusieurs de
» ces espèces, on ne pourra guère se refuser à
» admettre que deux variétés très-différentes par
» leur taille, mais entièrement semblables par leur
» organisation, aient une origine commune. »

Tête. Après la taille, les différences les plus
marquées existent dans les formes de la tête.
Lorsqu'on regarde celle du Chien de la Nouvelle-
Hollande, qui peut être considéré comme un
des Chiens les plus rapprochés du type de
l'espèce; lorsqu'on regarde, dis-je, la tête de ce
Chien et qu'on la compare à celle du Lévrier et à
celle du Dogue, on voit qu'elle forme le milieu
entre les deux, mais que celles-ci ont subi une
modification tellement grande, que la série des
mammifères domestiques n'en offre aucun autre
exemple. D'autres fois la disproportion est dans
l'une des deux mâchoires qui peut être beaucoup plus avancée que l'autre; ordinairement c'est
la mâchoire inférieure qui est la plus considérable,
mais quelquefois aussi c'est la supérieure, comme
nous l'avons vu nous-même, qui s'allonge. Une
tête de cette sorte nous a été communiquée par
M. Isid. Geoffroy, et ce qu'il y a de remarquable,
c'est qu'elle appartient à une race de la famille
des Doguins qui ont tous les mâchoires fort raccourcies.

Doigts. En général, les Chiens ont tous, comme
les espèces sauvages du genre, cinq doigts aux
pieds de devant et quatre à ceux de derrière, réunis par une membrane qui s'avance jusqu'à la
dernière phalange, et de plus le rudiment d'un
cinquième os du métatarse qui ne se montre point
à l'extérieur. Mais chez quelques races, et principalement chez les Dogues, ce cinquième doigt
rudimentaire est susceptible de prendre un développement anormal, et de se montrer à l'extérieur comme un véritable doigt; les quatre membres sont alors pentadactyles. D'autres fois l'anomalie polydactyle est plus grande encore, et au
lieu d'un cinquième doigt seulement, il s'en
développe un sixième. Cette disposition peut se
transmettre par voie de génération.

Queue. Il est difficile d'établir exactement les
caractères ostéologiques de cet organe chez le
Chien domestique, le nombre des vertèbres qui
le composent n'étant point constant dans l'espèce,
ni même dans chaque race en particulier. Celui
qu'on rencontre le plus communément est de dix-
huit, mais il peut s'élever beaucoup au dessus et
descendre aussi plus bas. On assure qu'il y a certains Chiens qui n'ont jamais plus de trois ou
quatre vertèbres coccygiennes.

Sens. Tous n'ont point été influencés par la domesticité : ainsi celui de la vue n'a subi aucune modification apparente; l'ouïe a plus souffert, principalement dans sa partie externe, la conque, qui
est tantôt courte, tantôt fort allongée, terminée
en pointe ou arrondie, droite, mobile ou tombante. Le nez, qui est le siége de l'odorat, nous
offre aussi quelques particularités. Certaines races
présentent un allongement considérable dans les
os qui le composent, et conséquemment dans les
cornets que ces os renferment. Cependant cette
augmentation n'a pas toujours accru la sensibilité
de l'odorat, et le Lévrier, qui a le nez plus allongé
qu'aucune autre race, paraît avoir ce sens moins
fin que les autres : cela tient vraisemblablement
aux différences d'étendue des sinus frontaux, car
les cornets sont comme dans les autres races.
Un des changemens les plus remarquables qu'aient
éprouvés le nez et la bouche de certains Chiens,
c'est le raccourcissement extrême de ces parties
et l'allongement des lèvres; c'est ce que l'on remarque chez les Dogues. Dans quelques races de
cette famille, il existe un sillon profond qui est
venu séparer la lèvre supérieure et les narines.

Les *organes de la génération* et ceux qui en dépendent ont aussi été accessibles aux causes de
modification, mais d'une manière moins évidente.
L'activité des organes sexuels a été amoindrie dans
quelques races, dans d'autres au contraire elle
s'est accrue sous l'influence d'une nourriture
abondante, et le plus grand nombre des variétés
de nos climats peut s'accoupler aux différentes
époques de l'année. Le nombre des mamelles a aussi
été altéré. Généralement les Chiens en ont cinq
de chaque côté, au total dix, dont quatre sont
pectorales et six abdominales; mais, comme le
fait remarquer Daubenton, il y a de grandes variétés : sur vingt et un Chiens que le célèbre col-
laborateur de Buffon a examinés, il ne s'en est
trouvé que huit qui eussent cinq mamelles de
chaque côté; huit autres n'en avaient que quatre
à droite et autant à gauche; deux autres, cinq
mamelles d'un côté et quatre de l'autre; et enfin
les trois autres Chiens avaient quatre mamelles
d'un côté, et seulement trois de l'autre.

Si l'on recherche l'époque à laquelle le Chien
a été réduit en domesticité, on reconnaît d'abord
qu'il n'est pas possible de l'indiquer d'une manière précise; mais on se convainc facilement que
cette époque doit remonter aux commencemens
de la civilisation, et que le Chien doit avoir été
le premier animal domestique. « Comment l'homme, dit Buffon, aurait-il pu, sans le secours du
Chien, conquérir, dompter, réduire en esclavage
les autres animaux? Comment pourrait-il encore
aujourd'hui découvrir, chasser, détruire les bêtes
sauvages et nuisibles? Pour se mettre en sûreté,
et pour se rendre maître de l'univers vivant, il a
fallu commencer par se faire un parti parmi les
animaux, se concilier avec douceur et par caresses ceux qui se sont trouvés capables de s'attacher
et d'obéir, afin de les opposer aux autres. Le premier art de l'homme a donc été l'éducation du
Chien, et le fruit de cet art, la conquête et la possession paisible de la terre. »

Après

Après qu'on s'est demandé l'époque à laquelle le Chien fut rendu domestique, il est naturel de s'enquérir aussi de l'espèce sauvage à laquelle il appartient; mais cette question est encore plus insoluble que la première, aussi les opinions des différens auteurs varient-elles considérablement. C'est ainsi que, suivant quelques uns, le Chien descendrait d'une espèce aujourd'hui détruite ou bien encore inconnue, tandis que, suivant d'autres, il proviendrait du Loup ou bien du Chacal. On ne pourra d'ailleurs espérer de faire sur ce sujet quelque hypothèse approchant de la vérité qu'après que l'on aura étudié plus sérieusement les mœurs des Chiens qui vivent en liberté. Ceux-ci, en effet, éloignés de toutes les causes modificatrices, pourront, s'ils se trouvent sur quelque terre analogue à leur sol natal, se rapprocher, par leurs formes et leurs habitudes, de l'espèce qui leur a donné naissance.

La domesticité n'a pas fait varier le Chien sous le seul point de son organisation, elle a produit aussi des changemens fort notables dans son intelligence et ses mœurs. Suivant les diverses contrées, cet animal se nourrit de chair qu'il prend vivante et qu'il chasse, ou bien de charogne; quelquefois il se contente de fruits et de substances végétales. « Il mange, comme le dit » Linné, de la chair des charognes ou des végétaux farineux, mais non des légumes; il digère les os. » Dans quelques localités, au contraire, où les oiseaux et les mammifères sont plus rares, il se rabat sur les reptiles et les poissons, ce qu'il ne ferait point partout ailleurs.

L'intelligence du chien a subi, depuis que cet animal est associé à l'homme, des perfectionnemens bien remarquables; ses affections sont devenues plus tendres et ses sentimens plus nombreux. Il a su se prêter aux diverses circonstances qui l'ont environné; ici chasseur, il est dans un autre endroit pêcheur ou guerrier; ailleurs il est devenu berger. « Plus docile que l'homme, a dit » Buffon, plus souple qu'aucun des animaux, non » seulement le Chien s'instruit en peu de temps, » mais même il se conforme à toutes les habitudes » de ceux qui lui commandent; il prend le ton de » la maison qu'il habite; comme les autres do- » mestiques, il est dédaigneux chez les grands et » rustre à la campagne.... Lorsqu'on lui a confié » pendant la nuit la garde de la maison, il devient » plus fier et quelquefois féroce; il veille, il fait » la ronde, il sent de loin les étrangers, et pour » peu qu'ils s'arrêtent ou tentent de franchir les » barrières, il s'élance, s'oppose, et par des aboie- » mens réitérés, des efforts et des cris de co- » lère, il donne l'alarme, avertit et combat. »

Ces animaux sont certainement plus intelligens, plus civilisés, si l'on peut se servir de cette expression, chez les peuples éclairés que chez ceux qui sont encore dans la barbarie; dans le premier cas ils sont susceptibles d'une éducation plus variée, ils sont plus dévoués à leur maître, leurs races sont aussi plus nombreuses; les seconds, féroces et presque sauvages encore, n'ont pour les hommes aucun attachement; ils vivent pêlemêle avec ces malheureux, partagent leur nourriture ou plutôt la leur dérobent, mais ils les aident rarement à la conquérir.

« Le Chien, dit Linné dans son langage admi- » rable de concision, est le plus fidèle de tous les » animaux domestiques; il fait des caresses à son » maître, il est sensible à ses châtimens; il le pré- » cède, se retourne quand le chemin se divise; » docile, il cherche les choses perdues, veille la » nuit, annonce les étrangers, garde les marchan- » dises, les troupeaux, les rennes, les bœufs, les » brebis, les défend contre les lions et les bêtes » féroces, qu'il attaque; il reste près des canards, » rampe sous le filet de la tirasse, se met en arrêt » et rapporte au chasseur la proie qu'il a tuée, sans » l'entamer. En France, il tourne la broche, en » Sibérie on l'attelle au traîneau; lorsqu'on est à » table, il demande à manger; quand il a volé, il » marche la queue entre les jambes, il grogne en » mangeant; parmi les autres Chiens il est tou- » jours le maître chez lui; il n'aime point les man- » dians, il attaque sans provocation ceux qu'il ne » connaît pas. » Ces quelques lignes de l'Aristote suédois sont remarquables par le nombre de faits curieux qu'elles rappellent; c'est ce qui nous a engagé à les rapporter ici.

Les Chiens sont généralement très-portés à l'acte générateur, et la plupart des variétés domestiques de nos contrées peuvent s'y livrer dans toutes les saisons de l'année; cependant ils ne s'accouplent guère qu'à certaines époques, deux fois par an, en hiver et en été; les mâles sont cruels envers leurs rivaux, ils les battent avec violence; les femelles peuvent s'accoupler avec plusieurs mâles successivement; elles restent avec chacun d'eux beaucoup plus long-temps que les autres animaux, ce qui tient à la conformation de la verge. Voyez ce qui a été dit, en commençant les généralités sur le genre. La gestation dure soixante-trois jours, et chaque portée produit depuis quatre ou cinq petits jusqu'à dix et douze. Ceux-ci naissent les yeux fermés et ne voient la lumière qu'au bout d'une douzaine de jours. Les Chiens, quoique très-ardens en amour, ne laissent pas de durer; il ne paraît pas même que l'âge diminue leur ardeur; ils s'accouplent et produisent pendant toute la vie, qui est ordinairement bornée à quatorze ou quinze ans, quoiqu'on en garde quelques uns jusqu'à vingt. On peut connaître l'âge de ces animaux en examinant leurs dents, qui dans la jeunesse sont blanches, tranchantes et pointues, et qui, à mesure qu'ils vieillissent, deviennent noires, mousses et inégales : on le connaît aussi par le poil, car il blanchit sur le museau, sur le front et autour des yeux lorsqu'ils commencent à se faire vieux. La mort, qui n'arrive ordinairement qu'après la vieillesse, est souvent précédée de la décrépitude ou de quelques maladies, telles que la gale, les rhumatismes, etc. Quelquefois ces animaux deviennent excessivement gras, c'est ce qui arrive lorsqu'ils ont trop de nourriture et pas assez d'exercice. Dans leur jeune âge ils sont toujours tourmentés par un mal qui en emporte un grand nombre : ce mal est connu sous le nom de maladie des Chiens ; il paraît tenir à un état particulier des organes cérébraux. Les Chiens sont aussi fort sujets au tænia, mais il est rare qu'ils périssent par cette cause.

Les Chiens sauvages, que l'on nomme aussi *Chiens marrons*, ont été trouvés dans diverses localités. Il y en a en Amérique ; on en a vu aussi en Afrique, au Congo ; et dans quelques parties de l'Amérique, ils descendent tous d'individus anciennement domestiques et qui ont repris la vie sauvage. Ils se tiennent par troupes nombreuses, et ne craignent point d'attaquer des animaux d'une grande taille, même de grands carnassiers et souvent l'homme. Ils sont surtout communs en Amérique. On trouve aussi dans ce continent plusieurs races domestiques. Ces animaux ont été, comme on le sait, les auxiliaires des Espagnols dans leurs expéditions militaires au Nouveau-Monde. Colomb est le premier qui les ait employés. A sa première affaire avec les Indiens, sa troupe se composait, comme nous l'apprennent ses mémoires, de deux cents fantassins, vingt cavaliers et vingt limiers. Les Chiens furent ensuite employés dans la conquête des différentes parties de la terre ferme, surtout au Mexique et dans la Nouvelle-Grenade, et dans tous les points où la résistance des Indiens fut prolongée. Le Chien existe aujourd'hui dans une grande partie de l'Amérique ; on s'est assuré que ses facultés sont plus ou moins nombreuses, selon que le peuple avec lequel il se trouve est plus ou moins avancé en civilisation.

Nous allons maintenant étudier les diverses races qui composent l'espèce du Chien domestique : nous suivrons le travail de M. Fréd. Cuvier, qui est le plus complet et le plus avancé que la science possède aujourd'hui. Ce savant naturaliste admet trois familles principales dans lesquelles les nombreuses races viennent prendre place, il les caractérise, comme nous le verrons, par la forme de leur tête : ce sont les Mâtins, les Epagneuls et les Dogues.

I. Les MATINS. *Ont la tête plus ou moins allongée et les pariétaux tendant à se rapprocher, mais d'une manière insensible, en s'élevant au dessus des temporaux ; condyle de la mâchoire inférieure sur la même ligne que les dents molaires supérieures.*

A. CHIEN DE LA NOUVELLE - HOLLANDE, *Canis familiaris Australasiæ*, dont quelques auteurs ont fait une espèce distincte, est certainement une variété appartenant à la famille des Mâtins. Il a la taille et les proportions du Chien de berger, avec la tête du Mâtin ; son pelage est très-fourni et sa queue assez touffue. Le dessus du cou, de la tête et du dos ainsi que la queue sont fauve foncé ; le dessous du cou et la poitrine sont plus pâles ; le museau et la face interne des membres sont blanchâtres. Longueur du corps depuis le bout du museau jusqu'à l'origine de la queue, deux pieds cinq pouces.

On a vu à Paris un Chien de cette race, il avait été rapporté du Port-Jackson par Péron et Lesueur. Ses mouvemens étaient très-agiles, et son activité, lorsqu'on le laissait libre, était fort grande. Sa force musculaire surpassait celle des autres Chiens de même taille, et il était d'un tel courage qu'il attaquait sans la moindre hésitation les Chiens les plus vigoureux ; on l'a vu plusieurs fois, dans la ménagerie de Paris où on le tenait, se jeter en grondant sur les grilles au travers desquelles il apercevait une panthère, un jaguar ou un ours, lorsque ceux-ci avaient l'air de le menacer. Bien différent de nos Chiens domestiques, le Chien de la Nouvelle-Hollande n'avait aucune idée de la propriété de l'homme ; il ne respectait rien de ce qui lui convenait : il se jetait avec fureur sur la volaille, et semblait ne s'être jamais reposé que sur lui-même du soin de se nourrir. Voyez pour plus de détails une notice insérée par M. Fréd. Cuvier dans ses Suites à Buffon.

Ces Chiens, qui appartiennent à quelques malheureuses peuplades de la Nouvelle-Hollande, sont une preuve de plus qui nous montre combien la civilisation de l'homme a eu d'influence sur l'intelligence et le moral de ces animaux ; habitant avec des nations encore barbares, ils sont aussi rapprochés qu'elles de l'état de nature ; leur caractère est indocile, féroce même, et s'ils poursuivent une proie ce n'est qu'autant qu'elle doit leur appartenir.

B. CHIEN MATIN, *C. f. lanarius*. Cet animal tient le premier rang parmi les Chiens de force ; on l'emploie principalement à la garde de la maison et du gros bétail. Il a beaucoup d'intelligence, est fort et courageux, et se bat volontiers contre les loups. On peut le dresser à la chasse et on le destine principalement à poursuivre les sangliers. Suivant Buffon, ce Chien, naturel aux régions tempérées, a donné naissance à la race du *grand Danois* lorsqu'il a été transporté dans le Nord, et à celle du *Lévrier*, après s'être acclimaté dans le Midi ; accouplé avec le Dogue, il aurait, suivant le même auteur, produit le *Dogue de forte race*. On le trouve principalement en France.

B' On range à la suite du Chien mâtin comme autant de races distinctes :

Le CHIEN DE L'HYMALAYA, *C. hymalayensis*, qui a la tête allongée, le museau aigu et les oreilles dressées et pointues. Son pelage est composé de deux sortes de poils, les uns soyeux qui sont bruns et les autres laineux dont la couleur est cendrée : deux taches noirâtres existent sur les oreilles et une de couleur cendrée se trouve sous la gorge ; la queue est touffue.

Le CHIEN SAUVAGE DE SUMATRA, *C. sumatrensis*. Il a le nez pointu, les yeux obliques, les oreilles droites et la queue pendante, très-touffue, plus grosse au milieu jusqu'à son origine ; le pelage est d'un roux ferrugineux, plus clair sur le ventre.

Le CHIEN QUAO, *Can. quao*. Il habite les montagnes de Ramghur dans l'Inde ; c'est une variété peu connue et qui paraît se rapprocher beaucoup de la précédente, seulement sa queue est plus noire et ses oreilles moins arrondies.

Le CHIEN DE LA NOUVELLE-IRLANDE, *Can. Novæ*

Hiberniæ. Cet animal est de moitié plus petit que celui de la Nouvelle-Hollande, son museau est plus aigu; il a les oreilles droites, pointues et courtes, les jambes grêles et le poil ras de couleur brune ou fauve. Il est hardi et courageux, et mange de tout, mais principalement des poissons qu'il va lui-même pêcher; les naturels de la Nouvelle-Irlande le nomment *Poull*, et se nourrissent de sa chair. On doit la connaissance de cette variété à M. Lesson qui l'a décrite dans son *Complément aux œuvres de Buffon.*

C. Chien danois, *C. f. danicus.* Il diffère du Mâtin par un corps et des membres plus fournis, la longueur de son corps est de trois pieds six pouces. Ses habitudes sont analogues à celles du Mâtin; il est également bon pour la garde; on l'emploie à la chasse; on le fait souvent courir devant les équipages.

D. Chien lévrier, *C. f. grajus,* dont on voit une belle figure dans l'Histoire des mammifères de M. F. Cuvier, est de tous les Chiens celui qui est le plus remarquable par l'allongement de ses formes. Son museau est fort aigu et son front surabaissé, ce qui est causé par l'oblitération des sinus frontaux; la couche graisseuse sous-cutanée est presque nulle et les muscles se dessinent au dehors.

Les Lévriers varient pour la couleur ainsi que pour la nature du pelage et la taille, ils sont remarquables par leur grande agilité, aussi les emploie-t-on souvent à la chasse. Un instinct particulier les porte à courir les lièvres et les lapins, mais c'est pour en faire leur proie; toute leur éducation doit donc consister à corriger ce défaut. Ils sont tellement ardens pour ce genre de chasse que, bien que fatigués, ils sont toujours prêts à s'élancer à la poursuite d'un lièvre ou d'un lapin dès qu'ils en aperçoivent un; cependant il est bon de ne pas les laisser trop courir, et on doit avoir soin de les reprendre en laisse après la seconde course.

Ces animaux sont peu intelligens, et susceptibles d'une éducation peu variée; ils sont fort sensibles à l'affection qu'on leur porte, et paraissent éprouver une vive émotion toutes les fois qu'on leur fait accueil; c'est à cette sensibilité excessive pour les bons traitemens, et au peu d'étendue de leurs facultés, que l'on doit attribuer sans doute le défaut qu'ils ont assez généralement de ne point éprouver d'attachement plus marqué pour certaines personnes, et de témoigner, sinon la même affection, du moins la même bienveillance à tout individu qui les traite avec bonté.

Sous-variétés : *a, Lévrier d'Irlande; b, Lévrier de la haute Écosse; c, Lévrier de Russie; d, Lévrier lévron* ou *d'Italie; e, Lévrier chien turc.*

Les Lévriers ne se trouvent guère qu'en Europe. Buffon les considère comme originaires des contrées chaudes de cette partie du monde.

II: Les Epagneuls. *Les pariétaux dans les têtes de cette famille ne tendent plus à se rapprocher de leur naissance au dessus des temporaux; ils s'écartent et se renflent au contraire de manière à beaucoup agrandir la boîte cérébrale, et les sinus frontaux prennent de l'étendue.*

C'est parmi les Epagneuls que l'on recontre les races les plus intelligentes.

E. Chien epagneul, *C. f. extrarius.* Il est couvert de poils longs et soyeux; ses oreilles sont pendantes comme celles du Chien courant, et ses jambes peu élevées; le blanc, avec des taches noires ou brunes, est sa couleur dominante.

Le grand Epagneul a le corps long de deux pieds quatre pouces; il est haut au train de devant d'un pied cinq ou six pouces. C'est un bon Chien d'arrêt, doux, quelquefois même timide; il chasse mieux dans les marais ou dans les cantons couverts qu'en plaine.

Sous-variétés : *a, Petit Épagneul; b, Gredin; c, Pyrame; d, Bichon; e, Chien lion; f, Chien de Calabre; g, Épagneul d'eau* ou *anglais.*

L'Europe méridionale et tempérée est principalement la patrie des Épagneuls.

F. Chien barbet, *C. aquaticus.* Le Chien barbet, appelé aussi *Caniche* et *Ch. canard,* est celui de tous dont l'intelligence paraît le plus susceptible de développement. Il est extrêmement attaché à son maître. Il aime beaucoup l'eau, et dans certaines contrées, principalement en Angleterre, on l'emploie pour la chasse à l'étang et au marais; dans quelques endroits on le tient aussi à bord des bâtimens où on le dresse à aller chercher ce qui tombe à la mer, ainsi que les oiseaux maritimes que l'on a tués. Il peut être dressé à l'arrêt.

Tout le corps du Barbet est couvert de poils longs et frisés, variant du blanc pur au noir foncé en passant par diverses couleurs intermédiaires. On est obligé de le tondre une ou deux fois au moins tous les ans.

Sous-variété *a*, Petit Barbet; il provient, suivant Buffon et Daubenton, du mélange du Barbet et du petit Épagneul. Sous-variété *b*, Chien griffon; il paraît être le résultat de l'union du Barbet et du Chien de berger.

G. Chien courant ou Chien de chasse, *C. f. gallicus,* représenté dans notre Atlas, planche 102, fig. 5. Il existe principalement en France, mais aussi en Angleterre et dans quelques autres contrées; il est ardent chasseur et s'emploie principalement à la chasse des bêtes fauves. Son odorat est exquis et son intelligence bien développée. Il se fait remarquer par la longueur de ses jambes et par celle de ses oreilles qui sont pendantes, il est couvert d'un poil très-court et porte la queue relevée. Sa couleur est généralement le blanc avec des taches noires ou fauves.

Longueur totale du corps, deux pieds neuf pouces; hauteur du train de devant, un pied neuf ou dix pouces; de celui de derrière, un pied dix pouces.

H. Chien braque, *C. f. avicularis.* A la tête forte, l'œil assez petit, les narines bien ouvertes, les lèvres pendantes, le cou peu allongé, la poitrine large, le dos et la croupe arrondis, les jambes fortes et les pieds larges. Sa taille varie entre dix-huit pouces, deux pieds et plus ; son poil est ras et plus fin sur la tête et les oreilles que sur le corps, il est rarement de couleur noire.

Le Braque est vif, il quête bien, et arrête parfaitement le gibier ; on doit le dresser le plus possible à la chasse en plaine ; il conserve, même pendant la grande chaleur du jour, toute la finesse de son odorat. Le *Braque à deux nez* ne diffère de celui-ci que par une gouttière assez profonde laquelle sépare ses deux narines.

Le *Braque du Bengale* est une sous-variété distincte, il ressemble au Braque proprement dit pour la figure, mais il a les couleurs plus belles. Son poil est moucheté ou tigré de petites taches fauves sur un fond blanc.

I. Chien basset, *C. f. vertagus* ou *Basset à jambes droites*. Il a la tête semblable à celle du Braque ou du Chien courant ; ses oreilles sont longues et pendantes, sa queue longue, ses jambes courtes, droites et grosses. Le poil de cet animal est ras et marqué de taches noires ou brunes, plus ou moins étendues et nombreuses sur un fond blanc ; quelquefois il est noir avec des taches de feu. Longueur du corps, vingt-cinq à vingt-huit pouces ; hauteur du train de devant, onze pouces seulement.

Sous-variété *a*, *Basset à jambes torses* ; jambes de devant arquées en dehors.

Sous-variété *b*, *Chien Burgos*.

K. Chien de berger, *C. f. domesticus*. Cette espèce représentée dans notre Atlas, pl. 102, fig. 1, est de taille moyenne, ses oreilles sont courtes et droites ; elle porte sa queue horizontalement en arrière ou pendante, mais quelquefois aussi relevée. Les poils sont longs sur tout le corps, la couleur noire est celle qui domine. Le Chien de berger habite toute l'Europe septentrionale et tempérée, il est employé avec beaucoup d'avantage à la garde et à la conduite des troupeaux. *Voy.* l'art. d'Économie rurale.

L. Chien loup, *C. f. pomeranus*. Se distingue du précédent par sa tête dégarnie de poils, ainsi que ses oreilles et ses pieds. Il porte toujours sa queue très-relevée. Celle-ci est remarquable par les longs poils qui la garnissent. La couleur est le noir, et aussi le fauve et le blanc. Le Chien loup a les mêmes habitudes que le Chien de berger ; il pourrait fort bien être employé à la garde des troupeaux.

M. Chien de Sibérie, *C. f. sibiricus*. Cette race, dont le nom indique la patrie, a tous les poils du corps fort longs ainsi que ceux de la tête et des membres ; elle ressemble, du reste, pour la forme générale, la taille, et la direction de la queue, au Chien loup.

N. Chien des Esquimaux, *C. f. borealis*. Autre race, décrite pour la première fois par M. Fréd. Cuvier, qui en a fait représenter un bel individu dans son ouvrage sur les Mammifères ; ce chien se rapproche beaucoup, par l'habitude de son corps et par sa taille, du Chien loup ; ses couleurs sont le noir et le blanc disposés par grandes plaques. Les poils sont de deux sortes, comme chez les autres, mais la proportion des laineux l'emporte de beaucoup sur les soyeux, ce qui s'explique par l'influence du froid ; ces poils laineux constituent une bourre qui augmente sensiblement les proportions de l'animal. La queue se relève subitement pour se courber à droite en longeant les fesses.

Le Chien des Esquimaux habite tout le nord du globe et spécialement les rivages du fond de la baie de Baffin en Amérique, où il est employé par les Esquimaux, comme bête de trait, pour tirer les traîneaux. On peut les considérer comme se rapprochant plus que les autres de la souche des Chiens domestiques.

Ces animaux sont attachés à l'homme, et lui sont même soumis ; mais lorsque la faim les presse, aucun châtiment ne pourrait les retenir, alors ils ne connaissent plus leur maître.

O. Chien alco, *C. f. americanus*. On donne ce nom à une variété fort mal connue et qui se trouve, dit-on, au Mexique.

III. Les Dogues. *Les races de cette famille se caractérisent par le raccourcissement de leur museau, le mouvement ascensionnel de leur crâne, son rapetissement et l'étendue considérable de leurs sinus frontaux.*

Ces animaux sont peu intelligens comparativement aux races de la famille précédente ; la pesanteur de leur intelligence semble se marquer par la grossièreté de leurs formes.

P. Dogue de forte race, *C. f. anglicus*. Autant le Lévrier a le museau allongé et les sinus frontaux rétrécis, autant au contraire le Dogue a le museau raccourci et les sinus développés. Il est aussi éloigné que possible des types primitifs, mais dans un sens contraire du Lévrier ; chez ce dernier les formes se sont allongées à l'excès, elles sont devenues aussi grêles que possible ; chez le Dogue, au contraire, elles se sont raccourcies, ramassées. Les oreilles sont entièrement pendantes et ne se relevant jamais ; les lèvres sont allongées, tombantes, et recouvrent la mâchoire inférieure. L'extrémité de la queue est relevée, et il existe souvent un cinquième doigt développé aux pieds de derrière. Le poil est généralement ras, quelquefois long ; la couleur n'est pas constante, tantôt elle est fauve, tantôt blanchâtre en partie ou bien variée de noir.

Ce sont les plus gros de tous les Chiens domestiques. Ils résultent du mélange du Mâtin avec le Dogue proprement dit. Comme toutes les races éloignées de la souche primitive, le Dogue reproduit difficilement, les mâles sont peu portés à s'accoupler et les femelles fort sujettes à avorter. Sa vie est d'ailleurs très-courte, et son développement fort lent : il n'acquiert toute sa taille qu'à dix-huit mois ou deux ans, et lorsqu'il en a cinq ou six il montre déjà de la décrépitude.

Q. Chien Dogue, *C. f. molossus*. Ce Dogue est semblable au précédent, mais plus petit ; les poils sont ras et de couleur fauve-pâle. *V.* l'art. d'Économie rurale (Chien de basse-cour).

R. Chien doguin, *C. f. fricator*, vulgairement

appelé *Carlin*, *Dogue de Bologne*, *Dogue d'Allemagne* ou *Mopse*, ne diffère du vrai Dogue que par une moindre taille; ses lèvres sont plus minces et plus courtes; son museau est proportionnellement moins large et moins retroussé; sa queue plus tortillée en spirale. Du reste il lui ressemble beaucoup, tant pour la figure du corps que pour la longueur et la couleur du poil. C'est un animal presque entièrement dépourvu d'intelligence, lascif et à peu près sans utilité.

S. Chien d'Islande, *C. f. islandicus.* Il a la tête ronde, les yeux gros et le museau mince, les oreilles en partie droites et en partie pendantes, comme dans le petit Danois; le poil est lisse et long, surtout derrière les jambes de devant et sur la queue. Ce Chien n'est connu que par une description de Daubenton.

T. Chien petit Danois, *C. f. variegatus*, dont le front est bombé, le museau assez mince et pointu, les yeux très-grands, et les oreilles à demi pendantes. Le petit Danois est de la taille du Doguin; son pelage est ras, le plus souvent moucheté de noir sur un fond blanc. On le nomme quelquefois *Arlequin.*

U. Chien roquet, *C. f. hybridus.* Il a la tête ronde et les oreilles petites comme le précédent; ses jambes sont sèches aussi et sa queue retroussée: quelques individus ont le pelage *arlequiné.*

V. Chien anglais, *C. f. britannicus.* Celui-ci paraît résulter du mélange du petit Danois et du Pyrame dont il a la taille; sa tête est bombée, ses yeux saillans et son museau assez pointu. Robe d'un noir foncé avec des marques de feu sur les yeux, sur le museau, sur la gorge et sur les jambes.

X. Chien d'Artois, vulgairement *Chien lillois, islois* ou *quatre-vingts*, a le museau très-court et très-aplati. C'est une race fournie par le mélange du Roquet avec le Doguin.

Y. Chien d'Alicante, *C. f. Andalusiæ.* Il a le museau court du Doguin et le long poil de l'Epagneul, c'est vraisemblablement du croisement de ces deux races qu'il provient. On le nomme quelquefois *Chien de Cayenne.*

Z. Chien turc, *C. f. ægyptius*, appelé aussi *Chien de Barbarie.* Tête très-grosse et arrondie; museau assez fin; oreilles droites à la base, assez larges et mobiles; corps rétréci vers le ventre; membres grêles, queue moyenne; peau presque entièrement nue, comme huileuse, noire ou de couleur de chair obscure et tachée de brun par grandes plaques. Taille du Carlin.

Sous-variété *a*, *Chien turc à crinière.* Une sorte de crinière formée par des poils longs et raides existe derrière la tête.

Les Chiens turcs sont peu intelligens; on les trouve, dit-on, en Égypte et dans une grande partie de l'Afrique septentrionale, mais non pas en Turquie comme leur nom pourrait le faire croire. Dans nos contrées ils souffrent constamment de l'abaissement de la température, et sont sans cesse grelottant, aussi les tient-on le plus souvent dans les appartemens.

A la suite de cette liste des Chiens domestiques, nous joindrons, comme races moins connues, celle du *Chien des Alpes*, représenté dans notre Atlas, pl. 102, f. 2, qui paraît issu du Dogue de forte race et du grand Épagneul, et celle du *Chien de Terre-Neuve*, idem pl. 102, f. 4, sorte de Mâtin à tête très-large et à oreilles pendantes; *voy.*, pour plus de détails sur ces deux races, l'article d'Économie rurale.

Chien caraïbe, *C. caraibæus.* Suivant M. Moreau de Jonnès, les Américains avaient des Chiens avant l'arrivée des Européens, et il paraîtrait même qu'ils en avaient de plusieurs sortes. Le 14 octobre 1482 Colomb trouva, dans les îles Lucayes, des petits Chiens qui n'aboyaient point et qui n'avaient aucun poil sur la peau; il les trouva encore en 1494 sur l'île de Cuba, et les habitans en mangeaient. Les Français firent la même observation en arrivant à la Martinique et à la Guadeloupe en 1635. Or, cette variété pourrait bien être, comme le fait remarquer M. Lesson, le Chien turc, qui se trouve aussi très-communément au Pérou, et que l'on pourrait bien avoir indiqué à tort comme provenant d'Afrique.

Loup commun, *Canis lupus.* Cet animal, qui est d'une autre espèce que le Chien domestique, est le carnassier le plus féroce de nos contrées; sa queue est droite, et son pelage gris fauve, avec une raie noire sur les jambes de devant des adultes. Une variété blanche existe dans le Nord; elle est tantôt le résultat du froid et blanchit périodiquement tous les hivers, tantôt, au contraire, elle est l'effet de la maladie albine. Les vieux individus grisonnent et peuvent aussi devenir presque blancs. Cet animal vit solitaire dans les forêts de toute l'Europe, et aussi dans une partie de l'Asie et peut-être le nord de l'Amérique. En Angleterre sa race est entièrement exterminée. *V.* l'article Loup de ce Dictionnaire et la figure qui doit l'accompagner. Les Loups peuvent s'unir avec les Chiens.

Loup noir, *Lupus niger*; est généralement considéré comme une espèce à part, quelques auteurs pensent qu'il n'est qu'une variété de la précédente; sa queue est droite, et son corps tout-à-fait noir sans mélange de blanc. Le Loup noir habite les contrées froides et montagneuses de l'Europe; la ménagerie du Muséum en a possédé un individu qui avait été pris dans les Pyrénées.

Loup du Mexique, *C. mexicanus*, Desm. Cet animal est pour la taille un peu inférieur au Loup ordinaire; il est d'un gris roussâtre mêlé de noirâtre. Le tour du museau, le dessous du corps et les pieds sont blancs.

Il vit dans les endroits chauds de la Nouvelle-Espagne.

Loup rouge, *C. jubatus*; Loup rouge de Cuvier et Agoura Guazou de d'Azara; est remarquable par sa teinte d'un roux cannelle plus foncé aux parties supérieures; une courte crinière occupe toute la longueur de l'épine dorsale.

Cette espèce vit solitaire dans les lieux bas et humides des pampas de la Plata. Son cri est à peu près *goua-a-a*, il est répété plusieurs fois de suite et s'entend de fort loin.

Loup de prairie, *C. latrans*, Harl. Faune américaine, *Prairie's wolf* de Say, a été découvert pendant l'expédition aux monts *Arkansas*. Il a le pelage d'un gris cendré, varié de noir et de fauve cannelle terne; les poils de la ligne dorsale sont plus longs que les autres; les parties inférieures sont moins colorées que les supérieures; la queue est droite. Cet animal habite les plaines de *Missouri*; il vit en troupes nombreuses, chasse les cerfs et mange aussi quelques fruits.

Loup odorant, *C. nubilus*, Say, *Major long's expedit*. Ce Loup est plus robuste et d'un aspect plus redoutable que les deux qui précèdent; il exhale une odeur fétide, ce qui lui a fait donner son nom. La teinte de son pelage est obscure et pommelée à sa partie supérieure. Le gris domine sur les flancs. On trouve le Loup odorant dans les mêmes lieux que le loup de prairie.

Loup fossile, *C. spelæus*, Goldfuss. N'est connu que par des débris fossiles. Ce n'est pas la seule espèce antédiluvienne que l'on ait découverte parmi les *Canis*. G. Cuvier, dans son ouvrage sur les ossemens fossiles, en indique quatre. La première, qui est nommée ci-dessus, a été trouvée mêlée à des os d'Éléphans; la seconde est fort voisine du Renard, si ce n'est le Renard lui-même: Cuvier en a tiré des fragmens d'un tuf où ils étaient pétris avec des débris d'ours et de hyènes. L'existence de la troisième n'est révélée que par deux dents recueillies près de Beaugency, et qui, par leur volume, annoncent un animal gigantesque. La quatrième, enfin, est connue par une mâchoire qui vient des plâtrières de Montmartre et qui diffère évidemment de toutes les espèces vivantes.

Chien antarctique, *C. antarcticus*. A le corps long de deux pieds six pouces et se rapproche du Loup pour ce qui est du port; son pelage est roussâtre, sa queue rousse à sa base est noire à son milieu et terminée par du blanc. Cet animal habite les îles Malouines et principalement celle appelée Falkland; on le trouve peut-être aussi au Chili. Il chasse le petit gibier, les oiseaux aquatiques, etc., et se creuse des terriers dans lesquels il demeure.

Chien crabier, *C. cancrivorus*. Il est en dessus d'un cendré varié de noir et de blanc, légèrement jaunâtre en dessous; ses oreilles sont noires ainsi que ses tarses et l'extrémité de sa queue. C'est le *chien des bois* de Buffon: on le trouve à la Guiane et à Cayenne, où il vit par petites troupes et se nourrit de chair, de fruits, etc.

Chacal, *C. aureus*. Cette espèce du genre Chien a été indiquée par Linnæus, et tous les auteurs anciens et modernes en ont fait mention; mais, jusqu'à ces derniers temps, on n'a eu sur son histoire que des notions peu exactes.

On trouve les Chacals non-seulement en Afrique, depuis la côte de Barbarie jusqu'au Sénégal et la Guinée, mais aussi en Asie, depuis l'Inde jusqu'en Turquie et même en Europe, ce qu'on n'aurait

osé soupçonné il y a quelques années. Les auteurs ne sont pas d'accord sur la nature de ces divers Chacals; les uns en ont fait autant d'espèces, d'autres, au contraire, les considèrent comme de simples variétés. Sans adopter l'une ou l'autre de ces deux opinions, nous donnerons l'histoire de ces animaux; on les considérera comme des variétés ou comme des espèces, cela importe peu ici.

Comme le travail de M. Isidore Geoffroy est le plus complet, c'est d'après lui que nous avons dû nous guider. Les Chacals y sont considérés comme se rapportant aux six variétés suivantes.

A. *Chacal de l'Inde.*

B. *Chacal du Caucase.* C'est à lui que devrait rester le nom de *Canis aureus*, si l'on regarde les autres comme des espèces distinctes; quelques auteurs pensent qu'il est la source des Chiens domestiques.

C. *Chacal de Nubie.* C'est le *Canis variegatus* de l'Atlas de Ruppel.

D. *Chacal d'Alger.* Il est peut-être le *Canis barbarus* de Shaw, General zool. Sa taille est plus considérable et son poil plus rude que chez les autres. Il a les parties supérieures d'un gris jaunâtre, varié de noir assez abondant, surtout à la croupe et à l'extrémité de la queue; les parties inférieures sont d'un fauve plus clair. On remarque sur la face antérieure des membres thoraciques une ligne noire, commençant vers l'épaule et qui disparaît vers l'articulation radio-carpienne pour reparaître un peu plus loin, au devant du métatarse. La queue est plus courte et beaucoup moins touffue que celle du Renard.

Nous avons parlé à l'article Chacal, d'un individu de cette variété que nous avions vu vivant à Paris. Cet animal avait été apprivoisé; il était assez docile pour qu'on pût le promener en laisse dans les rues de la ville; il provenait des environs même d'Alger où la variété est commune; son antipathie pour les Chiens de toutes sortes était une chose vraiment remarquable, il ne pouvait en voir un près de lui sans entrer aussitôt en colère.

E. *Chacal du Sénégal.* C'est le *C. anthus* de M. Fréd. Cuvier; voy. ci-dessous.

F. *Chacal de Morée.* L'espèce du Chacal n'avait point encore été observée en Europe avant l'expédition de Morée, cependant elle est très-commune dans cette contrée; sa peau est même employée comme fourrure par les habitans. *Voy.* la figure de cet animal, pl. 82, fig. 10.

Les Chacals sont des Chiens intermédiaires au Loup et au Renard; ils se creusent des terriers, dans lesquels ils passent une grande partie du jour, ne sortant le plus souvent que de nuit pour aller chercher leur nourriture, laquelle peut être omnivore, mais consiste principalement en cadavres plus ou moins avancés. On a remarqué que ces animaux accompagnent ordinairement les lions, et que partout où ceux-ci se trouvent il existe également des Chacals. Aussi la découverte du Chacal de Morée est-elle une nouvelle preuve attestant que les lions ont autrefois vécu en Grèce: c'est d'ailleurs ce que nous disent de la manière la plus positive les écrits d'Hérodote et d'Aristote. Le lion, qui est plus fort et plus redoutable que le Chacal, est celui que l'homme a dû attaquer le premier ; le Chacal, plus faible, a pu s'esquiver, il ne tombera victime que des derniers progrès de la civilisation. « Tel a été le sort du lion, dit »M. Isid. Geoffroy (Hist. nat. des mammifères de »Morée), tel sera celui du Chacal : partout où »les hommes sont devenus ou deviendront puis- »sans par l'association et les arts, le lion doit pé- »rir ; mais le Chacal, lâche et craintif, a pu et »peut trouver dans l'obscurité de ses attaques, ou »plutôt de ses brigandages, un asile long-temps »assuré, et survivre pendant un temps à la »destruction du plus terrible ennemi de l'hom- »me. »

C. anthus ou Chacal du Sénégal est un autre *Canis* reconnu par M. Fréd. Cuvier et décrit par lui, dans son Histoire des Mammifères, comme for- mant espèce à part. Le dos et les côtés sont cou- verts d'un pelage gris foncé, sali de quelques tein- tes jaunâtres ; le cou est d'un fauve grisâtre qui devient plus gris encore sur la tête et surtout sur les joues, au dessous des oreilles. Le dessous du museau, les membres antérieurs et postérieurs, le derrière des oreilles et la queue, sont d'un fauve assez pur, seulement on voit une tache noire lon- gitudinale au tiers supérieur de la queue, et quel- ques poils noirs, mais en petit nombre, à son extrémité. Cet animal habite le Sénégal et aussi la Nubie et l'Égypte, mais dans ces dernières contrées il est plus rare.

Corsac, *C. corsac*. Forme une seule espèce avec l'*Adive* de Buffon. Sa taille n'est point su- périeure à celle de la fouine, et sa queue, très-lon- gue à proportion de son corps, descend de trois pouces plus bas que les pieds lorsqu'elle est tout- à-fait pendante. Toutes les parties supérieures du corps, en y ajoutant la queue, sont d'un gris fauve uniforme, dont la teinte est très-douce et résulte des anneaux fauves et blanc dont la par- tie visible des poils est généralement couverte. Ce- pendant quelques uns de ces anneaux sont noirs ; les membres sont entièrement fauves ; le bout de la queue est noir, et l'on voit à trois pouces de l'origine de cet organe, à sa partie supérieure, une petite tache noire ; toutes les parties inférieu- res du corps sont d'un blanc jaunâtre. C'est ainsi que M. Fréd. Cuvier caractérise le Corsac, qui, dit-il ne diffère point de l'Adive, si l'Adive est cette petite espèce de Chien de l'Inde, nommée au Ma- labar *Nougs-Hari*.

Mésomélas, *C. mesomelas*. Est le *Renard* ou *Chacal du cap*. Sa couleur est grise et fauve ; sa taille est à peu près celle du Chacal, et sa queue tombante descend presque jusqu'à terre. Sa pa- trie est le cap de Bonne-Espérance.

Chien karagan, *C. karagan*. Cette espèce, dont l'existence est douteuse, est décrite comme supérieure au Corsac par la taille ; elle a, dit-on, la queue droite et le corps gris avec les oreilles noires. Elle est des bords de l'Oural, sa fourrure

est apportée à *Oremburg* par les marchands kirghises.

On cite encore, comme appartenant à la pre- mière section du genre Chien, le *C. barbarus* de Shaw, qui pourrait bien être le Chacal de la côte nord de l'Afrique.

†† Espèces dont les *pupilles se contractent ver- ticalement*.

Les Renards. Ces animaux ont la queue plus longue et plus fournie que ceux de la précédente section, leur museau est aussi plus pointu. Ils ré- pandent pour la plupart une odeur fétide, se creu- sent des terriers et n'attaquent que de petits ani- maux. On ne les a point rencontrés à la Nouvelle- Hollande.

Renard commun, *Canis vulpes*, L. Cet animal, que l'on trouve dans toute l'Europe, ainsi qu'en Asie et dans le nord de l'Amérique, a le pelage fauve en dessus, blanchâtre en dessous, avec la queue touffue terminée de noir, et le derrière des oreilles de cette couleur. Il est célèbre par son ca- ractère fin et rusé, nous le décrirons plus ample- ment à l'article Renard. *Voy.* ce mot et la figure qui s'y trouve jointe.

L'espèce du Renard comprend trois variétés. L'une a le bout de la queue noir, c'est le *Vulpes alopex*, appelé par Buffon *Renard charbonnier*, et que certains auteurs ont regardé comme une es- pèce distincte. La seconde variété est celle du Renard blanc, *Vulpes albus*. La troisième est re- marquable par la croix noire qui est dessinée sur son dos, elle a reçu de Gesner et de Buffon le nom de *Vulpes crucigera* : on la nomme en français *Re- nard croisé*.

Une autre race de Renards, qui forme peut-être aussi une variété distincte, est celle des Renards musqués que l'on rencontre en Suisse, et qui ré- pandent une odeur musquée assez agréable. Le *Renard noble* du même pays n'est autre chose que l'espèce commune dans un âge avancé.

Can. velox. Cette espèce, décrite par M. Say, est un des fruits de l'expédition du major Long ; elle a le corps élancé, le pelage fauve, doux et assez épais, brun en dessus, blanchâtre en dessous, et la queue longue, cylindrique et de couleur noire.

Elle doit son nom à la rapidité avec laquelle elle court. Sa patrie est la partie de l'Amérique qui borde le Missouri.

Can. niloticus. Il a été décrit par M. Geoffroy dans le Catal. du Mus. ; il est figuré à la plan- che xv de l'Atlas de Ruppel. On le trouve en Égypte et en Nubie.

Le *Can. variegatus*. a été envoyé au muséum de Francfort par M. Ruppel. Il est figuré dans l'Atlas de ce voyageur à la planche x. Son pelage est jau- nâtre en dessus, blanc en dessous, et varié sur le dos et la queue de flammures noires qui résul- tent de l'allongement de quelques faisceaux de poils ainsi colorés. On le trouve dans la Nubie et la Haute-Égypte.

Can. famelicus ou Renard d'Afrique. Il a été aussi trouvé en Nubie par M. Ruppel. Il a été fi- guré dans son Atlas, planche v. Il a la tête jaune et le corps gris ainsi que les deux tiers de la queue, celle-ci blanchit vers sa pointe.

Canis pallidus, décrit ainsi que les deux précédens par M. Cretzschmar, se trouve aussi en Égypte et en Nubie. Il a été représenté à la planche II de l'Atlas de Ruppel. Son corps est d'un fauve très-clair en dessus, blanc en dessous. La queue touffue est noire à son extrémité. C'est un animal nocturne et qui se tient pendant le jour dans les trous qu'il s'est creusés.

RENARD FENNEC, *Can. fennecus*, est l'*animal anonyme* de Buffon; on le trouve dans l'intérieur de l'Afrique. Son pelage est d'un roux blanchâtre uniforme, un peu plus pâle en dessous. Le Fennec se creuse des terriers et vit de dattes et autres substances qu'il trouve dans le désert. Sa peau est employée comme fourrure par les Arabes.

RENARD ISATIS, *Canis lagopus*, a le pelage long et fourni, aussi le recherche-t-on pour le commerce. Sa couleur est en été d'un gris cendré ou d'un brun clair uniforme; en hiver elle est blanche. Cette espèce habite les contrées les plus voisines du cercle polaire boréal; elle est hardie, rusée et très-portée à la rapine. Buffon l'a décrite sous le nom de *Renard bleu*.

Ajoutez à cette liste d'autres espèces moins connues, telles que le Renard argenté, *Can. argentatus*, Geoff., qui habite le nord de l'Asie et de l'Amérique; le Renard croisé qui se trouve dans l'Amérique septentrionale, ainsi que le Renard de Virginie; le Renard fauve des Etat-Unis et le Renard tricolor. Le Renard à grandes oreilles est aussi une espèce de ce groupe, et vit au cap de Bonne-Espérance.

Sous le nom de CHIEN MARIN on désigne le Phoque; sous celui de CHIEN RAT, la Mangouste du cap; est sous celui de CHIEN DES BOIS, le Raton.

Les grandes espèces de Roussettes ont quelquefois été appelées CHIENS VOLANS. (GERV.)

CHIEN. (ÉCON. RUR.) Parmi les nombreuses variétés de Chiens connues, deux espèces intéressent particulièrement l'agriculteur, le Chien de berger et le Chien de garde. Je vais parler d'eux sous le rapport de leur utilité et de leur intelligence. Je dirai aussi quelque chose du Chien de Terre-Neuve et du Chien des Alpes, qui sert communément aux propriétaires ruraux de l'Amérique du nord pour la garde de leurs habitations et pour celle de leurs bestiaux.

Le CHIEN DE BERGER est de deux sortes : le *Chien de berger proprement dit*, et le *Chien de Montagne*. L'un et l'autre sont d'une ressource également inappréciable : ils soulagent le pâtre dans les soins les plus fatigans de sa vigilance; lui épargnent les cris, les allées et les venues continuelles qui rendraient sa présence inutile; ils règnent à la tête et sur les flancs du troupeau, dont ils se font obéir; ils le contiennent dans sa marche, le rassemblent s'il s'écarte; l'éloignent des blés, des vignes, des jeunes taillis, de toutes les cultures qui redoutent son approche; ils maintiennent l'ordre, la discipline dans les rangs; et, par leur activité, par leur surveillance de tous les instans, ils assurent la tranquillité de tous les individus de jour comme de nuit. Le Chien de berger convient particulièrement dans les pays de plaines et de coteaux découverts; il n'est pas assez multiplié dans nos départemens méridionaux. Le Chien de montagne, au contraire, est préférable dans les pays de bois ou de hautes montagnes coupées, comme les Alpes et les Pyrénées, par des cavités, d'épais buissons, par des anfractuosités qui servent de retraite aux loups.

Le premier, représenté pl. 102, fig. 1, a les oreilles courtes et droites, la queue pendante ou légèrement recourbée en haut, le poil long et noir sur tout le corps, excepté sur le museau; son aspect n'a rien de flatteur pour l'œil, mais s'il pèche du côté de la beauté, de l'élégance, ses perfections naissent d'une grande intelligence, d'une activité rare, long-temps et exactement soutenue, d'une industrie vraiment surprenante. Il est très sobre. Le seul reproche qu'on puisse lui faire, c'est d'être quelquefois trop silencieux et de n'être pas toujours assez fort pour éloigner l'approche redoutable du loup, encore moins pour lutter avec succès contre lui. Le second est vif, hardi, entreprenant, ne redoute point le loup le plus vigoureux; il le signale par la force de ses aboiemens, court au devant de lui, l'attaque avec force, et s'il est armé de son collier garni de pointes de fer aiguës, il triomphe constamment de sa voracité. J'ai vu sur les chaumes des Vosges un semblable combat. Il fut long à cause des ruses employées par les deux ennemis. Le loup, quoique blessé, allait échapper par une fuite précipitée; mais le Chien sut le doubler à l'entrée d'un défilé, l'attaqua de nouveau avec fureur et remporta la victoire. Il revint au pâtre rempli de joie, et fut récompensé par des caresses et un morceau de pain bis qu'il mangea avec délices. Le poil du Chien de montagne est brun, épais et fourni; sa tête est forte, son front large, son cou gros; il a les yeux et les narines noires, les lèvres d'un rouge obscur, les jambes grandes, les doigts écartés, armés d'ongles durs et courts.

Le CHIEN DE GARDE, que l'on nomme aussi *Chien de basse-cour*, est celui auquel on remet la garde des fermes et des habitations champêtres. Il appartient d'ordinaire à la race des Mâtins, quelquefois à celle des Dogues; il faut le choisir toujours parmi les plus vigoureux et les plus grands. On ne peut se passer de ce gardien fidèle, dont la vigilance n'est jamais en défaut ni le jour ni la nuit, et s'étend à toutes les parties des bâtimens, des cours, des jardins. Il importe, pour la sûreté de tous, comme pour l'entier accomplissement de sa tâche difficile, qu'il connaisse et sache distinguer de loin les personnes de la maison, les amis qui la fréquentent et les gens que le service y amène. Quant aux étrangers, il doit avertir de leur approche et surtout de leur entrée, s'opposer courageusement à toutes les entreprises hostiles, principalement durant la nuit, et ne rien laisser passer autour de lui sans donner l'éveil aux autres gardiens. Sentinelle incorruptible, il emploie pour défendre son maître et ses propriétés des aboiemens

réitérés

réitérés, des efforts, des cris de colère, les accens de la fureur, toute la puissance de la vie. Rien ne lui coûte pour donner des preuves d'un dévoûment sans bornes, il se laissera écharper, il verra son sang couler de toutes parts, plutôt que de quitter le poste qui lui a été confié; pourvu qu'il sache son maître hors de danger, il reçoit la mort sans donner une larme aux douleurs qu'il endure.

L'intelligence admirable du Chien de garde, son attachement extrême, sa fidélité à toute épreuve sont au dessus des éloges. Du faîte de l'aisance, voit-il son maître tomber dans la misère et obligé de quitter son domaine, pour chercher un autre asile : loin de se refroidir, comme le font les parens les plus proches, les amis les plus intimes, il s'attache davantage à lui, il va lui rendre l'exil moins amer, diminuer l'horreur de son isolement, partager sa misère et, s'il le faut, périr avec lui.

Me miserum mater, soror, uxor, amica, parentes
deseruere : canis nunc mihi sola manet.

Le Chien de Terre-Neuve provient de cette île de l'Amérique septentrionale, long-temps regardée par les navigateurs comme un pays inhospitalier, qui ferme au nord l'entrée du golfe où va se perdre le large fleuve du Canada. Ce Chien est doué d'un instinct particulier pour braver la fureur des flots et retirer de l'eau les personnes ou les objets naufragés; il est également propre à la garde des troupeaux et à remplacer nos Chiens ordinaires de basse-cour. On le dit né de l'union d'un Dogue anglais et d'une Louve indigène à l'île de Terre-Neuve; l'on assure de plus qu'il n'y existait point lors des premiers établissemens de l'Europe moderne. Il est d'une forte taille, à peu près celle du Chien danois; sa couleur est noire avec quelques taches blanches sous le cou et au milieu du front. A l'approche de l'hiver, sa peau se recouvre d'un long poil soyeux, d'un noir rougeâtre. Il es surtout remarquable par ses doigts palmés. Doux et caressant, il aime à être flatté; son intelligence le rend capable de tous les exercices qu'on lui demande; il donne fort peu de voix. Dans son pays, on le nourrit ordinairement de poissons frais, salés ou bouillis et mêlés à des pommes de terre, à des choux cuits à l'eau. Quand on ne lui fournit pas assez à manger, il se jette sur la volaille avec laquelle il prend plaisir à jouer. Dans l'état sauvage, il fait une guerre cruelle aux brebis, dont le sang paraît alors être pour lui un breuvage délicieux; il les poursuit avec acharnement, les force à se précipiter à la mer, il les suit, les ramène sur le rivage, et là, il les perce à la gorge d'un coup de dent, suce avec une horrible joie tout le sang et ne touche jamais à la chair de la victime. Un pareil vice disparaît dès qu'il est instruit par l'éducation. Ce Chien est surtout extrêmement utile pour sauver les personnes qui tombent à l'eau et sont en danger de se noyer. Depuis cinquante ans l'Angleterre s'en est approprié l'espèce; on l'a introduite en France depuis 1819, et nous n'en voyons encore aucun individu sur les bords de la mer, de nos grandes rivières, de nos lacs et de nos étangs, où cependant, chaque année, il périt tant d'enfans et de bestiaux, les secours ordinaires y étant toujours tardifs et souvent impossibles. A qui la faute ? l'administration veut tout faire et ne fait rien; elle a des agens plus occupés d'assurer leur fortune particulière, que des affaires publiques, que des choses intéressant les masses.

Le Chien des Alpes mérite une mention à la suite des trois espèces dont je viens de parler. Né de l'union du Chien de berger avec une femelle du Mâtin, il tient pour la taille de cette dernière; il a les poils longs, le museau effilé, l'intelligence du premier. A l'esprit de vigilance de tous les deux, il réunit la bonté, la sollicitude empressée, le dévoûment le plus tendre. C'est lui que l'on voit sur le mont Bernard et les Alpes glacées du Haut-Valais, au mont Liban, dans les savanes et les vastes solitudes de l'Amérique du sud, aller à la recherche des voyageurs égarés, les appeler par ses aboiemens, leur porter des secours et les arracher aux dangers qui les menacent incessamment. Il a reçu cette pieuse mission de quelques cénobites demeurés amis des hommes, tout en fuyant leur compagnie, qui ne laisse pas toujours intact dans le cœur le sentiment si doux de l'humanité, de l'amitié, de la commisération. Le Chien s'en acquitte fidèlement et en a transmis l'habitude à ses descendans.

D'aussi merveilleuses qualités ne sont point limitées à ces Chiens, la même chaleur de sentimens, le même zèle dans l'obéissance, la même fidélité, le même courage, le même souvenir pour le bienfait, le même abandon, j'allais dire la même pensée, le même jugement, le même oubli de soi se retrouvent dans les autres Chiens que l'homme traite avec douceur, avec reconnaissance. Je vais choisir quelques traits dans la foule de ceux que j'ai recueillis, je les demande à des espèces différentes, afin de mieux convaincre et de varier les sujets.

Christophe Colomb, dans son voyage de découvertes, fit l'observation que les Chiens, embarqués à bord de ses vaisseaux, reconnaissaient l'approche de la terre, bien avant que les yeux de l'homme ou les lunettes pussent l'indiquer. Le célèbre naturaliste Péron a constaté le même fait dans son expédition aux Terres Australes. Au voisinage des terres, surtout lorsque le vent en venait, les Chiens s'agitaient en témoignant un grand désir d'y descendre; ils se tenaient assidument vers la partie du vaisseau qui y était tournée. C'est ainsi qu'ils annoncèrent les premiers à Péron les parages des Canaries, de l'île Maurice, les côtes de la Nouvelle-Hollande.

Durant les premières campagnes d'Italie, dirigées par Napoléon Bonaparte, le Caniche *Moustache* s'est fait distinguer par son audace militaire; ce fut surtout à la bataille de Marengo qu'il s'attira l'amitié de nos troupes par ses marches et contremarches, pour découvrir les mouvemens de l'ennemi et détourner nos soldats des embûches qu'on leur tendait. Il était sans cesse à l'avant-garde, et allait toujours le premier à la découverte. Nos soldats avaient en lui une telle confiance, qu'ils suivaient aveuglément le chemin qu'il leur indiquait ; ils ont plus d'une fois, grâce à sa vigilance, surpris et mis en déroute l'ennemi qui s'avançait de nuit et par des routes détournées. Bourrienne, le grand calomniateur de toutes les gloires nationales, Bourrienne a voulu déshériter Moustache de ses hauts faits et de son noble dévouement ; l'armée l'a vengé en ayant soin de lui, quand il fut blessé au champ d'honneur, et lui rendit les hommages militaires à sa mort.

Parade aimait la musique ; le matin il assistait régulièrement à la parade aux Tuileries ; il se plaçait au milieu des musiciens, marchait avec eux, s'arrêtait avec eux, et lorsqu'ils avaient terminé leur exercice. il disparaissait jusqu'au lendemain à la même heure. L'habitude de le voir toujours exact, toujours attentif, lui fit donner le nom sous lequel il est connu ; bientôt il fut fêté par chacun de ses nouveaux amis, et tour à tour invité à dîner. Celui qui voulait l'avoir lui disait, en le flattant de la main : « Parade, aujourd'hui tu dîneras avec moi. » Ce mot suffisait, le chien suivait son hôte, mangeait gaîment, payait son écho par des caresses, mais aussitôt le dîner terminé, il partait pour l'Opéra, les Italiens ou Feydeau ; il se rendait droit à l'orchestre, se plaçait dans un coin, et ne sortait qu'à la fin du spectacle. J'ai vu Parade en 1798. Son nom, sa réputation étaient encore dans la mémoire de tous les musiciens lors de mon retour de mes voyages en 1808.

Durant mon séjour à Parme, en février 1806, j'ai remarqué une Chienne de l'espèce du Mâtin, faisant le métier de mendiant et y dressant ses petits. De cette habitude elle avait reçu le nom de *Poverina*. Tous les jours elle se rendait, de deux à trois heures, devant les maisons où l'on était dans l'usage de lui faire l'aumône. Elle annonçait sa présence en poussant un seul aboiement, semblable à celui qu'émet d'ordinaire le Chien qui demande qu'on lui ouvre une porte ; puis après deux minutes, elle en donnait un autre, et continuait ensuite, mais plus fort, plus fréquemment, durant un quart d'heure, jusqu'à ce qu'elle eût reçu quelque chose à manger. Chaque jour avait sa rue, chaque rue ses maisons attitrées. J'ai suivi ces scènes à diverses reprises, et les habitans de Parme m'ont assuré qu'elles se renouvelaient déjà depuis plusieurs années.

A Rome, le Chien lévrier d'un peintre de mes amis était chargé d'aller, tous les matins, chercher le pain que nous devions consommer dans le jour. Nous déposions dans le panier l'argent nécessaire et notre boulanger livrait à *Vento* notre petite provision. Tout alla fort régulièrement durant deux mois. Bientôt il nous manque une pagnotte ; d'abord nous n'y fîmes aucune attention, mais la chose se renouvelant chaque jour, nous nous plaignîmes ; assurance de la part du boulanger que nous étions servis fidèlement ; il fallut donc observer le Chien, et nous vîmes en effet que la soustraction était réellement de son fait. Vento se trouvait époux et père à notre insu ; pour aider

sa compagne et son petit, il enlevait à chaque voyage un pain frais qu'il leur portait. Sa famille avait pris domicile près de mon habitation, derrière des marbres rangés le long de l'église des Grecs. Il enlevait aussi nécessairement des débris de notre table, car du moment que nous eûmes découvert le motif de son vol et que nous l'eûmes autorisé, il ne se gêna plus, et il finit même par nous témoigner sa joie, en nous apportant son petit et en amenant avec lui sa chère compagne.

Encore un trait, ce sera le dernier. *Tropique*, Chien braque, né à bord de la corvette *le Géographe*, avait un tel attachement pour son habitation flottante, qu'il ne la quittait pas sans peine, pour suivre dans ses excursions sur terre le naturaliste Lesueur, qui fut l'ami et le compagnon de Péron. Comme le vaisseau terminait son voyage aux Terres Australes et se disposait à revenir en France, l'équipage consentit à laisser Tropique à l'île Maurice chez l'un des habitans où il avait été bien reçu ; mais le Chien ayant trouvé moyen de s'échapper, vint à la nage rejoindre une première fois le bâtiment, éloigné de la côte d'une demi-portée de canon. On le rendit à son nouveau maître, et, le départ approchant, on changea de mouillage et on alla se placer dans la grande rade, à environ une lieue du fond du port, dans l'endroit où les bâtimens prêts à partir ont coutume de faire leurs dernières dispositions. Tropique s'étant encore échappé, nagea d'abord du côté où il avait trouvé la corvette une première fois ; mais ne l'y ayant point rencontrée, il vint, par un prodige d'intelligence et de courage, la rejoindre à une aussi grande distance. On l'aperçut de loin, se reposant de temps en temps sur les bouées ou bois flottans destinés à marquer l'entrée du chenal. On le vit redoubler de force et d'ardeur, dès qu'il put entendre la voix des personnes du bâtiment ; et cette fois, du moins, son attachement reçut sa juste récompense. On le garda à bord. Arrivée au Havre, d'où elle était partie trois ans auparavant, la corvette fut désarmée, l'état-major logé à terre, et peu à peu le bâtiment devint désert. Tropique allait et venait pendant tous ces travaux, suivant tour à tour Lesueur ou ses compagnons, mais ne manquant jamais de revenir à bord le soir, ou à l'heure des repas. Bientôt il ne resta sur la corvette qu'un seul gardien inconnu à Tropique : il devint alors triste et rêveur. Lesueur mit tout en œuvre pour se l'attacher et l'empêcher de retourner tous les soirs à bord. Il ne put y réussir. Un jour l'on changea de place la corvette, qui fut emmenée dans le bassin intérieur du port ; Tropique, à son retour, ne l'ayant pas trouvée, passa la nuit sur un ponton qui avait été placé entre la terre et le bâtiment. Il y demeura encore la journée du lendemain jusqu'au soir, qu'étonné de ne l'avoir point vu, Lesueur alla le chercher. Tout son extérieur était changé, il avait perdu sa gaîté ; craintif, la tête et la queue basses, n'avançant plus qu'avec lenteur, les regards tristes, abattus, tout indiquait chez lui le plus violent chagrin. Ce fut en vain que le jeune naturaliste le pressa dans ses bras, l'appela de la voix et qu'il cherchait à le distraire par ses caresses, par ses attentions, tout fut inutile. Tropique retournait constamment sur le ponton ; enfin il refusa toute espèce de nourriture, et le malheureux, les yeux fixés sur l'endroit où avait été la corvette, expira en pleurant sa patrie !....   (T. D. B.)

CHIENDENT. (BOT. PHAN.) C'est le nom vulgaire de deux espèces de graminées qui appartiennent à deux genres différens : l'une, connue sous le nom de Chiendent des boutiques, est le *Triticum repens* de Linné (v. FROMENT) ; l'autre, le Chiendent pied de poule, est le *Panicum dactylon*, Linn. (v. PANIC). On donne encore le nom de Chiendent à d'autres plantes appartenant à divers genres, voici les principales :

CHIENDENT AQUATIQUE. *Voy.* FÉTUQUE FLOTTANTE.

CHIENDENT A BROSSETTES. *Voy.* DACTYLE PELOTONNÉ.

CHIENDENT FOSSILE. Nom donné par quelques auteurs à l'Amiante.

CHIENDENT MARIN. C'est une espèce de Varec.

CHIENDENT QUEUE DE RENARD, espèce du genre Vulpin.

CHIENDENT RUBAN. Le Roseau panaché.

CHIENDENT A VERGETTES. M. Bosc a reconnu que c'est la racine du Barbon digité.   (GUÉR.)

CHIGOMIER. (BOT. PHAN.) Ce nom, qui rappelle celui de *Chigouma*, employé par les indigènes des régions chaudes de l'Amérique, avait d'abord été adopté par les botanistes français ; mais depuis quelques années on lui préfère celui de Combret, comme plus scientifique. (*Voy.* COMBRET.) Nous avons représenté une belle espèce de ce genre, le Chigomier écarlate, dans notre Atlas, pl. 105, fig. 1.   (T. D. B.)

CHILOGNATHES, *Chilognatha.* (INS.) Famille de l'ordre des Myriapodes, qui formait autrefois le genre Jule de Linné, ayant pour caractères : corps cylindrique, muni d'un grand nombre de pieds disposés par paire sur chaque anneau ; antennes de sept articles. Ces insectes, comme tous ceux de l'ordre dont ils font partie, ont le corps linéaire crustacé ; la tête est de même grosseur que le corps ; la bouche se compose de deux mandibules épaisses, sans palpes, visiblement divisées en deux dans leur longueur par une suture, avec la partie supérieure munie de dents et recouverte par une espèce de lèvre. Les quatre premières paires de pieds, qui ont leur article basilaire beaucoup plus long que dans les autres, et insérés sur la ligne médiane du corps, paraissent faire partie accessoire de la bouche. Les autres pieds sont très-courts, munis d'un seul crochet à l'extrémité, et insérés par paire sur chaque anneau, à compter du quatrième ou cinquième. Les organes mâles sont situés après le septième anneau et ceux femelles après le second, mais ils ne paraissent guère qu'après que les insectes ont atteint au moins le tiers de leur longueur totale, ce qui, dans quelques espèces, n'arrive que vers la deuxième année. Les stigmates sont situés en arrière de la seconde paire de pattes de chaque segment. Les deux ou trois derniers anneaux étant apodes doivent aussi être dépourvus de stigmates. Ces organes communiquent avec une double série de réservoirs pneumatiques répandant des trachées sur tous les autres organes. M. Straus croit que ces réservoirs ne sont point liés entre eux par une trachée principale. Comme cette observation serait anomale, je pense qu'elle mérite d'être de nouveau examinée.

Degéer et M. Savi, professeur à Pise, se sont occupés d'étudier les mœurs de ces insectes ; on doit au dernier d'avoir rectifié une erreur que l'on avait commise par rapport aux stigmates, et d'avoir indiqué leur vraie place, car ce qu'avant lui l'on prenait pour eux, n'est qu'une suite de pores propres à laisser écouler une humeur fétide, et que peut-être ces insectes emploient comme moyen de défense. L'accouplement était connu, le mâle et la femelle sont appliqués immédiatement l'un contre l'autre ; sa saison est pendant l'hiver pour l'Italie ; mais les résultats de cet acte sont loin d'être aussi clairs. Degéer avait dit que, lors de la première mue, les petits ont six pattes, M. Savi leur en voit vingt-deux à la première mue, je suis tenté de croire que quelques mues intermédiaires lui ont échappé. C'est une observation qu'on peut engager l'auteur à recommencer lui-même. A la seconde mue, le nombre s'en élève, suivant lui, à trente-six paires ; à la troisième à quarante-trois ; enfin à l'état adulte le corps du mâle a trente-neuf segmens, et la femelle soixante-quatre.

Ces insectes, avec un nombre de pieds si rapprochés et si courts, ont l'air de glisser sur le plan de position plutôt que de marcher. Ils vivent des débris des végétaux sous lesquels on les trouve souvent, ainsi que sous les écorces des arbres. *V.* JULES, GLOMERIS, POLYDÈME, POLYXÈNE. (A. P.)

CHILOPODES, *Chilopoda.* (INS.) Famille des Myriapodes, formant auparavant le seul genre Scolopendre de Linné. Ainsi que les Chilognathes, ces insectes ont le corps allongé, mais déprimé. On peut leur donner pour caractères : corps allongé, déprimé, segmens ne portant qu'une paire de pattes ; bouche armée de deux pieds-mâchoires percés en dessous pour laisser écouler une liqueur vénéneuse.

Ces insectes ont la tête déprimée, les antennes, au moins de quatorze articles, plus minces à leur extrémité ; la bouche se compose de deux mandibules offrant un petit palpe, d'une lèvre dont les deux divisions extérieures sont comme annelées et représenteraient des palpes labiaux, d'une première paire de petits pieds réunis à leur base et unguiculés au bout, et enfin d'une seconde paire de pieds joints à leur naissance, dilatés, ayant le crochet très-développé et percé en dessous pour le passage d'une liqueur vénéneuse ; le corps est membraneux, plus large vers le milieu de sa longueur. Chacun des segmens est recouvert d'une plaque écailleuse portant une seule paire de pattes ; la dernière, plus développée que toutes les autres, est rejetée en arrière et ne sert pas à la marche. Les organes sexuels sont situés à l'extrémité du corps.

Ces insectes sont carnassiers, évitent la lumière, aussi les trouve-t-on le plus souvent sous les pierres, les écorces d'arbres et dans les fumiers. La morsure de quelques espèces d'une grande taille peut donner lieu à des accidens graves. *Voyez* SCOLOPENDRE, SCUTIGÈRE, etc. (A. P.)

CHIMÈRE, *Chimæra*. (POISS.) C'est un objet très-digne d'être remarqué que ce grand poisson cartilagineux, dont la conformation est si curieuse qu'elle lui a fait donner le nom de Chimère, et même celui de Chimère monstrueuse par Linné et par d'autres naturalistes. L'agilité et en même temps l'espèce de bizarrerie de ses mouvemens, la mobilité de sa queue très-longue et très-déliée, la manière dont ses dents se meuvent, et celle dont ce poisson remue également les différentes parties de son museau, souples et flexibles, ont en effet retracé au yeux de ceux qui l'ont observé, l'allure, les gestes et les contorsions des singes les plus connus. D'un autre côté, tout le monde sait que l'imagination poétique des anciens avait donné à l'animal redoutable qu'ils appelaient Chimère, une tête de lion et une queue de serpent; la longue queue du cartilagineux que nous examinons rappelle celle d'un reptile, et la place ainsi que la longueur des premiers rayons de la nageoire du dos représentent, quoique très-imparfaitement, une sorte de crinière, située derrière la tête qui est très-grosse, ainsi que celle du lion; d'ailleurs les différentes parties du corps de cet animal ont des proportions que l'on ne rencontre pas dans la classe, cependant très-nombreuse, des poissons, et qui lui donnent, au premier coup d'œil, l'apparence d'un être monstrueux. Enfin la conformation particulière des parties sexuelles, tant dans le mâle que dans la femelle, et surtout l'appareil extérieur de ces parties, ajoutent à l'espèce de tendance que l'on a, dans les premiers momens où l'on voit la Chimère arctique, à ne la considérer que comme un monstre, et doivent la faire observer encore avec un plus grand intérêt. On a assimilé en quelque sorte sa tête à celle du lion; on a voulu, en conséquence, la couronner comme celle de ce dernier et terrible quadrupède. Le lion a été nommé le roi des animaux; on a donné aussi un empire à la Chimère, et plusieurs auteurs l'ont appelée le roi des harengs, dont elle agite et poursuit les immenses colonnes. On ne connaît encore dans le genre Chimère qu'une seule espèce; la CHIMÈRE ARCTIQUE, *chimæra monstruosa*, Linné, Bloch, 124. Sa dénomination indique les contrées du globe qu'elle habite. Elle ne s'approche que rarement des contrées tempérées, et ne se plaît, pour ainsi dire, qu'au milieu des montagnes de glace, et des tempêtes qui bouleversent si souvent les plages polaires. Ce poisson est long de trois pieds quand il est adulte; sa couleur est jaunâtre avec des taches noires. La Chimère s'accouple à la manière des raies et des squales. Les œufs sont fécondés dans la vulve de la mère, comme ceux des squales et des raies. Mais ce qui

est plus digne de remarque, et qui rend la Chimère un être plus extraordinaire et plus singulier, c'est que, seule parmi tous les poissons connus jusqu'à présent, elle paraît féconder ses œufs non-seulement pendant un accouplement réel, mais encore pendant une réunion intime, et par une véritable intromission. Plusieurs auteurs ont écrit en effet que la Chimère mâle avait une sorte de verge double; on a également remarqué sur la femelle, un peu au dessus de l'anus, des parties très-rapprochées, saillantes, arrondies, assez grandes, membraneuses, plissées, extensibles, et qui présentaient chacune l'origine d'une cavité qui correspond jusque dans l'ovaire. Ces deux appendices doivent être considérés comme une double vulve destinée à recevoir l'organe mâle, et nous avons d'autant plus cru devoir les faire connaître, que cette conformation, très-rare dans plusieurs classes d'animaux, est très-éloignée de celle que présentent les parties sexuelles des femelles des poissons. La Chimère arctique, cet animal extraordinaire par sa forme, vit, ainsi que nous l'avons dit plus haut, au milieu de l'Océan septentrional; ce n'est que rarement qu'elle s'approche des rives. Le temps de son accouplement est presque le seul pendant lequel elle quitte la haute mer; elle se tient presque toujours dans les profondeurs de l'Océan, où elle se nourrit, pour l'ordinaire, de crabes, de mollusques, et si parfois elle se présente à la surface de l'eau, ce n'est que pendant la nuit, ses yeux grands et sensibles ne pouvant supporter qu'avec peine l'éclat de la lumière du jour. On l'a vue cependant attaquer ces légions innombrables de harengs dont la mer du Nord est couverte à certaine époque de l'année, les poursuivre, et faire sa proie de plusieurs de ces faibles animaux. Au reste, les Norwégiens et d'autres habitans des côtes septentrionales, vers lesquelles elle s'avance quelquefois, se nourrissent de ses œufs et de son foie, qu'ils préparent avec plus ou moins de soin. Nous avons donné une figure de ce poisson dans notre Atlas, pl. 104, fig. 1. (ALPH. G.)

CHIMIE. La Chimie est la science qui apprend à connaître l'action intime et réciproque des molécules intégrantes des corps les unes sur les autres.

Suivant quelques auteurs, le mot *Chimie* est arabe; suivant d'autres, il est grec. Dans la première supposition, il signifie l'*art qui traite des propriétés des corps, détermine leurs principes et leurs attractions, les analyse, les recompose;* dans la seconde, il veut dire *fondre*, ou bien encore *suc*. Cette dernière étymologie est beaucoup moins satisfaisante que la première. Enfin la Chimie a été appelée tantôt *pyrotechnie*, ou art du feu; *chrysopée, argyropée,* ou fabrication d'or et d'argent; tantôt *science spagyrique, physique particulière,* etc. Cette dernière dénomination est la plus convenable. On sait en effet que la physique et la Chimie sont tellement liées l'une à l'autre, qu'on peut les considérer comme les parties d'un grand tout, d'un grand système auquel on peut donner le nom de *science de la nature active.*

L'histoire de la Chimie commence par des fables, auxquelles ont succédé des observations incomplètes, des idées vagues, des hypothèses, des théories incertaines, etc., présentant çà et là quelques faits constatés, quelques pocédés ingénieux. Les premiers chimistes ont été ceux qui ont trouvé les moyens d'extraire, de fondre, d'allier les métaux.

Comme toutes les sciences, la Chimie a marché lentement; ses pas ont été sans cesse arrêtés par les rêves de l'astrologie judiciaire et le roman de la pierre philosophale. Jusqu'à 1640, elle n'a offert que quelques faits particuliers. A cette époque, Rhazès, Roger Bacon, Arnaud de Villeneuve, Basile Valentin, Paracelse, etc., signalèrent plusieurs propriétés de certains métaux, comme le fer, le mercure, l'antimoine, etc.; les acides nitrique, sulfurique, hydrochlorique furent trouvés, les distillations inventées, l'opium et les alcalis purifiés, le sel de glauber (sulfate de soude cristallisé) découvert, etc.

Sthal paraît; Sthal, qui commenta, rectifia et étendit les idées de Bécher, établit sa théorie du *phlogistique*, théorie qui ne put résister à la Chimie pneumatique, monument du génie de Black, Priestley, Cauvendish et Lavoisier, et dont Fourcroy a été jusqu'à présent le plus parfait historien.

Du temps de Sthal, quand un métal s'oxidait, soit par l'air seul, soit par l'air et le feu, on disait que le métal perdait son phlogistique; un métal oxidé était-il réduit, c'est-à-dire ramené à son état naturel, le métal reprenait son phlogistique; mais aussitôt que l'on eut connu la composition de l'air atmosphérique, on vit que les corps brûlés ou oxidés, au lieu de perdre de leurs principes, s'emparaient d'un des élémens composant l'air, et cet élément, c'était l'oxigène. Cette découverte fit faire des pas immenses à la Chimie. Mais ce qui rehaussa surtout cette science, ce fut la nomenclature adoptée, pour la première fois, en 1787, et que l'on doit au génie des Lavoisier, Fourcroy, Guyton de Morveau et Berthollet.

Des deux moyens mis en usage, pour connaître la nature intime des corps, l'analyse et la synthèse, le premier sépare, met à nu les principes constituans des corps composés, le second réunit les mêmes principes pour rétablir la substance analysée.

De même que la physique est inséparable de la Chimie, de même l'histoire naturelle lui est intimement liée. En effet, avant que le chimiste porte son investigation sur le premier corps venu, il est bon que le règne et les propriétés extérieures de ce corps lui soient parfaitement connus. Cette vérité prouve toute l'étendue et toute l'importance de la Chimie.

Pour faciliter l'étude d'une science aussi immense de détails qu'est la Chimie, on l'a divisée et subdivisée en plusieurs parties que l'on peut attaquer séparément, et cela avec d'autant plus de raison, que tous les phénomènes s'expliquent par une théorie générale, et qu'ils se rapportent à un certain nombre de lois qu'il faut connaître. L'ensemble de ces lois s'appelle *la Chimie philosophique*. Cette Chimie nous fait considérer ce que l'on doit entendre par affinité d'agrégation ou de cohésion, par affinité de composition; elle nous fait voir que l'affinité peut avoir lieu : 1° entre deux substances simples; 2° entre une substance simple et une composée; 3° entre des corps composés et d'autres corps composés. C'est elle qui mesure les forces de l'affinité, qui tient compte des circonstances qui favorisent ou empêchent les attractions; qui examine le rôle que jouent dans les réactions chimiques, le calorique, la lumière, l'électricité, etc., etc. Enfin, cette même Chimie philosophique nous explique les phénomènes connus sous le nom de *solution, saturation, cristallisation, effervescence*, etc.

Suivant que la Chimie s'occupe de telle ou telle généralité des sciences de la nature, on la divise en plusieurs branches particulières; ainsi, on l'appelle : *Chimie météorique*, quand elle donne l'explication de la formation des nuages, de la pluie, des brouillards, de la neige, de la grêle, etc.; *Chimie géologique*, quand elle s'occupe de l'étude spéciale des volcans, des mines, des houillères, des tremblemens de terre, etc.; *Chimie minérale, végétale, animale*, quand elle s'applique à connaître la composition d'un minerai, d'une plante ou d'un animal; *Chimie physiologique, pathologique*, quand elle considère les changemens qui se passent pendant la vie des animaux et ceux qui sont survenus après leur mort; *Chimie thérapeutique* ou *pharmacologique*, quand elle analyse les médicamens, éclaire le manipulateur dans leur préparation; *Chimie hygiénique*, quand elle indique les moyens d'assainir les habitations, de connaître la composition de l'air, *Chimie toxicologique*, quand elle éclaire le juge dans un procès criminel, un cas d'empoisonnement par exemple; enfin *Chimie manufacturière*, quand elle s'applique aux arts, qu'elle étend, qu'elle perfectionne, qu'elle simplifie.

A toutes ces divisions, nous pourrions en ajouter une autre, la *Chimie médicale*, chimie qui n'est autre que celle que nous avons appelée *physiologique, pathologique, thérapeutique, pharmacologique et toxicologique*. En effet, quels importans services la Chimie n'a-t-elle pas rendus à la médecine, 1° en s'occupant de la composition et de l'altération des solides et des liquides du corps humain; 2° en facilitant l'étude de l'anatomie; en mettant entre les mains de l'étudiant les moyens de macération, de corrosion, etc., dont il a besoin, pour suivre les plus petites divisions d'un nerf, d'une artère, etc.; 3° en enrichissant la matière médicale d'agens nouveaux, plus simples dans leur composition, et plus faciles à suivre dans leur mode d'action; 4° enfin, en éclairant le praticien dans la composition de ses formules, de ses prescriptions, choses toujours très-difficiles, susceptibles d'erreur, sans des connaissances précises sur la composition et la décomposition des corps. Toutefois ne nous abusons pas sur les services rendus à la médecine par la Chimie sous le rapport pathologique. Quelques résultats analytiques ont pu à la vérité mettre sur la voie, pour connaître la nature des altérations physiologiques survenues pendant la vie et après la mort;

mais le plus grand nombre de ces résultats ont besoin d'être encore et souvent répétés pour devenir concluans; on sait d'ailleurs que, dans ces sortes de recherches, les difficultés nombreuses qui se présentent, ne tiennent pas seulement à l'insuffisance des moyens d'investigation, mais encore à une action vitale ou morbide particulière qui nous est inconnue. Telle est l'idée qu'on doit se faire de la Chimie, tel est aussi le but qu'elle se propose, et tels sont les moyens (l'analyse et la synthèse) qu'elle a à sa disposition pour arriver à ce même but.

Depuis Lavoisier, les modernes ont beaucoup agrandi la carrière de la Chimie, et la théorie trop exclusive sur l'oxigénation a été modifiée. Le chlore, l'iode, le brôme, le cyanogène, le fluor, etc., jouissent des propriétés acidifiantes de l'oxigène et forment des acides avec l'hydrogène; des alcalis, des terres ont été reconnus comme oxides métalliques; des corps qu'on avait crus simples jusqu'alors, ont été décomposés; la pile voltaïque et d'autres agens puissans ont été découverts; enfin, dans ces derniers temps, la théorie atomique ou atomistique a pris faveur, et son avenir, dans l'esprit de quelques savans, est riche des plus belles espérances et des plus heureuses modifications dans l'analyse organique.

Dans cette brillante carrière où se sont montrés beaucoup d'hommes illustres, tels que Berthollet, Laplace, Monge, Fourcroy, Guyton de Morveau, Vauquelin, Sérullas, marchent aujourd'hui Gay-Lussac, Thénard, Davy, Berzélius, Chevreul, Dumas, Robiquet et une foule d'autres savans distingués, dont les ouvrages sont devenus classiques.

Maintenant la Chimie a-t-elle atteint son summum de perfection, n'a-t-elle plus rien à faire? Non, certainement. Bien qu'elle ait immensément gagné depuis quelques années, elle a encore de vastes et importantes recherches à faire sur les substances végétales et animales, sur les poisons, les alimens liquides ou solides, etc. A qui importe-t-il, en effet, de connaître la nature des matières nutritives, leur quantité dans chaque espèce de nourriture, leur digestibilité, leur préparation, leur conservation, etc., si ce n'est au chimiste? Qui examinera les eaux, les vins, les liqueurs? Qui s'assurera de leur pureté, de leur purification? le chimiste.

La Chimie atomique, chimie due à Higgens, savant irlandais, développée plus tard par Dalton, étudiée ensuite par Berzélius, Ampère, Biot et Dumas, pourra-t-elle plus facilement que la Chimie ancienne résoudre toutes ces questions? laissera-t-elle de longs et utiles souvenirs? nous le désirons plus que nous ne l'espérons. En effet, quelle solidité peut avoir un système fondé sur des hypothèses, sur des êtres imaginaires, sur des atomes enfin, corps qui ne sont plus accessibles à nos sens, et qui n'existent que dans notre imagination? Toutefois ne repoussons pas cette théorie d'une manière absolue; suivons pas à pas ceux qui en sont les partisans, et, plus tard, les faits parleront pour ou contre : plus tard aussi nous jugerons.

Nous pourrions encore montrer la Chimie portant dans les organes déchirés par le poison, les corps capables de neutraliser ce qu'une main criminelle y aurait introduit; nous pourrions également la montrer enseignant à extraire et à travailler les métaux, la verrerie, la poterie, la porcelaine, la teinture, les savons, les acides, etc., etc.; mais nous terminerons là un article qui déjà peut-être a dépassé les bornes qui nous sont imposées. (F. F.)

CHIMPANZÉ, *Troglodytes*. (MAM.) Ce genre appartient à la famille des Singes catarrhinins ou de l'ancien continent, il ne comprend qu'une espèce exclusivement propre à l'Afrique; voici quels sont ses caractères : trente-deux dents, $\frac{4}{4}$ incisives, $\frac{1-1}{1-1}$ canines, et $\frac{5-5}{5-5}$ molaires; les canines peu saillantes et contiguës aux incisives, lesquelles sont droites aux deux mâchoires et disposées comme celles de l'homme; les molaires sont aussi dans ce cas; face nue, à museau court; front arrondi, mais fuyant en arrière; arcades surcilières très-proéminentes, ce qui ne donne à l'angle facial que cinquante degrés; conques auriculaires très-grandes, mais de forme humaine; mains munies d'ongles plats, à doigts de même longueur que chez l'homme, excepté le pouce; membres proportionnés; callosités des fesses peu prononcées, mais existant cependant d'une manière visible, ainsi que l'a reconnu M. Isid. Geoffroy; poils rares sur certaines parties et tout-à-fait nuls à la face et à la paume des mains; à l'avant-bras ils sont dirigés du côté du coude; point de queue, non plus que d'abajoues.

Le **Chimpanzé noir**, *Troglodytes niger*, est la seule espèce authentique; c'est de tous les Singes celui qui se rapproche le plus de l'homme tant par ses facultés physiques que par celles de son moral. Son front est arrondi, mais caché par les arcades surcilières dont le développement est extrême; sa face est brune et nue, à l'exception des joues qui ont quelques poils disposés en manière de favoris; ses yeux sont petits mais pleins d'expression; le nez est camus et la bouche large.

Cet animal peut atteindre jusqu'à cinq et six pieds de haut. Il lui est facile de se tenir sur ses membres inférieurs, et lorsqu'il s'appuie sur un bâton il peut marcher debout pendant un temps assez long. Son corps est couvert de poils plus nombreux sur le dos, les épaules et les jambes que partout ailleurs; les mains en sont tout-à-fait dépourvues à leur face palmaire, ainsi que les oreilles et le visage. Ces poils sont généralement noirs, cependant à l'entour de l'anus on en voit quelques uns qui sont blancs. Les membres ne sont point disproportionnés comme chez les Orangs et les Gibbons, les supérieurs ne descendent guère que jusqu'au jarret, et les inférieurs ont une espèce de mollet, formé comme chez l'homme par les muscles jumeaux et soléaire; leur force est très-grande; ils permettent à l'animal de marcher et aussi de grimper avec beaucoup d'agilité. Les doigts des pieds et des mains sont de même longueur que chez l'homme, les ongles sont aplatis. Ce caractère, joint à celui que fournissent les membres, différencie parfaitement le Chimpanzé de l'Orang et fait reconnaître qu'il doit être placé avant lui dans la série mammalogique.

Le Chimpanzé habite l'Afrique, on ne l'a encore observé que sur quelques points intertropicaux de la côte occidentale, dans les forêts du Congo, du Loango, d'Angole et de la Guinée. Il n'existe point en Asie. Pendant les premières années de son âge, il est remarquable par sa douceur et la facilité avec laquelle il s'apprivoise; mais à mesure qu'il vieillit, il perd la plupart de ces bonnes dispositions qui sont remplacées par les instincts les plus farouches. Il ne craint point alors d'attaquer l'homme lui-même; il s'arme d'un bâton et le frappe avec violence ou bien il lui lance des pierres. On assure que les Chimpanzés sont d'un tempérament fort lascif et que plus d'une fois il leur est arrivé d'enlever des négresses pour en jouir; on cite même une de ces femmes qui resta cinq années dans leur société, et qui étant ensuite revenue auprès des gens de sa nation, leur conta tous les bons traitemens et les attentions que ces singes lui avaient prodigués.

Les navigateurs ont eu plusieurs fois l'occasion d'étudier les mœurs des Chimpanzés domestiques, et il nous ont appris que ces animaux, lorsqu'on les prend encore jeunes, sont susceptibles d'une éducation très-variée. Ils apprennent à se tenir à table, aussi bien que pourraient le faire les hommes de nos contrées civilisées. Ils mangent assez de tout, mais affectionnent principalement les sucreries. On peut aussi les accoutumer aux liqueurs fortes. Ils se servent du couteau, de la fourchette et de la cuiller, pour couper ou prendre ce qu'on leur sert. Ils reçoivent avec politesse les personnes qui viennent les visiter; restent pour leur tenir compagnie et les reconduisent. Buffon, qui a possédé un de ces singes vivans, a pu vérifier presque toutes ces allégations.

Les naturalistes méthodistes ont tous considéré l'espèce qui nous occupe comme devant tenir le premier rang parmi celles de la famille des Singes; quelques uns même n'ont pas hésité à les placer dans le même genre que l'homme, l'appelant *Homo silvestris* et *Homo troglodytes* : c'est ce qu'ont fait Tyson, et Linnæus dans les premières éditions de son *Systema naturæ*. Mais si les Chimpanzés doivent être rangés après l'homme et se classer les premiers parmi les Singes, ils n'appartiennent pas certainement au même genre que nous; c'est d'ailleurs ce que Linnæus a reconnu dès qu'il a pu avoir des détails plus exacts sur leurs membres qui ont tout-à-fait la conformation quadrumane.

Voici quelques uns des noms que l'on a donnés aux Chimpanzés: *Simia troglodytes*, Linnæus; *Simia pygmæus* et *Simia satyrus*, Schreber; *Troglodites niger*, Geoffroy; et dans les récits des voyageurs: *Pygmée, Puimpanzé, Quojasmorrou, Quino-morrou*, etc. Buffon n'a pas peu contribué à embrouiller cette synonymie. Il a confondu le Chimpanzé avec l'Orang-outang; dans son Histoire naturelle, il désigne d'abord le pre-mier par le nom de *Jocko*, puis dans son Supplément il l'appelle de celui de *Pongo* qu'il avait d'abord appliqué à l'Orang nommé ensuite par lui Jocko; c'est-à-dire, pour parler plus clairement, qu'il a successivement appelé l'un et l'autre et Pongo et Jocko.

Suivant M. Geoffroy, il pourrait bien se faire qu'il y eût dans le genre Troglodyte plusieurs espèces, deux au moins; car on a constaté que tous ces animaux n'ont pas les mêmes habitudes et la même démarche. De plus, M. de Blainville a procuré au cabinet de la Faculté des sciences un crâne qui diffère par quelques caractères de tous ceux que l'on connaît. Cette seconde espèce, en admettant qu'elle soit reconnue, n'est point certainement celle du Chimpanzé à fesses blanches, *Troglodytes leucoprymnus*, décrite pas M. Lesson dans ses Illustrations de zoologie: celle-ci n'est autre chose, comme il est facile de s'en assurer, que le jeune âge de l'espèce ordinaire, lequel a un peu plus marqué que l'adulte un de ses caractères, les poils blancs qui environnent l'anus. (M. Isid. Geoffroy, Monographie des singes de l'anc. cont. publiée dans le Voyage de M. Bélanger, décrit ainsi les couleurs du *Troglodytes niger*: pelage noir, quelques poils blancs autour de l'anus.)

On trouvera dans notre Atlas, pl. 105, fig. 2 et 2 a, la représentation du Chimpanzé; c'est une copie de celle qu'a donnée le traducteur anglais du Règne animal: cette figure, la plus exacte que l'on ait encore publiée, a été faite d'après un moule pris sur nature morte. (GERV.)

CHINCHILLA. (MAM.) Jusque dans ces derniers temps, l'histoire du Chinchilla et des espèces voisines a été fort peu connue, on peut même dire qu'on l'a presque entièrement ignorée; et quoique les dépouilles de ces animaux arrivassent tous les ans par milliers en Europe, on n'avait sur leur organisation et leurs mœurs que des données si vagues, que c'est à peine si l'on savait à quel ordre ils devaient être rapportés. On se hasarda cependant à les placer parmi les Rongeurs; mais quand on voulut déterminer quel rang ils devaient prendre dans la série de ces mammifères, on ne put y parvenir, et on commit une foule d'erreurs; c'est ainsi qu'on les prit successivement pour des rats, des marmottes, des gerboises, des lièvres et des agoutis. Cuvier seul, dans la 2ᵉ éd. du Règ. anim., sut éviter la faute, mais c'est en ne cherchant point à résoudre le problème; son esprit méthodique et éminemment positif craignit de l'entreprendre avant d'en avoir les élémens, et il aima mieux reléguer ces animaux après tous ceux de leur ordre; il en fit ce qu'on nomme en histoire naturelle des espèces *incertæ sedis*.

Aujourd'hui l'on est plus avancé, les observations de MM. Bennett, Isid. Geoffroy et d'Orbigny, Emm. Rousseau, Brookes, etc., ont parfaitement fait connaître les Chinchillas; elles en ont même distingué plus d'espèces qu'on ne l'aurait soupçonné, trois ou quatre, différant entre elles sous plusieurs rapports et pour lesquelles on a même déjà proposé plusieurs genres.

M. Isid. Geoffroy publia d'abord, conjointement avec M. d'Orbigny, un Mémoire (*voy.* Ann. sc. nat., t. xxi) dans lequel il considéra la Viscache et le Chinchilla comme espèces d'un genre particulier nommé *Callomys*; les auteurs n'avaient alors étudié que la Viscache, cependant ils crurent pouvoir décrire ses caractères comme étant aussi ceux du Chinchilla, dont on ne possédait encore que des peaux; mais quelque temps après on eut plusieurs individus complets de ce dernier. On reconnut alors qu'il différait sous plusieurs rapports de la Viscache, et que, par conséquent, il ne pouvait rester dans le même genre qu'elle, ou bien il fallait modifier la caractéristique de M. Isid. Geoffroy. On préféra fonder un nouveau groupe, ce qui fut fait vers le même temps en Angleterre et en France par MM. Everard Bennett et Emm. Rousseau : il en résulta l'établissement du genre *Chinchilla* pour l'animal de ce nom; la Viscache fut indiquée par l'auteur anglais sous le nom générique de *Lagostomus* que lui avait déjà donné M. Brookes, et le genre *Callomys* resta supprimé.

Plus tard, M. Bennett publia une notice sur les deux genres *Lagostomus* et *Chinchilla*, auxquels il en ajouta un autre nommé par lui *Lagotis*; il y plaça une espèce nouvelle différant également de la Viscache et du Chinchilla; ainsi l'on eut une petite tribu dont le Chinchilla ordinaire fut l'espèce type, et qui comprit les trois genres *Lagotis*, *Chinchilla* et *Lagostomus*; cette tribu on la nomma la tribu des Chinchillas, ou Chinchilliens (en anglais *Chinchillidæ*); on eût pu aussi l'appeler Callomiens (du nom générique *Callomys* donné par M. Isid. Geoffroy au Chinchilla et à la Viscache, animaux auxquels il eût certainement joint le Lagotis, comme il y a joint l'espèce dite par lui *Callomys aureus*).

Avant d'étudier en particulier les trois genres de Chinchilliens, nous allons essayer de donner une idée des rapports qu'ils ont entre eux et de la place qu'ils doivent occuper dans la classification.

Ces animaux appartiennent à l'ordre des Rongeurs, cela ne fait aucun doute; ils prennent place parmi ceux de cet ordre qui ont des clavicules, et ont certainement entre eux plus de rapports qu'avec aucun des autres genres voisins, aussi doivent-ils rester rapprochés. C'est ce qu'avait fort bien reconnu M. Desmarest, lorsqu'il avait dit, dans sa Mammalogie, que la Viscache, *Lepus viscaccia* de Gmelin, serait certainement retirée du genre des Lièvres lorsqu'on la connaîtrait davantage, et qu'elle deviendrait probablement le type d'un genre nouveau, lequel comprendrait peut-être aussi le Chinchilla. Quoique les Chinchilliens ne soient pas des lapins, cependant c'est des animaux de ce genre qu'ils se rapprochent le plus. Ils ont de commun avec eux la forme du corps et celle des membres, plus longs postérieurement qu'antérieurement; la conformation des dents molaires, qui sont aussi formées de lames verticales soudées au moyen du cément, et la nature du poil qui est également plus abondant en laineux qu'en soyeux. Les différences ne sont que dans le nombre des dents incisives et

molaires et des doigts, la proportion de la queue qui est plus longue, et celle des oreilles qui ont une autre forme. Cependant cela n'est pas général, et on connaît aujourd'hui une espèce de Chinchillien qui a les oreilles faites absolument comme celles des lièvres, de là le nom de *Lagotis* qui lui a été donné. Pour ce qui est des mœurs, elles sont à peu près les mêmes chez les uns et chez les autres; tous sont des animaux doux et craintifs, ne progressant que par bonds et qui fouillent pour se creuser des terriers.

On ne trouve les Chinchilliens qu'en Amérique.

Genre CHINCHILLA.

Ce groupe, que l'on nomme de même en latin qu'en français, ne comprend que le Chinchilla ordinaire, il a d'abord été proposé par M. Bennett (*voy.* la notice que ce savant a insérée dans le *Garden and menag. soc. Lond.*); mais il n'a été réellement adopté et connu en France qu'à l'époque à laquelle M. Rousseau fit paraître son Mémoire (Ann. des sc. nat., t. xxvi). On peut le caractériser ainsi : incisives $\frac{2}{2}$, moins fortes que celles de la Viscache; mâchelières $\frac{4-4}{4-4}$, toutes composées de trois lames disposées de telle sorte que l'on voit toujours du côté de la surface triturante trois rubans d'émail en travers, hormis à la première mâchelière qui en a un petit de plus; entre ces rubans se trouve une substance brune qui n'est autre chose que le cément; caisses auditives boursouflées et comme trilobées; crâne brusquement tronquée en arrière; oreilles amples, à conques très-élargies et arrondies; yeux largement ouverts; pieds antérieurs à cinq doigts, dont un rudimentaire qui est le pouce, les postérieurs à quatre seulement; ongles petits; queue moyenne, garnie de poils qui sont toujours usés sur ses côtés.

CHINCHILLA ORDINAIRE, *C. lanigera*, représenté dans notre Atlas, pl. 104, fig. 2. Cet animal ainsi nommé par MM. Bennett et Rousseau, qui nous ont fait connaître le premier ses habitudes, et le second son organisation, n'a point été connu de Linné. Molina en a fait un rat (*Mus. lanigera*), MM. Geoffroy et Desmarest l'ont pris pour un Cricet (*Cricetus laniger*), et M. Isid. Geoffroy l'a indiqué sous le nom de *Callomys lanigera*.

Il est long de quinze pouces environ depuis le bout du museau jusqu'à l'extrémité de la queue; d'un beau gris ondulé de blanc à la face supérieure du corps, et très-clair en dessous; son poil est extrêmement fin et doux au toucher, il est fort, long, serré, laineux, quelquefois même crispé ou mêlé; le port ressemble assez à celui des lapins, mais la queue est plus longue et les oreilles autrement disposées; la tête est celle d'un écureuil, elle en a toute la vivacité; les moustaches sont composées d'une trentaine de poils, inégalement longs, les uns blancs, les autres noirs, et dirigés obliquement sur les côtés; les yeux sont grands et pleins d'expression, ils ont la pupille élargie, d'un noir très-profond, et la cornée blanchâtre; les oreilles sont grandes et à demi nues, elles sont exposées à se couvrir, à leur surface interne, de verrues, ou plutôt

plutôt de varices, dont la couleur est bleuâtre; les pattes de derrière sont de moitié plus grandes que celles de devant : nous avons donné, en caractérisant le genre, le nombre de leurs doigts. La queue est moins grande que chez la Viscache et le Lagotis, elle est un peu plus longue que la moitié du corps, les poils de ses côtés sont usés même chez les jeunes sujets, ce qui tient aux nombreux mouvemens de droite et de gauche que l'animal lui imprime.

Les Chinchillas habitent par familles les montagnes dans lesquelles ils se pratiquent des terriers nombreux et très-profonds. Ces terriers, ainsi que nous l'apprend une note que nous a communiquée M. Thiébaut de Berneaud, rendent souvent les montagnes impraticables, ils les déchiquètent pour ainsi dire. Les femelles ont deux portées par année, et trois ou quatre petits à chacune. Les jeunes ont, quelques jours après leur naissance, le corps entièrement couvert de poils qui diffèrent à peine de ceux des adultes. La peau de ces animaux est précieuse pour les fourreurs, et c'est principalement pour l'obtenir qu'on leur donne la chasse. Cependant certaines peuplades recherchent aussi leur chair qui est, même celle des adultes, un excellent aliment. La chasse des Chinchillas est généralement confiée aux enfans, qui y vont avec des chiens. Elle est surtout productive dans les environs de Coquimbo et de Copiago, et quoiqu'on s'y livrât avec une sorte de passion, l'espèce a été long-temps sans paraître en souffrir; mais cependant on assure que depuis quelques années les Chinchillas sont devenus plus rares, et que les autorités du pays ont dû empêcher pour quelque temps qu'on ne les tuât. Les peaux de ces animaux sont, depuis long-temps, employées en Europe. On les y importe de Valparaiso et de Santiago; celles qui proviennent du Pérou sont expédiées des parties orientales des Andes à Buenos-Ayres, ou bien envoyées à Lima. Comme on leur retranche, afin de les emballer plus commodément, toutes les parties inutiles aux fourreurs, c'est-à-dire la queue, les pattes, les oreilles et les dents, il est facile de s'expliquer pourquoi les naturalistes ont été si long-temps incertains sur la nature de l'animal auquel elles appartiennent. Les premiers individus que l'on a possédés en Europe n'y ont été reçus que vers 1830. Quelques uns étant parvenus vivans, on a pu étudier les particularités de leurs mœurs, et on a vu combien elles se rapprochaient de celles des lapins, avec lesquels les Chinchillas ont principalement de commun la démarche et les appétits; mais leur intelligence est beaucoup moins obtuse, ils sont gais, quoique captifs, et cherchent toujours à sauter, à fouir, etc. On a vu que lorsqu'ils mangent, ils se tiennent le plus souvent assis sur leur derrière, à la manière des écureuils, et se servent comme eux de leurs pattes de devant pour porter les alimens à leur bouche. On a remarqué jusqu'à leurs excrémens, qui sont de petites crottes assez semblables à celles des lapins, mais plus allongées et qui varient, pour la couleur, du noirâtre au brun plus ou moins roussâtre, selon la nature des alimens.

Les fourrures dans lesquelles entre la peau des Chinchillas sont très-chaudes et aussi très-belles; cependant il paraît qu'on en fait un moindre usage aujourd'hui; car les peaux qu'on vendait, il y a une dizaine d'années, vingt et vingt-cinq francs, n'en valent plus que cinq ou six. Les anciens Péruviens, beaucoup plus industrieux que ceux de nos jours, fabriquaient, avec la laine qui les compose, des couvertures et des étoffes très-précieuses.

Il paraît qu'on a reconnu une seconde espèce de Chinchilla, mais on ne l'a pas encore décrite. Elle est, à ce que nous a dit M. Rousseau qui l'a vue, plus petite que l'ordinaire, et un peu différente pour la coloration; mais son système dentaire et le développement de ses caisses auditives ne font point douter qu'elle fasse partie du même genre. Elle vient des mêmes lieux, c'est-à-dire du Chili et du Pérou.

Genre Viscache.

En latin *Lagostomus*, et aussi *Viscaccia* pour quelques auteurs. On y place la Viscache, *Lagostomus viscaccia*. Nous en parlerons ailleurs. Ses caractères sont ceux du genre Callomys de M. Isid. Geoffroy. *Voy.* l'art. Viscache de ce Dictionnaire.

Genre Lagotis.

Celui-ci n'a été établi que plus récemment, en 1853 seulement. On le doit à M. Bennett (Mémoire *On the Chinchillidœ*, etc.).

Les Lagotis, dont on ne connaît encore qu'une seule espèce, ont pour caractères : incisives $\frac{2}{2}$ fortes, molaires $\frac{4.4}{4.4}$ toutes à trois lames obliques; caisses du tympan non prolongées supérieurement, comme dans les vrais Chinchillas; crâne bombé en dessus et en arrière; pieds antérieurs et postérieurs à quatre doigts, sans vestige de pouce, pas même dans le squelette; ongles petits et recourbés; oreilles très-longues, semblables à celles des lapins; queue plus longue que dans les genres précédens.

L'espèce est le Lagotis de Cuvier, *L. Cuvieri*, Benn., animal qui ressemble, pour la taille, à la Viscache (c'est-à-dire qu'il est un peu plus grand que le Chinchilla), mais qui s'en distingue, ainsi que des Chinchillas, par des caractères que nous avons indiqués ci-dessus. Ses poils sont doux, ils tombent assez facilement, leur couleur est d'un brun clair, varié de roussâtre sur le dos, avec quelques traits bruns plus foncés; les régions inférieures sont jaunâtres; les moustaches sont longues et de couleur noire. Le Lagotis habite les contrées montagneuses du Pérou.

Il reste maintenant à classer une espèce connue d'après sa peau seulement, et dont le genre ne peut être encore déterminé, c'est le *Callomys aureus* de M. Isid. Geoffroy. Ce savant la décrit ainsi:

« Pelage d'un jaune nuancé de verdâtre, à la face supérieure du corps; d'un beau jaune doré, lavé de roussâtre, à la face inférieure: le jaune du dessus du corps est légèrement ondulé de noir. Une ligne longitudinale noire sur le milieu de la partie antérieure du dos. Poil extrêmement fin et doux au toucher. Moustaches noires. »

M. Meyen a donné, il y a quelque temps, un mémoire sur tous les Chinchilliens, ce travail est écrit en allemand. L'auteur y a décrit un grand nombre de genres et d'espèces que nous n'avons pu donner ici.   (GERV.)

CHINE. (GÉOG. PHYS.) Ce pays, qui n'est qu'une des divisions de l'empire chinois, n'a cependant pas moins de 300,000 lieues carrées de superficie. Les peuples qui l'habitent l'appellent l'*Empire*, le *Monde*, l'*Empire du milieu*; quelquefois aussi ils le désignent par le nom de la dynastie régnante; ainsi le mot *Chine*, adopté en Europe, est le nom de la famille de *Tsin* qui monta sur le trône 256 ans avant notre ère. La Chine est bornée au nord, à l'ouest et au sud-ouest par la Tatarie, le Tibet et l'Inde au-delà du Gange; au sud et à l'est, par la mer. Sa forme est presque circulaire.

Nous n'essaierons pas de donner l'énumération fastidieuse des montagnes, des fleuves et des lacs de cette vaste contrée; on y compte 765 de ces derniers et 14,507 montagnes; nous indiquerons donc seulement les principaux.

Dans la partie méridionale, on remarque une chaîne considérable qui pourrait le disputer aux sites romantiques, aux Apennins et aux Pyrénées. Les voyageurs européens n'ont examiné de cette chaîne, que la montagne de *Meiling* qui s'élève à 5,000 pieds au dessus du niveau du lac *Po-yang*. Elle est entourée d'autres montagnes moins élevées, dont les précipices, couverts d'arbres et de grandes herbes, offrent un coup d'œil sauvage et très-pittoresque.

Dans la partie septentrionale, s'étendent les monts *Pe-ling* (montagnes du Nord) qui se détachent entièrement de l'immense nœud de celles du Tibet. La chaîne des *Yun-ling* fait partie de ces dernières; ses divers rameaux déterminent le cours du fleuve *Hoang-ho*. Au nord elle donne naissance à la chaîne du *Chen-si*, qui va, en s'abaissant graduellement, du nord au sud, jusqu'au pays de *Ordos*.

Au nord-ouest de *Pékin*, que l'on doit écrire *Pé-king*, s'étendent les monts *Yan*, séparés des *Pe-ling* par le bassin du *Hoang-ho*; ils dépendent des monts *Yin*, qui séparent la Chine du pays des Mongols; ils sont réunis par une chaîne qui forme, à l'est du golfe du *Liao-toung*, les fameuses *montagnes Blanches*, si célèbre dans l'histoire des Mandchous.

Parmi ces montagnes, il en est auxquelles les Chinois ont donné, dès la plus haute antiquité, la dénomination de *Yo*. Elles sont au nombre de cinq. Les souverains de la Chine s'y arrêtaient pour célébrer des cérémonies réligieuses, quand ils visitaient leurs états. Il y en a d'abord quatre, qui marquent les quatre points cardinaux: c'étaient *Thaï*, à l'ouest; *Ho* ou *Hieng*, appelée aussi *colonne du ciel*, au midi; *Hoa*, à l'occident; et *Heng*, au nord. A ces quatre *Yo*, la dynastie de Tcheou en a ajouté un cinquième, *Soung*, dont le nom signifie *montagne élevée*, et qui doit marquer le milieu entre les quatre autres.

Les deux principaux fleuves de la Chine sont: le *Hoang-ho* ou *fleuve Jaune*, ainsi nommé du limon qu'il charrie; le *Yang-tseu-kiang* ou *fleuve Bleu*, qui prend sa source au nord du Tibet, dans le désert de Cobi. Ils ont chacun 600 à 700 lieues de longueur.

Une foule de rivières, dont plusieurs égalent les plus grands fleuves de l'Europe, se jettent dans les deux que nous venons de nommer. Le *Fuen-ho*, le *Hoei-ho* et le *Hoay-ho* sont tributaires du fleuve Bleu; le fleuve Jaune reçoit l'*Yalon-kiang* qui a près de 250 lieues de cours, le *Tchone* ou *Yan-kiang*, le *La-kiang* et *Yuen-kiang*. Deux grands fleuves tout-à-fait indépendans du *Hoang-ho* et de l'*Yang-tseu-kiang*, se jettent, l'un, dans le golfe de Canton, l'autre, dans celui de Pé-king.

Certaines parties de la Chine sont couvertes de lacs dont plusieurs sont immenses. Ainsi celui de *Toung-thing-hou*, dans la province de *Hou-kang*, a 80 lieues de tour. Le *Pho-yang-hou*, dans la province de *Kiang-si*, a 30 ou 40 lieues de circonférence, et reçoit quatre rivières dont une égale en largeur la Loire, près d'Angers; ceux de *Houng-tse-hou* et de *Kaoyen-hou*, au nord de Nan-king, sont aussi très-considérables. Tous ces lacs sont autant de réservoirs où pullule une foule de poissons, et où les riches viennent se livrer au plaisir de la pêche; ils se servent d'une espèce de cormoran particulier à la Chine, qui est dressé à aller chercher le poisson au fond des eaux, et à le rapporter à son maître.

Outre ces fleuves et ces lacs, la Chine a des moyens de communication nombreux et commodes, dans les canaux qui sillonnent son territoire et qui sont un monument remarquable de l'industrie et de la patience humaine.

La constitution géologique de la Chine a été fort peu étudiée, et l'immense étendue de cette contrée ne permet pas d'entrer à ce sujet dans beaucoup de détails. Nous ferons remarquer seulement que la province de Pé-king, et la côte du sud-est de Formose, sont de formation secondaire; que le terrain primitif s'étend dans le Chan-si, le Kiang-sou, et le An-hoeï, et que les montagnes de Pe-ling et Nan-ling, dont nous avons parlé, annoncent la même nature de roches que les chaînes de l'ancien continent dont on a étudié la formation.

Il est peu de minéraux que la Chine ne possède. Les provinces occidentales et méridionales produisent de l'or et de l'argent en abondance. Le cuivre, l'étain, le plomb sont exploités dans les montagnes de l'ouest. Les rubis, le lapis lazuli, les émeraudes, les corindons y abondent. On y recueille aussi une espèce de talc, la *Pagodite*, dont les habitans font toutes sortes de petits meubles et de figures; le *Kaolin*, qui entre dans la composition de leur porcelaine; et le *Jade néphrétique*, minéral très-dur et d'un éclat gras qu'ils appellent *Iu*, et auquel ils donnent un grand prix.

Le règne végétal y est encore plus riche. La Chine produit presque toutes les plantes de l'Europe, et il en est plusieurs même que les peuples d'occident lui doivent; ainsi, le *Camellia*, le *Magnolia*, l'*Hortensia*, qui depuis une vingtaine d'années font l'orgûeil de nos jardins, ont été importés de cette contrée.

Le Bambou y est un des arbres les plus utiles par les nombreux usages auxquels il est employé. Nous pouvons citer encore le Camphrier (*Laurus Camphora*), l'Arbre à vernis, le Jujubier, le Cannellier, la Pivoine en arbre ; et parmi les végétaux objets d'un commerce important, le Thé dont les exportations sont immenses, la Rhubarbe récoltée dans les provinces septentrionales, et le *Gen-seng* dont la vente réservée au souverain forme une de ses principales branches de revenu.

Quant aux animaux, le Cheval, le Buffle, le Chameau, le Cochon d'une taille plus petite que celui d'Europe, le Tigre, le Léopard, l'Éléphant, le Rhinocéros y abondent ; on y voit aussi plusieurs espèces de Chiens, et des Chats qui vivent, comme chez nous, à l'état de domesticité.

La population de la Chine, en 1794, se montait à 333,000,000, selon lord Macartney. Les Chinois appartiennent à la race jaune ou Mongole ; cependant leur peau est basanée dans les provinces méridionales, et blanche dans les septentrionales. Ils sont généralement d'une taille moyenne, d'une constitution robuste, et plutôt épais qu'élancés. Leur visage est remarquable par la saillie des pommettes, par l'obliquité des yeux, par leur nez peu saillant et par leur figure plutôt en forme de losange qu'ovale, mais qui s'arrondit dans la classe aisée, où l'obésité est une suite du fréquent usage des boissons chaudes.

La population indigène de l'Empire est désignée sous le nom de *Pe-sing* (les cent familles) ; ce nom vient sans doute d'une tradition qui porte à ce nombre les tribus qui ont formé le noyau de la nation. Maintenant, il n'y a plus d'autre caractère distinctif de ces premiers habitans que les noms de famille.

Mais dans les provinces, et surtout dans les montagnes, il y a d'anciennes tribus qui n'ont presque pas éprouvé l'influence de la civilisation et de la conquête, et qui presque toutes ont conservé leurs mœurs et leurs usages primitifs. Tels sont les Miao-tzeu, les Yao, et les Lo-lo.

Nous ne parlerons pas ici des Mandchous, des Toungouses, des Aïnos, ni de plusieurs autres races qui se partagent le territoire de la Chine. Chacun de ces peuples demanderait à lui seul un article particulier.   (J. H.)

CHIONANTHE, *Chionanthus*. (BOT. PHAN.) Genre des Jasminées de Jussieu et de la Diandrie monogynie de Linné. Il ne comprend qu'un petit nombre d'espèces appartenant aux deux Amériques, à l'île de Ceylan et à la Nouvelle-Hollande. Caractères : fleurs généralement blanches, en grappes terminales ou en épis placés à l'aisselle des feuilles supérieures ; calice régulier, à 4 divisions plus ou moins profondes ; corolle à 4 pétales linéaires, très-longs ; deux étamines presque sessiles, rarement 3 ou 4 ; pistil à ovaire globuleux, à deux loges contenant chacune deux ovules ; style simple, surmonté d'un stigmate bilobé ; drupe peu charnu, ovoïde, allongé, souvent terminé en pointe, contenant un noyau osseux à une ou deux loges monospermes. Les espèces de ce genre sont des arbres élégans qui, la plupart, se couvrent de grandes et belles feuilles opposées, simples, caduques ou persistantes. On pense qu'il faudrait réunir à ce genre le Thouinia de Thumberg et de Linné fils, ainsi que le Linaceria de Swartz. Peut-être faudrait-il aussi faire rentrer dans le même genre la *Magepea guyanensis* d'Aublet (Guy., p. 81, t. 5), malgré ses fleurs tétrandres. Nos jardiniers cultivent le Chionanthe de Virginie, *Chionanthus virginica*, L., connu encore sous le nom d'*Arbre de neige*, qu'il doit à ses fleurs nombreuses, d'un beau blanc. Il se plaît au bord des ruisseaux, et ne s'élève guère qu'à 8 ou 12 pieds. On le multiplie de graines, ou le plus souvent de greffe, sur le frêne.

Une autre espèce remarquable de ce genre, c'est le Chionanthe des Antilles, *Ch. caribæa* (Jacq. Coll. 2, p. 110, tom. VI, fig. 1), bel arbrisseau dont les feuilles sont coriaces et persistantes, ovales, acuminées, et les fleurs en grappes terminales. Il est connu aux Antilles, et surtout à la Martinique, sous le nom de *Bois de fer*, à cause de son extrême dureté.   (C. É.)

CHIONIS. (OIS.) *Voy.* BEC EN FOURREAU. Forster est le premier qui décrivit les Chionis. Plus tard, Gmelin et Latham remplacèrent le nom qu'il leur donna par celui de *Vaginalis*, et ensuite Dumont proposa celui de *Coleoramphe*.

Le genre Chionis ne comprend qu'une seule espèce, c'est le *Chionis alba*, Forst. Des observations récemment publiées par MM. Isid. Geoffroy et Lesson tendent à faire ranger parmi les Gallinacés cet oiseau que l'on avait considéré jusqu'alors comme intermédiaire aux Palmipèdes et aux Echassiers.   (GERV.)

CHIQUE. (INS.) Espèce du genre Puce, de l'ordre des Parasites. On désigne sous ce nom un petit insecte très-commun aux Antilles et dans l'Amérique méridionale; c'est la *Pulex penetrans*, représentée dans notre Atlas, pl. 105, fig. 1-2, très-commune et en même temps très-incommode à Rio-Janeiro et aux Antilles. Cet insecte est plus petit que notre puce ordinaire; la femelle (fig. 2), après avoir été fécondée, pénètre dans le tissu de la plante des pieds, s'y nourrit et y dépose des œufs. Son introduction a lieu sans aucune sensation douloureuse et sans changement de couleur à la peau. En peu de jours cet insecte commence à se développer et à se rendre sensible par une démangeaison d'abord légère, plus vive ensuite, et qui finit par devenir insupportable. Dès le commencement, on ne voit qu'un petit point noir sur la partie qui sert de retraite à l'insecte; mais bientôt à ce point noir succède une petite tumeur rougeâtre ; elle acquiert en peu de temps le volume d'un pois, si on ne se hâte d'extraire la Chique. En perçant la peau qui recouvre cette petite tumeur, on reconnaît facilement une espèce de sac pareil à un kyste, d'une couleur brunâtre, et contenant un pus sanieux et un nombre infini de globules blancs, ovales-oblongs, qui ne sont autre chose que les œufs de l'insecte. En effet, la famille nombreuse à laquelle cet insecte donne naissance occasione, par son séjour dans la plaie, un ulcère malin, difficile à détruire et quelquefois mortel. On est peu exposé à cette incommodité fâcheuse, si on a soin de se laver souvent, et surtout si l'on se frotte les pieds avec des feuilles de tabac broyées, avec le rocou et d'autres plantes âpres et amères. Les nègres sont très-adroits pour extraire l'animal de la partie du corps où il s'est établi.   (H. L.)

CHIROCENTRE, *Chirocentrus*. (poiss.) Ce genre appartient à la famille des Clupes; il a été établi par Cuvier. Les Chirocentres, ou plutôt le Chirocentre denté, *Chirocentrus dentex*, car c'est la seule espèce qu'on connaisse encore aujourd'hui, a, comme les harengs, le bord de la mâchoire supérieure formé par les intermaxillaires, sur les côtés par les maxillaires qui leur sont unis; les uns et les autres sont garnis, ainsi que la mâchoire inférieure d'une rangée de fortes dents coniques, dont les deux du milieu d'en haut, et toutes celles d'en bas, sont extraordinairement longues. Son corps est allongé, comprimé, tranchant, mais non dentelé; les ventrales excessivement petites, et la dorsale plus courte que l'anale; mais ce qui le distingue principalement, c'est la forme singulière des écailles, longues, membraneuses, pointues, situées au dessus et au dessous de chaque pectorale, d'où le nom générique de Chirocentre lui a été imposé. La couleur générale de son corps est argentée. C'est un poisson long de six à huit pouces, et originaire de la mer des Indes. (Alph. G.)

CHIRONE, *Chironia*. (bot. phan.) Genre de la famille des Gentianées, Pentandrie monogynie, caractérisé ainsi qu'il suit : Calice de cinq sépales, soudés jusqu'à la moitié de leur hauteur, ovales, arrondis au sommet, qui se termine par une pointe; corolle de cinq pétales, soudés à leur base en un tube court, évasés au sommet, arrondis et obtus; cinq étamines alternant avec les pétales; anthères fort longues, se roulant en spirale après la floraison; un style et un stigmate; capsule ovoïde, à deux valves simulant deux ou quatre loges.

Ainsi déterminé et circonscrit, le genre *Chirone* ne renferme point le grand nombre de plantes qu'on y avait insérées sur la seule considération que leurs anthères se contournent après la floraison. Linné, qui ne l'observa que dans quelques plantes du cap de Bonne-Espérance, crut pouvoir en faire le caractère particulier d'un genre. Mais on connaît aujourd'hui beaucoup de Gentianées qui offrent ce même caractère, avec des différences essentielles dans leurs autres parties : toutes ne peuvent être des *Chirones*. Ainsi les *Chironia centaurium*, *Chir. spicata*, et *Chir. maritima*, de Candolle, sont des *Erythræa*; les *Chirones* décrites dans la Flore de l'Amérique septentrionale, par Michaux, sont des *Sabbatia*; la *C. trinervis*, L., appartient au genre *Sebæa*; enfin la *C. baccifera* fait partie du nouveau genre *Ræslinia*.

Le genre Chirone se retrouve donc à peu près tel que l'avait composé Linné, et comprend un petit nombre de plantes qui habitent les montagnes et les collines de l'Afrique australe. Leur port élégant, leurs vives couleurs leur ont mérité d'être très-recherchées dans nos jardins; mais leur culture est difficile et demande beaucoup de soins : accoutumées à un climat chaud, en même temps qu'à un air vif et à un ciel plein de lumière, elles souffrent de nos brumes, et s'accommodent mal des limites atmosphériques d'une serre. Cependant elles se trouvent aujourd'hui assez répandues : voici les principales espèces :

La Chirone frutescente, *Chironia frutescens*, sous arbrisseau à feuilles et tiges pubescentes, à fleurs roses ou blanches.

La Chirone a feuilles de lin, *C. linoïdes*, représentée dans notre pl. 105, fig. 3, à feuilles glauques et linéaires, à fleurs d'un rose pourpre.

La Chirone a feuilles en croix, *C. decussata*, très-belle espèce, ou variété de la *C. frutescente*.
                                                          (L.)

CHIRONECTE, *Chironectes*. (mam.) Illiger a établi sous ce nom, qui est aussi employé en Ichthyologie (*voy.* ci-dessous), un genre de Mammifères didelphes caractérisé principalement par la présence de membranes interdigitales aux pieds de derrière, qui ont leur pouce privé d'ongle; la queue est cylindrique, écailleuse, longue et préhensile; le museau est pointu, et les oreilles nues et arrondies; il existe dix incisives à la mâchoire supérieure et huit seulement à l'inférieure. Les femelles ont une poche abdominale qui manque aux mâles.

L'espèce unique de ce genre est le Chironecte yapok, *Didelphis palmata*, que Buffon a pris pour une Loutre, et décrit dans le IIIe volume de son Supplément, sous le nom de *petite Loutre de la Guiane*. Cet animal est à peu près long de dix-huit pouces, sur lesquels la queue en mesure six; sa couleur est brune dessus, blanche dessous, avec de grandes taches noires; il se tient toujours sur le bord des eaux où il nage avec facilité. Voyez sa représentation dans la pl. 105, fig. 4. (Gerv.)

CHIRONECTE, *Antennarius*. (poiss.) Genre de la famille des Pectorales pédiculées de Cuvier; Chismopnes de Duméril, ayant des rapports intimes avec les Baudroies ou *Lophius* et les Maltées. Les Baudroies ont la tête très-large, déprimée, épineuse en beaucoup de points; la gueule très-fendue, armée de dents très-pointues, la mâchoire inférieure garnie de nombreux barbillons. Les Maltées diffèrent de ceux-ci par leur museau saillant comme une petite corne; dans les Chironectes, la bouche, dont le museau médiocre est protractile, offre un caractère très-tranché; leur corps est le plus souvent couvert d'appendices cutanés, il est déprimé, ainsi que la tête; mais ces poissons ont, comme les Baudroies, des rayons libres sur la tête; le premier est grêle, terminé souvent par une houppe, et les suivans, augmentés d'une membrane, sont quelquefois très-renflés, et d'autres fois réunis en une nageoire; leur dorsale occupe presque toute la longueur du dos; leurs ouïes, munies de quatre rayons, ne s'ouvrent que par un canal ou petit trou derrière la pectorale ; leur vessie natatoire est grande, leur intestin médiocre et sans cœcums.

Ils peuvent, en remplissant leur énorme estomac à la manière des Tétrodons, se gonfler comme un ballon ; à terre, leurs nageoires paires les aident à ramper presque comme de petits quadrupèdes, les pectorales, à cause de leur position, faisant fonction de pieds de derrière. Ils peuvent vivre hors de l'eau pendant deux ou trois jours. On les trouve dans les mers des pays chauds. Nous en avons représenté une espèce sous le nom de Batracoïde dans notre Atlas, pl. 45, fig. 5, c'est l'*Antennarius nesogallicus* de Cuvier et des auteurs antérieurs à ce savant. (ALPH. G.)

CHIROSCÈLE, *Chiroscelis*. (INS.) Genre de Coléoptères, section des Hétéromères, famille des Mélasomes, tribu des Ténébrionites, ayant pour caractères : antennes de 11 articles grenus, dont les deux derniers articles forment une petite massue globuleuse tranverse ; les jambes antérieures sont armées extérieurement de deux fortes dents. Ces insectes ont le corps allongé, convexe ; la tête est saillante, avec les antennes à peine aussi longues qu'elle ; le corselet est en cœur tronqué, avec les quatre angles légèrement relevés ; l'écusson est petit, arrondi ; les ailes existent sous les élytres. Ce genre a été établi par Lamarck, sur un individu rapporté de la Nouvelle-Hollande, et figuré par M. Guérin, dans son Iconographie du règne animal ; mais je crois que M. Lamarck a été induit en erreur, et que son espèce n'est autre que le *Tenebrio digitatus* de Fabricius, que j'ai sous les yeux, et qui s'y rapporte tout-à-fait, sauf un peu plus de grandeur dans le premier insecte.

C. DIGITÉ, *C. digitatus*, Fab. Long de quatorze à quinze lignes ; d'un brun plus ou moins noirâtre ; corps entièrement lisse, avec les élytres striées dans leur longueur ; le chaperon est échancré et bidenté ; la lèvre cordiforme, creusée dans son milieu ; les tibias antérieurs sont quadridentés, avec une cinquième dent inférieure, au dessous de l'insertion du tarse ; les fémurs sont armés de trois épines, dont une près de l'insertion du tibia, une sur le trochanter, et l'autre intermédiaire ; comme dans beaucoup de Ténébrionites, l'un des sexes offre, sur le deuxième segment abdominal, deux taches latérales, ternes et duveteuses. Du Sénégal. (A. P.)

CHIROTE, *Chirotes*. (REPT.) Nom dérivé du mot grec *Cheir*, main, donné à un reptile saurophidien, pourvu seulement de deux petits pieds antérieurs ; ce nom de Chirote remplace celui de Bimane qu'on lui avait d'abord appliqué, parce que ce dernier a été donné plus exactement à une famille de mammifères. Les Chirotes sont des reptiles de petite taille, à corps cylindrique, de même volume que la tête, qui est ovoïde, terminée par un museau arrondi, mousse, avec une queue courte, conique, obtuse ; à plaques polygones sur la tête ; à écailles quadrilatères juxtaposées en anneaux, égales sur tout le corps, brisées en biais, seulement sur les flancs ; la bouche est petite, non dilatable ; la langue incisée à sa pointe, peu extensible, revêtue, comme celle des Amphisbènes, de petites écailles juxta-posées ; sa partie postérieure divisée en deux languettes, séparées l'une de l'autre par un angle rentrant assez ouvert : les dents petites, égales, uniformes, coniques, droites, insérées seulement sur le maxillaire, l'intermaxillaire et la mâchoire inférieure ; l'œil très-petit, le tympan caché sous la peau ; l'anus transversal, bordé en avant de pores disposés sur deux rangs ; les pieds sont courts, placés à peu de distance de la tête, terminés par quatre doigts, avec un vestige de cinquième.

Le Chirote se rapproche beaucoup des Amphisbènes par sa structure intérieure ; sa charpente osseuse est presque entièrement analogue à la leur, mais elle s'en distingue par l'appareil qui supporte les pieds antérieurs, et qui est composé quelque peu comme celui des Lézards, savoir : un sternum en losange, suivi d'une sorte d'appendice xiphoïde, précédé de deux petites clavicules perdues dans les chairs ; une petite cavité cotyloïde est pratiquée aux extrémités latérales du sternum ; succèdent un humérus, un radius, un cubitus, quatre petits os du carpe, autant de pièces pour le métacarpe, et cinq phalanges, dont quatre seulement paraissent libres au dehors. Cette ressemblance avec les Amphisbènes fait que les naturalistes modernes rapportent les Chirotes à cette famille, tandis que les auteurs systématiques précédens, considérant la présence des pieds, les rapportaient aux Sauriens et les rapprochaient des Chalcides.

On ne connaît qu'une espèce de Chirote, le CHIROTE CANNELÉ, Lacép., *Lumbricoïdes*, *Chamæsaura propus*, décrit aussi sous les noms de Bipède ou Bimane cannelé, de Chirote des Mexicains, long de huit à dix pouces, gros comme le petit doigt, d'un brun clair uniforme. Il vient du Mexique. Il vit en terre, dans de petits terriers, à la manière des Anguis et des Amphisbènes, comme eux, il se nourrit d'insectes d'un petit volume. Il est tout-à-fait innocent. Nous l'avons fait représenter dans notre Atlas, pl. 106, fig. 1. (T. C.)

CHIRURGIEN. (POISS.) On donne vulgairement ce nom à une espèce du genre ACANTHURE (*voy.* ce mot).

CHITINE. (CHIM., INS.) En traitant par la potasse et à chaud les élytres et autres parties solides des insectes, M. A. Odier a découvert cette substance, et par cela même qu'elle était soluble dans la potasse, il dut la distinguer de beaucoup d'autres corps, tels que la corne, les ongles, les cheveux, l'épiderme. Comme elle ne contient point d'azote, M. Odier a pensé qu'elle se rapprochait des substances végétales, et il l'a comparée au ligneux. Il lui assigne encore, comme autres propriétés chimiques, d'être soluble dans l'acide sulfurique à chaud, de ne point jaunir par l'acide nitrique, de brûler sans se fondre et en conservant la forme de l'organe dont elle provient. Les membranes des ailes sont entièrement composées de Chitine, les nervures en contiennent comme les élytres. M. Odier a depuis retrouvé cette substance dans la carapace de crustacés. La matière parenchymateuse des cantharides présente toutes les propriétés de la Chitine. (P. G.)

CHLÆNIE, *Chlænius*. (ins.) Genre de Coléoptères, de la section des Pentamères, famille des Carnassiers, tribu des Carabiques, division des Patelimanes, auquel on peut réunir les genres *Epomis*, *Dinodes* et *Lissauchenus*, qui en diffèrent peu. Ils offrent tous pour caractères : tête rétrécie brusquement en arrière; mandibules terminées en pointe ; palette du tarse étroite, formée par les trois premiers articles, garnie au dessous d'une membrane serrée et continue; palpes maxillaires externes terminés par un article plus rétréci à sa base, et ensuite presque cylindrique; dernier article des palpes labiaux en cône renversé, allongé; échancrure du menton bifide. Les Chlænies sont des insectes demi-aquatiques; on les trouve toujours au bord des eaux, sous les pierres où il reste de l'humidité, au moins celles de notre pays. Leurs mœurs n'offrent aucune particularité remarquable, et leurs larves sont encore inconnues; ce sont des insectes de taille moyenne, affectant en général la couleur verte de différentes nuances, soit métallique, soit glabre; quelques espèces sont cependant noires ; ce genre, y compris ceux que j'y réunis, commence à être assez nombreux dans les collections. Le Sénégal a, depuis quelques années, fourni beaucoup d'espèces, il en vient même une de ce pays qu'Olivier a nommée *Carabe savonnier*, et qui possède des propriétés alcalines assez fortes pour pouvoir être employée en guise de savon; par malheur, je n'ai pas de détails exacts sur la manière dont on l'emploie.

C. VELOUTÉ, *C. relatinus*, Dufts. C'est l'espèce la plus commune de notre pays; elle est longue de six à sept lignes, d'un beau vert soyeux sur les élytres, avec une bande jaune tout autour; le corselet et la tête sont métalliques; le dessous du corps est noir, avec les palpes, les antennes et les pattes jaunâtres.

C. NOIR SOYEUX, *C. holosericeus*, Fab. Est plus propre aux provinces méridionales; il n'a que quatre lignes de long et est entièrement noir. (A. P.)

CHLAMYDE, *Chlamys*. (ins.) Genre de Coléoptères, section des Tétramères, famille des Cycliques, tribu des Chrysomélines, établi par Knoch et ayant pour caractères: yeux fortement échancrés, antennes se repliant en dessous des bords du corselet; celui-ci très-bombé, élevé; le corps est très-court; les élytres sont très-dilatées à leur origine, fortement échancrées ensuite. Ces insectes affectent des formes très-singulières, et sont couverts d'aspérités de toutes les façons; leur couleur, souvent métallique très-brillante, donne à quelques espèces l'apparence de petits morceaux de minerais brillans de tout l'éclat de l'or ou de l'acier; mais, par forme de compensation, ils sont de très-petite taille et les plus grands n'atteignent pas six lignes de long. Les mœurs de ces insectes, propres aux pays étrangers, nous sont inconnues; c'est dans les belles monographies qu'en ont données MM. Klug

et Kollar qu'il faut étudier les nombreuses espèces dont se compose ce genre. Nous ne pouvons cependant nous dispenser d'en citer une des plus grandes.

C. MONSTRUEUSE, *C. monstrosa*, Fab. Longue de six lignes; bleu d'acier; corselet fort élevé, quadrangulaire, avec ses angles épineux; les épaules des élytres sont armées de deux carènes tranchantes, et le reste de leur surface est couvert de carènes dirigées dans tous les sens. Cette espèce provient du Brésil. (A. P.)

CHLAMYDOSAURE, *Chlamydosaurus*. (REPT.) Ce Saurien, voisin des Dragons et des Sitanes, s'en distingue par la particularité d'organisation qui lui a fait donner le nom qu'il porte, formé des mots grecs *chlamus* manteau et *sauros* lézard, c'est-à-dire par l'existence d'une sorte de collerette ou pélerine membraneuse située sur les côtés du cou, formée de deux lambeaux semi-circulaires longs d'environ un pouce et demi, repliés en quatre sur les côtés du cou, revêtus d'écailles analogues, pour la forme, à celles du reste du corps, et soutenus par des tiges solides qui, à en juger à l'extérieur, paraissent provenir des branches de l'hyoïde; les bords sont droits et paraissent denticulés finement par la saillie des dernières rangées d'écailles. L'on ne sait pas au juste les usages de ces appendices; l'on présume qu'ils servent à soutenir l'animal, lorsqu'il s'élance d'un arbre à un autre, à la manière d'un parachute. Du reste le Chlamydosaure a, comme les Sitanes et les Dragons, la tête pyramidale, quadrangulaire, à côtés presque égaux, terminée par un museau assez pointu; des yeux à deux paupières presque égales; le tympan ouvert au dehors; les narines petites, libres, latérales; la bouche grande; les dents petites, nombreuses, comprimées, denticulées, deux laniaires plus grandes sur les côtés de l'intermaxillaire; un léger repli en forme de goitre simple sous la mâchoire; le tronc peu renflé, comprimé; les pieds assez développés, les postérieurs surtout; les doigts grêles, longs, simples, inégaux : la queue traînante, plus longue de moitié que le corps, ronde, grêle; 4 à 8 pores fémoraux au côté interne des cuisses? l'anus transversal, semi-circulaire, simple. Les écailles des Chlamydosaures sont partout petites, uniformes, rhomboïdales, carénées, et ne varient guère que pour la grandeur, selon les diverses régions du corps; l'animal est d'un brun fauve sur les parties supérieures; l'on distingue sur le dos et les membres des bandes de teintes plus foncées, peu arrêtées, réticulées sur les membres. La collerette est marquée de taches de même couleur. Cet animal habite la Nouvelle-Hollande, vit sans doute d'insectes qu'il chasse de branches en branches; il atteint presque la taille des Iguanes. Nous l'avons fait représenter dans notre Atlas, pl. 106, fig. 2.

CHLAMYPHORE, *Chlamyphorus*. (MAM.) On nomme ainsi, d'après M. Harlan, un animal mammifère édenté, pour lequel on a établi un genre, et dont les caractères sont les suivans : dix dents partout, et cinq doigts à tous les pieds; ongles de ceux de devant très-grands, crochus, comprimés, et fournissant un instrument tranchant d'une grande puissance ; le dos couvert d'une suite de rangées transversales de pièces écailleuses, sans aucun test solide ni devant ni derrière, et formant une sorte de cuirasse, qui n'est attachée au corps que le long de l'épine ; l'arrière-corps est comme tronqué, et la queue recourbée s'attache en partie au dessous du corps.

La seule espèce connue est le CHLAMYPHORE TRONQUÉ, *Chl. truncatus*, Harlan, sur l'histoire duquel on ne sait encore que fort peu de chose. C'est un animal long, au plus, de cinq à six pouces, de couleur brune, et qui se trouve dans l'intérieur du Chili où il passe la plupart du temps sous terre. Nous l'avons représenté dans notre Atlas, pl. 106, fig. 3.   (GERV.)

CHLÉNACÉES, *Chlenaceæ*. (BOT. PHAN.) Famille qu'Aubert du Petit-Thouars a proposé d'établir pour quatre genres nouveaux de la Flore des îles Australes d'Afrique. Ces genres sont : *Sarcolona*, *Schizolona*, *Leptolona* et *Rhodolona*. Voici les caractères de cette famille : involucre contenant une ou plusieurs fleurs ; calice ayant trois divisions très-profondes ; corolle pentapétale ; étamines tantôt au nombre de dix, tantôt indéterminées ; filets grêles et naissant d'une sorte de godet qui embrasse la base du pistil ; ovaire libre, surmonté d'un style et d'un stigmate bilobé ; capsule plus ou moins globuleuse, à trois loges, contenant chacune une ou deux graines, s'ouvrant en trois valves ; graines renversées renfermant un embryon à cotylédons foliacés et un peu ondulés, renfermé dans un endosperme corné.

Cette nouvelle famille, suivant Jussieu, offre de l'analogie avec les *Ébénacées* et particulièrement avec les *Styracinées* de Richard, dont elle ne diffère que par l'involucre. Les plantes qui la forment sont des arbrisseaux ou arbustes à feuilles alternes, simples, entières, munies de stipules. Les fleurs sont quelquefois grandes et fort élégantes, elles se réunissent à la partie supérieure des rameaux. Les Chlénacées se partagent entre la Monadelphie et la Polyandrie de Linné.

Étamines au nombre de dix.

Leptolona, D. P. Th.

Étamines en nombre indéterminé.

Sarcolona, D. P. Th., *Schizolona*, id., *Rhodolona*, id.   (C. É.)

CHLORANTHE, *Chloranthus inconspicuus*. (BOT. PHAN.) Petit arbuste de la Chine, rampant, garni de fleurs vertes rangées deux à deux et disposées en panicules terminales. Sa tige, rameuse et faible, porte des feuilles persistantes, opposées, glabres, ovales et dentées, et donne une petite baie sèche, terminée en pointe, monosperme. Il forme un genre nouveau de la Tétrandrie monogynie, qui, lorsqu'il sera mieux connu, paraît devoir faire partie de la famille des Rubiacées. Il a été rapporté du Japon par Thunberg, qui l'avait nommé *Nigrina spicata*, et nous apprend qu'il a à peu près le port du THÉ (*v.* ce mot). Swartz et L'Héritier l'ont décrit sous la dénomination qu'il porte aujourd'hui ; elle est puisée dans la couleur

des fleurs. Il est à présumer que le genre *Creodus* de Loureiro a été créé sur cette plante. Son caractère essentiel consiste dans un calice à demi supérieur, adhérent par sa base avec l'ovaire qui est séminifère : pétale très-petit, concave, à trois lobes, celui du milieu plus allongé, portant deux étamines ; les deux autres latéraux, chargés chacun d'une étamine sessile ; ovaire à demi inférieur ; point de style ; un stigmate en tête, presque à deux lobes.   (T. D. B.)

CHLORATES. (CHIM.) Sels résultant de la combinaison de l'acide chlorique avec une base, décomposables par le feu et par les acides forts, ayant la propriété, pour la plupart, 1° de fuser sur les charbons ardens ; 2° de former, par leur mélange avec quelques substances avides d'oxigène, telles que le soufre, le phosphore, le charbon, etc., des poudres appelées *fulminantes*, poudres qui détonent avec plus ou moins de violence par la chaleur, et que le choc seul suffit souvent pour enflammer ; 3° d'être solubles dans l'eau, etc.   (F. F.)

CHLORE. (CHIM.) Le Chlore, du mot grec χλωρός, qui veut dire *vert* ou qui tire sur le *vert*, que l'on appelait autrefois *acide muriatique oxigéné*, est une substance simple que l'on ne trouve jamais dans la nature que combinée à des substances métalliques, à l'état de chlorures ou d'hydrochlorates.

Le Chlore est gazeux, d'un jaune verdâtre, d'une saveur désagréable, d'une odeur suffocante ; il jaunit la teinture de tournesol, éteint les bougies allumées, est décomposé (à l'état liquide seulement) par la chaleur et la lumière, et transformé en acide hydrochlorique par sa combinaison avec l'hydrogène de l'eau. Il a une très-grande affinité pour l'hydrogène, est soluble dans l'eau, etc.

Le Chlore liquide a l'odeur, la couleur et la saveur du Chlore gazeux ; comme lui, il détruit les couleurs végétales et animales, et il est décomposé par la chaleur et la lumière.

Le Chlore s'obtient en chauffant dans une fiole du peroxide de manganèse et de l'acide hydrochlorique concentré, ou bien en traitant un mélange de sel de cuisine et de peroxide de manganèse, par de l'acide sulfurique étendu d'eau.

À l'état gazeux, le Chlore n'est guère employé en médecine que comme moyen hygiénique, pour détruire les miasmes putrides, purifier l'air des prisons, des vaisseaux, des hôpitaux, etc. Dans ces derniers temps, on l'a beaucoup vanté comme spécifique des maladies de poitrine ; mais l'expérience a bientôt fait justice de pareilles prétentions.

Les premières et importantes applications hygiéniques et thérapeutiques faites avec le Chlore et les chlorures datent de 1773. A cette époque, le célèbre Guyton de Morveau, consulté sur les moyens de désinfecter une église et les prisons de Dijon, retira des fumigations d'acide hydrochlorique les plus prompts et les plus heureux effets. Plus tard, le Chlore remplaça, en Angleterre, la vapeur d'acide nitrique employée sur les vaisseaux. En 1780, Vicq-D'Azir proposa le chlorure d'étain pour détruire le danger des exhumations et en 1790 Fourcroy introduisit l'habitude d'arroser d'acide muriatique oxigéné liquide, les cadavres déposés et disséqués dans les amphithéâtres. Mais ce n'est guère que depuis 1800 que le Chlore, par suite des belles expériences de Guyton de Morveau, fut préféré à tous les autres moyens désinfectans. Enfin, en 1810, Cluzel jeune, envoyé à Flessingue avec M. Thénard, pour trouver les moyens à opposer à la mortalité qui décimait nos troupes, eut le bonheur de conserver à la patrie tous les soldats qui, selon ses ordres, plongeaient, chaque matin, leurs mains dans un soluté aqueux de Chlore liquide, soluté que déjà M. Lodibert avait employé dans des circonstances semblables.

Nous ne terminerons pas cet article sans rappeler à nos lecteurs tous les avantages que l'on a retirés, dans les arts, de la propriété décolorante du Chlore, liquide ou gazeux, pour blanchir les laines, les toiles, le papier, etc.

Uni à la potasse, le Chlore liquide constitue l'*Eau de Javelle* si fréquemment employée dans le blanchiment du linge, qui peut remplacer, comme désinfectant, les chlorures de soude et de chaux, et qui est beaucoup moins chère. (F. F.)

CHLORIME, *Chlorima.* (ins.) Genre de Coléoptères qui a été démembré du genre CHARANÇON (*v.* ce mot), et qui contient une partie des plus belles espèces de cette famille. (A. P.)

CHLORION, *Chlorion.* (ins.) Genre d'Hyménoptères, de la famille des Fouisseurs, établi par Latreille, sur un démembrement des Sphex, et auquel il donne pour caractères: premier segment du thorax en forme de nœud; premier anneau de l'abdomen en forme de pédicule; mandibules dentées; palpes filiformes; mâchoires et lèvres courtes, fléchies tout au plus à leur extrémité; trois cellules cubitales complètes et le commencement d'une quatrième; la première nervure récurrente est insérée sous la première cubitale, et la seconde sous la troisième. Ces insectes ont la tête grande, aplatie, plus large que le corselet; les mandibules très-développées, tranchantes; la tête est portée sur une espèce de cou; le métathorax est long, cylindrique; le premier segment abdominal est court, et le reste moins long que le thorax; les fémurs et tibias sont de grandeur moyenne, mais les tarses sont très-longs et fortement ciliés. Déjà remarquables par leur belle couleur, d'un vert d'émeraude doré, ou quelquefois un peu violette, ils le sont encore par leurs mœurs. Quand une femelle a aperçu un Kakerlac, elle s'arrête un instant en face de lui et se tient, pour ainsi dire, en arrêt; bientôt elle s'élance et, de ses longues mandibules, le saisit par la tête: malgré la force d'inertie qu'il oppose, elle replie son corps sous le sien et parvient à le percer de son aiguillon. Dès qu'elle est sûre que le dard a pénétré, et que la liqueur venimeuse glissée avec lui a endormi les facultés de sa proie, elle l'abandonne sur la place; mais ce n'est pas pour long-temps; elle revient bientôt après, et marchant à reculons, se dirige vers une fente ou un trou de muraille où elle a résolu de le faire entrer. La route est quelquefois bien longue, et le fardeau bien lourd puisqu'il pèse dix ou douze fois autant que celle qui le traîne, elle reprend alors haleine, fait quelques tours et revient à l'ouvrage. Elle arrive enfin, mais alors il se présente souvent un nouvel embarras: la proie se trouve trop volumineuse pour la retraite qui doit la recéler; mais une ouvrière si active n'est pas embarrassée pour si peu de chose: quelques coups de ses mâchoires tranchantes font tomber les pattes, les antennes et les ailes s'il le faut; et enfin le corps de l'animal entre et disparaît à tous les yeux. La femelle alors dépose avec lui un œuf, et la larve, en venant à éclore, trouvera sa nourriture toute préparée. Quelque multipliée que soit une espèce de ces insectes à l'Ile de France, les services qu'elle rend, en détruisant une grande quantité de Kakerlacs ou Ravets, font qu'on ne s'en plaint pas; cependant ce sont des voisins qu'il faut ménager, car la piqûre de leur aiguillon est excessivement douloureuse.

On connaît peu d'insectes de ce genre; ils sont tous exotiques. Les détails de mœurs que nous venons de donner ont été pris sur le C. comprimé, *C. compressum*, Fab., représenté dans notre Atlas, pl. 107, fig. 1; il est long de huit à neuf lignes; vert doré brillant, avec les quatre fémurs postérieurs rouges (A. P.)

CHLORITE. (min.) Ainsi que l'indique son étymologie grecque, ce nom désigne une substance verte; mais on a réuni sous cette dénomination un grand nombre de minéraux qui, à part la couleur, présentent de telles différences de composition et de texture qu'il est probable qu'ils forment plusieurs espèces particulières. Toutes appartiennent cependant au genre *Silicate*; toutes renferment, en proportions plus ou moins grandes, de la silice, de l'alumine, du fer et de la magnésie; toutes, enfin, ont une texture écailleuse ou terreuse, et donnent de l'eau par la chaleur.

Quant à la substance appelée communément *Chlorite*, et qui a fait donner le nom de *Calcaire chlorite* aux couches inférieures du calcaire grossier des environs de Paris, parce qu'elle y est très-abondante, comme elle n'est qu'un silicate de fer mêlé d'eau et de magnésie et dépourvu d'alumine, elle ne doit pas être confondue avec la véritable Chlorite, et comme elle n'a été désignée que sous le nom de *Terre verte* par M. Berthier qui l'a analysée, elle devrait peut-être être appelée *Glauconie* par les minéralogistes. (J. H.)

CHLOROMYS. (mam.) Ce nom, qui signifie Rat vert, est celui que M. Fréd. Cuvier a donné au genre Agouti. *Voy.* l'article AGOUTI de ce Dictionnaire. (GERV.)

CHLOROPHANE. (min.) *Voy.* FLUORINE.

CHLORURE. (chim.) Combinaison résultant de l'union du chlore avec une substance simple autre que l'oxigène et l'hydrogène. Il y a des Chlorures métalliques et des Chlorures non métalliques: les premiers sont en plus grand nombre que les seconds.

La

La plupart des Chlorures se dissolvent dans l'eau, la décomposent et donnent lieu à un sel nouveau. Quelques uns sont employés en médecine et dans les arts; ceux de soude et de chaux jouissent, au plus haut degré, des propriétés désinfectantes, anti-contagieuses et stimulantes. On les emploie journellement en chirurgie, surtout celui de soude, dans le pansement des ulcères infects, des plaies compliquées de pourriture d'hôpital, des brûlures larges et superficielles, des engelures, etc., dont ils hâtent la cicatrisation.

(F. F.)

CHOENORAMPHE. (ois.) On donne quelquefois ce nom au Bec-ouvert, dont nous avons parlé dans le premier volume de ce Dictionnaire, p. 418.

(Gerv.)

CHOEROPOTAME. (mam.) En 1821, notre célèbre Georges Cuvier, sur l'examen d'une mâchoire fossile trouvée dans les carrières à plâtre des environs de Paris, augmenta la liste des animaux perdus qu'il avait restitués à la création anté-diluvienne, d'un nouveau genre de Pachydermes auquel il donne le nom de *Chæropotame*, dérivé de deux mots grecs qui signifient *cochon des fleuves*. Cet animal devait avoir les formes générales et même des dimensions assez analogues à celles du cochon; il était voisin du Pécari (*voy.* ce mot), pachyderme particulier à l'Amérique méridionale; mais il devait être un peu plus grand. Chacune de ses mâchoires était garnie de six dents incisives et de deux canines, et offrait sept molaires de chaque côté. On n'en connaît encore qu'une seule espèce, à laquelle Cuvier a réservé le nom de *Chæropotame des Gypses* (*Chæropotamus gypsorum*).

(J. H.)

CHOETODON. (poiss.) Les Chœtodons sont parés des couleurs les plus vives et les plus agréables; ils sont aussi très-remarquables par leurs formes; et cependant on n'avait encore déterminé leurs caractères distinctifs que d'une manière vague. Linné avait laissé dans le genre qu'ils composent des poissons qui, malgré leurs grands rapports avec les Chœtodons, doivent cependant en être écartés dans une distribution méthodique et régulière. Plusieurs naturalistes ont placé, parmi ces animaux, des espèces qui présentent des traits opposés à ceux que l'on indique comme devant servir à caractériser ces thoracins. Le mot Chœtodon désigne des dents plus ou moins déliées et semblables à des crins, mobiles et élastiques. Lacépède a cru ne devoir laisser dans le genre des Chœtodons proprement dits, que les poissons qui offraient ce caractère remarquable et facile à saisir, et qui montraient de plus un museau un peu avancé, une ouverture très-étroite à leur bouche, de petites écailles sur leurs nageoires dorsales et anales, un corps élevé, et enfin le corps et la queue très-aplatis latéralement. Ce genre, auquel Linné avait exclusivement conservé le nom commun de Chœtodon, a été depuis subdivisé par Cuvier, comme il suit :

1° Les Chœtodons propres, qui ont le corps plus ou moins elliptique; les rayons épineux et les mous se continuent en une courbe à peu près uniforme; leur museau est plus ou moins avancé, et quelquefois leur préopercule a une fine dentelure; ils sont peints des plus belles couleurs. Parmi ceux-ci nous citerons particulièrement :

Le Chœtodon barré, *Chætodon striatus*, Linné, Bloch, 210. Son corps présente un disque presque rond, deux fois échancré en arrière pour la distribution des trois nageoires verticales, et un peu pointu en avant pour la proéminence du museau. Les écailles du corps sont presque arrondies, un peu plus hautes que larges, très-finement ciliées dans leur partie visible, et striées sur leur limbe; le fond de la couleur est d'un blanc légèrement irisé; des lignes grisâtres suivent le milieu de chaque rangée d'écailles; en sorte que celles de la moitié supérieure vont en montant en arrière, et celles de l'inférieure marchent à peu près longitudinalement. Cinq bandes noires diversifient ce fond; la première bande oculaire est étroite; la seconde, plus large, part des troisième et quatrième aiguillons; la troisième, plus large encore, part des quatre derniers aiguillons, et arrive au milieu de l'anale; de son extrémité supérieure part la quatrième; la dorsale et l'anale ont en outre une large bordure noire; et un liseré noirâtre; sur la caudale, il y a d'abord une bande blanche, puis une bande noire, plus une ligne étroite blanchâtre ou jaunâtre, et enfin un petit liseré gris. Ce poisson ne paraît pas devenir trop grand. Sa chair est bonne à manger.

Le Chœtodon a housse, *Ch. éphippium*, Cuv., que nous avons représenté dans notre Atlas, pl. 92, fig. 2, est long de 5 à 6 pouces, et large de quatre; sa forme est arrondie; il est gris sur le dos, d'un jaune doré au milieu, et argenté au ventre. Il a en arrière et sur le dos une grande tache noire bordée postérieurement de blanc et de rouge; la base de la queue est rouge. Il vient des mers des Indes.

2° Les poissons qui diffèrent de ces véritables Chœtodons par la forme extraordinaire de leur museau, qui est long et grêle, ouvert seulement au bout et formé par l'intermaxillaire et par la mâchoire inférieure, prolongés outre mesure, ont reçu de M. Cuvier la dénomination de Chelmons. Une des espèces les plus remarquables est le *Chætodon rostratus*, Linné, Bloch, 202. Ce poisson est d'autant plus beau à voir, que ses bandes sont placées sur un fond mêlé d'or et d'argent, dont les nuances se marient avec plus de vingt raies longitudinales très-étroites et brunes, qui rendent leurs reflets encore plus brillans: mais il est encore plus curieux à observer lorsqu'il vit sans contrainte et sans crainte, dans les mers de l'Inde, qu'il paraît préférer. Il se tient le plus souvent auprès de l'embouchure des rivières, et particulièrement dans les endroits où l'eau n'est pas profonde; il se nourrit d'insectes, et surtout de ceux que l'on peut trouver sur les plantes qui s'élèvent au dessus de la surface de la mer; il emploie pour les saisir une manœuvre remarquable qui dépend de la forme très-allongée de son museau. Lorsqu'il aperçoit un insecte dont il désire faire sa proie, et qu'il le voit trop haut au dessus de la surface de la mer pour pouvoir se jeter sur lui, il s'en approche le plus possible, il remplit ensuite sa bouche d'eau, ferme ses ouvertures branchiales, comprime avec vitesse sa petite gueule, et, contraignant le fluide à s'échapper avec rapidité par le tube très-étroit que forme son museau, il le lance avec tant de force, que l'insecte est étourdi et précipité dans la mer. Cette chasse est un petit spectacle assez amusant pour que les gens riches de la plupart des îles des Indes orientales se plaisent à nourrir dans de grands vases des Chœtodons à museau allongé. Bloch a cité dans son grand ouvrage M. Hommel, inspecteur des hôpitaux de Batavia, qui avait fait mettre quelques uns de ces poissons dans un vaisseau très-large et rempli d'eau de mer; il avait fait attacher une mouche sur le bord du vase, et il avait eu le plaisir de voir ces thoracins s'empresser à l'envi de s'emparer de la mouche, et ne cesser de lancer avec vitesse contre elle des gouttes d'eau qui atteignaient toujours le but. D'après ces faits, il n'est pas surprenant que ce soit avec des insectes qu'on amorce les hameçons dont on se sert pour prendre les Chœtodons à museau allongé, lorsqu'on ne les pêche pas avec des filets. Ajoutons qu'ils seraient très-recherchés, quand même ils ne seraient pas des chasseurs adroits, parce que leur chair est agréable et salubre.

3° Les Heniochus ou Cochers, ceux qui ont les premiers aiguillons du dos qui croissent rapidement, et surtout le troisième ou le quatrième qui se prolonge en un filet quelquefois double de la longueur du corps, et semblable à une espèce de fouet; du reste, ils ont tous les caractères des Chœtodons vrais. L'espèce qui a servi de type à ce sous-genre est le Chœtodon a grandes écailles, *Chœtodon macrolepidotus*, Cuv. Les deux mâchoires sont aussi avancées l'une que l'autre, la tête couverte de petites écailles seulement; la couleur générale est argentine; sa chair est grasse et d'une saveur délicate qu'on a comparée à celle de la sole.

4° Ceux que nous appellerons Ephippus ou Chevaliers, ont une dorsale profondément échancrée entre sa partie molle et sa partie épineuse, avec cette dernière partie dénuée d'écailles; la dorsale peut se replier dans un sillon formé par des écailles du dos. Il y a en Amérique une espèce, *Ephippus gigas*, Cuv., remarquable par le très-gros renflement en forme de museau du premier inter-épineux de son anale et de sa dorsale, et par un renflement analogue de la crête de son crâne.

5° Les Drépanes, Cuv., qui ont trois épines à l'anale jointes à des pectorales longues et pointues. Les espèces qui constituent ce sous-genre sont les *Chœtodon punctatus*, Linné, et *Chœtodon longimanus*, Bloch, Schn., Russel, 80.

6° Les Scatophages, *Scatophagus*, Cuv., qui ont quatre épines à l'anale, et des écailles très-petites. Une espèce, le *Chœtodon argus*, Linné. Bloch. 204, est un petit poisson de la mer des Indes; ses mâchoires sont d'égale longueur, ses nageoires courtes et jaunâtres. Ce poisson a l'habitude de suivre les vaisseaux pour se nourrir des restes de la table qui sont jetés dans la mer; mais il dévore de préférence les excrémens humains. Il pénètre, par les rivières, dans les marais d'eau douce, afin d'y trouver un grand nombre d'insectes qu'il aime.

7° Nous distinguons des Scatophages, sous le nom de Taurichtes, des espèces qui ont sur chaque œil une corne arquée et pointue, *Chœtodon cornu*, Lacép. tom. IV, pl. 295. Le Cornu tire son nom des deux aiguillons qu'il porte au dessus des yeux, et qui représentent deux petites cornes; il a des écailles très-petites, deux rangées de dents à chaque mâchoire; la couleur générale de son corps est argentée; tels sont les principaux caractères que montre le Cornu. Suivant Commerson, on le trouve dans les grandes Indes, et sur les rivages garnis de coraux ou de madrépores. Sa chair est de bon goût.

8° Les poissons qui auront pour caractère un grand aiguillon à l'angle du préopercule, et chez la plupart les bords de cet os dentelés, seront surtout ceux auxquels le nom d'*Holacanthus* appartiendra. Ce sont des poissons remarquables par la beauté et la distribution régulière de leurs couleurs; ils sont excellens pour le goût. Les deux Océans en possèdent de nombreuses espèces. Nous citerons le *Chœtodon ciliaris*, Linné, Bloch, 214; ou *Isabelita*, Parra, VII; *Chœtodon tricolor*, Bloch. 425; Buchan., sect. IV, pl. XIII, fig. 5. On peut encore en distinguer les Pomacanthes, *Pomacanthus*, Lacép., qui ont la forme plus élevée que les précédens, parce que le bord de leur dorsale monte plus rapidement. On n'en connaît que d'Amérique, *Chœtodon aureus*, Bloch, 193, ou *Chirivita jaune*, Parra, VI, 2; et enfin, sous le nom de Platax, des espèces qui ont, en avant de leurs dents en brosse, un premier rang de dents tranchantes, divisées chacune en trois pointes; leur corps, très-comprimé, semble se continuer avec des nageoires verticales, épaisses et très-élevées, écailleuses comme lui, et où un petit nombre d'épines se cachent dans le bord antérieur, en sorte que le poisson entier est beaucoup plus élevé qu'il n'est long; les ventrales sont aussi fort longues. Ce sous-genre est de la mer des Indes. Une espèce, *Chœtodon vespertilio*, Bloch, 199, fig. 2, présente un orifice unique à chaque narine; la petitesse des écailles répandues sur son corps, la queue, la base de sa dorsale, de sa caudale et de l'anale, et sa couleur verdâtre, le font aisément distinguer de ses congénères.   (Alph. G.)

CHOLÉDOQUE. (ANAT.) Les anciens employaient ce mot, dérivé du grec, et qui signifie *contenant la bile*, pour désigner l'appareil biliaire en général. Aujourd'hui on l'applique seulement au tronc commun formé de la réunion du *canal hépatique*, qui vient du foie, et du *canal cystique*, qui vient de la vésicule du fiel. Le conduit ou canal Cholédoque descend entre l'artère hépatique et la veine porte, derrière l'extrémité droite du pancréas; il s'ouvre à la partie postérieure de la seconde courbure du duodénum, après avoir traversé obliquement ses tuniques.   (P. G.)

CHOLESTÉRINE. (CHIM.) Graisse particulière,

découverte pour la première fois en 1788, par Green, dans les calculs biliaires, et que M. Chevreul a depuis rencontrée dans la bile fraîche.

Cette substance, que l'on trouve encore dans quelques liquides et tissus animaux, cristallise en feuilles blanches et d'un brillant nacré; elle est insipide, inodore, plus légère que l'eau; à 157° elle se fond en un liquide incolore qui, par le refroidissement, se prend en une masse cristalline, lamelleuse, translucide, susceptible d'être pulvérisée, mais dont la poudre s'attache facilement à tous les corps. Soumise à une forte température, dans des vases clos, elle se sublime sous forme de feuilles, sans être décomposée; l'action de l'air a-t-elle lieu, la décomposition se manifeste.

A l'air libre, la Cholestérine s'enflamme et brûle comme de la graisse; elle est peu soluble dans l'eau, peu dans l'alcool, dans l'essence de térébenthine, plus dans l'éther, nullement dans l'acide sulfurique aqueux et la potasse : cette dernière ne la saponifie pas non plus.

La Cholestérine s'obtient de la bile en évaporant celle-ci jusqu'en consistance d'extrait peu épais, traitant celui-ci par l'éther, puis par l'alcool bouillant, etc. (F. F.)

CHONDRACANTHE. (crust.) Delaroche a établi ce genre de la famille des Epizoaires, de Lamarck. M. de Blainville lui a depuis assigné les caractères suivans : corps symétrique pair, subarticulé, recouvert d'une peau comme cartilagineuse, assez dure, partagé en thorax et en abdomen; le premier formant une sorte de tête avec la bouche armée d'espèces de palpes, le second pourvu de chaque côté d'un certain nombre d'appendices pairs, divisés en plusieurs lobules; rudimens de membres et branchies terminés en arrière par deux ovaires de forme un peu variable. M. Delaroche avait nommé tête ce que M. de Blainville appelle le thorax. Cet animal est convexe en dessus, concave en dessous; de chaque côté de la ligne médiane et au bord antérieur du thorax, il présente un tubercule ovalaire, placé de champ, séparés l'un de l'autre par une rainure assez profonde qui se prolonge par un petit tentacule conique : la partie supérieure du thorax est occupée par une sorte de bouclier corné sous la peau; de chaque côté est un bourrelet charnu; au milieu, une paire d'organes légèrement cornés et recourbés; au dessus, la bouche qui paraît oblique. On distingue au rétrécissement qui suit le thorax trois articulations, la première sans appendices, les deux autres, plus longues, en portant chacune une paire latérale à trois rameaux. L'abdomen, plus large en avant, se rétrécit vers l'arrière; il se compose de deux anneaux, l'extérieur porte une paire d'appendices à trois rameaux coniques et recourbés; les appendices du second se subdivisent en trois branches. Une espèce de queue termine le corps, recouvre les ovaires et se compose de deux cornes. Enfin l'abdomen est terminé par une bande transverse, au delà de laquelle on voit deux tubercules d'où dépendent les sacs des ovaires, et une autre paire de petits corps cylindriques renflés à leur extrémité.

Les Chondracanthes sont parasites et vivent sur les branchies des poissons. L'espèce décrite par Delaroche avait été trouvée sur le poisson de Saint-Pierre; c'est le même que celui décrit par Blainville et qu'on a trouvé sur un Thon. (P. G.)

CHONDRE. (bot. crypt.) *Hydrophytes.* Genre de la famille des Floridées, caractérisé par des tubercules hémisphériques ou ovales, situés sur la surface des feuilles et ne formant jamais saillie que d'un seul côté; feuilles planes et rameuses, sans nervures, quelquefois mamillaires ou prolifères, d'un violet ou d'un pourpre foncé.

Les *Chondres* sont rarement parasites, et se rencontrent davantage sur les roches calcaires, argileuses ou schisteuses, que sur les granits et les quartz. La plupart de ces végétaux périssent à l'époque de la maturité des graines; quelques espèces seulement, celles qui habitent les contrées tempérées ou équatoriales, paraissent bisannuelles.

Parmi les espèces connues, nous ne nommerons que les *uhondrus polymorphus*, *norvegicus*, *agathoicus.* (F. F.)

CHONDROPTÉRYGIENS. (poiss.) L'une des deux grandes séries de poissons établies par Cuvier. Dans cette division rentrent les poissons dont le squelette est cartilagineux. Elle renferme tous les Squales, les Raies et plusieurs autres poissons. *V.* Cartilagineux. (Alph. G.)

CHOQUARD ou **CHOCARD**, *Pyrrhocorax.* (ois.) Ce genre, tel que le comprend M. Temminck, renferme plusieurs espèces, et entre autres le Choquard ou Choucas des Alpes de Buffon et le Coracias du même auteur. Ces deux oiseaux doivent seuls nous occuper. Quoiqu'ils aient entre eux les plus grands rapports de couleur, d'organisation et de mœurs, et que dans les Alpes, où on les trouve, leurs troupes se mêlent souvent, Cuvier n'a pas cru devoir les faire entrer dans le même genre, il les a même placés très-loin l'un de l'autre (le premier dans la famille des *Passereaux dentirostres*, qui est la première de l'ordre, et le second dans la quatrième, celle des *ténuirostres*, laissant ainsi plus de soixante-dix genres entre eux). Les seules différences sont que le Choquard a le bec plus court que la tête et échancré à sa pointe, tandis que le Coracias l'a plus long et sans échancrure. C'est que l'auteur du Règne animal a considéré ce dernier caractère comme étant de premier ordre; il s'en est même servi pour caractériser une des familles qu'il a établies, et force a été qu'il séparât les deux oiseaux, comme il l'a fait. Sans discuter ici le principe qui l'a guidé, nous ne décrirons point le genre Pyrrhocorax d'après lui; nous suivrons au contraire la disposition proposée par M. Temminck; c'est d'ailleurs ce qu'ont fait plusieurs savans ornithologistes.

Voici les caractères de ce genre : bec médiocre, plus ou moins arqué, échancré à sa pointe ou non échancré; narines basales, latérales, ovoïdes et entièrement cachées par des poils dirigés en avant;

pieds forts, robustes; tarses plus longs que le doigt du milieu; ailes à quatrième et cinquième rémiges les plus longues. Ces oiseaux, dont nous ne possédons en Europe que les deux espèces citées plus haut, ont les mêmes mœurs que les Corbeaux, ils habitent les plus hautes vallées de nos Alpes, dans le voisinage des régions couvertes de glaces perpétuelles, et ne descendent dans les plaines que lorsque la nourriture vient à leur manquer. Ils nichent dans les fentes des rochers ou dans les bâtimens inhabités, et se nourrissent de graines, de baies, d'insectes et aussi de charognes et de voiries. Leur mue est simple; les sexes et les âges diffèrent fort peu.

CHOQUARD ou CHOUCAS DES ALPES, *Corvus pyrrhocorax*, Gm. Tout le plumage est d'un noir brillant, avec des reflets d'un pourpré changeant au vert; queue un peu arrondie, plus longue que les ailes; bec d'un jaune orangé, pieds rouges; longueur, 14 pouces 6 lignes. Cet oiseau se trouve en Europe, en France, en Suisse, etc., sur les chaînes de montagnes.

CORACIAS de Buffon et aussi son CORACIAS HUPPÉ ou SONNEUR, est le *Corvus graculus*, L. Cuvier en a fait son genre Crave, *Fregilus*. C'est un oiseau de la taille d'une Corneille, noir sur tout le corps, avec le bec et les pieds rouges. Il vit sur les hautes montagnes des Alpes et des Pyrénées, et y niche dans les fentes de rochers, comme le Choquard; mais il est moins commun et se réunit moins en troupes. On prétend que, lorsqu'il descend dans les plaines, c'est un signe de neige et de mauvais temps. (GERV.)

CHORAGUS, *Choragus*. (INS.) Genre de Coléoptères de la section des Tétramères, famille des Cycliques, tribu des Chrysomélines, ayant pour caractères : corps cylindrique avec le corselet de la largeur de l'abdomen ; antennes plus longues que la tête et le corselet, terminées par trois articles formant une massue. Ce genre a été établi par M. Kirby, dans la Centurie d'insectes publiée dans la Transaction de la Société linnéenne de Londres, sur un très-petit insecte d'Angleterre et qu'il a nommé *C. Scheppardi*; mais M. Robert, ayant trouvé le même insecte aux environs de Liége sur des saules, et ne connaissant pas l'ouvrage de M. Kirby, l'a décrit et figuré comme nouveau, dans le Magasin de Zoologie de M. Guérin, 1833, class. IX, pl. 16, sous le nom de *Bruchus pigmæus*; ces deux insectes n'en font qu'un, et l'on peut en voir de bonnes figures soit dans les deux ouvrages que nous venons de citer, soit dans la nouvelle édition qu'a donnée M. Lequien de la Centurie de M. Kirby.

C. Scheppardi. Long d'une ligne, de couleur enfumée avec les pattes et les antennes d'une couleur fauve incertaine; d'après les localités où il a été trouvé. on peut le regarder comme un insecte propre aux provinces européennes du Nord. (A. P.)

CHORION, *Chorion* (ANAT.) Χόριον ou χωριον, de χωρεῖν, contenir, renfermer. Le Chorion est la membrane la plus extérieure des enveloppes du fœtus. *Voy.* ŒUF. (M. S. A.)

CHORIZÈME, *Chorizema*. (BOT. PHAN) Genre

appartenant à la famille des Légumineuse de Jussieu et à la Décandrie monogynie de Linné Ce genre a du rapport avec le *Podalyra*; il s'en distingue par son calice, qui est à cinq divisions, bilabié; par sa corolle, qui est papilionacée, es dont la carène est renflée et plus courte que les ailes. Le style est petit et en forme de crochet; la gousse est renflée et polysperme.

Les espèces comprises dans ce genre, sont :

1º La CHORIZÈME A FEUILLES DE HOUX, *Chorizema ilicifolia* (Labillardière, Voyage à la recherche de Lapeyrouse, t. 21). C'est une petite plante des côtes de la Nouvelle-Hollande, dont les feuilles sont alternes, allongées, munies d'épines semblables à celles du houx, mais beaucoup plus petites. Les fleurs sont disposées en grappes axillaires ou terminales, jaunes.

2º La CHORIZÈME NAINE, *Chorizema nana* (Smith., Bot. Mag., 1032).

3º *Chorizema Rombea*, Brown, Hort. Kew, 5, pag. 9.

Brown a transformé en genre le *Chorizema trilobum* de Smith, sous le nom de *Polodovium*. (C. É.)

CHOROIDE. (ANAT.) On a donné ce nom à plusieurs parties qui ressemblent au chorion par le grand nombre de vaisseaux qu'elles reçoivent. La membrane Choroïde, ou Chorioïde, est une des membranes intérieures de l'œil. C'est pour imiter son usage dans la vision, que l'on noircit l'intérieur de tous les instrumens d'optique. *V.* ŒIL.

On nomme *plexus choroïdes* des espèces de cordons membrano-vasculaires, appartenant à la piemère, aplatis, rougeâtres, et flottant dans les ventricules du cerveau. *Voy.* CERVEAU. (M. S. A.)

CHOU, *Brassica oleracea*. (AGR. et BOT. PHAN.) Cultivé très-anciennement, ce genre de la Tétradynamie siliqueuse et de la famille des Crucifères, se compose de plusieurs espèces et de nombreuses variétés, qui demandent, pour être les unes distinguées convenablement, et les autres prendre auprès des premières la place qui leur appartient, qu'on établisse une division claire et positive, une division telle qu'elle ne laisse rien à désirer, moins au botaniste, pour lequel Linné a suffisamment éclairé le genre, qu'à l'homme des champs et à l'horticole, qui ont un besoin réel de bien connaître jusqu'aux moindres variétés susceptibles d'agrandir le domaine de leur industrie. Sous ce rapport, je crois que mes études m'autorisent à ne point suivre servilement la route de mes devanciers, même celle adoptée par Duchesne, qui a le mieux traité des Choux cultivés.

La souche primordiale du Chou existe encore sauvage sur toutes les côtes maritimes de l'Europe, et particulièrement de la France, sur les rochers crayeux du pays autrefois habité par les héros de Morven et d'Inishuna, et sur les plages de l'austère Scandinavie: c'est elle que les peuples anciens de ces contrées appelaient *Caul*.

La tige herbacée et bisannuelle du CHOU SAUVAGE, *B. sylvestris*, est quelquefois tortueuse, demi-ligneuse, branchue, portant, en son sommet, des feuilles charnues, vertes, mais sujettes à passer au rouge par suite de maladie ou de vieillesse, ou bien encore, dans les climats tempérés et chauds, par l'action trop forte, trop prolongée des rayons solaires. Au lieu de feuilles, on voit parfois des rameaux stériles former, au haut de la tige, une espèce de rosette; les grappes qui soutiennent ses fleurs, d'un jaune pâle, sont nombreuses, disposées en panicules. Il vit en société avec la girofiée jaune, *Cheiranthus cheiri*.

Mets favori du pauvre, le Chou, pour paraître sur la table du riche, se cache derrière divers assaisonnemens, ou bien a dû subir dans la culture des métamorphoses, des formes bizarres, plus ou moins constantes, que l'on peut ranger sous sept catégories ou races principales, savoir: le Chou-colza, le Chou-vert ou sans tête, le Chou-cabu ou pommé, le Chou-fleur, le Chou-rave, le Chou-navet et le Chou-roquette. Disons un mot de chacune de ces races.

Le Chou-colza, *B. campestris*, que l'on cultive dans quelques localités pour former des prairies momentanées, et comme fourrage d'hiver propre aux bêtes à cornes en particulier, est surtout excellent comme plante oléagineuse; c'est même sous ce rapport qu'il est généralement exploité. Comme on le désigne plus spécialement sous le nom de *Colza*, c'est à ce mot que nous en parlerons en détail.

Chou-vert, *B. viridis*, dont les noms vulgaires varient beaucoup à raison de sa taille et des pays où on le cultive en grand. Dans la partie occidentale de la France, aux terres fertiles et succulentes, je l'ai vu monter jusqu'à deux mètres de haut, et prendre le nom de *Chou-caulier* et *Chou-cavalier*; il résiste au froid, se conserve en plein champ durant tout l'hiver, même dans nos départemens les plus au nord, et fournit, pendant la mauvaise saison, une nourriture verte, saine et très-aimée par les vaches. Ce Chou doit sa propriété de résister aux gelées à l'espèce de toit que forment ses grandes et larges feuilles, qui couvrent entièrement le sol, et entretiennent au pied de la plante une température moyenne toujours égale. On l'appelle *Chou-vert* à cause de la couleur glauque que son feuillage conserve toujours; *Chou-frangé* ou *Chou-frisé* quand ses feuilles à lobes nombreux sont déchiquetées à leur sommet en petites lanières; on le cultive alors non-seulement comme plante alimentaire, mais aussi comme plante d'ornement, à raison de la diversité, de l'élégance de ses formes et de ses couleurs, qui sont tantôt vertes ou rouges, tantôt blanches ou panachées; *Capousta* ou *Chou-palmier*, quand sa tige élancée est couronnée par des feuilles bleuâtres ou violacées, allongées, peu découpées et irrégulièrement bosselées: il produit un bel effet autour des tombeaux; *Chou de Beauvais* ou *Chou à grosses côtes*, quand sa tige, beaucoup plus courte et presque simple, porte des feuilles à nervures d'une grosseur extraordinaire, etc.

Chou-cabu, *B. capitata*. Race la plus cultivée et la plus estimée pour la nourriture de l'homme.

Son nom actuel est une dégénération de celui de *caput* qu'il portait encore au 15ᵉ siècle, alors que,

pour prévenir sa perte dans nos jardins, on tirait annuellement de la graine de l'Italie et de l'Espagne, plus particulièrement des villes de Savone et de Tortose. Le Chou-cabu a la tige courte, les feuilles larges, épaisses, ramassées au sommet de cette tige, s'embrassant les unes les autres, se comprimant avec force et formant une pomme, dont l'intérieur étiolé fournit un mets friand, de facile digestion et d'une saveur sucrée très-agréable. Selon que cette masse est plus ou moins grosse, qu'elle forme une sphère, un ovale, un cône plus ou moins allongé, qu'elle représente un cœur de bœuf, qu'elle est déprimée, aplatie ou ellipsoïde, qu'elle affecte la couleur verte, blanche, rouge ou dorée, qu'elle se montre hâtive ou tardive, la plante prend chez les maraîchers et les horticoles des noms différens. On la cultive aussi dans les champs, et on l'emploie à la nourriture des bestiaux. Au seizième siècle, Champier nous apprend que l'on vantait beaucoup les Choux énormes des environs de Senlis; aujourd'hui les plus gros nous viennent d'Allemagne sous le nom de *Chou-quintal*. On en cite souvent qui pèsent jusqu'à trente-huit et quarante kilogrammes. J'ai trouvé ce Chou cultivé à l'Encloistre, département de la Vienne, et plus particulièrement dans nos départemens du Haut et du Bas-Rhin, où il sert à faire la chou-croûte.

Chou fleur, *B. botrytis*. Originaire du Levant, ce Chou fut apporté en France dans les premières années du dix-septième siècle; son organisation est très-singulière; il a la tige basse, les feuilles oblongues avec côtes blanches très-prononcées; les pédoncules floraux, réunis au sommet de la tige ou des maîtresses-branches, forment des faisceaux épais, disposés en corymbe, ne portant que des rudimens de fleurs avortées, et offrant des têtes où la sève s'accumule, et les convertit en une masse charnue, épaisse, tendre, mamelonnée ou grenue, blanche, que l'on mange avec plaisir. Les horticoles distinguent trois variétés principales de Chou-fleur: le *tendre* qui est délicat, d'une grosseur moyenne, précoce, prompt à monter en graine, et dont les semences sont les plus estimées, étant peu susceptibles de dégénérer; le *demi-dur* à tête grosse, bien garnie, devenant verdâtre à la cuisson; et le *dur* au grain serré, d'un beau blanc qui ne s'altère pas en cuisant: comme il est d'un grand produit, on le cultive de préférence; mais il ne réussit point partout ni toujours également bien.

Chou-rave, *B. rapa*. Sa tige, mince, devenant épaisse à l'origine des feuilles, est terminée dans la partie inférieure par un renflement considérable, ovale ou arrondi, à pulpe tendre, succulente et bonne à manger. Les feuilles sont maigres, planes, parfaitement glabres, elles tombent du moment que la tubérosité mûrit. Ce Chou, dont on connaît deux variétés, l'une blanche, l'autre violette, est originaire des climats chauds; on le cultive davantage dans le midi que sous la zone de Paris. Il est introduit en France depuis plusieurs siècles. Le Chou-rave que l'on destine aux bestiaux se garde pour l'hiver. Les grandes sécheresses lui sont fatales. On estime que les anciens Grecs l'appelaient *Gastoris*, qu'ils en mangeaient avec délices la chair, qui est plus ferme que celle du navet, et participe de sa saveur ainsi que de celle du Chou ordinaire. *V.* au mot RAVE.

CHOU-NAVET, *B. napus.* Il ne faut pas confondre avec l'espèce précédente le navet comestible et la navette. Ces deux variétés ont une destination si différente qu'elles demandent un article à part; nous en traiterons au mot NAVET et NAVETTE. Le Chou-rave a les feuilles absolument glabres, tandis que le Chou-navet les a hérissées, surtout quand elles sont jeunes; le premier a, comme je l'ai dit, la tige mince au collet, épaisse à l'origine des feuilles; le second, au contraire, a le collet et la racine très-renflés, et la tige mince à la naissance des feuilles.

CHOU-ROQUETTE, *B. eruca.* Quoique cette espèce répande une odeur forte et désagréable, quoique sa saveur soit âcre et piquante, elle est cultivée pour servir dans les cuisines comme assaisonnement, sur les tables comme salade, et en médecine comme anti-scorbutique et stimulante. Sa tige rameuse porte des feuilles longues, lyrées, vertes et presque glabres; ses fleurs d'un blanc bleuâtre, ou d'un jaune pâle, striées par des veines d'un violet noirâtre, sont disposées en grappes au sommet de la tige et des rameaux; il leur succède des siliques droites, un peu aplaties, terminées par un prolongement en fer de lance, et remplies de graines petites, noires et luisantes.

Telles que nous les voyons aujourd'hui, les différentes espèces et variétés de Choux sont le produit d'une culture industrieuse, et ne se maintiennent dans leur état de surabondance qu'en leur fournissant un sol bien amendé et de chauds engrais; il faut avoir égard au volume qu'ils doivent acquérir pour régler les distances à mettre entre chaque pied que l'on plante ou repique. Je n'entrerai point dans le détail des soins à donner à chaque espèce en particulier et des différens emplois que l'on fait de leurs produits dans l'économie rurale et domestique: les bornes de cet ouvrage ne le permettent pas; mais je donnerai quelques éclaircissemens sur la synonymie, afin d'aider à retrouver les variétés, et à les rapporter à leur type.

CHOU A FAUCHER. Variété intermédiaire entre le Chou-colza et le Chou-navet: c'est un hybride formé par leur croisement. Il fournit plusieurs coupes depuis l'été jusqu'au printemps suivant; on le récolte à la faucille.

CHOU A FEUILLES DE CHÊNE. Variété très-remarquable du Chou-caulier, peu répandue; ses feuilles sont d'un vert pâle et ne tournent point au rouge. Les horticoles disent qu'elle prend souvent l'aspect du Chou-vert frangé. Je ne puis le croire; elle en est très-distincte par le mode de son feuillage, dont les découpures sont bien caractérisées.

CHOU-AIGRETTE. Sous-variété du Chou-caulier, que l'on cultive comme plante d'ornement, et à laquelle on donne aussi le nom de *Chou-plume.*

CHOU-A-JETS. Variété du Chou-cabu, poussant à l'aisselle des feuilles inférieures des jets couronnés par une petite tête plus ou moins serrée et de la grosseur d'une noix ordinaire. Le Chou-à-jets est fort recherché pour sa délicatesse. On l'appelle aussi *Chou à mille têtes*, *Chou à petites pommes*, *Chou de Bruxelles*, etc.

CHOU-BRANCHU. Variété du Chou-caulier, dont l'aspect et la taille seulement l'éloignent du Chou-sauvage, avec lequel elle a du reste les plus grands rapports.

CHOU-BROCOLI. Variété mitoyenne entre le Chou-fleur et le Chou-caulier; elle a été apportée d'Italie dans le dix-septième siècle. En février, la maîtresse-branche fournit une pomme violette, quelquefois blanche ou d'un jaune très-foncé, tendre, excellente à manger et portant avec elle un parfum agréable. Outre ce jet principal, le Brocoli en donne une infinité de petits bien charnus, que l'on cueille avec soin et qui constituent un mets aussi distingué que délicat. Le Brocoli se sert cuit, chaud ou froid, en salade, dans la soupe, apprêté à la sauce blanche.

CHOU-CHICON. Nom vulgaire d'une variété de Chou-Cabu qui affecte la forme d'un pain de sucre.

CHOU-CROUTE. Préparation économique faite avec le Chou-quintal. On le coupe en rubans menus et fins, pour être mêlés à du sel et à des graines de carvi ou de genièvre, puis soumis à la fermentation déterminée par l'eau végétale que le Chou fournit. La Chou-croûte est un excellent manger, quand on a remplacé l'eau de végétation par une saumure faite à froid. C'est une branche importante de commerce.

CHOU-D'AVENT. Dans diverses localités, surtout dans le département de la Creuse, c'est le nom que l'on donne vulgairement à toute espèce de Chou hâtif.

CHOU DE CHINE. Nous en avons parlé plus haut, tom. 1, pag. 519, au mot BRÈDE.

CHOU-EN-ŒUF. Variété du Chou-cabu; sa tête représente un œuf, dont le gros bout est en haut et le petit en bas; elle est peu cultivée.

CHOU-FRANGÉ. Variété du Chou-vert que l'on sème depuis le mois de mars jusqu'en mai.

CHOU-MILAN. Variété regardée comme la meilleure des Choux-cabus; sa tige est courte, ses feuilles vertes, réunies en têtes dans leur jeunesse, et sont ensuite plus ou moins étalées, mais toujours à surface surchargée de cloques; les fleurs sont blanches, tandis que celles des autres Choux-cabus sont jaunes. Leurs têtes ont besoin d'être attendries par la gelée pour offrir un bon mets.

CHOU-OLÉIFÈRE. Quoique tous les Choux indistinctement fournissent de l'huile et pourraient tous recevoir cette dénomination, elle s'applique particulièrement au Chou-colza.

CHOU-PERCE-FEUILLES. Variété du Chou-sauvage, que les bestiaux mangent avec plaisir. Elle croît dans les sols calcaires de l'Europe et surtout de l'Orient.

Le nom de Chou s'applique vulgairement à des plantes étrangères au genre *Brassica*. En voici quelques unes.

Chou-batard. Un des noms de l'Arabette tourette, *Arabis turrita*.

Chou-caraïbe. Dans diverses régions de l'Amérique méridionale, principalement aux Antilles, on appelle ainsi le Gouet, *Arum esculentum*; c'est encore le nom d'une autre espèce de Gouet, *Arum sagitttatum*, à feuilles et à pétioles violets, que l'on cultive pour sa racine alimentaire. *Voy.* aussi au mot Brède, tom. 1. pag. 519.

Chou-de-chien. Ancien nom de la Mercuriale des bois, *Mercurialis perennis*, que l'on retrouve encore usité dans quelques localités.

Chou-de-mer. Espèce de liseron que l'on rencontre au bord de la mer, le *Convolvulus soldanella* des botanistes.

Chou des prés. Comme on mange au printemps les petites feuilles du *Cnicus oleraceus*, qui sont alors fort tendres, on lui donne parfois ce nom vulgaire.

Chou-gras. La patience sauvage, *Rumex acutus.*

Chou-marin. Nom du Crambe maritime.

Chou-palmiste. Le gros bourgeon qui termine la tige des Palmiers, et particulièrement de l'Arec, *Areca oleracea*, et que l'on mange de la même manière que le Chou proprement dit, tant dans l'Inde qu'en Amérique.

Chou-poivré. Quelquefois on donne ce nom au Gouet commun, *Arum maculatum.* (T. D. B.)

CHOUCALCYON. (ois.) Est un petit groupe du genre *Alcedo*, Martin-pêcheur, auquel nous renvoyons; il a été proposé par M. Lesson.

CHOUCAS. (ois.) Espèce du genre Choquard. *Voy.* ce mot. (Gerv.)

CHOUETTES. (ois.) C'est un des noms par lesquels le vulgaire désigne les oiseaux de proie nocturnes, animaux que Linné comprenait tous dans son genre *Strix*. Les ornithologistes font aujourd'hui des Chouettes la seconde famille de l'ordre des Accipitres (*voy.* ce mot), et ils les appellent du nom commun de *Strixidés* ou *Strigidés*, qui est une légère modification de celui que Linné leur avait donné.

Les Strigidés, ou Accipitres nocturnes, ont la tête grosse, et les yeux très-grands à pupilles énormes, dirigés en avant et plus ou moins complétement entourés par un cercle de plumes effilées, dont les antérieures recouvrent la cire et les postérieures l'ouverture des oreilles. Leur crâne est épais, mais d'une substance légère, et renferme entre ses lames de grandes cavités, lesquelles communiquent avec l'oreille et renforcent probablement l'organe de l'ouïe. L'orifice externe de cet organe est très-dilaté; on y remarque même chez quelques espèces des rudimens de conque, ce qui n'existe dans aucune autre famille d'oiseaux. L'appareil du vol n'a pas une grande force; les ailes sont généralement courtes et peu pointues; leur première rémige est toujours la plus courte, et la troisième dépasse toutes les autres. Les tarses sont plus ou moins longs, et souvent couverts ainsi que les doigts de plumes ou de duvet; le doigt externe est réversible, c'est-à-dire susceptible de se porter devant ou derrière.

Les oiseaux de cette famille ont entre eux beaucoup de ressemblance; c'est généralement la même forme et aussi le même système de coloration: le plumage, toujours doux et soyeux, est ordinairement gris, quelquefois un peu roussâtre, d'autres fois blanchâtre ou tout-à-fait blanc, toujours il est varié de taches brunes, linéaires ou arrondies; c'est une distribution de couleurs qui rappelle celle des Engoulevents, autres oiseaux nocturnes, mais d'un ordre différent.

La plupart des Strix chassent le soir au crépuscule et le matin avant le lever du soleil; pendant le temps de la pleine lune, ils peuvent le faire presque toute la nuit; tant que dure le jour ils se cachent dans quelque lieu obscur, parce que la lumière leur blesse la vue. Cependant il en est quelques uns qui peuvent en plein midi voler et même poursuivre leur proie; ce sont ceux qui se rapprochent le plus des Accipitres diurnes. Tous volent légèrement, et sans se faire entendre, ce qui tient à la mollesse de leur plumage. Ils se nourrissent de matières animales, mais attaquent, suivant leurs forces, des espèces plus ou moins volumineuses; les plus grands poursuivent quelques rongeurs de taille moyenne, des lapins, des rats, des mulots, etc.; d'autres, moins vigoureux, s'en prennent à des mammifères plus petits, des souris, des musaraignes ou bien à des oiseaux qu'ils vont prendre lorsqu'ils sont endormis, et il en est parmi les plus petits qui sont presque réduits à se nourrir exclusivement d'insectes; il en est qui recherchent aussi les reptiles et les petits oiseaux.

Quoique les Strix soient de véritables carnassiers, ils ont cependant un estomac en gésier assez musculeux et précédé d'un jabot. Après qu'ils ont mangé, les os, les plumes et toutes les parties non chylifiques de leurs alimens, sont roulés en petites pelotes et rejetés en remontant l'œsophage.

On trouve des oiseaux de nuit sur tous les points de la terre. En général, ces animaux se tiennent dans les lieux inhabités et dans les vastes forêts; ils se cachent pendant le jour, et si par hasard on les dérange dans leurs retraites, ils prennent, à cause de la gêne que leur occasione la grande lumière, des positions toutes plus bizarres les unes que les autres; ils se débattent gauchement sans chercher à fuir, et restent à la merci du plus faible ennemi. C'est ce que savent parfaitement les petits oiseaux, qui vont les chercher dans leur solitude, les tourmentent et les vexent de mille manières, sans que les malheureux puissent se défendre. Les chasseurs, comme ont sait, ont tourné à leur profit l'audace de ces petits ennemis et la maladresse des Chouettes; ils prennent un de ces oiseaux, le portent dans un jardin, un bois ou un taillis, et aussitôt arrivent de toutes parts, aux cris de l'oiseau nocturne, force becs-fins, mésanges, moineaux, etc., qui se prennent aux piéges qu'on leur a tendus.

Presque tous les naturalistes n'ont fait, avec

Linné, qu'un seul genre dans la famille qui nous occupe, et ils se sont servis, pour établir leurs sous-genres de la considération des *Aigrettes*, qui sont des plumes érigibles à la volonté de l'animal, et que l'on trouve placées sur la tête d'un grand nombre d'espèces. Mais, comme le fait remarquer M. Isid. Geoffroy dans un Mémoire qu'il a publié sur le sujet (Ann. sc. nat., t. XXI), ces parties ne sont pas susceptibles de fournir des caractères aussi importans qu'on l'a pensé, et il arrive souvent que, parmi des espèces évidemment voisines, quelques unes sont privées d'aigrettes, tandis que d'autres n'en ont que de petites ou en manquent tout-à-fait; bien plus, il est une espèce, la Chouette commune ou Moyen Duc, *Strix brachiotus*, dans laquelle le mâle seul a des aigrettes, la femelle en étant privée. Rigoureusement parlant, chacun de ces oiseaux devrait entrer dans deux groupes dif-férens, le mâle faisant partie du genre des Hibous et la femelle de celui des Chouettes. Les ornithologistes, comme on le pense bien, ont repoussé, cette absurde combinaison; mais, dit l'auteur cité, comme s'ils eussent voulu lui emprunter quelque chose, ils ont placé cette Chouette parmi les Ducs, et donné son nom au genre voisin, de sorte qu'ils ont fait un genre Chouette, dont la Chouette ne fait pas partie.

M. Isid. Geoffroy, en combinant entre eux les divers caractères pris de la disposition du disque qui entoure les yeux, de celle des ailes, de la forme du bec et de la queue, a pu, en donnant à chacun des caractères que lui ont fournis ces diverses parties sa valeur réelle, arriver à une distribution plus naturelle des Strigidés. Voici les résultats auxquels il est parvenu :

Les Accipitres nocturnes doivent être répartis dans deux groupes différens.

Le *premier de ces groupes* comprend les espèces qui ont le disque entourant les yeux nul ou à peine marqué, et qui se rapprochent plus que les autres des oiseaux de proie diurnes, tant par leurs caractères zoologiques que par leurs habitudes. On y range les genres .

Chevèche (Chevèches ordinaires et Chouettes-épervières), Duc (Ducs proprement dits, Scops et Ketupa), Phodile.

Le *second groupe* est réservé aux Strigidés qui ont le disque complet ou presque complet, mais toujours bien marqué et composé de deux cercles, l'un interne à plumes effilées et à barbules très-écartées, l'autre externe circonscrivant le premier et qui a ses plumes rudes et aplaties en forme d'écailles; l'ouverture auriculaire est plus considérable que chez les précédens. Genres : Chathuant, Chouette (Chouettes et Hibous), Effrayes.

† *Accipitres nocturnes à disques incomplets.*

Genre Chevèche, *noctua*, Savigny. Il existe à peine, chez ces oiseaux, quelques traces de disque dans la disposition rayonnée des plumes du voisinage des yeux, et il n'y a point d'aigrette sur la tête. Tout le dessus de cette région est couvert de plumes dirigées en arrière et de même nature que celles du reste du corps; l'ouverture des

oreilles est ovale et à peine plus grande que dans les oiseaux de proie diurnes. A ces caractères il faut ajouter que le bec est courbé dès sa base.

L'espèce la plus remarquable du genre est le Harfang, *Str. nyctea*, Gm., enl. 458. Corps blanchâtre avec des taches brunes éparses, bec noir : cet oiseau est long de deux pieds; on le trouve dans le nord des deux continens; pendant l'été il s'avance en Amérique jusqu'à la Louisiane et en Europe jusqu'en France, où on l'a pris quelquefois. Il se nourrit de lièvres, de rats, de souris et de lapins, qu'il peut chasser même pendant le jour; sa ponte est de deux œufs blancs marqués de taches noires.

Chevèche méridionale, *Noctua meridionalis*, Risso, a les plumes de la tête et les couvertures des ailes brunes, bordées de roussâtre; dos brun foncé, collerette roussâtre mêlée de gris; dessous du corps roux; queue longue, arrondie, à pennes intermédiaires obscures, les externes fauves. Cette espèce habite les rochers maritimes de Nice, où on la nomme *Scriveo-de-mar*.

Huhul, *Noct. huhul*, est une autre espèce décrite par Levaillant; son plumage est noir rayé de blanc; on la trouve au cap de Bonne-Espérance. L'habitude qu'elle a de chasser le jour l'a fait appeler *Chouette de jour*.

Chouette lapone, *Str. laponica*, n'a été trouvée qu'en Laponie. C'est la grande Chouette grise de M. Cuvier (Règ. anim.) Le mâle a de longueur totale deux pieds, la femelle deux pieds et quelques pouces.

Chouette de l'Oural, *Str. uralensis*, a pour patrie le nord de l'Europe et de l'Asie; ses habitudes sont les mêmes que celles du Harfang; longueur totale, deux pieds environ. Cuvier pense que c'est l'*Hybris* ou le *Ptynx*, d'Aristote, L. IX, c. 12.

Chevèche a pieds emplumés, *Str. tengmalmi*, Gm. Elle a le dos brun semé de gouttes blanches, le dessous plus pâle avec des taches blanches plus larges, et quatre lignes blanches en travers à la queue. Sa patrie est le nord de l'Europe, principalement la Suède, la Norwége et la Russie; cependant elle se montre quelquefois dans les parties tempérées, mais alors elle choisit plus particulièrement les montagnes; elle n'est pas très-rare dans les Vosges, le Jura et même le nord de l'Italie. Sa nourriture consiste en souris, phalènes, scarabées, etc., quelquefois aussi en petits oiseaux.

Chevèche, *Strix passerina* des auteurs, est une des espèces les plus communes; on la trouve dans presque toute l'Europe, dans les ruines et les châteaux inhabités; elle est à peu près de la taille de la précédente; sa longueur est de neuf pouces. Elle recherche pour se nourrir les chauve-souris, les petits oiseaux et aussi les grillons et les autres insectes.

Chevèchette, *Str. acadica*. Longueur totale, six pouces seulement. On trouve cette Chevèche dans les régions septentrionales; elle se tient dans les grandes forêts et sur les hautes montagnes.

Suivant M. Isid. Geoffroy, on doit placer dans le
même

même genre que les Chevêches, et comme en formant une simple section, les Surnies ou Chouettes épervières de Duméril, qui se font remarquer par leur queue longue et étagée, et leurs doigts emplumés. Tels sont : le *Str. funerea*, espèce du nord qu'on ne trouve que rarement en France, le Choucou de Levaillant, Ois. d'Afr., *Str. choucou*, et la Chouette hirsute , *Str. hirsuta*, Temm., laquelle habite Ceylan.

Genre Duc , *Bubo*, Cuv. Les plumes de la tête sont comme dans les Chevêches ; le disque est par conséquent très-incomplet ; mais il existe deux bouquets de plumes ou aigrettes, susceptibles de se redresser ; les ouvertures auriculaires sont grandes, sans l'être à beaucoup près autant que dans les genres de la seconde section ; le bec est courbé dès sa base.

M. Isidore considère les Ducs proprement dits , les Scops et les Ketupas, comme de simples sous-genres de ses *Bubo*. *Voy.* ces mots.

Genre Phodile , *Phodilus*, I. Geoffroy. Se distingue par son bec droit dans une grande partie de sa longueur, ses tarses couverts d'une espèce de duvet, et ses ailes longues dépassant la queue. La première rémige est presque aussi longue que la seconde, laquelle est la plus grande de toutes.

Ce nouveau genre ne comprend qu'une espèce anciennement connue; la Couette kalong , *Str. badia*, Horsfield, laquelle habite les forêts les plus touffues de la presqu'île malaise et l'île de Java.

†† *Accipitres nocturnes à disques complets.*

Genre Chat-Huant, *Syrnium*, Sav. Ce genre, qui fait le passage du premier groupe au second , a les disques entourant les yeux non encore complets, mais très-distincts, et les oreilles ouvertes plus largement que dans les précédens. Le bec est courbé dès sa base, la tête n'offre point d'aigrettes.

Nous ne possédons en Europe que la Hulotte, appelée aussi Chouette, et dont les auteurs ont le plus souvent fait deux espèces, décrivant le mâle sous le nom de *Str. aluco*, Gm., Hulotte de Buffon, pl. enl. 441, et la femelle sous celui de *Str. st idula*, Gm., Chat-Huant, Buffon, enl. 437. Cet oiseau est un peu plus grand que le hibou commun , *Str. otus*; il est couvert partout de taches longitudinales brunes, déchirées sur les côtés en dentelures transverses; il a des taches blanches aux scapulaires et vers le bord antérieur de l'aile. Le fond du plumage est grisâtre dans le mâle, et roussâtre dans la femelle, ce qui les avait fait méconnaître.

La Hulotte, ou Chat-Huant, appelée aussi Chouette des bois, etc. , niche dans les forêts grandes et touffues; elle dépose ses œufs dans les nids abandonnés des buses, des corbeaux ou des pies; sa ponte est de quatre œufs. Elle se nourrit de taupes, de rats, de souris, d'oiseaux, de grenouilles et souvent aussi d'insectes.

Genre Chouette, *Ulula*. M. Isid. Geoffroy réunit dans ce genre les Chouettes et les Hibous de Cuvier.

Hibous, *Otus*, Cuv. Ont sur le front deux aigrettes de plumes qu'ils redressent à volonté; la conque de leur oreille est très-développée et mu-

nie en avant d'un opercule membraneux; les pieds sont garnis de plumes jusqu'aux ongles. Voyez pour les espèces l'article Hibou.

Chouettes, *Ulula*, Cuv. Ne diffèrent des précédens que par l'absence d'aigrettes.

Grande Chouette à tête grise, *Str. laponica*, Gm., représentée dans notre Atlas, pl. 107, fig. 2. Presque de la taille de notre grand Duc; elle est en dessus d'un gris mélangé de brun, le dessous est blanchâtre avec des taches longitudinales brunes. Elle habite les montagnes du nord de la Suède.

Chouette du Canada , *Str. nebulosa*. Se trouve aussi en Europe, dans la Suède et la Norwége; elle niche sur les arbres, pond deux ou quatre œufs arrondis, et se nourrit de lièvres, de rats, d'oiseaux, etc. , principalement de tétras. Cette espèce a vingt pouces de longueur.   (Gerv.)

CHROMATES. (chim.) Sels employés en peinture , résultant de la combinaison de l'acide chromique avec une base colorée en jaune ou en rouge, précipitant (ceux qui sont solubles) en jaune serin la dissolution de plomb ; en orangé les proto-sels de mercure, en pourpre les sels d'argent; décomposables par l'acide hydrochlorique et la chaleur, etc.   (F. F.)

CHROME. (chim.) Le Chrôme, découvert en 1797, par Vauquelin, dans un minéral de Sibérie, appelé *plomb rouge*, et que depuis il a reconnu être du chromate de plomb , a été trouvé également dans plusieurs autres minéraux en Europe et en Amérique.

Le Chrôme s'obtient en réduisant ces oxides par le charbon et la chaleur. Il est d'un blanc gris, doué de quelque éclat, cassant, attirable à l'aimant, inaltérable à l'air, peu soluble dans les acides, susceptible de se combiner en diverses proportions avec l'oxigène , le soufre, le phosphore, etc.

Les usages du Chrôme en médecine sont encore nuls; il n'en est pas de même de son oxide , dans les manufactures, où il est employé comme couleur verte, pour peindre sur émail et sur porcelaine.   (F. F.)

CHROMIS, *Chromis*. (poiss.) Ce nom a été donné par Cuvier à un petit poisson que l'auteur a pris pour type d'un genre qu'il range parmi les Labroïdes.

Les Chromis, pour la taille et la forme du corps, ressemblent à quelques égards aux Labres, dont ils ont aussi les lèvres et les intermaxillaires protractiles ; mais ils s'en distinguent, à la première vue , par leurs dents en cardes aux mâchoires et au pharynx; il y a en avant une rangée de dents coniques. Leurs nageoires verticales sont filamenteuses, souvent même celles du ventre sont prolongées en longs filets, et leur ligne latérale est interrompue. Deux poissons de ce genre méritent d'être cités. L'une de ces deux espèces est petite, d'un brun châtain; on la pêche par milliers dans la Méditerranée; c'est le petit Castagneau, *Sparus chromis*, Linn., Rondel., 152 ; le Coracin vulgaire ou noir des anciens. Le Nil en produit une autre qui atteint deux pieds de long, et passe pour le meilleur poisson d'Egypte: c'est le Boltio,

Labrus niloticus, Hasselq., 346, Sonnini, pl 27, fig. 1 ; Coracin blanc ou d'Egypte des anciens. (Alph. G.)

CHRYSALIDE, *Pupa.* (ins.) L'état intermédiaire par lequel passent tous les insectes a pris le nom de *nymphe*, mais celles des papillons, dans certains genres de diurnes, qui demeurent exposées à l'air libre, offrent souvent des taches dorées ou argentées. Les premiers observateurs leur ont donné le nom de Chrysalide, comme rappelant la richesse de leur enveloppe ; c'est ce qu'indique la racine grecque de ce mot, qui est aussi celle du nom du roi Crésus. (*V.* Nymphe.) On voit dans notre Atlas, pl 107, fig. 3, plusieurs Chrysalides de papillons diurnes et nocturnes. On en trouvera l'explication au mot auquel nous renvoyons. (A. P.)

CHRYSANTHÈME, *Chrysanthemum.* (bot. phan.) Un grand nombre de plantes herbacées, annuelles ou vivaces, constituent ce genre de Corymbifères, de la Syngénésie polygamie superflue. Cinq ou six espèces croissent naturellement en France. La couleur des fleurs est généralement d'un jaune doré, comme l'exprime le nom qui leur a été imposé ; cependant elle varie du blanc au rouge et même au violet et au pourpre. La culture nous a révélé que les espèces nées dans les serres, une fois exposées à l'air libre, prennent, surtout vers la fin de l'automne, une nuance toute différente de celle offerte d'abord. Dans les unes, la couleur se montre plus vive ; dans les autres, elle perd de son éclat, et lorsque l'atmosphère devient de plus en plus froide, les teintes changent considérablement ; mais alors elles ne sont que fugaces. Aucune ne ressemble aux plants de la Chine.

L'espèce la plus commune, que l'on trouve dans toutes les prairies, d'où elle a reçu le nom de Chrysanthème des prés, *C. leucanthemum*, est vulgairement appelée *Grande Marguerite*, réputée vulnéraire, mais elle est beaucoup moins employée aujourd'hui qu'autrefois. Celle que l'on rencontre le plus après elle, la Chrysanthème des moissons, *C. segetum*, représentée dans notre Atlas, pl. 107, fig. 4, fournit une belle teinture jaune. L'une et l'autre jouirent long-temps de l'honneur de parer le sein des jeunes filles, et de figurer, sous le nom de *Chrysanthemum coronarium*, parmi les plantes d'ornement ; mais depuis 1789, que Blanchard, de Marseille, a introduit dans nos jardins la Chrysanthème des Indes, *C. indicum*, ou la Reine-Marguerite, elles ont beaucoup perdu parmi les amateurs, elles ont vu le talent des duplicateurs les abandonner et les rejeter dans les lieux qu'elles embellissent encore. Cette belle espèce, dont les Chinois, qui la nomment *Kikka*, ont les premiers obtenu, par la culture, des variétés à fleurs de toutes les nuances, depuis la plus délicate jusqu'à la plus vive, jusqu'à la plus éclatante, est une plante sous-ligneuse, vivace et de pleine terre, qui résiste aux froids les plus rigoureux et qui se montre dans toute la pompe nuptiale, d'octobre à décembre, à l'époque où presque toutes les fleurs sont rares, décolorées ou entièrement passées. Ses tiges nombreuses, hautes d'un mètre et

demi, rougeâtres, pubescentes, garnies de feuilles découpées, vertes en dessus, blanches en dessous, et, quoique velues, douces au toucher, portent de grandes fleurs d'un pourpre foncé, réunies à l'extrémité des ramifications, où elles simulent une sorte de panicule. Les fleurons sont d'autant plus courts et variés de nuances qu'ils approchent davantage du centre ; ils forment un tube cylindrique dans presque toute leur longueur, et ce tube est coupé obliquement à son sommet.

Un phénomène remarquable présenté par la Chrysanthème des Indes, l'a fait placer alternativement parmi les Matricaires, *Matricaria*, parmi les Camomilles, *Anthemis*, et parmi les vraies Chrysanthèmes auxquelles elle appartient essentiellement. Les individus sauvages ou à fleurs simples ont le réceptacle nu, privé de paillettes, caractère du genre Chrysanthème ; tandis que beaucoup de variétés ont le réceptacle chargé de paillettes, comme les Camomilles, ou d'écailles aiguës, comme les Matricaires. C'est ce qui l'a fait nommer tantôt *Anthemis grandiflora* par Desfontaines, tantôt *Matricaria sinensis* par Miller et Lamarck.

Depuis environ un siècle et demi, l'Europe a reçu des îles Canaries la Chrysanthème frutescente, *C. frutescens*, que l'on a multipliée dans tous les jardins, parce que ses fleurs blanches, à circonférence jaune, ont, d'une part, un aspect fort agréable, et de l'autre, parce qu'elles se succèdent les unes aux autres durant une grande partie de l'année. Ses feuilles, d'un vert gai, laissent sur la langue, après qu'on les a mâchées, une saveur âcre, piquante, mais de peu de durée. On a fait aussi de cette plante une Matricaire ; Willdenow l'appelle *Pyrethrum frutescens*.

Quoique généralement indigènes aux pays chauds, les Chrysanthèmes viennent très-bien dans nos climats, et y bravent la durée de nos hivers. Elles se multiplient facilement de semences et par éclats qu'on enlève en automne ou en mars. (T. D. B.)

CHRYSIDES, *Chrysides.* (ins.) Tribu d'Hyménoptères, de la famille des Pupivores, ayant pour caractères : ailes inférieures non veinées, abdomen des femelles ne paraissant composé que de trois ou quatre anneaux, les autres servant à former la tarière, qui se compose de tubes rentrant les uns dans les autres, et est terminée par un petit aiguillon ; le dessous de l'abdomen, à l'exception du genre Clepte, est plat et voûté.

Les insectes contenus dans cette tribu sont de petite taille et d'égale largeur partout ; la tête est inclinée, les antennes, de treize articles, sont coudées, en forme de fil ; ces insectes les tiennent habituellement courbées et dans une agitation continuelle ; la bouche varie selon les genres ; le thorax est cylindrique, et ses différentes divisions sont marquées par des impressions transversales ; l'abdomen est ovalaire ; ces insectes brillent dans leurs tégumens de tout l'éclat de l'or et des pierreries, aussi leur nom est-il significatif ; ils ont aussi été quelquefois nommés par les auteurs anciens *Guêpes dorées ;* mais si leur physique offre la réunion de tout ce qui est beau, il n'en est pas de même de leur moral, qui est très-pervers; en effet, ces jolis petits insectes n'ont pas jusqu'à présent trouvé de meilleur moyen pour pourvoir au soin de leur postérité que de pondre leurs œufs dans le nid de quelque autre Hyménoptère; cet accident est si commun parmi nous qu'il ne mériterait pas d'être cité s'il ne s'agissait que de partager la provision de l'enfant de la maison; mais il ne s'agit de rien moins, le croirait-on, que de le dévorer lui-même. Après cela, fiez-vous donc aux jolies figures!

Quoique ces insectes fréquentent quelquefois les fleurs, ce n'est pas là qu'il faut les chercher; c'est au long des vieux murs, des terrains abruptes exposés aux rayons du soleil, dans les allées sablonneuses, qu'on peut les voir dans un mouvement continuel, entrant dans tous les trous et les fentes qui s'offrent à eux, cherchant un gîte pour leur postérité. Trouvent-ils un nid vide, ils y pénètrent à l'instant, mais souvent la mère s'y trouve et poursuit l'intrus, qui, s'il n'est pas le plus fort, se met en boule à la façon des Armadilles, et, à la faveur de sa cuirasse, brave la juste colère de son ennemi. *Voyez* Chrysis, Clepte, etc. (A. P.)

CHRYSIS, *Chrysis*. (ins.) Genre d'Hyménoptères de la famille des Pupivores, tribu des Chrysides, établi par Fabricius et ayant pour caractères : lèvres et mâchoires ne formant pas de fausse trompe; palpes maxillaires de cinq articles, labiaux de trois; abdomen voûté en dessous de trois segmens. Ce genre a été subdivisé; mais, comme les genres qui en ont été démembrés diffèrent peu entre eux, nous allons tous les mentionner ici.

A. Les quatre palpes égaux, la languette profondément échancrée; second segment abdominal beaucoup plus grand que les autres, un bourrelet transversal à la base du dernier.

1. Bouche avancée en forme de pointe. Le genre Stilbe de M. Spinola.

2. Bouche pas avancée en forme de museau; mandibules unidentées intérieurement, écusson non terminé en pointe. Le genre Euchrée de Latreille.

B. Palpes maxillaires beaucoup plus longs que les labiaux.

1. Languette échancrée. Le genre Hédychre de Latreille.

2. Languette arrondie et entière.

a. Mandibules bidentées intérieurement, abdomen uni et arrondi au bout. Le genre Elampus de M. Spinola.

b. Mandibules unidentées intérieurement, abdomen un peu allongé, offrant souvent de gros points enfoncés à son extrémité. Le genre Chrysis proprement dit, tel que le restreint M. Spinola.

Nous renvoyons, pour les mœurs de ces insectes, à la tribu dont ils font partie; nous nous contenterons de citer une espèce de chacune de ces coupes.

C. splendide, *C. splendida*, Fab. (g. Stilbe.) Long de six à sept lignes au plus, et le plus grand du genre; écusson avancé en forme d'épine et creusé en dessus en gouttière; l'abdomen est terminé par quatre dents, dont les deux intermédiaires plus rapprochées; entièrement d'un beau vert bleuâtre, presque violacé à l'extrémité de l'abdomen. Des Indes orientales.

C. pourpré, *C. purpurata*, Fab. (g. Euchrée.) Long de 4 lignes, vert doré, trois bandes longitudinales sur le corselet, une bande à la base du second segment de l'abdomen et toute l'extrémité de cette partie violet pourpre. Il se trouve en Europe, mais n'y est pas commun.

C. brillant, *C. lucidula*, Fab. (g. Hédychre.) Long de trois lignes, vert bleu, toute la première partie du thorax jusqu'aux premières ailes doré terne, abdomen doré brillant. Commun dans notre pays.

C. épine, *C. spina*. (g. Elampus.) Très-petit insecte bleu avec l'abdomen vert luisant. Rare aux environs de Paris.

C. enflammé, *C. ignita*, Fab. (g. Chrysis proprement dit.) Long de 3 à 4 lignes, bleu mêlé de vert, surtout en dessous; abdomen doré, terminé par quatre dents distinctes. Cette espèce est la plus commune de notre pays. Elle est représentée dans notre Atlas, pl. 107, fig. 5. (A. P.)

CHRYSOBALANE, *Chrysobalanus*. (bot. phan.) Genre connu vulgairement sous le nom de *Icaquier*, appartenant à la section des Drupacées, dans la famille des Rosacées, et à l'Icosandrie monogynie. A ce genre se rapportent deux ou trois espèces américaines, qui sont des arbrisseaux à feuilles alternes, entières, dépourvues de stipules; à fleurs assez petites, hermaphrodites, en grappes courtes et pédonculées, naissant à l'aisselle des feuilles supérieures. Le calice est tuberculeux, campanulé, persistant, à 5 divisions égales; la corolle se compose de cinq pétales insérés à la partie supérieure du calice, ainsi que les étamines, qui sont au nombre de quinze à vingt. L'ovaire est globuleux, sessile au fond du calice : de sa base part latéralement un style allongé, terminé par un stigmate évasé et simple. Le fruit est un drupe ovoïde, environné à sa base par le calice persistant, et contenant un noyau uniloculaire à deux graines.

C'est aux Antilles, à Cayenne et en Afrique, qu'on trouve l'espèce la plus intéressante de ce genre, le Chrysobalane icaquier, *Chrysobalanus icaco*, L., arbre de 10 à 12 pieds de hauteur, à feuilles alternes, presque sessiles, obovales, arrondies, entières, glabres, luisantes, un peu coriaces; à fleurs en petites grappes, sortant de l'aisselle des feuilles supérieures et terminant les ramifications de la tige. Les pédoncules sont courts, articulés, di ou trichotômes. Ces pédoncules, ainsi que le calice, sont recouverts d'un duvet court, soyeux et très-abondant. Les fruits sont ovoïdes; de la grosseur d'une prune moyenne; d'une couleur variable, le plus souvent jaune ou rougeâtre; d'une saveur douce, et agréable pour les habitans des contrées d'où elle est originaire, qui leur donnent le nom de Icaques ou prunes-coton.

Une deuxième espèce, le Chrysobalane a lon- gues feuilles, *C. oblongifolius*, Mich., croît dans les lieux sablonneux et boisés de la Georgie et de la Caroline. Son fruit a la forme de l'olive. (C. É.)

CHRYSOBÉRIL. (min.) Voyez *Cymophane.*

CHRYSOCHLORE, *Chrysochloris.* (mam.) On doit la distinction de ce genre au naturaliste La- cépède, qui l'a proposé pour des animaux assez sem- blables aux taupes, et qui ont le museau court, large et relevé, les conques auriculaires nulles, et les pieds de devant courts, robustes, propres à fouiller la terre et munis de trois ongles seulement; les pieds postérieurs sont faibles et à doigts ordi- naires, tous garnis d'ongles.

Form. dent : incisives $\frac{2}{4}$, canines $\frac{0}{0}$, molaires $\frac{99}{88}$, 40. On ne connaît dans ce groupe que deux ou trois espèces, lesquelles sont aveugles, fouissent à la manière des taupes, et se nourrissent de vers. Ce sont les seuls mammifères qui présentent des couleurs métalliques; leurs poils sont disposés de manière à réfléchir les rayons lumineux en les dé- composant, ce qui leur donne des reflets chatoyans assez semblables à ceux des Aphrodytes.

Chrysochlore rouge, *Chry. rufa*, Desm.; est un peu plus grande que la taupe d'Europe; son pelage est d'un roux cendré assez clair; pieds pos- térieurs à cinq doigts. Cette espèce habite, dit- on, la Guiane; elle est fort douteuse, et pourrait bien n'être, ainsi que le fait remarquer G. Cuvier, qu'un individu altéré de l'espèce suivante. On l'a établie d'après une figure de Séba.

Chrysochlore du Cap, *Chry. capensis*, Desm. Le poil est brun, laissant voir sous certains aspects des reflets vert métallique et cuivreux très-bril- lans; pieds de derrière à cinq doigts; point de queue; longueur totale, 4 pouces 6 lignes. Cet ani- mal, représenté dans notre Atlas, pl. 108, fig. 1, ha- bite les environs du cap de Bonne-Espérance; il fait des terriers semblables à ceux de nos taupes, et occasione beaucoup de dégâts dans les jardins et les plantations.

M. Smith a décrit une autre Chrysochlore, la- quelle diffère un peu de la précédente pour les couleurs, mais présente d'ailleurs la même orga- nisation et les mêmes mœurs. Elle se trouve éga- lement au Cap.   (GERV.)

CHRYSOCOLE. (min.) Substance verte ou d'un vert bleuâtre, fragile, d'un éclat résineux, et qui n'est qu'un silicate de Cuivre (*voyez* ce mot).   (J. H.)

CHRYSOCOME, *Chrysocoma.* (bot. phan.) Sur les montagnes arides des contrées méridio- nales de la France et de l'Europe, croît une petite plante herbacée ou suffrutescente, dont les tiges, hautes de seize à trente-deux centimètres, sont effilées, ramifiées en leur sommet, garnies, toute l'année, de feuilles vertes linéaires, éparses, très- nombreuses, pointues et glabres, et d'abondantes capitules florales d'un jaune d'or éclatant, ra- massées en corymbe terminal, et couronnées par une aigrette de poils courts, soyeux : c'est de là que les anciens l'appelèrent Chevelure dorée, *Chry- socoma*; ce nom a été donné par les botanistes

modernes à un genre de plantes de la Syngénésie égale, et de la belle tribu des Corymbifères. On lui connaît une vingtaine d'espèces, dont la plu- part habitent les Canaries et surtout le cap de Bonne-Espérance; quelques unes se trouvent dans la Nouvelle-Hollande; on en rencontre peu en Europe, et encore moins en Amérique. L'élégante espèce qui croît dans notre patrie est le Chryso- come linière, *C. linosyris*. Le botaniste parisien la ramasse à Marcoussis, à Mantes, à Vernon, à Fontainebleau, etc. De sa racine noirâtre et vi- vace, s'élèvent des touffes assez larges de tiges grêles, d'un aspect extrêmement agréable. On la multiplie de graines semées au printemps sur cou- che chaude, ou par l'éclat des pieds en automne; il lui faut une terre légère et une bonne exposition.

Les espèces du Cap, le *C. cernua* et le *C. ci- liata*, donnent une écorce d'une amertume in- tense; celle des Canaries, le *C. sericea*, s'em- ploie comme un excellent dentifrice. La plus haute de tout le genre est le Chrysocome gigantesque, *C. prœalta*, qui monte à trois et quatre mètres, est originaire de l'Amérique du nord, et porte des fleurs d'un pourpre violâtre.   (T. D. B.)

CHRYSOLITHE. (min.) Ce nom a été donné à plu- sieurs substances minérales, principalement à la Cymophane et au Péridot. (*Voyez* ces mots.)
                                      (J. H.)

CHRYSOLOPE, *Chrysolopus.* (ins.) Genre de Coléoptères de la famille des Rhyncophores, qui se peut rapporter au genre Charançon proprement dit (*voy.* ce mot). L'espèce la plus connue est le C. remarquable, *C. spectabilis*, de la Nouvelle- Hollande, noir avec les élytres quadrillées; quel- ques uns des quadrilles, la suture et trois raies sur le corselet, vert pâle. Il est représenté dans notre Atlas, pl. 108 fig. 2.   (A. P.)

CHRYSOMÈLE, *Chrysomela.* (ins.) Genre de Coléoptères de la section des Tétramères, famille des Cycliques, tribu des Chrysomélines, ayant pour caractères rigoureux : des ailes, palpes maxil- laires ayant leur dernier article aussi grand ou plus grand que les précédens, en forme de cône ren- versé. Les Chrysomèles sont des insectes de taille moyenne, ayant le corps ovoïde, la tête saillante, le corselet transversal, les antennes grenues de la moitié de la longueur du corps; les pieds sont courts et nullement propres au saut; ce genre, très- nombreux en espèces, est propre à tous les conti- nens; l'Europe en possède une grande quantité; toutes sont de taille plutôt petite que moyenne; leurs larves vivent à découvert sur les végétaux, et souvent en société; on y trouve aussi l'insecte parfait; leurs mœurs n'offrent rien de remar- quable.

C. du peuplier, *C. populi*, Fab. Représentée dans notre Atlas, pl. 108 fig. 3. Longue de 4 à 5 li- gnes, entièrement d'un vert bleu avec les élytres fauve pâle. Cette espèce est une des plus com- munes de notre pays.

C. a limbe, *C. limbata*, Fab. Longue de 2 à 3 lignes; noire, avec une large bande rougeâtre au- tour de la base et de la côte externe des élytres.

Cette espèce se trouve plus communément au midi de Paris.

C. REMARQUABLE, *C. speciosa*. Longue de quatre lignes ; d'un beau vert doré, avec deux bandes d'un rouge doré de feu à la côte externe et à la suture. J'ai souvent trouvé cette espèce dans les montagnes du Piémont. (A. P.)

CHRYSOMÉLINE, *chrysomelinæ*. (INS.) Tribu de Coléoptères, de la section des Tétramères, famille des Cycliques, dont le caractère consiste à avoir les antennes insérées au devant des yeux, écartées. Cette tribu formait autrefois le seul genre Chrysomèle pour Linné. Fabricius le sépara en deux, et depuis il a été beaucoup plus subdivisé ; mais, telle qu'elle est, cette tribu me paraît encore loin d'être naturelle, par la différente manière de vivre que l'on remarque dans les larves des espèces qui la composent. *V.* CHRYSOMÈLE, CRYPTOCPHALE, etc. (A. P.)

CHRYSOPHORE, *Chrysophora*. (INS.) Genre de Coléoptères, de la section des Pentamères, famille des Lamellicornes, ayant pour caractères : sternum s'avançant en pointe conique entre la seconde paire de pattes ; bord antérieur du labre toujours apparent ; mandibules dentées au bord interne ; pieds postérieurs très-grands dans le mâle, gros ; tibias arqués, terminés par une pointe très-forte ; les crochets des tarses sont inégaux. Ces insectes ressemblent à de gros hannetons qui auraient les feuillets des antennes courts. M. Latreille a fait figurer, dans les Observations de zoologie de Humboldt, l'espèce sur laquelle il a établi ce genre, t. 1, pl. XV, sous le nom de *Melolontha chrysochlora*. Le mâle est long de 18 lignes et la femelle de 15. Tous deux sont du plus beau vert doré brillant, avec les élytres fortement ponctuées ; l'extrémité des tibias et les tarses sont noirs. Il vient de l'intérieur de l'Amérique. Nous l'avons représenté dans notre Atlas, pl. 108, fig. 4. (A. P.)

CHRYSOPHYLLE, *Chrysophyllum*. (BOT. PHAN.) Arbres des régions chaudes américaines, produisant un fort bel effet par leur port élégant, leur taille élevée, et par la beauté, par la persistance de leur feuillage, d'un vert aimable en dessus, chargé d'un duvet soyeux, jaune doré en dessous, d'où leur est venu le nom de *Feuille dorée* qu'ils portent dans la langue botanique. Vulgairement on les appelle *Caïmitiers*, surtout aux Antilles. Ils constituent un genre de quinze à vingt espèces, dans la famille des Sapotées et dans la Pentandrie monogynie.

La plus répandue de toutes est le CHRYSOPHYLLE A LARGES FEUILLES, *C. cainito*, arbre très-branchu, dont la tête large, étalée, se balance à plus de dix mètres du sol. Ses rameaux droits tendent à présenter l'éventail. Ses fleurs, qui sont petites, donnent naissance à des fruits globuleux de la grosseur d'une pomme de reinette, rouges, rafraîchissans et agréables à manger quand une fois on est habitué à leur odeur fade ; dans chacune des dix loges du fruit, on trouve une seule semence comprimée latéralement, luisante. Le CHRYSO-

PHYLLE GLABRE, *C. glabrum*, moins élevé de moitié que l'espèce précédente, porte des feuilles luisantes et glabres sur les deux faces, et des fruits bleus, elliptiques. Son bois passe pour être incorruptible ; les poteaux que l'on fait avec sont d'une longue durée. Le CHRYSOPHYLLE A FEUILLES ÉTROITES, *C. oliviforme*, que l'on a ridiculement appelé *argenté*, à cause d'un duvet blanc mat qu'offre quelquefois le dessous de ses feuilles, est muni de rameaux fléchis en zig zag, d'un jaune roussâtre. Ses fruits, deux fois plus gros qu'une olive ordinaire, sont d'une belle teinte violette, et recherchés pour leur saveur vineuse attrayante ; ils contiennent un noyau de forme irrégulière. (T. D. B.)

CHRYSOPRASE. (MIN.) *V.* AGATE.

CHRYSOPS, *Chrysops*. (INS.) Genre de Diptères, de la famille des Tabaniens, ne différant des Taons proprement dits que par le dernier article de leurs antennes divisé en cinq anneaux ; les deux premiers articles de l'antenne proprement dite sont cylindriques et presque égaux. Ces insectes ont les mœurs des Taons et attaquent les chevaux avec acharnement, ils sont d'autant plus redoutables qu'ils sont beaucoup plus nombreux ; ils se jettent aussi sur les hommes, et si l'on est un peu découvert on s'aperçoit bientôt à ses dépens de leur présence. Ils habitent plus habituellement les bois, humides. L'espèce la plus commune est le C. AVEUGLANT *C. cæcutiens*, Fab., long de 4 lignes ; il a les yeux dorés, avec des taches pourpres dans le vivant ; le corps est noir. Dans le mâle, les ailes sont presque entièrement noires, avec un espace triangulaire diaphane à l'extrémité ; les côtés de la base de l'abdomen sont fauves en dessous. La femelle diffère du mâle par ses ailes enfumées seulement à la base et à la côte externe, et une large bande traversant l'espace diaphane. La base de l'abdomen est jaune en dessus et en dessous. Commun partout. (A. P.)

CHRYSOTOSE, *Lampris*. (POISS.) La hauteur de la première dorsale, le prolongement des ventrales, de la caudale, les côtés de la queue, qui sont relevés en carène, distinguent le genre Chrysotose de celui des Capros, dont le corps est couvert d'écailles fort rudes, et dont la dorsale est échancrée comme dans les Dorées. Retzius a fait connaître l'espèce qui compose ce genre (*Lampris guttatus*, Retz., Encycl. ichthyol., fig. 155). Ce poisson devient fort grand ; il est violet tacheté de blanc et à nageoires rouges. Il est représenté dans l'Iconographie du règne animal, Poiss., pl. 32, f. 2. On ne le rencontre que très-rarement dans la Méditerranée ; il paraît qu'il est moins rare dans les mers du Nord. (ALPH. G.)

CHYLE. (PHYSIOL.) Si l'on examine la pâte alimentaire, à l'instant où, après avoir traversé l'orifice pylorique et le duodénum, après s'être mêlée avec la bile, elle arrive dans l'intestin grêle, on voit qu'il s'en sépare une matière plus ou moins épaisse, blanche ou grisâtre, suivant la nature des alimens dont elle provient, et qui s'épand sur la membrane muqueuse intestinale ; c'est là le Chyle, mais le Chyle *brut*, n'ayant point encore acquis les qualités qu'il doit avoir. Prise bientôt par les vaisseaux *chylifères*, cette matière y subit, ainsi que dans les glandes auxquelles ils se rendent, une élaboration qui lui donne des propriétés nouvelles. C'est alors un liquide d'un blanc de lait, limpide, transparent dans les animaux herbivores, au contraire opaque dans les carnivores, qui n'est ni visqueux ni collant au toucher, d'une odeur spermatique, d'une saveur douce, dont la consistance varie selon la nature des alimens et surtout en raison de la quantité des boissons : sa pesanteur spécifique est supérieure à celle de l'eau, mais inférieure à celle du sang. Assez semblable à ce dernier sous le rapport de ses propriétés chimiques, comme lui il se partage en deux parties, un liquide et un caillot, lorsqu'il est abandonné à lui-même. Le sérum albumineux qui forme le premier est aussi, comme celui du sang, coagulable par la chaleur, l'alcool, les acides, et tient en dissolution les mêmes sels ; mais de plus, on y trouve une matière grasse particulière. Le caillot est formé de fibrine et d'une matière colorante, et aussi d'une matière grasse ; la fibrine est moins tenace, moins élastique que celle du sang ; elle se dissout plus facilement dans la potasse caustique. Pour que le Chyle présente toutes ces qualités, il faut qu'il soit, avons-nous dit, déjà parvenu à un certain degré d'élaboration, et c'est ainsi en effet qu'on le rencontre dans le canal thoracique, au moment où il va se mêler au sang : l'intégrité des organes qu'il parcourt est encore nécessaire ; enfin, pour que le Chyle soit de bonne nature il est essentiel qu'il provienne de bons alimens, les mauvais produisent un Chyle imparfait.

Les vaisseaux qui servent à élaborer ce liquide et à sa circulation prennent naissance à la surface libre ou dans l'épaisseur de la membrane muqueuse de l'intestin grêle ; ils se rendent de là entre les feuillets du mésentère, pour s'y mêler à d'autres vaisseaux lymphatiques qui naissent entre le péritoine et la membrane musculaire. Tous, interrompus par les nombreuses glandes du mésentère, diminuent de nombre et de volume à mesure qu'ils s'éloignent de leur origine. Ils vont aboutir à un tronc central qu'on nomme *réservoir de Pecquet* ; là le Chyle afflue dans la lymphe, et est versé avec elle, par le canal thoracique, dans la veine sous-clavière gauche.

Ce système de vaisseaux et de glandes, qu'on a nommés chylifères, existe dans les quatre classes d'animaux vertébrés. On donne le nom de *Chylification* à la production de la matière qui doit être absorbée par les vaisseaux chylifères, et de *Chylose* à l'élaboration que subit ce liquide dans l'appareil qui sert à son absorption et à sa circulation.   (P. G.)

CHYME. (physiol.) Après un certain temps de séjour dans l'estomac, les alimens sont convertis en une sorte de pulpe grisâtre et homogène semi-liquide qu'on nomme *Chyme*. Ce sont d'abord les portions de la masse alimentaire, placées à la surface, qui s'imbibent les premières de suc gastrique, et deviennent acides comme ce liquide, puis se ramollissent de la circonférence vers le centre, jusqu'à ce que toute cette masse ait subi une semblable transformation. Bientôt, poussé par les mouvemens peristaltiques de l'estomac, le Chyme franchit peu à peu le pylore, et parvient dans le duodénum ; là, il se mêle avec la bile et les autres humeurs qu'il rencontre, et acquiert de nouvelles propriétés : il devient jaunâtre, amer, de moins en moins acide, puis alcalin, et en même temps il s'en sépare une matière plus ou moins épaisse, destinée à former le chyle, tandis que le reste de la pâte chymeuse, toujours poussée par les mouvemens vermiculaires de l'intestin, prend plus de consistance, une couleur plus foncée, et passe dans le gros intestin, pour être rejetée au dehors sous forme d'excrémens. Pour ne point anticiper sur des données qui appartiennent essentiellement à l'article DIGESTION, nous nous bornerons à ajouter ici que le Chyme présente de notables différences en raison de la nature des alimens qui ont servi à la nourriture et de la portion du canal intestinal dans laquelle on le recueille. On a trouvé du Chyme chez des animaux privés d'alimens et de boissons depuis un certain temps.   (P. G.)

CIBOULE, *Allium fissile*. (AGR. et BOT. PHAN.) Plante potagère et bisannuelle, appartenant au genre Ail. Ses bulbes allongés forment une touffe d'où s'élance une tige terminée par une tête conique semblable à celle de l'ail commun, dont elle a l'odeur, mais moins forte. Ses feuilles sont creuses, pointues, hautes de vingt-cinq centimètres. On en cultive trois variétés : la Ciboule blanche, la rouge et la vivace ; cette dernière a les feuilles plus courtes, un peu renflées dans leur milieu, couchées à terre ; sa saveur est plus forte que dans les deux autres. La culture de la Ciboule est très-facile ; on sème les espèces annuelles tous les quinze jours, depuis le printemps jusqu'au milieu de l'été, sur une terre bien ameublie par les labours ; on recueille la graine en juin, juillet et août, suivant le climat ; elle se conserve bonne pendant trois et quatre ans, si l'on a soin de tenir la graine dans ses enveloppes et en lieu sec. La Ciboule vivace se propage par éclats ou caïeux, parce qu'elle rapporte rarement de la graine. La Ciboule est originaire des montagnes froides de l'Europe et de l'Asie.   (T. D. B.)

CIBOULETTE, *Allium schœnoprasum*. (AGR. et BOT. PHAN.) Beaucoup de personnes et même des botanistes confondent cette plante bulbeuse et vivace avec la ciboule ; c'est une erreur grave. La Ciboulette, qu'on appelle aussi *Civette*, et que sa saveur aromatique, mais un peu âcre, a fait encore nommer *Appétit*, parce que l'on prétend qu'elle est pour l'estomac un stimulant actif, ne nous est point venue des lieux incultes de la Sibérie, selon quelques auteurs, puisqu'on la trouve sauvage dans tout le midi de la France, et qu'elle était cultivée par les anciens Grecs sous le nom de *Prason*. Ses feuilles sont semblables à celles du jonc, d'où lui vient l'épithète botanique qu'elle porte ; elle sont vertes et menues. De leur centre s'élèvent plusieurs tiges droites sortant d'une feuille engaînante. Les fleurs ont une couleur purpurine, sont disposées en groupes, et produisent un assez joli effet par leur nombre. On mange la ciboulette sur les salades ; elle entre comme assaisonnement dans différens mets ; plus on la coupe, plus elle est tendre. On la cultive en planches et en bordures sur une terre meuble, bien préparée. A l'approche de l'hiver, on coupe les feuilles à ras de terre, et on couvre la plante de vingt-sept millimètres de terreau : c'est le moyen de la disposer à pousser au printemps avec plus de vigueur.

On en connaît une variété, indigène au Portugal, qui vient plus grande et plus forte. On les confond toutes les deux avec la Cive. *Voy.* ce mot. (T. D. B.)

CICADAIRES, *Cicadarieæ*. (ins.) Famille d'Hémiptères, de la section des Homoptères, ayant pour caractères rigoureux : antennes toujours terminées par une soie ; femelles pourvues d'une tarière dentée. On peut ajouter que dans tous les ailes sont entièrement diaphanes et disposées en toit dans le repos. Le travail que M. Léon Dufour a donné sur les insectes de cet ordre nous permet de donner ici un aperçu de leur anatomie interne. Dans la première section de cette famille, celle que l'on peut appeler les *Cicadelles*, y compris les cigales, le tube alimentaire a une longueur de dix fois celle du corps, et fait par conséquent de nombreux replis ; il débute d'abord par un jabot, vient ensuite un estomac à parois minces, dilaté à droite en cul de sac, et s'ouvrant à gauche dans une poche dégénérant en un tube intestiniforme, égalant en longueur la moitié de tout le tube intestinal, et allant se dégorger dans la poche elle-même où elle prend naissance : cette organisation est très-extraordinaire. Le reste du canal n'offre rien de particulier et se termine par une poche stercorale à parois musculo-membraneuses.

Dans la seconde section des Cicadaires, les Fulgorelles, les intestins diffèrent beaucoup de ceux des Cicadelles ; le canal intestinal n'a plus que trois fois la longueur du corps ; l'œsophage se dilate en un jabot plus ou moins marqué ; l'estomac forme une poche ovalaire, à boursouflures prononcées, logée dans le thorax ; le tube, qui succède à l'estomac, se fléchit en une anse latérale allongée ; après l'anse, le tube digestif, sans changer de diamètre ni de texture, reçoit les conduits biliaires et presque immédiatement se renfle en un cœcum oblong qui s'atténue en arrière pour se terminer à l'anus.

La différence de cette organisation a fait penser à M. Dufour que ces deux groupes devaient être séparés, et que les Fulgorelles ne devaient pas être interposées entre les Cigales proprement dites et les Cicadelles. Il propose à cet effet de re-

porter les Fulgorelles en tête de la famille. J'avais pensé qu'elles devaient être rejetées à la fin comme se rapprochant davantage des Psyles et des autres Hémiptères voisins ; j'ai déjà indiqué ces idées à l'article Cercope ; mais voici les caractères que l'on peut assigner à ces coupes :

A. Ocelles placés au dessus des yeux.

† 3 ocelles : les *Chanteuses*. Les antennes sont au moins de six articles, les pieds impropres au saut ; les mâles ont à la base de l'abdomen un organe musical.

†† 2 ocelles : les *Cicadelles*. Les antennes sont de trois articles, les pieds postérieurs propres au saut. Les mâles comme les femelles sont muets.

B. Ocelles placés au dessous des yeux : les *Fulgorelles*. Les antennes ne sont encore composées que de trois articles, et les pieds postérieurs sont propres au saut. Les mâles et les femelles sont muets.

Tous les insectes composant cette famille vivent sur les végétaux qu'ils percent avec leur trompe ; la plus grande partie est propre aux pays chauds. *Voy.* les mots Cigale, Cicadelle et Fulgorelle. (A. P.)

CICADELLES, *Cicadella*. (ins.) Genre d'Hémiptères, de la famille des Cicadaires, section des Cigales muettes, dont les caractères sont : tête triangulaire sans être très-allongée et très-aplatie ; les yeux lisses placés latéralement entre les yeux composés, mais non près du front ; la soie qui termine les antennes paraît être articulée à la base. On connaît un grand nombre de ces insectes tant d'Europe que des autres parties du monde ; ils sont tous de petite taille, mais offrent souvent des couleurs très-variées. Une des espèces les plus communes de nos environs est la C. verte, *C. viridis*, Fab. Elle a la tête jaune avec des points noirs et les élytres vertes. (A. P.)

CICCA. (bot. phan.) Voisin des Phyllanthes, ce genre de la famille des Euphorbiacées et de la Monoécie tétrandrie, est composé de quelques arbrisseaux de l'Inde et d'un seul que l'on trouve aux Antilles, où ils sont connus sous le nom de *Chéraméliers*, que leur donna Rumph, et sous celui vulgaire de *Amvallas* ou de *Champava*. Leurs rameaux élancés sont couverts de petites feuilles ovales, alternes, et de fleurs également petites, rassemblées en grappes, situées à la base des rameaux dans le *Cicca disticha*, en paquets le long des rameaux dans le *Cicca nodiflora*. Leurs fruits sont de petites baies globuleuses, à quatre coques contenant chacune une semence. Dans deux espèces, celles que l'on cultive à la Cochinchine et dans les Antilles, l'enveloppe charnue de cette baie, légèrement acide, offre une nourriture saine et agréable : singularité fort singulière dans une famille dont les propriétés délétères sont si connues et si justement redoutées. (T. D. B.)

CICINDÈLE, *Cicindela*. (ins.) Genre d'insectes de la section des Pentamères, famille des Carnassiers, tribu des Cicindélètes, ayant pour caractères : pénultième article des tarses entier, abdomen en carré long, arrondi postérieurement; palpes maxillaires intérieurs très-distincts, et les extérieurs au moins aussi longs que les labiaux. Les Cicindèles ont la tête saillante, les mandibules très-développées, fortement dentées intérieurement, susceptibles d'un très-grand écartement quand l'insecte veut s'en servir; les yeux gros; le corselet presque cylindrique; l'abdomen beaucoup plus large que le corselet. Ces insectes habitent habituellement les endroits sablonneux, soit dans les bois, soit au bord de la mer; ils vivent de chasse, prennent leur vol avec rapidité, mais se reposent à quelques pas pour s'envoler de nouveau. La larve d'une espèce, la Cicindèle hybride, a été étudiée avec soin. Cette larve est longue d'environ un pouce, d'un blanc sale. Son corps est formé de douze segmens dont le premier ainsi que la tête sont écailleux, verts bronzés en dessus, bruns en dessous; la tête est plus large que le corps, concave en dessus, convexe en dessous; cette partie est en outre partagée par un sillon qui la fait paraître comme bilobée; des deux côtés de la tête et en arrière sont situés les yeux, composés de six ocelles dont quatre plus forts; les antennes n'offrent que quatre articles; enfin la bouche offre beaucoup d'analogie avec celle de l'animal parfait; le premier segment du corps, celui qui est coriace, a une forme demi-circulaire; il donne attache à la première paire de pattes; les deux autres sont fixées aux segmens suivans; les pattes sont coriaces et brunes, le huitième segment du corps offre une particularité remarquable: il est muni à la partie dorsale de deux tubercules couverts de poils et armés à l'extrémité de crochets. Le renflement occasioné par ces tubercules donne au corps la forme d'un Z; l'extrémité du corps s'atténue insensiblement jusqu'à l'ouverture de l'anus. Cette larve se creuse dans le sable un trou de près de huit pouces de profondeur; pour parvenir à exécuter un pareil travail, elle se sert de ses pattes et de ses mandibules; mais, pour vider les déblais, le dessus de sa tête fait l'office d'une hotte: l'insecte y charge les matériaux qui lui nuisent, et, regrimpant son trou à l'aide de ses pattes, et se cramponnant à l'aide des crochets dont sont armés les mamelons de son dos, il parvient à se débarrasser, à force de répéter ce manége, et vient à bout de terminer son habitation. Il se met alors en embuscade à l'entrée de son trou, sa tête dans ces momens se trouve au ras du sol et en bouche entièrement l'ouverture; s'il passe à sa portée un insecte, il le saisit avec ses mandibules, baisse la tête, fait une culbute, et précipite sa proie au fond du trou où il la déchire à loisir. Lorsque les Cicindèles veulent changer de peau ou passer à l'état de nymphe, elles bouchent l'entrée de leur trou.

Ce genre est très-nombreux; on peut voir une partie des espèces qu'il renferme dans l'Iconographie des Coléoptères d'Europe et dans le Spécies des insectes de la collection de M. le comte Dejean, qui en contient presque une monohraphie.

C. CHAMPÊTRE, *C. campestris*, Linn., Icon., Col.

d'Europe, pl. 2, fig. 3. Longue de six lignes, vert doré; le labre et les mandibules blanches, et des bandes blanches au nombre de dix sur les élytres. Les pattes sont cuivreuses.

C. GERMANIQUE, *C. germanica*, Fabr., Icon., Col. d'Europe, pl. 6, fig. 2. Longue de 5 lignes; corps beaucoup plus allongé et plus cylindrique que celui de la précédente; tête et corselet vert bronzé; élytres bleuâtres avec deux taches blanches à la partie terminale et médiane de la côte externe, et une bande blanche à sa terminaison. Cette espèce vit particulièrement sur les graminées.

La C. HYBRIDE, *C. hibrida*, est voisine de la Champêtre, mais le fond de sa couleur est d'un bronzé brun. Elle est représentée dans notre Atlas, pl. 109, fig. 1. C'est une des plus communes en France.

CICINDÉLÈTES, *Cicindeletæ*, Jus. Tribu de Coléoptères de la section des Pentamères, famille des Carnassiers, division de ceux appelés Terrestres; les caractères qui distinguent cette première tribu sont d'avoir les mâchoires terminées par un onglet mobile, et la languette entièrement cachée par le menton; leurs yeux sont très-gros et saillans; les mandibules, très-avancées, sont fortement dentées intérieurement; leurs pieds longs en font des insectes vifs à la course, et très-prompts dans leurs mouvemens; la plupart même volent avec une grande facilité. On ne connaît encore les larves que de deux espèces du genre Cicindèle, proprement dit, elles sont aussi carnassières que l'insecte parfait. A l'exception de ce genre, dont l'Europe offre un assez grand nombre d'espèces, tous les insectes composant cette tribu appartiennent aux contrées chaudes des autres continens. *Voy.* CICINDÈLE, MANTICORE, COLLIURES, THÉRATES, etc., etc.

(A. P.)

CICUTAIRE, *Cicutaria*. (BOT. PHAN.) C'est une des trois plantes désignées en français sous le nom de *Ciguë*, et qui possèdent des propriétés vénéneuses à un degré plus ou moins énergique. Celle-ci, qui, comme les autres, appartient aux Ombellifères, Pentandrie digynie, est caractérisée par un involucre d'une seule foliole ou nul, par un involucelle de trois à cinq folioles linéaires; des pétales cordiformes entiers, à peu près égaux; un fruit subglobuleux, marqué de cinq côtes sur chaque face, et surmonté de cinq petites dents. On distingue la Cicutaire de la grande Ciguë ou *Conium*, par son involucre non polyphylle, et son fruit à côtes simples, non crénelées; et de l'*Æthusa*, ou petite Ciguë, parce que cette dernière a des pétales inégaux, et des fruits plus allongés.

La CICUTAIRE AQUATIQUE ou CIGUE VIREUSE, *Cicutaria aquatica*, Lamarck (*Cicuta virosa*, L.), espèce européenne du genre, est commune dans les marécages du nord de la France et de l'Allemagne. Sa tige, rameuse et haute de deux à trois pieds, est garnie de feuilles amples, découpées en un grand nombre de folioles dentées. Les fleurs sont blanches. La racine, charnue, creuse et coupée de diaphragmes, répand un suc jaunâtre, âcre,

âcre, et vénéneux comme tout le reste de la plante. On la regarde même comme plus active que la grande Ciguë; elle manquait aux juges d'Athènes, lorsqu'ils condamnèrent Socrate et Phocion. On s'en sert quelquefois comme narcotique.

Deux autres espèces de *Cicutaire* croissent en Amérique, et sont également vénéneuses.   (L.)

CIDARITE, *Cidarites*. (ZOOPH. ECHYN.) Genre fondé par Lamarck aux dépens des Oursins, et que Cuvier n'en distingue pas. *Voy.* OURSIN.
(GUÉR.)

CIDRE. (ÉCON. RUR.) Liqueur spiritueuse faite avec le jus de pommes. S'il fallait s'en rapporter à Olivier de Serres, notre premier auteur géoponique, elle serait originaire de la vallée de Bray, des environs de Bayeux et de Saint-Lô, située dans nos départemens de la Seine-Inférieure, du Calvados et de la Manche, où l'on boit encore de nos jours le Cidre le plus estimé. Rozier fait remonter la première époque de sa fabrication à l'an 1300, et dit qu'elle nous est venue de l'Espagne, par la Biscaye, laquelle l'avait reçue de l'Afrique un siècle auparavant. Ces dates sont inexactes, puisque Guillaume-le-Breton (dans sa *Philippide*, v et vi) vante le Cidre du pays d'Auge, au onzième siècle; puisqu'on le trouve cité dans les Capitulaires du neuvième siècle, et dans les Actes du huitième, puisqu'on le versait à nos dieux à une époque encore plus reculée.

La fabrication du Cidre est soumise à des règles qui paraissent ne pas avoir subi de grands changemens. C'est du choix du fruit, ni trop vert ni trop mûr, c'est de sa préparation faite avec soin, c'est de la double fermentation subie par la liqueur, c'est de la qualité de l'eau employée pour la brasser, que dépendent les hautes qualités du Cidre. Il est parfait, quand il est limpide, de couleur ambrée, piquant au goût, sans acidité ni fadeur. Partout où coule, où bouillonne ce jus brillant, on jouit d'une santé robuste, le teint est beau et frais, le sang est pur, partout il inspire de joyeux refrains. Basselin lui dut ses chansons, et Corneille ses nobles pensées, ses étincelles ingénieuses, ses victoires son immortalité.
(T. D. B.)

CIGALE, *Cicada*. (INS.) Genre d'Hémiptères, section des Homoptères, famille des Cicadaires. Ce genre, établi par Linné, avait été adopté par tous les entomologistes, lorsqu'il plut à Fabricius de transporter, on ne sait pourquoi, ce nom aux Hémiptères, nommés auparavant Tettigones, et de nommer Tettigones les vraies Cigales; heureusement que ce renversement n'a pas prévalu. Les caractères qui distinguent les Cigales des autres insectes de la même tribu, sont d'avoir trois yeux lisses, des antennes d'au moins six articles, un organe musical, situé à la base de l'abdomen dans les mâles, et de n'avoir pas les jambes disposées pour le saut.

De tout temps on a remarqué et connu les Cigales. Les auteurs les plus anciens, Aristote et ceux qui, après lui, ont écrit sur l'histoire naturelle, en ont parlé; on trouve leur figure sur les monumens et les médailles; enfin, les anciens en tiraient parti en les mangeant : avant l'accouplement on préférait les mâles, et après les femelles; je doute que maintenant ce ragoût trouve beaucoup d'amateurs. Sans parler des naturalistes, beaucoup d'auteurs, parmi les modernes, ont parlé des Cigales, et, pour en citer un seul, qui ne connaît la fable de La Fontaine :

La Cigale, ayant chanté tout l'été, etc.

Il était bien difficile, en effet, de ne pas remarquer ces insectes, car ce sont, sans contredit, les plus bruyans qui existent; dans les pays chauds, où les Cigales habitent, l'espèce de stridulation qu'elles font entendre est quelquefois tellement forte et multipliée, qu'elle vous rompt la tête; en général, leur chant, si on peut l'appeler ainsi, commence par quelques notes bien distinctes, détachées, ensuite vient une stridulation qui diminue peu à peu d'intensité, et qui recommence presque aussitôt; toutes n'ont pas cependant la même musique; un auteur du dernier siècle, appartenant, je crois, à la fameuse société des jésuites, a eu la patience de noter le chant des six espèces de ce genre qui se trouvent dans le midi de la France; je regrette réellement que ma mémoire ne m'ait pas permis de remettre la main sur ce curieux document de patience, de fausse érudition, et surtout de Mélopée. Je me serais fait un plaisir de faire faire connaissance à nos lecteurs avec cet échantillon d'harmonie naturelle. La musique des Cigales est certainement intéressante; mais les instrumens qui leur servent à la produire sont bien plus remarquables. Nous allons tout à l'heure les décrire en détail; terminons de suite ce que l'on sait des mœurs de ces insectes. Ils habitent les pays chauds, et une seule espèce seulement se trouve dans quelques localités des environs de Paris, du côté surtout de la forêt de Fontainebleau, encore n'y est-elle pas commune; la chaleur leur donne une grande activité, aussi volent-elles avec beaucoup de facilité quand le soleil est sur l'horizon; mais lorsqu'il fait froid, ou lorsque le soleil est caché, elles sont promptement engourdies; elles vivent de la séve des arbres et arbustes, qu'elles percent de leur trompe; une espèce même est regardée comme produisant la manne qui coule de quelques espèces de frêne, par l'extravasation de séve qu'elle occasione, aussi Linné avait-il désigné la division à laquelle appartient ce genre, sous le nom de Cigales porte-manne, mais cette observation a besoin d'être confirmée. Après l'accouplement, la femelle, au moyen de sa tarière, perce les petites branches de bois mort jusqu'à la moelle, et y introduit ses œufs. Comme le nombre de ses œufs est assez grand, elle fait plusieurs trous, dont chacun est remarquable par une petite élévation; ces œufs donnent naissance à des larves qui, comme celles des autres Hémiptères, ressemblent, aux ailes près, aux insectes parfaits, mais qui ont les jambes antérieures très-développées, presque circulaires; elles vivent en terre aux dépens des racines des arbres, qu'elles piquent comme l'insecte parfait fait des branches ; mais à quel moment quittent-elles les branches pour se rendre aux racines, et comment y parviennent-elles, c'est ce que l'on ignore encore ; je présume que la nature, en portant les femelles à attaquer les petites branches de bois mort, a prévu que ces branches devaient, aux vents de l'arrière saison, être renversées, et qu'alors les jeunes larves, se trouvant à terre, pourraient facilement pénétrer jusqu'aux racines où elles doivent trouver leur nourriture. On ignore encore combien de temps l'insecte doit rester sous l'état de larve, si une saison suffit pour tout son accroissement, ou si plusieurs années y sont nécessaires. Quand il a subi sa métamorphose de nymphe, et que le moment de sa dernière transformation est arrivé, il sort de terre, se cramponne au tronc d'un arbre, le plus souvent à quelques pieds de terre, et là s'opère la dernière métamorphose ; l'insecte ne tarde pas à prendre son vol.

Examinons maintenant l'organisation de ces insectes remarquables : aussi bien, peut-elle, dans certaines parties, servir de type pour toute la famille. La tête a la forme d'un triangle très-écrasé, ayant au moins autant d'épaisseur que de largeur ; les yeux, très-saillans, sont placés aux deux angles de la base ; entre eux, et sur le sommet de la tête, sont les ocelles disposés en triangle ; en face d'eux, est une impression demi-circulaire, de laquelle sort le sommet du triangle : cette partie arrondie est striée transversalement, et s'avance inférieurement jusqu'au milieu de la face. Viennent ensuite les parties de la bouche, qui paraît conformée comme celle de tous les Hémiptères ; les antennes sont insérées sous un rebord allant des yeux à la partie striée que nous venons de décrire, elles sont sétacées ; le premier article est plus court et plus épais que les autres, les suivans d'épaisseur sont presque d'égale grandeur, mais diminuent jusqu'à la fin ; leur nombre varie beaucoup, et je crois que, sous ce rapport, elles ont besoin d'être étudiées ; le premier segment du corselet est plus étroit que la tête, en carré transverse ; le second segment est très-grand, relevé, comprimé et échancré à son extrémité postérieure ; l'abdomen est assez volumineux, se rétrécissant postérieurement ; les pattes sont de forme identique entre elles, les antérieures seulement ont les fémurs un peu renflés ; les ailes sont de pareille consistance partout, mais de grandeur très-différente, les supérieures étant presque deux fois aussi longues que les inférieures, et dépassent toujours le corps, aussi ont-elles une grande puissance de vol ; dans le repos, elles sont disposées en toit.

Si l'on prend un mâle de cigale, une de celles où l'on ne voit pas l'abdomen refendu en dessous dans une notable partie, on aperçoit, au-dessous des pattes postérieures, deux plaques demi-circulaires se touchant l'une l'autre ; ces deux plaques sont les opercules destinés à recouvrir les cavités où sont situés les organes dits du chant ; ces opercules n'ont aucune mobilité proprement dite ; cependant l'écartement ou le rapprochement du corps leur fait agrandir plus ou moins l'ouverture qui existe entre elles et l'abdomen, mais cet agrandissement doit toujours être peu de chose, car à la patte postérieure il existe même une épine que l'on croit destinée à arrêter le trop grand écartement de cette partie ; si, après les avoir considérés avec attention, on relève de force les opercules, on découvre les cavités inférieures ; on voit d'abord que le segment abdominal qu'elles cachaient est échancré en deux parties presque demi-circulaires attachées au métathorax vers le milieu, près du côté l'ouverture diminue brusquement, et rejoint les opercules, mais le segment abdominal s'en écarte alors, laisse une fente étroite entre lui et la cloison de la cavité, remonte beaucoup, et après avoir formé une espèce d'oreillette, il redescend tout à coup en biais pour former sur le dos une nouvelle échancrure oblique, étroite, variable de forme selon les espèces, occupant environ un quart de la largeur du dos. Les deux cavités du côté de l'abdomen offrent dans leur fond une surface polie transparente, irisée sous certains aspects, et que l'on a appelée les *miroirs* ; au dessus et fermant une partie de l'ouverture, est une membrane blanchâtre, attachée du même côté que les opercules ; tous ces organes, déjà assez compliqués, ne sont pas les organes du chant proprement dits. Quoique l'on n'ait pas encore bien rendu compte de leur utilité, il est probable qu'ils ne servent qu'à modifier les sons, cependant quelques auteurs les ont regardés, mais à tort, comme les organes principaux. Les pièces qui produisent le bruit sont composées de deux parties placées plus sur les côtés et au dessous des deux oreillettes formées par les découpures du segment abdominal ; elles sont souvent visibles en dessus en écartant les ailes ; ce sont deux demi-sphères coriaces, ordinairement tendues, mais susceptibles de se plier comme les feuilles d'un soufflet, et munies de parties coriaces élastiques à l'entre-deux des plis pour hâter le retour à la tension, lorsqu'une force quelconque qui les sollicite à se plier a cessé d'agir ; cette force réside dans deux muscles très-puissans, réunis par le bas sous la forme d'un V, et attachés près du diaphragme qui sépare les deux cavités ventrales ; les tiraillemens de ces muscles sur ces parties coriaces produisent le même effet que lorsque nous écartons et rapprochons alternativement un morceau de papier chiffonné ; c'est donc par une espèce de frottement que le bruit s'opère, et l'air n'y entre que comme accessoire.

La femelle, étant muette, ne nous offrira pas d'organisation pareille ; seulement on lui voit les rudimens des opercules ; mais la partie qui la distingue, et de laquelle nous allons dire quelques mots, est la tarière, car elle est propre à toutes les Cicadaires. Le dernier anneau supérieur de l'abdomen est très-grand, conique, fendu en dessous, en forme de gouttière ; le dernier segment inférieur est court et échancré vis-à-vis l'insertion de la tarière ; celle-ci, ainsi que la pièce que Réaumur appelle sa gaine, et qui est fixée, à son extrémité près, dans la gouttière du dernier anneau dorsal, sont, dans le repos, couchées le long du ventre ; mais la tarière est susceptible de se redresser à la volonté de l'insecte ; elle est composée de plusieurs pièces : les pièces térébrantes proprement dites et l'oviducte; les pièces térébrantes sont latérales, emboîtées sur la pièce principale à rainure et à languettes, et pouvant glisser le long de celle-ci ; elles sont garnies à leur extrémité de dentelures en forme de râpe. Les deux pièces se rejoignent en dessus, mais en dessous elles laissent à découvert entre elles l'extrémité de l'oviducte; celui-ci est terminé en forme de fer de lance allongé ; il est composé de plusieurs pièces qui doivent s'ouvrir pour donner passage aux œufs.

Quand la femelle se sent prête à faire sa ponte, elle attaque, ainsi que nous l'avons dit, les petites branches de bois mort, commence avec sa tarière à couper les fibres du bois, mais sans les détacher par en bas, ensuite elle dirige sa tarière dans le sens de la moelle et y dépose ses œufs au dessus les uns des autres, un peu obliquement; cela fait, elle repousse les fibres du bois et bouche le trou qu'elle a fait, elle recommence plus loin et assez souvent à la suite les uns des autres beaucoup d'autres trous ; les larves éclosent ainsi que nous l'avons dit plus haut.

L'anatomie des Cigales a été bien étudiée depuis quelques années ; mais c'est surtout dans les travaux de M. Léon Dufour qu'on en trouvera une idée complète; nous renvoyons à cet effet les lecteurs au mémoire sur l'anatomie des Cigales, qu'il a donné dans les Annales des sciences naturelles, et à son travail sur l'anatomie des Hémiptères, publié dans les Mémoires de l'académie des sciences.

Le nombre des Cigales connues est très-grand ; les espèces décrites ne s'élèvent probablement pas au tiers de ce qui existe; mais l'altération que subissent souvent leurs couleurs rend leur détermination difficile. Nous allons signaler quelques espèces des plus remarquables.

C. PLÉBÉIENNE, *C. plebeia*, Linn. Oliv. Longue de 15 à 16 lignes, envergure de trois à quatre pouces ; corps noir avec le bord postérieur du prothorax, du mésothorax et les parties inférieures du corps jaunâtres ; un duvet blanchâtre couvre une grande partie de l'abdomen et du corselet; les ailes ont les nervures de la base jaunâtres avec quelques maculatures noires, celles de l'extrémité sont noirâtres, avec deux petites supérieures nébuleuses, le réseau est entièrement diaphane. Cette espèce est une des plus communes dans la Provence. Elle est représentée dans notre Atlas, pl. 109, fig. 2, a, b, c.

C. HÉMATODE, *C. hæmatodes*, Oliv. Rœsel. T. 2, tab. 25, fig. 5. Longue de 14 à 15 lignes; envergure, 3 pouces ; noire; cinq petites bandes sur le corselet, bord postérieur des segmens de celui-ci et des anneaux de l'abdomen, pattes, nervures des ailes, rouges ; ailes entièrement diaphanes. C'est l'espèce qui se prend quelquefois aux environs de Paris. Son chant est beaucoup plus faible que celui de la précédente. Elle est représentée dans notre Atlas, pl. 109, fig. 2.

C. DE L'ORME, *C. orni*, Linn. Panz. Faun. ins. Germ., fasc. 50, tab. 22. Longue de 11 à 12 lignes ; noire mélangée de vert ; anneaux de l'abdomen bordés de jaunâtre, pattes et parties centrales de l'abdomen de la même couleur ; les nervures des ailes le sont aussi, mais entremêlées de noir ; les six nervures parallèles de l'extrémité de l'aile sont marquées, à l'extrémité, d'un petit point noir, et les quatre nervures transverses au dessus en ont chacune un plus gros. C'est l'espèce nommée en Provence Cigalon; son chant est plus rauque et plus saccadé que celui de la *Plebeia*, dans certains cantons elle est plus nombreuse. Malgré le nom qu'elle porte, on la trouve plus communément dans les bois de Pins. On trouve encore en France les *C. peinte* de Fab.; *noire*, d'Oliv. , et *naine* du même; le chant de ces deux dernières est peu sensible.

Parmi les étrangères, on peut citer pour leur beauté :

C. TACHETÉE, *C. maculata*, Drury, T. 2, pl. 57, fig. 11, entièrement noire avec des taches sur la tête; le corselet et les ailes, les intervalles des nervures, à l'extrémité des ailes, jaunes-blanchâtres. Cette belle espèce vient des Indes.

C. SANGLANTE, *C. sanguinolenta*, Fab., Longue de 18 à 24 lignes; corps, pattes et élytres noirs ; museau, mésothorax, abdomen rouge, carmin; ailes presque diaphanes; de la Chine ou du Bengale. On en connaît une espèce voisine, qu'on regarde comme une variété, dont les ailes supérieures sont blanchâtres avec les nervures légèrement enfumées, tandis que les ailes inférieures, au lieu d'être diaphanes, sont presque entièrement enfumées; on pourrait la nommer avec raison *C. nervosa*, car je pense bien que ce doit être une autre espèce. Voyez encore, pour quelques Cigales remarquables, l'Entomologie du voyage de *la Coquille*, par M. Guérin.   (A. P.)

CIGOGNE, *Ciconia*. (ois.) Cuvier a partagé sa seconde famille des Echassiers, celle des Cultrirostres, en trois tribus; la troisième de ces tribus est celle des Cigognes, dans laquelle l'auteur établit les genres Cigognes proprement dites, Jabirus, Ombrettes, et ceux des Tentales et des Spatules; qui font le passage aux oiseaux de la famille suivante, avec lesquels elles ont même des rapports tels que quelques auteurs n'ont pas cru devoir les en distinguer, et les ont retirées de la tribu des Cigognes.

Nous n'avons à traiter ici que des Cigognes, et seulement des Cigognes proprement dites, en latin *Ciconia*. Ces oiseaux ont le bec gros, médiocrement fendu, long, et sans fosses ni sillons à la partie où sont percées les narines; leurs jambes sont réticulées et leurs doigts antérieurs assez fortement palmés à leur base, surtout les externes; le gésier est peu musculeux et les cœcums si petits qu'on les aperçoit à peine; le larynx inférieur n'a point de muscles propres, et les bronches sont plus longues, et à anneaux cartilagineux plus nombreux que chez les autres oiseaux. On divise le genre *Ciconia* en deux sections, les *vraies Cigognes*, qui ont la tête emplumée, et les *Marabous*, qui l'ont nue, ainsi que le cou, et le bec très-gros. Voyez pour ces derniers le mot Marabou.

Parmi les Cigognes proprement dites, on ne connaît que cinq espèces, dont deux seulement se rencontrent en France ; la troisième est propre à l'Amérique méridionale et ne se voit en Europe qu'accidentellement ; les deux autres sont des contrées chaudes de l'Asie et de l'Afrique. Ces oiseaux vivent dans les marais et se nourrissent principalement des reptiles batraciens et de leur frai, ainsi que de poissons, de petits mammifères et d'oiseaux. Ils sont dans tous les pays du monde des espèces privilégiées, qu'on s'abstient de poursuivre à cause des services qu'ils rendent en détruisant une multitude d'animaux nuisibles. Les Cigognes n'ont pas de voix ; elles ne produisent d'autre bruit qu'un petit claquement, lequel résulte du choc des mandibules du bec entre elles ; elles se livrent à de longs voyages et émigrent tous les ans par bandes nombreuses ; leur caractère doux, mais triste, est susceptible d'éducation. La mue a lieu en automne ; les sexes ne diffèrent point.

Cigogne blanche, *Cic. alba*, Bellon, représentée dans notre Atlas, pl. 109, fig. 4. Elle a le bec parfaitement droit, rouge ainsi que les pieds, un espace dénudé fort petit et entourant les yeux sans communiquer avec le bec. Le plumage est blanc sur la tête, le cou et toutes les parties du corps, avec les scapulaires et les ailes noires. Longueur de l'oiseau, 3 pieds cinq ou six pouces. Les jeunes ont le noir des ailes sali de brun, et le bec d'un noir rougeâtre.

Les Cigognes font de très-longs voyages, passant l'été en Europe et quittant ensuite ce continent pour aller en Afrique et en Asie. On les voit arriver chez nous dès le printemps, elles se montrent aussi à cette époque en Hollande, en Allemagne, en Pologne, en Russie, etc. Elles y sont assez communes, et se plaisent à fréquenter les villages et même les villes, enhardies qu'elles sont par la protection qu'on leur accorde. Il est rare qu'on les chasse, et lorsque par hasard on les prend, c'est le plus souvent pour les lâcher ou bien les retenir dans quelque parc ; aussi se font-elles des habitudes ; elles choisissent certaines contrées et y reviennent ordinairement, quelquefois même après qu'elles y sont tombées dans quelques piéges ; le trait suivant en fait foi, voici comment il a été raconté par les journaux : « L'année dernière (1835) » un gentilhomme polonais, ayant pris dans sa » propriété une Cigogne, eut la fantaisie de lui » mettre un collier portant cette inscription : *Hæc* » *ciconia ex Polonia* (cette Cigogne vient de Po- » logne), et remit ensuite l'oiseau en liberté. Cette » année, la même Cigogne est revenue dans le même » lieu, et a été reprise par le Polonais. Mais quelle » ne fut pas la surprise de celui-ci, lorsqu'il décou- » vrit au dessous du collier de fer un collier en or » sur lequel se trouvaient ces mots : *India cum* » *donis remittit ciconiam Polonis* (l'Inde renvoie la » Cigogne avec des dons aux Polonais). Après » avoir invité ses amis à lire cette missive, il laissa » s'envoler le messager ailé. »

Les Cigognes pondent dans nos contrées ; elles font leur nid sur quelque lieu élevé, sur une vieille tour, souvent aussi sur une cheminée au milieu d'un village ; les œufs, au nombre de trois, sont blancs, légèrement teints de couleur d'ocre. Lorsqu'on prend les petits, on peut facilement les élever et les apprivoiser. On cite à ce sujet beaucoup de faits curieux ; on en raconte aussi un grand nombre sur la tendresse des parens pour leurs petits ou pour les individus âgés, sur leur fidélité conjugale, etc. Au moment de changer de lieu, les Cigognes se rassemblent ; toutes celles qui s'étaient établies dans la même contrée se recherchent. Lorsque la troupe est réunie, elle part à un signal donné et se dirige vers le pays qu'elle a choisi. Les bandes sont quelquefois fort nombreuses.

Cigogne noire, *Cic. nigra*. Bec droit et d'un rouge cramoisi, couleur qui est aussi celle des pattes ; œil entouré par un espace nu, rouge, ne communiquant pas avec le bec ; le plumage est brun, lustré sur le cou, la tête et toutes les parties supérieures du corps ; blanc sur la poitrine, le ventre et les couvertures inférieures de la queue. Longueur, trois pieds environ. La Cigogne noire est loin d'être aussi familière que la précédente ; elle est aussi plus rare, surtout dans nos contrées ; en Hongrie, en Pologne, en Turquie et en Suisse, elle est plus répandue. Elle se tient dans les marais boisés et sur les montagnes ; elle niche sur les sapins et les pins les plus élevés : sa ponte est de deux ou trois œufs d'un blanc nuancé de verdâtre, et quelquefois marqué d'un petit nombre de taches brunes.

Cigogne maguari, *Cic. maguari*, Iconogr. de M. Guérin, pl. 53, fig. 1. Le bec est légèrement courbé en haut ; il indique un passage au genre Jabiru ; la nudité des yeux s'étend jusqu'à lui, et il existe sous la gorge une membrane rougeâtre, dénudée, susceptible de dilatation. La tête, le cou et tout le corps sont blancs comme chez les Cigognes, les ailes sont noires ainsi que les couvertures supérieures de la queue. Longueur, trois pieds. Le Maguari se trouve en Amérique ; ce n'est que très-rarement qu'on le voit en Europe ; il vit ordinairement par paires au Paraguay, et au midi de la rivière de la Plata. C'est un oiseau doux et susceptible d'être apprivoisé ; on le tient presque domestique dans quelques endroits, et on lui laisse parcourir les environs sans qu'il se perde.

Ajoutez Cigogne violette, qui se trouve dans l'Inde, ainsi qu'à Java et à Sumatra, et la Cigogne abdemi, qui est d'Egypte et des côtes orientales d'Afrique. (Gerv.)

CIGUE, *Cicuta*. (bot. phan.) Tourn., Lamk., Jussieu, Gærtner ; *Conium*, L. Ce genre appartient à la famille des Ombellifères de Jussieu et à la Pentandrie digynie de Linné. On le reconnaît à ses fleurs blanches, dont les pétales sont cordiformes et un peu inégaux ; à ses fruits globuleux, didymes, relevés de côtes crénelées en forme de petits tubercules, renfermés dans un involucre de plusieurs folioles linéaires, étalées en tous sens. Les involucelles sont composés de trois folioles étalées du côté extérieur. Les espèces de ce genre sont des plantes herbacées, annuelles, bisannuelles ou vivaces. L'espèce indigène, la GRANDE CIGUË, *Cicuta major* de Lamarck, *Conium maculatum* de Linné, est celle qui servit la haine d'Anytus contre Socrate. Le fatal souvenir que réveille le nom de la Ciguë, l'odeur vireuse et nauséabonde, qu'elle exhale, les eaux stagnantes et corrompues où elle se plaît, tout concourt à inspirer de l'horreur pour cette plante. Toutefois indifférente au bien comme au mal, poison et remède tour à tour, elle tue, elle guérit; mais que penser de ce bourreau qui présente, en pleurant, la Ciguë à Socrate? Il reconnaît donc l'innocence du sage, et cependant, machine mue par un arrêt fatal, sa main est là qui s'avance avec le poison!.. Il pleurait du moins! tandis que, de nos jours, nous avons vu d'autres machines, mues par un ressort nommé *consigne*, donner froidement la mort à des personnes inoffensives! La physionomie ne trompe guère; mais on se trompe quelquefois sur la physionomie : apprenons à bien reconnaître celle de la grande Ciguë, pour ne pas la confondre avec le persil ou le cerfeuil, comme on ne l'a fait que trop souvent. Ses racines sont blanches, perpendiculaires, fusiformes; sa tige, qui s'élève à 5 ou 4 pieds, est cylindrique, striée, rameuse, creuse intérieurement, marquée dans sa partie inférieure de taches irrégulières d'une teinte pourpre livide, observées également sur les feuilles, qui sont grandes, pétiolées, trois fois ailées, d'un vert très-foncé et un peu luisantes, à folioles ovales, aiguës, incisées; ses fleurs sont blanches, et forment de vastes ombelles étalées au sommet des ramifications de la tige. Cette plante fleurit aux mois de juin et de juillet, dans les environs de Paris, où elle est fort commune. Nous l'avons représentée dans notre Atlas, pl. 110, fig. 1.

On trouve, dans le *Nova genera et species* de Humboldt et Bonpland, une nouvelle espèce de Ciguë, que Kunth a décrite et figurée vol. 5, p. 14, t. 420, sous le nom de *Conium moschatum*. Maison pense qu'elle serait mieux placée dans le genre *Apium*.   (G. É.)

CILIÉ. (ZOOL. BOT.) Organe dont le bord est garni de cils ou de poils affectant cette forme : dans les insectes, on dit que les pattes, la mâchoire, les ailes, le labre sont Ciliés, lorsque sur leurs bords sont implantés des poils raides et nombreux. On désigne, en botanique par ce mot Cilié, toute partie d'une plante bordée de poils soyeux et parallèles : ainsi le calice du *Bastic* est *Cilié*; la corolle du *Nymphoïde* est Ciliée; il en est de même des feuilles de l'*Erigeron du Canada*, des bractées de la *Carmentine*, etc.   (P. G.)

CILS. (ZOOL.) Poils qui garnissent les yeux de tous les mammifères. Chez l'homme, ces poils sont durs, raides, de la couleur des cheveux et des sourcils, et disposés sur deux ou trois rangs. Ils sont plus nombreux, plus longs et plus forts à la paupière supérieure qu'à l'inférieure; cette longueur va en augmentant à partir de chacune des extrémités vers le milieu du bord où leur bulbe s'implante. Ceux de la paupière supérieure sont recourbés en haut, et ceux de l'inférieure en bas. On leur assigne pour usage de s'opposer à l'introduction dans l'œil des corpuscules qui voltigent dans l'air; ils servent aussi, dans certains cas, à diminuer l'intensité de la lumière.

Les paupières de plusieurs espèces d'oiseaux sont également garnies de Cils : ils sont très-longs dans l'Autruche par exemple; quelquefois ils sont élargis à la base et creusés en gouttière, concaves en dessous et convexes en dessus, comme dans le Messager secrétaire. Dans la Pintade, ils sont relevés en haut; dans le Casoar ils s'arrondissent en forme de sourcils.

Dans les insectes, ce nom sert à désigner les poils raides qui se remarquent sur les bords de certains organes.

Dans les animaux rayonnés, on nomme Cils les appendices qui rappellent la forme des poils qui bordent les paupières des mammifères. Ces appendices sont situés sur le corps, sur certaines parties du corps ou certains organes de ces animaux. On en rencontre en petite quantité dans les vers intestinaux; ils sont encore plus rares dans les échinodermes; on les rencontre sur les cellules, le bord, les ovaires des polypiers, ainsi que dans les infusoires.

CILS. (BOT.) On nomme ainsi les poils fins qu'on observe sur la circonférence de certaines parties des plantes: le péristôme de quelques Mousses, les feuilles de la Joubarbe des toits, les stipules de la Persicaire, les anthères de la Lavande, les pétales de la Capucine, etc., sont garnis de Cils.   (P. G.)

CIMBEX, *Cimbex*. (INS.) Genre d'Hyménoptères, famille des Porte-scies, tribu des Tenthredines; ce genre a été établi par Olivier, qui lui assigne pour caractères : antennes courtes, de cinq articles, sans compter la massue, qui est formée de plusieurs autres articulations agglomérées; les deux nervures de la côte de l'aile se joignant presque sans laisser d'intervalle. Ce genre a été étudié et divisé par différens auteurs, entre autres le docteur Leach et M. Klug. Mais les genres qu'ils ont fondés à ses dépens n'ont pas été adoptés par tous les naturalistes; cependant les genres *Perga* du premier et *Syzigonies* du second présentent des caractères très-tranchés, dont on doit tenir compte dans un autre ouvrage que celui-ci; les autres genres qui ont été créés peuvent être considérés simplement comme des divisions.

Ces insectes sont de taille moyenne, c'est-à-dire de huit à neuf lignes; ce sont les plus grands de la tribu : leur tête est bombée en dessus, très-plate en dessous; les yeux, ovales, convexes, sont presque placés au milieu de la face; les ocelles, au nombre de trois, sont disposés en triangle et situés entre eux; les antennes sont insérées presque immédiatement au dessous; la proportion de longueur relative des articles peut servir à former des divisions claires; les mandibules sont très-tranchantes; les pattes antérieures sont courtes, mais les postérieures sont très-développées; la tarière est courte. Les larves de ces insectes sont très-connues, et ont été souvent étudiées; elles ont vingt-deux pattes, et contournent beaucoup l'extrémité de leur corps, quand elles sont occupées à manger. Il arrive souvent, quand on les tourmente, qu'elles seringuent, par des ouvertures particulières des côtés du corps, une liqueur verdâtre, qui jaillit quelquefois à un pied de distance; elles font une coque pour subir leur dernière métamorphose. *Voy.* notre Atlas, pl. 110, fig. 2,3. On en connaît un assez grand nombre d'espèces que l'on peut étudier dans la Monographie des Tenthrédines de M. Lepelletier de Saint-Fargeau, ainsi que dans les auteurs déjà cités.

C. JAUNE, *C. lutea*, Linn., Degeer.. Ins. 11, 58; 8, 16. Long de près d'un pouce; tête, corps, pattes, brun jaunâtre; antennes et abdomen jaunes; les ailes sont entièrement diaphanes, avec les nervures brunâtres. Des environs de Paris. Nous l'avons représenté dans notre Atlas, pl. 110, fig. 4.

C. GAI, *C. læta*, Fab. Long de quatre lignes, une des plus petites espèces du genre; noir, avec les côtés des anneaux de l'abdomen et les pattes jaunes. Cette espèce est assez rare aux environs de Paris.   (A. P.)

CIMENT. (GÉOL.) On appelle ainsi la pâte qui, dans certaines roches formées par agrégation, réunit les diverses parties dont elles sont composées. Ainsi, dans le *Mimophyre*, c'est un Ciment argiloïde, quoique dur, qui réunit des grains distincts de feldspath; dans le *Psammite*, c'est un Ciment argileux qui sert de lien à des grains de sable et à des paillettes de mica; dans l'*Anagénite*, c'est un Ciment schistoïde qui lie de petits fragmens arrondis de diverses espèces de roches dures; enfin, la *Poudingue* est une roche composée de cailloux roulés, réunis par un Ciment siliceux; le *Gompholite* est une roche qui ne diffère de la précédente que par la nature du Ciment, qui est calcaire.   (J. H.)

CIMICIDES. (INS.) *Voy.* HÉMIPTÈRES. C'est surtout à la première division de cet ordre, celle des Hétéroptères, ou à la tribu des Membraneuses, comprenant le genre *Cimex* proprement dit, que cette dénomination peut se rapporter.
(A. P.)

CINABRE. (MIN.) Dans la classification de M. Beudant ce nom adopté depuis long-temps par les Allemands (*Zinnaber*), désigne le vermillon natif ou le sulfure de mercure. C'est une substance non métalloïde, rouge ou brune, cristallisant dans le système rhomboédrique. Nous en parlerons plus longuement à l'article Mercure.
(J. H.)

CINAROCÉPHALES, *Cinarocephalæ*. (BOT. PHAN.). C'est-à-dire, *têtes d'artichaut*. Expression créée par de Jussieu, pour désigner la classe de plantes que Tournefort appelait *Flosculeuses*. Le mot *Carduacées*, lui a succédé avec plus de faveur, et son règne dure encore.   (L.)

CINCLE, *Cinclus*. (OIS.) C'est un genre de Passereau, voisin des Merles, dont il se distingue par son bec comprimé, droit, à mandibules éga-

lement hautes, la supérieure arquée à sa pointe; les ailes ont leurs troisième et quatrième rémiges les plus longues. Les oiseaux de ce groupe sont vulgairement connus sous le nom de *Merles d'eau*, ils vivent d'insectes aquatiques, et se tiennent habituellement dans les marais, sur le bord des ruisseaux et des rivières où ils ont l'habitude de plonger; ils descendent entièrement sous l'eau, marchant au fond pour y chercher leur nourriture, sans jamais se mettre à la nage.

La seule espèce que nous possédions est celle du CINCLE PLONGEUR, MERLE D'EAU, de Buffon, *Cinclus aquaticus*, représenté dans notre Atlas, pl. 110,, fig. 5. Cet oiseau, long de sept pouces, a les parties supérieures du corps teintes d'un brun foncé lavé de cendré; sa gorge, le devant de son cou et sa poitrine sont d'un blanc pur; le centre est de couleur rousse. La femelle diffère peu du mâle. On trouve le Merle d'eau en Suède, en Angleterre, en France, en Allemagne, etc.; il est sédentaire dans tout le Midi: dans le Nord, au contraire, il n'est que de passage. Il construit son nid très-artistement, en entrelaçant des herbes et des mousses, et le recouvre d'un petit dôme de même matière; la ponte est de quatre, cinq ou même six œufs, d'un blanc pur.
(GERV.)

CINCLOSOME, *Cinclosoma*. (OIS.) MM. Vigors et Horsfield ont établi ce genre, qui est très-voisin des Cincles. On y range plusieurs espèces, telles que le *Cinclos ma punctatum*, qui est de la Nouvelle-Hollande, et le *Cinclosoma cinclorhyncha*, espèce nouvelle, observée dans l'Hymalaya, par M. Gould.   (GERV.)

CINÉRAIRE, *Cineraria*. (BOT. PHAN.) Genre de la famille des Synanthérées, tribu des Corymbifères, Syngénésie superflue de Linné, très-voisin des Séneçons, dont il ne diffère réellement que par l'absence d'un calicule à la base de l'involucre. Aussi Tournefort confondait-il les Cinéraires avec plusieurs Séneçons, dans son genre *Jacobæa*. Cependant ce genre a été conservé depuis Linné, qui l'institua, et voici comment on le caractérise: involucre simple, composé de folioles égales et disposées sur un même rang; réceptacle plane et nu; calathide radiée (ce caractère est essentiel); fleurons du disque tubuleux et hermaphrodites; ceux de la circonférence ligulés et femelles; aigrettes simples, poilues et sessiles.

Les Cinéraires sont en général des plantes herbacées, rarement des sous-arbrisseaux; elles habitent toutes les parties du globe, mais surtout celles qui sont entre les tropiques.

L'espèce qui a servi de type au genre est la CINÉRAIRE MARITIME, L., très-abondante sur les rochers de la Méditerranée. On la reconnaît à son aspect blanchâtre et cendré, à ses fleurs jaunes, très-apparentes à cause de la grandeur des rayons. Ses feuilles sont pinnatifides et à lobes obtus.

La seule espèce des environs de Paris est la CINÉRAIRE DES CHAMPS, *C. campestris*, Retz, confondue long-temps avec la *C. integrifolia* des Alpes. Sa tige est simple, rougeâtre, couverte, ainsi que les feuilles, d'un duvet cotonneux ; celles-ci sont entières, sessiles sur la tige, pétiolées à la base de la plante, où elles sont rassemblées en touffe.

On cultive dans nos jardins, entre autres espèces :

La Cinéraire a feuilles de platane, *C. platanifolia*, originaire du Mexique, à feuilles grandes, épaisses.

La Cinéraire pourpre, *C. cruenta*, de Ténériffe ; feuilles vertes en dessus, pourpre en dessous, fleurs nombreuses, à rayons pourpre clair, et disque pourpre foncé.

La Cinéraire a feuilles de peuplier, *C. populifolia*, des Canaries. Ses feuilles sont persistantes, ses fleurs jaunes.

La Cinéraire laineuse, *C. lanata*, des îles Canaries, à feuilles cordiformes arrondies ; les fleurs ont le disque brun, les rayons pourpre en dessous, violets en dessus.

La Cinéraire a oreille, *C. aurita*, à feuilles amplexicaules et auriculées; ses rayons sont blancs et son disque violet.

La *Cineraria amelloides*, L., forme le genre Agathée de Cassini. *Voy.* ce mot. (L.)

CINERAS, *Cineras* (crust.) Genre de la classe des Cirripèdes, fondé par Leach, et différant des Anatifes parce que son manteau est simplement cartilagineux, et qu'il ne rappelle les Anatifes que par cinq petites pièces calcaires, qui semblent être les rudimens des grandes pièces écailleuses qu'on observe dans ce genre.

On ne connait qu'une seule espèce de ce genre, c'est le Cinéras a bandes, *C. vittata*, Leach, Edimb. Encycl., figuré dans notre Iconographie du règne animal, Moll., pl. 57, fig. 5. Il est long d'un pouce et demi, d'un gris jaunâtre, avec six bandes noires longitudinales et sinueuses. On le trouve sur nos côtes de l'Océan, attaché aux corps marins. (Guér.)

CINNYRIDÉES, *cinnyris*. (ois.) Cette famille a été établie par M. Lesson dans son Traité d'Ornithologie. Elles comprend les deux familles des Certhiadés et des Philédons du même auteur (Manuel, pages 11 et 20 du tome deuxième), qui ne sont elles-mêmes autre chose que le genre *Certhia* de Linné. (Gerv.)

CIONE, *Cionus*. (ins.) Genre de Coléoptères de la famille des Porte-becs, que nous réunissons au genre Rhynchœne. *Voy.* ce mot. (A. P.)

CIPOLIN. (min.) M. Brongniart, dans sa classification des roches composées, considère le marbre Cipolin comme une *espèce* qu'il caractérise ainsi : « base de calcaire saccharoïde renfermant du mica ou du talc comme partie constituante essentielle; texture grenue, cristalline; structure souvent fissile. » On y trouve disséminés des grenats, du pyroxène, de l'épidote et tous les minéraux qui se présentent habituellement dans le calcaire grenu. Sa couleur ordinaire est le blanc grisâtre veiné de gris, de vert, et quelquefois de bleu.

Nous avons eu souvent occasion d'observer cette roche en place, dans la chaîne du Taygète, à Salamine, et dans l'Attique où elle constitue une partie des marbres du mont Hymette et du mont Pentélique. Elle repose sur des micaschistes ou des schistes talqueux, et quelquefois même elle alterne avec eux. Mais ces roches, auxquelles dans certains cas on attribue avec raison une origine fort ancienne, ne sont ici que des sédimens secondaires modifiés par l'action des feux souterrains. Souvent la texture par agrégation mécanique se montre clairement dans des couches en partie cristallines, et certaines couches de Cipolin brisées en fragmens courbes et ressoudées dans les fissures montrent qu'elles ont éprouvé une fusion pâteuse, avant laquelle elles n'étaient probablement que des calcaires argileux.

Emploi dans les arts. Les marbres Cipolins sont propres à la décoration intérieure des édifices publics, et sont d'une grande beauté en colonnes et en plaques; ils reçoivent un beau poli, cependant les veines schisteuses, qui ont l'inconvénient de se détériorer les premières par l'action de l'air ou du frottement, l'altèrent quelquefois. Les anciens l'ont employé fréquemment. On cite plusieurs colonnes du temple de Jupiter à Pouzzoles. Il est peu de villes antiques de la Grèce où nous n'en ayons trouvé des fragmens. Les dix colonnes du temple d'Antonin et Faustine, à Rome, sont en Cipolin nommé par les anciens *Lapis phrygius*. Nous ne devons pas omettre de citer les quatre grandes colonnes de ce marbre qui décorent la galerie des peintres anciens du Musée de Paris, établissement où l'on peut étudier presque tous les marbres antiques. On fit encore autrefois un autre usage du marbre Cipolin ; on en formait des dalles pour le pavé des temples, et des tuiles pour les toits; nous avons vu à Loutro, dans l'Argolide, le pavé d'un temple fait en grands carreaux de cette roche, et, d'après Pausanias, les fragmens de Cipolin que l'on trouve à Olympie provenaient des tuiles du toit. Nous pensons en outre que les anciens l'employèrent comme pierre à aiguiser ; en effet, Pline, vante l'excellente qualité des pierres à aiguiser du Taygète, et nous avons trouvé dans cette montagne des Cipolins très-durs qui avaient les plus grands rapports avec la pierre dite du Levant. Ce qui confirme cet emploi dans l'antiquité, c'est l'usage qu'on en fait encore à Jersey sous le nom d'*Éclats de Jersey*. Nous citerons, au nombre des localités où ce marbre a été reconnu en France, Baréges dans les Pyrénées, Sainte-Marie-aux-Mines dans les Vosges, la Corse, et les Alpes de la Tarentaise et du mont Cénis.
(B.)

CIRCÉE, *Circæa*. (bot. phan.) Sous ce nom les anciens désignaient une plante recherchée pour les enchantemens et la préparation des philtres amoureux, dont la racine, très-forte, à deux branches, offrait à Pythagore une similitude assez grande avec les cuisses du corps humain, pour qu'il l'appelât *Antropomorphos*, ce qui fit dire à beaucoup d'écrivains botanistes qu'il s'agissait de la Mandragore sans tige, *Mandragora officinalis*. Mais, la description de cette plante donnée par

Théophraste ne s'accordant point avec celles de Dioscoride et de Pline, d'autres ont assuré qu'il fallait y reconnaître la Circée des modernes. Je ne partage ni l'une ni l'autre opinion. Je reviendrai plus tard sur la Mandragore (*voyez* ce mot); pour le moment, je dois m'occuper de la Circée, qui forme un petit genre de la famille des Onagraires et de la Diandrie monogynie, dont nous connaissons en Europe deux espèces herbacées de peu d'apparence. Les caractères du genre sont: un calice à deux pièces ovales, concaves, caduques ; deux pétales ouverts, petits, en cœur ; ovaire ou capsule en toupie, hérissé de poils écailleux, à deux loges bivalves, s'ouvrant par la pointe et contenant des semences oblongues, solitaires, étroites.

Les Circées habitent les forêts et les lieux ombragés, montueux, où elles sont extrêmement communes, et où elles fleurissent au milieu de l'été.

La Circée pubescente, *C. lutetiana*, passe mal à propos pour suspecte aux yeux de quelques personnes. Elle a la tige droite, haute de quarante centimètres, garnie de feuilles opposées, aiguës, de fleurs blanches ou rougeâtres, disposées en longues grappes terminales. On lui conserve le nom de *Circée de Paris* que lui donnèrent Lobel, les deux Bauhin et ceux qui les ont suivis, parce que ces botanistes l'y ont trouvée d'abord, mais où elle n'est pas plus abondante qu'en beaucoup d'autres localités de l'Europe et de l'Amérique du nord. On la désigne aussi vulgairement sous les noms d'*Herbe à la magicienne* et d'*Herbe aux sorciers*, parce qu'aux temps de la superstition elle était fort recherchée par les imposteurs et les charlatans. J'ignore pourquoi dans certains endroits elle porte le nom d'*Herbe de Saint-Etienne*. Naguère encore elle était réputée vulnéraire, et des praticiens l'appliquaient comme résolutive; aujourd'hui ces propriétés sont totalement tombées dans l'oubli.

Circée des Alpes, *C. alpina*, plus petite dans toutes ses parties, mais du reste semblable à la précédente, à l'exception des feuilles, qui sont luisantes, décidément échancrées en cœur, des fleurs, qui sont plus habituellement carnées. Elle réside sur les montagnes. On lui connaît une variété qui unit les deux espèces ensemble et que l'on a pour cela nommée Circée intermédiaire, *C. intermedia*. Persoon en fait à tort une espèce distincte.

Les moutons mangent volontiers toutes les Circées. On peut les employer à couvrir le pied des massifs dans les jardins paysagers ; elles tracent promptement et font bientôt disparaître la triste nudité de leur sol. (T. D. B.)

CIRCINÉ ou circinal, *Circinalis* (bot.) Ces adjectifs, tirés d'un mot latin qui signifie *formé en cercle*, indiquent la disposition des feuilles, lorsqu'elles se roulent sur elles-mêmes de haut en bas. Les Fougères présentent cette particularité, qui les fait reconnaître sur-le-champ. Plusieurs genres de la famille des Droséracées ont aussi leurs feuilles *circinées*, ou, comme on dit encore, roulées en crosse. (L.)

CIRCULATION. (zool.) *Circulatio motus circularis*. Ce mot s'applique surtout au cours du sang dans des vaisseaux qui, partant du cœur, vont aboutir à un même point. Dans une acception plus générale, il désigne aussi tout mouvement progressif d'un fluide dans des vaisseaux qui n'accomplissent pas nécessairement une révolution entière. Toutefois, comme la Circulation indique plus spécialement le cours du sang dans des vaisseaux qui font subir à ce fluide un mouvement révolutif continu, il ne sera ici question que de cette dernière fonction, que nous examinerons successivement chez les animaux à respiration pulmonaire ; chez le fœtus des mammifères, chez les reptiles à branchie permanente, chez les poissons, chez les invertébrés à respiration branchiale, et chez les animaux à respiration trachéenne.

Le cours du sang est une de ces fonctions importantes qui ont le plus excité la curiosité des anatomistes et des physiologistes de tous les temps. Hippocrate paraît être le premier qui ait découvert des vaisseaux et qui leur ait donné le nom de veines. Après lui, Proxagoras découvrit les artères, qu'il nomma ainsi parce qu'il crut qu'elles renfermaient de l'air pendant la vie. Galien reconnut que les artères contenaient du sang et qu'elles étaient agitées par des battemens produits par le mouvement que le cœur imprimait à leurs parois. Du temps de Vesale, on découvrit dans les veines un grand nombre de valvules, mais on ne fixa pas l'attention sur leur disposition, ce qui cependant eût mis sur la voie et fait découvrir comment s'opérait le cours du sang dans les vaisseaux. Alors on ne connaissait pas encore comment les artères communiquaient avec les veines, et on supposait que le sang passait d'un ordre de vaisseaux dans l'autre au travers des porosités du cœur, lorsque Servet, médecin théologien du seizième siècle, découvrit le petit cercle que parcourt le sang et démontra que ce fluide passait du cœur au poumon par les artères pulmonaires, traversait le poumon et retournait au cœur par les veines pulmonaires. Columbus vint après et décrivit d'une manière encore plus exacte la circulation pulmonaire. Enfin, malgré les écrits de Sprengel, qui firent croire que Césalpin avait établi toute la théorie de la Circulation, c'est à Harvey, anglais de naissance, que restera la gloire d'avoir fait une aussi importante découverte. En 1602, il apprit l'existence des valvules, reconnut leurs usages, et soupçonna la théorie de la Circulation. De retour en Angleterre, il passa 17 années à des recherches qui devaient appuyer sa découverte, il la publia ensuite et la soutint victorieusement pendant neuf ans : ce ne fut qu'en 1652, et après avoir été en butte aux attaques les plus vives, qu'il eut la satisfaction de la voir triompher.

En 1661, Malpighi publia ses Observations remarquables faites avec une simple lentille sur les poumons et la vessie urinaire de grenouilles, tendant

tendant à démontrer la communication des artères avec les veines par le moyen des anastomoses.

En 1688 Leurvenhock examina le même phénomène à l'aide du microscope, et depuis, une foule d'observateurs sont venus confirmer ses découvertes.

La Circulation comprend deux parties distinctes, les agens qu'elle emploie et les routes qu'elle trace au sang : l'ensemble de ces deux parties constitue un appareil plus ou moins compliqué, qui est destiné à remplir une fonction. Or, quelle est l'utilité de cette fonction ? Un fait constant, celui de la respiration, démontre que, chez tous les animaux qui n'ont point de trachées, le sang est forcé de passer sans cesse, en plus ou moins grande quantité, par un organe destiné à lui faire subir l'action médiate ou immédiate de l'oxygène. Deux grands systèmes capillaires semblent y concourir. Chez les animaux qui ont des poumons ou des branchies, le sang, après avoir traversé ces organes, passe dans le système capillaire général. Au contraire, chez les animaux qui n'ont ni poumons ni branchies apparentes, le sang passe seulement par le système capillaire général, qui, à lui seul, paraît remplir la fonction de la respiration ; ou bien l'air va chercher le sang au moyen d'orifices particuliers, chez les animaux à trachées. Donc l'utilité de l'appareil circulatoire consiste principalement à mettre le sang en contact avec l'air.

On appelle *petite* Circulation celle qui se fait dans les poumons ou les branchies, et *grande* Circulation celle qui a lieu dans le reste du corps ; ainsi le sang qui traverse les vaisseaux capillaires de la petite Circulation se trouve en contact avec l'air, et acquiert les qualités requises pour l'entretien de la vie des organes ; tandis que celui qui parcourt les capillaires de la grande Circulation, perd sa qualité de sang rouge, artériel ou vivifiant, pour devenir veineux ou noir. Cependant les animaux qui sont dépourvus de poumons et de branchies, et qui vivent dans l'eau, absorbent, par toute la surface de leur corps, assez d'oxigène pour vivifier convenablement le sang, qui malgré cela ne saurait être distingué en artériel et veineux.

Il y a une remarque intéressante à faire sur la manière dont se ramifient les vaisseaux capillaires, c'est que, tantôt les artères se continuent avec les veines en se partageant, à leur terminaison, en une foule de branches anastomosées ensemble, d'où proviennent les radicules des veines ; tantôt deux trous qui suivent le même trajet s'envoient une foule de rameaux de communication ; tantôt enfin les dernières divisions des artères se recourbent en anses pour rencontrer une extrémité très-petite d'une veine. On observe plus particulièrement cette disposition dans les villosités du placenta de la femme et sur les branchies du têtard de la Grenouille. Ces divers modes de communication et la vascularité capillaire des tissus sont bien importans à connaître, puisque c'est dans les vaisseaux capillaires que s'opèrent les phénomènes de nutrition, de sécrétion, etc.; c'est peut-

être ce qui a fait dire à Ruisch que la structure intime de tous nos organes n'était qu'un composé de vaisseaux. Cependant, tout en admettant, d'après les résultats que nous avons obtenus nous-mêmes, une vascularité prodigieuse des organes, nous pensons, avec Albinus et le plus grand nombre des anatomistes, qu'il y a autre chose que des vaisseaux dans l'organisation animale ; sans cela, nos tissus, n'étant qu'un amas de vaisseaux, devraient être partout identiques, ce qui n'est pas.

Les seuls tissus qui semblent imperméables au sang, sont l'épiderme et les cheveux. Dans la *plique polonaise*, qui est une altération morbide du bulbe des cheveux, on a vu il est vrai s'écouler du sang de l'intérieur des cheveux, coupés très-près de la tête ; mais, dans ce cas, ce n'est pas le cheveu qui donne l'hémorrhagie, c'est le bulbe ou la racine qui s'est prolongée dans la base du poil. On n'est pas non plus certain de l'existence de vaisseaux dans le tissu cellulaire ; nous sommes cependant portés à l'admettre. Quant à la Circulation du sang dans les membranes séreuses, elle est bien démontrée par les injections. Enfin, les os renferment des vaisseaux sanguins, mais en petite quantité, surtout dans un âge avancé.

Il n'en est pas de même des organes qui sont destinés à élaborer les principes contenus dans le sang, tels que le foie, la rate, les reins, etc. ; toutes ces glandes, en général, reçoivent, au contraire, une énorme quantité d'artères, et le nombre des vaisseaux capillaires qu'elles renferment varie selon les âges, puisqu'il est considérable dans les premiers temps, et diminue progressivement chez l'adulte et le vieillard. Le cours du sang dans ces vaisseaux est, comme nous l'avons déjà dit, sous l'influence de l'action du cœur : il est de plus soumis à une action particulière, dépendante de la vitalité des artères et des vaisseaux capillaires ; peut-être même faudrait-il admettre qu'il existe une attraction particulière entre ces tissus et le sang, pour expliquer, surtout, son mouvement dans les vaisseaux de première formation et son mode de Circulation chez des animaux qui n'ont point de cœur proprement dit.

Après les vaisseaux capillaires, viennent les veines. Ces vaisseaux, chargés de rapporter au cœur le sang que les artères ont distribué à tous les organes, sont en bien plus grand nombre qu'elles, et en même temps plus amples et plus dilatables. L'espace dans lequel le sang veineux est contenu est donc plus considérable que celui qui renferme le sang artériel ; aussi estime-t-on que sur les 30 livres environ que contient le corps d'un homme adulte, neuf parties se trouvent dans les veines et quatre seulement dans les artères. Les veines, moins tortueuses que les artères, suivent une direction presque droite ; leurs anastomoses sont aussi plus fréquentes. Enfin, l'intérieur des veines est garni de replis valvulaires, formés par la duplicature de leur tunique intérieure. Ces valvules, lorsqu'elles sont abaissées, ferment le canal, rompent la continuation de la colonne de sang qui revient au cœur, et par leur disposition dans la direction du cours du sang, s'opposent à son retour dans les vaisseaux capillaires.

L'existence d'une tunique musculeuse dans les veines fait que celles qui sont distendues par trop de sang tendent à revenir sur elles-mêmes, pour reprendre leur calibre ordinaire. Or, les veines n'étant pas indéfiniment extensibles, et les radicules leur rapportant toujours de nouvelles quantités de sang, la Circulation veineuse pourrait, à la rigueur, être expliquée par l'action de cette tunique. Mais il y a aussi l'action du cœur qui se communique à la colonne du sang, et qui se joint à la première. On a aussi cherché à l'expliquer par le vide qui s'opérerait dans la poitrine, au moment de l'inspiration. Mais pour nous l'afflux du sang dans les cavités du cœur doit être attribué au vide instantané qui s'opère dans ses oreillettes et dans ses ventricules. Du reste, quoi qu'il en soit de ces différentes explications, la Circulation dans les animaux à poumons consiste généralement dans le passage du sang du cœur au poumon, du poumon au cœur, de celui-ci à toutes les parties du corps, et de celles-ci au cœur. Le sang marche de la périphérie au centre, dans les veines, tandis que dans les artères il va, au contraire, du centre à la circonférence, en passant successivement des troncs principaux dans les branches, les rameaux et les capillaires. Dans presque toute son étendue, le cours du sang dans les veines ne laisse apercevoir aucun battement (1), tandis que les artères présentent des battemens qui correspondent aux pulsations du cœur. Les ligatures que l'on applique sur les membres empêchent le sang d'arriver au cœur, et déterminent le gonflement de toutes les branches veineuses dans la partie des membres qui se trouve au dessous de la ligature. Pour que les choses se passent ainsi, il faut, comme nous l'avons dit à dessein, que la ligature soit modérément serrée ; car si elle l'était au point de comprimer les artères profondes des membres, il arriverait qu'au lieu de produire un gonflement durable des veines, on empêcherait, au contraire, le sang d'y arriver. La compression des artères trouve son application en chirurgie, dans le cas d'hémorrhagie artérielle, au moment d'une amputation ou pour guérir certains anévrysmes.

(1) Chez l'homme on appelle *pouls veineux* des ondulations que l'on remarque quelquefois dans certaines veines du corps. Elles tiennent les unes aux contractions du cœur, les autres aux mouvemens de la poitrine. A chaque constriction de l'oreillette droite du cœur, une partie du sang qu'elle reçoit est refoulée dans les veines qui s'y dégorgent ; cette onde rétrograde se communique, de proche en proche, jusqu'aux veines superficielles et devient apparente. L'action de la respiration conduit au même résultat, puisque dans l'inspiration il y a, d'après M. Fermons, stase du sang dans les parois des cellules pulmonaires, afin que le sang reste le plus long-temps possible en contact avec l'air. Or, cette stase du sang dans les cavités du poumon détermine aussi un refoulement de ce fluide dans les veines, qui produit le pouls veineux. C'est surtout dans les mammifères plongeurs que le refoulement du sang est considérable, puisque le poumon dilaté ne permet plus au sang de le traverser librement tant que l'animal est sous l'eau.

Enfin le sang qui sort par une veine ouverte s'en échappe avec beaucoup moins de rapidité que d'une artère du même volume ; il coule par un jet continu dans le premier cas, et par saccades dans le second, ce qui fait qu'on peut toujours distinguer la nature du vaisseau ouvert.

Cela posé, voici quelles sont les combinaisons possibles de la Circulation dans la série animale. Quand tout le sang veineux passe nécessairement par l'organe respiratoire pour aller ensuite dans toutes les autres parties du corps, il y a *Circulation double* : les mammifères, les oiseaux, les poissons, les mollusques, etc., sont dans ce cas. Quand, au contraire, la totalité du sang veineux ne passe pas par l'organe respiratoire avant de traverser les capillaires de la grande Circulation, et qu'il n'y a qu'une partie du sang qui soit soumise à l'action de l'air, on a une *Circulation double imparfaite* : toute la classe des Reptiles et le fœtus des mammifères sont dans ce cas. Quand enfin le passage du sang ne s'effectue qu'à travers les capillaires de tout le corps, qui alors remplissent les fonctions propres à la respiration, on a une *Circulation simple*. Les vers en général, et plus particulièrement les Sangsues et les Néréides offrent cette particularité. Les animaux qui ont une Circulation double peuvent avoir un ventricule pour chaque Circulation, ou seulement un ventricule commun. Ceux au contraire qui ont une Circulation simple n'ont qu'un ventricule unique.

De la Circulation du sang dans les animaux à respiration pulmonaire.

Chez l'homme, les mammifères et les oiseaux, il s'élève de la partie gauche du ventricule droit un gros tronc, qui, après un court trajet, se divise en deux branches principales, dont l'une, qui est la plus courte, va gagner le poumon gauche, l'autre s'enfonce à droite derrière la crosse de l'aorte pour pénétrer dans le poumon droit. Ces deux artères pulmonaires se ramifient à l'infini dans le parenchyme du poumon, et vont se terminer en un réseau capillaire très-fin qui recouvre les parois des cellules pulmonaires, pour passer ensuite dans les veines et revenir au cœur. Un autre tronc artériel principal, nommé *Aorte*, prend naissance à la partie droite du ventricule gauche ; c'est de lui que partent toutes les branches qui se distribuent aux divers organes. A son origine, l'aorte s'élève d'abord, puis elle se recourbe tout à coup pour constituer la crosse aortique. En descendant, elle parcourt la région vertébrale de la poitrine sous le nom d'*Aorte thoracique*, pénètre dans la cavité abdominale, en suivant toujours le trajet du rachis et se divise en deux grosses branches nommées *Iliaques primitives*, après être parvenue au niveau des dernières vertèbres lombaires. Les artères qui naissent de la crosse de l'aorte conduisent le sang dans les parois du cœur, aux membres supérieurs, à la tête, au cou, etc. Celles qui naissent de l'aorte descendante fournissent aux muscles intercostaux, aux bronches, à l'œsophage, et à une double cloison verticale séparant les deux poumons l'un de l'autre et renfermant le cœur. Enfin les branches provenant de l'aorte abdominale ou ventrale, envoient du sang aux viscères abdominaux, au diaphragme (chez les mammifères), et à tous les organes contenus dans le bassin : les membres inférieurs et la queue reçoivent les dernières artères.

La Circulation du sang dans tous ces vaisseaux se fait sans le secours des valvules, et ce n'est qu'à l'origine de la crosse, dans le ventricule gauche, que l'on en remarque trois dont la forme en croissant leur a valu le nom de *valvules semi-lunaires*. Il en existe aussi trois autres semblables dans le tronc pulmonaire, au point correspondant à son insertion dans le ventricule droit. Ces valvules ont pour fonctions d'empêcher la colonne de sang poussée par chaque ventricule, de refluer dans les mêmes cavités, et elles sont constamment placées à l'origine de ces grosses artères.

Dans les reptiles, la distribution du sang varie suivant les divers ordres que cette classe renferme. Ces ordres comprennent, d'après une classification que nous avons établie, 1° les *Crocodiliens*; 2° les *Ophidiens*; 3° les *Chéloniens* et les *Sauriens*; 4° les *Batraciens*; 5° les *Amphibiens*.

Dans les Crocodiliens (1), la Circulation se fait de la manière suivante : le sang arrive au cœur par les veines caves supérieures (pl. 111, n° 1, 2, fig. 34), par la veine cave inférieure (n° 5) et par le tronc des veines coronaires (n° 4), lequel tronc, au lieu de s'ouvrir dans l'oreillette droite, va déboucher comme chez l'Ornithorhynque dans le confluent de la veine cave inférieure avec les deux supérieures; il passe ensuite de l'oreillette droite (n° 5) dans le ventricule droit, arrive dans l'artère pulmonaire (n° 6) et dans une grosse branche (n° 7), nommée crosse gauche de l'aorte, qui va s'ouvrir dans l'aorte descendante par une anastomose très-courte (n° 8).

Après avoir traversé les poumons, le sang revient au cœur, au moyen des veines pulmonaires (n° 9), passe de l'oreillette gauche (n° 10) dans le ventricule gauche, et se distribue, au moyen des branches provenant d'un tronc commun (n° 11), dans les carotides (n° 12) et dans la crosse droite (n° 15) de l'aorte. Quant à celui qui a parcouru la crosse aortique gauche, il arrive dans l'aorte descendante pour se mélanger avec le sang artériel de ce tronc principal. Il résulte de ce curieux mode circulatoire, que la tête reçoit, au moyen des carotides, du sang artériel; tandis que tous les autres organes qui reçoivent des vaisseaux de l'aorte descendante, sont nourris par du sang mélangé. Cette particularité, qui n'avait pas encore été indiquée par les anatomistes, rapproche l'organisation des Crocodiles, qui déjà sous d'autres rapports s'élèvent au premier rang parmi les reptiles, de celle des mammifères. En effet, les quatre cavités du cœur s'y retrouvent chez eux, et s'il y a différence dans le cours du sang, cela tient à l'existence de la crosse gauche de l'aorte, qui, du

ventricule droit, va s'ouvrir dans l'aorte descendante. Or cette différence n'est réelle que lorsque l'on compare la Circulation de ce reptile avec celle d'un mammifère adulte; car chez les fœtus de ces derniers, jusqu'au moment de leur naissance, on retrouve les mêmes conditions dont nous venons de parler, quoique sous d'autres formes. La Circulation chez les Crocodiles est donc un état transitoire, une de ces nombreuses combinaisons, une des phases enfin que subit la Circulation avant d'arriver à son plus haut degré de complication. Mais pourquoi la nature a-t-elle voulu qu'un pareil état devînt permanent par un véritable arrêt de perfectionnement? Sans entrer dans le domaine des causes finales, il suffit jusqu'à un certain point d'examiner les habitudes du Crocodile pour déterminer la valeur rigoureuse des dispositions anatomiques et des résultats physiologiques qui, au premier abord, paraissent si extraordinaires.

Nous tenons des savantes et précieuses recherches de M. Geoffroy Saint-Hilaire, que le Crocodile hésite et vit inquiet hors de l'eau; qu'il ne sait prendre aucun parti pour attaquer ou se défendre lorsqu'il est à terre; qu'il ne s'y rend que pour dormir, et enfin qu'il ne déploie sa toute-puissance que lorsqu'il est dans le milieu aquatique: là seulement il devient un animal indomptable; sa volonté est extrême, et son ardeur l'emporte au-delà de sa prévision, en lui rendant possible, facile même, les plus grands excès. C'est toute l'énergie et la puissance d'un animal à sang chaud. « Nous avions ce spectacle sous les yeux, » dit M. Geoffroy, et cependant nous étions restés » dans la persuasion que c'était avec une certaine » provision d'air que le Crocodile fournissait à une » si grande dépense, qu'il pourvoyait à tous les » travaux d'un chasseur infatigable, lorsque, mieux » informés par les recherches ultérieures faites par » MM. Isidore Geoffroy Saint-Hilaire et Martin-Saint-» Ange, nous avons cru pouvoir assigner à tous » ces effets leur véritable cause, savoir, que le Cro-» codile, quand il est sous l'eau, laisse pénétrer » dans sa cavité abdominale par deux canaux *péri-» tonéaux* une quantité d'eau considérable que l'ani-» mal peut renouveler à volonté. » Ainsi M. Geoffroy Saint-Hilaire, regardant cette nouvelle fonction comme propre à remplacer la respiration pulmonaire du Crocodile, et s'appuyant aussi sur d'autres faits à peu près analogues, observés chez divers animaux, donne comme démontré que la cavité abdominale des Crocodiles, comparable à une vaste trachée, est propre à opérer l'oxygénation du sang, ce qui constitue un appareil branchial nouveau. Ces vues gigantesques, émises par l'esprit philosophique d'un de nos plus illustres zoologistes, trouvent une explication rigoureuse dans la connaissance exacte de la Circulation du sang chez le Crocodile. En effet, nous avons vu que le cœur de ce reptile représente assez exactement celui des mammifères, et qu'à cause d'une branche particulière, la crosse gauche de l'aorte, la Circulation se modifie de manière à reproduire la Circulation du fœtus. On conçoit dès-lors que le

---

(1) Les figures 3 et 4 (pl. 111) représentent le cœur du crocodile vu par ses deux faces antérieure et postérieure.

Crocodile peut rester long-temps sous l'eau , sans respirer l'air libre, et que, loin d'interrompre pour cela la Circulation du sang dans les poumons, il en établit une nouvelle pour une respiration dont le mode, aussi singulier qu'inconnu , n'avait pas été indiqué avant la publication de l'ouvrage de M. Geoffroy Saint-Hilaire sur les Crocodiles d'Egypte.

Dans les Ophidiens, le sang arrive dans l'oreillette droite du cœur par deux veines caves supérieures , par la veine cave inférieure et les veines coronaires ; de là il peut passer dans les deux ventricules , mais dans des proportions différentes , à cause de la disposition des valvules du cœur. Le sang qui revient des poumons arrive dans l'oreillette gauche par un gros tronc qui y débouche, de manière à passer dans l'un et l'autre ventricule par une ouverture interventriculaire ; il est vrai cependant que les valvules de cette communication sont si singulièrement disposées, qu'il devient très-difficile d'en apprécier rigoureusement les usages. Suivant un habile anatomiste, M. Retzius, les valvules du cœur s'opposeraient à toute espèce de mélange, du moins chez le serpent python. Nous ferons pourtant remarquer que dans la couleuvre à collier, les valvules du cœur ne s'opposent pas au mélange, puisque la cloison qui sépare les deux ventricules est criblée de petites ouvertures. Du reste , il y a, comme chez les Crocodiles , une crosse droite qui donne les artères de la tête ; une crosse gauche qui va s'ouvrir dans l'aorte descendante , et une artère pulmonaire qui se bifurque en donnant une branche qui conduit le sang dans un vaste poumon situé à droite, et une autre branche qui se termine brusquement en cul-de-sac. Cette dernière circonstance, peut-être, a fait dire à la plupart des anatomistes qu'il n'y avait qu'un poumon chez les serpens ; cependant il en existe un second , très-rudimentaire à la vérité, qui est situé au niveau et à gauche du précédent : il reçoit non-seulement une branche de l'artère pulmonaire droite, mais aussi une division de la trachée-artère qui se subdivise, et une branche veineuse principale qui va déboucher dans la veine pulmonaire droite. Indépendamment de cela, il existe chez les serpens une Circulation toute particulière. Dans la moitié inférieure du poumon, le sang n'y est plus apporté par les seules divisions de l'artère pulmonaire, il y arrive par les intercostales qui s'y distribuent à la manière des vaisseaux intestinaux : chaque branche se subdivise et va à la rencontre de radicules veineuses qui débouchent dans la veine cave inférieure, par autant de troncs veineux qu'il y a d'artères intercostales. Cette singulière distribution du sang dans la moitié inférieure du poumon droit, coïncide avec une structure particulière de cette même portion de l'organe respiratoire. On remarque en effet que les cellulosités pulmonaires disparaissent avec les capillaires de l'artère pulmonaire, et qu'au-delà de ce point le poumon n'est qu'un véritable sac membraneux. Il résulte de ce qui précède que la Circulation des serpens

se modifie de telle manière dans le poumon droit, que le mélange du sang s'y effectue nécessairement , puisque celui de la portion inférieure du poumon a déjà subi l'action de l'air lorsqu'il passe dans la veine cave inférieure.

Dans les Chéloniens et les Sauriens, la circulation du sang est moins compliquée : le mélange se fait dans un ventricule unique. Le tronc (n° 1) formé par les veines qui rapportent le sang à l'oreillette droite (n° 2) se trouve placé à la partie inférieure du cœur (*voy.* fig. 5, qui représente le cœur et les principaux troncs chez les tortues). Celui formé par les veines pulmonaires (n° 3) s'ouvre dans l'oreillette gauche (n° 4). Au moment où les deux cavités auriculaires se contractent , le sang passe dans le ventricule, où il rencontre une cloison membraneuse, qui remplit les fonctions d'une valvule. Cette membrane, en s'appliquant exactement sur les orifices qui laissent passer le sang dans le ventricule , le contraint à passer dans trois troncs principaux, savoir : l'artère pulmonaire (n° 5), la crosse gauche (n° 6) et le tronc (n° 7), communs aux artères qui portent le sang à la tête, au cou et à la crosse droite (n° 8). On remarque chez les tortues une disposition curieuse de la Circulation du sang dans le poumon ; outre les artères pulmonaires , il y a une branche veineuse sortant des reins, qui va s'ouvrir dans le réseau capillaire de la partie inférieure de chaque poumon ; le sang veineux provenant des reins et souvent aussi de la capsule surrénale, traverse l'organe respiratoire et arrive au cœur avec les conditions de sang artériel.

Dans les Batraciens, la Circulation se modifie un peu sous le rapport de la distribution des artères qui partent du cœur. Cette différence ne tient pas, comme on l'a cru, à la disposition des cavités du cœur, et c'est à tort que quelques auteurs , plus confians dans les recherches de nos prédécesseurs, publient de nos jours et persistent à croire, faute d'avoir observé par eux-mêmes, qu'il n'y a qu'une seule oreillette chez la grenouille et la salamandre. Il est de fait pourtant que chez ces reptiles, comme chez tous ceux de cette classe qui respirent par des poumons, il y a évidemment une oreillette droite pour recevoir le sang qui revient des diverses parties du corps , et une oreillette gauche pour recevoir celui qui revient des poumons. Ainsi chez la salamandre , comme chez la grenouille , il ne peut y avoir mélange que dans le ventricule. Il faut seulement remarquer, dans les Batraciens, qu'un seul tronc s'élève du ventricule et qu'il fournit les artères pulmonaires, celles de la tête et celles de toutes les autres parties du corps. Cette disposition les rapproche beaucoup des poissons et des reptiles que l'on a improprement nommés amphibies.

De ce court exposé sur la Circulation du sang chez les reptiles, on voit que cette fonction éprouve de nombreuses modifications dans chaque classe ; qu'elle dépend principalement de la conformation du cœur et des principaux vaisseaux qui en partent, et qu'il y a cependant des rapports constans desquels on peut déduire des principes généraux. Ainsi la Circulation des reptiles a cela de particulier que, chez toutes les espèces de cette classe, le sang se trouve plus ou moins mélangé, que ce mélange est indispensable pour entretenir un cercle circulatoire autre que le pulmonaire, lorsque la respiration est gênée ou suspendue; que c'est par une branche constante allant du cœur à l'aorte descendante, que la Circulation peut se modifier et abandonner la route des poumons; que cette déviation, quoique modifiée par la disposition des troncs principaux du cœur, s'effectue aussi chez la grenouille et la salamandre; et qu'enfin la Circulation des reptiles, qui au fond répète celle du fœtus des mammifères, donne à cette classe la faculté de vivre long-temps sans respirer, ou de respirer par un tout autre mécanisme toujours approprié aux besoins et aux conditions où se trouve l'individu.

Pour terminer ce que nous avons à dire sur la Circulation des animaux à respiration pulmonaire, il nous reste à indiquer les espèces qui ont des poumons plus ou moins analogues à ceux des reptiles.

Il y a, parmi les animaux sans vertèbres, les Araignées, le Colimaçon, la Limace, etc., qui ont un sac pulmonaire ou des cellules très-petites communiquant les unes avec les autres. Dans les mollusques, et spécialement chez la Limace ou chez le Colimaçon, ce poumon est une cavité qui communique au dehors par un trou étroit, lequel peut s'ouvrir et se fermer au gré de l'animal; ainsi l'air pénètre dans les poumons ou en sort à chaque mouvement de dilatation ou de serrement de l'orifice pulmonaire. Comme toutes ces parties sont charnues, et qu'il n'y a aucune charpente osseuse, il n'y a d'autre mécanisme que l'action musculaire. Les parois de la cavité sont, d'après Cuvier, parcourues d'un lacis presque infini de vaisseaux sanguins rampans dans une substance un peu spongieuse. Cette cavité est placée sur le cou et s'ouvre au côté droit de la poitrine. Ainsi la Circulation chez ces animaux parcourt nécessairement le cercle pulmonaire ou la petite Circulation.

Dans le fœtus de l'homme et des mammifères, la Circulation se fait tout autrement que chez l'adulte : elle subit des métamorphoses et des modifications si nombreuses, que l'on a pu retrouver dans les diverses périodes de la vie fœtale presque toutes les combinaisons que l'on observe chez les divers animaux. Aussi a-t-on conclu de là que la Circulation de l'homme, la plus parfaite que nous connaissions, a dû reproduire transitoirement les degrés permanens de la Circulation des animaux inférieurs. Ne pouvant pas dans cet article entrer dans tous les détails relatifs à ce sujet, nous nous bornerons du moins à bien faire connaître la Circulation du sang chez le fœtus, et les modifications qu'elle éprouve au moment de la naissance.

Pour faciliter son étude, nous examinerons d'abord le trajet que parcourt le sang en allant du placenta jusqu'au cœur du fœtus; puis, nous étudierons la direction que prend le sang dans le cœur, et enfin son mode de distribution dans les organes.

1° Le sang va du placenta au cœur du fœtus au moyen d'un gros tronc vasculaire (n° 1, f. 2, 6 et 7), nommé *veine ombilicale*. Cette veine s'étend depuis le placenta, ou délivre, jusque dans le foie du fœtus; elle a une longueur variable de 5 à 24 ou 36 pouces; elle est renflée à son origine, et entourée jusqu'à l'ombilic par les deux artères ombilicales que nous décrirons plus tard. Parvenue au foie, elle gagne la face postérieure de cet organe (f. 6), se loge d'abord dans une portion du sillon longitudinal (S. L.) et ensuite dans le sillon transversal (S. T.). Le point où la veine ombilicale change de direction, pour se loger dans le sillon transversal du foie, est important à connaître; car de ce lieu naît le *canal veineux* (n° 2) qui, après s'être logé dans la continuation du sillon longitudinal (S. L.), va s'ouvrir dans la veine cave inférieure (n° 5) au point de jonction des veines hépatiques (n° 4).

A peu près vers le milieu de l'étendue que parcourt la veine ombilicale dans le sillon transversal, vient s'ouvrir, de gauche à droite, la veine *porte* (n° 5), qui contient le sang provenant des intestins. Le tronc qui en résulte se gonfle considérablement, et se subdivise bientôt en un grand nombre de branches. Il suit de cette disposition principale des vaisseaux du foie et de quelques autres moins remarquables, que le sang du placenta arrive pur dans le lobe gauche (L. G.) et le canal veineux, et mélangé dans le lobe droit (L. D.). Ici le mélange provient de ce que la veine porte (n° 5) s'ouvre dans la veine ombilicale. Ce fait, qui n'a point été suffisamment déterminé, explique jusqu'à un certain point le volume considérable du lobe gauche du foie chez le fœtus. Le sang provenant de l'ombilicale (n° 1), de la veine porte (n° 5), de l'artère hépatique et du canal veineux (n° 2), est porté par ce dernier et par les veines hépatiques dans la portion sous-diaphragmatique (n° 3) de la veine cave inférieure, d'où il passe immédiatement au cœur. Les anastomoses des vaisseaux du foie sont destinées à faciliter la Circulation du sang dans cet organe : celle du (n° 6) peut servir à la continuer dans la portion transversale du tronc ombilical lorsque, par un obstacle quelconque, celui-ci viendrait à être obstrué au point de sa courbure. Les anastomoses n°ˢ 7, 8, 9, 10, 11, 12 servent à laisser passer le sang de l'ombilicale dans la veine cave inférieure : cette fonction a de l'analogie avec celle du canal veineux.

2° La direction que prend le sang dans le cœur du fœtus ne peut pas être établie rigoureusement sans la connaissance exacte de la structure du cœur. *Voy.* Cœur. Nous nous bornerons ici à dire que, chez le fœtus, l'oreillette droite communique avec la gauche par l'ouverture de Botal, garnie d'une valvule, et qu'elle est divisée en deux loges par une cloison nommée valvule d'Eustache. Quant à l'utilité de la valvule d'Eustache, elle peut se déduire aisément d'après son développement, qui est en raison inverse des autres organes. Dans le premier âge, elle recouvre presque complètement le trou de Botal et l'orifice des deux veines caves, tandis que, plus tard, elle finit par les laisser à découvert. De cette disposition il résulte évidemment qu'elle est destinée à favoriser le mélange du sang des deux veines caves, à en diriger la plus grande partie dans l'oreillette gauche, et à empêcher son reflux dans la veine cave inférieure. L'utilité du trou de Botal consiste à laisser passer le sang de l'oreillette droite dans la gauche; sa valvule proportionne l'entrée du sang dans la cavité auriculaire et détruit cette communication après la naissance. Outre ces remarquables différences entre la structure de l'oreillette du fœtus et celle de l'homme, il existe une disposition importante dans la répartition des branches qui naissent du tronc pulmonaire; celui-ci, après avoir fourni les deux artères (n°ˢ 12, 13, fig. 2) qui se distribuent aux poumons, et qui sont ici très-petites, se continue jusqu'à l'aorte descendante (n° 14) et y débouche; c'est ce prolongement (n° 15) du tronc pulmonaire que l'on nomme *canal artériel*; il sert à détourner des poumons le sang que le ventricule droit lui renvoie sans cesse et qu'il ne peut recevoir. D'après cela, voici selon nous comment se fait la Circulation du sang chez le fœtus.

Si l'on suppose les oreillettes *od*, *og* (fig. 2) contractées, la diastole succédant immédiatement, les cavités auriculaires se vident, et le sang y afflue par les deux veines caves (n° 15 et 16), par les veines coronaires (n° 17 et 18) et par les veines pulmonaires. L'oreillette gauche, qui ne peut se remplir suffisamment au moyen du sang que lui apportent les veines pulmonaires, en retire de l'oreillette droite par le trou de Botal. Pendant que l'oreillette gauche aspire ainsi la quantité de sang qui est nécessaise pour la remplir, la droite se laisse aussi pénétrer par le sang mélangé provenant des deux veines caves et des veines coronaires. Les oreillettes, stimulées par la présence du sang qu'elles contiennent, se contractent; leurs cavités se vident pour remplir celles des ventricules; et le sang, pendant la contraction des oreillettes, tend à revenir par les ouvertures qui lui ont livré passage; l'oreillette droite le repousse vers les veines caves; mais ce reflux est arrêté en grande partie par la valvule d'Eustache. L'oreillette gauche, à son tour, repousse le sang vers le trou ovale; mais la valvule de Botal s'oppose d'autant plus à son reflux, que le fœtus est moins jeune. De cette manière le sang des oreillettes trouvant des obstacles pour revenir librement en arrière, passe dans les ventricules par les ouvertures auriculo-ventriculaires, qui lui offrent une disposition plus favorable. Les ventricules, à leur tour, se contractent aussitôt qu'ils ont reçu le sang des oreillettes correspondantes et le poussent dans les trous qui lui sont propres. Le reflux du sang dans les cavités auriculaires est empêché par la valvule *mitrale* placée à

l'orifice auriculo-ventriculaire gauche, et par la valvule *tricuspide* située à l'ouverture auriculo-ventriculaire droite. Le sang du ventricule droit passe dans le tronc pulmonaire, qui est garni à son origine de trois valvules *sygmoïdes* destinées à empêcher le reflux du sang. Un peu au-dessus de ces valvules naît l'artère pulmonaire droite (n° 12) et un peu plus loin la gauche (n° 13), après quoi le tronc se continue, comme nous l'avons dit, sous le nom de canal artériel, et va s'ouvrir dans l'aorte au point où elle se recourbe pour constituer la crosse. Celle-ci, qui naît du ventricule gauche, a aussi à son origine trois valvules sygmoïdes propres à s'opposer au retour du sang dans le ventricule au moment de la diastole.

Après cela le sang est distribué aux organes de la manière suivante. L'aorte donne successivement, après les valvules sygmoïdes, les artères coronaires (n° 17); le tronc brachio-céphalique (n° 20); la carotide primitive gauche (n° 21); la sous-clavière du même côté (n° 22); quelquefois l'artère thymique (n° 24); les artères bronchiques (n° 25); les œsophagiennes (n° 26); les médiastines (n° 27); les inter-costales (n° 28); les diaphragmatiques (n° 29); l'artère cœliaque (n° 30) qui se subdivise en trois branches, la coronaire stomachique, l'hépatique et le splénique; la mésentérique supérieure (n° 31); la mésentérique inférieure (n° 32); les capsulaires (n° 33); les rénales (n° 34); les spermatiques (n° 35) et les lombaires (n° 36). Après avoir fourni ces artères, l'aorte se bifurque, et donne les iliaques primitives (n° 37), entre lesquelles se trouve l'artère sacré-moyenne. Chaque artère iliaque primitive donne, en se bifurquant, l'artère crurale (n° 38) et un gros tronc (n° 39) qui, après avoir fourni plusieurs branches comprenant les hypogastriques et les vésicales, se continue sous le nom d'artères ombilicales. Celles-ci ramènent au placenta la plus grande partie du sang, afin d'y puiser, en le traversant, de nouveaux matériaux qui le rendent apte à exciter à la vie les organes du fœtus. Les artères ombilicales, en détournant ainsi une grande quantité de sang des crurales, déterminent la petitesse des membres inférieurs.

Si nous comparons actuellement la Circulation du fœtus avec celle de l'adulte (fig. 1), nous voyons que les principales différences consistent 1° dans la disparition complète du canal artériel et du canal veineux; 2° dans l'oblitération des artères et de la veine ombilicale; 3° dans l'augmentation de calibre des artères hypogastriques et crurales; 4° dans la direction moins oblique de la veine porte sur la veine ombilicale; 5° dans la séparation complète des deux cavités auriculaires; 6° enfin dans la direction opposée que prend le sang en traversant la portion de l'ombilicale située dans le sillon transversal. Tous ces changemens, pour la plupart, ne s'opèrent pas immédiatement après la naissance; le canal artériel et le trou de Botal restent ordinairement libres jusqu'au huitième jour; quelquefois le trou ovale persiste pendant toute la vie, et c'est une des causes qui produisent la maladie bleue ou *cyanose*. Enfin le seul changement qui s'opère immédiatement après la naissance, c'est le passage du sang de droite à gauche dans la portion de l'ombilicale située dans le sillon transversal.

Il est facile ensuite de se rendre compte des causes déterminantes de la métamorphose circulatoire du fœtus. En effet, on explique très-bien l'atrophie du canal artériel par la révulsion du sang qu'opèrent les artères pulmonaires au profit des poumons. On conçoit pareillement l'oblitération complète des portions d'artères ombilicales, par l'augmentation de calibre que prennent les hypogastriques et les crurales.

Quant à l'occlusion du trou ovale, elle s'effectue par l'accroissement successif de la valvule, qui finit par adhérer avec les bords de l'ouverture. Il est moins facile de se rendre compte de l'oblitération du canal veineux. Cependant, en considérant que le sang n'est plus envoyé directement dans ce vaisseau par la veine ombilicale, cette oblitération devient possible et s'effectue du huitième au quarantième jour.

De tous ces faits relatifs à la Circulation du sang chez le fœtus, nous concluons, 1° que le placenta, organe éminemment vasculaire, n'est autre chose qu'une vaste branchie, ou un appareil respiratoire temporaire, propre à modifier convenablement le sang du fœtus; 2° que c'est aux dépens des fluides déposés à la surface de l'utérus, et non transmis par des vaisseaux de communication, que s'effectue le phénomène de la respiration branchiale; 3° que tout le merveilleux arrangement des organes circulatoires a pour but de ramener sans cesse le sang au placenta et de le détourner des poumons; 4° que c'est toujours du sang mélangé qui est porté aux organes du fœtus; 5° que ce mélange doit être regardé comme conséquence du mode circulatoire qui s'établit en dehors du cercle pulmonaire; 6° enfin que le développement plus grand des parties supérieures du fœtus reconnaît pour cause le volume des artères et non la qualité du sang qui les traverse.

Pour ce qui regarde les animaux à respiration branchiale, la Circulation présente cela de particulier, que le mélange du sang n'a lieu que dans certain nombre d'entre eux. Le têtard de la Salamandre, le Protée, la Sirène, etc., sont dans ce cas. Ces animaux ont, il est vrai, des sacs pulmonaires; mais ces organes, plus ou moins analogues à la vessie natatoire des Poissons, sont imparfaits, puisqu'ils ne peuvent à eux seuls remplir les fonctions de la respiration : d'ailleurs le mélange du sang ne peut manquer d'avoir lieu à cause de la disposition de leurs organes circulatoires. En effet le ventricule est sans cloisons, l'oreillette est simple, et des troncs branchiaux partent des anastomoses qui conduisent le sang veineux dans des artères. D'après cela ces animaux rentreraient évidemment dans la classe des reptiles; mais à cause du cœur simple et de la persistance des branchies indispensables à leur existence, ils sont dans les conditions des Poissons, ou plutôt comparables aux

têtards des Salamandres arrivés au degré de développement organique qui les fait passer de l'état de poisson à celui de reptile, sans cependant réaliser exactement ni l'une ni l'autre de ces conditions.

Quant aux autres animaux à respiration branchiale, tout le sang va nécessairement aux branchies sans se mélanger : seulement il y a cette différence, que chez les poissons tout le sang veineux arrive dans l'oreillette, passe dans le ventricule pour aller aux branchies, et de là à tous les organes; tandis que, d'après Cuvier, chez les mollusques, les crustacés, etc., le sang veineux parvient aux branchies, puis au cœur, et ensuite à tous les organes. C'est donc un cercle inverse que parcourt le sang, et c'est d'après cette différence que l'on a établi la distinction de *cœur pulmonaire* et de *cœur aortique*. (*Voy.* CŒUR.)

Dans les *animaux à respiration trachéenne*, la circulation semble se faire, d'après Lyonnet et Cuvier, dans un vaisseau dorsal. Ici l'air va exercer son action sur tous les points de l'intérieur du corps au moyen d'une infinité de canaux qui s'y distribuent. Ces canaux ont reçu le nom de *trachées* à cause de leur analogie avec la *trachée artère* des animaux à poumons.

Les trachées communiquent au dehors par de petits trous placés de chaque côté du corps et nommés *stigmates*, ou quelquefois par un ou deux de leurs tuyaux, qui s'ouvrent à l'anus. Ce dernier cas est celui des insectes purement aquatiques. *V.* CŒUR, POUMONS, RESPIRATION.   (M. S. A.)

CIRE. (INS.) *Voy.* ABEILLES.

CIRIER, *Myrica cerifera*. (BOT. PHAN. et AGR.) On connaît plusieurs arbustes sous le nom générique de Cirier. Une espèce originaire du Japon, le *M. nagi*, s'élève à la hauteur du Cerisier commun, et est remarquable par la beauté de son feuillage toujours vert; trois appartiennent au cap de Bonne-Espérance, le *M. quercifolia*, le *M. serrata*, et le *M. cordifolia*, que l'on distingue aisément des autres espèces par leurs feuilles plus petites, plus nombreuses, plus rapprochées; une se trouve également aux îles Canaries et aux Açores, le *M. faya*, que l'on rencontre chez quelques amateurs et dans plusieurs jardins botaniques où elle n'exige que les soins ordinaires réclamés par les plantes d'orangerie; mais toutes elles redoutent la moindre atteinte de nos gelées; enfin, une espèce nous est venue de l'Amérique septentrionale, et c'est elle dont il sera plus particulièrement question dans cet article, parce qu'elle adopte volontiers le climat de la France : c'est aussi l'espèce à laquelle le nom de *Cirier*, ou *arbre à cire*, convient essentiellement, c'est celle que mon expérience m'annonce être la plus facile à cultiver, et la plus propre à tirer parti des terrains aquatiques qui sont condamnés à la stérilité, dont elle absorbe les gaz délétères.

Le Cirier, comme le genre GALÉ (*voy.* ce mot), dont il fait partie, appartient à la famille des Amentacées et à la Dioécie tétrandrie; il croit naturellement à la Floride, dans la Caroline, et surtout, en grande quantité, sous le ciel plus chaud de la Louisiane. On le trouve dans les terres basses, aux lieux humides, marécageux et très-ombragés, dans les fondrières, sur le bord des ruisseaux, sur les vastes rives des fleuves et au voisinage de l'Océan. Il s'élève à la hauteur de deux et trois mètres. Sur le sol de la France et même de toute l'Europe tempérée, il ne forme le plus souvent qu'un buisson lâche, haut tout au plus de quatre-vingt dix-sept à cent vingt-neuf centimètres. Cependant je l'ai vu à Toulon, à Versailles et dans le jardin de la Malmaison, autrefois si cher aux botanistes, dépasser deux mètres. Il est garni de racines rameuses pivotantes et roussâtres ; sa tige porte une écorce grise, mince ; le tronc se divise en un grand nombre de branches à rameaux cylindriques, velus en leur sommet et très-garnis de feuilles, qui, lorsqu'on les froisse entre les doigts, répandent une odeur aromatique très-agréable. Les feuilles paraissent adhérer aux tiges et aux rameaux, tant leur pétiole est court ; elles sont vertes, alternes, lancéolées, raides, pointues, inégalement dentées en scie, unies et parsemées d'une multitude innombrable de petits points jaunes-dorés en dessous. Il fleurit depuis le mois de février jusqu'en mai. Ses fleurs sont axillaires, dioïques, disposées en chatons peu serrés ; les mâles sont peu apparentes ; aux femelles succèdent, lorsque le Cirier atteint sa troisième et même sa quatrième année, des petites baies charnues, globuleuses, de la grosseur d'une graine de coriandre, qui sont d'abord verdâtres, puis deviennent, à l'époque de la maturité, d'un gris cendré. Elles sont bonnes à récolter au plus tard en janvier. Leur surface est alors recouverte d'une substance grasse, onctueuse, blanche, grenue et parsemée de petites aspérités noires, rondes.

Si l'on presse fortement cette baie, elle se dépouille d'une matière en apparence amylacée et mélangée de petits grains ; le noyau qui reste à nu présente une enveloppe ligneuse, très-épaisse, dure, cachée sous une pellicule verte chagrinée, et renferme une seule amande dicotylédonée, oblongue, dépourvue d'albumen ; elle conserve plusieurs années sa vertu germinative. Dans son pays natal, elle se sème d'elle-même et sans le secours de la main de l'homme ; sa végétation se renouvelle, se propage, s'entretient toujours active partout où elle trouve un sol qui lui convient.

J'en connais deux variétés ; l'une, que l'on trouve abondamment dans la basse Virginie et dans la Caroline du nord, est le *M. cerifera maculata*, ainsi nommée de ses feuilles qui sont parsemées de taches noirâtres ou brun foncé ; l'autre qui tale en buisson, le *M. cerifera parva*, qui vit en Arcadie, dans la Pensylvanie et même jusqu'au Canada, où les hivers sont si longs et si rigoureux. Cette dernière mérite surtout de fixer l'attention des cultivateurs. Je la leur recommande en particulier et leur promets un succès assuré.

Disons maintenant un mot de la matière résineuse, odorante, luisante, sèche, friable, fort analogue à la cire des abeilles, que l'on obtient de ces divers arbustes et de l'usage que l'on peut en faire. Elle est susceptible de rendre de grands services aux arts. Dans l'Amérique on en prépare un excellent savon qui blanchit parfaitement le linge ; j'en ai fait des bougies jetant une flamme blanche, peu de fumée, ne coulant pas, donnant une lumière douce qui sympathise avec les vues basses, durant long-temps et répandant une odeur balsamique très-agréable, regardée par les indigènes comme très-saine pour les malades : quand on veut une plus grande clarté, l'on ajoute un quart de suif de mouton le plus ferme. Avec l'eau où la graine a bouilli, et d'où l'on a tiré la cire, coulée, évaporée à consistance d'extrait, on arrête les dysenteries les plus opiniâtres : cette propriété résulte de la quantité considérable d'acide gallique contenue dans la graine.

Un pied de Cirier, bien fertile, fournit jusqu'à trois et quatre kilogrammes de baies ou un kilogramme de cire épurée. On met les graines dans un canevas par petite quantité, on les plonge dans l'eau bouillante et on met la cire égoutter sur un linge fin. A une seconde fonte, elle est des plus belles et d'un vert tendre charmant.

Les feuilles, les fleurs et les fruits ont un goût amer fort astringent. Avec les premières, mises en décoction et mêlées avec du proto-sulfate de fer ou couperose, on a une très-bonne encre ; avec la baie, dépouillée de la cire qui l'enveloppe extérieurement, on obtient une laque superbe et solide. Le Cirier produit un fort bel effet dans les bosquets, il en rend la perspective plus fraîche, et la profondeur plus riante ; il flatte l'odorat par ses émanations, et attire les abeilles qui butinent sur lui avec plaisir.

Partout, en France, en Angleterre, en Hollande, en Allemagne, en Italie, où l'on a su donner au Cirier la terre qu'il demande, il a répondu largement aux espérances du cultivateur. Les laisses de mer, les terrains submergés, les prairies tourbeuses lui conviennent ; du reste, il n'exige aucun soin. La variété de Pensylvanie brave nos hivers les plus rigoureux, sans perdre la moindre partie de ses jeunes pousses. Elle se propage de marcottes bien enracinées, au moyen des nombreux drageons qui poussent à la naissance de ses racines, et par la voie de ses graines qui, semées en automne, lèvent au printemps suivant. Le Cirier de la Louisiane réussit très-bien dans nos départemens du midi. Son introduction en France date de l'an 1725, celle du Cirier de Pensylvanie fut naturalisée soixante ans plus tard. (T. D. B.)

CIRON (ARACHN.) *V.* ACARUS et SIRON.

CIRRES. (ANNEL.) Appendices qui accompagnent souvent les rames des pieds dans les Annélides. Savigny, qui les a désignés sous ce nom et qui les regarde comme les antennes du corps, pense avec raison que ces filets tubuleux, subarticulés, souvent rétractiles, sont fort analogues aux antennes. Les Cirres des rames dorsales ou Cirres supérieurs sont presque toujours plus longs que les Cirres inférieurs. (P. G.)

CIRRHES, *Cirrhi.* (BOT. PHAN.) Appendices filamenteux, simples ou rameux, nus, se courbant

bant diversement, se tortillant de mille manières, s'enroulant le plus habituellement en spirale. C'est au moyen des Cirrhes que certaines plantes faibles s'attachent à d'autres corps pour s'élever et se soutenir. On donne indistinctement à cette production le nom de *vrilles* et celui de *mains*. Columelle les appelle *clavicula* ou porte-fardeau. Les Cirrhes sont composées des mêmes vaisseaux que les organes avortés qu'ils représentent. Ils n'offrent qu'un seul filet dans les Cucurbitacées, les Grenadilles et diverses légumineuses. Ils sont divisés en deux branches dans la Vigne, différentes Gesses ; en trois dans les Bignones, particulièrement le *Bignonia unguis cati* ; en un plus grand nombre dans la Cobée, *Cobea scandens*, l'Ers à une fleur, *Ervum monanthos* ; la Vesce multiflore, *Vicia cracca*. Tantôt ils naissent dans l'aisselle des feuilles, les Grenadilles ; tantôt à un point diamétralement opposé à celui d'où part la feuille, la Vigne ; ailleurs ils sont le résultat de la métamorphose du pétiole, le Pois, l'Orobe ; ou bien celui du développement extraordinaire des stipules, comme dans plusieurs espèces de Smilax, ou du pédoncule, comme dans le Corinde ou Cardiosperme. Tout corps qui, chez les végétaux, subit de semblables changemens se dit *Cirrheux* ou *Cirrhifère.*   (T. D.B.)

CIRRHINE. (poiss.) C'est un petit sous-genre de l'ordre des Malacoptérygiens abdominaux, que Cuvier a formé aux dépens du grand genre Cyprin ; son principal et unique caractère consiste en des barbillons situés sur le milieu de la lèvre supérieure.

L'espèce figurée par Bloch, tom. IV, fig. 411, est le *Cyprinus cirrhosus*, dont la bouche, comme son nom l'indique, est garnie de barbillons. (ALPH. G.)

CIRRHIPÉDIENS. *V.* CIRRIPÈDES.

CIRRHITE, *Cirrhites*. (poiss.) Les Cirrhites sont au nombre de ces genres qui, se liant à plusieurs groupes, n'appartiennent précisément à aucun, ou qui du moins ne s'y laissent pas lier étroitement ; la diposition de leurs rayons libres semblerait devoir les faire placer à la suite des Trigles, avec lesquels ils se lient jusqu'à un certain point. Mais leur préopercule dentelé, leur opercule terminé en angle mousse, et leurs dents vomériennes, les ramènent près des Mésoprions. Du reste, leurs écailles, leurs nageoires, le nombre de leurs rayons, correspondent aussi en général à ce qu'on voit dans les Mésoprions ; mais leur tète est plus courte, leurs ventrales sortent sous le milieu de leurs pectorales, et non pas immédiatement sous la base de ces dernières, ce qui a déterminé M. de Lacépède à les placer à la tête de l'ordre des Abdominaux. Du reste, cet auteur avait très-bien aperçu les rapports de ces poissons avec les Perches et les Serrans.

Les espèces, au nombre de six, habitent la mer des Indes. Nous citerons parmi celles-ci le CIRRHITE RUBANÉ, *Cirrhites fasciatus*, Cuv. La partie épineuse de sa dorsale porte de petits lambeaux ; le fond de sa couleur est grisâtre, et devient blanchâtre en dessous. La tête, le dos et la membrane de la dor-

sale sont semés de petits points blancs. (ALPH. G.)

CIRRHIOPODES. *V.* CIRRIPÈDES.

CIRRIPÈDES. (crust.) Le célèbre Cuvier et, après lui, presque tous les zoologistes ont considéré les Cirripèdes comme appartenant aux Mollusques, quoique offrant d'ailleurs quelques rapports avec les Articulés. M. de Blainville les a considérés comme un groupe intermédiaire entre ces deux embranchemens du règne animal. Mais l'examen complet que nous avons fait de leurs divers systèmes organiques établit que les Cirripèdes, au moins les Cirripèdes pédiculés de Lamarck, les seuls que nous ayons suffisamment étudiés, sont de véritables Articulés, offrant des rapports nombreux avec les Annélides, et liés d'une manière beaucoup plus intime encore avec les Crustacés inférieurs. Nous proposons donc de placer la classe des Cirripèdes à la suite des Crustacés, afin d'établir le passage naturel entre ces derniers et les Annélides, que nous classons après les Cirripèdes. Voici les faits principaux qui viennent à l'appui des changemens que nous indiquons. La bouche des Cirripèdes pédiculés est composée de pièces parfaitement comparables à celles de la bouche de plusieurs Crustacés, et notamment des Phylosomes ; la lèvre supérieure, les palpes, les mandibules sont tellement analogues, que la ressemblance s'étend jusqu'à la forme.

Les six pieds-mâchoires que l'on rencontre le plus ordinairement chez les Crustacés se retrouvent, chez les Cirripèdes, confondus en deux seulement, situés un de chaque côté du corps. Ces deux pieds-mâchoires, qui ont à leur base d'une à quatre branchies, reçoivent l'un et l'autre deux branches nerveuses.

Les dix pieds ordinaires des Crustacés sont fidèlement représentés dans les Anatifes. A la base de plusieurs d'entre eux se trouvent des branchies disposées comme celles de certains Crustacés, et les répétant même par le nombre. Il existe dans chaque pied un double canal propre à établir un courant circulatoire, et traversant toutes les articulations des cirres. Le corps est composé d'un certain nombre d'anneaux ou d'articulations bien distinctes, dont chacune supporte une paire de pieds. A l'intérieur existe un vaisseau dorsal semblable à celui d'un grand nombre d'articulés et une double série de ganglions, dont le nombre est égal à celui des pattes. Il existe une autre paire de ganglions sur les parties latérales et supérieures de l'œsophage, à part les deux œsophagiens qui sont aussi placés symétriquement. Le canal intestinal renferme à l'intérieur un sac membraneux en forme de cône. Cette espèce de cœcum ou second canal, qui n'avait pas encore été indiqué, est flottant dans le canal alimentaire et l'égale presque en longueur. Il est fermé à son extrémité inférieure, tandis que, évasé et ouvert à son extrémité supérieure, il se trouve enchâssé par des dentelures dans les lacunes aréolaires de l'intérieur de l'estomac. C'est dans ce cœcum que sont déposés les alimens pour y subir le travail préparatoire à la nutrition : or cette fonction ne peut se faire qu'à l'aide d'une rumination qui viderait ce second canal, ou cœcum, dans l'estomac. D'après les savantes recherches de M. Serres, il n'y aurait dans l'organisation animale que le ver de terre parmi les Annélides qui présenterait un second intestin emboîté dans son tube alimentaire, ce qui établit un rapprochement de plus entre ces animaux et les Cirripèdes.

Enfin la question la plus controversée de l'organisation des Cirripèdes est celle qui est relative à l'appareil génital. Nous ne nous arrêterons pas à l'idée de *Home*, qui fait germer les Anatifes de leur pédicule, à peu près comme le feraient des bourgeons sur une tige. Cette hypothèse, qui réunit contre elle la disposition des parties, est d'ailleurs détruite par un fait qu'a découvert M. Thomson, celui de la liberté primitive des Cirripèdes.

Suivant Cuvier, il existe sur chaque côté du canal intestinal des Anatifes, une substance composée d'une infinité de granules ; ces granules, réunis en grappe, se rendent dans un pédicule creux ; ce pédicule débouche à son tour dans un canal plus large ployé en zig-zag, lequel, réuni à son congénère, se prolonge dans le tube *proboscidiforme*. D'après Cuvier, ces granules et leurs grappes sont les œufs et les ovaires ; les pédicules sont des canaux déférens, et le canal en zig-zag est la glande spermatique. Dans cette hypothèse, les œufs se détachent de leur grappe, cheminent le long des canaux déférens et de la glande spermatique, en se fécondant dans leur marche ; ils sont déposés ensuite dans la cavité du manteau, par le tube proboscidiforme qui termine cet appareil. Il résulte de là, selon notre illustre anatomiste, que le même appareil organique produit et féconde les œufs, ce qui serait la génération réduite à sa plus simple expression.

Mais, d'après nos recherches, qui ont été soumises à l'Académie des sciences, tout cet appareil ne constitue que l'organe mâle ; l'organe femelle, ou l'ovaire, se trouve renfermé dans la cavité du pédicule par lequel les Anatifes se fixent aux corps qui doivent les supporter. Or, sous le point de vue des connexions, ce pédicule peut être regardé comme l'analogue de la queue de plusieurs Crustacés, chez lesquels les œufs se trouvent aussi, pendant quelque temps, en rapport avec cette partie de l'animal. Au reste Poli et Lamarck avaient déjà bien indiqué le lieu où se trouvent les ovaires ; mais ils n'avaient point trouvé de conduit ou d'*oviducte*. Cependant il en existe un qui est situé sur la pièce impaire de la coquille qui renferme l'animal, et qui, plus évasé vers le pédicule, s'ouvre par son autre extrémité dans la partie supérieure du manteau, de manière à ce que l'ovule qui se détache des ovaires puisse le traverser pour arriver dans le manteau. Lorsqu'un grand nombre d'œufs se sont ainsi successivement déposés dans le manteau, ils s'y fixent au moyen d'un repli membraneux : là, le tube proboscidiforme, terminaison de l'appareil générateur mâle, y verse la liqueur séminale. Après cette fécondation, qui est analogue à celle de quelques

autres espèces d'hermaphrodites, les œufs se détachent et sortent du manteau. Jusqu'ici nous avons fait abstraction de l'enveloppe extérieure des Cirripèdes, et nous avons trouvé que ces animaux ont effectivement des rapports intimes avec les Crustacés et les Annélides. Mais si nous examinons la coquille et le manteau, il semble au premier abord que les Cirripèdes se rapprochent incontestablement des Mollusques. Cependant, d'après les précieuses recherches de M. Burmeister, ces parties sont tout-à-fait différentes ; elles ont plus de ressemblance avec l'enveloppe extérieure des Crustacés qu'avec celle des Mollusques. D'où il résulte que ce caractère secondaire perd encore de sa valeur dans la classification naturelle, surtout si l'on considère qu'il y a des espèces d'Anatifes qui n'ont point de coquille proprement dite, et que certains Crustacés, tels que les *Cypris* et les *Limnadia*, Brong., sont aussi renfermés dans de véritables valves ou coquilles.

D'un autre côté, la dualité du système nerveux, la segmentation évidente du corps, et la présence d'une série de ganglions correspondant au centre de ces divisions, sont des caractères si importans qu'à eux seuls ils devraient fournir des bases solides de classification, puisque le système nerveux est toujours, selon nous, le régulateur et le véritable représentant des degrés divers de l'animalité.

Telle n'est pas cependant l'opinion d'un de nos plus grands maîtres, M. le professeur Serres. Ce célèbre anatomiste a fait la remarque que le système nerveux des invertébrés ne saurait fournir des bases solides à la distribution méthodique de ces animaux. Appliquant ensuite ses vues au rapprochement que nous avons établi entre le système nerveux des Annélides et ceux des Cirripèdes, il pense que ce même rapprochement peut être fait avec le système nerveux des Mollusques, puisqu'il y a des espèces, telles que l'*Hyale*, l'*Aplysia*, le *Bullæa aperta*, la *Tritonia*, la *Doris*, le *Clio borealis*, etc., qui ont le système nerveux central double. Ici les faits anatomiques sont positifs, et il ne peut y avoir d'erreur ; seulement il faut s'entendre sur la définition des mots *système central double*. Si par là on veut entendre la symétrie qui existe entre des ganglions œsophagiens, nul doute que chez les mollusques que nous venons de citer, comme chez beaucoup d'autres, il n'existe une symétrie du système nerveux ; mais la dualité du système nerveux comme nous l'entendons, représente deux chaînes ganglionnaires situées sur la ligne médiane du corps de l'animal. Or cette disposition ne se rencontre sur aucun mollusque, et c'est là ce que nous avons donné comme l'un des caractères importans de classification.

Il résulte donc en définitive que la place que doivent occuper les Cirripèdes est déterminée, et qu'elle est basée sur des données anatomiques non encore infirmées.

Les Cirripèdes, toujours fixés lorsque leur première métamorphose est achevée, se divisent en plusieurs genres qui comprennent :

1° Les Anatifes, *Anatifa*, Brug.; les Pouce-pieds, *Pollicipes*, Leach.; les Cineras, Leach.; les Otions, Leach; les Tetralasmis, Cuv.; les Glands de mer, *Balanus* de Brug.; les Balanes proprement dits; les Diadèmes, *Diadema*, Ranz. *Voyez* ces mots, et pour plus de détails notre Mémoire inséré dans le t. 6 des Savans étrangers et dans le Magasin de Zoologie de M. Guérin.

(M. S. A.)

CIRSE, *Cirsium*. (bot. phan.) Genre de la famille des Synanthérées, tribu des Carduacées, Syngénésie égale de Linné. Les plantes qui le composent sont vulgairement confondues avec les Chardons, et, à la rigueur, le botaniste lui-même ne connaît pas de signe bien tranché pour les séparer dans la classification : la différence essentielle est que les Cirses ont l'aigrette plumeuse, tandis que cet organe est simple dans les Chardons; encore arrive-t-il qu'on s'y trompe.

Il y a un port particulier, une certaine liaison dans les différentes espèces de *Cirses*. Aussi Tournefort, auteur du genre, l'avait assez bien circonscrit, quoiqu'il eût pris pour caractère distinctif une circonstance très-vague et très-peu constante, savoir, la structure épineuse de l'involucre. Linné ne put admettre un genre si peu certain, et en dissémina les espèces entre ses *Carduus* et ses *Cnicus*. Depuis, Willdenow, et Gærtner surtout, ont donné d'excellentes observations, et enfin De Candolle a fixé de la manière suivante les caractères du genre *Cirsium* : involucre ventru ou cylindrique, composé d'écailles imbriquées et épineuses; fleurons hermaphrodites (voyez plus bas l'observation relative au *C. arvense*); réceptacle garni de paillettes sétacées; aigrette plumeuse.

Les Cirses sont des herbes fort épineuses, habitantes des lieux incultes, fort peu estimées dans les jardins, où les dames redouteraient les pointes aiguës qui défendent leurs feuilles et souvent leurs fleurs : celles-ci sont purpurines ou jaunes; les feuilles sont tantôt décurrentes, tantôt simplement sessiles. Le réceptacle des Cirses est mangé dans quelques contrées comme celui de l'artichaut. Citons quelques espèces :

D'abord celle qu'un nom vulgaire a dédiée à l'humble serviteur de nos fermes, le Chardon aux anes, *Cirsium criophorum*; toute cette plante est couverte d'un duvet laineux; de fortes épines jaunâtres terminent les feuilles. Les fleurs sont grosses et purpurines.

Les *C. palustre* et *pratense*, le premier à feuilles décurrentes, croissent abondamment dans nos marécages.

Le Chardon hémorrhoïdal, *C. arvense*, commun dans les moissons et les jachères, ne présente souvent que des fleurs mâles, sans doute par avortement. Le savant Cassini, dans un mémoire, a prétendu que ce Cirse était constamment dioïque; c'est une conséquence trop rigoureuse. Nous avons souvent trouvé le *C. arvense* avec des fleurs hermaphrodites. On l'appelle *hémorrhoïdal* à cause de certain usage auquel on emploie les tubercules

produits sur sa tige et ses feuilles par une sorte d'insecte.

Le *C. acaule* mérite une petite mention; c'est ce chardon sans tige dont les fleurs purpurines et au niveau du sol couvrent les pelouses pendant tout l'été.

Le *Cirsium alpinum* et sa variété forment maintenant le genre *Saussurea*. (L.)

CIS, *Cis*. (ins.) Genre de Coléoptères de la section des Tétramères, famille des Xylophages, ayant pour caractères : antennes de dix articles, palpes un peu dilatés à l'extrémité; ces insectes habitent les champignons qui poussent sur les arbres; ils ont le corps ovalaire et le corselet transversal, un peu dilaté; le dernier article des tarses est beaucoup plus long que les précédens; la tête des mâles est souvent cornue ou tuberculée. L'espèce la plus commune est celle nommé *Cis boleti*.

(A. P.)

CISSAMPELOS. (bot. phan.) Genre d'arbrisseaux sarmenteux, indigènes aux contrées équinoxiales, placés par Jussieu dans la famille des Ménispermées, et caractérisés ainsi qu'il suit : fleurs dioïques : les mâles offrent un calice de quatre sépales en croix, point de corolle, des étamines réunies en un faisceau, à quatre anthères; les femelles ont un seul sépale placé latéralement et accompagné d'un seul pétale hypogyne; un ovaire portant trois stigmates, se changeant en une baie monosperme, réniforme.

Les Cissampelos ont des feuilles simples, pétiolées, variant de forme selon qu'elles se trouvent sur un pied mâle ou un pied femelle. Leurs fleurs sont disposées en grappes axillaires, les femelles accompagnées de larges bractées foliacées; les mâles n'ont point de bractées, ou les ont très-petites.

De Candolle, auquel on doit de savantes observations sur ce genre, en a décrit vingt-une espèces, qu'il partage en trois sections, selon la forme des feuilles dans les individus femelles.

Dans la 1re section, où se trouvent les espèces dont les pieds femelles portent des feuilles peltées, nous citerons le *Cissampelos pareira* de Lamarck, à feuilles peltées en cœur, ovales, soyeuses en dessous; à baies hérissées de longs poils. Au Brésil, selon Pison, son suc est efficacement employé contre la morsure venimeuse des serpens. Sa racine, connue dans nos pharmacies sous le nom de *Pareira brava*, était autrefois préconisée contre la dysurie, la néphrite calculeuse, la goutte; elle est maintenant presque oubliée, malgré ses propriétés toniques et diurétiques, qui, si elles ne guérissent pas radicalement, aident au moins l'art du médecin.

La 2e section renferme les espèces où les sujets femelles portent des feuilles non peltées. Le *C. caapeba*, qui en fait partie, est la première espèce connue de ce genre. Plumier l'avait découverte dans l'île de Haïti.

On ne peut citer la 3e section que pour mémoire; De Candolle y a placé une seule espèce, le *C. andromorpha*, dont on ne connaît pas encore les fleurs mâles, et dont les fleurs femelles n'ont point de bractées; elle sera probablement retirée du genre *Cissampelos*. On la trouve figurée dans les *Icones selectæ* de M. B. Delessert, 1er vol., pl. 99.

(L.)

CISSUS. (BOT. PHAN.) Genre de plantes volubiles et sarmenteuses, à feuilles tantôt simples, tantôt ternées ou digitées, à fleurs en ombelle ou en corymbe; elles sont très-voisines des vignes, avec lesquelles on les a souvent confondues. Les Cissus font partie de la famille des Sarmentacées ou Vignes de Jussieu, Tétrandrie monogynie de Linné; ils ont pour caractères : calice peu apparent, montrant à peine ses quatre divisions; corolle de quatre pétales; autant d'étamines; ovaire libre, portant un style et un stigmate; baie arrondie, renfermant une ou plusieurs graines.

On voit que le Cissus se distingue de la vigne par le nombre des parties florales (quatre au lieu de cinq); c'est le caractère essentiel. Nous ajouterons, avec Richard, qu'en général les Cissus ont leurs articulations plus cassantes, leurs feuilles plus tôt caduques que les Vignes; de plus, sans doute par avortement, leur baie renferme moins de graines, souvent même une seule. Lamarck observe encore que la baie du Cissus se termine en pointe, et forme à sa base un petit collet, ce que l'on ne voit point dans le grain de raisin ou baie de la vigne.

On compte environ cinquante espèces de Cissus, indigènes des contrées situées entre les Tropiques, surtout l'Inde et l'Arabie. Elles n'offrent qu'un médiocre intérêt, surtout depuis que la seule espèce connue dans nos jardins forme un genre nouveau (*Ampelopsis*, Richard), ou bien doit être restituée aux Vignes, puisque sa corolle a cinq pétales. (*Voyez* VIGNE VIERGE.) (L.)

CISTE, *Cistus*. (BOT. PHAN.) Genre de plantes qui a donné son nom à la famille des Cistées, et qui fait partie de la Polyandrie monogynie. Presque toutes les espèces sont naturelles au midi de l'Europe, principalement aux contrées qui bordent le bassin de la Méditerranée; une seule est originaire du cap de Bonne-Espérance. Ce sont des arbustes ou des sous-arbrisseaux à feuilles simples et opposées, à fleurs (dont les pétales tombent le même jour qui les a vus naître), pédonculées, axillaires, assez grandes et se développant les unes après les autres durant un mois ou deux. Leurs formes élégantes plaisent aux yeux, quand les fleurs, épanouies en grand nombre, se montrent les unes jaunes, roses ou blanches, et disposées tantôt en épis ou en grappes terminales, tantôt solitaires ou diversement groupées à l'extrémité des rameaux. Les espèces aux fleurs les plus belles, aux fleurs qui ressemblent à des roses, sont le CISTE POURPRE, *C. purpureus*, des îles de Candie, de l'Archipel et de la Syrie, dont les corolles, d'un beau rouge, avec une tache pourpre-brun à la base des pétales, ont cinquante-quatre millimètres de large; le CISTE A FEUILLES DE CONSOUDE, *C. symphitifolius*, aux fleurs d'un rouge pâle, disposées, au nombre de six à dix, en

une sorte d'ombelle terminale; le CISTE A FEUILLES DE LAURIER, *C. laurifolius*, que l'on trouve dans le midi de la France, qui porte des fleurs très-blanches, réunies quatre à huit ensemble; et le CISTE LADANIFÈRE, *C. ladaniferus*, chargé de fleurs toutes blanches, marquées à la base de leurs pétales d'une tache rouge foncé. La culture de ces quatre espèces est facile en nos départemens du midi; mais ils ne peuvent supporter le froid de nos hivers dans ceux situés au nord. Quoiqu'ils soient d'un aspect élégant, on les admet rarement au sein des jardins d'agrément; la majeure partie de leurs buissons va chauffer le four ou bien sert de pâture aux bestiaux.

L'industrie tire parti de la gomme-résine que produisent les espèces suivantes: le CISTE DE CRÈTE, *C. creticus*, arbuste très-touffu, garni de petites feuilles ovales, ridées, velues et d'un vert terne; les Cistes à feuilles de laurier et ladanifère, ainsi que le CISTE DE CHYPRE, *C. cyprius*, qui n'est qu'une variété tenant de ces deux dernières espèces. La substance odorante répandue sur les sommités et sur les jeunes feuilles, que l'on sent d'assez loin le soir, est d'un roux noirâtre, et se nomme *Ladanum*. Les Grecs la ramassent au moyen d'une espèce de râteau sans dents, auquel sont fixées plusieurs lanières de cuir d'égale longueur, disposées sur un double rang; durant les fortes chaleurs et les jours calmes, on passe et repasse ces lanières sur les touffes ou buissons de Cistes. Le ladanum se fixe sur elles, et on le reprend en raclant les lanières avec un couteau; puis on le dispose en pains. Pour en augmenter la masse on la pétrit avec un sablon noirâtre, très-fin, qui se trouve sur les lieux. La sophistication n'est pas facile à reconnaître à l'œil. Dans d'autres localités, comme à l'époque de Dioscoride, et même plus anciennement comme au temps d'Hérodote, on n'amasse pas seulement le ladanum avec des cordes ou des courroies, on détache avec soin, au moyen d'un peigne en bois, celui qui s'attache à la barbe, aux poils du cou, des cuisses et des jambes des chèvres qui broutent les Cistes ladanifères. En Espagne, on cueille les sommités et les feuilles couvertes de cet enduit résineux; on les jette dans de l'eau bouillante, où il surnage, et on l'enlève sans en perdre. En France, on néglige cette récolte. C'est un tort que l'on ne saurait trop reprocher à nos cultivateurs voisins de la Méditerranée. Le ladanum est employé en médecine; appliqué extérieurement, il amollit, atténue, résout; pris à l'intérieur, il est tonique et astringent. Il est recommandé par quelques praticiens dans les diarrhées et les affections catarrhales, mais sous ce rapport son usage est bien déchu; les pharmaciens le font entrer dans la composition de plusieurs de leurs préparations.

Si l'on voulait varier les bosquets et former de jolis massifs, on pourrait, suivant les localités, rechercher le CISTE A FEUILLES DE PEUPLIER, *C. populifolius*; le CISTE A LONGUES FEUILLES, *C. longifolius*; le CISTE A FEUILLES DE ROMARIN, *C. libanotis*, provenant des régions du midi; le CISTE A

FEUILLES DE SAUGE , *C. salvifolius*, qui ne quitte pas le littoral de la mer , et se plaît surtout aux mêmes lieux qu'habite le chêne-liége ; ainsi que la première de ces dernières espèces, il supporte , dans le nord de la France , le froid de nos hivers sans beaucoup souffrir ; le CISTE COTONNEUX, *C. incanus*, que l'on confond souvent avec le CISTE BLANCHATRE, *C. albidus*, quoique très-différens l'un de l'autre, et qui est sujet à se confondre avec les autres espèces à fleurs rouges par le mélange des poussières fécondantes. On les multiplie par le semis des graines, par la voie si facile des boutures, et par marcottes ; mais celles-ci sont long-temps à s'enraciner.

Il serait à désirer que l'on plantât de Cistes les sols arides et ceux impropres aux cultures ordinaires , qui pullulent dans nos départemens du midi et du sud-est. On choisirait particulièrement les espèces ladanifères ; elles y réussiraient aussi bien , elles s'y montreraient aussi vigoureuses que s'y montrent le CISTE CRÉPU, *C. crispus*, aux fleurs purpurines , aux pétales légèrement échancrés en cœur, aux feuilles blanchâtres et crépues sur les bords ; le CISTE LEDON, *C. ledon*, dont les sommités et les feuilles se montrent parfois couvertes d'un enduit résineux et aromatique.

(T. D. B.)

CISTÉES ou CISTINÉES. (BOT. PHAN.) Petite famille de plantes dicotylédonées, polypétales et hypogynes, composée d'arbrisseaux, de sous-arbrisseaux et d'herbes, à feuilles le plus souvent opposées, à fleurs en épis ou en corymbe ombellé, quelquefois solitaires, à semences fines , assez nombreuses et contenues dans une, trois, cinq ou dix loges. Il transsude à travers les pores de l'écorce des jeunes rameaux et de la surface des feuilles une substance résineuse. Cette famille a de si grands rapports avec les Tiliacées, que divers botanistes pensent qu'un jour on finira par les réunir, quoiqu'elles diffèrent entre elles par la disposition des feuilles. En attendant , des six genres qu'elle comprenait lors de la publication du *Genera plantarum* de Jussieu, Ventenat en a séparé les genres *Piriquita*, *Piparea* et *Tachibota* d'Aublet ; le genre *Viola* de Linné, qui a des rapports avec les Cistées proprement dites par son fruit à trois valves séminifères, s'en éloigne par le nombre des étamines, qui est de cinq, tandis qu'elles sont nombreuses, indéterminées dans les Cistes et les Hélianthèmes, seuls genres constituant aujourd'hui la famille des Cistées. *V.* CISTE et HÉLIANTHÈME. (T. D. B.)

CISTÈLE , *Cistela*. (INS.) Genre de Coléoptères de la section des Hétéromères, famille des Sténélytres, tribu des Cistélides, ayant pour caractères : antennes légèrement plus grosses vers le bout, à articles en forme de cône renversé, dilatés en forme de scie, le dernier toujours oblong. Ces insectes ont le corps ovalaire, la tête avancée en forme de museau ; l'insertion des antennes recouverte ; le labre n'est guère plus large que long , ses mandibules sont aiguës, sans échancrure ; le dernier article des palpes maxillaires est en cône

renversé, le corselet est déprimé, presque de la même largeur que l'abdomen à sa partie postérieure ; tous les articles des tarses sont entiers.

C. CÉRAMBOÏDE, *C. ceramboïdes*, Lin. Oliv. col. III, 54, 1, 4. Longue de six à sept lignes ; noire avec les élytres striées presque fauves. La larve, qui a été examinée, vit dans le tan des vieux chênes, et y subit sa métamorphose.

C. COULEUR DE SOUFRE, *C. sulphurea*, Linn. Oliv., col. III, 54, 1, 6. Longue de quatre à cinq lignes , entièrement d'un jaune citron avec les yeux noirs. Cette espèce est très-commune sur les fleurs, surtout celles des ombellifères. (A. P.)

CISTUDE. (REPT.) *V.* EMIDE.

CITHARINE, *Citharinus*. (POISS.) Nom d'un genre de Malacoptérygiens , de la famille des Salmones, qui a pour caractère d'avoir la bouche déprimée , fendue en travers au bout du museau ; des maxillaires petits et dépourvus de dents , une nageoire adipeuse couverte d'écailles, ainsi que la plus grande partie de la nageoire caudale. On n'en connaît jusqu'à présent que deux espèces : le SERRASALME CITHARINE, ou Astre de la nuit des Arabes, découvert par M. Geoffroy Saint-Hilaire en Égypte, et la CITHARINE DU NIL, *C. niloticus* d'Hasselquist, ou *Salmo ægyptius* , Gmel. ; c'est le Characin nefasch, Geoff. ; tous deux sont figurés dans l'ouvrage d'Égypte, pl. 5, fig. 1, 2 et 3.

(ALPH. G.)

CITRON. (INS.) Nom vulgaire donné par Geoffroy à une espèce de Lépidoptères du genre Coliade. C'est le *Papilio rhamni* de Linné.

(GUÉR.)

CITRON. (BOT.) Fruit du Citronier. Quoique dans le reste de l'Europe on l'appelle Limon , nous avons raison de lui conserver le nom de Citron , puisqu'il était celui que les vieux Grecs (*Kitrion*) et les anciens Latins (*Malus citreum*) lui donnaient. C'est de ce fruit que l'on obtient le plus d'acide citrique pur ; c'est avec son suc que l'on prépare la boisson que nous appelons limonade, au lieu de dire plus correctement citronade.

Par une fausse application de ce mot , Bulliard désigne sous le nom de Citron un petit agaric des environs de Paris, de couleur soufrée, *Agaricus sulfureus*, et Schœffer une autre espèce d'agaric , *Agaricus croceus*, de substance molle et prompte à se corrompre. Ces deux champignons sont suspects. (T. D. B.)

CITRONADE. (BOT.) Un des noms vulgaires de la Mélisse officinale, *Melisssa officinalis*, à cause de l'odeur agréable de citron qu'elle exhale.

(T. D. B.)

CITRONELLE. (BOT.) L'ARMOISE-AURONE , *Artemisia abrotanum*, la VERVEINE A TROIS FEUILLES, *Verbena triphylla*, empruntent ce nom à l'odeur qu'elles laissent dans les doigts quand on les froisse. Dans quelques cantons on donne aussi ce nom à la Mélisse officinale ; dans d'autres on l'applique au SYRINGAT odorant, *Philadelphus coronarius*, quoique l'odeur forte qu'exhalent ses bouquets terminaux de fleurs blanches soit éloignée de celle du citron, et qu'elle incommode certaines personnes. Dans la Guiane, ce nom est mieux donné au Goyavier, *Psidium aromaticum*, etc.

(T. d. B.)

CITRONIER, *Citrus*. (bot. phan.) Tout ce qui flatte les yeux, satisfait l'odorat et séduit le goût se trouve réuni dans ce grand et beau genre de la famille des Hespéridées et de la Polyadelphie icosandrie. Il est originaire de la zone torride, s'est répandu dans tout le vieux continent, et, porté d'Europe sur le sol américain, il y est devenu pour ainsi dire indigène partout où il a été abandonné à lui-même, il s'y multiplie en épaisses forêts. De temps immémorial, il est cultivé dans toutes les contrées qui bordent le littoral de la Méditerranée ; elles l'ont reçu de l'Asie, et quand il y a trouvé des terres convenables, quand il a pu s'affranchir des lois symétriques que lui impose l'horticulteur, il a repris ses droits et a formé des bois étendus comme on en voit en Sicile et dans la Sardaigne.

La France méridionale le possède depuis l'arrivée des Phocéens ; c'est donc bien gratuitement que Le Grand d'Aussy semble dire que les Celtes le cultivaient auparavant ; il appuie cette singulière assertion d'un passage de Velleius Paterculus (ii, 56), sans s'apercevoir qu'il est altéré, et il en conclut que le climat des Gaules n'était point alors aussi froid qu'il le fut plus tard. L'on présume que les temps des longues et ruineuses invasions des peuplades septentrionales ont fait négliger la culture de ces arbres ; que les siècles d'ignorance, de préjugés et de despotisme, qui les suivirent et enveloppèrent tant de générations malheureuses, les firent totalement oublier ; qu'ils ne reparurent sur le territoire français qu'après la délirante époque des croisades, et qu'ils furent alors, durant plusieurs années, limités aux environs du port d'Hières. Ce n'est, en effet, qu'après cette dernière date qu'on les retrouve d'abord recherchés comme objet de luxe et d'agrément, puis, en 1330, multipliés de nouveau dans nos départemens du sud-est et du midi.

Tant que les tiges furent rares, on compta très-peu de variétés et d'espèces ; aujourd'hui l'on en connaît huit types ou races principales, suivant Risso ; quatre d'après Gallesio ; deux selon Linné ; quelques botanistes élèvent ce nombre à seize, tandis que d'autres le limitent à cinq. Quant aux variétés, tant indigènes à l'Europe qu'aux autres parties du monde, la liste est généralement très-chargée. Après avoir étudié le genre avec quelque attention, dans les contrées où elles donnent de l'opulence au paysage, où elles se montrent dans toute la pompe de leur jeunesse éternelle, je pense qu'on peut réduire à sept le nombre de ses espèces, savoir : le Citronier proprement dit, le Cédratier, le Limonier, le Limettier, le Bigaradier, l'Oranger et le Pompelmousse. C'est la forme du fruit qui détermine ces sept coupes. On sait que le fruit offre une organisation très-remarquable : c'est une baie charnue, recouverte d'une écorce plus ou moins épaisse, tendre et comme spongieuse, luisante, unie ou ridée, parsemée de glandes vésiculaires, remplies d'une huile volatile qui s'échappe à la plus légère pression ; sous cette écorce est une pulpe celluleuse, donnant beaucoup de suc, et partagée par plusieurs cloisons membraneuses, perpendiculaires, irrégulières, séparées les unes des autres, avec deux ou trois graines ovoïdes ou oblongues, recouvertes d'une peau cartilagineuse, dont la chair est fort amère.

Les sept espèces forment des arbres d'un port élégant, garnis de feuilles toujours vertes, alternes, ayant à leur base un aiguillon plus ou moins raide et allongé, très-sensible dans les individus sauvages, converti le plus souvent en une stipule unilatérale dans ceux soumis à une culture réglée. L'ombre de ces beaux arbres est aromatique, comme leurs riantes fleurs ; celles-ci sont axillaires ou terminales, solitaires ou réunies plusieurs ensemble, et composées 1° d'un calice monophylle, persistant, à cinq divisions : 2° de quatre à neuf pétales, d'un blanc pur ou légèrement lavé de violet ; 3° de vingt à soixante étamines portant à leur extrémité des anthères oblongues et jaunes ; 4° d'un ovaire arrondi, surmonté d'un style simple, filiforme, que termine un gros stigmate glanduleux, convexe et très-visqueux.

Donnons maintenant les caractères distinctifs de chaque espèce, et citons leurs principales variétés, celles qui méritent le plus d'arrêter les regards.

I. *Citronier proprement dit.*

Le Citronier proprement dit, *C. medica*, paraît avoir été le premier arbre de ce genre que l'on a cultivé. Comme les Grecs le tirèrent du pays des Mèdes, qui dominèrent sur l'Asie pendant cent vingt-huit ans, et furent réduits à l'esclavage par les Perses, ils lui donnèrent le nom de sa patrie. Théophraste en parle avec une grande exactitude, ce qui prouve qu'il l'avait sous les yeux. Les Romains ne l'admirent que fort tard dans leurs jardins. Pline nous apprend que tous les efforts faits de son temps pour l'introduire furent infructueux. Il était alors en pleine végétation sur le sol de l'Égypte, et même aux environs de Marseille.

Cet arbre, haut de quatre à cinq mètres au plus, a la tige grisâtre, les rameaux anguleux et violets dans leur jeune âge, plus tard arrondis et verdâtres, garnis de feuilles ovales-oblongues, trois fois plus longues que larges, d'un vert clair, portées sur des pétioles courts avec aiguillons plus ou moins forts, parfois avec de légers appendices foliacés. Ses fleurs, blanches en dedans, violacées au dehors, exhalant une odeur faible, sont portées sur des pédicelles très-courts, réunis plusieurs ensemble sur un pédoncule quelquefois axillaire, le plus souvent terminal : elles contiennent de trente à quarante étamines. Les fruits ovoïdes qui leur succèdent, d'un rouge brun et triste en naissant, prennent en approchant de la maturité une couleur d'un jaune clair ; ils offrent une double écorce : l'une extérieure, vulgairement dite le *zeste*, est raboteuse, mince, remplie d'une huile essentielle très-aromatique ; l'autre intérieure, connue sous le nom de *ziste*, blanche, épaisse, tendre, charnue, contre laquelle s'appuie la pulpe acide et juteuse, ainsi que les neuf à dix loges où sont renfermées les graines. Dans les climats chauds, la floraison se perpétue presque toute l'année, et se marie agréablement au vert feuillage, aux fruits dorés, dont l'arbre est constamment chargé.

Le Citronier compte peu de variétés, les unes à fruits oblongs, assez gros ; les autres à fleurs doubles et à feuilles panachées.

Les Citrons étaient fort communs en France au seizième siècle. Il était alors de bonne compagnie d'en offrir aux personnes qui vous visitaient ; les femmes, et surtout les filles de la cour en portaient sur elles, les mordaient de temps en temps pour avoir les lèvres vermeilles, et les écoliers devaient, aux premiers jours de juin, en offrir un à leurs professeurs, dans lequel ils fichaient des pièces d'or. Ce dernier usage fut aboli en 1700.

C'est du citron que l'on retire l'acide citrique. L'époque de sa découverte, le mode de sa préparation sont indiqués au t. 1, p. 29.

La récolte du Citron était regardée, par la petite ville de Menton, située au pied des Alpes maritimes, comme une affaire de la plus haute importance. Dans la vue de conserver la culture florissante des Citroniers, que l'industrieuse activité de ses habitans avait plantés dans les rochers qui constituent leur territoire, elle eut, durant cent treize ans, une commission de vingt-sept membres, nommée le *Magistrat des Citrons*, pour diriger et la cueillette et la vente de ce fruit, qui s'éleva quelquefois à trente millions de Citrons. Les gelées, et surtout le ravage du galle-insecte, communément appelé *Morphée*, ont rendu très-souvent cette magistrature inutile, et ont fini par amener sa dissolution.

II. Cédratier.

Le **Cédratier**, *C. cedra*, transporté très-anciennement de l'Asie méridionale dans les fertiles vallées de la Syrie et de la Palestine, était pour les Juifs un arbre sacré. Josèphe, leur historien, attribue à Moschè (que l'on appelle ordinairement Moïse), d'avoir prescrit l'usage d'en entrelacer des branches aux feuilles du palmiste et du saule, pour former les thyrses de la fête des Tabernacles ; mais il ne dit rien de l'époque où l'arbre fut, par ses co-réligionnaires, cultivé pour la première fois. Les dispositions conservées par la Mischna, relativement à la récolte de son fruit, prouvent une culture étendue ; mais elles sont également muettes sur la date de l'introduction. Quelques auteurs la fixent au retour de la captivité ; d'autres, avec Maimonides, au moment de l'institution de la fête. Il y a trop d'incertitudes à cet égard pour nous y arrêter plus long-temps. Ce qu'il y a de positif, c'est que le fruit du Cédratier, pouvant être employé avant son entière maturité, ne payait point la dîme, et que les juifs sont encore obligés d'avoir en main ce fruit, qu'ils appellent

hadar, pour entrer dans leurs temples, et se montrer fidèles aux rites de leurs pères. Ce sont eux qui le portèrent à Rome. Virgile est le premier auteur latin qui en fasse mention. Il est très-commun sur les bords de la Méditerranée, où il fournit d'assez beaux arbres, dont la tête n'est point arrondie, et dont les rameaux diffus ont, à l'aisselle des feuilles, de très-petites épines, qui grandissent à l'époque de la formation du fruit. Ses feuilles ovales-lancéolées, la plupart aiguës et dentées, se font remarquer par leur vert foncé et leur pétiole légèrement membraneux. Les fleurs, peu nombreuses, petites, axillaires, violâtres, contiennent moins d'arôme que celles des espèces suivantes ; elles donnent naissance à des fruits souvent très-gros, pyriformes, lisses, d'abord d'un rouge pourpre, puis verts, et ensuite d'un jaune pâle, à mamelon conique, couronné par le pistil d'ordinaire persistant. Leur écorce, fort épaisse, est remplie d'une huile essentielle qui embaume ; la chair est blanche, très-savoureuse, et le suc qu'elle offre en son milieu, d'une acidité agréable. L'huile essentielle sert en pharmacie pour aromatiser des pastilles et autres préparations ; elle entre dans l'eau de toilette dite *Eau de Cologne* ; on confit l'écorce, coupée en tranches, au sucre, à l'eau-de-vie, pour la manger séparément, ou pour l'additionner aux alimens : on choisit à cet effet les fruits nés en hiver ; ceux recueillis en août se vendent aux juifs. Il s'en fait un commerce très-considérable sur la côte de Gênes, particulièrement à San-Remo et à la Bordighiera. Les fruits du Cédratier ont joué jadis un rôle très-important dans les ridicules opérations de la magie.

On compte dix-sept variétés de Cédratiers, toutes très-sensibles au froid, qui leur fait perdre leurs feuilles et décompose promptement leurs fruits. Parmi ces variétés, je nommerai les suivantes : 1° le *Poncire* a les fruits très-gros, oblongs, tuberculeux, avec une écorce très-épaisse et bonne à manger ; 2° le *Petit-Poncire*, que l'on appelle aussi *Cédratier de Florence*, parce qu'il abonde aux environs de cette ville, d'où il s'est répandu dans toute la Toscane ; le fruit est petit, tuberculeux, pyramidal, généralement courbé à son sommet ; il a l'écorce mince, d'un jaune clair, très-aromatique ; sa chair est très-fine, très-appétissante, et d'un goût exquis ; 3° la **Pomme de paradis**, qui forme le passage du Cédratier au Limonier, est cultivée dans le pays de Gênes avec une certaine prédilection ; c'est une superbe variété. J'ai vu de ses fruits ayant une grosseur extraordinaire, dont le poids arrivait à douze et quinze kilogrammes ; ils sont d'habitude ovoïdes ; il y en a aussi d'allongés, d'autres renflés à leur sommet et se terminant en cône, à écorce lisse et légèrement granulée, d'un beau jaune doré ; la chair est d'une blancheur éblouissante et d'une délicatesse exquise. Si la Pomme de paradis attire les regards par sa beauté, par son volume, quand une fois on en a goûté, soit crue, soit mangée avec du sucre ou confite, on y revient toujours avec empressement et délices : aussi c'est elle que Milton avait en vue quand il disait :

Non, le doux suc des fleurs, le cristal des fontaines,
N'ont jamais fait couler dans mes brûlantes veines
Une joie, un bonheur qu'on puisse comparer
A ces plaisirs nouveaux qui vinrent m'enivrer.

Les horticulteurs ont singulièrement grossi le nombre des sous-variétés ; les unes sont plus ou moins constantes, les autres n'ont réellement qu'une éphémère durée.

III. *Limonier.*

Le Limonier, *C. limonium*, forme un arbre majestueux, dont l'aspect est imposant ; il est plus élevé que le cédratier, sa tige droite, revêtue d'une écorce grisâtre, se divise, dans sa partie supérieure, en branches plus longues, plus flexibles, à rameaux très-anguleux, primitivement rougeâtres, puis d'un vert jaunâtre, et hérissés de longues épines ; feuilles ovales, lisses, très-glabres, une fois plus longues que larges, terminées en pointe, dentées sur les bords, d'un vert jaunâtre et portées sur des pétioles garnis de chaque côté d'un rebord qui n'arrive point jusqu'à la base. Fleurs nombreuses, pourprées extérieurement, blanches à l'intérieur, odorantes ; fruits ovoïdes, mamelonnés d'une manière plus ou moins prononcée, allongée chez les uns, circulaire chez les autres ; à peau jaune, mince, lisse, aromatique ; écorce interne peu épaisse, blanche, coriace ; pulpe divisée en neuf ou dix loges, quelquefois onze, pleines de vésicules allongées, contenant un suc acide, agréable et abondant, avec lequel on prépare le sirop de Limon.

Sans contredit cette espèce est la plus répandue sur le littoral de la Méditerranée ; elle atteint à sa plus grande hauteur dans l'espace de quinze à vingt ans ; elle fleurit vigoureusement depuis le mois de février jusqu'en octobre ; je pourrais dire toute l'année, car une grande partie de ses fleurs s'épanouit pendant l'hiver ; les trésors de la fructification sont toujours assurés, sont toujours nombreux, quel que soit le moyen de culture employé. Cet arbre compte une très-grande quantité de variétés, et, quoique vigoureux, il n'a pu résister aux gelées extraordinaires de 1820, de 1830, surtout dans les endroits peu ou point abrités.

Tout Limonier greffé, quand il a acquis une certaine grosseur, n'a plus les épines que l'on remarque sur l'individu franc ; les très-petites qui se montrent quelquefois à l'aisselle des feuilles naissant sur les jeunes branches, disparaissent ou se transforment en une espèce d'apophyse arrondie à son sommet.

Quelques auteurs veulent que ce soit lui que les anciens Grecs appelaient *Pomme de Médie* et qui ait dicté au chantre des Géorgiques ces vers.

    ..... Animos et olentia Medi
      ora fovent illo, et senibus medicantur anhelis.

C'est une erreur ; car le même poète n'aurait pas dit de ce même suc, dont il vantait les qualités sur les vieillards pour raffermir leurs poumons, pour parfumer leur haleine, *tristis succus* ; il ne pouvait pas non plus, comme le veut certain explicateur, entendre la saveur acerbe de l'écorce, puisque chez aucune espèce du genre l'écorce n'offre cette triste propriété, si ce n'est une variété, la Bergamotte, qui n'existait pas de ce temps. Le Limonier nous est venu des bords du Gange : l'Italie est la contrée de l'Europe où l'on en trouve le plus. L'époque de son introduction est perdue. Risso la rattache à l'invasion des Arabes, qui, sous le commandement de leurs kalifes les plus célèbres, du fond de l'Asie méridionale, étendirent leurs conquêtes jusqu'aux pieds des Pyrénées, et de là jusqu'aux rives de la Loire, portant avec eux non seulement des cultures nouvelles, mais encore une activité agricole qui depuis long-temps y avait disparu par l'influence de la domination romaine. J'adopte volontiers cette opinion.

De toutes les variétés, nous ne citerons que le *Limonier balotin*, aux rameaux toujours armés de fortes épines, aux fleurs peu odorantes, aux fruits petits, ronds et gros comme une balle de paume, ayant l'écorce d'un beau jaune, la pulpe peu juteuse, et exhalant une odeur musquée ; le *Limonier sucré*, qui réunit dans ses feuilles et la forme de ses fruits les caractères de l'espèce, et s'en éloigne par sa pulpe sucrée comme celle des orangers. J'ai parlé tout à l'heure du *Limonier bergamotte*, variété née du Limonier et de l'Oranger ; il faut en dire un mot. Elle a les feuilles portées sur un pétiole très-long, ailé comme celui des orangers ; ses fleurs blanches n'ont que vingt étamines, comme dans l'oranger ; ses fruits, petits, quelquefois un peu mamelonnés, affectent la forme d'une poire, mais le plus souvent sont semblables, pour la couleur, la figure, la nature de la peau, à ceux du Limonier. L'huile essentielle qu'on en retire, par un procédé particulier, est fort recherchée ; elle répand une odeur suave, qui fortement imprégnée dans l'écorce la fait employer à la fabrication des bonbonnières connues sous le nom de bergamottes, qui leur vient, selon les uns, de la ville de Bergame, en Lombardie, où l'on s'amuse à ce genre d'industrie, dont la ville de Grasse, département du Var, s'est emparée depuis long-temps ; mais plus certainement du rapport de son fruit avec une poire venue de Turquie en Italie sous le nom de *Berg-amondi*. Quant à la pulpe du Limonier bergamotte, son acidité trop forte et sa grande amertume l'ont rendue jusqu'ici sans usage. Les parfumeurs font beaucoup de cas des fleurs.

IV. *Limettier.*

Le Limettier, *C. limetta*, a le port et les feuilles du Limonier. Ses rameaux offrent des petites aspérités au lieu d'épines ; le pétiole qui porte les feuilles est à peine ailé ; les fleurs sont petites, entièrement blanches, à odeur très-douce ; les fruits, de moyenne grosseur, se montrent globuleux, couronnés par un large mamelon aplati ; leur écorce, très-mince, d'un jaune pâle, contient une pulpe aqueuse, douceâtre, fade ou légèrement amère, mais assez parfumée, adhérente à l'écorce. Ce sont ses fruits que l'on appelle *Lime* et que l'on mange confits.

confits. La tige est droite, recouverte d'une écorce gris-clair, divisée dans sa partie supérieure en rameaux divergens, sans ordre. Sa tête prend aisément une forme arrondie. Le Limettier a une variété dite *Limettier de Rome*, dont l'écorce du fruit est blanchâtre, surchargée de rugosités irrégulières, à pulpe amère et jus fade : je n'ai jamais pu concevoir comment on pouvait s'occuper de sa culture.

Il n'en est pas de même de la variété dite *Mélarose* ; son fruit, remarquable par la verrue occupant son sommet et l'espèce de houppe qui l'entoure, globuleux, déprimé, de couleur jaune, présente plusieurs côtes longitudinales partant du pédoncule et aboutissant au mamelon ; l'écorce est ferme, assez épaisse, fortement adhérente à la pulpe, dont les onze à quinze loges, jaune-pâle, contiennent peu de jus, faiblement acide, et des semences presque arrondies, traversées par des filets rougeâtres. L'arbre fixe aussi les regards à cause de ses rameaux presque constamment garnis de deux et trois fruits assez éloignés les uns des autres ; il réjouit l'odorat par les émanations suaves qu'il répand autour de lui. Cette odeur rappelle celle de la Mélisse, *Melissa officinalis*, et celle de la Rose aux cent feuilles, *Rosa centifolia*, d'où l'on a créé le nom que porte ce Limettier.

V. *Bigaradier.*

Arbre de l'Inde et de la Chine, où il s'élève à une grande hauteur, le BIGARADIER, *C. bigaradia*, a été apporté en Europe au dixième siècle de l'ère vulgaire. Il était en pleine culture dans les jardins de la Sicile en 1150, ainsi qu'à Séville. Nice le possédait comme objet d'agrément et de commerce en 1536 ; le premier individu connu en France date de l'année 1420, c'est le *Bigaradier-grand-connétable* existant encore aujourd'hui dans l'orangerie de Versailles. L'arbre est moins haut que l'oranger, son feuillage d'un vert gai est plus étoffé, et la lame qui accompagne le pétiole de chaque feuille est ordinairement plus large. Il a les fleurs d'un beau blanc, quelquefois lavées de violet, nombreuses, grandes, très-odorantes, et les fruits qui leur succèdent sont globuleux, lisses, rarement raboteux, d'un volume moyen, jaune-rougeâtre quand ils naissent d'une fleur blanche, violets dans leur jeunesse quand ils proviennent d'une fleur lavée de cette couleur, mais devenant jaunes à l'époque de la maturité. Leur intérieur est divisé en douze ou quatorze loges, contenant de longues vésicules presque blanches, avec un suc acidule et légèrement amer, dans lequel sont plongées deux graines ou plus, oblongues et jaunâtres. On se sert de ce suc pour assaisonner les viandes et la chair des poissons ; l'écorce est employée pour la confection de la liqueur dite de Curaçoa ; les Anglais font usage de l'un et de l'autre pour la teinture.

Nous cultivons un bon nombre de variétés appartenant à l'espèce Bigaradier ; les plus communes sont le *Bigaradier chinois* auquel j'ignore pourquoi l'on donne ce nom, puisqu'il provient des environs de Goa et de la presqu'île en-deçà du Gange. Cet arbre, de troisième grandeur en son pays, n'est dans nos jardins qu'un simple arbrisseau dans lequel tiges, branches, feuilles, fleurs, fruits, tout est petit, tandis que dans le midi de l'Europe il reprend une partie de ses droits et monte de quatre à sept mètres. Ses rameaux forment une tête élégante ; ses feuilles, d'un vert éclatant, sont très-nombreuses et tellement rapprochées les unes des autres qu'elles paraissent faire touffes, et comme les fleurs sont également très-nombreuses, axillaires ou disposées en thyrses, leur blancheur tranche sur cette nappe verdoyante et donne à la plante un aspect vraiment enchanteur. Le fruit, arrivé à sa maturité, est très-petit ; son diamètre n'excède presque jamais vingt à vingt-quatre millimètres, et sa hauteur dix-huit à vingt. Il est d'un jaune gai très-brillant. Ces fruits ont la peau mince, la pulpe d'un acide tempéré, rarement des pepins ; passés simplement au sucre, ils font d'excellentes confitures ; on les cueille en juillet et août.

Une autre variété très-cultivée à Paris, c'est le *Bigaradier à feuilles de myrte*, joli sous-arbrisseau venu réellement de la Chine, dont le fruit, très-petit, rempli d'un suc acidule mêlé d'amertume, se mange confit sous le nom de *Chinois*.

Mais la plus singulière, celle qui déroute toutes les divisions systématiques, toutes les classifications des botanistes, le *Bigaradier bizarrerie*, nous offre un jeu de nature fort étonnant, un phénomène inexplicable. Depuis 1644, que cette variété paraît cultivée, on a vainement cherché à connaître son origine ; est-elle due au hasard ou bien à l'industrie ? je penche vers ce dernier sentiment ; je crois qu'elle provient du mélange, par le moyen de la greffe, des bourgeons du Bigaradier, du Limonier et du Cédratier. On ne la propage que par marcottes. La tige a le port du Bigaradier ; les feuilles affectent les formes réunies de celles de cet arbre et du Citronier ; les fleurs, qui s'épanouissent au printemps et en automne, se rapprochent plus du Cédratier que du Bigaradier ; les fruits, plus capricieux encore que les autres parties, présentent sur la même branche un limon, une orange, une bigarade, un cédrat, tandis qu'à l'intérieur de quatre portions égales deux appartiennent aux citrons et les deux autres à l'orange ; le cédrat a la pulpe amère, le jus de l'orange est aigre ; partout les couleurs et les saveurs sont également perverties.

VI. *Oranger.*

S'il faut s'en rapporter à quelques auteurs, la patrie de l'Oranger serait indiquée par ce jardin des Hespérides, si fameux aux âges mythologiques, et il faudrait lui donner pour patrie l'Afrique occidentale, la Mauritanie, les îles Fortunées, ou ces monts de l'Atlas si peu connus sous le point de vue botanique, malgré les excursions de Desfontaines, de Poiret, de Schousboe. Selon d'autres observateurs, il est originaire des contrées méridionales de la Chine, des îles de l'archipel Indien, ou même de cette portion du globe que l'on nomme aujourd'hui l'Océanie. Un fait incontestable, c'est que les écrivains si nobles et si riches de l'antiquité n'ont point connu cet arbre superbe ; sa taille majestueuse qui dépasse dix-huit mètres, sa forme régulière, le vert éclatant de son feuillage, ses fleurs si suaves même à une grande distance, ses fruits si beaux, si éclatans, si flatteurs au goût et si parfumés, n'auraient point manqué de leur inspirer quelques pages brillantes ; Théophraste et les géopones latins n'auraient pas négligé de parler du luxe de fécondité qu'il étale même pendant la saison des frimas. D'ailleurs, le nom de *Portughan* que les Arabes donnent à l'Orange, nom étranger à leur langue, nom que l'on retrouve chez les Italiens, les Espagnols, et même dans nos départemens du midi, n'est-il pas un indice que l'introduction de cet arbre se lie aux voyages des Portugais dans l'Inde, particulièrement à ceux de Juan de Castro, en 1520. Ce sont les Portugais qui l'ont planté aux Canaries, à Madère, d'où on l'a cru indigène, à cause de la vigueur de végétation qu'il y déploie ; ce sont les Portugais qui l'ont transmis à toutes les contrées que baignent les eaux de la Méditerranée, et c'est des individus fournis par les Portugais que proviennent ceux formant aujourd'hui les *huertas* ou vergers immenses de l'Andalousie et des Algarves.

L'Oranger est d'une grande susceptibilité ; la plus légère mutation dans la température le fait promptement déserter un pays ; la zone qu'il occupe dans nos départemens du sud-est s'est accourcie depuis les défrichemens mal entendus des dix-septième et dix-huitième siècles ; non pas que j'adopte le sentiment de Valbonnois, que l'Oranger prospérait, dès l'an 1553, jusqu'aux plus hautes limites de l'olivier (*v.* BASSINS et CLIMATS AGRICOLES); cet auteur a confondu ensemble le Bigaradier et l'Oranger. Il se plaît au pied des montagnes élevées qui, depuis Toulon et Hyères jusqu'à l'extrémité de la rivière de Gênes, suivent les sinuosités du rivage ; puis il ne reparaît plus en forêts que dans le golfe de Gaeta. En France, il s'avance plus au nord qu'en Espagne et qu'en Italie. Les Oranges de haute qualité viennent de Malte, du Portugal, des Açores ; elles sont plus grosses et à peau fine, unie, luisante, dans les deux premiers pays ; dans le troisième, elles sont très-petites et ont la peau épaisse et rugueuse.

Je ne dirai point que l'écorce d'Orange entre dans une foule de préparations pharmaceutiques, que la pulpe fournit des boissons excellentes contre les inflammations légères des organes de la digestion ; que le suc clarifié se convertit en un sirop rafraîchissant et très-agréable ; que les fleurs de l'Oranger sont antispasmodiques et que l'eau distillée qu'on en retire s'emploie fréquemment dans l'économie domestique et dans les officines : tout le monde connaît les propriétés des diverses parties de ce bel arbre ; son bois seul, quoique de bonne qualité, est de peu de ressource, parce que le tronc est presque toujours pourri dans le cœur. Mais je ferai remarquer que l'on blesse toutes les lois de la grammaire et de la science, quand on dit avec le vulgaire. *fleurs d'orange.* Ces deux mots sont incohérens, et ne doivent jamais cohabiter ensemble : c'est la fleur qui produit le fruit et non pas le fruit qui donne naissance à la fleur. Cette faute se trouve dans une foule de livres ; elle est dans presque toutes les bouches ; l'habitude est tellement tyrannique, qu'elle échappe même aux personnes instruites. Le bouquet et la couronne de fleurs d'Oranger sont pris depuis long-temps comme emblème de la pudeur et de l'innocence. Autant le cœur palpite en les voyant orner le sein et le front de la fille vertueuse, autant il est révolté de les trouver sur ces êtres méprisables, enveloppés du linceul de tous les vices, au lieu du noir hellébore dont ils sont l'image !

VII. *Pompelmouse.*

On ne peut guère prononcer ce mot sans avoir sous les yeux le riant paysage peint par Bernardin de Saint-Pierre dans *Paul et Virginie* ; mais, après d'aussi douces illusions, il est fâcheux d'apprendre que le tableau est un roman comme l'histoire des deux intéressans créoles. Nous ne parlerons donc du POMPELMOUSE (et non pas Pamplemousse comme l'écrivent de récens voyageurs), *C. decumana,* qu'en observateur botaniste. Cet arbre, appelé par quelques auteurs *Shadeck,* du capitaine de marine qui, suivant Plukenet, fut le premier à le porter de l'Inde en Amérique, constitue le groupe le plus distinct et le mieux caractérisé du genre *Citrus.* Il s'élève à sept et huit mètres, est garni d'épines ; ses rameaux sont gros, cassans, peu divisés, et leurs jeunes pousses pubescentes. Ils sont ornés de feuilles très-grandes, ovales-oblongues, coriaces et d'un vert gai en dessus, blanchâtres en dessous, tandis qu'à leur sommet des grappes de fleurs, de la plus belle apparence, blanches et parsemées de points verdâtres, se font remarquer par l'épaisseur de leurs quatre pétales, l'éclat de leurs nombreuses étamines, et par l'odeur délicieuse qu'elles répandent au loin. A ces fleurs, plus grandes que dans aucune autre espèce du genre, succèdent des fruits très-gros, arrondis ou pour mieux dire légèrement pyriformes ; leur écorce varie du jaune pâle à la couleur d'or des oranges ; elle est sillonnée de côtes peu saillantes ; la peau est plus ou moins fine, à raison du volume que le fruit acquiert, lequel a quelquefois plus de seize et vingt centimètres de diamètre. La pulpe, verdâtre, renferme quinze à dix-huit loges, et un suc dont l'acidité n'est point désagréable : il est peu abondant. Les semences sont jaunâtres et comme teintes de rouille.

Culture. — La culture de tous ces arbres paraît le chef-d'œuvre de l'horticulture, quand on réfléchit à la différence du climat d'où ils proviennent et celui des froides contrées que nous habitons. Cependant, il faut le dire, elle demande beaucoup moins de savoir et d'industrie qu'elle n'exige de frais pour leur achat et leur conservation. Tous veulent une terre légère, des arrosemens modérés, et durant l'hiver d'être renfermés dans une orangerie, où l'on peut renouveler l'air souvent et facilement, mais où la gelée ne doit pas avoir accès

Il faut les tenir en caisse, les changer au besoin et ne pas trop les enfoncer en terre, afin de les garantir des insectes nuisibles, et les rétablir des maladies ou accidens qui leur surviennent. Ils prospèrent dans nos départemens du midi, surtout près de la mer Méditerranée; mais ils ont besoin d'être abrités des vents froids. On les multiplie de semences, par la greffe et de marcottes. Si ce que Le Berriays nous dit d'un espalier d'Orangers qui vécut depuis 1720 jusqu'en 1772, dans le jardin de l'intendance à Lille, est bien constant; si, pour le tenir habituellement en pleine terre il suffisait de le couvrir d'un toit de chaume durant l'hiver et de creuser alors autour de lui une fosse de soixante-cinq centimètres de profondeur, remplie ensuite de fumier bien tassé ou mieux encore de poussier de charbon pour le supprimer à la belle saison, nul doute que l'on pourrait généralement en France avoir tous les arbres du genre Citronier en pleine terre, et jouir ainsi constamment de la plénitude de leurs agrémens. Un abri bien entendu, des soins semblables à ceux employés à Lille assureraient la conquête définitive de ces arbres précieux, et paieraient largement des frais que cette nouvelle culture exigerait. (T. D. B.)

CITRONIER BATARD. (BOT. PHAN.) Nom vulgairement donné à la Martinique à une espèce d'Apalanchine, *Prinos crassifolius.* (T. D. B.)

CITRONIER DE TERRE. (BOT. PHAN.) Le Karatas de Plumier, que nous appelons Ananas à feuilles longues, *Bromelia Karatas*, porte le nom de Citronier de terre, parce que ses fruits affectent la forme, la grosseur et la couleur d'un petit citron, qu'ils naissent près de terre au milieu d'une touffe de feuilles radicales disposées en rond et très-piquantes. (T. D. B.)

CITROUILLE. (BOT. PHAN.) Dans diverses localités on donne communément ce nom à la Courge, *Cucurbita pepo*; botaniquement pris, il constitue une espèce distincte de ce genre, et compte plusieurs variétés. *V.* COURGE. (T. D. B.)

CITRUS et CITRUM. (BOT. PHAN.) L'arbre du mont Atlas, avec lequel les Romains, au dernier siècle de leur république, fabriquaient des meubles d'un prix excessif, n'a aucun rapport avec aucune espèce du genre Citronier, que les botanistes modernes appellent *Citrus*. En lisant les textes de Théophraste et de Pline, on reconnaît aisément qu'il s'agit d'un arbre de la famille des Conifères, peut-être le *Juniperus thurifera* ou le *Thuya cupressioïdes*. Olivier a trouvé sur le mont Taurus, situé en Asie, à peu près sous la latitude de l'Atlas, dans sa partie septentrionale, une espèce de Genévrier à feuilles de cyprès, qui par la taille et la grosseur du tronc semble être la même que celle dite *Thuia* et *Thuion* par les Grecs, *Citrus* et *Citrum* par les Romains. (T. D. B.)

CITULE, *Citula.* (POISS.) Les Citules mériteraient à peine d'être séparées des Carangues, dont elles ne se distinguent que par une seconde dorsale et une anale prolongées en faux; disposition qu'on observe dans quelques vraies Carangues,

en sorte que ce sous-genre ne peut guère être maintenu. Ce genre renferme cinq espèces, dont nous citerons brièvement les divers caractères.

La CITULE A LONGS FILS, *Citula cirrhosa.* Ce poisson est argenté et irisé de la manière la plus brillante. Ses écailles sont fort petites, son opercule montre un peu la tache noire si commune parmi les Carangues; il y a aussi une tache noire dans l'aisselle de la pectorale. Long de huit à dix pouces.

La CITULE ARMÉE, *Citula armata*, Rupp., fort semblable à la première, mais dont le corps est plus élevé; une ligne noire marque le devant de la dorsale et de l'anale; il y a du noir vers le bout des ventrales.

La CITULE OBLONGUE, *Citula oblonga*, Cuv., originaire de Vanicolo. La pointe de son anale ne paraît pas s'allonger comme celle de sa dorsale. Ce poisson paraît avoir été argenté, sans taches noires. Le Tchawilparach de Russel, pl. 151, c'est aussi la CITULE A DENTS FINES, *Citula ciliaris* de Cuvier, où l'on voit un peu de noir à l'opercule, à corps argenté, teint de violâtre vers le dos, et où les nageoires sont jaunes. Nous terminons enfin cette longue énumération par la BELLE CARANGUE, *Citula speciosa*, Cuvier, figurée dans le grand ouvrage sur l'Egypte, pl. 25, fig. 1. Elle conserve toutes les formes des espèces précédentes, mais elle se distingue dans tout le genre par le manque absolu de dents, du moins à l'âge adulte.

Sa couleur paraît argentée dans les individus de huit pouces et au dessus, et plus ou moins jaune dans les jeunes, avec des bandes verticales brunes, alternativement plus larges et plus étroites; il y a de plus une tache noire au bout de chacun des lobes de la caudale, et quelquefois une sur le chanfrein; toutes les nageoires sont jaunes. Ruppel assure que c'est le poisson le plus commun en hiver au marché de Massuah, en Egypte, où on le désigne par le nom de Bajad.

(ALPH. G.)

CIVADA. (BOT. PHAN.) Nom de l'Avoine dans nos provinces méridionales. (GUÉR.)

CIVE. (AGR. et BOT.) Tous les livres d'agriculture et de botanique donnent ce nom tantôt à la ciboule, tantôt à la ciboulette: c'est une confusion perpétuelle dans la nomenclature des plantes potagères qu'il serait facile de détruire, si l'on voulait y faire attention. La Cive n'est point une espèce particulière, elle n'est qu'un ognon petit, dégénéré, un *ognon qui ne tourne pas*, selon l'expression en usage chez les horticoles et les maraîchers. La séparation des caïeux perpétue une fausse race qui se perd tôt ou tard. D'ailleurs, la Cive a toutes les propriétés de l'ognon, et l'on s'en sert ordinairement comme de la ciboule. (T. D. B.)

CIVETTE, *Viverra.* (MAM.) Ce genre appartient à la famille des Carnassiers digitigrades. Il renferme un petit nombre d'espèces répandues dans tout l'ancien continent, et qui ont été divisées en deux sections: voici quels en sont les caractères : formule dentaire; $\frac{6}{6}$ incis., $\frac{1-1}{1-1}$ can. et $\frac{6-6}{8-6}$ molaires, au total quarante (les canines sont assez fortes et les molaires ainsi disposées, *supérieurement* trois fausses molaires de chaque côté, un peu coniques et comprimées, une carnassière grande, tranchante, aiguë, presque tricuspide, et deux tuberculeuses; *inférieurement* quatre fausses molaires, une carnassière forte, bicuspide, et une seule tuberculeuse); tête longue, museau pointu; nez terminé par un mufle assez large, ayant les narines grandes et percées sur ses côtés; pupilles se contractant en une ligne étroite; langue à papilles cornées; pieds pentadactyles, à doigts séparés et munis d'ongles à demi rétractiles; une poche plus ou moins profonde, placée entre l'anus et les organes de la génération, et renfermant, dans la plupart des espèces, une matière grasse odorante; queue longue, couverte de poils, pelage bien fourni, variable pour la longueur et le système de coloration, qui cependant peut se rapporter à une série de taches longitudinales ou arrondies disposées sur un fond brun ou jaunâtre.

Les deux groupes que l'on a établis dans le genre *Viverra*, sont ceux des Civettes proprement dites et des Genettes.

1ᵉʳ Sous-genre, les CIVETTES. Elles ont une poche profonde et qui se remplit d'une sorte de pommade, dont l'odeur est très-forte. On ne trouve point ces animaux en Europe.

CIVETTE VULGAIRE, *Viverra civetta*. La Civette est une espèce des contrées chaudes de l'Afrique, principalement de l'Abyssinie, de la Guinée, du Congo; sa taille est celle du renard, mais son corps est plus allongé et moins élevé sur jambes. Elle a sur un fond gris des bandes transversales, étroites et parallèles l'une à l'autre, plus larges sur les côtés du corps et les cuisses et quelquefois assez rapprochées, et contournées pour former des taches œillées; la queue a quatre anneaux bruns sur ses deux premiers tiers, le reste étant noir; cou blanc inférieurement, avec des bandes noires. Entre l'anus et le pénis chez le mâle, ou la vulve chez la femelle, est placée l'ouverture de la cavité dans laquelle se fait la sécrétion de l'humeur odorante. Cette cavité, dont la grandeur varie un peu suivant les sujets, est une sorte de poche au fond de laquelle s'ouvrent deux autres poches plus petites, à parois glanduleuses, inégales et bosselées extérieurement, et dont chaque bosselure correspond à un follicule sécréteur : chacun de ces follicules en contient d'autres plus petits dans son épaisseur, qui versent le produit de leur sécrétion dans la cavité commune. Là, cette humeur s'épaissit et prend la consistance d'une forte pommade.

Les Civettes sont des animaux farouches et carnivores, qui ont l'habitude de sortir le soir et la nuit seulement, pour aller chasser les petits mammifères et aussi les oiseaux. Elles se tiennent dans les pays sablonneux ou sur les montagnes; dans certains lieux habités, elles cherchent, comme les renards, à s'introduire dans les poulaillers.

Pour se procurer plus abondamment la matière qu'elles sécrètent, on a l'habitude, dans quelques contrées, de les élever dans une sorte de domesticité; pendant long-temps les Hollandais en ont possédé un certain nombre à Amsterdam. On a soin de les tenir dans des cages étroites où elles ne peuvent se retourner, et lorsqu'on veut s'emparer de leur pommade on ouvre la cage par derrière, et avec une cuiller on la racle dans la poche où elle s'est amassée. Cette opération peut être répétée une et même deux fois par semaine. Nous avons fait représenter cette espèce dans notre Atlas, pl. 112, fig. 1.

La *Civette* (le nom de l'animal a été donné au produit qu'on en obtient) est une matière épaisse, grasse, onctueuse et de la consistance du miel ou de l'axonge; sa couleur, presque entièrement blanche peu après qu'on en a fait la récolte, devient brune avec le temps; son odeur est extrêmement forte, fétide même, et sa saveur âcre et brûlante. D'après l'analyse qu'en a faite M. Boutron-Charlard (Journ. Pharm. t. 10), la Civette se compose des substances qui suivent : ammoniaque, élaïne, stéarine, mucus, résine, huile volatile, matière colorante jaune et quelques sels. Elle a été long-temps employée en médecine comme stimulante et antispasmodique; mais aujourd'hui elle est presque entièrement abandonnée.

ZIBET, *Viverra zibetta*, est une autre espèce du sous-genre des Civettes; elle a beaucoup de rapport avec la précédente, et a même été confondue avec elle par quelques auteurs; elle s'en distingue cependant par sa coloration; les taches de son dos et de ses flancs sont plus nombreuses et toutes pleines, quelquefois assez rapprochées pour former des lignes; il règne le long de l'épine une bande noire bien distincte. La gorge est blanche avec deux bandes noires de chaque côté, la queue longue et couverte d'anneaux noirs plus nombreux.

Le Zibet habite l'Inde, on connaît fort peu ses habitudes. Sa pommade, quoique très-odorante, n'est point employée en Europe à cause de l'éloignement du pays où on le trouve.

CIVETTE D'HARDWICH, *Viverra Hardwichii*, est une espèce peu connue qui provient de Java. On ne peut non plus rien dire de positif sur une autre, décrite par Pallas sous le nom de *Viverra hermaphrodites*, et qui vient, dit-on, de la côte de Barbarie.

2ᵉ Sous-genre, les GENETTES. Elles se reconnaissent à leurs poches qui sont plus petites et réduites à un simple enfoncement. Les espèces sont plus nombreuses, on en trouve une en Europe. C'est la Genette d'Europe, les autres sont étrangères. Ce sont : la Genette de Barbarie, celle du Sénégal, la Genette panthérine, la Fossane, la Civette noire, la Civette de l'Inde, la Civette bondar et la Civette rayée. Nous en parlerons plus longuement à l'article GENETTE.   (GERV.)

CLADOBATE, *Cladobates*. (MAM.) M. Fréd. Cuvier a donné ce nom aux animaux du genre Tupaia, que d'autres naturalistes ont appelé *Sorexglis* et *Glisorex*. Les TUPAIAS (*voy.* ce mot pour de plus amples détails) sont des carnassiers insectivores qui habitent l'Inde et principalement les grandes îles de Java et de Sumatra. Ils joignent aux caractères dentaires et au régime des Musaraignes la forme et le port des Ecureuils. (GERV.)

CLAIRON, *Clerus*. (INS.) Genre de Coléoptères de la section des Pentamères, famille des Serricornes, tribu des Clairones : ce genre a été établi par Geoffroy, qui lui assigne pour caractères : tarses, vus en dessus, ne paraissant que de quatre articles ; les trois derniers articles des antennes formant une massue simple, beaucoup plus large que le reste de l'antenne ; quoique les tarses ne présentent au premier coup d'œil que quatre articles, ils en ont cinq, comme chez tous les insectes de la même section. Cependant M. Léon Dufour pense qu'il y en a seulement un de rudimentaire aux tarses intermédiaires et aux tarses antérieurs. Le devant de leur corselet est déprimé ; enfin leur bouche offre des palpes maxillaires et labiaux terminés par un article presque en forme de hache. M. Léon Dufour a étudié l'anatomie de ces animaux ; leur jabot est si court qu'il est presque entièrement caché dans la tête ; l'intestin est court, avec deux renflemens en arrière ; ils ont six vaisseaux biliaires, dont l'insertion est cœcale.

On connaît un assez grand nombre d'espèces de ce genre ; elles appartiennent toutes à l'ancien continent, et se trouvent sur les fleurs.

C. DES ABEILLES, *C. Apiarius*, Lin., Oliv., représenté dans notre Atlas, pl. 112, fig. 2 ; long de 6 à 7 lignes. bleu, avec les élytres rouges et trois bandes d'un bleu foncé, dont la dernière borde l'extrémité des élytres. Cette espèce dépose ses œufs dans les ruches, et la larve se nourrit de celles de l'abeille domestique. Elle cause quelquefois beaucoup de dommage.

C. DES RAYONS, *C. alvearius*, Fab., Oliv., col. IV, 76, 1, 5. Il est long de 6 à 7 lignes, bleu, avec les élytres rouges et trois bandes noires comme chez le précédent. mais la dernière ne borde pas l'extrémité des élytres, et il y a en outre une tache bleue sur l'écusson. Cette espèce dépose ses œufs dans le nid des abeilles maçonnes. Toutes les deux se trouvent aux environs de Paris.

(A. P.)

CLAIRONES, *Clerii*. (INS.) Tribu de Coléoptères, de la section des Pentamères, famille des Serricornes, division des Malacodermes, distinguée par les caractères suivans : corps cylindrique, tête et corselet plus étroits que l'abdomen, antennes toujours plus grosses à l'extrémité, soit en massue, soit en scie ; yeux échancrés, mandibules échancrées, et palpes avancés, terminés en massue ; le pénultième article des tarses est bilobé.

Tous les insectes composant cette tribu ont un faciès qui les fait facilement reconnaître. On les trouve soit sur les fleurs, soit sur le tronc des arbres. Les larves qui ont été étudiées se sont toutes trouvées carnassières. (A. P.)

CLANDESTINE, *Lathræa*. (BOT. PHAN.) Semblables aux Orobanches et par leur port et par leur organisation intérieure, les Clandestines vivent aussi, comme elles, en parasites, sur les racines des arbres et autres plantes habitant les lieux couverts et humides. Ce sont des plantes herbacées de la Didynamie angiospermie et de la famille des Pédiculariées. Elles se ramifient dans leur partie supérieure, et sont garnies d'écailles au lieu de feuilles. Les fleurs dont elles se décorent sont grandes, blanches, bleuâtres ou violacées, groupées en forme d'épi, et donnent naissance à une capsule légèrement comprimée, uniloculaire, s'ouvrant à deux valves avec élasticité.

Deux espèces croissent en France, la CLANDESTINE A FLEURS DROITES, *L. clandestina*, à laquelle on a long-temps attribué la propriété de rendre fécondes les femmes stériles. Elle est munie de racines spongieuses, dont elle fixe les suçoirs sur les racines des Aunes et de beaucoup d'autres arbres ; on les trouve aussi cachées sous la mousse, au milieu des pierres qui garnissent les ruisseaux. Sa souche est très-courte, et sans ses fleurs bleues ou d'un pourpre violet dressées au dessus du sol, on ignorerait sa présence. La CLANDESTINE ÉCAILLEUSE, *L. squamaria*, élève sa tige simple à seize et vingt centimètres, et se garnit de fleurs blanches et purpurines, ordinairement pendantes. Comme son nom l'indique, elle est entièrement couverte d'écailles charnues, écartées. L'une et l'autre sont vivaces.

La troisième espèce connue, la CLANDESTINE DU LEVANT, *L. amblatum*, offre une corolle presque campanulée, partagée en deux lèvres très-entières. Sa couleur est pourprée. (T. D. B.)

CLAPIER. (MAM.) C'est le Lapin domestique que nous élevons dans nos habitations. On donne le même nom au lieu où on le tient.

(GERV.)

CLASSIFICATION. Pour arriver à distinguer entre eux les êtres innombrables que comprennent toutes les branches de l'histoire naturelle, il ne suffit pas seulement de donner à chacun de ces êtres un nom particulier ; il faut encore indiquer des caractères propres à les faire facilement reconnaître. Ces caractères, pris dans leur conformation plutôt que dans des qualités variables, afin d'être d'une constante application, doivent être aussi assez nombreux et assez tranchés pour que leur ensemble ne puisse convenir à la description d'aucun autre. Mais comme la mémoire ne pourrait recueillir et conserver cette liste immense de noms, ce vaste catalogue de traits différentiels, il a fallu établir des rapprochemens, créer des divisions et des subdivisions qui devinssent autant de moyens indicateurs, autant de jalons propres à diriger l'esprit humain dans cette route difficile. Cette suite de divisions et de subdivisions, ces arrangemens conventionnels, ont reçu le nom de *Classifications*. Il n'est point de notre sujet d'énumérer ici toutes celles qu'on a proposées et abandonnées depuis que l'étude des corps de la nature est devenue une science ; les bases sur lesquelles elles ont été établies peuvent se réduire à deux séries d'idées : dans les premières on a groupé les êtres d'après des considérations qui leur étaient étrangères, ou qui n'avaient rapport qu'aux modifications que présentait une seule de leurs parties; pour les autres, au contraire, on s'est appuyé sur l'ensemble de leur organisation. Les premières ont été nommées *classifications* ou *systèmes artificiels*; les secondes ont reçu le nom de *Classifications* ou *méthodes naturelles*. Mais comme aucune de ces Classifications n'est réellement dans la nature, on s'est contenté de réserver le nom de *système* aux unes et de donner aux autres celui de *méthode*. Les premières sont sans doute plus faciles à appliquer et à saisir; mais elles ne font réellement connaître d'important que le nom des objets. Ainsi, par exemple, lorsqu'on prend pour base le nombre des membres dont le corps est pourvu, il faut ranger parmi les quadrupèdes le cheval et le lézard, et éloigner ce dernier des reptiles, qui s'en rapprochent sous tant d'autres rapports. C'est ainsi que Tournefort a créé son *système* en botanique, en établissant ses divisions d'après la forme de la corolle, comme Linné a fondé le sien sur les organes sexuels.

Dans les *méthodes naturelles*, chacune des divisions ne renferme que des élémens de même nature; les êtres dont un groupe se compose se ressemblent par des points d'autant plus multipliés que ce groupe lui-même tient un rang moins élevé dans la hiérarchie des Classifications; et, en connaissant la place qu'un de ces êtres y occupe, on sait déjà les caractères principaux de son organisation.

On nomme *espèce*, dans ces classifications, la réunion des individus qui se reproduisent entre eux, avec les mêmes propriétés essentielles; ainsi les hommes, les chevaux, les chiens forment, pour le zoologiste, autant d'espèces différentes. Les espèces les plus voisines sont ensuite réunies dans des groupes appelés *genres*, et dans l'appellation le nom du genre précède toujours celui de l'espèce. En réunissant les genres qui présentent le plus d'analogie, on forme les *tribus* ou *familles*, qu'on range à leur tour en groupes d'un rang plus élevé, et auxquels on donne le nom d'*ordres*. Les ordres, par leur réunion, forment enfin les *classes*. Nous avons déjà dit que les Classifications naturelles étaient fondées sur l'ensemble de l'organisation, ou sur celui des parties les plus importantes et qui présentent le moins de variation; or il en résulte que les traits propres à faire distinguer, dans les méthodes naturelles, une classe ou un ordre des autres divisions de même rang, sont en même temps des caractères d'une haute importance, et que, par cela seul que l'on connaît la famille, l'ordre, la classe auxquels l'un de ces êtres appartient, on sait également ce que son organisation présente de plus remarquable : s'il s'agit d'un animal, on peut déjà déduire de cette connaissance celle de ses fonctions et de ses mœurs.

Ce peu de mots doit suffire pour démontrer l'importance ou plutôt la nécessité des Classifications. Nous ne pourrions y ajouter, sans répéter ce que deux de nos collaborateurs ont si clairement

exposé dans l'*Introduction* de ce Dictionnaire ou dans l'article *Animaux*. Ce que nous devons rappeler seulement, c'est que les méthodes naturelles, qui ont donné une si vive impulsion à la science, en aplanissant tant de difficultés, ont été introduites dans la botanique par Bernard de Jussieu et par son neveu Antoine Laurent de Jussieu, et que ce fut Cuvier qui le premier en fit l'application à la Classification des animaux. *Voy.* MÉTHODES.

(P. G.)

CLASSIFICATION BOTANIQUE. Son but est d'établir entre les faits que la science des plantes nous fournit un certain ordre à l'aide duquel l'esprit les voit, les comprend, les retient facilement. L'unité qui en résulte, purement extérieure et pratique, est arbitraire : c'est un aide-mémoire que les faits, considérés sous plusieurs faces, dans les liens qui les unissent les uns les autres, mettent sans cesse en défaut, mais qui n'en est pas moins utile pour entrer dans la voie de nouvelles découvertes, quand il est déduit d'une série d'idées ou système bien conçu. J'ai déjà parlé des méthodes proposées par Tournefort, par Linné et par Bernard de Jussieu; j'ai dit ce que l'on doit en attendre (*v.* au mot BOTANIQUE); plus tard nous aurons l'occasion d'entrer dans les détails nécessaires sur les bases physiologiques d'après lesquelles on les a fondées, et l'on pourra les perfectionner lorsque l'esprit philosophique renaîtra franchement dans la plus aimable des sciences naturelles. *V.* aux mots FRUITS, MÉTHODES et PLANTE. (T. D. B.)

CLASSIFICATION MINÉRALOGIQUE. (Voyez MINÉRALOGIE.)

CLATHRE, (BOT. CRYPT.) *Champignons*, Ce genre, qui est un des plus remarquables parmi les Champignons, a été ainsi caractérisé par Micheli : Champignon presque globuleux, entièrement renfermé dans sa jeunesse dans une valve charnue, persistante; creux et troué, contenant dans son intérieur une matière blanchâtre, comme farineuse, et dans son centre une matière gélatineuse. Ces deux matières, lors du développement complet de la plante, se transforment en un liquide épais et fétide qui suinte par les trous du Champignon.

Parmi les espèces peu nombreuses du genre Clathre, deux, le *Clathrus ruber* et le *Clathrus flavescens*, de Persoon, habitent l'Europe. Le Premier, que nous avons représenté dans notre Atlas, pl. 112, fig. 5, est un des plus beaux Champignons connus. Parvenu à son état parfait, on voit apparaître, d'un volva d'un blanc jaunâtre et tri ou quadrilobée, une tête arrondie d'un beau rouge orangé, contenant les séminules mêlées à un fluide gélatineux, très-fétide, qui sort par les trous du Champignon.

Deux espèces de Clathrus, le *Clathrus crispus*, de Tursein, et le *Clathrus columnatus*, de Bosc, croissent en Amérique. (F. F.)

CLATHROIDÉES, *Champignons*. (BOT. CRYPT.) On désigne sous ce nom un groupe de Champignons qui ont été appelés successivement *Litho-*

thecii par Persoon *Rhantispori* par Link, *Fungi pistillares* par Fries.

Dans ces Champignons, encore jeunes, et pour lesquels il faudra peut-être un jour établir une famille particulière, le volva a plus d'analogie avec le volva des Agarics ou d'autres Champignons, qu'avec le péridium des lycoperdacées ; la partie centrale, qui porte les séminules, est charnue et non filamenteuse, comme dans toutes les lycoperdacées; enfin, la disposition des séminules se rapproche beaucoup de celle de quelques genres des vrais Champignons.

Dans tous les genres bien connus des Clathroïdées, on trouve un volva charnu et en partie mucilagineux, du milieu duquel s'élève un pédicule creux qui porte à son sommet un chapeau, recouvert de cellules remplies de sporules mêlées à une matière mucilagineuse; cette matière mucilagineuse finit par se transformer en un liquide très-fétide, et qui, en coulant par les trous du Champignon, entraîne les sporules avec lui.
- Les genres de Clathroïdées sont les *Phalloïdes* et les *Clathroïdes.* (F. F.)

CLAUDÉE, *Hydrophytes.* (bot. crypt.) Thalassiophyte dont la forme, la couleur et l'organisation sont des plus curieuses, qui croît sur les côtes de la Nouvelle-Hollande, et dont le caractère est d'avoir des tubercules en forme de silique allongée, attachés aux nervures par les deux extrémités.

De la racine, espèce de corps renflé, charnu, s'élève une tige rameuse et garnie de feuilles d'où part une membrane, presque invisible à l'œil nu, échancrée sur ses bords, et courbée en demi-cercle. Cette membrane est soutenue par des nervures moyennes qui partent toutes d'une nervure principale, et qui, d'abord rapprochées, s'éloignent les unes des autres en divergeant vers les bords. Toutes les nervures moyennes sont liées entre elles par d'autres qui sont parallèles et plus petites, et qui forment, sur les feuilles, quatre ordres ou rangées de nervures qui se croisent à angle droit. Enfin, dans la partie moyenne des feuilles, se trouvent les fructifications, espèces de tubercules parallèles les uns aux autres, dont le nombre va quelquefois jusqu'à douze, et qui sont remplis de capsules granifères presque visibles à l'œil nu.

La grandeur des Claudées varie d'un à deux décimètres; leur couleur, après la dessiccation, offre des nuances vertes, rouges, jaunes, violettes, fondues les unes dans les autres de la manière la plus gracieuse.

Une seule espèce est connue, c'est la *Claudea elegans*, ainsi nommée à cause de sa beauté.
(F. F.)

CLAUSILIE, *Clausilia.* (moll.) Coquilles terrestres long-temps confondues avec les Hélices par les divers naturalistes, et séparées d'elles par Draparnaud, sur la présence d'une pièce operculaire qui leur a valu leur dénomination. Daubenton les fit connaître dès l'année 1745 dans un mémoire qu'il lut à l'Académie des sciences, et qui avait pour objet une distribution méthodique des coquillages. Les Clausilies ont une forme qui leur est particulière; elles sont fusiformes, à spire plus ou moins aiguë, le dernier tour plus petit que le pénultième; l'ouverture assez large, entière, à bords réunis, libres dans leur contour, et réfléchis au dehors; columelle divisée en deux lames dont une plus petite paraît servir à former, avec l'évasement de l'angle postérieur du bord droit, une sorte de canal pour le passage du bord de l'orifice de la cavité pulmonaire, et dont l'autre se partage plus ou moins et forme une ou deux dents.

L'animal qui habite ces coquilles a la plus grande analogie avec celui des Hélices, seulement il a les tentacules inférieurs beaucoup plus courts et porte un osselet élastique dans le dernier tour de la spire de sa coquille. Lamarck en décrit douze espèces, presque toutes habitant la France; mais le nombre en est considérablement augmenté. M. de Férussac, dont le système est trop connu pour que je le mentionne de nouveau ici, réunit ce genre à la grande famille des Hélices; il en fait son quatorzième sous-genre, sous la dénomination de *Cochlodine.*

Pour donner une idée de la forme de ces coquilles, nous avons fait représenter dans notre Atlas, pl. 115, fig. 1, la CLAUSILIE LISSE, *C. bidens*, Drap. Elle est d'un blanc jaunâtre et se trouve dans toute l'Europe. (Ducl.)

CLAVAGELLE, *Clavagella.* (moll.) Coquille fort singulière que l'on ne trouve qu'à l'état fossile, et dont Lamarck a fait un genre pour quatre espèces seulement. Voici les caractères attribués à ce genre par ce naturaliste : fourreau tubuleux, testacé, atténué et ouvert antérieurement, terminé en arrière par une massue ovale, légèrement comprimée, hérissée de tubes spiniformes; massue offrant d'un côté une valve découverte, enchâssée dans sa paroi; l'autre valve libre dans le fourreau. Les Clavagelles sont de taille moyenne par leurs rapports entre les Arrosoirs et les Fistulanes. Dans les Arrosoirs, les deux valves de la coquille sont ouvertes, fixées et enchâssées dans la paroi de la partie postérieure du fourreau, et paraissent au dehors; dans les Clavagelles, une seule des deux valves est enchâssée dans la paroi du fourreau, et se montre aussi au dehors, tandis que l'autre valve est libre dans l'intérieur du fourreau; enfin dans les Fistulanes, aucune valve n'est fixée; la coquille est tout-à-fait libre au fond du fourreau. Si la massue des Arrosoirs offre de petits tubes disposés en frange circulaire autour du disque postérieur, la massue des Clavagelles présente aussi de petits tubes saillans qui la rendent hérissée et comme épineuse, soit sur un de ses côtés ou à son sommet; et ces petits tubes, ni les pores tubuleux du disque, ne se retrouvent plus dans les Fistulanes. Partout c'est la partie postérieure du fourreau qui est la plus large, et qui contient la coquille bivalve et équivalve; celle-ci n'enveloppant que la partie postérieure de l'animal, comme dans le Taret, tandis que la partie antérieure du fourreau va toujours en se rétrécissant, et se trouve ouverte pour le passage des deux siphons de l'animal. Les quatre espèces décrites par Lamarck, vol. 5, pag. 529, sont les Clavagelles *hérissée*, *à crête*, *tibiale*, et *Brocchi*. Les trois premières se trouvent à Grignon, la dernière en Italie. Nous avons fait représenter dans notre Atlas, pl. 113, fig. 2, une belle espèce fossile découverte il y a peu de temps aux environs de Dax. C'est la Clavagelle couronnée, *C. coronata*, décrite par M. Rang dans les Mémoires de la Société Linnéenne de Bordeaux.

(Ducl.)

CLAVAIRE, *Clavaria*. (bot. crypt.) *Champignons*. Le genre Clavaire, limité par Fries dans son *Systema mycologicum*, est ainsi caractérisé : champignon charnu, simple, en massue ou à rameaux dressés, sans pédicule distinct ; membrane séminifère lisse, couvrant toute sa surface, mais ne présentant de capsules que vers la partie supérieure.

La forme très-variable de ces champignons les a fait diviser en deux sections ou genres différens, que l'on a appelés l'un *Ramaria*, l'autre *Clavaria*. Les premiers forment des sortes de buissons composés d'une tige à rameaux nombreux, comprimés, rapprochés et d'une égale longueur. Les meilleures espèces de cette section, qui sont en très-grand nombre et toutes bonnes à manger, sont :

1° La Clavaire fauve, *Clavaria flava* de Fries, nommée mal à propos *C. coralloides* par Bulliard, dont la tige est blanchâtre, à peu près de la grosseur du pouce, et dont les rameaux, simples inférieurement, divisés supérieurement, égaux entre eux et fastigiés, forment une tête arrondie de plusieurs pouces (3 à 4) de grosseur, et dont la couleur est d'un jaune plus ou moins foncé. Nous l'avons représentée dans notre Atlas, pl. 113, fig. 3.

2° La Clavaire coralloïde, *Clavaria coralloides* de Linné, qui ne diffère de la précédente que par ses rameaux qui sont inégaux et sa couleur qui est toute blanche.

3° La Clavaire cendrée, *Clavaria cinerea* de Bulliard, espèce de couleur grise, à rameaux serrés, sinueux, presque dentelés sur les bords, tronqués au sommet.

La seconde section du genre Clavaire renferme des espèces dont aucune n'est bonne à manger. Ces espèces sont simples, en forme de massue, tantôt très-renflée, comme dans la *Clavaria pistillaris* de Bulliard, que nous avons représentée pl. 113, fig. 4, tantôt presque cylindrique, comme dans les *Clavaria cylindrica* et *Clavaria fistulosa* du même auteur.

Fries a réuni au genre *Clavaria* quelques espèces appelées *Calocera*, qui sont remarquables par leur nature gélatineuse ou cornée, leur structure simple ou rameuse, l'absence du pédicule, leur couleur jaune ou orangée, etc., etc., qui habitent les environs de Paris ; telles sont les *Calocera viscosa* et *Calocera cornea*. (F. F.)

CLAVARIÉES. (bot. crypt.) *Champignons.* Dans cette section de la grande famille des Champignons se trouvent toutes les espèces à membrane fructifère, recouvrant en totalité ou en partie la substance propre du champignon, qui n'ont pas de chapeau distinct, qui ont la forme de massue simple, et dont les rameaux sont dressés.

Les genres de cette tribu sont les suivans : *Sparassis*, *Clavaria*, *Pistillaria*, *Crinula*, *Typhula*, *Mitrula*, de Fries, et *Geoglossum*, *Phacorrhiza* de Persoon. (F. F.)

CLAVATELLE. (bot. crypt.) *Chaodinées.* Le genre Clavatelle a des filamens articulés par sections transverses, et non par globules, purs de matière colorante, terminés en massue, et qui se développent du centre à la circonférence.

Les deux espèces connues sont la *Clavatella nostoc marina* et la *Clavatella viridissima* ; la première, qui a l'aspect d'un petit nostoc ordinaire, mais qui en diffère par sa consistance plus membraneuse et par sa couleur d'un brun jaunâtre, habite les rochers du Nord ; la seconde, qui croît dans les mêmes lieux, se présente sous forme de membranes dont la consistance se rapproche un peu de celle du cuir, et qui se contractent avec élasticité. (F. F.)

CLAVEL, CLAVELADA, CLAVELADE et CLAVELADO. (poiss.) Noms vulgaires de la Raie bouclée sur les côtes de Provence et de Nice.

(Guér.)

CLAVELLAIRE, *Clavellaria* et *Clavellarius*. (ins.) Nom employé par Olivier et Lamarck pour désigner le genre Cimbex. (*Voy.* ce mot.)

(Guér.)

CLAVICORNES, *Clavicornes*. (ins.) Famille de Coléoptères, de la section des Pentamères, ayant les caractères suivans : élytres ne recouvrant souvent pas entièrement l'abdomen ; quatre palpes ; antennes en massue à leur extrémité, soit perfoliées, soit solides, toujours plus longues que les palpes maxillaires ; pieds seulement propres à la course, avec les articles des tarses postérieurs entiers. Cette famille est très-considérable, et les insectes qui la composent ayant souvent des mœurs différentes, nous n'en parlerons qu'à leur article particulier. (A. P.)

CLAVICULE. (anat.) *Voy.* Squelette.

CLAVIÈRE. (poiss.) Nom vulgaire du Labre varié et d'une espèce de Spare, sur les côtes de la France méridionale. (Guér.)

CLAVIGÈRE, *Claviger*. (ins.) Preysler a établi ce genre dans son Histoire des Insectes de Bohême. Il est composé de deux très-petits Coléoptères, dont il sera question à l'article Pselaphe. *Voy.* ce mot. (Guér.)

CLAVIPALPES, *Clavipalpi*. (ins.) Famille de Coléoptères de la section des Tétramères. Les insectes qui la composent, quoique offrant, comme les autres Tétramères, le dessous des tarses garni de brosses et le pénultième article bilobé, s'en éloignent cependant par leurs antennes terminées par une massue perfoliée ; leurs mâchoires,

choires, armées intérieurement d'une dent cornée, les en éloignent encore; aussi peut-on penser que cette coupe, concentrée presque en un seul genre, n'est pas à sa place. Leur corps est arrondi, bosselé; leurs mandibules dentées indiquent des animaux rongeurs; aussi quelques espèces ont-elles été trouvées dans les bolets qui poussent sur les troncs d'arbres. Leurs palpes, qui ont principalement servi à les caractériser, sont terminés par un article beaucoup plus grand, surtout les maxillaires, dont le dernier article est presque en forme de croissant. Le principal genre de cette famille est celui des ÉROTYLES. (*V.* ce mot.) (A. P.)

CLAVULINE, *Clavulina*. (MOLL.) Coquilles microscopiques appartenant à la grande division des Céphalopodes de Lamarck, dont M. Alcide d'Orbigny a formé le premier genre d'une famille qu'il a fait connaître sous la dénomination d'Hélicostègues. Ces coquilles sont ainsi caractérisées : spire très-allongée, projetée en ligne droite à un certain âge, et formant alors une suite de loges empilées sur le même axe que celui de la spire; ouverture terminale et centrale. Les Clavulines ne sont encore qu'au nombre de quatre; deux espèces à l'état vivant habitent la Méditerranée et la mer Adriatique. Les deux autres sont fossiles ; l'une appartient aux terrains tertiaires des environs de Paris et l'autre se trouve à Sienne. La seule dont M. d'Orbigny ait donné la figure est la CLAVULINE ANGULAIRE, que l'on peut voir tom. 7 des Annales des sciences naturelles, pl. 12, n° 7. (DUCLOS.)

CLAYTONIE, *Claytonia*. (BOT. PHAN.) Genre de plantes de la Pentandrie monogynie et de la famille des Portulacées; toutes sont herbacées, annuelles et étrangères au sol de la France; aucune n'y est cultivée, pas même l'espèce indigène aux lieux inondés, aux plages maritimes de l'île de Cuba, *C. cubensis*, que l'on mange comme espèce potagère. Cette Claytonie a les tiges nombreuses, tendres, épaisses en leur sommet, hautes de cinq à treize centimètres, munies vers la partie supérieure d'une feuille perfoliée, creuse et marquée marginalement par deux ou trois petites dents ; les feuilles radicales sont longuement pétiolées et disposées en spatule. Quant aux fleurs, qui toutes sont petites et blanches, les unes forment des grappes unilatérales, les autres, partant de la feuille perfoliée, s'échappent en ombelle simple. Les autres espèces de ce genre, quoique appartenant à l'Amérique du nord et à la Sibérie, courent risque de périr quand les froids sont rigoureux. Parmi les premières, nous citerons la CLAYTONIE DE VIRGINIE, *C. virginica*, où on la cultive dans les jardins. Sa racine est tubéreuse; sa tige, vivace, haute au plus de seize centimètres, grêle, a des feuilles étroites, lancéolées, assez semblables à celles des graminées ; les autres sont opposées, glabres, un peu charnues ; une grappe lâche termine la tige ; elle est composée de fleurs blanches, rayées de rouge, quelquefois entièrement roses, toujours grandes, et épanouies depuis le mois de mars jusqu'à la fin de mai. *Voy.* notre Atlas, pl. 115, fig. 6. (T. D. B.)

CLÉMATIDÉES. (BOT. PHAN.) On a formé sous ce nom une petite tribu dans la famille des Renonculacées, et on lui a donné pour caractères : tiges herbacées *ou* persistantes, sarmenteuses *ou* droites, partant de racines fibreuses, annuelles *ou* vivaces, munies de feuilles caulinaires constamment opposées. Ceux tirés de la fleur ont encore moins de précision. En effet, l'estivation du calice est valvaire *ou* induplicative; les pétales sont planes *ou* n'existent pas; le fruit est porté sur un pédoncule plumeux *ou* glabre, *ou* simplement pubescent; *tantôt* ce pédoncule est triflore, *tantôt* il est uniflore et naît en même temps que les feuilles. Pensez après cela que vous avez seulement deux genres, le *Clematis*, augmenté du genre *Atragène* de Linné, et le *Naravelia* d'Adanson, et jugez ! Si la prolixité, si le manque de signes bien tranchés sont des titres pour être proclamé botaniste, l'auteur de cette coupe mérite la palme : personne ne la ramassera après lui.
(T. D. B.)

CLÉMATITE, *Clematis*. (BOT. PHAN.) Trente espèces constituent ce genre de la Polyandrie polygynie et de la famille des Renonculacées. Presque toutes sont de pleine terre en France, et servent à garnir des berceaux, des murs nus ou toute autre palissade. Leurs fleurs, fort jolies, de couleur bleue dans la Clématite des buissons, *C. viticella*; pourpre ou violette dans la Clématite viorne, *C. viorna*; blanche dans la Clématite commune, *C. vitalba*; produisent un bel effet au milieu de leurs cent bras qui s'entortillent de mille manières, et s'accrochent à tout ce qui les avoisine au moyen de la vrille dont ils sont munis. Ces fleurs reposent solitaires sur de longs pétioles, à l'extrémité des rameaux dans la première des espèces nommées; elles sont grandes et bordées au dehors d'une membrane veloutée et ondulante dans la Clématite appelée pour cela crépue, *C. crispa*; petites, peu odorantes et disposées en sorte de panicule dans la *C. vitalba*; très-parfumées, agréables, nombreuses et blanches dans la *C. flammula*. Quand leurs capsules sont développées, les Clématites se font encore plus remarquer; les plumets blancs et soyeux qui les décorent avec élégance durant une partie de l'hiver, leur ont fait donner par les poètes le surnom de *Plaisir des voyageurs*.

Veut-on les tenir en buissons, il suffit de leur retrancher chaque année un certain nombre de leurs sarmens. L'espèce commune est la plus dangereuse de toutes ; elle agit comme caustique et vésicante; ses feuilles, écrasées et appliquées sur la peau, produisent des ulcères légers et accidentels : c'est une ressource qu'exploitent les fainéans qui vont mendier, afin d'exciter davantage la compassion ; lorsqu'ils ont atteint leur but, ils se guérissent par l'application des feuilles de bette, et descendent dans les antres du vice pour rire de la société qui les tolère. Les tiges sont employées à faire des paniers, des corbeilles, des ruches et d'autres ouvrages de vannerie; elles sont d'autant plus précieuses, sous ce rapport, qu'elles sont fort longues et plus flexibles que celles de l'osier et autres arbustes.

Pour multiplier les Clématites, on préfère les marcottes et la séparation des pieds; la voie des semences est très-longue; on les attend souvent cinq ou six ans, et puis elles demandent une terre bien travaillée, l'exposition au levant, et à être fraîchement récoltées.

Clématite des Alpes. Cet arbuste, appelé par Linné *Atragene alpina*, fait partie d'un genre très-voisin des Clématites proprement dites, et que quelques botanistes de nos jours ont supprimé pour les réunir, malgré la différence positive qui les sépare. Les Atragènes ont un calice et au moins douze pétales, tandis que les Clématites, privées de calice, ne présentent que quatre pétales et rarement cinq. Ces deux genres se rapprochent par leurs tiges sarmenteuses et leurs semences garnies de panaches soyeux. L'espèce que nous examinons n'est point difficile sur le terrain; elle aime les montagnes et choisit de préférence les endroits rocailleux. Ses tiges et ses rameaux sont diffus; ses fleurs, d'un blanc violâtre, paraissent en juillet, et se tiennent penchées.

Clématite des Indes a grandes fleurs. C'est encore une espèce du genre Atragène, que Jacquin a nommée *Clematis florida*. Superbe arbuste, aux fleurs inodores, très-belles, accompagnées de bractées en cœur aigu à la base de leur pédoncule.   (T. D. B.)

CLÉODORE, *Cleodora*. (moll.) Genre de coquilles établi par Péron et classé par Lamarck entre les Clios et les Limacines, avec lesquelles elles ont quelques rapports. Ces Ptéropodes ont les caractères suivans : corps oblong, gélatineux, contractile, à deux ailes, ayant un lobe intermédiaire demi-circulaire à sa partie antérieure, et contenu postérieurement dans une coquille; tête saillante, très-distincte, arrondie, munie de deux yeux et d'une bouche en forme de petit bec, point de tentacules; deux ailes opposées, membraneuses, transparentes, échancrées en cœur, insérées à la base du cou; coquille gélatinoso-cartilagineuse, transparente, en pyramide renversée, ou en forme de lance, tronquée et ouverte supérieurement. Peu d'espèces constituent ce genre. MM. Quoy et Gaymard en ont donné une fort bonne figure dans le Voyage autour du monde de *l'Uranie*, pl. 66, n° 5. M. Rang vient d'en faire connaître une grande espèce, le géant du genre, dans le Magasin de Zoologie publié par M. Guérin, cl. 5, pl. 44, c'est la *Cleodora balantium*; sa coquille a plus d'un pouce de longueur sur cinq lignes de large à la bouche; elle est transparente comme du cristal et striée en travers. L'animal sort de près de six lignes hors de cette coquille: il est d'un bleu rosé transparent; ses ailes sont un peu échancrées au bout et longues chacune de neuf ou dix lignes. Cette belle espèce vient des mers d'Amérique; nous l'avons reproduite dans notre Atlas, pl. 115, fig. 7, a, b. La figure 8, a, b, offre la représentation de la *Cleodora lanceolata* de Lesson; celle-ci vient des mers de l'Inde.   (Ducl.)

CLEPSNIE, *Clepsnia*. (annél.) Ce genre, fondé par Savigny, ne diffère que par des caractères peu importans des Sangsues. *Voy.* ce mot.   (Guér.)

CLEPTE, *Cleptes*. (ins.) Genre d'Hyménoptères de la famille des Pupivores, tribu des Chrysides; ces insectes diffèrent des Chrysis proprement dits par leur corselet rétréci en devant; leur abdomen de quatre à cinq segmens, ovoïde, pointu à son extrémité, à peine voûté en dessous; leurs mandibules sont dentées et leur languette entière. *Voy.* Chrysides.

C. demi-dorée, *C. semi-aurata*, Fab. Guér. Icon. du Règne animal, Ins. pl. 68. Longue de trois lignes, d'un vert doré mélangé de bleu violet avec les deux tiers de l'abdomen, les tibias et les tarses fauves; l'extrémité de l'abdomen est plus noirâtre. On la trouve plus habituellement sur les feuilles. Peut-être leurs mœurs diffèrent-elles un peu de celles des autres insectes de la même tribu, mais ils n'ont pas été observés.   (A. P.)

CLEPTIQUE, *Clepticus*. (poiss.) Sous le nom de Cleptique de Cuvier, nous désignons principalement un poisson de la famille des Labroïdes, et qui mérite de former un petit groupe particulier, fondé sur ce caractère remarquable, que son museau, petit et cylindrique, sort subitement comme celui des Filous, *Epibulus*, Cuvier. Son corps est oblong, sa tête obtuse; ses écailles enveloppent la dorsale et l'anale jusqu'au sommet des épines. On ne connaît encore qu'une seule espèce de ce genre, nommée *Clepticus genizera*, Cuv., décrite et figurée dans Parra, pl. xxi, fig. 1; elle est d'un rouge pourpre.   (Alph. G.)

CLÉRODENDRON, *Clerodendrum*. (bot. phan.) *Arbre fortuné*. Telle est la signification de ce mot grec, créé par Linné; si vous parcourez la liste des espèces du genre *Clérodendron*, vous trouverez les épithètes d'*infortunatum*, de *calamitosum*. Linné s'apitoyait sans doute sur le sort d'un arbre qui lui avait plu, en lui prodiguant les épithètes les plus touchantes. Le voyageur Rheede, beaucoup moins sensible et moins poétique, l'avait envoyé de l'Inde sous le nom tout sec de *Péragut*.

Les Clérodendrons sont des arbres originaires des climats situés sous les tropiques; leurs feuilles sont opposées et simples; leurs fleurs, disposées en corymbes trichotomes. Ils appartiennent à la famille des Verbénacées, Didynamie angiospermie de Linné. En les caractérisant, nous leur réunirons le genre *Volkameria*, qui n'en diffère réellement point; en faire un article à part, serait entretenir une confusion perpétuelle dans la nomenclature. Si d'un côté, Poiret et Gærtner ont cherché à les distinguer génériquement, de l'autre, les observateurs et auteurs de nouvelles espèces, tels que R. Brown et Kunth, ont senti la nullité ou l'inconstance des caractères donnés comme propres à reconnaître un *Volkameria* entre les *Clérodendrons*. La vérité est qu'on s'y méprend sans cesse, et que les horticoles ne s'entendent pas avec les botanistes quand ils parlent de ces arbres. Le genre *Clérodendron* ou *Volkame-*

ria a donc pour caractères : un calice campanulé, à cinq dents ou divisions ; une corolle à tube allongé, s'évasant en cinq divisions parfois un peu irrégulières ; quatre étamines didynames ; un ovaire à quatre loges monospermes, portant un style simple ou échancré, et quelquefois bifide ; une baie à quatre noyaux, soudés deux à deux dans quelques espèces.

On connaît une trentaine de Clérodendrons ; plusieurs ornent nos jardins. Tels sont :

Le CLÉRODENDRON SANS AIGUILLONS, *C. inerme* ou *Volkameria incrmis*, joli arbuste de six à huit pieds, à rameaux droits et opposés, à feuilles lancéolées, assez dures. A leur aisselle croissent, trois par trois, des fleurs d'un blanc de neige, à étamines très-saillantes. Cette espèce, et une autre dont la tige est armée d'aiguillons (*C. aculeatum*, ou *V. aculeata*), peuvent passer l'été hors de la serre chaude, pourvu qu'elles soient à une bonne exposition et arrosées fréquemment.

Le *Clerodendron infortunatum*, L., ou PÉRAGUT A FEUILLES EN COEUR ; c'est un arbuste toujours vert ; ses fleurs, blanches et carminées à la base, répandent une odeur agréable.

Nous citerons encore le CLÉRODENDRON ÉCARLATE, *V. coccinea* ou *C. coccineum*, à fleurs rouges, en panicule terminale ; le CLÉRODENDRON DU JAPON, *C. fragrans*, à fleurs doubles, etc. Tous ces arbustes sont très-recherchés ; mais ils demandent la culture des serres chaudes.   (L.)

CLÉTHRE, *Clethra*. (BOT. PHAN.) Élégans arbustes de la famille des Bruyères, Décandrie monogynie, devenus assez communs dans nos jardins sans cesser d'être recherchés. La plupart sont originaires de l'Amérique septentrionale. Ils portent des feuilles alternes et simples, des fleurs en grappes, quelquefois paniculées, et caractérisées ainsi qu'il suit : calice à cinq divisions profondes ; corolle campanulée, à cinq lobes, tellement séparés qu'on la croirait polypétale ; dix étamines, insérées à la base de la corolle ; anthères bifides inférieurement, se renversant en dedans après l'épanouissement de la fleur ; ovaire à trois loges, portant un style court, à stigmate trilobé ; capsule enveloppée par le calice, formant trois loges, dont les cloisons sont placées sur le milieu de la face interne des valves.

L'espèce décrite par Linné comme le type du genre est le CLETHRA A FEUILLES D'AUNE, *Clethra alnifolia*, arbuste de quatre à cinq pieds, à tiges rameuses, à feuilles ovales, à fleurs blanches en épis terminaux. Le nom de *Clethra*, en grec *aune*, lui fut imposé à cause de la forme de ses feuilles.

Le *C. tomentosa*, Lamarck, se distingue du précédent par ses rameaux cotonneux, ainsi que le dessous des feuilles. Ces deux arbustes se cultivent en pleine terre.

Une plus belle espèce, originaire de l'île de Madère, est le CLETHRA EN ARBRE, *C. arborea*, Acton et Ventenat ; elle s'élève à 6 ou 8 pieds, et porte des fleurs blanches, d'une odeur suave. On en cultive une très-jolie variété à feuilles panachées de vert, de jaune et de rouge.

Le *Clethra acuminata*, Michaux, est un arbre de 25 à 30 pieds, à feuilles glauques ; ses fleurs sont entremêlées de longues bractées caduques. Il vient de l'Amérique du nord, ainsi que le CLETHRA A FLEURS PANICULÉES, *C. paniculata*, Aiton.

M. Kunth, dans ses *Nova genera et Species* de Humboldt et Bonpland, a décrit trois nouvelles espèces de *Clethra*, dont l'une, qu'il nomme *C. fimbriata*, est remarquable par les lobes de sa corolle échancrés en cœur et frangés sur leur bord. Elle est figurée pl. 264 de son ouvrage.   (L.)

CLIGNEMENT. (PHYSIOL.) Mouvement par lequel on rapproche les paupières, de manière à ne laisser entre elles qu'un petit intervalle, dans le but de fixer des objets de très-petite dimension, ou de diminuer l'impression d'une vive lumière. Le Clignement est habituel chez les individus à vue basse. Il s'opère encore lorsque la physionomie prend l'expression de l'étonnement et du mépris. Il diffère du *clignotement* en ce que, dans ce dernier, les paupières se rapprochent et s'écartent alternativement par un mouvement rapide et répété, et que ce mouvement est presque toujours le résultat d'une disposition maladive.   (P. G.)

CLIMAT. (GÉOGR. PHYS.) Les géographes désignent ainsi un espace du globe terrestre renfermé entre deux cercles parallèles à l'équateur. Mais ce mot a plus généralement une acception synonyme de ceux de *pays*, *localité*, *lieu*, etc. Ainsi donc, on entend ordinairement par *Climat* une terre soumise à des influences particulières de qualité, de chaleur atmosphérique, de saison, etc., qui la rendent différente d'une autre, sous le rapport de ces circonstances physiques : l'air, la lumière, le calorique, le fluide électrique, l'eau, les émanations sont donc autant de causes dont l'influence donne aux Climats un caractère particulier. Les hommes, les animaux, les végétaux éprouvent d'importantes modifications en raison de l'élévation ou de l'abaissement de la température, de la sécheresse ou de l'humidité. En prenant la chaleur atmosphérique comme point de comparaison, on a divisé le globe terrestre en trois régions dont les caractères sont bien tranchés : les Climats chauds, les Climats tempérés et les Climats froids. Les Climats chauds sont compris entre les deux tropiques jusqu'au 30e degré de latitude, soit boréale, soit australe, et comprennent ainsi l'Afrique, la Nouvelle-Hollande, l'Amérique méridionale, l'Arabie, la partie méridionale de l'Asie, la Nouvelle-Guinée et beaucoup d'îles de l'Archipel. Les Climats tempérés commencent vers le 31e degré, et s'étendent jusqu'au 55e ou le 60e des deux hémisphères. L'Europe, la Haute-Asie, la Grande-Tartarie, le Thibet, une partie de la Chine, le Japon, l'Amérique septentrionale s'y trouvent ainsi compris. Les Climats froids commencent près des pôles : la Suède, la Nouvelle-Zemble, le Spitzberg, toute la Sibérie qui avoisine le cercle polaire jusqu'au Kamtschatka, l'Islande, le Groënland, la baie d'Hudson, et l'extrémité nord de l'Amérique, sont situés sous les climats froids, ainsi que toutes les terres antarctiques correspondant à celles de notre pôle, et qui, en général, sont beaucoup plus froides que les terres arctiques ; probablement en raison de la plus grande étendue des mers et des glaces polaires, et parce qu'aussi le soleil y reste un peu moins que sur notre hémisphère.

Dans les Climats chauds, entre les tropiques, la température moyenne est de 22 à 25°. En Norwége, au contraire, elle s'élève à peine, terme moyen, à quelques degrés au dessus de zéro. Plus on se rapproche des pôles, et plus l'air condensé est sec ; plus au contraire on s'avance vers l'équateur, et plus l'air tient d'eau en dissolution ; aussi il tombe, chaque année, environ 70 pouces d'eau sous les tropiques, tandis qu'il n'en tombe guère que de 18 à 20 pouces en Europe. L'électricité est très-faible par la même raison vers les tropiques, et son équilibre ne s'y rétablit que par de violens orages, tandis qu'elle est très-forte dans l'air sec des pôles, où elle se manifeste sous la forme d'aurores boréales.

Il est facile aussi de concevoir que, sous la ligne équatoriale, dont le soleil ne s'éloigne pas, les saisons seront à peine marquées, tandis qu'elles entraîneront de grands changemens atmosphériques dans les régions tempérées, et surtout dans les régions froides. Une autre cause qui établit encore une grande différence entre les Climats, c'est l'agitation plus ou moins considérable de l'air. Vers les tropiques, les *vents alisés*, qui semblent suivre le cours du soleil, soufflent constamment de l'orient à l'occident ; ces vents reconnaissent pour cause la dilatation de l'air échauffé à mesure que le soleil s'avance sur l'horizon et la précipitation avec laquelle l'air plus froid des latitudes voisines tend à remplir le vide laissé par l'air dilaté. Ainsi donc dans les régions équatoriales la température est presque toujours la même, tandis qu'elle varie beaucoup dans les zones tempérées et plus encore dans les régions polaires.

Il est facile de voir quelle influence immense doivent avoir ces différences sur tous les êtres qui habitent ces divers Climats. Essayons, en les parcourant rapidement, d'en donner une idée, et prenons surtout l'homme pour type de nos observations principales. *Dans les climats chauds*, les plantes, favorisées par l'humidité qui y règne, se développent avec énergie, les animaux se propagent, se multiplient d'autant plus que d'immenses étendues de terrain leur sont abandonnées et que la présence de l'homme ne s'oppose pas à leur propagation. L'humidité, si favorable à la végétation, n'existe que sur les bords des mers équatoriales, tandis que l'air sec des continens, du centre de l'Afrique, par exemple, dessèche tous les êtres vivans. Dans les pays chauds, où la circulation est plus active, la vie est plus rapide, les périodes dont elle est marquée se montrent et se succèdent plus tôt que parmi nous ; la vieillesse arrive plus vite, et la vie s'éteint dans un temps moins long. La fibre musculaire, relâchée par la chaleur, a moins de force, d'énergie ; mais la sensibilité est plus grande, le système nerveux plus mobile, l'exaltation cérébrale poussée à un point extrême, d'où résulte l'affaiblissement du reste de l'organisation. De là aussi les caractères tranchés qu'on remarque chez les habitans : indolens, vindicatifs, lascifs, enclins à la vengeance, au fanatisme, ils aiment les plaisirs faciles, manquent de courage parce qu'ils manquent de force ; aussi l'histoire nous apprend-elle que les nations septentrionales ont toujours subjugué les peuples du midi. S'ils se nourrissent avec peu d'alimens, et s'ils les choisissent de préférence parmi les substances végétales, ils se livrent en revanche et avec excès à l'usage des narcotiques, qui les enivre et diminue l'état habituel d'excitation du cerveau.

Si vous examinez au contraire les habitans des *Climats froids*, vous les verrez d'une taille élevée, robustes, vigoureux, prolongeant leur jeunesse, et n'arrivant que lentement à la vieillesse et au terme de la vie ; ardens au travail, à la chasse, à la guerre, turbulens, téméraires, francs, généreux, indépendans, grands mangeurs, grands buveurs ; car le froid, qui refoule à l'intérieur les facultés animales, ajoute à l'activité de leur système digestif. Nous ne parlerons pas ici au reste des pays où règne un froid excessif ; car le froid extrême, comme l'extrême chaleur, empêche l'accroissement du corps, émousse la sensibilité, invite à la torpeur, oblitère les sens. Aussi observe-t-on que les végétaux, comme les animaux, s'amoindrissent, deviennent chétifs et grêles dans les pays très-froids. Les Lapons, les Groënlandais, les Samoïèdes, etc., sont en général trapus, rabougris, de petite taille, d'une constitution nerveuse, d'un caractère timide.

En examinant les résultats de l'influence des Climats froids et chauds sur les êtres qui les habitent, il est facile de deviner les heureux priviléges dont jouissent ceux des régions tempérées ; ils n'ont pas l'énergie, la vigueur des habitans du septentrion ; ils n'ont pas non plus l'indolence ni la pusillanimité des méridionaux ; leurs muscles moins épais ne se développent pas aux dépens de leur système nerveux, et celui-ci à son tour, par son excitabilité, ne dévore pas leur existence ; leur taille moyenne est remarquable par la grâce et les heureuses proportions ; l'équilibre qui existe entre leur sensibilité et leur force musculaire leur fait réunir les agrémens de l'esprit aux agrémens du corps ; aussi marchent-ils toujours en tête de la civilisation et semblent-ils plus propres à la culture des beaux-arts, des sciences, des travaux de l'imagination ; comme il leur est plus facile de supporter toutes les températures, ils sont voyageurs, commerçans, industrieux. Ajoutons à ces données trop générales, mais que notre cadre ne nous permet pas de spécialiser, que les mœurs enfantent les institutions, et que celles-ci à leur tour réagissent sur l'organisation des peuples. Ces différences tranchées, que nous venons d'exposer sommairement, ne sont pas les seules qui méritent l'attention ; il en existe encore d'aussi remarquables entre les pays bas et humides et les terrains secs et élevés. Dans les premiers, où règne un air ais, nébuleux, une température douce et molle, où l'on rencontre des eaux stagnantes, bourbeuses, on trouve aussi un sol fertile, des plantes élevées, vertes, imprégnées d'un suc abondant, mais inodores, insipides; la terre, sans cesse détrempée, se couvre d'une multitude d'herbes, les insectes y pullulent, et l'organisation de l'homme y semble moins vigoureuse; ses tissus sont relâchés, sa peau est lisse, d'un blanc mat, ses cheveux sont longs, blonds, flexibles, son imagination est lente; aussi les habitans de ces contrées sont-ils peu spirituels, pesans, paresseux, oisifs. Quelquefois leurs systèmes glanduleux et cellulaire s'infiltrent, s'engorgent par la surabondance de la lymphe, et l'on rencontre alors des individus goîtreux, comme dans le Valais, où l'on trouve tant de *cretins*, vivant dans une apathie stupide, et, comme les animaux, pour manger, dormir et engendrer.

Mais parcourez au contraire les *lieux élevés et secs*, le sommet des montagnes : au milieu de ces plantes desséchées, de ces animaux aux formes sveltes et vigoureuses, bondissant sur les rochers, voyez l'homme, respirant un air riche, agité et vif, gravir ou descendre sans cesse, acquérir une vigueur excessive, une agilité surprenante. Le montagnard si excitable, si sensible; à l'imagination prompte, active; impatient, irascible, aimera la chasse, et recherchera avec avidité les périls de la guerre. Tels sont les Albanais, les Suisses, les montagnards espagnols. Les *habitans des plaines* offriront au contraire des habitudes plus douces, des mœurs plus faciles : ils seront agriculteurs, portés au plaisir; ils aimeront la paix, le repos, la bonne chère; leurs formes seront agréables, leur esprit plus superficiel que profond. Nous parlons ici des plaines fertiles comme celles qu'arrosent la Seine, la Loire, le Pô, l'Escaut, le Nil et le Gange, mais non pas de ces plaines arides de l'Arabie-Pétrée, de ces déserts de sable où nul peuple ne peut se fixer, de ces steppes arides de la Tartarie où la végétation est si pauvre, où nulle culture ne saurait prospérer.

Le nombre des circonstances qui modifient la nature du Climat ou contrebalancent son influence est infini; la civilisation, les rapports des peuples entre eux, ont rapproché les végétaux et les animaux des latitudes les plus opposées; dans leurs relations, les peuples empruntent aux usages, aux mœurs des autres peuples brisés par les conquêtes; les institutions se modifient, et ces changemens entraînent d'immenses modifications dans le caractère et les habitudes physiques et morales des habitans d'un pays. Qui reconnaîtrait les Romains de César dans les faibles et dévots habitans des États du Pape?

Nous avons dit au mot ACCLIMATEMENT quels changemens le passage d'un Climat à un autre apporte dans l'organisation de l'homme, des animaux, des végétaux; nous avons dit quelles précautions exigeait ce passage d'un pays à un pays placé dans des conditions différentes : mais une question plus importante et qui depuis plusieurs années occupe les savans, c'est celle des changemens survenus dans la nature des divers climats et des causes qui les ont déterminés. Cette question controversée nous paraît aujourd'hui admirablement résolue par les recherches que M. Arago a fait insérer dans l'*Annuaire du bureau des longitudes de* 1834. Nous devons regretter de n'en pouvoir ici donner que la substance; mais nous engageons nos lecteurs à lire ces curieuses notices. M. Arago a démontré qu'en deux mille ans la température de la terre n'a pas varié de la dixième partie d'un degré; il a démontré que, si la suite des temps devait apporter de grandes modifications dans les températures intérieures, *à la surface de la terre, tous les changemens sont accomplis à* 1/30 *de degré près*, et que l'affreuse congélation du globe, dont Buffon fixait l'époque au moment où la chaleur intérieure se sera totalement dissipée, était un pur rêve; il a prouvé encore que la température des espaces célestes avait pu éprouver des variations, sans qu'il en résultât de changemens dans celle des Climats, et que celles de certains élémens astronomiques n'avaient pas eu plus d'influence à cet égard; il a réduit les causes de ces changemens à celles qui résultaient des travaux agricoles, au déboisement des plaines et des montagnes, au desséchement des marais, en prouvant que le Climat n'est devenu ni plus froid ni plus chaud dans le lieu dont l'aspect physique n'a pas sensiblement varié depuis une longue suite de siècles. S'appuyant avec un immense avantage de données historiques, le savant que nous venons de nommer prouve que les phénomènes de la végétation sont restés les mêmes depuis trente-trois siècles dans la Palestine; que l'époque des moissons, des récoltes, n'a point changé, et enfin qu'en Europe, comme en Amérique, toutes les modifications de température doivent être attribuées exclusivement aux travaux que les besoins ou les caprices d'une population sans cesse croissante ont fait exécuter sur mille points du territoire. Nous le répétons, les preuves dont s'appuient les assertions de M. Arago sont d'un si haut intérêt que, sans la crainte de franchir les limites qui nous sont tracées, nous eussions cédé au désir de les rapporter toutes dans cet article, dont elles seraient un si utile complément. (P. G.)

CLIMATS AGRICOLES. (AGR.) Régions considérées sous le rapport de la température de l'air la plus habituelle. Cette température dépend des abris; les abris résultent à leur tour des chaînes de montagnes et surtout de leurs positions; les rivières, dont le cours est déterminé par la présence des chaînes de montagnes, ayant ouvert devant elles des vallons et des plaines, contribuent également au degré de la température. A ces grandes circonstances physiques, il s'en joint encore d'autres purement locales, qui changent la manière d'être des Climats agricoles : ce sont les grandes forêts, les lacs, la multiplicité des étangs, etc.; les unes comme les autres forcent à modifier les procédés de l'agriculture et à calculer le genre de spéculation le plus profitable pour tirer parti du sol à exploiter.

Les défrichemens inconsidérés, l'abattage des vieilles forêts placées sur le plateau, sur les flancs des montagnes, ont changé la température de diverses contrées; quelques unes y ont gagné, le plus grand nombre y ont singulièrement perdu. Ces forêts étaient un excellent abri; n'existant plus, les vents soufflent avec violence, le froid qui descend rigoureux du nord est plus âpre, plus prolongé; l'intensité de la chaleur, véhicule de la végétation, est devenue plus faible, et ces tristes changemens ont refoulé, presque réduit à quelques points très-limités, les zones agricoles, où l'on pouvait, naguère encore, se livrer avec joie et profit à la culture de l'oranger, de l'olivier, de l'amandier, etc. (*Voyez* à ce sujet ce que nous avons eu l'occasion de dire aux mots BASSINS AGRICOLES et BOIS, tom. 1, pag. 596 et 465.) On a voulu cultiver jusqu'aux pics les plus élevés : des récoltes, pendant quelques années, ont souri à l'imprudent laboureur; mais bientôt ses yeux n'ont plus rencontré que des rocs décharnés; des torrens de pluie et la neige ont entraîné les terres, dénaturé celles du bas, et amaigri bestiaux et récoltes. Repeuplez le front des montagnes, et les vallons, arrosés par des eaux tranquilles, retrouveront la félicité que vous leur avez fait perdre par vos défrichemens. Conservez ces abris, multipliez-les avec entente du terrain, et vous vous placerez dans la voie de la prospérité. Je citerai pour exemple le bassin de Cherbourg : on y voit en pleine terre le myrte et le laurier, le grenadier et toutes les espèces précieuses du beau genre *Citrus* donner non-seulement des fleurs et embaumer l'air de leurs parfums, mais encore des fruits qui atteignent leur parfaite maturité, tandis que ces arbrisseaux des régions méridionales périssent de l'autre côté des abris.   (T. D. B.)

CLINOPODE, *Clinopodium*. (BOT. PHAN.) Une seule espèce de ce petit genre de la Didynamie gymnospermie et de la famille des Labiées, est répandue dans toute l'Europe; on la trouve dans les lieux secs et pierreux, sous les haies et buissons, sur le bord des bois ; les vaches, les brebis et les chèvres la mangent quelquefois; mais son abondance dans les pâturages des montagnes la leur rend fatigante. On l'appelle CLINOPODE VULGAIRE, *C. vulgare*, et dans le langage des pâtres, *grand basilic sauvage*. Son aspect n'a rien de repoussant. D'une racine vivace et traçante, s'élève, à la hauteur de quarante à soixante centimètres, une tige quadrangulaire, rameuse, velue, garnie de feuilles opposées, ovales et dentées; à son sommet les fleurs se réunissent en tête arrondie, purpurine, rougeâtre, rose ou blanche, qui s'épanouissent de juin à la fin d'août, et sont accompagnées de bractées, sétacées, velues. Cette plante est légèrement aromatique, on l'a vantée comme céphalique et tonique.   (T. D. B.)

CLINUS. (POISS.) On donne le nom de Clinus à une espèce de petit poisson qui offre assez d'analogie avec les Salarias et les Cirrhibarbes. Les caractères de ce sous-genre sont les suivans : dents courtes et pointues, éparses sur plusieurs rangées,

dont la première est plus grande (elles sont comprimées latéralement, toujours sur une seule rangée et fort serrées dans les Salarias); leur museau saille un peu, disposition que l'on rencontre également dans les Cirrhibarbes à épines dorsales grêles et flexibles, comme dans tous les gobioïdes sans cœcums ni vessie natatoire.
    (ALPH. G.)

CLIO, *Clio*. (MOLL.) Genre fort voisin des Cléodores, appartenant à la famille des Ptéropodes de Lamarck, et dont Cuvier a fait connaître l'anatomie dans un Mémoire publié dans les Annales du Muséum en 1802. Ces animaux ont le corps nu, gélatineux, oblong, turbiné, flottant; la tête saillante, surmontée de six tentacules rétractiles, séparés en deux groupes qui, à l'état de rétractilité, font paraître la tête comme bilobée; deux yeux à la partie supérieure de la tête ; bouche terminale; deux nageoires ovalaires, opposées, branchiales, insérées de chaque côté à la base du cou; l'anus et l'orifice pour la génération s'ouvrant au côté droit, près du cou, et sous la nageoire de ce côté. Les Clios, fort peu nombreuses en espèces, le sont extrêmement en individus; on les rencontre à la surface de la mer dans les temps chauds et calmes; elles servent d'aliment à la baleine franche et à quelques autres cétacés. Les deux espèces citées par Lamarck, les Clios boréale et australe, sont à peine longues d'un pouce et demi, d'un blanc de lait transparent, à reflet bleuâtre. Nous avons représenté la CLIO BORÉALE dans notre Atlas, pl. 114, fig. 1.   (DUCL.)

CLITHON, *Clithon*. (MOLL.) Nouveau genre de coquilles établi par M. Lesson aux dépens des Néritines de Lamarck, et dont le caractère spécial repose sur des épines plus ou moins longues dont le dernier tour de ces coquilles est ordinairement orné. Si ce genre est adopté, ce dont nous doutons fort, puisqu'il nous paraît ne devoir former qu'une tribu bien tranchée des Néritines, l'espèce décrite au n° 8 de Lamarck, sous le nom de Néritine longue-épine, en formerait le type, et il se composerait déjà d'une quinzaine d'espèces dont quelques unes sont rubanées et fort jolies. *Voyez* CLITHON ONDÉ, Voyage de *la Coquille*, pl. 13, n° 13. Nous ne pensons pas que les animaux de ces coquilles diffèrent en la moindre chose de ceux des Néritines.   (DUCL.)

CLITORE, *Clitoria*. (BOT. PHAN.) Quand les principes de la botanique n'étaient point encore assis sur des bases philosophiques, on s'attachait aux formes qu'affectent les fleurs, les fruits, les racines, ou quelque autre partie des plantes, afin de leur trouver une similitude plus ou moins vraie avec tel ou tel autre organe propre au règne animal, et leur imposer un nom rappelant ces formes : c'est ainsi que les prêles, les fusains, les staphyliers, les gouets, les orchidées, etc., reçurent les dénominations vulgaires qu'ils portent encore ; c'est ainsi que la disposition des pétales des grandes et belles fleurs du genre dont je vais parler lui a fait donner un nom bizarre puisé dans sa ressemblance avec une certaine partie du corps de la femme. Le genre Clitore appartient à la Diadelphie décandrie et à la famille des Légumineuses ; les plantes herbacées annuelles qui le composent sont toutes grimpantes et particulières aux contrées les plus chaudes des deux hémisphères ; elles se plaisent sur les rives des fleuves, fixent leurs longs sarmens autour des arbres voisins qu'elles embrassent, qu'elles unissent les uns aux autres par des torsades chargées d'un feuillage du plus beau vert, et de corolles aux teintes brillantes, tantôt solitaires, tantôt deux et trois ensemble, remarquables par leurs formes et leurs dimensions. La CLITORE DE TERNATE, *C. ternatea*, et la CLITORE HÉTÉROPHYLLE, *C. heterophylla*, originaires de l'Inde, ont la fleur d'un bleu d'azur, avec une tache jaune citrin au milieu et vers la base de l'étendard ; la CLITORE DE LA JAMAÏQUE, *C. multiflora*, et la CLITORE DE PORTO-RICCO, *C. polyphylla*, les ont d'un rouge sanguin très-vif ; la CLITORE DE HAÏTI, *C. Plumieri*, les a jaunâtres et soyeuses ; la CLITORE PUDIQUE, *C. pudica* (que nous avons représentée dans notre Atlas, pl. 114, fig. 2), les a roses, tandis qu'elles sont d'un blanc de neige, avec tache purpurine, dans la CLITORE A GRANDES BRACTÉES, *C. bracteata*, pourprées dans la CLITORE DU BRÉSIL, *C. brasiliana*, panachées de blanc et de violet dans la CLITORE DU MARYLAND, *C. mariana*. Il y a des espèces à feuilles ailées et d'autres à feuilles ternées ; elles ont les gousses allongées, arquées, avec articulations, quelquefois linéaires et pubescentes, d'autres fois glabres et d'un vert roux, contenant des semences petites, arrondies ou réniformes, blanches, avec ombilic d'un beau rouge, ou noirâtres et ombilic blanchâtre. On extrait des espèces à fleurs bleues une fécule colorante, semblable à celle du pastel ; les racines de celles dites pudique et de Virginie offrent un remède actif et bienfaisant contre les maladies de langueur ; toutes seraient d'un très-agréable aspect dans les jardins d'ornement si leur culture n'exigeait pas des soins particuliers ; quelques unes, et surtout la pudique, se montrent douées d'irritabilité ; lorsqu'on touche leurs feuilles, lorsqu'on presse leur tige, les pétioles et les pédoncules se courbent, les ailes des fleurs se pressent et se trouvent enveloppées par leur large étendard. On a voulu changer le nom des Clitores en celui de Nauchées ; mais le vieux mot a prévalu.   (T. D. B.)

CLITORIS. (ANAT.) Petit organe érectile, ordinairement peu saillant, occupant la partie moyenne et supérieure de la vulve, présentant la plus grande analogie avec le *pénis* du mâle, offrant, comme cette partie, deux corps caverneux, et terminé par un gland recouvert d'un véritable prépuce, mais imperforé. Les caractères qui doivent faire considérer le Clitoris comme identique au pénis sont encore plus marqués dans les oiseaux que dans les mammifères : chez les premiers les différences de dimension entre ces deux organes sont beaucoup moins considérables que chez les derniers, et dans le mâle cet organe est imperforé comme dans la femelle. Relativement à son volume, le Clitoris reçoit une grande quantité de nerfs et de vaisseaux, ce qui explique sa grande excitabilité.

(P. G.)

CLIVAGE. (MIN.) La plupart des minéraux cristallisés, étant soumis au choc d'une lame de couteau émoussée, se divisent avec plus ou moins de facilité en lames parallèles, suivant certaines directions qu'Haüy désigne sous le nom de *joints naturels*. Ce sont ces joints que l'on nomme aujourd'hui Clivage, du mot allemand *Klowen*, fendre. Les lapidaires qui *refendent* le diamant, en profitant de ses divisions naturelles pour enlever les parties défectueuses, sans recourir au travail de la meule, ont les premiers fait usage du mot Clivage, qui est passé ensuite dans la nomenclature minéralogique. L'opération du Clivage, dirigée méthodiquement, conduit à un noyau qu'on appelle forme fondamentale ou primitive ; ainsi, pour n'en citer qu'un exemple pris dans le Fluor ou Spath-fluor, substance qu'à raison de ses belles couleurs roses et violettes on emploie souvent en ornement, si on abat chacun des 8 angles du cube, sa forme habituelle, on voit paraître 8 petites faces triangulaires également brillantes ; en continuant à enlever symétriquement des lames parallèles, on arrive à un octaèdre régulier, solide, terminé par 8 triangles équilatéraux, qui forme comme le noyau du cube. On peut opérer ainsi sur presque tous les minéraux cristallisés régulièrement ; ils ont constamment dans une même espèce la même structure intérieure, toujours extrêmement simple, quelle que soit la bizarrerie et la complication de la structure extérieure ; ainsi, tous les cristaux de carbonate de chaux, dont le nombre de variétés de formes étudiées jusqu'à ce jour dépasse 1400 cents, peuvent se ramener à un même rhomboèdre, par le Clivage, ou en enlevant des lames parallèles sur les angles ou sur les arêtes ; ainsi, tous les diamans, qu'ils soient arrondis ou sous l'une des six formes cristallines qu'ils présentent le plus ordinairement, peuvent se ramener à un octaèdre régulier. Cette constance de la structure régulière intérieure donne une grande importance à l'observation du Clivage ; elle permet de réunir des cristaux qui, par leur forme extérieure, n'avaient rien de commun, et réciproquement de distinguer immédiatement des substances qui, par leur Clivage, conduisent à des formes différentes. On doit indiquer, en décrivant les minéraux, le nombre de Clivages dont ils sont susceptibles, le plus ou moins de netteté des nouvelles faces produites, la facilité avec laquelle on les obtient, etc., etc. On a remarqué que celles qui offrent, dans une même substance, une égale netteté et une égale facilité, correspondent sur le noyau primitif à des faces égales et semblablement placées par rapport à un centre ou à un axe intérieur. Lorsque dans une même substance il y a un grand nombre de Clivages, on désigne comme *essentiels* ceux qui sont les plus fréquens, les plus nets, ou qui donnent le solide le plus commode pour en dériver les diverses variétés cristallines. On peut regarder les observations sur le Clivage comme le fondement de la théorie d'Haüy sur la structure des cristaux, théorie qui a porté si loin la science de la cristallographie.   (B.)

CLIVINE, *Clivina*. (INS.) Genre de Coléoptères, de la section des Pentamères, famille des Carnassiers, tribu des Carabiques, très-voisin du genre SCARITE (*voy.* ce mot).   (A. P.)

CLOAQUE. (ANAT. COMP.) *Cloaca*, de *clueo*, purger. On appelle ainsi, chez divers animaux, une cavité ou réceptacle commun, recevant intérieurement les orifices des voies urinaires, de l'appareil générateur et du rectum, et ayant une seule issue au dehors.

. MM. Geoffroy-Saint-Hilaire et Everard Home ont substitué le nom de vestibule commun à celui de Cloaque, employé par la plupart des zootomistes, et particulièrement par Cuvier et Meckel. On a donné chez les oiseaux le nom de Cloaque, dit M. Geoffroy, aux divers compartimens qui servent d'embouchure à tous les canaux urinaires, intestinaux et sexuels, sur l'idée fausse que l'on s'était formée que ce dernier canal était un lieu où les productions excrémentitielles s'accumulaient momentanément.

Cependant il n'y a point, selon ce célèbre zoologiste, de partie chez les animaux qui soit tenue avec plus de propreté, et qui exige plus impérieusement de l'être; des nerfs presque à nu y abordent; et la membrane dont elle est formée n'est en activité et véritablement en fonction que pendant l'accouplement.

D'après ces considérations, qui sont surtout applicables aux oiseaux, il est évident que l'acception du mot Cloaque, dans le sens d'une sentine commune, n'est point applicable à tous les animaux. Néanmoins, comme il en est parmi eux quelques uns chez lesquels il existe des degrés divers de fusion entre les conduits urétro-sexuels et rectal, et que cette même fusion s'observe aussi plus ou moins complétement dans certains vices de conformation chez l'homme ou chez les animaux, nous pensons qu'il est possible, dans certains cas, d'y appliquer la dénomination de Cloaque.

Le traité de Tératologie, par M. Isidore Geoffroy Staint-Hilaire, contient, à l'article Anomalies par insertion, des observations curieuses et pleines d'intérêt. Les savantes recherches de l'auteur établissent d'une manière rigoureuse tous les degrés de fusion existant entre les conduits urétro-sexuels et rectal, de telle sorte qu'il devient facile d'après cela de distinguer les véritables anomalies auxquelles il convient de donner le nom de Cloaque.

Meckel a réuni en un seul groupe, sous le nom de *Kloakbildung* (formation, disposition en Cloaque), les cas dans lesquels il existe une déviation du type normal, ayant de l'analogie avec la conformation du vestibule commun des oiseaux.

Saviard a donné l'histoire d'une fille nouvellement née, chez laquelle on remarquait l'existence d'un

véritable Cloaque. Dans ce cas, et dans quelques autres que l'on peut en rapprocher, le Cloaque ne s'est jamais montré ni aussi semblable au vestibule commun que l'on trouve normalement chez un certain nombre d'animaux, ni aussi distinct que dans l'observation que nous avons consignée dans les Annales des Sciences naturelles, t. XII, et qui est relative à une chienne adulte, privée de queue. Chez celle-ci, on ne voyait à l'extérieur du corps qu'une seule ouverture conduisant dans une cavité ou poche peu profonde, véritable vestibule commun : en effet, l'urètre, le vagin et le rectum, un peu plus rapprochés entre eux, dans leur portion terminale, qu'ils ne le sont ordinairement, mais conservant d'ailleurs leurs rapports normaux, venaient déboucher successivement dans la cavité commune; savoir, l'urètre en haut, le rectum en bas, et le vagin au milieu. Un cas entièrement analogue a été observé par Hartmann et consigné dans les *Miscell. nat. cur.*, Dec. II, an 7 et 8, p. 59. Ce cas, présenté par une génisse, avait même ce rapport avec celui qui nous occupe, que la queue était très-courte.

On trouve aussi quelques observations à peu près semblables dans l'ouvrage de Licetus, Traité des Monstres, liv. II, chap. LIII.

Au reste, il est à remarquer que plusieurs Mammifères présentent, comme l'ont remarqué Daubenton, M. de Blainville et plusieurs autres zootomistes, une disposition analogue à celle que nous venons de décrire. Tels sont les Castors et plusieurs autres rongeurs, chez lesquels l'anus et la vulve sont presque confondus; tels sont aussi quelques Marsupiaux, et particulièrement les Phalangers, chez lesquels Daubenton dit positivement que la cloison qui sépare les orifices anal et vaginal est échancrée de trois lignes dans l'intérieur de l'ouverture commune. (*Voy.* Daubenton, t. XIII de l'Histoire naturelle de Buffon, pag. 99, et l'article MONOTRÈME.)   (M. S. A.)

CLOISON, *Septum* ou *Dissepimentum*. (BOT. PHAN.) Lames membraneuses qui partagent l'intérieur du fruit en plusieurs cavités ou loges. Elles sont, en général, placées verticalement; quelques fruits les ont horizontales.

Toute véritable Cloison paraît une saillie ou prolongement de la membrane qui recouvre la paroi interne du péricarpe. On ne doit pas donner le nom de *Cloison* aux lames saillantes qui se trouvent dans l'intérieur de certains fruits, celui du pavot, par exemple. Celles-ci servent ordinairement de points d'attache aux graines, et elles n'offrent pas le même aspect extérieur que la paroi interne du fruit.

Les *Cloisons* sont complètes ou incomplètes, c'est-à-dire que les unes ferment et séparent totalement les loges, en s'étendant d'un point à l'autre de la cavité, tandis que les autres laissent exister une communication entre les loges contiguës. On remarque un exemple de ces deux sortes de Cloisons dans le fruit du *Datura stramonium*, ou Pomme épineuse : sa cavité est coupée par quatre lames verticales ou *Cloisons*, dont deux sont complètes,

plètes, et deux n'atteignent point au sommet du péricarpe.

La position des Cloisons, relativement aux valves du fruit, fournit des caractères importans pour la distinction des genres et même des classes. Ainsi, tantôt elles correspondent aux points où s'ouvre la capsule lors de la maturité, tantôt elles sont placées sur le milieu de la face interne des valves; enfin, elles peuvent être formées par les bords rentrans des valves. Nous détaillerons plus complétement ces différentes circonstances en traitant du Fruit et du Péricarpe.   (L.)

CLOISONNAIRE, *Septaria*. (moll.) Coquille fort singulière, très-voisine des Fistulanes, dont Lamarck a fait un genre pour une seule espèce, et qu'il a ainsi décrit : tube testacé, très-long, insensiblement atténué vers sa partie antérieure, et comme divisé intérieurement par des cloisons voûtées, la plupart incomplètes; extrémité antérieure du tube terminée par deux autres tubes grêles, non divisés à l'intérieur. Animal inconnu. La Cloisonnaire des sables, *Septaria arenaria*, quoique fort connue, est toujours fort recherchée des naturalistes, parce qu'elle forme genre à elle seule, et parce qu'on se la procure très-difficilement. Elle appartient à l'Océan des Grandes-Indes. Son tube, de couleur blanche, est fort épais, et sa longueur atteint quelquefois jusqu'à trois pieds. Elle est figurée d'une manière remarquable dans Séba, pl. 94.   (Ducl.)

CLONISSE, CLOVISSE. (moll.) On appelle ainsi la *Venus verrucosa*, dans nos ports de la Méditerranée.   (Guér.)

CLOPORTE, *Oniscus*. (crust.) Genre de l'ordre des Isopodes, établi par Linné. Ce genre, qui appartient (Règne anim. de Cuv.) à la section des Ptérygibranches, a pour caractères, suivant Latreille : quatre antennes, dont les latérales seules bien apparentes, de huit articles, recouvertes à leur base par les bords latéraux de la tête; branchies renfermées dans les premières écailles placées sous la queue; appendices du bout de la queue d'inégale longueur, les deux latéraux étant beaucoup plus grands que les intermédiaires. L'espèce servant de type au genre est le Cloporte ordinaire, *Oniscus asellus* de Linné, représenté dans notre Atlas, pl. 114, fig. 5. Ce sont des petits crustacés qui fuient la lumière et recherchent les endroits humides. Ils sont connus vulgairement sous le nom de Clous-à-porte, et par abréviation Cloporte, Porcelets de St-Antoine. Ils fréquentent les lieux retirés et sombres, comme les caves, les celliers, les fentes des murs, des châssis, et se trouvent aussi sous les pierres et les vieilles poutres. Ils se nourrissent de matières végétales et animales en état de décomposition, et ne sortent guère de leurs retraites que dans les temps pluvieux ou humides. Ils marchent lentement, à moins que quelque danger ne les menace. Les œufs sont renfermés dans une poche pectorale. Les petits ont à leur naissance un segment thoracique de moins, et n'ont, par conséquent, que

douze pattes. On a renoncé généralement à l'usage médical qu'on en faisait anciennement. (H. L.)

CLOPORTE DE MER. (crust. et moll.) Sous ce nom vulgaire, on a désigné de petits crustacés qui appartiennent aux genres Ligie et Sphérome. *V.* ces mots. Ce nom a été aussi appliqué aux Oscabrions.   (H. L.)

CLOPORTES. (ins.) (*Chenilles.*) On appelle Chenilles Cloportes, celles qui sont courtes, ramassées, bombées. Les Polyommates, Erycines, et quelques autres genres de Papilionides proviennent de ces sortes de chenilles.   (Guér.)

CLOPORTIDES, *Oniscides*. (crust.) Cette famille, qui a été établie par Latreille, appartient à l'ordre des Tétracères et correspond au grand genre Oniscus de Linné, qui depuis a été subdivisé par les entomologistes en un grand nombre de genres. Cette famille fait partie de l'ordre des Isopodes, et est comprise dans la tribu des Ptérygibranches; ses caractères distinctifs sont : deux antennes apparentes, les mitoyennes étant fort courtes, cachées ou n'existant pas; corps ovale, plat en dessous, convexe en dessus, susceptible de contraction, et composé d'une tête et de treize anneaux, les sept premiers portant chacun une paire de pattes simples et terminées par un onglet; les six derniers anneaux formant une sorte de queue, garnie en dessous de cinq paires d'écailles ou de fausses pattes sous-caudales, imbriquées graduellement sur deux rangées longitudinales; les premières ou les plus voisines des pattes proprement dites renfermant dans leur intérieur les organes de la respiration, et étant le siége des organes sexuels. Les Cloportides ont une tête transverse plus étroite que le corps, et reçue dans une échancrure du premier anneau; ayant de chaque côté deux yeux gros et réticulés. La bouche se compose d'un labre recouvrant une sorte d'épiglotte; de deux mandibules cornées, dentelées irrégulièrement, épaisses à leur base, très-comprimées et crochues à leur sommet; de deux paires de mâchoires en recouvrement, de manière que la plus reculée ou l'inférieure sert de gaîne à la paire supérieure; celle-ci est finement dentelée à l'extrémité. On voit en arrière de toutes ces parties une sorte de lèvre inférieure composée de deux pièces extérieures, s'appliquant sur toutes les autres en forme de feuillets contigus au bord interne, et terminés par une saillie conique ou triangulaire, offrant quelques articulations et semblable à un palpe. Ces deux pièces peuvent être considérées comme des premières mâchoires auxiliaires. Nous pensons que ces caractères, joints à ceux du genre que nous avons présenté, donnent une idée assez complète de l'organisation extérieure de ces crustacés. Quant à leur organisation intérieure, il en sera parlé à l'article Porcellion (*v.* ce mot). Ces Cloportides sont des crustacé qui attaquent différentes matières végétales et qui se nourrissent même de susbtances animales; ils sont pour la plupart terrestres, et habitent les lieux humides. Cette famille comprend un assez grand nombre de genres; les plus remar-

quables sont les genres LIGIE , PHILOSCIE, CLO-
PORTE , PORCELLION, etc. *V.* ces mots. (H. L.)

CLOTHO , *Clotho.* (MOLL.) Genre institué par
Faujas de St-Fond (Ann. du Mus. , vol. XI,
p. 584, 391), pour une coquille bivalve fossile
qui nous paraît appartenir au genre Onguline de
Lamarck. M. de Basterot, dans son Mémoire géologique sur les environs de Bordeaux, lui assigne
pour localité Saucats près Bordeaux , et en donne
une très-bonne figure au n° 6 de sa pl. 7. Voici
les caractères assignés à cette espèce : coquille
bivalve, équivalve, presque équilatérale , striée
transversalement; charnière à une dent bifide ,
un peu comprimée, recourbée en crochet sur
chaque valve; une dent plus large que l'autre;
deux impressions musculaires, ligament interne.
On trouve cette coquille dans des trous percés
dans le calcaire marin et le calcaire d'eau douce ,
qui, dit-on, en est souvent tout criblé.

(DUCL.)

CLOTHO , *Clotho.* (ARACH.) Ce genre, qui appartient à l'ordre des Pulmonaires, famille des
Aranéides ou Fileuses, section des Tubitèles, a
été établi par Latreille , avec ces caractères :
huit yeux; les deux filières supérieures beaucoup
plus longues; pieds presque égaux; la quatrième
paire, ensuite la seconde, puis la troisième un
peu plus longues; mâchoires inclinées sur la lèvre,
dont la forme est triangulaire. Ce genre se rapproche beaucoup des Thomises par la forme générale du corps, et des Clubiones par la disposition
des yeux. Nous rapporterons ici les observations
de M. Léon Dufour, qui en a fait une étude toute
spéciale, et qui lui a donné le nom d'UROCTÉE,
Uroctea. Le corselet des Clothos est à peu près
orbiculaire , déprimé ou à peine convexe. Entre
les yeux et l'origine des mandibules, on observe
une portion remarquable de front tombant verticalement; les yeux sont placés sur deux lignes
transverses et disposés de manière que les intermédiaires des deux séries forment entre eux un
quadrilatère bien plus ouvert en arrière qu'en
avant. Les mandibules, serrées l'une contre l'autre, sont verticales, et s'appuient par leurs extrémités sur la lèvre et ne dépassent pas cette dernière; leurs crochets sont très-petits : les mâchoires , inclinées sur la lèvre, sont courtes, très-obtuses, ne présentent point de soies particulières à
leur bord interne, mais sont très-velues surtout
en dehors. La lèvre qui se trouve entre elles est
presque arrondie ; les palpes sont à peu près de
la même grosseur que les pattes, et ne s'insèrent
pas, comme c'est l'ordinaire, dans un sinus du
bord externe de la mâchoire, mais bien au dessus
de ce bord; le second article est assez gros; le
dernier se termine par un ongle ou crochet dans
la femelle , tandis qu'il est inerme dans le mâle ,
et concave en dessous pour abriter l'organe excitateur qui a la forme d'un gros bourrelet orbiculaire, sessile, dont le centre plus saillant est armé
en dessous de deux crochets sétacés, un peu contournés en spirale; la poitrine est cordiforme; les
pattes sont de longueur moyenne; les ongles sont

pectinés; l'abdomen est ovale, comme tronqué à
sa base , légèrement déprimé à sa région dorsale,
qui est marquée de quatre paires de points ombilicaux, dont les postérieurs sont peu sensibles;
les filières sont au nombre de deux paires apparentes; on remarque entre elles un appareil qui
paraît propre au genre Clotho, qui consiste en un
pinceau de poils implantés sur deux lignes opposées, de manière à former deux espèces de valves
pectiniformes qui s'ouvrent et se ferment au gré
de l'animal. C'est de la présence de ces deux valves pectiniformes situées à l'extrémité anale qu'a
été tiré le nom d'*Uroctea.* Le type de ce genre est
l'*Uroctea quinque-maculata*, Dufour, *Clotho Du-
randii*, Latreille , qui a été trouvée dans les rochers de la Catalogne, principalement aux environs de Barcelone et de Girone, dans les montagnes de Narbonne, et dans les Pyrénées près de
St-Sauveur. Elle établit, à la surface inférieure
des grosses pierres , ou dans les fentes des rochers, une coque en forme de calotte, d'un pouce
de diamètre. Son contour présente sept à huit
échancrures dont les angles sont seuls fixés sur la
pierre, au moyen de faisceaux de fils, tandis que
les bords sont libres. Cette singulière tente, par
sa texture , est vraiment admirable. L'extérieur
ressemble à un taffetas des plus fins, formé, suivant l'âge de l'ouvrière, d'un plus ou moins grand
nombre de doublures. Ainsi , lorsque cette araignée, encore jeune, commence à établir sa retraite,
elle ne fabrique que deux toiles, entre lesquelles
elle se met à l'abri. Par la suite et à chaque mue ,
elle ajoute un certain nombre de doublures. Enfin,
lorsque l'époque marquée pour la reproduction
arrive, elle tisse un appartement tout exprès,
plus duveté, plus moelleux, où doivent être renfermés les sacs des œufs et les petits récemment
éclos. Quoique la calotte extérieure soit, à dessein sans doute, plus ou moins salie par les corps
étrangers qui servent à masquer sa présence,
l'appartement de l'industrieuse fabricante est toujours d'une propreté recherchée. Les poches ou
sachets qui renferment les œufs sont au nombre de quatre , de cinq ou même de six pour chaque habitation, qui n'a cependant qu'une seule ha-
bitante. Ces poches ont une forme lenticulaire ,
et ont plus de quatre lignes de diamètre. Elles
sont d'un taffetas blanc comme la neige, et fournies intérieurement d'un édredon des plus fins.
Ce n'est que dans les derniers jours de décembre ou au mois de janvier que la ponte des œufs
a lieu. Il fallait prémunir la progéniture contre la
rigueur de la saison et les incursions ennemies;
tout a été prévu. Le réceptacle de ce précieux
dépôt est séparé de la toile immédiatement appliquée sur la pierre par un duvet moelleux,
et de la calotte extérieure par les divers étages
dont il a été parlé. Parmi les échancrures qui
bordent le pavillon, les unes sont tout-à-fait closes par la continuité de l'étoffe, les autres ont leurs
bords simplement surperposés, de manière que
l'animal, soulevant ceux-ci, peut à son gré sortir
de la tente et y rentrer. Lorsqu'elle quitte son

domicile pour aller à la chasse, elle a peu à redouter sa violation, car elle seule a le secret des échancrures impénétrables, et la clef de celles où l'on peut s'introduire. Lorsque les petits sont en état de se passer des soins maternels, ils prennent leur élan, et vont établir ailleurs leurs logemens particuliers, tandis que la mère vient mourir dans son pavillon. Ainsi ce dernier est en même temps le berceau et le tombeau de l'araignée. (H. L.)

CLUBIONE, *Clubiona*. (ARACH.) Genre de l'ordre des Pulmonaires, famille des Aranéides, section des Tubitèles, créé par Latreille, qui lui assigne les caractères suivans : huit yeux placés au devant du corselet sur deux lignes transverses ; filières extérieures presque également longues ; mâchoires droites, élargies à leur base extérieure par l'insertion des pattes, et arrondies à leur extrémité ; lèvre en carré long. Les Clubiones diffèrent des autres genres qui les avoisinent par le nombre de leurs yeux, par la longueur de leurs filières et par leurs mâchoires, qui sont droites. Ces Arachnides sont généralement voraces ; elles épient leur proie et courent après ; on les voit tendre autour des chambres des fils de soie fine et blanche, qu'elles emploient aussi à s'envelopper dans l'intérieur des feuilles et les cavités des murailles. Leur lèvre est allongée, coupée en ligne droite à son extrémité ; les pattes sont propres à la course, et varient respectivement de longueur ; la première paire et ensuite la quatrième sont généralement les plus grandes ; cependant, dans quelques espèces, cette dernière et ensuite la première et la seconde dépassent les autres. Ce genre est composé d'un grand nombre d'espèces : celle qui lui sert de type est la CLUBIONE SOYEUSE, *Clubiona holosericea*, représentée dans notre Atlas, planche 114, fig. 4. Cette espèce se renferme dans des feuilles ou derrière l'écorce des arbres. Son cocon est aplati. Walckenaër, dans un ouvrage intitulé Tableau des Aranéides, partage le genre Clubione en cinq familles.

(H. L.)

CLUPE, *Clupea*. (POISS.) Nom d'un groupe de poissons abdominaux, à corps écailleux, à mâchoire supérieure formée, comme dans les Salmones, au milieu par les intermaxillaires sans pédicules, et sur les côtés par les maxillaires ; à une seule dorsale, à ventre caréné et dentelé.

L'on a partagé les différentes espèces de Clupes, d'après leur forme extérieure, en plusieurs genres, tels que : Odontognates, Pristigastres, Notoptères, Thrisses, Mégalopes, Elopes, Anchois, Amies, Chirocentres, Erythrins, Vastres, Ostéoglosses, Lépisostés et Bichirs, et l'on compte un grand nombre d'espèces dans ces divisions du grand genre des Clupes ; mais nous n'entrerons dans quelques détails que pour celles qui offrent le plus d'intérêt.

Les **HARENGS**, *Clupea*, Cuv. Ces poissons sont caractérisés par des os maxillaires arqués en avant, divisibles longitudinalement en plusieurs pièces ; par l'ouverture médiocre de la bouche, et leur lèvre supérieure non échancrée.

La figure de notre Atlas, pl. 114, fig. 5, représente le **HARENG COMMUN** (*Clupea harengus*, Lin.), trop connu de tout le monde pour qu'il soit nécessaire de le décrire dans toutes ses parties. Nous dirons seulement, pour caractériser ce précieux poisson, que ses dents sont visibles aux deux mâchoires ; que la carène de son ventre est peu marquée, son subopercule coupé en rond ; et qu'il existe des veines sur le sous-orbitaire, le préopercule et le haut de l'opercule. Ses ventrales naissent sous le milieu de sa dorsale, sa vessie natatoire est simple et pointue à ses deux extrémités, son estomac tapissé d'une peau mince, son canal intestinal droit et par conséquent très-court, et son pylore entouré de douze appendices.

Quoique la dénomination de Hareng, qu'on écrit aussi Harang, soit généralement adoptée, c'est, suivant Rondelet, un terme barbare ; quelques auteurs, ajoute-t-il, l'ont nommé Halec ; mais ce nom convient à tous les petits poissons qu'on sale, et ne désigne pas expressément le Hareng. Quelques uns l'ont nommé Alose-minor, à cause de sa ressemblance avec l'alose, qui est, en effet, de la même famille. Le Hareng est un petit poisson qui ne remonte pas dans les fleuves comme les aloses. L'eau de mer mêlée d'un peu d'eau douce ne lui déplaît cependant pas, puisqu'il se tient volontiers à quelque distance de l'embouchure des rivières ; si on le rencontre quelquefois dans le lit même de celles-ci, où l'eau est douce, c'est parce qu'il a été forcé de s'y réfugier étant tourmenté par les gros temps, ou poursuivi par les poissons voraces.

Les Harengs sont donc, comme les aloses et les saumons, des poissons de passage, qui tous les ans partent régulièrement du fond du nord par bancs considérables. Les Hollandais, les Anglais et les Français vont au devant d'eux jusqu'aux îles Orcades ; les pêcheurs de la Haute-Normandie s'occupent principalement de cette pêche dans la Manche ; enfin les Bretons en prennent dans leur province.

On donne différens noms aux mêmes Harengs, suivant les lieux où ils ont été pêchés, les différentes saisons où on les prend, et les diverses préparations qu'on leur fait subir. Ceux que l'on trouve dans la mer du Nord, vers les Orcades, se nomment Harengs pecs, ou du Nord. On nomme de Yarmouth ceux que l'on prend dans les mers d'Angleterre, et Harengs du canal ceux que l'on pêche dans la Manche. Ces distinctions, qui peuvent être utiles dans le commerce, à cause de la différente qualité de ces poissons, ne présentent aux yeux du naturaliste qu'un même poisson pris dans divers parages. Quand on examine avec attention un certain nombre de Harengs, on y aperçoit, il est vrai, de petites différences, dont la plupart dépendent des saisons où on les a pêchés ; et, comme les uns sont meilleurs que les autres, on leur a assigné dans le commerce différens noms, afin de pouvoir les distinguer les uns des autres, quoique dans le fond ce soit la même espèce de

Harengs. Il y a des saisons où les Harengs sont remplis d'œufs et de laite; on les nomme Harengs pleins, et ce sont les plus estimés; presque tous ceux que l'on prend dans la Manche, depuis le commencement de la pêche, jusqu'aux derniers jours d'octobre, sont de ce genre, et les Harengs pleins, de quelque endroit qu'ils viennent, sont réputés les meilleurs, soit pour manger frais, soit pour saler ou fumer. Dans d'autres saisons, les Harengs sont presque tous vides de laite et d'œufs, on les nomme gais; quelques auteurs pensent qu'on leur donne ce nom, parce qu'étant menus et allongés, on les a comparés à une gaine; d'autres veulent que ce soit parce qu'alors ils sont vifs et presque dans un mouvement continuel. En général on les estime beaucoup moins que les pleins. Cependant ceux qui ont frayé nouvellement, qui ne sont pas remis de la maladie du frai, et qu'on nomme boussards, ou à la bourse, sont plus mauvais; ils sont maigres, et le peu de chair qu'ils ont n'a ni bon goût ni délicatesse; au contraire lorsqu'ils ont eu le temps de se rétablir de cette maladie, et qu'ils ont pris chair, ils sont très-bons à manger frais, et, quoiqu'ils soient vides, comme ils sont en chair et pas trop gras, ils souffrent l'habillage et s'affermissent dans le sel. On en prépare donc en blanc et en saur, sans que les saleurs éprouvent des reproches des marchands auxquels ils font des envois; quelques pêcheurs prétendent que ce sont ces Harengs rétablis qu'on doit nommer marchais, comme qui dirait bons à manger. On prend des Harengs qui sont tout prêts à frayer, ou même qui ont commencé à faire leur ponte. Ceux-là sont, comme nous l'avons dit, mauvais, et achèvent de se débarrasser de leurs œufs et de leur laite, lorsqu'on les met mariner dans le sel. Les pêcheurs le prouvent en mettant un peu de sel sur ces Harengs; on assure que, sur-le-champ, les uns abandonnent leurs œufs, et les autres leur laite. Ce sont ces mêmes poissons que l'on appelle en plusieurs endroits boussards ou à bourse. Il est certain que ces Harengs prêts à frayer sont de la plus mauvaise qualité; leur chair est molle, la laite est petite, et ce qui leur reste d'œufs ou de laite dans le corps se racornit : ce qui a fait que, lorsqu'ils sont salés, on les appelle Harengs cornés. Comme les Harengs ne fraient pas tous dans le même temps, on en prend de gais avec les pleins; mais la saison la plus favorable, et où presque tous se trouvent gais, comme disent les pêcheurs, c'est après l'Harengaison, saison où on les pêche en plus grande abondance. Les Harengs pleins, comme le nom l'indique, sont ceux qui ont des œufs ou de la laite dans le corps. Les Harengs gais ou vides sont ceux dans lesquels on ne trouve ni laite ni œufs; les Harengs qu'on appelle en quelques endroits marchais sont, suivant les uns, ceux qui restent dans nos mers après que les autres les ont abandonnées pour retourner au Nord; ils sont vides, et rétablis de la maladie du frai; dans certaines régions on les confond avec les gais, quoiqu'ils soient meilleurs. Les Harengs boussards sont ceux que l'on prend lorsqu'ils font leur ponte ou immédiatement après qu'ils l'ont faite. Les Harengs pecs sont ceux que l'on pêche dans le Nord; les Harengs de Yarmouth sont ceux que l'on prend dans le nord de l'Angleterre; les Harengs de la Manche sont ceux que l'on pêche le long des côtes de la Haute-Normandie et de la Picardie. Comme il est très-important de saler les poissons dès qu'ils sont pêchés, on exige des pêcheurs qu'ils livrent dans le jour ceux qui ont été pris dans la nuit précédente, c'est ce qu'on appelle Harengs d'une nuit, ceux de deux sont encore plus estimés. Mais on ne fait pas grand cas de ceux de trois nuits, et pour cette raison les pêcheurs sont obligés de mettre à part les poissons qu'ils prennent chaque nuit, pour qu'on puisse distinguer les poissons qu'on nomme d'une nuit, de deux ou de trois nuits; ordinairement on fume ces poissons; mais, de quelque façon qu'on les prépare, ils sont moins bons que les autres. Les Harengs frais sont ceux que les chasse-marées transportent aux endroits où ils savent en avoir le plus de débit, et comme les Harengs ne peuvent être conservés que huit jours au plus, bons à être mangés frais, on en sale de différentes façons. Les Harengs braillés sont ceux que l'on sale grossièrement, en les remuant dans une baille avec du sel; ils ne sont qu'à demi salés et ne se conservent que quelques jours. Ceux qu'on nomme en vrac sont mis dans des tonnes avec du sel, pour qu'ils s'en pénètrent et qu'ils rendent leur eau; mais ils ne peuvent pas rester en cet état; ensuite on les en retire pour les paquer avec soin dans des barils. Les Harengs blancs sont salés avec soin, et bien disposés dans des barils qui ferment exactement; ils se conservent long-temps et peuvent être transportés au loin par terre ou par mer. Ceux qu'on nomme bouffis sont peu salés et peu fumés; on les désigne sous le nom d'appétits ou craquelots; ils sont agréables à manger lorsqu'ils ont été bien préparés, mais ils ne se conservent bons que quinze jours. Les autres Harengs fumés, qu'on nomme saurs, sorets ou soris, sont salés et fumés avec beaucoup plus de soin, quoiqu'ils perdent de leur qualité en les gardant.

On rencontre les Harengs dans toutes les mers du nord de l'Europe et de l'Amérique; ils se tiennent habituellement dans la profondeur des eaux, une partie en sort au printemps, une autre en été et une troisième en automne, pour frayer sur les côtes, surtout vers l'embouchure des fleuves. Ils vivent de petits poissons, de petits crustacés, de vers marins, de mollusques; eux-mêmes servent de nourriture aux cétacés, et à tous les poissons voraces qui habitent les mêmes mers qu'eux; leur nombre est si considérable, que dans leur émigration ils forment des bancs de plusieurs lieues, et si serrés qu'ils se touchent tous. Lorsque les Harengs abandonnent la mer Glaciale, ils se séparent alors en deux bandes. L'une de ces grandes colonnes se presse autour des côtes d'Islande, et se répand sur le banc de Terre-Neuve où elle remplit les golfes et les baies du continent américain. L'autre, descendant le long de la Norwége, pénètre dans la Baltique en faisant le tour des Orcades et de l'Irlande, et, cinglant vers le midi de la Grande-Bretagne, elle inonde les côtes de France et d'Espagne, pour disparaître ensuite.

Les Harengs, comme la plupart des autres poissons, vivent dans les profondeurs de la mer, s'approchent des côtes à trois époques différentes de l'année pour frayer. Ces époques sont plus ou moins reculées, suivant la chaleur de la saison. Le commencement de la ponte a lieu en automne, et continue presque toute l'année à divers intervalles. Voici les faits qu'on observe :

Quelques jours avant que les Harengs arrivent en troupe, on aperçoit quelques mâles dispersés, et lorsque toute la troupe est réunie, on y observe plus de mâles que de femelles. Au moment où celles-ci veulent se débarrasser de leur fardeau, ce qui a toujours lieu dans les endroits remplis de pierres et de plantes marines, elles se frottent le ventre contre les pierres qu'elles rencontrent, se tournent tantôt d'un côté, tantôt d'un autre, et agitent rapidement leurs nageoires ; alors l'eau se trouble, laisse exhaler une odeur fétide, et l'acte de la génération s'opère.

Il est certain que la pêche du Hareng mérite une attention particulière, non-seulement parce qu'elle est de toutes celle qui se pratique la première, mais parce qu'elle est une des plus abondantes, en ce qu'elle peut se faire dans beaucoup d'endroits, qu'elle procure un excellent poisson frais, qui, étant salé, forme une branche de commerce plus considérable que celle de la morue. Les Hollandais, les Français, les Suédois les Prussiens, et les Américains des Etats-Unis se disputent chaque année à qui en prendra le plus. Les filets dont on se sert pour cette pêche sont de différentes grandeurs. Les mailles ont environ un pouce de large. On les teint en les mettant à la fumée : les innombrables colonnes de Harengs sont indiquées aux pêcheurs par des bandes de mouettes, ou autres oiseaux de mer, qui les suivent continuellement pour se nourrir des individus qui les composent. Elles le sont aussi par le mouvement perpétuel des ondes pendant le jour, et par une traînée de feu pendant la nuit. Lorsque ces moyens ne sont pas suffisans, on jette des lignes de fond amorcées de petits crustacés, et on ne tarde pas à les retirer garnies de Harengs, lorsqu'on rencontre un de leurs bancs. C'est presque toujours la nuit que l'on jette les filets, en ce que la pêche de ces poissons, comme celle de tous les autres, est plus abondante la nuit que le jour, attendu qu'ils viennent à la surface de l'eau. La grandeur de ces filets ne permet pas qu'on les manœuvre à la main. C'est au moyen d'un cabestan qu'on les lance à l'eau et qu'on les en retire. On place à l'un des bouts du filet qui est jeté à la mer, une bouée de forme conique, qui indique sa position à mesure que le filet s'éloigne du navire ; on attache des pierres à la partie inférieure pour le faire enfoncer, et des barils vides à sa partie supérieure pour le faire surnager ; et lorsque la totalité est à l'eau, le navire dérive le plus lentement possible.

Tous les Harengs alors qui rencontrent le filet, voulant forcer l'obstacle qu'ils rencontrent, s'engagent dans les mailles et y restent accrochés. Pour que cette opération ait un résultat satisfaisant, il ne faut pas que le filet soit tendu. Lorsqu'on présume qu'il y a autant de poissons maillés que le filet peut en contenir sans se rompre, on le retire par le même moyen qu'on l'a jeté, seulement un ou plusieurs matelots tendent le filet au dessous de l'entrée à la sortie de la mer, pour recevoir les poissons qui ne sont pas bien maillés, et que le mouvement ou le frottement détache des autres. Quelquefois il ne faut qu'un instant pour garnir un filet de ces poissons. D'autres fois, une marée entière suffit à peine. On regarde le plus souvent la pêche comme très-abondante, lorsqu'au bout de deux heures les matelots se trouvent forcés de le retirer. La pêche est souvent troublée par les requins et autres espèces voraces, qui se tiennent sans cesse près des bancs de Harengs pour les dévorer ; elle l'est surtout par la Chimère antarctique, qui les accompagne toujours, et à laquelle on a donné le nom de roi des Harengs. Tous ces poissons, fort gros et fort voraces, font, pour passer au travers du filet, des efforts qui non-seulement le font déchirer, mais qui déterminent la colonne de Harengs à prendre une autre direction. Il y a des années et des endroits où ils sont en si grand nombre, qu'ils forcent les pêcheurs d'abandonner la pêche. Plusieurs circonstances apprennent à ces mêmes hommes à reconnaître si la pêche sera abondante ou non. C'est ainsi qu'ils en augurent favorablement, lorsqu'après une tempête il survient un calme accompagné de brouillards, lorsque le vent souffle du côté où les Harengs semblent arriver. Ces poissons meurent aussitôt qu'ils sont sortis de l'eau, et lorsque la température est chaude ils ne tardent pas à se corrompre ; il est donc de la plus grande nécessité de leur faire subir une préparation préservatrice après qu'ils sont pris : aussi les vaisseaux qui abordent les côtes se hâtent-ils, dès que leurs filets sont remplis, de revenir au port pour leur faire subir leur préparation. Presque dans tous les ports où il se fait une pêche un peu abondante de Harengs, on sonne une cloche à l'arrivée des bateaux ou navires qui viennent charger pour faire venir les acheteurs. Il est des temps et des années où les Harengs sont plus maigres que dans d'autres : on en sent aisément la raison, mais on ne devine pas aussi volontiers pourquoi les Harengs des côtes de la Prusse et de celles de Suède, par exemple, sont toujours maigres et sans saveur. Certainement, ces poissons, comme tous les autres, doivent trouver plus de nourriture dans certains parages, mais comme ils sont voyageurs à l'époque où on les pêche, il semble qu'ils ne doivent pas toujours se prêter à la même observation. On peut croire que ce fait est un préjugé répandu par les pêcheurs accrédités de la Hollande. Les deux préparations que l'on vend le plus souvent chez les marchands sont les Harengs blancs ou frais, et les Harengs saurs. Aussitôt que les Hareng sont hors de l'eau, un matelot, qu'on nomme caqueur, les habille, c'est-à-dire, leur coupe la gorge, leur enlève les ouïes et les entrailles, les lave dans de l'eau, et les met dans une saumure assez épaisse pour qu'ils puissent y submerger. Au bout de quinze ou dix-huit jours, on les retire de cette saumure, et on les met dans une tonne avec une grande quantité de sel, dans laquelle ils restent jusqu'à ce que la pêche soit terminée, et qu'on soit arrivé au port : ce sont les Harengs braillés. Là, on les ôte de la tonne, et on les expose dans des barils, où on les arrange artistement les uns sur les autres, avec une nouvelle couche de sel. Chaque fois, on emploie de la saumure fraîche. Dans la manière qui doit fournir les Harengs saurs, on laisse les poissons au moins vingt-quatre heures dans la saumure, et lorsqu'on les en retire, on les enfile par les ouïes dans de petites baguettes de bois, on les pend dans des cheminées faites exprès, qu'on nomme roussables, sous lesquelles on fait un petit feu de bois qui produit beaucoup de fumée. Les Harengs restent ainsi exposés jusqu'à ce qu'ils soient suffisamment secs, ce qui arrive ordinairement au bout de vingt-quatre heures ; ce sont les plus gros et les plus gras que l'on prépare ordinairement ainsi. En Suède et en Norwège, on les prépare un peu différemment. Les Hollandais et les Groënlandais les sèchent simplement à l'air. Les Harengs frais sont de très-bons poissons, on les mange ordinairement après les avoir vidés et lavés, cuits sur le gril, avec une sauce à l'huile et au vinaigre, ou à la maître-d'hôtel. Ceux qui arrivent au commencement de l'hiver sont pourvus de leurs œufs et de leur laite, ils doivent, par conséquent, être préférés sur les tables délicates. Les Harengs saurs sont, au contraire, repoussés de la table des riches à cause de leur âcreté ; les pauvres les recherchent beaucoup, positivement par le même motif. On n'a pas obtenu moins de succès, dit Lacépède, dans les tentatives faites pour accoutumer les Harengs à de nouvelles eaux, que dans les procédés relatifs à leur préparation. On est parvenu, dit-il ensuite, à les transporter, sans les faire périr, dans des eaux où ils manquaient. Dans l'Amérique septentrionale, on a fait éclore des œufs de ces animaux à l'embouchure de fleuve, qui n'avaient jamais été fréquentés par ces poissons, et vers lesquels les individus sortis de ces œufs ont l'habitude de revenir chaque année, entraînant avec eux, vraisemblablement, un grand nombre d'autres individus de leur espèce.

La seconde espèce du genre Hareng proprement dit, est le Melet, Esprat ou Harenguet, *Sprat* des Anglais, *Clupea Sprattus*, Bl., tom. I, p. 29, fig. 2. Il a les proportions du Hareng, mais reste beaucoup plus petit ; ses opercules ne sont point veinés ; une tache foncée se montre le long des flancs au temps du frai. On en fait des salaisons dans le Nord.

La Blanquette, *Breitling* des Allemands, *White-Bite* des Anglais, *Clupea Latulus*, Cuv., Schonefeld, pl. 41, a le corps plus comprimé, plus tranchant que le Hareng, sa dorsale plus avancée, son anale plus longue, et près de la caudale. C'est un très-petit poisson, de la plus belle couleur d'argent, avec une petite tache noire sur le bout du museau.

Le Pilchard des Anglais, ou le Célane de nos côtes, *Clupea Pilchardus*, Bl., tom. IV, pl. 406, et Will., pl. 1, fig. 1, à peu près de la taille du Hareng, a les écailles plus grandes, le sub-opercule coupé carrément, des stries en rayons au préopercule, et surtout à l'opercule ; sa caudale est plus courte qu'au Hareng, et sa dorsale plus avancée ; les ventrales naissent sous la fin de la dorsale, deux écailles plus longues se portent de chaque côté sur sa caudale. Il se pêche plutôt que le Hareng, et surtout sur la côte ouest de l'Angleterre.

La Sardine, *Clupea sardina*, Duham., sect. III, pl. 16, fig. 4, est tellement semblable au Pilchard, qu'on ne lui trouve de différence que dans sa taille moindre. C'est un poisson célèbre par la délicatesse de son goût. Les individus de cette espèce s'avancent en troupes si nombreuses sur les côtes de Bretagne, que la pêche en est très-abondante. On les mange frais ou fumés. La branche de commerce qu'ils forment est très-importante dans plusieurs contrées de l'Europe. On trouve cette espèce non-seulement dans l'océan Atlantique, mais encore dans la Méditerranée, où le Hareng commun n'est pas connu, et particulièrement aux environs de la Sardaigne, dont elle tire son nom. Elle se tient dans les profondeurs, et s'approche pendant l'automne des côtes pour frayer.

Alose, *Alosa*. Cuv. Ces poissons se rapprochent sous plusieurs rapports des Harengs, avec lesquels ils ont beaucoup de ressemblance ; mais ils en diffèrent par plusieurs caractères, dont le plus important est une échancrure au milieu de la mâchoire supérieure ; ils offrent du reste tous les mêmes caractères des Pilchards et des Sardines.

Les Aloses quittent leur séjour marin lorsque le temps du frai arrive. Elles remontent alors dans les grands fleuves, et l'époque de ce voyage est plus ou moins avancée dans le printemps, dans l'été, et même dans l'automne ou dans l'hiver, suivant le climat. Elles forment des colonnes nombreuses, que les pêcheurs voient arriver avec une grande satisfaction. Leur chair est délicate, mais son goût est moins savoureux quand on la prend en mer. Les Russes, persuadés que la chair des Aloses peut être funeste, la rejettent ou la vendent à vil prix à des peuples moins prudens ou moins difficiles. Le nombre de ces Clupes varie beaucoup d'une année à une autre. M. Noël, de Rouen, dit que dans la Seine inférieure, par exemple, on prenait treize ou quatorze mille Aloses dans certaines années, et que dans d'autres on n'en prenait que quinze cents à deux mille ; elles parviennent à la longueur d'un mètre ; néanmoins, comme elles sont très-comprimées, et par conséquent très-minces, leur poids ne répond pas à cette dimension. Les femelles sont plus grosses et moins délicates que les mâles. Dans les contrées de l'Europe où on en pêche une grande quantité, on en fume un grand nombre que l'on envoie au loin, et les Arabes les font sécher à l'air pour les manger avec des dattes. Pénières dit que celles qui passent l'été dans la Dordogne sont malades, faibles, exténuées, et périssent le plus souvent pendant les grandes chaleurs. Le même observateur rapporte que, lorsque les Aloses fraient, elles s'agitent avec violence, et font un bruit qui s'entend de loin. Les Aloses vivent de vers, d'insectes et de petits poissons. On a écrit qu'elles redoutaient le bruit du tonnerre, mais que des sons modérés, loin de leur déplaire, leur étaient même très-agréables dans certaines circonstances, et que dans quelques viviers, les pêcheurs attachaient à leurs filets des arcs de bois garnis de clochettes dont le tintement attirait les Aloses.

L'ALOSE proprement dite, *Clupea alosa*, Lin., Duham., sect. III, pl. I, fig. I, également figurée dans l'Encycl., pl. 75, fig. 3t2, qui devient beaucoup plus grande que le Hareng commun, et atteint jusqu'à trois pieds de long, se distingue par l'absence de dents sensibles, et par une tache régulière noire derrière les ouïes.

La FINTE. *Clupea finta*, Cuv., *Clupea ficta*, Lacép., Venth des Flamands, Agone de Lombardie, Alachia d'Italie, est plus allongée que l'Alose, a des dents très-marquées aux deux mâchoires, et cinq ou dix taches noires le long des flancs. La Finte remonte dans la Seine comme l'Alose ; elle s'avance également par troupes, mais les habitudes de cette espèce diffèrent de celles de l'autre, en ce que les plus grands individus quittent la mer avant les plus petits, au lieu que les Aloses les plus maigres et les moins grandes, sont celles qui se montrent d'abord dans les rivières. On a remarqué que ses premières Fintes sont non-seulement plus grandes, mais encore plus délicates que les individus qui ne paraissent qu'à la seconde époque, et surtout que ceux de la troisième, que l'on a désignés sous le nom de Fintes bretones. L'Alose remonte jusque dans le Nil.

Les CAILLEU-TASSARTS, *Chatoessus*, Cuv., sont des Harengs proprement dits, où le dernier rayon de la dorsale se prolonge en un long filament. Les uns ont les mâchoires égales et le museau non proéminent ; leur bouche est petite et sans dents. D'autres ont le museau plus saillant que les mâchoires ; leur bouche est petite, comme dans les précédens. Les peignes supérieurs de la première branchie s'unissent à ceux du côté opposé, pour former sous le palais une pointe pennée très-singulièrement. Le CAILLEU-TASSART, Encycl., poiss., p. 186, pl. 96, fig. 515, *Clupanodon*, Lacépède. Ce Clupe se trouve dans les mers de la Chine, du Japon, de la Caroline et des Antilles. Il acquiert un peu plus d'un pied de longueur, a la chair exquise, mais sujette à devenir malsaine.

La NASIQUE, *Clupea nasus*, Bloch., 427, a les deux mâchoires également avancées, mais avec un museau plus saillant ; sa chair, qui passe pour être malsaine, est toute remplie de petites

arêtes. Ce poisson se pêche vers l'embouchure de la côte de Malabar.   (ALPH. G.)

CLUSIÉES. (BOT. PHAN.) Groupe de plantes qui lient ensemble la famille des Guttifères et celle des Hypéricinées ; il est formé par les genres *Clusia*, *Godoya*, *Mahurea* et *Marila*, que nous examinerons successivement. Leurs anthères allongées et adnées, leurs fruits multiloculaires à loges polyspermes, sont des caractères bien tranchés, qui font approuver l'établissement de cette petite tribu.   (T. D. B.)

CLUSIER, *Clusia*. (BOT. PHAN.) Le nom de ce genre d'arbres ou arbrisseaux, tous exotiques, rappelle celui du célèbre Charles de l'Ecluse, dit Clusius, qui fut le premier botaniste du seizième siècle. Avant lui, les descriptions étaient, comme en agissent de nos jours certains auteurs trop vantés, diffuses, obscures, entrecoupées de détails oiseux, de mots stériles, ou tellement incomplètes, tellement vagues, que l'étude des plantes exigeait un temps immense et ne portait aucun fruit. L'Ecluse imposa des lois précises, méthodiques à l'art de décrire convenablement, utilement, et paya d'exemple par ses recherches savantes, où chaque partie du végétal est examinée, représentée avec netteté, franchise et élégance. Il dit ce qu'il faut dire, et rien de plus. Il peint les appareils importans, et néglige, comme inutile, tout ce qui ne porte pas un caractère vrai, constant, comparatif.

Il est fâcheux pourtant que le nom de l'Ecluse ait été attaché par Plumier à un genre de plantes la plupart parasites, distillant en abondance un suc laiteux, jaune et visqueux ; l'illustre botaniste a rendu de si grands services à la science, que la reconnaissance aurait dû lui consacrer un genre pompeux, d'une haute utilité : mais c'est ainsi que vont les choses dans ce bas monde ; l'intrigue et l'ignorance seules sont comblées de richesses. Revenons au Clusier. Il appartient à la Polygamie monoécie.

Confiné à l'extrémité de la famille des Guttifères, à laquelle il tient par le plus grand nombre de ses caractères essentiels, tandis qu'il s'en éloigne par ses graines menues et nombreuses, et par son fruit à plusieurs valves épaisses, arquées, le genre Clusier est plutôt de curiosité que de véritable ornement. Il est singulier par ses tiges radicantes ; il est remarquable par son feuillage grand, ovale, épais, d'un beau vert, et par ses fleurs généralement très-apparentes.

Les espèces sont au nombre de six environ. Une des plus curieuses est le CLUSIER ROSE que l'on trouve aux Antilles, où l'on se sert de sa résine pour panser les plaies des chevaux. C'est un arbre de huit mètres de haut, à bois blanc, mou, filandreux, qui donne un fruit pulpeux de la grosseur d'une pomme moyenne, ayant la chair d'un rouge écarlate. Sa graine se fixe sur l'écorce des arbres voisins et les étreint de ses racines, de ses branches, vit à leurs dépens, et les fait périr en peu d'années, quelque gros et puissans qu'ils soient.

Comme le Clusier rose dirige vers le sol les racines adventices qu'il produit sur ses rameaux, et qu'elles s'y enfoncent assez avant, elles servent plus tard, quand l'arbre dont il a décidé la ruine meurt, à le maintenir comme aérien; il est en effet suspendu sur les longs bras qu'il a lancés sur terre et vit ainsi fort long-temps. Les racines devenues terrestres produisent de nouveaux rameaux qui renouvellent la tige-mère et se multiplient à tel point que le Clusier couvrit à lui seul une grande étendue de terrain, et qu'il détruit tout ce qui l'approche.

Le Clusier blanc, *C. alba*, offre le charmant contraste de fleurs d'une blancheur éblouissante, et de fruits d'un rouge écarlate. Sa résine est employée à la Martinique au lieu de poix, pour le calfatage des petites barques. On cite aussi comme une fort jolie espèce le Clusier a fleurs émoussées, *C. retusa*. Ses fruits globuleux sont divisés en seize ou dix-huit côtes. (T. D. B.)

CLYMÈNE, *Clymena*. (annél.) Troisième genre des Annélides sédentaires de Lamarck, appartenant à la famille des Maldanies. Ces coquilles sont conséquemment voisines des Dentales. C'est à Savigny qu'on en doit la connaissance, et voici comment Lamarck les décrit : corps tubicolaire, grêle, cylindrique, ayant de chaque côté une rangée de mamelons sétifères; extrémité antérieure rétuse, oblique, ayant un rebord demi-circulaire qui s'avance au dessus de la bouche; celle-ci transverse, plissée, bilabiée, à lèvre inférieure très-renflée; point de tentacules; extrémité postérieure dilatée, formant un entonnoir, à limbe découpé, offrant plusieurs petites dents égales et pointues, à intérieur muni de rayons élevés, ou branchies, qui se prolongent jusqu'à l'anus. Celui-ci est situé au fond de l'entonnoir et entouré de papilles charnues. Tube grêle, ouvert aux deux bouts, et incrusté au dehors de grains de sable et de fragmens de coquilles. On ne connaît encore qu'une espèce de ce genre, la Clymène amphistome, qui habite les côtes de la mer Rouge, dans les crevasses des rochers. Elle est représentée dans l'Iconographie du Règne animal, par M. Guérin, Annélides, pl. 10, fig. 1.

(Ducl.)

CLYPÉASTRE, *Clypeaster*. (zooph. échin.) Les Clypéastres sont des espèces d'oursins qui avoisinent de très-près les Scutelles, mais qui s'en distinguent facilement par leur corps renflé en dessus, par leur forme elliptique ou ovale dans le plus grand nombre, mais surtout parce que leur bord est épais ou arrondi, et que leur disque inférieur est presque toujours concave au centre. C'est dans la cavité du disque inférieur qu'est située leur bouche, laquelle est armée de cinq pièces osseuses, cunéiformes, comme bilobées postérieurement, et striées d'un côté par des lames étroites et transverses. Ces Echinides portent en outre sur leur dos cinq ambulacres bornés, imitant assez bien une fleur à cinq pétales. Ce genre n'est pas fort nombreux en espèces vivantes, Lamarck n'en mentionne que quatre, mais il se-

rait difficile de donner le chiffre des espèces fossiles, tant elles sont communes en France et en Italie. La plus remarquable des espèces vivantes est, sans contredit, le Clypéastre rosacé, qui est figuré dans Séba, pl. 11, n° 2 et 3. Il habite l'océan Indien et atteint jusqu'à sept pouces de longueur sur cinq de largeur. On le trouve dans presque toutes les collections. (Ducl.)

CLYPÉOLE, *Clypeola*. (bot. phan.) Plante de la famille des Crucifères, Tétradynamie siliculeuse, L., assez commune dans les pays méridionaux de la France et de l'Europe, où elle habite les murs, les ruines et les champs calcaires. On la nomme ordinairement *Jonthlaspi*. C'est une herbe peu élevée, à tiges diffuses, ressemblant, pour l'aspect, aux *Alyssum*, et très-voisine du genre *Peltaria* par ses caractères; les voici, d'après De Candolle : sépales du calice égaux à leur base; pétales entiers; filets des étamines dentés; stigmate sessile; silicule orbiculaire, plane, un peu échancrée au sommet, indéhiscente, à une seule loge et une seule graine; cotylédons planes et accombans (tribu des Pleurorhizées latiseptées).

Le même professeur décrit deux autres espèces de Clypéoles : l'une, *C. eriophora*, qui croît en Espagne, se distingue par une silicule hérissée de poils longs et mous; l'autre, *C. echinata*, dont la silicule porte des soies raides, est particulière à l'Orient. (L.)

CLYTE, *Clytus*. (ins.) Nom donné par Fabricius à un groupe de Coléoptères, du genre Callidie. *Voy.* ce mot. (Guér.)

CLYTHRE, *Clythra*. (ins.) Genre de Coléoptères, de la section des Tétramères, famille des Cycliques, établi par Leach et Fabricius, ayant les caractères suivans : antennes courtes en scies, à compter du quatrième article; corps en cylindre court; les mandibules et les pattes antérieures sont beaucoup plus développées dans les mâles.

Ces insectes sont d'une taille plutôt petite que grande, les plus grands n'atteignent guère plus de six lignes; ils ont le corps cylindrique, court, trapu; la tête verticale, dépassant à peine le corselet; les yeux ne sont point échancrés; les antennes sont insérées au dessous des yeux, presque au coin de la bouche; le corselet est court, transversal, un peu plus étroit antérieurement, arrondi à ses angles postérieurs; les élytres sont droites à leur bord externe, ou à peine sinuées; les pattes sont courtes, cependant dans quelques espèces les antérieures des mâles acquièrent un grand développement. On connaît la larve de quelques espèces; on doit cette connaissance à MM. Léon Dufour, Waudouer et Gené qui chacun l'ont étudiée; on sait quelle porte avec elle un fourreau de matière coriace, en forme de cône. Ce genre est très-nombreux en espèces, tant exotiques qu'indigènes. Les espèces de notre pays ne sont pas très-brillantes; elles ont presque toutes le corps noir ou bronzé, avec les élytres jaunâtres marquées de points noirs.

C. 4 ponctuée, *C. 4 punctata*, Fab. Longue de 4 lignes;

4 lignes; noire, avec les élytres fauves; elles a quatre taches noires; deux très-petites à la partie humérale, et deux larges sur le milieu du disque. Commune aux environs de Paris, sur les saules. Nous l'avons représentée dans notre Atlas, pl. 114, fig. 6.

C. BUCÉPHALE, *C. bucephala.* Fab. Longue de deux lignes, d'un beau bleu, avec le labre, les mandibules, la base des antennes, l'extrémité des fémurs et les tibias rougeâtres. De France.

(A. P.)

CLYTIE, *Clitia.* (ZOOPH. POLYP.) Genre de Polipiers, créé par Lamouroux, aux dépens des Sertulaires de Linné, contenant peu d'espèces, mais assez bien circonscrites par la forme des cellules que les Polypes occupent. En effet, ces cellules sont campanulées et portées par des pédicules, souvent fort longs et tordus, à la manière des vis. Le Polype diffère beaucoup de forme; il est tantôt rameux ou filiforme, quelquefois volubile et grimpant. Lamouroux a fait sur ces zoophytes quelques observations assez curieuses, auxquelles nous renvoyons le lecteur. Six espèces constituent ce genre, et toutes sont des mers d'Europe. Quelques unes sont figurées dans Ellis. (DUCL.)

CNIQUE, *Cnicus.* (BOT. PHAN.) Il ne faut pas confondre sous cette dénomination, employée par les anciens et par Tournefort pour désigner le CARTHAME DES TEINTURIERS, *Carthamus tinctorius*, dont nous avons parlé plus haut, p. 11, le genre que Linné a fondé dans sa Syngénésie polygamie frustranée, qui fait partie de la famille des Cinarocéphalées de Jussieu, et que Vaillant et Gærtner ont les premiers limité au CHARDON BÉNIT, *C. benedictus.* Cette plante annuelle du midi de l'Europe se rencontre dans diverses localités de nos départemens riverains de la Méditerranée. Elle a la tige droite, laineuse, haute de quarante centimètres, et garnie de feuilles oblongues, un peu épineuses. Ses fleurs sont jaunes, d'une grande amertume, et sont employées en médecine, comme sudorifiques, toniques, apéritives. Les graines sont munies d'une aigrette double, l'extérieure très-longue, l'intérieure plus courte. (T. D. B.)

COAGULATION. Epaississement d'un liquide qui tend à se solidifier et reste à l'état mou. Ce phénomène, pendant lequel il se dégage toujours une certaine quantité de calorique, est propre à plusieurs humeurs des animaux et à quelques sucs végétaux; tels sont: le lait, la lymphe, le sang, les sucs de pomme, de groseille, et tous les liquides enfin qui contiennent assez d'albumine et de gélatine. On appelle *Coagulum* la partie *caillée* d'un fluide susceptible de se figer. On produit des Coagulations dans un grand nombre d'expériences chimiques; ainsi, lorsqu'on verse de l'oxide de potassium liquide dans une dissolution saturée de chaux, le mélange se coagule à l'instant; il en est de même lorsqu'on agite de l'huile avec de l'eau de chaux. (P. G.)

COAITA. (MAM.) C'est le nom d'une espèce du genre ATÈLE (*voy.* ce mot).

COAK. (MIN.) *V.* CHARBON et HOUILLE.

(GUÉR.)

COASSEMENT. (REPT.) On désigne ainsi le cri particulier des BATRACIENS. *V.* ce mot.

(GUÉR.)

COATI, *Nasua*, (MAM.) Genre de Carnassiers plantigrades distingué par Storr, mais que Linné avait confondu avec les Civettes; il est caractérisé par ses pieds pentadactyles, c'est-à-dire à cinq doigts, sa queue très-longue, poilue, mais non prenante, son nez excessivement long et très-mobile, et ses six mamelles abdominales. Formule dentaire : $\frac{6}{6}$ incisives , $\frac{1-1}{1-1}$ canines, $\frac{6-6}{6-6}$ molaires; 40.

Ce genre comprend deux espèces, toutes deux des contrées chaudes de l'Amérique méridionale, du Paraguay, de la Guiane et du Brésil.

COATI ROUX, *Nasua rufa*, F. Cuv.; que l'on nomme aussi *Quachi*, a le pelage d'un roux vif brillant; son museau est d'un noir grisâtre, avec trois taches blanches au-delà de chaque œil; longueur totale, 2 pieds 5 pouces. Il est représenté dans notre Atlas, pl. 115, fig. 1.

COATI BRUN, *Nasua fusca*, F. Cuv., *Coati noirâtre*, Buff.; *Coati mondi*, Marcgrave, et *Blaireau de Surinam*, Brisson. Son pelage est brun ou fauve en dessus, mais jaunâtre en dessous; trois taches blanches existent autour de chaque œil, et une ligne longitudinale de la même couleur le long du nez; taille du précédent.

Ces animaux sont nocturnes; ils vivent dans les bois et se nourrissent d'insectes, de vers, ainsi que de petits mammifères, d'oiseaux et d'œufs qu'ils vont chercher sur les arbres, où ils grimpent avec une grande facilité. Ils se réunissent en petites troupes et se servent de leur nez si long et si mobile pour palper les objets ou les flairer; ils ont l'odorat très-délicat et portent eux-mêmes une odeur très-forte. Ils sont de mœurs douces, et peuvent facilement être apprivoisés; on les élève souvent en domesticité. MM. Quoy et Gaimard, qui ont possédé à bord de la corvette *l'Uranie* un de ces animaux, ont publié sur leurs habitudes des détails assez intéressans. Leur Coati sut bientôt s'accoutumer à la lumière et au grand bruit; il devint même très-familier; il s'attachait principalement aux personnes qui lui donnaient à manger, il les suivait, répondait à leur voix par un petit cri, et s'approchait aussitôt pour les caresser. Il aimait à se tenir dans les hamacs des matelots, et aussitôt que la nuit était venue, on le voyait y grimper; il choisissait ordinairement celui d'un marin de service; celui-ci, après avoir fait son temps, descendait pour se coucher et réveillait quelquefois le Coati, qui, par des cris perçans, manifestait son mécontentement; quelques coups s'ensuivaient, mais le petit animal ne se retirait point, et le matelot était souvent obligé de céder. Il y avait sur la corvette un chien avec lequel l'animal aimait beaucoup à jouer, malgré l'inégalité des forces; le chien se prêtait volontiers à cet amusement, mais on remarquait qu'il n'en était pas de même du Coati, qui souvent le faisait crier en lui mordant les oreilles. Il n'était pas difficile sur le choix des alimens ; tout lui paraissait bon ; il mangeait indifféremment de la viande crue ou cuite, du lard salé, du pain, du biscuit mâché, trempé dans le vin ou l'eau-de-vie, des bananes, des crustacés, du miel, etc. Il aimait de préférence le sucre et les méduses ; dès qu'on lui en montrait, on le voyait se précipiter dessus avec une étonnante avidité. Il ne faisait aucune difficulté de boire du vin, et de manger les souris, qu'il attrapait fort lestement.

(GERV.)

COBALT. (MIN.) Nous ne nous proposons d'examiner ce métal que sous le rapport minéralogique. Le Cobalt pur est d'un gris rosâtre, peu éclatant, très-cassant et facile à réduire en poudre. Il se présente dans la nature à l'état d'*oxide*, mais plus fréquemment combiné avec l'*arsenic*, avec ce métal et le *soufre*, avec le soufre seul, avec l'*acide arsenique*, avec l'*acide arsénieux*, enfin avec l'*acide sulfurique*. Dans ces différentes combinaisons il forme six espèces distinctes.

Le *Cobalt arsenical* a reçu de M. Beudant le nom de *Smaltine*, parce qu'il sert à la préparation du *smalt*, espèce de verre bleu fréquemment employé dans les arts. La smaltine est une substance métalloïde d'un gris d'acier dans sa cassure, lorsque celle-ci est fraîche, mais qui noircit promptement à l'air. Elle cristallise en cube, en octaèdre, ou en cube passant à l'octaèdre. Quelquefois elle se présente à la surface de certaines roches en rameaux ou en mamelons. Elle se compose ordinairement de 65 à 66 pour 100 d'arsenic, de 20 à 30 de Cobalt, mêlée de quelques parties de fer, de cuivre, de manganèse et de soufre. Son gisement le plus général, en Suède, en Allemagne, en Hongrie, en France, est le terrain granitique. On croit que c'est la smaltine qui en se décomposant forme le *peroxide de Cobalt* ou le *Cobalt oxidé noir* de quelques minéralogistes, auquel on peut ajouter le *Cobalt terreux* tantôt brun, tantôt jaune, plus ou moins mélangé d'oxide de manganèse, d'eau, de silice et d'alumine.

Le *Cobalt gris* d'Haüy, mélange de Cobalt, d'arsenic et de soufre, est la *Cobaltine* de la nomenclature de M. Beudant. Il est facile de la confondre avec la smaltine ; elle en a l'éclat et la couleur, mais elle ne noircit point à l'air, et cristallise ordinairement en dodécaèdre et en icosaèdre, c'est-à-dire en solides à 12 ou 20 faces.

Pour distinguer cette substance du *Cobalt sulfuré*, M. Beudant donne à celui-ci le nom de *Koboldine*. Il est très-difficile de distinguer, par les caractères extérieurs, la Cobaltine de la Koboldine : il est vrai que cette dernière cristallise en cube et en octaèdre ; mais on est exposé à les confondre lorsque leurs cristaux ne sont pas très-prononcés. Le moyen de les reconnaître est de les exposer à la flamme du chalumeau : la première répand une odeur arsenicale que ne donne jamais la seconde, ce qui tient à ce que celle-ci est entièrement dépourvue d'arsenic.

Le *Cobalt arséniaté* d'Haüy forme, d'après

M. Beudant, deux espèces distinctes : l'une est le Cobalt combiné avec l'acide arsenique, tandis que l'autre est le même métal en combinaison avec l'acide arsénieux. La première porte le nom d'*Erythrine*, d'un mot grec qui signifie *rouge*, parce qu'elle est ordinairement d'un rouge violâtre ou d'une teinte rose. Elle cristallise en prismes rectangulaires ou en aiguilles divergentes ; elle se présente aussi en petites lames minces, circulaires, striées du centre à la circonférence ou en globules d'une structure fibreuse radiée ; d'autres fois elle est sous la forme d'une poussière rose à la surface de différentes substances. Elle se compose de 37 à 40 pour 100 d'acide arsenique, de 20 à 39 d'oxide de Cobalt, de 22 à 25 d'eau avec quelques parties d'oxide de nickel et de fer. La seconde, appelée *Rhodoïse* parce qu'elle est toujours d'une teinte plus ou moins rose, n'a point encore été analysée. Elle se présente toujours sous forme de poussière.

Le *Cobalt sulfaté*, combinaison de Cobalt et d'acide sulfurique, forme une espèce que M. Beudant désigne sous le nom de *Rhodhalose*, d'après deux mots grecs qui signifient sel rose, parce qu'en effet c'est une substance saline rougeâtre ou rosâtre, d'une saveur styptique et amère, soluble dans l'eau, et qui forme de légers enduits à la surface des roches dans les mines de Cobalt.

La plupart des espèces que nous venons de décrire sont utilisées dans les laboratoires, et surtout dans les arts, pour former le *bleu de Thénard*, qui remplace aujourd'hui dans la peinture le *bleu d'outre-mer* ou de lapis ; on en obtient aussi l'oxide de Cobalt, employé à faire les belles couvertes bleues en usage à la manufacture de porcelaine de Sèvres et dans un grand nombre de fabriques de faïence. Mêlé à l'oxide de zinc, l'oxide de Cobalt sert à faire le beau *vert de Saxe* ; enfin une dissolution de Cobalt dans l'acide chloronitreux produit une encre sympathique avec laquelle on trace des caractères qui deviennent visibles par la chaleur.

La quantité de Cobaltine et de Smaltine que l'on exploite en Europe est évaluée à 20,000 quintaux estimés à un million de francs, et qui, convertis en oxide, en smalt et en couleurs de diverses espèces, donnent un produit de plus de 3 millions. La France possède du Cobalt, à la vérité en petite quantité ; mais, au lieu de l'exploiter, elle reçoit de l'étranger pour 3 à 400,000 francs de ce métal.

(J. H.)

COBAYE, *Anœma* (MAM.). M. Fréd. Cuvier a établi ce genre pour l'*Aperca*, petit animal rongeur de la famille des Caviens, qui habite les contrées chaudes de l'Amérique méridionale. Les molaires de cet animal forment un de ses principaux caractères ; elles sont au nombre de quatre de chaque côté et à chaque mâchoire, et présentent toutes une lame simple à leur surface, et une autre fourchue. L'Apéréa n'a point de queue, ses doigts ne sont point réunis par une membrane, et ont des ongles courts, robustes, en forme de petits sabots ; ses mamelles sont ventrales.

L'Apéréa est le type sauvage de notre Cochon d'Inde; il a été d'abord la seule espèce connue dans le genre Cobaye; mais on lui a donné, depuis quelque temps, comme congénère, un autre petit animal des mêmes contrées, et qui ne se distingue de lui que par des caractères assez peu tranchés. Les deux espèces ont à peu près les mêmes habitudes; elles vivent dans les plaines, par petites familles, et se creusent des terriers dans lesquels elles se retirent ordinairement pendant le jour. Ce n'est que le soir, et pendant la nuit, qu'elles sortent pour aller à la recherche de leur nourriture; elles montrent alors une grande activité, courent çà et là sur le sable, sans cependant s'écarter beaucoup de leur demeure; car ce sont des animaux très-craintifs, et qui se cachent au moindre bruit. Toutes deux se tiennent, comme nous l'avons dit, dans les mêmes lieux; mais sans jamais se mêler ni dans les buissons ni dans les terriers; elles sont d'un caractère très-doux, et peuvent aisément s'apprivoiser; il en est même une qui est depuis long-temps réduite en domesticité, et se trouve non seulement en Amérique, mais aussi en Europe et dans quelques autres parties. En liberté, les Cobayes se nourrissent de fruits, de graines et de jeunes pousses; quelques uns ont la facilité de grimper, à l'aide de leurs ongles plus aigus, sur les arbres, où ils vont chercher les feuilles et les fruits pour les manger.

L'Apéréa, *Cavia cobaya* de Gmelin, a le pelage entièrement gris roussâtre; il habite le Brésil, le Paraguay, la Guiane; dans certaines localités, les indigènes le recherchent pour leur nourriture, mais nulle part on ne fait usage de sa peau.

Le Cochon d'Inde, représenté dans notre Atlas, pl. 115, fig. 2, que l'on doit regarder comme un Apéréa domestique, est aujourd'hui fort répandu en Europe, surtout dans les contrées chaudes et tempérées. Cet animal a été singulièrement modifié par la domesticité. Son pelage est teint des trois couleurs noire, blanche et rousse, disposées par larges plaques et sans symétrie. La taille a également été modifiée; elle s'est élevée beaucoup au dessus de ce qu'elle était originairement; la longueur totale, dans certains individus domestiques, va quelquefois à onze pouces.

Le Cochon d'Inde a perdu le peu de facultés intellectuelles que la nature lui avait accordées; c'est un être stupide qui n'a d'autre instinct que celui de la génération; il se laisse prendre par son ennemi sans lui résister, sans même chercher à le fuir. Quoique sa chair soit fade et peu abondante, il est certaines personnes qui la mangent; mais généralement ce n'est point pour en tirer un tel parti qu'on élève de ces animaux, c'est plutôt pour s'en amuser, quoiqu'ils soient fort sales, ou bien parce qu'on pense que leur odeur fait fuir les souris. Les Cochons d'Inde sont peu susceptibles pour la nourriture; ils mangent, comme les lapins, des choux, du persil, du pain, etc.; mais ils craignent beaucoup le froid, c'est pour cela qu'on réussit mal à les élever dans les contrées septentrionales, et que chez nous il serait impossible de les tenir,

comme les lapins, dans les parcs et dans les garennes; ils produisent très-jeunes, et font à chaque portée un très-grand nombre de petits, ordinairement six, huit et même dix ou douze. Les femelles mettent bas à l'âge de deux mois, et renouvellent leurs portées toutes les six semaines environ. Avec un seul couple de ces animaux, on pourrait en avoir un millier dans un an.

Cobaye austral, *Cavia australis*. MM. Isidore Geoffroy et d'Orbigny (Magasin de Zoologie de M. Guérin) ont désigné sous ce nom la seconde espèce du genre, qu'ils ont les premiers reconnue. La taille de ce Cobaye est toujours moindre que celle de l'Apéréa, elle ne dépasse pas huit pouces pour la longueur totale chez les plus grands individus que l'on ait observés; le pelage, composé en général de poils très-longs, principalement sur la croupe, est toujours plus fin et plus doux au toucher; quant aux couleurs, elles ne diffèrent que par une teinte un peu plus noire sur le dos et la croupe; les ongles sont plus longs et surtout plus aigus; ils diffèrent aussi par leur coloration, qui est noire dans la presque totalité de leur longueur.

Le Cobaye austral est fort commun sur les bords du Rio-Negro, vers le quarante-unième degré, ainsi que dans toutes les rivières avoisinantes. Il se tient en petites familles; il jouit seul de la faculté de grimper sur les arbres, ce qui tient à la disposition de ses ongles.

Le *Cavia rupestris* du prince Maximilien, que l'on avait d'abord pris pour un Cobaye, a offert à M. Fréd. Cuvier des caractères suffisans pour que ce naturaliste ait cru devoir en faire le type d'un nouveau genre; *voyez* le mot Kérodon. (Gerv.)

COBÉA, *Cobæa*. (bot. phan.) Ce genre, établi par Cavanilles sur un type originaire du Mexique, appartient à la famille des Bignoniacées et à la Pentandrie monogynie. Caractères : calice très-grand, à cinq divisions orbiculées, et qui se réunissent par le bout, formant des angles saillans; corolle campanulée, à cinq lobes un peu inégaux et réfléchis en dehors; cinq étamines presque égales, déclinées; anthères longues et oscillantes; pistil à stigmate trifide; capsule oblongue, trigone, couverte par le calice à trois valves et à trois loges séparées par une cloison; semences disposées sur deux rangs, membraneuses et ailées. Jusqu'à présent on ne connaît qu'une espèce de ce genre; c'est la Cobée grimpante, *Cobæa scandens*, figurée dans notre Atlas, pl. 115, fig. 5, dont la tige flexible, en quelques mois, acquiert une longueur de plus de quinze mètres, se couvre de feuilles composées, à folioles pari-pennées, terminées par des vrilles, et se pare de grandes fleurs qui, d'un rouge brun, passent à un violet intense. Cette belle plante forme de jolies guirlandes, que l'on a vues quelquefois unir les maisons des deux côtés d'une rue, en formant des chaînes vertes et fleuries, d'une fenêtre à la fenêtre opposée; aimable emblème de ce lien de charité morale qui devrait enchaîner tous les membres de la grande famille humaine, et qu'il serait temps de substituer à cette ligne de circonvallation que le dur égoïsme trace autour de l'individu!   (C. É.)

COBITE, *Cobitis.* (poiss.) Les Cobites, ou Loches de rivières, genre appartenant à la famille des Cyprins, ont la tête petite, le corps allongé, revêtu de petites écailles et enduit de mucosité; les ventrales fort en arrière, et au dessus d'elles une seule petite nageoire dorsale; la bouche peu fendue, sans dents, entourée de barbillons et de lèvres propres à sucer; les ouïes peu ouvertes, il n'y a point de cœcum à leur intestin, et leur petite vessie natatoire est renfermée dans un étui osseux bilobé. Nos eaux douces en produisent trois espèces remarquables.

La première est la LOCHE FRANCHE, *Cobitis barbatula*, Lin., Bloch., 31, 3, petit poisson de quatre ou cinq pouces, nuagé et pointillé de brun sur un fond jaunâtre, à six barbillons; sa chair est très-agréable. On le trouve le plus souvent dans les ruisseaux et dans les petites rivières; il vit de vers et d'insectes aquatiques; il se plaît dans les eaux courantes, et paraît éviter celles qui sont tranquilles : ce poisson préfère les eaux profondes, change rarement de place dans les endroits de la rivière dont le courant est moins fort, il s'y tient comme collé contre le sable ou le gravier, et semble s'y nourrir de ce que l'eau y dépose. Il devient la victime d'un grand nombre de poissons contre lesquels sa petitesse ne lui permet pas de se défendre; et, malgré cette même petitesse, qui devrait lui faire trouver si facilement un asile impénétrable, il devient la proie des pêcheurs, qui le prennent avec le carrelet, la louve et avec la nasse. On le recherche surtout vers la fin de l'automne et pendant le printemps, qui est la saison de sa ponte. A ces deux époques, sa chair est si délicate qu'on la préfère à presque tous les autres poissons d'eau douce. Dans certains pays, les pêcheurs prétendent qu'il est beaucoup meilleur lorsqu'il a expiré dans le vin ou dans du lait. Il périt de suite à la sortie de l'eau, et même dès qu'on l'a placé dans un vase dont l'eau est dans un repos absolu. On le conserve au contraire pendant quelque temps en vie, en le renfermant dans une sorte de boîte trouée que l'on place au milieu du courant d'une rivière. Lorsqu'on veut le transporter un peu loin, on a le soin d'agiter l'eau du vase dans lequel il est renfermé, et l'on choisit un temps frais, comme, par exemple, la fin de l'automne. Quand on veut naturaliser les Cobites dans une rivière, ou dans un ruisseau, on pratique une fosse dans un endroit qui ait un fond de cailloux, ou qui reçoive l'eau d'une source. On donne à ce trou sept ou huit décimètres de profondeur, vingt-trois de longueur, et onze ou douze de largeur; on le couvre de claies ou de planches percées, qu'on place cependant à une petite distance des côtes du trou; l'intervalle compris entre les claies ou les planches est rempli de fumier; on laisse deux ouvertures, l'une pour la sortie de l'eau et l'autre pour l'entrée : on revêt ces deux ouvertures d'une plaque de métal percée de plusieurs trous qui laissent échapper l'eau courante,

mais on ferme l'entrée de la fosse ou du trou à tout corps étranger nuisible et à tout animal destructeur. On place dans le fond de la fosse des cailloux, afin de faciliter la ponte et la fécondation des œufs; les Loches qu'on y introduit se nourrissent des sucs du fumier et des vers qui s'y engendrent. Elles multiplient parfois à un si haut degré, dans leur demeure artificielle, qu'on est obligé de construire trois fosses, une pour le frai, une seconde pour l'avelin ou les jeunes Loches, une troisième pour celles qui sont parvenues à leur développement ordinaire. Au reste, en peut conserver long-temps ces Cobites, et les envoyer au loin, après leur mort, en les faisant mariner.

La seconde espèce est la LOCHE D'ÉTANG, *Misgurne.* Lacép. *Cobitis fossilis*, Linn., Bloch., 31, 1. Poisson long quelquefois d'un pied, avec des raies longitudinales brunes et jaunes, et dix barbillons. On le rencontre dans les étangs vaseux. Il perd difficilement la vie, il résiste long-temps sous la glace, lorsque les étangs sont gelés ou même desséchés : il se cache alors dans les trous qu'il creuse au milieu de la fange. On le voit souvent enfoncé dans la vase dont on vient de faire écouler l'eau : c'est ce qui a fait croire à plusieurs auteurs qu'il s'engendrait dans la terre, et qu'il ne se rendait dans les étangs que lorsque les inondations l'atteignaient dans sa demeure, et l'entraînaient ensuite, ce qui lui a fait donner le nom de *fossilis.* On a observé que, lorsque l'orage menace, ce poisson quitte le fond des étangs pour venir à la surface, et s'y agite comme tourmenté par une vive inquiétude. Cette habitude l'a fait garder avec soin dans des vases par plusieurs observateurs. On peut le conserver dans un vase d'eau de pluie ou de rivière, garni dans le bas d'une couche de terre grasse, en ayant le soin de changer l'eau et la terre tous les trois ou quatre jours pendant l'été, et tous les sept jours pendant l'hiver. Pendant cette saison, on le tient dans une chambre auprès de la fenêtre; on l'a gardé ainsi pendant plus d'un an; on l'a vu pendant tout le calme rester au fond du vase, mais se remuer fortement pendant la tempête, même vingt-quatre heures avant que l'orage n'éclatât, monter, descendre, remonter, s'agiter continuellement, parcourir l'intérieur du vase en différens sens et en troubler le fluide. C'est d'après cette observation qu'il a été comparé au baromètre, et qu'il a été nommé baromètre vivant; il se nourrit de vers, d'insectes, de très-petits poissons; il multiplie beaucoup, et néanmoins il a bien des ennemis à craindre. Les grenouilles l'attaquent lorsqu'il est encore jeune, les écrevisses le saisissent avec leurs pattes, et le pressent assez fortement pour lui donner la mort; les perches, les brochets le dévorent; les pêcheurs le poursuivent, ils le prennent rarement à l'hameçon, auquel il ne se détermine pas facilement à mordre; mais ils le pêchent avec des nasses garnies d'herbes, avec des filets, et particulièrement avec la truble. Il n'est cependant pas très-estimé, parce que sa chair est molle, imprégnée d'un goût de marécage, et enduite d'une matière visqueuse; on lui ôte cette substance gluante en le plongeant dans un vase dont l'eau contient du sel marin; l'animal s'y remue, s'y contourne, s'y tourmente, s'y purifie, pour ainsi dire; on le lave ensuite dans l'eau douce. Ehrman a écrit que ce poisson avale sans cesse de l'air qu'il rend par l'anus. Cette matière gluante, dont il est couvert, influe sur ses couleurs; elle en détermine plusieurs nuances, suivant qu'elle est plus ou moins abondante, elle en fait varier quelques tons; et comme les différentes eaux peuvent, suivant leur pureté ou leur mélange avec des substances étrangères, agir diversement sur cette matière visqueuse, en dissoudre ou en emporter plus ou moins, en diminuer la quantité et l'influence, les couleurs du Fossilis varient suivant la nature des eaux qu'il habite.

La Loche de rivière, *Cobitis tænia*, L., Bloch., 31, 2. Ce poisson se tient dans les rivières comme la Loche, entre les pierres; il se nourrit de vers, d'insectes aquatiques, d'œufs; il perd la vie plus difficilement que la Loche, et quand on le prend, il fait entendre une espèce de bruissement analogue à celui des balistes, des trigles et des cottes. La chair du Tænia est maigre et coriace; et d'ailleurs, il est d'autant moins recherché que l'on ne peut guère le saisir sans être piqué par les petits aiguillons fourchus et mobiles que le sous-orbitaire forme en avant de l'œil; aussi il a moins à craindre des pêcheurs que le Cobite; il devient la proie des perches, des brochets et des oiseaux d'eau. Ce poisson n'atteint jamais au-delà d'un ou deux décimètres; son corps est comprimé, orangé, marqué de séries de taches noires; les pectorales et l'anale sont grises; une nuance jaune distingue les ventrales; la dorsale est jaune et ornée de cinq rangs de points bruns; la caudale montre, sur un fond gris, quatre ou cinq rangées transversales de points. (Alph. G.)

COBRA. (rept.) *V.* Couleuvre.

COCA. (bot. phan.) Plante sacrée des Péruviens, qui, dès la plus haute antiquité, fut réservée par les Incas pour les grandes solennités nationales du Capracaini, de l'Intirinaini, du Raimicautaraiqui et du Situaraimi; on la brûlait sur les autels du Soleil; quand sa vapeur parfumée montait en colonne légère et se résolvait en nuage sur la tête du sacrificateur, les vœux que l'on adressait à l'astre brillant des jours ne tardaient point à s'accomplir. Elle était encore employée hors du temple, tantôt comme philtre amoureux, tantôt comme panacée à tous les maux, comme remède certain pour le prompt rétablissement des forces abattues. On en usait aussi pour se préserver de commettre des fautes; on en présentait au moribond, et lorsqu'il pouvait en exprimer le jus avec les lèvres ou avec les dents, on était assuré de l'arracher à la mort. Son influence sur le bonheur de la vie était telle qu'un indigène de l'un ou l'autre sexe, riche ou pauvre, se croit encore aujourd'hui menacé des plus grandes infortunes quand il est privé de la Coca; aussi chacun en porte-t-il sur soi certaine quantité contenue dans un sachet qu'il tient pendu à son cou, ou bien attaché à sa ceinture. Les feuilles fraîchement cueillies de cette plante se mêlent avec un peu de terre calcaire ou des semences de Quinua (espèce d'ansérine, *Chenopodium quinoa*); on les roule en boule que l'on tient le plus long-temps possible dans la bouche, et on les mâche trois fois par jour, le matin, à midi et le soir. Le malheureux condamné à l'exploitation des mines, ainsi que l'indigent à moitié nu, n'ayant pour toute nourriture qu'un peu de maïz et quelques papars (notre pomme de terre, *Solanum tuberosum*); le laboureur au sein de ses rustiques travaux, ainsi que le pâtre suivant ses troupeaux dans les pampas ou déserts, sur les sommets glacés des Andes, supportent leur misère avec patience, oublient leurs fatigues avec joie s'ils ont sur eux quelques feuilles de Coca. L'odeur qu'elles exhalent est agréable; tenues dans la bouche, elles l'entretiennent dans une bienfaisante fraîcheur, tandis qu'elles donnent du ton à l'estomac et à toutes les habitudes du corps; elles rappellent le sommeil qu'elles bercent incontinent de doux et rians mensonges; elles inspirent le plaisir au jeune homme plein de santé, comme elles consolent la vieillesse pesante, comme elles versent un baume salutaire sur les maux qui tourmentent l'infirme désenchanté de tout; elles préservent les dents de la carie et des douleurs, compagnes inséparables de sa marche lente et sourde; elles conviennent au voyageur sans cesse exposé aux intempéries des saisons, aux navigateurs, surtout à ceux qui se hasardent dans les mers polaires. En un mot, semblable à ce Népenthès si vanté par Homère, la Coca chasse les noirs chagrins, les soucis dévorans, les craintes inquiètes; elle calme la colère, sèche les larmes cuisantes, dissipe le vague de l'âme qui veut être mieux et n'est jamais bien; elle réconcilie l'homme avec lui-même, elle lui montre l'espérance aux ailes dorées lui tendant les bras; elle déracine jusqu'à l'affreux désir de la vengeance, jusqu'aux tourmens de l'envie, et répare tous les désordres que les passions violentes apportent dans l'esprit et le cœur.

Quelle est donc cette plante merveilleuse dont le nom a bravé le torrent des âges, dont la connaissance de ses propriétés et l'emploi se sont conservés malgré les massacres de l'impitoyable conquête, malgré le mélange des étrangers, malgré les changemens de tous genres apportés dans la langue, dans les mœurs, dans les habitudes? Quelle est donc cette plante, dont la puissance est plus grande que celle de l'opium si cher aux Orientaux, du bétel que l'Indien mâche continuellement, et du café, l'ami, le soutien du héros de l'Ethiopie? Quelle est donc cette plante, dont la possession est plus douce que celle du sac de dattes avec lequel l'Arabe s'enfonce dans le désert, sans songer aux fatigues qui l'attendent, au manque d'eau, d'ombrage, de retraite; cette plante qu'il faut préférer au tabac dont tant de gens en Europe se sont fait un besoin pour le priser, le fumer, le mâcher? C'est un arbuste de la

Décandrie trigynie et de la famille des Malpighiées, que les botanistes appellent *Erythroxylum peruvianum*. Il habite les vallées humides des Andes, et se cultive dans un sol frais divisé par sillons. Sa plus grande élévation est de trois mètres ; il ne l'atteint qu'à sa cinquième année ; mais dès la seconde il fournit trois récoltes de feuilles et est pour le cultivateur d'un long rapport, s'il a soin d'entretenir la fraîcheur du terrain, au moyen de rivulets promenant en tous sens des eaux vives.

La semence que l'on enterre donne naissance à une racine rameuse, dont les fibrilles délicates s'enfoncent obliquement dans le sol ; la tige est forte, couverte d'une écorce blanchâtre ; les branches sont droites, rougeâtres, garnies de feuilles elliptiques, alternes, entières, d'un vert comme lustré, munies de stipules, et divisées dans leur centre par trois nervures, dont les deux latérales sont peu visibles. Aux mois d'avril, de mai ou de juin, suivant que la saison des pluies a été plus ou moins prolongée, les fleurs s'épanouissent : elles sont petites, solitaires ou réunies en faisceaux par trois et le plus souvent cinq, portées sur les petits tubercules dont les rameaux sont garnis, et de couleur jaune et blanche. La corolle est composée de cinq pétales ovales, concaves, à onglet large, munis d'une petite écaille à leur face interne ; dix étamines réunies en godet à leur base, portées sur des filets de la longueur de la corolle, avec anthères cordiformes ; pistil à six angles ; trois styles terminés chacun par un stigmate capitulé. Le fruit qui succède aux fleurs est un drupe sec, rouge, oblong, monosperme. On a assuré bien à tort que l'on se servait du noyau de ce fruit comme monnaie courante, sous le nom de *Muella* : cette expression désigne seulement la semence de choix.

J'ai dit que la récolte des feuilles de la Coca avait lieu trois fois par année. A chaque cueillette, on les met à sécher et l'on en fait des paquets du poids de trente-six kilogrammes et demi ou trois arrobas, que l'on transporte dans des paniers (*cestos* ou *tamhores*) sur toutes les parties du Pérou. Le département de la Paz, dans la république Bolivia, est le pays qui en expédie le plus ; on estime sa récolte annuelle à plus de quatre cents cestos. Le commerce des deux républiques du Pérou roule, année commune, sur deux et quatre millions de piastres que la Coca met en circulation.

En soumettant cette feuille à l'analyse, on apprend qu'elle contient beaucoup de gomme d'une amertume très-prononcée. Ulloa confondait ensemble le bétel et la Coca, qui n'ont aucun rapport entre eux ni d'aspect ni de famille ; d'autres avec l'herbe du Paraguay, qui est une espèce de houx, *Ilex vomitoria.* (T. D. B.)

COCCINELLE, *Coccinella*. (INS.) Genre de Coléoptères, de la section des Trimères, famille des Aphidiphages, ayant pour caractères : antennes de 11 articles, terminées par une massue de 5 articles en cône renversé ; tête découverte ; dernier article des palpes en forme de hache ; pénultième article des tarses profondément bilobé.

Ce genre d'insectes très-connu a été créé par Linné, et adopté par tous les auteurs ; on distingue facilement, au premier coup d'œil, les insectes qui le composent ; aussi ont-ils reçu beaucoup de noms vulgaires, comme *Scarabées hémisphériques, Tortues, Bête à bon Dieu, Vache à bon Dieu*, etc., que leur donnent les enfans ; ce sont des insectes de petite taille ; presque généralement elle ne dépasse pas deux ou trois lignes ; quelques uns, cependant, vont à cinq, mais le nombre en est très-borné ; encore ce sont des espèces étrangères à nos pays. Ces insectes sont d'une forme ronde, convexe, et ont les pattes très-courtes, ce qui leur donne l'air d'un demi-globe, appuyé sur le plan de position ; elles sont en général rouges, jaunes ou noires, avec des points disséminés ; mais, malgré cette apparence de simplicité, les espèces en sont très-difficiles à déterminer, à cause des nombreuses variétés que l'on rencontre, et peut-être aussi à cause des hybrismes qui se produisent entre des insectes si voisins.

Leur tête est très-petite, enfoncée dans le corselet ; les antennes le dépassent à peine ; il est lui-même transversal, échancré antérieurement, arrondi sur les côtés, mais non rebordé ; l'écusson est très-petit ; les élytres dépassent le corps tout autour ; dans les espèces de forme ovale, elles tombent droit ; mais, dans celles qui sont tout-à-fait rondes, elles se relèvent un peu à l'entour. Ces insectes ont la faculté, quand on les inquiète, de faire sortir par les jointures de leurs genoux, une liqueur jaunâtre mucilagineuse, nauséabonde, qui sert probablement à écarter leurs ennemis.

Les Coccinelles sont carnassières sous tous leurs états, et se nourrissent de pucerons ; leurs larves sont allongées, plus grosses à leur partie antérieure qu'à leur partie postérieure, qui est terminée en pointe et armée d'un mamelon charnu, dont elles se servent pour s'appuyer dans leur marche ; elles ont six pattes, dont le dernier article est terminé par un fort crochet, et les autres couverts de poils ; le dessus du corps varie selon les espèces ; il est quelquefois garni de plaques écailleuses, d'autres fois de poil, souvent aussi de tubercules ; mais cela n'influe pas sur le dessous du corps qui est toujours velu ; ces larves marchent lentement et adhèrent fortement aux feuilles ; ainsi que les insectes parfaits, elles se nourrissent de pucerons qu'elles saisissent et portent à leur bouche avec les pattes de devant ; elles sont très-communes sur les feuilles, surtout où l'on voit des pucerons, et l'on peut facilement les élever ; mais il faut éviter qu'elles puissent s'approcher de trop près ; car elles se mangent entre elles avec beaucoup de voracité ; les nymphes se servent de leur peau de larve en guise de coque ; elles se meuvent de bas en haut et se tiennent quelquefois droites sur leur extrémité postérieure et restent quelques instans dans cette position ; une quinzaine de jours après cette première métamorphose, l'insecte en sort : il est d'abord pâle, mou ; mais, peu d'instans après, l'air le durcit, et donne de la vivacité à ses couleurs.

On a détaché quelques espèces de cette coupe pour en former d'autres genres; mais comme elles sont peu importantes, nous les réunissons ici.

Ce genre est très-nombreux en espèces : nous savons que M. Lequien s'occupe activement de sa Monographie ; nous nous contenterons d'en citer quelques unes.

1. Espèces à élytres rouges.

C. sanguine, *C. sanguinea*, Fab. Longue de 2 lignes et demie; tête, bord antérieur du corselet, et trois points jaunes; corselet et corps noirs; élytres rouge de sang. De toute l'Amérique intertropicale.

C. 2 ponctuée, *C. 2 punctata*, Fab. Longue de 2 lignes et demie; tête, corselet, corps noirs; élytres rouge sanguin, avec un gros point noir sur chacune d'elles; sur la tête sont deux points jaunes; sur le corselet, deux taches rondes occupant tous les côtés; une petite bande et deux points postérieurs jaunes. Des environs de Paris.

C. 7 ponctuée, *C. 7 punctata*, Fab. Représentée dans notre Atlas, pl. 115, fig. 4. Longue de 3 lignes, noire, élytres rouges; sur chaque élytre trois points noirs disposés en triangle, et un à l'écusson, commun aux deux élytres; il y a deux taches rondes, blanchâtres, aux deux angles antérieurs du corselet, et deux pareilles aux deux côtés de l'écusson, sur les élytres. L'espèce la plus commune de toutes dans notre pays.

2. Espèces à élytres jaunes.

C. 14 fois ponctuée. *C. bis 7 punctata*, Fab. Longue de 2 lignes et demie, entièrement jaune-fauve, avec 7 taches blanches sur chaque élytre. Europe.

C. 20 fois ponctuée, *C. 20 punctata*, Fab. Longue de 2 lignes, jaune citron, avec 20 points, noirs, 18 sur les élytres et 2 sur le corselet. Europe.

3. Espèces à élytres noires.

C. 4 verruquée. *C. 4 verrucata*, Fab. Longue de 2 lignes, noire, luisante, avec deux taches en C tournées l'une vers l'autre, à la partie humérale, et une plus petite près de la suture droite; cette espèce se trouve plus habituellement sur les arbres verts.

Les espèces de cette division et quelques autres sont de forme plus arrondie que les précédentes.

(A. P.)

COCCYX, *Coccyx* ou *Coccygis*. (ANAT.) De κόκκυξ, un Coucou. C'est un petit os symétrique triangulaire, situé sur la ligne moyenne, à la partie postérieure du bassin. On le nomme Coccyx, parce qu'on a cru lui trouver de la ressemblance avec le bec d'un Coucou. (*Voy.* Squelette.)

(M. S.-A.)

COCCOLITHE. (MIN.) *Voy.* Hedenbergite.

COCCOLOBA. (bot. phan.) Nom scientifique de grands arbres et arbrisseaux du continent américain et des Antilles , très-remarquables par l'ampleur de leurs feuilles épaisses, coriaces,

d'un vert sombre, que l'on appelle vulgairement *Raisiniers*, parce que leurs fruits, qui sont des drupes arrondis, d'une saveur très-agréable, forment des grappes parfaitement semblables à celles de la vigne, surtout dans l'espèce appelée Coccoloba a grappes, *Coccoloba uvifera.* Ce bel arbre , des bords de la mer, a le bois rougeâtre, les feuilles très-larges, cordiformes, vert foncé luisant en dessus , portées sur des pétioles très-courts ; ses rameaux étalés et diffus, couverts d'une écorce cendrée, sont terminés par une longue grappe , de trente-deux centimètres environ, composée de fleurs rougeâtres, petites, droites, qui donnent naissance à de petits drupes charnus, arrondis, de la grosseur d'une cerise, et d'une couleur purpurine : ces fruits ont une saveur acidule : agréable; on les vend sur les marchés , on les trouve sur toutes les tables , on en fait des boissons rafraichissantes.

Une autre espèce, ayant des feuilles de soixante-dix centimètres de long , à surface onduleuse et pubescente, le Coccoloba des forêts et des montagnes de la Martinique, *C. grandifolia*, s'élève à vingt et vingt-six mètres ; son bois est très-dur, pesant, d'un rouge foncé, presque incorruptible, et fort recherché pour les constructions ; la partie qui est en terre y acquiert une dureté telle, qu'on l'a comparée à celle de la pierre.

Aux lieux montueux de l'Amérique, on trouve un Coccoloba de hauteur médiocre, dont les rameaux offrent une écorce tellement fine qu'ils paraissent en être privés, d'où l'arbre a reçu le nom botanique de *C. excoriata.* Les enfans de l'île de Haïti recherchent avidement les fruits du *C. diversifolia*, qui sont acides et pourprés comme ceux de la première espèce. Dans la même île et dans celle de la Martinique, on réserve pour les tables les fruits blancs du *C. nivea*, qui sont d'une saveur douce et agréable : cette espèce a les fleurs jaunâtres. Celles du *C. pyrifolia* forment une grappe pendante, et longue de vingt-sept centimètres. Le *C. laurifolia* est un fort bel arbrisseau, haut d'un mètre et quelquefois d'un mètre et demi; ses rameaux roussâtres sont garnis de feuilles luisantes, d'un vert gai , semblables à celles du laurier, et de fleurs verdâtres, rassemblées, au nombre de trente, en grappes simples et droites.

On connaît une trentaine d'espèces de Coccoloba. Le genre appartient à la famille des Polygonées et à l'Octandrie trigynie. Quelques espèces sont cultivées en France dans les serres.

(T. d. B.)

COCCULUS, *Cocculus.* (bot. phan.) Ce genre, établi par De Candolle, appartient à la famille des Ménispermées et à la Dioécie hexandrie de Linné. Caractères : fleurs ordinairement dioïques, très-rarement monoïques , ou presque entièrement hermaphrodites; calice à 6 ou 9 sépales, disposés 3 à 3 sur deux rangs concentriques; corolle à 6 pétales sur un double rang. Dans les fleurs mâles , 6 étamines libres, opposées aux pétales; ovaires avortés, disparus : dans les fleurs femelles , quelquefois six étamines stériles; 3 ou 6 ovaires surmontés chacun d'un style unique, souvent bifide à son sommet, tantôt persistant tous, tantôt avortant en partie ; drupe oblong, réniforme, légèrement comprimé et monosperme ; embryon recourbé, à cotylédons écartés l'un de l'autre. Les 46 espèces décrites par De Candolle sont des arbrisseaux grimpans, à feuilles alternes plus ou moins longuement pétiolées, distribuées, par ce botaniste, en quatre sections, dont la 1re comprend les *Cocculus* à feuilles peltées ; la 2e ceux à feuilles cordiformes à la base ; la 3e ceux à feuilles elliptiques, ovales ou oblongues ; et la dernière classe les Cocculus à fleurs monoïques, qu'il serait sans doute plus convenable de ranger dans un genre distinct. Toutes ces espèces sont exotiques ; plusieurs sont figurées dans les Icones de M. Delessert (pl. 93 à 97). *V.* aussi Gærtner, tab., 70.

Le *Cocculus suberosus*, D. C., et peut-être quelques autres espèces, fournissent la *Coque du Levant*, dont on se sert pour empoisonner ou enivrer le poisson, et qui agit aussi sur les autres animaux. Cette propriété paraît due à un principe de nature vénéneuse, qui réside dans le fruit, on en doit la découverte à Boullay.

La racine du *C. palmatus* est un remède amer et tonique, connu sous le nom de *Colombo* ou *Columbo*.   (C. É.)

COCHENILLE, *Coccus*. (ins.) Genre d'Hémiptères de la famille des Gallinsectes, établi par Linné, et ayant pour caractères : tarses d'un seul article terminé par un seul crochet ; mâles ailés dépourvus de suçoir ; femelles aptères pourvues de suçoir.

Les Cochenilles sont de petits insectes, remarquables sous bien des rapports, et surtout par la grande différence qui existe entre les femelles et les mâles ; ceux-ci ont le corps allongé, deux ailes beaucoup plus grandes que le corps, les secondes ailes ou les inférieures étant probablement avortées, comme on en voit des exemples, soit à des insectes de cet ordre, soit à des insectes d'ordres voisins ; jusqu'à présent les recherches qui ont été faites ne leur ont fait découvrir aucun organe propre à prendre la nourriture : seulement dans certaines espèces Réaumur et Latreille ont vu de petits points lisses à leur place ; les femelles au contraire sont aptères, ont le corps ovale, très-susceptible de dilatation, et sont pourvues d'une trompe renfermant le suçoir.

Lorsqu'au printemps les jeunes Cochenilles sont sorties de l'œuf, elles restent encore quelque temps sous l'abri qui les a vues naître ; elles en sortent quand elles sont assez agiles pour parcourir les branches et les feuilles, où elles cherchent leur nourriture ; après plusieurs mues arrive le moment des amours ; alors elles se fixent sur quelques branches, et c'est pour le reste de leur vie. Les mâles, jusqu'à cette époque, sont semblables aux femelles ; mais, après avoir été fixes quelque temps, leur peau se durcit, et devient une coque sous laquelle ils subissent leur métamorphose en nymphe. Celle-ci offre cette particularité, que les pattes antérieures sont étendues en avant ; aussi quand il passe à l'état d'insecte parfait, le mâle sort de cette coque à reculons et sous la forme d'insecte ailé, prêt à remplir le vœu de la nature ; dès qu'il a séché ses ailes il voltige pour trouver des femelles : quand il en a découvert une, il parcourt quelque temps son corps, tant est grande la différence de taille, la féconde, et se retire dans quelque fissure de l'arbre ou sous une pierre ; là il termine sa carrière. Les femelles fécondées ne tardent pas à grossir beaucoup, et à faire leur ponte ; les œufs sortant de leur corps sont poussés dessous par un mécanisme particulier, et sont en outre enveloppés d'un duvet cotonneux qui n'est qu'une transsudation du corps de la mère. Le corps de la femelle se dessèche, alors ses deux membranes se rapprochent, et elle périt formant une coque qui garantit ses œufs ; les petits sortent de dessous la mère trente jours environ après la fécondation. La vie des Cochenilles, qui ne passent pas l'hiver, est de deux mois, et celle des mâles de moitié moins ; les Cochenilles mortes ne sont pas, à la vue, faciles à distinguer des Cochenilles vivantes ; mais on peut s'en assurer en les touchant : les vieilles tombent de suite, au lieu que souvent on écrase celles qui sont vivantes, plutôt que de les détacher, et quand on parvient à les ôter de la place qu'elles occupaient, ce n'est toujours qu'en brisant la trompe, qui reste enfoncée dans la branche où elles étaient fixées.

On connaît beaucoup d'espèces de Cochenilles, les unes nuisibles et les autres utiles ; parmi les premières, celles que redoute le plus l'agriculture, sont les C. des serres, de l'oranger, du figuier, de l'olivier et de la vigne ; les espèces dont jusqu'à présent on a tiré parti sont les C. de Pologne, du Nopal et du Chêne vert. Le peu de soin que l'on a apporté jusqu'à présent à étudier un grand nombre de ces insectes, sous le rapport de leurs propriétés, ne permet pas de prononcer s'ils pourraient nous être plus nuisibles qu'utiles. Si on avait fait quelques essais suivis sur les différentes espèces que l'on connaît, on pourrait peut-être parvenir à tirer un grand parti de leur multiplication, et l'analogie tirée de deux ou trois espèces employées dans les arts devrait conduire à les exécuter.

On a divisé les Cochenilles en plusieurs petits groupes, nous les réunissons ici ; car elles offrent toutes les mêmes mœurs.

1. Antennes de plus de 20 articles dans les mâles.

Le genre MONOPHLÈBE, de Leach.

2. Antennes au plus de 11 articles.

a. Antennes de 9 articles, femelles continuant à être agiles après la ponte. Genre DORTHÉSIE.

b. Antennes de 11 articles.

† Femelles conservant toujours l'apparence des anneaux. Genre COCHENILLE.

†† Femelles n'ayant l'apparence que d'une galle. Genre KERMÈS.

Le genre MONOPHLÈBE de Leach n'est encore établi que sur le mâle d'une espèce de Java, ayant des antennes de 22 articles, grenues, très-garnies de poils, et deux ailes assez épaisses, presque coriaces.

Le genre DORTHÉSIE. La seule espèce connue de ce

de ce genre, qui a été établi par Bosc, sur les observations de Dorthes, est longue d'une ligne, d'un brun roussâtre, mais il transsude de son corps une matière blanche qui se range par bandes le long de l'abdomen, et qui la fait paraître trois ou quatre fois plus grosse qu'elle n'est; les mâles sont beaucoup plus rares puisqu'on n'en trouve qu'un sur deux ou trois cents femelles; après l'accouplement celui-ci se retire sous quelque pierre où son corps se couvre des mêmes efflorescences que l'on remarque à celui de la femelle, et meurt; celle-là change encore de peau après l'accouplement. et passe l'hiver sous quelque pierre; la ponte se fait au printemps, les petits se répandent sur l'*Euphorbia characias* ou sur l'*E. pilerella*, pour chercher leur nourriture; on croit que la femelle survit encore un mois à sa ponte et meurt ensuite.

Le genre COCHENILLE est le plus nombreux; les espèces qui le composent courent dans leur jeunesse sur les feuilles, mais se fixent bientôt aux bifurcations de quelque branche, et y demeurent jusqu'à la fin de leur vie; en général elles préfèrent les arbres dont les feuilles sont persistantes. Citons quelques espèces communes, et nous nous étendrons ensuite sur la Cochenille du commerce.

C. DES SERRES, *C. adonidum*, L. La femelle est ovale avec des appendices sur les côtés; les deux derniers anneaux forment une espèce de queue; le mâle a les antennes longues, le corps et les pattes roses, les ailes et les filets de la queue sont blancs; l'un et l'autre sexe sont saupoudrés d'une poussière farineuse. Elle s'est naturalisée dans nos serres où elle cause les plus grands torts aux plantes exotiques que nous élevons avec tant de soin et de peine; elle n'est que trop connue des amateurs de plantes rares et des jardiniers, dont elle brave tous les moyens de destruction.

C. DE L'OLIVIER, *C. oleæ*. Femelle d'un brun rouge, avec des nervures élevées, irrégulières.

C. DU FIGUIER, *C. ficûs carioœ*. Femelle convexe, cendrée, avec une ligne à sa partie supérieure jetant des rayons à sa circonférence.

C. DU NOPAL, *C. cacti*, Linn., représentée dans notre Atlas pl. 116, fig. 1, 2. Femelle convexe en dessus, aplatie en dessous, avec les segmens des anneaux bien marqués, d'un brun foncé; mâle rouge foncé, terminé par deux longues soies, et ayant les ailes diaphanes.

M. Latreille a remarqué que les petits d'une espèce voisine, nommée Cochenille silvestre, étaient renfermés dans une petite coque; nous verrons à l'article du KERMÈS qu'un auteur a fait sur cette espèce des observations analogues.

La première et la plus ancienne Cochenille, qui fait partie du genre Kermès et qui porte le nom de C. de Pologne, était autrefois l'objet d'un grand commerce; mais l'espèce que nous venons de citer, ayant été apportée du Mexique en Europe, a fait tomber celle-là; c'est donc sur la manière de cultiver cette dernière qu'il faut fixer son attention; elle porte le nom de Cochenille du Nopal, à cause de la plante sur laquelle elle vit, plante grasse analogue à celle qu'on nomme communé-

ment Serpenteau et Raquettes. Les Mexicains ayant remarqué qu'en écrasant cet insecte il en sortait une superbe couleur rouge, en ramassèrent et s'en servirent pour teindre leurs vêtemens de coton; mais leur méthode était très-imparfaite. Ils ramassaient au fur et à mesure de leurs besoins, souvent en mauvaise saison, différentes espèces de Cochenilles mêlées ensemble; aussi quand les avides Européens se furent emparés de ce pays, et que le commerce eut rendu cet insecte d'un prix élevé, on chercha tous les moyens de le récolter en plus grande quantité et de la meilleure qualité possible; pour cet effet on en vint à élever d'une manière régulière la plante qui nourrit la Cochenille. Après quelques essais. on parvint à les recueillir en temps opportun pour tirer tout le parti possible de ces animaux, et d'essais en essais on en est venu à la méthode que nous allons exposer.

Les nopals par eux-mêmes peuvent venir dans toutes sortes de terrains, bons ou mauvais, pourvu qu'ils soient secs, dans les climats cependant où la température se soutient de 9 à 25 degrés de chaleur; mais ils croissent beaucoup plus vite dans les bons terrains, et peuvent, avec beaucoup plus de végétation, nourrir davantage de Cochenilles. Mais les Cochenilles ont beaucoup de dangers à redouter: les grands vents, les pluies continues, sans compter les insectes, les oiseaux, etc. Il convient donc d'établir la nopalerie (c'est ainsi qu'on nomme une plantation de nopals), d'après ce qui vient d'être dit, dans un terrain sec, le meilleur possible, sous une température moyenne de 14° et à l'abri du vent.

Deux mois suffisent pour faire une récolte; ainsi dans tous les endroits où l'on peut compter sur deux mois de sécheresse, on pourrait compter sur une récolte complète.

Le terrain propre à une nopalerie étant choisi, il faut le purger de toute mauvaise herbe, le défoncer au moins d'un pied, et ne jamais y mettre d'engrais, si ce n'est dans les pépinières pour hâter les jeunes plants, et encore ce ne doit être que du fumier de bestiaux entièrement consommé; on divise ensuite son terrain en rigoles d'un pied de large sur un demi-pied de profondeur et toujours dirigées du nord au sud, et espacées de six pieds; cet intervalle occupe beaucoup de terrain, et dans notre pays, par exemple, où il est précieux, il serait peut-être possible de palisser les nopals par des gautelles comme on fait des contre-espaliers, et de gagner deux ou trois pieds sur chaque rangée, en ne les tenant pas très-élevés: cette méthode faciliterait le binage et même la récolte.

Les meilleures boutures pour la plantation sont celles qui sont le plus près des racines; elles doivent être de deux articulations, et avoir été coupées dans une articulation; il serait imprudent de les rompre, et pour la bouture, et pour les souches; on les laisse à l'ombre pendant une dizaine de jours avant de les mettre en terre, ce qui leur fait perdre une partie de leur principe aqueux qui pourrait les faire pourrir; on les plante dans les rigoles à six pieds de distance, la première articulation à plat contre terre, et la seconde sortant à moitié de terre; on les couvre de deux pouces de terre, pour le moment, et on les rechausse plus tard lorsqu'elles ont quelques pousses vigoureuses. Les nopals plantés exigent des sarclages faits avec beaucoup de soin, pour ne pas attaquer les racines; ils poussent alors avec beaucoup de force, et à deux ans ils ont six pieds de haut; on les maintient à cette hauteur pour la facilité de la récolte; ils peuvent durer, en nourrissant des Cochenilles, six ans, et un an et demi avant d'en recevoir, de sorte que tous les huit ans il faut les renouveler; pour bien monter une nopalerie, il faudrait avoir huit carreaux dont un serait en pousse, un recevrait de la Cochenille pour la première fois, un serait supprimé, et cinq donneraient récolte complète. Pour remplacer les nopals épuisés on peut lever des plants à la pépinière, ou mieux encore recouper la plante, qui pousse bien plus rapidement par ce second moyen.

Ces arbres sont sujets à plusieurs maladies qui ne sont que des plaies qui s'y forment; le seul remède est de couper dans le vif tout ce qui est gâté. Une espèce de très-petite Cochenille leur fait aussi beaucoup de tort; de l'eau et une éponge les en délivrent complétement.

Tous les ans, à la belle saison, il faut mettre de la Cochenille sur les nopals; c'est ce qu'on appelle *semer*, expression qui vient de ce que l'on prenait autrefois les Cochenilles pour une graine. On prend donc quelques mères fécondées sur des nopals qu'on a tenus pendant la mauvaise saison à l'abri sous des hangards bien aérés; on en met huit à douze dans un petit nid formé de quelque étoffe imitant le canevas, qu'on coupe à deux pouces carrés et qu'on joint par les quatres coins; on place un de ces nids à la base de chaque branche formée de quatre articulations, et au moins à 18 pouces de terre: de cette manière les nids se trouvent répartis assez également sur le nopal; les petits partent par les trous de l'étoffe, se répandent sur la plante, ne s'épuisent pas les uns les autres et n'épuisent pas la plante qui les nourrit. Les nids doivent être préparés d'avance pour que la nopalerie puisse être semée en même temps en deux ou trois jours au plus, afin que la récolte puisse se faire en même temps. Lorsqu'on voit quelques petites cochenilles sortir du sein de leur mère, c'est le moment précis de faire la récolte générale de toutes celles qui ont été semées le même jour; ce moment arrive jour pour jour deux mois après qu'elles ont été semées, et un mois jour pour jour après que les femelles ont été fécondées.

La récolte se commence au point du jour; tout le monde y est propre, femmes, enfans, vieillards, il ne faut qu'un couteau à tranchant arrondi et un panier; on passe légèrement le bout du couteau le long de la peau du nopal de haut en bas, en ayant soin de ne blesser ni l'arbre ni l'insecte, et l'on reçoit dans sa main les Cochenilles qui tombent; on les met ensuite dans un panier. La Cochenille doit être tuée le jour même qu'elle a été recueillie. La meilleure manière consiste à la mettre sur un tamis, que l'on couvre et que l'on fixe au fond d'une terrine, l'on verse dessus de l'eau bouillante pour le couvrir entièrement, on agite le tamis un instant pour faire passer la terre qui pourrait être mêlée avec les Cochenilles, puis on le retire de l'eau; on étend les insectes sur une table pour les faire sécher; une journée de soleil suffit. On reconnaît que la Cochenille est bien sèche quand, en la laissant tomber sur la table, elle rend un son semblable à celui que rendrait une graine. Elle doit alors être marbrée de pourpre et de gris; on la met alors dans des boîtes tenues au sec, et c'est dans cet état qu'elle passe dans le commerce, où elle entre avec tant d'avantage dans les teintures et même dans la peinture, comme un des premiers ingrédiens du carmin.

D'après ce que nous venons d'exposer de l'éducation des Cochenilles, il serait bien à désirer qu'on étudiât davantage les espèces indigènes qui pourraient peut-être donner différentes teintures utiles dans les arts. Des essais tentés sur l'éducation de la Cochenille à *Alger* ont parfaitement réussi; depuis long-temps elle est acclimatée à *Malaga*; il serait même très-possible de l'élever dans le midi de la France, une espèce de nopal, *C. opuntia*, se trouvant naturellement en Provence. Il est à présumer que le *Cactus nopal* y prospérerait. Cette province ne renferme que trop de terrains arrides que cette plante, peu difficile, aurait bientôt utilisés; la température élevée et constamment sèche y est en analogie avec celle que demandent les Cochenilles; enfin les violens coups de vents que l'on éprouve dans ce pays, sous le nom de *mistral*, sont loin d'égaler ceux qui ravagent quelquefois les colonies, et encore avec des abris dans la direction de ce vent on aurait peu de chose à craindre. Dans l'hypothèse même que le *C. nopal* s'y refusât à la culture, une autre espèce, le *C. de Campêche*, pourrait servir très-avantageusement à nourrir une autre Cochenille, la *C. silvestre*, qui, si elle donne des récoltes moins abondantes, est aussi bien moins délicate que l'autre. Je pense même qu'avec des nopals en pots et des hangards pour abriter des plaies, on pourrait dans le climat de Paris obtenir au moins deux récoltes. Les nopals seraient rentrés l'hiver comme les autres plantes d'orangerie. Nous formons des vœux pour que quelque habitant de la ci-devant Provence, surtout dans la partie appelée les Mores, située entre Hières et le golfe de Saint-Tropez, s'occupe sérieusement de faire des essais qui ne peuvent qu'être avantageux pour lui et pour sa province.

Le genre Kermès, avant que la Cochenille ne fût connue, fournissait, comme nous l'avons dit, les insectes donnant la matière première des teintures rouges; mais deux espèces seules étaient aptes à la fournir, tandis qu'un très-grand nombre dont nous allons citer quelques noms ne sont connues que par le tort qu'elles nous font, telles sont les

C. du Pêcher, de la Vigne, du Sapin, de l'Erable, de l'Orme (qui a été le sujet d'un mémoire particulier de Latreille etc. , etc.), enfin la C. des orangers qui n'est que trop multipliée et trop connue. Les deux espèces employées étaient la C. de Pologne et la C. du Chêne vert.

C. DE POLOGNE , *C. polonicus* , Linn., d'un brun rougeâtre, en forme de grain; on la nomme aussi habituellement graine d'écarlate; c'est au collet des racines des plantes qu'on la trouve habituellement; elle a la forme d'une graine enfermée dans une cupule, comme un gland de chêne, cette cupule est raboteuse en dehors, mais à l'intérieur elle est lisse; l'insecte est en outre couvert d'un duvet cotonneux blanchâtre; c'est vers le solstice d'été que ces insectes sont dans toute leur plénitude et qu'il faut en faire la récolte; à l'aide d'une petite bêche creuse et très-courte, on détache ces fausses graines, tandis que de l'autre main on soulève hors de terre la plante qui les nourrit; le nombre des individus varie beaucoup sur chaque plante, tantôt on en trouve deux, tantôt quarante. C'est principalement dans les terrains sablonneux et sur une espèce de *Renouée* qu'on les trouve; mais, suivant les saisons, la récolte est abondante ou manque tout-à-fait; on trouve quelquefois, mais rarement, cette espèce dans notre pays.

C. DU CHÊNE VERT, *C. ilicis*. Sphérique, d'un rouge luisant, couverte d'une poussière blanchâtre. Un auteur qui a écrit un petit traité *ex professo* sur le *Kermès*, M. Truchet, a remarqué que, quand on ouvrait une femelle, les œufs, ou ce qu'on regarde comme tels, étaient tous de la même dimension, ce qui est contraire à ce qu'on remarque dans les autres insectes, où les œufs situés au fond des ovaires sont toujours beaucoup moins développés que ceux qui se trouvent dans le voisinage de l'oviducte; que sur tous les œufs pondus on voit facilement des segmens; enfin que lorsque les petits se répandent sur l'arbre, en sortant de dessous la mère, les mâles sortent en même temps et ne peuvent prendre de nourriture, et attendent à deux mois de là pour féconder les femelles. Il pense donc que les Cochenilles sont *pupipares*, et que ce qu'on a pris jusqu'à présent pour des œufs était des chrysalides. J'ai dit que M. Latreille avait vu les petits comme enfermés dans une enveloppe, ce qui se rapporte à ce que je viens de citer; mais dans des ouvrages postérieurs, M. Latreille n'a pas tenu compte de cette observation; d'un autre côté, l'auteur, en avançant ce fait, ne donne ses observations qu'avec doute, ne répond pas à ce qui a été regardé comme exact avant lui, et dans sa propre hypothèse n'explique pas la série des métamorphoses. Cependant je regarde pour ma part, son observation comme juste, et je regrette vivement que la saison où je rédige cet article me prive de faire quelques expériences qui pourraient me servir ou à la confirmer ou à la combattre.

La récolte de cette espèce est faite par des femmes qui les détachent de l'arbre avec leurs ongles;

elles la considèrent sous trois différens états, au printemps d'abord, quand elle est d'un très-beau rouge et entourée comme d'un nid cotonneux; le second état est quand elle est arrivée à tout son accroissement, elle est alors entièrement couverte de poussière blanchâtre; le troisième état est quand les femelles sont pleines d'œufs, il n'arrive qu'au printemps de l'année suivante. La récolte varie suivant la saison: si le printemps est froid, elle est peu abondante; s'il est doux, on a bonne récolte. En général la récolte de la seconde espèce ne vaut jamais celle de la première. La Cochenille destinée au commerce est tuée de différentes façons, mais assez souvent avec du vinaigre; on ôte la poussière rouge renfermée dans les graines; on lave et on fait sécher; on frotte dans un sac pour rendre les graines brillantes et l'on ajoute ensuite de la poudre en proportion avec le poids des graines. La récolte de cette espèce est bien tombée depuis la préférence qu'on accorde à la Cochenille du Nopal, mais cependant comme elle ne coûtait que la peine de la ramasser, on a peut-être eu tort de la négliger. Elle pourrait être employée dans les teintures à bon compte, ou qui ne demandent pas autant d'éclat que celles où l'on emploie sa rivale. (A. P.)

COCHENILLE DE PROVENCE. (INS.) On donne ce nom à une espèce de Kermès. *Voy.* COCHENILLE.

COCHENILLIER. (BOT. PHAN.) C'est le nom vulgaire du Cactus sur lequel se nourrit le plus habituellemnt la Cochenille. *Voy.* CACTUS.

COCHE-PIERRE. (OIS.) C'est le nom vulgaire du Gros-bec.

COCHEVIS. (OIS.) Nom de l'*Alauda cristata*. *Voy.* ALOUETTE. (GUÉR.)

COCHLEARIA , *Cochlearia* , vulgairement CRANSON. (BOT. PHAN.) Genre appartenant à la famille des Crucifères, et à la Tétradynamie siliqueuse. Fondé par Tournefort, il a été adopté par les botanistes qui lui ont succédé. Voici ses caractères : calice étalé, à sépales concaves et égaux à leur base; corolle à pétales obtus et elliptiques; étamines sans appendices; silicules ovées ou oblongues, à mince cloison, et à valves ventrues très-épaisses; loges le plus souvent polyspermes; semences à cotylédons planes et accombans.

Les Cochléarias sont des plantes herbacées ou vivaces, souvent charnues et glabres, quelquefois couvertes de duvet ou de poils épars. Les feuilles affectent une grande variété de formes; les radicales sont souvent pétiolées, celles de la tige sagittées et auriculées. Les fleurs, ordinairement blanches, se rangent en grappes terminales, et sont portées par des pédicelles filiformes et dépourvus de bractées.

Ce genre comprend trente espèces partagées en quatre sections par De Candolle.

La première, sous le nom de *Kernara*, est ainsi caractérisée: silicules sphériques; valves d'une rigidité remarquable. Le *Myagrum saxatile* se touve rangé dans cette section.

La deuxième, sous le nom d'*Armoracia*, se

reconnaît à une silicule ellipsoïde ou oblongue, à un style filiforme, à un stigmate capité.

Le *C. armoracia* est une plante pharmaceutique, qui se plaît dans les lieux aquatiques et montagneux de l'Europe, du nord de l'Angleterre, du midi de la France. Les feuilles radicales de ce *Cochlearia* sont très-grandes, oblongues, crénées; celles de la tige sont lamellées, dentées ou incisées. On cultive cette espèce, dans les jardins potagers et médicaux, sous le nom de *Raifort sauvage*, ou *Cran de Bretagne*. Sa racine, qui est fort grosse et très-charnue, contient abondamment un principe volatil, particulier aux crucifères, dans lequel résident leurs vertus. C'est la base du sirop antiscorbutique, de l'alcool ou esprit de Cochléaria, et de plusieurs teintures. On râpe la racine du Cochléaria, pour la manger avec le bouilli en guise de moutarde.

La troisième section est la plus nombreuse; elle renferme dix-huit espèces, parmi lesquelles on doit distinguer le COCHLÉARIA OFFICINAL, *C. officinalis*, L. Caractères : silicules ovées de moitié plus courtes que les pédicelles; feuilles radicales pétiolées, creusées en forme de cuiller ; feuilles de la tige ovales, dentées, anguleuses. Ces feuilles sont toniques, antiscorbutiques, sialagogues; elles stimulent les parties membraneuses, muqueuses, des organes gastriques. On trouve cette plante sur le littoral des mers de l'Europe septentrionale, dans les monts Jura, Crapacks. Les autres espèces qui appartiennent à cette section sont les *C. anglica, C. danaica, C. pyrenaica*, qui croissent en France, et dans les contrées boréales de l'ancien continent, principalement en Sibérie.

A la quatrième section, sous le titre de *Jonopsis*, D. C., se rapporte une seule espèce, le *C. acaulis*, plante à silicule presque ronde et échancrée au sommet, à fleurs rose-lilas. Elle est commune en Portugal, près de Lisbonne, et dans l'Afrique septentrionale. Cette section forme le passage des Alyssinées aux Thlaspidées.

Il reste cinq espèces trop peu connues pour être bien caractérisées. (C. É.)

COCHLOHYDRE, *Cochlohydra*. (MOLL.) Ce n'était point assez pour le genre de coquilles que nous avons à mentionner ici qu'il eût été nommé *Helix* par Linné, *Succinea* par Draparnaud, *Amphibulimus* par Lamarck, *Lucena* par Ocken, *Tapada* par Studer et *Lymnæa* par Fleming, il a fallu qu'à ces six noms M. De Férussac en ajoutât un septième, *celui de Cochlohydre*, et tout cela pour des coquilles connues de tout le monde sous la dénomination d'AMBRETTES ! *Voyez* ce mot. Je ne sais si c'est là faire ce qu'on appelle de la science; pour moi et pour beaucoup d'autres, c'est l'embrouiller. (DUCL.)

COCHON, *Sus*. (MAM.) Ces animaux appartiennent à l'ordre des Mammifères pachydermes et viennent se grouper dans la famille des Pachydermes ordinaires ; il est facile de les reconnaître à leurs formes lourdes et grossières; ils ont l'intelligence fort obtuse, et sont d'un caractère féroce et brutal. Leur nourriture consiste en fruits et en racines qu'ils déterrent au moyen de leur long museau, appelé boutoir ou groin, dans les marécages et les lieux humides où ils se tiennent. Les Cochons, appelés aussi Sangliers, ont les sens très-obtus, si ce n'est celui de l'odorat qui jouit d'une très-grande finesse ; leurs dents varient selon les espèces, les canines seules sont en nombre fixe, elles sortent de la bouche et se recourbent l'une et l'autre vers le haut. Les pieds antérieurs ont chacun quatre doigts, deux mitoyens, grands et armés de forts sabots, et deux latéraux beaucoup plus courts, ne touchant presque pas à terre ; les membres postérieurs ont aussi le plus souvent quatre doigts, distribués comme les antérieurs; chez les espèces américaines, ils n'en ont que trois seulement.

Cette considération du nombre des doigts peut servir à distinguer les Cochons en deux groupes, que l'on partage ensuite en genres d'après le nombre de leurs dents.

I. Genres *qui ont les pieds postérieurs tridactyles ou à trois doigts seulement, et les antérieurs tétradactyles, c'est-à-dire à quatre.*

Genre PÉCARI, *Dicotyles*, G. Cuv. Il comprend de petites espèces qui n'ont que quatre incisives supérieures et six inférieures ; douze mâchelières à l'une et l'autre mâchoires, et quatre canines dont les deux supérieures ne se recourbent point en haut. Les Pécaris n'ont que trois doigts aux pieds de derrière, et ils sont dépourvus de queue. Leur nom latin signifie double nombril, et leur a été donné à cause d'une ouverture semblable à un second nombril, laquelle est placée sur leur dos, et laisse suinter une humeur fétide. L'Amérique méridionale est la patrie de ces animaux.

Genre CHŒROPOTAME, *Chœropotamus*, G. Cuv., qui a été établi en 1821 par l'auteur du Règne animal, dans l'analyse des travaux de l'académie des sciences. Il ne comprend qu'une espèce fossile trouvée aux environs de Paris, dans les carrières à plâtre.

Genre ANTHRACOTHÈRE, *Anthracotherium*, Cuv. Ce genre est également fossile et renferme deux espèces trouvées dans un banc de lignite sur la côte de Gênes; l'une de ces espèces a la taille d'un âne, l'autre est grande comme le Cochon domestique.

II. Genres *qui ont les quatre pieds tétradactyles, c'est-à-dire à quatre doigts.*

Genre BABIROUSSA, *Babiroussa*, F. Cuv., dont nous avons parlé dans le premier volume du présent Dictionnaire; ses dents sont ainsi distribuées : $\frac{2}{2}$ incisives, $\frac{1}{1}$ canines, et $\frac{7}{7}$ molaires, total 34. La seule espèce est le *Sus babiroussa* qui habite les îles Moluques.

Genre PHASCOCHÈRE, *Phascochœres*, F. Cuv. Il comprend trois espèces africaines, le *P. ethiopicus*, le *P. africanus*, F. Cuv. et le *P. haroia*; H. et Erhemb. *Symbolæ physicæ*, 2° cahier des Mamm. Ces animaux ressemblent assez aux sangliers, mais ils ont un système dentaire différent;

on ne leur trouve que deux incisives à la mâchoire supérieure, et six à l'inférieure, quelquefois ils n'en ont pas du tout. Leur molaires sont au nombre de trois partout, c'est-à-dire de chaque côté, à chaque mâchoire.

Genre Cochon ou Sanglier, *Sus*, Linn. Les espèces qu'il comprend ont toutes $\frac{6}{2}$ incisives, $\frac{1-1}{1-1}$ canines et $\frac{7-7}{7-7}$ molaires : les canines fortes, sortant de la bouche et se recourbant vers le haut, quelquefois très-longues, dépourvues de racines proprement dites et croissant pendant toute la vie de l'animal; nez prolongé en boutoir; yeux petits à pupille ronde; oreilles assez développées et pointues; queue médiocre; douze mamelles. Ces animaux sont omnivores et très-gloutons, ils aiment encore plus que les autres les pays de marécages; leur plaisir est de se vautrer dans la fange.

Le Cochon ordinaire, *Sus scrofa*, que l'on fait descendre du Sanglier, se reconnaît à ses défenses robustes, triangulaires, dirigées latéralement et médiocrement allongées; il n'a point de protubérance au dessous des yeux.

Parlons d'abord du Sanglier représenté dans notre Atlas, pl. 116, fig. 5; cet animal qui vit sauvage dans toute les contrées de l'Europe et de l'Asie, peut atteindre jusqu'à cinq pieds et plus depuis le bout du museau jusqu'à l'origine de sa queue qui a dix pouces; il a la tête allongée, le cou fort court, le corps épais et musculeux, garni de poils appelés *soies*, dures et élastiques; ces soies sont plus longues et plus fortes sur le dos, leur couleur est généralement d'un gris noirâtre; à leur base est une sorte de laine douce et frisée. La femelle du Sanglier s'appelle *Laie*, elle ne se distingue à l'extérieur que par sa taille qui est moindre : ses petits sont connus sous le nom de *Marcassins*.

Le Sanglier est depuis long-temps réduit en domesticité; voyez pour les nombreux usages qu'on en retire alors, et les moyens de perfectionner ses produits, l'article d'*Economie rurale*.

Le Sanglier domestique ou Cochon, représenté pl. 116, fig. 4, ne doit nous occuper que sous le rapport des modifications que la domesticité lui a fait éprouver, et qui le font considérer comme formant plusieurs variétés distinctes. Voici d'après M. Desmarest le tableau de ces variétés.

Var. A. Cochon commun ou a grandes oreilles. Il a, comme l'indique la phrase qui sert à le dénommer, les oreilles longues et en même temps pendantes ou à demi pendantes; ses soies sont assez rares, ses canines très-courtes comparativement à celles du Sanglier; sa taille est souvent considérable et sa couleur varie du noir au blanc; queue tortillée.

Outre les races d'Auge, de Poitou, de Périgord, de Champagne, de Boulogne, etc., qui se rapportent à cette variété A, et dont il sera question à l'article d'*Economie rurale*, on admet aussi qu'elle renferme plusieurs sous-variétés distinctes parmi lesquelles nous citerons :

Sous-var. a. Le Porc anglais de grande race, dont le poids s'élève jusqu'à 1000 et 1200 livres.

Sous-var. b. Le Porc du Jutland, qui est aussi d'une grande taille, puisque dès sa seconde année il peut fournir deux ou trois cents livres de lard.

Sous-var. c. Le Porc suédois, qui est le résultat de l'union du Sanglier avec le Cochon ordinaire.

Var. B. Cochon de Siam. Cet animal, appelé aussi Porc chinois, a les oreilles droites, courtes et mobiles; son corps est recouvert de poils soyeux, raides et de couleur noire; longueur totale, 3 pieds 3 pouces; de la queue 9 pouces; hauteur au garrot, 1 pied 8 pouces. On lui rapporte comme sous-variétés.

a. Le Cochon du cap de Bonne-Espérance, qui se trouve aussi dans les îles de la mer du Sud et à la Nouvelle-Hollande. *b.* Le Porc a jambes courtes ou Cochon nain, que l'on élève en Espagne, en Portugal, en Calabre, en Savoie et en Toscane. *c.* Le Cochon de noble qui résulte du croisement du Cochon de Siam avec le Sanglier que l'on a transporté dans le nord de l'Amérique, où il vit sauvage.

Var. C. Porc turc ou de Mongolitz. Il a les oreilles courtes, le corps recouvert de soies minces et frisées, dont la couleur est d'un gris plus ou moins foncé. On le trouve dans la Turquie d'Europe, en Hongrie, en Croatie, en Bosnie et jusqu'aux environs de Vienne, en Autriche.

Var. D. Porc de Pologne et de Russie. De couleur rousse ou jaune et n'atteignant qu'une petite taille.

Var. E. Porc de Guinée. Il est originaire de la Guinée, d'où il a été, suivant les voyageurs, transporté au Brésil. Sa tête est assez petite, ses oreilles longues, minces et très-pointues; sa queue longue touchant presque à terre et privée de poils. Le corps est d'un roux brillant. La taille du Cochon de Guinée est celle du Cochon de Siam.

Cochon a masque, *Sus larvatus*, F. C. C'est une espèce distincte qui a les défenses médiocres, anguleuses, et un gros tubercule nu sur chaque joue. Sa taille est celle du Sanglier. Cet animal habite Madagascar et la partie de l'Afrique qui avoisine cette île.

Sanglier des Papous, *Sus papuensis*, le Bêne des Papouas, qui a été décrit par MM. Lesson et Garnot dans la partie zoologique du voyage de *la Coquille*; il est commun dans les forêts de la Nouvelle-Guinée, et paraît une espèce intermédiaire entre les Pécaris et les Cochons. Les Papouas estiment sa chair, et attrapent les petits dans les bois pour les élever dans une sorte de domesticité. Longueur de l'animal, trois pieds.

Cochon fossile, *Sus priscus*, Goldfuss. On en connaît une mâchoire beaucoup plus longue et moins large antérieurement que la mâchoire du Sanglier ordinaire.   (Gerv.)

COCHON D'INDE. (mam.) C'est le nom que l'on donne ordinairement à la variété domestique du Cobaye *opéréa*, nous en avons dit quelques mots à l'article Cobaye.

On appelle Cochons de blé ou petits Cochons les Hamsters; et Cochon de terre, un mammifère édenté qui vit au Cap, le Pangolin.

Le Cochon-cerf est le Babiroussa, *S. babiroussa*, Linné. *Voy.* Cochon et Babiroussa. (Gerv.)

COCHON DOMESTIQUE. (Écon. rur.) Comme je l'ai fait jusqu'ici pour les autres animaux attachés à la maison rurale, je vais parler du Cochon considéré dans ses rapports avec le premier des arts, et sous le point de vue de ses qualités morales.

De tous les animaux de la ferme, le Porc est celui que l'on néglige le plus; on le laisse généralement vivre dans la malpropreté la plus dégoûtante, par suite d'une habitude fâcheuse, née de la paresse et d'un préjugé sans fondement. On ne songe pas que les qualités de sa chair dépendent essentiellement de la nourriture et des soins apportés à sa préparation. Et cependant cette chair est destinée à l'alimentation du riche comme du pauvre; elle est le fondement de la cuisine rurale; elle fournit la meilleure salaison, et, ce qui est plus précieux encore, elle assure seule, en petite quantité, et à très-peu de frais, à l'ouvrier, une soupe excellente et très-nourrissante; un assaisonnement pour les plantes potagères et les légumes qui chargent sa table trop souvent exiguë. Partout où cette chair est molle, sans saveur, lourde, de difficile digestion, concluez-en que l'animal est indignement logé, qu'il ne reçoit point les substances appropriées à sa constitution, à ses besoins; partout, au contraire, où sa chair est délicate, amie de l'estomac, le Porc est traité convenablement, logé proprement, et reçoit le pansement de la main.

Une autre erreur est de croire que l'on peut posséder impunément une quantité plus ou moins grande de Pourceaux : cela n'est vrai que là où les ressources sont certaines durant une année, principalement pendant la mauvaise saison. Quoique vorace et omnivore, quoique multipliant dans tous les pays et sous toutes les latitudes, le Porc demande à être bien nourri, et à recevoir des alimens sains, abondans; il n'est pas difficile pour le choix, mais il ne profite réellement que lorsque sa nourriture est bonne et régulière. Il lui faut de même une habitation spacieuse, point humide, abritée du froid en hiver, ouverte au nord et fermée au midi durant les grandes chaleurs, exactement nettoyée, et munie d'une litière fraîche. Il veut encore, en été, qu'on le mène paître le matin et le soir, quand la température est doucement rafraîchie.

Le Porc mâle s'appelle *Verrat*, sa femelle *Truie*, leurs petits *Porcs*, et lorsqu'ils sont privés des facultés génératrices *Cochons*. Jeunes et vieux, les Pourceaux aiment les glands, les faînes et tous les fruits sauvages, c'est pour cela qu'on les conduit de préférence dans les bois. Aux champs, ils ramassent la graine tombée des épis dans le temps de la moisson; ils fouillent la terre avec leur boutoir pour y chercher les larves d'insectes et les racines, principalement celles de la gesse et de la carotte, les tubercules de la solanée parmentière, et la grosse souche des fougères, dont ils sont très-avides.

On a dit et écrit sur cet animal une foule de sottises. J'en signalerai quelques unes. Il est faux qu'il laisse sur l'herbe une bave qui nuit au gros comme au menu bétail, c'est donc à tort que, dans plusieurs cantons, on apporte le plus grand soin d'éloigner les Porcs de tous les endroits où l'on fait paître les bestiaux.

Selon quelques auteurs, le Porc a l'intelligence très-bornée; il est peu susceptible de répondre aux attentions que l'on a pour lui, et de s'attacher aux personnes qui lui font du bien. Que l'on me dise, sous le premier point, comment il faut entendre et qualifier ce qui suit ?

Le Cochon-marron, habitant les pays méridionaux du continent américain, et qui est tout prêt à y devenir Cochon domestique, retourne aux montagnes à l'approche de la saison des pluies, et en descend aussitôt le commencement de l'été, pour se rendre dans les marécages. Il se met en marche par bandes de quatre à cinq cents, ayant chacune à sa tête un mâle très-fort et expérimenté. Chaque chef est obéi par sa troupe, comme le soldat obéit à son général : c'est lui qui donne le signal des haltes et des départs, qui détermine le moment de la pâture, et les positions à prendre pour passer la nuit en toute sûreté; c'est encore lui qui avertit du danger. Dès qu'il croit en apercevoir la cause, sa vue étant très-perçante, quoique l'on ait avancé récemment le contraire, il fait claquer ses dents : toute la troupe lui répond par un claquement semblable et simultané, elle l'assure de la sorte qu'elle est attentive et prête à tout braver. Il est toujours dangereux de l'attaquer, et principalement en ce moment. Le bruit l'irrite et l'exaspère. Vous la voyez, au nouveau signal donné, serrer les rangs et cerner l'ennemi; dès que l'on est certain qu'il est enveloppé, le cercle décrit diminue sensiblement, les mâles, disposés sur deux, trois ou quatre rangs au plus, occupent la première place; derrière eux se tiennent les femelles et les petits, puis ensuite un dernier rang de mâles qui sont chargés de protéger les derrières de la troupe, et d'empêcher toute surprise. L'ennemi, une fois à découvert, est attaqué sans pitié, mis à mort et déchiré par lambeaux. Malgré son extrême agilité, ses bonds prodigieux, et les accès de sa rage si terrible, le tigre lui-même ne peut résister à l'adresse, à la constance de l'assaillant; le Cochon a soin, par prudence, de l'éloigner des arbres sur lesquels il pourrait se sauver. Il en est de même pour les chasseurs qui l'attaquent avec des fusils et avec des chiens: ceux-ci sont les premières victimes, et les chasseurs viennent après, à moins qu'ils n'aient eu la précaution de se tenir sur de gros arbres, et, de là, comme d'un rempart inexpugnable, de tirer sur la troupe. Elle ne cède pas à la vue des blessés, tels nombreux ils soient, mais elle prend la fuite dès que le chef est tué.

Quant à la seconde assertion, je répondrai par d'autres faits non moins remarquables et non moins victorieux. Le 20 janvier 1822, un loup pénètre dans le village de Souiry, département de l'Aveyron et se met à la poursuite d'un enfant. Un

Porc voit le danger, accourt pour défendre le fils de celui qui le nourrit, il attaque le loup, met en défaut toutes ses ruses, et finit par l'acculer contre un mur. Le père, appelé par les cris de l'enfant, arrive et tue le loup que le Porc ne quitte qu'en le voyant baigné dans le sang.

Quel nom donnerez-vous maintenant à la cause d'une canitie subite arrivée à deux Porcs témoins l'un et l'autre d'un assassinat commis sur les personnes qui les soignaient habituellement? Le premier événement eut lieu au commencement de l'automne 1816, à Montméyran, département de la Drôme; l'autre, en 1832, dans une ferme de la commune du Mont-Saint-Jean, département de la Mayenne, envahie, dévastée par les chouans.

Nous possédons en France plusieurs variétés importantes du Cochon domestique, parmi lesquelles on doit distinguer : 1° Celle des Ardennes, à oreilles droites, au corps trapu, au ventre large, qui est petite de taille, mais ayant une disposition toute particulière à s'engraisser. Cette variété existe aussi dans les départemens de l'Indre, de la Creuse, des Deux-Sèvres, de la Charente-Inférieure et de la Haute-Vienne. 2° Celle dite de Champagne, dont les oreilles sont constamment tombantes; elle est moins facile à prendre l'engrais, mais elle devient très-grasse au bout de dix-huit mois. Cette variété, très-répandue, se voit en Allemagne, en Angleterre et en Italie, où son poil est si fin et si court qu'on croirait sa peau nue. 3° Celle de la vallée d'Auge, que l'on rencontre dans presque tous nos départemens du nord-ouest, a la tête petite, pointue, les oreilles étroites, le corps long, épais, les soies rares, les pattes minces et les os petits; elle atteint souvent à une grosseur extraordinaire.

La différence dans les couleurs de la robe ne constitue pas plus ici les variétés que dans les autres animaux domestiques, elle les divise seulement par régions. La couleur noire appartient particulièrement au midi, la blanche au nord; au centre la couleur participe de ces deux extrêmes. Partout les Porcs à soie rousse passent pour les meilleurs : rien ne justifie cette opinion, ce n'est qu'une croyance générale.

Depuis plusieurs années on a introduit des espèces nouvelles, susceptibles d'améliorer les diverses variétés de Porcs que nous nourrissons. Les deux principales sont les Porcs d'O-Taïti, à jambes très-courtes, au corps vaste, allongé, aux os petits ; ils réussissent à merveille dans nos départemens du nord-ouest, surtout aux environs de Boulogne et de Montreuil-sur-Mer. La seconde espèce provient du Tonquin, elle est plus forte que la précédente, et même que notre Cochon domestique ; elle jouit d'une santé robuste, et fournit une chair fort délicate.

L'industrie est parvenue à donner à la peau du Porc les qualités nécessaires pour le maroquin; elle dure le double, est supérieure à celle de la chèvre, et convient mieux pour la reliure des livres précieux. Les insectes l'attaquent plus difficilement.

Je ne terminerai point ce court aperçu sans me récrier contre un usage révoltant qui se trouve dans les villages et même dans certaines villes. Rien de plus horrible pour un pays civilisé que le spectacle barbare d'égorger, au milieu des rues, les Cochons engraissés : cela rappelle ces scènes d'anthropophages qui dansent autour de la victime dont les membres sanglans vont repaître leur estomac affamé, et semble en même temps faire suite à ces ridicules sentences juridiques portées contre des Porcs, dans les 13°, 14°, 15° et 16° siècles, pour avoir tué ou dévoré des enfans. Comme on a perdu le souvenir de ces extravagances, il ne sera pas hors de propos de citer pour exemple la sentence du tribunal des échevins de la ville de Nancy, en date du 25 mai 1572, qui condamne une Truie de la commune d'Essey à être *pendue jusqu'à ce que mort s'ensuive*, et à demeurer ensuite *exposée pour l'exemple* devant l'église dudit lieu. Une autre Truie a été brûlée à la même époque à l'entrée de la forêt de Aubray-les-Bois, département de l'Orne, par suite d'une sentence prononcée par les moines de Saint-Etienne de Caux. Voilà ce qu'on appelait des actes de justice, aux temps du moyen-âge, à cette époque barbare vers laquelle une école insensée voudrait nous refouler ! et ses sectaires, enfans perdus d'une politique monstrueuse, osent se dire progressifs ! !   (T. D. B.)

COCO. (BOT. PHAN.) On donne ce nom au fruit du Cocotier, *Cocos nucifera*, dont nous parlerons tout à l'heure; mais par extension, devenue vulgaire, on appelle Coco DES MALDIVES, COCO DE SALOMON et COCO DE MER, un fruit très-remarquable et très-différent, pour la forme, du Coco proprement dit, qui provient d'une espèce particulière de Palmier, le Lodoïcée, *Lodoicea Sechellarum*, qu'il ne faut pas confondre avec un autre Coco DE MER, qui est le fruit du Rondier en éventail, *Borassus flabelliferus* (*voy.* aux mots LODOÏCÉE et RONDIER).. La noix arrondie et très-petite du *Bactris* a reçu, dans le commerce, le nom de COCO DE GUINÉE, quoique ce Palmier appartienne à l'Amérique du Sud. Enfin, un Tulipier, originaire de la Cochinchine, y porte le nom de Coco, comme nous l'apprend Loureiro. *Voy.* aux mots PALMIER et TULIPIER.   (T. D. B.)

COCON ou COQUE. (INS.) Nom qu'on donne à l'enveloppe plus ou moins habilement construite par quelques larves, pour s'enfermer avant de passer à l'état de nymphe; ce Cocon peut être de différentes sortes : dans les Chenilles, il est filé plus ou moins serré, selon que les espèces doivent rester au jour, ou se cacher sous la feuille, ou s'enterrer; dans les Coléoptères, la Coque se fait le plus souvent avec des matériaux étrangers à l'insecte, et réunis au moyen d'un gluten particulier; dans les Hyménoptères, les uns, comme les Ichneumons, font des Coques complètes qui sont filées très-serrées, les autres, comme les Apiaires, bouchent seulement l'entrée de la cellule où ils ont été nourris; quelques Névroptères se font aussi une Coque, entre autres les Fourmis-lions. Il serait difficile de donner des détails sur les différentes espèces de Cocons, tous les insectes qui emploient cette industrie variant ce mode de travail à l'infini. (A. P.)

COCOTIER, *Cocos.* (BOT. PHAN.) Quand on quitte les contrées européennes, où la civilisation est, depuis le dix-septième siècle, dans une route de progression qui prépare pour l'avenir des siècles heureux de vertus et de liberté, et que l'on s'avance vers les régions intertropicales, l'œil étonné s'arrête sur la belle colonne végétale de vingt à quarante mètres de haut fournie par le Cocotier. Un chapiteau léger la couronne, le moindre vent l'agite, et, en l'examinant avec soin, on reconnaît qu'il est composé d'un panache de feuilles immenses, les unes droites, les autres étendues horizontalement, ou bien courbées de mille manières. De leur sein s'échappe, pendante, une grappe de fleurs nombreuses, jaunâtres, peu apparentes, qui prend ensuite le nom de *Régime*, portant des fruits volumineux, bons à manger aux diverses époques de leur maturité. S'approche-t-on du pied de cet immense stype, on est surpris de ne lui trouver que quarante centimètres au plus de diamètre ; on l'est encore bien davantage, quand on s'assure qu'une simple houppe de minces racines suffit pour le fixer au sol.

Cette superbe monocotylédonée, inscrite par Linné dans sa Monoécie hexandrie, appartient à la famille des Palmiers, se plaît au voisinage de la mer, ne demande aux lieux qu'elle affectionne qu'un peu de sable et de terre végétale, pourvu qu'ils se trouvent unis dans une juste proportion ; elle peuple toutes les îles éparses au milieu de l'océan Pacifique ; on la trouve en Afrique, aux Indes, sur le continent méridional de l'Amérique et aux Antilles. Elle acquiert en peu d'années sa taille gigantesque.

Tous les voyageurs ont fait du Cocotier un éloge fort pompeux ; et, pour ajouter à sa haute renommée, Bernardin de Saint-Pierre attacha les archives des héros de son intéressant roman aux cicatrices demi-circulaires que forment, chaque année, les pétioles des feuilles tombées. « Quand, » nous apprend-il, on interrogeait Virginie sur son » âge et sur celui de Paul : Mon frère, disait-elle, » est de l'âge du grand Cocotier de la Fontaine, et » moi de celui du plus petit. » Cependant il faut en rabattre de ce que l'on a dit des usages de ce beau végétal, en Chine ; et, pour l'apprécier à sa juste valeur, on ne doit pas céder trop légèrement aux brillantes descriptions que l'on en donne : elles ressemblent aux discours académiques, la part de la flatterie y est plus large que celle de la vérité.

Entrons dans le détail des particularités relatives à chacune des trois espèces les mieux connues de ce genre : je les dois à des amis établis aux pays que le Cocotier décore et enrichit. L'espèce la plus importante et la plus célèbre est sans contredit celle des Indes ; viennent ensuite les espèces dites du Brésil et des Antilles. Quelques auteurs ajoutent une quatrième espèce, celle dont Gærtner a dé-

crit et figuré le fruit sous le nom de *Cocos lapidea* : c'est la seule partie que l'on en possède ; elle est beaucoup moins grosse que le fruit du Cocotier commun ; son noyau, plus allongé, finissant en pointe, a les parois plus épaisses et est divisé en deux et trois loges. Je l'ai reçu de Madagascar et de Chandernagor, à deux reprises différentes, sans pouvoir obtenir des renseignemens sur la plante.

1° COCOTIER DES INDES, *C. nucifera*, représenté dans notre Atlas, pl. 117. Son stype, à peu près égal dans toute sa longueur, s'élève tout droit, à la hauteur de vingt-cinq à trente mètres ; à son sommet, on voit douze à quinze feuilles, longues de plus de trois mètres, à deux rangs de folioles distiques, étroites, pointues, larges d'un mètre, les inférieures inclinées vers le sol, les intermédiaires plus ou moins horizontales, et les jeunes parfaitement droites. Quand il s'en forme de nouvelles, leur union représente un gros bourgeon, allongé, fort tendre, auquel on donne le nom vulgaire de *Chou* ; ce Chou est excellent à manger, mais, dès qu'on l'a coupé, la perte du Cocotier est décidée : il dépérit à vue d'œil, et jonche bientôt le sol de sa triste dépouille. Quand on le lui laisse, le Cocotier vit plus d'un siècle, et durant ce long espace il est constamment en plein rapport. Dès l'âge de cinq ans, il donne des fruits, mais ce n'est qu'à son deuxième lustre qu'il produit avec abondance et avec une étonnante succession : il est alors vraiment superbe à contempler.

De l'aisselle des feuilles, il sort, deux fois l'an, plusieurs panicules ou régimes (on en porte le nombre de cinq à six), qui se développent rapidement, se chargent de petites fleurs jaune-terne, dont les mâles occupent les deux tiers des rameaux supérieurs, et les femelles, en plus petite quantité, sont placées au dessous. Peu de temps après, il leur succède une dizaine de fruits obscurément trigones, acquérant le volume d'un très-gros melon d'eau ou pastèque, *Cucurbita cittullus.* Sous une écorce verdâtre ou lisse, est un brou filandreux, élastique, enveloppant un noyau monosperme, à coque ovale, oblongue, un peu pointue, très-épaisse, ligneuse, très-dure, et creusée à son sommet de trois trous inégaux, l'un beaucoup plus grand, toujours ouvert, les deux autres plus petits et d'ordinaire fermés par une membrane noire.

La coque est remplie d'une chair très-blanche, ayant un goût suave, et la consistance d'une crème un peu épaisse ; elle est très-appétissante, mais il faut en user avec modération. Au milieu de cette chair, on trouve une liqueur rafraîchissante, de couleur laiteuse, un peu sucrée, et, fort agréable à boire lorsqu'elle est récente et que le fruit est à moitié de sa grosseur ; plus tard, elle devient ferme, et disparaît quand le fruit est vieux. En y ajoutant une cuillerée d'eau de fleur d'oranger, les Créoles assurent que c'est un mets très-délicat : j'ai bu du lait de Coco pendant que j'étais à Naples et à Tarente ; les Cocos provenaient des côtes africaines ; je l'ai trouvé exquis. Il ne faut pas en juger par

les Cocos

les Cocos que l'on vit arriver des Antilles à Paris, en 1822; comme ils n'avaient plus leur première fraîcheur, la chair rappelait bien le goût de la noisette, mais on ne pouvait réellement que la sucer; elle fatiguait l'estomac, et l'on demandait en vain à sa petite portion de liquide ce parfum, ce velouté, ce frais si bienfaisant, qu'il porte à la bouche quand le fruit est nouvellement cueilli. Dans cet état, c'est l'ami qui ramène les jours comptés sans exister; c'est la voix de celle que l'on désire, rompant l'affreuse solitude; c'est la main d'une mère ou d'une fille chérie pansant nos blessures, séchant nos larmes, et changeant en innocens transports des soupirs déchirans. Le voyageur perdu sur une plage lointaine voit-il un Cocotier? il oublie les maux qu'il souffre, l'air brûlant qui l'écrase, et, buvant la coupe tombée près de lui, il retrouve de nouvelles forces pour braver la mer de sable, toucher une terre amie de l'homme, et répéter avec le poète : le Cocotier

Consacre le désert par l'hospitalité.

Toutes les parties du Cocotier des Indes reçoivent une utile destination. Le bois que fournit le stype est assez dur, assez solide pour entrer dans les constructions; les vieilles feuilles servent à former des clôtures sèches ou bien à couvrir les maisons : elles résistent plusieurs années à l'action de l'air et des pluies. Avec les fibres qui enveloppent la noix, on prépare, sur les côtes asiatiques, une filasse assez longue et assez forte pour cordage, tandis qu'aux Antilles on les emploie seulement à calfater les navires; on les y préfère au chanvre. On fait avec la coque des vases de différentes sortes et de petits ustensiles. La substance interne, devenue vieille, donne sous la presse une huile épaisse, qui a le défaut de rancir promptement; fraîche, elle entre dans les préparations culinaires à Java, chez les peuples de la Sonde et des Moluques.

La séve du Cocotier, obtenue par incision de la spathe qui enveloppe les fleurs, et mise à fermenter, donne, au bout de quelques heures, une liqueur, vulgairement dite *Vin de Cocotier*, que l'on appelle *Souva*, *Tari* et *Kalou*, selon les diverses contrées où végète cette brillante monocotylédonée. Un Cocotier fournit un litre de fluide aqueux et sucré, chaque jour, moitié le matin et moitié le soir. La liqueur enivre facilement; elle est très-douce dans les premiers instans, offre une boisson fort agréable et piquante durant quelques jours; mais, comme elle tourne bientôt à l'aigre, on en fait du vinaigre ou bien on la distille pour en avoir une eau-de-vie assez forte. On en a retiré du sucre, inférieur à celui de cannes, quoique solide et blanc. Il sert à préparer toutes les confitures économiques.

2° Cocotier du Brésil. *C. butyracea.* Le stype de cette espèce est uni, plus gros que celui du Cocotier commun, mais il monte moins haut; sa cime est plus ample et ses fleurs sont si nombreuses, que lorsqu'elles tombent, elles forment sur le sol environnant un monceau assez considérable. La noix, munie à son sommet d'une pointe saillante et à sa base des enveloppes persistantes

de la fleur, s'écrase avec l'amande cartilagineuse pour être jetée dans de l'eau bouillante et en retirer, sans expression, une huile épaisse, de la consistance du beurre : elle nage à la surface de l'eau, tandis que les autres parties se précipitent au fond du vase. Il faut employer promptement cette huile, car elle rancit très-vite. Fraîche, elle est douce et agréable.

Ce Cocotier n'est point limité au territoire du Brésil, comme son nom le donne à croire; il y est très-abondant; mais il se trouve aussi dans diverses parties de l'Amérique méridionale, et s'est naturalisé aux Antilles. Il y en a peu dans l'île de Haïti. Des voyageurs le placent au dessus du Cocotier commun, pour la beauté, pour la grandeur; d'autres donnent à celui-ci la préférence : il m'est impossible de prononcer.

3° Le Cocotier amer, *C. amara*, que l'on appelle plus particulièrement *Cocotier des Antilles*, quoiqu'il appartienne positivement à la côte de Guinée, est la plus élevée des trois espèces connues; il va au-delà de trente-deux mètres, lorsqu'il habite une vallée. Ses fruits sont petits et fort nombreux; l'amande qu'ils contiennent est d'une amertume insupportable, ainsi que le liquide dans lequel elle nage.

C'est dans le tronc de ce Cocotier que les habitans de la Martinique vont chercher une larve assez semblable à celle du hanneton, mais plus grosse, qu'ils désignent sous le nom de *Ver de Palmiste*, et qu'ils mangent avec la même avidité que les Romains dégénérés en mettaient à dévorer leur fameux *Cossus*, estimé par eux le manger le plus délicat; on le servait pompeusement sur les tables les plus riches. Je l'ai vu recherché par des gourmands italiens; du moins, ils prennent plaisir à avaler les larves du grand Capricorne, *Cerambix heros*, ainsi que celles fort grasses des Lucanes et des Priones, qui doivent être l'ancien Cossus.

(T. D. B.)

COENDOU, *Coendu*. (mam.) Lacépède a donné ce nom à un petit genre de Rongeurs très-voisins du Porc-épic, nommés Synéthères par M. Fréd. Cuvier. Ces animaux se reconnaissent à leur queue prenante, et à leurs pieds postérieurs tétradactyles.

Le type du genre est le Coendou préhensile, *Hystrix coendou* de Desmarest, appelé par Buffon *Coendou à longue queue*. Il habite le Brésil, la Guiane et l'île de la Trinité; son corps est couvert de piquans courts, blancs à leur base et à leur extrémité, noirs au milieu; il n'a de poils que sur la partie inférieure du corps, qui est d'un beau noir. La queue est longue et susceptible de s'enrouler autour des corps.

(Gerv.)

COELIAQUE ou CÉLIAQUE, (*Cœliacus*). (anat.) De κοιλία, ventre, intestin, qui a rapport au ventre ou aux intestins. L'*artère cœliaque*, que l'on appelle aussi *tronc cœliaque* ou *trépied de la cœliaque*, est placée au dessus du pancréas et derrière la partie supérieure de l'estomac. Elle naît de l'aorte ventrale (*v.* Circulation). Le *plexus cœliaque* ou *solaire* est formé par les nombreux fiets nerveux qui viennent des ganglions semi-lunaires, etc.   (M. S. A.)

COELIOXYDE, *Cœlioxys*. (INS.) Genre d'Hyménoptères de la famille des Mellifères, établi par Latreille et ayant pour caractères : labre en parallélogramme, palpes maxillaires très-courts, de deux articles ; mandibules triangulaires, dentées ; deux épines à l'écusson ; abdomen triangulaire, sans brosses en dessous, terminé en pointe dans les femelles et par des dents dans les mâles : le défaut de brosses propres à récolter le pollen des fleurs, fait présumer que ces espèces vivent sous leur premier état en parasites.

On peut rapporter à ce genre l'*Apis quadridentata.*, Panz. Faun. ins. Germ., fasc. 55, tab. 13.
(A. P.)

CŒUR, *Cor* des Latins. (ANAT. COMP.) On donne ce nom à des organes musculaires creux et contractiles, d'où partent les vaisseaux qui conduisent le sang dans toutes les parties du corps, et où viennent se rendre ceux qui le rapportent de ces mêmes parties. Il se trouve ainsi placé entre les vaisseaux veineux et artériels, ce qui lui a fait donner le nom d'organe central de la circulation. Le Cœur est composé de deux cavités, au moins : l'une destinée à recevoir le sang provenant de toutes les parties du corps, c'est l'oreillette ; l'autre destinée à pousser ce même fluide dans tous les organes, c'est le ventricule. Le Cœur suppose généralement un organe spécial, des poumons ou des branchies, chargé de rendre au sang les qualités qu'il a perdues en parcourant la longue série des organes. Pour que le phénomène respiratoire puisse s'accomplir, il est donc nécessaire que le Cœur envoie le sang dans l'organe pulmonaire, branchial ou dermique. Le ventricule qui est chargé de cette fonction prend alors le nom de *ventricule pulmonaire* ; mais s'il communique avec i'oreillette qui reçoit le sang veineux de divers organes, tout ce nouvel appareil constitue un *Cœur pulmonaire*, ou *Cœur droit*. Lorsqu'au contraire, le ventricule a pour fonction de lancer et de faire passer le sang dans tous les organes du corps, autres que les poumons et les branchies, on le nomme *ventricule aortique* ou *gauche*. L'oreillette qui lui correspond, et qui reçoit le sang qui a déjà subi l'action de l'air en traversant les poumons ou les branchies jointes à ce ventricule, constitue le *Cœur gauche* ou le *Cœur aortique*. Chez l'homme et chez un grand nombre de Vertébrés, ces deux Cœurs sont comme adossés l'un à l'autre, et sous une dépendance réciproque. On pourrait enfin appeler *Cœur mixte* celui qui envoie en même temps, et au moyen d'un même ventricule, ou de deux communiquant ensemble, le sang, soit aux poumons ou aux branchies, soit dans tous les autres organes. Un grand nombre d'animaux de la classe des Reptiles sont dans ce cas.

Le Cœur, organe extrêmement irritable, n'est point soumis à la volonté. Ses mouvemens, suivant Stahl, qui plaçait la direction de toutes nos actions organiques sous la surveillance de l'âme, ne pouvaient s'expliquer autrement qu'en admettant que l'habitude d'agir avait peu à peu arraché le Cœur à la domination de l'âme. Pour fortifier cette opinion, les sectateurs de Stahl rappelèrent ces anomalies non moins rares que surprenantes, dans lesquelles les personnes avaient conservé un empire direct de la volonté sur les mouvemens de leur Cœur ; ils citèrent l'observation du capitaine Townshend, devenu célèbre par la faculté de suspendre volontairement les contractions de son Cœur. Mais, ces faits et plusieurs autres de ce genre n'ayant pas été authentiquement confirmés, l'on pensa généralement, et avec raison, que l'homme n'avait aucune prise volontaire et directe sur l'organe central de la circulation. Haller croyait que le sang qui pénètre les cavités du Cœur était l'excitant des contractions de cet organe, mais il restait à dire d'où le Cœur tirait son irritabilité ; car un muscle n'est point irritable par lui-même, il lui faut l'influence du système nerveux pour jouir de cette propriété. Or Haller et d'autres physiologistes de son temps n'avaient émis cette opinion que parce qu'ils croyaient que le Cœur ne recevait pas de nerfs. Mais aujourd'hui que l'on sait positivement que des nerfs se distribuent à tout ce viscère, que ceux-ci proviennent de deux sources différentes, les uns de l'appareil nerveux du grand sympathique, les autres du cerveau directement, et que, suivant le célèbre Scarpa, ils se distribuent dans les fibres charnues du Cœur de la même manière que les nerfs destinés aux muscles des autres régions du corps, on ne peut plus admettre les opinions de Haller. Cela posé, voyons quelle est la partie du système nerveux qui tient les battemens du Cœur sous sa dépendance. Si l'on ôte le cerveau, sur un animal, ou si l'on coupe la moelle épinière au niveau de la première vertèbre cervicale, les battemens du Cœur persistent jusqu'à la mort : le Cœur est donc hors de l'influence immédiate du cerveau ; il est aussi hors de l'influence du nerf pneumo-gastrique, puisque sa section n'interrompt pas sensiblement les battemens du Cœur. Suivant Legallois, la moelle épinière exercerait une action propre, puisqu'il a toujours vu que sa désorganisation faisait cesser complétement et presque instantanément les contractions du Cœur. D'une autre part, Treviranus, Philippe et M. Flourens sur de jeunes mammifères, Clift sur des carpes, ont obtenu un résultat différent. M. Brachet a aussi constaté que le Cœur des jeunes animaux continuait à battre après la destruction de la moelle épinière. Ces observations, en apparence contradictoires, reconnaissent pour causes, d'une part, les divers procédés employés, de l'autre la variété des espèces sur lesquelles on a opéré. Ce dernier fait surtout est important à considérer ; car les différens embranchemens du système nerveux représentent les divers degrés de l'animalité, et sont d'autant moins dépendans les uns des autres, que l'animal est plus jeune, ou qu'il occupe une place moins élevée dans l'échelle animale. Enfin les belles expériences de M. Brachet tendraient à prouver que les mouvemens du Cœur cessent aussitôt que l'on pratique l'ablation des *ganglions cervicaux moyens* et *inférieurs* de chaque côté. D'où il suit que les ganglions du système grand sympathique président au mouvement du Cœur, et que ces mouvemens sont indépendans de la volonté.

Quant à la sensibilité du Cœur, une occasion s'est offerte à M. Richerand, en l'année 1818, de constater de nouveau la parfaite insensibilité de cet organe, à l'aide d'une opération dans laquelle il fit la résection de deux côtes, et excisa un lambeau de la plèvre costale altérée; rien n'avertit l'individu du contact des doigts doucement appliqués sur le Cœur.

Sous le rapport du volume, le Cœur, comparé à celui des autres parties, est proportionnellement plus considérable chez les sujets d'une petite taille, que dans ceux d'une haute stature; il est également plus gros, plus fort et plus robuste chez les animaux courageux, que dans les espèces faibles et timides. Le courage naît du sentiment de la force, et celui-ci est relatif à la vivacité avec laquelle le Cœur pousse le sang vers tous les organes. Le tact intérieur que produit l'afflux du liquide est d'autant plus vif, d'autant mieux senti, que le Cœur est plus robuste. C'est par cette raison que certaines passions, telles que la colère, augmentant l'activité des mouvemens du Cœur, centuplent les forces et le courage. Tout être faible est craintif; il fuit le danger, parce qu'un sentiment intérieur l'avertit qu'il manque des forces nécessaires pour le repousser. Au reste, toutes les passions, tous les sentimens moraux n'agissent qu'en augmentant la force du Cœur, en redoublant la rapidité et l'énergie de ses battemens, de manière qu'il excite par un sang plus abondant, soit le cerveau, soit les masses musculaires.

Chez l'Homme et les Mammifères, le Cœur est logé entre les deux plèvres, dans la partie inférieure de l'écartement que celles-ci laissent entre elles, et que l'on nomme médiastin. Le Cœur a pour enveloppe propre, un double sac membraneux, dont une partie, repliée sur elle-même, à la manière d'un bonnet de coton, adhère à une surface et est simplement contiguë à l'autre : ce sac est le *péricarde*. La disposition de sa lame interne fait que le Cœur est libre dans la poche qui le contient, sauf cependant aux endroits où le feuillet séreux se réfléchit sur lui. C'est à ce même feuillet adhérent qu'est dû l'aspect lisse du Cœur. Les deux faces de cet organe sont légèrement creusées d'un sillon qui en occupe toute la longueur, et que remplissent des branches artérielles veineuses et nerveuses, appartenant aux vaisseaux et nerfs cardiaques. Le sillon qui est situé sur la face antérieure du Cœur correspond précisément à une cloison charnue, qui, plus ou moins épaisse suivant l'âge et les individus, sépare en deux loges bien distinctes la cavité ventriculaire, d'abord simple chez l'embryon. Ainsi, pour l'adulte, le Cœur est réellement double et formé de deux moitiés à peu près semblables, adossées l'une à l'autre : un second sillon plus profond, sépare les deux ventricules d'une dépendance du Cœur, à pa-

rois toujours plus minces, que l'on nomme oreillette. Cette cavité présente aussi une cloison, qui reste incomplète jusqu'au moment de la naissance du fœtus. Après cette époque, la cloison auriculaire divise en deux loges distinctes cette seconde grande cavité, qui semble comme surajoutée aux ventricules; et puisque cette séparation se fait dans le même sens vertical du plan médian du corps, il en résulte que le Cœur se trouve formé d'un ventricule droit et d'une oreillette droite, d'un ventricule gauche et d'une oreillette gauche. Ces quatre cavités sont unies, vers la base du Cœur, aux vaisseaux qui en naissent ou qui s'y rendent, et qui semblent en être la continuation. Du ventricule droit (*v d*, fig. A, pl. 118), s'élève l'artère ou le tronc pulmonaire (n° 1) (1); du ventricule gauche (*v g*), l'artère aorte (n° 2). L'oreillette droite (*v d*) se continue avec les veines caves supérieures (n° 3) et avec l'inférieure (n° 4); la gauche (*o g*) avec les quatre veines pulmonaires. C'est cette disposition des différentes parties du Cœur, par rapport aux vaisseaux, qui a fait nommer le ventricule droit, *ventricule pulmonaire*; le gauche, *ventricule aortique*; l'oreillette droite, *sinus des veines caves*; l'oreillette gauche, *sinus des veines pulmonaires*.

Ainsi que nous venons de le dire, l'intérieur du Cœur est partagé en quatre cavités; les deux droites ne communiquent point avec les gauches, mais chaque oreillette s'ouvre par une large ouverture dans le ventricule de son côté. Les cavités droites sont plus amples et ont des parois plus minces que les gauches; elles sont également tapissées à leur surface interne par une membrane très-fine qui adhère fortement au tissu musculaire. D'après M. Richerand, la différence de grandeur entre les cavités droite et gauche du Cœur tient autant à la manière dont le sang circule aux approches de la mort, qu'à la conformation primitive de l'organe. La cavité de l'oreillette droite (fig. A') laisse voir les orifices des deux veines caves, l'ouverture auriculo-ventriculaire et l'embouchure des veines coronaires ou cardiaques. Le contour de la veine cave supérieure présente un bord épais et arrondi; celui de la veine cave inférieure est pourvu d'une valvule, remarquable surtout chez le fœtus, où elle joue un rôle important. *V.* CIRCULATION. Cette valvule (n° 1), qu'on appelle ordinairement *valvule d'Eustache*, parce que la découverte en est attribuée à Eustachio, semble, chez le fœtus, être la continuation de la paroi antérieure de la veine cave inférieure; elle s'élève un peu obliquement dans la cavité auriculaire, et s'y prolonge d'autant plus que l'embryon est plus jeune; d'où il suit que le sang provenant de la veine cave inférieure passe chez le fœtus en plus ou moins grande quantité par le trou ovale ou de *Botal* (n° 2) suivant l'époque de son développement. Chez l'adulte, cette valvule est proportionnellement plus petite que chez

---

(1) Ce tronc pulmonaire ne fournit, chez l'adulte, que deux branches, au lieu qu'il y en a trois chez le fœtus. A part cette différence, cette figure donne une idée exacte du Cœur de l'homme.

le fœtus ; elle a une direction presque transversale, une forme très-allongée, semi-lunaire, et un bord concave libre tourné en haut et en arrière. Outre cette valvule, il en existe une autre très-petite, de forme semi-lunaire, qui semble se continuer avec le bord libre de la valvule d'Eustache (n° 3); c'est la valvule de la grande veine coronaire ; elle est quelquefois percée en plusieurs endroits. Les autres veines coronaires s'ouvrent dans différens points de l'oreillette par des orifices très-petits et dépourvus de valvules semblables à la précédente. Enfin dans cette même oreillette droite se voit l'ouverture (n° 4) qui communique dans le ventricule droit ; son orifice est de forme arrondie, circulaire ou elliptique, suivant que le Cœur est distendu ou affaissé sur lui-même. La cloison des oreillettes, perforée par le trou de Botal (n° 2) chez le fœtus, ne présente plus chez l'adulte qu'une dépression superficielle presque circulaire, nommée *fosse ovale*.

Dans l'oreillette gauche on observe souvent sur la cloison, au devant et au dessus de l'endroit qui correspond à la fosse ovale, un petit repli semi-lunaire. Cette sorte de valvule couvre un léger enfoncement terminé en cul-de-sac par l'adhérence de son bord convexe avec le haut de la fosse ovale ; mais souvent, surtout dans les sujets jeunes, cette adhérence n'est point complète, et une ouverture oblique, comprise entre cette valvule et le rebord de la fosse, fait communiquer les deux oreillettes. A part ces cas d'imperfection du développement du Cœur, l'oreillette gauche n'a d'autres ouvertures que celles des veines pulmonaires et l'orifice auriculo-ventriculaire gauche.

On remarque peu de faisceaux charnus saillans dans l'intérieur des oreillettes. Les cavités des ventricules au contraire se distinguent des précédentes par le grand nombre de ces masses musculaires qui soulèvent leur membrane interne. Ces faisceaux, appelés les *colonnes charnues* du Cœur, sont moins nombreux dans le ventricule gauche que dans le droit, il n'y en a presque pas vers la pointe du Cœur ; mais ils sont moins nombreux et plus forts du côté de la base qu'ailleurs : les plus gros sont dirigés suivant la longueur du Cœur : les autres s'entrecroisent dans tous les sens de manière à circonscrire des aréoles (*voy.* la fig. A). Quelques uns de ces faisceaux donnent naissance à une foule de petits tendons qui se fixent au bord d'une valvule placée à l'orifice auriculo-ventriculaire. Cette valvule est circulaire, et occupe, comme l'ouverture qu'elle est destinée à fermer, la partie supérieure et postérieure des ventricules. Lorsqu'elle est abaissée, elle reste appliquée contre les parois du ventricule, et s'en écarte pour devenir transversale lorsqu'elle est relevée, sans pouvoir jamais se renverser dans l'oreillette, à cause des tendons qui la retiennent. Sa largeur est inégale, son bord libre est découpé en un grand nombre de dentelures, profondément divisé en trois languettes principales dans le ventricule droit et en deux seulement dans le gauche. Cette disposition a fait nommer la val

vule (*v t*) de l'orifice auriculo-ventriculaire droit *triglochine* ou *tricuspide*, et celle du gauche (*v. m.*) *mitrale* ou *bicuspide*.

Chaque ventricule présente à son intérieur deux orifices, un qui le fait communiquer avec son oreillette correspondante, l'autre qui va s'ouvrir dans le vaisseau pulmonaire ou dans l'aorte. Nous venons de voir qu'il existe des valvules à chaque orifice auriculo-ventriculaire il en existe aussi à l'origine de l'artère pulmonaire, qui s'élève du ventricule droit, et de celle de l'aorte qui part du ventricule gauche. Celles-ci, au nombre de trois pour chaque vaisseau, ont reçu le nom, à cause de leur forme, de *sygmoïdes* ou *semi-lunaires*. Ces valvules présentent un bord convexe adhérent qui correspond au point d'union de l'artère avec le Cœur, un bord concave libre, tourné du côté de l'artère, et se touchant par leur extrémité. Leur bord libre est divisé en deux par un petit globule, qui en occupe le milieu, et qu'on appelle *globule d'Arentius*. Elles ferment complétement, lorsqu'elles sont abaissées, la cavité du vaisseau.

Le tissu musculaire du Cœur est généralement plus dense, plus ferme et d'une couleur plus foncée que celui des muscles extérieurs. Ses fibres sont tellement entrelacées qu'elles forment en plusieurs points un tissu inextricable. Cependant plusieurs anatomistes ont cherché à vaincre cette difficulté ; M. le professeur Gerdy, entre autres, est celui à qui la science est redevable d'un beau travail sur la structure du Cœur ; son livre est accompagné de dessins représentant les divers plans des fibres charnues, leur direction, leur forme et leurs rapports. M. Gerdy a reconnu dans les fibres des ventricules une disposition constante en forme d'anses dont la convexité regarde la pointe du Cœur, et en est plus ou moins rapprochée. Ces anses plus superficielles à une extrémité le sont moins à l'autre ; de sorte que les fibres externes et internes sont les mêmes, renversées, et ayant traversé l'épaisseur du ventricule : leurs deux extrémités sont constamment fixées à la base du Cœur, au pourtour des ouvertures auriculaires et artérielles des ventricules, soit immédiatement, soit par les tendons attachés aux valvules auriculo-ventriculaires.

Les oreillettes ont aussi dans leurs fibres une disposition très-compliquée. M. Gerdy distingue deux plans généraux dont les faisceaux présentent beaucoup de particularités dans leur arrangement. Dans l'oreillette droite, le tissu musculaire, moins abondant que dans la gauche, laisse entre ses fibres des intervalles au niveau desquels les membranes externes et internes du Cœur se touchent immédiatement : ce tissu se prolonge jusqu'à une certaine distance, autour des veines caves.

L'organisation du Cœur, très-simple d'abord chez l'embryon, ainsi que chez les êtres inférieurs, se complique graduellement, depuis les animaux dans lesquels on commence à en apercevoir le rudiment, jusqu'aux Mammifères et à l'Homme où elle est la plus complète.

Si l'on considère actuellement la structure du

Cœur chez l'Homme; si l'on réfléchit que c'est un des organes les plus agissans de l'économie, et qu'il est soumis aux influences physiques et morales les plus multipliées, on ne sera point étonné de la fréquence et de la variété de ses maladies. Le tissu charnu du Cœur s'hypertrophie ou s'atrophie; s'endurcit ou se ramollit; il s'ulcère et se rompt quelquefois; ses cavités se dilatent ou se rétrécissent; le sang qui les parcourt se coagule sous les formes les plus variées que les anciens nommaient improprement des polypes du Cœur; enfin il arrive aussi que ses parois s'ossifient en partie. Le Cœur du pape Urbain VIII offrait, dit-on, un exemple de cette altération.

Enfin le Cœur est susceptible de lésions purement nerveuses, qui ne peuvent être distinguées des lésions organiques qu'au moyen d'une exploration très-attentive. Quant aux causes des maladies du Cœur, elles sont très-nombreuses. L'abus des excitans, les exercices violens, les coups sur la région de la poitrine qui correspond au Cœur, certaines passions qui activent et précipitent extraordinairement ses mouvemens, sont les principales causes sous l'influence desquelles se manifestent une foule de lésions.

Sous le rapport des anomalies du cœur, il est à remarquer que certains vices de conformation de cet organe nous échappent entièrement, et que ses états les plus anomaux ne sont pas toujours ceux qui entravent davantage l'accomplissement des fonctions circulatoire et respiratoire. Nous avons eu occasion d'observer il y a quelques années (1) un fait très-curieux sur un enfant mort à un mois et demi, à la suite de vomissemens convulsifs. Le Cœur était composé d'un seul ventricule et d'une seule oreillette, les cloisons manquant presque complétement. Il y avait quatre veines caves, deux supérieures et deux inférieures, qui s'ouvraient, ainsi que les pulmonaires, dans l'oreillette unique. Le canal artériel (2) était conservé, et quelques viscères se trouvaient entièrement transposés. Cet enfant s'était fait remarquer pendant sa courte existence par la couleur livide de sa peau, par un état habituel de somnolence, et surtout par la température toujours froide de son dos et de ses extrémités inférieures.

Un fait analogue a été observé chez un enfant de quatorze ans qui mourut au milieu d'un violent crachement de sang. Il était grand pour son âge, mais mal proportionné, faible et peu intelligent; la peau, constamment humide, était d'un bleu violacé. Il ne pouvait faire aucun effort sans éprouver de violentes palpitations; mais lorsqu'il était en repos, les battemens du Cœur étaient réguliers. Il y avait quatre-vingts pulsations par

minute. Après sa mort on trouva que la cloison interventriculaire était perforée, et la valvule de l'orifice inter-auriculaire très-incomplète dans sa partie inférieure; il existait ainsi une double communication anomale entre les cavités droites et gauches du Cœur.

M. Richerand a donné l'histoire d'un homme qui présentait, outre la persistance du canal artériel, une communication entre les deux ventricules, et qui néanmoins était parvenu à l'âge de quarante et un an.

Plusieurs autres anatomistes ont aussi rapporté des exemples de semblables vices de conformation du Cœur, et indiqué des anomalies non moins curieuses, résultant de la transposition de l'origine de l'artère pulmonaire et de l'origine de l'aorte; de l'insertion de l'une de ces artères sur les deux ventricules à la fois; ou de toutes deux sur le même ventricule, etc., etc. Voir pour plus de détails le savant Traité de Tératologie, par M. Isidore Geoffroy St-Hilaire. Tous ces faits et une foule d'autres qu'il serait trop long d'énumérer, résultant presque toujours de la persistance de quelques unes des conditions de la vie fœtale ou embryonaire, réalisent en même temps, d'une manière plus ou moins exacte, les caractères de structure et de composition qu'offrent dans l'état normal les Vertébrés inférieurs et spécialement les Reptiles.

Structure du Cœur des Crocodiles. Il y a chez ces reptiles une disposition bien remarquable dans la distribution des cavités du Cœur, et dans les rapports de ces mêmes cavités avec les troncs qui en partent. Ainsi que chez les Mammifères et les Oiseaux, quatre loges distinctes composent l'organe central de la circulation chez le Crocodile. Mais les premiers ont un Cœur droit et un Cœur gauche, destinés l'un à *la petite circulation*, ou la circulation pulmonaire, et l'autre à *la grande circulation* ou circulation aortique; tandis que les seconds ont une disposition anatomique qui modifie cette double distribution. En effet, la cavité du ventricule droit du Cœur des Crocodiles offre, outre l'ouverture de l'artère pulmonaire, celle d'une autre branche vasculaire très-forte qui conduit le sang dans la *grande circulation*. Cette seule différence modifie et entraîne un changement notable de la circulation, et la rend, en quelque sorte, analogue à celle du fœtus des Mammifères, tant à cause du mélange du sang qui s'effectue dans l'aorte descendante, que par la possibilité d'entretenir une circulation constante même lorsque le poumon cessant d'être perméable à l'air ne laisse plus passer le sang. Sous ce rapport il existe une analogie réelle entre le canal artériel du fœtus des Mammifères et la branche vasculaire surnuméraire que nous voyons sur les Crocodiles. Ainsi se reproduit, chez les Reptiles, d'une manière permanente, un de ces états transitoires que l'on observe dans le développement du Cœur chez l'Homme et les Mammifères, état que nous avons eu occasion, au reste, de constater sur un enfant de dix-huit jours, à cause de la persistance du canal artériel.

Si l'on cherche actuellement à déterminer à

---

(1) Voyez *Bulletin de la Société anatomique*, n° III, janvier 1826. — Ce cas remarquable a été reproduit la même année par M. Breschet, dans son *Répertoire général d'anatomie*, tom. II, page 9.

(2) On nomme ainsi la portion d'artère pulmonaire qui, chez le fœtus, fait communiquer la cavité du ventricule droit avec celle de l'aorte. *Voyez* CIRCULATION.

quelles variété de Cœur se rapportent celui du fœtus et celui du Crocodile, il est facile de voir que l'oreillette droite et le ventricule droit composent, chez les deux, un Cœur *mixte*. Or, sous ce rapport, et abstraction faite des cavités gauches, il y a une ressemblance frappante entre le ventricule droit du fœtus, ou celui du Crocodile, et le ventricule des Reptiles en général. Toutefois, l'on doit remarquer que le Cœur de ces derniers et celui du fœtus envoient à tous les organes, indistinctement, du sang qui est mélangé ; tandis que le Cœur droit du Crocodile envoie du sang veineux aux poumons et dans l'aorte descendante. C'est ce qu'il sera plus facile d'apprécier en examinant la disposition des vaisseaux et l'organisation du Cœur du Crocodile, représenté (fig. B, B''B'). La figure B fait voir la cavité de l'oreillette droite (O-D) ; l'on y remarque une ouverture oblongue, formée par l'écartement de deux valvules (v-m), disposées de manière à permettre l'afflux du sang dans la cavité auriculaire, et à s'opposer à son reflux dans les trois veines caves et les coronaires qui débouchent dans le confluent ou sinus commun. (n° 2.) La fig. B' représente la cavité du ventricule droit V-D ; on y voit l'orifice auriculo-ventriculaire, garni de deux valvules (v-m) ; celui du tronc pulmonaire (n° 11), ayant aussi deux valvules semi-lunaires S-S ; enfin, celui de la branche aortique (n° 2) ou l'analogue du canal artériel.

Le Cœur du Crocodile est vu représenté par sa face postérieure (fig. B'') ; V-G, est le ventricule gauche ouvert ; V-I, l'orifice valvulaire, qui communique avec l'oreillette gauche o-g.

Chez les Ophidiens, le Cœur est généralement composé de quatre cavités (fig. C). Mais les ventricules ne sont pas assez complétement isolés par la cloison qui les sépare ; celle-ci est, dans un grand nombre au moins, perforée de plusieurs trous, et il existe, en outre, une large ouverture garnie de valvules qui peut établir le passage du sang d'un ventricule à l'autre. La sonde n° 8 indique cette communication. Mais un savant auteur, M. Retzius, pense que le jeu des valvules du Cœur n'est pas bien déterminé chez les Ophidiens, surtout chez le serpent Python, où, suivant lui, il n'y aurait pas mélange du sang. Dans tous les cas, les deux ventricules du Cœur, chez le plus grand nombre d'Ophidiens, communiquant plus ou moins l'un avec l'autre, coopèrent simultanément à lancer le sang, soit aux poumons, soit à tous les autres organes. Il n'y a donc pas de distinction à établir sous le rapport du *Cœur pulmonaire* et du *Cœur aortique*, quoiqu'il y ait cependant une oreillette droite et une oreillette gauche. Cette variété de la structure du Cœur rentre parfaitement dans la division que nous avons établie sous le nom de *Cœur mixte*.

Chez les Sauriens (fig. D) et les *Chéloniens*, la distinction des ventricules est bien moins indiquée que chez les Ophidiens ; il y a aussi une oreillette droite qui reçoit le sang veineux, et une oreillette gauche pour recevoir le sang artériel provenant des poumons. Ces reptiles ont par conséquent un

Cœur mixte, d'une organisation moins parfaite, si l'on peut s'exprimer ainsi, que celle du Cœur des serpens.

Chez les Batraciens, le Cœur se compose encore de deux oreillettes bien distinctes. Les cavités auriculaires sont superposées l'une à l'autre, et, quoiqu'à l'extérieur on ne reconnaisse pas leur isolement, il est facile de s'assurer qu'une cloison très-mince (m, fig. E), sépare complétement l'oreillette droite (o-d) de la gauche (o-g). Les deux veines caves supérieures et la veine cave inférieure aboutissent au même point (R), fortement renflé, qui communique dans l'oreillette droite (o-d). Quant aux artères pulmonaires (n° 4 et 5), elles se réunissent en un tronc commun qui va s'ouvrir dans l'oreillette gauche (o-g). La cloison auriculaire s'étend jusque sur l'ouverture auriculo-ventriculaire, qu'elle semble diviser en deux moitiés égales, de telle sorte que le sang veineux et le sang artériel peuvent passer en même temps dans un ventricule commun, destiné à envoyer le sang mélangé à tous les organes indistinctement. Cet organe central de la circulation est par conséquent un *Cœur mixte*.

Chez les Poissons, (fig. F) le Cœur est le plus simple de tous ceux que nous avons examinés jusqu'à présent ; une oreillette (A) reçoit tout le sang veineux, le transmet à un ventricule unique (B) qui au moyen d'une ouverture oblongue, garnie de deux valvules (v-l), le pousse dans les branchies et de là aux divers organes. Ce Cœur est donc *pulmonaire* ou branchial.

Enfin, l'embranchement des animaux invertébrés fournirait encore d'innombrables variétés de forme, de structure et de disposition du Cœur ; mais, comme il serait trop long d'en énumérer même les principales différences, et que d'ailleurs il sera question de ces variétés dans les articles relatifs aux différentes classes d'animaux, nous y renvoyons pour de plus amples détails.

(M. S. A.)

CŒUR. (moll.) Nom donné par les anciens naturalistes à toutes les coquilles bivalves qui ont quelque rapport, pour la forme, avec cet organe, et dont le plus grand nombre dépendent des genres Bucarde et Isocarde. Il était tout naturel, à une époque où l'on ne s'occupait aucunement des caractères intérieurs que présentent les différentes espèces de coquilles, de prendre leur dénomination de leur forme extérieure. Aujourd'hui qu'il en est autrement, que chaque espèce est étudiée sous tous les rapports, qu'elle est décrite et figurée sur plusieurs faces, tous ces noms ont cessé d'exister, et ne sont plus connus que des marchands. (Ducl.)

COFFRE, *Ostracion*. (poiss.) On trouve dans les mers des Indes, et près des côtes de Guinée, des poissons très-dignes de fixer l'attention de l'homme par les singularités de leur conformation. Les Coffres ont, au lieu d'écailles, des compartimens osseux et réguliers, soudés en une sorte de cuirasse inflexible qui leur revêt la tête et le corps, en sorte qu'ils n'ont de mobile que la queue, les nageoires, la bouche et une petite lèvre qui garnit le bord de leurs ouïes, toutes parties qui passent par des trous de cette cuirasse; leurs mâchoires sont armées chacune de dix ou douze dents coniques, l'os du bassin manque aussi bien que les ventrales, et il n'y a qu'une seule dorsale et une seule anale, petites l'une et l'autre. Ils ont peu de chair, mais leur foie est gros et produit beaucoup d'huile. Leur estomac est membraneux et assez grand. Quelques uns ont été soupçonnés de poison. On compte un assez grand nombre d'espèces : celle que nous reproduisons dans notre Atlas, pl. 119, fig. 1, est le Coffre triangulaire (*Ostracion triangularis*), à enveloppe triangulaire, sans épines, d'un gris brun en dessus, blanchâtre dessous, couvert d'une sculpture représentant un pavé d'appartement et ayant en outre un grand nombre de taches blanches. Il est long de 15 à 18 pouces, d'un brun rougeâtre, et se trouve aux Antilles. (ALPH. G.)

COHÉSION. (MIN.) La force de *Cohésion* est la résistance que les corps opposent aux efforts qui tendent à désunir leurs parties; cette propriété étant désignée sous le nom de Ténacité dans la plupart des ouvrages modernes, nous renvoyons à ce mot les détails que nous devons donner sur la résistance des diverses substances minérales employées dans l'architecture. *V.* TÉNACITÉ. (B.)

COIFFE ou COEFFE. (BOT. CRYPT.) Enveloppe membraneuse qui recouvre, dans les mousses, l'ovaire non développé, que Linné avait regardée comme un calice, et qui offre des caractères différens selon les différens genres : ainsi, tantôt elle représente une sorte de cloche, dont les bords sont entiers ou laciniés; tantôt elle a la forme d'un capuchon fendu latéralement et se détachant obliquement.

La grandeur de la Coiffe, la présence ou l'absence de poils à sa surface, ont encore servi à établir quelques genres parmi les mousses. (F. F.)

COIGNASSIER, *Cydonia.* (BOT. PHAN. et AGR.) Uni par Linné au genre Poirier, dont il ne diffère réellement que par le nombre des graines contenues dans chacune des cinq loges de son fruit; les botanistes modernes ont cru devoir adopter le sentiment de Tournefort et en faire un genre particulier; ils se sont fondés sur les caractères des fleurs, sur les grandes découpures persistantes et denticulées du calice, sur la forme du fruit et sur la quantité des semences. Nous adoptons cette coupe, qui prend naturellement place entre le poirier et le néflier, dans la famille des Rosacées, et dans l'Icosandrie pentagynie.

On connaît aujourd'hui trois espèces de ce genre; ce sont des arbrisseaux peu élevés, à feuilles simples et alternes, aux fleurs roses ou d'un rouge écarlate, plus ou moins abondantes, et aux fruits, ordinairement pyriformes, quelquefois arrondis, bons à manger. Ces trois espèces sont les suivantes :

1° Le COIGNASSIER COMMUN, *C. vulgaris,* cultivé dès les premiers temps d'Homère et employé à recevoir la greffe d'autres fruits à pepins. Il est assez mal fait, porté à se charger de branches

chiffonnées qui s'enchevêtrent les unes dans les autres d'une manière fort désagréable; il pousse facilement, n'a pas besoin d'être taillé, s'élève peu, ne dépassant jamais cinq mètres. Il est couvert de feuilles ovales, entières, très-cotonneuses, surtout à leur face inférieure, et molles au toucher. Ses fleurs sont grandes, d'un rose pâle et même tout-à-fait blanches, solitaires et terminales, placées sur les jeunes rameaux à l'aisselle des feuilles; il leur succède des fruits jaunes, pubescens, appelés COINGS (*voy.* ce mot). On le dit originaire de l'île de Crète, et son nom tiré de la ville de Cydonie aux environs de laquelle il existe spontané; d'autres le déclarent apporté de l'Asie mineure; ce qu'il y a de plus positif, c'est que s'il s'est naturalisé dans l'Europe, c'est depuis un si grand nombre de siècles qu'on ne peut en fixer l'époque; car les anciens Grecs l'arrachèrent sauvage à leurs vieilles forêts. Un illustre poète agriculteur nous apprend qu'il était indigène aux bois de l'Italie : c'est là que son berger Corydon va cueillir le *Malum canum tenera lanugine* pour l'offrir à son ami Alexis en signe d'attachement (Virg., Buc. II, 51). Il existe aussi spontané dans les haies sur les bords du Danube.

On distingue deux variétés dans cette espèce, le COIGNASSIER A LARGES FEUILLES, que d'autres appellent *Coignassier du Portugal,* parce qu'il nous est venu de cette contrée fertile. On la recherche de préférence, ses fruits étant plus gros, pyriformes, juteux, moins acerbes, moins pierreux et plus parfumés que ceux du COIGNASSIER A FEUILLES ÉTROITES ET A FRUITS RONDS. Ces deux variétés se plaisent dans un terrain léger et frais, à une exposition chaude; mais on ne les cultive point en grand, et les pépiniéristes ne se servent des individus de la seconde variété que pour propager la première et améliorer les poiriers. Le Coignassier se reproduit par ses graines calleuses et par marcottes. Celui qu'on élève par ce dernier moyen pousse rarement de bonnes racines, il est sujet à produire un grand nombre de rejetons, qui deviennent nuisibles à la quantité et à la qualité des fruits. La voie de la greffe est préférée pour conserver les plus belles variétés.

2° Depuis 1790, l'Europe a reçu le COIGNASSIER DE LA CHINE, *C. sinensis;* la France ne le possède véritablement que depuis 1802, ou pour mieux dire, depuis 1811, époque à laquelle il a porté fruit. C'est un grand arbrisseau de cinq à six mètres, à tête sphérique, garni de branches dans toute la longueur du tronc, point difficile sur la nature du sol, supportant assez bien nos hivers, et méritant par sa verdure très-hâtive, par la multitude et l'éclat des fleurs dont il se décore dès le mois d'avril, de prendre une place distinguée dans les jardins d'ornement.

A ce premier avantage, le Coignassier de la Chine en joint un autre non moins intéressant pour l'horticulteur, c'est d'offrir à chaque saison un spectacle nouveau. Voyez-le, en effet, au printemps: son feuillage, léger, peu serré, d'un vert rosé très-tendre, se marie d'une manière agréable au rose vif, varié de nervures plus foncées, des fleurs, qui répandent une odeur suave, et durant de quinze à vingt jours. En été, les feuilles, devenues d'un vert noir et luisant, semblent s'écarter pour laisser voir une pomme verdâtre ovoïde-allongée, se montrant inégale dans son diamètre, comme bosselée dans plusieurs parties, et occupant l'extrémité d'un petit rameau. Vers le milieu de l'automne, le feuillage passe au noir doré, au rougeâtre, et donne à l'arbrisseau l'aspect le plus riant au milieu des bosquets qui se dépouillent, d'arbres dont les branches sont dénudées, des plantes aux tiges noircies, se courbant vers la terre qu'elles vont engraisser de leurs débris. L'hiver a jeté son manteau de frimas, tout attriste : portez les yeux sur le Coignassier de la Chine, ses feuilles commencent à tomber, mais ses fruits approchent de leur maturité, leur robe première a cédé la place à une robe parfumée, d'un jaune pâle, citronné, dont l'odeur rappelle celle de l'ananas.

Il ne faut pas confondre cette espèce avec un arbre improprement désigné sous son nom dans quelques catalogues, et qui donne une figue cague ; c'est un Plaqueminier, *Diospyros*, désigné vulgairement en Chine et au Japon, aussi bien qu'à l'île Maurice, par le mot *Kaki*.

5° Cultivé par les Anglais dès 1796, le Coignassier du Japon, *C. japonica*, a été introduit chez nous par Boursault en l'année 1810; il est encore rare, même dans nos départemens du midi, malgré le brillant éclat de ses corolles. Il est petit de taille, chargé de rameaux menus, à duvet court et munis çà et là d'épines aiguës, qui prennent naissance à l'aisselle des feuilles. Celles-ci sont ovales-oblongues, luisantes, d'un vert gai. Les fleurs, réunies trois à dix ensemble, durent peu, se montrent parfois semi-doubles, et font un bel effet par leurs corolles d'un rouge écarlate, qui passe au blanc dans une variété.

Une question divise les cultivateurs d'arbres, les pépiniéristes et les amateurs; il s'agit de savoir s'il y a plus d'avantages à enter le poirier sur franc que sur Coignassier. C'est faute de s'entendre que l'on ne tombe pas tous d'accord. Essayons de le faire. Quiconque veut abondance et jouissance précoces, doit donner la préférence au Coignassier; il n'aura qu'un arbre faible, pas de bois, un individu de peu de durée, mais il lui rapportera de suite et beaucoup; les fruits n'auront pas toute la perfection désirable, mais la vente sera bonne, attendu le nombre et la précocité. C'est la triste spéculation du prodigue, c'est le plan d'une jeunesse fougueuse qui, pour satisfaire ses passions, sacrifie sa vie, sa famille, sa patrie ; tandis que l'arbre enté sur franc ou sur sauvageon, prend de la force, de l'étendue avant de produire, et les fruits qu'il donne, sans être en très-grande quantité, réunissent à la beauté toutes les qualités les plus hautes. Cultivateurs éclairés, n'allez point croire que je repousse le Coignassier : comme sujet excellent, il convient aux espèces à basse tige, aux fruits fondans et à

tout individu qu'un excès de végétation entraîne naturellement à donner plus de bois que de fruits.

COIGNASSIER (PETIT). Aux environs de Lima, dans la république du Pérou, l'on donne vulgairement ce nom à une espèce de Sébestier, le *Cordia lutea*.   (T. D. B.)

COIGNIER. (BOT. PHAN.) Nom que l'on donne plus particulièrement au Coignassier sauvage ou commun, dans diverses localités. Il paraît même que c'est le premier nom que cet arbre a porté en France.   (T. D. B.)

COING. (BOT. PHAN. et ÉCON. RUR.) Fruit du Coignassier. Le Coing jouissait dans l'antiquité d'une haute considération, et s'associait à toutes les solennités publiques et de familles comme emblème du bonheur et de l'amour. On en présentait un à la nouvelle mariée au moment où elle allait entrer dans le lit nuptial, et en en mangeant la chair parfumée, elle assurait à son époux douceur de caractère, agrémens dans le commerce de la vie, et union franche. Des rameaux fleuris de l'arbre et ses fruits dorés couronnaient le front des dieux qui présidaient à l'hyménée. C'est pour cela que quelques écrivains peu familiarisés avec la lecture des anciens, et ignorant la botanique des pays qu'habitaient les Grecs et les Romains, veulent reconnaître dans le Coing le fruit célèbre du jardin des Hespérides. J'ai démontré plus haut, pag. 207, qu'il faut y voir le Cédratier, vieil habitant du bassin de la Méditerranée. En effet, s'il se fût agi, comme le pensaient Gallesio et ceux qui ont adopté son sentiment, d'un fruit que l'on trouvait sauvage dans les forêts, aurait-on mis autant de soin à garder les avenues de ce jardin ? On ne prend de pareilles précautions que pour des fruits très-rares, et dont la nouveauté excite l'envie. Le cédratier se trouvait dans ce cas alors, et non pas le Coignassier.

Le Coing a joui long-temps de la réputation de paralyser l'effet des poisons; aujourd'hui l'on s'en sert peu sous le point de vue médical. Réduit à l'état de sirop, ou préparé en confitures, il entre dans la composition de plusieurs électuaires. Les graines fournissent, par décoction, une eau mucilagineuse reconnue puissante contre les ophthalmies inflammatoires.

Sa pomme turbinée, pyriforme, ou tout-à-fait ronde, ce qui est plus rare, se cueille à la fin d'octobre et même plus tard, alors qu'elle se montre d'un jaune citron. Son odeur extrêmement prononcée la rend peu agréable à certaines personnes, et comme à cette odeur elle unit une chair cotonneuse, un peu coriace, acide, légèrement acerbe, on la mange rarement crue. Cuite, convertie en compotes, en marmelades, en pâte ou en gelée, que l'on nomme particulièrement *Cotignac* ou *Cotognac* dans le bassin de la Garonne, elle est délicate, plaît à tout le monde, et convient aux estomacs faibles. Dans le midi, l'on peut attendre que le Coing atteigne à sa parfaite maturité; dans les contrées du nord de la France, il faut le cueillir avant les froids

âpres,

àpres, le placer sur la paille durant une quinzaine de jours en un lieu aéré et séparé du fruitier : mis avec les autres fruits, son odeur pourrait déterminer chez eux le principe de la fermentation. Au bout des quinze jours, employez le Coing, car, dans nos départemens septentrionaux surtout, il ne se conserve pas.

On fait encore avec cette pomme un ratafiat fort bon, une sorte de cidre assez agréable, et principalement une eau-de-vie excellente.

(T. D. B.)

COIX. (bot. phan.) Ce nom grec, qui dans Théophraste désigne un palmier, a été donné par les modernes à une plante de la famille des Graminées, remarquable par les détails de son organisation et par son fruit. Ses racines sont annuelles ou vivaces ; son chaume ferme, élevé ; ses feuilles assez larges. On ne ferait attention qu'à sa végétation vigoureuse, si, à l'époque de la moisson, des globules ou perles luisantes, en forme de *larme*, n'attiraient les regards. Ces perles végétales servent à composer de jolis chapelets, surtout en Espagne ; on en fait aussi des colliers, des bracelets. Il vaudrait mieux pouvoir en faire du pain, dira-t-on ; eh bien ! on a essayé ; l'intérieur de cette perle renferme une farine assez nutritive, que l'on a utilisée dans certains temps de disette.

Venons-en aux caractères distinctifs du genre *Coix*, que M. Richard a décrit avec une sagacité scrupuleuse.

Les fleurs sont monoïques. La gaîne des feuilles supérieures donne naissance à plusieurs pédoncules qui portent à leur sommet une sorte de bouton ou involucre ovoïde. Cet involucre contient une fleur femelle, et de plus il donne passage à un rameau de fleurs mâles.

Ce rameau porte 8 à 10 épillets biflores, groupés par deux ou trois. Les deux fleurs sont sessiles, l'une plus grande que l'autre ; une lépicène à deux valves les contient. Leur glume se compose de paillettes minces, lancéolées et pointues. Entre deux paléoles épaisses qui constituent la glumelle, naissent les trois étamines.

Au fond de l'involucre est la fleur femelle, auprès de laquelle on distingue quelques appendices ou rudimens de fleurs stériles. Elle se compose de cinq écailles (lépicène et glume) concaves, acuminées, diminuant de grandeur depuis l'extérieur jusqu'à la plus interne. L'ovaire est sessile, un peu comprimé ; il porte un style court, terminé par deux stigmates filiformes, poilus et faisant saillie hors de l'involucre ; autour de l'ovaire sont trois rudimens d'étamines. Le fruit est formé par l'involucre, qui, devenu osseux et luisant, cache la graine proprement dite.

On compte cinq espèces de *Coix*, originaires des Indes et de l'Amérique. Celui que l'on cultive dans nos jardins est le *Coix lacryma*, L., ou *Larme de Job*. Nous citerons encore le *C. arundinacea*, dont les feuilles ressemblent à celles du roseau, et le *C. agrestis*, dont les fruits sont de la grosseur d'un pois. (L.)

COL ou COU. (anat.) Partie du corps qui unit la poitrine à la tête. Dans le corps humain c'est une des parties les plus compliquées. On y rencontre une foule d'organes : l'os hyoïde, les sept vertèbres cervicales, les glandes maxillaires et sublinguales, la thyroïde, le larynx, la trachée-artère, le pharynx et l'œsophage. Soixante-quinze muscles, sans y comprendre ceux qui lui sont communs avec la partie postérieure du tronc, entrent dans la composition de cette partie et concourent aux divers mouvemens de la tête ainsi qu'aux fonctions de la respiration, de la déglutition, de la voix, etc. Les artères qui s'y distribuent sont les carotides, les sous-clavières et leurs branches, les thyroïdiennes inférieures et supérieures, les vertébrales, les cervicales transverses, les linguales, les labiales, les pharyngiennes et les occipitales. Les veines sont les vertébrales, les céphaliques, les trachéales, les gutturales, les ranines et les maxillaires qui vont toutes s'ouvrir dans les jugulaires. Beaucoup de ganglions y sont formés par les lymphatiques répandues en abondance ; enfin les nerfs qui parcourent le Cou sont la seconde et la troisième branche de la cinquième paire ; l'accessoire de Willis, les branches antérieures des nerfs cervicaux, et quelques filets du grand sympathique.

La longueur du Cou semble un des attributs de la stupidité ; cette remarque s'applique à un grand nombre d'animaux comme à l'homme : il semble qu'en arrivant au cerveau par un plus long trajet, le sang donne moins d'activité à ce centre de l'intelligence. Chez quelques individus, le Cou semble s'allonger aux dépens des parois de la poitrine qui, plus étroite et plus aplatie, ne permet pas aux organes qu'elle renferme de prendre leur entier développement.

Les anatomistes donnent encore au mot *Col* une autre application ; ils appellent ainsi un rétrécissement qu'on remarque sur l'étendue d'un os ou d'un viscère ; exemple : *Col du fémur*, portion allongée, rétrécie qui sépare la tête de cet os de deux éminences nommées trochanters ; *Col de l'humérus*, rétrécissement qui supporte la tête de l'os du bras ; *Col de l'utérus*, partie étroite, allongée de cet organe, qui avoisine son orifice, etc.

(P. G.)

COL. (géogr. phys.) On donne ce nom, dans les Alpes, aux passages que la nature a ouverts entre les sommets des montagnes qui forment la partie centrale d'une grande chaîne. Dans les Pyrénées, ces mêmes passages portent le nom de ports.

Voici les hauteurs auxquelles s'élèvent, au dessus du niveau de la mer, les points culminans des principaux Cols ou ports des Alpes et des Pyrénées, formant les passages qui conduisent d'Allemagne, de Suisse et de France en Italie, et ceux qui conduisent de France en Espagne.

Dans les Alpes.

	mètres.
Passage du Mont-Cervin.	5,410
de Fura.	2,550
du Col de Seigne.	2,460
du Grand Saint-Bernard . .	2,428
du Col Ferret.	2,521

(GUÉR.)

COLASPE, *Colaspis.* (INS.) Genre de Coléoptères de la section des Tétramères, famille des Cycliques, tribu des Chrysomélines, ayant pour caractères : antennes filiformes, plus longues que la moitié du corps, composées d'articles allongés, avec le dernier terminé par un faux article; mandibules terminées par une dent robuste; pattes filiformes; point de saillie au mésosternum. Ce genre est très-nombreux en espèces; elles sont presque toutes propres à l'Amérique, et elles ont un peu la forme (et par analogie doivent avoir les mœurs) de nos Chrysomèles; nous n'en avons en France qu'une espèce; c'est le C. TRÈS-NOIR, *C. atra*, Ol., Col., t. 6, pl. 2, fig. 22, long de trois lignes, très-noir, avec les antennes jaunes à leur base. (A. P.)

COLBERTIE, *Colbertia.* (BOT. PHAN.) Genre qui fait partie de la tribu des Dilléniées, dans la famille des Dilléniacées de De Candolle, et de la Polyandrie polygynie de Linné. Caractères : calice composé de cinq sépales persistans et presque arrondis; corolle formée de cinq pétales caducs; étamines en nombre indéfini, dont treize beaucoup plus longues que les autres, à anthères aussi fort longues; ovaires au nombre de cinq, réunis et se changeant en un péricarpe globuleux à cinq loges; cinq styles divergens, aigus, selon Roxburgh, ou capités au sommet, d'après R. Brown; grand nombre de semences réniformes dans chaque loge, immergées dans une pulpe gélatineuse ou transparente.

La seule espèce connue de ce genre est la *Colbertia andeliana*, D. C., figurée sous le nom de *Dillenia pentagyna* dans Roxburgh (Fl. Corom. 1, p. 21, t. 20.) C'est un arbre des vallées du Coromandel, dont les feuilles sont oblongues, acuminées, dentées en scie, à nervures pennées, au nombre de 30 et plus, et portées sur de courts pétioles; les pédicelles très-nombreux, uniflores, sortant de bourgeons écailleux, placés près des nœuds de l'année précédente; les fleurs jaunes. Ce genre est dédié au ministre patriote, à Colbert, qui fit fleurir les arts dans son pays, et dont son pays n'a, que je sache, honoré la mémoire par aucun monument public. Mais qu'il se console : notre plante lui sera un monument plus durable; et à qui le doit-il? à un étranger, à Salisbury, un Anglais, qui, n'écoutant que sa magnanimité, s'est

chargé d'acquitter la dette d'une nation rivale de la sienne. (C. L.)

COLCHICACÉES ou COLCHICÉES, *Colchicaceæ.* (BOT. PHAN.) Famille créée par Mirbel, qui l'avait nommée *Mérendérées*, et à laquelle De Candolle a donné le nom de *Colchicacées*, tiré du genre le plus notable de ce groupe. Robert Brown (Prod. Fl. Nov. Holl.) la désigne sous le nom de *Mélanthiacées.* Elle est comprise dans la grande division des Monocotylédones dont les étamines sont périgynes, et se compose de plantes herbacées aux racines fibreuses ou tubérifères; la tige est simple ou rameuse; les feuilles sont alternes, engaînantes par la base, de forme variable; les fleurs terminales, hermaphrodites ou unisexuées, et polygames ou dioïques; le calice coloré, pétaloïde, à 6 divisions égales, quelquefois même hexasépale, d'autres fois se prolongeant à la base en un tube long et grêle; les étamines au nombre de 6, insérées soit au sommet du tube calicinal, soit à la base et en face de chaque sépale; les ovaires au nombre de trois dans chaque fleur, tantôt presque entièrement libres et distincts, tantôt plus ou moins intimement soudés entre eux, de manière à former un ovaire à trois loges, contenant chacune plusieurs graines attachées à l'angle de la loge, tantôt sur deux rangées longitudinales, tantôt confusément; le style quelquefois très-long et très-grêle terminé par un stigmate glanduleux, quelquefois nul; le fruit formé de trois capsules uniloculaires, s'ouvrant par une fente longitudinale; les graines plus ou moins nombreuses dans chaque loge, et attachées à un trophosperme sutural qui se sépare en deux lors de la déhiscence de la capsule. Les *Colchicacées* forment la transition des *Joncées* aux *Asphodélées.* Les genres de cette famille sont : *Colchicum*, L.; *Merendera*, Ramond; *Xerophyllum*, Richard et Michaux; *Helonias*, L.; *Nolina*, Rich.; *Nanthecium*, Juss.; *Veratrum*, L.; *Zygadnus*, Rich.; *Melanthium*, L.; *Plexa*, Rich.; *Burchardia*, R. Brown; *Paliosanthes*, Andrews; *Bulbocodium*, L. (C. L.)

COLCHIQUE, *Colchicum.* (BOT. PHAN.) Genre type de la famille des *Colchicacées*, appartenant à l'Hexandrie trigynie, reconnaissable à la racine surmontée d'un tubercule charnu ou bulbe solide; aux fleurs dont le calice est terminé inférieurement par un tube très-long et très-grêle; au limbe campanulé à 6 segmens égaux; aux anthères allongées et vacillantes; aux ovaires qui, au nombre de 3, sont soudés par le côté interne et inférieur, et libres seulement du côté externe; aux styles grêles et de la longueur du tube calicinal; aux stigmates pointus et recourbés en crochets; à la capsule renflée, marquée de 3 sillons longitudinaux très-profonds, tricorne à son sommet, ayant 3 loges polyspermes, s'ouvrant par le côté interne. Les fleurs, généralement roses, sont enveloppées, avant de s'épanouir, dans des gaînes ou spathes membraneuses; tantôt elles paraissent avant les feuilles et semblent naître immédiatement du bulbe; tantôt elles se développent en même temps que la tige et les feuilles.

.* Le COLCHIQUE D'AUTOMNE, *C. autumnale*, L., vulgairement Safran bâtard , Tue-chien. Veilleuse ou Veillotte, etc., et représenté dans notre Atlas, pl. 119, fig. 2, se trouve dans les prairies de presque toute la France, et donne en septembre de quatre à douze fleurs rose-purpurin , fort jolies , ressemblant à celles du *Crocus*, mais plus grandes; les feuilles et le fruit ne paraissent qu'au printemps suivant. Le bulbe de cette plante , presque entièrement composé d'amidon, contient cependant un suc âcre et vénéneux, dont la nature chimique a été déterminée par Pelletier et Caventou, et qu'ils ont nommé *Vératrine* parce qu'il se touve abondamment dans le *Veratrum sabadilla*.

Le *Colchicum montanum*, L., est aussi indigène.

Le *Colchicum alpinum*, D. C., croit dans les Alpes de Suisse et d'Italie. (C. É.)

COLÉOPTÈRES, *Coleoptera*. (INS.) Premier ordre des insectes, dans la Méthode, caractérisé, ainsi que l'indique son nom, par ses premières ailes en forme d'étuis propres à recouvrir les secondes. Les Coléoptères sont de formes très-variées; mais cependant leur organisation extérieure peut se rapporter à un type que nous allons formuler : tous ont la tête unie immédiatement au corselet; des antennes de forme variable , mais le plus souvent de onze articles; pas d'ocelles, et les yeux assez grands; leur bouche se compose d'un *labre* , de deux *mandibules* cornées , et deux *mâchoires* munies d'un ou deux *palpes*; la paire externe, quand il y en a quatre , n'est au plus que de quatre articles ; d'une lèvre subdivisée en deux parties, la *languette* et le *menton*, ou plutôt *lèvre* proprement dite, dont la première n'est le plus souvent que le côté interne de la seconde ; les palpes labiaux sont le plus souvent de trois articles. Le *corselet*, cette portion qui représente le dos, est formé du prothorax; en arrière de lui se trouve une petite pièce triangulaire appelée écusson ; du second segment naissent les premières ailes, auxquelles on a donné le nom d'*élytres* ou étuis; elles sont coriaces comme les segmens du thorax, de forme voûtée, emboîtant un peu le corps sur les côtés , réunies dans le repos par une suture droite, sans aucun recouvrement ; quoiqu'impropres au vol, elles peuvent aider à soutenir l'insecte à la façon des parachutes ; elles sont susceptibles de s'écarter beaucoup pour laisser libre le jeu des ailes ; les élytres sont plus généralement de la longueur de l'abdomen ; cependant dans la famille des Clavicornes elles sont déjà courtes ; dans celle des Staphylins, et dans un genre ou deux des Longicornes, elles atteignent à peine un tiers de la longueur du corps; enfin, dans les Lampyrides, elles manquent souvent tout-à-fait, on a même un exemple d'une pareille anomalie dans un genre de Lamellicorne, où la femelle est privée d'élytres et d'ailes. Les ailes sont assez grandes, repliées sur leur longueur dans le repos ; ces ailes sont loin d'être en rapport avec le volume de l'insecte qui doit s'en servir; aussi les Coléoptères sont-ils de mauvais voiliers ; ils volent lourdement , et jamais contre le vent : ceux qui paraissent avoir un vol

plus vif l'ont de courte durée. Les pattes sont insérées comme dans tous les insectes ; le nombre des articles des tarses varie de trois à cinq.

L'abdomen tient au corps par sa plus grande largeur ; il paraît composé de cinq à six segmens convexes et coriaces en dessous, un peu concaves et moins durs en dessus ; il se rétrécit à son extrémité ; les organes sexuels sont internes.

Les Coléoptères subissent des métamorphoses complètes ; leurs larves offrent parfois quelque ressemblance avec l'insecte parfait, mais le plus souvent en diffèrent beaucoup; elles offrent une tête écailleuse , des rudimens d'antennes, rarement des yeux formés d'ocelles agglomérés , quelquefois six pattes, quelquefois de simples mamelons; celles qui vivent sur les plantes ont été assez bien étudiées, mais la plupart de celles qui vivent soit dans l'intérieur de la terre, soit dans le bois ou les matières en putréfaction , sont encore peu connues; quelques unes opèrent leur métamorphose dans l'année de leur naissance, d'autres sont plusieurs années avant d'avoir pris tout leur accroissement; les nymphes sont immobiles, enveloppées d'une pellicule qui ne lie pas les membres entre eux, mais les enveloppe chacun séparément.

L'accouplement se fait à la manière ordinaire ; le mâle est placé sur le dos de la femelle; ils restent unis au moins plusieurs heures et quelquefois deux jours; le mâle ne tarde pas ensuite à mourir, et la femelle, aussitôt qu'elle a placé convenablement ses œufs, cesse aussi de vivre.

L'éclat dont brillent un grand nombre de ces insectes , leur taille, leur consistance plus coriace que celle des autres , ce qui promet une conservation plus facile, les ont fait rechercher des amateurs pour en former des collections ; mais il faut convenir que s'ils flattent davantage les yeux, l'étude de leurs mœurs n'offre pas autant d'attraits que dans ceux des autres ordres. (A. P.)

COLÉOPTILE, *Coleoptila*. (BOT. PHAN.) Ce mot a été employé par Mirbel pour désigner l'espèce de gaîne ou étui dans lequel est renfermée la gemmule des plantes monocotylédones; lors de la germination, elle le perce pour développer ses feuilles. Or cet étui ou Coléoptile (en grec *fourreau de la gemmule*) fait partie du cotylédon lui-même; c'est sa substance, sa chair, pour ainsi dire , qui enveloppe le germe de la tige future; on voit la même chose dans tous les végétaux monocotylédones, et non dans quelques uns seulement, comme Mirbel l'avait cru. On ne doit donc pas regarder la *Coléoptile* comme un organe spécial. (L.)

COLÈRE (PHYSIOL.) Emotion subite et violente de l'âme, fureur momentanée, qui semble avoir pour cause une vive excitation du système nerveux, mais dont l'effet s'étend bientôt à l'ensemble de l'économie. Cette affection est commune à l'homme et aux animaux. Elle est presque toujours provoquée par une offense , par de mauvais traitemens, par le sentiment du danger. Les changemens que produit la Colère sont aussi remarquables que rapides : l'être le plus doux, poussé à cet état d'exaltation, devient un furieux; le plus timide cesse de calculer le péril ; le plus raisonnable devient insensé. De faibles animaux, excités par la Colère, se font agresseurs, et luttent jusqu'à la mort contre la force qui doit les anéantir. L'homme entraîné par cette passion peut aller jusqu'à la férocité, son langage se salit de grossières épithètes, ses traits se contractent, prennent un caractère effrayant ; chez les femmes les plus gracieuses, la physionomie peut tout à coup devenir repoussante. S'il est des êtres impassibles dont l'heureuse organisation sait s'humilier devant l'outrage, fléchir devant le danger, se soumettre à l'injustice, il en est un grand nombre de moins favorisés, et que la plus faible contrariété jette hors des bornes de la raison. Cette irritation maladive se prolonge d'autant plus que celui qui l'éprouve possède moins d'intelligence ; les plus jeunes enfans sont sujets à des accès de Colère qui déterminent souvent des convulsions et finissent par la mort : on comprend alors combien il est inutile, ou plutôt combien il est cruel d'infliger à cet âge un châtiment qui n'est plus qu'une provocation nouvelle. La Colère des fous est implacable, elle dure long-temps, si l'on ne se hâte, comme pour l'enfant, d'en éloigner la cause, et d'appeler l'attention de l'individu sur d'autres objets. On a vu des hommes se livrer contre eux-mêmes à de terribles mouvemens de Colère, au souvenir de quelque action reprochable dont leur conscience leur demandait justice. Il en est qui méprisent d'injurieuses provocations, mais que le plus léger soupçon jaloux pousse à d'indicibles fureurs. L'amour-propre, à tous les âges, et chez l'homme comme chez la femme, est une des plus puissantes comme des plus fréquentes causes de la Colère. Celle-ci est d'autant plus vive qu'on est plus contraint d'en cacher les effets. S'il nous est possible de la laisser s'exhaler ; si elle s'adresse à un être que sa faiblesse, son âge ou son rang placent au dessous de nous, elle passe rapidement ; mais elle peut avoir les plus funestes résultats, lorsqu'elle est provoquée par une cause au dessus de nos atteintes, par un être que nous sommes habitués à entourer de nos affections et de nos respects. La Colère concentrée, qui n'a point été satisfaite, est souvent suivie d'une maladie grave, de l'apoplexie, de la mort.

Tous les tempéramens ne sont pas également irritables. L'homme sanguin est impatient, emporté, il n'est point colérique ; les gens bilieux, mélancoliques, nerveux, sont au contraire sujets à une colère profonde, ardente, impétueuse ; c'est pour cela que nous avons emprunté le mot Colère à un mot grec qui signifie *bile*. Certaines dispositions physiques rendent également irascible: à l'approche de l'époque menstruelle, beaucoup de femmes ont une telle susceptibilité que la cause la plus légère excite chez elles des accès de Colère; nous avons remarqué surtout cette disposition chez une jeune dame dont les grossesses sont également tourmentées par une exaltation

semblable. Les chagrins, l'ambition déçue, la perte des richesses rendent aussi la plupart des hommes plus susceptibles de mouvemens d'irritation. Quelle que soit la cause de la Colère, ses accès ont souvent pour conséquence de terribles maladies : les fièvres cérébrales, l'épilepsie, la catalepsie, le tétanos, l'apoplexie, la paralysie, la cécité, l'anévrysme, l'hémoptysie, la jaunisse, les vomissemens, les diarrhées, les éruptions cutanées, la suppression des menstrues, du lait, la goutte, l'hystérie, le mutisme, les convulsions, la mort. La Colère peut encore aller jusqu'à l'hydrophobie : un débiteur insolvable fut, il y a quelques années, jeté en prison par un impitoyable créancier; la Colère qu'il en éprouva fut si violente qu'il ressentit bientôt tous les symptômes de la rage ; il se mordit, essaya de mordre ceux qui l'approchaient, et mourut en peu d'heures avec tous les signes de l'hydrophobie.

Si l'on peut reprocher parfois aux gens irritables de ne pas fuir avec assez de soin les causes qui réveillent leur excitabilité, de ne pas appeler avec assez de force la raison à leur aide, on doit adresser de plus justes reproches à ceux qui, mieux favorisés sous le rapport de l'organisation, agacent, irritent sans cesse le malheureux auquel la Colère ravit la raison. Le véritable remède à opposer à ce délire passager, est d'éloigner le retour des accès; c'est de céder, de se soumettre en quelque sorte : celui qui n'a trouvé sous sa Colère qu'une résignation patiente, qu'une douceur indulgente, se calme bientôt, et rougit du désordre de ses sens; mais celui auquel on oppose une résistance hostile et provocatrice mesure moins ses torts que ceux qu'on a eus envers lui.   (P. G.)

COLÉORAMPHE. (ois.) Dumont, dans le X° vol. du Dict. des sc. nat., nomme ainsi le Bec en fourreau ; il en fait le *Coleoramphus nivalis*. Cet oiseau avait été appelé *Chionis alba* par Forster, *Vaginalis alba* par Gmelin, *Chionis necrophagus* par Vieillot, et *Chionis Novæ Hollandiæ* par M. Temminck.   (Gerv.)

COLÉORHIZE, *Coleorhiza.* (bot. phan.) Espèce de poche ou *fourreau* qui, dans l'embryon de tous les végétaux monocotylédonés, recouvre et enveloppe la radicule; ce fourreau fait partie du corps cotylédonaire, et se brise lors de la germination pour laisser passer la radicule ou racine future. Au contraire, dans les plantes dicotylédonées, la radicule est nue et sans enveloppe. C'est basé sur cette observation que le professeur Richard a établi sa division des végétaux en deux grandes classes, selon que la radicule est contenue ou non dans une *Coléorhize*, c'est-à-dire selon que la radicule est intérieure (les Endorhizes), ou qu'elle est nue et sans enveloppe (les Exorhizes). Ces deux classes répondent exactement aux monocotylédonées et aux dicotylédonées de Jussieu.

L'existence de la *Coléorhize* dans beaucoup de végétaux n'a pu être contestée; mais on a prétendu qu'elle ne se trouvait pas exclusivement dans les embryons monocotylédonés. Le fait est possible et même probable ; c'est une question pour ainsi dire microscopique, sur laquelle les yeux peuvent tromper. On doit convenir, toutefois, que la division des plantes d'après la *Coléorhize*, est sujette à moins d'exceptions que celle qui se base sur le nombre des cotylédons.   (L.)

COLERETTE. *Voy.* **COLLERETTE.**

COLEUS. (BOT PHAN.) Nom donné par Loureiro à une plante labiée, très-abondante dans les îles de l'archipel Indien, où la superstition la multiplie sur les maisons et les édifices ; car on lui attribue d'énergiques propriétés contre les *enchantemens*. On conviendra que, pour ceux qui craignent d'être ensorcelés, rien n'est plus précieux qu'un semblable auxiliaire ; jetez quelques graines dans la poussière, et vous êtes sauvé. Le *Coleus* est aromatique et antispasmodique, comme la plupart des labiées ; les Indiens s'en servent pour assaisonner leurs mets ou pour parfumer leur linge.

Nous ne décrirons pas les caractères du *Coleus* ; cette plante appartient évidemment au genre *Plectranthus*, auquel R. Brown l'a réunie. *V.* PLECTRANTHE.   (L.)

COLIADE, *Colias*. (INS.) Genre de Lépidoptères, de la famille des Diurnes, tribu des Papilionides, ayant pour caractères : troisième article des palpes labiaux beaucoup moins long que les précédens ; antennes finissant en cône renversé ; six pattes propres à la marche dans les deux sexes ; cellule discoïdale des secondes ailes fermée ; ailes inférieures formant une gouttière qui embrasse le corps.

Les chenilles sont cylindriques, sans tentacules rétractiles sur le cou ; les chrysalides sont anguleuses, terminées à chaque bout par une pointe conique ; elles s'attachent par la queue, et en outre par le milieu du corps.

Ce genre est peu nombreux en espèces indigènes. La première que nous citons offre un port d'ailes et des antennes tout-à-fait différentes des autres, et a pour cette raison été séparée génériquement, ainsi que celles qui offrent les mêmes caractères, par plusieurs auteurs.

C. CITRON, *C. rhamni*, Linn. Elle a deux pouces et demi d'envergure ; ailes supérieures découpées en faux ; ailes inférieures arrondies, avec un petit prolongement au milieu du bord externe ; les antennes vont en grossissant insensiblement de la base à l'extrémité, où elles sont tronquées brusquement ; ailes d'un jaune verdâtre, antérieures ayant le disque plus jaune, avec un point aurore au milieu de chaque aile ; en dessous, les ailes inférieures ont à la base un croissant rougeâtre ; le dessus des palpes et de la tête, les antennes sont lie-de-vin pâle ; le dessus du corps est noir, avec de grands poils blancs, et le dessous de l'abdomen jaunâtre ; la femelle ne diffère du mâle que par les couleurs des ailes, moins intenses. Des environs de Paris. Une espèce méridionale, la *C. cleopatra*, Linn., ne diffère que par la presque totalité du dessus des ailes antérieures qui est aurore.

C. SOUFRE, *C. hyala*, L., God. Hist. nat. des Lépid. d'Europe, de 20 lignes d'envergure ; ailes arrondies, couleur de soufre, avec le bord externe des antérieures largement lavé de noir en dessus ; plusieurs taches de jaune se remarquent au milieu de la partie noire ; un point noir intense, aussi marqué au dessous, se trouve près du bord antérieur, sur la nervure qui clot la cellule discoïdale ; les ailes inférieures sont un peu lavées de noir au bord externe ; en dessous, les ailes sont d'un jaune plus intense, avec des atomes gris-rougeâtre, disposés en ligne, près du bord externe des deux ailes ; au milieu des inférieures on remarque un œil argenté, accompagné d'un point beaucoup plus petit ; les antennes, les pattes, et la tranche de toutes les ailes, sont rosées. Cette espèce est commune partout.

C. SOUCI, *C. edusa*, Linn., God. Hist. des Lépid. d'Europe, représentée dans notre Atlas, pl. 119, fig. 3, de 20 lignes d'envergure ; en dessous, elle se rapproche beaucoup de la précédente ; en dessus, elle est d'un beau jaune de souci, avec le bord externe des deux ailes largement bordé de noir peu intense ; elle offre, comme la précédente, un point noir à l'extrémité de la cellule discoïdale des premières ailes. Cette espèce est un peu moins commune que la précédente.

On connaît encore plusieurs espèces de ce genre, sans parler des exotiques, mais qui toutes se rapprochent de l'une des espèces que nous venons de citer.   (A. P.)

COLIBRI, *Trochilus*. (OIS.) Le genre *Trochilus*, Linné, appartient à la famille des Passereaux ténuirostres de Cuvier ; voici quels caractères on lui donne : bec plus long que la tête, droit ou recourbé ; narines basales, recouvertes par des plumes avancées du front, placées dans une fossette latérale et séparées l'une de l'autre par une légère arête ; ailes étroites et très-allongées, établies sur le type le plus aigu ; la première grande rémige est toujours plus longue que la deuxième, qui surpasse elle-même la troisième, et ainsi de suite ; rémiges secondaires très-courtes ; tarses extrêmement grêles, raccourcis, et emplumés souvent jusqu'aux talons ; pieds impropres à la marche, à trois doigts devant et un derrière ; langue longue, extensible, divisée à son sommet en deux filets et supportée par deux branches de l'os hyoïde qui font l'office de ressort.

Les *Trochilus* ou Trochilidés forment, pour les ornithologistes modernes, une petite famille très-naturelle, et dans laquelle on ne peut établir qu'un seul genre ; ces oiseaux sont ceux que l'on connaît vulgairement sous le nom de Colibris ou d'Oiseaux-Mouches ; ils sont tous remarquables par la petitesse de leur taille, l'éclat souvent métallique de leurs couleurs et la singularité de leurs habitudes : ils se nourrissent de petits insectes mous et du suc des fleurs qu'ils pompent dans les nectaires au moyen de leur langue. On peut les répartir en deux petits groupes ou sous-genres distincts, l'un des *Trochilus* proprement dits ou VRAIS COLIBRIS, le second des OISEAUX-MOUCHES, appelés en latin *Orthorhynchus* ou *Ornismya* ; quelques personnes en ajoutent un troisième, qui est celui des *Ramphodons*. Ces trois sous-genres sont ordinairement confondus par les voyageurs et la plupart des naturalistes, qui parlent indistinctement des Trochilidés sous les noms de Colibris et d'Oiseaux-Mouches; nous ne nous occuperons maintenant que des espèces auxquelles on est convenu de réserver le nom de COLIBRIS, *Trochilus*, L., *Polytmus*, Brisson.

Les VRAIS COLIBRIS sont caractérisés par leur bec recourbé, ce qui les distingue des Oiseaux-Mouches et des Ramphodons, qui l'ont ordinairement droit; l'arête de ce bec est peu marquée; il en est de même de la scissure des narines.

Quelques auteurs ont voulu faire des Colibris un véritable genre; mais on doit convenir que les différences par lesquelles ces oiseaux s'éloignent des autres Trochilidés n'ont vraiment pas assez d'importance: d'ailleurs le passage des uns aux autres se fait d'une manière si peu sensible qu'il est certaines espèces à bec légèrement infléchi que l'on ne sait à quel groupe rapporter.

De même que les Oiseaux-Mouches, les Colibris habitent l'Amérique; on les trouve également au Brésil, à la Guiane, dans la partie septentrionale du Paraguay et aux Antilles; mais ils semblent craindre encore plus le froid; jamais ils ne s'élèvent comme eux sur les hautes montagnes, et ils ne quittent point la zone torride pour aller s'aventurer sous des latitudes refroidies, soit dans les Etats-Unis, soit dans la Nouvelle-Ecosse ou au Chili et en Patagonie; d'ailleurs, ils ont les mêmes habitudes, et aussi la même richesse dans la distribution de leurs couleurs. « La nature, dit Buffon, en prodiguant tant de beautés à l'Oiseau-Mouche, n'a point oublié le Colibri, son voisin et son proche parent; elle l'a produit dans le même climat et formé sur le même modèle. » Les Colibris vivent tantôt solitaires, tantôt, au contraire, réunis en grand nombre dans les lieux où se trouvent des arbres en fleurs; alors, ils imitent parfaitement un essaim de guêpes bourdonnantes; ils se croisent en tous sens, se dirigent vers une fleur, la quittent bientôt pour en chercher une autre, se jettent à droite, à gauche, par saccades aussi vives que brusques, ou bien restent suspendus, immobiles, devant la corolle de quelque plante. Souvent il suffit, pour les effrayer, du moindre bruit, du plus petit dérangement; d'autres fois, au contraire, ils viennent auprès des habitations, sans s'inquiéter des passans; ils s'établissent dans quelque arbre voisin, qu'ils veulent posséder à eux seuls, cherchant à en éloigner par leurs petites violences, les autres oiseaux qui viennent s'y reposer; ils les attaquent avec acharnement, et, quoique de beaucoup plus petits, ils parviennent souvent à les mettre en fuite. Dans la campagne, ils volent au hasard et sans but arrêté; mais dans les forêts, il est bien rare qu'ils ne se dirigent pas vers un oranger ou quelque autre arbre fleuri, qui est pour eux comme une sorte de rendez-vous.

Ces intéressans oiseaux sont très-ardens en amour; ils poursuivent les femelles avec vivacité, en poussant de petits cris de colère; celles-ci font par an deux pontes, et quelquefois davantage; elles ne produisent à chacune que deux œufs, lesquels sont blancs, et d'un volume proportionné à la taille de l'oiseau; il en est qui ne sont pas plus gros qu'un pois ordinaire. Le petit couple prépare son nid quelques jours à l'avance, il le construit avec la bourre du coton ou la ouate d'un asclépias, entrelacés de brins d'herbe fins et déliés, le place sur la bifurcation de quelques rameaux, l'y fixe avec de la gomme et le recouvre ensuite de lichens. Les deux sexes partagent, dit-on, le soin de l'incubation, laquelle dure de treize à quinze jours, et lorsque leurs petits sont éclos, ils les nourrissent avec des alimens déjà élaborés et digérés avant d'être dégorgés. Avec beaucoup de précautions, il est possible d'élever des Colibris en domesticité : de nombreuses tentatives couronnées de succès, soit dans les colonies, soit en Europe, à Paris et à Londres, ne permettent point de doute à cet égard.

On chasse ces oiseaux de la même manière que les Oiseaux-Mouches; comme on ne peut avoir recours à la glu, qui gâterait leur beau plumage, ni au plomb qui les mutilerait, on se sert de grains de sable ou de pois lancés avec la sarbacane, ou bien on les inonde en leur lançant de l'eau avec une seringue; lorsqu'ils se laissent approcher, on les prend avec un filet, ou bien on leur tire un coup de fusil chargé seulement à poudre, ce qui réussit souvent à les faire tomber. Les anciens Péruviens recherchaient leurs plumes pour s'en faire des tableaux et des parures du plus grand éclat; les Européens les ont aussi employées pour des garnitures de robes, des sortes de dentelles, etc. Dans les temps d'ignorance et de superstition, on a cru devoir attribuer à ces oiseaux quelques propriétés particulières, et on les a conseillés pour la guérison des rhumatismes : Lémery, dans sa *Pharmacopée*, dit que les Colibris sont un véritable spécifique à opposer à cette maladie.

Quelques auteurs ont cherché quelle pouvait être l'étymologie du nom donné aux oiseaux qui nous occupent; les uns pensent qu'il a été pris dans la langue des Caraïbes, mais il paraît plus probable, ainsi que d'autres l'ont fait remarquer, que c'est un nom dérivé du vieux français, et qui est une altération des deux mots *Col brillant*; le col étant, en effet, une des parties les plus favorisées sous le rapport de la magnificence des couleurs.

Les Brésiliens nomment les Colibris, *Guainumbi*. Marcgrave a adopté cette dénomination.

M. Lesson, Traité, pag. 228, rapporte à deux races les espèces du sous-genre *Trochilus*.

La première race comprend *celles dont les rectrices moyennes se terminent en brins étroits et prolongés*. Tels sont les

COLIBRI TOPAZE, *Trochilus pella*, qui est rougeâtre, couleur de rubis, avec la gorge chatoyant en or. Il habite la Guiane.

COLIBRI A BRINS BLANCS, *Troch. superciliosus*.

Vert doré en dessus, gris en dessous; un trait gris sous l'œil; queue brune, bordée de blanc; les deux rectrices moyennes terminées en brins droits et allongés. Brésil.

COLIBRI TERNE, *Troch. squalidus*, pl. col. 120, est aussi du Brésil.

COLIBRI A VENTRE ROUSSATRE, *Troch. brasiliensis*, a reçu le nom du pays qu'il habite. Il est vert cuivré, avec le croupion et le dessus du corps d'un roux vif.

La deuxième race renferme des espèces plus nombreuses, qui sont celles dont *la queue est rectiligne, arrondie ou un peu fourchue.*

COLIBRI GRENAT, *Troch. auratus*, représenté dans notre Atlas, pl. 119, fig. 4. Bleu noir, avec la gorge couleur grenat. Guiane.

COLIBRI HAUSSE-COL DORÉ, *Troch. auralentus*, a été trouvé à Porto-Rico; le mâle est vert-doré, avec la gorge dorée chatoyante, le ventre noir, et la queue pourprée bleue.

COLIBRI A PLASTRON NOIR, vient de la Jamaïque; COL. VERT, de Porto-Rico; COL. A HAUSSE-COL VERT, de Saint-Domingue; COL. A PLASTRON BLEU, de Saint-Thomas; COL. AUX PIEDS VÊTUS, du Brésil; ainsi que le COL. SIMPLE et le COL. A COU ROUX, de Surinam.

Voyez l'article OISEAU-MOUCHE, pour le second et le troisième sous-genre du groupe des TROCHILIDÉS. (GERV.)

COLIMAÇON. (MOLL.) Nom vulgaire des Hélices terrestres. *V.* HÉLICE. (GUÉN.)

COLIN, *Colinus.* (OIS.) Les Colins sont considérés comme une petite section du genre Perdrix; ils ont le bec court et arrondi, les tarses sans éperons, et la queue très-courte. Ce sont des oiseaux un peu plus grands que les cailles, dont ils ont d'ailleurs les mœurs, et qu'ils remplacent dans l'Amérique.

On en connaît plusieurs espèces décrites par par M. Temminck dans son Recueil de planches coloriées, et par M. Lesson dans sa Centurie zoologique; nous citerons, comme type du genre, le COLIN SONNINI, *Perdix Sonnini*, Temm., pl. 75. Cette jolie espèce a la tête surmontée d'une huppe de couleur jaune, et une cravate d'un roux blanchâtre sur la gorge; le dessus de son corps est d'un fauve brunâtre; le cou ainsi que le ventre sont agréablement maillés de cendré, de fauve, et de gouttes cendrées, bordées de noir. Le Colin Sonnini habite l'Amérique méridionale.

COLIN DE LA CALIFORNIE, *C. californicus*, Lesson, Centurie zoologique, p. 188, pl. 60. De la taille de la caille ordinaire. Il a le plumage gris brun, cendré en dessus; le ventre et les flancs maillés de noir et de bleu par lunules, une tache rousse sur l'abdomen, et les côtés du cou perlés. La femelle n'a point de huppe, sa livrée est à teinte plus terne. Le mâle est représenté dans notre Atlas, pl. 120, fig. 1. (GERV.)

COLIOU, *Colius.* (OIS.) Ce genre appartient à la famille des Conirostres fringillés, et prend place entre les Durbecs et les Phytotomes; il ne comprend qu'un petit nombre d'espèces, toutes des contrées chaudes de l'ancien monde. Les habitudes des Colious sont peu connues, on sait seulement que ce sont des oiseaux lourds, qui se nourrissent de graines et de fruits. Ils font leurs nids dans les buissons, et les rapprochent les uns des autres de telle sorte qu'il s'en trouve ordinairement plusieurs dans le même endroit. C'est aussi en société que ces oiseaux se livrent au sommeil, et on prétend qu'ils ont pour habitude de se tenir suspendus par les pieds, la tête étant alors en bas. Cette position fait affluer le sang vers les organes cérébraux, et produit chez les Colious une sorte d'engourdissement. Les naturels des contrées que ces oiseaux habitent viennent souvent les saisir au moment de leur réveil; il leur est facile de s'en procurer ainsi un grand nombre.

Nous avons fait représenter dans notre Atlas, pl. 120, fig. 2, le COLIOU DU CAP, *C. leuconotus*, Lath. Sa couleur est grise en dessus, jaunâtre en dessous, sa queue est deux fois plus longue que le corps. (GERV.)

COLISA, *Colisa.* (POISS.) Ces poissons habitent dans les étangs, les marais, les fossés des pays qu'arrose le Gange. Quoique très-agréables au goût, leur petitesse empêche qu'ils aient de l'importance comme aliment. Tous ces poissons peuvent vivre à sec, comme les pharyngiens labyrinthiformes.

Les véritables Colisas ont, selon l'auteur du Règne animal, le corps oblong, élevé, comprimé verticalement, rude au toucher, opaque, agréablement varié en couleurs; leur tête est petite, ovale, couverte d'écailles jusque sous la gorge, leur bouche petite, protractile; les dents manquent ou sont très-petites; les opercules couverts d'écailles; la dorsale règne tout le long du dos, l'anale lui ressemble par sa structure; les ventrales n'ont point de membranes, et consistent en un seul et unique rayon mou, long, en filet, qui s'étend au moins jusqu'à la base de l'anale. Au Bengale, tous ces poissons portent le nom de Colisa.

On compte un petit nombre d'espèces de Colisa, mais nous n'entrerons dans quelques détails que que pour les deux espèces qui offrent le plus d'intérêt.

Le COLISA VULGAIRE, *Colisa vulgaris*, Cuv., *Trichopodus colisa*, Buch. Cette première espèce, ou le Colisa proprement dit, atteint quelquefois jusqu'à cinq pouces de long; sa caudale est en éventail, et s'arrondit en arrière; les dents des mâchoires sont très-petites, à peine peut-on voir sa langue; le filet de ses ventrales atteint jusqu'à la naissance de la caudale. Le dessus de ce poisson est d'un beau vert, et le dessous blanc, quelquefois jaunâtre; des bandes bronzées ou ardoisées descendent du dos sur les flancs; la dorsale et la caudale sont tachetées de noir; l'anale est variée de blanc, de vert et de noir, et bordée de rouge. On voit une tache noire sur l'opercule.

Le COLISA UNICOLOR, *Colisa unicolor*, Cuv. Ce poisson, qui a été pris dans les étangs salés de Calcutta, est long d'un pouce et demi, et se fait remarquer par une tête pointue, le ventre arrondi, la portion molle de la dorsale et de l'anale terminée en pointe. Le fil de la ventrale dépasse beaucoup l'anale, et atteint au-delà du milieu de la caudale; sa couleur est verte, rembrunie un peu sur le dos et bronzée sous le ventre. On ne voit aucune trace de bandes ou de points sur le corps ou sur les nageoires. (ALPH. G.)

COLLE. (CHIM.) Cette préparation, dont l'usage est très-répandu, a pour base la farine ou certains produits animaux. Celle qui provient de la farine, ou Colle proprement dite, s'altère facilement, s'aigrit dans un temps assez court, et il s'y développe alors des myriades d'infusoires. La COLLE-FORTE, ou GÉLATINE, s'obtient en faisant bouillir dans l'eau, et pendant un certain temps, le tissu cellulaire, la peau, les tendons, les ligamens et les cartilages, en filtrant pour clarifier, et en laissant refroidir la dissolution concentrée qui se prend en masse et se dessèche à l'air. On l'obtient encore des os, en les dépouillant de leur phosphate et de leur carbonate de chaux, à l'aide de l'acide hydrochlorique, ou à l'aide du digesteur de Papin. On sait que cette substance, qu'on trouve dans le commerce sous la forme de tablettes transparentes d'une couleur blonde ou brune, se gonfle à l'eau, se fond au feu, et sert à joindre, à réunir des surfaces solides. La COLLE DE POISSON est composée de lambeaux agglutinés et tordus de la vessie natatoire des poissons, et entre autres de celle des esturgeons; elle s'emploie pour la clarification, pour des usages culinaires; plus solide, plus blanche que la Colle-forte, et surtout inodore, on la préfère à celle-ci dans les ouvrages de prix.

(P. G.)

COLLECTIONS. (ZOOL. BOT. MIX.) Pour rendre plus facile l'étude des êtres que produit la nature, il est nécessaire de les comparer entre eux. Mais on n'arrive à ce but qu'en les réunissant, en les préparant de manière à les conserver le plus longtemps possible, et en les classant d'après les caractères qui les distinguent. C'est à ces réunions qu'on a donné le nom de Collections. S'il est facile de concevoir leur immense utilité, il est toujours difficile, dispendieux de les former. Aussi, n'est-ce guère que dans les vastes établissemens créés par les gouvernemens, qu'on parvient à obtenir, à cet égard, d'importans résultats. La France peut offrir à l'admiration du monde les Collections de son Muséum d'histoire naturelle, et demeure encore, sous ce rapport, au premier rang des nations. Quelques savans en possèdent aussi de fort belles; mais les plus remarquables sont presque toujours celles qui se bornent à une spécialité. Les soins que demande chacune des Collections nécessaires à l'étude des diverses branches de la science, seront mieux indiqués aux différens mots qui s'y rapportent. Nous renvoyons donc aux articles HERBIER, ENTOMOLOGIE, TAXIDERMIE, PRÉPARATIONS CONSERVATRICES, etc., tout ce qui est relatif aux moyens de conservation, de classification, etc. Les Collections minéralogiques, faciles à conserver, ne demandent, n'exigent que peu de précautions; il n'en est pas de même des autres, qui se détériorent, se dégradent assez rapidement si on ne les entoure de beaucoup de moyens préservateurs. (P. G.)

COLLEMA. (BOT. CRYPT.) Genre fondé par Hoffmann, adopté par tous les botanistes, et un des mieux caractérisés de la grande famille des Lichens. Sa fronde. qui rappelle celle des Nostochs, des Trémelles, dans laquelle M. Bory de Saint-Vincent a reconnu la même organisation que dans certaines Chaodinées, est gélatineuse à l'état humide; homogène, sèche et cassante, après la dessiccation; de figure extrêmement variable; ses apothécies sont sessiles ou pédicellées, leur forme est scutellaire.

Des soixante-quatre espèces de Colléma décrites par Acharius, on a fait les sept sous-genres suivans :

1° *Placinthium.* Fronde en forme de croûte adhérente, à contour irrégulier. Le *Collema nigrum*, très-commun sur les rochers calcaires, appartient à ce premier sous-genre.

2° *Enchilium.* Section nombreuse, dans laquelle la fronde est presque orbiculaire, formée de petits lobes pressés et imbriqués, se gonflant par l'humidité, et dont nous citerons, comme espèces, les *Collema crispum*, *melœoum*, *fasciculare*, etc.

3° *Scyticum.* Fronde presque foliacée, irrégulière, à lobes distincts, nus, dilatés, épais et renflés; exemples : le *Collema palmatum.*

4° *Mallotium.* Fronde foliacée, à lobes arrondis, velus et hérissés en dessous. La plus commune des espèces de ce sous-genre est le *Collema saturnicum*, qui croît sur les troncs d'arbres et sur les pierres.

5° *Lathagrium.* Fronde foliacée, à lobes presque membraneux, lâches, nus, de couleur verte foncée. Comme espèces, nous citerons les *Collema nigrescens* et *Collema fulvum*, que l'on trouve principalement sur le peuplier d'Italie.

6° *Leptogium.* Fronde foliacée, à lobes membraneux, minces, arrondis, nus, presque transparens, de couleur glauque; apothécies un peu pédicellées. La seule espèce indigène (toutes les autres sont exotiques et croissent dans les pays chauds), le *Collema lacerum*, est très-commune parmi les grandes mousses.

7° *Polychidium.* Fronde très-mince, finement découpée ou en filamens cylindriques. Dans ce sous-genre on ne connaît encore que le *Collema muscicola* et le *Collema velutinum.* (F. F.)

COLLERETTE. (BOT. PHAN.) On donne souvent ce nom aux folioles qui accompagnent l'ombelle des plantes de la famille des Ombellifères. *Voyez* INVOLUCRE et INVOLUCELLE. (L.)

COLLET, *Collum.* (BOT.) Partie du végétal qui unit la tige à la racine; c'est le point intermédiaire

médiaire entre ces organes : d'un côté montent les fibres aériennes, de l'autre descendent les fibres souterraines. Le *Collet* n'est point lui-même un organe ; décrire sa structure, ou y voir le siége de la vie de la plante, c'est le confondre avec la partie supérieure de la racine, ou avec ce qu'on appelle la Souche dans les arbres. *Voy.* ce mot et celui de Racine. (L.)

COLLÈTE, *Colletes*. (ins.) Genre d'Hyménoptères de la famille des Mellifères, tribu des Andrénètes. Ce genre a été établi aux dépens des Andrènes de Fabricius par Latreille qui lui donne pour caractères: languette courte, trifide, division intermédiaire bilobée, ailes à trois cellules cubitales complètes, dont les deux dernières reçoivent une nervure récurrente.

Les Collètes sont des insectes de taille médiocre, peu remarquables par leurs couleurs, mais dont les mœurs méritent d'être connues. Les femelles creusent en terre, pour loger leurs petits, un trou cylindrique qu'elles enduisent d'une substance gommeuse, dont elles sont abondamment pourvues, analogue à celle que les limaçons laissent sur leurs traces ; dans ce cylindre elles construisent des nids en forme de dé à coudre, formés d'une substance très-fine, soyeuse, et que l'on croit analogue à celle qui tapisse les parois du trou où ils sont construits ; ces dés s'emboîtent parfaitement l'un dans l'autre, mais ne sont liés ensemble par aucune autre loge commune ; quelque mince que soit la substance de ces nids, ils résistent assez sans se déformer ; la femelle remplit chacun d'eux d'une espèce de cire brute, et y dépose un œuf ; la larve éclose trouve aussitôt sa nourriture prête, mais elle met une certaine réflexion dans la dépense qu'elle en fait ; elle attaque d'abord le centre et parvient à y creuser une petite loge où elle se tient, de cette façon la portion de nourriture qui reste contribue d'autant à la solidité du nid ; quand la larve a terminé sa provision, elle est arrivée à tout son accroissement.

C. glutineux, *C. succincta*, Linn. Petit, noir, avec des poils blanchâtres, et une bande de duvet blanc au bord postérieur de chacun des anneaux de l'abdomen. (A. P.)

COLLIURE, *Colliuris*. (ins.) Genre de Coléoptères de la section des Pentamères, famille des Carnassiers, tribu des Cicindélètes, établi par Latreille et ayant pour caractères : des ailes; dernier article des palpes sécuriforme; antennes plus grosses à l'extrémité; pénultième article des tarses lobé intérieurement ; ces insectes ont une forme toute particulière; la tête est large, les yeux très-saillans ; les antennes sont insérées près des angles du labre, guère plus longues que la tête, enflées en massue oblongue à compter du sixième article ; le corselet est très-étroit, surtout antérieurement, cylindrique, rebordé en avant et en arrière ; l'abdomen est aussi cylindrique, mais aussi plus large postérieurement, et deux fois plus large que le corselet à sa jonction avec

C. a cornes épaisses, *C. crassicornis*, Dejean.

Longue de 7 à 8 lignes, violette métallique avec de gros points enfoncés sur toute la surface des élytres; les fémurs seuls sont rouges fauves. De Cochinchine.

C. modeste, *C. modesta*, Dej. Elle est un peu plus petite, avec la tête et le corselet violets, et les élytres d'un vert bleu. On en a une bonne figure dans l'Iconographie du règne animal, insect., pl. 3, fig. 5. (A. P.)

COLLINSONIE, *Collinsonia*. (bot. phan.) Selon Nuttall, le genre Collinsonie renferme sept espèces, toutes indigènes au sol de l'Amérique septentrionale, et chacune d'elles est confinée dans des localités fort limitées. Toutes sont sous-frutescentes. La plus commune a été appelée par Linné Collinsonie du Canada, *C. canadensis*, quoiqu'elle abonde davantage dans les bois, les terrains fertiles et parmi les rochers des états de la Pensylvanie, de New-York, et de New-Jersey, que dans les parties méridionales du Canada. C'est une plante à tiges droites, presque simples, qui montent assez souvent à un mètre ; elles sont garnies de feuilles larges, ovales, dentées, glabres et opposées, les inférieures portées sur de longs pétioles, les supérieures subsessiles. Les fleurs, d'un jaune foncé, se réunissent en panicule lâche et terminale ; elles sont nombreuses et donnent naissance à une graine parfaitement ronde, brune. Cette espèce sert à varier et même à décorer les parterres ; on la voit prospérer promptement dans nos cultures de pleine terre quand on la place dans un sol franc, un peu frais, abrité et ayant du fond ; elle résiste à nos hivers ordinaires. On la multiplie de semences et par la division de ses racines. Celles-ci sont recherchées en médecine contre les maladies des voies urinaires ; on les râpe et on les met à infuser pour cet effet dans de l'eau-de-vie de genièvre ou bien on les donne en extrait. Les racines sèches, quoique entières, sont sans valeur aucune.

Les autres espèces de ce genre de la famille des Labiées et de la Diandrie monogynie, qui méritent quelque attention, sont la Collinsonie anisée, *C. anisata*, et la Collinsonie a tige rude, *C. scabra* ; elles habitent les états du sud de l'Amérique du nord, se rapprochent beaucoup de la première espèce, et réunissent les mêmes propriétés ; elles demandent chez nous l'orangerie. On emploie les feuilles et les tiges fraîches de ces plantes en applications pour les meurtrissures et les douleurs arthritiques. Leurs étamines jouissent d'une grande irritabilité à l'époque de la fécondation. (T. D. B.)

COLLYRION. (min.) On croit que sous ce nom les anciens désignaient une substance que les modernes appellent argile plastique. Théophraste et Dioscoride lui donnent en effet pour caractères d'être molle, friable, douce au toucher, de happer à la langue et d'être d'un gris cendré, caractères qui, à la vérité, conviendraient assez à la *Cymolithe*. Elle se recueillait dans l'île de *Samos*, aujourd'hui *Sousam-Adassi*, où l'on trouvait une autre argile blanche, granuleuse, ayant un peu la consis-

tance du grès , et que l'on croit avoir quelque rapport avec le Kaolin , mais qui pourrait bien être aussi le sulfate d'alumine, appelée Webstérie.
(J. H.)

COLLYRITE. (min.) Cette substance paraît devoir son nom , dérivé du grec, à son apparence gélatineuse. Elle ressemble, en effet, à de la gomme; elle est d'un éclat nacré ou opalin ; elle est plus ou moins translucide ; sa cassure est conchoïde et sa dureté si faible, qu'elle se laisse facilement rayer par l'ongle. Dans les acides elle est soluble en gelée; à la flamme du chalumeau, elle est infusible; à la calcination, elle fournit de l'eau : et en effet, elle en donne 40 pour cent de son poids à l'analyse; le reste se compose d'environ 45 pour cent d'alumine et de 14 de silice. C'est un silicate d'alumine hydratée. On la trouve en petits filons dans des roches anciennes , en Hongrie et dans les Pyrénées.   (J. H.)

COLOBE, *Colobus.* (mam.) On doit à M. Geoffroy la distinction de ce genre de singes qui prend place parmi ceux de l'ancien continent, et se reconnaît à son museau court, sa face nue, ses mains antérieures dépourvues de pouce, et sa queue très-longue, floconneuse à son extrémité seulement. L'angle facial est de 40 à 45 degrés. Deux espèces composent le genre Colobe , ce sont le COLOBE A CAMAIL, *Col. polycomos*, Geoff., que Buffon nommait *Guenon à camail*, et le COLOBE DE TEMMINCK, *Col. Temminckii*, Khull; le premier habite la Guinée et une partie de la côte occidentale d'Afrique ; la patrie du second est inconnue.
(GERV.)

COLOCASIE, *Colocasia.* (bot. phan.) Espèce du genre GOUET (*voy.* ce mot), dont la racine arrondie, blanche, charnue, alimentaire , est estimée en Asie, en Afrique et en Amérique une des meilleures et des plus farineuses que l'on puisse employer dans les cuisines. Les anciens Égyptiens en cultivaient beaucoup; elle était pour eux une branche considérable de commerce. Dans l'Inde et à la Chine, elle fait la base de la subsistance du peuple, on y mange également ses feuilles radicales cuites et crues.

Cette racine est âcre étant crue; elle devient douce à la cuisson, et comme elle est fade, on la sert ordinairement avec des viandes salées. Elle réussit parfaitement dans les lieux humides , ou du moins susceptibles d'être arrosés, ainsi que sur le bord des eaux courantes; mais elle est très-sensible aux gelées; cependant elle réussit dans le département du Var. Celles que l'on cultive le long des cressonnières auprès de Toulon, sont aussi belles que les racines vendues journellement encore sur les marchés d'Alexandrie et du Kaire. La plante y monte à plus d'un mètre, ses feuilles ont jusqu'à soixante-cinq centimètres de long sur quarante-huit de large. Les touffes s'élargissent chaque année par les tubérosités qui poussent en tous sens. La culture de la Colocasie est facile ; elle se multiplie très-aisément , mais il faut au moins deux années de plantation pour pouvoir en

obtenir de grosses racines: les articulations indiquent leur âge.

A Hyères et dans plusieurs jardins situés sur nos côtes de la Méditerranée , on la cultive comme plante d'ornement à cause de la beauté de son feuillage, qui est d'un beau vert.   (T. D. B.)

COLOMBE , *Columba.* (ois.) Les oiseaux que Linné comprenait dans son genre *Columba* , forment un groupe fort naturel, que les ornithologistes ont successivement placé parmi les Gallinacés et les Passereaux, entre lesquels il paraissent établir le passage ; Cuvier en fait une famille de ses Gallinacés, à laquelle on a donné depuis le nom de *Passeripèdes*. M. Temminck les a rangés dans un ordre particulier, et M. Lesson , Traité d'ornithologie, les considère comme formant un sous-ordre des Passereaux, qu'il appelle *Passerigalle*. Les Colombes , que l'on a nommées aussi Colombidées, ne forment réellement qu'un seul genre, lequel se trouve très-bien subdivisé dans les trois sections des COLOMBES PROPREMENT DITES, des COLUMBI-GALLINES et des COLUMBARS , proposées par Levaillant et admises par Cuvier : M. Swainson y ajoute les PTINILOPES et les PÉRISTÈRES.   (GERV.)

COLOMBELLE , *Columbella.* (moll.) Coquilles marines, univalves, de taille généralement assez petite, classées par Linné parmi les Volutes , et dont Lamarck a fait un genre particulier pour dix-huit espèces, au nombre desquelles se trouvent des mitres et de simples variétés qui, rentrées à leur véritable place, réduisent à onze les espèces mentionnées par ce professeur. Les Mollusques qui habitent ces coquilles sont des Trachélipodes classés à tort dans la famille des Columellaires , puisqu'ils ont les plus grands rapports avec les animaux des Pourpres et des Buccins qui sont des Purpurifères.

Lamarck a donné en outre pour caractères aux Colombelles des plis à la columelle qu'elles n'ont jamais; c'est une des erreurs graves qu'ait pu commettre ce grand maître, mais il n'y voyait plus à l'époque où il fit ce travail, et sous ce rapport il est très-excusable. M. de Blainville l'est moins puisqu'il a de fort bons yeux; pourtant, nous voyons dans son Traité de Malacologie qu'il confirme cette erreur et qu'il jette de la confusion dans les divers cabinets des naturalistes et des simples amateurs.

Rétablissant les caractères principaux du genre dans notre Mémoire à l'académie des sciences et 1832, nous avons dit qu'ils ne se composent que des deux suivans: bord droit, portant un renflement plus ou moins saillant à l'intérieur, rétrécissant l'ouverture et lui donnant un peu la forme d'une S; columelle ornée de quelques petits tubercules à sa base et portant un sillon canaliforme persistant jusqu'au haut de la spire dans la plupart des espèces. Ensuite, divisant ce genre, qui est composé aujourd'hui de cinquante espèces, en quatre groupes, nous ajoutons à chacun d'eux les caractères spéciaux suivans. Nous appelons *Colombelles unies* les espèces qui composent le premier groupe; on les reconnaît par l'état lisse de leur dernier tour, sauf la base qui a quelques stries. Le second comprend toutes celles qui sont chargées de stries plus ou moins marquées sur toute leur superficie. Nous les nommons *Colombelles striées*. Le troisième, riche en espèces nouvelles et fort rares, offre toutes celles qui sont ornées de côtes à la manière des harpes, ce sont nos *Colombelles costellées*. Viennent ensuite toutes les espèces qui présentent une spire fort longue et aiguë comme certaines mitres et certains fuseaux; nous les avons nommées *Colombelles élancées*. Par cette classification nouvelle et simple, que nous avons proposée en 1823 pour tous les genres, il est presque impossible de commettre d'erreurs, et chaque espèce vient prendre, avec le moindre soin, la place que la nature semble lui avoir assignée. Nous démontrerons ce fait sous peu par la publication de la Monographie que nous avons faite de ce genre intéressant, et dont les dessins, depuis long-temps terminés, sont entre les mains des graveurs. (DUCL.)

COLOMBIE. (GÉOGR. PHYS.) République qui occupait toute la partie septentrionale de l'Amérique du sud, et qui vient de se diviser en trois états indépendans. Elle avait pour confins, au nord, la mer des Antilles et l'océan Atlantique ; à l'est, la Guiane anglaise ; au sud, l'empire du Brésil et le Pérou ; à l'ouest, le grand Océan et l'état de Costa-Rica, situé au-delà de l'isthme de Panama.

Ses limites, dans la partie du sud-est, semblent avoir été tracées d'après la ligne de partage des eaux, entre les bassins de l'Orénoque et de l'Amazone, par le faîte des monts Pacaraïma; au delà, vers l'ouest, elles coupent le Rio-Negro au dessous du point où il reçoit cette branche de l'Orénoque connue sous le nom de Cassiquaire, qui, par un phénomène si rare de *bifurcation* démontré réel par M. de Humboldt, établit une jonction entre deux des plus grands fleuves de l'Amérique. Plus loin, la Colombie embrasse, à la rive gauche de l'Amazone, cette immense région de plaines arrosée par les affluens supérieurs de ce fleuve. Au pied oriental de la Cordillière, les limites de la Colombie et du Pérou sont situées près de Jaen, et se prolongent au nord en coupant le faîte de la chaîne jusqu'au golfe de Guayaquil.

Envisagée très en grand, cette immense contrée peut être divisée en quatre régions physiques bien distinctes. La première, qui forme aujourd'hui la république de l'Equateur, comprend les départemens de *Guayaquil*, de l'*Assuay* et de l'*Équateur*, situés dans la région la plus élevée des Andes colombiennes, depuis le Pérou jusqu'au plateau d'Almaguer ; la deuxième réunit les contrées baignées par la mer des Antilles, et les bassins des fleuves qui y versent leurs eaux; c'est la république de la *Nouvelle-Grenade* et une partie de celle de *Venezuela* jusqu'au cap de Paria. La troisième comprend toute cette immense région de plaine qui, sous le nom de Llanos, s'étend de l'embouchure de l'Orénoque à l'Amazone, sillonnée par une multitude de rivières descendant du versant oriental des Andes, et portant leurs eaux à l'un ou à l'autre de ces fleuves. La quatrième, enfin, serait la Guiane espagnole, région montueuse, espèce d'île enveloppée de toutes parts par le cours des deux fleuves, et les grandes plaines dont nous venons de parler.

Les bornes de cet ouvrage ne nous permettent que d'énumérer rapidement les faits les plus remarquables de géographie naturelle qui signalent ces quatre régions.

La région de l'Equateur est groupée autour du plateau colombien, qui comprend toutes les plus hautes vallées de la Colombie. Son élévation moyenne est de 800 à 1000 toises ; sur cette énorme base, région la plus habitée de l'Équateur, s'élèvent, en deux rangées parallèles, les cimes majestueuses des Andes. Les nœuds de Loxa à l'Assuay, du Chisinche et de Pasto les réunissent, et forment l'enceinte de bassins profonds. Tel est le bassin de Cuença, au dessus duquel s'élève le *Paramo de l'Assuay*, dont les terribles tourmentes font périr tous les ans des voyageurs ; la vallée de Riobamba, dominée par le célèbre Chimborazo (3350 toises) dont le dôme majestueux dépasse toutes les montagnes de la Colombie, et maintient sa prééminence, récemment contestée, sur les plus hautes montagnes du Nouveau-Monde.

Plus au nord, la vallée de Quito, ville capitale, a 1480 toises d'élévation, et est par conséquent plus haute que le sommet du Canigou dans les Pyrénées. Cette vallée, célèbre par ses beautés naturelles et son antique civilisation, est couronnée par les sommets majestueux du volcan de Pichinca, du Cayambe et de l'Antisana, le plus haut des volcans du globe (2992 toises), et enfin du Cotopaxi, si redouté par les habitans de l'ancien royaume de Quito, et dont la forme est la plus belle et la plus régulière de toutes celles que présentent les cimes colossales des Hautes-Andes.

Dans la *région de la Nouvelle-Grenade* et du *Venezuela*, à partir du nœud d'Almaguer ou de Popayan, les Andes se divisent en trois chaînes, embrassant à l'est la vallée de Cundinamarca et le cours de la Magdalena, et à l'ouest la vallée du Cauca. Ces deux fleuves, la Magdalena et le Cauca, en se dirigeant vers le nord ou dans le sens des Cordillières, annoncent, suivant une observation générale, que ces montagnes vont s'abaisser, et que les Cordillières de l'Amérique du sud se terminent réellement à la mer des Antilles. La chaîne orientale, ou de la Sumapaz, que les cartes réunissent, à l'aide des partages d'eau, à la Cordillière de Venezuela, renferme quelques sommets à neiges, *nevados*, qui atteignent 2500 à 3000 toises, aux environs de Mérida. La chaîne centrale, ou de Quindiu, court droit au nord, en se maintenant à une grande hauteur jusqu'aux environs de Medellin, tandis que la chaîne occidentale ou du Choco s'abaisse rapidement, et disparaît même complétement dans les plaines qui précèdent l'isthme de Panama; c'est cependant le petit chaînon dont on se sert pour opérer la continuité des Andes. S'il est peu remarquable, sous le rapport géographique, il est d'une grande importance par sa richesse minérale; le Choco verse annuellement dans le commerce 13000 marcs d'or, et une grande quantité de platine.

Les montagnes se relèvent un peu dans le département de l'Isthme. Cependant, au point culminant du chemin de fer projeté entre Panama et Porto-Bello, le mont Maria-Henriquès n'atteint que 98 toises.

Dans la vallée de Cauca, près du nœud de jonction ou de partage des trois chaînes, s'élèvent les volcans de Purace et de Sotara, au dessus de la ville de Popayan. Du Purace, descend en cascades élevées, un cours d'eau acide que les Espagnols nomment *Rio-vinagre.*

Dans le département de Cundinamarca, dont Bogota est la capitale, on remarque les ponts naturels d'*Icononzo*, sur lesquels on traverse le torrent de la Sumapaz; la magnifique cascade du Tequendama; les riches mines d'émeraudes de Muzo, et Mariquita, célèbre par ses mines d'or et d'argent.

Le lac circulaire de Maracaybo, dont la forme semble résulter d'un immense affaissement du sol (il a près de 40 lieues de diamètre), dessine un des traits les plus remarquables de l'hydrographie de cette contrée.

A l'orient du lac Maracaybo, la Cordillière de Venezuela, dirigée exactement de l'est à l'ouest, se rapproche de la mer des Antilles, de manière à ne laisser que quelques lieues de largeur au versant septentrional de la Colombie.

La région des Llanos s'étend du delta de l'Orénoque jusqu'au bord de l'Amazone, s'appuyant, sur une longueur de plus de 700 lieues, sur le pied des chaînes littorales du Venezuela et de la Cordillière orientale. Cette immense plaine doit se diviser en deux parties, l'une embrassant tous les affluens de l'Orénoque jusqu'au Guaviare, l'autre les affluens supérieurs de la rive gauche de l'Amazone; une chaîne de collines qui se détache des Andes, et se dirige à l'est, vers la bifurcation de l'Orénoque, dans la direction exacte de la chaîne des monts Pacaraïma, en forme la séparation naturelle.

Les Llanos, du Guavriare à l'Orénoque, diffèrent de ceux du bassin de l'Amazone, par la rareté de la végétation arborescente, que l'on ne rencontre que le long des fleuves, et par les innombrables graminées qui couvrent la surface du sol.

C'est dans les vastes solitudes de cette partie de la Colombie qu'on a placé et cherché si longtemps le fabuleux *Eldorado.*

Le sol de cette immense région doit être, en général, fertile, et surtout au voisinage des fleuves, comme celui de toutes les plaines alluviales. Cependant, d'après le peu de renseignemens que l'on possède, des formations secondaires, des grès rouges et des buttes granitiques en occuperaient une partie et y porteraient la stérilité. Si jamais les peuplades misérables qui errent dans ces déserts étaient remplacées par des peuples civilisés, ces derniers trouveraient, dans la multitude des rivières navigables, dans la communication facile de l'Orénoque et de l'Amazone, de grands élémens de prospérité.

La *quatrième région*, ou *la Guiane espagnole*, est à peu près limitée par le cours de l'Orénoque et le faîte des monts Pacaraïma. Sa surface est presque entièrement occupée par un système de montagnes peu élevées, qu'on désigne sous le nom de *système de la Parime.* Autant qu'on en peut juger d'après l'état imparfait de la géographie de cette contrée, ce n'est qu'un agroupement irrégulier de montagnes primordiales (granitiques et schisteuses) séparées par des plaines, des savanes et d'immenses forêts. Un des points culminans des monts de la Parime, est le mont *Duida*, haut de 1300 toises. Il est important d'observer, sous les rapports géognostique et géographique, que la longue chaîne des monts Pacaraïma, limite méridionale de la Colombie, se trouve dans une même direction, à peu près est et ouest, avec le cap d'Orange, près de Cayenne, et, du côté du couchant, avec la ligne de partage de l'Orénoque et de l'Amazone, les hauteurs qui séparent le Guaviare du Rio-Negro, et enfin le nœud des Cordillières, que nous avons désigné sous le nom de nœud de Popayan et d'Almaguer, grande direction de soulèvement parallèle à la chaîne de Venezuela, et à la dépression où s'est établi le cours de l'Amazone, sur une étendue de près de 30 degrés.
(B).

COLOMBIER. (ois.) C'est le lieu dans lequel on tient les pigeons.   (Gerv.)

COLOMBIN (ois.), appelé aussi Petit ramier, *Columba œnas*, est une des quatre espèces de pigeons sauvages qui se trouvent en Europe. Cet oiseau est un peu plus petit que le Ramier; il est d'un gris d'ardoise changeant en vineux sur la poitrine et en vert sur les côtés du cou.   (Gerv.)

COLOMBINE. (ois.) On nomme Colombine la fiente des Pigeons, et quelquefois aussi par extension celle des autres oiseaux domestiques. La Colombine est un engrais précieux que l'on ne doit jamais négliger.   (Gerv.)

COLOMBI-TURTURES, COLOMBALES, COLOMBES-VRAIES, etc. (ois.) Noms de divers petits groupes établis par les auteurs modernes dans le genre *Columba*, L.   (Gerv.)

COLOMNÉE, *Columnea.* (bot. phan.) Genre de la famille des Gessnériées de Richard et de la Didynamie angiospermie de Linné Caractères : calice à cinq divisions profondes et un peu inégales; corolle monopétale, irrégulière, bilabiée, ayant un tube bossu sur l'un des côtés de la base; lèvre supérieure en voûte à 2 ou 4 lobes (dans ce dernier cas l'inférieure formée d'un seul lobe étroit; dans le premier, l'inférieure à 3 divisions); étamines à anthères rapprochées et comme agglomérées; ovaire libre et accompagné à la base d'un disque hypogyne latéral en forme d'écusson; long style terminé par un stigmate simple et concave; fruit en capsule, à parois un peu charnues, enveloppé dans un calice persistant, à une seule loge contenant un grand nombre de graines attachées à deux trophospermes pariétaux saillans, et rapprochés vers le milieu de la loge, de manière à représenter un fruit biloculaire. Ce genre se compose de plantes herbacées, à feuilles opposées, à tige grimpante ou étalée ; à fleurs grandes et généralement solitaires à l'aisselle des feuilles. (C. É.)

COLON. (ANAT.) Portion du gros intestin étendue depuis le cœcum jusqu'au rectum. On fait venir ce mot de χαγὼω, j'arrête, parce que cet intestin retient long-temps les matières stercorales dans ses replis. (*Voy.* INTESTIN.) (M. S. A.)

COLONIES AGRICOLES. (AGR.) L'institution des Colonies agricoles est une idée philanthropique; elle a pour double but : 1° de fournir une existence morale aux pauvres, aux hommes égarés par les vices de la société, et reconnus susceptibles de rentrer dans l'ordre; et 2° de répandre la fécondité sur leur sol demeuré sans produire ou que des circonstances géologiques ont destiné à porter la triste livrée des déserts. Cette noble pensée appartient au dix-huitième siècle. Si elle eût pu germer dans le cœur du vertueux évêque de Chiapa, témoin des scènes épouvantables de l'Espagnol vainqueur sanguinaire, à l'égard des Américains vaincus, il eût mieux encore plaidé la sainte cause de l'humanité, et, au lieu de l'affreux projet de fertiliser le continent retrouvé par le génie de Colomb, avec des Africains arrachés à leur patrie, condamnés au plus horrible esclavage, et traités comme de misérables bêtes de somme, il eût imaginé de coloniser les indigènes et d'employer leurs bras, leurs habitudes, au profit du premier, du plus noble, du plus utile des arts.

Nous avons en France, chez les Belges et dans le Holstein, plusieurs exemples notables de l'utilité des Colonies agricoles. Celui qui en fait partie, loin de plier sous un joug humiliant, loin d'y trouver les horreurs du désespoir que sollicitent, qu'entretiennent les Colonies d'outre-mer, y sent naître au fond de son cœur le sentiment si cher de la patrie, le besoin des devoirs de l'époux, du père, du bon fils, et cette habitude d'indépendance que donnent le travail, la dignité d'homme, le bon emploi du temps, le titre de citoyen.

La plus ancienne Colonie agricole française date de 1750; elle fut fondée au Ban de la Roche, département des Vosges, par Stouber, et poussée au plus haut point de perfection par Oberlin. Par les efforts les mieux soutenus et le dévouement le plus sublime, ils ont eu le mérite de civiliser et d'arracher à une misère profonde les habitans de ce coin isolé des montagnes, où l'hiver répond à celui de la Sibérie, le printemps à celui du Danemarck, l'été à celui des bords du lac de Genève, et l'automne à celui de la malheureuse Pologne. Ils ont fait plus ; ils sont parvenus, non seulement à changer la face physique du pays et sa face morale, mais encore à y rendre l'agriculture florissante, l'industrie un instrument de plaisirs et de richesses, et à donner à la patrie des citoyens utiles, une population franche et naïve.

La seconde est plus récente; elle est de 1788, c'est celle des Blayois, fondée près de Pessac, département de la Gironde, sur la rive gauche de la Garonne, au milieu d'une vaste lande sans culture. Des maisons proprement construites, blanchies au dehors, environnées de terrains plantés avec goût, répondant à toutes les nécessités, annoncèrent en peu d'années l'aisance des nouveaux propriétaires, et prouvèrent qu'avec du travail et de la constance, le pauvre peut reprendre le rang que lui avaient fait perdre l'exigence de la société, l'incurie du gouvernement et le fâcheux emploi des deniers publics.

Le propriétaire du domaine dit de la Rochette, près de Fontainebleau, fit, à la même époque, avec l'administration des Hospices de Paris, des arrangemens par lesquels elle lui confiait un certain nombre de jeunes garçons orphelins ou abandonnés, pour les dresser aux travaux agricoles et leur donner l'instruction, afin de les exécuter avec le plus de profit possible : il les occupa d'abord à défricher des terrains vagues, ensuite à les convertir en cultures réglées ou en pépinières. Cette petite Colonie a prospéré et a fourni d'excellens praticiens.

Si l'espèce de Colonie agricole fondée en 1818 à la Meilleraye, près la petite ville de Nort, département de la Loire-Inférieure, n'eût point dégénéré, comme les anciens établissemens monastiques, en institution nuisible, elle aurait pu, tout en ramenant des cerveaux égarés par le jeu, le luxe et la débauche, donner une existence honorable à ceux-là mêmes que l'opinion publique dénonçait, repoussait avec mépris; mais, sous le masque de la religion, tout finissait par y déterminer à tous les désordres des cloîtres, à l'esprit de prosélytisme et à la haine des lois : aussi la Meilleraye fut purgée et rendue à sa nullité première.

On a proposé, en 1833, d'établir au territoire d'Andernos, sur le bassin d'Arcachon, département de la Gironde, une Colonie agricole, composée d'enfans abandonnés; malgré mes sollicitations, je n'ai pu savoir si l'auteur de ce patriotique projet avait su le réaliser.

Dans les Pays-Bas, celles fondées, en 1820, à Frederiks-Oord, Phalzdorf, Pekel-aa, Merxplas, Wildevanck, etc., ont arraché des milliers de personnes à l'état honteux de mendians, cette lèpre des états modernes; elles en ont fait des laboureurs, des mécaniciens, des propriétaires intéressés aux succès de ces nobles établissemens. Elles ont créé un sol fertile là où l'œil était sans cesse attristé par une nudité désespérante.

Il en est de même de la Colonie agricole, formée en janvier 1821, au sein du Holstein, par une masse d'indigens sans asile et sans moyens d'existence. Là, où s'étendaient des landes stériles, des marais pestilentiels, des plaines sablonneuses à perte de vue, on trouve maintenant un pays pittoresque, des champs prospères, et le tableau vivificateur de l'industrie.

De semblables exemples en disent plus que les

plaidoyers les mieux conçus, que les discours les plus travaillés : qu'ils vous suffisent, ô mes compatriotes, vous qui brûlez d'envie de sécher les plaies de la France. Au lieu de porter vos fonds, votre industrie sur un sol étranger, sur une terre dont on vous disputera toujours les moindres parcelles, versez les uns, faites pénétrer l'autre dans les landes qui déshonorent nos départemens de l'ouest et du sud, faites arriver l'abondance sur les montagnes du Cantal, de la Lozère, dans toutes les parties de notre territoire qui gémissent encore sous le fardeau de la stérilité, qui réclament les perfections de l'agriculture; fondez partout des espèces d'oasis, où l'infortune trouvera toujours un refuge assuré, une vie active, et le bien-être que lui refusent l'avare qui entasse d'inutiles trésors, l'usurier qui spécule sur la misère des uns, sur le déshonneur des autres, et l'ambitieux pour qui rien n'est sacré. Ce ne sont pas des villes, des palais que je vous demande : multipliez les petites exploitations, fondez des villages coloniaux, employez les bras aux choses utiles, aux choses durables. Défrichez les terrains incultes, plantez des arbres sur les montagnes, assainissez les lieux marécageux; donnez un coin de terre au pauvre valide, qu'il nourrisse des bestiaux, que ses mains s'attachent à la charrue ; vous lui ferez plus de bien que de lui ouvrir une étroite et chétive cellule dans un hospice. L'homme fait la propriété rurale, la propriété rurale assure des citoyens paisibles essentiellement patriotes.

Quant à vous qui cherchez le bonheur loin de la patrie, désabusez-vous. La terre étrangère ne peut être solide sous vos pas; en rompant avec les compagnons de votre enfance, avec le sol qui nourrissait votre mère, qui recèle les ossemens de vos aïeux, vous avez brisé tous les liens du cœur, vous avez enlevé de votre vie tout ce qui devait l'affermir, l'étendre, la rendre douce; vous n'avez plus de patrie. Celle que vous avez adoptée vous voit d'un œil louche, elle vous supporte tant qu'elle peut attendre quelque chose de vous; mais elle vous rejettera sans pitié, sans regret, sans souvenirs, à la première occasion. Si la vieillesse arrive avant ce moment terrible, les pensées brillantes du passé se ranimeront en vous ; vous entendrez encore tinter les heures de votre enfance, vous oublierez les maux soufferts pendant une ou deux années d'embarras; vous voudrez alors revoir le sol natal, vos bras se tendront vainement de son côté, des larmes amères couleront, vous paierez cruellement les jouissances goûtées sous un ciel étranger, et vous périrez comme la plante désséchée. Nul ne s'arrêtera sur votre tombe, nul ne se fera scrupule d'en renverser la triste pierre.

(T. D. B.)

COLONNE VERTÉBRALE. *Voy.* Squelette.

COLOPHONE, COLOPHANE, BRAI SEC ou ARCHANSON. (chim.) Produit solide, brunâtre, transparent, inflammable, d'une odeur résineuse, d'une saveur amère, qui est employé par les pharmaciens dans la confection de quelques onguens et emplâtres, par les joueurs de violon pour frotter l'archet et l'empêcher de glisser sur les cordes, et que l'on obtient en distillant la térébenthine.

(F. F.)

COLOPHONITE. (min.) Espèce de Grenat. (*Voy* ce mot.)

COLOQUINTE. (bot. phan.) On donne ce nom, dans les pharmacies, au fruit dépouillé de son enveloppe du *Cucumis colocynthis*, dont on fait usage comme d'un médicament violemment purgatif. Cette drogue est d'une amertume extrême. *V.* Concombre.

(Guér.)

COLOSTRUM. (anat.) C'est le nom qu'on donne au premier lait qui se produit après l'enfantement. Il est doux, légèrement sucré, moins consistant que celui qui est sécrété dans la suite. On lui attribue une vertu purgative. Nous avons dit au mot Allaitement comment cette action sur le tube intestinal nous paraissait explicable.

(P. G.)

COLUMBAR, *Vinago*. (ois.) C'est un groupe distingué des Pigeons ordinaires par Levaillant, et qui se reconnaît à son bec plus gros, solide, comprimé sur les côtés, caréné en dessus, droit à la base et crochu vers le bout; les pieds sont larges et bien bordés, les ailes longues et pointues. On ne trouve ces oiseaux que dans les contrées les plus chaudes de l'ancien continent.

(Gerv.)

COLUMBITE. (min.) Cette substance est, comme la *Baïerine*, avec laquelle on l'a longtemps confondue sous le nom de *Tantale oxidé*, un tantalate de fer et de manganèse, mais dans des proportions différentes : ainsi sur 100 parties, elle se compose de 67 à 85 d'acide tantalique, de 7 à 8 parties de fer, d'environ autant de manganèse et d'une quantité variable d'oxide d'étain et de chaux. (*Voy.* Baïerine.) La Columbite raie à peine le verre ; sa couleur est noirâtre ; son aspect métalloïde et sa cristallisation, toujours plus ou moins confuse, paraît dériver du prisme oblique rhomboïdal. Le plus ordinairement elle est amorphe, c'est-à-dire sans forme régulière. On l'a trouvée en Finlande, en Suède et aux Etats-Unis, disséminée dans une roche ancienne, appelée *Pegmatite*.

(J. H.)

COLUMBI-GALLINES, *Lophyrus*. (ois.) Le célèbre voyageur Levaillant a donné ce nom à un groupe de la famille des Pigeons que l'on ne trouve que dans les pays chauds. Les Columbi-Gallines, ainsi que leur nom l'indique, se rapprochent encore plus des Gallinacés que les autres espèces du genre *Columba*; ils ont le bec médiocre, un peu grêle et gibbeux vers le bout, la mandibule supérieure sillonnée sur les côtés, inclinée vers la pointe, et les narines situées dans une rainure; leurs ailes sont arrondies.

Une des espèces les plus remarquables est le Goura ou Pigeon couronné, de l'archipel des Indes, qui est tout entier d'un bleu d'ardoise, avec du marron et du blanc à l'aile; sa tête est ornée d'une huppe verticale de longues plumes effilées. Le Goura est à peu près de la taille du dindon; à Java et dans plusieurs parties de l'Inde on l'élève dans les basses-cours.

(Gerv.)

COLUMBO. (BOT. PHAN.) On voit dans quelques pharmacies de petites rondelles verdâtres, marquées de zones concentriques, exhalant une assez mauvaise odeur, et fort amères au goûter : c'est, à ce qu'il paraît, la racine du *Cocculus palmatus*, arbuste des contrées de l'Inde et de l'Afrique orientale. François Redi, qui, vers la fin du XVIIe siècle, la fit connaître en Europe, l'avait reçue de *Columbo*, ville de l'île de Ceylan. Il vanta ses propriétés toniques et astringentes, et, il y a environ soixante ans, ce fut une mode de traiter les diarrhées et les vomissemens par la racine de *Columbo*. Comme beaucoup d'autres médicamens du même genre, elle ne méritait ni tout l'*honneur* qu'on lui fit alors, ni l'*indignité* où on la laisse aujourd'hui. Le Columbo se compose principalement d'amidon et d'une matière amère.

(L.)

COLUMELLAIRES. (MOLL.) Famille instituée par Lamarck, dans la seconde édition de son ouvrage sur les animaux sans vertèbres, vol. 7, pag. 291, pour cinq genres de coquilles comprenant les *Colombelles*, les *Mitres*, les *Volutes*, les *Marginelles* et les *Volvaires*. Les caractères assignés à cette famille sont : point de canal à la base de l'ouverture, mais une échancrure subdorsale plus ou moins distincte, et des plis à la columelle. Partant de ce principe, on voit que les Colombelles doivent sortir de cette famille pour rentrer dans les Purpurifères, puisque j'ai démontré, à l'article qui les concerne, que leur bord columellaire était sans plis, et simplement orné de quelques tubercules et d'un sillon canaliforme. (DUCL.)

COLUMELLE. (MOLL.) Dénomination généralement adoptée pour indiquer le bord gauche de toutes les coquilles univalves; autrement dit, c'est l'espèce de petite colonne qui forme l'axe de toutes les coquilles spirales. (DUCL.)

COLZA, *Brassica campestris.* (AGR.) Nous ne devons considérer ici cette espèce de Chou (*v.* ce mot) que comme plante oléagineuse. Comme telle, il lui faut une terre assez profonde, bien divisée, fumée raisonnablement et conservant son humidité, pour qu'elle puisse y asseoir sa racine pivotante, fusiforme et garnie de chevelu; pour qu'elle puisse y prendre tout son développement et répondre à l'attente du cultivateur. Le Colza résiste aux hivers les plus rudes, il n'en a pas gelé un seul pied durant les froids extrêmes de 1789, 1820 et 1830; il a de plus l'avantage d'être à l'abri des grandes sécheresses de l'été, puisqu'alors il est mûr et en pleine récolte; il ne les redoute qu'au mois d'avril, quand, prêt à monter en fleurs, il fait son plus grand effort, et que la pluie lui devient indispensable pour l'accomplir parfaitement. Si l'eau lui manque en ce moment décisif, ses rameaux restent grêles, courts, peu fournis, la graine qu'ils porteront sera mal nourrie, d'un maigre rapport.

La terre destinée à recevoir le Colza veut être préparée aussitôt que le froment est enlevé; le semis se fait en septembre ou bien en octobre, par rayons ou planches plates, à la volée, et ce qui vaudrait mieux, à l'aide d'un plantoir dans de petites raies ouvertes à la houe; car le Colza a besoin d'être semé clair, surtout si l'on veut épargner les frais du repiquage. Ne fumez pas trop; vous auriez plus de feuilles au printemps et plus tard beaucoup moins de graines. Le seul soin pendant l'hiver est d'éloigner les bestiaux des champs de Colza. La récolte se fait du 15 juin au 1er juillet. La graine est avidement recherchée par tous les oiseaux; pour l'avoir ils attaquent les siliques et les ouvrent très-adroitement; aussi le cultivateur doit-il bien connaître l'époque de la maturité pour en perdre le moins possible, et l'entreprendre le matin de trois à huit heures, et le soir depuis six heures jusqu'à la nuit. La plus belle graine se garde pour semence, l'autre fournit une huile abondante, de bonne qualité, qui ne tient pas, il est vrai, l'un des premiers rangs parmi les huiles comestibles, mais on peut l'employer comme telle. Le marc se donne aux bestiaux; je préfère m'en servir pour l'engrais des terres, et, à cet effet, je l'enterre en automne.

On a dit que le Colza fatiguait la terre; c'est une erreur, il la dispose à de brillantes récoltes en tout genre. Cependant n'allez pas le planter deux ans de suite dans le même sol, on ne doit le faire que tous les quatre ans, et jusque-là il convient de lui substituer une graminée.

Nous possédons deux variétés de Colza : l'une, hâtive, à fleurs blanches, se sème au printemps et se récolte en automne; l'autre, tardive, à fleurs jaunes, se met en terre à la mi-juin, passe l'hiver sans fleurir et se récolte à la fin du printemps suivant. (T. D. B.)

COMATULE. (ZOOPH. ÉCHIN.) Genre établi par Lamarck, aux dépens des ASTÉRIES. *V.* ce mot.

(GUÉR.)

COMBATTANT, *Tringa pugnax.* (OIS.), Ces oiseaux, que l'on appelle aussi PAONS DE MER, sont remarquables par leurs habitudes belliqueuses et les changemens qu'ils éprouvent dans leur coloration et la nature de leur plumage aux différentes saisons de l'année. Le nom de *Combattans* que leur a donné le vulgaire et que les naturalistes ont accepté, convient en effet, très-bien à des oiseaux qui se livrent entre eux les combats les plus acharnés, s'assaillant tantôt seul à seul, tantôt réunis en corps nombreux et parfaitement ordonnés. Les phalanges sont toutes composées de mâles qui marchent les uns contre les autres, tandis que les femelles attendent à part la fin de la bataille, enflamment, dit-on, par quelques petits cris, l'ardeur des Combattans, et deviennent ensuite le prix des vainqueurs. Souvent la lutte est longue et quelquefois sanglante; les vaincus prennent la fuite, mais leur ardeur guerrière, qui n'est produite, selon l'expression de Vieillot, que par leur ardeur amoureuse, renaît au cri de la première femelle qu'ils entendent; ils oublient leur défaite et entrent en lice de nouveau, si quelque antagoniste se présente. Cette petite guerre a lieu tous les jours le matin et le soir pendant les mois d'avril et de mai. Les individus mâles sont alors dans toute leur beauté, ils ont un vrai plumage de guerre; leur poitrine et leur cou sont garnis de longues plumes qui forment une sorte de bouclier et qu'ils hérissent au moment de l'attaque pour leur donner plus de résistance. Cet ornement, ainsi que les petites caroncules charnues dont le bec des Combattans est garni, disparaît au moment de la mue, qui arrive en juin, et le plumage devient alors méconnaissable; il est tantôt blanc ou gris, tantôt roux ou bien noir, avec des reflets violets, et souvent varié de taches et de lignes de différentes couleurs. Ces oiseaux nichent sur nos côtes, ils sont surtout communs en Picardie; on les trouve aussi en Angleterre, en Hollande, en Flandre, en Allemagne, ainsi qu'en Russie, en Sibérie et en Islande. La femelle fait son nid au mois de mai, sur la terre, dans de petits creux entourés de gazon; elle y pond cinq ou six œufs, tout gris, avec des taches d'un brun roussâtre. L'incubation dure un mois. Dans certaines contrées on mange les Combattans; en Angleterre et en Hollande, on les estime beaucoup. Les Anglais ont l'usage de les engraisser; ils les nourrissent avec de la mie de pain, et pour les faire rester tranquilles, ils les tiennent dans l'obscurité; car dès qu'on les laisse à la lumière, ils se battent avec acharnement. Tout est alors pour eux un sujet de discorde, le boire, le manger, la place; les femelles se montrent souvent aussi querelleuses que les mâles. Les naturalistes ont décrit plusieurs espèces de Combattans en Europe; mais on sait aujourd'hui qu'il n'en existe qu'une seule, laquelle offre des variations nombreuses suivant les diverses saisons. G. Cuvier en a fait le type de son genre *Machetes* (du grec μαχητής, signifiant *combattant*). M. Temminck l'a classée parmi ses Bécasseaux. Voyez, pour plus de détails sur ce sujet et sur quelques espèces étrangères, l'article Bécasseaux de ce Dictionnaire. Nous avons fait représenter le Combattant dans notre Atlas, pl. 120, fig. 3.   (Gerv.)

COMBINAISON. (chim.) On désigne ainsi l'acte par lequel des corps de nature différente s'unissent de manière à former un tout homogène dans toutes ses parties, qu'il n'est possible de séparer que par des forces mécaniques. La chaleur, la lumière, l'électricité, l'affinité élective, sont les seules forces capables de désassocier les corps qui ont formé une combinaison.   (Guér.)

COMBRET, *Combretum*. (bot. phan.) Rangé d'abord parmi les Onagrariées, ce genre est devenu le type d'une nouvelle famille. Les arbres et arbrisseaux qu'il renferme sont au nombre de quinze, tous exotiques, et dont un seul, connu sous le nom vulgaire d'*Aigrette de Madagascar*, est cultivé dans les serres en Europe depuis un très-petit nombre d'années : c'est le Combret écarlate, *C. coccineum*, que l'on multiplie de marcottes, joli arbrisseau, d'abord transporté par les colons français à l'île Maurice, puis apporté de là en France, où il sera plus tard l'ornement de nos jardins. Sa tige demande un tuteur pour s'élever; elle s'attache volontiers aux arbres voisins, qu'elle presse légèrement et sans leur nuire. Elle porte des feuilles opposées, ovales-oblongues, un peu coriaces

d'un très-beau vert et très-entières. Ses fleurs, d'un superbe rouge écarlate, sont petites, nombreuses, accompagnées de bractées, et disposées en grappes du plus bel aspect; leur corolle est formée de cinq pétales ovales, avec dix étamines, dont une moitié plus longue que la corolle, et l'autre moitié disposée sur une ligne circulaire inférieure. Les fruits sont des capsules oblongues, munies de cinq ailes membraneuses et renfermant une graine unique dans une loge indéhiscente. On trouvera cette jolie plante figurée dans notre Atlas, pl. 103, fig. 1, sous le nom de *Chigomier*.   (T. D. B.)

COMBRÉTACÉES. (bot. phan.) Famille créée par Robert Brown et qu'il constitue avec les genres *Cacoucia*, *Chuncoa*, *Bucida*, *Laguncularia*, *Cestonia*, *Conocarpus* et *Terminalia*, qui lui paraissent avoir les plus grands rapports avec le *Combretum*, dont nous venons de parler. Comme on le voit, cette famille, formée de plantes naguère encore comprises parmi les Onagrariées et les Myrtacées, prend place entre ces deux familles qu'elle unit d'une manière naturelle.   (T. D. B.)

COMBUSTIBLES (corps). (chim.) On désigne ainsi tous les corps qui jouissent de la propriété 1° de se réduire en cendres en donnant de la chaleur et de la lumière; 2° de se transformer en *oxides* et en *acides* en se combinant avec l'oxigène, le chlore, l'iode, le phtore, etc. (F. F.)

COMBUSTION. (chim.) Phénomène physique et chimique, accompagné de dégagement de calorique et de lumière, pendant lequel un corps est transformé en cendres, en oxide ou en acide, en se combinant avec d'autres corps dits *comburans*, tels qu'oxigène, chlore, iode, phtore, etc. Autrefois, avant la découverte de l'oxigène, on croyait que la combustion était due à une substance particulière, répandue dans tous les corps, qui s'échappait quand ces mêmes corps brûlaient, et qu'on appelait *phlogistique*. Mais lorsque Scheele eut découvert qu'il y avait fixation d'oxigène pendant la combustion, lorsque Lavoisier eut prouvé que les corps brûlés augmentaient de poids au lieu de diminuer, on changea totalement la théorie de la Combustion; alors aussi, les bases de la chimie théorique furent établies.   (F. F.)

COMBUSTION SPONTANÉE. (phys.) Combustion qui a lieu d'elle-même, à une température peu élevée, et sans l'intermédiaire d'un corps en ignition. Ce phénomène dépend d'une grande affinité de certaines substances pour l'oxigène. Des amas de charbon de terre, de fumier de cheval, de foin, de mousses humides, sont ainsi susceptibles de prendre feu spontanément. Il en est de même du chanvre mis en contact avec l'huile, et par conséquent de la toile imprégnée d'huile, des sulfures métalliques humectés, de la laine en ballots, du coton et des étoffes de laine imbibées d'huile, des vieilles fourrures, de la bourre imprégnée de suif, de la chaux vive humectée, etc. Un mélange d'huile de chenevis et de noir de fumée s'enflamma au bout de vingt-quatre heures, et faillit réduire Pétersbourg en cendres. On a pensé devoir attribuer à des causes semblables plusieurs

plusieurs incendies survenus dans le port de Brest, et l'on explique également ainsi ceux qui pendant plusieurs années et vers la fin de l'été ont ravagé le village de Boncourt. (*Voy.* FEUX-FOLLETS.)

(P. G.)

COMBUSTIONS HUMAINES SPONTANÉES.

(PHYSIOL.) Si l'on s'attachait bien rigoureusement au sens de cette dénomination, il faudrait déclarer qu'il n'existe pas d'exemple, au moins bien avéré, de combustion survenue à l'extérieur ou à l'intérieur du corps *spontanément* et *sans cause déterminante*. Mais si l'on ne veut entendre par ces mots que la combustion d'une partie ou de la totalité du corps par suite du contact d'une substance en ignition, et où la masse des parties brûlées ne présente aucune proportion avec la faiblesse du moyen comburant, alors il est impossible de nier ce phénomène, qui, depuis long-temps, est devenu l'objet de l'attention des physiologistes. Plusieurs savans nous ont transmis leurs observations sur ce point si curieux de la science ; mais ils ne sont pas entièrement d'accord dans l'explication qu'ils en donnent, et ne l'attribuent pas aux mêmes causes prédisposantes : peut-être arrive-t-il ici ce qui se remarque pour tant d'autres faits physiologiques, c'est qu'on cherche une cause unique à un phénomène qui ne peut se présenser que par le concours de plusieurs circonstances. Ainsi les uns ont regardé comme une prédisposition indispensable, l'usage habituel et excessif des liqueurs alcooliques, et ont pensé que les tissus imprégnés d'alcool s'enflammaient alors avec une grande facilité et brûlaient rapidement. Mais il existe quelques exemples d'individus victimes de Combustions spontanées et qui n'étaient point adonnés à l'ivrognerie. M. Dupuytren et quelques autres savans ont regardé l'obésité comme la circonstance qui disposait le plus à ce funeste accident ; mais on connaît plusieurs exemples d'individus maigres et qui cependant ont péri par la Combustion spontanée ; on a dit que ce phénomène ne se remarquait jamais que par un froid rigoureux et lorsque les tissus étaient constrictés par cette température basse ; on cite cependant des combustions arrivées au milieu de l'été. Si l'on jette les yeux sur les nombreuses observations recueillies à ce sujet, on s'aperçoit bientôt que plusieurs de ces causes se trouvaient réunies chez les individus atteints de la Combustion, soit que leurs tissus fussent baignés de graisse et rendus ainsi plus inflammables ; soit que leur peau, desséchée par une maigreur extrême, fût ainsi plus disposée à la Combustion ; presque toujours ces individus se livraient à un usage immodéré des liqueurs fortes, ou presque toujours l'exhalation cutanée était empêchée par le refroidissement du corps. On a cherché aussi à expliquer les motifs qui rendaient cet accident plus fréquent chez les femmes que chez les hommes. Sans tenir compte de l'obésité plus ordinaire aux femmes qu'aux hommes, sans tenir compte de l'ardeur avec laquelle elles se livrent à l'ivrognerie, comme aux autres passions, lorsque celle-ci les a remplacées toutes, il faut peut-être

chercher ces motifs dans les circonstances habituelles de leur existence ; les femmes s'enivrent rarement comme les hommes, dans les établissemens publics ; un reste de pudeur les force encore à ensevelir le secret de leurs vices ; elles s'enferment, s'isolent ; les plus pauvres, pour combattre le froid, placent ordinairement sous leurs vêtemens des chaufferettes ou des pots de terre pleins de braise enflammée ; les étincelles peuvent directement atteindre la peau qui, chez les hommes, est partout recouverte d'une double ou triple enveloppe d'habits ; peut-être pourrait-on trouver d'autres raisons physiologiques de cette préférence dans la finesse de la peau, dans l'activité de l'absorption, toujours plus remarquable chez les femmes. Quelles que soient au reste les causes qui disposent aux Combustions humaines, ou les déterminent, voici ce qu'on observe : une petite flamme bleuâtre parcourt toutes les parties du corps, ou seulement quelques unes, et, avec une extrême rapidité, cette flamme persiste jusqu'à la carbonisation, et même l'incinération des parties brûlées. L'eau qu'on projette dessus ne parvient pas à l'éteindre, et si l'on passe les doigts sur les endroits qu'elle a parcourus, ils se tachent d'une matière grasse. Une fumée noire, épaisse, s'échappe du cadavre en combustion et couvre d'un enduit onctueux et noir les meubles de l'appartement ; cette fumée répand une odeur des plus fortes et des plus désagréables, odeur qu'on peut comparer à celle de la corne brûlée. Quelquefois l'incinération du cadavre est complète et la petite quantité de cendres recueillie paraît ne pas représenter le volume du corps ; assez souvent quelques parties, comme un pied, la tête, etc., résistent à la combustion. Presque toujours les meubles environnans demeurent intacts. Il ne faut pas plus d'une heure et demie ou deux heures pour que la combustion complète d'un cadavre puisse ainsi avoir lieu.

L'observation suivante, recueillie par un des médecins les plus distingués de Paris, et que nous choisissons parmi un grand nombre d'autres, nous paraît propre à donner une idée exacte du tableau que présente une Combustion humaine spontanée : « Le 25 décembre, la nommée Bailly (Marie-Jeanne), âgée de cinquante-un an, rentra chez elle vers le soir, et comme de coutume dans un état d'ivresse. Le lendemain à huit heures du matin, les voisins sentant une forte odeur de fumée, on pénétra dans la chambre de cette femme, et on la trouva couchée à terre, presque totalement brûlée, les pieds tournés vers la cheminée où il n'y avait pas de feu ; sous un de ses bras était encore le montant de la chaise sur laquelle elle s'était assise, et sous elle existait un gueux (pot de terre dans lequel les femmes du peuple mettent du feu pour chauffer leurs pieds). On y observait quelques débris de braise provenant de la combustion de la chaise ; tout le plancher était tapissé d'une suie noire, et une poutre à nu dans le mur de la chambre avait été superficiellement charbonnée ; une cassette était intacte ainsi que les rideaux de mousseline des croisées, quoiqu'ils se trouvassent à un pied du cadavre. Sa face, les cheveux, la partie antérieure du cou sont intacts, les muscles du dos, des lombes sont grillés, racornis et réduits à un huitième de leur volume ; le sacrum, le coccyx sont charbonnés, gras, onctueux au toucher ; il n'existe des membres supérieurs que les os et une partie du moignon de l'épaule ; les membres inférieurs avaient été brûlés dans leur tiers supérieur sans que les bas de cette femme eussent été altérés. »

Dans l'état actuel de la science, il est impossible de tirer rien de concluant des observations nombreuses qu'on possède ; mais elles doivent servir à guider les physiologistes ; peut-être, en les rapprochant des faits de combustion spontanée qui se passent ailleurs que chez l'homme, parviendrait-on à trouver une explication exacte de ce phénomène curieux. (P. G.)

COMÉPHORE, *Comephorus*. (POISS.) Genre très-voisin des vrais Callionymes ; il a même été confondu avec ces derniers animaux ; mais il a paru en différer par trop de caractères essentiels, pour qu'il n'ait pas été nécessaire de l'en séparer. Ces caractères sont : museau oblong, large, déprimé, la première dorsale très-basse, les ouïes très-fendues, de très-longues pectorales. Ce qui les distingue dans toute cette famille des Gobioïdes, c'est l'absence des nageoires ventrales.

On n'en connaît qu'un du lac BAÏKAL, (*Callionymus baïcalensis*, Pall., Nov. act., Petr., tom. 1, pag. IX, fig. 1) ; long d'un pied, d'une substance molle et grasse, que l'on presse pour en tirer de l'huile. On ne l'obtient que mort, après des tempêtes. (ALPH. G.)

COMÈTE. (MÉTÉOR.) L'aspect extraordinaire des Comètes, les formes bizarres qu'elles affectent, leur apparition à de certaines époques en apparence non réglées, en avaient fait, pour les siècles qui ont précédé le nôtre, un élément de terreur et de superstition. On fut même jusqu'à les regarder comme des avant-coureurs célestes, chargés d'annoncer aux mortels quelque affreuse catastrophe, dont ils allaient subir les funestes et dangereuses conséquences. Ainsi, suivant l'opinion des temps anciens, l'apparition des Comètes indiquait la venue de quelques unes de ces terribles maladies contagieuses et épidémiques qui, à plusieurs reprises, vinrent dévaster la terre que nous habitons. Le peuple romain, avec son imagination amie du merveilleux, supposa que la Comète qui apparut un peu avant l'assassinat de Jules César, était venue pour annoncer à la terre la mort de son premier empereur. En 1454, lorsque le trône chrétien de Constantinople était violemment ébranlé par les rudes coups que lui portait le croissant, une Comète apparut, et le chroniqueur de s'écrier que «cette Comète en forme » d'épée longue, dirigée d'occident en orient, in- » diquait certainement que les chrétiens d'Occi- » dent se réuniraient pour marcher contre les » Turcs et qu'ils remporteraient la victoire ; les » Turcs eux-mêmes, continue l'historien, tombè-

» rent dans une grande stupeur, et firent de sé- » rieuses réflexions ». Mais, sans aller chercher si loin des exemples de la crainte inspirée par l'apparition d'une Comète, rappellons-nous toutes les dissertations publiées par les journaux vers la fin de l'année 1831, au sujet de la Comète de 1832, et nous verrons bien que le xixe siècle lui-même conserve encore, en partie du moins, l'héritage des siècles passés.

Afin que l'esprit de nos lecteurs ne soit pas soumis à de pareilles influences, afin qu'ils puissent voir sans effroi au mois de novembre 1835 la Comète *horrendæ magnitudinis* de l'année 1305, nous allons examiner ici ce que c'est qu'une Comète, quelle est sa constitution physique, et quelles peuvent en être les conséquences par rapport à l'existence de notre globe.

Comète, d'après le mot grec dont on a formé le mot français, veut dire *étoile chevelue*. Cette dénomination est heureuse ; car il n'est personne qui ne sache que les Comètes ont leur noyau entouré d'un brouillard, d'une nébulosité, que l'on appelle *chevelure*, et qui a plus ou moins d'étendue, suivant les différentes positions des Comètes auxquelles il appartient. L'ensemble de ce noyau et de cette chevelure forme ce que l'on appelle la *tête de la Comète*. A la suite ou en avant de cette tête, se trouve le plus souvent une longue traînée lumineuse, qu'on est convenu de nommer la *queue de la Comète* : les anciens astronomes donnaient à cette partie deux dénominations différentes, selon qu'elle précédait ou qu'elle suivait la Comète : dans le premier cas ils la désignaient sous le nom de *barbe* ; dans le second cas, sous le nom qu'elle a conservé aujourd'hui, c'est-à-dire sous le nom de *queue*.

Cependant ces caractères ne sont pas indispensables dans la constitution physique des Comètes ; selon les astronomes modernes, les caractères distinctifs de ces astres sont les suivans : ils sont doués d'un mouvement propre ; ils parcourent dans l'espace des courbes infiniment allongées ; et dans certaines parties de leur course, ils se transportent à une telle distance de la terre, qu'ils cessent d'être visibles pour nous.

Nous avons dit plus haut que les Comètes se composaient le plus souvent de trois parties assez distinctes les unes des autres, savoir : le *noyau*, la *nébulosité* qui l'entoure, et la *queue* qui le précède ou le suit. Examinons successivement chacune de ces parties dans l'ordre que je viens d'indiquer ici.

Le noyau de la Comète a servi et sert encore aujourd'hui d'aliment aux discussions des astronomes. Plusieurs ont prétendu que les Comètes n'avaient point de noyau opaque ; d'autres au contraire ont soutenu que l'opacité du noyau était évidente et manifeste pour eux. Ces noyaux forment une partie assez considérable de ces astres, pour s'y arrêter quelques instans : on pourra juger de leur dimension en jetant les yeux sur le tableau ci-joint :

Le noyau de la Comète de 1798 avait une étendue de. . . . . 11 lieues.
Celui de la Comète de 1805. . 12
Celui de la Comète de 1799. . 154
Celui de la Comète de 1807. . 222
Enfin celui de la seconde Comète de 1811 1,089

Ce sont ces noyaux que des astronomes affirment être toujours transparens, et conserver toujours la plus complète diaphanéité; et sans s'inquiéter de l'éclat brillant dont quelques uns d'entre eux resplendissent, ils soutiennent que les Comètes ne sont que de simples amas de vapeurs. Un de leurs argumens les plus forts consiste à dire qu'il ne peut y avoir opacité, puisque dans plusieurs observations faites par d'habiles astronomes, on a pu voir des étoiles à travers des Comètes. Et à l'appui de ce qu'ils avancent, ils citent différens faits dont nous rapporterons ici quelques uns.

Le 23 octobre 1774, une étoile de sixième grandeur fut aperçue, par Montaigne, à travers le noyau d'une petite Comète.

Le 1er avril 1796, une nouvelle observation fut faite par Olbers : il vit une étoile de sixième grandeur, quoiqu'elle fût entièrement couverte par le noyau d'une Comète.

D'un autre côté, ceux qui prétendent que les noyaux cométaires sont opaques, citent aussi leurs auteurs, et disent :

En 1774, Meissier observa une seconde étoile auprès d'une Comète, où il n'en avait d'abord remarqué qu'une seule et unique.

Le 28 novembre 1828, M. Wartmann, de Genève, observa une étoile de huitième grandeur, qui fut éclipsée par une Comète.

On voit que l'une et l'autre cause a ses défenseurs cuirassés d'observations des pieds à la tête: aussi, disons avec M. Arago :

« Quoi qu'on veuille déduire de ces remarques » quant à la constitution physique du noyau de » très petites Comètes qui se sont projetées sur » des étoiles, toujours est-il qu'on n'aurait aucun » bon argument pour généraliser la conséquence. » Il existe des Comètes sans noyau apparent qui, » dans toute leur étendue, ont presque le même » éclat, qui ne sont sans aucun doute que de sim- » ples agglomérations d'une matière gazeuse. Un » second degré de concentration de ces vapeurs a » pu donner naissance, dans le centre de la nébu- » losité, à un noyau remarquable par la vivacité » de sa lumière; mais qui, étant encore liquide, » jouirait d'une grande diaphanéité : à une époque » plus avancée, le liquide, suffisamment refroidi, » sera enveloppé d'une croûte solide, et, dès ce » moment, toute transparence du noyau aura cessé: » alors son interposition entre l'observateur et une » étoile produira une éclipse tout aussi réelle, » tout aussi complète que celles qui résultent » journellement des déplacemens de la lune et des » planètes. Or rien, rien absolument ne prouve qu'il » n'existe pas des Comètes de cette troisième espèce » ou à noyau solide. La grande variété d'aspect et

» d'éclat que ces astres ont présentée, peut légitimer, » à cet égard, toutes les suppositions qu'on jugera » convenable de faire. »

Concluons donc, avec notre célèbre astronome, qu'il existe

Des Comètes sans noyau ;

Des Comètes dont le noyau est peut-être diaphane ;

Et enfin des Comètes plus brillantes que les planètes, et dont le noyau est probablement solide et opaque.

Passons à la chevelure ou nébulosité. Dans les Comètes sans noyau, la nébulosité forme à elle seule la tête de la Comète; et la matière qui la compose est si vague et si légère, que toute espèce de point lumineux, à quelque distance qu'il se trouve situé derrière la chevelure, n'en est pas moins parfaitement visible pour l'observateur : nous en avons la preuve dans les observations de MM. Herschel et Struve : le premier aperçut une étoile de sixième grandeur à travers la Comète sans noyau de 1795 ; le second, au mois de novembre 1828, vit très-distinctement une étoile de onzième grandeur au centre de la Comète à courte période : bien d'autres exemples pourraient être cités ici ; contentons-nous de ceux-ci.

Lorsque la Comète observée a un noyau, de sensibles modifications ont lieu dans la nébulosité; elle n'est plus alors identiquement la même dans ses différentes parties : ainsi, à quelque distance du centre elle prend un éclat beaucoup plus vif, ce qui se représente à nos yeux par un cercle brillant ; quelquefois même ce cercle se double, et forme ainsi autour du noyau deux anneaux concentriques. Il est facile de concevoir que ce qui nous paraît former un anneau à nous qui ne voyons que la projection, n'est pas en effet un anneau circulaire, mais une enveloppe sphérique qui entoure le noyau de toutes parts : l'endroit qui nous semble plus brillant, et qui forme l'anneau, est précisément ce qui forme pour nous les contours de la sphère.

Ces nébulosités ne laissent pas que d'être considérables : ainsi celle de la Comète de 1804 n'avait pas moins de 2,000 lieues de diamètre : dans la Comète de 1811, l'enveloppe avait 10,000 lieues d'épaisseur, et la distance, entre le cercle et le noyau de la Comète, était de 12,000 lieues. Les diamètres des nébulosités des Comètes de 1807 et de 1799 étaient de 12,000 et 8,000 lieues.

Observons ici que, lorsque la Comète possède une queue, l'anneau est brisé du côté du soleil : il n'y a plus alors qu'un demi-cercle seulement du côté de la queue.

Nous voilà arrivés à la *queue* de la Comète. Cette queue a souvent des dimensions très-étendues : on en pourra juger par le tableau que nous plaçons ici.

La Comète de 1811 avait une queue de 23°
La Comète de 1689. 68
La Comète de 1680. 90
La Comète de 1769. 97
Disons tout de suite que la grande étendue de

ces deux dernières queues permettaient aux Comètes auxquelles elles appartenaient, de descendre sous l'horizon, tandis que l'extrémité de leur queue se trouvait encore au zénith.

Voici quelques mesures en lieues :

Queue de la Comète de 1680, plus de 14 millions de lieues;

Queue de la Comète de 1769, plus de 16 millions de lieues;

Enfin, queue multiple de la Comète de 1744, 5 millions de lieues.

Ce dernier exemple me conduit nécessairement à faire observer que souvent il arrive qu'une Comète traîne à sa suite plusieurs queues bien distinctes les unes des autres. Ainsi, la Comète dont je viens de parler en dernier lieu, en a eu jusqu'à six, qui toutes étaient séparées par une bande aussi obscure que le reste du ciel.

Pierre Appian, célèbre astronome du 16ᵉ siècle, fit l'observation que les queues des Comètes étaient situées sur le prolongement de la ligne qui joint le centre du soleil avec le centre du noyau : quoique ce principe soit assez juste, il ne doit pas être cependant généralisé, attendu que la direction de la queue subit toujours l'influence de la marche rapide de l'astre cométaire, ce qui fait qu'elle est toujours inclinée vers la route suivie par la Comète. Et ceci se conçoit facilement : en effet, si vous soufflez une bougie allumée, et que pendant qu'elle fume encore, vous lui imprimiez un mouvement violent, la fumée qui s'en échappera se précipitera vers l'endroit que la bougie vient de quitter. Il en est de même dans les Comètes ; leur force attractive n'est pas assez puissante pour tenir dans une exacte dépendance les vapeurs dont la queue se compose; aussi les queues se trouvent-elles toujours fortement inclinées vers le lieu abandonné par la Comète, et décrivent-elles une certaine courbure dont la convexité doit être nécessairement, et est en effet tournée du côté de la région vers laquelle la Comète s'avance.

Les queues des Comètes s'élargissent sensiblement à mesure qu'elles s'éloignent de la tête de la Comète; au milieu de cette vaste traînée lumineuse se trouve un espace plus sombre, et moins éclairé : cet espace est précisément l'effet de la même cause que nous avons fait remarquer au sujet de la nébulosité : c'est que la queue de la Comète n'étant pas plane, mais formant un cône, il est tout simple et tout naturel que les bords de ce cône où se trouve réunie une plus grande masse de molécules vaporeuses, nous paraissent beaucoup plus brillans que le centre, où ces molécules sont en moindre quantité.

Ces astres dont nous venons d'examiner la constitution physique, décrivent dans l'espace des ellipses très-allongées: pour quelques uns d'entre eux, et même pour la plupart, ces ellipses sont tellement vastes qu'elles se confondent presque avec des paraboles, espèce de courbe qui sert de limite à l'ellipse.

Pour déterminer la route que doit suivre une Comète, les astronomes ont besoin de trois observations qui portent sur ce qu'on appelle les *élémens paraboliques de la Comète* : nous nous en tiendrons à cette simple indication; de plus amples détails seraient ici superflus. Trois observations sont donc nécessaires : lorsqu'elles sont faites, la Comète est inscrite sur des tables qu'on nomme *Catalogue des Comètes*, avec les élémens paraboliques qui sont reconnus lui appartenir : ce catalogue est d'un grand secours pour reconnaître si une Comète paraît pour la première fois, ou bien si elle a déjà été observée : ainsi une Comète fut découverte à Marseille par M. Pons, en 1818. M. Bouvard en présenta les élémens paraboliques au bureau des longitudes au mois de janvier 1819, et un membre ayant fait observer que ces élémens se rapprochaient beaucoup des élémens de la Comète de 1805, on eut recours au catalogue; et il fut en effet reconnu que cette Comète était une Comète à courte période, dont la révolution ne durait que trois ans et demi.

On conçoit sans peine que si les astronomes, pour affirmer que telle Comète est déjà venue visiter notre globe, n'avaient d'autres raisons a en donner que le plus ou moins de ressemblance entre les différentes formes qu'elles affectent, ils seraient sujets à se tromper fort souvent. Car les Comètes ne se présentent presque jamais avec la même configuration : ainsi il ne faut pas s'attendre à voir paraître, en novembre 1835, une Comète semblable à la Comète *Horrendæ magnitudinis* de 1305; nous ne jouirons pas de cette longue queue qui en 1456 embrassait 60 degrés de l'horizon, ni de l'astre si étincelant qui apparut en 1682, quoique cependant ces trois réapparitions appartiennent à la Comète de 1835. Il faut donc, pour affirmer qu'une Comète a déjà paru dans notre horizon, retrouver sur le catalogue cométaire les élémens paraboliques qui seuls peuvent constater son identité. C'est ainsi qu'on est parvenu à reconnaître que la Comète de 1759 était la même que celle dont Halley détermina les élémens paraboliques en 1682, qui fut décrite par Képler en 1607, qui fut inscrite par Apian en 1531, et qui enfin, d'après les calculs de M. Damoiseau, du bureau des longitudes, doit reparaître en novembre 1835. Ajoutons ici que, quelque exacts que soient les calculs faits par les astronomes, il faut cependant tenir compte de certains accidens qui peuvent venir en troubler les résultats.

Il y a certaines influences qui s'exercent sur les Comètes, et qui modifient leur direction ou plutôt leur marche : car dans les espaces traversés par les Comètes, le vide n'existe pas complétement; une substance gazeuse, qu'on désigne sous le nom d'*Éther*, y est répandue, et sa présence doit nécessairement apporter quelques changemens dans leur marche. En effet la Comète, se mouvant dans un milieu, quelque subtil qu'il soit, doit perdre évidemment de sa vitesse réelle; et perdant de sa vitesse réelle, une partie de sa force centrifuge l'abandonne, puisque la puissance attractive du soleil reste toujours la même, tandis que la puissance tangentielle diminue sans cesse. À chaque révolution, les orbites cométaires doivent donc perdre de leur étendue, et se rapprocher de plus en plus du soleil; tels sont en effet les résultats observés. Ces astres devront même se précipiter dans le soleil, à moins que leur masse gazeuse ne se dissipe entièrement dans l'espace. Hypothèse que l'on peut admettre sans trop de danger; puisque l'examen de chacune des révolutions des Comètes périodiques démontre qu'elles diminuent sensiblement de volume et d'éclat.

Il n'est pas impossible non plus que les Comètes, en passant près des planètes, ne viennent à les heurter, on en a même des exemples : ainsi une Comète, celle de 1770, qu'on avait prédite pour 1775, ne put être exacte au rendez-vous qu'on lui avait assigné, attendu que dans sa route, elle se fourvoya au milieu des satellites de Jupiter, qui n'en éprouvèrent pas le moindre dérangement, mais qui occasionèrent un grand trouble dans sa direction.

D'après ce que nous venons de dire, il ne serait pas impossible qu'une Comète vînt choquer la terre, et l'entourer des vapeurs qui la forment; aussi les astronomes se sont-ils occupés de savoir si cet accident, qui serait sans doute de quelque gravité pour nous, pourrait se renouveler souvent : or au moyen d'un calcul de probabilités et de chances, en mettant la Comète dans la situation la plus avantageuse pour qu'elle vînt nous frapper, ils ont trouvé que sur 281 MILLIONS DE CHANCES, NOUS N'EN AVIONS QU'UNE SEULE A REDOUTER. Il n'y a certes personne qui ne s'exposât à courir de pareils danger : l'homme le plus faible d'esprit, quand bien même sa tête serait au jeu, plongerait avec assurance la main dans une urne où son nom serait inscrit avec 281 millions d'autres noms, et il serait bien persuadé de ne point retirer de l'urne le fatal billet qui le mettrait entre les mains du bourreau. Ainsi qu'on le voit, le danger résultant du choc d'une Comète n'est pas très-imminent.

On a beaucoup parlé aussi de l'influence que les Comètes avaient sur le dérangement de nos saisons, et des maladies occasionées par leur présence : à cet égard un médecin anglais a été jusqu'à dire que l'apparition d'une Comète amenait nécessairement l'apparition d'une maladie : M. Forster est sûr d'avoir toujours ainsi une cause toute prête pour tous les maux qui affligent notre pauvre espèce humaine ; car, comme il y a peu d'années où il ne se trouve deux ou trois Comètes visibles de la terre, il s'ensuit nécessairement qu'elles ne manqueront jamais pour offrir leur influence dangereuse. Le fait est qu'elles n'en ont aucune, et que même elles ne peuvent modifier en rien la température de nos saisons : ainsi il est constant, d'après le relevé des températures moyennes comparées avec les apparitions de Comètes, que ce sont précisément les années qui possèdent le plus de Comètes, qui furent les plus froides. Par exemple l'année 1805 eut une température moyenne très-inférieure, et pourtant deux Comètes; quatre Comètes et un froid assez rigoureux

furent le partage de 1808; l'année 1829, la plus froide des années de 1803 à 1831, n'en eut pas moins sa Comète, tandis que l'année 1831, dont tout le monde se rappelle le soleil brûlant, en fut totalement dépourvue; il est donc bien facile de décider, d'après toutes ces observations, que les Comètes ont été pendant long-temps les croquemitaines des grandes personnes : leur influence', comme on le voit, se réduit à fort peu de chose. Nous conseillons donc à nos lecteurs de se rassurer entièrement : les Comètes sont déchues du trône que leur avait élevé l'ignorance des siècles passés. Leur époque de gloire a fini, et maintenant il ne leur reste plus qu'à rouler dans l'espace, en suivant les lois éternelles de la gravitation.

(C. J.)

COMMANDEUR. (ois.) C'est le nom vulgaire d'un Troupiale qui a une marque rouge sur la partie antérieure de l'aile. C'est l'*Icterus pterophœniceus* de Brisson, ou l'*Oriolus phœniceus* de Linné. Le nom de Commandeur a aussi été donné à une espèce de Columbar, *Columba militaris*.

(GuÉR.)

COMMELINE, *Commelina.* (BOT. PHAN.) Ce genre, qui emprunte son nom aux botanistes hollandais Jean et Gaspard Commelyn, renferme un assez grand nombre d'espèces, toutes herbacées, d'aspect agréable, à fleurs généralement roses ou bleues, à feuilles alternes et engaînantes. Jussieu les avait placées dans sa vaste famille des Joncées, avec les végétaux qui, de même que les Commelines, semblent tenir par leurs feuilles aux Squamiflores, et par leurs fleurs aux Pétaloïdes. Robert Brown en a fait le type d'une famille nouvelle (*voyez* COMMELINÉES). On les reconnaît aux caractères suivans : calice à six divisions profondes, les trois extérieures persistantes et vertes, les trois intérieures pétaloïdes et caduques; six étamines, en partie stériles; ovaires à trois loges, portant un style et un stigmate; capsule à deux ou trois loges et autant de valves. Les fleurs sont ou enveloppées dans une spathe monophylle, ou nues, ce qui constitue le genre *Ancilema* de Brown, que nous conserverons comme simple section.

Les Commelines offrent peu d'intérêt, à l'exception de celles que l'on cultive dans nos jardins. Ce sont :

La COMMELINE VULGAIRE, *Commelina communis*, L., originaire d'Amérique. Sa tige, étalée et noueuse, porte des feuilles ovales lancéolées. Les fleurs sont d'un bleu tendre, et réunies plusieurs ensemble dans une spathe formée par la feuille supérieure.

La COMMELINE TUBÉREUSE, *Commelina tuberosa* L. est une plante du Mexique. Elle présente plusieurs tiges droites, articulées; des feuilles cordiformes, allongées, à gaîne striée. Les fleurs sont d'un bleu agréable.

Ces deux plantes se multiplient de graines ou en séparant les racines. (L.)

COMMELINÉES, *Commelineæ.* (BOT. PHAN.) Famille de la classe des plantes monocotylédonées, formée de quelques genres de la famille des Joncées, de Jussieu, où de trop grandes généralités entraîneraient peut-être trop d'exceptions. Les Commelinées sont des herbes vivaces ou annuelles, à racine fibreuse ou formée de tubercules charnus; à feuilles alternes, engaînantes à leur base. Leurs fleurs, nues ou enveloppées dans une spathe foliacée, ont pour caractères distinctifs : un périanthe à six divisions profondes, disposées sur deux rangs; trois extérieures, vertes et calicinales, et trois intérieures, un peu plus grandes, pétaloïdes, munies ou non d'un onglet; six étamines, attachées sous l'ovaire; une partie est quelquefois stérile; un ovaire libre; un style et un stigmate; une capsule trigone, globuleuse ou comprimée, à deux ou trois loges et autant de valves.

Cette petite famille ne contient que le genre *Commeline*, avec ceux qu'on en a détachés, le *Tradescantia* de Linné, et le *Callisia* d'Aublet.

(L.)

COMOCLADIE, *Comocladia.* (BOT. PHAN.) Nom donné par Linné à des arbres indigènes des Antilles et de la Guiane. Plumier, dans ses Manuscrits, les appelle *Pseudo-Brasilium,* à cause de leurs propriétés tinctoriales semblables à celles du BRÉSILLET (*v.* ce mot).

Le *Tariri,* dont parle Aublet, dans ses plantes de la Guiane, paraît être aussi une *Comocladie.* Jacquin, qui a très-bien observé à Saint-Domingue les principales espèces du genre, lui assigne les caractères suivans : calice à trois divisions profondes; corolle de trois pétales ovales et aigus, dépassant le calice; trois étamines, à filets courts, à anthères didymes; stigmates sessiles, obtus; drupe succulent, oblong et arqué, marqué de trois points au sommet; noyau à une loge et une graine.

Ces caractères placent le genre Comocladie dans la Triandrie monogynie, L., famille des Térébinthacées de Jussieu. On verra qu'il possède, avec quelques espèces de *Rhus,* des analogies très-marquées. C'est un raisonnement applicable à l'humanité comme aux végétaux, que la ressemblance des formes extérieures entraîne souvent analogie de qualités ou de propriétés.

On connaît trois ou quatre espèces de Comocladies; nous parlerons des deux suivantes, qui sont les plus intéressantes, et font parfaitement connaître le genre.

La COMOCLADIE A FEUILLES ENTIÈRES, *Comocladia integrifolia,* L., est un arbre de vingt à vingt-cinq pieds de hauteur, rameux, portant des feuilles ailées avec impaire, à folioles pétiolées, ovales, couleur pourpre foncé, disposées en grappes axillaires. A Saint-Domingue, où il garnit le pied des montagnes, on l'appelle *Brésillet,* parce qu'il fournit une teinture analogue à celle du bois de Brésil. Son fruit, pourpre-foncé, lors de sa maturité, est comestible et recherché dans le pays surtout par les jeunes filles; de là vient le surnom de *Fruit des Vierges.* Mais elle se gardent bien d'y goûter lorsqu'il est encore d'un rouge clair; le plaisir se changerait en poison : il serait encore imprégné du suc des autres parties de l'arbre, suc d'une telle causticité, qu'il brûle et désorganise la peau, et laisse des traces indélébiles de ses ravages. L'imagination des colons ne pouvait manquer d'utiliser une aussi funeste propriété : le suc de la *Comocladia* leur servait à marquer leurs nègres !

La COMOCLADIE DENTÉE, *Comocladia dentata,* Willldenow, appelée *Guao,* à Saint-Domingue, diffère de la précédente, parce que ses feuilles sont bordées de dents épineuses, et qu'on ne peut manger son fruit. Du reste, c'est un arbre aussi peu sociable que son confrère; une odeur infecte, semblable à l'hydrogène sulfuré, s'exhale de ses feuilles si on les froisse; *dormir à son ombre,* disent les habitans du pays, *c'est vouloir ne plus se réveiller.* Le savant et scrupuleux Jacquin se coucha au pied de cet arbre pour vérifier le fait, au moins en partie : il n'éprouva aucun malaise. Cependant il est probable que les émanations de la Comocladie sont fort malsaines.

(L.)

COMPOSÉE (FLEUR). (BOT. PHAN.) Ce nom a désigné et désigne même encore l'assemblage de petites fleurs, qui, réunies sur un réceptacle commun, *composent* la fleur générale du Soleil, du Dahlia, du Chardon et autres plantes de la même classe. On sent que cette expression est inexacte : ce genre de fleurs n'est pas réellement composé; c'est une réunion de plusieurs fleurs; c'est, comme l'a dit un ingénieux botaniste, *un épi, moins la tige.* Nous avons décrit ce mode d'inflorescence au mot CAPITULE.

(L.)

COMPOSÉES (Famille des). (BOT. PHAN.) Tournefort adopta ce nom pour y classer les végétaux qui portent des *fleurs composées;* Linné les range dans sa *Syngénésie.* Le professeur Richard a proposé, et l'on a généralement adopté pour désigner cette famille, l'expression de *Synanthérées,* qui est tirée d'un caractère vrai et particulier à ce mode d'inflorescence.

(L.)

COMPOSÉS (Corps.) (CHIM.) Les corps Composés sont des corps qui renferment au moins deux sortes de matières, mais qui peuvent en contenir trois, quatre, cinq, etc. : de là leurs dénominations de *corps binaires, ternaires, quaternaires,* etc.

(F. F.)

CONCEPTION. *Voy.* FÉCONDATION, GÉNÉRATION, REPRODUCTION.

CONCHIFÈRES. (MOLL). Lamarck a donné ce nom à une classe de mollusques qui correspond aux Acéphales de Cuvier. *Voy.* ACÉPHALES.

(GUÉR.)

CONCHIOSAURE. (REPT. FOSS.) Nom formé des mots grecs *conchion,* petite coquille, et *sauros,* lézard, et donné à un reptile fossile, connu seulement par un fragment du crâne trouvé dans le calcaire coquillier de Leineck, dans le Bayreuth, par la configuration des pièces subsistantes du crâne. Cet animal se rapproche des Crocodiles; mais son système dentaire le distingue de tous les genres connus de cette famille. Les dents, au nombre de treize de chaque côté, s'étendent seulement jusqu'au dessous de l'angle antérieur de l'œil; toutes sont creuses, coniques, simples, légèrement arquées en arrière, à racine enfoncée, dans des alvéoles distinctes, peu distantes les unes des autres, disposées sur une seule série insérée sur le bord des os maxillaires ; ces dents sont légèrement étranglées à leur collet, striées longitudinalement à leur couronne, toutes petites, égales, à l'exception de la seconde, en comptant d'avant en arrière, qui dépasse ses congénères de plus du triple en grandeur et en grosseur ; elle a sur le fragment connu environ 0,012^e de saillie, tandis que les autres dents n'offrent guère que 0,003. Van Meyer de Bonn, à qui l'on doit la description de ce fossile curieux, lui a donné le nom de *Conchiosaure* comme nom de genre, et de *Conchiosaure claviforme, C. clavatus*, ou à dents en forme de clou, comme nom d'espèce.

(T. C.)

CONCHOLEPAS, *Concholepas*. (MOLL.) Coquille univalve marine, des plus remarquables par la singularité de sa forme, et dont Lamarck a fait un genre, pour une espèce seulement, sur la considération de son ouverture, qui est très ample, et des deux petites dents placées à la base de son bord droit. Quoique l'animal de cette coquille ne fût pas connu de ce naturaliste, il ne lui en assigna pas moins la place qu'il doit occuper, en le mettant dans ses Mollusques trachélipodes, famille des Purpurifères. Cette coquille, que tout le monde connaît, qui n'a rien d'agréable à l'œil, et qui, jusqu'à ces derniers temps, avait été considérée par tous les navigateurs comme appartenant à la classe des bivalves, supposant que le hasard faisait que la valve gauche manquait toujours, soit qu'elle fût adhérente à des rochers sous-marins, ou attachée à des bancs de coraux, ne fut par ce motif que fort rarement rapportée du Pérou, où elle est commune à ce point, que les propriétaires voisins des côtes de la mer les ramassent en tas fort gros, pour en faire de la chaux dont ils se servent pour fumer leurs terres. Par ce motif, elle était rare en Europe, et ne se payait pas moins de trois cents francs dans le commerce ; aujourd'hui, sa valeur a tellement diminué, que pour huit ou dix francs on peut se procurer les plus beaux exemplaires connus.

L'étude que nous avons faite du mollusque qui produit cette coquille ne nous a présenté aucune espèce de différence avec l'animal bien connu des Pourpres, l'opercule étant absolument le même quoique plus développé ; la coquille elle-même ne diffère des Pourpres que par une plus grande ouverture qui ne saurait former un caractère. Tous ces motifs nous ont porté à supprimer ce genre et à le réunir aux Pourpres, en l'admettant comme type de notre première division, dans le travail que nous avons présenté en 1822 à l'académie des sciences, et qui a été inséré aux Annales des sciences naturelles peu de temps après. Nous ne donnerons pas la description de cette coquille devenue très-commune, nous nous bornerons à renvoyer le lecteur pour l'étude de l'animal aux Illustrations zoologiques de M. Lesson dont nous avons reproduit les figures dans notre Atlas, pl. 121, fig. 1, et nous lui

apprendrons que nous possédons deux autres espèces de Concholepas, dont l'une est admirable pour la variété du dessin et des couleurs. M. de Blainville dans son article du Dictionnaire des sciences naturelles, tome x, page 166, annonce que cette coquille a près de deux pouces de long : c'est une erreur, car nous connaissons des exemplaires qui dépassent cinq pouces. (DUCL.)

CONCHYLIOLOGIE. (MOLL.) Ce mot, qui signifie discours sur les coquilles, sert à désigner la partie de la zoologie qui s'occupe de l'étude du test des Mollusques. Pendant long-temps les amateurs de coquilles ne se sont occupés que de cette partie de la science, et ont tout-à-fait négligé les animaux qui construisent les coquilles ; mais actuellement que les études zoologiques ont pris une marche plus philosophique, il n'est plus possible d'étudier séparément une simple production de la peau d'un mollusque ; aussi la Conchyliologie n'est plus seulement le partage de quelques collecteurs à qui il suffit d'arriver à savoir le nom d'un coquillage pour le ranger dans leurs cadres. Beaucoup de classifications ont été basées sur la forme des coquilles, sur les dents de la charnière des bivalves, sur les plis de la columelle des univalves, etc. Mais depuis les travaux de Cuvier, de M. de Blainville et de plusieurs autres naturalistes qui ont étudié les animaux après eux, l'on est arrivé à une méthode naturelle pour cette partie de la science, comme pour toutes les autres. Nous renvoyons à l'article MOLLUSQUES, pour tout ce qui a rapport à cette grande division du règne animal. (GUÉR.)

CONCOMBRE, *Cucumis*. (BOT. PHAN. et AGR.) Genre le plus intéressant de la famille des Cucurbitacées et de la Monoécie monadelphie. Le nombre des espèces est grand, toutes sont annuelles, herbacées, à tiges se traînant sur le sol ou grimpant autour des arbres placés dans le voisinage ; leurs feuilles sont alternes, les fleurs axillaires à sexes séparés, mais réunis sur le même individu. La plupart sont originaires des chaudes régions du vieux continent, et donnent des fruits bons à manger.

Dans ce genre les botanistes réunissent ensemble le Melon et le Dudaïm ; aux yeux des agriculteurs il existe des distinctions très-sensibles dans les vues économiques entre ces deux espèces et celle du Concombre proprement dit, je les adopte et je remets à traiter plus tard du DUDAÏM et du MELON (v. ces deux mots). Je ne parlerai donc ici que du Concombre commun, du Concombre serpent, du Concombre du Japon, du Concombre à angles tranchans et du Concombre angure ; ainsi que du Chaté et de la Coloquinte ou Concombre amer.

I. CONCOMBRE COMMUN, *C. sativus*. Plante potagère des plus anciennement connues ; on ignore quelle fut sa patrie, l'époque de son introduction dans les jardins européens, quand et où ses diverses races ont été obtenues ; on ne sait même pas si leurs différences sont complétement des effets de la culture, ou s'il a existé des types également sauvages et variés à raison des influences locales, car il y en a de plus ou moins robustes. Ce que l'on trouve de plus certain dans l'histoire de cette intéressante Cucurbitacée, c'est que les quatre ou cinq races que nous possédons sont natives de la zone intertropicale et se perpétuent constamment bien quand on a le soin de choisir les porte-graines et d'éviter les fécondations croisées. Le Concombre est plus robuste que la plupart des Courges, et moins délicat que le Melon, la Pastèque et la Melonnée. (*V.* au mot CUCURBITACÉES.) Ses tiges sont longues, rameuses et rampantes, rudes au toucher comme toute la plante, garnies de feuilles pétiolées, échancrées en cœur à leur base et découpées en cinq lobes aigus, inégaux. De l'aisselle des feuilles sortent de longues vrilles simples, tordues en spirale. Des fleurs jaunes naissent aussi à leur aisselle et sont disposées deux ou plusieurs ensemble. Aux fleurs femelles, moins nombreuses que les fleurs mâles, succèdent des fruits allongés, presque cylindriques, souvent verruqueux et légèrement recourbés en arc, à surface tantôt blanche, verdâtre ou jaune, selon les variétés. Ces fruits, dits alimentaires, quoique peu nourrissans, sont aqueux, d'un goût légèrement prononcé, se mangent cuits et préparés de différentes manières. Dans le midi de la France et surtout en Espagne et en Italie, on les sert habituellement sur la table du riche et sur celle du pauvre; ils sont fortement épicés et deviennent alors de facile digestion. On les mange crus quand ils ont été cueillis verts et mis à confire dans le vinaigre : sous cette forme ils prennent le nom de *Cornichons.* Le Concombre se réduit en pommade et entre ainsi dans la toilette des dames : cette composition est un cosmétique réputé pour adoucir la peau, pour dissiper les feux qui viennent en altérer la fraîcheur et le doux incarnat.

Cette espèce compte plusieurs variétés, 1° le *Concombre tardif,* de médiocre grandeur, mais très-robuste et le plus productif; il est d'un goût excellent et peu sujet à devenir amer en s'étiolant par sa pointe, aussi le cultive-t-on fréquemment; 2° le *Concombre vert,* le plus voisin de l'état sauvage par son petit volume, il pousse peu, mais noue facilement et produit beaucoup : c'est celui que l'on préfère pour confire au vinaigre; 3° le *Concombre hâtif,* estimé pour sa précocité, il est peu gros et moins productif que les autres; 4° le *Concombre, à bouquet* que l'on dit à tort venu de la Russie, il est très-petit, presque rond, fort hâtif; ses fruits sont réunis trois ou quatre ensemble à l'extrémité d'une tige courte; 5° le *Concombre p-rroquet* d'un vert pâle, inégal, souvent jaune, son goût est relevé, quelquefois même avec excès; 6° et le *Concombre blanc,* le plus délicat de tous, celui qui, surtout dans nos départemens du midi, acquiert le plus de volume; sa chair est blanche, fondante, d'un bon goût, que l'on soutient en la farcissant. Ce beau Concombre, l'honneur des couches bien soignées, a le défaut de s'étioler, ce qui rend très-amer la pulpe voisine de la partie ridée, flasque et très-diminuée par l'effet de l'étiolement.

Dans le midi le Concombre se cultive en pleine terre et ne demande aucun soin; il suit les caprices de sa végétation, s'étend suivant sa force et celle que lui donne le sol sur lequel il vit; plus le sol est léger, plus il est convenablement amendé, plus le fruit est volumineux, excellent. Dans le nord, il faut aider à sa croissance en enveloppant la plante de paquets de fumier à demi consommé, lui fournir une bonne exposition et toutes les attentions d'une culture artificielle. A la quatrième feuille, sarclez et buttez, enlevez les pieds faibles, et si la sécheresse l'exige, arrosez légèrement. C'est une faute grave que de couper les fleurs mâles, vulgairement appelées *fausses fleurs,* au moment où elles paraissent, comme aussi de pincer, d'arrêter les bras : la nature ne fait rien sans but; les fleurs mâles servent à la fécondation, les bras, en se couvrant de larges feuilles, suppléent à l'exiguité des racines et nourrissent la plante.

Tout ce que l'on a dit jusqu'ici sur le mélange et la dégénération du Concombre par la fécondation des Courges est absolument faux. Seulement il convient de ne point mêler ensemble les différentes variétés, si l'on veut avoir des porte-graines francs, donnant constamment les mêmes types dont ils proviennent.

II. CONCOMBRE SERPENT, *C. flexuosus.* Cette espèce a reçu le nom qu'elle porte à cause des replis que ses tiges grêles et velues font en se traînant sur le sol; ses feuilles sont assez semblables à celles de l'espèce précédente, mais moins larges; les fleurs qui les décorent se font remarquer par leur jaune brillant, leur petitesse; les fruits, tantôt jaunâtres, tantôt blancs, sont fortement ondulés dans leur jeunesse, très allongés, obtus et plus gros à leur sommet, courbés et repliés à leur extrémité. Sa culture est de pure curiosité; dans les départemens de l'ouest, surtout dans celui de la Sarthe, je l'ai vu employé en cornichons. Quoique originaire de l'Inde, quelques horticulteurs le désignent sous le nom de *Concombre de Turquie;* on le sème en pleine terre; il s'altère très-difficilement. Miller assure l'avoir conservé quarante ans dans ses cultures aux environs de Londres.

III. CONCOMBRE DU JAPON, *C. conomon.* Nous devons la connaissance de cette espèce à Kœmpfer et à Thunberg; elle est cultivée dans le Japon et y entre dans les préparations culinaires; on la mange aussi apprêtée avec le marc de cerises. Le fruit est très-gros, oblong, jaune et à dix sillons; sa chair ferme devient fondante par la cuisson.

IV. CONCOMBRE A ANGLES TRANCHANS, *C. acutangulus.* Originaire de l'Asie. Cette espèce se trouve également en Tartarie, dans la Chine, au Bengale et sur les bords de la mer Noire; on la rencontre dans quelques jardins de l'Europe; mais elle y est rare, et connue sous les noms de *Pa-pengaïe* et de *Paponge.* A des tiges rampantes et parfois grimpantes, menues et anguleuses, couvertes de feuilles en cœur, arrondies, un peu rudes

rudes au toucher, vertes en dessus, blanchâtres et velues en dessous, on voit, de juin à septembre, des grappes de fleurs jaunâtres, assez grandes, qui donnent des fruits allongés, petits, remarquables par leurs dix angles tranchans et par un opercule caduc et pointu. Encore vertes et à demi-grosseur, les papengaïes ont la pulpe blanche, juteuse, très-appétissante; on les mange cuites sur la braise, ou bien avec le riz, ou mieux encore assaisonnées en salade. Lors de la maturité parfaite, la pulpe se dessèche, devient fibreuse, tandis que l'écorce durcit et permet d'en faire de petits vases.

V. CONCOMBRE ANGURE, *C. anguria.* Recherché en Amérique, son pays natal, et surtout dans l'île de la Jamaïque, à cause de sa pulpe très-agréable au goût, cette espèce est munie de feuilles palmées, profondément sinuées, et portées sur une tige grimpante; elle a des petites fleurs jaunes, et des fruits ovoïdes, hérissés de pointes, blanchâtres et abondans. Elle s'étend au plus à deux mètres.

VI. CONCOMBRE CHATÉ, *C. chate.* L'Egypte nous a fourni cette espèce sous le nom arabe *Abdelaoui.* Ses tiges rampantes, velues, rameuses, coudées en zig-zag, sont garnies de feuilles arrondies, surchargées de poils mous et blanchâtres. Les fleurs, jaunes et petites, se trouvent attachées à la tige par des pédoncules très-courts. Les fruits affectent la forme d'un fuseau et sont hérissés de poils blancs : les Arabes et les Egyptiens les mangent crus et cuits; ils en font aussi une boisson rafraîchissante et agréable. La culture de cette cucurbitacée est chez eux très-étendue et soignée.

VII. CONCOMBRE AMER, *C. colocynthis.* Vulgairement connue sous le nom de *Coloquinte,* que bien des personnes donnent mal à propos aux fruits des courges cougourde, pyriforme et orange (*v.* au mot COURGE), cette espèce annuelle croît naturellement sur les côtes sablonneuses et maritimes de la Barbarie, de l'Egypte, des îles de l'Archipel et d'autres contrées du Levant. Elle a les tiges grêles, anguleuses, hérissées de poils et couchées; les feuilles profondément laciniées, à découpures obtuses, velues et blanchâtres en dessous; les fleurs jaunâtres, assez grandes, axillaires, s'épanouissent depuis le mois de mai jusqu'en août; les fruits globuleux, glabres, d'abord verdâtres, puis jaunes, à écorce mince et dure, et dont la pulpe blanche, spongieuse, est célèbre par sa saveur extrêmement amère. Quand la pulpe est sèche, elle sert encore quelquefois, mais beaucoup moins que durant les siècles passés, dans les cas désespérés, surtout dans l'apoplexie, l'hydropisie, la colique des peintres : il faut l'administrer à petites doses et préférer celle qui nous vient d'Alep.

Avant de terminer cet article, je dois citer deux espèces moins connues et qui mériteraient de l'être davantage; la première sert de transition naturelle du Concombre au Melon, le CONCOMBRE DÉLICIEUX, *C. deliciosus,* qui se cultive en Portu-

gal et dont on ignore la patrie; l'autre est le Concombre d'Arabie, *C. prophetarum,* qui prend place entre le Concombre chaté et la Coloquinte. Le Concombre délicieux a la chair blanche, fort odorante, d'une saveur très-délicate et agréablement parfumée; elle est recouverte par une écorce panachée de jaune plus ou moins foncé; le fruit, de forme ovale-arrondie, est de la grosseur d'une pomme dite reinette du Canada. Il se distingue du Melon par les poils courts de son enveloppe. Le fruit du Concombre d'Arabie est globuleux, hérissé de longs poils, à pulpe amère, mais très-rafraîchissante, fort recherchée par les peuples des pays où la plante croît spontanément.

CONCOMBRE D'ANE. L'on donne vulgairement ce nom au Giclet élastique, *Momordica elaterium,* qui lance au loin ses graines et son suc corrosif. *V.* GICLET.

CONCOMBRE DE CARÊME. Espèce de Pépon giraumoné. *V.* COURGE.

CONCOMBRE D'EGYPTE, *Momordica luffa* C'est le Luffa ou Torchon, ainsi nommé de ce que sa pulpe desséchée sert à essuyer dans les cuisines. *V.* GICLET.

CONCOMBRE D'HIVER et de Malte. Autre espèce de Pépon, plus connue sous le nom de Barbarine. *V.* COURGE.

CONCOMBRE SAUVAGE. A Cayenne, c'est le Mélothrie, *Melothria pendula;* en France, c'est le Giclet, *Momordica elaterium;* chez quelques auteurs, c'est la variété à cornichons du Concombre commun, *Curcumis sativus.* (T. D. B.)

CONCRÉTIONS. (MIN. ZOOL. BOT.) Ce nom s'applique généralement à des substances solides, d'une forme irrégulière, dont les particules se sont réunies plus ou moins lentement et par voie de sédiment ; parce qu'il a presque toujours fallu que ces parties fussent suspendues dans un liquide.

En minéralogie, on appelle *Concrétions* des masses pierreuses et métalliques, formées comme nous venons de le dire, mais présentant ordinairement des couches parallèles, souvent concentriques, comme dans les Stalactites et les Stalagmites (*voy.* ces mots) qui tapissent les parois de certaines grottes. On donne aussi le même nom à des nodules arrondis, qui se trouvent au milieu de quelques roches, calcaires, marneuses ou argileuses. Ces nodules sont ordinairement plus durs que la roche qui les renferme. Quelques uns offrent dans leur intérieur des cavités de forme prismatique, séparées par des cloisons : les anciens minéralogistes leur ont donné le nom de *Ludus* (*voy.* ce mot).

Les Concrétions animales, appelées *Calculs,* sont des matières solides, qui se rassemblent et s'agglomèrent dans la vessie, les reins, les intestins de l'homme et de tous les animaux. Quelques uns sont généralement connus sous le nom de *Bézoard.* Certaines Concrétions animales, telles que les Calculs de la vessie, sont, comme les Concrétions minérales, formées par couches successives.

Les végétaux eux-mêmes ne sont pas dépourvus de ces agglomérations de substances dures; mais les Concrétions végétales sont plus rares que les autres. Elles sont aussi plus difficiles à expliquer que celles des règnes minéral et animal. Ainsi, le *Bambou* offre des Concrétions *siliceuses*, tandis que dans certaines plantes du genre *Chara*, elles sont *calcaires*. (J. H.)

CONDENSATION. (chim.) Phénomène qui se manifeste par un rapprochement moléculaire qui n'a lieu que par une perte ou une soustraction plus ou moins grande de calorique, et que l'on observe toutes les fois qu'un corps passe de l'état de vapeur à l'état liquide ou solide, comme dans la distillation, la sublimation; ou de l'état liquide à l'état solide, comme dans la congélation. (F. F.)

CONDOR. (ois.) *Voy.* Catharte.

CONDRODITE. (min.) Substance plus souvent jaunâtre que brunâtre, cristallisant dans le système prismatique oblique, plus dure que le feldspath, moins dure que le quartz et inattaquable aux acides. Elle est composée de 30 à 33 p. cent de silice, de 59 à 60 de magnésie unie à l'acide fluorique. On la trouve disséminée dans une roche calcaire, grenue ou lamellaire, en Suède et dans l'Amérique septentrionale. (J. H.)

CONDUCTEUR DU REQUIN et CONDUCTEUR DE L'AIGLEFIN. (poiss.) Noms vulgaires donnés à des Gades et à des Centronotes. (Guér.)

CONDUIT. (anat.) Ce mot est synonyme de *Canal*, et s'entend d'une excavation plus ou moins étendue, et qui donne passage à un liquide ou sert à loger des vaisseaux et des nerfs. On dit le *Conduit auditif externe*, pour désigner le canal qui s'étend de la conque de l'oreille au tympan; le *Conduit auditif interne*, pour désigner celui qui est creusé dans la face postérieure du rocher; on dit encore le *Conduit vidien*, pour désigner le petit canal osseux qui, à la base de l'apophyse ptérygoïde, livre passage aux vaisseaux et aux nerfs du même nom. (P. G.)

CONDILOPES , *Condilopa*. (zool.) Grande coupe, dont le nom signifie pieds à jointures, établie par Latreille, comme principal démembrement de la classe des animaux invertébrés articulés, et à laquelle il a donné pour caractères rigoureux : corps invertébré, articulé, exuviable, pourvu d'yeux, d'antennes, d'une bouche composée de mâchoires, gisant horizontalement, de pieds articulés, onguiculés au bout.

Cette division présente, comme on le voit, des caractères rigoureux bien faciles à reconnaître; mais les différens individus qui la composent sont loin d'offrir dans le reste de leur organisation la même homogénéité; et malgré les travaux très-ingénieux d'auteurs du plus grand mérite, pour retrouver, sous les différentes variations de forme, une similitude parfaite de composition dans les segmens qui composent le corps de ces animaux,

malgré même l'autorité de mon respectable maître *Latreille*, je pense que cette coupe n'est bonne que comme une division méthodique, et que les individus qui la composent doivent être définis chacun à leur place, aucune définition détaillée ne pouvant se rapporter au groupe entier.

Les animaux compris dans cette coupe sont les Crustacés, les Arachnides, les Myriapodes et les Insectes. (A. P.)

CONDYLE, *Condylus*. (anat.) Nœud, éminence; saillie articulaire, arrondie dans un sens, et aplatie dans l'autre. (M. S. A.)

CONDYLURE, *Condylura*. (mamm.) Les Condylures forment un petit genre de Mammifères carnassiers, appartenant à la famille des Insectivores talpiens de Blainville, et qui a pour caractères : corps trapu; museau très-prolongé, garni de crêtes membraneuses, disposées en étoiles autour de l'ouverture des narines; point d'oreilles externes; yeux extrêmement petits; pieds antérieurs courts, larges et robustes, à cinq doigts munis d'ongles, et propres à fouir de même que ceux des taupes; pieds postérieurs grêles, à cinq doigts; queue de longueur médiocre. 40 dents : $\frac{4}{4}$ incis., $\frac{1-1}{1-1}$ canines et $\frac{8-8}{7-7}$ molaires. Ces animaux sont à peu près de la taille des Taupes, dont ils ont aussi les formes et les habitudes; on les trouve dans l'Amérique septentrionale. Leur nom, qui signifie articulations ou plutôt nœuds à la queue, leur a été donné par Illiger; il est le résultat d'une erreur primitivement commise par le P. La Faille, qui a fait dessiner le Condylure étoilé, avec des renflemens noueux à cette partie.

Le Condylure a museau étoilé , *Condylura cristata*, que l'on connaît sous le nom de *Taupe étoilée du Canada*, est l'espèce la plus remarquable de toutes : ses narines sont entourées d'un cercle de petites lanières membraneuses, réunies par leur base, dans laquelle est percé l'orifice des narines, et qui représentent une espèce d'étoile. Cet animal est figuré dans l'Icon. de M. Guérin, ographie pl. 11 bis, fig. 2; il a de longueur totale, quatre pouces. On le trouve dans le nord des Etats-Unis et au Canada, où il est commun. Nous l'avons représenté dans notre Atlas, pl. 121, fig. 2.

Condylure a pelage vert; *Condyl. prasinata*, a le pelage long et fin, teint d'une belle couleur verte; la crête étoilée qui recouvre son nez a vingt-deux pointes ou lanières. Etats-Unis.

Condylure a grosse queue, *Condyl. macroure*, vit dans les mêmes contrées : il est généralement d'un gris noirâtre sur le corps, avec le museau fauve; son étoile est à vingt pointes.

Une autre espèce, que plusieurs auteurs révoquent en doute, est le Condylure a longue queue, *Talpa longicaudata*, Gmel. , qui est peut-être le résultat de l'étude d'une peau mal préparée. (Genv.)

CONE, *Conus*. (moll.) Genre de Mollusques gastéropodes, de l'ordre des Pectinibranches, famille des Buccinoïdes, établi par Linné et adopté depuis par tous les conchyliologistes. La coquille des

Cône se reconnaît à sa spire tout-à-fait plate ou peu saillante, formant la base d'un véritable Cône, dont la pointe est à l'extrémité opposée ; à son ouverture étroite, rectiligne ou à peu près, étendue d'un bout à l'autre, sans renflement, ni plis, soit au bord, soit à la columelle. D'après des observations toutes récentes, faites par MM. Quoy et Gaymard, l'animal des Cônes est fort aplati en avant, et s'il paraît l'être moins en arrière, c'est parce que la spire décrit cinq à six circonvolutions enroulées les unes sur les autres. Une seule espèce, le Cône tulipe, n'est pas aussi comprimée. Le pied est allongé, peu large, épais sur les bords, arrondi aux deux extrémités, mais plus évasé en avant, s'abaissant quelquefois à la manière de celui des strombes, portant un sillon marginal au fond duquel est une large dépression, du moins dans le Cône tulipe, et plus bas, en dessous, un pore très-marqué. Cet organe, pour rentrer dans une ouverture aussi étroite que celle de la coquille, n'éprouve pas la duplicature qu'offre celui des volutes et des olives ; il rentre obliquement par le bord droit. L'opercule est ovalaire, allongé, fort petit et onguiculé ; les tentacules sont peu longs, gros, cylindriques ; ils portent les yeux sur un renflement près de leur pointe, et sont placés sur les côtés d'une trompe courte, ovalaire et non rétractile. Le manteau, et la cavité respiratrice qu'il concourt à former, sont portés en travers sur le côté droit. Le siphon est très-long, gros, évasé à son extrémité ; on peut trouver dans les couleurs de bons caractères pour distinguer les espèces.

Nous n'entrerons pas, avec les auteurs cités plus haut, dans des détails sur l'anatomie de ces Mollusques ; nous dirons seulement que leurs branchies sont placées à droite, que la plus grande est fortement arquée, et que la seconde, qui a deux rangées de folioles, est plus grande dans ce genre que dans la plupart des Mollusques pectinibranches.

Les Cônes sont probablement les plus timides des Mollusques qui vivent dans la mer. Plus d'une fois, disent les voyageurs que nous avons cités, ils ont lassé la patience que nous mettions à attendre qu'ils se développassent. Le moindre choc les fait rentrer pour ne plus reparaître, et ils meurent profondément enfoncés dans leur enveloppe. La pesanteur de leur coquille, jointe au peu de grandeur et de force du pied, nuit considérablement à leur progression ; aussi se tiennent-ils constamment au fond. Tous sont recouverts d'un épiderme ou drap marin, membraneux, s'enlevant par couches longitudinales par la dessiccation, et quelquefois si épais qu'il cache entièrement les couleurs de la coquille. Les Cônes habitent toutes les mers ; mais ils sont plus communs et plus beaux dans les pays chauds, sans cependant s'y multiplier beaucoup comme certains autres genres : on les rencontre ordinairement à une profondeur de dix à douze brasses, sur les fonds de sable.

On connaît près de deux cents espèces de ce beau genre ; quelques unes sont encore très-rares et conservent pour les amateurs un prix fort élevé ;

on peut en avoir un exemple dans l'espèce nommée AMIRAL. *Voy.* ce mot.

On a divisé les espèces de ce genre nombreux en plusieurs coupes, selon que leur spire est plate ou peu saillante, et que leurs tours en sont ou non tuberculeux, ou qu'elle est plus saillante ou même pointue, ayant aussi ou non des tubercules. Il y en a même dont la spire est assez saillante pour les faire paraître cylindriques, et alors elle peut aussi être lisse ou tuberculeuse. On appelle spire couronnée, celle qui a des tubercules.

Parmi les nombreuses espèces de ce genre, nous décrirons seulement quelques unes des plus répandues dans les collections, ou des plus estimées.

CÔNE DRAP D'OR, *Conus textile*, Lamarck, représenté dans notre Atlas, pl. 121, fig. 5. Il est ordinairement long de près d'un pouce et demi, cylindrique, un peu ovalaire ; à spire saillante, non tuberculeuse ; d'un beau jaune doré, avec des lignes ondulées brunes, et des taches blanches triangulaires, entourées de brun. Son animal est très-remarquable par son siphon, qui est comme tricolore, par trois cercles rouge, blanc et noir, qui entourent son extrémité. Il est taché de noir à sa base. Les tentacules, blancs à la racine, sont jaunes à la pointe ; ils portent des yeux noirs. Le pied est élargi en avant, avec une tache brune en dessus, et une ligne rouge en dessous. Dans le reste de son étendue, il est couvert de maculatures rouge-brun, dont la couleur est beaucoup plus foncée sur les côtés. Cette espèce est fort commune dans les Moluques et à la Nouvelle-Guinée. M. Quoy dit que son épiderme est mince et jaunâtre, et qu'il n'intercepte point la coloration de la coquille, dont on voit très-bien les nuances à travers.

CÔNE AMIRAL, *Conus amiralis*, Lamarck. *Voy.* AMIRAL.

CÔNE CEDONULLI, *Conus cedonulli*, Lam. *Voy.* CEDONULLI.

CÔNE TIGRÉ, *Conus mille punctatus*, Lam. Sa coquille est épaisse, pesante, et offre sur un fond blanc un grand nombre de points foncés, variables pour la forme, la couleur et l'étendue, disposés par lignes parallèles. Ce Cône peut être considéré comme le géant du genre, car on en trouve qui ont plus de six pouces de longueur. Il habite l'Océan des Grandes-Indes.

On connaît plusieurs espèces de Cônes à l'état fossile ; celui qu'on a nommé *Conus deperditus* a cela de remarquable, qu'il offre l'analogue d'une espèce vivante de l'océan Pacifique, le Cône treillissé, et qu'il se trouve communément à Grignon, près Paris.

On peut consulter, pour la description des autres espèces, l'ouvrage de Lamarck, l'Encyclopédie méthodique, où l'on trouve une série de ces coquilles, le Magasin de Zoologie, dans lequel M. Duclos en a décrit plusieurs espèces nouvelles, l'Iconographie du Règne animal, et la Zoologie du Voyage de l'*Astrolabe*. Bientôt on en possédera une magnifique monographie, fruit de plusieurs années de recherches, et que nous devons à

M. Duclos, qui va publier une suite de monographies de tous les Mollusques enroulés marins.
(GUÉR.)

CONE, *Conus.* (BOT. PHAN.) On désigne ainsi les fleurs femelles des végétaux qui ont reçu, à cause de cela, le nom de Conifères. Les Cônes, que l'on a aussi nommés *Strobiles*, sont composés d'écailles persistantes, ordinairement disposées en forme conique. C'est à l'aisselle de ces écailles que sont les fleurs et plus tard les fruits. Nous citerons comme exemple la pomme de pin, qu'on nomme *Pigne* dans le midi de la France, et dont les graines sont très-recherchées et connues sous le nom de Pignons. *V.* CONIFÈRES.
(GUÉR.)

CONFERVÉES. (BOT. CRYPT.) La famille des Confervées, établie par M. Bory de Saint-Vincent parmi les algues aquatiques de Linné aux dépens du genre *Conferva*, est ainsi caractérisée : filamens tubuleux, cylindriques, vitrés, simples ou rameux, articulés au moyen de valvules intérieures et contenant une matière colorante; fructification consistant en des gemmes intérieures, tout-à-fait nues, non capsulaires comme dans les Céramiaires; point de mucosité comme dans les Chaodinées; point de couleur verte comme dans les Ulvacées, etc.

Les Confervées, que l'on rencontre quelquefois dans les infusés aqueux, habitent les eaux, douces ou salées, la surface des bois pourris et des murs humides. La sécheresse les détruit et les fait disparaître pour jamais; il n'en est pas de même de la plupart des Céramiaires, des Ulves et des Chaodinées, qui, après avoir été desséchées, reprennent une apparence de vie.

On connaît aujourd'hui quatre genres de Confervées. Dans le premier, qui se rapproche des Céramiaires, les filamens sont cylindriques, généralement rameux, coriaces, marqués d'anneaux moniliformes à l'intérieur, et sans articles tranchés sur le tube extérieur : exemple, la *Scytonema*; ou bien cylindriques, articulés par sections transversales, comme dans la *Sphacellaria* ; ou bien enfin articulés par sections transverses fort visibles, dépourvus de toute macule de matière colorante, comme dans la *Pilayella*. La fructification de la *Pilayella* consiste en deux globules qui se développent à la suite les uns des autres vers les extrémités des rameaux; la même chose a lieu dans la *Sphacellaria*, avec cette petite différence qu'ici les rameaux sont légèrement renflés en massue.

Dans la *Lyngbyella*, qui se rapproche beaucoup des *Sphacellaria*, les fascies de la matière colorante sont longitudinales dans les articles.

Le second genre des Confervées, voisin des Ulvacées, a des filamens généralement rameux; chaque article est renflé ; tels snot les caractères de l'*Ulva articulata* des auteurs.

Le troisième genre, qui a de l'analogie avec les Arthrodiées, dont les filamens sont généralement simples, renferme 1° la *Percursaria*, Confervée à filament interne fort sensible, parcourant le filament externe d'une extrémité à l'autre et à travers les articles; 2° la *Monillina*, à gemmes sphériques ou ovoïdes, solitaires dans chaque article.; 3° la *Gaillonella*, à gemmes intérieures sphériques, coupées en travers dans leur diamètre, et simulant ainsi de petites boîtes à savonnette; 4° la *Vaucheria*, à filamens bien articulés par sections transverses : quelques unes de ces dernières se renflent à-l'époque de la reproduction, et deviennent de grosses gemmes globuleuses.

Enfin le quatrième genre renferme les Confervées qui sont douteuses, celles qui sont voisines des *Ectospermes* et conséquemment des *Characées*, telle est la *Pusillina*.
(F. F.)

CONFERVES. (BOT. CRYPT.) M. Bory de Saint-Vincent caractérise ainsi le genre *Conferve*, genre qui sert de type à la famille des *Confervées* : filamens simples, très-flexibles, généralement verts, cylindriques, contenant une matière colorante qui paraît renfermée dans un tube interne, lequel tube ne se joint pas toujours avec le tube externe, et cela à cause de quelques articulations ou valvules transverses placées dans la substance même du végétal.

Les Conferves adhèrent un peu moins au papier que la plupart des Chaodinées et des Céramiaires; elles habitent les eaux douces ainsi que les eaux de la mer, sont très-nombreuses, et se divisent en trois sous-genres qui, plus tard, pourront être totalement séparés.

1ᵉʳ Sous-genre. *Conferves proprement dites.* Dans ce sous-genre l'articulation est distincte, toute valvulaire, et humectée par une matière colorante disposée en fascie transverse et généralement plus étroite dans le sens de la longueur de l'article; les valvules se détachent très-facilement du tube.

Les *Conferva compacta*, *zonata*, *fugacissima*, *dissiliens*, appartiennent aux Conferves proprement dites.

2ᵉ Sous-genre. *Chantransies.* Ici l'articulation ressemble complétement à la précédente ; la matière colorante y est agglomérée en taches fort différentes des fascies, et se rapproche de la forme carrée.

Parmi les espèces de ce sous-genre, dont la figure peut être comparée à celle que présentent, dans les boutiques de charcuterie, les séries de saucisses ou de boudins, nous citerons la *Conferva cricetorum*, *alpina*, *quadrangula*, *capillaris* et *fucicola*. Ces espèces abondent sur les fucus et dans les eaux douces.

3ᵉ Sous-genre. *Lamourouxelles.* Dans les Lamourouxelles l'article n'est indiqué d'aucune manière, mais la matière colorante s'y présente sous la forme d'une série de carrés; tels sont les caractères des *Conferva flacca*, *implexa tortuosa* et *linum*, espèces qui habitent l'île de Mascareigne, nos côtes et le port de Barcelone.
(F. F.)

CONFLUENCES. (GÉOGR. PHYS.) Lorsque deux cours d'eau viennent se réunir l'un à l'autre, le point de jonction se nomme Confluence. On a donné différens noms à cette pointe de terre, à cette espèce de cap formé par la réunion des deux rivières et compris entre elles : on l'appelle *queue*, *bec*, *bouche*, *pointe* ; quant aux rives du nouveau cours d'eau, elles ont aussi un nom particulier : ainsi on dit le *Conflent* ou le *Confolent* d'une rivière.

Il se trouve auprès de Paris une Confluence que tous les habitans de la capitale peuvent aller voir ; je veux parler de la réunion de la Marne et de la Seine à Charenton. Il y a même un fait curieux et intéressant : les deux rivières ne se mêlent pas immédiatement, et, quoique renfermées désormais dans un seul et même lit, elles n'en conservent pas moins leurs cours séparés, ce qu'on peut facilement observer par la différence de couleur de leurs eaux respectives.

La plaine qui est terminée par la queue se nomme Confluent; tous les Confluens sont ordinairement d'une rare fertilité, par la raison qu'ils sont tous composés de terrains d'alluvion; on peut faire facilement l'historique de ces plaines. Au commencement des âges, lorsque les eaux descendirent des montagnes en torrens, elles emportèrent d'énormes masses de terre, et formèrent ainsi les vallées; mais le volume des eaux torrentielles ayant diminué, ce qu'il en resta se dirigea nécessairement vers les endroits les plus creux, et bientôt, par le ralentissement des eaux courantes des deux rivières, et par les dépôts apportés par chacune d'elles, les deux courans s'établirent tels que nous les voyons aujourd'hui. Si nous pouvions les passer tous en revue, nous reconnaîtrions bientôt la vérité de ce que nous avançons, et nous verrions comment les dépôts de vases et les terrains d'alluvion y ont été successivement entraînés. Nous nous contenterons d'en citer ici quelques uns. Ainsi en Asie, les plus riches contrées de l'Inde se trouvent situées aux différens Confluens de l'Indus et du Gange ; en Chine, les cours d'eaux du Kian et du Wangho entourent le pays le plus fertile du vaste empire chinois : en France, c'est le Confluent de la Marne et de la Saulx, qui a fait la réputation du Perthois ; le Confluent du Rhin et du Mein a fait la beauté et l'abondance du Palatinat. La Mésopotamie, ce premier jardin de nos pères, où les premiers hommes trouvèrent une facile nourriture, est aussi la conséquence des alluvions et des dépôts des deux fleuves le Tigre et l'Euphrate, qui arrosent cette magnifique contrée. Ce n'est donc pas sans raison qu'on peut affirmer que, dans quelque pays de la terre où l'on se transporte, on reconnaîtra la justesse de cette observation, que les meilleurs terrains se trouvent toujours au débouché des grands fleuves et des grandes rivières dans les mers, des rivières dans les fleuves, des ruisseaux dans les rivières : cela est encore plus vrai lorsque ces fleuves, ces rivières, ces ruisseaux ont traversé des contrées fertiles, et de bons terrains, parce qu'alors les cours d'eaux entraînent avec eux une grande quantité de terre végétale qu'ils viennent déposer aux Confluens.

(C. J.)

CONGÉLATION. p) HYS.) Passage d'un liquide à l'état solide, occasioné par un abaissement de température.

CONGÉLATIONS PIERREUSES. (MIN.) Nom impropre donné à des dépôts calcaires, cristallins ou gypseux, qui se forment sur les parois des grottes, et qu'il est plus convenable de nommer Stalagmites. (GUÉN.)

CONGLOMÉRAT. (GÉOL.) Sous ce nom, tiré du latin *conglomeratus* (réuni en peloton), on comprend différentes espèces de roches composées de fragmens d'autres roches liés entre eux par un ciment plus ou moins dur, plus ou moins fin, plus ou moins grossier. Toutes les roches formées par voie d'agrégation mécanique rentrent dans la classe des Conglomérats. Tantôt c'est un ciment à la fois argileux et siliceux qui réunit des grains de feldspath, comme dans les *mimophyres*; tantôt un ciment à peu près semblable lie des grains de quartz et de feldspath, comme dans les roches appelées *arkoses*; quelquefois un ciment siliceux ou sableux réunit des parties arrondies de diverses roches pour former des *poudingues* ou des fragmens anguleux, pour constituer des *brèches*; dans les *psammites*, c'est simplement l'argile qui sert de lien à un sable quartzeux et micacé; dans les *macignos* ce sont des grains de quartz mêlés de calcaire; dans les *Pséphites*, l'argile cimente des fragmens de schistes de diverses espèces; dans les *anagénites* un ciment tantôt calcaire et tantôt schistoïde réunit de petits morceaux arrondis de roches granitiques; enfin c'est encore le carbonate de chaux qui retient les parties arrondies de différentes roches pour former les gompholithes. Souvent l'action du feu et celle de l'eau réunies font de quelques déjections volcaniques de véritables Conglomérats. Ces roches sont peu solides et sont connues sous les noms de *Brecciole* et de *Pépérine*; mais on donne aussi quelquefois la dénomination de *brèche* à des roches qui ne présentent pas les indices du feu d'une manière aussi prononcée que les *pépérines*, qui sont tantôt des laves boueuses et tantôt des laves remaniées par les eaux. (J. H.)

CONGO. (GÉOGR. PHYS.) Nous désignerons sous la dénomination générale de Congo, du nom d'un royaume qui en fait partie et d'un fleuve qui l'arrose, toute cette vaste portion de l'Afrique comprise entre l'équateur, dont elle est voisine, et le 20e degré de latitude du nord au sud, le 10e et le 20e de longitude, de l'ouest à l'est. C'est cette même contrée qui a été appelée indifféremment *Côte d'Angola*, *Basse-Éthiopie*, *Guinée méridionale* et *Nigritie méridionale*. Elle a pour bornes : au nord la Guinée, que plusieurs géographes nomment septentrionale ou supérieure, à l'ouest l'océan Atlantique, au sud la Cimbébasie, enfin à l'est d'immenses plateaux.

Le climat du Congo est aussi doux et aussi salubre qu'il peut l'être sous la zone torride; on n'y distingue à la rigueur que deux saisons : l'une chaude et l'autre pluvieuse; mais les habitans en comptent six. La chaleur du jour, à l'époque des sécheresses, est tempérée par les nuits, qui sont fort longues et par les rosées que le ciel verse en abondance sur la terre aride. Quant aux chaînes de montagnes et aux fleuves du Congo, on connaît aussi peu la direction des premières que l'origine de ceux-ci. Trois grands cours d'eaux, qui semblent venir de l'intérieur, arrosent la contrée.

Le Congo, ou *Coango*, dont la source est imparfaitement connue, est le plus petit des trois, il a une lieue de large à son embouchure. A 60 lieues de celle-ci il forme une belle cascade dont le bruit s'entend à une grande distance. Dans la saison pluvieuse, ses eaux inondent au loin le pays. Il est peuplé de crocodiles et d'hippopotames. Ce fleuve, appelé aussi *Zaïre*, qui n'a pas moins de 900 pieds de profondeur dans quelques endroits et de 250 dans sa profondeur moyenne, a été regardé par quelques géographes comme le même fleuve que le Niger ; cette opinion a été pleinement réfutée depuis Mungo-Park. Ses cataractes, situées à plus de 120 lieues dans l'intérieur, sont plus majestueuses que celles du Nil. Il se jette dans la mer avec tant d'impétuosité, qu'aucun fond de sonde ne peut y être pris, tant le courant y est violent. Le *Coanza*, dont on ne connaît pas bien la source, paraît avoir 200 lieues de longueur. Enfin l'*Arongo*, le troisième grand fleuve, sort d'un lac situé à 10 degrés de la côte et à 5 au nord de l'équateur ; il s'écoule par plusieurs embouchures près du cap Lopez. Les indigènes font un pompeux tableau de la grande chute par laquelle ce fleuve, encore peu connu, descend du plateau des montagnes dans la région maritime parsemée de lacs et de marais.

Le règne minéral, moins riche dans ces contrées que ne l'ont supposé les premiers voyageurs, produit cependant des mines de fer, mais que les naturels ne savent pas exploiter, de la terre argileuse excellente et du sel gemme en abondance ; en outre, plusieurs rivières charrient du fer dissous, que l'on retire avec des bottes de paille ou d'herbes sèches auxquelles il s'attache ; enfin le pays d'Angigo et les montagnes situées au nord du fleuve Zaïre fournissent du cuivre et de l'argent qu'on trouve à fleur de terre ; mais rien n'atteste l'existence de l'or ; on connaît aussi au Congo les aérolithes, que les indigènes appellent *Targia*.

Le règne végétal y est beaucoup plus riche que le minéral. A l'exception du froment européen, qui ne peut pas y fructifier, presque toutes les plantes potagères de nos contrées y prospèrent mieux que dans leur pays natal ; outre ces végétaux qu'ils doivent aux Portugais et aux autres navigateurs qui ont visité leurs côtes, une foule de productions indigènes servent de nourriture aux habitans ; tels sont le *Conde*, dont le fruit, assez semblable à une pomme de pin, renferme une substance blanche, farineuse et rafraîchissante qui fond sur la langue ; l'*Infanda*, arbre toujours vert, dont l'écorce sert à confectionner des étoffes très-estimées, les cocotiers de toute espèce, le dattier, que les habitans nomment *Tamara*, le palmier dont le choux renferme un vin délicieux,

et le *Baobab*, dont le tronc parvient à une telle grosseur que vingt hommes ne pourraient l'embrasser. L'ananas vient naturellement dans les endroits les plus déserts ; la canne à sucre dans les terrains les plus marécageux ; le tabac y paraît être indigène : à peine si l'on prend soin de le cultiver, quoiqu'il soit de première nécessité pour les nègres et les négresses qui tous fument en se servant de pipes de terre. Le coton du Congo ne paraît pas inférieur à celui d'Amérique.

Parmi les animaux, nous remarquons d'abord, au nombre des mollusques, des limaces grosses comme le bras, des cauris ou porcelaines qui couvrent le rivage et qui sont accompagnées d'une foule d'autres coquilles ornées des plus vives couleurs. De tous les habitans des mers, nous citerons seulement la *Torpille*, dont la piqûre est fort douloureuse par la commotion électrique que produit ce poisson lorsqu'on le touche. Les autres poissons sont en général les mêmes que ceux des mers europénnes. Les rivières renferment une foule de Crocodiles dont plusieurs ont jusqu'à 25 pieds de long ; le *Boa*, qui se pend aux arbres pour surprendre les hommes et les animaux, abonde dans les savanes, où les nègres le détruisent en mettant le feu aux herbes qui lui servent de retraite ; plusieurs autres espèces de serpens presque tous venimeux, infestent cette partie de l'Afrique.

Parmi les oiseaux, l'Autruche et de nombreuses variétés de Perroquets se partagent, avec les oiseaux de l'Europe, l'empire de l'air. Ainsi le Congo possède une grande quantité de perdrix rouges et grises, des cailles, des faisans, des grives, des pigeons, des oies et des canards.

Les mammifères servent pour la plupart à la nourriture des nègres, auxquels aucune chair ne répugne ; mais ils n'en élèvent pas à l'état de domesticité. Aussi voit-on des troupes de buffles, de zèbres, de chiens, tous sauvages et continuellement en guerre avec les hommes ou avec les lions, les tigres, les panthères, contre lesquels ils sont sans cesse obligés de défendre leur vie. Les *Mebbics* ou chiens sauvages, que l'on croit être des hyènes, sont, avec les léopards, appelés *Engoi*, la terreur des nègres, dont ils attaquent de nuit les habitations. La variété des singes qui peuplent les forêts du Congo est si prodigieuse qu'aucun voyageur n'a pu en dresser la liste. On remarque parmi eux la petite *Mone* à queue longue et à figure bleue, estimée des Européens pour sa douceur et sa gentillesse, et le *Chimpanzée*, connu plus communément sous le nom de *Jocko* ; il a 4 pieds de haut, pas de queue, et marche presque toujours sur les pieds de derrière en s'appuyant sur une branche d'arbre avec laquelle il maltraite rudement les nègres qu'il rencontre. Les sangliers, dont on distingue plusieurs variétés, sont un fléau pour le pays : ils appartiennent au genre *Phoscochère*.

Les nègres du Congo sont tellement près de l'état primitif, qu'on n'a jamais pu leur faire comprendre l'usage d'un moulin : chez eux les femmes font tous les ouvrages les plus durs, et les hommes ne s'occupent que de la chasse et de la pêche, où ils sont d'une extrême maladresse; la polygamie est en usage parmi eux; les grands, qui ont le privilége de porter des pantoufles et des bottes quand ils peuvent s'en procurer, sont d'une dureté excessive envers leurs esclaves et leurs enfans.

On remarque chez ces peuples un usage commun à beaucoup de nations sauvages; quand une femme accouche, c'est l'homme qui se met au lit pour recevoir les félicitations de ses amis, tandis que la femme lui apporte la nourriture jusqu'à ce qu'il se relève.

On a depuis long-temps signalé dans le Congo une peuplade de Juifs noirs qui ont leur culte et leurs cimetières séparés, et dont les nègres s'éloignent toujours avec dégoût. On n'a aucune notion certaine sur leur origine.   (J. H.)

CONGRE. (poiss.) C'est le nom d'une espèce du genre Murène, qui forme actuellement le type du sous-genre Congre. *Voyez* Murène.
(Guér.)

CONIE, *Conia.* (moll.) Genre établi par le docteur Leach, aux dépens des Balanus, et ne comprenant encore que trois espèces, la Conie poreuse, figurée dans Chemnitz, pl. 98, n° 836; la Conie radiée, dont M. de Blainville donne une fort bonne figure dans son Traité de Malacologie; et enfin la Conie stalactifère représentée dans l'Encycl. méth., pl. 165, 9 et 10. Les caractères donnés à ce genre, dont l'animal ne paraît pas différer de beaucoup de celui des Balanus, ont été ainsi décrits : coquille conique déprimée, sa partie supérieure formée de quatre pièces presque égales et presque striées longitudinalement; support plat, fort mince ou membraneux, opercule articulé, pyramidal, composé comme dans les Balanus de deux pièces de chaque côté, mobiles ou soudées l'une à l'autre.   (Ducl.)

CONIFÈRE, *Conifera.* (bot. phan.) Famille qui doit être rangée parmi les Dicotylédonées à pétales superovariés; fleurs mono ou dioïques; fleurs mâles ordinairement en chaton; fleurs femelles, solitaires, réunies en globule, ou disposées en cône; ovaire supère, cotylédons divisés profondément en plusieurs parties; tiges ligneuses; feuilles persistantes, en général linéaires et en forme d'alêne, tantôt solitaires, tantôt réunies par leur base, dans une petite gaîne, au nombre de deux à cinq; fruit, dans la plupart des genres, en cône, composé de cariopses recouvertes d'écailles ligneuses et distinctes, ou d'écailles charnues et soudées.

Les genres compris dans cette famille se distribuent en trois sous-ordres distincts, savoir : les *Taxinées*, les *Cupressinées*, les *Abiétinées*.

1° *Taxinées.*

Fleurs femelles, distinctes les unes des autres; attachées à l'aisselle d'une écaille, ou au fond d'une sorte de capsule; fruits simples.
Podocarpus, Labillard., Rich., Conif., t. 1, 29, f. 1; *Dacrydium*, Rich., Conif., t. 2, f. 1, 2;

Salisburia, Rich., Conif., t. 3, f. 1, t. 3 bis; *Phyllocladus*, Rich., Conif., t. 3, f. 2; *Ephedra* L., Rich., Conif., t. 4, t. 29, f. 2.

2° *Cupressinées.*

Fleurs femelles dressées, réunies plusieurs ensemble à l'aisselle des écailles peu nombreuses qui forment le fruit, plus ou moins arrondi, quelquefois charnu.
Juniperus, L. Rich., Conif., t. 6 et 7; *Thuya*, L. Rich., Conif., t. 8, f. 2; *Callitris*, Derf., Rich., Conif., t. 8, f. 1; *Cupressus*, L., Rich., Conif., t. 9; *Taxodium*, Rich., Conif., t. 10.

3° *Abiétinées.*

Véritables Conifères; fruit en cône formé d'écailles imbriquées, à l'aisselle de chacune desquelles sont deux fleurs femelles renversées.
Pinus, L., Rich., Conif. t. 11 et 12; *Larix*, R. Conif., t. 13; *Cedrus*, Rich., Conif. t. 14 et t. 17, f. 1; *Abies*, Rich., Conif., t. 14, f. 2, 3, t. 15, 16, t. 17, f. 2; *Cunninghamius*, Rich. Conif. t. 18, f. 3; *Agathis*, Rich., Conif., t. 19; *Araucaria*, Juss., Rich., Conif., t. 20 et 21.

C'est une excellente famille que celle des *Conifères*; nous lui devons la plupart des substances résineuses et balsamiques; nous lui devons la térébenthine, source de richesses pour des pays qu'on croirait au premier aspect totalement déshérités. Voyez ce désert de sable qui s'étend de Bordeaux à Bayonne; on dirait que la misère y plane. Mais la nature et l'industrie se montrent partout; elles ont dotés cette contrée du pin maritime, et du tronc de cet arbre précieux découle la richesse à grands flots résineux.

Voyez ensuite le *Sapin* sur les Alpes et les Pyrénées; voyez le *Cèdre* sur le Liban; en se rapprochant de la voûte éthérée, ils nous font voir que la famille des Conifères sait s'élever au dessus de la basse région des intérêts matériels, et favoriser les inspirations du génie poétique. Le Cyprès, le seul arbre qui, suivant Horace, suive son maître sur la tombe, appartient aussi à cette intéressante famille.   (C. É.)

CONILITE, *Conilites.* (moll.) Lamarck a formé ce genre avec des coquilles fossiles multiloculaires, qui paraissent, suivant lui, se distinguer des Hippurites et des Bélemnites. Ce genre, qui ne repose que sur une seule espèce, n'a pas été adopté par Cuvier.   (Guér.)

CONIROSTRES. (ois.) Cuvier a rangé sous ce nom, comme formant une famille dans l'ordre des Passereaux, tous les oiseaux qui ont le bec conique; ce sont les Alouettes, les Mésanges, les Fringilles ou Moineaux, les Étourneaux, les Piquebœufs, les Sittèles, les Corbeaux, les Paradisiers et les Rolliers.   (Gerv.)

CONJONCTIVE, *Conjunctiva.* (anat.) Cette membrane muqueuse est ainsi appelée parce qu'elle unit le globe de l'œil aux paupières. Elle revêt le bord libre et la face postérieure des paupières, couvre la Caroncule lacrymale (*voy.* ce mot), et se réfléchit sur la portion apparente du globe de l'œil auquel elle adhère entièrement, surtout au niveau de la cornée transparente, où elle est fort mince. Elle fournit des prolongemens qui pénètrent dans les conduits lacrymaux, dans l'intérieur des conduits excréteurs de la glande lacrymale et dans les follicules palpébreuses.

(M. S. A.)

CONNECTIF , *Connectivum.* (BOT. PHAN.) C'est un corps ou organe de forme variable, qui, dans l'étamine d'un certain nombre de végétaux, sert à unir les deux loges de l'ANTHÈRE (*voy.* ce mot) qui, dans ce cas, ne sont pas simplement accolées ou séparées par le filet. Le *Connectif* est en général assez difficile à distinguer, et il a fallu des observations très-scrupuleuses pour constater son existence. La Sauge en fournit un exemple : si l'on examine sa fleur, on verra au sommet du filet staminal, un corps parfaitement distinct, placé transversalement ; il se partage en deux branches, dont chacune porte une loge de l'anthère. Le *Connectif* existe aussi d'une manière marquée dans l'Éphémère de Virginie.   (L.)

CONOPLÉE, *Conoplea.* (BOT. CRYPT.) Genre de plantes voisin des Sphéries, composé jusqu'ici de sept espèces, savoir l'*atra*, l'*hispidula*, la *spherica* de Persoon, la *clavuligera*, la *tiliæ* de Link, la *comosa* de Brondeau, et la *puccinoïdes* de De Candolle. On pourrait les réduire à deux seules, l'*atra* et la *comosa*, les autres n'en étant réellement que des variations peu constantes. Les Conoplées forment sur le bois, sur les feuilles mortes, sur le chaume des céréales des petits amas de tubercules bruns ou noirs, munis de filamens byssoïdes, rameux et raides. L'espèce la plus curieuse est la CONOPLÉE A TOUPET , *C. comosa* ; elle se fixe particulièrement sur le chaume des graminées, où elle se montre pendant l'hiver et au commencement du printemps. Elle est formée de filamens raides qui se soudent vers leur base et présentent une sorte de réceptacle, ordinairement conique, mais quelquefois hémisphérique, où la poussière séminale est renfermée, et d'où elle ne sort qu'après la destruction de l'enveloppe qui la contient. Les plus longs de ses filamens, plus ou moins rameux, plus ou moins divergens dans leur partie supérieure, se développent en une touffe dense et arrondie qui surmonte le réceptacle. A sa base, la plante porte aussi des filamens byssoïdes, divergens seulement, sous forme de taches d'un brun ferrugineux, au moyen desquels elle se fixe, elle adhère au chaume. Dans leur état de vieillesse, ces filamens se réduisent en poussière très-fine.   (T. D. B.)

CONOPS, *Conops.* (INS.) Genre de Diptères, de la famille des Athéricères, tribu des Conopsaires, ayant pour caractères : trompe saillante, coudée près de sa naissance ; corps allongé en forme de massue, courbé en dessous, avec les organes sexuels mâles très-apparens ; antennes beaucoup plus longues que la tête, terminées en massue, formée des deux derniers articles, avec un stylet au bout ; les ailes sont écartées dans le repos : les Conops ont une forme assez singulière, qui, au premier coup d'œil, peut les faire confondre avec les Guêpes du genre *Eumènes*, et les couleurs dont ils sont pourvus peuvent encore ajouter à l'illusion ; mais la vue de la tête détruit à l'instant toute illusion ; elle est très-volumineuse, par rapport à leur corps ; les yeux sont ovalaires, et la face occupée par un grand espace membraneux, où sont insérées les antennes, qui se touchent à leur base ; la trompe est deux fois plus longue que la tête, et par conséquent incapable de rentrer dans la cavité buccale, et presque perpendiculaire dans le repos ; le corselet est presque carré, plus étroit que haut, l'abdomen est long, très-rétréci à la base et jusqu'après du second segment, où il commence à s'élargir ; les pattes sont de grandeur moyenne et robustes ; les ailes courtes par rapport à la grandeur du corps.

Ces insectes vivent sur les fleurs, on les trouve assez souvent dans les prairies, où ils volent avec beaucoup de vivacité ; on sait qu'ils vivent, à l'état de larves, dans l'intérieur des corps des bourdons, et qu'ils y subissent toutes leurs métamorphoses, ils en sortent insectes parfaits par les intervalles des anneaux de l'abdomen ; mais leurs larves ne sont pas encore connues.

C. A GROSSE TÊTE, *C. macrocephala.* Long de huit lignes, noir, membrane de la face jaune, avec une tache triangulaire sur le vertex et une ligne au devant des antennes noires ; antennes, yeux, pattes et toute la partie antérieure de l'aile fauves, les segmens de l'abdomen sont bordés de jaune.

C'est sur une autre espèce, le Conops à pieds fauves, qui est beaucoup plus petite, qu'a été faite l'observation positive de leur existence dans l'intérieur du corps des bourdons.   (A. P.)

CONQUES. (MOLL.) Lamarck, dans la seconde édition de ses Animaux sans vertèbres, donne le nom à sept genres de coquilles bivalves qu'il divise en fluviatiles et marines. Dans la première coupe se trouvent compris les genres *Cyclade*, *Syrène*, et *Galathée* ; dans la seconde les genres *Cyprine*, *Cythérée*, *Vénus* et *Vénéricarde*. Les caractères assignés à cette famille sont les suivans : coquilles équivalves, orbiculaires ou transverses, toujours régulières, libres et en général très-closes, surtout sur les côtés. Les Conques fluviatiles se font reconnaître par la présence d'un faux épiderme dont elles sont recouvertes, et par des dents latérales dont leur charnière est ornée. Les Conques marines au contraire n'ont pas de dents latérales, pour la plupart, et n'ont que rarement un drap marin. Dans le commerce, le nom de Conque est aussi donné, mais improprement, à quelques autres coquilles telles que la Conque exotique, qui est le *Cardium costatum* de Linné ; la Conque anatifère, pour toutes les espèces d'Anatifes ; la Conque de Triton, qui est une coquille univalve du genre Triton que les marchands arrangent pour servir de porte-voix près de certains sourds, etc., etc.   (DUCL.)

CONSOUDE , *Symphytum.* (BOT. PHAN.) Genre appartenant à la famille des Borraginées de Jussieu,

sieu, et à la Pentandrie monogynie de Linné. Caractères : calice à cinq divisions profondes ; corolle campanulée tubuleuse, dont le limbe, resserré à la base, est à cinq lobes courts, droits et presque fermés ; entrée du tube munie d'écailles oblongues, acuminées et rapprochées en cône ; stigmate simple ; fleurs terminales et axillaires, disposées en panicules corymbiformes ; feuilles caulinaires décurrentes, hérissées de poils roides et épais.

Dans les jardins de botanique, on cultive la Consoude d'Orient, *Symphytum orientale*, et la Consoude de Russie, *Symphytum tauricum*, Wild., à fleur bleue, rouge, violette ou blanche.

On y voit aussi la Consoude officinale, *Symphytum officinale*, L., plante herbacée s'élevant à cinq ou six décimètres, très-branchue, velue et succulente, ayant des feuilles ovales, lancéolées, rudes au toucher ; des fleurs pédonculées au sommet de la tige, disposées en une sorte de panicule dont le haut est courbé en crosse avant le développement. La couleur des fleurs varie du rouge purpurin au blanc sale. On trouve cette plante dans toute l'Europe, au bord des fossés, dans les lieux aquatiques. Sa racine, fusiforme, charnue, noirâtre, est extrêmement astringente, mais tempérée par un mucilage abondant. On l'emploie contre la diarrhée, la leucorrhée, etc.

(C.É.)

CONTINENT. (GÉOGR. PHYS.) Si l'on jette les yeux sur une mappemonde, on verra facilement que la surface du globe se partage en grandes masses de terre et en grands bassins remplis d'eau. Ces masses de terre sont précisément ce que l'on nomme Continens, et ces grands bassins portent le nom de mers. Hâtons-nous de dire cependant que le globe ne se trouve pas partagé ainsi jusqu'à son centre ; ce n'est seulement que sa surface qui est divisée comme nous venons de l'indiquer ; car sous les eaux de la mer se trouvent d'autres terres, qu'on pourrait appeler à juste titre du nom de Continens sous-marins, en opposition aux Continens qui sont à découverts, et qui pourraient recevoir le nom de Continens secs.

Ces Continens secs affectent des formes particulières, et les nombreuses échancrures qui découpent leurs côtes donnent naissance à divers accidens pour lesquels la géographie physique à créé certaines dénominations. Ainsi, lorsque la terre forme une excavation assez profonde pour permettre à la mer d'y pousser des flots assez considérables, cette excavation porte le nom de golfe ; si cette excavation est moindre, elle prend le nom de baie : si, enfin, elle ne peut que servir de refuge et d'abri à quelques vaisseaux battus de la tempête, elle prend alors les noms de rade, de havre, d'anse ou de port. Si, au contraire, la terre, loin de former une excavation, s'élance au milieu de la mer, de manière à y produire une partie d'elle même très-étendue, cette nouvelle modification prendra le nom de péninsule ou de presqu'île, et le point de jonction entre la péninsule et le Continent, sera l'isthme : si c'est seulement une pointe de terre qui s'avance au milieu des eaux de la mer, ce ne sera plus alors qu'un cap ou qu'un promontoire.

Maintenant que ce que nous venons de dire suffit pour fixer les esprits sur les différentes formes du contour des Continens secs, examinons quelle est la portion du globe qu'ils occupent, et quelles sont les modifications des formes superficielles auxquelles ils sont soumis.

En regardant une mappemonde, l'une des premières choses qui frappent le plus l'esprit, est sans contredit le partage inégal de la surface du globe entre les terres et les mers. D'un côté la moitié est presque entièrement recouverte d'eau, tandis que l'autre partie contient plus de terre que d'eau : ainsi, en traçant une ligne qui partirait du Cap de Bonne-Espérance à l'extrémité sud de l'Afrique, et qui irait se terminer auprès du détroit de Béring, on aurait une étendue de mer de plus de 4,000 lieues marines, sans rencontrer aucune terre : c'est-à-dire une ligne qui surpasse de plus de 400 lieues la moitié de la circonférence du globe ; si, au contraire, on jette les yeux sur la calotte supérieure de la sphère, sur quelque point qu'on porte les regards, on ne trouve que de la terre ferme. Aussi, en comparant l'hémisphère boréal à l'hémisphère austral, et en observant quelle immense différence existait entre ces deux parties du globe, les naturalistes et les géographes du siècle dernier avaient-ils prétendu qu'il devait se trouver au pôle austral un immense Continent, destiné à contrebalancer pour l'équilibre de notre globe, le poids des Continens de l'hémisphère boréal.

Les célèbres voyages du navigateur Cook ont renversé les conséquences que l'on pouvait tirer d'une pareille hypothèse : il s'est avancé à plusieurs reprises jusqu'à 70 degrés de latitude australe, et n'a rencontré, au lieu de la terre promise, que d'immenses glaçons flottans ou fixes qui, en lui barrant le passage, l'ont empêché de s'avancer davantage vers le pôle : ainsi, en admettant même que toute la partie qu'il n'a pu explorer forme un seul et unique Continent, il ne donnerait encore qu'une calotte de 5 à 600,000 lieues carrées, qui serait loin de pouvoir contrebalancer nos Continens de l'hémisphère boréal. La seule hypothèse plausible que nous puissions donc faire est d'admettre que les mers du pôle austral sont peu profondes, et que les Continens sous-marins s'approchent beaucoup de leur niveau.

Les inégalités que nous avons remarquées jusqu'à présent dans les contours des Continens ne sont pas les seules qu'ils nous présentent. Examinons maintenant celles que nous rencontrerons à leur surface.

Lorsqu'on a parcouru un paysage varié, lorsqu'on a observé attentivement les diverses parties dont il se compose, lorsqu'on a remarqué que certaines collines étaient plus élevées que d'autres, qu'elles étaient séparées par des vallées plus ou moins profondes, arrosées par des ruisseaux, qui se perdent dans des étangs ou dans de petits lacs, on a vu la structure extérieure de notre globe en petit: car qu'est-ce qu'une montagne? si ce n'est la butte Montmartre exagérée: qu'est-ce que la mer? si ce n'est un grand et vaste lac d'eau salée.

La terre nous offre donc un assemblage d'élévations et d'enfoncemens qui se combinent d'une infinité de manières; mais cependant qu'on ne tire pas de ce peu de mots la conséquence qu'il y a confusion dans cette distribution et dans cette répartition des montagnes et des vallées : tout au contraire, leur position est soumise à des règles qu'il était nécessaire de suivre pour que l'aridité, la sécheresse ou des inondations perpétuelles ne rendissent pas la terre inhabitable.

Les montagnes, répandues à la surface de la terre, prennent des formes variées, d'où leurs sont venus différens noms qui rappellent leur configuration. C'est pour cela qu'on les appelle des *Aiguilles*, des *Pics*, des *Dents*, des *Dômes*, des *Puys*. En général, elles se réunissent en chaînes, dans lesquelles se trouvent les mines et les sources des fleuves. Le célèbre géographe Pallas imagina que ces chaînes de montagnes n'étaient pas isolées entre elles; il en forma des systèmes qui s'étendaient sous les eaux de la mer, en suivant des directions indiquées par la position des îles, qu'il regardait comme étant les sommets des montagnes les plus élevées de ces chaînes. Quoique cette théorie ne soit pas généralement admise, elle est cependant assez ingénieuse pour mériter l'attention de ceux qui s'occupent de géographie.

Les montagnes semblent donc être les réservoirs des eaux chargées de rappeler la végétation dans les plaines et les vallées, et d'empêcher ces sécheresses, si rudes épreuves pour les voyageurs du désert.

Ainsi l'eau qui tombe sur le flanc de ces montagnes et des collines, se réunissant en torrens et en rivières, trace sur la surface terrestre, des lignes de plus grande pente, qui s'approchent de plus en plus de la mer, à mesure que les eaux prolongent leur cours.

Les plus grands fleuves marquent le fonds d'un bassin principal, de chaque côté duquel, à une distance plus ou moins grande, s'élèvent des hauteurs qui sont sillonnées elles-mêmes par des bassins secondaires, contenant des cours d'eau moins considérables que les premiers, dans lesquels ils viennent se jeter, et dont ils sont les affluens. Les bords du bassin de chaque affluent sont sillonnés de bassins de troisième ordre, ou tertiaires, dont les pentes peuvent contenir encore des cours d'eau, mais moins considérables que les précédens, auxquels ils viennent se rendre, et ainsi de suite jusqu'aux plus petits ravins, de manière que l'ensemble des cours d'eau forme sur la surface terrestre une sorte de réseau, dont tous les filets se rencontrent sous des angles très-ouverts (Lacroix, Géogr. phys.).

Telle est la constitution extérieure des Continens ; telles sont les généralités qu'on leur peut appliquer ; des caractères particuliers et tranchés les distinguent les uns des autres: nous aurons soin de les relater, en parlant de l'Europe, de l'Afrique, de l'Asie et de l'Amérique.   (C. J.)

CONTRACOULEVRA, *Contracoulevra*. (BOT. PHAN.) Humboldt et Bonpland ont trouvé cette plante à odeur nauséeuse, sur les rives qui avoisinent la Guiane et le Brésil, non loin de San-Thomas de l'Angostura, et de San-Carlos del Rio-Negro. Les habitans de ces contrées vantent la décoction des racines du Contracoulevra contre la morsure des serpens, et de là lui vient son nom. Les feuilles sont vulnéraires.

C'est l'*OEgiphylla salutaris* de Kunth. *Voyez* OEGIPHYLLA.   (G. C.)

CONTRACTILITÉ, CONTRACTION. (PHYSIOL). On nomme Contractilité la faculté que possèdent certaines parties de l'économie animale de se raccourcir et de s'étendre alternativement. Les animaux d'une organisation très-simple présentent cette faculté dans tout leur corps; mais, en s'élevant dans la série des êtres, on la voit devenir l'apanage d'organes particuliers auxquels on a donné le nom de MUSCLES (*voyez* ce mot). Soumis à l'influence de causes excitantes, les fibres, dont la réunion compose ces muscles, se raccourcissent, tandis que dans le même temps les faisceaux qu'elles forment deviennent plus gros et plus durs que dans le relâchement ; ce résultat se nomme *Contraction*. En s'aidant du microscope, il est facile de voir la façon dont cette Contraction s'opère : les fibres musculaires, étendues en ligne droite dans l'état de relâchement, se fléchissent alors en zig-zag, et offrent une multitude d'ondulations régulièrement opposées. Si l'on prolonge cette observation, on s'aperçoit facilement que ces flexions arrivent dans certains points déterminés et jamais ailleurs. Elles sont au reste d'autant plus prononcées que la Contraction est plus forte. Ainsi durant la Contraction les deux extrémités de la fibre se rapprochent, sans que pour cela la longueur de celle-ci soit diminuée; il en résulte donc que ces extrémités doivent entraîner avec elles les parties sur lesquelles elles sont fixées, et si les fibres musculaires possèdent seules la propriété de se contracter, elles la doivent entièrement aux filamens nerveux qui s'y distribuent. Ces filamens parcourent le muscle en marchant à peu près parallèlement entre eux et en passant transversalement sur les fibres musculaires, exactement dans les points qui correspondent à chacun des angles formés par les zig-zags dont dépend la Contraction. Puis ils se recourbent pour former des anses, et retournent vers le cerveau. Si donc l'on coupe le nerf dont les ramifications parcourent ainsi un muscle, ce dernier perd la faculté de se contracter; de même, en comprimant le cerveau d'un animal, on l'empêche d'exécuter aucun mouvement. Les expériences de Galvani et de Volta ont démontré que les courans électriques agissent sur les muscles de la même manière que l'influence nerveuse ; en effet, si l'on soumet à l'action d'une pile voltaïque les membres d'un animal récemment tué, on voit ces membres, se contracter, se replier; si l'on fait passer un courant électrique à travers le corps d'un supplicié, on le voit bientôt livré à d'horribles mouvemens convulsifs : ces faits ont servi à expliquer d'une manière satisfaisante la Contraction musculaire. Ainsi il est supposable que, dans les expériences que nous venons d'indiquer, le fluide électrique, en traversant les fibres nerveuses qui se répandent dans les muscles et y forment des anses, suit le trajet de ces fibres recourbées, et descend par conséquent par une branche, pour remonter par la branche parallèle. Or comme nous voyons, en physique, qu'un courant électrique qui traverse en sens contraire deux parallèles d'une tige métallique, tend à les rapprocher, il doit arriver pour les fibres nerveuses ce qui se passe pour le conducteur métallique, ces fibres doivent se rapprocher, entraîner avec elles et plisser les fibres musculaires qu'elles traversent.

Ainsi dans cette théorie établie par MM. Prevost et Dumas, la Contraction n'a bien lieu que dans le système musculaire; mais l'action du système nerveux en est la cause déterminante. Nous verrons en étudiant ce système (*voyez* NERFS) que, les muscles dont les mouvemens sont déterminés par la volonté, reçoivent leurs ramifications nerveuses de l'axe cérébro-spinal; que ceux qui, soumis à l'empire de cette force, se contractent cependant indépendamment d'elle, comme ceux qui président aux mouvemens respiratoires, dépendent de la moelle allongée, et que ceux qui sont soustraits à l'empire de la volonté, empruntent leurs filamens nerveux au système ganglionnaire. Des expériences concluantes viennent à l'appui de cette assertion; mais ce n'est point ici le lieu de les rappeler. Quelle que soit au reste la source nerveuse à laquelle les muscles puisent leur faculté contractile, ils ne peuvent rester constamment dans l'état de Contraction. Le cœur, dont le mouvement ne s'arrête qu'à la mort, se contracte et se relâche alternativement ; dans les muscles des mouvemens volontaires, la lassitude force bientôt à l'inaction et au repos. Cette lassitude est d'autant plus rapide que les Contractions ont été plus violentes. Il y a du reste, à cet égard, une grande différence entre les individus en raison des dispositions physiques et morales dans lesquelles ils se trouvent : un intérêt puissant, une volonté ferme, tout ce qui peut éveiller l'énergie du cerveau, contribue également à donner une force et une résistance plus grande à l'action musculaire. La colère, la folie prêtent à l'action, à la force des muscles une énergie inconcevable. L'exercice habituel de certains mouvemens ajoute non seulement à leur vigueur et à leur précision, mais il détermine un développement plus considérable des muscles qui les exécutent. C'est ce qu'il est facile de remarquer chez les danseurs et chez quelques bateleurs.

(P. G.)

CONVALLAIRE, *Convallaria*. (BOT. PHAN.) Genre de la famille des Asparaginées, Hexandrie monogynie, L., caractérisé ainsi qu'il suit : calice en forme de cloche ou de grelot, à six divisions égales, peu profondes, six étamines incluses, à anthères cordiformes lancéolées; style épais, stigmate triangulaire; ovaire libre, devenant une baie globuleuse, à trois loges ordinairement monospermes.

Ainsi déterminés, d'après Mœnch et Desfontaines, les *Convallaria* ne renferment plus les *Polygonatum* et les *Smilax* de Tournefort, que Linné et de Jussieu leur avaient donnés pour congénères. Ces grands botanistes, qui appréciaient l'immense avantage des coupes basées sur des caractères généraux, négligeaient souvent les détails numéraires et la considération d'un organe plus ou moins allongé. Pour nous conformer à la nomenclature actuelle, nous placerons dans le genre *Maianthemum* les *Convallaria* ayant un calice plane et quadrilobé, et dans le genre *Polygonatum* tous ceux dont le calice est allongé et non en cloche ou grelot.

Le genre se trouve donc à peu près borné à une seule plante, émule agréable de la violette, habitant comme elle les bois, flattant par son odeur suave, et par la blancheur de sa corolle. C'est le MUGUET ou FLEUR DE MAI, *Convallaria maialis*, L. Sa tige, haute de six à huit pouces, grêle et nue, est embrassée à sa base par deux ou trois feuilles elliptiques, aiguës et d'un vert clair. Au sommet sont quatre à six fleurs pédicellées et renversées, formant un épi unilatéral. Tout le monde connaît cette plante; les jardiniers la cultivent souvent en bordures. Ses fleurs, réduites en poudre, sont sternutatoires.

Le MUGUET DU JAPON, *Convallaria japonica*, Thunberg, que l'on remarque à cause de ses jolies grappes de baies bleues, forme aujourd'hui le genre *Fluggea* de Richard. On lui a donné aussi le nom d'OPHIOPOGON.   (L.)

CONVALLARINE. (ZOOPH. INF.) Etabli dans la famille des Vorticellaires, par M. Bory Saint-Vincent, ce genre Microscopique présente pour caractères : un corps sphérique, ovoïde dans l'état de contraction, devenant plus ou moins campanulé par le développement que peut lui donner l'animal; muni d'un pédoncule plus ou moins contractile, l'orifice est dépourvu de tout organe ciliaire ce qui le distingue surtout des Vorticelles proprement dites. Les Convallarines se rencontrent dans les eaux douces, comme dans les eaux marines, dans les eaux pures, comme dans celles qui sont corrompues. On les divise en deux sections : la première à pédicule non contortile en tire-bouchon; l'autre à pédicule contortile en tire-bouchon. C'est dans celle-ci que se range la *Convallarina viridis*, qu'on rencontre facilement au printemps dans les environs de Paris : « Cette jolie petite créature, dit M. Bory Saint-Vincent, forme, par la réunion de milliers d'individus, de petites taches d'un vert brillant sur les conferves et sur le test des coquilles des marais, et présente, dans son développement, la figure d'une fleur de liseron ou d'une cloche qui s'étend en tous sens. »   (P. G.)

CONVOLVULACÉES. (BOT. PHAN.) Famille de

plantes herbacées ou frutescentes et presque habituellement volubiles, appartenant aux dicotylédonées, ayant la corolle attachée sous l'ovaire, et prenant son nom scientifique du genre Liseron, *Convolvulus*, qui lui sert de base. Les tiges de ses différens genres portent des feuilles alternes, lobées ou profondément pinnatifides. Leurs fleurs, soutenues par des pédoncules uniflores ou multiflores, se montrent diversement grouppées; tantôt elles sont terminales et tantôt axillaires, le plus souvent très-grandes. La corolle est monopétale, régulière, reposant sur un calice persistant, à cinq divisions plus ou moins profondes. On y voit cinq étamines, à filets distincts et anthères à deux loges; l'ovaire, simple et libre, se trouve, à sa base, enveloppé par un disque glanduleux. Le fruit est une capsule où les sutures correspondent aux cloisons, et où les loges varient d'une à quatre, avec une ou deux graines attachées à la base des cloisons. Les graines sont en général dures, à surface chagrinée et hérissée de poils.

Selon que les genres composant cette famille offrent un ou deux styles, on les divise en deux sections. Ceux de la première catégorie sont le *Convolvulus* et l'*Ipomea* de Linné; l'*Argyreia* de Loureiro; le *Calboa* de Cavanilles; le *Calystegia*, le *Polymeria* et le *Wilsonia* de R. Brown; le *Maripa* et le *Murucoa* de Aublet, et l'*Endrachium* de Jussieu. Les genres de la seconde catégorie sont le *Cuscuta*, le *Cressa* et l'*Evolvulus* de Linné; le *Dichondra* de Forster; le *Porana* de Aublet; l'*Eruybe* de Roxburgh, le *Cladostyles* de Bompland et le *Dufourea* de Kunth. La majeure partie de ces genres demandant à être étudiés en face de la nature vivante, nous ne parlerons que des plus connus et des mieux établis. (*V.* aux mots CRESSE, CUSCUTE, DICHONDRA, LISEROLLE, LISERON et QUAMOCLIT.)

Les Convolvulacées se rapprochent des Borraginées et s'en éloignent par leur capsule à loges déhiscentes; elles ont aussi des points de contact avec les Polémoniacées, dont elles se distinguent par la position respective des valves et des cloisons de cette même capsule. (T. D. B.)

CONYZE, *Conyza*. (BOT. PHAN.) Diverses fleurs de la famille des Composées ont porté ce nom chez les anciens. Tournefort en fit un de ses genres, adopté en partie par Linné, qui en retrancha les espèces diclines (*voyez* BACCHANIS), et lui assigna les caractère suivans: involucre composé de plusieurs folioles imbriquées, ovales ou linéaires, non scarieuses; réceptacle nu; fleurons tubuleux, réguliers, hermaphrodites au centre, femelles à la circonférence; aigrette poilue.

Ainsi déterminées, les Conyzes appartiennent à la tribu des Corymbifères de Jussieu, aux Inulées de Cassini, et aux Vernoniacées de Kunth. On serait étonné de ce que les meilleurs botanistes ne s'accordent pas mieux dans leurs coupes générales de famille ou de tribu, si l'on ne savait que les Synanthérées, comme toutes les familles très-naturelles, offrent peu de caractères tranchés et propres à les bien distinguer les unes des autres;

leurs affinités s'opposent constamment à une séparation bien nette en genres et même en tribus.

Le genre *Conyze* renferme un très-grand nombre d'espèces, particulières surtout aux contrées chaudes; c'est en Afrique, c'est dans l'Amérique méridionale, qu'elles se développent et varient à l'infini, comme on le remarque en général des Synanthérées. Ce sont des herbes, souvent des arbrisseaux à feuilles alternes et quelquefois décurrentes; leurs fleurs forment des corymbes ou des panicules terminales.

Une seule espèce de Conyze est très-commune en France, c'est la *Conyza squarrosa*, L., plante qui habite les bois et les haies: elle a une tige droite, haute de deux à trois pieds, des feuilles sessiles, et des fleurs jaune pâle, en corymbe étalé et rameux. Son odeur pénétrante, fatale pour les insectes, lui a valu le surnom d'*Herbe aux mouches*.

Parmi les autres espèces européennes, nous citerons la *Conyza candidissima*, L.; dont toutes les parties sont couvertes d'un coton ou duvet d'une blancheur éclatante. Elle est commune sur les rochers de la Méditerranée.

On cultive dans nos jardins la CONYZE DE VIRGINIE, ou SÉNEÇON EN ARBRE, *C. halimifolia*, L., arbrisseau de six à huit pieds, à feuilles persistantes, ponctuées de blanc, à fleurs petites et blanchâtres, environnées d'écailles pourprées; la CONYZE VISQUEUSE, *C. glutinosa*, L., de l'Ile Maurice, ainsi nommée à cause de la viscosité de ses feuilles. Elle porte des fleurs petites, jaunes, réunies en corymbes serrés d'un aspect agréable. Ces deux plantes demandent une exposition chaude et abritée. Deux autres espèces, la *C. neriifolia*, et le *C. ivæfolia*, ne s'élèvent que dans l'orangerie. (L.)

COOKIE, *Cookia*. (MOLL.) Genre institué par M. Lesson dans ses Illustrations zoologiques, pl. 15, sur une coquille univalve marine fort connue, venant de la Nouvelle-Zélande et placée par Lamarck au n° 24 de son genre *Troque* sous la dénomination de *Trochus Cookii*. Ce genre nouveau, ne reposant sur aucun caractère spécial, n'a point été sanctionné des conchyliologistes; pouvait-il en être autrement quand M. Lesson s'exprime ainsi? nous le laissons parler: «Nous prendrons pour type de notre genre le *Trochus Cookii* de Gmelin et de Lamarck, qui, à la rigueur, aurait dû être pour ce dernier auteur un *Turbo*, et qui dans le fait n'est ni l'un ni l'autre. Caractères du genre *Cookia*: animal du *Trochus*, etc.» (DUCL.)

COOKIE, *Cookia*. (BOT. PHAN.) Ce genre, nommé Vampi par les Chinois, a été dédié à Cook par Sonnerat, auteur d'un Voyage aux Indes. Il appartient à la famille des Hespéridées, et à la Décandrie monogynie, L. Caractères: calice très-petit, pentafide; corolle à cinq pétales ouverts; étamines courtes, au nombre de dix, à anthères presque arrondies; ovaire pédicellé, hérissé, ovale et pentagone; style court, terminé par un stigmate capité; fruit en baie ponctuée, multiloculaire, et ne renfermant qu'une graine dans chaque loge.

La **Cookie ponctuée**, *Cookia punctata*, est l'unique espèce de ce genre : c'est un arbre à feuilles pinnées, avec impaire, dont les folioles sont lancéolées, entières ; à écorce verruqueuse et à pétiolules hispides ; à fleurs disposées en panicules et à pédoncules très-ramifiés. Elle vient naturellement dans la Chine méridionale. On la cultive dans l'Ile de France. (C. É.)

COPAHU. (bot. phan.) Sous les noms de *Copahu*, *Résine de Copahu*, *Baume de Copahu*, comme on le dit encore très-improprement, car cette substance ne contient pas d'acide benzoïque, on emploie une substance résineuse obtenue à l'aide d'incisions faites pendant les grandes chaleurs, à l'écorce du *Copaifera officinalis* de Linné, dont nous parlerons plus bas. (*Voy.* Copaïer.)

Le Copahu est liquide, incolore et peu consistant à l'état récent ; il acquiert une consistance oléagineuse et une couleur jaune verdâtre par le temps ; il est transparent ou du moins il doit l'être ; son odeur est forte et désagréable ; sa saveur est amère, âcre, très-tenace et extrêmement repoussante ; il est insoluble dans l'eau, soluble en totalité dans l'alcool ; il peut dissoudre à froid le carbonate de magnésie, et forme avec lui, après douze ou quinze jours de repos, un mucilage fort épais et fort commode pour faire des pilules. Toutefois observons ici que cette propriété n'est pas toujours constante, bien que le Copahu puisse être parfaitement pur : la raison de ce fait n'est pas encore connue.

Dans le commerce on falsifie la résine de Copahu avec les huiles fixes, avec l'huile de ricin un peu ancienne et qui ne peut plus être donnée comme huile douce, et avec l'huile essentielle de térébenthine. La première fraude se reconnaît à l'aide de l'alcool rectifié qui ne dissout que le Copahu et met à nu l'huile fixe. La seconde se décèle par l'odeur forte et prononcée de la térébenthine que l'on rend encore plus évidente en projetant quelques gouttes du mélange sur le feu. Enfin, en évaporant une petite quantité de Copahu suspect, on obtiendra un résidu sec, cassant s'il est pur, un résidu mou, ductile, dans le cas contraire.

La résine de Copahu est formée d'une matière résineuse, sèche, cassante, transparente, d'un vert brunâtre, très-peu odorante et insipide, et d'une huile volatile très-limpide, incolore, d'une odeur et d'une saveur très-prononcées.

Bien que le Copahu soit doué de propriétés excitantes très-prononcées et très-utiles dans les affections catarrhales chroniques, les diarrhées séreuses, etc., il est rare qu'on l'emploie autrement que pour arrêter les gonorrhées soit aiguës, soit chroniques. L'action de cette substance se porte spécialement sur les membranes muqueuses, et en particulier sur celles des organes génitourinaires. (F. F.)

COPAIER. (bot. phan.) Le genre *Copaifera*, qui diffère du genre *Copaiva* de Jacquin, et qui appartient à la famille des légumineuses de Jussieu, se reconnaît aux caractères suivans : fleurs hermaphrodites, petites, sessiles, disposées en grappes axillaires et accompagnées chacune d'une petite bractée ; calice monosépale, à quatre divisions profondes, elliptiques ; pas de corolle ; étamines libres, égales entre elles, distinctes les unes des autres, et au nombre de dix ; anthères oblongues, biloculaires ; ovaire pédicellé, globuleux, comprimé ; deux ovules attachés l'un à l'autre ; style filiforme ; stigmate globuleux, simple ; (fruit) gousse arrondie, bivalve, monosperme : la graine est enveloppée dans une substance pulpeuse.

A l'espèce de Copaïer connue long-temps seule, le *Copaifera officinalis* de Linné, qui fournit le Copahu, et croît dans les environs de Tolu (Amérique méridionale), près de Carthagène, qui abonde aussi au Brésil, et que l'on a naturalisé à la Jamaïque et à St-Domingue, il faut ajouter le *Copaifera disperma* de Raeusch, et les *Copaifera Guianensis*, et *Copaifera Langsdorffii*, de Desfontaines. Ces quatre Copaïers sont des arbres assez élevés ; leurs feuilles sont alternes et pinnées sans impaire.

Caractères botaniques des quatre espèces cidessus.

1° *Copaifera officinalis* ; arbre touffu, forme élégante ; feuilles alternes, composées de cinq à huit folioles acuminées, entières, très-glabres, un peu luisantes, ponctuées et un peu sessiles. Fleurs petites, blanchâtres, en grappes rameuses, axillaires ; calice quadrilobé ; lobes inégaux, étalés, pris à tort pour une corolle de quatre pétales par Jacquin et Linné ; étamines libres, égales, étalées, au nombre de dix ; fruit orbiculaire, bivalve, comprimé, contenant une ou deux graines.

2° *Copaifera disperma* ; deux ovules fécondés ; gousse renfermant deux graines.

3° *Copaifera Langsdorffii* ; tige ligneuse ; feuilles paripinnées ; folioles elliptiques, obtuses, au nombre de dix ; fleurs en panicules ; pétioles pubescens.

4° *Copaifera Guianensis* ; folioles opposées, glabres, entières, elliptiques, mucronées, ponctuées, et au nombre de six à huit. (F. F.)

COPAL, *Copale* ou *Copalle*. (bot. phan.) Matière résineuse solide, cassante, transparente, d'un blanc jaunâtre plus ou moins foncé, insoluble dans l'eau, difficilement soluble dans l'alcool, l'éther et les huiles essentielles ; qui forme la base des vernis les plus solides, et qui découle du *Rhus copallinum*, arbre de l'Amérique.

Cette substance est improprement désignée sous le nom de *gomme Copale*. (F. F.)

COPHIAS. (rept.) Nom donné à plusieurs espèces de reptiles de familles différentes. *Voy.* Chalcide et Vipère.

COPROPHAGES, *Coprophagi*. (ins.) Dans la nombreuse tribu des Scarabéides, de la famille des Lamellicornes, la nourriture, et par conséquent l'organe buccal varient beaucoup. Latreille a profité de ces différences pour y former plusieurs coupes, dont celle que nous citons est la première; elle contient tous les scarabées qui vivent dans les excrémens des animaux. Ce nom qu'il lui a donné a une signification très-expressive que la susceptibilité de notre langue m'empêche de traduire, aussi Boileau avait-il raison de dire :

Le latin dans ses mots brave l'honnêteté.

Nous sommes plus susceptibles que les Grecs et les Latins; sommes-nous meilleurs ?   (A. P.)

COPTIS. (bot. phan.) Genre qui appartient à la famille des Renonculacées, tribu des Helléborées de De Candolle, et à la Polyandrie polygynie de L. Caractères : calice à cinq ou six sépales colorés, pétaloïdes, caducs; pétales en capuchon; étamines au nombre de vingt ou vingt-cinq; capsules au nombre de six ou dix, longuement stipitées, disposées en étoile, membraneuses, oblongues, terminées en pointe par le style persistant, à 4 ou 6 graines. Ce genre comprend deux espèces indigènes des contrées boréales des deux continens; ce sont des plantes herbacées, vivaces, consistantes, à feuilles radicales, longuement pétiolées, divisées en trois segmens dentés ou multifides; à fleurs blanches, solitaires ou géminées, soutenues par une sorte de hampe, munies d'une très-petite bractée.

1° *Coptis trifolia*, Salisb., *Helleborus trifolius*, L. Cette espèce croît dans les lieux humides et montueux du Canada et de la Virginie. Les habitans de Boston emploient la racine de cette plante contre les aphtes de la bouche.

2° *Coptis asplenifolia*, Salisb. Cette espèce appartient aux côtes occidentales de l'Amérique boréale. C'est le *Thalictrum* de Thunberg.
(G. C. É.)

COPULATION, *Copulatio*. (physiol.) *V.* Accouplement.
(M. S. A.)

COQ, *Gallus*. (ois.) La famille des Coqs appartient à l'ordre des Gallinacés, qui lui doit son nom (*gallus*, Coq, d'où *gallina* qui a fait *Gallinacés*); elle comprend les Faisans, les Satyres, et les diverses espèces de Coqs sauvages, ainsi que leurs variétés domestiques, qui tous sont des oiseaux propres aux contrées chaudes de l'Asie orientale, et se reconnaissent à leurs pennes caudales longues, disposées en toit et distiques, ainsi qu'à un espace nu, lequel existe à la tête et sous la gorge, et se trouve quelquefois réduit à n'occuper que le bord des yeux. Ces oiseaux ont les ailes concaves, courtes et peu propres au vol; les tarses, chez les mâles, sont armés d'un éperon ou ergot.

M. Lesson partage en trois sections les genres qui composent la famille des Coqs; voici comment il les caractérise :

I. Queue moyenne, distique, cachée par des couvertures incombantes; genres *Coq* et *Macartney*.

II. Queue courte, en toit; les couvertures peu longues, genre *Napaul* ou *Satyre*.

III. Queue très-longue, très-étagée, légèrement en toit : genre *Faisan*.

Tous ces oiseaux ont entre eux des rapports très-intimes; aussi Linnæus les avait-il réunis dans le même genre; nous ne devons parler dans cet article que des vrais Coqs. *Voy.* pour les autres les mots Macartney, Napaul et Faisan.

Genre Coq, *Gallus*, Brisson. Il a pour caractères : bec allongé, médiocre, moins haut que large, à mandibule supérieure convexe; narines basales, à demi closes par une membrane voûtée; tête surmontée d'une crête charnue chez les mâles, gorge plus ou moins dénudée, souvent garnie de deux barbillons charnus, pendans; ailes courtes, larges, à quatrième rémige la plus longue; queue comprimée, distique, à quatorze rectrices débordées par les couvertures, qui prennent un grand accroissement chez les individus mâles.

C'est dans ce genre que viennent prendre place le Coq et la Poule domestiques (représentés dans notre Atlas, pl. 122, fig. 1,), oiseaux si utiles à l'homme, et que l'on trouve aujourd'hui répandus dans tous les lieux où il a pénétré. Les Coqs descendent évidemment des animaux sauvages auxquels nous donnons le même nom; mais il serait difficile de dire s'ils proviennent plutôt de telle espèce que de telle autre.

Ces oiseaux sont lourds et pesans; ils s'élèvent avec difficulté, et lorsqu'ils veulent voler, ils sont toujours obligés de se tenir à une petite distance du sol et de se reposer très-souvent; ils ont l'appétit omnivore, c'est-à-dire qu'ils peuvent manger de toute sorte de nourriture; mais ils aiment de préférence les graines, et ils avalent en même temps qu'elles de petites pierres qui les broient lorsque le gésier se contracte, et facilitent considérablement la digestion. Lorsqu'ils cherchent leurs alimens, ils ont l'habitude de gratter la terre avec leurs pattes.

Le mâle, auquel on réserve le nom de *Coq*, se distingue des femelles par son plumage plus brillant; il a les caroncules de la tête et de la gorge plus développées, sa taille est aussi plus grande et ses tarses plus robustes et armés à leur base, un peu au dessus du pouce, d'un ergot ou éperon qui grandit avec l'âge et prend souvent un accroissement très-considérable. Un autre caractère qui est particulier au Coq et qui le distingue principalement des femelles, c'est la longueur des couvertures supérieures de sa queue, qui sont considérablement développées et viennent se recourber au dessus des rectrices caudales, qu'elles cachent en partie. Le Coq est polygame, c'est-à-dire qu'il peut suffire à plusieurs femelles. On doit lui en laisser dix ou douze au plus, quoique cependant il puisse en avoir un plus grand nombre, car il est très-ardent et peut répéter l'acte générateur un très-grand nombre de fois. On peut se faire une idée de la puissance de ses désirs, en le tenant quelque temps, une nuit, par exemple, éloigné de ses poules : le matin, dès que l'on ouvre la porte de l'endroit où on le retenait, il sort avec vivacité, il accourt au poulailler, et manifeste à ses femelles le besoin qu'il avait de les revoir. Il en affectionne quelques unes plutôt que certaines autres ; il s'approche d'elles plus souvent, les défend contre leurs ennemis ou les personnes qui les tourmentent ; il les appelle lorsqu'il a trouvé quelque nourriture, et ne commence jamais à manger qu'après elles. Lorsqu'une d'elles s'est éloignée ou qu'on l'a enlevée, il la cherche, l'appelle et la ramène vers les autres s'il a le bonheur de la trouver. Autant cet oiseau est ardent en amour, autant il est jaloux. S'il se présente un autre Coq, il accourt à lui sans lui donner le temps de rien entreprendre, s'irrite, le menace et bientôt se jette sur lui avec fureur : un combat acharné s'engage alors et dure jusqu'à ce que l'un des champions succombe ou se retire. Quelque véhémens que soient ses appétits, le Coq semble craindre encore plus le partage qu'il ne désire la jouissance, et comme il peut beaucoup, sa jalousie est au moins plus excusable et mieux sentie que celle des sultans auxquels on l'a comparé.

Les femelles de l'espèce qui nous occupe sont connues de tout le monde sous le nom de *Poules*; elles n'ont pas le brillant plumage des Coqs ; leur crête est moindre, et les couvertures de leur queue ne prennent pas le même accroissement. Elles sont en général plus petites, leurs tarses sont moins forts et leur voix réduite à un simple cri. Les poules sont remarquables par leur grande faculté reproductrice, toute la nourriture et les sucs surabondans qu'elle occasione se portent vers les ovaires et les oviductes. Elles pondent pendant toute l'année, si ce n'est pendant la mue, qui dure d'ordinaire cinq ou six semaines, et elles n'ont pas besoin de Coq ; leurs œufs se développant sans cesse à la grappe ou ovaire. Ces œufs sont d'abord blanchâtres ; mais en grossissant ils jaunissent et prennent de la maturité ; ils se détachent alors par la rupture du pédoncule qui les tenait, et passent, ainsi que cela se fait dans toutes les espèces de la classe des oiseaux, dans l'oviducte, dont ils doivent parcourir tout le trajet ; chemin faisant la petite boule jaune ou le *vitellus*, qui les composait d'abord, se recouvre d'une couche assez épaisse de matière glaireuse, appelée l'*albumen* ou blanc d'œuf. Vers la fin de l'oviducte, lorsque l'œuf a pris une quantité suffisante d'albumen, il revêt une membrane qui reste toujours molle et une seconde qui s'encroûte d'une matière calcaire et forme la coquille. Bientôt après, la ponte a lieu, elle arrive même quelquefois avant que la coque ne soit entièrement formée ; c'est le cas de l'*œuf hardé*. Le poids moyen d'un œuf de poule est environ une once six gros. Voyez, pour sa description anatomique, l'art. ŒUF de ce Dictionnaire. Sa forme extérieure est trop connue pour qu'il soit nécessaire de la décrire ; elle sert même fort souvent de point de comparaison ; quelquefois elle est altérée et l'œuf n'a plus alors la figure de l'*ovoïde* qui lui doit son nom : il est tantôt allongé, tantôt raccourci, ou bien marqué de quelques impressions qui sont le résultat de fausses positions ou de violences qui

lui ont été faites avant que sa coque ait pris toute sa consistance. Quelquefois les œufs sont sujets à d'autres modifications : un seul peut comprendre, par exemple, un blanc et deux jaunes ; c'est un phénomène qu'il est assez facile de comprendre. Cela arrive lorsque deux jaunes également mûrs, se détachent en même temps de l'ovaire, et passent, rapprochés l'un de l'autre, dans l'oviducte, où ils sont enveloppés par un seul blanc. Ces œufs à double vitellus ne sont pas très-rares, ce sont eux qui donnent naissance aux poulets monstrueux ayant deux têtes et quelquefois aussi deux poitrines. Les poules, comme nous l'avons dit, pondent lors même qu'elles n'ont pas de Coqs ; mais elles pondent moins ; et, ce qui n'a pas besoin de se dire, leurs œufs sont inféconds. Dans nos pays, elles n'en produisent qu'un chaque jour, ou même seulement deux tous les trois jours ; mais dans quelques contrées méridionales et lorsqu'on les soigne bien, il peut arriver non-seulement qu'elles pondent tous les jours un œuf, ce qui a lieu chez nous pendant toute la belle saison, mais aussi deux dans la même journée.

On trouve quelquefois dans les poulaillers de petits œufs sans jaune qu'on appelle *œufs de Coq*, et qui contiennent, à ce que croit le vulgaire, un serpent ; ces œufs ne sont autre chose que le produit d'une poule trop jeune, ou le dernier effort d'une poule épuisée, ou bien encore, comme le fait remarquer Buffon, des œufs imparfaits dont le jaune aura crevé dans l'oviducte, soit par quelque accident, soit par un vice de conformation, mais qui auront toujours conservé leurs cordons ou *chalazes*, que les amis du merveilleux n'auront pas manqué de prendre pour un serpent ; c'est ce que Lapeyronet a mis hors de doute, par la dissection d'une poule qui pondait de ces œufs. Thomas Bartholin et le même auteur ont disséqué de prétendus Coqs ovipares ; mais ils ne leur ont trouvé, comme on le pense bien, ni œufs ni ovaires, ni aucune partie équivalente ; cependant une foule de gens croient à cette erreur, qui est une véritable hérésie contre la physiologie. On rapporte que, en 1474, il y eut à Bâle un Coq brûlé par ordre du magistrat de cette ville, pour avoir pondu un œuf ; ce n'est pas la seule absurdité de ce genre que l'on connaisse.

Il en est du Coq et de la poule comme de la plupart des autres espèces domestiques, on ne peut dire d'une manière précise à quelle époque ils ont été réduits en domesticité ; mais si l'on fait attention aux avantages nombreux qu'ils procurent à l'homme, et aux modifications profondes qu'ils ont éprouvées, il est naturel de croire que cette époque doit être très-ancienne. En effet, si nous examinons ces modifications, nous voyons qu'elles consistent, non-seulement dans des variations de la taille et du système de coloration, mais aussi dans des parties plus importantes, et qui sont souvent regardées par les naturalistes comme fournissant des caractères pour la distinction des espèces et même des genres. C'est ainsi que les tarses sont emplumés dans quelques races ;

et nus chez les autres, et que les doigts ont varié pour le nombre, qui a été porté à cinq, et même six pour chaque patte, anomalie qu'on ne remarque dans aucune autre espèce d'oiseau. D'autres races ont été modifiées sous le rapport du plumage, qui a tout-à-fait changé de nature pour devenir soyeux ou bien frisé. Chez quelques uns les vertèbres coccygiennes ont disparu avec une partie du sacrum. Enfin il en est chez lesquelles nonseulement la couleur du plumage a été changée, mais aussi celle des organes internes; c'est ainsi que l'on voit des poules qui ont les plumes, la crête, le sang, les muscles et jusqu'au périoste de couleur noire. Mais toutes ces différences n'appartiennent point à l'espèce de la poule, telle que la nature nous l'a présentée; ce sont des altérations maladives qui se sont développées sous l'influence des circonstances dans lesquelles nous avons placé nos individus domestiques; ce sont de véritables anomalies dont le classificateur ne doit point tenir compte. Le *naturaliste à méthode*, pour nous servir de l'expression dédaigneuse de Buffon, ne s'occupe point des animaux que l'homme a dégradés, il prend les espèces telles que la nature les lui offre, il en dresse le catalogue, il cherche quels rapports elles peuvent avoir entre elles, quel rôle elles sont appelées à jouer dans l'imposant spectacle de la création; s'il s'arrête un instant aux races que nous avons fait dégénérer, ce n'est que pour se rappeler qu'elles tendent sans cesse à reprendre leurs formes primitives, et qu'elles y reviennent insensiblement dès que les circonstances qui les faisaient varier viennent à cesser.

Les diverses *variétés* que l'on admet parmi les Poules domestiques sont assez nombreuses, nous n'étudierons que les principales.

Var. A. *Coq villageois*. C'est celui qui est le plus généralement répandu, et qui s'éloigne le moins de la forme primitive, c'est-à-dire de celle des espèces sauvages. Il porte sur le front une crête rouge plus ou moins élevée, denticulée sur ses bords, ou bien quelquefois ramassée et comme mamelonnée; deux caroncules charnues sont pendantes sous sa gorge, et il a une peau nue, de couleur blanche légèrement teinte de rose, au dessous des oreilles; les couleurs de son plumage sont fort vives, et si variées qu'on ne peut les décrire, tantôt blanches, tantôt noires, rousses, etc., pouvant en un mot affecter toutes les nuances et les mélanges de toutes sortes. Les femelles ont moins d'éclat; leurs plumes n'ont point le même lustre que celles des mâles; celles de leur cou ne s'allongent point, non plus que les couvertures de leur queue; elles ont aussi la crête moins forte ainsi que les tarses. La plupart de ces caractères leur sont d'ailleurs communs avec les femelles des autres races.

Var. B. *Coq huppé*. Ne diffère du précédent que par l'absence de la crête, laquelle est remplacée par une touffe épaisse de plumes qui forment une belle huppe sur la tête. C'est une race fort recherchée, et qui offre les plus riches couleurs.

Var. C. *Coq à cinq doigts*. Dans cette variété la modification existe dans le nombre des doigts qui s'est élevé à cinq, par la duplicature du pouce. Quelques individus peuvent avoir, dit-on, jusqu'à six doigts.

Var. D. *Coq nain*. Il est aussi gros que le Coq ordinaire; mais il a les jambes plus courtes, ce qui le fait paraître plus petit. On l'appelle aussi Coq de Camboge.

Var. E. *Coq frisé*. Les plumes sont renversées au dehors, de sorte qu'elles paraissent frisées; c'est une variété rare, et que l'on recherche plutôt par curiosité. On voit des individus qui ont la tête huppée.

Var. F. *Coq de soie*. Taille petite, plumage généralement blanc et soyeux.

Var. G. *Coq pattu*. Varie pour la taille; les tarses sont toujours emplumés, quelquefois jusqu'aux ongles, d'autres fois jusqu'aux doigts seulement. Nous croyons avoir remarqué que des Coqs pattus peuvent naître de parents qui ont les tarses dénudés.

Var. L. *Coq nègre*. La crête, les caroncules de la gorge, les plumes, l'épiderme et jusqu'au périoste sont noirs. Les plumes peuvent être blanches sans que la couleur des autres parties change. Cette variété est rare en France; en Allemagne et en Belgique elle est plus commune.

Var. K. *Coq sans croupion*. N'a point de croupion, et par conséquent point de queue. On trouve les Coqs de cette sorte dans plusieurs contrées; il en existe dans l'Amérique, en Virginie, et aussi en Europe; nous en avons vu en France.

Coqs cornus. On voit quelquefois dans les basses-cours des Coqs qui ont des cornes sur la tête, mais ces animaux ne doivent point être considérés comme formant une variété distincte, puisqu'ils ne sont cornus que par artifice. On prend un jeune individu, on lui coupe la crête, et on fixe dans une cavité qui est à la partie postérieure de la base de cette crête, un des ergots de l'animal, ou bien même tous les deux. Au bout de quinze jours ou trois semaines, lorsque le Coq n'a point fait tomber cette espèce de corne, elle a le plus souvent contracté une union assez parfaite avec les parties sur lesquelles on l'a, pour ainsi dire, greffée, elle croît peu à peu et peut avoir déjà quatre pouces de longueur après trois ou quatre ans; un auteur dit avoir vu sur la tête d'un chapon une pareille corne qui avait neuf pouces de longueur.

Coq BANKIVA, *Gallus bankiva*. On doit à M. Leschenault la découverte de cette espèce qui vit sauvage dans l'île de Java, où elle a reçu des habitans le nom de *Ayam bankiva*; elle se tient dans les forêts, sur la lisière des bois; son caractère est très-farouche. Cet oiseau paraît à M. Temminck, avoir donné naissance à la plupart de nos races domestiques; le mâle a la crête dentelée, une collerette orangée et dorée autour du cou, et le corps noir en dessous, la femelle est d'un roux brun vermiculé en dessus, et roux clair avec des flammes blanchâtres en dessous. On a aussi observé

servé des Bankiva dans les Philippines et à Sumatra. On voit une bonne figure de cette espèce dans l'Iconographie du règne animal, oiseaux, pl. fig.

Coq LAFAYETTE, *G. Lafayetis.* C'est le *Coq sauvage de Ceylan*; il a deux petits barbillons à la mandibule inférieure; les plumes de sa collerette sont effilées, teintes de jaune d'or avec une flamme brune au centre; son thorax est recouvert de longues plumes étroites, d'un rouge doré, avec un trait noir; le bas-ventre est noir; la queue courte et brune, et un demi-collier violet sous la peau nue du cou. On trouve cet oiseau à Ceylan.

Coq SONNERAT, *G. Sonneratii.* Le mâle a la crête dentelée, la collerette grise émaillée de plaques jaunes, séparées par des espaces blancs et noirs; tout le devant du corps est garni de plumes grises, ayant au centre une flamme blanche encadrée du plus beau noir. La femelle est rousse, avec de petits traits bruns et les plumes du dessus du corps blanches bordées de brun. Sonnerat (voir son Voyage aux Indes, vol. II, p. 153, pl. 94 et 95) est le premier qui ait découvert cette espèce. Comme c'était la première fois qu'on observait, à l'état sauvage, des oiseaux du même groupe que nos Coqs domestiques, il était naturel de penser que toutes les races de celles-ci en descendaient; c'est ce que fit Sonnerat; mais on observa plus tard d'autres Coqs sauvages; on en trouva même qui avaient de la ressemblance avec un plus grand nombre de nos variétés, et l'on vit bien que le Coq de Sonnerat n'était pas seul qui leur avait donné naissance. Il était en effet plus naturel de penser, comme on l'a fait depuis, que plusieurs espèces avaient été réduites en domesticité, et qu'à chacune d'elles venaient se rapporter un plus ou moins grand nombre de nos variétés. C'est ce que des observations ultérieures sont venues confirmer non-seulement pour les animaux domestiques appartenant à la classe des oiseaux, mais aussi pour plusieurs mammifères, tels que les chats, les chèvres et peut-être aussi les chiens; l'opinion aujourd'hui la plus accréditée est, comme nous venons de le dire, que plusieurs espèces sauvages, habitant des pays différens, ont fourni aux diverses peuplades sur les territoires desquelles elles se trouvaient, des races domestiques, qui venant plus tard à se mêler entre elles par suite des communications que la guerre ou le commerce établissaient entre les différentes nations, ont formé entre elles tous ces passages plus ou moins gradués qui nous empêchent souvent de les distinguer.

Coq AYAM-ALAS, *G. fuscatus.* Mâle: crête simple; un mince fanon pendant sous la gorge; collerette composée de plumes écailleuses, imbriquées; cuivrées, ailes brunes avec flammes orangées; corps noir en dessous. Femelle: plumage roux; à plumes cerclées de noir; gorge roussâtre; habite Java. Il a reçu des Javanais le nom de *Ayam alas.* Ce nom est fort remarquable, en ce qu'il peut être comparé sous tous les rapports à ceux de la nomenclature linnéenne; il se compose comme elle de deux mots, l'un *générique,* si l'on peut me permettre cette expression, *Ayam,* qui est donné par les Javanais à toutes les espèces sauvages que nous rangeons dans notre genre Coq, et l'autre, *Alas,* qui est le *qualifiant* indiquant l'espèce de ce Coq. *Ayam alas,* c'est-à-dire *Coq alas,* de même que nous disons *Gallus fuscatus*; le coq Bankiva a reçu des Javanais une dénomination de même nature; on l'appelle *Ayambankiva,* ce qui le distingue très-nettement de l'*Ayam alas.*

Coq BRONZÉ, *Gall. æneus.* Vit à Sumatra; il a tout le plumage bronzé, avec les couvertures de la queue d'un roux vif et les plumes de la collerette de la couleur du cuivre rouge.

Coq IAGO, *G. giganteus.* Cette espèce, décrite par M. Temminck dans son ouvrage sur les Gallinacés et figurée par Hardwick parmi ses animaux de l'Inde, est une nouvelle preuve de la multiplicité d'origines des Coqs domestiques : elle vit sauvage dans les parties occidentales de Java et méridionales de Sumatra ; elle a des rapports si intimes avec les races dites *Coqs de Caux,* de *Padoue, Russe* et *Sausevarre,* que c'est à peine si l'on peut l'en distinguer. Sa taille est plus considérable que celle de toutes les autres espèces ; elle est presque du double plus grande.

Le *Coq russe,* qui commence à se répandre en France, est une fort belle variété, que sa grande taille, l'abondance de sa chair et la belle qualité de ses œufs doivent faire rechercher; son plumage est ordinairement roussâtre en dessus et plus clair en dessous; ses ailes sont courtes, et sa queue presque nulle; ses tarses grands, très-forts et ordinairement de couleur jaune; la crête frontale s'observe à peine; mais les barbillons du dessous de la gorge sont très-développés. La femelle est un peu moins grande que le mâle, qui a jusqu'à vingt pouces et même deux pieds de haut; ses couleurs du dos sont plus ternes, et son abdomen plus grisâtre.

Cette race est une de celles qui s'éloignent le moins du type qui lui a donné naissance. Elle paraît être à peu près la même que celle du *Coq de Padoue* et du *Coq de Caux*; il est difficile de se rendre compte du nom qu'on lui donne aux environs de Paris (*Coq russe*), puisqu'elle n'existe, ainsi que nous l'a dit M. Rousseau, qui a traversé ces contrées, ni dans la Russie asiatique, ni dans la Russie d'Europe. Les Coqs russes s'accouplent avec les poules ordinaires, et produisent avec elles des sortes d'hybrides féconds plus grands que leurs mères, et qui ont quelques unes des bonnes qualités de leur père. On en trouve qui ont la tête surmontée d'une huppe; ce sont ceux qui proviennent d'un mélange avec les *Poules huppées.* Les œufs des poules russes ont une teinte grise tirant au jaune sale, qui les fait aisément reconnaître.

Le Coq MACARTNEY, *Gallus Macartney,* Temm., forme pour M. Lesson le genre *Macartneya,* qui est très-voisin de celui qui nous occupe; c'est un oiseau de Sumatra qui a sur la tête une petite huppe formée de brins raides. G. Cuvier en a fait un Lophophore. (GERV.)

COQ. (ÉCON. RUR. et DOM.) Avant de parler du Coq, de la poule et de leurs petits sous le rapport économique et des ressources qu'ils offrent à la maison rurale, je dois faire observer que les naturalistes ont tort de donner au Coq le nom scientifique de *Gallus* : il s'appelait à Rome *Coccus*; le mot *Gallus* était populaire, et employé ironiquement depuis que les oies du Capitole avaient empêché l'entière escalade de la citadelle par les Gaulois, sous la conduite de Brenn. C'est Cicéron qui le premier adopta le mot *Gallus* pour désigner le Coq. La faute que je relève, n'est pas la seule qui s'offrira devant nous dans le cours de cet article.

Quand on fait choix d'un Coq, il importe de le prendre d'une taille moyenne, à plumage brillant et varié, portant la tête haute, garnie d'une large crête et de barbes bien pendantes, d'un beau rouge vif, ayant la queue à deux rangs, recourbée en faucille et bien relevée. Il doit avoir aussi l'œil étincelant, le bec fort et crochu, l'oreille blanche et grande, poitrine large, les cuisses longues; grosses, bien fournies de plumes, les pieds forts, garnis d'ongles très-prononcés et d'ergots longs, pointus, les mouvemens libres, pétulans et la voix étendue. Si, joint à ces qualités, il chante souvent, il gratte bien la terre, montre beaucoup d'ardeur à cocher ses femelles, dont le nombre ne dépasse pas celui de douze; s'il a pour toutes des soins empressés et les appelle chaque fois qu'il trouve abondante nourriture, vous possédez réellement un Coq parfait. Votre basse-cour sera bruyante et long-temps d'un grand profit, en même temps qu'elle subviendra à tous les besoins journaliers.

Sa chair est sèche et par conséquent point estimée ; on n'admet dans les cuisines que la crête, avec laquelle on prépare des mets délicats. Autrefois on employait en médecine ses parties génitales séchées et réduites en poudre ; on les administrait à dose plus ou moins forte dans un verre de bon vin aux personnes usées ou d'un tempérament froid. On a depuis long-temps oublié ce remède ridicule.

Les ergots, par leur longueur et leur dureté, annoncent l'âge du Coq ; on le connaît encore par les espèces d'écailles plus ou moins fortes de la patte. A quatre ans, sa vigueur diminue, et la bonne ménagère se hâte de le remplacer; elle a tort de le faire par un Coq de trois mois, il est encore trop jeune.

Dans les habitations rurales voisines des grandes cités, il convient de donner la préférence à la poule du canton de Caux, département de la Seine-Inférieure, parce qu'elle donne beaucoup de gros œufs et qu'elle est plus recherchée pour sa chair délicate. Partout ailleurs, il vaut mieux s'en tenir à l'espèce du pays. Vainement on s'attache à la grosseur, comme à un signe de bonté, particulièrement aux poules qui sont bien huppées, et, quoi qu'on en dise, elles ne sont point exemptes des vices et des maladies qui désolent parfois nos basses-cours. Une bonne poule est celle qui pond de seize à dix-huit œufs par mois, qui n'est ni farouche ni querelleuse et qui couve tranquillement; sa robe peut être indistinctement noire ou brune, tannée, rousse ou variée de noir et de blanc ; mais il faut qu'elle annonce une forte constitution ; la taille moyenne est la plus propice. Les autres signes favorables sont : une tête grosse et haute, la crête très-rouge, pendante sur le côté, l'œil vif, le cou gros, la poitrine large, le corps gros et carré, les jambes et les pieds jaunes, armés d'ongles courts et forts. Les poules blanches, dont le bec et les pattes offrent la même couleur, doivent être sacrifiées les premières, non point parce qu'elles pondent moins que les autres, mais parce qu'elles s'épuisent promptement. Il faut également se défaire des Coqs qui ne chantent point, des poules qui chantent à la manière des Coqs, ou dont les ergots s'allongent par une autre bizarrerie de la nature. Je sais bien que la poule imitant le chant du Coq est jeune, et qu'en vieillissant elle perd cette habitude; mais elle trouble l'ordre, et est d'ordinaire querelleuse; ce double motif suffit pour l'éloigner. Sottise de croire que le cri emprunté soit de mauvais augure et comme le précurseur de quelque infortune.

Les poules pondent des œufs sans l'accouplement du Coq; mais ces œufs ne sont point fécondés, ils ne doivent point être donnés à couver, et sont excellens pour la consommation. Quand le mâle est trop ardent ou qu'il est chargé de servir un trop grand nombre de poules, les œufs se gâtent promptement; dès qu'on les reconnaît, il faut les enlever de suite; il en est de même pour les œufs dont l'enveloppe est molle. La ponte ne dure pas autant au nord qu'au midi de la France : ici, elle commence en janvier et se prolonge jusqu'en septembre; là, elle ne se renouvelle qu'en mars et se continue jusqu'aux premières froidures. Sans la vicissitude des saisons, les poules pondraient pendant toute l'année, excepté durant l'époque de la mue. On peut artificiellement se procurer une plus grande quantité d'œufs pendant l'hiver; on place à cet effet le poulailler près du four, et on donne à ses poules des graines de tournesol annuel, *Helianthus annuus*, mêlées à un peu d'avoine dont on a émoussé les pointes. On a dit que les œufs pointus contenaient des mâles, et ceux dont le côté supérieur est rond, des femelles : cette assertion ne m'a point paru exacte dans le plus grand nombre des cas.

Toute poule qui se dispose à couver pond chaque jour un et même quelquefois deux œufs : le moment où elle cesse indique celui du couvage. Olivier de Serres caractérise ainsi le second signe : « On le recongnoist facilement, dit-il, au glousser, qui est un continuel et nouveau chant, différent de leur ordinaire musique. Toutes poules, quoique gloussantes, désireuses de couver ne sont propres à ce mestier; les plus jeunes de deux ans n'y valent rien, ne les griesches (capricieuses), ne les escarrabillades (indociles) et farouches, qu'on appelle aussi enragées, ni celles qui ont des ergots comme des Coqs, ains seulement les franches et paisibles, estant d'ailleurs bien complexionnées et de robuste nature. » (*Théâtre d'agr.* v. 2.) Il faut préférer celles de trois à cinq ans ; l'époque la plus favorable de leur vie est quatre ans, quand elles ne sont pas usées par une ponte excessive ou par des infirmités. Confiez à la couveuse de douze à dix-huit œufs, suivant sa force et l'état de l'atmosphère ; prenez les plus gros, les plus frais, ceux qui sont sains, bien pleins et fécondés ; pour acquérir la certitude qu'ils se trouvent tous dans ces conditions importantes, plongez-les d'abord dans de l'eau froide, puis mettez-les au même degré de température au moment où l'incubation doit commencer. Les femmes de l'Archipel grec ne se trompent jamais sur la qualité des œufs ; ceux qui leur présentent de petits globules clairs et en forme d'étoiles sont rejetés comme stériles ; si la couronne ou calotte intérieure, qui se remarque au gros bout, est placée presque horizontalement, l'œuf donnera, selon elles, un Coq ; si, au contraire, cette couronne est oblique, il naîtra une poule. Cinq ou six jours après celui d'où part l'incubation, elles les mirent de nouveau, l'œuf placé entre l'œil et un rayon solaire, afin de retirer ceux qui ne contiennent pas de filets sanguinolens, c'est-à-dire qui ne portent point le signe de la vitalité.

Les poules, jouissant de leur pleine liberté, se retirent dans les bois pour y construire leur nid, à la confection duquel elles apportent autant de soin que la Perdrix ; mais celles qui ont subi toutes les modifications de la domesticité laissent ce soin à la ménagère : c'est donc à elle de le préparer. A cet effet, on a des paniers qu'il faut laver avec une eau de chaux ; dans le fond, l'on met une petite couche de paille ; du foin est préférable, étant moins sujet à donner de la vermine ; on renouvelle cette couche tous les quinze jours au temps de la ponte et immédiatement après la couvée.

L'incubation a pour terme ordinaire vingt et un jours ; quelquefois elle arrive seulement au dix-neuvième, et dépasse très-rarement le vingt-quatrième. Le petit brise alors la coque de l'œuf au moyen d'un petit onglet calcaire dont est armée l'extrémité de son bec ; il étend les jambes, sort la tête de dessous les ailes, allonge le cou, le porte en avant, piaule, et peu d'instans après que l'air ambiant l'enveloppe entièrement il se glisse sous le ventre de la couveuse, se sèche, se lève, marche et ramasse sa nourriture. Durant quelques semaines, il a besoin que la couveuse le protége, le guide et lui procure sous ses ailes un abri contre le froid et les intempéries. Plus le lieu de la couvée sera chaud, exempt de toute humidité, tenu très-propre, plus la nourriture et l'eau s'y trouveront appropriées, abondantes et sans cesse renouvelées, mieux le poussin prospérera et répondra à l'attente de la ménagère.

Dans certains pays on fait éclore les œufs au moyen d'une incubation artificielle. Le plus ancien exemple connu nous est fourni par l'Égypte. On s'y servait de fours, de la chaleur uniforme des fumiers, et cette industrie s'y est conservée, par une routine héréditaire, avec une perfection telle que des individus grossiers, sans connaissances acquises, guidés par la seule pratique, perpétuée pendant une longue série de siècles, ménagent, sans thermomètre, une chaleur toujours égale, réussissent constamment, et n'éprouvent jamais de mécompte. Dans l'Inde, aux îles du grand Archipel asiatique, qui s'étendent depuis Sumatra jusqu'à Luçon, et particulièrement dans celle de Luçon, la plus fertile, la plus riante des Philippines, l'incubation est l'œuvre d'hommes qui, pour un modique salaire, ont la patience de demeurer étendus constamment et sans bouger, même lorsqu'ils reçoivent la nourriture ou qu'ils satisfont aux besoins naturels, sur une couche d'œufs placés dans de la cendre les uns à côté des autres, recouverts par une épaisse couverture en laine ou en coton, formant, à l'aide de quelques légères traverses, une surface plane, et fermée de toutes parts de planches très-peu élevées au dessus du sol de la case. Là, ils attendent le moment où les œufs doivent éclore, ce qu'ils connaissent avec une précision remarquable ; ils les brisent alors non moins adroitement, et les poussins de ramasser aussitôt le grain qu'on leur donne. On concevrait difficilement un pareil métier, si l'on ne savait combien est abject l'état où la civilisation conquérante de l'Europe a réduit la population des Malais, aujourd'hui si misérable, autrefois si puissante, si courageuse. L'esclavage abrutit l'homme et le ravale au dessous de la brute.

On peut conserver les œufs dans leur état de fraîcheur et de translucidité pendant un temps illimité, en les plongeant dans une eau de chaux convenablement étendue ou mieux encore en se servant d'une solution peu saturée de muriate de chaux. En 1820, j'ai mangé à Paris des œufs gardés ainsi depuis un an et d'autres depuis deux ans. En 1822, près du lac Majeur en Italie, on a découvert, en démolissant une vieille muraille, construite depuis plus de 400 ans, trois œufs de poule qui ont été trouvés frais et mangés avec plaisir. Quelques personnes ont conservé des œufs en les plongeant dans de l'eau bouillante, et, lorsqu'ils sont essuyés, en les mettant dans un vase rempli de cendre de bois tamisée ; mais ils contractent alors une couleur verdâtre qui répugne.

Il était défendu aux Hébreux d'élever des Coqs et des poules dans la ville de Jérusalem ; on retrouve la même défense pour la capitale du culte lamique ; le motif de cette défense venait de ce que ce volatile était réputé impur, parce qu'il se plaît à demeurer habituellement sur le copaïer, et qu'il se nourrit de larves ; ensuite parce que son chant trouble le calme que demandent la prière et la méditation. Ceux qui voient partout le culte du soleil, et adoptent aveuglément ce qu'écrivit à ce sujet le docte mais trop souvent le fort inexact Dupuis, ne se doutent pas que la proscription du Coq et de la poule ne s'étendait point au-delà des murs sacrés, qu'on les portait aux marchés comme aliment, et qu'il se faisait chez les Hébreux une très-grande consommation d'œufs. Qui peut voir là un reste de vieux culte ?

A cause de sa hardiesse, de sa valeur et de sa

vigilance, le Coq a été souvent pris pour symbole des vertus guerrières ; c'est pour cela que les Grecs le plaçaient auprès des statues de Mars, de Minerve, sur le bouclier de leurs héros illustres, et que Plutarque l'offre pour exemple à l'homme ami de son pays, et à l'homme studieux. « C'est » par la trompette en temps de guerre, dit-il, et » par le chant du Coq en temps de paix que doit » être marquée l'heure du lever. » Il est faux que le Coq ait jamais servi d'enseigne aux Gaulois ; ils l'élevaient dans leurs basses-cours ; mais il ne jouissait parmi eux d'aucune distinction. Ce fut dans les siècles obscurs du moyen âge que les prêtres catholiques français imaginèrent les premiers d'en placer l'image au sommet des tours, sur la flèche des églises ; il ne joue pas un grand rôle dans la sotte science héraldique, et on ne le voit figurer que sur les médailles de Caryste, d'Athènes, de Métaponte et d'Ithaque, chez les anciens, et sur une seule de 1679, où il sert d'emblème à la France. Le Coq n'est donc point pour notre pays un signe national, quoi qu'en disent les écrivains modernes, et il ne doit point l'être, puisqu'il a servi de type à quelques médailles satyriques frappées contre nous par les Espagnols en 1665, par les Autrichiens en 1706, et en 1760, par les Hollandais et les Anglais en 1712. Il est donc permis de gémir en le voyant, depuis 1830, sur nos drapeaux. On a écouté trop complaisamment d'ignorans compilateurs, sans s'apercevoir que l'on donnait de la valeur à de méprisables satires venues de l'étranger.

Que le laboureur prenne le Coq pour emblème, cela se conçoit ; il doit avoir l'œil ouvert sur tout ce qui se passe chez lui et autour de lui. Comme le Coq, il ne doit rien laisser perdre et savoir tirer parti de tout.

Chez les anciens comme chez les modernes, on a, dans tous les pays, profité de l'insurmontable antipathie que les Coqs ont les uns pour les autres ; on l'a même cultivée avec tant d'art que les combats de ces oiseaux sont devenus des spectacles pour les peuples sauvages aussi bien que pour les nations civilisées. Je retrouve ces sortes de tournois chez les Celtes et les Scandinaves leurs frères. Les Grecs les aimaient beaucoup ; ils avaient lieu sur le théâtre d'Athènes en mémoire de la victoire remportée sur les Perses par Thémistocle. Ils furent adoptés ensuite par la ville de Pergame, la patrie de Galien, et plus tard par les Romains. De nos jours, ils sont pour les Anglais une affaire aussi importante que l'horrible spectacle de leurs boxeurs ; quand un combat de Coqs doit avoir lieu, on le fait annoncer par les crieurs publics ; on indique avec précision l'endroit, l'heure et jusqu'aux noms des héros ; aussitôt la foule accourt, les gageures s'ouvrent et montent souvent à des sommes très considérables ; les deux Coqs sont en présence, ils se fixent, ont l'air de se toiser, leurs plumes se hérissent, les ailerons se soulèvent, le bec est ouvert, c'est à qui cédera le moins de terrain à l'autre ; l'attaque commence, elle est violente, acharnée et ne cesse que par la mort de

l'un des combattans. Les Javanais ne peuvent se contenter d'un seul duel de cette sorte ; ils poussent la frénésie jusqu'à leur consacrer des journées entières. Il faut les voir exciter les combattans de la voix et du geste ; l'espoir et la crainte se peignent tour à tour sur la figure des parieurs, et, pour que la victoire demeure moins long-temps indécise, on a soin d'armer les éperons de l'un et l'autre Coq d'un fort tranchant qui termine bientôt le combat. Il y a tel Coq, habitué à ce genre de lutte, qui tue son adversaire du premier coup ; il devient alors impayable, on en parle dans tout le pays, son propriétaire le porte en triomphe ; il s'en pare avec autant d'orgueil qu'en met un noble parvenu à montrer son blason, qu'en apportent les courtisans, les serviles à se décorer des colifichets que le pouvoir leur jette pour se les asservir. La fureur des combats de Coqs est poussée si loin chez les peuples malais, que les chefs sont obligés d'en dicter les conditions, d'empêcher les parieurs de risquer leurs femmes, leurs filles, leurs mères, et d'exiger que les Coqs soient de couleurs différentes, c'est-à-dire qu'un de nuance grise combatte contre un noir, un jaune contre un rouge. Dans ces pays il est rare de rencontrer un voyageur sans un Coq sous le bras.

Dans l'histoire des combats de Coqs en Angleterre, je trouve une anecdote qui mérite d'être citée ; elle appartient à cette partie de l'histoire des animaux que l'on appelle dédaigneusement instinct, et qui, pour moi, rentre dans le domaine des facultés morales. Le fait s'est passé à Chester en 1787. Deux Coqs de belle espèce et fameux par leurs nombreuses victoires sont destinés à un tournoi. La nouvelle en est portée au loin, et de toutes parts affluent des spectateurs de tout âge, de toute classe, de l'un et de l'autre sexe ; d'immenses paris s'ouvrent ; dans tous les rangs les paroles s'engagent. Les deux combattans vont entrer en lice, le silence le plus profond succède au bruit le plus fatigant, tous les yeux sont fixés sur l'arène, les cous sont tendus, l'attention générale comme l'attention particulière n'a qu'une pensée. Les deux adversaires se voient, se parlent : ce sont deux frères d'armes, ils se regardent avec plaisir, avec admiration ; ils sont fiers de se trouver en présence l'un de l'autre, ils se sentent pénétrés d'admiration, d'amitié, de cordialité. Premier désappointement pour la foule ébahie. On leur jette alors quelques grains de blé dans la vue de les exciter : ils mangent ensemble et semblent rire sous cape du nouveau désappointement des curieux étonnés de leur bonne intelligence. On amène une poule, elle est accueillie par les deux amis, chacun la courtise, chacun obtient ses faveurs, et, au grand scandale des gageurs, ils jouissent l'un et l'autre sans rivalité aucune des plaisirs inattendus qu'on leur procure. Ce troisième désappointement ne devait pas être le dernier. On lance sur eux deux Coqs, les deux amis les voient approcher, se portent chacun sur l'adversaire qui vient à lui, le bat, le terrasse, le tue ; comme ils étaient animés, on espérait que la lutte allait s'engager, on est encore trompé; les deux amis se calment aussitôt qu'ils se retrouvent l'un vis-à-vis de l'autre. La foule, loin d'admirer, siffle, hue, crie; elle a beau faire; les deux Coqs demeurent calmes, et de dépit chacun retourne à ses foyers, désappointé, mais incapable de profiter de la leçon reçue. C'est sans doute le cas d'appliquer ici le mot de l'auteur du roman de *la Rose*, Jehan de Meun :

> C'est chose qui moult me déplaist,
> Quand poule parle et coq se taist.

Le Coq que l'on a dépouillé des facultés génératrices, prend le nom de CHAPON; il acquiert beaucoup d'embonpoint, s'engraisse avec facilité, et sa chair en devient plus délicate. Victime du despotisme de la sensualité de l'homme, le pauvre animal ainsi réduit n'a pas encore essuyé toutes les souffrances qu'on lui prépare; on lui coupe la crête tout contre la tête, puis on le condamne au soin d'élever les poussins. On choisit à cet effet le chapon le plus vigoureux; on lui ôte la plume sous le ventre, on frotte cette partie avec des orties, on gave le patient de mie de pain trempée dans du vin, et après avoir réitéré ce barbare supplice deux ou trois jours de suite, on le met sous une cage avec deux ou trois poulets un peu grands; ceux-ci, lui passant sous le ventre, adoucissent l'âpreté de ses piqûres, et ce soulagement l'habitue à les recevoir : bientôt il s'y attache, les aime, les conduit; alors on en augmente le nombre, et il veille sur tous plus long-temps que la mère n'aurait fait. Quand on veut engraisser un chapon, il faut le confiner dans un endroit resserré et obscur; lui donner à manger de l'orge, du sarrasin ou mieux encore une pâtée faite avec de la farine de maïz (*maïz*, il faut l'écrire ainsi).

Une poule à laquelle on a ôté l'ovaire pour la rendre grasse, tendre, et en même temps stérile, s'appelle Poularde. Les poulardes les plus réputées de la France se trouvent dans les cantons de La Flèche et de Malicorne, et plus spécialement dans la commune de Mézeray, département de la Sarthe : c'est sur le marché de La Flèche, et non sur celui du Mans, qu'elles sont vendues et recherchées durant une partie de l'automne et de l'hiver; la quantité qui s'y débite est vraiment prodigieuse; elle constitue une portion considérable de la richesse du pays, et c'est bien gratuitement que le commerce s'obstine à les appeler *Poulardes du Mans*.

Je n'ai rien dit des diverses variétés de poules, vantées par les amateurs, parce que je les regarde comme plus curieuses qu'utiles, comme des bizarreries de la domesticité plutôt que des individus.   (T. D. B.)

COQ. On a donné ce nom à plusieurs oiseaux voisins du Coq et de la poule, ou bien qui ont avec eux quelque rapport dans leurs mœurs ou leur organisation.

COQ D'EAU (Descourtils, *Voyage d'un naturaliste*, t. 11), est le Butor de Saint-Domingue; COQ DES BOIS, le TÉTRAS ou grand Coq de bruyère;

COQ DE BRUYÈRE, le petit TÉTRAS et COQ D'INDE, le DINDON. (*Voy.* ces divers mots.) On nomme aussi COQ DES MARAIS, la Gélinotte huppée; COQ DE MER, le Canard à longue queue, *anas ourata*, et COQ NOIR, le petit Tétras à queue pleine, *tetrao betulinus*, L. Jonston a appliqué, par erreur, la dénomination de Coq de Perse au Hocco, qui est un oiseau d'Amérique.

En ichthyologie on appelle quelquefois COQ DE MER, le *Zeus gallus* et le *Zeus Zvamer* de Bloch.

COQ DES JARDINS ou MENTHE-COQ (BOT.), est le nom vulgaire d'une plante appelée par Linnæus *tanacetum balsamita*, et que Desfontaines a placée dans son genre *Balsamita*.

COCU, mot que l'on trouve dans quelques vieux auteurs français, s'applique au Coucou, et COQUALIN, que Buffon a tiré du mexicain *quanhicallotquapachli*. C'est le nom d'un écureuil, *sciurus variegatus*, L.   (GERV.)

COQ DE ROCHE, *Rupicola*. (OIS.) Les Coqs de roche, appelés aussi Rupicoles, sont des passereaux qui réunissent à la fois les caractères de ceux que Cuvier appelle Dentirostres et Syndactyles, c'est-à-dire qu'ils ont la mandibule supérieure du bec échancrée à sa pointe et le doigt externe de chaque pied fortement soudé à l'interne jusqu'à la deuxième articulation; leurs tarses sont robustes et à demi vêtus; leurs narines latérales, ovalaires, recouvertes par les plumes du front, et les ailes moyennes à première rémige courte, les quatrième et cinquième étant plus longues.

Les Coqs de roche vivent dans certaines parties des deux continens; on peut les répartir dans deux sections correspondant à leur distribution géographique, l'une comprenant ceux qui se trouvent dans le Nouveau Monde, et la seconde ceux qui sont propres à l'Ancien.

I. *Rupicoles de l'Ancien Monde*. Sir Raffles en a fait son genre Calyptomène. La seule espèce est le RUPICOLE VERT, *Rupicola viridis*, Temm., pl. 216. Cet oiseau, que S. Raffles et Horsfield décrivirent sous le nom de *Calyptomena viridis*, est figuré dans l'Atlas de notre Dictionnaire, à la fig. 4 de la planche 69ᵉ; il est de la taille d'un merle. Le mâle est d'un beau vert émeraude, avec deux taches d'un noir velouté sur les côtés du cou et les rémiges à trois raies noires; la femelle est d'un vert jaunâtre sale, sans trace de noir. Habite Sumatra et Java : c'est le *Bavong tampo pinany* des Javanais.

II. *Rupicoles du Nouveau Monde*. On en connaît deux espèces, l'une est le RUPA, COQ DE ROCHE, *Rupicola aurantia*, représenté dans notre Atlas, pl. 122, fig. 5. C'est un bel oiseau, de la grosseur d'un pigeon; dans le sexe mâle, il est de couleur orangée, avec des plumes frisées sur les ailes et la queue, et une huppe comprimée sur la tête. Les rémiges ou pennes de l'aile sont brunes, avec un miroir blanc; la queue est arrondie, relevée comme chez les poules, brune et bordée de blanc roussâtre; le bec est jaunâtre. Les femelles n'ont point une aussi belle parure; leur plumage est en entier d'un brun fuligineux; il en est de même des jeunes sujets. Ce Rupicole se tient sur les rochers qui bordent la petite rivière d'Oyapock à la Guiane, et devient de plus en plus rare (les colons vendent la peau des mâles jusqu'à seize piastres); il est très-méfiant, et vole avec beaucoup de rapidité; sa nourriture consiste en petits fruits sauvages. Les femelles font leur nid dans quelque cavité naturelle, avec des brins de bois et des herbes sèches; elles y pondent deux œufs blancs, semblables à ceux des pigeons.

L'autre espèce est le RUPICOLE DU PÉROU, *Rup. peruviana*, que l'on a regardé pendant long-temps comme une variété du précédent, mais qui en diffère par sa taille, qui est plus forte, et aussi par ses couleurs; sa queue d'ailleurs est beaucoup plus longue et ses ailes ne sont pas frangées. Cet oiseau est d'un orangé fort vif, avec une huppe en touffe sur le front; le manteau est gris, les rémiges sont d'un noir profond (mâle). On ne connaît pas la femelle.   (GERV.)

COQUE, *Coccum* ou *Cocca*. (BOT. PHAN.) On entend par ce mot les parties de certains fruits composées d'un péricarpe sec, se séparant en un nombre déterminé de loges, lesquelles se détachent les unes des autres par la scission de leur cloison en deux lames. Ces loges, individuellement prises, sont des *Coques* : leur paroi interne est cartilagineuse, osseuse quelquefois; elle se rompt ordinairement avec élasticité. Tel est le fruit des Euphorbes, réunion de Coques à laquelle M. Richard a donné le nom d'ÉLATRIE (*voy.* ce mot).

Gaertner, dans sa Carpologie, donne le nom de *Coque* à l'ensemble du fruit, réservant le nom de *loges* aux parties que nous avons appelées *Coques*.

Selon le nombre de *Coques* contenues dans un fruit, on l'appelle *Bicoque*, *Tricoque*, etc.; toutefois ces adjectifs bizarres ne peuvent être admis que pour la clarté et la brièveté du langage technique.   (L.)

COQUE DU LEVANT. (BOT. PHAN.) On donne ce nom au fruit du *Menispermum cocculus*. (*Voyez* COCCULUS.)

COQUELICOT. (BOT. PHAN.) On désigne sous ce nom vulgaire une espèce fort commune du genre Pavot.

COQUELOURDE. (BOT. PHAN.) On nomme ainsi les *Narcissus pseudo-narcissus*, l'*Anemone coronaria*, la *Pulsatilla* et l'*Agrostema coronaria*.

COQUEMELLE et COUCOUMELLE. (BOT. PHAN.) Nom de l'*Agaricus procerus* dans nos provinces de l'Ouest.

COQUERELLE. (BOT. PHAN.) Nom de la Noisette avant sa maturité et quand elle est encore dans ses enveloppes. On donne aussi ce nom à l'Alkékenge. *Voy.* PHYSALIDE.

COQUERET. (BOT. PHAN.) Ancien nom de l'Alkékenge.

COQUETTE. (POISS. INS.) Nom donné, aux Antilles, à une espèce de Chétodon, et en France à la Zenzère, genre de Lépidoptère nocturne.

COQUILLADE. (OIS.) Nom de pays de l'Alouette cochevis. (*V.* ALOUETTE.)

COQUILLAGE. (MOLL.) On désigne vulgairement ainsi le test des Mollusques. (*Voy.* COQUILLE.)   (GUÉR.)

COQUILLE. (MOLL.) En conchyliologie, le mot *Coquille* est donné au corps testacé calcaire, extérieur ou intérieur, développé en dehors ou dans l'épaisseur de la peau d'un animal mollusque, et destiné à protéger ou à soutenir l'animal entier ou certaines parties de son organisation contre les chocs extérieurs.

La Coquille ne se rencontre pas seulement chez les mollusques; d'autres animaux, tels que les échinides ou oursins, les crustacés, quelques annélides, en sont également pourvus. Toutefois, nous devons observer que les parties protectrices de tous ces divers animaux ne sont pas absolument identiques avec la véritable Coquille. Ainsi, dans les oursins, la partie solide est plus poreuse que dans les Coquilles; dans les annélides, le test est tubuleux, arqué et exempt de pièces accessoires comparables aux valves des conchyfères; et dans les crustacés, il est articulé, non à charnière dans deux de ses principales parties, comme dans la Coquille, mais dans un grand nombre de points pour faciliter les mouvemens partiels des membres de l'animal.

Pour faciliter l'étude de cet article, que nous empruntons presque en entier à M. Deshayes, du Dictionnaire classique, nous le partagerons en trois parties : dans la première, nous nous occuperons des Coquilles des multivalves; dans la seconde, des Coquilles bivalves; et dans la troisième, des Coquilles univalves ou mollusques proprement dites.

1° *Coquilles multivalves.* On entend aujourd'hui par multivalves, les Coquilles des cirrhipèdes, dont les parties ne sont point articulées en charnière, mais simplement soudées entre elles ou réunies par la peau elle-même où elles se sont développées. Toutes les pièces des cirrhipèdes pédonculés, appelées *striales*, quand elles sont divisées par une ligne médiane, et que les parties sont parfaitement semblables; et *latérales*, quand elles sont placées sur les côtés du test, sont réunies au moyen du manteau ou de la peau dans laquelle elles se sont formées; elles sont symétriques par paire, non articulées, et reposent quelquefois les unes sur les autres.

Dans les cirrhipèdes sessiles ou fixes, toutes les pièces sont souvent soudées entre elles, et viennent se ranger autour d'une cavité centrale, cavité qui est occupée par l'animal, et qui est quelquefois ouverte inférieurement et toujours fermée supérieurement par deux ou quatre petites pièces mobiles dont l'ensemble se nomme *opercule*.

2° *Coquilles bivalves.* Étudiée d'après la méthode proposée par M. de Blainville, dans le Dictionnaire des Sciences naturelles, c'est-à-dire dans la position qu'elle a sur l'animal, lorsque celui-ci marche devant l'observateur, c'est-à-dire placée sur son bord tranchant, les crochets en arrière, le ligament en haut et en avant, la valve droite à droite, et la valve gauche à gauche, la coquille bivalve, ou formée de deux parties principales articulées à charnière, nous donnera à considérer : 1° la face extérieure des valves; 2° leur face intérieure; 3° les bords; 4° les moyens employés par la nature pour réunir et tenir en contact les deux valves principales et les parties accessoires lorsqu'elles en présentent. Mais, avant de commencer l'examen particulier de chacune de ces parties, voyons sous quels points de vue on peut encore considérer les Coquilles, soit sous le rapport de leur habitation, soit sous le rapport de leur fixité, de leur forme, etc.

D'après leur habitation, les Coquilles sont distinguées en *fluviatiles* et en *marines*. Les premières vivent dans les eaux douces; leur épiderme est brun foncé ou vert foncé, et le plus souvent détruit, rongé, vers les crochets; les secondes sont presque toujours dépourvues d'épiderme, et chargées ordinairement de côtes, d'aspérités, de sillons, d'épines, etc.

Sous le rapport de la fixité, les Coquilles sont dites *libres* ou *adhérentes* : ces deux distinctions n'ont pas besoin de définition pour être comprises. Sous le rapport de la forme, les unes sont *symétriques* ou formées de deux parties semblables; *équivalves* ou présentant deux valves semblables et égales dans toutes leurs dimensions; *inéquivalves*, quand une des valves est plus grande ou plus profonde que l'autre; *régulières*, quand elles ne présentent pas de différences dans les individus de même espèce; *irrégulières*, dans les cas contraires; *équilatérales*, quand elles sont partagées en deux par une ligne médiane, qui des crochets, se dirige vers le bord inférieur; *subéquilatérales*, quand les deux parties sont presque semblables; *inéquilatérales*, quand les mêmes parties ne présentent aucune similitude; *bâillantes*, quand elles ne sont pas closes exactement; *closes*, dans le cas contraire; *cylindriques*, lorsqu'elles sont également bombées des deux côtés; *orbiculaires*, lorsque les valves, prises dans leur centre, présentent leurs bords également ou presque également éloignés; *globuleuses*, quand les valves, très-gonflées, ont la forme exacte d'un hémisphère; *lenticulaires*, lorsque le centre va sans cesse en s'amincissant vers les bords; *comprimées*, quand l'espace ou la cavité qui se trouve entre les valves est peu considérable; *cordées*, quand elles ont la forme d'un cœur; *coudées*, lorsqu'elles sont comme ployées dans toutes les parties, etc., etc.

Sous le rapport des accidens que les Coquilles peuvent éprouver, ont les dit : *auriculaires*, toutes les fois que, sur les côtés des crochets, se trouvent des appendices saillans; *rostrées*, lorsque l'une ou les deux faces offrent un appendice plus ou moins long; *barbues*, quand l'épiderme qui la recouvre est divisé en un grand nombre de poils plus ou moins raides; *tronquées*, si les valves sont comme coupées dans leurs parties.

Nous arrivons maintenant à la définition et à la description des diverses parties qui composent la Coquille, et que déjà nous avons énumérées en indiquant la position dans laquelle on devait la placer pour en faire une étude facile et complète.

1°. *Face extérieure des valves*. Cette face ou surface, comme on voudra l'appeler, qui souvent est convexe, et qui est comprise entre les crochets, la lamelle, l'insertion du ligament et les bords, est *lisse*, lorsque, dans la courbure, aucun de ses points ne s'élève plus qu'un autre; *raboteuse*, dans les cas contraires; *striée*, *sillonnée* ou *à côtes*, lorsque des enfoncemens et des élévations concentriques ou rayonnantes sont manifestes; ces stries, sillons ou côtes, peuvent être *aigus*, *tranchans*, *carrés*, *arrondis*, *perpendiculaires*, *obliques*, *transverses*, etc.; *lamelleuse*, quand les stries sont disposées en lames plus ou moins minces, plus ou moins élevées, plus ou moins nombreuses; *crépue*, quand les lames sont découpées régulièrement et quelquefois traversées à angle droit par des sillons; *onduleuse*, quand les enfoncemens et les élévations sont brisées plusieurs fois en formant divers angles; *épineuse*, quand elle offre des cônes allongés, pointus, et qui y sont implantés par la base; *écailleuse*, lorsqu'elle présente des éminences minces, aplaties et saillantes, et toujours séparées les unes des autres par une échancrure ou l'espace situé entre les sillons, etc.

2° *Face interne des valves*. La face ou surface interne, face souvent concave, toujours en contact immédiat avec l'animal renfermé entre les deux valves, et limitée par la charnière et les bords, est ordinairement *lisse*; pourtant, il arrive quelquefois que les côtes qui sont à la partie extérieure se font sentir à la paroi interne; c'est ce que l'on peut vérifier dans les Coquilles minces.

Dans les Coquilles épaisses, celles dans lesquelles la matière calcaire est disposée en bien plus grande quantité sous les crochets que vers les bords, la concavité des valves ne répond pas toujours à la convexité de la face extérieure.

L'intérieur des valves est ordinairement blanc ou nacré; les autres nuances, quand on en observe, sont douces et fondues ensemble, et n'ont aucune similitude avec la coloration extérieure.

La couleur nacrée paraît quelquefois être le propre de certains genres, comme celui des Murettes, des Pernes, et surtout des Pintadines, qui, à elles seules, fournissent presque toute la nacre employée dans les arts, et les perles fines si recherchées pour la parure.

Les impressions observées dans l'intérieur des Coquilles, impressions appelées *musculaires*, et dues à l'organisation de l'animal, ont servi à diviser les Conchyfères en deux ordres : Conchyfères à deux impressions musculaires ou *Conchyfères dimiaires*, et Conchyfères à une seule impression, *Conchyfères monomiaires*. Les impressions peuvent être *latérales*, *semi-lunaires*, *centrales*, *circulaires*, etc.

3° *Bords des valves*. Les bords des Coquilles, espace compris entre le bord extérieur et l'impression du manteau, sont *cannelés*, *simples* ou *lisses*, *striés*, *plissés*, *crénelés* ou *dentés*, etc.

Des bords antérieurs, postérieurs, inférieurs et supérieurs, un seul, le dernier, nous offre à considérer trois choses très-importantes à connaître : ce sont les *crochets*, le *corselet* et la *lunule*.

Les *crochets* ou *sommets*, sont ces protubérances coniques, plus ou moins recourbées l'une vers l'autre, qui couronnent la charnière, et qui sont placées immédiatement au dessus d'elle. On les dits *nuls*, quand ils sont très-peu saillans ; *aplatis*, quand ils offrent une dépression ; *crochus*, quand ils s'inclinent l'un vers l'autre ; *recourbés*, quand ils se penchent vers la lunule ; *appuyés*, s'ils se touchent ; *écartés*, *éloignés*, dans le cas contraire ; *ridés*, quand ils sont garnis de côtes saillantes, etc., etc.

Le *corselet* est toute la partie antérieure du crochet, dans laquelle s'insère le ligament lorsqu'il est extérieur, sa forme est tantôt *allongée*, quelquefois *raccourcie*, d'autres fois, *lancéolée*, *écussonnée*. Des accidens peuvent le rendre *épineux, lamelleux, caréné, nu*, etc.

Enfin la *lunule* est cette partie ordinairement enfoncée, circonscrite par une ligne déprimée, qui se trouve au dessous de la courbure des crochets. La lunule peut-être *lancéolée*, *oblongue*, *ovale*, *dentée*, etc., etc.

4° *Moyens d'union des valves* (charnière et ligament).

La *charnière* est cette partie du bord supérieur qui est diversement modifiée et qui sert à solidifier l'articulation des valves. Les modifications de la charnière la font distinguer en *dentée* et en *édentée*, suivant qu'il y a présence ou absence de dents, et on a donné le nom de *Cardinales* aux dents principales.

La charnière peut être *droite, courbée, tronquée, anguleuse, terminale, calleuse*, etc.

Quand une dent est unique, elle est *postérieure* ou *antérieure*, selon sa position ; s'il y en a trois, l'une est dite *médiane*, les autres *sériales* ou *latérales*. Sous le rapport de leur forme, les dents sont *comprimées*, *bifides*, en *forme de V*, elles sont *droites, obliques, horizontales, divergentes*, etc. Les intervalles creux qui séparent les dents de la charnière ont reçu le nom de *fossette* ou *gouttière*.

Le *ligament* est cette substance solide, élastique, cornée, destinée à réunir solidement les deux valves de la Coquille, et à les couvrir pendant la vie de l'animal. Il peut être *extérieur* ou *intérieur*, *double* ou *multiple*, *long* ou *court*, *plat* ou *étalé*, *entier* ou *tronqué*, etc. ; sa forme peut être *ovale*, *tronquée*, etc.

III. *Coquilles univalves*. Les Coquilles univalves ou formées d'une seule partie, ordinairement tournées en spirale, sont distinguées, d'après leur habitation, en *terrestres*, *fluviatiles* et *marines*. Les premières, celles dont les animaux vivent à l'air libre, sur la surface du sol, ne diffèrent des Coquilles fluviatiles et de certaines Coquilles marines, que par leur épaisseur, qui est moindre, et par l'absence d'épines et tubercules ; leur bouche est arrondie, jamais cannelée et quelquefois, seulement anguleuse. Les secondes, celles dont les animaux vivent dans les eaux douces, ressemblent

assez par leur forme, aux Coquilles terrestres et aux Coquilles marines ; elles n'en diffèrent que par leur épiderme, qui est vert ou brun. Enfin, quelques unes sont tuberculeuses, d'autres sont épineuses.

Les Coquilles marines sont généralement épaisses, garnies de bourrelets, d'épines ou d'autres appendices ; le plus grand nombre est cannelé à la base.

Parmi les Coquilles univalves, les unes sont *uniloculaires* (à une seule cavité), les autres sont *multiloculaires* (à plusieurs cavités). Sous le rapport de leur configuration, elles sont *cannelées*, *échancrées, globuleuses, convexes, concaves, orbiculaires, ovales, ovoïdes, oblongues, coniques, pointues, enroulées, tubuleuses*. Sous celui de leur consistance, on en distingue de *solides*, d'*osseuses*, de *cartilagineuses*, etc.

La couleur des Coquilles univalves est très-variable et non toujours subitement sensible à la vue ; un épiderme, appelé par quelques auteurs, *drap marin*, cache assez souvent leur coloris : celles qui sont dépourvues de cette première enveloppe, sont dites *Coquilles nues*.

Quelques Coquilles sont munies d'une partie accessoire nommée *opercule*, d'autres en sont privées ; de là les *Coquilles operculées*, et les *Coquilles non operculées*.

Regardant comme inutiles quelques considérations sur les dimensions des Coquilles en général, dimensions qui doivent être prises dans la longueur, la largeur et l'épaisseur, mais que tout le monde comprendra facilement, nous nous contenterons de bien faire connaître les deux portions principales, appelées l'une *base*, l'autre *spire*. La première est la partie la plus saillante opposée au sommet ; elle peut être *tronquée, simple* ou *entière* ; elle comprend : 1° l'*ouverture* ou la *bouche* ; 2° l'*échancrure* ; 3° le *canal* ; 4° l'*ombilic* ; la seconde est le nom assigné à tous les tours de la Coquille.

L'ouverture ou la bouche de la Coquille est cette partie ouverte, par laquelle l'animal sort et rentre selon sa volonté. Cette ouverture varie et dans sa forme et dans ses dimensions ; ainsi elle est *longitudinale*, *triangulaire*, *quadrangulaire*, *arrondie, circulaire, anguleuse, dentée, évasée, renversée, étroite, sinueuse, oblique, close* ou *fermée*, etc.

L'ouverture est composée de bords ou de lèvres ; ces bords, distingués en *droit* et *gauche*, sont *désunis, tranchans, simples, échancrés, sinueux, à bourrelets*, etc.

Le *bord gauche* ou *columellaire* n'existe pas toujours. Quand il existe, il peut être ou *mince*, ou *épais*, ou *calleux, granuleux, tuberculeux*, etc.

La *columelle* est cette partie du côté gauche qui se voit dans l'intérieur, et qui s'applique sur l'axe de la Coquille. Elle présente un assez grand nombre de modifications ; ainsi elle peut être *lisse*, *dentée, calleuse, ridée, striée, aplatie, tranchante, droite, arquée, oblique, tronquée*, etc.

L'*échancrure* est cette sinuosité plus ou moins profonde,

profonde, plus ou moins oblique, plus ou moins superficielle, qui se voit à la base des Coquilles dites *échancrées*.

Le canal est ce prolongement convexe en dessus, concave en dessous, plus ou moins long, plus ou moins droit, tronqué, courbé, ouvert ou fermé, etc., qui se remarque à la base des Coquilles dites *canaliculées*.

L'ombilic est une cavité simple, que l'on remarque au centre de la base de quelques Coquilles, et qui représente l'axe vide autour duquel la sphère tourne dans ses accroissemens.

La spire, dont la forme et les dimensions sont aussi variables que dans les autres portions de la Coquille, présente trois choses à considérer, ses *tours* son *sommet* et ses *sutures*. On entend par *tours*, les circonvolutions de la Coquille autour de la columelle ou de l'axe. On les compte à partir de l'ouverture de la Coquille, et ils peuvent être *lisses*, *onduleux*, *épineux*, *écailleux*, *lamelleux*, *striés*, *dextres* (quand ils tournent à droite), *gauches* (quand ils tournent à gauche), etc., etc.

Les sutures sont les points de contact des sillons entre eux; elles sont *canaliculées*, *saillantes*, *effacées*, *doubles*, *crénelées*, *obtuses*, etc.

Le sommet est la partie supérieure la plus saillante de la spire et la plus opposée à la base. Le sommet peut être *pointu*, *acuminé*, *tronqué*, *mamelonné*, etc.; il peut également être *enveloppé*, *enfoncé* ou *ombiliqué*; mais c'est lorsque la Coquille est couverte de matière calcaire, qu'elle offre une dépression, ou qu'elle ne présente pas d'enfoncement.

Nota. Les *Coquilles des peintres*, de *Pharaon*, de *Saint-Jacques*, sont, pour la première, l'*Unio pictorum*, que l'on trouve dans nos rivières et qui sert aux peintres pour recevoir des couleurs; pour la seconde, la *Monodonte* ou *Bouton de camisole*, et pour les troisièmes, toutes les Coquilles du genre Peigne, que les pèlerins portaient autrefois en forme de collier. Les marchands désignent sous le nom de Coquilles de St-Jacques, le *Pecten jacobæus*. (F. F.)

CORACINE, *Coracina*. (ois.) Ce genre, dont Cuvier a parlé sous le nom de *Piauhau*, et Vieillot sous celui de *Querula*, est encore loin d'être fixé; c'est ainsi que Vieillot y place le CÉPHALOPTÈRE (*voy.* ce mot), le Choucari et le Gymnodère, tandis que M. Temminck y rapporte encore quelques espèces décrites par Le Vaillant, comme étant des Cotingas. Les Coracines sont des Passereaux dentirostres. Nous citerons, parmi les plus remarquables, le Piauhau, le Cor-Iquite, et le grand Cotinga, Le Vaillant. (GERV.)

CORAIL, *Corallium*. (ZOOPH. POLYP.) Genre qui termine l'ordre des Gorgoniées, dans la section des Polypiers corticifères, la dernière des Flexibles, ou non entièrement pierreux. On lui assigne les caractères suivans : Polypier dendroïde, inarticulé, ayant l'axe pierreux plein, solide, strié à sa surface et susceptible de prendre un beau poli, recouvert par une écorce charnue, adhérente à l'axe au moyen d'une membrane intermédiaire très-mince, invisible dans l'état sec; cette écorce devient crétacée et friable par la dessiccation. Le CORAIL ROUGE, *Corallium ruber*, est la seule espèce de ce genre. Il est représenté dans notre Atlas, pl 125, f. 1, 2. Le Polypier ressemble assez bien, mais en petit, à un arbre privé de feuilles et de branches. On le trouve fixé aux rochers par un large empatement, il s'élève environ à un pied. Il est formé d'un axe calcaire et d'une écorce gélatino-crétacée. Cet axe, aussi dur que le marbre, est composé de couches concentriques, faciles à apercevoir par la calcination; sa surface est plus ou moins couverte de stries parallèles et inégalement profondes. L'axe et l'écorce semblent unis par un corps réticulaire, composé de petites membranes, de vaisseaux et de glandes imprégnées d'un suc laiteux. Ce corps réticulaire se retrouve dans tous les Polypiers corticifères. L'écorce, substance molle, moins foncée en couleur, se compose de petites membranes et de filamens très-déliés; elle est sillonnée par des tubes, et couverte de tubercules épars, clair-semés, dont le sommet se termine par une ouverture divisée en huit parties. Dans l'intérieur, on voit une cavité qui sert à loger un Polype blanc, presque diaphane et mou; elle contient les organes destinés aux fonctions vitales de l'animal. La bouche est entourée de huit tentacules coniques, légèrement comprimés et ciliés sur leurs bords. Ce Polypier gracieux se rencontre dans la Méditerranée et la mer Rouge. On le trouve à différentes profondeurs : sur les côtes de France, il couvre les roches qui regardent le midi; on le voit aussi sur celles du levant et de l'ouest, mais jamais sur celles du nord. Dans le détroit de Messine, il est, au contraire, plus commun du côté de l'orient. La pêche du Corail n'est pas sans danger; elle est aujourd'hui moins lucrative qu'autrefois. Les corailleurs, sur les côtes de l'Afrique septentrionale, ne le recherchent qu'à la distance de trois ou quatre lieues de la terre, et ne recueillent que celui qu'on rencontre entre quarante et deux cents mètres de profondeur. Le Corail se développe plus rapidement sous l'influence d'une lumière intense; c'est pourquoi celui des eaux profondes est moins beau et présente rarement les belles dimensions de celui qui se trouve à quelques brasses seulement de la surface de la mer. Le Corail des côtes de France et le Corail d'Italie passent pour les plus beaux; celui des côtes de Barbarie a plus de grosseur, mais sa couleur est moins éclatante. Cet éclat de couleur a servi de base aux diverses qualités qu'on distingue dans le commerce. Cette substance était employée autrefois en médecine; on l'a tout-à-fait abandonnée; la poudre de Corail, réduite en poudre impalpable et mélangée est encore en usage comme dentifrice. Façonné, taillé sous diverses formes, c'est encore un ornement recherché des Orientaux; mais en France, où la mode l'avait adopté pendant plusieurs années, il est tombé sous ce rapport dans un entier discrédit. Le Corail pâlit et devient poreux; la transpiration de certaines personnes peut, dans un temps assez court, lui faire perdre sa couleur. (P. G.)

CORALINE, *Coralina*. (ZOOPH. POLYP.) Genre type de l'ordre des Coralinées, dans la division des Polypiers flexibles; on lui reconnaît les caractères suivans : Polypier phytoïde, articulé, rameux, trichotome; axe entièrement composé de fibres cornées, écorce crétacée, cellulaire, cellules invisibles à l'œil nu. Ces Polypiers, à tiges articulées, comprimées, rameuses et trichotomes, sont en général, à l'état frais, d'une couleur rougeâtre et purpurine, qu'une exposition de quelque temps à l'air, à la lumière et à l'humidité, augmente encore. On trouve les Coralines sous toutes les latitudes, sur les côtes de toutes les mers et à toutes les profondeurs. Mais leur forme est plus élégante, leur couleur plus intense dans les mers équatoriales. Fixées aux rochers ou à d'autres corps durs, elles y bravent l'action des vagues, sans se détacher, sans être jetées au rivage. Quelques espèces seulement sont parasites sur les Thalassiophytes; leur grandeur dépasse quelquefois un décimètre. Ce genre compte un grand nombre d'espèces, dont les principales sont la CORALINE OFFICINALE, *voy.* notre Atlas, pl. 123, fig. 3, employée comme vermifuge, appelée vulgairement *Mousse de Corse*, dont les propriétés paraissent, en effet, de même nature. Ses variétés sont très-nombreuses. La CORALINE DE CUVIER, à rameaux bipinnés, avec des divisions planes, partant de chaque article et comme imbriquées entre elles. On la trouve sur les côtes de l'Australasie. La CORALINE GRÊLE, remarquable par sa tige élancée, courbée avec grâce et dont les rameaux nombreux et allongés se composent d'articulations rapprochées, cylindriques dans les parties inférieures du Polypier, comprimées, au contraire, dans les supérieures. Elle habite les mers australes. La CORALINE DE TURNER, plus élégante encore que la précédente, offrant des articulations cunéiformes, comprimées sur les côtés dans les tiges et les principaux rameaux, cylindriques dans leurs divisions; on la rencontre également dans les mers australes. La CORALINE DU CALVADOS, dont les articulations, irrégulièrement comprimées, sont quelquefois zonées et polymorphes. Ce genre, si considérable, présente encore un nombre infini d'espèces que nous croyons inutile d'indiquer.

CORALINÉES. Ordre de la division des Polypiers flexibles, dans la section des Calcifères. La Coraline est le genre type de cet ordre, qui se divise en trois sous-ordres; le premier, composé du genre Galaxaura, à tige et rameaux tubuleux; le second, comprenant les genres Nésée, Janil, Coraline, Cymopolie, Amphiroë et Halimède, à rameaux articulés; le troisième enfin, composé des Idotées, sans aucune sorte d'articulation.

(P. G.)

CORAL-RAG. (GÉOL.) *Calcaire corallique*, Brongniart; *Oolithe blanche moyenne* de divers géologues. C'est un ensemble de couches principalement calcaires, qui appartiennent au *système moyen* de la grande formation désignée en France sous le nom de *Calcaire jurassique*, ou mieux, de *Groupe oolithique*. Le nom de *Coral-rag* a d'abord été appliqué par les géologues anglais à quelques couches calcaires des environs d'Oxford, remarquables par l'abondance des débris de Coraux et de Polypiers de divers genres. Ce nom s'est ensuite étendu à tout le petit système ou étage dont ces couches font partie, système compris entre les grands dépôts de l'*Argile d'Oxford* et de l'*Argile de Kimmeridge*, dépôts que l'on nomme aussi, d'après des localités françaises, *Argiles de Dives*, et *Argile de la Hève* ou de *Honfleur*. Voici, dans le comté d'Oxford, les caractères que présente le *Coral-rag* : la partie supérieure est composée d'un calcaire blanchâtre, formé de petits grains arrondis, qu'on nomme *Oolithes*, et qui atteignent ici la grosseur des *pisolithes*. Beaucoup de coquilles brisées, en particulier d'univalves, sont disséminées dans ce calcaire. Au dessous, vient le *Coral-rag* proprement dit, calcaire blanchâtre, à texture grossière, presque entièrement composé d'un amas de petits madrépores branchus. Enfin, à la partie inférieure, on trouve des lits sablonneux et ferrugineux remplis de fossiles dans un bel état de conservation. Ces dernières couches reposent immédiatement sur l'argile d'Oxford. Les fossiles les plus abondans dans les parties supérieures et moyennes sont les Polypiers, surtout les genres Caryophillie et Astrée, et les Echinites des genres Clypéastre et Cidaris.

Cette formation ne paraît que comme une bordure étroite, à l'ouest d'Oxford, dans la vaste ceinture que la formation jurassique décrit autour du bassin de la Tamise et d'une partie de la Manche, en se dirigeant par les extrémités, d'un côté vers le Calvados, et de l'autre vers le nord de la France. Cette disposition dans ce grand dépôt d'une ancienne mer et celle qu'il montre également en France depuis le pied des Ardennes, des Vosges, des collines de l'Auxois et de la Normandie, jusqu'au département de la Manche, montrent qu'à cette époque toute cette étendue ne formait qu'un même golfe, et la parfaite conformité que nous avons démontrée en 1829 entre les diverses couches de la formation jurassique du nord de la France et celles de l'Angleterre n'a plus rien qui doive nous surprendre. Le Coral-rag, par ses caractères bien tranchés, est un horizon géognostique que l'on peut reconnaître partout et prendre ensuite pour point de départ dans les départemens de la Meuse et des Ardennes. Le Coral-rag aux environs de Stonne, de Belval et dans l'Argonnes forme des plateaux au dessus de vallées profondes, creusées dans l'argile d'Oxford; il est composé d'un calcaire blanc crayeux, tout rempli de moules, de nérinées, turrilites et autres univalves sans bivalves autres que quelques *ostrea gregarea* qu'on trouve constamment dans cette formation; au dessous on rencontre en abondance des pointes d'oursins et des encrinites de couleur violette; puis un banc très-dur formé de polypiers passés à l'état cristallin. Un banc d'argile noirâtre rempli des fossiles précédens sépare les couches calcaires des couches sablonneuses, qui, en contact avec l'argile d'Oxford, renferment des sables ferrugineux oolithiques exploités pour les forges de Belval.

A l'autre extrémité nord du bassin jurassique français, nous venons de retrouver, dans le département du Calvados, le système du Coral-rag, avec tous les mêmes caractères. On peut l'étudier dans la vallée de la Toucques, depuis son embouchure jusqu'à Lisieux, et dans toutes les petites vallées affluentes. Les couches coralliques sont particulièrement remarquables par la belle conservation des Astrées. Il en est encore ainsi des couches remplies de nérinées que l'on observe un peu au dessous de Pont-l'Evêque. M. de Bonnard a retrouvé encore dans l'Auxois les divisions de la grande formation jurassique telles qu'elles se montrent en Angleterre; mais il est probable qu'à une plus grande distance on ne retrouverait plus une analogie complète entre les divers systèmes de couches. *Voy.* JURASSIQUE (formation).

(B.)

CORB, *Corvina*. (poiss.) Les Corbs sont des sciènes à deux dorsales, manquant absolument de barbillons ainsi que de canines : toutes leurs dents sont en velours. Ils se font en outre remarquer par la grosseur et la force de leur deuxième épine anale.

Nous citerons seulement l'espèce la plus commune, le CORB NOIR, *Corvina niger*, Lin. Gm., figuré par Bloch, pl. 279. Très-abondant dans la Méditerranée, à forme oblongue, légèrement comprimée; le museau obtus, les ventrales ainsi que l'anale se terminent en pointe. La couleur d'un brun foncé, les nageoires sont de même couleur que le corps, excepté les ventrales et l'anale qui sont noires; la caudale a un liséré noir à son extrémité et à son bord inférieur. (ALPH. G.)

CORBEAU, *Corvus*. (ois.) La famille des Corbeaux ou mieux des Corvidés peut être répartie en deux groupes assez distincts, l'un comprenant les vrais Corbeaux et l'autre les oiseaux de Paradis ou PARADISIERS (*voyez* ce mot), qui sont tous deux des passereaux conirostres, remarquables par leur bec fort, un peu allongé et plus ou moins comprimé, ainsi que leurs narines toujours basales et recouvertes par des plumes du front ou des soies dirigées en avant.

Les vrais Corbeaux, parmi lesquels on range les Pies, les Corbeaux proprement dits, les Corneilles, les Geais et les Rolliers, sont eux-mêmes divisés en plusieurs petits genres; ce sont des oiseaux très-communs sur tous les points du globe, et dont on connaît un fort grand nombre d'espèces; ils se tiennent dans les bois ou dans les champs et sont omnivores, c'est-à-dire qu'ils peuvent se nourrir indifféremment de substances de toutes sortes, d'insectes par exemple, ou bien de viande fraîche ou corrompue, de graines, de fruits, etc. Voici comment on les a classés.

GENRE CORBEAU, *Corvus*.

* Bec droit, gros, comprimé et un peu renflé sur les côtés, convexe et recourbé vers sa pointe;

narines cachées par des soies raides; quatrième rémige la plus longue; queue toujours égale, arrondie ou rectiligne.

Ce genre renferme un très-grand nombre d'espèces. Les oiseaux qu'on y range sont les plus gros passereaux que nous possédions en Europe; ils ont généralement le plumage noir et les appétits voraces; leur intelligence est assez développée, on peut les apprivoiser aisément et les rendre même d'une très-grande familiarité. Ils ont un cri rauque et discordant, que l'on connaît sous le nom de *Croassement*. Les Corbeaux ne muent qu'une seule fois chaque année; il en est parmi eux qui sont sédentaires et d'autres qui aiment à exécuter de longs voyages. Comme ils occasionent de grands ravages dans les champs, on leur fait une chasse assidue.

Les espèces européennes sont les suivantes : CORBEAU NOIR, *Corvus corax*, L., le *Corbeau* Buff., représenté dans notre Atlas, pl. 123, fig. 4; il est long de deux pieds depuis le bout du bec jusqu'à l'extrémité de la queue; tout son corps est d'un beau noir lustré à reflets pourprés; sa queue fortement arrondie, noire, ainsi que les pieds et le bec qui est très-fort; iris à deux cercles, gris-blanc et cendré-brun. La femelle ne diffère du mâle que par sa taille qui est un peu moindre.

Variétés : A. blanc ou blanc jaunâtre, c'est le *Corvus corax albus* de Gmelin; B. roux ou de couleur isabelle; C. quelques parties du corps blanches, d'autres noires : le *Corvus colericus*, figuré dans le Mus. Carls, fasc. 1, pl. 2, appartient à cette variété.

Le Corbeau est le plus grand de nos passereaux d'Europe, on le trouve sur presque toute cette partie du monde, mais il n'est nulle part bien commun. Il se tient dans les grandes forêts, et ne vient dans les plaines que pour chercher sa nourriture.

Ces oiseaux ont aussi été trouvés en Amérique et en Afrique, ils sont partout sédentaires et nichent sur les arbres les plus élevés, sur les rochers escarpés, ou bien dans les châteaux en ruines; leur ponte est de trois œufs, d'un vert sale avec quelques taches et de petites raies d'un brun noirâtre. Les petits éclosent en avril ou vers la fin de mars; dans les premiers temps ils sont plutôt blancs que noirs et ne ressemblent point du tout à leurs parens. La femelle paraît d'abord les négliger et le mâle est seul chargé du soin de les nourrir et de les protéger contre leurs ennemis; lorsqu'ils sont capables de voler et de subvenir eux-mêmes à leurs besoins, le père et la mère les chassent du nid et ne souffrent pas qu'ils s'établissent dans le même canton qu'eux. La mauvaise odeur que les Corbeaux répandent, l'austérité de leurs mœurs et la triste couleur de leur plumage suffisent pour expliquer la répugnance qu'ils inspirent, et nous apprennent aussi pour quoi de tout temps on les a regardés comme des oiseaux de mauvais augure : un combat de Corbeaux avec les autres oiseaux de rapine était chez les anciens le présage d'une guerre cruelle, et aujourd'hui encore certaines personnes sont tellement sous l'influence de ce préjugé, quelles craignent d'en voir un se reposer sur leur maison, et même d'entendre leur cri. Cependant il en est d'autres qui élèvent les Corbeaux chez elles, les tiennent dans une sorte de domesticité, elles les apprivoisent pour leur apprendre à parler, ce qu'ils font avec une grande facilité; *Colas* est le mot que ces oiseaux prononcent le plus aisément, aussi le leur donne-t-on quelquefois pour nom. Les Romains faisaient grand cas des Corbeaux parleurs; Pline parle d'un de ces animaux, auquel on avait appris à venir tous les matins sur la place publique saluer successivement les empereurs Tibère, Germanicus et Drussus, en les appelant par leur nom; puis il s'adressait au peuple romain et retournait à sa cage. Les Corbeaux n'apprennent pas seulement à parler, ils deviennent d'une très-grande familiarité; ils se privent quoique vieux et paraissent capables d'un attachement durable; témoin celui dont parle Schwenckfeld (*Aviarium Silesiæ* p. 245), qui s'étant laissé entraîner trop loin par ses camarades sauvages et n'ayant pu sans doute retrouver le lieu de sa demeure, reconnut dans la suite sur le grand chemin l'homme qui l'avait apprivoisé, plana quelque temps au dessus de lui en croassant comme pour l'avertir ou lui faire fête, vint ensuite se poser sur sa main et ne le quitta plus. Comme ces oiseaux sont d'une grande force, on a pu dans certains endroits les dresser à la chasse; Pline cite un certain Cratérus d'Asie qui savait parfaitement les disposer à cet exercice; Scaliger rapporte qu'un roi de France en avait un avec lequel il chassait les perdrix; un autre appartenant au duc Albert prenait des faisans, des perdrix et aussi d'autres Corbeaux; on dit même qu'il en est qui ont pu apprendre à défendre leur maître, tel est celui de Valérius sur lequel Pline nous a transmis le fait suivant : Un Gaulois de grande taille ayant défié à un combat singulier les plus braves des Romains, Valérius, qui seul se présenta, ne dut la victoire qu'aux secours d'un Corbeau qui ne cessa de harceler son ennemi en lui déchirant les mains avec son bec et lui sautant au visage. Valérius fut dès lors connu sous le nom de *Corvinus*.

On peut placer, après le Corbeau ordinaire, une espèce plus rare et à peine connue; nous voulons parler du CORBEAU DE FEROE, *Corvus leucophæus*, qui vit dans le nord de l'Europe.

CORNEILLE NOIRE OU VULGAIRE, *Corv. corone*. Cette espèce ne diffère de la précédente que par sa taille qui est plus petite, elle n'a que dix-huit pouces de longueur totale; elle est d'un noir foncé à reflets violets avec le bec et les pieds d'un noir mat, et l'iris de couleur noisette. Variétés : A. Corneille blanche; B. variée de noir et de blanc. Cette espèce est surtout commune dans l'Europe occidentale, elle est moins abondante du côté de l'Asie. On la retrouve dans l'Amérique septentrionale.

La Corneille, que l'on nomme aussi *Corbine*, *Cornaille*, *Graillant*, *Craillot*, *Crous*, *Couar*, *Couale*, et très-souvent *Corbeau*, se tient l'été dans les forêts; dans les contrées où le Corbeau est rare, on la prend pour celui-ci, et on lui donne son nom, ce que l'on fait d'ailleurs pour tous les gros oiseaux noirs, tels que le Choucas, le Chocard et le Freux, qui ont des mœurs peu différentes. La Corneille se nourrit de fruits, de petits oiseaux, d'œufs d'insectes et aussi de charognes; pendant l'hiver elle se rapproche des habitations et se voit fréquemment dans les plaines, où elle va chercher les graines déjà ensemencées, les larves d'insectes, et les vers que le soc de la charrue a mis à découvert. Elle s'accouple en février, et se retire alors dans les bois; chaque couple occupe un arrondissement et ne souffre jamais que d'autres oiseaux de son espèce, même ses petits, viennent s'y établir. Le nid est placé sur quelque arbre de grosseur moyenne, tantôt à son sommet, tantôt à son milieu; la femelle y pond quatre ou cinq œufs d'un vert bleuâtre, marqueté de taches et de traits plus obscurs.

CORNEILLE MANTELÉE, *Corvus cornix*, vulgairement *Orolio*, *Grotte*, *Jacobine*, *Meunière*, ou *Religieuse*, est une autre espèce qui habite surtout les contrées du nord, où elle se niche sur les pins et les sapins. Elle ne vient chez nous qu'en hiver; elle est d'un gris cendré sur tout le corps, avec la tête, la gorge et la queue d'un beau noir à reflets violets; son iris est brun. Longueur totale vingt-deux pouces chez le mâle; la femelle, qui est un peu moins grande, a le noir de la gorge moins étendu, les reflets de la queue d'un noir moins vif et le gris du corps un peu nuancé de roussâtre.

Les variétés sont les mêmes que chez la Corneille noire et le Corbeau. Cet oiseau arrive chez nous vers le milieu de l'automne, et nous quitte dès les beaux jours du printemps; il fréquente les prairies et le bord des eaux; on le trouve souvent en troupes nombreuses et réuni aux Freux et aux Corbines.

FREUX, *Corv. fregilus*, est long de dix-sept pouces; plumage noir à reflets pourprés sur le corps et les ailes, moins éclatans sur les parties inférieures et verts à la queue. Les jeunes sujets sont d'un brun sale. Variétés : A. plumage d'un blanc parfait avec l'iris rougeâtre, ne s'observe que très-rarement, le blanc est le plus souvent jaunâtre; B. noir avec des plaques blanches. Le Freux ou *Frayoune*, que l'on nomme dans nos départemens *Grouje*, *Grolle*, *Graule*, se trouve par toute l'Europe, il est surtout commun en Normandie; il niche en grandes troupes sur les arbres de la lisière des bois; sa ponte est de trois à cinq œufs oblongs; d'un vert pâle avec de grandes taches d'un olivâtre cendré.

CHOUCAS, *Corv. monedula*. Longueur totale treize pouces; le sommet de la tête, le dos, le croupion, les couvertures des ailes, leurs pennes et celles de la queue sont dans cette espèce d'un noir changeant en violet, avec des reflets verts sur les rémiges; l'occiput et le dessus du cou sont d'une couleur qui tire au cendré; le bec est beaucoup plus court que dans les espèces précédentes, noir ainsi que les pieds; iris blanc. Variétés : A. blanc avec le bec et les pieds livides et l'iris rougeâtre ; B. plumage entièrement noir ; C. noir tapissé de blanc.

Le Choucas est souvent appelé *Corneille d'église*, *Corneillon*, *Corneillard*, *Choue*, et encore *Chouette*. On le trouve par toute l'Europe, et aussi en Sibérie ; en France il est assez commun, il se nourrit d'insectes, de fruits, de graines et de charognes ; il s'apprivoise facilement et apprend à parler aussi vite que les Corbeaux et les Pies ; il a, comme ceux-ci, l'habitude de dérober tous les objets brillans qui sont à sa portée. Cet oiseau niche dans les vieux bâtimens ou dans les troncs d'arbres ; sa ponte est de quatre à cinq, six et même sept œufs, d'un vert bleuâtre avec des taches d'un brun foncé.

Les *Corvus* exotiques sont assez nombreux, on en compte une quinzaine d'espèces répandues sur tous les points du globe ; nous citerons seulement :

Corbeau a collier, *Corv. torquatus*, Less., Traité d'Ornith., qui est noir avec un collier gris sur le derrière du cou, et une ceinture blanche sur le thorax. On le trouve à la Nouvelle-Hollande.

Corneille du Cap, Le Vaill., Ois. d'Afr., pl. 52. Il vit au Cap et au Bengale.

Choucas gris, *Corv. splendens*, qui a été trouvé à Java et au Bengale.

Corneille a duvet blanc, *Corv. leucognaphalus*, Daud., vient de Porto-Rico.

Corbeau a scapulaire blanc, *Corv. scapulatus*, Daud. Le Vaill., Ois. d'Afr., pl. 53. La tête et le thorax sont dans cet oiseau d'un noir bleu, un demi-collier blanc existe sur le derrière de son cou, son ventre est d'un blanc de neige. Du Sénégal et du cap de Bonne-Espérance.

Les autres genres du groupe des Corbeaux doivent moins nous arrêter ici, nous ne ferons que les indiquer. Ce sont les suivans :

Genre Pie, *Pica*.

Bec garni à sa base de plumes sétacées, couchées en avant, entier, à bords tranchans, droit ou fléchi en arc ; queue très-longue étagée. *Voyez* l'article Pie.

Genre Geai, *Garrulus*.

Bec court, épais, un peu crochu, denté, à narines cachées sous de plumes courbées et frontales ; ailes moyennes ; queue médiocre, carrée ou légèrement arrondie.

Genre Casse-noix, *Nucifraga*.

Bec long, épais, terminé en pointe mousse, et garni de plumes sétacées à sa base ; quatrième rémige la plus longue, mandibules assez grandes.

Genre Chocard, *Pyrrhocorax*.

Bec médiocre, denté ou non denté à sa pointe, et garni à sa base de plumes dirigées en avant qui recouvrent les narines ; quatrième et cinquième rémiges les plus longues.

On ajoute encore à cette liste les genres *Kitta* ou Pirol, Myophone, et Podoce, qui sont bien moins intéressans, à cause de la rareté et du petit nombre des espèces qui les composent ; il en est à peu près de même des sous-genres *Picathartes*, *Tijuca*, *Gymnocorvus* et *Corvultur* de M. Lesson, Traité d'Ornith. Le dernier seul mérite de nous arrêter un instant, à cause de l'espèce remarquable qu'il renferme.

Sous-genre Corbivau, *Corvultur*, dont nous aurions pu parler en faisant le genre Corbeau, a pour caractères : bec très-haut, épais, très-convexe, à arête épaisse ; narines ovalaires, creusées dans une large fosse à peine recouverte de soies ; tarses allongés, légèrement scutellés. On ne connaît dans ce groupe que le *Corvus albicollis*, Lath., que Le Vaillant a si bien décrit dans son histoire des Oiseaux d'Afrique. C'est une espèce africaine, nommée Corbivau, *Corvultur* en latin, à cause de la ressemblance qu'elle offre avec les Corbeaux et les Vautours elle est noire, avec une tache blanche sur la nuque. On trouve principalement les Corbivaux au cap de Bonne-Espérance ; ce sont des oiseaux voraces et hardis, qui ont les habitudes bruyantes et se réunissent par troupes nombreuses. Leur taille est inférieure à celle de notre grand Corbeau, et tient le milieu entre cette espèce et la Corneille mantelée ; ils volent avec force, planent et s'élèvent très-haut. C'est en octobre qu'ils s'accouplent ; leur nid, vaste et creux, est composé de branches, et garni intérieurement de matières douillettes ; la ponte est de quatre œufs verdâtres, tachés de brun. Les colons du Cap nomment ces oiseaux *Ring-hals-kracy*, c'est-à-dire Corbeaux à collier, à cause de la tache blanche, plus ou moins élargie selon les soies, qu'ils ont derrière la tête. (Gerv.)

CORBEAUX MARINS. (ois.) *Voyez* Cormorans. On nomme Corbeau de nuit le Héron bihoreau et aussi l'Engoulevent. (Gerv.)

CORBINE. (ois.) C'est un nom que l'on donne à la Corneille ordinaire. *Voyez* Corbeau. (Gerv.)

CORBEILLE, *Corbis*. (moll.) Ce genre, établi par Cuvier dans son Règne animal, et admis par Lamarck dans son Histoire des animaux sans vertèbres, a pour caractères : une coquille transverse, équivalve, sans pli irrégulier au bord antérieur, ayant les crochets courbés en dedans et opposés ; deux dents cardinales ; deux dents latérales, dont une plus rapprochée de la charnière ; des impressions musculaires simples.

Les espèces du genre Corbeille, genre qui a quelques rapports avec les Tellines et les Lucines, sont peu nombreuses. On en cite une seule à l'état frais et deux à l'état fossile. La première, la Corbeille renflée, *Corbis fimbriata*, de Cuvier, ou *Venus fimbriata* de Linné, nous vient de l'Océan indien ; sa longueur est de deux pouces, sa largeur de deux et demi ; sa forme est ovale, transverse, gonflée et élégamment striée. Les stries, qui marchent dans la direction des bords, sont coupées perpendiculairement par des lames obtuses et onduleuses.

La seconde Corbeille (première fossile) Corbeille pétoncle, *Corbis petunculus* de Lamarck, a été trouvée à Valogne, aux environs de Paris, à Parne et à Chaumont. Sa forme est presque orbiculaire, plus aplatie que l'espèce vivante, striée dans sa longueur et lamelleuse vers ses bords : les lames sont simples dans toute leur longueur, crépues sur le bord antérieur de la coquille ; ses bords sont crénelés et épais.

La seconde Corbeille fossile, dite Corbeille lamelleuse, *C. lamellosa* de Lamarck, est ordinairement la plus petite des deux espèces précédentes. Sa forme est inéquilatérale, elliptique et finement striée ; les stries sont coupées par des lames saillantes, quelquefois écartées les unes des autres, simples dans leur longueur, et dentées sur le côté antérieur de la coquille ; ses bords sont crénelés et moins épais que dans les Corbeilles renflée et pétoncle.

La Corbeille lamelleuse se rencontre aux environs de Paris, à Grignon, à Parne et dans d'autres lieux ; elle a quelquefois près de deux pouces de longueur sur deux pouces et demi de largeur.
(F. F.)

CORBEILLE D'OR. (bot. phan.) Les jardiniers donnent ce nom vulgaire à l'*Alyssum saxatile*.
(Guér.)

CORBULE, *Corbula*. (moll.) Les caractères donnés par Lamarck au genre Corbule sont les suivans : coquille régulière, inéquivalve, à peine entr'ouverte ; une dent cardinale sur chaque valve, conique, courbée, ascendante ; à côté de cette dent une fossette ; point de dents latérales ; ligament intérieur fixé dans les fossettes.

En général, les Corbules sont de petites coquilles, rares et recherchées à l'état vivant ; on en trouve aux environs de Paris à l'état fossile. Les plus remarquables sont :

1° La Corbule australe, *Corbula australis*, espèce très-grande, ovale, très-inéquilatérale, un peu bâillante latéralement, dont le bord antérieur est allongé, anguleux, etc., et la couleur blanchâtre.

2° La Corbule sillonnée, *Corbula sulcata*, qui est épaisse, bouclée, ovalaire, subrayonnée, subinéquilatérale, dont les crochets sont proéminens et d'un rouge pourpré, et le reste de la coquille brunâtre ou verdâtre.

3° La Corbule gauloise, *Corbula gallica*, Corbule fossile et la plus grande de toutes. La coquille est ovale, transverse, ventrue, peu ou point bâillante ; ses crochets sont très proéminens ; une des valves, la plus grande, est lisse, l'autre offre des côtes petites, irrégulières et peu saillantes ; les dents cardinales sont très-saillantes. Cette Corbule se trouve à Grignon, à Parne, à La Chapelle près Senlis, etc.

4° La Corbule a gros sillons, *Corbula exarata*, qui est fossile comme la précédente, et qui est très-belle et très-rare ; on la trouve aux environs de Beauvais dans les calcaires grossiers. La valve inférieure, très-grande, bouclée, à crochet très-saillant, très-inéquivalve, offre de gros sillons transverses et réguliers ; la valve supérieure est lisse, ovale, transverse, inéquilatérale, subtriangulaire, etc.
(F. F.)

CORBULÉES. (moll.) Famille établie par Lamarck, qui a quelque analogie avec les Mactracies, qui a une coquille inéquivalve, un ligament intérieur, et qui fait partie des Conchifères ténuipèdes. La famille des Corbulées ne comprend que les deux genres Corbule et Pandore. *V*. ces mots.
(F. F.)

CORDÉ, *Cordatus*. (bot.) Cet adjectif s'applique aux organes planes, tels que les feuilles ou les pétales, dont la configuration approche plus ou moins de celle d'un cœur. On dit donc des pétales de la plupart des ombellifères, qu'ils sont *cordés*. A la place de cette expression, la plupart des auteurs se servent du mot *cordiforme*, surtout lorsqu'ils décrivent les feuilles. L'usage a, pour ainsi dire, consacré cette inexactitude de langage.
(L.)

CORDIÉRITE. (min.) a été nommée *Dichroïte*, *Iolite*, *Saphir d'eau*, *Sidérite*, etc., etc. C'est une substance vitreuse, fréquemment violâtre, ne fondant que difficilement. Ses cristaux très-rares dérivent d'un prisme hexaèdre régulier. Elle est composée de silice, d'alumine et de magnésie, et, suivant les analyses les plus récentes, d'une petite quantité de protoxides de fer et de manganèse, qui y jouent le rôle de matières colorantes.

Emploi dans les arts. La couleur bleue de cette pierre lui a fait donner par les lapidaires le nom de Saphir d'eau ; elle n'a d'ailleurs avec les vrais saphirs aucun autre rapport. Son caractère le plus remarquable et qui seul lui donne un certain prix, c'est d'avoir une double couleur, propriété que M. Cordier avait exprimée par le nom de Dichroïsme, et que l'on a reconnu depuis cette époque appartenir à plusieurs autres minéraux. Quand on fixe une lumière en regardant dans le sens de l'une des bases du prisme à l'autre, la pierre paraît d'un beau bleu ; quand au contraire on dirige le rayon visuel perpendiculairement aux faces allongées du prisme, elle paraît d'un brun jaunâtre. Cette pierre est très-légère, et seulement un peu plus dure que le quartz, et elle n'a que peu de valeur dans la bijouterie.

On l'a trouvée à Bodenmais, en Bavière et au Groënland, disséminée dans des granites et micaschistes ; près d'Abo en Finlande, et à Falhun en Suède, dans des amas de cuivre pyriteux. On cite encore les gisemens de la baie de San-Pedro, dans le royaume de Grenade en Espagne, et du pays de Saltzbourg.
(B.)

CORDILIÈRE DES ANDES. (géogr. phys.) Le mot *Cordillera* signifie *chaîne* en espagnol ; la *Cordilière des Andes*, c'est la chaîne des Andes ; ce dernier mot vient de *anta* qui veut dire *cuivre* en péruvien. De l'immense système de montagnes qui traverse l'Amérique dans toute sa longueur, et qui est si remarquable par la quantité de bouches ignivomes qu'il renferme, la seule partie à laquelle est réservée la dénomination de Cordilière des Andes s'étend depuis le cap Froward sur le détroit de Magellan, jusqu'au golfe du Mexique ;

c'est-à-dire sur une longueur de 1650 lieues. On la partage en quatre divisions que l'on désigne ordinairement d'après le nom des pays qu'elles occupent.

La première, ou la plus méridionale, appelée *Sierra nevada de los Andes*, traverse toute la Patagonie. Elle renferme cinq volcans en activité: *los Gigantes*, *San Clemente*, *Minchimadiva* ou *Huaïteca*, *Medielana*, et *Quechucabi* ou *Purruruque*. La plus haute cime de ces montagnes, le *Corcovado*, n'a pas moins de 3,800 mètres d'élévation. Parmi les lacs qu'on rencontre dans ces Andes, nous citerons le Tehuel qui a 25 lieues de long sur 7 de large. Les rivières que forment une foule de ruisseaux descendant de ces montagnes ne valent pas la peine d'être nommées; la plus considérable, le *Gallegos*, n'a que 40 lieues de cours.

Cette partie de la Cordilière des Andes offre des forêts qui abondent en bois de construction; à leurs pieds s'étendent des plaines salines couvertes d'herbages et de bruyères. Il règne généralement dans ces montagnes un climat âpre et pluvieux. On pourrait croire cependant qu'il est favorable au développement de l'espèce humaine, si les rapports d'un naturaliste zélé qui vient de passer sept ans à parcourir la Cordilière n'étaient venus rectifier ce que l'on avait répété jusqu'à présent sur la prétendue race de géans qui l'habite. M. Dessaline Dorbigny n'a vu dans les Patagons qu'un peuple de la taille moyenne de 5 p. 4 pouces.

La partie des Andes comprise entre le 42ᵉ et le 21ᵉ parallèle, pourrait se nommer *Andes du Chili*. Elle est beaucoup plus élevée que la précédente et elle donne naissance à des rivières considérables; sur son versant oriental coulent le *Rio-Negro*, long de 150 lieues, et le *Colorado*, qui a plus de 300 lieues de cours. Les sommets de ces montagnes dépassent partout la limite des neiges perpétuelles. Les lacs qu'elles forment sont nombreux; le principal est le *Villarica* ou *Lavquen* qui a 30 lieues de tour; on y remarque encore le *Quamacache* ou *Laguna grande* qui en a 25 de longueur sur 3 de largeur. Parmi les vingt-trois volcans que renferme cette partie des Andes, nous n'omettrons pas le *Maypo*, célèbre par sa hauteur de 5,872 mètres et par les ravages qu'il causa dans *Valparaiso* lors du tremblement de terre de 1822. Depuis cette époque il semble redoubler d'activité. Outre cette montagne, elle en possède une autre, le Descabesado, plus remarquable encore par son élévation, qui n'est pas de moins de 6,400 mètres. Ces Andes renferment de nombreuses sources minérales; celles de Valdivia sont froides, mais celles de Peldchue, au nord de Santiago, ont une température de 55 à 60 degrés.

M. de Humboldt a évalué à 2,800 kilogrammes d'or et à 6.800 d'argent les produits des mines de ces montagnes; le cuivre y abonde aussi, on en a trouvé des masses de 50 à 100 quintaux.

Le cèdre, le pin, le laurier, le cyprès et le myrte couvrent les versans des Andes du Chili. Le docteur Berthero a reconnu une grande analogie entre la végétation de ces montagnes et celle du cap de Bonne-Espérance et de la Nouvelle-Hollande: il cite le *Cactus curvispinus*, espèce nouvellement décrite, très-commune dans les rochers. Le majestueux palmier appelé *Cocos chilensis*, la *Duvaua dependens*, et le *Mimosa balsamica*. Le *Pinus araucana* atteint dans quelques localités la hauteur de 260 pieds; le laurier devient assez gros pour être employé dans les constructions, et le myrte fournit un bon bois pour la carrosserie.

La partie de la chaîne appelée *Cordilière royale des Andes* se divise, en entrant dans le Pérou, en deux branches qui se réunissent sous le 16ᵉ parallèle pour se séparer de nouveau sous le 11ᵉ en trois chaînes dont la plus orientale s'abaisse vers l'Ucayale, bras de l'Amazone; celle du milieu longe la rive droite de la *Tunguraga*, autre branche du même fleuve, tandis que l'occidentale suit les côtes de l'Océan jusqu'aux frontières de la Colombie.

A cette chaîne appartient le *Nevado de Sorata* qui, depuis qu'il a été mesuré par M. Pentland, a été reconnu pour le sommet le plus élevé de toute l'Amérique. Ce rang avait été assigné par M. de Humboldt au Chimborazo; mais le *Nevado de Sorata*, haut de 7,696 mètres, a 11 mètres de plus que le Chimborazo. Cette branche orientale forme, avec la grande Cordilière, qu'elle rejoint sous le 16ᵉ degré de latitude, un immense bassin, dans lequel se trouve le célèbre lac de *Titicaca*, long de 62 lieues, et large de 24, dont les eaux sont à 3,888 mètres au dessus de l'Océan. Une île du même nom s'élève du sein de ses eaux. Elle fut, dit-on, la résidence de Manco-Capac, et renferme les restes d'un temple péruvien. Cette partie des Andes contient 10 volcans, dont 7 en activité. L'*Uvinas*, un des principaux, détruisit presque totalement la ville d'Arequipa. Les Andes du Pérou renferment 70 mines ou lavages d'or, et plus de 680 mines d'argent: parmi ces dernières, celles de Pasco, situées à 15,000 pieds de hauteur, sont les plus considérables; elles ont produit, en 1820, jusqu'à 150,000 livres de métal.

Dans la Colombie, les Andes forment deux chaînes parallèles depuis le 6ᵉ degré de latitude méridionale jusque sous le 2ᵉ de latitude septentrionale; les plus hautes cimes semblent s'être donné rendez-vous dans cet espace; on y remarque le Chimborazo, le Pichincha, le Cotopaxi, l'Antisana, et le Cayambé. Vers le 2ᵉ parallèle, une branche se détache de cette chaîne pour aller former avec le groupe de la Parime le bassin de l'*Orénoque*, tandis qu'une autre branche plus orientale forme le bassin du lac *Maracaybo*. Les principaux fleuves et les plus grandes rivières qui descendent de ces montagnes sont: le *Rio-Magdalena*, le *Rio-Cauca*, au nord, le *Guaviare* et le *Rio-Meta*, qui, après un cours d'environ 160 lieues, vont se jeter dans l'Orénoque, enfin le *Yapura* et le *Rio-Negro*, l'un de 360 lieues, l'autre de 400, qui alimentent l'Amazone.

On compte dans ces montagnes 22 bouches volcaniques dont 4 ne sont que des solfatares. Les richesses minérales des Andes de la Colombie ne sont pas comparables à celles du Pérou ; néanmoins le platine et l'or y sont assez abondans ; on y recueille aussi du cuivre, du mercure et de la houille.

Il est difficile de donner un aperçu exact des différentes roches qui constituent la Cordilière des Andes ; mais on sait que dans la Colombie elles se composent de sept à huit formations distinctes qui, en commençant par les plus inférieures, sont caractérisées par le micaschiste, le schiste argileux, la syénite porphyrique, le grunstein porphyrique, la syénite aurifère, le schiste de transition et le grès stratifié, auxquels il faut ajouter les trachytes sortis des crevasses volcaniques de ces montagnes.

Hauteur en mètres des points culminans des Andes.

PATAGONIE.	Le Corcovado.	5,800
CHILI.	Le Descabesado.	6,400
PÉROU.	Le Nevado de Sorata.. . . .	7,696
	Le volcan de Chipicari . .	6,760
COLOMBIE.	Le Chimborazo.	6,530
	Le Cayambé	5,954
	Le volcan d'Antisana	5,833

Au dessus de 4,000 mètres, les indigènes ne cultivent rien dans ces montagnes ; mais en-deça, les plantes de l'Amérique et de l'Europe réussissent fort bien. Là c'est le manioc, le maïs et le froment qui croit jusqu'à 2,000 mètres au dessus du niveau de l'Océan ; plus haut, c'est la patate que l'on cultive entre 5,800 et 5,900 mètres. Dans la région inférieure, depuis le niveau de la mer jusqu'à 900 mètres, croissent les palmiers et les scitaminées ; les chincona et les passiflores commencent à 500 mètres et cessent à 2,900 ; la région des chênes s'étend de 700 à 800 mètres ; celle des gentianes de 2,000 à 4,100 ; celle des graminées de 4,100 à 4,600. A cette hauteur commencent les lichens, qui s'élèvent jusqu'à la limite des neiges.

Les animaux suivent la même progression : ainsi dans les régions basses jusqu'à la hauteur de 1,000 mètres on trouve, parmi les reptiles, les boas et les crocodiles ; parmi les mammifères, le jaguar, le couguar, le cobiai, le fourmilier et le sapajou ; parmi les oiseaux, le hocco, le perroquet et le tangara. De 1,000 à 2,000 mètres les jaguars, les couguars et les singes deviennent rares ; mais le tapir et l'ocelot se rencontrent en grand nombre. De 2,000 à 5,000 mètres, on trouve l'ours, le marguay et le grand cerf des Andes. De 5,000 à 4,000 le petit ours des Cordilières ; de 4,000 à 5,000 mètres la vigogne, l'alpaca et le guanaco. Au dessus de 5,000 mètres, on ne rencontre plus que le condor qui plane jusqu'à 6,500 mètres.

Les nuages orageux séjournent entre 5 et 4,000, mais les nues floconneuses s'étendent jusqu'à la hauteur de 8,000 mètres. (J. H.)

CORDONNIER. (zool.) On a donné vulgairement ce nom à un oiseau, le GOELAND BRUN, *Larus catarrhactes* (v. MAUVE) et à un insecte hémiptère du genre GERRIS. *V.* ce mot. (GUÉR.)

CORDON OMBILICAL, *Funiculus umbilicalis.* (ANAT.) Faisceau vasculaire qui s'étend du placenta jusqu'à l'ombilic du fœtus, et porte à celui-ci les matériaux de sa nutrition. (*Voy.* ŒUF.) (M. S. A.)

CORDONS PISTILLAIRES, *Chordæ pistillares.* (BOT. PHAN.) Ce sont des filets ou vaisseaux disposés en faisceaux, simples ou ramifiés, et situés dans les parois de l'ovaire ; ils se rendent des ovules au stigmate en traversant les trophospermes. Nous dirions qu'ils sont les conducteurs de la matière fécondante, si les meilleurs microscopes avaient pu établir la réalité de cette assertion. Selon M. Richard, c'est à ces vaisseaux que paraît être confié le soin de transmettre aux jeunes embryons l'action vitale, au moment où la fécondation s'opère. Les *Cordons pistillaires* sont assez faciles à observer ; on les voit se transformer peu à peu en tissu cellulaire jusque dans le corps même du stigmate ; on peut remarquer qu'ils sont en même nombre que les trophospermes ou leurs divisions. Il ne faut pas les confondre avec les vaisseaux nourriciers, qui sont situés dans l'intérieur de l'ovaire. (L.)

CORDYLE, *Cordylus.* (REPT.) L'on n'est pas certain de l'attribution de ce mot, chez les anciens. Aristotélès dit que le *Cordyle* est un animal amphibie qui habite les marais ; il nage avec ses pieds et sa queue qu'il a semblable au *Clanis*, autant qu'il est possible de comparer le petit au grand. C'est le seul qui, ayant des ouïes pour avaler et rejeter l'eau, va cependant à terre y prendre sa nourriture, et a quatre pieds comme étant destiné à marcher sur la terre. Malheureusement l'on ne connaît pas plus précisément le *Clanis* que le Cordyle d'Aristotélès ; aussi les auteurs de la renaissance ont-ils transporté, au gré de leurs caprices, le nom de Cordyle à des reptiles très-différens les uns des autres, voire même à des reptiles d'Amérique. Aujourd'hui, l'on s'accorde à voir le Cordyle d'Aristotélès dans la larve des Salamandres ou des Tritons. Néanmoins Lesage a consacré l'attribution que Linnæus a faite du mot Cordyle à une sorte de Sauriens qui a pour caractères d'avoir la tête pyramidale, quadrangulaire, presque aussi haute que large à sa base, terminée par un museau obtus, mousse à sa pointe ; les narines rondes, libres sur les côtés du museau ; les yeux munis de deux paupières, dont l'inférieure plus grande ; le tympan visible à l'extérieur ; la langue molle, fongueuse, épaisse et lobuleuse, peu extensible, à peine incisée à sa pointe ; les dents nombreuses, coniques, simples, implantées sur les mâchoires seulement ; point de collier ; les cuisses munies d'une rangée de pores ; mais ce qui les distingue surtout des autres Sauriens, c'est que leur tête est munie de grandes plaques polygones ; leur corps couvert d'écailles carrées, carénées, disposées en verticilles, ou imbriquées en anneaux sur le dos et sur le ventre, interrompues par un pli enfoncé sur les côtés du corps, et la queue annelée de grandes écailles dont les carènes se prolongent en pointes libres plus ou moins sensibles, ce qui a fait donner dans ces derniers temps

temps aux Cordyles le nom de *Zonurus*, des mots grecs *zona*, ceinture, et *oura*, queue. Les écailles des membres sont toutefois imbriquées, alternes, et leur forme se rapproche, par l'inclinaison de l'écaille, de la disposition rhomboïdale. Les Cordyles sont à peu près de la taille de nos lézards des murailles ; leurs proportions sont presque les mêmes, leurs habitudes sont peu connues ; on sait pourtant qu'ils se nourrissent d'insectes, et qu'ils sont d'ailleurs tout-à-fait innocens. On en distingue plusieurs espèces qui toutes viennent de l'Afrique méridionale et du cap de Bonne-Espérance ; ce sont entre autres :

Le Cordyle gris, *C. griseus*, connu aussi sous le nom de Cordyle commun ou vulgaire. Les écailles du dos sont égales à celles du ventre pour la grandeur ; il est d'une couleur grise, uniforme en dessus, passant quelquefois à une teinte rougeâtre, blanc jaunâtre ou verdâtre en dessous, comme tous les autres individus de la même famille.

Le Cordyle noir, *C. niger*. D'un noir uniforme sur le dos, ainsi que son nom l'indique.

Le Cordyle a raie dorsale jaune, *C. dorsalis*. Parsemé en dessus de grandes taches transversales séparées sur le rachis par une ligne longitudinale jaunâtre qui lui a fait donner le nom qu'il porte.

Le temps et l'observation décideront si, comme on l'a dit, ces trois espèces, qui ont à peu près les mêmes proportions, appartiennent à la même espèce, et si les variétés de coloration que l'on a signalées ne dépendent pas, ainsi qu'on l'a présumé, des effets des progrès de l'âge ou de leur conservation plus ou moins parfaite.

Le Cordyle a petites écailles sur le dos, *C. microlepidotus*, est une espèce d'une taille un peu plus forte, d'une couleur grisâtre en dessus, avec de grandes taches allongées, mal circonscrites, noires, réunies plus ou moins entre elles, et laissant parfois dans leurs intervalles des sortes d'ocelles de teintes plus claires ; les écailles du dos sont, comme le nom de cette espèce l'indique, plus petites que chez les autres Cordyles. Figuré, Iconographie de Guérin, Rept., pl. 6, 1 ; et dans notre Atlas, pl. 123, fig. 5.　(P. G.)

CORÉE, *Coreus*. (ins.) Genre d'Hémiptères, de la famille des Géocorises, tribu des Longilabres, ayant pour caractères : antennes insérées près des bords latéraux et supérieurs de la tête, de quatre articles, dont le premier toujours plus épais que les autres, et le dernier presque en fuseau, guère plus court que les précédens ; le rostre est robuste et a ses articles presque égaux. Ce genre a été établi par Fabricius. Les insectes qui le composent ont le corps oblong, la tête est avancée, les yeux très-saillans, l'origine du rostre protégée par deux lames avancées, l'abdomen relevé de chaque côté en forme de feuillets entre lesquels se placent les ailes ; les fémurs postérieurs sont souvent dilatés.

C. a cornes hérissées, *C. hirticornis*, Fab., long de quatre lignes, couleur cannelle foncée, avec l'abdomen en dessous plus pâle, et la partie membraneuse de l'élytre diaphane. Toutes les parties du corps sont en outre couvertes de granulations plus foncées. On le trouve, mais pas très-communément, aux environs de Paris.　(A. P.)

CORÉE. (géogr. phys.) La Corée est cette grande presqu'île située en Asie entre les 34° et 40° de latitude nord, et les 122° et 125° de longitude, immédiatement au dessous de la Mantchourie et au dessus de l'empire chinois. Elle est baignée à l'est par la mer du Japon, à l'ouest par la mer Jaune, qui porte aussi le nom de golfe de Pékin. La longueur de ce pays peut bien être de 250 lieues environ, dont une partie s'étend dans l'intérieur au-delà de la péninsule ; sa largeur est de 90 à 100 lieues, si l'on en excepte cependant l'isthme de la presqu'île, qui n'a pas au-delà de 40 à 45 lieues de dimension. La superficie de cette contrée ne le cède guère à l'Italie pour l'étendue.

La Corée est le nom que les Européens ont donné à ce pays, mais non pas celui connu des indigènes ; cette contrée pour eux a deux noms : l'un, *Kao-li*, ancienne dénomination, est encore usité dans le langage ordinaire ; l'autre, *Tchao-sien*, d'invention beaucoup plus moderne, est celui qu'on emploie dans les actes publics. L'un et l'autre tirent au surplus leur origine des noms d'anciens rois qui ont gouverné la Corée.

La Corée, ou Kao-li, ou bien encore Tchao-sien, comme on voudra l'appeler, est divisée en huit provinces dont nous allons donner les noms et la position : trois d'entre elles bordent la mer Jaune, ce sont les provinces de *Ping-ngan*, *Hoang-hai* et *Tchu-sin*. Trois autres se trouvent sur la mer du Japon ; ce sont celles de *Kin-han*, de *Kiang-yuen*, et de *Hien-king* ; celle de *King-ki* est au centre, et celle de *Tsuen-lo* au sud. Ces huit provinces renferment quarante grandes cités, trente-trois villes du premier ordre, cinquante-huit du second, et soixante-dix du troisième.

Quoique la Corée soit située à peu près sous la même latitude que la belle terre d'Italie, le climat est loin d'y être aussi agréable ; les Coréens ne possèdent pas ce beau ciel, toujours serein, cet air toujours parfumé de la campagne de Rome ; la neige même y tombe en si grande quantité, que pour se faire un passage d'une maison à une autre, on est obligé de se creuser un chemin par dessous les masses énormes de neige qui, pendant la saison hivernale, recouvrent toute la contrée. Cette différence entre les climats de ces deux pays, situés à peu près sous la même latitude, est due à la présence en Corée d'une chaîne de montagnes très-élevée, qui la parcourt dans toute son étendue. Cette chaîne, dirigée du nord au sud, paraît communiquer avec les chaînes de montagnes qui traversent la Mantchourie. En suivant la direction de celle du pays des Mantchoux qui court sur les rivages de la mer, elle entre dans la péninsule en conservant la même situation sur les côtes de la mer du Japon ; elle traverse ainsi la province de *Kiang-yuen*, ou *région des sources* ; puis, parvenue au deux tiers de la péninsule, elle change de direction, et, s'inclinant vers l'extrémité ouest, elle vient terminer sa carrière sur les bords de la mer Jaune, dans la province de *Tsuen-lo*. Dans cette chaîne de montagnes au nord de la presqu'île, se trouve le point culminant, auquel les Chinois et les Mantchoux ont donné des noms différens : les premiers l'appellent *Chang-Pechan*, les seconds le nomment *Chen-Alia* ou la montagne blanche. C'est dans cette montagne que se trouvent les sources des deux principales rivières de la Corée, la *Ya-lou* et la *Tumen*, qui, prenant chacune naissance sur un versant opposé de la montagne, se dirigent l'une vers l'ouest et va se précipiter dans la mer Jaune, l'autre vers l'est, et court par conséquent à la mer du Japon. Faisons remarquer ici que la pente de la contrée est vers la mer Jaune, ce qui devait nécessairement arriver, puisque la chaîne de montagnes se trouvait à l'est sur les rivages de la mer du Japon, opposés à la mer Jaune. Les côtes de ces deux mers sont très-rocailleuses et d'un accès difficile et dangereux, non seulement par la nature de leur conformation, mais aussi par le peu d'humanité des habitans de la presqu'île, qui réduisent en esclavage tous les malheureux naufragés qu'une tempête précipite sur leurs côtes.

Malgré les neiges abondantes qui recouvrent le pays en hiver, le sol n'en est pas moins très-fertile et très-bien cultivé. Dans les provinces du midi, on récolte beaucoup de riz, de millet, de chanvre, de tabac, de citron, de soie et de paniz, espèce de blé qui, par la fermentation, produit une certaine liqueur servant de boisson dans le pays. Les montagnes du nord fournissent de l'orge et la fameuse racine de *ginseng*, si estimée par les Chinois. Ces différentes productions, ainsi que la fabrication du papier blanc, des papiers peints pour tenture, des éventails, et des toiles très-fines, forment la matière échangeable du commerce des Coréens. Les Chinois importent les soieries et les thés ; les Japonais le poivre, les bois odoriférans, l'alun, et les cornes de buffle. Il n'y a dans le pays que de la monnaie en cuivre ; les paiemens se font ordinairement en petits lingots d'argent.

La chaîne de montagnes dont nous avons déjà parlé si souvent dans cet article renferme quelques mines dont l'exploitation produit quelques nouvelles richesses pour le pays. Ainsi on en extrait de belles topazes, de l'or, de l'argent, du plomb, du fer et du sel fossile.

Le règne animal de cette contrée n'offre aucun individu qui lui soit particulier ; il se compose de tous les animaux que l'on rencontre dans tous les pays : ainsi on y trouve en abondance des sangliers, des ours, des cerfs, des zibelines, des martres et des castors, mais seulement au nord. Les fleuves sont bien peuplés de poissons, et Hamel, qui dit avoir habité la Corée pendant neuf années, affirme y avoir vu des caïmans, espèce de crocodiles qu'on retrouve en grand nombre sur les bords de l'Ohio et du Mississipi, en Amérique.

Quant aux Coréens, ils sont bien pris dans leur taille, ont pour la plupart un ensemble de traits agréable, et des mœurs très-polies. Ils sont très-fins, et très-voleurs ; ils ont pris au surplus tous les vices des races esclaves : successivement subjugués par les Chinois, les Mantchoux, les Japonais, ils sont adonnés aux plaisirs, à la sensualité ; ils sont menteurs, et très-lâches. Ils redoutent beaucoup les maladies, surtout les maladies épidémiques ; ceux qui en sont atteints leur inspirent tant d'horreur qu'ils les abandonnent au milieu des champs, sans vouloir leur porter aucun secours. La polygamie leur est permise, mais cependant avec cette modification que la première femme seulement a le droit de résider dans la maison du mari : de sorte qu'on pourrait dire que ce n'est point la polygamie qui est permise, mais bien le concubinage. Leur religion est celle de Fohi ou de Bouddha ; et les lettrés, qui, en Corée, se distinguent par deux plumes attachées à leur bonnet, suivent les principes de la philosophie de Confucius. Le gouvernement y est despotique, et les seigneurs seuls ont le droit de recouvrir le toit de leur maison en tuiles : toutes les autres habitations sont couvertes en paille et en chaume. Quant à la force militaire du pays, elle est très-nombreuse, mais si mal armée qu'elle serait fort peu redoutable pour des troupes européennes. (C. J.)

CORÉOPSIDE, *Coreopsis*. (BOT. PHAN.) Genre de la famille des Synanthérées ou Corymbifères de Jussieu, tribu des Hélianthées de Cassini, de la Syngénésie frustranée. Caractères : calathide radiée ; fleurons du disque tubuleux, nombreux et hermaphrodites ; ceux de la circonférence sur un seul rang en languette et neutres ; involucre composé de plusieurs folioles, disposées sur deux rangs, extérieurement foliacées et étalées, intérieurement appliquées et presque membraneuses ; réceptacle plane et paléacé ; akènes comprimés, terminés par deux barbes persistantes, non crochues et nues, selon Kunth, se confondant avec les rudimens de petites écailles à petites barbes. Les Coréopsides sont des plantes herbacées, rarement frutescentes, à branches et feuilles opposées, le plus souvent partagées en un grand nombre de segmens filiformes, à fleurs terminales et ordinairement jaunes. Elles sont originaires des contrées boréales de l'Amérique, mais cultivées, en Europe, dans les jardins d'agrément, où l'on voit le *Coreopsis ferulæfolia*, Jacq. ; le *C. tripteris*, L. ; le *C. verticillata* ; le *C. tinctoria*, étaler leurs corymbes élégans, dont les rayons jaunes contrastent avec le brun obscur du disque.
(C. É.)

CORÉOPSIDÉES, *Coreopsideæ*. (BOT. PHAN.) Section établie par H. Cassini, dans la tribu des Hélianthées, famille des Synanthérées. Caractères : ovaire tétragone, comprimé antérieurement et postérieurement, de sorte que le grand diamètre est de gauche à droite. Cette section renferme les genres *Bidens*, *Heterospermum*, *Glossocardia*, *Coreopsis*, *Cosmos*, *Dahlia* ou *Georgina*, *Sylphium*, *Parthenium*. (C. É.)

CORÈTE, *Corchorus*. (BOT. PHAN.) Habitant des climats chauds de l'Asie, de l'Afrique et de l'Amérique, ce genre de plantes, de la famille des Tiliacées et de la Polyandrie monogynie, est composé d'un petit nombre d'espèces, dont deux seules sont remarquables par leurs usages économiques. Quoique offrant d'assez jolies fleurs, on ne cultive guère les autres espèces que dans les jardins botaniques; toutes sont herbacées et annuelles, à l'exception d'une qui est ligneuse. Le genre a été créé par Tournefort, et adopté par Linné; il a pour caractères essentiels : des feuilles simples, alternes, souvent munies, à la dentelure de la base, d'un long filet sétacé; les fleurs petites, disposées en bouquets et ordinairement opposées aux feuilles; le calice à cinq divisions profondes et caduques; cinq pétales; étamines nombreuses, insérées, ainsi que la corolle, sur le réceptacle; anthères arrondies; ovaire supérieur, avec style très-court ou nul; un à trois stigmates; capsule oblongue, en forme de silique, rarement sphérique, à deux, trois et cinq valves, autant de loges polyspermes.

Corète potagère, *C. olitorius*. Vulgairement appelée Mélochie, du nom que lui donna Prosper Alpin, qui la fit le premier connaître, cette plante a la tige peu rameuse, cylindrique, haute de quarante centimètres, garnie de feuilles glabres, lancéolées, à dentelures aiguës, les inférieures prolongées en filets sétacés. Ses fleurs s'épanouissent en juin, et sont d'un jaune orangé; les capsules qui leur succèdent sont obrondes, ventrues. Elle est cultivée dans l'Inde, dans la Syrie et en Égypte, comme plante alimentaire; on la mêle aux potages, ou bien on mange ses feuilles, qui sont mucilagineuses, crues et assaisonnées avec de l'huile.

Corète capsulaire, *C. capsularis*. Rumph., qui décrit cette plante remarquable par ses fruits, sous le nom de *Ganja sativa*, nous apprend qu'elle abonde en Chine et dans l'Inde, que l'on retire de son écorce, macérée dans l'eau comme le chanvre, une filasse excellente, fort employée. Sa tige, haute de deux à trois mètres, est droite, rameuse, garnie de longues feuilles ovales-lancéolées, d'un vert glauque en dessus, à dents munies à leur base de deux filets sétacés. Les fleurs sont petites, jaunes, latérales, axillaires, sessiles, et demeurent épanouies depuis le mois de juillet jusqu'au milieu et même la fin d'août; elles donnent naissance à des capsules courtes, un peu globuleuses, ridées, avec cinq valves et cinq loges.

Thunberg avait rapporté à ce genre plusieurs belles espèces du Japon, qu'il nommait *C. japonicus*, et que l'on trouve maintenant dans presque tous les jardins d'agrément; mais on a reconnu son erreur depuis que l'on peut étudier cette plante sur la nature vivante. Linné l'inscrivit dans son genre *Rubus*, auquel elle n'appartient pas; mais, du moins, il la plaçait dans sa véritable famille. De Candolle estimait qu'elle devait former un genre particulier, et il l'appela *Kerria*; mais un examen plus régulier prouve qu'elle doit être réunie aux Spirées : en effet, l'ovaire, quoique imparfaitement développé, est partible à l'instar de celui de toutes les Rosacées; la position du calice et celle des pétales, qui déterminent l'insertion périgynique, l'appellent dans l'Icosandrie du système linnéen; les cinq divisions du fruit la rangent dans le genre *Spiræa*; et les styles qui se contournent au sommet à la manière de plusieurs espèces de ce genre, et plus particulièrement de la Spirée des prairies, *Spiræa ulmaria*, unissent ensemble la prétendue Corète du Japon, avec ces jolies plantes (*voy.* au mot Spirée). Il convient de consulter à ce sujet la Monographie des Spirées de Cambessèdes; l'opinion que je publiai en 1822 y est adoptée entièrement.

Les anciens donnaient le nom de *Corchorus* à une sorte de légume très-insipide, par conséquent de peu de valeur, croissant dans le Péloponèse, mais qui avait la propriété de purger. Selon Daléchamps, il s'agit de l'Epervière, *Hieracium murorum*; Gesner croit y reconnaître la Podagraire, *Œgopodium podagraria*; Lobel prétend que ce doit être la Corète potagère; Billerbeck, le Mouron, *Anagallis arvensis*, employé encore aujourd'hui en médecine comme doué de qualités détersives; c'était aussi le sentiment d'Anguillara. Quand on pense que la Corète potagère est un aliment agréable fort recherché de tous les peuples orientaux, qu'il n'est ni sain ni nourrissant, qu'il relâche et que la plante est un excellent émollient, l'opinion de Lobel prévaut sur toutes les autres.

(T. D. B.)

CORÈTHRE, *Corethra*. (ins.) Genre de Diptères, de la famille des Némocères, tribu des Tipulaires, ayant pour caractères : antennes de quatorze articles ovalaires; ailes couchées sur le corps, dans le repos, peu garnies de nervures longitudinales; point d'ocelles; les yeux échancrés en forme de reins. Ces insectes, au premier coup d'œil, ont le plus grand rapport avec les véritables Cousins; leurs larves même sont aussi aquatiques. Le type de ce genre est la Tipule culiciforme de Degeer (figurée tom. VI, XXII; 10, II), dont le corps est brun, avec l'abdomen et les pieds gris, et les nervures des ailes velues.

(A. P.)

CORIANDRE, *Coriandrum*. (bot. phan.) Genre établi par Tournefort et adopté par Linné et Jussieu. Il appartient à la famille des Ombellifères et à la Pentandrie digynie, L. Voici ses caractères : involucre nul ou composé d'une seule foliole linéaire; involucelles formés de plusieurs folioles; calice pentafide, pétales infléchis et cordiformes; akènes sphériques ou didymes. Achille Richard place ce genre dans la section des *Cicutariées*, et Sprengel, dans sa tribu des *Smyrnées*.

L'espèce la plus intéressante est la Coriandre cultivée, *Coriandrum sativum*, L., originaire de l'Italie; elle est naturalisée en France. Ses fleurs, d'un blanc rosé, sont plus grandes à la circonférence de l'ombelle qu'au centre; point d'involucre; mais ombellule munie à la base d'un involucelle de quatre ou huit folioles linéaires; diakène globuleux, couronné par les dents du calice et les styles, et séparable en deux portions hémisphériques; racine annuelle, fusiforme, surmontée d'une tige un peu rameuse, couverte de feuilles à segmens très-étroits, inférieurement bipinnatifides; celles du collet de la racine presque entières ou incisées, cunéiformes. Cette plante exhale une odeur de punaise, et c'est de là que lui vient son nom; mais les fruits desséchés ont une odeur agréable, dont savent tirer parti les confiseurs et les liquoristes. La médecine emploie cette plante comme stomachique et carminative.

On remarque ensuite la C. TESTICULÉE, *C. testiculatum* (*Bifora testiculata* d'Hoffman), dont l'involucre est monophylle, foliacé; les fleurs égales; les fruits didymes, bosselés, ayant deux pores au sommet du raphé. Elle croît dans les contrées méridionales de l'Europe. (C. É.)

CORINDON. (MIN.) Cette substance presque entièrement composée d'alumine, puisqu'elle ne renferme que 1 à 7 pour cent de fer et 4 à 6 de silice, n'en est pas moins le plus dur de tous les corps, après le diamant. Son aspect est un peu vitreux, et sa cristallisation est le rhomboïde, facile à reconnaître dans les différens décroissemens qu'il présente. Même lorsqu'elle se trouve en masses laminaires, ses lames se divisent encore parallèlement aux faces du rhomboïde.

Le Corindon est le plus communément opaque; mais lorsqu'il est transparent, il fournit à la joaillerie plusieurs variétés qui changent de noms suivant leur couleur : *bleu*, c'est le saphir; *rouge*, c'est le rubis oriental; *violet*, c'est l'améthyste orientale; *jaune*, c'est la topaze orientale; enfin *vert*, c'est l'émeraude orientale. Lorsqu'il est incolore et limpide, il porte le nom de saphir blanc. Si le diamant devenait moins rare, le Corindon prendrait certainement sa place, tant ses couleurs variées et son éclat le rendent digne d'être recherché.

Certaines variétés de Corindon, principalement celles qui sont bleues, présentent, lorsque leur transparence est un peu nébuleuse, un phénomène de lumière dont on n'a point encore donné une explication satisfaisante : on remarque sur le plan perpendiculaire à l'axe du cristal une étoile blanchâtre à six rayons qui tombent sur le milieu de chacun des côtés du prisme hexagone. Ce phénomène a reçu des lapidaires le nom d'*astérie*. Ils savent quelquefois en tirer un grand parti, lorsqu'ils taillent cette pierre en cabochon. D'autres variétés sont nacrées sur les bases du prisme ou au sommet du rhomboèdre. D'autres enfin sont chatoyantes, opalines ou laiteuses; accidens qui donnent à la pierre un mérite particulier.

Le Corindon se présente aussi dans la nature plus ou moins mélangé de fer; sa cassure est alors granulaire, et sa couleur brune ou gris bleuâtre et quelquefois rougeâtre. Dans cet état, il n'a rien qui flatte la vue, rien qui le fasse rechercher comme objet de luxe, mais il a l'avantage d'être réellement utile : c'est cette variété, appelée *Émeri*, que l'on réduit en poudre et qui sert alors à polir les métaux, les pierres fines et en général toutes les substances dures.

Le Corindon appartient aux terrains granitiques; on le trouve disséminé dans des micaschistes, dans des gneiss, dans des syénites et dans des roches feldspathiques. Cependant on le trouve quelquefois dans des calcaires magnésiens appelés dolomies, et dans des basaltes : témoins ceux que l'on rencontre près du lac Guéry au Mont-d'Or et dans le ruisseau d'Expuilly près du Puy-en-Velay. (J. H.)

CORINNE. (MAM.) Espèce du genre Antilope.

CORIOTRAGEMATODENDROS. (BOT. PHAN.) M. Bory de Saint-Vincent cite ce nom, donné par Plukenet à deux espèces de Myrica, pour faire remarquer quel abus les botanistes, avant Linné, faisaient des étymologies, pour composer des noms presque impossibles à prononcer et surtout à retenir. De nos jours, nous avons vu revivre cet usage barbare. (GUÉR.)

CORIS. (MOLL.) Nom sous lequel on désigne vulgairement le *Cyprea moneta*. (*Voyez* CYPRÉE.) (F. F.)

CORISE, *Corisa*. (INS.) Genre d'Hémiptères de la famille des Hydrocorises, tribu des Notonectides, établi par Geoffroy, ayant pour caractères : pas d'écusson, gaîne du rostre striée, tarses antérieurs d'un seul article, les autres de deux; ce genre est très-naturel, et offre des caractères faciles à saisir. Les Corises ont tout le corps, la tête comprise, de même largeur partout, peu épais et à peine convexe en dessus; la tête est courte, très-immédiatement unie avec le corselet; les yeux sont latéraux, triangulaires; la face se prolonge, jusqu'entre les premières pattes, en une lame plate striée à son extrémité, de laquelle sort le rostre qui est très-court; les antennes sont de trois articles, dont le second le plus grand; elles sont en outre terminées par une soie; leur insertion est située au dessous des bords latéraux de la tête; le corselet est demi-circulaire inférieurement, de sorte que l'insertion des élytres touche presque aux bords postérieurs de la tête; les élytres sont entièrement coriaces; les pattes antérieures ont le tibia très-court, le tarse beaucoup plus long, d'un seul article sans crochet, méplat, concave, garni en haut de deux rangs de petites épines et inférieurement d'un rang de longues soies raides. Les tarses intermédiaires sont armés de deux très-longs crochets; les postérieurs sont fortement comprimés, ciliés.

Ces insectes, tous carnassiers, vivent sous tous les états d'autres petits insectes qu'ils saisissent au moyen de leurs pattes antérieures et intermédiaires; ils nagent dans la position habituelle, et comme ils sont spécifiquement plus légers que l'eau, ils remontent à sa surface, où ils se tiennent les pattes postérieures très-écartées; au moindre sujet d'alarme, ils se précipitent au fond avec une grande vitesse, et s'arrêtent pendant long-temps en s'accrochant à quelque plante; l'accouplement se fait de la manière habituelle; mais pendant sa durée le mâle est placé à côté de la femelle et un peu au dessous, dans cette position ils nagent conjointement avec autant de vitesse que s'ils étaient séparés; ces insectes volent avec facilité, mais ne prennent guère leur vol que le soir pour se rendre d'un amas d'eau dans un autre et y déposer leurs œufs.

C. striée, *C. striata*, Linn. Rœs., t. 3, pl. 29. Longue de cinq lignes; corselet et élytres brun foncé avec une grande quantité de lignes et atomes vermiculés jaunâtres; face et dessus du corps jaune. Dans toutes les eaux de l'Europe.

(A. P.)

CORLIEU ou COURLIEU. (ois.) *V.* Courlis.

CORMORAN, *Carbo*. (ois.) Les Cormorans, que Cuvier place dans sa famille des Palmipèdes toti-palmes, c'est-à-dire qui ont tous les doigts réunis par une seule membrane, sont des oiseaux aquatiques très voisins des Pélicans, avec lesquels la plupart des naturalistes les ont confondus. Le nom de *Carbo* que leur a donné Meyer rappelle la couleur de leur plumage, qui est en effet chez tous à peu près de la couleur du charbon; c'est aussi certainement à cause de cette couleur qu'ils ont été comparés aux corbeaux et appelés *Cormorans*, ce qui signifie Corbeaux marins. Tous se tiennent près des eaux, où ils plongent avec beaucoup de facilité, et poursuivent les poissons dont ils détruisent une grande quantité; ils volent assez bien, marchent mieux qu'aucune autre espèce de leur ordre, et peuvent même percher sur les arbres, où ils font très souvent leur nid.

Ces oiseaux sont d'un naturel très-doux et fort tranquille; ils se tiennent par troupes souvent très-considérables sur les rochers qui bordent la mer et le long des fleuves; ils permettent qu'on les approche de très-près et se laissent souvent prendre avec une sorte de stupidité qui leur a valu de la part des voyageurs les dénominations un peu énergiques de Nigauds, Boubies, Coïons, etc. Comme il est très-aisé de les apprivoiser, dans certaines localités, en Chine principalement, on les dresse à la pêche; on les lâche dans les endroits poissonneux, et on leur fait ensuite dégorger le poisson qu'ils ont pris en plongeant. Les Cormorans ont ordinairement une double mue; ils présentent, suivant les âges et les diverses époques de l'année, quelques modifications; voici comment on les caractérise: bec plus long que la tête, robuste, mince, droit, à mandibule supérieure recourbée en onglet à sa pointe; narines basales, étroites, creusées dans un sillon; face garnie d'une peau nue, qui s'étend jusque sous la gorge, où elle est dilatable; tarses courts, robustes, réticulés; à doigts tous réunis, même le pouce, par une membrane; ailes allongées, pointues, à deuxième et troisième rémiges les plus longues; queue allongée, arrondie, composée de douze ou quatorze plumes très-raides. Les espèces sont assez nombreuses et répandues sur tous les points de la terre: comme elles ont toutes le plumage brun ou noir, avec de très-légères variations, leur distinction présente de grandes difficultés. Les européennes sont les suivantes:

Grand Cormoran, *Carbo Cormoranus*, enl. 927. Cet oiseau est long de vingt-sept à vingt-neuf pouces; il est sur le cou, la poitrine et toutes les parties inférieures d'un noir verdâtre, avec un large collier blanc ou blanchâtre sous la gorge; son bec est noirâtre; la région nue de ses yeux d'un jaune verdâtre; sa poche gutturale jaunâtre; son iris vert et ses pieds noirs. Ces couleurs sont propres aux vieux individus de l'un et de l'autre sexe. Les jeunes de l'année et les mâles adultes offrent quelques nuances un peu différentes. Le Cormoran se nourrit de toutes sortes de poissons, mais particulièrement d'anguilles; il niche, suivant les localités, sur les arbres, dans le creux des rochers ou dans les joncs; sa ponte est de trois ou quatre œufs, également gros aux deux bouts, d'un blanc verdâtre et rudes à leur surface. En France on le rencontre assez souvent. On lui donne les divers noms de *Margaux*, *Camarin de falaise*, *Cormarin*, etc.

Cormoran nigaud, *Carbo graculus* enl. 974 (jeune de l'année), est plus rare dans notre pays, où il ne se trouve que de passage; il paraît qu'on le trouve en très-grand nombre vers les régions des cercles arctique et antarctique, où il niche; il pond deux ou trois œufs blanchâtres, à surface inégale et fort allongés. Il est plus petit que le précédent et d'un noir plus profond, sans blanc devant le cou. Sa longueur est de vingt-trois à vingt-quatre pouces. Ses pieds sont noirs et son iris rougeâtre.

Cormoran tingmick ou largup, *Carbo cristatus*. Le nom de celui-ci vient du verbe *tingminkpock*, qui signifie dans la langue des Groënlandais avoir la diarrhée; il lui a été imposé parce qu'il couvre les rochers sur lesquels il se tient d'une couche épaisse de sa fiente. Le tingmick se rencontre quelquefois dans nos départemens du nord et aussi en Angleterre; mais il a principalement pour patrie le nord de l'Europe. Il est long de vingt-cinq ou vingt-six pouces; sa couleur générale est un beau vert foncé, à reflets bronzés sur les ailes et changeant au noir mat sur la queue; base du bec et poche gutturale qui est très-petite, de couleur jaune; bec brun; pieds noirs; iris vert. Une huppe, haute d'environ un pouce et demi, existe chez ces oiseaux à l'époque des noces seulement, c'est-à-dire en été.

Cormoran de Desmarest, *Carbo Desmarestii*, est une espèce nouvellement décrite par M. Payraudeau (Ann. sc. nat., 1826, p. 460), et que l'on a observée en Europe sur les rivages de l'île de Corse. Longueur totale, deux pieds six lignes, corps en entier d'un vert noirâtre, tête sans huppe; membrane rostrale large; pieds jaunes; bec fauve, grêle, long de deux pouces. La femelle est en dessus d'un fauve verdâtre varié de blanchâtre; son corps est blanc en dessous.

Une autre espèce européenne, mais étrangère à notre pays, est le Cormoran pygmée, *Carbo pygmœus*, Temm., qui est long de vingt et un pouces. On trouve cet oiseau dans les contrées orientales, en Hongrie, en Turquie et en Russie; il est plus rare en Autriche, et ne vient que par accident en Allemagne. Sa propagation est inconnue.

Parmi les Cormorans qui ne se trouvent point

en Europe, nous citerons le CORMORAN DE GAI-MARD, *Pelecanus Gaimardi*, Garnot (Zool. de *la Coquille*), qui habite les bords de la rade de Callao ; sa longueur est de deux pieds.

CORMORAN A VENTRE BLANC, *Carbo albiventer*, Less., Traité d'Ornith. Il a tout le dessus du corps brun, et le dessous d'un blanc satiné : il vient du Bengale.

Nous avons représenté dans notre Atlas, pl. 124, fig. 1, une espèce nouvelle, nommée par Cuvier *Carbo bilophus*. Cet oiseau est de la taille des précédens ; il est noir avec les ailes brunes, le bec jaunâtre et les parties nues de la tête rouges. Son caractère le plus saillant est d'avoir deux huppes de plumes dirigées en arrière et placées sur sa tête. Il est aussi des côtes du Bengale. (GERV.)

CORNALINE. (MIN.) Nous avons fait connaître à l'article AGATE les caractères essentiels qui distinguent les Cornalines des autres variétés de l'espèce Silex ; nous n'ajouterons ici que peu de détails relatifs à son emploi dans la bijouterie. Cette pierre fut en vogue chez les Grecs et chez les Romains. Une partie des pierres gravées les plus remarquables est de cette nature. Nous engageons les personnes qui voudraient l'étudier sur des échantillons à visiter la bibliothèque royale de Paris ; elles pourront en même temps admirer le travail du cachet de Michel Ange, de Jupiter entre Mars et Mercure, entouré du zodiaque, du buste d'Ulysse et de beaucoup d'autres Cornalines auxquelles l'art du graveur a su donner un grand prix.   (E. B.)

CORNARET, *Martynia*. (BOT. PHAN.) Houston a dédié ce genre au botaniste anglais Martyn, qui mourut à Chelsea en 1768, et prit part à toutes les grandes entreprises scientifiques de son temps. Le Cornaret appartient à la famille des Bignoniées et à la Didynamie angiospermie. Il renferme quatre espèces dont une croit au cap de Bonne-Espérance ; les trois autres sont indigènes aux climats chauds de l'Amérique. Ces espèces ont d'assez jolies fleurs, mais elles sont peu répandues, parce qu'elles exigent beaucoup de chaleur. La capsule qui leur succède est terminée par un appendice ou corne roulée, d'où le genre a reçu le nom vulgaire qu'il porte ; on l'appelle aussi *bicorne*, de ce que le fruit étant ouvert imparfaitement en deux valves à son sommet, présente à peu près deux cornes.

CORNARET A DEUX ÉTAMINES, *M. diandra*. On possède cette plante dans les jardins de l'Europe depuis près d'un siècle ; mais, comme elle est annuelle et qu'elle demande tous les soins de la culture artificielle, le nombre des individus est fort limité ; c'est dommage, car elle est d'un bel aspect, et ses fleurs répandent une odeur agréable. Son pays natal est le Mexique, particulièrement aux environs de Veracruz ; on la trouve aussi dans le Pérou. La tige herbacée monte à soixante centimètres, jette beaucoup de rameaux abondamment chargés de poils blancs et visqueux, que l'on remarque également sur toutes les autres parties de la plante. Les feuilles sont opposées, verdâtres,

en cœur à la base, dentées et velues. De l'angle des rameaux naissent huit à douze ensemble, et disposées en grappes, des fleurs monopétales d'un rouge clair, tachées de pourpre foncé en dedans, et blanches en dehors ; elles manifestent une très-grande irritabilité au moment où les étamines lancent leur poussière fécondante contre les deux lames écartées du stigmate : ces deux lames se rapprochent et la bouche de la corolle se ferme avec précipitation et force. La capsule est ovale, oblongue, recouverte d'une écorce coriace, caduque, qui s'ouvre par le milieu, et renferme plusieurs graines dans ses quatre loges intérieures.

Des trois autres espèces, la plus remarquable est le CORNARET DU BRÉSIL, *M. speciosa*, aux fleurs d'un beau bleu qui se succèdent les unes aux autres depuis le mois de mai jusqu'en juillet. Sa tige est peu élevée et forme à sa base une souche demiligneuse, donnant naissance à des rameaux courts, garnis de feuilles d'un vert foncé en dessus, presque blanches en dessous, avec quelques nuances de rouge. Elle est connue depuis 1806 et a fleuri en France pour la première fois en 1815.

Le CORNARET ANNUEL, *M. annua*, qui est celui que Houston observa le premier en 1730, a de moins belles fleurs ; mais sa capsule, ligneuse, très-dure, est fort singulière par les deux longues cornes arquées qui la terminent. Aux environs de Carthagène, dans l'Amérique du Sud, on mange la racine du CORNARET SPATHACÉ, *M. spathacea* : elle est blanche, cylindrique, grosse, charnue ; d'une saveur douce ; on la dépouille de son écorce, on la met à cuire avec la viande de bœuf, ou bien on la confit au sucre pour être offerte au dessert.   (T. D. B.)

CORNE D'ABONDANCE. (MOLL. BOT. PHAN.) On donne vulgairement ce nom à l'Huître plissée et à plusieurs espèces de Champignons.

(GUÉR.)

CORNÉENNE. (MIN. GÉOL.) Voyez *Aphanite*.

CORNEILLE. (OIS.) Les deux espèces du genre *Corvus*, que l'on nomme CORNEILLE VULGAIRE, *Corv. corone*, et CORNEILLE MANTELÉE, *Corv. cornix*, peuvent être considérées comme formant dans leur groupe un petit sous-genre dans lequel viennent aussi se placer le CORBEAU A SCAPULAIRE BLANC, le CORBEAU A COLLIER, la CORNEILLE DU CAP, la CORNEILLE A BEC ALLONGÉ, la CORNEILLE A TÊTE ROUSSE et le CORBEAU A TÊTE NOIRE, qui sont tous étrangers à nos contrées, *Voy.* l'article CORBEAU,   (GERV.)

CORNES. (ZOOL.) Appendices qui, chez certains Mammifères ruminans, surmontent le front et consistent en un prolongement plus ou moins considérable de l'os frontal. Ils sont presque toujours l'apanage du mâle ; le Renne fait exception à cette règle. La structure de ces appendices varie. Tantôt la cheville osseuse qui en forme l'axe est recouverte par la peau, qui, dans cet endroit, ressemble à celle du reste de la tête ; ce sont alors de petits prolongemens osseux, de forme conique, qui dans les jeunes sujets sont simplement articulés avec le frontal, mais qui plus tard se soudent entièrement et ne se dépouillent jamais de la peau velue dont elles sont recouvertes. Tantôt la portion osseuse des Cornes, d'abord revêtue d'une peau velue, la dépasse, et, après être restée à nu pendant un certain temps, tombe elle-même, pour faire place à une nouvelle Corne, qui éprouve à son tour de pareils changemens. Ces Cornes caduques se nomment *Bois*. Enfin, d'autres fois l'axe osseux croît pendant toute la vie, sans jamais tomber, et est recouvert d'une espèce de gaine composée d'une substance élastique appelée *Corne*, analogue à celle des ongles et qui croît par couches. On nomme Cornes creuses ces Cornes revêtues ainsi d'un étui qui semblent formées de poils agglutinés.

Cette différence dans la structure de ces appendices a servi de base à la classification des animaux ruminans à Cornes.

Dans la tribu des animaux à Cornes caduques ou bois, voici comment se forment et se renouvellent ces éminences. A un certain âge, il se montre de chaque côté de l'os frontal un prolongement assez semblable au col qui sert à la consolidation des os fracturés. Ces protubérances s'allongent rapidement en soulevant la peau qui les recouvre; mais les vaisseaux qui sillonnent celle-ci sont bientôt oblitérés par un cercle de tubercules qui se forment à la base du prolongement osseux, et l'enveloppe cutanée, ne recevant plus de sang par suite de cette oblitération, meurt, se dessèche et tombe. Le bois, resté à nu, se nécrose, et finit par se détacher du crâne; l'animal est alors privé de ses armes; mais vingt-quatre heures sont à peine écoulées, qu'une cicatricule recouvre la plaie formée par la chute du bois, et bientôt un nouveau prolongement surgit à la place de l'ancien. En général, ce nouveau bois acquiert des dimensions plus considérables que celui auquel il succède, le nombre de ses branches s'est augmenté; mais comme le premier, sa durée est fixée et il devra à son tour disparaître pour être remplacé. C'est ordinairement vers le printemps que ce phénomène a lieu; il coïncide généralement avec l'époque où ces animaux se disposent aux fonctions de la reproduction. Dans le Cerf commun, les bois sont ronds; ceux des *Daims* sont ronds à leur base et armés d'un andouiller pointu; mais ils sont aplatis et dentelés en dehors, dans le reste de leur étendue. Chez le *Chevreuil*, ils ne présentent que deux andouillers, et s'élèvent perpendiculairement au dessus de sa tête. Les bois de l'*Elan* forment deux grandes lames aplaties et profondément dentelées au bord antérieur; leur poids s'élève quelquefois à cinquante livres. Ceux du *Renne*, dont la femelle, aussi bien que le mâle, porte la tête ornée de ces appendices, sont grêles et pointus dans le jeune âge, mais deviennent par la suite larges et dentelés; ils se divisent ainsi en plusieurs branches; les Cornes de la *Girafe*, seule espèce de la tribu des ruminans à Cornes velues et persistantes, sont de petits prolongemens osseux, de forme conique,

qui, sans jamais se dépouiller de la peau dont elles sont recouvertes, se soudent complétement avec l'os frontal.

Si l'on examine les Cornes des animaux qui composent la tribu des ruminans à Cornes creuses, on voit que la plus grande différence qui existe dans leur structure dépend de la substance du noyau osseux de ces prolongemens frontaux. Chez les uns, elle ressemble à celle du bois des Cerfs, et l'on ne voit dans leur intérieur ni poils ni cellules, tandis que, chez les autres, elle est composée de cellules qui communiquent avec les sinus frontaux. La première de ces dispositions est propre aux Antilopes; la seconde se rencontre chez les Chèvres, les Moutons, les Bœufs. Les Cornes des Antilopes sont presque toujours rondes, ou marquées d'anneaux saillans ou d'arêtes en spirale; quelquefois elles sont annelées et à double ou triple courbure, se terminant par une pointe dirigée en avant, en dedans et en haut, comme dans la Gazelle; quelquefois aussi leur courbure est triple comme dans l'Antilope des Indes, ou leur courbure est en sens inverse et leur pointe dirigée en arrière, disposition qu'on remarque chez le *Babal* de la Barbarie et le *Caama* du Cap; enfin elles sont encore lisses, recourbées brusquement en arrière, comme dans le *Chamois*. Dans les *Chèvres*, elles se dirigent en arrière; dans les *Moutons*, après s'être dirigées en arrière, elles se contournent en avant en spirale; les *Ayagras*, espèce de chèvres du Caucase, les portent tranchantes en avant; les *Bouquetins* les ont plates en avant et marquées de nœuds saillans en travers. Dans le genre *Bœuf* on sait qu'elles sont dirigées de côté pour revenir en haut et en avant en forme de croissant. Les cornes du *Buffle du Cap* sont remarquables par leur base aplatie qui couvre, comme un casque, tout le sommet de la tête. Après avoir noté ces différences principales qui existent non-seulement entre les diverses tribus des animaux dont la tête est ornée de cornes, mais encore entre les espèces les plus remarquables, nous dirons en peu de mots comment un des hommes qui ont répandu tant de lumière sur les mystères de l'organisation des animaux, donne la théorie du développement et de la structure de ces appendices : « Un prolongement nerveux se fait jour à travers les membranes externes du corps (*derme ou épiderme*); là, sous l'influence de ses nouvelles relations, la sommité mamelonnée de ce nerf s'organise en un *bourgeon* formé d'emboîtemens concentriques, que j'assimilerai au germe d'un tronc végétal; c'est-à-dire à une réunion de cellules concentriques, mais nées les unes sur la paroi interne des autres. A mesure que, se roulant au passage sur la filière que la nature lui a ouverte, un de ces bourgeons s'allonge dans les airs, de nouveaux emboîtemens naissent dans le centre générateur et viennent refouler les anciens vers le sommet, pour les y condenser pour ainsi dire, jusqu'à ce que, dépouillés d'une portion quelconque de leur substance grasse, ils ne forment plus qu'une substance inerte et caduque. Chacun de ces emboîtemens peut à son tour organiser ces parois, se bourgeonner sur divers points de sa longueur, reproduire des ramifications par le même mécanisme.

Nous ne croyons pas devoir comprendre dans cet article l'histoire de divers organes qui, chez certains animaux, présentent beaucoup d'analogie avec les Cornes : tels sont les ergots tubuleux des pieds de derrière de l'Echidné ou de l'Ornithorhynque, les crochets venimeux de la vipère, les tarses des Gallinacés, la substance qui revêt les mâchoires des oiseaux, la corne des pieds des ruminans et des solipèdes, etc. La description de ces organes appartient aux mots DENTS, ERGOT, ONGLE, etc.

Un frottement long-temps continué développe également, sur la peau des hommes ou de quelques animaux, des excroissances dures et calleuses qu'on a aussi appelées Cornes : ces excroissances anormales doivent être considérées comme des affections maladives et leur histoire, par conséquent, n'appartient point à la physiologie.

On donne vulgairement le nom de Cornes aux tentacules des Limaçons et aux antennes des insectes.   (P. G.)

CORNET. (ANAT.) Lamelles osseuses contournées sur elles-mêmes, et situées dans l'intérieur des fosses nasales.

CORNET. (MOLL.) La ressemblance que présentent les coquilles du genre Cône avec un cornet de papier leur avait fait donner ce nom, qu'on a également appliqué à des olives. On appelle aussi vulgairement Cornets les CALMARS (v. ce mot).

CORNETS. (BOT.) Appendices variés, creux et évasés, que l'on remarque dans certaines fleurs irrégulières. Dans la fleur des Asclépiades on rencontre cinq Cornets. On désigne encore par ce mot les pétales des Ancolies et des Hellébores.
       (P. G.)

CORNICHON. (ÉCON. DOM.) En parlant du Concombre, p. 272, nous avons vu que l'on donne le nom de Cornichon à une de ses variétés qui est cultivée pour en faire confire le fruit encore jeune. Il y a plusieurs manières de préparer les Cornichons : rapportons les principales. Le soin le plus important, commun à toutes, est de choisir les plus petits, de les essuyer avec un linge rude, très-propre, afin de les dépouiller de leur duvet, et d'avoir du bon vinaigre de vin, et non celui tiré des lies de vin ou de cidre. Le vinaigre blanc est préférable au rouge; la couleur du Cornichon se conserve mieux avec le premier, et plus le fruit s'en pénètre, plus sa partie colorante se fixe sur l'épiderme et y demeure attachée. Il serait bon aussi d'adopter l'usage de nos départemens du midi, c'est-à-dire de cueillir le Cornichon avant la maturité, alors qu'il se montre d'un très-beau vert.

La méthode la plus générale est de jeter sur les Cornichons préparés de l'eau bouillante, ou mieux encore de verser dessus du vinaigre blanc porté à la température de 80 degrés. Quand on emploie l'eau, l'on retire au bout de quatre à cinq jours, on met à égoutter sur un linge blanc, puis on place dans un vase, en intercalant de distance en distance entre les Cornichons quelques feuilles de laurier et des grains de poivre; et l'on verse sur le tout du vinaigre bouillant, auquel on additionne trente grammes de sel blanc par litre de liquide. Quand c'est le vinaigre qu'on emploie, on le renouvelle au bout de dix jours; il vaut mieux en prendre du nouveau que de faire réchauffer le premier. L'un et l'autre procédé est bon et la cuisson légère que le fruit éprouve dépouille l'enveloppe de toute son âcreté.

Certaines personnes, surtout les épiciers, mettent le vinaigre et le sel sur le feu dans un chaudron de cuivre; lorsque la saumure est prête à bouillir, ils jettent dedans les Cornichons et les retirent du feu après un petit bouillon; ils couvrent pour faire entièrement baigner le fruit et laissent ainsi quelques jours, et avant d'arranger dans des bocaux ou des petits barils, ils s'assurent si la saumure est de bon goût et suffisamment salée. Ils mêlent alors aux Cornichons du piment blanchi, des clous de girofle, du poivre en grains, du fenouil, de l'ail, de l'estragon ou de la roquette. Ils emplissent les bocaux avec de la saumure. Cette méthode est essentiellement dangereuse; tel bien étamé que soit le chaudron, l'acide du vinaigre le corrode et le convertit en vert de gris. Le danger est d'autant plus grave que la couleur verte du Cornichon est plus rehaussée.   (T. D. B.)

CORNOUILLER, *Cornus*. (BOT. PHAN et AGR.) Quatorze espèces de plantes ligneuses, deux seules exceptées, qui sont herbacées, composent ce genre de la famille des Caprifoliacées et de la Tétrandrie monogynie. Trois espèces appartiennent à l'Europe et sont anciennement connues; les autres proviennent de l'Amérique du nord. Aucun Cornouiller n'a été rencontré dans les pays chauds, c'est dire que tous résistent aux hivers de la France, et qu'ils ne sont point difficiles sur la nature du terrain.

Les deux espèces herbacées sont le CORNOUILLER DE SUÈDE, *C. herbacea*, qui habite le nord de l'Europe et de l'Asie, et le CORNOUILLER DU CANADA, *C. canadensis*; l'un ressemble beaucoup à l'autre; la seule différence est que le premier porte au sommet de sa tige deux rameaux et des feuilles sessiles, opposées, tandis que le second a la tige simple et le feuillage verticillé.

Parmi les espèces ligneuses, donnant toutes des arbrisseaux s'élevant de quatre à sept mètres au plus, deux offrent leurs rameaux pour remplacer l'osier et faire des liens : le CORNOUILLER BLANC, *C. alba*, remarquable par son large feuillage, ses beaux corymbes de fleurs, ses fruits blancs qui ressemblent à des perles, et tranchent sur le rouge de corail des rameaux; et le CORNOUILLER STOLONIFÈRE, *C. stolonifera*, dont la forme est tout-à-fait irrégulière. Celles qui peuvent servir d'ornement sont 1° le CORNOUILLER A FLEURS, *C. florida*, introduit en Europe en 1739; il fleurit en même temps

temps qu'il se charge de feuilles ; ses fleurs, jaunes, disposées en petite ombelle au bout de chacun des rameaux, sont ceintes d'une large collerette blanche ou rouge, et si brillante qu'elle a l'air d'une corolle ; 2° le CORNOUILLER SOYEUX, *C. sericea*, aux rameaux étalés, d'un pourpre noirâtre, aux longues feuilles ovales-lancéolées, dont les nervures sont couvertes d'un poil soyeux couleur de rouille, aux fleurs d'un blanc éblouissant, aux fruits du plus beau bleu ; 3° et le CORNOUILLER PYRAMIDAL, *C. fastigiata*, le plus élevé de tous ; ses jeunes rameaux sont noirs, pointillés, garnis de feuilles rétrécies en longue pointe et de fleurs blanchâtres disposées en panicule.

Habitant de nos haies et de nos bois, le CORNOUILLER SANGUIN, *C. sanguinea*, est un arbrisseau à rameaux longs et droits, avec écorce lisse, d'un rouge brun, à fleurs blanches et baies noires ; il figure assez bien dans les jardins. On a retiré de ses baies amères une huile bonne à brûler, et en y additionnant une petite quantité de liqueur des savonniers, un savon de très-bonne qualité. La culture de cet arbrisseau n'exige aucun soin, il produit son fruit au bout de deux ans ; mais il a le défaut de tracer beaucoup. Ses rameaux sont propres aux ouvrages de vannerie.

On mange en Amérique les fruits du Cornouiller à fleurs et du Cornouiller soyeux. On dit leur écorce fébrifuge. Les habitans des deux Carolines mêlent avec leur tabac des feuilles de la seconde espèce auxquelles ils attribuent cette propriété et celle d'être anti-scorbutiques. Le fruit des autres espèces sert à faire des boissons fermentées que l'on appelle *piquettes*. Le bois est dur, on en fait les échelons d'échelles, les roulons des ridelles de charettes, des brochettes pour piquer les viandes, des échalas excellens, surtout si l'on a soin d'enlever l'écorce, etc. Les feuilles sont respectées par les insectes.

Généralement on donne le nom de *Cornouiller mâle* à l'espèce la plus commune de France, ainsi qu'aux Cornouillers à fleurs de Suède et du Canada, qui tous ont les ombelles ceintes d'une collerette de quatre grandes bractées colorées, et l'on réserve aux autres espèces le nom de *Cornouiller femelle*, parce qu'elles sont dépourvues de cette collerette. Rien de plus impropre qu'une semblable dénomination. C'est pourquoi je désigne la première de ces espèces CORNOUILLER COMMUN, *C. mas* (voy. notre Atlas, pl. 124, figure 2) : elle se couvre, avant le printemps et avant d'avoir ses feuilles, d'une grande quantité de fleurs jaunes, auxquelles succèdent des fruits petits, oblongs, de couleur rouge, mûrs en septembre, que l'on mange crus ou confits au sucre ; on les appelle dans nos départemens du nord *Cornioles* et *Cornouilles* ; dans ceux du midi *Acuernes* et *Cuerni*. Ces fruits sont employés avantageusement en médecine ; on les administre, réduits en gélatine ou sous forme de rob, contre les fièvres aiguës, bilieuses et putrides. L'économie rurale et domestique s'en est emparée pour remplacer les olives dont les contrées du nord sont privées. Voici

la méthode à suivre. Quand la Cornouille commence à se couvrir sur l'arbre d'une couleur un peu rougeâtre, on cueille les plus grosses et les plus longues ; on les nettoie avec un linge doux et blanc, et on les laisse se faner légèrement ; on prend alors un vase, petit baril ou tonnelet, on l'emplit d'eau de rivière, dans laquelle on met autant de sel de cuisine que le liquide peut en dissoudre ; on jette les Cornouilles dans cette saumure, et on répand sur elles du fenouil et quelques feuilles de laurier. On place le récipient en un endroit tempéré, et on l'y laisse jusqu'à ce que les Cornouilles aient pris le goût et la couleur des olives ; il faut alors les changer de vase, et les tenir dans un lieu frais. J'ai mangé de ces pseudo-olives et je les ai trouvées fort agréables.

Richard a compris le Cornouiller dans sa petite famille des Hédéracées. Il regarde ce genre, avec le Lierre, *hedera helix*, comme formant passage naturel entre les Caprifoliacées et les Araliacées, c'est-à-dire entre les Monopétales et les Polypétales épigynes ; la corolle du Cornouiller et du Lierre est polypétale et les étamines sont immédiatement épigynes. Il est fâcheux que le nom de Hédéracées ait déjà été donné par Philibert à la famille des Vignes.   (T. D. B.)

COROLLE, *Corolla*. (BOT. PHAN.) Le plus grand nombre des botanistes n'est point d'accord sur la nature et le nom de l'enveloppe qui entoure immédiatement les organes sexuels des plantes ; les uns appellent Corolle ce que les autres disent être le calice, et *vice versa*. Sans doute il est facile d'errer, quand on voit que, loin de désunir ces deux parties distinctes, l'anatomie végétale les présente unies, souvent confondues. Cependant il est facile de s'entendre : la Corolle nécessite la présence du calice, elle est la partie la plus intérieure du périanthe double. Elle est NÉGULIÈRE, quand toutes ses divisions, égales pour la forme et la proportion, forment un tout symétrique, comme dans la Rose, la Primevère, l'Anémone, etc. ; elle est IRRÉGULIÈRE, quand cette harmonie n'existe pas, comme dans le Genêt, le Romarin, etc. Quelquefois ces deux modifications se rencontrent dans les plantes d'une même famille ; mais l'irrégularité est peu prononcée, et d'autres rapports naturels ne permettent pas de les séparer : tels sont les *Geranium*, dont la Corolle est régulière, et les *Pelargonium*, chez qui elle est irrégulière.

La Corolle est composée de un à plusieurs segmens ou pétales distincts et isolés, munis dans leur partie inférieure atténuée d'un onglet ; la partie supérieure, qui est plus ou moins évasée, prend le nom de lame. On voit ces segmens augmenter régulièrement en nombre de un à huit. La Corolle qui n'a qu'un seul pétale, un pétale isolé n'enveloppant pas complétement les étamines et les pistils, comme dans le Polygale, aimé de tous les bestiaux, *Polygala vulgaris*, est dite MONOPÉTALE. Celle qui en a deux, DIPÉTALE ; exemple la Circée, *Circæa lutetiana* ; celle qui en a trois, TRIPÉTALE, le Plantain, *Alisma plantago* ; celle qui en a quatre, TÉTRAPÉTALE, la Giroflée, *Cheiran-*

thus cheiri; celle qui en a cinq, PENTAPÉTALE, la Rose des haies, *Rosa canina*; celle qui en a six, HEXAPÉTALE, l'Épine-vinette, *Berberis vulgaris*; celle qui en a sept, HEPTAPÉTALE, le Magnolier, *Magnolia glauca*; celle qui en a huit, OCTOPÉTALE, la Ficaire, *Ranunculus ficaria*. De ce nombre, elle passe à plusieurs pétales, sans qu'on puisse en déterminer la quantité; elle prend alors le nom de Corolle POLYPÉTALE: l'Œillet des fleuristes, *Dianthus caryophyllus*.

On est convenu d'appeler COROLLE UNIPARTITE celle qui est formée d'une seule pièce non divisée jusqu'à la base, comme dans le LISERON, *Convolvulus arvensis*, la BOURRACHE, *Borrago officinalis*, etc. Elle a un tube très-visible dans la PRIMEVÈRE, *Primula veris*; le limbe entier dans le Bois de perroquet, *Fissilia psittacorum*, et divisé dans le JASMIN, *Jasminum officinale*, la gorge, ou l'orifice du tube, plus ou moins évasée. Cette Corolle est toujours accompagnée d'un ovaire simple, et sert de support aux étamines, qui s'y trouvent toujours en nombre défini. Elle affecte neuf formes générales dont six régulières et trois irrégulières. Les premières sont la COROLLE EN ROUE, le Bouillon blanc, *Verbascum thapsus*; ou ÉTOILÉE, le Caillelait, *Gallium verum*; la COROLLE CAMPANULÉE, la Raiponce, *Campanula rapunculus*; la COROLLE INFUNDIBULIFORME, le Tabac, *Nicotiana tabacum*; la COROLLE HIPPOCRATÉRIFORME, la Pervenche, *Vinca major*; la COROLLE TUBULEUSE, la Consoude, *Symphytum officinale*; la COROLLE URCÉOLÉE, l'Airelle, *Vaccinium myrtillus*. Les secondes sont la COROLLE LABIÉE ou en gueule, la Sauge, *Salvia officinalis*; la COROLLE PERSONNÉE ou en masque, le Mufle de veau, *Antirrhinum majus*, et la COROLLE ANOMALE, l'Utriculaire, *Utricularia vulgaris*.

Cinq formes générales s'observent dans les Corolles polypétales, trois régulières et deux irrégulières. Les régulières sont 1° la COROLLE CRUCIFORME; elle comprend toutes les plantes qui, à l'instar du Chou, *Brassica sylvestris*, portent quatre pétales égaux, à onglet long et disposés en croix; 2° la COROLLE ROSACÉE, la Mauve alcée, *Malva moschata*; 3° et la COROLLE CARYOPHYLLÉE, la Nielle des blés, *Nigella arvensis*. 4° La COROLLE PAPILIONACÉE, qui renferme l'intéressante famille des Légumineuses; 5° et la COROLLE ANOMALE, la Capucine, *Tropæolum majus*, sont les deux formes irrégulières. Dans les Corolles polypétales les étamines sont très-rarement attachées aux pétales; on ne connaît qu'un petit nombre d'exceptions, elles appartiennent à quelques Lychnides, à certaines Staticées, et au genre MÉLANTHE, *Melanthium*, qui n'a aucun représentant indigène à l'Europe; les deux seules espèces connues sont cultivées dans un petit nombre de jardins.

Une loi générale qui souffre fort peu d'exceptions est de trouver les étamines dissemblables et irrégulières dans les Corolles irrégulières; d'ordinaire, autant celles-ci comptent de divisions, autant il y a d'étamines; quelquefois cependant les étamines sont en nombre double des divisions.

Dans les Corolles unipartites les étamines alternent avec les pétales. Chez la Corolle polypétale, chaque segment se détache séparément; il faut excepter les Malvacées dont la corolle tombe d'une seule pièce après l'anthère, comme celle des Corolles unipartites.

Éclat et variété des couleurs, délicatesse du tissu, durée passagère, odeur le plus ordinairement suave, voilà ce qui fixe les yeux et les sens sur la Corolle à l'époque où les fleurs embellissent la terre. Son objet est plus important; elle est créée pour garantir les parties de la fructification des affections auxquelles elles peuvent être sujettes dans leur première période, pour favoriser leur développement et leur perfectionnement, et lorsqu'elle tombe dès que la fécondation est opérée, elle laisse ces soins au calice. *V.* aux mots CALICE, FLEUR, OVAIRE et PLANTE. (T. D. B.)

COROMANDEL et MALABAR. (GÉOGR. PHYS.) On appelle de ce nom les côtes qui s'étendent à l'est et à l'ouest de la presqu'île du Dekkan, de chaque côté du cap Comorin. Ces deux contrées diffèrent essentiellement l'une de l'autre, malgré leur voisinage, et présentent des contrastes de climat qui, au premier abord, paraissent extraordinaires, tandis qu'ils sont la conséquence toute naturelle d'une cause bien connue. Ainsi l'hiver et les tempêtes, le froid et les pluies règnent-ils sur la côte de Malabar? la côte de Coromandel jouit d'un ciel calme et serein et de tous les agrémens de l'été. L'hiver, au contraire, afflige-t-il de ses rigueurs les plaines de la côte de Coromandel? le soleil se lève brillant et chaleureux sur la côte de Malabar. Et pourtant ces deux côtes sont à la même élévation; et pourtant elles ne sont séparées que par la chaîne de Gate, qui s'étend du nord au sud de la presqu'île indienne. Examinons quelles sont les époques de mutation dans les saisons, et voyons si elles ne nous donneront pas la clef d'un résultat aussi bizarre.

A la côte de Malabar, l'hiver commence au mois d'avril et finit au mois d'octobre. Cette saison est extrêmement mauvaise, et il y a un tel trouble dans l'atmosphère que non-seulement la mer n'est pas navigable, mais encore qu'il n'y a de sûreté pour les bâtimens dans aucun port de la côte. Les nuages, apportés du midi, s'amoncellent, forment des orages et produisent des ouragans qui sont la terreur des habitans; poussés avec force vers les montagnes de Gate, ils crèvent et forment des torrens qui se répandent à travers les campagnes, et les inondent.

L'été commence au mois d'octobre, et pendant plusieurs mois le ciel n'offre pas un nuage qui puisse obscurcir la lumière du soleil; cependant, malgré la chaleur dévorante de ces longues journées, les nuits sont très-froides pendant trois mois de l'année.

Les mêmes phénomènes se reproduisent sur la côte de Coromandel, mais en sens inverse: toutes ces variations si bizarres ont une cause toute naturelle; elles sont le produit des vents réguliers appelés moussons; on sait que du mois d'octobre au mois de mars, le vent du nord règne pour les contrées au-delà de l'équateur ; ce vent du nord vient donc souffler sur la côte de Coromandel, tandis que la côte de Malabar est abritée de ce mousson par la chaîne de Gate : au contraire, depuis le mois d'avril jusqu'à la fin de septembre, c'est le vent du sud qui souffle et qui vient troubler par conséquent le calme et le repos de la côte de Malabar.

Rien donc de plus naturel que la réunion de ces deux climats si différens dans des régions aussi voisines.

Les Anglais possèdent sur ces côtes ces magnifiques comptoirs qui élèvent si haut, par leurs richesses, la compagnie anglaise dite des Indes orientales ; la France possède aussi quelques comptoirs, mais à des conditions si onéreuses qu'elle en retire peu de profit.

Une des grandes richesses de la côte de Coromandel et en même temps de l'île de Ceylan, qui n'en est séparée que par le détroit dont on trouve partout le fond, est la pêche des huîtres à perles qui a lieu dans le détroit de Manaar. C'est vers le mois de février que cette pêche a lieu. Quand le commissaire anglais a déterminé le jour de l'ouverture et les parages où elle se fera, on voit arriver de différens points plusieurs milliers d'individus, de mœurs, de nation, de croyance, de langage divers, qui font un vaste bazar de la baie de Condatchy. Leurs bateaux, longs et larges, avec un mât et une voile, ne tirent guère que dix-huit pouces d'eau. La pêche se fait par adjudication, et il est rare que les Chingulais se mettent sur les rangs pour l'obtenir. Leur poltronnerie les tient à l'écart ; on les dirait désintéressés dans un commerce qui s'exploite sur leur domaine. Les adjudicataires habituels sont des noirs qui font plonger leurs hommes, presque tous venus de la presqu'île de Dekkan. Pendant deux mois ils ont le privilège de cette pêche. Pour intéresser leurs plongeurs à une récolte abondante et prompte, ils les paient en nature, dans une proportion calculée sur les produits de la pêche. Chaque barque est montée de vingt hommes, dont dix plongeurs. Le plongeur prend entre ses deux pieds ou lie autour de ses reins une pierre de granite qui l'entraîne au fond de l'eau, souvent à plus de dix brasses. Les cordes d'amarre le retiennent de la barque, et, à de certaines indications, on le hisse à bord. Tenant un sac en filet d'une main et bouchant de l'autre ses narines, il ramasse des huîtres tant qu'il peut stationner en bas, puis on le ramène à fleur d'eau, et après lui la pierre qu'il a laissée au fond. Souvent, dans ce périlleux travail, le pêcheur rend du sang par les oreilles et par les narines. Toutefois l'asphyxie n'est pas le plus grand danger que courent ces malheureux. Sous ces latitudes équatoriales, les requins se montrent par bandes, et la pêche surtout leur offrant une proie quotidienne, ils n'ont garde de manquer à la fête. Contre des assaillans pareils, les pêcheurs malais n'ont que des ressources d'exorcisme. Un sorcier à bord de chaque barque, conjure les voraces cé-

tacés, et fournit les plongeurs d'amulettes et de préservatifs. Cependant, en d'autres occasions, ces hommes hardis vont jusqu'à se faire agresseurs ; ils cherchent le requin, le combattent et le tuent. En 1825, un plongeur de perles, robuste Malais de quarante-cinq ans, était venu à la pêche avec son fils, jeune homme déjà fait. Dans une de ces immersions, un énorme requin attaqua ce dernier et lui emporta une jambe. A la vue du sang qui rougissait l'eau, à l'aspect du visage convulsif de son enfant, le Malais ne dit rien, ne pleura point, mais il regarda à fleur d'eau jusqu'à ce que la dorsale du cétacé eût reparu : alors, prenant un couteau entre ses dents, il plongea. Pendant quelques minutes on le chercha vainement ; mais un violent remous et quelques traînées de sang indiquèrent bientôt qu'un combat sous-marin venait de s'engager. Il se prolongea pendant plus d'un quart d'heure. Le Malais revenait de temps à autre à la surface pour reprendre haleine, esquivait son monstrueux adversaire, le harcelait de profondes entailles dans les ouïes, dans le ventre, sur les flancs, partout enfin. Un dernier coup acheva l'animal : la mer devint rouge, les ondulations cessèrent, et le cadavre flotta. Le Malais vainqueur poussait son trophée en nageant vers la barque. Il était fier : son fils était vengé.

La quantité d'huîtres perlières qui se trouvent sur les bancs varie suivant les saisons et selon le mouvement des sables. L'accroissement de ces huîtres dure sept ou huit ans : elles sont d'une nature si délicate, qu'elles ne souffrent pas le transport. Les perles se trouvent dans la partie la plus profonde de l'huître. Quand la récolte est faite, il faut laisser pourrir les huîtres dans des puits, pour ne pas courir le risque de briser la perle en les ouvrant vivantes : rien n'est plus variable que le résultat d'une pêche : tel canot ne rassemblera que trois cents huîtres dans sa journée, tandis qu'un autre en recueillera plus de trente mille : les bancs d'huîtres sont comme les filons de mine, plus ou moins riches, plus ou moins fructueux. (Voyage autour du monde.)

La côte de Coromandel renferme aussi quelques mines de diamans : elles se trouvent dans la chaîne de Gate : mais elles sont fort mal exploitées.

(C. J.)

CORONAL, *Coronalis* ou *Coronarius*. (ANAT.) Qui a rapport à une couronne. L'os coronal (*os frontis*), a été ainsi nommé parce que c'est sur lui que repose en partie la couronne des rois. (*V.* SQUELETTE).

(M. S. A.)

CORONILLE, *Coronilla*. (BOT. PHAN.) Famille des Légumineuses, Diadelphie décandrie. Ce joli genre est composé de plantes herbacées ou suffrutescentes, au nombre de plus de vingt espèces, la plupart à fleurs jaunes, d'autres roses, blanches, pourpres ou violacées, toutes disposées en ombelles plus ou moins lâches, et naturelles à la région méditerranéenne, à l'exception de deux seules, la *C. varia*, que l'on trouve dans toute l'Europe, et la *C. minima*, qui arrive jusqu'aux environs de Fontainebleau. Je citerai quelques espèces seulement.

La Coronille de Crète, *C. cretica*, se cultive en pleine terre, fleurit en juin, juillet et août, est annuelle, munie d'une racine fibreuse, de tiges étalées sur le sol, garnies de feuilles pétiolées, alternes, d'un beau vert, et donne des fleurs petites, roses, quelquefois mêlées de blanc et de pourpre clair, auxquelles succèdent des gousses allongées, renfermant une graine oblongue dans chacune de leurs articulations. Cette espèce, représentée dans notre Atlas, pl. 124 fig. 5, avait été séparée de ses congénères pour en former un genre nouveau sous le nom d'*Artrolobium*; mais un examen attentif de toutes ses parties l'a rétablie aux lieu et place que Linné lui assigna si justement.

S'il faut s'en rapporter aux observations du professeur Seiler de Wittemberg, on doit ranger parmi les végétaux vénéneux la Coronille bigarrée, *C. varia*, que presque tous les botanistes modernes disent annuelle, parce qu'ils copient servilement une erreur commise par Lamarck, tandis qu'elle est évidemment vivace. Ce qu'il y a de certain, c'est que les animaux n'y touchent point; l'instinct leur révèle des propriétés nuisibles que nous ne connaissons encore que très-imparfaitement, faute d'études approfondies. La plante trace avec force, ses racines serpentent au loin; j'en ai vu qui avaient plus de deux mètres de long et élevant de toutes parts des jets nombreux. Malgré ce double inconvénient, la Coronille bigarrée est une des plus jolies plantes d'ornement; sur une tige d'un mètre de haut, en partie cachée, les fleurs, qui sont admirablement panachées de rose, de blanc, de violet, et disposées douze à quinze en couronne avec une élégante symétrie, se trouvent en si grand nombre qu'à peine elles permettent à l'œil de voir les feuilles, lorsqu'elles ont atteint leur entier épanouissement. Ces feuilles sont ailées, à sept ou dix paires de folioles vertes, oblongues, obtuses avec une petite pointe. La plante est très-commune dans les fossés, sur le bord des chemins et des champs, surtout dans les départemens que la Marne arrose de ses eaux si sujettes à déborder. (T. D. B.)

CORONILLÉES. (BOT. PHAN.) Groupe remarquable de la grande famille des Légumineuses, dont les genres ont subi, selon les botanistes qui les examinèrent, des mutations de noms et de places que la science n'a pas toujours ratifiées. Selon la monographie publiée dans les Actes de la Société Linnéenne de Paris (tom. IV, p. 295 et suiv.), par Desvaux, les Coronillées offrent vingt-quatre genres bien distincts, établis sur plus de cent quatre-vingts espèces. Leur principal caractère réside dans les gousses, qui, au lieu de ne former intérieurement qu'une seule cavité, sont divisées en plusieurs loges monospermes, au moyen de cloisons transversales. Ce caractère important est-il bien philosophique? Il n'est point exclusif aux Coronillées; on le retrouve, tantôt parfaitement semblable, tantôt plus ou moins modifié,

dans plusieurs genres, dans un grand nombre d'espèces de la famille des Légumineuses. Parmi les genres, on remarque le Caroubier, *Ceratonia*, le Févier, *Gleditsia*, la Poincillade, *Poinciana*, etc.; parmi les espèces, les Dolics d'Égypte et du Japon, *Dolichos lablab* et *soja*, le Haricot d'Espagne, *Phaseolus multiflorus*, divers Caragans, *Caragana*, et Lotiers, *Lotus*. On a contesté avec raison la nécessité du genre *Artrolobium* proposé par Desvaux; on a rejeté le genre *Emerus* de Miller; on a adopté le genre *Securidaca* de Gærtner, Mœnch, Lamarck et Jacquin, en modifiant son nom en celui de *Securigera*, inventé par De Candolle.

Les Coronillées sont des herbes, rarement on les voit prendre place parmi les sous-arbrisseaux : les feuilles sont impari-pennées, et les fleurs en ombelles. On les rencontre à chaque pas dans le midi de la France, en Espagne, en Italie, en Grèce; on en trouve aussi en Orient et dans l'Amérique du Sud. (T. D. B.)

CORONULE, *Coronula*. (MOLL.) Lamarck caractérise ainsi le genre Coronule: corps sessile, enveloppé dans une coquille, faisant saillir supérieurement des bras petits, sétacés et cirrheux; coquille sessile, plus épaisse à sa base que vers ses bords, paraissant univalve, mais réellement formée de six pièces soudées, suborbiculaire, en cône rétus, tronquée aux extrémités, à parois épaisses, intérieurement creusées en cellules rayonnantes; opercule de quatre valves obtuses; ouverture (de la coquille) ovale et arrondie, fermée en partie par l'opercule et en partie par une membrane mince, adhérente au pourtour; cavité intérieure (toujours de la coquille) entièrement tapissée par le manteau; lame recouvrant les cellulosités, entière et descendant jusqu'au fond; ouverture inférieure close par une membrane assez épaisse.

Les Coronules sont toutes adhérentes par leur base; les unes, et c'est le plus grand nombre, se trouvent sur la peau des grands animaux marins à quelques lignes de profondeur, les autres se fixent sur les tortues, les coquilles, etc.

Comme espèces bien connues, nous ne citerons que la Coronule diadème, *Coronula diadema*, la Coronule rayonnée, *Coronula balænaris*, et la Coronule des tortues, *Coronula testudinaria* de Lamarck.

La première, représentée dans notre Atlas, pl. 39, fig. 4, est subcylindrique, tronquée et sexangulaire; les angles sont crénelés, lisses dans leurs intervalles; l'ouverture est ovale, fermée par un opercule bivalve, semi-lunaire, petit, etc.

La seconde est orbiculaire, convexe, à six rayons étroits et striés transversalement. La troisième, plus plate que les deux précédentes, est convexe, blanche; son ouverture est ovale, fermée par un opercule quadrivalve, les six rayons qu'elle présente sont striés transversalement et les intervalles qui les séparent sont lisses; enfin, contrairement à la Coronule diadème, sa cavité intérieure est plus grande inférieurement que supérieurement. (F. F.)

COROPHIE, *Corophium*. (CRUST.) Genre de l'ordre des Amphipodes, établi par Latreille et ayant pour caractères : quatre antennes, les inférieures beaucoup plus grandes que les deux supérieures, en forme de pieds, et dont la dernière pièce n'est composée que de trois articles, et paraît se terminer par un petit crochet. Ces crustacés ont quelques ressemblances avec les Talitres ; mais ils s'en distinguent par les articles peu nombreux de la dernière pièce de leurs antennes. Les Corophies ont le corps presque cylindrique, les yeux saillans, comprimés ; leur tronc est divisé en sept anneaux supportant chacun une paire de pattes ; la première paire et la seconde sont terminées par une main, dont les doigts sont crochus, mobiles et presque égaux entre eux. Les femelles présentent, près de la base inférieure des pieds, des lames membraneuses en forme d'écailles, dont la réunion forme une espèce de poche : elles servent à retenir les œufs et même les petits jusqu'à ce qu'ils aient acquis assez de force pour s'isoler. L'abdomen est divisé en sept anneaux présentant chacun en dessous une paire de fausses pattes, terminées par des filets divisés en deux branches très-mobiles et analogues aux pieds nageurs et branchiaux des Stomapodes. L'extrémité de l'abdomen est courbée en dessous et munie d'appendices natatoires. L'espèce unique servant de type au genre est le COROPHIE LONGICORNE, *Corophium longicorne*, Latr., *Cancer grossipes*, Linn., *Gammarus longicornis*, Fabr., que nous avons représenté dans notre Atlas, pl. 124, fig. 4. M. D'Orgigny père a fait connaître les mœurs de ces singuliers animaux, qui paraissent se multiplier en grand nombre dans la belle saison. Ces crustacés se trouvent dans la vase des bords de l'Océan ; ils se nourrissent principalement de plusieurs annélides, telles que les Néréides, les Aphrodites, les Arénicoles, etc., et leur font une guerre sans relâche. D'après les observations de M. d'Orbigny, on voit à la marée montante des myriades de ces petits crustacés s'agiter en tous sens, battre la vase de leurs grandes antennes, la délayer pour tâcher d'y découvrir leur proie : ont-ils rencontré une annélide, souvent cent fois plus grosse que chacun d'eux, ils se réunissent et semblent agir d'accord pour l'attaquer et ensuite pour la dévorer ; ils ne cessent leur carnage que lorsqu'ayant fouillé et aplani toute la vasière, ils ne trouvent plus de quoi assouvir leur voracité ; alors ils se jettent sur les mollusques et les poissons qui sont restés à sec pendant la marée basse, et sur les moules qui se sont détachés des palissades des bouchots. On désigne ainsi par le nom de bouchot, dans le golfe de Gascogne des espèces de parcs à moules artificiels, formés par des pieux et des palissades et avancés quelquefois d'une lieue dans la mer. Ces pieux et palissades sont tapissés de fucus, et les moules qui s'attachent à ces végétations marines sont recueillies par des pêcheurs qui portent le nom de boucheleux. Lorsque la marée est basse, le boucheleux se rend à son bouchot ; mais pour y arriver et afin de ne pas s'enfoncer dans la vase,

il fait usage d'une sorte de nacelle qu'il dirige et pousse en mettant un pied dehors et l'appuyant obliquement sur le sol mou. Sans l'usage de cette nacelle, la récolte des moules serait impossible. Pendant l'hiver, le vent, qui règne le plus souvent du sud au nord-ouest, rend la mer très-grosse ; la vase est délayée et inégalement amoncelée ; le sol de l'intérieur des bouchots a l'aspect d'un champ préparé en sillons presque égaux et souvent élevés de trois pieds. Lorsque la saison devient chaude, les sommets de ces sillons restant exposés à l'ardeur du soleil pendant le temps de la mer basse, s'égouttent, se durcissent, et, les petites nacelles des boucheleux ne pouvant surmonter de semblables obstacles, la pêche des moules devient alors impraticable. Ce que des milliers d'hommes ne parviendraient pas à exécuter dans tout le cours de l'été, les Corophies l'achèvent en quelques semaines ; ils démolissent et aplanissent plusieurs lieues carrées couvertes de ces sillons ; ils délaient la vase, qui est emportée hors des bouchots par la mer. A chaque marée, et peu de temps après leur arrivée, le sol de la vasière se trouve avoir une surface aussi plane qu'à la fin de l'automne précédent. A cette époque seulement, le boucheleux peut recommencer la pêche des moules. Soit que les Corophies s'enfoncent profondément dans la vase pour y passer l'hiver, soit que, à la manière de la plupart des crustacés, ils se retirent pendant la saison froide dans des mers plus profondes, ils ne commencent à paraître dans les bouchots que vers le milieu du mois de mai, et ce temps est celui où les annélides dont ils se nourrissent sont le plus abondantes. C'est vers la fin d'octobre qu'ils quittent les bouchots ; l'émigration est générale, et il n'est pas rare alors de n'en plus rencontrer un seul là où ils étaient très-nombreux quelques jours avant. (II. L.)

COROSSOL ou CACHIMENT. (BOT. PHAN.) On donne ce nom au fruit du Corossolier, espèce du genre ANONE. *V.* ce mot. (GUÉR.)

COROSSOLIER. Nom vulgaire, aux Antilles, de l'*Anona muricata*. (GUÉR.)

CORPS. (ZOOL. BOT. MIN.) On définit la *matière*, tout ce qui occupe de l'espace, ou qui a de la longueur, de la largeur et de l'épaisseur, en un mot tout ce qui peut agir sur nos sens, et l'on appelle Corps une portion de la matière : l'air, une pierre, un animal, une plante sont autant de Corps. On a proposé de diviser les Corps en organiques et en inorganiques, ou bruts, les derniers différant des premiers en ce qu'ils cristallisent, tandis que les autres s'organisent ; ou en d'autres termes, les premiers jouissant de la vie, se reproduisant par génération et se développant dans des limites fixes et par intussusception ; les autres prenant leur accroissement par agrégation régulière ou irrégulière, ou, comme on dit, par juxtaposition. Cette division ne saurait être d'une application toujours exacte. Les Corps diffèrent encore entre eux par leurs *propriétés physiques*, c'est-à-dire par les circonstances dans lesquelles ils s'offrent directement à nos sens et par leurs propriétés chimiques, c'est-à-dire par celles qui ne se reconnaissent qu'à l'aide de certains agens dont on fait usage. Ainsi la consistance, tel que l'état solide, liquide ou fluide, l'*étendue*, la *densité*, la *dureté*, la *couleur*, la *transparence*, l'*odeur*, la *saveur*, la *sonorité*, etc., sont des propriétés physiques; l'*électricité*, le *magnétisme*, la *fusibilité*, la *dissolubilité*, l'*acidité*, l'*alcalinité*, sont des propriétés chimiques. Le même Corps peut se présenter dans des états différens; ainsi l'eau est tantôt à l'état de glace, tantôt à l'état liquide et tantôt à celui de vapeur. Les Corps sont considérés comme *simples* ou *élémentaires* tant qu'on n'est pas parvenu, par les moyens connus d'analyse, à les décomposer en deux ou plusieurs parties constituantes. On appelle Corps composés ceux qui, soumis à l'épreuve des réactifs, ne présentent pas le caractère d'homogénéité chimique. Le nombre des élémens devra nécessairement varier suivant les progrès que fera la science; un grand nombre de Corps, considérés long-temps comme simples, ont été décomposés depuis plusieurs années au moyen de l'électricité. On n'admettait autrefois que quatre élémens; aujourd'hui le nombre des Corps simples a dépassé cinquante. (P. G.)

CORRISPERME, *Corrispermum.* (BOT. PHAN.) Établi par Linné et par lui placé dans sa Monandrie diandrie, ce genre, de la famille des Chénopodées, paraît, selon l'observation judicieuse de Kitaibel, devoir entrer dans la Pentandrie. Il contient une douzaine d'espèces herbacées, annuelles, amies des endroits sablonneux de l'ancien continent, et que l'on trouve aux bords des grands bassins de la Méditerranée, de la Caspienne et du lac Baïkal. Leurs tiges effilées portent des feuilles alternes, étroites, des fleurs verdâtres, petites, sans apparence, disposées en épis et donnant naissance à une graine nue, ovale, comprimée, plane d'un côté, convexe de l'autre, entourée d'un rebord membraneux. On n'a jusqu'ici reconnu aucune propriété utile aux diverses parties de ces plantes.

Quelques botanistes ont confondu ensemble deux espèces distinctes de Corrispermes indigènes à la France; d'autres ont été plus loin; ils ont déclaré comme étrangère à la flore française le CORRISPERME A FEUILLES D'HYSOPE, *Corrispermum hyssopifolium*. Cette espèce a été trouvée sur les sables aux bords du Rhône, au-delà de la treille d'Isigny, aux environs de Lyon, par feu notre ami Balbis, qui fut botaniste exact; elle se distingue du CORRISPERME DE MARSHALL, *C. Marshalii*, le seul qui se rencontre aux environs de Montpellier et d'Agde (et non pas le premier, comme l'indique l'auteur de la Flore française, tom. III, p. 597, n° 2278), par son fruit échancré; tandis que, dans le Corrisperme à feuilles d'hysope, il est terminé par un petit bec à son sommet. (T. D. B.)

CORSE. (GÉOGR. PHYS.) Située à 68 lieues au sud-est de la France, dont elle forme un département, cette île montagneuse présente de loin l'aspect d'une énorme pyramide. Sa position avantageuse entre l'Espagne et l'Italie, nos côtes méridionales et la Sicile, permet d'espérer qu'elle deviendra une station commerciale importante. Son climat est favorable aux denrées coloniales, et ses habitans, encore simples et grossiers, deviendront une des populations les plus intéressantes de la France, lorsque le double bienfait de la civilisation et de l'industrie aura plus généralement pénétré parmi eux.

La Corse a plus de 41 lieues de longueur, plus de 19 de largeur et 495 de superficie. C'est une des plus grandes îles de la Méditerranée.

Ses montagnes forment, avec celles de Sardaigne, un seul et même système que M. Bruguière appelle *sardo-corse*, et qui se dirige du nord au sud, en une chaîne qui se divise dans la Corse seule en dix rameaux, dont cinq sont sur le versant oriental et cinq sur l'occidental. Le sommet le plus haut de ces montagnes est le *Monte Rotondo*, après lequel on peut en citer neuf autres qui ont plus de 2,000 mètres d'élévation. Nous allons les mentionner tous :

mètres

Le Monte Rotondo.	2,672
Le Monte d'Oro.	2,652
Le Monte Paglia-Orba.	2,650
Le Monte Cardo ou Cervello.	2,500
Le Monte Padro.	2,458
Le Monte Artica.	2,440
Le Monte Renoso.	2,257
Le Monte Ladroncello.	2,135
Le Monte dell' Incudine.	2,056
La Punta della Capella.	2,049

Suivant M. Elie de Beaumont, c'est entre le commencement et la fin de la période tertiaire que furent soulevées les montagnes qui couvrent la Corse et la Sardaigne. Quant à la constitution géologique de la première de ces deux îles, nous en donnerons en peu de mots une idée en rappelant ce que nous avons dit ailleurs, c'est-à-dire que la plupart des terrains de la Corse appartiennent à la formation granitique; que les calcaires analogues à ceux des Alpes et du Jura se font remarquer dans deux parties opposées de l'île : d'abord sur la côte orientale, un peu au nord de Porto-Vecchio, et sur la côte septentrionale au fond du golfe de Saint-Florent; qu'enfin des calcaires plus récens et des grès calcarifères, qui appartiennent à la dernière époque du séjour de le mer sur nos continens, occupent seulement la partie méridionale de l'île, aux environs de Bonifacio.

A ces généralités nous en ajouterons d'autres, tirées de quelques observations faites par M. Reynaud et consignées dans un Mémoire récent. D'abord nous devons dire que la chaîne qui traverse la Corse étend de longs rameaux qui peuvent la faire considérer comme formée de deux parties : l'une orientale et l'autre occidentale. M. Reynaud pense que celle-ci est d'une époque de soulèvement antérieure à l'autre; que la partie orientale existait déjà, au moins en partie, au moment de la formation du terrain tertiaire; que des dislocations particulières ont dû amener la différence que l'on observe dans la hauteur de ce terrain au dessus du niveau de la mer. Le dépôt de Saint-Florent est celui dont les couches présentent les indices les plus frappans de soulèvement ; les fissures profondes qu'on remarque dans quelques parties du cap Corse, surtout aux environs de Bastia, et le dépôt considérable de blocs roulés, mélangés d'argile et de sable grossier, qui forment, dit M. Reynaud, la plaine marécageuse de Biguglia, ont probablement quelque rapport avec le soulèvement du terrain de Saint-Florent, qui se trouve dans leur voisinage.

« Au reste, ajoute M. Reynaud, le sol de la Corse ne paraît avoir subi aucune variation de niveau depuis les temps historiques. Il existe sur le littoral deux points de repère qui permettent d'en faire une vérification assez exacte. L'étang de Diane, qui formait le port de la ville antique d'Aleria, a conservé une profondeur qui le rendrait encore commode aujourd'hui pour les bâtimens de petite dimension, si, par suite de son abandon, l'entrée n'en avait été complétement ensablée. L'île de Cavolo, dans le détroit de Bonifacio, a servi long-temps de carrière aux Romains, qui y faisaient exploiter par leurs esclaves un beau granite grisâtre à grains fins : on voit encore la petite anse dans laquelle les navires venaient charger les blocs et les colonnes, et le pilier tout usé auquel on attachait les amarres. »

La Corse possède depuis les temps les plus reculés des mines d'excellent fer qui sont encore fort abondantes ; plusieurs étaient exploitées par les Romains. On y connaît aussi des filons de cuivre, d'antimoine et de plomb argentifère. Ce dernier minéral est assez riche près de Saint-Florent. L'alun existe dans plusieurs localités ; on y trouve aussi du jaspe, de l'amiante et du talc. Parmi les roches qui composent les montagnes, nous citerons de belles serpentines, des granites gris, roses et verdâtres, des porphyres bruns ou d'un beau vert, des syénites variées en couleurs, des marbres statuaires et cipolins, et surtout cette belle roche de *diorite* plus connue sous le nom de *granite orbiculaire*, dont on fait des vases précieux ; et cette autre roche appelée *pyroméride*, que l'on ne trouve que dans cette île, comme la précédente, et que l'on nomme aussi *porphyre orbiculaire*. Ce sont les carrières de la Corse qui ont fourni le granite destiné au piédestal de l'obélisque de Luxor et au soubassement de la colonne de la grande armée, en remplaçant le marbre qui supporte cette belle masse de bronze : La plus importante des îles françaises aura produit le plus grand génie des temps modernes et la base d'un monument qui rappelle sa gloire et qui porte sa statue.

Cette île possède aussi plusieurs sources thermales dont les principales sont celles d'Orezza, de Sant-Antonio, de Fium orbo, et de Guagno. Les deux dernières surtout étaient célèbres du temps des Romains.

Les cours d'eau les plus remarquables de la Corse sont : à l'est, le *Tarignano* et le *Golo* ; à l'ouest, le *Valinco*, le *Tararo*, la *Gravone*, le *Liamone* et le *Fango* ; mais aucun de ces cours d'eau n'est navigable.

Les contours sinueux de l'île forment plusieurs golfes, dont les principaux sont ceux de *Valinco*, d'*Ajaccio*, de *Porto* et de *Saint-Florent*, et des caps au nombre desquels on remarque le cap *Corse*, le cap de *Bonifacio* et le cap de *Spano*.

Des lacs considérables, dont le plus important est celui de *Biguglia*, long de 13,000 mètres, se font remarquer principalement sur la côte orientale ; on en compte encore trois autres dans la masse granitique qui forme les montagnes de l'île : l'un est à proprement parler la source de la rivière de Restonica ; un autre, celui de *Creno*, s'écoule dans le Liamone ; enfin le lac *Nino*, dont la surface est immense, mais qui a très-peu de profondeur, n'est plus qu'un vaste marais, qui, dans les chaleurs de l'été, reste à sec et fournit d'excellens pâturages.

Le climat de la Corse n'est pas malsain, grâce aux montagnes et aux forêts qui couvrent l'intérieur de l'île. Cependant les eaux stagnantes produisent, dans les lieux bas et pendant la saison chaude, des exhalaisons quelquefois dangereuses. L'été y est très-chaud, mais les brises de mer en tempèrent l'ardeur. L'hiver, le froid est excessif, surtout dans les montagnes. Les vents dominans sont le *sirocco*, qui apporte la pluie ; la *tramontana*, qu'accompagne souvent la neige, et le *lebeccio*, dont le souffle terrible cause de grands ravages et déracine les arbres. Les vents irréguliers sont le *maestro* et le *grecole*.

Le sol produit du froment, du seigle, du millet et de l'orge, avec lequel les habitans nourrissent leurs chevaux et leurs mulets, car ils n'ont pas d'avoine. Il y croît aussi beaucoup de lin, dont on fait des toiles grossières ; plusieurs cantons produisent d'excellens vins ; néanmoins on doit avouer que l'agriculture y est très-négligée ; les deux tiers du sol sont encore en friche ; le châtaignier, l'oranger, le cotonnier, mais surtout l'olivier, qui y réussissent sans culture, pourraient devenir une source de richesses pour une population industrieuse ; les plantes inutiles dont le sol est couvert pourraient produire chaque année 50,000 quintaux de potasse ; enfin le mûrier pourrait nourrir une quantité innombrable de vers à soie, et les habitans laissent dépérir ceux que M. de Marbeuf y avait propagés. La canne à sucre, le coton, l'indigo, réussissent déjà dans plusieurs localités. Enfin, nous le répétons, la France pourrait trouver dans le sol fertile de la Corse, dans son climat propre à la production des denrées coloniales, une source de richesses qui n'attend que des soins et des encouragemens pour s'y acclimater.

Au mûrier et à l'olivier qui croissent près des côtes, succèdent sur les flancs des montagnes le châtaigner, le pin, le chêne, le hêtre et le sapin.

L'île nourrit toutes sortes d'animaux sauvages

et domestiques ; les chevaux, les mulets et les ânes y sont petits, mais d'une vigueur et d'une agilité remarquables ; il y a beaucoup de gibier, point de loups et peu d'animaux venimeux. Les lacs, les rivières et les côtes renferment beaucoup de poissons ; on recueille en abondance, sur la côte qui fait face à la Sardaigne, trois espèces de corail, du blanc, du noir et du rouge.

Le Corse, considéré sous le point de vue physique, est généralement d'une taille moyenne, d'une complexion nerveuse, d'un tempérament bilieux et mélancolique. Son œil est vif et son teint légèrement basané. Sous le point de vue moral, il est d'un naturel insouciant ; il est frugal, comme tous les peuples peu civilisés ; sa nourriture rappelle celle des bergers de Virgile.

Sunt nobis mitia poma,
Castaneæ molles et pressi copia lactis;
(Eglogue I.)

Elle consiste principalement en châtaignes et en laitage ; aussi faut-il au Corse très-peu de terre pour nourrir sa famille ; mais son état moral demande des améliorations que l'industrie et la propagation des lumières pourront seules effectuer ; ainsi, l'esprit de haine et de jalousie des villages de l'intérieur transforme les habitans en autant de tribus ennemies, et cet acharnement se remarque même chez les gens riches, dont l'instruction est plus élevée ; tout le monde a entendu parler de cette *rendetta*, ou faux point d'honneur, qui fait un devoir à tous les membres d'une famille d'exterminer jusqu'au dernier ceux de la famille qu'il regarde comme ennemie de la sienne. L'assassinat, le vol, et le faux témoignage, encore trop communs chez ce peuple, diminueront sans doute à mesure que la civilisation se propagera chez lui, et il pourra alors marcher de front avec le reste de la nation française, dont il fait partie.   (J. H.)

CORSELET, *Thorax*. (INS.) Nom que l'on donne vulgairement à la portion du thorax visible entre la tête et les élytres ; cette portion varie beaucoup, selon les ordres, non-seulement de forme, mais de composition, puisqu'elle peut offrir un seul segment, ou tous les segmens ; aussi ce mot devrait-il être retranché des descriptions, à moins de le restreindre à la signification que je viens d'indiquer. *Voy.* THORAX et INSECTES.

(A. P.)

CORTICIFÈRES. (ZOOPH. ACAL.) Acalèphes fixes dont les parois, encroûtées de matière sablonneuse, se collent les unes aux autres et s'étendent en larges expansions à la surface des corps sous-marins. On les rencontre sur les côtes de l'Amérique septentrionale.

(P. G.)

CORTICIFÈRES. (ZOOPH. POLYP.) Polypiers rangés dans la troisième section de la division des flexibles ou non entièrement pierreux. Ils sont composés de deux substances : une extérieure ou écorce ; l'autre centrale, nommée axe et qui supporte la première. Cette section se divise en trois ordres : les SPONGIÉES, les GORGONIÉES, les ISIDÉES. (*Voyez* ces mots.)   (P. G.)

CORTUSE, *Cortusa*. (BOT. PHAN.) Genre de la famille des Primulacées, et qui, dans le système de Linné, appartient à la Pentandrie monogynie. Caractères : calice à cinq divisions ; corolle rotacée ; limbe à cinq lobes ; étamines au nombre de cinq, ayant cinq étamines adnées et linéaires ; stigmate unique ; capsule s'ouvrant par le sommet en cinq valves selon Linné, en deux suivant Gærtner.

CORTUSE DE MATTHIOLE, *C. Matthioli*, Lin. Jacq. (Icones, t. 32) : feuilles radicales pétiolées, au nombre de 3 ou 4 ; fleurs rose-violet, formant une sorte d'ombelle sur une hampe cylindrique de 1 ou 2 décimètres de hauteur. On trouve cette plante dans les Alpes de l'Italie et de l'Autriche ; mais elle est fort rare.

Le nom qu'elle porte est celui d'un ami de l'Ecluse, qui, le premier des botanistes modernes, chargea un végétal de perpétuer le souvenir de son ami.   (G. C.)

CORYDALE, *Corydalis*. (INS.) Genre de Névroptères de la famille des Planipennes, créé par Latreille, qui lui donne pour caractères rigoureux : mandibules très-allongées en forme de cornes dans les mâles ; antennes non pectinées, ailes disposées horizontalement. Ces insectes, étrangers et peu nombreux dans les collections, sont tout-à-fait inconnus sous le rapport des mœurs ; Latreille a pensé que les larves devaient être aquatiques, je pense plutôt qu'elles doivent avoir de l'analogie avec celles des Raphidiens.

Le C. CORNU, *C. cornuta* de Latreille, est long de près de deux pouces, et les mandibules du mâle, droites et comme striées transversalement, ont près de 9 lignes de long ; l'insecte, les ailes étendues, a près de cinq pouces d'envergure ; il est entièrement brun pâle avec les ailes entièrement enfumées, avec les réseaux transverses plus foncés ; la tête est plate, large, les yeux très-saillans, trois ocelles réunis en triangle à la même hauteur que les yeux, la tête fortement chagrinée, bidentée de chaque côté en arrière des yeux. Le prothorax est long, beaucoup plus étroit que la tête, ainsi que le reste du tronc et l'abdomen. On en voit une très-bonne figure dans l'ouvrage de Palisot de Beauvois sur les insectes d'Afrique et d'Amérique, pl. 1, fig. 1, Névroptères. Cette espèce paraît n'être pas rare aux États-Unis.   (A. P.)

CORYDALIDE, *Corydalis*. (BOT. PHAN.) Genre de la famille des Fumariées, indiqué par Gærtner sous le nom de *Capnoïdes*, puis établi par Ventenat sous son nom actuel (*Corydalis*, en grec, alouette ; une espèce de fumeterre était appelée ainsi à cause de la forme de son éperon). Ce botaniste y comprit toutes les espèces de *Fumaria* de Linné qui portent une capsule bivalves et polysperme. Depuis on a encore scindé ce genre en plusieurs autres, d'après des considérations peu graves, mais auxquelles M. De Candolle donne le poids de son approbation.

Ainsi restreint, le genre *Corydalis* a pour caractères : calice de deux sépales opposés, petits et tombant de bonne heure, parfois prolongés à

leur

leur base; corolle tubuleuse, formée de quatre pétales inégaux, quelquefois légèrement soudés à leur pied : le supérieur, qui est le plus grand, se prolonge à sa base en un éperon obtus, plus ou moins recourbé; l'inférieur, de même forme et de même largeur, n'a point d'éperon; les deux latéraux sont semblables et presque entièrement recouverts par les deux autres. Six étamines diadelphes, chaque faisceau portant trois anthères, l'une biloculaire, les autres uniloculaires. Style grêle, stigmate simple, glanduleux. Capsule allongée et comprimée, à une loge s'ouvrant en deux valves, et contenant plusieurs graines.

M. De Candolle a décrit vingt-huit espèces de Corydalides, répandues dans les diverses parties de l'hémisphère boréal. Toutes sont herbacées, naissent d'une racine fibreuse ou tuberculeuse, portent des feuilles alternes (opposées dans deux espèces du Levant) et décomposées, des fleurs jaunes ou rouges, disposées en épis terminaux. Parmi celles qui croissent en Europe ou en France, nous citerons les suivantes :

La CORYDALIDE JAUNE, *Corydalis lutea*, De Cand. (*Fumaria* de Linné, *Capnoïdes* de Gærtner), espèce qui pousse ses tiges grêles et rameuses entre les fentes des vieux murs. Ses feuilles sont d'un vert glauque, profondément découpées. Aux fleurs, qui sont jaunes, succèdent des siliques ou capsules contenant quatre graines d'un noir luisant.

La CORYDALIDE BULBEUSE, *C. bulbosa*, De C., a pour racine un tubercule irrégulier, enveloppé de tuniques membraneuses; sa tige porte à sa base des écailles embrassantes; deux ou trois occupent sa partie supérieure. L'épi est rouge et entremêlé de bractées multifides. Cette espèce croît dans les lieux ombragés et humides, ainsi que la CORYDALIDE TUBÉREUSE, *C. tuberosa*, laquelle n'a point d'écailles à la base de sa tige.

On voit dans les jardins la CORYDALIDE DE SIBÉRIE, *C. nobilis*, Jacquin. Sa tige est tuberculeuse comme les précédentes. Ses fleurs, nombreuses et rassemblées en un épi peu allongé, sont d'un jaune pâle, et pourpre au sommet des ailes.

(L.)

CORYMBE, *Corymbus*. (BOT. PHAN.) On nomme ainsi un groupe de fleurs dont les pédoncules, partant de différens points de la tige, arrivent tous à la même hauteur. Les fleurs de la Jacobée, de la Millefeuille et de plusieurs autres composées, ainsi que celles du Sorbier, sont disposées en *Corymbes*. Ce mode d'inflorescence a beaucoup de rapport avec l'OMBELLE (*Voyez* ce mot.) (L.)

CORYMBIFÈRES, *Corymbiferæ*. (BOT. PHAN.) Une des trois grandes tribus de la famille des Synanthérées ou Composées, établie primitivement par Vaillant, puis adoptée par de Jussieu et par la plupart des modernes. Elle correspond à peu près à la famille des *Radiées* de Tournefort ou *Astérées* de quelques auteurs, qui continuent à prendre les *rayons* de la circonférence pour caractère de classification, bien que cette inflorescence n'existe pas quelquefois dans toutes les espèces d'un même genre. D'un autre côté, il faut avouer que, malgré leur titre de *Corymbifères*, tous les genres de cette famille n'ont pas leurs fleurs disposées en *corymbe*. Le caractère tiré du *corymbe* comme celui qu'on tire des *rayons* ne sont qu'artificiels et tromperaient quelquefois.

Nous dirons, à l'article général des Synanthérées, pourquoi les savans qui ont le plus étudié cette vaste famille ont pu imaginer chacun des classifications différentes, et pourquoi aucune n'est basée sur des caractères bien tranchés. Nos *Corymbifères*, par exemple, se lient à leurs tribus confraternelles par une telle gradation de ressemblances, qu'on ne sait où fixer les limites respectives. Rien de particulier à dire sur l'aspect général de la tige, tantôt annuelle et tantôt vivace, herbacée ou bien frutescente; ni sur les feuilles simples ou lobées, et en général alternes; rien même d'absolu sur l'inflorescence, si ce n'est qu'elle est ordinairement en corymbe. Essayons de tirer des organes floraux les caractères ou plutôt les différences qui séparent les *Corymbifères* des Carduacées et des Chicoracées.

Capitule. Ordinairement *radié*, c'est-à-dire portant au centre des fleurons hermaphrodites, et à la circonférence des demi-fleurons unisexués ou neutres; parfois entièrement *flosculeux*, et alors tous les fleurons sont hermaphrodites. Dans ce second cas, le capitule ne diffère point en apparence de celui des Carduacées.

Involucre. Variant dans sa forme et dans sa disposition, comme celui des autres Synanthérées.

Réceptacle. Variant de la forme plane jusqu'à la conique; ne portant jamais autant de soies ou paillettes que celui des Carduacées; plus souvent nu ou alvéolé.

Étamines. Cinq, à filets disjoints ou réunis; à anthères réunies par leur base; nues ou munies d'un appendice.

Style. Jamais il n'est renflé au sommet, et ne présente l'anneau de poils glanduleux qui caractérise toutes les Carduacées. *Stigmates*, au nombre de deux.

Fruit. Tantôt nu, tantôt couronné d'une aigrette, ou d'un simple rebord membraneux.

Les Corymbifères comprennent un très-grand nombre de genres, que l'on a classés en différentes sections artificielles, d'après les caractères du réceptacle, l'inflorescence radiée ou flosculeuse, la présence, la forme ou l'absence de l'aigrette. Henri Cassini, qui n'admettait point les trois grandes divisions de la famille des Synanthérées, a réparti les genres que nous nommons *Corymbifères* entre treize de ses nombreuses tribus : les caractères qu'il donne font preuve de ses profondes et scrupuleuses études; mais trop souvent ils sont vagues ou au moins très-difficiles à saisir; voici la liste de ces tribus : 1° Arctotidées, 2° Calendulées, 3° Hélianthées, 4° Ambrosiées, 5° Anthémidées, 6° Inulées, 7° Astérées, 8° Sénécionées, 9° Mutisiées, 10° Tussilaginées, 11° Adénostylées, 12° Eupatoriées, 13° Vernoniées.

Robert Brown et Kunth ont l'un et l'autre fourni d'importantes observations sur la classification des Corymbifères ; ne pouvant citer tous les auteurs, nous nous bornerons à donner ici le sommaire d'une division très-simple et d'un usage facile; elle est de A. Richard.

PREMIÈRE SECTION. — RÉCEPTACLE NU.

1° *Point d'aigrette. Fleurs radiées* : Souci, Marguerite, Matricaire. *Fleurs flosculeuses* : Absinthe, Tanaisie, Cotula.

2° *Aigrette composée d'écailles ou d'arêtes. Fleurs radiées* : Arctotide, OEillet d'Inde, Doronic. *Fleurs flosculeuses* : Calomérie, Stevia.

3° *Aigrette poilue ou plumeuse. Fleurs radiées* : Séneçon, Aunée, Aster, Tussilage. *Fleurs flosculeuses* : Immortelle, Eupatoire, Chrysocome.

SECONDE SECTION. — RÉCEPTACLE PALÉACÉ.

1° *Aigrette poilue.* Conyze, Filage, Micrope.

2° *Aigrette formée d'arêtes.* Coréopside, Amelle, Bident.

3° *Aigrette formée de paillettes.* Hélianthe, Hélenium.

4° *Aigrette marginale.* Dahlia, Anthémide.

5° *Aigrette nulle.* Millefeuille, Santoline.

Les exemples cités suffiront pour comprendre cette classification. Celle de H. Cassini est probablement plus naturelle ; mais elle exige trop de science pour être employée facilement à l'arrangement des herbiers ou à la détermination des genres.   (L.)

CORYNE. (ZOOPH. POLYP.) Genre de l'ordre des Polypes nus de Cuvier, offrant un corps renflé en massue ou oviforme, à bouche terminale, supporté par un pédicule plus ou moins long et charnu, simple ou rameux ; le polype est alors composé de plusieurs individus ; ce corps est couvert d'appendices épars et mobiles. M. Lamouroux a fait remarquer que ce genre différait des Hydres, dont Bosc, Bruguière et Lamarck l'avaient rapproché ; que dans l'un il existait des tentacules autour de la bouche, qu'on ne trouvait pas dans les autres, au moins auprès de cette partie. Il pense aussi que ces appendices ne sont pas destinés, ainsi que l'avait indiqué Gærtner, à saisir la proie et à l'approcher de la bouche ; mais qu'il est plus probable qu'ils sont la base des bourgeons qui doivent par suite donner naissance à de nouveaux individus. Les Corynes sont des animaux presque microscopiques, portés sur un pédicule long et très-souple qui leur permet toutes sortes de mouvemens; leur bouche, très-apparente, est située au sommet du corps ; l'un et l'autre se contractent, se dilatent et s'allongent d'une manière remarquable ; les unes sont portées sur un pédicule simple, les autres forment un petit arbuscule par leur réunion. Ce pédicule est uni, contourné, ou annelé ; à la base du corps et des appendices se voient souvent des bourgeons graniformes, qui se détachent à des époques inconnues pour produire d'autres animaux. On rencontre ordinairement les Corynes dans la mer Atlantique; mais il est probable qu'il doit s'en

trouver aussi dans les autres parties de l'Océan; c'est au moins l'opinion de M. Lamouroux, auquel nous avons emprunté cette description. On distingue dans ce genre plusieurs espèces dont les principales sont : la CORYNE MULTICORNE, très-petite, à pédicule court et simple, un peu en massue, terminé par un corps oblong, couvert de nombreux appendices sétacés; on l'a trouvée sur des hydrophytes de la mer Rouge : la CORYNE ÉCAILLEUSE à pédicule simple, cylindrique, portant un corps ovale, pointu ou tronqué suivant la forme que l'animal donne à sa bouche ; la CORYNE GLANDULEUSE, qu'on rencontre assez fréquemment sur les sertulaires et les hydrophytes du nord de la France, de l'Angleterre et de la Belgique.

(P. G.)

CORYPHE, *Corypha.* (BOT. PHAN.) Genre appartenant à la famille des Palmiers, et à l'Hexandrie monogynie de Linné. Caractères : fleurs hermaphrodites à périanthe double, trifide; les étamines sont au nombre de six ; les ovaires au nombre de trois ; les styles soudés, surmontés d'un stigmate indivis; les fruits bacciformes.

Ce genre comprend environ une quinzaine d'espèces, de diverses grandeurs, dont la cime est garnie de frondes élégamment palmées, et qui, tournant autour du globe, avec l'équateur, forment à la terre une magnifique ceinture végétale. C'est surtout le CORYPHE PARASOL, *Corypha umbraculifera*, L., le type du genre, qui est digne d'admiration : sa tige est une colonne droite, parfaitement cylindrique, s'élançant à vingt ou vingt-cinq mètres dans les airs, et dont le chapiteau est un faisceau de feuilles pinnées, s'étalant en vaste parasol, à folioles plissées, jointes ensemble par la partie inférieure. Au centre de ces feuilles s'élève un spadice conique, allongé, couvert d'écailles imbriquées, et produisant latéralement des rameaux simples, alternes et également couverts d'écailles. L'aspect de ce pédoncule général ainsi ramifié, et d'une hauteur de dix mètres, est, dit-on, celui d'un immense candélabre. Les fleurs en panicules nombreuses sortent des écailles du spadice, et forment des épis renversés. Les baies sont sphériques, grosses comme une pomme de reinette, lisses, vertes et succulentes; elles renferment un noyau dont l'amande offre une chair ferme. Jusqu'à trente-cinq ans, le Coryphe parasol ne fait que monter vers le ciel, et produire des couronnes de feuilles dont une seule peut servir d'abri à quinze ou vingt personnes. Parvenu à cet âge, il se pare tout à coup d'un nombre infini de fleurs, auxquelles succèdent des fruits innombrables, qui mettent quatorze mois à mûrir. Mais, hélas ! c'est la couronne de la victime qui va être immolée : le Coryphe, dès cet instant, a perdu toute vigueur ; il ne tarde point à périr. On trouve ce superbe et singulier végétal dans les Indes orientales, sur la côte de Malabar, à Ceylan. Les Indiens se servent de ses feuilles pour en faire des tentes, des parapluies et la couverture de leurs toits. C'est le papyrus des Malais, sur lequels ils gravent leurs lettres avec un stylet.

Les noyaux des fruits du Coryphe, tournés, polis et peints en rouge, servent à faire des colliers qui imitent ceux de corail. Des spathes suinte, quand on les coupe, un suc qui, desséché au soleil, devient un vomitif très-violent.

On peut voir, dans Humboldt et Bonpland, la description d'autres espèces intéressantes de ce genre. (C. É.)

CORYPHÈNE, *Coryphæna*. (POISS.) Ce sont de beaux et grands poissons, célèbres parmi les navigateurs pour la rapidité de leur natation, et la guerre qu'ils font aux poissons volans. Il faut avoir vu les Coryphènes suivre les vaisseaux en troupes plus ou moins nombreuses, pour se former une idée de leur beauté. En effet, lorsqu'elles nagent à la surface de la mer, surtout sous un ciel sans nuages, leur corps brille des couleurs les plus variées, et plus resplendissantes les unes que les autres, suivant l'aspect sous lequel on les considère. La vivacité, la variété et la grâce de leurs mouvemens ajoutent encore au magnifique assortiment des couleurs dont elles sont parées, et qui leur valurent une haute célébrité parmi les marins. Ce sont des poissons d'une telle voracité qu'ils voguent autour des vaisseaux, les accompagnent avec constance, et saisissent avec tant d'avidité tout ce que les passagers jettent à la mer, qu'on a trouvé dans leur estomac de grands clous. On profite d'autant plus de leur gloutonnerie pour les prendre, que leur chair est ferme, et très-agréable au goût. Pendant le temps de leur frai, c'est-à-dire dans le printemps et dans l'automne, on les pêche avec des filets auprès des rivages, vers lesquels ils se rendent pour déposer ou féconder leurs œufs; la ligne est encore une excellente manière de s'en procurer; il suffit de disposer un bouchon auquel on attache deux petites plumes avec du fil, pour imiter tant bien que mal les ailes d'un poisson volant, d'y laisser pendre l'hameçon en guise de queue, et de faire filer cet appât l'arrière du à bâtiment, pour observer, dès que le bouchon s'élance hors de l'eau, les Coryphènes se disputer à qui doit mourir. Ce genre de pêche n'est pas seulement divertissant, il est fort utile à bord, où, lorsque depuis long-temps on ne vit que de viande salée et de légumes, la chère fraîche et savoureuse d'un poisson bon à manger, vient faire diversion à la monotonie de la mauvaise chair. On les accommode de plusieurs manières; mais on s'en dégoûte bientôt, parce que l'on en prend trop, dès l'instant où l'on commence à les pêcher, après avoir fait une longue abstinence. Le genre Coryphène, tel que Linné l'avait primitivement établi, a été subdivisé en CORYPHÈNES proprement dites, qui ont la tête très-élevée, le profil courbé en arc et tombant rapidement, les yeux fort abaissés, la bouche bien fendue et armée de dents en cardes, et la dorsale beaucoup plus haute antérieurement; en LAMPUGES, qui ont la même dentition, mais dont la tête est oblongue, peu relevée, les yeux placés à une hauteur moyenne, et la dorsale égale et basse sur toute son étendue; et en CEN-

TROLOPHES, qui, avec une forme un peu moins allongée, ont le palais dénué de dents et un intervalle entre l'occiput et le commencement de la dorsale. Ces trois sous-genres, quoique différens dans la forme de leur tête, et même sur quelques points plus importans, sont néanmoins assez voisins les uns des autres, et forment un groupe naturel. Le premier de ces groupes est le genre CORYPHÈNE, *Coryphæna*, Cuv., dont le corps est comprimé, allongé, couvert de petites écailles; une dorsale qui règne sur toute la longueur du dos, et se compose de rayons presque également flexibles, quoique les antérieurs n'aient pas d'articulation. La figure 1, pl. 125 de notre Atlas, représente la GRANDE CORYPHÈNE DE LA MÉDITERRANÉE, *Coryphæna hippurus*, Lin., dont le corps est en forme de lame, et la caudale divisée jusqu'à sa base en deux lobes étroits et pointus; la joue, une petite partie de la tempe, et tout le corps, sont couverts d'innombrables écailles, minces, oblongues, s'étendant même sur la caudale; mais les autres nageoires verticales n'en ont point. Ce poisson est d'un bleu argenté en dessus, avec des taches bleues plus foncées sur le dos, et plus claires sur le ventre, la pectorale est moitié plombée et moitié jaune. Les ventrales, jaunes à leur face inférieure, sont noirâtres à la supérieure, et l'anale est jaune.

Les LAMPUGES, *Lampugus*, Cuv., ne diffèrent des Coryphènes proprement dites, qu'en ce qu'ils ont une tête oblongue peu élevée et leur œil dans une position moyenne; la première espèce, le LAMPUGE PÉLAGIQUE, *Lampugus pelagicus*, Cuv., est abondante dans la Méditerranée: elle ressemble presque en tout à la Coryphène, si ce n'est par sa petite taille, et sa tête peu élevée et allongée; et le nombre des rayons de la nageoire distingue en outre le pélagique, auquel on ne doit avoir donné le nom qu'il porte que pour désigner l'habitude de se tenir fréquemment en pleine mer.

Les CENTROLOPHES, *Centrolophus*, Lacép., ont le palais dénué de dents, et un intervalle sans rayons entre l'occiput et le commencement de la dorsale. On en connaît jusqu'à présent cinq espèces. La première est le CENTROLOPHE POMPILE, *Centrolophus pompilus*, Cuv., *Coryphæna pompilus*, Linné. Son corps est oblong et comprimé, la crête du crâne est légèrement tranchante, et presque en ligne droite. Chaque mâchoire est garnie d'une rangée de petites dents fines, pointues, disposées comme des cils; mais la langue et tout le palais sont entièrement lisses; tout le corps de ce poisson est couvert d'innombrables petites écailles rondes; il est d'une couleur bleue très-foncée ou noirâtre, glacée de verdâtre près la tête; de nombreuses taches argentées, oblongues, sont semées sur les côtés, qui sont entièrement pointillés de noirâtre. Tout ce que l'on sait des habitudes de ce poisson, c'est qu'il se montre sur les parages de la mer en avril et en septembre. On en fait peu de cas, attendu que sa chair n'est pas très-délicate. C'est probablement sur les côtes méridionales de la Méditerranée qu'il fait son habitation ordinaire. Il est très-rare sur celles de Provence et de Languedoc, selon Rondelet ; Risso assure que la femelle pond en automne, et que l'on pêche des individus de cette espèce en toute saison dans les endroits vaseux. (ALPH. G.)

CORYSTE, *Corystes*. (CRUST.) Genre de l'ordre des Décapodes, famille des Brachyures, section des Hétérochciles, tribu des Orbiculaires, établi par Latreille et ayant suivant lui pour caractères : test ovoïdo-oblong, crustacé, antennes latérales longues, avancées, ciliées ; second article des pieds-mâchoires extérieurs allongé, rétréci en pointe obtuse à son sommet, avec une échancrure au dessous ; yeux écartés, situés à l'extrémité d'un pédicule de longueur moyenne, presque cylindrique, un peu courbé ; longueur des trois premières paires de pieds diminuant progressivement; les deux antérieurs beaucoup plus longs dans les mâles que dans les femelles. Ces crustacés ont beaucoup de rapport avec les Leucosies et les Thies ; mais ils s'éloignent des premiers par la longueur de leurs antennes, l'allongement des pédondules des yeux, la forme du second article des pieds-mâchoires, la cavité orale qui est carrée, et par leur test qui est un peu moins bombé et qui est tronqué postérieurement. Les régions qu'indique M. Desmarest y sont légèrement marquées, et représentent dans certains individus, en se prêtant un peu à l'illusion, une sorte de figure humaine grimacée; les régions branchiales sont très-allongées, la cordiale manque. Ils diffèrent des Thies par leur carapace qui est plus allongée ; l'abdomen, qu'on nomme improprement queue, est composé de sept anneaux dans les femelles, et de cinq seulement dans les mâles. L'abdomen des femelles est presque ovale; celui des mâles a la forme d'un triangle plus ou moins allongé. Le type du genre, dont on ne connaît encore qu'une seule espèce, est le CORYSTE DENTÉ, *Corystes dentata*, Lat.; ou *Albunca dentata* de Fabricius qui est le même que le *Corystes cassivelanus* de Leach. M. Guérin, dans son Iconographie du Règne animal de Cuvier, en a donné une très-bonne figure. Ce crustacé se rencontre sur les côtes d'Angleterre; M. d'Orbigny l'a souvent pêché dans le golfe de Gascogne, sur une assez grande étendue en mer. (H. L.)

COS. (MIN.) Les Romains ont entendu par le mot *Cos* une pierre à aiguiser. Celle qu'on estimait le plus se tirait de Crète et du mont Taygète; elle s'employait avec de l'huile ; venait ensuite celle de Naxos, dont on faisait usage avec de l'eau ; et, suivant Pline, auquel nous empruntons ces faits, il en existait une troisième dont les barbiers se servaient en l'humectant de salive. Nous croyons, d'après les échantillons que nous avons recueillis au mont Taygète, et d'après l'origine actuelle des *pierres du Levant*, dont une partie vient de la Crète (Candie), que le *Cos* n'était autre chose que cette dernière pierre, ou qu'un calcaire siliceux et talqueux, variété à grains très-fins du marbre cipolin. (E. B.)

COSSON, *Cossonus*. (INS.) Genre de Coléoptères de la famille des Rhyncophores, établi par

Clairville et démembré des Calandres, dont il diffère par les antennes épaisses, insérées vers le milieu de la longueur du rostre, à peine plus longues que lui, ayant huit articles avant la massue. Ce sont des animaux épais et lourds de formes, assez petits et qui n'offrent, ni par leur figure, ni par leurs mœurs, rien de bien remarquable. (A.P.)

COSSUS, *Cossus*. (INS.) Genre de Lépidoptères de la famille des Nocturnes, tribu des Bombycites. Fabricius a établi ce genre sur des papillons nocturnes, ayant pour caractères : antennes aussi longues au moins que le corselet, n'ayant, dans les deux sexes, qu'une seule rangée de dents ; la trompe est nulle. Les Chenilles sont nues, et vivent dans l'intérieur des arbres ; elles possèdent la faculté de dégorger une liqueur d'une odeur forte, que l'on croit propre à ramollir les fibres du bois. Ces Chenilles paraissent très-sensibles à l'action de l'air; car si on les sort du bois où elles vivent, elles filent aussitôt une espèce de toile pour se mettre à l'abri de son contact; elles font une coque dans laquelle entre, comme matériaux, une partie de la sciure de bois qui les entoure ; les Chrysalides ont chaque segment de l'abdomen armé de deux rangs d'épines, au moyen desquelles, quand le papillon est près d'éclore, elles s'avancent jusqu'à l'entrée du trou par où il doit sortir.

Ce genre est peu nombreux en espèces; la plus connue de notre pays est le COSSUS GATEBOIS, *C. ligniperda*, Fab. God., hist. des Lép. d'Europe, représenté dans notre Atlas, pl. 125, f. 2 et 3. Long de quinze lignes; gris blanchâtre, avec des stries transverses sur les ailes supérieures, noires, et une bande courbe en arrière du thorax; les antennes sont blanches en arrière et noires du côté des dents. Commun partout ; la Chenille fait souvent assez de dégâts; elles est blanchâtre, avec le dos rouge sanguin. (A. P.)

COSSYPHE, *Cossyphus*. (INS.) Genre de Coléoptères de la famille des Taxicornes, section des Hétéromères, établi par Olivier, qui lui donne pour caractères : dernier article des palpes plus grand que les autres, sécuriforme; massue des antennes de quatre articles, la plupart transversaux; le second et les suivans presque identiques, corselet recouvrant entièrement la tête ; ces insectes ont une figure très-singulière. Ils représentent un petit morceau de feuille desséchée, de la forme d'un carré long arrondi bien régulièrement aux deux bouts, un peu relevé tout autour, ne laissant apercevoir ni pattes ni antennes; car, en effet, la dilatation des segmens supérieurs dépasse le corps tout autour de plus que sa largeur ; la platitude de leur corps et la couleur peuvent ajouter à l'illusion. Ces insectes vivent sous les écorces des arbres dans tous les pays chauds; les espèces n'en ont pas encore été étudiées avec beaucoup de soin, et, comme elles se ressemblent beaucoup, il est possible que plusieurs aient été confondues sous le même nom.

C. DÉPRIMÉ, *C. depressus*, Fab. Long de quatre à cinq lignes; couleur feuille morte foncée avec les pattes plus obscures, deux côtes élevées sur la portion des élytres située au dessus du corps. De l'Inde.   (A. P.)

COSTE, *Costus*. (BOT. PHAN.) Genre de la famille des Balisiers de Jussieu, ou Scitaminées de Brown, et de la Monandrie monogynie de Linné. Caractères : anthère double, filet placé en dehors de l'anthère, allongé, plane et ovale, lancéolé à son sommet; capsule triloculaire, s'ouvrant en dehors, contenant un grand nombre de graines; tige inclinée en spirale, fréquemment hérissée et quelquefois frutescente. Ce genre se compose de plantes indigènes des Antilles, de la Guiane, du Pérou, etc. Mais le COSTE ÉLÉGANT, *C. speciosus*, Sm. et Roscoe, appartient à l'ancien monde : il croît à Java, Sumatra et dans les autres îles de la Sonde; il a la tige feuillée, simple, haute d'un mètre; les feuilles alternes, acuminées, très-grandes, vertes supérieurement, et couvertes de poils soyeux en dessous; l'épi terminal, court, sessile, conoïde, imbriqué d'écailles ovales et terminées en pointe. Les fleurs s'épanouissent successivement. Le périanthe est soyeux, blanc ou jaunâtre, composé de trois pièces, dont l'une est fort grande et repliée en dehors. La racine est blanche, rampante, noueuse, tendre et très-fibreuse. (C. É.)

CÔTE, *Costa*. (ANAT.) On appelle ainsi les arcs osseux qui concourent à former les parties latérales de la poitrine. *V.* SQUELETTE. (M. S. A.)

CÔTE, *Costa*. (BOT. PHAN.) La *côte*, dans certains fruits, comme le melon, ne demande guère de définition. Toute ligne saillante à la surface d'un organe végétal, feuille ou fruit, est une côte. La plupart des fruits d'ombellifères sont marqués de côtes. La nervure principale et moyenne des feuilles reçoit aussi ce nom.   (L.)

CÔTE et COTEAU. (GÉOGR. PHYS.) On désigne sous le nom de *côte*, une colline peu élevée qui se prolonge autour d'une plaine et qui joint celle-ci à une plaine plus haute ou à un plateau.

Le nom de *coteau* est réservé pour désigner la pente même d'une côte ou d'une colline : ce sont des coteaux qui bordent les vallées.

Les côtes et les coteaux offrent des profils plus ou moins heurtés, des pentes plus ou moins inclinées, suivant la nature des roches qui composent les collines auxquelles ils appartiennent. On conçoit en effet que des sables, des mornes, des calcaires, des grès, des schistes, ou d'autres roches, soient, en raison de leur degré de solidité, différemment modifiées par l'action de phénomènes atmosphériques. Les coteaux sont ordinairement cultivés avec soin, parce qu'ils ne sont propres qu'à la petite culture : celle-ci est variée selon la nature du sol et son exposition. Dans les pays où la vigne réussit, les coteaux en sont ordinairement couverts.   (J. H.)

CÔTE. (GÉOGR. PHYS.) Ce mot est employé pour désigner le bord ou le rivage de la mer. On dit que la côte est *basse* lorsqu'elle s'élève peu au dessus de la surface de l'eau, et qu'elle est *acore* ou *à pic* lorsque le côté qui regarde la mer s'élève dans un plan presque vertical. Ces deux sortes de côtes indiquent deux dispositions très-différentes

du fond de la mer. Les côtes en pente douce bordent toujours une mer peu profonde, et indiquent aux navigateurs qu'ils peuvent y trouver un lieu facile pour jeter l'ancre. Les côtes orientales de l'Amérique et de l'Asie appartiennent généralement à cette classe : à 8 ou 10 lieues du rivage, la mer n'a pas plus de 10 à 12 brasses de profondeur. Les côtes acores dominant au contraire une mer très-profonde, on ne peut y trouver un ancrage facile. C'est ce qu'il est aisé d'observer en examinant celles qui bordent le côté occidental de l'Amérique méridionale et de l'ancien continent. La nature de ces deux sortes de côtes est facile à expliquer par l'action des COURANS. (*V.* ce mot.)

Nous devons aussi faire observer que les deux côtés d'un détroit sont toujours bordés de côtes acores, parce que la plupart des détroits sont formés par la rupture de certaines portions de continens.   (J. H.)

COTENTIN ou CONSTANTIN. (GÉOGR. PHYS.) Cette division ancienne de la Normandie était comprise entre l'Océan au nord et à l'ouest, la rivière de Vire à l'est, et une petite chaîne de collines au sud ou vers Avranches. On y distinguait le Cotentin proprement dit et le Bocage; ce sont en effet deux régions physiques distinctes : l'une est le plateau qui s'étend de Grandville à Villedieu, avec une hauteur moyenne de 150 à 200 mètres; et l'autre, beaucoup plus basse, comprenait le territoire fertile de Valognes et de Carentan. Les roches granitoïdes et schisteuses forment le sol du plateau, tandis que les formations secondaires et tertiaires occupent tout le sol bas du Bocage et se prolongent vers Caen. C'est ainsi que, dans toute la France, des circonstances physiques et presque toujours géognostiques ont donné lieu aux anciennes circonscriptions.

Le Cotentin est la partie la plus septentrionale de la *région des terrains primordiaux de l'ouest*, qui occupe la Vendée, la Bretagne et une partie de la Normandie et du Maine. (*V.* RÉGIONS NATURELLES.)   (B.)

COTINGA, *Ampelis*. (OIS.) Les Cotingas, les Piauhaus, les Avéranos, et les Jaseurs, que Linné comprenait dans son genre *Ampelis*, forment aujourd'hui autant de genres distincts que quelques ornithologistes ont proposé de réunir dans la petite famille des Ampelidés. Ce sont des Passereaux dentirostres, tous remarquables par la richesse de leur parure. A l'époque des amours, ils sont ornés des plus vives couleurs; mais ce moment passé, la plupart perdent leur éclat, et n'ont plus qu'un plumage terne et sombre. Les Cotingas ont les ailes longues, à deuxième et troisième rémiges dépassant les autres; leur queue est médiocre, élargie, et leurs tarses courts et faibles. On connaît un assez bon nombre d'espèces dans ce genre, lesquelles sont toutes propres à l'Amérique méridionale, et sont fort difficiles à caractériser à cause des variations qu'elles éprouvent suivant les diverses saisons; voici les plus remarquables.

Cotinga ouette. *A. carnifex*, qui vient de Cayenne ; il a la calotte, le ventre et le croupion d'un bel écarlate, et le reste d'un rouge passant au roussâtre.

Cotinga pompadour, *A. pompadora*, est d'un joli pourpre clair avec les pennes des ailes blanches ; il a la taille un peu plus forte que le merle ordinaire.

Cordon bleu, *A. cotinga*, du plus bel outre-mer, avec la poitrine violette, traversée d'un ruban bleu et marquée de quelques taches aurores. Il habite la Guiane et le Brésil. Nous l'avons représenté dans notre Atlas, pl. 125, fig. 4.

Cotinga bleu, Cotinga pourpre, l'un du Brésil, l'autre de la Guiane, ont des couleurs en rapport avec les noms qu'on leur a donnés.

(Gerv.)

COTON. (bot. phan.) Duvet floconneux, long, très-fin, de couleur blanche ou rousse, que renferme la capsule du Cotonnier, qu'il déborde de toutes parts au moment où la maturité des graines l'oblige à s'ouvrir. Ce duvet est, avec la soie, le lin et la laine, la matière la plus nécessaire aux hommes pour leurs vêtemens ; on en fait des toiles, les meilleures pour la santé, puisqu'elles s'imprègnent de la transpiration insensible et de la sueur, dans les temps chauds, sans causer aucun refroidissement ; elles conviennent surtout dans les climats septentrionaux pour se garantir du froid ou du moins pour le rendre moins âpre. Les femmes de la Crimée, en sortant du bain, s'enveloppent d'un long peignoir de Coton, qui s'imbibe aussitôt de toute l'eau répandue à la surface du corps, sèche parfaitement la peau, et ne laisse aucune prise à l'air.

On fait aussi des tissus de Coton que l'on varie à l'infini, cette substance se combinant avantageusement avec la laine, la soie, le lin et le chanvre. La finesse, la souplesse, la légèreté, la douceur de ses fils ne les empêchent nullement de durer beaucoup, de prendre très-facilement les diverses nuances que la teinture veut leur imprimer, et de la conserver fort long-temps. La mousseline en est la preuve : c'est l'étoffe la plus moelleuse, la plus déliée et la plus souple connue ; c'est encore celle qui occupe le moins de place, qui dessine le mieux les formes gracieuses, et satisfait le plus décemment les caprices d'une aimable coquetterie. Parmi les étoffes solides, on emploie fréquemment le basin, le piqué, le nankin, la futaine, le drap et le velours ; les couvertures de Coton et la bonneterie sont des branches importantes de commerce ; outre le linge de corps, le Coton fournit aussi un excellent linge de table et d'office ; on en fait du damassé dont la beauté, la finesse égalent celles que l'on obtient du lin.

Le papier de coton date d'une grande antiquité ; les Persans, les Chinois, les Japonais et les Indiens en font usage de temps immémorial, pour leurs tentures, pour l'impression et l'écriture. Il est plus épais, un peu moins fin et moins blanc que celui qui se prépare, depuis le onzième siècle de l'ère vulgaire, avec le chiffon de lin ou de chanvre ; il remplit convenablement les divers emplois auxquels on le destine : il supporte bien l'encre, et retient les couleurs les plus rebelles, les nuances les plus délicates. Le papier de la Chine et du Japon reçoit des dimensions extraordinaires.

La France tire de l'étranger, année commune, de vingt à trente-cinq millions de kilogrammes pesant de coton en laine ; l'Angleterre de quatre-vingts à cent quatre millions. Un curieux a voulu se rendre compte de la destinée de quatre kilogrammes de coton recueillis dans un village bhéeb de la province de Déhli, dans le Mogol, et voici ce qu'il a su. Ces quatre kilogrammes ont descendu du fleuve de la Jumna dans celui du Gange ; et, arrivés à Calcutta, ils ont reçu quatre destinations différentes. Le premier kilogramme partit pour la Chine et fut compris dans les cinquante millions de kilogrammes que l'Inde aujourd'hui britannique vend annuellement sur les marchés de Kanton ; il a été livré, pour sa part, contre un quart de thé, acheté à raison de un franc quatre-vingts centimes le kilogramme et vendu modestement douze francs aux consommateurs du continent européen. La seconde portion du coton bhéel, embarquée sur un navire américain, a produit une valeur quintuple en marchandises indigènes aux états de l'Union. Les deux autres portions ont été expédiées sur l'Europe ; l'une est venue en France, où elle a été ouvrée, cardée, mise en fil dans le court espace de sept minutes, puis convertie, en dix autres minutes, en un tissu charmant qui fit les délices de la mode et passa, dans l'espace de six mois, dans plus de vingt mains différentes, vendu, troqué, prêté, volé, teint, reteint, dépecé et ruiné totalement. L'autre est passé chez les Anglais ; du port du débarquement elle est partie pour Manchester, où elle fut de suite convertie en fil et ensuite envoyée à Paisley, en Ecosse, pour y être tissée ; le tissu obtenu fut porté dans le comté d'Ayr pour y subir une préparation, et de là reporté à Paisley afin d'y être rayé élégamment par des procédés compliqués, mais prompts et ingénieux. Conduit alors à Dumbarton, dont les ateliers à broder n'ont point de rivaux, il est descendu à Renfrew pour être blanchi, et à Glascow à l'effet d'y recevoir une dernière façon. De Glascow il est venu à Londres et embarqué pour l'Inde. Dans l'espace de moins d'une année cette quatrième portion de coton, partie de Déhli, y est revenue après avoir été l'objet du travail et du profit de trois cents personnes, après avoir parcouru plus de deux mille quarante-quatre myriamètres, ou quatre mille six cents lieues communes, et là, elle a servi d'abord à couvrir le sein d'une heureuse odalisque, puis à rendre plus légère et plus voluptueuse la danse d'une jeune bayadère ; enfin à périr mêlée aux haillons d'une vieille esclave.

Partout où le Coton abonde il sert à rembourrer les matelas, coussins, sofas et autres siéges, à remplacer les fourrures, à garnir les couvre-pieds, les douillettes, etc. Il ne demande aucun apprêt, il suffit de cueillir cette bourre soyeuse, de la dépouiller de l'enveloppe et de la graine pour lui donner tel emploi que l'on désire.

(T. D. B.)

COTONNIER, *Gossypium*. (BOT. PHAN. et AGR.) Genre de la famille des Malvacées et de la Monadelphie polyandrie ; il comprend des arbrisseaux et des herbes dont les feuilles sont alternes, lobées ou palmées, et dont les fleurs, grandes, belles et remarquables par leur ample corolle, produisent des capsules ovoïdes qui, dans quelques espèces, contiennent un duvet laineux d'une blancheur éclatante, que l'on nomme Coton, comme nous venons de le voir. Les caractères du genre sont 1° un calice double, dont l'extérieur, plus grand que l'intérieur, est divisé jusqu'à sa base en trois folioles larges, frangées, planes, presque en cœur, tandis que l'intérieur est monophylle, en forme de gobelet et à bord obtusément quinquéfide ; 2° cinq pétales, dressés, un peu en cœur, planes, ouverts, cohérens à leur base ; 3° un grand nombre d'étamines, dont les filamens, réunis inférieurement en une colonne pyramidale, et libres supérieurement, adhèrent à la corolle par leur base, et portent de petites anthères réniformes ; 4° un ovaire simple, globuleux, supère, acuminé, surmonté d'un style simple, un peu épaissi à son sommet, aussi long et même plus long que les étamines dont il traverse la colonne, et offrant de trois à quatre sillons qui dénoncent cinq styles intimement soudés. Le nombre des stigmates varie de trois à cinq. Le fruit qui succède est, ainsi que je viens de le dire, une capsule arrondie ou ovale, pointue à son sommet, s'ouvrant par trois et rarement quatre valves, et divisée intérieurement en trois ou quatre loges, contenant chacune de trois à sept graines noires, ovoïdes, enveloppées dans un flocon de duvet très-fin.

Les Cotonniers en arbres ne seraient que très-difficilement introduits en France : ce sont des espèces délicates de l'Inde et de l'Arabie qui ne dépassent point les côtes méridionales de la Méditerranée ; elles se sont fixées aux îles Canaries et sur le continent américain, qui fut le théâtre de la gloire, du haut patriotisme et des amers chagrins de l'illustre Bolivar : on les trouve aussi cultivées avec succès dans quelques unes des Antilles et dans les parties de l'Amérique du nord voisines du Tropique. Les Cotonniers herbacés méritent seuls de fixer l'attention des propriétaires ruraux, ce sont les seuls que l'on puisse essayer avec la certitude d'en obtenir de bons, d'utiles avantages. Mais, comme ils demandent, ainsi que leurs congénères, une exposition chaude, de bons abris, et une humidité en rapport constant avec la température du sol ; comme ils redoutent singulièrement les gelées, et qu'ils veulent être suivis, depuis l'instant du semis jusqu'après les récoltes, avec un soin tout particulier, il faut s'en occuper seulement dans le midi. En 1807, le gouvernement voulut inspirer le goût de cette culture sur tout le sol français ; un gros livre fut publié par son ordre pour amener à des essais ; mais l'auteur, étranger aux études bo-

taniques, aux recherches sévères, nous annonça fastueusement que le Cotonnier n'était point pour nous une plante nouvelle, puisqu'elle était au quinzième siècle en pleine culture aux environs de Hyères et dans toute l'ancienne Provence. Malheureusement cette assertion est fausse ; elle découle de textes que l'écrivain impérial n'a pas entendus, puisque, s'il fallait les adopter, il conviendrait en même temps de dire que le Poivrier, le Cannellier et le Giroflier étaient alors cultivés en grand dans ces mêmes régions. Si quelques pieds de Cotonniers, apportés d'Italie, ont été vus aux environs de Hyères, ils s'y trouvaient en petit nombre, limités chez un ou deux curieux ; mais jamais on ne les y a vus *en forêts*, comme l'avance Lasteyrie et les deux annalistes Abel Jouan et Pierre Quequeram de Beaujeu sur lesquels il s'appuie. Aux deux époques par eux citées, l'agriculture nationale était ensevelie dans la fange de la routine, écrasée sous le pied de la féodalité, dévorée par la dîme, le système colonial et le monopole.

Les récompenses promises pour l'introduction du Cotonnier déterminèrent de nombreuses tentatives ; mais comme les instructions parties des bureaux ne fournissaient point les lumières suffisantes pour diriger les expérimentateurs dans le choix de l'espèce, dans celui de la graine, dans celui du terrain, dans les pratiques de première urgence, il en est résulté des mécomptes qui ont jeté le découragement dans l'âme des propriétaires les plus riches, des cultivateurs les plus intelligens. Aux environs de Bordeaux et dans quelques communes du département de Lot-et-Garonne, on donna la préférence au COTONNIER VELU, *G. hirsutum*, arbrisseau des pays chauds de l'Amérique, à graine verte, à duvet fin mais court ; à Pibrac, département de la Haute-Garonne, ce fut le COTONNIER GLABRE, *G. glabrum* ; ailleurs, on voulut avoir le COTONNIER EN ARBRE, *G. arboreum*, qui prospère en Chine et dans l'Inde. Quelques uns choisirent le COTONNIER HERBACÉ, *G. herbaccum*, que j'ai vu dans la plénitude de ses forces sur les terres substantielles et légères de l'Italie méridionale, de la Corse, etc. Ce sont les seuls qui aient réussi ; leurs essais furent faits auprès d'Aix et de Toulon, à Buzet (Lot-et-Garonne), à Nérac, à Durance (Gironde), et dans presque toutes les communes du département des Landes. La conquête eût été assurée pour toujours si l'on eût porté chez ces cultivateurs les fonds imprudemment versés aux rives du Sénégal ; loin de là, ils ont été menacés de voir leurs travaux ruinés par une concurrence que tout soutenait. Le sol national fut négligé pour favoriser une colonie dont la possession est ruineuse et sans cesse chancelante. On ne veut pas voir s'approcher l'instant où les peuples étrangers sauront être maîtres de leur territoire et forceront la vieille Europe, l'Europe conquérante, à demeurer chez elle, à développer toutes les ressources de son industrie agricole. Ce moment n'est pas éloigné, et nous demeurons inactifs !

Puisqu'il est évident que le Cotonnier herbacé

vient très-bien en France, c'est vers lui seul qu'il faut porter son attention et lui ouvrir toutes les localités favorables. Que ceux qui s'en occuperont se souviennent que cette espèce aime les terres sablonneuses ou graveleuses, celles que l'on nomme assez généralement *Boulbènes légères* dans le sud-ouest, pourvu qu'elles soient bien amendées et que le guéret y soit profond. Évitez les terres argileuses, de même que celles trop riches en humus ou qui ont trop de fraîcheur : elles entretiennent trop long-temps la végétation et diminuent singulièrement les produits, les gelées arrivant avant la maturité des capsules. La racine du Cotonnier herbacé, tout à la fois pivotante, rameuse et fibreuse, pénètre avec beaucoup de difficulté dans une terre très-forte ; elle se fourche dans un sol pierreux ; dans une terre trop humide, elle est attaquée par les larves et pourrit promptement.

On donne le nom de Cotonnier herbacé à des espèces bisannuelles et même trisannuelles ; il n'est point facile de débrouiller ce chaos, il provient de la multitude de variétés que l'on doit à la différence des cultures, du sol, du climat, sans compter celles qui n'ont d'autre fondement que l'inconstance de la nomenclature, que la cupidité du marchand. Je réserve le nom de Cotonnier herbacé à l'espèce que l'on appelle en Chine le *Supplément des laines et de la soie* ; elle est annuelle ; sa tige ne s'élève qu'à soixante centimètres, elle est dure, comme ligneuse, cylindrique, roussâtre ou rougeâtre intérieurement, velue ou hispide en sa partie supérieure, avec beaucoup de petits points noirs, et munie de rameaux courts. Les feuilles qui décorent cette tige sont à cinq lobes courts, élargis et arrondis avec une petite pointe brusque, vertes, molles, accompagnées de deux stipules portées sur des pétioles hispides, ponctués, longs de cinq à huit centimètres, et ayant sur la nervure médiane une glande verdâtre, située près de leur base. Les fleurs sont jaunâtres et assez semblables à celle de la Ketmie des jardins, *Hibiscus syriacus*. Ce Cotonnier, originaire de la Haute-Égypte, s'est étendu par suite des établissemens des Arabes dans la Barbarie, en Syrie, dans le Levant, les îles de l'Archipel, et se cultive à Malte, en Sicile, dans les Calabres, en Corse, etc. Les Grecs ne le connaissaient encore que par les relations des voyageurs au temps de Théophraste. C'est de lui que parle Hérodote sous le nom de *Byssus* au sujet des embaumemens, mais sans rien dire de la plante qui le produisait ; d'où sont nées tant d'explications contradictoires sur le Byssus des plaines fertiles de l'Élide (*v.* au mot Byssus des anciens, tom. 1, p. 555). Les Romains n'ont eu que des notions vagues du Cotonnier, et, comme je viens de le dire, nous devons et la plante et son histoire aux Maures.

S'il faut s'en rapporter à certains botanistes, la nature n'aurait produit qu'une seule espèce de Cotonnier, l'espèce annuelle, et l'on doit regarder le Cotonnier en arbre comme une dégénération due à la culture ou bien au mélange des espèces

rapportées du continent américain, où, disent-ils, le Cotonnier existait avant que les Européens ne l'eussent retrouvé sous la conduite de Christophe Colomb. Cette double assertion me semble plus que hasardée. Toutes les espèces qui croissent dans l'Inde sont arborescentes et y sont spontanées ; le Cotonnier particulièrement dit EN ARBRE, *G. arboreum*, s'élève à la hauteur de cinq à sept mètres, et fournit le duvet le plus long, le plus souple, d'une blancheur éblouissante et d'une extrême abondance ; le Cotonnier des lieux humides, *G. indicum*, arrive à trois et quatre mètres ; le Cotonnier sacré, *G. religiosum* (*voyez* notre Atlas, planche 126, figure 1), atteint la même hauteur, et fournit un duvet dont la couleur jaune rappelle celle du safran pâle ; le Cotonnier a trois pointes, *G. tricuspidatum*, n'a que deux mètres ; ses fleurs sont d'un blanc sale avec une teinte purpurine vers leur bord ; on le confond souvent avec le précédent, dont il diffère par les fleurs, qui dans le Cotonnier religieux passent du rose carmin au rouge le plus intense et le plus brillant.

Ce qui prouve que le Cotonnier n'était pas indigène à l'Amérique au moment de l'horrible conquête des Espagnols, c'est que là, comme aux îles de la mer du Sud, où il a été introduit, on ne doit pas le laisser durer plus de trois ans ; il faut l'arracher à la quatrième année, lors même que sa racine annoncerait une nouvelle repousse. Là, sa production de la première récolte s'élève au plus à cinquante coques ; celle de la seconde monte à deux cents ; celle de la troisième dépasse souvent cinq et six cents coques ; la quatrième récolte ne donne plus que très-peu de coques et leur coton est d'une qualité fort inférieure. Tandis que dans sa patrie le Cotonnier rapporte plus également, et si l'on a soin de le sarcler, d'arracher les individus mal venans et rabougris, de ménager de longues rigoles pour arroser son pied quand la sécheresse dure trop, de le pincer lorsqu'il a atteint quarante centimètres de haut, afin de l'obliger à fourcher et à pousser des branches, le Cotonnier dure fort long-temps et se couvre d'une grande quantité de fleurs et de coques riches en duvet soyeux.

Dans les parties de l'Asie méridionale où l'on a porté le Cotonnier, pour prévenir sa dégénération, on le greffe sur de grandes Malvacées, particulièrement sur deux espèces de Ketmies appelées par les botanistes *Hibiscus vitifolius* et *Hibiscus populneus*. A Haïti l'on donne la préférence au Guazuma, bel arbre qui y porte communément le nom d'Orme. L'une et l'autre greffe donne de la force au Cotonnier, et le met à l'abri des ravages des insectes, surtout de la larve dite *Chenille du Cotonnier*.

En France, il faut semer les graines du Cotonnier à la même époque que les blés noirs ou sarrasins ; il vaut mieux le faire par rayons qu'à la volée, et recouvrir immédiatement. Plus la racine est enfoncée, plus vite la tige monte, moins elle est exposée aux périls qui la menacent dans sa première végétation. En lui donnant les soins que j'a j'ai indiqués, il atteindra toute sa crue vers les premiers jours d'août, et, comme les fruits se nouent et mûrissent en différens temps sur le même pied, la récolte s'en fait nécessairement à différentes reprises. Du moment que les coques s'ouvrent et montrent leur coton, on doit cueillir; l'unique attention qu'on ne peut trop recommander, c'est d'attendre que le soleil ait séché la rosée, et de ne point rompre les branches que l'on dépouille. Si cependant les gelées commençaient avant l'entière maturité des fruits, enlevez-les et mettez-les au soleil pour hâter le moment de l'épanouissement de leurs coques ; mais n'espérez point en obtenir un beau duvet; il sera d'un blanc sale et même un peu jaunâtre, bon pour faire des couvertures, des feutres ou de grosses toiles de ménage.

Un point essentiel qu'il importe de ne point perdre de vue quand on veut réussir dans la culture du Cotonnier, c'est d'opérer de proche en proche. La vie végétale est plus délicate que la vie animale; elle supporte moins les déplacemens, et ce n'est qu'à force de soins et de ménagemens qu'elle s'habitue à des situations nouvelles, opposées, disons plus, contraires aux circonstances qui l'environnent naturellement. Ce n'est donc pas de sa patrie même qu'il faut amener le Cotonnier dans celle que l'on cherche à lui faire adopter : ce n'est pas de l'Amérique, de l'Egypte, de la Barbarie, de la Grèce, de Malte, de la Calabre, ni des contrées méridionales de l'Espagne, que le cultivateur français doit faire venir ses graines, mais bien de la Corse et des cantons de l'Italie les plus voisins de nos côtes méditerranéennes : il aura moins de peine à familiariser le Cotonnier avec notre climat, et il pourra s'en promettre le dédommagement que ces soins lui donnent le droit d'attendre. Les individus déjà acclimatés peuvent monter un peu plus haut et étendre la zone où ce genre de spéculation agricole sera quelque jour d'une grande importance.

. Les façons fréquentes qu'exige cette culture ameublissent la terre et la disposent très-bien à recevoir le blé après la récolte du coton. Cette considération est d'un grand poids; ajoutée à celle de l'importance des abris pour couvrir les Cotonniers contre le souffle des vents froids, elles ne peuvent qu'aider aux progrès de notre agriculture et décider à multiplier de plus en plus les plantations d'arbres.   (T. D. B.)

COTONNIER DE FLÉAU, nom vulgaire du *Bombax gossypium. V.* Fromager.

Cotonnier de mahot, espèce de Ketmie, l'*Hibiscus tiliaceus.*

Cotonnier de Mapou, autre espèce de Fromager, *Bombax ceiba.*

Cotonnier siffleur. Plumier donne ce nom vulgaire à une espèce de Ketmie à grandes feuilles et à fleurs variées. Toutes ces plantes ont reçu cette dénomination de ce que leurs graines sont entourées d'un duvet qui a quelque ressemblance avec celui du Cotonnier proprement dit.

    (T. D. B.)

COTONNIÈRE. On donne ce nom à des espèces différentes appartenant aux genres Filage et Gnaphale, mais plus particulièrement au *Filago arvensis* et au *Gnaphalium uliginosum.* (T. D. B.)

COTTE, *Cottus.* (poiss.) Nous sommes entrés à son sujet dans de grands détails en traitant l'article Chabot. *V.* ce mot.   (Alph. G.)

COTYLÉDON, COTYLÉDONAIRE, *Cotyledo.* (bot. phan.) Si l'on ouvre une graine d'un volume un peu considérable, tel qu'un haricot, une fève, on verra la masse de l'amande se séparer en deux parties ; et, abstraction faite des rudimens de la racine et de la tige, ces parties sont les Cotylédons.

Césalpin, qui a l'un des premiers observé la composition de la graine, donna à ces organes le nom de *Cotylédons*, par analogie avec les parties ainsi désignées dans le corps animal. Depuis on a pu facilement remarquer que la masse cotylédonaire n'est pas toujours double, et qu'un grand nombre de végétaux offrent une amande simple et indivise. De là la division des plantes en *monocotylédonées* et *dicotylédonées*; ces deux classes renferment toutes celles qui se reproduisent par fleur et par graine. Le blé, le lis, le palmier, ont un seul Cotylédon, et présentent dans leur tige et leurs feuilles une organisation spéciale; les Légumineuses, les Crucifères et la majorité des phanérogames ont deux Cotylédons, et diffèrent de la première classe dans presque tous les détails de leur organisation.

Quelques végétaux ont plus de deux Cotylédons : par exemple, on en compte trois dans le *Cupressus pendula*; quatre, cinq ou huit dans quelques pins; dix ou douze dans le pin-pignon. Au contraire, dans d'autres plantes essentiellement dicotylédonées par leur organisation, les Cotylédons sont plus ou moins soudés ensemble, et semblent n'en former qu'un ; exemples : le *Marronier d'Inde*, quelques espèces de *Chêne.*

Les Cotylédons, dit Bonnet, sont les mamelles qui nourrissent la plante naissante; ils lui donnent leur substance mucilagineuse et sucrée, tant qu'elle ne peut encore s'alimenter elle-même dans le sol; à mesure qu'elle se développe et grandit, les Cotylédons diminuent d'épaisseur, ils se dessèchent et meurent. Tantôt ils sont restés sous terre après la germination de la graine ; alors on les appelle *hypogés* (souterrains) ; tantôt ils s'élèvent avec la tigelle, et forment les premières feuilles, comme on le voit dans le haricot ; dans ce cas ils sont dits *épigés.*

Les Cotylédons sont plus ou moins épais et charnus, selon que la graine est ou non pourvue d'un périsperme. Ainsi ils composent toute la substance de la fève, du pois; mais au contraire ils sont minces et foliacés dans les euphorbes, dont la graine est revêtue de périsperme. Ces deux organes semblent se suppléer pour fournir aux premiers besoins du végétal nouveau-né. (*Voy.* Embryon).   (L.)

COTYLÉDON. (bot. phan.) *V.* Cotylet.

COTYLET, *Cotyledon.* (bot. phan.) Genre de

la famille des Crassulées, Décandrie pentagynie, établi par Tournefort et adopté par Linné. Plus tard, Adanson en sépara un certain nombre d'espèces pour en former le genre KALANCHOE (*voyez ce mot.*) De Candolle, en adoptant ce genre, a proposé d'en créer encore un nouveau, formé de la principale espèce connue par Tournefort, le *Cotylet nombril de Vénus.* (Voy. UMBILICUS.)

Ces restrictions laissent encore une trentaine d'espèces au genre Cotylet, la plupart originaires de l'Afrique méridionale ; ce sont des plantes grasses, à tige herbacée ou frutescente, à feuilles ordinairement opposées, à fleurs en corymbes ou en épis terminaux. Voici leurs caractères : calice à cinq divisions ; corolle campanulée ou tubuleuse, à cinq lobes ; dix étamines insérées sur la corolle ; cinq ovaires supères, chacun muni à sa base d'une écaille nectarifère, et portant un pistil ; autant de capsules oblongues, pointues, uniloculaires ; graines nombreuses.

On cultive dans nos jardins plusieurs espèces de Cotylédons, qui réussissent très-bien quand on leur procure une exposition chaude, et, pendant l'hiver, une serre aérée et exempte d'humidité. Ils sont en général assez curieux pour la conformation de leur tige et de leurs feuilles ; ils offrent quelquefois des fleurs d'un aspect agréable. Tels sont :

Le COTYLET A FLEURS ÉCARLATES, *Cotyledon coccinea*, qui fleurit vers janvier.

Le COTYLET ORBICULAIRE, *C. orbiculata*, a des feuilles ovales, bordées de pourpre ; ses fleurs, rougeâtres et assez grandes, sont de longue durée. On en possède plusieurs variétés.

Les *C. spuria* et *C. fascicularis* sont aussi assez recherchés des amateurs de plantes grasses. (L.)

COU. *V.* COL.

COUA, *Coccyzus.* (OIS.) *Voy.* COUCOU.

COUCHES. (GÉOL.) *V.* STRATIFICATION.

COUCHES LIGNEUSES. (BOT. et AGR.) Les cercles que le bois présente s'emboîtant les uns dans les autres, et dont les plus intérieurs, qui ont été formés les premiers, sont denses et distincts, tandis que les extérieurs, d'une date nouvelle, sont poreux, très-voisins de l'aubier et participent de sa couleur (*roy.* AUBIER), sont appelés *Couches ligneuses.* Cette espèce d'étui conique-allongé ne s'observe que dans les végétaux dicotylédonés ; il n'est pas dans toutes ses Couches d'épaisseur égale ; les plus intérieures comme les plus extérieures sont moins fortes que les intermédiaires ; quelquefois il arrive que cette épaisseur est très-prononcée d'un côté, beaucoup moins de l'autre, ou bien nulle, ce qui donne à la tige une forme irrégulière. Lorsque l'accroissement se fait avec lenteur, les Couches sont en même temps régulières, plus épaisses, et l'arbre monte droit, prend une belle forme ; les Couches sont minces pendant le premier âge, elles prennent plus de consistance et d'ampleur dans l'âge adulte, mais à l'époque de la vieillesse, comme l'arbre ne pompe plus sa nourriture avec la même puissance, les Couches annuelles diminuent sensiblement. Je sais bien que cette loi générale éprouve des modifications à raison des circonstances locales, des variations atmosphériques, et de la tendance imprimée aux racines ou aux branches par des obstacles apportés à leur développement, ou par la taille, par l'élagage, etc. ; mais ces modifications ne détruisent point le principe. (*Voy.* aux mots ACCROISSEMENT et BOIS.)

Examine-t-on attentivement une coupe horizontale de la tige d'un arbre, on reconnaît dans la dégradation de teinte des anneaux formés par les Couches ligneuses le repos essuyé dans la formation des couches par la suspension annuelle de la séve. Linné a donné à ces anneaux le nom d'anneaux résineux, *annuli resinosi*, sans doute parce qu'ils sont le point du suintement le plus abondant des fluides de la plante, et parce qu'ils offrent toujours une quantité plus ou moins grande de substance résineuse.

La couleur des Couches ligneuses diffère suivant les espèces, elle est dans toutes distincte de la couleur blanche de l'aubier.

Quand on compare les Couches ligneuses avec les COUCHES CORTICALES, on voit que le mécanisme de leur formation est le même ; la destination des secondes est de fournir, par leur développement, les Couches annuelles du bois qui doivent augmenter le diamètre de l'arbre. Elles ne sont autre chose qu'un faisceau de lames fibreuses, appliquées les unes sur les autres, chargées d'élaborer la substance gélatineuse qu'on peut nommer organisatrice. L'ensemble de ces lames constitue l'écorce proprement dite (*voy.* au mot ÉCORCE) ; on les enlève naturellement ou bien après macération ; les plus extérieures, perpétuellement soulevées par celles de l'intérieur, qui vont toujours en grossissant, sont d'ordinaire fendues, déchirées, gercées et se détruisent très-facilement ; c'est ce qui fait que l'écorce n'acquiert jamais une épaisseur considérable. (T. D. B.)

COUCOU, *Cuculus.* (OIS.) Le Coucou d'Europe était nommé *Coccux* par les Grecs, et *Cuculus* par les Latins ; il a été pris par Linné pour le type d'un genre auquel il a donné son nom, genre *Cuculus*, dont les ornithologistes modernes ont fait la famille des *Cuculidés* ou Cuculés. Cette famille appartient à l'ordre des Oiseaux GRIMPEURS (*voy.* ce mot) ; les nombreuses espèces qu'elle comprend existent sur tous les points du globe, mais plus abondantes dans les contrées chaudes ; elles se font remarquer souvent par la beauté de leur plumage. Le Coucou d'Europe est célèbre par la singulière habitude qu'il a de pondre dans des nids étrangers, et de laisser à d'autres oiseaux le soin d'élever ses petits ; mais il ne faut pas croire que toutes les espèces qu'on a rapprochées de lui agissent de même ; il en est plusieurs qui couvent elles-mêmes leurs œufs et soignent leurs petits après qu'ils sont éclos ; il en est aussi dont les femelles se rassemblent en grand nombre et travaillent ensemble à la construction d'un vaste nid dans lequel elles se réuniront pour couver.

Les Cuculés vivent de fruits, de graines, d'insectes, de reptiles ou même de petits oiseaux ; dans les contrées froides et tempérées ils émigrent; dans les autres au contraire ils sont sédentaires. On les distribue dans les différens genres *Malcoha*, *Vouroudriou*, *Coua*, *Coucal*, etc., auxquels M. Lesson joint les *Barbacous* (Manuel d'Ornithologie, 11, p. 125) et les *Anis* ainsi que les *Scythrops* (Traité d'Ornithologie, p. 128). *Voyez* pour ces derniers les divers mots BARBACOU, ANI et SCYTHROPS.

Genre MALCOHA , *Melias*, Glog.

Bec plus long que la tête, convexe, très-lisse, recourbé, pointu et garni de soies à sa base; narines en demi-cercle, percées à une faible distance du front; tour des yeux nu, papilleux ou revêtu d'une membrane turgescente; ailes courtes, à première rémige petite, la troisième et la quatrième dépassant les autres; queue longue, étagée, composée de dix rectrices.

Ces oiseaux habitent les îles indiennes de l'est, ils doivent leur nom à la première espèce connue, laquelle est nommée *Malcoha* à Ceylan, sa patrie. M. Gloger les a nommées *Melias*, c'est-à-dire nymphes des arbres, et Vieillot *Phœnicophais*, qui signifie rouge de feu à la vue. On dit qu'ils se nourrissent de fruits. On en connaît présentement six ou sept espèces. Nous citerons seulement :

Le MALCOHA TÊTE ROUGE, *Cuculus pyrrocephalus*, Forst., qui a le sommet de la tête et une partie des joues d'un rouge de feu entouré d'une bande blanche; l'occiput et le dessus du couvert noirâtre taché de blanc; le devant du cou, les ailes, le dos et la queue noirs, nuancés d'un peu de vert, et la poitrine blanche ainsi que l'abdomen. Cet oiseau a quinze pouces de longueur depuis le bout du bec jusqu'à la fin de la queue; il habite Ceylan; ses mœurs sont inconnues, ainsi que celles de toutes les autres espèces du même groupe.

On trouve une bonne figure du *Malcoha superciliosa* de Cuvier dans l'Iconographie du Règne animal, Oiseaux, pl. 33, fig. 1.

Genre COUROL ou VOUROUDRIOU, *Leptosomus*, Vieillot.

Le mot *Vouroudriou* ou plutôt *Vourougdriou*, est le nom que les Madécasses donnent à une espèce de ce genre. Celui de *Courol* a été formé par Le Vaillant pour indiquer que les oiseaux auxquels on l'appliquait, avaient à la fois des rapports avec les Rolliers et les Coucous. Le bec est gros, pointu, robuste et un peu trigone; à mandibule supérieure crochue et échancrée vers le bout; narines en scissure oblique, médianes; ailes pointues suraiguës, c'est-à-dire à première et deuxième rémiges les plus longues; queue grande, presque égale, composée de douze rectrices. Les Vouroudrious n'ont encore été trouvés qu'à Madagascar; ils sont frugivores, et nichent, dit-on, dans les forêts. On n'en a long-temps connu qu'une seule espèce, le VOUROUDRIOU VERT, *Leptosomus viridis*, Vieill., Guérin, Iconographie du Règne anim.; pl. 32, fig. 1, qui est long de quinze pouces, une seconde a été distinguée plus récemment. On

l'avait confondue avec la précédente, dont on la croyait la femelle. C'est le VOUROUDRIOU CROMB, *Leptosomus crombus*, Lesson.

Genre COUCAL, *Centropus*, Illiger.

Bec caréné, très-comprimé, terminé en pointe et recourbé; narines étroites, obliques, percées dans une membrane sur le rebord des plumes du front; ailes courtes, à première rémige très-petite, la quatrième et la cinquième les plus longues; tarses allongés, robustes; les doigts antérieurs soudés à leur base, et les postérieurs versatiles, c'est-à-dire susceptibles de se porter aussi bien en devant qu'en arrière; ongle du pouce long et pointu; queue grande, très-étagée.

Coucal est une contraction d'*Alouette* et de *Coucou*; Le Vaillant a proposé ce nom parce que les oiseaux auxquels il le donne ont les caractères généraux des Coucous, et l'ongle du pouce long et semblable à celui des Alouettes. C'est à cause de ce dernier caractère qu'Illiger a proposé de les appeler *Centropus* qui signifie *pied aiguillonné*. Les espèces de ce genre sont assez nombreuses; on en connaît dix ou douze qui habitent toutes les contrées les plus chaudes de l'Asie, de l'Afrique et de la Malaisie. Nous n'en citerons que quelques unes.

COUCAL NAIN, *Centropus pinnulus*, Mus. Par., est un des plus petits du genre; sa taille ne dépasse pas celle du merle. On le trouve à Java et à Sumatra. Dans le sexe mâle, il est brun-noir teinté de roux, avec les ailes d'un roux clair.

COUCAL DES PHILIPPINES, *Centropus Philippinensis*, Cuv., que l'on trouve aussi à Sumatra, au Bengale, à Calcutta et dans l'île Madagascar, a le plumage d'un beau bleu noir intense en dessus. Sa taille est à peu près celle de la pie; on en connaît plusieurs variétés.

Genre COUA ou COULICOU, *Coccyzus*, Viell.

Ce groupe, que Le Vaillant avait d'abord distingué, a les narines en scissure longitudinale ou oblique, percées dans une membrane basale, et les ailes courtes, ayant leurs cinq premières rémiges étagées. Les Couas nichent dans les arbres et couvent eux-mêmes leurs œufs.

COUA DELALANDE; *Coccyzus Delalandii*, est long de vingt-un pouces; on le trouve à Madagascar.

COUA DE GEOFFROY, *Coccyzus Geoffroyi*. Il vient du Brésil, et a été figuré dans l'Iconographie de M. Guérin, pl. 51, fig. 2.

Genre PIAYE, *Piaya*. M. Lesson (Traité d'Ornithologie, p. 159) propose d'établir ce groupe, dans lequel il place la plus grande partie des espèces que Vieillot et Le Vaillant ont mises dans le genre précédent.

Les genres *Coucoua* et BOUBOU (*voy.* ce mot) ont aussi été proposés par M. Lesson (*loc. cit.*); il en est de même du genre *Taccoïde*.

Genre TACCO, *Saurothera*, Viell.

Bec robuste, plus long que la tête, convexe et crochu à la pointe; narines ouvertes, dans une

large membrane; ailes arrondies, à première rémige très-courte; queue très-longue, étagée. On
n'en connaît que deux espèces:

Tacco vieillard, *Saurothera vetula*, Vieill., qui
a la tête, le dos et les ailes d'un roux cendré; le
devant du cou et le thorax gris cendré, et le bas-
ventre, la région anale ainsi que les couvertures
inférieures de la queue rousses; le bec est dentelé
sur le bord de la mandibule supérieure. Longueur
totale de l'oiseau, seize pouces. Habite la Guiane
et l'île St-Domingue.

Tacco de Botta, *Saurothera Bottæ*, Blainville.

Belle et grande espèce découverte par M. Botta
sur la côte de Californie où elle vit de lézards,
de petits mammifères et de petits oiseaux, et court
avec rapidité sur le sol. La tête, le cou et le thorax sont roux, tachés de brun et de blanc; les
couvertures de la queue vertes; l'abdomen, les
flancs et la région anale d'un gris cendré. Une
touffe de plumes lâches forme sur l'occiput une
petite huppe d'un bleu d'acier sombre, liseré de
roux-blanc.

Genre Coucou proprement dit, *Cuculus* des auteurs. Bec peu élevé, convexe en dessus, comprimé
à la pointe, recourbé et un peu crochu; narines
arrondies, basales, percées dans une membrane; tarses médiocres; l'un des deux doigts antérieurs, l'externe, est très-long; ailes longues et pointues, à rémiges graduellement étagées; la queue arrondie.

Le genre des vrais Coucous comprend un assez
grand nombre d'espèces que l'on a réparties dans
diverses petites sections; preque toutes ces espèces
sont étrangères à nos contrées, une seule s'y rencontre, c'est celle du Coucou gris; cet oiseau a
comme l'on sait l'habitude de ne pas couver ses
œufs; quelques uns de ses congénères sont aussi
dans le même cas; d'autres, à ce qu'il paraît, les
couvent, et il est certaines espèces, entre autres
une observée récemment dans l'Amérique du sud
par M. d'Orbigny, chez lesquelles les femelles se
réunissent plusieurs ensemble dans un même nid.

I. Section des Coucous ordinaires. Le type de
cette section est le Coucou gris, *Cuculus canorus*,
représenté dans notre Atlas, pl. 126, fig. 2. Cet
oiseau, qui a des habitudes si extraordinaires, a
toujours intéressé les naturalistes; cependant son
histoire a été jusque dans ces derniers temps fort
embrouillée, et on peut dire qu'elle est encore aujourd'hui fort incomplète. Nous allons d'abord
donner quelques détails sur les caractères de l'espèce à ses différens âges, et nous essaierons ensuite d'éclaircir un peu son histoire. Les individus
adultes dans le sexe mâle sont longs de dix pouces
six ou huit lignes; les femelles sont un peu plus
petites; voici comment les couleurs sont distribuées:
toutes les parties supérieures, le cou et la poitrine
sont d'un cendré bleuâtre plus foncé sur les ailes,
plus clair sur le cou et la poitrine; le ventre,
ainsi que les cuisses, l'abdomen et les couvertures inférieures de la queue sont blanchâtres, avec
des raies transversales d'un brun noirâtre; de
grandes taches blanchâtres existent sur les barbes

intérieures des pennes alaires; les rectrices sont
noirâtres avec de petites taches blanches disposées
le long de la baguette; toutes ont du blanc à leur
extrémité; bord membraneux du bec et tour des
yeux d'un jaune orangé; iris et pieds jaunes. Les
jeunes lorsqu'ils sortent du nid ont toutes les parties supérieures d'un cendré brun, les pennes terminées par une bande blanche, des taches rousses sur les ailes et une grande tache blanche à
l'occiput. En automne, lorsqu'ils émigrent, leur
nuque et les pennes de leurs ailes ont quelques
bandes roussâtres; quelques lignes de cette couleur se voient aussi sur leur poitrine.

Le Coucou est un oiseau voyageur, qui passe
l'été en Europe, où il pénètre assez avant vers le
nord, et se retire pendant l'hiver en Afrique ou
dans les contrées chaudes de l'Asie; on l'a observé dans l'Inde et à Java. Il paraît que dans ces
dernières localités il est sujet à prendre une coloration rousse; ce fait, qui n'a pas encore été bien
confirmé, n'a rien d'extraordinaire si l'on veut se
rappeler que beaucoup d'espèces d'oiseaux ont offert dans les mêmes contrées des variations analogues. Le Coucou se tient dans les bois, au voisinage des prairies; le mâle décèle facilement sa
présence par son cri monotone et qui s'entend de
fort loin comme on le sait; il répète fréquemment
les deux syllabes *cou-cou*, dont nous nous sommes
servis pour le nommer. Son nom latin *Cuculus*,
que les anciens prononçaient *Coucoulous* n'a pas
d'autre étymologie; il en est de même de ceux qu'il
porte aujourd'hui dans toutes les langues de l'Europe.

Ces oiseaux sont insectivores et se nourrissent
principalement de chenilles, qu'ils varient suivant
les saisons, ainsi que l'a observé M. Florent Prevost, les prenant velues dans un temps, et rases
dans un autre. Après qu'ils ont digéré, toutes les
parties non alibiles des corps qu'ils avaient avalées
se forment en petites pelotes, et sont ensuite dé-
gorgées à la manière des oiseaux de nuit. L'estomac est très-volumineux et descend très-avant
dans l'abdomen; aussi faut-il pour rassasier les
Coucous une prodigieuse quantité de nourriture.
Les individus que l'on tient en captivité peuvent
quelquefois être apprivoisés; on peut les nourrir
indistinctement de chenilles rases ou velues, d'insectes coléoptères, et même de viande; on a remarqué qu'ils meurent presque tous à l'entrée de
l'hiver, époque à laquelle ils muent. Ces oiseaux,
comme on le sait depuis long-temps, ne font pas
de nid; mais ce qu'on ne sait pas, c'est la raison
de cette particularité; bien des explications ont
été proposées, mais aucune jusqu'à présent n'a
paru satisfaisante. Presque tous les auteurs ont
voulu trouver des causes anatomiques, mais
comme ils n'avaient pas commencé par étudier
les mœurs de l'animal, ils sont généralement
tombés à faux. M. Florent Prevost, chef des travaux zoologiques du Muséum de Paris, qui s'est
livré avec une grande patience à l'étude des
mœurs des oiseaux, a pu faire sur le Coucou quelques observations d'un grand intérêt; quoiqu'il

ne les ait pas encore publiées, il a bien voulu nous les communiquer et nous a permis de nous en servir pour rédiger ce petit article. Voici ce qu'il a vérifié et une partie de ce qu'il a observé de nouveau.

Les Coucous sont polygames, mais non à la manière des autres oiseaux. Au lieu que, comme ceux-ci, les mâles aient plusieurs femelles, ce sont, au contraire, les femelles qui ont plusieurs mâles; ceci explique pourquoi il est si difficile de se procurer un Coucou du sexe féminin. A leur arrivée dans nos contrées, les mâles, qui nous viennent par troupes, se partagent le terrain; chacun d'eux choisit un petit arrondissement dans quelque bois, et ne souffre pas qu'un autre vienne s'y établir: les femelles, au contraire, n'ont pas de demeure atitrée; elles prennent, pour ainsi dire, une certaine quantité des districts dans lesquels résident des individus mâles, et se tiennent tantôt avec l'un, tantôt avec l'autre. Lorsqu'elles ont choisi quelque mâle, elles demeurent avec lui un jour ou deux, et se livrent avec fureur aux plaisirs de l'amour; l'accouplement est souvent répété trente fois et davantage dans un même jour. Mais cet excès dure peu, et dès le troisième jour, les deux amis commencent à se négliger; la femelle quitte son privilégié de la vieille pour en choisir un nouveau. On pourrait croire que c'est afin de l'attirer que les mâles ne cessent de chanter : on les entend souvent pendant des journées entières, ils semblent vraiment s'épuiser. Lorsque la femelle doit pondre, elle ne quitte point le canton du mâle chez lequel elle se trouve alors; on a observé depuis très-long-temps qu'elle ne fait point de nid, et elle ne pond ses œufs qu'en un très-long espace de temps : six semaines selon certains auteurs, et souvent davantage selon les observations de M. Prevost. Comme nous l'a communiqué ce dernier, elle pond ordinairement deux œufs en un petit espace de temps, en deux ou trois jours par exemple. Elle fait son œuf à terre, ainsi que l'a observé Le Vaillant; elle le fait avec peine, et paraît beaucoup souffrir; après qu'elle l'a déposé, elle le prend dans sa gorge, qui est à cet effet dilatée (M. Prevost a tué une de ces femelles, et a pu retirer l'œuf qu'elle portait ainsi. Le Vaillant avait fait la même observation sur une espèce africaine). Elle s'envole avec ce petit fardeau et se dispose à le porter dans le nid de quelque autre espèce. Elle choisit ordinairement quelque petit passereau insectivore, le plus souvent un roitelet, un troglodyte, un rouge-gorge ou une bergeronnette; quelquefois aussi, selon les observations de Le Vaillant, elle s'adresse aux fauvettes et aux merles. Elle force pour ainsi dire ceux-ci à se charger de sa progéniture; elle les surveille, et si elle voit qu'elle ne peut réussir à les y contraindre, elle retire l'œuf qu'elle leur avait confié et le porte dans le nid d'un autre couple. M. Florent Prevost a observé que, lorsqu'il tourmentait les oiseaux que le Coucou avait chargés d'élever son œuf, l'animal retirait cet œuf et le portait ailleurs; il a essayé un jour de le retirer du nid, et l'a porté à terre; la femelle, qui veillait à peu de distance, l'a repris aussitôt et replacé dans le nid.

Nous avons dit plus haut que la femelle pondait ordinairement deux œufs en peu de jours; elle place le second dans un nid voisin du premier, mais non dans celui-ci. Ce fait est digne de remarque; il coïncide avec un autre dont nous parlions plus haut, et pourrait bien avoir avec lui quelque rapport. On se rappelle que les Coucous ont un grand estomac, et qu'ils mangent beaucoup. Il est évident que les petits passereaux, qui ont déjà besoin pour nourrir un seul de ces oiseaux d'une grande activité, ne pourraient certainement suffire aux besoins de deux, et à plus forte raison d'un plus grand nombre.

Après que le Coucou femelle est sûr que ses œufs seront soignés, il abandonne le canton où il s'était tenu pendant quelques jours, et passe chez un autre mâle, avec lequel il s'adonne de nouveau à l'amour. Il fait assez souvent dans le petit domaine de celui-ci sa seconde ponte, et ce n'est qu'après deux mois environ qu'il a pondu tous ses œufs; c'est ce qui explique pourquoi on trouve de jeunes Coucous non-seulement en mai et en juin, mais aussi aux mois de juillet et d'août. Les œufs que les femelles pondent dans la saison sont au nombre de six et même huit ou dix; leur couleur varie du blanc jaunâtre au verdâtre, avec des taches olivâtres ou cendrées.

Ces observations ont suffi à M. Florent Prevost pour lui indiquer la cause qui empêche les femelles de couver et d'élever leurs petits. Il reste maintenant à savoir de quelle raison anatomique dépendent d'aussi singulières habitudes.

On conçoit que la femelle, pondant ses œufs en six semaines ou deux mois, ne peut couver comme les autres oiseaux; car elle serait obligée d'élever un petit et de couver plusieurs œufs, ce qui est impossible. De plus, on doit remarquer que puisqu'elle ne s'attache à aucun mâle, elle se trouverait dans le cas des femelles à mâles polygames qui sont chargées à elles seules du soin de couver leurs œufs et d'élever leurs petits. Mais celles-ci, quoique souvent elles pondent en un espace assez long, n'ont pas autant de difficulté pour trouver leur nourriture pendant la couvaison. La femelle du Coucou, qui est insectivore, serait obligée de faire de longues absences, pendant lesquelles les œufs se refroidiraient et perdraient toute vitalité, ou seraient exposés à toute la brutalité de leurs ennemis. Cet inconvénient ne se retrouve point chez les animaux dont nous parlions à l'instant. Tous ceux-ci, exemple les poules, les cailles, les paons, etc., sont granivores, et se tiennent tellement à portée de leur nourriture, dans les prairies ou les champs cultivés, qu'ils n'ont besoin pour se la procurer que de faire quelques pas. De plus, leurs petits sont en naissant capables de marcher, ils peuvent suivre la mère, qui pour les nourrir n'a pas besoin de les abandonner comme devrait le faire (si toutefois sa couvée arrivait à ce point) la femelle du Coucou, puisque ses petits naissent dans un état de faiblesse extrême, et tout-à-fait incapables de voler ou de marcher.

Le célèbre chimiste Van-Mons s'est aussi occupé de l'étude des Coucous, et a essayé, dans un mémoire lu en 1833 à l'académie des sciences de Bruxelles, de dire pourquoi les femelles ne couvent pas elles-mêmes leurs œufs. S'il faut l'en croire, les Coucous sont bien polygames, mais à la manière des autres oiseaux, c'est-à-dire qu'un mâle suffit à plusieurs femelles. Ce mâle se perche ordinairement sur le sommet de quelque arbre et, sans changer de place, il chante pour appeler les femelles qui s'empressent de venir se disputer ses faveurs. Ces femelles, après qu'elles ont été fécondées, ne pouvant à elles seules se charger de l'éducation de leurs petits, pour les raisons que nous avons énumérées ci-dessus, sont obligées d'en charger des étrangers.

On trouve quelquefois dans des creux d'arbres ou dans des trous de murs, ayant une très-petite ouverture, des Coucous parvenus à leur état parfait de développement. Long temps on a cherché, mais en vain, à s'expliquer comment ces oiseaux avaient pu pénétrer par d'aussi petites ouvertures. Il paraît probable que de petits oiseaux avaient fait leur nid dans ces cavités, et que des Coucous sont venus leur apporter leurs œufs à élever. Mais lorsque les jeunes Coucous ont acquis leur développement, ils se sont trouvés emprisonnés, l'ouverture qui avait permis de les introduire, lorsqu'ils n'étaient que des œufs, ne se trouvant plus maintenant assez grande pour les laisser partir.

Chasse des Coucous. Lorsqu'on veut se procurer des Coucous, le meilleur moyen pour les approcher ou les attirer dans les appeaux, est de les appeler en imitant leur cri.

Les autres espèces qui composent, avec le Coucou d'Europe, la section des Coucous ordinaires sont: le C. ténuirostre, *Cuculus tenuirostris* (Collect. Mus. et Lesson, Traité d'Ornith.), qui vient de Timor et du Bengale; et le C. criard, *Cuc. clamosus*, Cuv., Le Vaill., Ois. d'Afr., qui habite l'Afrique australe, principalement le cap de Bonne-Espérance.

II. Les Edolios. Il y en a un qui habite le nord de l'Afrique; on le voit quelquefois en Europe, dans l'Andalousie et aux environs de Marseille. C'est le Coucou geai, *Cucul. glandarius*, L., qui est gris en dessus, ponctué de blanc, avec le cou, le thorax et le ventre blancs; ses rectrices sont noires, terminées de blanc en dessous. La patrie ordinaire de cet oiseau est la Barbarie, l'Egypte et le Sénégal.

Coucou a collier blanc, *Cuc. coromandus*, Gm., habite la côte de Coromandel. Coucou edolio, *Cuc. edolius*, Cuv., qui a donné son nom à la section, a été rapporté de Calcutta, de Pondichéry, de la côte de Coromandel et du Cap.

III. Les Guiras. On n'en connaît qu'un seul, le Coucou guira-cantara, *Cuc. guira*, Lath., qui est du Brésil. Il est figuré dans l'Iconographie de M. Guérin, pl. 51, f. 1.

IV. Les Coucous gros-becs, forment, pour

MM. Vigors et Horsfield, le genre *Eudynamis*. On les trouve dans l'Inde et les grandes îles voisines.

V. Les Surnicous, parmi lesquels on place le Coucou a tête grise, *Cuc. flavus*, dont on connaît plusieurs variétés.

VI. Les Chalcites. La plupart des espèces sont remarquables par le beau brillant de leurs couleurs. On les nomme aussi *Coucous cuivrés* et *Coucous éclatans*.

Genre indicateur. *Indicator*, Vieill.

Cet autre groupe de la famille des Cuculés, a le bec très-pointu, convexe; les narines basales, arrondies, bordées; les ailes courtes, aiguës cependant, et à première et deuxième rémiges les plus longues; leur queue est échancrée; elle a douze rectrices. Ces oiseaux sont de la taille des moineaux, leur plumage est tout-à-fait sans éclat; mais leurs singulières habitudes les rendent dignes d'intérêt. Ils se nourrissent d'insectes, mais préfèrent le miel à tout autre aliment; c'est pourquoi ils se tiennent aux environs des nids des abeilles sauvages. Les Hottentots les suivent et se guident le plus souvent d'après eux pour aller à la recherche de ces ruches, et lorsqu'ils en ont découvert, ils laissent aux petits Indicateurs quelques débris à titre d'encouragement. Le plus commun de ces oiseaux est l'Indicateur mange-miel, *Indicator major*, qui est brun en dessus, roux clair en dessous, avec la queue blanche, tachée de noir; il vit au cap de Bonne-Espérance. (Gerv.)

COUCOU (fleur et pain de). (bot. phan.) On désigne sous ce nom vulgaire le *Lychnis floscuculi*, le *Narcissus pseudo-narcissus*, et la Primevère officinale.

COUCOUILLO. (ins.) Les habitans de l'Amérique espagnole désignent ainsi les Taupins phosphorescens. *V.* Taupin. (Guér.)

COUDE, *Cubitus.* (anat.) Ce mot désigne en général un angle formé par la réunion de deux parties droites. L'articulation du bras avec l'avant-bras, par la saillie qu'elle produit, en est un exemple. On donne aussi le nom de Coude-pied à la saillie que présente la face supérieure du pied près de son articulation avec la jambe. (M. S. A.)

COUDRE. Ce mot désigne le Coudrier et la Viorne. *V.* ces mots.

COUDRIER, *Corylus.* Ce genre se trouve compris dans les Cupulifères de Richard, et dans la Monœcie octandrie. Voici ses caractères. Fleurs monoïques. Les mâles forment de longs chatons cylindriques et pendans. Chacune d'elles se compose d'une écaille profondément bifide, soudée avec une autre écaille plus extérieure, entière, plus grande, et qui enveloppe toute la fleur; les étamines sont au nombre de huit; leurs filets sont courts et grêles; leurs anthères sont ovoïdes, allongées et uniloculaires, marquées d'un sillon longitudinal par lequel elles s'ouvrent. Les fleurs femelles, en général, sont réunies plusieurs ensemble à l'aisselle d'écailles qui constituent une sorte de bourgeon conoïde. L'involucre est monophylle, et recouvre complétement la fleur; le calice est adhérent avec l'ovaire infère et plus ou moins globuleux, et son limbe est court et irrégulièrement denticulé. Coupé en travers, l'ovaire offre deux loges, très-petites comparativement à la masse; dans chacune, un ovule renversé est attaché à la partie supérieure et un peu interne. Cet ovaire est surmonté de deux stigmates subulés plus longs que l'involucre. Le fruit est un gland osseux, enveloppé dans un involucre monophylle ou cupule foliacée, plus longue que lui, au fond de laquelle il est attaché par une large base. Le péricarpe est osseux, indéhiscent, plus ou moins globuleux, en pointe au sommet. La graine n'a point d'endosperme; c'est un gros embryon à deux cotylédons très-épais. Six espèces sont comprises dans ce genre; mais l'Europe n'en a eu que deux en partage : c'est le *Corylus avellana*, et le *Corylus columna*.

Le premier, connu sous le nom vulgaire de *Coudrier commun*, ou *Noisetier*, abonde dans nos forêts, où il parvient à la hauteur de dix à douze pieds. C'est un arbrisseau que revendiquent également la poésie et la physique occulte. Combien de fois n'est-il pas nommé dans les églogues de Virgile ! *Hic inter densas corylos, modò namque gemellos*, etc., etc. Si Ménalque invite Mopsus à venir s'asseoir auprès de lui pour l'accompagner de son chalumeau, c'est au milieu d'un fourré épais d'Ormes et de Coudriers : *Hic corylis mixtas inter consedimus ulmos?* Le peuplier est l'arbre favori d'Alcide; la vigne est chère à Bacchus; la belle Vénus a choisi le myrte, et Phébus le laurier; mais Phyllis aime les Coudriers, et tant que Phyllis les aimera, nul de ces arbres, suivant Corydon, malgré leurs augustes protecteurs, ne l'emportera sur les Coudriers : *Nec myrtus vincet corylos, nec laurea Phœbi.* Le flambeau nuptial, qui, avant Pline, se faisait d'aubépine, était formé, de son temps, d'une branche de *Coudrier* ou de charme. Des charlatans se vantaient autrefois de pouvoir connaître les endroits qui recelaient des sources, des trésors, des mines, etc., etc., au moyen d'une baguette de Coudrier, fourchue, que l'on devait tenir par ses deux branches, bien horizontalement, en marchant avec lenteur : lorsqu'on parvenait au point du sol qui recouvrait ce qu'on cherchait, aussitôt la baguette s'inclinait vers la terre, et l'on n'avait plus qu'à fouiller en ce point. C'est là cette fameuse *baguette divinatoire*, dont il n'est personne qui n'ait entendu parler. L'auteur de cet article a vu dans un département reculé de la France, au beau milieu de ce siècle de lumières, employer cette baguette, d'une manière inefficace, comme on le pense bien. N'en soyons point surpris : l'histoire de ce Jacques Aymar, paysan de Saint-Véran, près de Saint-Marcellin, département de l'Isère, qui se rendit très-célèbre dans cet art, sous la régence du duc d'Orléans, ne date pas de bien loin : ne sait-on pas qu'il prétendait découvrir, avec sa baguette, non-seulement les eaux, les mines, les trésors cachés sous terre, mais encore les cadavres de ceux qui avaient été assassinés, ainsi que leurs meurtriers. Le Régent le fit venir à Paris, et toute cette cour, composée en grande partie d'esprits forts qui ne croyaient absolument à rien, fut émerveillée des miracles opérés par Jacques Aymar.

Lecteurs, ne vous hâtez point de dire : *Mais de pareilles superstitions ne sont plus possibles aujourd'hui.* Tournez un peu la tête, et vous verrez tout près, derrière vous, quelques années seulement avant la révolution, le charlatan Bletton user de la baguette divinatoire, et causer aussi une admiration presque universelle; et, bien après la révolution, sous l'empire, la prophétesse Lenormand, établie au centre même de Paris, consultée par ce qu'on appelle les hautes classes de la société, et les étonner par ses oracles. Quand de vains prestiges occupaient ainsi les têtes dans le chef-lieu de la civilisation, on doit bien pardonner à de pauvres villageois relégués à deux cents lieues d'ici de s'en laisser ébranler le cerveau. Dans diverses localités, avec des tiges flexibles des jeunes Coudriers, on fait des espèces d'arcs, qu'on appelle en certains lieux *Sauterelles*, en d'autres *Casse-pieds*, aux Pyrénées *Esplene*, et avec lesquels on attrape les oiseaux par les pieds, comme le fait entendre la seconde dénomination. Le Coudrier sert aussi à faire des fourches, des cercles de barils, des bossets, des bâtons de lignes. Les chandeliers en font usage pour mouler la chandelle commune, nommée *à la baguette*. On en fait du charbon, que les peintres emploient pour faire des esquisses.

Le Noisetier s'élève quelquefois au dessus de la poésie et de l'économie champêtres : la représentation de ses fruits avec leur involucre entre dans les armoiries, et c'est ce qu'on nomme, en langage héraldique, *Coquerelles* : ce mot vient du gaulois *Coquerée*, qui signifie *Noisette verte*.

(C. É.)

COUGOURDE. (BOT. PHAN.) Nom méridional de la Courge.

COULAC. Nom de l'Alose à Bordeaux.

COULCHAS. (BOT. PHAN.) Nom égyptien moderne et de moyenne antiquité du Gouet comestible, *Arum esculentum*. Selon la Michna, les Juifs lui donnaient le nom de *Luph*; l'un et l'autre indique que la plante occupe le sol plus d'une année, et qu'elle ne peut se passer d'irrigation : c'est du moins ce que nous lisons dans le traité d'agriculture de Palladius. Cette plante était de son temps particulièrement cultivée dans le Delta. *V.* au mot GOUET. (T. D. B.)

COULEQUIN. (BOT. PHAN.) Ce nom, synonyme des trois espèces connues de Cécropies, *Cecropia concolor*, *palmata* et *peltata*, indigènes aux Antilles (*v.* plus haut pag. 55), et à diverses contrées de l'Amérique méridionale, est employé depuis la plus grande antiquité pour désigner l'arbre dont on se servait pour faire des conduits d'eau. C'est encore avec le Coulequin, au bois fort tendre, poreux et léger, que l'on se procurait du feu bien avant l'époque désastreuse de la conquête espagnole. On pratiquait pour cet effet un petit trou dans le morceau de Coulequin et l'on y enfonçait un éclat de bois dur, taillé pointu, puis on le tournait avec beaucoup de vitesse : ce mouvement rapide allumait le bois de Coulequin et sa flamme permettait d'embraser des broussailles et le menu bois sec. L'usage du briquet ou du phosphore fait renoncer à cette vieille et ingénieuse pratique. (T. D. B.)

COULEUVRE, *Coluber.* (REPT.) L'étymologie de ce nom, formé du mot latin *Coluber*, paraît un peu obscure ; la plus vraisemblable est celle qui fonde cet appellatif sur l'habitude que ces sortes d'ophidiens ont communément de rechercher l'ombre, *Colere umbras* ; aussi est-ce à cette origine du mot Couleuvre que fait allusion l'auteur de ce vers connu :

« Sæpè latet molli coluber sub graminis umbrâ. »
BAPTISTE de Mantoue.

L'application du mot Couleuvre est presque aussi douteuse dans les écrits des anciens auteurs que son étymologie ; chez la plupart, il semble synonyme de serpent en général. Il se retrouve employé à peu près de la même manière chez les auteurs de la renaissance. Les naturalistes systématiques restreignirent son application aux ophidiens dont la queue est revêtue en dessous de lamelles disposées sur deux séries parallèles. Plus tard on sépara de ces Couleuvres celles d'entre elles qui ont la mâchoire supérieure pourvue de crochets venimeux ; puis celles dont les dents, ou les écailles du dos et de la tête présentent certaines dispositions spéciales. Aujourd'hui le nom de Couleuvre se trouve réservé aux ophidiens, ou serpens à tête ovalaire, déprimée, distincte du tronc par un col assez marqué, revêtue en dessus de plaques polygones qui s'étendent jusque sur la nuque, pourvue en dessous d'un repli rentrant de la peau susceptible de s'amplifier dans l'acte de la déglutition ; à narines ovalaires, simples, placées sur les côtés du museau obtus et arrondi ; aux yeux de grandeur moyenne, dépourvus de paupières, à pupille arrondie ; à bouche grande, dilatable en arrière, à mâchoires diductibles en avant ; à corps cylindrique, allongé, suivi d'une queue conique, longue et grêle, terminée par un dé corné, simple, revêtue en dessous d'une double série de lamelles, et, ce qui est surtout caractéristique, à écailles rhomboïdales, égales sur le dos, et à dents petites, nombreuses, simples, égales, dirigées vers le gosier, régulièrement décroissantes d'avant en arrière, insérées sur l'os maxillaire supérieur, l'os palatin, l'os ptérygoïdien et l'os maxillaire inférieur, de telle sorte qu'il existe en haut de chaque côté deux rangées de dents continues, dans l'intervalle desquelles se trouve reçue la rangée simple d'en bas ; quelquefois il arrive que les dernières dents maxillaires supérieures sont plus développées que celles qui les précèdent, à peu près comme chez les Hétérodontes ; mais ici ces dents n'offrent point de sillon sur leur courbure, et les glandules qui leur correspondent n'ont pas de caractère différent de celui des glandes salivaires simples. L'os intermaxillaire en est privé.

Les Couleuvres proprement dites, ou homopho-lides isodontes, habitent les bois couverts et les prairies qui les avoisinent ; quelques unes préfèrent le voisinage des eaux paisibles dans lesquelles elles poursuivent parfois leur proie ; d'autres fréquentent au contraire les lieux sablonneux, secs et arides ; elles se creusent des terriers peu profonds au pied des arbres, sur le bord des haies et des chemins garnis de buissons ; mais elles grimpent rarement sur le tronc des arbres, et jamais on ne les voit s'élever sur leurs branches. Leur nourriture est, à peu près comme pour tous les ophidiens, tirée d'insectes, de petits mollusques terrestres, de petits batraciens ; les plus grosses Couleuvres avalent même des oiseaux et des rongeurs de petite taille. Les Couleuvres boivent à la manière des lézards par un mouvement d'aspiration, mais c'est à tort que l'on a prétendu que les Couleuvres aimaient le lait au point d'aller traire les vaches pendant la nuit ; leurs lèvres cornées ne peuvent permettre de succion, et la disposition de leurs dents blesserait trop l'animal pour qu'il se laissât faire, et ne leur permettrait pas de lâcher le pis de la vache qu'elles auraient saisi. Les Couleuvres s'accouplent comme les autres ophidiens ; la durée de leur gestation paraît varier beaucoup par l'effet des circonstances environnantes ; on la dit de deux, trois, six semaines, elle peut se prolonger beaucoup au-delà ; elles pondent des œufs ellipsoïdes nombreux, à enveloppe coriace, qui souvent s'agglutinent les uns aux autres à mesure qu'ils sortent du vestibule ; la femelle les abandonne à l'éclosion spontanée dans le sable, les feuilles sèches, dans l'herbe coupée pour la pâture des bestiaux ou dans les fumiers, à l'action modérée du soleil ou de la chaleur développée par une fermentation lente. L'on dit que dans certaines circonstances les Couleuvres donnent des petits vivans. Le développement des Couleuvres est assez lent, au moins dans l'état de captivité où on a pu l'observer ; elles n'atteignent pas en général une taille considérable ; les plus grandes espèces ne dépassent guère cinq pieds de longueur. La durée de leur existence n'est pas précisément connue ; c'est erreur de croire, avec nos villageois, qu'elle est bornée à deux ans. Les Couleuvres vivent isolées, les sexes ne se rapprochent que pour l'accouplement. Ce sont en général des animaux timides ; leurs principaux moyens de défense sont la fuite et la projection d'excrémens demi-liquides, à odeur alliacée très-pénétrante ; rarement elles mordent, si ce n'est pour avaler leur proie. Leur morsure n'est pas venimeuse et la frayeur que ces animaux inspirent généralement n'est pas fondée : c'est ce que savent très-bien nos farceurs et nos bateleurs qui se jouent avec des Couleuvres pour captiver les regards étonnés du public ignorant, c'est aussi ce que savent très-bien les habitans de plusieurs de nos cantons qui chassent les Couleuvres et les mangent sous le nom d'*anguilles de haies.*

Les Couleuvres sont répandues partout, surtout dans les contrées chaudes et tempérées ; les régions boréales voisines des pôles sont les seules où ces où ces serpens ne se soient pas propagés. La famille des Couleuvres, restreinte aux homopholides isodontes, est encore extrêmement nombreuse en espèces, que la variabilité de leurs couleurs a fait multiplier souvent à l'infini. Dans l'impossibilité de donner ici le tableau de tous les membres de cette famille, nous indiquerons ceux d'entre eux qui ont été mieux étudiés et qui servent de type aux divisions que l'on a tenté d'établir parmi les Couleuvres, en indiquant de préférence les Couleuvres de nos contrées.

Parmi les Couleuvres homopholides isodontes, il en est qui ont les écailles dorsales carénées ; on leur a donné, à cause de cette circonstance, le nom particulier de *Tropidonotus*, des mots grecs *tropis*, carène, et *noton*, dos. Dans ce groupe l'on trouve la Couleuvre a collier, *C. natrix*, *C. tortquata*, représentée dans notre Atlas, pl. 126, fig. 3, d'un vert grisâtre et cendré en dessus, parsemée de taches noires disposées sur quatre rangées longitudinales alternes ; les deux supérieures formées de taches plus petites, les latérales de taches plus grandes, plus ou moins confluentes ; blanchâtre en dessous avec de grandes taches irrégulièrement disséminées d'un noir bleuâtre ; derrière la nuque, deux taches jaunes en croissant à concavité tournée en avant, suivies de deux grandes taches noires de même forme, constituent une sorte de collier qui a fait donner à cette espèce le nom particulier qu'elle porte. Cette Couleuvre, très-répandue en Europe, atteint trois à quatre pieds de longueur ; elle se rencontre dans les prairies voisines des eaux douces, dans lesquelles elle séjourne quelquefois, ce qui lui a valu, dans quelques auteurs, le nom de Couleuvre natrice, que l'on a ensuite étendu à plusieurs de ses congénères ; mais il faut observer que dans cette application du mot *natrix*, les auteurs de la renaissance n'ont pas prétendu rappeler celle des anciens. En effet, ils avaient donné le même nom à des serpens aquatiques plus ou moins analogues aux *hydres* et aux *chersydres* sur lesquels nous avons peu de données, et qu'ils regardaient comme très-malfaisans, comme on le voit par ce passage d'A. Lucanus :

> « Et natrix violator aquæ..... »
> *Pharsalia*, lib. ix.

Le système de coloration de cette Couleuvre est très-sujet à varier, et quelques unes des variétés de coloration ont reçu des noms particuliers, comme la Couleuvre menaçante, *C. minax*; la Couleuvre des murailles, *C. murorum*. Cuvier a signalé, comme espèce distincte, une Couleuvre de Sicile dont la taille est plus forte, la teinte des couleurs du dos plus foncée, et qui n'a sur la nuque qu'un collier formé par les taches noires. Cette Couleuvre a été rapportée par M. G. Bibron, l'un de nos collaborateurs, et a reçu le nom impropre de Couleuvre sicilienne, *C. siculus*, puisqu'elle n'est pas propre à cette île, et qu'elle s'est retrouvée depuis en Morée.

Une autre espèce du même groupe est la Cou-

leuvre vipérine, *C. viperinus*, décrite aussi sous le nom de Couleuvre chersoïde, de Couleuvre ocellée. Brunâtre en dessus avec une série de taches noirâtres alternes sur le dos, souvent confluentes, et formant par leur réunion un zig-zag qui rappelle la coloration de la vipère ; sur les côtés d'autres taches noires entourent plus ou moins exactement des taches jaunâtres, plus ou moins distantes ; le ventre est tacheté de noir. Cette Couleuvre habite le midi de l'Europe, et n'atteint guère au-delà de trois pieds. On a dit qu'elle se trouvait au Brésil, parce que, par une erreur singulière ; on en avait mis accidentellement des échantillons dans un bocal qui renfermait des serpens de cette contrée.

Le midi de l'Europe fournit encore une espèce de ce groupe, c'est la Couleuvre a quatre raies, *C. elaphis*, le plus grand des serpens de nos contrées ; il atteint parfois cinq à six pieds, aussi a-t-on voulu, seulement à cause de sa taille, voir dans cet ophidien le Boa de Plinius ; il est de couleur fauve en dessus, avec quatre lignes brunes noirâtres, longitudinales, bien arrêtées sur le dos ; le ventre est d'un jaune de soufre. Cette espèce est sujette à quelques variations de couleur, qui ont aussi donné lieu à la création d'espèces nominales.

Le plus grand nombre des Couleuvres homopholides isodontes a les écailles dorsales lisses ; une d'entre elles a même reçu, à cause de cette particularité, le nom spécial de Couleuvre lisse ; on l'a aussi appelé Couleuvre d'Autriche, *C. austriacus*, parce qu'on l'a signalée d'abord dans cette contrée, où on l'y croyait propre ; elle a la tête petite, le corps grêle ; elle n'atteint guère plus de trois pieds de long ; elle est d'un gris roussâtre en dessus avec deux séries de petites taches noires le long du dos ; le dessous est plus ou moins marbré de noir, souvent elle prend une teinte roussâtre générale, qui l'a fait décrire sous divers noms ; mais cette espèce se reconnaît généralement à l'existence de deux petits points noirs, imprimés sur l'extrémité postérieure de chaque écaille. Elle est assez généralement répandue dans les régions tempérées de l'Europe.

L'on y rencontre aussi la Couleuvre bordelaise, *C. girondicus*, à peu près de même taille que la précédente, mais se rapprochant, pour le système de coloration, de la Couleuvre vipérine, dont elle diffère par ses écailles lisses.

La Couleuvre de Riccioli, *C. Riccioli*, se rapproche des précédentes par ses formes ; mais elle en diffère par sa coloration grisâtre en dessus, marquée sur les flancs de taches flexueuses, larges, de couleur foncée ; le ventre est jaune avec une ligne noire sur chaque côté, accompagnée sur les flancs de points d'un rouge de corail.

L'on a groupé ces trois espèces, à cause de la forme générale de leur corps et de quelques particularités dans la disposition des plaques de la tête, dans un groupe à part, sous le nom de Zacholus, du mot grec *Zacholos*, violent, emporté.

L'on a aussi réuni, pour des motifs analogues, quelques autres Couleuvres dans un groupe que l'on a désigné par le nom de Zamenis, mot grec qui a à peu près la même signification que le désignatif du genre précédent. Telles sont la Couleuvre verte et jaune, *C. viridiflavus*, *C. atrovirens*. Longue de trois à quatre pieds; noire verdâtre en dessus, parsemée de petites taches linéaires jaune de soufre; ces taches s'agrandissent un peu sur les flancs et prennent quelquefois la disposition d'ocelles plus ou moins marqués; le dessous du corps est d'un jaune vif verdâtre. Cette Couleuvre est assez répandue dans le midi de l'Europe, ainsi que la Couleuvre d'Esculape, *C. Esculapii*, ainsi désignée parce que l'on présume que le serpent d'Epidaure, qui fut amené à Rome pendant la peste qui ravagea cette ville sous le consulat de Q. Fabrius et Q. Brutus, était de cette espèce, et que l'on croit reconnaître cette Couleuvre représentée sur les statues du dieu de la santé. Cette Couleuvre, qu'il ne faut pas confondre avec celle que Linnæus a gratifiée arbitrairement du même nom, et qui est de l'Amérique septentrionale, est d'une taille égale à la précédente, d'un brun verdâtre, uniforme en dessus, d'un jaune paille en dessous. Elle habite les contrées méridionales de l'Europe; ses écailles paraissent assez relevées à leur centre, surtout chez quelques individus, pour que l'on ait indiqué cette espèce comme pourvue d'écailles carénées.

Quelques Couleuvres ont deux rangées de plaques labiales superposées, de sorte que l'œil est entouré, excepté en dessus, de petites plaques; cette disposition les a fait grouper à part sous le nom de *Periops*, des mots grecs *peri* autour, *ops* œil, qui rappelle quelque peu la particularité que ces Couleuvres présentent. A ce groupe se rapporte la Couleuvre fer-a-cheval, *C. hippocrepis*, ainsi appelée à cause de la disposition de la coloration des plaques qui recouvrent le dessus de la tête. Cette Couleuvre atteint trois à quatre pieds; le dessus du corps est d'un blanc jaunâtre, presque effacé par une série de grandes taches nummulaires noires, bien circonscrites, placées à la suite les unes des autres le long de l'échine; des taches irrégulières de même couleur s'interposent dans l'espace qu'elles laissent sur les flancs; le ventre est blanchâtre, irrégulièrement ponctué de noir. Cette Couleuvre se trouve dans le midi de l'Europe et le nord de l'Afrique; on l'a dite du Brésil par l'erreur indiquée au sujet de la Couleuvre vipérine, c'est donc à tort qu'elle a reçu le nom de Couleuvre de Bahia, *C. bahiensis*. La Couleuvre décrite dans l'ouvrage de l'expédition française en Egypte, sous le nom de Couleuvre aux raies parallèles, appartient à ce groupe : à peu près de la même taille que la précédente; elle est en dessus d'une couleur fauve tirant au vert; des taches brunes, sinueuses, légèrement sidérées, sont disposées sur trois séries longitudinales, qui s'anastomosent fréquemment entre elles par leurs côtés; derrière l'œil une tache de même couleur, de forme assez irrégulière, est dirigée obliquement en arrière et en bas; le dessous du corps est d'un blanc rougeâtre; chez quelques individus l'on observe sur le milieu des lames ventrales une série de points noirs qui constituent une raie étroite peu continue. Cette espèce habite les sables du nord de l'Afrique, et se trouve près des cultures et des points habités.

Nous ne nous arrêterons pas ici sur quelques genres formés avec des Couleuvres étrangères et fondés sur de légères dispositions des plaques de la tête, et nous terminerons cet article, déjà un peu long, par l'indication de quelques Couleuvres dont les écailles dorsales, loin d'être saillantes en carènes ou même lisses, sont au contraire excavées, ce qui leur a fait donner le nom de *Cœlopeltis*, des mots grecs *peltè* bouclier, et *coïlos* concave; c'est par exemple la Couleuvre a losange, *C. rhombeatus*, fauve en dessus avec la tête couverte d'une sorte de capuchon brun, qui se continue sur le dos par une bande en zig-zag, dans les anfractuosités de laquelle sont placées des taches ovalaires ou rhomboïdales, plus foncées à la circonférence qu'au centre, et se confondant sur la queue en une ligne continue; le dessous du corps est blanchâtre; sa taille est de trois pieds environ. Elle habite le cap de Bonne-Espérance et l'Afrique méridionale; l'Afrique septentrionale fournit une autre espèce voisine, figurée dans l'ouvrage de l'armée française sur l'Egypte, et décrite depuis sous le nom de Couleuvre lacertine, *C. lacertina*, de même taille que la précédente; fauve en dessus avec quatre séries de taches noirâtres, irrégulièrement sidérées, les deux séries moyennes souvent confondues entre elles; le ventre marqueté de noir et de blanc avec trois lignes blanchâtres plus nettement arrêtées. Par suite de l'erreur signalée déjà pour certaines espèces précédentes, cette Couleuvre se trouve figurée et décrite à tort parmi les serpens du Brésil, publiés par Spix et Wagler. Fitzinger a fait de cette Couleuvre le type de son groupe Malpolon, genre qui a été modifié depuis, parce qu'il n'était pas exactement précisé par son auteur. (T. C.)

COULEUVRÉE. (bot. phan.) Nom vulgaire de la Bryone. *V.* ce mot. (Guér.)

COUMAROU, *Coumarouna*. (bot. phan.) Arbre de la Guiane (Aublet, t. 296), famille des Légumineuses et Monadelphie octandrie de Linné. Son tronc est lisse, blanchâtre, s'élevant à soixante-dix ou quatre-vingts pieds, sur trois à quatre de diamètre. Ses rameaux, nombreux au sommet, sont garnis de feuilles très-longues, composées de deux ou trois paires de folioles presque sessiles, entières, acuminées. Les fleurs, d'un violet pourpre, disposées en grappes axillaires et terminales, ont pour caractères génériques : un calice coriace, turbiné, à trois lobes inégaux, les deux supérieurs dressés, l'inférieur beaucoup plus petit; une corolle papilionacée, de cinq pétales dont trois sont dressés et veinés de lignes violettes, les deux autres plus petits et déclinés; huit étamines en un seul faisceau (c'est sans doute par inattention que quelques auteurs ont rangé le *Coumarou* dans la Diadelphie décandrie); une gousse oblongue, cotonneuse, renfermant une seule graine.

Cette graine, qui a la forme d'une amande, est la fameuse fève *tonka*, dont l'odeur suave parfume la tabatière de certains amateurs de la nicotiane ; elle croît principalement dans le pays des Galibis et des Garipous, qui, tout sauvages qu'ils sont, apprécient aussi ses qualités aromatiques ; ils les enfilent pour en composer des colliers. Le bois du Coumarou est très-dur ; les créoles de la Guiane s'en servent aux mêmes usages que le gaïac, et lui donnent même ce nom, qui aura pu tromper quelques voyageurs.

Willdenow, qui a remplacé le nom un peu caraïbe de *Coumarou* par l'expression grecque de *dipterix*, réunit à ce genre le TARABA OPPOSITIFO-LIA d'Aublet. *Voy.* ce mot. (L.)

COUMIER, *Couma.* (BOT. PHAN.) C'est encore un arbre de la Guiane, observé primitivement par Aublet ; mais, décrit d'une manière incomplète dans l'ouvrage de ce voyageur, il avait été négligé par l'auteur du *Genera*. Un peu plus tard, Rudge, qui a publié un choix des plantes de la Guiane, a regardé le *Couma* comme appartenant au genre *Cerbera*, ce qui est très-inexact. Enfin, Claude Richard ayant de nouveau observé cet arbre, la science en possède maintenant une description complète.

Le Coumier, *Couma guianensis*, est un arbre de trente pieds environ, croissant au bord des fleuves. De son écorce épaisse et grisâtre découle un suc laiteux, qui se fige et se convertit en une résine assez semblable à l'ambre gris. Autour de ses jeunes rameaux, triangulaires et glabres, sont des verticilles de trois feuilles ovales, entières, acuminées, portées sur un pétiole canaliculé. Ses fleurs sont roses, de grandeur médiocre, disposées au sommet des rameaux en panicules trichotomes ; voici les caractères génériques indiqués par R. Richard, dans un mémoire sur ce genre (Ann. hist. nat., t. 1) : calice turbiné à cinq divisions étroites, dressées ; corolle monopétale, tubuleuse, garnie de poils à son entrée, évasée au sommet en cinq divisions aiguës, réfléchies ; cinq étamines, à filets courts et un peu velus, à anthères sagittées ; un style subulé, glabre, portant un stigmate à deux lobes ; une baie arrondie, un peu déprimée, renfermant de trois à cinq graines.

Les fruits du *Couma*, dont la pulpe, de couleur ferrugineuse, est d'abord âcre, puis douce et comestible, se vendent à Cayenne sous le nom de *poires de Couma*.

Le Coumier est figuré dans Rudge, pl. 48, sous le nom inexact de *Cerbera triphylla*. Voyez aussi Aublet, Plantes de la Guiane, Supplém., p. 39, t. 392. (L.)

COUPE-BOURGEON, BÊCHE, LISETTE ou PIQUE-BROC. (INS.) On donne ces noms vulgaires à diverses espèces d'insectes des genres Attelabe, Gribouri, Eumolpe, Pyrale, Lethrus, etc., parce qu'ils détruisent les bourgeons des végétaux que nous cultivons et font beaucoup de tort surtout à la vigne. (GUÉR.)

COUPELLATION. On désigne sous ce nom l'un des procédés que l'on emploie pour séparer l'argent du plomb et des autres métaux, auxquels il peut être associé, ou pour connaître la quantité d'alliage qu'il renferme. L'opération, qui s'exécute en grand quand on traite les minerais de plomb argentifère, et en très-petit quand il s'agit d'essayer le titre de l'argent, repose dans les deux cas sur la facilité avec laquelle le plomb s'oxide ou se convertit en litharge. Pour essayer un lingot d'argent, on en détache un certain poids ; on le fond avec plusieurs fois son poids d'un plomb bien dépouillé d'argent ; on place l'argent et le plomb dans un petit vase formé d'os calcinés, vase que l'on nomme *Coupelle.* L'on chauffe sous une moufle, le plomb se convertit en litharge, qui est absorbée par la Coupelle avec les autres métaux, tels que le cuivre, que l'argent pouvait contenir, et il reste un bouton d'argent pur, dont on compare le poids avec celui de l'argent détaché du lingot. S'il manque par exemple un dixième, le lingot était au titre de la monnaie ou à 900 millièmes de fin.

L'opération de l'affinage du *plomb d'œuvre*, ou plomb argentifère, n'est autre chose que la Coupellation en grand. Le plomb est placé dans un fourneau à réverbère, dont la sole, à forme très-évasée et peu profonde, est recouverte de couches de cendres lavées et battues. La voûte est un couvercle en fer qu'on peut élever et abaisser à volonté ; des machines soufflantes chassent la flamme et un fort courant d'air à la surface du bain de plomb ; l'oxide se forme rapidement et vient sortir par une ouverture opposée à la bouche des soufflets. L'argent, qui ne s'oxide pas, reste seul sur la sole, et au moment où la dernière pellicule d'oxide de plomb a disparu, on voit briller une vive clarté, nommée *éclair* par les ouvriers ; c'est le signe auquel on reconnaît que la Coupellation est terminée. (B.)

COUPEROSE. (CHIM.) Les anciens chimistes désignaient sous le nom de *Couperose, cuperosa*, (*quasi cupri rosa*), de *Cuprum*, cuivre, et de *rosa*, rose, ou, plus vraisemblablement, de *ros, roris*, rosée, différens sulfates (*voyez* SULFATE) métalliques, tels que celui de fer, de cuivre et de zinc. Le premier, de couleur verte, s'appelait *Couperose verte* ; le second, de couleur bleue, *Couperose bleue*, et le troisième, de couleur blanche, *Couperose blanche*. Ces vieilles dénominations ne sont plus usitées que par le vulgaire. (F. F.)

COUPEUR D'EAU. (OIS.) Synonyme de BEC EN CISEAUX. *Voy.* ce mot. (GERV.)

COURAGE. (PHYSIOL.) « C'est, a-t-on dit, ce sentiment de nos propres forces qui nous fait surmonter un danger s'il peut être écarté, ou nous le fait voir de sang-froid, s'il est au dessus de nos moyens de l'éviter. » La dernière partie de cette définition nous paraît seule exacte : l'énergie que nous puisons dans la supériorité de nos forces est autre chose que du Courage, et entraîne plutôt une idée opposée. On a dit encore que dans quelques cas c'était une détermination rapide, involontaire et comme instinctive, mais cette détermination peut n'être que le besoin de se défendre contre une agression inévitable. Nous définissons donc le Courage cette puissance morale qui nous donne la faculté d'apprécier le péril, de le braver, de le combattre ; cette fermeté qui supporte avec résignation la souffrance, le malheur. Ce sentiment est si peu le résultat de la force musculaire, qu'on le rencontre ordinairement dans des êtres assez mal partagés sous ce rapport. La férocité de certains animaux n'est pas toujours la compagne du Courage : le loup qui s'élance sur un agneau et le met en pièces fuit lâchement au plus faible bruit. Cette faculté, qui peut être le résultat d'une disposition originelle dont les phrénologistes ont indiqué le siége, se développe par l'éducation, s'acquiert souvent par l'exemple, ou par l'habitude du danger. Que d'hommes timides et craintifs jusque-là ont trouvé sur le champ de bataille cette noble émulation qui les portait bientôt à des actions d'éclat ! que d'autres ont puisé dans une douleur constante, dans des malheurs répétés, une énergie qu'ils ne s'étaient jamais connue ! L'intrépidité n'est autre chose que le Courage poussé jusqu'à l'exaltation ; il peut produire alors les plus grandes actions ; mais il se soutient rarement à ce haut degré pendant un certain temps ; aussi est-il plus facile d'être intrépide un jour que courageux dans tous les instans. La disposition organique qui porte au Courage, porte souvent aussi à en abuser ; il rend quelquefois les êtres qui en sont doués querelleurs, et sans cesse disposés à se battre. Lorsqu'une circonstance quelconque vient mettre cette faculté en évidence, tout le corps en ressent les effets ; il prend alors une attitude particulière ; les yeux fixent hardiment et menacent, les muscles se contractent, le tronc se redresse, la tête se relève, la physionomie a quelque chose de fier et souvent de terrible ; l'exaltation cérébrale permet alors de penser, de juger avec rapidité. On sait quelle heureuse influence le Courage exerce dans la maladie ou sur les blessures graves ; au milieu des épidémies les plus meurtrières, que d'hommes ont dû leur salut à la fermeté stoïque qu'ils opposaient aux ravages du mal, ou à l'indifférence avec laquelle ils envisageaient la mort ! (P. G.)

COURANS. (géogn. phys). Les navigateurs attestent qu'il existe au sein de l'Océan, principalement entre les tropiques et jusqu'au 30ᵉ degré de latitude nord et sud, un mouvement continuel qui porte les eaux d'orient en occident dans une direction contraire à celle de la rotation du globe. Quoique ce mouvement soit analogue à celui des vents alisés, ils assurent qu'on distingue très-bien l'action du courant atmosphérique de celle du mouvement océanique. Un second mouvement porte les mers du nord vers l'équateur, mouvement qui d'ailleurs a aussi son analogue dans l'atmosphère.

La cause de ces deux mouvemens semble tenir à l'action du soleil, à celle de l'évaporation des eaux et à la rotation du globe.

Le mouvement de l'est à l'ouest paraît dépendre de celui du soleil et de la lune, et ces deux planètes, en avançant chaque jour à l'occident, doivent, selon Buffon, entraîner la masse des eaux vers ce côté : de là le retard des marées qui font le tour du globe en 24 heures 49 minutes, et en reculant chaque jour vers l'ouest, d'où l'on conclut la tendance habituelle des eaux vers l'occident.

Cette théorie ne rendant pas suffisamment compte du phénomène, nous allons citer les propres paroles d'un savant qui a cherché à l'expliquer. « L'action du soleil et la rotation terrestre, diminuent constamment la pesanteur des eaux équatoriales, et l'évaporation en fait disparaître une quantité infiniment plus grande que ne peuvent lui rendre les fleuves. Les eaux des mers plus éloignées que l'équateur sont donc sollicitées de remplir ce vide, et de là proviennent les deux courans polaires. Maintenant ces eaux qui viennent des zones peu froides (surtout dans le grand Océan, où le passage d'un climat à l'autre est peu rapide), ces eaux, dis-je, ont une pesanteur beaucoup plus grande que celles qu'elles viennent remplacer. D'un autre côté, et c'est là l'essentiel, elles sont animées d'un mouvement de rotation infiniment plus lent que ne l'est la partie d'eau qui se trouve habituellement dans la zone torride. Or ces eaux, par leur force d'inertie, ne se dépouillent jamais tout d'un coup du degré de mouvement qu'elles ont une fois acquis. Donc elles ne pourront pas suivre la rotation du globe ; lourdes et immobiles, elles sont tout à coup tombées dans la sphère de la plus rapide mobilité ; elles conservent pour quelques instans leur caractère primitif. Mais la partie solide du globe est toujours mue vers l'orient avec la même rapidité dont elle fuit réellement ces eaux qui, en restant toujours un peu en arrière, semblent se mouvoir vers l'occident, et ainsi s'éloignent des rives occidentales des continens, tandis que sur les rives orientales, la terre s'avance vers les eaux, et celles-ci, ne se conformant pas avec assez de rapidité au mouvement de rotation, semblent s'avancer vers la terre. »

Le mouvement qui porte les mers du pôle vers l'équateur est plus facile à expliquer. Les rayons polaires liquéfient constamment une énorme quantité de glace : d'où il suit que les mers polaires ont toujours une surabondance d'eau, dont elles tendent à se décharger, et comme l'eau, sous l'équateur, a une moindre pesanteur spécifique, et que l'évaporation en absorbe une grande quantité, il est nécessaire que les eaux voisines accourent pour rétablir l'équilibre.

Nous ne parlerons pas du mouvement partiel que le mouvement général de l'Océan produit par la rencontre d'une grande terre comme la Nouvelle-Hollande, ou de ces nombreux archipels comme ceux de l'Océanie, et qui forcent une partie des eaux à prendre une direction contraire à celle qu'elles avaient d'abord. On conçoit que ces mouvemens doivent être aussi multipliés que les obstacles qui les font naître ; de là les Courans si contraires et si dangereux décrits dans les Voyages de Cook, de Lapeyrouse, et de la plupart des navigateurs. Parmi les plus remarquables de ces Courans, on doit citer celui qui entraîne dans le golfe de Guinée les vaisseaux qui s'approchent trop des côtes d'Afrique, et qui ne leur permet de sortir du golfe qu'avec de grandes difficultés. Dans le golfe de Gascogne, il en est un qui se dirige vers le nord-est; dans la Méditerranée, celui qui vient de l'océan Atlantique suit les côtes septentrionales de l'Afrique, remonte vers le nord par les côtes de Syrie, et paraît s'arrêter à l'île de Candie, d'où il se dirige vers la Sicile, et de là vers la péninsule hispanique. Dans le détroit de Constantinople, dans celui des Dardanelles et dans l'Archipel grec, les Courans se dirigent toujours vers le bassin de la Méditerranée.

Il en est d'autres plus importans qui doivent attirer notre attention. Tel est le grand Courant perpétuel qui règne dans l'océan Indien. Il suit les côtes de la Nouvelle-Hollande, de l'île de Sumatra, et de l'Indo-Chine, toujours dans la direction du nord jusqu'au fond du golfe de Bengale, sur une ligne de plus en plus inclinée au nord-ouest, en suivant la configuration des côtes. Ce Courant est le résultat naturel de la pression des Courans polaires sur la large ouverture de l'océan Indien au sud. Borné à l'ouest et au nord par l'ancien continent, c'est-à-dire par les côtes de l'Afrique et de l'Asie, à l'est par le petit continent de la Nouvelle-Hollande et les îles de la Sonde, cet Océan ressent faiblement, ou peut-être ne ressent pas du tout le Courant équatorial, parce qu'il n'est point en contact, au nord, avec une masse d'eau froide. D'un autre côté, l'océan Pacifique n'y peut porter ses forces: elles se sont dispersées parmi ces grands labyrinthes d'îles, d'où il suit que la force du mouvement des eaux du pôle austral domine sans obstacle dans l'océan Indien, et y produit le Courant perpétuel qui y règne.

L'océan Atlantique est aussi le théâtre de plusieurs grands Courans qu'il doit à sa forme allongée: le plus important, qui suit dans les deux hémisphères la même direction que les vents alisés, est connu des marins du Nord sous le nom de *Gulf-stream*. M. de Humboldt le compare à un immense fleuve au moyen duquel la navigation de l'océan Atlantique, depuis les côtes d'Espagne jusqu'aux Canaries, et depuis ces îles jusqu'aux côtes orientales de l'Amérique, offre moins de dangers que certains voyages depuis l'embouchure de quelques fleuves jusqu'à une trentaine de lieues en remontant leur cours. Il s'étend du 16e au 30e degré de latitude de chaque côté de la ligne, suivant la situation apparente du soleil, à la marche duquel il semble être subordonné. Il commence à se faire sentir au sud-ouest des Açores; il est très-faible du 25e au 15e degré de latitude. Près de la ligne, la direction est moins constante que vers le 10e ou le 15e degré. Après s'être dirigé vers la baie de Honduras, il traverse le golfe du Mexique et se jette avec impétuosité dans le canal de Bahama, où il acquiert une vitesse d'environ deux mètres par seconde, malgré un vent du nord très-violent qui règne toujours dans ces pa-

rages. A la sortie de ce canal, le *Gulf-stream* prend le nom de Courant de la Floride. Il dirige alors, avec une rapidité de 5 milles par heure, sa course vers le nord-est. Au-delà de Maranham, sur la côte du Brésil, entre les petites rivières de San-Francisco et de Maranhaò, le capitaine Sabine lui reconnut une vitesse de plus de 4 milles par heure. Entre Cayo-Biscayno et le banc de Bahama, sa largeur est de 15 lieues, de 17 sous le 28e degré de latitude, et de 40 à 50 sous le parallèle de Charlestown. Au-delà de ce point, sa vitesse n'est plus que d'un mille par heure. Depuis le 41e jusqu'au 67e degré, sa largeur est de 80 lieues marines. De là il se dirige tout à coup vers l'est et l'est-sud-est jusqu'auprès des Açores, d'où il suit sa route sur les Canaries et le détroit de Gibraltar, où il va former le Courant appelé oriental. Sous le 35e parallèle, dit M. de Humboldt, un navire peut passer dans le même jour du Courant oriental dans le grand Courant équinoxial. Sous la latitude du cap Blanc, le Courant, après avoir longé la côte d'Afrique, se recourbe, se dirige d'abord vers le sud-ouest, et finit par réunir ses eaux à celles du *Gulf-stream*. Une zone de 140 lieues de largeur sépare le Courant équatorial de celui qui se dirige vers l'orient. Ainsi les eaux marines de ce grand Courant parcourent une espèce de cercle de 3,800 lieues de circonférence dans l'espace d'environ 3 ans, savoir: 13 mois pour aller des Canaries aux côtes de Caracas; 10 pour faire le tour du golfe du Mexique; 2 pour parvenir près du banc de Terre-Neuve, et 10 à 11 pour aller de ce banc à la côte d'Afrique. Du 45e au 50e degré de latitude, le *Gulf-stream* offre un second bras qui se dirige du sud-ouest au nord-est vers les côtes de l'Europe.

La température de cet immense Courant sous les 40e et 41e degrés de latitude est de 18 degrés; hors du Courant, les eaux de la mer n'en ont que 14; sous le parallèle de Charlestown il en a 20, et les eaux qui sont en dehors du Courant sont à environ six degrés plus bas; près du banc de Terre-Neuve il a 7 à 8 degrés.

Les Courans polaires doivent être considérés comme de grands Courans. Ils sont surtout très-sensibles dans l'Océan glacial arctique, sur les côtes du Groenland, de l'Islande et de la Laponie; au détroit de Béring, où ils se dirigent quelquefois du nord au sud, et d'autres fois en sens contraire. Dans le Grand Océan austral, on en ressent à la Terre de Feu, à la Nouvelle Zélande et dans les parages du nouveau Shetland austral.

Ceux du pôle nord offrent surtout des effets remarquables: ce sont eux qui transportent sur les côtes de l'Islande une si énorme quantité de glaces, que tous les golfes septentrionaux de cette île s'en remplissent jusqu'à fond, quoiqu'ils aient souvent 500 pieds de profondeur; ils y amoncellent même la glace sous la forme de montagnes. Dans certaines années ils y amènent, au lieu de glaces, d'immenses amas de bois flottant, surtout des pins et des sapins. Si ces bois s'amoncelaient dans les golfes de la côte méridionale, le fait paraîtrait moins étonnant; mais c'est dans l'enfoncement demi-circulaire de la côte septentrionale qu'ils s'accumulent. L'explication du phénomène devient plus difficile. Comme il ne peut y avoir sous le pôle un pays qui produise de grands arbres, il faut donc admettre que ces bois arrivent de la Sibérie et de l'Amérique septentrionale. On y a reconnu quelques espèces qui ne croissent qu'au Mexique et au Brésil ; mais elles sont en très-petite quantité : il faut donc croire que la côte septentrionale de l'Amérique et de la Sibérie y contribuent davantage. Au surplus, ces amas de végétaux, accumulés par l'action des Courans, ne sont-ils pas là pour expliquer la formation de certains dépôts analogues qui ont donné naissance aux houillères?

Un autre grand Courant, non moins remarquable que ceux que nous venons de signaler, est celui qui, venant du pôle austral, se dirige vers l'est sur les côtes occidentales de l'Amérique méridionale, et retourne ensuite à l'ouest vers la Nouvelle-Guinée. Observé par un grand nombre de navigateurs, entre autres par Cook, Lapeyrouse, Kruzenstern et MM. Bougainville, Freycinet et Duperrey, ce dernier a tiré de son action des conséquences d'un grand intérêt pour la géographie physique. La bande méridionale de ce Courant est par le 44° parallèle sous le 112° degré de longitude, et par le 45° parallèle sous le 90° degré. A cette latitude, mais sous le 77° méridien oriental, c'est-à-dire vers le golfe de Penas, il se divise en deux parties, dont l'une va doubler le cap Horn et l'autre longe la côte occidentale du nouveau continent jusque sous le 10° parallèle, où elle tourne à l'ouest en suivant la ligne équinoxiale, qu'elle ne franchit point parce que le cap Blanc ou la pointe de Payta la force à interrompre sa marche vers le nord, pour prendre la direction que nous venons d'indiquer. Ce Courant frappe perpendiculairement la côte du Chili, de manière que M. Duperrey lui attribue le creusement des profonds golfes qui bordent la côte, tels que celui de Penas et celui dans lequel se trouve l'archipel de Chiloé, et quelques autres plus au nord jusqu'à celui de Valparaiso. Tandis que la portion qui depuis celui de Penas se dirige au sud jusqu'aux îles Malouines a profondément découpé les côtes occidentales de la Patagonie, formé les îles qui la bordent et séparé du continent l'archipel de la Terre de Feu, la portion, au contraire, qui au nord de Valparaiso se dirige vers l'équateur, semble avoir creusé le grand enfoncement que présentent les côtes occidentales du continent américain, entre le 25° et le 15° parallèle.

L'action de ce Courant ne se serait pas bornée à donner à ces côtes la configuration qui les caractérise et qui, en tournant autour de la Terre de Feu, s'est fait sentir au-delà même du cap des Vierges, où il aurait formé un assez grand golfe; elle agirait journellement, sous d'autres rapports non moins importans.

Ce Courant est dans une relation intime avec la direction générale des vents, et ceux-ci avec la marche apparente du soleil. Lorsque cet astre est dans l'hémisphère septentrional, c'est-à-dire depuis le 22 mars jusqu'au 22 septembre, le Courant s'élève vers le nord ; quand il est dans l'hémisphère austral, pendant les six autres mois, le Courant descend vers le sud. En sorte que celui-ci oscille entre la portion des deux villes dont nous avons parlé, Valparaiso et Valdivia. A partir de ces deux points, il influe considérablement sur la température générale de tout le littoral occidental de l'Amérique méridionale. Ainsi dans la partie inférieure du Courant, la chaleur augmente à mesure qu'on approche du cap Horn, tandis qu'elle diminue en longeant au nord les côtes du Pérou.

Cet effet est très-sensible par l'examen de la température des eaux du Courant avant qu'il n'ait atteint les côtes de l'Amérique : par exemple, entre le 105° et le 90° degré de longitude, où, en janvier, elle est de 4 degrés au-dessus de zéro, tandis qu'après avoir touché la côte, la portion qui va doubler le cap Horn présente à la même époque 9 degrés dans les parages de ce cap. Et ce qui prouve bien que cette élévation de température n'est point un effet de la chaleur continentale, c'est que, depuis le point de départ de cette portion du courant, la température de la mer est supérieure à celle de l'air. Sur les côtes du Pérou, au contraire, la température de l'air est supérieure à celle de la mer.

On voit par là que ce Courant, qui part du pôle austral, s'échauffe à mesure qu'il s'approche du 30° parallèle ; que, de ce point, il a acquis une température supérieure à celle des côtes du Chili, qu'il va bientôt modifier en l'élevant, tandis que la partie qui continue vers le nord, se trouvant inférieure à celle des côtes du Pérou, va la modifier en l'abaissant. Il est à remarquer encore que les deux températures des côtes du Chili et du Pérou sont inférieures à celles qu'on observe, à latitude égale, partout ailleurs, notamment sur les côtes du Brésil.

Cette modification de température produite par l'influence du Courant austral, explique plusieurs faits dont on ne pourrait pas se rendre compte autrement. Ainsi sur les côtes du Pérou, dont la température est abaissée par l'action du Courant, il n'existe point d'esclaves : on n'en a pas besoin pour cultiver la terre ; et les colonies d'Européens s'y sont conservées dans toute leur pureté primitive : les hommes avec leur taille et leur vigueur, les femmes avec la blancheur de leur teint. Tandis que sur la côte opposée, au Brésil, sous les mêmes parallèles, l'excès de la chaleur oblige à avoir des esclaves africains pour cultiver le sol, et à faire sensiblement dégénérer l'espèce européenne. Enfin l'élévation de température produite par le Courant au Chili, explique pourquoi la végétation offre les mêmes caractères dans ce pays qu'à la Terre de Feu, et pourquoi les Colibris se trouvent depuis le Chili jusqu'au cap Horn.

Ces considérations, qui nous ont été exposées par le capitaine Duperrey, prouvent tout le parti que l'on pourrait tirer, à l'aide d'observations bien faites, de l'action des Courans pour expliquer certains faits relatifs aux climats, et même à la conurati on des continens, des grandes îles et des Archipels. (J. H.)

COURATARI, *Couratari guianensis* (BOT. PHAN.) Nous devons à Aublet la connaissance de ce grand arbre de la Guiane, où il est vulgairement appelé *Bulatas blanc*; les nègres le nomment *Maou*, et les Caraïbes *Couratari*, que les botanistes lui conservent. Il appartient à la famille des Myrticées, à la Polyandrie monadelphie, et a de grands rapports avec une cucurbitacée de Malabar que Rheede a figurée sous le nom de *Penar-vali*; il s'élève à la hauteur de vingt mètres et plus, il acquiert un diamètre de un mètre un tiers. Son bois est blanc à la circonférence, rouge au centre; son écorce se gerce très-aisément et fournit lorsqu'elle est sèche une couleur de cannelle solide. L'arbre se charge de nombreux rameaux, étalés, garnis de feuilles simples, alternes, ovales, entières, médiocrement pétiolées, rougeâtres dans leur jeunesse, longues de seize centimètres sur cinquante-quatre millimètres de large, pendantes, parfaitement glabres et d'un vert très-foncé. Les fleurs qui décorent le Couratari sont grandes, d'un blanc agréablement lavé de pourpre, disposées en épis axillaires plus courts que les feuilles; leur corolle, portée sur un calice court, adhérent, à six divisions profondes, est à six pétales arrondis, soudés ensemble à leur base, à étamines nombreuses, à ovaire semi-infère, terminé par un style simple et assez court. Le fruit qui leur succède présente une conformation très-singulière : c'est une capsule sèche, coriace, oblongue, presque en cloche et légèrement trigone, renflée en son milieu, parsemée de points blanchâtres de formes très-variées, et de côtes longitudinales plus ou moins prononcées; son centre est occupé de bas en haut et dans toute sa longueur par un axe triangulaire, marqué surtout en son milieu par trois dépressions qui sont fort sensibles. Cet axe est terminé par une tête semblable au chapeau du Bolet, sillonnée, aplatie et fermant la capsule à l'état frais et jusqu'au moment de la maturité, se repliant sur elle-même à l'époque de l'émission des huit à douze semences oblongues, aplaties, foliacées ou bordées d'une aile membraneuse, que l'axe porte sur chacune de ses faces. Sur la partie supérieure et centrale de cette capsule est l'empreinte du tubercule qui soutenait le style; il est rare que ce tubercule demeure adhérent; il manque au bel exemplaire que je possède et en face duquel j'écris cette description. Le bois de ce grand arbre est placé au premier rang parmi les bois propres à la charpente.

Comme il serait difficile d'atteindre à la sommité du Couratari et d'aller y prendre ceux de ses fruits si singuliers que le vent ou la maturité n'ont point fait tomber, les indigènes de la Guiane ont l'habitude de couper son écorce en larges bandes, dont ils font des cordes en manière d'anneaux, par le moyen desquelles, en se tenant entre le tronc de l'arbre et la corde, ils arrivent au sommet sans grande fatigue et sans danger aucun. Ces cordes leur servent à grimper de même sur les autres grands arbres.

Raddi a indiqué une nouvelle espèce de Couratari, originaire du Brésil; elle se distingue de la précédente par l'orifice frangé ou découpé de son fruit et par ses graines qui ne sont ailées que d'un seul côté. La fleur n'a pas encore été observée. Le botaniste Florentin a donné le nom de *Couratari estrellensis* à cette espèce nouvelle (T. D. B.)

COUREURS. (OIS.) La course est un des modes de progression propres aux oiseaux, mais tous ne peuvent s'en servir; ceux qui sont principalement coureurs sont les Autruches, les Casoars, les Secrétaires, les Cariamas, les Outardes, etc. La plupart des autres, qui peuvent aussi se mouvoir facilement à la surface du sol, marchent ou sautent plutôt qu'ils ne courent.

Le COUREUR est un oiseau du genre COURE-VITE, voyez ce mot.

M. Blainville a donné le même nom à une famille de Rongeurs; cette famille des RONGEURS CAVIENS ou COUREURS correspond au genre *Cavia* de Linné. (GERV.)

COURE-VITE, *Cursorius* (OIS.), dont le nom s'écrit aussi COURT-VITE, est un oiseau de l'ordre des Echassiers que les méthodistes placent entre les Outardes et les Cariamas avec lesquels il offre quelques rapports. Ses caractères consistent dans un bec grêle, conique et arqué; ses ailes sont courtes et ses jambes hautes terminées par trois doigts sans palmature et sans pouce. Le Coure-vite se voit quelquefois dans l'Europe, on l'a même pris en France et en Angleterre, mais il paraît appartenir plus exclusivement à l'Afrique septentrionale, c'est le *Charadrius gallicus* de Linné, *Cursorius isabellinus* Meyer. Il se tient dans les lieux secs, sablonneux et éloignés des eaux.

On lui adjoint comme congénère le COURE-VITE DE COROMANDEL, *Curs. asiaticus*, pl. enl. 892, représenté dans l'Iconographie du Règne animal, pl. 50, f. 3. Le COUREUR A DOUBLE COLLIER, *Curs. bicinctus*, qui est de l'Afrique australe et vient quelquefois dans le midi de l'Europe; le COUREUR A AILES VIOLETTES, du Sénégal, pl. col. 298, et le *Cursorius Temminckii*, de Sierra-Leone, décrit par M. Swainson dans les Zool. illustr., sont aussi du même groupe. (GERV.)

COURGE, *Cucurbita*. (BOT. PHAN. et AGR.) Type de la famille des Cucurbitacées, ce genre de plantes monoïques est inscrit dans la Monoécie monadelphie et ne diffère essentiellement des Concombres que par ses semences entourées d'un bourrelet très-sensible quand elles sont entières, et échancrées en cœur lorsqu'elles sont minces sur les bords. Cette circonstance importante autorise non pas à les distribuer en deux genres distincts comme l'a proposé C. Richard, mais à les ranger en deux sections bien tranchées et parfaitement naturelles, les Pépons dont les graines appartiennent à la première catégorie, et les Courges proprement dites que leurs graines rangent dans la deuxième. Duchesne avait établi la différence des espèces sur la forme et la couleur des fleurs, sur la configuration et la couleur des semences; d'autres ont été chercher la nature des glandes, la présence des poils sur les diverses parties, et la consistance des feuilles. Une telle manière d'envisager les végétaux est trop empirique : elle peut plaire aux horticoles, aux amateurs qui s'arrêtent aux plus petites nuances, mais elle doit être rejetée par le botaniste philosophe (*v.* aux mots ESPÈCE et GENRE).

Toutes les plantes de ce genre sont herbacées, annuelles, très-nombreuses, à tige charnue, armée de vrilles, acquérant souvent de très-grandes dimensions. Elles naissent spontanément dans les climats brûlans de l'Asie, de l'Afrique, de l'Amérique et des contrées les plus méridionales de l'Europe; ce sont les plantes les plus fortes de la famille des Cucurbitacées et celles qui fournissent les plus gros fruits connus. Ces fruits, généralement bons à manger, même crus, du moins quelques peuples les trouvent ainsi de leur goût, sont un peu secs et amers, sans cependant présenter ni l'excessive amertume de la Coloquinte, ni le parfum du Melon.

On cultive les Courges en grand et en plein champ dans plusieurs contrées, sous le triple rapport de plantes potagères, de nourriture pour les bestiaux et de l'assolement des terres. Cette culture est fort ancienne, on la trouve en crédit chez les vieux Égyptiens, puis chez les Juifs, et par l'entremise de ces peuples se faire jour en Europe; mais nulle part elle n'est mieux entendue que dans nos départemens de la Sarthe et de Maine-et-Loire : c'est ce qui me détermine à entrer dans quelques détails. Je les estime très-utiles aux agriculteurs français et je les leur recommande.

Après une récolte de blé, l'on donne à la terre les mêmes labours qu'à celle destinée à porter le chanvre; on la graisse avec le fumier le plus frais, et on sème les pepins à la fin d'avril ou bien au commencement de mai. L'on arrache les individus les plus faibles, les pieds réservés conservent entre eux un mètre de distance; on les butte avec la terre laissée à cet effet. Bientôt les plantes couvrent le sol d'un magnifique tapis de verdure, parsemé de godets dorés ou de coupes d'argent qui charment les yeux. Si la saison est favorable, les Courges, qui ne sont plus délicates, même sur le choix du terrain, donnent des récoltes inappréciables pour le produit. Leurs fruits monstrueux semblent quelquefois se toucher. Lorsque ceux-ci sont voisins de leur maturité, vers les premiers jours de septembre, les feuilles se cueillent pour être offertes aux animaux à grosses cornes : comme on se trouve alors dans une saison où la verdure est rare, cette ressource devient très-précieuse. Au quinze septembre la récolte a lieu et se prolonge jusqu'aux gelées. On hache le fruit et l'on met soigneusement les pepins à sécher. La pulpe est administrée crue aux vaches auxquelles on demande beaucoup de bon lait; on la donne à manger aux porcs, mais on préfère en général la leur présenter cuite, dans cet état ils la mangent avec avidité; l'on a remarqué qu'en peu de temps son usage les fait croître pour ainsi dire à vue

d'œil et les dispose à prendre l'engraissement qui succède à ce régime.

Les Courges servent beaucoup dans le ménage pour la nourriture des gens attachés à la ferme. On fait avec elles de très-bonnes marmelades, assaisonnées de différentes manières; elles s'allient bien avec le lait, surtout la chair des Pépons : ce mets n'est point à dédaigner, même par ceux qui cherchent plus à satisfaire la sensualité que le besoin. En la tenant à l'abri de la gelée, la pulpe de ces cucurbitacées se conserve long-temps. Donnée aux oiseaux de basse-cour, particulièrement aux canards, elle les jette dans un état complet d'ivresse; ils tombent comme l'homme gorgé de vin. J'ai remarqué que les graines produisent le même effet sur eux.

Dans les longues soirées qui suivent la dernière récolte, qui a lieu avant le premier novembre, on *épépine*, c'est-à-dire on épluche les pepins. Ce travail est celui des hommes, et il y a une sorte de triomphe pour celui qui s'en acquitte le mieux et le plus vite possible : c'est un spectacle à voir. Tout en causant les épépineurs remplissent une main de pepins, et presque sans y regarder jamais, ils font avec une extrême dextérité, en deux coups d'ongles, sauter la première enveloppe du pepin, que la main pleine a livré aux deux pouces et aux deux index; l'autre main reçoit les pepins nettoyés, et se vide en un vase quand la poignée est finie. On est vraiment surpris de la quantité de pepins qu'un seul individu met ainsi, dans l'espace de deux ou trois heures; en état d'être envoyés au moulin pour en retirer une huile abondante et fort utile.

Cette huile, extraite à froid, n'est pas à dédaigner, surtout la première goutte; quoique sa couleur extrêmement verdâtre répugne à quelques personnes, on l'admet volontiers sur la table : elle n'a aucun mauvais goût. Certaines ménagères obtiennent cette huile blanche, limpide et très-délicate en enlevant la pellicule verte qui est sur l'amande, ce procédé est fort lent et ne peut par conséquent s'appliquer à de grandes quantités. La seconde goutte est chauffée; comme elle est de beaucoup inférieure à la première, on la destine au service des lampes : elle brûle bien, répand une lumière vive, dure plus long-temps que les huiles ordinaires et jette très-peu de fumée. Cependant je l'ai vue employée aux fritures, surtout à celle des poissons. Les gâteaux sont employés à l'engraissement des bœufs, des vaches et des cochons.

Quelques propriétaires brûlent les fanes sur place, ou bien on en fait de la litière. Dans tous les cas, il est important d'enlever tiges et racines; si elles demeuraient enterrées, elles serviraient de retraite à une multitude d'insectes qui nuiraient infailliblement au blé que l'on sème après les Courges. Dans le département du Morbihan, où ces plantes sont aussi cultivées en grand, on ramasse avec soin leurs feuilles, on les stratifie avec du fumier ordinaire, et quinze jours après on peut les employer à engraisser les terres.

Sur

. Sur les bords du Rhône, au département de l'Ain, on cultive les Courges dans les intervalles du Maïz. On les destine surtout aux bestiaux, auxquels on les livre coupées par morceaux. Dans quelques localités on donne aux porcs le pepin avec son enveloppe, parfois seul, parfois rompu grossièrement et mêlé avec les menus grains, ou bien avec des glands, des pommes de terre, du son, etc. : sous l'une et l'autre forme l'animal prend ce repas avec plaisir.

. J'ai dit plus haut que le genre Courge se divisait naturellement en deux sections, l'une prend le nom spécifique de *Pépon* et comprend le Pépon proprement dit, le Potiron, la Melonnée et la Pastèque; l'autre est appelée *Courge*, elle comprend la Calebasse et ses variétés. Celles-ci sont très-multipliées, la culture leur a tellement fait perdre depuis très-long-temps les traits caractéristiques du genre original, qu'il est fort difficile d'assigner les limites qui séparent positivement l'espèce et la variété : rien n'est constant ni dans la forme des fruits et les découpures des feuilles, ni dans la disposition des branches et la présence des vrilles, qui tantôt se convertissent en feuilles, et tantôt disparaissent entièrement. C'est d'après une semblable certitude que je ne dois indiquer ici que les variétés les plus généralement constantes et les mieux connues.

I. PÉPON PROPREMENT DIT, *Cucurbita pepo*. Fleurs jaunes, corolle presque infundibuliforme, fruit à peau généralement jaune pâle, dure, crustacée, sans côtes; graines ovales, de couleur blanche, conservant long-temps toutes leurs propriétés. Dans les régions méridionales, le Pépon se couvre de verrucosités qui lui donnent un aspect assez bizarre. La pulpe est solide, jaune, d'une odeur légèrement aromatique, d'une saveur généralement douce, sucrée. Cette espèce renferme six variétés, savoir : 1° l'*Orangin* et les *Coloquinelles*, vulgairement appelés fausses Oranges et fausses Coloquintes, *C. colocyntha*, à cause de leurs ressemblances avec ces fruits; leurs feuilles sont médiocrement découpées, leurs fleurs nombreuses, très-fécondes, le fruit de forme sphérique, à pulpe jaunâtre, fibreuse, un peu amère, se desséchant facilement, acquérant alors une odeur légèrement musquée, à coque solide, d'un vert noir à l'état de jeunesse et de fraîcheur, passant au jaune orangé dans les Orangins, panachée dans les Coloquinelles; 2° la *Cougourdette* ou fausse poire, *C. pyxidaris* : tige grêle et grimpante, fleurs et semences petites, fruit ovale allongé, à coque épaisse, d'un beau vert-brun avec taches et bandes d'un blanc de lait, pulpe fraîche, puis fibreuse et friable : on en fait des vases agréables; 5° la *Barbarine* ou Barbaresque sauvage : *C. verrucosa*, fruit gros, ovoïde ou allongé; coque bosselée, verruqueuse, jaune ou panachée et mince ; pulpe blanche, bonne à manger jeune, plutôt frite que de toute autre manière; tige grimpante; 4° le *Barbanet* ou Pépon turban, *C. piliformis*, belle variété, remarquable par la forme singulière du fruit ; sa partie inférieure, très-large, à côtes très-

saillantes et mouchetées ; la supérieure lisse, moins grosse, terminée par quatre cornes dressées, et comme implantée sur l'inférieure; coque solide; pulpe sèche, fort colorée en jaune, et bonne à manger cuite; 5° le *Giraumont* ou Citrouille, *C. oblonga*, au fruit très-gros, à coque de couleurs différentes et dont la forme varie singulièrement, à chair fine, pâle, excellente à manger; 6° et le *Pastisson*, vulgairement appelé Bonnet d'électeur, Arbouse d'Astracan et Artichaut de Jérusalem, *C. melopepo*. Cette variété, cultivée de préférence pour la cuisine aux environs de Lyon, paraît plus constante que les précédentes; elle a la chair jaune-rougeâtre, ferme, très-dure, ne rendant presque pas d'eau, et fort peu filandreuse; elle produit beaucoup; son fruit se conserve parfaitement en hiver si l'on a soin de le tenir en un lieu sec; il est appétissant, très-léger et nourrit bien ; son goût est sucré, on le sert en potages, en tartelettes et avec différens mets. Les bestiaux, les volailles le mangent avec avidité, quand on le leur donne cru coupé par morceaux, ou cuit et mêlé avec du son. Toutes les plantes de cette espèce occupent une grande place ; aussi doit-on ne les mettre à demeure que là où elles peuvent s'étendre, s'élargir à leur aise, sans nuire aux végétaux voisins.

II. POTIRON ET COURGERON, *C. maxima*. Tiges d'une étendue considérable; feuilles très-amples, en cœur arrondi, molles, couvertes de poils presque sans raideur; fleurs jaunes, très-grandes, placées à l'aisselle des feuilles; fruits d'une grosseur énorme, de forme sphérique, aplatie, et même enfoncée aux deux pôles, marqués de côtes régulières, peau fine, chair ferme, quoique juteuse, et fondante. On lui connaît trois variétés, le Potiron jaune lisse ou brodé, le vert ardoisé, et le petit vert. Toutes sont généralement estimées; on en fait des soupes très-agréables, des entremets délicats, des marmelades.

III. MELONNÉE, *C. moschata*. Feuilles anguleuses, très-molles, couvertes d'un duvet cotonneux; fleurs blanches en dehors, en partie cachées sous les pointes vertes du calice; fruit aplati, sphérique ou ovale, quelquefois cylindrique, en massue ou en pilon, à pulpe fine, d'un bon goût, dont la couleur varie depuis le jaune soufré jusqu'au rouge orange, très-recherchée dans nos départemens du midi, en Italie, dans les Antilles, où cette espèce est très-répandue; au nord de la France la Melonnée ne réussit qu'avec le secours des couches chaudes.

VI. PASTÈQUE, *C. anguria*, Linné la nomme *C. citrullus*, et vulgairement elle est appelée Melon d'eau. Feuilles d'une consistance ferme, cassante, droites, profondément laciniées, couvertes d'un duvet très-doux; fleurs jaunes, petites et peu évasées; fruit orbiculaire ou ovale, lisse, à peau fine, mouchetée de taches étoilées et parallélogrammes; chair fort juteuse, rougeâtre, très-rarement jaune; semences noires, quelquefois rouges, jamais blanches. Ce fruit est très-bon à manger cru, il rafraîchit et se résout dans la bouche en eau sucrée fort agréable. J'en ai mangé avec délices en Italie, surtout à Viareggio, près de Lucques, où les Pastèques sont exquises. On cultive la Pastèque en abondance dans nos départemens du midi. Dans ceux du nord, elle mûrit fort rarement. Quelques personnes réservent le nom de Pastèque aux variétés dont le fruit plus ferme ne se mange que cuit, en raisiné ou confit avec du vin doux, et celui de Melon d'eau à celles qui donnent des fruits à chair fondante et que l'on mange crus. Cette distinction me paraît plus subtile que vraie, et ne mérite pas qu'on l'adopte.

V. CALEBASSE, Courge proprement dite, *C. leucantha*. Tige grimpante et sillonnée; feuilles arrondies, lanugineuses, d'un vert pâle, légèrement gluantes et odorantes; fleurs blanches, très-ouvertes, formant dans leur limbe une étoile ou une roue; fruits à coque dure, crustacée, de forme extrêmement variée, à pulpe spongieuse d'abord d'un vert pâle, puis blanche et d'un jaune sale à l'époque de la maturité parfaite, à semences de couleur grise, dont la peau est plus épaisse que l'amande, échancrées à leur sommet. On distingue trois variétés, savoir : 1° la COUGOURDE, Courge flacon, gourde des soldats et des pélerins, *C. lagenaria*. La forme de son fruit affecte celle d'une bouteille étranglée à sa partie supérieure et terminée par un renflement de plus de moitié plus petit que le ventre : ce fruit est souvent marqué de taches foncées fort irrégulières ; 2° la GOURDE, *C. latior*. Coque dure, renflée, presque pas étranglée ni allongée ; 3° et la TROMPETTE ou Courge longue et massue, *C. longior*, souvent courbée en forme de croissant ou bien renflée aux deux extrémités comme un pilon. Le fruit varie de grosseur, sa coque est moins dure et sa pulpe plus charnue que dans ses congénères; on le mange dans le midi de l'Europe et en Amérique, mais il faut pour cela qu'il soit cueilli avant l'entière maturité. Le nom de cette variété lui vient de l'emploi que les Nègres en font comme instrument de musique; ils le creusent et en tirent un son aigre en frappant sur l'ouverture avec la paume de la main. Toutes ces variétés de la Calebasse servent aux voyageurs et aux ouvriers à contenir du vin ou de l'eau-de-vie; les jardiniers les emploient pour serrer diverses graines, qui s'y conservent très-bien; on en fait aussi divers ustensiles assez commodes.

En général, les différentes espèces du genre Courge craignent le froid, les petites gelées les endommagent et les font périr, surtout quand elles sont encore tendres; aussi demandent-elles plus de soins au nord que dans le midi. La plupart des horticoles se plaignent de leur dégénération, qu'ils attribuent au climat et à la nature du sol; la grande faute est de leur fait et résulte du voisinage des Courgières du lieu où ils cultivent le Melon. Le mélange des poussières fécondantes dont le vent s'empare et qu'il promène autour des couches nuit singulièrement aux productions régulières des deux genres. Il faut les tenir éloignés, et la distance qui les sépare doit être assez longue.   (T. D. B.)

COURLAN ou COURLIRI, *Aramus*. (ois.) C'est une espèce d'Echassier voisine des Hérons, que Vieillot a érigée en genre. Cet oiseau habite l'Amérique; il a le cou brun roux, flammé de blanc, et le reste du corps brun fuligineux; Linné l'a nommé *Ardea scolopacœa*.   (GERV.)

COURLIS, *Numenius*. (ois.) Les Courlis sont des oiseaux échassiers de la famille des Ibis; ils vivent de vers et d'insectes et se tiennent dans les marais; l'Europe en possède une espèce nommée COURLIS CENDRÉ, *Numenius arquata*, Lath., représenté dans notre Atlas, pl. 127, fig. 1. Le plumage de cet oiseau est brun, chaque plume étant flammée de blanchâtre; le croupion est d'un blanc pur. Longueur totale, deux pieds. Le Courlis se trouve sur plusieurs points de la surface du globe, il est assez commun en France, surtout dans les provinces de l'ouest; lorsqu'il vole il pousse un cri triste et lent qui exprime assez nettement le nom qu'on lui a donné. Il niche dans les herbes et pond quatre ou cinq œufs olivâtres, tachés et ondés de noirâtre et de brun. On trouve d'autres Courlis en Afrique, dans l'Inde et aussi en Amérique; un d'eux est nommé COURLIEU ou PETIT COURLIS; il a été observé au Cap, dans les Indes, à Timor, à la terre des Papous, à Calcutta, dans les Mariannes et dans la Caroline du sud. (GERV.)

COUROL, *Leptosomus*. (ois.) Le Vaillant voulant indiquer les rapports que le *Vouroudriou* de Buffon présente avec les Rolles et les Coucous, a proposé de l'appeler Courol, nom qui n'est qu'une contraction de celui de ces derniers. Nous avons parlé du COUROL VOUROUDRIOU à l'article Coucou, auquel nous renvoyons.   (GERV.)

COURONNE. (BOT. PHAN. et AGR.) Ce mot a diverses acceptions dans le langage des plantes et dans celui des cultivateurs. Les botanistes en ont quatre, savoir : ils appellent Couronne l'ensemble des fleurettes disposées en rayons allongés, aplatis, divergens, qui ornent le disque des fleurs radiées; ces fleurettes sont blanches dans la Marguerite des prés, *Bellis perennis*, d'un rouge vif dans la *Zinnia multiflora*, jaunes dans la *Coreopsis verticillata*, tandis que le disque est jaune dans les deux premières, brun dans la troisième, etc. Toutes les Corymbifères offrent à la circonférence de leurs capitules un phénomène semblable. Cassini avait proposé d'employer les adjectifs *couronné* et *incouronné*, selon que les fleurettes extérieures sont ou ne sont pas différentes de celles du centre : ces expressions n'ont pas été généralement admises.

La seconde acception botanique indique l'espèce d'appendice qui surmonte la gorge de la corolle dans le *Silene nutans*, et celle du périanthe simple du *Convallaria maïalis*, du *Narcissus pseudonarcissus*, etc.

La troisième acception regarde le calice ou débris du calice qui demeure adhérent à la graine des Scabieuses, des Camomilles, etc., aux fruits du Poirier, du Lierre, du Grenadier, etc. L'aigrette de l'Apocyn, du Nérion, etc., reçoit aussi le nom de Couronne.

La quatrième acception est appliquée aux feuilles qui sont disposées en rosette au sommet d'une tige ou de ses divisions, comme les présentent les Palmiers, les Fougères en arbre, la Fritillaire, et autres plantes.

Chez les cultivateurs, on emploie le mot Couronne pour désigner 1° la zone plus ou moins circulaire placée entre le bois et la moelle d'un arbre, et que les physiologistes appellent ETUI MÉDULLAIRE (*v.* ce mot); 2° et une maladie des arbres que dénoncent la couleur jaunâtre des feuilles et le desséchement des branches : un arbre Couronné doit être abattu.

Enfin les horticulteurs ont adopté l'expression Couronne sous trois acceptions. Par la première ils entendent parler de la touffe de feuilles qui surmonte le fruit de l'Ananas; par la seconde, ils indiquent un arbre auquel ils ont enlevé toutes ses branches supérieures pour le forcer à prendre une surface égale; par la troisième, ils désignent une sorte de greffe qu'ils appliquent non-seulement à de jeunes sujets dont les vaisseaux séveux ont un très-petit diamètre et dont le bois est fort dur, mais encore aux arbres fruitiers à pepins.

Plusieurs végétaux ont reçu vulgairement le nom de Couronne, tels sont les suivans : Couronne d'Arianne, une espèce d'Apocyn est désignée sous ce nom par Rumph; elle n'est point assez connue pour qu'elle prenne rang positivement dans ce genre.

Couronne de moine, le Pissenlit, *Taraxacum commune.*

Couronne de terre, c'est le Lierre terrestre, *Glecoma hederacea.*

Couronne des frères, un des noms du *Carduus eriophorus.*

Couronne du soleil, un des premiers noms du Tournesol annuel, *Helianthus annuus.*

Couronne impériale. On donne ce nom à la Fritillaire et à une variété de Courge.

Couronne royale, nom ridiculement appliqué au Mélilot, *Melilotus officinalis.*   (T. D. B.)

COURONNES DES ANCIENS, *Plantæ coronariæ.* (BOT. PHAN.) Il était d'usage chez les Egyptiens et les vieux Grecs de se couronner de rameaux feuillus et fleuris de diverses plantes, de les tresser en longues guirlandes, de les disposer en festons joyeux. Dans toutes les circonstances remarquables de la vie publique et de la vie privée, c'était un signe d'estime, d'amour et d'allégresse, une marque d'honneur, et le prix de la vertu, l'insigne de la victoire, du génie, et le gage de la félicité. Quand les Couronnes se composaient de lierre et de pampre, entremêlés de roses et de violettes, qu'elles étaient petites, élégantes, et, durant l'hiver, formées de fleurs artificielles, sur lesquelles on versait diverses odeurs, elles annonçaient devoir orner la tête, le cou, la poitrine des convives : le philosophe et le militaire, l'épouse et la jeune fille, le magistrat et le simple citoyen, s'en couvraient tantôt au commencement, tantôt à la fin des repas. Les Romains adoptèrent cette méthode, et la poussèrent si loin qu'ils en firent l'emblème de la mollesse, du raffinement des voluptés. On fut révolté des excès auxquels ces

sortes de Couronnes entraînaient les deux sexes; ils étaient tels vers le milieu du troisième siècle de l'ère vulgaire, qu'il fallut toute l'énergie, toute l'éloquence entraînante de Tertullien et de Clément d'Alexandrie pour y mettre un terme.

Détournons les yeux de ces orgies, enfans de l'oubli de tous les devoirs du citoyen, passe-temps de ces hommes de sang et de boue qui placent l'honneur dans une pièce de monnaie, qui n'ont d'autre sentiment que la soif de l'or, et dont le passage sur terre n'est marqué que par des exactions de tout genre, par la misère du pauvre et les plus honteux excès; revenons aux pieux emplois des Couronnes.

Celles de pins, de pavot, de jacinthes, de peuplier étaient réservées pour les cérémonies religieuses; le lit des morts chéris se couvrait de Couronnes de jasmin, de lis, d'amaranthes, et leur tombe d'asphodèles. Le chêne fournissait la Couronne civique; l'ache celle du poète; le laurier, le grenadier et des palmes celle du guerrier. Le marin couronnait ses vaisseaux de lauriers en signe triomphal. La mère de famille préférait pour sa parure la verveine sacrée; la vierge timide voilait son beau front et son sein palpitant sous une tresse de bluets, de roses blanches et de roses roses; les époux mêlaient à leur Couronne la Berle, *Sium sisarum,* en signe de la douceur qui doit régner dans leurs rapports habituels, et la Livêche de montagne, *Ligusticum levisticum,* comme préservatif des maux. La veuve choisissait la Scabieuse aux fleurs d'un pourpre foncé que l'on cultivait avec soin, ou bien c'était l'Asperge épineuse, quand elle voulait convoler à de nouvelles noces. Les amans appendaient des Couronnes de myrte aux portes de l'habitation où vivait l'objet de leurs pensées. A la naissance d'un fils on plaçait sur son berceau la Couronne d'olivier sauvage, celle pour une fille était en flocons de laine. Il n'y avait pas jusqu'aux prisonniers de guerre sur la tête desquels on ne mît une Couronne de giroflées, quand on voulait les vendre comme esclaves : de là l'expression latine *sub coronâ vendere,* vendre sous la Couronne.

Théophraste et Athénée, Pline et les nombreux auteurs qu'il a copiés, tant bien que mal, parlent avec détail des plantes propres à faire des Couronnes; ils nous apprennent qu'on recherchait surtout parmi les fleurs champêtres celles dont les couleurs et les parfums inspirent les idées les plus riantes, peignent à l'œil les images les plus gracieuses. Au lieu de dire qu'on allait cueillir des fleurs pour s'en orner, on disait cueillir des Couronnes, se décorer de Couronnes. C'est pour perpétuer ce doux souvenir que Linné a conservé à la partie la plus brillante des fleurs le nom de *Corolle,* diminutif de *Corona.*

Mnésithée et le médecin Callimaque avaient écrit sur les vertus médicales des Couronnes un traité que le temps et l'ignorance des bas siècles nous ont ravi. Mais nous avons le livre curieux *de Coronis* dans lequel Paschalis a réuni tous les textes anciens sur ce sujet; malheureusement ce savant était étranger à la botanique et les explications qu'il donne s'en ressentent. J'en dis tout autant de l'ouvrage de Lanzoni, de Ferrare, quoiqu'il eût paru quarante-quatre ans (en 1715) après celui de l'érudit français.

En Egypte, à Athènes, à Rome, il y avait des bouquetières dans certaines rues ou places publiques, dont l'état était plutôt de faire des guirlandes, de préparer des Couronnes, que d'arranger en bouquets les plus jolies fleurs, celles qu'aujourd'hui nous regardons à peine et auxquelles nous refusons jusqu'au nom de fleurs d'ornement, parce qu'elles croissent autour de nous. Dans l'Inde, chez les Persans, et chez les peuples qui parlèrent le sanscrit, (cette langue où la mode veut que l'on aille maintenant chercher le secret de tous les mots, l'étymologie de chacune des expressions employées par les modernes), l'amour des Couronnes fut très-grand et de longue durée. Elles ont inspiré une foule de poèmes, et la disposition de ces Couronnes, comme l'emploi des fleurs qui devaient les constituer, peignaient une pensée d'amour, un sentiment cordial, un mot mystique. La culture de ces fleurs, que l'on allait puiser au sein des forêts, antique demeure des dieux, de même que la préparation symbolique des Couronnes, appartenaient à de jeunes filles élevées sous les yeux et dans la retraite des brames.

Chez les Américains on retrouve aussi l'usage des Couronnes de fleurs pour les fêtes de famille, pour les pompes nationales, pour les cérémonies religieuses. Ceux qui verraient là un des fils rompus de la primitive civilisation, pourraient bien ne caresser qu'une poétique chimère, et s'ils prétendaient s'en servir comme témoignage irrécusable, ils ne manqueraient pas de tomber à plat dans le bourbier des niaiseries publiées jusqu'ici sur ce sujet grave et pour jamais énigmatique. (T. D. B.)

COUROUCOU, *Trogon*. (ois.) Les Couroucous sont des oiseaux grimpeurs voisins des Coucous et des Barbus; ils appartiennent aux contrées les plus chaudes des deux continens; leur plumage doux et moelleux, à plumes souvent décomposées, offre un mélange des couleurs les plus gracieuses. Ils ont le caractère triste et silencieux, et passent une grande partie du jour perchés sur quelque branche dans un bocage épais; et si par hasard le chasseur les découvre dans leur retraite, ils se laissent approcher sans paraître effrayés, et au lieu de fuir lorsque le danger devient imminent, ils se laissent saisir, comme s'ils pensaient que leur brillante parure les fera respecter; mais le plus souvent il n'en est pas ainsi, et les pauvres Couroucous qui se sont laissé prendre sont bientôt mis à mort, car leur chair est un excellent aliment et leurs dépouilles se vendent à un prix très-élevé.

Les espèces que l'on range dans le genre *Trogon* ne sont pas très-nombreuses, elles se nourrissent principalement d'insectes et recherchent aussi les fruits mous et succulens. Voici quels caractères on leur donne : doigts zygodactyles, c'est-à-dire deux antérieurs et deux postérieurs, ceux-ci réunis jusqu'à leur milieu, et les premiers libres;

tarses très-grêles, minces, courts et garnis de scutelles; ailes médiocres, concaves, à première rémige courte, les troisième et quatrième plus longues; queue étagée; narines petites, peu apparentes, percées dans un sillon sur le rebord des plumes du front; soies longues et raides, dirigées en avant, placées à la base du bec, celui-ci plus court que la tête, fendu jusque sous les yeux, plus large que haut, à peu près obtus à son extrémité. Suivant que ce bec est denté ou non sur ses bords, les espèces du genre peuvent être réparties dans deux sections, qui sont exactement en rapport avec leur distribution géographique : la première de ces sections comprend celles qui ont le bec denté sur les bords, et qui toutes sont du Nouveau-Monde; la deuxième est réservée à celles de l'Ancien-Monde, qui ont les bords du bec lisses.

† *Couroucous du Nouveau-Monde*; ils ont tous les bords du bec dentés.

Couroucou ROCOU, *Trogon curucui*, Gm., habite l'Amérique méridionale; il a la tête, le cou et le dos d'un vert brillant, avec les ailes grises, la poitrine noire, bordée de blanc en dessous, et le ventre rouge.

Couroucou ROSALBA, *Trog. collaris*, Vieill., se trouve dans l'île de la Trinité et de la Guiane.

Couroucou A VENTRE JAUNE, *Trog. viridis*, Gm., est noir-bleu bronzé, avec le ventre jaune et la queue noire et blanche. Il vit au Brésil, qui est aussi la patrie du Couroucou ORANGA, *Trog. atricollis*, Vieill.

Couroucou PAVONIN, *Trog. pavoninus*, Spix. Cet admirable oiseau, que l'on n'a long-temps connu que d'après un seul individu non adulte, conservé à Londres, se trouve aujourd'hui à Paris entièrement développé et dans son plus grand éclat, au Muséum d'Histoire naturelle, dans le Musée Masséna. Il est tout entier, sur la tête, la poitrine, le dos, d'un vert d'émeraude, glacé d'or, à reflets pourpres, et d'un éclat magnifique; les parties inférieures de son corps sont d'un rouge vermillon. Ce Couroucou est de la taille d'une colombe; les couvertures de la queue prennent chez les mâles adultes un accroissement considérable et s'allongent en quatre rubans gracieux et flottans, qui atteignent jusqu'à trente pouces de longueur, et ont tout le brillant des plumes du dos. Les rémiges ou pennes des ailes sont noires et les rectrices ou pennes de la queue étagées, noires aussi, si ce n'est les deux externes qui sont du plus beau blanc. On trouve le Couroucou pavonin dans l'intérieur du Brésil et du Mexique; c'est de tous les oiseaux de taille moyenne celui dont les couleurs ont le plus de brillant; il est sous ce rapport comparable aux plus belles espèces d'oiseaux-mouches. Les anciens Mexicains l'ont mis au nombre de leurs divinités, et les dames américaines de nos jours se servent des belles plumes de sa queue pour s'en faire des panaches. Cet oiseau est très-bien figuré dans l'Iconographie du Règne animal. Nous avons reproduit cette figure dans notre Atlas, pl. 127, f. 2.

On place aussi parmi les Couroucous du Nouveau-Monde le COUROUCOU TEMNURE, *Trog. temnurus*, Temm., qui vit à Cuba, et le COUROUCOU À VENTRE BLANC, espèce dont on ne connaît point la patrie, mais qui a le bec denté sur ses bords : ce seul caractère rend au moins très-probable, pour ne pas dire certain, que cet oiseau est américain.

†† *Couroucous de l'ancien continent.* Ils ont les bords du bec lisses.

COUROUCOU NARINA, *Trog. narina*, Vieill. Cet oiseau, dédié par Levaillant à l'aimable Hottentote Narina, est d'un beau vert à reflets dorés sur la tête, le cou, le haut du thorax, le dos et les couvertures moyennes de l'aile ; sa poitrine et son abdomen, ainsi que les couvertures inférieures de sa queue, sont d'un rouge cramoisi.

COUROUCOU MONTAGNARD, *Trog. oreskios* et COUROUCOU DE DUHAMEL, *Trog. Duhamelii*, habitent tous deux Sumatra. Il en est de même du COUROUCOU KOUDEA et du REINWARDT.

Un autre a été trouvé récemment dans l'Himalaya, par M. Gould ; c'est le *Trog. malabaricus*, qui a la tête brun-verdâtre, ainsi que le cou ; le dos de couleur cannelle ; les plumes alaires brunes, bordées de blanc, avec leurs couvertures grises. Sa taille est celle du pigeon.   (GERV.)

COUROUPITE, *Couroupita.* (BOT. PHAN.) Genre qui a un grand rapport avec le *Lecythis*, dont il se distingue par la forme du stigmate qui se compose d'un ovaire à demi infère, terminé par un petit mamelon conique, tenant lieu de style et offrant six stigmates ou six divisions d'un stigmate unique, de même que par le fruit, qui est constamment indéhiscent, et qui, de sa forme, a pris le nom de *Boulet de canon*; il est aussi connu sous le nom de *Calebasse-bois, Calebasse à Colin.* Ce genre appartient à la Monadelphie polygamie de Linné, et à la famille des Lécythidées de Richard. Le Couroupite est un arbre des forêts de la Guiane, dont Aublet a donné la description et la figure. Il s'élève à 3o ou 5o pieds. Son écorce grisâtre s'enlève par longues lanières dont on fait de très-bons cordages.   (C. É.)

COURS D'EAU. (GÉOGR. PHYS.) Les épanchemens des sources, la fonte des neiges et des glaces, forment les ruisseaux. Les eaux des grandes pluies, roulant avec plus de rapidité, sillonnent par torrens les flancs des montagnes, et la réunion de ces Cours d'eau prend le nom de *Rivière.* Mais, avant d'aller plus loin, définissons certains termes d'ordinaire assez mal compris; l'intelligence des mots est souvent d'une grande importance en géographie, comme dans toutes les sciences. Un *ruisseau*, selon nous, est le plus petit de tous les Cours d'eau; une *rivière*, alimentée par un ou plusieurs ruisseaux, par une ou plusieurs rivières, navigable ou non, se jette dans un fleuve, comme dans une mer. Mais un Cours d'eau qui porte à l'océan le tribut de la terre ne mérite la dénomination de fleuve qu'après avoir reçu dans son sein une ou plusieurs rivières navigables.

L'ensemble des pentes d'où coulent les ruisseaux et les rivières qui se jettent dans un fleuve s'appelle le bassin de ce fleuve, ou sa région hydrographique. Les bassins de deux fleuves se touchent souvent de près, mais leur communication, au moyen de rivières ou d'autres Cours d'eau, devient presque toujours impossible. Cependant la connaissance des massifs hydrographiques, c'est-à-dire des plateaux ou des groupes de montagnes, est nécessaire pour expliquer la nature et la marche des rivières. L'élévation des sources détermine la pente, et celle-ci influe sur la rapidité ou la tranquillité du Cours d'eau. L'étude de ces masses saillantes, de ces plateaux, est indispensable au géographe chargé de tracer les limites des empires, au géologiste curieux de pénétrer les mystères des anciennes révolutions du globe, au minéralogiste qui, par les débris que les eaux entraînent, cherche à connaître la composition des montagnes ; tout s'enchaîne dans la nature, point de connaissance stérile ; l'observation des massifs hydrographiques nous apprend souvent l'époque des débordemens, des inondations, la rapidité, la profondeur, le volume des eaux, et même leurs qualités physiques.

Les soulèvemens qui ont produit les montagnes, les crevasses formées par les anciennes commotions souterraines, ont été les premières causes de ces grandes fentes qu'on appelle lits des fleuves ; jamais un fleuve n'aurait pu s'ouvrir, par ses seules forces, une route à travers les roches solides, s'il n'en eût trouvé devant lui l'ébauche. Les eaux courantes minent, dégradent leurs rives, rendent leurs lits plus profonds dans les montagnes et les exhaussent dans les plaines par leurs alluvions.

De prime abord la pente du terrain peut seule déterminer la direction d'un Cours d'eau, mais l'impulsion une fois donnée, la pression seule de l'eau provoque le mouvement, lors même que la pente serait presque nulle : aussi plusieurs grands fleuves coulent-ils sur un plan à peine incliné ; l'Amazone, par exemple, n'a, sur 2oo lieues, que dix pieds et demi de pente. Les rivières même les plus rapides ont une moindre inclinaison qu'on ne le pense communément.

Aussi l'augmentation de la masse n'accroît-il pas tant la largeur du lit que la rapidité de la course.

Quelquefois une rivière tombe dans une autre, suspend son cours et repousse ses eaux vers sa source. Ainsi l'impétueuse Arve, qui descend des montagnes de la Savoie, fait refluer dans le lac de Genève les eaux plus tranquilles du Rhône. Bien plus, il y a des rivières qui n'ont pas d'écoulement, faute de pente ; la terre ne leur donne pas assez d'impulsion, ou des sables leur opposent une lente résistance. Quelquefois le soleil vaporise leurs eaux comme dans les déserts brûlans de l'Arabie et de l'Afrique. Plus souvent ces rivières tombent dans des étangs ou dans des marais ; d'autres encore se perdent dans des sables arides.
          (J. H.)

COURTILLÈRE, *Grillotalpa.* (INS.) Genre d'Orthoptères établi par Latreille aux dépens des Grillus de Linné, et auquel il donne pour caractères : antennes sétacées, languette à quatre divisions étroites, pieds et tarses antérieurs plats et dentés extérieurement ; pas de tarrière apparente dans les femelles.

La forme générale des Courtillères est bien reconnaissable ; elles ont la tête petite, horizontale ; le corselet très-grand, comprimé sur les côtés ; l'abdomen long et volumineux, les ailes courtes ; quoique rangées dans la division des Sauteurs, leurs pattes postérieures sont peu propres à exécuter ces fonctions et leurs ailes doivent avoir peine à les soulever de terre. Leur tête est inclinée vers la terre, ovoïde, plus étroite vers la bouche, carénée en dessus, s'enfonçant beaucoup sous le corselet ; les yeux lisses, au nombre de deux, sont ovales, placés au milieu de la face vers l'angle supérieur des yeux ; les antennes sont insérées au dessous des yeux près du bord du chaperon, elles sont composées d'un grand nombre d'articles sétacés ; la bouche est composée comme à l'ordinaire, les mandibules sont robustes, les mâchoires ont le lobe terminal corné, tridenté ; le galea en faux, corné à son extrémité ; le palpe a les deux premiers articles très-courts, les trois suivans très-longs, comprimés, et le dernier terminé par une espèce de pelote membraneuse ; la lèvre est courte, échancrée sur les côtés et avancée en pointe à son milieu ; la languette est quadrifide, les deux lobes latéraux articulés sont méplats terminés par une portion comme cornée ; les lobes intermédiaires sont coniques, allongés, un peu courbés, extérieurement cornés, la langue est aussi longue qu'eux. Le corselet est formé du prothorax, qui est bombé en dessus, échancré pour recevoir la tête ; les élytres ont dans les mâles un espace lisse destiné à produire le bruit appelé chant ; cette disposition fait un peu varier leurs nervures avec celles des femelles ; les ailes dépassent les élytres, et font l'effet dans le repos de deux lanières étroites. L'abdomen est terminé par deux filets articulés, velus, assez longs. Ce que ces insectes offrent de plus remarquable sont les pieds antérieurs ; ils sont insérés sur deux hanches très-développées, terminées en feston ; le trochanter est divergent, en forme de coin triangulaire aigu, très-grand, atteignant presque la longueur du fémur ; celle-ci est comprimée ; la jambe, articulée intérieurement, est faite en forme de main, aussi large à son extrémité que longue ; dans son mouvement de prostration elle passe entre la cuisse et le trochanter ; le tarse est articulé extérieurement sur le côté de la jambe, ne la dépasse pas ; les deux premiers articles ont une forme digitée analogue à la digitation de la jambe. Les autres pieds n'ont rien de remarquable ; les cuisses postérieures sont beaucoup moins renflées que dans les individus de la même famille ; tous les tarses ont deux crochets.

Les Courtillères ne sont que trop connues par les dégâts qu'elles causent dans les jardins ; elles vivent d'insectes, et peut-être même de racines, mais quelle que soit leur nourriture, elles sillonnent la terre de tous côtés pour la chercher, et avec leurs pattes tranchantes coupent tout ce qui se trouve sur leur passage ; aussi font-elles périr une grande quantité de jeunes plants ; et elles s'attachent principalement aux couches et aux planches bien fumées, dont la terre plus meuble contient plus d'insectes et de lombrics que les terres compactes. Elles font le désespoir des jardiniers qui ne savent souvent comment se soustraire à leurs ravages. Ce n'est que le soir que ces insectes quittent leur retraite pour s'accoupler ou chercher d'autres endroits propres à leur fournir de la nourriture ; c'est aussi le soir que les mâles font entendre leur chant, pour inviter les femelles à les approcher ; une fois la femelle fécondée, elle s'occupe du soin de pourvoir à la sûreté des œufs qu'elle va pondre ; elle creuse pour cet effet un trou à environ un demi-pied de la superficie du sol, lui donne la forme d'un four, avec un conduit prenant à l'un des côtés et remontant à la superficie par une ligne courbe ; toutes les parois de cette construction sont lisses ; elle y pond alors de trois à quatre cents œufs d'un brun jaunâtre luisant ; après la ponte elle ferme l'entrée du nid et en abandonne le soin à la nature. Le nid ayant été fait au commencement de l'été, les larves éclosent avant l'arrière-saison, et passent à l'état parfait au printemps suivant. Mais sous quel état passent-elles l'hiver, est-ce sous l'état de larve ou sous celui de nymphe ? C'est ce que je ne saurais dire. Les planches de Rœsel que je cite dans la synonymie présentent tout le développement de ces insectes.

On reçoit cet insecte de tous les pays ; mais les différentes espèces n'ont pas encore été bien étudiées.

C. vulgaire, *G. vulgaris*, Lat., Hist. ins., t. 12, pag. 121 ; Rœsel, *Locustes*, pl. 14 et 15. Long de 1 pouce 6 lignes à 2 pouces ; entièrement d'une couleur fauve plus foncée sur la tête et le dos ; tibia quadridenté ; épine basilaire de forme conique, légèrement recourbée, aiguë ; élytres de la moitié de la longueur de l'abdomen, jaunâtres, à nervures plus foncées ; ailes dépassant un peu l'abdomen. J'en ai vu du Sénégal n'ayant pas plus d'un pouce de long. De tous les pays chauds.

C. didactyle, *G. didactyla*, Lat., Hist. ins., t. 12, pag. 122, n° 2. Long de 15 lignes ; apparence du précédent ; tibia bidenté, un point blanc cerclé de noir près de la jonction avec le fémur ; épine basilaire du fémur droite, allongée, presque d'égale grosseur partout, arrondie à son extrémité ; élytres atteignant presque toute la longueur de l'abdomen. Amérique méridionale.

C. oubliée, *G. oblita*, Mihi. Long de 15 lignes. Apparence des précédentes ; tibias quadridentés ; épine basilaire des fémurs très-petite, arrondie ; élytres n'atteignant que le milieu de l'abdomen. Cuba.   (A. P.)

COUSIN, *Culex*. (ins.) Genre de Diptères de la famille des Némocères, établi par Linné et ayant pour caractères : antennes filiformes, de quatorze articles ; une trompe longue, avancée, renfermant un suçoir de cinq soies ; les palpes dans les mâles sont plus longs que la trompe, et très-courts dans les femelles.

Ces insectes ont la tête très-petite, arrondie, les yeux globuleux ; les antennes, insérées près d'eux, sont très-velues dans les mâles ; les poils qui les ornent sortent d'auprès de chaque articulation, et forment souvent des panaches ; le rostre, qui contient la trompe, est allongé ; les palpes des mâles sont très-allongés, et participent dans leurs extrémités de la faculté qu'ont les antennes d'être très-velues, de sorte qu'on les a quelquefois confondus ensemble ; le corselet est très-élevé, comme bossu ; les ailes, frangées à leur bord et sur leurs nervures, sont grandes, dépassant le corps, sur lequel elles sont couchées dans le repos ; les pattes sont très-longues, les postérieures surtout ; les tarses seuls sont presque aussi longs que les fémurs et les tibias pris ensemble ; l'abdomen est allongé, cylindrique, deux fois aussi long que le corselet.

Les Cousins sont de petits insectes très-incommodes, en ce qu'ils nous poursuivent avec acharnement pour se nourrir de notre sang ; les lieux bas, humides et frais, comme le bord des prairies et les bois sombres, sont les endroits où on les trouve le plus souvent ; ce n'est qu'à la chute du jour qu'ils paraissent dans les autres lieux, car ils craignent la grande chaleur ; mais ils se répandent dans les appartemens, si l'on n'a le soin de les tenir fermés, et profitent de votre sommeil pour vous attaquer ; le petit piaulement qu'ils font entendre n'est pas moins incommode, car il vous tient dans une inquiétude continuelle. Leur piqûre est très-douloureuse ; ce qui la rend telle est moins l'introduction de l'instrument délié qui la produit, que l'effet d'une liqueur vénéneuse que l'insecte introduit dans la plaie, à l'effet de rendre plus liquide la portion de notre sang qui doit passer à travers ses organes délicats ; mais c'est dans les pays méridionaux que les Cousins sont réellement redoutables, et on est obligé, pour se garantir de leurs atteintes, d'environner les lits de voiles en gaz, appelés cousinières et moustiquières. Les colonies sont infestées d'autres espèces que les auteurs ont nommées Moustiques et Maringouins, et qui sont, au dire de tous les voyageurs, un véritable fléau pour les hommes et les animaux ; cependant ces espèces n'appartiennent pas toutes au genre Cousin proprement dit. Les tourmens que les Cousins font endurer dans les pays chauds feraient croire que le Nord, déjà peu favorisé, à d'autres égards, devrait être à l'abri de cette peste ; mais il n'en est rien, et les malheureux Lapons en sont réduits à se frotter les mains et le visage de graisse, et à vivre continuellement au milieu de la fumée, pour pouvoir se soustraire à leurs attaques. Quelque douloureuse que soit la piqûre de ces petits animaux, le procédé par lequel elle s'opère mérite d'être connu ; quand le Cousin s'est posé à la place où il croit pouvoir faire pénétrer sa trompe, il incline sa tête, en tenant ses pattes postérieures élevées, il appuie d'abord le bout de son suçoir (voyez pl. 127, fig. 4), et fait ensuite pénétrer les soies qu'il renferme : mais comme le suçoir ne pénètre pas, la quantité dont les soies pourraient pénétrer serait bien minime, si la nature n'y avait pourvu ; le suçoir se plie vers son milieu à angle plus ou moins aigu (fig. 4-5), comme peut le re-

présenter un > mis de côté, dont les deux branches se rapprochent plus ou moins, selon que les soies pénètrent plus ou moins avant, jusqu'à venir se toucher. Quand l'insecte se retire, la gaîne fait un point d'appui qui favorise ce mouvement : on croit être sûr que ce sont les femelles seules qui nous attaquent avec tant d'acharnement.

Les Cousins ne trouvent pas toujours des hommes, ou des animaux dont ils puissent sucer le sang, et il est plus que probable que quatre-vingt-dix-neuf sur cent n'en goûtent même jamais ; ils attaquent alors les plantes, à l'ombre des feuilles desquelles ils se tiennent pendant la chaleur du jour, ils s'y balancent continuellement, en pliant avec assez de vitesse et en redressant alternativement les articulations de leurs pattes ; à la brune ils sortent de leur retraite, soit pour chercher leur nourriture, soit pour s'accoupler ; c'est dans l'air que l'accouplement a lieu ; les mâles s'y tiennent par groupes, et s'y balancent continuellement de haut en bas ; une femelle joint ce groupe, et un mâle se lançant après elle, la joint et l'accouplement s'opère, et souvent ils volent quelque temps placés bout à bout ; mais peu de temps après, la femelle se sépare du mâle et se dispose à faire sa ponte : c'est sur l'eau qu'elle doit déposer ses œufs, et il faut qu'ils surnagent, et que l'insecte lui-même se méfie d'un élément qui lui serait fatal ; il cherche donc à la surface de l'eau une petite feuille, un fétu de paille sur lequel il s'attache avec les quatre pattes antérieures ; il croise alors ses deux grandes pattes postérieures auprès de l'extrémité de son abdomen, et laisse couler un œuf, puis deux, etc., etc., dans l'intervalle triangulaire qu'elles forment ; à mesure que le nombre des œufs augmente, l'intervalle augmente aussi, puis il se rétrécit peu à peu, de sorte que quand la ponte, qui monte de deux cent cinquante à trois cents œufs, est terminée, la masse ressemble assez bien à un petit bateau un peu relevé dans les deux bouts ; l'insecte alors le laisse couler sur l'eau, et l'abandonne aux impulsions du vent ; car c'est toujours sur les eaux dormantes, comme plus tranquilles, que ces œufs sont déposés. Ces œufs ont une forme très-singulière, ils représentent assez bien les cruches en grès où l'on renferme la liqueur nommée kirchwasser, excepté que, rangés côte à côte, le goulot se trouve au bas, et forme la seule partie qui communique avec l'eau ; car ces œufs craignent autant l'inondation que la sécheresse ; la partie formant le goulot est fermée par une membrane très-mince, que brise la larve qui se trouve ainsi de suite au milieu de l'élément où elle doit vivre.

La larve est apode (fig. 7) ; sa tête est arrondie, méplate, on y distingue deux points noirs que l'on regarde comme les yeux ; elle est armée antérieurement de petits barbillons dont deux plus grands articulés et qu'elle tient dans une agitation continuelle, formant ainsi des tourbillons qui, peut-être, attirent vers sa bouche des animaux microscopiques, des débris de végétaux ou des portions terreuses dont elle fait sa nourriture ;

le corselet est rond, muni de chaque côté de deux bouquets de poils; l'abdomen, long, plus étroit que le corselet à sa jonction avec lui, et se rétrécissant encore à son extrémité, est composé de neuf segmens ayant chacun sur le côté un bouquet de poils; cet abdomen est terminé d'une manière singulière; il se courbe d'abord brusquement à angle droit en dessous pour se tronquer carrément; à cette extrémité est l'orifice de l'anus, fermé par quatre membranes allongées en forme de feuilles; l'avant-dernier anneau offre à sa partie supérieure un appendice à peu près de même grosseur que la terminaison anale, beaucoup plus allongé, se détachant obliquement du corps, terminé par une étoile à cinq pointes; c'est par cette étoile que l'insecte aspire l'air dont il a besoin pour vivre, aussi la tient-il continuellement à fleur d'eau, tandis qu'il y reste la tête renversée; sitôt que quelque objet l'inquiète ou que l'eau est agitée, il donne quelques coups de queue et se précipite au fond; mais bientôt, par sa pesanteur spécifique beaucoup moindre que l'eau, il remonte reprendre sa place habituelle. Il subit plusieurs mues, et passe enfin à l'état de nymphe; ici sa forme devient tout au moins aussi singulière (fig. 8); il offre bien l'apparence d'une chrysalide, c'est-à-dire qu'on distingue les antennes, les ailes et les pattes; mais la respiration, qui s'opérait par l'extrémité du corps, s'opère maintenant par le dos au moyen de deux petits cornets implantés par la pointe, et dont il tient l'ouverture à fleur d'eau comme la larve y tenait l'extrémité de son corps, à l'exception qu'il replie le long de la poitrine son abdomen dont l'extrémité est armée de deux feuillets arrondis; il se précipite de même au fond quand il redoute quelque danger, en redressant son corps et en frappant l'eau avec sa queue.

Quand arrive le moment de la dernière métamorphose, la nymphe s'étend horizontalement à fleur d'eau, la peau du corselet se fend, et l'insecte commence à sortir; son dos se dégage d'abord un peu, il contracte son abdomen, parvient à se dégager un peu de son fourreau, et, s'en faisant un point d'appui, il élargit l'ouverture et sort son corselet; sa tête en même temps se dégage, et l'insecte finit par se trouver en équilibre sur l'extrémité de son abdomen, sur un bateau à peine aussi grand que lui, puisque c'est la dépouille qu'il va bientôt quitter (fig. 9). Ce moment est le plus critique de toutes les métamorphoses par lesquelles l'insecte a dû passer; une vague, un souffle de vent peuvent le renverser; mais, avant que l'un ou l'autre arrive, il a pu tirer ses quatre pattes antérieures, et aussitôt il les pose sur l'eau en les écartant; à l'aide de ce point d'appui, il parvient à dégager ses ailes et ses longues pattes postérieures, et quelques instans après il prend son vol. Ces insectes donnent plusieurs générations par an, et si les oiseaux, les poissons et d'autres insectes aquatiques carnassiers, sans compter les différens accidens qui peuvent leur arriver sous tous les états, n'en faisaient périr une grande quantité, ils deviendraient bientôt un fléau. On peut voir les détails de tous les développemens de ces insectes dans Réaumur, et dans notre Atlas, pl. 127, fig. 1 à 9.

Les espèces de ce genre que l'on connaît sont en partie propres à l'Europe, non qu'elles manquent dans les autres contrées du monde; mais leur petitesse et leur fragilité font qu'on les a toujours négligées. Ce genre se trouve peu nombreux.

C. COMMUN, *C. pipiens*, Linn., le plus commun de tous, brun avec deux bandes plus foncées sur le thorax; abdomen gris, annelé de brun; les pattes offrent un point blanc à leur extrémité.

C. ANNELÉ, *C. annulatus*, Fab. Réaumur, t. 1, pl. 15. Long de 3 à 4 lignes, brun avec l'abdomen et les pattes annelés de blanc. Cette espèce est plus commune en automne.

C. CHANTANT, *C. cantans*, Hoffmansegg. Long de trois lignes, roux, thorax à bandes obscures, et abdomen annelé de brun; les quatre derniers articles des tarses ont un anneau blanc. Il est assez rare dans notre pays.   (A. P)

COUVAIN. (INS.) Nom que les auteurs qui ont considéré les abeilles sous le point de vue de l'économie rurale ont donné, soit aux jeunes larves que nourrissent les abeilles, soit à celles qui sont en état de nymphes; l'expérience a appris que c'est principalement dans la partie basse des rayons que se trouve ce Couvain; c'est en partie sur cette connaissance qu'est fondée la théorie de toutes les espèces de ruches à compartimens, où, après avoir ôté la partie supérieure d'une ruche contenant le miel, on la remplace par une hausse vide pour forcer les abeilles à recommencer sur nouveaux frais leur provision de miel.   (A. P.)

COUVÉE. (OIS.) On nomme ainsi tous les œufs qu'une poule ou tout autre oiseau couve en même temps, et ce qui en provient. La couvaison est l'époque à laquelle la volaille couve. *Voy.* l'article INCUBATION.   (GERV.)

COUVERTES ou VERNIS. (MIN. APPLIQUÉE.) Toutes les poteries sans exception demandent à être recouvertes d'un enduit que l'on nomme *Couverte* ou *Vernis*, destiné à les rendre imperméables et surtout à empêcher les corps gras et chauds de les pénétrer. Il était donc nécessaire de trouver des substances qui pussent se vitrifier facilement à la surface des poteries, des faïences et des porcelaines. Les conditions qu'elles doivent remplir sont de fondre à une température moins élevée que les pièces qu'elles recouvrent, de prendre un certain degré de dureté par le refroidissement et d'être inaltérables par l'action des substances même acides que les vases doivent renfermer. Ces résultats n'ont été jusqu'à présent obtenus qu'imparfaitement, comme nous allons le voir.

Le vernis des faïences à pâte jaune ou rouge est un émail blanc, opaque, qui masque ces couleurs, et qui est composé d'oxides de plomb et d'étain vitrifiés avec du sable siliceux. Celui qui est brun ou chiné de brun doit cette couleur à une addition d'oxide de manganèse. Les couleurs vertes sont dues à une petite quantité d'oxide de cuivre. Pour

les Couvertes

les Couvertes des terres anglaises ou blanches on emploie encore l'oxide de plomb ; mais cet oxide est fondu préalablement avec du verre siliceux que l'on réduit ensuite en poudre pour le placer sur la pièce. Celles des poteries les plus grossières sont uniquement formées d'oxide de plomb et, par suite, sont très-malsaines. Pour la porcelaine, on emploie le feldspath ou *pétuntzé* des Chinois, qui est très-fusible en comparaison de la pâte qu'il recouvre, mais qui exige encore un feu trop violent pour qu'il soit possible de s'en servir pour les poteries communes. Les poteries de grès n'ont pas ordinairement besoin de vernis ; lorsqu'on en emploie, ce sont des vernis terreux, souvent même on se contente de jeter du sel commun dans le four, et sa décomposition par la silice de l'argile donne lieu à un enduit de verre siliceux ; mais cette poterie se cuit à un feu presque égal à celui de la porcelaine, en sorte que ce moyen est impraticable pour la poterie commune qui n'emploie qu'une chaleur beaucoup plus faible. Les défauts de presque toutes les Couvertes, celle de la porcelaine exceptée, sont leur peu de dureté qui permet au couteau de les attaquer, et la présence de l'oxide de plomb dont l'effet peut être nuisible à la santé quand on laisse séjourner des alimens acides dans des vases ainsi vernissés.

La manière d'appliquer le vernis est extrêmement simple : après qu'on a fait le mélange du plomb sulfuré broyé, de l'argile ou du sable siliceux qui doit le composer, on le délaie dans une certaine quantité d'eau, de manière à lui donner la consistance d'une bouillie claire ; on passe les pièces bien sèches dans ce liquide chargé de vernis ; elles absorbent l'humidité avec avidité, et la poudre s'applique uniformément sur leurs surfaces. Les poteries communes reçoivent les couleurs dont on les orne avant d'avoir vu le feu et avant l'application du vernis, tandis que les faïences et surtout la porcelaine ne reçoivent de vernis qu'après avoir passé une première fois au four ; les couleurs et la dorure de la porcelaine se posent après la Couverte et forcent à l'exposer une troisième fois au feu pour les fixer. Dans la fabrication de la poterie commune, au contraire, la température peu élevée nécessaire à la cuisson suffit pour convertir la galène qui est composée de plomb et de soufre en un véritable verre ; le soufre se volatilise, et le plomb, en passant à l'état de litharge par l'oxidation, s'unit avec la terre et le sable qui lui a été mélangé pour former une fritte brillante, très-fusible, mais qui n'a pas malheureusement toute la dureté désirable. Tout récemment M. Thibault, fabricant à Montereau, a découvert un nouveau procédé qui doit porter une grande amélioration dans la fabrication des faïences fines ; il est parvenu à les couvrir d'un émail beaucoup plus dur et plus solide que celui qui résulte de l'emploi de la galène et qui a l'avantage d'être inattaquable par les acides. En Angleterre, depuis quelques années, M. Meigh est également parvenu à composer pour les poteries rouges une Couverte qui n'a rien de malsain et

qui est plus économique que les vernis de plomb. Son procédé consiste à plonger les pièces dans une bouillie faite avec une marne rouge, à sécher, puis à appliquer le vernis, composé de parties égales de feldspath, de cassons de verre et de manganèse. On cuit ensuite à la manière ordinaire. On obtient par ce procédé un vernis noir compacte, très-durable et qui ne contient rien de dangereux ; si on désire une Couverte blanche et opaque, on supprime le manganèse.

Nous renvoyons pour de plus amples détails, qui seraient déplacés dans un Dictionnaire d'histoire naturelle, aux ouvrages technologiques publiés sur cette matière par Bastenaire, Daudenart, Brard, Fourmi, etc., etc., et surtout à ceux de M. Brongniart. (B.)

COUZERANITE. (MIN.) Un peuple connu des anciens sous le nom de *Consorani*, et qui habitait une partie de la province romaine appelée *Novempopulania*, a fait donner le nom de *Conserans* à un petit pays de l'ancienne France qui appartenait à la Haute-Gascogne, et qui, au xᵉ siècle, constituait un comté. Par corruption, ce pays, qui forme presque entièrement aujourd'hui l'arrondissement de Saint-Girons, dans le département de l'Ariége, fut appelé *Couserans* ; et, comme si ce changement n'était pas encore assez grand relativement à l'étymologie que nous venons de rappeler, on est même venu à l'écrire *Couzerans* : de là le nom de *Couzeranite* qui a été donné à une substance minérale que découvrit, en 1823, un naturaliste instruit, M. de Charpentier, au milieu de calcaire grenu qui, dans ce petit pays, alterne avec le micaschiste et le granite.

La Couzeranite est d'un noir grisâtre, tirant quelquefois un peu sur le bleu d'indigo. Elle est toujours cristallisée, tantôt en prismes à quatre faces rectangulaires, tantôt en prismes obliques rhomboïdaux, dont les angles ont 84 à 96 degrés d'ouverture, et dont la base est inclinée sur les pans de 92 à 93 degrés. Ses cristaux sont ordinairement petits : les plus gros ont 2 lignes d'épaisseur sur 10 à 12 de longueur. Cette substance pèse 2,69, c'est-à-dire plus de deux fois et demie autant que l'eau ; elle est plus dure que le verre, et se fond en émail blanc à la flamme du chalumeau. Analysée par M. Dufresnoy, ce minéralogiste l'a trouvée composée de la manière suivante : silice, 52,37 ; alumine, 24,02 ; chaux, 11,85 ; magnésie, 1,40 ; potasse, 5,52 ; soude, 3,96. Ainsi la Couzeranite prend son rang dans la minéralogie parmi les silicates d'alumine. (J. II.)

COVELLITE ou COVELLINE. (MIN.) Substance encore trop peu connue pour être regardée comme une espèce minérale. Elle forme des enduits de couleur noire ou bleuâtre à la surface de certaines laves du Vésuve ; c'est un sulfure de cuivre composé de 66 à 67 parties de ce métal et de 32 à 33 de soufre. Si de nouvelles analyses viennent confirmer le soupçon que cette substance forme une véritable espèce, elle devra prendre place dans la nomenclature sous l'un des deux noms que nous venons de rappeler, puisque c'est

M. Covelli qui l'a observée le premier dans les fumerolles du Vésuve. (J. H.)

CRABE, *Cancer.* (CRUST.) Genre de l'ordre des Décapodes, famille des Brachyures, deuxième section, les ARQUÉS, *Arcuata.* Ce genre, établi par Linné, avait une acception générale, et embrassait tous les Crustacés décapodes, stomapodes, amphipodes, et une partie des isopodes. Mais depuis, restreint par les auteurs modernes, il ne comprend plus aujourd'hui, dans la méthode de Latreille, que les espèces qui présentent ces caractères : tous les pieds inférieurs et ambulatoires ; test large, évasé à sa partie antérieure en forme de segment de cercle ; second article des pieds-mâchoires extérieurs presque carré, avec une échancrure à l'angle externe de son extrémité supérieure pour l'insertion de l'article suivant. Les espèces qui composent ce genre ont une carapace plus large que longue, et dont le bord antérieur présente tantôt des dents en scie, tantôt de larges crénelures qui se confondent presque avec les rides du test ; d'autres fois des crénelures nombreuses et régulières au bord d'un test uni ; souvent enfin des dentelures qui elles-mêmes sont divisées ; quelquefois il arrive que le bord antérieur est mousse sans dentelure, et qu'il y a seulement une dent à l'angle externe, ou bien qu'il en existe une très-petite au milieu du bord. Cette carapace est plus ou moins rétrécie postérieurement. Desmarest, auquel nous sommes redevables des observations curieuses sur la carapace des Crustacés, et qui le premier a fait voir que les impressions qu'elle présente étaient en rapport constant avec les organes essentiels qu'elle recouvre, tels que le foie, l'estomac, le cœur, etc., a trouvé que dans le genre Crabe les régions de la carapace sont plus ou moins senties et quelquefois très-marquées ; la stomacale est très-grande, et forme avec la génitale une sorte de trapèze ; celle-ci se prolonge en pointe sur le milieu de la première ; les régions hépatiques antérieures sont assez grandes et situées sur la même ligne que la région stomacale ; les régions branchiales commencent en avant des angles latéraux de la carapace, et sont bien indiquées ; enfin la région cordiale, placée aux deux tiers de la ligne moyenne du corps, laisse en arrière un espace pour la région hépatique postérieure. A la partie antérieure de la carapace on remarque les yeux rapprochés, portés sur un pédicule court, et les antennes intermédiaires ou internes repliées sur elles-mêmes, et couchées le plus souvent dans deux fossettes ordinairement transverses. Les pattes antérieures sont très-fortes, et atteignent quelquefois une grosseur extraordinaire ; l'abdomen de la femelle est proportionnellement moins large et plus oblong que dans plusieurs autres genres de la famille des Brachyures ; celui du mâle est étroit et généralement rétréci d'une manière brusque vers son milieu. Les Crabes, très-communs sur les côtes de l'Océan, paraissent être bien plus abondans dans les régions équatoriales et des tropiques ; généralement ils sont carnassiers, se nourrissent indistinctement d'animaux

marins privés de vie, et chassent ordinairement la nuit ; ils sont craintifs, fuient les endroits fréquentés et se retirent dans les fentes des rochers. Risso a observé dans la mer de Nice que chaque portée était de quatre à six cents individus, qui n'atteignent tout leur développement qu'au bout d'une année. Quelques espèces sont assez bonnes à manger ; Latreille rapporte, comme type du genre, l'espèce appelée sur nos côtes POUPART ou TOURTEAU (*Cancer pagurus,* Linn.) ; elle offre un caractère unique dans cette tribu : l'article basilaire des antennes extérieures a la forme d'une lame terminée par une dent saillante et avancée, formant inférieurement le coin interne des cavités oculaires ; on l'a même érigée en genre distinct sous le nom de PLATYCARCIN. Cette espèce, roussâtre et plane en dessus, a les bords latéraux de son test divisés par de courtes fissures ; les espaces compris forment de chaque côté neuf festons ; le front est tridenté ; les doigts sont noirs, avec de gros tubercules mousses au côté interne. Il acquiert près d'un pied de largeur, et pèse alors jusqu'à cinq livres. Il est commun sur les côtes de France baignées par l'Océan, et moins abondant dans la Méditerranée. Sa chair est estimée. Nous avons représenté cette espèce dans notre Atlas, pl. 128, fig. 1.

Il y a des espèces dont les articles inférieurs des antennes sont cylindriques ; le premier, quoiqu'un peu plus grand, ne diffère pas des suivans quant à la forme et aux proportions, et ne dépasse pas le canthus interne des fossettes oculaires ; ceux des antennes intermédiaires s'étendent plutôt dans le sens de la largeur que dans celui de la longueur. Nous citerons parmi elles le CRABE BRONZÉ, que nous avons représenté dans notre planche générale de l'article Crustacés (pl. 130). Il en est parmi elles (*C. dentatus,* Fab.) dont les doigts ont leur extrémité creusée en manière de cuiller ; ce sont les CLORODIES, *Clorodius* de Leach. Plusieurs des espèces où ils se terminent en pointe sont remarquables en ce que l'arqûre des bords du test se termine postérieurement par un pli et une saillie débordante, en manière d'angle ; celles dont le front est tridenté, et dont le test n'offre de chaque côté que cette saillie ou dent postérieure, composent son genre CARPILIE, *Carpilius.* Les espèces de cette subdivision, *C. corallinus,* Fab., *C. maculatus,* ejusd., présentent des marbrures ou des taches couleur de sang ; elles habitent plus particulièrement les mers des Indes orientales. Les XANTHES, *Xantho,* du même, et dont quelques unes, *Xantho floridus,* Leach, *Cancer poressa,* Oliv., habitent nos côtes, ont leurs antennes insérées dans le canthus interne des cavités oculaires, et dirigées en dehors, comme dans les précédentes. D'autres considérations permettraient d'augmenter le nombre de ces coupes ; mais nous avons dû nous borner à indiquer les principales. Desmarest, Histoire naturelle des Crustacés fossiles, a rapporté au genre Crabe six espèces antédiluviennes.

Sur nos côtes on connaît sous le nom de Crabe

commun, ou de Ménade, une espèce peu recherchée qui forme le type du genre CARCIN (*v.* ce mot). On en voit souvent des quantités sur les marchés de Paris; on les apporte cuits et quelquefois encore vivans. (H. L.)

CRABE DES PALÉTUVIERS ou **CRABE DE VASE.** (CRUST.) Les Colons de Cayenne donnent ce nom à une espèce de Tourlouroux du genre UCA (*v.* ce mot).

Le CRABE DES MOLLUQUES est un LIMULE.

Le CRABE FLUVIATILE un POTAMOPHILE, et le CRABE HONTEUX un CALAPPE. (GUÉR.)

CRABIER. (MAM.) Cette espèce de mammifère appartient au genre Sarigue ou *Didelphes* dans l'ordre des Marsupiaux, c'est le *Did. cancrivora*, Linn. Seba l'a figuré sous le nom de nation *grand philandre oriental*, on l'appelle aussi *Puant de Cayenne*. Le Crabier est de la taille d'un chat, son pelage est d'un jaunâtre terne, mêlé de brunâtre et traversé de soies brunes. Il vit au milieu des Palétuviers, sur les rivages limoneux, et se nourrit de petits animaux et principalement de Crabes, ce qui lui a fait donner son nom. On le trouve à Cayenne et à Surinam. M. Guérin l'a représenté à la planche 20 de son Iconographie.

CRABIER DE MAHON, *Ardea comata*, Gm. (OIS.) C'est une espèce européenne du genre Héron, qui se trouve principalement dans le midi. Cet oiseau a le dos brun roussâtre, et les ailes blanches ainsi que le ventre. Les adultes ont le cou jaunâtre et une longue huppe à l'occiput. Le Crabier a été représenté dans les planches enluminées de Buffon aux numéros 348, 315 et 911; c'est peut-être, suivant Cuvier, la *Grue des Baléares*, dont Pline a parlé dans son XI° livre, § 37. Il offre un exemple bien remarquable du peu d'accord qui règne dans les noms dont les différens auteurs se servent pour distinguer les espèces : ainsi, suivant les recherches de M. Meyer, c'est à cet *Ardea comata* qu'on doit rapporter l'*Ardea castanea*, Gm., ou *ralloïdes*, Scopol., l'*Ard. squacotta Marsiglii*, *Pumilia* de Gmelin, ainsi que ses *Erythropus* et *Malaccensis*, qui n'en sont que des variétés d'âge ou de sexe. (GERV.)

CRABRON, *Crabro*. (INS.) Genre d'Hyménoptères de la famille des Fouisseurs, tribu des Crabronites, créé par Fabricius et ayant pour caractères : antennes insérées près de la bouche, coudées, presque filiformes; yeux non échancrés; mandibules très-étroites, seulement dentées au bout; les palpes courts, la languette évasée. Les Crabrons ont la tête carrée, épaisse, les yeux très-grands sans être bombés et se rapprochant beaucoup près de la bouche; la face entre eux présente un enfoncement; près de l'extrémité des yeux sont insérées les antennes; elles ont leur premier article très-long; après cet article l'antenne forme un coude, et est un peu renflée dans son milieu, avec la saillie des articles formant la scie; le chaperon se redresse après l'insertion des antennes, il est court, transverse et caréné dans son milieu; il est, ainsi que le reste de la face, couvert d'un duvet soyeux, argenté; les mandibules

dépassent à peine le chaperon. Dans les mâles, la tête est plus étroite et les ocelles à proportion plus gros; le corselet est arrondi; les ailes ont une cellule radiale grande, ovale et légèrement pédiculée, et une seule cellule cubitale, recevant une nervure récurrente; les pattes sont courtes, robustes, et garnies extérieurement et à leur extrémité de beaucoup de petites épines courtes, mais robustes; l'abdomen est ellipsoïde, son premier anneau formant un pédoncule.

Ces insectes ont un peu d'analogie avec les guêpes, mais cette analogie consiste plutôt dans les couleurs, qui sont comme dans celles-ci mélangées de jaune et de noir, que dans tout autre chose; ils vivent du suc des fleurs, sur lesquelles on les trouve assez communément; mais ils nourrissent leurs petits de cadavres de diptères et d'autres insectes qu'ils empilent dans des trous, soit ceux qu'ils creusent, soit ceux qu'ils trouvent tout faits; ce trou après la ponte est bouché. Degeer a étudié avec beaucoup de soin la composition des organes copulateurs des mâles.

C. A CRIBLE, *C. cribrarius*, Fab. Long de six lignes; noir, avec le duvet du chaperon argenté; une ligne interrompue sur le prothorax, et une à l'écusson, jaunes; des bandes larges de même couleur sur les segmens de l'abdomen, dont la seconde et la troisième interrompues; tibias jaunes avec les fémurs noirs : dans les mâles, les tarses antérieurs sont très-dilatés et offrent un double crochet dont l'un, beaucoup plus grand que l'autre, contourné; mais en outre le tibia se dilate inférieurement en forme d'écusson paraissant comme criblé de petits trous; cette disposition a pour but de les aider à retenir la femelle dans l'acte de l'accouplement. Rolander avait prétendu avoir vu que cette pièce servait à ces insectes à tamiser le pollen des fleurs; mais Degeer, observateur rigoureux, fit justice de cette imposture en prouvant que la pièce n'était nullement percée, comme il est facile de s'en convaincre avec une bonne loupe, et que les enfoncemens qui s'y trouvent inférieurement sont seulement destinés à faire un vide qui aide à la préhension.

C. PORTE-ENSEIGNE, *C. vexillator*, Fab. Long de 4 lignes. Cette espèce est remarquable par sa tête très-comprimée postérieurement, et par la dilatation considérable sur le côté externe du premier article des tarses antérieurs dans les mâles; il est noir avec un point jaune de chaque côté du corselet, entre les deux premiers segmens. Les segmens de l'abdomen sont bordés de jaune; mais cette couleur est interrompue dans les trois premiers segmens; les pattes sont jaunes avec quelques taches noires aux postérieures, et des bandes obliques brunes sous la dilatation des tarses antérieurs.

Ces deux espèces se trouvent assez communément en Europe. (A. P.)

CRABRONITES, *Crabronites*. (INS.) Tribu d'Hyménoptères, de la famille des Fouisseurs, offrant les caractères suivans : tête forte; antennes en massue; labre peu apparent; prothorax rétréci;

abdomen étroit à sa base; ces insectes diffèrent peu par leurs mœurs des autres Fouisseurs; ils creusent des trous, soit dans le sable, soit dans le bois, souvent même ils se servent de trous faits par d'autres insectes et y déposent des insectes pour la nourriture de leurs larves. Tous les hyménoptères composant cette tribu sont vifs et fort agiles, surtout pendant la chaleur. (A. P.)

CRACHAT DE COUCOU ou DE GRÉNOUILLE. (ins.) On nomme ainsi de petites masses écumeuses que l'on voit au printemps sur les feuilles des végétaux, et qui sont produites par les larves des Cercopes. *V.* ce mot. (Guér.)

CRA-CRA. (ois. bot.) En France on donne ce nom vulgaire à la Rousserole (*Sylvia turdoïdes*, L.). En Amérique on le donne à un Héron et au *Cuculus vetula* L. Enfin ce nom est encore donné au fruit de l'*Arbutus uva ursi* dans les Alpes. (Guér.)

CRADEAU. (poiss.) La Sardine est désignée sous ce nom vulgaire sur nos côtes du nord. (Guér.)

CRAIE. (géol. et min.) Cette roche calcaire, à texture plus ou moins lâche ou grossière et quelquefois compacte, constitue dans les diverses localités où elle se montre plusieurs étages, dont trois bien distincts se font remarquer dans le vaste bassin crayeux qui comprend dans son enceinte toute la succession des terrains des environs de Paris.

Le plus supérieur est la *Craie blanche:* elle mérite cette dénomination par sa blancheur éclatante; c'est celle dont la stratification est la moins distincte, c'est-à-dire celle qui présente le moins de traces de couches. A la vérité on y remarque, à différentes hauteurs, des lits parallèles et horizontaux de silex pyromaques noirs, que l'on peut regarder comme caractéristiques de cette Craie. Ils sont quelquefois interrompus, plus ou moins nombreux, plus ou moins espacés; mais jamais ils ne manquent complétement. Quelquefois les fissures de ces silex sont tapissées de cristaux de *Célestine* ou sulfate de strontiane. Cette substance se trouve dans les environs de Paris, principalement à Bougival et à Meudon. Un autre minéral que l'on rencontre fréquemment disséminé dans la Craie blanche, est le sulfure de fer, soit en globules striés du centre à la circonférence, soit en nodules hérissés de petites pyramides qui ne sont que les extrémités des cristaux octaèdres de ce métal.

Les corps organisés que l'on trouve dans la Craie blanche sont moins nombreux que dans les deux autres variétés inférieures; cependant les espèces en sont généralement assez variées. Ce sont, parmi les animaux vertébrés, des poissons, comme dans la Craie des environs de Sussex et de Paris, et des dents de crocodile comme à Meudon. Les mollusques sont beaucoup plus nombreux : ils appartiennent principalement aux genres *Bélemnite, Lituolite, Scaphite, Nautile, Troque, Huître, Calillus, Peigne, Plagiostome, Térébratule, Magas* et *Cranie.* Parmi les échinites on doit citer les genres *Ananchite, Nucléolite, Galérite, Spatan-*

gue, *Cidarite,* et parmi les zoophytes, *Asterie* et *Alcyon.*

Au nombre de ces corps il est deux espèces que l'on peut regarder comme caractéristiques de la Craie blanche : c'est la *Bélemnite mucronée* (*Belemnites mucronatus*) et la *Térébratule à huit plis* (*Terebratula octoplicata*).

La Craie grise, à laquelle la science a conservé le nom de *Craie tufau* que lui donnent les ouvriers en Touraine, constitue l'étage moyen de la formation crayeuse. Mais d'abord cette Craie se montre blanche, parsemée de petits grains verts et renfermant des silex cornés ou blonds au lieu de silex noirs; elle est dure et fournit une bonne pierre de taille; enfin elle présente des indices très-prononcés de stratification : ce que l'on remarque sur les bords de la Seine, depuis Rolleboise jusqu'au Havre.

A la partie inférieure de cette Craie d'un blanc sale on trouve le *tufau* de la Touraine, qui est une sorte de *macigno crayeux,* roche plus ou moins solide résultant d'un mélange de sable, de Craie et de mica. A Saumur et dans les environs de La Flèche on exploite ce tufau, qui se durcit à l'air et devient une assez bonne pierre de construction.

Cette Craie renferme un grand nombre de corps organisés. Parmi les animaux vertébrés nous citerons quelques dents de poissons, des tortues et un grand reptile que l'on a appelé *Mosasaurus* et dont une tête, trouvée dans les carrières de Maëstricht, orne les galeries du Muséum d'histoire naturelle de Paris. Au nombre des mollusques, nous indiquerons les genres *Bélemnite, Baculite, Nodosaire, Turrilite, Ammonite, Nautile, Hamite, Scaphite, Huître, Trigonie, Peigne, Plagiostome, Térébratule* et *Cranie;* on y trouve peu d'échinites, et parmi les zoophytes quelques *Alcyons.* Ceux de ces corps organisés qui peuvent passer pour caractéristiques de la Craie tufau sont le *Peigne lamelleux* (*Pecten lamellosus*), la *Gryphée colombe* (*Gryphæa columba*), que l'on trouve souvent ornée de ses couleurs naturelles, la *Baculite gladiée* (*Baculites anceps*), la *Scaphite égale* (*Scaphites æqualis*), et la *Turrilite costulée* (*Turrilites costatus*).

La Craie inférieure ou la *Craie glauconieuse* est une roche grisâtre qui ne rappelle nullement la texture de la Craie : celle qu'elle offre est grossière et lâche, et sa couleur est due à une multitude de grains verts que l'analyse chimique a prouvés être un silicate de fer, et qui se détachent sur un fond d'un blanc sale. On trouve dans cette Craie des lits de silex corné souvent interrompus, du phosphate de fer et de chaux, et un grand nombre de nodules de sulfure de fer. Elle renferme souvent une couche de marne argileuse très-riche en corps organisés, dont un grand nombre sont les mêmes que ceux de la Craie tufau.

Cependant on doit citer parmi les mollusques les genres *Nodosaire, Bélemnite, Ammonite, Hamite, Nautile, Trigonie, Huître, Inocérame, Modiole;* parmi les échinites, le genre *Spatangue;* et parmi les zoophytes le genre *Turbinolie.*

On peut considérer comme caractéristiques de

cette partie inférieure de la Craie, *la Trigonie scabre* (*Trigonia scabra*), l'*Inocérame sillonné* (*Inoceramus sulcatus*), et l'*Huitre carénée* (*Ostrea carinata*).

On rapporte aussi à la partie inférieure de la Craie deux dépôts qui lui succèdent, et dont l'un, le supérieur, a été appelé par M. Al. Brongniart *Glauconie sableuse* : c'est l'*Inferior green sand* ou *Sable vert inférieur* des géologistes anglais; et dont l'autre a reçu le nom d'*Argile veldienne*, d'après la dénomination de *Weald clay* qu'on lui donne en Angleterre.

Enfin on peut y joindre aussi le *Sable ferrugineux* inférieur aux deux dépôts précédens et le *calcaire de Purbeck* qui acquiert en Angleterre une plus grande puissance que sur le continent. Il fournit une bonne pierre à bâtir et même un marbre qui doit sa beauté aux nombreuses coquilles qu'il renferme. (J. H.)

CRAIE DE BRIANÇON. (MIN.) *Voy.* STÉATITE. (J. H.)

CRAINTE. Impression pénible que fait éprouver la prévision, l'aspect d'un mal ou d'un danger réel ou imaginaire. L'habitude de la Crainte est souvent le résultat de la faiblesse de l'organisation; mais il n'est pas toujours possible de reconnaître les causes qui rendent quelques organisations plus craintives que d'autres. Certaines espèces d'animaux sont surtout remarquables sous ce rapport : le lièvre s'effraie du plus faible bruit, le loup qui n'est pas poussé par le besoin impérieux de la faim fuit lâchement au moindre péril.

Si l'on étudie les effets de la Crainte chez l'homme ou chez les animaux domestiques, on s'aperçoit facilement qu'elle porte le trouble dans toutes les fonctions, que ce trouble peut se prolonger et entraîner les plus funestes résultats si ce sentiment a duré quelque temps avec intensité. C'est surtout à l'épigastre que les premiers effets se font ressentir. Le resserrement douloureux qu'on éprouve à cette région est d'autant plus fort que la susceptibilité nerveuse de l'individu est plus grande. Cette sensation est la suite du trouble rapide qui d'abord atteint le cerveau. L'effet pénible éprouvé par le centre épigastrique s'étend souvent à l'intestin, et presque toujours à tous les organes : les sécrétions se suspendent; les menstrues chez les femmes se suppriment; les muscles fléchissent; un tremblement général agite le corps; la circulation capillaire est ralentie; la peau se fronce, se grippe, devient inégale, rude, sèche, puis se couvre ensuite d'une sueur froide, condensée en gouttelettes; la face pâlit et prend parfois une teinte verdâtre; les idées se troublent et l'individu paraît pendant un certain temps aussi incapable de penser que d'agir.

Lorsque cette pénible sensation se renouvelle avec fréquence et avec force, elle altère les facultés intellectuelles, nuit au développement de l'individu ou porte une atteinte assez profonde à sa santé pour être considérée comme une véritable maladie. Il est donc important dans l'éducation des enfans, par exemple, de ne point employer de ces moyens de répression propres à

jeter l'effroi dans leur esprit, ou de ne pas entretenir la disposition craintive si naturelle à leur âge, par des épreuves ou par des récits effrayans. En les habituant, au contraire, à mesurer le danger, en leur montrant les moyens de le surmonter, on parvient à diminuer leur pusillanimité et souvent à la changer en véritable courage. Les préceptes du philosophe de Genève sont à cet égard d'une grande vérité.

L'abattement qui résulte de la Crainte facilite l'absorption des miasmes et devient dans les épidémies une des premières causes déterminantes de la maladie. Lorsque le choléra dévastait Paris, un grand nombre d'individus faillit succomber à la seule crainte de la contagion, et beaucoup peut-être de ceux qui ont été atteints eussent échappé au danger s'ils avaient su le braver avec courage. La commotion violente produite par un soudain effroi est parfois aussi devenue un moyen de guérison, et l'on a vu, dit-on, des paralytiques gisant depuis longues années, retrouver l'usage de leurs membres pour fuir un incendie; on a vu des muets recouvrer la parole au milieu d'un grand péril. N'oublions pas que certaines dispositions organiques semblent être les attributs ou plutôt les causes de la pusillanimité. Les hommes qui, par suite de ce vice de conformation qu'on appelle *pieds plats*, marchent avec peine et sont moins capables de résister à toute espèce de choc, se montrent en général timides, craintifs, et l'on sait que leur défaut de bravoure est devenu proverbial, et que le nom de *pied-plat* est une injure. (P. G.)

CRAITONITE. (MIN.) Ce nom, ainsi que celui de *Chrichtonite*, a été donné à un titanate de fer, qui cristallise en rhomboèdre aigu, et dont la couleur est le noir violâtre. Ce minéral est assez dur pour rayer le verre, et infusible à la flamme du chalumeau. Il est composé d'oxide de fer et d'acide titanique. Sa cassure est conchoïde (*v.* MINÉRALOGIE) et éclante. Il n'est point attirable à l'aimant. (J. H.)

CRAMBE, *Crambus.* (INS.) Genre de Lépidoptères de la famille des Nocturnes et de la tribu des Crambites, différant de ceux de la même tribu par ses palpes inférieurs grands, dirigés en avant, et seulement relevés au bout, ayant une trompe distincte et les ailes roulées autour du corps, et lui donnant l'apparence d'un cylindre; les espèces de ce genre sont assez nombreuses, mais n'ont pas, à l'exception de quelques unes, été bien déterminées.

C. DES PRÉS, *C. pratensis*, Fab. Ailes cendrées, avec une bande blanche se ramifiant beaucoup à son extrémité. Environs de Paris.

C. ARGENTÉ, *C. argenteus*, Fab. Ailes supérieures d'un blanc d'argent. Paris. (A. P.)

CRAMBÉ, *Crambe.* (BOT. PHAN.) Ce nom fut primitivement employé pour désigner toutes les espèces de chou. Bauhin le limita à l'espèce que nous appelons Colza, et Tournefort changea sa valeur en l'appliquant au chou marin, qui diffère surtout par son fruit du chou proprement dit.

Cette dernière dénomination est généralement adoptée par tous les botanistes.

Les plantes herbacées ou semi-ligneuses qui composent le genre Crambé sont au nombre de quatorze ; on les rencontre dans la région méditerranéenne, sur les côtes de l'Afrique occidentale, aux Canaries, en Perse et dans le midi de l'Asie ; elles appartiennent à la grande famille des Crucifères, à la Tétradynamie siliculeuse, et constituent le genre le plus naturel, le plus facile à distinguer. Leurs principaux caractères sont d'avoir la tige droite, rameuse ; les feuilles alternes, plus ou moins découpées ; les fleurs blanches, nombreuses, disposées en panicule terminale ; le calice étalé, égal à sa base, avec quatre folioles ovales, caduques ; la corolle à quatre pétales égaux, entiers, obtus, unguiculés, ouverts à leur sommet ; étamines au nombre de six, dont quatre plus longues, à filets bifurqués, avec anthères à l'extrémité de leur branche extérieure ; ovaire ovoïde, supère, à style très-court et stigmate capité ; silicule globuleuse, coriace, presqu'en baie, à une seule loge et ne s'ouvrant pas ; graine sphérique, noirâtre, unique dans chaque silicule.

Deux espèces font exception aux stations habituelles de leurs congénères, ce sont le Crambé maritime et celui de la Hongrie ; toutes deux méritent une mention particulière comme plantes alimentaires. Les autres espèces ne sont cultivées que par simple curiosité ; deux ont un aspect remarquable par leurs larges panicules, le Crambé des Canaries, *C. strigosa*, arbuste de deux mètres, à tige noueuse et droite, qui fleurit en mai et juin, et le Crambé de Madère, *C. fruticosa*, dont les fleurs sont épanouïes une grande partie de l'année.

Crambé maritime, *C. maritima*, vulgairement appelé *Chou marin* et *Chou de mer*, parce qu'il a tout-à-fait l'aspect d'un chou, *Brassica*. Cette espèce croît sur les bords sablonneux de la mer et s'étend jusque sur les côtes de l'Europe boréale : en l'y multipliant, elle contribuerait à donner de la consistance et de la fixité aux dunes mouvantes ; l'abondance de ses racines, de ses tiges hautes de près d'un mètre, la grandeur des feuilles charnues qu'elles portent à leur partie inférieure, et sa nature persistante, y invitent, et c'est à tort que nos cultivateurs riverains n'en tirent point tout le parti convenable. Depuis une vingtaine d'années on commence à cultiver cette plante comme herbe potagère ; c'est surtout en Angleterre qu'on se livre plus particulièrement à son éducation sous ce rapport. Sa culture et ses qualités l'y font assimiler à l'asperge : je préfère la traiter comme le céleri ; on butte pour faire blanchir ses feuilles et ses tiges, je l'accommode de la même manière que le chou-fleur, et je lui trouve plus de rapports qu'avec l'asperge. On propage le Crambé maritime par les éclats de ses racines ou par ses graines, que l'on sème au printemps sur un sol léger et sablonneux ; là son pied s'élargit considérablement, donne tous les ans beaucoup de jeunes pousses excellentes à manger, et dure fort longtemps.

Quant au Crambé de Hongrie, *C. tataria*, il est si voisin du Crambé oriental, *C. orientalis*, qu'on l'a long-temps regardé comme une simple variété ; mais c'est une espèce parfaitement distincte. On le trouve abondamment sur les côtes de l'Albanie, dans la vaste plaine qui, des rives du Niéper, s'étend jusqu'à celles du Jaïk, dans la Crimée, la Basse-Hongrie, sur les bords du Danube, dans la Moravie, etc. Il a le port agréable et offre dans sa racine ferme, moins spongieuse, moins chargée de fibres que celle du chou-rave, *Brassica-rapa*, un mets de bon goût, sans la plus légère veine d'amer ; mais il faut la manger aussitôt qu'elle est tirée de terre ; en la laissant quelque temps exposée à l'air, elle se contracte peu à peu, se durcit, acquiert une amertume insoutenable, et devient tout-à-fait étrangère à elle-même. J'en ai mangé avec plaisir crue et cuite, aux environs de Durazzo, en Épire, en cherchant le fameux Chara des anciens Romains (*v.* au mot Chara, pag. 90). J'ai le premier reconnu l'identité du *Crambe tataria* avec le pain des soldats assiégeant l'ancienne Dyrrachium.   (T. D. B.)

CRAMBITES, *Crambites*. (ins.) Tribu de Lépidoptères de la famille des Nocturnes, dont les palpes supérieurs ne sont pas toujours très-apparens ; ils ont les ailes longues, joignant immédiatement le corps, de sorte que l'insecte paraît avoir une forme allongée approchant de celle d'un cylindre ; les insectes qui composent cette tribu se trouvent assez abondamment dans les pâturages.   (A. P.)

CRANCHIE, *Cranchia*. (moll.) Ce genre de Céphalopodes, dédié à Cranck par Leach, est ainsi caractérisé : nageoires terminales, rapprochées et libres à leur sommet ; pieds ordinairement inégaux ; la paire supérieure est très-courte, la dernière et la troisième sont graduellement plus longues ; cou réuni au sac postérieurement et de chaque côté par des brides épaisses.

Deux espèces nous viennent des mers de l'Afrique occidentale, la Cranchie rude et la Cranchie tachetée. La première, *Cranchia scabra*, de Leach, a le sac couvert de petits tubercules ; la seconde, *Cranchia maculata*, de Leach, a le sac lisse, et maculé de taches ovales ou rondes.   (F. F.)

CRANE. (anat.) *V.* Squelette.

CRANGON, *Crangon*. (crust.) Genre établi par Fabricius, et placé par Latreille dans l'ordre des Décapodes, famille des Macroures, section des Salicoques, avec ces caractères : antennes latérales situées au dessous des mitoyennes, et recouvertes à leur base par une grande écaille annexée à leur pédoncule : antennes mitoyennes ou supérieures à deux filets ; les deux pieds antérieurs terminés par une main renflée, à un seul doigt ; l'intérieur, ou celui qui est immobile, simplement avancé en manière de dent ; la seconde paire de pieds filiformes coudée et repliée sur elle-même dans le repos, terminée par un article bifide, mais à divisions peu distinctes ; prolongement antérieur du test, ou bec très-court,

Les Crangons ressemblent aux Alphées par le nombre et la correspondance des pieds ou pinces; mais ils en diffèrent essentiellement par le doigt inférieur des deux premiers pieds, et par ceux de la seconde paire, qui sont coudés et filiformes. Au premier abord, on pourrait le confondre avec celui des Palémons; mais il s'en éloigne par les deux filets des antennes mitoyennes, par la petitesse du prolongement antérieur de la carapace et par la manière dont se terminent les deux premières paires de pattes. Le test de ces crustacés est ordinairement incolore ou tirant un peu sur le vert, marqué souvent d'une infinité de points ou de lignes noires. Ces couleurs changent singulièrement lorsqu'on les cuit ou qu'on les plonge dans l'alcool; alors ils se colorent en rouge. Ces crustacés se trouvent communément sur nos côtes dans les endroits sablonneux. Ils ont des mouvemens très-brusques, nagent ordinairement sur le dos, et frappent souvent l'eau avec leur abdomen qu'ils replient contre le thorax et distendent ensuite avec beaucoup de force. Les pêcheurs en prennent une grande quantité dans leurs filets, et s'en servent quelquefois comme d'amorce pour attirer plusieurs poissons riverains qui s'en nourrissent. On les sert aussi sur nos tables; mais leur chair n'est pas à beaucoup près aussi délicate que celle des Chevrettes avec lesquelles on les confond quelquefois; car on les nomme indistinctement *Crevette de mer*, *Chevrette*, *Cardon*; mais les Chevrettes proprement dites appartiennent au genre PALÉMON (*v. ce mot*). L'espèce servant de type au genre est le CRANGON COMMUN, *C. vulgaris*, Fab., que nous avons représenté dans notre Atlas, pl. 128, fig 2; elle n'a guère plus de deux pouces de long. Ce crustacé est d'un vert glauque pâle, ponctué de gris et uni. L'espace pectoral portant la troisième paire de pieds est avancé en pointe. Cette espèce est très-commune sur nos côtes océaniques, où on l'appelle vulgairement Cardon. On l'y pêche toute l'année dans des filets. Sa chair est délicate. On y trouve aussi, selon M. de Brébisson, mais très rarement, le Crangon ponctué de rouge, de Risso; mais Latreille présume avec lui que ce n'est qu'une variété.

Le *C.* CUIRASSÉ (*Egeon loricatus*, Risso; *Cancer cataphractus*, Oliv., Zool. adriat., III, 1) a trois arêtes longitudinales et dentelées sur le thorax.

Les mers du Nord offrent une espèce assez grande (*Crangon boreas*, Philipps, Voyage au Nord, pl. XI, 1; Herbst., XXIX, 2). (H. L.)

CRANIE, *Crania*. (MOLL.) Ce genre, institué par Bruguière et qui doit être séparé des Multivalves, n'a aucune charnière; il est dépourvu de ligament et de dents propres à retenir les deux valves. Sa coquille est inéquivalve, suborbiculaire; sa valve inférieure est presque plane, percée du côté interne de trois trous inégaux et obliques; sa valve supérieure est convexe ou conique, semblable à une petite palette, et munie intérieurement de deux callosités saillantes; point de dents ni de ligament cardinal.

Les principales espèces connues, et par espèce ici nous entendons la coquille, car l'animal n'est pas connu, sont:

1° La CRANIE EN MASQUE, *Crania personata* de Lamarck, coquille orbiculaire, qui habite la mer des Indes et la Méditerranée, dont la valve inférieure est plane, adhérente, et marquée de trois impressions qui lui donnent assez l'apparence d'une tête de mort, et dont la valve supérieure est convexe, conique, blanchâtre, et munie à l'intérieur de deux callosités qui semblent avoir servi de point d'insertion à des muscles.

2° La CRANIE ÉPAISSE, *Crania parisiensis* de Lamarck, coquille très-fréquente à Meudon et dans les autres lieux des environs de Paris où l'on exploite de la craie. La valve inférieure, la seule que l'on connaisse, et qui est fixée soit aux oursins, soit à des fragmens de *Catillus*, est épaisse, plane, ovale, arrondie et striée intérieurement; le bord est élevé, lisse et fort épais.

3° La CRANIE MONNAIE, *Crania nummulus* de Lamarck, coquille appelée *Monnaie de Bratienbourg*, et dont on ne connaît encore qu'une valve, probablement l'inférieure. Cette valve est suborbiculaire, striée intérieurement et marquée de trois fossettes obliques.

Voy., pour les *Cranies* antique et striée, l'ouvrage de Lamarck sur les animaux sans vertèbres, et surtout la belle Monographie des Cranies publiée par M. Hœninghauss de Crefeld. (F. F.)

CRANIOLAIRE, *Craniolaria*. (BOT. PHAN). Genre de la Didynamie angiospermie, L., famille des Bignoniacées, ainsi caractérisé par MM. de Jussieu et Kunth: calice campanulé, fendu latéralement, en forme de spathe, marqué de cinq dents; corolle à tube très-long, à limbe bilabié; la lèvre supérieure bifide, l'inférieure trifide (le lobe moyen plus large); quatre étamines didynames avec le rudiment d'un cinquième stigmate bilamellé; drupe ovoïde, renfermant une noix ligneuse quadriloculaire et terminée au sommet par deux petites cornes; graines non ailées.

La *Craniolaria fruticosa* de Linné appartenant réellement aux *Gesneria*, le genre qui nous occupe ne compte plus qu'une seule espèce; encore M. Lamarck voudrait-il la réunir aux *Martynia* (dont elle diffère), et anéantir ainsi le genre *Craniolaire*. Hâtons-nous, avec M. Kunth, d'inscrire comme espèce bien vivante la *Craniolaria annua*, L., plante velue et visqueuse, qui se trouve communément dans les contrées équatoriales de l'Amérique; elle a des feuilles opposées et partagées en cinq lobes, des fleurs blanches, disposées en grappes. MM. de Humboldt et Bonpland, dans leur Voyage, disent que les habitans de la Colombie préparent une boisson amère avec sa racine, qu'ils nomment *Scorzonera*. (L.)

CRANION. (BOT. CRYPT.) Nom sous lequel les anciens désignaient plus particulièrement la truffe ou de fort gros lycoperdons. Théophraste dénommait ainsi l'une de ses quatre grandes divisions de champignons. (F. F.)

CRAPAUD, *Bufo*. (REPT.) Ce nom, donné à un

groupe de Batraciens anoures, paraît n'avoir d'autre étymologie que l'onomatopée du léger son guttural, court, flûté, que ces animaux donnent sur le soir au temps de leurs amours. Dans presque tous les pays, bien que l'on ait traduit ce son plus ou moins différemment, il a tellement impressionné l'imagination qu'on l'a pris pour base du désignatif de ces reptiles. Quelques philosophes veulent pourtant faire remonter le nom français du Crapaud au mot grec *Carphuctos*; c'est une question qu'il faut laisser aux hellénistes, déjà embarrassés de savoir si le Crapaud était connu des auteurs de l'antiquité, et si c'est le *Phruné* d'Aristotélès ou le *Physalos* de Lucianos.

Confondus d'abord avec les grenouilles, les Crapauds s'en distinguèrent bientôt par leurs habitudes plus terrestres, et l'on paraît les avoir désignés à cause de cette circonstance Grenouilles de haies, *Rana rubeta*. Mieux étudiés, les Crapauds forment aujourd'hui une famille qui se caractérise parmi les Batraciens anoures non seulement par des habitudes plus terrestres, mais encore par une forme générale plus trapue, plus ramassée, une tête plus large à sa base, un corps plus globuleux, une échine moins anguleuse à son articulation pelvienne, des membres plus gros, plus courts, moins disposés dès-lors pour le saut; des pieds peu palmés qui ne leur permettent pas de nager avec autant de prestesse, des doigts courts, simples et terminés en pointe mousse, simples points d'appui incapables de leur servir pour s'accrocher, se suspendre ou se fixer aux corps environnans, ni pour se défendre contre les agressions de leurs ennemis; leur peau offre des follicules plus nombreux, plus développés, et paraît parsemée de verrues ou d'épines d'où suinte une humeur visqueuse plus ou moins fétide; enfin l'absence des dents aux mâchoires et au palais différencie nettement les Crapauds des autres groupes de la famille.

Les Crapauds, hors le temps des amours, vivent à terre, dans des trous ou des fentes de murailles, sous les pierres, muets et solitaires jusqu'à l'époque de l'accouplement; alors ils sortent de leurs retraites, se rendent vers les mares voisines, s'appellent, se réunissent et attendent accouplés la ponte des œufs que le mâle féconde au fur et à mesure qu'ils sortent de l'oviducte de la femelle. Les Crapauds ont en général des habitudes plus nocturnes que les autres Batraciens anoures; mais ils ont du reste à peu près les mêmes allures et la même manière de vivre.

Leur physionomie disgracieuse, leurs habitudes nocturnes et silencieuses, le suintement qui s'opère à la surface de leur peau, la propriété dont ils jouissent, comme bien d'autres animaux, de lâcher ou même de lancer leur urine sur leurs ennemis ont fait regarder de tout temps les Crapauds comme des animaux immondes et redoutables. Les Romains, peu observateurs de la nature, crédules comme le sont toujours les ignorans, firent du Crapaud un animal venimeux à l'excès, et le firent figurer dans leurs plus fameux philtres, dans leurs plus affreux sortiléges: le moyen-âge renchérit sur les sottises des prédécesseurs, et le Crapaud fut alors de tous les maléfices : mais avec l'étude les préjugés s'évanouirent. L'on vit que l'humeur sécrétée par les follicules n'était pas un poison; M. Pelletier, qui l'a analysée, en indiquant qu'avec une substance animale analogue à la gélatine, l'on y trouve un acide en partie libre, en partie combiné à une base, plus une matière grasse très-amère, a prouvé que si cette substance est âcre et caustique lorsque ses élémens sont rapprochés, elle est loin dans son état ordinaire de posséder les propriétés que le vulgaire lui attribue. L'urine de ces animaux ne diffère pas beaucoup de celle des autres reptiles, et n'a rien dans la composition chimique qui justifie les soupçons élevés sur son compte. Il n'y a pas jusqu'à l'apathie apparente du Crapaud qui n'ait été accusée de charme et de malice; mais les enfans de nos villages savent fort bien que le regard fixe de ces animaux, qui restent des heures entières dans l'attitude immobile d'un métaphysicien en contemplation devant son *moi*, n'a rien de diabolique ni de surnaturel, et que le Crapaud est un animal tout-à-fait innocent qui paraîtrait même peu protégé contre les attaques des nombreux animaux qui peuvent lui nuire, si par un balancement harmonique et une sorte de compensation il ne possédait ces petits moyens de défense qui précisément l'ont fait suspecter parce qu'ils sont insolites pour ainsi dire, et que l'on ne savait en expliquer le mécanisme. C'est ce que l'on peut dire de la faculté de se gonfler l'abdomen, faculté plus sensible chez eux que chez les autres Batraciens anoures à cause de leurs formes plus ramassées; aussi les Latins leur avaient-ils donné le nom de *Bufo*, mot dont la prononciation exige une mimique des parois de la bouche qui rappelle cette disposition. Ce n'est certainement pas l'orgueil qui les enfle ainsi; ce n'est pas qu'ils accumulent un venin intérieur pour le projeter sur les assaillans; c'est un simple effet de la peur, qui chez eux comme chez nous suspend la respiration. Cette accumulation de l'air dans leurs poumons vésiculeux les rend élastiques comme une sorte de ballon, et leur permet de résister en les décomposant aux efforts de chocs assez forts pour les faire bondir sur le sol. Plusieurs espèces même ont l'instinct de se renverser sur le dos, afin d'offrir à leurs ennemis le côté abdominal de leur corps dont les parois plus souples ne transmettent aux organes subjacens les impressions des corps contondans qu'après les avoir détruits presque en totalité par leur demi-rénitence. Ce gonflement subit du Crapaud, qui change tout à coup son volume, devient aussi par cela seul un sujet d'étonnement et d'effroi pour les petits animaux qui le poursuivent et qui se voient ainsi contraints de renoncer à une proie dont les proportions cessent d'être en rapport avec la capacité de leurs organes de déglutition.

Un autre moyen de défense assez singulier a été accordé aux Crapauds : ils donnent, comme nous l'avons dit, au temps de l'accouplement, un petit son

son flûté, court, monotone, qu'ils répètent plusieurs fois de suite, à des intervalles peu éloignés, bien différent du coassement des grenouilles et des rainettes; comme certains insectes, les Crapauds ont la propriété de varier l'intensité et le timbre de leur voix mélancolique, de telle sorte que l'on croit l'entendre s'éloigner, se rapprocher dans un sens, puis dans un autre, comme les sons d'un cor dont on dirige diversement le pavillon; souvent l'on ne sait pas au juste d'où part ce son qui vient frapper magiquement la pensée absorbée au milieu du silence magnétisant des bois pendant une belle soirée d'été; vainement la curiosité involontaire cherche à suivre sa direction; un autre son, modifié sans doute par la crainte et l'émoi, déroute le chasseur au moment où il approche de l'églantier sous les racines duquel l'amoureux ventriloque s'est creusé une cellule solitaire.

Les Crapauds ont été parfois rencontrés vivans dans l'épaisseur de pierres plus ou moins compactes, ou de troncs d'arbres plus ou moins volumineux, dans des géodes sans communications apparentes avec l'extérieur, ce qui a fait supposer que leur présence dans ces masses calcaires ou marneuses, au milieu de ces couches ligneuses, datait de leur formation, et que ces animaux avaient pu vivre sans nourriture pendant un laps de temps inexplicable. Ces observations, souvent mises en doute, ont reçu cependant un certain degré de probabilité par les expériences de M. G. Edwards, qui a conservé pendant plusieurs mois vivans, des Batraciens renfermés au milieu d'une masse de plâtre d'une certaine épaisseur contenue elle-même dans une caisse en bois, sans que ces animaux aient paru avoir souffert beaucoup du jeûne qu'ils avaient subi; c'est sans doute à la propriété que ces animaux possèdent de s'engourdir, comme on dit, à la faculté que les fonctions principales de la vie ont chez eux de s'équilibrer dans de larges limites, sans accident grave pour l'individu, avec les pertes et les acquisitions de l'économie, qu'il faut attribuer ce phénomène, qui demande encore à être mieux étudié; car malheureusement les observateurs de ces faits si curieux n'ont jamais conservé les individus qui ont été ainsi rencontrés et les pièces nécessaires à l'examen de la question.

Pour compléter l'histoire si merveilleuse des Crapauds, il faut dire que ce sont les seuls Batraciens que l'on ait vus tomber en pluie du haut des nues, venant l'on ne sait d'où, apparaissant tout à coup sur un point assez circonscrit, disparaissant presque aussi subitement et aussi miraculeusement qu'ils sont venus. Nous avons dit à peu près à l'article BATRACIENS ce que l'on devait penser de ce phénomène; l'on en est du reste à regretter encore que les nombreux observateurs de ces catastrophes ne se soient pas donné la peine de conserver des échantillons de ces Crapauds *météoriques*.

Les Crapauds étaient autrefois employés en médecine; mais à mesure qu'ils ont perdu leur prestige et leurs vertus dans la sorcellerie, leurs propriétés thérapeutiques se sont évanouies.

Les cuisses des Crapauds passent assez souvent en guise de cuisses de grenouilles sur la table des amateurs; la police prépose, il est vrai, des experts à la vente des marchés pour s'opposer à ces sortes de supercheries; mais on élude facilement la surveillance des experts, et nous engagerons ceux qui auraient un reste de préjugé, ou de la répugnance involontaire pour les Crapauds, à étudier les caractères différentiels qui les distinguent, et à ne s'en rapporter ensuite qu'à eux-mêmes.

Il n'est pour voir que l'œil du maître.

Les Crapauds présentent des différences notables sous le rapport de quelques points de leur organisation et sous le rapport de leur mode de reproduction, ce qui les a fait distribuer en plusieurs groupes plus ou moins nombreux en espèces; ainsi les Crapauds proprement dits (*Bufo*) se distinguent par leurs pustules dorsales, de grandeur irrégulière, par la présence de glandes ou follicules agglomérés au dessus de l'œil et de l'oreille, désignés généralement sous le nom de parotides, et par leur tympan visible. Toutefois il faut remarquer, à l'égard du tympan, que la peau se continue souvent chez des individus de la même espèce sur le tympan, en conservant son épaisseur, ses follicules et sa coloration, ainsi que Cuvier en a fait la remarque pour les Alytes. Ils pondent des œufs à enveloppe molle, plongés dans un mucus abondant, gélatiniforme, qui les réunit en grands cordons que l'on voit au printemps flotter dans les mares et les étangs; à ce groupe se rapportent:

Le CRAPAUD COMMUN D'EUROPE, *Rana bufo*, représenté dans notre Atlas, pl. 128, fig. 3. Gris roussâtre ou brunâtre, le dos parsemé de tubercules lenticulaires ordinairement d'une teinte rougeâtre; il ne s'approche guère des mares et des étangs qu'au moment de l'accouplement et de la ponte; le reste de l'année, il reste caché dans des trous, sous les pierres, dans des fentes de murailles. C'est le plus domestique, pour ainsi dire, des Crapauds; il vient souvent élire son domicile jusque dans l'intérieur des maisons, dans les caves et les celliers; on le voit quelquefois devenir susceptible d'une certaine éducation. Pennant a rapporté l'histoire d'un Crapaud appartenant probablement à cette espèce, réfugié sous un escalier, qui s'était accoutumé à venir tous les soirs, sitôt qu'il apercevait de la lumière, dans une salle à manger voisine; il se laissait prendre et placer sur une table, où on lui donnait des des vers, mouches et des cloportes; il semblait même, par son attitude, demander à être mis à sa place, lorsqu'on négligeait de l'y installer. Il vécut ainsi trente-six ans et mourut par suite d'un accident, ce qui peut faire présumer que la durée de la vie de ces animaux peut se prolonger encore au-delà de ce terme, déjà considérable. Ce Crapaud, ordinairement de trois à quatre pouces de long, paraît susceptible d'acquérir une taille plus forte; il n'est pas très-rare d'en voir de six à sept pouces, et l'on rapporte des exemples d'un volume plus grand encore. Le Crapaud cendré n'en est probablement qu'une simple variété.

Le Crapaud variable, *Rana variabilis*, ainsi nommé, parce qu'il paraît susceptible de prendre diverses teintes, selon les différentes circonstances où il se trouve, appelé aussi Crapaud vert, à cause de sa couleur habituelle ; sa taille est à peu près celle du précédent, ses habitudes sont les mêmes, quoique moins casanier et moins domestique ; les verrues de la peau du dos sont moins saillantes ; sa couleur en dessus est blanchâtre avec des taches irrégulièrement arrondies, assez rapprochées les unes des autres, d'une couleur verdâtre, assez bien circonscrites ; les nuances qu'il revêt accidentellement sont le vert jaunâtre, brunâtre ou violacé.

Le Crapaud de Rœsel (Daudin), confondu avant Daudin avec la première espèce, s'en distingue par sa peau plus lisse et par ses mœurs plus aquatiques ; il ne s'éloigne guère, en effet, des mares où l'accouplement et la ponte l'attirent ; son dos est couvert de grandes taches irrégulières, mal découpées, de couleur verte olivâtre, sur un fond gris brunâtre plus ou moins foncé ; son ventre n'est pas toujours blanc jaunâtre comme celui du Crapaud commun ; l'on y voit souvent de petites taches brunâtres irrégulièrement disséminées. Sa taille est celle du Crapaud commun.

Le Crapaud calamite, ou *C. des joncs*, *C. crucial*, *C. de Rœsel*, (Spallanzani), *Rana portentosa*, en général d'une taille plus petite que les espèces précédentes ; ses verrues sont moins saillantes, son dos est parsemé de taches vaguement arrondies, verdâtres, parsemées de petits points noirs ; mais ce qui le rend remarquable, c'est une ligne d'un jaune pâle vif, qui règne tout le long du rachis et se trouve quelquefois coupée en croix par une autre raie placée en travers sur le cou. Ce Crapaud fréquente plus volontiers les eaux courantes, et se cache sous les pierres, dans les fentes des murs voisins, s'élevant parfois à une certaine hauteur, contre l'habitude de ses congénères.

L'Egypte produit un Crapaud voisin, sinon identique avec le Crapaud calamite. On le rencontre dans les oasis marécageux du désert libyque ; l'incertitude où l'on est à son égard l'a fait décrire provisoirement sous les noms de Grenouille ponctuée (Geoffroy), de Crapaud d'Egypte (Vonheyden et Ruppel) et de Crapaud régulier *B. regularis* (Reuss) ; c'est probablement aussi le *Bufo nubicus* de Fitzinger.

Cuvier a signalé comme une espèce de ce groupe un Crapaud assez commun en Sicile, mais plus grand que le Crapaud commun d'Europe, d'un brun noirâtre, à pustules grosses, plates, irrégulièrement disséminées ; les longues traînées de mucus gélatiniforme qu'il laisse sous les touffes de palmiers et de figuiers d'Inde (*Cactus opuntia*), à l'époque de la reproduction, donneraient à penser que ce Crapaud s'accouple à terre et, comme les Alytes, ne va à l'eau qu'après la ponte et pour l'éclosion des œufs.

Le Crapaud brun, *B. fuscus*, *Rana bombina*, diffère des espèces précédentes par son tympan caché sous la peau ; sa pupille allongée, verticale ; quelques auteurs (Dugès) disent qu'il a des dents maxillaires et vomériennes ; d'autres (Wagler) disent qu'il n'en a pas. L'on retrouve encore chez lui ces parotides signalées dans le groupe précédent, mais moins développées ; il s'éloigne peu des marécages, et paraît mieux disposé pour la natation que les espèces déjà décrites ; il est brunâtre en dessus, marqué de grandes taches sinueuses, d'une teinte plus foncée dans l'âge adulte, plus jaunâtre dans le jeune âge. Ses habitudes l'ont fait désigner sous le nom de *Crapaud aquatique* : l'on dit que ses œufs sortent en un seul cordon, plus épais que les deux que rend le Crapaud commun (Cuvier) ; mais c'est sans doute à l'observation d'un cas accidentel qu'il faut rapporter cette remarque chez l'un comme chez l'autre : les deux oviductes fournissant alternativement un ovule, le cordon que le mucus qui les enveloppe constitue doit s'agglutiner dans le cloaque à celui du côté opposé, comme cela s'observe certainement pour le Crapaud commun d'Europe et le Crapaud de Rœsel (Daudin).

Quelques observateurs (Dugès) pensent que la Grenouille éperonnée, *R. calcarata*, Michaelles, *Cultripes*, Cuvier, ainsi nommée à cause de la lame cornée, convexe, tranchante, située à la base de l'orteil interne des pieds postérieurs et dirigée en dehors, que l'on observe chez cette espèce, n'est rien autre chose qu'une variété du Crapaud brun. Par ses formes générales, la disposition de la langue et des dents, ce Batracien doit effectivement appartenir au même groupe ; mais la fusion de ces deux espèces semble réclamer un nouvel examen.

Le Crapaud marbré, *Bombina marmorata* (Dehne), diffère peu en apparence du Crapaud brun ; comme lui, il appartient à l'Europe et semble n'en être qu'une simple variété. Récemment le Crapaud brun a été casé par quelques auteurs, sous le nom particulier de *Pelobates*, nom formé des mots grecs *pelos* marais, et *bainein* marcher, pour indiquer les habitudes particulières de ce genre de Batraciens.

D'autres Crapauds à langue entière, privés également de tympan extérieur, et manquant de parotides, ont les follicules cutanés plus petits, plus uniformément développés, ce qui les a fait distinguer des précédens, avec lesquels on les avait d'abord réunis, parce que, comme eux, ils ont des dents aux maxillaires supérieurs et aux vomers. Ils ont conservé le nom donné d'abord au groupe commun, Bombinator, à cause de l'espèce type qui s'y rapporte, le Crapaud sonnant, *Rana bombiva*, ainsi nommé à cause de son cri plus fort et plus retentissant ; *C. pluvial* parce qu'on le rencontre fréquemment au milieu des chemins après les pluies d'orages ; nommé aussi *C. à ventre jaune* (Cuvier), ou *couleur de feu*, à cause de sa coloration. En effet, il est d'un beau jaune orangé sous le ventre, avec de grandes taches irrégulièrement arrondies, d'un bleu noirâtre ; en dessus il est d'un noir foncé, sur lequel on distingue à peine des taches d'une même couleur plus intense. Sa taille ne dépasse guère un pouce et demi; on le dit très-aquatique, cependant on le voit le plus ordinairement dans les prairies basses et humides d'Europe, et ce n'est guère qu'à l'époque de la ponte qu'on le rencontre sur le bord des mares et des eaux dormantes.

Les PALUDICOLES de quelques auteurs ne diffèrent guère des Bombinators que par une légère différence dans la disposition de la langue et dans la saillie plus marquée des callus de la plante des pieds; le type de ce groupe est le CRAPAUD A FRONT BLANC DU BRÉSIL, *B. albifrons*. Ce Crapaud a environ un pouce ou un pouce et demi de longueur; il est d'un gris blanchâtre en dessus, avec de grandes taches noirâtres qui laissent sur le devant du museau de quelques individus une tache blanche qui se continue parfois en une ligne plus ou moins marquée le long du rachis; le dos est presque lisse.

Il est parmi les Crapauds un autre groupe plus distinct, sinon par les caractères extérieurs des individus qui s'y rapportent, du moins par les habitudes. Leur corps, comme celui des précédens, est couvert de pustules, petites, granulées, presque égales; il n'existe pas de parotides; le tympan est le plus souvent caché; la pupille est allongée, verticale, elliptique plutôt que triangulaire comme on l'a dit (Wagler); ils ont des dents maxillaires et palatines; les pieds postérieurs sont marginés, non palmés; aussi ils vivent presque toujours loin des mares, dans des lieux pierreux, sablonneux. Ils s'accouplent à terre. Leurs œufs membraneux ne sont pas enveloppés d'un mucus abondant qui les réunit en cordons comme dans les groupes précédens, et les femelles ne les abandonnent point dans l'eau; mais le mâle par ses mouvemens instinctifs les dispose sur les lombes et les cuisses de la femelle, où ils restent attachés jusqu'à l'époque de l'éclosion: ce n'est qu'alors que la femelle s'approche de l'eau, et on l'y voit si rarement que l'on a présumé de cette circonstance que les petits têtards parcouraient les phases de leurs métamorphoses hors des mares et dans les puits, ou dans les filtrations souterraines des sources. Le rôle du mâle dans la ponte, peu différent du reste ici de ce qu'il est chez les autres espèces, a frappé les observateurs et a fait donner à ces Crapauds le nom de Crapauds accoucheurs dont *Alytes*, plus usité dans la science, n'est que la traduction grecque. Le Crapaud accoucheur, assez répandu en Europe, est d'un gris ardoise pointillé de noir en dessus, blanchâtre en dessous. Sa taille ne dépasse pas dix-huit à vingt-deux lignes.

Des Crapauds américains avec les parotides, les pustules inégales de nos Crapauds, leur pupille longitudinale et leur tympan visible, offrent cette particularité qu'une sorte de crête osseuse s'étend du bord supérieur de l'orbite jusque sur l'occiput, disposition qui rappelle certaines espèces de caméléons, et qui leur a fait donner le nom d'Otilophes, des mots grecs *otis* oreille, et *lophos* crête. Ici se rapportent: le CRAPAUD PERLÉ,

Rana margaritifera, d'un brun rougeâtre en dessus, une bande d'un gris rougeâtre pâle étendue le long du rachis; les flancs marbrés de brun, le ventre parsemé de petites taches irrégulières, grises brunâtres: des tubercules osseux, formés par la saillie de l'épial des vertèbres dorsales et non par des follicules pustuleux, comme on l'a dit, lui ont valu le nom qu'il porte. Sa taille est de trois à quatre pouces.

Le CRAPAUD AGUA, *Rana marina* (Linné), décrit aussi sous les noms de *Bufo maculiventris*, *B. albicans*, paraît se rapprocher de ce groupe. Le dessus de son corps est marbré de gris, de jaune pâle, avec de grandes taches brunes plus ou moins foncées et confluentes; quelquefois il il est d'un fauve verdâtre uniforme sur le dos; le ventre est blanc jaunâtre, parsemé de points bruns. Ce Crapaud est le plus grand de la famille; il atteint jusqu'à un pied et plus; ses pustules sont de la grosseur d'un pois; sa patrie est le Brésil; son nom vulgaire lui a été conservé dans la science. C'est sans doute une variation dans la coloration de ce Crapaud qui l'a fait aussi décrire comme espèce distincte sous le nom de Crapaud à épaule armée, *B. humeralis*, désignation tirée du volume de ses parotides.

Quelques Crapauds américains ont le museau comparativement assez pointu pour qu'on les ait groupés à part. Ce sont les Rhinelles de quelques auteurs, les Oxyrhynques de quelques autres; les yeux sont petits, à peine saillans, et les doigts des pieds postérieurs libres. Tels sont le CRAPAUD A TROMPE (*B. proboscideus*, *B. nasutus*, *B. naricus*), tous noms indiquant le même caractère, et donnés à des individus de la même espèce que l'on a crus des espèces distinctes. Ce Crapaud est long d'environ deux pouces, noirâtre uniforme en dessus, cendré plus ou moins foncé en dessous, ou si finement tacheté de noirâtre qu'on a donné à cette espèce le nom de Rhinelle bicolore (Valenciennes) Iconog. du Règne animal, pl. 27, fig. 2.) Comme les Bombinators, ces Crapauds ont des dents maxillaires supérieures et vomériennes; point de parotides; le dos est à peine granulé ou même entièrement lisse. Le CRAPAUD ORNÉ (*B. dorsalis*, *B. semilineatus*, *B. ornatus*) est une espèce voisine pour la taille et la forme du museau; il est d'un brun fauve ou jaunâtre, marqué sur les côtés du rachis d'une raie longitudinale noirâtre, avec des ramifications cruciales plus ou moins prononcées; une ligne blanchâtre sépare les lignes noires rachidiennes. Ce Crapaud habite le Brésil, ainsi que le précédent.

Des Crapauds de l'ancien continent ont au contraire la tête plus obtuse et le museau moins prolongé; on leur a donné à cause de cela le nom de Bréviceps; leur bouche moins fendue leur a valu plus récemment celui d'Engystoma, des mots grecs *engus*, près, et *stoma*, bouche. Leur tympan est caché sous la peau; ils n'offrent pas de parotides, et leur peau paraît plus lisse que chez les autres Crapauds. Comme les autres Crapauds proprement dits, ils n'ont pas de dents, et leurs pieds sont palmés.

On rapporte à ce groupe le Crapaud bossu (*B. gibbosus*, *Eng. dorsatum*, *R. systoma*), d'un brun pâle en dessus, parsemé de points plus foncés; une bande longitudinale dentelée en scie d'un blanc jaunâtre étendue tout le long du rachis; blanc jaunâtre en dessous. On lui a donné à tort six doigts aux pieds postérieurs. Sa taille ne dépasse guère deux pouces à deux pouces et demi. L'Inde est sa patrie. L'Afrique méridionale en produit une espèce voisine. On a fait de ces Bréviceps un groupe particulier sous le nom de *Systoma*, afin de les distinguer des Crapauds du nouveau continent, qui s'en rapprochent assez sous quelques rapports, et auxquels on a donné le nom de *Chaunus*; leurs doigts libres et leur paupière pour ainsi dire valvuleuse leur servent de caractères distinctifs. L'on rapporte à ceux-ci le Crapaud globuleux (*B. globulosus*, *Ch. marmoratus*). Ses dents palatines ou vomériennes sont seules sensibles bien qu'à peine senties. Le dos est d'un vert olivâtre pâle, semé de taches irrégulièrement circonscrites d'une teinte plus foncée, laissant sur le rachis un intervalle linéaire jaunâtre; le dessous du corps est jaunâtre uniforme. La taille de ce Crapaud est de deux pouces. Il paraît fréquenter les bords des fleuves du Brésil.

Enfin l'on rapporte encore aux Crapauds un Batracien anoure d'Amérique qui offre cette singulière disposition, qu'une série de pièces osseuses plates, minces, se développent dans le tissu cellulaire sous-cutané de la région dorsale, en relation avec les os de l'échine. Cette cuirasse vestigiaire, qui rappelle un peu la carapace incomplète des Trionyx, se montre jusqu'ici sans harmonie sensible avec les habitudes de ces animaux, et ses usages restent encore en question. Ce Crapaud a d'ailleurs le tympan caché par la peau. Il n'offre pas de parotides saillantes. Le dos est presque lisse, d'un jaune bleuâtre en dessus avec une grande tache noire sur la tête, et une seconde en forme de sellette sur le cou, qui lui a fait donner le nom de *Crapaud à sellette*, *Bufo ephippium*. Une autre singularité de ce Crapaud est de n'avoir, en apparence, que trois doigts non palmés aux pieds de devant et aux pieds de derrière, tandis que les autres Crapauds ont toujours quatre doigts en avant à peu près égaux, et cinq plus ou moins inégaux en arrière. La brièveté de la tête de ce Crapaud a fait donner au groupe qu'il constitue le nom de Brachycéphale, qu'il faudrait peut-être changer puisqu'il n'est que la traduction grecque du mot Bréviceps que l'on s'accorde à conserver.

Ce Crapaud a à peine un pouce de longueur. On le trouve au Brésil. Sa petitesse a empêché de constater la présence ou l'absence de dents aux mâchoires et au palais. (T. C.)

CRAPAUD. (MOLL.) Montfort avait désigné ainsi les espèces de Murex de Linné qui composent le genre Ranelle de Lamarck.

CRAPAUD AILÉ. (MOLL.) Les marchands donnent ce nom au *Strombus latissimus*, Linn. *Voy.* STROMBE.

CRAPAUD DE MER. (POISS.) Synonyme de *Scorpæna horrida* et de *Lophius histrio*, Linné.

CRAPAUD ÉPINEUX. (REPT.) Nom d'une espèce de Tapaye. *Voy.* AGAME.

CRAPAUD VOLANT. (OIS.) Nom vulgaire de l'Engoulevent d'Europe. *Voy.* ENGOULEVENT.

CRAPAUDINE. (POISS.) On a donné ce nom à l'Anarrhique Loup, dans l'idée où l'on était que les pétrifications appelées Buffonites étaient des dents fossiles de ce poisson. On donne encore ce nom à une plante du genre *Sideritis*. Enfin un minéral porte aussi le nom de Crapaudine.
(GUÉR.)

CRAQUELINS ou CRAQUELOTS. (CRUST.) Les Crustacés qui viennent de subir leur mue en changeant de peau, et qui sont encore mous, sont désignés ainsi par les pêcheurs. Ils s'en servent pour appât.
(GUÉR.)

CRASSATELLE, *Crassatella*. (MOLL.) Ce genre, établi par Lamarck, très-abondant à l'état fossile, que l'on trouve dans les terrains tertiaires et surtout aux environs de Paris, ainsi que dans l'argile de Londres, à la Nouvelle-Hollande, offre les caractères suivans: Coquille inéquilatérale, suborbiculaire ou transverse; valves non bâillantes; deux dents cardinales subdivergentes, et une fossette à côté; ligament intérieur inséré dans la fossette de chaque valve; dents latérales nulles. D'après ces caractères, on voit que les Crassatelles doivent se rapprocher beaucoup des Mactres dont elles ont le ligament intérieur, et des Erycines dont quelques espèces ont été confondues avec elles. Cuvier plaçait les Crassatelles comme cinquième genre des Mytilacés; enfin Férussac en a fait une famille particulière, à laquelle il a joint le genre Crassine: cette famille n'est pas adoptée par tous les conchyliologues.

Le nombre des espèces vivantes de Crassatelles connues est encore fort peu considérable; celui des espèces fossiles l'est davantage. Nous citerons les suivantes:

CRASSATELLE DE KING, *Crassatella Kingicola* de Lamarck. Cette espèce rare et précieuse est revêtue d'un épiderme brun qui disparaît vers les crochets. On la trouve dans les mers de la Nouvelle-Hollande, à l'île de King: sa forme est ovale, orbiculaire; son épaisseur est assez considérable, sa couleur est d'un blanc jaunâtre, et sa longueur est de deux à trois pouces. Elle est obscurément sillonnée et finement striée.

CRASSATELLE SILLONNÉE, *Crassatella sulcata* de Lamarck. Coquille ovale, trigone, très-inéquilatérale, un peu enflée, élégamment sillonnée transversalement, anguleuse sur le côté antérieur. Cette espèce nous vient des mers de la Nouvelle-Hollande, à la baie des Chiens-marins. Ses variétés sont au nombre de trois et toutes fossiles.

Parmi les espèces fossiles que l'on trouve aux environs de Paris, nous ne citerons que la CRASSATELLE SCUTELLAIRE, *Crassatella scutellaria*, Deshayes; grande coquille ovale, trigone, aplatie et très-épaisse, dont le bord antérieur est anguleux et subrostré, la lunule et le corselet très-enfoncés, les crochets peu proéminens, la lame cardinale large, l'impression du ligament grande, le bord inférieur des lèvres crénelé, la longueur de deux pouces à deux pouces et demi, et la largeur de deux à trois pouces. On l'a trouvée à Abbecourt, à deux lieues de Beauvais.   (F. F.)

CRASSINE, *Crassina*. (MOLL.) Nom donné par Lamarck à un genre voisin des Vénus, déjà établi par Sowerby sous celui d'ASTARTÉ.   (F. F.)

CRASSULACÉES ou **CRASSULÉES**. (BOT. PHAN.) C'est le nom adopté maintenant par tous les botanistes pour désigner la famille des Joubarbes proposée par De Jussieu, ou des Sempervivées comme l'appellent quelques auteurs. Il convient essentiellement aux plantes de cette famille, qui toutes ont les tiges et les feuilles épaisses, charnues et succulentes. Le type est pris dans le genre Crassula dont nous allons parler. Les Crassulacées, outre ce signe distinctif, et d'être herbacées et très-rarement frutescentes, ont pour caractères d'offrir plusieurs modes d'inflorescence, des fleurs parfois remarquables par leurs vives couleurs, un calice infère, profondément divisé ; la corolle quelquefois complétement monopétale, le plus souvent tubulée ou partagée ; les pétales insérés au fond du calice, en nombre plus ou moins considérable, toujours en rapport avec les divisions ; étamines alternativement insérées au fond du calice et à l'onglet des pétales dont elles égalent la quantité, qu'elles dépassent parfois du double ; anthères obrondes ; plusieurs ovaires intérieurement joints par leurs bases, extérieurement pourvus de glandes, qui se présentent dans quelques genres sous forme d'écailles ; autant de styles et de stigmates que d'ovaires ou de pétales ; capsules uniloculaires, polyspermes, bivalves en dedans, s'ouvrant par la suture longitudinale qui règne sur leur côté interne. Cette famille, voisine des Cariophyllées, en diffère par son insertion périgynique ; la forme du pistil l'approche des Renonculacées polyspermes ; elle a de très-grands rapports avec les Saxifragées, les Nopalées, les Ficoïdes et les Portulacées, surtout par l'embryon qui est courbé autour d'un type farineux ; mais elle s'en éloigne par le nombre de ses ovaires.

Les genres de la famille des Crassulacées sont aujourd'hui portés au nombre de treize, savoir : *Crassula*, *Rhodiola*, *Sedum*, *Sempervivum*, *Septas* et *Tillœa* de Linné ; *Kalanchoe*, d'Adanson ; *Bryophyllum*, de Lamarck ; *Verea*, de Wildenow ; *Bulliarda* et *Cotyledon*, de De Candolle ; *Penthorum*, de Gronovius, et *Cephalotos* de Labillardière et Robert Brown ; on doit les réduire raisonnablement à huit ou neuf, que voici : 1° Le TILLŒA auquel appartient d'une manière positive le *Bulliarda* ; 2° le CRASSULA, dont le *Kalanchoe*, le *Verea* et le *Bryophyllum* font partie ; 3° le RHODIOLA qui comprend le *Rochea* et le *Globulea*, 4° le SEDUM dont on a détaché bien à tort l'*Anacampseros* ; 5° le SEMPERVIVUM ; 6° le SEPTAS : 7° le COTYLÉDON tel qu'il a été créé par Linné ; 8° et sans doute le PENTHORUM et le CEPHALOTOS que l'on ne connaît pas encore assez.   (T. D. B.)

CRASSULE, *Crassula*. (BOT. PHAN.) Attirant les regards par leur singularité, les cent et quelques espèces que ce genre contient nous en offrent plusieurs vraiment dignes de figurer dans les collections de plantes d'ornement. Elles sont originaires des régions équatoriales ; elles abondent surtout au cap de Bonne-Espérance, un très-petit nombre se trouve en Europe, trois seules habitent la France. On les appelle vulgairement plantes grasses ; elles servent de type à la famille des Crassulacées et sont inscrites par Linné dans sa Pentandrie pentagynie.

Suivant que les espèces du genre Crassule présentent une corolle tubulée ou bien une corolle à cinq pétales séparés et distincts, on les divise en deux groupes : les Crassules monopétales et les Crassules polypétales. De Jussieu reporte au genre *Cotylédon* le premier de ces deux groupes, et conserve seulement le deuxième dans le genre *Crassula* ; mais le nombre des étamines, égal à celui des pétales, et non double, s'oppose à cette réforme. De Candolle a cru devoir créer pour la remplacer son genre *Rochea* ; mais il n'est pas plus heureux, les Crassules ayant un caractère essentiel qui les rend inséparables, celui d'avoir toujours les étamines en nombre égal à celui des pétales ou des divisions du calice. D'autres admettent trois coupes, selon que ces plantes sont vivaces, bisannuelles ou annuelles ; d'autres enfin les distribuent en deux sections, les espèces à tige ligneuse et les espèces à tige herbacée. Cette dernière manière de classer les Crassules me paraît plus philosophique.

Disons d'abord un mot des espèces que l'on cultive en France ; nous choisirons ensuite parmi les autres les individus les plus remarquables du genre.

Il y a près de cent vingt-cinq ans que la CRASSULE ÉCARLATE, *C. coccinea*, est introduite dans nos cultures d'agrément. Cet arbuste, qui croît spontanément au cap de Bonne-Espérance, monte à un mètre et demi ; sa tige se divise en rameaux rougeâtres, garnis de feuilles ovales-lancéolées, opposées en croix, un peu engaînantes à leur base et assez rapprochées les unes des autres. Ses fleurs, qui joignent à une couleur rouge magnifique un parfum fort agréable, rappelant le jasmin et l'abricot parvenu à maturité parfaite, sont disposées, au nombre de six à vingt, en une sorte d'ombelle du plus bel aspect. On la propage de graines et bien plus facilement de jeunes branches coupées, dont on laisse sécher le bout ; elle demande une terre franche sableuse, beaucoup de soleil et peu d'eau en été. L'hiver on la tient dans l'orangerie.

Auprès d'elle et comme contraste, on voit en pleine terre 1° la CRASSULE ROUGEATRE, *C. rubens*, à tige basse, un peu velue, divisée en son sommet en trois ou quatre rameaux avec feuilles alternes, éparses, oblongues, et fleurs sessiles dont la couleur blanche est traversée sur chaque pétale par une ligne purpurine. Cette plante se trouve dans les lieux sablonneux, le long des vignes et des chemins aux environs de Paris. On en rencontre une variété aux environs de Montpellier, et une autre auprès d'Angers, que l'on a voulu élever au rang d'espèces ; mais, étudiées soigneusement, on a dû rayer de la Flore française les *Crassula nana* et *Crassula andegavensis*, pour les placer au dessous de leur type comme simples variétés.

2° Et la CRASSULE VERTICILLÉE, *C. verticillaris*, ainsi nommée de la disposition de ses très-petites fleurs, qui sont rouges dans leur milieu et offrent leurs pétales lancéolés, terminés par une barbe. Cette petite plante, indigène à l'Europe australe, a les tiges diffuses et très-rameuses, les feuilles opposées très-rapprochées, ouvertes et un peu tuberculeuses. Sa floraison a lieu en juillet, elle commence quand finit celle de l'espèce précédente.

Une espèce fort intéressante, et plus que toutes les autres, par ses larges bouquets de fleurs nombreuses d'une jolie écarlate, dont l'odeur agréable parfume le lieu où elle se trouve, c'est la CRASSULE EN FAUCILLE, *Crassula falcata*. Elle monte à un mètre et un mètre et demi ; sa tige droite, un peu pubescente, porte des feuilles distiques, perfoliées, munies à leur base d'une petite oreillette, d'un vert grisâtre, d'abord ovales, obliques, ensuite allongées et courbées en faucille. La corolle est tubulée à sa base et à cinq découpures ouvertes : elle s'épanouit en été, durant l'automne ou en hiver, pourvu qu'elle retrouve une température égale à celle du Cap sa patrie. Lorsqu'on laisse dessécher sur la plante ses corymbes ombelliformes fleuris, il naît de leurs rameaux de jeunes individus qui produisent un effet très-singulier et qui peuvent servir à multiplier l'espèce.

On doit chercher à se procurer la CRASSULE ODORANTE, *C. odoratissima*, qui fut apportée en Angleterre dans l'année 1793 et a donné des fleurs à Paris au mois de mai 1821 pour la première fois : on la propage facilement par boutures. La tige un peu ligneuse atteint quelquefois un mètre de haut ; elle est munie de feuilles longues, chargées de petites dents très-nombreuses, de fleurs d'un jaune verdâtre, disposées en petite ombelle de six à dix corolles, répandant, surtout pendant la nuit, une odeur de tubéreuse très-prononcée.

Enfin il convient de nommer ici la CRASSULE A FLEURS BLANCHES, *C. lactea*, qui depuis 1800 s'est répandue par toute la France ; ce n'est pas, à proprement parler, un arbuste ; mais elle forme un buisson épais, remarquable par ses feuilles très-entières, ovales, terminées en pointe, marquées de points blancs qui rendent leur couleur verte plus pâle. Ses fleurs, qui demeurent épanouies en octobre, novembre et même décembre, sont assez grandes, nombreuses, d'un beau blanc et disposées en cime paniculée. Sa culture est des plus aisée ; on doit l'exposer au grand soleil en été, et lui donner très-peu d'eau, l'abriter du froid en hiver et ne l'arroser que lorsqu'elle en témoigne le besoin. (T. D. B.)

CRATÈRES. (GÉOL.) On a donné ce nom aux orifices en forme d'entonnoir qui sont situés au sommet des cônes volcaniques. Souvent une montagne porte sur ses flancs un grand nombre de petits cônes avec Cratères, indépendamment de celui qui couronne le sommet. On distingue aujourd'hui en géologie quatre espèces de Cratères, suivant qu'on les attribue à des phénomènes d'éruption, d'explosion, d'affaissement ou de soulèvement. Les caractères que présentent les *Cratères d'éruption* sont de montrer sur leurs parois intérieures une succession de laves ou de matières ayant été à l'état fluide, et de débris incohérens plus ou moins scoriacés. Il en résulte une espèce de stratification ; mais jamais la même couche de laves ne se prolonge dans toute la circonférence du Cratère. Si un volcan, dans ses dernières éruptions, n'a fait que projeter des matières incohérentes, elles s'entassent sous forme de montagne conique, autour de la cheminée éruptive, et ces Cratères ont toujours une grande saillie ; si la lave liquide, au contraire, finit par dégorger au dessus des bords du Cratère, elle en échancre le contour, et rend sa forme irrégulière. Il arrive presque toujours que, par l'effet répété des éruptions ou par suite d'une éruption violente, tout le sommet du cône est projeté ou s'engloutit, et il en résulte alors de vastes cavités circulaires, telles que celles des champs Phlégréens près de Pouzzoles et de la campagne de Rome. Souvent, après des siècles, les actions volcaniques se renouvellent, et un nouveau cône se forme dans l'intérieur du Cratère affaissé ; tel est aujourd'hui le Vésuve, au milieu de l'enceinte démantelée de la Somma ; l'Etna, qui, s'étant affaissé en 1444, forma un immense Cratère, aujourd'hui en partie comblé, mais dont le Val di Bove offre encore les traces gigantesques. Quelquefois les cônes s'élèvent en grand nombre sur autant d'orifices ouverts dans l'enceinte du Cratère d'affaissement ; un des exemples les plus remarquables de cette disposition se voit dans le centre de l'île d'Owhyhée. D'après M. Ellis, la surface de l'île et toute sa masse est composée de matières volcaniques qui s'élèvent de 4,500 à 5,000 mètres au dessus du niveau de la mer. Le Cratère de Kirauea est placé dans une plaine très-élevée, bornée par un précipice de 200 à 400 pieds de profondeur. Après avoir marché quelque temps, dit M. Ellis, sur une plaine qui résonnait sous nos pas, nous arrivâmes enfin au bord du grand Cratère, où s'offrit à nous le spectacle le plus sublime et le plus effrayant. Devant nous s'ouvrait un gouffre immense ayant la forme d'un croissant, de deux milles de longueur environ, et d'environ un mille de large ; il nous parut avoir à peu près 800 pieds de profondeur. Le fond était couvert de laves, et dans les parties S.-O et N. bouillonnait une matière embrasée, un liquide de feu, dont l'agitation était vraiment effrayante. Du milieu de ce lac embrasé et de ses bords s'élevaient 51 cônes volcaniques de forme et de position irrégulières et présentant autant de Cratères. Vingt-deux de ces bouches lançaient sans interruption des colonnes d'une fumée grise ou des pyramides de flammes brûlantes. Plusieurs lançaient en même temps des courans de laves que l'on voyait sillonner de traits de feu les flancs noirs et hérissés des cônes, pour se joindre à la masse bouillante. (*V.* pl. 128, fig. 4.)

Les Cratères des volcans éteints depuis longtemps peuvent avoir perdu en grande partie leurs formes par l'action des agens atmosphériques, et surtout par les dénudations et les *soulèvemens* causés par les grandes commotions de l'écorce du globe : tels sont à nos yeux la plupart des Cratères de l'Auvergne, du Vivarais, ainsi que de l'Eiffel sur la rive gauche du Rhin.

Cratères d'explosion. MM. Cordier, Montlosier, Elie de Beaumont et la plupart des géologues distinguent, en outre, des Cratères à formes particulières dans lesquels les gaz seuls ont été en action et ont agi à la surface du sol d'une manière tout-à-fait analogue à l'explosion des mines que l'on fait jouer dans l'attaque et la défense des places. Ces Cratères ont peu ou point de saillies; ils affectent la forme d'un entonnoir irrégulier, dont les bords sont composés des couches mêmes du sol qui a été percé. Lorsque ces couches sont solides l'affouissement offre souvent des escarpemens plus ou moins inaccessibles. On ne voit autour du gouffre que les débris dispersés et communément peu abondans du sol qui a été évidé par la violence des gaz. Quelquefois les roches sont altérées ; mais on ne voit jamais de véritables coulées. Le lac Pavin, le lac de Laach, le gouffre de Tazenat en sont des exemples bien connus. M. de Montlosier les avait appelés Cratères-Lacs, d'après la présence fréquente d'un lac au fond du Cratère.

Cratère de soulèvement. Supposons que des forces agissant de bas en haut sur des couches horizontales, en un point ou sur un axe vertical, les brisent, les *étoilent* en quelque sorte, puis les relèvent ; il en résultera un cône ou plus exactement une pyramide ouverte à son sommet et formée par les fragmens désunis et soulevés qui se sépareront d'autant plus que leur relèvement sera plus grand. L'ouverture s'accroîtra par la destruction facile de toutes les pointes qui convergent vers le sommet, et on aura ce qu'on appelle un *Cratère de soulèvement.* Ses caractères seront donc de présenter, comme dans les Cratères d'éruption, une ouverture en forme d'entonnoir située au sommet d'un cône, des pentes très-rapides à l'intérieur, beaucoup plus douces à l'extérieur; il différera du Cratère d'éruption en ce que ses parois pourront être formées de couches de toute nature, suivant le terrain soulevé, calcaire, grès, schiste, etc., ou de nappes volcaniques; en ce que ces dernières dessineront des courbes concentriques, au lieu de montrer, comme dans les Cratères d'éruption, des coulées de peu de largeur, s'enchevêtrant dans des amas incohérens; il en différera surtout en ce que ses flancs extérieurs seront déchirés par des vallées divergentes qui, au lieu de naître à une certaine distance au dessous de la crête, commenceront dans l'intérieur même de l'enceinte. Tels sont les caractères que la théorie indique pour les Cratères de soulève-ment; et, dans cette question, la théorie ayant précédé les faits, nous avons dû suivre la même marche, indiquer ce qui doit être, avant de pouvoir montrer d'une manière bien positive ce qui est.

M. Léopold de Buch, dirigé sans doute par l'idée que les volcans n'avaient pu s'établir sans que l'écorce solide du globe fût soulevée et brisée, chercha si dans les nombreux volcans ou éteints ou en activité, on ne pouvait trouver des traces de ces anciennes enceintes circulaires, à bords redressés vers le foyer actuel, enceintes qui devaient être le résultat d'un soulèvement conique. Il crut les reconnaître à Palma, à Ténériffe, à Santorin, au Vésuve, à l'Etna, à Barren-Island, au nord des îles Nicobar ; d'autres géologues virent également des Cratères de soulèvement dans les cirques des pays de montagnes où l'on ne remarque d'ailleurs aucune trace d'éruption volcanique, comme dans les cirques de Troumouse et de Gavarnie dans les Pyrénées, et de la Bérarde dans les montagnes de l'Oisans, etc. Il parut bientôt incontestable qu'un grand nombre des exemples cités appartenaient à des Cratères affaissés, au centre desquels s'étaient élevés de nouveaux cônes ; néanmoins sa théorie fut soutenue avec vivacité par d'habiles géologues et combattue de la même manière ; longue discussion, sans doute loin encore d'être terminée, qui montre, mieux que tout ce que l'on pourrait dire, que l'idée était préconçue, ou que la théorie avait devancé les faits.

On doit distinguer ici deux questions, l'une théorique, l'autre de faits : 1° est-il possible que les actions qui s'exercent dans l'intérieur du globe produisent des Cratères de soulèvement? 2° la nature nous offre-t-elle des formes que l'on ne puisse attribuer qu'à des Cratères de soulèvement? Quant à la première question, toute théorique, elle ne peut se résoudre qu'avec d'assez faibles probabilités, attendu que nous connaissons à peine et par leurs seuls effets les causes de la formation des montagnes, et que les actions volcaniques qui, suivant nous, en sont bien distinctes de ces causes, sont les seules forces opérant sous nos yeux. Toujours est-il que depuis qu'on les observe, on n'a pas vu un seul redressement de couches produit par les phénomènes volcaniques les plus violens; tout s'est réduit à quelques légers bombemens des parties du sol pénétrées par les gaz et à de légères trépidations du terrain environnant.

Pour nous les phénomènes volcaniques ne sont que les derniers résultats des grands phénomènes de dislocation de l'écorce terrestre; c'est un faible et dernier effet des grandes causes qui ont produit le redressement des couches et la formation des montagnes; nous ne voyons dans les éruptions que le résultat du dégagement des gaz et du calorique par des fissures dont les parois sont décomposées ou réduites en fusion, et l'on pourrait avec assez de justesse les comparer à des feux de cheminées. Leur obstruction donne lieu à des explosions et au soulèvement des masses fluides, quelquefois même solides, qui s'y trouvent engagées, mais jamais à des redressemens coniques de couches situées à quelque distance du foyer.

On peut objecter que si les phénomènes volcaniques actuels ne produisent pas de soulèvement de cône au milieu du terrain qu'ils percent, c'est que cet effet a été produit à l'origine, et que nous ne voyons s'établir aucun nouveau volcan. Nous répondrons qu'étant forcé par les faits d'admettre une autre cause, suffisante pour expliquer la première origine des évents volcaniques, nous croyons pour le moins inutile de recourir à une supposition, le soulèvement en cône de l'écorce terrestre, supposition toute gratuite, et qui n'est pas en rapport avec la faible intensité des effets qu'on veut lui faire produire. La cause à laquelle nous venons de faire allusion est l'*influence qu'exerce l'intérieur du globe sur son extérieur dans les différentes périodes de son refroidissement.* C'est à cette action du noyau fluide sur son enveloppe refroidie et consolidée que l'on attribue toutes les grandes fractures de l'écorce terrestre, le redressement des couches à d'immenses distances, et la formation des montagnes. Les derniers effets de ces grands phénomènes sont de laisser des fissures qui deviennent les centres des éruptions volcaniques, et se trouvent naturellement disposées en ligne droite. En effet, un des beaux résultats auquel M. de Beaumont est parvenu, est de montrer par les faits que les rides ou fractures de la surface terrestre s'étendent suivant des arcs de grand cercle, comme la théorie l'indiquait. Mais, dès lors, la formation par la même cause de cônes de soulèvement devient très-peu probable. Car il faudrait supposer qu'autour de l'axe du cône l'effet produit fût le même dans toutes les directions, quoique l'effort s'exerçât dans une direction particulière, et que l'écorce du globe, brisée et disloquée sur tous les points, présentât nécessairement des directions de moindre résistance. D'après ce qui précède on ne concevrait la formation d'un Cratère de soulèvement *régulier*, comme la plupart des formes qu'on a voulu leur attribuer, qu'autant que la force fût infinie par rapport à la résistance.

Ce n'est donc pas comme un cas impossible que nous regardons la formation, par mode de soulèvement, d'enceintes circulaires à couches redressées vers le centre, mais comme un cas exceptionnel, un cas limité en quelque sorte, dont nous n'avons pas encore reconnu d'exemple, quoique nous trouvions dans la nature plusieurs formes qui s'en rapprochent, dans des vallées de soulèvement en ellipsoïdes allongées et brisées à leur deux extrémités.

Ni les actions volcaniques actuelles, ni les causes plus puissantes des grandes fractures terrestres ne nous conduisent donc à la probabilité des soulèvemens cratériformes; mais nous abandonnerons sans peine nos inductions théoriques si la nature nous offre des faits qui aient incontestablement ce caractère. Si nous voyons quelque part des couches déposées horizontalement dans l'origine, telles

que les divers dépôts de sédimens marins ou d'eau douce, relevées circulairement autour d'une cavité à bords abruptes dans son intérieur, à pente douce et sillonnée par des vallées divergentes à l'extérieur, nous reconnaîtrons un soulèvement cratériforme; si de plus le centre de la cavité et la surface du cône sont occupés par des déjections volcaniques, nous serons forcés d'admettre que ce soulèvement est lié à l'action des phénomènes volcaniques; mais jusqu'à présent on n'a pas cité une seule localité qui eût évidemment ces caractères; partout les pentes du cône sont formées par des matières volcaniques que les adversaires de la théorie de M. de Buch regardent comme occupant leur position originaire.

La plupart des exemples cités par le savant prussien ont cessé d'être le théâtre sur lequel combattent les partisans et les adversaires de sa théorie, et c'est aujourd'hui sur le Cantal et le mont Dore que la discussion s'est établie. On a eu recours au calcul pour montrer quelles étaient les relations qui devaient exister entre les divers élémens d'un cône de soulèvement et les fractures de sa surface. Ces calculs peuvent être curieux, mais à coup sûr ils ne peuvent éclairer la question : l'état de dénudation ou de destruction de la surface terrestre est tel qu'on ne peut pas juger de l'état primitif d'un cône volcanique par son état actuel. Ainsi, par exemple, la théorie n'indique que quelques centaines de mètres au plus pour le diamètre d'un Cratère de soulèvement, et tous les Cratères cités comme tels auraient plusieurs milliers de mètres d'ouverture. Les défenseurs de la théorie de M. de Buch, s'appuyant sur les lois de l'hydrodynamique, autant que ces lois peuvent s'appliquer à des fluides aussi imparfaits que des laves, regardent les pentes du Cantal et du mont Dore, revêtues de larges nappes basaltiques, comme aussi évidemment produites par soulèvement que si elles étaient formées de couches calcaires. D'après le résumé de leurs opinions, il serait impossible de se rendre raison de la forme des groupes du mont Dore et du Cantal, et de la disposition des masses qui les constituent, en les supposant des cônes d'éruption démantelés, et tout, au contraire, concourt à les présenter comme le résultat de soulèvemens opérés au milieu de nappes trachytiques et basaltiques.

Quel que soit le sort réservé à l'hypothèse de M. Buch, elle n'aura pas été sans utilité pour la géologie; elle devait amener la connaissance de nouveaux faits dans un temps où il n'est pas permis d'avancer d'idées théoriques, sans les appuyer par l'observation; aussi, depuis que cette hypothèse est agitée, la science s'est-elle enrichie d'une foule de faits nouveaux sur les phénomènes volcaniques.

Si la France ne renferme pas de volcans en activité, on trouve dans sa partie centrale, l'Auvergne, un très-grand nombre de volcans éteints qui, se prolongeant dans le Vivarais et la Provence, semblent aller s'unir aux volcans de l'Italie. Dans l'Auvergne seule on peut étudier de nombreux

exemples

exemples de cratères, d'éruption, d'explosion, d'affaissement et peut-être même de soulèvement.

(B.)

CRATEVIER, *Cratæva.* (bot. phan.) Désigné vulgairement sous le nom de *Tapier*, ce genre de la famille des Capparidées et de la Dodécandrie monogynie, appartient aux climats les plus ardens du globe et a été établi par Linné. Ses caractères sont d'offrir des arbres et arbrisseaux inermes à feuilles composées de trois folioles; un calice caduc, à quatre divisions inégales; quatre pétales unilatéraux; de douze à trente étamines insérées sur le pédicule de l'ovaire et penchées de côté; style nul, stigmate en tête; baie globuleuse ou ovoïde, portée sur une longue queue, pulpeuse à l'intérieur, à écorce mince; semences presque réniformes, nombreuses, cachées dans la pulpe. On en connaît douze espèces, en y comprenant les deux *Capparis magna* et *falcata* de Loureiro, le *Capparis radiatiflora* des auteurs de la Flore du Pérou.

Le Cratevier tapier, *C. tapia,* que Pison et Plumier ont appelé *Tapia arborea,* est un arbre de plus de dix mètres de haut; le tronc très-gros est revêtu d'une écorce verte, à cime étalée et fort touffue, chargée d'abord de fleurs terminales portées sur de longs pédoncules, et ensuite de fruits globuleux à écorce brune. Il croît dans le Brésil et dans quelques unes des Antilles. Le Cratevier gynandrique, *C. gynandra,* qui habite les buissons et les terres arides de la Jamaïque, porte un fruit sphérique, petit, d'une odeur d'ail très-prononcée. Le Cratevier faux-caprier, *C. capparoides,* a les feuilles glabres, les fleurs d'un blanc verdâtre, disposées en une espèce de corymbe et remarquables par leurs pétales très-longs, frisés au sommet. Elles s'épanouissent en juillet et août. La plante croît en Afrique sur la côte de Sierra-Leone.

Le Cratevier de l'Inde, de la côte de Malabar et des îles de la Société, que l'on nomme dans ces contrées *Nürvala, Ranabelou* et *Pretonou,* que les botanistes appellent Cratevier religieux, *C. religiosa,* est un bel arbre, à bois dur, à rameaux très-nombreux, portant des feuilles lancéolées, elliptiques, amincies aux deux extrémités. Il est vénéré par les Indous à cause des propriétés médicinales que les brames attribuent à son fruit pulpeux préparé par eux. Sous les auspices des croyances religieuses, on fait aussi une décoction de ses feuilles et des anthères avant l'expulsion de la poussière séminale contre les maladies de la vessie. Les fleurs de cette espèce forment une sorte de panicule à l'extrémité de chaque rameau. Une vertu particulière est attachée à cette panicule; aussi n'est-il point rare de la voir suspendue dans les cases et les habitations les plus somptueuses.

(T. D. B.)

CRAU. (géogr. phys.) Plaine caillouteuse voisine de la Camargue et comme elle située dans le département des Bouches-du-Rhône. Elle fait partie du territoire des communes de Salon, Istres, Foz, et d'Arles, où chaque pierre rappelle une ville romaine. La Crau présente la forme d'un vaste delta, dont le sommet du triangle, tourné vers la Méditerranée, a sa base à peu près de l'est à l'ouest. Sa surface est d'environ dix myriamètres ou vingt lieues carrées; elle est unie, parfaitement horizontale, à l'exception qu'elle offre une déclivité presque insensible en approchant du lit actuel de la mer. La Crau repose sur une couche plus ou moins profonde (elle arrive à seize mètres un quart dans certains endroits) d'un poudingue arénacéo-calcaire, dont la pâte renferme un très-grand nombre de petits graviers, et dénonce une formation due au dépôt des eaux de la mer. Le sol supérieur est un lit de gros cailloux longs ou arrondis, à surface polie, que l'on voit tantôt accumulés par monceaux de plusieurs mètres de haut et tellement pressés les uns contre les autres qu'on n'aperçoit point la terre qui les porte; tantôt ils sont isolés et semblent des îlots au milieu d'un champ de la plus triste apparence; tantôt les cailloux se trouvent dispersés, clair-semés et entourés d'une verdure que dévorent les premières chaleurs. Il faut voir l'ensemble de la Crau des hauteurs de Vitrolles, village pittoresque, le seul sans doute en France où l'on trouve encore une famille de lépreux.

Aucune eau courante ne traverse ce vaste désert, si ce n'est le canal d'Adam de Crapone, achevé dans l'année 1559, qui le ferme du nord-est à l'ouest, et dont une dérivation le longe à l'est. Presque au centre de la Crau, l'étang d'Entressen forme, sur ses bords et dans tout l'espace qu'il a cessé de submerger, une espèce d'oasis, couverte d'habitations et de terres cultivées. Il en est de même des approches des étangs de Dézeaumes, de Meyrane, du marais appelé le *Palud de Saint-Martin de Crau,* et des deux étangs allongés de Ligagnan et du Galejou.

Trois opinions divisent les géologues sur l'étrange accumulation des cailloux roulés de la Crau. Les premiers pensent, d'après Guettard, de Servières, et autres, qu'elle provient d'un attérissement du Rhône, qui, selon eux, déboucha jadis de ce côté. Les seconds estiment, d'après Solery, Paul de Lamanon, de Truchet, et l'opinion admise par tous les habitans des contrées voisines, qu'elle est le résultat de l'ancien passage de la Durance, qui, après avoir tourné le mont Lébéron et suivi les rochers d'Anthéron et de Lamanon, se jetait dans la Méditerranée par trois bouches différentes, indiquées encore de nos jours par les étangs d'eau salée d'Istres, de Lavalduc et de Foz. Les troisièmes attribuent à un envahissement subit des eaux de la mer la présence des galets qui recouvrent la plaine que nous examinons. Ce sentiment, appuyé de la tradition conservée par les anciens, dans un style métaphorique, et jusqu'ici rejetée comme une fable inventée à plaisir, est plus important qu'on ne le pense ordinairement. C'était celui de Darluc et du savant De Saussure.

Mais, avant de nous appesantir sur ce point, cherchons à reconnaître la nature des pierres existantes sur la plaine de la Crau et celles qu'entraînent avec elles les eaux bruyantes, couleur d'émeraude, de la Durance, et celles si rapides du

Rhône : il résultera de cet examen un fait incontestable qui résoudra nécessairement le problème.

Les pierres roulées que l'on trouve en si grande abondance sur le vaste lit de la Durance sont calcaires, mêlées à de nombreuses spilithes à cellules irrégulièrement arrondies, renfermant des fragmens de minéraux divers, dont la couleur varie du blanc verdâtre au vert sombre ou même noir : ce sont les mêmes que fournissent le Drac, l'Isère et toutes les rivières qui descendent des Alpes. Les pierres de la Durance sont ordinairement petites, plates ; leur cassure répand une odeur d'argile très-prononcée.

Elles sont également calcaires, les pierres roulées du Rhône ; mais elles sont de plus unies à des spilithes que ce fleuve amène des montagnes du Jura, à des galets quartzeux, durs, fragiles, écailleux, à gros grains, et à des fragmens de grès tendres qui se délitent facilement, qui sont sans éclat, d'un rouge vineux, liés par un sédiment limoneux.

Les pierres de la Crau sont extérieurement de couleur jaunâtre ou rouille plus ou moins rembrunie ; l'intérieur est brillant, gris-blanc, quelquefois verdâtre, jaune, rouge et même d'un très-beau pourpre. Elles sont quartzeuses, plus volumineuses que celles du Rhône et de la Durance. Elles ne sont point, comme on l'a dit, une désagrégation du sol primitif ; je leur trouve une ressemblance frappante, le volume excepté, avec les cailloux de la plaine qui sépare Saint-Vallier de Saint-Rambert, département de la Drôme, et ce dernier point du Péage de Rossillon, département de l'Isère ; avec les cailloux des environs de Nismes et de Montpellier, etc., etc. ; avec les galets du Gardon, qui vient des montagnes des Cévennes. Si les pierres de la Crau provenaient des atterrissemens successifs de la mer, elles offriraient nécessairement au milieu d'elles quelques débris d'animaux ou des coquilles, et on n'en trouve sur aucun point, ni à l'ouest, ni au sud, ni au nord où les cailloux roulés de la Crau sont en moindre quantité, ni dans les vallées entrecoupées du nord-ouest qui séparent la ville d'Arles de la plaine pierreuse que nous étudions, ni parmi celles qui remontent à Lunel-Vieil, et qui sont ensevelies sous un limon argileux mêlé d'un sable extrêmement fin et fertilisant.

Quant à la tradition des anciens qui voulait, comme nous l'apprend Eschyle, que cet amas de pierres, étrangères au sol qu'elles cachent, provenait d'une pluie de pierres lancée par Jupiter sur les fils de Neptune ou Liguriens que combattait Hercule, cette tradition consacre un événement appartenant à une très-vieille période géologique qui n'était pas, ainsi qu'on l'a avancé très-gratuitement, un envahissement subit des eaux de la Méditerranée, mais bien leur déplacement opéré à la suite de violentes commotions terrestres, de débâcles volcaniques, qui les précipita dans des régions plus basses que celles qu'elles occupaient auparavant, et entraîna derrière elles des fragmens de roches appartenant aux montagnes des Alpes,

des Cévennes, du Puy-de-Dôme, du Cantal. Cet événement géologique se lie nécessairement à la rupture du détroit de Gibraltar et du Bosphore de Thrace, à l'abandon des plaines lombardes par les eaux de l'Adriatique, et est antérieur à toutes les traditions écrites ou connues jusqu'ici.

Parce que sur la lisière de la Crau, parce que dans les deux oasis de Saint-Martin et d'Entressen, on est parvenu à rendre le sol fertile, quelques personnes ont osé dire et publier que toute la plaine était susceptible de culture, qu'il suffirait pour cela de la rendre à son état primitif en l'épierrant. Elles ignorent donc la nature du sol primitif, que la résistance qu'il offre émousse en très-peu d'instans les meilleurs outils, et qu'il faut employer la mine pour le faire sauter ; elles ignorent donc qu'en épierrant totalement les champs de Syracuse, ils ont cessé de produire, jusqu'à ce que des cultivateurs mieux avisés eurent rétabli les pierres enlevées. Ne pouvant donc point lui faire subir les diverses modifications que, à la longue, apportent après eux les travaux de l'agriculture, la Crau me paraît condamnée pour des siècles encore à son aridité présente, à moins d'un changement géologique imprévu. Le peu de terre végétale qui recouvre son sol, partout où les pierres roulées abondent le moins, a permis à quelques plantes de s'y fixer ; dans le nombre très-petit on rencontre de minces buissons formés par le Chêne-Kermès, *Quercus coccifera*, ou le Tamaris, *Tamarix gallica*, par des Bruyères, *Ericæ*, des Cistes, *Cisti*, etc., et près d'eux des touffes de Thym, *Thymus vulgaris*, de Serpollet, *Thymus serpillum*, de Lavande, *Lavandula spica*, de Trèfle, *Trifolium pratense*, de différentes graminées, et de Chiendent.

Sur les points où la couche de terre s'est trouvée plus épaisse, on a introduit la culture de la vigne, du mûrier et de l'olivier ; leurs fruits y ont gagné, le vin est généreux, la feuille du mûrier précoce, l'huile excellente et donnant un beau fil d'or. L'asperge y a le goût délicat, quoiqu'elle soit légèrement amère. Une immense forêt de pins, qui s'étend du nord au sud, et parallèle au cours du Rhône, attire un grand nombre d'oiseaux de proie. Le plus bel habitant de la Crau est sans contredit le brillant Phénicoptère qui s'y réunit en troupes autour des étangs, et s'y rencontre souvent avec d'autres oiseaux voyageurs, tels que les Ibis de l'Afrique, les Vanneaux, etc. La forêt abrite une colonie de vaches noires de quatre à cinq cents individus, confiée à la garde d'un pâtre, qui veille à ce qu'elles ne passent point le fleuve à la nage.

On voit aussi dans la Crau des troupeaux de cinq à six cent mille bêtes à laine, divisés par masses de cinq à six cents têtes, remises à la garde d'un berger et d'un seul chien ; le peu de pâturages qu'elles y trouvent est d'une excellente qualité et suffit à leur nourriture. Elles y séjournent durant l'hiver ; mais aussitôt que l'ardeur du soleil rend la stérilité désespérante et vient à dessécher jusqu'au timide gazon caché sous les galets, elles gagnent les prairies naturelles des Alpes pour y demeurer quatre mois. L'ordre adopté pour leur marche, qui dure de vingt à trente jours, est vraiment admirable. Nos lecteurs seront sans doute satisfaits de le connaître. Avant le départ, du 20 au 30 mai de chaque année, les propriétaires marquent leurs agneaux ; ensuite le berger en chef, appelé *Baile comptable*, forme de grandes bandes ou campagnes, selon l'expression d'usage ; il les divise ensuite par troupeaux ou *Scabois* de deux mille têtes, ayant chacun six hommes et deux ou trois chiens pour les conduire. Les brebis pleines et les brebis laitières ouvrent la marche ; viennent ensuite les agneaux, et derrière eux le baile comptable et son adjoint chargé de la tenue des livres ; les bagages, portés par des ânes, servent d'escorte à l'infirmerie ; la caravane se termine par les brebis vides et les moutons. Le signal une fois donné, la colonne s'ébranle, et suit pas à pas le berger avant-coureur qui est en tête avec les chèvres. Les routes par où l'on passe se nomment *Drayes*. Tous les ordres pour les haltes, les campemens, les séjours, émanent du baile comptable, et dépendent de la localité, de la température actuelle, des besoins du moment. On demeure sur les montagnes jusqu'à la fin de septembre ; alors les bergers avant-coureurs descendent dans la Crau, disposent tout pour recevoir, en novembre, les agneaux, les moutons, et un peu plus tard les brebis et les beliers. Les cantons sont assignés à chaque division, on les ferme par une enceinte de pierres et le parc se place au centre. Les troupeaux qui vivent ainsi sont appelés *transhumans*.

C'est un spectacle à voir que le départ et le retour de ces immenses troupeaux ; mais il en est un autre qui attire toutes les populations voisines et jusqu'aux habitans de Marseille, Aix et Arles : c'est celui de la chasse ou pour mieux dire de la pêche aux Macreuses. Cette espèce de Canards (*v.* tom. I, p. 612) arrive par bandes aux premières gelées et se jette sur les étangs de la Crau, principalement sur les deux grands bassins, appelés étangs de Berre et de Marignane, qui sont situés au sud-est de la Crau. Dès qu'elles y sont en un grand nombre, on s'assemble, on fixe le jour et l'ordre de l'attaque, que l'on nomme *battue* : bientôt des barques s'emplissent de chasseurs, elles se disposent en une flotte, divisée en trois parties, chacune commandée par le maire des communes de Berre, de Vitrolles et de Marignane. On prend le mot d'ordre, puis on appareille au bruit du tambour et du clairon. On marche, en formant un demi-cercle, sur les Macreuses qui, de leur côté, s'appuient au rivage, se pressent les unes contre les autres et nagent sans défiance ; à chaque instant le cercle se rétrécit, enfin les barques se touchent, elles sont à la portée du fusil ; on donne le signal, une décharge générale a lieu, le sang coule, l'oiseau des mers arctiques, atteint par le plomb meurtrier, se débat contre la mort, de ses ailes il frappe les eaux avec force, pousse des cris rauques et meurt, tandis que ceux qui ont échappé cherchent leur salut en s'élevant dans les airs ; mais une seconde décharge porte le désordre dans leurs rangs, de nouvelles victimes tombent et rougissent de leur

sang le cristal des eaux. Pendant que les chasseurs se disputent le butin, qu'ils reviennent à terre pour se mettre d'accord et compter ce qui leur revient, le restant des Macreuses gagne une autre partie des étangs, où elles espèrent être plus tranquilles. Mais on les attaque de nouveau, l'on en détruit beaucoup, puis on s'arrête pour opérer le partage. Le jour se passe ainsi dans plusieurs alternatives de massacres, d'altercations et de repos. Enfin les Macreuses quittent la Crau, se dirigent sur la Corse, où elles auront encore à souffrir de la cruauté des hommes.

Je ne répéterai point les sottises de tout genre dites et publiées pour trouver l'étymologie du nom de la Crau, je remarquerai seulement que, avant que les Grecs n'employassent le mot *Krazein*, crier faire du bruit, avant qu'on n'allât demander aux Hébreux leur mot *Craigg*, roche, à l'Arabe son *Goreg*, terre pierreuse, et au Sanscrit son *Grana*, pierre, les vieux Celtes appelaient la Crau, terre de leur pays, par un mot à eux, par une expression de la langue qu'ils avaient créée, *Krav*, qui signifie pierre roulée, champ de pierres.

Ainsi que dans la Camargue (*v.* tom. I, pag. 597) le mirage a lieu au milieu de la vaste plaine de la Crau, surtout lorsque le temps est calme. Le mistral, ou vent du nord-ouest, y souffle avec une force extraordinaire. (T. D. B.)

CRAVAN ou **CRAVANT**. (ois.) Espèce du sous-genre OIE. *V.* CANARD. (GUÉR.)

CRAVATE. (ois.) On donne ce nom, modifié par des épithètes variables, à différentes espèces d'oiseaux : ainsi la CRAVATE BLANCHE est le *Lanius albicollis* de Levaillant ; la CRAVATE DORÉE est le jeune de l'Oiseau-mouche, rubis-topaze ; la CRAVATE FRISÉE est le *Merops cincinnatus* de Latham ; la CRAVATE JAUNE est l'*Alauda capensis*, L. ; CRAVATE NOIRE, le *Trochilus nigricollis*, Vieillot, et CRAVATE VERTE, le *Trochilus gularis* de Latham. (GUÉR.)

CRAYONS. (MIN. APPL.) Nous ne considérons ici les Crayons que sous le rapport des substances minérales employées à leur fabrication. Ces substances sont le graphite ou la plombagine, l'ampellite ou schiste noir, la sanguine ou fer oxidé rouge, la craie, le schiste ardoise et l'argile. Le *graphite*, appelé vulgairement mine de plomb quoiqu'il n'en contienne pas un atome, est un carbure de fer qui est doux au toucher, se laisse tailler avec facilité et imprime sur le papier une trace d'un gris de plomb facile à enlever avec de la mie de pain ou de la gomme élastique. Le seul graphite de bonne qualité pour la fabrication immédiate des Crayons est celui que l'on trouve en filons ou en petites couches dans des terrains anciens : tel est celui de la mine de Borrowdale dans le Cumberland ; ceux de Ronda en Espagne, de plusieurs parties de l'Allemagne, de Vinay en Piémont. On débite ce graphite avec de petites scies en baguettes carrées d'une demi-ligne d'épaisseur que l'on introduit dans la rainure d'un petit demi-cylindre de bois de cèdre ou de génévrier. Depuis quelques années on fabrique en

Angleterre des Crayons de mine pure qui n'ont d'autre enveloppe qu'un vernis.

C'est à Conté que l'on doit l'invention ou du moins la connaissance des procédés les plus ingénieux et les plus sûrs pour la fabrication des Crayons artificiels. Jusqu'à la fin du dernier siècle, où il les fit connaître, on ne s'était servi que de Crayons préparés immédiatement avec de la mine naturelle.

Conté, se fondant sur la propriété que possède l'argile de diminuer de volume et de se durcir en raison directe des degrés de chaleur, l'employa comme matière solidifiante de toutes sortes de Crayons. Voici les procédés qu'il indiqua pour les Crayons de mine de plomb, procédés qui n'ont éprouvé depuis que peu de modifications. Le carbure de fer ou graphite est broyé, puis chauffé au rouge dans un creuset, et mêlé en proportions diverses avec l'argile. Moins on met d'argile, moins on fait cuire les Crayons, et plus ils sont tendres; plus on emploie d'argile, relativement au graphite, plus ils sont fermes. Les proportions qui ont donné les meilleurs résultats sont: deux parties de carbure et trois d'argile, ou deux de carbure et deux d'argile. On peut ainsi varier à l'infini les proportions et par suite les propriétés des Crayons, avantage que l'on ne peut avoir avec la mine naturelle.

Lorsque les Crayons sont destinés à dessiner l'architecture ou la topographie, ou à former des lignes très-fines et très-nettes, il faut, avant de les monter, les tremper dans la cire ou le suif bouillant; nous devons dire que pour les derniers usages nos Crayons préparés sont loin de pouvoir remplacer les Crayons anglais.

Les *Crayons noirs*, que l'on nomme aussi *pierre noire*, *pierre des charpentiers*, sont faits en général avec cette variété de schiste nommée *ampellite* qui contient une certaine quantité de carbone; mais on emploie aussi des schistes argileux, grisâtres ou bleuâtres, qui ont, comme les premiers, la propriété de laisser une trace sur la pierre ou sur le bois; on les débite à la scie, et on enchâsse les baguettes dans de grossiers porte-crayons. Souvent même les ouvriers se servent d'un morceau de schiste taillé grossièrement. La seule variété employée par les dessinateurs est la pierre d'Italie; elle se vend en baguettes minces d'un noir bleuâtre et d'un grain très-fin qui se taillent avec facilité. On peut la reconnaître à l'odeur empyreumatique toute particulière qu'elle exhale. On remarque souvent dans son intérieur des filets blancs et argentés de talc. On ignore d'ailleurs son gisement. Les Crayons noirs communs viennent à Paris du Maine, de la Bretagne et de la Normandie, où on les extrait dans les couches anthraciteuses du terrain de transition. M. Héricart de Thury cite en outre un grand nombre de gisemens de ce schiste graphite dans le département de l'Isère. La composition des Crayons artificiels noirs, dits de Conté, a fait presque entièrement abandonner par les dessinateurs l'emploi des Crayons noirs naturels.

Les *Crayons rouges*, appelés vulgairement sanguine, se font avec une argile ocreuse ou de l'hématite à grains très-fins et très-serrés et dont la couleur est d'un rouge foncé. Les meilleurs procédés et les plus récens pour leur fabrication consistent à broyer de l'hématite (fer oxidé rouge) sur un porphyre avec de l'eau filtrée, jusqu'à ce qu'elle soit en poudre impalpable, on tamise, on suspend dans l'eau agitée, on laisse reposer, puis on décante. La colle de poisson ou la gomme arabique sert à lier la pâte, qu'on fait passer au cylindre avant de la mouler. La sanguine, presque abandonnée de nos jours, était jadis très en usage, comme on peut le voir par les cartons des grands maîtres déposés au Musée royal. Les Crayons de sanguine naturelle ne sont employés que par les charpentiers, les maçons, etc. Cette pierre rouge se trouve en amas ou en couches minces dans les terrains primordiaux. Celle dont on se sert à Paris vient de Sarrelouis.

Les *Crayons blancs* ne sont autre chose que de la craie; on la purifie par des lavages, on la broie en pâte fine, puis on la débite en baguettes.

Crayons d'ardoise ou *Crayons gris*. On n'emploie ces Crayons qu'à écrire ou à dessiner sur l'ardoise. Ils ne sont le plus souvent que des fragmens d'une variété d'ardoise un peu tendre. On peut en trouver dans toutes les parties de la France où règnent les terrains schisteux; cependant il y a peu d'années encore on les tirait exclusivement des environs de Nuremberg. M. Brard, auquel on doit d'excellens ouvrages et une foule d'inventions utiles de minéralogie appliquée aux arts, est le premier qui en ait fait extraire en France dans le département de la Dordogne. Depuis, on en a fabriqué dans l'Ardenne et dans plusieurs autres localités. Nous avons trouvé l'usage des tableaux d'ardoise établi en Grèce depuis fort long-temps. Les Crayons et une partie des tableaux dont on fait usage dans les écoles et chez tous les marchands proviennent d'un petit canton de la Laconie.

Crayons dits de mine colorée. Ces Crayons, dus à l'industrie des frères Joel, ne sont dans le commerce que depuis peu d'années. Leur base est de l'argile d'Arcueil, et les matières colorantes sont le bleu de Prusse, l'orpin, le blanc de plomb, le vermillon et le carmin pur. On les renferme dans des étuis de bois comme ceux de mine de plomb.

(B.)

CRÉATION, CRÉATURE. *Voyez* Matière, Nature, Production.　　　(P. G.)

CRECER. (ois.) Nom vulgaire de la Drenne (*Turdus viscivorus*, L.). *Voyez* Merle.

CRÉMASTOCHEILE, *Cremastocheilus*. (ins.) Genre de Coléoptères de la famille des Lamellicornes, démembré des Cétoines par Knoch. *V.* Cétoine.　　　(A. P.)

CRÈME. (chim.) Matière d'un blanc jaunâtre, d'une odeur et d'une saveur douces et agréables, d'une consistance assez épaisse, plus légère que le lait, composée de stéarine, d'élaïne, d'une substance colorante jaune, des acides butyrique, lactique, acétique et carbonique, de chlorure de potassium, de phosphate de chaux, etc., et que l'on obtient en abandonnant le lait à lui-même dans un lieu frais.   (F. F.)

CRÈME DE CHAUX. (chim.) Pellicule croûteuse qui surnage le soluté aqueux de chaux anciennement préparé, et qui n'est autre qu'un carbonate calcaire formé aux dépens de l'acide carbonique de l'air atmosphérique.   (F. F.)

CRÈME DE TARTRE. (chim.) La Crème de tartre, bitartrate de potasse des chimistes modernes, mélange de tartrate de chaux, de matière colorante, de lie et d'autres corps étrangers, constitue la croûte cristalline, appelée *tartre*, qui se dépose au fond et sur les parois des tonneaux dans lesquels le vin acidule a fermenté.

Le tartre, de couleur blanche ou rouge, suivant qu'on l'a obtenu du vin blanc ou du vin rouge, se purifie en le faisant dissoudre dans de l'eau bouillante, laissant refroidir la liqueur saturée, qui fournit des cristaux assez blancs.

La Crème de tartre est solide, blanche, cristallisée en prismes tétraédriques, très-peu transparente, inaltérable à l'air, inodore, d'une saveur acide, soluble dans 95 parties d'eau froide, dans 15 parties d'eau bouillante, rougissant la teinture de tournesol; exhalant, quand on la chauffe, une vapeur qui a une odeur particulière, une saveur acide et piquante, et laissant pour résidu une masse charbonneuse, spongieuse, difficile à calciner; donnant à la distillation beaucoup de gaz acide carbonique, et d'hydrogène carboné, de l'huile empyreumatique de l'acide acétique, un peu de carbonate d'ammoniaque.

La Crème de tartre est souvent falsifiée dans le commerce avec du sable, de l'argile et d'autres substances analogues; on reconnaît cette fraude en traitant le sel suspect par une lessive alcaline chaude qui ne dissout pas les corps étrangers.

Le bitartrate de potasse, donné en petite quantité, jouit de propriétés tempérantes; c'est à cet effet qu'on l'emploie dans la jaunisse, les embarras gastriques, etc.; à fortes doses, et surtout en poudre, c'est un laxatif dont on fait fréquemment usage, à cause de sa saveur beaucoup moins désagréable que celle de la plupart des sels neutres. Dans les pharmacies, on est dans l'habitude, pour les besoins de la médecine, de rendre la Crème de tartre beaucoup plus soluble dans l'eau, en la mélangeant avec une partie d'acide borique pour cinq de Crème de tartre, ou pour quatre selon Vogel, et versant de l'eau bouillante sur le mélange. On obtient ainsi un sursel qui ne cristallise pas, qui est soluble dans les trois quarts de son poids d'eau froide et un quart d'eau chaude, et dont la composition, d'après M. Soubeiran, serait telle que la potasse et l'acide borique y contiendraient des quantités égales d'oxigène. (F. F.)

CRÉNATULE. (moll.) Genre créé par Lamarck, adopté par tous les conchyliologues et ainsi caractérisé: coquille subéquivalve, aplatie, feuilletée, un peu irrégulière; aucune ouverture latérale pour le byssus; charnière latérale, linéaire, marginale, crénelée; crénelures sériales calleu-

ses, creusées en fossettes, et qui reçoivent le ligament.

Les espèces de Crénatules sont rares et encore peu connues, surtout à l'état fossile; on les rencontre dans les mers chaudes: nous citerons les suivantes:

1° Crénatule aviculaire, *Crenatula avicularis* de Lamarck. Coquille rhomboïdale arrondie, comprimée, très-mince, presque membraneuse, d'un rouge blanchâtre. On la trouve dans les mers de l'Amérique méridionale.

2° Crénatule verte, *Crenatula viridis* de Lamarck. Coquille peu régulière, ovale, oblongue, verdâtre et présentant des appendices terminaux, des crochets obliquement proéminens, et une longueur d'un décimètre environ. On la trouve dans les mers de l'Asie australe.

3° Crénatule mytiloïde, *Crenatula mytiloïdes* de Lamarck. Cette dernière espèce nous vient de la mer Rouge; elle est petite, violette, ovale, oblongue, aiguë vers les sommets, et obscurément rayonnée. On la reconnaît aux lames voûtées qui garnissent intérieurement les crochets.
                          (F. F.)

CRÉNELÉ, *Crenatus.* (zool. bot.) On emploie cet adjectif pour désigner les organes planes des animaux et des végétaux chez lesquels le bord offre des lobes très-courts, arrondis, et séparés par des sinus très-aigus et peu profonds.   (Guér.)

CRÉNILABRE, *Crenilabrus.* (poiss.) Genre que l'on range parmi les Acanthoptérygiens, que Cuvier sépare des Lutjans de Bloch, et dont le caractère consiste en une dentelure au préopercule, ce qui les sépare des Labres proprement dits, qui sont privés de la dentelure préoperculaire. Du reste, ces poissons présentent, tant à l'intérieur qu'à l'extérieur les caractères des Labres proprement dits.

Ce genre est des plus nombreux, ses diverses espèces s'étendent dans la Méditerranée et dans les mers du Nord. Nous ne rapporterons que les plus remarquables: parmi celles que la Méditerranée produit est le *Crenilabrus lupina* de Forskal, argenté, à trois larges bandes longitudinales formées de points vermillon; les pectorales sont jaunes, et les ventrales bleues. Celles que l'on observe dans les mers du Nord sont le *Lutjanus buprestis*, Bl. 1250, fauve, à bandes nuageuses, verticales, noirâtres; *Lutjanus norwegicus*, Bl., 256, brunâtre, tacheté et marbré irrégulièrement de brun foncé; le *Labrus milops*, orangé, tacheté de blanc, une tache noire derrière l'œil; le *Labrus exoletus* ou *Palloni*, Risso, remarquable par les cinq épines de sa nageoire anale. (Alph. G.)

CRÉPIDE, *Crepis.* (bot. phan.) Tournefort et Vaillant confondaient ce genre, de la famille des Chicoracées et de la Syngénésie polygamie égale, avec celui des Epervières, *Hieracium*, qui en est tout voisin. Linné le constitua, lui donna le nom de *Crepis*, on ne sait trop pourquoi, puisque rien dans les plantes de ce genre ne rappelle la forme d'une sandale ou d'une semelle, valeur du mot grec *Krêpis*. Depuis le botaniste d'Upsal, on a reformé ce groupe en lui donnant un peu plus d'exactitude, non dans le rapport du nom, mais dans celui des espèces entre elles. On a voulu pousser le démembrement plus loin, et l'on est retombé dans le désordre; en s'arrêtant trop complaisamment à des caractères peu constans ou du moins de légère importance, il n'y aurait pas un seul genre qui n'offrît aux amateurs une ou plusieurs circonstances de créer un genre nouveau, d'illustrer un ami, d'écrire un long mémoire, de fournir des dessins microscopiques plus ou moins vrais, plus ou moins réguliers. De tous les changemens apportés à la nomenclature des espèces linnéennes, quatre seulement sont approuvés par tous les botanistes : le *Crepis albida* est devenu un *Picridium*; le *Crepis barbata* sert de type au genre *Drepania*; le *Crepis pulchra* fait partie des *Prenanthes*, et le *Crepis rhagadioloïdes* est réuni au genre *Zacintha*.

Malgré cette élimination, le genre Crépide est encore composé de plus de soixante espèces; leur élégance, le bon effet qu'elles produisent quand elles sont tenues en touffes, n'ont point déterminé les horticulteurs à les admettre parmi les plantes d'agrément; elles méritent cependant bien autant d'attention que l'on en donne à certaines plantes exotiques moins belles, mais plus vantées; elles ont d'ailleurs l'avantage de n'être aucunement difficiles sur la nature du terrain ni sur l'exposition.

Cinq espèces de Crépides appartiennent à la flore française : ce sont la CRÉPIDE DES ALPES, *C. alpina*, dont la tige, haute de trente-deux centimètres, porte des fleurs d'un jaune pâle au mois de juillet : la CRÉPIDE PUANTE, *C. fœtida*, hérissée de poils blancs, aux fleurs jaunes et purpurines en dehors; la CRÉPIDE DES TOITS, *C. tectorum*, abondante à Fontainebleau et dans plusieurs autres localités où ses panicules lâches produisent un assez bel effet; la CRÉPIDE BISANNUELLE, *C. biennis*, à tige rameuse, s'élevant à un mètre environ, à feuilles roncinées et à grandes fleurs jaunes, épanouies en mai et juin; et la CRÉPIDE FLUETTE, *C. virens*, que l'on rencontre partout sur la fin de l'été, principalement dans les lieux secs, le long des murailles, dans les haies, sur les pelouses.

L'espèce la plus jolie, la CRÉPIDE ROUGE, *C. rubra*, que l'on a cru long-temps ne croître que dans l'Apulie, vulgairement dite la Pouille, mais que l'on a depuis quelques années observée aux environs de Montpellier et dans d'autres parties de nos départemens du midi, avait été retirée de ce genre par le professeur Moench, mort en 1805, pour en faire un genre nouveau dédié à son élève Barckhausen; il fondait sa distinction sur ce que l'appendice du bout de la graine sert de support à l'aigrette qui la couronne, tandis que l'aigrette est sessile dans les autres espèces. De Candolle a cru devoir adopter ce changement, qui nous paraît si minutieux que nous le rejetons d'accord avec tous les botanistes raisonnables. Quoique cette plante, froissée ou simplement remuée, répande une odeur peu agréable, sa fleur est très-belle, d'un rose foncé qui plaît à l'œil, large d'environ quatre centimètres, et ses demi-fleurons

sont posés symétriquement sur un réceptacle alvéolaire et nu. La Crépide rouge est encore intéressante à voir quand ses graines se montrent terminées par leur aigrette de poils simples. Ses feuilles, longues, fortement échancrées et armées de pointes, sont rares sur la hampe, et font touffe autour du collet de la racine.   (T. D. B.)

CRÉPIDULE, *Crepidula*. (MOLL.) Le genre Crépidule, établi par Lamarck aux dépens des Patelles de Linné, offre les caractères suivans : animal ayant la tête fourchue antérieurement, **deux tentacules coniques portant les yeux à leur base** extérieure; bouche simple, sans mâchoires, placée dans la bifurcation de la tête; une **branchie** en panache, saillante hors de la cavité **branchiale,** et flottant sur le côté droit du cou; manteau ne débordant jamais la coquille; pied petit; anus latéral; coquille ovale, oblongue, à dos presque toujours convexe, concave en dessous, ayant la spire fort inclinée sur le bord; ouverture en partie formée par une lame horizontale. Parmi les espèces vivantes ou fossiles du genre Crépidule, nous citerons les suivantes :

1° CRÉPIDULE PORCELLANE, *C. Porcellana*, de Lamarck. Coquille ovale, oblongue, à sommet recouvert sur le bord, d'une couleur le plus souvent blanche, parsemée de taches triangulaires roussâtres ou brunes, et d'une longueur d'un pouce et demi environ. On la trouve assez communément dans les mers de l'Inde et à l'île de Gorée, et elle est tellement adhérente aux parties sur lesquelles elle est fixée, sur les rochers, qu'on brise quelquefois la coquille sans avoir détaché l'animal.

2° CRÉPIDULE DE GORÉE, *C. goreensis* de Linné. Coquille longue de cinq à six lignes, adhérente aux rochers de l'île de Gorée, blanche, lisse, très-mince, ovale et très-aplatie. L'animal renfermé dans cette espèce, et qui a été décrit par Adanson, présente les caractères suivans : tentacules chagrinés, et cela à cause des petits tubercules blancs qui se trouvent à leur extrémité; pied et manteau également chagrinés; huit filets cylindriques assez longs, qui partent du manteau et du derrière de la tête, et qui, d'après Cuvier, seraient les branchies sortant de la cavité branchiale.

3° CRÉPIDULE ÉPINEUSE, *C. aculeata*, de Lamarck. Celle-ci est ovale, aplatie; son sommet, courbé vers le bord gauche, fait un tour de spire environ; sa couleur est blanche, avec des flammules roussâtres; elle est chargée de petites côtes peu régulières qui portent des épines ou des écailles; sa longueur est de onze à douze lignes; on la trouve dans la mer de l'Amérique méridionale.

4° CRÉPIDULE DE HAUTEVILLE, *C. Altavillensis*, de Defrance. Coquille épaisse, aplatie, à sommet subcentral, et dont l'ouverture est petite, opposée au sommet.

5° CRÉPIDULE BOSSUE, *C. gibbosa*, de Defrance. Coquille convexe, bossue, profonde, à sommet incliné vers le bord, chargée de petites aspérités irrégulières, et qui habite les salinières de la Touraine, et à Levignan près Bordeaux.

6° CRÉPIDULE D'ITALIE, *C. italica*, de Defrance. Espèce assez analogue à une coquille nommée vulgairement *Sandale*, et qui paraît se fixer, se mouler pour ainsi dire, dans d'autres coquilles abandonnées. Elle est irrégulière, lisse, très-mince, tantôt concave, tantôt convexe, et son sommet est appuyé sur le bord.   (F. F.)

CRÉPUSCULE. (ASTRON.) Le soleil ne paraît pas encore, et déjà le jour commence à poindre; le soleil vient de se coucher et la clarté subsiste quelque temps après. Ce jour faible qui précède le lever du soleil et suit son coucher se nomme *Crépuscule*; c'est à l'atmosphère que nous en devons le bienfait; les particules d'air et d'eau nous renvoient dans une multitude de directions les rayons du soleil avant qu'ils puissent nous parvenir directement, en sorte que, sans l'atmosphère, le jour et la nuit se succéderaient brusquement.   (B.)

CRÉPUSCULAIRES, *Crepuscularia.* (INS.) Famille de Lépidoptères distinguée des deux autres qui, avec elle, divisent cet ordre, par ses ailes supérieures, retenues inclinées dans le repos au moyen d'un crin propre aux ailes inférieures et entrant dans une coulisse des supérieures; mais ce caractère est commun à la famille des Nocturnes, il faut donc ajouter que leurs antennes sont en massue, et c'est là leur caractère principal; les chenilles de cette famille, qui ont toujours tseize pattes, sont rares, et construisent pour se métamorphoser une espèce de coque soit en soie lâche, soit dans la terre; les chrysalides sont toujours lisses et jamais anguleuses comme celles des papillons de jour. Cette tribu composait autrefois le genre Sphinx de Linné.   (A. P.)

CRESCENTIE, *Crescentia.* (BOT. PHAN.) En créant ce genre placé à la dernière limite de la famille des Solanées et appartenant à la Didynamie angiospermie, Linné a voulu payer un juste tribut à la mémoire du restaurateur de l'agriculture italienne, de cet illustre Pietro de' Crescenzj, qui, bravant les désordres de la guerre civile et la terreur qu'imprimait partout la présence des farouches soldats allemands, conçut, en un siècle barbare, l'heureuse idée de réveiller l'amour de la patrie aux cœurs de ses contemporains en les attachant à la charrue qui fertilise, en portant les lumières de l'instruction chez le petit comme chez le grand cultivateur, en appelant l'industrie sur les vastes landes, sur les marais non moins étendus qui rendaient des populations voisines étrangères les unes aux autres, et rompaient à chaque pas les liens de la civilisation. C'est le traité d'agriculture de Crescenzj que le moine Jehan Corbichon traduisit en 1373, et qui fut imprimé à Paris en 1486 sous le titre de : *Livre des prouffits champestres et ruraulx.*

Le genre Crescentie, vulgairement nommé Couis et Calebassier, est composé d'arbrisseaux à feuilles alternes, le plus souvent réunies en touffes simples, tous indigènes aux contrées équatoriales de l'Amé-

rique. Leurs fleurs sont généralement grandes, presque campanulées, à tube inégal, ventru et courbé, portées sur un calice caduc à deux découpures concaves, obtuses et égales; quatre étamines didynamiques, c'est-à-dire dont deux plus courtes, ayant les anthères bilobées, vacillantes et penchées; un style plus long que la corolle, à stigmate en tête, ou plutôt bilamellé d'après la remarque de Jacquin. Baie très-grosse, cucurbitacée, à une loge, à écorce dure; la pulpe est succulente, aigrelette, et renferme de nombreuses semences, presqu'en cœur, à deux loges.

Des sept espèces décrites par les botanistes, je n'en citerai que trois; toutes ne sont pour l'Europe qu'un pur objet de curiosité. Il n'en est pas de même dans les pays où elles croissent spontanément, surtout de la CRESCENTIE A FEUILLES LONGUES, *C. cujete.* On y recommande l'usage de sa pulpe, préparée en sirop, aux personnes affectées de maladies de poitrine, et mangée dans son état naturel comme un excellent vulnéraire. Avec la coque de son fruit on fait des vases agréables et plusieurs ustensiles de ménage que les Créoles appellent *Couis*, d'où sont venus les *Couets*, espèce de petits pots de terre que l'on fabrique dans quelques localités de notre belle France. Arbre de la hauteur d'un pommier ordinaire, cette Crescentie, vulgairement dite *Calebassier*, et par les Caraïbes *Baya*, a le tronc tortueux, l'écorce ridée, le bois blanc et coriace; ses nombreuses branches sont longues, courbées horizontalement, garnies de peu de rameaux, et à chaque nœud, de faisceaux de feuilles, au nombre de neuf à dix, entières, lancéolées, acuminées, glabres et terminées par une longue pointe. Les fleurs que l'on voit pendre aux rameaux, au moyen d'un pédoncule de trois centimètres de long, sont solitaires, d'un blanc pâle et d'une odeur désagréable; elles produisent des fruits ovoïdes, qui ont depuis cinq jusqu'à trente-deux centimètres de diamètre, à écorce verte, unie, presque ligneuse, couvrant une pulpe blanche, aigrelette, fort recherchée par les oiseaux munis d'un bec très-fort. Cette espèce abonde aux Antilles; on lui connaît deux variétés, l'une à feuilles étroites, à fruits moyens, globuleux ou légèrement ovales; c'est le *Machamona* des Caraïbes; l'autre, qui croît à la Guiane, à feuilles ovales, à fruit petit, excédant rarement la grosseur d'un œuf de poule. Persoon en fait deux espèces distinctes.

La CRESCENTIE A LARGES FEUILLES, *C. cucurbitina*, qui habite plus particulièrement Haïti et le Brésil, élève sa tige droite et branchue à sept mètres; elle est recouverte d'une écorce blanchâtre, lisse, qui cache un bois blanc; sa cime est ample et étalée, son tronc assez gros; ses feuilles, alternes, sont entières, larges, d'un vert foncé, portées sur de courts pétioles. Les fleurs, petites, d'un jaune foncé, naissent dans les aisselles des grandes branches, et donnent un fruit rond ou ovale, de la grosseur d'un citron, un peu mamelonné et à écorce très-cassante : on le nomme vulgairement *Cobyne*; sa pulpe est moins blanche que dans l'espèce précédente.

La **Crescentie a feuilles de jasmin**, *C. jasminoides*, a les fleurs blanches mêlées d'un peu de rouge, et les fruits, de la consistance d'une poire molle, remplis d'une pulpe que l'on a comparée à de la casse et pour le goût et pour la couleur. Ils sont petits, ovales, d'un vert mêlé de jaune. Catesby, qui a trouvé cet arbrisseau, dans la Caroline et aux îles de Bahama, nous apprend qu'il s'élève au plus à deux mètres, et que son feuillage a beaucoup de rapport avec celui du Laurier commun, *Laurus nobilis*.

Il convient de dire, avant de terminer cet article, que les Caraïbes employaient à des cérémonies mystérieuses les petits vases préparés avec l'écorce du fruit des Crescenties, principalement ceux de l'espèce à feuilles longues, qu'ils dépouillaient de leur pulpe intérieure en jetant de l'eau bouillante dessus. On en trouve encore dans les cabanes, remplis de graines de maïz ou de petites pierres arrondies, ornés extérieurement de plumes de diverses couleurs, ou lavés de rocou, d'indigo, ou bien couverts de figures symboliques d'une exécution vraiment étonnante. Ces vases sont d'ordinaire placés sur le sol et fixés au moyen d'un petit bâton entré dans une ouverture pratiquée à cet effet dans le bas. On les appelle tamaraka; ils servaient d'intermédiaire entre le chef de l'habitation et le *toupan* ou dieu du pays, du moment où le *paigi*, prêtre ou devin, avait soufflé dessus de la fumée de tabac et dit quelques mots mystiques. L'on recherche aujourd'hui ces vases comme une curiosité.

(T. v. B.)

CRESSE, *Cressa*. (bot. phan.) Famille des Convolvulacées, Pentandrie digynie. Caractères : calice à cinq divisions profondes; corolle infundibuliforme un peu plus grande que le calice; ovaire biloculaire à loges dispermes, surmonté de deux styles et de deux stigmates capités; capsule uniloculaire et monosperme (par avortement), à deux valves, qui se séparent par la base à la maturité.

Les plantes de ce genre sont de petites herbes couvertes d'un duvet soyeux, à feuilles éparses et très-entières, à fleurs axillaires disposées en bouquets serrés aux extrémités des rameaux, et accompagnées de deux petites bractées.

Cresse de Crète, *Cressa cretica*, L. C'est la seule espèce décrite par Linné; cette plante est fort petite; sa tige très-rameuse est couchée et étalée par terre; ses fleurs sont jaunes. On la trouve dans toute la région méridionale de l'Europe, depuis l'île de Crète et les îles de l'Archipel jusqu'aux côtes de France et d'Espagne, et particulièrement, selon Bory de Saint-Vincent, dans le canton de l'Andalousie qu'on appelle Marisme, où on la brûle avec d'autres plantes dont on veut retirer de la soude. Desfontaines l'a retrouvée aux environs de Tunis.

Retz (obs. 4, p. 24) en décrit une autre espèce très-voisine de la précédente, à corolle un peu soyeuse au sommet et à capsule tétrasperme. C'est la Cresse de l'Inde, *Cressa indica*, qui croît dans les lieux maritimes de cette contrée. Kunth (Nov. Gen. et Spec. pl. eq., t. iii, p. 119)

en fait connaître une autre espèce, la *Cressa truxillensis*, qui offre beaucoup de rapports avec celle que nous venons de désigner. Elle croît près de Truxillo dans le Pérou.

(C. É.)

CRESSERELLE. (ois.) Cet oiseau, que Brisson a décrit sous le nom d'*Epervier des alouettes*, appartient au genre Faucon (*voy.* ce mot); c'est le *Falco tinnunculus* de Linné. Il se reconnaît à ses ailes atteignant les trois quarts de la queue, à sa tête et à sa queue qui sont de couleur cendrée, et ses parties supérieures rousses, ou d'un blanc très-légèrement roussâtre, avec des taches oblongues brunes; le bec est bleuâtre, l'iris jaune ainsi que les pieds, et les ongles constamment noirs. Longueur, 14 pouces chez le mâle; la femelle est un peu plus grande. Les jeunes sujets ont le dessus d'un brun rougeâtre, tacheté de noir, et les parties inférieures blanches, ou d'un blanc roussâtre, avec des taches oblongues noires; iris brun; cire verdâtre : la Cresserelle peut offrir, suivant les circonstances, quelques légères variations. On la trouve assez communément par toute l'Europe; elle n'est pas rare en France; elle fait sa proie de souris, mulots, petits oiseaux, grenouilles et insectes de plusieurs sortes. Sa ponte est de trois ou quatre œufs, d'un jaune légèrement teinté de roux, et marqué de petites bandes et de taches d'un brun rougeâtre. La femelle fait son nid dans les crevasses des vieilles murailles, ou dans les vieilles tours, quelquefois aussi dans les arbres creux.

(Gerv.)

CRESSERELLETTE. (ois.) Cette espèce, très-voisine de la Cresserelle, dont elle diffère par ses ailes atteignant l'extrémité de la queue, et ses ongles de couleur blanche, n'a point été connue de Buffon ni des autres naturalistes du dernier siècle; on doit à Natterer de l'avoir distinguée. La Cresserellette est longue de 11 pouces seulement dans le sexe mâle; elle a les parties supérieures d'un roux foncé rougeâtre, le croupion et la queue cendré-bleuâtre, et une bande noire sur la queue qui est terminée de blanc; bec bleuâtre; cire, tour des yeux et iris jaunâtres. La vieille femelle et le jeune mâle ressemblent assez pour le plumage à la Cresserelle femelle. La Cresserellette est extrêmement rare en France; on la trouve en Italie, en Espagne et dans le midi de l'Allemagne; elle se tient sur les rochers, et se nourrit ordinairement d'insectes de grosse taille. (Gerv.)

CRESSON. (bot. phan.) On a étendu ce nom, qui est synonyme de *Cardamine*, à un grand nombre de végétaux appartenant à diverses familles et à plusieurs genres différens. Ce qui a amené cette confusion, c'est que tous ces végétaux ont, comme la *Cardamine*, une saveur piquante et agréable, et qu'on s'en sert pour faire de la salade. Voici les principales espèces nommées vulgairement Cresson :

Cresson alenois ou nasitort, c'est le *Lepidium sativum* de Linné, ou le *Thlaspi sativum* de Desfontaines.

Cresson du Brésil, c'est le *Spilanthus oleraceus*, L.

Cresson

Cresson de chien, le *Veronica beccabunga*, L.

Cresson d'eau, le *Sisymbrium nasturtium*, L., ou *Nasturtium officinale* de De Candolle.

Cresson d'Inde, la Capucine ordinaire, *Tropœolum majus*, L., que les anciens botanistes appelaient *Nasturtium indicum*.

Cresson de l'Ile de France, c'est le *Spilanthus alcmella*, L.

Cresson de fontaine, le *Nasturtium officinale*, c'est celui dont on fait une grande consommation comme aliment et comme médicament antiscorbutique. Il est naturalisé à l'île de France.

Cresson de jardin, le *Thlaspi sativum*, Desf.

Cresson du para, c'est le *Spilanthus oleracea*, L.

Cresson du Pérou, le *Tropœolum majus*.

Cresson des prés, c'est le nom vulgaire de la Cardamine des prés.

Cresson de rivière, le *Nasturtium sylvestre*, de De Candolle.

Cresson de roche, la Saxifrage dorée.

Cresson des ruines ou des décombres, le *Lepidium ruderale*.

Cresson sauvage, le *Coronopus ruellii*, De Candolle.

Cresson de savane. On a donné ce nom à plusieurs plantes qui croissent dans les savanes ; tels sont le *Lepidium didymum*, une espèce du genre *Pectis*, etc.

Cresson de terre, c'est l'un des noms vulgaires de l'herbe de Sainte-Barbe, *Barbarea officinalis*.   (Guér.)

CRÉTACÉ. (géol.) Cette dénomination est employée en géologie pour désigner un terrain qui comprend les différentes formations de la Craie (v. ce mot). C'est précisément le *terrain Crétacé* qui se divise en plusieurs étages comprenant, outre les diverses variétés de craie, les marnes, les argiles, les sables et les autres calcaires que l'on doit comprendre dans ce terrain. C'est dans la partie inférieure du terrain Crétacé que se trouvent les sources d'eau ascendantes qui alimentent les puits forés ou artésiens (v. Puits). Les montagnes formées par ce terrain sont toujours arrondies, mais terminées par des plateaux plus ou moins vastes ; jamais elles ne sont fort élevées ; jamais leurs flancs ne sont escarpés, mais ils sont souvent rapides. Les vallées y sont assez profondes, mais moins larges que dans les terrains tertiaires. Assez généralement elles se coupent sous des angles voisins de l'angle droit. Quelquefois on y remarque de grands bassins ouverts d'un seul côté.   (J. H.)

CRÊTE. (géogr. phys.) Nom ancien de l'île qui porte aujourd'hui le nom de Candie : elle est située dans la Méditerranée à l'entrée de l'Archipel. Elle appartient aujourd'hui aux Turcs, qui l'enlevèrent aux Vénitiens après une guerre de vingt-deux ans. (*Voy.* l'article Candie.)   (C. J.)

CRÊTE DES MONTAGNES. (géogr. phys.) On donne le nom de Crête à la partie la plus élevée du sommet d'une montagne. La Crête d'une montagne est en général très-marquée dans les montagnes à couches inclinées.   (C. J.)

CRÊTE, *Crista*. (ois.) On donne ordinairement ce nom aux caroncules charnues, souvent colorées en rouge très-vif, qui décorent la tête des mâles du genre Coq. La Crête manque dans quelques variétés, et est remplacée par une huppe de plumes. Chez beaucoup de poules on voit une Crête, mais elle est toujours plus petite que chez les coqs. On a étendu ce nom à d'autres appendices des animaux ou des végétaux qui, par leur forme, rappellent la figure d'une Crête de coq ordinaire. Ainsi on nomme Crête de coq, l'huître que Linné a appelée *Ostrea crista-galli*. On appelle encore ainsi le *Celosia cristata* et les Rinanthes, d'où leur est venu le nom de *Cocrètes* ou *Cocristes*.

Crête de paon. Dans nos colonies on donne ce nom vulgaire aux *Guilandina bonducella* et *paniculata*, au *Cæsalpinia sapan*, à l'*Adenanthera pavonina*, etc., dont les fleurs produisent des étamines prolongées hors de la corolle, ce qui leur donne une certaine ressemblance avec l'aigrette de la tête des Paons.   (Guér.)

CRÉTIN. (mam.) Dans cette partie des Alpes qu'on appelle le Valais, dans la Maurienne, la vallée d'Aoste et aussi dans quelques vallées profondes environnées de hautes montagnes de la Suisse, de l'Ecosse, de l'Auvergne, des Pyrénées et du Tyrol, on rencontre certains individus idiots ou imbéciles, remarquables surtout par quelques difformités des parties extérieures ; on leur a donné le nom de *Crétins*. Ce nom est, dit-on, une corruption du mot *chrétien*, parce que, dans leur état d'idiotisme, ces individus ne sauraient commettre de péché. Cette bizarre étymologie nous paraît au moins contestable. Les Crétins sont en général paresseux, apathiques, gourmands et lascifs ; leur aspect a quelque chose de repoussant ; ils vivent dans la saleté ; il y en a d'aveugles, de sourds et muets ; ils portent presque tous des goîtres volumineux, leurs chairs sont molles et flasques, leur peau flétrie et ridée, jaune, pâle, cadavéreuse, couverte de crasse, d'une couche terreuse, de gale, de dartres ; leurs paupières sont gonflées, leurs yeux rouges et chassieux, saillans et écartés ; leur bouche béante laisse découler la salive, leur langue épaisse est pendante, leur figure aplatie, violacée, bouffie, leur mâchoire inférieure allongée, leur front assez souvent déjeté en arrière ; leur taille s'élève rarement au-delà de quatre pieds et quelques pouces. Leur existence ne s'étend jamais guère à plus d'une trentaine d'années.

Il est encore assez difficile d'indiquer la véritable cause du crétinisme ; on l'a d'abord attribué à l'usage des eaux de sources, crues et plâtreuses (nous ne serions pas loin de penser que le nom de cette affection soit plutôt emprunté du mot *creta*, craie, parce que ces eaux renferment beaucoup de matières crayeuses). Mais on a remarqué que les habitans des montagnes élevées qui bordent ces eaux à leurs sources et avant qu'elles se soient améliorées en s'aérant dans leur cours rapide, ne sont cependant point sujets à cette affreuse infirmité. On lui a plus raisonnablement donné pour cause l'air épais, stagnant, corrompu, qu'on respire habituellement dans certaines vallées, surtout lorsqu'elles sont exposées aux rayons du soleil; mais, il faut bien le dire, ces circonstances atmosphériques existent dans certaines localités où l'on ne rencontre pas de Crétins. La misère, la débauche, la mauvaise qualité des alimens doivent entrer pour beaucoup dans la production et le développement de cette maladie. On a du reste observé que les Crétins étaient moins nombreux depuis qu'un peu d'aisance et d'instruction améliorait le sort des misérables habitans des contrées où l'on en rencontre habituellement. Il est difficile de penser que cette affection dépend d'un vice congénial, puisqu'elle se développe chez des individus qui viennent accidentellement habiter les lieux où elle est endémique, et qu'elle s'améliore ou disparaît lorsque les indigènes qui semblent y être disposés vont habiter les montagnes élevées. Il serait à désirer que par des autopsies multipliées on examinât avec plus d'attention l'état des organes des malheureux qui succombent à cette maladie, et qu'on trouvât dans ces observations quelques moyens de la prévenir, d'en arrêter la marche, ou de rendre à une existence plus utile les êtres dégradés qu'elle condamne à un éternel abrutissement.   (P. G.)

CREUSIE. (moll.) Genre formé par Leach aux dépens des Balanes, parce que l'opercule n'a que deux pièces au lieu de quatre. Une seule espèce, la Creusie épineuse, *Creusia spinulosa*, a été indiquée par l'auteur et rapportée par M. de Blainville à la Balane des Madrépores de Bosc.
    (F. F.)

CREVETTE, *Gammarus*. (crust.) Genre établi par Fabricius, et correspondant à l'ordre des Amphipodes de Latreille. Ce genre, depuis sa fondation, a subi un grand nombre de changemens, et a été beaucoup subdivisé. Aujourd'hui, dans les méthodes de Leach et de Latreille, il ne comprend plus que les espèces qui offrent pour caractères: quatre antennes, dont les deux supérieures aussi longues ou plus longues que les deux autres, et dont le pédoncule est de trois articles, avec une petite soie articulée au bout du troisième; les quatre pieds antérieurs semblables dans les deux sexes et terminés par un seul doigt. Les Crevettes, proprement dites, ont les antennes insérées au devant de la tête entre les yeux, de médiocre grandeur, composées de trois articles principaux et d'un quatrième, sétacé, multi-articulé et terminal; les supérieures ayant à l'extrémité intérieure de leur troisième article un petit appendice sétacé, multi-articulé. Les pieds sont au nombre de quatorze; les quatre antérieurs étant terminés par une main large, comprimée, pourvue d'un fort crochet, susceptible de mouvement, et qui correspond au doigt mobile des pinces des autres crustacés; les pieds qui suivent finissent insensiblement en un doigt simple et légèrement courbé dans

quelques uns. L'abdomen est pourvu de longs filets bifides, très-mobiles, de chaque côté du dessous de la queue, qui est terminée par trois paires d'appendices allongés, bifurqués, ciliés, étendus à peu près dans la direction du corps qui est oblong, très-comprimé, arqué, divisé en treize articulations, y compris la tête; les premiers anneaux présentent une pièce latérale mobile, articulée avec eux et recouvrant la base des pattes; ces pièces singulières semblent correspondre aux flancs des insectes et des autres crustacés. Les Crevettes sont très-communes dans les eaux douces courantes et dans la mer. L'espèce que l'on peut considérer comme type du genre est la Crevette des ruisseaux, *Gammarus pulex*, Fab., représentée dans notre Atlas, planche 130, qui abonde dans les fontaines, les bassins des sources, les filets d'eau des cressonnières. Ce crustacé nage toujours au fond, couché sur le côté, et son principal moyen de progression consiste dans la détente rapide et souvent renouvelée des appendices de la queue; il est carnassier et paraît vivre de la chair des poissons morts, et même de celle des individus de sa propre espèce. On le trouve souvent accouplé, le mâle emportant la femelle, beaucoup plus petite que lui, entre ses jambes. Cette femelle garde ses œufs jusqu'au moment où ils éclosent, et les petits qui en sortent se mettent pendant quelque temps à l'abri sous son ventre et sous les lames latérales de son corps. Degéer a remarqué qu'ils changeaient de peau à la manière des écrevisses. Cette espèce est très-commune aux environs de Paris.

Plusieurs espèces sont marines, la plus commune et la moins connue est la Crevette locuste, *Gammarus locusta*, Leach. Cette espèce, qui a été confondue avec le *Gammarus pulex* de Linné, est assez rare en France, mais on la trouve plus communément sur les côtes d'Angleterre. Les espèces composant le genre Gammarus étaient peu connues des anciens, et se réduisaient à un très-petit nombre; mais depuis ce nombre s'est augmenté et les espèces ont subi de grands changemens. Dans un mémoire ayant pour titre Recherches pour servir à l'histoire naturelle des crustacés amphipodes, M. Edwards a porté principalement ses recherches sur la structure extérieure de ces crustacés et sur la classification de ces animaux. Du temps de Linné, presque tous les Amphipodes étaient complètement inconnus des naturalistes, et dans le premier ouvrage de Fabricius, il n'est question que de trois espèces. Aujourd'hui même on n'a étudié l'organisation que d'un très-petit nombre de ces animaux; pour faciliter la détermination de ces crustacés, l'auteur a exposé, dans des tableaux synoptiques, les principales différences qu'on rencontre dans les divers genres et espèces. Dans ce travail, ces crustacés sont divisés en deux familles naturelles qui sont les Crevettines et les Hypérines. La première famille, ou les Crevettines peut se distinguer de cette manière : pattes-mâchoires, recouvrant toute la bouche, et formant une espèce de lèvre inférieure impaire, terminée par quatre grandes lames cornées, et deux longues tiges palpiformes ; corps grêle et allongé ; tête petite. La seconde famille se distingue de la première par les caractères suivans : pattes-mâchoires ne recouvrant que la base des appendices précédens, et formant une espèce de lèvre inférieure impaire, terminée par trois lames cornées et dépourvues de tiges palpiformes, ou n'en ayant que des vestiges. Corps en général gros et bombé ; tête généralement forte.

La première famille renferme deux tribus, qui sont les Sauteuses et les Marcheuses : chacune de ces tribus comprend un certain nombre de genres, dont les principaux sont désignés à l'article Crevettines (*voy.* ce mot). La seconde famille, ou les Hypérines, se compose d'un assez grand nombre de genres dont les principaux sont les genres Vibilie, Hypérie, Daira, Dactylocère, Phronime et Typhis. (H. L.)

CREVETTES ou CHEVRETTES, SALICOQUES, BOUQUETS. (crust.) On désigne vulgairement sous ces noms des crustacés de genres différens qui se mangent sur nos tables, et que l'on voit continuellement chez Chevet et chez les autres marchands de comestibles de Paris. Ceux qu'on nomme le plus souvent *Chevrettes* appartiennent au genre Palémon (*voy.* ce mot) (*Palæmon squilla*, Linn.). Nous en avons représenté un individu dans notre Atlas, pl. 129, fig. 1. Les autres sont des Crangons. *Voy.* ce mot. (Guér.)

CREVETTINES, *Gammarinæ*. (crust.) Famille établie par Latreille, dans son *Gener. Crust. et Insect.*, tome 1, page 57, et rangée depuis par ce même auteur, Règn. anim. de Cuvier, dans l'ordre des Amphipodes et dans la section des Cystibranches, qui appartient à l'ordre des Isopodes. Les crustacés qui composent cette famille ne sont jamais parasites ; ils mènent tous une vie errante, et sont en général remarquables par leur agilité. Leurs antennes, toujours au nombre de quatre, sont grêles, ordinairement très-allongées et dirigées en avant. Chez la plupart d'entre eux, les pattes thoraciques des deux premières paires servent principalement à la préhension, et présentent des modifications en rapport avec leur usage ; les pattes suivantes, au contraire, sont ambulatoires, et se terminent par une longue tige cylindrique dont les mouvemens s'exécutent suivant le sens longitudinal, c'est-à-dire d'avant en arrière. Les Crevettines, d'après les Recherches pour servir à l'histoire naturelle des Crustacés amphipodes par Milne Edwards, ont été partagées par cet auteur en deux tribus naturelles, qui sont les Sauteurs et les Marcheurs. La première tribu, ou les Sauteurs, est caractérisée ainsi : corps très-comprimé ; pattes thoraciques des quatre premières paires encaissées à leur base ; extrémité postérieure du corps constituant un organe de saut. Cette tribu renferme six genres, dont les principaux sont : les Talitres, les Orchesties, les Amphitoës et les Crevettes. La seconde tribu, ou les Marcheurs, se distingue de la première par un corps peu comprimé, par les pattes thoraciques

des quatre premières paires qui ne sont point encaissées, et par l'extrémité postérieure du corps ne constituant pas un organe de saut. Cette tribu renferme aussi six genres, dont les principaux sont : les Atyles, les Podocères et les Corophies. (H. L.)

CREX, *Crex*. (ois.) Bechstein a donné ce nom à un petit genre, qu'il a établi dans la famille des Râles, pour y placer le Rale des genêts, ou Roi des cailles, *Rallus crex*. Latham, Vieillot, Cuvier et Temminck ne l'ont point adopté. *Voy.* l'article Rale de ce Dictionnaire. (Gerv.)

CRIBRAIRE, *Cribraria*. (bot. crypt.) *Lycoperdacées.* Genre fondé par Schrader, et caractérisé par un péridium membraneux presque globuleux, stipité, rempli de sporules agglomérées, et qui se détruit dans sa moitié supérieure de manière à ne plus présenter qu'un réseau délicat et filamenteux.

Les espèces de ce genre, très-petites et très-élégantes, croissent en groupe souvent assez nombreux sur les bois morts ou sur les feuilles sèches. (F. F.)

CRICET, *Cricetus*. (mam.) Synonyme de Hamster. *Voy.* ce mot. (Gerv.)

CRICRI. (ois.) Les paysans donnent ce nom à une espèce de Bruant connu des naturalistes sous le nom de Proyer.

CRI-CRI. (ins.) Nom vulgaire du Grillon des champs et du Grillon domestique. (Guér.)

CRIMÉE. (géogr. phys.) Cette péninsule, qui termine l'Europe au sud dans la mer Noire, est l'ancienne *Chersonèse Taurique*. Le 32ᵉ degré de longitude la traverse presque dans sa partie centrale, et elle est située entre le 46ᵉ et le 44ᵉ degré 28 minutes de latitude septentrionale. Sa longueur de l'est à l'ouest est de 73 lieues, sa largeur du nord au sud de 45, et sa superficie d'environ 1250 lieues. Elle tient au continent par l'isthme de Pérékop, qui, dans sa partie la plus étroite, a tout au plus une lieue et demie de largeur. A l'est de cet isthme s'étend la mer d'Azof, dont l'extrémité la plus occidentale comprise entre la presqu'île et la terre ferme a reçu le nom de *Ghiloc-more* ou de mer Putride. Cette sorte de golfe reçoit les eaux de la mer d'Azof par une étroite ouverture lorsque le vent souffle de l'est ; mais, dans le cas contraire, ce n'est plus qu'un marais fangeux, dont les exhalaisons se répandent au loin.

La Crimée se divise en deux parties bien distinctes : au nord du *Salghir*, qui est sa principale rivière, et dont les eaux poissonneuses ont un cours d'environ 40 lieues, s'étend une vaste plaine, couverte de sable dans sa partie occidentale, imprégnée de sel, et remplie de marais au nord jusqu'à l'isthme de Pérékop, mais offrant de fertiles alluvions vers le sud. Toute cette moitié septentrionale de la péninsule appartient au sol tertiaire. Un spectacle bien différent se présente dans la partie méridionale : ce sont des montagnes qui, par leur isolement de toutes les autres montagnes de l'Europe, forment un groupe particulier auquel on a donné le nom de *Système taurique.* Elles se divisent en deux chaînes, dont la plus rapprochée de la mer est la plus élevée. La plus remarquable est le *Tchatyrdagh,* dont les différens sommets ont, suivant MM. Engelhart et Parrot, 1471, 1497, 1554 et 1540 mètres de hauteur. Cette montagne ressemble à un mur long de près d'une lieue; son nom signifie en turc *Montagne de la tente* : les anciens l'appelaient *Trapezus.* Toute la partie montagneuse de la Crimée appartient au sol secondaire : sa principale roche est le schiste argileux, accompagné de trapp, de *grunstein* ou diorite, de grès, de calcaire. Les plus hautes cimes sont formées de ces dernières roches, et les plus basses de trapp et de schiste. Près de la côte elles sont généralement calcaires et remplies de corps organisés. On ne trouve dans ces montagnes aucune trace de volcans; mais on y a signalé cependant quelques épanchemens de TRACHYTE (*voy.* ce mot), roche d'origine ignée.

La Crimée serait un pays fortuné, un jardin de délices, si l'industrie secondait la végétation. La nature semble lui avoir prodigué tous ses trésors; ses vallées fertiles produisent toute espèce de fruits et de plantes. Au printemps les primevères et les safrans mêlent leurs parfums à ceux des orangers et des citronniers; les plus riches moissons de froment, les fraisiers, le sésame, embellissent les campagnes. Les vignes domestiques et sauvages s'élèvent à l'envi sur les arbres, retombent par festons et se réunissent avec la viorne fleurie en guirlandes et en berceaux; les grenadiers et les cyprès forment, sans le secours de l'art, d'admirables bosquets. Mais la nature ne borne pas là ses merveilles! Aimez-vous la variété, les contrastes, admirez ces belles horreurs, ces montagnes tapissées d'arbousiers et ornées sur leurs flancs de lauriers verdoyans, de chênes qui portent la noix de galle; ces cimes couronnées de genévriers, de sapins et de tous arbres verts qui résistent au froid; ces rochers immenses tombés en ruines, et ces cascades naturelles.

La Crimée nourrit les mêmes animaux que l'Europe; les chèvres et les moutons bondissent au milieu des rochers; les chevaux, les bœufs, les buffles, les chameaux paissent dans ses fertiles campagnes; parmi les animaux sauvages on remarque des loups, des chevreuils, des cerfs, des lièvres gris, des renards et des blaireaux.

Tout est animé dans cette contrée, tout y retracerait l'âge d'or; mais malheureusement le bonheur ne se trouve pas sur la terre; le climat offre des variétés selon l'influence des abris; vers le nordouest, le froid et l'humidité en hiver, la chaleur insupportable en été, occasionent des maladies fiévreuses et déciment souvent la population; cependant, grâce au ciel, ces fléaux n'étendent pas partout leurs ravages; la partie du sud-est, à l'abri des montagnes, respire l'air le plus salutaire, et jouit d'une heureuse température.   (J. H.)

CRIN, CRINIÈRE. (MAM.) On appelle *Crin* le poil rude et long qu'on remarque à la queue et au cou du cheval et de quelques autres animaux; et *Crinière,* l'assemblage de ces Crins qui couvrent la partie supérieure de l'encolure du cheval, ou qui entourent la tête du Lion. La Crinière présente souvent des nuances différentes du reste du pelage. (*Voyez* POIL.)   (P. G.)

CRINODENDRE, *Crinodendron.* (BOT. PHAN.) Grand arbre du Chili, décrit par Molina, dans son Histoire naturelle de cette contrée; son tronc a jusqu'à deux mètres et demi de diamètre. Ses feuilles sont persistantes, opposées, lancéolées et dentées en scie. Ses fleurs, solitaires et axillaires, exhalent l'odeur du lis. Cet arbre porte dans le pays le nom de *Patagua.*

Il n'est pas facile d'assigner la place du Crinodendre dans les familles naturelles. Il appartient à la Monadelphie décandrie de Linné. Voici la description de ses fleurs : point de corolle; calice pétaloïde, présentant six sépales contigus latéralement; dix étamines, monadelphes par la moitié inférieure de leurs filets; un style simple, subulé, un peu plus long que les étamines; ovaire supère, devenant une capsule trigone, à une loge; elle s'ouvre avec élasticité par son sommet, et contient trois graines de la grosseur d'un pois.

Voyez, pour plus de détails, l'Histoire naturelle du Chili de Molina, pag. 179, et la 5e dissertation de Cavanilles, p. 300, t. 158, fig. 1.   (L.)

CRINOIDES, *Crinoidea.* (ZOOPH. ÉCHIN.) Muller a établi sous ce nom une famille renfermant les Encrines de Lamarck. *V.* ENCRINE.   (GUÉR.)

CRINOLE, *Crinum.* (BOT. PHAN.) Ainsi que leur nom l'exprime, examiné dans son étymologie grecque, c'est-à-dire dans le verbe *Krinô* employé par Théophraste, toutes les plantes qui composent ce genre méritent de figurer dans les jardins d'ornement pour la stature élevée, la grandeur et l'attrayant aspect de toutes leurs parties; l'élégance et la beauté de leurs fleurs offrent de fort jolis modèles à la peinture et à l'iconographie, leurs parfums embaument l'atmosphère et corrigent dans les serres ce que la tannée a de repoussant. Les Crinoles font partie de la nouvelle famille dite des Amaryllidées, et de l'Hexandrie monogynie; elles ont subi de nombreux déplacemens selon la funeste manie de tout changer qui, de nos jours, désole la botanique; quelques unes (1) sont devenues types de nouveaux genres (*v.* aux mots AGAPANTHE, CYRTANTHE et HÆMANTHE); d'autres avaient été confondues avec les Amaryllis, dont elles diffèrent cependant par leur ovaire supère, et doivent être rendues au genre *Crinum,* lequel, malgré ces vicissitudes, contient encore aujourd'hui une trentaine d'espèces. Ce sont des plantes indigènes à l'Inde, au cap de Bonne-Espérance et à l'Amérique du sud, munies d'un bulbe plus ou moins gros, de feuilles amples et

---

(1) Le *Crinum africnm* de Linné passe dans les Hémérocallidées de Robert Brown, pour y former le genre *Agapanthus* de L'Héritier ; les *Crinum angustifolium* et *obliquum* de Linné constituent le genre *Cyrtanthus* d'Aiton ; les *Crinum tenellum* et *spirale* de Kerr font partie du genre *Hæmanthus* de Linné.

d'un beau vert, d'une hampe droite, haute, terminée en son sommet par de grandes fleurs d'un blanc éclatant, disposées en ombelle simple, disons mieux, en sertule pompeuse; leur calice forme un long tube à sa partie inférieure, et est soudé avec l'ovaire qui est infère. Avant leur épanouissement, les fleurs sont enveloppées dans une spathe de plusieurs folioles; mais, ce moment arrivé, le limbe s'élargit et s'étale au dessus du tube en six découpures régulières, le plus souvent réfléchies, et laisse voir six étamines à filets colorés, distincts, insérés à l'orifice du tube, et un style simple, terminé par un stigmate obtus. Le fruit qui succède à cet appareil plein de charme, est une capsule à trois loges polyspermes, dont les graines grosses, arrondies, bulbiformes, avortent en grande partie.

Dans le nombre des espèces du beau genre Crinole, j'en citerai seulement cinq, comme les plus remarquables sous tous les rapports.

L'espèce la plus anciennement connue est la Crinole d'Asie, *C. asiaticum*, que l'on trouve en abondance dans l'Inde et particulièrement sur les sables maritimes des îles Moluques, où, selon les observations de Rumph, son bulbe est employé comme émétique très-actif et pour la guérison des blessures faites avec des armes empoisonnées, ce qui décida le célèbre auteur de l'*Herbarium amboinense* à le nommer *Radix toxicaria*. Ce bulbe a la forme de la base d'un poireau, et produit un grand nombre de feuilles demi-étalées, longues d'un mètre à un mètre et demi, sur seize centimètres de large, du milieu desquelles s'élève une ou plusieurs hampes qui se couronnent d'une sertule hémisphérique de douze et quelquefois de vingt fleurs très-blanches, que rehaussent les filets empourprés des étamines, le jaune doré des anthères, et l'odeur suave que les fleurs exhalent en août. — On regarde comme une variété de cette belle espèce, la Crinole a feuilles en courroie, *C. lorifolium*, que l'on cultive en Chine, à Calcutta, et que l'on trouve spontanée sur la côte orientale du Bengale, dans le Pégu et le Coromandel; ses longues feuilles effilées et flexibles s'étendent à deux mètres et plus; elles sont dominées par une hampe solitaire, dont l'ombelle pédonculée est formée d'une vingtaine de fleurs très-ouvertes, d'un blanc pur, et odoriférantes.

Aux îles O-taïti, où les femmes sont si belles, le langage si doux et si harmonieux, on trouve une Crinole très-remarquable, le *Crinum taitense*, que nous avons vue pour la première fois en fleurs à Paris en 1812 durant les mois de juillet et d'août. Elles répandent une odeur enivrante, laissent retomber sur leurs pétales d'un blanc de neige les longs filamens roses de leurs étamines, et sont réunies, au nombre de plus de trente, en sertule demi-sphérique, au sommet d'une forte hampe d'un mètre de haut, comprimée et à deux tranchans aigus.

Sous le ciel embrasé du tropique du deuxième hémisphère, parmi les espèces de Crinoles que l'on y rencontre, trois demandent à trouver place ici. Ce sont 1° la Crinole d'Amérique, *C. americanum*, superbe espèce que l'on cultive depuis long-temps et qui est toujours fort recherchée. D'une souche rhizome blanchâtre s'élève presque latéralement une hampe d'un mètre environ de haut, couverte par les gaines des anciennes feuilles, et entourée à son pied d'une touffe de feuilles lancéolées, la plupart redressées, plus longues que la hampe. Des fleurs longuement tubulées, blanches, avec étamines de même couleur dans le bas, rougeâtres dans le haut, s'épanouissent en juin, juillet et août, au nombre de dix à vingt. Les anthères sont vacillantes, et lors de l'émission de leur poussière fécondante, elles couvrent d'un jaune d'or les pétales étroits et réfléchis du limbe. — 2° La Crinole de Commelin, *C. Commelini*; on estime que cette espèce est celle que le botaniste découvrit et fit le premier connaître, sans indiquer la localité particulière du sol américain qu'elle habite de préférence. Son bulbe est ovale, souvent stolonifère, de la grosseur d'une noix garnie de son brou, presque entièrement caché dans la terre; il donne naissance à un faisceau de six à huit feuilles semi-linéaires, longues et d'un vert foncé; à côté des feuilles sort une hampe purpurine, droite, de trente-deux centimètres au plus, qui se charge de trois à quatre fleurs blanches, épanouies en été et munies d'étamines à longs filets rosés. Cette espèce distincte a plus d'une fois été regardée comme une simple variété : c'est le *Crinum americanum*, B. de Linné et de L'Héritier, et non le *Belutta pola-taly* de Rheede, comme le prétendent quelques botanistes, ni l'*Amaryllis bulbisperma* de Burmann; ni l'une ni l'autre de ces deux plantes n'appartient au genre Crinole. — 3° La Crinole rougeatre, *C. erubescens*, a le bulbe fort gros, blanchâtre, muni de fortes et nombreuses racines; il en sort une masse de feuilles, qui sont lancéolées, cartilagineuses, un peu crénelées sur les bords, d'un vert foncé en dessous, blanchâtre en dessus, marquées de nervures longitudinales; les extérieures fortement teintées d'un pourpre obscur. De l'aisselle de l'une des feuilles supérieures naît une hampe assez grosse, presque ligneuse, d'un joli pourpre, terminée par une spathe de quatre à sept fleurs blanches, très-longues, légèrement lavées de rose, répandant une odeur agréable mais faible, et présentant sur leurs bords extérieurs une ligne d'un pourpre sanguin. Les étamines sont longues, en forme d'alène et d'un beau rouge. L'ovaire fait corps avec le limbe, qui, après la floraison, se dessèche et se détache; alors l'ovaire grossit et se montre teinté d'un rouge pourpre. On multiplie cette charmante espèce par les caïeux, dont elle est assez avare.

Un phénomène particulier au genre Crinole, que l'on retrouve chez quelques Amaryllis, et qui se fait surtout remarquer sur les *Crinum asiaticum*, *erubescens*, et *taitense*, c'est de présenter presque constamment dans leurs capsules des graines métamorphosées en une sorte de bulbilles arrondies, charnues, blanchâtres, acquérant une grosseur plus ou moins voisine de celle d'une noisette ordinaire, et même d'une aveline, semblables à ces masses solides qui se montrent parfois à la place des fleurs de plusieurs lis. On avait cru jusqu'ici devoir les assimiler à des bulbes; mais ce sont des graines qui acquièrent un volume extraordinaire et se comportent de la même manière que les GEMMES (*v.* ce mot). Elles conservent sur un des côtés une dépression qui dénonce leur point d'attache; l'intérieur est blanc et prend une teinte verdâtre à la circonférence. (T. D. B.)

CRIQUET, *Acridium.* (INS.) Genre d'Orthoptères de la famille des Sauteurs, établi par Geoffroy, auquel on peut assigner les caractères suivans : tête ovoïde, antennes d'environ vingt-cinq articles, trois ocelles, bouche découverte, labre échancré, mandibules très-dentées, languette bifide, ailes en toit incliné, trois articles aux tarses, abdomen comprimé sur les côtes, pas de tarière dans les femelles. Ce genre offre des insectes de presque toutes les tailles, depuis six lignes jusqu'à trois pouces et plus; mais, quoique plusieurs varient beaucoup par la forme de leur tête et de leur corselet, on peut reconnaître facilement leurs caractères communs : leur tête est ovale, emboîtée à sa partie postérieure dans le corselet; les yeux sont ovalaires, saillans; entre eux et au milieu du haut de la face sont insérées les antennes; au dessus de l'insertion de celles-ci sont situés deux yeux lisses, le troisième se trouve au milieu de la face entre deux carènes plus ou moins prononcées qui y existent le plus souvent, et à la hauteur du bas des yeux; les antennes sont cylindriques, filiformes ou un peu renflées dans le milieu, les articles intermédiaires un peu plus longs que les premiers, les derniers atteignant ordinairement l'extrémité du corselet; le labre est large, arrondi, échancré dans son milieu, avec les divisions de la languette il forme complétement la cavité buccale dans le repos; il offre en dessous deux fers à cheval concentriques garnis de petites dents mousses; les mandibules sont munies d'un grand nombre de dents, celles des extrémités, aiguës, propres à couper, et celles de la base propres à broyer; les mâchoires ont le lobe terminal falciforme, terminé par plusieurs dents aiguës; le palpe interne ou galea est de deux articles, le premier court, cylindrique, le second beaucoup plus large, un peu courbé intérieurement, arrondi à son extrémité; le palpe externe est de cinq articles, dont les deux premiers plus courts et les trois autres presque égaux entre eux; la languette est large, refendue dans son milieu; des deux côtés de sa base naissent les palpes labiaux, de trois articles cylindriques, augmentant un peu en longueur du premier au dernier.

Le corselet est formé du prothorax, qui se prolonge entre les deux élytres; en dessous il offre une pointe entre les deux premières paires de pattes; les deux autres segmens du sternum sont plats, larges, de sorte que les 4 pieds postérieurs sont très-écartés entre eux : on y remarque plu-

sieurs sutures et des enfoncemens dont l'utilité n'est pas encore bien connue; les élytres n'offrent rien de particulier; les quatre pattes antérieures sont assez courtes; le tarse est de trois articles mamelonnés en dessous; le dernier qui porte les crochets est plus long à lui seul que les deux autres, le second est le plus court; les crochets ont entre eux une pelote membraneuse; les pattes postérieures sont très-développées; les cuisses dépassent l'abdomen, sont très-renflées à leur attache avec le corps, plates, carénées sur la face externe, et sillonnées en travers des deux carènes de stries en forme de chevrons; à leur jonction avec les tibias, elles sont plus larges et forment comme une mortaise où se meuvent ces derniers; ceux-ci sont d'égale grosseur partout, munis en dessus de deux rangs d'épines. Les ailes sont très-développées et dépassent l'abdomen dans quelques espèces, tandis que dans d'autres elles sont quelquefois très-courtes; l'abdomen est comprimé latéralement et terminé dans les femelles par quatre crochets courts, accolés deux à deux, dont les supérieurs sont recourbés en dessus et les deux inférieurs en dessous; ils servent à la femelle à introduire les œufs; celui des mâles offre quatre crochets de forme très-variable; ce sexe est toujours plus petit que l'autre et quelquefois dans une proportion énorme.

Ce genre, renfermant un très-grand nombre d'espèces, a nécessité plusieurs coupes; on peut consulter à cet égard le travail de M. Audinet Serville, qui a étudié tous les Orthoptères avec beaucoup de soin, et qui porte à neuf les genres, que nous réunissons ici pour ne pas nous répéter; ce sont les genres : *Pakilocère*, *Phymatée*, *Pétasie*, *Romalée*, *Monachidie*, *Criquet*, *Calliptame*, *Ommexèque* et *Oxya*.

Les métamorphoses des Criquets sont celles de l'ordre des Orthoptères en général, c'est-à-dire que, sous les trois états, ils sont agiles et ne diffèrent que par la présence des ailes ou de leurs rudimens; les mâles, pour appeler les femelles, font entendre un bruit aigu qui est le résultat du frottement de leurs fémurs postérieurs contre les élytres; mais ce bruit ne s'opère que par une patte à la fois et jamais par les deux simultanément. Olivier a remarqué à la base de l'abdomen deux espaces membraneux demi-circulaires, clos par une membrane, et qu'il croit propres à modifier le son; dans l'accouplement, le mâle saisit la femelle de ses quatre pattes antérieures et contourne son corps inférieurement pour pouvoir se joindre à elle; ses pattes postérieures restent en l'air et il les agite lentement par un mouvement de pendule; il ne quitte pas la femelle pendant tout l'accouplement qui est assez long, et celle-ci l'emporte avec elle si elle est obligée de prendre son vol; après l'accouplement elle fait sa ponte, quelques espèces en terre, d'autres sur les gramens; elles déposent avec leurs œufs un liquide mousseux qui se durcit à l'air. Ces insectes marchent mal, mais sautent avec beaucoup de facilité; leur vol peut être aussi très-soutenu.

Mais c'est surtout par les dégâts qu'ils font que ces insectes ont attiré l'attention des personnes étrangères à l'histoire naturelle, et surtout des agriculteurs; quoiqu'en général les pays arides, comme l'Afrique, la Tartarie et les parties de l'Europe qui l'avoisinent soient celles qui sont le plus exposées à leurs ravages, les autres parties du monde n'en sont pas exemptes; la Provence ne les a vus que trop souvent, et une année ils pénétrèrent jusqu'en Suède en passant au dessus de la mer Baltique; ce qui prouve que, quoiqu'on ait calculé qu'ils faisaient, lorsqu'ils sont réunis en troupe, environ dix lieues par jour, leur vol pourrait dans certaines circonstances, et surtout lorsque le vent les favorise, être beaucoup plus soutenu. Les espèces qui voyagent ainsi ont été nommées Sauterelles de passage; mais, quoique Linné n'en ait décrit qu'une espèce sous le nom de *Grillus migratorius*, il est sûr que plusieurs espèces possèdent cette dangereuse faculté.

De tout temps leurs dégâts ont été signalés, et la Bible les compte comme une des plaies dont Dieu dans sa colère frappa l'Égypte à la voix de Moïse; laissons de côté le miracle, et nous n'y verrons qu'un fait d'histoire naturelle qui, malheureusement, s'y reproduit assez souvent. Quelques commentateurs ont cru reconnaître aussi des sauterelles dans les serpens ailés qui attaquèrent les Hébreux après le passage de la mer Rouge; mais je ne puis partager cette opinion, car l'Écriture parle de piqûres ou de morsures qui sont tout-à-fait hors des mœurs des insectes qui nous occupent; je serais plutôt tenté de croire qu'il s'agit de quelque grande espèce de Diptères, voisins des *Tabanus* ou des *Asilus*, et la grande quantité de bestiaux qu'un peuple pasteur conduisait avec lui peut étayer mon opinion, qui, du reste, est assez futile, comme toutes les questions pareilles; examinons plutôt le tort que ces insectes nous font actuellement. Lorsqu'une troupe a pris son vol, son arrivée est annoncée par un bruit sourd produit par l'agitation de leurs ailes, et semblable à celui de plusieurs chariots roulant dans le lointain; le ciel se trouve obscurci, car ils forment des masses compactes de quelques centaines de pieds de large, sur souvent plus d'un quart de lieue de long; un courant d'air vif accompagne leur passage; malheur au pays sur lequel ils s'abattent, le bruit de leurs mâchoires s'entend bientôt au loin, et en moins de rien plantes et arbres sont dépouillés de leur verdure; quelques animaux, les reptiles, les oiseaux en détruisent beaucoup; le vent et les pluies froides les font généralement périr; mais ces insectes sont encore à redouter après leur mort, car lorsqu'ils sont frappés subitement, leurs cadavres amoncelés répandent des miasmes tels qu'ils engendrent des maladies épidémiques dans les mêmes pays où ils ont causé la famine; s'ils meurent naturellement, les femelles déposent une si grande quantité d'œufs qu'il y aurait à craindre la naissance de milliards de Criquets; et ce que je dis n'est pas trop fort, puisqu'une certaine année, où ils ravagèrent les en-

virons d'Arles, on ramassa trois mille mesures d'œufs. Les autorités locales ne sauraient donc prendre des mesures trop promptes et trop simultanées pour s'opposer à ce fléau aussitôt qu'il paraît. Le meilleur moyen c'est, avant la ponte, d'en faire ramasser le plus possible, et de les brûler à mesure, ou les enterrer dans de grands fossés, afin qu'ils engraissent, plus tard, la terre qu'ils ont dépouillée; mais, comme je l'ai dit, il faut agir simultanément; car sans cela on ne fait que les chasser d'un canton dans un autre.

Chez les peuples où ces animaux font des apparitions, on a essayé de tirer parti de leur nombre et d'obvier aux dégâts qu'ils font en les mangeant eux-mêmes; à cet effet on les grille, ou bien on les conserve dans la saumure; on dit même qu'à Alep on les porte sur les marchés, et que la quantité en est quelquefois telle, quelle fait baisser le prix de la viande; quelques auteurs qui en ont goûté sont pourtant à peu près d'accord que cela fait une triste nourriture, outre les inconvéniens attachés à toutes les salaisons.

Le nombre des espèces connues est très-considérable; il y en a de très-belles comme couleur et comme singularité de forme, nous allons en citer quelques unes :

C. GÉNÉRAL, *A. dux*, Drury, t. 2, pag. 82, pl. 44. Long de quatre pouces, corselet caréné dans sa première partie et comme refendu en trois transversalement; tête, corselet, élytres, parties inférieures du corps, pattes verdâtres; ailes lavées de bleu, avec le bord inférieur et un grand nombre de taches près de la même partie noirs; le côté externe des fémurs postérieurs est chargé de deux rangs de points blancs. Se trouve en Amérique.

C. SOLDAT, *A. miles*, Drury, t. 2, pl. 42, fig. 2. Long de 15 lignes; première partie du corselet séparée en trois plis distincts, vert myrte foncé brillant; deux bandes jaunes partant des deux côtés du labre, remontent aux yeux, redescendent jusque derrière la tête, et se retrouvent sur le corselet, mais interrompues; les fémurs antérieurs portent un anneau, les intermédiaires deux, les postérieurs trois, et chaque tibia un, de même couleur; les élytres ont l'extrémité un peu enfumée; les ailes sont jaunes, largement bordées de noir, excepté au côté postérieur; dans la partie noire antérieure, se trouvent deux taches jaunes accolées; on voit encore quelques taches jaunes sur les anneaux de l'abdomen et les parties inférieures du thorax. On trouve des individus où la couleur jaune est orangée foncée; je ne pense pas qu'ils puissent former une espèce.

C. PETITE LIGNE, *A. lincola*, Fab. Long de deux pouces; corselet un peu caréné dans toute sa longueur, gris et marbré de taches noires, disposées en long sur sa partie postérieure; les élytres de même couleur, avec de petites taches un peu plus foncées, presque carrées, disséminées; les ailes sont légèrement enfumées avec les nervures foncées de couleur, la base est lavée de bleu très-pâle et cette couleur est séparée du reste de l'élytre par un nuage enfumé demi-circulaire; la partie externe des fémurs est plus blanche que le reste. Du midi de la France.

C. ÉMIGRANT, *A. migratorius*, Linn., représenté dans notre Atlas, pl. 129, fig. 3. Long de 2 pouces; corselet de même hauteur, portant trois stries transverses, entièrement jaune, peut-être vert dans le vivant; élytres avec un grand nombre de taches carrées, enfumées, plus rapprochées vers l'extrémité de l'élytre; les nervures à cet endroit sont brunes. D'Orient.

Olivier en a décrit une espèce sous le même nom, qui est brune et plus mouchetée de brun; ces trois espèces font également des dégâts, et peut-être ont-elles été confondues sous le même nom.

C. A BANDE NOIRE, *A. nigro fasciatum*, Lat. Long de 15 lignes; corselet caréné, vert, avec quatre petites taches blanches disposées en croix de Saint-André sur le corselet; élytres avec deux taches principales laissant entre elles un espace blanc; et d'autres disposées de même, moins intenses; ailes diaphanes, verdâtres à la base, offrant sur leur disque une large bande noire demi-circulaire; le reste est diaphane avec les nervures de l'extrémité foncées. De la France méridionale.

C. BLEUISSANT, *A. cerulescens*, Oliv., représenté dans notre Atlas, pl. 129, fig. 2. Long de 10 à 12 lignes; grisâtre, avec trois bandes transverses sur les élytres, plus foncées; base des ailes bleue, avec une large bande noire, ne laissant qu'un très-petit espace diaphane à l'extrémité. Commun aux environs de Paris.

C. BRUYANT, *A. strepens*, Lat. Long de dix lignes, grisâtre; élytres avec deux bandes transversales, triangulaires, blanches; ailes bleu pâle à leur base, verdissant ensuite et se terminant par une tache enfumée. Commune partout.

C. GERMANIQUE, *A. germanicum*, Oliv. Long de 10 à 12 lignes; gris brun, avec deux larges bandes plus blanches sur les élytres; ailes rouge de sang, avec une large bande noire demi-circulaire, laissant à peine à l'extrémité un espace diaphane. Cette espèce est commune partout.

C. ITALIQUE, *A. italicum*. Long de 7 à 12 lignes; gris brun, une bande jaunâtre de chaque côté du dessus du corselet et une de même couleur à la partie postérieure de chaque élytre; ailes rosées à leur base avec l'extrémité diaphane, et un peu enfumée vers la côte externe; dans le mâle, les crochets supérieurs de l'extrémité de l'abdomen sont très-développés; la femelle a les ailes et les élytres courtes, ce qui paraît déjà un peu dans le mâle. Ainsi que son nom l'indique, cette espèce se trouve principalement dans les pays chauds. (A. P.)

CRISIE, *Crisia*. (ZOOPH. POLYP.) Polypier phytoïde, rameux, à cellules à peine saillantes, alternes, rarement opposées, avec leur ouverture sur la même face; à substance calcaire, avec des articulations plus ou moins cornées: d'une couleur d'un blanc plus ou moins sale, quelquefois très-pur, d'autres fois tirant sur le jaune ou le violet; d'une grandeur de cinq à six centimètres.

Le genre Crisie, qui ne peut être placé parmi les Cellaires et les Sertulaires, est parasite; on le trouve principalement sur les hydrophytes, végétaux qu'il embellit par ses petites touffes blanches et crétacées.

Les Crisies se rencontrent à toutes les époques de l'année dans les mers tempérées de l'hémisphère boréal; les climats froids et les mers équatoriales en fournissent peu; la mousse de Corse des pharmacies, anthelmintique très-employé, en contient beaucoup. Du reste, elles ne sont d'aucun usage ni dans les arts ni dans l'économie domestique. Nous nous contenterons de citer et de décrire brièvement les espèces suivantes :

CRISIE IVOIRE, *Crisia eburnea* de Lamarck, joli petit polypier qui forme des touffes nombreuses sur les hydrophytes et les polypiers des mers d'Europe, et qui est remarquable par la couleur blanche nacrée de ses articulations, articulations qui sont séparées les unes des autres par un petit disque noirâtre.

CRISIE VELUE, *Crisia pilosa* de Lamarck. Cette espèce, dont la tige est droite, rameuse, formée de cellules alternes, obliques, unilatérales, avec l'ouverture garnie d'un ou de deux poils longs et flexibles, est assez commune sur les productions marines de la Méditerranée.

CRISIE FLUSTROIDE, *Crisia flustroidea* de Lamarck. Crisie frondescente, plane, tronquée aux extrémités, couverte de cellules allongées avec deux petites dents au bord antérieur, et qui se trouve sur des productions marines de tout genre. On en voit même quelquefois sur des homards auxquels elle donne un aspect tout particulier.

CRISIE A TROIS CELLULES, *Crisia tricyttara* de Lamarck, belle espèce que l'on rencontre très-communément sur les hydrophytes des mers australes, et dont les articulations obliques sont composées de deux ou trois rangs de cellules oblongues.

CRISIE ÉLÉGANTE, *Crisia elegans* de Lamarck. Espèce à tige ramifiée et courbée avec grâce, dont les articulations sont peu distinctes et composées de cellules lyrées, et qui habite le cap de Bonne-Espérance. (F. F.)

CRISTAL. (MIN.) Ce mot tiré du grec devrait s'écrire *Crystal*, conformément à son étymologie. Les anciens donnaient ce nom au quartz hyalin incolore que l'on appelle vulgairement *Cristal de roche*, parce qu'ils regardaient cette substance comme une eau limpide qui avait subi dans le sein de la terre une forte congélation : l'eau solidifiée par le froid n'était pour eux qu'un premier pas vers cette congélation. Pour le minéralogiste, un Cristal d'une substance quelconque est une agrégation intime de molécules de cette substance réunies sous une forme régulière. Et comme cette forme est soumise à certaines lois, comme elle diffère selon la nature des principes qui constituent le minéral cristallisé, elle est devenue un moyen de les reconnaître et la base de deux branches de connaissances presque indispensables dans l'étude des minéraux : la *cristallisation*, qui est l'opération

par

par laquelle une substance dissoute dans un liquide prend une forme solide, régulière ; et la *Cristallographie*, qui a pour but la description géométrique des formes cristallines. (*Voyez* Cristallisation.)   (J. II.)

CRISTALLIN. (anat.) *V.* OEil.

CRISTALLISATION et CRISTALLOGRAPHIE.

(min.) La force qui, suivant les lois de l'affinité chimique, réunit les molécules similaires des substances minérales, les solidifie, et leur donne une forme plus ou moins régulière, se nomme *Cristallisation*. La forme régulière qui résulte de cette opération porte le nom de *cristal*. Tout minéral cristallisé est un assemblage de molécules disposées par lames, placées parallèlement entre elles en différens sens, autour d'un centre commun, et ce centre est lui-même un cristal invisible, ou du moins qu'on ne peut voir que par suite d'une opération mécanique.

Ce cristal central, qui a servi de noyau à d'autres lames cristallines, a toujours une forme simple qui, dans le langage de la Cristallographie, porte la dénomination de *primitive* ; les lames cristallines qui se sont disposées de manière à présenter un solide tout différent de ce noyau, donnent lieu à une autre forme appelée *secondaire*. L'opération mécanique par laquelle on parvient, soit par la percussion, soit à l'aide d'un plan coupant dirigé dans certaines directions, soit par le moyen d'un choc à travers le cristal secondaire, à obtenir la forme primitive, se nomme *clivage*. C'est ainsi que, si l'on frappe ou si on laisse tomber un cristal quelconque de carbonate de chaux, quelle que soit la multiplicité de ses faces, on obtient un ou plusieurs rhomboïdes, parce que le rhomboïde est la forme primitive du carbonate de chaux. Tous les cristaux qui appartiennent à une forme secondaire peuvent être clivés plus ou moins facilement ; mais lorsqu'un cristal se prête difficilement au clivage, on peut arriver à connaître sa forme primitive par la détermination de ses joints naturels. « On reconnaît, dit Haüy, chacun des joints dont il s'agit, lorsque ayant fracturé le cristal, de manière à laisser subsister en partie la face qui est parallèle à ce joint, on le fait mouvoir à une vive lumière. Il arrive alors qu'au même instant où le résidu de la face dont je viens de parler renvoie à l'œil les rayons réfléchis, on aperçoit à l'endroit de la fracture d'autres reflets qui partent des lames intérieures, en sorte qu'en faisant tourner le cristal en divers sens, on voit paraître et disparaître simultanément les rayons qui produisent les deux reflets. On en conclut qu'il existe dans l'intérieur du cristal un joint naturel situé parallèlement à la face dont j'ai parlé. »

La forme primitive avait été soupçonnée par Romé de l'Isle : ce fut Haüy qui la découvrit dans toutes les substances minérales cristallisées. Mais ce savant minéralogiste alla plus loin ; il reconnut que, pour expliquer l'origine de la forme primitive, il faut admettre qu'elle est le résultat d'un nombre considérable de petites parties, ou molécules, et que chacune d'elles est un polyèdre de

la plus grande simplicité. Cette molécule, que l'on obtient aussi mécaniquement, a été appelée par Haüy *molécule intégrante*. Mais la théorie va encore plus loin ; car la molécule intégrante peut être un composé d'autres molécules de même forme, ou de forme différente, auxquelles Haüy a donné le nom de *molécules soustractives*.

Suivant ce savant minéralogiste, la molécule intégrante n'affecte que trois formes, le *tétraèdre irrégulier*, le *prisme triangulaire* et le *parallélipipède*. On pourrait même les réduire à une seule qui serait ce dernier solide, puisque celui-ci peut se décomposer en un certain nombre de tétraèdres et de prismes triangulaires.

Les formes primitives sont au nombre de cinq : le *tétraèdre régulier*, l'*octaèdre régulier*, le *prisme hexaèdre régulier*, et le *dodécaèdre rhomboïdal*.

Ces cinq formes primitives sont le résultat d'une certaine combinaison des trois molécules intégrantes : en effet, le *tétraèdre régulier* résulte de la réunion de deux *tétraèdres irréguliers* ; l'*octaèdre régulier*, de la réunion de quatre *tétraèdres irréguliers* ; le *parallélipipède*, de la réunion de plusieurs *prismes triangulaires* ou d'un certain nombre de *tétraèdres*, selon qu'il est rectangle ou obliquangle ; le *prisme hexaèdre régulier*, de la réunion de plusieurs *prismes triangulaires* ; enfin le *dodécaèdre rhomboïdal*, de la réunion de vingt-quatre *tétraèdres*.

La forme primitive se modifie suivant certaines règles géométriques de décroissement ; les formes secondaires qui en résultent sont tellement variées que, dans le carbonate de chaux seul, on compte plus de mille exemples de décroissemens qui dérivent tous du rhomboïde. Ces décroissemens se font généralement de trois manières différentes, suivant la direction qu'affectent dans cette opération les molécules qui, par leur réunion, forment les lames du cristal. Ils s'opèrent tantôt parallèlement au bord de ces lames, tantôt dans le sens de leurs diagonales, ou suivant une ligne intermédiaire. Enfin ils s'opèrent encore dans plusieurs sens différens à la fois, ou bien en agissant d'abord dans une direction et ensuite dans une autre.

Mais ce qui rend les lois de la cristallisation dignes de l'admiration de celui qui aime à contempler la nature jusque dans les modifications de la matière inerte, c'est que la marche régulière qu'elle suit dans la formation de la *molécule intégrante* d'un cristal, et dans sa *forme primitive*, agit avec tant d'intensité dans les décroissemens des formes secondaires, qu'elle n'interrompt presque jamais les règles de la symétrie. Ainsi les faces d'un cristal sont toujours parallèles, c'est-à-dire que, connaissant un nombre quelconque de ces faces, il est toujours facile de retrouver la place des autres, soit que le cristal brisé ne présente à l'œil qu'une portion intacte, soit que, renfermé dans sa gangue, il n'offre que quelques uns de ses angles.

Un autre principe qui admet peu d'exceptions et qui sert parfaitement à reconnaître les différentes substances cristallisées que l'œil pourrait confondre, c'est que l'ouverture des mêmes angles est constante dans les cristaux identiques d'une même espèce minérale; de telle sorte que leur mesure, prise à l'aide d'un instrument appelé *goniomètre*, conduit à déterminer non-seulement la forme cristalline, mais encore la substance à laquelle le cristal appartient.

M. Beudant attribue les modifications de forme qu'éprouve un même minéral à trois causes principales : d'abord à l'influence des mélanges mécaniques d'une matière étrangère avec la substance cristallisée; en second lieu, à la nature du liquide qui a servi de milieu aux molécules pendant la cristallisation; enfin à la combinaison, en quantité variable, de telle ou telle substance avec celle qui a formé le cristal.

Relativement à l'influence du liquide, M. Beudant fait encore observer qu'elle est très-grande sur la cristallisation, puisqu'il peut la modifier en développant des facettes additionnelles. Ainsi, dit-il, le sel commun cristallise dans l'eau pure en cube, et dans une solution d'acide borique, en cube tronqué par les angles. Plusieurs autres substances, soumises aussi à l'action de différens acides, donnent des résultats analogues. C'est ce qui explique pourquoi les mêmes minéraux se trouvent cristallisés différemment, suivant la nature des gisemens et selon les acides qui y dominent. L'arragonite, par exemple, cristallise en pyramides très-aiguës dans les mines de fer, et en prismes dans les argiles gypseuses de dépôts salifères. La chaux carbonatée se trouve en hexaèdres réguliers dans les filons métalliques du Hartz, qui contiennent différens sulfures d'antimoine, d'argent, d'arsenic ; en dodécaèdres dans les mines de sulfure de plomb du Derbishire, en Angleterre, et en rhomboïdes aigus dans les terrains totalement calcaires.   (J. H.)

CRISTATELLE, *Cristatella.* (BOT. et non ZOOPH.) Jusqu'ici l'on a placé les éponges d'eau douce, avec Lamarck et Cuvier, parmi les polypiers fluviatiles, dans le genre ALCYONELLE (*v.* ce mot), et l'on a dit, d'après Raspail, que les genres Cristatelle et Plumatelle, ainsi que le *Tubularia repens* de Müller, ne sont autres que des Alcyonelles examinées à diverses époques de leur singulière existence. Lamouroux, en adoptant le sentiment des deux premiers naturalistes cités, déclare de plus que ces prétendus Zoophytes offrent, avec la DIFFLUGIE (*v.* ce mot), les ébauches des polypiers, ou du moins les êtres les plus imparfaits de la famille : c'est ainsi que Rœsel les a figurés (Ins. III, pl. 91). Lichtenstein assure que ces petits animaux sont les constructeurs des éponges fluviatiles. Le botaniste anglais Gray nous ramène à la pensée de Linné, qui, dans ses premiers travaux sur la cryptogamie, classe les Cristatelles au nombre des végétaux. Micheli avait reconnu leurs graines sphériques, qui sont logées dans des cellules et se montrent durant la seconde décade de juillet; Vaucher, auquel on n'a pas toujours rendu la justice qu'il mérite, considérait les vésicules diaphanes des Cristatelles comme renfermant le pol-

len de ces productions végétales. En effet, il résulte d'observations faites avec un soin très-rigoureux que les éponges d'eau douce appartiennent essentiellement aux Algues fluviatiles, et qu'elles réunissent tous les caractères de la vie végétale.

Leur masse cellulaire, d'abord étendue en couche plane sur les corps submergés, s'épaissit ensuite et produit des excroissances mamelonnées ressemblant d'assez loin à des espèces de crêtes (ce qui sans doute a déterminé Lamarck à leur donner le nom de Cristatelles), que l'on voit bientôt s'allonger en digitations cylindracées, quelquefois dichotomes. Cette masse est d'un beau vert herbacé, et non pas jaune comme le dit de Blainville, médiocrement élastique; elle répand une odeur fétide, pénétrante, dès qu'on la retire de l'eau; sa texture devient de plus en plus fragile en séchant. Elle paraît au printemps, acquiert son plus grand développement en été, et disparaît en automne, la Cristatelle ayant alors rempli le cours de son existence.

De la plante adulte on voit se détacher des corpuscules globuleux. Ce sont de véritables graines, elles occupent toujours la partie inférieure et présentent de grands rapports avec les tubérosités fructifères de Hépatiques et des Conferves. Quelques jours après leur séparation, elles se couvrent de fibres croissant à la manière des végétaux, et composant une masse veloutée. Ces graines sont de la grosseur d'une graine de chou, transparentes, recouvertes d'une enveloppe mince, coriace, résistant au tranchant du scalpel; l'intérieur est rempli d'une substance blanche, mucilagineuse. Elles se fixent sur les morceaux de bois submergés dans les eaux douces. Elles s'ouvrent, forment une plaque blanchâtre, arrondie plus ou moins régulièrement, qui d'abord est sans épaisseur notable, comme je l'ai déjà dit, puis devient saillante, et se couvre d'appendices irréguliers, longs au plus de huit à dix centimètres, ou bien d'excroissances cristées. Toute la superficie est hérissée de poils courts, droits, sans articulations, totalement hyalins. En avançant en âge, la couche primitive acquiert plus de densité que le reste de la plante; elle perd la nuance verte de la jeunesse pour prendre une robe gris-cendré. Dans aucune circonstance la Cristatelle ne sert de retraite à des animalcules ainsi que l'ont avancé Bosc et Lamouroux. Tous ces faits sont exacts, ils se révéleront à quiconque voudra les étudier sans prévention ni système préconçu.   (T. D. B.)

CRISTELLAIRE, *Cristellaria.* (MOLL.) Genre établi par Lamarck, et avant lui par Montfort, qui a été confondu avec plusieurs autres, et dont voici les caractères : coquille semi-discoïde, multiloculaire, à tours contigus, simples, s'élargissant progressivement; spire excentrique, sublatérale; cloisons imperforées.

Les espèces Cristellaires à l'état frais sont rares; il n'en est pas de même de celles qui existent à l'état fossile, et nous étudierons les suivantes comme les mieux connues :

CRISTELLAIRE PETITE ÉCAILLE, *Cristellaria*

squammula de Lamarck, ou *Cristellaria dilatata* de Montfort. Coquille petite, transparente, irisée, formée d'une série de cloisons marquées extérieurement d'un renflement plus ou moins prononcé, ayant la forme d'une corne d'abondance à sa base, et très-aplatie. On la trouve à l'état frais, d'après Montfort, sur les plages de Livourne.

CRISTELLAIRE PAPILLEUSE, *Cristellaria papillosa* de Lamarck. Coquille remarquable par des granulations plus ou moins régulières, placées dans le sens de la direction des loges qui cachent la spire, ainsi que par une crête un peu onduleuse ou quelquefois régulière sur les bords, et qui la contient entièrement. Cette espèce a de deux à trois lignes de longueur, et se trouve en Toscane.
(F. F.)

CRISTE-MARINE. (BOT. PHAN.) Ce nom, que quelques auteurs écrivent assez singulièrement Christe-marine, est un de ceux du CRITHME (*v.* ce mot); il lui vient de ce que ses feuilles, divisées comme celles du fenouil, représentent d'une manière très-éloignée des panaches; les enfans en ornent leurs bonnets dans les localités où cette plante abonde. (T. D. B.)

CRITHME, *Crithmum*. (BOT. PHAN.) Plante de la famille des Ombellifères, Pentandrie digynie, très-voisine du genre *Cachrys*; elle se distingue par ses involucres et involucelles polyphylles, ses pétales roulés et égaux entre eux, ses fleurs jaunâtres, et ses fruits ellipsoïdes, striés, un peu comprimés, et glabres.

La principale espèce du genre (on en compte huit ou dix) est une plante vivace, très-commune sur les rochers au bord de la mer, et cultivée dans les jardins sous le nom de PERCE-PIERRE, ou plus vulgairement PASSE-PIERRE; on l'appelle encore *Bacile*, et *Criste marine*; c'est le *Crithmum maritimum*, Linné. C'est une herbe d'un pied environ, rameuse, glauque, portant des feuilles charnues, engaînantes, découpées en un grand nombre de folioles ovales, lancéolées. Ses fleurs sont polygames, disposées en ombelles terminales : l'ombelle du centre se compose de fleurs hermaphrodites; les autres n'ont que des fleurs mâles, qui restent stériles. Chaque ombelle et ombellule est environnée d'une collerette régulière, de dix à douze folioles.

Le Perce-pierre est odorant et aromatique, un peu salé au goût; on fait confire ses feuilles dans le vinaigre, et on les emploie comme assaisonnement (*v.* au mot BACILE, tom. 1, p. 552). Sa culture est assez facile : la graine se sème au printemps, ou bien aussitôt après sa maturité; les fentes des pierres ou le pied des murs sont les endroits les plus favorables dans ce cas pour lui faire passer les gelées. (L.)

CROASSE. (OIS.) C'est l'un des noms vulgaires de la Corbine; Vieillot pense que c'est de ce nom que vient le mot CROASSEMENT, cri des oiseaux du genre Corbeau. Il ne faut pas confondre ce mot avec COASSEMENT qui est le cri des grenouilles.
(GUÉR.)

CROCISE, *Crocisa*. (INS.) Genre d'Hyménoptè-res de la famille des Mellifères, établi par Jurine; les insectes qui le composent ont les palpes maxillaires de trois articles, et les paraglosses presque aussi longs que les palpes labiaux; le corps très-velu par place, l'écusson prolongé et échancré, une cellule radiale, trois cubitales dont la seconde recevant la première nervure récurrente.

On croit que ces insectes vivent en parasites, car ils ne sont pas conformés de manière à récolter le pollen des fleurs, et comme on les voit d'habitude voler à rase terre et le long des murailles, on présume que c'est afin de chercher à s'introduire dans le nid de quelque autre insecte de la même famille. (A. P.)

CROCODILES, ou **CROCODILIENS.** (REPT.) Les philogogues ne sont pas d'accord sur l'étymologie du mot grec *crocodeilos* d'où ce nom est dérivé; quelques uns veulent que le safran nommé *crocon* chez les habitans du Péloponèse soit pour quelque chose dans la racine du mot *crocodeilos*, parce que les animaux auxquels il s'appliquait avaient, disent-ils, la couleur de cette plante, ou parce qu'ils la redoutaient : propositions également fausses; d'autres veulent que ce nom provienne des mots *deilos*, craintif, et de *crocas*, rivage, parce que ces animaux redoutent les rivages, ce qui n'est pas très-exact; mais du moins cette étymologie serait-elle encore la plus vraisemblable s'il était rigoureusement nécessaire que le mot grec *crocodeilos* dût avoir une étymologie. Il paraît que, dans l'origine, le mot *crocodeilos* s'appliquait aux lézards des murailles; les Ioniens l'étendirent aux champsès, et, par la suite, les Grecs le donnèrent indistinctement aux champsès du Nil et aux *gavials* du Gange. Les auteurs du dernier siècle restreignirent le nom de Crocodile aux champsès; mais la plupart des naturalistes modernes s'accordent à réserver le nom de Crocodile ou Crocodilien pour représenter toute la famille des reptiles qui ont avec les champsès et les gavials des rapports intimes de formes et d'organisation, se rapprochant en cela de la signification que les Grecs donnaient au mot d'où ces noms sont dérivés.

Les Crocodiles se rapprochent par leurs formes extérieures des lézards, avec lesquels on les a réunis dans les classifications du dernier siècle; mais leur organisation intérieure les en sépare nettement sous un si grand nombre de points, qu'on les en a distingués, et qu'on les a groupés dans une classe à part à laquelle on a donné parfois des noms différens, selon que les classificateurs systématiques ont pris tel ou tel système organique de l'économie pour base de leur distribution.

Les Crocodiliens ont la tête pyramidale, fort allongée et déprimée, développement dû surtout à l'extension des mâchoires et à leur évasement. Le cou est assez marqué; le tronc quadrilatère allongé est aussi sensiblement déprimé; la queue, aussi longue au moins que le corps de l'animal, est comprimée latéralement, surmontée d'une carène double à sa base, simple dans le reste de sa longueur; les membres sont courts, les anté-

rieurs surtout, et donnent aux Crocodiles une démarche lourde et plus gênée que ne l'est à beaucoup près celle des lézards. Les pieds antérieurs
sont terminés par cinq doigts courts, simples,
dépourvus d'ongles. Les pieds postérieurs n'ont
que quatre doigts apparens, courts, peu inégaux,
garnis en tout ou partie de membranes palmaires
et d'ongles forts et crochus, à l'exception du quatrième ordinairement mutique.

Les narines sont grandes, placées en dessus de
l'extrémité du museau, fermées par une valvule
fibro-cartilagineuse semi-lunaire, mobile au gré
de l'animal; les fosses nasales vont s'ouvrir fort
en arrière de la gueule, au-delà des ptérygoïdiens,
ce qui permet à l'animal de respirer facilement
lors même qu'il a la gueule pleine ou disposée à
saisir sa proie. Sa gueule est vaste, bornée en arrière par un voile du palais assez marqué et qui
bouche complétement l'orifice du gosier lorsque
la base de la langue s'en rapproche. Celle-ci est
attachée par toute sa face inférieure au plancher
de la gueule, si étroitement que les auteurs anciens ont prétendu que le Crocodile était privé de
cet organe. Les mâchoires robustes se prolongent
fort loin sous le crâne, et la mâchoire inférieure se
continue même au-delà de cette cavité. Cette dimension des mâchoires permet à la gueule un écartement qui ne saurait avoir lieu par l'abaissement
seul de la mâchoire inférieure, borné par la reptation étroite de l'animal; aussi les anciens croyaient-
ils que la mâchoire supérieure était seule mobile.
Les observations des zoologistes modernes, et surtout de M. Geoffroy Saint-Hilaire, ont démontré que
la mâchoire supérieure est immobile isolément,
mais que le Crocodile l'élève par un mouvement de
totalité de la tête qui bascule alors sur la portion
articulaire de la mâchoire inférieure, comme cela
s'observe chez l'homme dans l'agrandissement
forcé de la bouche. Les dents des Crocodiles sont
nombreuses, grandes, robustes, disposées sur un
seul rang le long du bord de chaque mâchoire;
leur nombre paraît ne pas varier avec l'âge; les
postérieures tout au plus sont cachées par la gencive dans les premiers temps. Elles sont toutes
coniques, fusiformes à l'extérieur, droites ou à
peine recourbées en arrière, striées longitudinalement, avec une carène plus saillante en avant
et en arrière, creuses à l'intérieur, à cavité conique incapable de se remplir; ces dents sont implantées dans des trous particuliers pratiqués dans
l'épaisseur du corps des mâchoires; l'on trouve à
tout âge, au fond de ces alvéoles, un ou deux germes dentaires situés au côté interne de l'ancienne
dent, prêts à se développer lorsque quelque circonstance, en faisant tomber celle que le premier
germe a fournie leur laissera l'espace nécessaire à
leur accroissement. La reproduction des dents
paraît indéfinie chez ces sortes d'animaux; leur
grandeur réciproque, leur proportion relative ainsi
que leur nombre varient selon les groupes divers
de la famille. Les Crocodiles n'ont point de lèvres,
aussi leurs dents paraissent-elles au dehors, lors
même que la gueule est dans l'état d'occlusion.

Le canal intestinal des Crocodiles ainsi que ses
dépendances ne présentent pas de particularités
bien importantes.

Le Crocodile est essentiellement carnassier.
Dans l'eau, le Crocodile happe sa proie en nageant
sur elle sans la saisir, non plus que les autres reptiles, avec ses pieds antérieurs; à terre, il l'attend
ordinairement sans bouger. On a dit que le Crocodile attirait les passans dont il voulait faire sa
proie, par un cri plaintif semblable à celui d'un enfant en souffrance; mais les observations des voyageurs modernes ne confirment pas ces assertions. Les
Crocodiles se mettent ordinairement en embuscade
dans les roseaux au milieu desquels ils confondent
assez bien leur robe verdâtre, restant immobiles,
la gueule largement béante; cette cavité partout
tapissée d'une membrane muqueuse d'un jaune
pâle uniforme, fermée exactement en arrière par
le voile du palais abaissé sur la langue à peine
saillante, semble un corps inerte près duquel ou
sur lequel les animaux qui viennent se désaltérer
aux eaux voisines croient pouvoir passer impunément : erreur fatale aux gazelles timides et aux
chacals même. dont les regards sont si perçans.
M. Geoffroy dit quelque part qu'ils restent dans
cette attitude quelquefois couchés sur le flanc.
Mais cette pose, sans exemple chez les autres reptiles, paraît difficile avec les obstacles que ces animaux éprouvent pour se mouvoir latéralement :
c'est cette position du Crocodile épiant sa proie
la gueule béante, et la circonstance accidentelle
de quelque oiseau de rivage assez osé pour aller
saisir jusque dans la gueule du monstre quelque
insecte vagabondant sans défiance sur les bords de
ce gouffre, qui a donné lieu à une jolie fable rapportée par Hérodote, et commentée souvent depuis avec plus ou moins d'érudition et de talent.
« Comme le Crocodile, dit-il, se nourrit particulièrement dans le Nil, il a toujours l'intérieur de
la gueule tapissé de parasites...... Toutes les fois
que le Crocodile sort de l'eau pour aller à terre,
et qu'il s'étend la gueule entr'ouverte, le *Trochylus* s'y glisse et avale tous les insectes qui s'y
trouvent. Le Crocodile, ajoute-t-il, reconnaissant,
ne lui fait point de mal. » Piteuse reconnaissance,
qui n'a sans doute d'autre motif que le dé-
dain d'une si mince curée; car, selon la remarque de M. Geoffroy, le Crocodile peut se passer
des soins du *Trochylus* pour débarrasser ses dents
encombrées de chairs en lambeaux, en supposant
que le Crocodile mâche sa proie, en opposition
sous ce rapport avec les autres reptiles, et que
les dents opposées alternes soient imparfaites
pour cet office; le Crocodile peut et sait se servir
des doigts des pieds de derrière en guise de cure-
dents, et l'occlusion de la gueule peut suffire pour
mettre fin aux exactions devenues importunes des
animaux parasites malavisés. On dit que le Crocodile enfouit sa proie pendant trois ou quatre
jours dans des trous où il la laisse faisander pendant quelque temps, et la trouve au besoin;
mais l'intelligence du Crocodile est si bornée, et
la prévoyance si rare chez les reptiles, qu'elle

paraît peu probable chez ceux-ci surtout. Une circonstance qui confirme pourtant cette observation, c'est que, dans les ménageries, on nourrit les Crocodiles avec du cœur et du foie d'animaux, tandis que les reptiles ne se nourrissent que de proie vivante. On trouve quelquefois des cailloux dans l'estomac des Crocodiles ; mais il est peu vraisemblable qu'ils y aient été ingérés à dessein et pour faciliter l'action de cet organe, comme cela s'observe chez les oiseaux ; c'est sans doute à cette circonstance que Perrault a eu égard lorsqu'il a indiqué l'estomac du Crocodile sous le nom de *gésier*. Il n'en a certainement pas la disposition anatomique. M. Geoffroy dit que les *fèces* ou fientes des Crocodiles sont oblongues, moulées comme celles de l'homme, d'une consistance peu considérable, d'un vert brunâtre, et sans odeur sensible. Celles que j'ai été à même d'observer étaient fusiformes, présentaient une certaine quantité de cette substance blanche que M. Geoffroy n'y pas vue, et qui me fait présumer, contre l'opinion de quelques auteurs, que c'était bien des crottes de Crocodiles qui fournissaient, ainsi que Juvénal nous l'apprend, le blanc de fard aux dames romaines ; et ce qui vient à l'appui de ce fait, c'est que John Davy a trouvé dans l'urine de l'Alligator, que ces animaux rendent souvent avec leurs excrémens, outre de l'acide urique, beaucoup de de carbonate et de phosphate de chaux.

Les Crocodiles peuvent supporter le jeûne et le défaut d'alimens pendant un temps assez long lorsque leurs fonctions se suspendent par l'hivernation qui a lieu pour eux, bien qu'ils habitent des contrées au moins tempérées, parce que l'abaissement de la température dans certaine saison, quelque léger qu'il nous paraisse au premier abord, offre néanmoins une différence considérable avec son état habituel dans les autres instans de l'année ; et si la retraite et la disparition des animaux qui doivent servir de pâture au Crocodile ne se présente plus ici comme cause harmonique de ce phénomène, on peut dire encore que les inondations considérables qui ont lieu dans la mauvaise saison des contrées que fréquentent les Crocodiles gêneraient au moins ces animaux essentiellement terrestres dans l'exercice de leurs fonctions, si la nature ne pourvoyait, par l'hivernation aux accidens qui pourraient résulter pour eux en pareille circonstance. Mais il paraît que, hors le temps de l'hivernation et de leur engourdissement, ils ne supportent pas également bien la diète, puisque Symmaque dit que les Crocodiles conservés pour le Cirque mouraient au bout de quarante jours quand on les laissait sans manger.

Les yeux du Crocodile sont peu volumineux, un saillans, rejetés par l'évasement progressif des mâchoires presque sur le côté supérieur de la tête, protégés par deux paupières peu inégales et une membrane clignotante. L'iris, jaunâtre, et fendu verticalement, est susceptible de mouvemens assez étendus pour clore la pupille presque totalement. La vue des Crocodiles est assez perçante, même sous l'eau, bien qu'en ait dit Hérodote ; les organes de l'ouïe sont ouverts au dehors par une fente assez large que ferment deux lèvres verticales susceptibles de s'appliquer exactement l'une contre l'autre ; le sens de l'audition paraît assez exquis chez les Crocodiles. L'on trouve sous les mâchoires des Crocodiles deux poches glanduleuses chargées de sécréter une substance pultacée d'une odeur fortement musquée, dont on ignore encore les usages précis.

Il ne serait guère possible d'examiner ici en détail les différentes pièces qui entrent dans la composition de la tête des Crocodiles, bien que les discussions qui se sont élevées au sujet de leur détermination leur aient donné une certaine importance scientifique. Nous dirons seulement que la portion crânienne proprement dite est très-peu considérable en comparaison de la masse totale de la tête ; que la surface supérieure des os du crâne est imprimée à l'extérieur de rugosités profondes qui contrastent avec la disposition lisse de ces surfaces sur les os de la tête chez les animaux des classes supérieures ; la tête s'articule avec la colonne vertébrale par deux condyles ; les vertèbres offrent cette particularité que leur face antérieure est concave et leur face postérieure convexe ; on en compte sept au cou, douze au dos, quinze aux lombes, deux au bassin, et de trentequatre à quarante-deux à la queue : les cinq dernières vertèbres cervicales ont, comme dans la plupart des sauriens, des côtes rudimentaires qui expliquent le peu de mouvement latéral du cou ; ces côtes rudimentaires portent déjà des vestiges d'appendices récurrens ; l'on compte douze côtes dorsales, dont la première et la deuxième ne se joignent pas toujours au sternum ; les huit ou neuf suivantes ont un cartilage sternal qui s'ossifie de bonne heure et qui reste pourtant séparé de la portion osseuse de la côte proprement dite, par un intervalle qui conserve toujours sa disposition cartilagineuse ; toutes ont vers la partie moyenne de leur longueur une apophyse récurrente qui, du bord postérieur de la côte, va s'appuyer sur la côte qui la suit, à peu près comme cela s'observe sur les côtes des oiseaux ; au ventre on observe cinq paires de côtes sternales cartilagineuses sans côtes vertébrales correspondantes. Ces côtes flottantes servent de point d'attache aux aponévroses des muscles abdominaux. Les deux dernières vont se terminer aux côtés du pubis ; le sternum se compose d'une pièce osseuse allongée, qui reçoit sur ses côtés les troisièmes, quatrièmes et cinquièmes côtes ; en avant, cette pièce est précédée d'un disque rhomboïdal cartilagineux qui reçoit sur ses bords antérieurs les arcs-boutans de l'épaule, et en arrière les cartilages des premières et secondes côtes ; en arrière ce sternum se divise en deux languettes cartilagineuses qui reçoivent les trois dernières vraies côtes vertébrales et les six côtes abdominales. Au point de la bifurcation l'on trouve entre les deux branches un xiphoïde rudimentaire. Le bassin, formé d'une part par les deux vertèbres correspondantes, est complété par un ilion évasé et par un ischion très-développé uni à celui du côté opposé par une symphyse étroite, allongée, au devant de laquelle on trouve un pubis rudimentaire, grêle, allongé, qui se porte en avant pour soutenir, conjointement avec les côtes abdominales, les aponévroses des muscles de cette région. Les os des membres postérieurs se rapprochent de ceux des sauriens pour la disposition. On compte deux phalanges au premier doigt, trois au second, quatre aux deux autres; le dernier n'a pas d'ongle, ainsi qu'on l'a dit déjà; le cunéiforme se prolonge ici en dehors sous forme d'apophyse qui semble un cinquième doigt rudimentaire, ou peut-être un doigt soudé de bonne heure. L'épaule est constituée par une omoplate petite, allongée, grêle, un arc-boutant appuyé sur le sternum et désigné tantôt sous le nom de clavicule, tantôt sous celui de coracoïde, évasé comme celui des oiseaux. Cette partie du squelette répète la même loi de formation que pour le bassin; les cavités articulaires des membres sont formées en effet chez les Crocodiles par le concours de deux os seulement, tandis que chez les autres animaux l'on retrouve constamment trois os plus ou moins réunis pour effectuer ces articles; la charpente du membre antérieur n'offre pas non plus de circonstances bien notables; le premier doigt a deux phalanges, le second trois, le troisième et le quatrième quatre, le dernier trois; les trois derniers n'ont pas d'ongles. Les Crocodiles sont peu agiles en général; les mouvemens latéraux paraissent gênés par les apophyses récurrentes des côtes; néanmoins il paraît que, dans l'eau, leurs mouvemens, favorisés par la palmure de leurs doigts et leur queue comprimée, sont assez vifs et assez aisés; aussi fréquentent-ils volontiers les bords des fleuves, les grands lacs, les marais et les flaques que les inondations laissent après elles. Leurs organes respiratoires leur permettent par leur disposition un séjour assez prolongé sous l'eau et une natation presque à fleur d'eau, leurs narines ouvertes à l'extrémité du museau leur permettant d'enfoncer le reste du corps sous le liquide, à la surface duquel ils sont obligés de venir chercher l'air atmosphérique nécessaire à leur hématose. Leurs poumons globuleux sont formés par deux sacs à l'intérieur desquels la membrane muqueuse vasculaire forme des replis nombreux et profonds qui rendent cette surface analogue sous quelque rapport au second estomac des ruminans, et constituent des aréoles à cellules secondaires et tertiaires polygones qui multiplient les points de contact entre l'air respiré et le sang qu'il doit modifier. Un diaphragme musculeux, incomplet et ouvert à sa partie moyenne, sépare les organes thoraciques et abdominaux en même temps qu'il facilite la respiration des Crocodiles. On dit qu'ils ont un grognement sourd peu continu, analogue à celui du cochon; d'autres naturalistes comparent leurs cris à ceux d'un enfant. Le cœur est divisé chez les Crocodiles en quatre chambres, deux oreillettes et un ventricule cloisonné complétement à l'intérieur, circonstance qui, peu appréciée à certaine époque,

a fait indiquer le cœur des Crocodiles comme composé de trois cavités seulement. Du ventricule droit, et près de la naissance du vaisseau afférent pulmonaire, naît un tronc vasculaire qui bientôt s'anastomose par un vaisseau artériel né d'un tronc artériel fourni par le ventricule gauche. Le vaisseau qui résulte de cette anastomose prend le nom d'aorte descendante ou postérieure, portant à l'arrière-corps de l'animal un mélange de sang non renouvelé et de sang modifié. Les parties situées en avant reçoivent au contraire du sang purement artériel par deux carotides qui naissent d'une sorte de vestibule qui leur est commun avec l'aorte. (*Voy.* les mots COEUR et CIRCULATION). Le système nerveux ne saurait être analysé ici; nous ferons seulement remarquer que le cerveau est très-petit en comparaison de la masse générale du corps; aussi voit-on peu de sagacité dans ces animaux; tout leur instinct se borne à attendre patiemment leur proie; mais on ne les voit développer aucune industrie pour la conservation de l'individu ou de l'espèce. S'ils vivent réunis, ce n'est pas pour travailler en commun, et l'on doute encore qu'ils veillent, comme on l'assure, à la garde des œufs et de leurs petits, et l'éducation n'obtient tout au plus d'eux qu'une diminution légère de leur férocité brutale; point de jeux ni d'agaceries, et hors le temps de la chasse et de l'engourdissement, ils restent apathiques, stupidement étalés au soleil; tout au plus quelques espèces se creusent-elles dans le sable des trous pour retraite ou pour déposer les germes de leur progéniture.

La peau des Crocodiles est confondue sur la tête avec les os de cette partie, et rend les rugosités qui hérissent leur surface; sur le reste du corps, ou du moins sur le dos, le ventre et sur toute la queue, elle est parsemée de plaques osseuses pyramidales, juxtaposées en quinconces, plus saillantes sur les parties supérieures du corps, vermiculées à leur surface et revêtues d'un épiderme écailleux assez épais; celles qui constituent les carènes de la queue sont plus fortes, comprimées sur les côtés, inclinées en arrière, et plus ou moins saillantes selon le point où on les examine; on retrouve de ces mêmes plaques sur le cou irrégulièrement disséminées, mais en nombre assez fixe à ce que l'on croit, selon les espèces, pour pouvoir servir de caractères propres à les distinguer. Leur réunion forme une sorte de cuirasse dont les auteurs ont voulu indiquer la particularité, en désignant les animaux de cette famille sous le nom de *Loricata*; sa densité est telle qu'elle résiste quelquefois à une balle de fusil et rend la chasse au tir de ces animaux peu sûre et peu avantageuse. La coloration de la peau de tous les Crocodiles est à peu près la même, c'est-à-dire d'un vert olivâtre en dessus, entre-coupé de bandes de même teinte plus foncées qui se confondent avec l'âge, et une couleur jaune sulfurée sur les parties inférieures.

Les organes reproducteurs des Crocodiles offrent cela de particulier, que le pénis du mâle est simple comme chez les tortues ; ce qui, avec quelques autres points de rapport avec les animaux de cette famille, a fait donner aux Crocodiles le nom d'Emydo-sauriens. Comme chez les Chélonées, des canaux péritonéaux mettent le cloaque des femelles en communication avec la cavité de la séreuse abdominale ; leur situation, leur trajet et leurs rapports sont les mêmes que chez les tortues, sauf qu'ils ne communiquent pas avec les cellules du corps caverneux. Leurs usages sont sans doute aussi les mêmes, mais l'on ne sait rien de positif à cet égard. On dit que les Crocodiles s'accouplent dans l'eau, que l'accouplement de ces animaux a lieu dans une position latérale, et qu'il dure à peine vingt-cinq minutes ; d'autres auteurs disent que l'accouplement a lieu à terre, que le mâle renverse sa femelle sur le dos, s'accouple et l'aide ensuite à se relever.

On dit aussi que la fécondité des femelles ne dure que quatre ou cinq ans, mais ce dernier fait paraît peu vraisemblable ; en général les animaux ne vivent guère au-delà du temps nécessaire pour l'éducation des petits, et chez le Crocodile, où il n'y a pas d'éducation proprement dite, on ne s'explique pas bien une longévité avec accroissement continu, telle qu'on l'observe chez les Crocodiles, si leur existence était alors sans but et bornée à une vie végétative sans profit pour l'espèce. L'on ignore la durée de la gestation des Crocodiles ; l'on sait seulement qu'ils pondent des œufs au nombre de trente à quarante dans une ponte qui ne paraît pas se répéter plusieurs fois dans l'année.

L'œuf des Crocodiles est ellipsoïde, un peu plus gros que celui d'une oie ; son enveloppe est dure et calcaire ; l'on ne sait pas au juste le temps de l'incubation, on la dit d'un mois. Les anciens croyaient que la femelle du Crocodile couvait ou au moins gardait ses œufs qu'elle dépose dans le sable à peu de profondeur ; quelques modernes partagent cette opinion, mais sans preuve directe et conduits par la simple induction que fait naître l'habitude sédentaire des Crocodiles, qui, dans les circonstances ordinaires, ne s'éloignent guère du domicile qu'ils se sont choisi. Le Crocodile, au sortir de l'œuf, a environ sept à huit pouces ; on dit que la mère dégorge la pâture dans la gueule du petit pendant trois mois ; son accroissement se fait assez rapidement dans le premier âge, il paraît cependant assez long pour les Crocodiles que l'on peut avoir sous les yeux ; peut-être la captivité est-elle dans ce dernier cas la cause de la différence que l'on observe dans ce phénomène ; les limites de la taille des différentes espèces de Crocodiles paraissent à peu près les mêmes ; la plupart de ceux que l'on rencontre ont deux, trois à quatre mètres de longueur, et quinze, dix-huit à vingt-et-un pouces de largeur à la base du crâne ; mais il paraît que l'on en voit dépasser de beaucoup ces dimensions, et arriver jusqu'à onze et douze mètres de longueur. Cette différence entre le point de départ et le terme de l'accroissement des Crocodiles avait déjà frappé les anciens, comme on le voit par les passages d'Hérodote et d'Aristo-

télès, et tient sans doute à ce que leur accroissement se continue pendant toute la durée de leur existence, qui n'est pas aussi bornée que celle des animaux plus compliqués ; c'est à cette observation que quelques philologues rapportent l'étymologie du mot *champses* ou *champso*, que les Arabes prononcent aujourd'hui, dit-on, *msah* ; ils le regardent comme formé de *im*, préposition qui répond volontiers au mot *im* des Allemands, et signifie *dans*, et du mot *sah* ou *soh* traduisible par notre mot *œuf*, les Egyptiens voulait rappeler insi que ce gigantesque reptile est sorti d'un petit œuf. Il est à remarquer que chez les Crocodiles naissans, la tête est plus globuleuse et le museau beaucoup plus court que chez le Crocodile adulte, fait insolite chez les reptiles et qui rappelle ce que l'on observe à cet égard chez les animaux supérieurs ; cette circonstance, signalée surtout par M. Geoffroy Saint-Hilaire et Tiedemann, doit être prise en considération dans la détermination des espèces, que l'on a souvent établie sur l'acuité proportionnelle du museau. Du reste les Crocodiles, comme tous les reptiles, ont à toutes les époques de leur vie les mêmes formes et les mêmes proportions relatives des diverses parties du corps.

Les Crocodiles se trouvent diversement répandus sur le globe ; on dirait qu'ils se sont partagé la terre : les Champsès sont exclusifs à l'Afrique, car l'espèce à trois doigts de M. Véraux est comme nous l'avons vu encore douteuse ; les Gavials sont répandus dans l'Inde, et les Alligators envahissent les deux Amériques ; ici pourtant se voit une exception à la règle, puisqu'un champsès se retrouve aux Antilles et dans l'Amérique du nord. L'Asie septentrionale et l'Europe en sont préservées aujourd'hui ; mais l'Europe du moins offre dans ses couches secondaires et tertiaires des preuves de l'existence d'animaux de cette classe à diverses époques des siècles reculés, et l'on voit, en les étudiant, qu'alors les genres n'étaient pas propriétaires aussi exclusifs, puisque plusieurs assez distincts se retrouvent dans les mêmes gisemens : ainsi les bancs de Honfleur contiennent une espèce distincte de celle des bancs de Caen, et sans rapport avec les restes qu'offrent les plâtrières des environs de Paris, qui semblent se rapporter aux Caïmans ou aux Champsès. Les carrières de Solen-Hoffen en Franconie contiennent des restes qui se rapportent à plusieurs genres distincts.

La chasse au Crocodile s'est pratiquée de tout temps, et l'on voit que les Romains se firent un plaisir de cette sorte de combat à Rome même, dans le cercle de Flaminius, qu'on avait rempli d'eau. Sans parler de la chasse au tir à coups de flèches, usitée parmi les peuples auxquels les armes à feu furent ou sont encore inconnues, et de celle à coups de fusil, la plus généralement employée aujourd'hui, on voit faire usage pour cette chasse de différens procédés plus ou moins ingénieux et intéressans. Déjà au temps d'Hérodote on prenait les Crocodiles au moyen d'un fort hameçon auquel on attachait un morceau de viande. Depuis, l'on voit, dans les relations des voyageurs, prendre les Crocodiles en leur donnant à mordre une planche de bois peu résistant, dans l'épaisseur de laquelle leurs dents s'enfoncent et sont ensuite retenues par l'élasticité des fibres ligneuses ; mais les anciens ne se bornèrent pas toujours à la *pêche* à l'hameçon des Crocodiles. Ainsi Plinius raconte que les habitans de Tentyris, pour aller chercher jusque dans les entrailles de ces monstres les restes inanimés des humains qu'ils avaient dévorés, afin de leur rendre les devoirs de la sépulture, se mettaient à la nage, plongeaient près de ces animaux, les gagnaient, montaient sur leur dos, et leur passant un bâillon dans la gueule, ils s'en servaient comme d'un mors pour diriger les Crocodiles vers le rivage où ils les égorgeaient. Ce récit paraît fabuleux; cependant un voyageur moderne, Ch. Watterton, rapporte que dans l'Amérique du Sud, ayant pris sur le cours de l'Essequibo un Crocodile avec une *gaffe* amorcée, il l'amena à quelque distance de lui, sauta sur son dos, s'empara de ses pieds de devant, et força ainsi l'animal à marcher dans la direction qu'il lui imprima. Bruce dit aussi que l'équitation sur le dos du Crocodile était un plaisir que se donnaient les enfans de l'Abyssinie. D'autres fois on harponne le Crocodile comme on le fait pour la Baleine, ou bien un plongeur intrépide se jette à l'eau à quelque distance de l'animal, l'atteint, et, passant audessous de lui, l'éventre avec un poignard qu'il tient à la main. D'autres chasseurs emploient pour prendre les Crocodiles un morceau de fer pointu à ses deux extrémités et armé sur une perche ou une gaffe à deux crocs; on l'enfonce dans la gueule béante du Crocodile, qui, en rapprochant fortement les mâchoires, se les enfonce sur les pointes qui lui tiennent la gueule entr'ouverte assez pour que le poids du liquide ambiant surmonte la résistance du voile du palais et amène à la longue l'asphyxie et la mort de l'animal. D'autres fois on attire le Crocodile à terre, où ses mouvemens sont moins faciles, en faisant quelque bruit ou en imitant le cri d'un animal, celui du cochon par exemple, comme le dit Hérodote, et on le tue en l'assommant à coups de massue, ou on l'égorge après lui avoir jeté de la boue sur les yeux pour l'empêcher de nuire : l'on creuse quelquefois, non loin des grèves sur lesquelles les Crocodiles viennent se chauffer au soleil, des fosses recouvertes de branchages dans lesquelles ils se laissent tomber et prendre facilement. Les sauvages américains attachent un chien ou une charogne à un piquet au devant duquel ils disposent un nœud coulant; puis ils pipent le Crocodile en frappant sur la carapace desséchée d'une tortue de terre qu'ils appellent ironiquement la *cloche à dîner* du Corcodile, et le prennent assez souvent dans ces sortes de piéges où ils les étranglent au besoin; la chasse au nœud coulant est surtout usitée lorsqu'on veut capturer les Crocodiles vivans; une fois pris, on leur lie étroitement les deux mâchoires l'une contre l'autre, on garrotte fortement les membres, la queue surtout, le long d'un aviron de résistance ou sur le bordage de la barque jusqu'à ce qu'on puisse préparer une caisse ou une cuve pleine d'eau dans laquelle on laisse l'animal en *liberté*; on parvient ainsi à conserver en Europe des Crocodiles vivans pendant quelques années en maintenant la température de l'eau où ils séjournent entre douze et dix-huit degrés Réaumur.

La destinée des Crocodiles a éprouvé les vicissitudes de l'intelligence humaine : jadis recherchés par le peuple le plus avancé en philosophie, conservés et cajolés comme une maîtresse, adorés comme un dieu, au point de tenir à honneur de leur sacrifier ses propres enfans qu'on leur offrait à dévorer, embaumés après leur mort à l'instar d'un monarque dont les peuples ont été contens, les Crocodiles sont aujourd'hui poursuivis, massacrés à outrance comme un véritable fléau ; tout au plus les recherche-t-on comme objets d'études, et les expose-t-on, avec plus ou moins de succès, aux regards du public pour piquer sa curiosité avide d'étrangetés ; en Égypte même, théâtre de leur grandeur passée, ils en sont réduits à ce triste rôle de jouet trivial, et des voyageurs modernes rapportent que naguère l'on voyait dans les processions de la fête des serpens, des charlatans montés superbement sur le dos de l'antique déité qu'ils semblaient conduire par une *laisse* passée soit entre les dents de la mâchoire supérieure, soit dans l'épaisseur de la cloison des narines.

On tire peu parti des Crocodiles. On mange rarement leur chair à cause de l'odeur particulière musquée qu'elle possède ; on n'a plus confiance dans les remèdes que la polypharmacie ou la médecine populaire des diverses époques ont empruntés à ces animaux; leur cuir reste trop perméable à l'eau et l'usage des cuirasses passe de plus en plus de mode. A peine leurs dents servent-elles pour faire des *culots de pipes*.   (T. C.)

CROCODILION, *Crocodilium*. (BOT. PHAN.) Genre de la famille des Synanthérées cynarocéphales de Jussieu, tribu des Centaurées de Cassini, et de la Syngénésie polygamie frustranée de Linné. Caractères : calathide radiée; fleurons du centre nombreux et hermaphrodites ; fleurons de la circonférence disposés sur un seul rang, très-développés et stériles; involucre d'écailles imbriquées, coriaces, prolongées en un appendice suborbiculaire, scarieux et terminé au sommet par une épine; akènes surmontés de deux aigrettes, comme dans les Centaurées.

L'espèce type de ce genre est le CROCODILION DE SYRIE, *Crocodilium syriacum*, Cass., *Centaurea crocodilium*, L., plante annuelle, à tige rameuse striée et hérissée, à feuilles pinnatifides, terminées par un grand lobe denticulé; à fleurs solitaires, au sommet de longs pédoncules. Elle est originaire du Levant.

De Candolle, qui, à l'exemple de Linné, a réduit le groupe des Crocodilions au rang de simple section du genre Centaurée, n'en décrit qu'une seule espèce, le CROCODILION DE SALAMANQUE, *Centaurea salmantica*, L. C'est une très-jolie plante à fleurs d'un rouge intense; elle est fort commune dans les contrées méridionales de France, et notamment et notamment dans le département des Bouches-du-Rhône. (C. É.)

CROCUS. (bot. phan.) Nom latin du genre Safran. *V.* ce mot. (Guér.)

CROISEAU, CROISEURS. (ois.) On donne vulgairement le nom de Croiseau au Biset (*v.* Pigeon). Les marins désignent les Mouettes par le nom de Croiseurs. (Guér.)

CROIX. (bot. phan.) Plusieurs plantes, dont certaines parties présentent quelque analogie avec la figure d'une Croix, ont reçu ce nom, suivi de quelques épithètes caractéristiques. Voici les principales :

Croix de Calatrava et de Saint-Jacques, l'*Amaryllis formosissima*, L.

Croix de chevalier, le *Lychnis chalcedonica*, et à Cayenne le *Tribulus cristoides*, L.

Croix de Jérusalem ou de Malte. Le *Lychnis chalcedonica* porte encore ces noms, qu'il doit à la forme de sa fleur et à ce qu'il a été introduit en Europe par les chevaliers croisés.

Croix de Lorraine, le *Cactus spinosissimus*.

CROIX ou CRUCIFIX DE MER. (moll.) Les marchands donnent ces noms vulgaires au Marteau, *Ostrea malleus*, L. (Guér.)

CROSSANDRE, *Crossandra*. (bot. phan.) Dans son *Hortus malabaricus*, Rheede a désigné sous le nom vulgaire indien *Manja-Kurini*, un arbuste de l'Asie méridionale à feuilles ondulées, s'élevant à la hauteur d'un mètre, rarement plus, et dont la tige se divise en plusieurs rameaux cylindriques, d'un vert presque foncé, qui présentent à l'aisselle des feuilles, et portés sur des longs pédoncules, des épis serrés, contenant de quarante à soixante fleurs d'un rouge de cinabre, imbriquées sur quatre rangs. Ces épis sont d'un très-bel aspect ; leurs fleurs durent long-temps, se succèdent sans interruption depuis les premiers jours de juin jusqu'au milieu et même jusqu'à la fin du mois d'août. Le calice qui les porte est composé de cinq folioles ovales, lancéolées, membraneuses, blanchâtres, dont deux plus courtes que les autres. La corolle est monopétale, à tube grêle, renflé, globuleux à sa base, et à limbe grand, formant une seule lèvre inférieure, découpée en cinq lobes inégaux. Quatre étamines sont insérées vers le milieu du tube, deux plus haut et deux plus bas. L'ovaire est supère, il donne naissance à une capsule à deux loges polyspermes.

Linné avait rapporté cette plante, de la famille des Acanthées et de la Didynamie angiospermie, au genre Carmantine ou *Justicia*, sous le nom spécifique de *Justicia infundibuliformis*. Depuis lui, Andrew la fit sortir de ce genre pour l'intercaler parmi les Ruellies ; Jacquin en fit un genre particulier sous le nom de *Harrachia*, qui n'a point été adopté par les botanistes. Salisbury a été plus heureux en la constituant genre et en lui imposant le nom de *Crossandre*, créé par Aiton. Comme espèce, il a nommé la plante dont nous avons un beau dessin sous les yeux, et que nous avons vue cultivée à Paris, Crossandre a feuilles ondulées, *C. undulæfolia*. (T. D. B.)

CROTALAIRE, *Crotalaria*. (bot. phan.) Compris dans l'intéressante famille des Légumineuses, ce genre de la Diadelphie décandrie a beaucoup de rapport avec les Cytises et les Lupins. Le nom qu'il porte lui vient du mot grec *krotalon*, qui signifie ce que nous appelons aujourd'ui castagnettes, et est employé pour exprimer le son que rendent les gousses, poussées les unes contre les autres par le vent, ou lorsque les rameaux sont fortement agités par les enfans, amoureux de ce bruit qu'augmentent les semences ballottées ainsi d'une valve à l'autre. Le Baguenaudier, *Colutea arborescens*, qui peuple les bois et les buissons de nos départemens du midi, donne une idée de ce bruit ; de là le nom que l'on donne à cette Crotalaire de *Nouveau Baguenaudier*. Cependant, il faut le dire, il y a loin de ce son à celui que produisent les crotales de roseau fendu, de bois ou d'airain que les *Crotalistriæ* des anciens agitaient en accompagnant leurs danses légères, dont j'ai retrouvé l'usage dans les montagnes de la Calabre.

Les Crotalaires sont annuelles ou vivaces, herbacées ou à tiges ligneuses. Plus de quatre-vingts espèces composent ce genre, dont la fixation est due à Tournefort ; elles habitent les régions voisines des tropiques et abondent surtout dans l'Amérique méridionale, aux Indes, sur le cap de Bonne-Espérance. Il n'y a encore que très-peu d'espèces ligneuses cultivées en France. Cependant elles y viendraient bien, en bonne exposition ; leur élégance, la belle variété de leurs couleurs méritent que l'on mette tout en œuvre pour les acclimater.

Parmi les plus belles espèces, citons les suivantes : la Crotalaire pourpre, *C. purpurea*, originaire du cap de Bonne-Espérance ; elle a été apportée en Europe dans l'année 1792, et se cultive encore en caisse pour être rentrée pendant l'hiver. Ce superbe arbrisseau, de quatre mètres environ de hauteur, est garni de rameaux effilés, chargés de poils très-courts ; ses feuilles sont alternes, d'un beau vert ; ses fleurs sont pourprées, assez grandes, inodores ; elles se montrent vers le milieu du printemps, et forment une grappe d'un très-joli aspect. Il leur succède des gousses ovales-oblongues, d'un vert foncé, renflées et renfermant plusieurs graines brunes réniformes.

On confond quelquefois cette espèce avec la Crotalaire a feuilles d'aubours, *C. laburnifolia*, qui nous est venue de l'Inde et ne s'orne de ses grandes fleurs jaunes qu'aux mois de juillet, août et septembre ; mais à l'inspection des gousses on trouve un signe distinctif qui les éloigne l'une de l'autre. On la multiplie de boutures en été.

Une troisième espèce, très-élégante, indigène à l'île Maurice, qui doit de préférence entrer dans nos jardins d'agrément, c'est l'élégante Crotalaire en arbre, *C. arborescens* ; elle a l'aspect d'un Cytise et s'élève seulement à la hauteur de deux mètres au plus ; ses tiges grisâtres se chargent tous les ans de bouquets de fleurs d'un beau jaune légèrement empourpré, qui produisent un très-bel effet vers la fin de l'été et durant l'automne. Jusqu'ici l'on n'a pu la conserver en pleine terre dans nos contrées septentrionales; mais elle réussit à merveille dans le midi.

Je dois aussi nommer 1° la Crotalaire toujours fleurie, *C. semperflorens*, sous-arbrisseau de l'Inde, dont les tiges en petit nombre se garnissent de feuilles vert foncé en dessus, cendré en dessous, parsemées de verrues qui s'affaissent promptement et forment des taches blanchâtres. Ses fleurs, assez grandes, d'un beau jaune doré, n'ont pas d'odeur, et se tiennent penchées; 2° la Crotalaire joncée, *C. juncea*, qui paraît tout argentée par le duvet soyeux dont elle est couverte; ses feuilles sont lancéolées, et ses grandes fleurs couleur soufre; 3° et la Crotalaire renflée, *C. turgida*, donnant deux fois l'an des fleurs jaunes sillonnées de lignes rougeâtres, et portées trois à six ensemble au sommet des rameaux, au mois de juin et à la fin de l'automne.

(T. D. B.)

CROTALE. (rept.) Ce nom, dérivé du mot grec *crotalon* grelot, s'applique à un groupe d'Ophidiens, ou Serpens dont la queue est terminée par une série de pièces cornées plus ou moins nombreuses, mobiles les unes sur les autres et qui, lorsque l'animal agite sa queue, produisent le même effet qu'une sorte de grelot; ces pièces cornées résultent de la chute incomplète du dé écailleux dont l'extrémité de la queue des Crotales est armée; arrondi, comprimé sur ses deux faces, avec un sillon médian assez prononcé, étranglé pour ainsi dire transversalement dans deux points de sa longueur, rétréci aussi à sa base, son rebord libre se racornit sur l'un des étranglemens de la pièce suivante, lorsqu'il tombe par l'effet de la mue, et il se trouve ainsi plus ou moins retenu par l'un de ses renflemens : de là l'accumulation de ses pièces en nombre variable selon les circonstances accidentelles, et leur cliquetis lorsque l'animal remue la queue, agité qu'il est par la peur ou la colère. Cette disposition singulière des Crotales, qui leur a fait aussi donner les noms de Serpens à sonnettes, de Crotalophores, et en latin celui de *Caudisona*, leur a mérité une certaine célébrité; mais ce qui n'a pas peu contribué aussi à leur réputation, c'est la violence du venin que leur morsure inocule. En effet, la simple piqûre produite par leurs dents en crochets suffit pour faire succomber en quelques minutes un animal de forte taille, un homme même, au milieu des angoisses d'une adynamie gangréneuse qui parcourt ses périodes avec la rapidité de l'éclair et laisse rarement le temps d'arrêter ses progrès. L'on se rappelle à cette occasion la fin tragique de l'infortuné Drake, propriétaire d'une ménagerie à Rouen, blessé à la main par un serpent à sonnettes, qu'il soignait sans précautions; il eut le courage de s'emporter le doigt d'un coup de hache, mais sans succès : au bout de quelques instans il succomba aux effets de l'absorption du venin. Cet affreux accident appela l'attention de l'autorité et fit prohiber en Suisse, en France et dans quelques autres états européens, l'introduction des Crotales vivans.

La subtilité de ce venin se conserve, après sa dessiccation, pendant des temps presque infinis; et parmi les exemples nombreux que l'on peut rapporter à l'appui de ce fait, nous citerons celui-ci. Un homme fut mordu à travers ses bottes, et mourut; ces bottes furent successivement vendues à deux autres personnes qui succombèrent aux accidens propres à la piqûre des serpens toxiques, et ces bottes auraient sans doute produit encore d'autres victimes, si l'on ne s'était enfin aperçu que l'extrémité d'une des dents venimeuses était restée engagée dans le cuir. Le séjour des Crotales dans l'alcool paraît décomposer à la longue et détruire le venin de ces animaux; on a conseillé beaucoup de moyens contre la morsure des serpens à sonnettes; mais la plupart sont peu rationnels, et ceux qui ont effectivement des vertus, sont rarement praticables dans ces cas qui réclament des secours si prompts, et où l'occasion passe d'une manière si rapide. Nous renverrons, pour les détails sur ce point, aux articles Ophidiens, Toxiques, Venins, etc.

Les Crotales ont les formes et l'organisation de tous les Serpens téléphiens, à crochets maxillaires mobiles, desquels ils s'isolent par le dé terminal de la queue. Leur tête est cordiforme, déprimée, fortement renflée en arrière; le museau, comme tronqué, offre en arrière des narines un trou, orifice d'une cavité borgne dont on ignore les usages précis, et que l'on a comparée aux larmiers de certains ruminans; les yeux sont peu saillans, abrités sous un rebord orbitaire assez prononcé; la pupille est linéaire, verticale; le cou paraît d'autant plus marqué, que la région occipitale est volumineuse; le corps est cylindrique, assez grêle, revêtu en dessus d'écailles rhomboïdales, carénées, imbriquées, alternes, et terminé par une queue courte, revêtue en dessous par des lames simples, monophylles ou d'une seule pièce, et terminée par ce dé corné dont nous avons parlé plus haut, lequel se moule sur la dernière vertèbre caudale, qui semble résulter de la soudure de deux ou trois vertèbres avortées.

Les Serpens à sonnettes sont propres à l'Amérique; ils se tiennent ordinairement dans les lieux marécageux, dans les broussailles et les taillis, les clairières et le bord des chemins; ils se nourrissent ordinairement de petits animaux, tels que des rats ou des oiseaux, qu'ils saisissent en s'élançant sur eux au moyen de leur corps roulé en spirale et dont ils développent les orbes avec la force et la rapidité du trait; mais leur ramper est lourd et lent, aussi l'homme évite-t-il facilement leurs poursuites. Comme tous les serpens à mouvemens spiroïdes, ils ne peuvent pas non plus grimper aux arbres et enrouler leur proie au moyen de leur queue; leurs habitudes sont ordinairement lentes et apathiques, aussi ne les redoute-t-on pas dans leur patrie à proportion du danger de leur morsure. Les Crotales s'engourdissent à l'approche de l'hiver; alors leur morsure paraît moins redoutable, et souvent ils se laissent prendre à la main sans chercher à nuire. Dans leur plus grande ardeur, ils ne s'attaquent guère à l'homme que lorsqu'ils ont peur ou qu'ils ont été irrités ou provoqués, ou lorsqu'ils sont dans le temps du rut et de la reproduction; l'on est prévenu de leur agression par le mouvement et le bruit de leur queue qu'ils agitent quelques instans ordinairement avant de s'élancer, et l'on peut les éviter facilement. Au reste, un coup de fouet ou de baguette un peu fort suffit pour les mettre hors d'état de nuire et leur donner même la mort; ces animaux paraissent susceptibles d'être influencés d'une manière singulière par le son d'instrumens à vent, surtout par celui du cor de chasse.

Voici ce que M. de Châteaubriand raconte à ce sujet : « Au mois de juillet 1791, nous voyagions dans le haut Canada avec quelques familles sauvages de la nation des Onnoutagnes. Un jour que nous étions arrêtés dans une plaine au bord de la rivière Génésie, un serpent à sonnettes entra dans notre camp. Nous avions parmi nous un Canadien qui jouait de la flûte; il voulut nous amuser, et s'avança contre le serpent avec son arme d'une nouvelle espèce. A l'approche de son ennemi, le superbe reptile se forme tout à coup en spirale, aplatit sa tête, enfle ses joues, contracte ses lèvres, découvre ses dents envenimées et sa gueule rougie; sa langue fourchue s'agite rapidement au dehors; ses yeux brillent comme des charbons ardens; son corps, gonflé de rage, s'abaisse et s'élève comme un soufflet; sa peau dilatée est hérissée d'écailles et sa queue, en produisant un son sinistre, oscille avec tant de rapidité, qu'elle ressemble à une légère vapeur. Alors le Canadien commence à jouer sur sa flûte; le serpent fait un mouvement de surprise et retire sa tête en arrière; il ferme peu à peu sa gueule enflammée. A mesure que l'effet magique le frappe, ses yeux perdent de leur âpreté, les vibrations de sa queue se ralentissent, et le bruit qu'elle fait entendre s'affaiblit et meurt par degrés. Moins perpendiculaires sur sa ligne spirale, les orbes du serpent charmé s'élargissent et viennent tour à tour se poser sur la terre en cercles concentriques; les écailles de la peau s'abaissent et reprennent leur éclat, et, tournant légèrement la tête, il demeure immobile dans l'attitude de l'attention et du plaisir. Dans ce moment le Canadien marche quelques pas en tirant de sa flûte des sons lents et monotones; le reptile, baissant son cou, entr'ouvre avec sa tête les herbes fines, et se met à ramper sur les traces du musicien qui l'entraîne, s'arrêtant lorsqu'il s'arrête, et commençant à le suivre aussitôt qu'il commence à s'éloigner. Il fut ainsi conduit hors de notre camp au milieu d'une foule de spectateurs tant sauvages qu'européens qui en croyaient à peine leurs yeux. A cette merveille de la mélodie, il n'y eut qu'une seule voix dans l'assemblée pour qu'on laissât le merveilleux serpent s'échapper. » Si le serpent à sonnettes est aussi impressionnable, il paraît produire sur les animaux un effet aussi très-marqué. Son regard fixe, sa vue seule, ou, comme on a cherché à le prouver l'odeur, qu'il répand autour de lui, déterminent sur eux une sorte de paralysie ou de vertige indicible que l'on a désigné sous le nom de fascination, phénomène sur lequel nous reviendrons au mot OPHIDIENS. Les Crotales paraissent même susceptibles d'un certain apprivoisement. M. Thiébaut de Berneaud, l'un de nos collaborateurs, nous a raconté avoir vu en 1823 un de ces animaux qui vivait absolument libre chez M. Pallois, médecin à Nantes. Ce Crotale sortait de sa retraite aussitôt qu'on l'appelait par le nom de *Coco*, qui lui avait été donné; il venait manger sur la table ce qu'on avait disposé pour lui, sans s'effrayer de la présence des étrangers auxquels on montrait son éducabilité, et sans chercher à nuire.

Les Crotales sont vivipares comme tous les serpens venimeux; l'histoire de leur reproduction ne paraît pas du reste très-connue dans ses détails, mais il paraît que les jeunes reçoivent de leur mère pendant les premiers temps de leur existence une tutelle remarquable et si insolite qu'il faut ici narrer le fait rapporté par Palisot de Beauvois, sans rien changer au texte de l'observateur. «Dans le premier voyage que j'ai fait parmi la nation indienne Tcharlokée, appelée par corruption Chéroquée et par quelques uns Chéroquoise, j'ai eu l'occasion de voir dans un sentier que je suivais en herborisant un Boiquira ou serpent à sonnettes. L'ayant aperçu de loin, je m'approchai le plus doucement possible; mais quelle fut ma surprise quand, au moment où j'avais levé le bras pour pouvoir le frapper, après avoir fait quelques pas de plus, je le vis s'agiter en faisant résonner ses sonnettes, au même moment ouvrir une large gueule et y recevoir cinq petits serpens de la grosseur à peu près d'un tuyau de plume. Surpris de ce spectacle inattendu, je me retirai de quelques pas, et me cachai derrière un arbre. Au bout de quelques minutes, l'animal, se croyant ainsi que sa progéniture à l'abri de tout danger, ouvrit de nouveau sa bouche et en laissa sortir les petits qui s'y étaient cachés. Je me remontrai, les petits rentrèrent dans leur retraite, et la mère, emportant son précieux trésor, s'échappa à la faveur des herbes dans lesquelles elle se cacha. » Les serpens à sonnettes atteignent cinq à six pieds de longueur; mais il paraît qu'autrefois ils atteignaient des proportions beaucoup plus considérables, et qu'ils étaient beaucoup plus multipliés dans le Nouveau-Monde qu'ils ne le sont actuellement. Aujourd'hui les Américains détruisent autant qu'ils le peuvent les Crotales, et la culture plus répandue, les communications plus fréquentes gênent les habitudes et la reproduction de ces animaux. A peine les populations peu instruites recherchent-elles la graisse des Crotales pour le traitement empirique de certaines maladies, et recueillent-elles leurs grelots pour faciliter l'accouchement; mais jadis les serpens à sonnettes étaient révérés à cause de la peur qu'ils inspiraient. On n'en tuait jamais, parce que, disaient les sauvages, si l'on en tuait un, son esprit exciterait ses parens ou alliés vivans à venger le mal qui lui aurait été fait, et W. Bartram rapporte dans la relation de son voyage une anecdote à ce sujet qui mérite d'être reproduite ici. « Un jour on m'annonça que des Indiens venaient me chercher. Je me levai précipitamment pour me dérober à leurs importunités, lorsque trois d'entre eux, jeunes et richement parés, entrèrent ; ils m'invitèrent d'un air aisé, noble et amical, à les accompagner jusqu'à leur camp pour les débarrasser d'un grand serpent à sonnettes qui s'en était emparé ; ne pouvant résister à leurs vives instances, je consentis à les suivre à leur camp, où je trouvai en effet les Indiens très-troublés..... Les hommes se pressaient autour de moi, et me priaient d'éloigner l'animal. Armé d'une baguette flexible, j'approchai de lui. A l'instant, il se roula en haute spirale et se tint prêt à se défendre. Je le frappai aussitôt à la tête et le coup l'étendit mourant à mes pieds ; je lui coupai ensuite la tête, puis je me retournai vers les Indiens, qui me félicitèrent et me comblèrent de caresses.... J'étais depuis peu rentré dans mon logis, lorsque je fus de nouveau troublé par l'arrivée imprévue de trois Indiens qui venaient pour m'égratigner, parce que j'avais tué le serpent à sonnettes réfugié dans leur camp... Ils firent voir les instrumens avec lesquels ils prétendaient me taillader ; déjà ils tenaient mon bras et je résistais, lorsque mon ami, le jeune prince (l'un des trois Indiens), s'avança, les repoussa, leur dit que j'étais un brave guerrier, qu'ils ne devaient pas provoquer. A l'instant, ils changèrent de conduite, tous ensemble poussèrent un cri, me serrèrent la main, me frappèrent sur l'épaule, mirent leurs mains sur leur sein en signe d'amitié et dirent en riant que j'étais un véritable ami des Séminoles ; puis ils s'en allèrent. Toute cette scène, à ce qu'il me parut, était une farce jouée pour satisfaire leur peuple et pour apaiser les mânes du serpent à sonnettes. »

On distingue plusieurs espèces de serpens à sonnettes, que l'on groupe d'après la disposition du dessus de leur tête ; les uns ont le crâne revêtu d'écailles à peu près semblables à celles du dos, ce sont les Crotales proprement dits, tels sont :

Le Crotale a chevrons, *Crotalus horridus*, Lin., Cuvier, *C. atricaudatus*. Il est d'une teinte cendrée, brunâtre en dessus, avec des bandes transversales au nombre de vingt à trente, noires, bordées de teinte claire, irrégulièrement imprimées sur l'échine et terminées sur les flancs par une tache plus ou moins carrée, plus ou moins arrondie ; c'est cette espèce qui est la plus répandue aux États-Unis. On dit qu'elle traverse parfois les rivières et les lacs des lieux où elle réside en gonflant son corps par la suspension momentanée de la respiration.

Le Crotale a losanges ou *Boïquira, Cascavela, Boïcininga* des naturels, *C. Durissus*, Lin., Cuvier, représenté dans notre Atlas, planche 129, figure 4. D'une teinte brune, avec une série rachidienne de grandes taches noires rhomboïdales bordées de jaune, des taches noirâtres intercalaires et quatre lignes noires longitudinales sur le dessus du cou ; une légère différence dans la disposition des petites plaques qui se trouvent en avant de la tête et sur le museau le distinguent, aussi bien que sa coloration, du précédent, avec lequel il a souvent échangé le nom latin que Linnæus et Cuvier lui ont donné. Les plaques labiales, disposées sur un seul rang et cordiformes au point de donner au bord des lèvres un aspect dentelé en scie, les distinguent aussi de l'espèce suivante, que l'on a groupée sous le nom particulier d'*Uropsophus*, nom composé des mots grecs *oura* queue et *psophein* sonner.

Le Crotale a trois rangées de taches, *C. Triseriatus*. Il a le dos olivâtre, avec une série de taches rhomboïdales irrégulières, brunâtres, bordées de noir à leur bord antérieur, et avec une série de taches plus petites sur les flancs, distinctes des premières en avant, où elles sont interrompues par une petite bandelette blanchâtre, confondues en arrière avec les taches rachidiennes ; une bande brunâtre derrière les yeux ; le dessous du corps est noirâtre, pâlissant vers le cou. Cette espèce a été rapportée du Mexique. Wagler paraît avoir rencontré des œufs assez avancés dans l'oviducte, ce qui séparerait plus nettement encore ce genre des autres Crotales, qui sont vivipares.

D'autres Crotales ont des plaques sur la tête, on leur a réservé plus particulièrement les noms de Caudisones de Crotalophores, de ce groupe est le Millet, *C. miliarius*. Sa taille ne paraît pas atteindre à beaucoup près celle des autres espèces et ne dépasse guère deux pieds à deux pieds et demi. Il est d'un gris rougeâtre en dessus, avec une série interrompue de taches noires arrondies, bordées de blanc ; deux rangées de petites taches noires sur les flancs, le ventre blanchâtre, avec de petites taches noirâtres irrégulièrement dispersées.   (T. C.)

CROTALOPHORE. (rept.) *V.* Crotale.

CROTON. (bot. phan.) Genre de la famille des Euphorbiacées, le plus riche en espèces après le genre Euphorbe. Voici ses caractères : fleurs monoïques, ou très-rarement dioïques : dans les mâles, le calice est quinquéparti ; les pétales, au nombre de cinq, alternant avec cinq petites glandes ; les étamines, au nombre de dix à vingt, ou plus rarement indéfinies, ont les filets libres, infléchis dans le bouton et redressés après l'expansion de la fleur ; ils s'insèrent à un réceptacle dépourvu ou couvert de poils, et dont les anthères, adnées au sommet de ces filets, regardent du côté interne. Dans les femelles, le calice est quinquéparti et persistant ; point de pétales ; trois styles tantôt bifides, tantôt divisés régulièrement en un plus grand nombre de parties, et des stigmates en rapport avec ces divisions ; un ovaire entouré à sa base de cinq glandes ou appendices, creusé intérieurement de trois loges contenant chacune un ovule, et devenant un fruit capsulaire, qui s'ouvre en deux valves. Ce genre renferme des arbres, des arbrisseaux, des sous-arbrisseaux et des herbes, dont les feuilles sont alternes et pourvues de stipules, dentées ou lobées, couvertes tantôt d'écailles argentées ou dorées, tantôt de poils en étoiles qu'on doit regarder comme très-caractéristiques. On en retrouve de semblables sur les rameaux, les pédoncules, les calices et les capsules. A ce genre se rapportent près de cent cinquante espèces, qui appartiennent aux régions équatoriales des deux Amériques.

Le *Croton Tiglium*, et surtout ses graines, connues sous le nom de *graines des Moluques* ou *de Tilly*, sont imprégnés de ce principe âcre qui semble être l'attribut de la famille entière. L'*huile de Tiglium* est un purgatif très-fort à faible dose. Cette propriété est due à un principe de nature résineuse qu'on a proposé de nommer *Tigline*. L'écorce d'une espèce de Croton est une succédanée du quinquina.

Les anciens donnaient le nom de Croton au Ricin. (C. **F.**)

CROUPION, *Uropygium*. (ois.) C'est ainsi que l'on nomme l'extrémité postérieure du tronc chez les oiseaux. Cette partie correspond aux dernières vertèbres sacrées et à celles du coccyx, dont la dernière, qui est tranchante et à peu près semblable au soc d'une charrue, supporte les pennes de la queue (*voyez* PENNE). Chez tous les oiseaux la pointe charnue du Croupion renferme des glandes qui sécrètent une humeur grasse, laquelle leur sert à lustrer leur plumage pour l'empêcher de se laisser pénétrer par l'humidité. Dans une certaine race de nos poules domestiques, dite *Poule sans queue*, le Croupion manque presque en entier.

(GERV.)

CRUCIANELLE, *Crucianella*. (BOT. PHAN.) Genre de la famille des Rubiacées, et de la Tétrandrie digynie. Involucre embrassant immédiatement la base de chaque fleur; calice adhérent avec l'ovaire, et limbe non marqué; corolle formant un long tube, et se terminant par un limbe à quatre ou cinq divisions; étamines en nombre égal à celui des lobes de la corolle; ovaire surmonté d'un style bifide, et dont chaque branche porte un très-petit stigmate; fruit à deux coques accolées, non couronnées par le calice, mais enveloppées par l'involucre persistant. Ce genre comprend une vingtaine d'espèces herbacées, annuelles ou vivaces, et quelquefois sous-frutescentes à leur base, à tiges anguleuses, à feuilles généralement étroites, opposées ou verticillées; à fleurs petites et à épis simples, très-rarement en corymbes. La plupart des Crucianelles croissent en Europe, au voisinage de la Méditerranée. Ce genre correspond au Rubéole de Tournefort.

On en compte, en France, quatre espèces :

La CRUCIANELLE A FLEURS ÉTROITES, *C. angustifolia*, L. Lamarck (t. III, tab. 61), a une tige carrée, rude au toucher, simple et quelquefois rameuse; ses feuilles sont linéaires et courtes, verticillées par six; ses fleurs sont petites, en épis simples au sommet des ramifications de la tige. On la trouve, dans les champs après la récolte, en Anjou et dans le midi de la France.

La CRUCIANELLE A FEUILLES LARGES, *C. latifolia*, L., a les feuilles vertes et larges, verticillées par quatre. On la trouve dans les mêmes localités.

La CRUCIANELLE DE MONTPELLIER, *C. monspeliaca*, L., n'est peut-être, ainsi que la précédente,

qu'une variété de la première : elle croît dans les mêmes provinces.

La CRUCIANELLE MARITIME, *C. maritima*, est une plante vivace, d'un blanc verdâtre, à tige étalée, très-rameuse, à feuilles quaternées, ovales, lancéolées, aiguës, rudes, qui croît sur les rochers des bords de la Méditerranée, en Provence, en Italie, en Espagne, en Egypte, etc. , etc. (C. **F.**)

CRUCIFÈRES, *Cruciferæ*. (BOT. PHAN.) Famille de la classe des végétaux dicotylédonés, à fleurs polypétales, à étamines hypogynes. Elle forme la 5e classe de Tournefort sous le nom de Cruciformes, et la 15e classe du système sexuel ou Tétradynamie de Linné.

Par leur aspect, leur port, la structure et la disposition de leurs organes floraux, les Crucifères composent une des familles les plus naturelles du règne végétal; aucun auteur n'a pu les méconnaître, soit en en retirant un genre, soit en y introduisant celui d'une famille voisine. Quatre pétales en croix frappent l'œil le moins exercé; ajoutez à ce caractère, que, des six étamines, quatre sont plus grandes que les deux autres. On peut à chaque pas vérifier ce type des Crucifères sur la fleur du chou sauvage ou de la moutarde des champs.

On ne compte point d'arbres ni même d'arbrisseaux dans cette famille; ce sont toutes plantes herbacées, très-rarement un peu ligneuses à leur base. Leur racine est en général perpendiculaire, tantôt grêle, tantôt épaisse et charnue. Leur tige porte des feuilles alternes; les fleurs, toujours pédicellées, sont disposées en grappes simples, opposées aux feuilles ou terminales.

Voici maintenant la composition de la fleur. Calice de quatre sépales, ordinairement caducs, tantôt dressés, tantôt étalés; deux sont parfois un peu plus grands, ou gibbeux à la base, ou même prolongés en éperon. Quatre pétales (parfois nuls par avortement), alternant avec les lobes du calice, et insérés, comme lui, sur un disque hypogyne; opposés deux à deux par leur base, et formant une sorte de croix. Ils sont plus ou moins unguiculés, et variables dans leur forme; ordinairement égaux; dans quelques genres, deux sont plus grands. Six étamines, dont quatre plus grandes, disposées en deux paires placées chacune sur un côté du fruit, tandis que les deux petites correspondent chacune à l'une des faces; anthères introrses, à deux loges. Le réceptacle, qui porte les étamines, est marqué de deux ou quatre glandes. Ovaire unique, à deux loges séparées par une fausse cloison, et contenant chacune un ou plusieurs ovules. Un style court, terminé par un stigmate capité ou bilobé. Fruit tantôt allongé, et soit comprimé, soit cylindrique ou quadrangulaire (silique); tantôt moins long que large, et globuleux ou comprimé (silicule) : la forme des valves de la cloison et le mode de déhiscence varient selon les différens genres. Graines globuleuses ou planes, souvent membraneuses sur les bords, insérées à la base de la cloison. Elles n'ont point de périsperme; l'embryon présente des distinctions importantes dans la position relative de ses parties intégrantes; pour ne point les répéter, nous les indiquerons en parlant de la classification des Crucifères.

Le nombre des plantes de cette famille est considérable; on n'en compte guère moins de mille espèces, réparties en près de cent genres. On peut juger des progrès de la science en remarquant que Linné connut à peine le quart de ce nombre. La plupart croissent en Europe.

Une propriété commune aux Crucifères, c'est la présence dans toutes leurs parties d'une huile volatile âcre, irritante, qui, selon sa quantité, les rend plus ou moins antiscorbutiques. On lit que des marins, long-temps battus par les flots et la tempête, souffrant de la fièvre et de la maladie si commune sur les vaisseaux, ont trouvé une prompte régénération dans une île déserte à la vérité, mais très-riche en Crucifères. Chez nous, tout le monde connaît le *Cresson*, préconisé par les marchandes pour la *santé du corps*, et les *pots de Cochlearia* que l'ouvrier de Paris achète consciencieusement pour la salubrité de sa bouche. La *moutarde* offre aussi un exemple de l'activité de cette huile.

Mais qu'à ce principe stimulant se joignent des fluides mucilagineux et sucrés, augmentés surtout par la culture, alors certaines Crucifères deviennent alimentaires. Le *chou*, le *navet*, le *radis*, sont de cette famille.

D'autres fournissent par leurs graines une huile grasse très-abondante; citons particulièrement le *Colza* et la *Navette*.

Comme plantes d'agrément, on voit peu de Crucifères figurer dans nos jardins. Les principales sont la *Giroflée*, la *Julienne*, les *Thlaspi*, etc.

Venons maintenant à la classification des Crucifères. Dans cette vaste famille, où tant d'analogies rapprochent les genres, on cherche les signes de distinction, sans en trouver de particuliers à chacune. Telle Crucifère, depuis Linné, est devenue tour à tour espèce ou genre, genre ou espèce, et huit ou dix noms désignent souvent la même plante, selon les botanistes qui l'ont examinée. La grande division de Linné en SILIQUEUSES et SILICULEUSES (*voyez* ces mots), fondée sur la dimension du fruit, ne peut être un principe de classification, d'autant plus que les espèces d'un même genre offrent quelquefois, l'une une silique, l'autre une silicule; il faudrait, pour ainsi dire, une mesure en pouces ou lignes, pour établir que toute silique n'atteignant pas certaine longueur doit être réputée silicule.

Gærtner, Desvaux et R. Brown ont jeté un grand jour sur l'étude des Crucifères, et M. De Candolle, les examinant de nouveau avec une scrupuleuse sagacité, a revu tous les genres, les a caractérisés, et peut être en quelque sorte regardé comme le législateur de cette famille. Voici sa classification, fondée sur la position relative des cotylédons et de la radicule, ce qui distingue les ordres, et sur la structure et le mode de déhiscence des fruits, d'où il a tiré les caractères de ses tribus. Nous ne pouvons énumérer les genres; cha-

que tribu porte le nom de la plante qui en forme le type et l'exemple.

ORDRE PREMIER. *Crucifères pleurorhizées.* Cotylédons planes, accombans; la radicule est redressée, et correspond à la fente qui les sépare. Graines comprimées.

Tribu 1re. *Arabidées.* — Silique s'ouvrant dans sa longueur; cloison étroite; graines souvent membraneuses.

Tribu 2e. *Alyssinées.* — Silicule s'ouvrant de même; cloison large et membraneuse; valves concaves ou planes; graines souvent membraneuses.

Tribu 3e. *Thlaspidées.* — Silicule s'ouvrant de même; cloison étroite; valves carénées; graines ovoïdes, quelquefois membraneuses.

Tribu 4e. *Euclidiées.* — Silique indéhiscente; une ou deux graines dans chaque loge.

Tribu 5e. *Anastaticées.* — Silicule s'ouvrant longitudinalement; valves offrant à leur face interne de petites cloisons, entre chacune desquelles se trouve une graine.

Tribu 6e. *Cakilinées.* — Silique ou silicule se rompant transversalement en plusieurs pièces articulées; à une ou deux loges, contenant chacune une ou deux graines.

ORDRE DEUXIÈME. *Crucifères notorhizées.* — Cotylédons planes, incombans; la radicule est appliquée sur le dos de l'un d'eux. Graines ovoïdes, non marginées.

Tribu 7e. *Sisymbriées.* — Silique s'ouvrant longitudinalement; cloison étroite; valves concaves ou carénées; graines ovoïdes ou oblongues.

Tribu 8e. *Camélinées.* — Silicule à valves concaves; cloison large.

Tribu 9e. *Lépidinées.* — Silicule à cloison très-étroite; valves carénées ou très-concaves; graines ovoïdes.

Tribu 10e. *Isatidées.* — Silicule ordinairement indéhiscente, uniloculaire; valves carénées; une seule graine.

Tribu 11e. *Anchoniées.* — Silique ou silicule s'ouvrant transversalement en plusieurs pièces articulées, monospermes,

ORDRE TROISIÈME. *Crucifères orthoplacées.* Cotylédons incombans, pliés longitudinalement, et recevant la radicule dans la gouttière qu'ils forment; graines ordinairement globuleuses.

Tribu 12e. *Brassicées.* — Silique s'ouvrant longitudinalement; cloison étroite.

Tribu 13e. *Vellées.* — Silicule à valves concaves; cloison large.

Tribu 14e. *Psychinées.* — Silicule à valves carénées; cloison étroite; graines comprimées.

Tribu 15e. *Zillées.* — Silicule indéhiscente, à une ou deux loges monospermes; graines globuleuses.

Tribu 16e. *Raphanées.* — Silique ou silicule s'ouvrant transversalement en plusieurs pièces articulées, monospermes, ou divisées en plusieurs fausses loges.

ORDRE QUATRIÈME. *Crucifères spirolobées.* Cotylédons linéaires, incombans, roulés en spirale.

Tribu 17e. *Buniadées.* — Silicule indéhiscente à deux ou à quatre loges.

Tribu 18e. *Erucariées.* — Silicule articulée ; article inférieur à deux loges.

ORDRE CINQUIÈME. *Crucifères diplécolobées.* Cotylédons linéaires incombans, repliés deux fois sur eux-mêmes transversalement.

Tribu 19e. *Héliophilées.* — Silique oblongue ; cloison allongée, étroite ; valves planes ou un peu concaves.

Tribu 20e. *Subulariées.* — Silicule ovoïde ; cloison large, elliptique ; valves convexes ; loges polyspermes.

Tribu 21e. *Brachycarpées.* — Silicule didyme ; cloison étroite ; valves très-convexes ; loges monospermes. (L.)

CRUCIFORME, *Cruciformis.* (BOT. PHAN.) Cette expression indique particulièrement la disposition en forme de croix de la corolle polypétale régulière, lorsqu'elle a quatre pétales opposés deux à deux par leur base.

Les CRUCIFORMES de Tournefort comprenaient les végétaux dont la corolle est en forme de croix. *Voyez* l'article CRUCIFÈRES ci-dessus. (L.)

CRUPINE, *Crupina.* (BOT. PHAN.) C'est une des nombreuses sections faites par les auteurs modernes au grand genre *Centaurée* de Linné. Les caractères de celle-ci, indiqués par Persoon et modifiés par Henri Cassini, consistent en ce que ses capitules ont les fleurs du centre peu nombreuses, flosculeuses et hermaphrodites, tandis que celles de la circonférence sont irrégulières et neutres. La graine est attachée immédiatement par sa base, et non latéralement comme dans les autres Centaurées. L'aigrette se compose d'un rang extérieur d'écailles imbriquées, minces et plumeuses, et d'écailles intérieures plus courtes et tronquées.

Le genre est formé de la seule *Centaurea crupina* de Linné, plante de nos provinces méridionales, à fleurs purpurines, à feuilles presque entières à la base de la tige, et découpées profondément dans le haut. Elle est cultivée dans les jardins. (L.)

CRUSTACÉS, *Crustacea.* Les Crustacés forment une grande classe qui comprend tous les animaux articulés, à pieds articulés et respirant par des branchies. Leur circulation est double. Le sang qui a éprouvé l'effet de la respiration se rend dans un grand vaisseau vertical qui le distribue à tout le corps, d'où il revient à un vaisseau et même à un vrai ventricule situé dans le dos, lequel le renvoie aux branchies. Leurs branchies sont des espèces de pyramides composées de lames ou hérissées de filets, de panaches ou de lames simples, et se tenant généralement aux bases d'une partie des pieds. Les Crustacés sont privés d'ailes, munis de deux yeux à facettes, et communément de quatre antennes, et au moins de six mâchoires ; jamais de lèvre inférieure proprement dite. Tels sont les principaux caractères qui empêcheront sans doute de confondre les Crustacés avec les Arachnides et les Insectes. On ne pourrait diviser constamment le corps des Crus-

tacés en tête, thorax et abdomen ; car le plus souvent la tête de ces animaux n'est pas distincte, et l'on ne reconnaît sa position que par l'existence des antennes, des yeux et de l'ouverture buccale qui se trouve intimement confondue avec la partie la plus considérable du corps, celle qui renferme les principaux viscères, qui donne attache aux pattes, et qui par ces fonctions a de l'analogie avec le corselet des insectes. La partie postérieure de ce corps, divisée en anneaux ou segmens complétement isolés, vient à la suite, ne renferme que l'extrémité postérieure du canal intestinal, et ne porte pas de vrais pieds. Telle est l'organisation des Crustacés décapodes, brachyures et macroures. Dans d'autres Crustacés, la tête est bien détachée ; mais il n'y a pas de thorax, et le corps se trouve dans toute son étendue partagé en segmens ou anneaux assez semblables entre eux, dont le nombre, qui n'est jamais moindre de douze, est quelquefois beaucoup plus considérable. C'est ce qu'on observe chez les Squilles, les Branchipes, etc. Dans quelques autres, les Limules, la division du corps en segmens n'est apparente qu'en dessous, tandis qu'en dessus la tête présente un vaste bouclier, et que le tronc et l'abdomen se trouvent confondus et couverts par une seconde grande plaque que termine un long appendice ensiforme. Enfin, dans certains animaux de cette classe, tels que les Cypris, les Cythérées, etc., la tête est plus ou moins distincte, et le corps, qui n'est point nettement divisé en tronc et en abdomen, ne laisse voir aucune trace de segmens, et se trouve compris dans un test bivalve, formé par une expansion endurcie de la peau du dos. Dans plusieurs cas, on observe que les anneaux du corps sont composés de quatre pièces distinctes, une supérieure, une inférieure et deux latérales. Souvent les six premiers anneaux n'ont qu'une pièce supérieure commune à tous, laquelle est très-vaste, lie toutes les autres, devient en quelque sorte la clef de la voûte qu'elles forment, protége les viscères placés sous cette voûte, et prend le nom de test ou de carapace, comprenant la tête, qui supporte ordinairement des yeux, des antennes et une bouche.

Les yeux sont ordinairement au nombre de deux, plus ou moins distincts l'un de l'autre. On en distingue de deux genres, les uns sessiles et les autres composés ; ces derniers ont un caractère assez constant et qui leur est propre ; ils sont pédonculés, c'est-à-dire situés à l'extrémité ou dans le trajet d'une tige de même nature que le test, très-mobile à sa base, et située quelquefois dans une fossette particulière. Les yeux lisses sont toujours sessiles, peu saillans, ronds ou ovales.

Les antennes sont au nombre de quatre dans le plus grand nombre des Crustacés, tels que les Crabes, les Ecrevisses, les Cloportes, etc.; elles sont très-variables quant à leur nombre, leur développement, leur composition et leur forme ; tantôt elles sont au nombre de quatre, tantôt au nombre de deux seulement, ou bien elles disparaissent complétement ; chaque antenne est formée de deux parties, le pédoncule et le filet ; le pédoncule, qui constitue la base proprement dite, est formé d'un petit nombre de pièces inégalement développées et de figures variables ; le filet, qui est triple, double ou simple, se compose au contraire d'une multitude de petits anneaux ajoutés à la suite les uns des autres, et ne différant entre eux que par leur dimension qui va en diminuant de la base au sommet.

La bouche est toujours située à la partie antérieure et inférieure de la tête, ou dans la région du corps qui la remplace. Les pièces principales qui la forment, destinées le plus souvent à broyer et à déchirer les corps dont ces animaux se nourrissent, sont en nombre pair, et placées latéralement comme celles qui composent la bouche des Insectes mâcheurs. Quelquefois néanmoins ces pièces, réunies à d'autres qu'on peut appeler des lèvres, sont modifiées de façon à former une sorte de bec ou de suçoir, dont l'usage est de pomper les liquides dont l'animal qui en est pourvu se nourrit. Dans les Crustacés ordinaires, ou malacostracés, les parties de la bouche présentent des variations assez fréquentes quant à leurs dimensions, à leurs formes, de telle façon que les plus extérieures d'entre elles sont quelquefois semblables à des pattes, et qu'elles en remplissent les fonctions. Dans les Entomostracés, ces pièces moins nombreuses offrent aussi des modifications telles, qu'il est presque impossible de les décrire d'une manière générale. Cette irrégularité nous engage à donner ici quelques détails sur la composition de la bouche des différens ordres de la classe des Crustacés. Chez les Crustacés décapodes, la bouche est composée d'un labre, de deux mandibules portant chacune sur le dos un palpe de trois articles, d'une langue bilobée insérée près du pharynx, et de cinq paires de pièces, appelées mâchoires par Savigny, disposées sur deux rangs longitudinaux, mais dont les trois dernières et surtout la quatrième et la cinquième sont articulées en manière de pattes, et ont à leur base extérieure un appendice sétacé, représentant un palpe, ou une petite antenne portée sur un long pédicule. Les quatre mâchoires postérieures dépendent du thorax, et portent des branchies, ainsi que les pieds thoraciques, mais moins développées que celles de ces derniers organes. Savigny désigne les trois dernières paires de mâchoires par l'épithète d'auxiliaires : ce sont des pieds-mâchoires. Les quatre pièces supérieures seraient des mâchoires proprement dites. A quelques modifications près, nous retrouverons la même composition buccale dans les Crustacés stomapodes, amphipodes et isopodes. Ici les mâchoires auxiliaires, ou du moins celles des deux dernières paires, ressemblent tout-à-fait à des pieds, et font même l'office des serres. Les mandibules des Isopodes n'offrent plus de palpes. Dans quelques uns, comme les Cyames, les deux paires de mâchoires proprement dites sont réunies sur un plan transversal, et imitent une sorte de lèvre inférieure ; caractère qui est com-

mun aux insectes myriapodes qui, sous la considération des organes manducatoires, ont une grande affinité avec les Crustacés précédens. Parmi les Crustacés branchiopodes, les uns ont un labre, des mandibules, et des mâchoires sétacées comme de coutume ; d'autres ont une espèce de bec ou de rostre articulé ; enfin les derniers, tels que les Limules, n'offrent ni mandibules, ni mâchoires, ni bec, mais, ainsi que dans plusieurs arachnides, l'article radical de leurs pieds devient un organe maxillaire. D'après les observations de Straus et d'Adolphe Brongniart sur divers Crustacés branchiopodes à mâchoires, leur appareil manducatoire n'est point composé numériquement des mêmes pièces que celui des Crustacés des ordres précédens ; les premiers pieds-mâchoires n'en font pas partie, et ne recouvrent pas les organes supérieurs en manière de lèvre. Quant au bec ou rostre des Branchiopodes suceurs ou ceux de notre seconde division, il est probablement formé de parties analogues à celles qui composent la bouche des Branchiopodes précédens. Savigny suppose que dans les Caliges les pièces représentant les mandibules n'existent point. Un labre prolongé, engaînant un suçoir de deux à trois soies, nous a paru constituer le bec des Pandares. A en juger d'après les Argules, ce bec renfermerait un suçoir rétractile.

Le thorax offre des caractères très-différens suivant qu'il est distinct de la tête ou confondu avec elle ; dans le premier cas il se compose d'une série d'anneaux également développés, et supportant chacun une paire de pattes : dans le second cette uniformité dans le développement n'est plus aussi sensible, surtout à la partie supérieure, qui ne paraît composée que d'une vaste pièce, laquelle a reçu le nom de test ou de carapace. Desmarest, auquel la science est redevable d'un excellent travail sur les Crustacés fossiles, en examinant avec soin des carapaces d'un très-grand nombre de Crustacés, a reconnu que les parties saillantes de ces carapaces, quelques formes irrégulières ou bizarres qu'elles semblent affecter, n'étaient pas dues au hasard, et qu'au contraire dans tous les genres de Crustacés la disposition de ces inégalités était constante et soumise à quelques lois qui n'étaient jamais contrariées. Réfléchissant d'ailleurs que ces Crustacés ont leurs principaux organes situés immédiatement sous le test ou la carapace, il a été conduit à rechercher s'il existait des rapports marqués entre la place qu'occupent ces viscères et la distribution des inégalités extérieures du test. Nous étions d'autant plus fondés à admettre ces rapports, dit Desmarest, qu'on sait qu'à une certaine époque de l'année, tous les Crustacés, après avoir perdu toute leur vieille enveloppe solide, se trouvent revêtus d'une peau tendre qui durcit à son tour, et se change, au bout de quelques jours, en une croûte aussi résistante que celle qu'elle remplace ; et nous pouvions présumer que dans les premiers momens la nouvelle peau se moulait jusqu'à un certain point sur les organes intérieurs, et que son ossification était ensuite influencée par les mouvemens propres à ces organes, ou par le

plus

plus ou moins de développement de chacun d'eux. Partant de cette idée, nous avons fait en quelque sorte, sur une carapace de Crustacé, l'application du système du docteur Gall sur le crâne humain; et nous nous sommes crus d'autant plus autorisés à faire cette application, que les organes mous qui, chez les Crustacés, peuvent modifier les formes extérieures, sont parfaitement distincts les uns des autres, et ont des fonctions bien reconnues. Il est facile de s'assurer, en effet, que les rapports que nous avons présentés existent; car, si l'on enlève avec quelque précaution le test d'un crabe de l'espèce la plus commune de nos côtes, on observe derrière le bord interoculaire un estomac membraneux vésiculeux, ayant deux grands lobes en avant et deux petits en arrière, soutenus dans son milieu par un mince osselet transversal en forme d'axe, et ayant en dessus, entre les deux grands lobes et sur la ligne moyenne, deux muscles longitudinaux qui s'attachent d'une part au bord antérieur du test, et de l'autre à l'osselet transversal. Si l'on examine comparativement la carapace que l'on a détachée, on reconnaît sur celle-ci l'indication des deux lobes antérieurs de l'estomac avec une ligne enfoncée moyenne, correspondant à l'intervalle qui sépare les deux muscles dont il a été fait mention; derrière l'estomac se voient des corps blanchâtres sinueux en forme d'intestins, et faisant plusieurs circonvolutions : ce sont les organes préparateurs de la génération, les vésicules spermatiques chez le mâle, et les ovaires chez les femelles; ils aboutissent en dessous dans des lieux différens; chez les mâles, à la base de la queue à droite et à gauche, et chez les femelles, vers le milieu de la seconde pièce sternale de chaque côté; mais en dessus ils occupent la même place dans les deux sexes; rapprochés de la carapace, ces organes nous ont paru occuper l'espace qui paraît circonscrit par des lignes enfoncées, et que l'on voit derrière celui qui répond à l'estomac. En arrière encore, dans un enfoncement assez marqué, on trouve le cœur qui est déprimé en dessus, et qui en remplit toute l'étendue; les battemens sont facilement reconnaître cet organe; chaque bord latéral de la cavité où il est placé est solide, très-relevé, et fermé par une cloison verticale qui se rend du sternum à la carapace, et qui contribue à donner de la solidité à celle-ci, étant fixée entre ces deux surfaces. Cette même cloison sert de support à d'autres cloisons transversales, qui sont en nombre égal à celui des séparations des pièces sternales, et dans l'intervalle desquelles sont situés les muscles moteurs des pattes. A droite et à gauche des organes préparateurs de la génération et du cœur, sont deux grands espaces où les branchies sont rangées sur deux tables osseuses obliques qui ferment en dessus toutes les loges où sont fixés les muscles des pattes. Ces branchies sont au nombre de cinq de chaque côté, et chacune présente un double rang de petites lames branchiales transverses; leur point d'attache est en dehors, et toutes leurs sommités sont dirigées vers la ligne qui

sépare du cœur les organes préparateurs de la génération. Le test présente au dessus de ces parties, de chaque côté du corps, un espace bombé qui, par son étendue, se rapporte parfaitement avec la place qu'elles occupent en dessus; enfin des deux côtés de l'estomac, et en avant des branchies, se montre le foie, qui est très-volumineux; sa consistance est molle, sa couleur est jaunâtre, et sa surface présente une multitude de petites parties vermiculées. Le foie se prolonge en dessous des viscères médians que nous avons décrits, et se prolonge fort en arrière jusqu'à la base de la queue, de telle sorte qu'on le voit encore derrière le cœur; il a, dans ce point, le même aspect et la même structure qu'en avant du corps, et il est divisé en deux lobes, qui d'ailleurs se touchent assez exactement. Dans les carapaces, les parties qui recouvrent les endroits où le foie est visible, lorsqu'on l'a enlevé, sont moins bombées que les autres, et sont distinctes à cause même de ce manque de saillie, surtout les antérieures. Plusieurs Crustacés de différentes espèces ayant été disséqués dans ces mêmes vues, nous avons reconnu les mêmes rapports entre la distribution des organes internes et la configuration extérieure du test. Dès-lors, pouvant nous étayer de l'analogie, nous avons recherché et nous avons trouvé que dans presque la totalité des Crustacés brachyures les lignes enfoncées qui séparent les espaces répondent aux parties internes dont nous venons d'indiquer les dispositions relatives. Dans quelques uns néanmoins, plusieurs de ces indications manquent presque tout-à-fait, comme dans certaines Leucosies, par exemple; mais, dans ce cas, la carapace est toute lisse, et aucun autre sillon n'indique de divisions qui ne seraient pas correspondantes à celles que nous avons annoncées. Dans quelques autres la surface de la carapace est, au contraire, marquée d'une infinité de lignes enfoncées et de nombreuses aspérités, tels que les *Cancer variolosus*, *Cancer incisus*; mais les divisions principales se retrouvent toujours dans la même disposition.

Nous avons cru devoir donner le nom de régions aux divers espaces de la carapace qui recouvrent les organes intérieurs, et distinguer ces régions par des désignations spéciales qui rappellent le rapport qu'elles ont avec ces mêmes organes : ainsi la région stomacale, ou celle qui recouvre l'estomac, est médiane ou antérieure; la région génitale est médiane et située immédiatement en arrière de la stomacale; la région cordiale est médiane et placée en arrière de la génitale; les régions hépatiques sont au nombre de trois, deux antérieures situées une de chaque côté de la stomacale et en avant des branchiales, une postérieure médiane qui vient entre la cordiale et le bord postérieur de la carapace; les régions branchiales, au nombre de deux, une de chaque côté, sont placées entre les régions cordiale et génitale d'une part, et les bords de la carapace de l'autre. Ces régions varient en étendue dans les divers genres des Crustacés brachyures, et sont plus ou moins fortement tracées. Ainsi les Leucosies, les Dromies, les Pinno-thères et les Corystes les ont pour la plupart à peine distinctes, tandis que les Inachus, les Do-rippes et les Myctires surtout les ont au contraire très-prononcées. Les Crabes proprement dits, les Portunes et les Gonoplaces tiennent à peu près le milieu entre tous, sous ce rapport. La région stomacale est ordinairement très-développée dans la plupart de ces Crustacés, et située sur la même ligne transversale que les régions hépatiques an-térieures; mais dans quelques genres, comme les Inachus, les Macropodes et autres Crustacés oxy-rhynques, et dans les Dorippes, elle fait saillie en avant et contribue à donner à la forme du corps une figure triangulaire. La région génitale est en gé-néral assez distincte, et se prolonge presque tou-jours sur le centre de la stomacale en formant une sorte de pente qui paraît diviser celle-ci en deux. La région du cœur est constamment apparente et toujours située à la même place, c'est-à-dire un peu en arrière du centre de la carapace, si ce n'est dans les Dorippes, où elle se confine au bord postérieur de cette même carapace, en faisant disparaître la région hépatique postérieure. Les régions branchiales, au contraire, varient beau-coup; elles n'ont rien de bien remarquable dans les Crabes et les Portunes, tandis qu'elles sont très-saillantes et bombées dans les Dorippes et les Inachus. Dans le dernier de ces genres, elles sont même tellement remplies qu'elles se touchent en arrière et prennent à leur tour la place de la ré-gion hépatique postérieure. Dans les Ocypodes, ou Crabes de terre, elles sont planes en dessus, et indiquent sur les côtés une partie de la forme carrée de ces Crustacés. Affectant la même figure que les Grapses, elles présentent chez ceux-ci, à leur surface, des lignes saillantes obliques, qui paraissent correspondre aux paquets de branchies qui sont au dessous. Dans la plupart des espèces dont les angles latéraux de la carapace sont très-marqués, il en part une ligne transverse sail-lante, qui dessine le bord antérieur de ces régions branchiales; c'est surtout ce qu'on remarque dans la plupart des Portunes et dans les Podopthalmes. Les Gécarcins, dont le test est en cœur et large-ment tronqué en arrière, ont les régions bran-chiales si bombées en avant qu'elles envahissent la place des régions hépatiques. Quant aux régions hépatiques recouvrant des organes inertes de leur nature, elles ne forment jamais de saillies très-marquées; elles se distinguent même des autres régions par leur aplatissement. Les deux anté-rieures sont le plus ordinairement bien apparen-tes dans les Crustacés brachyures dont la carapace est carrée ou demi-circulaire, tandis qu'elles sont presque effacées chez ceux dont la forme est trian-gulaire.

Après les Crustacés brachyures, les Macroures doivent attirer notre attention, et nous devons y chercher des régions que nous avons reconnues dans les premiers. En prenant pour type l'*Asta-cus fluviatilis*, nous remarquerons que le test de ce Crustacé présente une ligne transversale en-

foncée, arquée en arrière, qui se partage en deux portions à peu près égales, et qui semblent indi-quer la séparation d'une tête et d'un corselet; mais lorsque nous enlevons le test, nous recon-naissons que ce qui est en avant de cette ligne re-couvre non-seulement les parties qui appartien-nent à la tête, mais encore l'estomac et le foie. L'estomac est situé dans la ligne moyenne, et le foie se trouve placé sur les côtés et en arrière de celui-ci; deux forts muscles attachés contre la partie interne de la carapace servent à mouvoir les mâchoires. La trace de leur insertion est indi-quée au dehors par un espace ovalaire plus fine-ment ponctué et rugueux que ce qui l'environne; sur la seconde partie de la carapace, celle qui est placée derrière le sillon transversal dont nous avons parlé plus haut, se voient en dessus deux li-gnes enfoncées longitudinales tout-à-fait analogues à celles qu'on observe dans les Crabes à droite et à gauche du cœur, et qui, chez ceux-ci, sépa-rent la région cordiale des branchiales. L'inspec-tion du dessous montre la même disposition, c'est-à-dire le cœur au milieu, placé dans une cavité formée par la carapace en dessus, et par les cloi-sons qui donnent attache aux muscles des pattes de chaque côté, et les branchies sur les parties latérales, dans la portion la plus large du test. Les organes préparateurs de la génération sont situés après, et en avant du cœur, à peu près comme dans les Crustacés brachyures, mais derrière le foie. En dehors, leur place n'est marquée que par quelques rides. Le foie se montre de nouveau en arrière du cœur, mais se trouve tout-à-fait sous le bord postérieur de la carapace. Il est donc possible de distinguer dans la carapace de l'Ecre-visse plusieurs régions, savoir: 1° en avant du test transversal, une région stomacale fort vaste, avec laquelle les régions hépatiques antérieures sont confondues de manière à ne pouvoir être sé-parées; 2° en arrière de ce sillon, une région cordiale moyenne avec laquelle se trouve aussi confondue la région génitale; 3° deux régions bran-chiales situées latéralement. Chez d'autres Crus-tacés macroures les régions hépatiques antérieures et génitale sont assez bien marquées. Les Gala-thées ont une région stomacale, une cordiale, deux branchiales, et de plus deux hépatiques tout-à-fait latérales, comme chez les Crabes. Les Scyl-lares ont la région stomacale triangulaire et très-large en avant, deux petites hépatiques latérales, une génitale très-bombée et épineuse, une cor-diale encore plus relevée, également épineuse, et deux branchiales étroites tout-à-fait latérales. La Langouste a son test plus compliqué; la région génitale est plus indiquée, et dans quelques espèces du même genre, les branchiales forment de chaque côté une saillie très-remarquable. Chez les Pagures, ce test mou, tout déformé et modifié qu'il est par la coquille dans laquelle il est enfermé, n'en pré-sente pas moins les régions stomacale et hépatiques séparées de la cordiale et des branchiales par le sillon transverse qu'on trouve dans les Ecrevisses et les Homards. Ces diverses régions ne sont plus distinctes dans les Crustacés macroures dont le test très-mince et flexible conserve l'apparence cornée, tels que les Palémons, les Pénées, les Alphées, les Crangons, etc. Quant aux Crustacés stomapodes, leur carapace n'offre que la région stomacale dans son milieu, avec deux ailes ou appendices libres, nu de chaque côté. La position du cœur dans la partie caudale et celle des branchies, changées en sorte de pattes, sous cette même partie, ne laissent aucune trace des régions sur le test proprement dit.

La carapace, envisagée sous ce point de vue, présente certainement des considérations zoologiques très-curieuses; aussi M. Desmarest en a-t-il tiré un excellent parti pour l'étude des Crustacés fossiles; et il a pu, à l'aide des observations ingénieuses que nous venons d'indiquer, arriver à une détermination exacte du genre et de l'espèce, lorsque les pattes, les parties de la bouche et autres parties caractéristiques manquaient complétement, ou étaient tellement détériorées qu'on ne pouvait en faire aucun usage.

Les membres sont, de toutes les parties, celles qui sont le plus sujettes à varier; leur nombre, leur disposition, leurs fonctions offrent de très-grandes différences, suivant qu'on les examine dans chaque ordre. On distingue généralement deux sortes de pattes, les vraies et les fausses; les vraies appartiennent au thorax et sont composées de six pièces ou articles dont le dernier est nommé tarse ou ongle. La première paire de pattes proprement dites a reçu le nom de pinces, lorsque le pénultième article, développé outre mesure, constitue une sorte de doigt immobile, sur lequel se meut de haut en bas le dernier article ou le tarse, de manière à constituer une véritable pince. On a nommé aussi pieds-mâchoires un certain nombre d'appendices locomoteur, qui viennent s'ajouter accessoirement aux parties de la bouche.

Les fausses pattes s'observent sous l'abdomen et à son origine; elles sont terminées par deux lames divisées en deux filets. Ces appendices sont tantôt des auxiliaires de l'appareil locomoteur, tantôt des parties accessoires des organes de la respiration ; d'autres fois ils réunissent ces deux usages, et dans la plupart des cas ils servent tous, ou du moins plusieurs d'entre eux, à soutenir les œufs. L'abdomen, qui fait suite au thorax et qui termine le corps, a été désigné improprement sous le nom de queue; il varie singulièrement par sa forme, ses proportions et ses usages; dans tous les cas il contient l'extrémité du canal intestinal, et est pourvu d'appendices particuliers dont nous avons indiqué les fonctions.

Le système nerveux a beaucoup d'analogie avec celui des Arachnides et des Insectes; il se compose d'un cerveau plus large que long, et dont la face supérieure est quadrilobée. De cette masse encéphalique, partent des filets nerveux pour les yeux et postérieurement deux cordons allongés embrassant l'œsophage, se réunissant au dessous de lui en un renflement ou ganglion médian qui fournit des nerfs aux mandibules, etc., et qui, en arrière, donne naissance à la continuation du système médullaire proprement dit. Ce système médullaire se compose de ganglions plus ou moins nombreux, qui sont réunis entre eux au moyen d'une paire longitudinale de nerfs. Les organes des sens, la vue, le toucher, l'ouïe, l'odorat et le goût, existent évidemment ; mais il n'y a que les trois premiers pour lesquels on ait démontré l'existence d'appareils propres à remplir ces fonctions; le sens de l'ouïe offre même encore quelques doutes quant à son siège.

Les Crustacés ont une circulation double qui s'effectue à l'aide d'un cœur, sorte de ventricule pulmonaire situé sur le dos, et d'un vaisseau ventral qui peut être considéré comme le ventricule aortique. MM. Audouin et Edwards, dans un mémoire sur la circulation des Crustacés, lu à l'académie des sciences en janvier 1827, ont démontré que le sang ne pouvait arriver aux branchies que par les vaisseaux situés à la face externe de ces organes; que de là ce liquide traverse les lames branchiales, passe au côté interne de la branchie, et arrive dans le vaisseau qu'on y remarque; que du vaisseau interne de la branchie le sang se dirige vers le cœur, en traversant des canaux logés sous la voûte des flancs; que tous les vaisseaux en communication directe avec le cœur, à l'exception des canaux latéraux dont il vient d'être question, sont des artères destinées à porter le liquide nourricier dans toutes les parties du corps; enfin que le sang qui a servi à la nutrition des divers organes, et qui est ainsi devenu veineux, afflue de toutes parts dans de vastes sinus latéraux (1), d'où il revient dans les vaisseaux externes des branchies pour se convertir bientôt en sang artériel, et parcourir de nouveau le cercle que nous venons de tracer. Suivant les auteurs, le sang irait du cœur aux différentes parties du corps, et de ces parties aux sinus veineux; des sinus veineux aux branchies, et de là au cœur. La circulation des Crustacés est donc semblable à celle des Mollusques, et ce résultat, comme on le voit, confirme pleinement l'opinion émise à ce sujet par Cuvier dans ses leçons d'anatomie comparée. La respiration est une fonction très-développée et pour laquelle il existe des organes spéciaux nommés branchies; ce sont des sacs pyramidaux, foliacés ou hérissés de filets ou de panaches, dont la position est très-variable; qui, par exemple, sont fixés tantôt à la base des pattes ambulatoires, tantôt aux appendices extérieurs de la bouche,

(1) Ces observations, et surtout l'existence des sinus veineux, qui ont valu au travail cité ici un prix à l'Institut, sont loin d'être admises dans la science; d'après les travaux consciencieux de plusieurs anatomistes allemands, et notamment de M. Krohn (*Isis*, 1834, 5e cahier), ces observations seraient inexactes. Nous reviendrons plus tard sur ce sujet.

(GUÉR.)

d'autres fois à l'extrémité postérieure et inférieure du corps; souvent aussi ils remplacent les pattes, et servent en même temps à la locomotion.

Les Crustacés sont tous carnassiers; leur système digestif se compose d'une bouche assez compliquée, à laquelle on voit succéder un canal intestinal généralement droit et court, et auquel on distingue l'œsophage, qui a peu de longueur; l'estomac, qui offre des différences remarquables dans son développement, et qui, dans le plus grand nombre, est muni d'un appareil crustacé sur lequel M. Geoffroy St-Hilaire a fixé d'une manière toute spéciale l'attention des anatomistes. A la suite de l'estomac, le canal intestinal se rétrécit et poursuit directement son trajet vers l'anus, situé à l'extrémité de l'abdomen. Au dessous de l'estomac et du cœur, on observe, dans le plus grand nombre des Crustacés, le foie, organe souvent très-volumineux dans certains temps de l'année; il sécrète la bile, qui ensuite est versée dans l'intestin. Les fonctions génératrices sont analogues à ce qu'on trouve ordinairement ailleurs; les sexes sont séparés, à l'exception d'un ordre, celui des Entomostracés, chez le plus grand nombre desquels on n'a pu encore découvrir des sexes distincts.

Les mâles ont des canaux déférens qui aboutissent à deux verges, lesquelles sortent du thorax derrière la dernière paire de pattes; les femelles ont deux vulves s'ouvrant tantôt sur la troisième pièce sternale, et tantôt à la base même des pattes qui correspondent à ce segment sternal, et qui, par conséquent, sont la troisième paire. Les Crustacés sont ovipares ou ovovivipares, le développement des œufs étant plus ou moins prompt; tantôt ils sont attachés, immédiatement après la ponte, à des appendices garnissant la face inférieure de l'abdomen, et connus sous le nom de fausses pattes, ou bien à des feuillets particuliers, ou bien encore ils se trouvent embrassés dans une enveloppe membraneuse, sorte de matrice externe adhérente au corps de l'animal; tantôt ils sont contenus quelque temps dans le corps de la mère, et y éclosent; d'autres fois enfin, ils semblent se conserver desséchés pendant un grand nombre d'années à la manière de certaines graines, et n'éclore que lorsque les circonstances favorables à leur développement sont réunies.

On ne sait encore que très-peu de chose sur la distribution géographique des Crustacés; cependant voici ce qu'en dit accidentellement Latreille dans un mémoire sur la géographie des insectes : « Quoique les animaux de la classe des Crustacés soient exclus de mon sujet, voici néanmoins quelques observations générales à leur égard, et qui complètent ce travail. Les genres Lithode, Coryste, Galathée, Homole et Phronyme sont propres aux mers d'Europe; ceux d'Hépate et d'Hippe n'ont encore été trouvés que dans l'Océan américain; du même lieu et des côtes de la Chine et des Moluques viennent les Limules; les genres Dorippe et Leucosie habitent particulièrement la Méditerranée et les mers des Indes orientales; celles-ci nous donnent exclusivement les Orithyes, les Matutes, les Ranines, les Albunées, les Thalassines; les autres genres sont communs à toutes les mers; mais les Ocypodes ne se trouvent que dans les pays chauds. Les Grapses les plus grands viennent de l'Amérique méridionale et de la Nouvelle-Hollande. »

Les lieux d'habitation des Crustacés sont très-variés. Les uns, et c'est le plus grand nombre, habitent les mers, et vivent à des profondeurs considérables, ou bien sur la plage entre les rochers; les autres se rencontrent dans les eaux douces; plusieurs sont terrestres et se creusent des terriers assez profonds.

Les rapports qui existent entre les Crustacés et les classes voisines, telles que les Annélides, les Arachnides et les Insectes, ont été signalés depuis long-temps par les classificateurs. Les anciens naturalistes placèrent les Crustacés entre les Poissons et les Mollusques; Linné les réunissait aux Insectes qui comprenaient également les Arachnides, et il les rangeait avec celles-ci dans une division particulière désignée sous le nom d'Aptères. Bichon revint à la classification ancienne; il distingua les Crustacés des Insectes, les plaça à la suite des Poissons; mais il leur associa les Myriapodes et les Arachnides. Dans la méthode de Fabricius, les Crustacés faisaient de nouveau partie des Insectes, et ils constituèrent le quatrième ordre sous le nom d'Agonata. Latreille (Précis des caractères généraux des Insectes) établit trois ordres, le premier sous le nom de Crustacés, le second sous celui d'Entomostracés, et le troisième sous celui de Myriapodes. Plus tard, Cuvier, se fondant sur des caractères anatomiques, effectua un changement motivé; il transporta d'abord les Crustacés à la tête de la classe des Insectes, et peu de temps après il établit d'une manière distincte la classe des Crustacés. En jetant un coup d'œil sur les divisions qui ont été établies dans les Crustacés constituant un ordre, on verra qu'à mesure que la science a marché, elles ont augmenté dans une proportion considérable. Linné partageait les Crustacés en trois genres : les Crabes, *Cancer*, qu'il divisait en Brachyures et en Macroures; les Cloportes, *Oniscus*, et les Monocles, *Monoculus*. Fabricius, profitant des observations de Daldorff, partagea les Crustacés en trois ordres: 1° les Polygonata, composés des genres Oniscus et Monoculus de Linné; 2° les Kleistagnata, comprenant les Crabes brachyures du même auteur et une portion des Limules de Müller; 3° les Exochnata, embrassant la division des Crabes macroures de Linné. Cuvier (Tableau élémentaire de l'hist. des anim.) établit des coupes qui renferment les grands genres Monoculus, Cancer et Oniscus.

Lamarck (Syst. des anim. sans vertèb.) divise la classe des Crustacés en deux ordres : les Pédioles (yeux pédiculés), et les Sessiocles (yeux sessiles) Latreille (Gener. Crust. et Insect., et Considér. génér.) partage cette classe en deux ordres; le premier porte le nom d'Entomostracés et le second est désigné sous celui de Malacostracés ; dans cet arrangement, les Oniscus étaient réunis aux Arachnides. Leach a fait connaître (Trans. of the Linn. societ., t. x) une classification complète de l'ordre des Crustacés, dans laquelle il établit un grand nombre de genres nouveaux et plusieurs divisions. Enfin Latreille dans le Règne animal de Cuvier partage la classe des Crustacés en deux grandes divisions, qui sont : les MALACOSTRACÉS et les ENTOMOSTRACÉS. Les Malacostracés comprennent cinq ordres : les DÉCAPODES, les STOMAPODES, les AMPHIPODES, les LŒMIDOPODES et les ISOPODES; la seconde grande division, celle des Entomostracés, ne comprend que deux ordres: les BRANCHIOPODES et les PŒCILOPODES. Les TRILOBITES, animaux fossiles des terrains anciens, ont été classés à la suite des Entomostracés. Il sera parlé plus en détail de ces grandes divisions et d^ ordres, aux articles qui en traiteront. Nous nous bornons ici à donner, dans la planche 130 qui accompagne cet article, un tableau offrant la figure d'un type de chacune des grandes divisions, d'après la dernière édition du Règne animal.

(H. L.)

CRYOLITHE. (MIN.) Ce nom, qui signifie pierre de glace, a été donné à l'alumine fluatée alcaline.

(GUÉR.)

CRYPTE, *Cryptus.* (INS.) Genre d'Hyménoptères de la famille des Pupivores, tribu des Ichneumonides, établi par Fabricius comme un démembrement du grand genre Ichneumon de Linné. On peut lui assigner pour caractères : tête transverse, point prolongée en manière de museau; mandibules bifides, palpes maxillaires de cinq articles très-allongés, les labiaux de quatre; languette peu profondément échancrée; abdomen ovalaire, porté sur un pédicule allongé, grêle et arqué; tarière saillante. Les insectes de ce genre ne sont pas en général d'une grande taille, mais il en est de si petits qu'ils vivent à l'état de larve dans les œufs des autres insectes ou dans le corps des pucerons ; les larves d'une espèce, le *C. globulatus*, forment une agglomération de coques attachées aux graminées, qui atteignent jusqu'à un pouce de longueur; celles d'une autre espèce placent de même leurs coques à côté les unes des autres, mais sans leur faire une enveloppe commune; enfin une troisième dispose les siennes de manière que, quand elles sont vides, leur masse représente assez bien en petit un rayon fait par des abeilles; ce genre est nombreux en espèces, et toutes sont loin d'être connues. On peut consulter, à leur égard, les travaux de M. Gravenhorst.

C. ARMATEUR, *C. armator*, noir, avec l'écusson et un anneau aux antennes blancs; l'abdomen et les pieds sont fauves.

C. PIQUANT, *C. cumpunctor*, noir avec la bouche et les pattes fauves.

Plusieurs espèces de ce genre ont leurs femelles aptères, et comme les formes de leur corselet diffèrent un peu de celles des autres, on pense qu'on pourrait peut-être en former un autre genre.

(A. P.)

CRYPTES. (GÉOL.) On désigne ainsi des galeries souterraines plus ou moins étendues, qui paraissent, pour la plupart, avoir été creusées par des hommes. *V.* CAVERNES. (GUÉR.)

CRYPTOCÉPHALUS. (INS.) *V.* GRIBOURI.

CRYPTOGAMIE, *Cryptogamia.* (BOT.) La *Cryptogamie* de Linné (vingt-quatrième classe de de son système sexuel), l'*Agamie* de quelques auteurs, l'*Œthæogamie* de quelques autres, l'*Acotylédonie* de Jussieu, renferment des végétaux appelés *Inembryonés* par Richard, dont les organes ne sont pas distincts pour les deux sexes, ou du moins dans lesquels la forme des organes est très-différente de celle des étamines et des pistils des autres plantes. Quelques naturalistes avaient proposé d'établir, pour les Cryptogames, un règne à part entre les animaux et les végétaux ; mais l'analogie d'organisation intérieure que présentent les êtres de cette famille et ceux des autres familles naturelles n'a pu laisser admettre cette idée de classification.

Les plantes cryptogames ont, en général, moins d'organes à considérer que les plantes phanérogames; mais la forme de ces dernières variant beaucoup, leurs noms ont également varié dans chaque famille.

Ainsi que les Phanérogames, presque toutes les Cryptogames présentent deux systèmes d'organes : un pour la reproduction, c'est ce que l'on observe surtout dans la famille des Urédinées ; un autre, appelé *végétatif*, qui est destiné à produire, à supporter et à protéger le premier. Les organes de ce second système varient extrêmement depuis les Fougères, les Lycopodes, etc., où l'on trouve les mêmes organes de la végétation que dans les plantes les plus parfaites, jusqu'aux Hypoxylées, aux Chaodinées ou aux Urédinées, où ces mêmes organes paraissent manquer entièrement.

Les organes reproducteurs des Cryptogames consistent en séminules situées et enveloppées d'une manière très-variable, et en organes fécondans qui n'ont encore été bien observés que dans un petit nombre de familles.

Les séminules ou sporules (*sporuli, sem'nula, gongyla*) sont des corps arrondis, d'une ténuité telle qu'on n'a pu encore étudier leur structure, et qui varient probablement beaucoup dans les diverses familles. Ainsi dans les Cryptogames celluleuses, telles que les Champignons, les Lichens, les Algues, etc., les séminules représentent une masse homogène celluleuse, ou quelquefois presque fluide à l'intérieur, sans aucune espèce de tégument propre. Ces séminules sont en nombre variable, mais peu considérable dans une même capsule : toutes les *Pezizes* en ont huit, le *Geoglossum viscosum* trois, l'*Erysiphe biocellata* deux, la plupart des *Mucédinées* et des *Lycoperdacées* une, les *Urédinées* et les *Mucors* beaucoup plus.

Le caractère des sporules est de se développer librement, de nager au milieu du fluide contenu dans les capsules; le caractère de ces dernières est d'être attachées aux filamens ou à la substance charnue ou ligneuse ; enfin le caractère des graines est d'adhérer, à certaines époques, aux parois de la capsule, sur lesquelles on n'observe point de placentas : telles sont les différences des séminules, des capsules et des graines, organes de fonctions analogues.

Si avant l'époque de la maturation des séminules on vient à ouvrir une capsule d'une Cryptogame, on la trouve remplie par un fluide mucilagineux qui enveloppe les vraies sporules ; telles sont les capsules des Fougères, des Lycoperdacées, des Marsiléacées, des Charagnes, les grains arrondis des Prêles, l'urne des Mousses, la capsule des Hépatiques, les apothécies des Lichens, les capsules qui couvrent la membrane des vrais Champignons, celles qui remplissent le péridium des Hypoxylées, celles qui composent entièrement les Urédinées, enfin la poussière des Lycoperdacées et des Mucédinées, et les capsules des Fucoïdes.

L'enveloppe immédiate des séminules ou sporules des Cryptogames ayant reçu des noms différens et tant soit peu arbitraires, il est bon d'en limiter le nombre et le sens qu'on doit y attacher, afin de faire mieux ressortir les rapports de structure des plantes de familles différentes. Nous appellerons donc *Capsule* celle des Cryptogames vasculaires, des Mousses et des Hépatiques ; *Thèque* celle des vrais Champignons et des Hypoxylées ; *Sporidie* ou mieux *Sporange* celle des Urédinées et des Fucacées ; *Spore* celle des Lycoperdacées, des Lichens, des Ulvacées, et *Involucres* les tégumens des Fougères, les involucres des Marsiléacées, les disques et les cornets membraneux des Prêles, la coiffe des Mousses, le conceptacle des Fucoïdes, etc.

Les organes de la fructification des Cryptogames se réduisent, en dernière analyse, à des capsules uniloculaires ou très-rarement multiloculaires, renfermant une ou plus souvent plusieurs sporules, tantôt isolées, comme dans les Mousses, les Hépatiques, les Charagnes, tantôt réunies, comme dans les Champignons, les Lichens, ou enfin enveloppées dans un involucre commun, comme dans les Marsiléacées, les Équisétacées, les Hypoxylées, les Lycoperdacées et les Fucacées.

Quant aux organes fécondateurs, dont l'existence, mise en doute par quelques auteurs, niée absolument par quelques autres, est admise comme certaine dans toutes les Cryptogames, sans avoir pu être démontrée, ils paraissent exister réellement dans les Marsiléacées.

Les organes de la végétation chez les Cryptogames, organes très-variables dans leur forme et leur structure, manquent complétement dans un grand nombre d'Urédinées ; on les rencontre au contraire, mais sous forme de filamens tubuleux, continus ou articulés, simples ou rameux, dans les Arthrodiées, les Chaodinées, les Confervées, les Céramiaires, les Mucédinées et plusieurs Ulvacées ; enfin dans les Ulvacées et dans plusieurs Champignons, ce ne sont que des membranes diversement repliées. Dans les Lycoperdacées ils sont formés d'un pédicule terminé par un péri-

dium, sorte d'involucre charnu ou filamenteux, renfermant les spores ; dans les Fucacées et les Lichens, ils consistent en une véritable fronde ou expansion membraneuse ou foliacée ; dans les Hépatiques et les Mousses on distingue une tige et des expansions vastes tout-à-fait analogues aux feuilles des Phanérogames ; enfin quelques Cryptogames diffèrent très-peu, sous le rapport de leur végétation, avec les Monocotylédones.

Dans l'état actuel de la science, la Cryptogamie est divisée en trois classes, et celles-ci en vingt familles. La première renferme des végétaux qui sont dépourvus de vaisseaux et d'appendices foliacés, qui ne présentent aucune trace d'organes sexuels, et dont les sporules, renfermées dans des capsules indéhiscentes, manquent de tégument propre ; telles sont les *Arthrodiées*, les *Chaodinées*, les *Confervées*, les *Céramiaires*, les *Ulvacées*, les *Fucacées*, les *Urédinées*, les *Mucédinées*, les *Lycoperdacées*, les *Champignons*, les *Hypoxylons* et les *Lichens*.

La seconde classe comprend les végétaux cryptogames dépourvus de vaisseaux, mais garnis de frondes ou appendices foliacés ; dont les organes sexuels sont douteux, et chez lesquels les sporules, très-nombreuses et contenues dans des capsules déhiscentes, sont pourvues d'un tégument propre. Exemple : les *Hépatiques*, les *Mousses*.

Enfin dans la troisième classe se trouvent les végétaux pourvus de vaisseaux, de frondes foliacées et d'organes sexuels, du moins dans quelques uns, et dont les sporules sont contenues dans des capsules polyspermes et déhiscentes, ou monospermes et indéhiscentes. Cette dernière classe renferme les *Équisétacées*, les *Fougères*, les *Lycopodiacées*, les *Marsiléacées* et les *Characées*. (F. F.)

CRYPTOPHAGE, *Cryptophagus.* (ins.) Genre de Coléoptères, de la section des Pentamères, famille des Clavicornes, tribu des Engidites, établi par Herbst. Il diffère peu des *Dacnés*, et on peut même les réunir ; Fabricius les a appelés *Engis*, Olivier *Ips*, Knoch *Antherophagus*; mais, sous quelque nom qu'ils aient été rangés, ils offrent les caractères suivans : corps ovalaire, avec l'extrémité de la tête un peu avancée ; mandibules presque cachées par le labre, échancrées à l'extrémité ; palpes un peu plus gros à leur extrémité ; antennes terminées par une massue perfoliée de trois articles, quatrième article des tarses très-petit ; tous les insectes composant ce genre, ou plutôt cette petite tribu, sont de petite taille et n'offrent dans leurs mœurs rien de remarquable.
(A. P.)

CRYPTOPODES, *Cryptopoda.* (crust.) Tribu établie par Latreille et faisant partie, dans son Cours d'entomologie, de la section des Homochèles de la famille des Brachyures, ordre des Décapodes, et ayant pour caractères, suivant lui : test demi-circulaire, en voûte, avec les angles postérieurs dilatés de chaque côté, et recouvrant les quatre dernières paires de pieds dans leur contraction. Cette tribu comprend deux genres : CALAPPE et ÆTHRE.
(H. L.)

CRYPTOPS, *Cryptops*. (ins.) Ce genre, établi par Leach, appartient à l'ordre des Myriapodes et à la famille des Chilopodes de Latreille; il diffère des Scolopendres proprement dites par l'oblitération des yeux, par un corps plus étroit, et par l'absence des dentelures au bord supérieur de la seconde lèvre. Leach ne cite que deux espèces de ce genre : la première, dont il donne une figure, est nommée *hortensis;* la seconde est dédiée à Savigny, sous le nom de *Savignii.* Elles se trouvent l'une et l'autre dans les jardins en Angleterre. (H. L.)

CRYPTORHYNQUE, *Cryptorhynchus.* (ins.) Genre de Coléoptères de la famille des Porte-becs; ce genre a été démembré du genre Rhynchœnus de Fabricius, auquel nous renvoyons; il fait partie de ceux de ce genre où le sternum offre une gouttière propre à cacher la trompe. *V.* Rhynchœnus. (A. P.)

CRYPTOSTOME, *Cryptostoma*. (moll.) Genre établi par Blainville et ainsi caractérisé : animal linguiforme aplati, un peu plus convexe postérieurement qu'antérieurement; bouche cachée sur le rebord antérieur du manteau; pied quatre ou cinq fois plus grand que le corps; yeux placés à la base et à la partie externe des tentacules; coquille intérieure très-analogue à celle des Sigarets et placée à la partie postérieure et la plus élevée de l'animal.

Les deux Cryptostomes connus sont : 1° le Cryptostome de Leach, *Cryptostoma Leachi;* espèce ovale, oblongue, plus allongée que la suivante; dont les tentacules sont petits, plus coniques, plus étroits et plus distans, les appendices plus petits, et la partie antérieure du corps plus longue que la postérieure; 2° le Cryptostome raccourci, *Cryptostoma breviculum;* espèce large et plus arrondie, dont la partie antérieure est presque égale à la postérieure, les tentacules grands, larges et déprimés, et les appendices proportionnés. (F. F.)

CRYSTALINE. (bot. phan.) Nom vulgaire d'une espèce de *Mesembryanthemum*, plus connue sous le nom de Glaciale, *v.* ce mot. (Guér.)

CTÈNE, *Ctenus.* (arach.) Ce genre, qui appartient à l'ordre des Pulmonaires, famille des Fileuses, section des Citigrades, a été établi par M. Walckenaër, dans son Tableau des Aranéides; il se compose de grandes espèces d'Aranéides propres à l'Amérique méridionale, qui, par leurs tarses biunguiculés et garnis de brosses sous les deux crochets, tiennent des Latérigrades, et par les autres caractères, des Dolomèdes et des Lycoses, *v.* ces mots. Les caractères distinctifs sont d'avoir les yeux disposés sur trois lignes transverses, savoir : 2, 4, 2; les deux inférieurs, ou les deux premiers, forment, avec les deux intermédiaires de la seconde ligne, un carré, et chaque œil latéral de celle-ci est placé, avec l'un des deux de leur dernière, sur une élévation commune; celle-ci est un peu plus en dehors; la lèvre est carrée, plus haute que large, rétrécie à sa base; les mâchoires sont droites, écartées, plus hautes que larges, coupées obliquement et

légèrement échancrées à leur côté interne; les pattes sont allongées, étendues latéralement; les cuisses sont renflées; la première paire est plus longue que la seconde, et la seconde plus que la troisième; la languette est carrée et presque isométrique. Ce genre a été établi sur une espèce d'Aranéide assez grande, qui se trouve à Cayenne; c'est le Ctène douteux, *Ctenus dubius*, Walck. Cette espèce, qui avait été envoyée à la Société d'histoire naturelle de Paris, manquait de la quatrième paire de pattes et de l'abdomen; depuis on en a découvert quelques autres, soit de la même colonie, soit du Brésil, mais toutes inédites. (H. L.)

CTENODES, *Ctenodes.* (ins.) Genre de Coléoptères de la section des Tétramères, famille des Longicornes, tribu des Cérambycins, ayant pour caractères: corselet plus long que la tête, transversal, denté sur les côtés, tuberculeux; antennes pectinées intérieurement, plus courtes que le corps; élytres s'élargissant postérieurement. Ce genre a été créé par Olivier, et adopté par M. Klug dans ses monographies sur les insectes du Brésil; ces insectes ont la tête assez petite et les mandibules avancées; les antennes atteignent environ la moitié des élytres; tous leurs articles, excepté les deux premiers, sont égaux, assez courts; la dilatation en forme de feuille oblique est plus large que l'article n'est long, mais diminue vers les derniers anneaux de l'antenne; le corselet est plutôt festonné que denté sur les côtés; il est plus large postérieurement; l'écusson est petit, les élytres vont en s'élargissant jusqu'à leur extrémité, où elles sont plus ou moins arrondies; elles ont deux côtes très-saillantes sur leur surface.

C. a zone, *C. zonata*, Klug. Entomol. Brésil., p. 39, pl. xlii, fig. 1. Long de neuf à dix lignes; noir, avec les côtés du corselet verts; une tache vis-à-vis le vertex, d'autres vis-à-vis l'écusson et sur lui, et une large bande en forme de chevron traversant les élytres, jaune d'ocre. Du Brésil. (A. P.)

CTÉNOME, *Ctenomys.* (mam.) Ce genre appartient à l'ordre des Rongeurs, et à la famille des Murins. M. de Blainville, qui l'a établi (Ann. sc. nat., t. ix), lui donne pour caractères: corps assez allongé, terminé par une queue médiocre; tête ovale; yeux petits; oreilles visibles, mais fort petites; vingt dents; deux fortes incisives à chaque mâchoire et quatre molaires partout; membres assez courts, à cinq doigts armés d'ongles fouisseurs.

La seule espèce du genre est le Cténome du Brésil, *Ctenomys brasiliensis*, Blainv. Cet animal, dont le nom indique la patrie, est de la taille de notre rat d'eau; il a le pelage doux et de couleur roussâtre, légèrement blanchâtre en dessous; les poils de sa queue sont bruns. (Gerv.)

CTÉNOPHORE, *Ctenophora.* (ins.) Genre de Diptères de la famille des Némocères, tribu des Tipulaires, établi par Meigen sur des Tipules de Linné, ayant les antennes pectinées, d'où vient le nom qu'il leur a donné, qui signifie porte-peigne. Ce genre a

pour caractères: antennes pectinées de treize articles; les deux premiers n'ont aucune dilatation; mais
les suivans , qui sont cylindriques, sont accompagnés de rameaux à deux, trois ou quatre branches;
les antennes de la femelle n'offrent aucune dilatation; les palpes sont de quatre articles dont le dernier
très-long et flexible. Les métamorphoses de ces
insectes sont encore peu connues; on sait que les
femelles introduisent leurs œufs dans le terreau
des vieux arbres.

C. AGRÉABLE , *C. festiva* , Meig. Long de neuf
à onze lignes; noir; palpe , excepté l'extrémité,
fauve; antennes, excepté le premier article, de
même couleur; une tache sur le prothorax vis à-
vis le vertex, espace membraneux du flanc, jaunes;
sur le premier segment deux taches latérales à
son extrémité ainsi qu'à celle du suivant, une
large tache sur le troisième, et deux points sur
le quatrième, fauves; les ailes sont légèrement enfumées. avec une tache foncée près de l'extrémité
et touchant le côté antérieur (la femelle) ; les pattes sont fauves. Assez rare en France.

C. ORNÉ , *C. ornata* , Meig. Long de huit lignes ; fauve ; yeux, partie postérieure du thorax,
flancs , trois bandes sur les premiers segmens
abdominaux, noirs ; un anneau noir à l'extrémité
des fémurs postérieurs.   (A. P.)

CTÉNOSTOME , *Ctenostoma*. (INS.) Genre de
Coléoptères, section des Pentamères , famille des
Carnassiers, tribu des Cicindélètes ; tête grosse ,
antennes presque aussi longues que le corps , sétacées ; palpes terminés par un article plus gros
que les précédens, conique; lobe terminal des
mâchoires sans onglet sensible au bout; troisième
article des deux tarses antérieurs des mâles sétacé.
Ces insectes ont une forme allongée, cylindrique ;
leur tête est beaucoup plus large que le corselet,
rétrécie postérieurement, avec les yeux globuleux;
les antennes sont filiformes; les deux premiers
articles sont plus courts et plus épais que les autres,
qui sont cylindriques et vont en diminuant un peu
de longueur jusqu'au dernier; chaque articulation
est garnie de poils ; les mandibules sont longues
et croisées dans le repos ; les mâchoires manquent
de ce crochet mobile qui distingue la tribu dans
laquelle on range ces insectes; le lobe terminal
est un carré long un peu plus large et arrondi à
son extrémité, garni ainsi que le corps même de
la mâchoire de poils raides intérieurement; le
palpe interne est de deux articles dont le premier
droit , un peu plus épais à son extrémité, aussi
long que le lobe terminal de la mâchoire; le second, aussi long que le premier, se courbe après
son insertion avec lui, et vient s'avancer au dessus du lobe de la mâchoire ; le palpe externe est de
quatre articles, le premier court, cylindrique, le
second aussi long à lui seul que les trois autres ,
un peu cambré à la partie externe, s'élargissant
vers l'intérieur jusque vers les deux tiers de sa
longueur, se rétrécissant ensuite jusqu'à son extrémité; les deux derniers articles sont d'égale
grandeur entre eux, le dernier est tronqué obliquement à son extrémité; la lèvre est échancrée,

tridentée dans son échancrure; les palpes maxillaires sont plus longs que les labiaux , de quatre
articles , dont le premier et le second atteignent
à peine l'extrémité de la lèvre , le second étant
trois fois plus petit que le premier; le troisième,
plus grand que les trois autres pris ensemble , dépasse de beaucoup la largeur du menton; enfin
le dernier , égalant les deux premiers ensemble ,
est un peu coniforme , tronqué obliquement à son
extrémité; le corselet est cylindrique, plus épais
dans le milieu qu'aux deux extrémités, qui sont
fortement rebordées; les élytres, d'abord rétrécies
à leur jonction avec le corselet, s'élargissent ensuite beaucoup, et sont tronquées à leur extrémité; les pattes sont très-longues , grêles; dans
les quatre tarses antérieurs des mâles elles offrent
une particularité remarquable: le troisième article est dilaté intérieurement, de sorte que l'article
suivant se trouve inséré sur le côté de celui-ci.

Ce genre est jusqu'à présent propre à l'Amérique méridionale ; leurs mœurs et leurs métamorphoses sont peu connues.

C. FORMICAIRE , *C. formicarum* , Fab. Klug.,
Ent. Brésil., p. 28, pl. XXI, fig. 7. Noir, avec une
bande jaune, interrompue au milieu des élytres.
                    (A. P.)

CUBA (Ile de). (GÉOGR. PHYS.) L'île de Cuba',
par sa forme étroite et allongée, offre un immense développement de côtes: la plus grande de
toutes les Antilles, elle est voisine à la fois de
Haïti et de la Jamaïque; de la Floride , qui est
la province la plus méridionale des États-Unis ;
et du Yucatan, qui est la province la plus orientale de la Confédération mexicaine. Sa surface n'est
pas moins grande que celle du Portugal, et, à un
huitième près, elle atteint celle de l'Angleterre,
sans le pays de Galles. D'après les observations
et les mesures les plus récentes, elle présente une
area de 3645 lieues marines carrées de 20 au degré. Dans cette évaluation on comprend la surface
de toutes les petites îles ou Cayos qui se trouvent sur ces côtes, ainsi que celle de la grande
île de Pinos. Pour donner ici une idée de sa forme
allongée , nous dirons que dans sa plus grande longueur elle offre une étendue de 227 lieues, tandis
que dans sa plus grande largeur, elle n'a que 37
lieues, et dans l'endroit le mieux cultivé, entre la
Havane et le Batabano, la largeur de l'île n'est
que de 8 lieues marines. Son pourtour présente un
ruban de 520 lieues de côtes dont 280 appartiennent au littoral sud.

M. le baron de Humboldt, qui a habité long-
temps l'île de Cuba, a publié d'excellentes observations sur cette île. Laissons-le nous donner lui-
même la configuration et la texture de la superficie de l'île.

L'île de Cuba, dans plus des quatre cinquièmes
de son étendue , n'offre que des terrains très-bas.
C'est un sol couvert de formations secondaires et
tertiaires, à travers lesquelles ont percé quelques
roches de granite-gneiss, de syénite et d'euphotide. On ne possède jusqu'à ce jour pas plus de
notions exactes sur la configuration géognostique
du pays

du pays que sur l'âge relatif et la nature des terrains qui le composent. On sait seulement que le groupe de montagnes le plus élevé se trouve à l'extrémité sud-est de l'île, entre Cabo-Cruz, Punta-Maysi et Holguin. Cette partie montagneuse, appelée *la Sierra* ou *las montanas del Cobre*, située au nord-ouest de la ville de Santiago de Cuba, paraît avoir plus de 1200 toises d'élévation absolue. D'après cette supposition, les sommets de la Sierra domineraient et ceux des montagnes Bleues de la Jamaïque et les pics de la Selle et de la Hotte de l'île de St-Domingue. La *Sierra de Tarquino*, à cinquante milles à l'ouest de la ville de Cuba, appartient au même groupe que les *montagnes de Cuivre*. De l'est-sud-est à l'ouest nord-ouest, l'île est parcourue par une chaîne de collines qui s'approchent, entre les méridiens de la *Ciudad de Puerto-Principe* et de *Villa-Clara*, de la côte méridionale; tandis que plus à l'ouest, vers *Alvarez* et *Matanzas*, dans les *Sierras de Gavilan*, *Camarioca*, et de *Maruques*, elles se dirigent vers les côtes septentrionales. En allant de l'embouchure du *Rio Guaurabo* à la Villa de la *Trinidad*, j'ai vu au nord-ouest les *Lomas de San-Juan*, qui forment des aiguilles ou cornes de plus de 300 toises de hauteur, et dont les escarpemens sont assez régulièrement dirigés vers le sud. Ce groupe calcaire se présente encore d'une manière importante, lorsque l'on est à l'ancre près du *Cayo de Piedras*. Les côtes de *Xagua* et de *Batabano* sont très-basses, et je crois qu'en général il n'existe, à l'ouest du méridien de Matanzas, à l'exception du *Pan de Guaixabon*, aucune colline de plus de 200 toises d'élévation. Dans l'intérieur de l'île, le sol, doucement ondulé comme en Angleterre, n'est élevé que de 45 à 60 toises au dessus de la surface de l'Océan. Les objets les plus visibles de loin et les plus célèbres parmi les navigateurs sont le *Pan de Matanzas*, cône tronqué qui a la forme d'un petit monument; les *Arcos de Canasi*, qui se présentent entre *Puerta escondido* et *Jaruco* comme de petits segmens de cercle; la *Mesa de Mariel*; les *Tetas de Managua*, et le *Pan de Guaixabon*. Ce niveau décroissant des formations calcaires de l'île de Cuba vers le nord et vers l'ouest, indique les liaisons sous-marines des mêmes roches avec les terrains également bas des îles *Bahama*, de *la Floride* et du *Yucatan*.

La partie ouest de l'île est granitique, et il y a tout lieu de croire que ce sont ces formations granitiques qui fournissent les alluvions de sable aurifère, qui furent exploitées avec tant d'avidité par les *conquistadores*; aujourd'hui ces lavages d'or sont peu productifs; mais on ne peut en tirer aucune conséquence pour le passé: car il faut se rappeler qu'au Brésil le produit des lavages d'or est déchu, de l'année 1790 à l'année 1820, de 6600 kilogrammes d'or à moins de 595. La partie centrale et occidentale de l'île renferme deux formations de calcaire compacte, l'une de grès argileux qui a beaucoup de rapport avec la formation jurassique, l'autre de gypse. Cette formation calcaire renferme un grand nombre de cavernes,

près de Matanzas et de Jaruco, lesquelles produisent de fréquens éboulemens: c'est ainsi qu'ont été détruits les moulins à tabac de l'ancienne ferme royale. Près de la Havane, au pied du *Castilla della Punta*, on trouve des bancs de rochers caverneux, dont la surface, noircie et excavée par les flots, offre des ramifications à chouxfleurs comme on les observe sur des courans de laves. La mer, en entrant dans les fentes du rocher, et dans une caverne au pied du *Castilla del Morro*, y comprime l'air, et le fait sortir avec un tel bruit, qu'on a donné à ces écueils, bien connus des navigateurs, le nom d'écueils ronfleurs, *Baxos roncadores*.

Peu de rivières arrosent la surface de l'île de Cuba, et encore elles sont de peu d'importance; nous citerons cependant le *Rio de Guines*, le *Rio Armendaris* ou *Chorrera*, dont les eaux sont conduites à la Havane par le Zanja de Antonelli; le *Rio Cauta* au nord de la ville de Bayamo; le *Rio Maximo*, qui naît à l'est de Puerto Principe, le *Rio Sagra grande*, près de Villa Clara; le *Rio de las Palmas*, qui débouche vis-à-vis Cayo Galindo; les petites rivières de *Jarneo* et de *Santa-Cruz*, entre Guanabo et Matanzas, qui étant navigables à quelques lieues de leurs embouchures, favorisent beaucoup l'embarquement des caisses de sucre; le *Rio San-Antonio*, qui, se perd dans les cavernes de la roche calcaire dont nous avons déjà parlé; le *Rio Guarabo*, à l'ouest du port de Trinidad; et enfin le *Rio Galafre*, qui court se jeter à la mer dans la Laguna de Cortez.

La partie méridionale de l'île de Cuba est la plus humide; on y rencontre beaucoup de marais; la partie occidentale est exposée à de rudes sécheresses que l'on doit attribuer à la texture caverneuse des formations calcaires, qui absorbent les cours d'eaux, au peu de largeur de l'île, à la fréquence et au déboisement des plaines.

Malgré cette sécheresse et le manque de rivières, l'île de Cuba est extrêmement fertile; cette fertilité cependant n'est pas également distribuée sur toute la surface de l'île; il y a des parties plus ou moins heureusement partagées, et parmi les plus fécondes nous citerons les districts de Xagua, de Trinidad, de Matanzas et du Mariel. La juridiction de la Havane n'offre pas un sol bien productif; aussi la canne à sucre y est peu cultivée, et toute la plaine est occupée par des fermes à bétail, et des cultures de maïs et de fourrages. La proximité de la capitale de l'île, dont la consommation est considérable, produit d'immenses avantages pour les cultivateurs. Au surplus, en général, la couleur de la terre indique les denrées qui doivent y être cultivées. Ainsi la terre noire, qui est argileuse et chargée d'humus, est ordinairement consacrée à la canne à sucre, tandis que la terre rouge, plus siliceuse et mêlée d'oxide de fer, est réservée à la culture du caféier.

Malheureusement pour les besoins de l'île, l'imprudente activité des Européens a interverti l'ordre de la nature; la canne à sucre, le caféier et le tabac sont les seules denrées qu'ils veulent faire produire à la terre : et cependant combien ne devraient-ils pas être éclairés dans leurs faux calculs, en examinant que les États-Unis leur fournissent chaque année 113,000 barils de farines, représentant une valeur de 1,864,000 piastres, et que l'Europe importe 50,000 barils de vin ou d'eau-de-vie, d'une valeur de 1,200,000 piastres, ce qui, en totalité, représente une importation étrangère de 3,300,000 piastres : encore, si l'on voulait avoir le chiffre exact de cette consommation extérieure, faudrait-il ajouter les importations de riz, de légumes secs, et de viandes sèches et salées. Espérons que les colons de Cuba ouvriront enfin les yeux, et verront l'immense intérêt qu'ils pourraient retirer de leur capital, s'ils l'employaient à une culture autre que la culture des denrées tropicales.

Nous avons vu que les principales cultures consistaient en cannes à sucre, caféier et tabac.

L'exportation du sucre est fort considérable ; les registres des douanes indiquent un nombre de 305,000 caisses de sucre ; mais comme il y a une contrebande assez active, on peut, en la portant à un quart du chiffre des douanes, évaluer l'exportation totale de l'île, par des voies licites et illicites, à 380,000 caisses ou 70,000,000 de kilogrammes de sucre. L'île consomme en outre environ 60,000 caisses de sucre ; ce qui alors porte la production totale de l'île à 440,000 caisses de sucre. Ces 440,000 caisses ou 81,000,000 de kilogrammes sont le produit de 650 sucreries répandues sur la surface totale de l'île.

Avant que les émigrés de St-Domingue ne vinssent se réfugier à l'île de Cuba, la culture du caféier y était inconnue : ce n'est qu'en 1796 et 1798 que l'on commença à y planter l'arbrisseau qui produit la fève appelée *café*. Depuis, cette culture a pris beaucoup d'extension, et l'exportation qui se fait de cette denrée n'est pas de moins de 14,000,000 de kilogrammes, ce qui représente une somme de 3,660,000 piastres.

Le tabac est la dernière culture importante dont nous parlerons. Tout le monde sait combien le tabac de l'île de Cuba est estimé ; ce n'est pas aujourd'hui où l'usage de fumer est si répandu, où toutes les promenades publiques sont parsemées de jeunes et élégans fumeurs, qu'il est nécessaire d'établir l'incontestable supériorité des cigarres de la Havane. Aussi l'exportation des cigarres s'élève-t-elle à 100,000 livres par an. Empressons-nous d'ajouter que dans ce chiffre nous ne parlons pas de la contrebande, et il n'en est pas qui soit si active que la contrebande des cigarres. Examinons maintenant la population qui force la terre à produire les denrées dont nous venons de parler.

Et d'abord disons que la population est partagée en deux classes, les hommes libres et les esclaves. Les hommes libres eux-mêmes forment deux races qui ne se mêlent jamais, les blancs et les hommes de couleur. Le dénombrement, fait en 1827, par l'ordre du gouvernement espagnol, a fait connaître que la population totale de l'île s'élevait à

704,487 âmes : sur ce nombre on a 311,051 hommes de la race blanche, 106,494 hommes de couleur libres, et 286,942 esclaves. Si maintenant on compare ce chiffre avec les autres chiffres des populations des autres îles qui composent l'archipel des Antilles, on trouve que les hommes de couleur, libres ou esclaves, forment une masse de 2,560,000 âmes, nombre qui représente les les $\frac{21}{100}$ de la population totale. Quel effrayant avenir ne peut-on pas prophétiser à la race blanche, si, oubliant l'horrible catastrophe de Saint-Domingue, les blancs croient leur pouvoir inébranlable, et ne cherchent à adoucir, par des principes d'humanité et de justice que leur intérêt leur commande de suivre, la législation brutale et barbare qui pèse de tout son poids sur les hommes de couleur ! L'esprit se refuserait à croire les affreuses vengeances auxquelles se livrerait la race de couleur, si elle venait à s'emparer du pouvoir, et par une révolte bien conduite, à se rendre maîtresse de la race blanche. Et croit-on qu'un pareil sort ne serait pas mérité, quand les colons discutent froidement s'il vaut mieux, pour le propriétaire, de ne pas fatiguer à l'excès les esclaves dans le travail, et par conséquent de les remplacer moins souvent, ou d'en tirer en peu d'années tout le parti possible, sauf à faire plus fréquemment des achats de *negros bozales* ? La cupidité a-t-elle jamais pu inspirer un plus abominable raisonnement ? Hâtons-nous cependant de dire que tous les colons ne sont pas parvenus à un pareil raffinement d'égoïsme, et que plusieurs propriétaires se sont occupés de la manière la plus louable de l'amélioration du régime des plantations. Mais quel chemin n'y a-t-il pas encore à parcourir avant que les hommes de couleur soient traités avec l'humanité et la justice que tout homme a le droit de réclamer de son semblable !

L'île de Cuba est entourée d'une chaîne presque non interrompue de bas-fonds, qui est représentée sur les cartes comme une pénombre, et qui rend les abords de l'île très-dangereux en beaucoup d'endroits. Cependant quelques parties des côtes sont exemptes de tous ces dangers, récifs, bancs de sable ou autres, et permettent alors aux embarcations de s'approcher du rivage. C'est au sud-est, surtout, que se trouvent les endroits les plus commodes, entre le Cabo-Cruz et la Punta-Maysi, et au nord-ouest entre Matanzaz et Cabanas. Le premier des espaces que nous venons d'indiquer a 72 lieues marines, et le second 28 lieues.

Les dangers qui bordent l'île dans presque toute son étendue portent dans le pays le nom de *Cayos* ; ils sont en si grand nombre et si près du niveau de la mer, que si l'Océan mexicain venait à baisser de 20 à 30 pieds seulement, il laisserait à découvert une île aussi grande que Haïti, l'ancienne Saint-Domingue.

Au milieu des ports de l'île de Cuba, il en est un qui se distingue particulièrement, et qui a mérité de devenir la capitale de cette possession espagnole. Mais laissons parler M. de Humboldt :

« L'aspect de la Havane, à l'entrée du port, est un des plus rians et des plus pittoresques dont on puisse jouir sur le littoral de l'Amérique équinoxiale, au nord de l'équateur. Ce site, célébré par les voyageurs de toutes les nations, n'a pas le luxe de végétation qui orne les bords de la rivière de Guayaquil, ni la sauvage majesté des côtes rocheuses de Rio-Janeiro, deux ports de l'hémisphère austral ; mais la grâce qui, dans nos climats, embellit les scènes de la nature cultivée, se mêle ici à la majesté des formes végétales et à la vigueur organique qui caractérise la zone torride. Dans un mélange d'impressions si douces, l'Européen oublie le danger qui le menace au sein des cités populeuses des Antilles ; il cherche à saisir les élémens divers d'un vaste paysage, à contempler ces châteaux forts qui couronnent les rochers à l'est du port, ce bassin intérieur, entouré de villages et de fermes, ces palmiers qui s'élèvent à une hauteur prodigieuse, cette ville à demi cachée par une forêt de mâts et la voilure des vaisseaux. »

Le peuple Havaneros, habitant d'un aussi beau pays, est actif et intelligent ; il saisit avec ardeur les occasions de s'instruire et de développer les facultés de son entendement : aussi, de toutes les Antilles, aucune n'est plus propre que l'île de Cuba à recevoir les institutions nécessaires au développement de la prospérité coloniale.

La météorologie de ce pays offre un fait assez singulier, c'est que la neige n'a jamais paru dans aucun endroit de l'île : et cependant le thermomètre descend à plusieurs degrés au dessous de zéro ; cette observation semblerait indiquer que d'autres conditions que l'abaissement de température sont nécessaires pour la formation de la neige. Terminons cet article en disant que les cayos qui entourent l'île offrent aux yeux les phénomènes les plus variés de la suspension et du mirage. Une partie de ces bancs de sable, que Christophe Colomb décrit comme *verdes blenos de arboledas y graciosos*, présente en effet un aspect très-agréable. Le navigateur voit changer la scène à chaque instant, et la verdure de quelques îlots parait d'autant plus belle qu'elle contraste avec d'autres cayos qui n'offrent que des sables blancs et arides. Tout cela est dû aux sables échauffés par les rayons du soleil : aussi une trainée de nuages suffit pour rasseoir sur le sol et les troncs d'arbres et les rochers suspendus, pour rendre immobile la surface ondoyante des plaines, et dissiper ces prestiges que les poètes arabes, persans et indous ont chantés « comme les douces tromperies de la solitude du désert ». (C. J.)

CUBÈBE, *Cubeba*. (BOT. PHAN.) Le Cubèbe, ou Poivre cubèbe, est le fruit du *Piper cubeba* de Linné, arbuste qui croit à Java et à l'île de France, et qui appartient à la famille des Pipirinées de De Candolle, ou des Urticées de Jussieu.

La tige du *Piper cubeba* est sarmenteuse, articulée ; les feuilles sont pétiolées, ovales, coriaces ; les fleurs sont pédonculées, en épis allongés et pendans ; le fruit (partie usitée) est une baie piriforme, sous-arrondie, ridée à sa surface (les rides, disposées en réseau, sont formées par la partie charnue qui est desséchée), brunâtre à l'extérieur, blanchâtre, huileuse à l'intérieur, d'une odeur aromatique particulière, d'une saveur chaude, âcre et piquante ; les semences sont jaunâtres.

Vauquelin, qui a fait l'analyse des fruits du Poivre cubèbe, les a trouvés composés d'une huile volatile presque concrète, d'une résine analogue à celle du copahu, d'une autre résine colorée, d'une matière gommeuse colorée, de quelques sels, d'un principe extractif analogue à celui que l'on trouve dans les légumineuses, etc.

Le Poivre cubèbe jouit de propriétés excitantes assez marquées ; mais c'est surtout sur les membranes muqueuses, et principalement sur l'appareil génito-urinaire, qu'il parait agir d'une manière spéciale. On l'emploie journellement en médecine dans le traitement des blennorrhagies, soit aiguës, soit chroniques ; on le donne, comme le copahu, en bols, en pilules, en opiats, sous forme d'injection, de lavement, etc. (F. F.)

CUBICITE. (MIN.) Quelques minéralogistes ont donné ce nom à l'Anabrime, parce que cette substance cristallise dans le système cubique.

(J. H.)

CUCIFÈRE, *Cucifera*. (BOT. PHAN.) Sous ce nom et celui de *Cuciophora*, les anciens nous ont laissé la description d'un palmier de la Thébaïde, qui, avec les monumens de cette antique contrée, a été retrouvé par les savans de l'expédition d'Égypte. Avant eux, la botanique ne possédait sur cet arbre que des observations très-incomplètes. Nous tirerons les détails ci-après de leur grand ouvrage (Botanique par Delile, pl. 1, 2).

Le *Cucifera thebaïca*, appelé Doum par les Arabes, est un palmier voisin du genre *Chamærops*. Il est représenté dans notre Atlas, pl. 138, fig. 6 et 7. Son stipe s'élève à vingt-cinq ou trente pieds, sur une circonférence de deux ou trois à la base. Des anneaux superposés marquent légèrement sa surface. Un peu au dessus du sol, il se partage en deux branches, qui, à leur tour, se bifurquent plusieurs fois. Les feuilles, groupées en faisceaux, sont palmées, longues de six à sept pieds, et composées de folioles soudées dans leur moitié inférieure ; leurs pétioles sont demi-cylindriques, et creusés en gouttière, longs de trois à quatre pieds, engainans à la base et bordés d'épines.

Les fleurs du Cucifère sont dioïques, et disposées en grappes renfermées dans des spathes qui naissent à l'aisselle des feuilles. Un calice à six divisions inégales, et autant d'étamines, composent la fleur mâle. Dans la fleur femelle les divisions du calice sont plus grandes et à peu près égales ; au milieu est un ovaire libre, à trois lobes et trois loges. Le fruit, appelé *kouki* par Théophraste, est un drupe sec, simple ou marqué de deux ou trois lobes : son écorce, fine et d'un brun clair, recouvre un tissu fibreux, dans lequel est un noyau osseux. L'amande se compose d'un périsperme corné, creux au centre et portant l'embryon à son sommet (l'embryon est au côté de la graine dans le *Chamærops*).

Le fruit du *Cucifère* n'est d'aucun usage. Son bois, plus dur que celui du dattier, est employé à faire des planches. (L.)

CUCUBALE, *Cucubalus*. (BOT. PHAN.). Genre de la famille des Caryophyllées, Décandrie trigynie, Linn. Il réunit tous les caractères du *Silène*, et s'en éloigne seulement par son fruit bacciforme, circonstance qui l'isole aussi des autres Caryophyllées, qui toutes portent une capsule. Plusieurs botanistes n'ont pas jugé cette anomalie suffisante pour fonder un genre, et ont réuni le *Cucubalus* aux *Silènes*; d'autres, Gaertner le premier, puis De Candolle, l'ont conservé d'après Linné, en en retirant les espèces capsulaires que le législateur y avait placées sans raison bien plausible. Le *Cucubalus* a donc un calice campanulé, à cinq dents; une corolle de cinq pétales unguiculés, à limbe bifide, sans écailles; dix étamines, trois styles, et une baie uniloculaire polysperme.

Cette consistance charnue du fruit, exception unique, comme nous l'avons dit, dans la famille des Caryophyllées, est aussi particulière à une seule plante, appelée vulgairement CARNILLET, *Cucubalus bacciferus*, Linn., herbe très-rameuse, haute de deux à trois pieds; ses feuilles sont ovales, aiguës, rétrécies à la base en un court pétiole; ses fleurs, à pétales blancs, étroits et auriculés près de leur base, naissent solitaires au sommet des rameaux et à leurs bifurcations. Cette plante est assez commune dans les haies et les buissons.
(L.)

CUCUJE, *Cucujus*. (INS.) Genre de Coléoptères de la section des Tétramères, famille des Platysomes, ayant pour caractères : mandibules saillantes, languette bifide, palpes courts; antennes à articles en forme de cône renversé. Ce genre a été établi par Fabricius; il renferme encore peu d'espèces dont aucune n'acquiert une grande taille, et qui vivent sous les écorces des arbres; aussi leur forme est-elle très-appropriée à ce genre d'habitation; ils ont tous le corps très-plat; les yeux petits, saillans; la tête dépasse un peu la largeur du corselet; celui-ci est presque carré; les élytres sont beaucoup plus larges que lui, arrondies à leur extrémité; les pattes sont courtes.

C. DÉPRIMÉ, *C. depressus*, Fab. Long de six lignes, une des plus grandes espèces du genre; corselet, élytres rouge velouté sanguin; antennes et parties inférieures du corps noires. Il se trouve plus communément en Allemagne. (A. P.)

CUCUJUS, CUCUJO, COUCOUYE. (INS.) Noms que l'on donne, dans les colonies espagnoles, aux insectes phosphorescens des genres Taupin et Lampyre. Au rapport des voyageurs, la lumière des premiers est assez vive pour permettre de lire les plus petits caractères, lorsqu'on approche un seul individu d'un livre. Il paraît que les soirées d'été, dans les contrées boisées de l'Amérique, offrent un spectacle admirable par la multitude de ces insectes qui voltigent sur tous les buissons et les rendent lumineux. *Voy.* TAUPIN et LAMPYRE. (GUÉR.)

CUCULLAN, *Cucullanus*. (ZOOPH. INTEST.) Genre de l'ordre des Hématoïdes, comprenant un petit nombre de vers qu'on trouve dans le canal intestinal des poissons. Ils sont très-petits et sont remarquables surtout par une espèce d'ampoule striée, ou capuchon. Leur peau offre des stries transversales comme celles des Ascarides; la tête est arrondie, souvent distincte du corps par une dépression large, peu profonde; la bouche est grande, circulaire, parfois garnie de papilles; le corps, d'abord égal à la tête ou même plus gros qu'elle, va en diminuant vers la queue, droite dans la femelle, presque toujours fléchie dans le mâle et assez souvent garnie de deux prolongemens membraneux qu'on a nommés les ailes. Le capuchon, qui en avant se continue avec la bouche et en arrière avec l'intestin, est contractile et semble destiné à fixer ces animaux aux villosités intestinales. L'anus est situé près du bout de la queue, les organes génitaux environnent l'intestin; l'organe mâle est double, et sort par une espèce de gaîne. Les diverses espèces des Cucullans présentent des caractères peu tranchés; les uns sont ovipares, les autres vivipares. On en compte dix-sept : savoir, le *Cucullan élégant*, qu'on rencontre dans les intestins de l'Anguille et du Turbot; le *C. tronqué*, qu'on trouve dans le Silure; le *C. ailé*, dans le Turbot; le *C. globuleux*, dans la Truite saumonée; *C. tête noire*, dans le petit Maquereau et la Bonite; *C. faviolé*, dans les Gades, le Mole et le Congre; le *C. accourci*, dans le *Perca Cirrosa*; *C. nain*, dans le Moineau de mer; *C. hétérochrome*, dans le Pécaud; *C. de la Tortue orbiculaire*; *C. de la Vipère commune*; *C. de l'Esturgeon*; *C. de la Pie*; *C. de la Sole*; *C. de la Perche de Norwége*; *C. de la Mendole*; *C. de la Tanche*. (P. G.)

CUCULLÉE, *Cucullæa*. (MOLL.) Le genre Cucullée, séparé par Lamarck du genre *Arche* de Linné, dont il ne diffère que par des dents latérales transverses en plus ou moins grand nombre sur les angles antérieur et postérieur de la charnière, se reconnaît aux caractères suivans : coquille équivalve, inéquilatérale, trapéziforme, ventrue, à crochets écartés, séparés par la fossette du ligament; impression musculaire antérieure formant une saillie à bord anguleux ou auriculés; charnière linéaire, droite, munie de petites dents transverses, et ayant à ses extrémités deux à cinq côtes qui lui sont parallèles; ligament tout-à-fait extérieur.

Du très-petit nombre d'espèces de Cucullées connues, une seule est vivante ou à l'état frais, les autres sont fossiles; celles-ci se rencontrent dans les terrains anciens. Nous citerons les deux espèces suivantes :

CUCULLÉE AURICULAIRE, *Cucullæa auriculifera*, de Lamarck. Cette espèce se distingue par les attaches musculaires, par les stries fines qui se croisent sur sa surface, par sa couleur fauve cannelle en dehors, et violâtre en dedans, et par sa charnière qui n'offre qu'une ou deux côtes transverses.

La Cucullée auriculaire, nommée vulgairement *Coqueluchon*, nous vient de la mer des Indes, où elle acquiert quelquefois trois à quatre pouces de largeur.

CUCULLÉE CRASSATINE, *Cucullæa crassatina*, de Lamarck. Coquille plus longue et plus large que la précédente, dont les impressions musculaires ne présentent point d'appendice auriforme, et dont les côtés de la charnière, plus larges, sont munis de quatre à cinq côtes transverses. Cette espèce, très-remarquable en ce que la disposition des stries pourrait la faire partager en deux, se rencontre fossile aux environs de Beauvais, à Bracheux et à Abbecourt, où elle est très-commune, et aussi très-friable. (F. F.)

CUCURBITACÉES. (BOT. PHAN.) Famille naturelle de plantes appartenant à la classe des Dicotylédonées polypétales, et tirant son nom scientifique du genre COURGE (*v.* ce mot), l'un des dix-sept qui la constituent. Toutes les Cucurbitacées sont herbacées, en général annuelles, persistantes, très-rarement vivaces; elles occupent un rang important dans l'histoire de l'agriculture, et sont étroitement liées à l'économie rurale et domestique. Dans chacun des genres, on verra le rôle qu'ils y jouent, les ressources qu'ils offrent et l'emploi que l'on en fait, je renvoie donc aux articles CONCOMBRE, COURGE, DUDAIM et MELON, qui présentent les espèces les plus recherchées.

Les caractères des Cucurbitacées sont d'avoir des tiges volubiles ou rampantes, garnies de feuilles alternes, souvent rudes ou couvertes de points calleux et munies de vrilles simples ou rameuses, non pas axillaires comme on l'écrit, mais naissant sur le côté des feuilles; fleurs axillaires, monoïques, quelquefois dioïques et par exception réunissant les deux sexes ensemble dans trois genres seulement, le Gronove, le Mélothrie et le Solena; les pédoncules portent une ou plusieurs fleurs : celles-ci ont le calice supère, resserré sur l'ovaire, s'élargissant ensuite en cloche, coloré, divisé à son limbe en cinq lobes, garni vers son milieu extérieur de cinq appendices verdâtres; la corolle généralement peu distincte, soudée avec le calice, réduite à son état de simplicité dans le genre Gronove. *Fleurs mâles*, cinq étamines insérées au dessous du limbe, à filets tantôt distincts, tantôt réunis ensemble ou séparément, à anthères uniloculaires, oblongues, quatre souvent géminées, laissant la cinquième isolée. Au centre on remarque parfois le rudiment d'un ovaire qui ne se développe point. *Fleurs femelles*, ovaire simple, faisant corps avec le fond du calice, que Tournefort et Linné nomment à tort COROLLE (*v.* ce mot); il forme étranglement au dessus du calice et s'évase ensuite en un limbe plus ou moins ouvert; de son centre s'élève un style terminé d'ordinaire par plusieurs stigmates et entouré quelquefois de cinq filets d'étamines stériles. Ainsi recouvert, cet ovaire devient une baie de grosseur et de forme très-variables, à écorce ordinairement solide, uniloculaire, monosperme ou polysperme et multiloculaire polysperme. dont les semences ovoïdes, attachées à des placentas pariétaux et relevés; elles sont cartilagineuses ou crustacées, et renferment un embryon à radicule droite et à lobes planes, sans périsperme.

Tous les genres de la famille se rangent naturellement sous trois catégories, 1° à fruit uniloculaire monosperme : le *Gronovia*, le *Sieyos* et le *Sechium*, de Linné; 2° à fruit uniloculaire polysperme : le *Bryonia*, du même botaniste, l'*Elaterium* de Jacquin, le *Muricia* et le *Solena* de Loureiro; 3° à fruit multiloculaire polysperme : le *Melothria*, le *Trichosanthes*, le *Momordica*, le *Cucurbita* et le *Cucumis* de Linné, dont je détache le *Dudaïm* et le *Melo* pour les élever en genres distincts, l'*Anguria* de Plumier, l'*Ecballium* de C. Richard, le *Luffa* de Cavanilles, le *Ceratosanthes* de Burmann, et le curieux *Myrianthus* de Palisot de Beauvois, dont on ne connaît encore que les fleurs mâles.

Quelques auteurs, Dumont de Courset entre autres, avaient placé à la fin des Cucurbitacées, comme devant être divisés en une et même deux autres sections, des genres semblables à la famille dont nous nous occupons par leur port, leurs tiges grimpantes, leurs vrilles axillaires, leurs fleurs articulées sur les pédoncules, leurs graines attachées sur des placentas pariétaux; mais ils forment aujourd'hui des ordres distincts. Ainsi les Grenadilles constituent la famille des Passiflorées, réunissant les genres *Passiflora*, *Carica* et *Napoleonæa*; les genres *Fevillea* et *Zanonia* sont réunis sous le nom de Nandhirobées; de la sorte on n'a plus de Cucurbitacées douteuses. (*V.* aux mots FÉVILLÉE, GRENADILLE, NANDHIROBÉES, NAPOLÉONE, PAPAYER, PASSIFLORÉES et ZANONIE.)

Les Cucurbitacées proprement dites se rapprochent de certaines Euphorbiacées grimpantes qui n'ont qu'un style et dont les étamines sont réunies en colonne; elles en diffèrent par leurs anthères, par la structure du fruit et celle des semences. Elles sont liées aux Passiflorées et aux Urticées par les genres Grenadille et Papayer, ainsi qu'aux Nandhirobées, créées par Auguste Saint-Hilaire. (T. D. B.)

CUILLER. (MOLL.) Les marchands donnent ce nom vulgaire à plusieurs espèces du genre Cérithe; ils nomment GRANDE CUILLER A POT le *Cerithium palustre*; PETITE CUILLER A POT le *Cerithium sulcatum*; CUILLER D'ÉBÈNE le *Cerithium ebeninum* des auteurs.

Le nom de CUILLER D'IVOIRE a été donné également, par les marchands, à la grande espèce de Pholade connue des naturalistes sous le nom de *Pholas dactylus*. (GUÉR.)

CUILLERONS. (INS.) Quand on regarde avec attention certains Diptères, on aperçoit à la base de l'aile une petite pièce quelquefois simple, quelquefois double, de forme demi-circulaire, blanchâtre, en forme de coquille d'huître et qui, lorsqu'elle est double, l'imite encore davantage puisqu'elle en présente les deux parties; quand l'aile est au repos les deux valves reposent l'une sur l'autre; quand l'aile est étendue, une des valres suit son mouvement ; quelle peut être l'utilité de cette pièce, cela n'est pas encore connu ; on croit que les cuillerons aident à l'action du vol, ou à certains mouvemens dans le vol ; cependant ces pièces manquent dans plusieurs genres, mais alors on a remarqué que les *ba anciers*, pièces qui leur sont inférieures par la position, étaient beaucoup plus développés.   (A. P.)

CUIR. (zool.) On appelle ainsi la peau de certains quadrupèdes, et ce nom est alors synonyme de Derme (*v. ce mot*). On devrait le réserver pour désigner l'enveloppe cutanée lorsqu'elle est rendue plus solide, plus imperméable et incorruptible par la préparation du tannage. La portion de la tête de l'homme couverte par les cheveux, et dont le tissu est plus dense, plus serré, plus compacte, est aussi désignée, assez improprement, et en raison de cette disposition, par le nom de *Cuir chevelu.*   (P. G.)

CUIR DE MONTAGNE. (min.) On désigne sous ce nom, et sous celui de *Liége de montagne*, une substance blanche ou jaunâtre, composée de fibres réunies et formant un tout que l'on ne peut ni casser ni déchirer qu'avec difficulté. Ce minéral a été regardé par la plupart des minéralogistes comme une variété de l'Asbeste, ou Amiante ; mais l'analyse chimique le rapproche beaucoup plus du talc. Bergmann y a signalé environ 62 parties de silice, 22 de manganèse, 10 de chaux, et 3 à 4 de fer. On le trouve en amas dans les roches anciennes qui accompagnent le granite, mais principalement dans les micaschistes. (J. H.)

CUISSE. (zool.) Partie du membre inférieur comprise entre le bassin et la jambe : en général la Cuisse est plus volumineuse supérieurement qu'inférieurement, et présente la forme d'un cône renversé et tronqué. Elle est formée d'un grand nombre de muscles, de vaisseaux sanguins et lymphatiques disposés autour d'un seul os, le fémur, et tous enveloppés et retenus par une très-forte aponévrose. L'acception de ce nom n'est pas aussi précise pour les insectes, et les auteurs ont varié dans l'application qu'ils en ont faite. (*Voyez* Insectes.)   (P. G.)

CUIVRE. (min.). Ce métal, que l'on peut regarder comme l'un des plus utiles, se présente dans la nature dans des degrés d'oxidation si différens, et dans des états de combinaison si nombreux, que, pour ne pas dépasser les bornes qui nous sont prescrites, nous décrirons rapidement les caractères des diverses espèces qu'il constitue.

À l'état de pureté, il porte le nom de *Cuivre natif* ; sa couleur est alors rouge, sa ductilité est très-prononcée et sa cristallisation appartient au système cubique : quelquefois il se présente en prismes rectangulaires et plus souvent en octaèdres. Mais lorsqu'il n'affecte point la forme régulière, il s'offre en mamelons, en lames irrégulières plus ou moins grandes, ou bien en filamens plus ou moins déliés.

À l'état de protoxide on lui donne le nom de *Cuivre vitreux* ; les Allemands le nomment encore *ziegelerz*, d'où l'on a fait le nom français de *ziguc-*

line. Les caractères de cette espèce sont la couleur rouge et l'aspect vitreux. Sa cristallisation est l'octaèdre régulier.

Un autre protoxide, connu sous le nom de *Cuivre oxidé noir*, a mérité celui de *mélaconise*, composé de deux mots grecs qui signifient *poussière noire*, parce qu'en effet il se présente toujours en cet état ; il ne cristallise jamais.

Uni au soufre, le Cuivre forme plusieurs espèces minérales : ainsi le *Cuivre sulfuré* ou la *Chalkosine*, substance d'un gris et d'un brillant d'acier, tendre, fragile et se laissant entamer par un instrument tranchant, se compose d'environ 75 parties de Cuivre, de 20 de soufre et de quelques traces de fer. Le *Cuivre pyriteux* ou la *Chalkopyrite*, toujours d'un jaune de bronze, cristallisant en octaèdre, est formé de Cuivre, de soufre et de fer à peu près en quantités égales. Le *Cuivre pyriteux panaché*, nommé par M. Beudant *Phillipsite*, en l'honneur du chimiste anglais Phillips, qui, le premier, a fait connaître que sa composition est 23 à 24 pour cent de soufre, 61 de Cuivre et 14 de fer, est une substance d'un brun rougeâtre mêlé de bleuâtre, cristallisant dans le système cubique. Un mélange de Cuivre, de soufre et d'antimoine, auquel se joignent de l'arsenic, du fer, du zinc et de l'argent, produit l'espèce minérale à laquelle on a d'abord donné le nom de *Cuivre gris*, et qui, par la présence de tous ces métaux, a mérité d'être appelée *Panabase*. Cette substance est d'un gris d'acier et cristallise en tétraèdres réguliers. On confondait autrefois avec celle-ci, sous le nom de *Cuivre gris*, une autre substance qui constitue aujourd'hui une espèce appelée *Tennantite*, parce qu'elle a été dédiée au chimiste Tennant. Sa couleur est le gris de plomb ; sa cristallisation le dodécaèdre rhomboïdal, et sa composition un mélange de soufre, d'arsenic, de Cuivre et de fer.

Combiné avec le métal appelé Selenium (*voyez ce mot*), dans la proportion de 4 à 6, le Cuivre constitue une espèce particulière appelée *Cuivre sélénié*, et plus récemment *Berzeline*, en l'honneur du célèbre chimiste suédois Berzelius. Sa couleur est le blanc d'argent ; mais il se présente souvent en rameaux déliés et noirâtres à la surface d'une roche calcaire de la Suède. Une autre espèce, connue autrefois sous le nom de *Cuivre sélénié argental* et appelée aujourd'hui *Euchairite*, se montre en petites masses compactes ou cristallines, d'un gris de plomb, dans le même calcaire de la Suède.

L'arséniure de Cuivre, ou ce métal combiné avec l'arsenic, est encore trop peu connu pour que nous puissions indiquer aucun de ses caractères ; mais son existence a été constatée d'une manière précise par une analyse du chimiste Berzelius.

Le *chlorure de Cuivre*, appelé par plusieurs minéralogistes *Cuivre muriaté*, forme une espèce minérale qui a reçu le nom d'*Atakamite*, parce que l'une des parties de l'Amérique méridionale où on la trouve le plus communément est le désert d'Atakama au Pérou. C'est une substance verte qui cristallise en prismes rhomboïdaux, mais qui se présente plus fréquemment en fibres ou en aiguilles.

Il nous reste à présenter les diverses espèces qui résultent des combinaisons du Cuivre avec différens acides. Elles sont assez nombreuses, et quelques unes sont même intéressantes par leur utilité.

Le *Cuivre arséniaté* forme aujourd'hui quatre espèces : l'*Erinite*, composée de 33 à 34 parties d'acide arsénique, de 59 à 60 d'oxide de Cuivre et de 5 d'eau, offre une belle couleur d'un vert émeraude, et des cristaux en lames hexagonales appartenant au système rhomboédrique. L'*Olivenite* doit son nom à sa couleur d'un vert olive ; elle est formée de 40 parties d'acide et de 60 de Cuivre, et cristallise dans le système du prisme rhomboïdal droit. L'*Aphanèse* contient 30 parties d'acide, 54 de métal et 16 d'eau, et cristallise en prisme rhomboïdal oblique ; sa couleur est le vert bleuâtre. La *Liroconite* se compose de 14 parties d'acide, de 49 d'oxide de Cuivre et de 35 d'eau ; elle est d'une couleur bleue, et cristallise dans le système octaédrique. Il semblerait que la quantité plus ou moins grande d'eau influe non-seulement sur la cristallisation de l'arséniate de Cuivre, mais encore sur sa couleur qui passe du vert au bleu plus ou moins clair.

L'acide phosphorique combiné au Cuivre forme deux espèces minérales qui étaient comprises en une seule sous le nom de *Cuivre phosphaté*. L'*Ypotéine* est une substance verte qui cristallise en prismes obliques rhomboïdaux, et qui renferme environ 22 parties d'acide, 63 d'oxide de Cuivre et 15 d'eau. L'*Aphérèse*, d'un vert plus foncé, contient moitié moins d'eau et un peu plus d'acide. Elle cristallise en octaèdres.

La décomposition des sulfures de Cuivre, qui s'opère naturellement dans certaines mines, produit les sulfates de ce métal : l'un, appelé *Cyanose* à cause de sa couleur bleue, est un véritable sulfate de Cuivre, et cristallise en prismes obliques ; l'autre, dédié à M. Brochant de Villiers, sous le nom de *Brochantite*, est un sous-sulfate, et se présente en prismes droits rhomboïdaux : cette substance se distingue de la précédente par sa couleur verdâtre ; l'une et l'autre se reconnaissent facilement à leur saveur styptique.

L'une des plus importantes combinaisons du Cuivre est celle qu'il forme avec l'acide carbonique ; mais le Cuivre carbonaté constitue dans la minéralogie chimique trois espèces minérales : l'une est la *Malachite*, ou le carbonate vert, qui cristallise en prismes rhomboïdaux, mais qui se trouve plus communément et en assez grande abondance en mamelons pour alimenter de grandes exploitations de métal, surtout dans les monts Ourals, et pour être employé dans les ouvrages d'art destinés à servir d'ornemens ; l'autre est l'*Azurite*, ou le carbonate bleu, qui cristallise suivant le système rhomboédrique. Ces deux carbonates contiennent ordinairement 6 à 10 pour cent d'eau ; mais un troisième carbonate de Cuivre, appelé

Mysorine parce qu'il a été trouvé sur la frontière du pays de Mysore dans l'Hindoustan, est dépourvu d'eau et se reconnaît à sa couleur d'un brun noirâtre sali de vert et de rouge.

Quelquefois la malachite contient plus de 25 pour cent de silice ; sous ce rapport elle se rapproche d'une espèce appelée la *Chrysocole*, et par plusieurs minéralogistes *Cuivre hydro-siliceux*, dans laquelle la silice joue le rôle d'acide, et se trouve dans la proportion de 26 à 37 pour cent. Mais ce qui distingue cette espèce de la malachite silicifère, c'est que dans le carbonate de Cuivre ce métal est à l'état de deutoxide, tandis que dans le silicate il est à l'état d'oxide. Du reste la chrysocole est facile à reconnaître à sa couleur d'un vert clair ou d'un vert bleuâtre et à son aspect vitreux.

La chrysocole ne cristallise point ; mais une substance qui s'en rapproche beaucoup est le *Dioptase* ou l'*Achirite*, remarquable par sa belle couleur verte et sa cristallisation en prisme hexagone, terminé par des faces rhomboédriques. Cette substance est rare, parce qu'elle ne s'est encore trouvée qu'en Asie et dans les steppes des Kirghiz, contrée que les Européens fréquentent très-rarement.

Le Cuivre pyriteux et tous les sulfures de ce métal, sont d'une grande importance pour l'exploitation ; on les trouve principalement en filons et en amas dans les terrains de gneiss et de micaschistes ; les carbonates, qui sont aussi d'une grande richesse, ont leurs gisemens dans les grès rouges, roches qui appartiennent au terrain houiller. Les autres espèces, beaucoup moins intéressantes sous le rapport métallique, se trouvent ordinairement en petite quantité dans les différentes roches qui appartiennent aux terrains primitifs et secondaires. (J. H.)

CUL-BLANC. (ois.) C'est le nom vulgaire du Motteux ordinaire, *Motacilla œnanthe*. Il y a encore beaucoup d'animaux dont le nom commence par la même syllabe ; mais, à l'exemple d'un naturaliste plein de pudeur, nous nous abstiendrons de les mentionner ici ; nous nous contenterons de reproduire la phrase de ce naturaliste, M. Bory de Saint-Vincent, dans laquelle il exprime ainsi sa vertueuse indignation : « On a étendu à plusieurs autres oiseaux ce nom grossier qui devrait être proscrit » de la science, ainsi que tous ceux qui commencent par la même syllabe, et que nous ne rapporterons pas dans ce dictionnaire, par respect » pour le bon langage. » (Guér.)

CULEX. (ins.) *V.* Cousin.

CULOTTE DE SUISSE. (bot. phan.) Nom vulgaire d'une variété de poire et de la *Passiflora cærulea*, L. (Guér.)

CULTRIROSTRES. (ois.) L'auteur du Règne animal a compris sous cette dénomination une famille d'oiseaux échassiers, que Linnæus avait presque tous rangés dans son genre *Ardea*. Ces oiseaux se reconnaissent à leur bec gros, long et fort, le plus souvent tranchant et pointu ; ils sont répartis dans trois tribus différentes :

1° *Grues, Agamis, Courlans et Courols.*

2° *Savacous, Hérons.*

3° *Cigognes, Marabous, Jabirus, Ombrettes, Becs-ouverts, Dromes, Tentales* et *Spatules.* Voyez ces différens mots.   (GERV.)

CUMIN. (BOT. PHAN.) Du genre *Cuminum* de Linné, de la famille des Ombellifères de Jussieu, une seule espèce est employée en médecine, c'est le *Cuminum cyminum*, ou Cumin officinal; plante annuelle qui offre les caractères botaniques suivans : tige plus ou moins élevée, rameuse, dichotome; glabre inférieurement, légèrement velue supérieurement; feuilles biternées et composées; folioles glabres, ovales, lancéolées, découpées; fleurs tantôt blanches et tantôt purpurines, disposées en ombelles terminales à rayons peu nombreux; fruits velus, d'une odeur et d'une saveur aromatiques très-agréables : les habitans du Nord en mettent dans leur pain, et les Hollandais dans leurs fromages.

Le Cumin est cultivé en Europe et surtout en Allemagne; on l'emploie en médecine dans les mêmes cas que l'anis, le fenouil et d'autres ombellifères, c'est-à-dire comme stimulant assez énergique. Les vétérinaires en font une grande consommation comme tonique.

Nota. On appelle Cumin des prés le *Carum carvi*; Cumin noir, le *Nigella sativa*; Cumin indien, le *Myrtus cumini*; Cumin cornu, l'*Hypecoum procumbens*; Cumin bâtard, le *Lagœna cuminoïdes.*   (F. F.)

CUNONE, *Cunonia.* (BOT. PHAN.) Sous ce nom linnéen, il ne faut pas confondre le *Cunonia* de Miller, qui est une *Antholiza*; le genre du botaniste législateur n'est encore composé que d'une seule espèce, sous-arbrisseau du cap de Bonne-Espérance, d'où il a reçu le nom de *Cunonia capensis.* Il fait partie de la famille des Saxifragées et de la Décandrie digynie. Ses caractères essentiels sont d'avoir la tige noueuse, terminée par une foliole oblongue particulière; les feuilles opposées, pétiolées, assez grandes, ailées, avec une impaire, composées de cinq à sept folioles lancéolées, dentées, très-glabres sur l'une et l'autre face, portées sur des pétioles articulés; fleurs jaunâtres, petites, ornant une grappe axillaire droite, et ayant à leur base des stipules grandes, planes, pétiolées et que l'on retrouve sur la tige et les rameaux supérieurs dans le voisinage des feuilles. C'est une glande, selon Linné, qui s'est développée. Le calice est monosépale, à cinq divisions profondes et persistantes; dix étamines plus longues que les pétales, surmontées par des anthères arrondies; l'ovaire profondément bilobé, avec deux styles assez longs et deux stigmates obtus. Aux fleurs succède une capsule ovale, acuminée, à deux loges polyspermes. Cette plante demande chez nous l'orangerie.   (T. D. B.)

CUNONIACÉES. (BOT. PHAN.) Quoique très-naturellement placé avec l'Hydrangée et le Weinmannie à la fin de la famille des Saxifragées, et comme servant de passage à la famille des Cactées, à cause de son port, de sa tige quasi-arborescente et de ses feuilles opposées, le genre Cunone a été élevé au rang de famille par Robert Brown. Cette innovation n'est pas heureuse et ne peut être approuvée par les botanistes. On est surpris de la préférence accordée à un genre ayant une espèce unique, tandis qu'on lui associe le genre Hydrangée qui en compte au moins quatre, le Weinmannie qui en a dix; le *Codia* et le *Callicoma* dont les fleurs sont en tête; l'*Itea* chez qui les feuilles sont alternes et les fleurs en épis lâches. Il vaut mieux laisser ces genres dans une dernière section des Saxifragées, comme le propose Kunth, que d'éloigner des plantes qui se tiennent unies par les lois de l'organisation.   (T. D. B.)

CUNTUR. (OIS.) Nom péruvien du CONDOR.   (GUÉR.)

CUPES, *Cupes.* (INS.) Genre de Coléoptères, de la famille des Clavicornes, de la tribu des Lime-bois, ayant pour caractères : mandibules unidentées; bouche découverte, palpes courts et semblables dans les deux sexes; languette bilobée, menton demi-circulaire; antennes composées d'articles presque cylindriques, pénultième article des tarses bifide; ces insectes ont le corps de consistance solide, cylindrique; le dessus de la tête est inégal et sillonné; les tarses courts.

C. A BELLE TÊTE, *C. capitata*, Fab., Oliv. Ill. Ins., III, XXX, 1. Long de six ou sept lignes; corps raboteux, d'un brun obscur, avec la tête jaune. De l'Amérique septentrionale.   (A. P.)

CUPHÉE, *Cuphea.* (BOT. PHAN.) Genre appartenant aux Salicarées et à la Dodécandrie monogynie, et qui renferme des arbustes et des herbes généralement très-visqueux, sous-divisé en vingt-cinq ou trente espèces, dont plus de la moitié ont été découvertes par Humboldt et Bonpland, et ont été décrites par Kunth (in Humb., N. G. et Sp. 6). Voici le caractère générique : feuilles opposées, plus rarement verticillées par trois ou quatre, toujours très-entières et dépourvues de stipules; fleurs solitaires sur des pédoncules extra-axillaires, alternes, accompagnés de bractées et se réunissant pour former des épis ou grappes terminales, penchées et généralement violettes, jamais blanches; calice tubuleux, présentant en dessus, à la partie postérieure, une gibbosité ou une sorte d'éperon obtus, ayant un limbe à douze ou rarement à six dents peu profondes, coloré pétaloïde; corolle irrégulière, à six pétales inégaux, insérés entre les dents du calice; étamines au nombre de onze ou douze, rarement moins nombreuses, inégales, dressées, attachées à la gorge du calice; anthères biloculaires, s'ouvrant par le côté interne; ovaire sessile libre, accompagné à la base d'une glande placée du côté de l'éperon. Coupé transversalement, il présente une, très-rarement deux loges, contenant de trois à un nombre considérable d'ovules dressés, attachés à un trophosperme central; fruit membraneux à une, très-rarement deux loges, renfermant une ou plusieurs graines lenticulaires, enveloppé dans le calice persistant, indéhiscent, ou s'ouvrant d'un seul côté; graines en forme d'ailes latérales, se composant d'un tégument mince et coriace, recouvrant

recouvrant immédiatement un embryon dressé, et dont la radicule est inférieure, dont les deux cotylédons sont arrondis et foliacés.

On cultive, dans les jardins de botanique, la Cuphée visqueuse, *Cuphea viscosissima*, Jacq., originaire du Brésil, dont la tige est très-visqueuse, et la fleur, rouge, solitaire et pédonculée.

(C. E.)

CUPIDONE, *Catananche*. (bot. phan.) Quoique originaire de nos contrées méridionales, et par conséquent un peu délicat, ce genre de plantes, de la famille des Chicoracées et de la Syngénésie égale, est introduit dans les jardins de nos départemens septentrionaux, et y produit un bel effet par l'apparence, la durée et le nombre de ses fleurs, qui se succèdent pendant long-temps; mais il lui faut encore, comme individu non encore parfaitement acclimaté, quelques soins, une terre légère et une bonne exposition. On multiplie ses espèces par la séparation du pied, et on les plante contre des murailles, des palissades, des haies, si l'on veut les voir résister en plein air.

Des quatre espèces décrites, l'une, la *Catananche græca* de Linné, est passée dans le genre Scorzonère (*v.* ce mot); l'autre, la *C. cespitosa*, que Desfontaines a découverte sur l'Atlas, où elle croît en épais gazon, ne peut convenir que pour fixer les sables mouvans; la troisième et la quatrième seules méritent de trouver place ici.

La Cupidone bleue, *C. cærulea*, abonde dans les lieux stériles et montagneux du Midi, depuis les rives de la Méditerranée jusque sous la latitude de Lyon. Elle est remarquable par les grandes fleurs bleues qu'elle donne en juillet et qui la décorent en août, septembre et même octobre. Sa tige grêle, élevée à la hauteur de soixante-cinq centimètres, est divisée à son sommet en plusieurs petites branches et égayée par des feuilles longues, étroites, velues, trinervées et à deux dents. C'est une plante vivace que l'on prendrait pour une immortelle, et que l'on désigne vulgairement sous les noms de *Chicorée bâtarde* et de *Gomme bleue*.

Moins belle que la précédente, la Cupidone jaune, *C. lutea*, plus communément appelée *Pied-de-Lion*, a deux ou trois tiges qui s'élèvent au plus à quarante-huit centimètres, et sont couronnées par une simple tête de petites fleurs jaunes s'épanouissant en juin et juillet. Les écailles du calice, rougeâtres orangées dans l'espèce bleue, sont blanches dans l'espèce jaune et annuelle. Le genre Cupidone a été créé par Tournefort et adopté par Linné. Son nom vient de ce que les anciens Grecs l'estimaient excitatif aux ébats amoureux, comme l'exprime le mot *katanancha-rin*.

(T. D. B.)

CUPULE, *Cupula*. (bot. phan.) Espèce d'involucre particulier aux végétaux à fleurs unisexuées inférovariées, tels que le Chêne, le Hêtre; il environne une ou plusieurs fleurs femelles et recouvre leur fruit en partie ou en totalité.

La *Cupule* se présente sous trois aspects différens : 1° autour du gland de Chêne, ce sont de petites écailles imbriquées, ligneuses, soudées ensemble dans leur partie inférieure; 2° autour de la noisette, elle est foliacée, composée de folioles plus ou moins longues et libres; enfin la châtaigne et la faîne sont enveloppées dans une *Cupule* en forme de péricarpe, hérissée d'épines, et s'ouvrant en plusieurs pièces régulières ou irrégulières.

On a souvent donné le nom de *Cupule* au calice des *Conifères*, tels que le Sapin, l'If, etc. (L.)

CUPULIFÈRES, *Cupuliferæ*. (bot. phan.) Nom appliqué aux végétaux dont le fruit est porté dans une *Cupule*. Voyez l'article suivant.

CUPULIFÉRÉES, *Cupuliferæ*. (bot. phan.) Famille établie par Richard dans la classe des végétaux dicotylédones, à fleurs monopérianthées inférovariées; elle se compose de celles des Amentacées de Jussieu qui ont leurs fleurs femelles environnées d'une *Cupule* : ce sont le Chêne, le Coudrier, le Charme, le Châtaignier et le Hêtre; voici leurs caractères généraux :

Les fleurs des Cupulifères sont unisexuées, et presque toujours monoïques. Les mâles sont disposées en chatons, composées d'écailles d'abord serrées et imbriquées, puis s'écartant les unes des autres : chaque écaille, de forme simple ou trilobée, ou calicinale, porte six, huit, douze ou plus d'étamines.

Les fleurs femelles, tantôt solitaires, tantôt groupées en sorte de chaton, sont en général placées à l'aisselle des feuilles et toujours portées sur une *Cupule* qui les recouvre plus ou moins. Leur ovaire est infère, ordinairement à deux ou trois loges, rarement au-delà; le nombre des stigmates correspond toujours à celui des loges. Le fruit est un gland, marqué d'un petit ombilic à son sommet, renfermant d'une à deux graines, et enveloppé en tout ou en partie dans une *Cupule*. L'embryon, placé immédiatement sous le tégument de la graine, se compose de deux cotylédons épais et très-gros, fréquemment soudés entre eux par leur face interne.

Les *Cupulifères* se distinguent donc des Conifères par le manque de périsperme, et par leur ovaire multiloculaire; des Salicinées, des Ulmacées et des Myricées, par leur ovaire infère; enfin des Bétulacées, parce que leurs fruits sont simples et environnés d'une cupule.

MM. Loiseleur et Marquis avaient précédemment formé leur famille des *Quercinées* avec les mêmes genres, en y ajoutant le Noyer. (L.)

CUPULITE. (zool. acal.) Quoy et Gaimard ont établi ce genre de l'ordre des Acalèphes libres, qu'ils ont ainsi nommé parce qu'ils ont trouvé à ces animaux la forme de la cupule d'un gland; ils ont attribué à ce genre les caractères suivans : « animaux mous, transparens, réunis deux à deux par leur base, et entre eux par les côtés, à la file les uns des autres, formant des chaînes flottantes, dont une des extrémités est terminée par une queue rougeâtre, rétractile, probablement formée par les ovaires; chaque animal, ayant la forme d'une petite outre, a une seule ouverture communiquant à un canal très-évasé au dedans. » Chaque animal, pris séparément, est arrondi sur les côtés, aplati à son fond, et portant à l'autre extrémité un petit col renflé, terminé par une ouverture étroite et arrondie ; c'est la bouche, dont les bords servent à la progression de chaque individu et agit, de concert avec la queue rétractile, commune à tous, lorsqu'il y en a un certain nombre de réunis.   (P. G.)

CURARE. (bot.) Le Curare est un poison végétal avec lequel les habitans de l'Orénoque empoisonnent leurs flèches. Ce poison provient d'une liane qui appartient probablement à un genre voisin du strychnos, et qui présente les caractères botaniques suivans : rameaux, ceux qui sont jeunes, presque cylindriques, velus, surtout entre les pétioles, terminés en pointe filiforme, alternes ; feuilles opposées sans stipules membraneuses, ovales-oblongues, très-aiguës, très-entières, trinervées, presque glabres, bordées de cils, d'un vert tendre, plus pâles en dessous ; pétioles non articulés ; fleurs et fruits encore inconnus.

D'après le célèbre voyageur Humboldt, voici comment se prépare le fameux poison Curare : on racle avec un couteau l'écorce et une partie de l'aubier du Bejuco de Mavacure (nom donné à la liane à Esmeralda) : cette opération se fait indistinctement sur les branches fraîches ou sèches et dans une étendue de quatre à cinq lignes de diamètre ; on enlève ensuite l'écorce et on la broie entre une pierre semblable à celle dont on se sert pour préparer la fécule de manioc. Le suc obtenu, de couleur jaune, regardé comme non vénéneux lorsqu'il est encore récent, est jeté avec la portion filamenteuse de l'écorce, dans une feuille de bananier roulée en forme d'entonnoir ou de cornet, et soutenue par d'autres feuilles de palmier disposées de la même manière. On arrose le tout avec de l'eau froide, et on obtient, après quelque temps, un liquide jaunâtre, qui ne devient réellement vénéneux que par la concentration. Ce liquide peut être goûté sans danger, car il n'est délétère qu'autant qu'il est immédiatement en contact avec le sang.

Le suc de Mavacure ne pouvant devenir assez épais par l'évaporation pour s'attacher aux flèches, les Indiens le mêlent avec le suc gluant du Kiracaguero ; le mélange se fait à chaud et quand le liquide vénéneux est très-concentré. Aussitôt que les deux liqueurs sont réunies, la masse noircit et prend la consistance du goudron ou d'un sirop très-épais.

Le Curare le plus estimé, celui de l'Esmeralda et de Mandacava, se vend à peu près trois francs l'once ; on le livre au commerce renfermé dans des fruits de crescentia. Desséché, il ressemble à de l'opium ; exposé à l'air, il attire fortement l'humidité ; il est d'une amertume très-désagréable ; on peut l'avaler sans danger, à moins qu'on ne saigne des lèvres ou des gencives, et les Indiens le considèrent comme excellent stomachique.

Ainsi que les poisons du Nouveau-Monde connus sous les noms de Woorara, Ticuna, le Curare tue aussi promptement que les Strychnées de l'A-sic, telles que la noix vomique, l'upas-tieuté et la fève de St-Ignace, mais sans provoquer de vomissemens lorsqu'il est introduit dans l'estomac, et sans exercer de violentes contractions de la moelle épinière.

Le Curare tue les plus grands oiseaux en deux ou trois minutes, et il en faut souvent plus de dix ou douze pour un cochon ou un pécari. Son action est d'autant plus prompte qu'il est plus frais et que son contact avec la circulation est plus considérable. Les symptômes auxquels il donne lieu sont : des congestions cérébrales, des vertiges, l'impossibilité de se tenir debout, des nausées, des vomissemens, une soif dévorante, et un engourdissement des parties voisines de la plaie.

Selon Leschenault, de tous les spécifiques vantés contre la propriété toxique du Curare, le sel marin et le sucre méritent la préférence ; cette opinion n'est pas partagée par tous les observateurs.   (F. F.)

CURCULIO. (ins.) *Voy.* CHABANÇON.

CURCUMA. *Curcuma.* (bot. phan.) Genre de la famille des Cannées de Jussieu, Scitaminées de Brown, et de la Monandrie monogynie de Linné. Caractères génériques : périanthe double ; l'extérieur à trois divisions courtes, l'intérieur campanulé, trifide ; labelle trilobé ; anthère double, munie de deux sortes d'éperons ; filet de l'étamine pétaloïde et à trois lobes ; stigmate crochu : fleurs disposées en épi très-dense sur une hampe qui s'élève de la racine, laquelle est charnue et tubéreuse. Ce genre ne comprenait d'abord que deux espèces, toutes deux indigènes des Indes orientales, et que Linné avait nommées *C. longa* et *C. rotonda* ; mais Roscoë (Trans. Linn. Soc. vol. VIII, pag. 554) rapporte cette dernière au genre Kempferia, sous le nom de *K. ovata.* Au reste, la perte que Roscoë fait éprouver au genre Curcuma est bien plus que compensée par les nouvelles acquisitions qu'il doit à Roxburg (Fl. Coromand. vol. 2, tab. 151). De toutes les espèces de Curcuma, nous ne décrirons que la *C. longa* : cette préférence est motivée par l'emploi qu'en font la thérapeutique, les arts et la teinture. Cette plante a les feuilles lancéolées, longues de plus de trois décimètres, glabres, à nervures latérales obliques, et engaînantes à la base. Du milieu des feuilles sort un épi court, gros, sessile, imbriqué d'écailles qui soutiennent chacune deux fleurs environnées à leur base de spathes. Rheede et Jacquin ont figuré cette plante, l'un dans son Hort. Malab. t. 10, l'autre dans son Hist. vol. 3, t. 4. Elle est âcre, un peu amère, d'une odeur pénétrante. Sa racine est très-analogue à celles des plantes de la même famille, et jouit, comme elles, de propriétés stimulantes. Elle renferme un principe colorant qui donne le jaune orangé le plus éclatant que l'on connaisse, mais presque aussi fugitif que ces flammes qu'on fait briller aux yeux d'un pape nouvellement élu, en lui disant ces paroles : *Sic gloria transit mundi !* On l'emploie principalement pour dorer le jaune de la gaude, et pour donner plus de feu à l'écarlate. Ce principe est soluble dans les corps gras ; aussi les pharmaciens en font-ils usage pour colorer leurs huiles, leurs pommades et leurs cérats. On connaît le papier de Curcuma, réactif si sensible. La racine de cette plante, connue sous le nom de *Terra-Merita*, a été analysée par Pelletier et Vogel ; ils y ont trouvé, outre la matière colorante analogue aux résines, 1° une substance ligneuse, 2° de la fécule amylacée, 3° une matière brune extractive, 4° une petite quantité de gomme, 5° une huile volatile très-âcre, 6° un peu d'hydrochlorate de chaux.

La plupart des plantes exotiques riches en matière colorante jaune ont été nommées improprement *Safran* par les voyageurs, et *Curcuma* par les Arabes ; les uns et les autres ont confondu, sous le nom de *Gingembre* et de *Galanga*, les Cannées âcres et amères, ce qui a fort embrouillé la nomenclature de cette famille. (*Voy.* De Candolle, Essai sur les propriétés des plantes.)

Le nom de *Curcuma* vient du grec *Kourkoumon*, loupe, et a été donné à ce genre de plantes à cause de la forme des racines.   (C. É.)

CURE-OREILLE. (INS. et BOT. CRYPT.) Ces noms vulgaires ont été donnés à un insecte orthoptère, le *Forficula auricularia*, Linn., et à un champignon, l'*Hydnum auriscapium*. (GUÉR.)

CURET. (BOT.) Nom donné par les ouvriers aux *Laiches*, aux *Prêles* et aux *Charagnes*, parce qu'on s'en sert pour nettoyer ou récurer les ustensiles de ménage.   (GUÉR.)

CURIMATE. (POISS.) Cette espèce est pour Cuvier le type d'une subdivision du genre CHARACIN (*voy.* ce mot).   (ALPH. G.)

CUSCUTE, *Cuscuta*. (BOT. PHAN.) D'ordinaire on range ce genre de plantes, de la famille des Convolvulacées et de la Pentandrie digynie, parmi les parasites. C'est une erreur grave ; les Cuscutes sont pourvues de racines qui germent en terre et doivent prendre place parmi les faux-parasites. Leurs tiges sarmenteuses, presque capillaires et très-rameuses, se portent sur les végétaux voisins, s'y accrochent, s'entortillent autour d'eux, les pressent avec force et les font périr en peu de temps, non pas seulement en introduisant de petits suçoirs dans leur substance, non pas en absorbant uniquement, comme on l'a dit jusqu'ici, tous leurs sucs, mais en ne leur permettant pas de circuler librement et de pourvoir aux besoins de toutes les parties végétantes aériennes. Sans cesse reflués vers les racines, ces sucs sont aspirés par les radicelles très-vivaces de la Cuscute, et les plantes qui lui servent d'appui se dessèchent, tandis qu'elle leur survit. Comme elle s'étend très-rapidement, un seul de ses pieds peut, en trois mois de temps, faire périr tout ce qui l'environne à plus de deux mètres de circonférence. L'espace qu'elle occupe devient stérile, et, semblable à l'aire ensanglantée du tyran, elle ne laisse autour d'elle que cadavres mutilés, que ruines et décombres.

L'Amérique du Sud est désolée par un grand nombre de Cuscutes diverses ; on y compte plus de dix espèces. Deux autres habitent la Nouvelle-Hollande ; nous ne connaissons point toutes celles de l'Afrique, de l'Asie et de l'Europe orientale. On ne leur en donne jusqu'ici que trois. La France en a trois selon quelques botanistes, cinq selon d'autres. Ces derniers constituent espèces deux simples variétés, comme nous allons le voir.

Voici les trois espèces vraiment constatées chez nous. Elles sont également redoutées par le cultivateur ; il emploie divers moyens pour les détruire, mais inutilement, parce qu'il n'attaque pas le mal à sa naissance. Arracher à la main les tiges, ainsi qu'on le fait avant ou après la floraison, c'est donner une nouvelle activité aux suçoirs implantés sur les végétaux que l'on cherche à en purger. Il faut faire le sacrifice de la portion de terrain où la Cuscute se montre, y mettre le feu, tout réduire en cendres ; de la sorte elle ne reparaît plus, car on n'a point à craindre que les vents, même les plus impétueux, charrient ses lourdes semences, et les apportent de loin. Tout autre procédé manque l'effet.

Notre espèce commune, *C. europæa*, que Linné avait bien observée, a deux variétés positives : l'une, que certains auteurs appellent *C. major*, a les fleurs rougeâtres, s'attache particulièrement au Houblon, *Humulus lupulus*, à l'Ortie blanche, *Urtica dioïca*, et autres plantes élevées ; l'autre, dite, *C. minor*, se fixe sur la Luzerne, *Medicago sativa*, le Genêt herbacé, *Genista sagittalis*, les Cotèles, *Rhinanthus*, et sur les herbes des prairies. Ses fleurs sont blanches, légèrement teintes de rose et naissent plusieurs ensemble, en petits faisceaux lâches, à l'aisselle d'une écaille fort petite. C'est la *Teigne* vulgaire des prés secs.

La seconde espèce, la CUSCUTE A FLEURS SERRÉES, *C. densiflora*, parfaitement distinguée par Soyer-Willemet, et connue des cultivateurs sous le nom vulgaire de *Angure du lin*, s'attache de préférence à cette plante et au chanvre. Elle a les fleurs d'un blanc verdâtre, réunies douze et quinze ensemble et très-rapprochées les unes des autres. Cette espèce se distingue de l'espèce commune par son port, sa corolle égale au calice et par ses têtes florales. Les Allemands l'appellent *C. epilinum*.

Une troisième espèce, la CUSCUTE EPITHYM, *C. epithymum*, plus petite que les précédentes, dont elle se distingue par ses fleurs sessiles, par sa corolle à quatre divisions seulement ; elle attaque le thym, le serpolet, les bruyères, et s'unit souvent aux deux autres pour ruiner les cultures, surtout les luzernes, les chanvres, le lin, etc.

Pendant un certain temps on a fait servir les Cuscutes contre les rhumatismes, les obstructions des viscères ; la véritable médecine les dédaigne aujourd'hui, il n'y a plus que les empiriques qui les conseillent comme incisives, apéritives et légèrement purgatives.   (T. D. B.)

CUSPARÉ, *Cusparia*. (BOT. PHAN.) L'arbre élevé de l'Amérique du sud qui fournit l'écorce employée dans l'art pharmaceutique sous le nom d'*Angosture* et d'*Angustura*, que l'on recommandait pour sa saveur aromatique et en même temps amère et âcre, comme succédanée du quinquina, n'était connu depuis 1777 que par sa provenance de la ville la plus voisine des forêts où ce bois abonde. L'arbre a été découvert sur les rives de l'Orénoque, et sur la côte de Paria, par Bonpland, qui l'envoya à Willdenow sous son nom vulgaire de Cusparé. Le botaniste de Berlin décrivit et figura, en 1802, cette plante sous le nom de son inventeur, ignorant que déjà Cavanilles avait créé sous son nom, dans la famille de Polémoniacées un genre nouveau, généralement adopté. Un semblable désappointement n'eût pas eu lieu si, liant la nomenclature méthodique à la nomenclature vulgaire, qu'il serait si utile de rapprocher, Willdenow eût adopté le nom vulgaire. Pour réparer l'erreur, Roemer et Schultes ont cru devoir adopter de préférence le mot *Angostura*, qui ne vaut rien, puisqu'il caractérise un pays qui n'est point celui du Cusparé. Depuis, Auguste Saint-Hilaire a repris le nom d'Aublet et désigne notre arbre sous le nom de *Galipea*; je ne l'adopte point et je conserve le nom de *Cusparia*. Le genre auquel il appartient n'a pas été plus heureux; successivement ballotté dans les Sapindacées, les Méliacées et les Simaroubées, il a pris enfin place parmi les Rutacées. Il fait partie de la Décandrie monogynie.

Le CUSPARÉ FÉBRIFUGE, *C. febrifuga*, est un grand arbre à écorce grise, à fibres longitudinales, serrées, parsemées de points brillans, et de rameaux cylindriques, couverts de petites taches blanchâtres et oblongues, garnis de feuilles alternes, très-grandes, glabres, d'un vert luisant en dessus, nerveuses en dessous, parsemées de très-petits points demi-transparens. Ses fleurs blanches sont solitaires sur une grappe axillaire; la corolle deux fois plus longue que le calice; dix étamines, dont deux seules, plus courtes que les huit autres, conservent leurs anthères. Le fruit est une capsule à cinq coques renfermant chacune une seule graine pendante. Quant à l'écorce, elle est d'un brun fauve, recouverte par un épiderme blanchâtre, d'une texture dure et ferme : réduite en poudre, elle a l'aspect très-jaune. Les Anglais ont beaucoup vanté ses propriétés médicinales, et les ont préconisées contre les fièvres intermittentes, adynamiques, la dysenterie et la prétendue contagion de la fièvre jaune, du choléra-morbus, etc.; cette écorce a beaucoup perdu de son crédit depuis que l'on s'est aperçu qu'elle est souvent mélangée à une écorce ferrugineuse, provenant, dit-on, d'une espèce ou d'un genre voisin du Cusparé, qui a déterminé plus d'une fois des accidens très-graves. Ce mélange est dû à la cupidité du commerce et à l'ignorance des personnes chargées de recueillir les bonnes écorces. (T. D. B.)

CUSPARIÉES. (BOT. PHAN.) On connaît plusieurs genres de Cuspariées; mais on n'est pas d'accord sur les noms à leur imposer définitivement. Tous renferment des arbres, des arbrisseaux, et même, mais plus rarement, de simples tiges annuelles; ils ont les feuilles alternes ou opposées, dépourvues de stipules, pétiolées, composées de trois folioles; leur tissu, ainsi que celui des jeunes écorces, est fréquemment chargé de glandes. Les fleurs, presque généralement disposées en grappes, ont cinq pétales, parfois simplement agglutinés, le plus habituellement soudés en leurs bords, de manière à représenter une corolle pseudo-monopétale; les étamines sont nombreuses et très-variables dans leur quantité, deux au moins sont fertiles, toutes les autres deviennent stériles. L'ovaire est entouré par un godet à rebord glanduleux, saillant, et formé de cinq coques réunies à leur centre, terminées par un seul style qui cependant paraît provenir de cinq styles soudés ensemble. La capsule est à cinq coques monospermes, s'ouvrant par leur côté intérieur. Toutes les Cuspariées appartiennent aux parties les plus chaudes du continent américain, et forment une petite tribu à la suite des Rutacées, ce qui les fait regarder comme des Rutacées anomales.

D'après le nom de cette tribu, il semblerait qu'elle a pour type le genre *Cusparia* que nous venons de décrire; mais, par une singularité qui surcharge sans cesse la nomenclature botanique, on a supprimé le genre pour en faire un Galipea, et l'on a conservé le nom de Cuspariées à la tribu qui, contre toutes les règles du bon sens, va s'emparer du nom vulgaire d'une espèce pour s'en faire un. Il serait, à mon avis, plus raisonnable de conserver le genre Cusparia et de supprimer le Galipea s'il est réellement le même. Voici les genres actuels : 1° le TICOREA d'Aublet, dont Schreber a fait un *Ozophyllum*; 2° le GALIPEA d'Aublet, adopté et agrandi par Auguste Saint-Hilaire de plusieurs espèces et du genre fondamental *Cusparia*; on lui a, depuis les observations de Kunth et de C. Richard, réuni le genre *Rapuntia*, créé par Aublet, que Schreber avait changé en *Sciuris* et Necker en *Pholidandra*; 3° le MONNIERA de Linné, que Persoon veut appeler *Aubletia*; 4° le DICLOTTIS de Martius et Nees d'Esenbeck; 5° et l'ERYTHROCHITON des mêmes botanistes, l'un des plus remarquables de toute la tribu. Les Cuspariées ont besoin d'être revues et fixées d'une manière plus sage. (T. D. B.)

CUSSON ou COSSON. (INS.) Nom vulgaire du Charançon du blé dans certaines contrées de la France. *V.* CALANDRE. (GUÉR.)

CUTEREBRE, *Cuterebra*. (INS.) Genre de Diptères de la famille des Athoricères, que l'on peut réunir au genre OEstre, dont il diffère peu. *Voy.* OESTRE. (A. P.)

CUVIÈRE, *Cuviera*. (BOT. PHAN.) Ce nom est un bien faible hommage rendu au plus illustre savant de ce siècle. M. De Candolle l'a attribué à un arbuste de la Sierra Leone, observé par Speathman; il appartient à la famille des Rubiacées, Pentandrie monogynie, L.; ses rameaux sont divariqués; ses feuilles courtement pétiolées, ovales, oblongues, acuminées; il porte des fleurs disposées en panicules terminales.

Un caractère particulier à la Cuvière est la structure épineuse de ses pétales; aucune autre plante n'offre d'exemple de cette dégénérescence: les cinq segmens de la corolle se terminent en pointe aiguë, d'où le nom spécifique d'*Acutiflora*, qui toutefois ne pourrait être conservé si l'on trouvait une seconde espèce du même genre. Un stigmate en forme de cloche renversée, monté sur un style grêle, complète la bizarrerie de cette plante. Le nombre quinaire des parties de la fleur et des loges du fruit, la distingue encore de la plupart des Rubiacées.

M. De Candolle place la *Cuvière* dans sa tribu des Guettardacées, entre les genres *Vanguera* et *Nonatclia*; il l'a figurée dans les Annales du Muséum, vol. 9, pl. 15.

Le nom de Cuvier avait été primitivement donné par Koeler à une espèce de graminée, qui, par tous ses caractères, rentre dans le genre *Élymus*. (L.)

CUVIÉRIE. (zooph. acal.) Deux naturalistes, guidés par le sentiment d'admiration que leur inspirait le nom illustre de Cuvier, ont donné celui de Cuviérie à un petit groupe de Méduses, dont ils ont fait un genre particulier. Ce genre n'offre pas de caractères assez tranchés pour légitimer son admission : Lamarck l'a confondu avec les Equorées. (*V.* ce mot.) (P. G.)

CUVIÉRIE. (moll.) Genre de l'ordre des Ptéropodes, fondé par M. Rang, mais qui, d'après de nouvelles observations de M. d'Orbigny, ne peut être conservé et doit être réuni à un autre genre de cet ordre. *V.* Ptéropodes. (Guér.)

CYAME, *Cyamus.* (crust.) Ce genre, établi par Latreille, est classé par lui dans l'ordre des Isopodes, section des Cystibranches; il a pour caractères : quatre antennes dont les deux supérieures plus longues, de quatre articles, le dernier simple ou sans divisions; deux yeux lisses; corps ovale formé de segmens transversaux, dont le second et le troisième n'ayant que des pieds rudimentaires; cinq paires de pieds à crochets, courts, de longueur moyenne et robustes. Malgré l'analogie qu'ont les Cyames avec les Leptomères, les Protons et les Chevrolles, ils en diffèrent cependant par la forme de leur corps, par la longueur moyenne de leurs pattes et par le dernier article des antennes supérieures qui est simple. Ce genre avait été peu connu des auteurs anciens et modernes, lorsque M. Roussel de Vauzème jeta le plus grand jour sur son anatomie, ses mœurs et le nombre des espèces.

Le corps du Cyame est large, orbiculaire, déprimé, solide et coriace; on peut le diviser en tête, en thorax et en abdomen; la tête est petite, allongée en forme de cône tronqué; on y remarque deux paires d'antennes, les organes de l'ouïe, la bouche et deux yeux composés. Les antennes sont au nombre de quatre, placées entre la bouche et les yeux. Les plus grandes ou intermédiaires se composent de quatre articles à base plus étroite que le sommet. Les petites antennes, ou antennes externes, à peine visibles, sont également formées de quatre articles, dont le premier est fort court, le second plus gros et cylindrique; le troisième a la même forme et moins de volume que le précédent. Le dernier, d'apparence coni-

que, présente quelques soies fines au sommet. À la base des petites antennes, vers le côté externe et antérieur, se trouve un mamelon déprimé; le test crânien présente en ce lieu une espèce d'évasement au fond duquel paraît cet organe, et que l'auteur de ce mémoire présume renfermer le sens de l'ouïe. Les yeux, au nombre de deux, forment une légère saillie demi-sphérique entre les grandes antennes et le premier segment; ils sont composés de cristallins qui ne laissent pas d'empreintes sur la cornée. Lorsqu'on a enlevé cette membrane lisse et continue de l'épiderme, l'œil paraît au microscope comme un fruit et même les cristallins ont une forme ovoïde; ils sont implantés par le petit bout dans un pigmentum noir, et ceux qui occupent le pourtour, travers à cause de leur position oblique par les rayons lumineux, représentent autour de l'œil, ou sous la loupe, une auréole de perles blanches et brillantes. Tous les auteurs ont désigné comme organes de vue ces deux petits points noirs chatonnés sur le sommet de la tête, sans en indiquer la structure; mais M. Savigny est entré dans plus de détails à cet égard. «J'ai inutilement cherché, dit M. Roussel de Vauzème, indépendamment des yeux lisses, les yeux composés que ce savant naturaliste a indiqués sur les parties antérieures et latérales de la tête, entre les antennes. Je conclus de mes observations que les yeux composés de M. Savigny n'existent pas, et que les yeux lisses au contraire sont des yeux composés.» La bouche présente un labre, une paire de mandibules, deux paires de mâchoires, la langue et une lèvre suivie d'une pièce mobile, avec deux palpes. Le labre est situé sur la ligne médiane en rapport latéralement avec les mandibules, et articulé en arrière avec le test crânien. La face supérieure présente un onglet qui occupe environ le quart de son étendue. La partie moyenne de la face inférieure s'élève en une espèce de crête ou apophyse labro-palatine qui s'interpose entre les mandibules et continue en arrière pour former la partie supérieure du pharynx. Les mandibules ont une forme irrégulièrement triangulaire. Elles s'articulent, par une base très-large, sur le crâne à côté du labre. Leur face externe est bombée et sans palpes. Leur sommet présente deux divisions dont chacune est armée de cinq dents coniques. Celles de la seconde rangée tiennent à une espèce de main mobile, d'où part une crête qui se porte en dedans et se termine par un prolongement auquel s'attache le muscle adducteur. Les dentelures des deux mandibules se joignent au dessus du labre, qui les couvre et les protège. La première paire de mâchoires se trouve presque entièrement cachée par les mandibules et par la seconde paire. Ce sont deux lames membraneuses en forme de croissant qui ont avec la langue une telle adhérence qu'il est difficile de les en séparer. Elles sont légèrement cornées vers l'extrémité interne et libre. La seconde paire de mâchoires est très-forte et contiguë par sa base avec la lèvre qui lui est intermédiaire; sur sa face dorsale on remarque un palpe à deux articulations. Le sommet est armé de dents crochues très-fortes, au nombre de quatre, et plus bas on remarque une seconde rangée de trois dents pareilles, mais plus petites. La langue, placée au milieu de la cavité buccale, est un corps allongé, musculeux, terminé par une extrémité bifide et légèrement soyeuse. Située d'abord un peu au dessous des griffes de la seconde paire, de mâchoires, elle passe entre l'arcade que forment au dessus d'elle les croissans de la première paire, et se perd dans le pharynx, qui est composé lui-même par les membranes internes de la langue, du labre et des mandibules réunies dans le gosier en forme d'entonnoir. La lèvre est impaire, sur la ligne médiane, entre les secondes mâchoires, mais plus en arrière et plus bas. Elle se compose de deux pièces soudées l'une à l'autre par le bord interne, et bombées en dehors. Son sommet présente deux échancrures surmontées de quelques soies fines articulées, palpiformes. Après s'être couchée en arrière, elle se termine sur une pièce évasée en cœur, fixée aux deux prolongemens du crâne qui servent de support à la seconde paire; le tiers supérieur de la lèvre est mobile d'avant en arrière et continu par sa base avec le frein de la langue. Plus en arrière, sur la ligne médiane, on voit deux palpes de cinq articles à peu près cylindriques, insérés sur une pièce échancrée, soyeuse et mobile de bas en haut. Dans l'état de repos, ces deux palpes embrassent les parties latérales de la bouche et s'appliquent sur la face externe des mandibules. Le thorax est partagé en sept anneaux ou segmens de formes diverses, portant l'abdomen, les pattes, les branchies et l'appareil externe de la génération. Les anneaux, vus dans leur ensemble, augmentent de longueur jusqu'au quatrième, à partir duquel ils diminuent progressivement pour se terminer en pointe mousse. Le premier segment est petit, globuleux, soudé à la tête et incliné dans sa direction, il s'articule en arrière avec le suivant. L'estomac contenu dans son intérieur, détermine sur l'enveloppe calcaire une bosselure qui ressemble au vertex. Le second anneau, plus large que les autres, a, pour ainsi dire, la forme d'un arc tendu. Le troisième et le quatrième sont transversaux, et excavés latéralement pour le passage des branchies. Le cinquième et le sixième, articulés sur leurs bords, comme un cornet d'oubli, présentent (excepté sur les deux premiers segmens et le dernier) deux interruptions en long et en travers, unies par des membranes. A la base du dernier anneau thoracique, est annexée une petite queue ou segment abdominal terminé par un anus circulaire que ferment trois valvules, dont deux latérales et une postérieure. Ce rudiment globuleux reçoit l'extrémité de l'intestin et donne issue aux matières fécales. Les pattes, au nombre de cinq paires unguiculées, se présentent sous trois formes diversement énoncées par les auteurs, et dont chacune mérite une description particulière. Les pieds antérieurs, fixés au premier anneau, sont grêles et de cinq articles; la hanche est longue et fusiforme;

le trochanter et la jambe, assez courts, sont suivis du carpe, qui présente une dent obtuse, formant pince à genou, avec la griffe terminale. La seconde paire, plus forte que toutes les autres, attachée au second segment, se dirige d'arrière en avant. On y compte quatre articles au lieu de cinq, parce que la pièce qui représente la cuisse a disparu. La hanche est grosse, arrondie en dehors, et par dessous prolongée en une plaque dentée. A son extrémité antérieure s'implante un trochanter pyriforme, sur lequel pivote le carpe qui est ovoïde, aplati et armé de deux dentelures profondes. Une fausse griffe monodactyle rend ces pieds plus aptes à la préhension qu'à la marche. Les trois paires suivantes, ou ambulatoires proprement dites, issues des trois premiers segmens, ne diffèrent entre elles que par une diminution progressive de longueur et de volume, la forme des articles étant d'ailleurs exactement la même. Ces membres se composent de cinq pièces; la première ou la hanche est un peu ronde en dessus, et couverte par le prolongement latéro-sternal du segment. Elle se montre en dessus échancrée sur deux de ses bords et arrondie sur l'autre. Le trochanter est étroit et de forme triangulaire, ainsi que la cuisse, qui a deux bords creusés, le troisième libre et convexe. La jambe, longue, plate et courbée sur elle-même, se termine par une griffe robuste, finement acérée. Les branchies, au nombre de huit, sont annexées par paires aux extrémités des troisième et quatrième segmens. La forme du canal branchifère peut être comparée à une souche qui, vers l'extrémité de chacun de ces anneaux, se bifurque en deux tiges cylindriques lisses, transparentes, inégalement longues, et croisées sur le dos de l'animal avec celles du côté opposé. Au bas des fourches branchiales du troisième segment, on aperçoit chez les mâles un appendice grêle, et de moitié moins long que la seconde tige dont il embrasse le contour; mais les doubles branchies du quatrième anneau diffèrent de celles du troisième, en ce qu'au lieu d'avoir à leur base un seul appendice, elles en ont deux inégaux. Les branchies de la femelle sont plus petites et ordinairement contournées l'une sur l'autre. Les appendices qui existent chez les mâles ont disparu et sont remplacés par les opercules des œufs, au nombre de quatre, deux pour chaque anneau. Ces petites valves, frangées sur leurs bords, se réunissent avec celles du côté opposé pour former une espèce de matrice externe, dans laquelle les œufs sont contenus. Chaque valve, appuyée par son pédicule sur le tronc commun des branchies, est composée de deux membranes transparentes, formant un sac sans ouverture extérieure. Les opercules des œufs ne servent pas à la respiration comme le pensait Treviranus; car chez les mâles desséchés, les appendices ne sont pas organisés comme les branchies, mais cornés, tandis que les tiges branchiales proprement dites sont membraneuses, et contiennent les vaisseaux afférens et efférens. Les appendices, avec leurs parois épaisses, ne sont nullement propres à permettre l'oxigénation. Ils sembleraient se rapprocher davantage de la nature des pattes, et peut-être de ces organes qui ont été reconnus comme propres à entretenir chez certains crustacés l'humidité nécessaire aux branchies. Quant aux opercules des œufs, transformation des appendices en matrice externe, sans canaux pulmonaires, trop vastes pour la quantité de fluide mis en circulation, il est certain qu'ils ne remplissent pas le rôle des poumons. L'appareil externe de la génération, double comme chez tous les crustacés, paraît sur les mâles à la fin du dernier anneau, entre les dernières pattes, sous forme de deux verges coniques, séparées à leur base, et divergentes. Ces tubes, dans lesquels viennent aboutir les extrémités des canaux déférens, sont appuyés sur un organe excitateur à sommet bifide, en forme de gland, qui se replie sur lui-même en forme de verge et va se confondre en haut et en arrière avec le tubercule anal. Chez la femelle on trouve les deux vulves au milieu du quatrième anneau, derrière les opercules des œufs; elles se joignent sur la ligne médiane, en un cintre qu'on dirait formé de deux pyramides adossées par leur base. En écartant ces organes et en les renversant, on aperçoit, au fond d'une espèce de cornet, deux ouvertures très-petites, communiquant par deux canaux obliques avec les ovaires. Ces canaux ou oviductes sont dirigés de dedans en dehors et conformes à la direction des verges. Sur le milieu des deux derniers segmens et la hanche des deux dernières pattes, on observe chez les deux sexes plusieurs tubercules coniques, dont l'usage est probablement de fixer l'animal sur la baleine, ou pendant la copulation.

Après avoir exposé les organes extérieurs de ces crustacés, nous allons examiner maintenant le tube digestif, le foie, les organes génitaux internes, le système nerveux et une partie de l'appareil circulatoire. Le système digestif comprend les organes de la bouche, l'œsophage, l'estomac et l'intestin. L'œsophage est un canal étroit contenu dans la tête; il se renfle au niveau de l'insertion des pieds antérieurs, c'est-à-dire dans le premier segment thoracique, pour former l'estomac. A partir du pylore, le tube alimentaire se rétrécit de nouveau et se courbe à son passage dans le second anneau du thorax. Là il présente un léger renflement duodénal, correspondant à l'insertion des vaisseaux du foie. L'intestin continue ensuite son trajet directement jusqu'à l'anus, où il se termine en une pointe, dans une espèce de rectum formé par trois valvules. L'estomac est pourvu d'un appareil de rumination; à droite et à gauche du cardia, se trouvent deux colonnes charnues dans lesquelles sont implantées trois arêtes cartilagineuses qui, par leur extrémité libre et bifide, se rencontrent au devant d'une pièce triangulaire, pour opérer la seconde trituration des alimens. Plus bas, les parois de la cavité stomacale sont transparentes, et soutenues par des arceaux cartilagineux. Pour trouver les glandes salivaires, des perquisitions inutiles ont fait trouver souvent,

dans les tuniques de l'estomac, des matières blanches, de forme variée, dont on n'a pu déterminer la nature. Le tube digestif est formé de deux tuniques, dans lesquelles sont contenues les matières fécales, noires, semblables au détritus de la peau de la baleine; le foie, organe double, serpente le long du tube alimentaire, en formant trois courbures principales, depuis le milieu du second anneau thoracique jusqu'au commencement du dernier. Il finit en pointe libre; ses vaisseaux excréteurs s'abouchent dans le renflement duodénal de l'intestin, par des digitations que voile en partie le second ganglion nerveux du thorax. Les organes générateurs mâles, également doubles, sont placés immédiatement derrière le foie. Ils s'étendent sur les côtés du canal digestif, depuis le milieu du troisième anneau jusqu'à la fin du dernier. Arrivés au milieu du dernier segment, ces organes se replient de bas en haut; bientôt ils quittent cette direction et pénètrent horizontalement dans les verges situées à l'extérieur. Les ovaires, au nombre de deux, placés derrière le foie et parallèles au tube intestinal, commencent vers le milieu du second anneau et finissent à la partie moyenne du cinquième, au dessus des vulves où ils s'abouchent. Les œufs sont arrondis, unis entre eux, et maintenus dans leur totalité par une membrane pellucide fort mince, qui se termine en deux tubes, communiquant avec les vulves de dehors en dedans. Le système nerveux, occupant toute la longueur du tube digestif, se compose de neuf renflemens disposés par paires, enveloppés dans un névrilemme commun et plus ou moins réunis par les deux chaînes de communication. Le cerveau, organisé en deux lobes convexes, placé entre la bouche et les yeux, fournit en avant les nerfs des antennes avec plusieurs filets minces, et en arrière des nerfs optiques. De sa base partent deux cordons assez forts qui embrassent l'œsophage et forment, en se réunissant, deux ganglions sous-œsophagiens, rapprochés, dont l'antérieur appartient à la tête, et envoie quelques ramuscules aux organes buccaux, tandis que le postérieur, destiné au premier segment thoracique, fournit d'avant en arrière deux branches à la première paire de pattes. Le second ganglion du thorax, plus volumineux que les autres, anime les gros pieds monodactyles, et couvre en partie les insertions digitales du foie; les deux suivans tiennent sous leur dépendance les branchies et leurs accessoires. Ces trois derniers ganglions sont placés un peu en arrière du point central de leurs segmens respectifs, et les anneaux qui en partent se dirigent d'arrière en avant. Les cinquième, sixième et septième se rendent aux trois paires de pattes ambulatoires. Le vaisseau dorsal accolé au tube digestif suivant toute sa longueur, est un canal transparent, composé de fibres circulatoires, jamais affaissé sur lui-même. On n'a découvert dans sa cavité ni ouvertures ni valvules, mais seulement, à la hauteur des troisième et quatrième anneaux, certains éraillemens qui seraient, d'après M. Strauss, les orifices auriculo-ventriculaires, et suivant MM. Audouin et Edwards, ceux des conduits branchio-cardiaques. Ayant souvent injecté le vaisseau dorsal par le dernier anneau du thorax, on a toujours vu le liquide pénétrer dans les branchies, en suivant les canaux qui traversent les troisième et quatrième segmens. On ignore si ces vaisseaux s'ouvrent directement dans le vaisseau dorsal, quoique le liquide puisse passer par leur filière du vaisseau dorsal dans les branchies. La liqueur n'ayant jamais rempli les opercules ovifères, ni les appendices branchiofères mâles, on en a conclu que ces organes étaient étrangers à la respiration. Ce genre, dont on ne connaissait encore qu'une seule espèce, se compose maintenant de trois. Celle qui lui sert de type est le CYAME OVALE, *Cyamus ovalis*, Latr., représenté dans notre Atlas, pl. 131, fig. 1, et pl. 130. Couleur blanchâtre; corps elliptique, aplati; segmens rapprochés, quatre paires de branchies inégales. Ces animaux vivent agglomérés sur les éminences cornées de la tête des baleines; ils y sont en si grande quantité, qu'on voit de fort loin en mer leur carapace de craie blanchir sur la tête des baleines, lorsqu'elles viennent respirer à la surface de l'eau. Une autre espèce est le CYAME ERRANT, *C. erraticus*, Rouss. de Vauz. Couleur d'un rouge vineux; segmens du thorax écartés; crochets des pattes forts et acérés, quatre branchies simples, très-longues, pourvues à leur base de deux appendices inégaux et pointus.

Les individus de cette seconde espèce se cramponnent à la base des tubercules, dans l'intervalle qui les sépare, sur la peau lisse. Ils errent sur la surface du corps, ou se réfugient dans les plis des sourcils, de la commissure des lèvres, du nombril, des régions génitales et anales. Ils recherchent aussi les plaies récentes et les fissures des anciennes cicatrices, n'importe où elles se trouvent. Une baleine qui portait sur le dos une plaie purulente, entretenue par un fragment de sabre d'espadon, était en cet endroit même couverte de Cyames errans, attirés par l'odeur fétide qui s'en exhalait, ou par l'attrait d'une nourriture plus succulente. Cette espèce, dont le corps est découpé, svelte, armée de pattes remarquables par la force et la longueur des griffes, peut affronter impunément le choc des vagues sur la peau nue des baleines. La troisième espèce est le CYAME GRÊLE, *C. gracilis*, Rouss. de Vauz. Couleur d'un jaune clair; corps petit, oblong; anneaux du thorax échancrés sur leurs bords, quatre branchies pédiculées, ayant chacune à leur insertion deux appendices très-courts. Cette espèce demeure sur les protubérances de la tête, avec le Cyame ovale.

(H. L.)

CYANÉE, *Cyanea*. (ZOOPH. ACAL.) Genre que Péron et Lesueur ont établi dans la famille des Méduses, que Lamarck a classé dans ses Radiaires médusaires et Cuvier dans les Acalèphes libres. On lui assigne les caractères suivans: corps orbiculaire transparent, ayant en dessous un pédoncule à son centre, quatre bras plus ou moins distincts et plus ou moins chevelus; une ou plusieurs cavités aériennes centrales; quatre estomacs et quatre bouches au moins. Presque toutes les espèces sont originaires des mers tempérées et surtout des mers d'Europe. Ces espèces sont nombreuses, les principales sont la CYANÉE DE LAMARCK à ombrelle aplatie, garnie au bord de seize échancrures; huit faisceaux de tentacules, huit auricules marginales; vésicules aériennes au centre de l'ombrelle, avec un orbicule intérieur à seize pointes; sa couleur est d'un beau bleu. On la rencontre sur les côtes de la Manche. CYANÉE DE LESUEUR: ombrelle rousse avec un cercle blanc au centre; trente-deux lignes blanches formant seize angles aigus à sommet dirigé vers l'anneau central. On la rencontre sur les côtes du Calvados et de la Seine-Inférieure. CYANÉE POINTILLÉE, que Lamarck a réunie avec la Cyanée Spilogone, et qui n'en diffère que par son volume et que parce que les trente-deux lignes rousses, qui forment dans la première seize angles autour de l'ombrelle, sont remplacées dans l'autre par seize taches fauves. Ces différences paraissent à quelques naturalistes être le résultat de l'accroissement. CYANÉE DE LA MÉDITERRANÉE: ombrelle hémisphérique, glabre, blanche, marquée de seize stries fauves, rayonnantes, avec quatre bras en forme d'étoile ou de croix, d'une belle couleur de vermillon. On la trouve dans la Méditerranée. Enfin Lamarck en reconnaît encore dix à douze espèces dont quelques unes sont douteuses. (P. G.)

CYANELLE, *Cyanella*. (BOT. PHAN.) Genre de plantes monocotylédonées de la famille des Asphodélées, et de l'Hexandrie monogynie de Linné. Ses caractères sont: calice pétaloïde à six divisions profondes et inégales; six étamines rapprochées, conniventes, dont les trois anthères supérieures sont recourbées, rapprochées les unes des autres latéralement, égales et semblables entre elles; les deux autres sont placées sur les côtés, et semblables aux précédentes, seulement la dernière est plus large et pendante: ovaire globuleux, à trois côtes arrondies, déprimé au centre où s'insère le style, qui, un peu plus long que l'étamine, se recourbe en S, et se termine par un très-petit stigmate à trois divisions aiguës; capsule globuleuse, déprimée au centre, à trois côtes arrondies, à trois loges contenant de six à dix graines chacune, et s'ouvrant en trois valves à sa maturité.

On ne connaît que quatre espèces de ce genre, toutes indigènes au cap de Bonne-Espérance. La racine de ces plantes est surmontée d'un bulbe arrondi, d'où naissent des feuilles radicales étroites, et une hampe terminée par de jolies fleurs en épi ou en grappe; ces fleurs sont, en général, munies de petites bractées et portées sur des pédoncules plus ou moins penchés.

CYANELLE DU CAP, *Cyanella capensis*, L. Lamk. (Ill 259). Le bulbe de cette espèce sert d'aliment aux Hottentots. Cette plante a les feuilles étroites, linéaires, lancéolées, aiguës et d'un vert clair; les fleurs violacées et supportées par des pédoncules presque horizontaux.

Les autres espèces de Cyanelles sont les *Cyanella alba*, Thunb.; *Cyanella lutea*, Thunb.; *Cyanella*

Cyanella orchidifolia, Jacq. On les cultive en serre. (C. É.)

CYATHÉE, *Cyathea*. (bot. crypt.) *Fougères.* Genre fondé par Smith et caractérisé par des groupes de capsules insérées à l'angle de division des nervures, et entourées par un tégument qui se divise transversalement comme une sorte d'opercule. Les espèces de ce genre, et par conséquent les véritables *Cyathea*, sont les *Cyathea arborea* (*voyez* notre Atlas, pl. 131, fig. 2), *dealbata, medullaris* et *affinis*.

Toutes les espèces qui composent le genre Cyathée et les autres genres formés à ses dépens, sont remarquables par leur tige arborescente, simple, droite, marquée d'empreintes très-régulières formées par l'insertion des feuilles, et surmontée d'un chapiteau de larges feuilles profondément découpées, qui rappellent tout à la fois le port majestueux des palmiers et l'élégance des autres fougères.

Les Cyathées habitent les lieux humides des régions équinoxiales; elles sont un des principaux ornemens de ces pays. Leur tronc offre une organisation qu'on peut comparer à celle de quelques unes de ces tiges si nombreuses dans les formations houillères, et leur écorce présente des impressions d'une régularité admirable; cette particularité, que l'on observe également dans quelques autres Fougères arborescentes, ne se retrouve dans aucune tige des monocotylédones et des dycotylédones. (F. F.)

CYATHIFORME, *Cyathiformis*. (bot.) On donne ce nom aux parties des végétaux qui ont la forme d'un gobelet, comme, par exemple, la corolle du *Symphitum tuberosum*, plusieurs lichens et champignons, etc. (Guér.)

CYCADÉES. (bot. phan.) Petit groupe de plantes fort singulières que l'on plaçait jusqu'en 1810 parmi les Fougères arborescentes, à cause de leurs folioles enroulées avant leur parfait développement, dans le voisinage des Palmiers, à cause de leur port et de l'organisation de leur tige, de la disposition du bouquet de feuilles qui la couronne; mais que les observations de Du Petit-Thouars et celles de C. Richard ont appelées parmi les Dicotylédonées, à la suite des Conifères, avec lesquelles elles offrent les plus grands rapports par les organes de la fructification. La famille des Cycadées appartient à la Diœcie polyandrie, et se compose de deux genres, le Cycas qui lui donne son nom, et le Zamia, si flatteur par son feuillage luisant. Comme nous examinerons particulièrement chacun de ces deux genres, nous renvoyons à leur article. (T. D. B.)

CYCAS, *Cycas*. (bot. phan.) Genre de plantes fort remarquables par un port des plus pittoresques, rappelant le stipe de plusieurs grandes monocotylédonées, terminé à son sommet en un faisceau de feuilles semblables à celles du dattier, toujours vertes. Du sein de cette touffe se montrent des fleurs mâles, formant une sorte de cône ovoïde comme on en voit chez les Conifères, mais ayant une longueur deux et six fois plus grande : elle

arrive souvent à quatre-vingts centimètres et même à plus d'un mètre. Les fleurs femelles, au contraire, se cachent dans une fossette longitudinale ouverte sur un spadice coriace, et le fruit qu'elles donnent dénonce l'organisation de celui du noyer. En effet, c'est un drupe presque ovale, rougeâtre, renfermant sous un brou charnu, peu épais, une coque mince, ligneuse, à une seule loge, comme certains noyers de l'Amérique, contenant une amande bonne à manger, nourrissante, d'une saveur agréable, mais un peu dure et marquée d'une fossette à la base.

Originaires des contrées les plus chaudes, abondantes dans l'Asie méridionale, et exigeant une température très-élevée pour remplir lentement les premières phases de leur végétation, les huit ou dix espèces de ce genre semblaient devoir exciter peu d'intérêt; mais la bizarrerie de leur organisation et la beauté de leur aspect leur ont donné accès dans les principales serres de l'Europe. L'espèce la plus répandue est le Cycas des Indes, *C. circinalis*, qui monte à quatre, cinq et six mètres, devient rameux en son sommet et est couronné par un faisceau de feuilles d'un mètre de long, ailées, à deux rangs de folioles très-nombreuses, pointues, piquantes, fermes et d'un beau vert luisant. Son fruit a la chair mince, rouge; il est pyriforme et son noyau blanchâtre. Les Indiens mangent son amande avec plaisir. Les Japonais retirent du tronc très-gros du *Cycas revoluta* un sagou très-estimé. Ses folioles sont nombreuses, mais fort étroites et terminées par une pointe épineuse. Nous avons représenté ce curieux végétal dans notre Atlas, pl. 131, fig. 3, 4 et 5. (T. D. B.)

CYCHLE, *Cychla*. (poiss.) Sous-genre de la famille des Labroïdes; les espèces qui le composent ne diffèrent des Chromis que par un corps allongé, et par leurs dents toutes en velours sur une large bande. (Alph. G.)

CYCHRE, *Cychrus*. (ins.) Genre de Coléoptères de la famille des Carnassiers, tribu des Carabiques, ayant pour caractères : mandibules droites, dernier article des palpes extérieurs presque en forme de cuiller; menton profondément échancré; élytres soudées; tarses semblables dans les deux sexes; tête fort avancée; chaperon très-profondément refendu dans les côtés, recouvrant presque entièrement les mandibules; les palpes maxillaires et labiaux ont le dernier article plus court que les précédens; les antennes sont sétacées; corselet cordiforme, tronqué postérieurement, un peu relevé sur les côtés et à ses angles postérieurs; l'abdomen est ovoïde, très-bombé; les élytres sont soudées, carénées et embrassant beaucoup l'abdomen sur les côtes. Les pieds sont de grandeur moyenne; ces insectes doivent avoir les mœurs des Carabes.

C. à museau, *C. rostratus*, Fab. Long de 7 à 8 lignes, noir, très-finement chagriné. (A. P.)

CYCLADE, *Cyclas*. (moll.) Genre confondu long-temps avec les *Tellines* et les *Vénus*, séparé de ces dernières par Bruguière d'abord, puis par Lamarck, Schweigger, Draparnaud, Cuvier, etc., et caractérisé ainsi par Lamarck : coquille ovale, bombée, transverse, équivalve, à crochets protubérans; dents cardinales très-petites, quelquefois presque nulles; tantôt deux sur chaque valve, tantôt une pliée en deux; tantôt une seule pliée ou lobée sur une valve, et deux sur l'autre; dents latérales allongées transversalement, comprimées, lamelliformes; ligament extérieur. Ajoutons, comme complément de cette description, que, l'animal étant dans la coquille, deux tubes ou siphons font saillie d'un côté, et que de l'autre sort un pied mince, allongé et linguiforme.

Lamarck a, le premier, décrit une espèce de Cyclade à l'état fossile; avant lui on ne connaissait pas cette particularité géologique.

Toutes les Cyclades habitent les eaux douces des deux continens; elles sont généralement petites, diaphanes et recouvertes d'un épiderme vert ou brun; leurs crochets ne sont jamais écorchés. Nous allons en faire connaître quelques unes :

CYCLADE DES RIVIÈRES, *Cyclas rivicola*, de Lamarck. Coquille de vingt millimètres de longueur, subglobuleuse, assez solide, élégamment striée, subdiaphane, d'une couleur cornée, verdâtre ou brunâtre, et présentant le plus souvent deux ou trois zones plus pâles.

CYCLADE CORNÉE, *Cyclas cornea*, de Lamarck. Espèce dont les stries sont très-fines, la couleur cornée peu foncée, la forme également subglobuleuse, l'épaisseur moins considérable que dans la précédente, ne présentant vers son milieu qu'une seule zone pâle, et ayant son bord jaunâtre. Cette Cyclade offre deux variétés, l'une plus globuleuse, l'autre plus transverse : toutes deux viennent de l'Amérique septentrionale.

CYCLADE CALICULÉE, *Cyclas caliculata*, de Draparnaud. Celle ci est rhomboïdale, orbiculaire, déprimée, très-mince, transparente, d'un blanc sale, ou d'un jaune verdâtre peu foncé; ses crochets sont proéminens et tuberculeux, et ses stries très-fines; sa largeur est de huit millimètres. On la trouve dans les mares des environs de Paris et de Fontainebleau.

CYCLADE LISSE, *Cyclas lævigata*. Petite espèce fossile, inéquilatérale, déprimée, très-mince, très-fragile, subquadrangulaire; crochets petits, peu proéminens; dents cardinales à peine visibles, même avec une forte loupe; dents latérales bien marquées, l'antérieure plus grande et plus forte; largeur, cinq millimètres. On la rencontre, non très-communément il est vrai, dans les marnes calcaires qui accompagnent les lignites à la montagne de Bernon près d'Epernay. (F. F.)

CYCLAME, *Cyclamen*. (BOT. PHAN.) Six espèces de plantes herbacées, à feuilles toutes radicales, entières, à fleurs pendantes, solitaires au sommet des hampes qui les portent, quelquefois nombreuses, constituent ce genre de la famille des Primulacées et de la Pentandrie monogynie. La plus commune de toutes, celle que l'on trouve vivace dans les lieux ombragés, les haies, les fossés et les bois frais de nos départemens du midi,

où elle fleurit au printemps, puis en septembre et en octobre, est connue sous le nom vulgaire de *Pain de pourceau*, parce que cet animal est très-friand de sa racine; les Arabes l'appellent *Arthanita*, le peuple napolitain *Melo terragna*. Son nom scientifique CYCLAME D'EUROPE, *C. europæum*, vient du mot grec *Kyklon*, cercle, c'est-à-dire de la forme orbiculaire qu'affecte sa racine, tubéreuse, brune en dehors, blanche en dedans, ferme comme un navet, marquée d'yeux comme le tubercule de la pomme de terre, et garnie de fibres menues; ou peut-être des spires que ses pédicules décrivent pour amener la capsule à terre, afin qu'elle y mûrisse les graines déposées dans son sein globuleux. Les fleurs sont blanches ou légèrement purpurines; on les cultive chez quelques amateurs envieux de leurs formes élégantes. On leur préfère, chez d'autres, le CYCLAME DES INDES, dit de Perse, *C. indicum*, qui porte des fleurs d'un blanc de lait, odorantes, grandes, plus précoces, et dont les pétales sont lavés de rose vers leur extrémité.

On trouve mentionné dans la Flore française, tom. III, n° 2380, un *Cyclamen linearifolium*, que l'on dit avoir été recueilli par l'entomologiste Olivier dans les bois un peu humides nommés les Séouves, entre les Arcs et Draguignan, département du Var. Voici la description de cette espèce, que l'on trouve figurée dans les *Icones Galliæ rariores* de De Candolle, pl. 8 : «Cette belle plante » diffère extrêmement de toutes les espèces con» nues, par ses feuilles linéaires, longues de près » de deux décimètres, larges de trois à quatre » millimètres dans toute leur étendue, entières, » obtuses. Ces feuilles naissent d'une souche radi» cale, noirâtre et écailleuse, qui donne aussi nais» sance à une ou deux hampes uniflores, un peu » plus longues que les feuilles. La fleur ressemble » presque entièrement à celle du Cyclame d'Eu» rope. Elle fleurit à l'entrée de l'automne.» Comme on a vainement recherché cette espèce dans la localité indiquée, et même dans celles voisines, on a d'abord contesté son existence; puis on a prétendu qu'elle avait été fabriquée ou du moins tronquée. Peut-être Olivier a-t-il été trompé par quelques récolteurs de plantes, ou peut-être encore a-t-il mêlé ensemble des fleurs isolées du *Cyclamen europæum* et des feuilles linéaires de quelque autre plante, ou bien, si l'individu est entier comme le donnent à croire le dessin publié et la lettre que m'écrivit à ce sujet De Candolle, il faut dire 1° qu'il appartient au *Cyclamen europæum* ou au *Cyclamen hederæfolium*, et 2° que par une cause quelconque, il a eu le limbe des feuilles avorté et le pétiole plus développé qu'à l'ordinaire. Le phénomène observé à ce sujet dans les familles des Acacias hétérophylles est beaucoup plus fréquent qu'on ne le croit. Chacun sait que dans ce groupe les folioles avortent dans la plupart des feuilles, et le pétiole se dilate en phyllode. Le même phénomène a lieu dans l'*Indigofera juncea* et quelques autres légumineuses, avec cette nuance que l'avortement entraîne peu de changemens dans le pétiole. On rencontre quelquefois des pieds de *Sagittaria sagittifolia* dont les pétioles sont allongés et dilatés en forme de rubans, et dont le limbe manque en entier. Dans tous les cas, le *Cyclamen linearifolium* n'est point une espèce, mais seulement une variété accidentelle qui ne s'est plus représentée et qui doit être rayée de la Flore française, quoique De Candolle m'atteste la posséder avec l'herbier recueilli en France par Olivier. Il est bon de dire que dans l'herbier du Muséum, un méchant botaniste a osé intercaler dans l'herbier rapporté de l'Orient par le savant entomologiste un *Cyclamen linearifolium* composé des feuilles préparées d'un autre végétal avec des fleurs de l'espèce commune, et appuyer cet échantillon de fabrique d'une étiquette indiquant les localités désignées dans la Flore française, et en imitant l'écriture d'Olivier.

La racine du Cyclame d'Europe, prise fraîche et administrée en petite quantité, sèche, réduite en poudre et mêlée à de la gomme, a joui long-temps de la qualité de vermifuge et de purgatif pour les enfans. On en préparait aussi un onguent sous le nom arabe d'Arthanita. Quelques médecins la recommandent encore dans les maladies chroniques.   (T. D. B.)

CYCLANTHE, *Cyclanthus*. (BOT. PHAN.) Plante originaire des Antilles et de la Guiane, appartenant à la famille des Aroïdées. Son organisation est fort singulière, et en fait presque une exception dans le règne végétal. Ses fleurs sont portées sur un spadice, comme celles du *Pied-de-veau*, du *Pothos*, et autres Aroïdées; mais leur disposition présente un aspect bien différent. Qu'on se figure, dit M. Poiteau (Mémoires du Muséum, vol. IX, p. 34), deux rubans creux, roulés en spirale autour d'un cylindre, l'un rempli d'étamines, l'autre d'ovules; on aura l'idée de la situation des fleurs du Cyclanthe sur le spadice. Rien ne les sépare, rien n'en fait des fleurs distinctes. De plus, le calice des fleurs mâles adhère dans presque toute son étendue avec celui des fleurs femelles; au fond sont les étamines, à filet court, à anthère allongée et biloculaire. Le calice des fleurs femelles, plus grand que celui des mâles, est, par son côté interne, soudé avec l'ovaire, qui paraît infère. Ce dernier porte un stigmate bifide, et contient un grand nombre d'ovules qui occupent sa partie interne.

Malheureusement on ne connaît pas le fruit mûr du Cyclanthe, et l'on ne peut pas bien apprécier la valeur des caractères assignés aux ovules: ceux-ci pourraient bien être, selon M. Richard, des pistils attachés en grand nombre aux parois d'un involucre; alors l'ovaire serait réellement supérieur, et le Cyclanthe rentrerait dans l'organisation commune des Aroïdées. Cependant M. Poiteau, qui a vu et décrit la plante, a cru devoir créer pour elle une nouvelle famille dans la classe des Monocotylédonées.

On connaît deux espèces de Cyclanthe. L'une, décrite par Plumier dans ses manuscrits, a des feuilles marquées de nervures, et bifides à leur sommet. M. Poiteau la nomme *Cyclanthus Plumierii*. L'autre, vue et décrite pour la première fois par M. Poiteau, a reçu de lui le nom de *C. bipartitus*, parce que ses feuilles sont fendues jusqu'à leur base. Elle croît dans les lieux les plus humides de la Guiane, où on l'appelle vulgairement *Arouma diable*.   (L.)

CYCLANTHÉES, *Cyclanthæ*. (BOT. PHAN.) C'est le nom donné par M. Poiteau à la nouvelle famille qu'il établit pour son genre *Cyclanthus*. Ses caractères se trouvent décrits à l'article précédent.   (L.)

CYCLÉMYDE. (REPT.) *V.* ÉMYDE.

CYCLIDE. (ZOOPH. INF.) Genre de la première division de la classe des Microscopiques; Muller, qui l'a établi, lui assigne les caractères suivants: forme ovoïde, postérieurement atténuée en pointe, corps presque membraneux et comprimé. C'est surtout cette compression qui caractérise essentiellement les Cyclides et les distingue des *Enchelis*, avec lesquelles il serait facile de les confondre tout d'abord. Nous nous contenterons d'en indiquer quelques espèces dont on pourrait prodigieusement augmenter le nombre si l'on ne se montrait pas un peu difficile sur les caractères qui doivent les différencier. 1° CYCLIDE TRANSPARENTE: Fort petite, ovale, aplatie, aiguë et presque terminée en pointe, d'une transparence parfaite. On la rencontre dans diverses infusions, surtout dans celles des céréales; elle nage en vacillant, comme par tremblement continuel. 2° CYCLIDE PEPIN: Semblable à un pepin de pomme, de couleur brunâtre. 3° CYCLIDE CERCAROÏDE: Sa forme est celle d'une poire fort amincie, sa partie postérieure s'allonge beaucoup. Elle est tout-à-fait transparente. 4° CYCLIDE ENCHÉLOÏDE: Sa figure rappelle, dit-on, celle du *Nucleus*, mais elle est plus courte et plus renflée. 5° CYCLIDE NOIRATRE: Allongée, très-pointue d'un côté, obscure, agile, s'allongeant beaucoup quand elle nage. Elle est très-commune dans les infusions. 6° CYCLIDE OBTUSANTE. Parfaitement hyaline, plus grosse que ses congénères, pyriforme, très-aiguë par sa pointe quand elle s'allonge; on la trouve dans les infusions de céréales. 7° CYCLIDE VARIABLE: Transparente, agile, ovale, oblongue, quelquefois obtuse ou aiguë des deux côtés, changeant rapidement de forme. La quantité en est quelquefois si considérable dans une petite goutte d'eau, que, pour s'y mouvoir, les individus sont obligés de s'allonger et de se déformer les uns les autres. Cette espèce est la plus commune; on la trouve dans presque toutes les infusions: le blé, les pois, le chenevis la donnent en abondance.   (P. G.)

CYCLOBRANCHES. (MOLL.) Nom donné par Blainville à un groupe formé aux dépens des Mollusques céphalés de Cuvier, et caractérisé de la manière suivante: organes de la respiration symétriques, branchiaux, en forme d'arbuscules rangés en demi-cercle à la partie postérieure du dos; corps nu, tuberculeux, bombé; pied large, propre à ramper, occupant tout l'abdomen; animaux hermaphrodites. Les Cyclobranches ne renferment que les trois genres *Onchidore*, *Doris* et *Peronium*. (F. F.)

CYCLOLYTHE. (POLYP.) Genre de l'ordre des Caryophyllaires, de la division des Polypiers entièrement pierreux, placé par Lamarck dans la première section de ses Polypiers lamellifères, et caractérisé ainsi par lui : masse pierreuse, orbiculaire ou elliptique, convexe et lamelleuse en dessous, avec des lignes circulaires concentriques ; une seule étoile, à lames très-fines, entières et non hérissées, occupe la surface supérieure.

L'assertion de Lamarck, qui veut qu'il existe une Cyclolythe vivante dans l'Océan indien, n'est pas partagée par tout le monde. Quoiqu'il en soit, voici les quatre espèces, à l'état fossile, admises par ce savant naturaliste.

C. HÉMISPHÉRIQUE, *C. hemisphærica*. Cyclolythe orbiculaire, très-convexe, à lacune oblongue avec des lames nombreuses et très-minces ; son diamètre dépasse quelquefois deux pouces. On la trouve fossile dans le Dauphiné.

C. ELLIPTIQUE, *C. elliptica*. Espèce vulgairement appelée *Cunolite*, la plus grande de toutes celles que l'on connaisse, et remarquable par sa forme ovale ou elliptique, et sa lame centrale qui n'est pas toujours unique. On la rencontre fosssile dans plusieurs parties de la France.

La CYCLOLYTHE NUMISMALE, que l'on trouve en France, et la CYCLOLYTHE A CRÊTES, dont on ignore la localité, complètent, jusqu'à ce moment, le genre dont nous venons de nous occuper (F. F.)

CYCLOPE, *Cyclops*. (CRUST.) Ce genre, établi par Müller, appartient à l'ordre des Lophyropodes, famille des Séticères. Il a été formé aux dépens des Monocles de Linné, de Degéer et de Geoffroy. Les caractères que lui assigne Latreille sont : un corps plus ou moins ovalaire, mou ou gélatineux, se partageant en deux portions, l'une antérieure, composée de la tête et du thorax, et l'autre postérieure ou la queue. Le segment précédant immédiatement les organes sexuels, et qui dans les femelles porte deux appendices en forme de petites pattes, peut être considéré comme le premier de la queue, qui n'est pas toujours bien nettement ou brusquement distinguée du thorax : elle est formée de six segmens ou articles ; le second porte en dessous, dans les mâles, deux appendices articulés, tantôt simples, tantôt ayant au côté interne une petite division ou branche, de formes variées, et constituant en tout ou en partie les organes de la génération ; la vulve, chez les femelles, est située sur le même article ; le dernier se termine par deux pointes ou stylets formant une fourche, et plus ou moins garnis de soies ou de filets penniformes. L'autre portion du corps, ou l'antérieure, est divisée en quatre segmens, dont le premier, beaucoup plus grand, compose la tête et une portion du thorax, qui sont aussi recouverts par une écaille commune. Il porte l'œil, quatre antennes, deux mandibules munies d'un palpe simple ou divisé en deux branches articulées, deux mâchoires ou lèvres avec des barbillons, et quatre pieds divisés chacun en deux tiges

cylindriques, garnies de poils ou de filets barbus ; la paire antérieure, représentant les secondes mâchoires, diffère un peu des suivantes ; elle est comparée à des espèces de mains par Jurine ; chacun des trois segmens suivans sert d'attache à une paire de pieds. Deux des antennes sont plus longues, sétacées, simples et composées d'un grand nombre de petits articles ; elles facilitent, par leur action, les mouvemens du corps et font presque l'office de pieds ; les inférieures sont filiformes, n'offrent le plus souvent que quatre articles, et sont tantôt simples, tantôt fourchues ; elles font, par leurs mouvemens rapides, tourbillonner l'eau. Dans les mâles, les supérieures, ou l'une d'elles seulement, présentent des étranglemens et un renflement suivi d'un article à charnière. Au moyen de ces organes ou de l'un d'eux, ils saisissent soit les dernières pattes, soit le bout de la queue de leurs femelles, dans leurs préludes amoureux, et les retiennent malgré elles dans des situations appropriées à la manière dont ils se fixent ; elles emportent leurs mâles, lorsqu'elles ne veulent pas d'abord se prêter à leurs désirs. La copulation s'opère comme dans les autres crustacés et par des actes prompts et réitérés ; Jurine en a vu trois dans l'espace d'un quart d'heure. On avait cru jusqu'alors que les organes copulateurs des mâles étaient placés aux antennes supérieures, et cette erreur paraissait d'autant mieux fondée, que les Arachnides présentent des faits analogues. De chaque côté de la queue des femelles est un sac ovale, rempli d'œufs, adhérant par un pédicule très-délié au second segment, près de sa jonction avec le troisième, et où l'on voit aussi l'orifice du canal déférent de ces œufs. La pellicule formant ces sacs n'est qu'une continuation de celle de l'ovaire interne. Le nombre des œufs qu'ils contiennent augmente avec l'âge ; d'abord bruns ou obscurs, ils prennent ensuite une teinte rougeâtre, et deviennent presque tranparens lorsque les petits sont près d'éclore, mais sans grossir ; ces œufs étant isolés ou détachés, du moins jusqu'à une certaine époque, le germe périt. Une seule fécondation peut suffire à plusieurs générations successives. La durée du séjour des fœtus dans les ovaires varie de deux à dix jours, ce qui dépend de la température des saisons et de diverses autres circonstances. Les sacs ovifères présentent quelquefois des corps allongés, glandiformes, plus ou moins nombreux, et qui paraissent être des réunions d'animalcules infusoires. A leur naissance les petits n'ont que quatre pattes, et leur corps est arrondi et sans queue. Müller avait formé avec de jeunes individus son genre Amymone. Quelque temps après (quinze jours, de février en mars), ils acquièrent une autre paire de pieds ; c'est le genre Nauplie, *Nauplius* du même ; après la première mue, ils ont la forme et toutes les parties qui caractérisent l'état adulte, mais sous des proportions plus exiguës ; leurs antennes et leurs pattes sont proportionnellement plus courtes. Au bout de deux autres mois, ils sont propres à la génération. La plupart de ces Entomostracés nagent sur le dos, s'élancent avec vivacité et peuvent se porter aussi bien en arrière qu'en avant ; à défaut de matières animales, ils attaquent les substances végétales ; mais le fluide dans lequel ils vivent habituellement ne passe point dans leur estomac. Le canal alimentaire s'étend d'une extrémité du corps à l'autre. Le cœur, dans le Cyclope castor, est immédiatement situé sous le second et le troisième segment du corps, et ovalaire ; chacune de ses extrémités donne naissance à un vaisseau, dont l'un va à la tête et l'autre à la queue ; immédiatement au dessous de lui est un autre organe analogue, mais en forme de poire, produisant aussi, à chaque bout, un vaisseau représentant peut-être des canaux branchio-cardiaques dont nous avons parlé en traitant de la circulation des Crustacés décapodes. Il résulterait de plusieurs expériences de Jurine, sur des Cyclopes alternativement asphyxiés et rappelés à la vie, que dans cette sorte de résurrecton, l'extrémité du canal intestinal donne les premiers signes de vie, et que l'irritabilité du cœur est moins énergique ; celle des antennes, et plus spécialement de celles des mâles, des palpes et des pattes ensuite, est inférieure. Lorsqu'on coupe une portion d'antenne, il ne s'y fait aucun changement ; la réintégration s'effectue sous la peau, puisque cet organe reparaît dans toute son intégrité à la mue suivante. Le Cyclope staphylin forme une division particulière, à raison de ses antennes plus courtes, et dont les supérieures ont beaucoup moins d'articles que les mêmes des autres Cyclopes, tandis que les inférieures en offrent, au contraire davantage ; à raison encore de son corps, qui s'amincit graduellement vers son extrémité postérieure, de manière qu'il semble n'avoir point de queue, du moins brusquement formée, et qui, en dessus, est armé, dans la femelle, d'une sorte de corne arquée en arrière. Le Cyclope castor et quelques autres dont les antennes inférieures et les palpes mandibulaires sont divisés, au-delà de leur base, en deux branches, peuvent composer aussi un autre groupe. Celui que Leach désigne sous le nom de Calane, *Calanus*, pourrait, en effet, former un sous-genre propre, s'il était vrai que l'animal dont il est le type n'eût point d'antennes inférieures ; mais s'en est-il assuré par lui-même, ou n'en parle-t-il que d'après Müller ? c'est ce qu'on ignore.

Ce genre renferme plusieurs espèces, les principales et les mieux connues sont : le Cyclope commun, *Cyclops vulgaris*, Leach, *Monoculus quadricornis*, Linn ; Monocle à queue fourchue, Geoff., *Monoculus quadricornis rubens*, Jurine ; il a toutes les antennes simples ou sans divisions. Les inférieures ont quatre articles, et leur longueur n'égale guère que le tiers des supérieures. Le corps proprement dit est assez renflé et presque ovoïde ; la queue est étroite et de six segmens. La couleur varie beaucoup ; les uns sont rougeâtres, les autres blanchâtres ou verdâtres. La longueur totale est de deux lignes. Cette espèce est assez commune. On la trouve dans les eaux stagnantes.

Le Cyclope castor, *Cyclops castor*, Jur. Le corps de cette espèce est allongé, peu renflé, formé de six segmens ; la queue est assez courte, et en a dix ; les antennes postérieures sont courtes, bifides ; les œufs de la femelle sont bruns, formant une seule masse ovale, placée au dessous de la queue ; la longueur totale est une ligne et demie ; la couleur de la femelle est bleuâtre, celle du mâle est rougeâtre.

Le Cyclope staphylin, *Cyclops staphylinus*, Desm. Forme allongée ; corps composé de dix segmens, dont le premier ou l'antérieur est le plus grand, et dont le dernier ou le plus petit est terminé par une queue bifide ; la couleur des femelles est d'un bleu d'aigue-marine, celle des mâles est d'un joli vert ; la longueur totale est de cinq douzièmes de ligne ; les œufs sont d'un bleu verdâtre, rassemblés dans une bourse pyriforme qui pend au dessous du ventre de la femelle. Cette espèce est remarquable en ce qu'elle tient ordinairement relevée l'extrémité postérieure de son corps sur l'antérieure, à peu près comme le font les insectes du genre Staphylin. *Voy.* ce mot.

(H. L.)

CYCLOPTÈRE, *Cyclopterus*. (poiss.) Les Cycloptères sont remarquables par un caractère trèsmarqué dans leurs ventrales, dont les rayons suspendus autour du bassin, et réunis par une seule membrane, forment un disque ovale et concave, dont le poisson se sert comme d'un suçoir pour se fixer aux rochers. Ce genre a la bouche large, garnie aux mâchoires de petites dents pointues ; les opercules petits ; les pectorales trèsamples, et s'unissant presque sous la gorge ; la peau visqueuse et sans écailles, mais couverte de petits grains durs. On le divise en deux sous-genres.

Les Lumps, Cuvier, ont une première dorsale visible, quoique très-basse, à rayons simples, et une seconde dorsale à rayons branchus. Leur corps est très-épais. L'espèce sur laquelle repose ce genre est le Lump de nos mers, Grosmolet, *Cyclopterus lumpus*, Linné, Bloch, 90 ; sa première dorsale est tellement enveloppée par une peau épaisse et tuberculeuse, qu'à l'extérieur on la prendrait pour un simple repli du dos. Trois rangées de gros tubercules coniques le garnissent de chaque côté. Il se nourrit de Méduses et autres animaux gélatineux : sa chair est molle, insipide. Lourd et de peu de défense, il devient la proie des phoques, des squales et autres poissons. Le mâle, dit-on, garde avec soin les œufs qu'il a fécondés.

Les Liparis, *Liparis*, Artedi, n'ont qu'une seule dorsale assez longue, ainsi que l'anale ; leur corps est lisse, allongé et comprimé postérieurement. Nous mentionnerons seulement, comme type du genre, le Cycloptère liparis, *Cyclopterus liparis*, Linné, Bloch., 123, qui habite sur nos côtes. C'est un petit poisson à ligne latérale trèsprononcée, à museau arrondi, à tête large et aplatie ; la dorsale et l'anale s'unissent ensemble dès l'extrémité de la queue. Le Liparis est recherché comme aliment dans plusieurs endroits ; mais sa chair est également médiocre. (Alph. G.)

CYCLOSTOME, *Cyclostoma*, (MOLL.) Genre confondu pendant long-temps parmi les Turbots, que Lamarck a rangé dans la famille des Colimacés, dans la seconde division qui renferme les coquilles terrestres dont les animaux n'ont que deux tentacules, et dont les caractères sont les suivans : coquille de forme variable, à tours de spire arrondis; ouverture ronde, régulière; péristome continu, ouvert ou réfléchi avec l'âge; animal ayant deux tentacules émoussés, ondés à la base; cavité respiratoire ouverte au dessus de la tête, recevant immédiatement le contact de l'air; pied petit, placé sur le col et muni postérieurement d'un opercule corné fermant exactement l'ouverture de la coquille.

Tous les Cyclostomes sont terrestres et privés de nacre intérieure, ainsi que d'épines et d'écailles; leurs espèces vivantes sont assez considérables; il n'en est pas de même des fossiles. Nous citerons les suivantes :

CYCLOSTOME TROCHIFORME, *Cyclostoma volvulus*, de Lamarck. Espèce présentant à sa partie supérieure des tours de spire, des fascies brunes, variables; reconnaissable à sa forme presque semblable à celle d'un Turbot, par son ombilic profond, et par ses stries transverses qui se montrent plus grosses à la partie supérieure, dont le sommet est aigu, l'ouverture blanche ou jaunâtre à l'intérieur, et qui est réfléchie et munie d'un bourrelet. La localité de cette coquille, qui acquiert quelquefois un pouce et demi de diamètre à la base, n'est pas bien connue.

CYCLOSTOME VARIABLE, *Cyclostoma variabile*. Cette espèce, rapportée par Delalande d'un voyage en Afrique, est trochyforme, médiocrement ombiliquée, composée de cinq tours arrondis, lisses, qui présentent sur un fond blanc grisâtre un nombre variable de zones brunes; celle du milieu est le plus ordinairement la plus foncée; les autres sont d'autant plus multipliées qu'elles sont plus fines, et elles peuvent se rapprocher tellement que la spire de la coquille semble toute brune dans quelques individus; dans d'autres, presque toutes les bandes pâlissent ou disparaissent, et alors les tours sont blancs, avec une zone médiane très-pâle; l'ouverture est peu réfléchie et n'a point de bourrelet; son bord est blanc, mais à l'intérieur elle est fauve et laisse apercevoir le même nombre de bandes brunes qu'à l'intérieur. On cite des Cyclostomes variables qui ont près de six lignes de diamètre et sept de longueur.

CYCLOSTOME MOMIE, *Cyclostoma mumia*, de Lamarck. Coquille turriculée, conique, subcylindrique inférieurement, composée de huit à neuf tours arrondis et ornés dans toute leur surface d'un grand nombre de stries très-fines, croisées par d'autres longitudinales moins apparentes; d'une couleur lie de vin, avec deux bandes d'un rouge brun occupant la partie moyenne de chaque tour de spire, et dont l'ouverture est petite, ovale, à bords réfléchis sur un petit bourrelet marginal subintérieur. Le Cyclostome momie n'a

guère que neuf à dix lignes de longueur; on le rencontre à Grignon, à Parnes, à La Chapelle près Senlis, à Valmondiers, au petit village de Chambord entre Parnes et Chaumont, dans les terrains de mélange, etc., etc.

Quelques autres espèces, que l'on trouve à l'état fossile aux environs de Paris, ne seront pas décrites ici. Nous renvoyons pour leur étude au quatrième volume des Annales du Muséum, où Lamarck les a fait connaître.   (F. F.)

CYCLOSTOMES, *Cyclostomi*. (POISS.) Famille créée par Duméril dans sa Zoologie analytique, et adoptée ensuite par Cuvier, pour des poissons chondroptérygiens, dont les branchies, au lieu de former des peignes comme tous les autres poissons, présentent la forme de bourses. Ces cartilagineux, dits chondroptérygiens, au premier aspect, ressemblent assez aux anguilles par la forme allongée et arrondie de leur corps, qui est dénué d'écailles et qui paraît comme tronqué en avant à cause de la singulière conformation de leur bouche circulaire ou demi-circulaire, ayant pour support un anneau cartilagineux ou membraneux. Les Cyclostomes présentent des plis transversaux plus ou moins distincts et contractiles, auxquels les muscles adhèrent; leur tête est intimement unie au corps, et ils n'offrent jamais de membres ticulés. Ils ont un sang rouge circulant dans des vaisseaux, des organes respiratoires, un canal intestinal très-simple, ne formant qu'un seul et unique tube droit et mince.

Toutes les espèces de cette famille, étant privées de vessie natatoire, tombent au fond de l'eau dès qu'elles cessent de s'y mouvoir; mais elles emploient divers moyens pour se fixer, afin de ne pas être entraînées par le courant des eaux : c'est surtout à l'aide du disque charnu et circulaire de leur bouche, qui fait l'office d'une ventouse.

Tels sont les poissons qui composent la famille naturelle que l'on regarde comme la plus voisine des animaux sans vertèbres par leur organisation; c'est particulièrement avec les annélides que l'on a cru observer les plus grands rapports de ressemblance. Les genres dont les noms suivent composent cette famille : 1° les *Lamproies*, *Lamproyons*; 2° les *Heptatrèmes*; 3° les *Gastérobranches* et les *Ammocètes*. Nous traiterons chaque article en particulier.   (ALPH. G.)

CYGNE, *Cygnus*. (OIS.) C'est à la famille des CANARDS (*v.* ce mot), ou Palmipèdes lamellirostres, qu'appartiennent les espèces du genre des Cygnes; ces beaux oiseaux se distinguent au premier abord par leurs proportions nobles et élégantes ainsi que par la longueur et la grâce de leur cou. On peut ajouter qu'ils ont le bec long et plus haut que large à la base, laquelle est quelquefois surmontée d'un tubercule; les mandibules sont aussi larges à leur extrémité qu'à leur racine; elles sont droites; la supérieure dépasse un peu l'inférieure; les narines sont percées dans leur milieu; les pieds sont très-larges, les tarses placés un peu en arrière, moyennement longs et d'une grande force. Ces caractères suffisent pour distinguer les Cygnes de tous les Lamellirostres et surtout des Oies et des Canards, avec lesquels ils offrent le plus de rapports. En effet, les premiers ont le bec plus court, et aussi plus étroit à son extrémité qu'à sa base, et les seconds ont le cou fort court. Les auteurs qui ont établi la caractéristique du genre Cygne ont dit, comme s'appliquant à toutes les espèces, que le lorum (espace qui se trouve entre l'œil et le bec) est glabre, c'est-à-dire dépourvu de plumes. Cette assertion, qui était vraie il n'y a qu'un petit nombre d'années, est aujourd'hui inexacte, en ce sens qu'elle ne peut plus se dire de tous les Cygnes. En effet on possède dans plusieurs cabinets un oiseau originaire d'Amérique, lequel se rapporte aux Cygnes par tous ses caractères, si ce n'est par celui du lorum, qu'il a entièrement emplumé.

Les Cygnes sont les plus beaux et les plus grands de tous nos oiseaux aquatiques; on en connaît aujourd'hui cinq ou six espèces, lesquelles se trouvent dans les lieux aquatiques, sur les lacs, les rivières et les côtes de presque tous les points de la terre; ainsi il en existe en Europe, en Asie, dans les deux Amériques et aussi à la Nouvelle-Hollande. L'Afrique paraît être le seul continent dans lequel on n'en trouve point ou au moins qui n'en ait pas d'espèce qui lui soit particulière. Les Cygnes nagent avec aisance et rapidité; ils volent aussi très-bien, mais ils marchent plus difficilement; cependant lorsqu'ils s'abattent à la surface du sol, ils s'y meuvent mieux que la plupart des canards. Ces oiseaux se nourrissent de plantes, de fucus et aussi d'insectes aquatiques, ainsi que de petits poissons; ils vivent par troupes plus ou moins considérables, et ne se séparent qu'au moment de la ponte. Les mâles sont monogames; ils entrent en amour, dans nos régions au moins, pendant le mois de février; ils sont très-ardens et préludent à leur union par les caresses les plus tendres et les plus gracieuses; les deux sexes s'approchent fréquemment, se pressent mutuellement avec le bec, et entrelacent leurs cous avec volupté. La femelle provoque souvent le mâle; elle l'invite encore après qu'il s'est joint à elle. Les œufs sont très-gros, et au nombre de six environ à chaque couvée; il s'écoule un jour d'intervalle entre la ponte de chacun d'eux. L'incubation dure six semaines; le mâle ne la partage pas d'ordinaire, mais lorsque les petits sont éclos, il se charge avec la femelle du soin de les conduire et de les protéger. Les jeunes Cygnes, au moment de leur naissance, sont entièrement couverts d'un duvet gris ou légèrement jaunâtre; ils ne prennent le plumage des adultes qu'avec leur troisième année; mais néanmoins ils grossissent avec rapidité. Le long espace de temps qu'ils mettent à acquérir tout leur développement a fait penser que leur vie était de longue durée: presque tous les auteurs s'accordent à dire qu'elle est plus que séculaire.

Le plumage de ces oiseaux est bien fourni et très-abondant en duvet; il constitue une fourrure très-recherchée. Sa couleur, blanche chez la plupart des espèces, est noire en tout ou en partie chez quelques autres.

On pourrait distribuer ces oiseaux en deux sections ou sous-genres distincts, selon qu'ils ont le lorum emplumé ou tout-à-fait nu.

† *Cygnes à lorum emplumé.* On n'en connaît qu'une seule espèce encore innominée et qui provient d'Amérique (du Brésil). Cet oiseau est un peu moins grand que notre Cygne domestique, son bec est plus long, de couleur pâle, plus élargi et non tuberculé à sa base. Le plumage est entièrement blanc, si ce n'est l'extrémité des grandes rémiges alaires qui est légèrement rembrunie.

†† *Cygnes à lorum glabre.* Ce sont les Cygnes proprement dits; on en connaît quatre espèces bien distinctes, dont deux sont de l'Ancien-Monde (*Cygne à bec rouge* et *Cygne à bec noir*); une de l'Amérique (*Cygne à tête noire*), et la dernière de la Nouvelle-Hollande (*Cygne noir*).

CYGNE À BEC ROUGE, *Anas olor*, Gm., *Cygnus olor*, Vieill. On le nomme encore *Cygne domestique* et *Cygne tuberculé*. Il a le bec rouge, bordé de noir, et chargé à sa base d'une protubérance arrondie, noire ainsi que le tour des yeux. L'iris est brun, les pieds sont d'un noir nuancé de rougeâtre. Les adultes sont longs de quatre pieds six pouces et davantage, ils ont tout le plumage d'un beau blanc de neige. La trachée-artère ne présente rien de particulier dans sa forme. Les femelles sont un peu moins grandes que les mâles, la protubérance de leur bec est aussi moins développée. Les jeunes, à la première année, sont d'un brun cendré, ils ont alors le bec et les pieds de couleur plombée; à la seconde année ils les ont jaunâtres, et le brun de leur plumage est varié de blanc par endroits.

Cet oiseau vit à l'état sauvage dans les grandes mers de l'ancien continent, principalement en Asie et dans les contrées orientales de l'Europe; il niche dans les roseaux, sur le bord des eaux et pond de six à huit œufs d'un verdâtre clair.

C'est à l'espèce du Cygne à bec rouge que l'on doit rapporter tous nos Cygnes domestiques. Ces beaux oiseaux, qui font depuis long-temps l'ornement de nos habitations, où ils vivent et se perpétuent, sont moins des esclaves que des amis; libres sur nos eaux, ils n'y séjournent qu'en y jouissant de toute leur indépendance. «Ils veulent à leur gré débarquer au rivage, s'éloigner au large ou venir, longeant la rive, s'abriter, sous les bords, se cacher dans les joncs, s'enfoncer dans les anses les plus écartées; puis, quittant la solitude, revenir à la société, et jouir du plaisir qu'ils paraissent prendre et goûter en s'approchant de l'homme, pourvu qu'ils trouvent en nous des hôtes et des amis, et non des maîtres et des tyrans.»

Les individus sauvages viennent quelquefois s'établir autour de nos demeures, quelquefois même ils s'introduisent dans les grands parcs et ils y restent tant qu'ils s'y trouvent en sécurité.

Mais dès qu'on les tourmente, ils s'éloignent pour ne plus revenir. C'est ce qui a lieu chaque jour aux environs des villes à mesure qu'elles prennent plus d'accroissement; c'est ce qui est arrivé à Paris, où les Cygnes venaient autrefois régulièrement et en grand nombre sur les eaux de la Seine, tandis que maintenant on ne les y voit plus, même accidentellement.

Les Cygnes sont depuis très-long-temps domestiques, et cependant ils ont peu perdu de leurs qualités premières; on les élève bien plutôt comme ornement que pour en tirer quelque profit; leur chair en effet est noire et coriace, et ils coûtent beaucoup à nourrir; leur peau seule, qui est garnie d'une épaisse fourrure de plumes et de duvet, peut être employée utilement, mais elle n'a pas assez de valeur pour couvrir la dépense de leur entretien. Ces oiseaux nagent bien et avec une telle rapidité qu'un homme, placé sur le rivage, aurait peine à les suivre, même en courant; ils volent aussi, et souvent ils quittent les parcs où on les tient, pour retourner à l'état sauvage. On évitera facilement de les perdre ainsi, en ayant soin de leur rogner les ailes quelque temps après chaque mue.

CYGNE A BEC NOIR, *Cygnus ferus*. Cette espèce, que l'on nomme aussi *Cygne sauvage*, a été prise par Buffon pour la source de nos Cygnes domestiques; mais on sait aujourd'hui que ces derniers proviennent d'un autre Cygne, le Cygne olor (*v.* ci-dessus), que nous avons dit exister aussi à l'état sauvage dans les contrées orientales de l'Europe. Le Cygne sauvage se distingue d'ailleurs de ceux avec lesquels Buffon le confondait par ses caractères qui ne permettent point de douter qu'il ne constitue une autre espèce; ainsi il a le bec noir (de là son nom de *C. à bec noir*) et couvert à sa base d'une cire jaunâtre; l'espace nu qui entoure ses yeux est aussi de cette couleur; l'iris est brun et les pieds noirs. Tout le plumage est blanc chez les adultes, à l'exception cependant de la tête et de la nuque, qui sont légèrement nuancées de jaunâtre; un autre caractère distingue encore cet oiseau, c'est la disposition de sa trachée, qui s'introduit dans un creux du sternum, et va y former deux circonvolutions, ce qui n'a pas lieu chez le Cygne précédent.

Le mâle de cette espèce est long de quatre pieds huit ou neuf pouces, depuis le bout du bec jusqu'à l'extrémité de la queue; la femelle est un peu moins grande. Les jeunes ont le plumage d'un gris clair, le devant de leur bec est noir, leur cire et l'espace nu du lorum sont de couleur de chair, et leurs pieds d'un gris rougeâtre.

Le Cygne à bec noir se nourrit de plantes aquatiques ou d'insectes; on le trouve très-avant dans le Nord, et ce n'est qu'accidentellement et pendant les hivers les plus rigoureux qu'il s'avance jusque dans nos contrées. Il niche rarement chez nous; sa ponte est de cinq à sept œufs d'un vert olivâtre. La femelle les dépose dans un amas de roseaux qu'elle a préparés, le plus souvent en pleine eau, mais si bien assis sur la vase qu'il faudrait une très-grande force pour les déplacer. Elle fait un véritable nid très-ample et quelquefois élevé de trois ou quatre pieds au dessus du niveau du liquide; dans l'intérieur sont quelques matériaux plus doux et souvent des plumes et du duvet, dont la femelle s'est dépouillée pour le garnir.

La chasse des Cygnes est une des plus difficiles; car ces oiseaux, lorsqu'ils volent, se tiennent fort élevés, ou bien s'ils sont à terre, ils se laissent très-difficilement approcher. On les tue généralement avec le fusil; mais il faut que l'arme porte loin et soit chargée avec du gros plomb. Il paraît qu'en Irlande et au Kamtschatka, on les poursuit lorsqu'ils sont en mue, parce qu'alors ils volent difficilement. Les Russes des environs de l'Oby ont recours à un autre moyen; ils attendent l'époque de la fonte des neiges, et lorsqu'elle a lieu, ils attirent ces oiseaux dans les endroits où le dégel est établi en y plaçant des peaux d'oies et de canards empaillées. Les Cygnes, qui ont beaucoup d'animosité contre ces oiseaux, se jettent sur eux avec fureur, et les chasseurs, placés derrière les retranchemens qu'ils se sont pratiqués avec des branchages ou de la neige amoncelée, peuvent les tirer à leur aise.

C'est principalement à l'espèce qui nous occupe que les anciens ont accordé une voix si harmonieuse; cependant quelques recherches qu'aient faites les observateurs, on n'a pu encore saisir ce moment si désiré où le Cygne se fait entendre. Ce que l'on sait parfaitement, c'est que dans toutes les circonstances de sa vie où on l'a étudié cet oiseau ne rend d'autres sons qu'un cri dur et désagréable à l'oreille; et même dans les momens les plus tendres, les accens qui lui échappent ressemblent plus à un murmure qu'à aucune espèce de chant. Tous les poètes, au reste, ne se sont pas laissé tromper, et ce préjugé ne paraît pas avoir été aussi général qu'on l'a cru. C'est ainsi que Virgile nous dit que les Cygnes ont la voix *rauque*,

Dant sonitum rauci per stagna loquacia cygni;

et que Lucrèce dit aussi, livre IV :

Parvus cygni canor.

Ovide a très-bien rendu l'espèce de grincement de ces oiseaux par le mot *drensant* :

Grus gruit, inque glomis cygni prope flumina drensant.

« Nulle fiction en histoire naturelle, dit Buffon, nulle fable chez les anciens n'a été plus célébrée, plus répétée, plus accréditée; elle s'était emparée de l'imagination vive et sensible des Grecs. Poètes, orateurs, philosophes même l'ont adoptée comme une vérité trop agréable pour vouloir en douter. Il faut bien leur pardonner leurs fables; elles étaient aimables et touchantes; elles valaient bien de tristes, d'arides vérités, c'étaient de doux emblèmes pour les âmes sensibles. Les Cygnes, sans doute, ne chantent pas leur mort; mais toujours, en parlant du dernier essor et des derniers élans d'un d'un beau génie prêt à s'éteindre, on rappellera avec sentiment cette expression touchante : c'est le *Chant du Cygne.* »

M. Yarrel a décrit, dans les Transactions Linnéennes, t. XVI, une espèce de Cygne propre au nord de l'Europe, et dont il a observé, pendant l'hiver de 1829 à 1830, quelques individus sur les côtes de l'Angleterre. Cette espèce, si toutefois elle en est véritablement une, se rapproche beaucoup de la précédente par la couleur de son bec, qui est noir, et la forme de sa trachée, qui forme une anse sternale très-développée. Le plumage est blanc. C'est le CYGNE DE BEWICK, *Cygnus Bewickii*, Yarr., *loco cit.*, depuis peu figuré dans les Illustr. ornith. de MM. Selby et Jardine.

CYGNE A TÊTE NOIRE, *C. nigricollis.* Cette espèce se trouve dans toute l'Amérique méridionale, depuis le détroit de Magellan jusqu'au Chili; elle existe aussi aux îles Malouines; elle est moins grande que nos Cygnes d'Europe; sa longueur totale est de trente-huit à quarante pouces, et son envergure de cinq pieds; elle est blanche sur le corps, avec le cou et la tête noire; une bande blanche s'étend de l'œil à l'occiput; le bec est d'un rouge de sang dans sa première moitié et passe au noirâtre vers son extrémité. Ces oiseaux farouches, dit Molina, vivent en troupes nombreuses; la femelle pond ordinairement six œufs; lorsqu'elle quitte le nid pour aller chercher sa nourriture, elle emporte ses petits sur son dos.

CYGNE NOIR, *C. atratus.* Il a le plumage entièrement noir, le bec rouge ainsi que la cire dont sa base est couverte, et les pieds d'un gris foncé. C'est une espèce de la Nouvelle-Hollande, si commune dans certains endroits, que les navigateurs ont pu en charger un canot avec le produit d'une seule chasse.

Suivant G. Cuvier, on ne peut séparer des Cygnes quelques espèces rangées parmi les Oies, dont le bec est surmonté d'un tubercule; mais ces oiseaux n'ont point la gracieuse élégance des Cygnes, et d'ailleurs leurs pieds, leur cou et leur bec plus étroit à sa pointe, paraissent les éloigner beaucoup de ces oiseaux, auxquels on voudrait les réunir. *Voyez* l'article OIE du présent Dictionnaire.

CYGNE ENCAPUCHONNÉ. (ois.) On a quelquefois appelé ainsi le DRONTE. *Voyez* ce mot.

CYGOGNE. (ois.) *Voyez* CIGOGNE. (GERV.)

CYLAS, *Cylas.* (INS.) Genre de Coléoptères, de la famille des Rhynchophores, tribu des Brentides; ce genre a été établi par Latreille, qui lui donne pour caractères : antennes de dix articles, dont le dernier formant une massue ovale; corselet divisé en deux nœuds; abdomen ovale. Les Cylas sont de petite taille; la tête et le corselet font la moitié de la longueur du corps, les antennes sont insérées près de l'extrémité du museau, et n'atteignent pas l'extrémité de la première partie du corselet; celui-ci est en poire dans la première partie, et la seconde, qui est beaucoup plus courte, est plus étroite; l'abdomen est très-bombé, beaucoup plus haut que large.

C. BLEUISSANT, *C. cyanescens*, Schœn. Long de 2 à 3 lignes; d'un bleu noir presque soyeux. Du Sénégal.

On peut voir une bonne figure d'une espèce voisine, le *Cylas longicollis* de Chevrolat, dans l'Iconographie du Règne animal, Insectes, pl. 56, fig. 10. (A. P.)

CYMBIDIER, *Cymbidium.* (BOT. PHAN.) De nombreuses espèces composent ce genre de la famille des Orchidées et de la Gynandrie monandrie. Plusieurs ont été détachées pour former des genres séparés, entre autres l'espèce indigène à l'Europe, le *Cymbidium corallorhizon*; celles qui lui restent appartiennent aux climats les plus chauds de l'Asie, de l'Afrique et de l'Amérique. On les divise en deux sections, les Parasites et les Terrestres; les premières s'implantent sur l'écorce des arbres, les secondes naissent de bulbes cachés sous le sol, sinon en totalité, du moins en grande partie. Toutes ont les fleurs disposées en épis ou en grappes terminales, généralement élégantes, d'une forme attrayante et ornées de belles couleurs. Quelques unes ont long-temps figuré parmi les *Limodorum*, d'autres parmi les *Epidendrum*. Citons les plus remarquables dans l'une et l'autre catégorie; elles se multiplient également par caïeux, qu'il faut séparer avec précaution.

I. *Espèces terrestres.* — Le CYMBIDIER POURPRE, *C. purpureum*, originaire des Antilles, est cultivé depuis long-temps en France dans le terreau de bruyère. Il repose sur un tubercule ayant près de lui le tubercule de l'année précédente; la hampe sort de côté, tandis que de la base s'élance un faisceau de feuilles lancéolées, d'un beau vert et engaînantes. Sur la hampe on voit trois ou quatre écailles membraneuses fort courtes, et à sa partie supérieure cinq à huit fleurs purpurines, assez grandes. — Le CYMBIDIER ÉLÉGANT, *C. pulchellum*, dont les fleurs sont également purpurines et belles; on le trouve dans toute l'Amérique; et, plus vigoureux que ses congénères, il monte jusque dans le Canada. — Le CYMBIDIER JAUNE, *C. luteum*, remarquable par ses feuilles et ses grandes fleurs jaunes, est recherché par les Chiliennes nouvellement accouchées; son suc, mêlé à du bouillon, leur procure une grande abondance de lait. On estime que l'espèce dite à grandes fleurs, *C. grandiflorum*, qui se trouve dans la Guiane, est la même ou du moins une simple variété.

II. *Espèces parasites.* — Sur le stipe du Cocotier on observe le CYMBIDIER ÉCRIT, *C. scriptum*, ainsi nommé des lignes pourprées qui couvrent les sépales et ressemblent à des caractères orientaux; ses fleurs sont d'un très-beau jaune et se montrent dans tout le luxe de leur élégance aux îles de l'archipel indien. Les jeunes filles et les femmes les plus riches de l'île de Ternate ont seules le privilége de s'en décorer. — Le CYMBIDIER A FEUILLES DE JONC, *C. juncifolium*, s'attache fortement aux racines des vieux arbres qui peuplent les bois de la Martinique, tandis que la hampe très-grêle, longue de soixante-dix centimètres, se fixe à l'écorce, et l'orne de ses dix belles fleurs jaunes parsemées de taches rouges. — Le CYMBIDIER A FEUILLES D'ALOÈS,

C. aloïfolium, admis dans nos jardins depuis la première année du XIX° siècle, provient de la côte du Malabar. Comme il croît sur l'arbre qui porte la noix vomique, *Strychnos nux vomica*, il participe des mêmes élémens, et réduit en poudre, Rheede nous apprend que le *Kansyram-maravara* provoque le vomissement; les indigènes s'en servent aussi contre la diarrhée et la paralysie. Sa racine est grosse, vivace, roussâtre, garnie d'une grande quantité de fibres, et la hampe qu'elle fournit sur le côté de ses feuilles engaînantes porte une dizaine de fleurs, sur lesquelles le jaune et le pourpre se marient agréablement.

Il serait facile de nommer ici un plus grand nombre d'espèces; mais, comme elles sont encore étrangères à nos cultures, et qu'elles vivent dans des contrées fort loin de nous, il suffit de celles que nous avons indiquées pour faire connaître le genre *Cymbidium*. (T. D. B.)

CYMBULIE, *Cymbulia*. (MOLL.) Genre décrit d'abord par Péron et Lesueur, placé par Blainville dans ses Ptérodibranches, par Cuvier dans ses Ptéropodes à tête distincte, et caractérisé ainsi par Lamarck : corps oblong, gélatineux, transparent, renfermé dans une coquille; tête sessile; deux yeux; deux tentacules rétractiles; bouche munie d'une trompe aussi rétractile; deux ailes ou nageoires opposées, branchifères, connées à leur base postérieure par un appendice intermédiaire en forme de lobe; coquille gélatinoso-cartilagineuse, transparente, cristalline, oblongue, en forme de sabot, tronquée au sommet, à ouverture latérale et antérieure.

La CYMBULIE DE PÉRON, *Cymbulia Peronii*, de Lamarck, est la seule espèce connue. Sa coquille en nacelle oblongue, en forme de sabot, habite la Méditerranée près de Nice; elle a à peu près deux pouces de longueur. On en voit une très-belle figure dans l'Iconographie du Règne animal, Mollusques, pl. 4, fig. 2. (F. F.)

CYMINDIS, *Cymindis*. (OIS.) C'est un petit groupe de la famille des Faucons, caractérisé par ses ailes obtuses et son bec très-crochu, étroit et assez allongé; on n'y range que quelques espèces, toutes de l'Amérique.

Le CYMINDIS DE CAYENNE se trouve à la Guiane et au Brésil; CYMINDIS BUSOÏDE, appelée aussi *Buse mantelée*, des mêmes contrées, ainsi que le CYMINDIS BEC EN CROC. M. Lesson a fait de ce dernier un sous-genre à part sous le nom de Rostrame. Cette subdivision est à peu près inutile. On peut consulter, pour l'histoire des Cymindis, un très-bon travail de M. de Lafresnaye, inséré dans le Magasin de zoologie de M. Guérin. (GERV.)

CYMODOCÉE. (ZOOPH. POLYP.) Genre de l'ordre des Sertulariées établi par Lamouroux, dans la division des Polypiers flexibles à cellules non irritables, et caractérisé ainsi: polypiers phytoïdes à cellules cylindriques, plus ou moins longues, filiformes, alternes ou opposées, portées sur une tige fistuleuse, annelées inférieurement, unies pour la plupart dans la partie supérieure et sans cloison intérieure. La tige des Cymodocées est un tube continu, corné ou cartilagineux, simple ou rameux, et qui, dans l'état de vie, doit être rempli d'une matière animale irritable, à laquelle aboutissent les nombreux polypes placés sur la surface des tiges. C'est surtout ce caractère qu'on a invoqué pour les séparer de l'ordre des Tubulariées, et pour les regarder comme intermédiaires entre celles-ci et les Sertulariées. Leur forme est simple ou peu rameuse; leur substance cornée, un peu transparente et fragile; leur couleur d'un fauve rougeâtre ou d'un fauve blond et vif; leur grandeur variable. Elles adhèrent aux corps solides par une base mince de laquelle sortent des tiges, ou sur laquelle ces tiges rampent et se contournent avant de s'élever. Les principales espèces sont la CYMODOCÉE CHEVELUE, à tiges droites, cylindriques, couvertes de petites ramifications capillacées, nombreuses, verticillées, flexueuses, articulées et polypifères, présentant à chaque articulation une cellule courte, annelée à sa base et presque invisible à l'œil nu. On la trouve sur les côtes d'Angleterre. La CYMODOCÉE RAMEUSE, qu'on rencontre dans la mer des Antilles, et dont les tiges, rameuses et annelées, à cellules opposées à chaque anneau ou alternes d'un anneau à l'autre, s'élèvent d'un empatement commun. La CYMODOCÉE ANNELÉE du cap de Bonne-Espérance, et la CYMODOCÉE SIMPLE des côtes d'Angleterre, appartiennent encore à ce genre de Sertulariées. (P. G.)

CYMOLITHE. (MIN.) On nomme ainsi une substance argileuse, très-douce au toucher et dont la couleur est le gris de perle ou le rougeâtre, que l'on trouve dans l'île d'Argentière autrement appelée *Kymolo* (le *Kymolis* des anciens Grecs), dans l'Archipel. C'est l'île qui a donné son nom à la substance dont il s'agit. Celle-ci est un silicate d'alumine composé de 63 parties de silice, de 23 d'alumine, de 12 d'eau et de 1 ou 2 d'oxide de fer. (J. H.)

CYMOPHANE. (MIN.) On donne ce nom à une substance vitreuse d'un vert jaunâtre, cristallisant dans le système prismatique rectangulaire, rayant facilement le verre, et même le quartz ou le cristal de roche, et résistant à l'action des acides. Suivant quelques analyses, ce serait un silicate d'alumine, contenant quelquefois d'autres substances en quantité variable. Mais notre savant ami M. Seybert a reconnu dans ce minéral, outre 5 à 6 pour cent de silice, 68 à 74 d'alumine, 1 à 5 de titane, 5 à 5 de protoxide de fer, une quantité aussi notable de glucine que dans l'émeraude, c'est-à-dire 15 à 16 pour cent.

La Cymophane se trouve disséminée dans des roches appelées *Pegmatites*, composées essentiellement de feldspath et de quartz, et appartenant à la formation granitique. C'est dans l'Amérique septentrionale, c'est au Brésil, c'est dans l'Asie méridionale et dans l'île de Ceylan, que cette substance a été trouvée jusqu'à présent.

Elle est employée par les lapidaires; les variétés transparentes sont d'un bel effet et conséquemment assez rechercrchées lorsqu'elles sont taillées à facettes. Selon ses nuances on lui donne les noms de Chrysolithe et de Topaze orientale; et l'on taille en cabochon celle dont le chatoiement offre des reflets bleuâtres avec une teinte laiteuse. (J. II.)

CYMOTHOA ou CYMOTHOE, *Cymothoa.* (CRUST.) Ce genre, établi par Fabricius, appartient à l'ordre des Isopodes; Latreille le range dans sa deuxième section des Normaux, *Normalia.* Ses caractères sont : branchies libres, membraneuses, vésiculeuses, disposées sur deux rangs sous la queue; quatre antennes apparentes; queue composée de six anneaux avec un appendice de chaque côté, formé de deux lames portées sur un pédicule commun et mobile; pieds insérés près des bords latéraux du tronc, courts et terminés par un crochet fort, très-aigu et non divisé à sa pointe. Ce genre ainsi caractérisé comprend plusieurs divisions établies par Leach, et se trouve au contraire moins restreint que dans l'ouvrage de Fabricius. Suivant Latreille, les Cymothoés proprement dits ont le corps essentiellement composé à la manière des autres Isopodes, et le plus souvent bombé ou convexe, et uni en dessus; la tête est triangulaire, obtuse en devant et souvent reçue à sa base dans une échancrure du premier segment du tronc : elle porte latéralement des yeux peu saillans et à réseaux très-distincts; les antennes, au nombre de quatre, s'observent à son extrémité antérieure et quelquefois sous le chaperon; elles sont ordinairement courtes, presque égales, sétacées, à articles peu nombreux, et situées par paires sur deux rangs les unes au dessus des autres; la bouche présente les mêmes parties que celle des autres Crustacés isopodes; le tronc se compose de segmens portant chacun une paire de pieds, et les bords latéraux de plusieurs d'entre eux semblent être augmentés d'un appendice en forme d'article, au dessus de la naissance des pattes. Celles-ci, au nombre de quatorze, sont courtes, également développées et attachées de chaque côtés sur le bord même du segment; elles se composent d'une cuisse épaisse et coupée en S, d'une jambe plus mince, enfin d'un ongle très-crochu et presque aussi long que la jambe; l'abdomen présente six segmens, dont les cinq premiers courts, et le dernier grand, et plus ou moins ovale ou arrondi; il n'est point voûté en dessous; à chaque côté du bout de l'abdomen est articulée une espèce de nageoire, pareille à celle que l'on observe en cette partie dans les Décapodes macroures; les branchies, au nombre de dix à douze environ, forment des espèces de vessies ou bourses d'une couleur blanche, et qui sont susceptibles de se renfler; elles sont situées sur deux rangs le long du dessus de l'abdomen; la poitrine, chez la femelle, a plusieurs écailles en recouvrement, placées au dessus des œufs; elles s'écartent pour donner une libre issue aux petits qui éclosent dans ces espèces de matrices extérieures. Suivant Risso, chaque ponte est composée de trente jusqu'à six cents petits, et elle se renouvelle deux ou trois fois dans l'année.

. Les Cymothoés, connus vulgairement sous le nom de Poux de mer, sont des Crustacés voraces et parasites. Ils se fixent sur divers poissons, et semblent affecter de préférence certaines espèces. On les trouve ordinairement près des ouïes, aux lèvres, à l'anus et dans l'intérieur même de la bouche. Ce genre, qui se compose d'un grand nombre d'espèces, a été réduit par Leach dans sa classification des Malacostracés, et il a formé à ses dépens un grand nombre de genres. L'espèce qui peut être regardée maintenant comme en formant le type est le CYMOTHOÉ ŒSTRE, *Cymothoa œstrum*, Leach, Dict. sc. nat., tom. XII, pag. 332; *Oniscus œstrum*, Linné; *Cymothoa œstrum*, Fabr. Latr. Carènes des huit dernières cuisses acuminées, saillantes à leur base; tête carrée, transverse; extrémité en quelque sorte rétrécie et droite; cette espèce est représentée dans notre Atlas, pl. 132, fig. 1. *Voy.* pour les autres espèces Desmarest, Cons. génér. sur les Crustacés. (H. L.)

CYMOTHOADÉES, *Cymothoadeœ.* (CRUST.) Cette famille a été établie par Leach; elle se compose du genre Cymothoa de Fabricius, dont les espèces sont connues des pêcheurs sous le nom de Poux de poissons, parce qu'elles se fixent sur ces animaux et en sucent le sang. Les anciens leur appliquaient aussi la dénomination d'OEstres et d'Asiles, par allusion aux Diptères du genre des Taons, qu'ils désignaient de même. La queue est formée de quatre à six segmens, et munie en dessous de plusieurs appendices formés de deux sacs ovalaires, vésiculeux, aplatis et lamelliformes lorsque l'animal est hors de l'eau, portés sur un tubercule commun, paraissant remplir les fonctions de branchies, et disposés sur deux rangs. Les mandibules sont petites, peu dentées, et sans saillies ou rameau au côté interne, ce qui les distingue de celles des familles suivantes, où ces organes sont beaucoup plus robustes et fortement dentés au même côté. De plus, elles paraissent terminer une sorte de long pédicule, portant les palpes, et dont la base est de niveau avec celle des deux pieds-mâchoires. Suivant M. Milne Edwards, ces palpes sont triarticulés. La bouche des femelles diffère un peu de celle des mâles. Les pieds, ou ceux au moins des paires antérieures, sont courts et terminés par un fort onglet ou crochet. Des écailles membraneuses, imbriquées et pectorales, recouvrent les œufs. Le docteur Leach a partagé le genre Cymothoa de Fabricius en beaucoup d'autres, mais que l'on peut, d'après des considérations générales, ou moins minutieuses, réduire à quatre, auxquels nous en ajouterons un qu'il n'a pas connu.

Le genre SÉROLE, *Serolis*, Leach, se distingue par des yeux portés sur des tubercules au sommet de la tête, et par la queue composée seulement de quatre segmens. Dans tous les autres genres les yeux sont sessiles; mais leur composition n'est pas identique.

Ici la cornée est divisée en petites facettes; les antennes sont évidemment placées sur deux lignes. Les premières paires de pieds, au moins, sont terminées par un fort crochet.

Les Cymothoés, *Cymothoa*, dont la queue est composée de six segmens, et dont les mandibules ne sont point saillantes.

Les Synodus, *Synodus*, Latr., semblables quant à la composition de la queue, mais où les mandibules sont avancées.

Les Nélocyres, *Nelocyra*, Leach, où la queue ne présente que cinq segmens. Ses antennes inférieures sont sensiblement plus longues que les mêmes des genres précédens, leur extrémité atteignant le cinquième segment du corps, et les pieds sont moins fortement unguiculés. Là les yeux sont formés de petits grains ou d'yeux lisses rapprochés ; les quatre antennes sont insérées sur une même ligne. Tous les pieds sont ambulatoires. La queue est composée de six segmens, dont le dernier grand, orbiculaire. Tels sont les caractères du genre Limnorie, *Limnoria*, Leach. Quoique l'espèce servant de type soit très-petite, elle n'en est pas moins très-nuisible par ses habitudes et sa multiplication. Elle perce le bois des vaisseaux en divers sens avec une grande promptitude ; de là le nom de *Térébrans* qu'on lui a donné.

(H. L.)

CYNANQUE, *Cynanchum*. (bot. phan.) Genre de la famille des Asclépiadées et de la Pentandrie digynie. Il est composé de plantes herbacées ou de sous-arbrisseaux le plus souvent volubiles, à tiges grêles, rameuses, remplies d'un suc laiteux et garnies de feuilles opposées, simples, entières ; à fleurs généralement petites, axillaires ou terminales, disposées en bouquets, en épis, ou en corymbes, ayant un calice très-petit, persistant, à cinq dents étroites et profondes, une corolle monopétale à tube court, cinq lobes ouverts en étoile ; cinq étamines, un ovaire supérieur bifide, deux styles très-courts entourés de l'anneau qui occupe l'entrée de sa corolle. Deux follicules ovoïdes, oblongues, simples, rarement doubles, s'ouvrant d'un seul côté par une fente longitudinale, constituent le fruit, qui contient des semences nombreuses, imbriquées et couronnées d'une aigrette de poils blancs et soyeux.

Tous les Cynanques sont purgatifs à un degré plus ou moins éminent. On vend souvent pour la véritable Scammonée, qui est une espèce de Liseron (*voy.* ces deux mots) le suc épaissi et devenu noirâtre par la cuisson du Cynanque de Montpellier, *C. monspeliacum*. Cette espèce, la seule indigène à la France, se trouve non seulement aux environs de Montpellier, de Narbonne, de Cette, mais encore dans les lieux sablonneux et maritimes de nos départemens du sud-est, sur les bords du beau golfe de Naples, et depuis le Monte-Circello jusques à Gaéta. Elle a les racines blanches, fusiformes et rampantes, les tiges herbacées, longues de près d'un mètre, les feuilles cordiformes, glabres et d'un vert blanchâtre, les fleurs blanches, découpées en étoile, réunies en ombelle, épanouies de juillet à septembre. Le suc miellé qui entoure l'appareil génital, et principalement le stigmate, attire les insectes, les muscides surtout. Ils insinuent leur trompe dans l'espace situé au dessous de l'anthère pour le pomper ; ce mouvement irrite la corolle ; lorsque l'insecte veut retirer sa trompe, la contraction devient plus forte, et plus les efforts qu'il fait pour se débarrasser sont grands, plus la contraction augmente : elle devient telle que l'insecte périt bientôt. Le suc du Cynanque de Montpellier est blanc, gluant, et en même temps visqueux, fétide : son odeur a beaucoup de rapport avec celle du poisson pourri ; il abonde dans les feuilles, dans les tiges ; quand on les cueille sans précaution, il n'est point rare de le voir déterminer sur les mains une affection érysipélateuse, à la suite de laquelle il y a desquamation de la peau.

Il paraît certain que le Cynanque a feuilles pointues, *C. acutum* de Linné, n'est qu'une variété du précédent, dont elle ne diffère que par son feuillage plus étroit, plus pointu, par ses pédoncules plus allongés. Elle se trouve en Espagne et dans quelques autres contrées de l'Europe méridionale, ainsi que sur les côtes de la Barbarie.

Quelques auteurs inscrivent au nombre des Cynanques, l'Asclépiade blanche, *Asclepias vincetoxicum*, dont j'ai parlé plus haut, tom. I, pag. 300 ; mais je doute que l'on approuve une changement semblable, malgré l'extrême voisinage des deux genres.

Une espèce assez singulière et que l'on cultive à cause de sa ressemblance avec une Euphorbe, c'est le Cynanque nu, *C. viminale*, qui ne se décore jamais de feuilles. Cette plante, originaire du désert de Suez, a les tiges grêles, effilées, verdâtres, un peu sarmenteuses, longues d'un et deux mètres, et seulement garnies de rameaux opposés.

On cultive aussi, comme contribuant à l'agrément des jardins, par ses fleurs ou étoiles très-nombreuses, disposées en corymbes lâches et latéraux, le Cynanque droit, *C. erectum*, qui nous est venu de la Syrie. Il forme des touffes vivaces, égayées par le vert clair de ses feuilles. Dans les Indes on possède une espèce plus digne d'être recherchée : c'est le Cynanque odorant, *C. odoratissimum*, dont le parfum pénétrant rappelle celui du jasmin. Ses fleurs sont jaunes, disposées en bouquets très-serrés.

L'ipécacuanha du commerce est fourni par les racines du Cynanque vomitif, *C. vomitorium*, découvert par Sonnerat aux îles Maurice et Mascareigne. Sa saveur âcre et amère est beaucoup moins énergique que l'ipécacuanha du Brésil, *Cephalis ipecacuanha*. Il n'en est pas de même des feuilles du Cynanque d'Égypte, *C. arguel*, que la fraude mercantile mêle aux feuilles des diverses sortes de séné, surtout du séné dit de la Palthe, le meilleur de tous, celui dont les feuilles sont minces, d'un vert plus prononcé et légèrement pubescentes à leur face inférieure ; tandis que celles de l'Arguel, qui purgent avec violence et causent souvent des coliques dangereuses, sont épaisses, coriaces, d'un vert cendré et parfaitement glabres.

Sous le nom de Cynanque de la Caroline, *C.*

caroliniense, Jacquin nous a fait connaître la plante qui servait aux premières peuplades de ces contrées pour empoisonner leurs flèches. Ils recueillaient son suc, le pétrissaient avec de l'argile réduite en poudre, et en préparaient de petites boules qu'ils fixaient dans les cavités ménagées près de la pointe des flèches. Cette argile délayée par le sang rendait la plaie mortelle. La même plante est appelée *Vincetoxicon gonocarpos* par Walter, et *Gonolobus macrophyllus* par Michaux. (T. D. B.)

CYNICTIS, *Cynictis*. (MAM.) M. O'Gilby donne ce nom à un nouveau genre de la famille des Carnivores ; l'espèce unique qu'il décrit est le *Cynictis Stedmanii*, animal de la Cafrerie. Le mémoire de M. O'Gilby est inséré dans le t. 1er des Trans. of the zoolog. soc. of London. Il en a été donné un extrait dans les Annales des sc. nat. et dans le Bulletin zoologique, 1re année. (GERV.)

CYNIPS, *Cynips*. (INS.) Genre d'Hyménoptères de la famille des Pupivores, tribu des Gallicoles, dont les caractères essentiels sont d'avoir l'abdomen ovoïde, plus épais et arrondi en dessus ; les antennes filiformes ; ailes n'ayant qu'une cellule complète avec trois cellules cubitales ; ces insectes ont la tête très petite, transversale ; les antennes insérées au milieu de la face, de treize articles, dont le second plus petit que le premier et le troisième qui sont presque égaux ; à partir de celui-ci, ils vont toujours en diminuant de longueur jusqu'au dernier qui est ovoïde ; le corselet est très-élevé, beaucoup plus gros que la tête, ce qui fait paraître cet insecte comme bossu ; les ailes sont grandes et dépassent de beaucoup le corps ; l'abdomen est à peu près de la longueur de la tête et du corselet, tronqué un peu obliquement en dessous, les anneaux de la partie supérieure de l'abdomen ont tous une direction qui, inférieurement, les réunit près de la poitrine ; de cet endroit naît, dans les femelles, la tarière ; cette tarière dans le repos est souvent pas ou peu apparente, faisant sur elle-même plusieurs circonvolutions en guise de tire-bouchon, et son extrémité étant couchée dans une gouttière que forment les anneaux du ventre ; cette pièce, qui paraît simple au premier coup d'œil, est composée de plusieurs pièces pour former un oviducte propre à conduire les œufs dans le trou qu'elle a préparé, et pour cette dernière opération elle est armée à son extrémité de petites dentelures, ce qui, comme on le voit, offre de l'analogie avec ce que nous offrent les *Tenthredes* ou mouches à scie ; mais dans ces dernières l'entaille faite produit seulement un petit gonflement, tandis que dans les petits insectes qui nous occupent maintenant, elle produit sur les plantes des excroissances tout-à-fait singulières, dont nous allons parler tout à l'heure ; l'œuf déposé dans l'arbre possède la faculté de grossir, remarque que l'on a faite aussi pour celui des Tenthrèdes, dont nous venons de parler ; la galle continue de grossir avec assez de vitesse, et l'insecte sortant de l'œuf trouve autour de lui le logement et la nourriture ; ces larves sont apodes, mais garnies de petits ma-

melons qui leur tiennent lieu de pieds ; quoique leur accroissement soit assez prompt, elles passent près de six mois dans la galle qui leur sert de berceau, et en sortent insectes parfaits ; chaque insecte n'est pas toujours seul dans une galle, souvent plusieurs vivent en société dans une même loge, souvent aussi chacun a sa loge particulière dans une même galle ; les femelles varient à l'infini, suivant les espèces, les moyens de loger leur progéniture.

Disons maintenant un mot des galles que produisent ces insectes ; il est assez difficile de dire pourquoi la piqûre de ces insectes produit des excroissances, tandis que celle des autres insectes agissant de même, avec des instrumens presque pareils, pour le même but, et introduisant des œufs qui jouissent de la même propriété, n'en font pas développer ; on peut supposer, car rien n'est sûr à ce sujet, que ces petits insectes font couler dans la plaie quelque liqueur qui dérange le cours de la séve, et lui donne une surabondance d'activité, qui se développe au dehors ; ces galles se forment sur différentes parties des plantes, sur les feuilles, les pétioles, les branches ; les unes sont plates comme des lentilles, les autres ressemblent à de petits gobelets ; on en voit en forme de pepin, de cerise, de grappes, de groseilles, d'artichauts, de champignons, quelques autres sont branchues ; celles-là tiennent immédiatement à l'arbre, celles-ci y sont attachées par un pédicule ; il en existe qui atteignent la grosseur et offrent toute la couleur d'une pomme d'api ; qu'il me soit à cet égard permis d'exposer un doute : cette célèbre pomme de Sodome aux couleurs si attrayantes, qu'on trouve sur quelques arbustes aux environs de la mer Morte et dont tous les voyageurs ont parlé, dont l'intérieur est cotonneux, acerbe, et dont je ne crois pas qu'on ait encore donné la solution, ne serait elle pas une galle de Cynips ? La couleur, la taille et la composition interne me le feraient volontiers croire.

Il me reste à mentionner deux galles remarquables. L'une, que l'on trouve assez souvent sur le rosier sauvage, est de la grosseur d'une forte noix et environnée d'un tissu chevelu, très-serré ; elle est, selon la saison, verte ou jaune et nuancée de rouge ; l'autre est la galle qui nous vient du Levant et qui est connue dans le commerce sous le nom de noix de galle ; elle est aussi le produit d'un très-petit Cynips. Une espèce très-petite place ses œufs dans les graines de figuier. Les anciens, qui s'étaient persuadé que les figues attaquées par ces insectes mûrissaient plus vite que les autres, avaient soin de répartir quelques figues attaquées sur les autres arbres, de sorte que l'insecte sortant chargé de pollen se rendait sur les autres figues, les fécondait et activait par ce moyen leur maturité ; ils appelaient ce procédé caprification ; il est encore suivi dans la Grèce moderne ; mais cet usage n'est qu'un des mille préjugés que les peuples conservent avec tant de soin, tandis qu'ils laissent tomber dans l'oubli les plus belles et les plus utiles découvertes.

C. DE LA GALLE A TEINTURE, *C. gallæ tinctoriæ*, Oliv. D'un fauve très-pâle, soyeux, avec une tache brune sur l'abdomen ; on trouve souvent l'insecte parfait dans les galles qui viennent par le commerce du Levant. On voit une figure de cette espèce et de la galle qu'elle produit sur le chêne, dans notre pl. 133, fig. 1 à 5 ; la figure 3 représente une larve grossie. On voit sous le n° 2 l'abdomen de l'insecte parfait femelle, armé de la tarière avec laquelle il perce les tissus végétaux dans lesquels les œufs sont déposés.

C. DE L'ÉGLANTIER, *C. rosæ*, Linn. Long de deux lignes ; noir, avec l'abdomen et les pattes rouges. D'Europe. (A. P.)

CYNOCÉPHALE, *Cynocephalus.* (MAMM.) Le mot κυνοκέφαλος, c'est-à-dire tête de chien, avec lequel les Latins ont fait *Cynocephalus* et nous *Cynocéphale*, existait tout formé dans le langage des anciens Grecs, qui l'appliquaient à un ou plusieurs singes probablement de même espèce que ceux que nous nommons aujourd'hui ainsi. Les Cynocéphales forment, parmi les SINGES CATARRHININS (*v.* ce mot), un genre qui ne renferme pas moins de six ou sept espèces. Ces animaux ont trente-deux dents, quatre incisives, deux fortes canines et dix molaires à chaque mâchoire ; ils sont munis d'abajoues et de callosités ; leurs mains sont à cinq doigts, le pouce étant bien séparé antérieurement et postérieurement ; leurs membres sont d'égale longueur, et, ce qui fait leur trait caractéristique, leur museau est allongé et comme tronqué en boutoir à son extrémité ; les crêtes surcilières sont très-développées et s'élèvent au-dessus de leurs yeux, aussi le front est-il entièrement effacé et leur angle facial réduit à trente ou trente-cinq degrés.

Les Cynocéphales existent dans les parties chaudes de l'ancien continent, c'est en Afrique qu'ils sont le plus nombreux ; ils sont généralement forts et de grande taille, la plupart ne le cèdent point sous ce rapport à nos chiens de plus forte race. Ils ont les sens assez développés, principalement celui de l'odorat ; les narines sont ouvertes en avant et très-dilatées ; elles sont de plus renforcées par le grand développement que prennent chez les adultes les cornets et les sinus olfactifs. La langue est douce et très-extensible, et les abajoues fort développées ; le pelage est généralement touffu, mais plus abondant sur le dos qu'aux parties inférieures ; la face, les mains et de larges espaces entourant les callosités sont totalement nus ; ces espaces ainsi que le visage sont souvent ornés des plus vives couleurs.

Ces animaux sont, après les Orangs et les Chimpanzés, les plus grands et les plus méchans de tous les singes ; ils sont doués de forces musculaires très-grandes. Quoiqu'ils se nourrissent de fruits, de graines ou d'insectes, ils sont cependant d'un caractère féroce et d'une brutalité sans exemple. Leurs désirs amoureux les portent aux plus cruels excès. Dans les momens de rut ils sont très-redoutables ; tout ce qui a vie paraît leur être à charge, ils brisent, tuent et déchirent tout ce qui se trouve à leur portée. Alors ils ne craignent point d'attaquer l'homme lui-même, et ils lui font souvent des blessures mortelles. On connaît leur lubricité ; et ce sont, comme le fait remarquer M. Fréd. Cuvier, des animaux mal nourris et sous l'influence de nos climats froids et humides qui nous en donnent la preuve. Que doit-il en être, ajoute le savant observateur, dans ces contrées brûlantes de la zone torride, où ces animaux trouvent constamment une nourriture abondante et substantielle ! Aussi des voyageurs dignes de foi assurent qu'il est dangereux pour une femme, en Afrique, de s'exposer dans des lieux qu'habitent ces terribles animaux, et qu'on a vu ceux-ci enlever des négresses et les conserver au milieu d'eux pendant plusieurs années.

Dans sa vieillesse, le Cynocéphale devient hideux par la laideur de ses formes et ses proportions disgracieuses ; c'est l'expression du vice dans toute sa laideur. Les femelles n'ont point les passions aussi violentes, elles sont généralement plus traitables que les mâles et peuvent souvent s'apprivoiser. Les jeunes diffèrent considérablement des adultes ; ils n'ont point le museau aussi allongé, et le volume de leur crâne est proportionnellement plus considérable ; leurs mœurs sont beaucoup plus douces et leur intelligence plus développée. Aussi peut-on les dresser et les rendre même très-dociles ; mais à mesure qu'ils avancent en âge, les organes des sens brutaux prennent l'accroissement qui leur est ordinaire ; le museau se développe dans toutes ses parties, ainsi que les crêtes frontales et surcilières, et bientôt ces animaux ont perdu toutes les bonnes habitudes qu'ils paraissaient avoir contractées ; ils s'oublient alors jusqu'au point de méconnaître la main qui les soigne, et souvent ils la déchirent pour répondre à ses caresses. On les prendrait pour des êtres nouveaux, et la différence est telle que les naturalistes eux-mêmes s'y sont trompés, prenant, comme ils l'avaient fait pour l'Orang-outang et son adulte le Pongo, des variétés d'âge d'un même animal pour des espèces et souvent des genres différens.

L'esclavage est loin d'apaiser le farouche caractère des Cynocéphales ; il paraît au contraire l'aigrir ; ces animaux manifestent leurs désirs par leurs regards animés et leurs gestes obscènes ; la présence des hommes et celle surtout des femmes, qu'ils apprennent à distinguer par l'odorat, les porte souvent aux actions les plus dégoûtantes. On remarque, au sujet de ces appétits, que lorsque les Cynocéphales sont renfermés dans des loges assez grandes pour qu'ils puissent se soustraire au châtiment, il arrive toujours qu'ils se procurent seuls les plaisirs de l'amour ; alors ils se livrent à ces désordres presque sans mesure, et ils le font dès leur première jeunesse ; au contraire lorsqu'ils sont placés dans des loges assez étroites pour qu'on puisse les atteindre et les frapper, ils finissent par se corriger.

Les femelles éprouvent tous les mois des accès de rut ; on ignore le temps que dure leur gestation : les petits qu'elles mettent au monde ne commencent à être adultes que vers leur sixième année, ce qui peut faire croire que la durée totale de leur vie est de cinquante ans environ.

Les diverses espèces du genre diffèrent entre elles par quelques caractères assez importans pour qu'on ait pu les partager en trois sections distinctes, caractérisées par la disposition de leur queue, laquelle est tantôt aussi longue que le corps ou à peu près de même longueur que lui, tantôt au contraire très-courte ou bien même tout-à-fait nulle.

I. BABOUINS. Ce sont des Cynocéphales à queue de la longueur du corps ou à peu près.

CYNOCÉPHALE BABOUIN, *Cynocephalus babouin.* Cette espèce, représentée par M. Fréd. Cuvier dans son bel ouvrage sur les Mammifères, est le *petit Papion* de Buffon, et vraisemblablement l'animal que les anciens ont connu sous le nom de Cynocéphale. *Voy.* la fig. 2 à la planche 152 de notre Atlas. Le Babouin a le pelage d'un jaune verdâtre, la face de couleur de chair livide et les favoris blanchâtres; le cartilage de ses narines ne dépassant pas les os de la mâchoire supérieure. Longueur du corps, deux pieds trois pouces; de la queue, un pied quatre pouces. Habite l'Afrique septentrionale.

CYNOCÉPHALE PAPION, *Cyn. papio.* C'est le *Simia sphinx* de Schreber et le *Papion* de Buffon. Il a pour caractère distinctif son pelage qui est d'un brun jaunâtre, sa face noire et ses favoris fauves. Le cartilage des narines dépasse la mâchoire. Longueur du corps, deux pieds trois pouces et de la queue un pied huit pouces. Le Papion possède à un haut degré toutes les habitudes que nous avons énumérées en faisant l'histoire du genre. C'est un singe plein d'intelligence, très-doux dans son jeune âge, mais qui acquiert en vieillissant une brutalité effrayante. Il habite la côte occidentale d'Afrique et principalement la Guinée; on le trouve aussi au Cap. On le voit fréquemment dans les ménageries ambulantes.

Le CYNOCÉPHALE PORC ou CHACMA, *Cyn. porcarius, Singe noir* de Levaillant, 2ᵉ *Voy.*, est une autre espèce du midi de l'Afrique, haute de deux pieds quatre pouces. Son pelage est d'un noir verdâtre en dessus, et sa face olivâtre. Le mâle est très-indocile et très-féroce; il se distingue de la femelle par une sorte de crinière qu'il a sur le cou. Le cap de Bonne-Espérance est le lieu où se trouvent principalement les Chacmas.

Le TARTARIN ou PAPION A PERRUQUE est aussi de cette section; c'est le *Cyn. hamadrias* des nomenclateurs. Cet animal, dont la férocité est inouïe et la force prodigieuse, vit en Arabie et en Éthiopie; il se pourrait bien que ce fût lui qui eût donné naissance à la fable du sphinx. Les anciens Égyptiens l'ont adoré et souvent représenté sur leurs monumens; ils en ont aussi fait des momies, comme l'atteste l'individu parfaitement conservé que le célèbre voyageur Belzoni a retiré des grottes sépulcrales.

Le Tartarin a le pelage d'un cendré légèrement bleuâtre; les poils de son camail et surtout ceux des côtés de sa tête sont très-longs; son visage est de couleur de chair.

II. MANDRILLS. Ils ont le museau encore plus allongé que les précédens; leur queue est très-courte.

MANDRILL, *Cynocephalus maimon.* Les auteurs en ont fait plusieurs espèces. Ainsi Linnæus l'a décrit sous les noms de *Simia maimon* et *S. mormon*, et Buffon sous ceux de *Mandrill*, *Boggo* et *Choras.* Le Mandrill habite les côtes occidentales de l'Afrique. C'est un de ceux que l'on amène le plus fréquemment en Europe. Il est remarquable et très-bien caractérisé par sa face noire, son nez rouge et surtout les plissemens d'un beau bleu qui garnissent ses joues. Les parties nues de ses fesses sont aussi teintes des couleurs rouge et bleue les plus vives. Le pelage est en dessus d'un brun verdâtre assez uniforme, et blanchâtre en dessous. Ce singe atteint jusqu'à quatre pieds et demi lorsqu'il est debout; ses désirs sont effrénés, et sa force est très-considérable.

DRILL, *Cyn. leucophæa.* Tous les auteurs, jusqu'à M. Fréd. Cuvier, l'ont confondu avec le précédent, dont il ne diffère que par sa face entièrement noire sans aucune apparence de bleu, et ses parties inférieures qui sont d'une nuance plus foncée.

Ajoutez à cette liste le CYNOCÉPHALE DE WAGLER, *Cyn. Wagleri*, espèce peu connue et dont on n'a d'autre description que celle donnée par M. Agassiz, dans le tom. 21, pag. 861, du journal l'*Isis.*

III. CYNOPITHÈQUES. On n'en connaît qu'une seule espèce, laquelle manque tout-à-fait de queue et paraît faire le passage des Cynocéphales aux Magots.

C'est le CYNOCÉPHALE NÈGRE, *Cyn. niger*, qui vit aux Philippines. On trouve dans la partie zoologique du Voyage de *l'Astrolabe*, tome 1ᵉʳ, une bonne description zoologique et anatomique de cet animal, et aussi une figure très-exacte.

Klein a nommé CYNOCÉPHALE BLANC et CYNOCÉPHALE GLAUQUE deux espèces de REQUINS (*voyez* ce mot). (GERV.)

CYNOCÉPHALUS. (BOT.) Pline a donné ce nom à une plante que quelques personnes croient être le Mufle de veau, *Antirrhinum majus* (*voyez* MUFLIER. (GERV.)

CYNOGLOSSE, *Cynoglossum.* (BOT. PHAN.) Genre de la famille des Borraginées de J. et de la Pentandrie monogynie de L. Caractères : calice à cinq divisions profondes; corolle infundibuliforme, courte, à cinq lobes; entrée du tube munie d'écailles convexes et rapprochées; stigmate émarginé; fruits déprimés, attachés latéralement au style. C'est un de ces genres tourmentés par les botanistes, et dont on pourrait dire qu'il est *abandonné à leurs disputes.* En nous appliquant le vers de Virgile,

Non nostrum inter vos tantas componere lites,

nous conserverons le genre *Cynoglosse* dans toute son intégrité primitive; et nous dirons qu'il comprend une cinquantaine d'espèces, qui, en général, sont des herbes à tiges rameuses, et garnies de fleurs le plus souvent d'une couleur rouge vineuse. Elles croissent dans les contrées méridionales des zones tempérées. R. Brown a décrit trois nouvelles espèces de Cynoglosse, dans son Prodrome de la Flore de la Nouvelle-Hollande.

Nous nous contenterons de mentionner ici la Cynoglosse officinale, *Cynoglossum officinale*, qui croit dans les lieux pierreux et incultes de toute l'Europe, et dont la tige droite, velue, très-rameuse, s'élève à cinq ou même huit décimètres. Ses feuilles radicales sont pétiolées, plus grandes que les caulinaires; celles-ci sont sessiles, alternes, ovales, lancéolées, molles, d'un vert blanchâtre, à poils courts et soyeux. Quant aux fleurs, elles sont petites, d'un rouge foncé ou violet, et rangées en épi allongé, un peu roulé en crosse à l'extrémité. Il y en a une variété à fleurs blanches.

Les feuilles de la Cynoglosse officinale, cuites dans l'eau et appliquées à l'extérieur, passent pour émollientes et anodynes.

Les fleuristes cultivent la Cynoglosse argentée, *Cyn. cheirifolium*; la Cyn. à feuilles de lin, *C. linifolium*; la Cyn. printanière, *C. omphalodes*. Cette dernière a les fleurs en grappe, petites à la vérité, mais du plus joli bleu d'émail.

Le nom vulgaire *Langue de chien*, donné au genre dont nous venons de nous occuper, n'est que la traduction du nom botanique, qui est tiré du grec, *kunos* chien, *glossa* langue.

(C. É.)

CYNOME, *Cynomys*. (MAM.) C'est-à-dire *rat-chien*. C'est un petit genre de Rongeurs américains dont on doit la distinction à M. Rafinesque. Il est voisin des Hamsters. On en connaît deux espèces, le *Cynomys socialis*, ou écureuil jappant, et le *Cynomys griseus*, tous deux des bords du Missouri. L'existence de la seconde espèce paraît douteuse à quelques auteurs.   (GERV.)

CYPÉRACÉES, *Cyperaceæ*. (BOT. PHAN.) famille naturelle de plantes monocotylédonées hypogynes, très-voisines des Graminées. Cette famille se compose de végétaux herbacés, croissant, en général, dans les lieux humides, sur le bord des ruisseaux et des étangs, dont la racine est annuelle ou vivace, fibreuse, ou composée d'une souche ou rhizome s'étendant horizontalement et présentant parfois, de distance en distance, des tubercules charnus, plus ou moins volumineux, remplis d'une substance blanchâtre et amylacée, dont la tige est un véritable chaume cylindrique, ou à trois angles aigus, tantôt muni, tantôt dépourvu de nœuds. Dans quelques espèces, le chaume est nu, et toutes les feuilles sont radicales. Dans les espèces qui ont des feuilles caulinaires, celles-ci sont alternes, en général linéaires, étroites, aiguës, terminées à leur base par une longue gaîne entière, c'est-à-dire qui n'est pas fendue dans toute sa longueur, ainsi que cela a lieu dans les Graminées. Assez souvent l'entrée de la gaîne est garnie d'une ligule membraneuse et circulaire, qui manque dans beaucoup de genres. Les fleurs sont tantôt hermaphrodites, tantôt unisexuées. Géné-

ralement les épis sont ovoïdes, globuleux ou cylindriques; et, en se réunissant ou se groupant diversement, ils constituent des panicules ou des espèces de corymbes enveloppés dans les gaînes des feuilles supérieures. Lorsque les fleurs sont unisexuelles, les fleurs mâles et les fleurs femelles sont ou placées dans des épis différens, ou confusément mêlées dans le même. Chaque fleur hermaphrodite offre une simple écaille de forme très-variée, qui tient lieu d'enveloppe florale, et à laquelle le professeur Lestiboudois, de Lille, propose de donner le nom de *Gamophylle*. Cette écaille n'est qu'une bractée analogue à celles qui existent dans les fleurs des Graminées. Il n'y en a jamais qu'une pour chaque fleur. En général, le nombre des étamines se borne à trois, et même à moins dans certaines espèces de *Scirpus* et de *Cyperus*. Cependant les genres *Gahnia* et *Lampocarya* en ont six; le genre *Tetraria* en a huit, et le genre *Evandra* douze. Dans tous, le filet est très-grêle et capillaire; il se termine par une anthère cordiforme ou sagittée, échancrée à la base, mais terminée en pointe au sommet, tandis que, dans toutes les Graminées, l'anthère est également échancrée aux deux extrémités. L'ovaire globuleux, comprimé ou triangulaire, ne contient qu'un ovule; il se termine supérieurement par un style, en général assez court, continu ou simplement articulé avec l'ovaire et portant au sommet deux ou trois stigmates linéaires et glanduleux. En dehors et à la base de l'ovaire, et quelquefois en dehors des étamines, est un organe particulier dont la forme et la structure sont extrêmement variées; ce sont tantôt de petites soies simples au nombre de trois ou six, ou même beaucoup plus nombreuses, comme dans les *Trichophorum* et *Eriophorum*; tantôt des soies barbues et comme plumeuses latéralement, comme dans le genre *Carpha*. Enfin, dans les genres *Carex* et *Uncinia*, c'est une utricule monophylle qui recouvre l'ovaire en totalité et lui forme une sorte de péricarpe accessoire. Le fruit est un akène globuleux, comprimé, quand il n'y a que deux stigmates; triangulaire, quand il y en a trois. La partie interne du péricarpe est crustacée, et ne contient qu'une seule graine à tégument très-mince dans lequel l'endosperme forme toute la masse de l'amande. Dans l'intérieur de cet endosperme et tout près de sa base, est un petit embryon monocotylédoné, recouvert inférieurement par une lame mince de l'endosperme. Le tubercule radicellaire est toujours simple, et la gemmule est renfermée dans l'intérieur du cotylédon, qu'elle perce latéralement lors de la germination. La famille des Cypéracées a beaucoup d'affinité avec les *Graminées* et les *Joncées*; mais elle se distingue des premières, 1° par le nombre et la disposition des écailles florales; 2° par la gaîne des feuilles; 3° par le fruit; 4° par l'embryon.

Kunth, dans ses considérations générales sur la famille des *Cynoglosses*, y a établi quatre sections :

1re. Scirpées. Écailles imbriquées en tous sens; fleurs hermaphrodites.

Eriophorum

Eriophorum L. *Trichophorum* Rich, etc., etc.

2e. Cypérées. Écailles distiques; fleurs herma-phrodites.

Cyperus L. *Abildgaardia* Vahl, etc., etc.

3°. Caricées. Écailles imbriquées en tous sens; fleurs unisexuelles ; akène renfermé dans une utricule.

Carex L. *Uncinia* Pers, etc., etc.

4°. Sclérinées. Fleurs diclines; fruit plus ou moins dur et osseux.

Scleria L. *Diplacrum* R. Brown, etc., etc.

(C. É.)

CYPRÈS, *Cupressus*. (BOT. PHAN.) Quoique indigène aux pays voisins du large bassin de la Méditerranée, et l'un des arbres les plus anciennement observés, le Cyprès est encore fort peu et même très-mal connu des pépiniéristes et des botanistes qui ne vivent qu'au milieu des plantes sèches. Nous en fournirons les preuves en étudiant ce genre placé en tête de la famille des Conifères et dans la Monoécie monadelphie. Les différentes espèces qui le composent, au nombre de douze environ, offrent toutes de grands arbres ; très-peu restent confinées parmi les arbres de troisième grandeur ; toutes ont les racines nombreuses, déliées, ramassées ensemble ou courant horizontalement, le tronc élevé, dont les rameaux, souvent alternes, sont couverts de feuilles extrêmement petites , étroitement imbriquées les unes sur les autres. Les fleurs, unisexuées et monoïques, forment de petits chatons très-nombreux, terminaux; les mâles sont ovoïdes, avec vingt écailles arrondies, affectant la forme d'un bouclier à leur sommet , et opposées; quatre étamines reposent sur chaque écaille; les chatons femelles présentent un cône fort court, presque globuleux, ayant de huit à dix écailles, sous lesquelles sont les ovaires. Le fruit, formé par l'agglomération des écailles devenues épaisses et assez semblables à des têtes de clou, s'ouvre au moment de leur séparation et fournit des semences oblongues , menues, anguleuses, mûres à la fin de l'hiver.

Presque toutes les terres conviennent aux Cyprès, qu'elles soient sèches ou humides ; j'en ai vu, sous le beau ciel de l'Italie, de superbes individus dans un sable presque pur ; d'autres prospérer dans des lieux extrêmement aquatiques, et même, par un contraste bien frappant, sur des rochers où il ne se trouvait pas seize centimètres de terre végétale. Les Cyprès que l'on rencontre dans un terrain sujet à être inondé, courent le risque d'être renversés par les grands vents, s'ils ne sont abrités par d'autres végétaux ligneux comme aux marais de l'Amérique septentrionale. Rien de plus aisé que d'enlever un Cyprès avec sa motte; plantez-le sans y toucher aucunement, quoi qu'en disent certains pépiniéristes, et ne l'enfoncez pas trop en terre ; veillez à ce qu'il ne fasse qu'une tige; s'il en produit plusieurs, supprimez les plus faibles, l'arbre n'en souffre nullement et vous donnez plus de valeur à la tige future. Les Cyprès font des progrès rapides dans les terres dites de bruyère : c'est un moyen de rendre utiles ces fonds qu'usurpent l'a-

jonc et la bruyère cendrée. On met deux mille cinq cents pieds sur un hectare, en plaçant les Cyprès à deux mètres de distance entre eux; le père de famille jaloux de profiter de toutes les ressources que la nature lui présente, met des pommes de terre dans les espaces vides durant plusieurs années.

On se figure généralement que la croissance des Cyprès est lente, parce qu'on les a mal observés. J'ai vu de jeunes tiges acquérir au bout de dix ans près de cinq mètres de haut sur quarante centimètres de circonférence ; d'autres arriver à leur quinzième année à treize et seize mètres et demi d'élévation.

Leur défaut est d'être d'un vert obscur, de répandre autour d'eux un air de tristesse et même un silence lugubre. Ce reproche, que les nombreux agrémens de la saison des fleurs ne laissent pas le temps de leur faire, est une suite de l'antique habitude de les voir autour des tombeaux, prêter leurs rameaux aux funérailles, et d'en mettre dans les cercueils ; en hiver, quand les autres arbres sont dépouillés, quand la terre est jonchée de neige, les Cyprès seuls égaient la vue, rappellent la verdure naissante. Ils ont le précieux avantage de purifier l'air. Dans les îles de l'Archipel et dans tout le Levant on les plaçait à cet effet au voisinage des habitations , on en élevait des tiges nombreuses sur le bord des eaux stagnantes, qui, plus tard, constituaient la dot des filles, tant cet arbre est d'un bon rapport. Je ne redirai point que le bois du Cyprès passe pour incorruptible, que les vieux Grecs s'en servirent pour tracer les lois des Douze Tables, et que les anciens Romains l'employaient dans la construction de leurs vaisseaux, son immersion dans l'eau le rendant plus dur, et son odeur forte, son âcreté, l'abondance du suc résineux le préservant de l'attaque des insectes ; mais je ferai remarquer 1° que le vert de son feuillage, sa tige vacillante et sa tête élancée donnent plus d'ampleur, plus de grandiose aux édifices, aux quais, aux places publiques ; 2° que cet arbre est le plus robuste de tous ceux des régions tempérées, et que, dans sa décrépitude, il lutte encore contre la puissance destructrice des siècles ; 5° que le bois prend un fort beau poli, dont la couleur est agréable à l'œil.

Quand on veut multiplier les Cyprès, il faut choisir les cônes les plus gros et les plus noirs, les ouvrir avec un couteau; si la graine est rousse, elle est mûre; si elle est blanche, elle ne vaut rien. Les cônes, que l'on nomme aussi des noix, qui restent deux ans sur l'arbre, sont à préférer ; ils renferment la meilleure graine. Il convient de semer épais, de couvrir peu, d'entretenir le semis toujours humide, jusqu'à ce qu'il soit levé, et pendant l'été d'arroser souvent. Dans les contrées septentrionales de la France on met dessus des paillassons durant la saison rigoureuse; au centre et dans le midi cette précaution est inutile, quoique certains auteurs recommandent le contraire et qu'ils veulent que le semis se fasse en pots, et qu'on le rentre en orangerie. Plantez au plantoir et soyez certain d'une réussite complète, si vos élèves sont demeurés deux et trois années en pépinière. Le routinier agit autrement, aussi perd-il une grande partie des individus sur lesquels il compte.

De ces conseils, qu'approuveront les cultivateurs intelligens et expérimentés, passons à l'examen des espèces. Les principales sont les suivantes :

I. Le Cyprès pyramidal, *C. fastigiata*, que l'on a dit originaire de nos landes du sud-ouest, tandis qu'il nous est venu depuis fort long-temps de l'île de Crète, est un arbre du plus bel effet, dont la tige monte droit à l'instar de celle du Peuplier d'Italie, et dont les rameaux, dressés et appliqués tout près d'elle, forment une touffe impénétrable aux rayons du soleil. Il a le tronc très-fort, couvert d'une écorce brune; le bois, de couleur rougeâtre très-pâle, d'une odeur forte, est moins compacte que dans l'espèce suivante, à cause du manque d'air dont l'accès est interdit par les branches qui se pressent contre la tige.

II. Le Cyprès horizontal, *C. horizontalis*, que quelques routiniers s'obstinent à regarder comme une simple variété de l'espèce pyramidale, quoiqu'il soit positif que dans les semis séparés de leurs graines on ne trouve jamais d'autres individus que ceux de l'espèce d'où la graine provient. Duhamel et De Fougeroux, Miller et Tschoudy ont attesté ce fait; mais les auteurs du *Bon jardinier*, s'appuyant des assertions plus que hasardées de Bosc, prétendent prouver le contraire, et ce qu'il y a de plus remarquable, c'est qu'ils dénaturent le texte de Duhamel pour le forcer à cadrer avec l'erreur qu'ils professent. Les deux espèces sont parfaitement distinctes; jamais les semences de l'une ne donneront des individus de l'autre. Les branches du Cyprès horizontal sont écartées de la tige et font un angle ouvert avec elle. Son bois est rougeâtre, parsemé de quelques veines, d'une odeur suave, et d'une haute qualité. Les anciens distinguaient les deux espèces : ils appelaient la première, le *Cyprès femelle*, et la seconde, le *Cyprès mâle*.

III. Le Cyprès faux-thuya, *C. thuyoïdes*, vulgairement nommé *Cèdre blanc*. Cette espèce est originaire du Canada et habite les lieux humides; elle a le feuillage aplati du Thuya, mais dans différens sens, d'une forme élégante, d'un vert tendre; les feuilles sont petites, pointues, imbriquées sur quatre rangs, et munies sur le dos d'une glande placée dans une fossette. La tige monte à vingt, trente et même quarante mètres sur le sol de l'Amérique septentrionale, et acquiert au plus un mètre de diamètre : son accroissement est très-lent. Les cônes arrondis qu'elle porte sont de la grosseur des baies de genièvre, de couleur bleuâtre à l'époque de la maturité. L'arbre est introduit en Europe depuis l'année 1756. Son écorce est roussâtre, filamenteuse, sous laquelle on trouve une résine transparente, qui ne coule jamais qu'en très-petite quantité. Le bois est léger, à grain fin, prenant une couleur rosée en séchant; il se travaille aisément.

IV. Quoique originaire de l'Inde, aux environs de Goa, le Cyprès pendant, *C. pendula*, peut être cultivé dans nos départemens du midi; des moines portugais l'ont introduit en Portugal, et il s'y est promptement naturalisé : c'est de là que quelques botanistes lui ont donné le nom très-impropre de *Cyprès de Portugal*, et qu'on l'appelle encore *Cèdre de Busaco*, de l'endroit, près de Coïmbre, où il a été vu la première fois. Cet arbre, que je trouve encore désigné sous le nom de *Cyprès glauque*, est un arbre peu élevé, ayant la tige droite et rameuse, le bois odorant, les branches alternes, pendantes, bosselées, le feuillage glauque et argenté, le fruit arrondi, de couleur grise, les semences anguleuses, en bon nombre, et mûres au printemps suivant.

V. Enfin le Cyprès distique, *C. disticha*, introduit en France dans l'année 1748. Je n'ignore pas que l'on a détaché cette espèce extraordinaire du genre Cyprès pour en faire tantôt un *Schubertia*, nom qu'on lui a enlevé ensuite pour le donner successivement à une Ombellifère et à une Asclépiadée; tantôt un *Taxodium*, que l'on doit aussi supprimer de la nomenclature botanique. Le motif de ce changement est que le *Cyprès chauve*, ou des marais, comme on l'appelle quelquefois, diffère de ses congénères par ses fleurs mâles, dont les chatons, extrêmement petits et globuleux, sont disposés en grappes rameuses, au lieu d'être solitaires et terminaux; et par ses fleurs femelles, qui sont des chatons écailleux, arrondis, dont les écailles ne portent que deux fleurs dressées, au lieu de plusieurs. En inscrivant cet arbre parmi les Cyprès, Linné a bien reconnu cette différence; aussi l'a-t-il placé en dernier lieu comme transition naturelle au genre Thuya, qui suit, et avec lequel cette organisation des fleurs le lie essentiellement; d'un autre côté la disposition du fruit, celle des écailles en forme de clous le fixent au rang que le législateur lui imposa. Pourquoi n'en a-t-on pas fait un *Mimosa*, puisque le Cyprès chauve a les feuilles distiques simulant des feuilles finement pennées? Il y a sans aucun doute d'importans changemens à faire dans les nomenclatures, quand on étudie la nature vivante et qu'on ne s'arrête pas à des circonstances minimes ou fugaces, comme cela se pratique dans l'école moderne. Mais ils doivent, ces changemens, être proposés avec prudence, et si bien justifiés qu'ils satisfassent pleinement la raison. C'est surtout à l'égard des fautes de C. Richard que l'on est en droit de se récrier, lui qui se montra si scrupuleux observateur et en même temps si justement ennemi des innovations téméraires, désastreuses.

Cette belle espèce, un des arbres les plus remarquables par sa hauteur, son port, sa grosseur et le phénomène de ses racines, est indigène à l'Amérique centrale; on la trouve en forêts immenses sur les vastes rivages du Mississipi, et dans les terrains tourbeux, dans tous les marais depuis la Virginie jusqu'au Mexique; elle y acquiert de trente à trente-cinq mètres d'élévation, sur quinze à vingt de circonférence. Dans son Histoire de la Louisiane, Lepage Duprats atteste en avoir vu une tige, près de la Nouvelle-Orléans, qui offrait douze brasses de tour, sur une hauteur extraordinaire qu'il ne désigne pas. La base du tronc est toujours très-forte, comparativement au reste ; l'arbre diminue de grosseur jusqu'à la sommité, et se termine par un jet qui n'a pas plus de diamètre qu'une de ses plus petites branches. Croit-il isolément, le Cyprès dit d'Amérique et Cyprès de la Louisiane a les branches nombreuses, disposées horizontalement par étages ; elles forment, par leur rapport entre elles, une pyramide obtuse depuis la base jusqu'à la cime. Ses feuilles, d'une jolie couleur verte, réunissent à une disposition agréable l'avantage d'être d'un éclat, d'une finesse, d'une légèreté vraiment dignes de remarque ; elles prennent, en automne, une teinte rougeâtre, qui les rend de plus en plus pittoresques, et comme celles du Mélèze, *Larix europæus*, elles tombent vers la fin de novembre. Durant l'hiver, le Cyprès distique ressemble à un arbre mort ; son écorce grisâtre et raboteuse augmente encore la tristesse de l'aspect qu'il présente.

Destiné à vivre sur un sol marécageux, la nature a pourvu cet arbre de moyens propres à résister à la puissance des vents, à l'envahissement subit des eaux ; il est muni non seulement de gros et longs pivots à l'extrémité de ses racines verticales, mais encore de la faculté de produire, d'espace en espace, et jusqu'à deux mètres de sa base, des excroissances coniques, ligneuses, qui l'entourent plus ou moins exactement et lui servent de contre-forts. Ces protubérances de différentes grandeurs ne se montrent que quand le Cyprès distique atteint sa quinzième ou vingtième année ; elles excèdent tantôt de très-peu la surface du sol, tantôt elles s'élèvent à deux et trois mètres sur un diamètre d'un mètre et quelquefois plus ; elles naissent à la surface supérieure des racines horizontales, sont composées d'un bois mou, spongieux, recouvert d'une écorce mince, rougeâtre, comme celle de l'Arbousier à panicules, *Arbutus andrachne*, et ne produisent jamais ni rejets, ni branches, ni feuilles, ni bourgeons. On les scie rez-terre, on les évide et on en fait des seaux, et autres ustensiles de ménage.

Il serait facile d'employer en France le Cyprès distique. Les individus répandus par de Malesherbes et Varennes de Fenilles ont opposé une forte résistance aux hivers de 1789, 1820, 1850, et prouvé qu'ils adoptent volontiers notre climat. Il serait avantageux de le multiplier sur les bords des marais. Son bois est excellent pour couvrir les habitations, à cause de sa légèreté et de la finesse de son grain ; il ne se fend pas de lui-même ; sa couleur rougeâtre est belle ; employé même quand il est frais, on assure qu'il ne travaille nullement. L'arbre se renouvelle d'une manière particulière, surtout en Amérique : quelque temps après qu'on l'a coupé, l'on voit sortir de ses racines un jet conique, ayant en grosseur le quart de son élévation ; il s'élève ainsi, sans pousser aucune branche, quelquefois jusque au-delà de dix mètres ; alors il se garnit de rameaux, de feuilles, de fleurs et de fruits. La résine de ce Cyprès est peu abondante,

limpide et héroïque contre les blessures récentes ; la teinture retire des feuilles une belle couleur cannelle. Sa graine est très-aimée des oiseaux ; elle conserve long-temps sa propriété germinative. *V.* notre Atlas, pl. 152, p. 5.　　(T. D. B.)

CYPRÈS (PETIT). Nom vulgaire donné à la plante que les botanistes appellent *Santolina chamæ-cyparissus. V.* SANTOLINE AURONE.

CYPRESS-MOSS. C'est le nom que porte vulgairement en Angleterre le LYCOPODE DES ALPES. *V.* ce mot.　　(T. D. B.)

CYPRICARDE, *Cypricardia.* (MOLL.) Genre que Lamarck a caractérisé de la manière suivante : coquille libre, équivalve, inéquilatérale, allongée obliquement ou transversalement ; trois dents cardinales sous les crochets, et une dent latérale se prolongeant sous le corselet ; point de côtes longitudinales comme dans les *Bucardes* et les *Cardites*; surface ordinairement lisse, et si elle présente des lames ou des sillons, ces derniers sont toujours transversaux, c'est-à-dire dans la direction des bords ; charnière présentant trois dents cardinales, au lieu d'une ou deux, comme cela s'observe dans les Cardites.

Les espèces connues sont peu nombreuses : quatre vivantes et trois fossiles ont été décrites par Lamarck ; deux autres ont été trouvées par Deshayes aux environs de Paris.

CYPRICARDE DE GUINÉE, *Cypricardia guinaica*, de Lamarck. Coquille oblongue, semblable à une modiole obliquement anguleuse, couverte de stries fines ; côté antérieur aminci, comprimé ; crochets arrondis et peu proéminens ; blanche à l'intérieur, jaunâtre à l'extérieur, et ayant environ deux pouces dans son diamètre transversal. On la trouve dans les mers de la Guinée.

CYPRICARDE DATTE, *Cypricardia coralliophaga*. Coquille remarquable par la faculté qu'elle a, comme quelques modioles, de se loger dans la base des polypiers ou dans les masses madréporiques.

Cette espèce habite les mers de Saint-Domingue, et se trouve à l'état fossile en Italie. Elle est plus cylindrique, plus étroite, plus mince que les modioles ; ses stries sont fines ; les transversales, surtout celles qui sont vers les bords, se relèvent en lames ; les crochets sont moins arrondis, plus proéminens, terminés par des taches pourprées ; sa longueur est de deux pouces environ. (F. F.)

CYPRIN, *Cyprinus.* (POISS.) Les Cyprins forment un genre très-nombreux et très-facile à distinguer par un corps écailleux, par une petite bouche sans dents, par des lèvres allongeables ou protractiles, et par une seule nageoire du dos. Ce sont des poissons d'eau douce et les moins carnassiers de toute la classe ; vivant d'herbes, de graines, et même de limon. On les divise comme il suit : 1° en CYPRINS proprement dits, à dorsale longue, avec épine dentelée pour deuxième rayon, anale conformée de même, comme la Carpe ; 2° en BARBEAU, *Barbus*, Cuv., qui a quatre barbillons, dont deux sur le bout du museau, et deux à l'angle de la mâchoire ; comme le Barbeau commun ; 3° en GOUJONS, *Gobio*, Cuv., qui n'ont que deux barbillons aux angles de la mâchoire, comme le Goujon ; 4° en TANCHES, *Tinca*, Cuv., qui réunissent aux caractères des Goujons, celui de n'avoir que de très-petites écailles, comme la Tanche vulgaire ; 5° en CYPRHINES, Cuv., dont la dorsale est plus grande que celle des Gobio et les barbillons placés sur le milieu de la lèvre supérieure (*Cyprinus cyrrhosus*, Bl.) ; 6° en BRÊMES, *Brama*, Cuv., qui n'ont ni épines ni barbillons, et dont la dorsale est courte, située en arrière des ventrales ; telle est la Brême commune ; 7° en LABÉONS, *Labeo*, dont la dorsale est longue comme dans les Cyprins proprement dits, mais où les épines et les barbillons manquent, et où les lèvres, charnues et crénelées, sont d'une épaisseur remarquable ; 8° en CATASTOMES, *Catastomus*, Lesueur, qui réunissent les mêmes lèvres que les précédens, mais où la dorsale est courte comme dans les Ables ; 9° en ABLES, ou Imberbes, qui manquent d'épines et de barbillons : les espèces que l'on observe sont le Meunier, le Gardon, la Rosse, la Vandoise, le Nez, la Rotengle et l'Ablette ; 10° en CHELAS, où la dorsale répond sur le commencement de l'anale : tel est le Rasoir ; 11° enfin en GONORHYNQUES, *Gonorhynchus*, Gronov., qui ont le corps et la tête allongés et couverts, ainsi que les opercules, de petites écailles ; le museau saille en devant d'une petite bouche sans dents ni barbillons : l'espèce que l'on connaît est originaire du Cap (*Cyprinus gonorhynchus*, Gm.). Voir ces mots. (ALPH. G.)

CYPRINE, *Cyprina*. (MOLL.) Le genre Cyprine, établi par Lamarck, un des plus voisins des Cyrènes, et servant de lien ou de passage de la famille des Conques fluviatiles à celle des Conques marines, a reçu les caractères suivans : coquille équivalve, inéquilatérale, en cœur oblique, à crochets obliquement courbés ; trois dents cardinales inégales, rapprochées à leur base, un peu divergentes supérieurement, une dent latérale écartée de la charnière, disposée sur le côté antérieur, quelquefois peu prononcée ; callosités nymphales, grandes, arquées, terminées près des crochets par une fossette ; ligament extérieur s'enfonçant en partie sous les crochets.

Les Cyprines vivent à l'embouchure des fleuves dans des eaux peu salées ; leurs coquilles sont généralement grandes, épaisses, et revêtues d'un drap marin persistant ; leurs espèces sont plus nombreuses à l'état fossile qu'à l'état vivant.

La plus commune dans les collections est la CYPRINE D'ISLANDE, *Cyprina islandica* de Lamarck, espèce qui vit dans les mers d'Islande et dont on ne connaît pas bien absolument la forme, les figures connues étant loin d'avoir été faites avec la précision convenable. Nous établirons le même donte sur celle qui se trouve dans l'Encyclopédie, et qui a été indiquée par Lamarck dans sa synonymie ; car, outre qu'elle ne présente pas la forme générale des Cyprines, elle n'en offre pas non plus la charnière, puisque la figure représente deux dents latérales bien exprimées et striées, ce qui n'a jamais lieu dans les véritables Cyprines,

et se voit au contraire dans un certain nombre de Cyrènes.

La CYPRINE ISLANDICOÏDE, *Cyprina islandicoides*, de Lamarck, est absolument analogue à la précédente ; on la trouve fossile à Bordeaux, à Dax, en Italie et en Angleterre.

La CYPRINE SCUTELLAIRE, *Cyprina scutellaria*, espèce qui n'a pas été reconnue par Lamarck et Defrance, qui a été considérée comme une Cythérée par le premier de ces naturalistes, et qui ressemble assez à la Cyprine d'Islande. Elle se distingue néanmoins de cette dernière par ses crochets très-proéminens, par sa forme plus transverse, par ses rides plus écartées et disparaissant sur les crochets, enfin par sa dent latérale, toujours grande et bien exprimée, tandis que la fossette qui termine les nymphes est toujours plus petite. (F.F.)

CYPRINODON. (POISS.) Petit genre de poissons rangé par Cuvier dans l'ordre des Abdominaux, tout à côté des Fondules et des Molinesia, avec lesquels il présente en effet de nombreux rapports tant extérieurs qu'intérieurs.

Les Cyprinodons ont encore beaucoup de ressemblance avec les Pœcilies et les Lebias par la forme de leur corps ; mais leurs dents sont en fin velours, et ils ont six rayons aux ouïes. On en observe un dans les lacs d'Autriche, et particulièrement dans les eaux souterraines (*Cyprinus umbra*, Cuv., *Umbra*, Cramer), petit poisson d'un brun roussâtre, avec quelques taches brunes. (ALPH. G.)

CYPRINOIDES. (POISS.) Première famille des poissons Malacoptérygiens abdominaux, établie par Cuvier, dans la deuxième édition du Règne animal, tom. 2, pag. 269, et à laquelle il assigne pour caractères distinctifs et communs : un corps écailleux, une bouche peu fendue, à mâchoires faibles, le plus souvent sans dents, et dont le bord est formé par les intermaxillaires ; à os pharyngiens fortement dentelés, qui compensent le peu d'armure des mâchoires, et à rayons branchiaux peu nombreux. (ALPH. G.)

CYPRIPÈDE, *Cypripedium*. (BOT. PHAN.) Ce genre singulier, le plus distinct de la famille des Orchidées et de la Gynandrie diandrie, n'est pas nombreux en espèces ; on ne lui en connaît encore que douze, toutes herbacées, vivaces. Cinq appartiennent à l'Amérique septentrionale ; quatre proviennent de la Sibérie ; une est particulière au Japon ; la Laponie nous présente la onzième ; la dernière, la plus commune, habite les bois montagneux de nos Alpes et se trouve dans presque toute l'Europe, dans le nord de l'Asie et du continent américain.

La forme concave du labelle, c'est-à-dire de la partie inférieure de sa corolle, lui a fait vulgairement donner le nom de *Sabot de Vénus* ou de *la Vierge* (1) ; c'est ce qu'exprimerait aussi le nom scientifique, si au lieu de *Cypripedium*, qui n'est

---

(1) C'est aussi le nom qu'il porte chez les Indiens. *Moccasia* répond au mot pantoufle de femme.

point latin, on eût dit *Cypripedilium* (des mots grecs *Kypris*, Vénus, et *pedilon*, chaussure). Le mot Cypripedion signifie littéralement champ ou lien de Vénus. Dodonée et Bauhin l'appelaient plus convenablement *Calceolus marianus*, puisqu'il redit le mot vulgaire. C'en est assez; arrivons aux caractères du genre : d'une racine tuberculeuse cachée sous un grand nombre de fibres, sort une tige simple, dressée, portant des feuilles larges, entières, alternes, très-vertes et engaînantes à leur base, et à son sommet une ou deux, rarement trois fleurs solitaires, assez grandes, d'un joli aspect. Elles ont le calice étalé, à cinq ou six parties irrégulières, dont quatre, quelquefois cinq, supérieures et latérales lancéolées; la dernière ou inférieure, très-grande, renflée, ventrue, dépourvue d'éperon, concave, en forme de sabot; deux anthères arrondies, portées latéralement par le pistil, se développent tandis que l'étamine centrale avorte ; l'ovaire, brièvement pédicellé, infère, surmonté par un style que termine un stigmate charnu; capsule ovale, oblongue, s'ouvrant en trois valves et contenant dans une seule loge des graines très-petites, luisantes, brunes et nombreuses.

Quoique difficiles à cultiver, quoiqu'elles demandent un endroit frais, sans être humide, le terreau de bruyère et une bonne exposition, trois espèces méritent qu'on leur accorde de l'attention ; ce sont principalement : 1° le CYPRIPÈDE SABOT, *C. calceolus*, dont les fleurs, épanouies au mois de mai, répandent une odeur de fleur d'oranger et se font remarquer par la bizarrerie de leur forme et de leur position. Leurs quatres pétales, étroits, longs, posés comme les ailes d'un moulin à vent, sont d'un brun pourpre qui fait ressortir le beau jaune du labelle : l'intérieur est pointillé de rouge. Les fleurs et la tige disparaissent en août.

2° Le CYPRIPÈDE PUBESCENT, *C. pubescens*, qui croît sur le bord des rivières et dans les terrains sablonneux de la Caroline. Il ressemble beaucoup au précédent; il est plus grand dans ses dimensions, il a les fleurs entièrement jaunes, et demande à être couvert pendant la saison des frimas avec un peu de paille ou des feuilles sèches.

3° Le CYPRIPÈDE VELU, *C. spectabile*, provenant du Canada. Sa tige est velue, ainsi que ses larges feuilles, aiguës à leur sommet; sa fleur est blanche, grande, avec un vaste labelle de couleur purpurine. Nous l'avons figuré en notre Atlas, pl. 133, fig. 6.

J'ai reçu de la Laponie, sous le nom de *Cypripedium bulbosum*, l'espèce que Willdenow rejette dans le genre *Limodorum*, dont elle s'éloigne, le labelle n'étant point, comme dans les autres Cypripèdes, muni d'un éperon. Swartz l'inscrit parmi ses *Cymbidium*; elle a bien quelques rapports avec les premières espèces de ce genre, mais elle diffère de toutes par son style ailé et le petit peloton de poils assez raides qui occupe le milieu de la lèvre inférieure. D'un autre côté, les feuilles calicinales, qui sont au nombre de cinq, et le petit bulbe qui supporte la tige, l'appellent parmi les Cypripèdes. Comme je ne l'observe que sur un échantillon sec, du reste fort beau, je ne prononce pas d'une manière positive. (T. D. B.)

CYPRIS, *Cypris*. (CRUST.) Genre établi par Müller et rangé par Latreille dans l'ordre des Ostrapodes, famille des Cladocères. Ces crustacés ne présentent que six pieds, et leurs deux antennes sont terminées par un faisceau de soies en manière de pinceau. Le test ou la coquille forme un corps ovalaire, comprimé latéralement, arqué et bombé sur le dos, ou du côté de la charnière, presque droit et un peu échancré en manière de rein au côté opposé. En avant de la charnière, dans la ligne médiane, l'œil forme un gros point noirâtre et rond. Les antennes, immédiatement insérées au dessous, sont plus courtes que le corps, sétacées, composées de sept à huit articles, dont les derniers, plus courts et terminés par un faisceau de douze à quinze soies, servent de nageoires. La bouche est composée d'un labre caréné, de deux grandes mandibules dentées, portant chacune un palpe divisé en trois articles au premier desquels adhère une petite lame branchiale offrant cinq digitations, et de deux paires de mâchoires; les deux supérieures, beaucoup plus grandes, ont au bord interne quatre appendices mobiles et soyeux, et au côté extérieur une grande lame branchiale pectinée à son bord antérieur ; les secondes sont composées de deux articles, avec un palpe court, presque conique, inarticulé, soyeux au bout, ainsi que l'extrémité de ces mâchoires. Une sorte de sternum comprimé fait l'office de lèvre inférieure. Les pieds sont divisés en cinq articles, dont le troisième représente la cuisse et le dernier le tarse. Les deux antérieurs sont insérés au dessous des antennes, beaucoup plus forts que les autres, dirigés en avant, avec des soies raides, ou de longs crochets, rassemblés en un faisceau, à l'extrémité des deux derniers articles. Les quatre pieds suivans en sont dépourvus. Les seconds, situés au milieu du dessous du corps, sont d'abord rejetés en arrière, arqués, et terminés par un long et fort crochet se portant en avant. Les deux derniers, ne se montrant jamais au dehors, se relèvent et s'appliquent sur les côtés postérieurs du corps, pour soutenir les ovaires, et se terminent par deux petits crochets. Le corps n'offre aucune articulation distincte, et se termine postérieurement en une espèce de queue molle, repliée en dessous, avec deux filets coniques ou sétacés, garnis de trois soies ou crochets au bout, se dirigeant en arrière et sortant du test. Les ovaires forment deux gros vaisseaux, simples et coniques, en cul-de-sac à leur origine, situés sur les côtés postérieurs du corps, au dessus du test, et s'ouvrant l'un à côté de l'autre à la partie antérieure de l'abdomen, où le canal formé par la queue établit entre eux une communication. Les œufs sont sphériques. Les pontes et les mues de ces crustacés ne sont pas moins nombreuses que celles des Cyclopes et autres entomostracées, et leur manière de vivre est la même. Le docteur Müller dit en avoir vu d'accouplés. Cependant aucun des naturalistes modernes qui les ont le plus observés n'a pu découvrir positivement leurs organes sexuels, ni être témoin de leurs réunions. Straus a vu, au dessous de l'origine des mandibules, l'insertion d'un gros vaisseau conique, rempli d'une substance gélatineuse, paraissant communiquer avec l'œsophage par un canal étroit, qu'il soupçonne être un tubercule ou une glande salivaire. Les individus soumis à cette observation ayant des ovaires, les Cypris seraient, dans la première supposition, hermaphrodites; mais cela est d'autant plus douteux, qu'il remarque lui-même que les mâles pourraient bien ne paraître qu'à une certaine époque de l'année, et que le vaisseau dont il parle, communiquant avec l'œsophage, paraît avoir plus de rapport avec les fonctions digestives qu'avec la génération.

Suivant Jurine, les antennes sont de véritables nageoires, dont ces animaux développent et réunissent à volonté les filets, selon le degré de rapidité qu'ils veulent donner à leur progression; tantôt ils n'en font paraître qu'un seul, et d'autres fois ils les éparpillent tous. Nous pensons aussi que ces filets et ceux des deux pattes antérieures peuvent tout aussi bien concourir à la respiration, que ces lames des mandibules et des deux mâchoires supérieures que Straus distingue par l'épithète de branchiales. Les dernières, ou celles des mâchoires, nous paraissent être un véritable palpe, mais très-dilaté, et les deux autres un appendice des palpes mandibulaires.

D'après le naturaliste génevois précité, ces animaux, lorsqu'ils nagent, meuvent avec autant de rapidité que les antennes leurs deux pattes antérieures, mais elles vont plus lentement quand ils marchent sur la surface des herbes marécageuses. Ces pattes, conjointement avec les deux terminées par un long crochet, ou les pénultièmes, supportent alors le corps. Il suppose que celles qui, selon lui, forment la seconde paire, sont destinées à établir un courant aqueux et à le diriger vers la bouche : ce qui assimilerait leurs fonctions à celles des antennes inférieures, qu'il nomme antennales. Les deux filets composant la queue se réunissent et semblent n'en former qu'un seul, lorsqu'ils sortent du test, ils servent, à ce qu'il présume, à nettoyer son intérieur.

Les Cypris ont des habitudes assez curieuses; elles habitent les eaux tranquilles, se nourrissent généralement de substances animales mortes, mais non putréfiées; elles mangent aussi des conferves. Au lieu de porter leurs œufs sur le dos ou sous le ventre, après la ponte, comme le font ordinairement les Branchiopodes et les Décapodes, les Cypris les déposent de suite sur quelque corps solide en les réunissant en amas souvent de plusieurs centaines, provenant de différens individus, les y fixent par le moyen d'une substance filamenteuse verte, semblable à de la mousse, et les abandonnent. Ces œufs restent dans cet état pendant environ quatre jours et demi avant d'éclore; les jeunes qui en sortent naissent avec l'organisation qu'ils doivent toujours conserver; ils ne sont pas

sujets à des métamorphoses comme les Apus et les Cyclopes; ils offrent toutefois quelques différences dans la couleur et la forme des valves, dans le nombres des soies des antennes. On a lieu d'être surpris de voir souvent que des mares qui étaient desséchées, se trouvent peuplées de ces petits animaux lorsqu'une forte pluie est venue de nouveau les remplir. Ce phénomène trouve son explication dans la faculté qu'ont les Cypris de pouvoir s'enfoncer dans la vase humide et d'y rester vivantes jusqu'au retour des pluies.

Ce genre est composé de plusieurs espèces : la plus connue est la *Cypris fusca*, qui a été décrite par Straus, Mém. du Mus., tome 1, partie 2°, page 104. Sa longueur totale est de ¼ de millimètre; les valves de cette epèce sont brunes, réniformes, plus étroites et plus comprimées en avant, couvertes de poils épars à peine sensibles; les antennes sont pourvues de quinze soies. Nous l'avons représentée dans notre Atlas, pl. 132, fig. 7 et 8. (H. L.)

CYRÈNE, *Cyrena*. (MOLL.) Genre séparé par Lamarck des Vénus et des Cyclades avec lesquelles il a les plus grands rapports de forme, d'habitation, etc., et que l'on reconnaît aux caractères suivans: coquille arrondie, trigone, enflée ou ventrue, solide, inéquilatérale, épidermifère, à crochets écorchés; charnière ayant trois dents sur chaque valve; les dents latérales presque toujours au nombre de deux, dont une seulement est rapprochée des cardinales; ligament extérieur sur le côté le plus grand.

Toutes les Cyrènes habitent les eaux douces des pays chauds; on en trouve à l'état fossile aux environs d'Epernay et de Paris, et toujours on les rencontre mélangée avec des coquilles marines, quelle que soit d'ailleurs la position des couches.

Pour faciliter l'étude des Cyrènes, Lamarck divise les espèces en celles qui ont les dents latérales striées, et celles qui les ont lisses.

† *Dents latérales serrulées ou dentelées.*

CYRÈNE REMBRUNIE, *Cyrena fuscata*, de Lamarck. Coquille cordiforme, d'un brun verdâtre, sillonnée transversalement; sillons subimbriqués, très-rapprochés en dedans; d'une couleur violette vers les crochets; dents latérales très-longues, finement dentelées; large de douze à treize lignes. On la trouve dans les fleuves de la Chine et du Levant.

CYRÈNE CERCLÉE, *Cyrena fluminea*, de Lamarck. Coquille cordiforme, globuleuse, d'un vert fauve, élégamment sillonnée: sillons concentriques; intérieur marqué de taches blanches et violettes, ou bien offrant une bande demi-circulaire noire ou d'un violet plus foncé; comme dans la précédente, dents latérales longues et finement dentelées; diamètre transversal de onze lignes. Elle habite également les fleuves de la Chine et du Levant.

CYRÈNE DONACIALE, *Cyrena donacialis*. Cette espèce fossile des environs de Paris se rapproche un peu de la précédente, et a la forme d'une

Donace, avec cette différence cependant, qu'elle est plus bombée et plus cordiforme lorsqu'on la voit du côté de la lunule. Elle est oblique, subtriangulaire, très-inéquilatérale, irrégulièrement striée, plutôt par ses accroissemens que par ses stries constantes ; dents latérales (l'antérieure est la plus longue) finement dentelées ; trois dents cardinales à chaque valve.

CYRÈNE OBLIQUE, *Cyrena obliqua.* Espèce qui ne diffère de la précédente que par un peu moins d'inéquilatéralité ; elle est transverse, non triangulaire, aplatie, à crochets peu saillans, irrégulièrement striée ; stries très-fines ; dents latérales presque également longues, finement striées ; trois dents cardinales, celle du milieu bifide ; cinq à six lignes de largeur.

†† *Dents latérales entières.*

CYRÈNE DE CEYLAN, *Cyrena ceylanica*, de Lamarck. Coquille enflée, subcordiforme, à crochets écorchés peu saillans, souvent rongés ; inéquilatérale, ayant son côté antérieur subanguleux ; finement et irrégulièrement striée ; épiderme verdâtre ; blanche en dedans ; large quelquefois de deux pouces et demi. Elle habite les rivières de Ceylan.

Les principales espèces fossiles de cette seconde division du genre Cyrène sont la *Cyrène déprimée* et la *Cyrène cordiforme.*

CYRÈNE DÉPRIMÉE, *Cyrena depressa.* Grande et belle coquille très-rare, subinéquilatérale, aplatie, suborbiculaire ; angle antérieur saillant ; côté antérieur aminci et séparé du reste par une côte arrondie qui descend obliquement des crochets ; crochets petits, peu saillans ; extérieur lisse, quelquefois rustiqué par des accroissemens assez réguliers ; trois dents cardinales, la médiane et la postérieure bifides ; dent latérale antérieure courte et entière, et près des cardinales ; dent latérale postérieure plus allongée et séparée des cardinales par la longueur du ligament ; ligament enfoncé, implanté sur des nymphes bien apparentes, suture bâillante ; à peu près deux pouces de largeur. Deshayes l'a recueillie à Houdan.

CYRÈNE CORDIFORME, *Cyrena cordiformis.* Coquille ventrue, bombée, cordiforme (à cause des crochets qui sont saillans), inéquilatérale, suborbiculaire, lisse, mince ; trois dents cardinales à chaque valve ; dents latérales entières, courtes, peu saillantes. Cette espèce, qui a été trouvée par Deshayes à Valmondois, et qui a sept à huit lignes de large, varie un peu. Ainsi quelques individus deviennent subtransverses, et présentent quelques stries irrégulières ; dans quelques autres la lunule est peu sensible ; dans d'autres enfin elle est bien prononcée. (F. F.)

CYRTANDRACÉES. (BOT. PHAN.) Quoique publiée sous les auspices de la Société linnéenne de Londres, cette famille nouvelle ne mérite point l'approbation des vrais botanistes. Une coupe malheureuse est proposée pour élever le genre Cyrtandre, dont nous allons parler, au rang de famille ; mais, n'offrant aucun point de différence réelle avec les Bignoniacées, auxquelles il appartient, il faut la rejeter et maudire de plus en plus l'esprit de désordre qui domine les novateurs et la légèreté qui préside aux opérations actuelles en botanique. (T. D. B.)

CYRTANDRE, *Cyrtandra.* (BOT. PHAN.) Genre de la Diandrie monogynie, établi par Forster dans la famille des Bignoniacées. Lors de sa création, on n'en connaissait que deux espèces ; Martin Vahl en ajouta une troisième ; William Jack en compte aujourd'hui onze. Toutes sont originaires de l'Inde, herbacées ou sous-frutescentes. La plus belle est le CYRTANDRE A BOUQUETS, *C. cymosa* ; il a les tiges rameuses, couvertes d'une poussière ferrugineuse, surtout vers la sommité ; les feuilles opposées, inégales à l'un de leurs côtés, glabres en dessus, pubescentes en dessous, d'un beau vert ; les fleurs blanches, lavées de pourpre, réunies en bouquets, auxquelles succède une baie oblongue, biloculaire, contenant plusieurs semences. (T. D. B.)

CYRTANTHE, *Cyrthanthus.* (BOT. PHAN.) Genre de plantes bulbeuses appartenant à la grande famille des Liliacées et à l'Hexandrie monogynie : il a été détaché du genre Crinole, dont il formait une section à ovaire inférieur ou adhérent. Les quatre espèces connues proviennent du cap de Bonne-Espérance, et malgré la beauté de plusieurs d'entre elles, introduites en Europe depuis plus d'un demi-siècle, on les rencontre encore rarement dans les jardins botaniques et chez les amateurs les plus distingués. Le CYRTANTHE OBLIQUE, *C. obliquus*, que Linné et Thunberg appelaient *Crinum obliquum*, est remarquable par son bulbe couvert de tuniques brunes, très-gros, du sommet duquel sort un faisceau de feuilles longues, droites, d'un vert foncé, et près de lui une hampe verte dans le bas, rougeâtre dans le haut, chargée d'une douzaine de fleurs pendantes, jaunes vers la base, rouges dans le reste de leur étendue. Ces superbes fleurs se montrent en août. Le CYRTANTHE A FEUILLES ÉTROITES, *C. angustifolius*, ne donne que deux ou cinq fleurs au plus, presque horizontales, d'un rouge écarlate ; elles sont débordées par le style, qui est blanc, filiforme, et terminé par les trois lanières arquées du stigmate. Le CYRTANTHE RAYÉ, *C. vittatus*, de Desfontaines, se distingue de ses congénères par les bandes rouges et longitudinales qui décorent le limbe de sa fleur. Enfin le CYRTANTHE A TUBE VENTRU, *C. ventricosus*, ainsi nommé du tube de sa corolle, qui est ventru et non cylindrique comme dans les autres espèces ; ses fleurs sont d'un rouge vif, inodores et la spathe qui les porte est d'un rouge de sang.

Il ne faut point confondre le genre *Cyrtanthus* créé par Aiton avec celui de Schreber ; ce dernier avait été désigné par Aublet sous le nom de POSOQUERIA (*voy.* ce mot) : il est conservé. (T. D. B.)

CYRTE, *Cyrtus* (INS.) Genre de Diptères de la famille des Tanistomes, établi par Latreille, qui lui assigne pour caractères : antennes très-petites, de deux articles avec une soie au bout du dernier ; une trompe prolongée en arrière. Dans ces insectes la tête est petite, globuleuse et insérée tellement bas, qu'en regardant l'insecte en dessus, on croirait qu'il en est tout-à-fait privé ; le corselet au contraire est très-grand, globuleux, les ailes tombent de côté dans le repos, les cuillerons sont très-grands et couvrent les balanciers ; l'abdomen est plus grand que le corselet et bouché comme lui ; les pattes sont de grandeur moyenne et grêles.

C. bossu, *C. gibbus*, Fab. Long de quatre lignes, noir sur le corselet, deux taches carrées parallèles en arrière ; la tête et trois points disposés en triangle sur les côtés, jaunes ; chaque segment abdominal est largement bordé de la même couleur par une bande sinuée interrompue au milieu ; ses pattes sont jaunes et les ailes légèrement enfumées. Rare aux environs de Paris.   (A. P.)

CYSTIBRANCHES, *Cystibranchia*. (CRUST.) Section de l'ordre des Isopodes établie par Latreille dans la première édition du Règne animal de Cuvier. Ces crustacées présentent des caractères d'une importance telle que Latreille, dans la nouvelle édition du Règne animal de Cuvier, a érigé cette section en un ordre particulier sous le nom de Lœmodipodes ; ces caractères sont d'avoir tous quatre antennes sétacées et portées sur un pédoncule de trois articles, des mandibules sans palpes, un corps vésiculaire à la base des quatre paires de pieds au moins, y compris ceux de la tête ; le corps, plus souvent filiforme ou linéaire, est composé, en comptant la tête, de huit à neuf articles, avec quelques petits appendices, en forme de tubercules, à son extrémité postérieure et inférieure. Les pieds sont terminés par un fort crochet ; les quatres antérieurs, dont les seconds plus grands, sont toujours terminés en pince monodactyle ou en griffe. Dans plusieurs les quatre suivans sont raccourcis, moins articulés, sans crochet au bout, ou rudimentaires, et nullement propres aux usages ordinaires. Les femelles portent leurs œufs sous les second et troisième segmens du corps, dans une poche formée d'écailles rapprochées.

Ces crustacés sont tous marins ; Savigny les considère comme avoisinant les Pycnogonides, et faisant avec eux le passage des Crustacés aux Arachnides. Selon Latreille, cet ordre se diviserait de la manière suivante :

Corps ovale, formé de segmens larges et transversaux ; des yeux lisses ; pieds de longueur moyenne et robustes ; la quatrième et dernière pièce des antennes simple, ou sans articulations. Genre CYAME (*v.* ce mot). Ici se rangent des espèces vivant en parasites sur des cétacés et des poissons et n'ayant que dix pieds parfaits ; le second et le troisième anneau du corps en sont dépourvus et offrent à leur place des appendices grêles, articulés, qui portent les organes vésiculeux présumés respiratoires.

Corps filiforme ; les segmens très-étroits et longitudinaux ; point d'yeux lisses ; pieds longs et grêles, la quatrième et dernière pièce des antennes supérieures articulée. Genres LEPTOMÈRE, NAU-

PRÉDIE et CHEVROLLE. Les espèces appartenant à ces trois genres se tiennent parmi les plantes marines, marchent à la manière des chenilles arpenteuses, tournant quelquefois avec rapidité sur elles-mêmes, ou redressant leur corps en faisant vibrer leurs antennes ; elles courbent, en nageant, les extrémités de leur corps.   (H. L.)

CYSTICERQUE, *Cysticercus*. (ZOOPH. INTEST.) Genre de vers entozoaires, de l'ordre des Vésiculaires, qu'on reconnaît aux caractères suivans : kyste extérieur simple, renfermant un animal presque toujours solitaire, sans adhérence, dont le corps, presque cylindrique ou déprimé, se termine en arrière par une vésicule remplie d'un liquide transparent, tête armée de quatre suçoirs et d'une trompe à crochet. Leur kyste épais, sans ouverture, leur sert de demeure et de prison, et au milieu de la faible couche de liquide qui les sépare de cette enveloppe, ils peuvent exécuter quelques mouvemens. Le kyste est formé d'un seul feuillet membraneux et assez résistant ; sa surface interne est lisse, l'extérieure adhère aux parties qui l'environnent au moyen de prolongemens celluleux et vasculaires ; les tissus au milieu desquels on les rencontre ne sont pas détruits, ils semblent seulement refoulés ou déprimés. Pour observer le Cysticerque vivant, dit M. Cruvelhier, on peut ouvrir l'abdomen d'un lapin nourri pendant quelques jours dans un lieu bas et humide avec des substances pénétrées d'humidité. On verra alors des vésicules transparentes, opaques et blanches seulement dans le point qui répond à la tête, appendues à divers points de l'épiploon et enveloppées d'un kyste séreux.

On doit distinguer dans le Cysticerque une *vessie* et un corps. La vessie caudale est en général sphéroïde, quelquefois aplatie, conoïde, plus ou moins volumineuse, en raison inverse du corps. Celui-ci, ordinairement enfoncé dans l'hydatide morte, a de 2 à 10 millimètres de long. Il est composé d'anneaux superposés comme les tænias, ce qui l'a long-temps fait ranger parmi ceux-ci. La structure de ce corps est entièrement inconnue : on la considère comme une substance homogène, dépourvue de cavité. On ne sait rien non plus de positif sur les suçoirs, et on ignore s'ils conduisent à autant de canaux, et s'ils sont solides comme le pensent Zeder et Steinbuch. Les seules fonctions qu'on puisse reconnaître dans le Cysticerque sont la sensibilité et la contractilité. Plongé dans l'eau tiède ou dans le sang, il présente un mouvement unique ; c'est la rétraction de la tête dans la vessie caudale et la sortie de ce corps hors de la vessie par un mouvement qu'on a comparé au renversement d'un doigt de gant.

Les naturalistes ont reconnu plusieurs espèces de Cysticerques, qu'ils ont distinguées par certaines circonstances de leur organisation. Telles sont : le CYSTICERQUE FASCIOLAIRE, long de six à sept pouces, pourvu d'une tête à grands suçoirs avec une trompe cylindrique, épaisse, obtuse. Son corps est allongé, aplati, couvert de rides régulières, ce qui le fait paraître articulé. On l'a trouvé dans le foie des rats, des rats, des chauves-souris. Le Cysticerque a col étroit, long d'un à deux pouces et qu'on trouve dans le péritoine et la plèvre des animaux domestiques. Le Cysticerque du tissu cellulaire, qu'on rencontre en si grande abondance chez les cochons dans la maladie connue sous le nom de *ladrerie*. Enfin le Cysticerque pisiforme, long de cinq à huit lignes, à tête moyenne, armée de suçoirs profonds, d'une trompe courte et grosse, couronnée de crochets médiocres. Son corps est rugueux, légèrement aplati et à peu près aussi long que la vésicule caudale; on le trouve dans le foie et dans l'estomac du lièvre, du lapin.

Les pathologistes ont distingué les Cysticerques en raison du lieu dans lequel ils se développent, et n'ont en général observé aucune différence notable entre ces entozoaires recueillis chez les animaux et ceux qu'on trouve chez l'homme. Le Cysticerque du tissu cellulaire a pour la première fois été observé dans les tissus de l'homme par Werner. Depuis on l'a souvent rencontré dans l'interstice des fibres musculaires, dans l'épaisseur du cœur, etc. Enfin ils ont trouvé des Cysticerques dans la substance cérébrale, dans les plexus choroïdes, dans l'épaisseur des circonvolutions du cerveau, dans le tissu cellulaire sous-arachnoïdien, etc. (P. G.)

CYSTICOLE, *Malurus*. (ois.) Genre de Passereaux dentirostres voisin des Becs-fins et des Merles. On en doit la distinction à M. Temminck.

(Gerv.)

CYTHÉRÉE, *Cythere*. (crust.) Genre établi par Müller et placé par Latreille dans l'ordre des Ostrapodes, de la famille des Cladocères. Ses caractères sont: corps renfermé dans un test bivalve, généralement réniforme, qui a la plus parfaite ressemblance avec celui des Cypris. Test non distinct; un seul œil; deux antennes simples, sétacées, formées de cinq ou six articles, et pourvues de quelques soies qui sont implantées à l'extrémité de chaque articulation; pieds au nombre de huit, articulés, pointus et garnis de quelques soies, les antérieurs et les postérieurs étant plus longs que les intermédiaires, laissant tous voir leur extrémité hors du test. La différence dans le nombre des pieds est la principale qui existe entre les Cypris et les Cythérées; mais nous avons tenu compte de ces membres chez les premières d'après les observations très-exactes de Straus, et nous sommes obligés de nous en rapporter à la description de Müller pour les dernières. Il se pourrait donc que plusieurs des pieds intermédiaires des Cythérées fussent des organes particuliers, et que le nombre de leurs vrais pieds ne différât pas de celui des Cypris; ce ne sera que lorsque ces animaux auront été examinés de nouveau par un naturaliste bien exercé dans l'art des observations microscopiques, qu'on pourra fixer définitivement leurs caractères génériques. D'après l'analogie des formes générales, il y a lieu de croire que les Cythérées, comme les Cypris, ont leurs lames branchiales annexées aux mandibules et aux mâchoires, et que leurs pieds sont seulement destinés

à la locomotion. Ces Crustacés habitent les eaux saumâtres des bords de la mer, et vivent à la manière des Cypris, au milieu des varecs et des conferves. Ce genre est composé de plusieurs espèces; celle qui peut être regardée comme type est la Cythérée verte, *Cythere viridis*, Müll. Entom., pag. 64, tab. 7, fig. 1 et 2; *Cytherina viridis*, Lamck., Anim. sans vert., tom. 5, pag. 125. La longueur de cette espèce est 1/6 de ligne; le test est court, réniforme, vert et tomenteux. Voir, pour les autres espèces, Desmarest, Consid. génér. sur les Crustacés. (H. L.)

CYTHÉRÉE, *Cytheræa*. (moll.) Genre qui joint à l'élégance des formes le brillant naturel si rare parmi les coquilles bivalves, qui a été établi par Lamarck et beaucoup d'autres aux dépens des Vénus, et dont voici les caractères : coquille équivalve, inéquilatérale, suborbiculaire, trigone ou transverse; quatre dents cardinales sur la valve droite : trois de ces dents sont divergentes, rapprochées à leur base, et une est tout-à-fait isolée et située sous la lunule; trois dents cardinales divergentes sur l'autre valve, et une fossette un peu écartée parallèle au bord; dents latérales nulles; point d'épiderme au drap marin; de là l'éclat vif et brillant.

L'animal des Cythérées ressemble beaucoup probablement à celui des Vénus, et, comme lui aussi, il doit avoir deux tubes extensibles.

Toutes les Cythérées sont marines, et le plus grand nombre est lisse ou marqué de sillons ou de côtes parallèles aux bords; quelques unes, dont Cuvier et Férussac ont fait une section, ont des côtes longitudinales. Voyons quelques unes des espèces qui peuvent servir de point de ralliement pour les groupes.

1° Coquilles pectinées.

Cythérée pectinée, *Cytheræa pectinata*, de Lamarck. Coquille ovale, irrégulièrement marquée de taches fauves ou rouge-brun sur un fond blanc; ornée à l'extérieur de côtes longitudinales granuleuses : celles du milieu sont tout-à-fait longitudinales; côtes latérales plus obliques, courbées et bifides; bord interne des valves crénelé.

2° Coquilles aplaties, suborbiculaires, à crochets aplatis.

Cythérée plate, *Cytheræa scripta*, de Larmarck. Coquille sublenticulaire, à crochets peu proéminens; bords antérieur et postérieur réunis aux crochets sous un angle droit; ligament très-enfoncé; surface extérieure sillonnée ou striée transversalement, diversement pointée de taches fauves ou brunâtres plus ou moins foncées, sur un fond blanc ou grisâtre; lunule enfoncée et étroite; grandeur et largeur, un pouce et demi à deux pouces. On la trouve dans l'océan Indien.

3° Coquilles orbiculaires.

Cythérée exolète, *Cytheræa exoleta*, de Lamarck. Coquille très-variable dans ses couleurs: quelquefois toute blanche, avec quelques flammules d'un fauve pâle ; d'autres fois les taches fauves sont très-multipliées et disposées en rayons. Cette Cythérée est orbiculaire, lenticulaire, peu bombée, striée ou sillonnée parallèlement à ses bords ; sa lunule est cordiforme et bien marquée ; elle a environ deux pouces de diamètre, et elle habite toutes les parties des mers d'Europe.

4° Coquilles ovales.

Cythérée cédo-nulli, *Cytherea erycina*, de Lamarck. Coquille très-recherchée dans les collections à cause de ses belles couleurs, grande, ovale, agréablement colorée par des rayons plus ou moins nombreux d'un fauve rougeâtre, dont quelques uns plus larges sont plus fortement prononcés ; surface chargée de sillons larges et obtus ; lunule orangée et bien circonscrite.

Cette belle Cythérée présente deux variétés : la première, sur un fond blanc, n'offre que deux rayons ; la seconde, également sur un fond blanc, présente un grand nombre de rayons d'un rouge violâtre, disposés assez régulièrement sur toute la surface. On la trouve vivante dans les mers de l'Inde ; et son analogue fossile, que Lamarck a nommée Cythérée erycinoïde, *Cytherea erycinoïdes*, se rencontre en France aux environs de Bordeaux.

Cythérée citrine, *Cytheræa citrina*, de Lamarck. Cette coquille, assez rare dans les collections, qui présente beaucoup d'analogie avec une fossile des environs de Paris, est cordiforme, globuleuse, subtrigone, striée transversalement, quelquefois rustiquée vers les bords ; ses crochets sont proéminens, sa lunule grande, cordiforme, marquée par un trait enfoncé ; son corselet est roussâtre ou brunâtre, lancéolé, séparé par une ligne plus foncée ; son intérieur, à l'état frais, est rose pourpré, excepté l'angle antérieur qui est brun ; la dent lunulaire ou latérale est petite, rudimentaire dans quelques individus ; son extérieur est jaune-citron un peu pâle ; sa largeur est d'un pouce et demi. On la trouve dans les mers de la Nouvelle-Hollande. Son analogue, qui est fossile et qui ne lui est différente que par le manque de couleur dû à son long séjour dans la terre, se rencontre à Orsay, près Versailles ; elle a reçu le nom de Cythérée globuleuse, *Cytheræa globulosa*. (F. F.)

CYTINÉES. (bot. phan.) Encore une famille de récente création à mettre au néant. Elle est d'abord établie sur un petit genre qui ne possède qu'une seule espèce : il est abusif de vouloir en faire le type d'une division primaire ; ensuite, pour lui donner une certaine consistance, on va chercher deux plantes étonnées de la faveur qu'on leur accorde ; car tout les éloigne les unes des autres. La Cytinelle, dont nous allons parler, est à fleurs monoïques, tandis que le Népenthès les a dioïques, et que la Rafflésie est une véritable cryptogame. Dans le premier genre le fruit est une baie, dans le second c'est une capsule quadriloculaire ; et ce que l'on a pris pour des anthères dans le troisième, ce sont des conceptacles remplis de séminules. Voilà cependant où nous

conduit l'esprit prétendu progressif de nos botanistes que l'on suit aveuglément. Ils veulent à toute force refaire, ils ne font qu'augmenter le désordre. *V.* aux mots Botanique, Cytinelle, Espèce, Famille, Népenthès et Rafflésie. (T. D. B.)

CYTINELLE, *Cytinus hypocistis*. (bot. phan.) Espèce unique d'un genre que nous estimons devoir demeurer à la suite des Aristolochiées ; elle appartient à la Gynandrie dodécandrie, et a le port d'une Orobanche ; comme elle, la Cytinelle est parasite, et s'attache de préférence aux racines des Cistes, d'où lui vient le nom vulgaire d'*Hypociste*. On la trouve dans quelques uns de nos départemens du midi ; elle abonde surtout en Italie, sur les plages sablonneuses et maritimes des états de Naples, en Grèce, dans l'Asie mineure, en Barbarie, Espagne et Portugal. Sa tige est courte, épaisse, droite, un peu succulente, rougeâtre, quelquefois jaune, et fixée par sa base sur la racine des Cistes ligneux ; en place de feuilles, elle est entièrement couverte de petites écailles imbriquées, charnues ; ses fleurs, qui se montrent au printemps, sont petites, monoïques, presque sessiles, rougeâtres ou jaunes, disposées en épi terminal, globuleux et au nombre de cinq à dix ; les fleurs femelles occupent toujours la partie inférieure ; point de corolles ; chez la fleur mâle, le calice est double, persistant, coloré, tubuleux campanulé, à limbe quadrifide, ses divisions ovales-oblongues, un peu inégales, velues en dehors et-ciliées sur le bord ; huit étamines, soudées ensemble et par les filets et par leurs anthères ; un rudiment de stigmate. Dans les fleurs femelles, le calice est de même ; l'ovaire, inférieur, est surmonté d'un style épais disposé en colonne couronnée par un stigmate charnu, tronqué, à huit côtes obtuses, séparées les unes des autres par autant de sillons profonds. Le fruit est une baie couronnée, ovale, coriace, à huit loges, contenant plusieurs petites graines arrondies, dont le suc acide, très-astringent, retiré par expression, est converti en extrait que les anciens vantaient beaucoup pour calmer les hémorrhagies, les flux muqueux, la leucorrhée ; le praticien prudent et habile lui préfère, de nos jours, les préparations onctueuses et mucilagineuses. Le meilleur extrait de Cytinelle venait de l'île de Crète. (T. D. B.)

CYTISE, *Cytisus*. (bot. phan.) Genre d'arbustes et d'arbrisseaux, au nombre d'une cinquantaine environ, faisant partie de la grande famille des Légumineuses, et inscrit par erreur dans la Diadelphie décandrie, au lieu de la Diadelphie monandrie. Plus de vingt espèces sont indigènes à l'Europe. Je parlerai d'abord du Cytise des anciens, et je terminerai par les espèces connues des botanistes modernes, en ayant soin, à chaque article, de dire l'emploi que l'industrie agricole a su en tirer jusqu'ici.

Cytise des anciens. S'il faut en croire le naturaliste qui a péri lors du fameux incendie du Vésuve en l'an 79 de l'ère vulgaire, le Cytise aurait reçu son nom de l'île de Cythnos, en l'archipel grec, où il fut trouvé, et de là transporté dans les diverses parties de la Grèce ; mais on sait que Pline, en puisant à toutes les sources existantes encore de son temps, les a brouillées et appliquées à sa manière. Le Cytise abondait au pays des Hellènes. Selon leurs écrivains, il était la première des plantes fourragères, il convenait à tous les animaux de la ferme, auxquels il offrait un très-bon fourrage vert durant huit mois de l'année, et pendant les quatre autres un fourrage sec fort estimé ; l'abeille industrieuse recherchait la longue grappe de ses fleurs, et partout où il se trouvait le miel était excellent ; la vache, la brebis et la chèvre qui en mangeaient donnaient beaucoup de lait, un lait caséeux, avec lequel on préparait les fromages de Cythnos si délicats, si renommés par toute la Grèce, et qui se vendaient fort cher. Les graines du Cytise étaient avidement recherchées par les oiseaux de basse-cour ; une infusion de ses feuilles bue par la nourrice chez laquelle le lait venait à tarir, lui rendait de suite cette liqueur agréable, premier aliment de l'homme, fournie de ses précieuses qualités : c'était aussi le moyen le plus sûr d'en entretenir l'abondance. Sous le rapport de la culture, le Cytise n'était pas moins extraordinaire : il se multipliait très-aisément, croissait sur toutes les sortes de terre, et pour réussir dans sa brillante végétation, il n'exigeait aucun soin ; en un mot, cet arbrisseau était un véritable trésor pour le propriétaire rural : *Cytisum in agro esse quamplurimum maxime referet*, dit Columella, *quod omni generi pecudum utilissimus est.*

Une aussi longue série d'éloges, répétée et par les poètes et par les géogones, méritait bien que l'on cherchât à connaître le Cytise des anciens. Une opinion émise au 16e siècle, par Maranta, fit croire que cette plante était la Luzerne arborescente de Linné, *Medicago arborea.* Cette opinion fut reproduite et soutenue par quatre botanistes modernes, en 1772 par Manetti de Florence, en 1787 par Amoreux de Montpellier, en 1795 par Marsili de Padoue, et en 1798 par Kurt Sprengel de Halle, sans qu'aucun d'eux fit mention de celui qui la leur inspirait. Le troupeau des compilateurs la répète à satiété, sans se douter que la Luzerne arborescente est rare aux environs de Rome et dans l'Italie méridionale, ainsi qu'en Sicile ; qu'elle gèle souvent en Grèce et qu'elle n'habite nullement l'île Themia, l'ancienne Cythnos, et que nulle part elle n'a été cultivée en grand. En mai 1814, j'ai démontré à l'Académie des sciences de l'Institut de France le tort que l'on a de suivre la route battue, et que, pour retrouver le vrai Cytise des anciens, il fallait, comme je l'ai fait, étudier les textes grecs et latins sur le sol même qu'ils habitèrent, et reconnaître dans le Cytise aubours, *Cytisus laburnum*, la plante que les anciens aimaient à voir autour de leurs habitations. Tous les passages des auteurs s'appliquent d'eux-mêmes aux diverses parties de l'arbrisseau que je viens de nommer et aux emplois que l'on en fait encore de nos jours en Grèce, en Italie, aux contrées montueuses de l'Europe tempérée et de l'Asie méridionale.

Cytise des modernes. En restituant aux Cytises le nom que les temps obscurs de l'ignorance leur avaient fait perdre, en les constituant genre, Tournefort et depuis lui Linné ont uni ensemble des plantes voisines et que nous désignons aujourd'hui par les noms génériques de Genêt, *Genista*, et Spartier, *Spartium*. De Lamarck a épuré le genre *Cytisus* et lui a imposé les caractères essentiels qui le distinguent. Ces caractères sont d'offrir des arbrisseaux remarquables non-seulement par la beauté de leur feuillage, constamment terné et accompagné de stipules fort petites, mais encore par l'élégance et le nombre de leurs fleurs, le plus habituellement d'un jaune d'or et disposées en grappes ou en épis ; le calice est presque divisé en deux lèvres, dont la supérieure est bidentée et l'inférieure tridentée, tantôt court et campanulé, tantôt cylindrique ou allongé ; corolle papilionacée ; étendard relevé, réfléchi sur les deux côtés ; ailes et carène conniventes, simples, enveloppant entièrement les organes de la reproduction ; dix étamines dont les filamens sont réunis dans les trois quarts de la longueur en un seul corps, formant gaîne complète autour de l'ovaire, qui est oblong, surmonté d'un style simple, redressé, terminé par un stigmate obtus ; légume oblong, comprimé, rétréci à la base, à une seule loge polysperme ; semences réniformes, noires, plus ou moins brillantes.

On sépare les nombreuses espèces de ce genre en deux sections, les espèces à fleurs disposées en grappes et celles à fleurs en ombelles ou axillaires. On a formé aux dépens de plusieurs autres des genres que l'on n'a pas encore généralement adoptés, parce qu'ils ne sont établis que sur des échantillons d'herbiers ou sur des notes de voyageurs plus collecteurs que bons observateurs, ou sur des données fournies par la détestable manie de tout changer et d'attacher son nom à une nomenclature nouvelle.

La plus belle espèce du genre est, sans contredit, le **Cytise aubours**, *Cytisus laburnum*, qui croît spontanément dans les forêts montagneuses de la France centrale, que j'ai retrouvé en Suisse, sur les Alpes, en Italie et dans les parties de la Grèce que j'ai pu visiter ; là il monte à cinq mètres au moins et souvent plus, laisse flotter au gré des vents sa longue grappe pendante et bien fournie, dont la couleur d'or se marie avec tant d'élégance à son écorce verdâtre et unie, à ses feuilles chargées de poils soyeux et que portent de longs pétioles. On le place dans les jardins et les bosquets comme arbre d'ornement entre la Rose de Gueldres, *Viburnum opulus*, qui se charge de boules de neige, le Gainier de Judée, *Cercis siliquastrum*, dont les fleurs brillent de tout l'éclat des feux de l'aurore, le Robinier carouge, *Robinia pseudo acacia*, que le plus léger vent dépouille de ses fleurs blanches qu'il éparpille sur le sol. Le seul pays où je l'ai vu cultiver avec soin, afin d'en présenter le feuillage aux bestiaux, c'est l'ancienne patrie des Samnites, cette Apulie où les mœurs et les usages reportent la pensée et le cœur vers ce peuple si magnanime dans les combats et après la victoire. On y effeuille le *Cytise de Virgile*, comme on l'appelle vulgairement, et on le donne en vert, ou bien on le mêle avec de la paille quand il est sec. Cette belle parure de l'arbre en pleine végétation a des propriétés médicinales; elle est émétique et purgative pour l'homme. Hippocrate, Galien, Oribase, Ætius, Paul Æginète et leurs disciples l'ont appris aux modernes. La découverte des propriétés énergiques des semences date seulement de l'année 1808.

Son bois s'allonge plus qu'il ne grossit; cependant Miller atteste en avoir vu portant quatre-vingt-dix centimètres de diamètre à deux mètres au dessus du sol. Quoique j'aie observé de très-nombreuses tiges d'Aubours, il ne m'est point arrivé d'en rencontrer d'un pareil volume. Ce bois est très-élastique; les anciens Gaulois l'employaient à fabriquer leurs arcs; on retrouve cet usage aux environs de Mâcon, dans quelques parties du Jura, où l'on m'a montré des arcs datant de près d'un siècle, conservant encore toute leur force et leur souplesse. Outre cet avantage, ce bois est très-dur, d'abord agréablement veiné de noir et de blanc, puis devenant très-noir, d'où le nom de *faux Ebénier* lui est appliqué par plusieurs auteurs: il reçoit un poli satiné. L'aubier en est fort blanc, le cœur verdâtre, l'un et l'autre passent ensuite au noir foncé. Si le bois égalait alors en pesanteur le véritable bois d'ébène et s'il prenait un poli plus brillant, il pourrait aisément tromper l'œil inexpérimenté et couvrir la ruse du commerce qui l'immerge dans une teinture noire. On lui attribue parfois des propriétés vénéneuses qu'il n'a nullement.

Willdenow a érigé en espèce, sous le nom de *Cytisus alpinus*, une simple variété ayant accidentellement, et par suite de sa position sur les Alpes, les feuilles glabres et seulement ciliées, au lieu d'offrir les poils blancs couchés que l'on observe sous les feuilles de l'Aubours en toutes les autres localités.

Depuis quelques années on cultive en pleine terre dans nos jardins le Cytise pourpre, *C. purpureus*, originaire du climat méridional de l'Italie,

le Cytise tomenteux du cap de Bonne-Espérance, *C. tomentosus*, ainsi que le Cytise aux feuilles sessiles, *C. sessilifolius*, qui s'arrondit en buissons d'un aspect fort agréable et qui supporte volontiers les hivers les plus rigoureux.

Tous les Cytises se couvrent de fleurs en mai et en juin; ils devancent souvent cette époque, principalement quand la saison est précoce.

Je ne finirai point cet article sans mentionner le Cytise blanc des Canaries, *C. nubigenus*, que Linné fils a le premier décrit sous le nom de *Spartium suprabunium*, et sur lequel Broussonnet a recueilli de plus amples connaissances durant son séjour en ces îles, avant d'aller, sous le ciel despotique de Maroc, chercher le repos et la liberté que lui refusait son ingrate patrie. L'arbrisseau domine le sommet des montagnes, et particulièrement le pic de Teyde (Ténériffe); il y forme des buissons touffus de plus de deux mètres de haut; ses petites feuilles soyeuses, d'un vert cendré, tombent bientôt, et font que ses rameaux grêles, disposés en jets rapprochés, prennent l'aspect de ceux du Genêt d'Espagne, *Genista juncea*, d'où lui vient le nom de *Genêt blanc* qu'on lui donne quelquefois : les Canariens l'appellent *Retama blanca*. Des fleurs blanches, petites, très-odorantes, le garnissent en mai de telle sorte qu'il semble surchargé de flocons neigeux; leur parfum attire les abeilles de très-loin. Il pourrait aisément s'acclimater en France. Ce bel arbrisseau, que Lamarck recommandait sous le nom de *Cytisus fragrans*, est avidement dévoré par les chèvres; la consommation que l'on en fait aux Canaries comme bois à brûler, les coupes nombreuses et intempestives auxquelles il est soumis pour ainsi dire chaque jour, les incendies causés par imprudence ou par la foudre en dévorent des quantités incalculables, et pourraient donner à penser que l'on finira par le perdre entièrement; heureusement il se reproduit promptement, avec une étonnante abondance, non-seulement à peu de distance de la mer, mais encore jusque sur le tuf le plus dénudé, et va terminer la dernière zone végétante sur les crêtes les plus élevées. (T. D. B.)

D.

DACNIS. (ois.) C'est le nom latin que Cuvier a donné aux Pitpits, oiseaux de la famille des Passereaux conirostres. *Voy.* le mot Pitpit.
(Gerv.)

DACTYLE, *Dactylis*. (bot. phan. et agr.) Genre de la famille des Graminées et de la Triandrie digynie, généralement composé de plantes vivaces, nombreuses, à balles multiflores, inégales et glomérées. L'espèce la plus répandue, le Dactyle glomébé, *D. glomerata*, celle que l'on trouve abondamment dans les prés, le long des chemins, etc., fait un mauvais foin; les bestiaux ne la mangent que lorsqu'elle est jeune; plus âgée, elle est dure. On a cependant prétendu en avoir

obtenu d'excellentes prairies : cette assertion est mensongère sous toutes les climatures où je l'ai observée. C'est d'autant plus fâcheux que cette graminée pousse très-vite, se renouvelle promptement, qu'elle vient dans des sols et aux expositions où de meilleures graminées réussissent mal, et que l'ombre ne lui nuit en aucune manière. On ne peut l'employer qu'à former des gazons dans les jardins; plus on la coupe, plus elle se montre vigoureuse : on peut porter le nombre de ces coupes à quatre et même à six. Les autres espèces n'offrent aucune utilité, si ce n'est le Dactyle rampant, *D. repens*, qui croît dans les sables du désert de Zaara et sur les côtes de la Barbarie; on pourrait s'en servir à rompre la triste monotomie des dunes et à les fixer. (T. D. B.)

DACTYLÈTHRE, *Dactylethra*. (REPT.) Nom formé du mot grec *dactulethra*, dé à coudre, et donné par G. Cuvier à certains Batraciens anoures qui offrent entre autres particularités d'organisation d'avoir les trois premiers doigts des pieds postérieurs armés d'ongles ou de cônes cornés légèrement recourbés en ergots, circonstance qui leur avait déjà fait donner, quelque temps, avant le nom moins significatif de *Xenopus*, des mots grecs *xenos*, étrange, et *pous*, pied.

Les Dactylèthres, par la forme générale de leur corps, se rapprochent des grenouilles. Ils ont d'ailleurs la peau lisse, c'est-à-dire sans verrues saillantes ni parotides. Leur tête est petite, leur bouche médiocre. Les maxillaires supérieurs sont pourvus de dents petites, égales, coniques, simples, à peine recourbées en arrière; les vomers en sont dépourvus ainsi que les maxillaires inférieurs. Les Dactylèthres n'ont pas de langue, et ce que Cuvier et Wagler ont pris pour cet organe n'est que l'œsophage et l'estomac retournés à la manière d'un doigt de gant, et ainsi entraînés dans la bouche soit par l'hameçon, au moyen duquel ils ont peut-être été pris, soit par un mouvement particulier de régurgitation accordé peut-être à ces animaux en compensation du défaut de l'organe chargé, entre autres fonctions, du contrôle des alimens chez les autres animaux. Les yeux sont petits. Le tympan des Dactylèthres est caché par la peau; les pieds sont grands, les antérieurs terminés par quatre doigts longs, grêles, libres, presque égaux, tous composés de trois articles; les pieds postérieurs sont terminés par cinq doigts également longs, grêles, presque égaux et entièrement palmés, composés le premier, le second et le cinquième de trois articles, le troisième de quatre et le quatrième de cinq; le quatrième et le cinquième doigt sont mutiques. Le squelette de ces animaux offre quelques particularités remarquables qui les rapprochent beaucoup des Pipas, avec lesquels on les a confondus pendant quelque temps; ainsi la troisième et la quatrième vertèbre portent des côtes ou apophyses transverses prolongées, très-développées et qui s'étendent fortement en arrière; les apophyses transverses de la vertèbre pelvienne sont dilatées en appendices sécuriformes. Le sternum cartilagineux rhomboïdal est très-grand et très-dilaté; il supporte en avant un coracoïde court, et en arrière une clavicule dont la disposition longue et grêle contraste avec ce que l'on observe à son égard chez les autres Batraciens; le bord rachidien de l'omoplate est fortement échancré, et fait paraître cet os comme composé de deux omoplates accolées par leurs bords. Cet os n'est pas brisé en deux parties comme chez les autres Batraciens anoures. L'on trouve chez les Dactylèthres un vestige de bassin largement ouvert en avant; les pubis rudimentaires étant séparés et distincts chez ces animaux, où ils se retrouvent sous forme de petits disques osseux accolés par un point de leur circonférence, tandis que chez les autres Batraciens ces os paraissent confondus par leur face; de cette circonstance résulte que les cavités cotyloïdes ne se touchent pas immédiatement par leur fond, et qu'elles sont séparées par un léger intervalle comme chez les Pipas.

L'on ne connaît guère les habitudes de ces animaux. Leurs pieds, fortement palmés, font présumer qu'ils séjournent habituellement dans l'eau, mais l'on ne sait si la disposition ongulée des doigts coïncide avec un mode de vivre particulier. Tous viennent du cap de Bonne-Espérance.

Les Dactylèthres connus se rapportent à une seule espèce, le DACTYLÈTHRE DE DELALANDE, décrit sous les noms divers de Crapaud lisse, *Bufo lævis*, *Pipa lævis*, de *Pipa bufonia*, et enfin de *Xenopus Boiei*. Long de trois pouces environ; d'un gris brunâtre en dessus, vermiculé finement de brun, donnant quelquefois un aspect grisâtre ou brunâtre ponctué de blanc; blanchâtre ou jaunâtre en dessous.

DACTYLOPTÈRE, *Dactylopterus*. (POISS.) Parmi les poissons acanthoptérygiens à joues cuirassées, il est peu de genres dont la forme soit aussi remarquable que celle des Dactyloptères, vulgairement nommés, avec les Exocets, Poissons volans, Arondes ou Hirondelles de mer.

Les Dactyloptères sont revêtus d'écailles dures et carénées, leur museau est court et sans proéminences; leur bouche est située en dessous; il n'y a à leurs mâchoires que des dents arrondies en petits pavés, leur casque est long et large, mais plat et peu élevé, leur préopercule se termine en une longue et forte épine qui devient une armure puissante. Leurs pectorales n'ont point de rayons libres, mais elles se divisent en deux parties; une antérieure de longueur médiocre, et de peu de rayons, et une postérieure, presque aussi longue que le corps. Lorsque cette partie s'étend, elle devient aussi large que longue, et c'est au moyen de la grande surface qu'elle présente que le poisson peut s'élever dans l'air, s'y soutenir quelques instans pour se soustraire à la poursuite des autres poissons qui le dévorent. Cet osseux, qui est un très-bon manger pour l'homme, se pêche en pleine mer.

Parmi les espèces de ce joli genre, nous mentionnerons premièrement le DACTYLOPTÈRE COMMUN, *Dactylopterus volitans*, Cuv. *Trigla volitans*, Lin. Bloch, 351. Ce poisson a, comme les Trigles, le corps rond, allongé, diminuant vers la queue, et la tête est plus plate et plus allongée que celle d'aucun Trigle; ses écailles sont dures, carénées à leur bord, celles du dos sont relevées d'une arête longitudinale, finement crénelées; et les autres, disposées très-régulièrement, se joignent pour former des arêtes tranchantes qui règnent en ligne droite sur la longueur du poisson. La longueur la plus ordinaire du Dactyloptère est d'un pied; brun en dessus, rougeâtre en dessous, nageoires noirâtres, diversement tachetées de bleu. Ce Dactyloptère est très-connu dans la Méditerranée. Tous les auteurs qui ont traité des poissons de cette mer, en ont parlé en détail. Bélon, Salvien, Rondelet, en ont donné des figures, sinon parfaitement exactes, du moins très-reconnaissables et même fort bonnes pour leur temps. On le nomme à Marseille Landole et Rondole, à Montpellier Aronde, Arondelle, ou Rate-penade, c'est-à-dire Chauve-souris. A Rome, Nibio et Pesce-rondine, nom qu'on lui donne aussi en Sardaigne; dans l'Adriatique, Rondela et Rondola, à Nice Gallina ; en Espagne Volador, en Sicile et à Malte, Galinedda et Pesce-falcone. Ce poisson se nourrit de petits crustacés. La seconde espèce est le DACTYLOPTÈRE TACHETÉ de la mer des Indes, *Dactylopterus orientalis*, Cuv. Son caractère le plus sensible consiste en ce que le casque osseux de sa tête est échancré en arrière, son premier rayon dorsal s'avance jusque dans l'angle de cette échancrure ; ce rayon est aussi beaucoup plus long que les autres, il a près du triple de la hauteur du corps en cet endroit. Ses nageoires sont semées de taches brunes plus longues et d'autres taches blanchâtres plus petites que dans le Dactyloptère commun. La taille ordinaire de l'espèce est de douze pouces.

(ALPH. G.)

DAGUE, DAGUET. (MAM.) On donne ce nom au premier bois qui pousse à la tête du cerf vers sa seconde année. On appelle les cerfs de cet âge Daguets. (GUÉR.)

DAHLIA, *Dahlia*. (BOT. PHAN. ET AGR.) En 1812 j'ai publié sur ce genre de plantes un mémoire dont divers écrivains se sont approprié les observations sans en citer la source. Des cultivateurs leur ont aussi donné une certaine valeur que j'ose réclamer dans la seconde édition, imprimée en 1834, augmentée de nouvelles études et du résultat de mes expériences. On me permettra d'y renvoyer ceux qui voudront en suivre tous les détails ; je n'en donnerai dans cet article que les sommités, afin de ne point dépasser les limites tracées par la nature même de l'ouvrage.

Les Dahlias sont originaires du Mexique ; leur introduction en Europe date de 1790, et leur culture en France seulement de l'année 1802. Ils ont reçu le nom qu'ils portent de Cavanilles, qui dédia le genre par lui créé à Dahl, le botaniste danois. Willdenow a voulu substituer à ce nom celui de *Georgina*, et Cassini détruire le genre et n'en faire qu'une simple espèce de son genre *Coreopsis*. Il faut repousser tout changement inutile et conserver la pensée du fondateur, quand elle ne blesse point les lois fondamentales de la science.

Ces belles plantes radiées font partie de la famille des Corymbifères et de la Syngénésie ; elles sont herbacées, vivaces par leurs racines, annuelles par leurs tiges ; leur hauteur les rapproche des sous-arbrisseaux ; elle va d'ordinaire de un à quatre mètres ; leur port est léger, pittoresque. La tige est creuse, ramifiée, cylindrique, glabre, souvent rougeâtre, garnie de feuilles vert foncé en dessus, pâles en dessous, dentées, un peu rudes, opposées, une et deux fois pinnatifides, presque connées, à nervures constamment pennées, et terminées par une foliole impaire. Les feuilles les plus élevées sont toujours simples. Les fleurs qui pa-

rent le sommet des tiges et des rameaux s'épanouissent durant les derniers mois de l'année ; on les remarque non-seulement pour leur grandeur et leurs formes gracieuses, mais encore pour l'éclat très-varié de leurs demi-fleurons et le jaune brillant des fleurons. Le calice est presque membraneux, double, extérieurement composé de cinq folioles spatulées, recourbées, intérieurement monophylle, à découpures droites, ovales. Réceptacle plane, garni de paillettes nombreuses. L'époque naturelle de la floraison des Dahlias a été changée par la culture : dans leur pays elle a lieu au premier printemps ; chez nous, en juin et juillet paraissent les fleurs simples et demi-doubles ; de juillet à septembre, nous voyons les plus belles fleurs ; du quinze septembre aux premières gelées, on n'en a plus que d'une médiocre grandeur, dont les couleurs sont encore assez vives pour lutter avec le Kamellia et l'Astère radieuse.

Je divise les Dahlias en deux espèces distinctes : 1° le *Dahlia superflua*, dont les fleurons sont monoclynes au centre et neutres à la circonférence ; les tiges hautes, très-robustes ; les feuilles grandes, d'un vert foncé ; les fleurs de couleur purpurine, descendant par gradation au rose et passant au jaunâtre ; le style plus ou moins développé, mais toujours imparfait ; les tubercules rétrécis insensiblement en un pédicelle assez court ; 2° le *Dahlia frustranea*, dont les fleurons du disque sont monoclynes, tandis que ceux implantés sur son bord sont toujours stériles : la tige de cette espèce est moins élevée, plus délicate, toujours couverte d'une poussière glauque ; les feuilles sont petites, d'un vert clair ; le style tout-à-fait avorté ; les tubercules supportés par de longs pédicelles ; les semences arrivent rarement à maturité.

On ne peut regarder comme espèce le Dahlia nain ; il est le produit de la culture, et quand ses semences parviennent à leur état de perfection, les individus qui en naissent rentrent presque aussitôt dans l'une ou l'autre espèce indiquée. On lui doit de fort jolies variétés à fleurs en globe et à fleurs d'anémone, qui passent promptement au semi-double et au simple.

S'il fallait s'en rapporter aux catalogues des fleurimanes et des marchands, le nombre des variétés arriverait à neuf cents et même à quinze cents : ce délire est un moyen de plus de tromper ; je n'en reconnais que six à la première espèce et cinq à la seconde. L'une et l'autre peuvent présenter plusieurs sous-variétés qui se perdent bientôt.

Quoique l'on ait parlé de Dahlias bleus, il n'en existe pas. Tous les moyens ont été mis en usage pour y arriver, aucun n'a réussi, la nature s'y opposait. Dans aucune circonstance on ne voit le bleu pur s'associer au jaune ; le bleu passe sans peine au rouge brique et au blanc, jamais au jaune ; il en est de même du jaune à l'égard du bleu.

Voulez-vous distinguer d'avance les pieds à fleurs simples de ceux à fleurs doubles ? promenez les yeux sur les touffes de Dahlias de l'une ou l'autre espèce, et assurez-vous de la conformation de bouton. Toutes les fois que vous le rencontrerez parfaitement plat en son sommet, la fleur est simple ; quand il se présente renflé et terminé par un mamelon aigu, très-sensible même sur le bouton à peine formé, vous pouvez être certain que la fleur sera double.

La culture de ces superbes plantes est très-facile ; elles sont maintenant parfaitement acclimatées. On les multiplie de semis et par tubercules entiers ou seulement par éclats, par la greffe herbacée et au moyen de boutures ou de marcottes. Le premier moyen est le meilleur quand les graines sont nouvelles, c'est-à-dire de l'année précédente, celles de l'année même sont sujettes à avorter. La récolte des tubercules a lieu dans les premiers jours de novembre. Ils sont allongés, charnus, d'une consistance solide, réunis par faisceaux au nombre de cinq, six et rarement neuf ; les blancs donnent des fleurs blanches ; les jaune-pâle, des fleurs jaunes ; les rouge-violets des fleurs ponceau ; les bruns, des fleurs pourpres, etc. Ils jouissent d'une grande puissance végétative. On les conserve sur un lit de sable sec, dans le cellier où la gelée ne pénètre pas, après les avoir débarrassés de la terre qui les encroûte, et coupé la tige à cinquante-quatre millimètres du collet.

Dans les jardins paysagers les Dahlias sont d'une grande ressource ; de quelque manière qu'on en dispose les touffes, elles forment une superbe décoration ; plantés en massifs, on met les Dahlias de la première espèce au centre, autour d'eux se placent les Dahlias de la seconde espèce, et devant ceux-ci le Dahlia nain que l'on multiplie en éclatant la tige avec un talon dès qu'il est arrivé à seize ou vingt-deux centimètres de haut, qu'il soit né en pot ou en pleine terre.

Traités comme plantes économiques les Dahlias offrent dans leur feuillage et même dans leurs tubercules une nourriture agréable aux bestiaux ; les poules et les dindons s'engraissent en mangeant le tubercule simplement bouilli à l'eau ; l'âne en est très-friand ; le cheval, le mouton, le porc, le bœuf et particulièrement les vaches l'appètent avec plaisir cuit à la vapeur. On peut employer les tiges et les feuilles, ainsi que les tubercules gâtés, à l'engrais des terres. Au Mexique les tubercules sont alimentaires pour l'homme : c'est un mets simple, salubre, nourrissant ; certaines personnes les trouvent d'une saveur peu agréable. Mis sous la cendre, ils perdent un huitième de leur volume, l'enveloppe extérieure se détache aisément, et la pulpe prend quelque chose de légèrement sucré qui plaît. On les mange aussi divisés en rouelles, roussies dans le beurre ou bien préparées avec une sauce blanche. On les convertit en gelée, et des pétales violets on retire une matière colorante très-propre pour juger des quantités d'alcali et d'acide que contient une teinture.   (T. D. B.)

DAIL. (moll.) C'est l'un des noms les plus vulgaires de la Pholade, sur les côtes de France. *V.* Pholade.   (Guér.)

DAIM, DAINE. (mam.) Nom d'une espèce du genre Cerf. *V.* ce mot.   (Guér.)

DAIS, *Dais.* (bot. phan.) On ne connaît encore que quatre espèces de ce genre de la famille des Thymélées et de la Décandrie monogynie : ce sont de jolis arbrisseaux, dont la verdure perpétuelle est relevée par l'élégance de leur ombelle fleurie. Orginaires des contrées les plus chaudes de l'Afrique et de l'Asie, ils sont encore rares dans nos serres, et jusqu'ici assez mal observés par les botanistes, puisqu'ils unissent ensemble des plantes à cinq, à huit et à dix étamines, à baie monosperme et disperme. Le Daïs a feuilles de fustet, *D. cotinifolia,* du cap de Bonne-Espérance, est mieux connu ; il se voit en Europe depuis un demi-siècle environ, où il fleurit dans les serres tempérées, comme tous les autres végétaux que nous possédons du même pays. Cet arbrisseau monte à quatre et rarement cinq mètres ; ses tiges droites se divisent en branches opposées, revêtues d'une écorce brune, et de rameaux d'un vert tendre, garnis vers leur sommet de feuilles ovoïdes, opposées, vertes, et à peine pétiolées. Ses fleurs, au nombre de huit à quinze, et souvent beaucoup plus, sont ramassées en un faisceau terminal, ombelliforme, accompagné d'une collerette de quatre folioles ovales et velues ; le calice est élégant, long, pubescent en dehors, divisé à son limbe en cinq découpures linéaires, d'une couleur lilas clair agréable, et répand un doux parfum, pendant les quinze jours que la fleur demeure épanouie, en mai, en juin et quelquefois plus tard. Dix étamines ayant leurs filamens insérés dans la partie supérieure du tube calicinal ; cinq d'entre eux sont plus longs, et alternent avec cinq plus courts ; tous portent des anthères jaunes, oblongues ; l'ovaire supérieur, chargé à son sommet de quelques poils ; c'est pour l'avoir décrit sur un échantillon sec que Linné le crut adhérent au calice. Le style est filiforme, beaucoup plus long que le tube, et même quelquefois que les découpures du limbe, terminé par un stigmate globuleux que la loupe montre formé d'un grand nombre de petits poils glanduleux, disposés en houppe. Le fruit est une baie monosperme.

         (T. D. B.)

DALÉCHAMPIE, *Dalechampia.* (bot. phan.) Ce genre, de la famille des Euphorbiacées et de la Monoécie monadelphie, a été créé par Plumier et par lui dédié à un botaniste érudit et infatigable du seizième siècle, à Jacques Daléchamps qui nous a laissé, sous le titre de *Historia generalis plantarum,* l'histoire de 2751 plantes, enrichie d'observations exactes et le plus souvent de bonnes figures.

Les vingt espèces que l'on donne aujourd'hui à ce genre sont toutes des arbrisseaux à tige grimpante, originaires de l'Amérique intertropicale, garnis de feuilles alternes, simples ou profondément lobées, munies de stipules ; leurs fleurs, portées à l'extrémité de pédoncules axillaires, sont réunies dix ensemble sous forme d'ombelle, et accompagnées à leur base extérieure de quatre petites folioles lancéolées. Les fleurs mâles sont entourées d'un involucre à deux folioles, calice à cinq ou six divisions profondes, contenant plusieurs étamines, légèrement monadelphes à leur base ; les fleurs femelles ont un involucre à trois folioles qui renferme trois fleurs, dont le calice est partagé jusqu'à la base en cinq, six, dix, douze divisions profondes, dentées ou ciliées, persistantes, avec un ovaire supère, un style simple, allongé, dilaté au sommet, un stigmate élargi en disque ou creusé en entonnoir. La capsule qui succède est à trois coques globuleuses, chacune bivalve et monosperme.

Le Brésil a fourni beaucoup d'espèces à Dombey et à Joseph de Jussieu : quelques unes existent aux Antilles ; deux seules ont jusqu'ici été trouvées dans l'ancien hémisphère, l'une, la Daléchampie a petites feuilles, *D. parvifolia*, provient de la Chine, où elle a été recueillie par le jésuite d'Incarville ; elle est petite dans toutes ses parties et de couleur cendrée ; l'autre est indigène à l'Inde, d'où Poivre nous l'a rapportée, on la nomme Daléchampie a feuilles de Taminier, *D. tamnifolia*, à cause des rapports de son feuillage avec celui du *Tamnus communis*, seulement elles sont plus grandes.

L'espèce la mieux connue, la seule que l'on cultive par curiosité, c'est la Daléchampie velue, *D. villosa*, nommée dans l'origine *scandens*, parce qu'on ignorait alors que les autres espèces offraient le même caractère. Elle est annuelle, abondante aux Antilles, surtout dans les bois de Haïti, velue sur toutes ses parties, et s'élève, en grimpant, jusqu'à la hauteur de quatre mètres. Ses rameaux sont garnis de feuilles alternes, à trois lobes lancéolés avec des stipules striées à leur base, et se terminent par un paquet de fleurs, épanouies en juin et juillet, renfermé entre deux grandes bractées sessiles. (T. D. B.)

DALÉE, *Dalea*. (bot. phan.) Linné a fondé ce genre de la famille des Légumineuses et de la Diadelphie pentandrie en faveur de Dale, botaniste anglais : il l'avait d'abord parfaitement distingué du genre *Psoralea*, avec lequel il a de grands rapports : même nombre d'étamines, même structure de la corolle, des ailes, du tube et du style ; il les réunit ensuite, trompé par l'étude d'une seule espèce connue de son temps ; éclairé par les découvertes postérieures, de Jussieu a rétabli le genre *Dalea*. Depuis, on l'a enrichi des *Petalostemum* d'André Michaux, qui s'en éloignent par leurs étamines, au nombre de dix, et par l'insertion des pétales, et que nous détachons du vrai genre Dalée à l'exemple de Nuttal, malgré leur port, qui est absolument semblable. Les trois genres demeurent distincts à nos yeux les uns des autres, le *Dalea* occupe le milieu.

Des douze espèces, toutes indigènes à l'Amérique, toutes plantes herbacées, nous ne citerons que les suivantes.

Trouvé au pays des Illinois, le Dalée a fleurs pourpres, *D. purpurea*, attire les regards par son port agréable, par ses longs épis d'un violet rose éclatant, et a mérité le privilége de figurer parmi les plantes d'ornement. Ses tiges s'élèvent rare-

ment à un mètre, minces, rameuses, striées, un peu pubescentes, elles partent d'une racine fibreuse, et se garnissent de feuilles disposées en faisceaux, alternes et soutenues par un assez long pétiole ; les unes sont ternées, les autres ailées, à folioles petites, linéaires, nombreuses, d'un vert foncé légèrement pubescentes et glanduleuses. Les fleurs sont petites, rangées régulièrement par anneaux serrés et qui fleurissent successivement en août et septembre.

Non moins intéressant, le Dalée psoralée, *D. Linnæi*, présente ses épis cylindriques, velus et serrés, décorés de leurs petites fleurs bleues à la même époque ; ses feuilles sont toutes ailées et accompagnées de beaucoup de folioles oblongues et ponctuées. Son port est fort joli, mais comme cette espèce est annuelle, on lui donne moins d'attention. Elle croît sur les rives des deux plus grands fleuves de l'Amérique septentrionale, le Missouri et le Mississipi. Linné l'appela *D. psoralea* ; Willdenow *D. cliffortiana* ; elle doit le nom qu'elle porte aujourd'hui à Michaux.

Il faut citer encore le *D. mutabilis* de Cavanilles, dont les fleurs blanches sont marquées de quelques taches violettes et disposées sur un épi conique, ainsi que le *D. bicolor* à la corolle panachée de blanc, de jaune et de violet. Toutes ces espèces fournissent une petite gousse monosperme, un peu velue et couverte par le calice.

Pursh a embrouillé ce genre, confondu des espèces et cité d'autres sous divers noms ; il demande donc à être revu sévèrement sur la nature vivante et non pas sur des échantillons secs, souvent récoltés avec peu de soin, dénaturés par le transport, et toujours mal décrits par les botanistes de cabinet. Une plante étudiée sous toutes ses phases végétatives se décrit mieux, et quand on lui a donné sa véritable place, il est impossible de la changer. (T. D. B.)

DALMATIE. (géog.) Cette contrée forme une petite région naturelle assez distincte, sur le bord oriental du golfe Adriatique ; c'est le versant occidental des Alpes Dinariques depuis leur origine jusqu'au Montenegro. La Dalmatie se partage en Dalmatie turque ou Hertzegorine, et Dalmatie autrichienne ; la première est le bassin de la Narenta, et de ses affluens, compris d'un côté entre les monts Prologh et leur prolongation méridionale et la chaîne principale du mont Ivan. La Dalmatie autrichienne forme une bande étroite sur le littoral et comprend en outre, vers le nord, le bassin sans issue d'Ottochatz. Cette vallée élevée, de 20 lieues de longueur, est fermée par les monts Capella au nord, et Wellebitsch au sud ; plus loin vers le sud, les monts Prologh et Dinara longent la côte du golfe Adriatique et se prolongent jusqu'au Montenegro. Dans cette région toute montueuse, les sommets les plus élevés sont le pic de Badany dans les monts Wellebitsch, 1355ᵐ ; le mont Dinaro, 2275ᵐ ; le mont Prologh, 1820ᵐ ; le mont Ivan, dans la chaîne principale, doit atteindre une hauteur encore plus grande. La côte est bordée d'un grand nombre d'îles allongées ; les unes,

unes, au sud, appartiennent à un système de direction est et ouest, comme le mont Hémus, dont elles sont le prolongement ; les autres, au nord, se dirigent N.-O.-S.-E. comme toutes les chaînes de la Dalmatie et le système de l'Olympe, auquel elles appartiennent. Le sol de la Dalmatie, composé de roches calcaires de l'époque secondaire, montre partout l'aridité, les formes anfractueuses, les bassins sans issue, les cavernes, les gouffres et les sources rares et volumineuses qui forment les caractères topographiques les plus remarquables de la Grèce.

Les îles présentent en outre une disposition très-singulière : quoique fort longues et étroites, elles renferment dans leur intérieur une vallée qui se prolonge d'une extrémité à l'autre entre deux chaînes de rochers.

La Kerka est la plus remarquable des rivières de la Dalmatie ; elle sort d'une caverne au pied d'un rocher, se précipite de cascades en cascades et tombe dans la mer après avoir traversé deux lacs près de Scardana. La Cetlina sort également de deux cavernes et roule entre des précipices. Les bouches du Cattaro, véritable phénomène naturel, montrent une suite de golfes s'enfonçant profondément au milieu de montagnes rocheuses sans recevoir aucun cours d'eau. Au dessus s'élèvent les cimes sauvages du Montenegro. L'île Bua renferme une source d'asphalte ; l'île Veglia fournit des marbres rouges, et Meleda est célèbre par les détonations souterraines qui s'y font entendre. L'action volcanique se manifeste sur tout le littoral par des tremblemens de terre, dont les principales villes, Raguse, Zara, Spalatro et Cattaro ont souffert à plusieurs époques. Le climat de la Dalmatie est malsain ; la chaleur humide de l'atmosphère y cause les fièvres qui règnent également sur une grande partie du littoral de l'Adriatique et de la mer Egée, fièvres attribuées bien à tort aux marais qui n'existent presque nulle part : leur cause est plus générale, les miasmes des marais ne font que les aggraver. (B.)

DAMAN, *Hyrax*. (MAM.) Ces animaux, qui ont été si long-temps inconnus aux naturalistes, avaient été vus certainement par les Israélites, qui en ont parlé dans les livres saints sous le nom de *Saphan*. Vosmaër et Pallas d'un côté, et Buffon dans son Histoire des animaux de l'autre, sont les premiers auteurs qui en aient fait mention ; mais, outre qu'ils n'ont pas su distinguer les différentes espèces auxquelles ils se rapportent, ils ont aussi ignoré quelle place ils devaient occuper dans la série des Mammifères. Tous s'en sont laissé imposer par quelques uns des caractères extérieurs des Damans, et les ont rangés, à cause de leur fourrure épaisse et de leur petite taille, parmi les Rongeurs, sans s'inquiéter si l'étude de leurs parties intérieures viendrait justifier cette détermination. Cuvier, ayant eu l'occasion d'examiner les Damans avec plus d'attention, a bientôt reconnu qu'ils devaient être rapprochés des Pachydermes et particulièrement des Rhinocéros, avec lesquels ils sont réellement liés par leur système dentaire, la

forme de leur tête, et celle de leurs ongles qui ressemblent à des sabots, ainsi que le nombre de leurs côtes. Cette manière de voir est aujourd'hui généralement adoptée. Voici en résumé les caractères du genre Daman : pieds antérieurs à quatre doigts tous munis d'ongles plats en sabots, les postérieurs à trois, dont deux seulement ont des sabots, l'externe étant armé d'un ongle long et crochu, semblable à celui des Lémuriens ; 34 dents (incis. $\frac{2}{4}$, can. o, molaires $\frac{7-7}{7-7}$) ; les incisives supérieures consistent en deux petites dents sans racine et triangulaires, les inférieures, au nombre de quatre, sont tranchantes : les mâchelières semblables à celles des Rhinocéros ; deux petites canines dans la jeunesse ; un simple tubercule au lieu de queue ; six mamelles, deux pectorales et quatre ventrales ; yeux grands ; oreilles larges et arrondies ; langue douce ; un petit mufle séparant les narines ; pelage épais et fin ; taille petite ; 20 ou 22 côtes ; estomac divisé en deux poches.

Les Damans sont propres à l'Afrique méridionale et orientale ainsi qu'aux contrées asiatiques avoisinantes ; ils vivent de fruits et d'herbages, et se tiennent sur les rochers et les montagnes ; ils sont d'un naturel très-doux et deviennent assez souvent la proie des animaux carnassiers ; on les apprivoise dans certaines contrées, et on se nourrit de leur chair ; leur fourrure peut aussi être employée. On a quelquefois amené des Damans dans nos contrées, ils y souffrent beaucoup du froid. Les Israélites les ont nommés, ainsi que nous l'avons dit, *Saphan*, les Hollandais du Cap les appellent *Klip-daas* ou *Blaireaux de rocher*, et les Arabes *Agneaux d'Israël*.

Suivant MM. Hemprich et Ehrenberg (*Symbolæ physicæ*, 1ʳᵉ décade des Mammifères), on doit admettre quatre espèces distinctes parmi ces animaux, savoir :

DAMAN DU CAP, *Hyrax capensis*, Gm. Il a les poils doux, d'un brun cendré en dessous, avec une ligne noire plus foncée sur le dos ; il est blanchâtre en dessus ; tête épaisse ; 48 à 50 vertèbres, sur lesquels 22 ou 21 supportent des côtes ; os interpariétal grand, triangulaire. Taille du lapin.

C'est l'espèce la plus anciennement connue et que l'on voit le plus souvent dans les cabinets. Elle habite le cap de Bonne-Espérance. Les autres espèces ne diffèrent point pour la grandeur et les formes.

DAMAN A OCCIPUT ROUX, *Hyr. ruficeps*, H. et Ehr., *loc. cit.*, pl. 2. Poils plus raides, d'un brun roussâtre, d'un roux plus vif sur l'occiput dans l'âge adulte. Os interpariétal quadrangulaire. Habite le Dongala.

DAMAN DE SYRIE, *Hyr. syriacus*, Gm., H. et Ehr., planche 2 de l'ouvrage cité. Il a les poils plus durs, d'un brun fauve en dessus, sans ligne dorsale, et blanchâtre en dessous. Sa tête est moins épaisse que celle du *Capensis* ; l'os interpariétal est pentagonal ; les vertèbres sont au nombre 46 ou 47, dont vingt ou vingt-une portent des côtes.

DAMAN D'ABYSSINIE, *Hyr. abyssinicus*, H. et

Ehr., *loc. cit.*, pl. 9, sous le faux nom de *Hyr. syriacus*. Il est d'un roussâtre plus clair, surtout en dessous; sa tête est plus grêle, son interpariétal semi-orbiculaire et son pelage assez dur. Il a été trouvé en Abyssinie dans les montagnes qui bordent la mer Rouge.   (Gerv.)

DAME et aussi **DAMETTE** (ois.). Ce sont deux noms que l'on donne quelquefois à la Mésange a longue queue, *Parus caudatus*, Linn. (Gerv.)

DAMIER. (ois.) Le Damier est un oiseau du genre Pétrel (*voy.* ce mot), c'est le Pétrel du Cap, *Procellaria capensis*, des nomenclateurs. Son nom *Damier* lui a été donné par les voyageurs à cause de la disposition de ses couleurs, qui présentent sur le dos un mélange de blanc et de noir. Dans l'âge adulte, le Damier a treize pouces de longueur depuis le bec jusqu'à l'extrémité de la queue, et vingt pouces d'envergure. Il habite le cap de Bonne-Espérance.   (Gerv.)

DAMIER. (moll.) Nom vulgaire de deux variétés de Cône; le Damier de la Chine et le Faux Damier. *V.* Cone.   (Guér.)

DAMIER. (ins.) Les amateurs de papillons désignent sous ce nom, d'après Geoffroy, plusieurs espèces du genre Argynne. (*V.* ce mot.)   (Guér.)

DAMIER. (bot. phan.) On donne ce nom à la *Fritillaria meleagris*, Lin. *V.* Fritillaire.   (Guér.)

DAMPIÈRE, *Dampiera.* (bot. phan.) Tous les botanistes se rappellent que la première florule de la Nouvelle-Hollande fut dressée par l'habile navigateur anglais William Dampier, qui fit de si belles découvertes en botanique et en géographie moderne; on savait aussi que l'on conservait au muséum d'Oxford, parmi les végétaux qu'il a rapportés de son voyage dans l'Australie, une espèce par lui conservée vivante et demeurée vierge jusqu'au moment où Robert Brown créa, avec elle, le genre Dampière, dont il avait recueilli treize espèces sur le continent de la Nouvelle-Hollande. Toutes appartiennent à la famille des Lobéliacées et à la Syngénésie monogynie. Ce sont d'ordinaire de petits sous-arbrisseaux, ou simplement des plantes herbacées vivaces, d'un aspect raide, à feuilles alternes, coriaces, entières ou légèrement dentées; leurs fleurs sont bleues ou rougeâtres, disposées en épis; leur corolle monopétale, presque infundibuliforme, fendue en cinq lobes (deux supérieurs, les trois autres inférieurs, constituant deux lèvres), repose sur un calice à cinq découpures recourbées en oreillettes au bord de leur base; il adhère à l'ovaire, qui est infère; les étamines, au nombre de cinq, ont leurs filets subulés, les anthères distinctes à leurs deux extrémités, mais unies entre elles par le milieu, environnant le style et persistant avec lui. Le fruit est une noix crustacée, indéhiscente, ombiliquée à son sommet et monosperme. Aucune espèce n'est encore cultivée en Europe. Toutes sont couvertes de poils simples ou plumeux, ou bien étalés en étoile.   (T. d. B.)

DANAIDE, *Danais.* (ins.) Genre de Lépidoptères de la famille des Diurnes, tribu des Papilionides, ayant pour caractères : pieds antérieurs courts, repliés contre la poitrine, mais conformés comme les autres; antennes en massue, oblongues, un peu contournées; palpes écartés entre eux, ayant le dernier article court; la cellule discoïdale des ailes inférieures est entièrement fermée, et le bord anal embrasse à peine le corps; les ailes sont grandes à proportion du corps; les supérieures sont triangulaires, un peu échancrées au bord extérieur; les inférieures sont arrondies, avec une espèce de poche près d'une des nervures inférieures dans les mâles.

Ce genre est composé de papillons exotiques qui tous affectent la même disposition dans les couleurs; une espèce cependant a été trouvée, dit-on, à Naples; c'est la D. chrysippe, *D. chrysippe*, Linn. Envergure, 2 pouces et demi, tête et corps noirs, avec des points blancs; abdomen fauve; ailes fauves, la partie externe bordée de noir diffus sur tout le sommet des antérieures, qui forme un triangle entier; ce sommet offre trois ou quatre taches blanches disposées obliquement, et le reste du pourtour offre un rang de petits points blancs; il y a en outre trois ou quatre petites taches noires sur le disque des ailes inférieures. Le dessous est pareil au dessus, excepté que l'extrémité du sommet des premières ailes au-delà des taches blanches est jaune, au lieu d'être noir. Cette espèce vient d'Afrique, d'Asie, et même, dit-on, de Naples.

Danaïde archippe, *D. archippus*, Fab. Envergure trois pouces et demi, corps noir, taché de blanc jaunâtre. Ailes un peu sinuées, fauves, avec des veines et le limbe postérieur noirs; le dernier ponctué de blanchâtre; les supérieures ayant le sommet noir, avec des taches fauves. Cette belle espèce vient des Antilles, du Brésil et des autres parties de l'Amérique méridionale jusqu'à la Virginie. Elle est commune. Nous l'avons représentée dans notre Atlas, pl. 134, fig. 1.

D. jeune, *D. juventa*, Cramer. Envergure 2 pouces et demi, noir enfumé, avec des points blancs sur la tête et le corselet, dessous de l'abdomen blanchâtre; du corps partent en rayonnant sur les ailes un grand nombre de bandes étroites, droites, diaphanes, mais un peu opalines, suivies de trois rangs irréguliers de taches pareilles allant toujours en diminuant jusqu'au côté externe, où ce ne sont plus que des petits points. Cette espèce vient des Indes orientales.   (A. P.)

DANTHONIE, *Danthonia.* (bot. phan.) Genre de la famille des Graminées et de la Triandrie digynie, dédié à Etienne Danthoine, botaniste marseillais, par De Candolle, légitimé par mon ami Palisot de Beauvois et augmenté par Robert Brown d'espèces nouvelles provenant de la Nouvelle-Hollande. Les caractères principaux de ce genre sont : deux glumes très-grandes, concaves, renfermant deux à six fleurs à deux balles, dont l'externe est échancrée au sommet, et munie, au fond de l'échancrure, d'une arête tantôt longue et tortillée, tantôt demi-avortée; trois étamines;

un ovaire supère, surmonté de deux styles terminés chacun par un stigmate plumeux. La graine est ovoïde, obtuse, libre et sans rainure. Les Danthonies sont très-voisines des Méliques et des Avoines ; nous en possédons deux espèces en France, que l'on trouve aussi dans presque toute l'Europe.

La Danthonie inclinée, *D. decumbens*, qui est très-commune aux environs de Paris, dans les pâturages et dans les bois, était précédemment rangée parmi les Fétuques et appelée *Festuca decumbens*. Plante vivace, dont les chaumes, hauts de vingt-et-un à trente-deux centimètres, assez droits d'abord, sont ensuite inclinés à l'époque de la maturation des graines. Leur panicule est resserrée en épi et composée d'épillets blanchâtres ou légèrement violacés, contenant chacun trois à quatre fleurs.

La Danthonie calicine, *D. calycina*, que l'on a sottement étiquetée du mot *provençale*, puisqu'elle n'est pas seulement propre à cette ancienne contrée de la France, et qu'on la rencontre dans presque tous nos départemens du sud-est et dans plusieurs autres pays voisins. Je préfère rappeler le nom primitif que Villars lui avait imposé, celui de *Avena calycina*. Chez elle, les chaumes sont grêles, un peu coudés à leur base, ensuite redressés, garnis de quelques feuilles filiformes et de panicules droites composées de quatre à cinq épillets solitaires. Comme la précédente, elle est vivace.   (T. D. B.)

DANUBE. (géogr. phys.) Ce fleuve, le plus grand de l'Europe après le Volga, est nommé *Donau* par les Allemands ; les anciens le désignaient sous les noms d'*Ister* et de *Danubius*, dont le dernier s'appliquait principalement à la partie supérieure de son cours.

Entre la région septentrionale de l'Europe qui verse ses eaux dans les mers du Nord, et la région méridionale dont les eaux descendent rapidement à la Méditerranée, il existe au centre de l'Europe une vaste dépression bornée au sud par les hautes chaînes des Alpes et des Balkhans, et au nord par un enchaînement de montagnes moins élevées et moins continues. Cette région basse se compose, depuis le plateau de la Suisse jusqu'à la mer Noire, d'une suite de plateaux ou de bassins étagés s'abaissant graduellement vers l'est, et dont l'ensemble forme le bassin du Danube. Les dépressions successives dont il se compose, comblées par des matières de transport et par les dépôts des lacs qui en occupaient la place, communiquent entre elles par des brèches ou fractures ; la plus profonde s'étant trouvée située vers l'est dans les montagnes du Bannat, a ouvert aux eaux de tout le bassin un débouché vers la mer Noire. Telle est l'origine du fleuve, dont le cours, aujourd'hui à peu près régulier, s'étend, sur une longueur directe de 400 lieues, des montagnes de la Souabe à la mer Noire.

Si nous parcourons l'enceinte du bassin hydrographique du Danube, nous voyons d'abord à l'ouest des collines sablonneuses séparer ses premiers affluens de ceux du Rhin ; puis viennent, au nord, les montagnes de la Forêt-Noire, les Rauhe-Alb, le Fichtelberg, puis le Bohmerwald qui se rapproche tellement des bords du Danube, dans la partie moyenne de son cours, que les sources de la Moldau, affluent de l'est, ne sont pas à plus de 7 lieues du Danube près de Passau. Ce rapprochement des sources d'un grand fleuve du milieu du cours d'un autre fleuve montre bien le peu de fondement de tous ces systèmes par lesquels on cherche à lier l'orographie avec l'hydrographie.

Les montagnes de la Bohême, en retournant vers le nord-est, élargissent le bassin du fleuve, qui n'est plus borné que par la vaste enceinte des Sudètes et des Karpathes. Au sud, l'enceinte du bassin est plus élevée et plus régulière ; les Alpes et les Balkhans décrivent, depuis les Alpes de l'Allgau, en Suisse, jusqu'aux environs de Chumla, en Turquie, un immense arc de cercle.

La surface totale du bassin du Danube est de 40,000 lieues carrées ou plus du treizième de la surface totale de l'Europe. On peut la concevoir divisée naturellement en 3 principales régions physiques.

La première, ou la région supérieure, est limitée vers l'est par une branche des Hautes-Karpathes qui vient gagner la rive gauche du Danube entre Gran et Pesth, et se prolonge sur l'autre rive exactement dans la même direction N.-E.-S.-O. par les montagnes de Bakony et de Latja. Elle comprend les parties méridionales de Bade, du Wurtemberg, de la Bavière, l'Autriche, la Moravie et la plaine occidentale de la Hongrie. Dans cette région supérieure, le Danube reçoit sur sa rive droite l'Iller, le Lech, l'Inn, le Raab ; sur sa rive gauche, la Naab, la March, le Waag, le Gran et l'Ipoli.

La région moyenne ou centrale comprend, au nord, l'immense plaine hongroise et la Transylvanie ; au sud, l'Esclavonie, la Bosnie et la Servie ; la chaîne méridionale de Transylvanie coupée par le Danube entre Orschova et Panchova, et les collines au sud du fleuve qui forment l'enceinte du bassin de la Moldava, la limitent vers l'est. C'est dans cette région que le Danube reçoit ses principaux affluens : à la rive droite, la Drave, la Save, la Morawa ; à la rive gauche, la Theiss, fleuve plus grand que la Seine et réceptacle de toutes les eaux de la Hongrie orientale et de la Transylvanie.

La région inférieure ou orientale, pays de plaines uniformes, comprend la Valachie, la Moldavie et la Bulgarie ; le fleuve y reçoit une foule de rivières dont les plus considérables sont le Sereth et le Pruth.

Les géographes qui veulent, à l'imitation des anciens, chercher des sources remarquables pour y placer le berceau des fleuves, placent celui du Danube dans la cour du château de Donaueschingen ; au lieu de cette origine plus poétique que géographique, nous regarderons le Danube comme formé par la jonction de deux petites rivières, la Brigach et la Brege, qui descendent des montagnes de la Forêt-Noire. Dans cette première partie de son cours, le fleuve coule dans des vallées pittoresques, dont les rochers de gneiss et de granite sont recouverts de forêts. A Geysingen, les rives du fleuve sont déjà formées par des couches de calcaires secondaires, et un peu au-delà de Riedlingen il entre dans les vastes plaines de la Bavière qui forment la continuation du plateau de la Suisse et sont recouvertes comme lui de dépôts tertiaires et alluviens. Le fleuve à Ulm n'a encore que 100 pieds de largeur; au dessous de l'embouchure du Lech, il en a déjà 400; à Passau, son cours est resserré par le rapprochement des montagnes; plus loin, des collines peu prononcées bordent les deux rives du fleuve jusqu'à Ens. Entre Amstetten et Molk, il est de nouveau barré par une petite chaîne de montagnes primitives qui resserrent son lit et se joignent au nord aux montagnes élevées de la Bohème, dont elles forment la base. Remarquons qu'ici le Danube coule dans une étroite fracture au milieu des montagnes primitives, tandis qu'entre ces montagnes et les Alpes il y a des collines de sables, et très-près des Alpes un vaste canal d'écoulement occupé en partie par les eaux de la Traun. Après avoir franchi cet obstacle, le Danube s'étend dans une plaine alluviale qui dépend du bassin légèrement ondulé de Saint-Polten, qui n'est séparé de la plaine de Vienne que par des collines tertiaires. Dans ce trajet, le Danube varie dans sa largeur de 400 à 800 pieds, et, dans certaines parties, son lit est semé d'îles nombreuses.

La plaine de Vienne cesse avant d'atteindre Presburg, où le Danube franchit les portes de la Hongrie à travers une chaîne granitique, ramification des montagnes de la Moravie, au nord, et de la Styrie, au sud.

Le château de Presburg est bâti sur un rocher granitique qu'on regarde comme le premier promontoire de la chaîne des Karpathes occidentales. Ici le Danube a déjà 715 pieds de largeur (la Seine n'en a que 450 au jardin des Plantes).

Une vaste plaine alluviale, où le Danube forme des îles d'une très-grande surface, s'étend depuis Presburg jusqu'au-delà de Komorn, sur les deux rives du fleuve; le Danube la traverse obliquement, et son lit acquiert en-deçà de Bude jusqu'à 2000 pieds de largeur. Au-delà de Gran, la chaîne des monts de Bakony et de Latja borne, comme nous l'avons dit, la plaine de Presburg et le Danube supérieur, en se joignant vers le N.-E. aux Karpathes centrales. La partie de ces montagnes dans laquelle le Danube pénètre, entre Gran et Wast, appartient aux roches trachytiques, et forme un groupe isolé parmi les nombreux terrains volcaniques de la Hongrie. Le Danube baigne le pied du rocher sur lequel on voit les ruines pittoresques du château de Wissegrad, où se conservait religieusement la couronne de Hongrie.

Après avoir franchi cet obstacle, il s'étend dans l'immense plaine hongroise; mais, au lieu de suivre sa direction vers l'est, il tourne brusquement vers le sud, quoique des collines de sables fussent le seul obstacle qu'il eût à surmonter; il suit cette nouvelle direction pendant 60 lieues, et dans ce trajet à travers une contrée déserte et des plus monotones, ses bords sont couverts d'immenses marais. Lorsque son lit n'est pas partagé en plusieurs bras il atteint 3000 pieds de largeur, et sa pente insensible n'est pas d'un demi-mètre par lieue.

On voit par la nature du sol de cette plaine, l'une des plus grandes de l'Europe, qu'elle fut un golfe avant de devenir un immense lac d'eau douce dont les marais actuels sont les derniers restes.

La direction moyenne du fleuve devient ensuite E.-S.-E.; il longe le pied des montagnes de la Servie, dans lesquelles son cours se resserre en se précipitant dans des gorges profondes, entre la prolongation de ces montagnes et celles du Bannat. A Neu-Orsova, il sort de son bassin central et des états hongrois, franchit de nouveaux obstacles qui s'opposent à son passage et s'étend dans les plaines de la Valachie et de la Bulgarie. Remarquons encore ici que, d'après les observations récentes de M. Hoffmann, il existe au sud d'Orsova, dans les collines qui forment l'enceinte du bassin de la Morawa, une région basse tertiaire et alluviale qui indique une large communication avec la mer Noire et qui eût été le cours naturel du fleuve, si les fleuves avaient creusé leur lit.

Le Danube se jette dans la mer Noire par trois embouchures principales nommées Boghaz, après avoir formé un delta de plus de 20 lieues de largeur et d'autant au moins d'étendue littorale. Les sondages du capitaine Gauthier montrent que ce delta prolonge sous la mer à une très-grande distance; en effet, à 21 lieues du rivage, la sonde donne 50 brasses, fond de vase, ce qui indique en outre la formation d'un vaste dépôt avec une pente d'un mètre pour mille, ou en couches sensiblement horizontales.

Les obstacles que ce fleuve franchit dans son cours rendent sa pente très-irrégulière. Si on le considérait comme coulant sur un plan uniforme, sa pente serait environ d'un mètre pour quatre mille mètres; mais il n'en est pas ainsi; dans toute la Hongrie, on sait qu'il n'a qu'une pente peu sensible, tandis que sa rapidité met un obstacle à la navigation dans le passage de la Hongrie à la Valachie. Les hauteurs suivantes, rapportées au niveau de la mer, mettront à même d'apprécier ces changemens de pente.

à Ulm	1024 pieds
à Donauworth	948
à Ingolstadt	900
à Ratisbonne	875
à Passau	710
à Vienne	416
à Vissegrad	370
à Pest	339
à Zombor	261

Parmi les villes importantes qu'arrose le Danube,

nous nous bornerons à citer Ulm, Vienne, Elchingen, Ratisbonne, Lobau, Esling, noms qui nous rappellent des souvenirs glorieux.   (B.)

DAPHNÉ, *Daphne*. (bot. phan.) Rappellerai-je ici la suite de cette jeune nymphe poursuivie par un dieu exilé ; la manière merveilleuse dont sa chasteté échappa au péril qui la menaçait, et le cruel désappointement de son amant éperdu, lorsque, l'ayant saisie, il sentit qu'il n'enlaçait dans ses bras, au lieu d'une taille svelte et souple, qu'un tronc dur et noueux ? Non, ne nous exposons point aux sarcasmes des romantiques, et n'exhumons point la pauvre Daphné de cette littérature fossile où gisent désormais tous les mythes de la Grèce et de Rome. Aussi bien, malgré l'identité de nom, n'est-ce pas de l'arbre dans lequel elle fut changée qu'il s'agit ici. Notre Daphné est même d'une famille différente : il appartient aux Thymélées de Jussieu et à l'Octandrie monogynie de Linné. Nous devons à Wikstroom une excellente monographie du genre qui fait le sujet de cet article. Caractères : calice coloré et pétaloïde, tubuleux, presque infundibuliforme, dont le limbe est à quatre divisions étalées ; étamines au nombre de huit, insérées aux parois du calice, et disposées sur deux rangs superposés, ayant des filets très-courts, et les anthères introrses à deux loges qui s'ouvrent par un sillon longitudinal ; ovaire libre, quelquefois légèrement pédicellé, offrant à la base un petit disque annulaire et hypogyne, et n'ayant qu'une loge où se trouve un seul ovule dressé ; style très-court terminé par un stigmate épais, discoïde, légèrement ombiliqué à son centre ; drupe charnu, pisiforme, un peu allongé, nu, contenant un noyau monosperme, dont l'embryon, qui est très-gros, est renversé dans un endosperme charnu et peu épais.

Ce genre renferme une quarantaine d'espèces, répandues en Asie, en Amérique et dans la Nouvelle-Hollande. Ce sont des arbustes ou arbrisseaux à feuilles éparses ou rarement opposées ; à fleurs roses, blanches ou violacées, groupées, en général, à l'aisselle des feuilles ; quelquefois, cependant, elles sont terminales. Dans quelques espèces, elles s'épanouissent avant le développement des feuilles.

Le genre *Daphné* est très-voisin du genre *Passerina*, et un grand nombre d'espèces ont alternativement passé de l'un à l'autre. Ce qui les distingue, c'est que, dans les *Passérines*, le calice est persistant et recouvre le fruit, ce qui n'a point lieu dans les *Daphnés*. En outre, dans les Passérines, le fruit est presque sec, tandis que, dans les Daphnés il est manifestement charnu.

La position des fleurs détermine, dans ce genre, les deux sections suivantes :

1° Fleurs axillaires et latérales.

DAPHNÉ BOIS-JOLI, BOIS-GENTIL, ou MÉZÉRÉON ; *Daphne mezereum*, L. Bull. (Herb., t. 1). Cette espèce est un arbuste d'environ quatre pieds de haut. Il se plaît dans les bois humides et montueux de la France, de l'Allemagne et de l'Italie. De décembre en février, il produit des fleurs sessiles, latérales, petites, odorantes, violâtres ou blanches. On le multiplie aisément de graines.

DAPHNÉ LAURÉOLE, *D. laureola*, L. Bull. (t. 57). Arbuste indigène de trois à quatre pieds de haut. Les feuilles de cette espèce sont réunies vers le sommet des branches. Le D. lauréole fleurit quelquefois quand la terre est couverte de neige. On le trouve dans toutes les forêts qui couvrent les montagnes de l'Europe. C'est sur le D. lauréole qu'on greffe toutes les autres espèces de Daphnés, à l'anglaise ou à la pontoise.

DAPHNÉ PONTIQUE, *D. pontica*, L. Andr. (Rep., fig. 73.) Cette espèce nous vient, comme son nom l'indique, des côtes de la mer Noire. Elle parvient à une hauteur de deux à quatre pieds. Ses rameaux flexibles, à feuilles obovales elliptiques, glabres et coriaces, balancent agréablement, de mars en mai, des fleurs nombreuses, grêles et verdâtres, odorantes, géminées. Le Daphné pontique peut croître sous le ciel de Paris en pleine terre, pourvu qu'on prenne certaines précautions, comme de le couvrir l'hiver.

2° Fleurs terminales.

DAPHNÉ DE LA CHINE, *D. sinensis*, Lamk., *D. odorata*, Ait. Jacq. Hort. Schon., t. III, p. 54, fig. 551. Joli arbuste à feuilles ovales, glabres, luisantes, et à fleurs réunies au sommet des rameaux, pédicellées, rougeâtres, pubescentes en dehors, exhalant une odeur suave. Cet aimable étranger ne supporte chez nous les rigueurs de l'exil que lorsqu'on réussit à le tromper par la douce température d'une bonne orangerie.

DAPHNÉ GNIDIEN, *D. gnidium*, L., petit arbuste commun dans le midi de la France, en Italie, en Espagne. Sa tige, qui s'élève à deux ou trois pieds, est très-rameuse, surtout à la partie supérieure ; les feuilles sont très-rapprochées, lancéolées, étroites, molles et un peu pubescentes ; les fleurs forment une sorte de petit corymbe au sommet des ramifications des branches : elles sont petites, inodores, soyeuses en dehors, légèrement roses en dedans ; drupes secs, noirâtres, très-peu charnues. La médecine fait usage de l'écorce du Daphné gnidien, que l'on désigne vulgairement par le nom de *Garou* ou *Saint-bois*. Cette écorce est fibreuse, dure, résistante, grise en dehors, jaune en dedans ; elle a une saveur amère et extrêmement âcre. Ramollie durant quelques heures dans du vinaigre, et appliquée immédiatement après sur la peau, elle y détermine une rubéfaction et une inflammation, et par suite des ampoules ; propriétés qui en font un bon exutoire. Au reste, elles sont communes à toutes les espèces du genre.

DAPHNÉ ODORANT, *D. cneorum*, L. Bull. t. 121, *D. odorata*, Lamk. Fl. fr. Cette espèce abonde en France, en Italie, en Espagne, etc. C'est un fort petit arbuste qui ne s'élève guère qu'à un pied : il est rameux ; ses feuilles sont éparses, sessiles, cunéiformes, lancéolées, entières, coriaces, persistantes, d'un vert foncé, luisantes en dessus ; ses fleurs sont rougeâtres, presque sessiles, et se groupent en capitule terminal ; elles exhalent une odeur très-suave : le fruit est un drupe ovoïde, soyeux et fort peu charnu. Il y en a deux variétés, l'une à fleurs blanches, l'autre à feuilles panachées. Le *D. cneorum* fleurit en avril et mai. Voyez, pour les autres Daphnés qu'on peut cultiver dans nos jardins, l'Almanach du Bon Jardinier.

Le docteur Mérat, dans sa Flore des environs de Paris, adopte la famille des *Daphnés*, dont le genre que nous venons de décrire est le type, et qu'il caractérise ainsi : «Plantes à feuilles simples, » ordinairement alternes ; fleurs hermaphrodites ; » périanthe tubuleux, coloré ; étamines insérées à » l'orifice du tube, en nombre double de ses divi- » sions ; ovaire supère ; un style à stigmate simple ; » fruit monosperme, parfois recouvert par le pé- » rianthe, ou bacciforme. »　　　　(C. É.)

DAPHNIE, *Daphnia.* (CRUST.) Ce genre, établi par Müller, est rangé par Latreille dans le septième ordre, celui des Lophyropes, et dans la deuxième famille de cet ordre, les Cladocères ; les caractères des Daphnies sont : deux antennes en forme de bras, entièrement découvertes, aussi longues ou presque aussi longues que la tête et le test. On ne voit aucune tache oculaire au devant de leur œil. Les troisième et quatrième articles, ou les deux derniers des huit premières pattes, forment une sorte de nageoire bordée de soies et de filets ; le côté interne du troisième article de la seconde paire et des deux suivantes offre, en outre, une lame branchiale, mais plus fortement prononcée, à raison des soies plus nombreuses et plus serrées, aux troisième et quatrième paires de pattes ; les filets du dernier article de ces trois paires de pattes branchiales sont articulés, barbus, et forment une sorte de digitation ou de peigne ; l'extrémité du troisième article des secondes pattes présente aussi au côté interne des soies barbues. Les deux derniers articles de la dernière paire se prolongent en manière de pointes sétacées, dirigées en sens opposés, et dont l'une velue. La partie correspondante, à la lame branchiale, est dépourvue de soies ou de filets. Le quatrième et dernier article des deux premières pattes est terminé par un crochet, mais plus fort dans le mâle : ici l'article précédent offre aussi une longue soie. Ces derniers individus ont, en général, les antennes inférieures plus longues, la tête proportionnellement plus courte, avec le bec moins saillant, le test plus étroit, moins gibbeux postérieurement, et plus ouvert en devant ; il se termine d'ailleurs de même dans les deux sexes, en une pointe ou stylet dentelé, qui se raccourcit et devient obtus avec l'âge. Le corps proprement dit est parfaitement libre ou dégagé du test, divisé en huit segmens, avec une pointe au quatrième, et une rangée de mamelons sur le dessus du sixième. Le long de ses côtés antérieurs sont situés les ovaires ; ils s'ouvrent séparément dans une cavité dorsale, entre le corps proprement dit et le test, et que Jurine nomme matrice. Il attribue à une maladie une grande tache obscure et rectangulaire,

appelée *ephippium* ou selle par Müller, qui, à quelques époques de l'année, et principalement en été et après la mue, se montre dans les femelles à la partie supérieure de la coquille. Suivant Straus, qui a observé ces animaux avec une rare patience, et en a donné une très-bonne monographie, cet éphippium, qui se divise, ainsi que les valves dont il fait partie, en deux moitiés latérales, présente deux ampoules ovalaires, transparentes, placées l'une au devant de l'autre, et formant, avec celles du côté opposé, deux petites capsules ovales s'ouvrant comme une coquille bivalve, ou le test. L'intérieur de cet éphippium en offrirait un autre, mais plus petit, à bords libres, excepté le supérieur tenant aux valves, et dont les deux moitiés, jouant en charnière l'une sur l'autre, présenteraient les mêmes ampoules que les battans extérieurs. Chaque capsule renferme un œuf semblable aux œufs des autres entomostracés, mais se développant plus lentement et devant passer l'hiver sous cette forme. A l'époque de la mue, cet éphippium, abandonné avec les œufs, leur servirait d'abri. Ils sont absolument libres dans les réceptacles qui leur sont propres.

Cet observateur n'a jamais vu éclore ceux qui avaient été desséchés, quoique Schaeffer assure qu'une longue dessiccation ne leur est point nuisible. Suivant Jurine, le petit naît en été, au bout de deux ou trois jours après la ponte. Au rapport de Straus, qui a suivi ces œufs dans toutes les saisons de l'année et sous le climat de Paris, il faut au moins cent heures. Le fœtus commence à se mouvoir à la quatre-vingt-dixième, lorsque l'œil a paru, et que les bras et les valves se sont allongés. Il est très-actif à la centième. Vers la fin du cinquième jour, la queue, qui termine les valves dans le jeune âge, et les soies des bras, se débandent comme un ressort, et les pattes commencent seulement à s'agiter ; les petits devant paraître au jour, la femelle abaisse son abdomen, et ils s'élancent au dehors. Le naturaliste génevois précité a suivi les développemens progressifs du fœtus en hiver, et comme les petits n'ont paru que le dixième jour, il a pu observer leur formation d'une manière plus précise et plus détaillée. Il faut recourir à l'ouvrage de ce naturaliste pour bien connaître ces changemens. Nous dirons simplement qu'en thèse générale, l'œuf, dès son principe, se compose d'une bulle centrale, paraissant correspondre au canal alimentaire, entourée de plusieurs autres bulles plus petites, avec les molécules colorées dans les intervalles ; que le nombre de ces petites bulles décroît au fur et à mesure que les organes se développent ; que le huitième jour elles ont presque entièrement disparu ; mais la centrale, occupant le canal alimentaire sous le cœur, subsiste encore ; le dixième, le petit, entièrement formé, sort de la matrice et reste un instant immobile. Les mâles sont très-ardens à poursuivre leurs femelles, et souvent le même individu. Jurine, plus heureux à cet égard que Straus, a vu leur accouplement. Le mâle, placé d'abord sur le dos de sa compagne, la saisit avec les longs filets de ses pattes antérieures, rapproche ensuite le bord inférieur de sa coquille du même bord de celle de sa femelle, y introduit les filets et les crochets de ses pattes, et ramène sa queue près de la sienne. La femelle ne cède pas toujours, et emporte souvent avec elle l'autre individu. Les œufs, d'abord sous la forme de petits grains verts, rosés ou bruns, suivant les saisons, remontent graduellement dans la matrice pour y prendre la grosseur et la figure qui leur sont propres. Au témoignage du même observateur, les mâles seraient moins nombreux que les femelles. On n'en trouve que difficilement au printemps et en été; ils sont moins rares en automne. Huit jours environ après leur naissance, les petits subissent une première mue : non-seulement le corps, mais les branchies et les soies des rames se dépouillent alors de leur épiderme. Les mues suivantes ont lieu par intervalle de cinq à six jours, selon le plus ou moins d'élévation de la température. Ce n'est qu'à la troisième que ces crustacés ont acquis la faculté reproductrice. La ponte n'est d'abord que d'un œuf; mais les suivantes augmentent progressivement, et une espèce, *Daphnia magna*, produit jusqu'à cinquante-huit œufs. Un jour après la ponte, la femelle mue, et les tégumens abandonnés renferment les coques des œufs de la dernière ponte. Un moment après, elle change encore de peau. Les jeunes d'une même portée sont presque toujours du même sexe, et sur cinq à six pontes continuelles, il s'en trouve au plus une de mâles.

Les mues et les pontes cessent aux approches de l'hiver. Les œufs contenus dans les éphippiums, et qui avaient été déposés en été, éclosent au printemps suivant. Straus n'a jamais remarqué que ces animaux, rassemblés en grand nombre, donnassent aux eaux qu'ils habitent une couleur rouge, ainsi qu'on l'avait avancé. Ils nagent par petits bonds et ne se nourrissent, suivant lui, que de parcelles de substances végétales. Il leur a vu avaler jusqu'à leurs propres excrémens, que le courant de l'eau, produit par les mouvemens de leurs pattes, avaient portés à leur bouche; l'extrémité de leur queue leur sert souvent à nettoyer leurs branchies.

Les espèces qui composent ce genre sont peu nombreuses, la plus commune et en même temps la plus abondante dans nos eaux est la Daphnie puce, *Monoculus pulex*, Linn., le Perroquet d'eau, Geoff., ou la Puce aquatique arborescente de Swammerdam. Les soies des branches de ses antennes sont plumeuses. Son bec est grand et convexe. Le premier mamelon du sixième segment du corps est en languette. Les valves de la coquille, dentelées au bord inférieur, se terminent par une queue courte, obtuse dans les femelles. Cette espèce est représentée dans notre Atlas, pl. 134, fig. 2.

(H. L.)

DAPHNOT, *Bontia*. (bot. phan.) On trouve aux Antilles un bel arbrisseau qui se plaît de préférence dans les lieux maritimes, mais qui ne refuse aucune sorte de terrain, puisqu'il se soumet à former des haies autour des jardins, particulièrement dans les îles des Barbades. Là, il porte le nom vulgaire d'Olivier sauvage ou bâtard, sous lequel Plukenet (Amalg., tab. 209, fig. 3) l'a décrit et figuré. Il constitue un genre à la suite des Solanées et se place dans la Didynamie angiospermie. Le Daphnot des Antilles, *B. daphnoides* de Linné, est encore la seule espèce connue du genre. Toujours vert, d'un assez beau port, cet agréable arbrisseau est recherché par les amateurs de végétaux exotiques, comme jetant de la variété dans les serres; mais, en ces étroites prisons, où tout est obligé de plier sous une température égale, de vivre immergé dans une atmosphère corrompue par la tannée, de ne recevoir d'eau qu'à des époques réglées, il s'étiole, pousse à contre-temps, ne se garnit point dans toute sa hauteur, demeure bas et souffre de ne pas jouir d'un air souvent renouvelé. Sur son sol indigène, le Daphnot acquiert un tronc très-gros, à écorce cendrée, et une élévation de cinq mètres; il pousse autour de sa racine un grand nombre de rejets rampans, touffus, très-ramifiés, d'un joli aspect et montant, en dix à quinze mois, à près de deux mètres de haut. Les rameaux se chargent d'un très-grand nombre de feuilles vertes, éparses, glabres sur les deux faces et parsemées de points transparens; les fleurs s'épanouissent en juin, elles sont jaune-rougeâtres ou de couleur orange pâle; elles donnent des baies ovales, lisses, jaunâtres, à peu près de la grosseur et de la forme d'une olive, renfermant un noyau monosperme. On les mange rarement, à cause de leur âcreté. (T. D. B.)

DAREA. (bot. crypt.) Des fougères indigènes à l'Australie avaient été érigées en genre par de Jussieu sous le nom de *Darea* qu'adoptèrent Smith et Willdenow; mais Bergius crut pouvoir changer cette dénomination en celle de *Cænopteris*, et agrandir le genre de plusieurs emprunts faits aux genres voisins. Thunberg et Swartz se rangèrent au sentiment de Bergius. Durant son séjour dans la Nouvelle-Hollande, Robert Brown observa la nature vivante; il a supprimé le genre *Darea*, et en a réuni les différentes espèces au genre *Asplenium*. V. au mot Asplénie, tom. 1, p. 316.

(T. D. B.)

DASYORNIS. (ois.) Ce genre peu important de Passereaux ténuirostres a été établi par M. Swainson aux dépens de celui des *Synallaxes*, Vieil. La seule espèce qu'il comprenne est le Tuteur de Levaillant (Ois. d'Afrique). *Voy.* Synallaxe.

(Gerv.)

DASYPODE, *Dasypoda*. (ins.) Genre d'Hyménoptères de la section des Porte-Aiguillons, famille des Mellifères, tribus Andrénettes, auquel Latreille, qui l'a établi, assigne pour caractères : mandibules pointues, mâchoires et lèvres plus longues que la tête; lèvre terminée en pointe souvent plumeuse, ayant deux paraglosses très-courts, renfermée à sa base dans un tube cylindrique, palpes maxillaires courts, de six articles; labiaux de quatre, mais allongés.

Ces insectes ont la tête en triangle allongé, le chaperon bombé, les yeux très-oblongs, écartés, pas échancrés ; le corselet est carré, les ailes assez petites à proportion du corps ; l'abdomen s'élève brusquement après sa jonction avec le corselet, il est carré, presque tronqué à son extrémité, un peu méplat ; l'insecte est très-couvert de poils, mais ce sont surtout les jambes et les tarses postérieurs, et les derniers anneaux de l'abdomen, qui en sont garnis ; ces insectes, comme ceux de la même tribu, 'creusent des trous en terre et y déposent le pollen qu'ils récoltent sur les fleurs au moyen des poils de leurs pattes et de leur abdomen ; on les voit souvent la tête à l'ouverture du trou, guettant le moment de sortir ; c'est sur les fleurs qu'on les trouve le plus souvent.

D. HIRTIPÈDE, *D. hirtipes*, Panzer ; le mâle, fasc. 55, tab. 14 ; la femelle, fasc. 47, tab. 16. Long de sept lignes, noir, couvert d'une grande quantité de poils roussâtres, moins serrés sur le corselet ; segmens de l'abdomen bordés d'un duvet fort raide couché sur le segment suivant, blanchâtre ; le mâle est plus petit que la femelle et s'en distingue par l'absence de poils aux pattes postérieures. On trouve ces insectes à la fin de l'été et pendant l'automne. (A. P.)

DASYPOGON, *Dasypogon*. (INS.) Genre de Diptères de la famille des Tanistomes, tribu des Asiliques. Meigen leur assigne pour caractères : trompe renflée au milieu, antennes de trois articles, dont les deux premiers courts, le troisième allongé, terminé par un style souvent de deux articles distincts ; cellule marginale des ailes et quatrième cellule postérieure ouvertes. Ces insectes ont le plus grand rapport avec les Asiles dont ils ont été détachés ; ils ont la tête plate, les antennes assez longues ainsi que la trompe, le corselet très-bossu et l'abdomen un peu déprimé, concave en dessous ; les pattes sont d'un bout à l'autre, y compris les tarses, presque de même grosseur partout.

D. PONCTUÉ, *D. punctatus*, Meig. Long de 7 à 9 lignes ; mâle entièrement d'un noir violet, avec les ailes presque noires ; femelle de même couleur, avec les pattes fauves, une large tache rougeâtre près de l'extrémité de l'abdomen, les ailes jaunâtres, avec les nervures plus foncées.

D. SAVOYARD, *D. sabaudus*. Long de 8 lignes ; tête, corselet noirs, mais très-couverts de poils courts jaunâtres, pattes et abdomen fauves. Il est représenté dans notre Atlas, pl. 154, fig. 3.

Ces deux espèces se trouvent dans le midi de la France. (A. P.)

DASYPUS. (MAM.) Nom latin correspondant à *Tatou*. Voy. TATOU. (GERV.)

DASYTE, *Dasytes*. (INS.) Genre de Coléoptères de la section des Pentamères, famille des Serricornes, tribu des Mélyrides, établi par Paykul et offrant les caractères suivans : palpes filiformes, antennes au moins de la longueur de la tête et du corselet, crochets des tarses bordés par un appendice membraneux. Ce sont des insectes d'assez petite taille, dont quelques uns sont très-communs sur les fleurs ; leur tête est un peu prolongée en forme de museau et leurs antennes légère-

ment en scie ; le corselet est carré, relevé sur les côtés ; les élytres sont grandes, parallèles ; on ne connaît rien de leurs mœurs.

D. GÉANT, *D. grandis*, Fab. Long de 6 à 7 lignes ; bleu violet brillant, avec une large tache jaunâtre traversant les deux élytres au milieu de leur disque ; les deux côtés du corselet sont garnis de poils raides.

D. HÉRISSÉ, *D. hirtus*, Linn. Long de 5 lignes ; très-noir, brillant, avec tout le corps couvert de poils longs de la même couleur ; le mâle a l'épine de l'extrémité du tibia très-développée en forme de crochet.

On trouve la figure d'une belle espèce provenant du Chili, le *Dasytes trifasciatus*, Guérin, dans l'Iconogr. du Règne animal, pl. 15, fig. 2. (A. P.)

DASYURE, *Dasyurus*. (MAM.) On nomme ainsi, d'après M. Geoffroy, un genre de Mammifères DIDELPHES (*v.* ce mot), propres à la Nouvelle-Hollande et à la terre de Diemen, qui se font remarquer par les caractères suivans : dents au nombre de quarante-deux ($\frac{5-6}{5-6}$ molaires, $\frac{1-1}{1-1}$ canines, arrondies et crochues, $\frac{8}{6}$ incisives tranchantes, à peu près égales et disposées régulièrement entre elles) ; museau allongé, garni, sur les côtés de la mâchoire supérieure, de fortes moustaches, et terminé par un large mufle dans lequel sont percées les narines ; pieds à cinq doigts antérieurement, et quatre postérieurement, tous munis d'ongles fouisseurs ; queue de longueur moyenne et non prenante ; pelage épais et doux ; taille moyenne ou même petite.

Le genre Dasyure ne comprend plus aujourd'hui toutes les espèces que son fondateur y avait placées ; quelques unes ont offert aux observateurs des caractères assez saillans pour qu'on ait pu en faire des groupes distincts. Nous en parlerons aux articles PHASCOGALE et THYLACINE.

Philipp et John White sont les premiers observateurs qui aient fait mention des Dasyures.

Ces animaux ressemblent pour la forme à nos Genettes et à nos Fouines ; ils en ont aussi les habitudes, ils sont nocturnes et fouisseurs, et n'ont point, comme la plupart des autres Didelphes, la faculté de grimper aux arbres ; ils n'ont point non plus les membres postérieurs changés en mains, et le nom de *Pédimanes* ne pourrait en aucune façon leur convenir. Les Dasyures se nourrissent de viande ; mais souvent ils ne peuvent s'en procurer de fraîche ; aussi se rabattent-ils sur les cadavres, qu'ils recherchent principalement sur le bord des eaux. Ils s'approchent fréquemment des habitations, et lorsqu'ils peuvent s'introduire dans les basses-cours, ils s'y comportent comme le font chez nous les fouines, et occasionent de grands ravages. Pendant tout le jour ils se tiennent cachés dans leurs terriers, et ce n'est guère que de nuit qu'ils se mettent en campagne. Ils sont néanmoins d'un caractère assez doux, et avec quelques soins on peut réussir à les apprivoiser. On en connaît cinq ou six espèces au moins ; voici les plus communes :

DASYURE

DASYURE URSIN, *Dasyurus ursinus*, Geoff., Ann. Mus., t. III. Il est à peu près de la taille d'un Blaireau ; son pelage est noir, sa queue assez courte et à ce qu'il paraît légèrement prenante. On le trouve à la terre de Diémen ; c'est une des plus nuisibles.

DASYURE A QUEUE LONGUE, *Dasyurus macrourus*, Geoff. Le même que le Dasyure sachet de Péron, et le *Spottes martin* de Phillip. Il est long d'un pied et demi pour le corps, sa queue en a presque autant ; sa couleur est en dessus d'un marron de même teinte que le pelage de la Loutre, avec quelques taches blanches plus grandes sur les côtés que sur le dos, et d'un blanc pâle en dessous. Nous donnons ici (pl. 134, fig. 4) la figure d'une espèce voisine de la précédente, le *Dasyurus viverrinus*; elle est noire, avec des taches blanches. On la trouve au Port Jakson. (GERV.)

DATISQUE, *Datisca.* (BOT. PHAN. et AGR.) Sous le nom vulgaire de *Chanvre* ou *Cannabine de Crète*, on connaît une plante vivace et très-rustique, dont la racine supporte les froids les plus rigoureux de nos hivers sans en être aucunement endommagée, qui pousse chaque année environ une centaine de tiges fasciculées de deux mètres et demi de haut, et forme un très-large buisson, garni de grandes feuilles alternes, ailées, avec impaire à neuf et onze folioles lancéolées, aiguës, dentées en scie, la terminale souvent incisée et trifide, glabres et d'un vert jaunâtre. Depuis le mois de juillet jusqu'à la fin de septembre, les grappes terminales, assez grandes, qui décorent les tiges, se chargent de fleurs petites, jaunes, très-légèrement odorantes, auxquelles succèdent des capsules oblongues, trigones, portant trois cornes à leur sommet, et contenant dans une seule loge polysperme des semences menues, ovoïdes, un peu chagrinées. Cette plante est le DATISQUE DU LEVANT, *D. cannabina*. Le nom qu'elle porte lui vient de la ressemblance de son port, de son aspect et de ses feuilles avec le chanvre.

Comme cette dernière plante, le Datisque constitue un genre de la famille des Urticées. Ses fleurs sont unisexuées et dioïques ; les fleurs mâles ont un calice à cinq divisions égales, une quinzaine d'étamines, dont les anthères sont sessiles, plus longues que le calice ; les fleurs femelles présentent un calice supérieur à deux ou trois dents ; l'ovaire infère, saillant entre les dents calicinales, trigone ; trois styles bifides et terminés chacun par deux stigmates subulés.

Veut-on propager le Datisque du Levant, on recueille avec soin les graines bien unies venues sur les individus femelles les plus voisins des mâles, et on les sème en automne ; les autres sont d'ordinaire stériles ; ou bien par la séparation des racines au printemps. Cette plante est digne de figurer dans les jardins paysagers. Elle mérite de plus une attention particulière de la part du cultivateur. Ses feuilles, mises en décoction, donnent une couleur jaune magnifique, également remarquable et par sa vivacité et par sa solidité ; l'on en obtient aussi, mais en moindre quantité,

de l'extrémité fleurie et des jeunes tiges. Elle croît dans tous les sols, à toutes les expositions, n'exige aucun engrais, et une fois plantée elle ne demande réellement aucun soin, elle résiste aux intempéries et triomphe de toutes les difficultés de localité. D'un autre côté, l'accroissement rapide de ses tiges, l'abondante quantité de son feuillage, la certitude que j'ai acquise que l'on peut la faucher deux et même trois fois dans l'année, sont autant de considérations pressantes à l'appui de la recommandation que j'en fais au cultivateur intelligent.

Une autre espèce, le DATISQUE VELU, *Datisca hirta*, a été découverte dans l'Amérique du sud ; elle est plus grande que la première et sa tige est hérissée de poils. Je ne la connais qu'en échantillon sec et ne puis en parler convenablement.

(T. D. B.)

DATNIA, *Datnia.* (POISS.) Genre de poissons établi par Cuvier aux dépens des Thérapons. Il a pour expression caractéristique : le corps élevé, un profil concave, un museau pointu, et des épines plus fortes que les Thérapons.

Le seul poisson connu dans ce genre, le DATNIA ARGENTIN, vit dans les mers de Java, et ne parvient qu'à une très-petite dimension. Tout ce poisson est argenté, et légèrement teint de grisâtre vers le dos ; les épines de ses nageoires sont également argentées.

Cette espèce se trouve également à toutes les embouchures du Gange, elle est commune au marché de Calcutta, où elle est peu estimée.

Le nom de Datnia, chez les naturels de Java, est lui-même générique. (ALPH. G.)

DATTE (BOT. PHAN.) Fruit du Dattier, dont nous allons nous occuper. C'est un drupe mou, de la forme d'une olive, plus gros, revêtu extérieurement d'une pellicule très-lisse, mince, brun-jaune foncé, tirant un peu sur le rouge ; sous cette pellicule est une pulpe grasse, épaisse, douce, sucrée, au centre de laquelle est un noyau membraneux, presque ligneux et marqué d'un sillon longitudinal sur une de ses faces seulement. Sur le dos, vers le milieu, un ombilic placé horizontalement, dénonce l'existence de l'embryon. On compte beaucoup de variétés parmi les Dattes, les meilleures ont la chair ferme et une couleur jaunâtre ; j'en ai mangé de très-grosses et fort succulentes provenant de Tozzer, le grand marché du Bilédulgérid, qui n'avaient point de noyau : c'était un cadeau que je tenais d'un Tunisien que j'ai eu le bonheur de sauver de la mort à laquelle l'affreux droit de guerre venait le condamner.

Les Dattes naissent sur des grappes pendantes, touffues, qui ont souvent un volume considérable et pèsent chacune de douze à quatorze kilogrammes ; elles s'y trouvent sous trois degrés de maturité ; la première sorte comprend les Dattes prêtes à mûrir, ou qui ne sont mûres qu'à leur extrémité inférieure ; la seconde, celles qui sont à moitié mûres, et la troisième, celles qui ont atteint leur perfection. Toutes se recueillent en même temps, à trois jours d'intervalle l'une de l'autre. On met le plus grand soin à n'en laisser tomber aucune ; la chute les meurtrit et leur enlève tout mérite. Le collecteur, placé sur le sommet de l'immense colonne du Dattier, cueille les grappes, les dépose soigneusement dans une grande corbeille, et les descend à terre au moyen d'une longue corde. Portées au logis, on les place sur des nattes afin de se perfectionner durant plusieurs jours sous l'influence du soleil, puis on les perce, on les enfile et on les suspend pour les faire sécher. Ainsi disposées, on les livre au commerce. Une grappe belle et reconnue de haute qualité se vend dans le Bilédulgérid de trois à quatre francs. La Datte est alors excellente, sucrée, très-nourrissante, répandant un parfum agréable, laissant dans la bouche une saveur bienfaisante, et est d'une digestion facile : c'est l'aliment des peuples de l'Afrique et de l'Asie, où le Dattier croît en abondance et où la culture lui donne les soins qu'il réclame pour produire de beaux et bons fruits. Sèches et un peu anciennes, telles que celles que nous fournit le commerce, les Dattes sont plus difficiles à digérer ; elles conviennent à peu d'estomacs et doivent être de préférence employées médicalement. On les a recommandées contre la toux, les douleurs de vessie et des reins, surtout comme très-propres à adoucir la poitrine et les organes du poumon qui se trouvent lésés, à donner de la force à l'estomac. On a copié les médecins arabes qui écrivaient pour leur pays, et l'on n'a point fait attention que la majeure partie des Dattes nous arrivent privées de leur suc, souvent altérées, et que le miel, les figues, les jujubes, nos raisins secs peuvent les remplacer avantageusement. Toutes les propriétés des Dattes reposent sur la légère stypticité qu'elles offrent unie à des qualités mucilagineuses et adoucissantes.

Avec les Dattes, dont ils ont enlevé le noyau, les Arabes préparent un sirop très-agréable. Ils les jettent dans un vase percé de trous en son fond, foulent et compriment. Cet extrait épais prend le nom de *miel de Dattes*. On s'en sert pour faire d'excellentes pâtisseries, des gâteaux très-délicats, et même, en guise de beurre, dans les préparations culinaires du riz. D'autres fois, ils mettent ce fruit à sécher à l'ardeur du soleil jusqu'à ce qu'il soit susceptible d'être facilement réduit en poudre, c'est ce qu'ils appellent *farine de Dattes*. Ainsi préparée, ils la pressent fortement en tablettes, l'enferment dans des sachets pour la garantir de l'humidité de l'air, et portent avec eux cette précieuse conserve dans leurs courses lointaines à travers l'aride désert et dans leurs expéditions guerrières. Elle se garde plusieurs années sans la moindre altération ; et lorsqu'ils veulent s'en servir, ils en coupent un morceau, le délaient dans une petite quantité d'eau, et le savourent avec délices.

En mettant des Dattes à fermenter avec de l'eau, les anciens en obtenaient une liqueur vineuse pétillante : cet usage s'est conservé dans la Natolie. Aujourd'hui l'on en retire de l'alcool, auquel on associe différens aromates qui le font avidement rechercher par les Arabes.

Un Dattier femelle peut rapporter par année de dix à douze grappes, ou cent kilogrammes de Dattes, lorsqu'il est arrivé à son point de plus haute vigueur ; d'ordinaire la récolte annuelle est, sur chaque pied, de quarante à cinquante kilogrammes.

Les noyaux des Dattes sont brûlés par les Chinois pour entrer dans la composition de leur encre. En Espagne, on les réduit en charbon que l'on broie soigneusement pour s'en servir à nettoyer les dents ; ils font aussi la base de ce que le commerce appelle *ivoire brûlé*. L'on dit que bouillis, ces noyaux sont recherchés par les bœufs ; on ajoute que l'usage en existe dans quelques contrées de l'Egypte : je crains qu'il n'y ait méprise ; l'essai que j'en ai fait ne m'a nullement réussi, quoique les noyaux fussent frais.   (T. D. B.)

DATTES. (moll.) On donne ce nom vulgaire à plusieurs coquilles univalves et bivalves quand elles ont quelque ressemblance avec les dattes ; ainsi les Olives, les Moules, Modioles, Cardites, etc., portent généralement ce nom.   (Guér.)

DATTIER, *Phœnix.* (bot. phan.) Sur le vaste océan de sable qui, du trentième degré de latitude, descend de plus en plus aride jusqu'à la ligne équatoriale, s'il se trouve çà et là, et de loin en loin, des îles de verdure, où l'herbe croît fine, épaisse, odorante, où, sous les rameaux légers et fleuris de nombreuses Mimoses, vient paître la timide Gazelle, où se balancent de jolis guêpiers chaddœjr (le *Merops viridis*), où l'homme peut cultiver la canne à sucre, le dourah, les fèves, et réunir autour de lui les images enchanteresses de la plus brillante végétation, on en doit l'existence aux Dattiers, dont le stipe élevé se montre tantôt isolé, tantôt réuni en bois de l'aspect le plus pittoresque et le plus ravissant. Le voyageur européen, transporté sous la voûte festonnée de ces végétaux extraordinaires, enveloppé d'un ombrage épais, d'une aimable fraîcheur, d'un printemps perpétuel, qu'il était loin de soupçonner, oublie aisément le désert qu'il touche pour ainsi dire de la main, l'air embrasé qui plombe sur un sable prêt à se soulever en énormes tourbillons au moindre souffle du vent, et se livre tout entier aux charmes d'une douce contemplation entretenue par la présence d'oiseaux n'ayant pas à redouter le plomb meurtrier du chasseur, la variété des fleurs, des fruits, des rameaux flexibles remplissant l'atmosphère de leurs parfums, sollicitant l'œil et l'appétit, s'enroulant de mille manières sur le stipe du Dattier. Assis aux pieds de cette superbe monocotylédonée, il veut étudier son histoire, et bientôt il apprend, par les phénomènes de son existence, les phases de sa végétation et les nombreux avantages qu'il assure aux habitans des pays où il croît, où la reconnaissance le cultive.

Le genre Dattier ne compte encore qu'une ou deux espèces. Il fait partie de l'intéressante famille des Palmiers et de la Dioécie hexandrie ; ses fleurs incomplètes et dioïques offrent pour caractères essentiels : dans les individus mâles, un calice fort petit, monophylle, persistant ; trois divisions extérieures plus courtes, les trois intérieures oblongues, concaves, profondes, à bords épais, comme tronqués, trois fois plus grandes que les premières; Linné les appelait avec raison pétales; ils composent, en effet, la corolle, où sont logées six étamines, dont les filamens très-courts, élargis à la base, portent des anthères sagittées, linéaires, sans cesse vacillantes et biloculaires; enfin, trois rudimens d'ovaires, très-courts, divergens et alternes avec les pétales, occupent le centre de la fleur. Dans les individus femelles, le calice est plus ample, la corolle a trois pétales larges, minces en leurs bords, qui entourent obliquement trois gros ovaires, inégaux chez les plants cultivés, alternes avec les parties de la corolle, convexes en dehors, anguleux en dedans, surmontés chacun d'un style ou stigmate court, conique, recourbé en bec d'oiseau. Autour de ces ovaires on distingue six étamines avortées, dont trois, opposées aux pétales, sont un peu plus longues. Les individus libres ont les ovaires égaux et offrent toujours trois fruits réunis dans la même enveloppe florale, tandis qu'en ceux qui sont soumis à la culture, comme en Egypte, dans les oasis d'Afrique, en Perse, etc., les ovaires sont inégaux, les deux plus petits avortent, le seul gros prend son développement et donne un drupe mou, ovale-oblong, à une seule semence presque ligneuse, oblongue et marquée à une de ses faces d'un sillon longitudinal. Ce fruit se nomme DATTE (*v.* ce mot).

Une spathe axillaire renferme des fleurs de l'un et de l'autre sexe; en se déchirant sur un des côtés opposés aux sutures, elle laisse sortir les nombreux rameaux d'un spadice. Chez l'individu mâle, ils sont simples, flexueux, chargés alternativement d'un grand nombre de fleurs blanchâtres, à étamines abondamment pourvues de pollen. Ceux de la femelle, plus raides, également flexueux, portent une infinité de petites fleurs globuleuses, verdâtres. Comme il est facile de le remarquer, en comparant les travaux précédens sur ce beau genre, le détail dans lequel je viens d'entrer sur les organes essentiels de la vie végétale diffère essentiellement de celui donné par les botanistes qui n'étudient les plantes que dans le cabinet; c'est qu'ils ont écrit sur des échantillons secs, et que ce que je dis a été écrit en présence de la nature vivante.

De ces détails, reportant les yeux sur le genre Dattier, on voit d'une racine déliée, dont les fibres sont ramassées en faisceau, surgir un stipe presque droit, d'égale grosseur dans toute sa longueur, à part quelques étranglemens que l'on remarque çà et là, et des cicatrices raboteuses, rangées en spirale et déterminées par la chute successive des feuilles. Le sommet de cette colonne, dont la hauteur dépasse souvent trente-cinq mètres, offre 1° douze à quinze feuilles, sous forme de palmes, infléchies, longues de deux mètres environ, qui l'embrassent dans leur partie inférieure au moyen d'une membrane que l'on a comparée au tissu d'une grosse toile, et appelée du nom de *Chou*, tandis que la moins développée d'entre ces feuilles, dressée, ayant encore ses nombreuses folioles pressées contre la côte moyenne, à la manière

d'un éventail, prend le nom de *Flèche*; 2° un très-grand nombre de folioles étroites, lancéolées, aiguës, raides, d'un vert clair et plissées en deux dans le sens de leur largeur. C'est du milieu de ces feuilles que se montrent de vastes spathes dures, coriaces, presque ligneuses, renfermant les organes de la génération, et qui se fendront par un de leurs côtés pour laisser échapper de grandes panicules fleuries, très-rameuses, que l'on désigne sous le nom de *Régime*.

Quand les Dattiers sont réunis en forêts ou rapprochés les uns des autres, on conçoit aisément que la fécondation s'opère sans aucune difficulté : la poussière vitale s'échappe des anthères en si grande quantité que, au lever du soleil, le bois entier est enveloppé d'une vapeur jaune de soufre, ayant une saveur acidule peu agréable et décelant la présence d'une substance glutineuse, animale, semblable à celle de la liqueur séminale. L'analyse chimique confirme ces rapprochemens, qui jettent un faible rayon lumineux sur un sujet important, mais ils ne nous révèlent point la propriété mystérieuse qui le distingue. Les Dattiers sont-ils éloignés? Les mâles confient aux vents le nuage fécondant, et le soleil est témoin de l'hymen sollicité par l'aspiration des fleurs femelles. L'homme a profité de cette observation pour entretenir les produits de ses Dattiers; il recueille le pollen, tantôt en s'emparant du régime des fleurs mâles quelques instans avant l'explosion des anthères, il monte jusqu'au sommet des pieds femelles en appuyant le pied sur les débris des anciens pétioles, quand l'individu est jeune; car en vieillissant le stipe devient lisse, marqué seulement de bourrelets transverses et peu élevés; il faut alors, pour arriver au couronnement de la colonne, se soutenir sur une corde nouée en cercle passée sous les aisselles et autour du stipe, en ayant soin d'éviter la piqûre, souvent dangereuse, des fortes épines dont la base des pétioles est armée. Parvenu près des fleurs femelles, on secoue fortement le régime; la poussière s'échappe et la plante va devenir fertile. Tantôt, pour prévenir les incendies que les ambitieux ou les tyrans, jaloux d'affamer le pays afin de le réduire plus aisément, ne manquent jamais d'allumer aux pieds des Dattiers mâles, le cultivateur conserve précieusement le pollen qu'il a su ménager, et va en répandre des quantités convenables. Ce pollen garde toute sa propriété fécondante pendant plusieurs années; on en porte le nombre jusqu'à dix-huit ans. Ce sont les Persans qui, les premiers, ont imaginé ce moyen de déjouer les mesures atroces du despotisme; pour n'avoir point usé de cette précaution, les Dattiers des environs du Kaire ne fructifièrent point en 1800; les troupes françaises et musulmanes sans cesse en présence, désolant à tout instant les campagnes, ne permirent pas que les travaux paisibles de l'agriculture s'exécutassent librement. L'antiquité la plus reculée connaissait ce phénomène; Théophraste en parle en des termes non équivoques, et il lui servit à confirmer l'existence des sexes dans les végétaux, à constater l'identité du pollen avec la liqueur séminale, et à rapprocher l'odeur qu'exhale celui du Dattier avec ceux de l'Epine-vinette, du Châtaignier, du Peuplier, etc. Il faut ajouter ici que la fécondation opérée par le ministère des vents est fort chanceuse; elle dépend de la distance, de la force du vent, de mille hasards incalculables, et lorsqu'elle a lieu trop loin les fruits sont petits, acerbes, et fort peu susceptibles d'être mangés, le pollen ayant alors été usé, pour ainsi dire, par le roulement. Plus près, les fruits sont de bonne qualité. S'il faut en croire le poète Pontanus, dans l'histoire du Dattier mâle de Brindisi et le Dattier femelle d'Otranto, la distance peut être de quinze lieues pour que la fécondation soit parfaite. Cependant si l'on veut des fruits suaves, succulens et d'une belle grosseur, c'est à la culture qu'il convient de les aller demander. On en compte de vingt à trente variétés créées par elle, dont la forme et la saveur, l'épaisseur et l'excellence de la chair sont vraiment remarquables.

Je ne dirai rien de l'accroissement du Dattier; j'en parlerai avec détail à l'article PALMIER : il ne peut être comparé à aucune plante de nos forêts d'Europe. Mais je m'arrêterai sur l'une des trois espèces connues.

I. La première est le DATTIER COMMUN, *P. dactylifera*, représenté, avec ses fleurs et ses fruits, dans notre Atlas, pl. 155, fig. 1 à 8. Il croît sur les terrains humides et sablonneux de la Barbarie, de l'Égypte, de la Syrie, de l'Archipel grec, de la Perse et de l'Inde; on le voit en Espagne, en Italie, dans les départemens du midi de la France, surtout à Saint-Tropez, à Fréjus et à Hyères, département du Var. Les individus qui croissent dans le voisinage de la mer sont très-inférieurs à ceux du désert. Les Dattiers existaient encore en forêts dans les îles Canaries au quatorzième siècle, avant la guerre d'extermination dont on a voulu cacher les excès sous le titre pompeux de conquête; mais Béthancourt, Herrera, Pedro de Vera, Alonzo de Lugo et leurs barbares soldats, après avoir détruit les populations valeureuses qui leur disputaient pied à pied le sol national, ont tenté de détruire toutes les productions indigènes : ce qui leur a échappé montre combien furent grandes les pertes essuyées. A Marseille, le Dattier n'est qu'un objet d'agrément et de curiosité; il y vient très-bien, s'y conserve en pleine terre, y fleurit, ses fruits seulement n'y parviennent point à maturité. Dans les serres, il étale sa beauté, mais il y demeure stérile.

Cette belle monocotylédonée est cultivée avec beaucoup de soins, en la riante contrée de la Barbarie que l'on nomme le *Bilédulgérid* ou *pays des Dattes*. Là, dans un très-large vallon, situé entre deux chaînes de montagnes et arrosé par des ruisseaux nombreux, près du Dattier croissent, au milieu d'une immense quantité de plantes et de fleurs aux formes, aux couleurs, aux émanations de toutes les sortes, outre la vigne chargée de grappes juteuses, des grenades au rouge vif, des amandiers couverts de fleurs et de fruits, l'olivier,

fils de l'Atlas, l'oranger aux fruits exquis; et à leurs pieds vit une population active, brillante de santé, de bonheur, aimant le travail et jouissant en paix des profits qu'il procure, à deux pas du désert qui recèle des hordes habituées aux brigandages, aussi paresseuses que leur ciel est embrasé. C'est de ce coin de terre, arraché par la main de l'industrie à la plus hideuse stérilité, que proviennent les meilleures dattes, celles qui sont le plus avidement recherchées pour leurs hautes qualités. Il n'est point rare d'y voir le Dattier atteindre trente-cinq et quarante mètres d'élévation, offrir un stipe cylindrique dont le sommet, le plus souvent unique, se bifurque quelquefois et produit deux grosses branches divergentes. Il exhale un parfum délicieux quand il est chargé de fruits.

On le multiplie par les semis et par boutures; les Dattiers venus par le premier moyen croissent lentement et demandent quinze et même vingt ans pour fructifier; ceux obtenus par la voie des boutures s'élèvent beaucoup moins, mais aussi vers la cinquième ou la sixième année ils sont en plein rapport.

Non seulement les Dattes offrent une nourriture agréable et rafraîchissante, les feuilles recueillies avant leur entier développement se mangent en salade préparées avec de l'huile et du vinaigre; la substance médullaire du stipe encore jeune est d'un goût fort agréable; mais on obtient encore du Dattier une liqueur connue sous le nom de *Vin de Palmier* ou *Lakhby*, selon l'expression des Arabes. Comme cette extraction épuise la plante, on fait choix, parmi les individus mâles, de ceux qui peuvent être sacrifiés sans nuire aux cultures, ou bien parmi les individus femelles, de ceux que leur âge a rendus stériles; on coupe les feuilles et à peu de distance du sommet on pratique une incision circulaire et un sillon profond, vertical, à la base duquel on met un vase pour recevoir la liqueur laiteuse, douce et rafraîchissante, qui s'échappe en abondance; et de peur que les rayons solaires n'en dessèchent la source, n'en arrêtent promptement l'écoulement, on garnit toutes les parties incisées d'une masse de feuilles. Cette liqueur veut être bue de suite, elle s'aigrit en peu d'heures.

De la base des pétioles on retire des filamens qui se convertissent en cordes, en ficelles, en canevas, en toile grossière; avec les feuilles, rendues souples par leur macération dans l'eau, l'on tresse des tapis, des nattes, des corbeilles, des chapeaux; et avec le bois très-dur et presque incorruptible que fournit le stipe, on fait des piliers, des poutres, des solives pour les constructions rurales. Ce bois est formé par l'assemblage de grosses fibres solides, lisses, flexibles, légèrement comprimées, et se prolongeant d'ordinaire, sans interruption, depuis la base jusqu'au sommet.

Les plus beaux Dattiers que j'aie vus existent à Bordighiera, joli village dans une situation ravissante sur le beau golfe de Gênes. La magnifique monocotylédonée y est parfaitement acclimatée et ses fruits y mûrissent très-bien. Un voyageur qui revenait du Bilédulgérid comparait devant moi la situation de ce petit village et les Dattiers dont son sol étonné reçoit l'ombrage tutélaire, à la bourgade de Gorbata, l'un des points capitaux du riche pays des Dattes. S'il en est ainsi, l'acquisition du Dattier est assurée pour l'Europe. Bordighiera fait un commerce considérable de ses palmes qu'elle expédie sur Naples et particulièrement sur Rome au mois d'avril; elle en vend beaucoup en automne aux juifs de la péninsule, et même à ceux qui habitent la Hollande, pour les cérémonies religieuses.

II. Le Dattier du cap de Bonne-Espérance, que Jacquin appelle DATTIER ARQUÉ, *P. declinata*, ne paraît pas être autre qu'une variété du Dattier commun; ses fruits sont deux fois plus petits, et les feuilles ont leurs folioles supérieures semblables, mais plus lâches entre elles.

III. On rencontre dans l'Inde une espèce, haute au plus d'un mètre, dont les feuilles ont le double de longueur, dépourvues de piquans et composées de folioles linéaires, lâches, très-ouvertes; les fleurs offrent six étamines et les fruits sont fort petits. Loureiro, qui l'a observée dans la Cochinchine, la nomme *Phœnix pusilla*; Roxburgh, dans sa Flore du Coromandel, l'appelle *P. farinifera*. Le sol sur lequel ces deux botanistes l'ont trouvée étant sec, sablonneux et chargé de pierres, c'est sans doute par cette circonstance qu'elle ne se développe pas davantage; car le Dattier veut de l'eau, il ne prospère que là où son pied est humecté et où une eau courante entretient la fraîcheur autour de lui. Je ne connais point cette espèce, cependant je la soupçonne une simple variété comme la précédente.   (T. D. B.)

DATURA, *Datura*. (BOT. PHAN.) Genre suspect, dit-on, d'une famille réputée suspecte (les Solanées). Ne serait-ce pas là une calomnie? et quel reproche peut donc mériter une famille à laquelle nous devons la *Douce-amère* si efficace contre les affections cutanées; la *Morelle* si recherchée comme aliment aux îles de France et de Bourbon; le Coqueret, puissant diurétique, et surtout la Pomme-de-terre, providence des temps de disette; et cette merveilleuse plante, si chère au fisc, qui s'exhale en fumée pour le consommateur, et se condense en bel et bon or pour le gouvernement? Quoi qu'il en soit, le Datura, qui appartient à la Pentandrie monogynie de Linné, est un genre renfermant une douzaine d'espèces, toutes admirables par leurs fleurs, et quelques unes par leurs propriétés médicinales. Voici ses caractères: calice tubuleux, allongé, anguleux, à cinq lobes peu profonds, caduc, à l'exception de la partie inférieure qui persiste et forme un petit bourrelet saillant; corolle monopétale, longue, tubuleuse, évasée supérieurement, à cinq plis longitudinaux, terminés chacun par un lobe acuminé; étamines au nombre de cinq, à filets très-longs, à anthères terminales oblongues, ayant deux loges qui s'ouvrent par une fente longitudinale; ovaire libre, sessile, à quatre loges multiovulées, terminé par un long style à stigmate un peu lobé; capsule globuleuse ou ovoïde, tantôt lisse, tantôt hérissée de pointes raides, à quatre loges communiquant ensemble deux à deux (ce qui semble annoncer que, dans la réalité, la capsule ne doit en avoir que deux, ainsi que cela s'observe dans les autres Solanées), s'ouvrant en quatre valves, quelquefois deux, ou même se rompant d'une manière irrégulière; graines très-nombreuses, réniformes, noires, chagrinées, attachées à quatre gros trophospermes saillans dans chaque loge.

Les plantes de ce genre sont des herbes, rarement des arbrisseaux, à feuilles simples et alternes; à fleurs axillaires très-grandes, parfumées parfois, plus souvent d'une odeur nauséabonde. On les a divisées en deux sections, ainsi qu'il suit:

† Capsules lisses.

DATURA EN ARBRE, *D. arborea*, L., du Pérou et du Chili. C'est à Dombey que nous sommes redevables de ce beau Datura, qui s'élève à 10 et même 15 pieds, et qui produit, de juillet en octobre, de belles fleurs, d'un pied de long, en entonnoir plissé et à cinq angles, pendantes, très-odorantes, d'un beau blanc rayé de jaune pâle.

DATURA LISSE, *D. lævis*, L. Plante herbacée, annuelle, originaire de l'Abyssinie.

†† Capsules hérissées.

DATURA STRAMOINE, *D. stramonium*, L., vulgairement Pomme épineuse. Cette plante, qui se trouve communément dans les lieux incultes, les endroits sablonneux, les amas de décombres, etc., est la seule de son genre qui appartienne à la Flore française. Encore assure-t-on qu'elle nous vient originairement de l'Amérique; capsules grosses comme une noix, hérissées de pointes aiguës, fortes; fleurs blanches ou d'un violet clair. « Coupée au pied, dit la Flore agénoise, dans son état » adulte, et desséchée, cette plante devient quel- » quefois un meuble utile chez nos paysans: ses » rameaux dichotomes sont exactement nivelés à » son sommet; elle est renversée: une chandelle » placée dans le canal médullaire, éclaire la fa- » mille, les voisins, les amis, qui, réunis autour » de cette espèce de candélabre, passent, en fai- » sant de vieux contes, ou dans une activité la- » borieuse, les longues soirées de l'hiver. »

DATURA FASTUEUX, *D. fastuosa*, L. Cette espèce, connue vulgairement sous le nom de Pomme épineuse d'Égypte, parce qu'elle est originaire de ce pays, produit un très-bel effet dans les jardins, par ses tiges de deux pieds, violâtres et branchues; par ses feuilles larges et sinuées, et par ses fleurs à deux ou trois corolles blanc-violâtre, l'une dans l'autre. Il y en a une variété à fleurs blanches, doubles.

Viennent ensuite les Datura féroce, *D. ferox*, L., de la Chine, *Tatula* L. de l'Inde, *Métel*, etc. Voyez le magnifique ouvrage de Humboldt, Nova G. et Sp. Pl.   (C. É.)

DAUPHIN, *Delphinus*. (MAM.) Parmi les êtres nombreux qui peuplent l'étendue des mers, les Dauphins ont dû certainement être remarqués des premiers; l'homme les trouve sur tous les points du vaste Océan, sous les zones tempérées et les brûlans tropiques, aussi bien que dans les régions polaires ; partout il les voit légers et pleins de gaîté s'agiter à la surface des ondes et se presser en foule autour de ses embarcations ; leur présence lui fait oublier par instans l'ennui inséparable des longues traverses.

Ces animaux, que les naturalistes de tous les temps ont étudiés avec plus ou moins de sagacité, et dont l'histoire est encore loin d'être complète, appartiennent à la classe des Mammifères, et non à celle des Poissons comme on le pense vulgairement : ils se rangent dans l'ordre des Cétacés, et prennent place parmi ceux qu'on a nommés Souffleurs et dont le caractère est d'avoir à la partie supérieure de la tête un orifice correspondant aux narines et nommé *évent*.

Ils n'ont point la tête disproportionnée, ce qui les distingue des Cachalots, Physeters et Baleines ; ils n'ont point de fanons et ont les deux mâchoires garnies de dents égales entre elles et jamais disposées en défenses. Voici d'ailleurs un énoncé plus précis des caractères au moyen desquels on les distinguera des autres genres de leur ordre.

· Tête proportionnée au corps ; celui-ci allongé, fusiforme ; mâchoires plus ou moins allongées en forme de bec, d'autres fois très raccourcies, armées toutes deux de dents souvent très-nombreuses et à peu près semblables entre elles ; jamais de fanons, évent simple, ordinairement circulaire ou en croissant.

Les Dauphins forment une famille très-naturelle et très-nombreuse en espèces ; ils ont comme les autres Cétacés la queue horizontale, ce qui les distingue extérieurement des poissons qui l'ont toujours verticale ; leur corps est dépourvu de poils et couvert d'une peau nue, à derme assez épais et reposant sur une couche épaisse d'une graisse huileuse (les jeunes de quelques espèces, ceux du Marsouin par exemple, ont, ainsi que l'a remarqué M. Rousseau, quelques brins de poils en forme de moustaches ; une espèce récemment découverte en a sur tout le museau et les conserve même dans l'âge adulte). Les nageoires antérieures ou les bras (les postérieurs manquent chez tous les Cétacés) varient pour la forme ; elles constituent le plus ordinairement deux espèces de rames au moyen desquelles l'animal se dirige ; quant à celles du dos elles paraissent n'être que d'une importance très-secondaire, ce sont de simples pincemens adipeux sans rayons ni pièce osseuse aucune, et qui varient considérablement pour la forme, quelquefois réduites à une simple saillie, d'autresfois au contraire très-étendues ; le plus ordinairement il n'en existe qu'une seule placée sur le dos, ou bien encore sur les lombes : quelques espèces sont entièrement privées de ces nageoires ; tels sont les Delphinaptères ; d'autres au contraire en ont deux, ainsi qu'on le voit chez les Oxyptères.

Il paraît que ces animaux ne lancent pas l'eau comme le font les Baleines et les Cachalots. Voici du moins ce que dit M. Lesson, qui a fait le voyage autour du monde à bord de la corvette *la Coquille*. « Nous avons dit que les Dauphins ne rejetaient pas l'eau par leurs évents à une certaine hauteur, et que le liquide avalé ruisselait seulement sur les bords de ces canaux. Cela tient au peu d'épaisseur qu'ont les plans musculaires qui surmontent le canal osseux ; nous avons examiné pendant des heures entières des espèces très-différentes de Dauphins jouant autour de notre vaisseau, sans que jamais nous ayons pu apercevoir la moindre colonne d'eau ou de vapeur jaillir de l'ouverture supérieure de l'évent. MM. Quoy et Gaimard pendant leur longue navigation à bord de *l'Uranie*, ont aussi fait la même observation, ce qui paraîtrait devoir faire admettre comme générale l'opinion que les Dauphins ne rejettent jamais par longs jets l'eau qu'ils ont avalée en saisissant leur proie, si Spallanzani et M. de Humboldt n'assuraient avoir constaté ces jets, l'un dans les eaux douces de l'Orénoque, l'autre dans la Méditerranée.

On a remarqué de tout temps que les Dauphins se plaisent autour des vaisseaux, et qu'ils s'y rassemblent en troupes plus ou moins nombreuses s'agitant au milieu des flots, allant et venant autour du navire comme on voit les chiens danois courir devant les équipages. Toutes les personnes qui ont été à la mer ou qui connaissent un peu les mœurs des Dauphins savent parfaitement la cause de ces visites assidues ; le vulgaire cependant s'y est trompé, et l'opinion, depuis si longtemps admise, que les Dauphins sont des amis de l'homme et recherchent sa société pour le plaisir de l'accompagner ou même de lui être utiles ; cette opinion, dis-je, est encore aujourd'hui asez généralement répandue. Cependant, s'il est moins poétique, il est plus vrai de dire que la même raison qui nous attire la visite des Esturgeons et des Requins dont certes on ne sera pas tenté de faire les amis de notre espèce, nous procure aussi celle des Dauphins, qui arrivent comme eux dans l'espoir que les débris de la cuisine du bord, et les bancs nombreux de poissons que ces débris attirent leur fourniront une proie assurée. Les Requins, se jettent sur ces poissons et les engloutissent dans leur énorme gosier ; ils attaquent aussi de grosses proies, des hommes même lorsque ceux-ci tombent à la mer, aussi sont-ils partout un objet de crainte et de haine. Jamais au contraire les Dauphins ne se sont rendus coupables de tels méfaits. Les hommes n'ont pas fait difficulté de penser que l'intérêt que ces animaux portent à notre espèce était leur seul guide, et jamais ils n'auraient songé, si l'anatomie ne le leur avait démontré que ce qu'ils prenaient pour une vertu était bien plutôt une nécessité, leur organisation ne permettant pas aux Dauphins d'attaquer des proies un peu volumineuses et les forçant à se contenter de petits poissons et de mollusques nus, de ptéropodes principalement, comme le font aussi les énormes Baleines et les Cachalots. Mais la vérité a été long-temps ignorée, et mille fables, toutes plus ingénieuses les unes que les autres, ont été racontées sur les qualités précieuses des Dauphins. Les poètes grecs et latins les ont chantées, et les êtres qui en faisaient le sujet ont été partout représentés sur les temples et les monumens publics ; leur nom a même été donné à une ville célèbre par ses oracles. Héritiers du goût pour les arts que les Grecs ont poussé si loin, les habitans de l'Europe moderne ont aussi représenté le Dauphin, mais ils n'en ont pas tracé une figure plus exacte ; les formes élégantes qu'ils lui donnent sont bien loin de lui appartenir, et ces écailles, ces épines sur les nageoires du dos ainsi que la queue verticale qu'ils lui attribuent en font bien plutôt un poisson qu'un véritable cétacé. Nous avons donné plus haut des détails suffisans pour qu'il soit aisé de reconnaître comment ces modifications sont fautives.

Si nous passons maintenant à l'étude des facultés intellectuelles des animaux qui nous occupent, nous verrons qu'on les a aussi mal appréciées que leurs formes et leurs instincts. S'il fallait en croire quelques auteurs, les Dauphins auraient un cerveau très-considérable, et leur serait intelligence de moitié supérieure à la nôtre. Mais, comme on le sait parfaitement aujourd'hui, il n'en est pas ainsi ; leur cerveau est, relativement à la masse totale de leur corps, plus petit que celui de l'homme, ses circonvolutions sont moins nombreuses et les diverses parties qui le composent sont autrement disposées. *Voyez* pour plus de détails l'article CÉTACÉ de ce Dictionnaire.

Comme tous les animaux de leur classe, les Dauphins sont vivipares, et ils portent des mamelles, lesquelles sécrètent un lait analogue à celui des autres mammifères et destiné de même à la nourriture des petits. L'accouplement a lieu dans l'eau, la femelle reçoit le mâle en se renversant sur le dos et le serre avec ses pectorales. On ignore quel est rigoureusement la durée de la gestation ; chez les espèces de nos côtes elle peut être évaluée à dix mois : elle a pour résultat la naissance d'un, rarement de deux petits qui ne quittent pas leur mère pendant tout le temps qu'ils ont besoin de téter : ce temps est d'une année.

La chair des Dauphins porte la même odeur que celle de la plupart des poissons ; elle est dure et indigeste, aussi ne la mange-t-on pas dans nos contrées. Les Groënlandais cependant la recherchent ; ils la font bouillir et rôtir après l'avoir laissée se corrompre en partie et perdre sa dureté. Ils mangent aussi les entrailles, la graisse et même la peau. D'autres salent ou font fumer ces diverses parties. La graisse du Dauphin n'est pas assez abondante pour qu'on l'exploite en grand. M. Chevreul en a retiré une espèce d'huile particulière, qu'il a appelée *Phocénine*, de *Phocœna*, nom que l'on donne au Marsouin.

On trouve les Dauphins dans toutes les mers, et, comme nous l'avons dit, quelques espèces remontent à certaines époques dans les grands fleuves ; mais généralement elles ne s'y établissent pas à demeure fixe. Il en est une cependant, dans l'Amérique du sud, qui ne quitte jamais les eaux douces, c'est l'Inia de Bolivie. Toutes les autres sont entièrement marines. On ne saurait dire présentement le nombre exact des différentes espèces qui composent la famille des Dauphins ; on en compte aujourd'hui environ quarante (44, Lesson, Manuel de mammalogie), parmi lesquelles plusieurs sont encore mal déterminées. On a établi parmi ces animaux plusieurs genres caractérisés par la forme et le nombre des dents, ainsi que des nageoires dorsales, et la proportion des mâchoires. Ces genres ne sont pas très-nombreux ; nous allons les étudier successivement en nous guidant d'après les travaux de MM. de Blainville et Desmarest.

Genre DELPHINORHYNQUE, *Delphinorhynchus*, Blainv.

Ce groupe, établi par M. de Blainville, est caractérisé par son museau prolongé en un bec fort mince et fort long, non séparé du front par un sillon ; ses mâchoires presque linéaires, et garnies de dents nombreuses. Il n'existe qu'une seule nageoire dorsale, ou seulement un pli longitudinal de la peau légèrement élevé et placé un peu en arrière. Les espèces les plus remarquables sont les suivantes :

DAUPHIN DE GEOFFROY, *Delphinus Geoffroyi*, Desm. ; *Delphinus geoffrensis*, Blainv. ; *Dauphin à bec mince*, Cuv. Il habite les côtes du Brésil ; son corps est cylindrique et long de quatre pieds et demi.

DAUPHIN COURONNÉ, *Delphinus coronatus*, Fréminv. Ce Dauphin a été observé dans la mer Glaciale, où il est commun ; il acquiert jusqu'à trente ou trente-cinq pieds de longueur et quinze de circonférence. Il est peu défiant et s'approche fréquemment des navires.

DAUPHIN DU GANGE, *Delph. gangeticus*, Desm. Il est commun dans les eaux du fleuve dont il porte le nom et fréquente aussi les diverses plages voisines ; il a environ six pieds de longueur totale. Sa tête est arrondie et terminée par un bec très-effilé ; ses dents sont nombreuses, et sa peau, un peu rugueuse, est très-brillante, d'un gris de perle sur le dos et blanchâtre sur le ventre.

DAUPHIN DE PERNETTI, *Delphinus pernettensis*, Blainv., Desm. Cette espèce est encore douteuse ; on la donne comme étant de l'océan Atlantique ; sa couleur est noirâtre sur le dos, et blanchâtre avec quelques taches grises ou noires sur le ventre.

Genre DAUPHIN, *Delphinus*, Blainv.

Ce nom, que Linnæus appliquait à toutes les espèces de la famille, est réservé par M. de Blainville pour celles qui offrent ces caractères : museau prolongé en un bec médiocre, large à sa base, arrondi à son extrémité comme le bec d'une oie et séparé du front par une espèce de sillon ; mâchoires plus larges postérieurement, à bords garnis de dents nombreuses ; une seule nageoire dorsale. Tels sont :

DAUPHIN DE BORY, *Delphinus Boryi*, Desm. Espèce trouvée par M. Bory entre les îles Madagascar, de France et Mascareigne, et qui se reconnaît à son bec assez long, très-déprimé et fort large près de la tête ; la nageoire dorsale est au milieu du corps, lequel est coloré en gris légèrement foncé en dessus et très-clair en dessous ; les côtés de la tête sont d'un blanc pur.

Le Dauphin Bory est de même taille que le Dauphin de nos mers , il a aussi les mêmes habitudes. Il a été figuré dans l'Atlas du dict. class. d'Hist. nat.

Dauphin vulgaire, *Delphinus delphis*, L. , représentée dans notre Atlas, pl. 135, fig. 9. C'est l'espèce la plus anciennement connue, et à laquelle on rapporte généralement toutes les fables que les Grecs répétèrent sur leur *Delphis*. Nous ne chercherons pas ici à relever ces erreurs de la mythologie païenne, dont nous avons en partie fait justice en commençant cet article. Le Dauphin vit dans les mers de toute l'Europe ; mais il paraît plus fréquent dans les zones tempérées que dans celles du midi ; il est communément long de six ou sept pieds, et quelquefois, mais plus rarement, de huit , neuf et même dix. Son museau, à partir du front, égale en longueur le reste de la tête, dont il est séparé par un sillon ; les pectorales sont médiocres et taillées en faux ; la nageoire dorsale, placée un peu au-delà de la moitié du corps, est au contraire assez élevée. Les couleurs sont celles de toutes les autres espèces, noirâtres supérieurement et passant au gris sur les côtés pour devenir blanchâtres sous le ventre ; elles ont également un aspect satiné et luisant, qui tient à la nature de la peau. Ces animaux sillonnent le sein des eaux par troupes plus ou moins nombreuses ; leurs bonds et leur rapide natation , observés journellement par les habitans des côtes, les ont depuis long-temps rendus célèbres. On n'a rien observé chez eux dont ne jouissent tous les autres Dauphins, et leurs mœurs certainement ne justifient pas la distinction particulière dont on les a honorés ; ils sont peut-être plus carnassiers que leurs congénères, vivant de poulpes, de sardines et de harengs dont ils font une grande consommation. Leur chair est médiocre et ne peut être mangée que par des gens dans la détresse. Les anciens supposaient à leur foie et à quelques autres de leurs parties des vertus médicinales que la saine raison ne saurait admettre.

Long-temps on a cru que la musique avait le pouvoir de captiver le Dauphin ; cette opinion, que nous a léguée l'antiquité , est sans doute l'origine de l'habitude qu'ont aujourd'hui les marins, et principalement les Provençaux, de siffler lorsqu'ils voient un ou plusieurs de ces animaux accourir près des navires ; mais on doit à la vérité de dire que le Dauphin ne se présente plus à nous avec les gracieuses habitudes dont nos pères l'avaient doté. Pline l'a décrit au chapitre VIII du livre neuvième de son *Histoire naturelle* ; mais il a mêlé à ce qu'il en dit des faits qui certainement se rapportent à plusieurs animaux de nature différente. et notamment au Requin. Ce sont des fables bien dignes d'un auteur qui parle d'éléphans dansant sur la corde ; celle du Dauphin du lac Lucrin pourra nous donner une idée des autres. Un Dauphin, s'il faut en croire le naturaliste romain, ce qui est un peu difficile, aimait un jeune enfant qui lui donnait du pain et qui ordinairement contournait tous

les jours le lac Lucrin pour aller à l'école à Pouzzole ; pour lui abréger le chemin, l'animal prenait l'enfant sur son dos et le portait de l'autre côté du lac. Cette intimité dura plusieurs années, mais, l'enfant étant venu à mourir, le sensible Dauphin ne tarda pas lui-même à succomber à la douleur que lui causa cette perte.

Dauphin Chinois, *Delph. sinensis*, Desm. Il habite les mers de Chine, et le Dauphin noir, *Delph. niger*, Lacép., celles du Japon.

Dauphin douteux, *Delph. dubius*, Cuv. Est de la taille du Dauphin vulgaire, dont il diffère par son museau fin et pointu, et sans renflement à la mâchoire supérieure. Il n'est connu que par des têtes osseuses conservées dans le cabinet d'anatomie du Muséum.

Dauphin grand souffleur, *Delph. tursio*, le *Coudui* de Duhamel. Habite les mers d'Europe. Il est beaucoup plus grand que le Dauphin ordinaire, et atteint communément dix pieds de longueur ; on dit que certains individus en acquièrent jusqu'à quinze et même davantage. La nageoire dorsale est placée à peu près au milieu du corps, son sommet est arrondi et obtus, et sa base assez élargie ; les pectorales sont oblongues et pointues ; l'évent est placé au dessus des yeux, sa forme est celle d'un croissant à cornes dirigées en avant. Le *Delph. tursio* se trouve dans l'Océan et aussi dans la Méditerranée. M. Risso rapporte que sa prise donne toujours lieu, aux pêcheurs de Nice, de faire des réjouissances ; ils ornent l'animal de fleurs et le promènent à travers la ville en faisant retentir l'air de leurs cris d'allégresse. Le cortège s'arrête devant les demeures des riches , qui gratifient les capteurs de quelques pièces de monnaie.

Ce Dauphin est aussi nommé *Dauphin oudre* ; Lacépède le décrit sous le nom de *Nésarnack* ; Bélon en parle sous les dénominations d'*Orea* et *Oudre*, dans son Histoire des étranges poissons mar. Sur les côtes occidentales de France on l'appelle *Grand souffleur* et *Souffleur* ; à Nice c'est *Caudues* et *Capidoglio*.

Dauphin de Bayer, *Delph. Bayeri*. M. Risso donne ce nom à une espèce primitivement décrite par Bayer dans les *Mémoires de la société Léopoldine des curieux de la nature* ; il en a étudié un dessin , lequel avait été fait en 1726, d'après un individu échoué sur les côtes de Nice. Ce Dauphin est remarquable par la grandeur de sa tête, qui égale à peu près le tiers de celle du corps entier. La longueur totale est de quarante-deux pieds à peu près. Le corps est d'un bleu obscur en dessus et blanchâtre en dessous.

Dauphin orque, *Delphinus orca*, L. Ce Dauphin , dont M. Eydoux a déposé dans la collection du Muséum une tête osseuse, atteint des dimensions très-considérables. On le trouve dans la Méditerranée. Son histoire est encore très-incomplète.

Les espèces suivantes sont également peu connues ; on ignore surtout quelles sont leurs habitudes : Dauphin crucigère, *Delph. crucigera*, Quoy et Gaimard, Zool. de *l'Uranie*, pl. 2, fig. 3 et 4. Il habite les côtes de la Nouvelle-Hollande ; il en

est

est de même du Dauphin albigène, *Delph. albigena*, Quoy et G., qui lui ressemble beaucoup. Dauphin tacheté, *Delph. maculatus*, Lesson et Garn. Zool., de *la Coquille*, observé dans les mers des îles de la Société et de l'archipel des Papous. Dauphin malais, *Delph. malayanus*, Less. Garn. *ibid.*, trouvé entre Bornéo et Java. Dauphin funénas, *Delph. lunatus*, Less. Garn. *ibid.*, nommé *Funénas* au Chili (baie de la Conception), dont il fréquente les côtes. Les mêmes auteurs ont aussi décrit, dans le même ouvrage, le Dauphin très-petit, *Delph. minimus*. Celui-ci a deux pieds au plus de longueur ; son bec est effilé, et sa couleur générale brune : on le trouve par grandes troupes dans les mers équatoriales, près les îles Salomon ; il s'élance souvent hors de l'eau à la manière des Scombres.

Genre Oxyptère, *Oxypterus*, Rafin.

M. Rafinesque a proposé ce nom pour des espèces en tout semblables aux précédentes, mais qui ont deux nageoires dorsales.

Dauphin mongitore, *Delphinus mongitori*, Rafin. On n'a de cet animal ni figure ni description complète. Il est commun sur les côtes de la Sicile.

Oxyptère rhinocéros, *Delphinus rhinoceros*, Quoy et Gaim. Zoologie de *l'Uranie*. N'est guère mieux connu que le précédent. Sa taille est double de celle du Marsouin ordinaire ; le dessus de son corps est tacheté de blanc et de noir. Il habite le Grand-Océan équatorial, par cinq degrés vingt-huit minutes de latitude nord.

Genre Sousou, *Platanista*.

M. Lesson (Histoire des Cétacés) propose, d'après l'indication de Cuvier, de distinguer génériquement le Dauphin du Gange ou Sousou, qui a le museau en bec allongé, garni de dents nombreuses, mince, comprimé sur les côtés et enflé à son extrémité de telle sorte qu'il est plus gros à cette partie qu'à son milieu. L'évent est linéaire.

La seule espèce qui compose ce genre est commune dans les eaux du Gange, c'est le *Delphinus rostratus*, Shaw, *Delphinus gangeticus*, Lebed, figuré sous le nom de *Platanista gangetica* dans les Illustrations of Indian Zoology, d'Hardivicke. Sa couleur générale est brune en dessus et en dessous, avec cinq petites taches de chaque côté de la queue. Longueur : sept ou huit pieds. Les habitans des bords du Gange ont donné à cet animal la dénomination de *Sousou*.

Genre Inia, *Inia*, d'Orb.

M. d'Orbigny a récemment fait connaître (Nouvelles Ann. mus., t. III) ce genre, dans lequel il place une espèce nouvelle qu'il a eu l'occasion d'observer pendant son voyage dans l'Amérique méridionale ; voici quels caractères il lui donne : nageoire dorsale réduite à une simple proéminence, museau allongé, presque cylindrique et muni de poils fermes ; mâchoires garnies de dents nombreuses, dont les premières ont un talon à leur côté interne et ressemblent assez à des molaires.

L'Inia de Bolivie, *Inia boliviensis*, d'Orb. (*loco citato*, pl. 3), seule espèce que l'on connaisse encore, est très-remarquable sous le point de vue de son habitation. C'est un Dauphin d'eau douce, qu'on trouve dans l'Amérique méridionale ; il est commun dans les rivières qui traversent la république de Bolivie, et remonte jusqu'au pied des dernières montagnes du versant est de la Cordillère orientale, à plus de sept cents lieues de la mer, où il est probable qu'il ne va jamais. L'organisation de cet animal n'est pas moins remarquable ; les poils qui recouvrent son museau fournissent un fait tout-à-fait neuf en cétalogie, et qui tend à faire modifier la caractéristique des cétacés, que l'on décrit généralement comme des animaux tout-à-fait privés de poils.

L'Inia de Bolivie a de longueur totale six pieds environ ; les Brésiliens le nomment *Boté* ; les Indiens de la république de Bolivie l'appellent *Inia*, nom qui lui a été conservé.

Genre Marsouin, *Phocæna*, Cuv.

Les Marsouins commencent la série des Dauphins à museau court, bombé et non terminé par une espèce de bec ; leurs dents sont nombreuses et peu régulièrement placées sur chaque mâchoire ; leur dorsale est unique.

Marsouin commun, *Delphinus phocæna*, L. Cet animal est de tous les Cétacés celui que les peuples modernes connaissent le mieux ; il vit en effet sur nos côtes, où il est assez commun, ne nous quitte en aucune saison et remonte souvent par troupes assez nombreuses les eaux douces des fleuves. Sa taille est plus petite que celle du Dauphin vulgaire, avec lequel sa coloration et ses habitudes lui donnent de nombreux rapports ; elle dépasse rarement quatre pieds et demi ou cinq pieds de longueur ; mais elle n'arrive pas toujours à ce terme. Le poids varie aussi beaucoup. Cuvier cite un M. Cardon qui prétend avoir vu à Saint-Valery un Marsouin pesant mille livres.

Le Marsouin, dit ce célèbre naturaliste, est absolument dépourvu de poils ; il n'a pas même de cils aux paupières. Sa peau est parfaitement lisse, et son épiderme, très-doux au toucher, se détache facilement. Il n'a pas de lèvres proprement dites ; mais la peau, toujours lisse et noire, se renforce un peu pour s'unir aux gencives ; l'œil est petit, fendu longitudinalement et situé presque dans l'alignement de l'ouverture de la bouche ; les paupières sont molles et ont un peu de jeu ; leur face interne est enduite de mucus ; il paraît que les Marsouins, de même que les autres Dauphins, ne répandent point de larmes, il n'ont pas de points lacrymaux. L'iris de l'œil est jaunâtre, et la pupille a la forme d'un V renversé. L'ouverture de l'oreille est extrêmement petite ; celle des narines, qui constituent l'évent, est placée sur le sommet de la tête, précisément entre les yeux, et ressemble à un croissant dont la cavité serait dirigée en avant. La nageoire anale et celle de la queue sont entièrement molles et comparables aux nageoires adipeuses des poissons; elles ne sont pas susceptibles de mouvemens particuliers; la dorsale occupe à peu près le milieu du dos; les pectorales sont longues et obtuses à leur sommet. Le Marsouin a le dessus du corps d'un beau noir bleuâtre, s'affaiblissant sur les côtés et remplacé sous le ventre par un blanc argenté; les nageoires pectorales qui représentent les membres sont brunes, bien que naissant au milieu de la couleur blanche des flancs.

L'appareil digestif se compose, dans cette espèce et probablement dans la plupart des autres, de quatre estomacs (suivant quelques auteurs de trois seulement) qui ont pour but de faire subir aux substances alimentaires diverses élaborations successives. Le cerveau est large, convexe, présente assez de circonvolutions; il recouvre le cervelet en arrière, ce qui ne se voit que chez l'homme et les singes.

L'espèce qui nous occupe se trouve dans toutes les mers d'Europe, aussi bien dans l'océan Atlantique que dans la Méditerranée; elle y vit par troupes, et ne paraît pas s'éloigner beaucoup des côtes, puisqu'on ne la rencontre pas en haute mer; elle remonte quelquefois les fleuves, ainsi que nous l'avons dit, mais sans jamais s'écarter beaucoup de la mer. Lorsque l'onde est calme, on voit les Marsouins s'entre-jouer à sa surface, ce qui arrive surtout dans les beaux jours de l'été, au moment où les mâles sont à la recherche des femelles; souvent ils se disputent la possession de celles-ci et se livrent entre eux des combats à outrance; leurs instincts sont alors tellement pervertis, qu'ils vont sans s'en apercevoir se heurter contre les navires ou s'échouer sur la côte. La femelle porte six mois et ne met au monde qu'un seul petit qu'elle surveille et nourrit pendant une année avec la plus grande sollicitude.

Le nom de *Marsouin*, donné à ces animaux, est regardé par tous les étymologistes comme provenant de l'allemand, *Meer schwein*, signifiant *Cochon de mer*; c'est ce que paraît confirmer la graisse abondante qui enveloppe le corps de ces animaux. Cependant M. Lesson pense, et probablement avec raison, qu'on pourrait plutôt indiquer comme racines de ce nom, deux mots provençaux, *Mar* et *Suin*, qu'on peut rendre littéralement par *graisse* et *cochon de mer*. Les anciens appelaient les Marsouins, *Sus maris*.

Marsouin épaulard, *Delph. grampus*, Hunter. On le trouve dans l'océan Atlantique, ainsi que le Marsouin gris, *Delph. griseus*, Cuv., le Marsouin ventru, *Delph. ventricosus*, Hunter, et le Marsouin a tête ronde, *Delph. globiceps*, Cuv.

Marsouin de Risso, *Delph. rissoanus*, Cuvier. Fréquente dans la Méditerranée les parages de Nice; sa longueur totale est de neuf pieds environ. Il est noirâtre en dessus, blanc en dessous, sa tête est obtuse, sa dorsale peu élevée et ses

membres très-développés. MM. Lesson et Garnot ont fait connaître, dans la Zoologie du voyage de *la Coquille*, le Marsouin a tête blanche, *Delph. leucocephalus*, le Marsouin a bandes, *Delph. bivittatus*, et le Marsouin a sourcils blans, *Delph. superciliosus*.

Genre Delphinaptère, *Delphinapterus*, Lacép.

Les espèces qu'on y place ne diffèrent des Dauphins des genres précédens que par l'absence totale de nageoire sur le dos; leur museau est obtus et leurs dents variables quant au nombre.

Béluga (*voy.* ce mot), *Delphinus leucas*, Gm. C'est le plus anciennement connu; on le trouve dans les mers du pôle boréal, sa longueur est de douze à dix-huit pieds et sa couleur d'un blanc jaunâtre.

Delphinaptère senedette, *Delphinapterus senedetta*. Lacépède, qui décrit cet animal, lui donne de très-grandes dimensions, et l'indique comme étant de l'Océan et de la Méditerranée; Cuvier pense que c'est une espèce fictive.

Delphinaptère de Péron, *Delphinus Peronii*, Lacép. Cette espèce, d'abord décrite par Péron sous le nom de *Delphinus leucoramphus*, et rangée parmi les Marsouins, a été reportée dans ces derniers temps par MM. Lesson et Garnot dans le genre des *Delphinaptères*. C'est leur *Delphinapterus Peronii* (Zool. *Coquille*, pl. 9, fig. 1). Sa longueur totale est de cinq ou six pieds, et sa circonférence de vingt-quatre pouces. « Arrondi dans ses contours, gracieux dans ses formes, lisse dans toutes ses parties, ce cétacé est recouvert d'un véritable camail d'un bleu noir, qui prend sur le sommet de la tête entre les yeux, se recourbe sur les flancs et se continue sur la partie supérieure du dos; le bout du museau, les flancs et les nageoires pectorales et caudales sont d'un blanc argentin; le rebord des nageoires est brun. » Le Delphinaptère de Péron représente le Beluga dans les mers de l'hémisphère austral; il est surtout commun aux environs de la terre de Van-Diemen; il vit en troupes nombreuses et nage avec une extrême rapidité.

Genre Hétérodon, *Heterodon*, Blainv.

Dents toujours peu nombreuses ou même tout-à-fait nulles; la mâchoire inférieure plus développée que la supérieure; une nageoire dorsale. Le museau est comme chez les Marsouins.

Les espèces connues sont : l'Ananark, *Delph. ananarcus*, Desm., qui vit dans les mers du Groënland; le Diodon, *Delph. Hunteri*, Desm., *Delph. bidentatus*, de Hunter, qui en a étudié un individu pris dans la Tamise, en 1783. Longueur : vingt-un pieds. L'Hétérodon de Dale, *Delphinus edentulus*, Desm., F. Cuv., liv. xxxv. Un individu de cette espèce échoua au Havre, en 1825; il a été décrit avec soin par M. de Blainville, *voyez* le Bullet. de la soc. philomatique, même année. Il avait quinze pieds de longueur et sept et demi de circonférence. On cite encore l'Hétérodon de

Honfleur, *Delph. butskopf*, Bonnaterre. Il fut pris à Honfleur, le 8 septembre 1788. Cuvier le rapporte à l'Hétérodon de Dale, ainsi que le *Delphinus chemnitzianus* de M. Blainville.

Hétérodon sowerby, *Bidens*, Sowerby, *Delph. sowerbensis*, Blainv. Dimension : dix-sept pieds de longueur environ, sur onze de circonférence ; il habite les mers d'Europe. Hétérodon epiodon, *Delph. epiodon*, Desm. Il habite les mers de Sicile ; on le connaît seulement par la phrase suivante : corps oblong, atténué postérieurement, museau arrondi ; mâchoire inférieure sans dents, plus courte que la supérieure, qui a plusieurs dents obtuses ; point de nageoire dorsale.

Les Narwhals forment un groupe tout-à-fait distinct de celui des Dauphins, mais placé comme lui dans la famille des Cétacés souffleurs à petite tête. Nous en parlerons dans un article à part. *Voy.* Narwhal. (Gerv.)

DAUPHIN. (moll.) On a donné ce nom à une espèce de Coquille du genre Turbo ; c'est le *Turbo delphinus* des auteurs.

Les agriculteurs appellent Dauphine une variété de Laitue cultivée, *Lactuca sativa*, et aussi une sorte de Prune grosse et comprimée, dont la couleur verte est tachetée de gris et de rouge. (Gerv.)

DAUPHIN. (poiss.) Les marins ont appliqué ce nom vulgaire aux Coryphoenes (*voy.* ce mot). (Guér.)

DAUPHINELLE, *Delphinium.* (bot. phan.) Genre appartenant à la famille des *Renonculacées*, ou à celle des *Helléboracées*, et à la Polyandrie trigynie de Linné. Il est caractérisé de la manière suivante : calice coloré, à cinq sépales inégaux, caducs (le supérieur se prolonge à la base en un éperon creux, dont la longueur varie beaucoup) ; corolle pentapétale, irrégulière ; nectaire entier ou bifide, terminé par un appendice en forme de corne droite qui s'enfonce dans l'éperon du calice ; étamines fort nombreuses et hypogynes ; le nombre des pistils varie de un à cinq ; ils se changent en autant de capsules imitant des siliques, et s'ouvrant par une fente longitudinale.

Les espèces de ce genre, au nombre d'environ soixante, sont des plantes herbacées, annuelles ou vivaces, à tige dressée, simple ou rameuse ; à feuilles alternes, pétiolées, divisées en un très-grand nombre de lobes digités ; à fleurs généralement bleues, blanches ou roses dans certaines variétés cultivées, en épis simples ou panicules dressées et terminales. Chaque fleur a trois bractées, une à la base de son pédicelle, deux vers la partie supérieure.

Elles se divisent en quatre sections :

1ʳᵉ *Consolida.*
2ᵉ *Delphinellum.*
3ᵉ *Delphinastrum.*
4ᵉ *Staphysagria.*

On cultive dans nos jardins le *Delphinium Ajacis*, qui, malgré son nom, n'est point, comme le pensait Linné, l'*Hyacinthus* des poètes, cette fleur

en laquelle fut changé Ajax, fils de Télamon ; la Dauphinelle a grandes fleurs, *D. grandiflorum*, de Sibérie ; la Dauphinelle élevée, ou Pied d'alouette vivace, *D. elatum*, de Sibérie ; la Dauphinelle azurée, *D. azureum*, etc., etc.

Tout le monde connaît le *D. consolida*, L., Pied d'alouette des champs, qui se trouve abondamment dans les moissons. (C. é.)

DAUPHINULE, *Delphinula*. (moll.) Genre établi par Lamarck, adopté par tous les conchyliologues et caractérisé de la manière suivante : coquille subdiscoïde ou conique, ombiliquée, solide, à tours de spire rudes ou anguleux ; ouverture entière, ronde, quelquefois trigone, à bords continus, le plus souvent frangés ou munis d'un bourrelet ; ouverture fermée par un opercule, surface hérissée d'épines, ombilic large, péristome continu et souvent entièrement libre ; pas de columelle.

On connaît beaucoup d'espèces de Dauphinules vivantes et fossiles ; l'espèce que nous allons décrire d'abord, la Dauphinule laciniée, *Delphinula laciniata*, de Lamarck, a servi de type au genre.

Cette Dauphinule, la plus anciennement connue, dont on trouve la figure dans presque tous les auteurs, est subdiscoïde épaisse, marquée de sillons écailleux ou granuleux : quelques uns de ces sillons, les plus gros, portent des appendices laciniés plus ou moins longs ; sa couleur est rouge ou fauve. On la trouve dans la mer des Indes, et elle a jusqu'à vingt-cinq lignes de diamètre.

Dauphinule distorte, *Delphinula distorta*, de Lamarck. Coquille subdiscoïde et épaisse comme la précédente, d'une couleur rouge pourpre ; marquée de sillons tuberculeux, dépourvue d'appendices laciniés, et dont les tours de spire, les supérieurs principalement, sont anguleux et plissés dans le sens de leur longueur.

Dauphinule rape, *Delphinula lima*, de Lamarck. Coquille orbiculaire, convexe, épaisse, ornée de sa nacre quoiqu'à l'état fossile, sillonnée transversalement et en forme d'écailles, que l'on a trouvée à Courtagnon et dans les environs de Senlis, et dont les tours de spire sont subanguleux.

Dauphinule a bourrelet, *Delphinula marginata*, de Lamarck. Coquille orbiculaire, convexe, à tours de spire lisses, dont l'ombilic est marqué d'un petit bourrelet granuleux, qui présente encore quelques traces de sa coloration fauve autour des spires, qui a trois lignes et demie de diamètre, et que l'on trouve souvent à Grignon, à Parnes, etc. (F. F.)

DAURADE, *Chrysophris*. (poiss.) Les Daurades ont beaucoup de rapports avec les Serrans par leurs formes générales et par plusieurs détails de leur organisation. Elles ont, comme ces derniers, reçu des armes remarquables, au moins relativement à leur force et à leur grandeur. Celles des Serrans consistent en des piquans destinés à les protéger et dont ils se servent avec avantage contre l'ennemi qui les poursuit : aussi ne semblent-ils armés que pour se garantir des efforts d'un dangereux ennemi, arrêter son attaque et le forcer à cesser sa poursuite et ses combats ; pendant que les Daurades et tous les Spares en particulier, qui ont à la place de ces instrumens puissans des dents sur plusieurs rangées, propres à déchirer une victime ou à écraser de dures enveloppes sous lesquelles leur proie tâche en vain de trouver un asile, paraissent destinés pour l'attaque plutôt que pour la défense. Les Spares provoquent, et les Serrans attendent les poissons qui leur font la guerre.

Tel est du moins le premier aperçu qui se présente lorsqu'on les compare. Les Daurades, comme tous les autres Spares, ont le corps tout couvert d'écailles ; leurs mâchoires sont garnies sur les côtés de molaires rondes, formant au moins trois rangées à la mâchoire supérieure, et sur le devant quelques dents coniques ou émoussées.

Parmi les espèces les plus intéressantes de Daurades, la première qui se présente à nous et à laquelle on a donné le nom de DAURADE VULGAIRE, *Chrysophris aurata*, Linn., Bloch., 266, se fait remarquer par quatre rangs de molaires en haut, cinq en bas, dont une ovale beaucoup plus grande que les autres ; les lèvres sont charnues, la tête comprimée, très-relevée à l'endroit des yeux ; le corps élevé, le dos caréné, et l'ensemble du corps et de la queue sont couverts d'écailles ; c'est un bon et beau poisson que les anciens nommaient *Chrysophris* (sourcil d'or), à cause d'une bande en croissant de couleur dorée qui va d'un œil à l'autre ; telles sont les formes principales de la Daurade, et sa grandeur est ordinairement assez considérable. Ce Spare reçoit des pêcheurs des côtes maritimes des noms différens, suivant son âge et sa grandeur, tels que Daurade, Aourade, Ourado dans plusieurs contrées de France ; Sauquesme, lorsque l'animal est encore très-jeune ; Méjane, lorsqu'il est moins jeune ; Subre-Daurade, lorsque l'animal est très-grand ; Orato à Rome et à Gênes ; Ora à Venise ; Canina en Sardaigne, Aurada à Malte ; Orade à Alger ; Sipuris par les Grecs modernes ; Vergulde, Goud braassem en Hollande ; Gilt-head, Gilt-poll en Angleterre, Gold brassem en Allemagne. Les Daurades vivent dans tous les climats ; toutes les eaux leur conviennent, les lacs, les rivières, l'eau douce, l'eau salée, l'eau trouble et épaisse, l'eau claire, entretiennent leur existence et conservent leurs propriétés ; le changement de température paraît n'altérer non plus ni leurs qualités ni leurs habitudes ; elles ne succombent pas du moins lorsque le froid n'est pas excessif. On a écrit que les Daurades craignaient le chaud aussi bien que le grand froid ; cette assertion ne paraît fondée en aucune manière. Si une température chaude était contraire aux Daurades, on ne trouverait pas ces poissons dans les mers très-voisines des tropiques ; en effet, quoique les Daurades habitent dans la mer du Nord et dans toute la partie de la mer Atlantique qui sépare l'Amérique de l'Europe, on les pêche aussi dans la Méditerranée, non seulement auprès des côtes de France, mais encore auprès de celles de

Rome, de Naples, de Sardaigne, de Sicile ; elles sont abondantes au cap de Bonne-Espérance, et dans quelques unes de ces dernières contrées, comme par exemple auprès des rochers que l'on observe sur une grande étendue des bords de la Méditerranée, les Daurades passent une assez grande partie du jour dans les creux que ces rochers peuvent leur offrir ; ce n'est pas, au moins le plus souvent, pour éviter la chaleur trop incommode produite par la présence du soleil, mais pour se livrer avec plus de calme au sommeil, auquel elles aiment à s'abandonner pendant le jour, et qui, suivant Rondelet, est quelquefois si profond, qu'on peut alors se saisir de ces Spares en les harponnant, ou en les perçant avec une fourche.

Les Daurades aiment à se nourrir de crustacés et d'animaux à coquilles, dont les uns sont constamment attachés à la rive ou au banc de sable sur lequel ils ont pris naissance. D'ailleurs, ni le test des crustacés, ni même l'enveloppe dure et calcaire des animaux à coquille, ne peuvent les garantir de la dent des Daurades, dont les mâchoires sont si fortes qu'elles plient les crochets des hams lorsque le fer en est doux ; elles écrasent avec leurs molaires les coquilles les plus dures et les plus épaisses ; elles les brisent assez bruyamment pour que les pêcheurs reconnaissent leur présence aux petits débris de ces enveloppes cassées avec violence ; et, afin qu'elles ne manquent d'aucun moyen d'apaiser leur faim, on prétend qu'elles sont assez industrieuses pour découvrir, en agitant vivement leur queue, les coquillages enfouis dans le sable ou dans la vase. Ce goût pour les crustacés et les animaux à coquilles détermine les Daurades à fréquenter souvent les rivages où les mollusques et les crabes abondent le plus ; cependant il paraît que sous plusieurs climats l'habitation de ces Spares varie avec les saisons ; ils craignent le très-grand froid, et lorsque l'hiver est très-rigoureux, ils se retirent dans les eaux profondes où ils peuvent assez s'éloigner de la surface, au moins de temps en temps, pour échapper à l'influence des gelées. Dans le temps du frai, et par conséquent dans le printemps, les Daurades s'approchent non seulement des rivages, mais encore des embouchures des rivières ; elles s'engagent à cette époque, ainsi que vers d'autres mois, dans les étangs ou petits lacs salés qui communiquent avec la mer. Elles s'y nourrissent de coquillages qui y abondent, elles y grandissent au point qu'un seul été suffit pour que leur poids devienne trois fois plus considérable qu'auparavant. Elles y parviennent à des dimensions telles, qu'elles pèsent neuf ou dix kilogrammes, et en s'y engraissant, elles y acquièrent des qualités qui les ont toujours fait rechercher beaucoup plus que celles qui vivent dans la mer proprement dite.

On a préféré, dans les départemens méridionaux de la France, celles qui avaient vécu dans les étangs d'Hières, de Martigues et de Latte, près du cap de Cette. Les anciens Romains, les plus difficiles dans le choix des alimens, estimaient aussi les

Daurades des étangs beaucoup plus que celles de la Méditerranée : voilà pourquoi ils en faisaient élever dans les lacs intérieurs qu'ils possédaient, et particulièrement dans le lac Lucrin. Au reste, lorsqu'on veut jouir du goût agréable de la chair des Daurades, il ne suffit pas de préférer celles de certaines mers, et particulièrement de la Méditerranée, à celles de l'Océan, comme Rondelet et d'autres écrivains l'ont recommandé, de rechercher plutôt celles des étangs salés que celles qui n'ont pas quitté la Méditerranée, et d'estimer avant toutes les autres les Daurades qui vivent dans de l'eau douce ; il faut encore avoir l'attention de rejeter celles de ces Daurades qui ont été pêchées dans les eaux bourbeuses et sales, celles qui sont trop grandes et par conséquent trop vieilles et trop dures, et d'attendre l'automne, pour s'en nourrir, saison où les propriétés dec ces poissons ne sont altérées par aucune circonstance.

C'est pour ne pas avoir usé de ces précautions que l'on a souvent trouvé des Daurades difficiles à digérer, ainsi que Celse l'a écrit, et c'est au contraire parce que les anciens Romains ne les négligaient pas, qu'ils avaient des Daurades d'un goût exquis, d'une chair légère et très-salubre ; aussi en offraient-ils un très-grand prix, et un Romain nommé Serge attachait-il une sorte d'honneur à être surnommé Orata, à cause de sa passion pour les Daurades. Les qualités médicinales qu'on a attribuées à ces poissons, et particulièrement la propriété purgative et la faculté de guérir de certaines indigestions, ainsi que de préserver des mauvais effets de quelques substances vénéneuses, ont de même, pendant plusieurs siècles, fait rechercher ces poissons. Du temps d'Elien, on les prenait en formant sur la grève, que la haute mer devait couvrir, une sorte d'enceinte composée de rameaux plantés dans la vase ou dans le sable. Les Daurades arrivaient avec le reflux ; et arrêtées par les rameaux lorsque la mer baissait et qu'elles voulaient suivre le courant, elles se trouvaient retenues dans l'enceinte, où des femmes et des enfans les saisissaient avec facilité. Rondelet dit qu'on employait, à l'époque où il écrivait, un moyen à peu près semblable pour se procurer des Daurades dans l'étang de Latte, sur les bords duquel on se servait aussi de filets pour les pêcher. Lorsqu'on prend une très-grande quantité de Daurades, on en fait saler pour pouvoir en envoyer au loin, et lorsqu'on veut les manger fraîches, on les prépare d'un très-grand nombre de manières que Rondelet a eu le soin de décrire avec beaucoup d'exactitude.

Une seconde espèce, la Daurade a museau renflé (*Chrysophrys crassirostris*, Cuv.), de la Méditerranée, mérite d'être remarquée par la grosseur de son mufle et par la forme allongée de son corps ; sa nuque est aussi beaucoup plus élevée à proportion, et son œil plus grand que dans la Daurade vulgaire. Cette espèce est d'un bleu foncé sur le dos, à reflets dorés très-vifs. Ces reflets proviennent d'un trait doré tracé sur chaque écaille. Sur l'épaule et sur le haut de l'opercule on voit une large tache noire, le front est plat, le devant de la tête est bleuâtre, à reflets cuivrés ; entre les yeux il existe un croissant plus arqué que celui de la Daurade vulgaire, et de la plus belle couleur d'or poli ; sur chaque tempe est une très-belle tache aussi brillante que le croissant, le dessous de l'orbite est également doré, les nageoires paraissent grises. Ce chrysophris, long de dix-huit pouces, se nourrit de crustacés et de mollusques.

La Daurade a front bombé, *Chrysophris globiceps*, Cuv., diffère de la commune par son chanfrein relevé et globuleux. Ses dents sont grosses, nombreuses. La couleur des individus adultes paraît un gris bleuâtre sur le dos, s'affaiblissant sur les côtés et passant au blanc argenté sous le ventre ; il y a un beau croissant doré entre les yeux, et une tache noire sur l'opercule ; les jeunes individus ont des bandes longitudinales grises très-marquées, et trois ou quatre bandes transversales, formées par une double série de points noirs ; ces bandes s'effacent à mesure que le poisson croit, et ne paraissent plus du tout sur l'adulte. Kolbe parle de cette Daurade dans la Relation de son voyage, et dit que l'on en fait une pêche très-abondante depuis le mois de mai jusqu'au mois d'août. (Alph. G.)

DAVIÉSIE, *Daviesia*. (bot. phan.) Genre de plantes de la famille des Légumineuses et de la Décandrie monogynie. Il est formé d'arbustes, tous originaires de la Nouvelle-Hollande, dont les rameaux raides sont garnis de feuilles simples alternées et de petites fleurs jaunâtres axillaires, quelquefois disposées en grappes ou en ombelles, ayant le calice anguleux, simple, dépourvu d'appendices, quinquéfide, la corolle papilionacée, dix étamines libres, le stigmate aigu, la gousse comprimée, à une seule semence. Ce genre a de si grands rapports avec le *Pultenœa*, son voisin, qu'Aiton, Persoon et Willdenow mêlent souvent leurs espèces, malgré les différences essentielles que leur assignent et Smith, le créateur des deux genres, et Ventenat : ce qui prouve que l'un et l'autre demandent une révision sévère. Labillardière l'avait entreprise pour les Daviésies. Ces plantes sont très-peu répandues : il faut en excepter trois qui se rencontrent dans quelques jardins : 1° la Daviésie a feuilles rares, *D. denuda'a*, remarquable par ses pétioles nus, très-allongés, qui remplacent les feuilles presque aussitôt leur apparition ; ses fleurs jaunes sont tachées et rayées de pourpre ; elles annoncent sa fin très-prochaine ; 2° la Daviésie a larges feuilles, *D. latifolia*, dont les tiges sans épines se chargent de belles grappes dorées et de grandes feuilles alternes, veinées et d'un vert riant ; 3° et la Daviésie a corymbes, *D. mimosoides*, portant plusieurs fleurs en corymbe à corolle panachée de blanc et de pourpre.

(T. d. B.)

DAW. (mam.) C'est une espèce du genre Cheval, propre au midi de l'Afrique ; nous en avons déjà parlé. (*Voy.* Cheval.) C'est aussi le nom anglais du Choucas. (Gerv.)

DÉCAGYNIE, *Decagynia*. (BOT. PHAN.) Linné a nommé ainsi l'ordre des végétaux qui ont dix styles. Tous appartiennent à la *Décandrie*. Voyez l'article suivant. (L.)

DÉCANDRIE, *Decandria*. (BOT. PHAN.) C'est la dixième classe des végétaux dans le système sexuel de Linné ; elle comprend tous ceux dont la fleur a dix étamines ; et, selon le nombre des pistils, elle se divise en cinq ordres, savoir : *Monogynie*, *Digynie*, *Trigynie*, *Pentagynie*, *Décagynie*. Parmi les familles naturelles de Jussieu, les *Caryophyllées* appartiennent en général à la Décandrie.

Nous remarquerons qu'au-delà de *dix*, les étamines ne se rencontrent plus en nombre défini, et que, par conséquent, la Décandrie est la dernière des classes fondées seulement sur le nombre des étamines. (L.)

DÉCAPITATION. *V.* DÉCOLLATION.

DÉCAPODES. (MOLL.) On désigne ainsi, d'après Leach, la seconde famille des Céphalopodes cryptodibranches. Cette famille comprend le genre Calmar et quelques autres sous-genres établis à ses dépens. *V.* CALMAR. (GUÉR.)

DÉCAPODES, *Decapoda*. (CRUST.) Premier ordre de la classe des Crustacés ayant pour caractères : tête intimement unie au thorax, et recouverte avec lui par un test ou carapace entièrement continu, mais offrant le plus souvent des lignes enfoncées, se divisant en diverses régions, qui indiquent les places occupées par les principaux organes intérieurs ; branchies situées sur les côtés du test, deux yeux portés sur un pédicule mobile ; quatre antennes généralement sétacées, dont les intermédiaires ont leur tige partagée en deux ou trois filets ou soies articulées ; organes extérieurs de l'ouïe situés à la base des antennes ; bouche composée d'un labre, de deux mandibules palpigères, d'une languette, de deux paires de mâchoires multifides, de trois paires de pieds-mâchoires accompagnés extérieurement d'un appendice en forme de palpe, les deux dernières paires munies de deux branchies ; dessus du corps recouvert, à l'exception de son extrémité postérieure ou du post-abdomen, d'une écaille ou test généralement dur, en grande partie calcaire ; post-abdomen en forme de queue ; dix pieds proprement dits, dont les deux antérieurs au moins terminés ordinairement en pince ; organes sexuels doubles, ceux du mâle situés à l'article radical des deux dernières paires ; ceux de la femelle s'ouvrant soit au même article des pieds de la troisième paire, soit sur l'espace pectoral compris entre eux ; œufs portés par des appendices pédiformes ou bifides, disposés par deux paires sous le post-abdomen ; forme des premiers anneaux différant souvent selon le sexe ; les branchies, au nombre de sept paires, sont cachées sous les bords latéraux du test ; les deux paires antérieures sont situées à l'origine des quatre derniers pieds-mâchoires, et les autres à celle des pieds proprement dits. Tels sont les principaux caractères qui empêcheront sans doute de confondre cet ordre avec les autres ordres des Crustacés.

L'analyse chimique du test de ces animaux nous a fait connaître qu'il est formé de chaux carbonatée et de chaux phosphatée unie, en diverses proportions, à la gélatine. De ces proportions dépend la solidité du test ; il est bien moins épais et flexible dans les derniers genres de cet ordre ; plus loin il devient presque membraneux. Par l'action de la chaleur, l'épiderme prend une teinte d'un rouge plus ou moins vif, et le principe colorant se décompose à l'eau bouillante ; mais d'autres combinaisons de ce principe produisent, dans quelques espèces, un mélange de couleur très-agréable, et qui tire souvent sur le bleu ou le vert.

Desmarest a profité des diverses impressions que présente la surface de ce test, pour la partager en différentes aires, correspondantes aux organes intérieurs, et a établi à cet égard une nomenclature ingénieuse. Quoique cette écaille ne présente aucune division, elle n'est réellement qu'une série des tégumens supérieurs de la tête et de ceux des demi-segmens pareillement supérieurs des huit premiers articles du corps, intimement soudés les uns aux autres et confondus en une seule pièce. Afin de distinguer le thorax dans les Crustacés et les Arachnides, on a créé deux nouvelles dénominations, thoracide et alvithoracide. La première s'applique aux crustacés dont le test recouvre la tête et un tronc supportant les six pieds-mâchoires et les cinq paires de pieds thoraciques. Si ce nombre d'organes est moindre, comme dans plusieurs Entomostracés et les Arachnides, où la tête est toujours confondue avec le tronc, nous employons la dernière dénomination.

La tête sert de support à quatre antennes, aux pédicules oculaires et aux parties de la bouche renfermées dans une cavité propre. Elles sont composées d'un labre, de deux mandibules portant chacune un palpe, d'une languette et de deux paires de mâchoires membraneuses ou foliacées, ainsi que la pièce précédente. Les quatre antennes sont composées d'un pédoncule épais, et quelquefois de trois tiges, toujours multi-articulées, en forme de filets plus ou moins allongés et allant en pointe. Les latérales ou les extérieures n'en ont jamais qu'une, mais il y en a au moins deux aux intermédiaires ; et lorsque celles-ci sont plus courtes, repliées et logées dans deux cavités sous-frontales, ces deux tiges sont plus courtes, coniques, de grosseur inégale, et semblent imiter deux doigts, forme qui a déterminé à les distinguer sous le nom de chélicères, antennes en pince.

Les quatre antennes des Décapodes s'allongent en général, lorsqu'on est arrivé aux Macroures ; les intermédiaires ne sont souvent plus coudées, et se terminent, dans plusieurs, par trois filets. Suivant Robineau Desvoidy, les antennes extérieures seraient les organes de l'ouïe, et les intermédiaires, qu'il nomme antennes ou petites antennes, celui de l'olfaction ; les premières seraient des antennes auditives, et les secondes des antennes olfactives : par leur position et leur organisation, elles deviendraient les antennes des insectes hexapodes. Mais ce qui semble indiquer qu'elles disparaissent, c'est que dans les Cloportes et quelques autres genres analogues, crustacés qui se rapprochent le plus des insectes, ces antennes sont presque rudimentaires. Dans les Ocypodes et les Tourlourous, crustacés très-carnassiers, et qui doivent avoir un odorat très-fin, ces mêmes organes sont beaucoup moins développés que dans les autres Décapodes. Jusqu'à présent rien ne nous ayant démontré que ces organes soient le siége de l'olfaction, il n'y a que des expériences directes qui puissent nous éclairer sur la destination de ces organes. Le labre ressemble à une petite langue membraneuse, renflée et carénée; les mandibules sont osseuses et ont la figure d'une forte dent tranchante à son sommet; elles ont chacune sur le dos un palpe triarticulé. La languette, située immédiatement au dessus des mandibules, est lamelleuse, échancrée profondément, et comme formée de deux lobes arrondis au sommet et réunis inférieurement. Les mâchoires sont pareillement lamelleuses et plus ou moins multifides, et l'extérieur semble représenter le palpe flagelliforme des pieds-mâchoires. Tous ces organes peuvent être considérés comme des sortes de pieds modifiés et devenus buccaux. Nous avons dit qu'il y avait trois paires de pieds-mâchoires, dénomination que l'on a substituée à celle de mâchoires auxiliaires, employée par Savigny. Les deux paires inférieures ressemblent à de petits pieds, composés ordinairement de six articles, courbés à leur sommet et portés sur un article basilaire, qui donne naissance extérieurement à une pièce ressemblant à une petite antenne, formée d'un pédoncule terminé par une tige sétacée, composée d'un grand nombre de petits articles. Cette pièce a reçu de Fabricius le nom de flagelliforme. Les pieds-mâchoires des Décapodes macroures sont plus étroits et plus allongés. Les pieds sont composés de six articles; les deux antérieurs, quelquefois même les deux ou quatre suivans, sont ordinairement en forme de serres, ou terminés par un grand article, ayant au bout deux doigts, dont l'un mobile et l'autre fixe, c'est ce qu'on nomme main ou pince; l'article radical de ces pieds est la hanche, le suivant le trochanter, le troisième le bras, et le quatrième le carpe; le suivant jusqu'à l'origine des doigts, abstraction faite d'eux, deviendra le métacarpe; on appelle doigt mobile le sixième ou dernier article. Les proportions respectives et la direction des organes locomotiles sont telles que ces animaux peuvent marcher de côté et à reculons. Le post-abdomen ou la queue est divisé en sept segmens, mais dont le nombre, dans plusieurs Brachyures, paraît moindre, parce que quelques uns des intermédiaires se soudent, et que les soudures s'oblitèrent. Le dessous de cette queue est garni de quatre à cinq paires d'appendices, formés de deux tiges portées sur un article commun et radical, et plus développés dans les Macroures que dans les Brachyures : à ceux des femelles sont attachés des œufs. Ils contribuent même à la natation ; on peut les considérer comme des pieds raccourcis, et de là la dénomination de fausses pattes qu'on leur a donnée. Nous n'exposerons pas ici le système nerveux et la circulation des crustacés Décapodes, ni la manière dont s'opère la mue chez ces animaux, ni les moyens que la nature emploie pour réparer les pertes qu'ils sont sujets à faire de quelques uns de leurs membres. Ces détails, ainsi que tous ceux qui ont pour objet les autres organes intérieurs, doivent trouver place soit à l'article Crustacés, soit plus spécialement à celui d'Écrevisse. Les Crustacés décapodes se tiennent pour la plupart dans l'eau, mais ne meurent pas sur-le-champ lorsqu'ils en sont dehors; on les conserve même plus long-temps en vie dans cette situation, que si on les mettait dans ce fluide sans avoir soin de le renouveler. Quelques espèces ont une organisation particulière et ont la faculté de vivre habituellement hors de cet élement; elles nevont à l'eau qu'à l'époque de leurs amours, et pour y déposer leurs œufs. Selon Thomson, les Cancers et genres voisins sont toujours aquatiques dans leur premier âge, ou ce qu'il appelle état de larve. Il paraît, au reste, que les espèces même vivant à terre s'établissent dans des lieux frais et humides; sans cela, leurs branchies pourraient se dessécher et se désorganiser, ce qui entraînerait la destruction de ces animaux. Quelques uns fréquentent les eaux douces. Tous sont, en général, voraces et carnassiers. Il en est qui vont jusque dans les cimetières, pour y dévorer les cadavres. Leur croissance est lente, et quelques uns atteignent une grandeur extraordinaire. Le corps de certaines langoustes et de quelques homards a quelquefois près de trois pieds de long.

La chair des Crustacés décapodes, quoique d'une digestion difficile, est cependant généralement recherchée. Mais, pour éviter la corruption et les désagrémens qui en résulteraient, il faut avoir la précaution de faire cuire vivans ces animaux. Quelques espèces, et particulièrement le Crabe fluviatile d'Italie et du Levant, avaient autrefois une grande réputation en médecine. Mais elle s'est évanouie ou du moins singulièrement affaiblie avec le temps, puisque ces animaux ne sont presque plus employés dans la matière médicale.

Les uns ont la queue courte, appliquée sur la poitrine, sans nageoires ou appendices analogues à son extrémité, les branchies solitaires, et l'issue extérieure des organes sexuels féminins située entre les pieds de la troisième paire. Ils constituent la famille des Décapodes à courte queue ou celle des BRACHYURES.

Dans les autres, cette queue est généralement aussi longue ou plus longue que le test, simplement courbée, munie latéralement à son extrémité de deux petites nageoires, en formant une générale et en éventail avec le dernier segment, les branchies rapprochées à leur base par faisceaux, et les vulves situées au premier article de ces mêmes pieds ou de la troisième paire. Ils composeront la

famille des Décapodes a longue queue ou celle des
Macroures. *V.* ces mots et l'article Crustacés.
(H. L.)

DÉCIDU, *Deciduus.* (bot. phan.) Les botanistes ont adopté cette expression pour distinguer le
temps relatif de la chute de certains organes. Ainsi
le calice des Crucifères est *décidu* parce qu'il ne
tombe que long-temps après son développement ;
mais on appelle *caduc* celui de quelques Renoncules, parce qu'il tombe aussitôt que la fleur est
épanouie. (L.)

DÉCLIEUXIE, *Declieuxia.* (bot. phan.) Nous
avons dit à l'article Caféier, que c'est le capitaine
Déclieux qui transporta à la Martinique les premiers pieds de l'arbre d'Éthiopie. Ajoutons ici
que, pendant une longue et pénible traversée sous
le climat de l'équateur, le scrupuleux marin eut
le courage de se priver d'eau pour en arroser les
plants qu'on avait confiés à ses soins. Il méritait
bien que son nom fût gravé dans le souvenir des
amis des sciences naturelles. C'est donc un devoir
que M. Kunth a rempli, comme botaniste, en appelant *Déclieuxie* une des plantes décrites dans le
Nov. gener. plant. æqu.

Le *Declieuxia chiococcoïdes*, Kunth, est un arbuste indigène des bords de l'Orénoque ; ses rameaux sont quadrangulaires, ses feuilles opposées,
entières, coriaces et munies de stipules ; ses fleurs
blanches, en corymbes terminaux. Voici les caractères indiqués par M. Kunth : calice adhérent
à l'ovaire, à quatre dents ; corolle infundibuliforme, à quatre divisions régulières et étalées, un
peu velue à l'entrée de la gorge ; quatre étamines
insérées à l'entrée de la corolle, saillantes ; ovaire
infère ; un style portant un stigmate bifide ; deux
noyaux didymes, comprimés, couronnés par le
limbe du calice, contenant chacun une seule
graine. Le *Declieuxia* se place donc dans la famille
des Rubiacées, Tétrandrie monogynie de Linné.
Nous remarquerons que Willdenow a inexacte-
ment rapporté cet arbuste au genre *Houstonia*,
dont il diffère cependant par sa fructification. Il
s'éloigne aussi du *Canthium* et du *Chiococca* par
le nombre quinaire de ses parties. (L.)

DÉCLINAISON. (phys.) On est convenu d'appeler Déclinaison de l'aiguille aimantée, l'angle
que forme sa direction avec celle du méridien du
lieu. Ainsi, à Paris, l'aiguille de la boussole, au
lieu de se diriger exactement sur le pôle boréal,
décline vers l'ouest d'un angle de 22°. La Déclinaison varie d'un lieu à l'autre de la terre ; elle
n'est pas même constante dans un même lieu. A
Paris en 1580 elle était orientale et de 11°,30,
elle se rapprocha progressivement de la ligne du
nord et en 1663 l'aiguille se dirigeait exactement au
nord ; elle continua son mouvement vers l'ouest et
atteignit en 1815 sa plus grande Déclinaison acci-
dentale, 22°28. Depuis elle paraît revenir par un
mouvement rétrograde dans la direction du pôle.
On a reconnu récemment que la ligne de Déclinaison, en un point quelconque du globe, est perpendiculaire à la ligne isodynamique passant par
ce point, c'est-à-dire à la ligne formée par la suite

des positions où l'intensité de la force magnétique est
la même. M. Duperrey croit en outre avoir reconnu
l'identité des lignes isodynamiques et des lignes
isothermes, ou d'égale température. Les anciennes
observations ne sont sans doute pas d'une grande
exactitude ; mais elles prouvent cependant de grands
déplacemens dans la direction de l'aiguille aimantée depuis deux siècles ; ces déplacemens auraient
dû être accompagnés de variations considérables
dans les climats relatifs, si les lignes isothermes
avaient suivi les mouvemens de la Déclinaison, et
rien n'annonce qu'il en ait été ainsi. *V.* Magnétisme terrestre. (B.)

DÉCOLLATION. (physiol.) Action par laquelle
on sépare la tête du tronc. On s'est longuement
occupé de savoir si après la décapitation la vie
persistait quelque temps, si la douleur pouvait encore pendant ce temps se faire ressentir dans chacune des parties séparées. Cette question, si intéressante pour la physiologie, était aussi d'une
haute importance pour les moralistes et pour les
législateurs, qui devraient toujours se rendre
compte de la nature du châtiment avant de le
faire entrer dans la loi. Il n'est pas de notre sujet d'examiner à quelle époque et chez quels peuples la décapitation fut d'abord mise en usage
comme supplice : un fait qu'il faut remarquer cependant, c'est qu'en Europe ce supplice n'est plus
guère employé qu'en France et en Turquie, c'est-
à-dire aux deux extrémités de la civilisation européenne. Dans presque tous les autres pays de cette
partie du monde, si des lois barbares, qui s'efface-
ront sans doute un jour du code de l'humanité,
prononcent encore la mort d'un homme, du moins
on épargne aux autres l'horreur de voir couler
son sang sur l'échafaud.

Ce fut après de nombreuses expériences, répétées dans des vues d'humanité, que le médecin
Guillotin proposa à la Convention, et fit adopter
par cette assemblée l'instrument de supplice auquel il eut le triste privilége de donner son nom.
Les recherches de Guillotin l'avaient conduit à
penser que cet instrument, en tranchant rapidement la tête, éteignait aussitôt la vie et épargnait
aux suppliciés de longues douleurs et les tortures
d'une affreuse agonie. On est revenu depuis sur
les expériences de Guillotin, et l'on peut aujour-
d'hui révoquer en doute les conséquences qu'il en
a tirées.

Après Sœmmering, Mojou et Castel, le docteur
Sue fut un de ceux qui tentèrent avec plus d'in-
sistance de prouver que les assertions de Guillotin,
appuyées de celles de Cabanis et de Petit, ne mé-
ritaient pas le crédit qu'on leur accordait. Nous
ne pouvons ici rapporter que quelques unes des
expériences de Sue, en les étayant des principaux
raisonnemens de ce savant ; mais il sera facile de
voir qu'on ne peut en conclure que la mort arrive
immédiatement après la décapitation, et que le
sentiment de la douleur ne se condense pas dans
la tête et dans les divers points du tronc. Après
avoir coupé la tête à un coq, Sue put observer
que celle-ci conserva ses mouvemens pendant plus
d'une

d'une minute ; le corps s'agita pendant trois, et le cœur ne cessa de battre qu'après quatre minutes. En répétant cette expérience il constata également, sur la tête, des signes évidens de douleur. Les résultats furent encore plus concluans après avoir tranché la tête à un dindon : non seulement les mouvemens de la tête persistèrent, les mandibules, remuèrent en même temps que les paupières clignotaient sous l'impression de la lumière, mais le corps se releva, se tint une minute sur les pattes, marcha, agita ses ailes, fléchit les pattes, puis retomba et mourut au milieu d'affreuses convulsions. Des beliers, des moutons, des veaux, des chiens ont donné, après la décapitation, des signes évidens de souffrance, et les mouvemens se sont conservés, soit à la tête, soit au tronc, pendant huit, dix, douze minutes. Il était déjà facile de pressentir que, placé bien au dessus de ces animaux par son organisation compliquée et par la prédominance de son système nerveux, l'homme devait offrir à la mort une plus longue résistance. Aldini, par une série d'expériences tentées en Italie et en France sur des décapités, s'est convaincu que les contractions des muscles de la tête persistaient trois quarts d'heure après la décollation ; il a vu, plus d'un quart d'heure après leur séparation du tronc, des têtes de suppliciés fermer les yeux lorsqu'on les exposait à la lumière, après avoir relevé les paupières. Il s'est assuré que ces têtes étaient sensibles à l'action des stimulans; que la langue sortie de la bouche et piquée avec une aiguille se retirait assez rapidement et que les traits alors exprimaient une pénible sensation ; il a pu constater que l'organe de l'ouïe restait encore quelque temps impressionnable : on raconte même que quelques unes de ces têtes ont tourné les yeux du côté où on les appelait. Quelques physiologistes n'ont point hésité à rapporter à un sentiment d'indignation la rougeur qui couvrit le front de Charlotte Corday lorsque le bourreau outragea d'un soufflet sa tête sanglante. On a sans doute cherché à expliquer cette rougeur comme un résultat de la pression exercée par la main de l'exécuteur; mais cette explication n'est-elle pas au moins contestable? S'il est vrai qu'on ait observé dans des têtes supendues à la main du bourreau différens mouvemens des paupières, des yeux, des lèvres, s'il est vrai qu'on ait entendu en même temps d'horribles grincemens de dents, que les mâchoires se soient serrées comme pour mordre, Sue n'a-t-il pas eu raison de dire que dans la Décollation, à travers les désordres nerveux, vasculeux, musculaires, la puissance pensante entend, sent et juge la séparation de tout son être, en un mot la *personnalité*, le *moi vivant*? N'a-t-il pas raison de dire que tout tend à prouver que le cou, la poitrine, le bas-ventre, les extrémités ont aussi leurs sensations, leur moi *particulier*? Pour appuyer cette pensée il a rappelé au reste une observation fort commune dans les hôpitaux, c'est la douleur dont certains amputés se plaignent dans les membres qu'ils ont perdus. Le fait suivant, dont tous les horribles détails ont été garantis, tend encore à

prouver que la section de la moelle épinière n'empêche pas la douleur de persister et de se manifester. Deux époux avaient été condamnés à la peine des parricides pour avoir empoisonné leurs parens. Pour la première fois cet épouvantable supplice allait effrayer la ville de Poitiers ; l'exécuteur ordinaire des hautes œuvres consentit à demeurer sur l'échafaud, mais refusa de prêter son ministère ; il fallut faire venir un bourreau de la ville voisine. Traînés à travers les rues, pieds nus et la face voilée, ils arrivèrent auprès du fatal instrument ; le mari monta le premier ; son poing fut abattu par une hache et sa tête tomba sous le couperet ; la femme fut ensuite portée à la place sanglante de son mari en poussant d'affreux hurlemens : la précipitation avec laquelle on essaya d'abréger ce hideux spectacle fit sans doute négliger quelques précautions, et l'instrument de mort divisa seulement la colonne épinière sans pouvoir aller plus loin ; il fallut le relever avec effort, s'assurer qu'il glisserait mieux; mais pendant le temps employé à ces affreux préparatifs la malheureuse ne cessa de pousser des cris et, dit-on même, d'articuler des imprécations. Si nous étions chargés de plaider ici contre la peine de mort et la publicité des supplices sanglans, nous dirions que la populace qui se pressait au pied de l'échafaud semblait manifester plus d'horreur contre une loi barbare que contre les coupables dont elle faisait des victimes. Ajoutons que le bourreau dont la main n'avait pas voulu se prêter à ce terrible office mourut d'effroi deux jours après. Mais nous n'avons à déduire de ce hideux tableau qu'une conséquence physiologique : c'est que la division de la moelle épinière n'empêche pas immédiatement les diverses parties du corps et de sentir et de manifester leurs sensations.

S'il fallait encore corroborer les faits énoncés jusqu'ici par des expériences tentées sur des animaux de diverses classes, nous verrions la vie persister pendant un temps bien plus considérable après la décapitation ; ainsi chez la tortue la circulation sanguine continue plus de douze jours après; on en a vu qui ont vécu six mois la tête coupée : une tête de vipère séparée du corps depuis plusieurs jours mordit et fit encore de dangereuses blessures à un individu qui s'en était emparé. S'il faut en croire Galien, c'était un divertissement de l'empereur Commode que de trancher subitement la tête à des autruches qui n'en couraient pas moins jusqu'au bout de la carrière. Sue pense qu'on ne peut expliquer cette persistance de la vie dans les parties ainsi séparées qu'en admettant que les nerfs peuvent naître, croître, se développer, sentir indépendamment du cerveau; que ceux qui en tirent leur origine peuvent jusqu'à un certain point suppléer aux fonctions de ce viscère; que chaque nerf et même chaque portion de nerf a la force vitale nécessaire pour arriver et même faire ressentir aux parties dans lesquelles ils se distribuent les impressions qu'ils éprouvent; qu'ils agissent ensemble ou isolément en s'aidant au besoin de leur force plexulaire et qu'enfin la vie est d'autant plus tenace dans les foyers animaux qu'il y a plus de nerfs. De ces données il a donc dû conclure que la Décollation, ainsi que nous l'avons répété, ne privait pas immédiatement de la vie et laissait encore pendant un certain temps et la tête et le tronc en proie à la douleur. Peut-être ne serait-il pas inutile de rappeler aussi que les plus faibles lésions de la moelle épinière entraînent ordinairement d'horribles convulsions, qu'en piquant la portion mise à nu dans la décapitation on reproduit ces contractions convulsives, pour en tirer cette conséquence que la division violente de cette substance doit être accompagnée d'une sensation atroce, d'autant plus atroce qu'elle estplus rapide.

Sous l'influence de l'exaltation qui précède souvent la mort et la violence des sensations, on peut prétendre avec Sue, que le centre d'activité du cerveau étant augmenté, la pensée, loin d'être éteinte, vit tout entière quelque temps après la décapitation. Et lorsque nos législateurs ont conservé à nos lois le droit barbare de punir le crime par le crime, la mort par la mort, ne doit-on pas leur rappeler sans cesse que le supplice de la guillotine est un des plus douloureux, des plus terribles, des plus atroces ? la physiologie l'a prouvé, la morale publique le dit depuis assez long-temps. (P. G.)

DÉCOLORATION. (physiol.) Nous devons laisser à la médecine le soin d'étudier et d'expliquer les changemens de couleur que subissent les fluides et les solides, par suite des altérations morbides auxquelles ils sont exposés. Pour le pathologiste il doit être indispensable de savoir les causes qui tout à coup font perdre au sang la couleur rouge-pourpre, pour la transformer en rose pâle, ou changer la teinte citrine de l'urine en brun, en jaune foncé, etc.; il doit être indispensable de savoir pourquoi la peau devient d'un blanc laiteux, se nuance de rouge, de jaune, de noir, de vert, ou d'une teinte bleue foncée comme dans le choléra ou dans certaines affections du cœur ; ces changemens ont tous une cause dans les dispositions morbides de quelques organes qu'il faut reconnaître pour les guérir. Ici nous indiquerons seulement quelques circonstances particulières qui font perdre aux êtres organisés leur couleur primitive. Les progrès de l'âge doivent être considérés comme une cause remarquable de la Décoloration des tissus. Ainsi l'on ne saurait comparer la teinte rosée de la peau d'un jeune homme à la couleur terreuse et brune de ce tissu chez un vieillard décrépit, ni la rougeur intense de la chair musculaire du premier aux fibres pâles du second. Mais une circonstance qui n'a pas moins d'influence, c'est la différence des climats. La même plante, sous une latitude différente, ne présente plus la même coloration ; l'homme et les animaux subissent également par cette cause et sous ce rapport des changemens aussi remarquables. La privation de la lumière et du soleil décolore les tissus. *Voyez* ALBINOS, NÈGRE, PEAU. (P. G.)

DÉCOMBANT, *Decumbens.* (bot.) Cet adjectif exprime la situation d'une tige qui, s'élançant d'a-

bord droite, se courbe ensuite, et s'étale sur le sol. Telle est la tige de l'*Arctotis decumbens.* (L.)

DÉCOMPOSÉ, *Decompositus.* (bot.) La feuille dont le pétiole se divise en plusieurs pétioles secondaires, la tige qui dès sa base se partage en plusieurs ramifications, sont *Décomposées.* Ce mot n'est pas toujours employé aussi rigoureusement ; on l'applique quelquefois aux feuilles découpées d'une manière diffuse, et aux autres organes tellement irréguliers qu'on n'en peut reconnaître la véritable figure. (L.)

DÉCORATION DES JARDINS. (agr. et bot.) Ce serait une erreur de croire que les diverses productions de la terre ne sont point susceptibles de recevoir une distribution plus gracieuse que celle imposée par la main de la nature ; le cultivateur industrieux sait rapprocher ce que les climats éloignent, obliger les végétaux à croître autour de sa demeure, et, tandis qu'il leur demande ce qu'ils ont d'utile, il sait aussi les faire servir à son agrément. Si la symétrie, l'uniformité, la régularité laissent l'imagination inactive et le cœur froid, le désordre, l'entassement des ruines factices, des temples sans but philosophique, de larges ponts jetés sur des rivières sans eau, des lacs creusés de quelques mètres de diamètre, de gros cailloux que l'on décore du nom de rocher, etc., excitent autant la pitié que le dégoût. L'un et l'autre écart n'auront jamais le privilége de plaire, encore moins d'émouvoir. La véritable Décoration des jardins privés ou publics est celle qui résulte de la convenance locale, qui dénonce le caractère de la destination, qui marie l'effet pittoresque de l'ensemble aux objets environnans. Cachez soigneusement l'art ; la plus légère trace d'une combinaison mécanique porte atteinte au goût et révèle une prétention ridicule : le véritable embellissement est l'imitation de la nature : simplicité, propreté harmonisent l'ordre et le sentiment du beau. Les scènes intérieures doivent être en rapport avec l'emploi du sol, le genre d'exploitation, et largement dessinées; le luxe, une vaine pompe ne trouver aucune place, et les vues extérieures se fondre avec le pays. A cet effet, les clôtures sagement couvertes, variées avec goût, ne se feront sentir sur aucun point, les masses d'arbres et d'arbustes serviront à cacher, à rendre plus pittoresque la construction qu'on n'a pu éviter. En un mot, pour obtenir dans un espace limité toutes les couleurs, tous les tons, tous les tableaux de la nature ornée, cultivée et agreste, le grand secret est de lier entre elles les diverses parties sans rudesse, de les opposer sans symétrie froidement calculée, et de les mélanger sans confusion. L'étude des productions de la nature perfectionne le goût, l'habitude de l'observation donne de l'étendue au sentiment, et quand l'utile est le terme de l'œuvre, le plaisir et l'agréable demeurent sans cesse en compagnie.
(T. D. B.)

DÉCORTICATION. (agr. et bot.) Séparation naturelle ou artificielle de l'écorce. Le tronc du Chêne-liége, *Quercus suber,* ceux du Platane, *Platanus orientalis* et *occidentalis,* de la Vigne, *Vitis* *vinifera*, etc., se dépouillent tous les ans d'une plus ou moins grande portion de leur enveloppe corticale: il en est de même de certains Champignons, le *Lycoperdon variolosum*, entre autres : c'est un bien pour la plante, elle souffrirait et périrait même si cette séparation n'avait point lieu. Quand la Décortication provient d'une blessure, d'un accident, de la gelée ou d'une maladie interne, et qu'elle a mis à découvert une partie considérable du tronc, la séve n'ayant plus de relations complètes avec les racines et les parties aériennes, l'arbre ne tarde pas à perdre sa vie végétale. Cependant l'homme, toujours attentif à améliorer ce qui doit assurer ses jouissances, a voulu faire servir la Décortication à augmenter la densité, la force et la durée du bois; il y a réussi. Buffon a fait sur cet objet un grand nombre d'expériences pour en justifier l'utilité; mais, comme il ne les avait pas combinées de manière à en déduire les lois théoriques, Varennes de Fenilles a poussé plus loin l'observation, et il aurait été beaucoup plus loin encore si la mort ne l'eût interrompu dans ses importans travaux. Il nous a prouvé deux faits essentiels : 1° la Décortication diminue plutôt qu'elle n'augmente la pesanteur spécifique ; 2° elle ne convient point aux bois blancs, dont elle diminue la force ; mais, comme je m'en suis assuré en suivant l'essai commencé par l'illustre agronome, elle les rend moins cassans, moins sujets à travailler et par conséquent plus propres à la menuiserie.

L'arbre que l'on a soumis à la Décortication se couvre de feuilles et de fleurs, seulement les premières sont plus petites et les secondes avortent; l'année suivante, s'il n'a point succombé durant l'hiver, les feuilles sont plus rares et celles qui se montrent ne tardent pas à se dessécher; il faut abattre aux approches de l'hiver. Le Chêne rouvre, *Quercus robur*, m'a plus d'une fois offert cette série de décadence; chez le Hêtre, *Fagus sylvatica*, la Décortication décide de la perte de son bois si susceptible de se fendre ; du Marronier, *Æsculus hippocastanum*, décortiqué, l'on obtient de bons fruits la première année, ceux de la seconde année sont mauvais, à la troisième année ils avortent.

(T. D. B.)

DÉCOUPÉ, *Incisus*. (BOT. PHAN.) Le calice, la corolle, la feuille, dont le limbe est partagé en plusieurs lobes ou segmens, sont dits *Découpés*. Si les incisions n'atteignent guère que jusqu'à la moitié du limbe, on dit que ces organes sont ou *bifides*, ou *trifides*, ou *multifides*; mais si elles pénètrent plus profondément, on emploie alors l'expression de *biparti*, ou *triparti*, etc.

La plupart des ombellifères ont leurs feuilles *Découpées* ; le calice des Primevères est *Découpé* en cinq lobes ou *quinquéfide*; la carène de plusieurs légumineuses est *bipartie*, c'est-à-dire profondément Découpée en deux lobes. (L.)

DÉCOUVERTS (FRUITS), *Fructus nudi*. (BOT. PHAN.) Ce mot, qui s'explique de lui-même, s'emploie pour désigner les fruits, tels que les cerises, les groseilles, etc., qui ne sont masqués ni cou-

verts par un calice ou toute autre espèce d'enveloppe. (L.)

DÉCRÉPITATION. (CHIM.) Phénomène qui se passe dans l'hydrochlorate de soude (sel de cuisine), soumis à l'action de la chaleur, sur des charbons ardens, par exemple. Le bruit que l'on entend est dû au dégagement subit de l'eau qui se trouve engagée entre les molécules du sel, et qui prend la forme de gaz. Cependant quelques sels qui ne contiennent pas d'eau, tel que le sulfate de potasse, sont également susceptibles de décrépiter, de se fendiller bruyamment et de sauter en éclats lorsqu'on les chauffe brusquement; dans ce cas l'effet doit être attribué à la séparation instantanée des molécules par le calorique. (F. F.)

DÉCRÉPITUDE. (PHYSIOL.) Dernier degré de la vieillesse; époque de la vie qui succède à la caducité et précède la mort. Cette époque n'a point de terme fixe pour l'homme et dépend des chances innombrables à travers lesquelles s'écoule l'existence. Chez quelques uns la Décrépitude arrive à l'âge où commence à peine la vieillesse pour les autres; tandis que quelques êtres privilégiés parcourent une longue carrière sans jamais passer par cet état déplorable, et semblent, après cent années, arriver à la mort comme on cède aux douceurs du sommeil. La Décrépitude est caractérisée par l'affaiblissement de tous les sens, par la difficulté avec laquelle s'exercent toutes les fonctions : la vue, l'ouïe, l'odorat, le toucher perdent progressivement leur sensibilité ou s'éteignent tout-à-fait; la circulation ne se fait plus qu'avec lenteur; les extrémités, dans lesquelles le sang ne parait plus qu'avec peine, restent constamment froides, glacées; le fluide nerveux cesse de porter dans tous les organes sa stimulation indispensable : les facultés intellectuelles s'affaiblissent ou se perdent; une faiblesse générale, une difficulté extrême dans tous les mouvemens forcent le corps à une inaction presque continuelle ; l'amaigrissement, la couleur terreuse de la peau, la perte de toutes les dents, des cheveux; l'état d'enfance, d'imbécillité annoncent assez que le terme de la vie est arrivé et que les organes dont l'action était nécessaire à son entretien vont subir une inévitable décomposition.

Les effets de la Décrépitude ne sont pas moins faciles à observer chez les animaux que chez l'homme, surtout chez ceux qui sont soumis à l'état de domesticité. (P. G.)

DÉCRESCENTE-PINNÉE (FEUILLE), *Decrescentipinnatum*. (BOT.) On désigne ainsi la feuille ailée de quelques Légumineuses, telle que le *Vicia sepium*, dont les folioles décroissent en grandeur à mesure qu'elles approchent du sommet de leur pétiole commun. (L.)

DÉCROISSEMENT. (MIN.) *Voy.* CRISTALLISATION.

DÉCURRENT, DÉCURRENTE, *Decurrens*. (BOT. PHAN.) Une feuille est dite *Décurrente* lorsque le limbe, au lieu de s'arrêter à son point d'insertion sur la tige, se prolonge jusque sur celle-ci, et y forme deux espèces d'ailes. Telles sont les feuilles des Chardons *nutans* et *crispus*, du Bouillon blanc, etc. On nomme *ailées* les tiges portant des feuilles *Décurrentes*.

DÉCURSIVE-PINNÉE (FEUILLE), *Decursive-pinnatum*. (BOT. PHAN.) C'est la feuille ailée, dont les folioles sont décurrentes sur le pétiole commun. Les trois espèces du genre *Melianthus* portent des feuilles *Décursives-pinnées*.   (L.)

DÉFÉCATION. (PHYSIOL.) Ce mot a une double acception : on l'emploie pour indiquer la série des actes par lesquels le résidu provenant de la digestion des alimens se forme et est poussé peu à peu jusqu'au rectum, où il s'accumule et séjourne pendant un temps plus ou moins long. Il sert aussi à désigner l'acte par lesquels ce résidu excrémentitiel est expulsé à l'extérieur. Voici comment s'exécute cette double fonction : en traversant les gros intestins, les matières qui n'ont point servi à la nutrition changent de couleur, prennent avec plus de consistance une odeur particulière ; arrivées à l'intestin rectum elles y provoquent par leur accumulation l'ensemble des actes nécessaires à leur expulsion : les fibres charnues qui entourent l'anus, et qu'on désigne sous le nom de *muscle sphincter*, sont continuellement contractées et mettent ainsi obstacle à la sortie des matières amassées dans le gros intestin. Mais lorsque, par leur volume, elles déterminent les contractions des fibres musculaires de l'intestin, celles du sphincter cessent et tous les muscles de l'abdomen ainsi que le diaphragme concourent à rejeter au dehors ces matières excrémentitielles, en pressant la masse des viscères contenus dans cette cavité.   (P. G.)

DÉFENSES. (ZOOL.) On donne ce nom aux dents des Éléphans, Sangliers, Babiroussas, etc., qui saillent hors de la bouche. (*Voy.* ARMES.)
    (GUÉR.)

DÉFÉRENT. (ANAT.) Conduit qui naît de l'épididyme, et qui, après de nombreuses flexuosités, s'unit à des vaisseaux et à des nerfs pour former le cordon spermatique ; vers l'anneau inguinal il se sépare de ces vaisseaux et de ces nerfs, se dirige en arrière et en bas sur le côté de la vessie, puis adhérant au bas-fond de cet organe, il se porte presque horizontalement en avant en convergeant avec son congénère jusqu'à la base de la prostate, et là, s'unissant à lui, après avoir reçu le conduit qui vient des vésicules séminales de son côté, ils ne forment plus qu'un seul canal connu sous le nom de *conduit éjaculateur*.   (P. G.)

DÉFLEURAISON. (BOT.) À l'instant où le fruit est formé, ou pour mieux dire que la fécondation de l'ovaire est certaine, la corolle se flétrit, les anthères et leurs filets, les stigmates et leurs styles se dessèchent pour que toute la puissance végétale se concentre sur lui. Si dans quelques espèces la corolle persiste encore quelque temps, c'est que sa présence est nécessaire pour abriter le fruit ; mais elle n'a plus aucun éclat, mais elle est affaissée sur elle-même et dénonce la décrépitude la plus prononcée. Quand le calice échappe à la destruction de ses brillans accessoires, c'est qu'il doit accompagner le fruit jusqu'au moment

de la dissémination, comme dans la Sauge, la Bourrache, le Chanvre, le Coqueret, etc., ou bien qu'il fait corps avec lui, comme dans la Poire, la Nèfle, etc. : ce sont ses divisions supérieures et desséchées qui constituent dans la Pomme, la Grenade, etc., la petite couronne que l'on voit au sommet de ces fruits. Dans le Pavot, c'est le stigmate qui termine la capsule ; les pointes que l'on remarque sur les gousses des Légumineuses, des Crucifères, sont les styles. On peut intervertir cette loi de la nature en retardant l'époque de la fécondation ou bien en l'empêchant tout-à-fait ; de la sorte on prolonge la durée des fleurs. Éloignez les fleurs mâles des fleurs femelles dans les plantes dioïques, et ces dernières, au lieu de périr en quelques jours, dureront deux mois environ.
    (T. D. B.)

DÉGÉNÉRATION. On a rejeté ce mot en histoire naturelle, parce que, a-t-on dit, *rien ne dégénère dans le sens véritable qu'on doit lui attribuer*. On n'a donc point considéré comme Dégénérations les changemens que subissent les êtres, soit qu'ils acquièrent de nouveaux organes, soit qu'ils en perdent ou que ceux-ci se transforment. Pris dans une autre acception, ce mot appartient à l'anatomie pathologique : il est synonyme de DÉGÉNÉRESCENCE.   (P. G.)

DÉGÉNÉRESCENCE. (PHYSIOL.) Ce mot, et celui de DÉGÉNÉRATION, son synonyme, indiquent le changement de nature d'un objet quelconque, ou mieux encore le passage de l'état primitif à un état inférieur ou pire. Ce mot paraît donc appartenir plutôt à l'anatomie pathologique qu'à l'histoire naturelle. Quant aux changemens que subissent les êtres par le développement anormal de nouvelles parties, ou par leur absence, l'histoire en appartient à l'étude de ces parties, et pour exposer ici les théories par lesquelles on les a expliqués, il faudrait reproduire des raisonnemens et des faits contenus déjà dans un grand nombre d'articles. Ce que nous disons au reste ne peut s'appliquer qu'à la zoologie.   (P. G.)

DÉGÉNÉRESCENCE. (AGR. et BOT.) Assez communément on attribue à la nature des herbages, aux eaux, à la température des climats, etc., les seules causes de la Dégénérescence de l'espèce pour les animaux domestiques : c'est une erreur; la véritable, la première, je pourrais peut-être dire l'unique cause de la petitesse, de la laideur, de la faiblesse de ces êtres utiles est dans la liberté absolue du commerce des deux sexes. Le pâturage commun des mâles et des femelles les excite à se livrer aux ébats amoureux dès les premières sollicitations de la nature. Ces sollicitations sont toujours précoces quand les deux sexes se trouvent habituellement ensemble, avant l'âge propre à l'acte propagateur ; elles le sont d'autant plus que le nombre des mâles excède celui des femelles ; l'approche d'un seul allume l'incendie, et les uns se trouvant alors, à l'égard des autres, trop faibles ou trop forts, trop jeunes ou trop vieux, trop ardens ou trop épuisés, il en résulte des accouplemens prématurés, des avortemens fréquens, des gestations pénibles, des produits misérables, des embarras de tout genre pour le cultivateur. Il est aisé de prévenir ces désordres, ces inconvéniens graves; il suffit d'éloigner les mâles des pâtures communes, et de calculer le nombre des femelles réellement disponibles, de les distribuer par séries, de telle sorte que la production des petits et du beurre se fasse successivement, et qu'il n'y ait pas surcharge à une époque et disette absolue dans l'autre.

Relativement aux végétaux, les moyens artificiels que nous employons, sous les noms de greffes, boutures, marcottes, etc., peuvent bien, à la longue, amener la Dégénérescence et même la perte totale d'une espèce, d'une variété constante; mais elles s'opèrent très-lentement, et d'une manière tellement insensible qu'il est difficile de les déterminer; il n'en est pas ainsi du défaut de soins et de persévérance, de l'inhabileté, de la négligence des cultivateurs; non seulement ils augmentent les défauts de certaines variétés obtenues par les semis, mais ils précipitent encore leur ruine d'une manière vraiment pénible. Quand on connaît bien le terrain qui convient à une plante quelconque; quand la greffe et les autres moyens de propagation sont employés avec réflexion, avec entente des lois de la nature, avec l'assurance puisée dans une pratique raisonnée, loin que la culture amène la Dégénérescence, elle conserve, elle améliore, elle perpétue au-delà des bornes imposées à l'existence des individus, elle perfectionne les qualités, et les entretient indéfiniment. Si les anciens eussent connu nos excellens procédés, nous n'aurions pas à regretter la perte des diverses espèces de fruits et de raisins décrites par leurs géopones, surtout par Caton et Columella; si dans plusieurs localités les Pommiers dits *Calvilles blancs* et *Calvilles rouges*, les Poiriers appelés *Beurrés gris* et *Bézy de Chaumontel* ne donnent plus que des arbres petits, délicats, maladifs, n'en accusez que l'incapacité des horticoles et des jardiniers; vainement on en accuse la méthode de greffer; c'est parce que l'opération est mal faite, qu'elle est remise en des mains grossières, que tout finit par se perdre. Envoyez vos horticulteurs aux écoles pratiques, exigez qu'ils soient instruits, et vous opérerez dans vos cultures d'utiles changemens, d'importantes innovations.

Quelques botanistes de cabinet confondent sous le nom de Dégénérescence des métamorphoses d'organes, et les explications qu'ils donnent sont tellement étrangères aux lois de la nature qu'elles font de ces légers changemens de véritables monstruosités, des vices d'organisation, et qu'elles les limitent à ce qu'ils appellent plantes amphibies. Nous verrons plus tard (*v.* au mot MÉTAMORPHOSE) l'idée que l'on doit se former de ces phénomènes, pour le moment contentons-nous de dire que la voie des semis nous offre une compensation de beaucoup supérieure aux pertes dont nous menace incessamment la courte durée des présens de la nature. Multiplions les variétés utiles par les semis, et, à l'exemple de Van Mons, nous découvrirons des moyens ingénieux propres à nous en assurer la possession : ces moyens abrégeront beaucoup le temps qu'exigeraient des procédés vieillis, et multiplieront les chances pour arriver à de nouveaux, à de plus heureux résultats. Aux semis joignons les croisemens; l'union de variétés différentes fournit toujours des espèces nouvelles qui ont plus de vigueur et sont moins sujettes aux maladies que les variétés ordinaires : c'est sans aucun doute à ce système expérimental, tenu secret par son inventeur, ou perdu durant les âges d'ignorance, que le froment, d'abord humble habitant des gazons des contrées tempérées, a, par un heureux choix des graines confiées à la terre bien préparée, et par des soins assidus, acquis plus d'élévation, un grain plus gros, plus nombreux, mieux nourri, et qu'il est enfin parvenu à occuper le premier rang parmi les végétaux utiles, parmi les plantes cultivées, et à devenir la base nourricière de la majeure partie des habitans du globe. (*V.* aux mots FROMENT, GRAINES, SEMIS.)

Il ne faut point appeler Dégénérescence, comme on le fait d'ordinaire, ce qui se passe chez l'animal et la plante améliorés par l'homme quand ils retournent vers leur type primitif; ils subissent une loi de la nature, ils se régénèrent, ils rentrent dans la ligne qui leur est propre. Il n'y a Dégénérescence proprement dite que par l'absence des soins convenables, que par paresse ou par ignorance : c'est la faute de l'homme, il perd par un contresens le fruit de l'éducation, l'expérience des temps écoulés. (T. D. B.)

DÉGLUTITION, *Deglutitio.* (PHYSIOL.) Fonction par laquelle les alimens, broyés par les dents et imprégnés de salive, passent dans l'estomac en traversant le pharynx et l'œsophage. Lorsqu'elle commence, les alimens, rassemblés sur le dos de la langue, sont poussés par elle d'avant en arrière contre le voile du palais; pour leur livrer passage, cette cloison s'élève horizontalement, et s'interpose ainsi entre eux et les fosses nasales dans lesquelles ils pénétreraient sans cet obstacle. La résistance que le voile du palais leur oppose contribue à les faire descendre dans le pharynx. Ils n'ont alors qu'un espace très-court à franchir; mais ce passage doit être rapide afin d'éviter le larynx dans lequel leur introduction causerait une suffocation imminente. Voici donc ce qui arrive : à l'instant où le bol alimentaire, c'est-à-dire la masse des alimens broyés, touche le pharynx, tout entre en mouvement; cette cavité se contracte et embrasse le bol alimentaire, pendant que d'un autre côté le larynx s'élève et va au devant de ce corps pour rendre plus rapide l'ouverture de la glotte. C'est alors que les bords de cette ouverture se ferment exactement, et l'épiglotte, pressée contre la base de la langue, s'abaisse de façon à couvrir l'entrée du larynx. Le bol alimentaire ainsi pressé par la contraction du pharynx, glisse à la surface de l'épiglotte, et parvient à l'œsophage, dont les fibres circulaires, en se contractant successivement, le font cheminer jusque dans l'estomac. (P. G.)

DÉHISCENCE, *Dehiscentia*. (BOT. PHAN.) Ce mot signifie action de s'ouvrir, et, dans les végétaux, s'applique à l'anthère et au fruit.

La Déhiscence des anthères, c'est-à-dire la manière dont elles répandent la poussière fécondante, a lieu ordinairement par le sillon longitudinal situé entre les deux loges. Voici les autres modes, qui sont plus rares : dans la Bruyère, le pollen s'échappe par deux petits trous ou valvules qui s'ouvrent au sommet de chaque loge; l'anthère de la Pyrole a ces valvules placées à la partie inférieure de ses loges. Les Lauriers, les Berbéridées, émettent le pollen par des valves ou panneaux qui s'enlèvent du bas au sommet de l'anthère. Enfin le genre *Pyxidanthera* doit son nom à ce que la moitié supérieure de l'anthère s'enlève, à l'instant de la fécondation, comme le couvercle d'une boîte.

Quant aux fruits, éloignons d'abord ceux qui par leur nature ne sont pas *déhiscens*; tels sont les Melons, les Cerises, les Pommes et en général les fruits charnus; il est aussi un certain nombre de fruits secs, ceux à une seule loge et une seule graine, qui ne s'ouvrent point à l'époque de leur maturité. Maintenant, dans les autres fruits, nous distinguerons les modes suivans de Déhiscence :

1° Certains péricarpes se rompent lorsque la graine est mûre, et se partagent irrégulièrement en un nombre de pièces qu'aucune suture n'indiquait d'avance. On les appelle *Péricarpes ruptiles* : tels sont plusieurs fruits charnus.

2° Il se forme, au sommet du péricarpe, un certain nombre de trous, par lesquels les graines mûres s'échappent. La capsule de l'*Antirrhinum* et celle du Pavot en présentent des exemples.

3° Dans la plupart des Caryophyllées, telles que l'OEillet, la Saponaire, la Déhiscence a lieu par le moyen de petites dents placées au sommet de la capsule, et qui, d'abord unies entre elles, s'écartent, et laissent une ouverture terminale.

4° Enfin le fruit s'ouvre en un certain nombre de pièces appelées valves, placées soit longitudinalement, soit superposées. Nous avons décrit ce genre de Déhiscence à l'article CAPSULE (*voyez* ce mot), et distingué les trois modes que M. Richard a nommés *loculicide*, *septicide*, et *septifrage*; le nombre des valves qui composent un fruit est très-variable. Celui du Laurier-rose, de l'Asclépiade, s'ouvre en une seule valve, c'est-à-dire qu'il se fend longitudinalement sur l'un de ses côtés; les Légumineuses, les Crucifères, ont deux valves; d'autres familles en présentent un plus grand nombre. En général la Déhiscence a lieu par un nombre de valves égal à celui des stigmates si le péricarpe n'a qu'une loge, et à celui des loges, si le péricarpe en a plusieurs. *Voyez* les articles FRUIT et PÉRICARPE.   (L.)

DÉJECTION. (PHYSIOL.) Excrétion des matières fécales; ce mot s'emploie le plus ordinairement au pluriel et signifie ces matières elles-mêmes. La quantité des matières évacuées est ordinairement, dans l'état de santé, de quatre à cinq onces par jour; elles sont rendues à peu près une fois dans les vingt-quatre heures et assez souvent le matin; il est cependant des individus qui ne vont à la selle que tous les deux, trois, quatre jours et même tous les huit jours. La couleur des Déjections est d'un jaune-brun; elle varie en raison des alimens; elles sont consistantes sans être dures, elles doivent être évacuées facilement et sans douleurs; elles ont une odeur particulière plus ou moins désagréable. Nous parlons toujours de l'état de santé, car dans les maladies, les Déjections varient sous ces divers rapports en raison de la gravité de l'affection et des organes qui en sont le siège.   (P. G.)

DÉIDAMIE, *Deidamia*. (BOT. PHAN.) Nom scientifique imposé par Dupetit-Thouars à un arbuste de Madagascar, appelé *Vahing-Viloma* par les insulaires. Ses tiges sont anguleuses et grimpantes à la manière des lianes; ses feuilles, alternes et ailées, ou composées de cinq folioles, ovales et échancrées au sommet; des glandes urcéolées recouvrent la surface des pétioles généraux et particuliers; à l'aisselle des premiers se trouvent souvent des rudimens plus ou moins développés de vrilles. La fleur a de très-grands rapports avec celle des Passiflorées; en voici les caractères : calice à cinq ou six divisions pétaloïdes, ovales; corolle nulle, remplacée par un rang de filets ou nectaires, plus courts que le calice; cinq étamines, dont les filets sont réunis par la base; ovaire supère, surmonté de trois ou quatre styles ou stigmates; fruit capsulaire, ovoïde, à quatre valves déhiscentes et autant de loges; graines en partie recouvertes d'un arille. Cette forme du fruit s'éloigne, il est vrai, des Passiflorées; mais les autres caractères ne permettent pas de placer la Déidamie dans une autre famille.

Le fruit de la *Déidamie alata* (voyez Dupetit-Thouars, Histoire des végétaux des îles australes d'Afrique), à peu près de la grosseur d'un œuf, est, dit-on, un aliment en usage chez les Madécasses; le nom même qu'ils donnent à la plante signifie *liane bonne à manger*; mais qu'en mange-t-on? car ce fruit est sec et coriace; la graine et sa maigre enveloppe ne doivent pas non plus fournir une nourriture bien succulente; c'est là cependant, assure-t-on, ce qui satisfait l'appétit ou la sensualité des Madécasses.   (L.)

DELESSÉRIE, *Delesseria*. (BOT. CRYPT.) *Hydraphytes*. Genre de la famille des Floridées, établi depuis long-temps, confondu par Linné avec les Fucus, et dédié à M. Benjamin Delessert. Ce genre, extrêmement nombreux en espèces, a pour caractères : des tubercules ronds ordinairement comprimés, un peu gigartins, sessiles ou pédonculés, situés sur les rameaux, le bord des feuilles, ou épars sur leur surface.

Parmi les nombreuses divisions établies dans ce genre, voici celle qui paraît devoir être adoptée:

1° Genre *Delesseria* qui compte six espèces; 2° genre *Odonthalia* qui en renferme cinq; 3° genre *Delisea* qui en contient trois; 4° genre *Vidalia* qui en renferme une seule; 5° genre *Dawsonia* qui en a neuf; 6° genre *Halymenia* dans lequel on en trouve vingt-et-une, et plusieurs groupes ; 7° genre *Volubilaria* ; une espèce ; et 8° genre *Erinacea*, trois.

Maintenant que nous connaissons le nombre et la distribution des espèces du genre *Delesseria*, voyons quelle en est l'organisation. Les tiges sont formées d'un tissu cellulaire qui présente trois modifications bien distinctes : une centrale, qui n'est autre, quelquefois, qu'une large lacune ; une extérieure très-mince, ou épiderme ; et la troisième intermédiaire, presque égale, et constituant le corps principal des tiges.

Les feuilles, dépourvues de nervures, ne présentent point la première modification que nous venons de signaler pour les tiges. Les tubercules varient moins dans leur forme que dans leur grandeur et leur situation. Beaucoup d'espèces offrent une fructification double ; quelques unes n'ont jamais de tubercules, et les capsules sont éparses sous l'épiderme. La couleur offre toutes les nuances possibles, depuis le rose et l'écarlate le plus vif jusqu'au brun foncé, en passant par le jaune, le vert, le violet et le pourpre.

Les Delesséries se conservent très-facilement ; très-peu deviennent noires ou olivâtres par leur exposition à l'air ou à la lumière, à moins qu'elles ne soient en contact avec certaines fucacées. La plupart habitent les lieux submergés par les marées ; quelques unes sont parasites et ornent les tiges des grandes Laminaires ; enfin il y en a qui se plaisent dans les lieux les plus exposés à la fureur des vagues, tandis que d'autres cèdent au choc des flots. Toutes varient plus ou moins, suivant la nature du corps sur lequel elles reposent, suivant le climat, l'exposition, la profondeur, le voisinage des eaux douces. Enfin les Delesséries sont très-rares, peu nombreuses en espèces dans les mers polaires. On les voit au contraire augmenter jusqu'au 35° degré de latitude nord, et diminuer jusqu'à l'équateur : le même ordre d'accroissement s'observe dans l'hémisphère austral.

(F. F.)

DÉLIQUESCENT. (BOT. CRYPT.) Nom donné d'abord à l'agaric atramentaire, et par suite à d'autres espèces du même genre, dont le chapeau se résout promptement en eau gélatineuse et communément noirâtre. (F. F.)

DÉLIQUESCENCE. (CHIM.) Propriété d'un corps, d'un sel surtout, de s'humecter à l'air, de s'y réduire en liqueur ; tels sont le chlorure de calcium, l'acétate de potasse (terre foliée de tartre), la potasse, etc. (F. F.)

DELPHINAPTÈRE. (MAM.) *V.* DAUPHIN.

DELPHINORHYNQUE. (MAM.) *V.* DAUPHIN.

DELTA. (GÉOGR. PHYS.) Quand un fleuve, avant d'entrer dans la mer ou dans un lac, se divise en plusieurs bras qui souvent divergent de manière à former deux côtés d'un triangle dont la mer est la base, on nomme *Delta* le sol toujours formé d'alluvions qui est sillonné ou embrassé par les bras du fleuve. Ce nom fut d'abord donné par les anciens à l'espace triangulaire compris entre les

deux principales embouchures du Nil, à cause de sa ressemblance avec la forme de la lettre grecque Δ ; plus tard il fut appliqué aux attérissemens de la bouche de tous les grands fleuves, quelle que fût d'ailleurs leur forme. Les Deltas ne sont réellement que la plaine alluviale formée à l'embouchure d'un fleuve depuis que la mer est dans ses limites actuelles. Il résulte de ce mode de formation que leur pente est à peine sensible, et que l'exhaussement du lit principal par les alluvions rejette fréquemment le fleuve dans de nouvelles branches qu'il se creuse avec facilité. La tête du Delta est le point où se séparent les premières branches du fleuve. Les Deltas se forment aussi bien dans l'Océan que dans les mers fermées et dans les lacs ; nous allons citer quelques uns des exemples les plus remarquables. Le Rhin forme un premier Delta dans le lac de Constance. Le Rhône, en se jetant dans le lac de Genève, recule continuellement son embouchure, tellement que le port Vallais est aujourd'hui à un mille et demi du rivage. Ce fleuve, après avoir clarifié ses eaux dans le lac de Genève, ne tarde pas à se charger de nouveau des débris siliceux des Alpes et des calcaires, des sables et des argiles qui descendent de la Côte-d'Or, du Jura et des montagnes volcaniques du Vivarais. Quand il entre dans la Méditerranée, il teint en jaune les eaux azurées de cette mer à une distance de six à sept milles. Les accroissemens du Delta du Rhône sont des plus rapides ; sans parler des preuves qu'on en peut déduire de divers passages des géographes anciens, nous dirons seulement que Notre-Dame-des-Ports, havre en 898, est aujourd'hui à une lieue de la mer. Remarquons en même temps que la tête du Delta, où se fait la division des bras du fleuve, reste toujours au même point, éloigné aujourd'hui à quarante mille mètres de sa base.

Les sondages exécutés récemment par le capitaine Smith nous montrent comment le Delta du Rhône se prolonge sous la mer à une distance de plus de 2 lieues et avec une pente très-légère ; à cette distance, le fond est encore formé par des sables, des argiles et des coquilles marines réunis. La mer Adriatique, à l'embouchure du Pô, réunit toutes les circonstances les plus favorables pour la formation rapide des Deltas ; un golfe enfoncé dans les terres, une mer sans marées et sans courans, le débouché de deux grands fleuves, le Pô et l'Adige, et d'une foule de torrens et de rivières qui charrient les débris des Alpes. Aussi, depuis le fond du golfe jusqu'au sud de Ravenne, les attérissemens dans l'intervalle de 2000 ans ont acquis d'une lieue à 7 lieues de largeur sur une longueur de 30 à 40 lieues.

Le Delta du Nil est le plus célèbre de la Méditerranée. L'Égypte entière, suivant ses prêtres, était un don du Nil, ce qui ne pourrait être vrai que de la partie alluviale située au dessous de Memphis. Aujourd'hui la tête du Delta est à 30 lieues de la mer. En s'appuyant sur des textes d'Homère et d'autres écrivains de l'antiquité, on a beaucoup raisonné sur la marche progressive des alluvions du Nil et on a voulu s'en servir comme d'un chronomètre pour déterminer l'époque de la dernière révolution du globe; on supposait à tort que la marche progressive du Delta était proportionnelle au temps, tandis qu'elle est toujours moindre, à mesure qu'en s'avançant dans la mer il devient plus exposé à l'action des courans. Il paraît même que, dans ce moment, le courant qui part du détroit de Gibraltar et rase la convexité des côtes de l'Egypte, s'oppose à tout nouvel accroissement du Delta.

Le Rhin se divise près de Clèves; c'est là l'origine de son Delta, qui est à plus de 80 milles de la ligne générale des côtes; il paraît que, depuis les temps historiques, le Delta du Rhin, loin de s'accroître, a diminué par l'action de la mer.

Parmi les Deltas océaniques il n'en est pas de plus remarquables et de mieux connus que ceux du Gange et du Burrampooter, fleuves qui, descendant de l'Himalaya, chaîne la plus élevée du globe, se joignent, avant d'atteindre la mer, au milieu de leurs immenses alluvions réunies aujourd'hui en un seul Delta. La surface du Delta du Gange, sans comprendre celle de son affluent, est plus du double de celle du Delta du Nil. Son sommet est à plus de 75 lieues de la base, dont la partie comprise entre les deux principaux bras du Gange a 66 lieues de longueur. C'est une surface de près de 2400 lieues; dans sa partie inférieure ce n'est qu'un labyrinthe de rivières et de lagunes infesté par les tigres et les alligators. Le Gange se jette dans la mer par six ouvertures principales, et la quantité de sables et de troubles qu'il transporte dans la saison des pluies est si grande, que la mer ne reprend sa transparence qu'à 20 lieues de la côte.

Nous citerons encore un dernier exemple: au fond du golfe de Guinée, on a reconnu dans ces dernières années, un des Deltas les plus grands du monde, c'est celui du Niger ou du Quorra; il se prolonge dans l'intérieur à plus de 80 lieues du rivage sur lequel il occupe une longueur de 100 lieues; on estime que sa surface est la moitié de celle de l'Angleterre. On ne peut douter, d'après cette masse immense d'alluvions, que le bassin encore inconnu du Quorra n'occupe une vaste étendue dans l'intérieur du continent africain.   (B.)

DELTOIDE. Muscle triangulaire qui forme le moignon de l'épaule et recouvre l'articulation scapulo-humérale. Il s'étend du tiers externe de la clavicule, de l'acromion et de l'épine du scapulum à la partie moyenne et externe de l'humérus. Ses fibres se rendent toutes, en formant des faisceaux qui se coupent à angle aigu, sur un tendon très-fort, fixé à l'empreinte deltoïdienne de l'os du bras. C'est ce muscle qui élève directement le bras lorsque l'épaule est fixée et qui le porte en avant et en arrière. Lorsque le bras est élevé, les fibres postérieures peuvent s'abaisser; si le bras est rendu immobile, le deltoïde déprime l'épaule.   (P. G.)

DÉLUGE. (géol.) On entend par *Déluges* des inondations qui se seraient étendues sur une partie très-considérable de la surface terrestre ou même sur la totalité, comme dans le cas du Déluge mosaïque. Nous ne trouvons dans les temps historiques que des inondations locales; mais tout grandit quand on remonte aux temps héroïques ou fabuleux, et aux prétendues traditions des peuples.

Les Déluges d'Ogygès, de Deucalion, celui de la Samothrace, s'ils ont quelque chose de réel, ne furent que des inondations locales causées, pour les deux premiers, par l'exhaussement des eaux dans les bassins de la Thessalie ou de la Béotie, et pour le dernier par quelques phénomènes volcaniques sous-marins. La Grèce a dû éprouver souvent de semblables catastrophes. Les eaux du bassin fermé de Phonia, en Arcadie, se perdent dans des gouffres et reparaissent sur le revers opposé des montagnes pour aller grossir l'Alphée. Ces gouffres se sont obstrués depuis quelques années; la plaine et les villages ont disparu sous un lac de 40 mètres de profondeur, et ce lac s'est élevé à 300 mètres avant de trouver une issue superficielle; voilà un Déluge pour les habitans de la contrée, réfugiés aujourd'hui sur les montagnes; mais si, par la pression des eaux, ou par un tremblement de terre, les gouffres viennent à se dégorger, cet immense amas d'eau se précipitera dans la vallée de l'Alphée en détruisant tout sur son passage. Ce que nous venons de dire n'est pas une simple hypothèse. Strabon nous apprend que cet événement est déjà arrivé dans l'antiquité, et que, par suite, Olympie et toute la vallée furent inondés. Ammien Marcellin nous cite, comme témoin oculaire, un exemple d'inondations analogues à celles de la Samothrace, dans les effets d'un tremblement de terre qui souleva les eaux de la Méditerranée à une si grande hauteur et sur une si grande étendue, qu'elles atteignirent les toits des maisons à Alexandrie et jetèrent un vaisseau à un quart de lieue dans l'intérieur des terres, à Mothone sur la côte du Péloponèse.

Mais il n'en est pas ainsi du Déluge universel de la Genèse; il nous est révélé comme un miracle et nous l'acceptons comme tel; lui chercher des causes probables dans les phénomènes physiques est une erreur grave des géologues théologiens de l'Angleterre. Le célèbre docteur Buckland est de tous celui qui a recherché avec le plus de zèle et de talent les traces du Déluge mosaïque. Il représente ce phénomène comme une irruption violente et passagère des eaux de la mer qui dénuda la surface de la terre jusqu'à une grande profondeur, creusa des vallées et donna naissance à d'immenses dépôts d'alluvion transportés jusque sur les plateaux et les sommets des collines. Il ne manquait que deux choses à ses explications; c'était d'être d'accord avec la Genèse et avec les faits. Les théologiens se chargèrent d'opposer, d'après le texte sacré, la longue durée de l'inondation, les cataractes du ciel ouvertes, et jusqu'à la branche d'olivier rapportée par la colombe, fait qui prouvait que le sol n'avait pas été détruit

par

par le mouvement des eaux. Les géologues objectèrent que le prétendu *diluvium* du docteur n'appartenait pas à un seul phénomène, mais à des causes violentes ou régulières de diverses époques; que les ossemens qu'on y trouvait par milliers ne montraient nulle part les débris de la coupable race humaine que le Déluge avait dû punir, mais bien plus, des mastodontes et d'autres animaux d'espèces tout à fait différentes de celles que l'arche de Noé avait conservées et transmises jusqu'à nos jours. Si le lecteur trouvait ces critiques hors de saison, je le renverrais à l'un des derniers numéros de la Revue philosophique d'Edimbourg, où il trouverait un article profond sur la place où échoua l'arche de Noé.

Si l'on ne tient pas à la lettre de la Genèse, si l'on n'y voit que la tradition défigurée d'une immense inondation, les découvertes récentes de la géologie montrent non seulement la possibilité, mais la réalité de tels phénomènes.

Le soulèvement brusque de quelques grandes régions sous-marines a pu balayer sinon la surface entière du globe, du moins des régions très-étendues, et l'un de ces événemens peut être assez récent pour que déjà l'homme réuni en société en ait conservé le souvenir. Plusieurs savans célèbres ont adopté cette opinion; l'un d'eux, M. de Beaumont, a été jusqu'à avancer que le soulèvement de la chaîne des Andes pouvait avoir été la cause de notre Déluge.

La doctrine du renouvellement des races par l'eau et le feu est exprimée d'une manière plus ou moins positive par tous les philosophes de l'antiquité. Je n'en citerai qu'un exemple peu connu, et bien remarquable par l'accord qu'il montre avec certaines idées géogoniques actuelles. Suivant les Gerbanites, secte d'astronomes arabes qui florissait quelques siècles avant notre ère, un couple d'animaux de tout espèce, mâle et femelle, est produit après une période de 56,425 ans; ils se propagent et peuplent le monde; après la révolution complète de cette période, tout est détruit et de nouveaux genres, ainsi que de nouvelles espèces de plantes et d'animaux sont reproduits, et ainsi pour toujours. Des idées analogues se trouvent dans Platon, dans Aristote et dans Sénèque.

On s'est beaucoup étonné de trouver la croyance au Déluge dans toutes les cosmogonies et dans les traditions d'un peuple même à peine civilisé, et on a voulu y voir la tradition du Déluge hébreu. Il est très-probable que la plupart de ces traditions se rattachaient à des inondations locales, mais on doit reconnaître en outre que les peuples, dans l'enfance de la civilisation, ont une fable prête pour rendre compte de tous les faits naturels inexplicables pour eux: dans toutes les parties du monde, ils voyaient en abondance des coquilles marines dans les sables des plaines et les rochers des montagnes; eh bien, les prétendues traditions de Déluge ne sont à nos yeux que l'explication convertie en fait historique du phénomène des coquilles fossiles.

Cette explication populaire était sans doute la plus simple si elle n'était la plus juste, et elle était surtout beaucoup plus rapprochée de la vérité que celle donnée plus tard par les savans; ils imaginèrent, au beau temps des disputes scholastiques, que les coquilles fossiles n'étaient autre chose que des jeux de la nature produits par une certaine puissance imitative qu'ils nommaient *plastica virtus*. Cette idée, qui nous paraît aujourd'hui si ridicule, fut combattue par les habiles naturalistes que l'Italie possédait dès le 16e siècle. La plupart, il est vrai, recouraient au Déluge pour expliquer l'origine des coquilles fossiles, mais on peut douter que ce fût parfaitement sincère; ce n'était, je crois, qu'un argument de plus en faveur de l'opinion qu'ils soutenaient avec chaleur. A cette époque, de 1600 à 1700, une nuée de théologiens descendit dans l'arène, et celui qui aurait osé nier que les fossiles prouvaient le Déluge eût été taxé d'incrédulité. Il fallut près d'un siècle pour établir que les fossiles n'étaient pas un jeu de la nature, il en fallut autant pour reconnaître qu'ils n'avaient pu être ensevelis dans les couches solides du globe par le Déluge de Noé; en faudra-t-il autant pour prouver que ce Déluge n'a pu être la cause productrice du DILUVIUM? (*Voy.* ce mot.)

Nous pouvons entrevoir dans l'avenir des causes probables de Déluges d'une immense étendue; ainsi les grands lacs de l'Amérique du nord, dont quelques uns s'élèvent de plus de 600 pieds au dessus du niveau de l'Océan et qui ont jusqu'à 1200 pieds de profondeur, peuvent couvrir un jour une partie de l'Amérique par une inondation passagère.

La dépression de l'Asie centrale, à l'est de la mer Caspienne, et à une profondeur de 100 à 300 pieds au dessous du niveau de la mer, peut donner lieu à la création d'une grande mer intérieure.

(B.)

DEMI-AIGRETTE. (ois.) On donne ce nom à *l'Ardea leucogaster*, Gm. *Voy.* HÉRON.

Plusieurs autres animaux portent des noms composés de la même manière, ainsi on a appelé:

DEMI-AMAZONE, une variété que l'on prétend être produite par le croisement du Perroquet amazone et d'une autre espèce.

DEMI-APOLLON, le papillon connu des naturalistes sous le nom de *Parnassius mnemosyne*, L.

DEMI-AUTOUR, les Autours de moyenne taille.

DEMI-BEC, des Poissons des genres ESOCE et HÉMIRAMPHE. *Voy.* ces mots.

DEMI-CHAMPIGNONS, les Champignons de la dixneuvième famille dans la méthode ridicule de Paulet.

DEMI-DEUIL, un papillon du genre Satyre, le *Satyrus galathea*, L.

DEMI-DIABLE, un insecte hémiptère du genre MEMBRACE. *Voy.* ce mot.

DEMI-LUNE, la Mouette cendrée. *Voy.* MAUVE et MOUETTE.

DEMI-PALMÉ, le *Tringa semi-palmata*, L. *Voy.* BÉCASSEAU. Enfin les doigts des oiseaux sont demi-palmés, quand la moitié de leurs phalanges sont engagées dans une membrane. (GUÉR.)

DEMI-FLEURONS, *Semi-flosculus*. (BOT. PHAN.)
Une partie des plantes de la famille des Synanthérées sont composées de petites fleurs dont la corolle, à peu près en forme de cornet, est déjetée de côté et se prolonge en une languette tronquée et dentée à son sommet. C'est ce qu'on nomme *demi-fleurons*, pour les distinguer des fleurons, qui ont leur corolle tubuleuse et régulière.

La *Chicorée*, le *Pissenlit*, la *Laitue*, portent des demi-fleurons, ainsi que toutes les plantes réunies par Tournefort sous la dénomination de *Semi-flosculeuses*.   (L.)

DEMI-MÉTAUX. (CHIM.) Ancienne et ridicule dénomination appliquée aux substances métalliques qui ne jouissaient pas de la malléabilité, de la ductilité, etc.; l'Antimoine, l'Arsenic étaient de ce nombre.   (F. F.)

DEMOISELLE. (ZOOL.) Ce nom vulgaire a été appliqué à des animaux de diverses classes; ainsi on nomme:

DEMOISELLE, la Mésange à longue queue, *Parus caudatus*, L.; le Couroucou à ventre rouge, *Trogon roseigaster*, Vieillot, et le Troupiale doré, *Oriolus xanthornus*, L.

DEMOISELLE DE NUMIDIE, *l'Ardea virgo*, Linn. *Voy.* GRUE.

Plusieurs Poissons portent aussi le nom de Demoiselle; les principaux sont le *Squalus zigæna*, L., et le *Labrus Julis*.

Enfin on donne le nom de Demoiselles aux insectes du genre des LIBELLULES. *Voy.* ce mot.
    (GUÉR.)

DENDRELLE, *Dendrella*. (ZOOPH. INF.) Genre de Psychodiées, établi par M. Bory St-Vincent aux dépens des Vorticelles de Muller. On lui assigne les caractères suivans: corps conique, s'ouvrant antérieurement en une bouche ou orifice nu, c'est-à-dire dépourvue de cirrhes ou autres organes ciliés, et terminé postérieurement par un pédicule qui tient à un système ramifié, formé d'une famille de plusieurs individus. Les Dendrelles diffèrent des CONVALLAIRES (*voy.* ce mot), en ce que leur corps, au lieu d'être campaniforme, imite, en s'amincissant par la base, un cône plus ou moins allongé, et en ce qu'elles sont solitaires; et des Vorticelles proprement dites, par l'absence de cirrhes. Sous d'autres rapports elles ont avec ces dernières beaucoup d'analogie (*voy.* VORTICELLAIRES). Ces petits animaux habitent exclusivement les eaux: ils y sont parasites sur les Conferves, les Potamots, les Cératophylles et autres plantes aquatiques. On les trouve aussi contre les piquets immergés. Ce genre comprend jusqu'ici les espèces suivantes. DENDRELLE DE LYNGBIE. On l'a découverte d'abord dans les ruisseaux de l'île de Féroé où elle adhère entre les pierres des masses globuleuses, variant de la grosseur d'un pois à celle d'une noix. M. Bory de St-Vincent l'a trouvée depuis dans plusieurs cantons européens et dans des conditions semblables. Ses filamens, simples d'abord et se bifurquant ensuite, sont confondus dans la mucosité qui les environne. Ce n'est que lorsque les corpuscules qui les supportent viennent à se détacher, que ceux-ci nagent librement dans les eaux, sans qu'on puisse deviner par quel mécanisme s'exercent leurs mouvemens. La DENDRELLE GÉMINELLE. Elle habite les Myriophylles, les Cératophylles et sur plusieurs Conferves. Son pédicule très-simple, assez long, libre et presque toujours solitaire, se fourche à l'extrémité et supporte deux urnes, dont le pédoncule propre égale à peu près la longueur, subcylindriques, ouvertes à leur extrémité, élargie en un orifice parfaitement rond et simple; sa longueur totale est presque d'une ligne. La DENDRELLE STYLLAROÏDE. Sa tige est filiforme, une ou deux fois dichotome. Les urnes sont géminées et sessiles à l'extrémité des bifurcations. Leur couleur est jaune-brun; l'urne a l'aspect d'un cornet au milieu duquel disparaît l'axe diaphane qu'on y remarque, mais où l'on aperçoit une cloison valvulaire. DENDRELLE DE MOUGEOT. Son stipe, simple ou muni d'un seul rameau, porte des urnes quelquefois solitaires, plus souvent géminées, sessiles, divergentes. La DENDRELLE BERBERINE, à pédicule droit, simple, bifide, trifide, ou produisant plusieurs rameaux fasciculés, s'élargit vers l'insertion des urnes, qui ressemblent très-bien à la baie du Vinetier. DENDRELLE DE BAKER. Elle forme dans les eaux douces de petits arbustes dont le tronc, montant, rigide et assez épais, se divise en petits rameaux dont chacun porte de quatre à six capitules dont la forme est absolument celle d'une pipe de terre; l'orifice très-ouvert est muni d'un petit rebord en forme d'anneau. M. Bory de St-Vincent, auquel nous empruntons tous ces caractères, rapproche les espèces que nous venons de nommer dans une même section, parce que toutes ont des pédicules contractiles, tandis que la dernière espèce est à pédicule subcontractile, c'est la DENDRELLE DE MULLER. Cette élégante espèce, dit encore M. Bory de St-Vincent, est longue de plusieurs lignes, et facile à distinguer à l'œil désarmé: elle forme un duvet blanchâtre sur les corps inondés par l'eau douce des lacs du nord de l'Europe. On la peut élever et conserver dans des vases; elle y présente alors sous la lentille du microscope l'un des plus élégans spectacles que puisse prodiguer la nature à l'observateur émerveillé. Ses rameaux et ses pédicules s'étendent alors en partie ou tous à la fois; ils présentent la figure d'un arbuste dont la tige simple, droite et rigide, se divise en petits rameaux ressemblant à ces plumes frisées appelées marabouts.   (P. G.)

DENDRITE. (MIN.) *Voy.* ARBORISATIONS.

DENDRITINE, *Dendritina*. (MOLL.) Genre établi par M. D'Orbigny aux dépens de ses *Hélicostèques nautiloïdes*.

Les *Hélicostèques nautiloïdes* constituent un ordre de Camérines (classe des Céphalopodes), dont les cellules sont simples et disposées en spirale, et dont les spirales s'enveloppent les unes dans les autres. Les Dendritines sont des êtres infiniment petits et peu intéressans.   (F. F.)

DENDROCITTE, *Dendrocitta*. (OIS.) C'est le nom d'un genre nouvellement formé dans la famille des Corvidés ou Corbeaux par M. J. Gould (Trans. zool. soc. Lond. , vol. 1). Ce genre ne contient que trois espèces assez voisines des Pies et appartenant toutes à l'Inde. L'une d'elles est la Dendrocitte a ventre blanc, *Dendrocitta leucogastra*, décrite et figurée par M. Gould (*loco citato*). Nous avons rapporté ses caractères dans le Bulletin zoologique de M. Guérin.   (Gerv.)

DENDROCOLAPTES. (ois.) Ce nom, qui était donné par les Grecs aux Pies, a été imposé par Herman aux espèces du genre Picucule. Vieillot l'a changé en celui de *Dendrocopus* et appliqué à une autre division.   (Gerv.)

DENDROLITHES. (min.) *Voy.* Arborisations.

DENDROLOGIE. (bot. et agr.) Partie de la science horticulturale qui s'occupe uniquement de la connaissance des arbres tant indigènes qu'exotiques; elle les considère dans leur manière d'être, de se propager, dans le sol et l'exposition qui conviennent à chacune des espèces, dans leur grandeur, la couleur et la durée du feuillage, l'époque de la floraison et de la fructification, afin d'apprendre les effets qui résultent de leur mélange, de leur association graduée, et pour en tirer le plus d'avantages possible relativement aux scènes à créer, à embellir, à perfectionner dans les jardins paysagers.

Avant que Linné eût montré les rapports existant entre les plantes herbacées et ligneuses, rapports qui ont forcé à fondre dans une science unique la connaissance des végétaux de toutes les classes, de toutes les tailles, de toutes les natures et de tous les pays, la Dendrologie ou Dendrographie et Dendranatomie, comme quelques auteurs l'appellent encore, avait inspiré plusieurs ouvrages remarquables, parmi lesquels je citerai seulement ceux de Mirzaud, publiés en 1560, de Jacques Howel, d'Aldrovandi, de Jonhston, etc. Ne confondez point avec ces livres la belle Monographie des arbres et arbustes de Duhamel du Monceau; les premiers ont vieilli, le dernier est un excellent guide pour le cultivateur.
    (T. D. B.)

DENDROPHIDE, *Dendrophis.* (rept.) Nom dérivé des mots grecs *dendron*, bois, et *ophis*, serpent, et formé pour représenter un genre d'Ophidiens voisin des Couleuvres, mais qui s'en distingue par un corps légèrement comprimé, des écailles lisses, subverticillées, fort allongées, inclinées en arrière, de manière à offrir sur le dos des sortes de chevrons, composés d'écailles quadrilatères, fort étroites, séparées sur le rachis par une série d'écailles dilatées, rhomboïdales, passant selon leur plus ou moins grand rapprochement à une forme pentagonale ou hexagonale; les lames et les lamelles abdominales et caudales sont marquées de deux carènes, et leur bord libre paraît légèrement trifolié comme chez les Couleuvres. Ces Ophidiens ont leur museau mousse, arrondi, des dents maxillaires supérieures palatines et des maxillaires inférieures; les yeux sont assez grands, à fleur de tête, la pupille circulaire; la tête est revêtue de grandes plaques. Ces Serpens, comme leur nom

l'indique, ont pour habitude de vivre sur les arbres, particularité qui les distingue, non moins que les caractères indiqués ci-dessus, des Couleuvres proprement dites. L'espèce la mieux connue est le Dendrophide brun, *Coluber fuscus*, Linn., *Bungarus filum*, brunâtre en dessus avec une raie noire, passant sur les côtés du museau, sur l'œil, où elle est très marquée, s'étendant jusque sur les côtés de la queue, où elle se perd; au dessous d'elle est une raie blanche longeant la mâchoire supérieure, et bordée sur les flancs par une seconde ligne noire qui naît vers le cou et l'accompagne jusqu'à sa terminaison vers le tiers antérieur de la queue; le ventre est blanchâtre. Ce Serpent atteint trois à quatre pieds, la queue en forme presque le tiers, il paraît assez répandu dans le littoral de l'océan des Indes, au Bengale, à Java, à la Nouvelle-Irlande, etc. Il se retrouve au Sénégal et dans l'intérieur de l'Afrique.
    (T. C.)

DENDROPLEX. (ois.) M. Swainson donne ce nom à un petit groupe d'Oiseaux de l'ordre des Passereaux.   (Gerv.)

DENSITÉ. (phys.) La Densité, qui correspond à la pesanteur spécifique (*voyez* Pesanteur spécifique), n'est autre chose que le rapport qu'il y a entre la masse d'un corps quelconque et le volume de ce même corps. On dit que deux corps sont plus ou moins denses, selon qu'ils renferment, à égal volume, plus ou moins de particules matérielles, également pesantes. On sait aussi qu'un corps poreux peut occuper plus d'espace qu'un autre corps non poreux, contenir cependant moins de molécules intégrantes que ce dernier, et par conséquent peser moins. Enfin, un corps est d'autant plus dense qu'il est plus pesant et moins volumineux; ou, en d'autres termes, la Densité est en raison directe de la masse et en raison inverse du volume.

Le poids d'un corps n'est pas le même dans tous les lieux, et la balance ne pouvait faire connaître cette variation; il a fallu avoir recours à d'autres moyens d'évaluation. C'est à l'eau pure, portée à $3°,92$, température de son maximum de Densité, qu'on rapporte la Densité des solides et des liquides, et c'est l'air à $0°$ de température, et à $0°76^m$ de pression, qui sert de terme de comparaison pour les fluides élastiques permanens et non permanens (vapeurs).   (F. F.)

DENSITÉ DE LA TERRE ET DES PLANÈTES. (géol.) On a fait connaître ce que l'on entendait par la Densité des corps, et comment on était parvenu à la déterminer pour tous les corps solides, liquides et gazeux. Trouver la Densité du globe entier pris dans son ensemble, ou sa Densité moyenne, est une question bien plus difficile, en apparence, qu'on est cependant parvenu à résoudre par divers procédés. Le principe sur lequel ils reposent tous est la loi de la *gravitation universelle*, en vertu de laquelle tous les corps s'attirent en raison directe de leurs masses, et en raison inverse du carré de leurs distances. (*Voy.* Gravitation.) Laplace était arrivé par les seules considérations astronomiques à penser que la Densité du globe terrestre croissait à mesure que l'on s'enfonçait dans son intérieur, et, en supposant que l'accroissement fût progressif jusqu'au centre, il trouvait que la Densité moyenne devait être égale à environ une fois et demie celle des couches de la surface.

Les physiciens ont cherché à déterminer directement cette Densité moyenne en comparant la force d'attraction que le globe exerce en vertu de sa masse avec les phénomènes de même nature produits par des corps dont la masse, c'est-à-dire le volume, et la Densité sont bien connues.

On conçoit que les montagnes isolées et d'un volume considérable doivent offrir, sur une assez grande échelle, un moyen de comparaison. La Condamine s'aperçut, en effet, lors des célèbres observations astronomiques qu'il fit au pied du Chimborazo, que cette montagne faisait dévier le fil à plomb de ses instrumens d'environ $\frac{9}{7}$; mais il n'en tira aucune conséquence sur la Densité de la terre, parce que cette montagne, étant volcanique, pouvait être creuse en partie, et qu'il ne voyait aucun moyen de juger de sa masse. Un physicien anglais, M. Maskeline, mit à profit l'observation de La Condamine : en l'appliquant à une montagne de l'Écosse qui, par son isolement et l'uniformité de sa composition, permettait de bien apprécier son action, il trouva qu'elle faisait dévier le fil à plomb d'environ 6″, et conclut de là que la Densité de la terre devait être d'environ le double, ou les $\frac{2}{7}^e$ de celle de la montagne. Il ne resterait donc plus qu'à connaître la Densité de celle-ci : un examen attentif de ses roches montra qu'elle devait peser deux fois et huit dixièmes autant qu'un pareil volume d'eau, ou autrement que la Densité de la montagne était 2,8. En multipliant ce nombre par $\frac{9}{7}$, on trouvait 5,o4 pour Densité de la terre, c'est-à-dire qu'elle pèse environ cinq fois autant qu'un pareil volume d'eau.

Cavendish est arrivé à déterminer cette même Densité, avec plus de précision, sans sortir de son cabinet et par un moyen très-ingénieux. Il se servit de la balance de torsion, instrument inventé par Coulomb, pour mesurer de très-petites forces. En présentant de grosses boules de plomb aux deux extrémités du bras de cette balance, il détermina leur action attractive; il l'a comparée ensuite à celle que la terre exerce dans le phénomène du pendule, action mesurée par la durée de ses oscillations, et il trouva que, la Densité de l'eau étant toujours prise pour unité, celle du globe était 5,48 ou à peu près cinq fois et demie plus grande. Les géologues doivent voir, d'après ce résultat, que la Densité des couches terrestres ne croit que d'une manière absolument insensible, à mesure que l'on pénètre vers l'intérieur du globe, puisqu'à la moitié du rayon terrestre elle est tout au plus le double de celle des masses qui composent son écorce extérieure.

Cette question nous semblait sans doute bien difficile à résoudre; mais de là à déterminer combien pèse la Lune, le Soleil et les Planètes, le pas doit sembler immense; on y est cependant parvenu. Pour la Lune, on s'est servi du phénomène des marées, en comparant l'attraction de cet astre à celle exercée par la terre. On a reconnu que la Densité de la Lune n'est que les o,615 ou environ les $\frac{2}{3}$ de celle de notre globe, c'est-à-dire 3,3, par rapport à la Densité de l'eau : en comparant à ces astres des substances connues, on peut dire que la Lune a, à peu près, une Densité moyenne égale à celle du diamant, tandis que celle de la terre est intermédiaire entre la Densité des métaux les plus légers et des pierres les plus pesantes.

La Densité du Soleil n'est que le quart de celle de la terre, quoique sa masse soit 355 mille fois plus grande; on peut la comparer à celle de la houille compacte. Cette faible Densité, dans un astre d'un volume aussi énorme, exige que par l'effet d'une chaleur intense la matière solaire acquière une élasticité capable de résister à la pression immense qu'elle supporte.

Mercure, la planète la plus voisine du Soleil, a une très-grande Densité, quinze fois celle de l'eau, c'est un peu plus que celle du métal qui porte le nom de cette planète. Vénus, qui dans tous ses élémens présente le plus de rapports avec la terre, a la même Densité, à peu de chose près. Mars, qui vient ensuite, n'a que la Densité des bois médiocrement pesans. Jupiter est aussi dense que le Soleil ; mais Saturne ne peut être comparé à cet égard qu'aux bois les plus légers, et l'on ne peut douter que les Comètes n'aient une Densité infiniment moindre.   (B.)

DENT, *Dens.* (ZOOL.) Ce mot est employé comme nom spécifique pour désigner quelques espèces de diverses classes. Ainsi l'on appelle vulgairement DENT DE CHIEN ou DENT DE LOUP, un poisson du genre CYNODON. DENT DOUBLE, un Lutjau, DENT D'ÉLÉPHANT, une DENTALE. *V.* ce mot, etc.
         (GUÉR.)

DENT DE LION. (BOT. PHAN.) Nom vulgaire du *Taraxacum Dens-Leonis. V.* TARAXACUM.
         (GUÉR.)

DENTAIRE, *Dentaria.* (BOT. PHAN.) Genre de la famille des Crucifères, Tétradynamie siliqueuse de Linné, établi par Tournefort, et adopté par les modernes. Son nom vient de la forme de ses racines, espèces de souches tubéreuses en quelque sorte dentées par des écailles. Il a pour caractères : sépales oblongs, connivens, caducs; pétales onguiculés, planes; anthères légèrement sagittées; stigmates émarginés; silique ensiforme, à valves planes, sans nervures; graines ovoïdes, unisériées. Ces caractères placent la Dentaire dans la tribu des Arabidées de De Candolle, près des Cardamines, dont elle diffère par son stigmate échancré et formant une corne au bout de la silique.

Les Dentaires sont des herbes à feuilles alternes, à fleurs en corymbes ou grappes terminales, blanches ou violacées. On en compte seize espèces (selon De Candolle) indigènes de l'Amérique du nord, de l'Asie septentrionale, et de quelques parties des Alpes. Les deux suivantes se trouvent dans les contrées montueuses de la France.

La Dentaire digitée, *D. digitata*, Lamarck, a des feuilles composées de cinq folioles unies par leur base, en forme de digitation, ce qui la distingue complétement de toutes les autres espèces. Ces fleurs sont grandes, et purpurines ou violettes.

La Dentaire pinnée, *D. pinnata*, se distingue par ses feuilles ailées à cinq ou sept folioles. Ses fleurs sont ordinairement blanches. Elle est commune au Mont-d'Or.

Parmi les autres espèces, nous citerons la *Dentaria enneaphylla*, ou plutôt *triphylla*, car elle ne porte réellement que trois feuilles, composées chacune de trois folioles; la *D. bulbifera*, qui a des bulbes aux aisselles de ses feuilles, etc.

En général les Dentaires ont un goût âcre et piquant; une espèce de la Caroline sert d'assaisonnement dans le pays.   (L.)

DENTALE. (ANNÉL.) Genre peu connu, placé généralement, et avec doute cependant, surtout de la part de Cuvier, dans la classe des Annelées tubicoles, par d'autres dans celle des Mollusques, et que l'auteur du Règne animal caractérise ainsi : coquille en cône allongé, arquée, ouverte aux deux bouts, et que l'on a comparée en petit à une corne d'éléphant; animal sans articulation sensible, ni soies latérales, mais ayant en avant un tube membraneux renfermant une sorte de pied ou d'opercule charnu et conique; sur la base de ce pied est une tête petite et aplatie, et sur la nuque sont des branchies en forme de plumes.

Lamarck, qui fait aussi du genre Dentale une Annélide de l'ordre des Sédentaires et de la famille des Maldonies, le décrit de la manière suivante : corps tubicolaire très-confusément connu, ayant son extrémité antérieure extensible en bouton conique entouré d'une membrane en anneau; bouche terminale; extrémité postérieure de la tête évasée orbiculairement, à limbe divisé en cinq lobes égaux; tube testacé, presque régulier, légèrement arqué, atténué insensiblement vers son extrémité postérieure, et ouvert aux deux bouts.

Enfin Savigny, qui, dans cette partie de l'histoire naturelle, peut faire autorité, assigne au genre Dentale, qu'il rejette de la classe des Annélides, des caractères entièrement différens de ceux que nous venons de décrire. Nous allons laisser parler l'auteur lui-même. « J'ai sous les » yeux, dit-il, l'animal du *Dentalium eutalis*, que » M. Leach vient de m'envoyer, et je ne lui trouve » pas à l'extérieur le moindre vestige d'articula- » tion; il n'a certainement ni pieds ni soies. C'est » un animal très-musculeux, de forme conique » comme sa coquille, très-lisse et très-uni dans son » contour, terminé postérieurement par une queue » distincte, roulée en demi-cornet, au fond de la- » quelle est l'anus; la grosse extrémité du corps est » tronquée, avec une ouverture voûtée assez sem- » blable à la bouche d'un Trochus, de laquelle sort » un panache conique, produit par l'entrelace-

» ment d'une innombrable quantité de petits ten- » tacules filiformes, très-larges, terminés tous en » massue. L'animal est en outre pourvu d'une » trompe et déploie, après son complet développe- » ment, un luxe de tentacules beaucoup plus grand » encore que celui que l'état de contraction laisse » d'abord supposer. Le tube intestinal, qui descend » entre deux énormes colonnes de muscles, paraît » aller droit à l'anus et n'être accompagné d'au- » cun viscère remarquable. »

Les habitudes des Dentales sont peu connues. Ces animaux se rencontrent principalement sur les côtes sablonneuses des mers des pays chauds, où ils vivent plus ou moins enfoncés verticalement dans la vase.

Les Dentales, vivant actuellement en assez grand nombre dans nos mers, pourraient être divisées en deux ou trois sections établies sur l'état de la surface des tubes, qui sont tantôt *lisses*, tantôt *striés*, et tantôt *anguleux* ou *polygones*. (F. F.)

DENTALINES. (MOLL.) Genre établi par M. d'Orbigny aux dépens de la famille des Stycostègues, ordre des Camérines, dans les Céphalopodes, dont les cellules sont simples et enfilées sur un seul axe droit ou peu courbé.   (F. F.)

DENTÉ, *Dentex*. (POISS.) Cuvier désigne sous le nom générique de Denté, des Sparoïdes qui ont un caractère facile à saisir dans leurs dents coniques aux deux mâchoires et sur une seule rangée, et dont quelques unes s'allongent en grands crochets. Ces poissons se lient étroitement aux Léthrynus pour leurs dents également en crochets; mais leurs joues écailleuses les en distinguent de suite. Tous les poissons du genre qui nous occupe vivent de préférence parmi les rochers, et leur chair est généralement estimée. La Méditerranée en nourrit deux espèces.

Le Denté ordinaire, *Dentex vulgaris*, Bl., 268. Ce Denté a le corps ovale, allongé, un peu plus courbé sur le dos que sur le ventre. Son corps est d'une couleur argentine, se nuançant sur le dos en bleu céleste, et orné de points bleuâtres sur les côtés; l'or, l'argent se réfléchissent par ondes sur le museau; ses pectorales et sa caudale sont rougeâtres. Risso assure que ce poisson atteint trois pieds de longueur et pèse alors vingt livres. On le nomme à Marseille *Denté*, à Montpellier *Marmo*, à Nice *Lenté*, à Rome *Dentole*, à Venise *Dental*, et les vieux *Dentai*.

Le Denté a gros yeux, *Dentex macrophthalmus*, Cuv. Bl., 272. Beaucoup plus rare que l'espèce précédente, et reconnaissable à la grandeur de ses yeux. Sa couleur est uniformément rouge; son sous-orbitaire et le dessous de la mâchoire sont argentés.   (ALPH. G.)

DENTÉ, *Dentatus*. (ZOOL. BOT.) Cette dénomination s'applique aux organes des animaux et des plantes qui, sur les bords, sont garnis de petites saillies pointues qui ne s'inclinent ni d'un côté ni de l'autre. Ainsi les feuilles, les aigrettes, les calices, le pollen, les stipules peuvent être Dentés. Le mot dentelé est synonyme de Denté en anatomie humaine; plusieurs muscles ont reçu, en raison de leur configuration, le nom de *Dentelés*.   (P. G.)

DENTELAIRE, *Plumbago.* (BOT. PHAN.) Genre de plantes herbacées ou ligneuses, à feuilles semi-amplexicaules, à fleurs en épis terminaux, de couleur rose, blanche ou bleue. Il a été composé par Tournefort, et est devenu, depuis ce père de la botanique, le type d'une famille naturelle, les Plumbaginées. Il appartient à la Pentandrie monogynie, L., et présente pour caractères : calice tubuleux, à cinq dents, constamment hérissé de glandes plus ou moins visqueuses ; corolle infundibuliforme, à cinq segmens ovales (quelques auteurs considèrent cette corolle comme un second calice, et rangent par conséquent la Dentelaire parmi les plantes apétales) ; cinq étamines hypogynes, à filets élargis à leur base et entourant l'ovaire ; un style à cinq stigmates ; une capsule, s'ouvrant par le sommet en cinq valves, et renfermant une seule graine.

La principale espèce de ce genre est la DENTELAIRE D'EUROPE, *Plumbago europæa*, appelée *Malherbe* dans le midi de la France. C'est une herbe d'environ deux pieds, à tige droite, cannelée et rameuse ; ses feuilles sont ovales, un peu ondulées, légèrement velues en dessous et sur les bords : les fleurs, purpurines ou bleuâtres, sont ramassées en bouquets au sommet des branches. Cette plante est très-âcre, et sa racine s'emploie efficacement comme détersive dans les affections psoriques.

La DENTELAIRE A TIGES SARMENTEUSES, *Plumbago scandens*, partage les propriétés de la précédente. Ses fleurs sont d'un bleu pâle très-agréable. On la cultive dans les serres chaudes, ainsi que la DENTELAIRE ROSE, *Plumbago rosea*, dont les tiges sont articulées inférieurement.

DENTELAIRES. (BOT. PHAN.) *Voyez* PLUMBAGINÉES.   (L.)

DENTELLE DE MER. (ZOOPH. POLYP.) C'est le nom vulgaire de diverses espèces des genres MILLÉPORE, ESCHARE, FLUSTRE, etc. *V.* ces mots.

DENTELLE DE VÉNUS. (ZOOPH. POLYP.) Nom de l'*Anadyomena flabellata* de Lamouroux.

DENTICULÉ. *V.* DENTÉ.   (GUÉR.)

DENTIROSTRES. (OIS.) Cuvier (Règ. anim.) a donné ce nom, qui signifie bec denté, à une famille ou sous-ordre de l'ordre des Passereaux ; les oiseaux de ce sous-ordre ont pour caractère unique d'avoir, de chaque côté de l'extrémité de la mandibule supérieure, une dentelure ou plutôt une échancrure plus ou moins évidente selon les espèces. Les Passereaux dentirostres sont extrêmement nombreux, et très-difficiles à répartir en genres ; ils sont pour la plupart insectivores ; quelques uns d'entre eux vivent de graines, d'autres attaquent des proies vivantes qu'ils choisissent parmi les animaux des classes supérieures, telles sont par exemple certaines Pies-grièches, etc., qui chassent aux oiseaux et même aux petits quadrupèdes.

Les principaux groupes admis parmi les Dentirostres de Cuvier sont les suivans :

1° Les Pies-grièches, Vangas, Langrayens, Cassicans, Bécardes, Choucaris, Pardalottes, Pies-grièches proprement dites, etc. ; 2° les Gobe-mouches, Tyrans, Moucherolles, Platirhynques, Céphaloptères, Cotingas, Drongos, etc. ; 3° les Tangaras, Euphones et Ramphocèles ; 4° les Merles, Grives, Crinons, Fourmiliers, Cinles, Philédons, et Mainates ; 5° les Martins ; 6° les Chocards ; 7° les Loriots ; 8° les Goulins ; 9° les Lyres ; 10° les Becs-fins, Traquets, Rubiettes, Fauvettes, Roitelets, Troglodytes, Bergeronnettes, Farlouses ; 11° Manakins ; 12° Eurylaimes.

Tous les ornithologistes n'ont pas entièrement adopté cette disposition, il en est même plusieurs, tels que Vieillot, Temminck, etc., qui l'ont complétement rejetée. Quelques autres, ce sont M. Isid. Geoffroy, Lesson, Ch. Bonaparte, et de M. la Fresnaye, ont cherché à lui faire subir quelques modifications ; ils se sont principalement attachés à faire voir que le caractère employé par Cuvier n'a pas autant de valeur qu'on lui en a accordé, et que souvent, si l'on veut se laisser guider par lui d'une manière rigoureuse, ont est forcé de rompre les rapports naturels ; car il arrive que des oiseaux en tout semblables, quant aux mœurs, aux caractères généraux et souvent même à la coloration, diffèrent néanmoins en ce que les uns ont le bec échancré, tandis que les autres l'ont uni. C'est, pour citer un exemple entre dix, ce que nous présentent les Craves ou Choucas et les Chocards en troupes, et que l'illustre auteur du Règne animal a classés dans deux sous-ordres très-différens, séparés par plus de soixante-dix genres. (*Voyez* CHOCARD.) Nous ajouterons aussi que des oiseaux à bec distinctement échancré ont cependant été rapportés à un sous-ordre autre que celui des Dentirostres, le plus souvent à celui des Conirostres, Cuv. Telle est, comme l'indique M. Isidore Geoffroy (Mém. sur les caract. en Ornith., Nouv. Ann. Mus., 1), une espèce du genre Mésange, et, comme Cuvier l'a lui-même reconnu, le Rollier de la Chine, *Coracias sinensis*, Lath.

A cette liste, qu'on pourrait accroître beaucoup plus encore, nous joindrons seulement le Geai à ventre blanc, *Garrulus leucogastra*, *Garrulus bispecularis*, Gould et aussi le Moineau domestique, *Fringilla domestica*, L., qui présente tantôt une, tantôt deux échancrures tout aussi distinctes que celles de la plupart des Dentirostres. Ce fait paraît singulier au premier abord ; mais il le devient moins si l'on considère que les Passereaux CONIROSTRES (*voy.* ce mot), dont les Fringilles forment le principal groupe, sont intimement liés aux Dentirostres et en particulier aux Tangaras par les Grosbecs, etc., à tel point qu'il est plusieurs espèces que l'on a placées successivement parmi les Grosbecs et parmi les Tangaras, et dont le genre est encore aujourd'hui incertain. *Voy.* le mot PASSEREAUX.   (GERV.)

DENTITION. (ZOOL.) On désigne ainsi l'ensemble des phénomènes qui ont lieu pendant les diverses périodes de la formation des DENTS. *V.* ce mot.

DENTS. (ZOOL.) Organes extrêmement durs, d'apparence osseuse, qui garnissent les mâchoires à l'orifice antérieur du canal digestif, et servent, chez la plupart des animaux, à saisir, retenir, diviser, broyer les alimens, et qui, chez quelques uns, sont encore de véritables armes offensives et défensives. Les Dents, au premier aspect, ressemblent à de petits os ; elles diffèrent cependant de ceux-ci par leur organisation : les os vivent et se nourrissent sans cesse ; les Dents, au contraire, ne sont pas le siége d'un mouvement nutritif, et les matériaux dont elles sont formées ne se renouvellent pas ; elles sont le produit d'une sécrétion. Les organes qui les sécrètent sont de petits sacs membraneux, nommés *capsules* ou *matrices*, au fond desquels on rencontre un petit noyau pulpeux, appelé *germe*, et qui semblent essentiellement formés de filets nerveux et d'un grand nombre de vaisseaux sanguins. Ce germe laissant transsuder une humeur gélatineuse qui remplit la capsule, bientôt on voit se déposer à la partie supérieure de sa surface quelques granulations pierreuses qui se multiplient et se confondent en enveloppant le noyau pulpeux dont elles proviennent. Cette enveloppe résistante se moule exactement sur le germe. Le volume de la Dent s'augmente ainsi par l'addition de couches pierreuses successives et concentriques, et le germe se trouve renfermé dans un canal qui occupe le milieu de ce corps, et diminue progressivement. Lorsque le germe n'adhère au fond de la capsule que par un seul point, la Dent ne se termine que par un seul tube ou racine ; mais lorsqu'il y tient par plusieurs points, la matière pierreuse qu'il sécrète, pénètre entre les pédoncules, enveloppe le dessous du noyau et forme alors, en se prolongeant, autant de tubes ou de racines qu'il y a de points d'adhérence.

Toute cette partie centrale, sécrétée par le germe, se nomme l'*ivoire*. En même temps qu'il se dépose, par lames, dans l'intérieur de la Dent, la surface de celle-ci se couvre d'une autre substance, que sécrète la capsule et qu'on appelle l'*émail*. C'est d'une multitude de petites vésicules, disposées avec ordre vers la partie supérieure du sac membraneux qui enveloppe le germe, que s'épanche, en petites gouttelettes, une liqueur particulière s'épaississant ensuite pour former cette espèce de vernis d'un blanc laiteux et très-dur. Ce qui distingue essentiellement l'une de l'autre ces deux parties constituantes des Dents, c'est que le tissu de l'émail est compacte et fibreux et que sa dureté est si grande que cette substance fait feu comme un caillou. L'émail et l'ivoire composent seuls les Dents de l'homme et des animaux carnivores, mais chez les herbivores on rencontre une troisième substance qui recouvre l'émail et que par cette raison on nomme *corticale*. Elle se dépose, comme l'émail, par une sorte de cristallisation, mais avec cette différence qu'au lieu de se présenter d'abord sous forme de lame unie et continue, elle se cristallise plus confusément et par petites masses. Elle est sécrétée par la capsule et présente beaucoup d'analogie avec l'ivoire. La composition chimique de l'ivoire présente avec celle de l'émail des différences notables. La première de ces substances est formée de gélatine mêlée à du phosphate de chaux, et contenant aussi une petite quantité de carbonate de chaux. L'émail est formé en très-grande proportion de phosphate de chaux (environ 72 pour cent), de vingt pour cent de matière animale et de huit parties de carbonate de chaux. Selon quelques chimistes, on y rencontrerait aussi une très-petite quantité de fluate de chaux.

Nous avons dit comment les Dents se développaient et comment elles étaient composées. A mesure que de nouvelles couches, soit d'émail, soit d'ivoire, ajoutent à leur développement, elles se rapprochent du bord de la mâchoire, font saillie à travers la gencive, et montrent ainsi à l'extérieur une de leurs extrémités, tandis que celle qui est formée en dernier reste cachée dans l'intérieur de la mâchoire. La partie saillante au dehors a reçu le nom de *couronne*; celle qui demeure cachée se nomme la *racine*; on appelle *collet* le point où toutes deux se réunissent. Enfin on a donné le nom d'*alvéole* à la cellule osseuse dans laquelle est implantée la racine de la Dent. La *couronne* est recouverte d'émail ; la racine en est dépourvue, la portion de la capsule qui sécrète ce vernis pierreux ne se trouvant en rapport qu'avec la partie supérieure de la Dent, et ne descendant pas jusqu'au pédoncule ; il en résulte que cette partie supérieure en est seule protégée, lorsque sa situation et ses usages exigeaient pour elle seule cette protection. A l'instant où, pour l'enfant, il devient nécessaire d'associer au lait, sa première nourriture, des substances alimentaires plus solides, la nature prévoyante arme les mâchoires de pièces indispensables à la trituration des corps alimentaires. C'est alors que vingt Dents, dix à chaque mâchoire, se présentent successivement deux à deux dans un ordre et à des époques déterminés, et à peu près constans. Ces vingt premières Dents forment ce qu'on appelle la *première dentition* ; destinées à être remplacées par celles de la seconde, on leur a donné le nom de Dents temporaires ou Dents de lait ; celles de la seconde dentition, au nombre de trente-deux, ont reçu le nom de Dents de remplacement. Ces Dents diffèrent par leur forme, et ont reçu en raison de cette différence des noms divers ; on les divise en trois classes : 1° les *incisives* au nombre de huit, quatre à chaque mâchoire ; ainsi nommées, parce que la couronne, taillée en biseau, présente la forme d'un coin tranchant ; 2° les *canines* au nombre de quatre (une de chaque côté et à chaque mâchoire), offrant une racine plus longue que celles des autres Dents et une couronne conoïde aiguë ; disposition qui les rend propres à déchirer ; 3° Les *molaires*, au nombre de vingt (cinq de chaque côté à chaque mâchoire), sont remarquables par leur volume plus considérable, leur couronne tuboïde dont l'extrémité libre est munie de tubercules ou pointes. Les plus petites, au nombre de huit, quatre pour chaque mâchoire, s'appellent *petites molaires* ; les douzes dernières, plus volumineuses, ont reçu le nom de *grosses mo-*

laires. Les premières n'ont ordinairement qu'une racine, les autres en comptent deux ou trois.

L'éruption des Dents de la première dentition commence vers le sixième mois après la naissance et se termine à quarante mois environ. Du quatrième au dixième mois apparaissent ordinairement les incisives moyennes inférieures, bientôt après les incisives moyennes supérieures ; du huitième au seizième mois, les incisives latérales inférieures, puis les incisives latérales supérieures ; du quinzième au vingt-quatrième, les premières molaires inférieures et supérieures ; du vingtième au trentième les canines inférieures, puis les supérieures ; enfin du vingt-huitième au quarantième mois apparaissent les secondes grosses molaires qui complètent les vingt Dents de lait. « Ainsi, dit M. Martin St-Ange auquel nous empruntons cet exposé (*voy.* Traité élémentaire d'Histoire naturelle par G. J. Martin St-Ange et F. E. Guérin, deux forts vol. in-8° avec 160 planches, chez Arthus Bertrand), en divisant le nombre des mois par le nombre des Dents, on a deux mois pour l'apparition de chaque Dent, ce qui donne d'une manière approximative l'âge de l'enfant. En effet, il se trouve avoir environ huit mois lorsqu'il a quatre Dents incisives ; seize mois à l'époque où les huit incisives sont dehors ; deux ans lorsqu'il présente, en outre, les premières petites molaires ; les Dents canines lui donnent huit mois de plus, et les dernières molaires ses trois ans quatre mois.» Cette théorie, fort ingénieuse sans doute, est loin d'être applicable dans tous les cas, ainsi que le remarquent les auteurs que nous venons de citer ; elle est soumise à de nombreuses exceptions, Quant à ce qui est relatif à la seconde dentition, ajoutent-ils, il faut remarquer que vingt Dents sont de remplacement, et douze nouvelles. Les premières grosses molaires se montrent d'abord et apparaissent de la cinquième à la septième année ; elles semblent présider, si l'on peut s'exprimer ainsi, aux deux dentitions ; car elles font suite aux Dents de lait, avec lesquelles elles coexistent quelque temps, et elles précèdent de beaucoup les Dents permanentes. La première grosse molaire existe déjà très-développée dans les mâchoires d'un enfant de six à huit mois environ, époque à laquelle les germes des huit dernières molaires ne sont pas encore visibles. A cette époque existent, aussi cachées dans les alvéoles, les incisives et les canines de la seconde dentition ; mais comme elles sont situées plus profondément que les premières grosses molaires, il en résulte que celles-ci sortent avant. Après la sortie des premières grosses molaires, l'on voit apparaître les deux incisives moyennes inférieures de six à huit ans ; puis les incisives moyennes supérieures de sept à neuf ; les incisives latérales de huit à dix ; les premières petites molaires de neuf à onze ; les canines de dix à douze ; les deuxièmes grosses molaires de douze à quatorze ; enfin les troisièmes grosses molaires, de dix-huit à trente ans.

D'après les savantes recherches zoologiques sur les Dents des mammifères par M. Frédéric Cuvier,

les deux petites molaires de la première dentition sont remplacées par deux fausses molaires. Il est évident, en effet, qu'à part la forme différente de la couronne, le volume des deux petites molaires de lait est presque double de celui des molaires de remplacement. Or, s'il est vrai, dit M. Martin St-Ange, et cela nous paraît démontré par les ingénieuses recherches de M. Miel, que le même espace alvéolaire de chaque mâchoire renferme, à des époques différentes, les vingt Dents de lait et les vingt Dents de remplacement, il doit nécessairement arriver que les petites molaires, ou fausses molaires de M. Cuvier, seront obligées de se contenter, si l'on peut parler ainsi, de l'espace que leur laissent les incisives et les canines de la seconde dentition. Cela devient plus évident encore, si l'on considère que les molaires de sept ans, les plus grosses de toutes, parce qu'elles ne sont point gênées dans leur développement, se montrent avant l'éruption de la seconde dentition, et qu'alors elles servent, pour ainsi dire, de bornes, ce qui détermine M. Martin St-Ange à leur donner le nom de molaires limitrophes. Ces mêmes Dents limitent l'espace destiné aux dernières molaires, de sorte que le développement de celles-ci est subordonné à l'accroissement plus ou moins rapide et plus ou moins grand de la partie la plus reculée des os maxillaires. Des nerfs, des artères, des veines, pénètrent dans l'intérieur des Dents ; les uns et les autres, suivant une direction semblable, ont reçu le nom de nerfs, d'artères et de veines dentaires.

Presque tout ce que nous avons dit jusqu'ici du développement, du nombre, de la forme des Dents, s'applique plus particulièrement à l'homme. Dans les diverses espèces d'animaux, la disposition des Dents varie suivant que ces êtres doivent se nourrir de substances animales ou végétales, de chairs molles ou de petits animaux revêtus d'une enveloppe coriace et même cornée, comme les insectes, de plantes fraîches et tendres, ou de branches plus ou moins dures ; ces différences sont assez notables pour qu'au premier aspect on puisse indiquer d'une manière certaine les mœurs et la structure de la plupart des mammifères. Ainsi chez les carnivores les molaires sont comprimées et tranchantes, de façon à agir les unes contre les autres, comme les lames d'une paire de ciseaux ; chez ceux qui vivent d'insectes, ces Dents sont hérissées de pointes contiguës qui se correspondent, de manière que les unes s'emboîtent dans les intervalles que les autres laissent entre elles. Les Dents des frugivores sont garnies de tubercules mousses ; celles des herbivores, destinées à broyer des substances végétales plus ou moins dures, se terminent par une large surface aplatie et rude comme celle d'une meule. Chez tous ces animaux, l'existence des molaires est plus constante que celle des incisives ou des canines, et en effet ce sont les plus utiles. Ces dernières, indispensables pour saisir et déchirer une proie vivante, se remarquent constamment chez les carnassiers ; mais elles manquent chez plusieurs herbivores.

En

En examinant les espèces animales qui se rapprochent le plus de l'homme, on voit que la plupart des Singes offrent le même nombre de Dents que chez celui-ci, tant pour les Dents de lait que pour les Dents permanentes. Il en est cependant plusieurs espèces chez lesquelles ce nombre est plus considérable, telles que les Alouates, les Atèles, les Sajous, les Saïmiris, les Fakis, qui en ont trente-six. Mais leur mode de formation est le même que chez l'homme. Ne pouvant ici indiquer toutes les différences qu'on remarque dans les nombreuses espèces comme dans les divers genres, nous dirons en résumé que dans l'ordre des Quadrumanes, la famille des Singes présente en général quatre Dents incisives, verticales, à chaque mâchoire; les molaires sont garnies seulement de tubercules mousses; que les Ouistitis ont, comme les Singes, quatre Dents incisives à chaque mâchoire, mais qu'elles sont obliques et proclives, surtout à la mâchoire supérieure, et que leurs molaires sont remarquables par l'apparence des tubercules qui s'engrènent comme dans les insectivores. Dans l'ordre des Carnassiers, les Chéiroptères présentent des Dents molaires à couronne plate ou hérissée de pointes coniques; elles offrent cette dernière disposition dans la famille des Insectivores, et sont tranchantes dans celle des Carnivores; toutefois parmi ces derniers la partie tranchante des Dents molaires est moins considérable que la surface tuberculeuse de ces mêmes Dents lorsqu'ils ne se nourrissent pas exclusivement de chair. C'est ce qu'on peut voir dans l'Ours, tandis que chez les Lions, les Tigres, les Chats, toutes ces Dents, à l'exception d'une, sont au contraire tranchantes. Chez eux on a distingué les Dents en *fausses molaires*, ce sont celles qui suivent la canine et qui sont petites, tranchantes et pointues; en *Dent carnassière*; celle de la mâchoire supérieure placée après les fausses molaires est plus grosse que les autres, elle est ordinairement pourvue d'un talon tuberculeux; la Dent correspondante à la mâchoire inférieure porte le même nom; enfin les *tuberculeuses*, situées au fond de la mâchoire, sont presque entièrement plates, plus petites que les autres, et servent à mâcher l'herbe que ces animaux avalent quelquefois. Le nombre de ces Dents tuberculeuses coïncidant avec des dispositions plus ou moins sanguinaires, a servi à la classification. Dans l'ordre des Rongeurs, les incisives sont séparées des molaires par un espace vide; elles sont remarquables par leur longueur, leur force et la manière solide dont elles sont implantées dans les alvéoles; leur extrémité est taillée en biseau tranchant, et elles n'ont point de racines; mais elles continuent toujours à croître; il en résulte que si chacune d'elles ne s'usait incessamment en se frottant avec la Dent correspondante, elles acquerraient une longueur considérable; c'est ce qui arrive en effet lorsque l'une d'elles est enlevée; celle qui lui correspond croît toujours et finit par devenir monstrueuse. Les Dents molaires des rongeurs ont une couronne large et plate; les tubercules qu'elles

présentent d'abord s'usent à la manière des incisives, et leur surface devient tout-à-fait plane. Les Muséides, qui forment une tribu de cet ordre, ont les incisives inférieures pointues. L'ordre des Édentés emprunte son nom de l'absence des Dents sur le devant de la bouche; leurs canines sont aiguës et assez longues, et leurs molaires ont la forme de cylindres, au moins pour ce qui regarde la famille des Tardigrades; celle des Édentés ordinaires manque non seulement d'incisives, mais encore de canines et quelquefois de molaires; les fourmiliers en sont tout-à-fait privés. Parmi les Monothrèmes, il en est qui manquent complétement de Dents; chez ceux qui en sont pourvus, elles ont une structure bien différente de celle des Dents ordinaires: elles sont enchâssées dans les mâchoires, et en quelque sorte appliquées à la surface. L'ordre des Marsupiaux présente sous le rapport du système dentaire des différences nombreuses: les uns sont pourvus d'incisives, de canines, de molaires tuberculeuses, tandis que d'autres ressemblent aux insectivores, aux rongeurs ou aux édentés. L'ordre des Pachydermes mérite peut-être de fixer long-temps notre attention relativement au sujet qui nous occupe; les éléphans, seul genre de la première famille de cet ordre, tirent leur principal caractère zoologique de leurs Dents molaires, dont le corps se compose d'un certain nombre de lames de substance osseuse enveloppées d'émail et liées ensemble par de la substance corticale. La manière dont ces Dents se succèdent les rend aussi remarquables que leur organisation. Tandis que chez l'homme et chez les autres mammifères les Dents de remplacement succèdent verticalement aux Dents de lait, chez l'éléphant c'est d'arrière en avant que cette succession a lieu, de manière qu'à mesure qu'une mâchelière s'use, elle est en même temps poussée en avant par celle qui la doit remplacer.

Il en résulte que l'animal a tantôt une, tantôt deux mâchelières de chaque côté, selon les époques, et on assure que ce changement s'opère jusqu'à huit fois. Les défenses ne se renouvellent qu'une fois. Ces défenses sont les incisives de la mâchoire supérieure; elles prennent un accroissement extrême, se recourbent en bas et en avant. Chez les éléphans les canines manquent, et à la mâchoire inférieure il n'y a que des molaires. Les défenses de l'éléphant des Indes sont ordinairement assez courtes, celui d'Afrique en porte qui ont quelquefois huit pieds de long. Aussi est-ce d'Afrique qu'on lève tout l'ivoire que notre industrie emploie sous tant de formes et applique à tant d'usages. L'appareil dentaire des Hippopotames se compose de quatre incisives à chaque mâchoire, dont les inférieures sont longues et couchées en avant; de canines très-grosses, qui s'usent l'une contre l'autre, et dont l'inférieure est recourbée en haut; enfin de six mâchelières partout, précédées en haut d'une petite fausse molaire rudimentaire. Chez les Cochons les canines sortent de la bouche et se recourbent l'une et l'autre vers le haut et forment ainsi de puissantes défenses. Les incisives sont au nombre de quatre ou de six à la mâchoire supérieure et de six à l'inférieure, où elles sont couchées en avant ; enfin les mâchelières, au nombre de vingt-quatre à vingt-huit, sont tuberculeuses au fond de la mâchoire et tranchantes en avant ; les défenses des Sangliers sont prismatiques, recourbées en dehors et un peu en haut ; elles sont dépourvues de racines. Le genre Cheval, de la famille des Solipèdes, qui appartient à cet ordre, porte à chaque mâchoire six incisives, suivies de chaque côté d'une canine, qui manque souvent chez les femelles, à la mâchoire inférieure surtout, et d'une série de six molaires à couronne carrée, marquée de quatre croissans formés par les lames d'émail qui s'y enfoncent ; entre les canines et les molaires se trouve un grand espace vide qu'on nomme les *barres*. Les changemens qui marquent les diverses époques de la dentition du cheval, servent à faire reconnaître l'âge de ces animaux ; mais l'histoire complète de ces changemens appartient à l'article Cheval. Les animaux qui composent l'ordre des Ruminans n'ont, en général, aucune Dent incisive à la mâchoire supérieure ; ils en ont huit à la mâchoire inférieure, d'autant plus développées qu'elles se rapprochent plus du centre. Elles sont toutes taillées en biseau aux dépens de leur face interne. La couronne est très-distincte de la racine, qui est fusiforme. Le bœuf n'a pas de canine, ainsi que le pasan, le chamois, le coame, le bubal, le belier, le bouc, la girafe, tandis qu'on en trouve chez les chevrotins, les cerfs, les chevreuils, le renne, etc. Les chameaux, les lamas, les vigognes ont non seulement une canine de chaque côté, mais aussi deux incisives à la mâchoire supérieure, placées sur les côtés et ressemblant à des canines. Dans l'ordre des Cétacés, ceux qui composent la famille des Cétacés herbivores portent des Dents molaires à couronne plate, tandis que ceux qui font partie de la famille des souffleurs ont la bouche armée de Dents aiguës lorsqu'il en existe. Le système dentaire des principaux reptiles diffère essentiellement de celui des animaux que nous venons de passer en revue. Ainsi que nous l'avons fait pour ceux-ci, nous nous contenterons de citer quelques exemples pris parmi les plus remarquables, et nous les emprunterons en partie à l'excellent traité d'anatomie comparée du système dentaire par le docteur Em. Rousseau. Les crocodiles, dit cet anatomiste, naissent avec le nombre de Dents qu'ils doivent avoir toute leur vie ; mais leur volume augmente jusqu'à ce que ces animaux aient atteint leur croissance, pendant laquelle ils changent assez souvent de Dents : elles sont coniques et plus ou moins droites. Elles n'ont rien de venimeux, sont très-nombreuses, et quand ils ferment la gueule, elles s'engrènent l'une dans l'autre.

Le lézard vert ocellé n'a pas ses Dents implantées dans les alvéoles comme le crocodile ; elles sont juxta-posées au bord interne des maxillaires et néanmoins conoïdes, échancrées à la face interne de leur base, à laquelle on voit de très-petits germes dentaires qui doivent remplacer celles qui tombent. Le lézard vert a des Dents palatines soudées aux os du palais et qui ne se renouvellent pas : elles sont destinées probablement à empêcher que la proie qui leur sert de nourriture ne puisse rétrograder et leur échapper. Les Dents de la couleuvre à collier sont soudées aux os qui les supportent et de forme conique, très-aiguës, creuses dans leur intérieur, en sorte que quand elles viennent à manquer, il en existe au dessous d'elles qui occupent immédiatement la même place. Chez les vipères, les Dents de la mâchoire inférieure et celles des branches palatines se forment et se remplacent de la même manière que celles des couleuvres, et ne sont pas plus venimeuses : c'est du maxillaire supérieur que partent les Dents venimeuses connues sous le nom de *crochets*. Ces Dents sont implantées dans cet os, et quand l'une vient à manquer, il y en a une par derrière qui la remplace ; elles sont coniques, quelquefois courbées et ont un sommet très-aigu, taillé à sa partie antérieure comme le bec d'une plume à écrire.

M. Geoffroy Saint-Hilaire a présenté le bec des oiseaux comme offrant une grande analogie d'organisation avec le système dentaire ; mais les faits ne se plient pas exactement à cette théorie. Selon lui, on aperçoit dans le fœtus de quelques espèces, et notamment de la perruche à collier et du canard, une série de denticules ou mieux de petits corps blancs arrondis et plus larges à leur extrémité. Mais les différences de structure sont ici tellement nombreuses, qu'il n'est guère possible d'admettre, avant de nouvelles recherches, les rapprochemens établis par ce savant professeur.

Le développement et les diverses évolutions des Dents sont loin de présenter une marche aussi constante que celle que nous leur avons assignée. L'ordre de leur apparition peut être interverti ; il peut aussi survenir une foule de circonstances qui rendent leur nombre, leur forme, leur situation variables ; mais ces circonstances sont presque toutes maladives, et leur histoire appartient à la pathologie : on a vu des cas où il y avait absence complète de Dents ; d'autres où les sujets ne présentaient que des incisives ; d'autres enfin où les Dents surnuméraires étaient placées tantôt dans le rang, tantôt hors du rang de l'arcade dentaire ; il y a des individus qui présentent ainsi double rangée de Dents. La direction vicieuse qu'elles prennent souvent, en franchissant les gencives, tient fréquemment au peu d'espace que leur laissent les Dent svoisines ; mais, nous le répétons, cette cause et toutes celles qui troublent la marche régulière de leur apparition et de leur accroissement, appartiennent à d'autres études. Si nous ne devons pas ici nous occuper des maladies ou des accidens qui surviennent aux Dents, nous devons au moins rappeler quelques uns de leurs résultats physiologiques. La première dentition est, on le sait, la source des plus terribles accidens pour l'enfance ; c'est une des plus fréquentes causes de ces convulsions horribles qui torturent ou font périr tant d'enfans ; aussi est-ce un événement de famille que l'apparition d'une première Dent ; on en parle avec bonheur, on le célèbre avec joie. Pour être moins orageuse, la seconde dentition a cependant ses dangers, et si l'on ne se prémunit contre eux, on voit encore assez souvent à cette époque les jeunes sujets languir, ou devenir les victimes d'accidens cérébraux dont on n'a pas toujours trouvé la première cause. Soumises à l'impression successive et souvent répétée de la chaleur et du froid, à l'action dissolvante des substances âcres ou acides qui entrent dans la préparation des alimens, au choc des corps durs et à un grand nombre de causes tout aussi destructives, il ne faut pas s'étonner si les Dents sont si souvent atteintes de maladies graves, et s'il est rare de rencontrer, chez un sujet avancé en âge, toutes les Dents saines et bien conservées. Les douleurs qui accompagnent un grand nombre de leurs affections ont un caractère tellement aigu, tellement atroce, que les courages les plus énergiques manquent souvent de résolution pour les supporter; elles troublent le sommeil, arrachent des cris, brisent les forces et portent quelquefois l'agitation jusqu'aux convulsions, et le désordre des fonctions intellectuelles jusqu'à la fureur, jusqu'au délire. Si une sage prévoyance présidait toujours aux actions les plus ordinaires, que de soins n'apporterait-on pas à prévenir des maladies qui causent de pareils tourmens et qui laissent après elles des traces si désagréables. Car ce n'est pas seulement la douleur, qui passera, mais c'est encore l'aspect repoussant d'une bouche dégarnie ou seulement armée de Dents noires et cariées; c'est surtout l'odeur fétide qu'elle répand et qui rend le sujet insupportable à ceux qui l'approchent; ce sont aussi les troubles inévitables dans la digestion, par suite d'une mastication incomplète, avec un système dentaire désormais inhabile à remplir ses fonctions; ce sont tous les accidens qui en résultent, qu'on pourrait prévenir par quelques soins hygiéniques fort simples, lorsqu'il n'existe pas de disposition organique. Ces soins, pour la plupart du temps, pourraient se borner à une grande propreté, à éviter de briser avec les Dents des corps trop durs, à ne point tirer avec elles sur des corps résistans, à ne point les faire servir à couper certains tissus, du fil, etc., et surtout à ne pas les soumettre trop subitement à l'impression successive de la chaleur et du froid. C'est un proverbe des plus vulgaires que si le petit verre de vin après le potage ôte un écu de la poche du médecin, il en met deux dans celle du dentiste. On sait que l'usage des alimens chauds et fréquemment répétés a une grande influence sur la conservation des Dents; que les Hollandais, qui boivent beaucoup de thé et de café, doivent peut-être autant les Dents noires qu'on remarque chez presque tous à cet usage qu'à l'humidité du climat, source fréquente de rhumatismes. Les Dents s'usent avec l'âge, et, quoique cette usure soit lente, elle n'en est pas moins manifeste; avec l'âge aussi elles tombent, et le rétrécissement progressif des alvéoles semble les chasser de la place qu'elles occupent c'est lorsqu'elles se perdent ainsi, que la vieillesse

paraît se caractériser davantage; les mâchoires se rapprochent; le nez et le menton, plus près l'un de l'autre, semblent aussi plus saillans; les joues tombent en grosses rides, et la physionomie change tout-à-fait d'expression. Les individus, au contraire, qui conservent leurs Dents, ont l'air de vieillir moins vite et peuvent long-temps déguiser leur âge.

Les Dents ne sont-elles pas en effet le plus bel ornement de la figure humaine. Leur arrangement régulier, leur blancheur ravissent la vue, et rendent plus remarquable encore la beauté du visage; quelle que soit l'étendue de la bouche, de belles Dents font oublier ce désagrément; le sourire emprunte quelque chose de gracieux de leur blancheur; elles semblent adoucir l'expression de la physionomie, et l'on n'a pas le courage de blâmer la coquette prétention qui les montre en souriant, ou plutôt qui sourit pour les montrer. Si la beauté des Dents ajoute à celle des traits, elle pare la laideur et la rend supportable. Que de fois on a dit: « Cette femme est laide, mais elle a de belles Dents. » Les anciens avaient sur la beauté des Dents les mêmes idées que nous; Salomon, Homère, Horace, Virgile, Juvénal, Lucrèce pensaient à cet égard comme on pense de nos jours. Ailleurs qu'en Europe ces idées sont bien différentes; les Japonais les teignent en noir, les Péruviens et quelques habitans des continens océaniques se font arracher une incisive par coquetterie; à Java quelques baïadères les couvrent d'une plaque d'or lorsqu'elles chantent; les autres habitans les couvrent d'un enduit noirâtre, les teignent pour diminuer les fâcheux effets de l'usage immodéré du bétel. Quelques peuplades africaines les taillent en pointes aiguës, et emploient à cet usage des cailloux tranchans. Nous sommes trop éloignés de pareilles idées pour croire que les bizarres caprices de la mode puissent les introduire jamais chez nous; et nous tenons tant à la régularité, à la conservation et à la blancheur des Dents, que l'art du dentiste est arrivé de nos jours à un degré de perfection qu'on était loin de soupçonner autrefois. Ce n'est pas seulement à leur rendre leur éclat, à les égaliser, à remédier à leurs maladies, que se sont appliqués les hommes occupés de cette partie de la science : ce qu'ils ont surtout perfectionné, ce sont les moyens de remédier à des déviations ou défavorables aux fonctions ou désagréables à l'aspect; c'est à prévenir les dangers de la dentition, les résultats des mauvaises dispositions de l'organisation à cet égard; c'est surtout à remplacer, de façon à tromper les yeux, les Dents détruites par l'âge, les accidens ou les affections maladives. Plusieurs substances ont été mises à contribution pour réparer *ce réparable outrage*. On n'a pas craint souvent d'acheter à prix d'or la Dent saine d'un individu bien portant pour la transplanter à la place d'une Dent malade qu'on était forcé de faire arracher; cependant, disons-le, ce trafic de la misère avec l'égoïsme est assez rare pour qu'il ne soit plus nécessaire d'armer contre lui la colère du philosophe. Mais ce qui est assez commun de nos jours, c'est de ravir les Dents aux morts pour parer la bouche des vivans. C'est un véritable commerce pour les infirmiers de certains hôpitaux ; ils apprennent à extraire les Dents des morts avec dextérité et s'appliquent surtout à ne pas briser les racines ; ils les vendent ensuite à des dentistes qui les nettoient et les préparent. On m'a assuré que dans un grand hôpital, un infirmier cherchait un jour à extraire une Dent à un cadavre gisant sur la pierre des morts, lorsqu'il entendit un profond soupir, un cri étouffé, et aperçut un léger mouvement, qui l'avertirent que l'individu n'était point mort réellement. On conçoit quel dut être son étonnement ou plutôt son effroi. L'ivoire de l'hippopotame ou de l'éléphant, la porcelaine et diverses autres préparations minérales servent à fabriquer des Dents artificielles ; l'avantage de ces diverses substances est de se tailler exactement sur l'espace laissé vide par la Dent perdue ; mais elles n'ont pas comme les Dents humaines l'avantage de présenter une blancheur semblable, et la façon dont elles tranchent sur les autres les rend désagréables à la vue et inspire une sorte de dégoût : aussi leur préfère-t-on généralement des Dents humaines empruntées aux morts.

Notre travail sur les Dents ne pouvait être qu'un résumé très-succinct des notions contenues dans les nombreux ouvrages que la science possède aujourd'hui sur ce sujet ; renfermé dans les limites d'un article de Dictionnaire il nous était impossible de le compléter : nous nous sommes donc borné aux données les plus essentielles. Nous suppléerons toutefois aux développemens qui lui manquent en offrant, dans la planche 156 de notre Atlas, quelques exemples de dentition pris dans les diverses classes des mammifères. Voici l'explication de cette planche. Les figures 1 à 8 représentent les Dents d'une demi-mâchoire inférieure d'un homme de trente ans et dans l'ordre suivant : 1. Incisive moyenne. 2, Incisive latérale. 3, Canine. 4, Première petite molaire. 5, Seconde petite molaire. 6, Première grosse molaire ou dent limitrophe de M. Martin de St-Ange. 7, Seconde grosse molaire. 8, Dernière molaire ou Dent de sagesse avec sa racine contournée en crochet. 9, Demi-mâchoire inférieure gauche d'un enfant de six ans, vue par la face interne, avec les Dents de lait sur l'arcade alvéolaire, et les Dents de remplacement encore renfermées dans leurs alvéoles ; puis la première grosse molaire, dont les deux premiers tubercules commencent à paraître sur le bord gencival, et les deux autres plus postérieurs sont sur le point d'en sortir ; la seconde grosse molaire renfermée dans la paroi alvéolaire ; l'appendice de l'incisive moyenne de la seconde dentition ; l'appendice de l'incisive latérale de la seconde dentition ; l'appendice de la canine : il n'y a d'apparent qu'une partie de son prolongement, cette Dent se trouvant cachée par l'incisive latérale et la première petite molaire ; l'appendice de la seconde petite molaire. 10, Cinquième paire de nerfs par sa face interne ; arbre de vie du cer-

velet ; portion de la carotide interne ; artère dentaire principale inférieure ; origine et division de la cinquième paire : 1re, 2e et 3e branches ; nerfs dentaires postérieur et supérieur, antérieur, inférieur et nerf dentaire proprement dit ; nerfs mentonnier, vidien ou ptérygoïdien, palatin ; ganglion spino-palatin ; branche antérieure et externe du nerf palatin ; rameau coupé formant un anneau autour de l'artère maxillaire interne ; nerf sous-cutané molaire ; corde du tympan ; nerfs massétérin, milo-hyoïdien, buccinateur, lingual ; rameau de ce dernier allant au larynx ; nerfs temporal, profond et superficiel. Les Dents de cette figure sont vues par leur face interne. 11, Dents de la chauve-souris. 12, Dents du desman. 13, Dents du chien. 14, Dents du kanguroo, 15 et 16 du lièvre ; 17, du castor ; 18, du fourmilier ; 19, du mouton ; 20, de l'éléphant d'Afrique. (P. G.)

DENTS. (moll.) *Voy.* Coquille. *Moyens d'union des valves* (charnière et ligament), page 304, ligne 25.   (F. F.)

DÉNUDATION. (géogr.) On appelle ainsi le phénomène que présente une vallée ou une plaine lorsque, les couches qui forment les collines ou plateaux environnans ayant été enlevées, le sol inférieur est mis à découvert. Dans une vallée de Dénudation, les couches sur chaque versant ne sont jamais très-éloignées de la position horizontale, et elles se correspondent si exactement qu'on ne peut mettre en doute leur continuité primitive. Les plaines de *Dénudation* se reconnaissent à leur niveau inférieur à celui des plateaux qui les environnent et aux collines ou lambeaux nommés *outlivers* par les Anglais, qu'on voit reposer comme des *témoins* à leur surface. En Angleterre un exemple de Dénudation souvent cité est la vallée ou le bassin de Weald, au sud de Londres. D'anciens courans diluviens ont fait disparaître, sur une partie légèrement bombée et dirigée de l'est à l'ouest, le terrain tertiaire, la craie, une partie du grès vert, et mis à nu au fond du bassin les couches inférieures de cette dernière formation. En France, nous pouvons citer non loin de Paris des exemples de Dénudation encore plus remarquables, dans la grande ceinture de terrains crayeux qui environne les dépôts tertiaires. Si, partant de Paris, on se dirige vers Mézières, Reims, Châlons ou Vitry-le-Français, on marche sur un plateau assez régulier dont la hauteur à sa limite varie entre 230 et 245ᵐ. Ce plateau se termine brusquement par une pente rapide (20°, 25° et jusqu'à 30°), qui montre à nu les tranches horizontales du terrain tertiaire, et l'on a devant soi une immense plaine de craie, dont la hauteur, de Vitry-le-Français à Châlons, de cette ville aux environs de Reims, est de 90 à 100 mètres inférieure au plateau tertiaire. Quelques collines abruptes, entièrement détachées du plateau, s'avancent sur la plaine crétacée ; tel est le mont Aimé près Vertu : toute la ceinture de craie dans laquelle se dépose le terrain tertiaire se trouve au dessous de son niveau ; les bords du vase sont aujourd'hui de 100 mètres plus bas que les matières qu'ils renfermaient. Ces effets ne peuvent s'expliquer qu'en supposant que des courans violens, venus probablement dans la direction du S.-E., ont balayé la craie et rongé les bords du dépôt tertiaire qui venaient s'y appuyer. Les grands amas de silex de la craie qui couvrent les plaines basses du lit de la Seine, tels que le bois de Boulogne, sont des témoins de cette catastrophe. (B.)

DÉPERDITION. (physiol.) Les végétaux rejettent à l'extérieur les substances qu'ils ont absorbées ou qui, produites par la végétation, ne sont plus utiles à leur nutrition. C'est cet acte qu'on appelle Déperdition. Les substances ainsi rejetées sont tantôt des fluides à l'état de vapeur, tantôt des gaz, tantôt des liquides ou même des solides. Dans le premier cas cet acte s'exerce par *transpiration*, dans le second par *expiration*, dans le dernier par *excrétion*. La transpiration est cette fonction par laquelle la plante laisse exsuder par ses organes foliacés l'eau qu'elle contient en surabondance. Lorsqu'elle est en petite quantité l'air l'absorbe à l'instant; mais si au contraire elle est considérable, on la trouve réunie sous forme de gouttelettes, facilement apercevables. C'est surtout au lever du soleil, quand la fraîcheur de la nuit condense cette vapeur, qu'on peut la voir briller sur la pointe des feuilles de certaines plantes : des graminées, du chou, par exemple. Long-temps on avait attribué la présence de ces gouttelettes limpides à la rosée; mais les expériences concluantes de Musschenbroeck, répétées depuis par Hales, par MM. Desfontaines et Mirbel, ont suffisamment démontré qu'elles étaient le produit de la transpiration du végétal, condensée par la fraîcheur de la nuit. On a pu même apprécier la quantité d'eau qui s'échappait ainsi : elle égale les deux tiers de celle que le végétal absorbe. Il a été possible de s'assurer également que cette transpiration est d'autant plus considérable que la chaleur atmosphérique est plus grande et l'air plus sec, tandis qu'elle diminue par le froid et l'humidité; que cette fonction est d'autant plus active que la plante est plus jeune et plus vigoureuse, et que l'intégrité de la nutrition dépend de l'équilibre entre l'absorption et cette transpiration. En effet, lorsque celle-ci, par l'effet d'une chaleur trop intense, par exemple, dépasse la force avec laquelle l'autre s'exerce, la plante se fane, languit et finit par mourir.

Comme les animaux, les plantes aspirent une certaine quantité d'air atmosphérique, dont une portion se combine avec leur substance et dont l'autre est rejetée. C'est l'émission au dehors de cette portion de l'air inutile à l'existence du végétal, qui constitue l'acte que nous avons appelé expiration.

On peut s'assurer de la manière dont s'exécute cette fonction en plongeant un rameau d'arbre ou une jeune plante dans une cloche de verre remplie d'eau; on verra alors se dégager à la surface de cette plante de petites bulles d'un air très-pur et presque entièrement composé d'oxygène si le vase est exposé à la lumière, et d'acide carbonique ou de gaz azote si l'expérience a lieu dans l'obscurité.

Les matières excrétées par les végétaux sont des fluides plus ou moins épais, susceptibles de se condenser et de se solidifier. Ce sont tantôt des gommes, des résines, des huiles volatiles, tantôt des huiles fixes, des matières sucrées, telles que la manne, etc. Ces trois actes fonctionnels, la transpiration, l'expiration et l'excrétion, constituent dans les végétaux ce qu'on appelle la Déperdition; mais n'y a-t-il pas encore ici une erreur de langage, puisqu'en effet les plantes ne rendent jamais qu'une partie de ce qu'elles ont absorbé, et que l'autre sert à leur nutrition, à leur accroissement? (P. G.)

DÉPIQUAGE. (agr.) Action de séparer le grain des céréales par le piétinement des bœufs, des chevaux ou des mules. Le Dépiquage consiste à disposer en plein air une place dont on bat le sol avec force et soin, et après la récolte d'en garnir la surface de gerbes droites dont on coupe les liens de manière à former des cercles où la paille occupe la partie supérieure, tandis que les épis reposent directement sur le sol. On promène sur les diverses couches des cercles une des trois espèces d'animaux indiqués, attachés deux à deux à une corde dont le conducteur tient le bout et dont on presse l'activité au moyen d'un fouet. Le conducteur occupe le centre du cercle, aux extrémités sont disposés des valets pour pousser sous les pieds des animaux la paille qui n'est pas complétement brisée et l'épi qui n'est point assez froissé. Le cheval et la mule sont préférables aux bœufs; ils trottent mieux, pressent moins la paille et font sortir plus vite, par leurs contre-coups, le grain de la balle. Selon l'importance de la récolte, et la nécessité de hâter l'opération du battage, on emploie deux, trois et même quatre paires; elles marchent de front, et pour éviter qu'elles ne soient bientôt étourdies de cette course tournante, on leur bouche les yeux. Le travail commence au moment où le soleil se montre à l'horizon et se prolonge jusqu'à celui où il disparaît à nos regards : on ne leur accorde de repos que durant les courtes heures des repas.

Tout expéditive qu'elle peut être, cette méthode est vicieuse; l'autorité des anciens, l'usage que l'on en faisait chez les premiers peuples de l'Afrique et de l'Asie, chez les Celtes et les Gaulois, sa vieille adoption chez les Égyptiens, les Grecs, les Romains et dans diverses localités de nos départemens du midi, ne peuvent, avec l'avantage de tout rentrer en peu de jours, compenser les inconvéniens qui l'accompagnent partout. Le Dépiquage est toujours incomplet quand le grain n'est point parfaitement mûr ou que le temps est pluvieux ou seulement humide; la paille est broyée, salie par les déjections des animaux, et entre promptement en fermentation, ce qui la rend désagréable, fatigante, et la fait repousser par tous les bestiaux qui l'acceptent avec avidité quand elle est fraîche et propre.

Pour remédier à ces inconvéniens, on a imaginé

des tables hérissées de pointes, des cylindres dentelés, des voitures pesantes, mais tous ces moyens demandent à être simplifiés, à coûter moins cher, et disposés de manière à économiser le temps, à rendre le battage parfait, et à causer moins de fatigues aux animaux employés à les mettre en mouvement. La mécanique, aidée par la pratique et la connaissance des diverses sortes de grains, nous fournira peut-être cette ressource inappréciable. Nos vœux accompagnent et sollicitent le génie inventif de nos artistes. (T. D. B.)

DÉPOT. (géol.) *Voy.* Terrain.

DÉPRIMÉ. (anat. zool.) Se dit d'un organe comprimé de haut en bas, par opposition au mot *comprimé*, qu'on emploie lorsque la compression a lieu d'un côté à l'autre. On dit que le bec des oiseaux est *déprimé* lorsqu'il est aplati sur sa hauteur. On appelle feuilles *déprimées* celles dont les bords sont plus épais que leur disque. Une radicule est déprimée lorsqu'elle est aplatie du sommet à la base, comme celle du *thé*. (P. G.)

DERBE, *Derbe*. (ins.) Genre d'Hémiptères de la section des Homoptères, famille des Cicadaires, tribu des Fulgorelles : tête comprimée, bicarénée longitudinalement, deux ocelles près des carènes, antennes insérées bien au dessous des yeux, le premier article claviforme, rostre ayant son dernier article très-court; tibias non épineux. Ces insectes, de très-petite taille, ont le prothorax tellement échancré postérieurement qu'il paraît ne former que deux larges épaulettes, les ailes sont larges et deux fois plus longues que le corps, l'abdomen est conique, le premier article des tarses est beaucoup plus long que les autres et le second le plus court.

D. pale, *D. pallida*, Fab., Percheron, Mag. de Zool. de Guérin, 1832, pl. 56. Long de 4 lignes, ailes jaunâtres, avec quelques ondulations plus foncées. De l'Amérique méridionale. (A. P.)

DERME. (zool.) Partie la plus profonde et la plus épaisse de la peau, formant une enveloppe générale à tout le corps, et variant d'épaisseur en raison des diverses régions qu'elle recouvre. Ainsi, chez l'homme le Derme est plus épais au crâne qu'à la face, il est surtout très-aminci aux lèvres et aux paupières; au tronc, il présente généralement une épaisseur double à la partie postérieure que devant, et offre plus de finesse aux joues et à toutes les parties qui sont le siège de vives sensations. Une membrane très-fine le recouvre en dehors; cette membrane a reçu par cela même le nom d'Épiderme (*voy.* ce mot). En dedans le derme s'applique soit immédiatement à des muscles, soit à un tissu lamineux plus ou moins lâche et qui l'unit plus ou moins intimement aux parties sous-jacentes; dans quelques endroits il correspond à une couche musculeuse qui le ride et l'épanouit; c'est ce qu'on voit plus généralement chez les animaux que chez l'homme; chez eux cette couche musculeuse constitue le *pannicule charnu*, dont les muscles occipito-frontaux, faciaux, thoraco-facial, ne sont dans l'homme que des vestiges. Chez les quadrupèdes il existe un muscle étendu de l'hu-

mérus à l'abdomen; c'est celui qui fait tressaillir la peau qui recouvre leurs flancs; ce pannicule charnu est surtout très-remarquable chez le hérisson, où par les mouvemens qu'il imprime au Derme il sert à relever et à abaisser les aiguillons dont est armée la peau de cet animal. Le Derme s'applique encore sur des vaisseaux artériels, veineux, lymphatiques, sur des nerfs qui rampent au dessous de lui avant de contribuer à sa formation. Il se termine à chacune des ouvertures naturelles qui conduisent dans les organes de la digestion, de la respiration, de la sécrétion urinaire, de l'odorat, de l'ouïe, de la vue, et se confond à leur naissance avec les membranes muqueuses qui tapissent ces organes. Il recouvre enfin immédiatement les petits organes qui produisent les Poils (*voy.* ce mot); il est percé de trous pour le passage de ces poils. Sans nous arrêter à l'opinion des anciens sur l'organisation du Derme, nous indiquerons de suite le résultat des recherches tentées par les modernes. Malpighi fut le premier qui, à cet égard, émit des idées dignes d'être recueillies. Il considéra le Derme comme composé de trois couches qu'il nomma le *corion*, le *corps papillaire* et le *corps réticulaire* ou *muqueux*. Le *corion* est la couche la plus profonde, la plus interne, la plus résistante; il est formé de fibres denses, entrecroisées à la manière d'une étoffe feutrée, percé comme un crible pour le passage des poils et des rameaux vasculaires et nerveux qui doivent constituer les couches les plus externes; il est étranger aux fonctions d'exhalation, d'absorption et de sensibilité des autres parties du Derme, et semble n'être que le soutien de ces parties. Le *corps papillaire* est la deuxième couche extérieure au corion. Malpighi la considérait comme produite par les extrémités des rameaux nerveux qui venaient se subdiviser à l'infini à la surface du corion et former de petits pinceaux ou papilles nerveuses auxquelles la peau devait la faculté d'apprécier par le tact les divers corps; le nombre variable de ces papilles dans les diverses régions explique la différence de sensibilité. Le *corps réticulaire*, la couche la plus superficielle du Derme et superposée aux deux autres, est regardée par Malpighi comme un enduit mou, produit par une sécrétion de la peau, dépourvu de nerfs et de vaisseaux et destiné à protéger le corps papillaire et à le maintenir toujours dans un état de souplesse. On avait d'abord pensé qu'il était percé de trous pour le passage des papilles; mais on reconnut bientôt que c'est une lame continue qui se moule sur elles. C'est dans le corps muqueux qu'on plaçait le siège de la couleur de la peau de l'homme et des animaux. Cette théorie relative au corps réticulaire, qui fut adoptée par M. Cuvier, a été combattue par Bichat, qui veut que cette troisième couche du Derme soit enlacée de vaisseaux formés par les ramifications et les anastomoses infinies de ceux qui ont traversé le corion et qui viennent ainsi constituer à la surface un système capillaire intermédiaire au corion et à l'épiderme; que ce système capillaire est à la fois le siége des exhalations et des absorptions et l'organe sécréteur du fluide colorant de la peau ; qu'il est très-rapidement pénétrable, et que c'est à cela que la peau doit de rougir rapidement dans les émotions vives, dans les mouvemens rapides, dans les fièvres éruptives, et de s'injecter avec facilité dans les asphyxies, etc. Ainsi, au lieu d'être une simple couche protectrice et inorganique, ce tissu serait au contraire, suivant Bichat, chargé des fonctions les plus importantes de la peau. Dans un mémoire qui eut un grand crédit, M. Gauthier prétendit que le corps muqueux était composé de quatre couches : 1° une couche formée par l'ensemble de petits bourgeons composés de ramuscules veineux et artériels ; 2° une membrane dite albuginée formée de vaisseaux blancs qui proviennent des bourgeons sous-jacens ; 3° au dessus d'elle une troisième couche formée de petits corps en nombre égal à celui des bourgeons, composée également de ramuscules artériels et veineux imprégnés d'une substance colorante et faciles surtout à distinguer dans la peau du nègre ; 4° enfin au dessus de ces petits corps une autre *membrane albuginée superficielle* analogue à celle qui recouvre les premiers bourgeons. M. Chaussier rejette ces théories, et regarde le Derme comme un tissu particulier, étendu en membrane, composé 1° de fibres lamineuses, denses, résistantes, qui s'appliquent les unes aux autres, s'entrecroisent à l'infini et laissent entre elles des aréoles, des vacuoles, que remplit un fluide albumineux et à travers lesquelles passent les poils ; 2° de ramuscules artériels, veineux, lymphatiques, nerveux, réunis en petits mamelons nommés *papilles*, et qui sont les organes de l'exhalation, de l'absorption et de la sensibilité de la peau ; 3° enfin de follicules répandus dans les aréoles de son tissu et destinés à sécréter une humeur huileuse qui entretient la souplesse des tégumens.

Riolan, Winslow, Barrère ont à tort prétendu que la couleur différente de la peau consistait dans l'épiderme. On sait aujourd'hui que c'est dans le Derme que cette différence existe, comme on sait aussi qu'il faut en rechercher la cause dans des circonstances organiques indépendantes de toutes influences étrangères. Cette cause adoptée, il reste à chercher le siége de cette matière colorante ; Malpighi et presque tous les anatomistes l'ont placé dans le corps muqueux. M. Chaussier et M. Cuvier disent que le lacis vasculaire de la peau sécrète un suc diversement coloré que l'exhalation et l'absorption renouvellent. M. Cuvier fait dépendre de cette cause la couleur de la peau des quadrupèdes, des reptiles, des poissons, des insectes et même des coquilles. M. Gauthier regarde la substance colorante comme fournie par les bulbes des poils et versée dans les première et troisième couches qu'il indique dans le corps muqueux. (*Voy.* Peau.) (P. G.)

DERMESTE, *Dermestes.* (ins.) Genre de Coléoptères de la section des Pentamères, famille des Clavicornes, tribu des Dermestins, établi par Linné, différant des genres de la même tribu par ses antennes de onze articles, dont les trois derniers, presque égaux, forment une massue perfoliée ; le sternum avance peu sur le menton et les antennes ne sont point reçues dans des fossettes spéciales du dessous du thorax ; la tête est globuleuse, enfoncée jusqu'aux yeux dans le corselet qui est profondément échancré pour la recevoir ; le corselet est un peu lobé vis-à-vis l'écusson, celui-ci est arrondi.

D. du lard, *D. lardarius*, Fab. Long de 3 lignes, noir, avec une large bande gris-jaunâtre, traversant les deux élytres à leur base dentelée au bas, et portant deux ou trois petits points noirs. Nous avons représenté cette espèce dans notre Atlas, pl. 156, fig. 21.

D. renard, *D. vulpinus*, Fab. Long de 3 à 4 lignes, noir mélangé de gris ; tête, corselet d'un noir roux avec beaucoup de points noirs ; l'abdomen et la partie postérieure de la poitrine en dessous sont blanchâtres ; cette espèce varie beaucoup. L'individu que je viens de décrire vient du midi de la France, et par sa taille et ses couleurs tranchées forme peut-être une autre espèce.

D. des cadavres, *D. cadaverinus*. Long de 3 lignes ; noir, avec des poils gris-jaunâtres nombreux ; parties inférieures du corps blanchâtres.

Ces espèces sont communes partout ; la dernière particulièrement se trouve dans toutes les parties du monde. (A. P.)

DERMESTINS, *Dermestini.* (ins.) Tribu de Coléoptères de la famille des Clavicornes, section des Pentamères, offrant pour caractères : prosternum dilaté en manière de mentonnière, tibias contractiles sur les fémurs, laissant le tarse libre ; mandibules courtes et dentées ; antennes au moins de dix articles, plus courtes que la tête et le corselet ; ces insectes ont tous la tête inclinée et le corps arrondi aux deux extrémités et demi-cylindrique ; destinées par la nature à hâter la disparition de dessus la terre, conjointement avec d'autres insectes, des cadavres qui restent à sa surface, les larves de ces insectes ont reçu des mâchoires capables de ronger les substances les plus coriaces qui ont échappé aux larves des diptères et autres qui n'attaquent que les parties tendres ; la peau, les plumes, les parties tendineuses, la corne, rien ne peut leur résister, aussi font-ils des squelettes parfaitement disséqués ; mais ce goût, ce besoin, ce but enfin pour lequel ils ont été créés font qu'ils deviennent souvent un fléau pour l'homme, en attaquant les substances de même nature qu'il conserve pour son goût ou pour son usage ; les collections d'animaux ou d'oiseaux empaillés en sont quelquefois infectées ; celles d'insectes ne sont pas plus épargnées que les autres ; les plumes, les pains à cacheter, la reliure des livres, tout leur est bon ; j'ai vu dans le midi, où ces animaux se développent avec une effrayante rapidité, des boîtes d'insectes contenant quelquefois un millier d'individus réduits en poussière en huit ou dix jours d'absence ; comme ces larves ne travaillent jamais à découvert, on ne s'aperçoit souvent de leur dégât que lorsqu'il est consommé; elles attaquent aussi dans les offices les provisions de bouche que l'on conserve à l'état sec, entre autres le lard jusque dans les cheminées où on le conserve à la fumée; on a conseillé beaucoup de moyens pour se préserver de ces dégâts; mais aucun ne paraît mériter une grande confiance, celui qui jusqu'à présent a le mieux réussi pour les objets de collection empaillés est le savon arsénical de Becœur, mais l'emploi comme on le voit en est limité; le vrai moyen, c'est beaucoup de soin et d'attention et de faire prendre le jour souvent aux objets que l'on suppose atteints. On a depuis peu de temps employé cependant un moyen dont on vante l'efficacité et qui est très-rationnel; c'est de soumettre les pièces que l'on soupçonne attaquées à une chaleur de 80 à 160 degrés, au moyen d'un appareil au bain-marie qui fait périr effectivement les larves et insectes parfaits, mais qui, peut-être, n'atteint pas les œufs; ce moyen a un autre avantage, c'est de n'attaquer aucunement les couleurs des individus qui y sont soumis. Ces larves ont une tête écailleuse armée de mandibules très-tranchantes; elles sont plus larges à la partie postérieure du corps, et ont l'extrémité de leur abdomen muni d'une touffe de poils qu'elles redressent à volonté; leurs pattes, au nombre de six, sont terminées par un seul onglet. Les insectes parfaits marchent assez lentement, et, lorsqu'on les touche, contractent leurs antennes et leurs pattes, renfoncent leur tête dans leur corselet, et font les morts jusqu'à ce qu'ils regardent le danger comme passé. (A. P.)

DERRIS, *Derris.* (bot. phan.) Loureiro (Fl. Cochinch. 11, p. 525). Genre qui se rapporte à la famille des Légumineuses de Jussieu et à la Diadelphie décandrie de Linné; caractères : calice tubuleux, crénelé sur les bords et coloré; corolle papilionacée à 4 pétales presque égaux; étamines au nombre de dix, à filets monadelphes en dépit de la classification; style de la longueur des étamines, portant un stigmate simple; légume oblong, obtus, très-comprimé, membraneux, lisse, à une seule graine longue et aplatie.

Loureiro a fait connaître deux espèces de ce genre : la première, sous le nom de DERRIS PENNÉE, *D. pinnata*; et la 2e, sous celui de D. TRIFOLIÉE, *D. trifoliata.* La première est un arbuste des forêts de la Cochinchine, à tige rampante, longue, très-rameuse; à feuilles alternes, pinnées, dont les folioles sont petites, rhomboïdales, glabres, très-entières et très-nombreuses; à fleurs blanches, portées sur des pédoncules axillaires. Les Cochinchinois font usage de sa racine, qui est très-charnue, pour remplacer le cachou; ils la mâchent avec les feuilles du poivrier bétel, pour parfumer leur haleine et rendre leurs lèvres plus vermeilles.

L'autre espèce a les feuilles ternées, les fleurs en grappes, longues et axillaires. Elle croît en Chine, dans les forêts de la province de Canton.

(C. É.)

DÉSERT. (géogr. physiq.) On donne ce nom à de vastes espaces inhabités et inhabitables, qui se font remarquer dans l'ancien et le nouveau continent. Ordinairement ce sont de grands plateaux; mais toujours ce sont des plaines : de là vient que dans l'Amérique les Déserts portent le nom de *Llanos* (plaines).

Ces espaces ne sont restés inhabités, du moins dans leur plus grande étendue, que parce que la végétation ne peut y établir son empire, et qu'ils ne se couvrent çà et là que de plantes herbacées qui généralement ne résistent point aux chaleurs de l'été, ou de plantes qui contiennent une grande quantité de soude, d'où leur est venu le nom générique de *Salsola*, ou enfin que de buissons épineux : c'est un des caractères que présentent les steppes de l'Asie. Cependant le caractère le plus général qu'offrent les Déserts de l'ancien continent, c'est de s'étendre sur un sol sablonneux ou pierreux, argileux dans certaines parties, mais toujours plus ou moins imprégné de carbonate de soude ou de chlorure de soude, ou sel marin, et quelquefois même d'autres substances salines. C'est dans les parties basses et argileuses que les eaux pluviales se rassemblant, forment des ruisseaux qui vont se perdre dans les sables et dont les bords s'ombragent de grands végétaux. Ces amas de verdure ont reçu depuis long-temps le nom d'Oasis: ce sont les seules parties habitables des Déserts de l'Asie et de l'Afrique. (*Voyez* Oasis.) Les deux plus vastes Déserts de l'ancien continent sont celui de *Kobi* en Asie, et celui de *Sahara* en Afrique. Nous renvoyons à leur description pour pouvoir donner une idée exacte de ces immenses solitudes et des phénomènes physiques qui les distinguent.

(J. H.)

DESMAN, *Mygale.* (mam.) Ce genre, établi par Cuvier dans la famille des Carnassiers insectivores, pour y placer un petit animal vulgairement connu sous le nom de *Rat musqué* de Sibérie, comprend aujourd'hui deux espèces distinctes, dont une est propre à notre pays. Les caractères que présentent les Desmans sont assez remarquables, et tendent à les faire rapprocher des musaraignes; le corps rappelle, pour la forme générale, celui de ces dernières et celui des rats; mais la tête est conique et terminée par un museau avancé en forme de petite trompe aplatie, mobile, et dont l'extrémité présente l'ouverture des narines; celles-ci sont arrondies; la queue est longue et comprimée dans une grande partie de son étendue, de manière à servir de rame comme celle des Tritons ou Salamandres aquatiques; les pattes, de médiocre longueur, ont cinq doigts entièrement palmés en arrière, et qui le sont seulement en partie antérieurement; la gueule est assez fendue; les conques auditives sont nulles et les yeux très-petits.

Le système dentaire, que l'on n'a long-temps connu qu'imparfaitement, l'est aujourd'hui d'une manière tout-à-fait complète, au moins pour l'espèce de France. M. Geoffroy l'a bien décrit, et l'auteur de l'Iconographie du règne animal l'a représenté très-exactement. Le nombre total des dents est de 44, savoir : à la mâchoire supérieure

périeure deux grandes dents antérieures, appelées canines par M. Geoffroy et incisives par M. Desmarest ; de plus, dix mâchelières, dont sept petites ou fausses molaires et trois plus grosses, très-distinctement épineuses, qui sont les vraies molaires. A la mâchoire inférieure la disposition est la même, si ce n'est qu'on voit entre les grandes dents antérieures, deux très-petites incisives, ce qui semblerait indiquer que celles-ci sont de vraies canines; il y a de chaque côté une fausse molaire de moins.

Les Mygales sont aquatiques, ils représentent dans leur famille les Nageurs de l'ordre des *Glires*. Leur pelage est court, mais lustré et feutré à la manière de celui des castors ; ils vivent dans des galeries souterraines qu'ils se creusent sur le bord des eaux et qui n'ont d'issue qu'au dessous du niveau de celles-ci ; on assure qu'ils n'hivernent pas, et qu'ils restent pendant toute la saison rigoureuse cachés dans leur retraite. Ils manquent des glandes sécrétoires que les musaraignes ont sur les côtés du corps ; mais cependant ils répandent une odeur très-forte de musc, laquelle est due à des cryptes particulières situées sur les côtés de la queue. Dans les Desmans de Russie cette propriété est assez développée pour qu'on place dans le linge les queues de ces animaux pour le parfumer ou en éloigner les teignes.

On n'a encore trouvé de Desmans qu'en Europe ; les espèces, sont ainsi que nous l'avons dit, au nombre de deux : la première et la plus anciennement connue est le Desman de Moscovie, *Mygale moscovita*, Cuv., qui est long de quinze pouces, sur lesquels la queue, qui est écailleuse, presque nue et étranglée à sa base, en mesure sept ; le pelage varie du brun clair au brun foncé; en dessous, il est blanchâtre. Cet animal vit dans une grande partie de la Russie méridionale. Il se pratique au bord des étangs et des rivières des galeries de trente à quarante pieds, nage avec une grande facilité et ne se montre que rarement à terre ; sa nourriture consiste en larves et insectes aquatiques; l'odeur qu'il répand est des plus fortes et empêche que sa peau, qui est assez belle, puisse servir comme fourrure. Le plus souvent le Desman vit seul, ou seulement en compagnie de sa femelle.

La seconde espèce est le Desman des Pyrénées, *Myg. pyrenaïca*, que M. Geoffroy a décrit dans le tome XVII des Ann. du Mus. Il a de longueur huit pouces et demi, dont quatre et demi pour la queue ; celle-ci n'est pas étranglée à son origine ; mais seulement vers son extrémité, elle est garnie de quelques poils ; le pelage est brun en dessus et d'un gris argentin en dessous, de fortes moustaches se montrent sur les côtés de la tête. M. Desrouais est le premier naturaliste qui ait eu connaissance de cet animal; l'individu qu'il a observé a été pris aux environs de Tarbes (Hautes-Pyrénées), et envoyé immédiatement au Muséum de Paris. Depuis, le Desman a été signalé à Bagnères de Bigore et à Bagnères de Luchon; quoique ce soit un animal rare, il est plus que probable qu'on le retrouvera sur une étendue plus considérable. Cette espèce intéressante est représentée dans l'Iconographie du Règne animal et dans notre Atlas, pl. 136, fig. 22. (GERV.)

DESMANTHE, *Desmanthus*. (BOT. PHAN.) Genre de la famille des Légumineuses, section des Mimosées, établie par Willdenow aux dépens du genre *Mimosa*, et de la Diadelphie décandrie de Linné. Voici ses caractères : calice en forme de cloche à cinq dents ; corolle pentapétale et hypogyne ; étamines au nombre de dix, excepté dans une espèce (*D. diffusus*), où il n'y en a que cinq, à filets libres et capillaires et à anthères biloculaires ; ovaire libre terminé par un style et un stigmate simple ; gousse non articulée, sèche, à une seule loge s'ouvrant en deux valves, et contenant un nombre variable de graines.

On compte une douzaine d'espèces de Desmanthes : ce sont des plantes herbacées, plus rarement des arbustes, sans épines, rameux, étalés, quelquefois dressés, ou nageant à la surface des eaux, à feuilles alternes, doublement pinnées, composées de folioles très-petites et sensibles, ayant deux stipules adhérentes à la base du pétiole ; à fleurs en épis axillaires, pédonculés, ovoïdes, ou globuleux, généralement fort petites et blanches. On les trouve dans l'Amérique méridionale et quelques unes dans l'Inde.

Nous nous contenterons de mentionner les quatre suivantes :

Desmanthe effilé, *D. virgatus*, Willd. (Sp. 4, p. 1047), *Mimosa virgata*, L. Originaire de l'Inde, cultivé, fleurs blanches en petites têtes.

Desmanthe nageant, *D. natans*, Willd. (Sp. 4, p. 1044), *Mimosa natans*, Vahl. Symb. Roxb. (Cor. 2, t. 119). A tiges flexueuses, étalées à la surface de l'eau; à fleurs en épis, à gousses renfermant 6 à 8 graines. Il est originaire des Grandes Indes comme le précédent.

Desmanthe ponctué, *D. punctatus*, Willd. (Sp. 4, p. 1047), *Mimosa punctata*, L. Joli petit arbuste, à tiges ligneuses et parsemées de points calleux; à feuilles bipinnées, ayant quatre paires de pinnules, dont les folioles sont petites et fort nombreuses ; à épis ovoïdes, allongés, longuement pédonculés. Il est originaire de la Jamaïque.

Desmanthe déprimé, *D. depressus*, Willd. Kunth. Cette espèce a été découverte en 1800 par Humboldt et Bonpland sur le littoral de l'océan Pacifique, dans le Pérou. Ses tiges sont ligneuses, diffuses, étalées, glabres et sans épines; ses feuilles, bipinnées, à pinnules bijuguées, dont les folioles sont opposées au nombre de treize à quatorze paires, linéaires, aiguës, ciliées ; ses épis sont pauciflores, ses gousses allongées et linéaires.

(C. É.)

DESMARESTIE, *Desmarestia*. (BOT. CRYPT.) *Hydrophytes*. Genre dédié à Desmarest et dont les caractères sont : rameaux et feuilles planes, se rétrécissant en pétioles, ayant leurs bords garnis de petites épines; fructification inconnue; épines, vues au microscope, cloisonnées et paraissant contenir de petites séminules.

Les Desmaresties croissent sous la zone tempérée boréale; une seule, le *Desmarestia herbacea*, habite le cap de Bonne-Espérance et plusieurs parties de l'hémisphère austral. Toutes sont annuelles et se trouvent sur les rochers qui ne découvrent jamais.

Les espèces connues sont : 1° le *Desmarestia Dresnayi*, du nom de Du Dresnay, botaniste distingué ; 2° le *Desmarestia herbacca* ; 3° le *D. ligulata* ; 4° le *D. viridis* ; 5° le *D. aculeata* ; 6° le *D. pseudoaculeata*. **(F. F.)**

DESSICCATION DES PLANTES. (bot.) Tout échantillon destiné à faire partie d'un herbier veut être séché aussi promptement que possible ; quoique l'opération soit simple, elle est plus importante qu'on ne le croit d'ordinaire, et elle demande à être suivie avec attention. Un bon herbier est celui qui présente à l'étude des moyens de vérifications faciles et d'observations exactes ; on ne saurait donc trop recommander un choix sévère, une compression douce et cependant suffisante pour atteindre le but, répondre aux investigations, en laissant intactes toutes les parties essentielles de la plante et surtout celles de la fleur. Pressez sans efforts et changez plusieurs fois votre échantillon de papier. Deux ou trois heures après la première mise en presse, revoyez la plante, donnez-lui un peu d'air en la tenant libre dans un lieu sec, d'une température douce ; ressuyée de la sorte, placez-la sur une autre feuille de papier non collé et pressez de nouveau. Rarement une plante exige plus, à moins qu'elle ne soit succulente ; dans ce cas il convient de la mettre à sécher dans un four une heure après la sortie du pain ; on lui donne, à cet effet, deux ou trois feuilles de papier pour sommier, et on les assujettit au moyen de cartons sur lesquels reposent des poids ; puis on range tous ses échantillons entre des feuilles de papier collé qu'on a eu le soin de passer dans une dissolution d'alun. A l'article HERBIER, je dirai plus amplement ce qu'il faut faire pour s'en créer un utile, agréable et d'une longue conservation. Je conseille aussi de lire à ce sujet la huitième lettre de J.-J. Rousseau sur la botanique. Sa méthode de Dessiccation était très-bonne, puisque ses herbiers sont encore parfaitement beaux et qu'ils ne laissent rien à désirer au botaniste. **(T. D. B.)**

DESTRUCTEUR DES CHENILLES. (ins.) Les anciens auteurs, et notamment Goedard, ont désigné ainsi la larve du Calosome sycophante, qui se nourrit des Chenilles du Bombyx processionnaire. *V.* CALOSOME. **(Guér.)**

DESTRUCTEUR DES CROCODILES. (mam.) On a donné faussement ce nom à la Mangouste, parce qu'on croyait qu'elle mangeait des Crocodiles. Cet animal ne mange que leurs œufs. *V.* MANGOUSTE. **(Guér.)**

DESTRUCTEUR DU PIN. (ins.) On donne ce nom au Tomique du Pin, parce qu'il perce cet arbre dans tous les sens. *Voy.* TOMIQUE. **(Guér.)**

DÉTONATION. (chim. phys.) Inflammation violente et subite, accompagnée de bruit, comme celle de la poudre à canon, mélange inventé au quatorzième siècle, par Roger Bacon ou par le moine Barthold Schwartz. La Détonation a lieu toutes les fois qu'il se produit dans un temps très-court une grande quantité de gaz ou vapeurs qui se répandent dans l'air et en repoussent vivement les molécules. **(F. F.)**

DETRITUS. (géol.) On nomme ainsi les débris divers de la destruction des roches et de la végétation répandus sur la surface de la terre. Quelques géologues désignent leur produit sous le nom de *Terrain détritique* ; ils le divisent en *terre végétale*, dont le *terreau* forme une partie essentielle ; en *terre aride* ou impropre à la végétation ; en *éboulis* ou fragmens disposés en talus ; les *moraines* des glaciers sont le résultat des éboulis qui se forment à leur surface. Les dépôts tourbeux, résultat de la destruction d'une végétation actuelle et sur place, devraient encore être considérés comme des dépôts détritiques. Les terrains détritiques contiennent beaucoup de corps organisés, dont la majeure partie appartient aux espèces qui vivent encore sur les lieux, et en outre beaucoup de débris de l'industrie humaine. **(B.)**

DÉTROIT. (géogr. phys.) On désigne sous ce nom les ouvertures peu larges par lesquelles les golfes ou les mers intérieures communiquent avec l'Océan. Parmi les Détroits les plus remarquables, on doit citer : le Détroit de Gibraltar entre l'Europe et l'Afrique, le Détroit de Bering entre l'Amérique et l'Asie, le Détroit de Bab-el-mandeb qui joint la mer Rouge à l'océan Indien. Le géographe qui n'est point éclairé des lumières de la géologie est toujours tenté de voir dans ces ouvertures le résultat de l'action prolongée de la mer ; ainsi, combien de fois n'a-t-on pas écrit que le Détroit de Gibraltar s'était formé ou par les efforts de l'Océan qui s'était ouvert un passage dans l'intérieur, ou par les eaux élevées de la Méditerranée qui avaient rompu leurs barrières ; le seul fait reconnu aujourd'hui de la profondeur du Détroit, qui atteint plus de trois cents brasses, répond à toutes ces hypothèses : les Détroits ne sont que des fractures au dessous du niveau de la mer, comme il s'en trouve sur toute la surface de la terre au dessus du même niveau. Ainsi, pour n'en citer qu'un exemple, la grande dépression entre les Pyrénées et les montagnes du centre de la France présente, près de Carcassonne, un véritable *Détroit terrestre*. **(B.)**

DEUIL, DEMI-DEUIL. (ins.) On donne ces noms à plusieurs espèces de Lépidoptères, particulièrement à ceux du genre SATYRE. *V.* ce mot. **(Guér.)**

DEUTOCHLORURE DE MERCURE. (chim.) Le *Deutochlorure de mercure*, *Sublimé*, *Sublimé corrosif*, *Muriate suroxygéné de mercure* des anciens, est un produit solide, cristallin, qui se présente en masses plus ou moins volumineuses, pesantes, circulaires, concaves d'un côté, convexes de l'autre, affectant enfin la forme des vases dans lesquels le sel a été préparé. Ces masses sont parfaitement blanches, inaltérables à l'air, et demi-transparentes sur les bords ; elles présentent dans leur circonférence, et principalement du côté convexe, des cristaux aiguillés prismatiques ou de simples prismes quadrilatères. Leur odeur est nulle, et leur saveur âcre, caustique, métallique et extrêmement désagréable.

Soumis à l'action de la chaleur, le sublimé corrosif fond, entre en ébullition, puis se volatilise ; il est soluble dans seize parties d'eau froide, trois d'eau bouillante, deux et un tiers d'alcool froid, une et un sixième d'alcool bouillant, et dans un tiers de son poids d'éther sulfurique ou hydratique. Il est également soluble, sans se décomposer, dans les acides sulfurique, nitrique et hydrochlorique ; il est précipité en jaune par la potasse et la chaux, en blanc par l'ammoniaque et le nitrate d'argent, en noir par les hydrosulfates, etc. Enfin beaucoup de corps, tels que la gomme, l'amidon, le lait, la matière extractive, etc., le décomposent et le ramènent à l'état de *Calomélas* ou *Proto-chlorure*.

On obtient le Deutochlorure de mercure par plusieurs procédés. Le plus sûr et le moins dispendieux est de mêler dans un mortier de porcelaine, ou de verre, parties égales de deutosulfate de mercure sec et non lavé et de sel marin décrépité, d'introduire le mélange dans une grande fiole ou dans un matras à col long et large, et de l'exposer sur un bain de sable à une chaleur graduellement croissante. Au bout de quelque temps on a le sel avec la forme et les caractères que nous venons d'indiquer.

Le Deutochlorure de mercure est le spécifique par excellence des affections syphilitiques, surtout de celles qui sont rebelles et anciennes, et que l'on a nommées *constitutionnelles*. Son administration demande beaucoup de soin et de prudence de la part des médecins, car son action vénéneuse est très-énergique, et au moins égale à celle de l'arsenic. On le donne en frictions, en bains, en pilules, en solution, dans de l'eau, du sirop, etc., seul ou associé avec l'extrait d'opium et d'autres substances.

Appelé pour constater la présence du Deutochlorure de mercure ou de tout autre sel mercuriel dans un liquide ou un mélange quelconque, le médecin et le pharmacien doivent avoir présens dans leur esprit tous les caractères physiques et chimiques de ces différens composés.

Un des réactifs les plus sensibles pour découvrir les traces les plus légères de Deutochlorure de mercure dans une liqueur suspecte est, sans contredit, la petite pile électrique formée d'or et d'étain. On sait que la lame d'or blanchit quand elle est en contact avec le mercure, et que, celui-ci venant à être chassé par la chaleur, la couleur jaune du premier métal reparaît. Mais ce moyen ne peut suffire pour affirmer la présence du poison mercuriel. Il faut, dit le professeur Orfila, retirer du mercure métallique en chauffant fortement la lame d'or, lame d'or qui a dû être traitée préalablement par l'acide hydrochlorique pur et concentré, puis lavée ; car sans cette seconde expérience, tout-à-fait concluante, on peut commettre les erreurs les plus graves. En effet, le

même chimiste a observé que le petit appareil que nous venons d'indiquer se comportait à peu près de même dans des liqueurs non mercurielles légèrement acides, ou contenant seulement une petite quantité de sel commun.

Parmi les antidotes du sublimé et des sels mercuriels, l'acide hydrochlorique, le lait, le blanc d'œuf, et surtout le blanc d'œuf, signalé d'abord par M. Orfila, sont ceux que l'on emploie avec le plus de succès. On donne le blanc d'œuf délayé dans de l'eau : trois ou quatre blancs d'œuf suffisent pour une pinte de liquide.

Les matières animales ayant la propriété de se combiner avec le Deutochlorure de mercure, de se contracter, de devenir plus fermes, plus blanches et non putréfiables, on s'est servi des solutés de ce sel pour conserver des pièces anatomiques et même des cadavres entiers.   (F. F.)

DEUTOXIDE. (chim.) Deuxième degré d'oxidation. *Voy.* Oxidation.   (F. F.)

DEUTOXIDE D'ARSENIC. (chim.) *Voy.* Arsenic.   (F. F.)

DEVIN. (rept.) Nom de l'espèce la plus commune du genre Boa. *V.* ce mot.

DEVIN et DEVINERESSE. (ins.) On a donné quelquefois ces noms à des Orthoptères du genre Mante. Leurs formes bizarres ont souvent attiré l'attention, et leur ont encore valu du vulgaire les noms de Sorcières, Cheval du diable, etc. *V.* Mante.   (Guér.)

DIABASE. (géol. et min.) Nom donné à une roche plus connue sous celui de Diorite. *Voyez* ce mot.   (J. H.)

DIABASE, *Diabasis.* (poiss.) Desmarest a établi sous ce nom, dans ses Décades ichthyologiques, un genre de l'ordre des Acanthoptérygiens, auquel Cuvier a donné le nom de Gorette, vulgairement Gueule-rouge aux Antilles. Ce dernier nom, ayant l'antériorité, a été conservé dans le catalogue ichthyologique du Règne animal. *Voy.* Gorette.   (Alph. G.)

DIABLE. (zool.) Beaucoup d'animaux de divers pays ont reçu ce nom, à cause de la laideur de leurs formes et de leurs couleurs, ou de leur singulière figure ; ce nom a été appliqué, avec quelques épithètes caractéristiques, à des espèces de toutes les classes : ainsi l'on appelle, parmi les mammifères :

Diable de Java ou de Tavayen, le *Pangolin*.

Diable de bois, l'*Ouarine* et le *Coaïta*, espèces de singes.

Parmi les oiseaux :

Petits diables ou diablotins, une espèce du genre des *Petrels*, et non la Chevèche à terrier, comme on l'avait cru d'abord.

Diable enrhumé, un *Tangara*.

Diable de mer, la grande Foulque ou Macroule, *Fulica aterrima*, L.

Diable des palétuviers ou des savanes, l'*Ani*.

Parmi les reptiles :

Diable des bois, un petit lézard de Surinam qui paraît être l'Agame ombrée, et une espèce de Gecko.

DIABLE DE JAVA, une grande espèce d'Iguane, mal décrite.

Parmi les poissons :

DIABLE DE MER, une Scorpène aux Antilles, et sur nos côtes, les grandes Raies, les Scorpènes, les Baudroies et le Cotte scorpion.

Parmi les insectes :

DIABLE. A Saint-Domingue, c'est le Charanson de Spengler qui porte ce nom, parce qu'il fait un grand tort aux plantations de cannes à sucre en détruisant leurs feuilles.

GRAND DIABLE. Un insecte hémiptère du genre *Lèdre*.

DEMI-DIABLE et PETIT DIABLE, deux espèces du genre MEMBRACE. *V.* ce mot.   (GUÉR.)

DIACOPE, *Diacope*. (POISS.) La mer des Indes nourrit des poissons qui possèdent quelques uns des caractères des Serrans, mais qui s'en éloignent, et qui se distinguent facilement de tous les poissons analogues, par une échancrure du bord du préopercule dans laquelle s'engage une tubérosité saillante de l'interopercule. Les espèces décrites jusqu'à présent sont assez nombreuses; plusieurs se font remarquer entre elles par leur beauté et leur bon goût. La DIACOPE SEBA, *Diacope sebæ*, est de ce nombre; la forme générale de ce poisson est à peu près celle d'un Spare, peu allongée et assez haute. Son crâne, son museau et ses mâchoires sont sans écailles; mais il y en a sur la joue et sur les pièces operculaires; celles du corps sont assez grandes. On observe sur un fond pâle trois larges bandes obscures dont la première prend de la nuque et avance jusqu'au museau, en entourant l'œil; la seconde descend verticalement depuis le milieu de la dorsale jusqu'aux ventrales; la troisième se dirige obliquement jusqu'à la base de la dorsale. Cette espèce est longue de douze pouces. M. Leschenault assure que l'espèce parvient à la taille de trois pieds; il ajoute qu'on la recherche comme aliment; mais elle est assez rare dans la rade de Pondichéry.

La DIACOPE A LIGNES FLEXUEUSES, *Diacope rivulata*, Cuv. Ses formes sont à peu près celles de la première espèce, à l'exception de la dorsale, qui s'élève moins; elle est violette, avec des points blancs obliques sur la tête, et sur les opercules des lignes irrégulièrement flexueuses qui forment des anneaux. Chacune des écailles du corps est marquée d'un point blanc.

Elle atteint jusqu'à trois pieds et demi de longueur. C'est un mets recherché à Pondichéry.

Nommons encore la DIACOPE MACOLOR, *Diacope macolor*, Cuv., qui doit son nom à la disposition de ses couleurs. Cette espèce ressemble parfaitement aux précédentes, avec la seule différence que son museau et son front sont un peu plus concaves. Son dos est noir, avec cinq taches rondes et blanches de chaque côté; trois sont situées près de la dorsale, et deux un peu plus bas. Une large bande blanche s'étend en ligne droite depuis les ouïes jusqu'à la caudale. Cette bande est séparée du blanc du ventre et de la poitrine par une bande noire qui commence derrière l'aisselle de la pectorale et s'étend jusqu'au bord inférieur de la caudale. La tête a le bout du museau noir, entouré par une large ceinture blanche que suit encore une ceinture noire dans laquelle est l'œil.

(ALPH. G.)

DIADELPHIE. (BOT. PHAN.) On nomme ainsi la plante ou la fleur dont les étamines sont réunies par leurs filamens en deux ou plusieurs corps, ou faisceaux. Un de ces corps n'est quelquefois composé que d'un seul filament. Le plus grand nombre des plantes à fleurs papilionacées et à fruits légumineux ont leurs étamines Diadelphes, ou Diadelphiques, ainsi que l'écrivent quelques botanistes. Mirbel a voulu changer la valeur du mot créé par Linné en ne l'attribuant qu'aux petits supports qui, comme dans la Fumeterre, *Fumaria officinalis*, et ses congénères, soutiennent chacun plusieurs anthères; d'autres ont critiqué le législateur en montrant que dans le *Polygala* il y a véritablement deux faisceaux égaux entre eux, mais que dans les genres *Phascolus*, *Pisum* et autres de la famille des Légumineuses, neuf étamines constituent ensemble un seul corps, tandis que la dixième étamine est libre; ils veulent bien que le premier genre soit Diadelphe; mais il faut, selon eux, rendre les autres aux étamines monadelphes. « Par ma foi, répondrait le comique, c'est avoir les nerfs par trop délicats. » Soyez moins sévères envers votre maître, souvenez-vous que monadelphe veut dire groupe unique de frères, et Diadelphe, double groupe de frères; Linné n'a jamais dit que les groupes fussent parfaitement égaux, mais seulement qu'ils sont deux. Si l'on jugeait aussi rigoureusement les novateurs modernes, quel est celui d'entre eux qui soutiendrait long-temps les regards investigateurs? Ils n'ont une certaine réputation que parce que la camaraderie envahit en ce moment les approches du temple, et que la voix de la saine critique est étouffée par les hurlemens d'une foule de saltimbanques. Le temps n'est pas éloigné où ces colosses d'argile rentreront dans la poussière.

(T. D. B.)

DIADELPHIE. (BOT. PHAN.) Dix-septième classe du système sexuel des plantes; elle renferme tous les végétaux dont les organes mâles sont séparés en deux corps distincts, parfois absolument égaux en nombre, parfois la masse réunie en faisceaux, tandis qu'un seul de ces organes demeure libre. Cette classe est divisée en quatre ordres, la DIADELPHIE PENTANDRIE, comprenant le seul genre consacré à la mémoire de Lemonnier, qui fut mon ami, *Monnieria*; la DIADELPHIE HEXANDRIE, à laquelle appartiennent toutes les Fumariacées; la DIADELPHIE OCTANDRIE, où viennent se ranger toutes les espèces de Polygales, *Polygala*; et la DIADELPHIE DÉCANDRIE qui embrasse toutes les Légumineuses à fleurs papilionacées. Le mot Diadelphie est composé de deux racines grecques, *dis*, deux, et *adelphos*, frères, et exprime régulièrement la présence de deux corps réunis ayant la même origine.   (T. D. B.)

DIAGRAMME, *Diagramma*. (poiss.) Les espèces de poissons osseux qui constituent ce genre ont été regardées par Bloch comme appartenant aux Lutjans, mais à tort, comme Cuvier s'en est assuré en étudiant les individus mêmes. Ce sont de véritables Sciénoïdes qui manquent de fossette sous la symphyse, mais qui ont deux petits pores antérieurs, et en outre deux pores plus gros sous chaque branche des mâchoires ; du reste, ils présentent tous les caractères des Pristipomes. Ce genre peut, sans inconvéniens, être réuni à celui que Lacépède a établi sous le nom de Plectorhynque ; Cuvier en forme seulement une seconde division. En effet, parmi ces Diagrammes, il en existe qui ont le corps couvert d'écailles plus grandes, caractère propre à celles qui s'observent dans l'Atlantique. Celles des Indes ont les écailles plus petites, le front plus convexe, le museau très-court. Parmi les espèces qui sont propres à l'Atlantique, on observe le Diagramme a front concave, *Diagramma cavifrons*, Cuv., *Lutjanus luteus*, Bloch, 247. Ce poisson, dont le nom indique la conformation et la disposition de la tête, montre l'absence d'écailles sur le devant du museau, sous le sous-orbitaire, même aux mâchoires ; mais tout le reste de la tête en est couvert. Ce poisson paraît argenté, avec des lignes de reflets le long de chaque rangée longitudinale d'écailles. Les mers des Indes nourrissent le Diagramme plectorhynque, *Diagramma plectorhynchus*, Cuv., *Plectorhynchus chætodonoïdes*, Lacép., *Chætodon plectorhynchus*, Sh. Son corps est court. La disposition du blanc et du noir par grandes taches sur un fond noir, dans ce poisson, est assez remarquable.

(Alph. G.)

DIALLAGE. (min.) La Diallage est une substance assez commune dans la composition des roches ignées d'une certaine période, que l'on pourrait appeler période magnésienne, parce que la magnésie s'y montre abondamment. Les matières avec lesquelles la Diallage peut être confondue, à raison de son aspect, sont l'amphibole et quelquefois le mica ; comme elles, la Diallage se montre disséminée en lamelles peu étendues au milieu des roches cristallines, et forme, en outre, des roches distinctes. Ses couleurs varient du vert au brun, et sont brillantes sur les grandes faces ou lames rhomboïdales que l'on produit par un clivage facile ; l'aspect de cette pierre est d'ailleurs terne et mat lorsqu'on la regarde dans les autres sens. Ses lames rhomboïdales se distinguent ainsi de celles de l'amphibole, qui présentent dans deux sens un clivage également net et brillant.

La Diallage se laisse facilement rayer par l'acier et raie à peine le verre ; elle fond au chalumeau en un verre blanchâtre, après avoir donné de l'eau par la calcination.

Jusqu'à présent on n'a pu reconnaître de caractères généraux de composition dans les substances nommées Diallages, et il est probable qu'elles renferment encore plusieurs espèces dont le seul caractère commun est de contenir, en fortes proportions, les silicates de peroxide de fer et de magnésie. La *Diallage verte smaragdite* de Saussure, qui contient beaucoup d'alumine, a été récemment séparée de ce groupe et a repris son rang d'espèce parmi les silicates. (*V*. Smaragdite.) M. Beudant prend pour type de composition de l'espèce, une Diallage qui se rencontre à la Spezia dans une roche d'albite (euphotide) ; elle se compose, sur 100 parties, de 47 de silice, 24 de magnésie, 13 de chaux, 7 de protoxide de fer, 4 d'alumine et 5 d'eau.

La Diallage chatoyante, spath chatoyant, a l'aspect brillant et miroité de certains métaux, aspect qui paraît et disparaît selon l'inclinaison sous laquelle on regarde l'échantillon ; elle se trouve dans les roches serpentineuses. M. Beudant la considère comme une Diallage métalloïde, et montre qu'elle diffère peu dans sa composition de la substance dont nous avons donné l'analyse.

La Diallage métalloïde, ou bronzite, a la texture très-feuilletée ; les feuillets durs, plans et d'un jaune de bronze plus ou moins doré. Son analyse a donné des résultats différens des précédens ; elle contiendrait, d'après Klaproth, 60 parties de silice, 27,5 de magnésie, 10,5 de fer et 0,5 d'eau.

La Diallage forme une partie constituante essentielle d'une belle roche cristalline nommée euphotide. Remarquons cependant qu'une grande partie des euphotides renferment plutôt de la Smaragdite (Diallage verte) que de la véritable Diallage. On la trouve, en outre, dans toutes les roches ophiolitiques, et la serpentine en paraît quelquefois entièrement composée : c'est là sans doute ce qui avait fait penser à quelques minéralogistes qu'elle pourrait être une roche de Diallage non cristallisée, présomption qui n'est pas confirmée par l'analyse.

Cette pierre offre, dit-on, quelques variétés dont les lapidaires italiens ont su tirer parti. La variété la plus jolie est d'un vert d'herbe, avec des reflets chatoyans gris de perle ; d'autres variétés donnent des reflets bronzés. On les taille en cabochons qui, malgré leurs agrémens, n'ont jamais un grand prix.

(B.)

DIALLAGITE. (min.) (Beudant.) *Carbonate de manganèse ; chaux carbonatée manganésifère*. Substance assez rare, d'une couleur ordinairement rose, quelquefois blanche ou jaunâtre, cristallisant dans le système rhomboédrique, comme la plupart des carbonates ; d'une dureté moyenne entre le calcaire et l'arragonite. La Diallagite donne au chalumeau une fritte d'une couleur verte bien prononcée ; elle se dissout dans l'acide nitrique avec peu d'effervescence. Les diverses analyses qui en ont été faites indiquent pour sa composition un carbonate de protoxide de manganèse plus ou moins mélangé de carbonate de fer, de chaux, et de magnésie.

La composition la plus simple est celle que M. Berthier a reconnue dans la Diallagite de Nagy-Ag ; sur 100 parties, acide carbonique 38,6, protoxide de manganèse 56,0, chaux 5,4. La chaux se présente constamment dans les diverses analyses, et le rhodonite, silicate rouge de manga-

nèse, que l'on croit confondu avec la Diallagite,
y est très-souvent mélangé.

Les variétés cristallisées sont ou en rhomboèdres
ou en dodécaèdres, souvent aussi en lames entremêlées de quartz. La variété compacte est toujours
mélangée de silicate de manganèse.

Cette substance n'a été jusqu'à présent trouvée
que disséminée dans des filons et en petite quantité. (B.)

DIAMANT. (min.) *Adamas* des anciens, Almas
des Orientaux. Bien des siècles avant Pline, le Diamant était déjà *la plus précieuse de toutes les productions de la nature;* il en est encore ainsi aujour-
d'hui, et rien n'annonce qu'il doive perdre un
jour le haut prix que nous lui attachons. Ce n'est
cependant pas sur l'utilité que sa valeur se fonde,
mais sur tout ce que nous regardons comme le plus
inconstant, sur la mode. Peut-être en étudiant ses
propriétés, trouverons-nous les raisons qui ont fixé
la mode, s'il est permis de dire que la mode eut
jamais ses raisons. Le Diamant, le plus dur de tous
les corps, en devient le plus brillant lorsqu'il est
taillé et poli. On désigne sous le nom d'éclat *ada-
mantin,* l'éclat excessif et tout particulier dont il
jouit. Les zircons ou hyacinthes présentent seuls
quelque chose d'analogue. Cependant depuis quelques années les fabricans de pierres fausses ont
porté leur art à un point de perfection tel, que leurs
strass produisent aux lumières une illusion à peu
près complète. Le Diamant brut ne présente ordinairement qu'une surface terne et raboteuse;
souvent les faces des cristaux sont couvertes de
stries profondes et leurs plans sont un peu convexes. Malgré ces imperfections et les facettes multipliées qui recouvrent la plupart des cristaux, la
forme géométrique, octaèdre régulier, se reproduit toujours avec facilité par le clivage. On sait
que l'octaèdre régulier est un solide terminé par
huit faces triangulaires égales. Le Diamant se trouve
rarement amorphe, ou sans quelques facettes
cristallines; ses variétés de formes sont d'ailleurs
peu nombreuses, et presque toutes présentent cette
particularité remarquable d'avoir des faces un peu
bombées et par suite des arêtes courbes. Le cube
est une variété extrêmement rare; le dodécaèdre
rhomboïdal, solide terminé par douze losanges, l'est
beaucoup moins, et les formes sphéroïdales sont
les plus communes. Sa pesanteur spécifique n'est
que de 3,52; ce n'est donc pas la plus pesante des
pierres fines, puisque les saphirs (corindons) et
les hyacinthes (zircons) pèsent beaucoup plus, et
que la topaze a le même poids. Sa dureté surpasse
celle de tous les corps connus, sur lesquels il peut
graver sa trace; mais sa fragilité est très-grande,
quoi qu'en aient dit les anciens.

Le Diamant est un corps combustible; ce n'est
autre chose que du carbone pur cristallisé dans
des circonstances que jusqu'à présent la chimie
n'a pu reproduire. Les anciens le regardaient
comme une substance inaltérable par le feu aussi
bien que par le choc du marteau, et le nom d'*A-
damas* exprimait son indestructibilité.

On attribue communément à Newton la découverte de la vraie nature du Diamant; cependant
c'est Boèce de Boot qui le premier, en 1609, soupçonna que ce minéral pourrait bien n'être pas une
pierre, mais un corps inflammable; Boyle en 1673
parvint à le brûler, et en 1704 Newton, reconnaissant que le Diamant exerçait sur la lumière une
puissance de réfraction égale à celle des corps
combustibles, annonça qu'il devait être une substance grasse coagulée. Ces premiers aperçus furent suivis de nombreuses recherches, et enfin,
dans ces dernières années seulement, de la découverte de Davy, qui a prouvé que le Diamant ne
renfermait que du carbone pur. Placé dans du gaz
oxygène et exposé aux rayons du soleil concentrés
par une forte lentille, il s'enflamme, brûle avec
une flamme brillante, même après avoir été retiré
du foyer de la lentille, et le produit de la combustion est exactement la même quantité d'acide
carbonique que donnerait un poids égal de carbone. Voilà l'analyse aussi parfaite que nos moyens
chimiques permettent de la faire; malheureusement on peut dire avec certitude que la synthèse
ou la reproduction du Diamant par l'acide carbonique ou le carbone, est encore à faire, malgré les
prétendus Diamans de fabrique présentés récemment à l'académie.

La plupart des Diamans sont limpides et incolores; il s'en trouve cependant de roses, de jaunes,
d'orangés, de bleuâtres, de verdâtres et même de
noirs ou de bruns; ces derniers portent dans le
commerce le nom de *Diamans savoyards;* les
Diamans roses sont rares et tout aussi estimés que
les Diamans incolores.

Le Diamant a la réfraction simple ou ne produit
pas de double image, comme toutes les substances
qui cristallisent en octaèdre; mais il possède, en
outre, un caractère optique qui permet aux
physiciens de le reconnaître aussitôt; c'est la manière dont la lumière est polarisée à sa surface.
L'angle de POLARISATION (*voyez ce mot*), extrêmement faible relativement aux substances avec lesquelles on pourrait le confondre, n'est que de 22°,
tandis qu'il est de 51° dans la topaze et de 35° dans
le verre. Ce caractère exige malheureusement
l'emploi d'instrumens et de procédés très-délicats,
et la dureté reste le seul bon caractère distinctif
d'un usage facile.

Gisement. Pendant long-temps cette substance
précieuse n'avait été trouvée que dans des dépôts
de transport superficiels, ou tout au plus recouvert de quelques couches alluviales qui présentent,
dans les diverses parties de l'Inde, au Brésil et à
l'Oural, la plus étonnante analogie; depuis quelques années on a reconnu sa présence dans des
couches de grès d'une époque plus ancienne.

Au Brésil on donne le nom de Cascalho au
poudingue ferrugineux au milieu duquel on le
rencontre dans la province de Minas-Geraès; ce
poudingue est un agrégat formé principalement de
fragmens et de cailloux roulés de quartz, liés entre
eux par un sable très-ferrugineux; les substances
avec lesquelles le Diamant est en outre associé,
sont : le fer oxydulé, le fer oligiste, des fragmens

de diorites, de schistes talqueux, etc.; toutes ces substances sont des matières de transport, et nous ignorons quelle est la roche à laquelle le Diamant a été enlevé. Le Cascalho s'étend sur d'immenses espaces dans le Brésil; mais il n'est exploité régulièrement que dans le comarque de Serro-Frio, aux environs de la ville de Tejuco, et seulement sur une étendue de 16 lieues du nord au sud et de 8 de l'est à l'ouest. Le petit district dont Tejuco est le chef lieu en a pris le nom de Diamantino. Dans l'Inde, le Diamant est exploité de temps immémorial dans les provinces de Visapour, Hydérabad (Golconde), Orissa, Allahabad, qui font partie du Dekan, et au Bengale. Un géographe moderne annonce que les mines célèbres de Golconde n'ont jamais existé, et que cette ville n'était que le marché des Diamans de l'Orient; sans doute, il n'y eut jamais de mines dans la ville de Golconde, mais cette ville était la capitale d'un petit royaume où l'on exploita à la fois jusqu'à vingt mines célèbres. Tout récemment M. Callinger, dans son voyage au Bengale, a visité les mines de Diamant près de Punnah, et il y distingue deux gisemens très-différens. Les uns se trouvent dans un agglomérat ferrugineux tout-à-fait identique au Cascalho du Brésil, et d'une origine tout aussi récente; les autres sont dans un grès solide, recouvert par du schiste chloritique, et il serait possible qu'ici les Diamans fussent en place ou dans la couche même où ils auraient été produits par modifications postérieures. Divers points de l'île de Bornéo recèlent des Diamans tout aussi estimés que ceux de Visapour et de Golconde. Parmi ceux que M. Leschenault rapporta de cette île, il s'en trouva plusieurs d'une fort belle eau et cristallisés en octaèdres. On ignore d'ailleurs leur mode de gisement.

La découverte des Diamans de l'Oural ne date que de quelques années, et la notice communiquée à la société de géologie par le comte Cancrine, ministre des finances de Russie, ne permet plus de douter de sa réalité. C'est dans le gouvernement de Perm, sur la pente occidentale des monts Oural et aux bords du Bissersk, petit affluent de la Kama, qu'est située la mine d'Adolph, où cette précieuse découverte a été faite. Le nombre des Diamans trouvés dépasse déjà quarante, tous d'un petit volume, mais bien cristallisés et d'une belle eau. Leurs formes présentent ou 12 ou 42 faces à arêtes curvilignes. La moitié du diamètre de la terre sépare l'Oural du Brésil, et cependant c'est dans des alluvions superficielles riches comme celles du Brésil en or et en platine, que le Diamant se trouve ici associé aux mêmes substances.

Le dépôt d'alluvion diamantifère de l'Oural est formé d'une couche d'argile ferrugineuse, mêlée de sables d'un rouge foncé; elle contient beaucoup de cristaux, de quartz et d'oxyde de fer; mais, en outre, de la calcédoine, des prases, du fer oligiste, de la dolomie noire, du schiste talqueux : c'est le gîte de l'or, du platine et du Diamant. Au dessous, on trouve des couches formées d'un sable calcaire noirâtre, qui provient de la destruction de couches dolomitiques. Les montagnes voisines sont composées de micaschistes et de schistes talqueux, au milieu desquels sont quelques couches de dolomies. Déjà on avait remarqué au Brésil et à l'Oural l'abondance des minéraux magnésiens, talc, serpentine, amphibole, au milieu des alluvions riches en métaux précieux et des roches d'où on les supposait provenir; la présence de la dolomie cristalline dans les mêmes gisemens est encore un fait de même nature, puisque cette roche n'est autre chose qu'un calcaire converti par l'action des matières ignées en carbonate double de chaux et de magnésie.

Devons-nous citer un nouveau gîte de Diamant dont la France serait bientôt en possession, si le fait se vérifie? Un négociant d'Alger a vendu trois Diamans qu'il disait avoir reçus en paiement d'habitans de Constantine : au dire de ceux-ci, les Diamans se trouveraient avec l'or en paillettes dans les sables du Gummel, rivière de la province de Constantine. Ce fait peut être réel; car nous savons que les Carthaginois faisaient un grand commerce de Diamans, provenant de l'intérieur de l'Afrique. Attendons avant de prononcer, avec quelques incrédules, qu'ils arrivent de la Casauba par cette route détournée.

Extraction. La recherche du Diamant a lieu par lavage et triage des matières dans lesquelles il est renfermé. Au Brésil le gouvernement emploie des nègres qui, malgré toute la surveillance exercée, trouvent moyen de vendre en contrebande les Diamans les plus beaux. Ils sont cependant encouragés par des primes, et celui qui en trouve un dont le poids dépasse 17 carats est mis solennellement en liberté. Le lavage du Cascalho se fait dans des caisses où l'on fait arriver un courant d'eau qui enlève toutes les parties terreuses; on cherche ensuite dans le gravier qui reste les Diamans qui peuvent s'y trouver. Les principaux lavages sont établis à Mandanga sur le Jigitonhonha dans le district de Serro-Frio et sur les bords du Rio-Pardo. On a observé dans ces deux localités que les Diamans recouverts d'une croûte verdâtre présentent la plus belle eau lorsqu'ils ont été taillés. Un fait non moins remarquable est l'uniformité avec laquelle ils sont dispersés, en sorte qu'on peut juger d'après la masse du Cascalho de la quantité de Diamans renfermés. On dépose chaque mois dans le trésor de Tejuco les Diamans que l'on reçoit des différentes mines du district. De 1730 à 1814 le produit annuel fut de 56,000 carats, environ 15 livres; d'après M. Maw, de 1801 à 1806 il n'a été que de 19,279 carats. En comparant ce produit à la dépense du gouvernement, il en résulte que le carat brut coûte environ 40 francs d'exploitation. On évalue, en outre, la contrebande au tiers du produit précédent, en sorte que l'Europe reçoit annuellement du Brésil 25 à 30,000 carats ou 10 à 15 livres de Diamans qui sont réduits par la taille à 8 ou 900 carats.

Usages. Le Diamant occupe le premier rang parmi les pierres précieuses; il le doit à sa dureté, à son éclat, à sa force de réfraction qui décompose la lumière et la fait jaillir en faisceaux de mille couleurs. On estime surtout celui qui est d'une parfaite limpidité et sans traces de ces teintes jaunâtres qui en altèrent un grand nombre. Deux formes sont adoptées presque exclusivement pour la taille du Diamant : l'une, qui constitue ce qu'on appelle les *brillans*, se produit en laissant à la partie supérieure de la pierre une tablette plane entourée d'une multitude de facettes qui composent ce qu'on appelle la dentelle. La partie inférieure, cachée par la monture, doit être moitié plus épaisse que la partie apparente; elle se termine également par une face plane que des facettes appelées *parillons* joignent à la dentelle; l'autre forme, qui donne les *roses* et ne s'applique qu'aux pierres d'un petit volume, présente à la place de la table, une pyramide à plusieurs faces, et est bien loin d'avoir l'éclat du brillant.

Le Diamant ne peut être que d'un prix très-élevé, puisqu'un poids de 4 grains ou d'un carat revient au gouvernement brésilien au prix de 40 francs; aussi les Diamans qui, à raison de leurs défauts ou de leur petitesse, ne peuvent être employés dans la bijouterie, se vendent-ils encore 30 ou 36 francs le carat pour faire la poudre de Diamant dite *Égrisée* qui sert à tailler, à polir et à graver les différentes pierres dures.

Les petits Diamans bruts, de bonne forme pour la taille, se vendent en lots à raison de 48 francs le carat; mais lorsqu'ils dépassent un carat, on les estime par le carré de leur poids multiplié par 48 francs prix du carat; ainsi un diamant de 12 carats vaut 12 × 12, ou 144 × 48, ou 6,912 francs.

Ce que nous venons de dire n'est relatif qu'aux Diamans bruts; leur valeur lorsqu'ils sont taillés devient beaucoup plus élevée. Les plus petites *roses* employées pour les entourages se vendent 60 à 80 francs le carat, et ce prix s'accroît rapidement avec le volume. Les plus petits brillans valent de 168 à 192 francs le carat, et lorsqu'ils atteignent ce poids ils se vendent jusqu'à 240 à 280 francs s'ils sont d'une belle eau. A 12 grains (trois carats) les brillans sont très-recherchés pour des centres de collier, et s'élèvent au prix de 1,700 à 1,950 francs.

On estime en général le Diamant taillé par le carré de son poids multiplié par 192 francs, prix du carat; mais lorsqu'ils dépassent un certain poids il n'y a plus aucune règle applicable. Ainsi le vice-roi d'Égypte a payé récemment 760,000 francs un diamant de 49 carats ou 196 grains, qui, d'après l'évaluation précédente, n'aurait valu que 461,000 francs.

Les Diamans de 5 à 6 carats sont déjà de fort belles pierres; ceux de 12 à 20 carats sont rares, et à plus forte raison ceux d'un poids plus élevé. On n'en connaît qu'un petit nombre qui dépassent 100 carats.

Nous citerons quelques uns des Diamans les plus célèbres par leur volume extraordinaire. Le plus gros paraît être celui du rajah de Matun, dans les Indes orientales. Il est de la plus belle eau et pèse 367 carats. Un gouverneur de Batavia voulut en faire l'acquisition; il offrit au-delà de 800,000 fr., deux bricks de guerre armés, etc., sans pouvoir l'obtenir. Celui que, au temps de Tavernier, possédait l'empereur du Mogol, pesait 279 carats et avait perdu la moitié de son poids par la taille. Ce voyageur l'estimait 11,723,000 francs. Celui de l'empereur de Russie pèse 193 carats; il est de la grosseur d'un œuf de pigeon, et a été acheté 2,160,000 francs et 96,000 de pension viagère. Celui de l'empereur d'Autriche pèse 139 carats; il est d'une mauvaise forme et d'une teinte un peu jaunâtre; on l'estime néanmoins 2,600,000 francs. Le *régent* ou Diamant du roi de France pèse 136 carats : remarquable par sa forme et sa limpidité, il a 9 lignes d'épaisseur sur 13, et 13 lignes et demie de diamètre. Il provient de la mine de Fasteal dans l'ancien royaume de Golconde et fut acheté par le duc d'Orléans régent 2,250,000 fr.; il a été estimé le double à raison de sa perfection. Dans l'immense quantité de Diamans fournis par le Brésil, aucun n'approche du volume de ceux que nous venons de citer. A l'époque du voyage de Maw, la collection du roi à Rio-Janeiro renfermait 5,000 carats estimés à 72 millions, et un seul Diamant atteignait le poids de 95 carats trois quarts. Tout récemment le capitaine anglais Burnes, lors de son voyage à Lahore, en 1830, a vu dans le trésor du prince Runjet-Sing, le fameux Diamant nommé Kohinour ou *montagne de lumière*. Rien n'est plus magnifique que cette pierre qui est grosse comme la moitié d'un œuf et de la plus belle eau.

Histoire. Les anciens connaissaient notre Diamant, et lui donnaient le nom d'*Adamas*, qu'ils appliquaient en même temps à quelques pierres différentes. Homère ne paraît pas l'avoir connu, du moins rien ne l'indique dans ses écrits; Pline nous a transmis, et de la meilleure foi du monde, toutes les propriétés fabuleuses qu'on attribuait au Diamant. Le feu ne pouvait l'altérer, mis sur une enclume il faisait éclater marteau et enclume plutôt que de se briser. Cependant on réussissait lorsqu'auparavant on l'avait plongé dans du sang de bouc, etc. Pline distingue six espèces de Diamant sous les noms suivans : Diamant des Indes, d'Arabie, le Cenchros, le Diamant de Macédoine, le Diamant de Chypre et le Sydérites. Il est facile de voir que les deux derniers n'étaient pas de véritables Diamans; mais en même temps on doit remarquer la justesse de cette observation que le Diamant de l'Inde ne se trouve pas associé à l'or, comme on le croyait de celui d'Ethiopie. Cet article de Pline montre, en outre, que les anciens connaissaient en Afrique des gîtes de Diamans aujourd'hui perdus. Plus loin il nous apprend que l'usage des pointes et de la poudre de Diamant pour graver sur les pierres rares était connu des anciens, et c'est à son emploi que nous devons leurs intailles et leurs magnifiques camées.

Ce fut seulement en 1476 que Louis de Berynem découvrit l'art de polir et de tailler le Diamant à l'aide de sa propre poussière. Le premier

Diamant

Diamant poli appartint à Charles-le-Téméraire, qui le portait au cou, entouré de trois rubis balais. Il le perdit à la bataille de Morat en Suisse, et il devint, par la suite, la propriété de Philippe II, roi d'Espagne; on dit, mais sans beaucoup de preuves, que c'est notre *Sancy*. Long temps avant cette époque on portait des Diamans comme objets d'ornement; on estimait surtout ceux qui cristallisaient en octaèdres offrant une pointe naturelle; on les nommait alors *pointes naïves*. Le manteau de Charlemagne ainsi que celui de Saint-Louis étaient ornés de semblables diamans.

Pendant long-temps on se borna à les polir au moyen de leur poudre nommée *Égrisée*, plus tard on abrégea beaucoup le travail au moyen du clivage. Cette opération s'exécute avec un extrême ménagement, en enlevant les parties que l'on veut sacrifier par un choc léger appliqué sur un plan coupant placé dans le sens des lames de superposition. Ce procédé n'étant pas sans danger, on a recours plus fréquemment au sciage à l'aide d'un fil d'acier enduit d'égrisée humectée de vinaigre. Nous terminerons par quelques mots sur l'emploi si commun du Diamant pour couper le verre et les glaces. On a remarqué que les corps les plus durs, taillés en pointes acérées, rayaient bien le verre, mais ne le coupaient pas, et que le Diamant seul jouissait de cette propriété. On pense qu'il la doit à ses arêtes courbes et à ses faces bombées; en effet, on choisit toujours pour l'usage des vitriers des pierres brutes nommées *étincelles*, où cette forme est nettement prononcée; les arêtes courbes et les faces bombées qui s'y réunissent pénètrent comme un coin, et font éclater le verre. (B.)

DIAMANT D'ALENÇON. On nomme ainsi des cristaux de quartz hyalin d'une grande limpidité, que l'on trouve dans les sables granitiques d'Alençon et de beaucoup d'autres localités. Leur forme, qui est due à la réunion de deux pyramides à six faces, les distingue, encore mieux que leur peu d'éclat, des véritables Diamans. (*Voy.* QUARTZ.)
(B.)

DIANDRE. (BOT. PHAN.) Adjectif employé pour désigner tous les végétaux dont la corolle ne présente que deux étamines. On se sert aussi de l'expression diandrique.

DIANDRIE. (BOT. PHAN.) Ce mot est composé de deux racines grecques, *dis*, deux, *andria*, virilité. La Diandrie est la deuxième classe du système linnéen; elle renferme, comme je viens de le dire, les plantes qui ont deux étamines libres: tels sont les genres de la Sauge, *Salvia*; du Troëne, *Ligustrum*; du Jasmin, *Jasminum*; des Véroniques, *Veronica*, etc. Elle est divisée en trois ordres fournis par le nombre des ovaires. La DIANDRIE MONOGYNIE comprend les genres *Olea*, *Chionanthus*, *Syringa*, *Lycopus*, *Collinsonia*, et tous ceux qui n'ont qu'un seul pistil. La DIANDRIE TRIGYNIE, ou à deux pistils, ne présente qu'un genre unique, l'*Anthoxanthum*; la DIANDRIE TRIGYNIE n'en compte que deux, le *Piper* et le *Peperomia*, qui sont munis chacun de trois pistils. (T. D. B.)

DIANÉE, *Dianæa*. (ZOOPH. ACAL.) Ce genre, très-voisin de celui des Géryonies, a été établi par Lamarck; il est classé par M. Blainville dans l'ordre des Pulmogrades ou Médusaires proboscidées. Voici quels caractères on lui donne: corps hémisphérique, garni dans sa circonférence d'un petit nombre de fibres tentaculaires, excavé en dessous et pourvu dans son milieu d'un fort appendice proboscidiforme, saillant, avec quatre appendices brachidés à l'extrémité. Deux espèces de ce genre ont été figurées et décrites avec soin par MM. Quoy et Gaimard dans la Zoologie de l'*Uranie*; l'une est la DIANÉE DE DUBAUT observée dans la Méditerranée, l'autre la DIANÉE DE GABERT, qui vit sur les côtes de la Nouvelle-Hollande.
(GERV.)

DIANELLE, *Dianella*. (BOT. PHAN.) Genre établi par De Lamarck dans la famille des Asparaginées et dans l'Hexandrie monogynie, dont les caractères sont d'offrir des plantes vivaces, herbacées et rameuses, monocotylédonées, à fleurs incomplètes, voisines par leurs fruits des Dragoniers, *Dracæna*, et par leurs feuilles, des Iris. Leurs élégantes fleurs sont disposées en panicules lâches terminales; les ramifications et les pédoncules munis de spathes; calice coloré, à six divisions profondes, caduques, égales entre elles et étalées, dont trois alternes plus intérieures; six étamines à filamens courts, épaissis en leur sommet qui se termine par une anthère linéaire: ovaire supère, globuleux et déprimé à son centre; style et stigmate simples; capsule bacciforme, bleuâtre, oblongue, à trois loges contenant chacune de quatre à cinq semences noires, très-luisantes.

Des dix espèces connues, il en est une que la beauté de ses fleurs bleues s'épanouissant au premier printemps et se succédant les unes aux autres durant plusieurs mois, de mars à juin, a fait rechercher et admettre dans nos jardins: je veux parler de la DIANELLE BLEUE, *D. cerulæa*, originaire des environs du port Jackson, dans la Nouvelle-Hollande, et figurée dans notre Atlas, pl. 157, fig. 1. Cette jolie plante, introduite en France depuis les années triplement désastreuses de 1815 et 1816, a la tige haute de seize centimètres, tortueuse, garnie à sa base de feuilles d'un vert foncé, glabres, pliées en carène, disposées sur deux rangs, engaînantes à leur base et munies sur leurs bords de petites dentelures épineuses. Les fleurs, d'un beau bleu d'azur que relève encore la couleur jaune de leurs anthères, forment une panicule lâche fort agréable à voir. L'œil se repose avec plaisir non seulement sur l'inflorescence, mais encore sur les fleurs tantôt renversées de manière à laisser les étamines pendantes, tantôt étalées en roue et offrant une étamine couchée sur chacune des six divisions. Le stigmate est légèrement frangé.

La DIANELLE DES BOIS, *D. nemorosa*, qui se propage aisément par ses racines noueuses et odorantes, dont les feuilles ont trente-deux centimètres de long, la tige un mètre d'élévation, et dont la panicule est chargée de fleurs d'un bleu d'améthyste de médiocre grandeur auxquelles succèdent des baies ovales-oblongues non moins belles, mériterait aussi de figurer dans nos jardins, si elle ne demandait pas autant de soins et de chaleur. Elle abonde dans les bois des îles Maurice et Mascareigne. Bonpland a trouvé au mont Silla de Caracas, en l'Amérique du Sud, une espèce nouvelle, la DIANELLE DOUTEUSE, *D. dubia*, aux fleurs inclinées et d'un bleu foncé. Cette espèce et la précédente sont les deux seules Dianelles étrangères au sol de la Nouvelle-Hollande, qui fut long-temps réputée l'unique patrie du genre.   (T. D. B.)

DIAPÈRE, *Diaperis*. (INS.) Genre de Coléoptères de la famille des Taxicornes, tribu des Diapériales, établi par Geoffroy et offrant pour caractères: antennes composées d'articles en forme de disques enfilés, grossissant insensiblement; palpes maxillaires terminés par un article un peu plus gros que celui qui le précède; jambes à peine dilatées à leur extrémité. Ces insectes sont de forme ovoïde, bombée, leur tête est courte, triangulaire; les antennes, dont le dernier article est pyriforme, atteignent à peine la longueur du corselet; celui-ci est transversal, un peu lobé postérieurement, l'écusson est très-petit; les élytres sont plus larges que le corselet; les pattes sont de grandeur moyenne, toutes identiques de forme; ces insectes vivent dans l'intérieur des champignons, dont ils rongent la pulpe soit à l'état de larve, soit à l'état parfait. On n'a long-temps distingué que l'espèce que nous allons citer, et qui était ballottée de genre en genre, jusqu'à ce qu'elle vînt à former elle-même un genre particulier.

D. DU BOLET, *D. boleti*, Linn. Long de trois lignes, noir brillant avec trois taches transversales jaunes sur les élytres, une à la base, une à l'extrémité et une au milieu; la base des fémurs intérieurs brunâtre. Commun partout. (A. P.)

DIAPHRAGMATIQUE, *Diaphragmaticus*. (BOT.) De *Diaphragma*, διάφραγμα, qui appartient au diaphragme. On donne ce nom à divers vaisseaux et nerfs. Pour les artères et veines Diaphragmatiques *voy.* CIRCULATION. Quant aux nerfs Diaphragmatiques ou phréniques, ils sont au nombre de deux, et placés l'un à droite, l'autre à gauche. Ils naissent du plexus cervical au niveau de la partie moyenne du cou, pénètrent dans la poitrine et vont se distribuer dans l'épaisseur du diaphragme.   (M. S. A.)

DIAPHRAGME, *Septum transversum*. (ANAT.) C'est un muscle impair, membraneux, très-large, obliquement situé entre le thorax et l'abdomen, qu'il sépare l'un de l'autre. Le centre de ce muscle est occupé par une large aponévrose, à laquelle on a donné le nom de *centre phrénique*; toute sa face thoracique est revêtue par la plèvre et le péricarde, l'autre face est tapissée par le péritoine. Le Diaphragme présente des ouvertures pour le passage de la veine cave inférieure, de l'artère aorte, du canal thoracique, de l'œsophage et des nerfs pneumo-gastriques, et des cordons nerveux qui font communiquer les ganglions thoraciques avec ceux de l'abdomen; il reçoit des nerfs et des vaisseaux considérables.

On trouve dans les auteurs plusieurs cas de perforation congéniale du Diaphragme accompagnée du déplacement de quelques viscères abdominaux ou thoraciques. Suivant le plus grand nombre d'anatomistes, la perforation du Diaphragme est le résultat d'un arrêt de développement, dépendant de la non-réunion des deux moitiés, primitivement distinctes, qui composent le muscle, comme tous les organes médians.

Outre les cas de perforation congéniale du Diaphragme, accompagnée du déplacement de quelques viscères, on cite des observations dans lesquelles il y a hernie de l'estomac ou des intestins à travers le Diaphragme, mais hernie produite à la suite d'une blessure quelconque de ce muscle.   (M. S. A.)

DIAPRIE, *Diapria*. (INS.) Genre d'Hyménoptères de la famille des Pupivores, tribu des Oxyures, ayant pour caractères: antennes de quatorze articles dans les mâles et de douze dans les femelles, presque de la longueur du corps; palpes allongés, filiformes; mandibules dentées; les ailes n'offrant aucune espèce de nervure. Ces insectes sont très-petits, de forme allongée, lisses, leur tête est arrondie, le premier article de leurs antennes plus long que les autres, et les derniers presque égaux entre eux, mais un peu plus gros; les ailes sont plus longues que le corps et velues. L'abdomen est ovoïde, allongé, formé de six anneaux, dont le second, très-grand, forme à lui seul les deux tiers de cette partie du corps; leurs pattes sont allongées, avec les fémurs légèrement en massue à leur jonction avec les tibias. On ignore les mœurs de ces insectes; mais il est probable que ceux qui ont été jusqu'à présent renfermés dans ce genre mériteraient d'être le sujet d'observations suivies.

D. ÉLÉGANT. *D. elegans*, Jurin., Méth. pour classer les Hyménoptères, planche 13, figure 48. Long d'une ligne, corps noir, antennes et pattes fauves; les articles des antennes sont allongés et munis de poils raides sur toute leur longueur.   (A. P.)

DIASPORE. (MIN.) Ce minéral, que l'on n'a point encore admis comme espèce dans les nomenclatures, est toutefois un hydrate d'alumine, composé de 76 à 80 pour cent de cette substance, de 14 à 17 d'eau et de 3 à 7 d'oxide de fer. Il se présente ordinairement en lames jaunâtres ou brunâtres, un peu fibreuses, qui rappellent la texture de certaines variétés de disthène. Cependant il paraît que dans les monts Ourals on en a trouvé d'un brun foncé cristallisé, dont la cassure est vitreuse. Le Diaspore se trouve dans une roche argilo-ferrugineuse qui appartient au terrain granitique.   (J. H.)

DIATOME. (ZOOL. BOT.) Genre établi d'abord par M. Bory de Saint-Vincent, sous le nom d'Archimédée et désigné depuis par De Candolle par le nom sous lequel nous l'adoptons. Il est caractérisé par des segmens ou lames formant d'abord un petit filament simple et très-comprimé qui, en se disjoignant dans leur longueur, ne demeurent unis que par deux de leurs angles diagonalement opposés, et présentent dans leur écartement la figure du zig-zag. Les Diatomes sont fort petits et forment sur les plantes aquatiques des fontaines ou de la mer, un duvet roussâtre de couleur ferrugineuse, qui devient verdâtre par la dessiccation. On en connaît sept à huit espèces; les plus communes sont le DIATOME VULGAIRE, à segmens de forme quadrilatère, solitaires ou se tenant de deux à quatre ensemble, après leur disjonction; brunâtres vers le centre ou marqués à cet endroit d'un point parfaitement transparent. Ils sont communs sur les extrémités du *Conferva glomerata*, L., dans les courans rapides; on les trouve abondamment aux environs de Paris. Le DIATOME DANOIS, dont les segmens sont plus carrés que ceux du précédent, et qu'on rencontre sur les fucus, les céramies et les conferves de l'Océan. (P. G.)

DIAZONE, *Diazona*. (MOLL.) Les Diazones sont des mollusques acéphales non testacés de l'ordre des Hétérobranches, Blainv. Ils forment dans la famille des Ascidies ou Ascidiens un petit genre dont on doit l'établissement à M. Savigny. Ce sont des animaux agrégés, réunis dans une sorte de polypier charnu, où ils sont disposés sur plusieurs cercles concentriques; leur orifice branchial est fendu en six rayons réguliers et égaux, l'anus présente la même disposition; le thorax ou cavité renfermant les branchies est cylindrique et oblong, l'abdomen est étroit et largement pédiculé. La seule espèce connue est la DIAZONE VIOLETTE (Savigny, Mém. sur les An. sans vert., partie II, pl. 2 et 12), observée par Delaroche dans le port d'Iviça, l'une des Baléares. Cette Diazone est orbiculaire, blanchâtre; sa masse charnue est transparente et ses cellules sont d'un violet léger à leur base, mais plus foncé à leur sommet.

(GERV.)

DICÉE, *Dicæum*. (OIS.) Ce genre forme un groupe très-naturel de Passereaux, appartenant à la famille des Ténuirostres de Cuvier et voisin des Souimangas et des Philédons. Le nom de *Dicæum*, que lui a donné Cuvier, se trouve dans Elien appliqué à un oiseau qu'on n'a pu reconnaître.

Les Dicées ont le bec court, non denté, élargi à sa base et un peu recourbé à sa pointe; leurs narines sont petites et arrondies; leurs ailes obtuses, à quatrième et cinquième rémiges les plus longues, et leur queue médiocre. Les espèces connues sont toutes des îles de l'archipel d'Asie et de l'Océanie. Leur taille est petite et leur plumage souvent teint par partie du rouge le plus vif. Nous citerons le DICÉE A POITRINE ROUGE, *Dicæum erithrothorax*, Less. *Coquille*, pl. 5o, qui habite une grande partie de l'archipel des Moluques, principalement l'île Bourou.

DICÉE NOIR, *Dic. niger*, Less., cent., pl. 27. Il est propre à la Nouvelle-Guinée; sa longueur est de quatre pouces; le mâle a les parties supérieures de la queue d'un noir bronzé; le dessous de son corps est d'un vert sale. La femelle est verdâtre, ses rectrices et ses rémiges étant brunes.

Voyez dans le Magasin zoologique un Mémoire de M. de Lafrenaye sur les Dicées. (GERV.)

DICÉRATE, *Diceras*. (MOLL.) Ces coquilles, que l'on ne rencontre qu'à l'état fossile, et dont l'animal est par conséquent inconnu, forment dans la famille des Camacées un genre distinct, mais très-voisin de celui des Cames proprement dites. Leur coquille est irrégulière, inéquivalve et à sommets coniques presque régulièrement contournés en spirale et simulant assez une paire de cornes; la dent cardinale est très-développée, elle fait partie de la grande valve. On n'a long-temps connu dans ce groupe qu'une seule espèce, la DICÉRATE ARIÉTINE, *Diceras arietina*, Lam., qui est commune à Saint-Mihiel (Meuse) et au mont Salève près Genève, où Deluc et Saussure l'ont observée. Une autre espèce a été récemment distinguée, c'est la DICÉRATE GAUCHE, *Diceras sinistra* Deshayes, Dict. class. Elle a, dans les plus grands individus deux pouces de large. (GERV.)

DICHOBUNE, *Dichobune*. (MAM.) Ce genre n'est connu qu'à l'état fossile, ainsi que presque tous ceux établis sur des mammifères aujourd'hui perdus; on le doit aux recherches de Cuvier; sa place est dans l'ordre des Pachydermes ordinaires à côté des Anoplothérium et des Hippopotames. Il renferme plusieurs espèces toutes de petite taille, et ayant leurs dents molaires garnies de tubercules distincts. Ces espèces sont: 1° le DICHOBUNE LIÈVRE, que Cuvier a d'abord placé, ainsi que l'espèce suivante, parmi les Anoplothérium; sa taille et les formes générales paraissent être celles d'un lièvre; 2° le DICHOBUNE RONGEUR, gros comme un cochon d'Inde, et 3° le DICHOBUNE OBLIQUE, à peu près de même dimension. Ce dernier est remarquable par l'obliquité des branches montantes de sa mâchoire inférieure. (GERV.)

DICHOSANDRE, *Dichosandra*. (BOT. PHAN.) Un genre nouveau a été créé, depuis 1820, dans la petite famille des Commelinées, entre les genres *Commelina* et *Tradescantia*; il est originaire du Brésil et appartient à l'Hexandrie monogynie. Nous n'en connaissons encore qu'une seule espèce cultivée, fleurissant partout en France depuis 1829, sous le nom de DICHOSANDRE A FLEURS EN THYRSE, *D. thyrsiflora*. Sa tige part d'un tubercule charnu, muni de petites fibres écalées, et monte à un mètre au plus; elle est cylindrique, géniculée ou flexueuse dans sa partie inférieure, d'un vert foncé parsemé d'une infinité de petites lignes longitudinales d'un vert plus pâle. De chaque articulation sort une gaine au vert pâle, avec taches d'un brun-pourpre. Les feuilles qui terminent cette gaine sont alternes, lancéolées, ondulées ou crispées sur leurs bords, sessiles à leur naissance; dans leur partie moyenne, elles offrent une côte saillante et des nervures longitudinales; leur couleur est d'un vert noir et luisant en dessus, moins intense en dessous. Au sommet de la tige s'élève une panicule florifère, inodore, chargée de ramifications cylindriques, courtes, alternes, d'un vert pâle violacé, avec une bractée subulée à la base, large au point de son attache, et portant à leurs extrémités une à trois et cinq fleurs pédonculées, très-caduques, ne se développant que successivement. Chaque fleur a trois pétales extérieurs et trois intérieurs; les premiers sont ovales, creusés en cuiller; le supérieur mucroné, vert à son extrémité, bleu lilas à sa surface externe et d'un blanc pur à l'intérieur; les deux autres pétales infères, présentant les mêmes couleurs. Des trois seconds ou intérieurs, deux sont latéraux et le troisième inférieur beaucoup plus grand, en forme de losange obtus, d'un beau bleu d'azur.

Au centre de la fleur, on trouve six étamines à filets très-courts, surmontés d'anthères quadrangulaires, d'un jaune mat; quatre étamines sont rapprochées, les deux autres arquées, comme deux cornes, vers la partie supérieure. Le pistil est court, rudimentaire, placé au centre d'un disque arrondi. Le fruit est une capsule presque globuleuse, légèrement trigone, à trois valves et à trois loges, contenant plusieurs grains.

L'espèce que je décris d'après la nature vivante, habite particulièrement aux environs de Rio-Janeiro. Elle a fleuri auprès de moi pour la première fois en France, dans l'année 1824, aux mois d'août et de septembre. (T. D. B.)

DICHOTOME et DICHOTOMIE. (BOT.) La Dichotomie est un mode de division et de subdivision, qui procède toujours par deux ou par fourche. Une tige Dichotome est d'abord simple, puis elle se bifurque en deux branches, et chacune de celles-ci se subdivise de même plusieurs fois en deux jusqu'à leur sommet : la Mâche, *Valeriana locusta*, l'Œillet couché, *Dianthus deltoides*, le Guy, la plupart des Mertensies, beaucoup de Lycopodes fournissent un bon exemple de cette disposition. Les feuilles du Cornifle âpre, *Ceratophyllum demersum*; les pédoncules du Fusain, *Evonymus vulgaris*, de la Stellaire de nos haies, *Stellaria holostea*: le style du Sébestier domestique, *Cordia mixta*; de la Varrone de Cuba, *Varronia mirabilioides*, etc., etc., sont Dichotomes. (T. D. B.)

DICHROISME. (MIN.) Propriété optique des minéraux. On sait que la double réfraction consiste en ce que les minéraux qui en sont doués forcent les rayons lumineux qui les traversent à se partager en deux faisceaux, en sorte que de petits objets vus d'une face à l'autre paraissent doubles. Mais dans ces minéraux, il existe *une* ou *plusieurs* directions dans lesquelles on n'aperçoit qu'un nuage, c'est ce qu'on appelle axe de *double réfraction*. On a reconnu que les substances qui n'ont qu'un axe de double réfraction ont la propriété de montrer deux couleurs *extrêmes*; l'une quand la lumière traverse le cristal parallèlement à l'axe; l'autre, lorsqu'elle le traverse perpendiculairement; c'est là ce qui constitue le *Dichroïsme*, propriété que l'on avait d'abord cru n'appartenir qu'à la Cordiérite et qui lui avait valu le nom de Dichroïte. Cette substance apparaît bleue dans un sens, et d'un bleu violâtre dans l'autre; la Tourmaline est d'un noir opaque, parallèlement à l'axe, verte, brune ou rouge, perpendiculairement à ce même axe. Les substances qui ne sont point susceptibles de produire la double réfraction, telles que tous les cristaux du système cubique, sont Unichroïtes; celles à un axe de double réfraction sont Dichroïtes, celles enfin à deux axes, telles que la topaze, sont Trichroïtes, ou présentent trois couleurs différentes. (B.)

DICLINE. (BOT. PHAN.) Ainsi que l'indique l'étymologie de ce mot, composé des deux racines grecques *dis*, deux, *cliné*, lit, Dicline se dit d'une plante dont les organes sexuels ne sont pas réunis dans chaque corolle, mais distincts sur des individus différens, par conséquent unisexués. Les fleurs Diclines pures composent la Monoécie de Linné, quand les étamines et les pistils habitent sur la même plante, comme dans l'Epinard, *Spinacia oleracea*; ou bien elles appartiennent à la Dioécie, quand les organes mâles existent sur un pied, tandis que les organes femelles se trouvent sur un autre, comme le Chanvre, *Cannabis sativa*. Celles que l'on dit mélangées d'hermaphrodisme, soit sur le même individu, soit sur des individus différens, rentrent dans la Polygamie du système linnéen, telle est la Pariétaire, *Parietaria officinalis*. Dans la méthode dite naturelle, les plantes Diclines forment la quinzième et dernière classe, qui renferme les Euphorbiacées, les Cucurbitacées, les Urticées, les Amentacées et les Conifères. Cette classe n'est pas heureusement fondée, il faut la supprimer; il y a très-peu de plantes exactement Diclines; exemple : toutes les espèces du genre *Mercurialis* offrent de véritables fleurs Diclines, puisqu'il n'y a point apparence de pistil dans les fleurs mâles, ni d'étamines dans les fleurs femelles; mais le plus grand nombre des genres inscrits parmi les plantes Diclines ne le sont que par accident ou par avortement : dans les genres *Cucumis* et *Cucurbita*, par exemple, on trouve sur les fleurs femelles trois filets d'étamines sans anthères, et sur les fleurs mâles, la place de l'ovaire est vide ou bien occupée par une glande nectarifère. Aucune méthode n'est réellement inspirée par la nature, à chaque pas les lois convenues sont renversées par ces lois que nous découvrent le temps, l'expérience, une étude approfondie et loin de tout système. (T. D. B.)

DICOTYLES. (MAM.) Cuvier donne ce nom, qui signifie *double nombril*, aux animaux du genre Pécari. *Voyez* les articles COCHON et PÉCARI. (GERV.)

DICOTYLÉDONÉES (PLANTES). Troisième grande division des végétaux selon la méthode dite naturelle; elle comprend tous ceux dont la semence est à deux lobes, cotylédons ou feuilles séminales qui se montrent d'ordinaire à la surface du sol au moment de la germination. C'est la division la plus nombreuse; sur quinze classes, elle en compte onze, et réunit à elle seule les quatre cinquièmes des plantes connues. L'organisation des Dicotylédonées est tout-à-fait différente des Monocotylédonées, qui n'ont qu'un seul lobe, et des Acotylédonées, qui sont réputées n'en avoir aucun. Dans les tiges récentes de Dicotylédonées on distingue aisément un épiderme, une enveloppe cellulaire, une écorce proprement dite, un corps ligneux, une moelle centrale ; les branches et les rameaux sont communs ; les feuilles présentent des réseaux très-variés, et les fleurs se montrent le plus souvent munies des deux enveloppes connues sous les noms de calice et de corolle.

Pour faciliter l'étude particulière des plantes Dicotylédonées, on a dû chercher les élémens de divisions plus nombreuses que celles adoptées pour les Acotylédonées et les Monocotylédonées. L'insertion relative des étamines ou de la corolle monopétale staminifère n'étant plus chez les végétaux Dicotylédonés qu'un caractère-secondaire, on est allé en demander un primordial à la corolle, et comme cet organe se trouve manquer chez les uns, exister unique chez les autres, et être multiple dans un grand nombre, il en est résulté trois coupes de premier ordre : les Dicotylédonées *apétales*, les Dicotylédonées *monopétales* et les Dicotylédonées *polypétales*. Le caractère de l'insertion primitive des étamines est devenu de second ordre, et l'on a eu les apétales et les polypétales à étamines *hypogynes*, *périgynes* ou *épigynes*; tandis que, pour les monopétales, on a recours d'abord à l'insertion de la corolle, puis on admet une subdivision pour la corolle épigyne puisée dans la disposition des anthères, selon qu'elles sont libres ou réunies.

Il convenait de donner un nom distinctif à chacune des onze classes comprises parmi les végétaux Dicotylédonés; voici ceux adoptés par Ant. Laurent de Jussieu :

PLANTES DICOTYLÉDONÉES.

Apétales	étamines épigynes. — *Epistaminie.*	
	. . . . . périgynes. — *Péristaminie.*	
	. . . . . hypogynes. — *Hypostaminie.*	
Monopétales	Corolle hypogyne . . — *Hypocorollie.*	
	. . . . . périgyne. . . — *Péricorollie.*	
	. . . . . épigyne . . . — *Epicorollie.*	
	anthères réunies. . — *Synanthérie.*	
	—— distinctes. — *Corisanthérie.*	
Polypétales	étamines épigynes. . — *Epipétalie.*	
	. . . . . hypogynes. — *Hypopétalie.*	
	. . . . . périgynes. . — *Péripétalie.*	

On ajoute d'ordinaire à la suite de ce tableau comme dernière classe les plantes diclines; j'ai dit à ce mot ce que je pense des caractères qu'on lui attribue ; en la supprimant, le petit groupe de plantes diclines peut aisément prendre place parmi les apétales avec l'épithète *idiogynes*, c'est-à-dire étamines séparées du pistil.

Si l'étymologiste venait à se récrier contre les locutions employées, parce qu'elles sont en opposition manifeste avec les règles grammaticales de la langue grecque, et qu'elles expriment même par leur inversion un sens différent de celui qu'on leur donne, il faudra lui répondre avec l'inventeur que, par une définition précise, il a sauvé toutes les difficultés. L'adoption générale légitime tout, les valeurs sont conventionnelles et le plus habituellement en opposition manifeste avec celle attribuée primitivement aux mots employés.

(T. D. B.)

DICRANE ou **DICRANIE**, *Dicranum*. (BOT. CRYPT.) (*Mousses*.) Ce genre, caractérisé par un péristome simple, composé de seize dents larges divisées en deux, à peu près jusqu'à moitié, par une coiffe fendue latéralement, offre à considérer deux sections bien tranchées : dans la première, ou les *Fessidens* d'Hedwig, les feuilles sont verticales et insérées sur deux rangs opposés; leur bord supérieur est divisé en deux lames qui contournent la tige. Cette section renferme les *Dicranum bryoides*, *D. adianthoides*, *D. taxifolium*, etc., de De Candolle, espèces assez communes et d'une forme très-élégante.

Dans les autres *Dicranum*, qui du reste sont assez analogues aux précédens par leur port, les feuilles embrassent la tige, et sont souvent déjetées d'un seul côté ; la tige est presque toujours rameuse, les rameaux sont dressés et serrés.

Les Dicranes poussent par touffes serrées, ou bien constituent ces beaux tapis de verdure qui couvrent le sol des bois et des berges de sable. Comme espèces remarquables du genre nous citerons : 1° le *Dicranum scoparium*, plante très-commune aux environs de Paris et l'une des plus grandes du genre, dont la tige, droite, est simple ou à peine rameuse, les feuilles longues et déjetées toutes d'un seul côté ; les capsules terminales ordinairement solitaires, longuement pédicellées et arquées, l'opercule très-long; 2° le *Dicranum glaucum*, Dicrane qui fructifie assez rarement, qui a des capsules petites, peu pédicellées et d'une couleur brune foncée, qui a des tiges vertes, rameuses et très-rapprochées les unes des autres, des feuilles presque blanches et obtuses, et qui forme, dans nos bois, des touffes larges et très-serrées, d'un vert blanchâtre. (F. F.)

DICTAME DE CRÈTE. (BOT. PHAN.) Sous ce nom, la docte antiquité nous a vanté la plante que nous appelons aujourd'hui ORIGAN (v. ce mot), que l'on trouve non seulement aux mêmes localités désignées chez les Grecs par Hippocrate, Théophraste et Dioscoride chez les Latins par Virgile et Pline, mais encore que l'on rencontre dans le midi de l'Europe et de la France, où elle est susceptible de fournir du camphre. Le Dictame de Crète, recueilli sur le mont Ida, jouissait de la plus haute estime; il offrait des propriétés essentiellement héroïques. Le préjugé que le Dictame donnait à la biche, dont la vie était menacée par la flèche décochée sur elle, le pouvoir de se débarrasser du fer meurtrier, a fourni au chantre des Géorgiques et de l'Enéide des vers pleins de charme, qu'on lit toujours avec plaisir, tant la description du remède et la manière de l'employer semblent exactes.

Les anciens disaient également Dictame et Dictamne. Quelques botanistes ont appliqué cette dénomination à des plantes fort opposées les unes aux autres. Ainsi on les voit appeler DICTAME DE VIRGINIE, une espèce de Thym originaire de l'Amérique septentrionale, le *Thymus virginicus*; donner le nom de DICTAME FAUX au Marrube cendré d'Italie et d'Espagne, le *Marrubium crispum*, et celui de Dictame fraxinelle ou de Dictame blanc à l'espèce unique du genre que nous allons décrire. (T. d. B.)

DICTAMNE, *Dictamnus*. (bot. phan.) Très-petit genre de plantes de la famille des Rutacées et de la Décandrie monogynie, qui n'est encore composé que d'une seule espèce, originaire des terrains rocailleux des contrées méridionales de l'Europe et très-abondante en Orient. Simplement et plus généralement appelé *Fraxinelle*, à cause de son feuillage imitant celui du frêne, le Dictamne fraxinelle, *D. albus*, selon Lamarck, et beaucoup mieux *D. fraxinella*, selon Persoon, fait partie de la Flore française : c'est une plante vivace, à racine ligneuse ; ses tiges droites, cylindriques, rougeâtres en leur partie supérieure, montent à soixante-cinq et quatre-vingt-dix centimètres, se garnissent de feuilles alternes, imparipinnées, dont les folioles sont ovales, aiguës, glabres, luisantes, dentées, et portent à leur sommet des fleurs grandes, disposées en long épi, de couleur pourpre claire rayée d'une nuance plus foncée, qui s'épanouissent en juin et juillet. Il existe une variété chez qui les fleurs sont parfaitement blanches. Toute la plante répand une odeur résineuse assez forte ; elle perd ses tiges en hiver.

Le Dictamne improprement appelé blanc intéresse au même degré l'horticulteur et le botaniste ; au premier, il offre une plante réussissant dans presque tous les terrains et à toutes les expositions, produisant un très-vif effet dans les jardins du printemps, n'exigeant d'autres soins que d'être sarclée et serfouie une fois ou deux dans l'année. Sa végétation devient superbe, très-pittoresque, quand elle est placée sur un sol substantiel, frais, bien exposé. Les individus provenant de semis faits en pleine terre avec la graine aussitôt arrivée à sa maturité, ne fleurissent guère qu'à leur cinquième année ; aussi lorsqu'on possède un ou plusieurs vieux pieds, on a raison de profiter du petit nombre d'éclats qu'ils fournissent, pour propager la plante et jouir plus tôt de ses fleurs, l'un des beaux ornemens de nos parterres.

Au botaniste, la Fraxinelle présente un phénomène très-remarquable, dont la première observation est due à la fille aînée de Linné, à cette pieuse Élisabeth qui recueillit avec soin tous les écrits de son père pour les distribuer à ses vrais admirateurs (j'en tiens d'elle plusieurs qui me sont doublement précieux). Les pédoncules qui portent les fleurs du Dictamne, le calice et ses cinq divisions profondes, ainsi que l'extrémité supérieure des tiges, sont chargés d'une multitude de petites glandes pédicellées, sécrétant une huile volatile très-abondante, d'une odeur très-forte. Durant les hautes chaleurs de l'été, l'action des rayons solaires rend cette sécrétion très-sensible et en si grande quantité, que, sur le soir, quand l'air devient frais, il condense cette sécrétion en forme d'atmosphère éthérée environnant la plante. Approchez de cette atmosphère une bougie, aussitôt elle s'enflamme sans endommager aucunement la plante ; elle brûle rapidement, jette une lueur vive,

tigrée de rouge et de vert dans la variété à fleurs purpurines, toute verte dans la variété à fleurs blanches. Les vésicules dans lesquelles l'huile essentielle est contenue ont la forme de petites outres, terminées par une sorte de goulot conique, effilé en pointe à son extrémité ; elles abondent particulièrement sur les parties les plus vigoureuses du végétal, à partir du point où la tige sort de la masse du feuillage. Quand les utricules sont faibles, le phénomène n'a pas lieu ; lorsqu'elles sont gonflées, mais pas encore entièrement mûres, l'approche de la bougie ne produit que de simples crépitations locales ; l'embrasement n'est complet qu'au moment où la plante est bien développée, vigoureuse, toutes ses fleurs épanouies, les glandes nombreuses et pleines. Il est plus prompt, plus brillant commencé de bas en haut ; il perd de son intensité, de son énergie, si la constitution atmosphérique a été long-temps froide. (T. d. B.)

DICTYOPHORE, *Dictyophora*. (bot. crypt.) On comprit long-temps ensemble, sous le nom de *Phallus*, diverses espèces de champignons très-différentes entre elles ; en 1809, l'examen donné à un organe d'une structure remarquable fit sentir la nécessité de créer, avec les individus qui le présentent, un genre particulier, dont la véritable place est naturellement déterminée à la suite des *Phallus* et avant les *Morchella* non moins singulières. Le nouveau genre reçut le nom de Dictyophore, de deux racines grecques, *dictyon* réseau, et *pheró* je porte. Le docteur H. Léveillé a établi ainsi ses caractères distinctifs dans le cinquième volume des Mémoires de la Société Linnéenne de Paris : valve fugace, d'une texture délicate, et disparaissant entièrement lorsque le champignon a acquis tout son développement ; pédicule creux, cylindrique, surchargé de vésicules, et enveloppé d'un réseau partant d'un bourrelet frangé, inséré au corps du pédicule : le réseau se déploie successivement et ressemble à un filet dont les mailles sont plus ou moins rapprochées ; à l'intérieur le pédicule est charnu ; chapeau campanulé, perforé au sommet, mobile, ayant sa face supérieure lacuneuse, parsemée d'un grand nombre d'alvéoles à quatre et cinq angles ; les alvéoles forment à la marge du chapeau des plis qui s'anastomosent ensemble, et au sommet de légers sillons ; le latex ou membrane gélatineuse qui renferme les spores répand d'abord une odeur que l'on a comparée à celle du seringat ; elle rappelle ensuite celle du musc, et finit par affecter très-désagréablement l'odorat par son âcreté, par sa fétidité.

Les deux espèces de Dictyophores connues jusqu'ici sont originaires des contrées les plus chaudes ; l'une, le Dictyophore satyre, *D. phalloidea*, provient de la Guiane hollandaise, où Vaillant l'observa et la recueillit en 1755, près des bords de la mer et sur les rives du fleuve aux environs de Surinam ; l'autre, le Dictyophore en cloche, *D. campanulata*, appartient à l'île de Java, où il a été étudié en 1825, sur des racines de Rocou, *Byxa orellana*, et de Bambou, *Bambusa arundinacea*, par Zippelius, directeur du jardin botanique de Ruitenzorg. Tous deux se font remarquer par le tissu léger qui se développe autour du pédicule. Dans les premiers temps, sa couleur est d'un beau blanc, mais en vieillissant elle devient roussâtre; celui de la seconde espèce a la légèreté de la gaze, ses mailles très-petites, sa trame extrêmement fine; il donne au Dictyophore l'aspect le plus agréable et le rend le plus curieux de tous les Cryptogames, sans en excepter l'*Agaricus araneosus* et ses nombreuses variétés. Les deux Dictyophores dont je viens de parler sont figurés dans les Actes linnéens, cités t. v, pl. 13.

(T. D. B.)

DICTYOPTÈRE, *Dictyopteris*. (BOT. CRYPT.) Genre de plantes marines de la division des Dictyotées, établie en 1809, par Lamouroux, aux dépens de quelques espèces de fucus et d'ulves de Linné, et dont voici les caractères : feuilles simples ou divisées, souvent dichotomes, toujours partagées par une nervure qui va se perdre vers leur extrémité; capsules petites, disposées en masses un peu saillantes, éparses sur les feuilles, sur une ou deux lignes parallèles à la nervure, et très-rarement en séries transversales; tissu confusément et irrégulièrement réticulé.

La grandeur des Dictyoptères est très-variable; quelques unes s'élèvent à peine à quelques centimètres, tandis que d'autres dépassent souvent trois décimètres. Elles diffèrent encore suivant qu'on les examine après ou avant leur dessiccation; ainsi, à l'état frais, elles sont charnues, raides, presque cassantes; desséchées, elles apparaissent très-minces et très-flexibles.

Les Dictyoptères habitent les zones chaudes et tempérées; on les rencontre vers le 50e degré de latitude nord; enfin, très-communes dans la Méditerranée, elles deviennent plus rares à mesure qu'on se rapproche de l'équateur. Parmi les dix à douze espèces connues, nous citerons : le *Dictyopteris Justii* des Antilles, le *Dictyopteris polypodioides* de la Méditerranée, le *Dictyopteris serrulata* de l'Austrasie, les *Dictyopteris delicatula* et *prolifera* des mers des Indes. (F. F.)

DICTYOPTÈRE. (INS.) Latreille a donné ce nom à un sous-genre formé avec quelques LYCUS. *Voy.* ce mot. (GUÉN.)

DICTYOTE, *Dictyota*. (BOT. CRYPT.) *Hydrophytes*. Genre établi en 1809, par Lamouroux, aux dépens des fucus et des ulves de Linné, et dont voici les caractères : feuilles sans nervures, généralement dichotomes ou comme déchirées, à substance réticulée; capsules en petites masses éparses, rarement en lignes.

Dans le principe, le genre Dictyote avait été divisé en deux sections; la première, considérée par Adanson comme un genre particulier, avait reçu le nom de Padine : ce genre a été conservé; la seconde constitue le genre *Dictyote* proprement dit, genre que l'on doit regarder comme le plus naturel de la nombreuse famille des Hydrophytes.

La substance qui entre dans la composition des Dictyotes consiste en un réseau irrégulier d'une finesse extrême, invisible à l'œil nu, et soutenu lui-même par un autre réseau, mais plus apparent. Les feuilles ou frondes sont toujours sans nervure, rarement rameuses, presque toujours dichotomes, ordinairement linéaires, jamais velues, excepté à leur partie inférieure, où l'on aperçoit quelques poils semblables à ceux qui recouvrent la totalité de la racine. La fructification, généralement éparse, est très-rarement linéaire. Les capsules sont nombreuses et réunies en masses plus ou moins saillantes. La couleur verdâtre plus ou moins foncée de ces plantes, qui ne change presque pas par la dessiccation, acquiert une teinte prononcée quand on les expose au contact de l'air et de la lumière.

Les Dictyotes se rencontrent dans presque toutes les mers, et surtout dans le centre des zones tempérées. Leurs espèces sont très-nombreuses. Nous citerons en particulier le *Dictyota ciliata* des côtes de France, le *D. dentata* des Antilles, le *D. dichotoma* de l'Océan européen, les *D. laciniata*, *penicellata*, *rhizodes*, etc. (F. F.)

DICTYOTÉES, *Dictyotæ*. (BOT. CRYPT.) *Hydrophytes*. Ordre de plantes marines établi par Lamouroux, ayant pour caractères une organisation réticulée et foliacée, une couleur verdâtre qui ne change point à l'air, et cinq genres au moins qui sont très-distincts les uns des autres.

Les Dictyotées ont une tige, des rameaux et des feuilles, avec et sans nervures; leur tissu est cellulaire et leur épiderme très-épais. Leurs mailles ou cellules, souvent irrégulières, presque toujours hexagonales ou carrées, sont remplies d'un autre tissu cellulaire plus régulier, plus petit, à peine visible à l'œil nu, et rempli d'une substance mucilagineuse colorante; leurs fructifications, très-nombreuses et jamais tuberculeuses, consistent en capsules granifères, innées dans la substance même de la plante, et recouvertes d'un pédicule épidermoïde qui se détruit avant la maturité des graines; leur racine est une callosité fibrillaire, très-velue, d'une couleur blanchâtre à l'état frais, et jaunâtre ou brunâtre après la dessiccation et le contact de l'air.

Les Dictyotées sont annuelles ou vivaces; presque toutes celles qui sont pourvues de nervures paraissent vivaces et habitent les contrées tempérées ou équatoriales, et celles qui sont sans nervures sont annuelles et se trouvent dans toutes les mers.

La famille des Dictyotes renferme les genres AMANSIE, DICTYOPTÈRE, PADINE, DICTYOTE et FLABELLAIRE. *V.* ces mots. (F. F.)

DIDELPHES ou **MARSUPIAUX**. (MAM.) Les Didelphes, appelés aussi *Marsupiaux* ou animaux à bourse, forment, dans la classe des Mammifères, un groupe très-important et tout-à-fait distinct des autres par la distribution géographique, les habitudes, les caractères extérieurs et surtout le mode de génération des espèces qu'on y remarque. Etudiés sous ce dernier point de vue, les Didelphes ont mérité de former une sous-classe distincte; ils rappellent à quelques égards certains animaux inférieurs chez lesquels les œufs, échappés de bonne heure aux conduits génitaux, passent à l'extérieur et sont reçus, comme on le voit chez un grand nombre de crustacés, etc., dans des organes protecteurs particuliers que les parois de l'abdomen concourent le plus souvent à former; chez les Didelphes, en effet, les germes ou ovules ne séjournent que très-peu de temps dans l'utérus et ses annexes; il se fait une sorte d'avortement, et les embryons viennent, par un mécanisme particulier, se hanter aux mamelles, lesquelles sont toujours abdominales et ordinairement placées dans une bourse ou poche formée par un repli de la peau : il se passe alors comme une seconde gestation qu'on pourrait appeler une *gestation mammaire*, et pendant laquelle se succèdent toutes les phases de la vie fœtale. Aucun animal de la classe des Mammifères, étranger au groupe des Didelphes, ne nous offre la moindre apparence de conditions analogues; les Mammifères ordinaires, ou Monodelphes, mettent toujours bas des petits pourvus de tous leurs organes, et les Monotrèmes, ou Ornithodelphes, qu'on avait à tort rapportés aux Marsupiaux, sont ovovivipares comme tout le monde l'admet aujourd'hui; leurs ovules manquent de placenta, et les petits qui en naissent rompent probablement dès qu'ils viennent au monde extérieur leurs enveloppes adventives, et lorsqu'ils apparaissent, ils ont déjà pris un développement analogue à celui des jeunes Mammifères monodelphes.

Ceci dit comme prolégomènes, nous allons maintenant entreprendre l'étude des animaux qui font le sujet de cet article et passer successivement en revue leurs caractères extérieurs et profonds, afin de nous rendre compte, s'il est possible, de leurs habitudes, et rechercher quelle place ils doivent occuper dans la classification. Mais, avant de l'essayer, disons que c'est surtout aux travaux de MM. de Blainville et Geoffroy-Saint-Hilaire que nous aurons recours. On reconnaîtra presque à chacun de nos paragraphes les découvertes et les observations que la science leur doit et que nous avons puisées dans leurs ouvrages ou recueillies à leurs leçons.

✝ *Caractères et habitudes.*

Si nous commençons par l'examen des sens, nous voyons que leurs organes chez les Didelphes présentent bien quelques modifications, mais en général peu apparentes; on peut les comparer, ainsi que l'intelligence, à ce que nous offrent le plus grand nombre des Carnassiers; quelquefois, comme chez les Phascolomes, les Kanguroos et les Phascolarctos, ils sont moins perfectionnés et ne paraissent pas être supérieurs à ceux des Mammifères rongeurs. La conque auditive ou la partie externe de l'organe de l'ouïe ne varie que très-peu; le plus souvent de grandeur moyenne, elle est quelquefois, comme chez les Kanguroos, assez étendue pour rappeler celle des Lièvres et des Lagomys; d'autres fois elle est très-courte, ainsi qu'on le voit chez les Didelphes fouisseurs; mais jamais elle ne vient à manquer. L'œil, chez un grand nombre d'espèces, paraît modifié pour observer à une lumière peu intense; aussi sa pupille est-elle ordinairement très-dilatée, et quelquefois verticale. L'odorat est plus ou moins actif, il est surtout développé chez les Insectivores et les Carnivores; les narines sont toujours percées dans un petit mufle, lequel s'allonge quelquefois, et peut prendre assez de mobilité, ainsi qu'on le voit chez les Péramèles. Le toucher réside principalement dans ce mufle, et aussi dans le pied, quelquefois la queue; les membres postérieurs, ont chez les espèces de plusieurs genres, leur pouce opposable, ce qui fournit une véritable main.

Les *dents*, chez les animaux de cette sous-classe, sont au moins de deux sortes : incisives et molaires; le plus souvent il s'y ajoute des canines; elles se rapportent, ainsi que l'a remarqué M. F. Cuvier, à trois types différens, celui des Insectivores (Péramèles, Sarigues, Dasyures); celui des Carnivores (Thylacines), et celui des Rongeurs ou Frugivores (Phalangers, Kanguroos, Phascolomes).

Les *poils* sont laineux ou soyeux; ils existent chez tous les Didelphes, et ne sont jamais transformés en piquans ni écailles ou squames, comme cela se voit chez les Hérissons, les Echidnés et les Pangolins; ils ne sont pas non plus remplacés par des incrustations en forme de carapace, comme chez les Tatous et les Chlamyphores. Les poils existent sur tout le corps; la queue, les pattes et le mufle sont les seules parties qui puissent en manquer; chez les fœtus naissans, on n'en trouve aucune trace. Ils sont, sur les joues des adultes, transformés en moustaches.

L'inspection des *membres* fournit aussi pour distinguer les Didelphes des caractères importans; ils ont leurs doigts libres à tous les pieds ou bien ont deux des doigts postérieurs soudés ensemble jusqu'à l'ongle : M. de Blainville (*voy.* la Zoologie de Pouchet) a donné aux espèces qui offrent cette disposition le nom de *Syndactyles*; nous proposerons pour les premières celui d'*Eleuthérodactyles*, en faisant remarquer que cette forme des doigts, qui rappelle celle des oiseaux de l'ordre des Passereaux, pourrait bien, ainsi que l'a fait pour ceux-ci M. Isid. Geoffroy, servir à établir deux familles ou plutôt deux ordres distincts parmi les Didelphes.

Les espèces dites Eleuthérodactyles nous offrent deux modifications importantes : ou bien le pouce est nul ou non opposable s'il existe, ou bien il est parfaitement formé, dépourvu d'ongle et opposable aux autres doigts, de manière à constituer une main; de là le nom de *Pédimanes*, déjà donné à ces espèces. Toutes ces dernières sont américaines et ne se retrouvent point dans l'Océanie; elles sont aussi les seules de la sous-classe qui vivent dans le Nouveau-Monde. Toutes ont la queue prenante, et il en est parmi elles qui joignent à cette particularité, d'avoir les membres postérieurs palmés, ce qui leur permet de nager avec facilité.

Si nous retournons maintenant aux Didelphes syndactyles, nous voyons que les uns ont les membres postérieurs beaucoup plus longs que les antérieurs

rieurs (Péramèles, Kanguroos), tandis que les autres ont les quatre extrémités égales ou à peu près égales. Parmi ces derniers, il en est qui ont la queue prenante; un plus grand nombre qui l'ont lâche, et quelques autres chez lesquels elle est rudimentaire et tout-à-fait inutile. Chez les Kanguroos, au contraire, dont nous parlions plus haut et qui l'ont allongée, elle est très-robuste, et fournit comme un troisième membre postérieur indispensable à la marche.

Ajoutons que certains Didelphes ont, entre les membres, des expansions de la peau des flancs, semblables à celles des Sciuroptères et presque des Galéopithèques, et nous verrons qu'on peut établir, avec M. Isid. Geoffroy, qu'il existe parmi eux, ainsi que chez les Carnassiers insectivores et les Rongeurs, cinq modifications principales des organes de la progression, d'où résulte la possibilité de marcher et de fouir, de grimper, de voltiger, de sauter et de nager.

La *taille* des Marsupiaux varie dans des limites assez étendues, mais cependant d'une manière qui n'est pas comparable à ce que présentent les autres Mammifères, si l'on considère en même temps les monstrueux Cétacés, les volumineux Pachydermes et les faibles Rongeurs ou Insectivores. La plus grande différence que l'on puisse constater, est celle que nous offrent le Sarigue nain, qui n'a en tout que six pouces de long, et le Kanguroo laineux ou géant, qui a plus de huit ou neuf pieds. Mais ce sont là les points les plus distans l'un de l'autre et on peut établir en principe que les Didelphes sont ordinairement des Mammifères de taille moyenne.

Après ce que nous avons dit des dents et de la forme extérieure, il est facile de se faire une idée des mœurs de ces animaux. Les uns sont frugivores ou herbivores, d'autres préfèrent les insectes, les petits animaux et les œufs; enfin il en est qui ont des appétits plus carnassiers, et qui, à la manière des Fouines, des Renards et des Loups, chassent des proies assez volumineuses; la plupart d'entre eux ont coutume de s'approcher des habitations; ils se glissent dans les basses-cours, et attaquent même les troupeaux.

† † *De la génération des Didelphes.*

L'opinion que les jeunes Didelphes naissent aux tétines de leur mère, est celle qu'ont avancée les premiers observateurs, et qu'on a pendant long-temps soutenue; elle est même encore aujourd'hui la plus généralement répandue dans le pays des animaux à bourse. «La poche, écrivait Marcgraaff, est proprement l'utérus des *Carigueya*; la semence y est élaborée, et les petits y sont formés.» «La poche des Philandres, dit aussi Valentyn, est une matrice dans laquelle sont conçus les petits.» Enfin, pour citer un troisième naturaliste (Beverley, ouvrage sur la Virginie), «les jeunes Sarigues existent dans le faux ventre, sans jamais entrer dans le véritable; ils se développent aux tétines de leur mère.» Bien que quelques naturalistes de mérite aient adopté ces explications comme satis-

faisantes, plusieurs, parmi lesquels Buffon, Daubenton, Duvernay se faisaient remarquer, refusèrent de s'y rendre; ayant constaté qu'il n'existait entre la poche et les ovaires aucun conduit de communication, et ne pouvant expliquer par la théorie physiologique de la génération ce qui était généralement rapporté, ils le regardèrent comme inexact et impossible, et les Marsupiaux furent considérés comme des êtres dont la naissance prématurée était compensée par une sorte d'incubation dans la bourse. Ce fut, en effet, ce que l'on reconnut bientôt par l'observation. D'Aboville, et Barton après lui, constatèrent que les Didelphes mettent bas, non des fœtus, mais des corps gélatineux, des ébauches informes, comme ils le disent, des embryons sans yeux ni oreilles. Nés de parens gros comme des chats, ces animaux ne pèsent à leur première apparition, qu'un grain environ; quinze jours suffisent pour les amener à la taille d'une souris, et lorsqu'ils ont atteint celle d'un rat, ils cessent d'adhérer aux mamelles; mais ils peuvent les reprendre momentanément à la manière des autres Mammifères. Barton conclut de ces faits qu'on peut distinguer aux Didelphes deux sortes de gestation, l'une qu'il appelle utérine, et qu'il estime être de vingt-deux à vingt-six jours, et l'autre qu'il nomme marsupiale, c'est-à-dire se passant dans la poche : comme la poche n'existe pas dans tous les Didelphes, et que d'ailleurs c'est bien plutôt au moyen des mamelles que les jeunes animaux sont en rapport avec la mère, nous avons préféré donner à cette gestation l'épithète de *mammaire*.

Maintenant que nous avons une idée plus complète de la reproduction des Didelphes, étudions brièvement l'organisation de ces animaux et cherchons quelles importantes modifications ont subies les organes qui exécutent cette fonction.

I. *Des organes génitaux internes.* Nous ne parlerons pas des systèmes vasculaire et nerveux, toujours unis d'une manière si intime, et qui offrent chez les animaux qui nous occupent une disposition assez en rapport avec ce que l'on voit chez les oiseaux. Ces dispositions ont été surtout décrites et représentées par M. Geoffroy. Nous renvoyons à ses Mémoires. Arrivons de suite aux conduits de la génération, que l'on a nommés, avec tant de raison, des intestins génitaux. La détermination des divers segmens de cet appareil a long-temps embarrassé les naturalistes; c'est encore à M. Geoffroy que l'on doit la dénomination aujourd'hui généralement adoptée. Le canal que cet anatomiste a nommé urétro-sexuel, et qui est réduit chez les mammifères ordinaires à des dimensions si peu considérables qu'on l'a souvent méconnu, est au contraire très-développé chez les Didelphes, et représente assez le même segment chez les oiseaux. Daubenton et tous les autres anatomistes en avaient fait le vagin. Mais M. Geoffroy a reconnu que celui-ci consiste en deux tubes en anses, disposés sur les côtés et communiquant avec l'utérus supérieurement, et avec le canal urétro-sexuel inférieurement. La duplicité du vagin, dit M. Geoffroy, ne doit pas plus nous surprendre que celle d'une partie du pénis chez les mâles; chacun des deux canaux reçoit dans l'accouplement sa partie correspondante du pénis: ajoutez à cela que les oiseaux ont aussi un double vagin, l'un à gauche, l'autre à droite. L'utérus placé au dessus de ces tubes, est aussi différent de celui des autres mammifères; c'est un simple canal sans rétrécissement inférieur ou col; il résulte de la réunion des deux vagins. Chez les femelles vierges, au lieu d'être disposé en un simple conduit, il est séparé en deux par un diaphragme, et forme alors véritablement deux organes distincts. L'absence de col à l'utérus levant tout obstacle opposé à la sortie du produit ovarien, celui-ci s'échappe, ainsi que le fait observer M. Geoffroy, et s'écoule nécessairement par une sorte d'avortement normal chez les Didelphes et chez les ovipares. Dans les premiers l'ovule traverse plus rapidement encore le vagin et le canal urétro-sexuel; il a besoin d'être ultérieurement alimenté, et va se greffer aux mamelles: chez les ovipares l'ovule se recouvre dans le vagin ou oviducte d'une couche de matière albumineuse; il prend la nourriture qui doit, avec le vitellus, alimenter le germe après qu'il aura été pondu.

II. *Mamelles, bourse, os marsupiaux.* Les mamelles sont toujours abdominales et le plus souvent nombreuses; elles ont été bien étudiées pour les Kanguroos par M. Home; elles sont recouvertes et protégées par la bourse; celle-ci, qui n'existe que chez les femelles, s'observe dans le plus grand nombre des espèces; mais il en est quelques unes qui en manquent; il y a alors des rides longitudinales de la peau de l'abdomen.

Deux os paraissent particuliers aux Didelphes et ne se retrouvent, bien distincts, dans la classe des Mammifères, que chez les Monotrèmes. Ces deux os, dont on a tant parlé, ne sont pas, comme pourrait le faire croire leur nom (dérivé de *marsupium*), en rapport immédiat avec la poche; ils constituent deux appendices articulés en avant du pubis et dirigés de dedans en dehors au milieu des muscles de l'abdomen. On a pensé long-temps qu'ils étaient propres aux Didelphes et aux Monotrèmes, et qu'aucun des animaux de la sous-classe des Mammifères ordinaires n'en offrait de représentans. On s'est même servi de cette opinion pour arguer contre la théorie dite des analogues. Quelques anatomistes, zélés partisans de cette théorie, ont cru pouvoir répondre à l'objection en annonçant que les os marsupiaux, chez les Mammifères ordinaires, faisaient partie de la cavité cotyloïde, dont ils formaient une des parois; qu'ils étaient alors réduits à des os de petit volume, que l'on observe surtout chez les jeunes lions et aussi chez les jeunes sujets de plusieurs autres Mammifères; mais cette détermination peu heureuse fut bientôt combattue d'une manière victorieuse par Cuvier (qui fit voir que l'os de la cavité cotyloïde peut exister en même temps que le véritable os marsupial, exemple, chez les Phalangers, etc.). C'était d'ailleurs une détermination contraire aux préceptes de la belle conception qu'elle voulait soutenir, oubliant sans doute le précepte du maître, qu'un organe peut varier dans sa consistance, son volume et même ses fonctions, mais jamais dans ses connexions. C'est en suivant et ne perdant pas de vue ce précepte fécond, que M. Laurent a pu arriver à une détermination plus rationnelle; suivant lui, l'os de la cavité cotyloïde serait une sorte d'os wormien, c'est-à-dire accessoire et intermédiaire à plusieurs os principaux qui dans leur développement convergent les uns vers les autres.

D'après le même anatomiste, l'os marsupial représenterait le pilier interne du muscle grand oblique, ce qui est vérifiable chez les Didelphes, dont les testicules sont en dehors de l'abdomen, et chez lesquels cet os forme avec le pilier externe l'anneau inguinal par lequel passe le cordon testiculaire. Par suite de cette détermination, M. Laurent est conduit à désigner l'os, improprement nommé marsupial, par le nom *d'os prépubien bilatéral*, pour le distinguer de l'os prépubien médian de la salamandre.

Si l'on voulait trouver une des fonctions de ces élémens ossifiés, on pourrait dire qu'ils sont destinés à fournir aux muscles de l'abdomen un point d'attache plus solide; car ces muscles sont incessamment tirés vers le sol par le poids des petits suspendus aux mamelles, et doivent être doués d'une résistance plus grande; mais ce qui paraît d'abord contraire à cette hypothèse, les Monotrèmes ont des os marsupiaux et leurs petits ne sont jamais suspendus à leurs mamelles à la manière des Didelphes; chez eux, les os marsupiaux paraissent avoir une autre fonction, également en rapport avec le mode de génération. L'ovule est volumineux; il passe dans la matrice et les oviductes à la manière de celui des oiseaux, sans y contracter d'adhérence; mais, comme chez les ovovivipares, il y subit toutes les phases de la vie fœtale; c'est, pourrait-on dire, un poids qui tend sans cesse à avorter, et qui pèse sur les parois de l'abdomen: les os marsupiaux sont là également pour fournir aux muscles une plus grande force de résistance; ils les aident, pour ainsi dire, à supporter le fardeau intérieur, comme chez les Didelphes; nous les avons vus aider à supporter le fardeau extérieur; et ce qui paraît confirmer cette manière de penser, c'est que les salamandres terrestres, qui ont aussi une génération ovovivipare et les oviductes souvent remplis d'un très-grand nombre de petits, ont également des os marsupiaux.

Une autre fonction que celle que nous indiquions plus haut peut être reconnue aux os marsupiaux, c'est celle de tirer en bas les mamelles et de les approcher (au moyen de contractions du muscle crémaster ou iléomarsupial) de l'orifice des organes de la génération, qui eux-mêmes se portent au dehors par une partie du canal urétro-sexuel, et viennent lors de la parturition mettre l'ovule en rapport avec le mamelon. Ainsi s'exécute, dit M. Geoffroy, ce que Barton a raconté d'après ses propres observations. Le vagin, qui a la faculté de toucher toutes les surfaces internes de la bourse, et par conséquent, et à plus forte raison, celle d'y déposer les produits accumulés dans l'oviducte.

Le germe une fois enté sur la mamelle y subit toutes les phases de son développement; il prend sa nourriture par la bouche, sans jamais, ainsi que l'a constaté M. de Blainville, être en rapport avec sa mère au moyen de l'ombilic. (On voit dans un ouvrage récemment publié par M. Geoffroy les figures de plusieurs Didelphes fixés aux tétines et étudiés dans quelques unes de leurs parties.) Après qu'ils ont pris leur développement, ces animaux abandonnent, ainsi que nous l'avons déjà dit, la mamelle; ils peuvent sortir de la poche, mais ils jouissent, comme chacun le sait pour les Sarigues, de la facilité d'y rentrer lorsqu'un danger les menace. Chez quelques Didelphes qui n'ont pas de poche ou bien qui, en étant pourvus, ont la queue prenante, les petits s'accrochent au moyen de cet organe à la même partie de leur mère, et ils restent placés sur son dos; tel est le cas de la marmose; quelques autres, tels que les Koalas, portent leurs petits cramponnés sur leur dos ou leur tête.

Les mâles des Didelphes ont le pénis ordinairement bifide; leur scrotum pend à l'extérieur comme chez quelques animaux des ordres supérieurs; ils ont les os marsupiaux, mais ils manquent de bourse.

††† *Distribution géographique et classification.*

Quoique des faits depuis long-temps établis dans la science tendissent à prouver le contraire, Buffon a pensé que les animaux à bourse étaient exclusivement propres au Nouveau-Monde; mais on sait parfaitement aujourd'hui que les Didelphes existent aussi dans les îles de la mer des Indes, aux Moluques principalement, et dans toute l'Australasie; ils sont même dans ces contrées beaucoup plus nombreux que dans l'Amérique, et c'est à peine si l'on compte un mammifère ordinaire terrestre, contre vingt espèces de leur groupe. Buffon, pour établir une loi aussi contraire à la vérité, dut révoquer en doute le témoignage de Valentyn, que seul il connut; il le dit emprunté à Marcgraaff et aux autres voyageurs en Amérique; mais il n'eût pu en dire autant de ce qu'avait rapporté Clusius, antérieurement à la découverte du Nouveau-Monde. Cet auteur parle d'un phalanger d'Amboine qu'il nomma *Cusa*; c'est, dit-il, un animal de la taille d'un chat, et qui fut observé par l'amiral Vanderkagen, lors de son troisième voyage à Amboine; il porte sous le ventre un sac dans lequel pendent les mamelles; les petits s'y forment et restent adhérens aux tétines, dont ils ne se séparent qu'après avoir pris une taille suffisante; et, après leur naissance, ils peuvent y rentrer de nouveau. Ces animaux, ajoute Clusius, vivent de grains, d'herbes vertes et de légumes; les Portugais les mangent habituellement; mais les mahométans s'interdisent leur chair. On peut ajouter, avec Desmoulins, que les anciens eux-mêmes paraissent avoir eu de ces animaux de

l'Inde quelque connaissance. «Fixez, dit Plutarque dans son Traité de l'amour des parens pour leurs enfans, fixez votre attention sur ces chats qui, après avoir produit leurs petits vivans, les cachent de nouveau dans leur ventre, d'où ils les laissent sortir pour aller chercher leur nourriture, et les y reprennent ensuite pour qu'ils dorment en repos. «Buffon, qui a si souvent fait preuve d'une profonde érudition, n'eût pas dû ignorer ce passage, non plus que celui de Clusius, et certainement il ne l'eût pas rapporté aux animaux du nouveau continent. Mais ce qui paraît avoir surtout occasioné son erreur, c'est que Séba donna à un vrai Sarigue le nom de Philandre que Valentyn avait appliqué à son Didelphe d'Amboine.

On trouve donc les animaux de cette nombreuse tribu dans l'Amérique, principalement dans l'Amérique méridionale; ils existent aussi dans les îles de l'archipel des Indes ainsi qu'à la Nouvelle-Hollande; mais ces contrées sont les seules qui les possèdent. Dans l'Amérique, ils ne sont pas très-nombreux et se rapportent tous, comme nous l'avons vu plus haut, au groupe des Pédimanes. Dans l'Australasie les Didelphes sont presque les seuls mammifères (1); à la Nouvelle-Hollande les mammifères monodelphes qu'on a trouvés avec eux sont l'homme et le chien qui probablement y ont été transportés, une espèce de Chéiroptère, la Roussette à tête cendrée, ainsi que les Monotrèmes (Echidnés et Ornithorhynques), qui tous se trouvent aussi à Van-Diémen; mais de plus, dans quelques îles voisines de cette terre, on rencontre les Hydromys, petits rongeurs assez semblables aux castors, et les seuls animaux de leur ordre que ces parages aient produits. Dans les îles de l'immense archipel Océanien les plus voisines de la Nouvelle-Hollande, les Didelphes sont presque partout les seuls mammifères que l'on rencontre, encore y sont-ils très-peu nombreux; mais bientôt ils semblent disparaître. Leur rapport avec la quantité des monodelphes qu'on y rencontre est en raison inverse de ce qu'il était dans le Sud. On voit apparaître successivement les Cerfs, les Cochons et les Babiroussas, les Paradoxures, les Écureuils, et les Chauve-souris qui sont de plus en plus fréquentes et se rapportent même à plusieurs groupes distincts. A Timor, à Java, Sumatra, Bornéo, etc., on ne voit plus de Didelphes; il ne paraît pas non plus qu'il en existe dans le continent de l'Inde.

Classification. Les animaux marsupiaux, dont nous ferons, avec M. Blainville, une sous-classe sous le nom de *Didelphes*, ont été, suivant les divers naturalistes, considérés comme formant un simple genre, une famille ou un ordre. Brisson,

---

(1) Bien entendu que nous ne parlons pas des Mammifères aquatiques, tels que les cétacés et les amphibies qui sont généralement répandus dans toute l'étendue des mers et sur toutes les côtes; à la Nouvelle-Hollande, comme en Amérique, en Asie, comme en Afrique, etc. Nous n'avons pas non plus l'intention de parler des animaux, tels que les rats, les chats, etc., qui ont été transportés à la Nouvelle-Hollande depuis sa découverte, et par suite de ses rapports avec l'ancien monde.

Linnæus et quelques autres en ont fait le genre *Didelphis*, nom qui est devenu celui de toute la famille et s'applique encore au groupe des Sarigues. Le nom de *Marsupiaux* par lequel on a voulu le remplacer ne paraît pas aussi heureux, puisque, s'il veut dire que les animaux auxquels il s'étend ont une bourse, il ne saurait comprendre tous les Didelphes, et que, d'un autre côté, il laisse confondus avec eux les Monotrèmes, s'il veut indiquer la présence de l'os marsupial.

G. Cuvier, dans la classification qu'il a proposée avec M. Geoffroy, a élevé le genre *Didelphis* au rang de famille, et l'a placé parmi les Carnassiers; puis, dans la deuxième édition du Règne animal, il l'a considéré comme formant un ordre à part, en indiquant toutefois qu'il pourrait également constituer une sous-classe.

Cette dernière disposition des animaux à bourse est celle que M. de Blainville avait depuis long-temps indiquée et même exécutée dans son prodrome d'une classification des mammifères. Ce savant naturaliste avait d'abord proposé de réunir en une sous-classe à part les Marsupiaux et les Monotrèmes (Echidnés, Ornithorhynques); mais depuis (Cours de la Faculté des sciences, 1834) il a modifié sa classification et fait des Monotrèmes, qu'il appelle *Ornithodelphes*, une troisième sous-classe de mammifères. Il paraissait en effet peu rationnel de réunir dans un groupe commun, par cela seul qu'ils sont pourvus d'os marsupiaux, des animaux dont la génération, et en général tout le système organique est si différent. Desmoulins (Physiologie de M. Magendie), et M. Duvernoy (Discours de clôture, Strasbourg, 1822), se sont aussi occupés de classer les mammifères; le premier a emprunté à M. de Blainville presque toute sa classification, et donné quelques noms aux groupes qu'il avait établis; le second n'a fait que modifier légèrement le même travail. Tous deux laissent les Didelphes et les Monotrèmes dans la même sous-classe.

M. F. Cuvier (Art. Zoologie du Dict. sc. nat., et ouvrage sur les Dents des Mammifères, a été conduit à suivre une tout autre marche; plaçant en première ligne les caractères fournis par le système dentaire, il a dû répartir les divers genres de Didelphes dans différens ordres de la classe des mammifères. Ceux qui ont les mâchelières épineuses ont été rapportés par ce naturaliste à son ordre des *Insectivores*; les Thylacines sont placés parmi les *Carnivores*; et les Pétauristes, Phalangers, Kanguroos, Phascolomes, etc., forment un ordre distinct sous la dénomination de *Marsupiaux frugivores*.

Nous terminerons en donnant le tableau ci-joint de la classification des Didelphes, lequel est l'expression très-légèrement modifiée de ce qu'a proposé M. de Blainville.

2ᵉ sous-classe des Mamm. DIDELPHES.

Animaux mammifères embryopares, à *gestation mammaire*, pourvus le plus souvent d'une *poche abdominale* et toujours d'*os marsupiaux*, ce qui les rapproche des Monotrèmes ou ORNITHODELPHES.

- Membres postérieurs à doigts tous séparés, palmés ou non palmés. **ELEUTHÉRODACTYLES.**
  - à pouce développé, opposable. *Pédimanes.*
    - Didelphe, ou Sarigue.
    - Chironecte.
  - à pouce nul ou rudimentaire, jamais opposable. *Phascogales.*
    - Dasyure.
    - Phascogale.
    - Thylacine.
- Membres postérieurs à doigts indicateur et médian soudés jusqu'à l'ongle : jamais palmés. **SYNDACTYLES.**
  - queue longue,
    - non utile à la marche. *Phalangers.*
      - Membres postérieurs les plus longs.
        - Péramèle.
      - Membres égaux, ou à peu près.
        - Phalanger.
        - Couscous.
        - Pétauriste.
        - Acrobate.
    - utile à la marche, membres postérieurs toujours plus longs. *Sauteurs.*
      - Potorou.
      - Kanguroo.
      - Halmature.
  - queue courte ou nulle.
    - *Fouisseurs.*
      - Phascolarctos.
      - Phascolome.

Ce tableau ne mène, comme on le voit, que jusqu'aux familles; il partage les Didelphes en deux ordres. Nous allons essayer d'arriver, par des caractères aussi faciles à saisir, jusqu'à la connaissance des genres, c'est ce que nous ferons par la courte analyse qui suit.

1ᵉʳ ordre, ELEUTHÉRODACTYLES.

1.
- Pouce des pieds de derrière développé, opposable . . . . *Voyez* n° 2.
- Pouce des mêmes pieds nul ou rudimentaire, mais jamais opposable. . . . . . . n° 3.

1ʳᵉ famille, *Pédimanes.*

2.
- Pieds postérieurs palmés. — Genre Chironecte, *Chironectes.*
- Pieds postérieurs à doigts non palmés. — Genre Sarigue ou Didelphe, *Didelphis.*

2ᵉ famille, *Dasyures.*

3.
- Dents molaires $\frac{7-7}{7-7}$ . . . . n° 4.
- Dents molaires $\frac{6-6}{6-6}$. — Genre Dasyure, *Dasyura.*

4.
- Incisives égales, molaires toutes carnassières. — Genre Thylacine, *Thylacinus.*
- Incisives inégales, molaires postérieures insectivores. — Genre Phascogale, *Phascogale.*

2ᵉ ordre, SYNDACTYLES.

1.
- Queue longue. . . . . n° 2.
- Queue courte ou nulle. . . . . . . n° 9.

2.
- Queue inutile à la marche, lâche ou prenante. . . . . n° 3.
- Queue toujours utile à la marche et lâche, membres postérieurs beaucoup plus longs que les antérieurs. . . . . n° 7.

1re famille, *Phalangers.*

3. { Membres postérieurs plus longs ; tête et museau fort allongés. — Genre Péramèle, *Perameles.*
{ Membres postérieurs à peu près égaux. n° 4.

4. { Queue prenante. . . . . n° 4.
{ Queue non prenante. . . . . . . n° 5.

5. { Queue tout-à-fait velue. — Genre Phalanger, *Phalangista.*
{ Queue en grande partie nue. — Genre Couscous, *Cuscus.*

6. { Queue à poils distiques. — Genre Acrobate, *Acrobata.*
{ Queue à poils non distiques. — Genre Pétauriste, *Petaurus.*

2e famille, *Sauteurs.*

7. { Des canines à la mâchoire supérieure. — Genre Potorou, *Potorus.*
{ Point de canines aux mâchoires. . . n° 8.

8. { Molaires $\frac{4-4}{4-4}$. — Genre Kanguroo, *Macropus.*
{ Molaires $\frac{5-5}{5-5}$. — Genre Kalmature, *Kalmaturus.*

3e famille, *Fouisseurs.*

9. { Doigts des pieds 5-4 ; ceux-ci divisés en deux paquets opposables. — Genre Koale, *Phascolarctos.*
{ Doigts 5-5. — Genre Phascolome, *Phascolomys.*

Voyez pour ces divers genres, les mots CHIRONECTE, SARIGUE ou DIDELPHE, PHALANGER, DASYURE, KANGUROO, etc. (GERV.)

DIDELPHE ou SARIGUE, *Didelphis.* (MAM.) Nous avons vu plus haut que les Sarigues forment avec les Chironectes toute la série des animaux à bourse propres à l'Amérique. Ils se distinguent entre eux par leurs membres, palmés chez les derniers, non palmés chez les premiers. Leur queue est prenante, plus ou moins dénudée, et le pouce de leurs membres postérieurs est toujours long, sans ongle et opposable. Ils ont un nombre très-considérable de dents, cinquante, ainsi distribuées : dix incisives à la mâchoire supérieure ; deux canines ; six fausses molaires et huit vraies ; à la mâchoire inférieure huit incisives cylindriques et couchées en avant, deux canines, six fausses molaires et huit vraies.

Les Sarigues sont des animaux de taille moyenne, ou petite, qui vivent dans les bois, les plaines, ou quelquefois sur les rochers qu'ils gravissent avec beaucoup de facilité. Leur queue prenante leur permet de s'accrocher aux arbres et de se mouvoir comme le font la plupart des singes du même pays. Ils se nourrissent d'insectes, d'œufs et même de petits animaux. Leur naturel, quoiqu'un peu sauvage, peut cependant être adouci, et avec quelques soins on parvient facilement à les apprivoiser. Ce sont les animaux à bourse les plus anciennement connus des naturalistes, et auxquels Buffon a voulu, mais à tort, rapporter ce qu'avait dit Valentyn des Didelphes vivant dans les Moluques. Tous n'ont pas de bourse ; mais tous, comme les autres animaux de leur sous-classe, mettent au monde leurs petits avant qu'ils ne soient développés, et ils remédient à une sorte d'avortement des embryons par une seconde gestation qui se fait à la mamelle. Dans les espèces à poche, les petits, après avoir quitté les tétines de leur mère, peuvent les reprendre lorsque le besoin les y engage, et ils trouvent dans la poche un abri sûr contre les ennemis qui chercheraient à leur nuire.

G. Cuvier a fait connaître une espèce de Sarigue fossile, voisine de la Marmose, et trouvée dans les carrières à plâtre des environs de Paris. Depuis, quelques autres espèces ont aussi été observées. Le gisement de ces fossiles est sans doute très-remarquable ; mais toutefois on doit dire que les animaux auxquels ils appartiennent étant tous d'un genre américain, on ne peut rien en conclure qui se rattache à l'histoire de l'apparition sur le globe des Didelphes australasiens.

† *Espèces dont les femelles ont une poche sous le ventre pour recevoir les petits après leur naissance.*

DIDELPHE ou SARIGUE A OREILLES BICOLORES, *Didelphis virginiana*, Penn. Cet animal, dont on a parlé sous les divers noms de *Manicou, Opossum, Sarigue des Illinois*, etc., est de la taille d'un lapin : son poil laineux est blanc près de la peau, brun à l'extrémité et traversé par des poils plus longs et le plus souvent blancs ; le dos est plus foncé que le reste du corps, le ventre blanc ainsi que la tête, et les oreilles, brunes à leur base, ont leur pointe blanchâtre ; la queue est velue dans son premier tiers, et les mamelles sont au nombre de treize, douze disposées en cercle et une centrale. Ce Sarigue est un des plus connus ; on le trouve dans toute l'Amérique, depuis le Paraguay jusqu'au pays des Illinois ; il se tient dans les bois et les champs, pénètre de nuit dans les habitations et y tue les volailles. Sa démarche est très-lente. La gestation ne dure que vingt jours, et les petits en naissant ne pèsent qu'un grain ; ils restent attachés aux mamelles de leur mère pendant cinquante jours environ, et lorsqu'ils commencent à sortir ils ne sont guère plus gros que des souris ; d'abord ils ne s'éloignent que très-peu et rentrent dans la poche au moindre danger.

SARIGUE CRABIER, *Didelphis cancrivora*, L., figuré dans l'Icon. du Règn. an., pl. 20. C'est le *grand Philandre oriental* de Séba, et le grand Sarigue des Européens du Brésil et de Cayenne. Il est très-semblable au précédent par la grosseur du corps, la longueur et la forme de la tête ; mais il s'en distingue par son pelage, qui est jaunâtre terne, mêlé de brunâtre et traversé par des soies brunes. Le Crâbier est surtout commun à Caïenne et à Surinam ; il se retrouve aussi dans presque tous les pays où vit le précédent ; on assure qu'il recherche de préférence les palétuviers et les endroits marécageux, et qu'il se nourrit de petits oiseaux, de reptiles et d'insectes, mais principalement de crustacés, ce qui lui a valu son nom.

SARIGUE D'AZARA, *Did. Azaræ*, Schreb., *Did. aurita*, bien décrit dans les Monogr. mamm. de Temm. C'est le *Gamba* ou *Micoure premier* de d'Azara. Quelques auteurs l'ont confondu avec l'espèce précédente; son museau est long et son pelage composé de poils soyeux blancs dans toute l'étendue du corps, à l'exception du tour des yeux, des extrémités des membres, de la nuque, de la face et des oreilles, qui sont noirs. Habite l'Amérique méridionale et particulièrement le Brésil.

Sarigue myosure, *Did. myosurus*, c'est-à-dire à queue de rat. C'est un animal de la Guiane, de Surinam et du Brésil, dont on doit la description à M. Temminck (*loc. cit.*). Sa taille est celle d'un jeune putois, ses oreilles sont grandes et arrondies, son pelage est doux, court et serré, brun et fauve roussâtre, plus foncé sur le dos; le dessous du corps est blanchâtre, et la queue, assez semblable à celle d'un rat, grêle et bicolore; les oreilles sont très-grandes et comme arrondies.

Sarigue quica, *Did. quica*, décrit également par M. Temminck. Il provient des mêmes contrées que le précédent, et lui ressemble sous plusieurs rapports.

Sarigue opossum, *Did. opossum*, Desm. L'Opossum, appelé *Quatre œil* et *Carigueia* par les Brésiliens, a la taille de l'écureuil d'Europe; il habite l'Amérique méridionale et se trouve fréquemment à la Guiane. C'est une des espèces les plus anciennement connues; ses mœurs n'ont rien qui la distingue des précédentes.

Sarigue philandre, *Did. philander*, Temm. Cette espèce, placée par M. Desmarest dans son sous-genre des Didelphes sans poche, sous le nom de Didelphe cayopollin, doit, suivant MM. Temminck et Lesson, être rapportée au groupe qui nous occupe; c'est le *Cayopollin* de Schreber, et le *Philander africanus* de Brisson. Il a le pelage gris-fauve en dessus et blanc jaunâtre en dessous; le tour de ses yeux est brun, ainsi qu'une bande existant sur son nez; sa queue est tachetée de noirâtre et beaucoup plus longue que le corps.

Le Philandre habite principalement la Guiane.

†† *Les femelles de ce groupe n'ont point de poche sous le ventre, mais seulement un repli longitudinal de la peau de cette partie, lequel ne couvre point entièrement les mamelles.*

Sarigue grison, *Did. cinerea*, Temm. Il n'est pas plus gros que le rat domestique; ses oreilles sont un peu plus étranglées à la base et nues; sa queue, beaucoup plus longue que le reste, est grêle et pointue; le pelage est fourni, court, d'un gris cendré clair en dessus et blanchâtre en dessous, avec la poitrine tirant au roux; les femelles sont entièrement de cette couleur. La découverte du Grison est due au prince de Neuwied, qui l'a rapporté de son voyage au Brésil.

Sarigue dorsal, *Did. dorsigera*, L. De la même taille que le précédent; il a la queue grise, pointue et assez étendue; ses yeux sont placés au milieu d'une tache rousse assez foncée; son pelage est fort court et peu fourni; le front est d'un blanc jaunâtre, ainsi que les joues. Surinam.

Sarigue marmose, *Did. murina*, L. La *Marmose*, appelée par les Brésiliens *Toïbi*, est du volume d'un lérot; son pelage, gris-fauve en dessus, est jaunâtre en dessous; un trait brun passe sur ses yeux, et sa queue, longue comme le corps, est entièrement nue. Cette espèce, dont Buffon et d'Azara ont parlé, avait été nommée *Marmotte* par Séba; elle se tient sur les troncs d'arbres, les rochers et les haies vives, où elle se meut avec facilité en s'aidant de sa queue prenante. Il n'est pas bien certain qu'elle manque de poche abdominale. La Marmotte se trouve à Caïenne et à Surinam, ainsi qu'au Paraguay et dans une grande partie de l'Amérique méridionale. Elle porte souvent ses petits sur son dos, attachés à sa queue au moyen de la leur.

Sarigue tuoan, *Did. tricolor*, Geoff. On le trouve à la Guiane, où il se tient dans les bois. La femelle fait de dix à douze petits. Son pelage est noirâtre sur le dos, roux vif sur les flancs, et blanchâtre en dessous.

Sarigue brachyure, *Did. brachyura*, Gm. le *Mus sylvestris americanus* de Séba. Il a le corps long de six pouces seulement, et la queue de trois. Les couleurs sont à peu près les mêmes que celles du précédent, avec lequel Gmelin l'a confondu.

Sarigue nain, *Did. pusilla*, Desm. Le Mécouré nain a trois pouces seulement de longueur, depuis le bout du museau jusqu'à l'origine de la queue; celle-ci mesure également trois pouces. Ce joli petit animal a le pelage d'un gris de souris, légèrement obscur en dessus et blanchâtre en dessous; sa queue est entièrement nue et blanchâtre. Il habite les jardins et les plaines de plusieurs provinces du Paraguay.

L'**Yapock**, décrit par Zimmerman sous le nom de *Lutra memina*, forme pour les auteurs modernes un genre distinct, sous le nom de Chironectes (*voy.* ce mot et la pl. 105, fig. 4 de notre Atlas). Les Sarigues dont nous venons de parler forment avec lui la série complète des mammifères Didelphes ou Marsupiaux étrangers à l'Océanie, qui tous, comme nous l'avons vu, sont particuliers aux contrées chaudes de l'Amérique, et ne se retrouvent point ailleurs. (Gerv.)

DIDYME. (bot.) Corps à deux lobes arrondis, réunis par leur côté interne, et paraissant, au premier coup d'œil, formé de deux parties distinctes. Les anthères de la Mercuriale de nos potagers, *Mercurialis annua*, et d'un grand nombre d'autres plantes; l'ovaire, chez presque toutes les Ombellifères; la silicule de la Lunetière, *Biscutella auriculata*; la racine tubéreuse de l'*Orchis militaris*, etc., sont Didymes. C'est par erreur typographique, respectée maladroitement par les compilateurs, que l'on désigne la *Monarda* sous l'adjectif *Didyma*, il faut lire *Didynama*; cette plante offre, non quatre étamines bien parfaites, mais quatre filets très-distincts, dont deux avec anthères et deux sans anthères : elle n'est donc point Didyme, mais bien Didyname. (T. d. B.)

DIDYMADON, *Didymadon*. (bot. crypt.) *Mousses.* Nom donné à un genre de Mousses qui est voisin des Trichostomes, et qui est caractérisé par un péristome simple, composé de trente-deux dents filiformes, rapprochées par paires, et quelquefois même soudées par leur base. Dans ce genre viennent se placer, 1° plusieurs plantes décrites sous le nom de *Trichostomum*; 2° le *Cynontodium* et le *Swartzia* d'Hedwig; et 3° le *Dicranum* de Hooker.

Parmi les espèces de ce genre, qui sont peu nombreuses et qui croissent presque toutes dans les montagnes, la plus remarquable, et celle que l'on peut regarder comme le type de toutes les autres, est le *Didymodon capillaceum*, ou *Swartzia capillacea* d'Hedwig, plante très-commune dans quelques parties des Alpes, qui forme des touffes serrées d'un beau vert pâle et d'un aspect soyeux, et dont les tiges, assez longues, couvertes de feuilles sétacées et presque distiques, supportent des capsules droites et cylindriques.   (F. F.)

DIDYNAMIE, *Didynamia*. (bot. phan.) C'est-à-dire *double puissance*. Nom de la quatorzième classe du système sexuel, caractérisée par quatre étamines, dont deux plus grandes que les deux autres. Elle se divise en deux ordres : la *Gymnospermie*, comprenant les végétaux qui portent quatre graines nues *en apparence* au fond du calice (nous verrons à l'art. GYMNOSPERMIE que ces graines ne sont point réellement nues), et l'*Angiospermie*, formée des végétaux portant une capsule. Au premier de ces ordres correspond la famille naturelle des Labiées; au second, celles des Scrophulariées, des Rhinanthacées, des Verbénacées et des Orobanchées.   (L.).

DIFFORMITÉ. (physiol.) Vice de conformation; lorsqu'il est naturel, son étude appartient à la physiologie; lorsqu'il est accidentel, il est du domaine de la pathologie. Le bec de lièvre, l'acéphalie, la privation congéniale d'un ou de plusieurs membres, le nombre anormal de ceux-ci, la transposition de certains organes, sont des Difformités naturelles; la distorsion des membres, la courbure de la colonne vertébrale, par suite du rachitisme, doivent être considérées comme des Difformités accidentelles. Nous nous occuperons seulement des premières au mot MONSTRUOSITÉS.
     (P. G.)

DIFFLUGIE, *Difflugia*. (zooph. polyp.) M. Leclerc a décrit sous ce nom (Mém. Mus., t. II), comme formant un genre distinct, un très-petit animal d'eau douce, auquel il donne les caractères suivans : corps très-petit, gélatineux, contractile, pourvu de tentacules inégaux, rétractile dans une sorte de fourreau ovale, subspiral, prolongé en ligne droite à sa terminaison. La Difflugie, au rapport de M. Leclerc, se rencontre fréquemment en France dans les eaux pures peuplées de plantes aquatiques, entre lesquelles elle se meut avec une extrême lenteur. Elle se présente sous deux états un peu différens; tantôt on lui distingue un petit test assez semblable à celui de quelques mollusques, tantôt ce test exsude une matière glutineuse qui fixe sur lui de petits grains de sable, et prend alors l'apparence de cône tronqué. Dans chacun de ces deux états, on voit sortir par l'ouverture du petit fourreau, laquelle est antérieure, de longs bras d'un blanc de lait, et dont la grosseur, le nombre, ainsi que la disposition, varient à chaque minute;

quelquefois même l'animal les retire tout-à-fait, « et les cache, dit l'auteur, dans ce que j'hésite à nommer sa coquille, et alors aucun œil, si pénétrant qu'il fût, ne pourrait soupçonner son animalité. » La Difflugie n'a guère plus d'un dixième de ligne de longueur. C'est, quoi qu'on en ai dit, ainsi que l'Alcyonelle, la Cristatelle, etc., un véritable animal. Suivant M. Raspail (Mém. de la Soc. d'hist. nat. par.), elle ne serait, ainsi que la Leucophre, la Plumatelle et la Cristatelle, qu'un des âges du même polype auquel il réserve le nom d'Alcyonelle; une Alcyonelle, au moment où elle vient de quitter son œuf, erre libre de toute adhérence, et sans polypier aucun. Mais on doit faire remarquer que les tentacules diffluens de la Difflugie sont bien éloignés de ressembler au panache de la Cristatelle, et que d'ailleurs son test tout-à-fait singulier, si toutefois il a été décrit exactement, ne permet pas de le rapprocher de cette dernière. Telle est au moins l'opinion émise par M. de Blainville, qui a observé un petit test calcaire qu'il pense être celui d'une Difflugie. Voici d'ailleurs ce que dit ce naturaliste (Man. d'Actin.) : « M. Michau nous a confié un petit corps brun, enroulé en planorbe, et couvert de grains de sable, qu'au premier aspect on prendrait pour une coquille. Nous supposerons volontiers que c'est un tube de Difflugie : car ce ne peut être celui d'une larve de frigane ou de tout autre insecte voisin, qui est toujours droit; alors nous douterions un peu que la Difflugie soit un simple degré de développement de la Cristatelle. »

M. Ehrenberg fait de la Difflugie un animal microscopique, qu'il classe dans sa section des Pseudopodes à cuirasse indivisible. Les espèces de cette section ont la bouche ventrale et le corps protéiforme cuirassé et pourvu de protubérances pédiformes variables.   (Gerv.)

DIGASTRIQUE. Ce nom tiré du grec, qui signifie *à deux ventres*, sert à désigner plusieurs muscles qui présentent deux faisceaux charnus, réunis par un tendon moyen; on l'a spécialement appliqué à un des muscles de la région hyoïdienne. C'est celui que M. Chaussier appelle Mastoïdo-génien; il est épais et charnu à ses extrémités, grêle et tendineux à son milieu. Il a pour fonctions d'abaisser la mâchoire inférieure, ou d'élever l'os hyoïde et de le porter en avant ou en arrière. Il peut aussi contribuer à l'élévation de la mâchoire supérieure, en agissant sur le crâne.   (P. G.)

DIGESTION. (physiol.) Fonction par laquelle les êtres vivans font subir aux substances alimentaires des changemens qui les rendent propres à être absorbées et à servir à la nutrition. Cette fonction consiste essentiellement dans l'action de certains fluides sur ces substances, action par suite de laquelle ces substances éprouvent diverses altérations et sont séparées en deux parties, l'une destinée à s'assimiler à leurs organes, et nommée *chyle*, et l'autre devant être rejetée au dehors comme impropre à cet usage.

Une sensation particulière avertit les animaux de la nécessité de prendre des alimens. Cette sensation, qu'on appelle Faim (*voy.* ce mot), a son siège principal dans l'estomac. Les divers actes par lesquels les alimens sont pris, divisés, broyés, imprégnés de sucs, transformés en matière nutritive, absorbés ou expulsés en traversant l'appareil digestif, font assez pressentir que cet appareil se compose d'un grand nombre d'organes. Il est évident aussi que la Digestion doit s'accomplir dans une cavité intérieure du corps, renfermant les sucs digestifs et disposée de façon à contenir les alimens sur lesquels ils doivent agir. L'existence de cette cavité disgestive distingue les animaux des végétaux, chez lesquels les particules nutritives sont absorbées sans avoir subi de préparation préalable. Chez les animaux dont l'organisation est la plus simple, le sac alimentaire n'est qu'une sorte de repli de l'enveloppe extérieure qui pénètre profondément dans le corps et s'y termine en cul de sac. C'est ce qu'on remarque, par exemple, chez les Hydres et les Polypes d'eau douce, animaux qu'on peut retourner comme un gant sans changer leur manière de vivre : la face extérieure devient alors intérieure et forme la cavité où les alimens sont reçus et se digèrent. Chez l'homme, et dans la plupart des animaux, la cavité digestive a la forme d'un long canal divisé en plusieurs chambres ou poches. Ce canal est formé intérieurement par une *membrane muqueuse*, offrant une grande analogie de structure avec la peau, plus molle cependant, et pénétrée par une grande quantité de vaisseaux capillaires et de follicules sécréteurs et dépourvus d'épiderme. Cette membrane est enveloppée de *fibres musculaires* plus ou moins abondantes, et enfin dans une grande partie de son étendue, elle est environnée par une *membrane séreuse*, nommée *péritoine*.

Indépendamment du tube instestinal, l'appareil digestif se compose encore d'organes destinés à saisir, à diviser les alimens ; de diverses glandes sécrétant les sucs nécessaires à la Digestion ; de vaisseaux chargés de l'absorption et du transport de la matière nutritive élaborée. Ces diverses parties ont reçu des noms différens : la *bouche* se présente la première ; sa partie postérieure se nomme arrière-bouche ou *pharynx* ; vient ensuite l'*œsophage*, puis l'*intestin grêle*, le *gros intestin*, qui se termine à l'*anus* (*voy.* ces mots). Chez l'homme et les animaux qui s'en rapprochent davantage, la bouche contient les organes qui servent à diviser les alimens, ce sont les *dents*. Chez les oiseaux, ce travail s'opère dans l'estomac. Les principales glandes sont les *salivaires*, les *follicules gastriques*, le *foie*, le *pancréas* ; enfin les canaux particuliers qui, dans l'homme, les mammifères, les reptiles, les poissons, servent à l'absorption des produits digestifs, sont appelés *vaisseaux chilifères* ou *lactés*. A l'exception de la bouche, du pharynx, de l'œsophage, des glandes salivaires, tous ces organes sont logés dans une grande cavité nommée *abdomen*. En nous occupant seulement ici des fonctions que remplissent ces diverses parties, nous renvoyons pour leur description aux articles qui leur sont destinés.

L'ouverture par laquelle la bouche communique au dehors s'élargit et se ferme à volonté, soit par le mouvement des lèvres, soit par le rapprochement ou l'écartement des mâchoires ; c'est ainsi qu'elle sert à la préhension des alimens. Chez la plupart des animaux, la bouche va audevant des alimens pour les saisir ; mais chez l'homme et chez les espèces qui s'en rapprochent davantage les membres antérieurs remplissent cette fonction. Les alimens liquides ne sont pas pris de la même manière que les alimens solides ; tantôt ils sont versés dans la bouche, d'autres fois pompés par cette cavité, à l'aide de la dilatation du thorax et des mouvemens de la langue qui se retire en arrière comme un piston. Les boissons traversent rapidement la bouche, mais les alimens solides y séjournent plus long-temps, et y sont soumis à une première préparation qui consiste dans la *mastication* et l'*insalivation* : la mastication, ainsi que nous l'avons indiqué, s'opère à l'aide des dents et des muscles qui servent à mouvoir les mâchoires ; l'insalivation, par le secours des glandes salivaires. Les substances alimentaires, ramenées sans cesse entre les dents par l'action des joues et les mouvemens de la langue, s'y divisent en petites parcelles ; elles sont broyées et réduites en une espèce de pâte par le mélange du suc salivaire. Plus cette opération est complète, plus la Digestion est facile. Dans le même temps, elles s'imbibent de salive et se dissolvent même quelquefois.

Jusqu'au moment où la mastication s'achève, l'ouverture postérieure de la bouche reste fermée par le voile du palais, qui demeure abaissé et appliqué contre la base de la langue ; mais, lorsque cette opération est terminée, cette cloison s'élève, et alors commence une autre série d'actes dont l'ensemble constitue ce qu'on appelle la Déglutition (*voy.* ce mot). La déglutition est le plus compliqué de tous les mouvemens qui concourent à la Digestion ; c'est par elle que s'opère le passage des alimens de la bouche dans l'estomac à travers le pharynx et l'œsophage. Parvenues dans l'estomac, les substances alimentaires s'y accumulent, et là sont fortement pressées par les parois musculaires de l'abdomen. Cette pression tendrait à les faire remonter vers l'œsophage, si l'ouverture de ce conduit, ouverture nommée *cardia*, ne se trouvait fermée par la contraction des fibres. La résistance que cette contraction oppose au retour des alimens est cependant vaincue quelquefois, et alors surviennent des phénomènes qu'on appelle *régurgitation* ou *vomissement*. Pour passer dans le tube intestinal, il faut également que les matières contenues dans l'estomac aient subi une élaboration suffisante ; et ce n'est que lorsqu'elles sont arrivées à ce point qu'elles parviennent à vaincre la résistance que leur oppose l'ouverture inférieure que l'on nomme *pylore*. Le mélange des alimens avec le suc gastrique, l'action de la chaleur et l'action musculaire des parois transforment la masse alimentaire en une sorte de pâte, appelée *chyme*. Pendant que cette transformation s'opère,

les

les parois de l'estomac agissent en se contractant sur la masse alimentaire, et poussent le chyme dont elle est recouverte vers le grand cul de-sac de l'estomac, et ensuite dans un sens opposé, c'est-à-dire vers le pylore, et jusque dans l'intestin grêle : la promptitude avec laquelle les substances destinées à l'alimentation passent à l'état de chyme dépend et de leur nature et des dispositions individuelles. Le canal intestinal dans lequel elles sont reçues après ce nouveau changement, est un tube membraneux contourné sur lui-même. Chez les animaux qui se nourrissent exclusivement de chair, les intestins sont en général moins longs que chez l'homme et les autres animaux omnivores ; ils sont au contraire d'une longueur plus considérable chez les herbivores ; ainsi, dans le lion, cette longueur est égale à trois fois celle de l'animal, elle est égale à vingt-huit fois dans le bélier. On conçoit, en effet, que moins les substances destinées à l'alimentation contiennent de parties nutritives, plus leur séjour doit être prolongé dans le conduit alimentaire. En traversant l'intestin grêle, la masse soumise à l'action digestive, se mêle à divers sucs, produit de la sécrétion, qui, par leur mélange, donnent à cette masse de nouvelles propriétés. Ces sucs ou humeurs sont la *bile*, que le foie sécrète, et le suc *pancréatique*, formé par la *glande pancréas*. La pâte chymeuse, en arrivant dans l'intestin, y détermine des mouvemens péristaltiques, semblables aux contractions exercées sur elle par l'estomac. Ces mouvemens vermiculaires la font cheminer dans l'intestin où elle éprouve encore des changemens remarquables ; en effet, on aperçoit alors à la surface de la membrane muqueuse intestinale, une substance tantôt blanche, tantôt grisâtre, en raison des alimens dont elle provient, et à laquelle on a donné le nom de *chyle*. Cette matière, essentiellement nutritive, passe du canal alimentaire dans la masse du sang qu'elle est destinée à renouveler, à l'aide des vaisseaux *chylifères* ou *lactés*. Ces vaisseaux naissent à la surface des villosités de la membrane muqueuse intestinale. Le résidu solide, provenant de la Digestion des alimens, est poussé peu à peu jusque vers l'extrémité du gros intestin, où il séjourne pendant un certain temps. Là, ce résidu acquiert une consistance, une couleur et une odeur particulières. Enfin un dernier acte vient débarrasser le tube alimentaire ; c'est celui par lequel ces matières sont expulsées, rejetées au dehors, et qu'on appelle *défécation* ; dans l'intestin grêle, comme dans le gros intestin, il se dégage de la masse alimentaire, divers gaz qui, dans la première portion de ce tube, sont ordinairement formés d'oxide carbonique, d'hydrogène, pur ou mélangé, d'azote, et dans la dernière portion, d'hydrogène carboné et d'un peu d'hydrogène sulfuré.

Les substances liquides inutiles ou nuisibles à l'économie sont rejetées au dehors par une autre voie, par l'excrétion urinaire.

Les phénomènes de l'acte digestif ne sauraient être entièrement les mêmes dans les diverses classes d'animaux ; ils diffèrent, se compliquent ou se simplifient en raison de l'organisation. Ainsi, par exemple, chez les animaux ruminans il existe quatre cavités distinctes qui remplissent la fonction du seul estomac qui existe chez l'homme. Les alimens arrivent d'abord dans une vaste poche, appelée *panse* ou *herbier* ; ils y restent pendant un certain temps, puis passent dans le second estomac ou *bonnet*, et sont ramenés dans la bouche pour y être broyés par les dents et imbibés de salive ; ils descendent ensuite dans le troisième estomac ou *feuillet*, et de là dans la *caillette*.

Nous ne pouvons suivre ces différences dans toutes les classes d'animaux ; nous nous sommes contentés ainsi d'indiquer les phénomènes les plus remarquables de ce grand acte physiologique dans l'homme et dans les êtres qui s'en rapprochent davantage ; mais, comme nous l'avons dit en commençant, cette fonction doit être considérée comme une série de phénomènes qui tous méritent une étude particulière, et qui tous, en effet, sont traités à leur place dans ce Dictionnaire. Ces phénomènes ne sauraient également être convenablement appréciés, si l'on n'étudie les organes dans lesquels, ou plutôt par lesquels ils s'accomplissent. Nous renvoyons donc aux divers articles destinés à la description de ces organes.   (P. G.)

DIGITAL, DIGITALE, *Digitalis*, adjectif employé pour désigner les organes ou parties d'organes qui ressemblent à un doigt, ou aux traces que le doigt laisserait sur un corps mou. Ainsi l'on nomme assez improprement *appendice digital* du cœcum l'appendice vermiforme de cet intestin. On appelle impressions digitales ces dépressions profondes qu'on observe à la surface interne des os du crâne, et qui correspondent aux circonvolutions du cerveau.   (P. G.)

DIGITALE, *Digitalis*. (BOT. PHAN.) Vingt-cinq à trente espèces de plantes herbacées ou suffrutescentes, dont les feuilles sont alternes et les fleurs disposées en grappe terminale, d'un aspect agréable, presque toutes indigènes à l'ancien continent, composent ce genre de la famille des Personnées et de la Didynamie angiospermie. Ses caractères sont d'avoir le calice à cinq folioles inégales, persistantes ; la corolle monopétale, tubulée à sa naissance, ensuite élargie, ventrue, beaucoup plus grande que le calice, ouverte, à limbe oblique, partagé en quatre, quelquefois en cinq lobes inégaux ; quatre étamines inclinées ayant leurs filamens attachés à la base du tube, et portant des anthères bilobées et didymes ; un rudiment d'une cinquième étamine ; un ovaire supère, à style simple, terminé par un stigmate presque ovale, parfois à deux lames ; une capsule ovale, acuminée, à deux valves, et à deux loges contenant des graines nombreuses, très-fines, irrégulières et d'un jaune rougeâtre.

Une espèce très-pittoresque, qui fait partie de notre Atlas, pl. 157, fig. 2, la DIGITALE POURPRÉE, *D. purpurea*, croît dans les bois montueux aux environs de Paris ; elle abonde dans nos départemens du centre au milieu des champs ; nulle part on n'en trouve des tiges plus nombreuses, plus réellement héroïques que dans le département de la Mayenne, que cette belle plante paraît affectionner d'une manière spéciale. Elle est rare dans nos contrées méridionales, on n'en trouve plus au-delà des Pyrénées, au-delà des Alpes, et si l'on en rencontre quelques pieds isolés en Italie, ce n'est, comme je l'ai dit, tom. 1, p. 552, qu'à son extrême frontière septentrionale. Rien de plus flatteur pour l'œil que les pyramides empourprées de cette Digitale, chargées en juillet et août, de leurs grandes fleurs tigrées intérieurement, pendantes en cloches d'un seul côté de la tige, dont le sommet est légèrement incliné. On l'a admise dans quelques jardins, mais, en général, on la néglige parce qu'elle est commune autour de nous. La médecine la recherche pour sa propriété diurétique; elle fait un très-heureux emploi de ses larges feuilles, réduites en poudre et en décoction, de ses fleurs préparées en liniment, ou en teinture éthérée, contre les tumeurs scrofuleuses et les autres maladies du système lymphatique, contre le croup, l'hydropisie, les spasmes, etc. Quelques auteurs la classent parmi les plantes virulentes; ce reproche est la conséquence des résultats trop énergiques provenant de son usage prescrit à des doses exagérées par des médicastres.

La Digitale se plaît dans les terres glaiseuses, mais légères, arides, sèches et friables, et non pas dans les terrains frais comme le prétendent certains compilateurs. D'une racine fusiforme, rougeâtre, s'élève une tige droite, cylindrique, velue, d'un vert rougeâtre, et atteignant depuis un jusqu'à deux mètres; les feuilles qui l'ornent, surtout à sa base, sont ovales, lancéolées, légèrement dentelées, d'un vert foncé en dessus, blanchâtres en dessous et cotonneuses; l'intérieur de ses fleurs est parsemé de poils longs et de taches d'un rouge foncé, souvent presque noir, et entourées d'une auréole blanchâtre qui tranche avec le rouge violacé de l'extérieur.

Près d'elle l'amateur prendra plaisir à voir 1° la DIGITALE A GRANDES FLEURS, *D. grandiflora*, que Bauhin a le premier nommée ainsi, qui habite les montagnes des Vosges, les Basses-Alpes, les bois sablonneux de la Suisse, de l'Autriche, et dont les fleurs d'une belle couleur jaune produisent un effet piquant en mai et juin; sa tige visqueuse s'échappe d'une touffe de feuilles très-vertes, longues de trente-deux centimètres, et s'allonge en épi de fleurs nombreuses; 2° la DIGITALE SCEPTRE, *D. sceptrum*, originaire de l'île de Madère, aux fleurs jaunes mêlées de rouge, qui est très-velue dans sa jeunesse, ensuite fort rameuse et garnie au sommet de ses branches d'une large rosette de feuilles blanchâtres; 5° et la DIGITALE FERRUGINEUSE, *D. ferruginea*, provenant du Piémont, remarquable par ses corolles d'un jaune rougeâtre, ayant leur lobe inférieur très-allongé et lanugineux; sa tige monte à un mètre et demi.

Plukenet et Commelin ont les premiers décrit la DIGITALE DES CANARIES, *D. canariensis*, que la forme de ses fleurs d'un beau jaune safrané rapproche de celles de l'Acanthe et représente en

quelque sorte une gueule béante; comme elles durent long-temps ou du moins qu'elles se succèdent les unes aux autres durant une bonne partie de l'été, celles du bas s'ouvrant les premières, on a promptement fait l'acquisition de ce sous-arbrisseau, médiocrement rameux, élevant rarement sa tige unique au-delà d'un mètre et demi, et qui supporte volontiers trois et quatre degrés de froid. Aux îles Fortunées, il habite les berges et les ravins qui aboutissent aux montagnes et coupent le pays dans tous les sens.

DIGITALE FAUSSE. (BOT.) Les jardiniers et les marchands donnent ce nom vulgaire à la Cataleptique, *Dracocephalum virginianum. Voy.* DRACOCÉPHALE.

DIGITALE ORIENTALE. (BOT.) Sous ce nom, appartenant à une espèce du genre Digitale, qui vit dans le Levant et porte de grandes fleurs blanchâtres, l'on confond d'ordinaire le Sésame, *Sesamum orientale*, et une plante de Haïti que Desportes et Nicholson appellent *Gigeri*.

DIGITALE PETITE. (BOT). Nom vulgairement donné à l'espèce la plus commune du genre Gratiole, la *Gratiola officinalis*, à cause de la ressemblance de ses fleurs avec la Digitale à fleurs jaunes.
(T. D. B.)

DIGITALINE. (BOT. ? ZOOL. ?) Genre de Psychodiées microscopiques, de la famille des Vorticellaires, distingué par les caractères suivans : stipe fistuleux, peu flexible, simple, ou le plus communément dendroïde, se divisant dans ce cas en rameaux rigides. Les pédicules supportent une urne cylindracée, oblongue, non campaniforme, unie à la gorge, où elle est uniquement tronquée, de manière à présenter dans la troncature la figure plus ou moins régulière d'un cœur. Les Digitalines se rencontrent sur les petits crustacés aquatiques, les Cyclopes, les Monocles et les Daphnies. Il arrive, dit M. Bory de St-Vincent, qui plusieurs fois a observé ce fait, une époque où, comme dans les autres Vorticellaires, les urnes se détachent et, individualisées, voguent librement. On les trouve dans les eaux douces et même, suivant Muller, dans la mer. On en connaît trois espèces: 1° la Digitaline simple, 2° la Digitaline de Rœsel; 5° la Digitaline anastatique. (P. G.)

DIGITÉ. (BOT.) Les botanistes ont adopté cette expression pour désigner toutes les parties d'un végétal qui présentent des divisions en forme de doigt, ou dont la disposition sur un support commun offre quelque analogie avec les doigts de la main. Ainsi l'on appelle *feuille digitée* celle qui, à l'instar des feuilles du Lupin, *Lupinus albus*, du Marronier, *Æsculus hippocastanum*, du Gattilier commun, *Vitex agnus-castus*, etc., se trouve composée de plus de trois folioles distinctes, insérées au sommet d'un pétiole commun; mais c'est abusivement que l'on applique ce mot à une espèce de Quamoclit, l'*Ipomœa digitata*, puisque ses feuilles sont palmées, à divisions très-profondes. Il en est de même du *Fucus digitatus*, de l'*Heliophyla digitata*.

Un épi digité est un peu écarté et réuni sur une tige commune, tels sont ceux du Panic sanguin et du Dactyle, *Panicum sanguinale* et *P. dactylon*; ce qui a déterminé Palisot de Beauvois à nommer digité l'axe des graminées, quand il se compose de plusieurs épis insérés sur le même point, comme dans le Dactyloctenion, que l'on rencontre également dans l'Orient, en Égypte, sur tout le continent américain au nord ou au midi, et que Willdenow a tort d'inscrire sous la dénomination de *Dactylotenium ægyptiacum*.

On donne avec raison l'épithète de digitée à une espèce de Lichen, à une Clavaire, à un Carex, à l'*Apluda digitata*, etc.   (T. D. B.)

DIGITIGRADES. (MAM.) Ce nom a été donné, d'après Cuvier, aux Mammifères carnassiers de la famille des Carnivores qui progressent en appuyant sur le sol leurs doigts ou seulement l'extrémité de ceux-ci, sans jamais faire toucher la face plantaire. Les principaux genres sont, comme nous l'avons dit à l'article CARNASSIERS, ceux des Chiens, des Martres et des Chats, parmi lesquels se trouvent placés les Lions, les Tigres, et tous les Carnassiers les plus forts et les plus redoutables.

Quoiqu'on n'ait donné le nom de *Digitigrades* qu'aux animaux d'une seule famille, il ne faut pas croire qu'il n'existe pas parmi les Mammifères d'autres animaux ayant le même mode de progression. Nous citerons par exemple le nouveau genre Euplère parmi les Carnassiers insectivores, la plupart des Didelphes, ainsi que presque tous les Rongeurs et les Édentés. D'autres animaux de la même classe, qu'on pourrait croire de véritables Digitigrades parce que dans le squelette ce sont les extrémités des doigts sur lesquelles repose le corps, ne peuvent cependant recevoir cette dénomination : ce sont les Ruminans et presque tous les Pachydermes dits ongulogrades, qui reposent sur des pièces cornées particulières connues sous le nom de sabots. Dans les autres classes nous voyons que les Digitigrades sont bien plus nombreux ; tous les oiseaux, si l'on veut en excepter le Manchot, pourront recevoir ce nom. Les Reptiles appuient plus souvent sur les doigts que sur la plante du pied ; il en est quelques uns cependant qui offrent une autre disposition, ce sont quelques Tortues, les Plésiosaures, les Ichthyosaures dont les membres constituent de véritables rames.   (GERV.)

DIGYNIE. (BOT. PHAN.) C'est le nom du second ordre des treize premières classes du système sexuel, dans lequel sont inscrits les divers végétaux de ces classes, la neuvième exceptée, qui ont deux pistils, ou, selon l'étymologie grecque, deux organes féminins.

Toutes les fleurs pourvues de deux ovaires, de deux styles ou de deux stigmates, appartiennent, selon Linné, à la Digynie. Ainsi les Ombellifères ayant deux ovaires et deux styles, sont digynes, aussi bien que les genres Œillet, *Dianthus*, Savonière, *Saponaria*, etc., qui ne présentent qu'un

ovaire ; mais il est couronné de deux styles ; l'Orme, *Ulmus*, dont l'ovaire unique est sans style, mais il porte deux stigmates, etc., etc. De Jussieu ne reconnaît pour fleurs digynes que celles qui ont positivement deux ovaires.   (T. D. B.)

DILLÉNIACÉES. (BOT. PHAN.) Famille de plantes dicotylédonées, polypétales, hypogynes, formée aux dépens des Magnoliacées et des Rosacées, et placée entre les Renonculacées et les Magnoliacées. Toutes les plantes qui la composent ont sans aucun doute quelques caractères qui les unissent entre elles ; mais d'un autre côté l'on en rencontre à chaque pas qui les éloignent, qui les séparent positivement. Dans aucune d'elles les fleurs n'affectent de disposition uniforme : il y en a qui présentent trois, quatre et jusqu'à cinq pétales ; on a cru remédier à cet inconvénient grave, en établissant deux tribus, les Délimacées, dont le genre *Delima* est le type, chez lesquelles les filamens des étamines sont manifestement dilatés à leur sommet et portent des anthères arrondies, et les Dilléniées, qui prennent pour type le genre *Dillenia*, dont les anthères sont très-allongées et les filets non élargis. Mais est-il bien naturel de placer sur la même ligne des individus à étamines parfaitement libres, tandis que les autres les ont tantôt réunies en plusieurs faisceaux, tantôt toutes insérées d'un seul côté des ovaires ? Peut-on dire que des genres sont classés méthodiquement, quand ici l'on trouve deux, trois, cinq, huit et même jusqu'au-delà de vingt pistils, et que là les pistils sont distincts ou bien soudés plus ou moins entre eux ? Heureusement pour l'inventeur de cette famille nouvelle que les quatre-vingt-seize espèces jetées successivement dans ces deux tribus sont toutes exotiques et vivent dans les régions les plus chaudes du globe ; il n'est point facile de combattre ses idées ; espérons cependant que la science, en pénétrant en ces contrées lointaines, nous procurera tôt ou tard des données régulières sur chacun des genres, que l'on étudiera en présence de la nature, et nous permettra de porter avec certitude une réforme indispensable sur ce groupe de plantes, et de les rendre aux familles naturelles qui les réclament. Il faut se méfier de tout travail entrepris sur des échantillons desséchés ou venus dans des serres : dans l'un ou l'autre cas, la vérité demeure sous le boisseau. Si l'on eût eu soin de consacrer ce principe et de le faire religieusement observer, la botanique ne serait pas tombée dans le chaos par les excès des ambitieux, par les pauvres botanistes de cabinet.   (T. D. B.)

DILLÉNIE, *Dillenia*. (BOT. PHAN.) Linné a consacré ce genre de la Polyandrie polygynie, à la mémoire de Jacques Dillen, célèbre botaniste allemand, auquel la science doit plusieurs ouvrages excellens, et surtout une histoire des mousses, où le dessin et l'art de décrire rivalisent d'exactitude et de perfection. Les espèces qui composent ce beau genre appartiennent à l'Asie méridionale, et ne s'élèvent pas plus haut que les dernières rives de l'Inde. Dans l'origine, elles étaient inscrites parmi les Magnoliacées, et formaient à leur suite un groupe séparé; depuis on les a prises pour type d'une famille nouvelle; mais, comme les élémens admis jusqu'ici pour cette création me paraissent incohérens, il faut attendre une époque meilleure, il faut attendre que le temps de l'anarchie cesse enfin et soit justement oublié, pour fixer la destination définitive qu'on pourra donner aux Dillénies. Contentons-nous d'enregistrer les caractères du genre : calice persistant, à cinq folioles coriaces, obrondes; corolle formée par cinq pétales grands, étalés, arrondis; étamines nombreuses, libres, égales entre elles et disposées sur plusieurs rangées, ayant leurs anthères allongées, adnées aux filets; vingt ovaires environ réunis; autant de stigmates ouverts en étoile; chaque ovaire devient une capsule oblongue, multiloculaire, couronnée par les styles et les stigmates. Toutes les capsules sont attachées circulairement à un grand réceptacle charnu, central, et remplies d'une substance pulpeuse, à la superficie de laquelle on voit nichées un grand nombre de graines très-petites.

Au temps de Linné l'on ne connaissait que trois Dillénies; nous en possédons maintenant six, et des trois espèces primitives une seule est demeurée dans le genre; les deux autres font partie du genre *Hibbertia* créé par Salisbury. (*Voy.* au mot HIBBERTIE.)

La DILLÉNIE ÉLÉGANTE, *D. speciosa* de Thunberg et que Linné nomma *D. indica*, est originaire du Malabar, de Ceylan et de l'île de Java. C'est un grand et bel arbre dont les rameaux épais sont ridés, glabres, étalés et de couleur cendrée, chargés de feuilles alternes, très-grandes, d'un vert foncé, dentées en scie, ondulées, analogues à celles du châtaignier, marquées de nervures latérales, longues de trente-deux centimètres sur dix de large. Les fleurs également grandes sont blanches, solitaires et durent une partie de l'été; leur ample calice persiste et voit ses cinq divisions s'épaissir après la fructification, tandis que les pétales, de planes qu'ils étaient, se renversent. La baie sphérique qui leur succède est à vingt loges, bonne à manger quoique d'une saveur très-acide. Les peuples de l'Inde méridionale recherchent ce fruit, l'emploient dans leurs condimens, et, uni à une certaine quantité de sucre, ils en préparent un sirop rafraîchissant fort agréable. Cette espèce, que les indigènes appellent *Syalite*, ne doit pas être confondue avec le *Dillenia speciosa* de Curtis; le botaniste anglais a maladroitement ajouté ce synonyme à ceux déjà assez nombreux de l'Hibbertie à grandes fleurs.

La DILLÉNIE DORÉE, *D. aurea*, se fait remarquer autant par son port élégant, le beau jaune doré de ses grandes fleurs, son feuillage d'un vert agréable, que par ses fruits de la grosseur d'une petite orange; elle abonde dans l'Inde. La DILLÉNIE A FEUILLES ELLIPTIQUES, *D. elliptica*, que l'on trouve plus particulièrement aux îles d'Amboine et des Célèbes, donne des fruits plus gros, d'une saveur plus douce, légèrement acides et remplis d'un suc jaunâtre; on les sert sur les tables,

cuits ou crus, et on les mange d'ordinaire avec du poisson. Le bois de cet arbre assez élevé est tendre, mais il durcit en vieillissant; on incise son tronc pour en retirer une liqueur très-abondante. Ses fleurs sont blanches et très-caduques. Les trois autres espèces ont été décrites sous les noms de *D. integra*, *D. retusa*, et *D. serrata*, par Thunberg, qui a observé le genre entier aux pays qu'il habite. (T. D. B.)

DILUVIUM et TERRAIN DILUVIEN. (GÉOL.) Le Diluvium est une création des géologues théologiens de l'Angleterre, qui travaillent encore aujourd'hui à mettre d'accord les révélations de la Genèse et les faits géologiques. Dirigés par leur conviction religieuse, ils cherchèrent et virent dans les matières charriées et déposées par les eaux sur les plaines, les plateaux et les flancs des vallées, où les cours d'eau actuels ne pouvaient les avoir transportés, les effets d'un phénomène unique, le déluge de Moïse, et ils en désignèrent les prétendus produits sous le nom de *Diluvium*. Des observations plus précises, et faites dans un esprit moins systématique, firent voir que ces différens dépôts n'étaient, dans toute l'Europe, que le résultat ou de catastrophes violentes de diverses époques ou de l'écoulement régulier des eaux, lorsque la configuration du sol n'était pas la même qu'aujourd'hui. On avait confondu, et beaucoup de géologues commettent encore cette erreur, les produits des grandes inondations passagères dues à des débâcles de lacs, au déversement des eaux, suite du soulèvement des montagnes, et à d'autres causes violentes, avec les produits en couches à peu près régulières des cours d'eau anciens. Aux premiers appartient le nom de *Dépôts diluviens* ou mieux clysmiens, aux seconds le nom de *Dépôts alluviens*. Ayant confondu des choses de nature et d'origine si différentes, il n'est pas étonnant qu'on ne fût pas d'accord sur la cause qui les avait produites. D'autres géologues, tout en abandonnant le Diluvium des Anglais, établissent une *époque* et un *terrain diluviens* qu'ils placent immédiatement avant l'époque actuelle et après les dépôts tertiaires. Ils y font entrer, indépendamment des produits clysmiens et alluviens d'origine ancienne et très-probablement des époques tertiaires les plus récentes, les dépôts des fentes et des cavernes, et quelques amas coquilliers marins situés à peu d'élévation au dessus des rivages. Quoique tous ces dépôts, à l'exception des derniers, n'aient d'autres rapports que d'avoir été formés sur la surface émergée des continens, ou d'être épigéiques sans appartenir ni à un même phénomène ni à une même époque, nous sommes forcés, dans l'état actuel de la science, d'adopter provisoirement cette grande division géologique sous les noms de *Terrains diluviens* ou *quaternaires*. Nous allons parcourir les divers groupes qui la composent.

Les *alluvions anciennes* appartiennent, par exemple, aux couches successives de limon, de sables et de galets toutes remplies d'ossemens d'éléphans, couches qui comblèrent lentement les anciens lacs et le lit de l'Arno supérieur. Nous attribuerons à la même époque et aux mêmes causes les alluvions volcaniques de l'Auvergne, d'où M. Croizet a déjà exhumé huit ou neuf espèces nouvelles de grands pachydermes, éléphans, rhinocéros, mastodontes, sangliers, tapirs, chevaux, hippopotames, et vingt-huit espèces de ruminans, dont deux du genre *Sténéodonte*, entièrement détruits, et les autres de genres encore existans, mais pour la plupart étrangers à l'Europe. Tel est, en effet, le principal caractère de ce terrain, de présenter partout des animaux dont les genres existent encore, tandis que les espèces en sont éteintes et que les genres eux mêmes habitent aujourd'hui des climats plus chauds. Les alluvions anciennes de l'Amérique contiennent une immense quantité de mastodontes, et quelques géologues pensent que les débris de cet animal s'élèvent jusqu'aux dépôts des époques actuelles; mais en outre elles ont montré réunis des ossemens de bœuf, de cheval, d'éléphant, jusque dans l'Amérique méridionale, sur le plateau de Quito, quoique ces genres conservés dans l'ancien continent eussent entièrement disparu dans l'Amérique.

Les *dépôts ossifères des cavernes* sont encore en grande partie des alluvions anciennes. On a découvert depuis une vingtaine d'années dans toute l'Europe et dans l'Amérique septentrionale une grande quantité de cavernes situées en général dans le sol calcaire et dans les formations secondaires, et renfermant une immense quantité d'ossemens. Ces cavernes montrent toutes dans leurs parois usées et arrondies l'action des eaux courantes, et il est certain que, si elles durent leur origine aux fractures et soulèvemens des couches, elles doivent leurs formes actuelles aux passages de cours d'eau souterrains. Dans toute la Grèce, les eaux se perdent encore aujourd'hui dans des gouffres pour ne reparaître qu'au loin sous la mer ou à peu d'élévation au dessus de son niveau; nous avons fait voir par la comparaison de la nature trouble et limoneuse de ces eaux au moment de leur perte et leur pureté à la sortie des rochers, par la grande quantité d'air qu'elles absorbent dans le trajet, par la constance de leur température, qu'elles devaient traverser des suites de cavernes ou des lacs souterrains communiquant entre eux par d'étroits canaux ou même des siphons naturels. Les dislocations récentes du sol de l'Europe, telles que celles produites par le soulèvement des grandes Alpes, ont changé la direction des cours d'eau souterrains aussi bien que celle des eaux superficielles, et on trouve aujourd'hui beaucoup de cavernes dont l'ouverture se présente sur les flancs des vallées ou même près du sommet des collines, et qui, n'étant plus traversées par des cours d'eau, montrent à découvert leurs anciens dépôts. Le fait le plus remarquable qu'elles présentent est la multiplicité des ossemens fossiles enfouis dans des couches limoneuses et argileuses, où ils forment quelquefois de véritables brèches. Avant d'atteindre le terrain ossifère, on a presque toujours à traverser des croûtes de stalagmites

qui ont été formées à la surface du sol desséché par les eaux d'infiltration. Ici, comme dans les alluvions superficielles, on devra distinguer des époques successives avec plus de rigueur qu'on ne l'a fait jusqu'à présent. Ainsi, dans plusieurs cavernes du midi de la France, on a trouvé des ossemens humains et des débris d'industrie qui appartenaient les uns à l'époque de l'invasion romaine, d'autres à l'état de barbarie que signalent encore les pirogues trouvées dans les tourbières de la Flandre, et les instrumens en silex si communs dans les alluvions de toute l'Europe. Quelques géologues, poussés par l'amour du merveilleux, ont voulu en conclure que l'homme était contemporain de toutes les espèces d'animaux éteintes que l'on trouvait dans les mêmes cavernes, tandis qu'on ne devait y voir qu'une succession de phénomènes analogues, ou plus probablement encore le résultat de l'habitation par les hommes du sol desséché des cavernes.

Parmi les ossemens des cavernes, les neuf douzièmes appartiennent à des ours, près de deux douzièmes à l'hyène, le douzième restant appartient aux éléphans et aux autres animaux du sol alluvial ancien. La grande abondance des carnassiers, la présence de leurs excrémens, du moins dans les cavernes de l'Angleterre et de la Franconie, avaient fait penser au docteur Buckland que ces animaux avaient vécu sur le sol où l'on trouvait leurs débris, observation qui peut être vraie dans certains cas, mais qu'il avait trop généralisée; beaucoup de cavernes ont montré depuis d'une manière incontestable que les ossemens y avaient été entraînés et roulés par les eaux.

Jusqu'à présent nous n'avons mentionné dans les cavernes que les divers animaux, éléphant, hippopotame, rhinocéros, bœuf, cheval, ours, hyène, etc., que l'on rencontre dans toute l'Europe, au milieu des alluvions anciennes; mais depuis quelques années ces mêmes géologues, qui croyaient avoir trouvé l'homme au milieu de ces animaux de genres existans, mais d'espèces éteintes, signalent dans les cavernes du midi des genres dont on ne retrouve les analogues que dans les dépôts tertiaires, tels que les palæothérium et les chæropotames, et, au lieu d'y voir une succession d'époques, depuis celle de l'homme, s'imaginent que tous ces êtres vécurent en même temps. Appuyons, au contraire, sur ce fait si singulier, que ni l'homme ni aucun débris de la famille des singes n'ont jamais été trouvés au milieu des débris de toutes ces espèces éteintes, mais dont les genres vivent encore aujourd'hui, quoique les cavernes, ces ossuaires du monde ancien, aient été fouillées par centaines dans l'Europe entière, l'Amérique septentrionale, l'Inde anglaise et la Nouvelle-Hollande.

Les *brèches osseuses* constituent un phénomène fort remarquable, lié aux précédens pour l'époque et pour l'origine. Ce sont des roches dont le ciment rougeâtre enveloppe divers fragmens et une grande quantité d'ossemens brisés. Elles remplissent des fentes ouvertes dans les roches calcaires qui environnent le bassin de la Méditerranée. On les a observées à Gibraltar, à Cette, à Antibes, à Nice, en Sardaigne, en Sicile, en Grèce. En général, elles ne s'élèvent que fort peu au dessus du niveau de la mer, et le ciment qui les forme est identique à l'argile ocreuse des alluvions anciennes de toute cette région. Les ossemens appartiennent en grande partie à de petits rongeurs; mais on y trouve aussi des débris de l'ours des cavernes, de mastodonte, de rhinocéros, etc. Nous avons rapporté de la Grèce des brèches tout aussi dures que les brèches osseuses anciennes, et qui se forment aujourd'hui dans les fentes du rivage par l'agglomération de fragmens de roches, de poteries et d'ossemens. Malgré cette analogie, on doit penser que le phénomène si général des brèches osseuses dans le bassin de la Méditerranée provient d'une grande catastrophe qui fendilla les roches calcaires, et de pluies torrentielles qui entraînaient dans les fentes du rivage l'argile ocreuse des pentes littorales, et les animaux qui les habitaient. Des brèches osseuses parfaitement semblables à celles de la Méditerranée ont été observées dans l'Australie, et il est à remarquer qu'à l'exception de l'éléphant, tous les débris qu'on y rencontre, kangaroo, dasyure, phascolomys, etc., etc., paraissent déjà y indiquer une population distincte de celle du reste du globe.

Les brèches osseuses, par leurs indices de transport violent, nous amènent aux produits *clysmiens* de la même période. Nous citerons quelques uns des effets de ces passages de grandes masses d'eau sur la terre à une époque géologique peu éloignée de celle où nous vivons.

Les environs de Paris (plateau du bois de Boulogne, de la forêt de Saint-Germain, et une foule d'autres localités) sont formés d'amas de cailloux et de blocs de gros volume qui ne peuvent avoir été charriés que par une violente débâcle. On y a trouvé des ossemens d'éléphans, d'hippopotames, et des débris de palmiers. Tout annonce qu'à l'époque dont nous traitons, d'immenses courans ont dispersé leurs débris des Alpes sur une partie des régions voisines, et ont donné naissance à de grandes plaines uniquement formées de ces débris. Si on suit les vallées de la Durance et du Drac, on trouve les fragmens les plus gros et les plus anguleux vers l'origine des vallées; ils diminuent de volume à mesure que l'on s'approche de la grande plaine de la Crau, où ils viennent se réunir et s'étaler sous la forme de cailloux arrondis qui couvrent une surface de plus de vingt lieues carrées.

Les collines calcaires du pied des Alpes vers l'Italie sont revêtues de débris de granites et de gneiss arrachés de ces montagnes et au milieu desquels se trouvent des masses de même nature, mais d'un volume énorme. Il en est encore ainsi sur les pentes du Jura qui regardent ces Alpes, et surtout en face de l'ouverture des vallées. On a donné le nom de *Blocs erratiques* aux fragmens très-volumineux que l'on trouve épars dans ces

diverses localités, et surtout dans les grandes plaines de l'Europe qui s'étendent de la Westphalie aux monts Ourals. Ici, la nature de ces blocs est très-variée; ils appartiennent, en général, aux roches primordiales les plus cohérentes, et ce qui est bien remarquable, elles sont entièrement étrangères au sol sur lequel elles reposent et paraissent provenir des montagnes de la Suède, où l'on trouve en place toutes les roches analogues. Leur disposition en longues traînées dirigées vers le nord, semble encore indiquer leur origine. La Baltique n'a point arrêté leur transport, car on les retrouve sur les rivages opposés se dirigeant à travers les plaines jusqu'aux montagnes de la Norvége, qui semblent être leur point de départ. Dans la Russie et dans la Prusse, ces blocs sont quelquefois si volumineux qu'on a fait à Berlin une coupe de 21 mètres de circonférence d'un seul bloc de granite.

Cette portion de blocs énormes provenant des Alpes et dispersés sur la surface du Jura à une hauteur de plus de 600 mètres malgré la grande dépression de la vallée de la Suisse, la dispersion des roches de la Scandinavie dans les plaines de la Prusse et de la Russie, malgré l'obstacle que la mer Baltique semblait opposer, sont un des phénomènes les plus étonnans de la géologie et un de ceux sur lesquels on a bâti le plus de systèmes. Le soulèvement des montagnes par des catastrophes subites, et dont le plus considérable, du moins en Europe, celui des Alpes, est d'une époque très-récente, paraît la cause la plus probable à laquelle on puisse s'arrêter. On aura une idée de l'immense impulsion que de tels phénomènes durent imprimer à la masse des eaux, en pensant aux mouvemens impétueux de la mer par suite de tremblemens de terre à peine sentis sur les rivages. Si cette cause est applicable à la grande masse des matières diluviennes, l'hypothèse de Deluc, qui pensait que les blocs erratiques avaient été lancés dans les airs par la force qui avait soulevé les montagnes ne nous paraît pas non plus dénuée de probabilité.

Un phénomène non moins extraordinaire est la grande accumulation de débris et de squelettes entiers d'éléphans, de rhinocéros, de buffles et d'autres animaux dans les boues glacées de la Sibérie.

Pallas découvrit, en 1770, sur les bords du Wilui, affluent de la Léna, un rhinocéros conservant encore sa peau et ses poils. Près de l'embouchure de la Lena on trouva, en 1799, dans une masse de glace ou de boue glacée, un éléphant qui avait encore sa peau couverte d'un poil laineux. Depuis cette époque, ces animaux ont été trouvés par milliers sur les rivages de la Sibérie, tellement que quelques petites îles paraissent formés presque entièrement de leurs débris. Le poil laineux dont ces espèces diluviennes étaient recouvertes, montre qu'elles étaient destinées à habiter un climat plus froid que celui où vivent les espèces actuelles; mais, néanmoins, depuis cette époque, la température de la Sibérie doit s'être abaissée, car sa végétation faible et de courte durée ne pourrait suffire à leur nourriture.

Au terrain des alluvions anciennes appartiennent la plupart des gites exploités du diamant, de l'or, du platine, de l'étain; ils fournissent, en outre, la plupart des pierres précieuses, telles que les corindons, spinelles, topazes, etc. Le fer y est très-abondant, et exploité sous les noms de fer d'alluvion et de fer en grain.

Quelques géologues placent dans la même époque un dépôt marin récent, formé de bancs de coquillages, ou de *graviers coquilliers*, que l'on rencontre près des rivages, et à une hauteur variables mais jamais très-grande. Le caractère qui les distingue des dépôts tertiaires est de ne présenter que des coquilles peu altérées et d'espèces vivantes habitant les mers voisines. Les bancs d'huitres de Saint-Michel en l'Herm, les couches coquillières de Saint-Hospice, près Nice, sont les dépôts de cette nature les plus anciennement étudiés ; chaque jour on en découvre de nouveaux sur les rivages de la Méditerranée et ceux de l'Océan. Les géologues y voient les effets de petits soulèvemens du sol qui ont précédé immédiatement l'époque actuelle. Nous répétons, en terminant, que cette grande division des *Terrains diluviens* n'est que provisoire, et qu'une partie des dépôts qu'on y comprend pourrait fort bien être aussi ancienne que la formation tertiaire que l'on nomme subapennine. (B.)

DIMÈRES. (ins.) Coupe de Coléoptères qui a été supprimée, les insectes dont on l'avait composée ayant au moins trois articles aux tarses.
(A. P.)

DIMORPHINE, *Dimorphina*. (moll.) La famille des prétendus Céphalopodes microscopiques, que M. d'Orbigny a réunis sous le nom de *Foraminifères*, formant une réunion pour ainsi dire effrayante, à cause du nombre des groupes ou genres qu'on y a établis, nous avons pensé qu'il serait plus convenable de réunir dans un seul article tout ce qui a trait à l'histoire des principaux d'entre ces groupes : ce sera, ce nous semble, éviter aux lecteurs de ce Dictionnaire un travail et des recherches certainement fastidieuses. Aussi renverrons-nous pour la description des Dimorphines et des autres genres analogues, à l'article FORAMINIFÈRES, dans lequel il sera aussi question de l'importante application qu'ont pu faire les géologues de l'étude de ces singuliers produits, ainsi que de la nature des animaux qui leur donnent naissance. (GERV.)

DINDE. (ois.) Femelle du Dindon.

DINDON, *Meleagris*. (ois.) Le genre des Dindons est propre à l'Amérique, particulièrement à l'Amérique septentrionale, et comprend deux espèces, dont l'une est depuis long-temps réduite en domesticité; il appartient à l'ordre des Gallinacés, et vient se placer à côté des Paons et des Coqs, dans la famille des Gallinacés à doigts bridés par une courte membrane.

Les Dindons se distinguent des autres oiseaux par leur taille élevée, leur bec médiocre, convexe, et surtout par la caroncule ou membrane charnue, érectile, mamelonnée, qui recouvre leur tête et s'étend sur une partie du bec et du cou ; les tarses sont assez longs, à ergots peu développés; les ailes sont arrondies, et la queue, pourvue de quatorze rémiges, a ses couvertures un peu allongées et jouissant de la propriété de se relever de manière à faire ce qu'on nomme la roue.

Les Grecs appelaient *Meleagris* des oiseaux d'Afrique que nous savons parfaitement être nos Pintades ; ce nom aurait même dû leur être conservé dans le langage des naturalistes; mais, par une erreur vraiment singulière, Linnæus l'a donné aux Dindons, qui sont d'un tout autre pays.

On possède, comme nous l'avons dit, deux espèces de Dindons, l'une anciennement connue, et qui a fourni tous les individus que nous tenons en domesticité; l'autre beaucoup plus remarquable par l'éclat de ses couleurs, qui nous présentent tout ce que les Paons, les Lophophores et les Colibris ont de plus brillant. Comme on ne sait que peu de chose sur cette dernière et que son histoire sera par conséquent fort courte, c'est par elle que nous commencerons.

DINDON OCELLÉ, *Meleagris ocellata*, Cuv. Il n'a été connu en Europe que depuis le commencement de ce siècle; il vient de la baie de Honduras, et est encore fort rare dans les collections. C'est à G. Cuvier qu'on en doit la découverte ; il l'a décrit dans le t. VI des Mémoires du Muséum; depuis, M. Temminck l'a également étudié et fait figurer dans son recueil de planches coloriées (pl. 112) ; enfin l'on en voit une belle figure dans l'Iconographie du Règne animal, pl. 41, fig. 2.

La taille du Dindon ocellé est celle du Dindon vulgaire ; chaque plume du dos et de la queue est d'un blanc vert, à reflets, passant au cuivre de rosette et ocellé de bleu d'azur, cerclé de noir avec un bord jaune doré ; le cou est nu, recouvert d'une membrane bleuâtre, semée de tubercules d'un rouge vif; les moyennes rémiges sont de couleur de cannelle, et les primaires et les secondaires blanches, rayées de brun.

DINDON ORDINAIRE, *Meleagris gallopavo*, représenté dans notre Atlas, pl. 137, fig. 5. Le Dindon sauvage, duquel descendent tous les individus qui vivent dans nos habitations, est d'un brun verdâtre, glacé de cuivre; il a, comme on voit, subi, par l'effet de la domesticité, de nombreuses variations; étant le plus souvent d'un brun noir, d'autrefois gris, mélangé de noir et de blanc ou bien tout-à-fait de cette dernière couleur. Cet oiseau a été connu en Europe peu de temps après la découverte de l'Amérique, mais le plus souvent on a ignoré sa véritable patrie; c'est ainsi qu'Aldrovande, Gesner, Ray, Belon, etc., prétendirent qu'il était africain, tandis que d'autres, trompés par son nom de *Coq d'Inde*, pensèrent qu'il venait des Indes orientales et non des Indes occidentales, c'est-à-dire de l'Amérique. Le nom de *Turkey* qu'il porte en Angleterre, et que tous les naturalistes de son pays lui ont conservé, nous indique une erreur semblable.

Les premiers Dindons qui parurent en Europe furent vus en Espagne; c'est de ce pays qu'on les importa en Angleterre vers l'année 1525; ce fut probablement de la même contrée que vinrent ceux qu'on montra en France. Le premier qui fut mangé chez nous, le fut, dit-on, aux noces de Charles IX.

M. Audubon, savant ornithologiste et observateur zélé, a donné, dans son Histoire des Oiseaux de l'Amérique du nord, des figures très-remarquables des oiseaux qui nous occupent, et de longs détails sur leurs mœurs. C'est dans ces détails, déjà reproduits par M. F. Cuvier dans ses Suites à Buffon, que nous puiserons ce qui va suivre.

Les parties sauvages des Etats-Unis, du Kentucky, des Illinois et d'Indiana, immense étendue de pays qui occupe le nord-ouest de ces districts, sur le Mississipi et le Missouri, et les vastes régions que baignent ces deux fleuves depuis leur confluent jusqu'à la Louisiane, en y comprenant les parties boisées des Arkansas, du Tennessée et de l'Alabama, sont, d'après M. Audubon, les lieux où l'on rencontre en plus grand nombre les Dindons sauvages. Dans la Géorgie et la Caroline, ces oiseaux sont moins nombreux; dans la Virginie et la Pensylvanie, ils sont encore plus rares et ne se voient ordinairement qu'à de longs intervalles.

Les Dindons sauvages vivent par troupes plus ou moins nombreuses; ils se livrent souvent à des voyages assez longs, mais toujours sans régularité; aussi ne méritent-ils pas le nom de voyageurs dans le sens que les ornithologistes lui appliquent. Ce sont des espèces d'émigrations, déterminées par le besoin de nourriture; les mâles marchent réunis en nombre plus ou moins considérable, variant de dix à quatre-vingts et même cent; les femelles vont de leur côté, soit isolément et chacune avec sa couvée, soit par troupes presque aussi nombreuses que celles des mâles : toujours elles sont attentives à éviter ces derniers, qui attaquent leurs petits et souvent les tuent à coups de bec : jeunes et vieux cependant, mâles ou femelles suivent la même direction, allant toujours à pied, et ne prenant le vol que lorsqu'il faut traverser quelque fleuve ou éviter un ennemi. Lorsqu'ils arrivent au bord d'une rivière, ils se rassemblent sur les éminences les plus élevées, et ils y demeurent un jour entier, quelquefois deux, comme s'ils avaient à délibérer. Pendant cette halte, on entend les mâles crier en se rengorgeant, faire beaucoup de bruit comme s'ils voulaient élever leur courage à la hauteur de la circonstance où ils se trouvent; les femelles et les jeunes imitent souvent aussi la démarche solennelle de ceux-ci, ils épanouissent leur queue, courent les uns autour des autres, en gloussant fortement et faisant des sauts extravagans. Enfin lorsque le temps est calme, et que tout aux environs paraît tranquille, la troupe gagne le sommet des arbres les plus élevés, et de là, au gloussement de l'un des guides, tous ensemble prennent leur vol pour le rivage opposé; les individus adultes et vigoureux traversent facilement, lors même que la rivière présente un mille de largeur; mais les jeunes et ceux qui sont moins forts tombent fréquemment dans l'eau. Cependant ils ne s'y noient pas, comme on pourrait le croire; ils rapprochent leurs ailes de leur corps, et leur queue, qu'ils épanouissent, sert à les soutenir; ils étendent le cou, et frappant l'eau de leurs jambes avec énergie, ils se dirigent rapidement sur le rivage. Un fait remarquable, c'est qu'après avoir quitté l'eau, ils courent dans tous les sens pendant quelques instans, comme s'ils étaient hors d'eux-mêmes. Dans cet état ils deviennent facilement la proie des chasseurs.

Quand les Dindons arrivent dans des lieux où les graines sont abondantes, ils se séparent en troupes plus petites où des individus de tout âge, et des deux sexes, sont confondus, et ils dévorent tout ce que produit le terrain. Souvent ils s'approchent des fermes et viennent jusque dans leur intérieur chercher la nourriture des oiseaux domestiques.

Dès le mois de février, les Dindons sauvages commencent à ressentir le besoin de se reproduire; les mâles recherchent avec ardeur les femelles; celles-ci les évitent et se retirent à l'écart; mais bientôt elles se laissent fléchir et souvent elles les appellent à leur tour. Quand ceux-ci entendent le cri d'appel, ils répondent aussitôt par des sons répétés avec rapidité. Si le cri de la femelle est venu de terre, ils s'y élancent; puis, à peine l'ont-ils touchée, qu'on les voit épanouir et redresser leur queue, porter la tête en arrière jusque sur les épaules, abaisser leurs ailes avec une secousse convulsive et marcher avec une gravité solennelle; ils s'arrêtent d'espace en espace pour écouter ou pour regarder, et ils continuent ces mouvemens, soit qu'ils aient ou non aperçu la femelle. Dans ces circonstances il arrive souvent que les mâles se rencontrent, et alors ils se livrent des combats acharnés qui se terminent par des blessures, souvent même par la mort des plus faibles, qui succombent sous les coups multipliés que les vainqueurs leur portent à la tête. Lorsque le mâle a découvert une femelle, et que celle-ci est âgée de plus d'un an, on la voit aussitôt glousser et se rengorger; elle tourne autour de lui, tandis qu'il continue ses mouvemens, et tout d'un coup ouvre ses ailes, se précipite au devant de lui, et, comme si elle voulait mettre un terme à ses retards, se laisse tomber et reçoit enfin ses caresses. M. Audubon suppose que lorsqu'un mâle et une femelle se sont ainsi unis, ils restent dans les mêmes rapports pendant toute la saison, quoique cependant le mâle ne reste pas exclusivement attaché à une seule femelle; car j'ai vu, dit-il, un Dindon en couvrir plusieurs, lorsqu'il lui était arrivé de pénétrer dans les lieux où elles se rassemblaient : les dindes néanmoins s'attachent au coq qui les a choisies; elles se perchent non loin de lui et souvent sur le même arbre, jusqu'à ce qu'elles commencent à pondre. Elles se séparent alors pour lui soustraire leurs œufs, car il les briserait afin de prolonger ses plaisirs amoureux. Dès ce moment aussi, les mâles deviennent lents et

peu

peu soigneux d'eux-mêmes, si l'on peut ainsi dire; plus de combats, plus de ces fréquens glousse-mens; leur indifférence oblige leurs femelles à faire toutes les avances ; elles les appellent sans cesse et avec force, elles accourent vers eux et semblent vouloir par leurs caresses et leurs efforts ranimer leur vigueur expirante.

Vers le milieu d'avril, si la saison est sèche, les poules commencent à chercher une place pour y déposer leurs œufs. Cette place doit être autant que possible hors de la vue des corneilles ; car ces oiseaux épient le moment où la mère a quitté son nid, pour en ôter et manger les œufs. Le nid, formé de quelques feuilles sèches, est placé à terre dans une excavation creusée à côté d'un vieux tronc d'arbre, ou au milieu des feuilles de quel-ques branches tombées ou desséchées, ou bien sous quelque bouquet de sumac, de ronces, etc.: mais toujours dans un endroit sec. Les œufs, d'un blanc de crème, semé de points rouges, sont quelquefois au nombre de vingt, mais le plus communément au nombre de dix à quinze. Au moment de les déposer, la femelle gagne son nid avec une extrême précaution; il est rare qu'elle y arrive deux fois par le même chemin, et quand elle doit le quitter, elle le couvre de feuilles avec une telle précaution, qu'il est fort difficile à celui qui aperçoit l'oiseau, de savoir où est son nid. Il est même certain qu'on ne le trouve guère que lorsque la mère l'a quitté précipitamment, ou qu'un lynx, un renard ou une corneille en ont mangé les œufs et répandu leurs coquilles aux alentours. Si un ennemi passe à la vue de la fe-melle, quand elle est occupée à pondre ou à cou-ver, elle ne bouge point, à moins qu'elle n'aper-çoive qu'elle est découverte ; elle se tapit au con-traire jusqu'à ce que le danger soit éloigné. Dans quelque circonstance que ce soit, elle n'aban-donne pas ses œufs lorsqu'ils sont près d'éclore. Sa persévérance va même jusqu'à souffrir qu'on élève autour d'elle des palissades et qu'on l'empri-sonne. Avant d'emmener sa couvée, la mère se secoue d'une manière violente, nettoie et re-place les plumes le long de son ventre, et prend un aspect tout nouveau. Elle tourne alors les yeux dans tous les sens, tend son cou pour s'as-surer qu'elle n'a à craindre ni faucon ni ennemi d'aucune espèce; elle se hasarde ensuite à faire quelques pas, ouvre un peu ses ailes en marchant, et glousse doucement pour avertir et conserver auprès d'elle son innocente famille. Les petits mar-chent lentement, et comme ils éclosent ordinai-rement vers la fin du jour, ils retournent à leur nid pour y passer la première nuit. Ensuite ils se retirent à quelque distance, se tenant toujours sur des parties élevées des ondulations du terrain. La mère redoute beaucoup la pluie, à cause d'eux; car rien dans cet âge ne leur est plus contraire : aussi dans les saisons très-pluvieuses les Dindons sont-ils peu communs, les jeunes qui ont été mouillés périssant presque toujours. Pour préve-nir le fâcheux effet du mauvais temps, la poule d'Inde, avec une sollicitude et une prévoyance

admirables, arrache les bourgeons des plantes aromatiques, et les offre à sa couvée.

Cependant les jeunes Dindons se développent rapidement, et au mois d'août ils sont déjà en état de se préserver des attaques imprévues des loups, des renards, des lynx et même des couguars; ils s'élèvent rapidement de terre, en sautant et s'aidant de leurs ailes, et se réfugient sur les bran-ches des arbres voisins.

Ces oiseaux courent plus souvent qu'ils ne vo-lent, et cependant il est fort difficile de les at-teindre; ils fatiguent souvent le meilleur cheval; les chiens ne les prennent aussi que rarement, mais lorsque ceux-ci ont de l'habitude, ils les sentent à des distances très-considérables. La chasse des Dindons est une des plus usitées dans l'Amérique du nord, elle y est souvent très-pro-ductive; aussi arrive-t-il que le prix de ces oiseaux soit quelquefois très-faible : on les paie souvent moins que des poules ordinaires.

Les Dindons sauvages se rapprochent souvent de ceux que l'on tient en domesticité; ils s'asso-cient à eux ou bien ils leur enlèvent leur nourri-ture, et même les frappent. Les mâles quelque-fois font leur cour aux femelles domestiques, et sont, en général, fort bien accueillis par elles et par leurs maîtres, qui connaissent parfaitement les avantages résultant de semblables unions; ces pro-duits croisés sont en effet beaucoup plus vigoureux que ceux des individus domestiques, et sont plus facilement élevés. Le poids de ces oiseaux est en général de neuf livres, il s'élève quelquefois jus-qu'à quinze et dix-huit. Les soies que les mâles ont à la poitrine sont souvent très-longues. M. Au-dubon rapporte qu'il a vu, au marché de Louis-Ville, un Dindon qui les avait de plus d'un pied. Le poids total de cet individu était, dit-il, de trente-six livres : chez les femelles, l'appendice est plus petit et ne pousse que plus tard. (Genv.)

DINDON. (Écon. rur.) Oiseau de basse-cour im-porté en Europe, vers le milieu du quinzième siè-cle, de l'Amérique du centre, où il est beaucoup plus gros et plus nombreux en variétés. Il existe en France depuis l'année 1518 ou 1520. Les pre-miers individus furent élevés à Bourges, et c'est des environs de cette ville que le Dindon s'est répandu partout vers l'an 1630 et qu'il a fait par-tie des repas de famille.

Aldovrandi et Bélon crurent reconnaître ce vo-latile dans la Méléagride des anciens: c'est une er-reur. La Méléagride est notre Pintade. Le Dindon sauvage est d'un brun noir, avec des petites lignes fauves recourbées et des reflets métalliques. L'es-pèce domestique offre des couleurs qui varient du noir au blanc; cette dernière est le signe certain d'une constitution faible. Le Dindon aime la li-berté; tenu habituellement dans les cours il est inférieur en qualité à celui qui erre dans les bois, les bruyères et les champs : témoins ceux des fer-mes des départemens de la Seine-Inférieure, de la Somme, du Pas-de-Calais, etc. , qui ne sortent pas de la cour, et ceux de la Sologne (Loiret), de la Meuse, de la Meurthe, des Vosges, de la Haute-

Saône. de la Côte-d'Or, etc., qui sont conduits dans les prés et même dans les taillis. Il n'est point difficile sur la nourriture, mais il aime qu'elle soit variée. Il se jette avec la même avidité sur les substances animales et sur les substances végétales. Il mange beaucoup d'insectes, surtout les larves des Coléoptères. Jeune, il préfère les baies et l'herbe qu'il paît toujours avec plaisir ; en automne il dévore les glands avec avidité. Toutes les températures comme toutes les natures de sol lui conviennent, mais il vient mieux dans les landes, les friches, les bois dégradés, les montagnes pelées, les côteaux arides. Rentré à la ferme, il faut qu'il y trouve un abri suffisamment aéré, des arbres ou des mâts garnis d'échelons pour se hucher pendant la nuit. Quand on le renferme dans le poulailler, il devient maigre et se couvre de vermine. Le mâle est plus gros que la femelle ; celle-ci se reconnaît en tout temps à la petitesse de ses caroncules, de ses ergots et du pinceau de poils de la poitrine, à son piaulement plus faible, à sa démarche plus lente et plus humble : dans sa jeunesse elle est plus grosse que le mâle, mais celui-ci ne tarde pas à gagner l'avantage. Il entre en amour du moment que les gelées d'hiver cessent ; sa tête, dégarnie de plumes, prend une teinte rouge très-prononcée, il fait habituellement la roue et glousse. Mieux il est nourri, plus abondante, plus précoce et plus certaine est la ponte. Un mâle suffit à huit ou dix femelles. Il doit avoir deux ans, plus jeune il est trop faible, plus vieux les œufs sont souvent inutiles à la reproduction. On s'est assuré qu'un bon mâle peut féconder dans l'année jusqu'à quinze cents œufs. Les premières couvées sont les meilleures.

La Dinde pond ordinairement de 15 à 20 œufs, elle les fait de deux jours l'un et aime à les cacher loin de la maison, dans les haies, les buissons, les prés. Comme ils y seraient la proie des passans, des belettes, des fouines, des renards, etc., il convient de la surveiller pour découvrir son nid. Il est facile d'y parvenir, le cri particulier de la Dinde au moment de la ponte, son inquiétude, sont des indices certains. Les œufs une fois réunis sont mis dans des paniers et confiés à une ou plusieurs couveuses. Avant et pendant la ponte il faut séquestrer les mâles de l'année précédente, afin de ménager leurs forces pour l'année suivante, et après la ponte tuer le mâle de deux ans qui, plus vieux, serait trop méchant, aurait la chair coriace et ne pourrait plus être de défaite. Il arrive quelquefois que la Dinde fait une seconde ponte en automne ; elle est rarement de plus de douze œufs, et comme l'approche des froids ne permet pas d'espérer que les petits arrivent à bien, il vaut mieux destiner ces œufs à la consommation que de les laisser couver. Le lieu de la couvaison doit être sec, chaud, peu éclairé, loin du grand bruit, et les nids, établis à terre sur quelques brindilles de bois et un peu de paille recouvertes de foin, se trouver séparés les uns des autres par des planches assez larges et assez hautes pour que les couveuses ne puissent se voir. Dans chaque nid on met vingt œufs ; c'est abuser des forces de la couveuse que d'en augmenter le nombre et de joindre à ses œufs, ceux de poules, d'oies et de canes. La Dinde est la meilleure couveuse de la basse-cour ; l'espèce de fièvre qu'elle éprouve sur le nid, en élève la température à près de 30 degrés. Elle s'attache tellement à ses œufs qu'elle demeure habituellement dessus, y oublie jusqu'au boire et au manger, et y maigrit considérablement. Aussi durant le temps de l'incubation faut-il avoir le soin de lui fournir et sa nourriture et sa boisson. Ce doit toujours être la même personne qui fasse ce service, elle se gardera bien, quoique ce soit un usage, de retourner les œufs sous la couveuse, c'est à celle-ci à le faire ; seulement elle replacera dans le nid l'œuf qui aurait roulé dehors. La Dinde qui ne veut pas couver, celle qui casse les œufs et les mange, seront tuées : toute voie de contrainte est inutile. Après l'incubation, il importe de bien nourrir la couveuse pour qu'elle puisse se refaire. Son repas lui sera donné séparément de celui des Dindonneaux.

La couvaison dure de 24 à 30 jours, son terme le plus ordinaire est de 26 jours. Au moment où le Dindonneau sort de la coquille, il passe quelquefois subitement d'une chaleur de 30 degrés dans une atmosphère très-basse, de 5 à 6 degrés, et peut-être même moindre encore à cause de l'humidité dont ses plumes sont imbibées : c'est pourquoi l'on devrait avoir un poêle dans le lieu où l'on élève des Dindons un peu en grand, afin d'y entretenir une température de 15 à 20 degrés, ou bien tenir les nids au dessus du four. Cette précaution est d'autant plus importante que le Dindonneau souffre beaucoup du froid, et qu'il est sans cesse exposé à périr tant qu'il n'a pas poussé son rouge, surtout dans les quinze premiers jours de sa vie. La première nourriture à lui présenter, c'est de la mie de pain mêlée avec des œufs durs écrasés, ou bien des insectes, ou mieux encore un peu de viande bien hachée unie à de la farine d'orge, à des pommes de terre cuites. Il faut la lui donner en petite quantité et plusieurs fois dans la journée. Dès qu'il sort de la cour avec sa mère pour aller aux champs voisins, c'est-à-dire le quinzième jour après l'éclosion, on le fait suivre par des petites filles d'un caractère doux et patient, armées de deux longues baguettes, à l'effet de forcer les Dindonneaux à demeurer réunis auprès de leur mère, et pour diriger lentement leur marche. On les mène deux fois par jour à la pâture, et l'on varie les courses afin de donner aux insectes le temps de se reproduire. On évitera les bois dans la crainte des fouines, des putois qui sont très-friands de la chair des Dindonneaux ; on choisira les landes, les friches et autres lieux découverts, où ces animaux trouvent beaucoup d'insectes, des graines, des feuilles et de l'herbe. Ils attaquent la taupe, le mulot, les lézards et les reptiles, qu'ils tuent à coups de bec.

Environ deux mois après sa naissance, le Dindonneau devient triste, il cesse tout à coup de manger avec son avidité ordinaire. Cet état dure huit jours, c'est le temps de la poussée du rouge. Il convient alors de reprendre la pâtée employée au moment de l'éclosion, mais on l'aiguise avec un peu d'eau salée ; on tient le petit à la cour afin de l'abriter de la pluie, de la rosée, du froid et du chaud, et s'il refuse de manger, on lui donne quelques gorgées de vin chaud. Du moment que les caroncules de la tête et du cou sont devenues rouges, le danger est passé, le Dindonneau prend aussitôt de la force, il s'accommode de tout, et il peut demeurer tout le jour aux champs. En rentrant il veut encore manger, il faut qu'il trouve de quoi se repaître dans la cour : plus il mange, mieux il va et plus il devient gros et gras. Nous voici au moment de le soumettre à la castration dans les pays où cet usage est en vogue, car elle est inutile lorsqu'elle n'est pas dangereuse. A quatre mois, le Dindonneau est déjà bon à entrer dans la cuisine ; mais il est bien meilleur à six mois, en septembre et octobre. Comme il cesse alors de croître, c'est le moment de le soumettre à l'engraissement. Partout où il trouve sur le chaume, à l'issue de la moisson, et beaucoup de grains et beaucoup d'insectes, il s'engraisse rapidement et peut être livré au commerce sans autres soins ; mais là où le luxe demande des volailles remarquables par leur grosseur et la surabondance de leur embonpoint, il faut l'engraisser artificiellement. Il y a plusieurs méthodes pour y parvenir, la meilleure est celle qui donne les engrais les plus prompts et un goût des plus fins. On enferme les Dindons dans un lieu sec, chaud, obscur et tranquille, ils mangent d'abord seuls, puis on les emboque dès qu'ils rebutent le manger. On leur administre en commençant la pomme de terre, parce qu'elle est débilitante, ensuite on donne le maïs, enfin on en vient aux boulettes de châtaignes, de farine de froment, de pois, de vesce, etc., dont on les emboque, en ayant soin qu'elles soient toujours fraîches et tenues dans des vases propres. La graisse de pomme de terre seule a peu de saveur ; celle de noix donne un goût d'huile à la chair ; celle du gland la rapproche du sauvage ; celle du maïs et de la châtaigne est la meilleure de toutes. La durée de l'engraissement est d'un mois pour les mâles de moyenne taille, et de quinze jours au plus pour les femelles. On mange la chair du Dindon rôtie, confite dans la graisse salée. Les œufs ne sont pas aussi délicats que ceux de la poule ; on les préfère pour la pâtisserie qu'ils améliorent d'une manière sensible. Les maladies de ce volatile sont les mêmes que celles des poules. Il est de plus sujet à une sorte d'éruption que l'on nomme la *Dindonnade*.

Buffon a commis une erreur quand il a dit que la Dinde ne possède point les muscles releveurs propres à redresser les plus grandes plumes de la queue supérieure ; elle jouit comme le mâle de cette faculté, mais comme la roue est chez ce volatile l'expression du désir, elle fait rarement la roue, le mâle ne lui laisse pas le temps d'avoir des désirs, il la fatigue par ses jouissances réitérées.

Le Dindon est un animal pacifique, susceptible d'affections très-vives. On lui attribue de la stupidité, parce que ses mouvemens sont guindés et qu'ils le sont encore plus du moment qu'il s'irrite : c'est l'effet de la domesticité. Semblable aux courtisans, il cache son état dégénéré sous un dehors de fierté et sa colère violente sous un air grave que sa forte taille, que ses actions démentent incessamment. Et, quoiqu'il se batte avec moins de violence que le coq, il n'est pas moins acharné.

Les mâles se livrent entre eux des combats à mort, ils se portent de violens coups de bec sur la tête, dans les yeux, et cherchent à saisir le mamelon qui est placé sur la tête de l'adversaire. Une fois pris, il ne le lâchent plus, à moins qu'ils ne tombent en faiblesse. (T. D. B.)

DINOPS, *Dinops*. (MAM.) M. Savi a établi ce petit genre dans la famille des Chéiroptères insectivores, et a fait connaître l'espèce qui en est le type, dans le Nuov. giorn. de lett., n° 21 : c'est le DINOPS DE CESTONI, *D. Cestoni*, découvert aux environs de Pise. (GERV.)

DIODON, *Diodon*. (POISS.) La dénomination de Diodon, employée par Linné pour des espèces généralement répandues dans toutes les mers des pays chauds, est restreinte par Cuvier aux poissons dont les mâchoires indivises ne présentent qu'une seule pièce en haut et une en bas. De là vient le nom qu'on leur a donné, et qui signifie qu'ils n'ont que deux dents.

Les Diodons ont de très-grands rapports, dans leur conformation et dans leurs habitudes, avec les Tétrodons. Mais ils en diffèrent encore par la nature de leurs piquans, beaucoup plus longs, beaucoup plus gros et beaucoup plus forts que ceux des Tétrodons les mieux armés ; ces piquans sont d'ailleurs très-mobiles, et répandus sur toute la surface du corps des Diodons. Cette dissémination, ce nombre, cette grandeur, ont fait regarder avec raison les Diodons comme les analogues des porcépics et des hérissons, dans la classe des poissons. Ce genre remarquable renferme un assez grand nombre d'espèces. Les unes ont des piquans longs, soutenus par deux racines latérales.

La plus commune de ce groupe est le *Diodon atinga*, Bloch., figuré par Séba, tom. III, pl. 32, fig. 2. Cette espèce, qui atteint plus d'un pied de diamètre, a le corps allongé et les piquans très-rapprochés les uns des autres.

L'Atinga est brun ou blanchâtre sur le dos, et blanc sur le ventre ; toute la partie supérieure, ainsi que les nageoires, sont semées de petites taches lenticulaires et noires. Ce cartilagineux se nourrit de petits poissons, de crustacés, et d'animaux à coquilles, dont il brise aisément l'enveloppe dure par le moyen de ses fortes mâchoires. Il ne s'éloigne guère des côtes ; il sait si bien, lorsqu'on l'attaque, se retourner en différens sens, exécuter des mouvemens rapides, s'agiter, se couvrir de ses armes, en présenter la pointe, qu'il est très-difficile et même dangereux de le prendre. Aussi le poursuit-on d'autant moins que sa chair est dure et peu délicate. C'est principalement dans les momens où l'on veut le saisir qu'il se gonfle. Il augmente ainsi son volume pour donner plus de force à sa résistance, ou pour s'élever et nager avec plus de facilité; il se grossit et se tuméfie particulièrement lorsque, après l'avoir saisi, on cherche à le tenir un moment suspendu. Quelque cause qui le contraigne à se boursoufler, il se détend tout d'un coup, et, faisant alors sortir avec rapidité l'eau par l'ouverture de sa bouche, par celle des branchies, ou par son anus, il produit un bruit analogue à celui que font entendre les Balistes, les Ostracions et les Tétrodons. La vessie natatoire de l'Atinga est très-grande, et d'après la nature de la membrane qui la compose, il paraît que, préparée comme celle de l'Accipenser ou Esturgeon, elle produirait une colle supérieure par sa bonté à celle que l'on pourrait obtenir d'un grand nombre d'autres espèces.

Lorsqu'on a mangé de l'Atinga, non-seulement on peut éprouver de graves accidens, si on a laissé dans l'intérieur de cet animal quelques restes des alimens qu'il préfère et qui peuvent être très-malsains pour l'homme; car, suivant Pison, la vésicule du fiel de ce poisson contient un poison si actif, que, si elle crève quand on vide l'animal, et qu'on l'oublie dans le corps du poisson, elle produit sur ceux qui mangent de l'Atinga les effets les plus funestes: les sens s'émoussent, la langue devient immobile, les membres se raidissent, et à moins qu'on ne soit promptement secouru, une sueur froide ne précède la mort que de quelques instans.

DIODON ANTENNIFÈRE, Cuv. Cette espèce a plusieurs filamens charnus sur le devant de la tête, et dans quelques autres parties du corps. Sa teinte générale est d'un gris roussâtre, avec des taches symétriques d'un rouge foncé. Nous l'avons représentée dans notre Atlas, pl. 158, fig. 1.

D'autres ont des piquans courts, portés sur trois racines divergentes, tel est le DIODON ORBE. Ce nom désigne la forme presque sphérique que présente ce cartilagineux; il ressemble d'autant plus à une boule, surtout lorsqu'il se tuméfie, que ses nageoires sont très-courtes, et que, son museau étant très-peu avancé, aucune grande proéminence n'altère la rondeur de son ensemble. Les piquans dont sa surface est hérissée sont très-forts, mais ils sont plus courts et moins nombreux, à proportion du volume du poisson, que ceux de l'Atinga; ils semblent d'ailleurs retenus sous la peau par des racines à trois pointes, plus étendues et plus dures; ils ressemblent davantage à un cône, dont les faces seraient plus ou moins marquées; ils peuvent faire des blessures plus larges; ils donnent à l'animal des moyens de défense plus capables de résister à une longue attaque; et voilà pourquoi l'Orbe a été nommé par excellence, et au milieu des autres Diodons, le Poisson armé; c'est sous ce nom que sa dépouille a été conservée pendant si long-temps, dans un grand nombre de cabinets de physique, de laboratoires de pharmacie, même de magasins d'herboristerie. Ce poisson a la faculté de se gonfler comme un ballon, en avalant de

l'air et en remplissant de ce fluide son estomac, ou plutôt une sorte de javelot très-mince et très-extensible, qui occupe toute la longueur de l'abdomen. Lorsqu'il est ainsi gonflé, il culbute, son ventre prend le dessus, et il flotte à la surface de l'eau sans pouvoir se diriger; mais c'est pour lui un moyen de défense, parce que les épines qui garnissent sa peau se relèvent ainsi de toute part. Il fait entendre, quand on le prend, un son qui provient sans doute de l'air qui sort de son estomac. Il se nourrit de petits poissons, de crustacés, et de fucus; sa chair est un aliment plus ou moins dangereux, au moins dans certaines circonstances, comme celle de l'Atinga et d'autres Diodons.

D'autres espèces, enfin, ont des piquans grêles comme des épingles ou des cheveux; tel est le *Diodon pilosus*, Mitchill, poiss. de New-Yorck, I, 471.   (ALPH. G.)

DIODON, *Diodon*. (OIS.) Ce petit groupe, que M. Lesson a distingué parmi les Faucons, a les ailes obtuses, la queue longue et arrondie, le bec courbé dès sa base, et, ce qui fait son principal caractère, doublement denté à la mandibule supérieure. On connaît deux espèces de Diodons: l'une est le *Falco bidentatus*, Lath., pl. col. 58 et 208; l'autre est le *Falco diodon* de Temminck, col. 198. Ces oiseaux sont tous deux propres au Brésil; ils ne constituent probablement, ainsi qu'on l'a fait remarquer, qu'une seule espèce. M. Lesson, qui adopte cette manière de voir, les réunit sous le nom commun de DIODON DU BRÉSIL, *Diodon brasiliensis*. *V*. le Traité d'Ornith., p. 95. (GERV.)

DIOECIE, *Diœcia*. (BOT. PHAN.) C'est-à-dire *deux demeures*. Vingt-deuxième classe du système sexuel de Linné, comprenant les végétaux à fleurs unisexuées, et portées sur des pieds distincts. Tel est le *Dattier*; on sait que le pied où se forme le fruit est distinct de celui qui porte les étamines.

La Diœcie se divise en 15 ordres, caractérisés ainsi qu'il suit :

D'après le nombre des étamines : 1° Diœcie monandrie ou à une étamine; 2° D. diandrie; 3° D. triandrie; 4° D. tétrandrie; 5° D. pentandrie; 6° D. hexandrie; 7° D. octandrie (il n'y a point de fleurs dioïques à sept étamines); 8° D. ennéandrie; 9° D. décandrie; 10° D. dodécandrie;

D'après le mode d'insertion des étamines : 11° Diœcie icosandrie, ayant les étamines insérées sur le calice; 12° D. polyandrie, ayant les étamines hypogynes;

D'après la réunion des étamines par leurs filets : 13° Diœcie monadelphie;

D'après leur réunion par les anthères : 14° Diœcie syngénésie ;

D'après leur soudure avec le pistil : 15° Diœcie gynandrie.   (L.)

DIOIQUES (PLANTES). (BOT. PHAN.) On nomme ainsi les plantes comprises dans la 22ᵉ classe du système linnéen, ou *Diœcie*.

On trouve, par exception, quelques plantes *Dioïques* dans les autres classes : ainsi la *Valériane*, qui appartient à la Triandrie, a l'une de ses es-

pèces Dioïque c'est-à-dire que les fleurs mâles et femelles sont portées sur des pieds distincts. Nous citerons encore comme exemple le *Lychnis dioïca*.
(L.)

DIOMOEDEA. (ois.) C'est le nom latin des Albatros. *Voy.* ce mot. (Gerv.)

DIONÉE, *Dionæa*. (bot. phan.) Genre de plantes dicotylédonées de la Décandrie monogynie. L'auteur de la méthode dite naturelle n'a point déterminé quelle est la famille de la Dionée; il l'a inscrite parmi les végétaux dont son système laisse la place incertaine; il s'est contenté d'indiquer son affinité douteuse avec le *Drosera*. Il y a bien quelques rapports entre ces deux plantes pour les phases de la végétation; mais ils ne tardent point à se rompre quand on s'arrête à l'examen des graines; dans le Drosère, elles sont adhérentes aux parois des valves, tandis que dans la Dionée on les voit fixées à un placenta central. Ventenat regarde le genre Dionée comme devant un jour former le type d'une famille nouvelle. Quelques autres botanistes ont émis l'opinion qu'il conviendrait, eu égard aux différentes parties de la fructification, à la famille des Capparidées, ou mieux encore à celle des Caryophyllées, surtout aux genres de la première section. D'autres, fondés sur l'insertion vraiment hypogynique et sur l'attache des graines, le portent auprès des Hypéricinées. De Candolle lui assigne le septième rang de sa famille des Droséracées, quoiqu'il s'en éloigne incontestablement par trois caractères essentiels : l'insertion, la structure de l'ovaire et du fruit, et par l'organisation de la graine. S'il m'était donné de fixer à ce sujet l'incertitude, j'adopterais le sentiment de Ventenat, et j'inscrirais la famille nouvelle à la suite des Hypéricinées; mais cet honneur est réservé, pour un temps plus éloigné, au réformateur de la botanique moderne.

On ne connaît encore qu'une seule espèce de ce genre ; c'est la Dionée attrape-mouche, *Dionæa muscipula* de Linné. Découverte aux lieux humides et marécageux de la Caroline par Solander, (le même qui fit ensuite le voyage autour du monde avec Cook et Banks), elle a été introduite en Europe durant l'année 1768, par John Bartram ; mais on n'a pas su la conserver également bien dans les divers jardins où on la tient sur une terre tourbeuse, toujours humide : il lui faut la serre tempérée pendant l'hiver, et pour la propager on a recours à la séparation des rosettes de feuilles enracinées, de préférence à la voie des semis presque toujours incertaine dans nos pays.

Cette petite plante herbacée, à racine vivace, plus curieuse qu'agréable à la vue, se fait remarquer par la grande irritabilité des lobes vermeils de ses feuilles. Lorsqu'un insecte vient à se reposer sur leur surface supérieure, ou bien à insinuer sa trompe entre les pointes qui entourent des glandes, d'où s'échappe une liqueur distillée assez abondante, les deux lobes se rapprochent aussitôt, croisent les cils de leurs bords, et plus le petit animal se débat, plus la pression devient grande : elle est telle à la fin que les deux lobes paraissent si étroitement unis, qu'on les déchirerait plutôt que de les ouvrir. La mort de l'insecte met un terme à cette irritabilité ; dès lors les lobes s'ouvrent et reprennent leur position habituelle. On peut encore obtenir le phénomène en touchant les feuilles avec une épingle. Un changement subit dans la température, le souffle d'un vent fort produisent le même effet pendant un espace de temps plus ou moins long. Ce mouvement de plication n'indique point, comme l'ont dit quelques auteurs, une intention, une volonté, une faculté analogue à celles que nous admirons chez les animaux; il est purement mécanique, il appartient tout entier à la puissance vitale ou excitabilité, sans laquelle aucune existence, aucun acte physiologique n'est possible. Ainsi, rions du poète qui se sert de ce phénomène pour donner à la plante un sentiment de cruauté, qui voit sa feuille en embuscade pour déchirer sans pitié l'insecte qu'elle attire par le suc de ses glandes, et la comparer au fil animé de l'agile araignée. Laissons le moraliste y reconnaître les piéges que la débauche tend incessamment à une jeunesse trop fougueuse pour les éviter à temps, trop imprudente pour profiter des leçons que leur offrent les hôpitaux et les maladies cruelles, qui empoisonnent les dernières heures d'une vie sans utilité pour la patrie. Le naturaliste se contente d'observer régulièrement, et s'il aperçoit, par un heureux rapprochement, quelques pensées philosophiques, il en fait son profit ; mais il n'outrage point un végétal innocent.

Considérons maintenant la Dionée dans ses développemens. Du collet de sa racine écailleuse et chargée de plusieurs fibres, sort une touffe de petites feuilles épaisses, d'un vert tendre, échancrées, toutes radicales, étalées en rosette, terminées par deux lobes demi-ovales, garnis en leurs bords de cils raides, de petites glandes rougeâtres, succulentes, et de quelques soies qui se dressent au plus léger mouvement. Le pétiole de ces feuilles est ailé comme celui des orangers. Du centre de la touffe s'élève une hampe nue, cylindrique, haute de seize à dix-huit centimètres, dont le sommet en corymbe présente de six à dix fleurs blanches, portées chacune sur un pédoncule muni à sa base d'une petite bractée pointue, et qui s'épanouissent en juillet et août. Leur calice, moitié plus court que la corolle, est formé de cinq folioles oblongues, aiguës, persistantes. Les cinq pétales concaves et striés longitudinalement, s'ouvrent en rose, ils alternent avec les folioles calicinales ; ils enveloppent dix étamines étalées, à anthères arrondies, un ovaire creusé de dix sillons que surmontent un style court, un stigmate ouvert et frangé. Le fruit de la Dionée est une capsule orbiculaire, déprimée, à cinq angles arrondis, formée d'une seule loge qui se déchire par plusieurs fentes, lors de la maturité, et qui contient un grand nombre de petites graines, luisantes, obovoïdes, et attachées un peu obliquement par leur base. (T. d. B.)

DIOPSIDE. (min.) Espèce minérale du sous-genre Pyroxène (*voyez* ce mot). On comprend sous le nom de Diopside les substances que dif-

férens auteurs ont appelées *Allalite*, *Baikalite*, *Fassaïte*, *Maclurite*, *Malakolite*, *Mussite*, *Pyrgome*, *Pyroxène blanc*, *Sahlite* et *Salaïte*.
(J. H.)

DIOPSIS, *Diopsis*. (ins.) Genre de Diptères de la famille des Athéricères, établi par Linné et ayant pour caractère principal : yeux et antennes situés à l'extrémité des deux parties latérales de la tête, en forme de corne ; ces insectes très-extraordinaires sont bien faciles à reconnaître et ont été signalés de tout temps ; leurs corps est assez allongé, avec les ailes de sa longueur, couchées en dessus dans le repos ; la tête est ce qu'ils offrent de plus singulier, la partie principale est petite par rapport au corps voûté ; la cavité buccale est protégée par deux épines avancées ; mais à droite et à gauche du vertex, elle forme deux prolongemens qui s'élèvent en s'écartant du point de départ, et finissent par égaler au moins la longueur de la moitié du corps ; c'est à l'extrémité de ces prolongemens que sont situés les yeux ; ils sont globuleux et plus gros que le prolongement qui les porte ; les ocelles, au nombre de trois, sont situés sur le vertex autour d'une petite éminence ; son antenne est composée de trois articles, dont les deux premiers très-courts, le troisième arrondi, large, terminé par une soie très-longue, insérée à son côté ; l'antenne elle-même est attachée à la partie antérieure du prolongement latéral de la tête près de l'œil. Le corselet est globuleux avec son écusson terminé par deux épines divergentes, presque aussi longues que le corselet ; l'abdomen est étroit à sa base et s'élargit ensuite jusqu'à son extrémité.

Dalman a donné une excellente monographie de ce genre ; nous nous contenterons d'en citer une seule espèce :

D. du Sénégal, *D. senegalensis*, Macquart (représenté dans notre Atlas, pl. 158, fig. 2). Long de 2 lignes, rouge fauve ; yeux, tubercule des ocelles, une bande oblique sur le front, une épine au milieu des prolongemens de la tête et le corselet, noirs ; les ailes portent une petite tache enfumée à leur extrémité. Du Sénégal. (A. P.)

DIOPTASE. (min.) Haüy a désigné sous ce nom, les Russes sous celui d'*Achirite*, et les Allemands sous celui de *Kupfer-Smaragd*, un silicate de cuivre, composé de 5o à 4o pour cent de silice, 45 à 55 d'oxide de cuivre et de 11 à 12 d'eau. Cette substance, qui ne forme point encore dans la nomenclature une espèce minérale, parce que les chimistes qui l'ont analysée ne sont point tombés d'accord sur sa composition, est d'une belle couleur verte, diaphane, un peu plus dure que le verre, et cristallise dans le système du prisme hexagone.

Elle doit son nom d'Achirite à un marchand, appelé *Achirka*, natif de Tachkend, dans le Turkestan indépendant, qui la découvrit dans l'*Altin-Toubé* ou colline d'Or, petite chaîne de la steppe des Kirghiz, qui sépare le territoire de la Grande-Horde de celui de la Petite. Elle est encore assez rare, parce qu'il est difficile d'explorer un pays

habité par des nomades barbares. (*Voyez* Cuivre.)
(J. H.)

DIORCHITE. (foss.) Quelques auteurs ont désigné sous ce nom des fossiles que d'autres avaient précédemment appelés *Priapolithes* ; mais ces deux mots ne méritent point une place dans la science. On sait maintenant que ces corps fossiles sont des Polypiers du genre *Alcyon*, et de l'espèce que Lamouroux a décrite sous le nom d'*Alcyon concombre* (*Alcyonium cucumiforme*), et dont les variétés les plus remarquables sont : l'*Alcyonium pyramidale*, *A. boletus*, *A. infundibulum*, et *A. phalloides*. On trouve plusieurs de ces Alcyonis dans les terrains secondaires, et spécialement dans le calcaire à polypier des environs de Caen.
(J. H.)

DIORITE. (géol.) Nom d'une roche que M. Al. Brongniart a appelée aussi *Diabase*. Elle est composée essentiellement d'amphibole et de feldspath, et contient, disséminés, du quartz, du mica, du grenat, de l'épidote, du sulfure de fer, du titane, et quelquefois même d'autres minéraux. Sa texture est très-variée : quelquefois elle est *grenue*, comme dans la *Diorite granitoïde*, que l'on trouve fréquemment dans les environs de Nantes et dans les Vosges ; d'autres fois, sa structure est fissile, c'est-à-dire facile à se déliter : c'est alors la *Diorite schistoïde* ; ou bien des cristaux de feldspath compacte y sont disséminés, ce qui constitue une variété appelée *Diorite porphyroïde* ; enfin, une roche précieuse dont on fait des vases et d'autres objets d'ornemens d'un grand prix, et qui est connue sous le nom de *Granite orbiculaire de Corse*, est encore une variété de Diorite qui a reçu le surnom d'*Orbiculaire*, que lui méritent les cercles d'amphibole alternant avec des cercles de quartz qui en font la beauté par leur nombre et leur régularité.

La Diorite était estimée des anciens, ainsi que le prouvent plusieurs monumens de l'Egypte. Quelques variétés prennent un très-beau poli. Cette roche constitue des montagnes entières dont les couches sont fort redressées, comme aux environs de Nantes et des Vosges. Quelquefois elle est intercalée entre des granites, ce qui indique une origine contemporaine des roches granitiques, et d'autres fois elle se trouve dans des terrains d'une époque moins ancienne. (J. H.)

DIOSCORÉES, *Dioscoreæ*. (bot. phan.) C'est une des trois divisions établies par R. Brown, dans la famille des Asparaginées de Jussieu. Il y place les genres qui, avec un ovaire infère, ont des fleurs dioïques, et pour fruit une capsule. M. Richard, en adoptant ce nouveau groupe, l'a étendu, et y a compris toutes les Asparaginées à ovaire infère, que leurs fleurs soient hermaphrodites ou unisexuées, et leur fruit sec ou charnu.

Ainsi définie, la famille des Dioscorées comprend les genres *Igname* et *Rajanie*, dont le fruit est une capsule ; le *Tamus*, qui a des fleurs dioïques et un fruit charnu ; enfin, le *Fluggea* et le *Peliosanthe*, qui portent des fleurs hermaphrodites. (L.)

DIOSMA, *Diosma*. (bot. phan.) Genre et type

d'une section de la famille des Rutacées, fort nombreux en espèces, toutes originaires du cap de Bonne-Espérance. Ce sont des arbustes élégans, ayant le port des Bruyères, remarquables par leur feuillage toujours vert, et par l'odeur suave qu'ils exhalent. Leurs feuilles sont petites, simples, chargées en dessous de points glanduleux. Leurs fleurs, blanches ou rosées, sont tantôt solitaires, tantôt groupées en sorte de corymbes. Voici leurs caractères génériques.

Calice à cinq divisions très-profondes, persistant ordinairement jusqu'à la maturité du fruit qu'elles enveloppent ; corolle de cinq pétales, égaux, étalés, alternant avec les · divisions du calice ; dix étamines, dont cinq avortent, et se transforment soit en appendices pétaloïdes, soit en filamens ou écailles glanduleuses : les étamines et les pétales sont tantôt placées en dehors et au pourtour de la base du disque, tantôt insérées à sa paroi externe ; c'est-à-dire qu'elles sont tantôt hypogynes, tantôt périgynes. Ovaire libre, à cinq côtes et autant de loges, qui chacune contiennent deux ovules, rarement un seul ; style simple, stigmate à cinq lobes ; capsule ovoïde ou globuleuse, à quatre ou cinq côtes, et autant de loges ; elle se sépare en quatre ou cinq coques s'ouvrant avec élasticité par une fente longitudinale ; une ou deux graines dans chaque coque.

On compte environ quatre-vingts espèces de Diosma ; aussi, a-t-on voulu scinder ce genre en plusieurs autres, d'autant plus que ses caractères offrent parfois des modifications assez marquées. Wendland, puis Wildenow en ont fait quatre groupes ou genres, que M. De Candolle adopte, en en créant un cinquième, comme autant de sections propres à faciliter la distinction des espèces. Les voici :

1° ADENANDRA (*étamines glanduleuses*). A pour caractères particuliers : disque périgyne ; les cinq étamines fertiles ont leurs anthères glanduleuses au sommet ; feuilles alternes et planes.

Le *Diosma uniflora*, L., qui fait partie de cette section, est l'*Hartogia uniflora* de Bergius, et l'*Eriostemon* de Smith. C'est un arbuste rameux, d'un à deux pieds, avec des fleurs blanches, solitaires, au sommet de chacune des ramifications de la tige.

2° BAROSMA (*odeur forte*). Wendland appelait cette section *Parapetalifera*, afin d'exprimer que les étamines stériles sont dilatées en forme de *pétales*. Les fleurs sont axillaires et pédicellées ; les feuilles opposées, glabres et planes.

La principale espèce de cette section est le DIOSMA A FEUILLES DENTÉES EN SCIE, *D. serratifolia*, charmant arbuste à tige brunâtre, à feuilles dentées, ponctuées, et glanduleuses sur les bords. Les fleurs sont blanches, situées deux à deux à l'aisselle des feuilles supérieures.

3° AGATHOSMA (*excellente odeur*). Les étamines stériles sont également dilatées et pétaloïdes, ce qui a fait décrire la corolle comme étant composée de dix pétales. Les feuilles sont alternes, et

les fleurs disposées à peu près en corymbes terminaux.

C'est dans cette section qu'on retrouve plusieurs espèces de *Diosma*, appelées *Bucco* chez les Hottentots, et citées comme médicamens par les voyageurs. En effet, on peut retirer des Diosma une huile aromatique plus ou moins abondante ; les habitans du Cap s'en servent à l'intérieur dans certaines maladies.

4° DICHOSMA. M. De Candolle a voulu exprimer dans ce mot grec que les pétales sont *bifides*; c'est une exception unique dans le genre. Le *Diosma bifida* a ses feuilles presque imbriquées, et ses fleurs sont réunies en une sorte de capitule terminal.

5° EUDIOSMA ou DIOSMA (*odeur divine*). C'est la principale section du genre. Les cinq étamines stériles sont presque nulles, ou sous la forme d'écailles glanduleuses. Nous citerons pour exemple le *Diosma rubra*, arbuste de quatre à cinq pieds, à feuilles très-nombreuses, éparses. Les fleurs sont très-petites, sessiles ; on remarque cinq cornes au sommet de l'ovaire.

Un grand nombre de Diosma sont cultivés dans nos jardins ; ils demandent tous la terre de bruyère, et l'orangerie ou la bâche pendant les froids. On les multiplie, soit de boutures, soit de graines ; mais celles-ci doivent être semées aussitôt après leur maturité, car elles perdent promptement la vertu germinatrice. (L.)

DIOSMÉES, *Diosmeæ*. (BOT. PHAN.) C'est, selon R. Brown, Kunth et De Candolle, une des deux grandes tribus ou sections de la famille des Rutacées, et ces botanistes y comprennent tous les genres qui ont les pétales libres ou distincts à leur base, égaux entre eux, et constituant une corolle régulière ; leurs graines sont munies d'un endosperme. Mais A. de Jussieu, auteur d'un travail plus récent sur la famille des Rutacées, donne le nom de *Diosmées* à une section beaucoup moins nombreuse en genres, et place ceux qu'il en retire dans ses tribus des *Rutées* et des *Zanthoxylées* (*voy.* ces mots).

Voici donc, d'après A. de Jussieu, les caractères distinctifs et les principaux genres de la tribu des *Diosmées* :

Fleurs hermaphrodites ; loges de l'ovaire contenant deux ou plusieurs ovules ; endocarpe cartilalagineux, bivalve, se séparant du sarcocarpe.

Genre européen : *Dictamnus*, L.

Genres du cap de Bonne-Espérance : *Diosma*, L. ; *Calodendron*, Thunb., *Empleurum*, Soland.

Genres de l'Australasie : *Diplolæna*, Brown, Desf. ; *Correa*, Smith ; *Phebalium*, Vent. ; *Crowea*, Smith ; *Eriostemon*, Smith ; *Philotheca*, Rudge ; *Boronia* et *Zieria*, Smith.

Genres d'Amérique : *Choisya* et *Esenbeckia*, Kunth ; *Melicope* et *Evodia*, Forster ; *Galipea*, *Monniera* et *Ticorea*, Aublet ; *Metrodorea*, *Almeida* et *Spiranthera*, St-Hil., *Erythrochiton*, *Diglottis*, Nees, etc. (L.)

DIOSPYROS. (BOT. PHAN.) Sous cette dénomination les botanistes modernes entendent parler du Plaqueminier, dont les espèces sont répandues sur l'un et l'autre hémisphère (*voy.* au mot PLAQUEMINIER). Chez les anciens, ce mot, qui signifie mot à mot *Blé des dieux*, et non pas *Flamme de Jupiter*, comme l'a traduit le pauvre Gaza, serait le Gremil (*Lithospermum*), selon Ruel et Mentzel; l'Alpiste (*Phalaris canariensis*), la Larme de Job (*Coix lacryma*), l'arbre chéri des peuples lotophages (*Zizyphus lotus*), le Micocoulier que Pline appela par erreur *Faba græca*, selon les autres commentateurs. Je ne partage aucune de ces opinions parce qu'elles n'indiquent point, comme les textes grecs le veulent, un arbre dont le fruit a la forme et la grosseur de la cerise et présente, sous sa pulpe, un noyau très-dur. J'émettrai mon sentiment en parlant du Plaqueminier faux-lotier, le *Diospyros lotus* de Linné.

(T. D. B.)

DIPHYDES. (ZOOPH. ACAL.) Quoy et Gaimard proposent de donner ce nom à une famille d'animaux établie par eux avec le genre *Diphye* de Cuvier. *Voy.* ci-après. (GERV.)

DIPHYES, *Dihpya*. (ZOOPH. ACAL.) M. Bory St-Vincent (Voyage aux quatre îles d'Afrique) est le premier naturaliste qui ait observé, ou mieux décrit les animaux qui nous occupent : trompé par leur forme extérieure, il en fit des Biphores, et donna à l'espèce qu'il fit connaître le nom de Biphore biparti, *Salpa biparti.* Cuvier vint ensuite qui sépara le Biphore biparti des animaux auxquels on l'avait associé, et proposa d'en faire un genre distinct qu'il appela *Diphye*, et qu'il rangea parmi ses Acalèphes hydrostatiques dans l'embranchement des Zoophytes. Cette manière de voir, adoptée par MM. Quoy et Gaimard, par M. Lesson, etc., a été depuis combattue par M. de Blainville, qui, ayant eu l'occasion d'étudier avec soin les Diphyes et profitant des observations de ses prédécesseurs ainsi que de celles inédites que lui ont communiquées MM. Lesueur et Botta, reconnut chez les Diphyes un véritable nucleus ainsi qu'un système vasculaire distincts, et proposa de les rapprocher des Mollusques biphores dont on les avait éloignées. Dans son Traité d'Actinologie, M. de Blainville place les Diphyes parmi les *Zoophytes faux, animaux à tort rapportés aux Zoophytes.* MM. Quoy et Gaimard, ayant rencontré dans leurs voyages un grand nombre de Diphyes nouvelles, ont fait du genre *Diphya* de Cuvier une famille distincte sous le nom de *Diphydes*, et établi dans cette famille plusieurs genres dont nous parlerons plus bas.

Les Diphyes ou Diphydes sont des animaux d'une grande transparence, qui vivent dans les eaux de la mer où il est le plus souvent très-difficile de les distinguer. Elles sont beaucoup plus abondantes dans les mers des pays chauds que dans celles des régions tempérées et disparaissent tout-à-fait vers les pôles. Elles flottent et nagent à quelque distance de la surface, et sont ordinairement en nombre très-considérable. Presque toutes les espèces ont le corps composé de deux parties subcartilagineuses, polygonales et transparentes placées l'une à la suite de l'autre, et comme emboîtées. De ces deux parties l'une est antérieure, et renferme, selon M. Blainville, une sorte de nucléus enveloppé par le cartilage et réuni à lui au moyen de filamens probablement vasculaires. Cette partie est creusée d'une ou deux cavités; elle présente à sa base un long appendice cirrhigère que l'on croit être un ovaire; cet appendice a dans toute sa longueur de petits suçoirs au moyen desquels l'animal se fixe aux corps; comme il est à peu près la seule partie colorée qu'offrent les Diphyes, on lui doit souvent d'apercevoir ces animaux. La partie postérieure ne présente qu'une seule cavité, laquelle sert comme celles de la partie antérieure à faciliter la progression. Elle est si faiblement unie à cette partie antérieure que le plus souvent elle s'en détache; alors chacune continue à voguer et même à vivre séparément : c'est ce qui avait fait penser à quelques naturalistes qu'une seule de ces parties constituait la Diphye complète, et que lorsqu'on en voyait deux ensemble, c'étaient deux individus réunis pour l'acte générateur. Il arrive en effet de rencontrer plus souvent des fragmens détachés de Diphyes que des animaux entiers.

Les genres que l'on a établis dans la famille des Diphydes ne sont pas tous fort distincts, et il est plusieurs d'entre eux qui certainement seront supprimés lorsqu'on aura pu les étudier avec plus de soin, et déterminer la nature des animaux, ou plutôt des fragmens d'animaux, sur lesquels on les a établis. Nous diviserons ces genres, ainsi que le fait M. de Blainville, en deux sections différentes, selon que les espèces qu'ils comprennent ont une seule ou deux cavités à leur partie antérieure. A la suite de ces deux sections viendront les espèces douteuses ou composées d'une seule partie, dont M. de Blainville fait une troisième catégorie.

† *Diphydes dont la partie antérieure n'a qu'une seule cavité.*

Genre CUCUBALE, *Cucubalus.* Ce genre, établi par MM. Quoy et Gaimard, ne renferme qu'une seule espèce, le *Cucubalus cordiforme*, animal long de deux lignes au plus.

Genre CAPUCHON, établi par les mêmes naturalistes. Il comprend une espèce observée par eux dans le havre de Dorey à la Nouvelle-Guinée; c'est le *Cap. de Dorey*, que l'on retrouve dans presque toutes les mers depuis la côte du Pérou jusque dans l'archipel Indien, et qui pourrait bien n'être selon M. Botta qu'un des âges de la Diphye proprement dite.

Genre NACELLE, *Cymba.* On en trouve des espèces dans l'océan Atlantique et à l'entrée de la Méditerranée auprès de Gibraltar. L'espèce de cette dernière localité est la Nacelle sagittée de MM. Quoy et Gaimard. On pourrait réunir aux Nacelles les genres CUBOÏDE, *Cuboïdes*, et ENNEAGONE, *Enneagona* des mêmes, dont quelques espèces le *Cuboïde vitré*, l'*Enneagone hyalin*, etc., se rencontrent aussi à Gibraltar.

Genre

Le Genre Amphiroa, *Amphiroa*, que l'on doit à M. Lesueur, n'est connu que par ce qu'en dit M. de Blainville. On en cite plusieurs espèces des mers de Bahama.

†† *Diphydes dont la partie antérieure a deux cavités distinctes.*

Nous citerons le genre des Vraies Diphyes, *Diphya*, qui renferme plusieurs espèces ayant les deux organes natateurs presque semblables pour la forme et les dimensions ; la mieux connue est le Biphore biparti ou Diphye de Bory, qui est d'un blanc hyalin imitant un morceau de cristal taillé à facettes. On la rencontre dans l'océan Atlantique, la mer des Indes, et jusque sur les côtes de la Nouvelle-Hollande. On voit de très-bonnes figures de cet animal dans le Voyage de *l'Uranie*, le Dictionnaire des sciences naturelles, etc. M. Lesson a reproduit presque toutes ces figures dans sa Centurie zoologique, et il en a ajouté quelques unes qu'il a dessinées lui-même d'après le vivant. Une espèce du genre Diphye se trouve dans les mers du Nord. C'est la *Diphye appendiculée* d'Eschscholtz, *système des Acalèphes.*

††† A la suite de ces deux sections M. de Blainville place les *espèces composées d'une seule partie* et qui sont pour la plupart mal connues et même douteuses. Quelques unes ne sont probablement que des fragmens de Physsiphores, animaux de la famille des Physales. Nous citerons seulement le genre Noctiluque, *Noctiluca*, qui a été établi par M. Surriray pour un très-petit animal fort commun dans les bassins du Havre, le Noctiluque miliaire, *Noctiluca miliaris*. Cet animalcule, dont la grosseur égale celle d'une tête d'épingle, paraît assez régulièrement sphérique, mais un peu fendu ou excavé dans sa partie antérieure. Du milieu de cette excavation sort une espèce de tentacule cylindrique, mobile dans tous les sens à la manière d'une trompe, et probablement terminé par un suçoir ; c'est en agitant ce petit appendice que l'animal se meut. « Dans l'état de vie, dit M. de Blainville (Man. de Zoophytologie) les Noctiluques sont excessivement phosphoriques, et j'ai vérifié, avec M. Surriray, qu'au Havre la phosphorescence de la mer est due à ces animaux. » En passant l'eau à travers une étamine pour la priver des Noctiluques, on voit qu'elle perd sa phosphorescence, laquelle, d'ailleurs, est beaucoup plus forte dans les temps chauds et orageux, bien plus faible au contraire dans l'hiver et nulle par un vent d'ouest. (Gerv.)

DIPHYLLIDIE, *Diphyllidia*. (moll.) Ce genre, très-voisin de celui des Phyllidies, a été établi par Cuvier dans l'ordre des Gastéropodes inférobranches. Nous en parlerons avec plus de détails en traitant de la famille des Phillydiens (*voy.* ce mot). Selon M. de Blainville, et comme l'admet lui-même Cuvier, le genre Diphyllidie correspond à son groupe des *Linguelles*, et d'après M. Rang on doit aussi lui rapporter, comme identique, le genre *Arminia* de M. Rafinesque. (Gerv.)

DIPHYSE, *Diphysa*. (zooph. acal.) De Blain-ville donne ce nom à un genre établi par lui dans la famille des Physales. *Voy.* ce mot. (Gerv.)

DIPLAZION, *Diplazium*. (bot. cript.) Fougères. Genre établi par Swartz, et reconnaissable aux caractères suivans : capsules en groupes allongés, placées le long des deux côtés des nervures secondaires, recouvertes par un tégument double qui naît également des deux côtés de la nervure, et dont l'une s'ouvre en dedans et l'autre en dehors ; frondes grandes, simples ou une fois pinnées, rarement deux fois ; pinnules larges, lancéolées ; nervures deux fois pinnées et placées à angle aigu.

Parmi les espèces assez nombreuses de ce genre, dont plusieurs ont été décrites sous le nom générique de *Callipteris*, par M. Bory de Saint-Vincent, dans son Voyage aux îles australes d'Afrique, une seule est remarquable par sa tige arborescente, ses frondes grandes et bipinnées, et ses pinnules de trois à quatre pouces de longueur. (F. F.)

DIPLODACTYLE, *Diplodactylus*. (rept.) Nom donné à des geckos à queue cylindrique renflée et à doigts légèrement tuméfiés à leur extrémité, comme divisés en dessous par deux disques charnus, lisses, ovales, un peu obliques, et terminés tous par de petits ongles fortement rétractiles. C'est cette disposition des doigts que rappelle le nom de Diplodactyle, dérivé des mots grecs *diplasios* double, et *dactulon* doigt. Ces geckos ont les écailles du corps à peu près égales, petites, lisses, un peu plus développées sur le ventre que sur le dos ; celles de la queue sont beaucoup plus grandes et disposées en anneaux ; les plaques labiales sont petites, les trois antérieures le sont un peu moins que les suivantes. Les Diplodactyles n'ont pas de pores au voisinage de l'anus.

On n'a encore signalé qu'une seule espèce de ce groupe.

Le Diplodactyle a bandes, *D. vittatus*. Long de trois pouces un quart, dont un peu plus d'un pouce pour la queue, brunâtre en dessus, avec deux bandes longitudinales jaunes plus larges au dos que sur la queue. Il y a sur les flancs deux rangées de petites taches de même couleur, qui deviennent plus larges sur le dessus de la queue, et qui se dissipent sur les membres.

Ce gecko vient de la Nouvelle-Hollande. L'on ne possède à ce qu'il paraît aucun détail sur les mœurs et les habitudes de cet animal. (T. G.)

DIPLOÉ. (anat.) Tissu celluleux qu'on remarque entre les deux tables des os plats, et particulièrement de ceux du crâne. Les anciens nommaient encore ainsi l'une des membranes de l'utérus. Le tissu osseux auquel on a réservé maintenant ce nom est plus abondant à la circonférence qu'au centre des os plats. Il n'est pas apercevable dans les premiers temps de la vie ; mais il se développe de plus en plus avec l'âge, en sorte que chez les vieillards on trouve un écartement de plusieurs lignes entre les deux tables des os du crâne, et cet espace est rempli par le Diploé. Les aréoles de ce tissu sont tapissées par une membrane molle, rougeâtre, très-ténue, parsemée d'une grande quantité de radicules vasculaires. (P. G.)

DIPLOLÉPAIRES, *Diplolepariæ*. (INS.) Troisième tribu des Hyménoptères pupivores plus connue actuellement sous le nom de GALLICOLES. *Voy.* ce mot. (A. P.)

DIPLOLÉPE. (INS.) Nom sous lequel Geoffroy avait distingué les *Cynips* de Linné. *Voy.* CYNIPS. (A. P.)

DIPLOPTÈRES. (INS.) Famille d'Hyménoptères, fondée par Latreille et comprenant tous les genres qui ont les ailes supérieures doublées dans leur longueur. Cette famille comprend les genres *Vespa* de Linné, et *Masaris* de Fabricius. *Voyez* GUÊPE et MASARIS. (GUÉR.)

DIPLOPRION, *Diploprion*. (POISS.) Genre de la famille des Percoïdes, établi par Kuhl et Van Hasselt. Le DIPLOPRION A DEUX BANDES, *Diploprion bifasciatum*, Cuv., car c'est la seule espèce connue jusqu'à ce jour, a, comme les Perches, le préopercule dentelé, l'opercule osseux terminé par deux épines; mais ce qui le distingue particulièrement, c'est la forme singulière de son corps et de sa tête qui sont comprimés au point que son épaisseur n'est que le dixième environ de sa longueur totale. Il est d'un beau jaune, avec deux larges bandes noires, dont la première descend de la nuque et se prolonge sur la joue; la seconde également noire, mais plus large que la précédente, occupe le milieu du corps, d'où lui vient le nom spécifique de Bifasciatum. Cette espèce, qui se trouve à Java, est longue d'environ cinq à six pouces. (ALPH. G.)

DIPLOSTOME, *Diplostoma*. (MAM.) Nous ne parlerons pas ici des caractères de ces Rongeurs, qui paraissent devoir conserver le nom de SACCOMYS que leur a donné M. F. Cuvier. (*Voy.* ce mot.) Nous ne ferons qu'indiquer leurs synonymes pour faire voir combien le plus souvent on a décrit comme nouveaux des animaux qui avaient déjà reçu plusieurs dénominations. Le genre *Saccomys* de M. F. Cuvier répond aux différens genres *Diplostoma* Rafinesque, *Pseudostoma* Say, *Succophorus* Kuhl, et *Ascomys* Lichtenstein. L'espèce qu'il comprend est de l'Amérique septentrionale, des États-Unis principalement. (GERV.)

DIPSACÉES, *Dipsaceæ*. (BOT. PHAN.) Famille naturelle de la classe des Plantes dicotylédones à corolle monopétale, à ovaire infère, à étamines libres. Elle se compose des genres *Dipsacus* (*voyez* l'art. CARDÈRE) qui lui sert de type, *Scabiosa*, *Morina* et *Knautia* : ce sont des herbes, annuelles ou vivaces, à feuilles opposées (verticillées dans le *Morina*), simples ou divisées plus ou moins profondément.

Les Dipsacées ont au premier aspect la plus grande ressemblance avec la vaste famille des Composées; mais examinez en détail ces agrégations de fleurs (pl. 75, fig. 4), et vous verrez que chacune est accompagnée et distinguée par un double calice; de plus les étamines sont libres, non soudées par leurs anthères. On ne confondra donc point ces deux familles; mais on reconnaîtra que la nature a procédé à l'une par l'autre.

Les capitules ou têtes de fleurs des Dipsacées sont environnées d'un involucre polyphylle; un réceptacle plus ou moins saillant porte les fleurs, entre lesquelles naissent ordinairement des écailles ou des soies plus ou moins longues. La fleur a deux calices : l'extérieur est appliqué sur l'ovaire, et à ses bords entiers, ou dentés, ou marqués de soies; il persiste, et enveloppe le fruit à sa maturité; l'intérieur, adhérent à l'ovaire, dépasse ordinairement le premier, et se termine par un bord tronqué ou par des soies. La corolle est tubuleuse, plus ou moins arquée; son limbe, oblique, a quatre ou cinq divisions formant souvent deux lèvres. On compte quatre ou cinq étamines (deux seulement dans le *Morina*), en général saillantes hors de la corolle, et ayant leurs filets et leurs anthères libres. L'ovaire, à une seule loge et un seul ovule, porte un style et un stigmate simple. Le fruit est un akène enveloppé dans les deux calices, dont l'un présente de petites fossettes, séparées par des lignes saillantes. La graine est pendante dans un péricarpe mince, et composée d'un périsperme charnu, et d'un embryon droit.

Telle est en détail la structure d'une fleur dans les quatre genres qui composent la famille des Dipsacées. De Jussieu y joignait la *Valériane*, qui ayant ses fleurs distinctes, un calice simple, un fruit triloculaire, etc., doit former une famille à part. On trouve une monographie des Dipsacées dans les *Mémoires de la société de physique de Genève*, 1823, par le docteur Thomas Coulter. (L.)

DIPSAS. (REPT.) Ce mot, dérivé du radical grec *dipsa*, soif, désignait chez les anciens une sorte de serpent, dont la morsure faisait mourir au milieu des angoisses d'une fièvre ardente et d'une soif inextinguible. A. Lucanus, donne dans le poème de la Pharsalia, le tableau de l'infortuné Aulus, succombant aux tourmens de la blessure d'un Dipsas. Lassé d'engloutir sans succès des flots de liquides, le malheureux Aulus s'ouvre enfin les veines pour chercher, mais vainement encore, à assouvir par les ruisseaux de son propre sang la soif qui le dévore; mais à cette peinture énergique des effets du venin du Dipsas se bornent les renseignemens qui nous ont été transmis sur ce reptile, et l'on peut seulement présumer, par un autre passage du même poème, que ce funeste serpent était aquatique. A. Lucanus dit en effet :

In medicis sitiebant dipsades undis.

Pharsalia, lib. IX.

Dans la perplexité où les laissait le vague et l'obscurité des auteurs anciens sur les caractères zoologiques des Dipsas, quelques auteurs de la renaissance ont donné ce nom à des serpens d'arbre nullement venimeux; leur décision a été adoptée, et avec les progrès de la science, les Dipsas modernes ont été de mieux en mieux déterminés.

Les Dipsas se rapprochent des Couleuvres par la disposition des plaques de la tête, des lames ventrales et des lamelles caudales; comme elles, les Dipsas ont des dents maxillaires et palatines petites, uniformes, simples, sans sillons; car il ne faut pas prendre pour telle la rainure qui résulte de la confusion de deux ou trois des dernières maxillaires qui, par accident, semblent comme greffées par approche; mais leurs yeux sont aussi médiocres, à pupille subelliptique, verticale; leur corps est plus allongé que celui des Couleuvres; il est comprimé sur les côtés, les écailles du dessus du corps sont, comme chez les Dendrophides, allongées, lisses, subverticillées en chevron avec une série d'écailles rachidiennes, plus dilatées et polygones par leur plus ou moins grand rapprochement. Comme les Dendrophides, les Dipsas poursuivent leur proie sur les arbres et de branche en branche. Les espèces les plus communes sont:

Le Dipsas dendrophile, *D. dendrophilla*. D'un brun noirâtre, avec trente à quarante anneaux étroits, jaunâtres, espacés assez régulièrement sur le dos et la queue, interrompus vers l'abdomen; le dessous de la gorge est entièrement jaune. Ce Dipsas est assez commun à Java; il atteint près de cinq pieds de longueur et un diamètre de plus d'un pouce.

Le Dipsas cenchoatl, *Coluber cenchoa*, 'Linn. Brunâtre en dessus avec des taches nummulaires d'une teinte plus foncée, liserées de noir, disposées en série longitudinale sur le rachis, quelquefois légèrement confluentes, d'un blanc jaunâtre en dessous du corps. Ce Dipsas n'atteint pas toutà-fait les dimensions du précédent, et se trouve répandu dans l'Amérique du sud.

Le Dipsas bucéphale, *D. indica*, Cuv. *Col. bucephalus* de quelques auteurs, se rapproche du précédent pour les proportions; il est brun en dessus avec des taches irrégulièrement discoïdales, plus pâles, liserées de noir, terminées sur les côtés par de petites macules argentées. Cette espèce est assez commune dans les Indes orientales, ce qui lui a valu un des noms indiqués ci-dessus.

Aux Dipsas il faut rapporter, mais comme un groupe distinct, une espèce qui offre tous les caractères extérieurs de ce genre, mais qui se distingue par quatre dents plus allongées que les autres, insérées en avant des maxillaires supérieures et inférieures. Elles pourraient bien avoir quelqu'usage particulier et servir à l'inoculation de quelque venin, par exemple; cette disposition a valu à cette espèce le nom de Dipsas cynodon, (*D. cynodon*, Cuv.); elle est de la taille des précédens; grisâtre en dessus avec des taches noires transversales, disposées en chevron. (T. C.)

DIPTÈRES, *Diptera*. (ins.) Ordre d'insectes facile à distinguer par le caractère qu'indique son nom, c'est-à-dire n'ayant que deux ailes; on peut y ajouter que ce sont des insectes suceurs, ou dont la bouche est conformée de manière à pomper des sucs alimentaires, et nullement à broyer; enfin des organes particuliers situés au dessous des ailes, nommés Balanciers et Cuillerons, complètent la différence qui existe entre eux et les autres insectes. Les insectes qu'il renferme, appelés vulgairement *cousins*, *mouches*, *moucherons*, etc., ont, d'un accord unanime des auteurs, toujours porté le nom sous lequel nous les désignons; Fabricius seul, ayant basé sa méthode exclusivement sur les caractères seuls de la bouche, les a nommé *Antliata*.

Cet ordre ne présente pas de ces géans pareils aux scarabées, à certaines sauterelles ou aux papillons; quelques uns cependant sont d'une taille moyenne, mais la plus grande partie est composée de petits insectes:

Leur tête est de forme variable, globuleuse dans la division des tipules et analogues, demisphérique dans presque tous les autres avec le côté postérieur coupé droit; quelques genres de la famille des Pupipares, ayant la tête comprimée en dessus, font cependant encore une exception; dans tous, cette tête est portée sur un pédicule court, très-mince, ce qui lui permet des mouvemens oscillatoires pareils à ceux qu'elle pourrait faire sur un pivot, au point de pouvoir tourner la face qui ordinairement se trouve vers la poitrine jusque vers le dessus du dos.

Les yeux sont situés aux côtés de la tête, trèsdéveloppés, pouvant devenir même contigus sur le devant de la face dans certains mâles; ils n'offrent rien de particulier, si ce n'est la propriété qu'ils ont, dans quelques genres, d'être rayés par bandes de couleurs brillantes comme or et pourpre; mais ces brillantes teintes disparaissent malheureusement après la mort de l'animal; les ocelles existent toujours, aux *cousins* près, au nombre de trois disposés en triangle, mais situés presque sur la tranche de la partie postérieure de la tête.

Les antennes sont insérées au dessus de la cavité buccale, dans l'espace qui reste entre les yeux; elles varient beaucoup de forme; dans la première partie, celle qui répond aux *culicides*, *tipulaires*, etc., elles sont allongées, composées d'un assez grand nombre d'articles, variant de dix à trente, grenues, souvent ornées à chaque article de faisceaux de poils, ou de branches latérales; dans une autre division, celle contenant les insectes pourvus d'une trompe propre à percer les corps durs, et vivant en général soit de proie, soit du sang de gros animaux, les antennes n'ont guère plus de neuf articles, dont les derniers, formant un style à division peu distincte, ont été, je ne sais pourquoi, jusqu'à M. Macquart, considérés comme des articles supplémentaires en dehors de l'antenne, plutôt que comme des articles même de cet organe; une autre division présente des antennes de trois articles, dont les deux premiers peu apparens, le dernier, en forme de palette, s'appuyant dans deux fossettes de la face, et accompagnées d'une soie, soit simple, soit plumeuse, insérée à l'extrémité ou le plus souvent sur le côté du dernier article; enfin dans la famille des Pupipares, elles deviennent presque rudimentaires.

La bouche, comme je l'ai déjà dit, a tous les organes allongés et propres à former un suçoir; elle se compose, dans les individus où elle est le mieux composée, de six soies, deux impaires représentant le labre et la langue, et quatre autres opposées par paires représentant les mandibules et les mâchoires des insectes broyeurs; les mâchoires portent assez souvent des palpes; dans les Tipulaires ils sont composés de quatre ou cinq articles, et courbés inférieurement; dans les Tanistomes, Asiles, etc., de deux seulement se couchant sur le dessus de la lèvre. La dernière partie de la bouche est la lèvre; elle forme en dessus un tube qui contient plus ou moins les organes buccaux, elle est dans la première section toute droite, elle s'épaissit à son extrémité dans la seconde, c'est-à-dire ceux qui sont ou carnassiers ou sanguisuges; mais elle finit par se terminer par deux lèvres charnues, susceptibles d'écartement, de renflement et se rentrant à volonté, dans tous ceux qui vivent des différens sucs répandus à l'extérieur. Cette composition de la bouche des Diptères est celle du plus grand nombre, mais subit, en partant du plus composé au plus simple, différentes variations; la première consiste dans la disparition des pièces remplaçant d'abord le labre et la langue, ensuite de celles représentant les mandibules; les palpes maxillaires manquent ensuite, puis les mâchoires; la lèvre même finit dans quelques genres par disparaître aussi, et la bouche paraît alors totalement atrophiée.

Le corselet est formé d'un prothorax très-court, d'un mésothorax très-grand et d'un métathorax très-petit qui s'unit à l'abdomen. Plus ou moins bombé, arrondi à ses angles, le métathorax est suivi d'un écusson, ordinairement assez grand, mutique, quelquefois cependant, comme dans les *Stratiomides*, armé d'épines; dans un genre très-singulier il prend un développement tel qu'il recouvre entièrement l'abdomen, à la manière de celui de quelques Hémiptères scutellaires; le corselet porte quatre organes distincts, les ailes, les cuillerons, les balanciers et les pattes.

Les ailes, au nombre de deux seulement, sont ovales, oblongues, membraneuses, plus ou moins diaphanes ou nuancées, quelquefois glabres, quelquefois velues, ou dans quelques genres même portant sur leurs nervures de petites écailles presque semblables à celles des papillons; pendant long-temps les nervures de ces ailes avaient été négligées, quoique à différentes époques quelques auteurs eussent cherchés à en tirer parti; d'abord Frisch, auteur allemand ancien, et qu'on ne saurait trop consulter, les avait étudiées avec soin à une époque où l'on ne faisait guère que des à peu près; plus tard Harris, dans son ouvrage intitulé An exposition english insects,, etc..., avait fait de même, et avait donné d'excellentes figures d'insectes de cet ordre; Jurine en publiant la nouvelle méthode de classer les Hyménoptères et les Diptères, dont la première partie seulement avait paru, avait dû mettre sur la voie, cependant des auteurs qui se sont occupés spécialement de cet ordre les avaient complétement négligées, lorsque M. Macquart les tira de l'oubli où elles étaient, les étudia avec soin, et s'en servit

avec succès pour établir la meilleure méthode qui existe maintenant pour classer ces insectes. Voici, d'après lui, les principales cellules que forment les nervures, qui entrent dans leur composition; une discoïdale deux basilaires, une costale, une médiastine, une stigmatique, une ou deux marginales, une à trois sous-marginales, trois à cinq postérieures, une anale, une axillaire et une fausse.

Au dessous des ailes, et les touchant presque immédiatement, sont les *Cuillerons*; ce sont deux petits corps concaves représentant les deux coquilles d'une huître, appliquées l'une contre l'autre, et en ayant aussi la couleur nacrée; quand l'aile s'étend, la valve supérieure se lève et suit ses mouvemens; alors elle se trouve sur le même plan que la partie inférieure; cette valve inférieure manque souvent; on ignore l'usage de cet organe, et quel équivalent il peut avoir dans les autres insectes. Il en est de même d'un autre organe situé au dessous des cuillerons, ce sont les *Balanciers;* cet organe, qui, ainsi que le précédent, est propre aux Diptères, a été long-temps controversé quant à son analogie et à son usage; quelques auteurs l'ont regardé comme le rudiment des ailes inférieures; mais on a objecté qu'il faudrait pour cela qu'ils prissent naissance au métathorax, tandis qu'ils naissent du premier segment abdominal qui clot la cavité du thorax; alors l'analogie a porté à les considérer comme un analogue de quelques organes qui se retrouvent dans les cigales et quelques orthoptères, et comme étant un organe musical et donnant naissance au bourdonnement que produisent les mouches, même quand elles ne volent pas; mais cette nouvelle opinion n'est pas complétement démontrée; d'autres les ont considérés comme destinés à faire un contre-poids propre à favoriser le vol de ces insectes; c'est même ce qui leur a fait donner leur nom de *balanciers;* mais, pour exercer une pareille fonction, ils paraissent bien courts; quoi qu'il en soit de leurs fonctions, ils sont doués, indépendamment du mouvement des ailes de l'insecte, d'un mouvement propre de vibration très-vif, et leur grandeur est toujours en raison inverse de celle des cuillerons.

Les pattes n'offrent dans leur formation rien de particulier; elles varient beaucoup de longueur suivant les genres; les hanches sont de grandeur moyenne, le trochanter très-petit, le fémur, le tibia et le tarse sont le plus souvent presque égaux en longueur; le premier article du tarse est aussi long à lui seul que les quatre autres; le tout est terminé par deux crochets, entre lesquels sont situées deux ou trois pelotes vésiculeuses; la composition de ces pelotes vésiculeuses et membraneuses est telle qu'elle permet aux Diptères de saisir sur les corps les plus polis en apparence, comme les glaces, des inégalités insensibles à nos yeux et d'y marcher avec sécurité, même dans une situation renversée.

L'*abdomen* offre toutes les formes; cependant il est presque toujours convexe en dessus et concave en dessous; il n'offre le plus souvent que cinq à six anneaux ; le reste dans les femelles prend la forme de tuyaux rentrant les uns dans les autres, comme les tubes d'une lunette, et sert à former une espèce de tarière propre à introduire leurs œufs. Dans les mâles les organes sexuels apparens ne consistent que dans une paire de crochets robustes, avec lesquels ils saisissent l'extrémité de l'abdomen des femelles ; mais pour que le reste du vœu de la nature puisse s'accomplir, il faut que la femelle, de son consentement, fasse pénétrer la tarière dans l'intérieur de l'abdomen pour y aller chercher les véritables organes copulateurs.

L'anatomie spéciale de ces insectes n'est pas encore très-avancée ; c'est dans les travaux de Swammerdam, Rhamdor, Dutrochet et Léon Dufour qu'il faut aller puiser ce que nous en savons jusqu'à présent.

Les larves des Diptères sont molles, apodes, mais munies quelquefois de mamelons qui leur tiennent lieu de pieds ; elles n'éprouvent pas de mue pendant le cours de leur accroissement ; leurs stigmates, au lieu d'être, comme dans celles des autres ordres, répartis tout le long des côtés du corps, ne se voient plus que sur le premier anneau, tandis que tous les autres en nombre variable sont répartis sur une plaque située à l'extrémité du corps ; leurs organes manducatoires consistent dans deux crochets recourbés dirigés en bas, au moyen desquels elles hachent les substances dont elles font leur nourriture. Les unes, qui changent de peau pour passer à l'état de nymphe, forment une première division ; elles ont toujours une tête de forme constante plus ou moins écailleuse ; elles vivent le plus souvent en terre, telles sont celles des tipules et des mouches carnassières, d'autres sont aquatiques comme celles des cousins, qui affectent des formes singulières ; les nymphes de cette division présentent les principales parties de l'insecte parfait ; les larves qui ne changent pas de peau pour passer à l'état de nymphe ont en général la forme d'un cône allongé dont la partie étroite est la tête ; celle-ci n'a aucune forme fixe, étant molle comme le reste du corps, et n'est reconnaissable que par les crochets maxillaires ; les vers nommés asticots nous en offrent le type. Quand ces larves ont acquis tout leur accroissement, leur peau se raccourcit peu à peu, se détache des parties intérieures, se durcit et devient une coque sous laquelle s'opère la dernière métamorphose ; si l'on ouvre cette coque, on trouve une masse blanchâtre sans aucune forme et d'une consistance à peine capable de se maintenir réunie en une seule masse. Linné et presque tous les auteurs après lui ont considéré ce passage comme un état intermédiaire entre l'état de larve et celui de nymphe ; ils l'ont nommé état de *boule allongée* ; un peu de réflexion cependant aurait fait voir que cet état existait dans tous les insectes ; quand une larve quelconque, une chenille par exemple, approche du moment de la dernière métamorphose, il arrive un instant où le nouvel épiderme intérieur se détache de l'ancien, et il est de toute évidence que, dans ce moment, la substance environnant les intestins ne peut avoir aucune forme autre que le moule qui la contient, et si ce moule est une boule allongée, elle aura la forme d'une boule allongée ; mais dès qu'elle est livrée à elle-même, les faisceaux des différens muscles encore glaireux acquièrent au contact immédiat de l'air un commencement d'énergie ; chacun fait effort vers son point d'attache ; peu à peu l'effet augmente, devient plus prononcé, et voilà les membres moulés. Quand la chrysalide a une certaine consistance, l'ancienne peau qui l'entoure la gêne, elle fait effort, la crève et se met plus immédiatement en contact avec l'atmosphère ; la même opération a lieu pour l'insecte parfait ; il en est de même pour les larves des Diptères, puisque, si on les ouvre après que la peau s'est desséchée, au lieu de les ouvrir presque immédiatement, on trouve une véritable chrysalide bien conformée ; mais dans ces insectes, la peau devant tenir lieu de coque, la séparation de la substance interne se fait dans un temps où elle a encore moins d'énergie, de cohésion que dans les autres insectes ; mais cela ne constitue pas une différence, comme on a voulu l'établir pour une partie de ces insectes.

Si de l'organisation des Diptères nous passons à leurs mœurs, nous ne trouvons pas moins de variétés ; les uns, et ce sont les Cousins, cherchent le suc des plantes et le sang des animaux ; d'autres, comme les Tanistomes, munis de lancettes redoutables, attaquent nos bestiaux, et leur font des piqûres d'où l'on voit le sang découler, et les rendent quelquefois furieux par la force de la douleur ; il paraît que le lion, malgré son titre de roi des animaux, n'est pas à l'abri de leurs atteintes, et que le bourdonnement d'une petite espèce de Tabanins qui habite le désert le fait fuir au loin ; un certain nombre, comme les *Asiliques*, vivent de proie qu'ils saisissent de leurs pattes antérieures qui sont munies de poils raides, et qu'ils vont sucer à leur aise sur quelque arbre voisin ou à terre ; leur trompe est longue, robuste, et capable de percer même l'enveloppe de quelques coléoptères. Ces espèces ont le vol très-rapide ; enfin le plus grand nombre vit de substances liquides qui se trouvent à l'air libre ; mais si quelques unes recherchent le suc des fleurs, souvent les plus brillantes sont loin d'être si difficiles dans le choix de leurs alimens, et les excrémens de toute espèce sont pour elles un mets recherché ; ces différentes espèces sont plutôt désagréables que nuisibles ; mais il en est d'autres dont les larves attaquent les graminées et causent souvent de grands dégâts.

L'accouplement s'opère comme dans tous les autres insectes. Dans les *Tipulaires* les mâles forment des nuages innombrables qui se balancent de bas en haut en attendant que quelques femelles viennent s'y joindre ; les sexes sont dans cette division disposés bout à bout dans l'accouplement, tandis que la femelle porte le mâle dans les autres. Après la fécondation les femelles cherchent à déposer leurs œufs, et la nature prend soin de leur indiquer la place où peut vivre la larve qui doit en sortir ; on peut présumer que l'odorat joue un grand rôle dans le discernement de ces substances, mais il est quelquefois en défaut, car une espèce de mouche qui dépose ses œufs ordinairement dans les excrémens, les dépose quelquefois, trompée par l'odeur, sur une espèce d'*Arum* qui a une odeur analogue ; les unes les déposent sur l'eau, d'autres dans les substances corrompues ; les femelles des OEstres, dont les larves vivent à l'intérieur du corps de divers quadrupèdes, ont l'adresse de les déposer sur différens endroits de leur corps où ces animaux se lèchent, et chargent ainsi leurs victimes de les introduire elles-mêmes ; quelques unes percent le cuir et introduisent un œuf sous la peau, la larve éclot et produit un ulcère où elle vit au milieu de la sanie qui en suinte ; celles-ci les confient au fromage, les larves qui en sortent sont des sauteuses très-habiles ; celles-là les confient aux liqueurs qui ont passé à l'état acétique. Les femelles de certaines espèces placent leurs œufs, à la manière des Ichneumons, dans le corps d'autres insectes et surtout des chenilles ; d'autres vivent dans les champignons ; enfin une espèce parvient à faire pénétrer ses œufs ou ses larves dans les truffes où elles acquièrent leur accroissement. Ces œufs sont ordinairement arrondis ; mais quelquefois cependant ils affectent des formes particulières, comme par exemple ceux des Cousins qui sont en forme de bouteilles renversées, tandis que celles destinées à vivre dans des matières à demi-liquides sont souvent surmontées de poils ou d'aigrettes destinées à les empêcher d'être submergées. Toutes les femelles de Diptères ne sont point ovipares ; un assez grand nombre est vivipare, c'est-à-dire que les œufs éclosent dans le ventre de la mère et n'en sortent qu'à l'état de larve, et ce sont celles dont nous avons le plus à redouter pour les alimens qui couvrent nos tables ; ces grosses mouches bleues que l'on voit si communément dans l'été et qui font entendre un si fort bourdonnement en font partie, et sont le désespoir des bouchers et des cuisinières ; enfin une famille ne met au jour que des nymphes, c'est-à-dire des individus qui dans le ventre de la mère passent de l'état d'œuf à l'état de larve, et de l'état de larve à l'état de nymphe ; aussi les femelles de ces espèces ne pondent-elles qu'un œuf à la fois, lequel œuf est presque aussi gros qu'elles, et leur ponte se borne-t-elle à un petit nombre d'individus.

Si les insectes nous sont incommodes ou nuisibles, il faut convenir que la nature, qui ne fait rien en vain, leur a donné un important emploi dans l'économie du monde, en les chargeant de hâter la décomposition et la disparition de dessus la terre des substances en décomposition qui en s'accumulant finiraient par l'infecter, et cette action est telle, attendu leur prompte et nombreuse multiplication, que Linné a cru pouvoir dire que trois mouches consument le cadavre d'un cheval aussi vite que le fait un lion ; en outre elles servent de pâture à une grande quantité d'oiseaux insectivores, de poissons, de reptiles, qui eux-

mêmes à leur tour entrent dans notre nourriture. Par ces raisons nous ne devons pas nous hâter de maudire les insectes pour quelques douleurs qu'ils nous causent passagèrement ou pour quelques mouvemens d'impatience que nous occasione leur importunité ; il vaut mieux regarder du bon côté, et dire avec le docteur Pangloss *que tout est pour le mieux dans le meilleur des mondes possibles, même les Diptères.* (A. P.)

DIPTÉRODON, *Dipterodon*. (POISS.) Le mot générique de Diptérodon est tiré du grec, et rappelle les deux nageoires du dos et la forme des dents : δἴς, en grec, veut dire deux ; πτέρυξ, aile, nageoire ; ὀδούς, dent ; ses caractères peuvent être ainsi exprimés : dents tranchantes, taillées obliquement en biseau, non coudées ; la dorsale épineuse séparée de la molle par une échancrure profonde.

D'après cela, on voit que ce genre est fort voisin des Piméleptères, lesquels en diffèrent essentiellement parce qu'ils ne présentent qu'une seule nageoire dorsale, et que leurs dents, sur une seule rangée, sont portées sur un talon, ou base horizontale.

On n'en connait qu'un du Cap, *Dipterodon capensis*, Cuv., à corps ovale, comme chez les Piméleptères, mais moins comprimé, et un peu plus allongé ; les écailles qui garnissent son corps sont de grandeur médiocre. C'est un beau et grand poisson dont les couleurs paraissent brunes, avec un trait vertical blanchâtre sur chaque écaille ; son dos est brun, avec l'abdomen blanchâtre. (ALPH. G.)

DIPUS. (MAM.) C'est le nom latin des animaux du genre Gerboise, que l'on appelle vulgairement *Rats à deux pieds* parce qu'ils ont les extrémités postérieures beaucoup plus développées que les antérieures. Ces Rongeurs sont propres aux contrées chaudes de l'Asie et de l'Afrique. Ils se tiennent dans les lieux secs et arides. Nous en traiterons à l'article GERBOISE de ce Dictionnaire.
(GERV.)

DIRECTION ET INCLINAISON DES COUCHES ET DES FILONS. (MIN.) Il est de la plus grande importance pour les recherches métallurgiques et géognostiques, de connaître exactement la direction et l'inclinaison des couches, et surtout des filons métallifères. Ainsi, connaissant un affleurement de filon, sa direction et l'angle sous lequel il plonge, on peut calculer pour un point quelconque du voisinage la profondeur à laquelle on doit le rencontrer ; il est entendu que l'on suppose le plan du filon se prolongeant avec régularité dans l'intérieur de la terre. La direction et l'inclinaison des couches enseignent au géologue si une couche passe dessus ou dessous un système de couches données, lorsqu'un bras de mer, une rivière ou une plaine alluviale empêche de juger le fait direct des superpositions.

Pour prendre la direction des couches on se sert de la boussole ; sa boîte doit être carrée afin d'appliquer un de ses côtés, parallèlement à la ligne de 0° à 180°, sur une ligne horizontale tracée sur le plan de la couche ou du filon. L'angle indiqué par l'aiguille est la direction de la couche. On se trompe fort souvent en prenant pour direction d'une couche celle de son affleurement ; il est important de remarquer, pour éviter cette erreur, qu'un plan incliné renferme des lignes dirigées dans toutes les directions, et que la ligne horizontale dans le plan donne seule la direction.

L'inclinaison de la couche ou du filon se mesure au moyen d'un perpendicule ou tige métallique libre qui est adaptée au pivot. On place la face de la boussole à laquelle correspond le zéro sur le plan dans une direction perpendiculaire à la précédente ou suivant la ligne de plus grande pente, et on suit l'angle indiqué par la pointe du perpendicule, angle qui est égal à celui que fait la couche avec le plan horizontal. On doit se servir des expressions *plonger* ou *relever* de tant de degrés, vers telle direction de l'horizon, plutôt que d'*incliner*, dont le sens moins précis prête à l'erreur. Il serait convenable aussi que tous les géologues s'entendissent pour compter les angles à partir du nord ou 0° jusqu'à 180° vers l'est ou vers l'ouest, plutôt que de se servir des divisions de la rose des vents et surtout de la division bizarre en *heures* de la boussole des mineurs allemands.

Les couches redressées montrent ordinairement une grande constance de direction sur des contrées étendues ; dans les chaînes de montagnes, elles sont ordinairement parallèles à la ligne des faîtes, et ce parallélisme se maintient jusqu'à une grande distance du pied de la chaîne. Quelquefois aussi, comme dans les Vosges, dans les montagnes schisteuses de la Grèce et des Apennins, les roches anciennes font un angle constant avec la ligne des faîtes, tandis que les couches plus récentes les recouvrent en suivant exactement sa direction. Dans les pays de plateau, tels que le Maine et une partie de la Bretagne, ce parallélisme se maintient également sur une étendue de plus de 20 lieues, comme entre Nantes et Fougères.

La direction dans laquelle les couches plongent, ou leur inclinaison, n'est pas aussi constante. Ordinairement les couches s'appuient de part et d'autre sur l'axe central d'une chaîne, et l'inclinaison va en diminuant à mesure qu'on s'en écarte. Souvent, quand la chaîne principale a un relief très-considérable, elle est bordée de chaînons parallèles dans lesquels les couches sont plissées et ondulées, en sorte qu'elles plongent à chaque instant en sens inverse. Cet effet est très-sensible dans les montagnes du Jura et même dans les collines schisteuses de la Bretagne.

Les observations sur la direction des couches avaient eu de tout temps une grande importance en géologie ; mais les beaux travaux de M. Élie de Beaumont y ajoutent un nouvel intérêt, et exigent qu'elles soient faites aujourd'hui avec plus de précision que jamais. Ce savant a remarqué que toutes les montagnes de l'Europe pouvaient se rattacher à un petit nombre de systèmes affectant une direction particulière et constante. Il a pu reconnaître, en observant les couches ou formations que le soulèvement de ces montagnes avait

redressées, et celles au contraire qui depuis s'étaient déposées sur leur pied et maintenues en place, il a pu, dis-je, reconnaître que toutes les chaînes affectant une même direction s'étaient formées à une même époque, et que les directions différentes appartiennent à d'autres époques. C'est ainsi qu'il a établi la chronologie relative des montagnes de l'Europe. Il distingue aujourd'hui 12 systèmes de direction, et reconnaît que le nombre pourra en être accru. Nous ne citerons que ceux qui ont eu le plus d'influence sur la configuration du sol actuel de l'Europe, en commençant par les plus anciens.

II. *Le système des Ballons des Vosges et des collines du Bocage* (Calvados), se dirige N. 74° O., et est antérieur à tous les dépôts secondaires et même au terrain houiller.

VIII. *Le système du mont Viso*, que MM. Boblaye et Virlet ont nommé système Pindique, se dirige N. 22° O., ou N.-N.-O. ; il a redressé toutes les couches jusqu'à la craie supérieure exclusivement ; il a produit peu de relief dans le nord de l'Europe, mais dans la Grèce et l'Italie tous les principaux reliefs lui appartiennent :

IX. *Le système des Pyrénées*, dont la direction est le N. 72° O., affecte toutes les couches de la craie et ne dérange point l'horizontalité du terrain tertiaire. Son apparition fut une des plus fortes convulsions qu'éprouva l'Europe.

XI. *Le système des Alpes occidentales*, dont la direction est le N. 26° E., a été soulevé après le dépôt des couches de l'étage tertiaire moyen.

XII. *Le système de la chaîne principale des Alpes depuis le Valais jusqu'en Autriche*, se dirigeant N. 78° E., a soulevé à une très-grande hauteur les couches de l'époque tertiaire supérieure. C'est à ce grand phénomène, d'une époque si récente, et à laquelle déjà les mêmes êtres organisés peuplaient en grande partie l'Europe et ses mers, que notre continent doit les formes générales qu'il montre aujourd'hui, et que la plupart de nos vallées et de nos plaines, doivent leur excavation. (B.)

DISCIPLINE et DISCIPLINE DE RELIGIEUSE. (BOT. PHAN.) Noms vulgaires donnés par les jardiniers à deux espèces d'Euphorbes et à l'*Amarantus caudatus*, L. (GUÉR.)

DISCOBOLES. (POISS.) Ce mot vient de deux mots grecs qui signifient nageoires réunies ; il désigne une famille de poissons malacoptérygiens subbrachiens, c'est-à-dire à nageoires paires inférieures situées sous la gorge, dont voici les caractères : ouïes ordinairement peu fendues, nageoires ventrales réunies à leur base par une membrane en forme de disque. Tous les poissons de cette famille se tiennent fixés aux rochers, sous les saillies desquels ils se placent pour se soustraire plus facilement aux poissons qui les poursuivent, ou pour surprendre avec plus de facilité la proie dont ils veulent s'emparer. C'est par le moyen de leurs nageoires ventrales réunies en une seule, et en forme de disque, qu'ils se cramponnent pour ainsi dire contre les rocs, la vase et le fond des mers, et semblent s'y attacher d'autant plus fortement que tout leur corps est couvert d'une matière visqueuse. On a divisé les genres qui composent cette famille en deux groupes ; dans le premier de ces groupes on observe les espèces dont le corps est lisse et sans écailles, comme dans les Porte-écuelles, *Lepadogaster*, et quelques autres voisins ; les espèces de la seconde division ont le corps également sans écailles, mais semé de petits grains ; cette division ou groupe contient le genre CYCLO-PTÈRE.   (ALPH. G.)

DISCOIDE, *Discoideus*. (BOT. PHAN.) Se dit de tout organe orbiculaire très-déprimé, ayant les bords légèrement saillans et présentant la forme d'un disque. Linné appelle Discoïdées les plantes à fleurs composées n'offrant qu'un disque sans couronne ; c'est le titre qu'il a donné à une subdivision du grand ordre des Composées, qui comprend toutes les flosculeuses non capitées, et dont la fleur totale, allongée, offre un disque semblable à celui d'une Radiée privée de sa couronne. Ainsi, selon le législateur, la Tanaisie, *Tanacetum vulgare*, l'Armoise, *Artemisia abrotanum*, l'Immortelle blanche, *Gnaphalium margaritaceum*, et leurs congénères, sont des fleurs Discoïdées. Mirbel nomme Discoïde tout nectaire qui, à l'exemple de celui de la Gratiole, *Gratiola officinalis*, est orbiculaire, déprimé, et sert de soubassement à l'ovaire. Selon Cassini, on doit limiter l'application de ce mot aux Synanthérées dont les fleurs de la couronne ne sont pas plus longues que celles du disque et dont elles suivent la même direction. Cependant on dit que le fruit du Sablier, *Hura crepitans*, du raisin d'Amérique, *Phytolacca decandra*, du Plantain d'eau, *Alisma plantago*, que les graines de la noix vomique, *Strychnos vomica*, etc., sont Discoïdes.   (T. D. B.)

DISCOLITE, *Discolites*. (MOLL.) Les Discolites n'étant que de véritables polypiers appelés indifféremment par Lamarck *Orbulite* ou *Orbitolite*, nous renvoyons à ces mots pour l'étude de ces corps naturels. V. ORBULITE.   (F. F.)

DISCRASE ou *Antimoniure d'argent*. Voyez ARGENT.

DISOMOSE. (MIN.) On a donné ce nom à un sulfo-arséniure de nickel.   (J. H.)

DISQUE, *Discus*. (BOT. PHAN.) Adanson a le premier observé et nommé *disque* un corps glanduleux, ordinairement jaune ou verdâtre, qui, dans la plupart des végétaux, se trouve au dessous ou autour de l'ovaire. Par exemple, dans la Rue, *Ruta graveolens*, le Disque supporte l'ovaire, et l'élève au dessus du fond de la fleur ; il forme, dans les Scrophulaires, une sorte d'anneau ou bourrelet autour ou sur un côté seulement de l'ovaire ; dans beaucoup de Rosacées, il tapisse la paroi interne du calice ; enfin il se montre plus ou moins saillant sur le sommet de l'ovaire des Ombellifères. Cet organe, variable de position et de forme, souvent très-petit et à peine distinct, est devenu d'une assez grande importance dans les descriptions caractéristiques, depuis les savantes et scrupuleuses observations de MM. Richard. Selon sa position, relativement à l'ovaire, le

Disque est dit *hypogyne* s'il est au dessous, *périgyne* s'il est autour, et *épigyne* s'il est placé sur le sommet même de l'ovaire.

1° Le Disque *hypogyne* présente différens caractères, et a reçu différens noms tirés du grec pour exprimer son aspect ou sa conformation. Ainsi on l'appelle *podogyne* lorsqu'il sert de support à l'ovaire, soit qu'il y adhère, comme dans le Liseron, soit qu'il en paraisse totalement distinct, comme dans le Cobéa ; — *pleurogyne*, si, comme dans la Pervenche, il consiste en un ou plusieurs tubercules qui pressent l'ovaire latéralement ; — *épipode*, si ces tubercules sont absolument libres et distincts de l'ovaire, comme on le voit dans les Crucifères ; — enfin le Disque hypogyne reçoit le nom de *périphore*, si, s'élevant du fond du calice, il porte les étamines et les pétales attachés à sa surface externe ; on voit un exemple dans l'Œillet.

2° Le Disque *périgyne* se présente sous l'aspect d'une substance glanduleuse, tapissant la paroi interne du calice, et suivant sa forme jusqu'à certaine distance de son bord ou de ses divisions. C'est ce que l'on voit dans le Cerisier, la Filipendule, etc.

3° Le Disque *épigyne* existe seulement dans les plantes dont l'ovaire est infère en tout ou en partie. Dans plusieurs Saxifrages et Rubiacées, il forme une sorte de bourrelet au point de jonction de l'ovaire et du calice ; dans les Ombellifères, où l'ovaire est complétement infère, il en occupe le sommet.

Telles sont les principales modifications du Disque proprement dit. Ajoutons une remarque intéressante. Quelques plantes, entre autres le *Diosma*, présentent dans leurs espèces une grande anomalie relativement à la position du Disque : ainsi cet organe, hypopyne dans les *Diosma hirta* et *ciliata*, est périgyne dans les D. *hirsuta* et *uniflora*.

Quelques auteurs ont appelé *Réceptacle* l'organe que nous venons de décrire sous le nom de *Disque* ; et, au contraire, on appelle souvent *Disque* le centre du réceptacle des Composées ; c'est alors une comparaison, plutôt qu'une expression rigoureusement exacte.   (L.)

DISSÉMINATION DES GRAINES. (BOT.) Dispersion naturelle et semis spontané des graines parvenues à leur parfaite maturité. Ce mode puissant de propagation et de reproduction n'est point limité dans la station plus ou moins étroite assignée à telle espèce, à tel genre, à telle famille ; il étend ses effets au loin ; il se plaît à déjouer les règles dictées par l'esprit humain, à renverser les barrières géographiques qu'il cherche à prescrire à la végétation. La nature attache la plante au sol, elle semble au premier aspect lui interdire les moyens de s'élancer au-delà, et cependant elle a modifié cette loi sévère en lui fournissant la voie de la Dissémination, je ne dis pas, avec certains écrivains, de la migration, parce que ce dernier mot exprime un acte de la volonté. Les voies de la Dissémination sont très-variées, les étudier c'est

élargir

élargir la route des jouissances douces que procure la botanique, c'est pénétrer plus avant dans le domaine de la physiologie végétale.

La nature ne s'est pas contentée de voir les semences transportées au loin par les oiseaux et les poissons qui avalent beaucoup de baies, dont ils digèrent la pulpe et rendent les noyaux ou les graines non seulement intacts, mais encore plus aptes à germer promptement; elle ne s'est point reposée sur les négligences et l'oubli des animaux qui font des magasins sous terre pour l'arrière-saison; elle a voulu rendre la Dissémination plus étendue, plus assurée; en conséquence elle a pourvu diverses plantes de moyens particuliers, afin d'aider à leur propagation lointaine. Elle a voulu qu'un péricarpe élastique lançât dans l'espace les graines qu'il enferme et que celles-ci fussent alors dans leur état de plus haute perfection; elle a voulu qu'elles s'accrochassent aisément à la terre, qu'elles y germassent et pullulassent, qu'elles envahissent des contrées entières et qu'elles s'y multipliassent à l'infini : tels sont l'Ajonc, *Ulex europæus*, le Genêt à balais, *Spartium scoparium*, la Balsamine, *Impatiens balsamina*, le Concombre sauvage, *Momordica elaterium*, etc.

Tantôt elle les a munies d'une ou deux membranes en forme d'ailes, comme celles de l'Orme, *Ulmus campestris*, de l'Érable, *Acer platanoides*, du Houblon, *Humulus lupulus*, etc.; ou bien d'aigrettes soyeuses, comme celles du Pissenlit, *Taraxacum commune*, de toutes les Valérianes, des Scabieuses, des Asclépiadées, etc. A l'aide de cet auxiliaire, les semences, entraînées par l'action toujours vibrante de l'air, et soutenues plus ou moins de temps dans leur course incertaine, vagabonde, finissent par être déposées çà et là à des distances considérables. Tantôt elle les a armées de crochets, d'appendices avec arêtes plumeuses, torses, géniculées, etc., avec lesquelles elles s'attachent aux corps mobiles qui passent ou stationnent momentanément auprès de leurs souches maternelles; puis elles voyagent avec eux : c'est ce qui arrive aux semences du Bident des lieux aquatiques, *Bidens tripartita*, de la Bardane, *Arctium lappa*, de l'Aigremoine, *Agrimonia officinarum*, etc. Enfin, elle a taillé certains fruits en gondoles légères pour qu'ils puissent voguer sur les eaux, s'abandonner aux flots et parvenir ainsi sous des climatures étrangères : ils sont, à cet effet, doués d'une telle vertu germinative, que confiés à la terre, ils y végètent et y croissent. Le Coco, *Cocos nucifera*, le Cornaret, *Martynia annua*, les longues gousses du *Mimosa scandens*, traversent ainsi souvent tout l'Océan et ainsi de l'Amérique méridionale sur les côtes de l'Europe et jusque sur les bords de la Norwége; les gros fruits doubles de la Lodoïcée des Maldives, *Lodoicea Sechellarum*, cédant aux courans qui les entraînent, descendent à plus de quatre cents lieues du pays qui les a vus naître.

Beaucoup d'autres plantes phanérogames ont des graines très-fines et tellement susceptibles de céder au moindre vent, qu'on les trouve non seulement répandues sur les plaines ondulées, mais encore au sommet des plus hautes montagnes et des édifices, et jusqu'au fond des cavernes aux replis tortueux. Il en est de même des séminules des Vesseloups, *Lycoperdon vulgare*, qui s'échappent de leur globe nu, comme la gerbe de fumée, de pierres et de flammes s'élance du cratère mugissant; de celles des Pézizes qui remuent leur chapeau; de celles des Fougères qui sortent par secousses intermittentes; de celles impalpables des Moisissures, *Mucor*, ne laissant aucun réduit sans y pénétrer, et lorsqu'elles rencontrent les conditions nécessaires à leur développement, ne tardent pas à s'y montrer d'un air triomphant.

Une plante de l'Amérique du nord, cultivée dans nos jardins depuis 1782, nous offre un mode de Dissémination fort remarquable, fort peu connu et qui mérite, sous ce double point de vue, de trouver place ici : je veux parler de l'Aristoloche siphon, *Aristolochia macrophylla*. A ses fleurs axillaires, d'un vert brun, ayant la forme d'une pipe orientale par son tube courbé, ventru, vert-rougeâtre, et par l'orifice bien rond de ce même tube, dont le limbe à trois lobes égaux, veinés et ponctués d'un pourpre noirâtre, imite le chapeau dit à trois cornes, succède une capsule hexagone, ovale-conique, s'ouvrant par la pointe. Cette capsule forme six loges extérieures et six intérieures appelées diaphragmes. Chaque loge contient environ douze graines et est composée d'une des pièces extérieures et de deux intérieures qui servent en même temps de cloison pour les deux loges voisines. Chaque loge est tapissée d'une membrane papyracée fort mince, dont les fibres sont transversales et tendent à se diviser dans ce sens en autant de portions qu'il y a de graines dans chaque loge. Cette membrane, au lieu d'être adhérente aux parois de la loge, enveloppe la graine. Celle-ci, disposée en forme de cœur dont la pointe est dirigée vers le centre de la capsule, est lisse d'un côté, couverte de petites aspérités de l'autre, très-plate, à bords retroussés ou fort larges. Entre chaque graine, on voit un fragment de substance spongieuse, légère, de la même forme que la graine, mais muni, à sa pointe, d'un petit crochet destiné, sans aucun doute, à soutenir la graine contre cette pièce jusqu'au moment de sa maturité. Les graines sont attachées sur le bord intérieur de chaque diaphragme par un petit filet fragile qui s'applique contre le morceau spongieux, en commençant par la pointe, jusqu'aux deux tiers environ de sa longueur; puis, s'enfonçant dedans jusqu'au milieu de son épaisseur, le traverse à sa base dans ce milieu, et se trouve de la sorte implanté entre les deux lobes qui constituent la forme en cœur de la graine. La moitié des graines renfermées en chaque loge est connée sur un des côtés, tandis que l'autre moitié, en alternant, est fixée sur le second côté. A chaque graine est soudée, près du petit filet, une portion de la membrane papyracée dont la largeur se compose de l'épaisseur de la graine et du corps spongieux qui lui est réuni; quant à sa longueur, elle est déterminée par celle des bords de ces deux corps ensemble. Une fois que les graines sont arrivées à l'époque de leur maturité, et qu'elles doivent cesser de vivre en commun avec la tige qui les a portées, la sécheresse fait retourner en dehors les six pièces extérieures de la capsule et écarter les diaphragmes. Durant cette action la moitié des graines se jette d'un côté, l'autre partie se retire de l'autre, emportant chacune avec elle un fragment du corps spongieux et une portion de la membrane papyracée. Au moindre vent, le petit filet se rompt, la graine s'échappe suspendue à une sorte de parachute, et la voilà transportée à une distance plus ou moins considérable, selon les obstacles qui l'arrêtent ou les courans d'air qui l'entraînent. Je me suis assuré, en suivant ce phénomène à diverses reprises, que dans le petit nombre de semences demeurant inertes, on trouve bien le corps spongieux et le rudiment de la graine, mais la membrane papyracée n'est point adhérente. Leur voyage serait sans but utile, aussi la nature ne permet-elle pas qu'il ait lieu.

Il y a des plantes qui recherchent pour ainsi dire la société de l'homme et s'attachent à ses pas. La Pariétaire, *Parietaria officinalis*, les Orties, *Urtica urens* et *dioica*, le Lamier vulgaire, *Lamium album*, la grande et la petite Oseille, *Rumex acetosa* et *acetosella*, etc., croissent autour des habitations, le long des murs dans les villages et dans les rues des villes; elles suivent le pasteur et montent avec lui sur les lieux les plus élevés. Partout où vous en trouvez une colonie, le sol recèle les décombres d'une maison abandonnée, elle s'y maintient, malgré la fureur des autans, malgré le froid extrême, pour attester qu'elle y est venue avec l'homme, pour y perpétuer le souvenir de sa présence, pour y redire au voyageur philosophe : «Là vécut ton semblable, l'espoir d'un mieux-être l'y avait fixé, le despotisme, qui sollicite sans cesse la misère, qui l'aggrave et l'étend, l'en a expulsé.»

Que l'on ne s'étonne point si les plantes cultivées ne disséminent pas leurs graines avec le même succès que les végétaux spontanés : la main de l'homme, en s'imprimant sur ceux qu'il a rendus domestiques, les a dépouillés d'une partie de leurs facultés primitives, de plusieurs caractères essentiels; elle a modifié les saveurs et les couleurs; elle a changé les formes et jusqu'à la durée de leur vie. Les noyers, les pêchers, les amandiers qui couvrent nos vallées, qui garnissent nos jardins, qui peuplent nos vignes, sont habitués aux soins des cultivateurs; ils leur laissent ceux de semer leurs graines, de les abriter durant leur enfance, de les amener à l'état des plantes mères. S'ils ne se propagent pas par la voie de la Dissémination, c'est qu'ils ont perdu leur patrie.

Si l'on a bien compris le phénomène des apparitions spontanées que j'ai développé dans le tom. 1, pag. 239 et suivantes, on ne le confondra point avec celui de la Dissémination des graines. L'un et l'autre sont absolument distincts. Dans le premier cas, ce sont des semences ensevelies sous le sol qui les a vues naître pour reparaître à des époques plus ou moins reculées et réhabiliter la mémoire des végétaux, effacée durant un certain nombre d'années, de siècles; dans le second, ce sont des messagers qui vont ailleurs fonder des colonies végétales. (T. D. B.)

DISSÉQUEURS ou **SCARABÉES DISSÉQUEURS**. (INS.) On a donné ces noms vulgaires à plusieurs espèces du genre DERMESTE. *V.* ce mot. (GUÉR.)

DISSOLUTION. (CHIM.) Opération par laquelle un solide se dissout dans un liquide après en avoir décomposé une portion; tel est le liquide qui résulte de l'action de l'acide nitrique sur le mercure. Dans la Dissolution, il n'y a pas, comme dans la SOLUTION (*voyez* ce mot), simplement disgrégation des molécules du corps dissous, mais combinaison entre les parties intégrantes de ce dernier corps et les élémens du dissolvant. Ainsi, si l'on vient à évaporer le soluté mercuriel dont nous venons de parler, on obtiendra, non plus du mercure métallique, mais un oxide de mercure; si, au contraire, on sépare à l'aide de la chaleur l'eau qui aura dissous du sucre ou du sel, on aura pour résidu les deux mêmes corps dans leur état primitif. (F. F.)

DISSOLVANT. (CHIM.) Liquide quelconque servant à détruire l'agrégation moléculaire des corps.

Le Dissolvant le plus généralement employé est l'eau pure ou l'eau ordinaire; cependant d'autres corps, tels que l'alcool, l'éther, les huiles, les acides, les graisses, les métaux fondus, etc., peuvent également être employés comme Dissolvans. Enfin le calorique pourrait peut-être aussi être considéré comme Dissolvant. (F. F.)

DISTHÈNE. (MIN.) *Cyanite, Schrol bleu, Sappare*, etc. Ce minéral se distingue facilement par sa couleur ordinairement d'un bleu très-clair, son état vitreux et sa forme la plus habituelle en lames ou tables quadrangulaires très-allongées, striées sur les petites faces.

Tels sont les principaux caractères qui nous ont souvent fait reconnaître le Disthène dans les micaschistes à staurotides de la Bretagne.

Si on voulait donner plus de précision à ces caractères minéralogiques, on dirait que ses cristaux, facilement clivables dans un sens, dérivent d'un prisme oblique à base de parallélogramme obliquangle; que sa pesanteur spécifique est de 3,50, qu'il raie le verre, mais est rayé par une pointe d'acier; qu'il est infusible au chalumeau, et enfin qu'il appartient par sa composition à la famille des Silicates d'*alumine* ou de ses *isomorphes*, substances ainsi nommées parce qu'elles peuvent se remplacer sans changer la forme des cristaux. Suivant M. Beudant, l'oxygène dans la silice serait la moitié de celui contenu dans les bases; il donne l'analyse suivante du Disthène blanc du Zillerthal : silice 32, alumine 68, quelques traces de chaux, de potasse et d'acide fluorique. Il est à remarquer que cette analyse tend à faire réunir au Disthène la Pinite de Saxe

qui offre la même formule de composition et à
peu près les mêmes élémens.

Le *gisement* habituel du Disthène est dans les
roches de micaschiste (Bretagne, Saint-Gothard,
Tyrol, Styrie), dans les hyalomictes, roches de
quartz et de mica, dans la dolomie (au Simplon),
dans le calcaire grenu (aux Pyrénées, dans
l'état de New-York), et dans diverses roches
schisteuses et granitoïdes. M. Virlet a trouvé dans
l'île de Syra un rocher de Disthène associé à des
amphibolites. Le seul usage auquel le Disthène ait
été appliqué est de servir, à raison de son infusibi-
lité, de pièces de support dans les essais au chalumeau.   (B.)

DISTILLATION. (chim.) La Distillation est une
opération par laquelle, à l'aide de la chaleur et
de vases convenables, on parvient à séparer les
uns des autres des corps de volatilité différente.
Cette opération est fondée sur la propriété dont
jouissent les vapeurs de passer à l'état liquide par
le refroidissement.

L'art de la Distillation, découvert, dit-on, par
les Arabes, ne date pas de très-loin. Dioscoride
ne le connaissait pas ; toutefois, ce célèbre pharmacien de la Grèce avait observé qu'une éponge
froide et sèche, placée pendant quelque temps au
dessus d'un pot contenant de l'eau en ébullition,
se gonflait, et donnait, par l'expression, une certaine quantité d'eau. Alrhazes est le premier qui
ait parlé de la Distillation, et il la compare au
rhume de cerveau. L'estomac, dit ce médecin
arabe, est la cucurbite, la tête est le chapiteau,
et le nez est le réfrigérant par lequel le produit
s'écoule goutte à goutte.

Les vases propres à la Distillation sont les alam-
bics et les cornues, que l'on place dans des four-
neaux construits de manière à perdre le moins
possible de calorique. L'alambic (ce mot est arabe)
est un instrument en cuivre étamé dont on se sert
toutes les fois que l'on opère en grand, comme
dans les distilleries d'eau-de-vie, dans la Distillation du vinaigre, de l'eau chez les pharmaciens,
des liqueurs, etc., et qui se compose de trois
pièces principales : la *cucurbite*, le *chapiteau* et le
serpentin. A ces trois pièces s'en joignent deux
autres pour compléter l'appareil distillatoire ; ces
pièces sont : le *récipient* et le *bain-marie*.

1° La *cucurbite* est la pièce qui se trouve immédiatement en contact avec le feu, et dans laquelle
on place les substances à distiller ; elle doit être
plus large que profonde, afin que la vaporisation
du liquide s'y fasse plus aisément. La cucurbite
offre à sa partie supérieure, antérieure et moyenne,
une ouverture que l'on ferme très-exactement
quand on distille à feu nu, qu'on laisse libre quand
on distille au bain-marie, et qui sert à introduire
dans l'appareil le surplus du liquide à distiller.

2° Le *chapiteau*, en étain ou en cuivre étamé,
appelé *tétar* dans les grandes distilleries, est la
pièce dans laquelle viennent se rendre les vapeurs
formées dans la cucurbite. A sa partie médiane et
supérieure est une ouverture destinée à l'introduction dans l'appareil d'une nouvelle quantité

de liquide ; et à sa partie latérale se trouve soudé
un tuyau, également en étain et recourbé à son
extrémité pour l'adapter à la partie supérieure du
serpentin.

3° Le *serpentin*, pièce de l'appareil dans laquelle
viennent se rendre et se condenser les vapeurs,
est un long tube en étain, ayant la forme d'une
spirale afin d'avoir plus de longueur sans occuper
pour cela plus d'espace.

Le serpentin est placé dans un seau en cuivre
et entouré d'eau. Cette dernière, absorbant le calorique latent des vapeurs, détermine la condensation de ces dernières et finit par s'échauffer
au point d'avoir besoin d'être renouvelée. C'est
ce que l'on fait à l'aide d'un long tuyau de fer-
blanc surmonté d'un entonnoir, et qui descend
jusqu'au fond du seau de serpentin : à mesure que
l'eau froide arrive par ce conduit, l'eau chaude,
plus légère, et occupant la partie supérieure du
bain réfrigérant (eau entourant le serpentin),
s'écoule par une ouverture appelée *trop-plein*,
placée à la partie supérieure et latérale du seau de
cuivre.

Le bain-marie est un vase en étain qui, fait à
peu près sur le même modèle que la cucurbite,
peut être introduit dans cette dernière et recevoir
le chapiteau. C'est dans ce vase que sont placées
les substances quand on distille par intermède.
Ce même vase, muni d'un couvercle très-exactement adapté, sert en pharmacie à une foule d'opérations, telles que *macérations*, *digestions*, *infusions*, etc.

Les *récipiens*, ou vases dans lesquels sont reçus les vapeurs condensées ou les produits de
Distillation, varient de forme selon la nature des
liquides obtenus.

La *cornue* est un vase de terre, de verre, de
porcelaine ou de métal, ovoïde, dans lequel on
distingue la *panse*, la *voûte* et le *col*, parties qui
correspondent, la première à la cucurbite, la seconde et la troisième au chapiteau.

Tous les corps ne se réduisant pas en vapeur
aux mêmes degrés de température, on a établi
trois modes différens de Distillation. On distille à
feu nu, au *bain-marie*, au *bain de sable* ou *à la
cornue*.

1° On distille *à feu nu*, ou sans intermède, tous
les liquides qui ne se réduisent en vapeurs qu'à
80° de Réaumur : tels sont tous les liquides aqueux ;

2° On distille au *bain-marie*, ou *avec intermède*,
tous les liquides qui se réduisent en vapeurs à une
température inférieure à celle de l'eau bouillante ;
tels sont les liquides alcooliques et éthérés ;

3° Enfin on distille dans *une cornue* et *au bain
de sable*, quand on a affaire à des substances qui
ne se réduisent en vapeurs qu'à une température
supérieure à celle de l'eau bouillante ; tels sont le
succin, la corne de cerf, etc. Toutefois il faut
observer que ce dernier mode opératoire donne
plutôt des produits de décomposition que des
produits de Distillation. Les intermèdes agissent
ou en modérant l'intensité du calorique, comme
le fait l'eau des bains-marie, ou en accumulant ce

dernier dans l'intérieur de l'appareil, comme le fait le sable, mauvais conducteur de ce fluide impondérable.   (F. F.)

DISTOME, *Distoma*. (ZOOPH. INTEST.) Genre de l'ordre des Parenchymateux, offrant pour caractères : un corps mou, aplati ou presque cylindrique ; pores solitaires, l'un antérieur, l'autre ventral. La position de ces pores ou suçoirs les fait facilement distinguer des autres TREMATODES (voy. ce mot). Les Distomes sont de petits animaux dont les plus grands n'atteignent pas un pouce de long et d'une consistance molle, d'une forme plus ou moins allongée, aplatie ou presque cylindrique, de couleurs variées, susceptibles de s'étendre ou de se raccourcir, soit en totalité, soit particllement, comme les sangsues. Leur organisation assez simple consiste dans un corps parenchymateux, d'une consistance médiocre, contractile dans tous ses points, sans fibres musculaires apparentes, sans cavité viscérale, parcouru par des vaisseaux séminifères et ovifères, recouvert d'une peau très-fine ; présentant à l'extérieur les deux ouvertures appelées pores, dont l'un, antérieur, sert d'orifice aux vaisseaux nourriciers, et l'autre, inférieur, sorte de ventouse, sert à fixer l'animal à la surface des organes dans lesquels il habite ; enfin une sorte de mamelon, nommé cirrhe, rétractile, placé au devant du pore ventral et qui doit être considéré comme un des principaux organes de la génération. La portion de l'animal située entre les deux pores se nomme col ; le reste porte le nom de corps. Dans quelques espèces la partie du col qui supporte le pore antérieur est distinguée par une rainure : on lui donne alors le nom de tête, et dans ce cas elle est couronnée d'aiguillons. Lorsque l'extrémité postérieure s'amincit, on lui donne le nom de queue. Trois ou quatre petits aiguillons dirigés en arrière se remarquent quelquefois à la surface des Distomes ; le pore inférieur, formé par une sorte d'entonnoir musculeux, a son extrémité plus large tantôt à ouverture circulaire, tantôt triangulaire, il est quelquefois terminal ; on dit alors qu'il est infère.

On n'aperçoit guère les vaisseaux nourriciers que lorsque les Distomes se nourrissent d'un suc coloré, c'est ce qui arrive chez le Distome hépatique. Le vaisseau nourricier né du pore nourricier se divise en deux branches qui circonscrivent le cirrhe, communiquent entre elles par un rameau transversal, et marchent ainsi parallèlement jusqu'à l'extrémité postérieure en donnant de nombreux rameaux à la surface, en s'anastomosant de mille manières pour former un réseau très-serré, et finissant par se réunir à un rameau commun placé sur la ligne médiane, et qui se termine à l'extrémité postérieure du corps. On peut conclure de cette disposition anatomique que les sucs nourriciers dans lesquels les Distomes vivent plongés sont absorbés par le pore antérieur ; portés ensuite dans ceux des vaisseaux dont le calibre reste à peu près le même dans toutes les divisions, ils y subissent une élaboration par suite de laquelle leurs parties les plus ténues sont absorbées par les vaisseaux secondaires ; leur résidu est ensuite rejeté en parcourant en sens inverse les voies par lesquelles ces sucs sont entrés. La disposition des organes génitaux porte à croire que les Distomes sont hermaphrodites. Goëze, qui avait rencontré deux de ces animaux accouplés, pensait qu'ils étaient androgynes. On pense que leur accroissement est promptement achevé ; ils habitent l'intérieur des voies digestives ; on en trouve parfois dans les voies aériennes, dans les kystes accidentels, même sous la conjonctive. On compte plus de deux cents espèces de Distomes, et il serait possible de les multiplier si l'on tenait compte des nuances différentielles qu'on observe dans ce genre, en raison des circonstances dans lesquelles on les rencontre et des animaux dans les organes desquels on les trouve. Les principales espèces sont : le DISTOME HÉPATIQUE, le DISTOME A PORE GLOBULEUX, le DISTOME SIMPLE, le DISTOME ACTÉ, le DISTOME DIVERGENT, etc.   (P. G.)

DISTYLE, *Distylus*. (BOT. PHAN.) Ce mot se dit d'un pistil qui a deux styles. Tels sont les pistils de l'*OEillet*, des *Ombellifères*, etc.   (C. É.)

DITRACHYCÈRE, *Ditrachyceros*. (ZOOPH. INTEST.) Genre de l'ordre des Parenchymateux de Cuvier, placé par Zeder parmi les Cysticerques, auquel on assigne les caractères suivans : corps ovale, enveloppé d'une tunique lâche, à tête surmontée de deux prolongemens en forme de cornes, recouverte de filamens. Sultzer ayant seul donné la description de cet animal, son existence était mise en doute par beaucoup de naturalistes, entre autres par Rudolphi et par Bremser, lorsque Lesauvage, professeur à Caen, le retrouva dans les selles d'un malade. Si l'existence de ce vers intestinal n'est plus aujourd'hui révoquée en doute, les occasions de l'observer ont été si rares qu'il est impossible d'ajouter encore aux descriptions qui en ont été faites. Le docteur André, qui exerçait il y a quelques années encore dans une ville de province, nous a parlé d'un ver intestinal dont la description nous paraît appartenir au Ditrachycère ; mais son observation manquait de détails.   (P. G.)

DIURNE. (BOT. ZOOL.) Ce nom s'applique, en botanique, aux plantes qui s'épanouissent pendant le jour ; chez les oiseaux, il sert à désigner l'une des grandes divisions des Rapaces, qui livrent la guerre aux autres animaux. Enfin, dans les insectes, Latreille a donné ce nom à une famille de l'ordre des Lépidoptères, à laquelle il assigne les caractères suivans : ailes toujours libres ; point de frein ou de crin écailleux, raide et pointu, à la base du bord extérieur des inférieures pour retenir dans le repos les supérieures ; ces dernières moins élevées perpendiculairement, lorsqu'elles sont dans cet état ; antennes grossissant insensiblement de la base à la pointe, ou terminées en bouton dans les uns, plus grêles ou crochues au bout dans les autres. Les chenilles des Lépidoptères de la famille des Diurnes ont constamment seize pieds et vivent à découvert sur les feuilles. Les chrysalides, ordinairement anguleuses, sont souvent nues, attachées par la queue et soutenues par un fil soyeux qui croise le milieu du corps en travers. L'insecte parfait ne vole que pendant le jour. Les ailes sont diaprées, à leur surface inférieure, de couleurs vives et éclatantes. La bouche se compose toujours d'une trompe, munie de palpes maxillaires fort petits. Nous reproduisons ici les différentes coupes établies dans ce genre par Latreille. 1re coupe : une paire d'ergots ou d'épines à leurs jambes, partant de leurs extrémités postérieures; quatre ailes s'élevant perpendiculairement dans le repos; antennes tantôt renflées à leur extrémité, en manière de bouton ou de petite massue tronquée ou arrondie à son sommet, tantôt presque filiformes. Leurs chenilles sont allongées, presque cylindriques; leurs chrysalides presque toujours anguleuses, quelquefois unies, mais renfermées dans une coque grossière. 2e coupe : jambes postérieures ayant deux épines, savoir, une à leur extrémité et l'autre au dessus; ailes inférieures, ordinairement horizontales dans le repos; extrémité des antennes terminée fort souvent en pointe très-crochue; leurs chenilles, dont on ne connaît qu'un très-petit nombre, plient les feuilles, s'y filent une coque de soie très-mince et s'y métamorphosent en chrysalides, dont le corps ne présente aucune éminence anguleuse.

(P. G.)

DIVARIQUÉ, DIVARIQUÉE, *Divaricatus.* (ZOOL. BOT.) Organes qui, chez les animaux ou dans les plantes, sont distendus brusquement et sans direction fixe. Ainsi les cornes peuvent avoir leurs andouillers Divariqués. Dans la chicorée, les tiges sont Divariquées; les panicules de la Renouée le sont également. (P. G.)

DIVERGENT, DIVERGENTE, *Divergens.* (ZOOL. BOT.) Ce mot se dit, tant en zoologie qu'en botanique, de toutes ramifications qui vont s'écartant d'un point commun. Il est opposé à *convergent.*

(C. É.)

DIVERGI-NERVÉE. (BOT.) Une feuille est *Divergi-Nervée,* quand ses nervures sont disposées comme les branches d'un éventail déployé.

(C. É.)

DIVERSIFLORE. (BOT. PHAN.) Quoique ce mot s'applique quelquefois aux épis et aux grappes, il est plus particulièrement destiné à désigner l'ombelle, composée de fleurs régulières au centre, et de fleurs plus grandes et irrégulières à la circonférence. Cette disposition se remarque surtout dans les Coriandres, *Coriandrum sativum* et *testiculatum,* les Tordyliers, *Tordylium maximum* et *officinale,* que l'on rencontre dans nos cultures ou spontanés dans nos départemens du Midi. (T. D. B.)

DIVERTICALE. (ANAT.) Appendice creux et terminé en cul-de-sac, s'élevant à la surface du canal intestinal et dont la cavité communique avec celle de ce canal. (P. G.)

DOCIMASIE ou DOCIMASTIQUE. (MIN.) On désigne sous ce nom l'art de déterminer, par des moyens chimiques et des essais, la proportion et la nature d'un métal contenu dans son minerai.

(GUÉR.)

DODÉCAÈDRE. (MIN.) Cristal à douze faces polygones, parallèles deux à deux et d'une même espèce par le nombre de leurs côtés. *V.* CRISTALLOGRAPHIE et MINÉRALOGIE. (GUÉR.)

DODÉCANDRIE, *Dodecandria.* (BOT. PHAN.) C'est la onzième classe du système sexuel de Linné, comprenant les végétaux qui ont depuis douze jusqu'à vingt étamines libres et distinctes entre elles.

Cette classe se divise en six ordres, d'après le nombre des pistils, savoir : 1° Dodécandrie monogynie; 2° D. digynie; 3° D. trygynie; 4° D. tétragynie; 5° D. pentagynie; 6° D. polygynie.

(L.)

DODONE, *Dodonæa.* (BOT. PHAN.) Plumier 'a dédié ce genre de la famille des Sapindacées et de l'Octandrie monogynie à Rembert Dodoens (dont le nom latinisé à la mode du seizième siècle est *Dodoneus*), botaniste né dans un village de la Frise en 1517, qui sut imprimer à la science une direction nouvelle en appelant l'étude sur l'ensemble des caractères et l'emploi raisonné des propriétés végétales. On a de lui un ouvrage remarquable, *Stirpium historiæ pemptades VI,* dont les figures sont d'une belle et bonne exécution. Le genre Dodone est composé d'arbustes peu brillans, quoique d'une verdure agréable et d'une forme élégante ; ils sont tous originaires des pays équatoriaux, et ont le calice caduc, à quatre divisions profondes, sans corolle; de cinq à huit étamines, dont les filets extrêmement courts portent des anthères ovales, presque sessiles; l'ovaire supère, triquètre; le style dressé, partagé à son sommet en deux ou trois lobes; le stigmate légèrement trifide. Leur fruit est une capsule de consistance membraneuse, renflée, avec trois ailes, divisée intérieurement en trois loges renfermant chacune deux semences dures, sphéroïdes, comprimées. Les espèces, au nombre de douze, sont toujours vertes, munies de feuilles simples, alternes, odorantes, visqueuses ; celles de la DODONE A FEUILLES ÉTROITES, *D. angustifolia,* exhalent, lorsqu'on les froisse entre les doigts, une odeur de pomme de reinette tellement prononcée, que la plante en a reçu le nom *Bois de reinette.* Les fleurs sont petites, sans éclat, de couleur herbacée, accompagnées de bractées, souvent polygames, ou même dioïques par avortement, et disposées en grappes terminales et axillaires. Des espèces connues, quatre appartiennent à la Nouvelle-Hollande, deux aux îles Sandwich, deux à l'Inde, une à l'île Mascareigne, une à l'Afrique occidentale et deux à l'Amérique du Sud.

Celle de la côte sablonneuse d'Oware, dite DODONE VISQUEUSE, *D. viscosa,* est cultivée chez quelques amateurs ; on la recherche parce qu'elle répand une odeur agréable ; elle monte à deux et trois mètres, et son gros tronc à écorce brune, droit, se couronne de rameaux visqueux et de feuilles qui le sont seulement durant leur jeunesse. Son bois est blanchâtre. Il fleurit en juin et juillet. Les ailes de ses capsules sont plus larges que celles des autres espèces. (T. D. B.)

DODONÉES et DODONÆACÉES. (bot. phan.) Kunth a, sous ce nom, fondé une coupe dans la famille des Sapindacées, qu'il compose des genres *Alectryon* de Gærtner, *Amirola* de Persoon, *Dodonæa* de Plumier, *Koelhreuteria* de Lamarck, et *Llaguna* de C. Richard. (T. D. B.)

DOGUE. (mam.) Nom de la race de chiens qui offre les plus grands individus. *Voy.* Chien.
(Guér.)

DOIGTS. (anat. zool.) Organes placés aux extrémités des membres des Mammifères, des oiseaux et des reptiles, et qui sont formés de petits os, auxquels on a donné le nom de phalanges. Dans les Mammifères on n'en compte jamais plus de cinq, ordinairement à deux ou trois articulations. Le nombre des Doigts n'est pas toujours le même aux membres antérieurs et aux membres postérieurs. Le nombre des Doigts, leur disposition et leur rapport avec le reste de l'organisation, ont fourni d'excellens caractères pour les classifications. Dans les oiseaux ils ne sont distincts qu'aux extrémités inférieures; aux supérieures ils sont recouverts et cachés par la peau, et servent d'attache aux principales rémiges; composés de deux, trois, quatre ou cinq phalanges, leur nombre, leur forme, leur longueur varient beaucoup et ont également servi de caractères distinctifs entre les diverses espèces. Presque toujours ils présentent à leur extrémité un ongle dont la courbure et les dimensions sont également très-variables. Leur flexibilité et la vigueur des muscles qui s'y insèrent donnent aux oiseaux les moyens de rester longtemps immobiles sans fatigue, comme sans crainte d'être renversés. On sait que beaucoup d'espèces perchent, pendant leur sommeil, en enroulant leurs Doigts autour des très-faibles branches d'arbres. Les Doigts sont au nombre de quatre dans un grand nombre d'espèces; mais leur position est variable; tantôt on en compte trois en avant et un seul en arrière; tantôt il y en a deux devant et deux derrière. Dans le premier cas celui de derrière se nomme pouce et il a souvent la faculté de se rapprocher des trois premiers. Dans les autres espèces les quatre Doigts sont placés en avant. Il en est chez lesquelles le pouce est totalement oblitéré; chez d'autres c'est un des Doigts de devant qui manque entièrement. L'autruche n'a que deux doigts, tous deux en avant. Lorsqu'il y en a trois en avant, le Doigt intermédiaire est plus long: il compte trois phalanges quand l'interne et l'externe n'en comptent souvent que deux; le pouce est toujours situé à une certaine élévation, sur les pattes postérieures, au bord interne du tarse. Les Doigts sont ou libres ou réunis par une membrane qui fait très-bien l'office d'une forte rame lorsque les oiseaux se maintiennent sur l'eau ou cherchent à plonger; quelquefois cette membrane est remplacée par un simple prolongement membraneux, découpé irrégulièrement, ou délicatement dentelé. Parfois les Doigts sont recouverts de duvet ou de plumes jusqu'aux extrémités; souvent ils sont nus, lisses, écailleux ou verruqueux. Les Perroquets et les Accipitres emploient ces organes de la préhension, et l'on sait qu'ils s'en servent avec une grande adresse.

Dans les Reptiles, on ne trouve plus pour ces organes de caractères assez tranchés pour les faire servir de base à la classification; mais ces caractères, pour être moins saillans, n'en ont pas moins d'une grande importance en ce qu'ils complètent les moyens de bien isoler les groupes génériques. Dans quelques Reptiles, les Reinettes et les Geckos par exemple, les Doigts sont munis de pelotes qui rendent leur progression, leur course plus solide et plus sûre, même sur les surfaces polies, en remplissant pour ainsi dire l'office de ventouse. Dans les Caméléons ils sont disposés à peu près comme on le remarque chez certains oiseaux, les Pies et les Perroquets; et servent par cette disposition à donner à ces reptiles la facilité de saisir les rameaux d'arbres qu'ils habitent.

Chez l'homme, dans les Bimanes et les Quadrumanes, la merveilleuse disposition des Doigts doit être considérée comme une des grandes causes de la supériorité de l'intelligence. C'est dans ces organes que le tact s'exerce au plus haut degré. Chez l'homme il existe cinq Doigts à chaque main et à chaque pied. Ils sont composés de trois phalanges placées bout à bout; le pouce n'en a que deux; la dernière porte l'ongle; ils sont très-mobiles, et dans leurs mouvemens indépendans les uns des autres. Des muscles fléchisseurs et extenseurs se fixent aux phalanges et assurent la précision et l'exercice de ces mouvemens. Les Doigts du pied comptent le même nombre de phalanges que ceux de la main; mais ces os sont plus courts et beaucoup moins mobiles. Le pouce n'est pas détaché des autres et ne peut leur être opposé. Les Doigts de la main sont très-longs: un grand nombre de papilles et de nerfs viennent s'épanouir là sur le chorion qui repose sur une couche épaisse de tissu cellulaire graisseux très-élastique, et que recouvre un épiderme fin, mince et poli. Ces circonstances organiques si avantageuses expliquent l'extrême sensibilité de ces organes et la facilité avec laquelle ils peuvent saisir tous les corps, quelle que soit l'irrégularité de leur figure. Si l'on y ajoute surtout la faculté d'opposer le pouce aux autres Doigts de façon à pouvoir serrer les petits objets entre les parties de la main qui sont le siège de la plus exquise sensibilité, on concevra facilement que le philosophe Anaxagore, et de nos jours Helvétius, n'aient pas balancé à attribuer la supériorité de l'homme à l'heureuse organisation de ces parties; l'on ne saurait trop, en effet, admirer un instrument si parfaitement disposé à exécuter tout ce que médite l'intelligence. (*Voy.* Main). (P. G.)

DOLABELLE, *Dolabella.* (moll.) La famille des Aplysiens ou Laplysiens (*voy.* ce mot) comprend, avec les Actéons et les Bursatelles, le groupe si nombreux des Aplysies proprement dites, dont certains naturalistes font plusieurs genres distincts, parmi lesquels se place celui des Dolabelles, *Dolabella*, Lamarck. Ces dernières;ont le corps rétréci en avant et très-large en arrière, où il est toujours tronqué par un plan ou disque oblique ; la fente dorsale est toujours médiane et formée par le rapprochement des deux côtés du manteau, lesquels sont très-étroits et impropres à la natation. La coquille est toujours calcaire et plus grande que dans les autres Aplysies, elle est cachée en grande partie par les expansions du manteau ; c'est une pièce à peu près triangulaire, peu commune dans les collections, et dont le prix est par conséquent assez élevé.

Les Dolabelles sont très-répandues dans les mers de l'Inde, et dans une partie de l'Océanie : l'Europe et l'Amérique ne paraissent pas en posséder. Elles répandent une liqueur pourprée, très abondante, au moyen de laquelle elles se dérobent aux attaques de leurs ennemis ; elles sont, comme nous l'avons dit plus haut, peu favorablement organisées pour nager ; mais en revanche leur pied leur permet de marcher avec facilité. Quelques espèces atteignent souvent un volume assez considérable, jusqu'à quinze ou dix-huit pouces de long ; elles vivent sur les côtes, dans les endroits tranquilles, les ports, les baies, etc., ou bien se tiennent dans les fonds vaseux, et s'y enfoncent en ne laissant passer au dessus que leur siphon, au moyen duquel l'eau arrive à leurs branchies.

Ces animaux sont vulgairement appelés Lièvres marins ; dans quelques îles, les naturels les recueillent pour s'en nourrir ; nous citerons la Do-LABELLE CALLYSE, *Dolabella Rhumphii*, Lamk., représentée dans notre Atlas, pl. 138, fig. 3-4. Animal de couleur verdâtre obscure, à reflets souvent métalliques ; le corps, couvert de petites aspérités aiguës, a de douze à quatorze pouces de long. C'est l'espèce la plus anciennement connue ; elle vit dans les mers d'Asie, aux Moluques, à l'île de France, ainsi qu'aux îles Waigiou et Rawack.

DOLABELLE TÉRÉMIDI, *Aplysia teremidi*. Cette espèce est également d'une taille assez grande. Elle a été décrite et représentée par M. Rang, dans sa belle Monographie des Aplysiens. Elle vit dans les îles de la Société, où les habitans la recueillent pour s'en nourrir.

Une autre espèce remarquable est la DOLA-BELLE GÉANTE, *Aplysia gigas*, Rang, qui a dix-huit pouces de longueur et peut-être davantage ; elle est de la mer du Sud.

M. Rang, dans l'ouvrage cité ci-dessus, ainsi que dans son Manuel de l'hist. nat. des Mollusq., réunit dans le genre unique des Aplysies, comme n'en étant que de simples sections, les Dolabelles, les Notarches et les Aplysies proprement dites.

(GERV.)

DOLÉRITE, Haüy ; MIMOSE, Brong. (MIN.) C'est une roche composée essentiellement de pyroxène et de la variété de feldspath à base de soude, à laquelle on a donné le nom d'*Albite*, pour la distinguer du feldspath commun à base de potasse. La couleur de cette roche est le gris noirâtre. Les parties accessoires sont le mica, le péridot et l'amphigène. On en distingue les variétés suivantes :

Dolérite porphyroïde : le pyroxène domine et forme la masse principale qui enveloppe des cristaux d'albite.

Dolérite granitoïde : les deux élémens sont en proportions à peu près égales, la texture est celle du granite.

Dolérite amygdalaire : la masse est toute criblée de vacuoles arrondies, tapissées d'agates, de calcaires, de zéolithes, etc., etc. ; et enfin la *Dolérite néphélinique*, où de nombreux cristaux de néphéline grisâtre sont enveloppés dans une pâte de Dolérite porphyroïde. Cette roche, comme les basaltes, avec lesquels elle a les plus grands rapports, se présente souvent en masses, divisées en prismes et en grands sphéroïdes irréguliers.

Si l'identité présumée du pyroxène et de l'amphibole venait à être démontrée, il ne resterait de caractères essentiels entre les Diorites et les Dolérites, que la présence du feldspath de potasse dans les premières, et du feldspath de soude ou albite dans les secondes. Le gisement serait encore une circonstance distributive. Les Dolérites appartiennent presque exclusivement aux terrains basaltiques, tandis que les Diorites se groupent avec les roches granitiques. Werner, qui avait observé la Dolérite du mont Meisner, en Hesse, et remarqué ses passages au basalte, la confondit d'abord avec les Syénites et les Grunsteins ou Diorites, quoiqu'il fût le premier à établir des différences entre le pyroxène et l'amphibole. Les géologues français, qui retrouvèrent cette roche dans les volcans éteints de la France centrale, en firent une espèce distincte, que M. Brongniart nomma MIMOSE. (Ces deux noms, Dolérite et Mimose, expriment par leurs racines *dolos*, tromperie, et *mimos*, imitateur, les erreurs auxquelles leurs apparences avaient donné lieu.)

L'association de la Dolérite au basalte n'a rien d'étonnant ; car il paraît que cette dernière roche n'est qu'une Dolérite compacte ; on voit dans la plupart des terrains basaltiques des passages graduels de la roche granitoïde à la roche compacte. Les Dolérites les mieux caractérisées, où le feldspath de soude albite et le pyroxène sont parfaitement distincts, se modifient petit à petit et passent par toutes les nuances au basalte compacte. Ces variétés extrêmes de la même roche se montrent jusqu'aux deux extrémités d'un même bloc.

La Dolérite se rencontre dans tous les terrains où les phénomènes ignés se sont manifestés par l'épanchement des basaltes, comme au Kaiserstuhl, où elle est amygdalaire, au sommet du mont Meisner, en Hesse ; au volcan de Beaulieu, en Provence ; près de Saint-Flour, en Auvergne, et sur le Cantal, où M. Cordier en cite d'immenses plateaux. Cette roche, au contraire, n'est citée ni dans les volcans trachytiques des Cordilières, ni dans l'archipel de la Grèce, où les trachytes se montrent aussi exclusivement. (B.)

DOLIC, *Dolichos*. (BOT. PHAN.) Les plantes économiques et alimentaires que nous avons tirées de l'Inde et de l'Amérique du sud, auxquelles on a donné le nom grec qu'elles portent dans la langue botanique à cause de la longueur de leurs gousses, appartiennent à la grande famille des Légumineuses et à la Diadelphie décandrie. Long-temps elles ont été confondues avec les *Phaseolus*; Linné le premier a distingué les deux genres et leur a assigné des caractères tranchés que les découvertes nouvelles ont pleinement confirmés. Cela n'a pas empêché certains botanistes, qui ne travaillent que sur des échantillons desséchés et sur des graines isolées de leurs enveloppes, et par conséquent dépouillées de certains caractères essentiels que la culture peut seule révéler en nos climats, de chercher à limiter de plus en plus le nombre des espèces propres au genre *Dolichos*, afin d'augmenter la masse des innovations et réduire le temps que réclame la véritable science à l'étude stérile et fatigante de la nomenclature. Si l'on cédait à leurs caprices, on finirait par effacer entièrement le genre Dolic : la tentative de Moench en est une preuve fort remarquable. Je regarde toutes ces prétentions comme des changemens inutiles, mal fondés, à l'exception de l'espèce appelée jusqu'ici Dolic œil de bourrique, *D. urens*, qui doit être réellement érigée en un genre à part, comme Adanson et Scopoli l'ont démontré, comme nous le dirons, d'après eux, en parlant du Mucuna (v. ce mot).

Je vais parler des Dolics, non d'après les livres, mais sur des données fournies par une culture soignée, par des observations faites sur la plante en pleine vie. Ces végétaux, à feuilles ternées et munies de stipules, forment deux sections bien distinctes, les Dolics à tiges volubiles, grimpantes, et les Dolics à tiges droites ou couchées et nullement grimpantes. Les premiers ressemblent davantage aux Haricots que les seconds; les uns et les autres peuvent s'acclimater en France, plusieurs y viennent très-bien et mûrissent parfaitement leurs graines. Déjà quelques uns de ceux réputés naguère encore comme n'y pouvant point prospérer, tels que le Dolic a onglets, *D. unguiculatus*, originaire des îles Barbades, y vivent non seulement en pleine terre, mais ils font encore partie des végétaux que le laboureur du département du Var enfouit, lorsqu'ils sont en fleurs, au mois de mai, pour servir d'engrais aux terrains schisteux. Cette espèce a la tige peu sarmenteuse, haute d'un mètre au plus, portant des gousses droites, cylindriques, peu noueuses et terminées par une pointe en crochet, d'où lui est venu le nom botanique qu'elle porte. Ses fleurs sont d'un pourpre pâle, ses graines petites, rondes et pourpre violacé.

Dans la première section, outre l'espèce que je viens de nommer, on trouve 1° le Dolic bulbeux, *D. bulbosus*, espèce de l'Inde, qui n'est point difficile sur la nature du sol, et s'accommode de tous les terrains ; cependant sa racine arrondie, pivotante, semblable pour la forme et le volume à la rave douce d'Europe, *Brassica rapa maxima*, et mieux encore au navet, *Brassica napus*, se plaît de préférence en une bonne terre substantielle, un peu humide ; elle y prend un goût flatteur et très-délicat. La plante donne des tiges menues, volu-

biles, couvertes de feuilles anguleuses et dentées, de fleurs rougeâtres disposées en grappes pédonculées, et de gousses oblongues, cylindriques, aiguës, remplies de graines ovales de couleur foncée. Comme cette espèce de Dolic croît très-vite, et qu'elle ne demande que trois ou quatre mois pour remplir toutes les phases de la vie végétale, semée en avril, sa racine est mangeable dès le mois de juillet; elle vient combler utilement le vide que laissent entre elles les anciennes et les nouvelles pommes de terre, dont les plus précoces ne paraissent ordinairement qu'en août, huit mois après la plantation. Il faut attendre que les semences soient parfaitement mûres pour arracher les porte-graines; mais les racines destinées à la table veulent être enlevées bien avant ce moment, sans cela elles prennent, en vieillissant, une consistance ligneuse qui les rend d'une digestion difficile et leur fait perdre tout leur mérite. A Java, dans les Philippines, où ce Dolic comestible est communément appelé *Iquama* et *Bankowang*, on mange sa racine plutôt cuite que crue, coupée par tranches et préparée au sucre, au beurre et à la cannelle ; elle figure sur toutes les tables comme mets aussi sain que savoureux. Les Malais réduisent les graines en farines et en font des sauces et une sorte de bouillie, sous le nom de *Kadjen-Kadelé*. L'on dit à Manille que ces graines sont vénéneuses, pour empêcher les étrangers de les accaparer. Les bestiaux mangent la racine avec plaisir, son usage les engraisse promptement, les porcs surtout qui en sont très-friands.

2° Le Dolic ligneux, *D. lignosus*, très-joli sous-arbrisseau de l'Inde, qui croît avec la plus grande rapidité dans sa patrie, et pousse de nombreux jets, grêles, flexibles, très-propres à faire des berceaux, à couvrir des murailles en fort peu de temps; il reste orné de ses feuilles toute l'année, et depuis le mois de mars jusqu'en juin il fournit abondance de grappes fleuries, pourpres ou rosées, très-jolies, et répandant une charmante odeur. En juin, on peut déjà recueillir ses graines bien mûres. D'Alger, où elle vient à merveille, cette belle espèce a été transportée dans nos départemens du Midi, où on la cultive en pleine terre. Les Indiens mangent ses gousses brunes ou oblongues, lorsqu'elles sont jeunes; elles renferment des graines d'abord jaunâtres, qui deviennent ensuite d'un beau noir luisant; leur ombilic est ovale-allongé, protubérant, très-blanc et bâillant. Ce Dolic aime les terres légères, un peu humides; il se multiplie très-aisément.

3° Le Dolic d'Egypte, *D. lablab*, l'espèce la plus anciennement connue et celle que Prosper Alpin estimait vivre plus d'un siècle, tant elle est vivace sous le ciel de l'Egypte; transportée chez nous, elle est simplement annuelle. Ses tiges grimpent à deux mètres en s'entortillant autour des supports placés dans son voisinage; ses fleurs, panachées de pourpre, de violet et de blanc, forment de superbes grappes, et sont remplacées par des gousses courtes, ovales, renflées, terminées par un crochet et contenant de quatre à six graines

d'un

d'un noir mat, blanchâtre ou rougeâtre, selon les variétés, mais toutes marquées d'un ombilic blanc, arqué presque en demi cercle, saillant. Elles sont bonnes à manger, accommodées comme nos haricots ordinaires.

On a obtenu dans les environs de Saragosse, en Espagne, et dans notre département de la Dordogne, une variété précieuse, à fève brunâtre, qui fournit également une cosse bonne à manger. La récolte qu'elle procure est toujours abondante et se soutient jusqu'aux premières gelées. On a donné à cette variété le nom de DOLIC CARACOLLE, qu'elle porte en Espagne.

4° Le DOLIC DE LA CHINE, *D. sinensis*, dont les semences ovales sont excellentes à manger et d'une grande blancheur, avec ombilic brun-noir; les matelots en font de fortes provisions pour leurs voyages. Il jette des rameaux grêles, herbacés, rampans, sur lesquels se détachent des fleurs purpurines et de longues gousses pendantes. Dans certaines variétés, les semences sont rouges, couleur sang ou rouge foncé; parmi elles, on range le DOLIC MAREKA de l'Inde, *D. gladiolus*; le DOLIC SANGUIN des Antilles, *D. sanguineus*; le DOLIC A GOUSSES D'UN DEMI-MÈTRE DE LONG, *D. sesquipedalis*, de l'Amérique du sud.

5° Le DOLIC SABRE, *D. ensiformis*, plante de la Jamaïque, que l'on nomme vulgairement à Haïti *Pois souche*, et que l'on cultive dans l'Amérique centrale. Sa tige est ligneuse à sa base, elle monte au dessus des plus grands arbres et porte des gousses longues de près d'un mètre sur quarante millimètres de largeur; elles sont pendantes et contiennent des semences plates, larges, d'un blanc sale, avec ombilic droit, roussâtre; leur peau est dure, mais la pâte en est d'un goût très-agréable.

Parmi les Dolics qui ne sont pas grimpans, je nommerai seulement le DOLIC DU JAPON, *D. soja*, avec lequel les habitans de ce pays préparent, uni à des jus de viandes, cette sauce fameuse connue sous le nom de *Sooia*, et une sorte de bouillie, appelée *Miso*, qui leur tient lieu de beurre. On estime que c'est cette même sauce dont les Anglais font un fréquent usage sous le nom de *Saye*; elle est claire, d'un brun foncé, point épaisse, d'un goût un peu caramélé; l'on dit qu'elle se garde long-temps, qu'elle raccommode les sauces et leur donne une saveur agréable. La tige de ce Dolic monte droite à quarante centimètres; elle est chargée de poils roussâtres; ses fleurs, fort petites, purpurines, donnent naissance à des gousses de quarante millimètres de long, pendantes, pointues, roussâtres, remplies de graines rondes, rouge foncé. L'autre espèce, le DOLIC JEANNOTTE ou à gousses menues, *D. cattang*, se trouve également dans l'Inde, à la Jamaïque et dans l'Amérique du sud. Dans la première de ces contrées, elle est, après le riz, l'aliment dont on fait le plus d'usage. Elle produit un grand nombre de sous-variétés; la couleur ordinaire de ses graines est d'un blanc sale, avec une tache noirâtre ou rougeâtre à l'ombilic: ce sont celles qui jouissent d'une plus haute vogue; chez les autres, les taches embrassent quelquefois un tiers, la moitié, et même toute l'étendue de la graine; son volume varie depuis la grosseur triple du grain de riz, jusqu'à la grosseur de nos petits haricots. Les tiges peu rameuses, menues, droites, portent des fleurs blanches, on roses, ou bleuâtres, et les gousses qui leur succèdent sont presque droites. Il paraît que ce Dolic fut connu de Théophraste, du moins ce qu'il dit, sous le nom de *Phâcos indicé*, s'applique bien à lui.

Tous les Dolics ne demandent, pour prospérer en France, d'autres soins que ceux que l'on donne d'habitude aux haricots, et comme la plupart ont le goût plus fin que ces derniers, le père de famille est intéressé à les joindre à ses cultures. Quelques uns figurent très-bien parmi les plantes d'ornement.   (T. D. B.)

DOLICHOPE, *Dolichopus*. (INS.) Genre de Diptères, établi par Latreille et dont les caractères consistent à avoir le troisième article des antennes cylindrique, accompagné d'une soie insérée sur le côté, et les pieds velus; dans ce genre, la tête est demi-sphérique, bordée de soies raides autour de la partie postérieure; l'intervalle entre les yeux est assez large, le corselet est arrondi, l'abdomen comprimé sur les côtés, les organes mâles repliés en dessous atteignent la moitié de sa longueur, ses pieds sont ornés de deux rangs d'épines raides. On ne connaît pas les métamorphoses de ces insectes.

D. A CROCHETS, *D. ungulatus*, Fab., tête et pattes jaunâtres, corselet et abdomen vert bronze doré; antennes, épines de la tête et des pattes, organe sexuel dans les mâles, noirs,   (A. P.)

DOLICHOPODES, *Dolichopoda*. (INS.) Tribu de Diptères de la famille des Tanistomes, ayant pour caractères: yeux le plus souvent séparés; antennes terminées par un style; trompe courte; le deuxième article des palpes déprimé; abdomen allongé, comprimé sur les côtés; organes mâles armés de lamelles très-allongées, recourbées en dessous du corps. Les ailes sont couchées sur le corps dans le repos, elles ont, selon M. Macquart, « une cellule médiastine très-petite, fermée; point de discoïdale; ordinairement trois postérieures; nervure externomédiaire plus ou moins fléchie; cellule anale petite. Les pieds sont grêles. »   (A. P.)

DOLOMÈDE, *Dolomedes*. (ARACHN.) Genre de l'ordre des Pulmonaires, famille des Aranéides, tribu des Citigrades, établi par Latreille qui lui donne pour caractères: yeux disposés sur trois lignes transverses, 4, 2, 2, représentant un quadrilatère un peu plus large que long, avec les deux derniers ou postérieurs situés sur une éminence; la seconde paire de pieds aussi longue ou plus longue que la première, ceux de la quatrième sont les plus longs; la languette est carrée, aussi large que haute. Walckenaër, dans son tableau des Aranéides, place ce genre dans la division des Coureuses. Latreille le partage en deux sections, converties par Walckenaër en deux familles, qui sont : les Riverines, *Ripariæ*, les Sylvines, *Sylvariæ*; les unes ont les deux yeux latéraux de la ligne antérieure plus gros que les deux mitoyens compris entre eux, et l'abdomen en ovale oblong et terminé en pointe. Cette section comprend les Sylvines dont on ne connaît encore qu'une seule espèce, qui est le Dolomède admirable, *D. mirabilis*, Walck., ou l'*Aranea obscura* de Fabricius et l'*Aranea rufo-fasciata* de Degéer. Les femelles se construisent, aux sommités des arbres chargés de feuilles, ou dans les buissons, un nid soyeux, en forme d'entonnoir ou cloche, y font leur ponte, et lorsqu'elles vont à la chasse, ou qu'elles sont forcées d'abandonner leur retraite, elles emportent avec elles leur cocon, qui est fixé sur la poitrine. Clerck dit avoir vu des individus sauter très-promptement sur des mouches qui volaient autour d'eux. Les autres ont les quatre yeux de devant égaux, et l'abdomen ovale et arrondi au bout; cette seconde section comprend le Dolomède bordé, *Dolomedes marginatus* de Degéer, le Dolomède entouré, *D. fimbriatus* de Linné, ou l'*Aranea paludosa* de Clerck. Ces espèces habitent le bord des eaux, courent sur leur surface avec une vitesse surprenante, et y entrent même un peu sans se mouiller. Les femelles font entre les branches des végétaux, une grosse toile irrégulière, dans laquelle elles placent leur cocon. Elles la gardent jusqu'à ce que les œufs soient éclos.   (H. L.)

DOLOMIE. (MIN. et GÉOGR.) Calcaire lent, chaux carbonatée magnésifère. Cette substance mérite une attention particulière par le rôle important qu'elle joue dans la structure des grandes masses minérales du globe, et par les théories auxquelles on a eu recours pour expliquer sa formation.

Considérée minéralogiquement, la Dolomie est un sel double composé de carbonate de chaux et de carbonate de magnésie, dans les proportions d'un atome de l'un contre un atome de l'autre ou en poids de 54 carbonate de chaux et de 46 carbonate de magnésie. Ses cristaux diffèrent peu, dans leurs formes, de ceux du carbonate de chaux: ce sont des rhomboèdres dont les angles sont de 106 15 et 73°45, au lieu de 105,5 et 74,55. Leur pesanteur spécifique, 2,8 à 2,9, est un peu plus grande que celle du carbonate de chaux. Leur éclat est souvent nacré, ce qui leur avait valu le nom de Spath perlé. La dureté de la Dolomie est plus grande que celle du calcaire et moindre que celle de l'arragonite. Le caractère qui sert à la distinguer avec plus de facilité est la lenteur avec laquelle elle se dissout dans l'acide nitrique, sans produire d'effervercence bien sensible.

La proportion d'un atome de carbonate de chaux contre un atome de carbonate de magnésie existe, à n'en pouvoir douter, dans des Dolomies de pays très-éloignés; mais il paraît en outre exister d'autres Dolomies cristallines, dans lesquelles la magnésie carbonatée n'entrerait plus que pour un atome contre deux ou trois de carbonate calcaire, de telle manière que, dans la Dolomie véritable, la saturation du calcaire par la magnésie serait à son maximum. Indépendamment de ces espèces cristallines où l'on doit s'attendre à trouver des proportions définies, il existe des calcaires magnésifères ou des Dolomies compactes, dont la composition est très-variable; une partie du carbonate de chaux en excès se trouve à l'état de simple mélange, et se dissout alors avec une vive effervescence.

On peut distinguer dans les roches de cette nature trois variétés principales : 1° la *Dolomie granulaire*, en masses non stratifiées, en bancs puissans, en couches dans des terrains très-divers, mais plus fréquemment au milieu de roches cristallines, dont elle renferme souvent des élémens, telles que de l'amphibole, de la trémolite, des pyroxènes, du talc, du mica, etc.; elle est souvent très-friable, en quelque sorte pulvérulente, et sa désagrégation donne lieu à des montagnes coniques, dont les flancs sont couverts de sables et de débris; 2° la *Dolomie lamellaire*, moins commune que la précédente; elle est remarquable par une blancheur éblouissante, un éclat nacré et aventuriné; elle a été employée dans l'architecture ancienne, on peut citer comme exemple quelques colonnes du Temple de Sérapis, près de Pouzzoles; 3° la *Dolomie compacte*, à cassure fine et conchoïde, rarement blanche; elle a présenté quelquefois les véritables proportions de la Dolomie, dans les Alpes, à Bourbonne-les-Bains, près de Namur; mais, en général, elle montre des caractères chimiques et minéralogiques très-variés dans les nombreuses couches qu'elle constitue, au milieu des groupes secondaires inférieurs de toute l'Europe.

La Dolomie cristallisée affecte diverses structures, elle est souvent incrustante, mamelonnée, semi-globuleuse, concrétionnée, stalactitique; la cellulosité qui la rend âpre et poreuse à petits pores angulaires, est encore un de ses caractères généraux.

La *Rauwacke* n'est qu'une variété de Dolomie grise ou noirâtre, fétide, et tellement criblée de cavités, qu'elle s'écrase en craquant sous les pieds. L'*Asche*, cendrée, bitumineuse, est encore une Dolomie très-fétide et entièrement pulvérulente.

Les calcaires plus ou moins magnésiens et les véritables Dolomies cristallines se trouvent, en général, dans deux modes de gisemens qui indiquent deux origines différentes; les premiers sont en couches régulières plus ou moins compactes, alternant avec des marnes et des argiles, et conservant les empreintes de nombreux fossiles; les véritables Dolomies se trouvent plus fréquemment en amas sans stratification. Mais les exceptions sont fréquentes dans ces deux cas. Les couches de calcaire magnésifère appartiennent en général à la partie inférieure du terrain secondaire. Elles sont très-multipliées sur le revers occidental des Vosges, comme dans la Souabe et la Franconie au milieu des *marnes irisées*, groupe géologique intercalé entre deux formations de calcaire secondaire, le Lias et le Muschelkalk (*v.* ces mots). Sur le haut Necker, près de Rotweil, on remarque de véritables Dolomies en couches alternatives, avec des grès chargés de débris de végétaux et renfermant, en outre, des débris de sauriens et des coquilles bivalves. Dans le Hanovre, des couches jurassiques, appartenant au Coral-Rag, conservent leur régularité et les traces des nérinées et autres fossiles de cet étage, quoiqu'elles soient en partie à l'état de Dolomie.

En Angleterre, un grand système de couches calcaires, contenant beaucoup de carbonate de magnésie et que l'on nomme par ce motif *Magnesian limestone*, recouvre la formation carbonifère et répond au zechstein qui, en Allemagne, est également magnésien. Le magnesian limestone de l'Angleterre renferme souvent de véritables Dolomies, des rauwackes et des calcaires cellulaires, à grandes masses concrétionnées et botryoïdes; dans la même contrée les calcaires de transition eux-mêmes sont quelquefois magnésiens.

En Angleterre, les principales rangées de collines, formées par le calcaire dolomique, s'étendent de Sunderland, sur la côte nord-est, à Nottingham. On les voit, dans tout ce trajet, recouvrir les tranches des couches houillères et même celles des dykes trapéens, qui ne pénètrent pas le calcaire magnésien. Dans le bassin houiller de Newcastle, on croit avoir remarqué que le charbon de terre est attiré partout où il est en contact avec le calcaire magnésien. On cite encore beaucoup de Dolomies en couches régulières dans le terrain *penéen* de l'Allemagne, groupe placé, comme le calcaire magnésien d'Angleterre, entre le Muschelkalk et le terrain houiller.

La régularité de stratification et les diverses apparences de la texture ainsi que de la structure des roches dans les gisemens que nous venons de citer, ont fait penser à quelques géologues que ces calcaires magnésiens et les véritables Dolomies elles-mêmes étaient le produit de dépôts aqueux. L'un d'eux, M. Lyell, va plus loin; il n'y voit que des travertins, parce que ces derniers forment aussi des masses poreuses concrétionnées et cristallines. Nous pourrions citer une foule de preuves qui démontrent que cette explication ne convient pas à la généralité des faits, nous nous bornerons aux plus remarquables.

Dès l'année 1779, Arduino, naturaliste italien, avait émis l'opinion que les Dolomies ou les marbres magnésiens de l'Apennin n'étaient que des calcaires secondaires pénétrés de magnésie par l'action d'une *force ignée souterraine*; M. de Buch s'est emparé de cette idée et l'a appuyée par des faits nombreux et notamment par ses belles observations sur les environs de Lugano. Dans cette contrée, ainsi que dans la célèbre vallée de Sassa dans le Tyrol, le porphyre pyroxénique a percé le sol à une époque plus récente que le terrain tertiaire; des porphyres rouges, des granites signalent des époques d'éruption antérieure. M. de Buch décrit ainsi la position relative et la nature des calcaires secondaires de Lugano par rapport aux masses ignées. Les couches calcaires se relèvent de toutes parts vers le centre d'éruption où percent les porphyres pyroxéniques; d'abord compactes,

homogènes et gris de fumée, elles se montrent, en approchant du sommet de la montagne, traversées de veinules minces, dont les parois sont tapissées de Dolomies; plus haut la roche devient toute fissurée et la stratification cesse d'être distincte; enfin au sommet les couches cessent d'être calcaires et deviennent une masse uniforme de Dolomie : la transformation graduelle du calcaire en Dolomie est ici évidente. Dans les Apennins, des passages de cette nature ont été observés en grand nombre par les géologues italiens : à leurs yeux le marbre de Carrare, la Dolomie grenue ou compacte, le marbre bardiglio de Serra Vezza ne proviendraient que de modifications diverses d'une même roche par suite de l'action de la chaleur seule ou combinée avec le dégagement de la magnésie dans la production de la Dolomie. Les mêmes agens auraient converti les argiles schisteuses et les grès de l'Apennin en jaspes ou en stéachistes.

Dans les environs de la Spezzia, sur le golfe de Gênes, les Dolomies se montrent souvent en amas droits ou en couches irrégulières au milieu du terrain oolitique régulièrement stratifié, mais disloqué; et il est essentiel de remarquer que les parties dolomitiques sont placées au centre du soulèvement. Une observation récente montre que la conversion du calcaire en Dolomie peut appartenir aux terrains les plus modernes : la colline de Saint-Christoval, près de Badajoz, est formée de couches redressées d'un calcaire lacustre tertiaire alternant avec des marnes; vers le centre, des masses d'origine ignée, diorite et euphotide, pénètrent dans les calcaires de bas en haut, et cette roche est convertie au contact et dans les espaces intermédiaires en une véritable Dolomie tantôt compacte, tantôt cristalline et criblée de cavités. Nous pourrions citer une multitude de faits semblables qui montreraient tous la conversion de calcaires régulièrement stratifiés en masses dolomitiques, et presque toujours dans le voisinage de roches ignées plus ou moins magnésiennes et apparentes à la surface du sol. Quoique cette dernière circonstance ne se présente pas aux environs de Paris, l'existence de la Dolomie au milieu de la craie est un fait trop remarquable pour être omis. M. de Beaumont a découvert dans le vallon de Besnes, près de Grignon, un amas dolomitique placé au milieu de la craie et autour duquel se relèvent les couches superposées du terrain tertiaire. La Dolomie contient 45 pour cent de magnésie, quoique la craie, comme on le voit, n'en renferme que 10 à 12 pour cent.

La Dolomie s'étend sur une grande partie des hautes Alpes du Tyrol et de leur prolongation vers l'Autriche; les montagnes qu'elle constitue sont remarquables par leur blancheur de neige, leur stérilité et les formes abruptes et déchirées de leurs sommets; la célèbre vallée de Gosau en peut donner une idée; les pics aigus qui se montrent sur le dernier plan et ferment la vallée au midi sont en partie dolomitiques. Quelquefois les montagnes de cette nature imiten les cônes volcaniques, tels sont les monts Bakony dans l'angle que forme le Danube près de Bude. Ce sol, occupé par la Dolomie, est en général aride et peu fertile, ce que l'on attribue à tort, suivant nous, à la présence du carbonate de magnésie, tandis que sa grande perméabilité doit en être la cause principale. La chaux faite avec quelques unes de ses variétés a la propriété des bonnes chaux hydrauliques; mais on ne doit l'employer qu'avec un extrême ménagement dans l'amendement des terres à cause de sa grande activité sur la végétation.

Nous terminerons par quelques mots sur la théorie de la dolomitisation; si nous devons admettre avec son célèbre auteur, M. de Buch, que, dans tous les cas, les Dolomies cristallines et en masses, et fort souvent les Dolomies en couches régulières, sont le résultat de la fusion des calcaires par suite de l'épanchement des roches ignées, fusion qui aurait permis de nouvelles associations de molécules, et la création du double carbonate, devons-nous admettre en même temps que la magnésie n'y était pas préexistante, mais qu'elle y a été introduite par des vapeurs magnésiennes au moyen d'une espèce de cimentation? Beaucoup d'objections combattent cette hypothèse: ce sont, 1° dans les faits, des alternances de couches dolomitiques et calcaires, l'absence de Dolomies au milieu des calcaires de la Grèce, bouleversés par la sortie des serpentins; 2° dans la théorie, la difficulté de concevoir un état de pression et de température qui permît la sublimation de la magnésie et empêchât cependant le dégagement de l'acide carbonique des calcaires. Ces objections théoriques tomberaient d'elles-mêmes si on avait reconnu assez souvent et surtout assez rigoureusement que la quantité de magnésie s'accroît graduellement dans une même couche, à mesure qu'elle change de caractères minéralogiques, en s'approchant des masses ignées ou du centre de soulèvement où elle est à l'état de Dolomies. L'abondance du carbonate de magnésie dans la plupart des calcaires secondaires anciens est telle, qu'il ne serait pas nécessaire de recourir à des sublimations pour expliquer leur passage à l'état de Dolomies, si la plupart des calcaires magnésiens analysés n'étaient déjà des roches altérées. Terminons par un fait remarquable qui vient bien à l'appui de la théorie de M. de Buch : les épanchemens des roches granitiques qui ne contiennent que très-peu de magnésie ne sont jamais, du moins à notre connaissance, accompagnés de Dolomie, comme le sont les porphyres, les trapps basaltes et autres roches magnésiennes; les seules modifications produites par le granite ont consisté à changer le calcaire en marbre grenu ou en marbre talqueux (cipolin, ophicalce) dans lesquels la magnésie est à l'état de silicate, comme dans l'argile qu'ils renfermaient.   (B.)

DOMBEYACÉES, *Dombeyaceæ*. (BOT. PHAN.) C'est une des cinq sections établies par M. Kunth dans la famille des Malvacées; elle a pour type le genre *Dombeya*, et présente pour caractères généraux : un calice à cinq divisions persistantes, souvent accompagné de bractées; une corolle de cinq pétales libres, inéquilatères et persistans; vingt étamines environ (dont cinq stériles et alternant avec les pétales), souvent soudées par leurs filets en un faisceau, quelquefois libres; anthères biloculaires, sagittées; ovaire libre, à cinq ou dix loges; cinq styles, souvent réunis; capsule globuleuse, à cinq côtes et autant de loges, s'ouvrant tantôt en cinq valves, tantôt se séparant en cinq coques; graines réniformes, parfois ailées.

Les Dombeyacées sont en général des arbres ou des arbustes, rarement des herbes; elles ont leurs feuilles alternes et simples, munies de deux stipules; et leurs fleurs axillaires ou disposées en corymbes. Voici les principaux genres de cette famille : *Dombeya*, Cavanilles; *Trochetia*, De Cand.; *Assonia*, *Ruizia*, Cavan.; *Astrapeja*, Lindley; *Pentapetes*, L.; *Pterospermum*, Schreber; *Melhania*, Forsk.   (L.)

DOMBEYE, *Dombeya*. (BOT. PHAN.) Genre de la famille des Malvacées, Monadelphie dodécandrie, ainsi nommé par Cavanilles en l'honneur du botaniste-voyageur Dombey; il se compose d'arbres ou arbustes des îles orientales d'Afrique, à feuilles alternes, pétiolées, munies à leur base de deux stipules; leurs fleurs sont groupées en corymbes axillaires et pédonculés. Il a pour caractères distinctifs : un calice à cinq divisions profondes, persistantes, accompagné d'un involucre triphylle et unilatéral caduc; une corolle de cinq pétales étalés; quinze à vingt étamines soudées en un faisceau par la base de leurs filets (sur ce nombre cinq sont stériles); un ovaire libre à cinq côtes et autant de loges; un style simple surmonté de cinq stigmates linéaires; une capsule globuleuse, déprimée, à cinq loges, se séparant en cinq coques dispermes, à deux valves; les graines sont terminées en pointe, et renferment des cotylédons condoublés et bifides.

Parmi les huit ou dix espèces de Dombeye, nous citerons :

La DOMBEYE PALMÉE, *Dombeya palmata* (figurée par Cavanilles dans sa 3ᵉ dissertation, pl. 38, fig. 1), arbre de l'île Bourbon, appelé *Mahottantan* par les insulaires. Sa tige rameuse porte des feuilles palmées, divisées en sept lobes, dentées en scie, et longuement pétiolées. Les fleurs sont jaunâtres, et réunies en corymbes axillaires. On trouve cette espèce cultivée dans quelques jardins.

La DOMBEYE PONCTUÉE, *D. punctata* (figurée, pl. 40 de la 3ᵉ dissert. de Cavanilles), offre des feuilles ovales-oblongues, longues de trois à quatre pouces sur un demi de largeur, et marquées en dessus de points brillans formés par de petites écailles sèches et minces.

La DOMBEYE A FEUILLES EN CŒUR, *D. cordifolia*, est la seule espèce particulière à l'Inde.

En général les Dombeyes ont une écorce très-tenace et en même temps souple et liante; à Bourbon, à Madagascar, on en fait des cordages.

Le nom de *Dombeye* avait d'abord été donné

par Lamarck à l'arbre appelé depuis *Araucaria* par Jussieu ; ensuite L'héritier l'appliqua au *Tourretia*, mais on n'adopta point ce changement. Lamarck a décrit la Dombeya sous le nom de *Pentapetes* en modifiant les caractères assignés par Linné à ce dernier genre.   (L.)

DOMINICAIN. (ois.) Ce nom a été donné par D'Azzara à un oiseau qui paraît être le *Muscicape bicolor* de Gmelin.

DOMINO. (ois.) Quelques espèces de Fringilles de la mer des Indes ont été ainsi appelées à cause de la disposition de leurs couleurs.   (Gerv.) ?

DOMITE. (géol.) Ce nom a été donné, par le savant géologiste allemand de Buch, à une roche d'origine ignée qui compose toute la masse de la montagne appelée Puy de Dôme. Avant lui M. Beudant avait appelé cette roche *trachyte terreux* parce qu'elle passe par différentes nuances au trachyte.

Le Domite est composé d'une pâte d'argile endurcie qui forme une roche appelée *argilolithe*. Sa texture est terreuse et sa structure grenue. Ses différentes variétés se distinguent par la couleur : ainsi il y a le Domite *blanchâtre*, *jaunâtre*, *grisâtre*, *brunâtre* ou *rougeâtre*. Les principaux minéraux qu'on trouve disséminés dans cette roche sont le *feldspath*, le *mica*, le *fer oligiste* ; les autres sont l'amphibole, le pyroxène, le quartz-hyalite, le titane calcaire siliceux, le fer titane et le soufre. Nous devons encore citer l'acide hydrochlorique parmi les substances que l'on y remarque.

Cette roche constitue non-seulement le Puy de Dôme, mais encore, près de cette montagne, le Puy Chopine, le Grand Sarcoui et une partie du Cantal. On trouve aussi le Domite aux îles Ponces, et dans l'Amérique méridionale, aux environs de Popayan. Elle ne paraît pas avoir coulé à la manière des laves, mais être sortie du sein de la terre par des crevasses et dans un état pâteux, parce qu'on y trouve souvent des fragmens d'autres roches telles que des scories, du basalte, du trachyte et de la ponce, comme on le remarque dans quelques localités du département du Puy de Dôme. Nous avons même observé des fragmens de granite dans le Domite qui constitue la montagne du Grand Sarcoui ; et M. Al. de Humboldt cite aussi des morceaux de gneiss dans le Domite des environs de Popayan.

Les montagnes que forme le Domite ont toujours leurs sommets et leurs flancs arrondis, ce qui tient en grande partie au peu de solidité qui distingue cette roche. On a prétendu qu'elles pouvaient être sorties du sein de la terre par des bouches volcaniques ou cratères dont elles auraient bouché et recouvert l'orifice ; mais à l'aspect du Puy de Dôme, de ce colosse qui s'élève à 700 mètres au dessus de sa base, on se demande quel immense cratère il faudrait pour qu'il pût rejeter une si grande quantité de matières. N'est-il pas plus simple de penser, à l'exemple de M. de Buch, que cette montagne s'est formée par un soulèvement qui,

rompant la masse granitique qui lui sert de base, aura élevé la roche feldspathique, que l'action du feu a altérée et changée en Domite. Lorsqu'on a examiné, dans le voisinage du Puy de Dôme, le Puy Chopine où l'action du soulèvement est attestée par l'inclinaison des couches de diorite, de granite et de gneiss qui traversent le Domite, il semble naturel d'adopter cette opinion. Il est vrai qu'on ne voit point au Puy de Dôme les bancs granitiques sortir du Domite ; mais est-il essentiel qu'il y ait conformité dans leurs compositions pour admettre une analogie d'origine entre ces deux montagnes ?

Le Domite n'est d'aucun usage dans l'industrie ; mais il n'en était pas de même chez les anciens. On sait que la montagne appelée en Auvergne le *Grand Sarcoui*, entièrement composée de Domite, doit son nom à la coutume qu'avaient les Romains d'en extraire des blocs dont ils faisaient des *sarcophages*. Ils avaient remarqué que cette roche tendre, poreuse, et cependant inaltérable à l'action de l'humidité, jouissait de la faculté de conserver pendant fort long-temps les corps que l'on y renfermait.   (J. H.)

DOMPTE-VENIN. (bot. phan.) Nom vulgairement donné à l'Asclépiade blanche, *Asclepias vincetoxicum*, parce qu'on l'a cru pendant plusieurs siècles propre à détruire le venin causé par la morsure des serpens et des chiens enragés : c'est une erreur, le prétendu Dompte-venin est un véritable poison, il faut éviter d'en mettre les feuilles ou les tiges porte-soies à la bouche ; l'instinct des nimaux les détourne de cette plante, dont quelques botanistes veulent changer le genre et l'inscrire parmi les Cynanques (*Voy.* aux mots Asclépiade et Cynanque). Il convient aussi de prémunir les jeunes pâtres contre les racines tuberculeuses du Dompte-venin ; elles sont dangereuses.   (T. D. B.)

DONACE, *Donax*. (moll.) Ce genre, établi par Linné, appartient à la classe des Mollusques bivalves et prend place parmi les Cardiacées de Cuvier (Conchacés, Blainv.), auprès des Bucardes et des Capses. Il renferme un assez grand nombre de coquilles remarquables par l'élégance de leur forme et souvent la petitesse de leur volume. Ces espèces se rencontrent à l'état fossile. Parmi les premières il en est qui sont propres à nos côtes, un assez bon nombre des secondes se trouve communément en France, M. Deshayes en compte jusqu'à sept dans les terrains des environs de Paris ; nous citerons seulement la DONACE TELLINE, de Parnes, Grignon, Mouchy, Castagnan, etc., et la DONACE ÉMOUSSÉE, la plus grande de nos environs ; elle est moins commune que la précédente ; c'est principalement à Parnes qu'on l'a observée. Quelques Donaces fossiles se montrent aussi auprès de Bordeaux, plusieurs d'entre elles n'ont point encore reçu de nom.   (Gerv.)

DONACIE, *Donacia*. (ins.) Genre de Coléoptères, de la section des Tétramères, famille des Eupodes, tribu des Criocérides ; il diffère des autres genres quelle renferme par les caractères suivans : antennes à articles allongés un peu renflés à leur extrémité, palpes filiformes, mandibules allant en pointe et ayant à l'extrémité deux ou trois dents, yeux entiers, cuisses postérieures renflées, dernier article des tarses presque entièrement caché dans une échancrure du précédent. Les Donacies sont des insectes de taille assez petite, ornés de couleurs métalliques assez brillantes; leur bouche est un peu avancée; les antennes, de la longueur au moins de la moitié du corps, sont rapprochées à leur base et insérées entre les yeux, au dessus du chaperon, elles sont séparées par un sillon profond; les yeux sont globuleux, très-saillans; le corselet est en carré long, un peu plus large à sa partie antérieure; les élytres sont beaucoup plus larges que le corselet, se rétrécissant vers leur extrémité, elles sont finement ponctuées; ces insectes se trouvent habituellement sur les plantes aquatiques, et leurs larves vivent dans leurs racines, elles sont nues et les nymphes sont attachées par un de leurs côtés à leurs filamens, comme l'avait déjà observé Linné. Les espèces indigènes sont assez nombreuses et bien faciles à reconnaître.

Donacie a grosses cuisses, *Donacia crassipes*, Linn. Longue de quatre à cinq lignes, d'un vert doré, très-fortement munie de stries ponctuées sur les élytres, antennes brunes, pattes fauves, duvet de l'abdomen blanchâtre. Commune aux environs de Paris. (A. P.)

DONAX. (bot. phan.) C'est un des nombreux genres fondés par Palisot de Beauvois, dans la famille des Graminées; ce laborieux agrostographe avoue même qu'il aurait volontiers subdivisé son *Donax* en trois autres genres; heureusement il ne l'a pas osé, car, à notre tour, nous n'aurions pas osé le refondre en un seul. Ce genre est formé de diverses espèces d'*Arundo*, de *Poa* et de *Festuca*, et il a pour type l'*Arundo donax*, de Linné. Cette belle graminée des provinces méridionales se voit aussi dans nos jardins, où sa hauteur dépasse souvent huit pieds. Ses tiges, dures et légères, forment la charpente des cerfs-volans de nos enfans; en Provence, en Espagne, on la cultive en haies de clôture. Voici ses caractères distinctifs : fleurs en panicules composées; lépicène membraneuse, contenant de trois à sept fleurs; glume inférieure à trois soies, dont la moyenne est la plus longue; glume supérieure tronquée, échancrée ou bidentée; écailles lancéolées, entières ou bien tronquées et frangées; ovaire dont le sommet est ou velu ou glabre; style à deux branches, stigmate plumeux; graine entière ou marquée de deux cornes.

C'est sur les variations dans la forme de la glume supérieure des écailles et de l'ovaire que Palisot voulait fonder ses trois genres. Mais l'agrostographie, cette partie encore si confuse de la botanique, fera bien peu de progrès tant qu'on s'attachera trop à des détails qui varient à chaque degré de latitude. Les généralités déterminées par le port et par la disposition des parties du végétal sont les plus importantes; aussi, malgré quelques

différences, le *Donax*, que nous venons de citer, n'est et ne sera jamais qu'un *Roseau*, ainsi que Linné l'avait établi. (L.)

DONZELLE, *Ophidium*. (poiss.) Le genre des Donzelles a beaucoup de traits de ressemblance avec les anguilles, il est lié particulièrement avec ces dernières par la forme de son corps, et la disposition des nageoire anale et dorsale qui se joignent à celle de la queue, pour terminer le corps en pointe. Mais on a cru devoir le comprendre dans un genre différent, à cause des caractères remarquables qu'il présente et qui consistent dans des branchies bien ouvertes, munies d'un opercule très-apparent, et dans deux barbillons qu'il porte sous la gorge, adhérens à la pointe de l'os hyoïde.

Dans la Méditerranée, et dans tous les parages qui l'avoisinent, on trouve la Donzelle commune, *Ophidium barbatum*, Bl., pl. 59. Ce barbu a beaucoup de rapports, ainsi que toutes les autres espèces de son genre, avec les Murènes et les Ammodytes, par son œil tapissé d'une membrane demi-transparente.

Quant à ses couleurs, en voici l'ordre et les nuances. Le corps et la queue sont couleur de chair; les nageoires sont brunes, celles du dos et de l'anus sont également brunes, liserées de noir. Ce poisson a la chair délicate, et atteint rarement plus de dix pouces.

La Donzelle brune, *Ophidium vassalli*, Risso, s'observe également dans les mêmes eaux que la précédente. Les barbillons, qu'elle porte sous la symphyse de la mâchoire inférieure, sont égaux entre eux; son corps est de couleur brune, comme son nom l'indique, mais sans liseré aux nageoires. Cette espèce, comme toutes celles de son genre, est recherchée comme aliment.

On en distingue une troisième espèce du Brésil, *Ophidium brevibarbe*, à barbillons très-courts, comme on peut le voir sur le tableau méthodique de son genre. Le Brevibarbe, dont le nom indique la conformation et la disposition des barbillons, est brun comme les espèces précédentes.

C'est vers les mers du sud qu'habite l'*Ophidium flacodes*, Schn., pag. 484. Sa couleur n'est ni argent, ni jaune, mais d'un beau rose, tacheté de brun, que l'on voit régner sur toutes les parties de son corps, excepté sur les nageoires du dos, de l'anus et de la queue; sa chair est très-bonne à manger. Ce poisson parvient à d'assez grandes dimensions, et par conséquent devient plus grand que la *Donzelle brune*, dont la longueur n'est ordinairement que de huit à dix pouces. (Alph. G.)

DORADE. (poiss.) Nom vulgaire du *Cyprinus amarus*, Linné. Cette espèce importée en France s'y est fort multipliée, et fait l'ornement de nos bassins, à cause de l'éclat et de la variété de ses couleurs. Voir l'article Carpe. (Alph. G.)

DORADILLE. (bot. crypt.) Nom vulgaire des Fougères du genre Asplénie. (F. F.)

DORAS. (poiss.) Dénomination employée par Lacépède pour désigner un petit groupe générique qu'il a établi dans le genre Silure des ichthyologistes anciens, et qui doit contenir des espèces à deuxième dorsale adipeuse, où la ligne latérale est cuirassée par une rangée de pièces osseuses, relevées chacune d'une épine ou d'une carène saillante. Leurs épines dorsales et pectorales sont très-fortes et fortement dentelées, leur casque est âpre et se continue jusqu'à la dorsale. Cuvier, auquel on est redevable de tant d'observations sur ce genre, en décrit quelques espèces qu'il partage en deux sections. Dans la première de ces divisions ou sections, se trouvent les espèces dont le vomer est armé de dents ; nous citerons particulièrement le *Doras costatus*, Lin., Bloch, 376, à tête revêtue d'une enveloppe osseuse qui s'étend vers la nageoire dorsale. La seconde division renferme les espèces où le museau est pointu, et où les dents sont nulles ou à peine sensibles. Le *Doras oxyrhynchus*, c'est-à-dire museau allongé, qui en fait partie, se fait facilement remarquer par cette singularité. Cette espèce vit à Surinam.

(ALPH. G.)

DORÉE, *Zeus*. (poiss.) Genre de la famille des Scombéroïdes, créé par Cuvier et composé seulement de deux espèces ; habitant la Méditerranée et son voisinage, les Dorées se distinguent du genre Capros, dont elles sont très-voisines, par leurs épines accompagnées de longs lambeaux de la membrane, et par une série d'épines fourchues situées le long des bases de la dorsale et de l'anale; elles ont du reste la dorsale échancrée des Capros.

La Dorée, *Zeus faber*, Lin., Bl., 41. Sa mâchoire inférieure est plus avancée que la supérieure; celle-ci peut s'étendre à la volonté de l'animal; les yeux sont gros et rapprochés, les branchies ont une large ouverture, et les narines ont de grands orifices. L'ensemble du poisson ressemblant un peu à un disque, au moins si l'on en retranchait le museau et la caudale, il n'est pas surprenant qu'on l'ait comparé à une roue, et qu'on ait donné le nom de Rondelle à l'animal; sa couleur, généralement jaunâtre, est mêlée d'un peu de vert d'or, voilà pourquoi ce poisson a été appelé Dorée. Sa parure, quoique très-belle, paraît enfumée; des teintes noires occupent le dos avec une tache ronde et noire sur chaque flanc, la partie antérieure de l'anus, ainsi que la dorsale, le museau et quelques portions de la tête, ce qui lui a valu le nom de Forgeron. Cet osseux se trouve également dans l'océan Atlantique; dès le temps d'Ovide il avait été observé dans cette dernière mer. Pline savait que, très-recherché par les pêcheurs de l'Océan, ce poisson l'était depuis long-temps, et de préférence à tous les autres, par les habitans de Cadix ; et Columelle, qui était de cette ville et qui a écrit avant Pline, indique le nom de Zée comme très-ancien ; cet auteur connaissait ainsi que Pline le nom de Forgeron, que l'on a employé pour ce poisson, particulièrement sur les rivages de la mer Atlantique, et que Linné et plusieurs autres naturalistes modernes lui ont conservé.

Dans des temps bien postérieurs à ceux d'Ovide, de Columelle et de Pline, des idées très-différen-

tes de celles qui occupaient ces naturalistes, firent imaginer aux habitans de Rome que le Zée, dont nous avons donné une notice, était le même animal qu'un poisson fameux dans l'histoire de Pierre, le premier apôtre de Jésus, et que tous les individus de cette espèce n'avaient sur chacun de leurs côtés une tache ronde et noire, que parce que les doigts du prince des apôtres s'étaient appliqués sur un endroit analogue, lorsqu'il avait pris un de ces Zées pour obéir aux ordres de son maître; et comme les opinions les plus extraordinaires sont celles qui se répandent le plus vite, et qui durent aussi le plus de temps, on donne encore de nos jours, sur plusieurs côtes de la Méditerranée, le nom de poisson Saint Pierre au Zée forgeron. Il parvient communément à la longueur de quatre ou cinq décimètres, et il pèse alors cinq ou six kilogrammes; il se nourrit de petits poissons qu'il poursuit auprès des rivages lorsqu'ils viennent y pondre ou y déposer leurs œufs; il est si vorace qu'il se jette avec avidité et sans aucun discernement sur toutes sortes d'appâts, et l'espèce d'audace qui accompagne cette voracité ne doit pas étonner dans un poisson qui, indépendamment des dimensions de sa bouche et du nombre ainsi que de la force de ses dents, a une rangée longitudinale de piquans non seulement de chaque côté de la dorsale, mais encore à droite et à gauche de l'anale.

De même que quelques balistes, quelques trigles et autres poissons, le Forgeron jouit de la faculté de comprimer ses organes intérieurs, pour que des gaz violemment poussés sortent par les ouvertures branchiales, froissent les opercules, et produisent un léger bruissement; cette sorte de bruit a été comparée à un grognement, et a fait donner le nom de Truie au Zée dont nous parlons. La Méditerranée en possède une autre espèce, distinguée par une forte épine fourchue à son épaule. *Zeus pungio*, Cuv. Rondel., 382.

(ALPH. G.)

DORIPPE, *Dorippe*. (crust.) Genre de l'ordre des Décapodes, famille des Brachyures, section des Homochèles, tribu des Notopodes (Cours d'Entomologie de Latreille). Ce genre, établi par Fabricius et adopté par Latreille, a pour caractères : test en forme de cœur renversé, aplati, largement tronqué en devant; yeux très-écartés entre eux et situés aux angles latéraux et antérieurs du test; second article des pieds-mâchoires extérieurs étroit, allongé, allant en pointe; les deux pinces courbes, les quatre pieds suivans longs, étendus, comprimés, terminés par un tarse allongé et pointu; ceux de la troisième paire, les plus longs de tous; les quatre derniers insérés sur le dos, petits, rejetés sur les côtés, et terminés par deux articles plus courts que les précédens, et dont le dernier crochet forme avec l'autre une sorte de griffe ou de pince. Les antennes latérales ou extérieures assez longues, rétrécies, insérées au dessus des intermédiaires, celles-ci pliées, mais ne se logeant pas entièrement dans les cavités propres à les recevoir. Les Dorippes, ainsi que tous les

Notopodes, offrent une particularité très-remarquable ; leur carapace, étant tronquée postérieurement, ne recouvre plus les dernières pattes, ce qui permet à celles-ci de se recourber à la partie supérieure, comme si elles étaient insérées sur le dos. Ces crustacés sont encore caractérisés, suivant l'observation de Desmarest, en ce qu'on voit de côté, au dessus de la naissance des serres, une fente en forme de boutonnière, oblique, coupée longitudinalement par un diaphragme, ciliée ainsi que lui sur les bords, communiquant avec les branchies, et servant d'issue à l'eau qui les abreuve. Les mœurs de ces crustacés sont encore peu connues : ils se tiennent à de grandes profondeurs dans les mers ; la disposition de leurs pieds donne à penser qu'ils s'emparent de divers corps étrangers, et qu'ils les placent sur leur dos en manière de bouclier, pour se soustraire à la vue de leurs ennemis et tromper leur voracité. Plusieurs espèces sont connues, celle qui peut servir de type au genre est la DORIPPE LAINEUSE, *D. lanata*, Latr., très-bien figurée par M. Guérin, dans son Iconographie du Règ. anim. de Cuvier, pl. 15, fig. 2. Cette espèce se trouve dans les mers Méditerranée et Adriatique ; les habitans de Rimini la nomment *Facchino*. La Méditerranée en fournit deux autres espèces ; les autres sont des mers orientales, et l'une d'elles (*D. quadridens*, Fab. ; Herbst., XI, 70) se trouve à l'état fossile.

(II. L.)

DORIS, *Doris*. (MOLL.) Ces animaux appartiennent à l'embranchement ou type des Mollusques, et se rapportent à l'ordre des Gastéropodes nudibranches de Cuvier ; M. de Blainville les a placés avec les Péronies ou Onchidies et les Onchidores, dans son ordre des Cyclobranches, qui a pour caractère d'avoir les branchies ou organes de la respiration disposés en forme d'arbuscules, plus ou moins développés et rassemblés symétriquement auprès de l'anus, lequel est situé sur la ligne médiane de la partie postérieure du corps. La peau est nue chez tous les Cyclobranches, et plus ou moins tuberculeuse. Nous allons successivement étudier tous les groupes compris dans cet ordre, dont quelques naturalistes font, avec M. de Férussac, la famille des *Doris*.

Genre DORIS, Doris.

Ce groupe, d'abord établi par Bohadsch, sous la dénomination d'*Argo*, a reçu de Linnæus le nom qu'il porte maintenant. On doit au premier de ces naturalistes et à G. Cuvier, d'avoir fait connaître l'organisation des animaux qu'il comprend.

Les Doris ont le corps de forme ovalaire et plus ou moins déprimé ; leur dos est presque toujours couvert de tubercules de dimension variable ; on y voit deux cavités plus ou moins profondes, au milieu desquelles existe un tentacule que l'animal développe dans son état de tranquillité, et qui peut, à la moindre apparence de crainte, être entièrement caché. Deux autres tentacules existent en avant du corps, ils sont inférieurs aux

précédens. La bouche est ouverte à l'extrémité d'une petite trompe, elle présente une éminence linguale, hérissée de denticules ; l'estomac est simplement membraneux, il forme une espèce de sac au fond duquel, par une multitude de petits trous, arrive la bile. Les organes de la respiration sont placés comme chez tous les Cyclobranches ; l'anus, autour duquel ils se réunissent, est situé un peu en arrière.

Les Doris sont hermaphrodites, c'est-à-dire que chaque individu porte les deux sexes ; on ignore comment a lieu la fécondation. L'orifice des organes existe sous le rebord droit du manteau.

Les espèces du genre Doris ont surtout été étudiées par MM. G. Cuvier, de Blainville, Quoy et Gaimard ; elles sont très-nombreuses, et vivent dans toutes les contrées du globe. Elles sont herbivores, ainsi que l'a indiqué Dupont de Nemours dans ses Mémoires sur l'histoire naturelle ; leur frai est expulsé sous la forme d'une poudre glutineuse qui adhère aux corps sous-marins. La plupart des Doris sont de taille médiocre, et représentent assez bien des limaces. M. de Blainville les divise en deux sous-genres.

A. *Espèces qui ont le bord antérieur du manteau divisé en plusieurs lanières symétriquement disposées.* Ce groupe comprend les espèces dont Cuvier a fait le genre Polycère, *Polycera*.

Telles sont les *Doris quadrilineata* et *cornuta* de Muller ; la *Doris flava* (Trans. soc. linn., VII), et la *Polycera lineata* de Risso. Cette espèce, décrite dans l'histoire sur les productions de l'Europe méridionale, vit dans la Méditerranée, aux environs de Nice, ainsi que presque tous les animaux que l'auteur a décrits dans son ouvrage.

B. *Espèces dont le bord antérieur du manteau est indivis.*

Genre DORIS, Cuvier.

I. Corps prismatique, ou à peu près de cette forme.

DORIS LACÉRÉE, *Doris lacera*, Cuvier (Ann. Mus., IV).

DORIS A BORDS NOIRS, *D. atromarginata*, Cuvier (Ann. Mus., IV), rapportées de Timor par Péron et Lesueur, représentée dans notre Atlas, p. 138, fig. 5.

II. Corps très-convexe dans les deux sens, et débordant assez le pied.

DORIS VERRUQUEUSE, *Doris verrucosa*, Linn. Elle vit dans les parages voisins de l'Ile de France.

DORIS ÉTOILÉE, *Doris stellata*, Bomé. Cette espèce, des mers d'Europe, est longue d'un pouce, son corps, parsemé en dessus de petits tubercules arrondis, est d'un gris cendré ou de lin ; les tentacules supérieurs sont roux à leur sommet ; les branchies, formées de sept feuilles, occupent le tiers postérieur de l'animal.

DORIS POILUE, DORIS LISSE et DORIS MURIQUÉE, sont trois espèces du Nord, la troisième est assez commune dans la Manche.

III. Corps comprimé, museau dépassant beaucoup le pied.

DORIS

Doris argo, *D. argo*, l'une des espèces les plus anciennement connues, et que paraissent avoir observée Columna, Aldrovande, etc. Elle est commune sur les côtes de Naples; son corps est ovale et long de trois pouces six lignes.

: Doris de Forster, *D. Forsteri*, Blainville, assez voisine de la *D. fusca*. Elle a été d'abord observée par le voyageur dont elle porte le nom. On la trouve dans l'Adriatique.

: Les autres espèces sont également propres à diverses mers du globe; plusieurs d'entre elles viennent des côtes de la Nouvelle-Hollande, et ont été figurées dans la Zoologie de *l'Astrolabe*.

Genre Onchidore, Onchidoris.

M. de Blainville a proposé ce genre pour un animal observé par lui dans la collection du Muséum britannique, c'est

L'Onichodore de Leach, *Onich. Leachii.*, Bl., dont on ignore la patrie; il a quatre tentacules, le pied ovale, les organes respiratoires formés d'arbuscules très-petits, l'anus médian, et les orifices des organes génitaux très-distans, mais unis entre eux par un sillon extérieur occupant toute la longueur du côté droit.

Genre Péronie, Peronia.

Ce groupe, dont le nom rappelle celui du célèbre et malheureux naturaliste qui a fait le Voyage aux Terres australes, est aussi placé par M. de Blainville dans sa famille des Cyclobranches. Il paraît qu'on doit le rapporter aux Pulmonés aquatiques, à côté des Limaces; c'est, suivant Cuvier, le même genre que celui des *Onchidies* de Buchanan. (*Voyez* Onchidie.) (Gerv.)

DORMAN-DORMEUR. (poiss.) Les habitans des Antilles donnent ce nom à une espèce du genre Éléotris; on l'a nommée ainsi, sans doute à cause du peu de vivacité ou du peu de fréquence de ses mouvemens (*Voy.* Éléotris). (Alph. G.)

DORONIC, *Doronicum.* (bot. phan.) Genre de plantes de la Syngénésie polygamie superflue que De Jussieu a placé parmi ses Corymbifères, et Cassini au nombre de ses Synanthérées, comme Sénécionées anomales, sans être d'accord avec les autres botanistes sur les espèces qui doivent le constituer. Les disputes élevées à ce sujet reposent sur des vues particulières dont le résultat ne peut servir la science, mais seulement à la placer dans le domaine vague et hyperbolique des subtilités; nous ne leur accorderons aucune attention, et nous parlerons seulement des espèces indigènes aux montagnes de l'Europe.

: Les Doronics sont herbacés, propres à orner les jardins d'agrément; ils y produisent de l'effet par leurs fleurs radiées, assez grandes, d'un beau jaune, épanouies dans un temps où les fleurs sont encore rares. Ils sont très-rustiques, d'une culture très-aisée et d'une multiplication d'autant plus facile que leurs rejetons ou drageons poussent à foison tous les ans.

: Des quatre espèces que possède la France, trois croissent sur les Alpes et les Pyrénées; la quatrième habite les bois montueux de l'intérieur et particulièrement ceux des environs de Paris, surtout à Saint-Germain en Laye et à Montmorency, où elle est en fleurs dès le premier printemps. Celle-ci est le Doronic a feuilles de plantain, *D. plantagineum*, dont la tige simple, terminée par un seul capitule de fleurs d'un jaune pâle, présente à sa base des feuilles ovales dentées, tandis que celles caulinaires sont sessiles et les supérieures lancéolées.

On a long-temps attribué des propriétés malfaisantes à la racine aromatique du Doronic a feuilles en cœur, *D. pardalianches*, vulgairement appelé *Mort aux panthères*; d'autres l'ont déclarée une véritable panacée universelle, ranimant les forces vitales; sans être absolument innocente, elle a perdu dans la pharmaceutique de son crédit, on n'en fait plus usage. Une tige montant quelquefois à deux mètres et d'ordinaire à un et un et demi; des feuilles ou radicales et pétiolées, ou fixées à la tige qu'elles embrassent, toutes en cœur, d'un vert jaune, douces au toucher; des fleurs grandes, solitaires, d'un jaune éclatant, épanouies dès la fin d'avril et placées à l'extrémité des trois ou quatre rameaux qui garnissent la tige, donnent à cette plante un beau port d'un aspect éclatant, que relève encore la durée des fleurs. Celles-ci se renouvellent à la fin de l'été si l'on a eu soin d'arroser convenablement le pied durant les sécheresses et de couper le haut des rameaux à mesure que les fleurs se sont fanées. Elle est originaire des Alpes, et comme sa racine est rampante, l'on fera bien de la maîtriser et de supprimer une grande partie de ses rejetons pour la rendre moins incommode aux autres végétaux placés dans son voisinage. (T. D. B.)

DORSAL, DORSALE, *Dorsalis.* (anat.) Qui appartient ou qui a rapport au dos. Plusieurs parties ont reçu ce nom: ainsi on appelle *grand dorsal* (lombo-huméral de Chauss.) ce muscle aplati, mince, large, quadrilatère, placé sur la région postérieure latérale et inférieure du tronc. Il s'attache à la moitié postérieure de la lèvre externe de la crête iliaque, à la face postérieure du sacrum, aux apophyses épineuses des six ou sept dernières vertèbres dorsales, à toutes celles des lombes, aux quatre dernières côtes abdominales, et se termine par un fort tendon au bord postérieur de la coulisse bicipitale de l'humérus. Ce muscle porte le bras en arrière en l'abaissant, et en le faisant tourner sur son axe de dehors en dedans; il tire aussi en arrière et en bas le moignon de l'épaule. Enfin, lorsqu'on est suspendu par le bras et qu'on fait un effort pour s'élever, il entraîne le tronc vers le bras. On nomme aussi *long dorsal* un muscle qui remplit en grande partie les gouttières verticales; il maintient la colonne vertébrale dans sa rectitude, peut la redresser et même la renverser en arrière. Il concourt aussi au mouvement de rotation de tout le tronc. On dit encore *vertébres dorsales*, *voy.* Vertèbres, Région dorsale, du pied, de la main, etc.

(P. G.)

DORSALE. (poiss.) Les zoologistes appellent aussi de ce nom la nageoire située sur le dos des poissons, et dont la grandeur, la forme et la position présentent des caractères très-bons pour la classification et la distribution des genres. Cette Dorsale peut être simple comme chez les anguilles, manquer chez quelques poissons comme les gymnotes, être doubles comme dans les saumons et beaucoup d'autres espèces, triple comme dans les morues, régner tout le long du dos comme dans les coryphènes et les anarrhiques, parfois n'occuper que le milieu du dos comme dans la carpe, être échancrée comme dans les perches et certaines espèces de Sciénoïdes, basse comme dans les exocets, haute comme dans les callionymes, squameuses comme dans les chétodons.

Cette nageoire, qui sert à la progression de l'animal, a été appelée Dorsale, en raison de sa position; le plus généralement la nageoire Dorsale est une membrane soutenue par des rayons plus ou moins nombreux et plus ou moins forts.

DORSIBRANCHES. (ann.) G. Cuvier (Règ. anim.) réunit sous ce nom, comme formant le deuxième ordre de la classe des Annélides, les Arénicoles, les Amphinomes, les Eunices, les Néréides, les Alciopes, les Lombrinères, les Aphrodites, les Choetoptères, etc., auxquels il donne pour caractère commun d'avoir sur la partie moyenne du corps ou le long de ses côtés, des branchies en forme d'arbres, de houppes, de ames ou de tubercules dans lesquels les vaisseaux se ramifient. Tous ces animaux sont marins, la plupart se tiennent dans la vase, d'autres nagent librement, quelques autres enfin sesécrètent des tuyaux.   (Gerv.)

DORSTÉNIE, *Dorstenia.* (bot. phan.) Très-remarquable par sa fructification, ce genre, dont la presque totalité des espèces appartient au continent américain, fait partie de la famille des Urticées et de la Tétrandrie monogynie. Il a été créé par Plumier en faveur de Thierry Dorsten, de Marbourg, auteur d'un *Botanicon sanitatis,* où il se montre aussi habile médecin que botaniste exact. Les caractères du genre sont d'avoir un réceptacle concave, ouvert en coupe, rond ou anguleux, chargé intérieurement de fleurs nombreuses, sessiles, monoïques et, selon quelques auteurs, hermaphrodites. Chaque fleur présente un calice simple ou une fossette à quatre angles, quatre étamines, l'ovaire surmonté d'un style court et d'un stigmate simple, obtus, auquel succède un fruit consistant en plusieurs semences solitaires, plongées dans le réceptacle commun, violacé durant la floraison, épais, charnu, blanchâtre à mesure que la fructification avance.

L'espèce la plus célèbre est la Dorsténie à feuilles de berce, *D. contrayerva,* que Nicolas Monarda a fait connaître comme offrant dans sa racine un tonique très-prononcé pour le traitement des fièvres adynamiques, accompagnées d'une grande prostration des forces. Cette racine, spontanée au Mexique, dans tout le Pérou, et surtout très-abondante aux environs de Huanuco, ré-publique de Bolivia, est composée de petits troncs noueux et tuberculés, longue de huit à dix centimètres, garnie de filets rameux, fibreux, ligneux; couleur extérieure d'un rouge brun, et blanche à l'intérieur; d'une saveur d'abord un peu amère, puis âcre et ensuite brûlante employée fraîche; mais dans l'état de siccité, sa saveur est très-aromatique, un peu astringente et d'une odeur approchant de celle du figuier. Réduite en poudre et prise en extrait, ses effets sont beaucoup plus marqués; ils deviennent presque nuls, mise en décoction. Cette décoction est tellement chargée de mucilage qu'il est impossible de la passer au filtre. Malgré la haute réputation de cette racine, on lui préfère maintenant le Quinquina et même la grande Gentiane, *Gentiana lutea,* et la petite Centaurée, *Gentiana centaureum.* Sous le rapport botanique, la Dorsténie contrayerva n'en est pas moins fort remarquable par la singularité de son organisation.

Du collet de la racine sortent de cinq à six feuilles pétiolées, pinnatifides, à découpures ovales, pointues, inégalement dentées en leurs bords, un peu velues, rudes au toucher et d'un vert foncé; elles sont entremêlées de hampes nues, de dix centimètres de haut, portant chacune un réceptacle à quatre angles, sinué ou angulé à son bord, aplati en dessus, large de vingt-sept millimètres, couvert de petites fleurs sessiles. Dans la variété dite *D. drakena,* les feuilles sont entières en leurs bords, non dentées, le réceptacle est ovale et non anguleux : on la rencontre particulièrement aux alentours de la Vera-Cruz.

Une autre espèce non moins intéressante parmi toutes celles connues jusqu'ici, c'est la Dorsténie a feuilles en cœur, *D. cordifolia.* Sa racine fournit une petite tige noueuse terminée à son sommet par plusieurs pétioles qui tous portent des feuilles ovales, en cœur, pointues, dentées, presque anguleuses, minces et d'un vert léger; le réceptacle est petit, globuleux. La racine est de la grosseur d'une aveline, blanche, aromatique.   (T. D. B.)

DORTHÉSIE, *Dorthesia.* Genre d'Hémiptères de la famille des Gallinsectes, établi par Bosc et dont nous avons donné la description à l'article Cochenille. *V.* ce mot.   (A. P.)

DORYANTHE, *Doryanthes.* (bot. phan.) Genre de la famille des Amaryllidées, Hexandrie monogynie, L., très-voisin de l'Agave et caractérisé ainsi qu'il suit par Robert Brown : calice coloré, infundibuliforme, caduc, partagé en six divisions profondes; six étamines, à filets subulés et adnés par la base aux divisions du périanthe; anthères dressées; style à stigmate trigone; capsule à trois loges, et trois valves; graines réniformes, disposées sur deux rangs.

L'unique espèce de *Doryanthes* est une plante de la Nouvelle-Hollande, haute de douze à quinze pieds, garnie à sa base de feuilles larges et ensiformes, et, sur sa tige, de feuilles plus petites. Les fleurs, presque enveloppées par des bractées colorées, sont disposées en un capitule d'épis pourpre-foncé.

Corréa de Serra, auteur de ce genre, l'a figuré dans les Transactions de la société linnéenne, vol. 6, tab. 23 et 24. (L.)

DORYPHORE, *Doryphorus*. (REPT.) *V.* STELLION. (T. C.)

DORYPHORE, *Doryphora*. (INS.) Genre de Coléoptères établi par Illiger aux dépens des Chrysomèles, et qui n'en diffère spécifiquement que par le mésosternum dilaté en une longue pointe courbe s'avançant jusqu'au dessous de la tête ; ces insectes offrent tous un faciès bien tranché ; leur tête est large, avec les yeux oblongs posés obliquement ; les antennes sont plus dilatées et comprimées à leur extrémité ; le corselet est transversal, fortement échancré antérieurement pour recevoir la tête ; l'écusson est très-petit, tout le corps est très-bombé au milieu, plus ou moins arrondi. Toutes les espèces sont propres à l'Amérique méridionale ; leurs métamorphoses sont inconnues ; ce sont de beaux insectes dont on connaît déjà plus de cent espèces. M. Chevrolat, entomologiste distingué, en prépare une monographie.

D. A PUSTULES, *D. pustulata*, Oliv. Longue de 8 lignes, noire avec quatre lignes transverses de gros points orangés sur chaque élytre ; les deux premières en ont cinq, la troisième quatre, les dernières trois ; il existe en outre trois taches longitudinales de chaque côté de l'extrémité de la suture. (A. P.)

DOS. (ZOOL.) Partie postérieure du tronc, étendue depuis la partie inférieure de la tête jusqu'au point où commencent les extrémités inférieures. Ainsi, chez le cheval, par exemple, c'est la région qui s'étend du garrot à la croupe. On dit aussi Dos de la main, du pied, du nez, etc. pour désigner la face supérieure de ces parties. (P. G.)

DOS BLEU. (OIS.) Nom vulgaire de la SITTELLE. *V.* ce mot.

DOS ou VENTRE DE CRAPAUD. (BOT. CRYPT.) C'est le nom vulgaire de l'*Agaricus maculatus*. *V.* AGARIC. (GUÉR.)

DOUBLE. (ZOOL. BOT.) Dans un temps où la nomenclature, en histoire naturelle, n'était pas encore bien arrêtée, on désignait souvent des animaux et des végétaux qui avaient une certaine ressemblance avec d'autres espèces plus petites et déjà connues, en leur donnant le nom de ces petites espèces et en le faisant précéder du mot Double : ainsi l'on appelle chez les Oiseaux.

DOUBLE-BÉCASSINE, le *Scolopax major*, Gm. *V.* BÉCASSE.

DOUBLE-MACREUSE, l'*Anas fusca*. *V.* CANARD.

DOUBLE-SOURCIL, une Fauvette décrite par Vaillant.

Chez les Poissons :

DOUBLE-AIGUILLON ou DOUBLE-ÉPINE, une espèce du genre Baliste.

DOUBLE-BOSSE, l'*Antennarius bigibbus* de Commerson. *V.* LOPHIE, BAUDROIE et CHIRONECTE.

DOUBLE-LIGNE, une espèce d'Achire.

DOUBLES, les Soles ou Pleuronectes qui sont également colorés des deux côtés.

Chez les Reptiles :

DOUBLE-MARCHEUR, les *Amphisbènes*. Ces reptiles ayant le corps formé d'anneaux cylindriques, contractiles, et ayant la tête toute d'une venue, comme la queue, passent pour jouir de la faculté de marcher dans les deux sens.

Chez les Mollusques :

DOUBLE-BOUCHE, le *Trochus labio*. *V.* MONODONTE.

Chez les Plantes :

DOUBLE-BULBE, l'*Iris sisyrinchium*, L.

DOUBLE-CLOCHE, les variétés des Primevères doublées par la culture, et le *Datura fastuosa*, L.

DOUBLE-FLEUR, une belle variété de Pommier à fleurs semi-doubles. (GUÉR.)

DOUBLE RÉFRACTION. (MIN.) *V.* RÉFRACTION. (GUÉR.)

DOUBLET. (MIN.) On désigne ainsi les pierres fausses formées de deux pièces ajustées par une surface plane, et dont l'inférieure est un verre coloré, tandis que la supérieure est de cristal de roche ou de topaze incolore. (GUÉR.)

DOUC. (MAM.) Nom d'une espèce du genre GUENON. *V.* ce mot. (GUÉR.)

DOUCE-AMÈRE. (BOT. PHAN.) C'est le nom vulgaire du *Solanum dulcamara*. *V.* MORELLE. (GUÉR.)

DOUCET. (POISS.) On donne ce nom sur nos côtes au *Callionymus dracunculus*. *Voy.* CALLIONYME.

DOUCETTE. (BOT. PHAN.) Ce nom vulgaire est donné en France au Prismatocarpe Miroir de Vénus, et à la Valérianelle ou Mâche dont on fait des salades.

DOUCIN. (BOT. PHAN.) Variété de Pommier cultivé seulement pour servir de sujet aux greffes des autres espèces. (GUÉR.)

DOULES, *Dules*. (POISS.) Parmi les espèces qui forment ce genre de la famille des Percoïdes, Cuvier a réuni plusieurs espèces que Bloch plaçait dans son genre Holocentre, ensuite détachées du premier et restituées par Lacépède sous le nom de Centropome.

Les Doules se rapprochent sous plusieurs rapports des Centropristes, avec lesquels ils ont beaucoup d'analogie ; mais ils s'en éloignent par plusieurs caractères dont le plus important consiste dans le nombre des rayons à la membrane branchiostège qui est toujours de six.

Ils se lient également aux Priacanthes et aux Thérapons. C'est Cuvier qui a le premier distingué ce genre. Il est composé de plusieurs espèces de l'un et de l'autre Océan. Par ce nom de Doules (esclave) l'auteur a voulu indiquer la ressemblance de ces poissons avec ceux que depuis long-temps il a appelés Thérapons, nom qui lui-même, assez arbitraire, n'est que la traduction de l'épithète donnée à l'espèce de Thérapon décrite le plus anciennement, sous le nom de *Holocentrus servus*, Bloch.

Nous ne possédons qu'un petit nombre de Doules, tous d'eau douce et de petite taille. Nous allons signaler les deux espèces les plus remarquables.

La première est appelée DOULE COCHER, *Dules auriga*, Cuv., à cause de la forme de foue que prend sa troisième épine dorsale, au moyen de son allongement et de la longue soie qui la termine.

Le DOULE DE ROCHE, vulgairement Poisson de roche, *Dules rupestris*, Cuv. *Centropomus rupestris*, Lacép., parvient à des dimensions plus considérables. Il se tient dans les eaux douces, ou auprès des embouchures des rivières. Commerson l'a vu particulièrement dans la ravine de Gol de l'île Bourbon. Sa chair est de très-bon goût ; de petites taches noires sont répandues sur les opercules ; les écailles qui garnissent le dessous de sa poitrine ne sont noires qu'à leur base, une nuance brune plus ou moins foncée est répandue sur les nageoires. Ce poisson se nourrit de crustacés ; l'on a observé dans son estomac les débris d'un pagure.

(ALPH. G.)

DOULEUR. (PHYSIOL.) Sensation très-pénible, difficile ou impossible à supporter, ayant son siége immédiat dans la fibre sensitive, et qui reconnaît pour cause actuelle ou commémorative, directe ou indirecte, une excitation anormale de cette fibre.

Si la Douleur ne peut être éprouvée qu'à l'aide des nerfs, il est évident que plus un organe en recevra, plus la sensibilité sera exquise, plus il sera susceptible de sensations douloureuses. Toutefois il est digne de remarque que les nerfs qui servent à transmettre la Douleur, et que le cerveau qui la perçoit, ne sont pas des organes doués de sensibilité. Des expériences nombreuses de Haller, Bichat, Legallois, Fodéra et Flourens ne laissent aucun doute sur cette assertion. Pour que la Douleur soit transmise par les nerfs et perçue par le cerveau, il existe au reste certaines conditions anatomiques et physiologiques qu'il est facile de comprendre : il faut d'abord qu'il n'y ait aucune interruption dans le tronc nerveux que doit parcourir la sensation ; et en effet, si l'on coupe le tronc ou l'origine d'un nerf qui se distribue à une partie en proie à la Douleur, celle-ci cessera à l'instant ; il en est de même si l'on comprime le cerveau. Il faut encore, pour que la sensation douloureuse se manifeste, que le cerveau ait, dans certaines limites, sa liberté d'action : aussi la Douleur ne se manifeste-t-elle pas ordinairement dans la manie, dans le délire, dans les passions violentes, dans l'extase, dans l'ivresse apoplectique, etc.

La Douleur peut être au reste un acte spontané ; elle peut arriver sans l'intervention immédiate d'impressions sur les organes ; elle peut se réaliser dans le centre de perception indépendamment de l'exercice des sens ; de même que la vue perçoit des objets, l'ouïe entend des bruits, le goût se rappelle des saveurs, l'odorat des odeurs qui n'existent pas ; de même aussi il peut se manifester spontanément des sensations douloureuses.

Ainsi dans le sommeil, il arrive souvent d'éprouver une Douleur assez vive et d'en être éveillé sans que le point douloureux ait été le siége d'aucune altération physique. Les maniaques montrent souvent les blessures qu'ils disent avoir reçues et racontent les tortures qu'ils prétendent avoir éprouvées. Nous avons dit ailleurs comment il arrivait fréquemment que long-temps après l'amputation d'une partie, des tiraillemens, des élancemens se faisaient encore sentir dans cette partie qui n'existait plus. C'est donc là un simple souvenir, une erreur de sensation, mais pendant laquelle la Douleur se manifeste réellement. On n'a pas craint même, à cet égard, d'avancer une théorie que rien ne repousse, bien qu'elle semble tout d'abord au moins hasardée ; on a dit que « certaines Douleurs qui ne se manifestent par aucun signe sensible, qui ne reconnaissent aucune cause matérielle, certaines névralgies, par exemple, pouvaient avoir pour cause unique une modification de la faculté perceptive. »

La Douleur est un élément nécessaire du plus grand nombre des états morbides ; elle peut être déterminée par tous les agens physiques, chimiques, mécaniques, physiologiques, qui modifient par leur action, ou plutôt exaltent la sensibilité percevante. Tous les organes, toutes les portions d'organes ne sont pas au même degré impressionnables à la Douleur, et nous avons déjà dit que l'échelle de leur susceptibilité pouvait se graduer en raison du plus ou moins grand nombre de nerfs qui s'y distribuaient. Le sexe, l'âge, les tempéramens, une foule de circonstances rendent aussi très-variable l'intensité de la Douleur ; les climats, les saisons, en excitant ou en diminuant l'excitabilité, rendent aussi plus ou moins aiguës les sensations douloureuses. Dans leur énergie, comme dans leur nature, celles-ci varient surtout en raison de la cause qui les produit et de l'organisation de la partie qui en est le siége. Ainsi elles peuvent être lancinantes, déchirantes, brûlantes, corrosives, térébrantes, mordicantes, prurigineuses, etc., etc. Il est au reste une chose qu'il faut rappeler et ne pas perdre de vue, c'est que la Douleur peut d'abord être parvenue dans le cerveau et être ensuite reportée vers les organes de la périphérie, ou commencer par ceux-ci, qui transmettent alors au centre sensitif l'impression douloureuse.

Il est dans beaucoup de cas assez difficile de fixer les limites qui séparent la Douleur des sensations agréables. « Il semble, a-t-on dit, que rien ne soit plus éloigné que le plaisir et la Douleur ; cependant le plaisir, lorsqu'il est porté trop loin, devient douloureux, et il est des Douleurs légères qui ne sont pas exemptes de plaisir. (P. G.)

DOUM, DOUME. (BOT. PHAN.) Nom arabe de l'espèce de Palmier qui constitue le genre CUCIFÈRE (*v.* ce mot). Nous avons représenté cette belle espèce dans notre Atlas, pl. 138, fig. 6, 7.

(GUÉR.)

DOURAH. (BOT. PHAN.) Sous le nom générique de Dourah, que l'on écrit aussi, mais à tort, *Dorah* et *Dorha*, on cultive de toute antiquité dans l'Egypte plusieurs espèces de graminées à tiges ligneuses, que l'on distingue les unes des autres par des noms particuliers. Ainsi le *Dourah beledy* des Egyptiens, et *Ta'am* des Arabes, est le Sorgho, *Holcus sorghum*, dont on fait trois récoltes par année : c'est le symbole le plus ancien du Nil. Le *Dourah châmy* est le Millet qui sert de nourriture à l'homme, aux volatiles domestiques et aux oiseaux, *Panicum italicum* et *miliaceum*. On nomme encore en Egypte *Dourah-el-bachemin* ou Millet des marais, les graines du Nénufar bleu, *Nymphæa cærulea*, qui servent d'aliment aujourd'hui comme aux temps d'Hérodote et de Théophraste. Le *Dourah kysan* est le Maïs, *Zea mays*, que l'on y cultive peu.　　(T. D. B.)

DOUROUCOULI. (MAM.) C'est le nom de l'unique espèce du genre NOCTHORES. *V.* ce mot.

(GUÉR.)

DOUVE. (ZOOPH. INTEST.) Nom donné au Distome hépatique (*voyez* DISTOME). C'est un helminthe propre aux voies biliaires, observé jusqu'ici chez le bœuf et le mouton, jamais chez l'homme. Il n'appartient point aux helminthes filiformes, mais aux acanthocéphales de Rudolphi.

On donne aussi le nom de Douve à deux espèces de Renoncules (*R. lingua*, *R. flammula*), toutes deux vénéneuses et qui croissent dans les marais.　　(P. G.)

DRABA. (BOT. PHAN.) Nom scientifique de petites plantes herbacées, vivaces ou annuelles, dont nous parlerons plus bas (*v.* au mot DRAVE). L'Ecluse cite trois espèces de plantes sous ce nom générique; la première, *Draba vulgaris*, est la même crucifère que Dioscoride désignait par le mot *Drabès* et comme très-abondante dans la Cappadoce; c'est le *Draba muralis* des botanistes modernes. La seconde espèce, *Draba dentata*, est l'Arabette des Alpes de Matthioli, Lobel et autres, l'*Arabis alpina* de nos plus récentes nomenclatures, et selon quelques auteurs le Cranson dravier, *Cochlearia draba* de Linné. La troisième espèce, le *Draba succulenta*, se rapproche de l'Arabette du Caucase; mais elle en diffère assez pour que Schrank en fasse une espèce particulière sous le nom de *Arabis clusiana*. Dodoens se sert aussi du mot *Draba* pour désigner le Thlaspi des jardiniers ou gris de lin, *Iberis umbellata*, qui fleurit en juin et juillet et vit spontanément dans toute l'Europe méridionale, surtout dans l'île de Crète ou de Candie.　　(T. D. B.)

DRACOCÉPHALE, *Dracocephalum*. (BOT. PHAN.) Une irrégularité remarquable dans la corolle, dont l'orifice enflé lui donne une ressemblance plus ou moins éloignée avec la tête du reptile saurien appelé Dragon, a déterminé le nom que porte ce genre de plantes de la famille des Labiées et de la Didynamie gymnospermie. Presque toutes les espèces qui le composent sont herbacées, étrangères au sol de l'Europe, ornées de feuilles opposées, tantôt entières, tantôt trifides ou pinnatifides, de fleurs ordinairement bleues ou violacées, quelquefois uniflores, le plus souvent ramifiées en épis. La culture s'en est emparée et leur a donné accès dans les jardins d'agrément, où on les tient en touffes. Aucune n'est difficile sur la nature du terrain, ni sur l'exposition; seulement elles demandent que les semis de leurs graines se fassent avec soin, qu'on garantisse le jeune plant des gelées et qu'on l'arrose quand la sécheresse est trop longue et trop forte.

Plusieurs Dracocéphales méritent une mention particulière. La DRACOCÉPHALE DE VIRGINIE, *D. virginianum*, que l'on appelle vulgairement la *Cataleptique*, offre un phénomène dont il est facile de se procurer le spectacle pendant les mois de juillet, août et septembre. Il a été observé par De la Hire, et consiste dans la propriété qu'ont ses fleurs d'obéir à la main qui les fait aller et venir horizontalement dans l'espace d'un demi-cercle, de prendre la position qu'elle veut leur donner et d'y demeurer tant qu'elle ne leur en impose pas une nouvelle. La similitude de ce phénomène avec la maladie dite catalepsie est la cause du nom vulgaire que porte la plante. Du reste, c'est une jolie espèce qui ressemble beaucoup pour la forme et l'élégance de ses fleurs à la Digitale, *Digitalis purpurea*, elles ont sa couleur purpurine, et sont disposées en un bel épi terminal, muni de très-petites bractées. La tige, haute d'un mètre environ, est simple, droite, garnie de feuilles opposées, légèrement dentées, lancéolées, glabres, et de fleurs violacées qui répandent une douce odeur. Ventenat a reconnu que la DRACOCÉPHALE DE LA CAROLINE, *D. variegatum*, présente le même phénomène que celle de la Virginie, et il en conclut qu'il doit exister sur d'autres plantes labiées; j'ai cherché à m'assurer de l'exactitude de cette assertion; je dois déclarer que dans aucune circonstance, sous les divers climats par moi visités et habités, il ne m'a jamais été possible de l'obtenir.

La DRACOCÉPHALE DES CANARIES, *D. canariense*, si remarquable par son odeur camphrée, par ses fleurs blanc-rougeâtres, par ses pétioles soutenant de trois à cinq folioles lancéolées et ridées, ainsi que la DRACOCÉPHALE MOLDAVIQUE, *D. moldavicum*, une des plus anciennement connues et dont l'odeur lui a fait donner le nom vulgaire de *Mélisse de la Moldavie*, sont très-réputées en médecine; l'infusion théiforme de leurs feuilles est recommandée dans les maladies de langueur et les affections spasmodiques occasionées par des flatuosités. On fait un ratafiat avec les fleurs de cette dernière; beaucoup de personnes le trouvent peu agréable. L'huile essentielle qu'on en retire est employée en pharmacie.

On recherche comme plantes d'ornement la DRACOCÉPHALE DE SIBÉRIE, *D. grandiflorum*, à cause de ses grandes fleurs bleues; la DRACOCÉPHALE DU LEVANT, *D. canescens*, d'un aspect cotonneux, à petites tiges, et dont les belles fleurs blanches avec une teinte légère de violet sont attachées trois ensemble; la DRACOCÉPHALE A FEUILLES D'HYSOPE, *D. ruyschianum*, qui croît spontanément aux lieux montagneux du département de l'Isère, en Piémont, en Suisse, en Allemagne et jusqu'en

Suède et en Danemarck, et qui est décorée de fleurs assez grandes et du plus beau bleu. Je ne parle pas ici de la Dracocéphale d'Autriche, *D. austriacum*, quoiqu'elle soit aussi digne que les précédentes d'attirer les regards, parce qu'elle trace beaucoup plus que toutes ses congénères, et nuit quand on ne l'arrache point tous les ans, au printemps, pour en faire des pieds séparés.

Dans les gazons on aime à voir figurer la Dracocéphale de Crimée, *D. odoratissimum*; elle s'élève au plus à seize centimètres, le plus souvent elle reste au dessous; ses tiges cendrées, ses rameaux grêles et rougeâtres, contrastent avec la blancheur de la corolle et le vert tendre qui couvre le sol : les touffes qu'elle donne récréent agréablement l'œil. (T. D. B.)

DRACONTE, *Dracontium*. (bot. phan.) On compte huit espèces de ce genre de la famille des Aroïdées et de l'Heptandrie monogynie; toutes sont exotiques, herbacées; trois seulement se cultivent dans nos serres chaudes, à cause de la singularité de leurs feuilles et de leur grandeur. Elles ont pour caractères essentiels : une spathe cymbiforme, placée à la base d'un spadice cylindrique, court, chargé de fleurs, ayant chacune un calice composé de cinq folioles colorées; point de corolle; sept étamines soutenant des anthères quadrangulaires; un ovaire supérieur; un style, un stigmate trigone. Le fruit qui succède à ces fleurs est une baie ronde, polysperme. Les feuilles sont ordinairement simples, pourvues d'un pétiole élargi à sa base en gaine embrassante.

Les trois espèces les mieux connues sont le Draconte a feuilles percées, *D. pertusum*; le Draconte pinnatifide, *D. polyphyllum*; et le Draconte pinné, *D. pinnatum*. La première espèce, originaire de l'Amérique méridionale, est une plante grimpante, qui s'attache aux arbres comme le lierre par quantité de racines vermiculaires et latérales; ses feuilles sont d'un beau vert, assez grandes, ovales lancéolées, remarquables par des ouvertures oblongues placées entre les nervures; la spathe est axillaire, d'un blanc jaunâtre, longue de seize centimètres, avec chaton gros, cylindrique, jaune. Les tiges, couvertes d'écailles un peu livides, restes de la base des pétioles qui sont tombés, donnent à la plante l'aspect de la peau chagrinée du serpent. Aussi jouit-elle parmi les indigènes de la réputation d'éloigner ce reptile et de préserver de sa morsure : ils en portent toujours un fragment sur eux, principalement lorsqu'ils entreprennent un voyage.

Désignée dans l'Inde et le Japon sous le nom de *Konjaku*, la seconde espèce, que l'on trouve aussi spontanée dans la Guiane, surtout aux environs de Surinam, sort d'un tubercule arrondi, assez gros, un peu déprimé, en une feuille unique, portée sur un pétiole de quarante centimètres de haut, cylindrique, tachetée de blanc, de vert et de pourpre, et ayant son épiderme déchiré, comme écailleux. Cette feuille se divise en trois folioles à sa partie supérieure, et celles-ci se partagent en deux et trois ramifications. Du moment que cette

feuille est fanée, il s'élève du tubercule une hampe très-courte, soutenant une fleur dont la spathe, d'un violet foncé en dedans, plus léger en dehors, est terminée en son sommet par une pointe aiguë; elle renferme un petit chaton, à fleurs jaunes, exhalant une odeur fétide, cadavéreuse. Le tubercule est âcre, purgatif, et sert dans le Japon, au rapport de feu mon ami Thunberg, de puissant emménagogue.

Quant à la troisième espèce, elle est parasite sur les arbres aux environs de Caracas. Dans l'Inde et au Ceylan on retire de la racine longue, épaisse et munie de tous côtés de tubercules épineux du Draconte épineux, *D. spinosum*, une fécule très-estimée et souvent d'une grande ressource. Cette plante y abonde aux lieux ombragés, monte d'ordinaire fort haut. Ses feuilles sont sagittées. (T. D. B.)

DRAGANTE. (bot. phan.) Nom vulgaire de l'Astragale qui produit la gomme adragante. *V.* Astragale.

DRAGÉES DE TIVOLI. (min.) On désigne ainsi des globules calcaires à couches concentriques, dont la formation a eu lieu dans une eau agitée de tournoiemens, comme ceux qui proviennent des bains de Tivoli, près Rome. (Guér.)

DRAGEONS. (bot. phan. et agr.) Branches enracinées accompagnant le pied de l'arbrisseau et de la plante ligneuse, ou le tronc de l'arbre qui les a produits, que l'on peut en détacher pour les replanter ailleurs. Cette opération demande quelques précautions; il faut conserver aux Drageons le plus de racines possible, et cependant ne pas trop mutiler celles qui doivent rester pour l'arbre; il est bon aussi de les mettre dans une terre semblable à celle où ils ont pris naissance. On leur donne parfois le nom de *rejets enracinés*; mais on brouille tout, on méconnaît la valeur propre à chaque mot, quand on appelle Drageons les *Stolons* ou petites tiges stériles, nues, traçantes, qui poussent des racines de distance en distance, comme dans le Fraisier, *Fragaria vesca*, ou aux nœuds des graminées vivaces; quand on attribue cette dénomination aux *Gourmands* naissant au dessous de la greffe ou provenant de branches greffées. Tous les dictionnaires offrent à ce sujet une confusion vraiment honteuse. On aurait lieu de s'en étonner, si l'on ne savait que la plupart des articles y sont rédigés par des théoriciens plus ou moins habiles et le plus souvent par des compilateurs étrangers à la pratique de la science. Le cultivateur peut forcer les végétaux ligneux ou frutescens qui n'ont pas la disposition naturelle de drageonner, à s'y prêter volontiers en faisant des blessures légères à leurs racines. *V.* aux mots Gourmand, Racine et Stolon. (T. D. B.)

DRAGON, *Draco*. (rept.) Beaucoup d'auteurs ont consumé, au temps de la renaissance des lettres, des veilles nombreuses pour savoir et décider si les Dragons, tant célébrés dans l'antiquité, ont ou n'ont pas existé. Les lecteurs nous dispenseront de suivre ces patiens érudits dans des discussions dont la réflexion et l'étude ont fait justice ; mais n'est-ce pas chose remarquable dans l'histoire philosophique de l'intelligence humaine, que cet engouement universel si long-temps propagé pour un être aussi fabuleux ? Les nations les plus lettrées, les Hébreux, autant qu'on en juge par la traduction de leurs livres, les Grecs, si éclairés sous tant de rapports, adoptent avec enthousiasme l'idée des Dragons, que l'on retrouve après plusieurs siècles dans les légendes du christianisme, dans les féeries du moyen-âge. Tout ce que l'imagination exaltée peut inventer de plus bizarre, tout ce que la pensée peut réunir pour constituer un être capable d'inspirer au plus haut point l'épouvante et l'effroi, semblent s'accumuler avec complaisance sur cet idéal de l'horrible matérialisé. Suppôts de malice, les Dragons surgissent tout à coup à la voix d'une déité ou d'un protégé des enfers, pour servir sa vengeance et son courroux ; ils succombent ordinairement sous la puissance plus grande d'un Dieu bienveillant ou d'un privilégié du ciel, et cessent d'exister aussi mystérieusement qu'ils ont commencé à vivre ; ils s'anéantissent, et le froid et analytique naturaliste, curieux de les étudier, cherche en vain leur squelette ou leur peau ; néanmoins on donne leur histoire, on indique leur patrie : les crêtes aiguillonnées, la barbe, les serres ou les griffes, les yeux qui étincellent, la gueule qui vomit le feu et la flamme, les allures aériennes que donnent des ailes configurées comme les nageoires des poissons acanthoptérygiens, tout cela se groupe pour constituer le Dragon non seulement sous le style ou la plume du poète illuminé, mais encore sous le burin du sévère historien, et cela sur la foi du vulgaire et d'une sorte de notoriété publique ; car on ne possède même pas les restes fossiles de ce Dragon, que Persée a pétrifié en lui montrant la fameuse tête de Méduse, lorsque le héros amoureux voulut préserver Andromède des infâmes brutalités du monstre auquel la superbe Junon avait exposé l'infortunée, pour punir sa coquetterie. Les reptiles étaient trop redoutés, les serpens surtout inspiraient trop d'aversion, pour qu'on ne leur empruntât pas quelque chose pour la fabrication de ces monstres chimériques. Ils fournirent les longs et tortueux replis de leur corps enlaçant, et quelques écrivains plus sceptiques, quelques poètes pénétrés de cette vérité que l'hyperbole manque son effet, et dès lors son but, lorsqu'elle est portée au-delà du vraisemblable dans l'opinion du siècle auquel on s'adresse, se contentèrent de donner les Dragons comme de simples serpens ailés ; mais ces derniers n'existèrent jamais non plus, et les ptérodactyles, plus vieux de beaucoup que les ères des histoires de l'homme, ne peuvent aucunement faire conjecturer leur existence.

Les Egyptiens, qui dans leurs emblèmes se plaisaient à amalgamer si pittoresquement des êtres de nature différente, paraissent avoir résisté seuls à l'entraînement général pour ces conceptions fictives, dans tous leurs détails ; l'idée plus positive de caractériser l'instinct prédominant d'un individu ou l'ensemble de ses inclinations, en lui adaptant la tête de l'animal où ce cachet moral particulier est le mieux imprimé, paraît avoir présidé toujours à la formation de leurs créations simplement allégoriques, et ils semblent mériter encore ici cette haute réputation de sagesse, que leur ont value leurs connaissances étendues dans les sciences des calculs. Aujourd'hui les Dragons n'ont plus décidément de vogue et de faveur ; on ne s'en laisse pas imposer par ces facéties d'industriels plus ou moins adroits, qui, spéculant sur l'ignorance et la crédulité, accouplent artistement des organes d'animaux divers, ou bien resserrant certaines parties d'un animal, d'une *Raie* par exemple, dilatant quelques unes, contournant les autres, produisent des simulacres curieux que, sans un examen attentif, on pourrait prendre en effet, comme cela est arrivé quelquefois, pour des types en raccourci des Dragons de l'antiquité. Le nom même des Dragons, conservé par une sorte de puérilité à certains corps militaires, est maintenant sans prestige, non plus que l'uniforme de ces troupes, d'une simplicité assez mesquine de nos jours, mais que jadis l'on surchargeait d'accessoires aussi frivoles que ridicules, pour faire de ces guerriers de singulières mascarades, ou, si l'on veut, une imitation des Dragons effrayans de l'histoire ancienne. Aussi les Dragons ne se produisent-ils plus guère que sous les pinceaux vagabonds des Japonais arriérés, ou parmi les ressorts misérables de quelques chorégraphes *rococos*, embarrassés d'un dénouement. Dans les temps modernes, on a donné par allusion le nom de Dragon à certains sauriens qui se distinguent du reste de la famille, surtout par un caractère organique bien remarquable ; les six premières fausses côtes ou côtes asternales, au lieu de contourner l'abdomen, s'étendent directement en dehors et se prolongent beaucoup plus que chez les autres sauriens, entraînant avec elles la peau des flancs, qui les recouvre de manière à former, de chaque côté du tronc, une sorte de voile triangulaire qui se replie sur elle-même et se plisse le long des flancs, ou se déploie au gré de l'animal. Ces appendices, qui ont fait comparer ces petits sauriens aux anciens Dragons, ne doivent pas être confondus avec les ailes des oiseaux, les ptérygoïdes des Chauve-souris ou les balanciers membraneux des insectes, ils ont une disposition propre ; ils n'ont pas non plus les mêmes usages ; ils servent seulement à soutenir ces sauriens dendrophiles à la manière d'un parachute, lorsqu'ils s'élancent d'une branche à une autre ; mais ils ne peuvent aider l'animal à s'élever en l'air : aussi a-t-on proposé dans ces derniers temps de les caractériser par le nom particulier de *Patagium*. On a dit que ces sortes de rames aériennes servaient aussi à ces animaux pour nager ; mais la direction des mouvemens dont elles sont susceptibles ne paraît pas favorable à ce mode de progression, et le reste de l'organisation de ces sauriens ne donne pas à présumer qu'ils aient effectivement des habitudes aquatiques. Leur tête est pyramidale, quadrangulaire, à côtés presque égaux; le museau obtus, mousse à sa pointe; les yeux ont deux paupières inégales dont l'inférieure plus grande; l'œil est lui-même peu saillant, à pupille arrondie; la bouche est petite, peu sinueuse, la langue étroite, mince, extensible, écailleuse à sa surface, bifurquée à son extrémité; de chaque côté des mâchoires il y a deux incisives petites, une laniaire longue, conique, saillante, suivie de douze à seize molaires comprimées, triangulaires et trilobées; derrière ou en dedans des dents l'on trouve quelquefois des dents de remplacement, qui ont fait varier les rapports des auteurs sur le nombre de ces organes. Sous la mâchoire l'on trouve un fanon mince, étroit, triangulaire, long de six à huit lignes, se repliant sur lui-même en rides concentriques, soutenu par l'uro-hyal, destiné à contenir momentanément, dit-on, les insectes dont ces animaux font leur proie; sur chaque côté on voit aussi un autre fanon rudimentaire, soutenu par les branches postérieures de l'hyoïde; ces organes sont proportionnellement plus développés chez les mâles que chez les femelles; le tympan est ouvert à la surface de la peau, la nuque offre une dentelure légère plus ou moins prononcée. Le corps est peu renflé, la queue longue du double de la longueur du corps, grêle, ronde; les pieds courts, terminés par cinq doigts grêles, cylindriques, simples, de longueur inégale, de grandeur comparative, médiocre, armés de petits ongles fixes, légèrement crochus. Il n'existe point de pores aux cuisses ou au devant de l'anus. Le corps est revêtu en dessus d'écailles rhomboïdales petites, imbriquées en réseau; elles sont un peu plus développées sur le rachis, et plus encore sur les membres, sur l'abdomen et autour de la queue, où elles deviennent de grandeur plus égale et plus manifestement carénées. La tête est recouverte de très-petites plaques polygones, qui se confondent presque avec les écailles du cou et du dos.

Les Dragons sont de petits êtres innocens qui vivent seulement d'insectes qu'ils poursuivent sur les arbres et les buissons; on dit qu'ils descendent rarement à terre, qu'ils s'accouplent sur les branches, et que les femelles déposent leurs œufs pisiformes, à enveloppe membraneuse coriace, dans quelques creux d'arbres; ils ne dépassent guère la taille de notre lézard des murailles. On en distingue plusieurs espèces qui toutes viennent des îles et du littoral de l'océan Indien. Telles sont:

Le Dragon vert, dont les *patagiums* sont marqués de quatre ou cinq taches verdâtres, plus larges à leur départ du bord antérieur du patagium, et s'anastomosant entre elles vers le milieu de cet organe, de manière à former des marbrures ondulées qui circonscrivent des taches blanchâtres, irrégulièrement arrondies, que l'on retrouve plus ou moins distinctement sur le dos et le dessus des membres.

Cette espèce vient de Java, du Bengale, etc.

Le Dragon brun paraît être de la même espèce.

Le Dragon rayé, *Draco lineatus*, a les écailles rachidiennes plus développées, plus manifestement carénées; le dessus du corps est grisâtre, avec de petites taches noires à ocelles blancs, irrégulièrement disséminées; les patagiums sont marqués de petits traits étroits, blanchâtres, plus ou moins continus, dirigés d'avant en arrière, et simulant ainsi des lignes qui ont valu à cette espèce le nom particulier qu'elle porte; ces traits se répètent, mais moins distinctement, sur le dessus des membres; les parties inférieures sont blanches.

Le Dragon frangé, *Draco fimbriatus*. C'est le plus grand de la famille; il a les écailles du dessus du corps très-petites, et presque granulées; celles du bord des cuisses sont, au contraire, un peu plus prononcées que chez les autres espèces, et ont motivé son nom spécifique; on voit sur le dos de grandes taches blanches, pupillées de vert brunâtre ou noirâtre, disposées symétriquement au nombre de huit sur les côtés du rachis, séparées par de grandes marbrures de teinte foncée; le dessin des *patagiums* se rapproche assez de celui qu'offre ceux de l'espèce précédente, pour que quelques auteurs croient devoir réunir ces deux espèces. Le Dragon frangé est figuré dans notre Atlas, pl. 139, fig. 1.

Le Dragon de l'île de Timor, *Draco timoriensis*, a les écailles rachidiennes plus développées que dans les espèces précédentes; la disposition de ses couleurs se rapproche assez de celle des couleurs du Dragon vert; mais les taches brunâtres paraissent, en général, un peu plus divisées, moins nettes, et se rapprochent davantage du caractère connu sous le nom de marbrures.

(T. C.)

DRAGONIER, *Dracæna*. (bot. phan.) Voici l'un des genres de végétaux monocotylédonés les plus singuliers et les plus célèbres; il appartient à l'Hexandrie monogynie et à la famille des Asparaginées; il a le port et l'organisation intérieure des Palmiers; il s'en rapproche encore par les caractères de la fructification; mais il s'en éloigne par les dimensions extraordinaires que prend son stipe ligneux, par ses rameaux qui portent une touffe terminale de feuilles simples, ensiformes. La corolle est à six pétales adhérens à leur base; point de calice; six étamines, dont les filamens se montrent renflés dans leur partie moyenne et soudés ensemble dans l'inférieure; l'ovaire supère et libre; le style et le stigmate simples; baie globuleuse, ordinairement à trois loges monospermes, dont deux avortent quelquefois.

On compte de vingt à vingt-cinq espèces de Dragoniers, spontanées aux régions intertropicales; les unes habitent l'Inde, la Chine et les îles de l'océan Pacifique, les autres se voient au cap de Bonne-Espérance, sur les côtes de l'Afrique australe ou dans les îles qui les avoisinent. Une seule existe dans la partie la plus septentrionale du continent américain, dans le haut Canada et sur les bords glacés de la baie d'Hudson. Toutes aiment les terres arides et se plaisent sur le rivage de la mer; elles s'élèvent jusqu'à huit cents et mille mètres

mètres au dessus de son niveau. Quand on veut les tenir dans nos jardins, il faut les traiter comme les Aloès, leur donner une terre franche et douce; elles redoutent l'humidité stagnante, et se multiplient par leurs rejetons, que l'on enlève lorsqu'ils sont enracinés. Les Dragoniers montent à de grandes hauteurs quand ils se trouvent sur un sol favorable; ils restent bas sur une coulée de laves.

Une espèce des plus connues est celle que l'on trouve dans l'Inde et aux Canaries; on la désigne par le nom de DRAGONIER GIGANTESQUE ou à feuilles d'Yucca, *D. draco.* Il découle de son stipe un suc gommeux, mou d'abord, puis sec, friable, inflammable; sa couleur est d'un rouge foncé comme le sang; les vieux Guanches, dont l'héroïque population a été détruite par le flibustier Jéhan de Bethencourt, s'en servaient pour leurs embaumemens; les peintres chinois le font entrer dans leur vernis rouge; c'est une branche de commerce très-importante. L'art de guérir s'en est emparé pour employer extérieurement ses boules rondes, opaques, pesantes, de la grosseur d'une prune moyenne, réduites en poudre, pour dessécher les ulcères, cicatriser les plaies, et intérieurement contre les dysenteries, et les hémorrhagies passives de l'utérus, mais dans ce dernier cas le prétendu sang de dragon n'a pas toujours justifié sa réputation antique.

Je vais emprunter à Sabin Berthelot, qui a demeuré dix années aux îles Canaries, et qui va nous donner une Flore de ce pays, ce que j'ai à dire de la vie végétale de cette plante, dont tous les voyageurs ont parlé fort légèrement. On la voit figurée en notre Atlas, pl. 139, fig. 2 à 6, dans ses trois âges, avec sa panicule, fig. 4, et son fruit, fig. 5.

Au premier âge de ce Dragonier, il ressemble à un fût de colonne surmonté d'une gerbe de feuilles; son stipe simple donne déjà du suc gommeux, mais en petite quantité. Parvenu à son second âge, il se fourche en plusieurs branches; ses rameaux, formés d'articulations comme le Cactus en raquettes, *Cactus opuntia*, plus petites, se couronnent d'une touffe étalée de cinq à vingt feuilles, planes et à bords tranchans, longues de quarante centimètres sur vingt-sept millimètres de largeur, et attachées par une gaîne courte, rougeâtre: c'est l'époque de la puissance reproductive; le stipe se recouvre d'une écorce coriace, divisée par plaques unies les unes aux autres; la base grossit d'une manière fort remarquable; les fleurs paraissent, elles sont petites, très-nombreuses, verdâtres avec une ligne rouge, réunies en verticilles de quatre en quatre, de cinq en cinq, le long d'une panicule ample, terminale et rameuse, épanouies à la fin d'août; beaucoup avortent et tombent à la plus légère secousse. Elles demeurent fermées tout le jour, dès que le soleil dore l'occident de ses mille feux étincelans, elles s'ouvrent pour se refermer aux premiers rayons de l'astre du jour. Il leur succède une baie jaunâtre, charnue, succulente, de la grosseur d'une cerise des bois, d'une saveur assez agréable, et

dont les merles se régalent avec avidité. Durant cette seconde époque de la longue vie du Dragonier, la production de la gomme est très-abondante. Du moment qu'elle diminue, l'âge caduc commence; alors la plante se charge de racines aériennes, réunies plusieurs ensemble, principalement à la naissance des branches secondaires; dans les bifurcations, on voit surgir des jets peu adhérens, végétant en véritables parasites, et que l'on soupçonne provenir de graines qui ont germé; tandis que dans l'intérieur se développent des excroissances glanduleuses, brun-rougeâtres, de forme et de grosseur irrégulières, toutes hérissées de pointes proéminentes. La plante continue longues années encore à fleurir, à porter des fruits, à donner tous les signes d'une vie robuste, d'une jeunesse éternelle.

Le premier âge du Dragonier gigantesque est de vingt-cinq à trente ans; du moins c'est après ce laps d'années qu'il se fourche. Il n'est point aussi facile de déterminer la durée des deux autres âges. Celui qui domine toute la superbe vallée de l'Oratava, appelée autrefois Taoro, et située à la base du pic de Ténériffe, déroute tous les calculs que l'on peut faire. A l'époque de la conquête, en 1402, il était déjà réputé très-vieux et jouissait dans tout le pays d'une antique vénération pour sa grosseur, pour les avantages qu'il procurait et pour l'énorme cavité qu'il présentait déjà. Il ne paraît pas avoir vieilli depuis cette date si fatale; car il est encore aujourd'hui d'une vigueur remarquable. Il a seulement perdu une de ses grosses branches, toute chargée de rameaux, durant l'ouragan du 21 juillet 1819. On a couvert la place de manière à empêcher les eaux de s'infiltrer: une inscription consacre ce souvenir. La base de son vaste pied offrit, en 1794, à Broussonnet, proscrit par les hommes qui se sont fait un certain nom en profitant de ses travaux scientifiques, un peu plus de quinze mètres de circonférence, sur une hauteur de vingt-quatre mètres et un tiers. Ceux qui veulent que les populations du monde soient toutes parties de l'Orient, prétendent justifier leur assertion par l'existence du Dragonier gigantesque aux îles Canaries, qui, disent-ils, y a été apporté par des hommes sortis de l'Inde, patrie première, selon eux, de ce végétal. Ce n'est point ici le lieu de combattre cette assertion ridicule, que démentent la conformation des crânes des diverses races humaines, et les débris végétaux conservés dans le vaste réservoir des tourbières.

Parmi les autres espèces je nommerai les suivantes: 1° le DRAGONIER POURPRE de la Chine, *D. terminalis*, vulgairement appelé *Collis des Chinois*, remarquable par la couleur empourprée de sa panicule, composée de grappes lâches et rameuses, de ses fleurs très-nombreuses, de ses feuilles lancéolées et rétrécies inférieurement en un pétiole canaliculé, un peu élargi, embrassant à la base. Parfois cette teinte s'étend sur le stipe qui est cylindrique, grisâtre, nu dans la plus grande partie de sa longueur, et marqué de cicatrices circulaires formées par la chute des anciennes feuilles. La partie supérieure du stipe est couronnée par un faisceau de dix-huit à vingt feuilles. — 2° le Dragonier en parasol de Madagascar, *D. umbraculifera*, vulgairement appelé *Assy de l'île Maurice*: cette belle espèce monte à trois mètres, se charge à son sommet d'une touffe de grandes feuilles lancéolées, presque ensiformes, et de fleurs blanches, nombreuses, très-rapprochées, disposées en corymbe, qui s'épanouissent successivement et durent peu d'heures. L'une et l'autre espèce se cultivent en France chez quelques amateurs; elles sont très-répandues dans l'Inde.

Le Dragonier a feuilles ovales, *D. borealis*, est herbacé, presque sans tige; il est muni de feuilles elliptiques, pointues, assez larges, à nervures parallèles; du milieu de ces feuilles s'élève le stipe qui se termine par une espèce de corymbe dont les fleurs s'épanouissent au mois de juin.

(T. D. B.)

DRAGONNE. (rept.) On a réuni sous ce nom des Sauriens assez différens entre eux, qui ne rappellent guère, par la simplicité de leurs formes, les Dragons fabuleux de l'antiquité ou les Dragons plus positifs des temps modernes. Ces Dragonnes ont pour caractères communs : la forme générale des sauriens, la tête pyramidale, quadrangulaire, revêtue en dessus de larges plaques polygones; des dents solides, confondues avec les maxillaires, coniques, simples, légèrement comprimées à leur base et un peu recourbées en arrière; discrètes et alternantes, au nombre de vingt environ sur chaque côté des mâchoires; le palais en est privé, la langue est libre, écailleuse à sa surface, bifurquée comme chez les lézards; l'œil peu saillant, muni de deux paupières, dont l'inférieure plus grande; le tympan est visible, le corps peu renflé, cylindrique, les pieds courts, à doigts simples, libres, allongés, au nombre de cinq à chaque pied, terminés par un ongle fixe, court, légèrement crochu; la queue comprimée est relevée, comme chez les crocodiles, de deux grandes carènes en scie, formées de grandes écailles anguleuses, disposées sur deux rangées convergentes vers l'extrémité de la queue; les cuisses sont garnies de follicules poreux à leur côté interne; les écussons qui revêtent le corps de ces sauriens varient de forme chez les uns, que l'on a distingués par les noms peu significatifs de *Ada* et de *Thorictis*, mot grec qui signifie cuirassé. Les écussons cornés, assez petits sur le dos, sont ondulés à leur surface et surmontés d'une carène tranchante plus ou moins prononcée, surtout en arrière, entremêlés d'écussons beaucoup plus grands et à carènes saillantes en aiguillon, disposés assez régulièrement sur sept lignes longitudinales, au milieu des bandes transverses d'écussons plus petits, se continuant au nombre de deux séries plus prononcées sur la queue. Au ventre les écussons, plus allongés, sont de grandeur plus égale; la carène y est moins marquée, et le quinconce qu'ils forment est plus régulier. On ne connaît qu'une espèce :

La Dragonne de la Guiane, rapportée de Caïenne, de trois à quatre pieds de longueur, l'on dit même six pieds, dont la queue constitue environ les deux tiers; d'un vert brunâtre en dessus, jaune chlorotique en dessous. Cet animal terre, à ce qu'il paraît, au voisinage des marécages, poursuivant quelquefois sa proie au milieu des eaux; il se mange ainsi que l'Iguane. Avec l'âge les dernières dents maxillaires s'émoussent et prennent une apparence *pisiforme* qui les ferait prendre pour de véritables dents molaires, si la mastication pouvait être soupçonnée chez les reptiles.

Les autres Dragonnes, désignées sous le nom de Crocodilures, des mots grecs *Crocodeilos* Crocodile, et *Oura* queue, ont les écussons quadrilatères, égaux, disposés en gemme, assez semblables à ceux des Monitors et des Sauvegardes, petits, peu saillans sur le cou et les membres, plus grands et relevés d'un léger conoïde sur le dos, où ils sont disposés en verticilles; lisses, mais beaucoup plus développés et rangés en quinconce sur l'abdomen; allongés enfin et carénés sur la queue, où ils constituent des anneaux transverses plus ou moins prononcés. On n'en connaît qu'une espèce :

Le Crocodilure lézardet, ou C. des Amazones, C. ocellé de la Guiane et du Brésil; long de 74 centimètres environ, la queue en forme à peu près 45, et gros de 7 à 8; vert-brunâtre en dessus avec de petites taches plus foncées ou noires, irrégulièrement disséminées, plus fréquentes sur les côtés; jaune de soufre en dessous.

Les Dragonnes paraissent avoir à peu près les mêmes habitudes que les Monitors et les Sauvegardes.

(T. C.)

DRAGONNEAU, VER DE GUINÉE, FILAIRE. (zooph. intest.) C'est au médecin plutôt qu'au naturaliste qu'il faut emprunter la description de ce singulier entozoaire, dont plusieurs ont nié l'existence, mais que des observations consciencieuses ne permettent plus de rejeter aujourd'hui. Nous ne chercherons pas à signaler ici les différences qu'on remarque dans les diverses descriptions qu'en ont données les auteurs, différences qui nous paraissent tenir aux circonstances dans lesquelles il l'ont observé, et au plus ou moins d'attention qu'ils ont mis à le décrire. Bremser est, selon nous, celui qui lui assigne les caractères les plus ordinairement signalés : selon lui, le Dragonneau est cylindrique, filiforme, d'une grosseur à peu près égale dans toute son étendue, si ce n'est à la queue, qui est plus amincie et un peu recourbée. Sa grosseur varie depuis celle d'un fil assez ténu jusqu'à celle d'une ficelle. Sa longueur est quelquefois de quelques pouces seulement; elle peut s'étendre à plusieurs aunes. Son siége ordinaire est le tissu cellulaire sous-tégumentaire des jambes et des cuisses, et le plus ordinairement autour des malléoles. On l'a quelquefois rencontré aux bras, au cou, au tronc, et aussi sous la langue.

Comme tous les entozoaires, on n'a pas manqué d'attribuer sa présence à un grand nombre de causes extérieures; la nature des eaux, du climat, des boissons et des alimens ordinaires ; on a supposé aussi qu'il s'introduisait sous la peau, lorsqu'il était encore imperceptible ; en un mot on l'a regardé presque toujours comme une cause plutôt que comme un résultat de maladie. Nous pensons qu'il ne s'y développe que dans certaines circonstances morbides, et qu'il y prend naissance à la manière des Cysticerques, des Acéphalocystes, dont il faudra bien avouer un jour la génération spontanée. Ce qu'on ne peut nier, c'est que le climat a la plus grande influence sur les circonstances maladives qui contribuent à produire le Dragonneau, qu'on n'observe jamais que dans l'Arabie pétrée, sur les bords du golfe Persique, de la mer Caspienne, du Gange, dans l'Abissynie et la Guinée. Souvent sa présence est à peine sensible ; souvent aussi les premiers temps de son développement sont annoncés par une démangeaison plus ou moins vive. Mais si par son accroissement considérable il ajoute à la maladie préexistante, il en augmente l'intensité et devient à son tour la cause de graves accidens. Des moyens internes et externes ont été mis successivement en usage pour détruire cet entozoaire. Il n'entre pas dans la nature de cet ouvrage de les indiquer ici. (P. G.)

DRAP. (MOLL.) Les amateurs et les marchands emploient ce mot, suivi d'une épithète spécifique, pour désigner un assez grand nombre d'espèces de coquilles, surtout de celles du genre Cône. Nous allons citer, parmi ces noms vulgaires, ceux qui sont le plus répandus :

DRAP D'ARGENT, le *Conus stercus muscarum*, L.

DRAP FLAMBÉ, le *Conus auricomus*, L.

DRAP D'OR, le *Conus textilis*, L.

DRAP D'OR A DENTELLES, le *Conus abbas*.

DRAP D'OR VIOLET, le *Conus archiepiscopus*.

DRAP ORANGÉ, le *Conus auratus*, Brug.

DRAP PIQUETÉ, le *Conus nussatella*, Brug.

DRAP PETIT, le *Conus panniculus*, Lam.

DRAP MORTUAIRE, l'*Oliva lugubris*, Lam.

On donne le nom de Drap marin à la couche épidermoïde qui revêt le plus grand nombre des coquilles, lorsqu'on les retire de la mer. *V.* COQUILLE et MOLLUSQUE. (GUÉR.)

DRAPIER ou GARDE-BOUTIQUE. (OIS.) On désigne ainsi vulgairement le Martin-pêcheur d'Europe (*alcedo ispida*, L.), parce qu'on s'est imaginé que la dépouille de cet oiseau avait la propriété d'éloigner les teignes.

DRAP MORTUAIRE. (INS.) Nom vulgaire donné par Geoffroy à la Cétoine stictique. *V.* CÉTOINE. (GUÉR.)

DRASSE, *Drassus.* (ARACHN.) Genre de l'ordre des Pulmonaires, famille des Aranéides, section des Tubitèles, établi par Walckenaër et adopté par Latreille, qui lui assigne pour caractères : mâchoires arquées au côté extérieur, formant un cintre autour de la lèvre, qui est allongée et presque ovale ; huit yeux placés très-près du bord antérieur du corselet, disséminés quatre par quatre sur deux lignes transverses ; la quatrième paire de pieds et ensuite la première sont très-manifestement plus longues que les autres. Les

jambes et le premier article des tarses sont armés de piquans. Ces Aranéides se tiennent sous les pierres, dans les fentes des murs, l'intérieur des feuilles, et s'y fabriquent des cellules d'une soie très-blanche. Les cocons de quelques unes sont orbiculaires, aplatis et composés de deux valves appliquées l'une sur l'autre. Walckenaër distribue les Drasses en trois familles, d'après la direction et le rapprochement des lignes formées par les yeux, et le plus ou moins de dilatation du milieu des mâchoires. L'espèce qui peut servir de type au genre et qui compose seule sa troisième famille, est celle qu'il nomme le DRASSE VERT, *Drassus viridissimus*, Walck., Hist. des Aran., fasc. IV, 9. Cette espèce construit sur la surface des feuilles une toile fine, blanche et transparente, sous laquelle elle s'établit. L'une des plus jolies espèces, et que l'on trouve assez communément aux environs de Paris courant à terre, est le DRASSE RELUISANT, *D. relucens*, Latr. ; elle est petite, presque cylindrique, avec le thorax fauve, recouvert d'un duvet soyeux et pourpre ; l'abdomen mélangé de bleu, de rouge et de vert, avec des reflets métalliques et deux lignes transverses d'un jaune d'or, dont l'antérieure arquée. On y voit aussi quelquefois quatre points dorés.

(H. L.)

DRAVE, *Draba.* (BOT. PHAN.) Genre de la famille des Crucifères, Tétradynamie siliculeuse, institué par Linné, adopté par De Candolle, qui le place dans sa tribu des Alyssinées, près des genres *Alyssum* et *Cochlearia* ; il en retranche les espèces *Pyrenaïca* et *Verna*, érigées en genres (*voyez* PÉTROCALLIS et EROPHILA), et lui assigne en définitive les caractères suivans : calice à base non gibbeuse ; pétales entiers, obtus ou un peu échancrés ; étamines non denticulées ; fruit ovale ou oblong (c'est-à-dire que le *Draba* porte tantôt une *silique*, tantôt une *silicule*), entier, à valves planes ou convexes ; semences disposées sur deux rangs, non bordées. On voit que ce genre diffère fort peu des *Arabis* et surtout des *Turritis*, lorsque son fruit est siliqueux.

Les Draves sont des plantes vivaces ou annuelles, ordinairement couvertes de poils mous et veloutés, tantôt rassemblées en touffes courtes, comme des gazons, tantôt allongées et solitaires. On en compte plus de cinquante espèces, c'est-à-dire que cette plante varie selon les lieux ; son aspect est en général élégant, gracieux ; elle plaît à l'œil, et le botaniste y suit avec intérêt les nuances que la nature prodigue partout ; sous ce rapport, l'étude des Draves, malgré leur complète inutilité, vaut celle de la plupart des autres Crucifères.

De Candolle, qui les a bien observées, répartit en cinq sections les nombreuses espèces de ce genre. Les voici :

I. AIZOPSIS. Onze espèces, indigènes des montagnes de la Sibérie et de quelques chaînes de l'Europe. Plantes vivaces, à scape nue, feuilles raides et ciliées, fleurs jaunes, style filiforme. L'espèce la plus remarquable est le *Draba aizoides*, jolie plante printanière, dont les fleurs jaune d'or se détachent avec élégance sur les touffes vert-sombre de ses feuilles.

II. Chrysodraba. Douze espèces, des hautes montagnes septentrionales de l'Europe et de l'Asie ; excepté deux qui sont du Mexique. Racines vivaces ; feuilles molles ; fleurs jaunes ; style très-court, parfois presque nul.

III. Leucodraba. Quinze espèces, la plupart des Alpes et des Pyrénées. Racines vivaces ; feuilles molles ; fleurs blanches, à pétales obtus ou légèrement échancrés. Quelques unes croissent presque au milieu des neiges ; tel est le *Draba nivalis*.

IV. Holarges. Huit espèces, des contrées septentrionales. Leurs fleurs sont ordinairement blanches, et ont un style court.

V. Drabella. Quatre espèces, dont deux indigènes en France. Racines annuelles ou vivaces ; fleurs très-petites, jaunes ou blanches, sans style. Nous citerons le *Draba muralis*, qu'on trouve quelquefois aux environs de Paris, sur les murs ou dans les terrains sablonneux.

Le *Draba verna*, que les jeunes botanistes courent observer au bois de Boulogne dès le premier soleil du printemps, a reçu de M. De Candolle la dignité de genre avec le nom d'*Erophila*. (L.)

DRÈCHE. (ÉCON. RUR.) Résidu de graines céréales et particulièrement d'orge germée, que l'on a réduites en farine pour les employer à la fabrication de la bière et des liqueurs alcooliques. Comme elle retient encore, intactes ou peu altérées, diverses parties nutritives, le cultivateur intelligent l'administre aux bœufs, aux vaches, aux porcs qu'il veut engraisser rapidement ; les chevaux la mangent avec plaisir. On peut encore s'en servir à l'engrais des terres, à l'instar des Anglais.

(T. D. B.)

DREISSÈNE, *Dreissena*. (MOLL.) M. Vanbeneden donne ce nom à un nouveau genre de Mollusques bivalves qu'il établit sur l'espèce des Moules d'eau douce, espèce que l'on a successivement décrite sous les différens noms de *Mytilus polymorphus*, *M. Volgæ*, *M. Chemnitzii*, *M. Hageini*, *M. lineatus*, et *M. arca*. L'animal a pour principal caractère, son manteau qui est fermé et présente trois ouvertures distinctes pour le passage des excrémens, du bissus, de la languette et du siphon, au lieu d'être entièrement ouvert comme cela se voit chez les moules marines. Cette disposition, très-remarquable, semble éloigner les Dreissènes des Mytilacées, pour les rapprocher des Camacées. L'espèce que nous avons indiquée est propre à l'Europe : on la trouve dans la mer Caspienne, le Volga, le Danube, la Meuse, le lac d'Harlem, etc.

Une autre espèce a été récemment observée par M. Vanbeneden, qui doit la décrire bientôt ; elle vient du Sénégal, et vit également dans les eaux douces, c'est le *D. africanus*, Vanb. (GERV.)

DRÉMOTHÉRIUM, *Dremotherium*. (MAM.) Ce nom, qui veut dire *animal bon coureur*, a été récemment appliqué par M. Geoffroy à un nouveau genre de Mammifères fossiles dont on ne connaît encore qu'une espèce, le Drém. de Feignoux, *Drem. Feignoui*, Geoffroy, Etudes progressives,

p. 72, 1ᵉʳ cahier. C'est un ruminant très-voisin des Chevrotains, dont il se rapproche par l'absence de bois, mais qui n'a pas comme eux de longues canines à la mâchoire supérieure. M. Geoffroy a trouvé les débris de ce Mammifère dans les brèches à ossemens de Saint-Gérand-le-Pui, département de l'Allier ; il suppose qu'on pourra rencontrer dans la même localité quelque nouvelle espèce du même groupe. (GERV.)

DRENNE. (OIS.) Ce mot, que l'on écrit aussi *Dreine*, est le nom d'une espèce de Grive, le *Turdus viscivorus*. *Voyez* GRIVE et MERLE.

(GERV.)

DRÉPANE, *Drepane*. (POISS.) Genre érigé par Cuvier aux dépens des Chætodons de Linné et autres naturalistes. Aujourd'hui, dans la méthode ichthyologique de cet auteur, il ne comprend plus que les espèces qui offrent pour caractère : trois épines à l'anale, jointes à des pectorales longues et pointues. Cuvier a cru pouvoir leur appliquer le nom de Δρεπάνη, qui exprime la forme particulière que présentent leurs nageoires pectorales.

Toutes les espèces connues de ce genre appartiennent à la mer des Indes, où elles sont peu recherchées comme aliment. Deux espèces seulement constituent ce genre.

La Drépane ponctuée, *Drepane punctata*, Cuv., se fait remarquer par ses pectorales en forme de faux, et par son corps argenté, parsemé d'un grand nombre de taches ou points bruns, d'où elle tire son nom. La deuxième, décrite sous le nom de Drépane peigne, *Drepane longimana*, est une espèce qui se trouve à Java : on la rencontre également à Pondichéry, où elle a été observée par M. Leschenault. On pourrait la confondre au premier coup d'œil avec la précédente ; mais la longueur de ses pectorales suffit pour l'en distinguer.

(ALPH. G.)

DRESSÉ, DRESSÉE, *Erectus*. (BOT.) Se dit d'une tige dont l'axe est perpendiculaire à l'horizon. Qu'on se garde bien de confondre *Dressé*, *Erectus*, avec *droit*, *rectus*. Sans doute une tige peut être tout à la fois *Dressée* et *droite* ; mais si l'on songe que *droite* signifie, *qui n'a pas de courbure*, on concevra facilement qu'une tige *Dressée* peut être sinueuse, et une tige *droite*, oblique ou couchée. (C. É.)

DRILE, *Drilus*. (INS.) Genre de Coléoptères, de la section des Pentamères, famille des Serricornes, tribu des Lampyrides, établi par Olivier, et ayant pour caractères : tête non prolongée en forme de museau ; antennes écartées entre elles à leur naissance, fortement pectinées dans les mâles au côté interne, seulement dentées en scie dans les femelles ; les palpes des uns et des autres sont plus épais vers leur extrémité, mais se terminent en pointe. La femelle est aptère.

Le mâle de l'espèce qui sert de type à ce genre est connu depuis long-temps ; mais on ignorait comment était la femelle, et toutes ses métamorphoses, lorsque M. Miclzinsky trouva une larve assez ressemblante aux femelles des Lampyres, qui attaquait les limaçons, se nourrissait de leur substance, et subissait ses métamorphoses dans l'intérieur de leur coquille. Ces larves ont le corps plus étroit antérieurement et garni de deux rangs de mamelons couverts de poils, ainsi que de deux rangs d'aigrettes sur des prolonge-mens de la peau; l'extrémité du corps est fourchue; l'anus est tuberculeux, et sert de point d'appui à l'insecte dans la progression. Après leur dernier changement, elles lui donnèrent des insectes ap-tères, mais comme il ne lui était sorti que des femelles, il en forma un genre qu'il plaça auprès de celui des Lampyres, sous le nom de *Cochléoc-tone*; ces remarques intéressantes excitèrent M. Des-marest et presque simultanément M. Audouin à répéter et suivre plus en grand les expériences de M. Miclzinsky, pour tâcher d'obtenir la so-lution complète de la difficulté. On sut d'abord que ce que cet auteur avait pris pour la nymphe n'était rien autre que la larve, mais dans un en-gourdissement produit par le froid de l'hiver; que la métamorphose s'opérait au printemps dans la coquille, dont l'insecte bouchait l'entrée avec sa dépouille de larve, qu'elle se tenait habituelle-ment dans le troisième tour, le ventre vers la spire, et la tête regardant le fond, tandis que la nymphe se trouvait tournée vers l'ouverture; enfin, deux nymphes de différentes tailles étant venues à l'état parfait, on connut positivement le mâle et la femelle; ces observations sont d'autant plus in-téressantes qu'elles éclaircissent les mœurs de toute la tribu.

D. **JAUNATRE**, *D. flavescens*, Oliv. col. t. II, 23, 1. Le mâle est long d'environ trois lignes; cependant il varie beaucoup de grandeur, il est noir, avec les élytres jaunâtres très-velues; la fe-melle est trois fois plus grande, d'un jaune orangé; elle ressemble à celle des Lampyres, mais n'est pas phosphorescente. On trouve le mâle assez com-munément aux environs de Paris; mais pour se procurer la femelle il faut élever la larve.

(A. P.)

DRIGUE. (ois.) Nom vulgaire d'une espèce de fauvette. *V*. BEC-FIN. (GUÉR.)

DRILL. (MAM.) C'est une espèce de singe du genre *Cynocephalus*, distingué par Fréd. Cuvier. Le Drill se rapproche beaucoup du Mandrill, et prend place dans la même section que lui; nous avons parlé de l'un et de l'autre, en traitant des CYNOCÉPHALES. *V*. ce mot. (GERV.)

DROC. (BOT. PHAN.) On donne vulgairement ce nom à l'IVRAIE. *V*. ce mot.

DROGON. (MOLL.) C'est le nom marchand du *Triton lotorium. V*. TRITON.

DROGUE. (BOT. PHAN.) Nom vulgaire de l'Ajonc dans quelques unes de nos provinces. *V*. ULEX.

(GUÉR.)

DROMADAIRE. (MAM.) Cet animal, sur lequel nous avons déjà dit quelques mots à l'article *Cha-meau* de ce Dictionnaire, est le CHAMEAU A UNE BOSSE, *Camelus dromedarius* des naturalistes. Il se distingue de son congénère par son museau moins renflé, le sommet de sa tête moins élevé, son cou proportionnellement plus court, et surtout par sa bosse qui est unique, arrondie et jamais tombante; le poil est doux, laineux, médiocre-ment long; sa couleur ordinaire est d'un gris presque blanc, devenant roussâtre avec l'âge.

Le Dromadaire est bien plus répandu que le Chameau à deux bosses. Il est fort commun en Arabie et dans toute la partie septentrionale de l'Afrique, depuis l'Egypte jusqu'en Barbarie. On le retrouve au Sénégal, en Abyssinie, etc., et en Asie, dans la Perse et la Tartarie méridionale. MM. Bory et Isid. Geoffroy nous ont appris, dans l'ouvrage sur la Morée, qu'il avait été accidentel-lement transporté en Grèce, et qu'il s'y était par-faitement acclimaté. (GERV.)

DROMIE, *Dromia*. (CRUST.) Genre de l'ordre des Décapodes, famille des Brachyures, section des Homochèles, tribu des Notopodes, Cours d'Entomologie de Latreille. Ce genre, qui a été établi par Fabricius, a pour caractères : pieds propres à la course et à la préhension; longueur des dix premiers diminuant graduellement, à commencer des serres; les quatre derniers insérés sur le dos, et terminés par un double crochet; test ovoïde, court et presque globuleux, bombé, laineux ou très-velu. Ces crustacés, par la forme de leurs an-tennes, par les parties de la bouche et par la composition de leurs pieds, ont beaucoup de res-semblance avec les crabes proprement dits; ce-pendant la position des pieds postérieurs insérés sur le dos est un caractère qui, sans aucun doute, suffira à les distinguer des genres connus, à l'ex-ception des Dorippes et des Homoles avec lesquels, sous ce rapport, ils ont beaucoup d'analogie; mais dans le premier de ces genres, les quatre pieds relevés se terminent par un crochet simple, et le second n'a qu'une paire de pattes dorsales. Les Dromies se font encore remarquer par un certain nombre de caractères. La carapace est ovale, ar-rondie, très-bombée; sa partie antérieure est un peu rétrécie et prolongée en manière de museau; les antennes extérieures, très-petites, sont insérées au dessous des pédoncules oculaires; les intermé-diaires naissent en dessous et un peu en dedans des yeux; les pieds-mâchoires extérieurs ont leur troisième article presque carré, légèrement échan-cré à son extrémité et en dedans; les serres sont égales, grandes et fortes; les doigts en sont ro-bustes, creusés en gouttière dans leur milieu, avec des dents sur les bords qui s'engrènent mutuelle-ment; la seconde et la troisième paires de pattes se terminent par un article simple en forme de cro-chet fort aigu; les deux paires suivantes sont plus courtes, insérées sur le dos de l'animal, et termi-nées par un article pointu et arqué; une autre épine plus petite et de même forme existe sur l'article qui précède le tarse, et la réunion de ces deux épines constitue une sorte de pince qui pa-raît avoir pour usage de saisir divers corps étran-gers pour les fixer sur leur dos.

Ces crustacés, assez indolens dans leur démar-che, vivent dans des lieux où la mer est médio-crement profonde, et ils choisissent pour leur habitation les endroits où les rochers ne sont point cachés sous la vase. On les trouve presque toujours recouverts d'une espèce d'alcyon ou de valves de coquilles, qu'ils retiennent avec leurs quatre pieds de derrière, et dont ils semblent se servir comme d'un bouclier qu'ils opposent aux attaques de leurs ennemis. Les Alcyons, qui sont en général de l'espèce appelée *Alcyonium domoncula*, continuent même à se développer et à s'étendre sur leur carapace, qu'ils finissent par cacher entièrement. Au mois de juillet, suivant Risso, les femelles sortent de l'état d'engourdissement qui leur est ordinaire, et se rendent sur des bas-fonds pour y déposer un très-grand nombre d'œufs. On connaît plusieurs espèces de Dromies; celle qui est la plus connue (*Cancer dromia*, Lin. Rumph., Mus. xv, 1; Herbst, xviii, 108) est répandue dans tout l'Océan, celui du Nord excepté. Elle est couverte d'un duvet brun, avec cinq dents à chaque bord latéral et trois au front; les doigts sont forts, très-dentés sur les deux bords et en partie couleur de rose; quelques auteurs l'ont dite venimeuse. La Dromie tête de mort, *Cancer caput mortuum*, Lin., est plus petite, plus bombée, presque globuleuse, avec trois dents de côté à ses bords antérieurs, le front court, échancré au milieu, et sinué latéralement. On la trouve sur les côtes de Barbarie.   (H. L.)

DRONGO, *Edolius*. (ois.) Les Drongos, que Vieillot a nommés *Dicrurus* et Cuvier *Edolius*, sont des passereaux à bec denté qui vivent en grande partie dans l'Inde, principalement dans les îles voisines du continent; ces oiseaux, dont les teintes sont généralement noires et la queue fourchue, ont les narines cachées par de longues soies et les tarses robustes, mais assez courts. Leur nourriture se compose principalement d'insectes, et il en est plusieurs parmi eux dont le ramage est comparable à celui du Rossignol. Les espèces connues sont au nombre de treize ou quatorze, presque toutes dues aux recherches de Levaillant; quelques unes cependant n'ont pas été inconnues aux naturalistes du siècle dernier et se trouvent décrites ou figurées dans Buffon, Gmelin, etc. Nous citerons :

Le Drongo huppé, *Edolius cristatus*, Enl. indiqué par Buffon comme étant le *grand Gobe-mouche noir*, et dont Linnæus a fait le *Lanius forficatus*. Cet oiseau, rapporté d'abord de Madagascar, se trouve aussi au cap de Bonne-Espérance et en Cafrerie. Il a dix pouces de longueur depuis le bout du bec jusqu'à l'extrémité de la queue, c'est-à-dire que sa taille est à peu près celle de notre merle; son plumage est entièrement noir. Levaillant rapporte, d'après des indications qu'on lui a communiquées, que, dans la saison des amours, ce Drongo fait entendre un ramage très-harmonieux.

Drangear, *Dicrurus musicus*, Vieill. Comme l'indique son nom latin, cette seconde espèce jouit aussi d'un chant agréable; elle a été décrite par Levaillant et représentée à la pl. 169 de son Histoire des oiseaux d'Afrique. Sa couleur est également noire, comme chez l'espèce précédente; mais elle manque de huppe, et sa taille est inférieure.

Drongie, Lev., pl. 170, *Dicrurus leucophæus*, Vieill. Queue très-longue et très-fourchue, couleur générale d'un bleu ardoisé. C'est une espèce de Ceylan.

Drongo a raquettes, Lev., pl. 175, *Dic. platurus*, Vieill.; *Edolius platurus*, Dumont; *Edolius retifer*, Temm. C'est aussi le *Cuculus paradiseus* de Brisson; il vit sur la côte de Malabar; les deux rectrices externes de sa queue sont terminées par deux longs brins sans barbules, et s'élargissant à l'extrémité où les barbules commencent à se montrer. Cette espèce est représentée dans notre Atlas, pl. 140, fig. 1.

Drongo bronzé, *Edolius æneus*, Dum. Levaill., pl. 176. Sa couleur est d'un noir bronzé; il vit au Bengale.

Drongo a rames, *Edolius remifer*, Temm., pl. col. 178. Ce Drongo, beaucoup plus petit que le Drongo à raquettes, est entièrement d'un bleu noir à reflets brillans; les deux tiges qui partent des deux rectrices externes sont légèrement barbulées et terminées par des barbes formant deux raquettes ovalaires oblongues. La femelle ne présente point cette disposition.

L'*Edolius remifer* vit sur les côtes de l'Inde ainsi qu'à Java et Sumatra.   (Gerv.)

DRONTE, *Didus*. (ois.) Un des faits les plus intéressans de l'ornithologie, et qui offre avec les points les plus élevés de la philosophie zoologique des rapports immédiats, est certainement celui du Dronte, oiseau très-commun jusqu'au dix-septième siècle dans les îles de France et de Bourbon, et dont l'espèce paraît aujourd'hui totalement anéantie. Les premiers Européens qui vinrent s'établir dans les îles qu'habitaient ces singuliers animaux, les y trouvèrent en très-grand nombre; et cependant nous n'avons plus pour constater qu'ils ont vraiment existé, que quelques phrases vagues et disséminées dans les nombreux écrits des voyageurs, quelques portraits grossiers, une seule patte et une tête.

Lorsque les Hollandais, commandés par l'amiral Cornelisz van Neck, abordèrent en 1598 à l'île de France (alors connue sous le nom de Maurice et auparavant d'*ilha do Cirne* ou *do Cisne*, c'est-à-dire Ile aux Cygnes, que lui avaient donné les Portugais), ils y trouvèrent en très-grande abondance une espèce d'oiseau qu'ils nommèrent *Walyvogel* ou oiseau du dégoût, tant à cause de la dureté de sa chair, que de sa physionomie bizarre.

Plus tard, en 1618, les navigateurs d'un vaisseau également hollandais, et commandé par Bontekoé, ayant jeté l'ancre sur la côte de Maskarénas, aujourd'hui Bourbon, rencontrèrent dans cette île les mêmes oiseaux qu'avait vus Van Neck. Bontekoé parla de ces animaux dans la relation qui fut imprimée de son Voyage (Réc. des voy. d'Hacluyt, de Purchas, etc., Paris, 1665); son récit fut même accompagné d'une figure portant le nom de *Dronte*.

Clusius parla aussi de cet oiseau; il est même

on de ceux qui nous ont laissé sur lui le plus de détails ; il le nomme indistinctement *Cygnus cucullatus* (cygne encapuchonné) et *Gallus gallinaceus peregrinus*. Il nous apprend que le Dronte, oiseau de la taille d'une oie, a sur la tête une sorte de capuchon ; que son corps est peu garni de plumes ; que ses jambes sont de grosseur égale, et que ses ailes n'ont que quatre ou cinq pennes. Le corps est très-gros, surtout à sa partie postérieure, où il porte, au lieu de queue, quelques plumes frisées. Niéremberg, Bontius et Willugby n'ont rien ajouté à ce récit, et Herbert, dans ses voyages, confirme ce qu'avait déjà annoncé Clusius ; savoir, que le Dronte avale des pierres ; il croit même qu'il a la facilité de les digérer, et ne sait que penser d'une telle force d'assimilation. Edwards, dans ses *Glanures*, a aussi parlé du Dronte, il en donne une figure, laquelle est faite d'après un dessin rapporté de Maurice.

Les classificateurs ont été long-temps embarrassés pour trouver la véritable place du Dronte, quelques uns ont fait de cet oiseau un palmipède, d'autres, un granivore voisin des autruches, et quelques autres un accipitre de la section des Vautours. Quelques uns ont trouvé plus commode de le passer sous silence. M. de Blainville a le premier pensé que le Dronte devait avoir avec les Vautours de nombreuses ressemblances ; ayant eu occasion d'étudier le pied et la tête conservés dans la collection du Musée d'histoire naturelle d'Oxford, il a reconnu que ces parties avaient beaucoup de rapports avec les mêmes chez les Vautours. Il a donné sur ce sujet à l'Académie des sciences un Mémoire dont on trouve l'analyse dans les comptes rendus de l'Académie, par G. Cuvier. Depuis, M. de Blainville a eu l'heureuse idée de faire mouler la tête dont nous parlons ci-dessus, et il en a présenté dernièrement le plâtre à l'une des séances de l'Institut, en rappelant qu'il conservait toujours la même opinion, et annonçant que plusieurs savans ornithologistes anglais, M. Gould entre autres, la partageaient entièrement. C'est surtout G. Cuvier qui a pensé que le Dronte devait être un palmipède ; il l'a rapproché des Pingouins à cause des stries longitudinales de son bec ; d'autres ont pensé que ce serait plutôt une espèce d'Albatros. On doit dire d'abord que les Albatros volent peut-être mieux que la plupart des oiseaux, et que les Drontes étaient dépourvus de cette facilité ; de plus la patte conservée dans le Muséum anglais n'est point palmée, et la figure d'Edwards nous présente aussi des doigts libres. Les voyageurs nous représentent d'ailleurs cet oiseau comme éminemment terrestre, ce qui ne peut faire penser qu'il ait pu ressembler aux Pingouins ni aux Albatros ; ils nous disent aussi que le Dronte est un granivore avalant des pierres pour broyer ses alimens ; ceci pourrait faire penser que le Dronte, ayant, il est vrai, les pieds et le bec d'un Vautour, n'avait pas cependant sa manière de vivre.

Didus ineptus, à cause de son peu d'agilité, est le nom qu'on a donné au Dronte ; on l'appelle aussi quelquefois *Dodo*. (GERV.)

DROSÉRACÉES, *Droseracea*. (BOT. PHAN.) Famille de la classe des Dicotylédonées à corolle polypétale, établie par De Candolle, qui en prit pour type le genre *Drosera*, et lui assigne les caractères suivans : calice monosépale à cinq divisions régulières, persistantes ; corolle de cinq pétales, planes, égaux et réguliers, alternant avec les divisions du calice ; cinq (quelquefois dix) étamines hypogynes, à filets libres, à anthères biloculaires ; un ovaire libre, ordinairement à une loge ; trois à cinq stigmates, en général sessiles, simples ou bipartis, courts et épais, ou bien allongés et étalés en rosace ; capsule ovoïde, à une ou plusieurs loges, s'ouvrant en plusieurs valves ; graines recouvertes d'un tissu aréolaire ou espèce d'arille, contenant un embryon dressé.

A. Richard a modifié ces caractères en un point important : selon ce professeur, l'insertion des étamines est périgynique. Dans les *Drosera*, dit-il, les pétales et les étamines sont insérés à la partie inférieure du tube calicinal, au dessus de son fond ; dans le *Parnassia* (même famille), ils semblent naître de la paroi externe de l'ovaire, un peu au dessus de sa base, en sorte que l'insertion est réellement périgynique.

Cependant A. Richard n'éloigne pas les Droséracées des Violacées, bien que dans cette dernière famille l'insertion soit hypogynique. En effet, les deux familles présentent un même nombre de parties, et la même structure dans le fruit et la graine. Mais un port différent, et la présence de stipules chez les Violacées, les distinguent aussitôt.

Les Droséracées sont en général des herbes annuelles ou vivaces, à feuilles pétiolées, alternes, souvent garnies de poils glanduleux, plus ou moins irritables au toucher. Voici les genres que De Candolle comprend dans cette famille : *Drosera*, Linn. ; *Parnassia*, Linn. ; *Drosophyllum*, Link ; *Aldrovanda*, Monti ; *Romanzowia*, Chamisso ; *Byblis*, Salysb. ; *Rovidula*, Linn., et *Dionæa*, Ellis.

Richard retranche des Droséracées le *Romanzowia*, dont la corolle est monopétale ; et le DIONÆA (*voy.* ce mot), dont les étamines sont manifestement hypogynes. (L.)

DROSÈRE, *Drosera*. (BOT. PHAN.) Genre de la Pentandrie trigynie, Linn., placé d'abord par Jussieu dans la famille des Capparidées, puis regardé par De Candolle comme le type d'une nouvelle famille naturelle. Il offre pour caractères un calice monosépale, persistant, partagé en cinq divisions régulières ; une corolle de cinq pétales étalés, égaux ; cinq étamines alternant avec les pétales, attachées ainsi qu'eux à la partie inférieure du tube calicinal (Richard), au dessus de son fond, et par conséquent périgynes ; un ovaire libre, à une loge ; trois à cinq styles allongés et bipartis, d'abord dressés, puis étalés ; une capsule ovoïde, enveloppée dans le calice, s'ouvrant par sa moitié supérieure en trois ou cinq valves incomplètes.

On compte trente-deux espèces de Drosères (Prodrome de De Candolle, 1, p. 317), répandues sur les différentes parties du globe; ce sont de petites herbes assez élégantes, presque toujours humides ou spongieuses (d'où le nom grec *Drosera*, couvert de rosée), et croissant dans les marais, au milieu des Sphaignes : elles ont des fleurs blanches disposées en épis, et des feuilles alternes, parfois toutes radicales, couvertes de longs poils glanduleux. De Candolle divise les Drosères en deux sections, distinguées d'après la forme des styles, tantôt presque simples et capitulés à leur sommet, tantôt multifides et comme pénicilliformes.

Nous citerons les deux espèces qui se rencontrent aux environs de Paris :

DROSÈRE A FEUILLES RONDES, *Drosera rotundifolia*, Linn. Jolie plante, assez commune dans les marais de Montmorency, de Saint-Gratien, etc. On la nomme aussi *Rossolis*, ou rosée du soleil. Ses feuilles, toutes radicales, petites, arrondies, et portées sur de longs pétioles velus, sont recouvertes à leur face supérieure, et surtout sur les bords, de poils glanduleux, rougeâtres; qu'une mouche se pose sur la feuille, et l'on voit se renouveler le phénomène d'irritabilité dont nous avons parlé à l'article DIONÆA : les poils qui la bordent se rapprochent, s'entrecroisent, et enferment l'insecte dans une étroite cage. Mais la colère du *Drosera* n'est pas aussi longue que celle des dieux; au bout d'un instant, la feuille se rouvre et laisse échapper le captif. Les fleurs du *Rossolis* sont blanches, presque sessiles, et forment un épi simple ou bifurqué au sommet d'une hampe de quatre ou cinq pouces.

Le DROSÈRE A LONGUES FEUILLES, *D. longifolia*, Linn., se distingue de l'espèce précédente par ses feuilles allongées, ses pétioles glabres, et sa hampe toujours simple.

Le *Drosera lusitanica*, Linn., a été érigé en genre par Link, sous le nom de DROSOPHYLLUM. (*Voy.* l'article suivant.)   (L.)

DROSOPHYLLE, *Drosophyllum*, Linn. (BOT. PHAN.) Genre de la famille des Droséracées, Décandrie pentagynie, Linn., créé par Link pour le *Drosera lusitanica* de Linné, lequel diffère de ses anciens congénères par ses dix étamines, ses cinq styles filiformes, et sa capsule à cinq valves, paraissant à cinq loges à cause des replis intérieurs des valves. Le Drosophylle croît en Portugal, en Espagne et dans les îles occidentales d'Afrique. Sa tige est frutescente, et porte des feuilles linéaires, entières, couvertes de glandes stipitées. Ses fleurs sont jaune-soufre, et disposées en corymbes.

    (L.)

DRUPACÉ, *Drupaceus*. (BOT. PHAN.) Ressemblant à un drupe par son aspect et sa nature. Dans ses fragmens d'une méthode naturelle, Linné donne le nom de plantes drupacées à toutes celles ayant des fruits à noyau, comme l'Amandier, *Amygdalus*; le Prunier, *Prunus*, etc. Le fruit des Cycadées a de l'affinité avec le drupe, il en est de même de plusieurs autres et plus particulièrement

de l'Umari de la Jamaïque, *Geoffrea inermis*, placé à la fin des Légumineuses.   (L.)

DRUPE, *Drupa*. (BOT. PHAN.) Fruit charnu ou pulpeux, renfermant un seul noyau, telles sont les Cerises, les Pêches, etc. Il est pulpeux dans le Prunier; charnu dans l'Abricotier; sec, cassant et coriace dans l'Amandier, le Noyer; crustacé dans le Cocotier pierreux; fibreux dans le Chou palmiste; filamenteux dans le Manguier; lactescent dans l'Illipé; sébacé, c'est-à-dire semblable à du suif, dans le Bosé des Canaries, *Bosea yervamora*; fongueux dans la Lobélie éclatante, *Lobelia fulgens*; subéreux dans la Duhamel écarlate, *Duhamelia coccinea*.

Considéré dans sa forme, le Drupe est acuminé seulement au sommet dans l'arbre au vernis, *Rhus vernix*, au sommet et à la base dans la Pimprenelle sanguisorbe, *Poterium sanguisorba*; arqué dans le faux Brésillet, *Comocladia brasiliastrum*; cymbiforme dans le Badamier, *Terminalia*; cylindrique dans quelques variétés d'Olivier, *Olea sativa*; ovoïde dans le *Couepia* de la Guiane; pyriforme dans le Pied d'oiseau, *Ornithopus perpusillus*; pisiforme dans le *Laugeria*; pyramidal dans le *Butonica speciosa* de l'Inde; réniforme dans le *Valkera*; subulé dans le Rubanier, *Sparganium erectum*; et terminé par deux pointes allongées dans la Lampourde commune, *Xanthium strumarium*, ou bien obové dans l'arbre de neige du Ceylan, *Chionanthus zeilanica*, ou bien encore à pointe effilée et piquante dans le Sébestier, *Cordia sebestena*.

Il y a des Drupes ambigus qu'il est difficile de déterminer et que l'on peut prendre tantôt pour une baie, tantôt pour une capsule. Les Drupes fausses-baies sont ceux du Cornouiller, *Cornus*, du Camara des régions intertropicales, *Lantana*, etc. : ils ressemblent à une baie par la forme, le volume, la couleur et la nature de la pulpe; et cependant ils en diffèrent par le noyau solitaire qu'ils contiennent. Il en est de même des Drupes fausses-capsules; ils s'ouvrent bien spontanément à l'époque de la maturité comme les capsules; mais ils ne peuvent être confondus avec elles à raison de leur double péricarpe bien prononcé et de l'affinité de leur pulpe avec celle des vrais Drupes.

Enfin on appelle faux-Drupes ceux qui paraissent en avoir les caractères et qui cependant n'ont avec eux aucun rapport réel. Tels sont les fruits du Raisinier, *Coccoloba*; les baies sèches du Muscadier, *Myristica*; les gousses membraneuses du Ptérocarpe d'Amérique, *Pterocarpus lunatus*; les silicules en forme de petites masses du Coquillier au bec, *Bunias erucago*, etc.   (T. D. B.)

DRYMIDE, *Drymis*. (BOT. PHAN.) Genre de Magnoliacées et de la Polyandrie polygynie, établi par Forster, et offrant les caractères suivans : calice entier, caduc ou persistant, ou bien *di* ou *tri-sépale*; corolle composée de six à vingt-quatre pétales formant une ou deux séries; étamines en grand nombre, à filets courts et épaissis au sommet, couronnés d'anthères à deux loges écartées l'une d'une de l'autre ; pistils dont le nombre varie de quatre à huit, se pressant les uns contre les autres au centre de la fleur, ayant chacun un ovaire à une seule loge polysperme, surmonté d'un stigmate punctiforme ; baies uniloculaires polyspermes. Ce genre, nommé *Wintera* par Murray, contient cinq espèces, arbres ou arbrisseaux à feuillage toujours vert, à écorce âcre et aromatique, à feuilles pétiolées, ovales, oblongues, glabres et très-entières ; à fleurs pédonculées, latérales ou axillaires, à stipules aiguës, roulées, très-caduques. Les Drymides habitent la partie de l'Amérique qui s'étend du Mexique au détroit de Magellan, à l'exception d'une seule espèce, la *Drymis axillaris*, (Forster, Gen. tab. 42), qui appartient à la Nouvelle-Zélande.

La plus intéressante espèce du genre est la **Drymide de Winter**, *Drymis Winteri*, Forster, Gen. p. 84, tab. 42. D. C., Syst. nat. 1, p. 443 ; *Wintera aromatica*, Murr. Elle ombrage les coteaux escarpés du détroit de Magellan. Tantôt humble arbrisseau, atteignant à peine un mètre ou un mètre et demi de haut ; tantôt arbre majestueux, s'élançant avec fierté à treize mètres et plus d'élévation, la Drymide de Winter est un emblème assez frappant de notre humanité. On reconnaît cette espèce à ses feuilles alternes, allongées, obtuses, un peu coriaces, vertes en dessus, glauques en dessous, à ses fleurs petites, parfois solitaires, ou bien réunies au nombre de trois ou quatre au sommet du pédoncule commun, lequel est ou simple ou divisé en autant de pédicelles qu'il y a de fleurs ; à ses petites baies globuleuses, glabres et de la grosseur d'un pois. L'écorce de Winter se débite dans les pharmacies en plaques roulées d'environ trente-deux mètres de long, et de six à sept millimètres d'épaisseur ; elle est d'un gris rougeâtre ou couleur de chair, quelquefois d'un brun foncé. Sa cassure est compacte et rougeâtre, sa saveur âcre, aromatique et poivrée. Hewey y a découvert une substance résineuse, de l'huile volatile, du tannin, une matière colorante et quelques sels. Elle est tonique, stimulante, et, suivant l'auteur que je viens de citer, spécifique contre le scorbut. Toutefois elle est peu employée pour combattre cette maladie.

(C. É.)

DRYMOPHILE, *Drymophila*. (ois.) Les Drymophiles, érigés en genre par M. Temminck, sont des Passereaux dentirostres, voisins des Gobe-mouches. On connaît plusieurs espèces propres aux parties chaudes de l'Afrique, de l'Amérique et de l'Asie. Nous citerons seulement le **Drymophile voilé**, *Drymophila velata*, Temm., pl. 334, remarquable par une bande noire qui recouvre son front, sa gorge et ses joues de manière à présenter une espèce de masque ou de voile ; un plastron d'un roux cannelle existe sur le devant du cou et la poitrine ; le reste du corps est d'un bleu d'ardoise. Cet oiseau, long en totalité de sept pouces, habite Timor et Java. **Drymophile tribande**, Temm., pl. 418. Cette autre espèce offre, avec un masque noir, une teinte rousse répandue sur les côtés de son cou, de sa poitrine et des flancs ; sa

tête, son dos, ses ailes sont ardoisés ; son ventre est blanc et sa queue brune à pennes égales et terminée de blanc. Les autres espèces ont été décrites par M. Temminck dans ses *Planches coloriées*, quelques unes sont dues aux recherches de M. Swainson, d'autres étaient anciennement connues et ont été rangées par Vieillot dans le groupe du Muscicapa.

(Gerv.)

DRYOPS, *Dryops*. (ins.) Genre de Coléoptères de la section des Pentamères, famille des Clavicornes, tribu des Macrodactyles, établi par Olivier et le même auquel Fabricius a donné le nom de *Parnus* ; il offre pour caractères : antennes susceptibles de s'insérer dans une cavité située sous les yeux, recouvertes en grande partie par le second article qui a la forme d'une palette, dépassant en manière d'oreilles, palpes peu apparens ; les tarses sont de cinq articles, dont le dernier plus grand, muni de deux forts crochets. Ce sont des insectes de petite taille, vivant presque toujours dans l'eau, couverts d'un duvet fin assez long. Leurs métamorphoses sont inconnues.

D. à oreilles, *D. aurita*, Geoffroy. Long de deux lignes, dessus du corps brun, partie inférieure rougeâtre.

(A. P.)

DRYPTE, *Drypta*. (ins.) Genre de Coléoptères de la section des Pentamères, famille des Carnassiers, tribu des Carabiques, établi par Latreille, qui lui donne pour caractères : menton en forme de croissant, sans dentelures au milieu, languette saillante, terminée par trois épines et accompagnée de deux petits paraglosses ; premier article des antennes long et rétréci à sa base ; pénultième article des tarses bilobé, avec le dessous garni de duvet. Ce sont des insectes de petite taille, ornés de couleur bleue ou verte ; leur tête est triangulaire, avancée, le corselet est allongé, un peu plus large à sa partie antérieure, mais moins large que la tête ; les élytres sont deux fois plus larges que lui et presque tronquées à son extrémité. Ce genre est encore peu nombreux en espèces.

D. échancré, *D. emarginata*, Fab. Dejean, Icon. des Coléopt. d'Europe, fasc. 2, x, 1. Long de trois à quatre lignes ; d'un beau vert bleu soyeux avec les pieds rougeâtres, et les antennes un peu plus foncées. Se trouve plus communément dans le midi de la France, mais quelquefois cependant aux environs de Paris.

(A. P.)

DUC, *Bubo*. (ois.) Les Ducs, dont nous avons dit quelques mots à l'article **Chouette** de ce Dictionnaire, appartiennent à la section des Strigidés à disque incomplet et à tête surmontée d'une huppe ou de plumes érectiles ; leurs ouvertures auriculaires sont de grandeur moyenne, et leur bec est courbé dès sa base.

Les espèces aujourd'hui comprises dans le genre *Bubo* sont au nombre de trois :

Grand Duc barré, *Strix virginiana* et *magellanica*, Gm., le même que le *Pinicola* de Vieillot. Il vit aux États-Unis et à la Caroline : la variété magellanique, que Gmelin a prise pour une espèce distincte, habite, ainsi que l'indique son nom, l'extrémité sud de l'Amérique ; on la trouve aussi dans les îles Malouines. On trouve une figure de cet oiseau dans l'Iconographie du Règne animal, Oiseaux, pl. 5, fig. 1.

Duc sultan, *Bubo sultanus*, Less. Cette espèce a été décrite très-brièvement par M. Lesson dans son Traité d'ornithologie. On ignore quelles contrées elle habite.

Grand Duc d'Europe, *Strix bubo*, Enl. 434, et pl. 40 des Oiseaux d'Afrique, de Levaill. Le grand Duc est le plus grand de tous les oiseaux de proie nocturnes; son plumage entièrement fauve est tacheté d'innombrables raies longitudinales brunes, et de plus petites transversales. Il vit dans les forêts d'une grande partie de l'Europe; on le trouve aussi en Afrique. En France, il n'est pas aussi rare qu'on le croit généralement; M. Fl. Prevost l'a tué à Fontainebleau, et l'a depuis observé quelquefois dans d'autres localités des environs de Paris; mais il ne s'y trouve guère qu'accidentellement. Dans la montagne de Chaum au contraire, près Saint-Béat, et quelques autres localités de la Haute-Garonne, dans les Hautes-Pyrénées, et plusieurs départemens voisins, il se tient pendant presque toute l'année. Partout il vit solitaire ou par paires; il est très-défiant et ne se laisse que difficilement approcher. Il se nourrit de mulots, de souris, de petits mammifères et aussi d'oiseaux et de reptiles. Nous en donnons une figure originale dans notre Atlas, pl. 140, fig. 2. (Gerv.)

DUCTILITÉ. (min.) C'est la propriété qu'ont certains corps et particulièrement les métaux, de s'étendre et de s'allonger par une pression quelconque. *V*. Métaux. (Guér.)

DUDAIM, *Dudaim*. (bot. phan.) En traitant du Concombre (*v*. ce mot), j'ai dit qu'il fallait établir dans le genre *Cucumis* trois coupes distinctes, l'une pour le concombre, l'autre pour le melon, et la troisième pour le Dudaïm. Des caractères particuliers justifient pleinement mon sentiment. Ceux du Dudaïm sont d'avoir les feuilles inférieures arrondies, tandis que les supérieures se montrent constamment anguleuses et dentées; les fleurs, jaunes et axillaires, donnent naissance à des fruits globuleux, de la forme d'une orange, exhalant une odeur suave et décorés d'une couleur verte et jaune agréable à l'œil; mais, comme dans les autres Cucurbitacées, la couleur du Dudaïm jeune change, pâlit en vieillissant, pour reprendre un peu plus de vivacité lorsque la maturité est complète. Les fruits sont ombiliqués légèrement du côté du pédoncule.

On a cru reconnaître dans le Dudaïm cultivé, *D. sativus*, la seule espèce du sous-genre qui nous est venue de la Perse, le fameux Doudaïme des Hébreux : c'est du moins l'opinion de Forskaël, que plusieurs botanistes allemands ont adoptée sans parler de celui qui la leur a fournie. L'illustre élève de Linné s'appuyait sur ce que cette plante abonde en Egypte, sur ce qu'elle entrait, ainsi que les autres Cucurbitacées, dans le régime alimentaire des Hébreux durant leur séjour en ce pays, et que ce sont eux qui les ont apportées en Europe. Les rabbins, et les Septante, de même

que la Vulgate, traduisent le mot Doudaïme par celui de Mandragore, l'*Atropa mandragora* de Linné, la *Mandragora officinalis* de Miller, quand ils citent la Genèse; ils appuient leur sentiment sur la prétendue ressemblance qu'ils croient trouver à sa racine épaisse, vivace, partagée en deux branches, avec le tronc et les extrémités inférieures du corps humain, et sur la grande influence de sa décoction dans l'acte essentiel de la vie. Selon eux, le Doudaïme chanté par Salomon et le doux parfum de ses fleurs ne se rapportent qu'à la violette.

Bruckmann a déclaré, en 1720, que le puissant Doudaïme des Hébreux était la Truffe, *Tuber cibarium*, sans faire attention que ce singulier végétal n'est point aphrodisiaque, quoiqu'on dise et écrive le contraire, et que les anciens qui ont vanté les truffes d'Afrique ne leur attribuent jamais cette propriété. D'autres ont vu en lui le Bananier, *Musa sapientum*, dont le fruit, qu'on nomme *Figue banane*, est fort estimé dans tout l'Orient. Virey pense qu'il s'agit du salep des Orientaux qui, comme on sait, n'est formé que de bulbes desséchés de divers Orchis. Beaucoup de personnes se sont rangées à cet avis. Les ouvrages des agronomes arabes ne me permettent pas de l'adopter. Le *Check-el-duhaim* est une plante épineuse que l'on a arrachée à l'état sauvage pour l'introduire dans les cultures; d'après le texte de la Michna, il s'agirait de l'artichaut, plante tellement vivace dans les jardins de l'Egypte, qu'il est presque impossible de l'en extirper, tant elle trace, tant les rejets qu'elle fournit sont appliqués au collet des racines. Comme on le voit, le champ est encore ouvert aux conjectures; mais il est à l'avenir limité d'une manière assez positive. (T. d. B.)

DUFOURÉE, *Dufourea*. (bot. phan.) Une petite plante aquatique, trouvée à l'île de Maurice par Bory de Saint-Vincent, a reçu de ce savant le nom de Léon Dufour, entomologiste très-distingué. Décrit incomplétement dans le *Species plantarum* de Willdenow, ce genre s'est accru depuis de deux nouvelles espèces; voici ses caractères, modifiés et déterminés par Auguste Saint-Hilaire : fleurs hermaphrodites, solitaires, pédonculées; calice membraneux, à trois divisions profondes, persistantes; corolle nulle; une seule étamine hypogyne, à filet capillaire et plane, à anthère biloculaire; ovaire libre, à trois loges, surmonté de trois styles, et stigmates; capsule oblongue, à trois loges; graines très-menues. Ces caractères laissent un peu indécise la place que doit occuper la Dufourée dans les familles naturelles; elle se rapproche particulièrement des Restiacées et des Joncées. Dans le système linnéen, elle appartient à la Monandrie, et y forme un ordre nouveau, à cause de ses trois pistils.

Les trois espèces de *Dufourea* sont de petites herbes croissant sur les pierres, au fond des eaux courantes. La *D. trifaria*, trouvée par Bory, vient en touffes épaisses dans les torrens de l'île de Maurice; sa tige est transparente et flexible, et pousse des rameaux plus ou moins allongés suivant le cours des eaux ; ses feuilles, très-petites, entières, embrassantes, et de forme elliptique, sont rapprochées par trois ou par deux. C'est cette espèce que Dupetit-Thouars a décrite sous le nom générique de *Tristicha*.

La seconde espèce a été trouvée par ce dernier voyageur dans les ruisseaux de Madagascar ; elle diffère de la précédente en ce que ses feuilles sont toutes alternes ou éparses.

La troisième espèce, *Dufourea hypnoïdes*, trouvée au Brésil par Aug. Saint-Hilaire, est très-petite, et ressemble à une mousse ; ses feuilles sont courtes, raides, et presque imbriquées. (L.)

DUFOURÉE, *Dufourea*. (BOT. PHAN.) C'est encore un hommage rendu à Léon Dufour par Kunth, qui sans doute ne connaissait pas le genre institué par Bory de Saint-Vincent depuis 1806. Ce nouveau genre, qu'il faut nécessairement changer, appartient à la famille des Convolvulacées, Pentandrie digynie, L., et se compose de deux espèces d'arbustes de la Nouvelle-Grenade, assez voisins des Liserons : leurs tiges sont grimpantes ; leurs feuilles, alternes, entières, ponctuées ; leurs fleurs forment des panicules terminales, ou sont groupées à l'aisselle des feuilles. En voici les caractères : calice à cinq divisions inégales, dont deux très-grandes, planes, entières, réniformes ; et trois intérieures, ovales, oblongues, aiguës, concaves ; corolle en entonnoir, à tube court, à limbe plissé ; cinq étamines incluses, attachées au tube de la corolle ; filets subulés ; anthères cordiformes, aiguës, à deux loges ; ovaire libre, à deux loges ; style profondément divisé, et portant deux stigmates ; capsule ovoïde, recouverte par le calice ; ses deux loges contiennent chacune une graine.

L'une des deux espèces de Dufourée, décrites par Kunth dans ses *Nova genera*, III, p. 113, est un arbuste très-rameux, volubile ; ses feuilles sont soyeuses, d'où la désignation spécifique de *D. sericea* ; les fleurs forment des panicules terminales ; les deux grandes divisions du calice sont colorées.

La seconde, *D. glabra*, a des feuilles entièrement glabres ; les fleurs sont groupées à l'aisselle des feuilles sur des pédoncules multiflores ; les deux divisions extérieures du calice sont vertes dans cette espèce. (L.)

DUGO. (OIS.) C'est le nom italien du Grand-Duc. (GERV.)

DUGONG, *Halicore*. (MAM.) L'ordre nombreux des Mammifères à deux pieds ou cétacés a été subdivisé par Cuvier en deux grandes familles, comprenant, l'une les Cétacés ordinaires ou Souffleurs, qui se distinguent par la présence d'évents, et l'autre les Cétacés herbivores, qui manquent de ce caractère. Ces derniers, parmi lesquels viennent se ranger les Dugongs, diffèrent encore des vrais cétacés, sous quelques autres points ; aussi plusieurs naturalistes les en ont-ils éloignés pour les rapprocher des éléphans et des hippopotames. Leurs dents sont à couronne plate, et leur régime est tout-à-fait différent ; ils vivent, ainsi que leur nom l'indique, d'herbes qu'ils prennent au fond

de la mer ou sur le rivage ; il paraît qu'ils ont la propriété de sortir de l'eau pour ramper sur le rivage ; plusieurs d'entre eux ont de véritables ongles, et il en est aussi qui ont le corps garni de quelques poils.

Les Dugongs ont pour caractères distinctifs : leur queue échancrée, leurs nageoires pectorales sans ongles, et leurs dents à couronne plate et comme formée de deux cônes accolés. Le nombre de ces dents varie ; dans l'état le plus complet, il y en a trente-deux, ainsi réparties : vingt molaires, cinq de chaque côté et à chaque mâchoire, et douze incisives, huit inférieures qui tombent ordinairement, et quatre supérieures, dont deux seulement, les externes, sont persistantes et représentent de longues défenses, recouvertes par un museau qui rappelle celui des hippopotames ; les molaires varient aussi beaucoup pour le nombre ; il arrive souvent qu'il n'en reste que quatre à chaque mâchoire.

On ne connaît qu'une seule espèce dans ce genre, c'est le DUGONG DES INDES, *Halicore indicus*, Illig., qui vit principalement dans la mer dont il porte le nom, aux Moluques, aux Philippines, et dans le détroit de Sincapour, ainsi que sur les côtes de la Nouvelle-Hollande ; il paraît qu'on l'a retrouvé dans la mer Rouge. La taille de cet animal est ordinairement de dix à douze pieds ; quelquefois elle s'élève encore plus.

Les Dugongs sont, comme nous l'avons dit, herbivores ; ils recherchent les plantes marines pour s'en nourrir, et ils les arrachent avec leurs défenses : leur tête, vue de profil, représente assez celle du lion ; les lèvres, surtout la supérieure, sont très-grosses ; les yeux sont petits, à paupière supérieure garnie de cils, et tout le dessus du corps présente des poils, plus nombreux chez les adultes que chez les jeunes : les narines sont placées dans une bosselure de la lèvre supérieure. MM. Quoy et Gaimard ont remarqué chez un Dugong qu'ils ont disséqué, et qui était long de six pieds, que l'intestin avait quarante-cinq pieds ; l'estomac, en forme d'outre arrondie, présentait du côté du duodénum deux sortes d'estomacs plus petits et assez semblables à des cœcums. Les dents étaient au nombre de vingt-six seulement.

Les Malais se livrent à la pêche des Dugongs, pour se procurer la chair de ces animaux et la manger. Ils ne prennent ordinairement que des individus de taille moyenne, et longs seulement de huit pieds environ, les plus forts leur échappant presque toujours. Lorsqu'ils se sont procuré un mâle, ils lui coupent le pénis, attachant à cet acte des motifs de pudeur, parce qu'ils trouvent que cet organe ressemble à celui de l'homme.

Le véritable nom du Dugong est *Duyong* ; cet animal, d'abord figuré par Renard, dans sa singulière, mais souvent exacte, Iconographie des poissons de l'Inde, l'a été depuis par M. F. Cuvier, dans son Histoire des Mammifères, et par MM. Quoy et Gaimard (Zoologie de *l'Astrolabe*). Les beaux dessins de ces derniers zoologistes ont été reproduits dans notre Atlas, pl. 141, fig. 1 et 2; ils sont accompagnés de détails anatomique fort curieux.

M. J. Christol, dans un mémoire récemment inséré dans les Annales des sciences naturelles, novembre 1834, a fait connaître qu'il existait des Dugongs à l'état fossile; une espèce se trouve dans la France méridionale. C'est celle que Cuvier avait décrite sous le faux nom de MOYEN HIPPOPOTAME, *Hippopotamus dubius*. (GERV.)

DUMONTIE, *Dumontia*. (BOT. CRYPT.) *Hydrophytes*. Genre dédié à M. Charles Dumont, établi par Lamouroux dans la classe des Floridées, aux dépens des Fucus et des Ulves de Linné, et dont voici les caractères : substance presque gélatineuse; fructifications isolées, éparses, innées ou ne formant jamais de saillie sur la surface de la plante; couleurs brillantes; point de feuilles proprement dites; frondes fistuleuses, divisées tantôt en dichotomies régulières, tantôt en rameaux épars, ayant l'apparence des feuilles cylindriques et charnues de quelques liliacées; organisation délicate, ne reprenant jamais sa première forme après qu'elle a été détruite, comprimée par le dessiccateur.

Les Dumonties naissent, croissent, fructifient et périssent dans la même saison; leur hauteur varie entre un mètre et plus et deux ou trois centimètres. Parmi les vingt espèces connues, et qui nous viennent des mers d'Europe et de la Méditerranée, nous citerons les *Dumontia fastuosa*, *Calvadosii*, *incrassata*, *ventricosa*, *interrupta*, etc. (F. F.)

DUNES. (GÉOGR. PHYS.) On donne ce nom à des rivages élevés, formés par des sables amoncelés sur le bord de la mer.

En examinant une masse de Dunes, on reconnaît qu'elle est composée de monticules placés les uns à côté des autres, et formant de petites chaînes séparées par des vallées assez souvent humides, et dans lesquelles le sol délayé s'entrouvre sous les pas du voyageur imprudent. On les nomme sur les côtes de Gascogne, *Bedouzes*, *Blouses*, ou tremblans. En général, les monticules s'étendent en longueur dans le sens d'une ligne tirée de la côte vers l'intérieur des terres, et toujours suivant celle du vent de mer qui domine dans la contrée. C'est ainsi, comme l'a observé M. Rozet, que depuis Dunkerque jusqu'à Bayonne, les Dunes ont la forme de triangles, dont la base est appuyée sur la côte et le sommet dans les terres, de telle sorte que la ligne qui joint le sommet vers le milieu de cette base, est dirigée du sud-ouest au nord-est, c'est-à-dire dans la direction générale du vent qui domine sur tout le littoral.

Nous venons de dire que les collines des Dunes sont séparées par des vallées humides; ces vallées forment quelquefois des bassins dans lesquels les eaux se réunissent en petits étangs, et en cours d'eau qui coulent les uns à la mer, les autres dans l'intérieur des terres, suivant l'inclinaison du terrain. Ce qui retient ces eaux, ce sont des lits d'une tourbe sableuse composée de végétaux herbacés, et qui dans quelques localités alternent jusqu'à trois fois avec des dépôts de sable.

Sur les côtes septentrionales de France, les Dunes forment des monticules d'une trentaine de pieds de hauteur; mais sur celles du golfe de Gascogne, elles s'élèvent jusqu'à 28 ou 30 mètres. Dans ces dernières Dunes, les étangs acquièrent aussi une plus grande étendue que dans celles du nord; tels sont ceux que l'on connaît sous les noms de Canan, Cazaux, Hourtain, Aurélian et Biscarosse, etc. Les vents ouest qui poussent les Dunes vers l'intérieur du pays, y font refluer ces étangs, dont les eaux vont alors détruire les propriétés établies près de leur rive orientale.

Mais ce qui rend les Dunes plus redoutables pour l'homme, c'est la violence avec laquelle le vent les refoule vers l'intérieur des terres; c'est aussi leur rapidité. Bremontico, qui a fait de si utiles travaux pour arrêter leurs progrès, estimait leur marche à 20 mètres par an. Un grand nombre de faits attestent leurs progrès destructeurs : le colonel Bory de Saint-Vincent a vu le long du canal de Furnes, dans la Flandre occidentale, une église engloutie dont le clocher seul sortait du milieu des sables accumulés; vers les embouchures de la Garonne et de l'Adour, les Dunes s'avancent en couvrant des forêts et des villages; le même témoin cite vers la *Teste de Buch*, une antique forêt dont les arbres dépouillés ne dépassent pas de 8 pieds la superficie du sable qui l'a engloutie; un grand nombre de villages, mentionnés dans des titres du moyen-âge, ont disparu sous ces sables; enfin Mimizan, ancienne ville située à 15 lieues au nord-ouest de Mont-de-Marsan, n'est plus qu'un village qui depuis une vingtaine d'années surtout lutte contre la marche de ces Dunes.

Les conseils de Bremontico, qui a démontré la nécessité de semer sur les Dunes (pour en retenir les sables), quelques plantes qui y croissent très-bien, entre autres la Sabline ou l'Arenaria, n'ont point encore été complétement suivis. (J. H.)

DUODÉNUM. (ANAT.) *V*. INTESTINS.

DUPLICATURE. (ANAT.) On a désigné par ce mot les plis que forment les membranes en s'adossant avec elles-mêmes. Ces Duplicatures sont nombreuses dans le péritoine, et ont reçu des noms particuliers : tels sont les ligamens triangulaires du foie, les ligamens larges de l'utérus, etc. (P. G.)

DURBEC, *Strobiliphaga*. (OIS.) Ce genre, que Cuvier nomme *Corythus*, et Vieillot *Strobiliphaga*, sera probablement réuni à celui des Psittacins; il appartient à la section des Passereaux conirostres et se distingue par son bec très-fort et bombé, recourbé supérieurement à peu près comme chez les perroquets; les narines sont arrondies et cachées par de petites plumes dirigées en avant; la langue est épaisse et émoussée à sa pointe. La seule espèce connue est le DURBEC ORDINAIRE, *Loxia enucleator*, Linn. Enl., 135, et que Vieillot a figuré dans sa galerie des Oiseaux, pl. 53, sous le nom de *Strobiliphaga enucleator*. Cet oiseau, dont la longueur est de huit pouces environ, et qui représente assez pour la taille le Gros-bec ordinaire, à la tête, le croupion, les couvertures supérieures de la queue, la gorge, le cou, la poitrine et le dos d'un brun mêlé de gris et de rose; une double ligne blanche se remarque sur les couvertures de ses ailes; les plumes abdominales et anales sont grises.

Les Durbecs varient un peu pour la couleur; ils habitent tout le nord du globe, en Europe, en Asie et en Amérique. On en trouve beaucoup au Canada et à la Baie d'Hudson, pendant la belle saison; ils y arrivent vers le mois d'avril et se mettent alors à chanter; mais bientôt ils cessent de se faire entendre et s'occupent de la construction de leur nid, qu'ils placent sur les arbres. La ponte est de quatre œufs blancs, qui éclosent vers la fin de juin. Nous avons représenté cet oiseau dans notre Atlas, pl. 141, fig. 3. (GERV.)

DURE-MÈRE. (ANAT.) *V.* MEMBRANE et CERVEAU.

DUSODYLE. (MIN.) M. Cordier a donné ce nom à un combustible fossile très-rare jusqu'à présent, mais qui présente des caractères assez constans pour pouvoir être classé comme espèce minérale. Son nom est tiré de l'odeur fétide qu'il répand en brûlant, propriété qui lui a fait donner par les habitans du pays où on le trouva d'abord, la Sicile, le nom de *Merda di Diavolo*. Dès le milieu du 16ᵉ siècle, il avait attiré l'attention des naturalistes par la singularité de ses caractères, et Boccone le décrivit sous le nom de *Terra sogliata puzzolenta*. Le Dusodyle se présente en masses feuilletées très-élastiques, et comme papyracées, d'un gris verdâtre ou jaune sale. On dirait de larges feuilles placées les unes sur les autres et fortement comprimées; ses couches repliées sur elles-mêmes représentent absolument du papier ou du carton plié. Plongé dans l'eau, les feuillets se séparent, deviennent translucides et très-flexibles. Il brûle facilement en répandant une odeur combinée de bitume et d'ail, analogue à celle de l'asa fœtida : la combustion laisse un résidu terreux assez abondant.

Dolomieu observa le gisement de cette substance à Melili, près de Syracuse; elle forme des couches minces entre des bancs de calcaire tertiaire, et renferme entre ses feuillets des empreintes de poissons et de feuilles dicotylédones. Depuis cette époque elle a été trouvée près Lintz sur les bords du Rhin, associée à des lignites du terrain tertiaire, dans une position semblable près de Bonn, et enfin tout récemment dans les dépôts tertiaires lacustres de l'Auvergne. Dans cette dernière localité, on voit entre les feuillets des débris de plantes fossiles analogues aux graminées, et parfois des squelettes de petits poissons de 4 à 6 lignes de longueur. Le Dusodyle d'Auvergne est mis à découvert par un ravin près de Saint-Saturnin; il forme plusieurs couches qui ont jusqu'à un décimètre de puissance, alternant avec un grès tertiaire feldspathique, ou arkose, composé de débris de granite. Une coulée basaltique, de plus de 75 mètres de puissance, a recouvert les diffé-

reux dépôts du lac où s'était formé le Dusodyle. (B.)

DUVET. (OIS.) Le duvet se compose de plumes fines, à barbes déliées et barbules lâches, que l'on trouve sur le corps d'un très-grand nombre d'oiseaux, placées immédiatement au dessous des plumes ordinaires. Il est surtout abondant chez les oiseaux de nuit et chez les palmipèdes; chez ces derniers il est enduit d'une matière huileuse qui ne permet pas à l'eau de le pénétrer, et il protége ainsi l'animal. (*V.* le mot PLUMES de ce Dict.) Le Duvet est un produit important sous le point de vue commercial, et que l'on recherche pour la confection des oreillers, des couchettes les plus délicates, etc. *Voy.* les mots CANARD et EIDER.

Les botanistes ont, par analogie, appelé Duvet une sorte de coton plus ou moins épais qui recouvre les feuilles ou la tige de certaines plantes. (GERV.)

DUYONG. (MAM.) C'est le véritable nom du Dugong (*voy.* ce mot), ainsi appelé par les naturalistes européens, qui auront pris sans doute dans le manuscrit de Renard l'*y* pour un g. *Voy.* DUGONG. (GERV.)

DYKE. (GÉOL.) Ce mot, emprunté à la langue anglaise, désigne une masse de roches aplatie en forme de muraille, qui remplit l'intervalle entre les deux parois d'une fracture, et qui, se prolongeant presque toujours en ligne droite, interrompt ainsi la continuité des couches de part et d'autre. Ces Dykes sont toujours formés par des matières d'origine ignée ou analogues aux roches volcaniques; on voit presque toujours sur les parois des couches qu'elles traversent des traces du violent effort exercé par la masse fluide au moment de son introduction : les couches sont fracturées, recourbées et souvent modifiées dans leur nature jusqu'à une certaine distance du contact. On a cru remarquer que l'épaisseur des Dykes croissait avec la profondeur. Les Anglais désignent sous le nom générique de trapps toutes les roches qui entrent dans la composition des Dykes si fréquens dans leurs bassins houillers. Les porphyres, les grunsteins et les basaltes en sont les roches les plus communes; ces substances, étant plus dures que la plupart des roches qu'elles traversent, ont mieux résisté à la décomposition, et on les voit dans plusieurs parties de l'Ecosse, du pays de Galle, de la Saxe, etc., s'élever comme des murailles d'une épaisseur plus ou moins considérable, et se prolonger quelquefois à plusieurs milles à la surface du sol. Les Allemands les ont nommés en certains cantons *murs du diable*.

On remarque dans toutes les roches des modifications au contact avec les Dykes qui les traversent. M. Murchison vient de montrer que, dans un grand nombre de localités du pays de Galles, les schistes et les grauwackes sont devenus, dans ce cas, durs et siliceux; les grès sont passés à l'état de quartzites cristallins, des calcaires argileux à l'état de porcellanites. Depuis long-temps on avait observé en Angleterre que les Dykes basaltiques qui traversaient des couches de houille les avaient converties en coak en les privant de leur bitume, ou mieux les avaient réduites à l'état de cendres. Les calcaires deviennent dans le même cas durs, cristallins et quelquefois dolomitiques, par l'introduction de la magnésie. Un Dyke est nécessairement d'une époque plus récente que les couches qu'il traverse; ainsi les murailles de basalte qui, en Angleterre, près de Cleveland, traversent non-seulement les houilles, mais le calcaire jurassique, celles qui, en Irlande, pénètrent jusque dans la craie, sont d'origine plus récente que ces formations; mais pour connaître leur âge il faudrait les voir s'arrêter à une formation sans la pénétrer. Lorsque la roche d'un Dyke affecte la structure prismatique ou colonnaire, les prismes sont perpendiculaires aux parois.

Les cratères des volcans éteints et des volcans en activité montrent dans leur intérieur de nombreux exemples de Dykes remplis de laves compactes, et la plupart dans une position verticale. Au Vésuve, en 1828, on en comptait sept dont quelques uns n'avaient pas moins de 4 à 500 pieds de hauteur et s'amincissaient avant d'atteindre la partie supérieure du cône. Ces Dykes étant plus durs que le lit de cendres, de scories et même de laves qu'ils traversent, se sont décomposés plus lentement et forment à la surface du cône un relief très-prononcé. Il est évident qu'ils résultent du remplissage de larges fissures par la lave liquide, et que les fissures n'ont pu se former que par l'expansion du volume du cône par l'effet d'un soulèvement. Ajoutons qu'au Vésuve on a la certitude que les Dykes du cratère actuel ne sont pas antérieurs à l'année 79 après J.-C., puisque, à cette époque, l'ancien cône fut détruit. (E. B.)

DYTISQUE, *Dityscus*. (ins.) Genre de Coléoptères de la section des Pentamères, famille des Carnassiers, tribu des Hydrocanthares. Ce genre bien naturel a été établi par Geoffroy sur les Carabiques de Linné vivant dans l'eau, mais depuis a subi de nombreux démembremens; tel qu'il est restreint, on peut lui assigner pour caractères : antennes de onze articles diminuant graduellement jusqu'à leur extrémité, palpes maxillaires externes filiformes, palpes labiaux obtus à leur extrémité, base des pieds découverte, tarses de cinq articles distincts, dont les trois premiers dilatés dans les mâles pour former une palette. Les Dytisques sont des insectes d'assez grande taille; la forme de leur corps approprié à la natation est légèrement bombée en dessus, formant la carène vers la poitrine, et mince sur les côtés; leur tête est large, transverse, les yeux globuleux, les antennes insérées contre et au devant des yeux; le corselet est trois fois plus large que haut, échancré sur toute sa largeur pour recevoir la tête; l'écusson est petit, arrondi; le présternum offre une pointe courte, dirigée en bas, qui va s'emboîter dans une échancrure de la carène du mésosternum. Cette disposition et l'observation de Fabricius apprennent que, lorsqu'il est sur le dos, il parvient en faisant ressort à se remettre sur ses pattes, ainsi que le font les Taupins; dans quelques femelles les élytres sont profondément striées pour aider le mâle dans l'accouplement; les pattes antérieures sont plus courtes que les autres, et leurs tarses offrent une disposition très-singulière : les trois premiers articles sont très-dilatés en large, de manière à former une palette arrondie, le dessous de cette palette est muni de soies raides, de papilles et même d'enfoncemens faisant suçoir ou ventouse pour aider le mâle dans l'accouplement à se maintenir sur la femelle; les tarses intermédiaires participent de cette disposition, mais sans changer de forme; les postérieurs, au contraire, sont très-allongés, comprimés, se terminant en pointe, fortement ciliés sur les côtés, destinés à faire les fonctions de rames, et attachés au corps de manière à ne pouvoir opérer qu'un mouvement horizontal; ces insectes ainsi conformés sont essentiellement nageurs, vivent dans l'eau, de proie qu'ils attaquent; on dit que l'espèce la plus commune dans nos pays (D. bordé) attaque l'hydrophile brun, qui est deux fois plus grand que lui, et le tue facilement; sa larve est bien connue sous le nom de ver assassin (*v.* notre Atlas, p. 141, f. 8) : dans l'espèce que nous venons de citer elle atteint, à son état parfait, jusqu'à deux pouces de long; sa tête est plate, ronde; sa bouche se compose principalement de deux mandibules très-arquées, susceptibles d'un écartement énorme, percées en dessous d'une fente longitudinale au moyen de laquelle elle suce la partie liquide des insectes qu'elle parvienne à saisir; son corps est formé de douze segmens, tous couverts d'une plaque écailleuse; le premier est beaucoup plus long que les autres, et donne naissance à une paire de pattes ainsi que les deux suivans; le corps depuis la tête va en augmentant jusqu'au milieu, ensuite il diminue, le dernier segment est conique, et se termine par deux appendices velus qui servent à l'insecte à se suspendre à la surface de l'eau; entre eux sont deux petits mamelons percés d'un trou à leur extrémité qui sont les ouvertures communiquant aux trachées; on voit cependant le long du corps les ouvertures ou du moins les rudimens des stigmates. Les pattes sont frangées et facilitent la natation, mais l'instrument qui y sert le plus est la queue de la larve, avec laquelle elle bat l'eau avec force quand elle veut changer de place. Ces larves sont très-carnassières, attaquent les larves de libellules, de friganes, et de bien d'autres insectes; à une époque j'ai nourri de ces larves avec de jeunes têtards, et même avec de petits poissons dont elles s'accommodaient très-bien; quand elles ont acquis tout leur accroissement, elles sortent de l'eau et s'enfoncent en terre, mais il faut que cette terre soit toujours très-humide; Rœsel a donné, t. 2, pl. 1 des insectes aquatiques, le détail de tout le développement de cette larve; les œufs des Dytisques éclosent au bout d'une douzaine de jours; dans les chaleurs de l'été un de ces insectes peut acquérir tout son développement dans une quarantaine de jours, mais en général il est beaucoup plus long.

On connaît un assez grand nombre d'espèces;

mais celles qui, d'après les derniers travaux sur cette famille, sont restées dans ce genre, sont pour la plupart propres à l'Europe.

D. TRÈS-LARGE, *D. latissimus*, Linn. Long de 20 lignes, élytres offrant sur toute leur longueur à leur bord antérieur, une lame tranchante; la femelle a les siennes profondément striées presque jusqu'à l'extrémité, brun de poix, avec le pourtour du corselet, la côte externe des élytres, une bande diffuse transverse avant leur extrémité, et le chaperon fauves; les pieds et l'abdomen sont rougeâtres. D'Allemagne.

D. BORDÉ, *D. marginalis*, Linn. Long de 14 lignes, élytres de la femelle régulièrement striées jusqu'aux deux tiers de leur longueur, brun de poix, chaperon, labre, pourtour du corselet, bord externe des élytres, pattes, partie inférieure du corps fauves. Commun dans les eaux de la France. Nous l'avons représenté, ainsi que sa larve et sa nymphe, pl. 141, fig. 4 à 8.   (A. P.)

DZIGTAI. (MAM.) Ce nom, que Pallas écrivait *Dshikketey*, et que plusieurs naturalistes écrivent indistinctement *Dziggtai* ou *Dzigguetai*, a été donné à une espèce du genre Cheval, l'*Equus he-mionus* des nomenclateurs, sur laquelle M. F. Cuvier nous a donné récemment des détails très-intéressans observés par Duvaucel.

Les Dzigtai vivent dans une grande partie de l'Asie et de l'Himalaya, en Mongolie, dans le Népaul; une des races auxquelles ils ont donné naissance est employée, comme celle de l'âne, à tous les travaux de la vie domestique. Ces animaux, dans l'état de liberté, vont par troupes, composées de femelles et de poulains, et conduites par un vieux mâle qui les protège contre leurs ennemis. Ils sont de la taille d'un cheval de grandeur moyenne, et ils ont les formes et les oreilles de l'âne : toutes les parties supérieures de leur corps sont d'un bai très-clair, et les inférieures blanches. La face interne des oreilles est noire, ainsi que la crinière, qui est droite et élevée : cette dernière est blanche à sa base; une ligne noire se continue le long de l'épine dorsale et va se terminer à la queue dont l'extrémité présente un long flocon de poils noirs. Le pelage, lisse et brillant en été, devient plus long et un peu frisé en hiver; sa couleur est alors plus foncée.   (GERV.)

E.

EAU, *Aqua*. (CHIM.) L'Eau, considérée pendant long-temps comme un élément ou principe commun à un grand nombre de composés, est un corps ordinairement liquide, formé de deux autres corps, oxigène et hydrogène; nous disons ordinairement liquide, car on trouve encore l'eau dans la nature à l'état solide, et à l'état de fluide élastique ou *vapeur*. Les nuages suspendus dans l'atmosphère, les brouillards plus ou moins épais qui nous enveloppent de toutes parts, la rosée qui le matin humecte nos parterres, la pluie qui nous inonde, la neige qui blanchit nos habitations, enfin la grêle qui trop souvent désole le cultivateur, représentent ces trois différens états.

L'importance du corps que nous allons examiner, le rôle immense qu'il joue dans la nature, ses usages fréquens dans les arts et l'économie domestique, nous ont engagé, pour faciliter son étude, à le considérer sous sept parties ou sections différentes. Nous traiterons dans la première des Eaux ordinaires, c'est-à-dire des Eaux de source, de pluie, de citernes, de puits, etc. Dans la seconde, de l'Eau liquide proprement dite; nous examinerons ses propriétés physiques et chimiques, sa composition, ses usages, etc. Dans la troisième nous parlerons de l'Eau solide ou *glace*, de sa conservation et de ses usages; de la glace artificielle et des mélanges frigorifiques. Dans la quatrième, de l'Eau à l'état de fluide élastique ou vapeur. Dans cette section, se trouveront exposées les théories sur la formation des nuages, l'origine de la pluie, de la neige, de la grêle, du brouillard, de la rosée, etc. Dans la cinquième, nous ferons l'étude géologique des Eaux, et nous exposerons brièvement la formation des sources, torrens, ruisseaux, rivières, fleuves, mers, lacs, mares et marais. Nous établirons également les caractères des Eaux dites *douces*, *salées* et *minérales*. La sixième sera consacrée à faire connaître la composition de l'Eau de la mer, et les moyens proposés pour la purifier. Enfin dans la septième nous définirons ce qu'on entend par *Eau distillée*.

I. L'Eau, prise à la surface ou dans le sein de la terre, n'est jamais pure. Contenant en solution ou en suspension une quantité plus ou moins grande de substances terreuses, alcalines ou métalliques, quelques gaz, du soufre ou des matières végétales ou animales, elle se purifie bien un peu par le repos, mais ce n'est que par la distillation qu'on l'obtient exempte de tous corps étrangers.

L'eau la plus ordinaire est prise dans les sources, les puits, les rivières, les marais et les étangs; celle qui est fournie par la neige et la glace fondue, celle qui constitue la pluie doit encore être considérée comme de l'Eau ordinaire. Mais, quoique ordinaires, toutes ces Eaux ne sont pas potables. Les unes, celles des sources et des puits, que l'on désigne quelquefois sous le nom d'*Eaux crues*, contiennent beaucoup trop de sulfate de chaux; d'autres, celles des marais et des étangs, dites *stagnantes*, renferment des matières organiques plus ou moins corrompues; enfin les Eaux de neige et de glace ne sont pas assez chargées de l'air nécessaire à leur digestibilité. On purifie la première en y ajoutant du carbonate de potasse qui précipite la chaux; les secondes se purifient par l'ébullition et l'agitation, les troisièmes par l'agitation seulement.

Pour être potable, l'Eau doit être incolore, inodore, d'une saveur ni fade, ni piquante, ni salée, mais fraîche et agréable ; elle ne doit donner qu'un résidu à peine sensible après son évaporation. L'air qu'elle contient, et dont on prouve la présence à l'aide d'un soluté de sulfate de fer, soluté qui donne lieu à un précipité rouge (oxide de fer au maximum d'oxidation), est plus oxygéné que l'air atmosphérique.

Parmi les moyens mis en usage pour constater la pureté de l'Eau ordinaire, pour savoir si elle peut servir dans les besoins économiques, comme boisson ou véhicule propre à la cuisson de nos alimens journaliers, nous citerons son évaporation, la facilité avec laquelle elle dissout entièrement le savon, cuit les légumes, etc. Son évaporation, nous venons de le dire, ne doit donner qu'un résidu à peine sensible ; le savon doit s'y dissoudre complétement ; dans le cas où celui-ci se caillebote sur-le-champ, on peut affirmer qu'elle contient une très grande quantité de sels terreux, sels qui ne conviennent pas pour le savonnage et qu'on précipite ou qu'on enlève à l'aide d'un peu de lessive de cendres. Ces mêmes sels terreux sont la cause qui empêche les légumes secs, tels que haricots, fèves, pois, etc., de cuire dans l'Eau. Cet effet n'a pas été expliqué de la même manière : selon les uns, il est dû au dépôt des sels terreux à la surface des légumes, dépôt qui a lieu pendant l'évaporation du liquide, qui obstrue les pores de ces derniers, et qui empêche l'eau de les pénétrer ; selon d'autres, il tient au composé insoluble formé entre la matière végéto-animale des légumes et la chaux de l'Eau sélénitceuse.

Tout le monde connaît les effets laxatifs de l'Eau de Paris sur les étrangers. Ces effets, qui sont plus fréquens en été qu'en hiver, qui proviennent de la grande quantité de matières étrangères dues aux immondices entraînées par les égouts, et que l'on signale par l'expression populaire : *Payer le tribut de Paris*, sont combattus et souvent évités, quand on a le soin de faire bouillir l'Eau avant de s'en servir, ou bien quand on y ajoute, par tasse, une ou deux cuillerées à café d'Eau de vie.

Une autre manière de purifier l'Eau de Paris, de la rendre potable et de la priver de ses effets purgatifs, c'est d'enlever les corps étrangers qu'elle retient en solution ou en suspension à l'aide des filtres qui sont ou en pierre poreuse, ou préparés avec le sable ou le charbon en poudre ; ce dernier genre d'épuration est le plus généralement mis en usage.

Les Eaux de puits sont également peu propres à tous les usages domestiques ; leur impureté provient tantôt du sol dans lequel ils sont creusés, tantôt des lieux qui les avoisinent et des matières que ces mêmes lieux laissent suinter à travers leur épaisseur, tantôt enfin des matériaux avec lesquels on a établi les puits. On assainit les puits en construisant leur partie basse en pierres siliceuses et sans mortier, en les éloignant des écuries, des étables, des cloaques, des égouts, des fosses d'aisance, etc.

Les Eaux de pluie sont les plus pures de toutes, surtout si on a eu le soin de les recueillir dans des réservoirs pratiqués exprès et si on a mis de côté les premières tombées. Celles que l'on conserve dans les citernes, où elles se sont écoulées directement, ne sont jamais bien pures ; elles entraînent toujours avec elles des matières étrangères qui proviennent de la surface des habitations, et qui font qu'elles croupissent plus ou moins promptement. Elles contiennent de l'air atmosphérique, et un peu d'acide nitrique, surtout quand elles proviennent des orages.

Maintenant que nous avons jeté un coup d'œil rapide sur les différentes espèces d'Eaux dites ordinaires, voyons quelles sont les propriétés physiques et chimiques de l'Eau liquide proprement dite.

II. A l'état liquide et pure, l'Eau, *oxide d'hydrogène* des chimistes modernes, est transparente, incolore, inodore, d'une sapidité agréable, élastique, très-légèrement compressible, et huit cent cinquante fois plus pesante que l'air.

L'Eau distillée, prise à son maximum de densité, c'est-à-dire à la température de 4 degrés 5 dixièmes du thermomètre centigrade, pèse (pour un centimètre cube) 1 gramme ou 18 grains 841 millièmes de l'ancien poids de marc de Paris ; cette pesanteur spécifique est représentée par l'unité, et sert de mesure comparative pour tous les autres corps.

L'Eau distillée conduit très-imparfaitement le fluide électrique et très-mal le calorique ; elle réfracte la lumière, dissout beaucoup de gaz, peu de corps combustibles simples, quelques oxides métalliques, beaucoup de sels, etc. ; elle forme avec certains oxides des composés appelés *hydrates*; elle est décomposée, à la température ordinaire, par une série de métaux qui lui enlèvent son oxygène : d'autres métaux ne la décomposent qu'à une forte chaleur. L'estomac ne la digère que très-difficilement, à moins qu'elle n'ait été brassée pendant quelque temps avec le contact de l'air.

Exposée à l'air, l'Eau s'évapore, se réduit peu à peu ; elle se réduit d'autant plus lentement qu'elle est plus froide, et d'autant plus rapidement qu'elle est plus chaude, qu'elle offre plus de surface, qu'on l'agite davantage et qu'elle est sous une pression atmosphérique moindre. (*Voy.* Évaporation). Aussi, toutes choses égales d'ailleurs, et la chaleur à laquelle on la soumet étant la même, l'Eau se transforme plus promptement en vapeurs au sommet qu'à la base des hautes montagnes.

Soumise à l'action de la chaleur, sous une pression égale à vingt-huit pouces ou soixante-seize millimètres de la colonne barométrique, l'Eau entre en ébullition (*voy.* Ébullition) à la température de quatre-vingts degrés de Réaumur, ou à cent degrés du thermomètre centigrade. Dans le phénomène de l'ébullition, la température de l'Eau reste la même. Il ne peut en être autrement, puisque le calorique que l'on continue d'appliquer est entraîné par les vapeurs auxquelles

il donne

il donne naissance; mais si la pression atmosphérique vient à augmenter, si on augmente également la densité de l'Eau en y ajoutant quelques corps solubles, la température s'accroît et l'ébullition est retardée; enfin le contraire a lieu si la pression diminue, ou, ce qui revient au même, si on opère dans un lieu très-élevé.

La vapeur, formée pendant l'ébullition de l'Eau, occupe un volume ou un espace seize cent quatre-vingt dix-huit fois plus considérable que l'Eau à l'état liquide, et sa tension ou force est proportionnellement inverse à sa densité. Quant à la quantité de calorique employé à la formation de cette même vapeur, elle est telle qu'un volume de vapeur d'Eau à 100° suffit pour amener cinq volumes d'Eau à 0°, à 100° de température; de là les innombrables et économiques applications de la vapeur comme moteur inanimé, et comme moyen d'échauffer promptement des masses énormes d'Eau nécessaires aux besoins journaliers du baigneur, du blanchisseur, du teinturier, etc.

L'Eau est la boisson la plus commune de l'homme et des animaux; la pharmacie en fait le véhicule des tisanes, des sirops, des potions, des bains, etc; enfin la médecine et la chirurgie lui reconnaissent des propriétés qui varient selon la température à laquelle elle est employée. Ainsi, d'après les disciples d'Hippocrate, l'Eau chaude excite, l'eau tiède relâche, l'Eau fraîche désaltère, l'Eau très-froide donne du ton, de l'énergie, etc.

Nous avons dit en commençant cet article que l'Eau n'était pas un élément, mais bien un corps composé de deux autres corps, l'oxygène et l'hydrogène; mais ce que nous n'avons pas dit et ce que nous ne pouvons laisser ignorer à nos lecteurs, ce sont les noms des chimistes qui les premiers ont contribué, par leurs immortels et importans travaux, à ne plus laisser croire aux quatre élémens d'Aristote. Déjà en 1776, Macquer et Sigaud-Lafond virent que de l'Eau tapissait les parois des vases au dessous desquels on brûlait du gaz hydrogène : nous voyons la même chose avoir lieu tous les jours dans les magasins qui sont éclairés par le gaz, et dans lesquels on a le soin de placer, au dessus de la flamme de chaque bec, une petite capsule appelée, je crois, *fumivore*, et qui est surmontée d'un petit tuyau en forme d'S allongé qui va se rendre dans un réservoir en cristal. En 1781, Priestley vit de l'Eau ruisseler dans l'intérieur du vase où il venait de faire détoner un mélange de gaz oxygène et de gaz hydrogène. Mais c'est à Cavendisch que doit être attribué le plus grand honneur de la découverte de la composition de l'Eau; car dans l'été de 1781, il en obtint plusieurs grammes, en répétant les expériences de Priestley. Enfin en 1784, Lavoisier, Laplace et Meusnier, à Paris, démontrèrent également, devant l'Académie des sciences, la composition de l'Eau, composition que l'illustre Monge avait mise hors de doute, à peu près dans le même temps, dans le laboratoire de l'École de Mézières. Toutefois cette belle et riche découverte ne fut pas admise sans difficulté au nombre des vérités de la science; beaucoup de physiciens se refusèrent à l'évidence, et sans les Lefèvre-Gineau, Fourcroy, Vauquelin, Séguin, qui firent de l'Eau de toutes pièces, les sophismes des partisans du phlogistique auraient eu le dessus. On sait que l'Eau est formée, en poids, de 88,94 parties d'oxygène, et 11,06 parties d'hydrogène; en volume, de 1 d'oxygène et 2 d'hydrogène.

Maintenant que nous connaissons l'Eau liquide sous le rapport de ses propriétés physiques et chimiques, de ses usages, de sa composition, voyons le rôle important qu'elle joue dans les nombreux phénomènes de la vie organique; nous la considérerons ensuite sous ses rapports zoologiques.

Tous les êtres organisés, c'est-à-dire tous les végétaux et les animaux, sont composés de solides et de liquides; ceux-ci, d'où naissent les premiers, les solides, sont en plus grande quantité; et la base de tous ces liquides, c'est l'Eau. On trouve donc de l'Eau dans le sang et dans toutes les humeurs des animaux; on en trouve également dans la séve et dans tous les sucs des végétaux. C'est elle qui facilite le frottement des parties solides des animaux les unes sur les autres, et qui sert de véhicule aux substances assimilables que nos organes extraient de nos alimens; enfin elle entre dans la composition des tendons, de la gélatine, de l'albumine, etc. Quelques corps inorganiques, quelques sels et oxides métalliques, quelques pierres précieuses, renferment également une certaine quantité d'Eau, Eau qu'on leur enlève plus ou moins facilement par des procédés variables, et à laquelle ils doivent, en grande partie, leur forme, leur aspect, leur couleur, leur structure, etc. L'Eau contenue dans les sels solubles et cristallisables s'y trouve sous deux états; dans l'un elle est combinée avec chacune des molécules intégrantes du sel; alors on la nomme *Eau de cristallisation* : dans l'autre elle est libre et n'est qu'interposée entre ces mêmes molécules.

Considérée sous ses rapports zoologiques, nous avons à étudier l'Eau sécrétée par la membrane amnios, et l'Eau que sécrètent les membranes séreuses : cette étude sera très-courte. La première Eau, dite *Eau de l'amnios*, Eau dans laquelle le fœtus reste plongé jusqu'à l'époque de sa naissance, dont les fonctions paraissent être de garantir le fruit de la conception des effets des chocs extérieurs, et de faciliter sa sortie lors de la délivrance, est un liquide ordinairement transparent ou blanchâtre; sa nature et sa composition varient dans les différentes espèces d'animaux. D'après Vauquelin, l'Eau de l'amnios de la femme renferme de l'albumine, de la soude, du chlorure de sodium, et du phosphate de chaux; celle de la vache, un acide appelé *acide amniotique*, une matière extractiforme azotée, du sulfate de soude, du phosphate de magnésie et du phosphate de chaux; celle de la jument et de la chienne, de l'acide amniotique, d'après Drapiez.

L'Eau des hydropiques, contenue dans l'abdomen, d'une couleur jaune citron, légèrement fétide, d'une saveur amère, contient de l'albumine, des matières animales muco-extractives, des hydrochlorate, phosphate et sous carbonate de soude.

III. *Eau à l'état solide* ou *Glace*. La glace se présente sous une forme cristalline, quelquefois assez nette pour être déterminée. Romé de Lisle, Bosc et Haüy, ont avancé que sa figure primitive était l'octaèdre régulier ; Hassenfratz et Cordier, l'ont trouvée en prismes hexaédriques ; enfin on en voit tantôt en longues aiguilles droites, tantôt en plumes, tantôt en feuilles brillantes et écailleuses, etc.

La structure de la glace, souvent compacte et vitreuse, d'autres fois grenue comme on le voit dans les glaciers, ou bien saccharoïde comme on l'observe dans les masses de neiges accumulées et endurcies, a été comparée à celle du quartz. Sa formation, qui est le point de départ des thermomètres les plus usités, est accompagnée d'une augmentation de volume que l'on a comparée à un quatorzième de la masse totale de l'Eau qui se congèle. C'est à cette dilatation que l'on doit attribuer, pendant les grands froids, le brisement des tubes et des flacons qui renferment de l'Eau à l'état liquide, le déchirement des arbres, l'éboulement de certaines roches, etc. ; phénomènes que l'on attribuait à la présence de l'air atmosphérique dans l'Eau, mais que l'on attribue à son mode particulier de cristallisation, maintenant que l'expérience a prouvé que l'Eau qui a été soumise à l'ébullition, et qui, par conséquent, est privée d'air, augmentait également de volume en se solidifiant.

L'Eau se congèle toujours à zéro, à moins qu'elle ne soit très-pure, qu'on l'ait fait bouillir, ou qu'elle soit placée dans un lieu de repos, circonstances qui peuvent retarder sa solidification de quelques degrés (2, 3 et quelquefois 5°-0). A l'état de pureté, la glace est transparente, incolore, très-sapide, très-élastique, très-dure, très-tenace, et plus légère que l'Eau : cette légèreté doit être attribuée à un arrangement particulier de ses molécules ; elle réfracte fortement la lumière, c'est au point qu'on peut en faire des lentilles ardentes ; elle conduit la chaleur pour tous les degrés au dessous de zéro, mais elle est mauvais conducteur du calorique. Au dessus de zéro, elle absorbe ce dernier et se réduit en Eau ; au dessous (15 à 16° par exemple) on peut la mener à l'état de poudre impalpable. Elle est électrique par le frottement.

La glace se conserve dans de grands réservoirs souterrains, disposés exprès, appelés *glacières*, et que l'on n'a connus en France qu'à la fin du seizième siècle. Quand les glacières sont épuisées, ce qui arrive assez souvent, surtout quand les hivers n'ont pas été très-rigoureux, et que peu de glace a été formée, on a recours à la *glace artificielle* et aux *mélanges réfrigérans*, pour les usages auxquels on emploie la glace naturelle.

Les usages de la glace sont très-étendus. La médecine, la chirurgie l'appliquent soit sur la tête des frénétiques, soit sur les inflammations, les bubons pestilentiels, etc.

Dans l'économie domestique on s'en sert, après l'avoir grossièrement concassée, pour y plonger pendant un jour ou deux, comme dans une sorte de bain, les liqueurs qu'on vient de préparer, afin de fondre ensemble l'eau-de-vie et les divers arômes qui les composent, et leur donner ainsi la saveur douce et agréable que, sans cette précaution, elles n'acquièrent que par le temps. Les pharmaciens emploient le même moyen pour donner plus de suavité aux Eaux distillées de plantes et les rendre plus propres à être conservées. L'art gastromique en consomme une très-grande quantité dans la préparation de tous les mets glacés, connus sous les noms de *glaces*, *sorbets*, *fromages*, etc.

Les boissons glacées datent de la plus haute antiquité. Salomon, les Grecs, les Romains, en firent usage ; les Orientaux eurent le même goût, et c'est probablement par suite de leurs fréquentes communications avec ces derniers, que les Italiens, les Espagnols et les Portugais prirent l'habitude de ramasser de la neige pour l'été. Les habitans de la Péninsule se servent aussi de vases de terre non vernissés, nommés *Alcarazas*, pour rafraîchir leur Eau.

Sous le règne de Henri III, les boissons glacées étaient déjà connues à Paris ; on se contentait alors de jeter de petits morceaux de glace dans le vin, et ce mode de rafraîchissement dura jusqu'en 1620. Avant cette époque, les Italiens connaissaient et se servaient de mélanges réfrigérans pour refroidir les boissons. Ces mélanges servirent plus tard, entre les mains du fameux Procope, à transformer les sucs des fruits, la limonade, le lait, les crèmes, etc., en glaces mousseuses qui, depuis 1660, font les délices de tous les gourmets des deux mondes.

Les boissons glacées conviennent plus aux jeunes gens et aux adultes qu'aux vieillards et aux enfans ; les femmes doivent s'en priver pendant leurs règles ; elles sont moins nuisibles en été qu'en hiver, et plus agréables à prendre le soir que dans la journée ; on doit s'en abstenir quand on a le corps couvert de sueur ; celles qui sont acides font tousser, fatiguent l'estomac, du moins chez beaucoup de personnes : on peut remédier à ces inconvéniens en y mélangeant un peu de rhum, de kirsch ou d'eau-de vie. Celles qui sont préparées au chocolat, au café, à la vanille, ou avec d'autres aromates, incommodent généralement moins que les autres.

Glace artificielle. — *Mélanges réfrigérans ou frigorifiques.* On sait que toutes les fois qu'un sel se dissout dans l'eau, il devient liquide ; que pour devenir liquide il absorbe du calorique et que cette absorption du calorique donne du froid. On sait encore qu'un mélange de neige et d'un sel sec, mais très-avide d'humidité, donne un soluté salin qui enlève aux corps environnans la plus grande partie de leur calorique. C'est sur ces faits chimiques que repose la préparation des *glaces*, et l'expérience qui consiste à faire geler une assiette dans une chambre chaude : il suffit, pour obtenir cette congélation, de disposer une certaine quantité du mélange ci-dessus, dans une assiette placée sur un peu d'Eau.

Il existe encore plusieurs autres mélanges frigorifiques à l'aide desquels on peut, en été, et sans le secours de la glace ou de la neige, obtenir de l'Eau solide. Nous en citerons quelques uns : 1° 5 parties de sel ammoniac réduit en poudre fine ; 5 parties de salpêtre également pulvérisé ; 16 parties d'Eau de puits, à 10° au dessus de 0, donnent un froid de 12° ; 2° 10 parties de salpêtre en poudre fine ; 32 parties de sel ammoniac en poudre fine ; 32 parties de chlorure de chaux en poudre fine ; Eau, quatre fois la quantité des sels ci-dessus, donnent également un froid de 12° ; 3° 9 parties de phosphate de soude cristallisé et pulvérisé, 4 parties d'Eau forte, donnent un froid de 24° ; 4° 1 partie de chlorure de chaux calciné et pulvérisé, avec 1/2, 2/3 ou partie égale de neige, donnent un froid artificiel avec lequel on parvient à solidifier le mercure, l'ammoniaque liquide, l'éther, etc. Toutefois, il faut, pour ce dernier mélange, agir dans les hivers très-rigoureux, opérer dans un vase de bois, contenu dans un autre également en bois, et faire, couche par couche, le mélange du sel calcaire et de la neige, que l'on a préalablement tamisés. Enfin, on produit encore un abaissement de température très-considérable par l'évaporation des corps volatils, et sous le vide de la machine pneumatique.

IV. *Eau à l'état de fluide élastique* ou *vapeur.* Quelles que soient les influences sous lesquelles l'Eau s'est réduite en vapeur, celle-ci se mêle toujours à l'air atmosphérique dans des proportions qui sont directes avec le degré de température de l'espace dans lequel on opère. Ainsi, plus l'air est chaud, plus il est chargé de vapeur d'Eau ; plus au contraire il est froid, plus il est sec. On a la preuve de la première vérité que nous venons d'avancer, toutes les fois que, dans les beaux jours d'été, on monte une bouteille de la cave. On voit aussitôt la bouteille se couvrir d'une humidité qui n'est autre que la vapeur d'Eau qui était tenue en suspension dans l'air, et qui a été condensée par suite de son contact avec la bouteille qui est plus froide que l'air extérieur. Le même phénomène n'a pas lieu pendant les fortes gelées, par les raisons que nous avons données il n'y a qu'un instant.

L'air chargé de vapeur d'Eau est invisible ; il en est ainsi, tant que la quantité de vapeur ne dépasse pas sa capacité de saturation. Mais aussitôt que le plus léger refroidissement a lieu, on voit diminuer la capacité de saturation ; de là des phénomènes nouveaux qui varient selon la hauteur de l'atmosphère dans laquelle l'abaissement de température a été produit, selon la quantité de vapeurs condensées, et selon la pesanteur spécifique de ces mêmes vapeurs. Ces phénomènes, qui nous occuperont dans un instant, sont la formation des *nuages*, de la *pluie*, de la *neige*, de la *grêle*, du *brouillard*, de la *rosée*, et de la *gelée blanche.*

On mesure la quantité relative d'Eau tenue à l'état de vapeur dans l'atmosphère, à l'aide d'instrumens de physique, appelés *Hygromètres* (voy. HYGROMÉTRIE) ; quant à la quantité absolue, on la connaît de la manière suivante : dans une cloche de verre, contenant une quantité donnée d'air chargé de vapeur invisible, on place un corps très-avide d'humidité, comme de l'acide sulfurique concentré, de la potasse caustique, du chlorure de calcium calciné, etc., dont on a pris le poids exact. Au bout de quelques jours de contact, on pèse l'air et le corps hygrométrique ; la diminution du poids de l'un, comparée à l'augmentation du poids de l'autre, est justement la quantité de vapeur d'Eau contenue.

La vapeur d'Eau n'a ni couleur, ni odeur, ni saveur ; sa légèreté est plus grande que celle de l'air. Légèrement refroidie et condensée, elle constitue les nuages ou amas de vésicules, dont le diamètre varie entre $\frac{1}{4500}$ de pouce, et $\frac{1}{2780}$. Quand ces vésicules viennent à se heurter, elles crèvent et forment une petite goutte.

Nuages et *pluies.* On concevra facilement la formation des nuages et l'origine de la pluie, si l'on pense, 1° que ces deux phénomènes ont lieu dans un espace uniformément échauffé, et au milieu d'un repos parfait dans les couches supérieures et inférieures de l'atmosphère ; 2° que l'Eau des lacs, des fleuves, des rivières et du sol humide s'évapore avec une tension proportionnée à la température de l'air ; 3° que cet air qui reçoit le gaz aqueux devient plus léger, tant à cause de son mélange avec le gaz, qu'en raison de son échauffement par la lumière solaire ; qu'il s'élève et fait place à de l'air moins humide. De cette manière, il monte peu à peu jusqu'à ce qu'il parvienne à une hauteur où il éprouve du refroidissement, refroidissement qui est tel que l'Eau dont il est chargé ne peut plus demeurer à l'état gazeux, et se précipite sous la forme de vapeur. Cette vapeur s'accroît, s'amoncelle peu à peu, et constitue les nuages, lesquels nuages sont plus ou moins visibles, plus ou moins colorés, plus ou moins transparens, selon leur volume, leur hauteur et la manière dont le soleil est placé par rapport à eux.

Peu à peu on voit les nuages augmenter et flotter quelque temps dans les hautes régions de l'air ; cela tient à ce que les petites vésicules de la vapeur aqueuse qui les constitue ont une pesanteur spécifique à peu près égale à celle de l'air ; mais comment se fait-il qu'ils se maintiennent quelquefois des jours entiers suspendus dans l'air ? on l'ignore encore. Lorsque les nuages ont atteint une certaine densité, on les voit descendre peu à peu, et une fois que les vapeurs sont arrivées dans une couche d'air plus chaude, elles se redissolvent par degrés, jusqu'à ce que l'air ait atteint son maximum d'humidité : c'est ainsi que des nuages entiers peuvent s'abaisser sans qu'il tombe encore une seule goutte de pluie ; mais lorsqu'ils ont atteint ce maximum, que l'atmosphère éprouve un léger refroidissement, la pluie commence à tomber.

Les gouttes d'eau sont le produit du contact des vésicules aqueuses traversant un air trop humide pour les dissoudre. Une fois qu'elles ont commencé à se former, elles se propagent avec rapidité d'un nuage à un autre, varient de volume dans leur chute, sont plus grosses en été qu'en hiver, au commencement qu'à la fin d'une pluie, etc. Tous ces phénomènes tiennent à la différence de température des régions atmosphériques qu'elles parcourent.

La pluie ne tombe pas toujours sur le point d'où est partie la vapeur aqueuse qui l'a formée, parce que celle-ci est souvent entraînée bien loin par les vents avant de se condenser par le refroidissement et de se précipiter.

La quantité d'Eau qui tombe dans un même pays varie d'une année à l'autre; mais cette variation est peu considérable quand l'observation se fait sur plusieurs groupes d'années. On sait d'ailleurs que la quantité d'Eau tombée est d'autant plus grande qu'on s'approche davantage de l'équateur, partie du globe où l'air est plus humide.

L'instrument, appelé *hydromètre*, dont on se sert pour évaluer la quantité d'Eau tombée dans un temps donné, consiste en un entonnoir évasé, dont la pointe plonge dans un vase fermé. De ce vase, l'eau passe dans un autre dont la capacité a pour mesure la surface de l'entonnoir, et chaque mesure correspond à un centimètre d'eau tombée.

A égalité de latitude, la quantité de pluie qui tombe dans un pays, est modifiée par la localité, la forme, l'élévation, etc., de ce pays. Ainsi, les montagnes d'un pays voisin de la mer, déterminant le refroidissement de l'air, saturé de vapeur d'eau, donneront lieu à des pluies abondantes. C'est de cette manière qu'on explique les pluies fréquentes de la Norwége, des côtes occidentales et orientales de l'Afrique, la sécheresse des environs de Madrid.

Les divers degrés de violence avec lesquels la pluie tombe, l'ont fait désigner en *pluie fine*, *pluie battante*, etc., différences qui tiennent autant à la hauteur des nuages qu'à des phénomènes électriques : cette dernière cause agit surtout dans les pluies d'orage. La pluie est fine quand les nuages sont très-près de la terre; c'est le contraire dans la pluie battante, où les gouttes d'eau sont plus larges et plus rapides dans leur chute.

On sait que l'instant qui précède une pluie plus ou moins durable est ordinairement annoncé par un abaissement de température. La raison la plus probable de ce fait physique, c'est que l'air qui nous environnait, ayant été chargé d'humidité, est devenu plus léger, qu'il s'est élevé à une hauteur plus ou moins considérable, et qu'il a été remplacé par un autre plus dense, plus sec et plus froid.

Neige. La neige se produit dans des circonstances qui sont à peu près les mêmes que celles de la pluie ; seulement il faut que les nuages soient à une température au dessous de zéro. Les cristaux de vapeur aqueuse qui la constituent s'accroissent dans leur chute, comme cela a lieu pour les gouttes d'eau, et forment souvent des flocons en s'accumulant.

Grêle. La grêle, produite également par un abaissement subit de température dans l'atmosphère, mais dans des circonstances tout-à-fait différentes de celles qui donnent lieu à la pluie et à la neige, ne se voit qu'en été ou dans les pays chauds, et lorsque le soleil est sur l'horizon. Elle consiste en grains arrondis, et non en cristaux réguliers, comme la neige. Sa grosseur, qui varie à l'infini, n'est point, aussitôt sa formation, ce qu'elle peut être après sa chute; elle augmente en traversant les différentes couches d'air qui la séparent de la terre, et cela, en entraînant la vapeur aqueuse qu'elle rencontre, et qui se solidifie autour d'elle; son augmentation de volume est encore due à la réunion de plusieurs petits grains les uns avec les autres.

La grêle est très-souvent accompagnée de tonnerre et constamment de phénomènes électriques; quant à la cause du froid subit qui la produit, on ne la connaît pas encore.

Brouillard. Les mêmes causes qui produisent les nuages produisent le brouillard, et celui-ci peut être considéré comme un nuage très-léger placé tout près de la terre. On le voit naître aussitôt que la température de l'air ambiant tombe de quelques degrés au dessous de la température du sol. Pour concevoir sa formation, il faut, par la pensée, et cela est exact, voir l'Eau des mers, des rivières, des prairies marécageuses, etc., s'évaporer avec une tension correspondante à la chaleur du sol, former un gaz aqueux qui se refroidit, se condense dans l'air, monte plus ou moins haut, ou descend selon les mouvemens qui se passent à la surface de la terre, ou bien retombe en pluie quand il n'a pu être dissous par l'air échauffé par le soleil.

Le brouillard s'observe aussi bien en hiver qu'en été, et l'on voit souvent dans les journées froides d'hiver s'élever une vapeur plus ou moins forte des courans d'Eau non gelés : cela est dû à ce que la température de ces courans est un peu plus élevée que celle de l'air atmosphérique.

Lorsque le brouillard tombe par un froid vif, et que dans sa chute il rencontre des arbres ou tout autre corps, il y est retenu sous forme cristalline, et constitue alors ce qu'on appelle *givre*.

Rosée. La rosée est encore le produit de la condensation de la vapeur d'Eau contenue dans l'air atmosphérique. Le refroidissement qui en est la cause et qui a lieu ordinairement la nuit, se fait dans les corps qui existent à la surface de la terre, et non dans l'atmosphère, comme nous l'avons vu pour les brouillards, la pluie, etc. La preuve qu'il en est ainsi, c'est que la rosée ne se dépose pas en égale quantité sur tous les corps; elle baigne davantage ceux qui sont mauvais conducteurs du calorique, moins ceux qui sont conducteurs.

Gelée blanche. Voyez, pour la formation de la gelée blanche, ce que nous avons dit pour la formation de la glace artificielle.

Ne voulant pas pousser plus loin l'exposé des théories généralement admises dans l'état actuel de la science pour expliquer la formation des nuages, l'origine de la pluie, de la neige, de la grêle, des brouillards, de la rosée, de la gelée blanche, nous allons faire connaître rapidement ce que deviennent, après leur liquéfaction, les neiges et les glaces amoncelées çà et là sur la surface du sol, dans les hautes montagnes, etc., en d'autres termes, nous allons considérer l'Eau sous ses rapports géologiques.

V. *Eaux.* (GÉOL.) Revenue à l'état liquide, l'Eau qui formait les neiges et les glaces constitue, en pénétrant dans les fissures du sol, ce qu'on appelle des *sources*, suintemens liquides qui, après un trajet souterrain plus ou moins profond et plus ou moins long, finissent par se faire jour, soit dans les montagnes elles-mêmes, soit dans les pays plats qui les avoisinent.

Les *sources* sont chaudes ou froides : leur Eau est pure ou chargée de substances salines, gazeuses, acides, etc. *Voyez* EAUX MINÉRALES.

Les Eaux provenant des neiges et des glaces donnent encore naissance aux *torrens*, courans rapides qui labourent les montagnes d'où ils partent, ou bien qui les creusent en ravins profonds. Arrivés aux pieds des montagnes, les torrens se ralentissent dans leur course, forment les *ruisseaux* qui arrosent et fertilisent les terrains qu'ils serpentent en tous sens. Par leur réunion, les ruisseaux augmentent de volume, de largeur et deviennent *rivières* ; celles-ci sont navigables ou non navigables, parcourent souvent plusieurs lieues, plusieurs départemens, et, en se réunissant avec d'autres rivières, forment les *fleuves.* Ceux-ci se rendent dans la *mer*, réservoir immense où vont se perdre tous ceux que nous venons d'énumérer, et dans lequel l'atmosphère vient puiser toutes les vapeurs aqueuses qui doivent retomber ensuite sous les différens états que nous avons étudiés plus haut.

Enfin il existe encore des masses d'Eau qui ne vont pas, comme les précédentes, se rendre dans la mer ; ces masses portent les noms de *Lacs*, de *Marais*, de *Mares*, etc.

Considérées sous le rapport des corps étrangers qu'elles contiennent, les Eaux liquides qui existent libres sur le globe, sont divisées en *Eaux douces*, en *Eaux salées* et en *Eaux minérales*. Nous allons donner quelques détails sur ces trois espèces de liquides aqueux.

1° *Eaux douces.* Comme leur nom l'indique, les Eaux douces ont une saveur peu prononcée et leur température est égale à celle de l'atmosphère ; elles sont courantes ou stagnantes, constituent les lacs, les rivières, les marais, les étangs, etc., et nourrissent souvent dans leur sein des végétaux et des animaux dits *fluviatiles*, pour les distinguer des autres corps organisés que l'on trouve dans les Eaux salées.

Dans leur marche, les Eaux douces forment des chutes, des cascades, des cataractes, etc. ; elles peuvent aussi creuser le sol qu'elles parcourent, détacher et rouler des pierres, du sable, etc. Cependant ces derniers effets sont bien restreints, car il est plus ordinaire de les voir combler et élever les lieux sur lesquels elles passent, en y déposant les parties ténues qu'elles charrient.

2° *Eaux salées.* Les Eaux salées, qui recouvrent près des trois quarts de la surface du globe, et qu'il serait plus exact de nommer *Eaux marines*, si certains grands lacs sans issue ne jouissaient pas de leurs propriétés, ont une saveur d'abord salée, puis amère et nauséabonde qui ne peut manquer de les bien caractériser, et de les distinguer des Eaux minérales proprement dites. Leur température est à peu près égale à celle de l'atmosphère, surtout dans leurs couches supérieures ; enfin dans leur intérieur vivent des plantes et des animaux dont il sera question à l'article MER de ce Dictionnaire.

3° *Eaux minérales.* On appelle *Eaux minérales*, les Eaux de sources tenant en solution ou en suspension des substances minérales dans des proportions telles que leurs propriétés physiques et chimiques sont changées et remplacées par d'autres dites médicamenteuses. Le hasard, dit-on, révéla le premier les vertus des Eaux minérales. Sans croire, comme les anciens, qu'une divinité préside à la garde de chaque source minérale, nous ne pouvons refuser, à quelques unes du moins, des propriétés spéciales et même spécifiques pour la cure de certaines maladies, surtout si on sait quand et à qui on doit les conseiller. Nous convenons aussi qu'elles ne sont pas plus utiles, dans beaucoup de circonstances, que d'autres agens thérapeutiques ; car s'il leur arrive de guérir des malades qui n'ont pu l'être par un traitement d'une autre nature, il leur arrive également d'échouer dans des cas où une autre méthode eût peut-être réussi. Deux raisons peuvent expliquer ces observations pratiques : la première, c'est que les maladies les plus analogues diffèrent encore les unes des autres par mille points divers ; la seconde, c'est que plusieurs malades atteints de la même maladie, ne peuvent pas toujours être traités absolument de la même manière.

Examinées sous le rapport des principes qui font la base de leur composition, les Eaux minérales sont divisées en cinq classes principales : les *Eaux salines*, les *Eaux gazeuses*, les *Eaux ferrugineuses*, les *Eaux sulfureuses*, et les *Eaux iodurées*. Bien entendu que cette classification n'est ni rigoureuse, ni absolue ; elle n'est admise dans la science que pour faciliter l'étude de ces produits naturels ; car on trouve journellement des sources qui sont tout à la fois salines et acidules, d'autres qui sont ferrugineuses et sulfureuses, etc. Sous le rapport de leur température, les Eaux minérales sont *froides* ou *tempérées*, *chaudes* ou *thermales.* Enfin, pour distinguer celles que la nature crée, de celles que, par imitation, l'on prépare dans les pharmacies, on les distingue en *Eaux minérales naturelles*, et en *Eaux minérales artificielles.*

N'ayant que des conjectures à émettre sur la formation des sources minérales ; croyant avec tous les auteurs que, dans cet acte important de la nature, l'électricité, le voisinage des volcans, l'affinité des corps les uns pour les autres, l'infinie divisibilité de ces derniers, jouent un rôle qu'on ne peut encore expliquer, nous passons de suite à l'étude de chacune d'elles en particulier, nous réservant toutefois de ne citer que les plus usitées et les mieux connues ; nous laissons à d'autres le soin hardi et difficile de pénétrer des secrets de la vérité desquels, nous en demandons bien pardon aux grandes vanités scientifiques, toutes les théories du monde resteront encore fort long-temps éloignées.

A. *Eaux minérales salines.* On appelle *Eaux minérales salines*, celles qui, outre quelques autres principes minéralisateurs, tels que des traces d'acide carbonique et d'acide hydrosulfurique, de l'hydrochlorate de chaux, du carbonate de chaux ou de magnésie, etc., tiennent en solution une grande quantité de matières salines auxquelles elles doivent leurs propriétés purgatives ou excitantes, selon qu'on les administre à hautes ou à petites doses. Ces Eaux sont chaudes ou froides, et peu altérables ; leur saveur est amère, quelquefois piquante et nauséeuse, suivant la quantité et la nature des sels qu'elles renferment.

Eaux salines thermales.

Eau de Plombières. Plombières, petite ville du département des Vosges, à vingt-quatre lieues de Nancy, à six lieues d'Épinal, possède sept bains désignés par les noms de *Bains des dames, Sources du Crucifix, Grand bain, Bain tempéré, Petit bain, Bain neuf, Sources de Bassompière.*

Les Eaux de Plombières sont incolores, presque insipides, un peu onctueuses ; d'une température de 56 à 74° centigrades, etc. Selon Vauquelin, elles sont composées de : sous-carbonate de soude, sulfate de soude, chlorure de sodium, sous-carbonate de chaux, silice, matière animale (1).

Elles s'administrent en bain ou en boisson (3 à 4 verres le matin) dans le traitement de la chlorose, des entérites chroniques, des scrofules, etc. Elles sont peu purgatives.

Eau de Luxeuil. Luxeuil, petite ville du département de la Haute-Saône, à douze ou treize lieues de Besançon, dont les Eaux, par leurs propriétés physiques, chimiques et médicinales, et par leurs doses et modes d'administration, ont beaucoup d'analogie avec celles de Plombières, possède cinq bains qui sont : le *Bain des femmes*, le *Bain des hommes*, le *Bain neuf*, le *Grand bain*, le *Petit bain* ou *Bain des Carettes.* Les Eaux de Luxeuil ont une température de 25 à 42° centigrades.

Eau de Bourbonne-les-Bains. Les Eaux de Bourbonne-les-Bains, petite ville de la Haute-Marne, à dix lieues de Langres, treize de Chaumont et soixante-douze de Paris, sont claires et limpides ; d'une odeur légèrement sulfureuse ; d'une légère

saveur salée et amère ; leur température varie de 46 à 69° centigrades, etc.

Elles sont composées de : hydrochlorate de soude, hydrochlorate de chaux, hydrochlorate de magnésie, acide carbonique libre, sulfate de chaux, sulfate de magnésie, carbonate de fer.

Ces Eaux conviennent dans les fièvres quartes, dans les maladies du système lymphatique, les tumeurs blanches, les paralysies, les vieilles entorses, les accidens de la congélation, etc., etc. On les administre en bains et en douches, rarement à l'intérieur.

Eau de Chaudes-Aigues. Chaudes-Aigues, petite ville du Cantal, à quinze lieues d'Aurillac, possède deux sources principales, qui sont : la *Belle fontaine du parc*, la *Source de la grotte du moulin du parc.*

Les Eaux de Chaudes-Aigues sont incolores, inodores, d'une saveur fade ou très-légèrement astringente et styptique ; susceptibles de se conserver assez long-temps sans s'altérer, une fois hermétiquement fermées ; acquérant un peu de fétidité par leur exposition à l'air ; douces, onctueuses au toucher ; déposant à la longue une grande quantité de carbonate de chaux ; d'une température qui varie de 50 à 88° centigrades.

D'après M. Berthier, elles sont composées de : hydrochlorate de soude, sous-carbonate de soude, carbonate de chaux, carbonate de fer, silice.

M. Grassal y a trouvé : acide carbonique libre, un peu d'hydrogène sulfuré, chaux, soude, etc.

Les Eaux de Chaudes-Aigues paraissent devoir être les succédanées des Eaux de Carlsbad.

Eau de Balaruc. Balaruc, bourg du département de l'Hérault, à quatre lieues de Montpellier, possède près d'un étang salé qui communique avec la Méditerranée, une source dont les Eaux sont limpides, d'un goût salé et un peu amer, onctueuses, très-chaudes (49 à 50° Réaumur), un peu gazeuses, etc.

Les Eaux de Balaruc contiennent, d'après M. Figuier : acide carbonique libre, hydrochlorate de soude, hydrochlorate de magnésie, hydrochlorate de chaux, gaz azote (d'après M. Pierre), fer (des traces), carbonate de chaux, carbonate de magnésie, sulfate de chaux.

Elles conviennent dans les paralysies, les rhumatismes chroniques, les scrofules, les dégénérescences des viscères abdominaux, etc. Elles doivent être défendues aux apoplectiques. On les administre en bains, en douches ou en boisson (par tasses ou verres jusqu'à effet purgatif).

Eau d'Aix en Provence. Les Eaux d'Aix en Provence, ville capitale des Bouches-du-Rhône, à seize lieues d'Avignon, sont limpides, transparentes, inodores, très légèrement amères et styptiques, très-légères, d'une température de 32 à 34° centigrades. Elles sont composées, d'après M. Laurent, de : carbonate de chaux, carbonate de magnésie, sulfate de chaux, oxygène, et d'une matière végéto-animale à laquelle elles doivent leur aspect onctueux.

Les Eaux d'Aix en Provence conviennent pour combattre les affections cutanées, les leucorrhées,

---

(1) C'est à cette matière animale, de nature particulière, que l'on doit attribuer l'aspect onctueux des eaux de Plombières.

.l'ictère, les rhumatismes, les dartres ; on les donne ordinairement en bains.

Eau de Bagnères-Bigorre. Bagnères-Bigorre, petite ville des Hautes-Pyrénées, sur l'Adour, à quatre lieues de Barréges et vingt-trois de Toulouse, compte jusqu'à vingt-deux sources minérales, dont les eaux limpides, diaphanes, inodores (excepté celles de *Lasserre*, qui ont une odeur hépatique), ont une saveur piquante, saline et un peu styptique : une température qui varie de 20 à 40° Réaumur, etc.

Les Eaux de Bagnères-Bigorre sont composées de : hydrochlorate de magnésie, hydrochlorate de potasse, chlorure de sodium, sulfate de soude, silice, sulfate de chaux, carbonate de chaux, carbonate de potasse, carbonate de magnésie, carbonate de fer, etc.

On vante beaucoup l'usage des Eaux de Bagnères-Bigorre, dans les affections mélancoliques, atoniques, les flux immodérés, etc. On les donne en boissons, en bains, en douches, en fomentations, etc.

Eau de Néris. Néris, gros bourg du département de l'Allier, à une lieue et demie de Mont-Luçon, à quatre-vingts lieues de Paris, possède quatre sources minérales : le *Puits de la Croix*, le *Grand puits* ou *Puits de César*, le *Puits carré* ou *tempéré*, la *Source nouvelle*.

Les Eaux de Néris sont pétillantes : un gaz s'en dégage sans cesse, surtout dans les temps d'orage; leur limpidité est parfaite ; leur saveur particulière devient fade et désagréable par le refroidissement ; leur odeur, nulle à la source, acquiert de la fétidité par le repos ; leur onctuosité est très-marquée ; leur température varie de 40 à 41° Réaumur. D'après Vauquelin elles renferment : carbonate de soude, sulfate de soude, hydrochlorate de soude, carbonate de chaux, silice, gaz encore inconnu, etc.

Les Eaux de Néris conviennent dans toutes les phlegmasies chroniques, quelques névroses, etc. On les administre en bains, en fumigations, en douches et à l'intérieur (deux ou trois verres le matin, à la source).

Eau de Lucques. Lucques, grande et belle ville d'Italie, à trois lieues de Florence, à quatre de Pise, possède dix sources d'Eaux minérales, dont la température varie de 30 à 45° Réaumur, dont la limpidité est parfaite, l'odeur nulle, etc.

Les Eaux de Lucques sont composées de : acide carbonique libre, sulfate de chaux, sulfate de magnésie, alun, hydrochlorate de soude, hydrochlorate de magnésie, carbonate de chaux, carbonate de magnésie, silice, alumine, oxide de fer.

Elles conviennent dans la goutte, les rhumatismes, la dyspepsie, la chlorose, la leucorrhée, les dégénérescences viscérales, les scrofules, etc. On les donne à l'intérieur et à l'extérieur.

Eaux salines froides.

Eau de Sedlitz. Sedlitz, village de Bohème, près de Prague et de Tœplitz, possède une source dont les Eaux sont limpides, transparentes, pétillantes, d'une odeur particulière, d'une saveur salée et amère.

Elles sont composées, d'après Hoffmann, de : sulfate de magnésie, sulfate de soude, sulfate de chaux, carbonate de chaux, carbonate de magnésie, acide carbonique, matière résineuse.

On les emploie comme cathartiques, chez toutes les personnes lymphatiques et hypochondriaques ; chez celles qui sont sans cesse tourmentées par des borborygmes, des constipations opiniâtres, à la dose de 1 à 2 livres par jour.

Eau de Seydchutz. Seydchutz, village de Bohème, près de Sedlitz, possède des Eaux claires, limpides, inodores, d'une saveur très-amère et salée, dont les propriétés médicinales, les doses et le mode d'administration sont les mêmes que pour les Eaux de Sedlitz. Analysées par Bergmann, elles ont donné : carbonate de chaux, carbonate de soude, sulfate de chaux, hydrochlorate de magnésie, sulfate de magnésie.

Eau d'Epsom. Epsom, village d'Angleterre, à sept lieues de Londres, ne possède qu'une source minérale dont les Eaux sont limpides, inodores, amères et salées.

Les Eaux d'Epsom sont principalement minéralisées par le sulfate de magnésie ; elles en contiennent 0,03. On peut les administrer aux mêmes doses et dans les mêmes circonstances que les précédentes ; mais on préfère employer les sels qu'elles contiennent.

B. *Eaux minérales gazeuses.* On désigne ainsi les Eaux qui ont pour principe minéralisateur l'acide carbonique. Ces Eaux sont limpides, incolores, d'une odeur légèrement piquante, d'une saveur fraîche, acidule ou alcaline (de là leur distinction en *Acidules gazeuses* et en *Alcalines gazeuses*), rougissant la teinture de tournesol, formant un précipité blanc avec l'Eau de chaux, laissant dégager beaucoup de bulles quand on les agite, dégagement dû, ainsi que la plupart des autres propriétés, au gaz acide qui leur a fait donner leur nom, et dont elles contiennent quelquefois cinq à six fois leur volume. C'est à l'abondance de cet acide que quelques uns des carbonates, des hydrochlorates et des sulfates de chaux, que l'on rencontre dans ces Eaux, y sont tenus en dissolution ; mais, ce gaz venant à se dégager, les Eaux se troublent, et une partie des sels se précipitent.

Les Eaux gazeuses sont tantôt thermales, tantôt froides. Les premières jouissent de propriétés stimulantes plus prononcées que les secondes que l'on emploie comme rafraîchissantes, qui calment la soif, excitent légèrement les appareils digestif et urinaire ; cependant les unes et les autres ont une action marquée sur le système nerveux. Les premières s'administrent en bains, dans les affections cutanées, rhumatismales et arthritiques, les tumeurs blanches, etc. A petites doses, les secondes conviennent dans les phlegmasies légères des voies digestives. A plus hautes doses, on les emploie avec succès dans un grand nombre de maladies chroniques, surtout celles qui dépendent de l'atonie des organes digestifs, dans les affections nerveuses, telles que la chlorose, l'hypochondrie, l'aménorrhée, les catarrhes chroniques, les engorgemens du foie, etc.

Les Eaux gazeuses les plus importantes sont, pour les Eaux thermales, celles du Mont-d'Or, de Clermont-Ferrand, de Vichy, de Bourbon-l'Archambault, de Dax, etc. ; pour les Eaux froides, celles de Pougues, de Bar, de Mont-Brison, de Langeac, de Seltz ou Selters, etc.

Eaux thermales.

Eau du Mont-d'Or. Mont-d'Or, petit village du département du Puy-de-Dôme, situé au pied de la montagne de l'Angle, à huit lieues de Clermont-Ferrand, possède sept sources minérales très-rapprochées les unes des autres, et dont nous énumérerons les quatres principales seulement. La première, dite *Sainte-Marguerite*, a 10 à 12° de température; la deuxième, dite le *Grand-Bain*, a des Eaux onctueuses au toucher, d'une saveur fade et de 39 à 45° de température; la troisième, ou *Bain de César*, a 45° de température; enfin la quatrième, dite *Fontaine de la Madelaine*, a 42° de température, et des Eaux acidules d'abord, puis salées.

Les Eaux de la *Fontaine de la Madelaine* contiennent, d'après M. Bertrand : de l'acide carbonique, du carbonate de soude, du carbonate de chaux, du carbonate de magnésie, hydrochlorate de soude, sulfate de soude, alumine, oxide de fer, ou plutôt carbonate de fer.

Celles des autres sources ne diffèrent que par les proportions différentes des mêmes substances.

Les Eaux du Mont-d'Or conviennent dans les maladies chroniques du poumon, sans fièvre colliquative; dans l'atonie et la flaccidité de tous les organes, la goutte, les rhumatismes, etc. On les administre le matin, à la dose de trois ou quatre verres, pures ou coupées avec du lait ou une tisane quelconque, ou bien en bains, en douches, en fomentations, etc.

Eau de Clermont-Ferrand. Clermont-Ferrand, capitale du département du Puy-de-Dôme, à trente lieues de Lyon et à quatre-vingt-seize de Paris, ne possède plus que deux sources d'Eau minérale. La première, appelée *Fontaine de Jaude*, coule tantôt d'une manière paisible et uniforme, tantôt avec des bouillonnemens rapides et désordonnés; la seconde, celle de *Saint-Alyre*, serpente au travers des jardins potagers, et y dépose un sédiment très-considérable et très-compacte, dont les habitans tirent parti pour laisser pétrifier, ou mieux incruster des fruits, des oiseaux, et autres objets, qu'ils vendent ensuite aux voyageurs. (*Voy.* PÉTRIFICATIONS.)

Les Eaux de Clermont sont claires et limpides, d'une saveur agréable et vineuse, et légèrement astringente; leur température est de 25° centigrades. Elles sont composées de : acide carbonique, carbonate de chaux, carbonate de magnésie, carbonate de soude, hydrochlorate de soude, sulfate de soude, oxide de fer.

Elles conviennent dans l'aménorrhée, les flueurs blanches, les fièvres intermittentes légères, etc. On les administre par tasses ou verres dans la matinée.

Eau de Vichy. Vichy, petite ville du département de l'Allier, à quatre-vingt-sept lieues de Paris, quinze de Moulins, trente-deux de Lyon, possède sept sources minérales, dont une seule, appelée *Grande-Grille*, mérite d'être citée. L'Eau de cette source, qui ne diffère de celle des autres que par ses degrés de température qui varient de 22° à 46° centigrades, est limpide et incolore, d'une saveur acidulé, peu alcaline. Elle est composée, d'après M. Longchamps, de : acide carbonique libre, carbonate de soude saturé, carbonate de chaux, carbonate de magnésie, carbonate de fer, hydrochlorate de soude, sulfate de soude, silice, matière végéto-animale.

Les Eaux de Vichy conviennent dans toutes les maladies qui sont sous la dépendance de l'état de souffrance des viscères du bas-ventre : dans l'hypochondrie, l'aménorrhée, etc. M. Darcet, qui a constaté par un grand nombre d'observations que ces Eaux avaient la propriété de rendre l'urine alcaline pendant tout le temps qu'on les prenait, s'est convaincu en même temps de leur utilité pour ramener à l'état alcalin l'urine qui est acide. De là l'usage de tablettes *dites* de Darcet, que l'on emploie dans le même but, et que l'on trouve dans toutes les pharmacies.

Deux ou trois verres dans la matinée, pure ou coupée; on en fait également usage en lotion, bain, fomentation, etc.

Eau de Bourbon-l'Archambault. Bourbon-l'Archambault, petite ville du département de l'Allier, à soixante-cinq lieues de Paris, sept de Moulins et trente-deux de Lyon, possède des sources dont les qualités sont diverses, et que nous avons laissées cependant au nombre des eaux gazeuses, malgré les propriétés salines et ferrugineuses dont elles sont douées et auxquelles, il faut avoir égard en thérapeutique. Parmi les principales, deux sont froides et peu usitées, ce sont les *Eaux de la fontaine de Jonas*, et celles de la *fontaine de Saint-Pardoux*. Mais celle dont les vertus rendent depuis si long-temps célèbre le nom de Bourbon-l'Archambault, est la source d'*Eau minérale thermale*, dont la température varie de 58 à 60° centigrades. Son Eau pétille, bouillonne sans cesse : phénomènes dus au dégagement du gaz acide carbonique qu'elle renferme en très-grande quantité, et à sa température très-élevée; sa couleur est verdâtre dans le fond des bassins, blanchâtre à leur surface; son odeur d'hydrogène sulfuré devient quelquefois très-forte et dangereuse; sa saveur, qui est acidule, est alcaline dans les eaux froides, etc.

M. Faye l'a trouvée composée de : hydrochlorate de chaux, hydrochlorate de magnésie, hydrochlorate de soude, sulfate de chaux, hydrogène sulfuré, carbonate de fer, silice, gélatine, gaz acide carbonique, azote (M. Lonchamps).

On va spécialement à Bourbon-l'Archambault pour les paralysies, les rhumatismes, les maladies des

des os, les rétractations des membres, les vieilles plaies d'armes à feu, etc. On les boit à la source, à la dose de une à deux pintes par jour.

Eau de Dax. Dax, petite ville du département des Landes, située sur l'Adour, à dix lieues de Bayonne et de Bordeaux, possède plusieurs sources dont les eaux sont claires et limpides, inodores, d'une saveur aigrelette, d'une température qui varie de 25 à 66° centigrades.

Ces Eaux, composées de : acide carbonique, hydrochlorate de soude, hydrochlorate de magnésie, sulfate de soude, carbonate de magnésie, sulfate de chaux, sont très-avantageuses dans les rhumatismes, les paralysies, les vieilles plaies, etc.

On les administre comme celles de Bourbon-l'Archambault.

Eaux froides.

Eau de Pougues. Pougues, bourg du département de la Nièvre, situé sur la route de Paris à Lyon par Moulins, possède une source minérale très-abondante, dont les Eaux sont froides (10° à 11°), d'une saveur aigrelette d'abord, piquante, puis douceâtre, rougissant la teinture de tournesol, devenant alcalines quand on les chauffe, etc.

Soumises à l'analyse elles ont fourni : du sulfate de chaux, du carbonate de chaux, du carbonate de soude, carbonate de magnésie, hydrochlorate de soude, acide carbonique.

De plus, elles contiennent en suspension une matière floconneuse, composée d'oxide de fer, d'alumine et de carbonate de chaux, que l'on peut facilement séparer par la filtration.

Les Eaux de Pougues sont essentiellement toniques et purgatives. On va dans ce pays pour ranimer les forces digestives, pour les affections du foie, les pertes utérines, etc.

On les administre seules ou coupées, à la dose de plusieurs verres (trois ou cinq) dans la matinée.

Eau de Bar. Bar, village du département du Puy-de-Dôme, près Saint-Germain-Lambron, à neuf lieues de Clermont, possède plusieurs sources dont les Eaux sont limpides, d'une saveur acide et salée, etc. Elles contiennent, d'après M. Monnet, de l'acide carbonique, des carbonates de magnésie et de soude, et du sulfate de chaux.

On administre les Eaux de Bar dans les engorgemens chroniques des viscères abdominaux, les fièvres intermittentes légères, etc., en boisson seulement, à la dose d'une pinte ou deux par jour.

Eau de Mont-Brison. Mont-Brison, ville du département de la Loire, sur la petite rivière du Vezize, à quinze lieues de Lyon et cent lieues de Paris, possède trois sources appelées, la première, la *Romaine*; la deuxième, l'*Hôpital* ou les *Ladres*; la troisième, la *Rivière*, et dont les Eaux, peu différentes par leurs principes, sont froides, acidules et un peu austères, composées de carbonate de soude et de magnésie, d'un peu de carbonate de fer, surtout la source la *Romaine.* On les con-seille dans les engorgemens chroniques des viscères abdominaux, et dans les affections scrofu-

leuses. L'Eau de la première source paraît mieux convenir dans les leucorrhées constitutionnelles, l'aménorrhée avec langueur et faiblesse, etc. On peut en boire cinq à six tasses dans la matinée.

Eau de Langeac. Langeac, ville du département de la Haute-Loire, à sept lieues du Puy, et à dix-sept de Clermont, possède, dans une prairie près de la ville, une source appelée *Brugeiron*, dont l'eau est claire, fraîche et limpide, d'une saveur acidule et un peu ferrugineuse.

L'Eau de Langeac contient de l'acide carbonique, des carbonates de soude, de magnésie et de fer, convient dans la langueur des organes digestifs, les engorgemens chroniques du foie, les affections catarrhales des vieillards, etc., etc. Elle se donne, dans la matinée, par tasses ou verres, seule ou mélangée avec le vin des repas.

Eau de Seltz ou de *Selters.* Seltz ou Selters, petite ville du Bas-Rhin, à quelques lieues de Strasbourg, possède une fontaine dont l'Eau, claire et transparente, acidule, est composée, d'après Bergmann, de : acide carbonique, hydrochlorate de soude, carbonate de soude, carbonate de magnésie, sulfate de soude, carbonate de chaux, oxide de fer, silice.

Cette Eau, appelée par Zimmermann l'*Eau des poètes et des gens de Lettres*, est une de celles dont l'usage est le plus fréquent et le plus commun aujourd'hui; on la donne dans tous les âges et à tous les sexes. Elle convient principalement dans le scorbut, les fièvres adynamiques, les leucorrhées et les ménorrhagies passives, les affections calculeuses, etc. ; souvent même elle augmente la proportion des urines.

C. *Eaux minérales ferrugineuses.* Ces eaux, appelées encore *Eaux martiales, Eaux chalibées*, prises à la source, sont, pour la plupart, limpides, inodores, d'une saveur styptique et métallique. Exposées au contact de l'air, elles se recouvrent assez promptement d'une pellicule de couleur irisée ou rougeâtre, et déposent, sous forme de flocons jaunes ocrés, une certaine quantité de protoxide de fer.

D'après M. Longchamp, l'oxide de fer des Eaux ferrugineuses ne se trouve pas toujours à l'état de carbonate; il y joue, dans quelques unes du moins, le rôle d'acide, et s'y trouve combiné avec la chaux, à l'état de *Ferrate de chaux.*

Les Eaux ferrugineuses contiennent, outre le métal qui leur donne leur nom, des sels de soude, de chaux, de magnésie, et même de manganèse, etc.

L'action de ces Eaux, qui sont chaudes ou froides, sur l'économie, est presque semblable à celle des préparations ferrugineuses.

Les Eaux ferrugineuses les plus employées sont, pour les thermales, qui sont plutôt purgatives que toniques, celles de Carlsbad, de Téplitz, etc. Pour les froides, celles de Spa, de Forges, de Provins, de Passy près Paris, etc., etc.

Eau de Carlsbad. Carlsbad, petite ville de Bohême, sur la Toppel, célèbre par ses bains d'Eau chaude qui guérirent le czar Pierre, et par le congrès qui s'y est tenu, possède une très-grande quantité de sources dont la plus ancienne, la plus forte et la plus chaude, est appelée *Sprudel*, et dont les Eaux, claires, transparentes, incolores et inodores, ont, dit-on, en sortant de la croûte calcaire qui les emprisonne, une saveur de bouillon et un arrière-goût alcalin, nauséabond, auquel on finit par s'accoutumer.

D'après le célèbre Berzélius, les Eaux de Carlsbad contiennent : sulfate de soude, carbonate de soude, chlorure de sodium, carbonate de chaux, hydrofluate de chaux, phosphate de chaux, carbonate de strontiane, magnésie pure, sous-phosphate d'alumine, oxide de fer, oxide de manganèse, silice, acide carbonique (un excès).

Les goutteux, les hypochondriaques, les hystériques, etc., etc., etc., se trouvent très-bien de l'usage de ces Eaux, en bains ou en boisson : on en prend trois ou quatre verres les premiers jours, et on élève successivement la dose.

Eaux de Téplitz. Téplitz ou Tœplitz, gros bourg ou petite ville de Bohême, situé dans un lieu extrêmement agréable, possède plusieurs sources ou *bains*, dont le principal est appelé *Bain des hommes.*

Les Eaux de Téplitz, qui ont la plus grande ressemblance avec celles de Carlsbad, et prennent dans les bains une couleur *vert-d'eau*, sont claires, transparentes, inodores, d'une saveur salée et d'une température extrêmement élevée (117° du thermomètre de Fahrenheit). Elles sont composées, d'après le docteur Ambrozzi, de : sulfate de soude, hydrochlorate de soude, carbonate de soude, carbonate de chaux, silice, oxide de fer, matière extracto-résineuse, acide carbonique; elles conviennent absolument dans les mêmes cas que les Eaux de Carlsbad et s'administrent de même.

Eaux ferrugineuses froides.

Eaux de Spa. Spa, grand bourg du royaume d'Allemagne, à dix lieues d'Aix-la-Chapelle, et à neuf de Liége, possède sept sources minérales, dont la plus célèbre et la plus fréquentée, située au centre de la ville, et appelée *Pouhon*, a des Eaux claires et transparentes, pétillantes et mousseuses, d'une saveur piquante, aigrelette et ferrugineuse. Composées, d'après Bergmann et M. Jones, de carbonate de chaux, carbonate de magnésie, carbonate de soude, hydrochlorate de soude, carbonate de fer, gaz acide carbonique, elles conviennent dans presque toutes les affections chroniques, et sont nuisibles aux tempéramens irritables.

Les Eaux de Spa se boivent à la dose de trois à cinq verres par jour, qu'on peut augmenter successivement jusqu'à douze ou quinze. On les administre également en bains, lotions, injections, etc.

Eaux de Forges. Forges, bourg situé à vingt-cinq lieues de Paris, à neuf de Rouen, dans la vallée de Bray, département de la Seine-Inférieure, possède trois sources d'Eau minérale, appelées, la

première, *Reinette*, en l'honneur de l'infante d'Autriche, qui en avait fait usage; la deuxième, la *Royale*, celle qui avait servi à Louis XIII; la troisième, la *Cardinale*, en mémoire du cardinal de Richelieu qui, malade, avait accompagné le roi.

Les Eaux de Forges, composées, d'après M. Robert, pharmacien de l'Hôtel-Dieu de Rouen, d'acide carbonique, carbonate de chaux, carbonate de fer, hydrochlorate de soude, sulfate de chaux, hydrochlorate de magnésie, sulfate de magnésie, silice, sont claires, limpides, d'une saveur astringente et métallique très-marquée, mais non désagréable. On les administre comme excellent tonique, à la dose de deux à six verres par jour, pures ou coupées avec du vin.

Eau d'Aumale. Aumale, petite ville du département de la Seine-Inférieure, à quatorze lieues de Rouen et huit d'Amiens, possède trois sources minérales, appelées la *Bourbonne*, la *Savari* et la *Malon*. Ses Eaux ne diffèrent de celles de Forges que par leur saveur plus styptique; elles sont composées de : acide carbonique, acide hydrosulfurique, carbonate de fer, carbonate de chaux, hydrochlorate de chaux.

On les emploie, à la dose d'une livre ou deux par jour, pendant un mois, six semaines, comme toniques, stimulantes et apéritives.

Eau de Rouen. Rouen, chef-lieu du département de la Seine-Inférieure, à trente lieues de Paris, compte un assez grand nombre de sources, tant dans la ville que dans les environs. Les trois sources qui alimentent les fontaines de la Marecquerie, et qui sont les plus employées, sont : la *Royale*, la *Dauphine* et la *Reinette*.

L'Eau de Rouen est transparente, limpide, inodore, d'une saveur fraîche et styptique; elle est composée, suivant M. Dubuc, pharmacien de la même ville, de : acide carbonique, carbonate de fer, hydrochlorate de chaux, carbonate de chaux, matière extracto-végétale.

On la boit à la source, car elle ne se conserve pas, à la dose de quatre à cinq verres par jour, comme fébrifuge, astringente et antipsorique.

Eau de Passy. Passy, près Paris, sur la rive droite de la Seine, compte cinq sources minérales, placées assez près les unes des autres. De ces sources, deux sont nommées *anciennes*, et trois, *nouvelles*. Les premières sont presque complétement abandonnées maintenant; les nouvelles, claires et limpides, d'une saveur ferrugineuse et un peu acide, très-actives, et plutôt astringentes que toniques dans leur état naturel, ont besoin, pour être supportées par les malades, d'être épurées par le temps et le repos.

Analysées comparativement par MM. Deyeux et Barruel, les Eaux de Passy, dites nouvelles, contiennent, en sortant de la source : sulfate de chaux, protosulfate de fer, sulfate de magnésie, hydrochlorate de soude, alun, carbonate de fer, acide carbonique, matière bitumineuse; après l'épuration, sulfate de chaux, sulfate de magnésie, sulfate d'alumine et de potasse, proto-sulfate de fer, hydrochlorate de soude.

On les administre, épurées, par tasses ou verres (trois ou quatre) dans le courant de la journée : on peut en donner jusqu'à trois ou quatre livres, seules ou mêlées à du vin. Non épurées, on les emploie à l'extérieur, comme astringentes, en injections, lotions, douches, bains, etc.

Eau de Provins. Provins, petite ville du département de Seine-et-Marne, à vingt-deux lieues de Paris, ne possède plus aujourd'hui qu'une fontaine minérale, dite source de *Sainte-Croix*, située sur une des plus belles promenades.

Un goût astringent et styptique, une grande limpidité et une légèreté bien marquée due à de l'air interposé et à du gaz acide, sont les principaux caractères des Eaux de Provins. Analysées par Vauquelin et M. Thénard, elles contiennent : carbonate de chaux, oxide de fer, magnésie, manganèse, silice, hydrochlorate de chaux, hydrochlorate de soude, matière grasse, acide carbonique.

MM. Gallot et Cardon, médecins justement renommés de Provins, retirent journellement de très-grands avantages de l'emploi des Eaux de leur ville, dans le traitement des fièvres intermittentes rebelles, de la chlorose et de la faiblesse extrême dans laquelle languissent quelquefois certains convalescens. On en boit tous les matins deux ou trois petites tasses à la source; car elles ne peuvent être conservées ni transportées facilement sans s'altérer.

Eau de Bussang. Bussang, village des Vosges, à dix lieues de Plombières, près des sources de la Moselle, à sept lieues de Remiremont, possède quelques sources d'Eau minérale, dont une seule est entretenue avec soin. Composée de carbonate de fer, de carbonate de soude et d'acide carbonique libre, l'Eau de Bussang jouit de tous les caractères physiques des Eaux acidules ferrugineuses froides; elle en a la saveur, la couleur, etc. Elle fait sauter les bouchons des bouteilles qui la renferment, dépose une matière ferrugineuse, et convient dans les affections chroniques de l'estomac, des intestins, etc. On la boit dans le courant de la journée par tasses ou verres, ou bien pendant les repas.

Eau de Pyrmont. Pyrmont, jolie petite ville de la Basse-Allemagne, à l'ouest du Weser (cercle de Westphalie), compte un grand nombre de sources minérales, dont les unes sont salines et purgatives, et les autres simplement acidules. La plus importante, la plus fréquentée, celle enfin qui jouit de propriétés ferrugineuses, se nomme le *Puits-Saint* ou *Puits-Sacré*. La température de ses Eaux, claires et limpides comme le cristal, est d'environ 13°. D'après Bergmann et Westrumb, on trouve dans ces Eaux : chlorure de sodium hydraté, hydrochlorate de magnésie, sulfate de soude, sulfate de magnésie, carbonate de chaux, carbonate de fer, carbonate de magnésie, acide carbonique.

Les Eaux de Pyrmont ont été vantées et regardées comme capables de guérir toutes les maladies. De toutes les parties du monde on venait boire au *Puits-Saint*, tant était grande la confiance aveugle et exagérée qu'on avait dans ses propriétés médicinales. Aujourd'hui que la superstition a fait place à la raison et à l'expérience, on regarde ces Eaux comme étant simplement un excellent tonique, et on les administre comme tel dans une foule de maladies où il est nécessaire de réveiller le système général.

Les Eaux de Pyrmont se donnent à la dose d'une livre ou deux dans le courant du jour, seules, ou mêlées au vin ou à d'autres boissons.

Eau de Contrexeville. Les Eaux de Contrexeville, petit village du département des Vosges, à quatre lieues de Mirecourt et à six de Bourbonne-les-Bains, sont sans odeur sensible, limpides et transparentes; leur saveur, fraîche et douceâtre, devient acidule et styptique, si on les agite dans la bouche; abandonnées à elles-mêmes, elles se couvrent d'une pellicule légèrement irisée, qui disparaît par l'agitation, et reparaît de nouveau par le repos. Elles sont composées, d'après l'analyse qui en a été faite tout récemment par M. Collard de Martigny, de : sulfate de chaux, sulfate de magnésie, sous-carbonate de chaux, sous-carbonate de magnésie, sous-carbonate de soude, silice, hydrochlorate de chaux, hydrochlorate de magnésie, nitrate de chaux, matière organique (1).

À zéro de température, et sous la pression de 0,770 de mercure, elles contiennent un peu moins que les deux tiers de leur volume de gaz composé à peu près de : oxygène, 11; azote, 30; acide carbonique 59.

Le dépôt ocracé que l'on trouve sur les parois du bassin où elles sont reçues, est formé de : peroxide de fer, sable siliceux, sous-carbonate de chaux, sous-carbonate de magnésie, sous-carbonate d'ammoniaque, sulfate de chaux.

Les Eaux de Contrexeville conviennent dans les maladies des voies urinaires, et notamment, comme l'a observé un grand nombre de fois M. Mamelet, contre la gravelle compliquée de la goutte, le catarrhe vésical, les vices de la masturbation, les leucorrhées, etc.

On les boit à la source; car leur gaz est très-fugace, à la dose de deux ou trois verres par jour, à un quart d'heure de distance. Si elles passent difficilement, on éloigne les doses. Enfin, si leur gaz ne convient pas aux buveurs, on les en débarrasse en les exposant quelques minutes à l'air.

Eaux minérales sulfureuses.

Les *Eaux sulfureuses* ou *hépatiques* sont des liquides extrêmement fétides, limpides, doux au toucher, d'une saveur salée très-désagréable; d'une température tantôt froide et tantôt chaude (de 22° à 75°, thermomètre centigrade), mais le plus ordinairement chaude, et dont les principes miné-

---

(1) Insoluble dans l'eau, soluble dans l'alcool, surtout à chaud, plus soluble dans l'éther.

ralisateurs sont l'hydrogène sulfuré, les hydrosulfates simples et les hydrosulfates sulfurés.

Les Eaux sulfureuses jouissent des mêmes propriétés et se donnent dans les mêmes circonstances que le soufre et le foie de soufre.

Ces Eaux sont, nous l'avons déjà dit, thermales et froides. Les premières sont subdivisées en celles qui, traitées par les acides, dégagent du gaz hydrogène et précipitent du soufre, et celles qui dégagent du gaz hydrogène sulfuré sans précipiter du soufre; les secondes, en celles qui dégagent du gaz hydrogène sulfuré par les acides sans précipiter du soufre, et celles qui dégagent du gaz hydrogène et précipitent du soufre.

Eaux thermales sulfureuses.

Eau de Baréges. Baréges, village des Hautes-Pyrénées, près de Tarbes, à deux cent dix lieues de Paris, possède trois sources minérales qui, d'après leur température, sont désignées par les noms de *Chaude*, *Tempérée* et *Tiède* (de 30 à 45°).

Les Eaux de Baréges ont une odeur d'œufs pourris que tout le monde connaît, une saveur fade et nauséabonde, un aspect onctueux, gluant, que la gélatine imite mais ne remplace pas; elles ont fourni à l'analyse, selon M. Lonchamp: soude caustique, hydrosulfate sulfuré de soude, sous-carbonate de chaux, sous-carbonate de magnésie, silice, azote, matière animale ou *barégine.*

On les donne en bains, en lotions et en injection; en boisson, à la source, à la dose de 3 à 4 verres le soir.

Eau de Saint-Sauveur. Saint-Sauveur, bourg des environs des Hautes-Pyrénées, près de Luz, possède plusieurs sources, dont la principale a des eaux presque totalement semblables à celles de Baréges, et que l'on emploie aux mêmes doses et dans les mêmes circonstances, c'est-à-dire comme toutes les préparations sulfureuses, dans les affections cutanées anciennes et rebelles, dans la goutte, les rhumatismes, les engorgemens scrofuleux, etc.

Analysées par M. Pommier, elles ont fourni: gaz acide hydro-sulfurique, acide carbonique, hydrochlorate de magnésie, hydrochlorate de soude, sulfate de magnésie, sulfate de chaux, carbonate de chaux, soufre, silice.

Eau de Cauterets. Cauterets, à sept lieues de Baréges, compte jusqu'à douze sources minérales, dont les principales sont celles de la *Raillère* et de *Mahourat.* Les Eaux de Cauterets, dont les propriétés physiques sont celles des Eaux sulfureuses en général, sont composées, d'après M. Pommier, comme celles de Saint-Sauveur, d'acide hydrosulfurique, acide carbonique, etc. Mêmes propriétés médicinales; mêmes doses que les précédentes.

Eau de Bagnères de Luchon. Bagnères de Luchon, petite ville du département de la Haute-Garonne, à deux lieues des frontières qui séparent la France de l'Espagne, offre aux malades un grand nombre de sources minérales dont les Eaux, et surtout celles de la fontaine dite de la *Reine*, contiennent, d'après M. Pommier, outre les mêmes substances que les précédentes, une petite quantité de *barégine.*

Eau de Bonnes. Bonnes, petit village des Basses-Pyrénées, à sept lieues de Pau, offre trois sources dites: la *Vieille*, la *Neuve* et la *source d'Ortech*, et dans lesquelles, outre les substances déjà énoncées, M. Pommier a trouvé de l'azote et de la *barégine.*

Eau de Saint-Amand. Saint-Amand, dont les eaux et les bains sont situés dans le département du Nord, possède trois sources principales, appelées fontaines du *Bouillon*, d'*Arras* et *Froide ferrugineuse*, composées, selon M. Lonchamp, de gaz hydrogène sulfuré, de sulfate de magnésie, etc. Les boues de Saint-Amand contiennent une plus grande proportion de soufre que les sources. Ces Eaux sont employées avec succès pour la guérison des blessures anciennes, des douleurs, etc.

Eau d'Aix-la-Chapelle. Aix-la-Chapelle, ville de Prusse, près de Liége, à huit lieues de Spa, possède trois sources principales qui forment autant de bains, et dont on distingue surtout le *bain de l'empereur* et le *herrenbad.* Le bain de l'empereur a fourni à l'analyse: hydrochlorate de soude, carbonate de soude, sulfate de chaux, acide carbonique, carbonate de chaux, silice, acide hydrosulfurique, azote.

Eau de Bade en Suisse. Bade en Suisse, petite ville des bords de la Limmat, à quatre lieues de Zurich, offre diverses sources, dans lesquelles on a trouvé une assez grande quantité d'hydrogène sulfuré, d'acide carbonique, une très-petite quantité de fer et de manganèse, etc.

Eau de Bade en Souabe. Bade en Souabe est une jolie petite ville, près du Rhin, à huit lieues de Strasbourg et à deux de Rastadt, dont les eaux sont claires et limpides, d'un goût un peu acide et salé, et formées, selon M. le docteur Krapf, d'hydrochlorate de soude, acide sulfurique, gaz hydrogène sulfuré, sulfate de soude, hydrochlorate de magnésie, hydrochlorate de chaux.

Eau de Bade en Basse-Autriche. Les bains de Bade, au nombre de seize, sont à six lieues de Vienne, au pied des monts Cétiques; leurs eaux sont un peu laiteuses, d'une odeur sulfureuse ou de poudre qui brûle, d'une saveur désagréable, salée et acide, un peu pétillante, composées de: sulfate de soude, hydrochlorate de soude, sulfate de chaux, carbonate de chaux, hydrochlorate d'alumine, sulfate de magnésie, carbonate de magnésie, gaz carbonique et hydrosulfurique, etc.

Eau d'Aix en Savoie. Aix, petite ville de Savoie, près de Chambéry, possède deux sources principales, l'une dite de *soufre*, l'autre dite d'*alun.* Les eaux de la première sont très-fétides, d'une saveur douceâtre et terreuse; celles d'*alun* ont un goût plus styptique, plus amer que celles de *soufre.*

D'après le professeur Soquet, les eaux d'Aix sont composées, celles de *soufre*, de: hydrogène sulfuré, acide carbonique, extractif animalisé, sulfate de soude, sulfate de magnésie, sulfate de chaux, hydrochlorate de magnésie, hydrochlorate de soude, carbonate de chaux, carbonate de magnésie.

Les eaux d'*alun* ne diffèrent que par moins d'acide hydrosulfurique, plus d'acide carbonique libre et un hydriodate alcalin.

Eau sulfureuse f oide.

Eau d'Enghien. Enghien-les-Bains, village près de Montmorency, à quatre lieues de Paris, dans le département de Seine-et-Oise, possède deux sources, appelées l'une la *Fontaine de la Pêcherie*, l'autre le *Ruisseau puant*, et dont l'établissement est dû à M. Péligot, ancien administrateur des hôpitaux et hospices civils de Paris.

Les eaux d'Enghien ont une odeur fétide, très-désagréable, une saveur d'œufs couvés, puis amère et astringente, une température de 14° centigrades, une limpidité parfaite.

D'après M. Lonchamp, on y trouve : azote, hydrogène sulfuré, acide carbonique, sulfate de potasse, sulfate de chaux, sulfate de magnésie, hydrochlorate de potasse, hydrochlorate de magnésie, hydrosulfate de potasse, hydrosulfate de chaux, carbonate de chaux, carbonate de magnésie, silice, alumine, matière végétale.

Eaux minérales iodurées.

L'analogie frappante des propriétés de quelques Eaux minérales sulfureuses avec celles de l'iode dans le traitement des affections scrofuleuses, des goitres et des engorgemens des viscères abdominaux, devait naturellement faire soupçonner l'existence d'un spécifique dans ces liquides. Des recherches furent faites, et l'analyse ne tarda pas à réaliser ce que l'expérience thérapeutique avait sanctionné sans le savoir. La première analyse faite avec succès fut celle de M. Angelini, qui constata la présence de l'iode dans les Eaux minérales de *Voghera* et dans celles de *Sales*. Bientôt après, M. Cantu, professeur de chimie à Turin, fit la même observation dans les Eaux de *Castel-Novo-d'Asti*, en Piémont, dans les Eaux d'Aix, en Savoie, et de Saint-Genis, qui sont très-employées à Turin dans le traitement des goitres et des scrofules. Enfin MM. Balard, professeur adjoint à l'École de médecine de Montpellier, et Boussingault, naturaliste français, en trouvèrent, le premier, dans les Eaux de la mer Méditerranée, le second, dans l'Eau d'une saline de la province d'Antioquia, dans l'Amérique du Sud. Les Eaux iodurées se donnent en boissons à petites doses (un verre ou deux), pures ou coupées avec du lait, ou bien en lotions, en bains, etc.

VI. *Eau de mer, sa composition, sa purification.* L'Eau de mer, dont la saveur est salée et un peu amère, dont l'odeur est assez désagréable, surtout vers les côtes, contient en dissolution des sels dont la quantité varie entre 3 2/5 et 4 pour 100 : le sel commun y est pour 2 2/3 pour cent : les autres sels sont : des chlorures de chaux, de ma-

gnésie, et du sulfate de soude. Tous ces composés salins paraissent provenir des mines de sel gemme que la mer baigne et dissout continuellement.

D'après Marcet, 1000 parties d'Eau de mer contiennent : chlorure de soude ou sel marin, 26, 6 ; sulfate de soude, 4, 66 ; chlorure de chaux, 1, 232 ; chlorure de magnésie, 5, 154.

Wollaston y a trouvé du chlorure et du sulfate de potasse dans les proportions de 0,0005. Elle ne renferme aucun nitrate ; mais elle dépose, quand on la soumet à l'évaporation, une assez grande quantité de carbonate de chaux, sel qui sert à la formation des coquilles, des mollusques testacés marins. Enfin l'Eau de la mer renferme encore du brôme et de l'iode combinés avec la soude et la magnésie.

La salure de la mer n'est pas la même dans toutes ses parties et dans tous les temps ; les variations en plus ou en moins dépendent évidemment des Eaux douces qui y sont charriées en plus ou moins grande quantité dans un temps donné ; toutefois les différences ne sont pas très-considérables. On sait que l'Eau du grand Océan est plus salée que l'Eau de la mer Baltique et de la mer Noire ; qu'elle l'est moins que l'Eau de la Méditerranée ; que du côté des pôles, l'Eau est moins salée que dans les pays chauds ; on sait enfin que la portion d'Eau de mer qui gèle et que l'on fait fondre ensuite est douce et potable.

De tous les moyens proposés pour purifier l'Eau de la mer et la rendre propre à servir de boisson aux navigateurs, c'est la distillation et la congélation à qui l'on doit donner la préférence ; car la filtration à travers du sable, ne donnant qu'une très-petite quantité d'Eau douce, à moins qu'on ne renouvelle très-souvent la colonne de sable sec, ne peut être mise en usage.

L'Eau de la mer est conseillée à l'intérieur, par les médecins, dans une foule d'affections chroniques. En Angleterre on l'emploie principalement contre les tumeurs scrofuleuses, les engorgemens des ganglions mésentériques, la chlorose, etc. A l'extérieur, on l'administre contre les ulcères scorbutiques, les entorses, les contusions, etc.

On fait boire l'Eau de mer à la dose de douze à quatorze onces par jour ; mais c'est surtout en bains qu'on en fait usage ordinairement. On distingue, quant à la manière d'administrer les bains de mer, les *bains à la lame*, les *bains par immersion prolongée*, et les *bains par ondées*. Le premier mode consiste dans des immersions subites et de courte durée que l'on répète autant de fois qu'on le juge convenable ; le second demande un certain courage pour s'y soumettre : dans des réservoirs disposés exprès, on se plonge la tête la première, en tenant entre les mains une corde fixée au plancher, et on ressort par l'extrémité opposée. Enfin, la troisième, manière ou les *bains par ondée*, se prennent dans une machine dite *baignoire à ondées* et qui ressemble assez bien à une guérite de sentinelle. Le baigneur, renfermé dans cette machine, fait faire la bascule, à l'aide d'un mécanisme convenable, à un baquet plein d'Eau qui se trouve au dessus de sa tête. L'Eau, reçue d'abord dans un réservoir dont le fond est rempli d'une quantité innombrable de petits trous, ne tarde pas à arroser le corps du baigneur.

VII. *Eau distillée.* L'Eau distillée des chimistes n'est pas la même que les *Eaux distillées* des pharmaciens. Les premiers désignent par la première dénomination l'Eau ordinaire privée de tous corps étrangers à l'aide de la distillation; les seconds appellent *Eaux distillées de plantes* l'Eau ordinaire chargée de principes médicamenteux à l'aide de la même opération.

Les Eaux distillées sont inodores ou aromatiques, suivant qu'elles sont privées ou chargées d'huile volatile provenant des substances qui ont été soumises à la distillation.

L'Eau distillée simple doit être transparente, incolore, inodore, insipide, sans action sur les teintures de violettes ou de tournesol, ainsi que sur les solutés de nitrate d'argent et de baryte, d'oxalate d'ammoniaque, de sous-acétate de plomb, etc. Cependant elle blanchit un peu ce dernier quand elle est ancienne et qu'elle a absorbé un peu de gaz acide carbonique. On l'emploie constamment comme dissolvant dans les laboratoires de chimie.

Dans sa préparation, on met de côté les premières portions qui contiennent les corps volatils dont l'Eau ordinaire est chargée; on suspend également l'opération quand elle est arrivée aux trois quarts afin de ne pas décomposer les corps étrangers fixes qui sont dans l'Eau. (F. F.)

EAU-DE-VIE. (chim.) Produit de la distillation du vin. *V.* Alcool. (F. F.)

ÉBÉNACÉES, *Ebenaceœ.* (bot. phan.) Famille naturelle d'arbres ou d'arbrisseaux étrangers à l'Europe, dont le bois noir et dur est employé sous le nom d'Ebène à la fabrication de divers meubles et ustensiles. On lui donne pour caractères: des tiges non lactescentes; des feuilles alternes, très-entières, souvent coriaces et luisantes; des fleurs, tantôt solitaires, tantôt réunies à l'aisselle des feuilles, et le plus souvent unisexuées; un calice monophylle, à trois ou six divisions égales, persistantes; une corolle monopétale régulière, assez épaisse, fréquemment pubescente en dehors, glabre à sa face interne, portée sur le fond ou au sommet du calice, caduque; étamines généralement en nombre défini, égal à celui des divisions de la corolle, ou double, plus rarement en nombre indéfini, réunies alors par le bas de leurs filets en un seul tube ou en plusieurs paquets; anthères lancéolées, fixées par la base à deux loges s'ouvrant en un sillon longitudinal; ovaire libre, sessile, à plusieurs loges; style unique; stigmate simple ou divisé. Le fruit qui succède à ces appareils est une baie globuleuse ou ovoïde, dont les loges s'ouvrent quelquefois avec une régularité remarquable; chacune contient une seule graine par suite d'avortemens, attachée au sommet de la loge et pendante, recouverte d'un tégument propre, mince, membraneux. Les botanistes systématiques ne sont point d'ac-

cord sur les genres qui constituent cette famille; les uns suivent de Jussieu, qui lui avait donné d'abord le nom de *Guayacanées*, puis celui plus facile à retenir de *Plaqueminiers*; les autres adoptent les *Ebénacées*, comme les ont entendues C. Richard, Robert Brown et Kunth. Les caractères que nous avons tracés sont les guides les plus fidèles et les seuls qu'il convient de bien connaître. De tous les genres de cette famille, deux seuls intéressent l'art de guérir, les Alibousiers et les Plaqueminiers. *Voyez* à ces deux mots. (T. d. B.)

ÉBÉNASTER. (bot. phan.) Nom d'une espèce du genre Plaqueminier (*voy.* ce mot), que l'on donne aussi quelquefois au Cytise des Alpes, *Cytisus laburnum.* (T. d. B.)

ÉBÈNE. Une espèce de mollusque, appartenant au genre Cérithe (*voy.* ce mot), porte ce nom, que les botanistes du moyen-âge appliquaient à plusieurs plantes de genres différens, dont le bois ou certaines parties extérieures sont colorés en noir plus ou moins foncé, plus ou moins général. Ainsi l'on appelle *Acrostichum ebeneum*, un Acrostique dont les feuilles ont un pétiole lisse, luisant, d'un rouge noirâtre ou même quelquefois d'un noir décidé; Ébène jaune, le Bignone des Antilles, *Bignonia leucoxylon*; Ébène noire, un grand arbre des forêts du Ceylan, *Diospyros ebenum*, et l'Aménimnon de l'Inde, *Pteracorpus ebenus*; Ébène verte, une espèce de Plaqueminier, etc. On désigne aussi sous le nom d'Ébène fossile, le Jayet et le Lignite, à cause de la couleur noire de ces substances minérales. (T. d. B.)

ÉBÈNE DE CRÈTE, *Ebenus cretica.* (bot. phan.) Cette plante d'un charmant effet par son feuillage soyeux, comme argenté, par sa touffe de fleurs purpurines qui termine chacun de ses rameaux, avait servi de type à Linné pour son genre *Ebenus*; ce genre n'ayant point paru devoir être conservé, Lamarck, de Jussieu et Wildenow ont réuni le joli arbuste de l'île de Crète aux *Anthyllis*. (*Voy.* au mot Anthyllide.) Bauhin l'avait inscrit dans son Pinax, sous la dénomination de *Cytisus incanus creticus.*

ÉBÉNIER. (bot. phan.) Les anciens appelaient ainsi notre Cytise des Alpes, *Cytisus laburnum*; plus tard, on ne le nomma plus que *Faux-Ébénier*, et l'on conserva vulgairement la dénomination d'Ébénier de montagne, à une espèce de Bauhinie dont les calices se terminent en une longue pointe avant la floraison, *Bauhinia acuminata*; celle d'Ébénier d'Orient à l'Acacie du Malabar, sans épines et aux fleurs disposées en tête ombelliforme, *Mimosa Lebbeck*; et celle d'Ébénier épineux à cette espèce de Palmier de l'Amérique du sud que Thevet et Daléchamps nommaient *Hairy* ou *Ayri*, du nom vulgaire qu'on lui donne au Brésil. (T. d. B.)

ÉBÉNOXYLE, *Ebenoxylum.* (bot. phan.) Arbre des vastes forêts de la Cochinchine, où Loureiro l'a observé, qu'il estime être le véritable bois d'Ébène, et qu'il place dans la Diœcie triandrie. Il prétend que c'est la même plante appelée par Rumph *Caju arang*; de Jussieu veut que ce soit me espèce de *Diospyros* ; mais, comme on manque encore de renseignemens exacts sur ce végétal, on ne doit, à mon avis, le citer que pour mémoire et attendre qu'un botaniste instruit confirme ou infirme, par une description et une bonne figure, l'opinion de l'observateur portugais. (T. D. B.)

ÉBOURGEONNEMENT. (AGR.) Opération par laquelle on retranche les bourgeons d'un arbre que l'on dit être superflus et contraires à l'équilibre exact que l'on doit maintenir entre les branches, afin d'économiser la séve et de s'assurer d'excellentes récoltes durant plusieurs années. L'Ebourgeonnement de la vigne se fait en avril ou en mai, suivant le plus ou le moins de précocité de la végétation ; on ne laisse au cep que trois ou quatre belles tiges, et l'on supprime le reste : cependant, s'il ne présente que quelques tiges à fruits et d'autres plus fortes sans fruits, on conserve ces dernières dans l'espoir que plus tard elles fourniront un bon provignage. Quand la fécondité de la vigne s'annonce par l'abondance de grappes, on supprime tous les petits bourgeons du pied, encore bien qu'ils montrent déjà chacun une grappe.

L'Ebourgeonnement des arbres en pépinières se fait rigoureusement sur les pousses qui se manifestent aux deux séves, et surtout à celle du printemps, dès qu'elles ont de dix à douze centimètres de long ; trop tôt on n'empêche pas la production de nouveaux jets et l'on fatigue inutilement la plante ; trop tard, l'opération détermine de grandes plaies, et on a laissé se divertir une séve précieuse sans en tirer aucun profit. Il en est de même à l'égard des espaliers, seulement pour eux l'exactitude doit être poussée jusqu'au scrupule.

Certes, l'autorité de Rozier, de Schabol, de Jean Mozard, et surtout de ce Pierre Pepin, le cultivateur le plus distingué de Montreuil, et le dernier descendant de la famille, qui, il y a plus de deux siècles, y introduisit, y perfectionna la culture des arbres à fruits, est bien capable d'appuyer la théorie de l'Ebourgeonnement. Malgré de telles puissances en horticulture, je n'hésite pas à la combattre. Je peux attester que des arbres non ébourgeonnés donnent autant, d'aussi beaux et d'aussi bons fruits que ceux soumis à cette opération. Je parle par expérience : il n'est pas d'espalier, de contre-espalier et même de buissons taillés que l'on puisse comparer pour la beauté à l'arbre venu en plein vent ; les fruits de celui que vous ne mutilez point ont autant, pour ne pas dire plus, de parfum, de saveur, de succulence. Mais la routine a dit le contraire, la voie battue est toujours celle que suit la masse des voyageurs ; le naturaliste seul s'ouvre une route à travers les sentiers les moins fréquentés ; il éprouve plus de mal, mais aussi ses jouissances sont plus vives, plus variées, plus durables, mais aussi les résultats qu'il obtient sont plus nombreux, plus intéressans.

Les sectateurs de l'Ebourgeonnement fournissent-eux mêmes de puissans argumens contre leurs principes, et c'est à eux seuls que je dois les traits de lumière qui m'ont armé et m'arment pour toujours contre l'opération. Et quand je la vois remise aux mains inhabiles et grossières d'enfans ou d'ignorans qui agissent sans calcul, sans examen critique, je trouve de nouveaux moyens pour en démontrer l'inutilité, je dirai plus, le danger. Que ceux qui veulent se rendre compte de mon sentiment, pour l'adopter ou le rejeter, se placent en face de la nature, qu'ils l'observent avec soin, sans prévention, qu'ils comparent les faits sur des arbres ébourgeonnés et sur d'autres abandonnés à eux-mêmes : je ne fais aucun doute qu'ils se rangeront de mon avis. (T. D. B.)

ÉBOURGEONNEUR. (OIS.) On donne quelquefois ce nom vulgaire au Bouvreuil et au Gros-bec. (GUÉR.)

ÉBULLITION. (PHYS.) Phénomène dû à une diminution de cohésion dans les molécules des corps que l'on a fortement chauffés. Ce phénomène, caractérisé par un bruissement plus ou moins prononcé, consiste dans le déplacement continuel de petites bulles de gaz formé aux dépens d'une portion du corps soumis à l'action de la chaleur.

L'Ebullition est subordonnée, 1° au degré de pression exercée par l'atmosphère ; 2° à la hauteur du liquide. Je m'explique : quand un liquide quelconque va entrer en Ebullition, on voit partir du fond du vase de petites bulles qui, pour arriver à la partie supérieure et se dégager sous forme de vapeurs, soulèvent tout à la fois et le liquide placé au dessus d'elles, et l'air dont le poids s'exerce sur ce même liquide. Or il est facile de concevoir que, moins la hauteur du liquide et moins la pression atmosphérique seront grandes, plus vite l'Ebullition se manifestera. Le contraire aura lieu dans les circonstances entièrement opposées ; dans ces circonstances aussi il faudra que la température soit plus élevée.

On sait encore que l'Ebullition a lieu plus promptement dans le vide qu'à l'air libre, dans des vases de métal que dans des vases de verre, quand les liquides sont en contact avec des surfaces anguleuses et inégales, etc. Toutes ces choses sont de la plus grande importance dans les arts, où l'industrie, qui opère en grand, ne saurait négliger les plus petites économies de temps et de combustible. (F. F.)

ÉBURNE, *Eburna.* (MOLL.) Ce genre, institué par Lamarck et admis comme sous-genre par Cuvier, a pour caractères : une coquille ovale ou allongée, à bord droit très-simple ; une ouverture longitudinale, échancrée à sa base ; une columelle ombiliquée dans la partie supérieure et canaliculée sous l'ombilic. L'animal est encore inconnu.

Parmi les espèces peu nombreuses du genre Eburne nous citerons :

1° L'ÉBURNE ALLONGÉE, *Eburna glabrata* de Lamarck ; coquille lisse, allongée, d'un jaune orangé clair, à sutures couvertes, et qui vient de l'océan américain ;

2° L'ÉBURNE DE CEYLAN, *Eburna ceylanica* de Lamarck, qui est allongée, ovale, lisse, blanche, et tachetée de fauve brun, dont la suture est visible, l'ombilic ouvert, violet, et la longueur de trois pouces. (F. F.)

ÉCAILLE, *Squama*. (zool.| bot.) Ce nom s'applique à des objets fort différens en histoire naturelle et en agriculture; nous allons présenter brièvement le tableau de ses valeurs, en remontant du règne végétal aux animaux. En général on appelle Écailles toute partie disposée en lame plus ou moins mince, ordinairement petite, qui, par sa substance plus ou moins sèche, son application ou sa tendance à s'appliquer sur ce qui la porte ou l'accompagne, remplace un corps plus susceptible de recevoir impunément l'action directe de l'air, des intempéries, de l'eau, que celui qu'elle recouvre.

I. Dans les plantes, les Ecailles paraissent n'être que des feuilles avortées et demeurées à l'état rudimentaire. Leurs formes, grandeur et nombre varient sans fin. On les trouve sur diverses parties du végétal; on en remarque à l'extérieur des racines de la Clandestine écailleuse, *Lathræa squamaria*, de la Surelle blanche, *Oxalis acetosella*, de la plupart des Polypodes, *Polypodium*, des bulbes du Lis, *Lilium candidum*, de la Saxifrage granulée, *Saxifraga granulata* : elles sont appliquées en recouvrement les unes sur les autres à la manière des tuiles sur un toit. Elles tiennent lieu de feuilles et sont disposées le long de la tige du Nid d'oiseau, *Ophrys nidus-avis*, de la grande Orobanche, *Orobanche major*, du Tussilage commun, *Tussilago farfara*. Dans la Lauréole, *Daphne mezereum*; le Lilas aux belles panicules pyramidales, *Lilac vulgaris*; le Marronier, *Æsculus hippocastanum*; le Pommier, *Malus communis*, les Ecailles recouvrent si exactement les rudimens de la jeune pousse enfermée dans le bouton, que l'on peut conserver intacts, sous l'eau, pendant des années des boutons détachés de l'arbre, en ayant l'attention de les enduire de résine à leur base.

On donne quelquefois le nom d'Ecailles ou de productions écailleuses, 1° aux bractées imbriquées qui composent l'involucre ou calice commun des Composées, telles que la Cupidone bleue, *Catananche cærulea*; l'Immortelle, *Xeranthemum annuum*; la Carline dite sans tige, *Carlina acaulis*, etc. ; 2° aux bractées florifères des chatons du Saule, *Salix alba*; du Charme, *Carpinus betulus*; du Coudrier, *Corylus avellana*, etc. ; 3° aux bractées qui accompagnent les organes sexuels des Graminées ; 4° enfin à la glande nectarifère placée à l'onglet de chacun des pétales de la Renoncule blonde, *Ranunculus auricomus*, et de toutes les espèces qui constituent le genre auquel elle appartient.

Je ne parle pas de la couleur des Ecailles ; elle varie beaucoup ; le jaune, le vert et le blanc dominent sur les autres nuances. Le nombre est également très-variable ; il est moindre dans la jeunesse de la plante, mais il augmente avec l'âge : on n'en compte que huit sur un jeune Chêne, *Quercus robur*, et lorsqu'il est vieux, ce nombre s'élève à trente, et un peu plus. Les Ecailles

abondent davantage sur les boutons du sommet que sur ceux inférieurs; le contraire a lieu, par exception, sur les espèces si jolies du genre Spirée, *Spiræa*. Les Ecailles sont parfois tellement ramassées qu'elles finissent par se souder ensemble et par former un seul corps, comme on le voit dans l'olive de l'Araucaria du Chili, *Araucaria Dombeyi*; dans la baie du Genévrier, *Juniperus communis*, dans le cône du grand Pin maritime, *Pinus maritima*.

II. Dans les animaux, l'Ecaille est une substance dure et cependant flexible, d'une nature analogue tantôt à celle de la corne, tantôt à celle des poils et des cheveux; elle est disposée par plaques plus ou moins solides, dont les molécules se groupent en tubercules, en aiguillons, en piquans, et la matière qui la constitue est à peu près identique dans toutes les espèces d'animaux. D'après les diverses analyses chimiques elle renferme de l'albumine coagulé, du phosphate de chaux, du phosphate de soude, un peu d'oxide de fer et un corps huileux qui lui donne de la flexibilité. Examinons-la dans chacune des grandes divisions du règne animal.

Les Arachnides, les insectes et les autres invertébrés sont généralement couverts d'Ecailles, dont la forme, la grandeur et la couleur diffèrent selon les parties qu'elles sont chargées d'abriter; quant à leur structure, elle n'est point aussi simple qu'elle le paraît au premier coup d'œil. Elles sont composées d'une triple lame dont les deux extérieures sont écailleuses, cannelées, et l'intermédiaire membraneuse. Le jeu de la lumière sur cette triple lame est la cause déterminante de l'éclat des Papillons.

Chez les Poissons, les Ecailles sont une partie essentielle, elles recouvrent la peau, s'étendent en lames minces, transparentes, et sont unies aux tégumens par des petits vaisseaux nourriciers; elles se crispent, se roulent sur elles-mêmes par l'action du feu. Très-rarement elles adhèrent entre elles, si ce n'est lorsqu'elles doivent former revêtement osseux. Quand un poisson semble entièrement privé d'écailles, ce qui se présente si peu que l'on peut accuser l'observateur de négligence, son corps est couvert, comme Broussonnet l'a fait remarquer, d'Ecailles microscopiques que cache une poussière brillante, chargée de l'abriter contre l'action des courans et du fluide dans lequel il vit. Quelques poissons ont les Ecailles absolument à découvert, comme certaines Clupées; d'autres, comme chez l'Anguille, les ont recouvertes par la peau ou même cachées dans son épaisseur. Cette position des Ecailles dépend de la forme de chaque espèce et de sa manière de vivre. Elles sont imbriquées dans les Perches, les Spares, la Carpe; éloignées ou répandues sur le corps dans l'Anarrhique; contiguës, mais n'empiétant point les unes sur les autres dans les vrais Balistes; rares dans les Donzelles; multipliées dans le Labre; très-grandes dans les Muges; en plaques dans les Hippocampes; petites dans la Loche; presque insensibles dans les Gymnotes; molles

molles dans le Hareng; osseuses dans les Polyptè-
res; cornées dans la Girelle macrolépidote; et
presque toujours enrichies des couleurs métalliques
les plus variées tant que le poisson est dans l'eau.

Parmi les reptiles, les Batraciens seuls sont entièrement dépourvus d'Ecailles. Celle de la Tortue
est très-connue, formée de plaques assez larges,
épaisses, imbriquées les unes sur les autres, et se
présentant jaspée sur un fond de couleur blonde,
brune ou noirâtre. Les Ecailles des Ophidiens et
des Sauriens sont disposées par petites lames et
souvent sous forme de tubercules; osseuses et
rangées par bandes sur les Crocodiles, elles affectent l'ovale sur les jeunes, pour devenir des carrés parfaits quand ils atteignent un âge avancé;
petites, plates et le plus ordinairement pentagonales sur les Lézards; elles se terminent en pointe
épineuse sur la queue des Cordyles; en crête dentée ou pectinée sur le dos des Iguanes; en lames
cornées continues dessus la tête des Couleuvres et
des Boas; changées en tubercules miliaires, durs
et résistans sur la peau des Acrochordes, en anneaux circulaires sur les Amphisbènes.

On ne trouve d'Ecailles chez les Oiseaux que
sur les pattes; les Manchots en ont aussi sur leurs
petites ailes.

De tous les Mammifères, les Phatagins et les
Pangolins seuls sont entièrement couverts d'Ecailles; celles des Tatous adhèrent à la peau, sont
juxta-posées et deviennent osseuses; celles de la
queue des Rats, des Capromys, des Castors, des
Sarigues et de plusieurs Singes, sont en lames
écailleuses.

III. En médecine, on donne le nom d'Ecailles
aux portions minces et légères de l'épiderme qui
se détachent de la peau dans différentes circonstances, et notamment dans la plupart des affections cutanées. Parfois, elles recouvrent spontanément la peau en très-grande quantité sans qu'il
y ait dans l'individu principe d'aucune maladie
organique; on estime alors qu'elles sont dues au
défaut de nutrition de l'épiderme.

IV. Synonymie. Le mot Ecaille est devenu souvent spécifique dans le langage vulgaire pour désigner quelques insectes, mollusques et poissons.
Geoffroy s'en est servi pour plusieurs espèces de
Lépidoptères; Duméril l'a imposé à un sous-
genre de Bombyx. Voici les principaux de ces
noms :

Ecaille brune, c'est le Bombyce aulique.

Ecaille hérissone ou martre, le Bombyce caja,
représenté dans notre Atlas, pl. 142, fig. 1.

Ecaille marbrée, le *Bombyx villica*.

Ecaille mouchetée, le *Bombyx plantaginis*.

Ecaille rose, le *Bombyx Hebe*.

Les marchands de coquilles appellent Ecailles
de rocher et Ecailles de mer presque toutes les
Patelles, et belle Ecaille la coquille polie de
l'espèce *Patella testudinaria* qui ressemble assez
à l'Ecaille de Tortue.

Divers poissons, dont les Ecailles sont d'une dimension remarquable, prennent le nom de Ecaille
grande dans les nomenclatures vulgaires; de ce

nombre sont un Chétodon, l'Esoce caïman, un
Labre, un Pleuronecte, etc.

V. Emploi économique des Ecailles. Généralement on nomme Ecailles dans le langage agricole,
les coquilles d'huîtres, quoique leurs formes, consistance et propriétés, soient bien différentes des
Ecailles proprement dites. On les emploie fraîches
et entières comme engrais très-puissant à raison
du sel marin et des matières animales qu'elles contiennent; calcinées, elles fournissent une chaux
très-pure dont l'action est vraiment merveilleuse
sur les terres argileuses. Dans le premier cas,
l'effet est lent, insensible, mais aussi il dure bien
plus long-temps; dans le second, on en éprouve les
heureux résultats dans l'année même. Il ne faut
pas abuser de cet engrais, il finit par rendre les
terres si tendres, au bout de six à sept ans, que
le blé y pousse trop abondamment, et donne des
chaumes si longs qu'ils ne peuvent se soutenir.

(T. D. B.)

ECAILLEUX. (zool. bot.) Animaux ou végétaux recouverts ou munis d'écailles.

ECARDONNEUX. (ois.) Nom vulgaire du
Chardonneret.

ECARLATE (Graine d'). (ins.) C'est le nom
vulgaire de la Cochenille. *V.* ce mot. (Guér.)

ECBALLION, *Ecballium.* (bot. phan.) Une
plante très-commune dans les lieux incultes de
nos contrées méridionales, où on l'appelle vulgairement *Concombre d'âne*, est le type du nouveau genre fondé par Richard sous le nom d'*Ecballion*. Linné l'avait comprise avec les Momordiques; elle en diffère par l'indéhiscence de son
fruit, qui, au lieu de se rompre en plusieurs valves, ne donne passage aux graines qu'en quittant
le pédoncule.

L'Ecballion, *Elaterium*, Rich., ou *Momordica
elaterium*, L., a une tige charnue, couchée sur le
sol, chargée de poils, et par conséquent de la
poussière des chemins; elle n'a point de vrilles,
ses feuilles sont alternes, à peu près cordiformes,
et ondulées sur les bords. Les fleurs, de couleur
jaunâtre, forment des épis axillaires. Les caractères du genre, si l'on en trouve une seconde espèce, sont conformes à ceux des Momordiques,
quant à la corolle et au calice; les étamines et les
pistils sont disposés comme dans les autres Cucurbitacées; le fruit est ovoïde-allongé, semblable
au concombre, ou plus exactement, au cornichon; sa surface est très-hispide. Comme nous
l'avons dit, ce fruit ne s'ouvre point, mais à l'époque de la maturité, si on le détache du pédoncule,
ou s'il en tombe naturellement, les graines s'élancent avec impétuosité par le trou qui se forme,
et se projettent à une assez grande distance. On
cultive l'Ecballion dans quelques jardins, où il
amuse les écoliers et même les graves professeurs.
(*Voyez* aux mots Concombre et Elaterium.) (L.)

ECHALOTTE. (bot. phan.) Nom d'une espèce
du genre Ail. *V.* ce mot.

ECHANCRÉ, ECHANCRÉE. *V.* Emarginé.
(Guér.)

ECHASSE, *Himantopus.* (ois.) Les oiseaux

auxquels la longueur vraiment démesurée de leurs tarses a fait donner ce nom, appartiennent à la famille des Échassiers longirostres : ils se distinguent par leur bec cylindrique, effilé, présentant de chaque côté de la mandibule supérieure un sillon longitudinal dans la rainure duquel sont percées les narines ; les tarses sont, comme nous l'avons dit, très-élevés, et, proportionnellement à la taille de ces petits animaux, beaucoup plus grands que chez aucun autre Échassier, ce qui ne leur permet que de marcher avec peine lorsqu'ils se trouvent sur un terrain sec ; les doigts sont petits, sans pouce, et réunis à leur base par une membrane ; les ailes sont longues, sur-aiguës, c'est-à-dire à première rémige dépassant toutes les autres. Les Échasses, dont on connaît plusieurs espèces, sont des oiseaux voyageurs, que l'on rencontre dans presque tout l'ancien et le nouveau continent. Elles se tiennent dans les lieux humides et les prairies inondées, ainsi que sur les bords de la mer, où leurs longues jambes leur permettent de marcher avec facilité et sans mouiller leur plumage : leur nourriture consiste en insectes aquatiques, en larves et en petits mollusques qu'elles se procurent dans les lieux indiqués ci-dessus.

Echasse a manteau noir, *Himantopus melanopterus*, Meyer. Cette espèce, représentée dans notre Atlas, pl. 142, fig. 2, est la mieux connue de tout le genre. On la trouve en Europe, dans quelques parties de l'Asie et aussi en Afrique, en Égypte, au Sénégal, etc. Elle a dix-neuf pouces de longueur : toutes les parties supérieures de son corps sont noires, à reflets verdâtres, les inférieures blanches, légèrement tachées de rosé ; le col est blanc ; l'occiput noir ainsi que le bec, et les rectrices cendrées ; l'iris et les pieds sont colorés en rouge. Elles n'ont point les reflets verdâtres qui caractérisent les mâles. Leurs teintes noires sont d'ailleurs, ainsi que celles des jeunes sujets, d'une nuance moins foncée. On trouve cet oiseau dans une partie de l'Europe ; mais il est assez rare partout ; en Afrique, il est plus commun ; nous ne saurions dire en quel nombre il existe dans l'Asie et l'Amérique où on l'a aussi indiqué.

Échasse a cou noir, *Himant. nigricollis*, Vieill. Autre espèce de l'Amérique méridionale qui n'offre avec la précédente que de très-légères différences, ce qui l'a fait considérer comme n'en étant qu'une simple variété.

Une autre a déjà été décrite par Brisson, sous le nom d'*Himantopus mexicanus*. Vieillot la considère comme devant former une véritable espèce, et change son nom en *Himant. melanurus*.

(GERV.)

ÉCHASSIERS. *Grallatores*. (ois.) On nomme ainsi, avec la plupart des ornithologistes, un ordre fort nombreux de la classe des Oiseaux dans lequel viennent se ranger tous les oiseaux de rivage ; ces espèces ont pour caractère principal d'avoir les tarses fort allongés et les jambes dénudées à leur partie inférieure.

Quoique plusieurs oiseaux, tels que les autruches, les casoars, etc., présentent aussi le caractère d'avoir de longs tarses, on ne les réunit pas cependant aux véritables Grallatores ; car ils sont granivores, et, au lieu de fréquenter le bord des eaux, ils se tiennent dans l'intérieur des terres. Tous ont d'ailleurs des caractères d'ailes, de bec et de queue fort différens, et il paraît plus convenable d'en faire avec Blainville, Vieillot, etc., un ordre distinct, lequel cependant doit rester à côté des Grallatores, et paraît conduire de ce dernier aux Gallinacés.

Cette séparation une fois établie, il nous reste parmi les Grallatores ou Échassiers, un nombre encore très-considérable d'oiseaux, mais qu'il est facile de subdiviser, en ayant égard aux caractères des pieds et du bec. Tous les Échassiers, ou au moins le plus grand nombre de ces oiseaux, sont de bons voiliers et aiment à se livrer à de longs voyages. Ils vivent tantôt solitaires, tantôt réunis en troupes plus ou moins considérables ; ils varient aussi pour la construction de leur nid, que les uns font sur les arbres, les rochers ou les vieux édifices ; d'autres, au contraire, sur le sol, dans les herbes ou sur une masse de terre qu'ils ont amoncelée ; et d'autres enfin, au milieu des eaux, dans les joncs et les herbes aquatiques. Beaucoup d'oiseaux ont la facilité de se tenir perchés sur une seule jambe ; mais les Échassiers prennent plus fréquemment que les autres cette singulière attitude ; ils restent ainsi fixés pendant des heures entières, et le plus souvent lorsqu'ils se livrent au sommeil. On a remarqué, c'est à M. Duméril que l'on doit cette observation, que cette faculté dépend de la forme singulière de leur articulation fémoro-tibiale ou du genou, laquelle présente par l'engagement de la petite tête du péroné dans une échancrure du condyle externe du fémur, une sorte d'engrenement à peu près semblable à celui du ressort d'un couteau.

On peut partager les Échassiers en quatre familles, dans lesquelles les nombreux genres que cet ordre comprend viennent se ranger ainsi qu'il suit :

1° *Pressirostres*, qui ont le pouce nul ou très-court, et ne touchant pas à terre ; leur bec est médiocre et un peu variable.

Genres : Outarde, qui pourrait être rapportée aux Gallinacées ; Pluvier, OEdicnème, Vanneau, Huîtrier, Court-Vite, Cariama.

2° *Cultrirostres*, dont le bec est gros, long, fort, souvent même tranchant, et représente assez, dans chacune de ses mandibules, la lame d'un couteau.

Genres : Grue, Agami, Courlan, Savacou, Héron, Cigogne, Marabou, Jabiru, Ombrette, Bec-Ouvert, Drôme, Tantale, et Spatule qui fait le passage aux Ibis.

3° *Longirostres*, à bec souvent beaucoup plus long que la tête, subulé, droit ou courbé.

Genres : Ibis, Courlis, Bécassine, Rhynchée, Barge, Maubèche, Sanderling, Falcinelle, Combattant, Phalarope, Tourne-Pierre, Chevalier, Echasse, Avocette.

4° *Macrodactyles*, à doigts fort longs et propres

à marcher dans les herbes des marais ou même à nager, lorsqu'ils sont bordés de membranes.

Genres : Jacana, Kamichi, Mégapode, Râle, Poule d'eau, Talève, Foulque.

Les Becs-ouverts, les Glaréoles et les Flammans, que Cuvier place à la suite des Macrodactyles, comme étant d'une place douteuse, *incertæ sedis*, comme on dit souvent, paraissent devoir être rapportés, les premiers aux Gallinacés, à côté des Tinochores; les seconds, aux Râles; et les derniers, aux Cultrirostres, entre les Savacous et les Cigognes. *V.* tous ces divers mots.   (GERV.)

ÉCHELLES DU LEVANT. (GÉOGR. PHYS.) On appelle Echelles du Levant les ports de la Turquie d'Asie où le commerce européen vient enlever à ces belles contrées leurs magnifiques et somptueux produits. C'est là où nos vaisseaux vont chercher les étoffes de soie d'Alep, Damas, Mardin, Bagdad et Brousse; les étoffes de coton de Mossoul, Damas, Alep, Diarbekir, Smyrne et Manissa; les toiles de Brousse, de Tokat, d'Amasia, de Trébizonde et de Mardin; les camelots et les châles d'Angora; les tapis de Brousse, de Karahissar et de Pergame; les maroquins de Konieh, Kuskin et Orfa; le tabac de Latakia, et la coutellerie de Damas.

Le commerce de ces magnifiques contrées est bien loin d'être aujourd'hui ce qu'il fut autrefois. Mais, malgré le manque de routes, de canaux, et l'abandon du gouvernement, les riches productions du sol, les nombreux produits de l'industrie des grandes villes, contribuent à donner encore une certaine activité aux relations commerciales du Levant. Smyrne, Latakia, Saint-Jean-d'Acre et Tripoli, sont les ports principaux et les entrepôts les plus considérables de tout le commerce qui se fait sur ces côtes.   (C. J.)

ÉCHELET, *Climacteris.* (OIS.) Le vrai genre des Echelets, dans lequel l'oiseau qui porte ordinairement ce nom n'est plus aujourd'hui classé, appartient au sous-ordre des Passereaux ténuirostres de Cuvier, et prend place avec les Tichodromes, les Picucules, les Grimpereaux et les Dicées, dans la famille des Certhiadées ou GRIMPEREAUX, mot auquel nous renvoyons. (GERV.)

ÉCHELETTE. (OIS.) C'est le nom vulgaire du Grimpereau des murailles, qui est devenu pour Cuvier celui d'un sous-genre.   (GUÉR.)

ÉCHÈNE ou ÉCHÉNÉIDE, *Echeneis.* (POISS.) Cette famille, créée par Blainville (dans sa Classification ichthyologique), appartient à la division des poissons Malacoptérygiens subbranchiens, que l'auteur détache des Discoboles de Cuvier, avec lesquels elle a les plus grands rapports. Les poissons qui composent la famille qui nous occupe auront donc pour caractères et pour limites : une tête supportant un disque aplati, grand, composé de lames dentelées ou épineuses à leur bord postérieur et mobiles, de manière qu'en faisant le vide ou en accrochant leurs épines, ces poissons se fixent facilement aux différens corps, aux rochers, à la carène ou même aux ancres des vaisseaux, ce qui a donné lieu au préjugé que l'E-

chénéis pouvait arrêter subitement la course d'un vaisseau la plus rapide; consulter à ce sujet l'article ECHÉNÉIS.   (ALPH. G.)

ÉCHÉNÉIS, *Echeneis.* (POISS.) Quoique la structure de ce genre soit parfaitement connue, on n'a pu jusqu'à présent le rapporter avec certitude à aucune des familles déjà établies; néanmoins ce poisson a été regardé par Cuvier comme appartenant à cette petite division que lui-même a qualifiée de Discoboles; mais aucune observation ne le prouve. Ce genre présente les caractères suivans : corps allongé, revêtu de petites écailles, une seule nageoire du dos; la tête tout-à-fait plate en dessus, les yeux sur le côté, la bouche fendue horizontalement, arrondie, la mâchoire inférieure plus avancée que la supérieure, garnie de petites dents en cardes. Les Echénéis sont remarquables entre tous les poissons par un disque aplati qu'ils portent sur la tête, et qui se compose d'un certain nombre de lames cartilagineuses transversales, obliquement dirigées en arrière, dentelées ou épineuses à leur bord postérieur, et mobiles, de manière que le poisson, soit en faisant le vide entre elles, soit en accrochant les épines de leurs bords, se fixe aux différens corps, tels que rochers, vaisseaux, poissons, etc. L'auteur du Règne animal indique quatre espèces : la première, la plus connue de la Méditerranée, est célèbre sous le nom de RÉMORA, *Echeneis remora*, Lin., Bloch, 172. Sa longueur totale égale rarement trois décimètres. Son corps et sa queue sont couverts d'une peau molle et visqueuse, revêtue de petites écailles; son museau arrondi; les lames qui revêtent le dessus de sa tête, et arrangées par paires, sont au nombre de dix-huit; leur longueur diminue d'autant plus qu'elles sont situées plus près de l'une ou de l'autre des deux extrémités du bouclier ovale. Sa couleur est noirâtre et sans taches. Depuis le temps d'Aristote jusqu'à nos jours, cet animal a été l'objet d'une attention particulière; on l'a examiné dans ses formes, observé dans ses habitudes, considéré dans ses effets, on ne s'est pas contenté de lui attribuer des propriétés merveilleuses, des facultés absurdes, des forces ridicules; on l'a regardé comme un exemple frappant des qualités occultes départies par la nature à ses diverses productions; il a paru une preuve convaincante de l'existence de ces qualités secrètes dans leur origine et inconnues dans leur essence. Il a figuré avec honneur dans les tableaux des poètes, dans les récits des voyageurs, dans les descriptions des naturalistes; et cependant à peine si l'image de ses traits, de ses mœurs, de ses effets, a été tracée avec fidélité. Ecoutons, au sujet de ce Rémora, l'un des plus beaux génies de l'antiquité. L'Echénéis, dit Pline, est un petit poisson accoutumé à vivre au milieu des rochers : on croit que, lorsqu'il s'attache à la carène des vaisseaux, il en retarde la marche; et de là vient le nom qu'il porte, et qui est formé de deux mots grecs dont l'un signifie je retiens, et l'autre navire. Il sert à composer les poisons capables d'éteindre les feux de l'amour. Doué d'une puissance bien plus éton-

nante, agissant par une faculté morale, il arrête
l'action de la justice et la marche des tribunaux :
compensant cependant ces qualités funestes par des
propriétés utiles, il délivre les femmes enceintes
des accidens qui pourraient trop hâter la naissance
de leurs enfans ; et lorsqu'on le conserve dans le
sel, son approche seule suffit pour retirer du fond
des puits les plus profonds, l'or qui peut y être
tombé. Mais tous ces passages sont remplis de fables et d'erreurs. Cherchons donc uniquement à
faire connaître les véritables habitudes du Rémora.
Nous allons réunir pour y parvenir les observations qui ont été faites par Commerson, et consignées dans ses manuscrits. Ce poisson s'attache,
ajoute-t-il, aux cétacés et aux poissons d'une très-
grande taille, tels que les Squales ; il y adhère très-
fortement par le moyen des lames de son bouclier,
dont les petites dents lui servent, comme autant
de crochets, pour se cramponner. Ces dents,
qui hérissent le bord de toutes les lames, sont si
nombreuses, et multiplient à un tel degré les points
de contact et d'adhésion du Rémora, que toute la
force d'un homme très-vigoureux ne peut pas
suffire pour arracher ce petit poisson du côté du
squale sur lequel il s'est attaché, tant qu'on veut
l'en séparer dans un sens opposé à la direction des
lames ; ce n'est que lorsqu'on cherche à suivre
cette direction, qu'on parvient aisément à détacher l'Echénéis du Squale, ou plutôt à le faire glisser sur la surface du requin, et à l'en écarter ensuite. Commerson, dans ses manuscrits déjà cités,
rapporte qu'ayant voulu approcher son pouce du
bouclier ou disque d'un Rémora vivant qu'il observait, il éprouva une force de cohésion si grande,
qu'une stupeur remarquable et même une sorte
de paralysie saisit son doigt, et ne se dissipa que
long-temps après qu'il eut cessé de toucher l'Echénéis. Le même naturaliste ajoute que, dans cette
adhésion du Rémora au Squale, le premier de ces
deux poissons n'opère aucune succion, comme on
l'avait pensé ; et la cohérence de l'Echénéis rémora ne lui sert pas immédiatement à se nourrir,
puisqu'il n'y a aucune communication proprement
dite entre les lames du disque et l'intérieur de la
bouche. Le Rémora ne s'attache, par le moyen
des nombreux crochets qui hérissent son bouclier,
que pour naviguer sans peine, profiter, dans ses
déplacemens, de mouvemens étrangers, et se
nourrir des restes de la proie du requin, comme
presque tous les marins le disent. Au reste, il demeure collé avec tant de force et de constance à
son conducteur, que lorsque le requin est pris, et
que ce squale, avant d'être jeté sur le pont, éprouve
des frottemens violens contre les bords du vaisseau,
il arrive très-souvent que le rémora ne cherche
pas à s'échapper, mais qu'il demeure cramponné
au corps de son terrible compagnon, jusqu'à la
mort de ce dernier et redoutable animal. Com-
mers on dit aussi que lorsque l'on met un Rémora
dans un récipient rempli d'eau de mer plusieurs
fois renouvelée, on peut le conserver en vie pendant quelques heures, et que l'on voit presque
toujours cet Echénéis, privé de soutien et de corps

étranger auquel il puisse adhérer, se tenir renversé sur le dos, et ne nager que dans cette position très-extraordinaire. Lorsque les Rémoras ne
sont pas à portée de se coller contre quelque grand
habitant des eaux, ils s'accrochent à la carène des
vaisseaux, et dans l'instant où cette carène est
pour ainsi dire hérissée d'un grand nombre d'E-
chénéis, elle éprouve, au dire de plusieurs observateurs, en cinglant au milieu des eaux, une résistance semblable à celle que feraient naître des
animaux à coquilles très-nombreux et attachés
également à sa surface ; elle glisse avec moins
de facilité, et elle ne présente plus la même
vitesse. Et il ne faut pas croire que les circonstances où les Echénéis se trouvent ainsi accumulés
contre la charpente extérieure d'un navire soient
extrêmement rares dans tous les parages. Il est des
mers où l'on a vu ces poissons nager en grand
nombre autour des vaisseaux, et les suivre ainsi
en troupes pour saisir les matières animales que
l'on jette hors du bâtiment, pour se nourrir des
substances corrompues dont on se débarrasse, et
même pour recueillir jusqu'aux excrémens. C'est
ce qu'on a observé particulièrement dans le golfe
de Guinée ; et voilà pourquoi, suivant Barbot,
les Hollandais, qui fréquentent la côte occidentale
d'Afrique, ont nommé les Rémoras poissons d'ordures. Des rassemblemens semblables de ces
Echénéis ont été aperçus quelquefois autour des
grands Squales, qu'ils paraissent suivre, environner et précéder sans crainte, et dont on dit qu'ils
sont alors les pilotes ; soit que ces Squales aient,
ainsi qu'on l'a écrit, une sorte d'antipathie contre
le goût ou l'odeur de leur chair, et dès lors ne
cherchent pas à les dévorer, soit que les Rémoras
aient assez d'agilité, d'adresse ou de ruse pour
échapper aux dents meurtrières des Squales, en
cherchant, par exemple, un asile même sur la
surface de ces animaux, à laquelle ils peuvent se
coller dans les instans de leur plus grand danger
aussi bien que dans les momens de leur plus grande
fatigue. Ce sont encore des réunions analogues et
par conséquent nombreuses de ces Echénéis, que
l'on a remarquées sur des rochers auxquels ils ad-
héraient comme sur la carène d'un vaisseau, surtout lorsque l'orage avait bouleversé la mer, qu'ils
craignaient de se livrer à la fureur des ondes et
que d'ailleurs la tempête avait déjà brisé leurs
forces.

L'Echénéis naucrate. On trouve dans presque
toutes les mers, et particulièrement dans celles qui
sont comprises entre les deux tropiques, cette
espèce d'Echénéis, qui ressemble beaucoup au
rémora, et qui en diffère cependant, non seulement par sa grandeur, mais encore par le nombre
des plaques que son bouclier comprend, et par
quelques autres traits de sa conformation. On lui a
donné le nom de Naucrate, qui, en grec, signifie
pilote, ou conducteur de vaisseau. Les individus
qui la composent parviennent quelquefois jusqu'à
la longueur de vingt-trois décimètres. Le bouclier
placé en dessus de leur tête, présente toujours
vingt-deux paires de lames transversales et dente-

dées. D'ailleurs la nageoire de la queue du Naucrate, au lieu d'être fourchue comme celle du rémora, est arrondie. De plus, les nageoires du dos et de l'anus, plus longues à proportion que sur le rémora, montrent un peu la forme d'une faux. Le Naucrate offre des habitudes très analogues à celles du rémora ; on le rencontre de même en assez grand nombre autour des squales. Ses mouvemens ne sont pas toujours faciles ; mais comme il est plus grand et plus fort que le rémora, il se nourrit quelquefois de coquilles et de crabes, et lorsqu'il adhère à un corps vivant ou inanimé, il faut des efforts bien plus grands pour l'en détacher que pour séparer un rémora de son appui. Commerson, qui l'a observé sur le rivage de l'île de France, a écrit que ce poisson fréquentait très-souvent la côte de Mosambique, et qu'auprès de cette côte on employait, pour la pêche des tortues marines, et d'une manière bien remarquable, la facilité de se cramponner dont jouit cet Echénéis. Nous croyons devoir rapporter ici ce que Commerson a recueilli au sujet de ce fait très-curieux, le seul du même genre que l'on ait encore observé. On attache à la queue d'un Naucrate vivant un anneau d'un diamètre assez large pour ne pas incommoder le poisson, et assez étroit pour être retenu par la nageoire caudale ; une corde très-longue tient à cet anneau. Lorsque l'Echénéis est ainsi préparé, on le renferme dans un vase plein d'eau salée, qu'on renouvelle très-souvent, et les pêcheurs mettent le vase dans la barque. Ils voguent ensuite vers les parages fréquentés par les tortues marines. Ces tortues ont l'habitude de dormir souvent à la surface de l'eau sur laquelle elles flottent, et leur sommeil est alors si léger, que l'approche la moins bruyante d'un bateau pêcheur suffirait pour les éveiller et les faire fuir à de grandes distances, ou plonger à de grandes profondeurs. Mais voilà le piége que l'on tend de loin à la première tortue que l'on aperçoit endormie. On remet dans la mer le Naucrate garni de sa longue corde : l'animal délivré en partie de sa captivité, cherche à s'échapper en nageant de tous les côtés ; on lui lâche une longueur de corde à la distance qui sépare la tortue de la barque des pêcheurs. Le Naucrate, retenu par ce lien, fait d'abord de nouveaux efforts pour se soustraire à la main qui le maîtrise : sentant bientôt qu'il s'agite en vain, et qu'il ne peut se dégager, il parcourt tout le cercle dont la corde est en quelque sorte le rayon, pour rencontrer un point d'adhésion, et par conséquent un point de repos. Il trouve cette sorte d'asile sous le plastron de la tortue, s'y attache fortement par le moyen de son bouclier, et donne ainsi aux pêcheurs, auxquels il sert de crampon, le moyen de tirer à eux la tortue en retirant la corde.

L'Echénéis rayé. Le naturaliste Menzies, dans le premier volume des Transactions de la société linnéenne de Londres, donne la description de ce poisson, qui diffère des deux Echénéis dont nous venons de parler par le nombre des lames qui composent sa plaque ovale.

En effet cet osseux n'a que dix paires de stries transversales dans l'espèce de bouclier dont sa tête est couverte. D'ailleurs sa nageoire caudale, au lieu d'être fourchue comme celle du rémora, rectiligne ou arrondie comme celle du naucrate, se termine en pointe. Sa mâchoire inférieure est plus longue que la supérieure ; les dents des deux mâchoires sont petites, ainsi que les écailles qui revêtent le corps de l'animal. La couleur générale est d'un brun foncé, et relevée de chaque côté par deux raies blanches qui s'étendent depuis les yeux jusque vers le bout de la queue. L'Echénéis rayé se trouve dans le grand océan connu sous le nom de mer Pacifique : on l'a vu adhérer à des tortues. L'individu décrit par l'auteur anglais avait treize centimètres de long. On en a découvert un (*Echeneis osteochir*, Cuvier) dont les rayons des pectorales sont osseux, comprimés et terminés par une palette légèrement crénelée. (ALPH. G.)

ÉCHENILLEUR, *Ceblepyris* (ois.) Les Échenilleurs, distingués primitivement par le célèbre voyageur Levaillant, qui a rendu de si grands services à l'ornithologie, sont des oiseaux de l'ancien continent propres à l'Afrique et aux îles indiennes. Leurs mœurs sont encore fort peu connues ; mais Levaillant a constaté que plusieurs d'entre eux se nourrissent principalement de chenilles, ce qui leur a valu leur nom. Aujourd'hui ces oiseaux portent en latin la dénomination de *Ceblepyris* que leur a imposée Cuvier ; celle de *Campephaga*, proposée par Vieillot, n'a pas prévalu. Voici les caractères qu'on leur donne : Bec gros, échancré à sa pointe, élargi à sa base et un peu bombé ; narines basales, latérales, ovoïdes, cachées par les plumes du front ; pieds faibles et courts ; ailes médiocres, à première rémige courte, et la quatrième ou la cinquième seulement les plus longues ; queue large ; croupion garni de plumes à baguettes raides, souvent terminées de pointes aiguës.

Citons quelques unes des principales espèces.

ÉCHENILLEUR GRIS, *Campephaga cana*, Vieill. Il a été figuré par Levaillant aux planches 162 et 163 des Oiseaux d'Afrique ; M. Temminck l'appelle *Ceblepyris Levaillantii*. Ses parties supérieures d'un gris bleu d'ardoise, les inférieures plus pâles ; le tour de son bec, le front et les joues étant noires. Longueur, huit pouces. On le trouve au cap de Bonne-Espérance, ainsi qu'à Madagascar. Il est représenté dans notre Atlas, pl. 142, fig. 3.

ÉCHENILLEUR NOIR, *Campephaga nigra*, Vieillot. Vient de la même patrie ; il est entièrement d'un noir luisant avec les couvertures inférieures de la queue vertes. Sa longueur est de sept pouces. Il a aussi été décrit par Levaillant et figuré à la planche 155 des Ois. d'Afr.

ÉCHENILLEUR ORANGA, ou Turdoïde oranga, *Ceblepyris aureus*, Temm., pl. 582, 2. De même taille que le précédent. Il est d'un bleu pourpré en dessus, avec les côtés du cou, les couvertures et les rémiges secondaires des ailes bordées du blanc le plus pur ; un trait blanc passe au dessus de l'œil ; la poitrine, le ventre et les plumes anales sont d'un rouge brique foncé ; la queue est étagée; elle a ses deux pennes externes œillées de blanchâtre en dessous. L'Oranga habite dans l'île de Timor les montagnes boisées.

ÉCHENILLEUR A BARBILLONS, *Ceblepyris lobatus*, Temm., pl. 279 et 280. Cette espèce très-remarquable, a un large appendice charnu ou plaque dénudée qui couvre la commissure de son bec; sa tête, ainsi que la nuque, les côtés et le devant du cou, sont d'un beau vert foncé à reflets métalliques; la poitrine, le ventre et le croupion, d'un roux vif; les couvertures du dessous de la queue verdâtres passant au jaune. La longueur est de sept pouces deux lignes. L'Echenilleur à barbillons habite Sierra-Léone; sa femelle manque du caractère auquel il doit son nom.

ÉCHENILLEUR A ÉPAULETTES ROUGES, *Ceblepyris phœnicopterus*, Is. G. Autre espèce que M. Temminck a décrite comme un merle sous le nom de *Turdus phœnicopterus*, et dont la femelle est, d'après les observations de M. I. Geoffroy, l'*Echenilleur jaune* de Levaillant, Ois. d'Afrique., pl. 164. Le mâle de cet Echenilleur a le plumage noir avec des reflets violets et bleuâtres; les ailes et la queue sont d'un noir mat, les pennes bordées de vert métallique, et les petites couvertures des ailes d'un rouge vif. La femelle est assez différente, mais le jeune mâle offre un mélange de ses couleurs ainsi que de celles du mâle adulte. Voyez le Mém. de M. I. Geoffroy dans le Magasin de zoologie.

M. Swainson a décrit récemment deux espèces d'Echenilleurs propres à la Nouvelle-Hollande. Ce sont l'ÉCHENILLEUR A BANDES, *Ceblepyris lineatus*, et l'ÉCHENILLEUR TRICOLORE, *Ceblepyris tricolor*.

(GERV.)

ÉCHIDNÉ, *Echidna*. (MAM.) Ces animaux, voisins des Ornithorhynques, sont placés à côté d'eux par Cuvier dans la famille des EDENTÉS MONOTRÈMES (*voy.* ce mot) et par Blainville dans la sous-classe des Monotrèmes ou Ornithodelphes, parmi lesquels ils forment la famille des Fouisseurs. Les Echidnés ont les organes de la génération disposés comme les ORNITHORHYNQUES (*voy.* ce mot), et vivent comme eux dans l'Australie, à la Nouvelle-Hollande et à Van-Diémen.

Home et Shaw sont les premiers naturalistes qui aient connu ces animaux; mais ils les ont confondus l'un avec les Fourmiliers sous le nom de *Myrmecophaga aculeata*, l'autre avec les Ornithorhynques sous celui d'*Ornithorhynchus aculeatus*: plus tard G. Cuvier reconnut qu'ils devaient former un genre distinct, et il leur donna le nom d'E-chidné, *Echidna*, qui rappelle la nature de leurs téguments. Les caractères principaux qui distinguent génériquement les Echidnés sont les suivans: tête mince et allongée, terminée par une très-petite bouche; narines placées dans un sillon en croissant; langue très-extensible; mâchoires entièrement dépourvues de dents; corps ramassé, couvert de piquans dont le nombre et la force varient suivant l'âge; pieds à cinq doigts, robustes et armés d'ongles fouisseurs; un ergot aux membres postérieurs des mâles; queue fort courte.

Nous ne pouvons nous arrêter ici sur le mode de génération des Echidnés, non plus que sur la place qu'ils doivent occuper dans la série animale; nous renvoyons les détails sur ces deux questions importantes à l'article MONOTRÈME : étudions seulement quelques particularités du squelette de ces singuliers êtres. Leur tête est allongée, comme nous l'avons dit plus haut, et leur crâne très-étroit; mais le volume apparent de celui-ci est considérablement augmenté par l'ossification des voûtes temporales ou plutôt de l'aponévrose des muscles crotaphytes : ce fait, signalé par M. Laurent, est un nouveau point de ressemblance entre les Echidnés et certains reptiles : les membres pourraient aussi donner lieu aux mêmes rapprochemens. Contrairement à ce que nous offrent tous les mammifères, la surface externe de l'omoplate est concave; et la partie articulaire du même os, au lieu d'être terminée par une seule facette, se renfle de manière à en fournir trois, séparées entre elles par des arêtes et destinées à l'articulation des trois parties osseuses qui forment la partie antérieure de la quille sternale. La première de ces pièces est en forme de T; on peut la comparer à la fourchette des oiseaux, elle se compose elle-même de trois parties, l'une impaire en forme d'Y, les deux autres transversales; celles-ci sont, d'après les déterminations de Cuvier, les véritables clavicules, et la partie de l'omoplate qui, après avoir concouru à la formation de la fosse humérale, vient s'appuyer sur la quille sternale, est l'analogue de l'apophyse coracoïde; le manche de la pièce en T, et deux pièces qui le flanquent en dessus, sont, d'après le même auteur, des os particuliers à ces animaux : toutefois on doit dire que leurs analogues existent chez les lézards. L'humérus des Echidnés, disposé pour fouir, a beaucoup de rapports avec celui des taupes; il en est à peu près de même de l'avant bras et des pattes. Les ongles sont très-grands et émoussés, ils emboîtent la phalange presque jusqu'à sa tête articulaire. Les membres pelviens ne sont pas moins remarquables: il existe à la partie antérieure du pubis de véritables os marsupiaux analogues à ceux des DIDELPHES (*voy.* ce mot), et le tarse, à peu près disposé comme celui des autres mammifères, présente deux os surnuméraires dont l'un est articulé avec l'astragale, et porte, chez les mâles, l'éperon corné qui existe à cette partie; l'autre est situé entre l'astragale et le scaphoïde; les doigts sont ici, comme aux membres de devant, au nombre de cinq; leurs ongles sont aussi très-puissans. Il existe chez les Echidnés quinze paires de côtes, et par conséquent quinze vertèbres dorsales; les lombaires sont au nombre de trois, et les cervicales de sept, comme chez tous les autres mammifères. Les mâchoires sont privées de dents à toutes les époques de la vie, et le palais est hérissé de lames cornées beaucoup plus dures que chez les oiseaux. Les sens n'ont acquis aucun développement extraordinaire; le goût a son organe considérablement modifié, et les narines, qui président à l'odorat, fournissent aussi par leur partie extérieure un très-bon instrument de tact.

Les Echidnés appartiennent aux singulières productions de l'Australie, où ils paraissent représenter à la fois les Hérissons et les Fourmiliers ; Cuvier en a distingué deux espèces (*Echidna histrix* et *setosus*), mais il paraît, d'après les observations des voyageurs, qu'il n'en existe réellement qu'une seule, M. Lesson propose de lui donner le nom d'*Echidna australiensis*. Cet animal, dont la taille dépasse beaucoup celle du hérisson, est dans son jeune âge pourvu d'un moins grand nombre de piquans, c'est alors l'*Echidna setosus*. Plus tard il en est presque entièrement couvert, et c'est l'*Echidna histrix*, représenté dans notre Atlas, pl. 142, fig. 4. Ses piquans, longs d'un pouce à peu près, sont dirigés en arrière ; leur couleur, blanchâtre dans les deux premiers tiers, devient noire vers l'extrémité. On ignore les habitudes de cet animal à l'état sauvage ; on sait seulement qu'il vit dans des terriers, et qu'il se nourrit d'insectes, de fourmis principalement ; pendant la sécheresse il se tient caché dans sa retraite et n'en sort que lors des temps humides. Ses mœurs en captivité ont été mieux étudiées. Presque tous les naturalistes des expéditions récentes, ceux de l'*Astrolabe*, de la *Coquille*, de la *Favorite*, ont pu se procurer des Echidnés vivans, et les conserver à bord pendant quelque temps ; mais tous les ont perdus avant de revenir en Europe. Voici ce que disent MM. Quoy et Gaimard de l'individu qu'ils ont observé : « Cet animal, dont nous fîmes l'acquisition à Hobard-town, capitale de la terre de Van-Diémen, vécut à bord de l'*Astrolabe*. Pendant le premier mois il ne prit aucune espèce de nourriture et maigrit sensiblement sans paraître en souffrir. Cet animal apathique, stupide, recherche l'obscurité, se blottit au grand jour et fuit l'éclat de la lumière ; il se ramasse en portant la tête entre les jambes, mais sans pouvoir se rouler en boule comme le hérisson, et il présente, ainsi que lui, de toutes parts, une masse de piquans à ses ennemis. Malgré le peu de mouvement que semble se donner l'Echidné, il paraît cependant aimer la liberté, car il faisait sans cesse des efforts pour sortir de la vaste cage dans laquelle nous le tenions enfermé. Il fouit avec une rapidité vraiment étonnante ; lorsque nous le mettions sur une grande caisse pleine de terre qui contenait des plantes, en moins de deux minutes il parvenait au fond de la caisse. Son museau, quoique d'une sensibilité très-vive, aide dans ce travail ses pieds, qui sont très-robustes. Après un mois d'abstinence il se mit d'abord à lécher, puis à manger un mélange liquide d'eau, de farine et de sucre, dont il consommait à peu près un demi-verre par jour. Nous pensons qu'il serait assez facile de transporter de ces animaux en Europe, sur un navire qui s'y rendrait directement ; d'autant mieux qu'ils demeurent engourdis pour peu que le froid se fasse sentir. Notre Echidné mourut après avoir été lavé trop fortement... » Les mêmes naturalistes ont décrit quelques particularités anatomiques de cet animal ; nous ne rapporterons ici que ce qu'ils ont dit de son ergot : c'est une sorte d'ongle cylindrique, recourbé, pointu, translucide, ayant dans son intérieur un canal qui s'ouvre près de la convexité de la pointe. Il est enveloppé dans les deux tiers de sa base par un cône également corné, brun, qu'on peut enlever sur l'animal vivant par une traction un peu forte. Cette arme est libre dans les chairs, et enveloppée à sa base par un tubercule spongieux dans lequel il se cache en partie. Son conduit interne paraît être un vrai canal, et non point, comme dans la dent venimeuse des serpens, un simple repli de paroi. Si cet appareil, disent les naturalistes auxquels nous empruntons ce passage, n'acquiert pas plus de développement à certaines époques de l'année, au temps des amours, par exemple, il faut le considérer comme rudimentaire et incapable de léser en aucune manière. En effet, dans trois voyages que nous avons faits à la Nouvelle-Hollande, nous n'avons pas entendu parler d'accident occasioné par cette piqûre, et nous-mêmes avons touché, irrité cet Echidné sans qu'il ait jamais cherché à se servir de son arme, pas même lorsque nous exercions sur elle une assez forte pression.

M. Lesson a aussi donné sur les mœurs de ces animaux des détails intéressans, et M. Eydoux, qui a fait une circumnavigation à bord de la *Favorite*, prépare avec M. Laurent une description anatomique des Echidnés qu'il ne tardera pas à publier dans le Magasin de zoologie de M. Guérin. Son ouvrage donnera aussi une bonne figure de l'animal adulte. (Gerv.)

ÉCHIMYS, *Echimys*. (mam.) Ces mammifères, de l'ordre des Rongeurs, appartiennent à la famille des Murins ou Fouisseurs, et se rapprochent surtout, par la disposition de leur système dentaire, des Campagnols : le nom d'*Echimys*, c'est-à-dire rats à piquans, que leur a donné M. Geoffroy, rappelle la forme de leurs poils, qui sont durs et presque changés en épines. Les Echimys sont des Rongeurs de taille moyenne, qui vivent dans le nouveau continent ; leurs dents sont au nombre de vingt, $\frac{2}{2}$ incisives et $\frac{4-4}{4-4}$ molaires ; ces dernières sont simples, à couronne offrant des lames transverses réunies deux par deux ou isolées ; la tête offre un caractère distinctif très-remarquable dans l'élargissement du trou sous-orbitaire, et dans le frontal qui se dilate de chaque côté en continuant la crête temporale, pour fournir un plafond à l'orbite. L'occipital, en descendant latéralement vers l'oreille, se bifurque de manière à enclaver la partie montante de la caisse et du rocher, et à former à lui seul les deux tubercules, dont le postérieur ou mastoïde lui appartient seul ordinairement. Les Echimys ont cinq doigts aux membres postérieurs, et quatre seulement avec un rudiment de pouce aux antérieurs : leur corps est allongé comme celui des rats, et garni, surtout à ses parties supérieures, de poils très-durs, courbés et carénés, qui représentent des espèces de piquans ; cette disposition se retrouve, mais à un moindre degré, chez quelques rats ; on sait à quel point elle a été exagérée chez plusieurs autres animaux du même ordre. La queue est arrondie, tantôt nue, tantôt écailleuse; dans une seule espèce elle est couverte de poils; sa longueur varie beaucoup. Les Echimys sont des animaux fouisseurs, très-distincts de tous les autres par leur distribution géographique et leurs caractères; ils se nourrissent en partie de fruits et de racines.

Echimys huppé, *Echimys cristatus*, Desm., représenté dans notre Atlas, pl. 143, fig. 1. Cet animal ressemble au rat par sa taille; aussi Buffon, dans le t. vii de ses Supplémens, l'a-t-il appelé *Rat à queue dorée*; son corps est de couleur marron tirant sur le pourpre, plus foncé aux côtés de la tête et sur le dos; plus clair au contraire sous l'abdomen. Cette couleur s'étend aussi sur la queue à une petite distance de son origine, puis elle change au noir vers le milieu et au jaune doré à l'extrémité; une longue tache jaune se voit aussi sur le front. Cette espèce habite Surinam; elle a neuf pouces environ de longueur, sans comprendre la queue, qui mesure un pied.

Echimys dactylin, *Echim. dactylinus*, Geoff., et Iconog., du Règ. an., pl. 24. Il est brun mêlé de gris ou de jaunâtre en dessus, avec les flancs roussâtres; ses poils sont raides et secs, mais pas précisément épineux; deux des doigts antérieurs sont plus longs que les autres et garnis d'ongles presque plats. Le corps a huit pouces, la queue est écailleuse et en a près de quatorze. L'Amérique méridionale est la patrie de cet Echimys.

Echimys roux, *Echim. spinosus*, Desm., que l'on appelle aussi quelquefois *Echimys épineux*, ou avec d'Azzara *Rat épineux*; il est d'un brun obscur, mélangé de roussâtre en dessus et d'un blanc sale en dessous; les poils de son dos sont entremêlés de piquans assez forts, et la queue est plus courte que la moitié du tronc, lequel a sept pouces. L'espèce habite l'Amérique méridionale.

Echimys a aiguillon, *Echim. hispidus*, Geoff. Cet animal, qui vient des mêmes régions que les deux précédens, se distingue par sa queue écailleuse et aussi longue que le corps : celui-ci, qui a sept pouces, est d'un brun roux, moins foncé inférieurement; les poils épineux qui le couvrent sont raides et très-larges.

Echimys didelphoïde, *Echim. didelphoides*, Geoff., dont la forme générale rappelle celle de certains Sarigues, a la queue poilue à sa base dans l'étendue d'un pouce seulement, et de la longueur du corps, lequel a cinq pouces et n'offre de poils épineux qu'au dos et à la croupe; la couleur est brune, un peu plus claire sur les flancs et jaunâtre sur le ventre.

Echimys de Cayenne, *Echim. cayennensis*, Geoff. Il est roussâtre passant au brun sur le milieu du dos; ses tarses sont très-allongés, ce qui lui donne une forme toute particulière. La dernière espèce connue présente aussi cette disposition; c'est l'Echimys soyeux, *Echim. setosus*, Geoff., dont les poils, plus doux et moins mélangés d'épines que chez les autres, sont roussâtres en dessus et blanchâtres en dessous, ainsi que sur les membres. La patrie de cette dernière espèce n'est pas connue; on sait seulement qu'elle vient d'Amérique, mais sans indication de contrée.

(Gerv.)

ÉCHINIDES, *Echinideæ*. (échin.) Division des Radiaires échinodermes, établie par Lamarck dans son Histoire des Animaux sans vertèbres, renfermant toutes les espèces du genre Oursin, vulgairement Hérissons de mer, et dont voici les caractères : peau intérieure immobile et solide; corps subglobuleux ou déprimé, sans lobes rayonnans, non contractile; anus distinct de la bouche; tubercules spinifères immobiles; épines mobiles.

Cuvier, dans son Règne animal, n'a point conservé le nom d'Echinides; il a préféré celui d'Oursins. *Voyez* Oursin. (F. F.)

ÉCHINITES. (échin.) Genre d'Oursin formé par Van-Phelsum, adopté par Lesko qui l'a composé des Conules de Klein, dont le corps est presque arrondi ou pentagonal, avec des ambulacres doubles et larges, et dont les espèces peu nombreuses sont disséminées dans plusieurs genres de la première division des Echinides de Lamarck.

On a encore donné le nom d'Echinites à beaucoup d'oursins fossiles, que l'on trouve, les uns entiers, les autres brisés, dans les terrains secondaires, tertiaires ou d'alluvion, mêlés avec les Ammonites, les Bélemnites, les Polypiers, etc. Ces Echinites constituent quelquefois des masses assez considérables, recouvertes de silex, de carbonate de chaux ou silice, etc., et hérissées des piquans qui sont propres à ce genre d'animaux.

(F. F.)

ÉCHINOCOQUES, *Echinococcus*. (intest.) Ces Entozoaires forment dans l'ordre des Vésiculaires un genre très-voisin des Acéphalocystes; ils représentent des espèces de vésicules doubles ou simples qui renferment dans leur intérieur de très-petits animaux; ceux-ci ont le corps ovalaire et la tête armée d'une couronne de crochets ainsi que de suçoirs. C'est surtout pour ces derniers caractères qu'ils diffèrent des Acéphalocistes; on les trouve d'ailleurs dans les mêmes parties que ces derniers, mais ils sont plus rares et fort peu connus. Rudolphi en admet trois espèces. Echinocoque de l'homme, *Echin. hominis*, Rud., qui n'a été vu qu'une seule fois par Meckel, qui confia les individus qu'il avait recueillis à Goëze sans lui indiquer l'organe dans lequel il les avait trouvés.

Echinocoque du singe, *Echin. simiæ*, Rud. Il vit dans les organes abdominaux et thoraciques de plusieurs Quadrumanes, du Magot, de certains Macaques, etc.

Echinocoque ordinaire, *Echin. veterinorum*, Rud. C'est celui que l'on connaît le mieux; on le trouve dans le Cochon, le Bœuf, le Mouton, le Chameau, le Dromadaire, etc. Goëze en a fait un tænia et Gmelin une hydatide. (Gerv.)

ÉCHINODERMES ou CIRRHODERMAIRES. (zooph.) Ces animaux appartiennent au type des Rayonnés ou Actinozoaires, improprement appelés Zoophytes, parmi lesquels ils forment une classe fort distincte et différenciée à l'égard de toutes les autres, non par la présence d'épines comme leur ancien nom d'Echinodermes paraîtrait

trait l'indiquer, mais par celle de suçoirs ou cirrhes exsertiles, épars sur tout le corps ou disposés en séries longitudinales ; c'est par la considération de ce caractère que M. de Blainville a été conduit à remplacer (Cours de 1835, à la fac. des sc.), le nom si impropre d'Echinodermes par celui de *Cirrhodermaires*, qui prévaudra sans doute. Tous les Cirrhodermaires sont marins, et beaucoup plus nombreux dans les mers des contrées chaudes que dans celles de notre latitude ou des latitudes plus rapprochées des pôles ; on les connaît sous les noms d'Astéries, d'Étoiles de mer, d'Holoturies, etc. Ce sont de tous les animaux de leur type les plus franchement rayonnés. Etudions avec quelques détails leurs différens systèmes d'organes.

La *peau* varie assez chez ces animaux ; cependant elle est le plus souvent encroûtée de pièces calcaires qui lui donnent l'aspect d'un véritable test ; d'autres fois, comme dans les Holoturies, le derme, quoique très-épais, ne présente aucune incrustation : on voit au dessous de lui un pigmentum coloré, mais point de couche vasculaire ; quant à l'épiderme, il paraît être entièrement nul. Mais un caractère qui est commun à tous les Cirrhodermaires, celui qui leur a même fait donner ce nom, c'est que de la peau il sort une multitude de petits organes très-singuliers, des espèces de *cirrhes*, rangés dans une disposition radiaire et que l'on ne peut comparer qu'à de petits tentacules qui bordent le manteau des mollusques acéphales. Ce sont, en effet, de petits cylindres creux, très-extensibles, renflés à leur extrémité en un petit disque formant ventouse et contractiles dans toutes leurs parties. L'extrémité de ces tentacules qui reste dans l'intérieur du corps est vésiculaire, et une liqueur y est épanchée, laquelle peut au gré de l'animal se porter dans la portion cylindrique extérieure qu'elle distend, ou bien rentrer dans la première, et alors l'autre s'affaisse. C'est en allongeant ainsi ces petits pieds ou tentacules qu'ils ont en grande quantité, que les Cirrhodermaires exécutent leurs mouvemens progressifs. Ceci est propre à tous les animaux de cette classe ; mais quelques uns ont de plus des sortes de poils ou de petites épines distribuées sur toute la surface de leur corps ; ils pourraient conserver en propre le nom d'Echinodermes. C'est surtout de la considération de ces parties, ainsi que de la forme générale tantôt allongée, globuleuse, discoïde, étoilée ou même arborescente des animaux qui nous occupent, que l'on a tiré les caractères au moyen desquels on les distingue entre eux. Le système nerveux a été très-peu étudié, aussi ne peut-il être employé dans la caractéristique ; il paraît que, c'est surtout chez les Cirrhodermaires qu'il présente la disposition rayonnée, étant le plus souvent disposé en une série de ganglions qui forment un collier autour de la bouche. Chez beaucoup d'espèces et même de groupes, le système nerveux n'a pas été observé d'une manière suffisante. L'organe digestif constitue tantôt un véritable canal à deux orifices, bouche et anus, tantôt seulement un simple sac à une ouverture fonctionnant à la fois comme orifice

d'entrée et de sortie. Dans ce dernier cas l'estomac se prolonge quelquefois dans l'intérieur du corps par des espèces d'appendices cœcaux ; dans le premier, la position des orifices varie, et celui qui fonctionne comme bouche offre des pièces calcaires très-compliquées auxquelles on a donné le nom de dents.

On ignore encore si tous les Echinodermes possèdent l'organe mâle et l'organe femelle ; mais ce qui est certain, c'est que leurs ovaires sont très-développés, et qu'ils peuvent engendrer sans le secours d'un autre individu.

Les Cirrhodermaires jouissent à un haut degré de la faculté de reproduire certaines de leurs parties ; c'est ainsi que, dans les Astéries, une seule des branches qui les composent suffit pour reproduire des individus entiers.

Aristote, Pline et la plupart des anciens auteurs ont remarqué les animaux de cette classe ; mais ils les ont confondus avec les mollusques testacés. Rondelet est le premier qui les ait réunis aux Zoophytes ; Cuvier, qui les a laissés parmi ces derniers, les partage en deux ordres : les uns, qu'il nomme Pédicellés (ce sont les Holoturies, les Oursins, les Astéries), forment le premier ordre ; ils sont munis de cirrhes et souvent d'épines ; les autres, qu'il appelle Echinodermes sans pieds (ce sont les Priapules, les Siponcles, les Bonellies, etc.), manquent des cirrhes caractéristiques de la classe et aussi d'épines. M. de Blainville (Man. d'actin. et Dict. sc. nat.) reporte ces derniers parmi les vers, et il partage les vrais Cirrhodermaires (qu'il appelle encore dans l'ouvrage cité Echinodermes ou Echinodermaires) en trois ordres correspondant aux trois genres linnéens *Holoturia*, *Echinus*, *Asteria*, et qu'il nomme *Holoturides*, *Echinides*, *Stellérides*. Revenons sur les caractères de chacun d'eux.

I. *Holoturides*. Ces animaux, nommés généralement Holoturies, sont assez communs dans la Méditerranée ; leur corps est plus ou moins allongé, quelquefois sub-vermiforme, mou ou flexible et à suçoirs très-nombreux ; la bouche est antérieure, placée au fond d'une sorte d'entonnoir et soutenue par un cercle de pièces calcaires ; l'anus s'ouvre à l'extrémité postérieure du corps par un véritable orifice disposé en cloaque. Les Holoturides se partagent en plusieurs genres dont nous parlerons ailleurs. *Voy.* le mot HOLOTURIE.

II. *Echinides*. Plus connus sous le nom d'*Oursins*, ces Cirrhodermaires présentent à l'observateur les phénomènes et les dispositions organiques les plus bizarres. Leur corps est ovale ou circulaire, revêtu d'un test ou croûte calcaire composé de pièces anguleuses, et percé d'une quantité innombrable de petits trous, par lesquels passent les pieds membraneux ou cirrhes. La surface de cette croûte est armée d'épines articulées sur de petits tubercules et mobiles au gré de l'animal, dont elles forment, avec les pieds situés entre elles, les organes locomoteurs ; la bouche est armée ou non armée et percée dans une échancrure du test constamment inférieure ; l'anus est toujours distinct, mais variable dans sa position, et l'intestin fort long est attaché aux parois intérieures du tégument solide par un mésentère.

III. *Stellérides.* Comprennent les *Astéries* de Linné, plus les *Encrines* dont ce naturaliste faisait des Isis et des Pennatules. Ils ont le corps généralement déprimé, large, régulièrement disposé à sa circonférence en angles plus égaux, souvent allongés en lobes ou rayons, ce qui leur donne l'aspect des étoiles, dont on leur a même imposé le nom. Leur canal intestinal est pourvu d'un seul orifice non armé, mais entouré de suçoirs tentaculiformes. *Voy.* les mots ENCRINE, ASTÉRIE, OURSIN, HOLOTURIE, etc. (GERV.)

ÉCHINOMYIE, *Echinomyia.* (INS.) Genre de Diptères, de la famille des Athéricères, tribu des Muscides, établi par Duméril sur un démembrement du genre Tachine de Fabricius, et ayant pour caractères propres : antennes, ayant leur second article plus long que les autres, terminées par une soie nue; épistome non prolongé en manière de bec; ailes écartées dans le repos, avec deux cellules terminales du limbe postérieur fermées par une nervure transverse; deux très-grands cuillerons recouvrant les balanciers; les larves de ce genre vivent dans les bouses de vache, leur bouche n'est munie que d'un seul crochet, la terminaison de leur abdomen est tronquée carrément; il offre un polygone à neuf pans un peu concaves; au milieu on remarque deux mamelons qui sont l'origine des stigmates. L'insecte parfait a le corps court, ramassé et très-garni de soies raides, longues; les yeux n'occupent dans les deux sexes qu'une partie de la tête, la face est un peu concave.

E. GÉANTE, *E. grossa*, Fab. Longue de sept lignes, assez semblable à un bourdon; corps noir bleu; tête, base des ailes, membrane des crochets, les tarses jaunâtres avec les poils noirs; yeux, antennes et trompe châtain; les pattes sont aussi plus claires que le corps; mais la quantité de poils noirs dont elles sont couvertes les font paraître de la même couleur. Cette espèce n'est pas très-rare aux environs de Paris. (A. P.)

ÉCHINONÉE, *Echinoneus.* (ZOOPH.) Ce genre d'Echinodermes appartient à l'ordre des Echinides ou OURSINS (*voy.* ce mot). On en doit l'établissement à Van-Phelsum. Lamarck, Leske, Goldfuss, Blainville et Defrance l'ont ensuite adopté : il est surtout caractérisé par la disposition de ses lignes ambulacraires, qui sont au nombre de cinq et composées chacune de deux séries de pores fort rapprochés, et formant une petite gouttière; les tubercules spinifères sont à peu près égaux et régulièrement distribués; la bouche est centrale ou subcentrale et sans dents; l'anus distinct de celle-ci et variant un peu dans sa position; enfin les pores génitaux sont au nombre de quatre. On ne compte parmi les Echinonées qu'un petit nombre d'espèces, les unes vivantes et propres aux mers d'Asie ou d'Amérique, et les autres fossiles. Ces dernières ont été décrites par M. Goldfuss, elles proviennent des couches de la craie. (GERV.)

ÉCHINOPHORE, *Echinophora.* (BOT. PHAN.) Genre de la famille des Ombellifères, Pentandrie digynie, L., justifiant assez bien son nom de *Porte-épine* par les pointes qui hérissent son fruit ou terminent ses feuilles. Il se compose de deux espèces de plantes particulières aux bords de la Méditerranée; elles ont pour caractères communs : ombelle de cinq à quinze rayons, à collerette de trois ou quatre folioles; ombellule à collerette monophylle divisée en six segmens inégaux; fleurs marginales de l'ombellule mâles, pédicellées, à pétales inégaux, étalés; fleur centrale femelle, sessile, à pétales échancrés; ovaire enfoncé dans la base de la corolle; fruit recouvert par la collerette partielle et par les pédicelles des fleurs mâles, qui deviennent épineux; l'un des deux akènes avorte souvent.

Le type du genre est l'ECHINOPHORE ÉPINEUSE, *Echinophora spinosa*, L., plante à tige forte, haute de trente centimètres, cannelée; ses feuilles, presque bipinnées, sont découpées en segmens étroits, aigus et spinescens. On trouve cette espèce le long de nos côtes du sud-ouest et jusqu'à Nantes.

L'autre espèce, *Echinophora tenuifolia*, se distingue par sa tige un peu plus haute, dure, pleine, ramifiée en panicule, et légèrement striée; ses feuilles radicales sont très-grandes et trois fois ailées. On la trouve sur les côtes de la Pouille. (L.)

ÉCHINOPORE, *Echinopora.* (POLYP.) Lamarck et Sweigger donnent ce nom à un genre de Polypiers pierreux voisin des Astrées, et que quelques auteurs confondent avec elles. (GERV.)

ÉCHINOPSIDÉES, *Echinopsideæ.* (BOT. PHAN.) Groupe établi par le professeur Richard à la suite des Carduacées, et composé des genres de cette famille qui ont leurs fleurons accompagnés chacun d'un involucre particulier, et réunis en capitule avec ou sans involucre commun. Tels sont les genres *Echinops*, *Rolandra*, *Lagasca*, et *Gundelia*. Ils ont pour caractères communs des fleurons hermaphrodites réguliers, accompagnés chacun d'un involucelle particulier; un style dont le sommet est renflé et velu; un fruit couronné par une aigrette marginale et fimbriée.

Le genre Échinope, L., *Echinopes*, a servi de type à ce petit groupe; cependant, si on détaille chacun des organes floraux, on trouvera quelques variations entre les plantes que Richard lui associe. Ainsi, l'involucelle particulier est tantôt tubuleux et irrégulièrement divisé en cinq parties, tantôt il est formé d'écailles inégales, imbriquées et soudées. Les fleurons, distincts dans l'Echinope, sont soudés par quatre ou cinq dans le *Gundelia*. Enfin le fruit de ce dernier genre est renflé à sa partie moyenne, et simplement cylindracé dans les autres genres.

Cassini n'avait point adopté le groupe de Richard; il fait une section à part de l'*Echinops* sous le nom d'*Echinopsées*, et reporte les autres genres dans sa tribu des Vernoniées. (L.)

ÉCHINORHYNQUE, *Echinorhynchus.* (INT.)

Les Echinorhynques sont des entozoaires ou vers intestinaux, que l'on trouve dans un grand nombre d'animaux vertébrés de toutes les classes, ainsi que dans plusieurs sortes d'invertébrés, particulièrement dans les crustacés, les mollusques, etc. Les espèces que l'on connaît sont fort nombreuses ; on en cite déjà plus de soixante ; aucune ne se trouve dans le corps de l'homme. Elles se distinguent des autres entozoaires par un prolongement antérieur, rétractile, garni de crochets et que l'on a nommé trompe ; leur corps est en général allongé, quelquefois ridé, ce qui les a fait confondre avec les Tænias ; toutes se tiennent dans les intestins auxquels elles adhèrent le plus souvent par leur trompe : mais dans l'eau, elles ne tardent pas à opérer une absorption de liquide qui occasione une distension considérable de leurs tégumens ; les rides du corps disparaissent alors entièrement et la trompe devient beaucoup plus apparente. Etudions avec M. Deslongchamp les diverses parties, trompe, cou et corps, que l'on distingue généralement dans ces animaux. La trompe, qui termine antérieurement l'Echinorhynque, lui sert à se fixer aux membranes sur lesquelles il se trouve, et probablement aussi à se mouvoir : sa forme varie singulièrement selon les espèces ; elle est ovale, oblongue, fusiforme, en conque ou bien encore en massue, et présente à sa surface externe une multitude de petits crochets disposés régulièrement, mais variant pour le nombre et la grosseur ; le nombre des rangs formés par ces crochets peut s'élever de trois ou quatre à soixante et plus encore. Lorsqu'un Echinorhynque veut se fixer sur un point quelconque de l'intestin, il enfonce sa trompe dans la membrane muqueuse en la déroulant comme un doigt de gant ; par ce mécanisme il pénètre assez avant, la traverse même quelquefois et peut venir tomber dans la cavité abdominale. Lorsqu'il veut se détacher, il fait rentrer sa trompe dans son cou ou dans son corps, et les crochets, cessant d'être dirigés inférieurement, ne le retiennent plus. Quand on veut enlever de vive force un Echinorhynque adhérent, on ne peut le faire qu'en emportant avec lui un morceau de l'intestin ou bien en brisant sa trompe.

Le cou de ces animaux est placé entre le corps et la trompe, il manque quelquefois ; mais ordinairement il se distingue des deux parties qui l'avoisinent par une rainure plus ou moins prononcée ; il est toujours inerme, c'est-à-dire sans épine, et suit les mouvemens de la trompe.

Le corps comprend tout le reste de l'animal, la trompe et le cou ayant été mis à part ; presque toujours il est ridé, aplati et plus ou moins allongé : sa surface est lisse dans la plupart des espèces, quelquefois cependant elle est hérissée. Les parties internes sont encore mal déterminées, et les intestins n'ont pas été complétement distingués des organes générateurs. Les sexes sont portés sur des individus différens, et l'on remarque que les Echinorhynques mâles sont plus petits et moins nombreux que les femelles. On ignore comment se fait la fécondation ; toutefois il est probable qu'il n'y

a pas d'accouplement réel, mais que la liqueur séminale est répandue par le mâle au milieu des mucosités intestinales, et que les œufs déposés par la femelle sur quelque surface voisine, sont fécondés par leur contact avec les mucosités.

Le genre des Echinorhynques a été adopté par presque tous les helmintologistes ; Rudolphi l'a partagé en deux groupes distincts : le premier renfermant les espèces dont le corps et le cou sont inermes ; le second, au contraire, celles qui ont ces parties armées. Nous citerons seulement :

L'Echinorhynque géant, *Ech. gigas*, Bloch, qui a jusqu'à treize et même quinze pouces de long, et deux ou trois lignes de diamètre. Il est très-commun dans les intestins des cochons sauvages et domestiques.

Echinorhynque de la Baleine, *Ech. balænæ*, Zéder, dont le corps long d'un pouce, a près de deux lignes dans sa partie la plus large, et représente assez bien une massue très-finement annelée. Il vit dans les intestins du cétacé dont on lui a donné le nom.

Echinorhynque strié, *Ech. striatus*, Goëze, beaucoup plus petit que les précédens. Il se trouve dans les hérons, les cygnes, les pygargues, etc.

Echinorhynque hæruque, *Ech. hæruca*, Rud. On le rencontre dans les intestins de la grenouille rousse.

Echinorhynque étroit, *Ech. angustatus*. Il n'a que deux à six lignes de long, son corps est plus étroit antérieurement. Il vit dans les intestins du brochet.

On doit à M. Zenker la description de deux espèces d'Echinorhynques très-remarquables par la petitesse de leur taille. Elles vivent aux dépens des crevettes d'eau douce, non pas dans la cavité des intestins, mais dans le tronc lui-même, et se fixent le plus souvent vers le dos ; l'une de ces espèces est l'*Echinorhynchus miliarius*, Zenk. (Mém. sur la Crevette, fig. 2), l'autre est l'*Ech. diffluens*, du même.   (Genv.)

ECHINUS. (zool.) Nom latin du Hérisson et des Oursins.

ÉCHIQUIER. (ins.) Geoffroy a donné ce nom à une espèce du genre Hespérie, dans l'ordre des Lépidoptères. *V.* Hespérie.   (Guén.)

ÉCHITE, *Echites*. (bot. phan.) Genre appartenant à une famille qui compte dans son sein la plante favorite de Jean-Jacques, l'arbrisseau qui décore les rives poétiques des fleuves de la Grèce, et beaucoup d'autres charmans végétaux presque tous étrangers à notre climat, mais que nous y avons amenés par droit de conquête : c'est la famille des *Apocynées*. Dans le système de Linné, ce genre dépend de la Pentandrie monogynie. Il se compose d'arbustes volubiles, à feuilles opposées, entières, munies à leur base de poils simulant des stipules. Les fleurs en sont grandes et éclatantes, de couleur blanche, rose, jaune ou pourpre, suivant divers modes d'inflorescence, pédonculées, formant tantôt des sertules ou ombelles simples, tantôt des grappes plus ou moins ramifiées. Le calice est court, à cinq divisions profondes et étroites; la corolle est monopétale, régulière, tubuleuse, infundibuliforme, ou hypocratériforme; son limbe est à cinq lobes inéquilatéraux, étroits et aigus, ou larges et arrondis. Les étamines, au nombre de cinq, sont tantôt incluses, tantôt saillantes hors de la corolle. Les anthères sont sagittées, à deux loges; l'ovaire est double, surmonté d'un seul style filiforme, que couronne un stigmate discoïde, bilobé; cet ovaire est environné d'un disque hypogyne qui se compose de cinq lames glanduleuses, redressées. Le fruit est un double follicule, très-rarement un follicule simple, allongé, très-grêle et quelquefois filiforme. Les graines ont une sorte d'aigrette à leur extrémité inférieure.

Ce genre renferme un grand nombre d'espèces originaires de l'Amérique ou de l'Inde. Nous n'en mentionnerons que deux :

ÉCHITE A DEUX FLEURS, *Echites biflora*, Jacq. Am. t. 21. Arbuste sarmenteux de l'Amérique méridionale et des Antilles, qui s'élève, en se roulant en spirale autour des arbres voisins, à cinq ou sept mètres. De toutes ses parties découlent, quand on les presse, un suc âcre, laiteux et blanchâtre, ce qui lui est commun avec toutes ses congénères. Ses feuilles sont courtement pétiolées, oblongues, aiguës, coriaces, glabres en dessus, glauques à leur surface inférieure. Ses fleurs sont blanches, très-grandes, et au nombre de une à trois sur un pédoncule axillaire ; la corolle est infundibuliforme, à cinq lobes très-larges; les anthères sont velues à leur sommet; les fruits, longs de huit à dix centimètres, sont dressés et de la grosseur d'une plume.

ÉCHITE A CORYMBE, *Echites corymbosa*, Jacq. Am., t. 30. Belle plante de Saint-Domingue, sarmenteuse, grimpante, à feuilles ovales, lancéolées, à fleurs rouges, dont la corolle est presque rotacée, à cinq divisions étroites, aiguës et réfléchies, et dont les étamines sont saillantes au dessus de la corolle.

Kunth en a décrit dix-sept espèces, presque toutes nouvelles, et en a figuré une, l'*Echites bogotensis*.   (C. é.)

ÉCLAIR. (PHYS.) L'Eclair est l'étincelle vive et subite qui sillonne les nuages pendant les temps d'orage, qui précède toujours le bruit du tonnerre, et qui n'est, selon les uns, qu'une modification de l'électricité, selon d'autres, qu'un effet de la forte compression de l'air par l'explosion électrique, ou bien encore le résultat de l'union des deux électricités opposées.

Le feu électrique ressemble tout-à-fait à celui qui se dégage pendant les combinaisons chimiques, et il jouit, ainsi que ce dernier, de la propriété d'enflammer l'hydrogène, l'éther et tous les corps combustibles. Sa force et son état sont en raison directe de la quantité d'électricité produite et de la sécheresse de l'air atmosphérique; sa couleur, qui varie beaucoup, est ordinairement violâtre; son odeur, celle de l'ail ou du phosphore; et la sensation qu'on en éprouve sur la peau a été com-

parée à celle que causerait le contact d'une toile d'araignée.

Beaucoup de personnes ont encore l'habitude de se signer toutes les fois qu'un éclair brille dans l'espace, et cela dans la confiance où elles sont qu'un tel acte de dévotion les préservera du danger du tonnerre. Nous, qui respectons toutes les croyances religieuses, et qui cependant ne devons pas taire la vérité, nous dirons que, loin de se recommander ainsi à la Divinité, on la remercie, sans s'en douter, d'avoir échappé au danger que l'on vient de courir. En effet, pendant les orages, ce n'est pas le bruit du tonnerre qui peut incendier nous ou nos maisons, c'est au contraire l'éclair lui-même qui est la foudre proprement dite, et cet éclair, nous ne pouvons le prévoir, tant sa formation et son passage sont subits.   (F. F.)

ÉCLAIR. (MOLL.) Nom vulgaire donné à l'Anomie pelure d'ognon, par les marins de La Rochelle, parce qu'elle est phosphorescente la nuit. *Voy.* ANOMIE.   (GUÉR.)

ÉCLAIRE, ECLAIRETTE, ou PETITE ÉCLAIRE, Noms vulgaires du *Chelidonium majus*, et du *Ranunculus ficaria*. Voy. CHÉLIDOINE et RENONCULE.   (GUÉR.)

ÉCLIPSES. (ASTRON.) Il y a deux genres d'Eclipses; les Eclipses solaires et les Eclipses lunaires. Pour bien faire comprendre aux lecteurs les causes de ces phénomènes remarquables, il est nécessaire que nous lui indiquions la marche de la lune autour de la terre, et les différentes positions qu'elle occupe par rapport à la terre et au soleil.

La lune est un satellite de la terre, qui suit notre planète dans sa marche autour du soleil; elle décrit une orbite à peu près circulaire : elle met 27 jours 7 heures 43 minutes et 11 secondes à accomplir d'occident en orient sa révolution autour de la terre par rapport aux points équinoxiaux; mais par rapport au soleil, qui pendant la marche de la lune paraît s'avancer lui-même dans la même direction, elle emploie 29 jours 12 heures 44 minutes 3 secondes, à parcourir la circonférence entière du ciel, en y ajoutant la distance parcourue en apparence par le soleil et en réalité par la terre. C'est là ce qu'on appelle la révolution synodique de la lune, et ce qui forme le mois lunaire. On est convenu de regarder comme le point de départ de la lune le moment où elle se trouve entre la terre et le soleil : ce point où la lune n'a point cette lumière argentée dont elle est douée dans d'autres positions, se nomme la conjonction. Le point opposé à celui que nous venons de décrire, et où par conséquent tout le disque est éclairé, puisque dans cette position la terre se trouve entre la lune et le soleil, a reçu aussi un nom particulier; on dit que, dans cette situation, la lune est en opposition. Ainsi donc voilà deux points fort importans bien déterminés dans l'esprit de nos lecteurs : dans la première position, lorsque la lune est en conjonction, ou en d'autres termes qu'il y a nouvelle lune, obscurité complète pour nous, puisque le soleil n'éclaire que la partie de la lune qui ne nous regarde pas : dans la seconde position, lorsque la lune est en opposition, ou en d'autres termes qu'il y a pleine lune, disque brillant et lumineux, puisque le soleil dans cette situation éclaire entièrement la partie de la lune qui est tournée vers nous.

C'est justement lorsque la lune se trouve dans ces deux positions qu'il y a pour nous Eclipses de lune ou de soleil. Ici une objection se présentera à l'esprit de nos lecteurs : ils se demanderont comment il n'y a pas toujours Eclipse de soleil lorsque la lune est en conjonction, puisque dans cette position, elle se trouve entre la terre et le soleil, et comment il n'y a pas toujours Eclipse de lune lorsque la lune est en opposition, puisque, dans cette position la terre se trouve entre la lune et le soleil : nous aurions ainsi tous les quinze jours ou Eclipse de lune ou Eclipse de soleil. Mais cette petite difficulté sera bientôt levée lorsqu'on saura que le plan dans lequel la lune décrit son orbite autour de la terre n'est pas le même que le plan dans lequel la terre décrit son orbite autour du soleil; l'inclinaison du plan orbitaire de la lune sur le plan de l'écliptique étant de 5° 8' 48'', la lune, lorsqu'elle est en conjonction, ne peut pas toujours se trouver sur la ligne qui joint les centres de la terre et du soleil; mais elle se trouve un peu au dessus, un peu au dessous, ce qui ne peut empêcher que nous ne voyons le disque du soleil : la même raison existe pour qu'il n'y ait pas toujours Eclipse de lune, lorsque cet astre est en opposition : la condition *sine quâ non*, pour qu'il y ait Eclipse, est donc que la lune se trouve au moment de la conjonction ou de l'opposition sur la ligne d'intersection des deux plans dans lesquels sont tracés les orbites décrites par la terre dans sa marche autour du soleil, par la lune dans sa marche autour de la terre : les points occupés alors sur cette ligne par la lune se nomment les nœuds.

Je viens de dire que, pour qu'il y eût Eclipse de lune, il fallait que la lune fût placée au point que l'on nomme nœud, lorsqu'elle est en opposition : ceci est vrai toutes les fois qu'il s'agit d'une Eclipse totale; mais il n'y a pas que des Eclipses totales, il y a aussi des Eclipses partielles, et ces Eclipses partielles ont lieu lorsque la lune s'approche suffisamment des nœuds : en effet la lune peut, après avoir traversé le pénombre, avoir une partie d'elle-même engagée dans l'ombre de la terre, et par conséquent éclipsée.

Les Eclipses solaires sont ou totales ou partielles, ou annulaires : les Eclipses totales ont lieu lorsque le disque du soleil est entièrement obscurci par la superposition du disque de la lune; dans ce cas, l'obscurité est complète à un tel point que l'on peut voir briller les étoiles à midi : elles sont fort rares. Les Eclipses partielles ont lieu lorsque la lune n'occulte qu'une partie du disque solaire; enfin lorsque la lune est centralement superposée au soleil, et que sa distance à la terre est telle que son diamètre angulaire est moindre que celui de cet astre, on voit alors le phénomène si singulier d'une Eclipse annulaire;

dans cette position, les bords du soleil forment pendant quelques instans autour du disque obscur de la lune un anneau brillant de lumière et de clarté.

Les observations d'Eclipses sont d'une grande utilité en géographie pour déterminer la position des différens lieux terrestres; on s'en sert avec fruit pour fixer les longitudes. Elles offrent aussi une grande source d'intérêt et d'instruction sous le point de vue physique. Ainsi les Eclipses nous prouvent que la lune est un corps opaque, terminé par une surface réelle et bien tranchée qui intercepte la lumière comme ferait la surface d'un solide. Elles nous indiquent encore que, lorsque la lune échappe à nos regards, elle n'en existe pas moins pour cela, et poursuit toujours sa course en obéissant à de certaines lois invariables; elles nous font connaître que lorsque nous ne voyons qu'un léger filet argenté, le reste du disque lunaire existe dans son entier, mais se trouve dans l'ombre.

Nos lecteurs concevront sans peine toute la terreur qu'un pareil phénomène doit inspirer aux peuples qui ne savent à quoi attribuer la disparition subite de l'astre qui nous éclaire; ils doivent voir nécessairement dans une Eclipse de soleil quelque chose de surnaturel et de terrible, tandis qu'en réalité il n'y a dans ce phénomène rien que de très-simple; car ce n'est autre chose que l'effet produit par la main placée devant la bougie qui éclaire un salon. (C. J.)

ECOBULE. (BOT. PHAN.) On donne ce nom à l'*Aira cespitosa*, L., dans les départemens de l'Ouest de la France; cette plante est employée pour fixer les dunes. (GUÉR.)

ECONOME. (MAM.) Espèce du genre CAMPAGNOL. *V.* ce mot. (GUÉR.)

ECONOMIE RURALE. Ainsi que l'exprime l'étymologie grecque de ce mot, l'Economie rurale est la loi de la maison, ou l'art d'exploiter un domaine rural de manière à lui faire produire le plus de revenu net qu'il puisse donner sans épuiser le sol, sans viser à la quantité aux dépens de la qualité. C'est, en un mot, le résultat de la théorie et de la pratique étroitement unies; c'est l'application de la science à tout ce qui est du ressort de la maison ou du ménage des champs. L'Economie rurale exige de celui qui s'y livre beaucoup d'intelligence, et par-dessus tout un sens très-juste, pour donner à son administration la direction convenable à chacune de ses nombreuses parties, pour améliorer ses outils, ses procédés, pour varier ses produits selon que les besoins du moment le commandent, selon que les chances de la vente sont favorables, selon que les caprices de la vogue les sollicitent, mais toujours en ayant soin de calculer l'avenir, afin de ne point laisser de lacunes dans le service intérieur ni dans le profit. Il lui faut avoir l'œil à tout et partout, saisir ce qui est avantageux, éviter ou cesser ce qui devient onéreux : c'est faute de s'être exactement rendu compte de toutes leurs opérations, que des cultivateurs se sont ruinés en se berçant d'illusions, et en rêvant une fortune fallacieuse. Acquérez ce qui vous manque, défaites-vous du superflu, ne cédez point aux séductions du luxe, visez sans cesse à produire du bon, logez convenablement, payez exactement et sans lésine ceux que vous employez, ne vous créez point de besoins factices; économisez pour assurer un avenir à votre vieillesse et à votre famille, pour donner d'utiles connaissances à vos enfans, pour faire pénétrer l'instruction parmi les individus que vous prenez pour aides : la maison rurale doit respirer une douce aisance, et être l'asile du bon emploi du temps, des vertus civiques et privées, de la bonne foi, de l'ordre, de l'honneur, de l'économie bien entendue, de la franchise et de cette union que l'on est convenu d'appeler patriarcale. L'agriculture est alors réellement la source de la véritable prospérité des états, et du bien-être des familles.

(T. D. B.)

ÉCORCE, *Cortex*. (BOT. PHAN.) Les plantes acotylédonées et les monocotylédonées n'ont point d'Ecorce; parmi les végétaux hydrophytes ou marins, les Fucacées sont les seules qui présentent visiblement cet organe, quoique chez plusieurs son peu d'épaisseur, la petitesse des tiges et des rameaux le rendent insensible à l'œil inexpérimenté. D'un autre côté, les caractères sont différens et dépendent du milieu dans lequel les plantes vivent. Chez celles qui habitent les eaux, ayant une organisation à part, l'Ecorce des Fucacées a une organisation également *sui generis*, dont il sera question quand nous parlerons d'elles (*v.* au mot FUCACÉES). La véritable Ecorce, l'Ecorce proprement dite, appartient aux seules plantes dicotylédonées qui sont munies d'un tronc ligneux. Examinons-la très-attentivement : c'est un organe essentiel à leur constitution.

L'Ecorce est composée de plusieurs parties superposées que l'on désigne par des noms particuliers : la cuticule que d'autres appellent improprement *épiderme*, l'enveloppe herbacée, les couches corticales qui sont véritablement l'Ecorce et le liber.

1° La cuticule est cette membrane très-mince, lisse et quelquefois colorée qui recouvre extérieurement toutes les parties des végétaux, depuis et y compris la racine jusqu'à la dernière production de la ramille la plus faible; elle les défend du contact immédiat de l'air, entretient chez elles une douce fraîcheur, et, quoique susceptible de supporter une très-forte dilatation sans se rompre, on l'enlève assez facilement. Quand l'arbre est avancé en âge, elle se déchire, se crevasse, devient raboteuse; elle se détache chaque année par feuillets plus ou moins larges, plus ou moins enroulés sur les Bouleaux, les Platanes, et se régénère promptement.

2° L'enveloppe herbacée a beaucoup d'analogie avec la MOELLE (*v.* ce mot), dans son organisation et les fonctions qu'elle est appelée à remplir. Matière résineuse, humide, succulente, molle, spongieuse, verte chez presque tous les végétaux, elle prend un très-grand, un rapide développe-

ment dans quelques uns sous le nom de LIÉGE (*v.* ce mot), et est le foyer de la décomposition du gaz acide carbonique absorbé dans l'atmosphère par les extrémités aériennes de la plante. Le carbone va de ce foyer pénétrant à l'intérieur, tandis que l'oxygène, mis à nu, est rejeté à l'extérieur.

3° Après l'enveloppe herbacée viennent les couches corticales. Elles sont composées de mailles allongées, superposées les unes aux autres; les plus extérieures se montrent courtes, très-ouvertes, tandis que les plus intérieures sont longues et serrées; elles forment un étui fibreux, n'ayant qu'une seule couche sur les tiges de l'année, mais dont le nombre augmente à mesure que l'arbre avance en âge. Les couches corticales ont pour fonctions essentielles d'élaborer la substance gélatineuse, qui n'est autre que la substance organisatrice; elles se fendent, se criblent de gerçures, de crevasses, de rugosités, et deviennent l'asile d'une foule de cryptogames et d'insectes.

4° Par-delà les réseaux fibreux des couches corticales est le LIBER (*v.* ce mot), qui se change en bois et est appelé à augmenter la masse du corps ligneux, au moyen d'un suc viscoso-gélatineux connu sous le nom de CAMBIUM (*v.* ce mot).

Comme on le voit, l'Ecorce est, pour la végétation, la partie la plus importante des plantes, puisqu'elle contient éminemment tous les principes nécessaires à l'entretien de leur existence, puisqu'elle renferme les élémens reproducteurs, puisque c'est par elle que se ferment les plaies faites aux arbres, que les boutures prennent des racines, dont la production est favorisée par les nœuds qui s'y trouvent. C'est encore dans les vaisseaux de l'Ecorce que les sucs s'élaborent et que s'opèrent les sécrétions.

Voulez-vous des arbres d'une belle venue? donnez quelque attention à leur Ecorce, les accidens qui leur arrivent proviennent en grande partie de ceux que souffre l'Ecorce. Une transpiration trop abondante épuise la séve et rend les arbres languissans; tandis que son défaut épaissit les liquides, et met obstacle à leur libre circulation. Pour prévenir ces inconvéniens, enveloppez le tronc de vos arbres avec de la paille à l'exposition du midi durant les grandes chaleurs, et au nord lorsque soufflent les noirs frimas; enlevez les mousses, les lichens qui couvrent l'Ecorce, les nids d'insectes qui sont cachés dans ses crevasses où pullulent leurs nombreuses familles dévastatrices; choisissez pour ce travail le moment où la séve se met en mouvement.

Dans les usages économiques l'Ecorce joue un rôle remarquable. Celles du Chêne, *Quercus robur*, du Redoul, *Coriaria myrtifolia*, de deux espèces de Sumac, *Rhus coriaria et cotinus*, fournissent le tan si nécessaire pour donner au cuir de la souplesse, l'empêcher de se corrompre, pour l'affermir, le rendre imperméable à l'eau et le disposer à se prêter aux formes différentes que l'industrie veut lui imprimer. L'Ecorce du Mûrier, *Morus alba*, donne des fils soyeux, très-beaux, que je ferai connaître plus amplement en parlant de cet arbre, et je dirai ce qu'il faut faire pour en tirer un parti convenable (*v.* au mot MURIER). L'Ecorce du Tilleul, *Tilia europæa*, présente dans ses fibres un moyen de plus d'avoir des cordages excellens et de toutes les forces ; celle du Bouleau à canots, *Betula nigra*, sert dans le nord de l'Amérique à fabriquer des pirogues légères, que l'eau ne peut pénétrer ni attaquer ; celle du Genêt d'Espagne, *Spartium junceum*, sert à faire des toiles, des étoffes. On retire du papier des Ecorces du Fusain, *Evonymus europæus*, du Coudrier de Constantinople, *Corylus colurna*, du Broussonnétie, *Broussonnetia papyrifera*, et de plusieurs autres arbustes. L'Ecorce du Bois à dentelle, *Lagetta lintearia*, est composée de différentes couches que l'on prendrait pour un ouvrage fait à l'aiguille, tant elles offrent de régularité dans leurs mailles, dans leur dessin ; on en fait à Manille et aux Antilles des manchettes, des fichus, des garnitures de robes, de bonnets, etc. Le liége est produit par une espèce de Chêne qui habite nos départemens du midi et toutes les contrées méridionales de l'Europe, *Quercus suber*. C'est de l'Ecorce des Sapins, des Pins, des Mélèzes, du Lentisque que découlent la poix, la térébenthine, le mastic, etc.; d'autres fournissent des gommes, des résines, le stirax, le benjoin, l'encens, la sandaraque, etc.; d'autres des aromates, des parfums, et surtout de grandes ressources à l'art de guérir, telles sont les Ecorces du Quinquina, *Cinchona officinalis*, du Saule, *Salix alba*, du Sureau, *Sambucus nigra*, etc.; les unes assaisonnent et parfument nos alimens, telles sont la cannelle, le sassafras; les autres, en assez grand nombre, ajoutent à nos richesses tinctoriales.

L'absence ou la présence de l'Ecorce sur les arbres que l'on veut employer comme bois de construction, n'est pas indifférente à la qualité des poutres et chevrons qu'ils auront à fournir. Vitruve aux premiers âges de l'ère vulgaire, et John Evelyn à la fin du dix-septième siècle, annoncèrent que les gros arbres privés de leur Ecorce, quand ils demeuraient sur pied et durant la révolution de la séve, acquéraient plus de force, de dureté et une plus longue durée. Cette découverte importante frappa Buffon, il entreprit de la vérifier par une suite d'expériences, de la mettre dans tout son jour et d'en rendre les avantages tellement irrésistibles qu'on devrait désormais l'adopter. De Malesherbes et surtout Varennes de Fenilles ont non seulement augmenté la masse des faits à l'appui de cette pratique, mais ils l'ont encore éclairée d'une foule d'observations du plus haut intérêt. (V. ce que j'ai dit plus haut, pag. 490 et 491, au mot DÉCORTICATION.)

J'ajouterai que l'écorcement est nuisible à la production des jeunes souches dans les taillis ; elles cessent tout à coup de végéter ou du moins pour le plus grand nombre elles donnent dès lors tous les signes d'une langueur désespérante ; mais il en est autrement des futaies ; on peut, on doit écorcer les baliveaux et les arbres dits de service.

Plus un arbre est vieux lorsqu'on l'abat, moins sa souche épuisée peut produire ; ainsi, soit que l'on écorce ou non, les souches des arbres de service fourniront peu, lorsqu'on aura attendu le temps de la vieillesse de ces arbres pour les abattre. A l'égard des troncs de moyen âge, qui laissent ordinairement à leur souche la force de reproduire, la décortication ne la détruit pas, pourvu qu'ils puissent jouir de l'influence de l'air, si nécessaire pour leur accroissement.

Une attention qu'il faut avoir, c'est d'attendre pour cette opération le temps de la plus grande séve ; les canaux étant plus ouverts, la force de succion plus puissante, les liqueurs coulent plus aisément, circulent plus librement, et par conséquent les tuyaux capillaires conservent plus longtemps leur besoin d'attraction. Il y a donc avantage pour le végétal ; celui du cultivateur est aussi certain. L'écorcement fait à cette époque est rapide : un seul homme peut en moins de deux heures enlever de haut en bas toute l'Ecorce d'un grand arbre ; en tout autre temps, l'opération est longue, difficile et d'un résultat médiocre.

Dans le langage vulgaire on s'est servi fort longtemps du mot Ecorce pour désigner certains arbres ou l'emploi que l'on en faisait. Ces mots sont demeurés dans la pharmaceutique, dans le commerce, dans les narrations des voyageurs ; il est donc bon de connaître les principales de ces dénominations.

ECORCE CARYOCOSTINE, c'est la même que celle de la cannelle blanche.

ECORCE D'ANGELINA. Arbre indéterminé des Antilles, où l'Ecorce est employée avec succès comme excellent vermifuge.

ECORCE D'ANGUSTURA. Nom communément donné à l'Ecorce du CUSPARÉ (*v.* ce mot), et au *Brucera antidysenterica* de la Floride, ainsi qu'au *Strychnos colubrina*.

ECORCE DE GIROFLE. La cannelle giroflée.

ECORCE DE LAVOLA, fournie par la Badiane anis étoilé, *Illicium anisatum*.

ECORCE DE MAGELLAN. Nom donné par le voyageur Winter, en 1579, à la même Ecorce que l'Ecluse a depuis appelée de son nom, et que l'on ne connaît bien que depuis 1768.

ECORCE DE MASSOY. L'arbre qui la porte n'est point encore connu; l'on sait seulement qu'il existe dans la Nouvelle-Guinée, et que son Ecorce a un peu l'aromate de la cannelle. Les naturels du pays s'en servent, broyée et réduite enpâte, pour s'abriter la peau contre le froid et la pluie.

ECORCE DE POGGEREBA. Vogel et Murrai parlent de cette Ecorce comme provenant d'Amérique et propre à arrêter les dysenteries, les flux hépatiques, etc. On la connaît depuis 1758, et cependant on ne sait encore à quelle espèce d'arbre on doit la rapporter.

ECORCE DE WINTER. Provient de la Drymide aromatique, *Drymis Winteri*, arbre des côtes Magellaniques, qui sont situées entre le 56° et le 45° degré de latitude méridionale. Cette Ecorce a long-temps été confondue avec la cannelle blanche ; on a depuis reconnu leurs différences. L'E-corce de Winter nous arrive en fragmens roulés, quelquefois aplatis, plus ou moins compactes, ridés, d'un jaune rouge en dessus, moins colorés en dessous. Son odeur aromatique est analogue à celle du girofle ; sa saveur est, comme celle des baies, piquante et brûlante ; elle est éminemment antiscorbutique ; mais on la remplace avec avantage en recourant au suc exprimé de la Fumeterre, *Fumaria officinalis*, de la Roquette sauvage, *Brassica erucastrum*, du Pétasite, *Tussilago petasites*, etc. (*V.* au mot DRYMIDE.)

ÉCORCE DU PÉROU. C'est le nom primitivement donné à toutes les Ecorces des diverses espèces de QUINQUINA, *Cinchona*. *V.* ce mot.

ÉCORCE ÉLEUTHÉRIENNE. Certains botanistes désignent sous ce nom la Cascarille, *Croton cascarilla*, qui nous vient de la Jamaïque, et dont l'Ecorce aromatique répand, lorsqu'on la brûle, une odeur agréable, et que la médecine emploie comme fébrifuge. D'autres l'attribuent à une seconde espèce du même genre à laquelle Swartz et Wildenow ont donné le surnom de *Croton eleutheria*.

ÉCORCE SANS PAREILLE. Un des noms imposés par l'enthousiasme à la Drymide aromatique, *Drymis Winteri*.

Chez les marchands de coquilles on trouve, sous le nom d'ÉCORCE DE CITRON, une espèce du genre Cône, le *Conus citreus* ; et, sous celui d'ÉCORCE D'ORANGE, une autre espèce, le *Conus aurantiacus*.

(T. D. B.)

ÉCORCHÉ. (MOLL.) Les marchands donnent ce nom au *Conus striatus*.

ÉCORCHEUR. (OIS.) Nom d'une espèce du genre PIE-GRIÈCHE. *V.* ce mot.

ÉCOSSE. (GÉOGR. PHYS.) L'Écosse, avec l'Angleterre proprement dite et l'Irlande, compose ce qu'on appelle le Royaume-Uni de la Grande-Bretagne : elle s'étend du 4e au 9e degré de longitude occidentale du méridien de Paris, et du 55e au 59e degré de latitude. Sa surface est montagneuse, et c'est dans son sein que prennent naissance les petites chaînes de montagnes qui parcourent le Royaume-Uni ; ainsi le *chaînon septentrional* s'étend au nord du canal calédonien dans les comtés d'Inverness, de Ross, de Sutherland, etc. Son point culminant est le *mont Vevis*, haut de 582 toises, dans le comté de Ross : le *chaînon des Grampians* s'étend entre le canal calédonien, la Clyde et le Forth : son point culminant, haut de 682 toises, le *Bein Nevis*, est situé dans le comté d'Inverness : enfin les *monts Cheviots* séparent l'Angleterre de l'Écosse, et étendent divers rameaux sur l'un et l'autre de ces pays.

Les principales rivières de l'Écosse sont le *Tweed*, dont le cours inférieur sert de limite entre l'Angleterre et l'Écosse ; le *Forth*, qui donne son nom au golfe où il vient se jeter dans la mer du Nord ; le *Tay*, qui traverse le lac de May et vient se jeter dans le lac du Tay ; et la *Clyde*, qui se jette dans la mer d'Irlande après avoir arrosé l'industrielle Glascow.

Nous renvoyons nos lecteurs à l'article ILES BRETANNIQUES pour plus amples renseignemens. (C. J.)

ÉCOSSE (NOUVELLE). (GÉOGR. PHYS.) Cette presqu'île de la Nouvelle-Bretagne, dans l'Amérique septentrionale, est située entre 43 degrés 30 minutes et 45 degrés 54 minutes de latitude au nord de l'équateur, et entre 63 degrés 10 minutes et 68 degrés 30 minutes à l'ouest du méridien de Paris. Elle est bornée au nord-ouest par la baie de Fundy et par le Nouveau-Brunswick, auquel elle est unie par un isthme de 7 lieues de largeur ; au nord elle est baignée par les eaux du détroit de Northumberland qui la sépare de l'île du Prince Édouard, au nord-est par le détroit de Canseau, qui la sépare de l'île du cap Breton, et sur ses autres points par l'océan Atlantique. Sa longueur du sud-ouest au nord-est est de plus de 90 à 100 lieues, et sa largeur de 10 à 35. Sa superficie est de 1820 lieues.

De tous côtés elle est profondément découpée par un grand nombre de golfes et de baies. Sa partie septentrionale est couverte de montagnes assez élevées ; au sud il n'y a que des collines ; près des côtes le sol est sablonneux et aride, et dans l'intérieur argileux et fertile.

La constitution géognostique de cette péninsule annonce partout des terrains appartenant à l'époque secondaire. On y trouve du cuivre, du fer, de la houille, du gypse et du calcaire servant de pierre de taille.

Ses rivières ne sont pas d'une grande étendue, mais elles sont assez profondes pour que les navires puissent généralement les remonter pendant l'espace de 10 lieues. Les principales sont l'*Annapolis*, le *Liverpool*, le *Pigaquid* et le *Shubenacadie*, qui sort d'un lac du même nom qui a 7 lieues de longueur : c'est un des plus considérables de la contrée.

Cette presqu'île est exposée à des marées d'une hauteur prodigieuse : elles varient de 24 à 60 et même 70 pieds. Son aspect est généralement âpre et sévère ; cependant elle renferme quelques coteaux rians et fertiles, principalement autour de la baie de Fundy et sur le bord des rivières qui s'y jettent. Lorsqu'elle commença à être colonisée, elle n'offrait qu'un sol marécageux et humide, que l'agriculteur a su rendre fertile. Les forêts qui couronnent ses hauteurs sont en général composées de pins, de sapins et de bouleaux qui fournissent au commerce du goudron et de la térébenthine.

En 1828 sa population se composait de 124,000 individus, savoir, 63,700 hommes, et 60,300 femmes ; mais cette population est destinée à s'accroître assez rapidement, s'il est constant, comme les renseignemens officiels semblent le prouver, qu'il y a deux fois plus de naissances que de décès.

Ainsi que nous l'avons dit ailleurs, cette petite portion de l'Amérique a eu son Colomb et son Vespuce : en 1497 l'Anglais Sébastien Cabot la découvrit, mais le Florentin Verazzani qui y aborda en 1524 la nomma *Acadie*. Ce ne fut qu'en 1598 que Guillaume-Alexandre de Neustrie, à qui Jac-

ques Ier

ques Ier l'avait cédée, lui donna le nom de *Nouvelle-Écosse*, qui lui est définitivement resté. (J. H.)

ÉCOSSONNEUX. (ois.) Nom vulgaire du Bouvreuil et du Pic-vert.

ÉCOUFLE ou ESCOUFLE. (ois.) Noms vulgaires du Milan. (Guér.)

ECPHIMOTE, *Ecphimotes*. (rept.) Ce mot, dont on ne s'explique pas très-bien l'étymologie, sert à désigner un genre de Sauriens voisin des Marbrés ou Polychres; ils ont comme eux la tête couverte de plaques; des écailles imbriquées, rhomboïdales, petites, carénées sur tout le corps; des pores au côté interne des cuisses ; des dents comprimées aux mâchoires et au palais; la langue épaisse, entière, fongueuse à sa surface, libre et légèrement extensible; le tympan visible à l'extérieur; mais la forme générale de leur corps est moins comprimée que chez ces genres et elle se rapproche davantage de celle du corps des Agames; la queue, également grêle, est plus courte, et les écailles qui la revêtent sont plus dilatées. Le type de ce groupe est l'Ecphimote a collier, *Tropidurus torquata*, *Agama tuberculata nigricollis*, cendré en dessus avec des gouttelettes blanchâtres irrégulièrement dispersées sur les parties supérieures, une tache noire en forme de demi-collier sur la nuque.

Cette espèce atteint la taille de nos geckos, c'est-à-dire quatre à cinq pouces de longueur pour le corps; la queue prend à peu près la même dimension; le corps devient un peu plus gros que le pouce. Cette espèce se trouve au Brésil. Ses habitudes sont peu connues. Comme celle de tous les sauriens, sa morsure est parfaitement innocente. (T. C.)

ÉCREVISSE, *Astacus*. (crust.) Genre de l'ordre des Décapodes, famille des Macroures, tribu des Homards, ayant pour caractères, suivant Latreille, quatre antennes insérées presque sur la même ligne, les intermédiaires terminées par deux filets; pédoncule des latérales nu avec des saillies en forme d'écailles ou de dents; les six pieds antérieurs terminés par une pince à deux doigts; pièce extérieure des appendices natatoires du bout de la queue divisée en deux parties. Ce genre a été établi par Gronovius, aux dépens des *Cancer* de Linné; il embrassait primitivement tous les crustacés décapodes brachyures, à l'exception des Hippes; mais après il a subi de grands changemens; d'abord Fabricius le décomposa pour en extraire les genres Pagure, Galathée, Scyllare. Daldorff fit ensuite plusieurs travaux sur les crustacés; Fabricius en tira parti et restreignit davantage les Ecrevisses en établissant de nouveaux genres sous les noms de Palinure, Palœmon, Alphée, Pénée et Crangon. Enfin, dans ces derniers temps, le docteur Leach forma encore aux dépens des Ecrevisses le genre Néphrops. Ce genre, ainsi réduit, ne comprend plus maintenant qu'un très-petit nombre d'espèces, les unes marines, les autres fluviatiles. Parmi elles on remarque surtout l'Ecrevisse de rivière, dont tous les auteurs ont parlé depuis Aristote, *Astacus fluviatilis*, ou le *Cancer as-*

tacus de Linné et le *Cancer fluviatilis* de Rondelet, espèce qui a été décrite avec beaucoup de soin et figurée par Rœsel (Ins. t. iii, tab. 54-61.) Les antennes extérieures sont aussi longues que le corps, sétacées, multi-articulées, supportées par un pédoncule formé de très-gros articles dont le premier est pourvu vers son extrémité et en dehors d'une petite écaille découpée, garnie de pointes et de poils sur les bords; les intérieures sont bifides, multi-articulées, sétacées et portées sur un pédoncule tri-articulé simple. Les pieds-mâchoires extérieurs sont longs, avec leurs deux premiers articles garnis de cils raides et de petites épines sur leur côté interne. Les mâchoires de la seconde paire sont découpées en six lanières : les mandibules sont très-fortes et dentelées sur leur bord interne. Les pattes antérieures ou serres sont inégales, très-longues et fort grosses, ayant la main et le carpe plus ou moins tuberculeux et épineux ; les pieds de la seconde et de la troisième paire sont allongés, minces, terminés par de petites pinces dont le doigt externe est mobile; ceux des quatrième et cinquième paires finissent par un article ou ongle simple, pointu et crochu; la carapace est allongée, demi-cylindrique, terminée en avant par un rostre plus ou moins allongé, épineux et non comprimé; tronquée en arrière et marquée dans son milieu d'un grand sillon transversal derrière la région stomacale. L'abdomen, qu'on nomme improprement la queue, est très-développé et formé par six anneaux très-convexes en dessus et légèrement roulés en dessous. Des muscles nombreux et puissans lui impriment des mouvemens robustes; ces muscles forment deux masses distinctes, l'une supérieure et l'autre inférieure. L'abdomen est pourvu en dessous de parties remarquables qu'on retrouve dans la plupart des crustacés; ce sont des filets, sortes de pattes rudimentaires qui varient en nombre et en figure dans les deux sexes. Ils sont mobiles à leur base; l'Ecrevisse les fait flotter dans l'eau en les agitant d'avant en arrière comme de petites nageoires. La femelle en a quatre, placés sur le second, le troisième, le quatrième et le cinquième anneau. Ils se ressemblent tous, et sont composés chacun d'une tige aplatie, cartilagineuse, qui jette deux branches dont la postérieure est divisée en deux portions par une articulation mobile; les deux branches sont également mobiles sur la tige à laquelle elles sont unies, de sorte que ces filets se meuvent avec la plus grande facilité. Ces branches sont garnies de longs poils barbus auxquels l'Ecrevisse attache ses œufs. Le mâle offre aussi des filets abdominaux; mais ceux du second anneau diffèrent sensiblement des mêmes filets chez la femelle. Les mâles portent encore au dessous du premier anneau de l'abdomen deux autres parties qu'on ne voit pas sur la femelle et qui, mobiles à leur base et présentant là une articulation, s'appliquent, dans l'inaction, sur le sternum entre les pattes, et ressemblent à des tiges un peu aplaties, droites, d'un blanc bleuâtre et de substance cartilagineuse; leur moitié antérieure est courbée et roulée sur elle-même longitudinalement, de manière à former une sorte de tuyau. Ces appendices singuliers, sur l'usage desquels l'observation n'a encore rien appris, pourraient bien être des organes copulateurs : l'abdomen est terminé par cinq pièces plates, minces et ovales, en forme de feuilles. La pièce intermédiaire ou inférieure n'est autre chose que le dernier anneau abdominal, et les deux prolongemens latéraux sont les appendices de l'anneau qui précède. Ces parties sont un véritable appareil de natation, au moyen duquel l'Ecrevisse donne, en les dirigeant vers la tête, des coups réitérés dans l'eau. Il en résulte naturellement une natation en arrière ou à reculons. L'abdomen est percé postérieurement et à sa face inférieure par l'anus.

L'anatomie interne des Ecrevisses présente quelques traits d'organisation assez curieux que nous allons parcourir en empruntant à Rœsel et à Cuvier les principaux détails. L'estomac, situé en quelque sorte dans la calotte calcaire qui le recouvre, est formé de membranes fortes et assez épaisses ; il est muni inférieurement de trois dents écailleuses, pointues, supportées par un appareil remarquable que M. Geoffroy St-Hilaire a décrit et représenté avec soin. Ce savant anatomiste retrouve dans l'estomac des pièces analogues à celles qui composent la tête des animaux vertébrés, et il ramène ainsi à un type connu une organisation aussi anomale en apparence. C'est principalement sur l'Ecrevisse de mer ou le Homard qu'il a fait ses diverses recherches. Le grand intestin part de l'estomac ; il est situé dans l'abdomen et s'ouvre à l'anus. Cuvier, dans un Mémoire sur la nutrition des insectes, donne une description exacte de la structure et des fonctions du foie de l'Ecrevisse ; suivant lui, les vaisseaux biliaires de ce foie sont très-développés, et leur fonction n'est point équivoque : on sait en général que le foie est plus volumineux dans les animaux aquatiques à sang rouge que dans les terrestres, et il paraît que la même loi existe pour ceux à sang blanc. Les vaisseaux biliaires des Ecrevisses sont donc très-gros, au nombre de plusieurs centaines, et disposés en deux grosses grappes dont les vaisseaux excréteurs communs forment les tiges. Ils s'insèrent tous contre le pylore et y versent une liqueur épaisse, brune et amère. Leurs parois sont colorées d'un jaune foncé et paraissent d'une texture très-spongieuse. Ce sont eux qui forment la plus grande partie de ce qu'on nomme la farce dans les Etrilles, les Homards et autres grandes espèces que l'on mange communément, et l'humeur qu'ils produisent communique à cette farce l'amertume plus ou moins forte qu'on y remarque. Cuvier (*loc. cit.*) s'exprime de la manière suivante à propos de la respiration et de la circulation : Les Ecrevisses et les Monocles n'ont aucune trachée, et ce sont précisément ceux chez lesquels on trouve un cœur ou du moins un organe de structure semblable. Il faut pourtant observer qu'il n'existe peut-être pas entre eux et les autres insectes une différence aussi grande qu'on le croirait d'abord ; ils ont, à chaque côté du corselet, des paquets de vaisseaux capillaires rangés d'une manière très-régulière sur deux des faces de certains corps en forme de pyramides triangulaires ; toutes ces pyramides sont comprimées et dilatées alternativement par le moyen de quelques feuillets membraneux que l'Ecrevisse meut à volonté. Mes essais d'injection, poursuit Cuvier, m'ont bien permis de porter la liqueur de ces branchies vers le cœur ; mais je n'ai pu la diriger en sens contraire ; tandis que, du cœur, on peut la faire parvenir par tout le corps, au moyen de vaisseaux nombreux et très-visibles dans certaines espèces, notamment dans le Bernard-l'Hermite, où ils sont colorés en blanc opaque. S'il se trouvait, par des recherches ultérieures, qu'il n'y eût ni second cœur ni trou commun veineux, qui, devenant artériel, portât le sang aux branchies par une opération à peu près inverse de celle qui a lieu dans les poissons ; alors on pourrait croire que les branchies ne font autre chose qu'absorber une partie du fluide aqueux et le porter au cœur, qui le transmettrait à tout le corps. Ce prétendu cœur et ces vaisseaux ne seraient donc, en dernière analyse, qu'un appareil respiratoire, qui ne différerait de celui des insectes ordinaires que par cet organe musculaire qu'il aurait reçu de plus, et on concevrait aisément la raison de cette différence, attendu que la substance respirée étant sous la forme liquide, et ne pouvant se précipiter, comme l'air le fait, dans les trachées par l'effet de son élasticité, il lui fallait un mobile étranger qui est cet organe qu'on a pris pour un cœur. Quant à la nutrition proprement dite, elle se fait exactement comme dans les insectes ordinaires et dans les zoophytes, c'est-à-dire par une simple imbibition.

Les organes générateurs mâles de l'Ecrevisse, situés sur le thorax, se composent de testicules divisés en trois parties, deux en avant et une plus grosse en arrière. D'autres vaisseaux blancs, tortueux, très-développés et turgescens à l'époque de l'accouplement, ont été regardés comme les vaisseaux séminifères ; ils remplissent un assez grand espace, occupent les côtés et la partie postérieure du cœur ; l'appareil de la femelle consiste en deux ovaires occupant les côtés du corps et divisés comme les testicules en trois portions. A l'époque de la ponte, ils sont allongés et très-distendus par les œufs. Ils aboutissent au premier article de la troisième paire de pattes. L'accouplement des Homards, et, par analogie, celui des Ecrevisses, se fait, à ce qu'il paraît, à la manière de quelques mouches, c'est-à-dire ventre à ventre. Le mâle attaque la femelle qui se renverse sur le dos, et le couple amoureux s'enlace alors étroitement à l'aide des pattes. La ponte a lieu deux mois après ; elle est assez abondante, et l'on compte quelquefois vingt, trente œufs et même davantage. Ceux-ci sont fixés aux filets mobiles qui garnissent la queue, à l'aide d'un pédicule, sorte de tuyau membraneux, flexible, élargi à sa base et qui paraît être la continuation de l'enveloppe la plus extérieure de l'œuf. Les femelles portent ces espèces de grappes jusqu'à la naissance des petits, qui, d'abord très-mous, trouvent sous le ventre de leur mère un refuge assuré contre les dangers, et n'abandonnent cet abri que lorsque leur test, plus consistant, peut les protéger. Les Ecrevisses renouvellent leur enveloppe tous les ans entre le mois de mai et le mois de septembre. Réaumur a décrit avec soin cette espèce de mue. Quelques jours avant le dépouillement de leur peau, dit cet auteur, les Ecrevisses cessent de prendre de la nourriture ; alors, si on appuie le doigt sur l'écaille, elle plie, ce qui prouve qu'elle n'est pas soutenue par les chairs. Quelque temps avant l'instant de la mue, l'Ecrevisse frotte ses pattes les unes contre les autres, se retourne sur le dos, replie et étend sa queue à différentes fois, agite ses antennes et fait d'autres mouvemens dans le but sans doute de détacher sa peau pour la quitter ; elle gonfle son corps, et il se fait entre le premier anneau de l'abdomen et la carapace qui s'étend depuis elle jusqu'à la tête, une ouverture qui met à découvert le corps de l'Ecrevisse. Il est d'un brun foncé, tandis que la vieille écaille est d'un brun verdâtre. Après cette rupture, l'animal reste quelque temps en repos ; ensuite il fait différens mouvemens et gonfle les parties qui sont sous la carapace. La partie postérieure de celle-ci est bientôt soulevée, et l'antérieure ne reste attachée qu'à l'endroit de la bouche ; alors il ne faut plus qu'un demi-quart d'heure ou un quart d'heure pour que l'Ecrevisse soit entièrement dépouillée ; elle tire sa tête en arrière, dégage ses yeux, ses antennes, ses pinces et successivement toutes ses pattes. Les deux premières, ou les serres, paraissent les plus difficiles à dégaîner, parce que la dernière des cinq parties dont elles sont composées est beaucoup plus grosse que l'avant dernière ; mais on conçoit aisément cette opération, quand on sait que chacun de ces articles écailleux qui forment chaque partie est divisé en deux pièces longitudinales qui s'écartent l'une de l'autre, dans le temps de la mue, lorsque l'animal leur fait violence. Enfin l'Ecrevisse se retire de dessous sa carapace, et aussitôt elle se donne brusquement un mouvement en avant, étend la queue et se dépouille de ses anneaux. C'est ainsi que se fait l'opération de la mue, qui est si violente que plusieurs Ecrevisses en meurent, surtout les plus jeunes ; celles qui résistent sont très-faibles. Après la mue les pattes sont molles, et l'animal n'est recouvert que d'une membrane ; mais en deux ou trois jours, et quelquefois en vingt-quatre heures, cette membrane devient une nouvelle enveloppe, aussi dure que l'ancienne. Il est important à l'Ecrevisse que la nouvelle peau se durcisse bientôt ; car si elle était rencontrée par d'autres Ecrevisses, n'étant plus défendue par son écaille, elle ne manquerait pas de devenir leur proie ; c'est pourquoi aussi, lorsqu'elle est prête à muer, elle cherche une retraite dans les trous et d'autres endroits où elle puisse être à l'abri du danger. Dans la suite, le nouveau test ne devient ni plus dur, ni plus épais, ni plus grand, de sorte que l'Ecrevisse, qui augmente de volume chaque année, étant gênée dans son enveloppe, est contrainte d'en sortir. Chez les Ecrevisses prêtes à muer, on trouve constamment sur les côtés de l'estomac deux corps calcaires connus vulgairement sous le nom d'yeux d'Ecrevisses, à cause de leur figure arrondie ; ces deux pièces disparaissent pendant la mue, et on ne les trouve plus dans les espèces qui ont éprouvé ce changement. L'opinion des auteurs a beaucoup varié sur l'usage de ces parties. Geoffroy a cru qu'elles servaient, ainsi que la membrane du vieil estomac, pour nourrir l'Ecrevisse durant la mue. Mounsey présente une observation analogue, et il pense avec Réaumur, qu'étant dissoutes dans l'estomac, elles servent à la formation ou au durcissement de la nouvelle enveloppe. Au contraire, Rœsel, n'admettant pas l'opinion de Réaumur, croit que l'Ecrevisse se décharge de ces pièces en entier dans le temps qu'elle se dépouille de son test, et qu'elles ne se dissolvent ni ne diminuent dans son corps en aucune manière. Quant à ce dernier fait, il paraît cependant constant, et l'opinion de Réaumur, quoiqu'elle soit susceptible d'objection, est encore plus admissible que celle de Rœsel qui pense que les yeux d'Ecrevisses pourraient bien être l'assemblage ou le résidu de différentes parties internes de l'Ecrevisse.

Les Ecrevisses présentent un autre fait non moins remarquable ; c'est la faculté qu'ont les pattes, les antennes et les mâchoires de repousser après leur amputation, sans qu'on puisse, dans l'état actuel de la science, expliquer convenablement ce phénomène. Réaumur a le premier tenté des expériences sur cet objet. Il nous a appris que, si l'on casse dans la jointure d'une articulation la patte d'une Ecrevisse, on aperçoit, un ou deux jours après, une espèce de membrane légèrement rouge qui recouvre les chairs. Cinq jours plus tard, cette membrane fait saillie et paraît renflée, puis elle devient conique, s'allonge de plus en plus, se déchire et laisse voir une jambe molle qui croît en grosseur et en longueur et se recouvre d'une enveloppe solide. Un fait bien digne de fixer l'attention, c'est qu'il ne naît à chaque jambe que ce qu'il faut précisément pour la compléter.

Personne n'ignore l'usage alimentaire des Ecrevisses. On employait autrefois en médecine, comme absorbant, les pièces calcaires connues sous le nom d'yeux d'Ecrevisses ; mais, la raison ayant fait justice de ce médicament ridicule, elles ne sont maintenant d'aucun usage, et ont été remplacées par le carbonate de magnésie. La pêche de l'Ecrevisse se fait de diverses manières : d'abord avec un filet que l'on suspend le soir au dessous d'un morceau de chair putréfiée. Les Ecrevisses sont attirées quelquefois en grand nombre par cet appât. On met aussi quelquefois de la viande dans un fagot menu que l'on retire lorsque les Ecrevisses ont pénétré de toutes parts entre les branches du bois. Plusieurs personnes emploient des baguettes fendues ; on met dans la fente un appât et on les place dans les lieux où les Ecrevisses sont abondantes. Celles-ci ne tardent pas à s'attacher à l'appât ; on retire ensuite les baguettes avec beaucoup de précaution et on glisse sous chacune d'elles un panier. A peine sortie de l'eau, l'Ecrevisse abandonne le corps qu'elle dévorait, et tombe dans le panier. On prend aussi les Ecrevisses à la main, dans leurs trous ; on les pêche aussi au flambeau.

Ce genre présente plusieurs espèces remarquables parmi lesquelles on doit distinguer l'Ecrevisse de rivière, *Astacus fluviatilis*, Fab. (représentée dans notre Atlas, à la planche qui accompagne l'article Crustacés), elle a les pinces antérieures chagrinées et finement dentelées au bord interne des mordans. Le museau a une dent de chaque côté, et deux à sa base ; les bords latéraux des segmens de la queue forment un angle aigu. Des circonstances accidentelles font varier sa couleur, qui est ordinairement d'un brun verdâtre. M. Guérin, dans l'Iconographie du Règn. anim. de Cuvier, Cr., pl. 19, fig. 2, a représenté une variété de cette espèce qui est remarquable en ce que, au lieu d'être d'un brun ordinaire, elle est d'un beau bleu cobalt. L'Ecrevisse de rivière se trouve dans les eaux douces de l'Europe ; elle se tient sous des pierres ou dans des trous, et n'en sort que pour chercher sa nourriture, qui consiste en petits mollusques, en petits poissons et en larves d'insectes. Elle se nourrit aussi de chairs corrompues, de cadavres, de quadrupèdes flottant dans l'eau. La durée de sa vie s'étend au-delà de vingt ans, et sa taille s'accroît à proportion. On préfère celles qui vivent habituellement dans les eaux vives et courantes. On trouve sur leurs branchies une annélide parasite, observée depuis long-temps par Rœsel, mais qu'on ne connaissait qu'imparfaitement avant les recherches de M. Odier.

L'Ecrevisse homard, *Astacus marinus*, Fab., *Cancer gammarus*, Lin., *Astacus marinus*, Denn. Carapace unie, terminée antérieurement par un rostre tridenté de chaque côté, avec une double dent à sa base supérieure ; pinces très-grosses, inégales, l'une ovale, avec des dents fortes et mousses, l'autre plus petite, allongée, avec des petites dents nombreuses ; bords des segmens de l'abdomen obtus ; couleur brune verdâtre, avec les filets des antennes rougeâtres. Cette espèce, qui a jusqu'à un pied et demi de longueur, se trouve sur les côtes de l'Océan, de la Manche et de la Méditerranée. Elle se tient dans les lieux remplis de rochers à une profondeur peu considérable, dans le temps de la ponte, qui a lieu vers le milieu de l'été. Sa chair est très-estimée. Les eaux douces de l'Amérique septentrionale nous offrent une autre espèce, l'Ecrevisse de Barton, et dont Bosc nous a donné une figure (Hist. nat. des Crust., II, xi : 1), une autre du même pays habite ces rivières, et leur nuit beaucoup, au témoignage de M. Le Comte, un des naturalistes des États-Unis.

L'Ecrevisse norwégienne, *Ast. norwegicus*, Fab. Cette espèce est le genre Nephrops du docteur Leach. *V.* ce mot. (H. L.)

ECRITURE. (moll.) Ce nom et celui de Coquilles écrites ont été donnés par les marchands à des coquilles de différens genres qui présentent des traits imitant plus ou moins des caractères.
(Guér.)

ECROUELLE. (crust.) Nom vulgaire du Cancer pulex, Lin. *V.* Crevette. (Guér.)

 ECROUISSEMENT. (chim.) Propriété qu'ont certains métaux de devenir plus durs, plus denses et plus élastiques lorsqu'on les bat à froid pendant un temps suffisant. (F. F.)

ECTOSPERME, *Ectosperma*. (bot. crypt.) Genre parfaitement décrit par Vaucher, que l'on a confondu, à tort, avec les Conferves, que l'on a voulu, à tort également, rapprocher des Ulvacées tubuleuses ; il a pour caractères : des filamens simples ou rameux, tubuleux, absolument inarticulés, plus ou moins transparens, remplis ordinairement d'une substance verte, analogue à celle qui colore les charagnes, et la plupart des plantes aquatiques ; et pour fructification, des capsules extérieures en tube, ovales ou arrondies, sessiles ou pédicellées, solitaires ou réunies en plus ou moins grand nombre, opaques et remplies de corpuscules graniformes.

Les Ectospermes sont plus ou moins rudes au toucher, disposés, soit en gazons, soit en touffes arrondies, soit enfin en nappes au fond des bassins des eaux vives ; leur couleur est généralement d'un vert assez foncé.

Il n'est pas rare de voir quelques espèces d'Ectospermes continuer à croître là où les eaux qui les recouvraient se sont évaporées. Elles forment alors, soit sur la vase, soit sur les parois des fossés ou des rochers humides, des masses plus ou moins pressées, plus ou moins compactes, qui ont une couleur d'un vert soyeux et l'aspect d'une éponge. D'autres fois, les extrémités de leurs filamens s'entrecroisent, se mêlent d'une manière assez inextricable, et constituent en quelque sorte des coussinets à surface assez rude.

Les Ectospermes fructifient tantôt vers la fin de l'automne, tantôt dans les premiers jours du printemps. On a classé en plusieurs groupes les dix-huit ou vingt espèces connues. Dans le premier groupe, ou Ectospermes à capsules solitaires, obovales, latérales, épaisses et entièrement nues, se trouvent :

1° L'Ectosperme dichotome, *Ectosperma dichotoma*, de N., ou *Conferva dichotoma*, de L., espèce la plus commune de tout le genre, dont les extrémités sont très-obtuses, la grandeur assez forte, et qui abonde dans toutes les eaux.

2° L'Ectosperme trichotome, *Ectosperma trichotoma*, de N., espèce qui ressemble à la précédente par sa couleur, son aspect et sa consistance, dont les rameaux, au lieu de se fourcher, se partagent toujours en trois, et qui paraît être originaire des canaux de l'Egypte.

Dans le deuxième groupe, ou Ectospermes à capsules sessiles, rondes, latérales, solitaires ou géminées, et accompagnées d'un appendice bractéiforme, on ne cite qu'une espèce, l'Ectosperme hétéroclite, *Ectosperma heteroclita*, de N., qui est très-commun dans nos mares.

Dans le troisième, Ectospermes à capsules solitaires et pédicellées, les espèces ont le pédicule qui supporte la fructification, simple, fourchu ou accompagné de ramicules bractéiformes. Les principales sont : les *Ectosperma ovata, hamata, terrestris*, etc.

Dans le quatrième, Ectospermes à capsules sessiles, géminées, opposées vers l'extrémité de l'appendice qui les supporte, les espèces les plus remarquables sont : les *Ectosperma geminata, cespitosa, cruciata*, etc.

Dans le cinquième, Ectospermes à capsules groupées en plus ou moins grand nombre sur des appendices bractéiformes, soit sessiles, soit stipités, les espèces sont : les *Ectosperma racemosa, multicornis, multicapularis*, etc.

Enfin, dans le sixième, Ectospermes à capsules ovoïdes, terminales, à rameaux terminés en petites massues, il n'y a qu'une seule espèce, l'*Ectosperma clavatela*. (F. F.)

ECUEILS. (GÉOGR. PHYS.) On appelle Ecueils, en géographie, des rochers sous-marins, dont les sommets s'élèvent à fleur d'eau, et offrent de grands dangers pour les vaisseaux qui les approchent. Tous les Ecueils connus et qui sont de quelque importance, sont indiqués sur les cartes marines au moyen de petites étoiles * * *, dont la disposition fait connaître la forme et l'étendue du danger. (C. J.)

ÉCUELLE D'EAU. (BOT. PHAN.) Nom vulgaire de l'*Hydrocotyle vulgaris*, Lin. (GUÉR.)

ÉCUME DE MER. (ZOOL. BOT.) On désigne ainsi sur nos côtes un composé de plantes marines et de polypiers que les vagues jettent sur le rivage. On s'en sert pour engraisser les terres.

ÉCUME DE MER. (MIN.) On donne ce nom à une terre magnésienne fort tendre et blanche, dont on fait des pipes très-recherchées. Cette terre a été nommée MAGNÉSITE. *Voyez* ce mot.
(GUÉR.)

ÉCUME PRINTANIÈRE, ÉCUMEUX. (INS.) *V.* CERCOPE. (GUÉR.)

ÉCUREUIL, *Sciurus.* (MAM.) Des quatre ou cinq familles qui composent l'ordre des Mammifères rongeurs, celle des Sciurins ou Ecureuils est sans contredit la plus naturelle, et les espèces qu'elle comprendont, en effet, le plus de rapports entre elles dans leurs caractères et leurs habitudes. Ces jolis animaux, répandus sur toute la surface du globe, excepté en Australie, où les mammifères monadelphes sont si rares, sont certainement les plus agiles, les plus gais et en même temps les plus intelligens de tous les Rongeurs; aussi cherche-t-on partout à les apprivoiser, ce qui est facile à cause de la douceur de leur caractère. Un instinct irrésistible les porte à grimper, et ce penchant est considérablement aidé par la disposition de leurs membres, qui sont plus longs postérieurement qu'antérieurement et armés d'ongles crochus; leur corps est d'ailleurs svelte, et la grâce de leurs formes est encore rehaussée par leur queue ordinairement longue et touffue, qu'ils relèvent comme un panache au dessus de leur corps. Les poils de cette queue sont le plus souvent distiques, c'est-à-dire qu'ils vont en divergeant comme les barbes d'une plume; d'autres fois ils n'offrent que de faibles traces de cet arrangement ou bien ils sont comme chez les autres animaux. Le pelage est plus ou moins long sur tout le corps et teint de couleurs très-agréables. Les sens sont assez développés, les yeux sont très-ouverts, et les oreilles, de grandeur moyenne, offrent souvent à l'extrémité de la conque un pinceau de poils qui les surpasse de plusieurs lignes : le tact est assez fin, et ce qui est rare parmi les animaux de leur degré d'organisation, les Ecureuils, qui sont tous claviculés, jouissent de la faculté de porter les alimens à leur bouche au moyen de leurs membres antérieurs. Ces animaux se tiennent, comme l'on sait, dans les forêts, et vivent sur les arbres où ils construisent le plus souvent leur demeure; celle-ci est une sorte de petit nid placé à l'enfourchure de quelque branche, et dans lequel ils trouvent un abri contre l'homme, les mammifères grimpeurs et les oiseaux de proie, qui sont leurs principaux ennemis; quelques espèces se creusent au pied des arbres un petit terrier. Leur nourriture consiste en écorces, en graines de toutes sortes, mais principalement en céréales : dans quelques contrées ils recherchent la séve sucrée des graminées, et Kalm nous apprend que leur nombre s'est considérablement augmenté en Pensylvanie et en Virginie depuis que l'on y cultive le maïs.

Les espèces vivent toujours réunies par couples; toutes celles que l'on a examinées ont huit mamelles, dont six ventrales et deux pectorales; le nombre de leurs petits est de quatre ou cinq. Buffon avait pensé que les Ecureuils étaient propres aux contrées septentrionales du globe; mais on sait aujourd'hui qu'ils existent aussi dans les contrées méridionales, et qu'ils y sont même en plus grand nombre que partout ailleurs. Ils sont, comme l'on voit, cosmopolites, si ce n'est qu'ils manquent à l'Australie, et ces Rongeurs sont surtout nombreux dans l'Asie et les grandes îles voisines. Après cette partie du monde, l'Amérique est celle qui offre le plus grand nombre d'espèces, ensuite l'Afrique qui n'en a que quatre ou cinq, et enfin l'Europe qui n'en possède que deux.

Les caractères de ces animaux peuvent être résumés ainsi qu'il suit : « Dents molaires $\frac{5}{4}$, simples et à couronne tuberculeuse, incisives inférieures très-comprimées. Doigts 4-5 ou quelquefois 5-5, lorsque le rudiment des pouces antérieurs prend plus d'accroissement; queue longue, touffue, à poils souvent distiques; des abajoues chez quelques espèces, chez d'autres la peau des flancs étendue entre les quatre membres et formant une sorte de parachute; taille moyenne. » C'est en considérant les variations en plus ou en moins, l'existence ou la non-existence de ces caractères, qu'on est parvenu à répartir en plusieurs genres les nombreuses espèces de la famille des Ecureuils; ces genres peuvent être distingués ainsi qu'il suit

† *Sciurins à membres libres.*

A. Queue longue, très-poilue, distique, point d'abajoues; doigts 4-5. — Genre Écureuil, *Sciurus*, Auct.

B. Queue longue, distique, point d'abajoues; doigts 5-5. — Genre Anisonyx, *Anisonyx*, Rafinesque.

C. Queue longue, assez poilue, distique; doigts 5-5, des abajoues. — Genre Cynomys, *Cynomys*, Raf.

D. Queue longue, non distique, pas d'abajoues. —Genre Guinguerlet, *Macroxus*, F. C.

E. Queue longue, non distique, des abajoues; système de coloration par bandes. --Genre Tamia, *Tamia*, Illig.

†† *Sciurins à membres engagés dans la peau des flancs.*

F. Partie antérieure des os nasaux bombée; tubercules des dents molaires très-nombreux. — Genre Ptéromys, *Pteromys*, F. C.

G. Partie antérieure ou profil de la tête formant une ligne droite; dents comme chez les Écureuils ordinaires. — Genre Polatouche, *Sciuropterus*, F. C.

Nous ne parlerons ici que des Écureuils proprement dits. *Voy.* pour les autres genres, les mots Guinguerlet, Cynomys, Polatouche, etc.

Genre Écureuil, *Sciurus.*

Il est, comme on le voit, un démembrement de celui des *Sciurus* de Linné; mais cependant c'est encore celui qui comprend le plus grand nombre d'espèces; il est surtout distingué à l'égard des autres par l'absence des membranes entre les membres, par ses pieds antérieurs tétradactyles, le pouce n'y étant que rudimentaire, par sa queue plus ou moins longue et toujours distique, et enfin par le défaut d'abajoues.

Nous allons énumérer le plus grand nombre des espèces connues, parce que toutes sont intéressantes par leurs formes et la distribution de leurs couleurs, et que de plus un grand nombre d'entre elles se voient déjà dans beaucoup de collections.

Commençons par les espèces d'Europe; on n'en a long-temps distingué qu'une seule, mais aujourd'hui on en caractérise nettement deux, peut-être en trouvera-t-on davantage.

Écureuil commun, *Sciurus vulgaris*, L., représenté dans notre Atlas, pl. 143, fig. 2. Cette espèce vit par toute l'Europe et aussi dans le nord de l'Asie; on sait qu'elle habite les grandes forêts et qu'elle se tient sur les arbres les plus élevés, où elle trouve sa nourriture, construit son gîte et élève ses petits.

Comme la plupart des autres, ces Écureuils vivent par paires, et l'arbre qu'ils ont choisi n'est pas pour eux une habitation passagère; c'est un petit domaine qu'ils ne souffrent pas que d'autres animaux envahissent; ils y passent une grande partie de leur vie, et ne s'en écartent que pour aller chercher leur nourriture, ou se jouer au milieu du feuillage. C'est toujours près de la réunion de deux ou de plusieurs branches qu'ils construisent leur petite demeure; celle-ci est à peu près sphérique, et couverte de mousses qui ne permettent souvent pas de la distinguer; sa capacité est assez grande pour que le père, la mère et les petits puissent y prendre place.

Les Écureuils y trouvent un refuge assuré contre les chats et les oiseaux de proie, qui dans nos contrées sont, avec l'homme, les seuls ennemis qu'ils aient à redouter. Ces petits animaux sont d'une grande propreté; leur demeure n'est jamais salie par aucun excrément, et ils sont presque toujours occupés à se lisser le pelage. Leur couleur est d'un roux vif sur toutes les parties supérieures du corps, excepté les côtés, où se voit, surtout dans le jeune âge, un peu de gris, résultant de poils jaunâtres annelés de noir. Le ventre, la gorge et la face interne, les cuisses, sont d'un beau blanc et le bord des oreilles est garni de poils formant un pinceau long d'un pouce à peu près. Les moustaches sont fauves.

Ces mammifères vivent de fruits à coque dure, et sont sans cesse en mouvement; leur voix est un cri très-aigu qui décèle souvent leur présence. On distingue parmi eux plusieurs variétés, dont la plus remarquable est sans contredit le *Petit-gris*, que l'on trouve dans les régions septentrionales de l'ancien monde. Sa fourrure, très-agréable à l'œil, douce au toucher et à la fois chaude et légère, est très-recherchée dans le commerce; elle est surtout le dessus du corps d'un joli gris, très-légèrement nuancé de jaunâtre, et d'un blanc pur inférieurement; les poils de la queue, ainsi que ceux du dos, sont annelés de brun sur un fond gris, mais à cercles bruns plus larges. Les oreilles ont un pinceau de poils, de même que chez l'Écureuil vulgaire; la queue présente la même forme et les dimensions ne sont pas différentes. Le *Petit-gris* de Buffon est d'une tout autre espèce; c'est un Écureuil américain, provenant de la Caroline.

Écureuil des Pyrénées, *Sc. alpinus*, F. C. Hist. nat., Mam., livr. xxiv. On a long-temps cru qu'il n'existait en Europe qu'une seule espèce d'Écureuil, et l'on considérait celui-ci comme n'étant qu'une variété du précédent; cependant il s'en distingue assez par la couleur de sa robe, et aussi par ses mœurs, pour qu'on ait dû l'en séparer : son pelage est d'un brun foncé, piqueté de blanc jaunâtre sur le dos; une bande fauve coupe le blanc du cou et le gris des membres du brun du dos; les poils de la queue sont longs et noirs, les pieds fauves et les oreilles pénicillées. Cet Écureuil ressemble au *Sc. vulgaris* pour la taille et les proportions; il vit dans les Pyrénées et aussi dans les Alpes, ce qui fait conjecturer qu'il appartient plus spécialement aux régions élevées. On lit dans le Bullet. d'Hist., nat., de France, sect. 1, que cet animal a été trouvé au milieu des hêtres et des sapins du Pic-de-Gers, et du sum d'Occupat près les Eaux-Bonnes (Bass.-Pyr.); à Irats près Saint-Jean-Pied-de-Port; dans les forêts de Bagnères de Luchon; dans celles de la vallée de

Barrouse. Il s'éloigne peu des montagnes ; cependant on l'a pris aussi à Roquefort, près de Saint-Martery, et dans le bois de Garraison, voisin de Boulogne (Haute-Gar.), à huit lieues de la chaîne ; mais il y est rare.

ÉCUREUILS D'AFRIQUE. — ÉCUREUIL BARBARESQUE, *Sc. getulus*, Gm. Cette espèce, que Buffon a connue, vit sur les palmiers dans le nord de l'Afrique, et notamment en Barbarie ; elle est longue de dix pouces environ, variée sur le dos de quatre lignes longitudinales blanches, qui se prolongent jusque sur la queue.

ÉCUREUIL FOSSOYEUR, *Sc. erythropus*, Geoff., n'a été long-temps connu que par une peau bourrée, dont on ignorait l'origine, et qui ayant probablement appartenu à un individu modifié par la domesticité, avait les ongles extrêmement allongés, ce qui fit soupçonner à M. Geoffroy que l'espèce avait l'habitude de fouir. Cet Écureuil vit au Sénégal, comme M. F. Cuvier l'a fait savoir depuis ; son corps est long de sept pouces et demi environ, et sa queue de six : toutes ses parties supérieures sont d'un fauve plus ou moins verdâtre, les inférieures ainsi que le tour des yeux sont blanches ; la queue grise en dessus est fauve en dessous, et les oreilles sont de couleur noire. L'Écureil fossoyeur paraît avoir les mœurs de l'espèce ordinaire ; un individu observé à la ménagerie de Paris était cependant un peu moins actif, ce qui tenait sans doute au changement de climat.

ÉCUREUIL AUX COURTES OREILLES, *Sc. brachiotus*, que MM. Emprich, Ehremberg, Symb. phys., déc. 1, décrivent, mais avec doute, comme étant le même que le *rutilus* de l'Alt., de Ruppel, pl. 24, n'en diffère certainement pas ; il vient, comme lui, d'Abyssinie. Sa taille est celle du *vulgaris* ; mais sa queue est plus courte, et à poils très-peu fournis, et, de plus, ses oreilles sont courtes et non pénicillées ; caractères qui servent à M. Ehremberg pour établir une coupe distincte sous le nom de *Xerus*. Les poils sont roux, blanchissant à leur pointe et quelquefois noirs ; le dessous du corps est d'une teinte plus pâle.

ÉCUREUIL DE MADAGASCAR, *Sc. madagascariensis*, Shaw. Cette espèce, peu connue, est décrite comme étant d'un noir foncé en dessus, avec tout le dessous blanc varié de jaunâtre ; sa queue est grêle, plus longue que le corps et noire. Ajoutons une autre espèce de l'Afrique continentale, le *Sc. abyssinicus*, Gm., qu'on n'a pas revu et qui n'existe probablement pas, du moins dans la contrée d'où on l'a voulu faire venir.

ÉCUREUILS D'ASIE. — Ce sont les plus nombreux de tous.

ÉCUREUIL PALMISTE, *Sc. palmarum*, L., décrit par Buffon dans le t. x de son Hist. nat. ; il est gris avec des bandes brunes sur le dos, c'est pour quelques auteurs un véritable *Tamia*. M. Lesson (Illustrations zool.) le distingue génériquement sous le nom de *Funambule*, ce qui paraît tout-à-fait inutile, mais il en a donné une bonne figure. Le palmiste s'apprivoise aisément et devient familier quoique libre ; il pénètre alors jusque dans les appartemens et vient aux heures des repas ramasser les miettes qui tombent sur la table. Quoiqu'il fasse beaucoup de tort aux fruits, les Indiens regardent comme une grande faute de le tuer. Son cri aigu et prolongé est souvent fort importun ; il peut se rendre par la syllabe *tuit*, exprimée d'une manière aiguë et sonore : l'animal le répète quelquefois pendant un quart d'heure sans interruption.

GRAND ÉCUREUIL DU MALABAR, *Sc. maximus*, Gm., dont le *Sc. indicus* n'est sans doute qu'une variété, habite les palmiers sur la côte dont il porte le nom. Sa taille est celle d'un chat ; il est de couleur marron, pourpré en dessus, avec le dos, les lombes et la queue d'un brun noir ; son ventre et la face interne de ses membres étant d'un jaune pâle. On trouve encore dans le continent asiatique : l'ÉCUREUIL DE PRÉVOST, *Sc. Prevostii*, Desm., Mamm., qui vient de l'Inde ; le *Sc. erithrœus*, Gm., espèce peu connue des mêmes contrées ; l'ÉCUR. DE KÉRAUDREN, *Sc. ferrugineus*, F. Cuv. ou *Sc. Keraudrenii*, Reynaud, Cent. zool. de Less., pl. 1, qui vit dans les vastes forêts qui couvrent le Pégu ; l'ÉCUR. A CROUPION ROUX, *Sc. pygerythrus*, I. Geoff., Voyage Bel., pl. VII, des forêts de Syriam, au Pégu ; l'ÉCUR. DE SYRIE, *Sc. syriacus*, Ehremb., Symb. phys., décade 1, pl. VIII ; l'ÉCUR. ANOMAL, *anomalus*, Gm., de Géorgie, et le *persicus*, du même auteur ; ces deux derniers sont encore mal connus. Les grandes îles voisines de l'Inde fournissent l'ÉCUR. GINGI, *Sc. affinis*, Raffl., de Sumatra ; le *ceylanicus*, de l'île Ceylan, et les *Sc. Leschenaultii*, Desm., ou *albiceps*, Geoff. ; *bicolor*, Sparm., ou *javanicus*, Schreb. ; *bilineatus*, Geoff., le même que les *Plantani*, Horsf., et *notatus*, Bodd. ; le *grisei-venter*, I. Geoff. Mag. zool., *flavimanus*, I. G. *ibid.* ; *hippurus*, I. G. *ibid.*, et *aureiventer*, *id. ibid.*, tous de Java.

Les ÉCUREUILS D'AMÉRIQUE sont presque aussi nombreux : ÉCUREUIL D'HUDSON, *Sc. hudsonius*. *Voy.* le genre Tamia.

On trouve aux États-Unis, dans la Caroline, en Pensylvanie, etc., l'ÉCUR. GRIS, *Sc. cinereus*, Desm., qui est le *Petit-gris* de Buffon ; le CAPISTRATE, *Sc. capistrata*, Desm. ; l'ÉCUR. A VENTRE ROUX, *Sc. ruficenter*, Geoff. ; l'ÉCUR. A BANDE ROUGE, *Sc. rubrolineatus*, Desm. ; l'ÉCUR. NOIR, *Sc. niger* ; l'ÉCUR. DE LA CAROLINE, F. C., Mammifère ; l'ÉCUR. DE LA LOUISIANE, *Sc. ludovicianus*, Curtis, et le *Sc. leucotis*, Grapper, Zool. journ., 1830. Deux espèces ont été découvertes par l'expédition du major Lang ; ce sont : le *Sc. lateralis*, Say, qui vient des montagnes rocheuses, et l'ÉCUR. A GRANDE QUEUE, *Sc. macrourus*, Say, et *magnicaudatus*, Harl., des bords du Missouri. Ajoutez l'ÉCUR. A QUEUE LINÉOLÉE, *Sc. grammurus*, Say, trouvé aux sources de l'Arkansaw dans les montagnes rocheuses, et qui vit dans des trous sans jamais monter aux arbres. C'est peut-être un *Tamia* ?

On rencontre à la Nouvelle-Espagne l'ÉCUR. COQUELLIN, *Sc. variegatus*, Desm., que M. F. Cuvier regarde comme une variété du Capistrate.

ÉCUR. ROUGE, *Sc. ruber*, observé par M. Rafi.

nesque ; il vit sur les bords du Missouri, il a près de deux pieds de longueur, en comprenant le corps et la queue.

Écur. du Mexique, *Sc. mexicanus*, Gm. Espèce douteuse, donnée comme ayant sept bandes blanchâtres longitudinales sur le dos des mâles, et cinq sur celui des femelles. Son nom indique la patrie qu'on lui suppose.

Écur. de la Californie, *Sc. leucogastra*, F. Cuv., Mam. Il paraît appartenir exclusivement aux contrées occidentales de l'Amérique septentrionale, et surtout au Mexique et à la Californie. Il a toutes les parties supérieures d'un gris un peu foncé, et les inférieures d'un gris roux brillant. Son corps a dix pouces de long, et sa queue en a huit.

Écur. de Botta, *Sc. Bottœ*, Less., Cent., pl. 70, dont le nom rappelle celui du voyageur qui l'a découvert, se trouve aussi en Californie. Sa queue est presque arrondie, et son pelage est partout de longueur médiocre, serré, généralement fauve, ondé de noir sur les parties supérieures et externes, et d'un fauve clair tirant au blanchâtre en dessous. La longueur totale est de seize pouces, sur lesquels la queue en mesure six et demi.

Nous avons déjà vu des Ecureuils dans le nord de l'Europe et de l'Asie, dans celui de l'Amérique ainsi que dans les contrées les plus chaudes des deux premières parties ; nous avons vu que le sol brûlant de l'Afrique en possédait aussi ; l'Amérique méridionale paraissait en être seule dépourvue, c'était du moins ce que pensaient les naturalistes ; mais on sait aujourd'hui positivement qu'elle a, aussi les siens. Le prince Maximilien en a décrit un du Brésil sous le nom de *Sc. œstuans* ; il paraît qu'il en existe aussi aux Antilles, et que le *Sc. niger* des auteurs vit dans plusieurs de ces îles, à la Martinique principalement.   (Gerv.)

ÉCUREUILS VOLANS. (mam.) On donne ce nom aux espèces du genre Polatouche. *V.* ce mot.   (Gerv.)

ÉCUSSON. (zool.) On appelle ainsi les pièces écailleuses ou cornées qui recouvrent les doigts d'un grand nombre d'oiseaux.

Dans les Mollusques bivalves, on nomme Écusson un petit espace compris dans le corselet et qui est séparé par une ligne enfoncée ou colorée.

Dans les Insectes, c'est une petite pièce ordinairement triangulaire, située derrière le prothorax, et à la naissance des élytres chez les Coléoptères.

Dans un travail qui doit faire regretter la mort de son auteur, puisqu'il n'a pas été continué, M. Lachat a montré que ce qu'on appelle Écusson est une pièce qui varie beaucoup, mais que l'on retrouve toujours quand on suit ses rapports de connexion. Il en sera parlé plus en détail à l'article Thorax. *Voy.* ce mot.   (Guér.)

ÉDENTÉS. (mam.) Les animaux mammifères qui dans la méthode de Cuvier forment sous ce nom un ordre distinct, le sixième de la classe, ont pour caractère commun, non pas de manquer de dents, mais d'avoir ces organes assez anomaux et jamais d'incisives. Ils forment un groupe tout-à-fait disparate dont on trouve des espèces en Afrique, en Amérique et à la Nouvelle-Hollande, et dans lequel se rangent ceux de tous les mammifères qui ont le système tégumentaire le plus profondément modifié (soit en carapace, comme chez les Tatous et les Encouverts, ou en espèces d'écailles, chez les Pangolins). Cuvier partage cet ordre en trois familles, qu'il caractérise ainsi :

1° *Tardigrades* ; ils ont la face courte. Leur nom vient de leur excesssive lenteur, suite d'une structure vraiment hétéroclite, où la nature semble avoir voulu produire quelque chose d'imparfait et de grotesque.

2° *Édentés ordinaires* ; à museau pointu, les uns ont encore des mâchelières, les autres n'ont plus aucune sorte de dents.

3° *Monotrèmes* ; n'ont qu'une seule ouverture extérieure pour la semence, l'urine et les autres excrémens. Leurs organes de la génération présentent des anomalies extraordinaires, et, quoiqu'ils n'aient point de poche sous le ventre, ils portent sur leur pubis les mêmes os surnuméraires que les marsupiaux.

M. de Blainville, qui a aussi établi dans sa classification un ordre des Édentés, ne le compose pas des mêmes espèces que Cuvier ; il en a retiré les Tardigrades ou Bradipes et les Monotrèmes, qu'il place les uns dans la troisième sous-classe des Mammifères sous le nom d'*Ornithodelphes*, et les autres parmi les Quadrumanes dont ils se rapprochent en effet par la disposition de leur encéphale, leur intelligence et tout leur squelette. M. de Blainville a fait subir au groupe des Édentés une autre modification remarquable, mais peut-être moins heureuse que les précédentes, en en rapprochant, sous le nom d'Édentés aquatiques, les cétacés souffleurs, qui n'ont d'autre caractère autorisant cette détermination que la disposition anomale de leur système dentaire.   (Gerv.)

ÉDINITE. (min.) Ce nom, qui dérive de celui de la ville d'Édimbourg, a été donné à une substance encore peu connue qui a été trouvée dans les basaltes des environs de la capitale de l'Ecosse. Cette substance ne figure encore dans aucune nomenclature minéralogique ; mais si l'analyse en a été bien faite, c'est un silicate de chaux, voisin de l'Edelforse ou de la Trémolite. Elle renferme un peu plus de 51 pour 100 de silice, 32 de chaux, 8 de soude, avec quelques traces d'alumine, d'oxide d'étain et d'acide chlorhydrique.   (J. H.)

EDOLIUS. (ois.) Nom latin des oiseaux du genre Drongo. *Voy.* ce mot.   (Gerv.)

FIN DU TOME DEUXIÈME.

1. Caracolle   2. Caroubier   3. Carouge   4 et 5. Caroubier

1 Carthame 2 Caryophyllie 3 Casoar.

E. Guérin del.

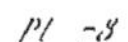

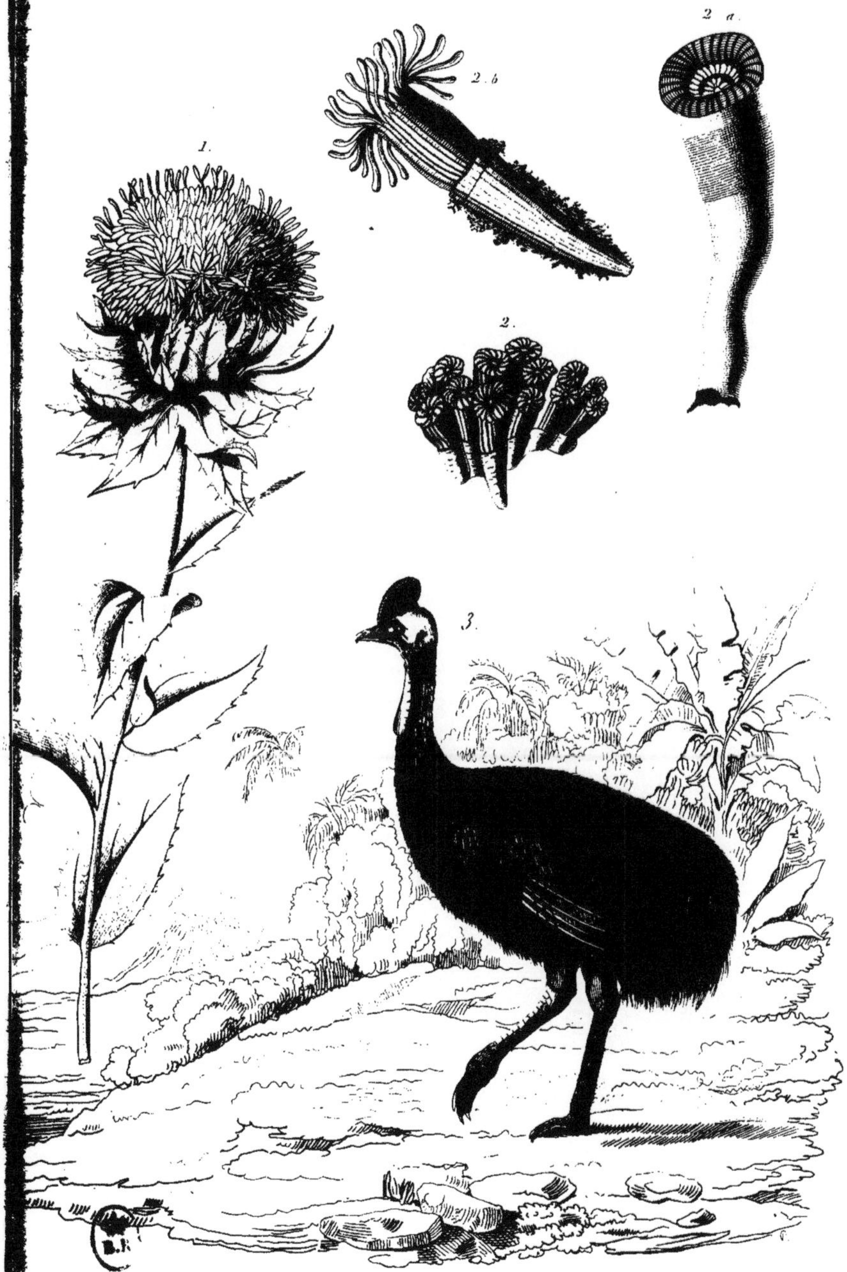

Cassican

1. Cassiopée.   2. Castagnole.   3. Castalie.   4. Castéie.

1 Castnie   2 Castors   3 Casuarina

E. Guerin du

1 Cassumunar   2 Catalpa   3 Caurale

Cataracte (Chute du Niagara)

1. Catharte   2. Caulinie   3. Caverne

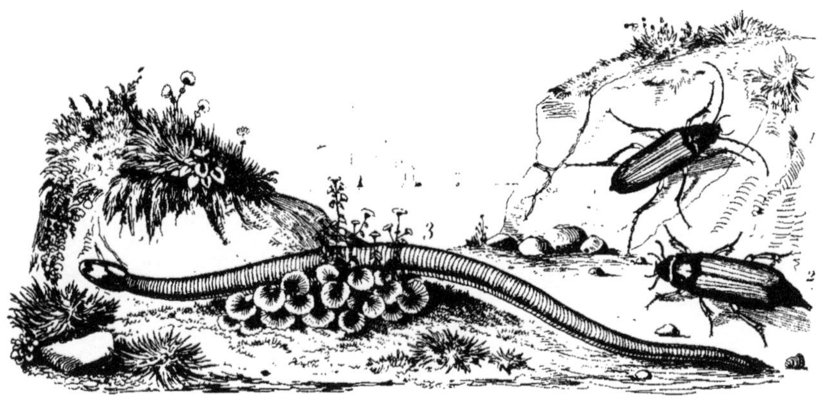

2. Cebrion   3. Crecle   4. Cèdre

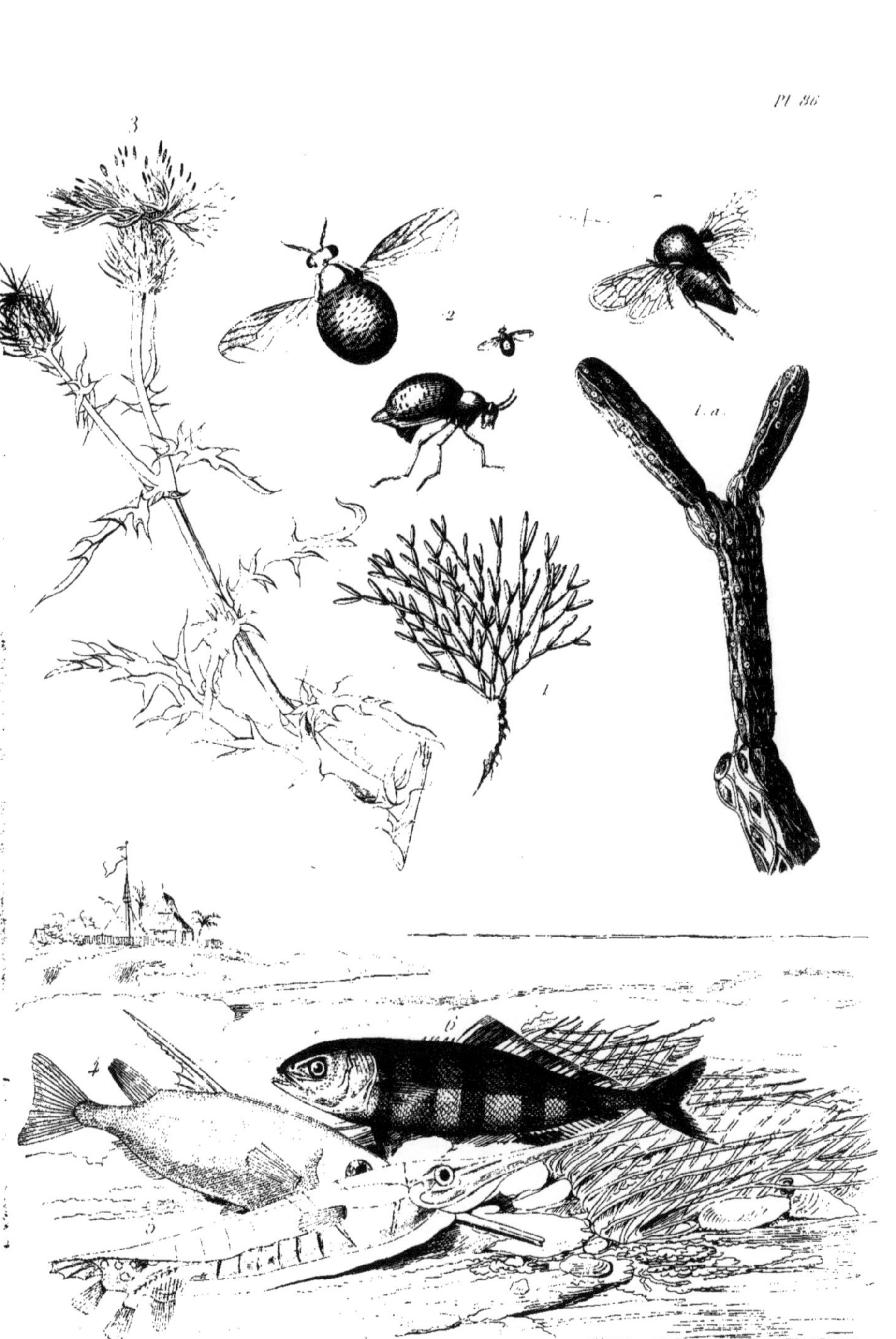

1. Ceinture — 2. Cévphe — 3. Centaure — 4. Centrisque — 5. Centranthe — 6. Centaure

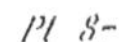

Pl. 87

B.R

1 Cephalacanthe 3 Cephaloptere 2 Cephalote 4 Cephee 5 Cephus

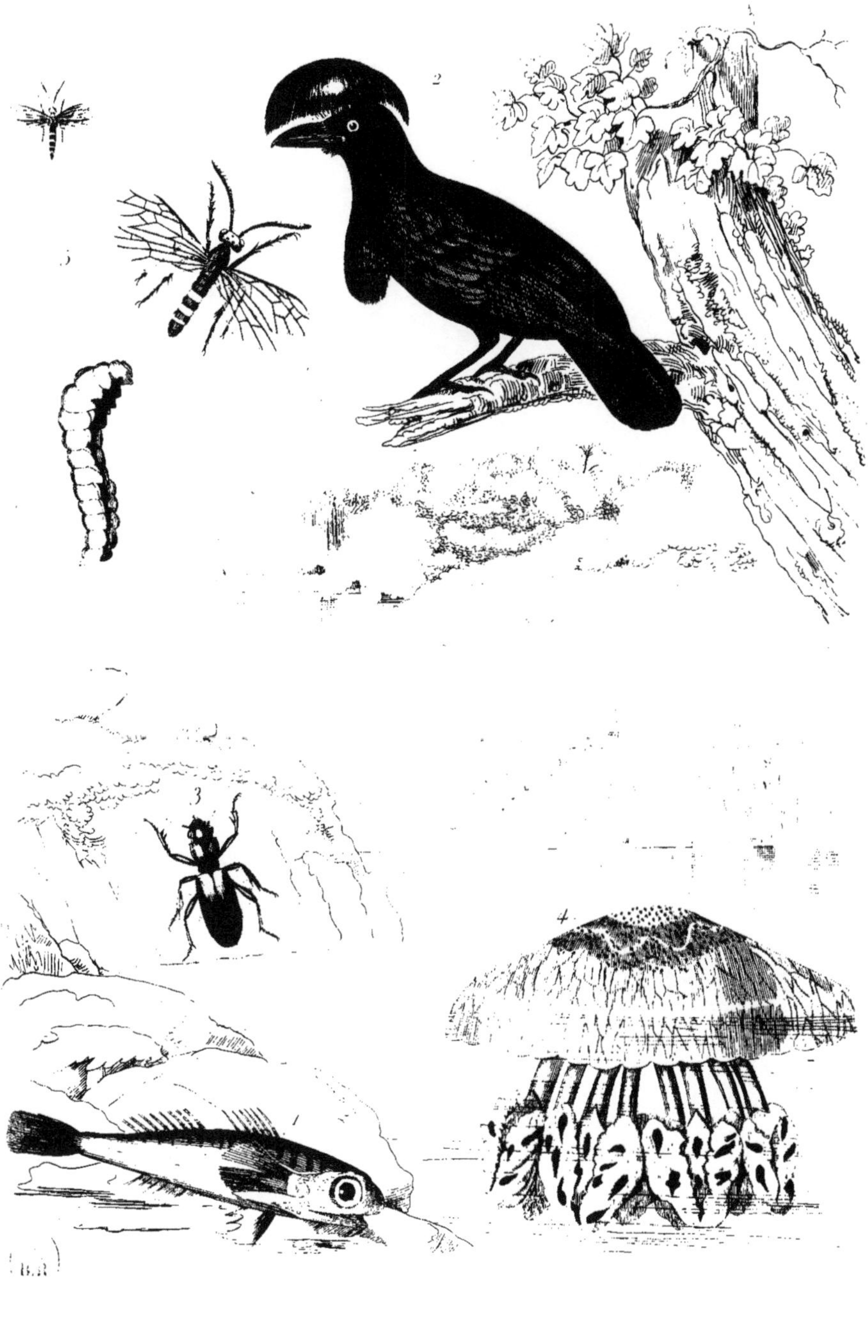

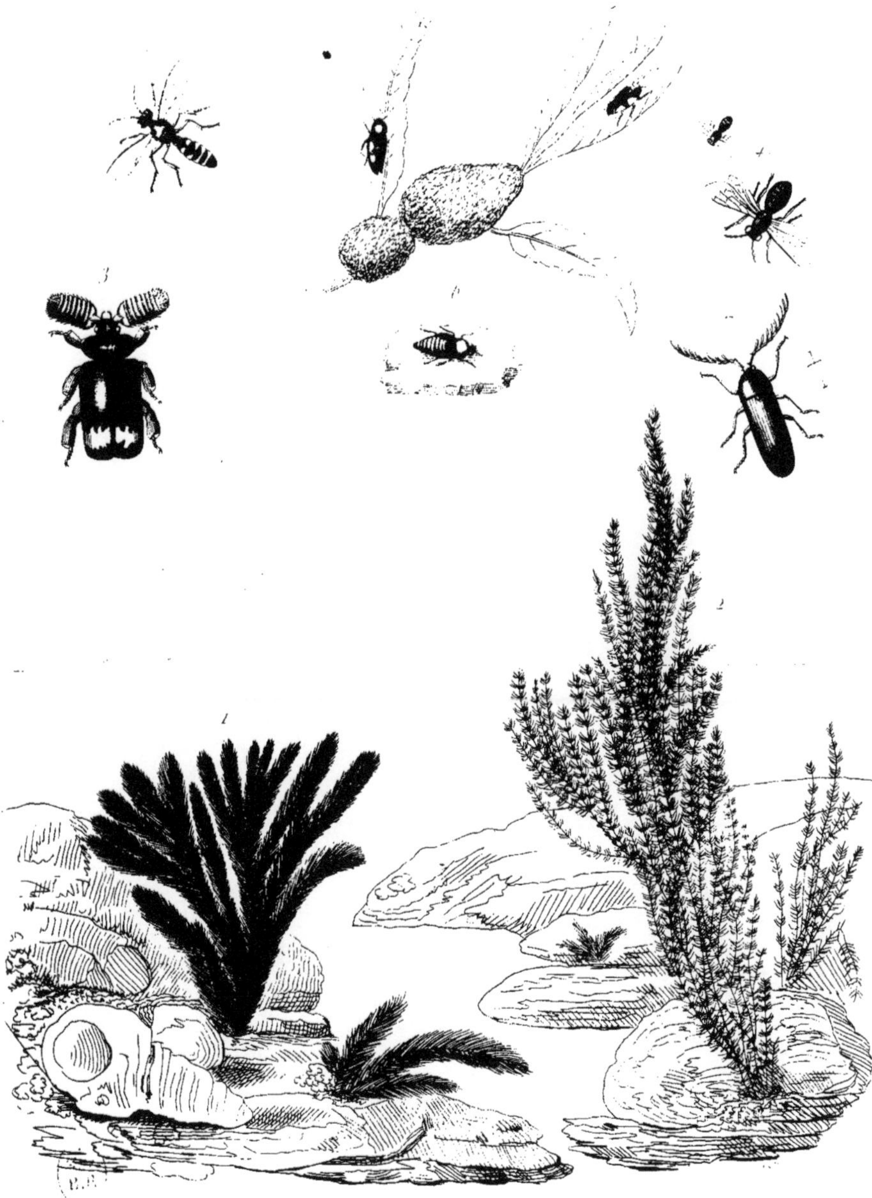

1. 2 Cerame   3 Ceraphron   4 Cercion   5 Cerceris   6 Cercope   7 Ceraphyte

Cerfs

1 Renne   2 Élan   3 Cerf-commun   4 Chevreuil

1 2 Cerf-volan   3 4 Cérithe   5 Cérocome   6 Céroplate

1 Ceste. 2 Cescrau. 3 Cednosie. 4 Cétoine.

1. Cnacal   2. Chætodon   3. Chalcide   4. Chalcis

F. Guérin dir.

1. 2. Chameaux   3. Chamois
4. Chamærope
5. Gavardie

Champsès   (Crocodile vulgaire.)

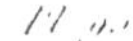

1 Chanterelle. 2 à 6 Charançons. 7 Chardon. 8 Chardonneret

1 Chat élegant   2 Chat sauvage   3 Chat domestique

F. Guérin dir.

1 Chataigner.   2 Chavaria.   3 Cheilodactyle.

E. Guérin dir.

1. Chélidoine
2. Chélonée caouanne
3. ———— vergette
4. ———— caret

Cheval arabe

Cheval de trait.

1. 2. Chèvres   3 Chèvrefeuille

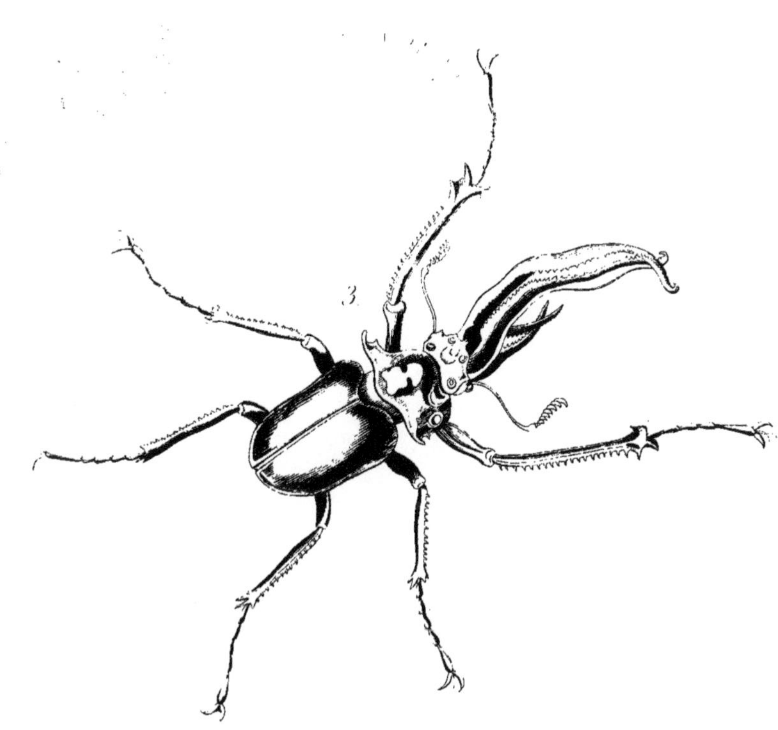

1 Chevrolle.   2 Chevrotain.   3 Chiasognathe.

Chardin du

1. Chien de Berger   3. Chien Courant.
2. ———— des Alpes   4. ———— de Terre Neuve

1 Chigommier   2.3 Chimpansé

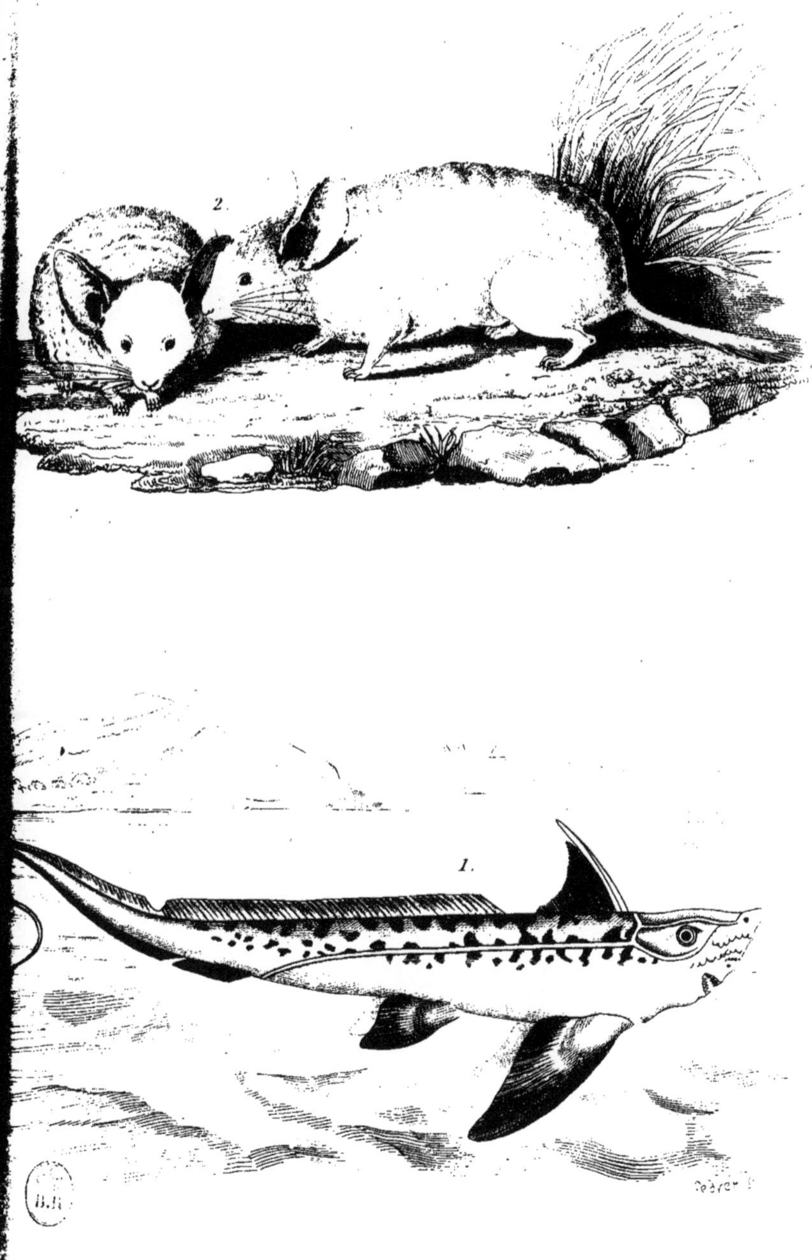

1. Chimère   2. Chinchilla.

Chique   3 Chirone   4 Chironecte

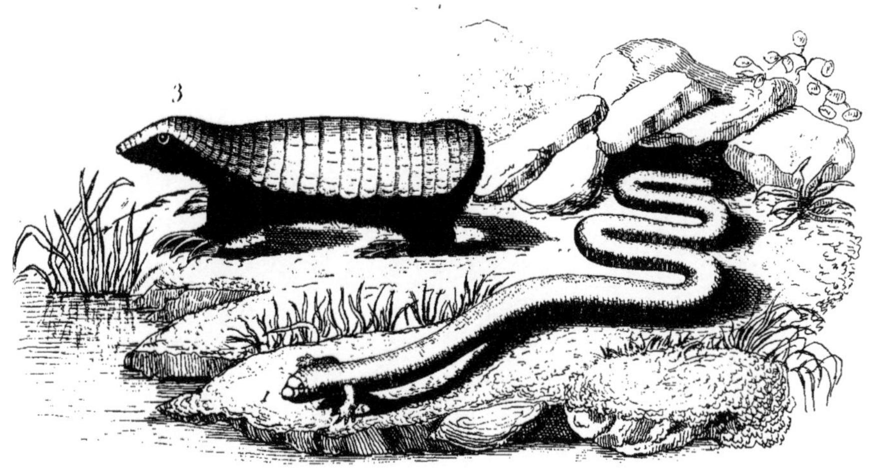

1 Chirote   2 Chlamydosaure   3 Chlamyphorus

E. Guérin dir.

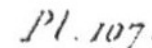

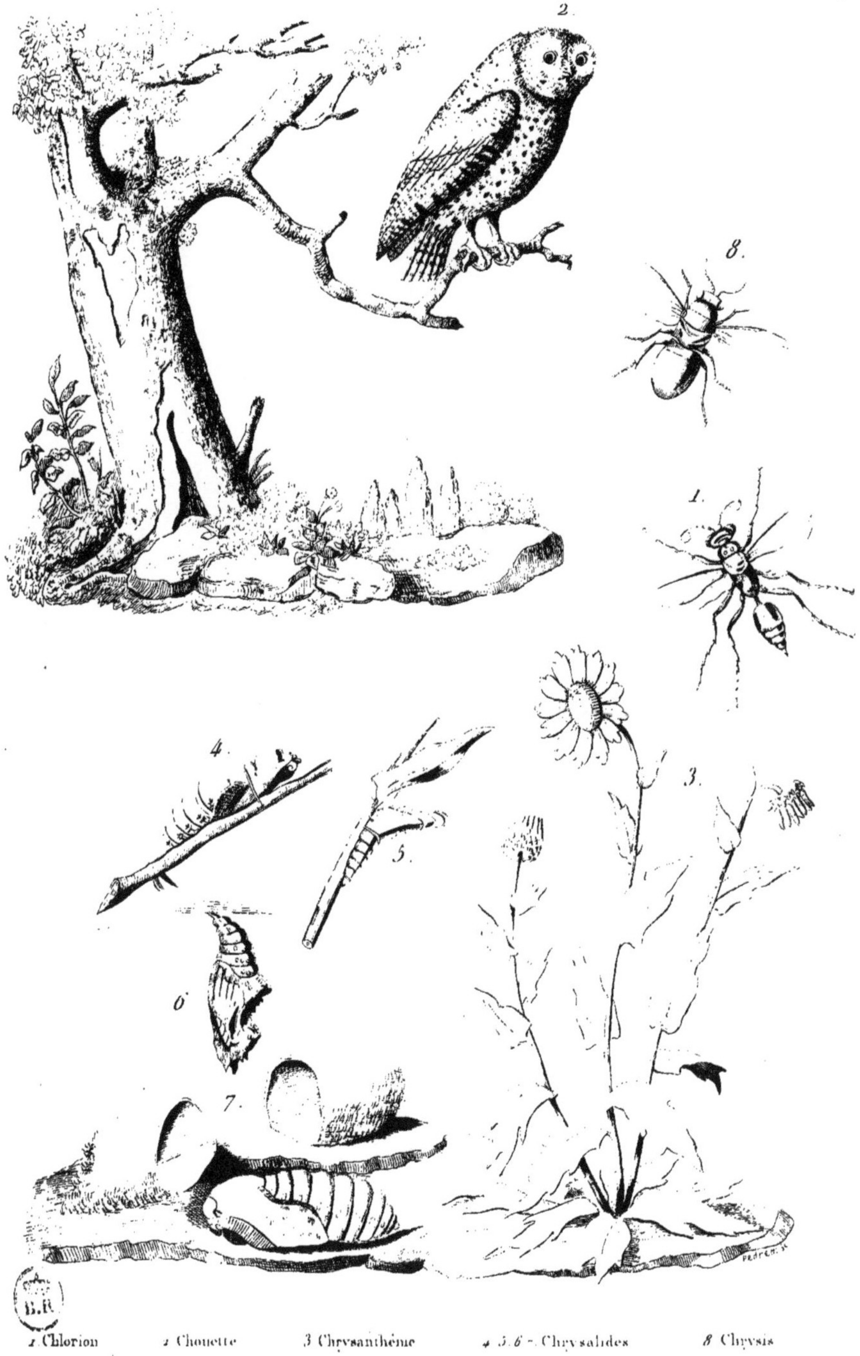

1 Chlorion   2 Chouette   3 Chrysanthème   4. 5. 6. 7. Chrysalides   8 Chrysis

F. Guerin dir.

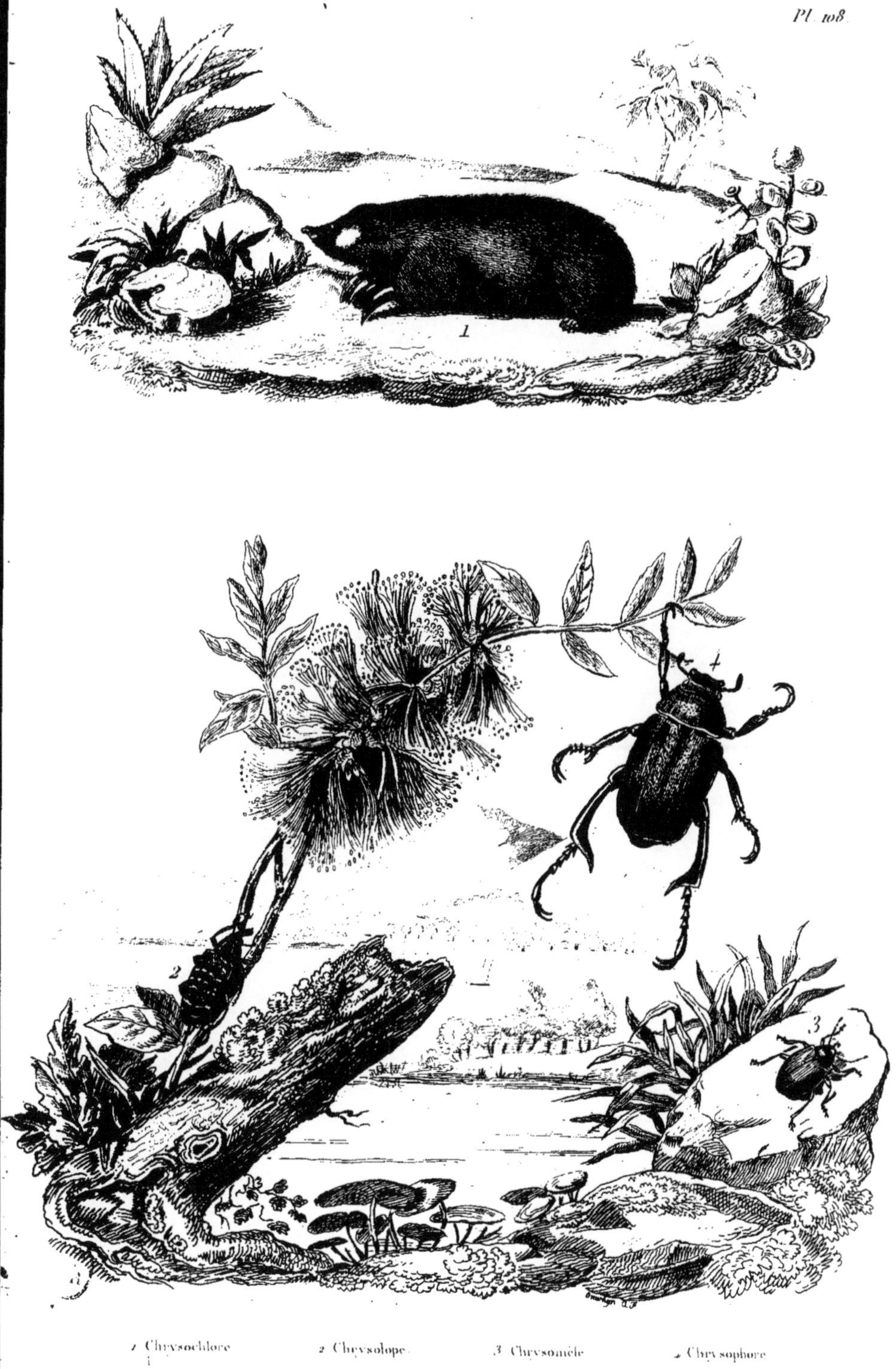

1 Chrysochlore.   2 Chrysolope.   3 Chrysomèle.   4 Chrysophore.

Guerin dir.

1 Cicindele   2 Cigale   3 Cigogne

1 Ciguë   2 3 4 Cimbex   5 Cincle

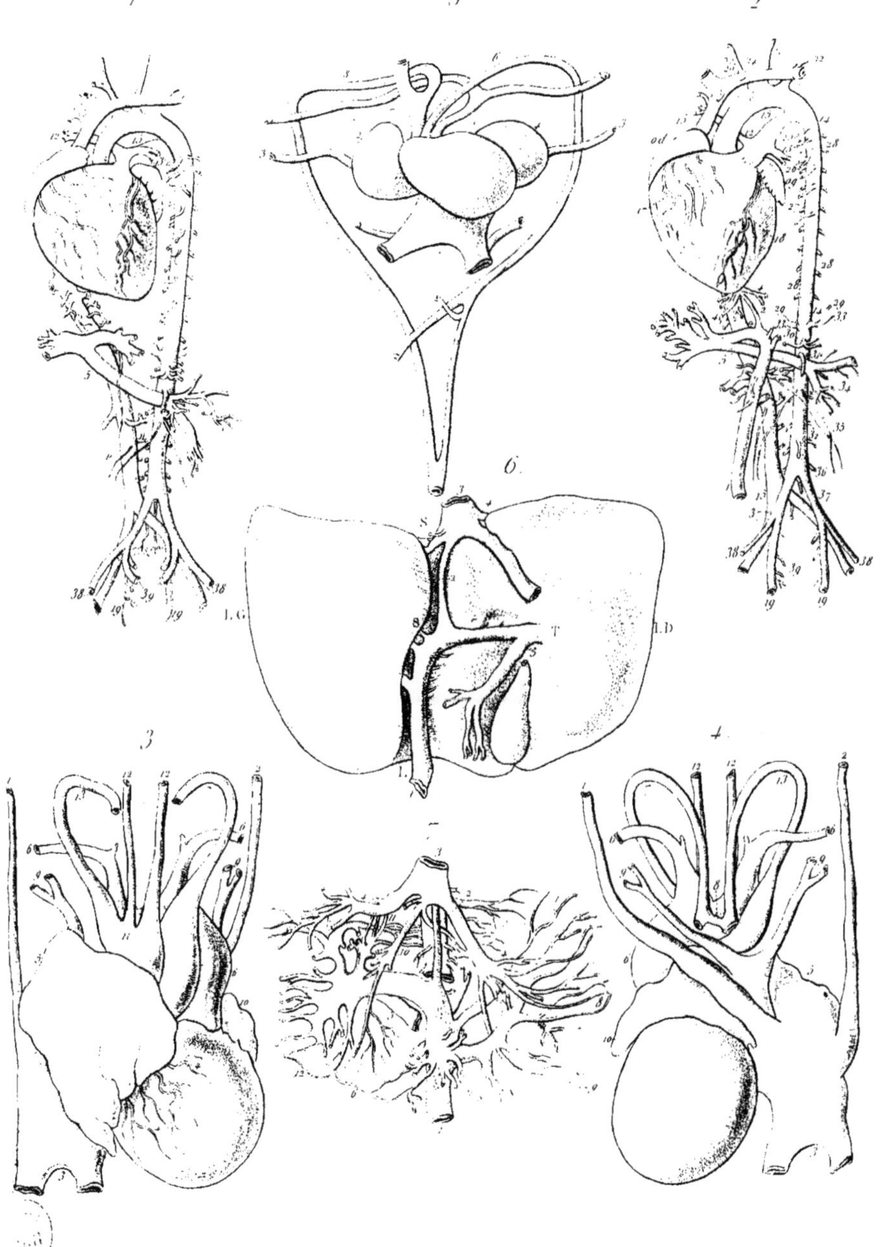

Circulation du sang

1 Civette   2 Clairon   3 Clathre

1. 1 a Clausilie   2 Clavagelle   3. 4 Clavaires
5 Clavatelle verte   6 Claytonie   7. 8 Cléodores

E. Guérin dir.

1 Clio. 2. Chtore 3 Cloporte 4. Clubione 5. Clupe 6 Civilve

1 Coati   2 Cobaye   3 Cobéa   4 Coccinelle

1 2 Corbeuille   3 4 Cochons { 3 Cochon domestique
                                    { 4 Sanglier

Cocotier

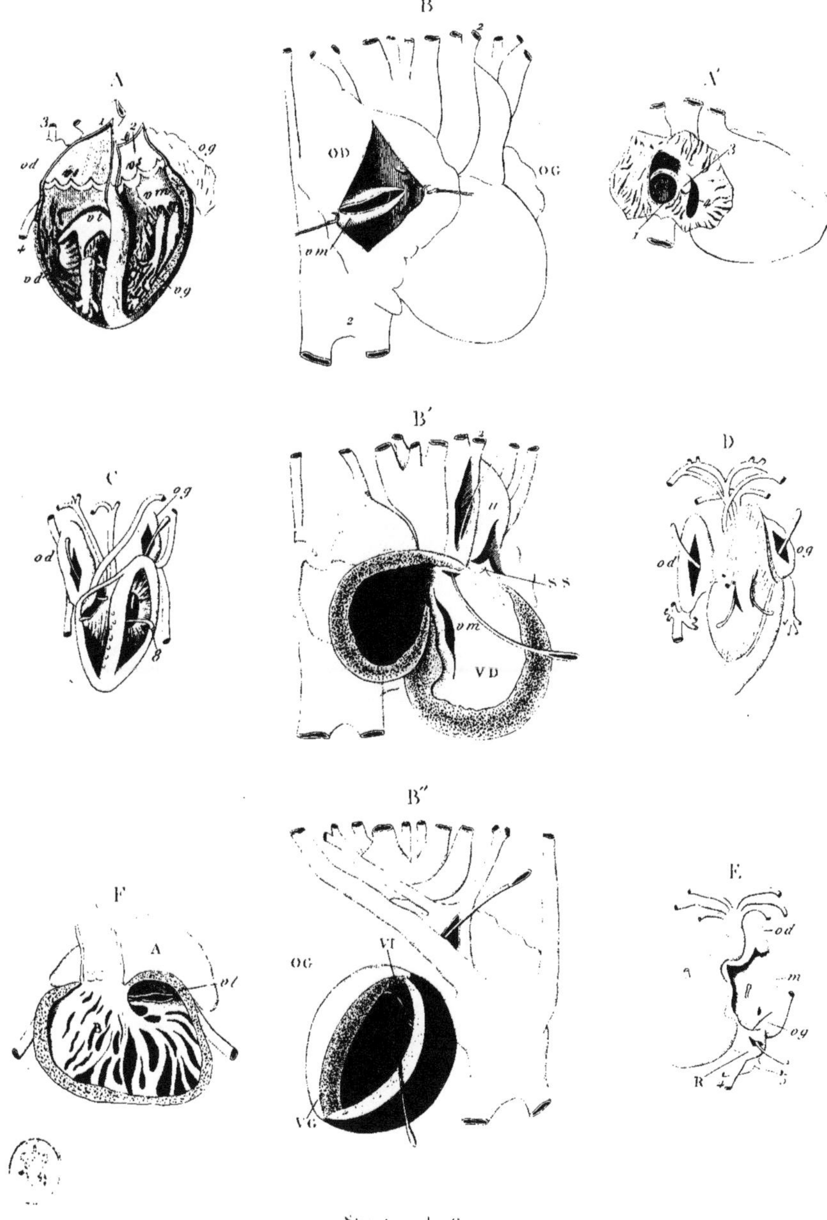

Structure du Cœur

A A' chez le Fœtus   B B' B'' chez le Crocodile   C chez le Serpent   D chez le Lézard   E chez la Salamandre   F chez le Poisson

1. Coffre   2. Colchique   3. Coliade   4. Colibri

1 Colin   2 Cohou   3 Combattant

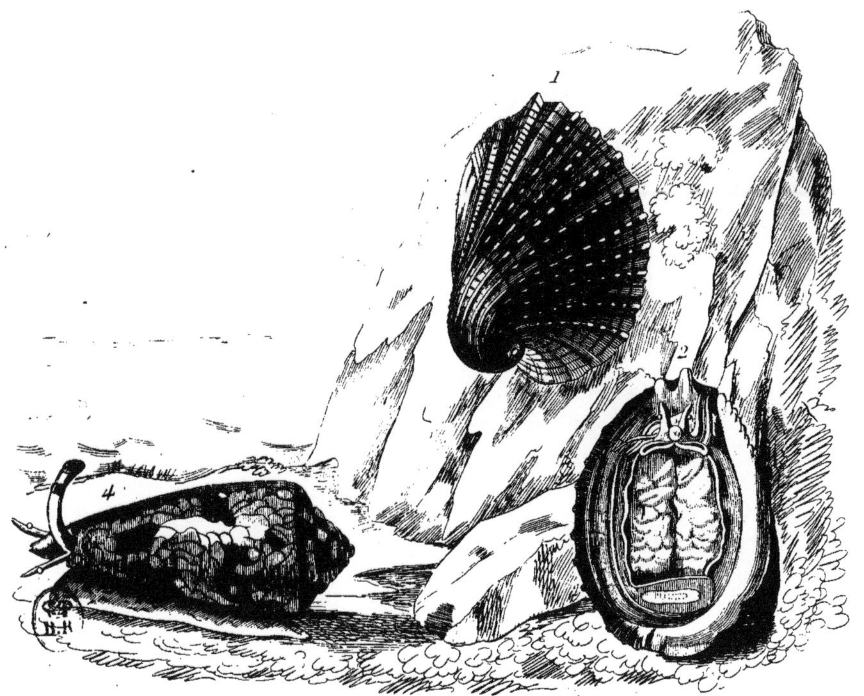

1. 2. Concholepas   3. Condylure   4. Cône

E. Guérin dir.

1 Coq   2 Coq de roche

E. Guérin dir.

1. 2 Corail   3. 3 a Coralline   4 Corbeau   5 Cordyle

1. Cormoran.   2 Cornouiller.   3 Coronille.   4 Corophie.

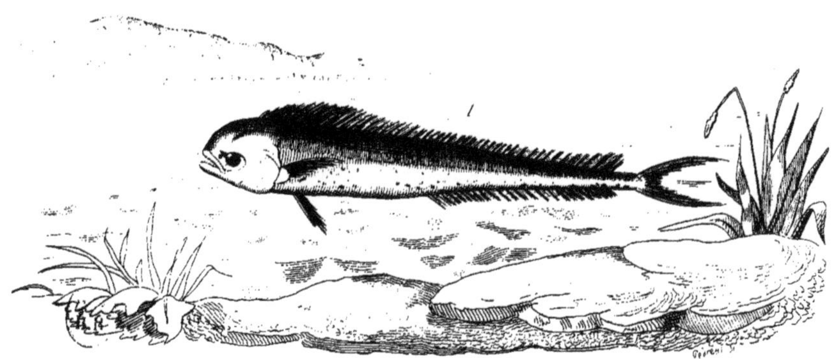

1. Coryphène.   2. 3. Cossus.   4. Cotinga.

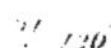
2 Coucou
3 Couleuvre

Courlis
Couroucou
Cousin
Aug.t Dumoncel

1 Crabe   2 Crangon   3 Crapaud   4 Cratère

1 Crevette   2 3 Criquet   4 Crotale

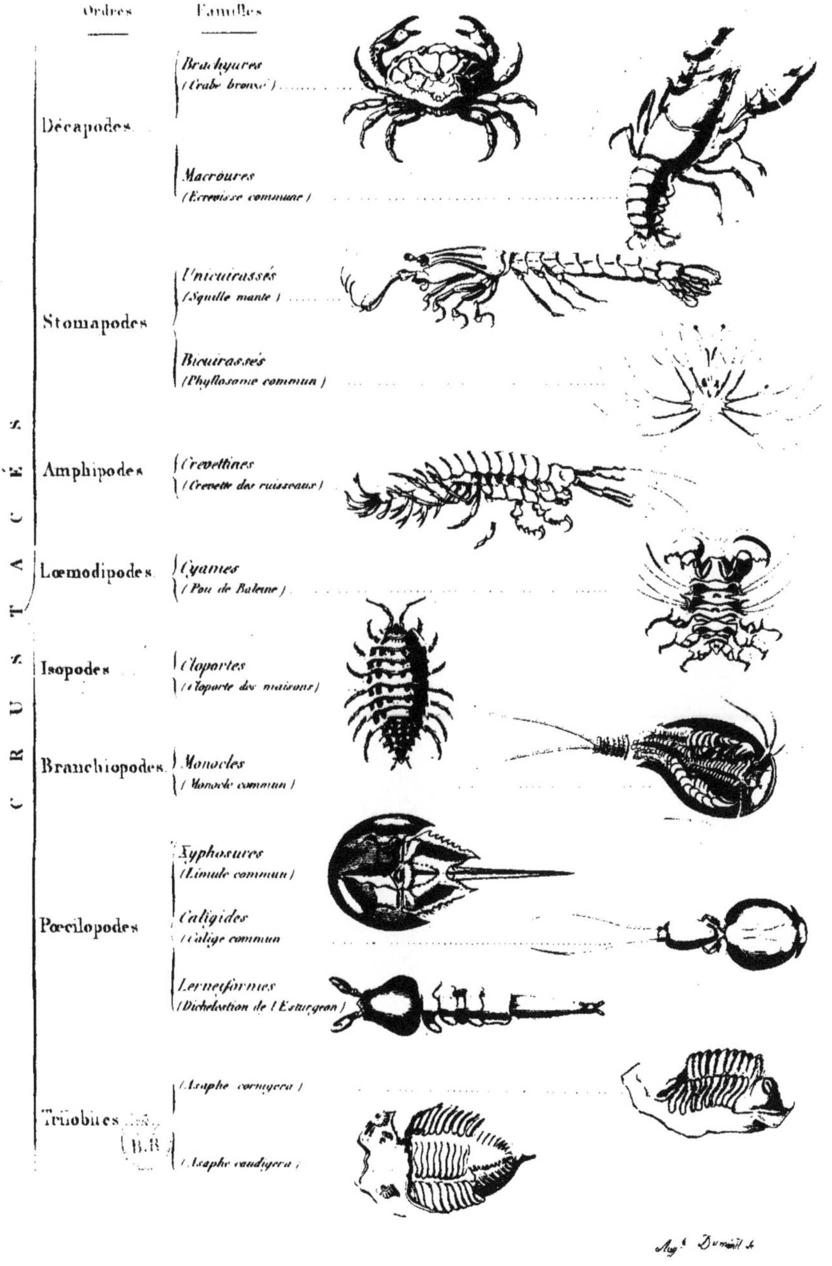

Ordres   Familles

Brachyures
(Crabe bronzé) ....

Macroures
(Écrevisse commune)

Unicuirassés
(Squille mante) ....

Bicuirassés
(Phyllosome commun)

Crevettines
(Crevette des ruisseaux)

Cyames
(Pou de Baleine)

Cloportes
(Cloporte des maisons)

Monocles
(Monocle commun)

Xyphosures
(Limule commun)

Caligides
(Calige commun)

Lerneiformes
(Dichelestion de l'Esturgeon)

(Asaphe cornigera)

(Asaphe caudigera)

Décapodes

Stomapodes

Amphipodes

Lœmodipodes

Isopodes

Branchiopodes

Pœcilopodes

Trilobites
(B.B)

C R U S T A C É S

Aug.ᵗ Dumenil sc.

1 Cyame 2 Cyathée 3, 4 Cycas

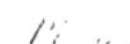

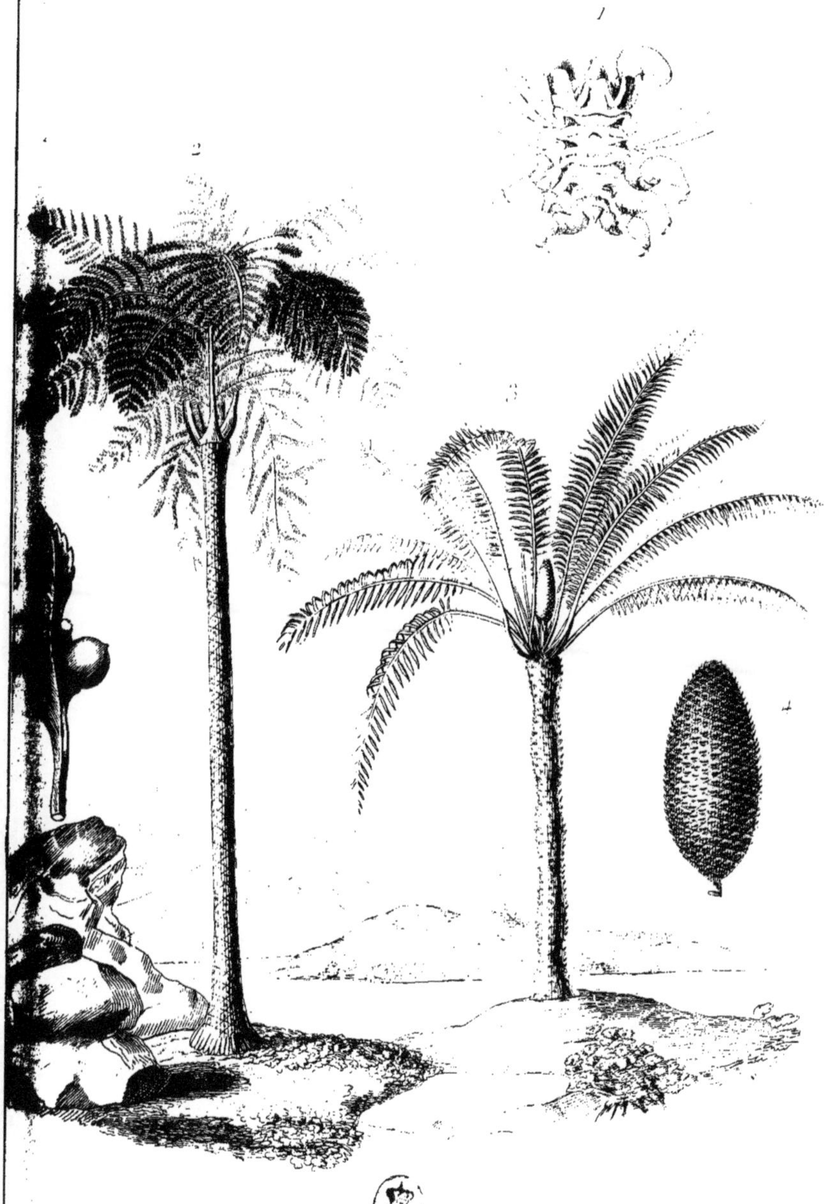

1. Cynocéphale   2. Cynocéphale   3. Cyprès

1 a 5 Cynips   6 Cypripede   8 Cypris

1 Danaïde.   2 Daphnie.   3 Dasypogon.   4 Dasyure.

E. Guérin dir.

1 à 8 Dattier   9 Dauphin

1 à 20 Dents des Mammifères.   21 Dermeste.   22 Desman.

1 Dianelle   2 Digitale   3 Dindon

1 Diodon.   2 Diopsis   3 4 Dolabelle   5 Doris   6 Doum

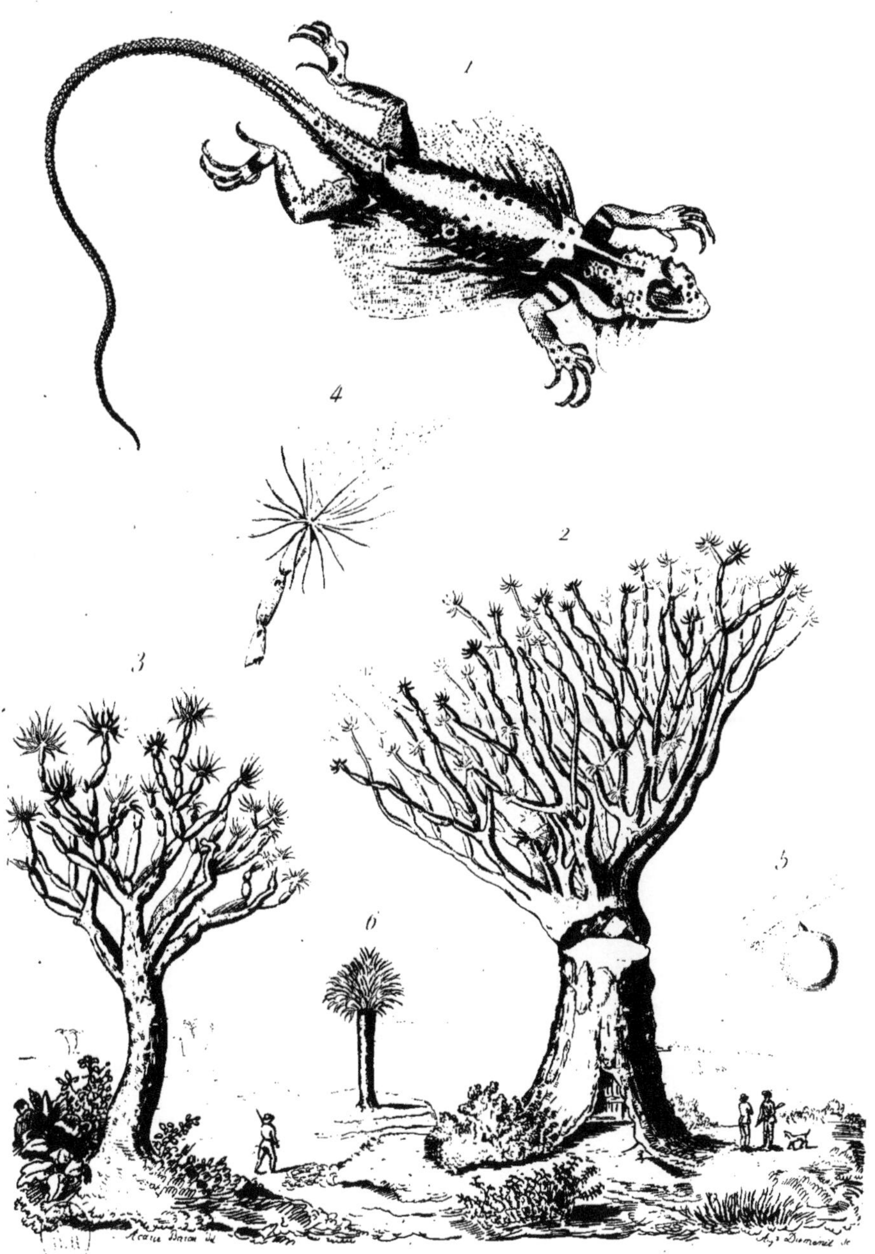

Acaria Baron del.   Aug. Dumenil sc.

F. Guerin dir.

1 Drongo.   2 Duc.

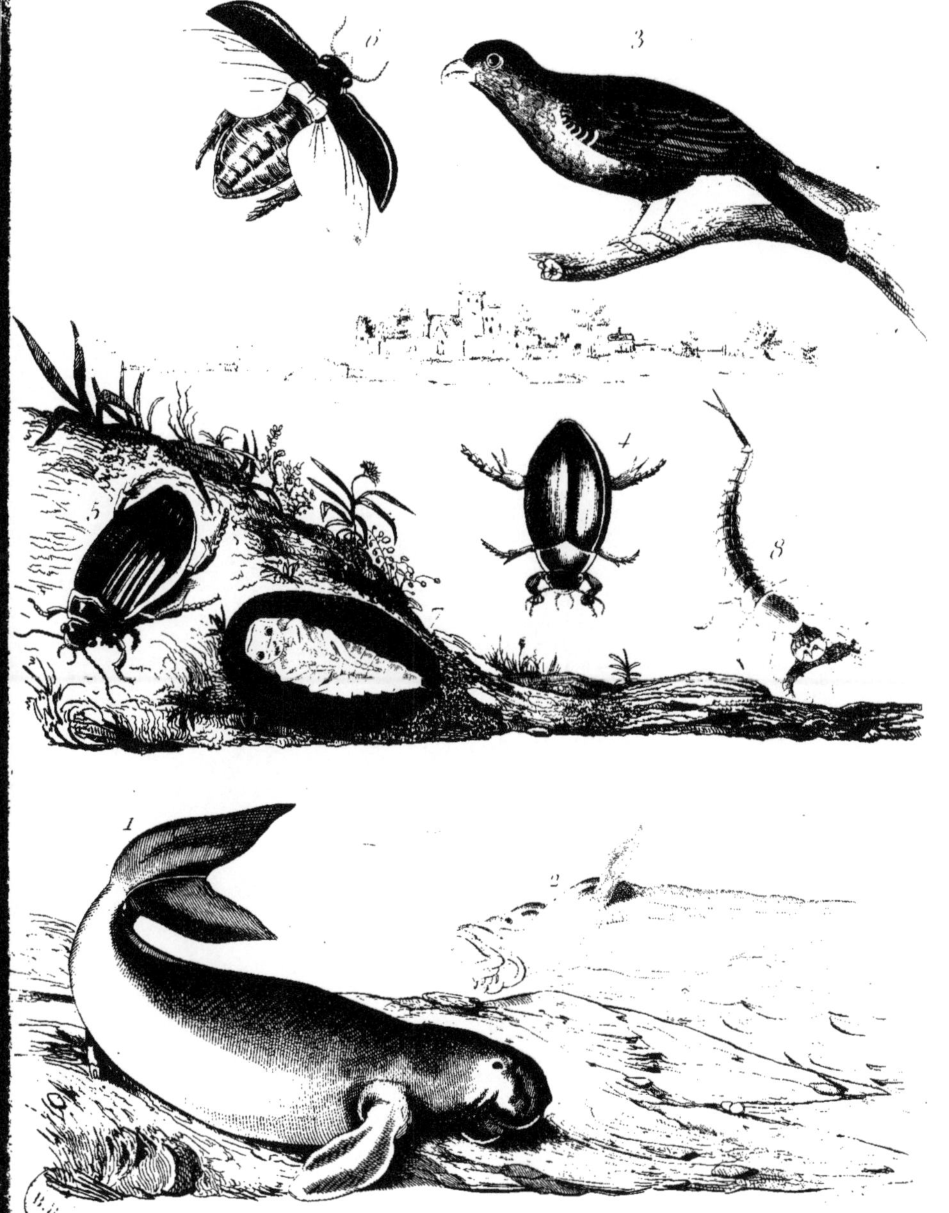
1. 2. Dugong
3. Purber
4. à 8. Dytique

1 Écaille 2 Échasse 3 Écheniller 4 Échidné

1. Effraie.   2. Eider.

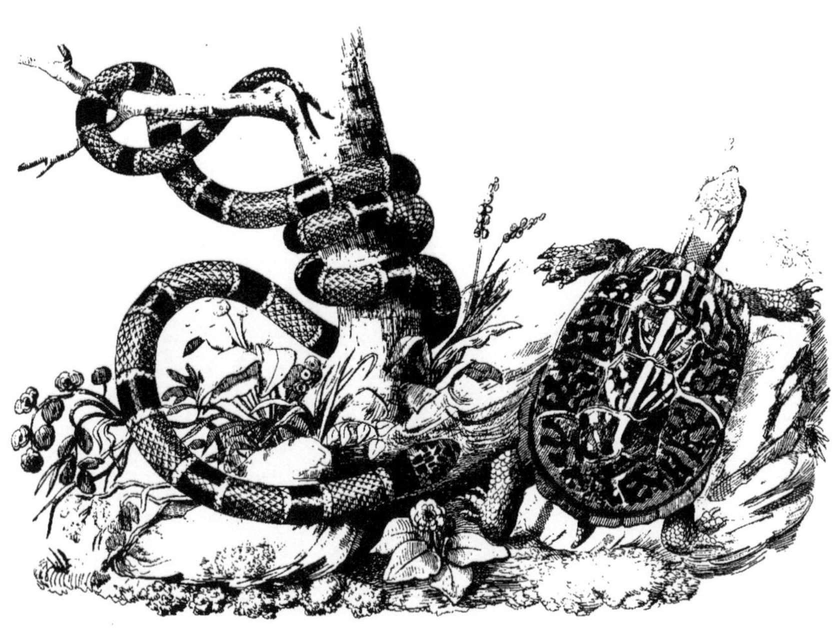

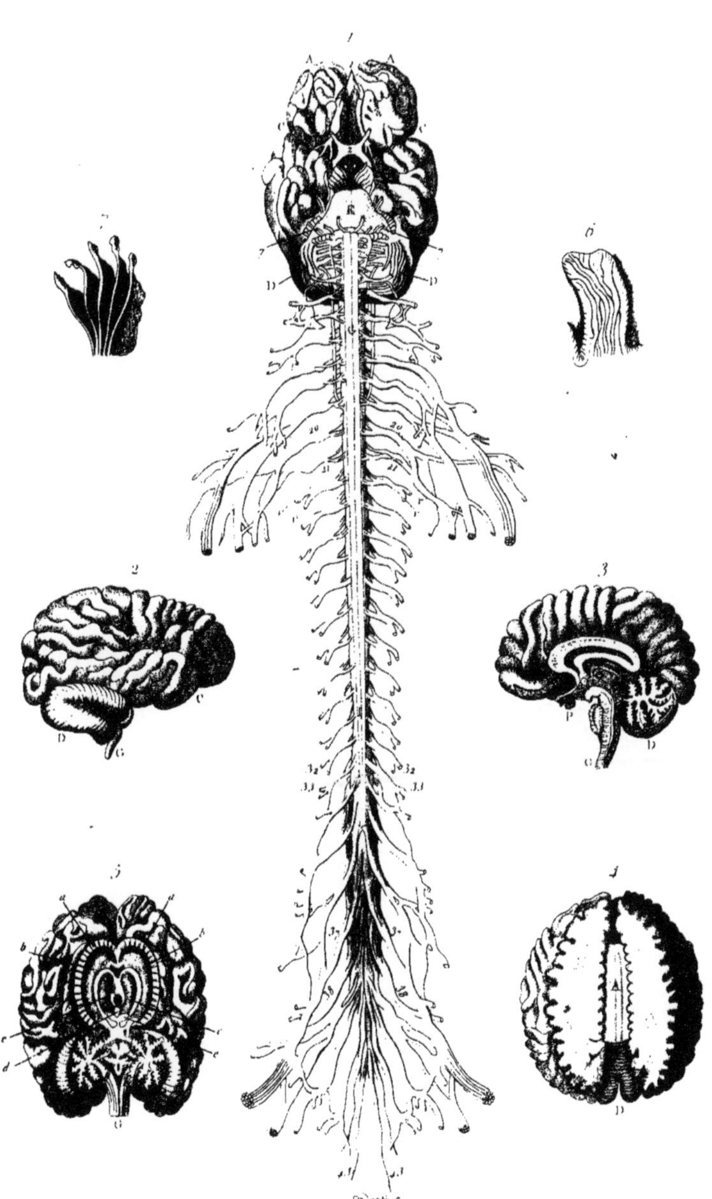

Cerveau et moelle épinière de l'homme

2 Encrine   3 Endomyque   Engoulevent

1. Merle.   2. Cnophie.   3. Coprose.

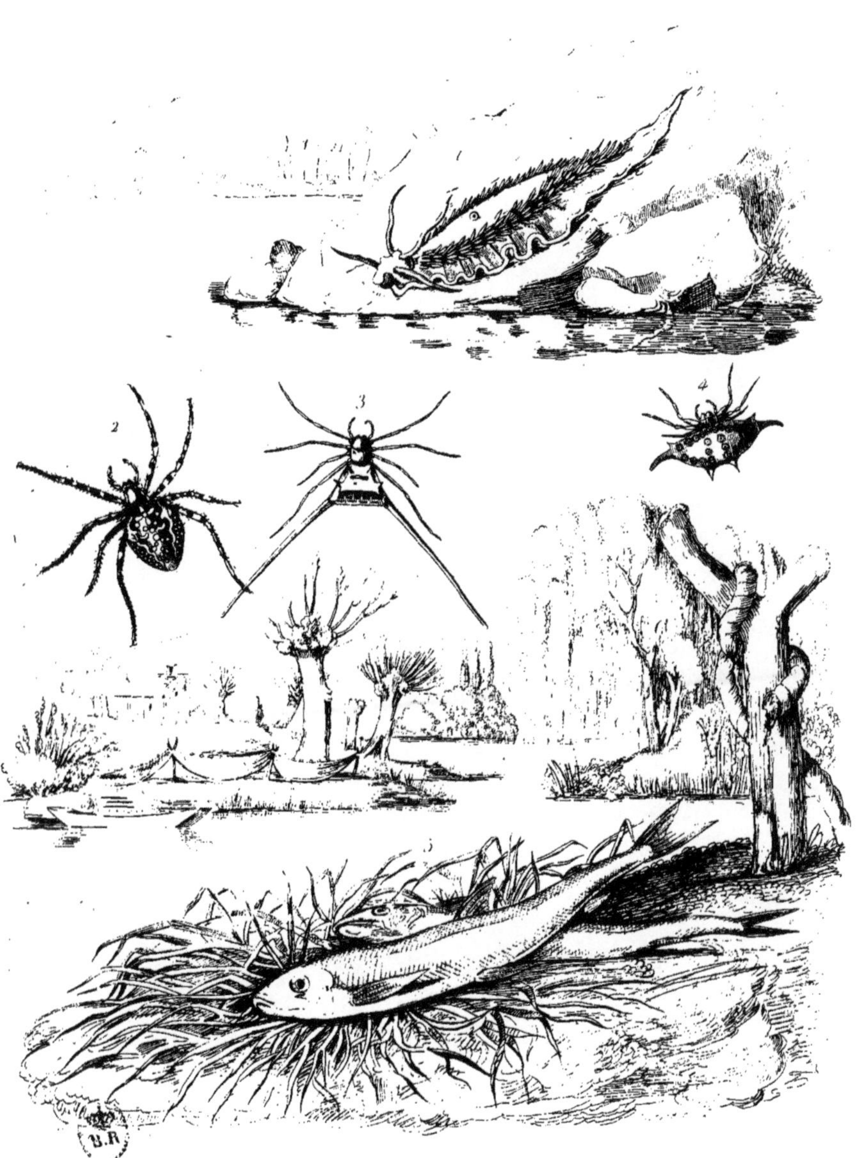

1. Épervier   2. Épaulette   3 — 5. Éperlan   6. Équille

1 Erèbe   2 Erèse   3 Erichte   4 Ériocéryse

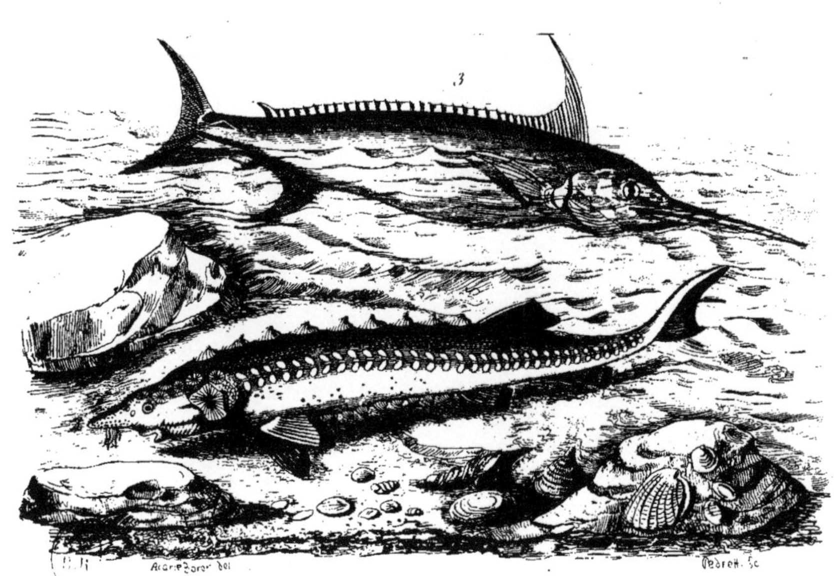

1. Erotyle   2. Exyrme   3. Espadon   4. Esturgeon

1 Etherie   2 Etourneau   3 Faucon   4 Eugosse

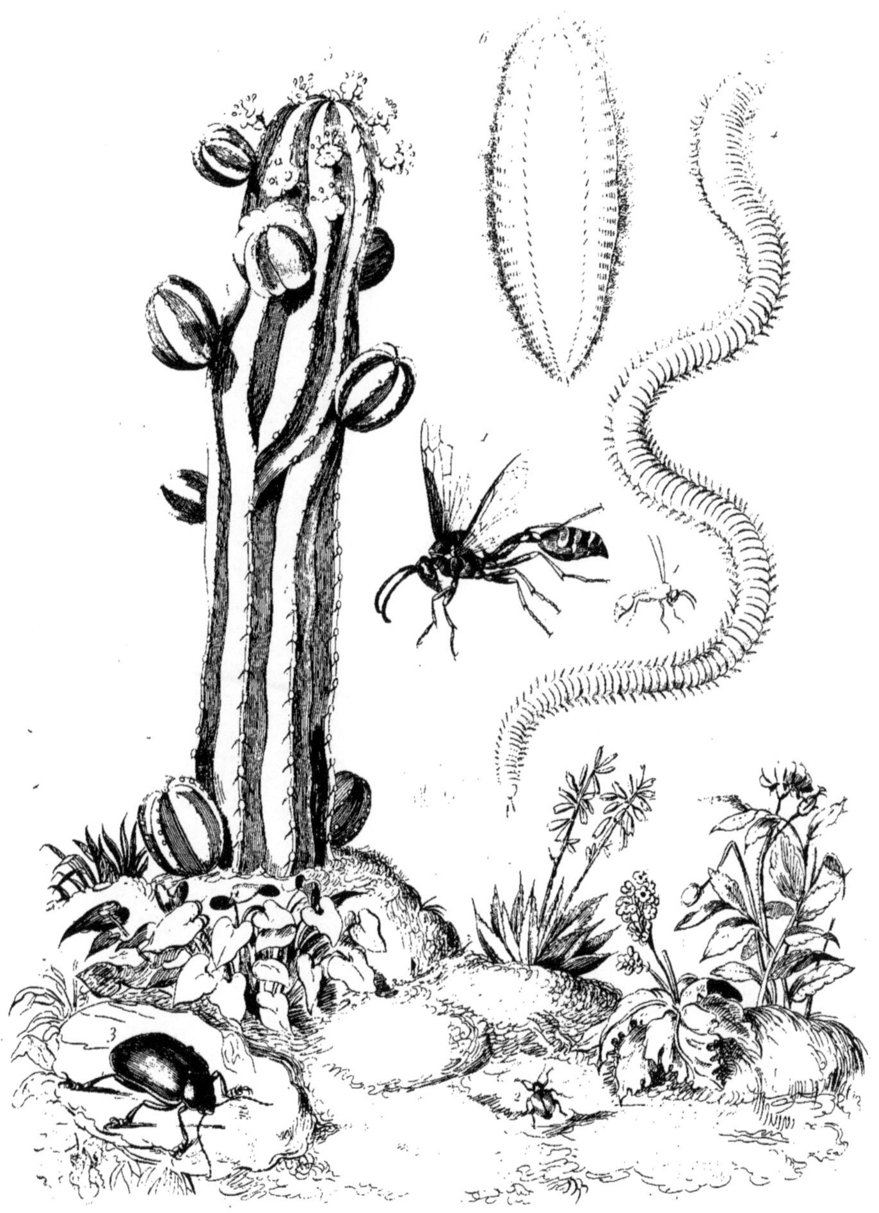

1 Eumène   2 3 Eumolpe   4 Euphorbe   5 Euphorbe   6 Euphrasie

Adolph Fries del. et sc.

1 Faisan ordinaire.	2 Faisan doré.	3 Fasciolaire.	4 [illegible].

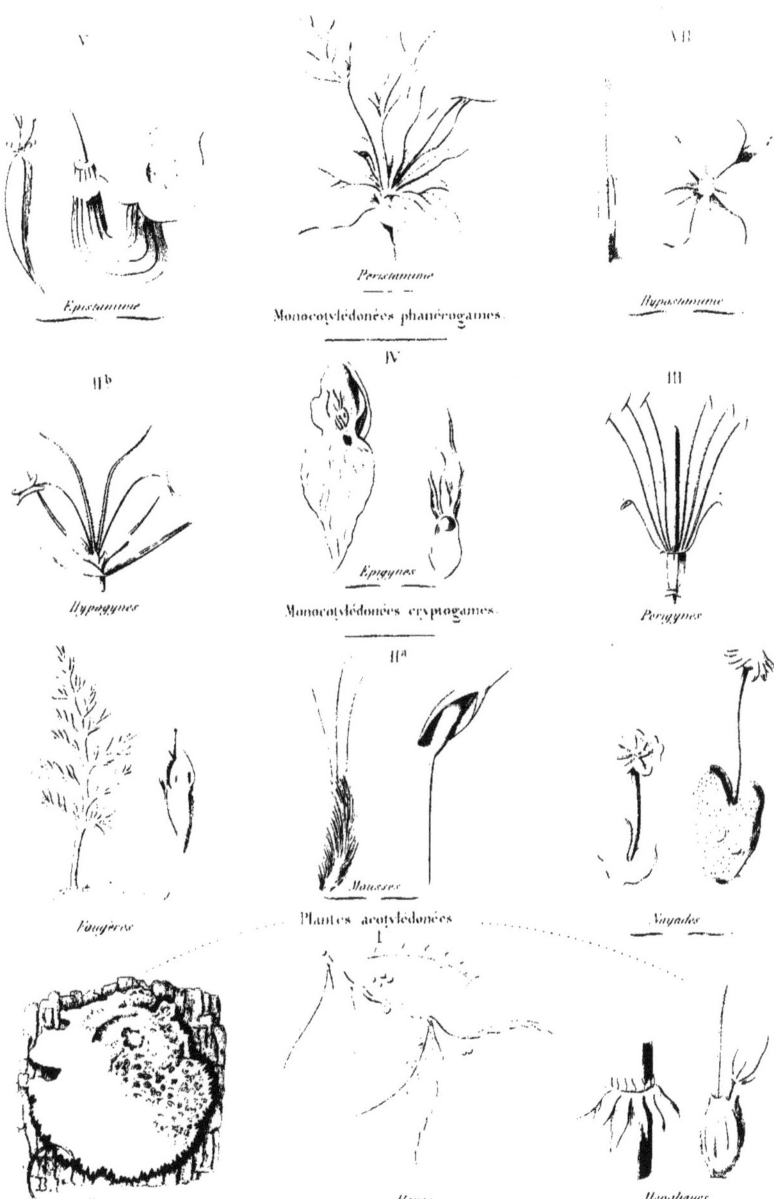

Pl. 159
Dicotylédonées apétales.
VI
V
VII
Péristaminé
Épistaminé
Hypostaminé
Monocotylédonées phanérogames.
IV
II b
III
Épigynes
Hypogynes
Monocotylédonées cryptogames.
Périgynes
II a
Mousses
Fougères
Plantes acotylédonées
Nayades
I
Champignons
Algues
Hépatiques
Familles végétales

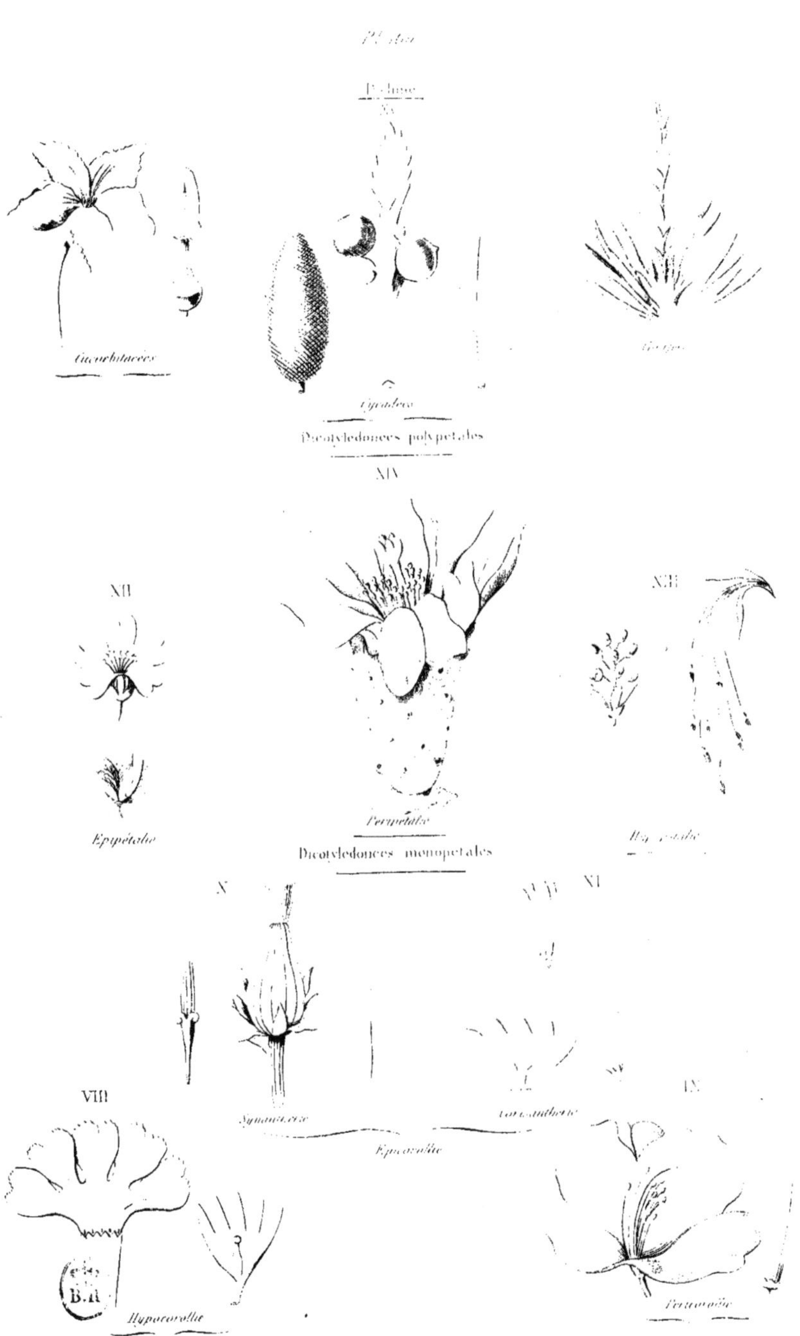

Cucurbitacées
Cycadées
Dicotylédones polypétales
XIV
XII
Épipétalie
Péripétalie
Dicotylédones monopétales
X
VIII
Synanthérie
Hypocorollie
Hypocorollie
Familles végétales

www.ingramcontent.com/pod-product-compliance
Ingram Content Group UK Ltd.
Pitfield, Milton Keynes, MK11 3LW, UK
UKHW020236180726
13839UKWH00001B/6